U0159327

# Legal Medicinal Flora

## The Eastern Part of China

Volume Ⅳ

赵维良／主编

科学出版社
北京

# 内 容 简 介

《法定药用植物志》华东篇共收载我国历版国家标准、各省（自治区、直辖市）地方标准及其附录收载药材饮片的基源植物，即法定药用植物在华东地区有分布或栽培的共1230种（含种下分类群）。科属按植物分类系统排列。内容有科形态特征、科属特征成分和主要活性成分、属形态特征、属种检索表。每种法定药用植物记载中文名、拉丁学名、别名、形态、分布与生境、原植物彩照、药名与部位、采集加工、药材性状、质量要求、药材炮制、化学成分、药理作用、性味与归经、功能与主治、用法与用量、药用标准、临床参考、附注及参考文献等内容。

本书适用于中药鉴定分析、药用植物、植物分类、植物化学、中药药理、中医等专业从事研究、教学、生产、检验、临床等有关人员及中医药、植物爱好者参考阅读。

## Brief Introduction

There are 1230 species of legal medicinal plants in the collection of the *Chinese Legal Medicinal Flora* in Eastern China, that have met the national and provincial as well as local municipal standards of Chinese medicinal materials. Families and genera are arranged taxonomically. This includes morphology, characteristic chemical constituents of the families and genera, as well as the indexes of genera and species. The description of the species are followed by Chinese names, Latin names, synonymy, morphology, distribution and habitat, the original color photos of the plants, name of the crude drug which the medicinal plant used as, the medicinal part of the plant, collection and processing, description, quality control, chemistry, pharmacology, meridian tropism, functions and indications, dosing and route of administration, clinical references, other items and literature, etc.

It provides the guidance for those who are in the fields of research, teaching, industrial production, laboratory and clinical application, as well as enthusiasts, with regard to the identification and analysis of the traditional Chinese medicines, medicinal plants, phytotaxonomy, phytochemistry and pharmacology.

**图书在版编目（CIP）数据**

法定药用植物志. 华东篇. 第四册 / 赵维良主编. —北京：科学出版社，2020.3

ISBN 978-7-03-064540-1

Ⅰ.①法… Ⅱ.①赵… Ⅲ.①药用植物－植物志－华东地区 Ⅳ.①Q949.95

中国版本图书馆CIP数据核字(2020)第033971号

责任编辑：刘 亚 / 责任校对：王晓茜
责任印制：肖 兴 / 封面设计：黄华斌

科学出版社 出版
北京东黄城根北街16号
邮政编码:100717
http://www.sciencep.com

北京汇瑞嘉合文化发展有限公司 印刷
科学出版社发行 各地新华书店经销

*

2020年3月第 一 版 开本：889 × 1194 1/16
2020年3月第一次印刷 印张：50 1/4
字数：1 430 000

**定价：498.00 元**

（如有印装质量问题，我社负责调换）

# 法定药用植物志　华东篇　第四册

## 编　委　会


**主　　编**　赵维良

**顾　　问**　陈时飞　洪利娅

**副 主 编**　杨秀伟　马临科　沈钦荣　闫道良　周建良
张芬耀　郭增喜　戚雁飞

**编　　委**（按姓氏笔画排序）

马临科　王　钰　王娟娟　方翠芬　史行幸
史煜华　冯　超　闫道良　严爱娟　杨　欢
杨秀伟　沈钦荣　张文婷　张立将　张如松
张芬耀　陆静娴　陈　浩　陈时飞　陈琦军
范志英　依　泽　周建良　郑　成　赵维良
顾子霞　徐　敏　徐　普　郭增喜　黄文康
黄盼盼　黄琴伟　戚雁飞　谭春梅

**审　　稿**　来复根　汪　琼　宣尧仙　徐增莱

# 序　一

中医药是中华民族的瑰宝，我国各族人民在长期的生产、生活实践和与疾病的抗争中积累并发展了中医药的经验和理论，为我们民族的繁衍生息和富强昌盛做出了重要贡献，也在世界传统医药学的发展中起到了不可或缺的作用。

华东地区人杰地灵，既涌现出华佗、朱丹溪等医学大家，亦诞生了陈藏器、赵学敏等本草学界的翘楚，又孕育了陆游、徐渭、章太炎等亦医亦文的大师。该地区自然条件优越，气候温暖，雨水充沛，自然植被繁茂，中药资源丰富，中药材种植历史悠久，为全国药材重要产地之一。“浙八味”、金银花、瓜蒌、天然冰片、沙参、丹参、太子参等著名的药材就主产于这片大地。

已出版的《中国法定药用植物》一书把国家标准和各省、自治区、直辖市中药材（民族药）标准收载的中药材饮片的基源植物，定义为法定药用植物，这一概念，清晰地划定了植物和法定药用植物、药用植物和法定药用植物之间的界限。

为继承和发扬中药传统经验和理论，并充分挖掘法定药用植物资源，浙江省食品药品检验研究院组织有关专家，参考历版《中国药典》等国家标准，以及各省、自治区、直辖市中药材（民族药）标准，根据华东地区地方植物志，查找华东地区有野生分布或较大量栽培的法定药用植物种类，参照《中国植物志》和《中国法定药用植物》等著作，对基源植物种类和植物名、拉丁学名进行考订校对归纳，共整理出法定药用植物 1230 种（含种以下分类单位），再查阅了大量的学术文献资料，编著成《法定药用植物志》华东篇一书。

该书收录华东地区有分布的法定药用植物有关植物分类学、中药学、化学、药理学、中医临床等内容，每种都有收载标准和原植物彩照，整体按植物分类系统排列。这是我国第一部法定药用植物志，是把中药标准、中药和药用植物三者融为一体的综合性著作。该书内容丰富、科学性强，是一本供中医药学和植物学临床、科研、生产、管理各界使用的有价值的参考书。相信该书的出版，将更好地助力我国中医药事业的传承与发展。

对浙江省食品药品检验研究院取得的这项成果深感欣慰，故乐为之序！

第十一届全国人大常委会副委员长
中国药学会名誉理事长
中国工程院院士
桑國卫

2017 年 12 月

# 序　二

我国有药用植物 12 000 余种，而国家标准及各省、自治区、直辖市标准收载药材饮片的基源植物仅有 2965 种，这些标准收载的药用植物为法定药用植物，为药用植物中的精华，系我国中医药及各民族医药经验和理论的结晶。

华东地区的地质地貌变化较大，湖泊密布，河流众多，平原横亘，山脉纵横，丘陵起伏，海洋东临，是药用植物生长的理想环境，出产中药种类众多，仅各种标准收载的药材饮片的基源植物即法定药用植物就多达 1230 种，分布于 175 科，占我国法定药用植物的三分之一强，且类别齐全，菌藻类、真菌类、地衣类、苔藓类、蕨类、裸子植物和被子植物中的双子叶植物、单子叶植物均有分布，囊括了植物分类系统中的所有重要类群。

法定药用植物比之一般的药用植物，其研究和应用的价值更大，经历了更多的临床应用和化学、药理的实验研究，故临床疗效更确切。药品注册管理的有关法规规定，中药新药研究中，有标准收载的药用植物，可以免做药材临床研究等资料。《法定药用植物志》华东篇一书收集的药用植物皆为我国国家标准和各省、自治区、直辖市标准收载的药材基源植物，并在华东地区有野生分布或较大量栽培，其中很多植物种类在华东地区以外的更大地域范围广泛存在。

植物和中药一样，同名异物或同物异名现象广泛存在，不但在中文名中，在拉丁学名中也同样如此。该书对此进行了考证归纳。编写人员认真严谨、一丝不苟，无论是文字的编写，还是植物彩照的拍摄，都是精益求精。所有文字和彩照的原植物，均经两位相关专业的专家审核鉴定，以确保内容的正确无误。

该书收载内容丰富，包含法定药用植物的科属特征、科属特征成分、种属检索、植物形态、生境分布、原植物彩照、收载标准、化学成分、药理作用、临床参考，以及用作药材的名称、性状、药用部位、性味归经、功能主治及用法用量等，部分种的本草考证、近似种、混淆品等内容，列于附注中，学术专业涉及植物分类、化学、中药鉴定、中药分析、中药药理、中医临床等。

这部《法定药用植物志》华东篇，既有学术价值，也有科普应用价值，相信该丛书的出版，将为我国中医药和药用植物的研究应用做出贡献。

欣然为序！

中国工程院院士　王永炎

2018 年 1 月

# 前　言

人类在数千年与疾病的斗争中，凭借着智慧和勤奋，积累了丰富而有效的传统药物和天然药物知识，这对人类的发展和民族的昌盛起到了非常重要的作用。尤其是我国，在远古时期，就积累了丰富的中医中药治病防病经验，并逐渐总结出系统的理论，为中华民族的繁荣昌盛做出了不可磨灭的贡献。

我国古代与中药有关的本草著作可分两类，一为政府颁布的类似于现代药典和药材标准的官修本草，二为学者所著民间本草，而后者又可分以药性疗效为主的中药本草和以药用植物形态为主的植物本草。但无论是官修本草、中药本草，还是植物本草，其记载的药用植物，在古代皆可用于临床，其区别在于官修本草更多地为官方御用，而民间本草更多的应用于下层平民，中药本草偏重于功能主治，而植物本草更多注重形态。当然，三类著作间内容和功能亦有重复，不如现代三类著作间的界限清晰而明确。

官修本草在我国始于唐代，唐李勣等于公元 659 年编著刊行《新修本草》，实际载药 844 种，在《本草经集注》的基础上新增 114 种，为我国以国家名义编著的首部药典，亦为全球第一部药典。官修本草在宋代发展到了高峰，宋开宝六年（公元 973 年）刘翰、马志等奉诏编纂《开宝本草》，宋嘉祐五年（公元 1060 年）校正医书局编纂《嘉祐补注神农本草》（《嘉祐本草》）、嘉祐六年（公元 1061 年）校正医书局苏颂编纂《本草图经》，另南宋绍兴年间校订《绍兴校定经史证类备急本草》，这四版均为宋朝官方编纂、校订刊行的药典，且每版均有药物新增，《开宝本草》并有宋太祖为之序，宋代的官修本草为中国医药学的发展起了极大的促进作用。明弘治十八年（公元 1505 年）太医院刘文泰、王磐等修编《本草品汇精要》（《品汇精要》），收载药物 1815 种，并增绘彩图。清宫廷编《本草品汇精要续集》，此书为综合性的本草拾遗补充，其在规模和质量上均无大的建树。

民国年间，政府颁布了《中华药典》，其收载内容很大程度上汲取了西方的用药，与古代官修本草相比，更侧重于西药，其中植物药部分虽有我国古代本草使用的少量中药，但亦出现了部分我国并无分布和栽培的植物药，类似现在的进口药材，总体《中华药典》洋为中用的味道更为浓厚。

1949 年中华人民共和国成立后，制定了较为完备的中药、民族药标准体系。这些标准，尽管内容和体例与古代本草相比有了很大的变化和发展，但性质还是与古代的官修本草类似，总体分为国家标准和地方标准两大类，前者为全国范围普遍应用，主要有 1953 年到 2015 年共 10 版《中华人民共和国药典》（简称《中国药典》），1953 年版中西药合为一部，从 1963 年版至 2015 年版，中药均独立收载于一部。另有原国家卫生部和国家食品药品监督管理总局颁布的中药材标准、中药成方制剂（附录中药材目录）、藏药、维药、蒙药成册标准及个别零星颁布的标准。后者为各省、自治区、直辖市根据本地区及各民族特点制定颁布的历版成册中药材和民族药地方标准，如北京市中药材标准、四川省中药材标准，以及西藏、新疆、内蒙古、云南、广西等省（自治区）的藏药、维药、蒙药、瑶药、壮药、傣药、彝药、苗药、畲药标准。截至目前，我国各类中药材成册标准共有 130 余册，另有个别零星颁布的标准；此外尚有国家和各省、自治区、直辖市颁布的中药饮片炮制规范，一般而言，炮制规范收载的为已有药材标准的植物种类。这些标准收载的中药材约 85% 来源于植物，即法定药用植物，其种类丰富，包含了藻类、菌类、地衣、苔藓、蕨类、裸子植物和被子植物等所有的植物种类，共计 2965 种。

中药本草在数量上占绝对多数。著名的如东汉末年（约公元 200 年）的《神农本草经》，共收录药物 365 种，其中植物药 252 种；另有南北朝陶弘景约公元 490 年编纂的《本草经集注》、唐陈藏器公元 739 年编纂的《本草拾遗》、宋苏颂公元 1062 年编纂的《图经本草》及唐慎微公元 1082 年编纂的《经史证类备急本草》；明李时珍 1578 年编纂的《本草纲目》，共 52 卷，200 余万字，载药 1892 种，新增药物 374 种，是一部集大成的药学巨著；清代赵学敏《本草纲目拾遗》对《本草纲目》所载种类进行补充。

民国年间出版的本草书籍有《现代本草生药学》、《中国新本草图志》、《祁州药志》、《本草药品实地的观察》及《中国药学大辞典》等。

中华人民共和国成立后，中药著作大量编著出版。重要的有中国医学科学院药物研究所等于 1959 ～ 1961 年出版的《中药志》四册，收载常用中药 500 余种，还于 1979 ～ 1998 年陆续出版了第二版共六册，并于 2002 ～ 2007 年编著了《新编中药志》；南京药学院药材学教研组于 1960 年出版的《药材学》，收载中药材 700 余种，并附图 1300 余幅，全国中草药汇编编写组于 1975 年和 1978 年出版的《全国中草药汇编》上、下册，记载中草药 2300 种，并出版了有 1152 幅彩图的专册，王国强、黄璐琦等于 2014 年编辑出版了第三版，增补了大量内容；江苏新医学院于 1977 年出版的《中药大辞典》收载药物 5767 种，其中植物性药物 4773 种；还有吴征镒等于 1988 ～ 1990 年出版的《新华本草纲要》共三册，共收载包括低等、高等植物药达 6000 种；此外，楼之岑、徐国钧、徐珞珊等于 1994 ～ 2003 年出版的《常用中药材品种整理和质量研究》北方编和南方编，亦为重要的著作。图谱类著作有原色中国本草图鉴编辑委员会于 1982 ～ 1984 年编著的《原色中国本草图鉴》。民族药著作有周海钧、曾育麟于 1984 年编著的《中国民族药志》和刘勇民于 1999 年编著的《维吾尔药志》。值得一提的是 1999 年由国家中医药管理局《中华本草》编辑委员会编著的《中华本草》，共 34 卷，其中中药 30 卷，藏药、蒙药、维药、傣药各 1 卷。收载药物 8980 味，内容有正名、异名、释名、品种考证、来源、原植物（动物、矿物）、采收加工、药材产销、药材鉴别、化学成分、药理、炮制、药性、功能与主治、应用与配伍、用法用量、使用注意、现代临床研究、集解、附方及参考文献，该著作系迄今中药和民族药著作的集大成者。

植物本草在古代相对较少。这类著作涉及对原植物形态的描述、药物（植物）采集及植物图谱。例如，梁代《七录》收载的《桐君采药录》，唐代《隋书·经籍志》著录的《入林采药法》、《太常采药时月》等，而宋王介编绘的《履巉岩本草》，是我国现存最早的彩绘地方本草类植物图谱。明朱橚的《救荒本草》记载可供食用的植物 400 多种，明代另有王磐的《野菜谱》和周履靖的《茹草编》，后者收载浙江的野生植物 102 种，并附精美图谱。清吴其濬刊行于 1848 年的《植物名实图考》收载植物 1714 种，新增 519 种，加上《植物名实图考长编》，两书共载植物 2552 种，介绍各种植物的产地生境、形态及性味功用等，所附之图亦极精准，并考证澄清了许多混乱种，学术价值极高，为我国古代植物本草之集大成者。其他尚有《群芳谱》《花镜》等多种植物本草类书籍。

植物本草相当于最早出现于民国时期的“药用植物”，著作有 1939 年裴鉴的《中国药用植物志》（第二册）、王道声的《药用植物图考》、李承祜的《药用植物学》、第二军医大学生药教研室的《中国药用植物图志》等，均为颇有学术价值的药用植物学著作。

中华人民共和国成立后，曾组织过多次全国各地中草药普查。1961 年完成的首部《中国经济植物志》（上、下册），其中药用植物章收载植物药 466 种；于 1955 ～ 1956 年和 1985 年出版齐全的《中国药用植物志》共 9 册，收载药用植物 450 种，并有图版，新版的《中国药用植物志》目前正在陆续编辑出版。

“药用植物”一词应用广泛，但植物和药用植物间的界限却无清晰的界定。不同的著作以及不同的中医药学者，对何者是药用植物、何者是不供药用的普通植物的回答并不一致；况且某些植物虽被定义为药用植物，但因其不属法定标准收载中药材的植物基源，根据有关医药法规，其采集加工炮制后不能正规的作为中药使用，导致了药用植物不能供药用的情况。为此，《中国法定药用植物》一书首先提出了“法定药用植物”（Legal Medicinal Plants）的概念，其狭义的定义为我国历版国家标准和各省、自治区、直辖市历版地方标准及其附录收载的药材饮片的基源植物，即“中国法定药用植物”的概念。而广义的法定药用植物为世界各国药品标准收载的来源于植物的传统药、植物药、天然药物的基源植物，包含世界各国各民族传统医学和现代医学使用药物的基源植物。例如，美国药典（USP）收载了植物药 100 余种，英国药典（BP）收载了植物药共 300 余种，欧洲药典（EP）共收载植物药约 300 种，日本药局方（JP）共收载植物药 200 余种，其基源植物可分别定义为美国法定药用植物、英国法定药用植物等。另外，法国药典、印度药典、非洲等国的药典均收载传统药物、植物药或天然药物，其收载的基源植物，均可按每个国家和地区的名称命名。全球各国药典或标准收载的传统药、植物药和天然药物的所有基源植物，可总称为“国际法定药用植物”（The International Legal Medicinal Plants）。相应地，对法定药用植物分类鉴定、基源考证、道地性、栽培、化学成分、药理作用、中医临床及各国法定药用植物种类等各方面进行研究的学科，可定义为“法定药用植物学”（Legal Medicinal Botany）。

法定药用植物为官方认可的药用植物，为药用植物中的精华。全球法定药用植物的数量尚无精确统计，初步估计约5000种，而全球植物种数达10余万种。我国法定药用植物数量属全球之冠，达2965种，药用植物约有12 000种，而普通的仅维管植物种数就约达35 000种。法定药用植物在标准的有效期内和有效辖地范围内，可采集加工炮制或提取成各类传统药物、植物药或天然药物，合法正规地供临床使用，并在新药研究注册方面享有优惠条件，如在中国，如果某一植物为法定药材标准收载，则在把其用于中药新药研究时，该植物加工炮制成的药材，可直接作为原料使用。一般而言，如某一植物为非标准收载的药用植物，则仅能采集加工成为民间经验使用的草药，可进行学术研究，但不能正规地应用于医院的临床治疗，其使用不受法律法规的保护。

随着近现代科学技术的日益发展，学科间的分工愈加精细，官方的药典（标准）、学者的中药著作和药用植物学著作三者区分清晰。但近代以来，尚无一部把三者的内容相结合的学术著作，随着《中国法定药用植物》一书的出版，开始了三者有机结合的开端，为进一步把药典（标准）、中药学和药用植物学的著作文献做有机结合，并把现代的研究成果反映在学术著作中，浙江省食品药品检验研究院酝酿编著《法定药用植物志》一书，并率先出版华东篇。希望本书能为法定药用植物的研究起到引导作用，并奠定一定的基础。

承蒙桑国卫院士和王广基院士为本书撰写序言，徐增莱、叶喜阳、浦锦宝、张水利、李华东、张方钢等植物分类专家对彩照原植物进行鉴定，国家中医药管理局中药资源普查试点工作办公室提供了部分原植物彩照，还得到了浙江省食品药品检验研究院相关部门的大力协助，在此谨表示衷心的感谢！

由于水平所限，疏漏之处，敬请指正。

赵维良

2017年10月于西子湖畔

# 编写说明

一、《法定药用植物志》华东篇收载我国历版国家标准，各省、自治区、直辖市地方标准及其附录收载药材饮片的基源植物，即法定药用植物，在华东地区有自然分布或大量栽培的共 1230 种（含种下分类群）。共分 6 册，每册收载约 200 种，第一册收载蕨类、裸子植物、被子植物木麻黄科至毛茛科，第二册木通科至豆科，第三册酢浆草科至柳叶菜科，第四册五加科至茄科，第五册玄参科至泽泻科，第六册禾本科至兰科、藻类、真菌类、地衣类和苔藓类。每册附有该册收录的法定药用植物中文名与拉丁名索引，第六册并附所有六册收载种的中文名与拉丁名索引。

二、收载的法定药用植物排列顺序为蕨类植物按秦仁昌分类系统（1978），裸子植物按郑万钧分类系统（1978），被子植物按恩格勒分类系统（1964），真菌类按《中国真菌志》，藻类按《中国海藻志》，苔藓类按陈邦杰（1972）系统。

三、各科内容有科形态特征，该科植物国外和我国的属种数及分布，我国和华东地区法定药用植物的属种数，该科及有关属的特征化学成分和主要活性成分，含 3 个属以上的并编制分属检索表。

四、科下各属内容有属形态特征，该属植物国外和我国的种数及分布，该属法定药用植物的种数，含 3 个种以上的并编制分种检索表。

五、植物种的确定基本参照《中国植物志》，如果《中国植物志》与 *Flora of China*（FOC）或《中国药典》不同的，则根据植物种和药材基源考证结果确定。例如，《中国植物志》楝 *Melia azedarach* L. 和川楝 *Melia toosendan* Sieb. et Zucc. 各为两个独立种，而 FOC 将其合并为一种，《中国药典》中该两种亦独立，川楝为药材川楝子的基源植物，楝却不作为该药材的基源植物，故本书按《中国植物志》和《中国药典》，把二者作为独立的种。

六、每种法定药用植物记载的内容有中文名、拉丁学名、原植物彩照、别名、形态、生境与分布、药名与部位、采集加工、药材性状、质量要求、药材炮制、化学成分、药理作用、性味与归经、功能与主治、用法与用量、药用标准、临床参考、附注及参考文献。未见文献记载的项目阙如。

七、中文名一般同《中国植物志》，如果《中国植物志》与《中国药典》（2015 年版）不同，则根据考证结果确定。例如，*Alisma orientale*（Samuel.）Juz. 的中文名，《中国植物志》为东方泽泻，《中国药典》为泽泻，根据 orientale 的意义为东方，且 FOC 及其他地方植物志均称该种为东方泽泻，故本书使用东方泽泻为该种的中文名，如此亦避免与另一植物泽泻 *Alisma plantago-aquatica* Linn. 相混淆。

八、拉丁学名按照国际植物命名法规，一般采用《中国植物志》的拉丁学名，《中国植物志》与 FOC 或《中国药典》（2015 年版）不同的，则根据考证结果确定。例如，FOC 及《中国药典》绵萆薢的拉丁学名为 *Dioscorea spongiosa* J. Q. Xi，M. Mizuno et W. L. Zhao，《中国植物志》为 *Dioscorea septemlobn* Thunb.，据考证，*Dioscorea septemlobn* Thunb. 为误定，故本书采用前者。另外标准采用或文献常用的拉丁学名，且为《中国植物志》或 FOC 异名的，本书亦作为异名加括号列于正名后。

九、别名项收载中文通用别名、地方习用名或民族药名。药用标准或地方植物志作为正名收载，但与《中国植物志》或《中国药典》名称不同的，亦列入此项，标准误用的名称不采用。

十、形态项描述该植物的形态特征，并尽量对涉及药用部位的植物形态特征进行重点描述。

十一、生境与分布项叙述该植物分布的生态环境，在华东地区、我国及国外的分布。

十二、药名与部位指药用标准收载该植物用作药材的名称及药用部位，《中国药典》和其他国家标准收载的名称及药用部位在前，华东地区各省市标准其次，其余各省、自治区、直辖市按区域位置排列。

十三、采集加工项叙述该植物用作药材的采集季节、方法及产地加工方法。

十四、药材性状项描述该植物用作药材的形态、大小、表面、断面、质地、气味等。

十五、质量要求项对部分常用法定药用植物用作药材的传统经验质量要求进行简要叙述。

十六、药材炮制项简要叙述该植物用作药材的加工炮制方法，全国各地炮制方法有别的，一般选用华东地区的方法。

十七、化学成分项叙述该植物所含的至目前已研究鉴定的化学成分。按药用部位叙述成分类型及单一成分的中英文名称。

对仅有英文通用名而无中文名的，则根据词根含义翻译中文通用名，一般按该成分首次被发现的原植物拉丁属名和种加词，结合成分结构类型意译，尽量少用音译。对有英文化学名而无中文名的，则根据基团和母核的名称，按化学命名原则翻译中文化学名。

对个别仅有中文名的，则根据上述相同的原则翻译英文名。

新译名在该成分名称右上角以“*”标注。

十八、药理作用项叙述该植物或其药材饮片、提取物、提纯化学成分的药理作用。相关毒理学研究的记述不单独立项，另起一段记录于该项下。未指明新鲜者，均指干燥品。

十九、性味与归经、功能与主治、用法与用量各项是根据中医理论及临床经验对标准收载药材拟定的内容，主要内容源自收载该药材的标准，用法未说明者，一般指水煎口服。

二〇、药用部位和药材未指明新鲜或鲜用者，均指干燥品。

二一、药用标准项列出收载该植物的药材标准简称，药材标准全称见书中所附标准简称及全称对照。

二二、临床参考项汇集文献报道及书籍记载的该植物及其药材饮片、提取物、成分或复方的临床试验或应用的经验，仅供专业中医工作者参考，其他人员切勿照方试用。古代医籍中的剂量，仍按原度量单位两或钱。

二三、附注项主要记述本草考证、近似种、种的分类鉴定变化、地区习用品、混淆品、毒性及使用注意等。

二四、参考文献项分别列出化学成分、药理作用、临床参考和个别附注项所引用的参考文献。参考文献报道的该植物和或药材的基源均经仔细查考，确保引用文献的可靠性。

二五、所有植物种均附野外生长状态拍摄的全株、枝叶及花果（孢子）原植物彩照，原植物均经两位分类专家鉴定。另标注整幅照片的拍摄者，加“等”字者表示枝叶及花果（孢子）的特写与整幅照片为不同人员所拍摄。

二六、上述项目内容因引自不同的参考文献及著作，互不匹配之处在所难免，很多内容有待进一步研究完善。

**临床参考内容仅供中医师参考**
**其他人员切勿照方试用**

# 华东地区自然环境及植物分布概况*

我国疆域广阔，陆地面积约 960 万 $km^2$，位于欧亚大陆东南部，太平洋西岸，海岸线漫长，西北深入亚洲腹地，西南与南亚次大陆接壤，内陆纵深。漫长复杂的地壳构造运动，奠定了我国地形和地貌的基本轮廓，构成了全国地形的“三大阶梯”。最高级阶梯是从新生代以来即开始强烈隆起的海拔 4000 ～ 5000m 的青藏高原，由极高山、高山组成的第一级阶梯。青藏高原外缘至大兴安岭、太行山、巫山和雪峰山之间为第二级阶梯，主要由海拔 1000 ～ 2000m 的广阔的高原和大盆地所组成，包括阿拉善高原、内蒙古高原、黄土高原、四川盆地和云贵高原以及天山、阿尔泰山及塔里木盆地和准噶尔盆地。我国东部宽阔的平原和丘陵是最低的第三级阶梯，自北向南有低海拔的东北平原、黄淮海平原、长江中下游平原，东面沿海一带有海拔 2000m 以下的低山丘陵。由于“三大阶梯”的存在，特别是西南部拥有世界上最高大的青藏高原，其突起所形成的大陆块，对中国植被地理分布的规律性起着明显的作用。所以出现一系列的亚热带、温带的高寒类型的草甸、草原、灌丛和荒漠，高原东南的横断山脉还残留有古地中海的硬叶常绿阔叶林。

我国纬度和经度跨越范围广阔，东半部从北到南有寒温带（亚寒带）、温带、亚热带和热带，植被明显地反映着纬向地带性，因而相应地依次出现落叶针叶林带、落叶阔叶林带、常绿阔叶林带和季雨林、雨林带。我国的降水主要来自太平洋东南季风和印度洋的西南季风，总体上东部和南部湿润，西北干旱，两者之间为半干旱过渡地带；从东南到西北的植被分布的经向地带明显，依次出现森林带、草原带和荒漠带。由于我国东部大面积属湿润亚热带气候，且第四纪冰期的冰川作用远未如欧洲同纬度地区强烈而广泛，故出现了亚热带的常绿阔叶林、落叶阔叶—常绿阔叶混交林及一些古近纪和新近纪残遗的针叶林，如杉木林、银杉林、水杉林等。

此外，全国地势变化巨大，从东面的海平面，到青藏高原，其间高山众多，海拔从数百米到 8000m 以上不等，所以呈现了层次不一的山地植被垂直带现象。另全国各地地质构造各异、地表物质组成和地形变化又造成了局部气候、水文状况和土壤性质等自然条件丰富多样。再由于中国人口众多，历史悠久，人类活动频繁，故次生植被和农业植被也是多种多样。

上述因素为植物的生长创造了各种良好环境，决定了在中国境内分布了欧洲大陆其他地区所没有的植被类型，几乎可以见到北半球所有的自然植被类型。故我国的植物种类繁多，高等植物种类达 3.5 万种之多，仅次于印度尼西亚和巴西，居全球第三。药用植物约达 1.2 万种，各类药材标准收载的基源植物即法定药用植物达 2965 种，居全球首位。

## 一、华东地区概述

华东地区在行政区划上由江苏、浙江、安徽、福建、江西、山东和上海六省一直辖市组成，面积约 77 万 $km^2$，位于我国东部，东亚大陆边缘，太平洋西岸，陆地最东面为山东荣成，东经 122.7°，最南端为福建东山，北纬 23.5°，最西边为江西萍乡，东经 113.7°，最北侧为山东无棣，北纬 38.2°，属低纬度地区。东北接渤海，东临黄海和东海，我国最长的两大河流长江和黄河穿越该区入海。总体地形为

* 华东地区自然地理概念上包含台湾，但本概况暂未述及。

平原和丘陵，为我国最低的第三级阶梯，自北向南主要有华东平原、黄淮平原、长江中下游平原及海拔2000m以下的低山丘陵。本区属吴征镒植物区系（吴征镒等，中国种子植物区系地理，2010）华东地区、黄淮平原亚地区和闽北山地亚地区的全部，赣南—湘东丘陵亚地区、辽东—山东半岛亚地区、华北平原亚地区及南岭东段亚地区的一部分。

华东各地理小区自北向南气候带可细分为暖温带，年均温8～14℃；北亚热带，年均温15～20℃；中亚热带，年均温18～21℃；半热带，年均温20～24℃。年降水量北侧较少，向东南雨量渐高。山东及淮河—苏北灌溉总渠以北地区年降水量一般600mm左右或稍高，年雨日60～70天，连续无雨日可达100天或稍多，属旱季显著的湿润区。长江中下游平原、江南丘陵、浙闽丘陵地区年降水量一般为1000～1700mm，东南沿海可达2000mm，年雨日100～150天，属旱季较不显著的湿润区。

由于大气环流的变化，季风及气团进退所引起的主要雨带的进退，导致各地区在一年内各季节的降水量很不均匀。绝大部分地区的降水集中在夏季风盛行期，随着夏季风由南往北，再由北往南的循序进退，主要降雨带的位置也作相应的变化。一般来说，最大雨带4～5月出现在长江以南地区，6～7月在江淮流域，8月可达到山东北部，9月起又逐步往南移。例如，长江中下游及以南地区春季降水较多，约占全年的30%或稍多；秋冬两季降水量也不少。山东一带夏季的降水量大，一般占全年降水量的50%以上，冬季最少，不到5%，所以春旱严重。

山地的降水量一般较平原为多，由山麓向山坡循序增加到一定高度后又降低，如江西九江的年降水量为1400mm，而相近的庐山则达2500mm；山东泰安的年降水量为720mm，而同地的泰山则为1160mm。同一山地的降水量也与坡向有关，一般是迎风坡多于背风坡，如福建武夷山的迎风坡年降水量达2000mm，而附近背风坡为1500mm。

华东地区土壤种类复杂，北部平原地区为原生和次生黄土，河谷和较干燥地区为冲积性褐土，山地和丘陵区为棕色森林土。中亚热带地区为红褐土、黄褐土及沿海地区的盐碱土等。南部亚热带地区主要是黄棕壤、黄壤和红壤，以及碳酸盐风化壳形成的黑色石灰岩土、紫色土，闽浙丘陵南部以红壤和砖红壤为主。

本地区自然分布或栽培的主要法定药用植物有忍冬（*Lonicera japonica* Thunb.）、紫珠（*Callicarpa bodinieri* Lévl.）、酸枣［*Ziziphus jujuba* Mill. var. *spinosa*（Bunge）Hu ex H. F. Chow］、枸杞（*Lycium chinense* Mill.）、中华栝楼（*Trichosanthes rosthornii* Harms）、防风［*Saposhnikovia divaricata*（Trucz.）Schischk.］、地黄［*Rehmannia glutinosa*（Gaetn.）Libosch.ex Fisch. et Mey.］、丹参（*Salvia miltiorrhiza* Bunge）、槐（*Sophora japonica* Linn.）、沙参（*Adenophora stricta* Miq.）、山茱萸（*Cornus officinalis Siebold* et Zucc.）、党参［*Codonopsis pilosula*（Franch.）Nannf.］、侧柏［*Platycladus orientalis*（Linn.）Franco］、乌药［*Lindera aggregata*（Sims）Kosterm］、前胡（*Peucedanum praeruptorum Dunn*）、浙贝母（*Fritillaria thunbergii* Miq.）、菊花［*Dendranthema morifolium*（Ramat.）Tzvel.］、麦冬［*Ophiopogon japonicus*（Linn. f.）Ker-Gawl.］、铁皮石斛（*Dendrobium officinale Kimura* et Migo）、白术（*Atractylodes macrocephala* Koidz.）、延胡索（*Corydalis yanhusuo* W.T.Wang ex Z.Y.Su et C.Y.Wu）、芍药（*Paeonia lactiflora* Pall.）、光叶菝葜（*Smilax glabra* Roxb.）、水烛（*Typha angustifolia* Linn.）、菖蒲（*Acorus calamus* Linn.）、满江红［*Azolla imbricata*（Roxb.）Nakai］、凹叶厚朴（*Magnolia officinalis* Rehd.et Wils. var. *biloba* Rehd.et Wils.）、吴茱萸［*Evodia rutaecarpa*（Juss.）Benth.］、木通［*Akebia quinata*（Houtt.）Decne.］、樟［*Cinnamomum camphora*（Linn.）Presl］、银杏（*Ginkgo biloba* Linn.）、柑橘（*Citrus reticulata* Blanco）、酸橙（*Citrus aurantium* Linn.）、淡竹叶（*Lophatherum gracile* Brongn.）、八角（*Illicium verum* Hook.f.）、狗脊［*Woodwardia japonica*（Linn. f.）Sm.］、龙眼（*Dimocarpus longan* Lour.）等。

## 二、华东各地理小区概述

华东地区大致可分为暖温带落叶阔叶林、亚热带的落叶阔叶—常绿阔叶混交林、亚热带常绿阔叶林、半热带的雨林性常绿阔叶林及海边红树林四个地带。结合地貌，划分为下述四个地理小区。在华东地区，针叶林多为次生林，故仅在具体分布中述及。

**1. 山东丘陵及华北黄淮平原区**

本区包含山东和安徽淮河至江苏苏北灌溉总渠以北部分，北部属吴征镒植物区系辽东—山东半岛亚地区及华北平原亚地区的一部分，南部平原地区为黄淮平原亚地区。东北濒渤海，东临黄海，南界淮河，黄河穿越山东入海。山东丘陵呈东北—西南走向，其中胶东丘陵，有昆嵛山、崂山等，鲁中为泰山、沂蒙山山地丘陵，中夹胶莱平原，鲁西有东平湖、微山湖等湖泊。该地区大部分海拔 200 ～ 500m，仅泰山、鲁山、崂山等个别山峰海拔超过 1000m，鲁西北为华北平原一部分。华北黄淮平原区是海河、黄河、淮河等河流共同堆积的大平原，地势低平，是我国最大的平原区的一部分，海拔 50 ～ 100m，堆积的黄土沉积物深厚，黄河冲积扇保存着黄河决口改道所遗留下的沙岗、洼地等冲积、淤积地形，淮河平原水网稠密、湖泊星布。

淮河以北到山东半岛、鲁中南山地和平原一带，夏热多雨，温暖，冬季晴朗干燥，春季多风沙。年均温为 11 ～ 14℃，最冷月均温为 -5 ～ 1℃，绝对最低温达 -28 ～ -15℃，最热月均温 24 ～ 28℃，全年无霜期为 180 ～ 240 天，日均温 ≥ 5℃的有 210 ～ 270 天，≥ 10℃的有 150 ～ 220 天，年积温 3500 ～ 4600℃。降水量一般在 600 ～ 900mm，沿海个别地区达 1000mm 以上，属暖温带半湿润季风区。

土壤为原生和次生黄土，沿海、河谷和较干燥的地区多为冲积性褐土和盐碱土，山地和丘陵区为棕色森林土。

本区属暖温带落叶阔叶林植被分布区，并分布有次生的常绿针叶林。山东一带的植物起源于北极古近纪和新近纪植物区系，由于没受到大规模冰川的直接影响，残留种类较多，本区植物与日本中北部、朝鲜半岛植物区系有密切联系。建群树种有喜酸的油松（*Pinus tabuliformis* Carr.）、赤松（*Pinus densiflora* Siebold et Zucc.）和喜钙的侧柏等。这些针叶林现多为阔叶林破坏后的半天然林或人工栽培林，但它们都有一定的分布规律。赤松林只见于较湿润的山东半岛近海丘陵的棕壤上，而油松和侧柏分布于半湿润、半干旱区的内陆山地。

在石灰性或中性褐土上分布有榆科植物、黄连木（*Pistacia chinensis* Bunge）、天女木兰（*Magnolia sieboldii* K.Koch）、山胡椒［*Lindera glauca*（Siebold et Zucc.）Blume］、三桠乌药（*Lindera obtusiloba* Blume）等落叶阔叶杂木林，其间夹杂黄栌（*Cotinus coggygria* Scop.）、鼠李（*Rhamnus davurica* Pall.）等灌木；这些树种破坏后阳坡上则见有侧柏疏林。另有次生的荆条［*Vitex negundo* Linn.var.*heterophylla*（Franch.）Rehd.］、鼠李、酸枣、胡枝子（*Lespedeza bicolor* Turcz.）、河北木蓝（*Indigofera bungeana* Walp.）、细叶小檗（*Berberis poiretii* Schneid.）、枸杞等灌丛，而草本植物以黄背草［*Themeda japonica*（Willd.）Tanaka］、白羊草［*Bothriochloa ischaemum*（Linn.）Keng］为优势群落，在阴坡还有黄栌灌丛矮林。

另在微酸性或中酸性棕壤上分布地带性植被类型为多种栎属（*Quercus* Linn.）落叶林，有辽东栎（*Quercus wutaishanica* Mayr）林、槲栎（*Quercus aliena* Blume）林及槲树（*Quercus dentata* Thunb.）林。海边或南向山麓为栓皮栎（*Quercus variabilis* Blume）林、麻栎（*Quercus acutissima* Carruth.）林。上述多种组成暖温性针阔叶混交林或落叶阔叶林。

山东半岛有辽东—山东半岛亚地区特有类群，如山东柳（*Salix koreensis* Anderss.var.*shandongensis* C.F.Fang）、胶东椴（*Tilia jiaodongensis* S. B. Liang）、胶东桦（*Betula jiaodogensis* S. B. Liang）等。南部丘陵和山地残存落叶和常绿阔叶混交林，常绿阔叶树种分布较少，仅在低海拔局部避风向阳温暖的谷地有较耐旱的青冈［*Cyclobalanopsis glauca*（Thunb.）Oerst.］、苦槠［*Castanopsis sclerophylla*（Lindl.）Schott.］、冬青（*Ilex chinensis* Sims）等；落叶阔叶树种有麻栎、茅栗（*Castanea seguinii* Dode）、化香树（*Platycarya strobilacea* Sieb. et Zucc.）、山槐［*Albizia kalkora*（Roxb.）Prain］等。

平原地区由于人口密度大，农业历史悠久，长期开发，多垦为农田，原生性森林植被保存很少，大多为荒丘上次生疏林和灌木丛呈零星状分布，海滩沙地亦有部分植物分布。

本区为我国地道药材“北药”的产区之一，除自然分布外，还有大面积栽培的法定药用植物，主要有文冠果（*Xanthoceras sorbifolium* Bunge）、臭椿［*Ailanthus altissima*（Mill.）Swingle］、构树［*Broussonetia papyrifera*（Linn.）L′Hér. ex Vent.］、旱柳（*Salix matsudana* Koidz.）、垂柳（*Salix babylonica* Linn.）、毛白杨（*Populus tomentosa* Carr.）、槐、忍冬、蔓荆（*Vitex trifolia* Linn.）、紫珠、栝楼、防风、地黄、香附（*Cyperus rotundus* Linn.）、荆条、柽柳（*Tamarix chinensis* Lour.）、锦鸡儿［*Caragana sinica*（Buc′hoz）Rehd.］、酸枣、黄芩（*Scutellaria baicalensis* Georgi）、知母（*Anemarrhena asphodeloides* Bunge）、牛膝（*Achyranthes bidentata* Blume）、连翘［*Forsythia suspensa*（Thunb.）Vahl］、薯蓣（*Dioscorea opposita* Thunb.）、中华栝楼、芍药、沙参、菊花、丹参、苹果（*Malus pumila* Mill.）、白梨（*Pyrus bretschneideri* Rehd.）、桃（*Amygdalus persica* Linn.）、葡萄（*Vitis vinifera* Linn.）、胡桃（*Juglans regia* Linn.）、枣、柿（*Diospyros kaki* Thunb.）、山楂（*Crataegus pinnatifida* Bunge）、樱桃［*Cerasus pseudocerasus*（Lindl.）G.Don］、栗（*Castanea mollissima* Blume）、珊瑚菜（*Glehnia littoralis* Fr.Schmidt ex Miq.）等。

**2. 长江沿岸平原丘陵区**

本区包含上海、江苏靠南大部、浙江北部、安徽中部和江西北部，包括鄱阳湖平原、苏皖沿江平原、里下河平原、长江三角洲及长江沿岸低山丘陵等。本区属吴征镒植物区系的华东地区的大部。本区地势低平，水网交织，湖泊星布，是我国主要的淡水湖分布区，有鄱阳湖、太湖、高邮湖、巢湖等。本区平原海拔多在 50m 以下，山地丘陵海拔一般数百米，气候温暖而湿润，四季分明，夏热冬冷，但无严寒。年均温 14 ～ 18℃，最冷月均温为 2.2 ～ 4.8℃，最热月均温为 27 ～ 29℃，全年无霜期 230 ～ 260 天，日均温≥ 5℃的有 240 ～ 270 天，≥ 10℃的有 220 ～ 240 天，年积温 4500 ～ 5000℃。年均降水量在 800 ～ 1600mm。

土壤主要是黄棕壤和红壤。黄棕壤分布于苏皖二省沿长江两岸的低山丘陵，淮河与长江之间为黄棕壤、黄褐土，长江以南为红壤、黄壤、紫色土、黑色石灰岩土，低山丘陵多属红壤和山地红壤。

本区北部属南暖温带，南部为北亚热带，植被区系组成比较丰富，兼有我国南北植物种类，长江以北，既有亚热带的常绿阔叶树，又有北方的落叶阔叶树，亦有次生的常绿针叶树，植被类型主要为落叶阔叶—常绿阔叶混交林，靠南地区为亚热带区旱季较不显著的常绿阔叶林小区。且可能是银杏属 *Ginkgo* Linn.、金钱松属 *Pseudolarix* Gord. 和白豆杉属 *Pseudotaxus* Cheng 的故乡，银杏在浙江天目山仍处于野生和半野生状态。

在平原边缘低山丘陵岗酸性黄棕壤上主要分布有落叶阔叶树，以壳斗科栎属最多，如小叶栎、麻栎、栓皮栎等。此外还混生有枫香（*Liguidambar formasana* Hance）、黄连木、化香树（*Platycarya strobilacea* Siebold et Zucc.）、山槐［*Albizia kalkora*（Roxb.）Prain］、盐肤木（*Rhus chinensis* Mill.）、灯台树［*Bothrocaryum controversum*（Hemsl.）Pojark.］等落叶树；林中夹杂分布的常绿阔叶树有女贞（*Ligustrum lucidum* Ait.）、青冈［*Cyclobalanopsis glauca*（Thunb.）Oerst.］、柞木［*Xylosma racemosum*（Siebold et Zucc.）Miq.］、冬青（*Ilex chinensis* Sims）等。原生林破坏后次生或栽培为马尾松林和引进的黑松林，另湿地松（*Pinus elliottii* Engelm.）生长良好；次生灌木有白鹃梅［*Exochorda racemosa*（Lindl.）Rehd.］、连翘、栓皮栎、化香树等。偏北部有耐旱的半常绿的槲栎林和华山松林。

在石灰岩上生长有榆属（*Ulmus* Linn.）、化香树、枫香及黄连木落叶阔叶林和次生的侧柏疏林，其间分布有箬竹［*Indocalamus tessellatus*（Munro）Keng f.］、南天竹（*Nandina domestica* Thunb.）、小叶女贞（*Ligustrum quihoui* Carr.）等常绿灌木。森林破坏后次生为荆条、马桑（*Coriaria nepalensis* Wall.）、黄檀（*Dalbergia hupeana* Hance）、黄栌灌丛或矮林。另外亚热带的马尾松（*Pinus massoniana* Lamb.）、杉木［*Cunninghamia lanceolata*（Lamb.）Hook.］、毛竹（*Phyllostachys pubescens* Mazel ex Lehaie）分布相当普遍。上述植被分布的过渡性十分明显。

典型的亚热带常绿阔叶树主要分布在长江以南。最主要的是锥属［*Castanopsis*（D.Don）Spach］、青冈属（*Cyclobalanopsis* Oerst.）、柯属（*Lithocarpus* Blume）等三属植物，杂生的落叶阔叶树有木荷（*Schima superba* Gardn. et Champ.）、马蹄荷［*Exbucklandia populnea*（R.Br.）R.W.Brown］等，并有杉木、马尾松等针叶树种。林间还有藤本植物和附生植物。另有古近纪和新近纪残余植物，如连香树（*Cercidiphyllum japonicum* Siebold et Zucc.）和鹅掌楸［*Liriodendron chinense*（Hemsl.）Sargent.］等的分布。

落叶果树如石榴（*Punica granatum* Linn.）、桃、无花果（*Ficus carica* Linn.）均生长良好。另亦栽培油桐［*Vernicia fordii*（Hemsl.）Airy Shaw］、漆［*Toxicodendron vernicifluum*（Stokes）F.A.Barkl.］、乌桕［*Sapium sebiferum*（Linn.）Roxb.］、油茶（*Camellia oleifera* Abel.）、茶［*Camellia sinensis*（Linn.）O.Ktze.］、棕榈［*Trachycarpus fortunei*（Hook.）H.Wendl.］等，本区为这些植物在我国分布的北界。

本区主要是冲积平原的耕作区，气候适宜、土质优良，适用于很多种类药材的栽种，且湖泊星罗棋布，水生植物十分丰富，另有部分丘陵地貌，故分布着许多水生、草本和藤本法定药用植物，是我国地道药材"浙药"等的产区。自然分布和栽培的法定药用植物有莲（*Nelumbo nucifera* Gaertn.）、芡实（*Euryale ferox* Salisb. ex Konig et Sims）、睡莲（*Nymphaea tetragona* Georgi）、眼子菜（*Potamogeton distinctus* A.Benn.）、水烛、黑三棱［*Sparganium stoloniferum*（Graebn.）Buch.-Ham.ex Juz.］、苹（*Marsilea quadrifolia* Linn.）、菖蒲、满江红、地黄、番薯［*Ipomoea batatas*（Linn.）Lam.］、独角莲（*Typhonium giganteum* Engl.）、温郁金（*Curcuma* wenyujin Y. H. Chen et C. Ling）、芍药、牡丹（*Paeonia suffruticosa* Andr.）、白术、薄荷（*Mentha canadensis* Linn.）、延胡索、百合（*Lilium brownii* F.E.Br.var.*viridulum* Baker）、天门冬［*Asparagus cochinchinensis*（Lour.）Merr.］、菊花、红花（*Carthamus tinctorius* Linn.）、白芷［*Angelica dahurica*（Fisch. ex Hoffm.）Benth.et Hook.f.ex Franch.et Sav.］、藿香［*Agastache rugosa*（Fisch.et Mey.）O.Ktze.］、丹参、玄参（*Scrophularia ningpoensis* Hemsl.）、牛膝、三叶木通［*Akebia trifoliata*（Thunb.）Koidz.］、百部［*Stemona japonica*（Blume）Miq.］、海金沙［*Lygodium japonicum*（Thunb.）Sw.］、何首乌（*Polygonum multiflorum* Thunb.）等。

**3. 江南丘陵和闽浙丘陵区**

本区包含浙江南部、福建靠北大部、安徽南部、江西南面大部，地貌包括闽浙丘陵和南岭以北、长江中下游平原以南的低山丘陵，本区包含吴征镒植物区系赣南—湘东丘陵亚地区的一部分和闽北山地亚地区的全部。区内河流众多，且多独流入海，如闽江、瓯江、飞云江等。江南名山多含其中，如浙江天目山、雁荡山，福建武夷山、戴云山，安徽黄山、大别山，江西庐山、武功山等。该区的山峰不少海拔超过1500m，其中武夷山最高峰黄岗山达2161m。这一带年均温18～21℃，最冷月均温5～12℃，最热月均温28～30℃，年较差17～23℃，全年无霜期为270～300天，日均温≥5℃的有240～300天，≥10℃的有250～280天，年积温5000～6500℃。雨量较多，年平均降水量1200～1900mm。旱季较不显著，属东部典型湿润的亚热带（中亚热带）山地丘陵，夏季高温，冬季不甚寒冷，闽浙丘陵依山濒海，气候受海洋影响甚大。

土壤为红壤和黄壤。

本区典型植被为湿性常绿阔叶林、马尾松林、杉木林和毛竹林等。

在酸性黄壤上生长的植物以壳斗科常绿的栎类林为主，有青冈栎林、甜槠［*Castanopsis eyrei*（Champ.）Tutch.］林、苦槠［*Castanopsis sclerophylla*（Lindl.）Schott.］林、柯林或它们的混交林；偏南地区为常绿栎类、樟科、山茶科、金缕梅科所组成的常绿阔叶杂木林，树种有米槠［*Castanopsis carlesii*（Hemsl.）Hay.］、甜槠、紫楠［*Phoebe sheareri*（Hemsl.）Gamble］、木荷、红楠（*Machilus thunbergii* Siebold et Zucc.）、栲（*Castanopsis fargesii* Franch.）等。阔叶林破坏后，在排水良好、阳光充足处，次生着大量马尾松林和杜鹃（*Rhododendron simsii* Planch.）、檵木［*Loropetalum chinense*（R.Br.）Oliver］、江南越橘（*Vaccinium mandarinorum* Diels）、柃木（*Eurya japonica* Thunb.）、白栎（*Quercus fabri* Hance）等灌丛；地被植物主要为铁芒萁［*Dicranopteris linearis*（Burm.）Underw.］。偏南区域尚分布桃金娘［*Rhodomyrtus tomentosa*（Ait.）Hassk.］和野牡丹（*Melastoma candidum* D.Don）等。在土层深厚、阴湿处则分布着杉木及古老的南方红豆杉［*Taxus chinensis*（Pilger）Rchd.var. *mairei*（Lemée et H.Lév.）Cheng et L.K.Fu］、三

尖杉（*Cephalotaxus fortunei* Hook.f.）等针叶树；另分布种类丰富的竹林。

在石灰岩上分布着落叶阔叶树—常绿阔叶树混交林。落叶阔叶树多属榆科、胡桃科、漆树科、山茱萸科、桑科、槭树科、豆科、无患子科等，以榆科种类最多，另有枫香树（*Liquidambar formosana* Hance）、青钱柳［*Cyclocarya paliurus*（Batal.）Iljinsk.］等，常绿阔叶树以壳斗科的青冈最有代表性，另有化香树、黄连木、元宝槭（*Acer truncatum* Bunge）、鹅耳枥（*Carpinus turczaninowii* Hance）等。偏南的混交林出现许多喜暖的树种，落叶阔叶树种有大戟科的圆叶乌桕（*Sapium rotundifolium* Hemsl.）、漆树科的南酸枣［*Choerospondias axillaris*（Roxb.）Burtt et Hill.］，常绿阔叶树种有桑科的榕属（*Ficus* Linn.）、芸香科的假黄皮（*Clausena excavata* Burm.f.）等。石灰岩地带混交林破坏后次生或栽培为柏木疏林及南天竹、檵木、野蔷薇（*Rosa multiflora* Thunb.）、荚蒾（*Viburnum dilatatum* Thunb.）等灌丛；沿海丘陵平原上还有多种榕树分布。

本区普遍栽培农、药两用的甘薯［*Dioscorea esculenta*（Lour.）Burkill］、陆地棉（*Gossypium hirsutum* Linn.）、苎麻［*Boehmeria nivea*（Linn.）Gaudich.］、栗、柿、胡桃、油桐、油茶、杨梅［*Myrica rubra*（Lour.）Siebold et Zucc.］、枇杷［*Eriobotrya japonica*（Thunb.）Lindl.］和柑橘类等。

本区野生及栽培的主要法定药用植物有凹叶厚朴、吴茱萸、樟、柑橘、皱皮木瓜［*Chaenomeles speciosa*（Sweet）Nakai］、钩藤［*Uncaria rhynchophylla*（Miq.）Miq. ex Havil.］、杜仲（*Eucommia ulmoides* Oliver）、银杏、大血藤［*Sargentodoxa cuneata*（Oliv.）Rehd. et Wils.］、木通、越橘（*Vaccinium bracteatum* Thunb.）、淡竹叶、前胡、翠云草［*Selaginella uncinata*（Desv.）Spring］、桔梗［*Platycodon grandiflorus*（Jacq.）A.DC.］、阔叶麦冬（*Ophiopogon platyphyllus* Merr.et Chun）、浙贝母、东方泽泻［*Alisma orientale*（Samuel.）Juz.］、忍冬、明党参（*Changium smyrnioides* Wolff）、杭白芷（*Angelica dahurica* 'Hangbaizhi'）、党参、川芎（*Ligusticum chuanxiong* Hort.）、防风、牛膝、补骨脂（*Psoralea corylifolia* Linn.）、云木香［*Saussurea costus*（Falc.）Lipech.］、宁夏枸杞（*Lycium barbarum* Linn.）、茯苓［*Poria cocos*（Schw.）Wolf］、天麻（*Gastrodia elata* Blume）、青羊参（*Cynanchum otophyllum* C.K.Schneid.）、丹参、白术、石斛（*Dendrobium nobile* Lindl.）、黄连（*Coptis chinensis* Franch.）、半夏［*Pinellia ternata*（Thunb.）Breit.］等。

**4. 闽浙丘陵南部区**

本区位于福建省东南沿海，闽江口以南沿戴云山脉东南坡到平和的九峰以南部分，为吴征镒植物区系南岭东段亚地区的一部分。有晋江、九龙江等众多独流入海的河流，地形西部为多山丘陵，东部沿海有泉州、漳州等小平原。

本区是亚热带与热带之间的过渡地带，由于武夷山和戴云山两大山脉的屏障及台湾海峡暖流的作用，气候更加暖热，使本区既有亚热带的特色，又显露出热带的某些植被，故又称半热带。年均温 20 ～ 24℃，最冷月均温 12 ～ 14℃，最热月均温 28 ～ 30℃，年较差 16 ～ 12℃，日均温全年≥ 5℃和≥ 10℃的均有 300 天以上，年积温 6500 ～ 8000℃或 8500℃，无霜期 260 ～ 325 天。年平均降水量 1400 ～ 2000mm，东部可达 2000 ～ 3000mm。本区属旱季较不显著的热带季雨林、雨林气候小区。

土壤以红壤、砖红壤、黄壤为主，盆地为水稻土。

从植被地理的角度而言，这一带已属热带范围。山谷中的雨林性常绿阔叶林（常绿季雨林），海边的红树林，次生灌丛的优势种和典型的热带植物几无差别。

半热带的酸性砖红壤性土壤上生长着大戟科、罗汉松科等热带树种，雨林性常绿阔叶林中，小乔木层和灌木层几乎全属热带树木，如热带种类的青冈属植物毛果青冈［*Cyclobalanopsis pachyloma*（Seem.）Schott.］、栎子青冈［*Cyclobalanopsis blakei*（Skan）Schott.］等，樟科植物也渐增多，山茶科、金缕梅科亦较多。阔叶林破坏后，次生为马尾松疏林及桃金娘、岗松（*Baeckea frutescens* Linn.）、野牡丹、大沙叶（*Pavetta arenosa* Lour.）灌丛。

石灰岩上为半常绿季雨林，主要由榆科、椴树科、楝科、藤黄科、无患子科、大戟科、梧桐科、漆树科、桑科等一些喜热好钙的树种组成，如蚬木[*Excentrodendron hsienmu*(Chun et How)H.T.Chang et R.H.Miau]、闭花木[*Cleistanthus sumatranus*(Miq.)Muell.Arg.]、金丝李(*Garcinia paucinervis* Chun et How)、肥牛树[*Cephalomappa sinensis*(Chun et How)Kosterm.]等。木质藤本植物很多，并有相当数量的热带成分，如鹰爪花[*Artabotrys hexapetalus*(Linn.f.)Bhandari]、紫玉盘(*Uvaria microcarpa* Champ.ex Benth.)等。

海边的盐性沼泽土上，分布着硬叶常绿阔叶稀疏灌丛(红树林)，高0.5～2.0m，多属较为耐寒的种类，如老鼠簕(*Acanthus ilicifolius* Linn.)、蜡烛果[*Aegiceras corniculatum*(Linn.)Blanco]，间有秋茄树[*Kandelia candel*(Linn.)Druce]等。

本区广泛栽培热带果树如荔枝(*Litchi chinensis* Sonn.)、龙眼、黄皮[*Clausena lansium*(Lour.)Skeels]、芒果(*Mangifera indica* Linn.)、橄榄[*Canarium album*(Lour.)Raeusch.]、乌榄(*Canarium pimela* Leenh.)、阳桃(*Averrhoa carambola* Linn.)、木瓜[*Chaenomeles sinensis*(Thouin)Koehne]、番荔枝(*Annona squamosa* Linn.)、香蕉(*Musa nana* Lour.)、番木瓜(*Carica papaya* Linn.)、菠萝[*Ananas comosus*(Linn.)Merr.]、芭蕉(*Musa basjoo* Siebold et Zucc.)等，另普遍栽培木棉(*Bombax malabaricum* DC.)，亦能栽培经济作物如剑麻(*Agave sisalana* Perr.ex Engelm.)等。在亚热带作为一年生草本植物的辣椒(*Capsicum annuum* Linn.)在本区可越冬长成多年生灌木，蓖麻(*Ricinus communis* Linn.)长成小乔木。

本区是我国道地药材"南药"的部分产区。法定药用植物有肉桂(*Cinnamomum cassia* Presl)、八角、山姜[*Alpinia japonica*(Thunb.)Miq.]、红豆蔻[*Alpinia galangal*(Linn.)Willd.]、狗脊、淡竹叶、龙眼、巴戟天(*Morinda officinalis* How)、广防己(*Aristolochia fangchi* Y.C.Wu ex L.D.Chow et S.M.Hwang)、蒲葵[*Livistona chinensis*(Jacq.)R.Br.]等。

## 三、山地植被的垂直分布

**1. 安徽大别山**

约位于北纬31°、东经116°，是秦岭向东的延伸部分。主峰白马尖海拔1777m。从海拔100m的山麓到山顶可分为下列植被垂直带：海拔100～1400m为落叶阔叶树—常绿阔叶树混交林和针叶林带，在海拔100～700m地段，有含青冈、苦槠、樟的栓皮栎林和麻栎林以及含檵木、乌饭树、山矾(*Symplocos sumuntia* Buch.-Ham.ex D.Don)等的马尾松林和杉木林。在海拔700～1400m地段，山脊上有茅栗(*Castanea seguinii* Dode)、化香树林和黄山松林，山谷中有槲栎林。海拔1400～1750m的山顶除有黄山松林外，还有落叶—常绿灌丛和大油芒(*Spodiopogon sibiricus* Trin.)、芒(*Miscanthus sinensis* Anderss.)及草甸。

**2. 安徽黄山**

约位于北纬30°、东经118°，最高峰莲花峰海拔1860m，可分为下列植被垂直带：海拔600m以下的低山、切割阶地与丘陵、山间盆地及小冲积平原，以马尾松和栽培植物为多，自然分布有三毛草[*Trisetum bifidum*(Thunb.)Ohwi]、鼠尾粟[*Sporobolus fertilis*(Steud.)W.D.Clayt.]等，草本植物有白茅[*Imperata cylindrica*(Linn.)Beauv.]等。海拔600～1300m为常绿阔叶林与落叶阔叶林带，有少量常绿阔叶林占绝对优势的群落地段，以甜槠、青冈、细叶青冈(*Cyclobalanopsis gracilis*)为主，林中偶见乌药等；常绿与落叶阔叶混交林中，以枫香树、糙叶树[*Aphananthe aspera*(Thunb.)Planch.]、甜槠、青冈为主，其中夹杂着南天竹、八角枫[*Alangium chinense*(Lour.)Harms]、醉鱼草(*Buddleja lindleyana* Fortune)等灌木。海拔1300～1700m为落叶阔叶林带，主要为黄山栎(*Quercus stewardii* Rehd.)等，也有昆明山海棠[*Tripterygium hypoglaucum*(Lévl.)Hutch]、黄连、三枝九叶草[*Epimedium sagittatum*(Siebold et Zucc.)Maxim.]、黄精(*Polygonatum sibiricum* Delar. ex Redoute)等。海拔1700～1800m为灌丛带，灌木及带有灌木习性群落的主要有黄山松(*Pinus taiwanensis* Hayata)、黄山栎、白檀[*Symplocos paniculata*(Thunb.)Miq.]等群落。海拔1800～1850m为山地灌木草地带，有野古草(*Arundinella *anomala* Steud.）、龙胆（*Gentiana scabra* Bunge）等。

**3. 浙江天目山**

位于北纬 30°、东经 119°，主峰西天目山海拔为 1497m。海拔 300m 以下，低山河谷地段散生的乔木有垂柳、枫杨（*Pterocarya stenoptera* C. DC.）、乌桕、楝（*Melia azedarach* Linn.）等；灌木有山胡椒、白檀、算盘子［*Glochidion puberum*（Linn.）Hutch.］、枸骨（*Ilex cornuta* Lindl. et Paxt.）等；山脚常见香附、鸭跖草（*Commelina communis* Linn.）、萹蓄（*Polygonum aviculare* Linn.）、石蒜［*Lycoris radiata*（L′ Her.）Herb.］、葎草［*Humulus scandens*（Lour.）Merr.］、益母草（*Leonurus japonicus* Houtt.）等草本。海拔 300 ～ 800m，为低山常绿—落叶阔叶林，主体为人工营造的毛竹林、柳杉林、杉木林，其他主要有青冈、樟、猴樟（*Cinnamomum bodinieri* H.Lévl.）、木荷、银杏、响叶杨（*Populus adenopoda* Maxim.）、金钱松［*Pseudolarix amabilis*（Nelson）Rehd.］、檵木、石楠、南天竹、三叶木通等；地被植物主要有吉祥草［*Reineckia carnea*（Andr.）Kunth］、麦冬、前胡、蓬蘽（*Rubus hirsutus* Thunb.）、地榆（*Sanguisorba officinalis* Linn.）等。海拔 800 ～ 1200m 植物为常绿—落叶针阔叶混交林，乔木主要有青钱柳、柳杉（*Cryptomeria fortunei* Hooibrenk ex Otto et Dietr.）、金钱松、银杏、杉木、黄山松、青冈、天目木兰［*Yulania amoena*（W.C.Cheng）D.L.Fu］、紫荆（*Cercis chinensis* Bunge）、马尾松、云锦杜鹃（*Rhododendron fortunei* Lindl.）等；灌木有野鸦椿［*Euscaphis japonica*（Thunb.）Dippel］、马银花［*Rhododendron ovatum*（Lindl.）Planch.ex Maxim.］、南天竹、金缕梅（*Hamamelis mollis* Oliver）等；地被植物有忍冬、石菖蒲（*Acorus tatarinowii* Schott）、紫萼（*Teucrium tsinlingense* C.Y.Wu et S.Chow var. *porphyreum* C.Y.Wu et S.Chow）、蕺菜（*Houttuynia cordata* Thunb）、及己［*Chloranthus serratus*（Thunb.）Roem et Schult］、孩儿参［*Pseudostellaria heterophylla*（Miq.）Pax］、麦冬、七叶一枝花（*Paris polyphylla* Sm.）等。海拔 1200m 以上，木本植物主要为暖温带落叶灌木及乔木，主要有四照花［*Cornus kousa* F. Buerger ex Hance subsp.*chinensis*（Osborn）Q.Y.Xiang］、川榛（*Corylus heterophylla* Fisch.var.*sutchuenensis* Franch.）、大叶胡枝子（*Lespedeza davidii* Franch.）等，另有大血藤、华中五味子（*Schisandra sphenanthera* Rehd.et Wils.）、穿龙薯蓣（*Dioscorea nipponica* Makino）、草芍药（*Paeonia obovata* Maxim.）、玄参、孩儿参、野菊（*Chrysanthemum indicum* Linn.）等。

**4. 福建武夷山**

约位于北纬 27° ～ 28°、东经 118°，最高峰黄岗山海拔 2161m，可分为下列山地植被垂直带。海拔 800m 以下为常绿阔叶林，以甜槠、苦槠、钩锥（*Castanopsis tibetana* Hance）、木荷等杂木林为主。海拔 800 ～ 1400m 以较耐寒的青冈等常绿栎林为主；阔叶林破坏后次生马尾松林、杉木林、柳杉林和毛竹林。海拔 1400 ～ 1800m 为针叶林、常绿阔叶树—落叶阔叶树混交林、针叶林带，有铁杉［*Tsuga chinensis*（Franch.）Pritz.］、木荷、水青冈混交林和黄山松林。海拔 1800 ～ 2161m 为山顶落叶灌丛草甸带，有茅栗灌丛和野古草、芒等。

**5. 江西武功山**

约位于北纬 27°、东经 114°，主峰武功山海拔 1918m。海拔 200 ～ 800m（南坡）、200 ～ 1100m（北坡）为常绿阔叶林、针叶林带；常绿阔叶林以稍耐寒的青冈、甜槠、苦槠等常绿栎类林为主，林中混生有喜湿气落叶的水青冈（*Fagus longipetiolata* Seem.），针叶林有马尾松林和杉木林，还有毛竹林。海拔 800（南坡）～ 1600m，或 1100（北坡）～ 1600m 为中山常绿阔叶树—落叶阔叶树混交林、针叶林带，下段混交林中的常绿阔叶树有较耐寒的蚊母树（*Distylium racemosum* Sieb.）等，落叶树种有椴树（*Tilia tuan* Szyszyl.）、水青冈等。海拔 1400 ～ 1600m 排水良好的浅层土上分布有常绿—落叶混交矮林和黄山松林。海拔 1600 ～ 1918m 为山顶灌丛草甸带；有落叶—常绿混交的杜鹃灌丛和野古草、芒等禾草。

赵维良

2017 年 12 月于西子湖畔

# 标准简称及全称对照

药典 1953　中华人民共和国药典 . 1953 年版 . 中央人民政府卫生部编 . 上海：商务印书馆 . 1953

药典 1963　中华人民共和国药典 . 1963 年版一部 . 中华人民共和国卫生部药典委员会编 . 北京：人民卫生出版社 . 1964

药典 1977　中华人民共和国药典 . 1977 年版一部 . 中华人民共和国卫生部药典委员会编 . 北京：人民卫生出版社 . 1978

药典 1977 附录　中华人民共和国药典 . 1977 年版一部 . 附录

药典 1985　中华人民共和国药典 . 1985 年版一部 . 中华人民共和国卫生部药典委员会编 . 北京：人民卫生出版社、化学工业出版社 . 1985

药典 1990　中华人民共和国药典 . 1990 年版一部 . 中华人民共和国卫生部药典委员会编 . 北京：人民卫生出版社、化学工业出版社 . 1990

药典 1995　中华人民共和国药典 . 1995 年版一部 . 中华人民共和国卫生部药典委员会编 . 广州：广东科技出版社、化学工业出版社 . 1995

药典 2000　中华人民共和国药典 . 2000 年版一部 . 国家药典委员会编 . 北京：化学工业出版社 . 2000

药典 2005　中华人民共和国药典 . 2005 年版一部 . 国家药典委员会编 . 北京：化学工业出版社 . 2005

药典 2010　中华人民共和国药典 . 2010 年版一部 . 国家药典委员会编 . 北京：中国医药科技出版社 . 2010

药典 2015　中华人民共和国药典 . 2015 年版一部 . 国家药典委员会编 . 北京：中国医药科技出版社 . 2015

部标蒙药 1998　中华人民共和国卫生部药品标准・蒙药分册 . 中华人民共和国卫生部药典委员会编 . 1998

部标维药 1999　中华人民共和国卫生部药品标准・维吾尔药分册 . 中华人民共和国卫生部药典委员会编 . 乌鲁木齐：新疆科技卫生出版社 . 1999

部标维药 1999 附录　中华人民共和国卫生部药品标准・维吾尔药分册 . 附录

部标藏药 1995　中华人民共和国卫生部药品标准・藏药・第一册 . 中华人民共和国卫生部药典委员会编 . 1995

部标中药材 1992　中华人民共和国卫生部药品标准・中药材・第一册 . 中华人民共和国卫生部药典委员会编 . 1992

局标进药 2004　儿茶等 43 种进口药材质量标准 . 国家药品监督管理局注册标准 . 2004

部标成方六册 1992 附录　中华人民共和国卫生部药品标准中药成方制剂・第六册・附录 . 中华人民共和国卫生部药典委员会编 . 1992

部标成方九册 1994 附录　中华人民共和国卫生部药品标准中药成方制剂・第九册・附录 . 中华人民共和国卫生部药典委员会编 . 1994

部标成方十一册 1996 附录　中华人民共和国卫生部药品标准中药成方制剂・第十一册・附录 . 中华人民共和国卫生部药典委员会编 . 1996

部标成方十五册 1998 附录　中华人民共和国卫生部药品标准中药成方制剂・第十五册・附录 . 中华人民共和国卫生部药典委员会编 . 1998

部标成方十七册 1998 附录　中华人民共和国卫生部药品标准中药成方制剂・第十七册・附录 . 中华人民共和国卫生部药典委员会编 . 1998

北京药材 1998　北京市中药材标准 . 1998 年版 . 北京市卫生局编 . 北京：首都师范大学出版社 . 1998

山西药材 1987　山西省中药材标准 . 1987 年版 . 山西省卫生厅编 . 1988

内蒙古蒙药 1986　内蒙古蒙药材标准 . 1986 年版 . 内蒙古自治区卫生厅编 . 赤峰：内蒙古科学技术出版社 . 1987

内蒙古药材 1988　内蒙古中药材标准 . 1988 年版 . 内蒙古自治区卫生厅编 . 1987

辽宁药品 1987　辽宁省药品标准 . 1987 年版 . 辽宁省卫生厅编

辽宁药材 2009　辽宁省中药材标准・第一册 . 2009 年版 . 辽宁省食品药品监督管理局编 . 沈阳：辽宁科学技术出版社 . 2009

吉林药品 1977　吉林省药品标准 . 1977 年版 . 吉林省卫生局编 . 1977

黑龙江药材 2001　黑龙江省中药材标准 . 2001 年版 . 黑龙江省药品监督管理局编 . 2001

上海药材 1994　上海市中药材标准 . 1994 年版 . 上海市卫生局编 . 1993

上海药材 1994 附录　上海市中药材标准 . 1994 年版 . 附录
江苏药材 1989　江苏省中药材标准 . 1989 年版 . 江苏省卫生厅编 . 南京：江苏省科学技术出版社 . 1989
江苏药材 1989 增补　江苏省中药材标准 . 1989 年版增补本 . 江苏省卫生厅编 . 南京：江苏省科学技术出版社 . 1994
浙江药材 2000　浙江省中药材标准 . 浙江省卫生厅文件 . 浙卫发［2000］228 号 . 2000
浙江药材 2006　浙江省中药材标准 . 浙江省食品药品监督管理局文件 . 浙药监注［2006］51 号、56 号、186 号、189 号 . 2006
浙江炮规 2005　浙江省中药炮制规范 . 2005 年版 . 浙江省食品药品监督管理局编 . 杭州：浙江科学技术出版社 . 2006
浙江炮规 2015　浙江省中药炮制规范 . 2015 年版 . 浙江省食品药品监督管理局编 . 北京：中国医药科技出版社 . 2016
山东药材 1995　山东省中药材标准 . 1995 年版 . 山东省卫生厅编 . 济南：山东友谊出版社 . 1995
山东药材 2002　山东省中药材标准 . 2002 年版 . 山东省药品监督管理局编 . 济南：山东友谊出版社 . 2002
山东药材 2012　山东省中药材标准 . 2012 年版 . 山东省食品药品监督管理局编 . 山东科学技术出版社 . 2012
江西药材 1996　江西省中药材标准 . 1996 年版 . 江西省卫生厅编 . 南昌：江西科学技术出版社 . 1997
江西药材 2014　江西省中药材标准 . 江西省食品药品监督管理局编 . 上海：上海科学技术出版社 . 2014
福建药材 1990　福建省中药材标准（试行稿）第一批 . 1990 年版 . 福建省卫生厅编 . 1990
福建药材 1995　福建省中药材标准（试行本）第三批 . 1995 年版 . 福建省卫生厅编 . 1995
福建药材 2006　福建省中药材标准 . 2006 年版 . 福建省食品药品监督管理局 . 福州：海风出版社 . 2006
河南药材 1991　河南省中药材标准 . 1991 年版 . 河南省卫生厅编 . 郑州：中原农民出版社 . 1992
河南药材 1993　河南省中药材标准 . 1993 年版 . 河南省卫生厅编 . 郑州：中原农民出版社 . 1994
湖北药材 2009　湖北省中药材质量标准 . 2009 年版 . 湖北省食品药品监督管理局编 . 武汉：湖北科学技术出版社 . 2009
湖南药材 1993　湖南省中药材标准 . 1993 年版 . 湖南省卫生厅编 . 长沙：湖南科学技术出版社 . 1993
湖南药材 2009　湖南省中药材标准 . 2009 年版 . 湖南省食品药品监督管理局编 . 长沙：湖南科学技术出版社 . 2010
广东药材 2004　广东省中药材标准 • 第一册 . 广东省食品药品监督管理局编 . 广州：广东科技出版社 . 2004
广东药材 2011　广东省中药材标准 • 第二册 . 广东省食品药品监督管理局编 . 广州：广东科技出版社 . 2011
广西药材 1990　广西中药材标准 . 1990 年版 . 广西壮族自治区卫生厅编 . 南宁：广西科学技术出版社 . 1992
广西药材 1990 附录　广西中药材标准 . 1990 年版 . 附录
广西药材 1996　广西中药材标准 • 第二册 . 1996 年版 . 广西壮族自治区卫生厅编 . 1996
广西壮药 2008　广西壮族自治区壮药质量标准 • 第一卷 . 2008 年版 . 广西壮族自治区食品药品监督管理局编 . 南宁：广西科学技术出版社 . 2008
广西壮药 2011 二卷　广西壮族自治区壮药质量标准 . 第二卷 . 2011 年版 . 广西壮族自治区食品药品监督管理局编 . 南宁：广西科学技术出版社 . 2011
广西瑶药 2014 一卷　广西壮族自治区瑶药材质量标准 . 第一卷 . 2014 年版 . 广西壮族自治区食品药品监督管理局编 . 南宁：广西科学技术出版社 . 2014
海南药材 2011　海南省中药材标准 • 第一册 . 海南省食品药品监督管理局编 . 海口：南海出版公司 . 2011
四川药材 1979　四川省中草药标准（试行稿）第二批 . 1979 年版 . 四川省卫生局编 . 1979
四川药材 1980　四川省中草药标准（试行稿）第三批 . 1980 年版 . 四川省卫生厅编 . 1980
四川药材 1984　四川省中草药标准（试行稿）第四批 . 1984 年版 . 四川省卫生厅编 . 1984
四川药材 1987　四川省中药材标准 . 1987 年版 . 四川省卫生厅编 . 1987
四川药材 1987 增补　四川省中药材标准 . 1987 年版增补本 . 四川省卫生厅编 . 成都：成都科技大学出版社 . 1991
四川药材 2010　四川省中药材标准 . 2010 年版 . 四川省食品药品监督管理局编 . 成都：四川科学技术出版社 . 2011
贵州药材 1965　贵州省中药材标准规格 • 上集 . 1965 年版 . 贵州省卫生厅编 . 1965
贵州药材 1988　贵州省中药材质量标准 . 1988 年版 . 贵州省卫生厅编 . 贵阳：贵州人民出版社 . 1990
贵州药品 1994　贵州省药品标准 . 1994 年版修订本 . 贵州省卫生厅批准 . 1994
贵州药材 2003　贵州省中药材、民族药材质量标准 . 2003 年版 . 贵州省药品监督管理局编 . 贵阳：贵州科技出版社 . 2003
云南药品 1974　云南省药品标准 . 1974 年版 . 云南省卫生局编 . 1974
云南药品 1996　云南省药品标准 . 1996 年版 . 云南省卫生厅编 . 昆明：云南大学出版社 . 1998
云南药材 2005 一册　云南省中药材标准 • 2005 年版 . 第一册 . 云南省食品药品监督管理局 . 昆明：云南美术出版社 . 2005

云南彝药2005二册　云南省中药材标准•2005年版.第二册•彝族药.云南省食品药品监督管理局编.昆明:云南科技出版社.2007

云南傣药2005三册　云南省中药材标准•2005年版.第三册•傣族药.云南省食品药品监督管理局编.昆明:云南科技出版社.2007

云南彝药Ⅱ 2005 四册　云南省中药材标准·2005 年版.第四册·彝族药(Ⅱ).云南省食品药品监督管理局编.昆明:云南科技出版社.2008

云南傣药Ⅱ 2005 五册　云南省中药材标准·2005 年版.第五册.傣族药(Ⅱ).云南省食品药品监督管理局编.昆明:云南科技出版社.2005

云南彝药Ⅲ 2005 六册　云南省中药材标准·2005 年版.第六册.彝族药(Ⅲ).云南省食品药品监督管理局编.昆明:云南科技出版社.2005

云南药材 2005 七册　云南省中药材标准·2005 年版.第七册.云南省食品药品监督管理局编.昆明.云南科技出版社.2013

藏药 1979　藏药标准第一版第一、二分册合编本.西藏、青海、四川、甘肃、云南、新疆卫生局编.西宁:青海人民出版社.1979

宁夏药材 1993　宁夏中药材标准.1993 年版.宁夏回族自治区卫生厅编.银川:宁夏人民出版社.1993

甘肃药材(试行)1996　甘肃省第四批 24 种中药材质量标准(试行).甘卫药发[1996]第 347 号.甘肃省卫生厅编.1996

甘肃药材 2009　甘肃省中药材标准.2009 年版.甘肃省食品药品监督管理局编.兰州:甘肃文化出版社.2009

青海药品 1976　青海省药品标准.1976 年版.青海省卫生局编.1976

青海藏药 1992　青海省藏药标准.1992 年版.青海省卫生厅编.1992

新疆维药 1993　维吾尔药材标准·上册.新疆维吾尔自治区卫生厅编.乌鲁木齐:新疆科技卫生出版社.1993

新疆药品 1980 一册　新疆维吾尔自治区药品标准·第一册.1980 年版.新疆维吾尔自治区卫生局编.1980

新疆药品 1980 二册　新疆维吾尔自治区药品标准·第二册.1980 年版.新疆维吾尔自治区卫生局编.1980

新疆药品 1987　新疆维吾尔自治区药品标准.1987 年版.新疆维吾尔自治区卫生厅编.1987

新疆药材 2010　新疆维吾尔自治区维吾尔药材标准·第一册.2010 年版.新疆维吾尔自治区食品药品监督管理局编.乌鲁木齐:新疆人民卫生出版社.2010

中华药典 1930　中华药典.卫生部编印.上海:中华书局印刷所.1930(中华民国十九年)

香港药材一册　香港中药材标准·第一册.香港特别行政区政府卫生署中医药事务部编制.2005

香港药材二册　香港中药材标准·第二册.香港特别行政区政府卫生署中医药事务部编制.2008

香港药材三册　香港中药材标准·第三册.香港特别行政区政府卫生署中医药事务部编制.2010

香港药材四册　香港中药材标准·第四册.香港特别行政区政府卫生署中医药事务部编制.2012

香港药材五册　香港中药材标准·第五册.香港特别行政区政府卫生署中医药事务部编制.2012

香港药材六册　香港中药材标准·第六册.香港特别行政区政府卫生署中医药事务部编制.2013

香港药材七册　香港中药材标准·第七册.香港特别行政区政府卫生署中医药事务部编制.2015

台湾 1980　中华中药典."行政院卫生署"中华药典编修委员会编.台北:"行政院卫生署".1980

台湾 1985 一册　中华民国中药典范(第一辑全四册)•第一册."行政院卫生署"中医药委员会、中药典编辑委员会编.台北:达昌印刷有限公司.1985

台湾 2006　中华中药典."行政院卫生署"中华药典编修委员会编.台北:"行政院卫生署".2006

台湾 2013　中华中药典."行政院卫生署"中华药典编修小组编.台北:"行政院卫生署".2013

# 目　　录



## 被子植物门

# 被子植物门 ANGIOSPERMAE

# 双子叶植物纲 DICOTYLEDONEAE

## 原始花被亚纲 ARCHICHLAMYDEAE

### 八七　五加科 Araliaceae

乔木或灌木，有时攀援，稀多年生草本，有刺或无刺。叶互生，稀对生或轮生，单叶、掌状或羽状复叶，叶柄基部通常扩大成鞘状，托叶与叶柄基部常合生，有时缺。花整齐，两性或杂性，稀单性，排成伞形、头状、总状或穗状花序，通常再组成圆锥状复花序。苞片宿存或早落，小苞片不明显；花梗有时有关节；萼管与子房贴合，边缘波状或有齿；花瓣 5 ～ 10 枚，在蕾中镊合状或覆瓦状排列，通常分离，有时基部愈合或顶部愈合呈帽状；雄蕊通常与花瓣同数，或为花瓣的 2 倍或更多，着生于花盘的边缘，花盘肉质，扁圆锥形或环形；子房下位，通常 2 ～ 15 室，花柱与子房室同数，分离、部分合生或全部合生呈柱状，每室有 1 粒胚珠。果实浆果状或核果状，外果皮通常肉质。种子通常侧扁。

约 60 属，1200 余种，广泛分布于两半球的热带至温带地区。中国 23 属，175 种以上，除新疆外的全国各地均有分布，法定药用植物 10 属，32 种 5 变种。华东地区法定药用植物 8 属，15 种 2 变种。

五加科法定药用植物主要含皂苷类、黄酮类、苯丙素类等成分。皂苷类多为三萜皂苷，包括齐墩果烷型、乌苏烷型、羽扇豆烷型、木栓烷型等，如 β- 香树脂醇（β-amyrin）、羽扇豆醇（lupeol）、白桦脂酸（betulinic acid）、葳岩仙皂苷 D（cauloside D）、刺楸根皂苷 A、B（kalopanax saponin A、B）等；黄酮类多为黄酮醇，如槲皮素 -3- 鼠李糖苷（quercetin-3-rhamnoside）、金丝桃苷（hyperoside）等；苯丙素类如紫丁香苷（syringin）、松柏苷（coniferin）等。

鹅掌柴属含皂苷类、萜类、木脂素类等成分。皂苷类包括齐墩果烷型、羽扇豆烷型、乌苏烷型、木栓烷型，如 β- 香树脂醇（β-amyrin）、羽扇豆醇（lupeol）、白桦脂酸（betulinic acid）、葳岩仙皂苷 D（cauloside D）等；倍半萜类如黑麦草内酯（loliolide）、甲基赤芝萜酮（oplodiol）等；木脂素类如野木瓜苷（yemuoside）等。

树参属含皂苷类、黄酮类、炔类、苯丙素类等成分。皂苷类包括齐墩果烷型、乌苏烷型、羽扇豆烷型，如 α- 香树脂醇（α-amyrin）、β- 香树脂醇（β-amyrin）、羽扇豆醇（lupeol）等；黄酮类多为黄酮、黄酮醇，如槲皮素 -3-β-D- 葡萄糖基 -6-α-L- 鼠李糖苷（quercetin-3-β-D-glucosyl-6-α-L-rhamnoside）、山柰酚 -3-β-D- 葡萄糖基 -6-α-L- 鼠李糖苷（kaempferol-3-β-D-glucosyl-6-α-L-rhamnoside）等；炔类如福尔卡烯炔二醇（falcarindiol）、去氢镰叶芹醇（dehydrofalcarinol）等。

刺楸属含皂苷类、苯丙素类、黄酮类、酚酸类等成分。皂苷类多为五环三萜，主要皂苷元为常春藤皂苷元、齐墩果酸、葳严仙皂苷元，如刺楸根皂苷 A、B（kalopanax saponin A、B）、木通皂苷 Stb（akeboside Stb）、无患子属皂苷 A（sapindoside A）等；苯丙素类如松柏苷（coniferin）、鹅掌楸苷（liriodendrin）等；黄酮类多为黄酮醇，如槲皮素 -3- 鼠李糖苷（quercetin-3-rhamnoside）、金丝桃苷（hyperoside）等；酚酸类如葡萄糖基丁香酸（glucosyringic acid）、3，4- 二甲氧基苯甲酸（3，4-dimethoxybenzoic acid）等。

五加属含皂苷类、苯丙素类、黄酮类、酚酸类等成分。皂苷类包括羽扇豆烷型、齐墩果烷型等，如朝鲜五加苷 A、B、D（acankoreoside A、B、D）、五加苷 I（eleutheroside Ⅰ）、刺五加叶苷 A（ciwujianoside A）、司盘苷 C（spinoside C）等；苯丙素类如紫丁香苷（syringin）、松柏苷（coniferin）等；黄酮类多为黄酮醇，如槲皮素 -3-*O*-β-D- 吡喃葡萄糖苷（quercetin-3-*O*-β-D-glucopyranoside）、芦丁（rutin）等。

## 分属检索表

1. 灌木、乔木或小乔木，稀为草本。
  2. 单叶。
    3. 树干及枝有鼓钉状扁刺，枝具长枝和短枝……………………………………………………1. 刺楸属 *Kalopanax*
    3. 树干及枝无皮刺，枝仅具长枝而无短枝。
      4. 叶掌状分裂，裂片边缘有锯齿；叶具掌状脉……………………………………………2. 通脱木属 *Tetrapanax*
      4. 叶不分裂或浅裂，裂片全缘无锯齿；叶具三出脉………………………………………3. 树参属 *Dendropanax*
  2. 复叶。
    5. 掌状复叶。
      6. 枝有皮刺，小叶片边缘具细锯齿 ……………………………………………………4. 五加属 *Acanthopanax*
      6. 枝无皮刺；小叶片全缘，或具不规则粗锯齿………………………………………5. 鹅掌柴属 *Schefflera*
    5. 羽状复叶……………………………………………………………………………………………6. 楤木属 *Aralia*
1. 多年生草本或藤本。
  7. 草本，掌状复叶……………………………………………………………………………7. 人参属 *Panax*
  7. 藤本，单叶……………………………………………………………………………………8. 常春藤属 *Hedera*

### 1. 刺楸属 *Kalopanax* Miq.

落叶乔木。茎干及小枝均有刺，刺呈鼓钉状，粗大；枝具长枝和短枝。单叶，掌状分裂，边缘有锯齿，在长枝上疏散互生，在短枝上簇生；叶柄长，无托叶。花两性，排成伞形花序，再组成大型伞房状圆锥花序，顶生；花梗无关节；花萼边缘有 5 枚小齿；花瓣 5 枚，镊合状排列；雄蕊 5 枚，花丝细长；子房下位，2 室，花柱 2 枚，联合为柱状，柱头 2 叉。果实扁圆球状，内有种子 2 粒，扁平。

1 种 2 变种，分布于亚洲东部。中国 1 种 2 变种，分布于四川西部以东的南北各省区，法定药用植物 1 种 1 变种。华东地区法定药用植物 1 种。

## 645. 刺楸（图 645）• *Kalopanax septemlobus*（Thunb.）Koidz.

**【别名】**海桐皮、秃楸（江苏连云港），鸟不宿（江苏苏州、镇江），刺枫树（江西），五叶刺枫。

**【形态】**落叶大乔木，高 10 ～ 15（～ 30）m。树皮暗灰棕色，纵裂，小枝淡黄棕色或灰棕色，枝干有粗大鼓钉状刺。单叶，在长枝上互生，在短枝上簇生；叶片纸质，近圆形，直径 9 ～ 25（～ 35）cm，掌状分裂，裂片 5 ～ 7 枚，长通常不及全叶片的 1/2，三角状卵圆形至椭圆状卵形，顶端渐尖或长尖，边缘具细锯齿，无毛或背面基部脉腋有毛簇，放射状主脉 5 ～ 7 条；叶柄长 6 ～ 30cm。顶生圆锥花序大，由多个伞形花序聚生而成，长 15 ～ 25cm，直径 20 ～ 30cm；伞形花序直径 1 ～ 2.5cm，有花多数；花梗细长，无关节；花萼无毛，边缘有 5 枚小齿；花瓣 5 枚，白色或淡黄绿色，三角状卵形，常反折；雄蕊 5 枚，较花瓣长；子房 2 室，花柱合生呈柱状，柱头离生。果扁球状，直径约 5mm，成熟时蓝黑色。宿存花柱长 2mm。花期 7 ～ 8 月，果期 9 ～ 11 月。

**【生境与分布】**生于山地疏林和向阳山坡，垂直分布海拔自数十米起至千余米，在云南可达 2500m，华东地区各省均有分布，另广东、广西、贵州、河北、河南、湖北、湖南、辽宁、山西、陕西、四川、云南等省区也有分布，部分省区有栽培；日本、朝鲜和俄罗斯也有分布。

**【药名与部位】**川桐皮（海桐皮），树皮。

图 645 刺楸 摄影 李华东等

【采集加工】初夏剥取有钉刺的树皮，干燥。

【药材性状】呈片状或微卷曲的不规则块片，厚 0.6 ～ 1cm。外表面黑褐色，粗糙，多呈不规则鳞片状裂纹，并有分布较密的钉刺；钉刺扁圆锥形，纵向着生，高约 1cm，顶尖，基部直径 1 ～ 2cm。内表面棕褐色，有斜网状的细条纹。质脆，易折断，断面略呈层片状，层间有白色粉霜。气香，味微辣而麻。

【药材炮制】洗净，润透，切块，干燥。

【化学成分】根及根皮含皂苷类：刺楸皂苷 A、B、C、D、E、F（kalopanax saponin A、B、C、D、E、F）[1-3]，刺楸皂苷 H（kalopanax saponin H）、常春藤皂苷元（hederagenin）、3- 羰基常春藤皂苷元（hederagenin-3-one），即常春藤酸（hederagenic acid）、β- 常春藤皂苷（β-hederin）、常春藤皂苷元 -28-*O*-β-D- 吡喃葡萄糖酯苷（hederagenin-28-*O*-β-D-glucopyranosyl ester）、3-*O*-α-D- 吡喃阿拉伯糖基 - 阿江榄仁酸 -28-*O*-α-L- 吡喃鼠李糖基 -（1→4）-*O*-β-D- 吡喃葡萄糖基 -（1→6）-*O*-β-D- 吡喃葡萄糖酯苷［3-*O*-α-D-arabinopyranosyl-arjunolic acid-28-*O*-α-L-rhamnopyranosyl-（1→4）-*O*-β-D-glucopyranosyl-（1→6）-*O*-β-D-glucopyranosyl ester］[3]，竹节皂苷Ⅳ（chickusetsuaponin Ⅳ）[2]，常春藤酸 -28-*O*-β-D- 葡萄糖苷（hederagenic acid-28-*O*-β-D-glucopyr anoside）、常春藤皂苷元 -28-*O*-β-D- 葡萄糖苷（hederagenin-28-*O*-β-D-glucopyranoside）和 3-*O*-α-L- 吡喃阿拉伯糖基阿江榄仁酸 -28-*O*-α-L- 吡喃鼠李糖基 -（1→4）-*O*-β-D- 吡喃葡萄糖基 -（1→6）-*O*-β-D- 吡喃葡萄糖苷［3-*O*-α-L-arabinopyranosyl arjunolic acid-28-*O*-α-L-rhamnopyranosyl-（1→4）-*O*-β-D-glucopyranosyl-（1→6）-*O*-β-D-glucopyranosylside］[4]；甾体类：胡萝卜苷（daucosterol）和 β- 谷甾醇（β-sitosterol）[3,5]；木脂素类：鹅掌楸苷（liriodendrin）和（-）- 丁香脂素［（-）-syringarenol］[3,5]；苯丙素类：反式 - 松柏醛（*trans*-coniferyl aldehyde）[3,5]；酚及酚酸类：咖啡酸（caffeic acid）、3- 甲氧基苯甲醛（3-methoxy-benzaldehyde）、2- 羟基 -4- 甲氧基 -3, 6- 二甲基苯甲酸（2-hydroxy-4-methoxy-3, 6-dimethyl benzoic acid）、香草醛（vanillin）、原儿茶酸（protocatechuic acid）、原儿茶醛

（protocatechuic aldehyde）[3]，苔色酸乙酯（ethyl orsellinate）和3-甲氧基苯甲醛（3-methoxybenzaldehyde）[6]；挥发油类：γ-榄香烯（γ-elemene）、反式-β-金合欢烯（*trans*-β-famesene）、α-愈创烯（α-guaiene）和2-（1-甲基乙基）-5-甲基-苯酚［2-（1-methyl-ethyl）-5-methyl-phenol］[7]；内酯类：5-羰基-二十八内酯（5-oxo-octacosanolide）[3]。

树皮含皂苷类：刺楸萜苷*A（septemoside A）[8]，常春藤皂苷元-3-*O*-α-L-吡喃鼠李糖基-（1→2）-*O*-α-L-吡喃阿拉伯糖基-28-*O*-β-D-吡喃葡萄糖基-（1→6）-*O*-β-D-吡喃葡萄糖酯苷［hederagenin-3-*O*-α-L-rhamnopyranosyl-（1→2）-*O*-α-L-arabinopyranoside-28-*O*-β-D-glucopyranosyl-（1→6）-*O*-β-D-glucopyranosyl ester］[8]，常春藤皂苷元（hederagenin）、刺楸皂苷A、B（kalopanax saponin A、B）、常春藤皂苷元-3-*O*-α-L-吡喃阿拉伯糖苷（hederagenin-3-*O*-α-L-arabinopyranoside）[9]，刺楸皂苷I（kalopanax saponin I）[9,10]，常春藤皂苷元-3-*O*-α-L-吡喃阿拉伯糖-28-*O*-α-L-吡喃鼠李糖基-（1→4）-*O*-β-D-吡喃葡萄糖基-（1→6）-*O*-β-D-吡喃葡萄糖酯苷［hederagenin-3-*O*-α-L-arabinopyranosyl-28-*O*-α-L-rhamnopyranosyl-（1→4）-*O*-β-D-glucopyranosyl-（1→6）-*O*-β-D-glucopyranosyl ester］[10]，3-*O*-β-D-吡喃木糖基-（1→4）-β-D-吡喃木糖基-（1→3）-α-L-吡喃鼠李糖基-（1→2）-α-L-吡喃阿拉伯糖基常春藤皂苷元-28-*O*-α-L-吡喃鼠李糖基-（1→4）-β-D-吡喃葡萄糖基-（1→6）-β-D-吡喃葡萄糖苷［3-*O*-β-D-xylopyranosyl-（1→4）-β-D-xylopyranosyl-（1→3）-α-L-rhamnopyranosyl-（1→2）-α-L-arabinopyranosyl hederagenin-28-*O*-α-L-rhamnopyranosyl-（1→4）-β-D-glucopyranosyl-（1→6）-β-D-glucopyranoside］、3-*O*-β-D-吡喃木糖基-（1→4）-β-D-吡喃木糖基-（1→3）-α-L-吡喃鼠李糖基-（1→2）-α-L-吡喃阿拉伯糖基常春藤皂苷元-28-*O*-β-D-吡喃木糖基-（1→3）-β-D-吡喃木糖基-（1→2）-［α-L-吡喃鼠李糖基-（1→4）-β-D-吡喃葡萄糖基-（1→6）］-β-D-吡喃葡萄糖苷{3-*O*-β-D-xylopyranosyl-（1→4）-β-D-xylopyranosyl-（1→3）-α-L-rhamnopyranosyl-（1→2）-α-L-arabinopyranosyl hederagenin-28-*O*-β-D-xylopyranosyl-（1→3）-β-D-xylopyranosyl-（1→2）-［α-L-rhamnopyranosyl-（1→4）-β-D-glucopyranosyl-（1→6）］-β-D-glucopyranoside}、3-*O*-β-D-吡喃木糖基-（1→4）-β-D-吡喃木糖基-（1→3）-α-L-吡喃鼠李糖基-（1→2）-α-L-吡喃阿拉伯糖基常春藤皂苷元-28-*O*-β-D-吡喃木糖基-（1→2）-［α-L-吡喃鼠李糖基-（1→4）-β-D-吡喃葡萄糖基-（1→6）］-β-D-吡喃葡萄糖苷{3-*O*-β-D-xylopyranosyl-（1→4）-β-D-xylopyranosyl-（1→3）-α-L-rhamnopyranosyl-（1→2）-α-L-arabinopyranosyl hederagenin-28-*O*-β-D-xylopyranosyl-（1→2）-［α-L-rhamnopyranosyl-（1→4）-β-D-glucopyranosyl-（1→6）］-β-D-glucopyranoside}、3-*O*-β-D-吡喃木糖基-（1→4）-β-D-吡喃木糖基-（1→3）-α-L-吡喃鼠李糖基-（1→2）-α-L-吡喃阿拉伯糖基常春藤皂苷元［3-*O*-β-D-xylopyranosyl-（1→4）-β-D-xylopyranosyl-（1→3）-α-L-rhamnopyranosyl-（1→2）-α-L-arabinopyranosyl hederagenin］、3-*O*-β-D-吡喃木糖基-（1→4）-β-D-吡喃木糖基-（1→3）-α-L-吡喃鼠李糖基-（1→2）-α-L-吡喃阿拉伯糖基常春藤皂苷元-28-*O*-β-D-吡喃葡萄糖基-（1→6）-β-D-吡喃葡萄糖苷［3-*O*-β-D-xylopyranosyl-（1→4）-β-D-xylopyranosyl-（1→3）-α-L-rhamnopyranosyl-（1→2）-α-L-arabinopyranosyl hederagenin-28-*O*-β-D-glucopyranosyl-（1→6）-β-D-glucopyranoside］、3-*O*-β-D-吡喃木糖基-（1→3）-α-L-吡喃鼠李糖基-（1→2）-α-L-吡喃阿拉伯糖基常春藤皂苷元-28-*O*-α-D-吡喃木糖基-（1→2）-［α-L-吡喃鼠李糖基-（1→4）-β-D-吡喃葡萄糖基-（1→6）］-β-D-吡喃葡萄糖苷{3-*O*-β-D-xylopyranosyl-（1→3）-α-L-rhamnopyranosyl-（1→2）-α-L-arabinopyranosyl hederagenin-28-*O*-α-D-xylopyranosyl-（1→2）-［α-L-rhamnopyranosyl-（1→4）-β-D-glucopyranosyl-（1→6）］-β-D-glucopyranoside}、3-*O*-β-D-吡喃木糖基-（1→3）-α-L-吡喃鼠李糖基-（1→2）-α-L-吡喃阿拉伯糖基常春藤皂苷元-28-*O*-α-L-吡喃鼠李糖基-（1→4）-β-D-吡喃葡萄糖基-（1→6）-β-D-吡喃葡萄糖苷［3-*O*-β-D-xylopyranosyl-（1→3）-α-L-rhamnopyranosyl-（1→2）-α-L-arabinopyranosyl hederagenin-28-*O*-α-L-rhamnopyranosyl-（1→4）-β-D-glucopyranosyl-（1→6）-β-D-glucopyranoside］、刺楸皂苷A、B、I（kalopanax saponin A、B、I）、常春藤皂苷元-3-*O*-α-L-阿拉伯糖苷（hederagenin-3-*O*-α-L-arabinopyranoside）和常春藤皂苷元（hederagenin）[11]；木脂素类：鹅掌楸苷（liriodendrin）[10]；苯丙素类：2-甲氧基对苯二酚-4-*O*-［6-*O*-（4-*O*-α-L-吡喃鼠

李糖）- 紫丁香基］-β-D- 吡喃葡萄糖苷 {2-methoxyhydroquinone-4-*O*-［6-*O*-（4-*O*-α-L-rhamnopyranosyl）-syringyl］-β-D-glucopyranoside} 和紫丁香苷（syringin）[10]。

**【药理作用】**1. 降血糖　茎皮的醇提取物对四氧嘧啶所致小鼠高血糖有显著的降血糖作用，且有一定的量效关系[1]。2. 抗氧化　叶的水提取液和酶提取液对羟自由基的清除作用均明显高于维生素 C（VC），表明其具有较强的抗氧化作用[2]。

**【性味与归经】**辛、微苦，平。有小毒。归肝、脾经。

**【功能与主治】**祛风湿，通经络，止痛。用于风湿性关节炎，腰膝酸痛。外治皮肤湿疹。

**【用法与用量】**煎服 9 ～ 15g；外用适量。

**【药用标准】**药典 1977、湖南药材 2009、湖北药材 2009、贵州药材 2003 和四川药材 2010。

**【临床参考】**1. 慢性气管炎：树皮 15g，水煎服。（《长白山植物药志》

2. 腰膝疼痛：树皮 30g，加五加皮 15g，白酒适量，浸 10 天，饮酒，每次 1 酒盅，每日 3 次。（《吉林中草药》）

3. 气血凝滞、手臂疼痛：树皮 9g，加当归 9g、赤芍 9g、白术 9g、桂枝 6g，水煎服。

4. 蛀虫牙痛：树皮 15g，煎水漱口。（3 方、4 方引自《安徽中草药》）

**【附注】**刺楸始载于《救荒本草》，云："刺楸树，生密县山谷中。其树高大，皮色苍白，上有黄白斑纹，枝梗间多有大刺，叶似楸叶而薄。"《本草纲目拾遗》载："鸟不宿，俗名老虎草，又名昏树晚娘棒。梗赤，长三四尺，本有刺，开黄花成穗。"应为本种。

本种的根、茎及叶在民间也作药用。

本种的树皮和根加工的药材孕妇慎服，根加工的药材脾胃虚寒者慎服。

本种的变种毛叶刺楸 *Kalopanax septemlobus*（Thunb.）Koidz.var.*magnificus*（Zabel）Hand-Mazz. 的树皮在四川作川桐皮药用。

**【化学参考文献】**


［1］孙文基，张登科，沙振方，等. 刺楸根皮中皂甙的化学成分研究［J］. 药学学报，1990，25（1）：29-34.

［2］Shao C J，Kasai R，Xu J D，et al. Saponins from roots of *Kalopanax septemlobus*（Thunb. ）Koidz. Ciqiu：structures of kalopanax-saponins C，D，E and F［J］. Chem Pharm Bull，1989，37（2）：311-314.

［3］么焕开. 刺楸和独正刚化学成分的研究［D］. 天津：天津大学博士学位论文，2010.

［4］Yao H K，Duan J Y，Wang J H，et al. Triterpenoids and their saponins from the roots of *Kalopanax septemlobus*［J］. Biochem Syst Ecol，2012，42：14-17.

［5］么焕开，段静雨，李岩，等. 刺楸化学成分研究［J］. 中药材，2011，34（5）：716-718.

［6］么焕开，李岩，段静雨，等. 刺楸中酚性成分研究［J］. 天然产物研究与开发，2012，24（4）：473-475.

［7］刘剑，刘纳纳，杨虹傑，等. GC-MS 分析刺楸树根和根皮中挥发性成分［J］. 安徽农业科学，2010，38（34）：19284-19286.

［8］Wang L S，Zhao D Q，Xu T H，et al. A new triterpene hexaglycoside from the bark of *Kalopanax septemlobus*（Thunb. ）Koidz［J］. Molecules，2009，14（11）：4497-4504.

［9］孙振学. 刺楸的化学成分及总皂苷的含量测定研究［D］. 长春：吉林大学硕士学位论文，2008.

［10］范艳君，程东岩，王隶书. 刺楸树皮的化学成分［J］. 中国实验方剂学杂志，2011，17（24）：92-96.

［11］尹建元. 刺楸皂苷结构解析及其结构与活性关系研究［D］. 长春：吉林大学博士学位论文，2005.


**【药理参考文献】**


［1］杨月，唐祖年，韦玉先，等. 广西刺楸茎皮中降血糖活性成分的研究［J］. 武汉大学学报（医学版），2008，29（6）：759-762.

［2］薛思慧，张枫源，向福，等. 刺楸叶总皂苷的酶法提取及其抗氧化活性评价［J］. 中国酿造，2018，37（2）：142-147.

## 2. 通脱木属 *Tetrapanax* K.Koch

灌木或小乔木，地下具匍匐茎。小枝粗壮，无刺，髓心大。单叶，叶片大，掌状分裂，裂片 5 ～ 11 枚；叶柄长；托叶和叶柄基部合生，锥形，先端 2 裂。花两性，通常排成伞形花序，再组成圆锥状，顶生；花梗无关节；萼齿不明显；花瓣 4 枚，稀 5 枚，镊合状排列；雄蕊和花瓣同数；子房 2 室，花柱 2 枚，丝状，离生。果实为浆果状核果。种子光滑。

仅 1 种，中国特有。分布于中部以南地区，法定药用植物 1 种。华东地区法定药用植物 1 种。

### 646. 通脱木（图 646）• *Tetrapanax papyrifer*（Hook.）K.Koch.

**图 646　通脱木**　　摄影　李华东

【别名】土黄芪（浙江）。

【形态】灌木或小乔木，高可达 4m，具匍匐茎，根茎直径 6 ～ 9cm。枝粗壮，树皮深棕色，具明显的叶痕和皮孔，无刺，髓心大，质地轻软，白色，幼枝淡棕色，密被锈色或淡褐色星状绒毛。单叶，通常集生枝顶，叶片大，长 50 ～ 75cm，宽 50 ～ 70cm，掌状分裂，裂片 5 ～ 11 枚，浅裂或深裂达叶长的 2/3，裂片倒卵状长圆形或卵状长圆形，每裂片常有 2 或 3 个小裂片，全缘或疏生粗齿，上面无毛，下面密被锈色星状毛；叶柄长可达 50cm，无毛；托叶和叶柄基部合生，锥形，先端 2 裂。花序圆锥状，顶生，长达 50cm，分支多，花序梗密被锈黄色星状绒毛；伞形花序直径 1 ～ 1.5cm，有花多数；花梗长约 4mm，无关节；萼齿不明显，密被毛；花瓣 4（5）枚，淡黄色，长约 2mm，外面密生星状厚绒毛；雄蕊 4（5）枚；子房 2 室，花柱 2 枚，离生。浆果状核果，球形，紫黑色，直径约 4mm。花期 10 ～ 12 月，果期翌年 1 ～ 2 月。

【生境与分布】生于向阳肥厚的土壤中，海拔 100 ～ 2800m，分布于安徽、福建、江西、浙江，江苏有栽培，另广东、台湾、广西、贵州、湖南、湖北、四川、陕西、云南等省区均有分布，以上各省区亦常有栽培。

【药名与部位】通脱木，根和茎枝。通草，茎髓。

【采集加工】通脱木：全年均可采收，晒干。通草：秋季采茎，截段，取出白色茎髓，理直，干燥，习称“大通草”，有的加工成方形薄片，习称“方通草”，其修下的边条丝习称“丝通草”。

【药材性状】通脱木：根呈圆柱形，多分枝；表面灰褐色至棕褐色，具纵皱纹、皮孔和瘤状突起；断面黄白色，具放射状纹理。茎呈圆柱形，表面黄棕色、棕褐色，具细密的纵皱纹，皮孔明显，木栓层脱落可见明显纵纹；茎髓白色或中空，断面显银白色光泽，中部空心或有半透明的薄膜，纵剖面呈梯状排列，实心者少见。气无，味淡。

通草：大通草呈圆柱形，长 20 ～ 40cm，直径 1 ～ 2.5cm。表面白色或淡黄色，有浅纵沟纹。体轻，质松软，稍有弹性，易折断，断面平坦，显银白色光泽，中部有直径 0.3 ～ 1.5cm 的空心或半透明的薄膜，纵剖面呈梯状排列，实心者少见。气微，味淡。

【药材炮制】通脱木：除去杂质，洗净，稍润，切片，干燥。

通草：方通草、丝通草除去杂质。大通草切厚片。

【化学成分】叶含皂苷类：通脱木配质 D、E、F、G（papyriogenin D、E、F、G）[1,2]，通脱木苷元 A、C（papyriogenins A、C）[3]，通脱木苷元 J、$A_1$、$A_2$（papyriogenins J、$A_1$、$A_2$）[4]，通脱木皂苷 LA、LB、LC、LD（papyrioside LA、LB、LC、LD）[5] 和通脱木皂苷 LE、LF、LG、LH（papyrioside LE、LF、LG、LH）[6]。

根含皂苷类：β-D- 吡喃葡萄糖齐墩果酸酯 -3-［α-L- 吡喃阿拉伯糖 -（1→4）］-［β-D- 吡喃半乳糖 -（1→2）］- 甲基 -（β-D- 吡喃葡萄糖醛酸）酯｛β-D-glucopyranosyl oleanate-3-［α-L-arabinofuranosyl-（1→4）］-［β-D-galactopyranosyl-（1→2）］-methyl-（β-D-glucopyranoside）uronate｝等[7]；甾体类：β- 谷甾醇 -β-D- 吡喃葡萄糖苷（β-sitosterol-β-D-glucopyranoside）[7]。

茎髓含甾体类：β- 谷甾醇（β-sitosterol）、胡萝卜苷（daucosteml）和通草甾苷 A、B（tetrapanoside A、B）[8]。

果实含黄酮类：阿福豆苷（afzelin）、紫云英苷（astragalin）和 3, 7, 4′- 三 -*O*- 乙酰基山柰酚（3, 7, 4′-tri-*O*-acetylkaempferol）[9]。

花含黄酮类：山柰酚 -7-*O*-（2-*E*- 对 - 香豆酰 -α-L- 鼠李糖苷）［kaempferol-7-*O*-（2-*E*-*p*-coumaroyl-α-L-rhamnoside）］、山柰酚 -7-*O*-（2, 3- 二 -*E*- 香豆酰 -α-L- 鼠李糖苷）［kaempferol-7-*O*-（2, 3-di-*E*-coumaroyl-α-L-rhamnoside）］、山柰酚（kaempferol）、阿福豆苷（afzelin）、紫云英苷（astragalin）和 3, 7, 4′- 三 -*O*- 乙酰基山柰酚（3, 7, 4′-tri-*O*-acetylkaempferol）[9]；香豆素类：香豆素（coumarin）和二氢香豆素（dihydrocoumarin）[9]；酚酸衍生物：1, 2, 3- 三甲氧基苯（1, 2, 3-trimethoxybenzene）、反式肉桂酸（*trans*-cinnamic acid）和肉桂醇（cinnamyl alcohol）[9]；呋喃类：5- 甲酰苯并呋喃（5-formylbenzofuran）[9]。

【药理作用】1. 抗炎解热 茎髓水提取液可明显减轻角叉菜胶所致大鼠的足跖肿胀，对啤酒酵母混悬液所致发热模型大鼠有解热作用[1, 2]。2. 利尿 茎髓水提取液经醇沉去杂质挥发浓缩后对大鼠有明显的利尿作用，其利尿作用的机制与增加尿中钾离子的排出有关[3]。3. 免疫调节 茎提取物中的总多糖部位可提高小鼠血清溶菌酶含量、单核巨噬细胞吞噬能力和血清溶血素抗体水平，并能明显提高小鼠血清过氧化氢酶（AT）活性[4]。

【性味与归经】通脱木：甘、淡，微寒。归胃、肺经。通草：甘、淡，微寒。归肺、胃经。

【功能与主治】通脱木：清热利水，通乳。用于肺热咳嗽，水肿，尿路感染，尿路结石，闭经，乳汁不下。通草：清热利尿，通气下乳。用于湿热尿赤，淋病涩痛，水肿尿少，乳汁不下。

【用法与用量】通脱木：2 ～ 5g。通草：3 ～ 5g。

【药用标准】通脱木：广西瑶药 2014 一卷；通草：药典 1963—2015、浙江炮规 2015、新疆药品 1980 二册、贵州药材 1965 和台湾 2013。

【临床参考】1. 产后缺乳：茎髓 12g，加北芪 30g、党参 15g、当归 10g、王不留行 20g（炒），猪蹄 1 ～ 2 只、黄豆 50g、花生 50g，加水适量，文火炖至猪蹄烂熟，余药按照中药煎煮法煎煮两次合并，加入熬好的花生黄豆猪蹄汤内，煮沸即可[1]。

2. 泌尿系结石：茎髓 60g，加琥珀（后下）5g、石韦 30g、滑石 30g、冬葵子 30g、白芍 30g、王不留行 15g、蒲黄 15g、大黄（后下）10g、木香 10g；腹痛甚者加延胡索、郁金各 12g；腰痛甚者加续断 20g、狗脊 20g、淫羊藿 15g；尿频、尿急，伴感染者，加金银花 20g、蒲公英 30g、黄柏 15g；血尿明显者加小蓟 20g、仙鹤草 20g、白茅根 30g；久痛气血虚者，加黄芪 30g、当归 20g；肾阴虚者，加生地黄 30g、麦冬 15g、女贞子 15g；血瘀明显者，加穿山甲（先煎）30g、三棱 12g，水煎，每日 1 剂，分 2 次服，连服 3 ～ 4 周[2]。

3. 慢性鼻炎：茎髓，加珍珠、枯矾、细辛，按 2 ∶ 1 ∶ 4 ∶ 4 的比例研末，用枣核大脱脂棉球蘸药末塞鼻，两鼻孔交替各 20min，每 6 h 用 1 次，10 天为 1 疗程[3]。

4. 急性肾炎：茎髓 6g，加茯苓皮 12g、大腹皮 9g，水煎服。

5. 尿路感染：茎髓 9g，加瞿麦 9g、连翘 9g、木通 6g、甘草 3g，水煎服。（4 方、5 方引自《浙江药用植物志》）

【附注】通草之名始载于《神农本草经》，以通脱木为通草始见于《本草拾遗》，陈藏器云："通脱木，生山侧，叶似萆麻，心中有瓤，轻白可爱，女工取以饰物"。《尔雅》云："离南、活脱也。一本云药草，生江南，主虫病，今俗亦名通草。"《本草图经》云："生江南，高丈许，大叶似荷而肥，茎中有瓤正白者是也。"《品汇精要》已明确将通草（通脱木）与木通分作两条。《植物名实图考》："按通脱木，湖南山中多有之。叶大于荷，似蓖麻而叉歧，齐如刀切，最易繁衍。俗云滴露即生。李时珍以为蔓生，殊所未喻。此似木而草，冬深落叶，不逾时即蓬蓬生矣。速成易植，草木中甚少见。"均与本种相符。

本种的根、茎枝或髓部加工的药材气阴两虚、内无湿热患者及孕妇慎服。

本种的花及花粉民间也作药用。

【化学参考文献】


[1] 陈章义 . 通脱木叶的四种新的三萜化合物［J］. 国外药学（植物药分册），1981，2（4）：30.

[2] Asada M，Amagaya S，Takai M，et al. New triterpenoids from the leaves of *Tetrapanax papyriferum*［J］. J Chem Soc Perkin Transactions，1980，（1）：352-359.

[3] Takai M，Amagaya S，Ogihara Y. New triterpenoids from the leaves of *Tetrapanax papyrifemm*［J］. Chem Soc，Perkin Trans I，1980，32（66）：325-329.

[4] 徐静兰，胡慧军，张虹，等 . 通草的化学成分及生物活性的研究进展［J］. 临床合理用药，2016，9（4B）：178-181.

[5] Kojima K，Saracoglu I，Mutsuga M，et al. Triterpene saponins from *Tetrapanax papyriferum*［J］. Chem Pharm Bull，1996，44（11）：2107-2110.

[6] Mutsuga M，Kojima K，Saracoglu I，et al. Minor saponins from *Tetrapanax papyriferum*［J］. Chem Pharm Bull，1997，81（45）：552-554.

[7] Takabe T，Takaeda Y，Chen Y. Ogihara. Triterpenoid glycosides from the roots of *Tetrapanax papyriferum* K. Kock. Ⅲ. structures of four new saponins［J］. Chem Pharm Bull，1985，82（33）：4701-4706.

[8] 李进 . 通草及白芍总苷的化学研究［D］. 北京：中国协和医科大学硕士学位论文，2002.

[9] Ho J C，Chen C M，Row L C. Flavonoids and benzene derivatives from the flowers and fruit of *Tetrapanax papyriferus*［J］. J Nat Prod，2005，68（12）：1773-1775.

【药理参考文献】

[1]沈映君，曾南，贾敏如，等．几种通草及小通草的抗炎、解热、利尿作用的实验研究[J]．中国中药杂志，1998，23(11)：687-690.

[2] 沈映君，曾南，苏亮，等．八种通草的解热、抗炎作用实验研究［J］．四川生理科学杂志，1995，（Z1）：4.

[3] 贾敏如，沈映君，蒋麟，等．七种通草对大鼠利尿作用的初步研究［J］．中药材，1991，14（9）：40-42.

[4] 沈映君，曾南，刘俊，等．通草及小通草多糖药理作用的初步研究［J］．中国中药杂志，1998，23（12）：741-743，765.

【临床参考文献】

[1] 苏伟琴，陈怡君．催乳方治疗产后缺乳的疗效观察［J］．中国医药导刊，2008，10（3）：420-421.

[2] 陈妍．通草琥珀汤治疗泌尿系结石 55 例［J］．新中医，2002，34（7）：58.

[3] 王银灿．通草散塞鼻治疗慢性鼻炎 136 例［J］．中国民间疗法，2014，22（1）：26.

## 3. 树参属 *Dendropanax* Decne.et Planch.

常绿灌木或乔木。茎无刺，光滑无毛。单叶，叶片不分裂或有时掌状 2 或 3 裂，稀 5 裂，常有半透明的腺点，红色或黄色，边缘全缘或有不规则齿；托叶小，与叶柄基部合生，有时无托叶。伞形花序单生或数个聚生成复伞形花序，顶生；花两性或杂性；小苞片小；花梗无关节；萼筒全缘或有齿；花瓣 5 枚，在花芽中镊合状排列，顶端有内弯的凸头；雄蕊 5 枚；子房 5 室，稀 2 ～ 4 室；花柱离生，仅基部合生或全部合生呈柱状；花盘肉质。果实球形或长圆形，有明显至不明显的棱，稀平滑。种子扁平或近球形。

约 80 种，分布于热带美洲和亚洲东部。中国 14 种，东南至西南各省区均有分布，法定药用植物 2 种。华东地区法定药用植物 1 种。

### 647. 树参（图 647）• *Dendropanax dentiger*（Harms）Merr.

**图 647　树参**　　摄影　李华东

**【别名】**谢氏杞李参、半枫荷（福建），木荷枫（浙江），枫荷梨（江西）。

**【形态】**灌木或小乔木，高可达 10m。枝灰棕色，有叶痕和皮孔。叶片通常革质，具腺点；叶形变异很大，不分裂叶片通常为椭圆形，稀长圆状椭圆形至条状披针形，长 7 ～ 10cm，宽 1.5 ～ 4.5cm，先端渐尖，基部钝形或楔形，分裂叶片倒三角形，通常掌状 2 ～ 3 浅裂或深裂，全缘或有疏齿；基出脉 3，网脉在两面凸起；叶柄长 0.5 ～ 5（～ 12）cm，无毛。伞形花序单生或 2 ～ 5 个聚生成复伞形花序，顶生，具 10 ～ 25（～ 50）花；总花梗粗壮，长 1 ～ 3.5cm；苞片卵形，早落；小苞片三角形，宿存；花梗长 5 ～ 7mm；花萼边缘近全缘或有 5 小齿；花瓣 5 枚，淡黄绿色，卵状三角形，长 2 ～ 2.5mm；雄蕊 5，花丝较花瓣略长；子房 5 室；花柱 5 枚，仅基部合生。果实长椭圆形，直径 4 ～ 6mm，熟时紫黑色，被白粉，干燥时有棱，花柱宿存，长 1.5 ～ 2mm，反曲；果梗长 1 ～ 3cm。花期 8 ～ 10 月，果期 10 ～ 12 月。

**【生境与分布】**生于常绿阔叶林或灌丛中，垂直海拔可达 1800m，分布于浙江、安徽、江西、福建，另广东、广西、贵州、湖北、湖南、四川和云南等省区也有分布；越南、老挝、柬埔寨、泰国也有分布。

**【药名与部位】**枫荷桂（白半枫荷），茎。

**【采集加工】**全年均可采收，切段，晒干。

**【药材性状】**呈圆柱形。嫩枝褐色，皮孔及叶痕明显。茎外表面灰白色或灰褐色，具细纵纹。质硬。切面皮部稍薄，棕黄色，易剥落；木质部淡黄色，具同心性环纹，有细小密集的放射性纹理，横向断裂，层纹明显；髓部小，白色，稍松软，有的中空。气微，味甘、淡。

**【药材炮制】**除去杂质，切片，晒干。

**【化学成分】**茎含三萜类：无羁萜 -3- 酮（friedelan-3-one）[1]；酚类：丁香醛（syringaldehyde）[1]；香豆素类：东莨菪内酯（scopoletin）[1]；苯丙素类：松柏醛（coniferaldehyde）、芥子醛（sinapaldehyde）、芥子醛 -*O*-β-D- 吡喃葡萄糖苷（sinapaldehyde-*O*-β-D-glucopyranoside）、丁香苷（syringin）、阿魏酸（ferulic acid）、反式对羟基桂皮酸（*trans*-*p*-hydroxycinnamic acid）、反式桂皮酸（*trans*-cinnamic acid）、丁香酚芸香糖苷（eugenol rutinoside）[1] 和咖啡酸（caffeic acid）[1, 2]；木脂素类：淫羊藿次苷 $E_5$（icariside $E_5$）、（+）- 水曲柳树脂酚 - 二 -*O*-β-D- 吡喃葡萄糖苷［（+）-medioresinol-di-*O*-β-D-glucopyranoside］和（+）- 丁香树脂酚 - 二 -*O*-β-D- 吡喃葡萄糖苷［（+）-syringaresinol-di-*O*-β-D-glucopyranoside］[1]；黄酮类：槲皮素（quercetin）和木犀草素（luteolin）[1, 2]；脂肪烃、酸及酯类：正三十醇（*n*-triacontanol）、棕榈酸（palmitic acid）、硬脂酸（stearic acid）、山萮酸（behenic acid）和单油酸甘油酯（glycerol monooleate）[1]；甾体类：β- 谷甾醇（β-sitosterol）和胡萝卜苷（daucosterol）[1]。

叶含脂肪酸类：（9*Z*，16*S*）-16- 羟基 -9，17- 十八烷二烯 -12，14- 二炔酸［（9*Z*，16*S*）-16-hydroxy-9，17-octadecadiene-12，14-diynoic acid］[3]。

叶和枝含苯丙素类：紫丁香苷（syringin）、松柏苷（coniferin）、3-*O*- 咖啡酰奎宁酸（3-*O*-caffeoylquinic acid）和丁香酚芸香糖苷（eugenol rutinoside）[4]；酚及酚苷类：丁香酸 -4-*O*-β-D- 吡喃葡萄糖苷（syringic acid-4-*O*-β-D-glucopyranoside）、4- 羟甲基 -2，6- 二甲氧基苯基 -1-*O*-β-D- 吡喃葡萄糖苷（4-hydroxymethyl-2，6-dimethoxyphenyl-1-*O*-β-D-glucopyranoside）、团花树苷 A（kelampayoside A）和大血藤醇（sargentol）[4]；黄酮类：芦丁（rutin）、山柰酚 -3-*O*- 芸香糖苷（kaempferol-3-*O*-rutinoside）和槲皮素 -3-*O*- 刺槐二糖苷（quercetin-3-*O*-robinobioside）[4]；苯甲醇类：淫羊藿次苷 $F_2$（icariside $F_2$）[4]；氰苷类：（*S*）-α- 氰基 - 对羟基苄基吡喃葡萄糖苷［（*S*）-α-cyano-*p*-hydroxybenzyl glucopyranoside］[4]；降倍半萜类：6′-*O*- 呋喃芹糖基菊属苷 A（6′-*O*-apiofuranosyl dendranthemoside A）[4]；核苷类：胸苷（thymidine）、腺苷（adenosine）和尿苷（uridine）[4]；内酯类：3- 甲氧基 -D- 甘露糖 -1，4- 内酯（3-methoxy-D-mannono-1，4-lactone）[4]。

枝茎含苯丙素类：芥子醛葡萄糖苷（sinapaldehye glucoside）、丁香苷（syrigin）、芥子醛（sinapaldehyde）、丁香醛（syringaldehyde）、阿魏醛（coniferylaldehyde）、阿魏酸（ferulic acid）、（*E*）- 桂皮酸［（*E*）-cinnamic acid］、（*E*）- 对羟基桂皮酸［（*E*）-4-hydroxyl cinnamic acid］、咖啡酸（caffeic acid）和丁香酚芸香糖苷（eugenol rutinoside）[5]；黄酮类：淫羊藿次苷 $E_5$（icariside

$E_5$）、槲皮素（quercetin）和木犀草素（luteolin）[5]；木脂素类：（+）- 杜仲树脂醇双 -*O*-β-D- 吡喃葡萄糖苷［（+）-medioresinol-di-*O*-β-D-glucopyranoside］和（+）- 丁香树脂酚 - 双 -*O*-β-D- 葡萄糖苷［（+）-syringaresinol-di-*O*-β-D-glucopyranoside］[5]；香豆素类：东莨菪内酯（scopoletin）[5]；皂苷类：木栓酮（friedelin）[5]；烷烃类：正三十烷醇（*n*-triacontanol）[5]；脂肪酸类：棕榈酸（palmitic acid）、单油酸甘油酯（glycerol monooleate）、二十二碳酸（behenic acid）和硬脂酸（stearic acid）[5]；甾体类：β- 谷甾醇（β-sitosterol）和胡萝卜苷（daucosterol）[5]。

**【药理作用】**1. 抗心律失常　叶水提取物对乌头碱、氯化钙（$CaCl_2$）诱发的小鼠心律失常和氯化钡（$BaCl_2$）所致的大鼠心律失常均有明显的保护作用，能显著缩短肾上腺素诱发的麻醉兔心律失常的持续时间，并能明显推迟哇巴因性豚鼠离体心脏心律失常和心电消失的出现[1]。2. 增强免疫　嫩叶正丁醇提取部位可提高獭兔的免疫能力[2]。

**【性味与归经】**甘、微辛，温。归肝、肺经。

**【功能与主治】**祛风湿，活血脉。用于风湿痹痛，偏瘫，偏头痛，月经不调。

**【用法与用量】**煎服 10 ～ 30g；外用适量。

**【药用标准】**广西瑶药 2014 一卷和广东药材 2011。

**【临床参考】**1. 痹证：根 50g，加麻黄 10g、红孩儿 30g、木防己 15g、紫金皮 15g、川牛膝 15g、制草乌 8g、丁香 5g、木瓜、甘草各 10g，病程 1 年以上者加杜仲、桑寄生、续断、骨碎补各 15g，风寒湿痹型加细辛、防风、桂枝，湿热痹阻型加生石膏、知母、忍冬藤，痰瘀痹阻型加胆南星、全蝎、蜈蚣，重者加蕲蛇，络损血瘀型加桃仁、红花、三七粉（吞服），每日 1 剂，水煎 2 次，每次 200ml，混合后分 3 次饭后服，15 天为一疗程，共治疗 2 疗程[1]。

2. 陈伤、风湿性关节炎：根 30g，加楤木根、虎杖、威灵仙、槲寄生、木通、中华常春藤、凌霄根各 9g，水煎服。

3. 风湿性心脏病：根 90g，加瓜子金 18g、柳叶白前 9g、土党参根 9g、鸡矢藤 15g、疔疮草 15g、万年青叶 15g，水煎服。

4. 偏头痛：枝叶 60g，水煎去渣，煮鸡蛋 1 只，食蛋服汤。

5. 月经不调：根 15g，酒炒，水煎，空腹服。（2 方至 5 方引自《浙江药用植物志》）

**【附注】**药材枫荷桂孕妇慎用。

同属植物变叶树参 *Dendropanax proteus*（Champ.）Benth. 的根及茎在广东也作白半枫荷药用。

**【化学参考文献】**

［1］Zheng L P，He Z G，Wu Z J，et al. Chemical constituents from *Dendropanax dentiger*［J］. Chem Nat Compd，2012，48（5）：883-885.

［2］Zheng L P，He Z G. Antioxidant activity of phenolic compounds from *Dendropanax dentiger*（Harms）Merr.［J］. Asian J Chem，2013，25（14）：7809-7812.

［3］Chien S C，Tseng Y H，Hsu W N，et al. Anti-inflammatory and anti-oxidative activities of polyacetylene from *Dendropanax dentiger*［J］. Nat Prod Commun，2014，9（11）：1589-1590.

［4］Lai Y C，Lee S S. Chemical constituents from *Dendropanax dentiger*［J］. Nat Prod Commun，2013，8（3）：363-365.

［5］郑莉萍. 树参化学成分的提取分离及抗氧化活性的研究［D］. 福州：福建中医药大学硕士学位论文，2011.

**【药理参考文献】**

［1］黄敬耀，刘春梅，齐丕骝，等. 树参叶抗心律失常作用的研究［J］. 中国中药杂志，1989，14（6）：47-50，64.

［2］陈云奇，陆志敏，杨丽，等. 树参嫩叶活性成分提取以及对提高獭兔免疫力的试验研究［J］. 林业科技通讯，2017，（1）：47-50.

**【临床参考文献】**

［1］郭元敏，徐有水，刘日才. 树参麻黄防己汤治疗痹证 58 例［J］. 实用中医药杂志，2007，23（3）：152.

## 4. 五加属 *Acanthopanax* Miq.

落叶灌木，有时蔓生或为藤本，稀为小乔木，通常有刺，稀无刺。掌状复叶，有小叶 3 ～ 5 枚；无托叶或仅有痕迹。花两性或杂性，稀单性异株，伞形花序单一或数个集成顶生或腋生的圆锥花序，花梗无关节或稍有关节；花萼边缘通常有 5 枚小齿，稀全缘；花瓣 5 枚，稀 4 枚，镊合状排列，雄蕊与花瓣同数，花药长椭圆形；子房 2 ～ 5 室，花柱 2 ～ 5 枚，分离至合生，宿存。果实浆果状，扁球形或圆球形，通常无棱角，外果皮肉质，内果皮硬骨质，内有种子 2 ～ 5 粒。

30 种以上，主要分布于亚洲。中国约 26 种，广泛分布于南北各省区，法定药用植物 7 种 1 变种。华东地区法定药用植物 3 种 1 变种。

## 分种检索表

1. 子房通常为 5 室，花柱全部合生呈柱状。
    2. 枝刺粗壮，向下弯曲，扁钩状……………………………………………………………糙叶五加 *A.henryi*
    2. 枝刺细长，直而不弯…………………………………………………糙叶藤五加 *A.leucorrhizus* var.*fulvescens*
1. 子房通常为 2 室，花柱离生或上部离生。
    3. 小叶 5 枚，稀 3 ～ 4 枚；伞形花序单个稀 2 个生于叶腋或短枝的顶端……………………五加 *A.gracilistylus*
    3. 小叶 3 枚，稀 4 ～ 5 枚；伞形花序 3 ～ 10（～ 20）个排成复伞形花序或圆锥花序生于枝顶，稀单生……………………………………………………………………………………………白簕 *A.trifoliatus*

## 648. 糙叶五加（图 648）• *Acanthopanax henryi*（Oliv.）Harms.［*Eleutherococcus henryi* Oliv.］

**图 648　糙叶五加**　　摄影　张芬耀等

【别名】亨利五加。

【形态】灌木，高可达 3m。枝疏生扁钩刺，向下弯曲，髓心白色，幼枝密被短柔毛，后渐脱落。小叶 3 ～ 5 枚，纸质，椭圆形或卵状披针形，稀倒卵形，长 8 ～ 12cm，宽 3 ～ 5cm，先端尖或渐尖，基部窄楔形，边缘中部以上具细齿；上面稍被糙毛，下面沿脉被柔毛，侧脉 6 ～ 8 对；叶柄长 4 ～ 7cm，小叶柄长 3 ～ 6mm 或近无柄。伞形花序数个簇生枝顶或组成短圆锥状花序，直径 1.5 ～ 2.5cm，有花多数；花序梗粗壮，长 1.5 ～ 3.5cm，被粗毛，后脱落。花梗长 0.8 ～ 1.5cm；花萼长约 3mm，稍被柔毛或无毛，具 5 枚小齿；花瓣 5 枚，长卵形，长约 2mm，开花时反曲；雄蕊 5 枚；花丝细长；子房（3）5 室，花柱合生呈柱状。果椭圆球形，直径约 8mm，具 4 ～ 5 棱，熟时黑色，宿存花柱长约 2mm。花期 7 ～ 9 月，果期 9 ～ 10 月。

【生境与分布】生于海拔 800 ～ 3200m 的林缘或灌丛中，分布于安徽、浙江、江苏、江西，另河南、湖北、陕西、山西、四川等省也有分布。

【药名与部位】五加皮，根皮。

【采集加工】夏、秋季采挖，洗净，剥取根皮，干燥。

【药材性状】呈不规则卷筒状，长 5 ～ 15cm，直径 0.2 ～ 1cm，厚 0.1 ～ 0.2cm。外表面灰褐色，有横向皮孔及稍扭曲的纵皱纹。内表面淡黄色或淡黄棕色，有细纵纹。体轻，质脆，易折断，断面不整齐，灰白色或黄白色。气微香，味微涩。

【药材炮制】除去杂质，洗净，稍润，切厚片，干燥。

【化学成分】根含苯丙素类：刺五加苷 B（eleutheroside B）[1]；木脂素类：刺五加苷 E（eleutheroside E）[1]。

根皮含苯丙素类：紫丁香苷（syringin）和咖啡酸（caffeic acid）[2]；木脂素类：（+）-芝麻素［（+）-sesamin］、洒维宁（savinin）、刺五加苷 E（eleutheroside E）、台湾杉素 C（taiwanin C）[2]，丁香树脂酚（syringaresinol）和丁香树脂酚二吡喃葡萄糖苷（syringaresinol diglucopyranoside）[3]；二萜类：海松酸（pimaric acid）[2]；甾体类：豆甾醇（stigmasterol）、β- 谷甾醇（β-sitosterol）和豆甾 -7- 烯 -3, 6- 二醇（stigmast-7-en-3, 6-diol）[2]；有机酸类：10- 羟基 -2, 8- 十碳二烯 -4, 6- 二炔酸（10-hydroxy-2, 8-decadien-4, 6-diynoic acid）、3, 7, 11- 三甲基 -2, 6, 10- 十二碳三烯酸（3, 7, 11-trimethyl-2, 6, 10-dodecatrienoic acid）[2] 和二十八烷酸（octacosanoic acid）[3]。

茎含木脂素类：刺五加苷 E（eleutheroside E）[1]。

叶含皂苷类：熊果酸 -3-*O*-α-L- 吡喃阿拉伯糖苷（ursolic acid-3-*O*-α-L-arabinopyranoside）[4]，楤木皂苷 II（araliasaponin II）[5]，3β-［（*O*-β-D- 吡喃半乳糖基 -（1→2）-*O*-［β-D- 吡喃葡萄糖基 -（1→3）］-α-L- 吡喃阿拉伯糖）氧基］齐墩果 -12- 烯 -28- 酸 {3β-[（*O*-β-D-galactopyranosyl-（1→2）-*O*-[β-D-glucopyranosyl-（1→3）］-α-L-arabinopyranosyl）oxy］olean-12-en-28-oic acid}、齐墩果酸 -3-*O*-β-D- 吡喃葡萄糖基 -（1→3）-α-L- 吡喃阿拉伯糖苷［oleanolic acid-3-*O*-β-D-glucopyranosyl-（1→3）-α-L-arabinopyranoside］[6] 和刺五加皂苷 $C_3$（ciwujianoside $C_3$）[7]；黄酮类：槲皮素（quercetin）、山柰酚（kaempferol）、金丝桃苷（hyperoside）、芦丁（rutin）[8]，槲皮素 -3-*O*-β-D- 葡萄糖苷（quercetin-3-*O*-β-D-glucoside）、山柰酚 -3-*O*- 芸香糖苷（kampferol-3-*O*-rutinoside）和槲皮素 -3, 7- 二 -*O*-β- 葡萄糖苷（quercetin-3, 7-di-*O*-β-glucoside）[9]；木脂素类：刺五加苷 E（eleutheroside E）[1]；苯丙素类：刺五加苷 B（eleutheroside B）[1]，5-*O*- 咖啡酰奎宁酸（5-*O*-caffeoyl quinic acid）、4-*O*- 咖啡酰奎宁酸（4-*O*-caffeoyl quinic acid）、3, 4- 二咖啡酰奎宁酸（3, 4-di-caffeoyl quinic acid）、1, 5- 二咖啡酰奎宁酸（1, 5-di-caffeoyl quinic acid）、3, 5- 二咖啡酰奎宁酸（3, 5-di-caffeoyl quinic acid）和 4, 5- 二咖啡酰奎宁酸（4, 5-di-caffeoyl quinic acid）[9]；甾体类：豆甾醇（stigmasterol）和胡萝卜苷（daucosterol）[10]；脂肪酸类：正十六烷酸（*n*-palmitic acid）、正三十四烷酸（*n*-tetratriacontanoic acid）[10]，三十烷酸（melissic acid）、三十二烷酸（lacceroic acid）和棕榈酸（palmitic acid）等[8]。

【药理作用】抗炎　根皮醇提取物 80% 甲醇洗脱部分具有明显的抗炎作用，对脂多糖（LPS）诱导 RAW 264.7 巨噬细胞的一氧化氮、前列腺素 $E_2$（$PGE_2$）、白细胞介素 -1β（IL-1β）和白细胞介素 -6（IL-6）的产生均有抑制作用[1]。

【性味与归经】辛，温。归肺、脾、肾、肝经。

【功能与主治】祛风利湿，活血舒筋，理气止痛。用于风湿痹痛，拘挛麻木，筋骨痿软，水肿，跌打损伤，疝气腹痛。

【用法与用量】6 ～ 15g。

【药用标准】湖南药材 2009。

【临床参考】1. 多发性跖疣：根皮 30g，加黄柏 15g、生地榆 15g、明矾 15g、板蓝根 15g、木贼 15g、细辛 6g、苦参 15g，每日 1 剂，水煎取汁，趁热浸泡患足 30min，擦干后用胶布保护疣周皮肤，将高锰酸钾 5g、冰片 10g 研细撒于疣体上，上覆胶布固定，次日刮除，连用 1 周为 1 疗程[1]。

2. 腰腿痛：根皮 10 ～ 15g，加络石藤、鸡血藤、忍冬藤、石楠藤各 15 ～ 30g，灵仙藤、海桐皮各 10 ～ 15g，每日 1 剂，水煎早晚各服 1 次，服药期间可令患者少量饮酒，以助药力；偏寒湿者加威灵仙、油松节；偏湿热者加豨莶草、川牛膝；风湿日久者加半枫荷、千斤拔；久病气虚者加黄芪、党参；血虚者加当归、黄精；肝肾不足者可选加杜仲、续断、枸杞、首乌、千年健[2]。

3. 神经根型颈椎病：根皮 20g，加透骨草 30g，伸筋草、威灵仙、千年健、五加皮、三棱、莪术各 20g，艾叶、川椒、红花各 10g，每日 1 剂，水煎，用计算机控制中药雾化熏洗床进行熏洗，床上铺一次性中单，患者平卧，颈部暴露于熏洗雾化孔，颈部前方及双侧用毛巾被掩盖，避免药汽散发，温度以个体难受为度，每日 2 次，每次 30min，同时配合颈椎牵引[3]。

4. 风湿痹痛：根皮 15g，水煎服，或酒水各半煎服。

5. 水肿：根皮，加茯苓皮、大腹皮、生姜皮、陈皮，水煎服。

6. 阴囊水肿：根皮 9g，加地骷髅 30g，水煎服。（4 方至 6 方引自《浙江药用植物志》）

【附注】本种根皮加工的药材阴虚火旺者禁服。

【化学参考文献】


[1] 冯胜，刘向前，张伟兰，等 . RP-HPLC 法测定糙叶五加不同部位中刺五加苷 B 和 E［J］. 中草药，2011，42（6）：1144-1146.

[2] 刘恒言，金钟焕，刘向前，等 . 糙叶五加根皮化学成分研究［J］. 湖南中医药大学学报，2012，32（11）：34-37.

[3] 张会昌，贾忠建 . 糙叶五加皮化学成分研究［J］. 兰州大学学报，1993，29（1）：76-79.

[4] Zhou T，Li Z，Kang O H，et al. Antimicrobial activity and synergism of ursolic acid 3-*O*-α-L-arabinopyranoside with oxacillin against methicillin-resistant *Staphylococcus aureus*［J］. Int Mol Med，2017，40（4）：1285-1293.

[5] Seo Y S，Lee S J，Li Z，et al. Araliasaponin II isolated from leaves of *Acanthopanax henryi*（Oliv.）Harms inhibits inflammation by modulating the expression of inflammatory markers in murine macrophages［J］. Mol Med Rep，2017，16：857-864.

[6] Han Y H，Li Z，Um J Y，et al. Anti-adipogenic effect of Glycoside St-E2 and Glycoside St-C1 isolated from the leaves of *Acanthopanax henryi*（Oliv.）Harms in 3T3-L1 cells［J］. Biosci Biotechnol Biochem，2016，80（12）：2391-2400.

[7] Kang D H，Kang O H，Seo Y S，et al. Anti-inflammatory effects of Ciwujianoside $C_3$，extracted from the leaves of *Acanthopanax henryi*（Oliv.）Harms，on LPS-stimulated RAW 264. 7 cells［J］. Mol Med Rep，2016，14（4）：3749-3758.

[8] 邹亲朋 . 两种五加属植物叶中抗 HMGB1 三萜活性成分研究［D］. 长沙：中南大学硕士学位论文，2012.

[9] Zhang X D，Liu X Q，Kim Y H，et al. Chemical constituents and their acetyl cholinesterase inhibitory and antioxidant activities from leaves of *Acanthopanax henryi*：potential complementary source against Alzheimer's disease［J］. Arch Pharm Res，2013，37（5）：606-616.

[10] 李芝，邹亲朋，李小军，等 . 糙叶五加叶化学成分研究［J］. 湖南中医药大学学报，2014，34（3）：24-27.

【药理参考文献】

[1] Kim J H, Liu X Q, Dai L, et al. Cytotoxicity and anti-inflammatory effects of root bark extracts of *Acanthopanax henryi* [J]. Chinese Journal of Natural Medicines, 2014, 12(2): 121-125.

【临床参考文献】

[1] 杨巧利. 祛疣洗剂为主治疗多发性跖疣 60 例疗效观察 [J]. 山东中医杂志, 2014, 33(6): 451-452.

[2] 陈华, 成姣. 五藤二皮饮治腰腿痛 120 例疗效小结 [J]. 江西中医药, 1991, 22(5): 47.

[3] 李志强, 鲍铁周, 李新生. 熏洗方配合牵引治疗神经根型颈椎病 [J]. 陕西中医, 2011, 32(4): 439-441.

## 649. 糙叶藤五加（图 649）· *Acanthopanax leucorrhizus*（Oliv.）Harms var.*fulvescens* Harms［*Eleutherococcus leucorrhizus* Oliv.var.*fulvescens*（Harms et Rehder）Nakai］

**图 649　糙叶藤五加**　　摄影　刘兴剑

【形态】灌木，高可达 4m，有时攀援状；小枝棕黄色，皮孔明显，无毛，通常节上有刺一至数个，有时枝上有刺，向下；小叶 3 ～ 5 枚；小叶片纸质，通常为椭圆形至狭倒卵形，先端渐尖至尾尖，基部楔形，长 6 ～ 14cm，宽 2.5 ～ 5cm，边缘有细密和尖锐的锯齿或重锯齿，上面有糙毛和少量刺状毛，下面有黄色短柔毛，脉上更密；叶柄长 5 ～ 10cm 或更长，近无毛；小叶柄长 3 ～ 15mm，密被黄色短柔毛。花序顶生，呈短圆锥状或仅 1 个伞形花序，直径 2 ～ 4cm，有花多数；总花梗长 2 ～ 8cm；花梗长 1 ～ 2cm；花萼无毛，边缘有 5 枚小齿；花瓣 5 枚，黄绿色，长卵形，长约 2mm，开花时反折；雄蕊 5 枚，花丝同花瓣近等长；子房 5 室，花柱全部合生呈柱状。果实卵球形，有 5 棱，直径 5 ～ 7mm；宿存花柱长 1 ～ 1.2mm。花期 6 ～ 8 月，果期 8 ～ 10 月。

【生境与分布】生于海拔 1000 ～ 3100m 的杂木林或灌木林中，分布于安徽、浙江、江西，另广东、贵州、河南、湖北、湖南、四川、云南也有分布。

【药名与部位】川加皮，茎皮。

【药用标准】部标成方十一册 1996 附录。

【附注】原变种藤五加 *Acanthopanax leucorrhizus* (Oliv.)Harms 的根、根茎及茎用作甘肃刺五加，收载于甘肃中药材标准（2009 年版）等标准，华东地区有分布。

药材川加皮阴虚火旺者禁服。

## 650. 五加(图650)•*Acanthopanax gracilistylus* W.W.Smith[*Eleutherococcus nodiflorus*(Dunn) S.Y.Hu]

**图 650　五加**　　摄影　李华东等

【别名】细柱五加（浙江、江西），五加皮（山东），鸟不站（江西九江）。

【形态】灌木，高 2 ～ 5m，有时呈蔓生状；枝灰棕色，有皮孔，无毛，通常在节部有刺。掌状复叶在长枝上互生，在短枝上簇生；小叶 5 枚，稀 3 ～ 4 枚，中央的 1 枚最大，倒卵形至倒卵状披针形，长 3 ～ 6cm，宽 1.5 ～ 3.5cm，顶端渐尖或钝，基部楔形，边缘有锯齿，两面无毛或叶面被稀疏刺毛；叶柄长 3 ～ 8cm，无毛，常有细刺；小叶柄几无。伞形花序单个，稀 2 个，生于叶腋或短枝的顶端，直径约 2cm，有花多数；总花梗长 1 ～ 3cm；花梗纤细，长 6 ～ 12mm；花萼全缘或有 5 枚小齿；花瓣 5 枚，长圆状卵形，黄绿色；雄蕊 5 枚；子房 2（3）室，花柱 2（3）枚，离生或仅基部合生。果实近圆球形，紫色至黑色，有 2 粒种子。宿存花柱长 2 ～ 3mm，反曲。花期 5 月，果熟期 10 月。

【生境与分布】生于山坡林中、溪边和路旁灌丛中，垂直分布自海拔数百米至 1000m，西南地区可达 3000m，分布于安徽、浙江、江苏、江西、福建，山东有栽培，另广东、广西、贵州、河南、湖北、湖南、山西、陕西、甘肃、四川、云南、台湾等省区也有分布，常见栽培。

**【药名与部位】**五加皮，根皮。

**【采集加工】**夏、秋二季采挖根部，洗净，剥取根皮，晒干。

**【药材性状】**呈不规则卷筒状，长 5 ～ 15cm，直径 0.4 ～ 1.4cm，厚 0.2 ～ 0.4cm。外表面灰褐色，有稍扭曲的纵皱纹和横长皮孔样瘢痕；内表面淡黄色或灰黄色，有细纵纹。体轻，质脆，易折断，断面不整齐，灰白色。气微香，味微辣而苦。

**【质量要求】**有香气，净皮。

**【药材炮制】**除去残留的木心等杂质，洗净，润软，切段，干燥。

**【化学成分】**根皮含二萜类：7, 11- 二氧代对映海松 -8( 9 ), 15- 二烯 -19- 酸[7, 11-dioxo-*ent*-pimara-8( 9 ), 15-dien-19-oic acid]、7α- 羟基 -14- 氧代对映海松 -8( 9 ), 15- 二烯 -19- 酸[7α-hydroxy-14-oxo-*ent*-pimara-8( 9 ), 15-dien-19-oic acid]、14β, 16- 环氧 -15α- 羟基 - 对映海松 -8- 烯 -19- 酸（14β, 16-epoxy-15α-hydroxy-*ent*-pimara-8-en-19-oic acid）、16α- 乙氧基 -17- 羟基对映贝壳杉 -19- 酸（16α-ethoxy-17-hydroxy-*ent*-kaur-19-oic acid）、17, 17- 二羟基对映贝壳杉 -15- 烯 -19- 酸（17, 17-dihydroxy-*ent*-kaur-15-en-19-oic acid）、16α- 羟基 -17- 甲基丁酰氧基 - 对映贝壳杉 -19- 酸（16α-hydroxy-17-methyl butyryloxy-*ent*-kaur-19-oic acid）、11, 14- 二羟基 -7- 氧代 -16- 去乙烯基对映海松 -8, 11, 13- 三烯 -17- 酸（11, 14-dihydroxy-7-oxo-16-devinyl-*ent*-pimara-8, 11, 13-trien-17-oic acid）、7- 氧代 -16- 去乙烯基对映海松 -8, 11, 13- 三烯 -17- 酸（7-oxo-16-devinyl-*ent*-pimara-8, 11, 13-trien-17-oic acid）、17- 氧代对映贝壳杉 -15- 烯 -19- 酸甲酯（methyl 17-oxo-*ent*-kaur-15-en-19-oate）、7- 氧代对映海松 -8（14）, 15- 二烯 -19- 酸［7-oxo-*ent*-pimara-8（14）, 15-dien-19-oic acid］、17- 羟基对映贝壳杉 -15- 烯 -19- 酸（17-hydroxy-*ent*-kaur-15-en-19-oic acid）、15β, 16β- 环氧 -17- 羟基 - 对映贝壳杉 -19- 酸（15β, 16β-epoxy-17-hydroxy-*ent*-kaur-19-oic acid）、对映贝壳杉 -15- 烯 -17, 19- 二酸（*ent*-kaur-15-en-17, 19-dioic acid）、对映贝壳杉 -16- 烯 -19- 酸（*ent*-kaur-16-en-19-oic acid）、17- 去甲对映贝壳杉 -16- 酮（17-nor-*ent*-kaur-16-one）、16α- 羟基 -17- 去甲对映贝壳杉 -19- 酸（16α-hydroxy-17-nor-*ent*-kaur-19-oic acid）、16α- 氢 -17- 羟基对映贝壳杉 -19- 酸（16α-H-17-hydroxy-*ent*-kaur-19-oic acid）、7β- 羟基对映海松 -8（14）, 15- 二烯 -19- 酸［7β-hydroxy-*ent*-pimara-8（14）, 15-dien-19-oic acid］、16α- 氢 -17- 异戊酰基氧基对映贝壳杉 -19- 酸（16α-H-17-isovaleroyloxy-*ent*-kaur-19-oic acid）、16α- 氢 -17- 甲基丁酰氧基 - 对映贝壳杉 -19- 酸（16α-H-17-methyl butyryloxy-*ent*-kaur-19-oic acid）、14β- 羟基对映海松 -8（9）, 15- 二烯 -19- 酸［14β-hydroxy-*ent*-pimara-8（9）, 15-dien-19-oic acid］、7- 氧代对映海松 -8（9）, 15- 二烯 -19- 酸［7-oxo-*ent*-pimara-8（9）, 15-dien-19-oic acid］、对映贝壳杉 -17, 19- 二酸（*ent*-kaur-17, 19-dioic acid）、17- 羟基对映贝壳杉 -15- 烯 -19- 酸甲酯（methyl 17-hydroxy-*ent*-kaur-15-en-19-oate）、16α- 羟基对映贝壳杉 -19- 酸（16α-hydroxy-*ent*-kaur-19-oic acid）、16α- 羟基 -17- 异戊酰基氧基 - 对映贝壳杉 -19- 酸（16α-hydroxy-17-isovaleroyloxy-*ent*-kaur-19-oic acid）、16α, 17- 二羟基对映贝壳杉 -19- 酸（16α, 17-dihydroxy-*ent*-kaur-19-oic acid）、19- 羟基对映贝壳杉 -5, 16- 二烯（19-hydroxy-*ent*-kaur-5, 16-diene）、18- 羟基对映贝壳杉 -16- 烯 -19- 酸（18-hydroxy-*ent*-kaur-16-en-19-oic acid）[1]，异贝壳杉烯酸（kaurenoic acid）[2] 和（−）- 海松 -9（11）, 15- 二烯 -19- 酸［（−）-pimara-9（11）, 15-dien-19-oic acid］[3]；皂苷类：3α- 羟基齐墩果 -12- 烯 -23, 28, 29- 三酸（3α-hydroxyolean-12-en-23, 28, 29-trioic acid）和 3α, 23- 二羟基齐墩果 -12- 烯 -28, 29- 二酸（3α, 23-dihydroxyolean-12-en-28, 29-dioic acid）[1]；苯丙素类：紫丁香苷（syringin）[2, 4] 和刺五加苷 B（eleutheroside B）[3]；木脂素类：芝麻素（1-sesamin）[4]；甾体类：豆甾醇（stigmasterol）、β- 谷甾醇（β-sitosterol）[3,4] 和 β- 谷甾醇葡萄糖苷（β-sitosterol glucoside）[4]；脂肪酸类：硬脂酸（stearic acid）[4]；蛋白质类：五加皮蛋白（Age）[5]。

果实含二萜类：16α- 羟 -19- 贝壳杉烷酸（16α-hydroxykauran-19-oic acid）[6, 7] 和异贝壳杉 -16- 烯 -19- 酸（isokaur-16-en-19-oic acid）[8]；甾体类：豆甾醇（stigmasterol）、胡萝卜苷（daucosterol）[6, 7] 和 β- 谷甾醇（β-sitosterol）[8]；皂苷类：3- 表白桦脂酸（3-epi-betulinic acid）、竹节参皂苷 IVa 甲酯（chikusetsusaponin

IVa methyl ester）、竹节参皂苷 IVa 丁酯（chikusetsusaponin IVa butyl ester）、朝鲜五加苷 A、D（acankoreoside A、D）、白簕苷 *A（acantrifoside A）[6]，3β-［（O-β-D- 吡喃葡萄糖酸基）氧基］- 齐墩果 -12- 烯 -28- 酸 {3β-［（O-β-D-glucopyranuronosyl）oxy］-olean-12-en-28-oic acid}、3β-［（O-β-D- 吡喃葡萄糖酸基）氧基］-28-O-β-D- 吡喃葡萄糖基 - 齐墩果 -12- 烯 -28- 酸 {3β-［（O-β-D-glucopyranuronosyl）oxy］-28-O-β-D-glucopyranosyl-olean-12-ene-28-oic acid}、齐墩果酸 -3-O-6′-O- 甲基 -β-D- 吡喃葡萄糖醛酸苷（oleanolic acid-3-O-6′-O-methyl-β-D-glucuronopyranoside）和 3α, 11α- 二羟基羽扇豆 -20（29）- 烯 -28- 酸［3α, 11α-dihydroxylup-20（29）-en-28-oic acid］[8]；脑苷脂类：细柱五加脑苷 A、B、C（acanthopanax cerebroside A、B、C）、苦瓜脑苷脂（momor-cerebroside）和 1-O-β-D- 吡喃葡萄糖基 -（2S, 3S, 4R, 8E）-2-［（2′R）-2′- 羟基二十二碳酰胺基］-8（E）- 十七碳烯 -1, 3, 4- 三醇 {1-O-β-D-glucopyranose-（2S, 3S, 4R, 8E）-2-［（2′R）-2′-hydroxydocosanoyl amino］-8（E）-heptadecene-1, 3, 4-triol}[9]；酚酸类：原儿茶酸（protocatechuic acid）[3]；脂肪酸类：棕榈酸（palmitic acid）[6]。

茎含二萜类：16α- 羟基 -19- 对映贝壳杉烷酸（16α-hydroxy-*ent*-kauran-19-ocid）、16α- 氢 , 17- 异戊酰基氧基 - 对映 - 贝壳杉 -19- 酸（16α-H, 17-isovaleroyloxy-*ent*-kauran-19-oic acid）[10] 和贝壳杉烷酸苷 A（kaurane acid glycoside A）[11]；甾体类：豆甾醇（stigmasterol）、胡萝卜苷（daucosterol）和 β- 谷甾醇（β-sitosterol）[10]；苯丙素类：松柏苷（coniferin）、紫丁香苷（syringin）和刺五加苷 D（eleutheroside D）[10]；脂肪酸类：正二十五烷酸（*n*-pentacosanoic acid）[10]；脑苷脂类：（2S, 3S, 4R, 8E）-2-［（2′R）-2′- 羟基 - 十五碳酰胺基］- 二十七碳 -1, 3, 4- 三羟基 -8- 烯 {（2S, 3S, 4R, 8E）-2-［（2′R）-2′-hydroxy-pentadecanoyl amino］-heptacosane-1, 3, 4-triol-8-ene}、（2S, 3S, 4R, 8E）-2-［（2′R）-2′- 羟基 - 十八碳酰胺基］- 二十四碳 -1, 3, 4- 三羟基 -8- 烯 {（2S, 3S, 4R, 8E）-2-［（2′R）-2′-hydroxy-octadecanoyl amino］-lignocerane-1, 3, 4-triol-8-ene}、（2S, 3S, 4R, 8E）-2-［（2′R）-2′- 羟基二十一碳酰胺基］- 二十一碳 -1, 3, 4- 三羟基 -8- 烯 {（2S, 3S, 4R, 8E）-2-［（2′R）-2′-hydroxy-heneicosanoyl amino］-heneicosane-1, 3, 4-triol-8-ene}、（2S, 3S, 4R, 8E）-2-［（2′R）-2′- 羟基二十二碳酰胺基］- 二十碳 -1, 3, 4- 三羟基 -8- 烯 {（2S, 3S, 4R, 8E）-2-［（2′R）-2′-hydroxy-docosanoyl amino］-eicosane-1, 3, 4-triol-8-ene}、（2S, 3S, 4R, 8E）-2-［（2′R）-2′- 羟基 - 二十三碳酰胺基］- 十九碳 -1, 3, 4- 三羟基 -8- 烯 {（2S, 3S, 4R, 8E）-2-［（2′R）-2′-hydroxy-tricosanoyl amino］-nonadecane-1, 3, 4-triol-8-ene}、（2S, 3S, 4R, 8E）-2-［（2′R）-2′- 羟基二十四碳酰胺基］- 十八碳 -1, 3, 4- 三羟基 -8- 烯 {（2S, 3S, 4R, 8E）-2-［（2′R）-2′-hydroxy-lignoceranoyl amino］-cctadecane-1, 3, 4-triol-8-ene} 和 1-O-β-D- 葡萄糖基 -（2S, 3S, 4R, 8E）-2-［（2′R）-2′- 羟基 - 十五碳酰胺基］- 十九碳 -1, 3, 4- 三羟基 -8- 烯 {1-O-β-D-glucopyranosyl-（2S, 3S, 4R, 8E）-2-［（2′R）-2′-hydroxy-pentadecanoyl amino］-nonadecane-1, 3, 4-triol-8-ene}[10]。

叶含皂苷类：朝鲜五加苷 A、D（acankoreoside A、D）、五加皮苷 A（wujiapioside A）[12]，细柱五加素 *（acankoreagenin）[13]，3α- 羟基羽扇豆 -20（29）- 烯 -23, 28- 二酸［3α-hydroxy-lup-20（29）-en-23, 28-dioic acid］[14]，3-O-β-D- 吡喃葡萄糖基 -3α, 11α- 二羟基羽扇豆 -20（29）- 烯 -28- 酸［3-O-β-D-glucopyranosyl-3α, 11α-dihydroxylup-20（29）-en-28-oic acid］[15]，五加皮苷 B、C（wujiapioside B、C）、白簕苷 *A（acantrifoside A）、3- 表白桦脂酸（3-epi-betulinic acid）、28-O-α-L- 吡喃鼠李糖基 -（1→4）-β-D- 吡喃葡萄糖基 -（1→6）-β-D- 吡喃葡萄糖酯苷［28-O-α-L-rhamnopyranosyl-（1→4）-β-D-glucopyranosyl-（1→6）-β-D-glucopyranosyl ester］[16]，3-O-β-D- 吡喃葡萄糖 -3α, 11α- 二羟基羽扇豆 -20（29）- 烯 -28- 酸［3-O-β-D-glucopyranosyl-3α, 11α-dihydroxylup-20（29）-en-28-oic acid］、朝鲜五加苷 B（acankoreoside B）、凹脉鹅掌柴酸（impressic acid）、3α, 11α- 二羟基 -23- 氧化羽扇豆 -20（29）- 烯 -28- 酸［3α, 11α-dihydroxy-23-oxo-lup-20（29）-en-28-oic acid］、3α, 11α, 23- 三羟基羽扇豆 -20（29）- 烯 -28- 酸［3α, 11α, 23-trihydroxy-lup-20（29）-en-28-oic acid］[17]，3α, 11α- 二羟基 -20（29）- 羽扇烯 -23, 28- 二酸［3α, 11α-dihydroxy-20（29）-lupene-23, 28-dioic acid］、3, 11- 二羟基 -23- 氧代 -20（29）- 羽扇豆 -28- 酸［3, 11-dihydroxy-23-oxo-20（29）-lupen-28-oic acid］、3- 羟基 -23- 氧代 -20（29）- 羽扇豆 -28-

酸［3-hydroxy-23-oxo-20（29）-lupen-28-oic acid］和细柱五加酸（acanthopanaxgric acid）[18]；二萜类：异贝壳杉-16-烯-19-酸（isokaur-16-en-19-oic acid）[18]；黄酮类：芦丁（rutin）、槲皮素（quercetin）和山柰酚（kaempferol）[18]；甾体类：β-谷甾醇（β-sitasterol）、胡萝卜苷（daucosterol）和豆甾-5, 22-二烯-3-*O*-α-D-吡喃葡萄糖苷（stigmast-5, 22-dien-3-*O*-α-D-glucopyranoside）[18]；脂肪酸及酯类：豆蔻酸甘油酯（myristin）和棕榈酸（palmitic acid）[18]；酚酸类：原儿茶酸（protocatechuic acid）[18]和邻苯二甲酸二丁酯（dibutyl phthalate）等[19]。

**【药理作用】**1. 抗疲劳　果实的乙醇提取物可显著提高小鼠常压耐缺氧状态下的平均存活时间以及负重游泳时间[1]。2. 免疫调节　果实乙醇提取物可提高免疫抑制小鼠的碳粒廓清指数、校正吞噬指数和血清溶血素含量，表明其对免疫抑制小鼠的非特异性免疫功能和特异性体液免疫功能均有提高作用[2]。3. 护肝　果实的乙醇提取物对四氯化碳所致小鼠的急性肝损伤有保护作用，能显著降低血清中谷丙转氨酶（ALT）、天冬氨酸氨基转移酶（AST）及肝组织中的丙二醛（MDA）含量，提高超氧化物歧化酶（SOD）的活性[3]。4. 抗肿瘤　根皮的水提取物对多种组织来源的肿瘤细胞增殖有较强的抑制作用，且有较好的量效关系；根皮的水提取液经口给予荷瘤小鼠，可改善小鼠的一般反应、减慢肿瘤生长、明显延长荷瘤小鼠的生存期[4]；枝叶中分离得到的细柱五加酸（acanthopanaxgric acid）与细柱五加素*（acankoreagenin）在60μmol/L浓度时，对乳腺癌MDA-MB-231细胞的存活率分别为36%、52%，人脐静脉内皮HUVEC细胞的存活率分别为36%、62%，当细柱五加酸浓度为50μmol/L时，对MDA-MB-231、A549细胞的存活率分别为58%、75%，细柱五加酸60μmol/L与Tax 10nmol/L联合使用时，可使MDA-MB-231细胞的存活率从71.4%下降到47.4%，表明其具有抗肿瘤和抗血管生成作用，与化疗药物联合使用具有协同作用[5]。5. 抗炎镇痛　根皮的正丁醇提取物对小鼠热板法疼痛以及对大鼠角叉菜胶性足肿胀均有明显的抑制作用[6]。6. 抗衰老　根皮的水提取液能明显延长小鼠游泳时间及在常压缺氧和寒冷条件下的存活时间，能显著抑制中老龄大鼠体内过氧化脂质的生成[7]。7. 降血糖　从根皮提取的乙醇浸膏可降低四氧嘧啶引起的高血糖[8]。

**【性味与归经】**辛、苦，温。归肝、肾经。

**【功能与主治】**祛风湿，补肝肾，强筋骨。用于风湿痹痛，筋骨痿软，小儿行迟，体虚乏力，水肿，脚气。

**【用法与用量】**4.5～9g。

**【药用标准】**药典1963—2015、浙江炮规2015、新疆药品1980二册、香港药材六册和台湾1985一册。

**【临床参考】**1. 多发性跖疣：根皮30g，加黄柏15g、生地榆15g、明矾15g、板蓝根15g、木贼15g、细辛6g、苦参15g，每日1剂，水煎取汁，趁热浸泡患足30min，擦干后用胶布保护疣周皮肤，将高锰酸钾5g、冰片10g研细撒于疣体上，上覆胶布固定，次日刮除，连用1周为1疗程[1]。

2. 腰腿痛：根皮10～15g，加络石藤、鸡血藤、忍冬藤、石楠藤各15～30g，灵仙藤、海桐皮各10～15g，每日1剂，水煎早晚各服1次，服药期间可少量饮酒，以助药力；偏寒湿者加威灵仙、油松节；偏湿热者加豨莶草、川牛膝；风湿日久者加半枫荷、千斤拔，久病气虚者加黄芪、党参，血虚者加当归、黄精；肝肾不足者可选加杜仲、续断、枸杞、首乌、千年健[2]。

3. 神经根型颈椎病：根皮20g，加透骨草30g、伸筋草、威灵仙、千年健、五加皮、三棱、莪术各20g，艾叶、川椒、红花各10g，每日1剂，水煎，用计算机控制中药雾化熏洗床进行熏洗，床上铺一次性中单，患者平卧，颈部暴露于熏洗雾化孔，颈部前方及双侧用毛巾被掩盖，避免药汽散发，温度以个体难受为度，每日2次，每次30min，同时配合颈椎牵引[3]。

4. 风湿痹痛：根皮15g，水煎服，或酒水各半煎服。

5. 水肿：根皮，加茯苓皮、大腹皮、生姜皮、陈皮，水煎服。

6. 阴囊水肿：根皮9g，加地骷髅30g，水煎服。（4方至6方引自《浙江药用植物志》）

**【附注】**五加皮始载于《神农本草经》。据《名医别录》载："五叶者良，生汉中及冤句，五月七月采茎，十月采根，阴干。"《蜀本草》载："树生小丛，赤蔓，茎间有刺，五叶生枝端，根若荆根，皮黄黑，肉白，骨硬。”《图经本草》云：“今江淮、湖南州郡皆有之。春生苗，茎叶俱青，作丛。赤茎又似藤蔓，高三五尺，上有黑刺，叶生五叉作簇者良。四叶、三叶者最多，为次。每一叶下生一刺。三四月开白花，结细青子，至六月渐黑色。根若荆根，皮黑黄，肉白，骨坚硬。蕲州人呼为木骨。”根据上述产地及形态，其五叶者即为本种。

药材五加皮阴虚火旺者禁服。

糙叶五加 *Eleutherococcus henryi* Oliv. 的根皮在湖南作五加皮药用；无梗五加 *Eleutherococcus sessiliflorus*（Rupr.et Maxim.）S.Y.Hu 的根皮在东北民间也作五加皮药用。

**【化学参考文献】**

[1] Wu Z Y，Zhang Y B，Zhu K K，et al. Anti-inflammatory diterpenoids from the root bark of *Acanthopanax gracilistylus*［J］. J Nat Prod，2014，77（11）：2342-2351.

[2] 宋学华，徐国钧，金蓉鸾 . 细柱五加根皮化学成分的研究［J］. 中国药科大学学报，1987，18（3）：203-204.

[3] 刘向前，陆昌洙，张承烨 . 细柱五加皮化学成分的研究［J］. 中草药，2004，35（3）：250-252.

[4] 王立会 . 细柱五加资源及化学成分、质量评价研究［D］. 南京：南京农业大学硕士学位论文，2010.

[5] 单保恩，段建萍，张丽华，等 . 五加皮抗肿瘤活性物质 Age 对单核细胞产生 TNF-α 和 IL-12 的影响［J］. 中国免疫学杂志，2003，19（7）：490-493.

[6] 张正光 . 细柱五加果实化学成分、药理作用及含量测定的研究［D］. 南京：南京中医药大学硕士学位论文，2012.

[7] 王久粉，张静岩，张正光，等 . 细柱五加果实化学成分的研究［J］. 南京中医药大学学报，2011，27（6）：561-564.

[8] 张静岩，濮社班，钱士辉，等 . 细柱五加果实化学成分研究［J］. 中药材，2011，34（2）：226-229.

[9] 张静岩，濮社班，钱士辉，等 . 细柱五加中新的脑苷酯类成分［J］. 中国天然药物，2011，9（2）：105-107.

[10] 咸丽娜 . 细柱五加茎的化学成分研究［D］. 南京：南京中医药大学硕士学位论文，2010.

[11] 咸丽娜，李振麟，钱士辉 . 细柱五加茎中的一个新的贝壳杉烷型二萜苷［J］. 中草药，2010，41（11）：1761-1763.

[12] Liu X Q，Chang S Y，Park S Y，et al. A new lupane-triterpene glycoside from the leaves of *Acanthopanax gracilistylus*［J］. Arch Pharm Res，2003，34（15）：831-836.

[13] Lu M X，Yang Y，Zou Q P，et al. Anti-diabetic effects of acankoreagenin from the leaves of *Acanthopanax gracilistylus* herb in RIN-m5F cells via suppression of NF-κB activation［J］. Molecules，2018，23（4）：958.

[14] Liu X Q，Zou Q P，Huang J J，et al. Inhibitory effects of 3α-hydroxy-lup-20（29）-en-23，28-dioic acid on lipopolysaccharide-induced TNF-α，IL-1β，and the high mobility group box 1 release in macrophages［J］. Biosci Biotechnol Biochem，2017，10：1301803-1301812.

[15] Zou Q P，Liu X Q，Huang J J，et al. Inhibitory effects of lupane-type triterpenoid saponins from the leaves of *Acanthopanax gracilistylus* on lipopolysaccharide-induced TNF-α，IL-1β and high-mobility group box 1 release in macrophages［J］. Mol Med Rep，2017，16（6）：9149-9156.

[16] Yook C S，Liu X Q，Chang S Y，et al. Lupane-triterpene glycosides from the leaves of *Acanthopanax gracilistylus*［J］. Chem Pharm Bull，2002，50（10）：1383-1385.

[17] 邹亲朋 . 两种五加属植物叶中抗 HMGB1 三萜活性成分研究［D］. 长沙：中南大学硕士学位论文，2012.

[18] 安士影，钱士辉，蒋建勤，等 . 细柱五加叶的化学成分［J］. 中草药，2009，40（10）：1528-1534.

[19] 倪娜 . 细柱五加叶及其同属植物活性成分研究［D］. 长沙：中南大学硕士学位论文，2008.

**【药理参考文献】**

[1] 张正光 . 细柱五加果实对小鼠常压耐缺氧及抗疲劳作用的研究［C］. 第十届全国药用植物及植物药学术研讨会论文摘，2011：1.

[2] 张正光，黄厚才，钱士辉 . 细柱五加果实提取物对免疫抑制小鼠的免疫调节作用［J］. 中国实验方剂学杂志，2012，18（10）：240-243.

[3] 张正光，钱士辉，黄厚才 . 细柱五加果实提取物对四氯化碳致小鼠急性肝损伤的保护作用［J］. 人参研究，2011，23（3）：11-14.

[4] 单保恩，李巧霞，梁文杰，等 . 中药五加皮抗肿瘤作用体内外实验研究［J］. 中国中西医结合杂志，2004，24（1）：

55-58.
［5］钱士辉，袁丽红，曹鹏，等．细柱五加枝叶提取物的抗肿瘤和抗血管生成活性［J］．中药材，2009，32（12）：1889-1891.
［6］王家冲，水新薇，王冠福．南五加根皮正丁醇提取物的抗炎镇痛作用［J］．中国药理学通报，1986，2（2）：21-23.
［7］谢世荣，黄彩云，黄胜英．五加皮水提液的抗衰老作用研究［J］．中药药理与临床，2004（2）：26.
［8］袁文学，伍湘瑾，韩玉洁，等．细柱五加的药理作用研究［J］．沈阳药学院学报，1988，5（3）：192-195，207.

**【临床参考文献】**

［1］杨巧利．祛疣洗剂为主治疗多发性跖疣 60 例疗效观察［J］．山东中医杂志，2014，33（6）：451-452.
［2］陈华，成姣．五藤二皮饮治腰腿痛 120 例疗效小结［J］．江西中医药，1991，22（5）：47.
［3］李志强，鲍铁周，李新生．熏洗方配合牵引治疗神经根型颈椎病［J］．陕西中医，2011，32（4）：439-441.

## 651. 白簕（图 651）• *Acanthopanax trifoliatus*（Linn.）Merr.

**图 651 白簕** 摄影 张芬耀等

**【别名】**三加皮（浙江）。

**【形态】**攀援状灌木，高 1～7m。老枝灰白色，新枝黄棕色，疏生向下的钩刺。掌状复叶，小叶 3 枚，稀 4～5 枚，椭圆状卵形至长椭圆形，稀倒卵形，长 2～8cm，宽 1.5～4cm，先端尖或短渐尖，基部楔形，边缘有锯齿，齿端有小尖头，两面无毛或叶面沿叶脉有极稀疏的刺毛；叶柄长 2～6cm，疏生钩刺或无；小叶柄长 2～8mm，有时几无小叶柄。伞形花序 3～10（～20）个生于小枝顶端，排成复伞形花序或圆锥花序，稀单生；花序梗长 2～7cm，无毛；花梗长 1～2cm，带紫红色；花萼边缘有 5 个三角形小齿；花瓣 5 枚，三角状卵形，黄绿色，长约 2mm，开花时反曲；雄蕊 5 枚，花丝较花瓣略长；子房 2 室，花柱 2 枚，合生至中部。果实球状，直径约 5mm，成熟时黑色。花期 8 ～ 9 月，果期 10 月。

**【生境与分布】**生于山坡林缘、山谷路旁或灌丛中，垂直分布可达 3200m，分布于浙江、安徽、江苏、江西、福建，另广东、广西、贵州、湖南、湖北、四川、云南、台湾等省区有分布；日本、菲律宾、越南、泰国和印度也有分布。

**【药名与部位】**刺三加（三加），根或根皮。

**【采集加工】**夏、秋二季采挖，除去杂质，洗净，干燥。

**【药材性状】**呈不规则筒状或片状，长 2 ～ 7.5cm，厚 0.05 ～ 0.15cm。外表面灰红棕色，有纵皱纹，皮孔类圆形或略横向延长；内表面灰褐色，有细纵纹。体轻质脆，折断面不平坦。气微香，味辛、微苦涩。

**【化学成分】**茎皮含二萜类：白簕苷 *D（acantrifoside D）、16αH, 17- 异戊酸 - 对映 - 贝壳杉烷 -19- 羧酸（16αH, 17-isovalerate-*ent*-kauran-19-oic acid）、对映 - 贝壳杉 -16- 烯 -19- 羧酸（*ent*-kaur-16-en-19-oic acid）和对映 - 海松 -8（14），15- 二烯 -19- 酸［*ent*-pimara-8（14），15-dien-19-oic acid］[1]；苯丙素类：白簕苷 *F（acantrifoside F）[2]，白簕苷 *E（acantrifoside E）和紫丁香苷（syringin）[3]；木脂素类：刺五加苷 E（eleutheroside E）；黄酮类：槲皮素（quercitrin）；内酯类：（2*R*, 3*R*）-2, 3- 二 -（3, 4- 亚甲基二氧苄基）- 丁内酯［（2*R*, 3*R*）-2, 3-di-（3, 4-methylene dioxybenzyl）-butyrolactone］[3]。

枝叶含皂苷类：白簕酸 *C、D（acantrifoic acid C、D）、凹脉鹅掌柴酸（impressic acid）、3α, 11α- 二羟基 - 羽扇豆 -20（29）- 烯 -23- 醛基 -28- 酸［3α, 11α-dihydroxy-lup-20（29）-en-23-al-28-oic acid］、3α- 羟基 - 羽扇 -20（29）- 烯 -23, 28- 二酸［3α-hydroxy-lup-20（29）-en-23, 28-dioic acid］、3α, 11α 二羟基 - 羽扇 -20（29）- 烯 -23, 28- 二酸［3α, 11α-dihydroxy-lup-20（29）-en-23, 28-dioic acid］和 3α- 羟基羽扇 -20（29）- 烯 -30- 醇 -23, 28- 二酸［3α-hydroxy-lup-20（29）-en-30-ol-23, 28-dioic acid］[4]；二萜类：对映 - 贝壳杉 -15- 烯 -17- 醛基 -19- 酸（*ent*-kaur-15-en-17-al-19-oic acid）、17- 羟基 -16α- 对映 - 贝壳杉 -19 酸（17-hydroxy-16α-*ent*-kauran-19-oic acid）、16α- 羟基 - 对映 - 贝壳杉 -19- 酸（16α-hydroxy-*ent*-kauran-19-oic acid）、13- 表 - 对映 - 泪柏醚 -19- 酸（13-epi-*ent*-manoyloxide-19-oic acid）、对映 - 贝壳杉 -16- 烯 -19- 醛（*ent*-kaur-16-en-19-al）、对映 - 贝壳杉 -16- 烯 -19- 酸（*ent*-kαur-16-en-19-oic acid）、18- 去甲 - 对映 - 贝壳杉 -16- 烯 -4β- 醇（18-nor-*ent*-kaur-16-en-4β-ol）和对映 -19- 羟基 -13- 表 - 泪柏醚（*ent*-19-hydroxy-13-epi-manoyl oxide）[4]；木脂素类：台湾杉素 E（taiwanin E）[5]。

叶含皂苷类：24- 去甲 -11α- 羟基 -3- 氧代 - 羽扇豆 -20（29）- 烯 -28- 酸 -28-*O*-α-L- 鼠李糖基 -（1→4）-β-D- 吡喃葡萄糖基 -（1→6）-β-D- 吡喃葡萄糖基酯苷［24-nor-11α-hydroxy-3-oxo-lup-20（29）-en-28-oic acid-28-*O*-α-L-rhamnopyranosyl-（1→4）-β-D-glucopyranosyl-（1→6）-β-D-glucopyranosyl ester］，即白簕苷 *B（acantrifoside B）[6]，白簕酸 *A（acantrifoic acid A）、白簕苷 *C（acantrifoside C）[7]，蒲公英萜醇（taraxerol）和蒲公英萜醇乙酸酯（taraxerol ethyl ester）[8]；二萜类：贝壳杉烯酸（kaurenoic acid）[8]；黄酮类：石吊兰素（lysionotin）[8]；挥发油类：反式 - 石竹烯（*trans*-caryophyllene）、α- 蒎烯（α-pinene）、水芹烯（1-phellandrene）、环已烯（cyclohexene）、α- 葎草萜（α-humulene）、α- 古巴烯（α-copaene）、杜松烯（cadinene）、D- 柠檬烯（D-limonene）和 τ- 古芸烯（τ-gurjunene）等[9, 10]。

**【药理作用】**1. 降血糖　茎粗多糖对链脲佐菌素所致糖尿病小鼠具有降低血糖的作用，连续给药 4 周后，中、高剂量组可使糖尿病小鼠的血糖分别下降 47.73% 和 53.52%，同时可显著增加小鼠的口服糖耐量，提高小鼠胸腺指数[1]。2. 抗菌　茎和叶醇提取物对痤疮丙酸杆菌具有良好的抑制作用，其最低抑菌浓度（MIC）为 2.5mg/ml；水提取物对 B16 黑色素瘤细胞酪氨酸酶具有较好的抑制作用[2]。3. 抗氧化　从茎提取分离得到的中性均一多糖对 1，1- 二苯基 -2- 三硝基苯肼（DPPH）自由基、2，2′- 联氮 - 二（3- 乙基 - 苯并噻唑 -6- 磺酸）二铵盐（ABTS）自由基、羟基自由基（·OH）和超氧阴离子自由基（$O_2^-$·）均有明显的清除作用，其半数抑制浓度（$IC_{50}$）分别为 0.0424mg/ml、0.0079mg/ml、2.3136mg/ml、1.7530mg/ml[3]；叶的不同提取部位在体外也均有不同程度的抗氧化作用，作用强弱分别为正丁醇部位 > 水提部位 > 乙酸乙酯部位[4]。4. 抗炎镇痛抗疲劳　茎多糖对小鼠具有显著的镇痛、抗疲劳作用，对大鼠具有显著的抗炎作用，可提高小鼠热板所致的痛阈值，明显延长小鼠负重游泳时间，显著增加肝糖原和肌糖原含量，降低血清中肌酸激酶（CK）含量，减少血清中尿素氮（BUN）和乳酸脱氢酶（LDH）含量，减轻角叉菜胶所致大鼠的足趾肿胀度[5]。

**【性味与归经】**苦、辛，凉。归肺、胃、肾经。

**【功能与主治】**清热解毒，祛风利湿，活血舒筋。用于感冒发热，咽痛头痛，黄疸，石淋，带下，风湿腰腿酸痛，跌扑损伤，疮疡肿毒，蛇虫咬伤。

**【用法与用量】**煎服 15～30g；或浸酒；外用适量，研末调敷，捣烂敷或煎水洗。

**【药用标准】**贵州药材 2003、广西壮药 2008、广西药材 1996 和广西瑶药 2014 一卷

**【临床参考】**1. 风湿性关节炎、坐骨神经痛：根 30～60g，或鲜叶 15～30g，水煎服。

2. 疮疖：根 30～60g，水煎服；另取鲜叶适量，加蜂蜜或冷饭，捣烂外敷。（1 方、2 方引自《浙江药用植物志》

**【附注】**药材刺三加孕妇慎服。

本种的枝叶及花民间也作药用。

本种的变种刚毛白簕 *Eleutherococcus trifoliatus*（Linn.）S.Y.Hu var.*setosus* Li［*Acanthopanax trifoliatus*（Linn.）Merr.var.*setosus* Li］的根及根皮在贵州作刺三加药用。

**【化学参考文献】**

［1］Kiem P V, Cai X F, Minh C V, et al. Kaurane-type diterpene glycoside from the stem bark of *Acanthopanax trifoliatus*［J］. Planta Med，2004，70（3）：282-284.

［2］Kiem P V, Minh C V, Dat N T, et al. A new phenylpropanoid glycoside from the stem bark of *Acanthopanax trifoliatus*［J］. J Chem，2003，42（3）：384-387.

［3］Kiem P V，Minh C V，Dat N T，et al. Two new phenylpropanoid glycosides from the stem bark of *Acanthopanax trifoliatus*［J］. Arch Pharm Res，2003，26（12）：1014-1017.

［4］Li D L，Zheng X，Chen Y C，et al. Terpenoid composition and the anticancer activity of *Acanthopanax trifoliatus*［J］. Arch Pharm Res，2016，39（1）：51.

［5］Wang H C，Tseng Y H，Wu H R，et al. Anti-proliferation effect on human breast cancer cells via inhibition of pRb phosphorylation by taiwanin E isolated from *Eleutherococcus trifoliatus*［J］. Nat Prod Commun，2014，9（9）：1303-1306.

［6］Kiem P V，Minh C V，Cai X F，et al. A New 24-nor-lupane-glycoside of *Acanthopanax trifoliatus*［J］. Arch Pharm Res，2003，26（9）：706-708.

［7］Kiem P V，Cai X F，Minh C V，et al. Lupane-triterpene carboxylic acids from the leaves of *Acanthopanax trifoliatus*［J］. Chem Pharm Bull，2003，51（12）：1432-1435.

［8］杜江，高林．白簕叶的化学成分研究［J］．中国中药杂志，1992，17（6）：356-357.

［9］刘基柱，严寒静，房志坚．白簕叶中挥发油成分分析［J］．河南中医，2009，29（5）：505-506.

［10］纳智．白簕叶挥发油的化学成分［J］．广西植物，2005，25（3）：261-263.

**【药理参考文献】**

［1］杨慧文，周露，张旭红，等．白簕茎多糖对链脲佐菌素致糖尿病小鼠的降血糖作用研究［J］．现代食品科技，2017，33（5）：52-57.

［2］劳景辉，潘超美，喻勤，等．白簕提取物抑制痤疮丙酸杆菌及美白活性研究［J］．中国现代中药，2016，18（9）：1120-1124.

［3］程轩轩，张旭红，杨慧文，等．白簕多糖的分离纯化及抗氧化活性研究［J］．中草药，2017，48（20）：4219-4223.

［4］杨慧文，张旭红，陈健媚，等．白簕叶不同极性部位的体外抗氧化活性分析［J］．食品研究与开发，2015，36（3）：14-18.

［5］杨慧文，张旭红，陈婉琪，等．白簕茎多糖对大、小鼠的抗炎镇痛及抗疲劳作用研究［J］．中国药房，2015，26（31）：4364-4367.

## 5. 鹅掌柴属 *Schefflera* J.R.Forster et G.Forster

常绿乔木或灌木，有时攀援状。枝粗壮，无刺。掌状复叶，稀单叶，托叶和叶柄基部合生，呈鞘状；小叶全缘，稀疏生锯齿。花两性，排成总状、伞形、头状或穗状花序，再组成复伞形或圆锥花序；花梗无关节；萼筒全缘或有细齿；花瓣 5 ～ 11 枚，镊合状排列；雄蕊和花瓣同数；子房通常 5 室，稀 4 室或多至 11 室；花柱离生、部分或全部合生呈柱状，或无花柱。浆果球形或卵形，有棱 5 ～ 11 枚，有时不明显。种子通常扁平，胚乳均匀，有时微皱。

200 余种，广泛分布于两半球的热带和亚热带地区。中国 35 种，分布于长江以南各省区，华东地区有野生和栽培，法定药用植物 5 种。华东地区法定药用植物 2 种。

### 652. 鹅掌藤（图 652）• *Schefflera arboricola* Hayata

**图 652　鹅掌藤**　　摄影　徐克学等

**【别名】**七叶莲（浙江）。

**【形态】**灌木，常呈藤本状，高 2 ～ 3m。小枝棕色，无毛，有皮孔。掌状复叶，小叶 7 ～ 9 枚，稀 5 ～ 6 枚或 10 枚，倒卵状长圆形，稀长圆形，长 6 ～ 10cm，宽 1.5 ～ 3.5cm，先端圆钝、短尖或渐尖，基部楔形，两面光滑，边缘全缘；叶柄长 10 ～ 20cm，基部有扩大的短托叶鞘，小叶柄长 1 ～ 2.5cm。圆锥花序顶生，长约 20cm，由十几个至几十个在花序分支上呈总状排列的伞形花序组成，伞形花序具花 3 ～ 10 朵，花序梗长约 5mm，花梗长 1.5 ～ 2.5mm，疏被星状绒毛；苞片阔卵形，外面密生星状绒毛，早落；萼筒近全缘；花瓣 5 ～ 6 枚，白色，无毛；雄蕊和花瓣同数而等长；子房 5 ～ 6 室，柱头 5 ～ 6 枚，无花柱。

果近球形，橙黄色至酱紫色，直径约5mm，具5～6棱；果柄长3～6mm。花期7～10月，果期9～11月。

【生境与分布】生于山谷密林中或溪边，垂直分布可达900m，江苏、浙江等地有栽培，分布于台湾、广东、海南及广西。

【药名与部位】七叶莲，根、藤茎或茎叶。

【采集加工】全年均可采收，洗净，鲜用或晒干。

【药材性状】根呈圆柱形，表面黄褐色，具纵皱纹，质坚硬，断面皮部窄，黄褐色，木质部宽广，类白色。茎呈圆柱形，表面绿色，有细纵纹，光滑无毛。叶互生，掌状复叶；小叶通常7枚，总柄长7～9cm；托叶在叶柄基部与叶柄合生，显著；小叶片长卵圆形，长9～16cm，宽2.5～4cm，先端尾尖，基部圆形，全缘，草质，上面绿色，光泽，下面淡绿色，网脉明显；小叶柄长1～3cm，中间的最长。气微，味淡。

【化学成分】茎含皂苷类：羽扇豆醇（lupeol）、桦木酸（betulinic acid）、3-表白桦脂酸（3-epibetulinic acid）、齐墩果酸（oleanolic acid）、3-乙酰齐墩果酸（3-acetyloleanolic acid）、松叶菊萜酸（mesembryanthemoidigenic acid）、木通酸（quinatic acid）[1]，木通萜苷*A（quinatoside A）、常春藤皂苷元-3-*O*-α-L-吡喃阿拉伯糖苷（hederagenin 3-*O*-α-L-arabinopyranoside）、刺五加苷K（eleutheroside K）和异株五加苷*A（sieboldianoside A）[2]；甾体类：β-谷甾醇（β-sitosterol）、豆甾醇（stigmasterol）、7-羰基-β-谷甾醇（7-oxo-β-sitosterol）和7-羰基豆甾醇（7-oxo-stigmasterol）[2]。

【药理作用】1. 抗炎镇痛　茎水提浸膏、挥发油提取物可明显减少乙酸所致小鼠的扭体次数，抑制二甲苯所致小鼠的耳廓肿胀和角叉菜胶所致小鼠的足趾肿胀[1]；未成熟果实水提取物对热板、乙酸所致小鼠的疼痛，二甲苯所致小鼠的耳廓肿胀均有不同程度的抑制作用[2]；茎枝乙酸乙酯提取物对二甲苯所致小鼠的耳廓肿胀、棉球所致大鼠的肉芽肿、乙酸所致小鼠的扭体反应、热板所致小鼠的疼痛均有显著的抑制作用，抑制率均大于50%[3]，其抗炎镇痛作用的强度水提醇沉物要强于水提取物和片剂[4]；水提取液能可逆地阻滞蟾蜍坐骨神经动作电位的传导，这可能是起镇痛作用的机制之一[5]。2. 调节中枢神经　叶茎水提醇沉后得到的注射液对中枢抑制药物有协同作用，能显著延长水合氯醛所致小鼠的睡眠时间；对中枢兴奋药物有拮抗作用，能显著延长戊四唑所致小鼠惊厥的发生时间[6]。3. 肠肌调节　叶茎水提醇沉后得到的注射液能直接抑制家兔和大鼠离体回肠肌的收缩力，并能对抗乙酰胆碱兴奋肠肌的作用[6]。

毒性　小鼠腹腔注射叶茎水提醇沉后得到的注射液，其半数致死剂量（$LD_{50}$）为107.4g/kg，对小鼠的主要毒副反应为死亡前先出现活动减少，呈现镇静状态，后逐渐发展到伏匐不动、四肢肌肉松弛、角膜反射和痛觉迟钝、呼吸浅而慢[6]。

【性味与归经】微苦，温。

【功能与主治】祛风除湿，活血止痛。用于风湿痹痛，胃痛，跌扑骨折，外伤出血。

【用法与用量】煎服10～15g；外用适量，煎水洗，或鲜品捣烂敷。

【药用标准】贵州药材2003。

【临床参考】1. 类风湿关节炎：七叶莲酒（根及茎叶200g，加55°白酒1000ml，浸泡1周后服用），服完后第2剂换药再服，每次20～25ml，每日2次，3个月为1疗程[1]。

2. 褥疮：根茎，加八角枫须根、海风藤茎叶、飞扬草全草等量混合，置入75%乙醇中浸泡，用棉球浸透药液，涂擦患者皮肤红肿或溃烂的病灶，每日3～5次[2]。

3. 高位蛔虫病：叶15g，加两面针根15g、虎杖根15g、生大黄15g、干姜6g，水煎服，感染较明显者可加蒲公英15g，合并胰腺炎型者加毛柴胡、盐枳壳，呕吐者加制半夏、陈皮，合并妊娠者酌减生大黄，同时，海群生口服每次200mg，每日3次，连服3天[3]。

4. 带状疱疹后遗神经痛：复方七叶莲霜（根及茎叶，加马钱子、王不留行、冰片、桉叶油等提取制成水包油霜剂），适量外用，每日4次，疼痛未能控制者加服消炎痛肠溶片，每次25mg，每天1～3次，根据疼痛程度、睡眠情况决定，2周为1疗程，每周复查1次[4]。

5. 急性腰扭伤：根及茎叶20g，加乳香、没药、红花各15g，桑枝、苏木、伸筋草、千斤拔、桂枝、枫荷桂各 20g，川木瓜、鸡血藤各 30g，放入盛 3kg 水以上的砂锅内，加水适量，煮开 30min 后去渣存液使用，用毛巾折叠成长方形，放入煮开着的药液内浸透后拧干，速敷于患者腰部，边敷边揭开，待毛巾不太热时，再敷上另一条毛巾，如此循环，每次敷 30min，每日敷 1 次，敷后令患者卧床休息 1h，3h 内不能用冷水洗热敷部位[5]。

【附注】药材七叶莲孕妇慎服。

密脉鹅掌柴 *Schefflera venulosa*（Wight et Arn.）Harms ［*Schefflera elliptica*（Blume）Harms］、广西鹅掌柴 *Schefflera kwangsiensis* Merr.ex Li 的带叶茎枝在湖南、云南、重庆及上海也作七叶莲药用。

【化学参考文献】

［1］郭夫江，林绥，李援朝，等．鹅掌藤中三萜类化合物的分离与鉴定［J］．中国药物化学杂志，2005，15（5）：294-296.

［2］郭夫江，林绥，李援朝．植物鹅掌藤化学成分研究［C］．全国药用植物和植物药学学术研讨会，2005.

【药理参考文献】

［1］林小凤，张慧，隋臻，等．七叶莲不同溶剂提取部分的抗炎镇痛作用［J］．中国生化药物杂志，2012，33（4）：346-349.

［2］黄玉香，徐先祥，陈剑雄，等．七叶莲果实的抗炎镇痛作用研究［J］．食品工业科技，2012，33（24）：397-398，402.

［3］刘娴，刘道芳，刘海兵，等．汉桃叶抗炎镇痛作用有效部位的筛选［J］．安徽医药，2011，15（12）：1491-1493.

［4］黄玉香．七叶莲提取工艺与药效学研究［D］．泉州：华侨大学硕士学位论文，2013.

［5］徐爱丽，王华，周岩，等．七叶莲对蟾蜍坐骨神经动作电位的影响［J］．现代生物医学进展，2009，9（14）：2649-2651.

［6］广西桂林医专制药厂．七叶莲药理作用的初步研究［J］．新医药学杂志，1975，（2）：40-44.

【临床参考文献】

［1］周菲菲，朱湘生．七叶莲酒治疗类风湿性关节炎临床观察［J］．中国农村医学，1998，26（5）：44，45.

［2］万功华，陈敏，李玲，等．复方七叶莲液治疗褥疮 38 例效果观察［J］．中华护理杂志，2003，38（7）：59.

［3］郭炳炎．复方七叶莲汤配合海群生治疗高位蛔虫病 103 例［J］．福建医药杂志，1987，9（6）：63.

［4］许文红，朱建凤，周先成，等．复方七叶莲霜治疗带状疱疹后遗神经痛 58 例临床观察［J］．中国中医药科技，2006，13（3）：185-186.

［5］廖信祥．中药外敷治疗急性腰扭伤 100 例［J］．内蒙古中医药，1992，（2）：24

## 653. 鹅掌柴（图 653）• *Schefflera heptaphylla*（Linn.）Frodin ［*Schefflera octophylla*（Lour.）Harms］

【别名】鸭脚木，七叶莲（浙江）。

【形态】灌木或乔木，高可达 15m。小枝粗壮，幼时密生星状短柔毛。掌状复叶，小叶 6 ～ 9 枚，稀 11 枚，椭圆形至长圆状椭圆形或倒卵状椭圆形，长 9 ～ 17cm，宽 3 ～ 5cm，先端通常渐尖或短尖，基部楔形或钝形，全缘，幼树时边缘有锯齿或羽状分裂，幼时密生星状短柔毛，后逐渐脱落；叶柄长 15 ～ 30cm，基部有略扩大的托叶鞘，小叶柄长 2 ～ 5cm。圆锥花序顶生，长 20 ～ 30cm，花序分支斜生，有总状排列的伞形花序几个至十几个，伞形花序有花 10 ～ 15 朵，花序梗长 1 ～ 2cm，花梗长 4 ～ 5mm，有星状短柔毛；小苞片小，宿存；萼筒长约 2.5mm，边缘近全缘或有 5 ～ 6 枚小齿；花瓣 5 ～ 6 枚，白色，开花时反曲，无毛；雄蕊 5 ～ 6 枚，较花瓣略长；子房 5 ～ 7 室，稀 9 ～ 10 室；花柱合生成粗短的柱状。果实球形，黑色，直径约 5mm，有不明显的棱。花期 11 ～ 12 月，果期 12 月。

【生境与分布】生于山坡常绿阔叶林下或阳坡上，海拔 100 ～ 2100m。分布于浙江、江西、福建，另广东、广西、贵州、湖南、西藏、云南等省区有分布，常见温室栽培；日本、越南、泰国和印度也有分布。

**图 653 鹅掌柴** 摄影 张芬耀

鹅掌藤与鹅掌柴的区别点：鹅掌藤为藤状灌木，高 2 ～ 3m；叶较小；花序梗长 1 ～ 5mm，伞形花序具花 3 ～ 10 朵。鹅掌柴为直立乔木或灌木，高可达 15m；叶大；花序梗长 1 ～ 2cm，伞形花序具花 10 ～ 15 朵。

**【药名与部位】**鸭脚木皮，树皮及根皮。

**【采集加工】**全年可采，剥取树皮或根皮，干燥。

**【药材性状】**呈卷筒状或不规则板块状。卷筒状的长 30 ～ 50cm，板块状的长短不一，厚 2 ～ 8mm，外表面灰白色至灰褐色，略粗糙，常有地衣斑，密具细小的疣状凸起和明显的类圆形或横向长圆形皮孔，常有纵皱纹和不规则的横纹，有的可见叶柄痕；内表面灰棕色至暗褐色，光滑，具丝瓜络网纹。质疏松，木栓层易脱落。断面纤维性强，外层较脆易折断，能层层剥离。气微香，味苦涩。

**【药材炮制】**除去杂质及粗皮，洗净，润软，横切成丝，晒干。

**【化学成分】**根皮及树皮含皂苷类：2α, 3β, 23α- 三羟基熊果 -12- 烯 -28- 酸 -28-*O*-β-D- 吡喃葡萄糖苷（2α, 3β, 23α-trihydroxy-urs-12-en-28-oic acid-28-*O*-β-D-glucopyranoside）、3α- 羟基熊果 -12- 烯 -23, 28- 二酸 -28-*O*-α-L- 吡喃鼠李糖 -（1→4）-β-D- 吡喃葡萄糖 -（1→6）-β-D- 吡喃葡萄糖苷［3α-hydroxy-urs-12-en-23, 28-dioic acid-28-*O*-α-L-rhamnopyranosyl-(1→4)-β-D-glucopyranosyl-(1→6)-β-D-glucopyranoside］、积雪草苷（asiaticoside）[1]，鹅掌柴熊苷 *D（scheffuroside D）、鹅掌柴齐苷 *D（scheffoleoside D）、3- 表 - 白桦脂酸 -28-*O*-[α-L- 吡喃鼠李糖基 -(1→4)-*O*-β-D- 吡喃葡萄糖基 -(1→6)]-β-D- 吡喃葡萄糖苷 {3-epi-betulinic acid-28-*O*-［α-L-rhamnopyranosyl-（1→4）-*O*-β-D-glucopyranosyl-（1→6）］-β-D-glucopyranoside}、3-*O*-β-D- 吡喃木糖基 -（1→2）-*O*-β-D- 吡喃葡萄糖醛酸 -29- 羟基齐墩果酸 -28-*O*-β-D- 吡喃葡萄糖苷［3-*O*-β-D-xylopyranosyl-（1→2）-*O*-β-D-glucuronopyranosyl-29-hydroxyoleanolic acid-28-*O*-β-D-glucopyranoside］、3-β-*O*-（β-D- 吡喃葡萄糖基 -α-L- 吡喃阿拉伯糖基）- 坡模酸 -（28→1）-β-D- 吡喃葡萄糖酯苷［3-β-*O*-

（β-D-glucopyranosyl-α-L-arabinopyranosyl）-pomolic acid-（28→1）-β-D-glucopyranosyl ester］[2]，蒲公英萜酮（taraxerone）、表蒲公英赛醇（epitaraxerol）、木油树酸（aleuritolic acid）、3- 氧代木栓烷 -28- 酸（3-oxofriedelan-28-oic acid）、3β, 19α- 二羟基熊果 -12- 烯 -24, 28- 二酸（3β, 19α-dihydroxy-urs-12-en-24, 28-dioic acid）和积雪草酸（asiatic acid）[3]；烷醇类：葵醇（decanol）和十八烷醇（octadecanol）[3]；脂肪酸类：二十四烷酸（tetracosanoic acid）、二十八烷酸（octacosanoic acid）和十六烷酸（hexadecanoic acid）[1]；酚醛类：异香草醛（isovanillin）和香草醛（vanillin）[1]；其他尚含：2- 羟基 -4- 正辛氧基二苯甲酮（2-hydroxy-4-octyloxy-benzophenone)[1] 和 3-（4- 羟基 -3- 甲氧基）-2- 丙烯醛［3-（4-hydroxy-3-methoxyphenyl）-2-propenal］[2]。

树皮含皂苷类：3α, 13- 二羟基熊果 -11- 烯 -23, 28- 二酸 -13, 28- 内酯（3α, 13-dihydroxyurs-11-en-23, 28-dioic acid-13, 28-lactone）、3α- 羟基羽扇豆 -20（29）- 烯 -23, 28- 二酸［3α-hydroxy-lup-20（29）-en-23, 28-dioic acid］、齐墩果酸（oleanolic acid）、3- 氧代熊果 -12- 烯 -28- 酸（3-oxo-urs-12-en-28-oic acid）、3- 氧代齐墩果酸（3-oxooleanolic acid）、朝鲜五加苷（acankoreoside A）[4]，积雪草苷（asiaticoside）、威严仙皂苷 D（cauloside D）、鹅掌柴齐墩果皂苷 A、B、D、E、F（scheffoleoside A、B、D、E、F）、鹅掌柴熊果酸皂苷 B、C、D、E、F（scheffursoside B、C、D、E、F）[5]，3α- 羟基熊果 -12- 烯 -23, 28- 二酸（3α-hydroxy-urs-12-en-23, 28-dioic acid）、3α- 羟基熊果 -12- 烯 -23, 28- 二酸 28-*O*-［α-L- 吡喃鼠李糖基 -（1→4）-*O*-β-D- 吡喃葡萄糖基 -（1→6）］-β-D- 吡喃葡萄糖苷 {3α-hydroxy-urs-12-en-23, 28-dioic acid-28-*O*-［α-L-rhamnopyranosyl-（1→4）-*O*-β-D-glucopyranosyl-（1→6）］-β-D-glucopyranoside}[6]，3- 氧代熊果 -20- 烯 -23, 28- 二酸 -28-*O*-α-L- 吡喃鼠李糖基 -（1→4）-β-D 吡喃葡萄糖基 -（1→6）-β-D- 吡喃葡萄糖苷［3-oxo-urs-20-en-23, 28-dioic acid-28-*O*-α-L-rhamnopyranosyl-（1→4）-β-D-glucopyranosyl-（1→6）-β-D-glucopyranoside］、3α- 羟基熊果 -20- 烯 -23, 28- 二酸 -28-*O*-β-D- 吡喃葡萄糖基 -（1→6）-β-D- 吡喃葡萄糖苷［3α-hydroxy-urs-20-en-23, 28-dioic acid-28-*O*-β-D-glucopyranosyl-（1→6）-β-D-glucopyranoside］、3α- 羟基熊果 -20- 烯 -23, 28- 二酸 -23-*O*-β-D- 吡喃葡萄糖基 -28-*O*-α-L- 吡喃鼠李糖基 -（1→4）-β-D- 吡喃葡萄糖基 -（1→6）-β-D- 吡喃葡萄糖苷［3α-hydroxy-urs-20-en-23, 28-dioic acid-23-*O*-β-D-glucopyranosyl-28-*O*-α-L-rhamnopyranosyl-（1→4）-β-D-glucopyranosyl-（1→6）-β-D-glucopyranoside］、3- 氧代 -12- 烯 -24- 去甲基 - 熊果酸 -28-*O*-α-L- 吡喃鼠李糖基 -（1→4）-β-D- 吡喃葡萄糖基 -（1→6）-β-D- 吡喃葡萄糖苷［3-oxo-urs-12-en-24-nor-oic acid-28-*O*-α-L-rhamnopyranosyl-（1→4）-β-D-glucopyranosyl-（1→6）-β-D-glucopyranoside］、3α- 羟基 -20β- 羟基熊果 -23, 28- 二酸 -δ- 内酯 -23-*O*-β-D- 吡喃葡萄糖苷（3α-hydroxy-20β-hydroxyursan-23, 28-dioic acid-δ-lactone -23-*O*-β-D-glucopyranoside）[7]，鹅掌柴熊果苷 * A、B、C、D（hepturssoside A、B、C、D）、鹅掌柴齐墩果苷 * A、B、C、D（heptoleoside A、B、C、D）、鹅掌柴达玛苷 * A（heptdamoside A）、积雪草苷 D（asiaticoside D）和鹅掌柴齐墩果皂苷 B（scheffoleoside B）[8]；酚酸及酯类：香草酸（vanillic acid）和 3, 5- 二 -*O*- 咖啡酰奎宁酸甲酯（methyl 3, 5-di-*O*-caffeoyl quinate）[4]；倍半萜类：密花樫木醇 D、E（dysodensiol D、E）[4]。

叶及叶柄含皂苷类：3- 表白桦脂酸（3-epi-betulinic acid）、3α- 羟基羽扇豆 -20（29）- 烯 -23, 28- 二酸 -28-*O*-［α-L- 吡喃鼠李糖基 -（1→4）-*O*-β-D- 吡喃葡萄糖基（1→6）］-β-D- 吡喃葡萄糖苷 {3α-hydroxy-lup-20（29）-en-23, 28-dioic acid 28-*O*-［α-L-rhamnopyranosyl-（1→4）-*O*-β-D-glucopyranosyl-（1→6）］-β-D-glucopyranoside}、3α, 11α- 二羟基羽扇豆 -20（29）- 烯 -23, 28- 二酸 -28-*O*-［α-L- 吡喃鼠李糖基 -（1→4）-*O*-β-D- 吡喃葡萄糖基 -（1→6）］-β-D- 吡喃葡萄糖苷 {3α, 11α-dihydroxy-lup-20（29）-en-23, 28-dioic acid-28-*O*-［α-L-rhamnopyranosyl-（1→4）-*O*-β-D-glucopyranosyl-（1→6）］-β-D-glucopyranoside} 和 3- 表白桦脂酸 -28-*O*-［α-L- 吡喃鼠李糖基 -（1→4）-*O*-β-D- 吡喃葡萄糖基 -（1→6）］-β-D- 吡喃葡萄糖苷 {3-epi-betulinic acid-28-*O*-［α-L-rhamnopyranosyl-（1→4）-*O*-β-D-glucopyranosyl-（1→6）］-β-D-glucopyranoside}[9]；酯类：3, 4- 二 -*O*- 咖啡酰奎宁酸（3, 4-di-*O*-caffeoylquinic acid）、3, 5- 二 -*O*- 咖啡酰奎宁酸（3, 5-di-*O*-caffeoylquinic acid）和 3-*O*- 咖啡酰奎宁酸（3-*O*-caffeoylquinic acid）[10]；挥发油类：4- 萜品醇（4-terpenol）、（-）- 斯巴醇［（-）-spthulenol］、氧化石竹烯（caryophllene oxide）和芳樟醇（β-linalool）等[11]。

叶柄含皂苷类：3α- 羟基羽扇豆 -20（29）- 烯 -23, 28- 二酸［3α-hydroxylup-20（29）-en-23, 28-dioic acid］、3- 表白桦脂酸 -3-*O*- 硫酸酯（3-epi-betulinic acid-3-*O*-sulfate）和 3α- 羟基羽扇豆 -20（29）- 烯 -23, 28- 二酸 -28-*O*-α-L- 吡喃鼠李糖基 -（1→4）-*O*-β-D- 吡喃葡萄糖基 -（1→6）-β-D- 吡喃葡萄糖苷［3α-hydroxylup-20（29）-en-23, 28-dioic acid-28-*O*-α-L-rhamnopyranosyl-（1→4）-*O*-β-D-glucopyranosyl-（1→6）-β-D-glucopyranoside］[12]。

枝叶含皂苷类：3- 表 -23- 羟基白桦脂酸（3-epi-23-hydroxybetulinic acid）、3α- 羟基羽扇豆 -20（29）- 烯 -23, 28- 二酸［3α-hydroxy-lupe-20（29）-en-23, 28-dioic acid］、3α, 11α- 二羟基羽扇豆 -20（29）- 烯 -23, 28- 二酸［3α, 11α-dihydroxy-lupe-20（29）-en-23, 28-dioic acid］、3α- 乙酰基羽扇 -20（29）- 烯 -23, 28- 二酸［3α-acetyl lupe-20（29）-en-23, 28-dioic acid］、3α- 羟基－羽扇豆 -20（29）- 烯 -23, 28- 二酸 -3-*O*-β-D- 葡萄糖苷［3α-hydroxy-lupe-20（29）-en-23, 28-dioic acid-3-*O*-β-D-glucoside］和 3α- 羟基 - 羽扇豆 -20（29）- 烯 -23, 28- 二酸 -28-*O*-α-L- 鼠李糖基 -（1→4）-*O*-β-D- 葡萄糖基 -（1→6）-β-D- 葡萄糖苷［3α-hydroxy-lupe-20（29）-en-23, 28-dioic acid-28-*O*-α-L-rhamnylosyl-（1→4）-*O*-β-D-glucosyl-（1→6）-β-D-glucoside］[13]。

茎叶含皂苷类：7α, 11β- 二羟基 -2, 3- 裂环羽扇豆 -12（13）, 20（29）- 二烯 -2, 3, 28- 三酸［7α, 11β-dihydroxy-2, 3-seco-lup-12（13）, 20（29）-dien-2, 3, 28-trioic acid］、3β- 羟基 - 羽扇豆 -20（29）- 烯 -23, 28- 二酸［3β-hydroxy-lup-20（29）-en-23, 28-dioic acid］、白桦脂酸（betulinic acid）、白桦脂酸 -3-*O*- 硫酸酯（betulinic acid-3-*O*-sulfate）、12（13）- 烯 - 白桦脂酸［12（13）-en-betulinic acid］和白桦脂酸葡萄糖苷（betulinic acid glucoside）[14]。

**【药理作用】**1. 抗病毒　提取得到的 3, 4- 二 -*O*- 咖啡酰奎宁酸（3, 4-di-*O*-caffeoyl quinic acid）和 3, 5- 二 -*O*- 咖啡酰奎尼酸（3, 5-di-*O*-caffeoyl quinic acid）具有抗呼吸合胞体病毒（RSV）的作用，其半数抑制浓度（$IC_{50}$）分别为 2.33μmol/L（1.2μg/ml）和 1.16μmol/L（0.6μg/ml）[1]。2. 抗真菌　树皮及根皮的乙醇、水提取物在体外对青霉、曲霉、根霉都有一定的抗菌作用，其中乙醇提取物对青霉、曲霉、根霉的抗菌作用明显强于水提取物，特别对青霉的抗菌作用更为明显，其最低抑菌浓度（MIC）为 0.195mg/ml、最低杀菌浓度（MBC）为 0.391mg/ml，对曲霉的最低抑菌浓度与最低杀菌浓度均为 0.781mg/ml；乙醇提取物对根霉的抗菌作用较弱，其最低抑菌浓度为 100mg/ml、最低杀菌浓度为 50mg/ml[2]。3. 抗炎镇痛　新鲜叶的挥发油经口给药 10g 生药 /（kg·d）剂量，可明显减少乙酸所致小鼠的扭体次数，可明显缓解二甲苯所致小鼠的耳廓肿胀程度，其抑制率分别为 52.5% 和 59.6%[3]。

**【性味与归经】**苦，凉。归肝、胃、大肠经。

**【功能与主治】**发汗解表，祛风除湿，舒筋活络，消肿止痛。用于感冒发热，咽喉肿痛，风湿关节痛，跌打损伤，骨折。

**【用法与用量】**煎服 9 ～ 15g；外用适量，捣烂酒调敷患处，或煎水洗患处。

**【药用标准】**海南药材 2011、广西壮药 2011、广西药材 1990 和广西瑶药 2014 一卷。

**【临床参考】**1. 流行性感冒：根或茎 500g，加三叉苦（芸香科）根或茎 500g，加水煎取 3L，去渣浓缩至 1L，每次 60ml，每日 1 ～ 2 次；或根 15g，加野菊花全草 30g，水煎服。

2. 咽喉肿痛：根皮 15 ～ 30g，水煎服。

3. 风湿痹痛：根 180g，浸白酒 500ml，每日 2 次，酌量饮服。

4. 过敏性皮炎、湿疹：叶适量，煎水外洗。

5. 解木薯及钩吻中毒：树皮 250g，捣烂水煎服，再服植物油 30 ～ 60ml。（1 方至 5 方引自《浙江药用植物志》）

6. 上呼吸道感染：根皮 15g，加三桠苦 15g、五指柑根 12g、岗梅根 15g、金盏银盘 12g、连翘 12g、银花 10g、板蓝根 13g，先后两次各加水 500ml，将两次滤液合并，煎浓缩成 200ml，每次服 100ml，每日 2 次，第一天加倍，儿童酌减[1]。

【附注】药材鸭脚木皮虚寒者及孕妇忌服。

本种的叶及根民间也作药用；树皮及根皮在广西也作鹅脚木皮药用。

【化学参考文献】

［1］陶曙红，曾凡林，陈艳芬，等．鸭脚木化学成分研究［J］．中草药，2015，46（21）：3151-3154.

［2］张慧．鸭脚木中总三萜的富集工艺及化学成分研究［D］．广州：广东药学院硕士学位论文，2014.

［3］Chen Y，Tao S，Zeng F，et al. Antinociceptive and anti-inflammatory activities of *Schefflera octophylla* extracts［J］. J Ethnopharmacol，2015，171（1）：42-50.

［4］Wu C，Wang L，Yang X X，et al. A new ursane-type triterpenoid from *Schefflera heptaphylla*（L.）Frodin［J］. J Asian Nat Prod Res，2011，13（5）：434-439.

［5］Maeda C，Ohtani K，Kasai R，et al. Oleanane and ursane glycosides from *Schefflera octophylla*［J］. Phytochemistry，1994，37（4）：1131-1137.

［6］Sung T V，Lavaud C，Porzel A，et al. Triterpenoids and their glycosides from the bark of *Schefflera octophylla*［J］. Phytochemistry，1992，31（1）：227-231.

［7］Wu C，Duan Y H，Tang W，et al. New ursane-type triterpenoid saponins from the stem bark of *Schefflera heptaphylla*［J］. Fitoterapia，2014，92（2）：127-132.

［8］Wu C，Duan Y H，Li M M，et al. Triterpenoid saponins from the stem barks of *Schefflera heptaphylla*［J］. Planta Med，2013，79（14）：1348-1355.

［9］Sung T V，Steglich W，Adam G. Triterpene glycosides from *Schefflera octophylla*［J］. Phytochemistry，1991，30（7）：2349-2356.

［10］Li Y，But P P，Ooi V E. Antiviral activity and mode of action of caffeoylquinic acids from *Schefflera heptaphylla*（L.）Frodin［J］. Antivir Res，2005，68（1）：1-9.

［11］庞素秋，金孝勤，孙爱静，等．鹅掌柴叶挥发油的成分分析及抗炎镇痛活性［J］．药学实践杂志，2016，34（1）：56-58.

［12］Li Y L，Jiang R W，Ooi L S M，et al. Antiviral triterpenoids from the medicinal plant *Schefflera heptaphylla*［J］. Phytother Res，2007，21（5）：466-470.

［13］庞素秋，孙爱静，王国权，等．鹅掌柴的化学成分研究［J］．中药材，2016，39（2）：334-336.

［14］Pang S Q，Sun A J，Wang G Q，et al. Lupane-type triterpenoids from *Schefflera octophylla*［J］. Chem Nat Comp，2016，52（3）：432-435.

【药理参考文献】

［1］Li Y，But P P，Ooi V E. Antiviral activity and mode of action of caffeoylquinic acids from *Schefflera heptaphylla*（L.）Frodin.［J］. Antiviral Res，2005，68（1）：1-9.

［2］谢建英，黄甫．鹅掌柴提取物的抗真菌活性研究［J］．广东化工，2013，40（15）：14-15.

［3］庞素秋，金孝勤，孙爱静，等．鹅掌柴叶挥发油的成分分析及抗炎镇痛活性［J］．药学实践杂志，2016，34（1）：56-58，78.

【临床参考文献】

［1］吕丽雅，周礼卿．三桠苦组方治疗 118 例上呼吸道感染疗效观察［J］．医学信息，2007，20（5）：827-828.

## 6. 楤木属 *Aralia* Linn.

灌木或小乔木，稀为草本。枝粗壮，髓心松软，枝叶通常有皮刺或刺毛，稀光滑无毛。叶大型，一至三回羽状复叶；托叶与叶柄基部合生，先端离生，稀不明显或无托叶。花杂性，通常组成伞形花序，再集成大型的圆锥花序，稀为复伞形花序，或头状花序再组成圆锥花序；苞片和小苞片有时早落，花梗顶端有关节；花萼具 5 个小齿，花瓣 5 枚，覆瓦状排列；雄蕊 5 枚，花丝细长；子房 5 室，稀 2 ～ 4 室；花柱 5 枚，稀 2 ～ 4 枚，分离或基部合生；花盘微隆起。果实圆球形，有 5 棱，稀 2 ～ 4 棱。种子白色，扁平。

约 40 种，分布于亚洲、北美洲和大洋洲。中国 33 种，南北各省区均产，法定药用植物 9 种。华东地区法定药用植物 4 种。

## 分种检索表

1. 小乔木或灌木。
  2. 小枝疏生细刺；小叶宽卵形或卵形，叶面有糙伏毛，叶背有灰色或淡黄色短柔毛……楤木 *A.chinensis*
  2. 小枝密生细长直刺；小叶长圆状卵形或披针形，两面无毛，下面灰白色………棘茎楤木 *A.echinocaulis*
1. 多年生草本。
  3. 根状茎长圆柱状，地上茎高 0.5～3m；圆锥花序大，分支总状排列；花梗细长…食用土当归 *A.cordata*
  3. 根状茎短，地上茎高 40～80cm；圆锥花序短，分支伞房状排列；花梗短………柔毛龙眼独活 *A.henryi*

## 654. 楤木（图 654）• *Aralia chinensis* Linn.

**图 654　楤木**　　　摄影　张芬耀等

**【别名】**鸟不宿（浙江、苏南），虎阳刺（浙江），老虎吊（安徽），老虎卵（江西九江、庐山），海桐皮（苏北），通刺（福建）。

**【形态】**灌木或小乔木，高可达 8m。树皮灰色，小枝密生黄棕色绒毛，疏生细刺，节部稍多。叶为二至三回羽状复叶，羽片有小叶 5～11（～13）枚，基部有小叶 1 对；小叶纸质或稍革质，宽卵形或卵形，长 5 ～ 13（～ 19）cm，宽 3 ～ 8cm，先端渐尖，基部狭圆，叶面有糙伏毛，叶背有灰色或淡黄色短柔毛，沿叶脉较密，边缘有锯齿；叶柄粗壮，基部有耳廓形托叶鞘；侧生小叶几无柄或有短柄，顶生小叶柄长 2 ～ 3cm。伞形花序集生为大型圆锥花序，长 25 ～ 40（～ 60）cm，主轴与分支密生淡黄棕色或灰色短柔毛；伞形花序直径 1 ～ 1.5cm，有花多数，苞片锥形；花梗长 2 ～ 5mm；花绿白色；花萼边缘有 5 个三角形小齿；花瓣 5 枚，卵状三角形；雄蕊 5 枚，花丝长约 3mm；子房 5 室，花柱 5 枚，分离或仅基部合生。果实球形，有 5 棱，直径约 3mm，熟时黑色。花期 6 ～ 7 月，果期 8 ～ 10 月。

**【生境与分布】**生于山地林缘或灌丛中，垂直分布可达海拔 2700m。华东各省市均有分布，另甘肃、陕西、山西、河北、河南、湖北、湖南、贵州、四川、云南、广西、广东等省区也有分布。

**【药名与部位】**楤木（鸟不宿），茎。

**【采集加工】**全年可采，干燥。

**【药材性状】**呈长圆柱形，偶有分枝，直径 0.8 ～ 2.5cm。表面灰棕色至灰褐色，有细纵皱纹及宽“V”形的叶痕；角状刺短小，不规则散在嫩茎上者，易脱落，老茎上的刺尖大多脱落，残留刺为纵向的长椭圆形或狭状倒长卵形，灰棕色至灰褐色；皮孔圆点状或纵向延长，有时可见圆点状树脂渗出物。质硬，断面皮部呈粗纤维状，木质部灰黄色，老茎可见年轮，髓部松软，黄白色，约占直径的 1/2，外缘处散有黄棕色的点状分泌道。气微，味淡。

**【药材炮制】**除去叶柄、刺尖等杂质及直径在 2.5cm 以上者，水浸，洗净，润软，切厚片，干燥。

**【化学成分】**根皮含挥发油类：β- 榄香烯（β-elemene）、匙叶桉油烯（spathulenol）和杜松烯（cadinene）等[1]；皂苷类：齐墩果酸 -28-*O*-β-D- 吡喃葡萄糖酯（oleanolic acid- 28-*O*-β-D-glucopyranosyl ester）、3-*O*-［α-L- 阿拉伯呋喃糖基（1→4）-β-D- 吡喃葡萄糖醛酸］- 齐墩果酸 {3-*O*-［α-L-arabinofuranosyl-（1→4）-β-D-glucuronopyranosyl］-oleanolic acid}、3-*O*-[β-D- 吡喃葡萄糖基 -（1→3）-α-L- 阿拉伯呋喃糖基 -（1→4）-β-D- 吡喃葡萄糖醛酸］- 齐墩果酸 {3-*O*-[β-D-glucopyranosyl-（1→3）-α-L-arabinofuranosyl-（1→4）-β-D-glucuronopyranosyl］oleanolic acid}、3-*O*-[β-D- 吡喃葡萄糖基 -（1→2）-β-D- 吡喃葡萄糖基 -（1→3）-β-D- 吡喃葡萄糖醛酸］- 齐墩果酸 {3-*O*-[β-D-glucopyranosyl-（1→2）-β-D-glucopyranosyl-（1→3）-β-D-glucuronopyranosyl］-oleanolic acid}、3-*O*-［β-D- 吡喃葡萄糖 -（1→4）-β-D- 吡喃葡萄糖醛酸］齐墩果酸 -28-*O*-β-D- 吡喃葡萄糖酯 {3-*O*-［β-D-glucopyranosyl-（1→4）-β-D-glucuronopyranosyl］oleanolic acid-28-*O*-β-D-glucopyranosyl ester}、3-*O*-［α-L- 阿拉伯呋喃糖基 -（1→4）-6′-*O*- 甲基 -β-D- 吡喃葡萄糖醛酸］- 齐墩果酸 -28-*O*-β-D- 吡喃葡萄糖酯 {3-*O*-［α-L-arabinofuranosyl-（1→4）-6′-*O*-methyl-β-D-glucuronopyranosyl］-oleanolic acid-28-*O*-β-D-glucopyranosyl ester}、3-*O*-［β-D- 吡喃木糖基 -（1→2）-6′-*O*- 丁基 -β-D- 吡喃葡萄糖醛酸］- 齐墩果酸 -28-*O*-β-D- 吡喃葡萄糖酯 {3-*O*-［β-D-xylopyranosyl-（1→2）-6′-*O*-butyl-β-D-glucuronopyranosyl］-oleanolic acid-28-*O*-β-D-glucopyranosyl ester}、3-*O*-［α-L- 阿拉伯呋喃糖基 -（1→4）-6′-*O*- 丁基 -β-D- 吡喃葡萄糖醛酸］- 齐墩果酸 -28-*O*-β-D- 吡喃葡萄糖酯 {3-*O*-［α-L-arabinofuranosyl-（1→4）-6′-*O*-butyl-β-D-glucuronopyranosyl］-oleanolic acid-28-*O*-β-D-glucopyranosyl ester}、3-*O*- {β-D- 吡喃木糖基 -（1→2）［β-D- 吡喃葡萄糖基 -（1→3）-6′-*O*- 甲基 -β-D- 吡喃葡萄糖醛酸］- 齐墩果酸 -28-*O*-β- D- 吡喃葡萄糖基酯 {3-*O*-{β-D-xylopyranosyl-（1→2）［β-D-glucopyranosyl-（1→3）-6′-*O*-methyl-β-D-glucuronopyranosyl］-oleanolic acid-28-*O*-β-D-glucopyranosyl ester}、3-*O*-［α-L- 呋喃阿拉伯糖基 -（1→2）-β-D- 吡喃葡萄糖基 -（1→3）-β-D- 吡喃葡萄糖醛酸］- 齐墩果酸 - 28-*O*-β-D- 吡喃葡萄糖酯 {3-*O*-［α-L-arabinofuranosyl-（1→2）-β-D-glucopyranosyl-（1→3）-β-D-glucuronopyranosyl］-oleanolic acid-28-*O*-β-D-glucopyranosyl ester}[2]，楤木皂苷 A、D（araloside A、D）、银莲花苷（narcissiflorine）[3]，辽东楤木皂苷 K 甲酯（elatoside K methyl ester）、楤木皂苷 A 甲酯（araloside A methyl ester）、拟人参皂苷 RT1 丁酯（pseudoginsenoside RT1 butyl ester）和太白楤木皂苷Ⅰ（taibaienoside Ⅰ）[4]。

根含皂苷类：楤木皂苷Ⅻ、XIII、XIV、XV、XVI、XVII、XVIII（aralia saponin Ⅻ、XIII、XIV、XV、

XVI、XVII、XVIII）、辽东楤木皂苷 F（elatoside F）、楤木皂苷Ⅱ、III、IV、V、VI、VII、Ⅷ（araliasaponin Ⅱ、III、IV、V、VI、VII、Ⅷ）、竹节参皂苷 Ⅳa 甲酯（chikusetsusaponin Ⅳa methyl ester）、姜状三七苷 $R_1$ 二甲酯（zingibroside $R_1$ dimethyl ester）、竹节参皂苷Ⅴ甲酯（chikusetsusaponin Ⅴ methyl ester）、雪胆皂苷 $G_2$ 甲酯（hemsloside $G_2$ methyl ester）、龙牙楤木皂苷 IV 甲酯（tarasaponin IV methyl ester）、3-*O*-β-D-呋喃阿拉伯糖基（1→4）-［β-D- 吡喃葡萄糖基（1→2）］-β-D- 吡喃葡萄糖醛酸齐墩果酸 -28-*O*-β-D- 吡喃葡萄糖甲酯 {3-*O*-β-D-arabinofuranosyl（1→4）-［β-D-glucopyranosyl（1→2）］-β-D-glucuronopyranosyl oleanolic acid-28-*O*-β-D-glucopyranosyl methyl ester}、龙牙楤木皂苷 II 甲酯（tarasaponin II methyl ester）、龙牙楤木皂苷 VI 甲酯（tarasaponin VI methyl ester）和楤木皂苷 A 甲酯（araloside A methyl ester）[5]。

茎含皂苷类：楤木茎苷 A（congmujingnoside A）[6]，楤木茎苷 B、C、D、E、F、G（congmujingnoside B、C、D、E、F、G）[7] 和楤木皂苷Ⅴ、Ⅳ（congmunoside Ⅴ、Ⅳ）[8]。

树芽含黄酮类：山柰酚（kaempferol）、山柰酚 -7-α-L- 鼠李糖苷（kaempferol-7-α-L-rhamnoside）和山柰酚 -3, 7-*O*-α-L- 二鼠李糖苷（kaempferol-3, 7-*O*-α-L-dirhamnoside）[9]；皂苷类：齐墩果酸（oleanolic acid）、齐墩果酸 -3-*O*-β-D- 葡萄糖醛酸甲酯苷（oleanolic acid-3-*O*-β-D-methyl glucuronide）、常春藤皂苷元 -3-*O*-β-D- 葡萄糖醛酸甲酯苷（hederagenin-3-*O*-β-D-methyl glucuronide）和常春藤皂苷元 -3-*O*-β-D- 吡喃葡萄糖 -（6→1）-*O*-β-D- 吡喃葡萄糖苷［hederagenin-3-*O*-β-D-glucopyranosyl-（6→1）-*O*-β-D-glucopyranoside］[9]；核苷类：尿嘧啶（uracil）和尿嘧啶苷（uridine）[9]；甾体类：β- 谷甾醇（β-sitosterol）和胡萝卜苷（daucosterol）[9]。

**【药理作用】**1. 护肝　水提取物对肝纤维化具有改善作用，复合因素制备的肝纤维化模型大鼠灌胃给予 100mg/kg 剂量，可明显降低肝纤维化程度，其血清和肝组织醛固酮水平高于正常对照组[1]；四氯化碳（$CCl_4$）制备的肝纤维化模型大鼠，实验表明其防治肝纤维化的作用机制为抑制肝组织转化生长因子 $β_1$ 蛋白的表达[2]。2. 降血糖　根皮粗多糖能降低糖尿病大鼠的血糖水平，有效调节糖尿病大鼠血脂代谢紊乱，对四氯嘧啶诱导的糖尿病大鼠连续灌胃给药，能降低大鼠空腹血糖、糖化血红蛋白、总胆固醇、甘油三酯水平，提高高密度脂蛋白水平[3]；从根皮提取的总皂苷能降低糖尿病大鼠的血糖，调节糖尿病大鼠血脂代谢紊乱[4]；提取物的乙酸乙酯部位、正丁醇部位和乙醚部位均可降低糖尿病小鼠的丙二醛（MDA）含量，提高血清超氧化物歧化酶（SOD）活力，尤以正丁醇部位效果较为显著，对小鼠的脾脏指数和胸腺指数的影响与模型对照组比较具有统计学差异[5]；水煎剂能有效改善糖尿病大鼠的糖脂代谢，提高机体的抗氧化能力[6]。3. 抗菌　从树芽分离得到的山柰酚（kaempferol）、山柰酚 -7-α-L- 鼠李糖苷（kaempferol-7-α-L-rhamnoside）、山柰酚 -3, 7-*O*-α-L- 二鼠李糖苷（kaempferol-3, 7-*O*-α-L-dirhamnoside）、齐墩果酸（oleanolic acid）、齐墩果酸 -3-*O*-β-D- 葡萄糖醛酸甲酯苷（oleanolic acid-3-*O*-β-D- methyl glucuronide）、常春藤皂苷元 -3-*O*-β-D- 葡萄糖醛酸甲酯苷（hederagenin -3-*O*-β-D-methylglucuronide）、常春藤皂苷元 -3-*O*-β-D-吡喃葡萄糖基（6 → 1）-*O*-β-D- 吡喃葡萄糖苷［hederagenin-3-*O*-β-D- glucopyranosyl（6→1）-*O*-β-D-glucopyranoside］对大肠杆菌、绿脓杆菌和 β 溶血性链球菌的生长均有抑制作用[7]。

**【性味与归经】**微苦，温。归肝、心、肾经。

**【功能与主治】**祛风湿，活血止痛。用于关节炎，胃痛，坐骨神经痛，跌扑损伤。

**【用法与用量】**9 ～ 15g。

**【药用标准】**浙江炮规 2015、上海药材 1994、湖南药材 2009、贵州药材 2003、湖北药材 2009、云南药品 1996 和云南彝药Ⅲ 2005 六册。

**【临床参考】**1. 胃痛：根 15g，加白木香 10g、半夏 10g、香附 10g、茯苓 15g、蒲公英 30g、甘草 6g，每日 1 剂，水煎 2 次，药液混合后分早、中、晚 3 次服用，1 个月为 1 疗程[1]。

2. 血栓性脉管炎：根 30 ～ 50g，水煎服；或研粉末，每次 5 ～ 10g，开水冲服，每日 2 ～ 3 次，初服时有恶心及肠鸣腹泻现象，继续服用，一般能自行消失，粉剂用胶囊吞服，可消除恶心感[2]。

3. 急慢性肾炎：根 30g，加薏苡仁 30g、赤小豆 30g、浮萍 15g，舌苔厚腻者加佩兰 6 ～ 10g，腹胀甚者加大腹皮 15 ～ 20g，大便结者加莱菔子 20 ～ 30g，每日 1 剂[3]。

4. 风湿痹痛：根皮 15 ～ 30g，酒水各半煎服。

5. 腰脊挫伤疼痛：鲜根皮 30 ～ 60g，加猪脚蹄 1 只，水炖，食肉服汤；另取根皮适量，水煎洗患处。

6. 跌打损伤：鲜根皮适量，捣烂敷伤处；陈伤可用根、红茴香根，五加根、虎杖根等浸烧酒常服。（4 方至 6 方引自《浙江药用植物志》）

**【附注】**《本草拾遗》云：“楤木生江南山谷，高丈余，直上无枝，茎上有刺，山人折取头茹食之。一名吻头。”《本草纲目》载：“今山中亦有之，树顶丛生叶，山人采食，谓之鹊不踏，以其多刺而无枝故也。”以上形态描述与本种相近，还包括楤木属多种植物。

本种的叶、花及根民间也作药用。

药材楤木（鸟不宿）及根孕妇慎服。

楤木的变种白背叶楤木 *Aralia chinensis* Linn.var.*nuda* Nakai 及同属植物头序楤木 *Aralia dasyphylla* Miq. 的茎，前者在陕西及甘肃，后者在安徽、浙江及福建等地民间也作楤木药用。

**【化学参考文献】**


［1］王忠壮，郑汉臣，苏中武，等 . 楤木的生药学研究和挥发油成分分析［J］. 中国药学杂志，1994，29（4）：201-204.

［2］洪良健 . 楤木和太白楤木中抗糖尿病皂苷成分的研究［D］. 西安：第四军医大学硕士学位论文，2012.

［3］孙文基，张登科，沙振方，等 . 楤木根皮中皂甙化学成分的研究［J］. 药学学报，1991，26（3）：197-202.

［4］洪良健，窦芳，田向荣，等 . 楤木化学成分的研究［J］. 中南药学，2012，10（3）：198-201.

［5］Miyase T，Sutoh N，Zhang D M，et al. Araliasaponins XII-XVIII，triterpene saponins from the roots of *Aralia chinensis*［J］. Phytochemistry，1996，42（4）：1123-1130.

［6］章文，马国需，朱乃亮，等 . 楤木茎中 1 个新三萜皂苷类化合物［J］. 中草药，2017，48（4）：635-638.

［7］Zhang W，Zhu N，Hu M，et al. Congmujingnosides B-G，triterpene saponins from the stem of *Aralia chinensis* and their protective effects against $H_2O_2$-induced myocardial cell injury［J］. Natural Product Research，2017，10：1080-1085.

［8］章文 . 安徽产楤木茎的化学成分及质量标准研究［D］. 合肥：安徽中医药大学硕士学位论文，2017.

［9］戚欢阳，陈文豪，师彦平 . 楤木化学成分及抑菌活性研究［J］. 中草药，2010，41（12）：1948-1950.


**【药理参考文献】**


［1］崔大江，王志勇，聂丹丽，等 . 飞天蜈蚣七对肝纤维化大鼠醛固酮的影响［J］. 中西医结合肝病杂志，2003，13（3）：157-159.

［2］崔大江，聂丹丽，郅敏，等 . 飞天蜈蚣七对肝纤维化大鼠肝组织转化生长因子 $\beta_1$ 蛋白表达的影响［J］. 中国中西医结合消化杂志，2003，11（3）：136-138.

［3］赵博，王一峰，侯宏红 . 中国楤木粗多糖对糖尿病大鼠的降血糖作用［J］. 食品科学，2015，36（13）：211-214.

［4］赵博，王一峰，侯宏红，等 . 中国楤木总皂苷对糖尿病大鼠血糖、血脂的影响［J］. 生命科学研究，2015，19（2）：137-140，144.

［5］李怡，陈湘宏 . 青海楤木提取物对糖尿病小鼠 SOD、MDA 及脾脏和胸腺指数的影响［J］. 中国民族民间医药，2015，24（22）：19-20.

［6］王一峰，赵博，侯宏红，等 . 中国楤木水煎剂改善糖尿病大鼠糖脂代谢及抗氧化作用［J］. 中成药，2015，37（8）：1664-1668.

［7］戚欢阳，陈文豪，师彦平 . 楤木化学成分及抑菌活性研究［J］. 中草药，2010，41（12）：1948-1950.


**【临床参考文献】**


［1］胡彦烨 . 复方楤木根汤治疗胃痛疗效观察［J］. 中华中医药学刊，2007，25（4）：861-862.

［2］李学义，和建清，张德胜 . 以楤木为主治疗血栓性脉管炎 14 例［J］. 云南中医杂志，1984，（4）：24-25.

［3］林少仁 . 自拟楤木浮萍苡米赤小豆汤治疗急慢性肾炎 12 例［J］. 广州医药，1993，（3）：14.

## 655. 棘茎楤木（图 655）• *Aralia echinocaulis* Hand.-Mazz.

图 655 棘茎楤木　　摄影 张芬耀等

【别名】红楤木（浙江）。

【形态】小乔木，高达 7m。小枝棕黄色，髓心大，密被黄褐色或紫红色细刺，刺长 0.7 ～ 1.5cm。二回羽状复叶，叶柄长达 40cm，无刺或疏被短刺；托叶和叶柄基部合生，栗色；羽片有小叶 5 ～ 9 枚，基部有小叶 1 对；小叶长圆状卵形或披针形，长 4 ～ 12cm，宽 2.5 ～ 5cm，先端长渐尖，基部圆形或宽楔形，稍歪斜，两面无毛，下面灰白色，边缘疏生细锯齿，侧脉 6 ～ 8 对，中脉与侧脉在下面常呈淡紫红色；侧生小叶近无柄。顶生圆锥花序大，长 30 ～ 50cm，主轴及分支常呈淡紫褐色；伞形花序直径 1 ～ 3cm，有花 12 ～ 20（～ 30）朵，苞片卵状披针形；花梗长 0.8 ～ 3cm。花白色；花萼无毛，边缘有 5 个卵状三角形小齿；花瓣 5 枚，卵状三角形；雄蕊 5 枚，花丝长约 4mm；子房 5 室；花柱 5 枚，离生。果实球形，直径约 3mm，有 5 棱，成熟时紫黑色。花期 6 ～ 8 月，果期 9 ～ 11 月。

【生境与分布】生于海拔 200 ～ 1600m 的山林、山谷或崖边。分布于江苏、安徽、浙江、江西、福建，另广东、广西、贵州、湖北、湖南、四川、云南等省区也有分布。

【药名与部位】楤木（红楤木），茎。

【采集加工】全年可采，干燥。

【药材性状】表面红棕色或棕褐色，密生细长皮刺的残基。切面皮部极狭；木质部棕黄色，有年轮；髓白色，海绵质，嫩茎的较大，老茎的较小。质轻。气微，味微苦、微辛。

【药材炮制】除去叶柄、刺尖等杂质及直径在 2.5cm 以上者，水浸，洗净，润软，切厚片，干燥。

【化学成分】根含木脂素类：3-{3, 5- 二甲氧基 -4β-D- 吡喃葡萄糖苷 -2-［3-（3-β-D- 吡喃葡萄糖苷 -4- 甲氧基 - 苯基）- 烯丙基］- 苯基 }- 丙 -2- 烯 -1- 醇 {3-{3, 5-dimethoxy-4β-D-glucopyranoside-2-［3-（3-β-D-glucopyranoside-4-methoxy-phenyl）-allyl］-phenyl}-prop-2-en-1-ol}[1] 和丁香树脂酚（syringaresinol）[2]；苯丙素类：紫丁香苷（syringin）和松柏醛（coniferaldehyde）[2]；酚类：异香草醛（isovanillin）和 3, 4- 二羟基苯甲酸（3, 4-dihydroxybenzoic acid）[2]；核酸类：腺苷（adenosine）[2]；皂苷类：辽东楤木皂苷 II（araliasaponin II）[1]，辽东楤木皂苷 VI、VII、XIV、XVI（araliasaponin VI、VII、XIV、XVI）[2]，楤木皂苷 A（araloside A）、去葡萄糖基楤木皂苷 A（deglucosylaraloside A）、屏边三七苷 $R_2$（stipuleanoside $R_2$）和齐墩果酸（oleanolic acid）[3]；甾体类：β- 谷甾醇（β-sitosterol）[2] 和豆甾醇（stigmasterol）[3]；糖类：蔗糖（saccharose）[2,3]；多元羧酸类：琥珀酸（succinic acid）[3]。

根皮含挥发油类：β- 石竹烯（β-caryophyllene）、δ-3- 蒈烯（δ-3-carene）和 α- 蒎烯（α-pinene）等[4]。

茎皮含挥发油类：L- 芳樟醇（L-linaool）、α- 松油醇（α-terpineol）和 β- 石竹烯（β-caryophyllene）等[4]。

叶含挥发油类：β- 石竹烯（β-caryophyllene）、β- 榄香烯（β-elemene）和桧烯（junipene）等[4]。

【药理作用】1. 促骨代谢　根皮水提取液能改善骨折部位骨微小结构，可提高骨密度，提升骨的抗冲击和变形能力，增强骨韧性和可塑性，提高胫骨骨力学性能，具有促进大鼠骨折修复的作用[1]；根皮黄酮高剂量组可提高骨折大鼠碱性磷酸转移酶活性及骨钙素和羟脯氨酸水平，改善大鼠胫骨骨折代谢状况，从而有利于骨折愈合修复[2]。2. 抗骨质疏松　根皮水提取物分离得到的总成分可有效治疗糖皮质激素诱导的继发性骨质疏松症[3]。3. 抗炎镇痛　根皮水提取液在体外能抑制类风湿性关节炎成纤维滑膜细胞的异常增殖[4]；根皮水提取物可明显抑制巴豆油所致小鼠的耳廓肿胀和角叉菜胶所致大鼠的足趾肿胀，显著抑制异物所致大鼠炎症的肉芽增生[5]；根皮水提取物可明显抑制二甲苯所致小鼠的耳廓肿胀，显著提高热板所致小鼠的痛阈值[6]。4. 免疫调节　根皮水提取液具有一定的免疫调节作用，可提高小鼠碳粒廓清 $K$ 值及 $\alpha$ 值，增强单核细胞的吞噬功能，抑制 2，4- 二硝基氯苯所致小鼠的迟发型超敏反应[5]。

【性味与归经】微苦，温。归肝、心、肾经。

【功能与主治】祛风湿，活血止痛。用于关节炎，胃痛，坐骨神经痛，跌扑损伤。

【用法与用量】9 ～ 15g。

【药用标准】浙江炮规 2015。

【临床参考】1. 跌打损伤、风湿痹痛、神经痛：茎干 100g，加红茴香根 100g、五加根 100g、虎杖根 150g、甘草 25g，冷开水浸湿，加入烧酒 1500ml，浸 30 天后，每次服 10ml，每日 3 次。

2. 坐骨神经痛：茎干 30g，加凌霄根、山药、石豆兰各 30g，虎刺根 15g，水煎服。

3. 崩漏：茎干 6 ～ 12g，加胡颓子根 6 ～ 12g、大蓟根 6 ～ 12g，加猪肉适量，水煮服。

4. 疝气：根 15g，加虎刺 21g、枫香树根 60g，水煎加红糖服。（1 方至 4 方引自《浙江药用植物志》）

【化学参考文献】

［1］Li Y Z，Cheng H，Yue R，et al．New neolignan glycoside from the root of *Aralia echinocaulis* Hand. -Mazz［J］．Nat Prod Res，2017，31（9）：1047-1051.

［2］Li Y Z，Yue R，Liu R，et al．Secondary metabolites from the root of *Aralia echinocaulis* Hand. –Mazz［J］．Records of Natural Products，2016，10（5）：639-644.

［3］Jia Z H，Xiao R，Xiao Z Y．Chemical components from the root of spinystem aralia（*Aralia echinocaulis*）［J］．Chinese Traditional and Herbal Drugs，1990，21（10）：434-438.

［4］陈美航，舒华，陈仕学，等．棘茎楤木不同部位挥发油成分的比较［J］．中国实验方剂学杂志，2013，19（12）：124-128.

【药理参考文献】

［1］依香叫，燕梦云，王松月，等．Micro-CT 和骨力学测试观察刺老苞根皮对骨折大鼠的作用［J］．中国骨质疏松杂志，2018，24（4）：473-478.

[2] 裴凌鹏，郑玲玲，尹霞，等．刺老苞根皮黄酮对大鼠骨折愈合骨质代谢影响［J］．中国公共卫生，2012，28（4）：482-484.
[3] 裴凌鹏，王萌萌，依香叫，等．刺老苞根皮对糖皮质激素诱导的大鼠骨质疏松症的干预影响［J］．中国骨质疏松杂志，2016，22（7）：872-876.
[4] 袁林，冯佳，夏燕，等．土家药物红刺老苞水提物对类风湿关节炎成纤维滑膜细胞增殖的影响［J］．风湿病与关节炎，2014，3（11）：30-33.
[5] 肖本见，谭志鑫，梁文梅．刺茎楤木根皮抗炎和免疫作用的研究［J］．中国现代应用药学，2006，23（6）：438-440.
[6] 陈国栋，文德鉴．刺茎楤木根皮抗炎镇痛作用的研究［J］．时珍国医国药，2008，19（4）：997-998.

## 656. 食用土当归（图 656）• *Aralia cordata* Thunb.

**图 656 食用土当归** 摄影 李华东等

**【别名】**土当归（浙江），九眼独活。

**【形态】**多年生草本，高 1 ～ 3m；根茎长圆柱状，有数个较大的圆形茎痕，结节状，横切面灰黄色或棕黄色。二回羽状复叶，叶柄长 10 ～ 30cm，托叶和叶柄基部合生，先端离生部分锥形，边缘有纤毛；羽片有小叶 3 ～ 5 枚；小叶卵形至长圆状卵形，长 4 ～ 15cm，宽 3 ～ 10cm，先端急尖，偶有浅裂，基部圆形至心形，偏斜，两面叶脉上有短柔毛，边缘有锯齿。侧生小叶有柄，长 0.5 ～ 2.5cm，顶生小叶柄长可达 5cm。圆锥花序腋生或顶生，长 10 ～ 30cm，由伞形花序组成的一级分支在主轴上总状排列。伞形花序直径 1.5 ～ 2.5cm，花通常多数，苞片条形；花梗细，长 10 ～ 12mm；花白色；花萼无毛，边缘有

5 齿；花瓣 5 枚，三角状卵形，开花时反曲；雄蕊 5 枚，子房 5 室，花柱 5 枚，分离。果实球形，直径约 3mm，有 5 棱，成熟时紫黑色。花期 7 ～ 8 月，果期 9 ～ 10 月。

**【生境与分布】**生于海拔 1300 ～ 1600m 的山坡草丛和林下。分布于江苏、安徽、浙江、江西、福建，另广西、湖北、台湾也有分布。常见栽培。

**【药名与部位】**九眼独活，根茎和根。

**【采集加工】**春初或秋末采挖，除去残茎、细根及泥沙，干燥。

**【药材性状】**根茎呈圆柱形，弯曲扭转，长 30 ～ 80cm，直径 3 ～ 9cm。表面棕褐色至黄褐色，粗糙，其上有多处凹窝，成串排成结节状，凹窝直径 1.5 ～ 2.5cm，深约 1cm，内有残留的茎痕。底部和侧面散生多数圆柱状的根，长 2 ～ 15cm，直径 0.4 ～ 1cm，有纵纹。根的横断面有木心。体稍轻，质硬脆，断面黄白色，有裂隙，显纤维性。气微香，味微苦、辛。

**【药材炮制】**除去杂质，洗净，润透，切片，干燥。

**【化学成分】**根茎含二萜类：贝壳杉烯酸（kaurenoic acid）[1]，海松二烯酸 *（pimaradienoic acid）、海松酸（pimaric acid）和松香酸（abietic acid）[2]；脂肪酸类：十六酸（hexadecenoic acid）[1]；其他尚含：聚碳酸二甲基二对苯酚甲烷酯（polydimdip carbonate）[1]。

根含二萜类：16- 甲酰基 -15- 贝壳杉烯 -19- 酸（16-formyl-kaur-15-en-19-oic acid）、7- 酮基－对映－海松 -8（14），15- 二烯 -19- 酸［7-oxo-*ent*-pimara-8（14），15-dien-19-oic acid］[3]，海松二烯酸 *（pimaradienoic acid）[4, 5]，贝壳杉烯酸（kaurenoic acid）、17- 羟基 - 对映 - 贝壳杉 -15- 烯 -19- 酸（17-hydroxy-*ent*-kaur-15-en-19-oic acid）[6]，海松酸（pimaric acid）[7]，7- 氧代隐海松酸（7-oxosandaracopimaric acid）[8]，对映 - 贝壳杉 -16- 烯 -19- 酸（*ent*-kaur-16-en-19-oic-acid）、7α- 羟基－对映－海松 -8（14），15- 二烯 -19- 酸［7α-hydroxy-*ent*-pimara-8（14），15-dien-19-oic acid］、7β- 羟基－对映－海松 -8（14），15- 二烯 -19- 酸［7β-hydroxy-*ent*-pimara-8（14），15-dien-19-oic acid］、对映－海松 -15- 烯 -8α, 19- 二醇（*ent*-pimara-15-en-8α, 19-diol）、7- 氧代 - 对映 - 海松 -8（14），15- 二烯 -19- 酸［7-oxo-*ent*-pimara-8（14），15-dien-19-oic acid］、16α- 羟基 -17- 异戊酰氧基 - 对映 - 贝壳杉 -19- 酸（16α-hydroxy-17-isovaleroyloxy-*ent*-kauran-19-oic acid）、15α, 16α- 环氧 -17- 羟基 - 对映 - 贝壳杉 -19- 酸（15α, 16α-epoxy-17-hydroxy-*ent*-kauran-19-oic acid）、16α, 17- 二羟基 - 对映 - 贝壳杉 -19- 酸（16α, 17-dihydroxy-*ent*-kauran-19-oic acid）、16α- 甲氧基 -17- 羟基－对映－贝壳杉 -19- 酸（16α-methoxy-17-hydroxy-*ent*-kauran-19-oic acid）[9]，对映－海松 -8（14），15- 二烯 -18- 酸［*ent*-pimara-8（14），15-dien-18-oic acid］[10]，（－）- 贝壳杉 -16- 烯 -19- 酸［（－）-kaur-16-en-19-oic acid］[11]，大花酸（grandifloric acid）[12]，18- 去甲 - 对映 - 海松 -8（14），15- 二烯 -4β- 醇［18-nor-*ent*-pimara-8（14），15-dien-4β-ol］、18- 去甲 - 对映 - 贝壳杉 -16- 烯 -4β- 醇（18-nor-*ent*-kaur-16-en-4β-ol）和对映 - 海松 -8（14），15- 二烯 -19- 醇［*ent*-pimara-8（14），15-dien-19-ol］[9]；皂苷类：常春藤皂苷元（hederagenin）[6]；多元醇类：镰叶芹二醇（falcarindiol）、去氢镰叶芹二醇（dehydrofalcarindiol）、去氢镰叶芹二醇 -8- 乙酸酯（dehydrofalcarindiol-8-acetate）和镰叶芹二醇 -8- 乙酯（falcarindiol-8-acetate）[11]；甾体类：豆甾醇（stigmasterol）和胡萝卜苷（daucosterol）[2, 11]；炔醇类：去氢福尔卡烯炔二醇 -8- 乙酸酯（dehydrofalcarindiol-8-acetate）[10]；脂肪酸类：二十二烷酸（docosanoic acid）[2] 和 α- 单棕榈酸酯（α-mono palmitin）[11]。

叶含聚炔类：食用土当归二醇 *（araliadiol）[13]。

地上部分含皂苷类：齐墩果酸（oleanolic acid）[14]，蒲公英萜醇（taraxerol）、杨梅萜二醇（myricadiol）和齐墩果酸 -28-*O*-β-D- 吡喃葡萄糖酯（oleanolic acid-28-*O*-β-D-glycopyranosyl ester）[15]；二萜酸类：对映－海松 -8（14），15- 二烯 -19- 酸［*ent*-pimara-8（14），15-dien-19-oic acid］、16α- 羟基－对映－贝壳杉 -19- 酸（16α-hydroxy-*ent*-kauran-19-oic acid）和 15, 16- 二羟基海松 -8（14）- 烯 -19- 酸［15, 16-dihydroxypimara-8（14）-en-19-oic acid］[15]；甾体类：豆甾醇（stigmasterol）、麦角甾醇内过氧化物（ergosterol endoperoxide）、3β, 5α- 二羟基 -6β- 甲氧基麦角甾醇 -7, 22- 二烯（3β, 5α-dihydroxy-

6β-methoxyergosta-7, 22-diene）和胡萝卜苷（daucosterol）[15]；脑苷脂类：木菠萝脑苷脂（aralia cerebroside）[15]。

**【药理作用】**1. 抗炎镇痛　根及根茎提取的总有机酸与醇提取物对二甲苯所致小鼠的耳廓肿胀、鸡蛋清所致大鼠的足趾肿胀具有良好的抑制作用，并能减少乙酸所致小鼠的扭体次数，提高热板法所致痛小鼠的痛阈值[1]；醇提取物可通过下调环氧合酶-2（COX-2）表达，抑制前列腺素 $E_2$（$PGE_2$）的产生，以及 caspase-3 的活性和软骨细胞的增殖[2]；从根分离的 7- 氧化隐海松酸（7-oxo-sandaracopimaric acid）具有镇痛和抗炎作用[3]。2. 抗氧化　类黄酮提取物对 1，1- 二苯基 -2- 三硝基苯肼（DPPH）自由基的清除作用达到 78.88%，其作用呈明显的量效关系[4]。3. 平喘　根中分离得到的四种二萜酸类成分贝壳杉烯酸（kaurenoic acid）、7- 氧化隐海松酸、17- 羟基 -15- 烯 - 贝壳杉烯酸（17-hydroxy-ent-kaur-15-en-19-oic acid）和常春藤皂苷元（hederagenin）具有平喘作用，且作用具有剂量依赖性[5]。

**【性味与归经】**辛、苦，温。归肝、肾经。

**【功能与主治】**祛风除湿，活血止痛。用于风寒湿痹，腰膝疼痛，少阴伏风疼痛。

**【用法与用量】**3 ～ 9g。

**【药用标准】**贵州药材 2003、四川药材 2010、甘肃药材 2009 和云南药品 1996。

**【附注】**《本草纲目》云："土当归茎圆而有线楞，叶似芹菜叶而硬，边有细锯齿刺。又似苍术叶而大。每三叶攒生一处。开黄花。根似前胡，又似野胡萝卜根。"颇近本种。

药材九眼独活阴虚内热者慎服。

**【化学参考文献】**


[1] 李小年．食用土当归正丁醇部位的化学成分研究［D］．成都：成都中医药大学硕士学位论文，2005.

[2] Tanabe H，Yasui T，Kotani H，et al．Retinoic acid receptor agonist activity of naturally occurring diterpenes［J］．Bioorg Med Chem，2014，22（12）：3204-3212.

[3] 彭腾，董小萍，邓赟，等．栽培食用土当归根的化学成分研究［J］．中药材，2005，28（11）：31-33.

[4] Kang O H，Chae H S，Choi J G，et al．Ent-pimara-8（14），15-dien-19-oic acid isolated from the roots of *Aralia cordata* inhibits induction of inflammatory mediators by blocking NF-κappaB activation and mitogen-activated protein kinase pathways［J］．Eur J Pharmacol，2008，601（1）：179-185.

[5] Kim M O，Lee S H，Seo J H，et al．*Aralia cordata* inhibits triacylglycerol biosynthesis in HepG2 cells［J］．J Med Food，2013，16（12）：1108-1114.

[6] Cho J H，Ji Y L，Sang S S，et al．Inhibitory effects of diterpene acids from root of *Aralia cordata* on IgE-mediated asthma in guinea pigs［J］．Pulm Pharmacol Ther，2010，23（3）：190-199.

[7] Suh S J，Kwak C H，Chung T W，et al．Pimaric acid from *Aralia cordata* has an inhibitory effect on TNF-α-induced MMP-9 production and HASMC migration via down-regulated NF-κB and AP-1［J］．Chem Biol Interact，2012，199（2）：112-119.

[8] Kim T D，Ji Y L，Cho B J，et al．The analgesic and anti-inflammatory effects of 7-oxosandaracopimaric acid isolated from the roots of *Aralia cordata*［J］．Arch Pharm Res，2010，33（4）：509-514.

[9] Jung H A，Lee E J，Kim J S，et al．Cholinesterase and BACE1 inhibitory diterpenoids from *Aralia cordata*［J］．Arch Pharm Res，2009，32（10）：1399-1408.

[10] Seo C S，Li G，Kim C H，et al．Cytotoxic and DNA topoisomerases I and II inhibitory constituents from the roots of *Aralia cordata*［J］．Arch Pharm Res，2007，30（11）：1404-1411.

[11] Dang N H，Zhang X，Zheng M，et al．Inhibitory constituents against cyclooxygenases from *Aralia cordata* Thunb．［J］．Arch Pharm Res，2005，28（1）：28-33.

[12] Yahara S，Ishida M，Yamasaki K，et al．Minor diterpenes of *Aralia cordata* Thunb：17-hydroxy-ent-kaur-15-en-19-oic acid and grandifloric acid［J］．Chem Pharm Bull，1974，22（7）：1629-1631.

[13] Cheng W L，Lin T Y，Tseng Y H，et al．Inhibitory effect of human breast cancer cell proliferation via p21-mediated $G_1$ cell cycle arrest by araliadiol isolated from *Aralia cordata* Thunb．［J］．Planta Med，2011，77（2）：164-168.

[14] Cho S O, Ban J Y, Kim J Y, et al. Anti-ischemic activities of *Aralia cordata* and its active component, oleanolic acid [J]. Arch Pharm Res, 2009, 32 (6): 923-932.

[15] Lee I S, Jin W, Zhang X, et al. Cytotoxic and COX-2 inhibitory constituents from the aerial parts of *Aralia cordata* [J]. Arch Pharm Res, 2006, 29 (7): 548-555.

**【药理参考文献】**

[1] 杨菁，彭腾，禹亚杰．食用土当归总有机酸的抗炎镇痛作用 [J]．中成药，2016，38（10）：2117-2121.

[2] Park D S, Huh J E, Baek Y H. Therapeutic effect of *Aralia cordata* extracts on cartilage protection in collagenase-induced inflammatory arthritis rabbit model [J]. Journal of Ethnopharmacology, 2009, 125 (2): 207-217.

[3] Kim T D, Lee J Y, Cho B J, et al. The analgesic and anti-inflammatory effects of 7-oxosandaracopimaric acid isolated from the roots of *Aralia cordata* [J]. Arch Pharm Res, 2010, 33 (6): 967-968.

[4] 刘向鸿，侯大斌，赵纳，等．九眼独活类黄酮的提取和抗氧化活性研究 [J]．中药材，2010，33（9）：1484-1487.

[5] Cho J H, Lee J Y, Sim S S, et al. Inhibitory effects of diterpene acids from root of *Aralia cordata* on IgE-mediated asthma in guinea pigs [J]. Pulmonary Pharmacology & Therapeutics, 2010, 23 (3): 190-199.

## 657. 柔毛龙眼独活（图 657）• *Aralia henryi* Harms

**图 657　柔毛龙眼独活**　　摄影　陈征海

**【别名】**柔毛土当归（浙江）。

**【形态】**多年生草本，高 40 ～ 80cm。根茎短；地上茎有纵纹，疏被长柔毛。二至三回羽状复叶，长 16 ～ 35cm；叶柄长 3 ～ 10cm，托叶和叶柄基部合生，先端离生部分披针形；羽片有 3 枚小叶；小叶长圆状卵形，长 3.5 ～ 10cm，宽 2 ～ 6cm，先端长尾尖，基部钝形至浅心形，侧生小叶片基部歪斜，两面脉上疏生长柔毛，边缘有钝锯齿；侧生小叶柄长 3 ～ 5mm，顶生小叶柄长达 2cm。圆锥花序顶生，由伞房状排列的伞形花序组成，基部有叶状总苞；伞形花序有花 3 ～ 10 朵；花梗短，长 2 ～ 3mm；花萼无毛，萼齿 5 枚，长圆形，长约 2.5mm；花瓣 5 枚，阔三角状卵形；雄蕊 5 枚；子房 5（3）室；花柱 5（3）枚，离生。果实近球形，直径约 3mm，有 5 棱，成熟时鲜红色，有光泽。花期 7 ～ 8 月，果期 9 ～ 11 月。

**【生境与分布】**生于海拔 1500 ～ 2300m 的山谷林下。分布于浙江和安徽，另湖北、四川、陕西也有分布。

**【药名与部位】**九眼独活，根茎及根。

**【采集加工】**春初或秋末采挖，除去残茎、细根及泥沙，干燥。

**【药材性状】**根茎细小，呈圆柱形，弯曲扭转，长约 10cm，直径不及 1.3cm，表面褐色，粗糙，其上具 8 ～ 15 个圆形凹穴，成串排成结节状，凹窝直径 0.4cm，深 0.2 ～ 0.3cm，内有残留的茎痕。底部和侧面散生多数圆柱状的根，纤细，长约至 2cm，有纵纹。根的横断面有木心。体稍轻，质硬脆，断面黄白色，有裂隙，显纤维性。气微，味微苦。

**【药材炮制】**除去杂质，洗净，润透，切片，干燥。

**【性味与归经】**辛、苦，温。归肝、肾经。

**【功能与主治】**祛风除湿，活血止痛。用于风寒湿痹，腰膝疼痛，少阴伏风疼痛。

**【用法与用量】**3 ～ 9g。

**【药用标准】**贵州药材 2003 和四川药材 2010。

## 7. 人参属 *Panax* Linn.

多年生草本。根状茎粗壮，根纤维状或膨大成纺锤形或圆柱形的肉质根。地上茎单一，直立，基部有鳞片。掌状复叶，通常 3 ～ 5 枚轮生于茎顶，小叶全缘至羽状浅裂；有叶柄，通常无托叶。伞形花序单个顶生，稀有一至数个侧生小伞形花序；花两性或杂性，两性花和雌花的花梗有关节；萼筒边缘有 5 枚小齿；花瓣 5 枚，覆瓦状排列；雄蕊 5 枚，花丝短；子房 2 或 3 室，稀 5 室；花柱与子房室同数，或在雄花中的不育雌蕊上退化为 1 枚，离生或基部合生。果实核果状，球形，有时稍压扁或三角状球形。种子 2 或 3 粒，稀 4 粒，侧扁或三角状卵形。

约有 8 种，分布于亚洲东部、中部和北美洲。中国 7 种 4 变种，分布于南北各省区，法定药用植物 4 种 3 变种。华东地区法定药用植物 1 种 2 变种。

### 分种检索表

1. 根状茎横卧，呈竹鞭状或串珠状；果卵球形，直径 5 ～ 7mm。
  2. 小叶片不分裂，稀为缺刻状；无托叶……………………………………………………竹节参 *P.japonicus*
  2. 小叶片二回羽状分裂，稀为一回羽状分裂；托叶偶残存…羽叶三七 *P.pseudo-ginseng* var.*bipinnatifidus*
1. 根状茎非横卧，呈纺锤状或结节状；果扁球状肾形，直径约 1cm…三七 *P.pseudo-ginseng* var.*notoginseng*

### 658. 竹节参（图 658）• *Panax japonicus*（T.Nees） C.A.Mey.［*Panax pseudoginseng* Wall.var.*japonicus*（C.A.Mey.） Hoo et Tseng； *Panax japonicus* C.A.Mey.］

**【别名】**竹鞭三七、参三七、田七、大叶三七、竹节人参（浙江）。

图 658 竹节参　　摄影 李华东

【形态】多年生草本，高 50 ～ 80（～ 100）cm。根状茎横卧，呈竹鞭状或串珠状，肉质，结节间具凹陷茎痕。掌状复叶，3 ～ 5 枚轮生于茎顶；叶柄长 8 ～ 11cm，无托叶；小叶通常 5 枚，叶片膜质，倒卵状椭圆形至长圆状椭圆形，长 5 ～ 18cm，宽 2 ～ 6.5cm，先端渐尖至长渐尖，基部楔形至近圆形，边缘具细锯齿或重锯齿，两面脉上通常疏生刚毛。伞形花序单生于茎顶，通常有花 50 ～ 80 朵或更多，花序梗 12 ～ 21cm，无毛或疏被短柔毛；花小，淡绿色，花梗长 7 ～ 12mm；花萼绿色，先端 5 齿，齿三角状卵形；花瓣 5 枚，长卵形，覆瓦状排列；雄蕊 5 枚，花丝较花瓣短；子房下位，2 ～ 5 室，花柱 2 ～ 5 枚，合生至中部。果近球形，直径 5 ～ 7mm，熟时红色，顶部紫黑色。种子 2 ～ 5 粒，白色，三角状长卵形。花期 5 ～ 6 月，果期 7 ～ 9 月。

【生境与分布】生于 1200 ～ 3600m 的林下谷地。分布于安徽、浙江、江西、福建，另广西、河南、湖北、湖南、甘肃、陕西、山西、贵州、四川、西藏、云南等省区有分布；日本、韩国和越南也有分布。

【药名与部位】竹节参（竹节七），根茎。明七，块根。参叶，带茎叶。

【采集加工】竹节参：秋季采挖，除去根，干燥。明七：春、秋二季采挖，除去粗皮，蒸或潦透心，晒干或低温干燥。参叶：秋季茎叶茂盛时采收，阴干。

【药材性状】竹节参：略呈圆柱形，稍弯曲，有的具肉质侧根。长 5 ～ 22cm，直径 0.8 ～ 2.5cm。表面黄色或黄褐色，粗糙，有致密的纵皱纹及根痕。节明显，节间长 0.8 ～ 2cm，每节有 1 凹陷的茎痕。质硬，断面黄白色至淡黄棕色，黄色点状维管束排列成环。气微，味苦、后微甜。

明七：呈圆锥形或长条形，稍弯曲，少分枝，长 5 ～ 10cm，直径 1 ～ 3cm。根头略大。外表灰黄色或黄白色，半透明，有的具显著疔疤，有纵纹或断续环纹，根尾多细小。质坚硬，不易折断，断面淡黄白色或淡棕色，具一棕色环纹。气微，味苦、微甘。

参叶：茎呈细长形，不分枝，长 30 ～ 40cm，直径 0.2 ～ 0.4cm；表面淡棕色，具纵皱纹；质脆，断面淡黄色，髓部有时中空。叶 3 ～ 5 枚轮生，叶片皱缩卷曲，完整者展开后为掌状复叶，叶柄长 4 ～ 8cm，小叶 5 枚，椭圆形或椭圆状卵形，长 5 ～ 15cm，宽 2 ～ 7cm，最下 2 枚形小；叶片先端渐尖，基部楔形或近圆形，边缘有细锯齿或细重锯齿；上表面黄绿色，下表面灰绿色，两面有毛，边缘及叶脉部分较密；小叶柄长 0.5 ～ 1.5cm。气微香，味微苦。

**【质量要求】**竹节参：色白不油黑。参叶：色绿，平坦不碎，无蛀霉。

**【药材炮制】**竹节参：除去杂质，洗净，润软，切厚片，干燥。

明七：除去杂质，洗净，润透，切薄片，晒干。

参叶：除去杂质，切段，筛去灰屑。

**【化学成分】**根茎含皂苷类：竹节参皂苷Ⅳ a（chikusetsusaponin Ⅳ a）、楤木皂苷 A（araloside）[1]，竹节参皂苷 Ⅴ（chikusetsusaponin Ⅴ）[2]，人参皂苷 Re（ginsenoside Re）、竹节参皂苷Ⅳ、Ⅰ b（chikusetsusaponin Ⅳ、Ⅰ b）[3]，6-*O*-β-D- 吡喃葡萄糖基 -3β, 6α, 12β, 20（*S*），24（*S*）- 五羟基 - 达玛 -25- 烯 -20-*O*-β-D-吡喃葡萄糖苷［6-*O*-β-D-glucopyranosyl-3β, 6α, 12β, 20（*S*），24（*S*）-pentahydroxy-dammar-25-en-20-*O*-β-D-glucopyranoside］、唐松草南洋参苷 $P_5$*（polysciasaponin $P_5$）、人参皂苷 $Rh_1$、$Rg_1$、$Rb_1$（ginsenoside $Rh_1$、$Rg_1$、$Rb_1$）、绞股蓝皂苷 XVII（gypenoside XVII）[4]，齐墩果酸 -28-*O*-β-D- 吡喃葡萄糖苷（oleanolic acid-28-*O*-β-D-glucopyranoside）、3-*O*-（6′- 丁基）-β-D- 吡喃葡萄糖醛基 - 齐墩果酸 -28-*O*-β-D- 吡喃葡萄糖苷［3-*O*-（6′-butyl）-β-D-glucopyranosidealdehyde-oleanolic acid-28-*O*-β-D-glucopyranoside］[5]，巨花雪胆皂苷 B（hemsgiganosides B）、刺菜蓟皂苷 C（cynarasaponin C）[6]，人参皂苷 Rd（ginsenoside Rd）、三七皂苷 $R_2$（notoginsenoside $R_2$）和野三七皂苷 $R_1$、$R_3$（yesanchinoside $R_1$、$R_3$）[7]；核苷类：尿嘧啶（uracil）、胸嘧啶（thymine）、尿苷（uridine）、鸟苷（guanosine）、胸苷（thymidine）、腺苷（adenosine）、肌苷（inosine）和胞苷（cytidine）[8]；挥发油及脂肪酸类：亚油酸乙酯（ethyl linoleate）、棕榈酸（palmitic acid）、（-）- 桉油烯醇［（-）-spathulenol］[9]，1- 十八碳烯（1-octadecene）、3- 甲基 -2-丁酮（3-methyl-2-butanone）和 3- 甲基丁酸（3-methyl-butanoic acid）[10]；多糖：大叶三七多糖 1（PP1）、大叶三七多糖 2（PP2）、大叶三七多糖 3（PP3）、大叶三七多糖 4（PP4）、大叶三七多糖 5（PP5）[11] 和竹节参多糖 * A、B（tochibanan A、B）[12]；甾体类：豆甾醇 -3-*O*-β-D- 吡喃葡萄糖苷（stigmasterol-3-*O*-β-D-glucopyranoside）[4]。

根含皂苷类：聚炔竹节参苷 *A、B、C（baisanqisaponin A、B、C）、竹节参皂苷 V 乙酯（chikusetsusaponin V ethyl ester）、竹节参皂苷 IVa 甲酯（chikusetsusaponin IVa methyl ester）、竹节参皂苷 IVa 乙酯（chikusetsusaponin IVa ethyl ester）、竹节参皂苷 IVa 丁酯（chikusetsusaponin IVa butyl ester）、竹节参皂苷 IV 甲酯（chikusetsusaponin IV methyl ester）、太白木皂苷 I、II（taibaienoside I、II）、28- 去葡萄糖基竹节参皂苷 IVa 丁酯（28-desglucosyl chikusetsusaponin IVa butyl ester）、竹节参皂苷 V 甲酯（chikusetsusaponin V methyl ester）、人参皂苷 Ro-6′-*O*- 丁酯（ginsenoside Ro-6′-*O*-butyl ester）、（20*R*）- 人参皂苷 $Rh_1$［（20*R*）-ginsenoside $Rh_1$］、人参皂苷 $Rh_4$（ginsenoside $Rh_4$）、齐墩果酸 -28-*O*-β-D- 吡喃葡萄糖苷（oleanolic acid-28-*O*-β-D-glucopyranoside）、拟人参皂苷 $RT_1$ 丁酯（pseudoginsenoside $RT_1$ butyl ester）、竹节参皂苷Ⅳ、Ⅳ a、Ⅴ（chikusetsusaponin Ⅳ、Ⅳ a、Ⅴ）[13]，三七皂苷 $R_1$（notoginsenoside $R_1$）、人参皂苷 $Rb_1$、Rd（ginsenoside $Rb_1$、Rd）[14]，人参皂苷 Ro、Re、$Rg_2$（ginsenoside Ro、Re、$Rg_2$）、三七皂苷 $R_2$（notoginsenoside $R_2$）、28- 葡萄糖齐墩果酸酯苷（28-glu-oleanolic acid ester）[15]，17- 羧基 -28- 去甲基齐墩果 -12- 烯 -3β-2-*O*-β-D- 吡喃葡萄糖基 -6- 丁酯（17-carboxy-28-norolean-12-en-3β-2-*O*-β-D-glucopyranosyl-6-butyl ester）[13] 和唐松草南洋参苷 $P_5$*（polysciasaponin $P_5$）[16]；甾体类：胡萝卜苷（daucosterol）[13]；炔醇类：人参（炔）三醇（panaxytriol）[13]；生物碱类：竹节参素 *（panajaponin）[15]；核苷类：腺苷（adenosine）[15]；糖类：β-D- 吡喃葡萄糖醛酸（β-D-glucopyranosiduronic acid）[13]。

地下部分含皂苷类：野三七皂苷 * A、B、C、D、E、F（yesanchinoside A、B、C、D、E、F）、越南人参皂苷 $R_1$、$R_2$、$R_6$（vina-ginsenoside $R_1$、$R_2$、$R_6$）、（24*S*）- 拟人参皂苷 $F_{11}$［（24*S*）-pseudoginsenoside

$F_{11}$］、（24*S*）- 拟人参皂苷 $RT_4$［（24*S*）-pseudoginsenoside $RT_4$］、珠子参苷 $R_2$（majonoside $R_2$）、三七皂苷 $R_1$、$R_6$（notoginsenoside $R_1$、$R_6$）、20-*O*- 葡萄糖基 - 人参皂苷 Rf（20-*O*-glu-ginsenoside Rf）[17]，竹节参皂苷 VII（chikusetsusaponin VII）、人参皂苷 $Rb_1$、$Rb_3$、Rc、Rd、Re、$Rg_1$、$Rg_2$、$Rh_1$（ginsenoside $Rb_1$、$Rb_3$、Rc、Rd、Re、$Rg_1$、$Rg_2$、$Rh_1$）、三七皂苷 $R_1$、$R_2$、Fe（notoginsenoside $R_1$、$R_2$、Fe）、竹节参皂苷 IV、IVa、V、VI、$FK_6$（chikusetsusaponin IV、IVa、V、VI、$FK_6$）、绞股蓝皂苷 XVII（gypenoside XVII）、28- 葡萄糖基木霉皂苷 IV（28-desglucosyl chikusetsusaponin IV）和姜状三七苷 $R_1$（zingibroside $R_1$）[18]。

茎叶含皂苷类：人参皂苷 $Rg_1$、Re（ginsenoside $Rg_1$、Re）[19]；黄酮类：人参黄酮苷（panasenoside）[19]。

叶含皂苷类：竹节参皂苷 Ib、IV、IVa、V（chikusetsusaponin Ib、IV、IVa、V）、竹节参皂苷 IVa 乙酯（chikusetsusaponins IVa ethyl ester）[20]，竹节参皂苷 $LM_1$、$LM_2$（chikusetsusaponin $LM_1$、$LM_2$）、人参皂苷 $F_3$、Re、$Rg_1$（ginsenoside $F_3$、Re、$Rg_1$）[21]，竹节参皂苷 $LM_3$、$LM_4$、$LM_5$、$LM_6$（chikusetsusaponin $LM_3$、$LM_4$、$LM_5$、$LM_6$）、人参皂苷 $F_5$、$F_6$、$Rb_3$、Rc、Rd（ginsenoside $F_5$、$F_6$、$Rb_3$、Rc、Rd）和竹节参皂苷 IVa、V、$FK_2$、$FK_6$、$FK_7$、$FT_1$、$L_5$、$L_{9a}$、$L_{9bc}$、$L_{10}$（chikusetsusaponin IVa、V、$FK_2$、$FK_6$、$FK_7$、$FT_1$、$L_5$、$L_{9a}$、$L_{9bc}$、$L_{10}$）[22]。

果实含皂苷类：竹节参皂苷 $FT_1$、$FT_2$、$FT_3$、$FT_4$、$FK_4$、$FK_5$、$FK_2$、$FK_3$、$LN_4$、IVa（chikusetsusaponin $FT_1$、$FT_2$、$FT_3$、$FT_4$、$FK_4$、$FK_5$、$FK_2$、$FK_3$、$LN_4$、IVa）[23]，竹节参皂苷 VI、$FK_1$、$FK_6$、$FK_7$（chikusetsusaponin VI $FK_1$、$FK_6$、$FK_7$）、人参皂苷 $Rb_3$、Rc、Re、$Rg_1$（ginsenoside $Rb_3$、Rc、Re、$Rg_1$）、拟人参皂苷 $RS_1$（pseudo-ginsenoside $RS_1$）、三七皂苷 $R_1$（notoginsenoside $R_1$）和竹节参皂苷 $L_5$、$L_{10}$、IVa、V（chikusetsusaponin $L_5$、$L_{10}$、IVa、V）[24]。

**【药理作用】**1. 抗疲劳　地上部分总皂苷提取物、根茎总皂苷提取物和多糖类成分均具有抗疲劳作用，其中地上部分总皂苷的中、高剂量组，根茎总皂苷的低、中剂量组和多糖的高、中、低剂量组均可不同程度地延长小鼠负重游泳时间，降低运动后小鼠血乳酸和血清尿素氮的含量，提高小鼠肝糖原值[1,2]。2. 抗衰老　根茎提取物具有抗衰老作用。可改善小鼠学习记忆能力，增强超氧化物歧化酶（SOD）、谷胱甘肽过氧化物酶（GSH-Px）活性，降低丙二醛（MDA）含量，升高脑组织中 Bcl-2 mRNA、降低 Bax mRNA 表达水平[3]。3. 抗氧化　根茎及地上部分总皂苷提取物均具有一定的抗氧化作用，可显著提高运动后小鼠肝脏、脑组织中超氧化物歧化酶、谷胱甘肽过氧化物酶活性，降低丙二醛含量[4]。4. 抗炎镇痛　根茎及地上部分总皂苷具有抗炎镇痛作用，可降低小鼠腹腔毛细血管通透性，抑制二甲苯所致的耳肿胀；地上部分及根茎总皂苷均能减少乙酸所致小鼠的扭体次数，提高热板所致小鼠的痛阈值[5, 6]；根茎提取液能有效对抗大鼠足趾肿胀、佐剂性关节炎及小鼠耳廓肿胀[7]。5. 护肝　根茎总皂苷对四氯化碳诱导小鼠的肝损伤具有保护作用[8]；根茎水、醇提取物对慢性酒精性肝损伤具有保护作用[9]；根茎总皂苷能对抗自然衰老大鼠肝脏炎症反应，表现出其对肝脏有一定的保护作用[10]。6. 抗肿瘤　总皂苷能明显抑制小鼠移植性肉瘤 S180 的生长，延长 H22 腹水小鼠的生存时间[11]。7. 改善心脑血管　根茎总皂苷对脑缺血损伤具有保护作用，高、中、低剂量组能显著降低中动脉栓塞模型大鼠的全血黏度、红细胞聚集性，增加红细胞变形性[12]；根茎总皂苷对局灶性脑缺血也有明显的保护作用，高、中、低剂量组能显著改善局灶性脑缺血大鼠的神经症状，提高动物的存活率，降低动物血清乳酸脱氢酶（LDH）含量[13]。8. 降血脂　根茎总皂苷可降低动物血浆中的甘油三酯（TG）、总胆固醇（TC）、低密度脂蛋白胆固醇（LDL-C）含量[14, 15]。9. 保护胃肠黏膜　根茎水提取物可明显控制大鼠幽门结扎型、无水乙醇型、冷应激性和消炎痛型溃疡的形成，减少溃疡形成面积，表现出对胃溃疡有一定的治疗作用[16]；总皂苷可通过内质网应激途径减轻非甾体抗炎药所致小鼠的小肠黏膜损伤[17]。

**【性味与归经】**竹节参：甘、微苦，温。归肝、脾、肺经。明七：苦、微甘，平。参叶：苦、甘，微寒。归心、肺、胃经。

**【功能与主治】**竹节参：滋补强壮，散瘀止痛，止血祛痰。用于病后虚弱，劳嗽咯血，咳嗽痰多，跌扑损伤。明七：补中益气，生肌长肉。用于跌打损伤，劳伤吐血及胃痛出血。参叶：清热生津，润喉利咽，安神。用于肺热口渴、喉干舌燥，暑热伤津，头晕目眩，心烦神倦。

**【用法与用量】**竹节参：6～9g。明七：9～15g。参叶：3～9g。

**【药用标准】**竹节参：药典 1977—2015；明七：云南药品 1974 和四川药材 1987；参叶：部标中药材 1992、浙江炮规 2015、四川药材 2010 和甘肃药材 2009。

**【临床参考】**1. 耳鸣：根茎，加石楠叶、百蕊草、剑菖蒲各等份，共研细末，塞满一只完整的猪耳根内，煮熟饮汤，猪耳用清水漂净另炒服，每日 1 次，1 周为 1 疗程[1]。

2. 膝骨性关节炎：复方竹节参片（由根茎，加淫羊藿、芍药、地龙、白花蛇等组成，每片重 0.3g，含生药 1.5g）口服，每次 3～4 片，每日 3 次[2]。

3. 类风湿性关节炎：复方竹节参片（根茎 18g，加淫羊藿 15g、当归 12g、马钱子 6g、制川乌 10g、地龙 12g、白芍 10g、乌梢蛇 12g 等，经浓缩提取后制成糖衣片，每片重 0.3g，含生药 1g）口服，每次 4 片，每日 3 次[3]。

4. 虚劳咳嗽：根茎 15g，水煎代茶饮。（《贵州民间药物》）

5. 虚劳：根茎 9g，加党参 9g、当归 6g，水煎服。

6. 吐血：根茎 9g，加麦冬 6g、丝毛根 9g，水煎服。

7. 鼻血：根茎 3g，加黄栀子（炒）6g，水煎服。（5 方至 7 方引自《湖南药物志》）

8. 倒经、功能性子宫出血：根茎研粉，每次 1.5～3g，水煎服。（《湖北中草药志》）

**【附注】**《本草纲目拾遗》中载有昭参，谓："浙产台温山中。出一种竹节三七，色白如僵蚕，每条上有凹痕如臼，云此种血症良药。"并引《宦游笔记》云："人参三七以形圆而味甘如人参者为真，其长形者，乃昭参水三七之属，尚欠分晰也。"又引沈学士云："竹节三七即昭参，解醒第一，有中酒者，嚼少许，立时即解。""昭参"条下所载的竹节三七即为本种。

药材竹节参（竹节七）孕妇慎服。

同属植物秀丽假人参 *Panax pseudoginseng* Wall.var.*elegantior*（Burkill）Hoo et Tseng 的叶在甘肃、珠子参 *Panax japonicus* C.A.Mey.var.*major*（Burk.）C.Y.Wu et K.M.Feng 的叶在四川均作参叶药用。

**【化学参考文献】**


［1］钱丽娜．竹节参中脂溶性成分的研究［D］．武汉：武汉工业学院硕士学位论文，2009.

［2］Wan J，Deng L，Zhang C，et al. Chikusetsu saponin V attenuates $H_2O_2$-induced oxidative stress in human neuroblastoma SH-SY5Y cells through Sirt1/PGC-1α/Mn-SOD signaling pathways［J］. Can J Physiol Pharmacol，2016，94（9）：1-10.

［3］胡远浪，袁丁，何毓敏，等．竹节参 HPLC-ELSD 指纹图谱和化学成分分析［J］．中国中药杂志，2010，35（8）：1009-1013.

［4］陶慕珂．普洱熟茶和竹节参的化学成分研究［D］．昆明：云南中医学院硕士学位论文，2013.

［5］贾放．竹节参皂苷类成分的研究［D］．武汉：武汉工业学院硕士学位论文，2012.

［6］邹海艳，赵晖，邱葵，等．竹节参皂苷类化学成分的研究［J］．世界中医药，2012，7（6）：565-566.

［7］Zhu T F，Deng Q H，Li P，et al. A new dammarane-type saponin from the rhizomes of *Panax japonicus*［J］. Chem Nat Comp，2018，54（4）：714-716.

［8］吴兵，陈新，张长春，等．竹节参化学成分研究［J］．天然产物研究与开发，2012，24（8）：1051-1054.

［9］李京华，林奇泗，王加，等．GC-MS 法研究竹节参和深裂竹根七挥发性成分［J］．沈阳药科大学学报，2013，30（9）：701-703.

［10］杨黎彬，刘少静，达亮亮，等．竹节参脂溶性成分研究［J］．安徽农业科学，2011，39（20）：12145-12146.

［11］Yang X L，Wang R F，Zhang S P，et al. Polysaccharides from *Panax japonicus* C. A. Meyer and their antioxidant activities［J］. Carbohydr Polym，2014，101：386-391.

［12］Ohtani K，Hatono S，Mizutani K，et al. Reticuloendothelial system-activating polysaccharides from rhizomes of *Panax japonicus*. I. Tochibanan-A and-B［J］. Chem Pharm Bull，1989，37（10）：2587-2591.

［13］Yang L，Zhao J，Yang C，et al. Polyacetylenic oleanane-type triterpene saponins from the roots of *Panax japonicus*［J］. J Nat Prod，2016，79（12）：3079-3085.

[14] Li S，Tang Y，Liu C，et al. Development of a method to screen and isolate potential α-glucosidase inhibitors from *Panax japonicus* C. A. Meyer by ultrafiltration，liquid chromatography，and counter-current chromatography［J］. J Sep Sci，2015，38（12）：2014-2023.

[15] Guo Z Y，Zou K，Dan F J，et al. Panajaponin，a new glycosphingolipid from *Panax japonicus*［J］. Nat Prod Res，2010，24（1）：86-91.

[16] Hosono-Nishiyama K，Matsumoto T，Kiyohara H，et al. Suppression of Fas-mediated apoptosis of keratinocyte cells by chikusetsusaponins isolated from the roots of *Panax japonicus*［J］. Planta Medica，2005，72（3）：193-198.

[17] Zou K，Zhu S，Tohda C，et al. Dammarane-type triterpene saponins from *Panax japonicus*［J］. J Nat Prod，2002，65（3）：346-351.

[18] Yoshizaki K，Devkota H P，Fujino H，et al. Saponins composition of rhizomes，taproots，and lateral roots of Satsuma-ninjin（*Panax japonicus*）［J］. Chem Pharm Bull，2013，61（3）：344-350.

[19] 肖晏婴. 竹节参茎叶中脂溶性成分的研究［D］. 武汉：武汉工业学院硕士学位论文，2010.

[20] Li S N，Liu C Y，Liu C M，et al. Extraction and in vitro screening of potential acetylcholinesterase inhibitors from the leaves of *Panax japonicus*［J］. J Chromatogr B，2017，（1061-1062）：139-145.

[21] Yoshizaki K，Yahara S. New triterpenoid saponins from leaves of *Panax japonicus*（3），Saponins of the specimens collected in Miyazaki prefectur［J］. Nat Prod Commun，2012，7（4）：491.

[22] Yoshizaki K，Devkota H P，Yahara S. Four new triterpenoid saponins from the leaves of *Panax japonicus* grown in Southern Miyazaki prefecture（4）［J］. Chem Pharm Bull，2013，61（3）：273-278.

[23] Yoshizaki K，Murakami M，Fujino H，et al. New triterpenoid saponins from fruit specimens of *Panax japonicus* collected in Toyama prefecture and Hokkaido（2）［J］. Chem Pharm Bull，2012，60（6）：728-735.

[24] Yoshizaki K，Yahara S. New triterpenoid saponins from fruits specimens of *Panax japonicus* collected in Kumamoto and Miyazaki prefectures（1）［J］. Chem Pharm Bull，2012，60（3）：354-362.

**【药理参考文献】**

[1] 钱丽娜，陈平，李小莉，等. 竹节参总皂苷成分的抗疲劳活性［J］. 中国医院药学杂志，2008，28（15）：1238-1240.

[2] 刘桂林，陈平，张俊红，等. 鄂产竹节参多糖成分抗疲劳作用的研究［J］. 中国医院药学杂志，2006，26（12）：1459-1461.

[3] 万静枝，袁丁，狄国杰，等. 竹节参总提物对D-半乳糖致衰老小鼠的影响［J］. 中国中医药信息杂志，2014，21（7）：32-35.

[4] 钱丽娜，陈平，李小莉，等. 鄂产竹节参总皂苷成分抗氧化活性研究［J］. 武汉植物学研究，2008，26（6）：674-676.

[5] 钱丽娜，陈平，陈新，等. 竹节参地上部分中总皂苷成分抗炎镇痛活性［J］. 中国医院药学杂志，2008，28（20）：1731-1733.

[6] 吴瑕，陈东辉，雷玲，等. 竹节人参抗炎镇痛作用研究［J］. 中药药理与临床，2007，23（1）：43-45.

[7] 陈龙全，刘小琴，张金红. 竹节参提取液抗风湿作用的实验研究［J］. 湖北民族学院学报（医学版），2008，25（3）：15-17，21.

[8] 覃玉娥，崔倩倩，张长城，等. 竹节参总皂苷对四氯化碳诱导小鼠肝损伤的影响［J］. 中国中医药信息杂志，2014，21（10）：47-49.

[9] 何志刚，汪洋鹏，刘磊，等. 竹节参提取物对慢性酒精性肝损伤模型小鼠血清生化指标及炎症因子水平的影响［J］. 浙江中西医结合杂志，2018，28（1）：21-24.

[10] 向婷婷，张长城，刘朝奇，等. 竹节参总皂苷干预自然衰老大鼠肝脏炎症的实验研究［J］. 中国药理学通报，2017，33（6）：848-853.

[11] 袁丁，左锐，张长城. 竹节参总皂苷抑制小鼠肿瘤生长的实验研究［J］. 时珍国医国药，2007，18（2）：277-278.

[12] 赵晖，李佳，穆阳. 竹节参总皂苷对中动脉栓塞模型大鼠血液流变学的影响［J］. 中国中医药信息杂志，2006，13（11）：33-34.

[13] 赵晖，张秋霞，穆阳．竹节参总皂苷对局灶性脑缺血大鼠模型的保护作用［J］．中国中医药信息杂志，2005，12（3）：43-44.
[14] 杨小林，陈平．竹节参总皂苷对高血脂模型小鼠的影响作用［J］．中医药学报，2010，38（6）：22-24.
[15] 贾银芝，杨中林．竹节参总皂苷对 Triton WR-1339 诱发的高脂血症小鼠降血脂作用研究［J］．亚太传统医药，2015，11（12）：9-11.
[16] 艾明仙，刘红．竹节人参提取物抗实验性大鼠胃溃疡作用的实验研究［J］．中国中西医结合杂志，1998，18（S1）：143-145，375.
[17] 梅颖，肖朝朝，冯进武，等．竹节参总皂苷预防非甾体抗炎药引起肠黏膜损伤［J］．细胞与分子免疫学杂志，2016，32（6）：734-738.

**【临床参考文献】**

[1] 余根生，潘卫星．耳鸣散治疗耳鸣 50 例［J］．中国民间疗法，2001，9（10）：59.
[2] 陈龙全，郝双阶．复方竹节参片配合穴位注射治疗膝骨性关节炎 82 例［J］．陕西中医，2004，25（8）：716-717.
[3] 陈龙全，袁德培，刘红．复方竹节参片治疗类风湿性关节炎 30 例临床研究［J］．中医杂志，2003，44（5）：362-363.

## 659. 羽叶三七（图 659）• *Panax pseudo-ginseng* Wall.var.*bipinnatifidus*（Seem.）Li［*Panax japonicus* C.A.Mey.var.*bipinnatifidus*（Seem.） C.Y.Wu et K.M.Feng; *Panax bipinnatifidus* Seem.］

**图 659　羽叶三七**　　摄影　周欣欣等

【别名】疙瘩七。

【形态】多年生草本，高达 70cm。根状茎横生，多为串珠状，稀为竹鞭状。掌状复叶，通常 4 枚轮生于茎顶；叶柄长 4 ～ 5cm，有纵纹，无毛；偶有托叶残存，披针形，长 5 ～ 6mm；小叶 5 ～ 7 枚，叶片薄，长圆形，一至二回羽状深裂，裂片有不整齐的小裂片和锯齿，中部裂片较大，上面深绿色，下面淡绿色，上面叶脉上及齿尖有时有长刚毛；小叶柄几无。伞形花序单一，顶生，偶有 1 ～ 2 个侧生小伞形花序，直径约 3.5cm，有花 20 ～ 50 朵；花序梗长约 12cm，近光滑，有纵条纹；花黄绿色；花梗纤细，无毛，长约 1cm；花萼钟状，边缘有 5 个三角形的齿；花瓣 5 枚，卵状三角形；雄蕊 5 枚，与花瓣互生；子房 2 室；花柱 2 枚，仅基部合生。果实近球形，红色，顶端紫黑色。花期 5 ～ 6 月，果期 7 ～ 9 月。

【生境与分布】生于海拔 1800 ～ 3400m 的山谷和山坡林下。分布于浙江，另甘肃、湖北、陕西、四川、西藏、云南有分布；缅甸、不丹、尼泊尔和印度也有分布。

【药名与部位】珠子参（纽子七），根茎。参叶，叶。

【采集加工】珠子参：秋季采挖，除去粗皮，干燥；或蒸或煮透后，干燥。参叶：6 ～ 7 月采收，阴干，扎成把。

【药材性状】珠子参：略呈扁球形、圆锥形或不规则菱角形，偶呈连珠状，直径 0.5 ～ 2.8cm。表面棕黄色或黄褐色，有明显的疣状突起和皱纹，偶有圆形凹陷的茎痕，有的一侧或两侧残存细的节间。质坚硬，断面不平坦，淡黄白色，粉性。气微，味苦、微甘，嚼之刺喉。蒸（煮）者断面黄白色或黄棕色，略呈角质样，味微苦、微甘，嚼之不刺喉。

参叶：叶片皱缩卷曲，完整者展开后为掌状复叶，叶柄较长，小叶片羽状深裂，卵形或倒卵形。叶片先端渐尖，基部楔形，边缘有细锯齿或细重锯齿；上表面黄绿色，下表面灰绿色，上表面叶脉上有刚毛；叶片膜质。气微，味微苦。

【药材炮制】珠子参：除去杂质，洗净，润软，切薄片，干燥；或粉碎为颗粒状。

参叶：除去杂质，切段。

【化学成分】根含皂苷类：羽叶三七皂苷 *A、B、C（bifinoside A、B、C）、银莲花苷甲酯（narcissiflorin methyl ester）、竹节人参皂苷 IVa（chikusetsusaponin IVa）、假人参皂苷 $RP_1$ 甲酯（pseudoginsenoside $RP_1$ methyl ester）、假人参皂苷 $RT_1$ 甲酯（pseudoginsenoside $RT_1$ methyl ester）、屏边三七苷 $R_1$（stipuleanoside $R_1$）、屏边三七苷 $R_2$ 甲酯（stipuleanoside $R_2$ methyl ester）和地肤子皂苷 IIe（momordin IIe）[1]。

根茎含皂苷类：人参皂苷 $Rg_1$、$Rg_2$、Re、Rd、$Rb_1$、$R_1$、$R_0$（ginsenoside $Rg_1$、$Rg_2$、Re、Rd、$Rb_1$、$R_1$、$R_0$）、姜状三七苷 $R_1$（zingibroside $R_1$）、24（*S*）- 假人参苷 $F_{11}$［24（*S*）-pseudoginsenoside $F_{11}$］和竹节参苷Ⅳ、Ⅳ a（chikusetsusaponin Ⅳ、Ⅳ a）[2]。

根茎含皂苷类：人参皂苷 $Rg_1$、$Rg_2$、Re、Rd、$Rb_1$、$R_1$、$R_0$（ginsenoside $Rg_1$、$Rg_2$、Re、Rd、$Rb_1$、$R_1$、$R_0$）、姜状三七苷 $R_1$（zingibroside $R_1$）、24（*S*）- 假人参苷 $F_{11}$［24（*S*）-pseudoginsenoside $F_{11}$］和竹节参苷Ⅳ、Ⅳ a、Ⅴ（chikusetsusaponin Ⅳ、Ⅳ a、Ⅴ）[2]。

叶含皂苷类：人参皂苷 $F_1$、$F_2$、$F_3$（ginsenoside $F_1$、$F_2$、$F_3$）、人参皂苷 $Rb_1$、$Rb_3$、Rd、Re、$Rg_2$（ginsenoside $Rb_1$、$Rb_3$、Rd、Re、$Rg_2$）、珠子参苷 $F_1$（majoroside $F_1$）、羽叶三七苷 $F_1$、$F_2$（bipinnatifidusoside $F_1$、$F_2$）和 24（*S*）- 拟人参苷 $F_{11}$［24（*S*）-pseudoginsenoside $F_{11}$］[3]；黄酮类：人参黄酮苷（panasenoside）[3]。

【性味与归经】珠子参：苦、甘，微寒。归肝、肺、胃经。参叶：苦，微甘，微寒。归肺、胃经。

【功能与主治】珠子参：补肺，养阴，活络，止血。用于气阴两虚，烦热口渴，虚劳咳嗽，跌扑损伤，关节疼痛，咯血，吐血，外伤出血。参叶：生津止渴。用于暑热伤津，口干舌燥，心烦神倦。

【用法与用量】珠子参：煎服 3 ～ 9g；外用适量，研末敷患处。参叶：3 ～ 12g。

【药用标准】药典 1977—2015、浙江炮规 2015 和云南药品 1974；参叶：四川药材 2010。

【附注】含低量铅和铬，不宜长期或过量服用。（《全国中草药汇编》）

**【化学参考文献】**

[1] Nguyen H T, Tran H Q, Nguyen T N, et al. Oleanolic triterpene saponins from the roots of *Panax bipinnatifidus* [J]. Chem Pharm Bull, 2011, 59 (11): 1417-1420.

[2] 王答祺, 樊娟, 李淑蓉, 等. 羽叶三七根茎的三萜皂甙成分及其化学分类学意义 [J]. 云南植物研究, 1988, 10 (1): 101-104.

[3] 王答祺, 樊娟, 冯宝树, 等. 羽叶三七叶中甙类成分的研究 [J]. 药学学报, 1989, 24 (8): 593-599.

## 660. 三七（图 660）• *Panax pseudo-ginseng* Wall.var.*notoginseng*（Burkill）Hoo et Tseng［*Panax notoginseng*（Burkill）F.H.Chen ex C.H.Chow］

**图 660 三七** 摄影 郭增喜

**【别名】**参三七、田七（浙江）。

**【形态】**多年生草本，高 20 ～ 60cm。主根肉质，单一或多条簇生，呈纺锤形。掌状复叶 3 ～ 6 枚轮生于茎顶；叶柄长 5 ～ 11cm，无毛；无托叶；小叶 3 ～ 7 枚，膜质，长椭圆形至倒卵状长椭圆形，长 8 ～ 10cm，宽 2.5 ～ 3.5cm，先端渐尖至长渐尖，基部圆形至宽楔形，下延，边缘有锯齿，两面脉上有刚毛；小叶柄长达 2cm。伞形花序单个顶生，有花 80 ～ 100 朵或更多；花序梗长 7 ～ 25cm，无毛或疏被短柔毛；花梗纤细，长 1 ～ 2cm，稍被短柔毛；花小，两性，淡黄绿色，花萼边缘有 5 齿；花瓣 5 枚；雄蕊 5 枚，花丝与花瓣近等长；子房下位，2 室；花柱 2 枚，合生至中部。果实扁球状肾形，直径约 1cm，成熟时红色；种子 2 粒，三角状卵球形，白色，质硬。

**【生境与分布】**生于海拔 1200 ～ 1800m 的山林中。浙江、江西、福建有栽培，分布于云南东南部；越南也有分布。

**【药名与部位】**三七（剪口、筋条、三七须根），根和根茎。三七花，花序。三七叶，叶。

**【采集加工】**三七：秋季花开前采挖，洗净，分开主根、支根及根茎，干燥。支根习称“筋条”，根茎习称“剪口”。三七花：夏季花未开放时采收，干燥。三七叶：秋季花开前采收，晒干。

**【药材性状】**三七：主根呈类圆锥形或圆柱形，长 1 ～ 6cm，直径 1 ～ 4cm。表面灰褐色或灰黄色，有断续的纵皱纹和支根痕。顶端有茎痕，周围有瘤状突起。体重，质坚实，断面灰绿色、黄绿色或灰白色，木质部微呈放射状排列。气微，味苦回甜。

筋条呈圆柱形或圆锥形，长 2 ～ 6cm，上端直径约 0.8cm，下端直径约 0.3cm。

剪口呈不规则的皱缩块状或条状，表面有数个明显的茎痕及环纹，断面中心灰绿色或白色，边缘深绿色或灰色。

三七花：为半球形、球形的复伞形花序，具总花梗，直径 2 ～ 3mm，圆柱形，表面具细纵纹。小花呈伞形排列，小花梗长 1 ～ 15mm。花萼黄绿色，先端 5 齿裂，花冠黄绿色，5 裂。质脆易碎。气微，味甘、微苦。

三七叶：叶片皱缩，展开后呈掌状复叶，由 3 ～ 7 枚小叶组成；小叶片椭圆形，长 5 ～ 14cm，宽 2 ～ 5cm，中央数片较大，先端长尖，基部近圆形，边缘具细锯齿，齿端及表面沿脉可见细刺毛。质脆，气微，味微苦。

**【质量要求】**三七：皮细，体重，味甜。

**【药材炮制】**三七片：除去杂质，洗净，置适宜容器内，蒸至中心润软时，取出，趁热切薄片，干燥。

三七粉：取三七，洗净，干燥，碾成细粉。

三七花：除去杂质，筛去灰屑。

**【化学成分】**根系分泌物含皂苷类：原人参三醇（protopanaxatriol）、人参皂苷 $Rh_1$（ginsenoside $Rh_1$）、韩国人参皂苷 $R_1$（korgoginsenoside $R_1$）[1] 和羽扇豆 -20- 烯 -3β, 16β- 二醇 -3- 阿魏酸酯（lup-20-en-3β, 16β-diol-3-ferulate）[1]；甾体类：β- 谷甾醇（β-sitosterol）和胡萝卜苷（daucosterol）[1]。

根和根状茎含三萜皂苷类：三七皂苷 $B_1$（sanchinoside $B_1$）[2]，三七皂苷 A、B、C、D（notoginsenoside A、B、C、D）[3]，三七皂苷 E、G、H、I、J（notoginsenoside E、G、H、I、J）[3, 4]，三七皂苷 K（notoginsenoside K）[3, 5]，三七皂苷 L、M、N（notoginsenoside L、M、N）[6]，三七皂苷 Fa、$R_1$、$R_2$、$R_3$、$R_4$、$R_6$（notoginsenoside Fa、$R_1$、$R_2$、$R_3$、$R_4$、$R_6$）[3]，三七皂苷 $R_7$（notoginsenoside $R_7$）[7]，三七皂苷 $R_8$、$R_9$（notoginsenoside $R_8$、$R_9$）[8]，三七皂苷 $Rw_1$、$Rw_2$、S（notoginsenoside $Rw_1$、$Rw_2$、S）[9]，三七皂苷 $Spt_1$（notoginsenoside $Spt_1$）[10]，人参皂苷 $Ra_3$、$Rb_1$、$Rb_2$（ginsenoside $Ra_3$、$Rb_1$、$Rb_2$）[3]，人参皂苷 $Rb_3$（ginsenoside $Rb_3$）[11]，人参皂苷 Rd、Re（ginsenoside Rd、Re）[3]，人参皂苷 Rf（ginsenoside Rf）[9]，人参皂苷 $Rg_1$、$Rg_2$（ginsenoside $Rg_1$、$Rg_2$）[3]，人参皂苷 $Rh_1$（ginsenoside $Rh_1$）[2, 3]，人参皂苷 $Rh_3$（ginsenoside $Rh_3$）[10]，人参皂苷 $Rh_4$（ginsenoside $Rh_4$）[9]，人参皂苷 $Rk_1$、$Rs_3$（ginsenoside $Rk_1$、$Rs_3$）[10]，人参皂苷 $F_1$（ginsenoside $F_1$）[3]，人参皂苷 $F_2$、$F_4$（ginsenoside $F_2$、$F_4$）[10]，人参皂苷 II（ginsenoside II）[12]，20（*S*）- 人参皂苷 $Rg_3$［20（*S*）-ginsenoside $Rg_3$］、20（*R*）- 人参皂苷 $Rg_3$［20（*R*）-ginsenoside $Rg_3$］[9]，20-*O*- 葡萄糖基人参皂苷 Rf（20-*O*-glucoginsenoside Rf）[3]，绞股蓝皂苷 XVII（gypenoside XVII）[3]，韩国人参皂苷 $R_1$（koryoginsenoside $R_1$）[9, 13]，西洋参皂苷 $R_1$（quinquenoside $R_1$）[3]，假人参皂苷 $F_{11}$（pseudoginsenoside $F_{11}$）[11]，竹节参皂苷 L9bc（chikusetsusaponin L9bc）、三七人参苷 A（notopanaxoside A）[14]，原人参二醇（protopanaxadiol）、原人参三醇（protopanaxatriol）[9]，12β- 羟基达玛 -24- 烯 -3-*O*-β-D- 吡喃葡萄糖苷 -20-*O*-α-L- 吡喃阿拉伯糖基 -（1→2）-*O*-β-D- 吡喃葡萄糖苷［12β-hydroxydammar-24-en-3-*O*-β-D-glucopyranoside-20-*O*-α-L-arabinopyranosyl-（1→2）-*O*-β-D-glucopyranoside］、（3β, 6α, 12β, 23*E*）-3, 12- 二羟基达玛 -23- 烯 -6, 20- 二 -*O*-β-D- 吡喃葡萄糖苷［（3β, 6α, 12β, 23*E*）-3, 12-dihydroxydammar-23-en-6, 20-bis-*O*-β-D-glucopyranoside］[5]，（3β, 6α, 12β, 20*S*）-20, 25- 环氧 -3, 12- 二羟基达玛 -6-*O*-β-D- 吡喃葡萄糖苷［（3β, 6α, 12β, 20*S*）-20, 25-epoxy-3, 12-dihydroxy-dammaran-6-*O*-β-D-glucopyranoside］[15]，3β, 6α, 12β, 20*S*, 25- 五羟基达玛 -23（24）- 烯［3β, 6α, 12β, 20*S*, 25-pentahydroxydammar-23（24）-ene］[16]，丙二酰人

参皂苷 $Rb_1$、Rd、$Rg_1$（malonyl ginsenoside $Rb_1$, Rd, $Rg_1$）[17]，6-*O*-β-D-吡喃葡萄糖基-20-*O*-β-D-吡喃葡萄糖基-20（*S*）-原人参二醇-3-酮［6-*O*-β-D-glucopyranosyl-20-*O*-β-D-glucopyranosyl-20（*S*）-protopanaxadiol-3-one］[18]，（20*S*）-20-*O*-［β-D-吡喃葡萄糖基-（1→6）-β-D-吡喃葡萄糖基-（1→6）-β-D-吡喃葡萄糖基］达玛-24-烯-3β, 6α, 12β, 20-四醇｛（20*S*）-20-*O*-［β-D-glucopyranosyl-（1→6）-β-D-glucopyranosyl-（1→6）-β-D-glucopyranosyl］dammar-24-en-3β, 6α, 12β, 20-tetrol｝、（20*S*）-6-*O*-［（*E*）-丁基-2-烯酰基-（1→6）-β-D-吡喃葡萄糖基］达玛-24-烯-3β, 6α, 12β, 20-四醇｛（20*S*）-6-*O*-［（*E*）-but-2-enoyl-（1→6）-β-D-glucopyranosyl］dammar-24-en-3β, 6α, 12β, 20-tetrol｝、（20*S*）-6-*O*-［β-D-吡喃木糖基-（1→2）-β-D-吡喃木糖基］达玛-24-烯-3β, 6α, 12β, 20-四醇｛（20*S*）-6-*O*-［β-D-xylopyranosyl-（1→2）-β-D-xylopyranosyl］dammar-24-en-3β, 6α, 12β, 20-tetrol｝[19]，20（*S*）-三七根苷 $A_1$、$A_2$、$A_3$、$A_4$、$A_5$、$A_6$［20（*S*）-sanchirhinoside $A_1$、$A_2$、$A_3$、$A_4$、$A_5$、$A_6$］[20]，三七根苷 B、D（sanchirhinoside B、D）[20]，3β, 6α-20（*S*）-6, 20-二-（β-D-吡喃葡萄糖氧基）-3-羟基达玛-24-烯-12-酮［3β, 6α-20（*S*）-6, 20-bis-（β-D-glucopyranosyloxy）-3-hydroxydammar-24-en-12-one］[21]，20（*R*）-人参皂苷 $Rh_1$［20（*R*）-ginsenoside $Rh_1$］、人参皂苷 $Rk_3$（ginsenoside $Rk_3$）[22]，三七皂苷 $R_{10}$（notoginsenoside $R_{10}$）[23]，三七皂苷 $T_1$、$T_2$、$T_3$、$T_4$、$T_5$（notoginsenoside $T_1$、$T_2$、$T_3$、$T_4$、$T_5$）[24]，环氧三七皂苷 A（epoxynotoginsenoside A）[25]，野三七皂苷 H、E（yesanchinoside H、E）、竹节参皂苷 $L_5$（chikusetsusaponin $L_5$）和丙二酰基人参皂苷 $Rg_1$（malonyl ginsenoside $Rg_1$）[26]；炔类：三七酸-β-槐糖苷（notoginsenic acid-β-sophoroside）[3]，人参炔三醇（panaxytriol）[7, 14]，人参环氧炔醇（panaxydol）、人参炔醇（panaxynol）、（3*R*, 9*R*, 10*R*）-10-氯-十七碳-1-烯-4, 6-二炔-3, 9-二醇［（3*R*, 9*R*, 10*R*）-10-chloro-1-heptadecene-4, 6-diyne-3, 9-diol］、人参炔 E（ginsenoyne E）、1-（3-庚环氧乙烷）-7-辛烯-2, 4-二炔-1, 6-二醇［1-（3-heptyl oxiranyl）-7-octene-2, 4-diyne-1, 6-diol］、十七碳-1, 8-二烯-4, 6-二炔-3, 10-二醇（heptadeca-1, 8-dien-4, 6-diyne-3, 10-diol）[14] 和镰叶芹二醇（falcarindiol）[27]；倍半萜类：1β, 6α-二羟基桉叶-4（15）-烯［1β, 6α-dihydroxyeudesm-4（15）-ene］、匙叶桉油烯醇（spathulenol）、香树-4α, 10α-二醇（aromadendrane-4α, 10α-diol）、香树-4β, 10α-二醇（aromadendrane-4β, 10α-diol）、（+）-别香树-4α, 10β-二醇［（+）-alloaromadendrane-4α, 10β-diol］[14] 和香树-4β, 10β-二醇（aromadendrane-4β, 10β-diol）[28]；二肽类：环-（亮氨酸-苏氨酸）［cyclo-（Leu-Thr）］、环-（亮氨酸-异亮氨酸）［cyclo-（Leu-Ile）］、环-（亮氨酸-缬氨酸）［cyclo-（Leu-Val）］、环-（异亮氨酸-缬氨酸）［cyclo-（Ile-Val）］、环-（亮氨酸-丝氨酸）［cyclo-（Leu-Ser）］、环-（亮氨酸-酪氨酸）［cyclo-（Leu-Tyr）］、环-（缬氨酸-脯氨酸）［cyclo-（Val-Pro）］、环-（丙氨酸-脯氨酸）［cyclo-（Ala-Pro）］、环-（苯丙氨酸-酪氨酸）［cyclo-（Phe-Tyr）］、环-（苯丙氨酸-丙氨酸）［cyclo-（Phe-Ala）］、环-（苯丙氨酸-缬氨酸）［cyclo-（Phe-Val）］、环-（亮氨酸-丙氨酸）［cyclo-（Leu-Ala）］、环-（异亮氨酸-丙氨酸）［cyclo-（Ile-Ala）］和环-（缬氨酸-丙氨酸）［cyclo-（Val-Ala）］[29]；氨基酸及其衍生物：三七素（dencichine）、异田七氨酸（isodencichine）[30-32]，精氨酸（Arg）、天冬氨酸（Asp）、谷氨酸（Glu）、β-丙氨酸（β-alanine）、乌氨酸（Orn）和甘氨酸（Gly）等[33]；核苷类：尿嘧啶（uracil）、尿苷（uridine）、腺苷（adenosine）、胞苷（cytidine）和鸟苷（guanosine）[34]；多糖类：阿拉伯葡萄半乳聚糖（arabinoglucogalactan）[35]，三七多糖 I（PNPSI）、三七多糖 IIa（PNPS-IIa）和三七多糖 IIb（PNPS-IIb）[36]；脑苷类：1-*O*-β-D-吡喃葡萄糖基-（2*S*, 3*S*, 4*R*, 8*E*）-2-［（2′*R*）-2′-羟基棕榈酰氨基］-8-十八碳烯-1, 3, 4-三醇｛1-*O*-β-D-glucopyranosyl-（2*S*, 3*S*, 4*R*, 8*E*）-2-［（2′*R*）-2′-hydroxypalmitoyl amino］-8-octadecene-1, 3, 4-triol｝和 1-*O*-β-D-吡喃葡萄糖基-（2*S*, 3*S*, 4*R*, 8*Z*）-2-［（2′*R*）-2′-羟基棕榈酰氨基］-8-十八碳烯-1, 3, 4-三醇｛1-*O*-β-D-glucopyranosyl-（2*S*, 3*S*, 4*R*, 8*Z*）-2-［（2′*R*）-2′-hydroxypal mitoylamino］-8-octadecene-1, 3, 4-triol｝[37]；苯丙素类：桂皮酸（cinnamic acid）[14]；黄酮类：槲皮素-3-*O*-β-D-吡喃木糖基-（1→2）-*O*-β-D-吡喃半乳糖苷［quercetin-3-*O*-β-D-xylopyranosyl-（1→2）-*O*-β-D-galactopyranoside］[38]；甾体类：β-谷甾醇（β-sitosterol）[28] 和胡萝卜苷（daucosterol）[13]；元素：镁（Mg）、磷（P）、钙（Ca）、锰（Mn）、钠（Na）、铁（Fe）、钴

（Co）、铜（Cu）、锌（Zn）、钼（Mo）、锗（Ge）和硒（Se）等[39]；生物碱类：2-甲氧基-1H-吡咯（2-methoxy-1H-pyrrole）[14]；酚类：3-羟基-4-甲氧基苯甲酸（3-hydroxy-4-methoxybenzoic acid）、5-羟基-3-甲氧基-2-癸烯酸（5-hydroxy-3-methoxy-2-decenoic acid）和3-（4-羟基苯基）-2-丙烯酸-4-羟基苯酚酯[3-(4-hydroxyphenyl)-2-propenoic acid-4-hydroxyphenyl ester][14]；多元羧酸类：琥珀酸单甲酯(succinic acid monomethyl ester)和琥珀酸单丁酯(succinic acid monobuthyl ester)[14]；脂肪酸及酯类：月桂酸(slauric acid)、（8*R*, 9*R*, 10*S*, 6*Z*）-三羟基十八碳-6-烯酸［（8*R*, 9*R*, 10*S*, 6*Z*）-trihydroxyoctadec-6-enoic acid］和月桂酸甘油酯(monolaurin)[40]；挥发油类：大根老鹳草烯(germacrene)[41]，α-古巴烯（α-copaene）、β-荜澄茄烯（β-cubebene）、δ-愈创木烯（δ-guaiene）、α-雪松烯（α-cedrene）和花侧柏烯（cuparene）等[42, 43]。

绒根含皂苷类：三七皂苷 $B_1$（notoginsenoside $B_1$）和人参皂苷 $Rh_1$（ginsenoside $Rh_1$）[2]；黄酮类：槲皮素（quercetin）[44]；甾体类：胡萝卜苷（daucosterol）[44]。

茎叶含三萜皂苷类：人参皂苷 $F_2$、$Rb_1$、$Rb_3$、Rc、Rd、Re、$Rg_1$、$Rg_3$、$Rh_2$（ginsenoside $F_2$、$Rb_1$、$Rb_3$、Rc、Rd、Re、$Rg_1$、$Rg_3$、$Rh_2$）、绞股蓝皂苷IX、XIII、XVII（gypenoside IX、XIII、XVII）和三七皂苷Fa、$R_1$（notoginsenoside Fa、$R_1$）[45]；黄酮类：甘草苷元（liquiritigenin）、芹糖甘草苷（liquiritin apioside）[45]，山柰酚（kaempferol）、槲皮素（quercetin）、山柰酚-7-*O*-α-L-吡喃鼠李糖苷（kaempferol-7-*O*-α-L-rhamnopyranoside）、山柰酚-3-*O*-β-D-吡喃半乳糖苷（kaempferol-3-*O*-β-D-galactopyranoside）、山柰酚-3-*O*-β-D-吡喃半乳糖基-（2→1）-*O*-β-D-吡喃葡萄糖苷［kaempferol-3-*O*-β-D-galactopyranosyl-（2→1）-*O*-β-D-glucopyranoside］和槲皮素-3-*O*-β-D-吡喃半乳糖基-（2→1）-*O*-β-D-吡喃葡萄糖苷［quercetin-3-*O*-β-D-galactopyranosyl-（2→1）-*O*-β-D-glucopyranoside］[46]；元素：镁（Mg）、磷（P）、钙（Ca）、锰（Mn）、钠（Na）、铁（Fe）、钴（Co）、铜（Cu）、锌（Zn）、钼（Mo）、锗（Ge）和硒（Se）等[39]。

叶含三萜皂苷类：三七皂苷Fa（notoginsenoside Fa）[47-49]，三七皂苷Fc（notoginsenoside Fc）[48, 50]，三七皂苷Fd（notoginsenoside Fd）[49]，三七皂苷Fe（notoginsenoside Fe）[48-50]，三七皂苷LX、LY、FZ（notoginsenoside LX、LY、FZ）[46]，三七皂苷D、L、O、P、Q（notoginsenoside D、L、O、P、Q）[47]，三七皂苷 $R_1$（notoginsenoside $R_1$）[45, 47]，三七皂苷 $R_2$、$R_4$、$R_7$、S（notoginsenoside $R_2$、$R_4$、$R_7$、S）[47]，三七皂苷 $SFt_1$、$SFt_2$、$SFt_3$、$SFt_4$（notoginsenoside $SFt_1$、$SFt_2$、$SFt_3$、$SFt_4$）[51]，三七皂苷T（notoginsenoside T）[49]，丙二酰三七皂苷Fa、$R_4$（malonyl notoginsenoside Fa、$R_4$）[49]，人参皂苷 $Ra_0$（ginsenoside $Ra_0$）[49]，人参皂苷 $Rb_1$（ginsenoside $Rb_1$）[47-49]，人参皂苷 $Rb_2$（ginsenoside $Rb_2$）[49]，人参皂苷 $Rb_3$（ginsenoside $Rb_3$）[47, 48, 51]，人参皂苷Rc（ginsenoside Rc）[47-49, 51]，人参皂苷Rd（ginsenoside Rd）[47-49]，人参皂苷Re（ginsenoside Re）[47, 49]，人参皂苷 $Re_4$、$Rg_1$（ginsenoside $Re_4$、$Rg_1$）[49]，人参皂苷 $Rg_3$（ginsenoside $Rg_3$）[47, 49]，人参皂苷 $Rg_5$（ginsenoside $Rg_5$）[51]，人参皂苷 $Rh_3$、$Rk_1$、$Rk_2$、$Rs_4$、$Rs_5$（ginsenoside $Rh_3$、$Rk_1$、$Rk_2$、$Rs_4$、$Rs_5$）[51]，人参皂苷 $F_1$（ginsenoside $F_1$）[48, 49, 52]，人参皂苷 $F_2$（ginsenoside $F_2$）[47, 49, 51]，人参皂苷Fc、$R_{10}$（ginsenoside Fc、$R_{10}$）[51]，人参皂苷C-K、Mc（ginsenoside C-K、Mc）[50]，20（*R*）-原人参二醇［20（*R*）-protopanaxadiol］、20（*S*）-原人参二醇［20（*S*）-protopanaxadiol］、人参二醇（panaxadiol）、20（*R*）-人参皂苷 $Rh_1$、$Rh_2$［20（*R*）-ginsenoside $Rh_1$、$Rh_2$］、20（*S*）-人参皂苷 $Rh_1$、$Rh_2$［20（*S*）-ginsenoside $Rh_1$、$Rh_2$］、20（*S*）-人参皂苷Mc［20（*S*）-ginsenoside Mc］[48]，20（*R/S*）-原人参三醇［20（*R/S*）-protopanaxtriol］、20（*R/S*）-人参皂苷 $Rg_3$、$Rs_3$［20（*R/S*）-ginsenoside $Rg_3$、$Rs_3$］[51]，20（*R*）-人参皂苷 $Rg_3$［20（*R*）-ginsenoside $Rg_3$］[49, 52]，丙二酰人参皂苷 $Rb_1$、$Rb_2$、$Rb_3$、Rc、Rd（malonylginsenoside $Rb_1$、$Rb_2$、$Rb_3$、Rc、Rd）[49]，绞股蓝皂苷IX（gypenoside IX）[47, 48, 51]，绞股蓝皂苷XIII、XVII（gypenosideXIII、XVII）[47]，绞股蓝皂苷M（gypenoside M）[49]，越南人参皂苷 $R_7$（vinaginsenoside $R_7$）[48]，越南人参皂苷 $R_{18}$（vinaginsenoside $R_{18}$）[49]，野三七皂苷E、G、H（yesanchinoside E、G、H）、西洋参皂苷 $L_{17}$、V（quinquenoside $L_{17}$、V）、人参花皂苷Tc、Td（floralginsenoside Tc、Td）、扫帚聚首花苷E（scoposide E）[49]，20（*R/S*）-三七皂

苷 $Ft_1$［20（*R/S*）-notoginsenoside $Ft_1$］[51], 3β, 12β, 23β- 三羟基达玛 -20- 烯 -3-*O*-β-D- 吡喃葡萄糖苷（3β, 12β, 23β-triol-dammar-20-en-3-*O*-β-D-glucopyranoside）[49] 和三七皂苷 $Ft_1$、$Ft_2$、$Ft_3$（notoginsenoside $Ft_1$、$Ft_2$、$Ft_3$）[53]；黄酮类：甘草苷元（liquiritigenin）、芹糖甘草苷（liquiritin apioside）[47], 槲皮素 -3-*O*-槐糖苷（quercetin-3-*O*-sophoroside）[54], 山柰酚 -3-*O*-（2″-β-D- 吡喃葡萄糖基）-β-D- 吡喃半乳糖苷［kaempferol-3-*O*-（2″-β-D-glucopyranosyl）-β-D-galactopyranoside］、槲皮素 -3-*O*-（2″-β-D- 吡喃葡萄糖基）-β-D- 吡喃半乳糖苷［quercetin-3-*O*-（2″-β-D-glucopyranosyl）-β-D-galactopyranoside］、山柰酚 -3-*O*-β-D- 半乳糖苷（kaempferol- 3-*O*-β-D-galactoside）、山柰酚（kaempferol）、槲皮素（quercetin）和山柰酚 -7-*O*-α-L- 鼠李糖苷（kaempferol-7-*O*-α-L-rhamnoside）[46]；元素：镁（Mg）、磷（P）、钙（Ca）、锰（Mn）、钠（Na）、铁（Fe）、钴（Co）、铜（Cu）、锌（Zn）、钼（Mo）、锗（Ge）和硒（Se）等[39]。

花含三萜皂苷类：三七花皂苷 A、B、C、D（floranotoginsenoside A、B、C、D）[55], 三七皂苷 D、Fa（notoginsenoside D、Fa）[56], 三七皂苷 Fe（notoginsenoside Fe）[57], 三七皂苷 $FP_2$（notoginsenoside $FP_2$）[55], 三七皂苷 O、P、Q、S、T（notoginsenoside O、P、Q、S、T）[56], 人参花皂苷 O（floraginsenoside O）、绞股蓝皂苷 IX、XVII（gypenoside IX、XVII）[56], 绞股蓝皂苷 LXIX、LXXI（gypenoside LXIX、LXXI）[55], 人参皂苷 $Rb_1$、$Rb_2$、$Rb_3$、Rc、Rd（ginsenoside $Rb_1$、$Rb_2$、$Rb_3$、Rc、Rd）[56] 和 25- 氢过氧 -12β- 羟基 - 达玛 -23*E* - 烯 -3β-*O*-β-D- 吡喃葡萄糖基 -（1→2）-*O*-β-D- 吡喃葡萄糖苷 -20-*O*-β-D- 吡喃木糖基 -（1→6）-*O*-β-D- 吡喃葡萄糖苷［25-hydroperoxy-12β-hydroxy-dammar-23*E* -en-3β-*O*-β-D-glucopyranosyl-（1→2）-*O*-β-D-glucopyranoside-20-*O*-β-D-xylopyranosyl-（1→6）-*O*-β-D-glucopyranoside］[55]；炔类：人参炔醇（panaxynol）[56]；甾体类：胡萝卜苷（daucosterol）、豆甾 -7-烯 -3β- 醇 -3-*O*-β-D- 吡喃葡萄糖苷（stigmast-7-en-3β-ol-3-*O*-β-D-glucopyranoside）、豆甾醇 -3-*O*-β-D-吡喃葡萄糖苷（stigmasterol-3-*O*-β-D-glucopyranoside）[56] 和 β- 谷甾醇（β-sitosterol）[57]；黄酮类：山柰酚 -3-*O*-β-D- 吡喃半乳糖基 -（2→1）-*O*-β-D - 吡喃葡萄糖苷［kaempferol-3-*O*-β-D-galactopyranosyl-（2→1）-*O*-β-D-glucopyranoside］和槲皮素 -3-*O*-β-D- 吡喃半乳糖基 -（2→1）-*O*-β-D- 吡喃葡萄糖苷［quercetin-3-*O*-β-D-galactopyranosyl-（2→1）-*O*-β-D-glucopyranoside］[58]；核苷类：鸟苷（guanosine）和腺苷（adenosine）[58]；挥发油类：α- 愈创烯（α-guaiene）、β- 愈创烯（β-guaiene）、α- 金合欢烯（α-farnesene）、α- 檀香烯（α-santalene）、β- 榄香烯（β-elemene）、γ- 榄香烯（γ-elemene）[59], 樟脑（camphor）、龙脑（borneol）[60], 大根老鹳草烯 B、D（germacrene B、D）、α- 人参烯（α-panasinsene）、β- 波旁老鹳草烯（β-bourbonene）、双环大根老鹳草烯（bicyclogermacrene）、丁香烯氧化物（caryophyllene oxide）、β- 丁香烯（β-caryophyllene）、α- 荜澄茄烯（α-cubebene）、β- 荜澄茄烯（β-cubebene）、γ-杜松烯（γ-cadinene）、δ- 杜松烯（δ-cadinene）、α- 古巴烯（α-copaene）、环苜蓿烯（cyclosativene）、α- 龙脑香烯（α-gurjunene）、β- 龙脑香烯（β-gurjunene）、α- 葎草烯（α-humulene）、α- 欧洲赤松烯（α-muurolene）、γ- 欧洲赤松烯（γ-muurolene）、α- 新丁香三环烯（α-neoclovene）、β- 檀香烯（β-santalene）和 β- 桉叶烯（β-selinene）[61]。

果实含三萜皂苷类：人参皂苷 $Rb_1$（ginsenoside $Rb_1$）[62], 人参皂苷 $Rb_3$（ginsenoside $Rb_3$）[62, 63], 人参皂苷 Rd、Re（ginsenoside Rd、Re）[62], 20（*S*）- 人参二醇［20（*S*）-panaxadiol］、20（*S*）- 原人参二醇［20（*S*）-protopanaxadiol］、20（*R*）- 人参皂苷 $Rg_1$［20（*R*）-ginsenoside $Rg_1$］、20（*S*）- 人参皂苷 $Rg_2$［20（*S*）-ginsenoside $Rg_2$］、20（*R*）- 人参皂苷 $Rg_3$［20（*R*）-ginsenoside $Rg_3$］、20（*R*）- 人参皂苷 $Rh_1$［20（*R*）-ginsenoside $Rh_1$］、20（*R*）- 人参皂苷 $Rh_2$［20（*R*）-ginsenoside $Rh_2$］[62] 和三七皂苷 Fc（notoginsenoside Fc）[63]；核苷类：腺苷（adenosine）[62]；甾体类：β- 谷甾醇（β-sitosterol）和胡萝卜苷（daucosterol）[62]。

果梗含三萜皂苷类：三七皂苷 Fa（notoginsenoside Fa）[64], 三七皂苷 Fc（notoginsenoside Fc）[64, 65], 三七皂苷 Fe、$R_1$（notoginsenoside Fe、$R_1$）[65, 66], 三七皂苷 $FP_1$、$FP_2$（notoginsenoside $FP_1$、$FP_2$）[65],

人参皂苷 $Rb_1$（ginsenoside $Rb_1$）[64, 65]，人参皂苷 $Rb_2$、$Rb_3$、Rc、Rd、Re（ginsenoside $Rb_2$、$Rb_3$、Rc、Rd、Re）[65, 66]，人参皂苷 $Rg_1$、$F_1$、$F_2$（ginsenoside $Rg_1$、$F_1$、$F_2$）[65]，绞股蓝皂苷 IX（gypenoside IX）[66]，绞股蓝皂苷 XIII（gypenoside XIII）[65]，绞股蓝皂苷 XV、XVII（gypenoside XV、XVII）[64]，越南人参皂苷 $R_7$（vinaginsenoside $R_7$）和竹节参皂苷 $L_5$（chikusetsusaponin $L_5$）[65]；黄酮类：槲皮素 -3-*O*-β-D- 吡喃葡萄糖基 -（1→2）-*O*-β-D- 吡喃半乳糖苷［quercetin-3-*O*-β-D-glucopyranosyl-（1→2）-*O*-β-D-galactopyranoside］、山柰酚 -3-*O*-β-D- 吡喃葡萄糖基 -（1→2）-*O*-β-D- 吡喃半乳糖苷［kaempferol-3-*O*-β-D-glucopyranosyl-（1→2）-*O*-β-D-galactopyranoside］和淫羊藿次苷 $B_6$（icariside $B_6$）[65]；氨基酸类：（*S*）- 色氨酸［（*S*）-tryptophan］[65]；芳香苷类：苄基 -β- 樱草糖苷（benzyl-β-primeveroside）[65]。

种子含三萜皂苷类：人参皂苷 $Rb_1$（ginsenoside $Rb_1$）[67, 68]，人参皂苷 $Rb_2$（ginsenoside $Rb_2$）[68]，人参皂苷 $Rb_3$、Rc、Rd、Re、$Rg_1$、$Rg_2$（ginsenoside $Rb_3$、Rc、Rd、Re、$Rg_1$、$Rg_2$）[67, 68]，人参皂苷 $Rh_4$（ginsenoside $Rh_4$）[69]，绞股蓝皂苷 IX（gypenoside IX）、三七皂苷 Fa、Fc（notoginsenoside Fa、Fc）[67]，三七皂苷 L、K、$R_1$（notoginsenoside L、K、$R_1$）[67, 68]，羽扇豆醇（lupeol）、羽扇豆 -20- 烯 - 3β, 16β- 二醇 -3- 阿魏酸酯（lup-20-en-3β, 16β-diol-3-ferulate）和 16β- 羟基羽扇豆醇（16β-hydroxylupeol）[70]；炔类：人参炔醇（panaxynol）[70]；黄酮类：山柰酚（kaempferol）[70]；甾体类：β- 谷甾醇（β-sitosterol）和胡萝卜苷（daucosterol）[70]；脂肪酸酯类：三棕榈酸甘油酯（tripalmitin）[70]；挥发油类：大根老鹳草烯 D（germacrene D）、α- 人参烯（α-panasinsene）、双环大根老鹳草烯（bicyclogermacrene）、β- 丁香烯氧化物（β-caryophyllene oxide）和 β- 丁香烯（β-caryophyllene）等[61]。

**【药理作用】**1. 改善血液循环　根茎水浸膏的正丁醇提取部位分离纯化的化合物 β-*N*- 草酰 -L-α，β- 二氨基丙酸（β-*N*- oxalyl -L-α，β- diaminopro，dencichine）对小鼠有一定的止血作用[1]；根的粉末可明显缩短小鼠的出血和凝血时间，且中、高剂量组血栓湿重明显降低，血栓的抑制率明显升高[2]；根的粉末经十二指肠给予小鼠 1.4g/kg、5.6g/kg 剂量时，其血流量分别增加了 24%、36%，表明三七粉能加快小鼠体内的红细胞运行，有利于促进血液循环，防止血栓形成[3]；根提取分离的三七总皂苷（PNS）可明显降低实验性家兔、大鼠的血栓形成，并以剂量依赖方式抑制凝血酶诱导的血小板聚集，静脉注射可明显抑制弥漫性血管内凝血、血小板下降和纤维蛋白降解产物的增加[4]，并可减少冠心病患者的血小板黏附和聚集及改善微循环[5]。2. 抗心律失常　根提取的总皂苷对几种实验性心律失常模型（氯仿诱发的小鼠心室纤颤、氯化钡和乌头碱诱发的心律失常）均有明显的拮抗作用[6]。3. 降血脂　叶提取的总皂苷对实验性高血脂鹌鹑有较好的降血脂作用[7]；根的提取物在中、高剂量下灌胃能使大鼠血清中总胆固醇明显降低，高剂量组能使大鼠血清甘油三酯降低，对血清高密度脂蛋白胆固醇无明显影响[8]。4. 降血压　花蕾提取的总皂苷对自发性高血压大鼠的收缩压和舒张压均有一定的降低作用，但对心率的影响不明显[9, 10]。5. 抗休克　根提取的总皂苷对失血性休克有一定的预防作用，对兔失血性休克及肠道缺血性休克具有一定的作用，其作用机制在于保护代偿期的心脏功能，阻止外周血管阻力的增高，减轻休克时心室负荷，改善脑循环，降低肾血管阻力并能增强机体对失血的耐受性，减轻失血性休克代偿对机体的损害，增强机体抗失血性休克的能力[11]；根提取的三七总皂苷低、中、高剂量组均可升高复苏期大鼠的平均动脉压和氧动脉分压，降低肿瘤坏死因子 -α（TNF-α）、白细胞介素 -1β（IL-1β）的表达，降低血清丙二醛（MDA）、内毒素和髓过氧化物酶（MPO）的水平，增强超氧化物歧化酶（SOD）的活性，其机制是总皂苷通过抗氧化应激以及抗炎的途径对失血性休克模型大鼠产生保护作用[12]。6. 护脑　根提取的三七总皂苷对钙通道有阻滞作用，能阻滞脑损伤后神经细胞内钙超载，阻断 $Ca^{2+}$ 和 CAM 复合物的形成，并减少游离脂肪酸的释放和氧自由基的产生，降低脑损伤后血及脑组织中的丙二醛（MDA）含量，对颅脑损伤有保护作用[13]；根提取的人参三醇苷（panaxatriol saponins）对大鼠局灶性脑缺血有一定的保护作用，可降低永久性动脉阻塞模型大鼠的脑含水量，其机制可能与上调了脑缺血相关蛋白 HSP70 的含量，下调了转铁蛋白的含量有关[14]；三七总皂苷能减轻左侧大脑中动脉阻断（MCAO）局灶性脑缺血模型大鼠的脑缺血再灌注引起的损伤性神经症状及海马 CA1 区神经元损伤的程度[15]。7. 镇静　花提取的总皂苷可减少小鼠的行为活动，给药后小鼠多扎堆聚集、闭目、倦卧并较少活动，其镇静作用随药物剂量的增大而作用明显[16]；根制成的颗粒剂灌胃给药能显著减少小鼠的自主活动次数，提高小鼠戊巴比妥钠阈下剂量的入睡率，延长小鼠戊巴比妥钠催眠剂量的睡眠时间，缩短小鼠戊巴比妥钠催眠剂量的入睡时间，有较好的镇静催眠作用[17]。8. 抗炎镇痛 根三七总皂苷可显著提高大鼠的痛阈值，减少冰醋酸所致小鼠的扭体次数[18, 19]；叶提取的总皂苷对二甲苯所致小鼠的耳肿胀、蛋清所致大鼠的足肿胀、角叉菜胶所致大鼠的炎症和棉球肉芽肿均有较好的抗炎作用[19]。9. 改善脑神经 根提取的三七总皂苷可作用于大鼠海马脑片 CA1 区兴奋性突触前位点，对海马神经元兴奋性突触活动产生调节作用，这可能是其调节海马神经元的兴奋性进而发挥改善脑神经作用的机制之一[20]。10. 抗氧化 根的醇提取物对大鼠体内羟自由基（•OH）和超氧阴离子自由基（$O^{-}_{2}$•）有明显的清除作用，可降低大鼠肝组织中的丙二醛（MDA）含量，提高过氧化氢酶（CAT）和超氧化物歧化酶（SOD）的活性；醇提取物在体外对氧化损伤模型有很强的抗氧化作用，对辐射引起的大鼠体内肝脏氧化损伤具有一定的抗氧化修复作用[21]；根提取分离的三七总皂苷静脉给药对油酸所致大鼠急性肺损伤的肺组织肺湿干比值（W/D）、丙二醛含量，以及髓过氧化物酶、一氧化氮（NO）和一氧化氮合成酶（NOS）有降低抑制作用，对超氧化物歧化酶活性有提高作用，且呈剂量依赖关系[22]。11. 抗肿瘤 根的粉末通过降低大鼠胃黏膜上皮细胞表皮生长因子受体（EGFR）、C-erbB-2、Ha-ras、Bcl-2 等癌基因的异常表达起到治疗胃癌前病变的作用[23]；根提取的三七皂苷 $Rg_1$（notoginsenoside $Rg_1$）对环磷酰胺诱发的小鼠骨髓细胞微核发生和丝裂霉素诱发的小鼠睾丸细胞染色体畸变均有明显的抑制作用，对 S180 和 H-22 小鼠移植性肿瘤生长也有明显的抑制作用，对小鼠移植性肿瘤也有一定的抑制作用[24]；根提取的人参皂苷 $Rh_2$（ginsenoside $Rh_2$）和人参皂苷 $Rg_3$（ginsenoside $Rg_3$）低、中、高剂量组对小鼠黑色素瘤 B16 细胞均有一定的抑制作用，与环磷酰胺组比较，人参皂苷 $Rh_2$ 和人参皂苷 $Rg_3$ 单用或联用均能明显提高外周血中肿瘤坏死因子（TNF-α）、白细胞介素 -2（IL-2）的含量，其中以联用最为显著，且能提高荷瘤小鼠免疫器官重量，提示人参总苷 $Rh_2$ 和人参皂苷 $Rg_3$ 有一定的抗肿瘤、提高免疫功能的作用[25]。

**【性味与归经】**三七：甘、微苦，温。归肝、胃经。三七花：甘、微苦，微寒。归肝、肾经。三七叶：微苦，平。

**【功能与主治】**三七：散瘀止血，消肿定痛。用于咯血，吐血，衄血，便血，崩漏，外伤出血，胸腹刺痛，跌扑肿痛。三七花：清热，平肝，潜阳。用于高血压，头晕，目眩，耳鸣，咽喉肿痛。三七叶：止血、消肿、定痛。用于吐血，衄血，便血，外伤出血，痈肿毒疮。

**【用法与用量】**三七：三七片 3 ～ 9g；三七粉每次吞服 1 ～ 3g；外用适量。三七花：1 ～ 3g。三七叶：煎服 5 ～ 10g；外用适量研细末调敷。

**【药用标准】**三七：药典 1963—2015、浙江炮规 2015、广西壮药 2008、云南药品 1996、云南药材 2005 一册、四川药材 1984、内蒙古蒙药 1986、新疆药品 1980 二册、新疆维药 1993、香港药材一册和台湾 2013；三七花：浙江炮规 2015、四川药材 2010、广西药材 1990、贵州药材 2003 和云南药材 2005 七册；三七叶：上海药材 1994、广西药材 1990 和云南药材 2005 七册。

**【临床参考】**1. 原发性肾病综合征：黄芪三七合剂（根，加黄芪、牛膝、昆布，加水浓煎至 300ml），分早晚各 1 次口服，4 周为 1 疗程[1]。

2. 预防根管治疗期间急症：根适量研粉，与氧化钙糊剂联合进行根管封药[2]。

3. 高脂血症：根 3g，研粉，每日 1 次，冲服，连服 12 周[3]。

4. 小儿髋关节滑膜炎：三七散（根 20g，加当归 20g、川芎 10g、川续断 10g、川牛膝 20g、儿茶 10g、乳香 15g、没药 15g、土鳖虫 10g、自然铜 15g、木瓜 15g、煅龙骨 10g、生龙骨 10g，共研细末）适量，以鸡蛋清调和适中黏稠，以腹股沟中点为中心，局部外敷，每日 2 次，每次 4 ～ 6h，3 日为 1 个疗程，连用 2 ～ 3 个疗程，出现皮肤红肿、皮疹或瘙痒者立即停用[4]。

5. 远端型溃疡性结肠炎：根 3g，研粉，加血竭粉、白及粉各 3g，加入 100ml 生理盐水，充分搅匀，灌肠，每日 1 次[5]。

6. 各种出血：根研粉 0.9 ～ 3g，吞服，或外撒在伤口处。

7. 跌打损伤：根 3 ～ 6g，加甜酒磨粉，内服，或研粉吞服。

8. 冠心病心绞痛：根（研粉）0.45g，吞服，每日 3 次，重症加倍。

9. 急性咽喉炎、头昏目眩、耳鸣：花适量，开水冲泡当茶饮。（6 方至 9 方引自《浙江药用植物志》）

10. 胃及十二指肠溃疡：根 12g，加白及 9g、乌贼骨 3g，研细末，每日 3 次，每次 3g，开水送服。（《曲靖专区中草药手册》）

**【附注】**三七始载于《本草纲目》，云："生广西南丹诸州番峒深山中，采根暴干，黄黑色。团结者，状略似白及；长者如老干地黄，有节。味微甘而苦，颇似人参之味。"《本草纲目拾遗》引《识药辨微》云："人参三七，外皮青黄，内肉青黑色，名铜皮铁骨。此种坚重，味甘中带苦，出右江土司，最为上品。大如拳者治打伤，有起死回生之功。价与黄金等。"即为本种。

药材三七孕妇慎服。

**【化学参考文献】**

[1] 周家明，崔秀明，曾鸿超，等．三七根系分泌物的化学成分研究［J］．特产研究，2009，31（3）：37-39.

[2] 魏均娴，王良安，杜华．三七绒根中皂苷 B1 和 B2 的分离和鉴定［J］．药学学报，1985，20（4）：288-293.

[3] Yoshikawa M，Murakami T，Ueno T，et al. Bioactive saponins and glycosides VIII. Notoginseng（1）：new dammarane-type triterpene oligoglycosides，notoginsenosides-A，-B，-C，and –D，from the dried root of *Panax notoginseng*（Burk.）F. H. Chen［J］. Chem Pharm Bull，1997，45（6）：1039-1045.

[4] Yoshikawa M，Murakami T，Ueno T，et al. Bioactive saponins and glycosides. IX. Notoginseng（2）：structures of five new dammarane-type triterpene oligoglycosides，notoginsenosides-E，-G，-H，-I，and -J，and a novel acetylenic fatty acid glycoside，notoginsenic acid β-sophoroside，from the dried root of *Panax notoginseng*（Burk.）F. H. Chen［J］. Chem Pharm Bull，1997，45（6）：1056-1062.

[5] Ma W G，Mizutani M，Malterud K E，et al. Saponins from the roots of *Panax notoginseng*［J］. Phytochemistry，1999，52（6）：1133-1139.

[6] Yoshikawa M，Morikawa T，Yashiro K，et al. Bioactive saponins and glycosides. XIX. Notoginseng（3）：immunological adjuvant activity of notoginsenosides and related saponins：structures of notoginsenosides-L，-M，and -N from the roots of *Panax notoginseng*（Burk.）F. H. Chen［J］. Chem Pharm Bull，2001，49（11）：1452-1456.

[7] 赵平，刘玉清，杨崇仁．三七根的微量成分（1）［J］．云南植物研究，1993，15（4）：409-412.

[8] Zhao P，Liu Y C. Minor dammarane saponins from *Panax notoginseng*［J］. Phytochemistry，1996，41（5）：1419-1422.

[9] Cui X M，Jiang Z Y，Zeng J，et al. Two new dammarane triterpene glycosides from the rhizomes of *Panax notoginseng*［J］. J Asian Nat Prod Res，2008，10（9）：845-849.

[10] Zhang Y C，Liu C M，Qi Y J. et al. Application of accelerated solvent extraction coupled with countercurrent chromatography to extraction and online isolation of saponins with a broad range of polarity from *Panax notoginseng*［J］. Sep Purif Technol，2013，106：82-89.

[11] Liu Y Y，Li J B，He J M，et al. Identification of new trace triterpenoid saponins from the roots of *Panax notoginseng* by high-performance liquid chromatography coupled with electrospray ionization tandem mass spectrometry［J］. Rapid Commun Mass Spectrom，2009，23（5）：667-679.

[12] 宋建平，曾江，崔秀明，等．三七根茎的化学成分研究（Ⅱ）［J］．云南大学学报（自然科学版），2007，29（3）：287-290，296.

[13] 周家明，曾江，崔秀明，等．三七根茎的化学成分研究Ⅰ［J］．中国中药杂志，2007，32（4）：349-350.

[14] Komakine N，Okasaka M，Takaishi Y，et al. New dammarane-type saponin from roots of *Panax notoginseng*［J］. J Nat Med，2006，60（2）：135-137.

[15] Yuan Y Q，Gao H Y，Wu B，et al. Structure determination of a novel natural product from the root of *Panax notoginseng*［J］. Asian J Tradit Med，2006，1（2）：91-93.

[16] Yu P，He W N，Sun B H，et al. A new dammarane-type triterpene from the root of *Panax notoginseng*［J］. Asian J

Tradit Med，2008，3（4）：160-162.

［17］Liu J H，Wang X，Cai S Q，et al. Analysis of the constituents in the Chinese drug notoginseng by liquid chromatography-electrospray mass spectrometry［J］. J Chin Pharm Sci，2004，13（4）：225-237.

［18］Fu H Z，Zhong R J，Zhang D M，et al. A new protopanaxadiol-type ginsenoside from the roots of *Panax notoginseng*［J］. J Asian Nat Prod Res，2013，15（10）：1139-1143.

［19］Qiu L，Jiao Y，Huang G K，et al. New dammarane-type saponins from the roots of *Panax notoginseng*［J］. Helv Chim Acta，2014，97（1）：102-111.

［20］Zhang Y，Han L F，Sakah K，et al. Bioactive protopanaxatriol type saponins isolated from the roots of *Panax notoginseng*（Burk.）F. H. Chen［J］. Molecules，2013，18：10352-10366.

［21］Sakah K J，Wang T，Liu L，et al. Eight darmarane-type saponins isolated from the roots of *Panax notoginseng*［J］. Acta Pharm Sin B，2013，3（6）：381-384.

［22］袁延强，韩利文，王德源，等．三七中达玛烷型皂苷的研究［J］．山东科学，2008，21（5）：28-30，49.

［23］Li H Z，Teng R W，Yang C R. A novel hexanordammarane glycoside from the roots of *Panax notoginseng*［J］. Chin Chem Lett，2001，12（1）：59-62.

［24］Teng R W，Li H Z，Wang D Z，et al. Hydrolytic reaction of plant extracts to generate molecular diversity：new dammarane glycosides from the mild acid hydrolysate of root saponins of *Panax notoginseng*［J］. Helv Chim Acta，2010，87（5）：1270-1278.

［25］Yuan C，Xu F X，Huang X J，et al. A novel 12，23-epoxy dammarane saponin from *Panax notoginseng*［J］. Chinese Journal of Natural Medicines，2015，13（4）：303-306.

［26］Liu J H，Wang X，Cai S Q，et al. Analysis of the constituents in the Chinese drug Notoginseng by liquid chromatography-electrospray mass spectrometry［J］. J Chin Pharm Sci，2004，13（4）：225-237.

［27］饶高雄，王兴文，金文．三七总甙中的聚炔醇成分［J］．中药材，1997，20（6）：298-299.

［28］周家明，崔秀明，曾江，等．三七根茎的微量成分研究［J］．中成药，2008，30（10）：1509-1511.

［29］王双明，谭宁华，杨亚滨，等．三七环二肽成分［J］．天然产物研究与开发，2004，16（5）：383-386.

［30］Long Y C，Ye Y H，Xing Q Y. Studies on the neuroexcitotoxin β-*N*-oxalo-L-α，β-diaminopropionic acid and its isomer α-*N*-oxalo-L-α，β-diaminopropionic acid from the root of *Panax* species［J］. Intern J Peptide Protein Res，1996，47（1/2）：42-46.

［31］Koh H L，Lau A J，Chan E Y. Hydrophilic interaction liquid chromatography with tandem mass spectrometry for the determination of underivatized dencichine（β-*N*-oxalyl-L-α，β-diaminopropionic acid）in *Panax* medicinal plant species［J］. Rapid Commun Mass Spectrom，2005，19（10）：1237-1244.

［32］谢国祥，邱明丰，赵爱华，等．三七中三七素的分离纯化与结构分析［J］．天然产物研究与开发，2007，19（6）：1059-1061.

［33］陈中坚，孙玉琴，董婷霞，等．不同产地三七的氨基酸含量比较［J］．中药材，2003，26（2）：86-87.

［34］Wang J，Wang Y T，Li S P. Simultaneous determination of five nucleosides and nucleobases in *Panax notoginseng* using high-performance liquid chromatography［J］. J Chin Pharm Sci，2007，16（2）：79-83.

［35］Wu Y L，Wang D N. Structural characterization and DPPH radical scavenging activity of an arabinoglucogalactan from *Panax notoginseng* root［J］. J Nat Prod，2008，71（2）：241-245.

［36］盛卸晃，王健，郭建军，等．三七多糖的分离纯化及理化性质研究［J］．中草药，2007，38（7）：987-989.

［37］Cho M J，Lee S Y，Kim J S，et al. Isolation of a mixture of cerebrosides from *Panax notoginseng*［J］. Saengyak Hakhoechi，2006，37（2）：81-84.

［38］詹华强，董婷霞．一种预防和治疗阿尔茨海默氏症的药物及其制备方法［P］．发明专利申请公开说明书，2009，18，CN 101543505 A 20090930.

［39］郝南明，田洪，苟丽．三七生长初期不同部位微量元素的含量测定［J］．广东微量元素科学，2004，11（6）：31-34.

［40］卢汝梅，黄志其，李兵，等．三七化学成分［J］．中国实验方剂学杂志，2016，22（7）：62-64.

［41］居靖，朱满洲，章俊如，等．超临界$CO_2$萃取三七脂溶性成分及其GC-MS分析［J］．中国医院药学杂志，2007，27（8）：1076-1078.

[42] 鲁歧，李向高．三七挥发油成分的研究［J］．药学通报，1987，22（9）：528-530.
[43] 鲁歧，李向高．人参三七根挥发油中性成分的研究［J］．中草药，1988，19（1）：5-7.
[44] 魏均娴，王菊芬，张良玉，等．三七的化学研究 - Ⅰ．三七绒根的成分研究［J］．药学学报，1980，15（6）：359-364.
[45] 李海舟，刘锡葵，杨崇仁．三七茎叶的化学成分［J］．药学实践杂志，2000，18（5）：354.
[46] 郑莹，李绪文，桂明玉，等．三七茎叶黄酮类成分的研究［J］．中国药学杂志，2006，41（3）：176-178.
[47] 李海舟，张颖君，杨崇仁．三七叶化学成分的进一步研究［J］．天然产物研究与开发，2006，18（4）：549-554.
[48] Li D W，Cao J Q，Bi X L，et al. New dammarane-type triterpenoids from the leaves of *Panax notoginseng* and their protein tyrosine phosphatase 1B inhibitory activity［J］．J Ginseng Res，2014，38（1）：28-33.
[49] Mao Q，Yang J，Cui X M，et al. Target separation of a new anti-tumor saponin and metabolic profiling of leaves of *Panax notoginseng* by liquid chromatography with eletrospray ionization quadrupole time-of-flight mass spectrometry［J］．J Pharm Biomed Anal，2012，59：67-77.
[50] 姜彬慧，王承志，韩颖，等．三七叶中微量活性皂苷的分离与鉴定［J］．中药材，2004，27（7）：489-491.
[51] Liu Q，Lv J J，Xu M，et al. Dammarane-type saponins from steamed leaves of *Panax notoginseng*［J］．Nat Prod Bioprospect，2011，1（3）：124-128.
[52] 陈业高，詹尔益，陈红芬，等．三七叶中低糖链皂苷的分离与鉴定［J］．中药材，2002，25（3）：176-178.
[53] Chen J T，Li H Z，Wang D，et al. New dammarane monodesmosides from the acidic deglycosylation of Notoginseng-leaf saponins［J］．Helv Chim Acta，2010，89（7）：1442-1448.
[54] 魏均娴，王菊芬．三七叶黄酮类成分的研究［J］．中药通报，1987，12（11）：671-673.
[55] Wang J R，Yamasaki Y，Tanaka T，et al. Dammarane-type triterpene saponins from the flowers of *Panax notoginseng*［J］．Molecules，2009，14（6）：2087-2094.
[56] Yoshikawa M，Morikawa T，Kashima Y，et al. Structures of new dammarane-type triterpene aponins from the flower buds of *Panax notoginseng* and hepatoprotective effects of principal ginseng saponins［J］．J Nat Prod，2003，66（7）：922-927.
[57] 左国营，魏均娴，杜元冲，等．三七花蕾皂甙成分的研究［J］．天然产物研究与开发，1991，3（4）：24-30.
[58] 张冰，陈晓辉，毕开顺．三七花蕾化学成分的分离与鉴定［J］．沈阳药科大学学报，2009，26（10）：775-777.
[59] 帅绯，李向高．三七花中挥发油成分的比较研究［J］．药学通报，1986，21（9）：513-514.
[60] 胥聪，龙普明，魏均娴，等．三七花挥发油的化学成分研究［J］．华西药学杂志，1992，7（2）：79-82.
[61] Siciliano T，Cioni P L，Pacchiani M，et al. Flower buds and seeds essential oils of *Panax notoginseng*（Burk. ）F. H. Chen（Araliaceae）［J］．J Essential Oil Res，2008，20（1）：63-65.
[62] 时圣明，李巍，曹家庆，等．三七果化学成分的研究［J］．中草药，2010，41（8）：1249-1251.
[63] 高锐红，刘润民，张建萍．三七种籽的皂甙成分［J］．云南中医学院学报，1990，13（1）：47.
[64] 魏均娴，陈业高，曹树明．三七果梗皂甙成分的研究（续）［J］．中国中药杂志，1992，17（10）：611-613.
[65] Wang X Y，Wang D，Ma X X，et al. Two new dammarane-type bisdesmosides from the fruit pedicels of *Panax notoginseng*［J］．Helv Chim Acta，2008，91（1）：60-66.
[66] 魏均娴，曹树明．三七果梗皂甙成分的研究［J］．中国中药杂志，1992，17（2）：96-98.
[67] Yang T R，Kasai R，Zhou J，et al. Dammarane saponins of leaves and seeds of *Panax notoginseng*［J］．Phytochemistry，1983，22（6）：1473-1478.
[68] Wan J B，Zhang Q W，Hong S J，et al. Chemical investigation of saponins in different parts of *Panax notoginseng* by pressurized liquid extraction and liquid chromatography-electrospray ionization-tandem mass spectrometry［J］．Molecules，2012，17：5836-5853.
[69] 宋建平，崔秀明，曾 江，等．三七种子脂溶性化学成分研究［J］．时珍国医国药，2010，21（3）：565-567.
[70] 周家明，崔秀明，曾江，等．三七种子脂溶性化学成分的研究［J］．现代中药研究与实践，2008，22（4）：8-10.

**【药理参考文献】**

[1] 龚逸民．三七的止血成份［J］．国外医学：药学分册，1981，（1）：51-52.
[2] 张海英，盛树东，薛洁．三七止血与抗血栓作用的实验研究［J］．新疆医科大学学报，2012，35（4）：487-490.

[3]杜力军，马立焱，於兰，等．三七止血活血机理的研究Ⅲ不同剂量三七对小鼠脑膜微循环的影响[J]．中药药理与临床，1995，（6）：26-27.

[4] 徐皓亮，季勇，饶曼人．三七皂甙 Rg_1 对大鼠实验性血栓形成，血小板聚集率及血小板内游离钙水平的影响［J］．中国药理学与毒理学杂志，1998，12（1）：40-42.

[5] 许军，王阶，温林军．三七总皂苷干预血栓形成研究概况［J］．云南中医中药杂志，2003，24（5）：46-47.

[6] Xu Q F，Fang X L，Chen D F．Pharmacokinetics and bioavailability of ginsenoside Rb1 and Rg1 from *Panax notoginseng* in rats［J］．Journal of Ethnopharmacology，2003，84（2）：187-192.

[7] 徐庆，赵一，成桂仁．三七叶总皂甙降血脂作用的研究［J］．华夏医学，1992，18（2）：92-94.

[8]王亚东，王海玉，张桂霞，等．三七和灵芝孢子粉提取物对高血脂模型大鼠降血脂作用的实验研究[J]．实用预防医学，2006，13（6）：1452-1453.

[9] 曹敏，王佑华，王福波，等．三七花总皂苷降压作用研究［J］．光明中医，2012，27（7）：1314-1315.

[10] 曹敏，楼丹飞，王国印，等．三七花总皂苷对自发性高血压大鼠的降压作用研究［J］．中华中医药学刊，2014，32（2）：367-369.

[11]李麟仙，王子灿，李树清，等．三七根总皂甙对几种实验性休克的保护作用[J]．昆明医科大学学报，1984，5(2)：1-9.

[12] 周志勇．三七总皂苷对失血性休克模型大鼠在复苏期的保护作用及机制研究［J］．中成药，2013，35（3）：436-440.

[13] Han J，Sun Z，Hu W．Effect of *Panax notoginseng* saponins on $Ca^{2+}$，CaM in rabbits of craniocerebral injury［J］．Chinese Journal of Integrative Medicine，1999，5（2）：158-158.

[14] 姚小皓，李学军．三七中人参三醇苷对脑缺血的保护作用及其机制［J］．中国中药杂志，2002，27（5）：371-373.

[15] 陈北阳，李花，熊艾君．三七总皂苷对脑缺血再灌注后海马 CA1 区损伤的影响［J］．湖南中医药大学学报，2004，24（4）：4-6.

[16] 袁惠南，彭茜，赵雅灵，等．三七花总皂甙的镇静作用［J］．特产研究，1984，（4）：27-29.

[17] 贺敏，金若敏，田雪松，等．三七颗粒镇静催眠作用的初步研究［J］．辽宁中医杂志，2009，36（8）：1418-1419.

[18] 宋烈昌，张毅．三七总皂甙镇痛抗炎作用的实验观察［J］．云南植物研究，1981，32（2）：189-196.

[19] 袁惠南，钱德明，彭茜，等．三七叶总皂甙镇痛作用的实验观察［J］．生理科学，1983，3（6）：22-23.

[20] 周燕，宁宗，田磊，等．三七总皂苷发挥益智和神经保护作用的突触机制［C］．全国第一次麻醉药理学术会议暨中国药理学会麻醉药理专业委员会筹备会论文汇编，2010.

[21]胡军霞，海春旭，梁欣．三七醇提物对大鼠肝组织体内外抗氧化作用的研究[J]．癌变•畸变•突变，2011，23(3)：171-175.

[22] 王磊，李霁伟，孙千红，等．三七总皂甙对油酸致大鼠急性肺损伤的抗氧化作用研究［J］．昆明医科大学学报，2009，30（12）：48-51.

[23] 石雪迎，赵凤志，戴欣，等．三七对胃癌前病变大鼠胃粘膜癌基因蛋白异常表达的影响［J］．北京中医药大学学报，2001，24（6）：37-39.

[24] 黄清松，李红枝，张咏莉，等．三七皂苷 Rg1 抗突变和抗肿瘤研究［J］．临床和实验医学杂志，2006，5（8）：1124-1125.

[25] 李元青，马成杰，陈信义．三七活性成分抗肿瘤作用及其免疫学机制初探［J］．现代中医临床，2008，15（1）：17-19.

**【临床参考文献】**

[1] 谢席胜，王宝福，王彦江，等．黄芪三七合剂对原发性肾病综合征临床疗效观察［J］．中国中西医结合肾病杂志，2012，13（5）：417-419.

[2] 彭若冰，黄丽，毛甜甜，等．三七粉与氢氧化钙糊剂联合封药预防根管治疗间急症的临床疗效观察［J］．临床口腔医学杂志，2017，33（3）：168-170.

[3] 司瑞超．三七粉治疗高脂血症患者疗效观察［J］．中医临床研究，2015，7（3）：57-58.

[4] 王国林，高彦平，邱海彦，等．三七散配合当归活血合剂治疗小儿髋关节滑膜炎疗效观察［J］．风湿病与关节炎，2017，6（1）：30-32.
[5] 张国华，王晓瑜．血竭、三七、白芨灌肠治疗远端型溃疡性结肠炎的临床疗效观察［J］．中国中西医结合消化杂志，2015，23（2）：140-142.

## 8. 常春藤属 *Hedera* Linn.

常绿藤本，有气生根。单叶，二型，在营养枝上通常有裂片或裂齿，在繁殖枝上常不分裂，叶柄细长，无托叶。伞形花序单生或数个排成短圆锥花序，顶生；总苞片小；花梗无关节，不脱落。花两性；花萼近全缘或 5 齿裂；花瓣 5 枚，在蕾中镊合状排列；雄蕊 5 枚，花药椭圆形；子房下位，5 室，花柱合生成短柱状。果实圆球形，浆果状，有种子 3 ～ 5 粒。种子卵圆形。

约 5 种，分布于欧洲、亚洲和北非。中国 1 种，栽培 1 种，分布于华北、华东、华南及西南各省区，法定药用植物 1 种。华东地区法定药用植物 1 种。

**【别名】**中华常春藤（江苏、福建），长春藤（浙江），山葡萄（福建）。

## 661. 常春藤（图 661）·*Hedera nepalensis* K.Koch var.*sinensis*（Tobl.）Rehd.［*Hedera sinensis*（Tobl.）Hand.-Mazz.］

**图 661　常春藤**　　摄影　郭增喜等

【形态】常绿攀援藤本。茎棕灰色，有气生根，幼枝具锈色鳞片。叶革质，两型，营养枝上的叶通常为三角状卵形或戟形，长 2～6cm，宽 1～3cm，全缘或浅裂；繁殖枝上的叶椭圆状卵形至椭圆状披针形，略歪斜而带菱形，长 5～12cm，宽 2～6cm，全缘；叶柄长 1～5cm。伞形花序顶生，单一或 2～7 个排成总状、伞房状或圆锥花序，有花 5～40 朵；花序梗长 1～3.5cm，通常有鳞片；苞片小，三角形；花淡黄白色或淡绿白色，芳香；花萼近全缘，有锈色鳞片；花瓣 5 枚，三角状卵形，外面有鳞片，反折；雄蕊 5 枚，花药紫色；花盘隆起，黄色；子房 5 室，花柱全部合生呈柱状。果实球形，直径 7～13mm，成熟后红色或黄色。宿存花柱长 1～1.5mm。花期 8～9 月，果期翌年 3～5 月。

【生境与分布】生于树林、路边、石坡，常攀援于树上、岩石或墙壁上，垂直分布可达 3500m，华东地区各省均有分布，另广东、广西、河南、湖北、湖南、贵州、四川、西藏、云南、陕西、甘肃等省区有分布，也多见于栽培；越南、老挝也有分布。

【药名与部位】常春藤，带叶藤茎或全株。

【采集加工】春、秋二季采收，干燥。

【药材性状】呈长圆柱形，弯曲，有分枝，直径 0.2～1.5cm。表面淡黄棕色或灰褐色，具纵皱纹和横长皮孔，一侧密生不定根。质坚硬，易折断，断面裂片状，皮部薄，灰绿色或棕色，木质部宽，黄白色或淡棕色，髓明显。单叶互生，有长柄，长 7～9cm，叶片革质，稍卷折，二型，三角状卵形，或长椭圆状卵形或披针形，全缘，少有 3 浅裂，叶面常有灰白色花纹。偶见黄绿色小花或黄色圆球形果实。气微，味微苦。

【药材炮制】除去杂质，洗净，切段，干燥。

【化学成分】全株含皂苷类：常春藤皂苷 C（hederacoside C）[1]；挥发油及脂肪酸类：邻苯二甲酸二异丁基酯（diisobutyl phthalate）、氧化石竹烯（caryophyllene oxide）、花生酸（arachidic acid）、香紫苏内酯（sclareolide）、匙叶桉油烯醇（spathulenol）、葎草烯（caryophyllene）和 α- 石竹萜烯（α-caryophyllene）等[2]。

茎和皮含三萜皂苷类：菱形长春藤皂苷 $K_3$、$K_6$、$K_{10}$、$K_{11}$、$K_{12}$（kizuta saponin $K_3$、$K_6$、$K_{10}$、$K_{11}$、$K_{12}$）、常春藤皂苷元 -3-*O*-β-D- 吡喃葡萄糖苷（hederagenin-3-*O*-β-D-glucopyranoside）、齐墩果酸 -3-*O*-α-L- 吡喃鼠李糖基 -（1→2）-*O*-α-L- 吡喃阿拉伯糖苷［oleanolic acid- 3-*O*-α-L-rhamnopyranosyl-（1→2）-*O*-α-L-arabinopyranoside］、常春藤皂苷元 -3-*O*-α-L- 吡喃阿拉伯糖苷 -28-*O*-β- 吡喃葡萄糖基酯（hederageniun-3-*O*-α-L-arabinopyranoside-28-*O*-β-glucopyranosyl ester）、常春藤皂苷元 -28-*O*-α-L- 吡喃鼠李糖基 -（1→4）-*O*-β-D- 吡喃葡萄糖基 -（1→6）-*O*-β-D- 吡喃葡萄糖基酯［heteragenin-28-*O*-α-L-rhamnopyranosyl-（1→4）-*O*-β-D-glucopyranosyl-（1→6）-*O*-β-D-glucopyranosyl ester］、齐墩果酸 -3-*O*-β-D- 吡喃葡萄糖苷（oleanolic acid-3-*O*-β-D-glucopyranoside）和常春藤皂苷元 -3-*O*-β-D- 吡喃葡萄糖醛酸苷（hederagenin-3-*O*-β-D-glucuronopyranoside）[3]；甾体类：胡萝卜苷（daucoserol）、豆甾醇 -3-*O*-β-D- 吡喃葡萄糖苷（stigmasterol-3-*O*-β-D-glycopyranoside）和菜油甾醇 -3-*O*-β-D- 吡喃葡萄糖苷（campesterol-3-*O*-β-D-glucopyranoside）[3]。

叶含三萜皂苷类：菱形长春藤皂苷 $K_3$、$K_6$、$K_{10}$、$K_{11}$、$K_{12}$（kizuta saponin $K_3$、$K_6$、$K_{10}$、$K_{11}$、$K_{12}$）和 3- 氧代 -20（*S*）- 达玛 -24- 烯 -6α, 20, 26- 三醇 -26-*O*-β-D- 吡喃葡萄糖苷［3-oxo-20（*S*）-dammar-24-en-6α, 20, 26-triol-26-*O*-β-D-glucopyranoside］[4]。

花序含三萜皂苷类：齐墩果酸（oleanolic acid）、β- 香树脂醇（β-amyrin）、α- 常春藤素（α-hederin）、δ- 常春藤素（δ-hederin）和尼泊尔常春藤素 -3（nepalin-3）[5]；甾体类：胡萝卜苷（daucoserol）和 β- 谷甾醇（β-sitosterol）[5]。

【性味与归经】苦、涩，平。归肾经。

【功能与主治】祛风除湿，活血通络，消肿止痛。主治风湿痹痛，瘫痪麻木，吐血，咯血，衄血，湿疹等。

【用法与用量】5～10g。

**【药用标准】**湖北药材 2009、贵州药材 2003 和广西瑶药 2014 一卷。

**【临床参考】**1. 咳喘：鲜全草 150g，水煎 30min 后去渣，加冰糖适量温服，每日 1 剂[1]。

2. 风湿痹痛：全草 9 ～ 12g，酒、水各半煎服；并取全草适量，煎汁洗患处。

3. 产后头风痛：全草 9g，用黄酒炒，加红枣 7 枚，水煎服。

4. 风火赤眼：全草 30g，水煎服。

5. 痈疽肿毒：全草 9g，水煎服，并用七叶一枝花根茎加醋磨汁，涂患处。（2 方至 5 方引自《浙江药用植物志》）

**【附注】**常春藤始载于《本草纲目拾遗》，云："生林薄间，作蔓绕草木，叶头尖。子熟如珠，碧色正圆。小儿取藤于地，打作鼓声。 季邕名为常春藤 。"又《履巉岩本草》载有三角藤，据考证，亦应为本种。

药材常春藤脾虚便溏泻泄者慎服。

本种的果实民间也药用。

同属植物菱叶常春藤 *Hedera rhombea*（Miq.）Bean 民间也作常春藤药用。

**【化学参考文献】**

［1］ 童星．中华常春藤中皂苷类成分和挥发油分离分析研究［D］．长沙：中南大学硕士学位论文，2007.

［2］ 童星，陈晓青，蒋新宇，等．常春藤挥发油的提取及 GC-MS 分析［J］．精细化工，2007，24（6）：559-561.

［3］ Kizu H，Kitayama S，Nakatani F，et al. Studies on nepalese crude drugs. III. On the saponins of *Hedera nepalensis* K. Koch［J］. Chem Pharm Bull，1985，33（8）：3324-3329.

［4］ Kizu H，Kikuchi Y，Tomimori T，et al. Studies on the Nepalese crude drugs（Part IV）. On the saponins in the leaves of *Hedera nepalensis* K. Koch［J］. Shoyakugaku Zasshi，1985，39（2）：170-172.

［5］ Pant G，Panwar M S，Rawat M S M.Spermicidal glycosides from *Hedera nepalensis* K. Koch（inflorescence）［J］. Pharmazie，1988，43（4）：294.

**【临床参考文献】**

［1］卓培炎．常春藤治疗咳喘［J］．福建医药杂志，1982，（2）：29.

# 八八 伞形科 Umbelliferae

一年生至多年生草本，稀小灌木。主根通常直生而发达。茎直立或匍匐上升，稍有棱和槽，中空或有髓。叶互生，叶片通常分裂而呈一回掌状分裂、一至四回羽状分裂、一至二回三出式羽状分裂，极少不分裂；叶柄的基部呈鞘状抱茎，通常无托叶。花小，两性或杂性，成顶生或腋生的复伞形花序或单伞形花序，很少为头状花序；复伞形花序的基部有总苞片，全缘、齿裂、很少羽状分裂；小伞形花序的基部有小总苞片，全缘或很少羽状分裂；花萼与子房贴生，萼齿5枚或无；花瓣5枚，与萼齿互生；雄蕊5枚，与花瓣互生；子房下位，2室，每室有1粒倒悬的胚珠，顶部有盘状或短圆锥状的花柱基。果实为干果，通常裂成两个分生果，称双悬果；分生果具5条主纵棱，中果皮层内的棱槽内和合生面有1至多数的油管。

约200属，3000余种，分布于全世界温、热带地区。中国约100属，600多种，分布几遍及全国，法定药用植物39属，85种9变种1栽培变种1变型。华东地区法定药用植物23属，27种1变种1栽培变种。

伞形科法定药用植物主要含挥发油类、香豆素类、木脂素类、烯炔类、黄酮类、皂苷类等成分。挥发油类含内酯成分，如丁基苯酞（butylidene-phthalide）、川芎内脂A（cnidilide A）等；香豆素类主要为香豆素衍生物及呋喃并香豆素衍生物，是该科特征性成分，如伞花内酯（umbelliferone）、白当归素（byak-angelicin）等；木脂素类如峨参内酯（anthricin）、穗罗汉松树脂酚（matairesinol）等；烯炔类如毒芹素（cicutoxin）等是该科的另一特征性成分；黄酮类包括黄酮、黄酮醇等，如槲皮素-3-*O*-葡萄糖苷（quercetin-3-*O*-glycoside）、木犀草素-7-*O*-葡萄糖苷（luteolin-7-*O*-glycoside）等；皂苷类如柴胡皂苷A、C、D（saikosaponin A、C、D）等。

天胡荽属含皂苷类、黄酮类等成分。皂苷类如玉蕊醇（barrigenol）、玉蕊皂苷元C（barringtogenol C）等；黄酮类多为黄酮醇，如槲皮素-3-*O*-葡萄糖苷（quercetin-3-*O*-glycoside）、山柰酚-3-*O*-葡萄糖苷（kaempferol-3-*O*-glucoside）等。

峨参属含木脂素类、黄酮类、香豆素类等成分。木脂素类如峨参内酯（anthricin）、异峨参内酯（isoanthricin）等；黄酮类如木犀草素（luteolin）、木犀草素-7-*O*-葡萄糖苷（luteolin-7-*O*-glucoside）等；香豆素类如川白芷内酯（anomalin）等。

柴胡属含黄酮类、木脂素类、香豆素类、烯炔类、皂苷类等成分。黄酮类多为黄酮醇，如芦丁（lutin）、异鼠李素-3-*O*-芸香糖苷（isorhamnetin-3-*O*-rutinoside）等；木脂素类如穗罗汉松树脂酚（matairesinol）等；香豆素类多为简单香豆素，如脱肠草素（herniarin）、东莨菪素（scopoletin）、马栗树皮素（aesculetin）等；烯炔类如柴胡毒素（bupleurotoxin）、柴胡酮醇（bupleuonol）等；皂苷类如柴胡皂苷A、C、D（saikosaponin A、C、D）等。

当归属含香豆素类、苯酞类、黄酮类等成分。香豆素类多为呋喃香豆素，如香柑内酯（bergapten）、欧前胡内酯（imperatorin）等，此外尚含少数简单香豆素、吡喃香豆素、双香豆素等，如东莨菪素（scopoletin）、白花前胡素F（praeruptorin F）、当归醇（angelol）等；苯酞类在当归属广泛分布，如藁本内酯（ligustilide）、新川芎内酯（neocnidilide）、新蛇床内酯（neocnidilide）等；黄酮类包括黄酮、查耳酮等，如木犀草素-7-芸香糖苷（luteolin-7-rutinoside）、异补骨脂查耳酮（isobavachalcone）、拐芹色原酮A（angeliticin A）等。

胡萝卜属含黄酮类、香豆素类、萜类等成分。黄酮类包括黄酮、黄酮醇、花色素等，如芹菜素-7-*O*-葡萄糖苷（apigenin-7-*O*-glucoside）、槲皮素（quercetin）、矢车菊素-3-*O*-［β-D-吡喃木糖基）-（1→2）-］-β-D-吡喃半乳糖苷{cyanidin-3-*O*-［β-D-xylopyranosyl-（1→2）］-β-D-galactopyranoside}等；香豆素类如5-甲氧基补骨脂素（5-methoxypsoralen）、异茴芹香豆素（isopimpinellin）、独活内酯（heraclenin）等；萜类如β-红没药烯（β-bisabolene）、罗汉柏二烯（dolabradiene）等。

## 分属检索表

1. 茎匍匐；单叶；单伞形花序。
  2. 叶缘具齿或掌状分裂，裂片边缘有钝齿；总苞片缺或不明显………………1. 天胡荽属 *Hydrocotyle*
  2. 叶缘具钝齿；总苞片 2 枚，显著……………………………………………………2. 积雪草属 *Centella*
1. 茎直立或至少上部直立；复叶，稀单叶；复伞形花序。
  3. 子房或果实具刚毛、钩刺或小瘤。
    4. 子房或果实的刚毛不呈钩状，果实顶端尖细呈喙状…………………………3. 峨参属 *Anthriscus*
    4. 子房或果实的刚毛钩刺状，或刚毛虽直但基部连成薄片，或仅为薄片、小瘤，果实顶端不尖细而呈圆锥状。
      5. 叶片轮廓近圆形、广三角形或近五角形，膜质至近革质，掌状或三出式分裂……………………………………………………………………………………4. 变豆菜属 *Sanicula*
      5. 叶片轮廓三角形、广三角形或三角状卵形，草质，通常羽状分裂。
        6. 茎二歧分枝……………………………………………………………5. 防风属 *Saposhnikovia*
        6. 茎不呈二歧分枝。
          7. 总苞片和小总苞片狭窄，条形；外缘花瓣不呈辐射状………………………6. 窃衣属 *Torilis*
          7. 总苞片和小总苞片羽状分裂；外缘花瓣呈辐射状…………………………7. 胡萝卜属 *Daucus*
  3. 子房或果实不具刚毛、钩刺或小瘤，或可具柔毛。
    8. 子房与果实的横切面圆形或两侧压扁，果棱无翅或侧棱稍有翅。
      9. 单叶，全缘，叶脉平行………………………………………………………8. 柴胡属 *Bupleurum*
      9. 多为复叶而呈各式分裂，叶脉羽状。
        10. 果实球形，双悬果成熟后不容易分离，果皮坚硬………………………9. 芫荽属 *Coriandrum*
        10. 果实椭球形或类球形，双悬果成熟后分离，果皮柔软。
          11. 无小总苞片，花黄色……………………………………………………10. 茴香属 *Foeniculum*
          11. 小总苞片窄小或呈叶状，花白色、淡黄色或紫红色。
            12. 胚乳腹面凹陷成沟槽……………………………………………11. 明党参属 *Changium*
            12. 胚乳腹面平直或略凹陷。
              13. 花瓣先端内折；果实棱槽中有油管 1 ～ 3 条或更多。
                14. 总苞片和小苞片发达，大而宿存…………………………………………12. 泽芹属 *Sium*
                14. 总苞片和小苞片不太发达，缺乏或少数，狭小或凋落。
                  15. 根茎常发达；茎单生或丛生，直立，分枝，基部常有纤维状残留叶鞘……………………………………………………………………13. 藁本属 *Ligusticum*
                  15. 根茎不甚发达；茎多单生，基部无纤维状残留叶鞘……………14. 茴芹属 *Pimpinella*
              13. 花瓣先端略向内弯，但不内折；果实棱槽中有油管 1 条。
                16. 叶片末回裂片近圆形，卵形至条形；萼齿细小或缺；陆生……………15. 芹属 *Apium*
                16. 叶片末回裂片卵形至条形；萼齿大而明显；水生或湿生…………16. 水芹属 *Oenanthe*
    8. 子房与果实的横切面背部扁平，果棱有翅或一部分果棱有翅。
      17. 果实的背棱、中棱和侧棱均具狭翅，或背棱、中棱具齿而侧棱无翅。
        18. 叶草质，通常为二至三回羽状分裂，末回裂片条形、披针形至倒卵形，边缘无骨质状锯齿或浅裂………………………………………………………………………17. 蛇床属 *Cnidium*

18. 叶革质，二至三回三出式羽状分裂，末回裂片长圆状倒卵形，边缘有骨质状锯齿或浅裂 ……………………………………………………………………………………18. 珊瑚菜属 *Glehnia*
17. 果实的背棱、中棱线形或不显著，侧棱发达成宽或狭的翅。
19. 复伞形花序外缘花具辐射瓣且常 2 裂……………………………………19. 独活属 *Heracleum*
19. 复伞形花序外缘花不具辐射瓣且不 2 裂。
20. 分生果的侧棱翅宽而薄，成熟后自合生面易于分开。
21. 一年生草本；叶片二至三回羽状全裂，末回裂片丝状……………………20. 莳萝属 *Anethum*
21. 多年生草本；叶片三出或羽状分裂，末回裂片不呈丝状。
22. 叶三出式羽状分裂或羽状多裂，叶柄膨大成管状或囊状的叶鞘；萼齿不明显 ……………………………………………………………………………………21. 当归属 *Angelica*
22. 叶二至四回羽状分裂，叶柄不膨大成管状或囊状的叶鞘；萼齿明显 ……………………………………………………………………………………22. 山芹属 *Ostericum*
20. 分生果的侧棱翅狭而厚，成熟后自合生面不易分开…………………23. 前胡属 *Peucedanum*

## 1. 天胡荽属 *Hydrocotyle* Linn.

多年生草本。茎细长，匍匐或直立。叶片心形、圆形、肾形或五角形，叶缘具齿或掌状分裂；叶柄细长，托叶小，膜质。花序通常为单伞形花序，有多数小花，密集呈头状，腋生；花白色、绿色或淡黄色；无萼齿；花瓣卵形，在花蕾时镊合状排列。果实心状圆形，两侧压扁，分果背部圆钝，背棱和中棱显著，侧棱常藏于合生面，表面无网纹，油管不明显。

约 75 种，分布于热带和温带地区。中国 14 种，分布于华东、中南及西南各省区，法定药用植物 1 种 1 变种。华东地区法定药用植物 1 种 1 变种。

### 662. 天胡荽（图 662）• *Hydrocotyle sibthorpioides* Lam.

**图 662 天胡荽** 摄影 赵维良等

【别名】落地梅花、遍地金（浙江），石胡荽、野圆荽（安徽），落得打（江苏南通）。

【形态】多年生草本。茎细长而匍匐，平铺于地上，节上生根。叶片膜质至草质，圆形或肾圆形，基部心形，直径 1 ~ 3cm，常 5 裂，每裂片再 2 ~ 3 浅裂，裂片缘有钝齿；上表面光滑，下表面脉上有时疏被粗伏毛；叶柄长 0.7 ~ 9cm；托叶略呈半圆形，薄膜质。伞形花序与叶对生，单生于节上；花序梗纤细，长 0.5 ~ 2.5cm；小总苞片卵形至卵状披针形，膜质；伞形花序有花 5 ~ 18 朵，花无梗或有极短的梗，花瓣卵形，绿白色，有腺点。果实略呈心形，长 1 ~ 1.4mm，两侧扁压，中棱在果熟时明显，成熟时有小紫色斑点。花期 4 ~ 5 月，果期 9 ~ 10 月。

【生境与分布】生于海拔 475 ~ 3000m 的湿润草地、河沟边、林下。分布于江苏、安徽、江西、福建、浙江，另陕西、湖南、湖北、广东、广西、云南、贵州、四川等省区有分布；朝鲜、日本、印度等地也有分布。

【药名与部位】天胡荽（满天星），干燥或新鲜全草。

【采集加工】春、秋二季采收，洗净，晒干或鲜用。

【药材性状】皱缩成团。根呈细圆柱形，外表面淡黄色或灰黄色。茎细长弯曲，黄绿色或淡棕色，节处残留细根或根痕。叶多皱缩或破碎，完整叶展平后呈圆形或近肾形，掌状 5 ~ 7 浅裂或裂至叶片中部，淡绿色，叶柄扭曲状。可见伞形花序及双悬果。气香，味淡。

【药材炮制】拣去杂质，筛去泥灰。

【化学成分】全草含挥发油类：苯丙腈（phenyl propionitrile）、植醇（phytol）、*n*- 软脂酸（*n*-palmitic acid）、β- 紫罗酮（β-ionone）、苯乙醇（phenethyl alcohol）、异植醇（isophytol）、9- 十八碳烯酰胺（9-octadecanoacryl amide）等[1]，（−）- 匙叶桉油烯醇［（−）-spathulenol］、α- 没药醇（α-bisabolol）、人参炔醇（panaxynol）[2]，樟烯（camphene）[3]，α- 蒎烯（α-pinene）、β- 丁香烯（β-caryophyllene）、α- 水芹烯（α-phellandrene）、γ- 松油烯（γ-terpinene）、癸醛（decanal）和月桂烯（myrcene）等[4]；皂苷类：天胡荽皂苷 A、B、C、D、E、F（hydrocosisaponin A、B、C、D、E、F）[5]，天胡荽苷 Ⅰ、Ⅱ、Ⅲ、Ⅳ、Ⅴ、Ⅵ、Ⅶ（hydrocotyloside Ⅰ、Ⅱ、Ⅲ、Ⅳ、Ⅴ、Ⅵ、Ⅶ）、土当归皂苷 B（udosaponin B）[6] 和齐墩果酸（oleanolic acid）[7]；单萜类：（−）- 归叶棱子芹醇 -2-*O*-β-D- 吡喃葡萄糖苷［（−）-angelicoidenol-2-*O*-β-D-glucopyranoside］[7]；黄酮类：槲皮素（quercetin）、山柰酚（kaempferol）、牡荆苷（vitexin）、异牡荆苷（isovitexin）[8]，染料木素（genistein）、大豆素（daidzein）[9]，芹菜素（apigenin）、山柰酚（kaempferol）、3′-*O*- 甲基槲皮素（3′-*O*-methyl quercetin）、槲皮素 -3-*O*-β-D- 半乳糖苷（quercetin-3-*O*-β-D-galactoside）[7]，儿茶素（catechin）、表儿茶素（epicatechin）和鹰嘴豆素 A（biochanin A）[10]；甾体类：β- 谷甾醇（β-sitosterol）、α- 菠甾醇（α-spinasterol）[8]，豆甾醇（stigmasterol）和胡萝卜苷（β-daucosterol）[9]；木脂素类：左旋芝麻素（*L*-sesamm）[7]；苯丙素类：绿原酸甲酯（methyl chlorogenate）[7]，绿原酸（chlorogenic acid）、芥子酸（sinapic acid）和迷迭香酸（rosmarinic acid）[10]；糖苷类：正丁基 -*O*-β-D- 吡喃果糖苷（*n*-butyl-*O*-β-D-fructopyranoside）[7]；吡喃酮类：5- 羟基麦芽酚（5-hydroxymaltol）[7]；酚酸类：酪醇（tyrosol）[10]；生物碱类：咖啡因（caffeine）[11]。

【药理作用】1. 抗氧化 叶和茎的水提取物对 1，1- 二苯 -2- 三硝基苯肼自由基和羟自由基有较强的清除作用[1]；带根全草榨的新鲜汁液对四氯化碳（$CCl_4$）诱导的急性肝损伤小鼠血清、肝组织中的丙二醛（MDA）含量有明显的降低作用，并能显著升高超氧化物歧化酶（SOD）活性，提示具有脂质抗氧化作用[2]；叶提取的酚类化合物对 1，1- 二苯 -2- 三硝基苯肼自由基、羟基自由基、一氧化氮自由基均有较强的清除作用和抑制脂质过氧化作用[3]。2. 护肝 全草或带根全草的新鲜汁液对四氯化碳诱导的急性肝损伤模型 和 α- 萘异硫氰酸脂（ANIT）诱导实验性黄疸模型小鼠血清谷丙转氨酶（ALT）具有明显的降低作用，可减轻肝细胞坏死，明显减少空泡变性、嗜酸性变、炎性细胞浸润，明显降低血清及肝组织的丙二醛含量，同时可显著降低 ANIT 中毒性小鼠血清总胆红素含量，起到护肝作用[4]。3. 抗炎抗病毒 全草乙醇提取分离的苷类成分给予感染肝炎病毒的鸭群，服药 3 天后发现鸭群血清中谷丙转氨酶、天冬氨酸氨基转移酶（AST）含量降低，并能显著减少鸭乙型肝炎病毒（DHBV）复制的其他任何毒性[5]；全草的水提取物、醇提取物和水提取物经石油醚、氯仿、乙酸乙酯、正丁醇萃取的各萃取物及萃取剩余物对HepG2 2.2.15细胞均没有细胞毒性作用；水提物在药物浓度为1mg/ml时对病毒乙肝表面抗原（HBsAg）有抑制作用，其抑制率为27%[6]；全草的甲醇提取物对Vero细胞的后处理呈现出比水提取物更高的抗登革热作用[7]。4. 抗肿瘤 全草的正丁醇、石油醚和乙酸乙酯萃取物对小鼠肺癌LA795细胞的增殖均有不同程度的抑制作用，且石油醚提取部位的抑制作用最为明显[8]；全草的水提醇沉物在给药量为10g/kg剂量时对小鼠移植性肝癌Hep细胞的生长有明显的抑制作用，给药量在3.0g/kg剂量时对小鼠移植性肝癌Hep细胞、S180肉瘤细胞和U14宫颈癌细胞的抑制率最高，分别为47.0%、59.0%、55.1%[9]。5. 改善记忆 从全草提取的苷类成分能明显提高快速老化模型SAMP8小鼠的学习记忆能力，其机制研究表明，苷类成分可明显降低脑组织Aβ1-42蛋白的含量，抑制Aβ相关基因*APP*、*BACE1*和*CatB*的表达，提高NEP和IDE的水平，并能明显提高突触可塑性相关蛋白包括突触后密度蛋白-95、磷-*N*-甲基-D-天冬氨酸受体1、磷酸-钙-钙调素依赖性蛋白激酶Ⅱ、磷酸蛋白激酶A Cβ亚基、蛋白激酶Cγ亚单位、磷酸化CREB和脑源性神经营养因子的表达[10]；从全草提取的苷类成分（MHS）对D-半乳糖所致亚急性衰老模型小鼠的学习记忆能力有改善作用[11]。

**【性味与归经】**微苦、辛，凉。归脾、胆、肾经。

**【功能与主治】**清热解毒。用于高热惊厥，痢疾，传染性肝炎，胆囊炎，急性肾炎，尿路感染，结石，百日咳，咽喉炎，扁桃体炎，鼻炎，荨麻疹，牙痈初起，赤眼，蛇头疔，带状疱疹，无名肿毒，毒蛇咬伤，跌打损伤。

**【用法与用量】**内服：9～15g，水煎，或鲜品捣汁；外用适量捣烂敷患处。

**【药用标准】**福建药材2006、上海药材1994、江西药材1996、广西药材1990、广西壮药2008、贵州药材2003、云南药品1996、四川药材1979和湖北药材2009。

**【临床参考】**1. 带状疱疹：全草50g，加半边莲50g、青黛（冲）3g，水煎服，每日1剂；或鲜全草4份，加半边莲4份、青黛1份，洗净捣成糊状拌匀，外敷患处，厚约0.8cm，纱布固定，并用米酒湿润之，每日1～2次[1]。

2. 流行性乙型脑炎：鲜全草100～400g，加鲜积雪草、鲜一点红、鲜海金沙藤、鲜大飞扬草各100～400g，洗净捣烂挤汁，加淘米水及蜂蜜适量，鼻饲，每次100～200ml，每3～4h 1次，至体温下降或腹泻青草水样大便时减量或停药[2]。

3. 慢性乙型肝炎：天胡荽愈肝片（全草，加杏仁、防风、酢浆草、虎掌草等制成）口服，每日3次，每次6片，联合抗病毒药物治疗[3]。

4. 功能性消化不良（肝胃不和）：鲜全草150g（或干品60g），加鲜鸡矢藤150g（或干品60g）、生姜30g、陈皮15g，每日1剂，水煎分4次服[4]。

5. 急性黄疸型肝炎：鲜全草30～60g，水煎服，或加白糖适量调服。

6. 夏季热：鲜全草适量，捣取汁，每次3～5匙，每日5～6次。

7. 百日咳：鲜全草9～15g，水煎，加白糖适量服。

8. 热淋：鲜全草30～60g，捣取汁，调蜂蜜，炖温服；或焙干研粉，炼蜜为丸，每次9g，开水送服。（5方至8方引自《浙江药用植物志》）

9. 跌打瘀肿：鲜全草捣烂，酒炒热，敷患处。（《广西中药志》）

**【附注】**天胡荽始载于《千金食治》，孙思邈于“繁蒌”条谓：“别有一种近水渠中温湿处，冬生，其状类胡荽，亦名鸡肠菜，可以疗痔病，一名天胡荽。”当为本种。

本种全草在福建作遍地锦药用、在江西作小金钱草药用。

**【化学参考文献】**

[1] 康文艺，赵超，穆淑珍，等. 破铜钱挥发油化学成分分析 [J]. 中草药，2003，34（2）：116-117.

[2] 张兰，张德志．江西产天胡荽挥发油的 GC-MS 分析［J］．广东药学院学报，2008，24（1）：35-36.

[3] 穆淑珍，汪治，郝小江．黔产天胡荽挥发油化学成分的研究［J］．天然产物研究与开发，2004，16（3）：215-221.

[4] Janardhanan M，Thoppil J E. Chemical composition of two species of *Hydrocotyle*（Apiaceae）［J］. Acta Pharm，2002，52（1）：67-69.

[5] Huang H C，Liaw C C，Zhang L J，et al. Triterpenoidal saponins from *Hydrocotyle sibthorpioides*［J］. Phytochemistry，2008，69（7）：1597-1603.

[6] Matsushita A，Sasaki Y，Warashina T，et al. Hydrocotylosides I-VII，new oleanane saponins from *Hydrocotyle sibthorpioides*［J］. J Nat Prod，2004，67（3）：384-388.

[7] 蒲首丞，郭远强，高文远．天胡荽化学成分的研究［J］．中草药，2010，41（9）：1440-1442.

[8] 张嫩玲，叶道坤，田璧榕，等．天胡荽的化学成分研究［J］．贵州医科大学学报，2017，42（10）：1145-1148.

[9] 张兰，张德志．天胡荽化学成分研究（I）［J］．广东药学院学报，2007，23（5）：494-495.

[10] Kumari S，Elancheran R，Kotoky J，et al. Rapid screening and identification of phenolic antioxidants in *Hydrocotyle sibthorpioides* Lam. by UPLC-ESI-MS/MS［J］. Food Chem，2016，203：521-529.

[11] Ina H，Asai A，Iida H，et al. Chemical investigation of *Hydrocotyle sibthorpioides*［J］. Planta Med，1987，53（2）：228.

**【药理参考文献】**

[1] Cho K S. Inhibitory effect of DPPH radical scavenging activity and hydroxyl radicals（OH）activity of *Hydrocotyle sibthorpioides* Lamarck［J］. Journal of Life Science，2016，26（9）：1022-1026.

[2] 周俐，李良东，熊小琴，等．小叶金钱草抗脂质过氧化作用的实验研究［J］．赣南医学院学报，2003，23（3）：250-252.

[3] Kumari S，Elancheran R，Kotoky J，et al. Rapid screening and identification of phenolic antioxidants in *Hydrocotyle sibthorpioides* Lam. by UPLC-ESI-MS/MS［J］. Food Chemistry，2016，203：521-529.

[4] 周俐，熊小琴，周青，等．小叶金钱草对小鼠急性肝损伤的防护作用［J］．赣南医学院学报，2002，22（5）：459-462.

[5] Huang Q，Zhang S，Huang R，et al. Isolation and identification of an anti-hepatitis B virus compound from *Hydrocotyle sibthorpioides* Lam.［J］. Journal of Ethnopharmacology，2013，150（2）：568-575.

[6] 张兰．天胡荽抗肝炎活性成分研究［D］．广州：广东药学院硕士学位论文，2008.

[7] Husin F，Chan Y Y，Gan S H，et al. The effect of *Hydrocotyle sibthorpioides* Lam. extracts on *in vitro* dengue replication［J］. Evid Based Complement Alternat Med，2015，2015（1）：596109.

[8] 蒲首丞．天胡荽抗肿瘤活性成分研究［J］．安徽农业科学，2014，11（11）：3238-3239.

[9] 白明东，俞发荣，王佩，等．天胡荽提取物对 Hep、S180、U14 的抑制作用及小鼠免疫功能的影响［J］．实用肿瘤杂志，2002，17（2）：117-118.

[10] 梁春宏，黄权芳，林兴，等．天胡荽积雪草苷对 SAMP8 小鼠学习记忆功能的改善作用［J］．中国药理学通报，2014，30（3）：96-100.

[11] 谭实美，韦玲，黄权芳，等．羟基积雪草苷对 D- 半乳糖致亚急性衰老模型小鼠学习记忆的影响及机制研究［J］．中国药理学通报，2015，31（9）：1239-1244.

**【临床参考文献】**

[1] 刘日．“半天青方”治疗带状疱疹 32 例［J］. 广西中医药，1986，（5）：13.

[2] 郑潜麟，陈成大．耳穴割治配合中西药治疗乙脑 96 例疗效观察［J］. 新医学，1972，（8）：8-9.

[3] 柏志强．天胡荽愈肝片联合阿德福韦酯治疗慢性乙型肝炎 62 例疗效分析［J］. 临床医药实践，2009，18（18）：450-451.

[4] 何耀东．中草药治疗功能性消化不良肝胃不和型 32 例［J］. 中国民族民间医药，2010，19（14）：48，52.

## 663. 破铜钱（图 663）• *Hydrocotyle sibthorpioides* Lam.var.*batrachium*（Hance）Hand.-Mazz.ex Shan

**图 663 破铜钱** 摄影 张芬耀

**【别名】**白毛天胡荽，小叶铜钱草（安徽黄山）。

**【形态】**本变种与原变种的区别点：叶片较小，3 ～ 5 深裂几达基部，侧面裂片间有一侧或两侧仅裂达基部三分之一处，裂片均呈楔形。

**【生境与分布】**生于路边草地、旷野湿润处。分布于安徽、江西、福建、浙江，另湖南、湖北、广东、广西、四川等省区有分布；越南也有分布。

**【药名与部位】**小金钱草（天胡荽），全草。

**【采集加工】**春、夏二季采收，除去杂质，晒干。

**【药材性状】**多缠结成团。根生于茎节，甚纤细，黄棕色。茎呈类圆柱形，细而弯曲，直径 0.3 ～ 1mm；表面黄绿色或黄棕色，有细纵纹，节处残留细根或根痕；质脆，易折断，断面淡黄色，可见棕色点状维管束。叶互生，多皱缩成团或破碎，完整叶片展平后呈肾形或圆心脏形，直径 0.6 ～ 1.2cm，3 ～ 5 掌状深裂，几达基部，裂片呈楔形或倒三角形，边缘具钝齿；表面黄绿色或黄褐色，上表面光滑无毛，下表面有少许白色柔毛；叶柄纤细，长 0.5 ～ 6cm。有时可见伞形花序与叶对生，总花梗细长，具柔毛，花细小而密集。双悬果略呈心形。气微香，味淡、微辛。

**【药材炮制】**除去杂质，洗净，切段，干燥。

**【药理作用】**抗菌 全草提取的挥发油对金黄色葡萄球菌、大肠杆菌和白色念珠菌的生长均有不同程度的抑制作用[1]。

**【性味与归经】**辛、微苦，微寒。归肝、胆、肾、膀胱经。

【功能与主治】清热利湿，排石利尿。用于湿热黄疸，肝胆结石，尿路结石，痈肿疔疮，毒蛇咬伤。

【用法与用量】15 ～ 60g。

【药用标准】江西药材 2014、广西药材 1990 和广西壮药 2008。

【临床参考】带状疱疹：鲜全草捣烂，浸于 75% 乙醇中，5 ～ 6h 后用棉签蘸药液涂患处，每 3h 1 次，或痛时涂擦[1]。

【附注】《植物名实图考》“积雪草”条云：“又有一种相似而有锯齿，名破铜钱，辛烈如胡荽，不可服。”并附有两图，其一为心脏形叶；另一为锯齿的圆形叶片。观其附图，心脏形叶者，当包含本种及天胡荽。

【药理参考文献】

［1］ Kang W Y，Wang E H.Antimicrobial activity of the essential oil of three Chinese medical herbs［J］.Journal of Henan University，2007，26（3）：7-12.

【临床参考文献】

［1］ 梁紫光 . 破铜钱草治疗带状疱疹 52 例［J］. 中国民间疗法，1998，（3）：56.

## 2. 积雪草属 *Centella* Linn.

多年生匍匐草本。叶片圆形、肾形或马蹄形，边缘有钝齿，基部心形，光滑或有柔毛；叶具长柄，柄基部有鞘。单伞形花序，花序梗极短，单生或 2 ～ 4 个聚生于叶腋，通常有花 3 ～ 4 朵；小花近无柄，草黄色、白色至紫红色；总苞片 2 枚，卵形，膜质；萼齿细小；花瓣 5 枚，覆瓦状排列，卵圆形；雄蕊 5 枚，与花瓣互生；花柱与花丝等长，基部膨大。果实近圆形，两侧扁压，合生面收缩，分果具主棱 5 条，棱间具网状脉；棱槽内油管不显著。

约 20 种，分布于热带和温带地区。中国 1 种，分布于华东、中南及西南各省区，法定药用植物 1 种。华东地区法定药用植物 1 种。

## 664. 积雪草（图 664）• *Centella asiatica*（Linn.） Urb.

**图 664 积雪草** 摄影 张芬耀等

【别名】老鸦碗、大叶伤筋草、破铜钱草（浙江），铜钱草（江苏、安徽），天荷叶（安徽），大金钱草、钱齿草、铁灯盏（江西）。

【形态】多年生草本，茎匍匐，细长，节上生根。叶片圆肾形或马蹄形，长 1 ～ 4cm，宽 1.5 ～ 5cm，边缘有钝锯齿，基部阔心形，两面无毛或在下表面脉上疏生柔毛；基出掌状脉 5 ～ 7 条，两面隆起；叶柄长 2 ～ 15cm，无毛或上部有柔毛，叶鞘透明，膜质。伞形花序 2 ～ 4 个聚生于叶腋；苞片通常 2 枚，卵形，膜质；每 1 伞形花序有花 3 ～ 4 朵，聚集呈头状，花无柄或有 1mm 长的短柄；花瓣卵形，紫红色或乳白色，膜质，长 1.2 ～ 1.5cm，宽 1.1 ～ 1.2mm；花柱长约 0.6mm；花丝短于花瓣，与花柱近等长。果实两侧扁压，圆形，长 2.1 ～ 3mm，宽 2.2 ～ 3.6mm，每侧有纵棱数条，棱间有明显的小横脉，网状。花期 4 ～ 10 月，果期 5 ～ 11 月。

【生境与分布】生于海拔 200 ～ 1900m 的阴湿草地或河沟边。分布于江苏、安徽、江西、福建、浙江，另陕西、湖南、湖北、广东、广西、云南、贵州、四川等省区有分布；印度、日本、马来西亚、澳大利亚等地也有分布。

【药名与部位】积雪草（落得打），全草。

【采集加工】夏、秋二采收，除去泥沙，晒干或鲜用。

【药材性状】常卷缩成团状。根圆柱形，长 2 ～ 4cm，直径 1 ～ 1.5mm；表面浅黄色或灰黄色。茎细长弯曲，黄棕色，有细纵皱纹，节上常着生须状根。叶片多皱缩、破碎，完整者展平后呈近圆形或肾形，直径 1 ～ 4cm；灰绿色，边缘有粗钝齿；叶柄长 3 ～ 6cm，扭曲。伞形花序腋生，短小。双悬果扁圆形，有明显隆起的纵棱及细网纹，果梗甚短。气微，味淡。

【药材炮制】除去杂质，抢水洗净，切段，干燥。

【化学成分】全草含皂苷类：积雪草酸（asiatic acid）、积雪草苷（asiaticoside）[1]，积雪草苷 A（asiaticoside A）、榄仁树酸（terminolic acid）[2]，2α, 3β, 23α- 四羟基熊果 -12- 烯 -28- 酸 -28-*O*-β-D- 吡喃葡萄糖苷（2α, 3β, 23α-tetrahydroxyurs-12-en-28-oic acid-28-*O*-β-D-glucopyranoside），即积雪草单糖苷（asiaticomonoglycoside）、积雪草二糖苷（asiaticodiglycoside）、6β- 羟基积雪草酸（6β-madecassic acid）[3]，羟基积雪草酸（madecassic acid）、羟基积雪草苷（madecassoside）、积雪草苷 B（asiaticoside B）[4]，23- 乙酰氧基 -2α, 3β- 二羟基熊果 -12- 烯 -28- 酸 -28-*O*-α-L- 吡喃鼠李糖基 -（1→4）-*O*-β-D- 吡喃葡萄糖基 -（1→6）-β-D- 吡喃葡萄糖酯苷［23-acetoxy-2α, 3β-dihydroxyurs-12-en-28-oic acid-28-*O*-α-L-rhamnopyranosyl-（1→4）-*O*-β-D-glucopyranosyl-（1→6）-β-D-glucopyranoside］、2α, 3β, 6β- 三羟基熊果 -12- 烯 -28- 酸 -28-*O*-α-L- 吡喃鼠李糖基 -（1→4）-*O*-β-D- 吡喃葡萄糖基 -（1→6）-β-D- 吡喃葡萄糖酯苷［2α, 3β, 6β-trihydroxyurs-12-en-28-oic acid-28-*O*-α-L-rhamnopyr anosyl-（1→4）-*O*-β-D-glucopyranosyl-（1→6）-β-D-glucopyranosyl ester］、3β, 6β, 23- 三羟基熊果 -12- 烯 -28- 酸 -28-*O*-α-L- 吡喃鼠李糖基 -（1→4）-*O*-β-D- 吡喃葡萄糖基 -（1→6）-β-D- 吡喃葡萄糖苷［3β, 6β, 23-trihydroxyurs-12-en-28-oic acid-28-*O*-α-L-rhamnopyranosyl-（1→4）-*O*-β-D-glucopyranosyl-（1→6）-β-D-glucopyranosyl ester］、2α, 3β, 6β- 三羟基齐墩果 -12- 烯 -28- 酸 -28-*O*-α-L- 吡喃鼠李糖基 -（1→4）-*O*-β-D- 吡喃葡萄糖基 -（1→6）-β-D- 吡喃葡萄糖苷［2α, 3β, 6β-trihydroxyolean-12-en-28-oic acid-28-*O*-α-L-rhamnopyranosyl-（1→4）-*O*-β-D-glucopyranosyl-（1→6）-β-D-glucopyranoside］、3β, 6β, 23- 三羟基齐墩果 -12- 烯 -28- 酸 -28-*O*-α-L- 吡喃鼠李糖基 -（1→4）-*O*-β-D- 吡喃葡萄糖基 -（1→6）-β-D- 吡喃葡萄糖苷［3β, 6β, 23-trihydroxyolean-12-en-28-oic acid-28-*O*-α-L-rhamnopyranosyl-（1→4）-*O*-β-D-glucopyranosyl-（1→6）-β-D-glucopyranoside］[5]，参枯尼苷（thankuniside）、异参枯尼苷（isothankuniside）、玻热模苷（brahmoside）、玻热米苷（brahminoside）、玻热米酸（brahmic acid）、茚百酸（indocentoic acid）[6]，鹅掌柴齐墩果苷 A（scheffoleoside A）、鹅掌柴熊果苷 F（scheffoleoside F）、异积雪草苷（isoasiaticoside）[7]，积雪草皂苷 A（centellasaponin A）[8]，积雪草皂苷 B（centellasaponin B）[7]，积雪草皂苷 E（centellasaponin E）[9]，积雪草皂苷 F、G、H（centellasaponin F、G、H）[10]，积雪草皂苷 I、J（centellasaponin I、J）[9]，诃子苷 II（chebuloside II）[9]，积雪草洛苷 C（centelloside

C)、3β, 6β, 23- 三羟基齐墩果 -12- 烯 -28- 酸(3β, 6β, 23-trihydroxyolean-12-en-28-oic acid)、栗豆树苷元(bayogenin)[11], 积雪草苷 C、D、E、F(asiaticoside C、D、E、F)、鹅掌柴熊果苷 B(scheffursoside B)[12], 积雪草皂醇 A(centellasapogenol A)[13], 3-*O*-α-L- 吡喃阿拉伯糖基 -2α, 3β, 6β, 23α- 四羟基 - 熊果 -12- 烯 -28- 酸(3-*O*-α-L-arabinopyranosyl-2α, 3β, 6β, 23α-tetrahydroxy-urs-12-en-28-oic acid)[14], 积雪草尼酸(thankunic acid)[15], 积雪草洛苷 A、B(centelloside A、B)[16], 积雪草洛苷 C(centelloside C)[9], 积雪草洛苷 D、E(centelloside D、E)[7], 人参皂苷 $F_2$、Mc、$Rd_2$、$Rg_5$、$Rk_1$、Y(ginsenoside $F_2$、Mc、$Rd_2$、$Rg_5$、$Rk_1$、Y)、(20*R*)- 人参皂苷 $Rg_3$ [(20*R*)-ginsenoside $Rg_3$]、(20*S*)- 人参皂苷 $Rg_3$ [(20*S*)-ginsenoside $Rg_3$][16], 三七皂苷 Fe、$Ft_1$、ST-4(notoginsenoside Fe、$Ft_1$、ST-4)[16] 和绞股蓝皂苷 β、*η*(gypenoside β、*η*)[16]; 甾体类: 胡萝卜苷(daucosterol)、β- 谷甾醇(β-sitosterol)[1] 和豆甾醇 -3-*O*-β-D- 葡萄糖苷(stigmasterol-3-*O*-β-D-glucoside)[2]; 脂肪酸类: 月桂酸(lauric acid)[2], 丁二酸(succinic acid)、二十六醇辛酸酯(hexacosano loctanoate)[4], 环玻热米酸(cyclobrahmic acid)[7], 3β, 6β-23- 三羟基 -12- 烯 -28- 酸(3β, 6β-23-trihydroxyurs-12-en-28-oic acid)和 D- 古洛糖酸(D-gulonic acid)[11]; 黄酮类: 万寿菊素(queretagetin)[2], 山柰酚(kaempferol)、槲皮素(quercetin)[4], 山柰酚 -3-*O*-β-D- 吡喃葡萄糖醛酸苷(kaempferol-3-*O*-β-D-glucuropyranonide)、孔雀草素(patuletin)[12], 积雪草黄醇*(castilliferol)和积雪草黄素*(castillicetin)[17]; 酚酸类: 香草酸(vanillic acid)[1], 对羟基苯甲酸(*p*-hydroxybenzoic acid)[2], 阿魏酸二十二酸酯(docosyl ferulate)[11] 和异绿原酸(isochlorogenic acid)[17]; 挥发油类: β- 石竹烯(β-caryophyllene)、法呢醇(farnesol)、3, 7, 11- 三甲基 -(*E*, *E*)-2, 6, 10- 十二碳三烯 -1- 醇 [3, 7, 11-trimethyl-(*E*, *E*)-2, 6, 10-dodecatrien-1-ol]、3- 二十烷炔(3-eicosyne)、榄香烯(elemene)、长叶烯(longifolene)等[18], 正二十七烷(*n*-heptacosane)[2], α- 葎草烯(α-humulene)、大根老鹳草烯 B(germacrene B)、双环大根老鹳草烯(bicyclogermacrene)和月桂烯(myrcene)[19, 20]; 糖类: α-L- 鼠李糖(α-L-rhamnose)[3], 内消旋 - 肌醇(*meso*-inositol)和积雪草糖(centellose)[21]; 元素: 铁(Fe)、铜(Cu)、锌(Zn)和锰(Mn)等[22]; 其他尚含: 2, 4, 6- 三叔丁基苯(2, 4, 6-tri-tert-butylphenol)[2], 3- 异十八烷基 -4- 羟基 -α- 吡喃酮(3-isooctadecanyl-4-hydroxy-α-pyrone)和 11- 氧代 - 二十一烷基环已烷(11-oxo-heneicosanyl cyclohexane)[23]。

根茎含甾体类: 豆甾醇(stigmasterol)、豆甾酮(stigmasterone)和豆甾醇 -3-*O*-β-D- 吡喃葡萄糖苷(stigmasterol-3-*O*-β-D-glucopyranoside)[24]。

叶含三萜皂苷类: 羟基积雪草酸(madecassic acid)、羟基积雪草苷(madecassoside)[25], 积雪草酸(asiatic acid)、积雪草苷(asiaticoside)[25, 26], 积雪草苷 C(asiaticoside C)[25], 积雪草苷 F(asiaticoside F)[25, 26], 积雪草苷 G(asiaticoside G)[26], 23-*O*- 乙酰羟基积雪草苷(23-*O*-acetyl madecassoside)、23-*O*- 乙酰积雪草苷 B(23-*O*-acetylasiaticoside B)[25], 四角风车子苷 IV(quadranoside IV)和 2α, 3β, 6β- 三羟基齐墩果 -12- 烯 -28- 酸 -28-*O*- [α-L- 吡喃鼠李糖基 -(1→4)-β-D- 吡喃葡萄糖基 -(1→6)-β-D- 吡喃葡萄糖基] 酯苷 {2α, 3β, 6β-trihydroxyolean-12-en-28-oic acid-28-*O*- [α-L-rhamnopyranosyl-(1→4)-β-D-glucopyranosyl-(1→6)-β-D-glucopyranosyl] ester}[26]; 甾体类: 谷甾醇 -3-*O*-β-D- 葡萄糖苷(sitosterol-3-*O*-β-D-glucoside)和豆甾醇 -3-*O*-β- 葡萄糖苷(stigmasterol-3-*O*-β-glucoside)[25]; 黄酮类: 槲皮素 -3-*O*-β-D- 葡萄糖醛酸苷(querectin-3-*O*-β-D-glucuronide)[25], 山柰酚(kaempferol)、槲皮素(quercetin)、黄芪苷(astragalin)、异槲皮素(isoquercetin)[26], 槲皮素 -3-*O*-β-D- 吡喃葡萄糖苷(quercetin-3-*O*-β-D-glucopyranoside)、山柰酚 -3-*O*-β-D- 吡喃葡萄糖苷(kaempferol-3-*O*-β-D-glucopyranoside)和山柰酚 -7-*O*-β-D- 吡喃葡萄糖苷(kaempferol-7-*O*-β-D-glucopyranoside)[27]。

地上部分含三萜皂苷类: 积雪草苷(asiaticoside)[28], 2α, 3β, 23- 三羟基 - 熊果 -20- 烯 -28- 酸(2α, 3β, 23-trihydroxy-urs-20-en-28-oic acid)、2α, 3β, 23- 三羟基 - 熊果 -20- 烯 -28- 酸 -*O*-α-L- 吡喃鼠李糖基 -(1→4)-*O*-β-D- 吡喃葡萄糖基 -(1→6)-*O*-β-D- 吡喃葡萄糖酯苷 [2α, 3β, 23-trihydroxy-urs-20-en-28-oic acid-*O*-α-L-rhamnopyranosyl-(1→4)-*O*-β-D-glucopyranosyl-(1→6)-*O*-β-D-glucopyranosyl ester] [29], 2α, 3β, 20, 23- 四羟基 - 熊果 -28- 酸（2α, 3β, 20, 23-tetrahydroxy-urs-28-oic acid）[30]，积雪草皂苷 B、C、D（centellasaponin B、C、D）、鹅掌柴齐墩果苷 A（scheffoleoside A）、羟基积雪草苷（madecassoside）、积雪草苷 B（asiaticoside B）[31]，积雪草苷 C（asiaticoside C）[32]，（4α）-3β, 6β, 23- 三羟基 -*O*-6-α-L- 吡喃鼠李糖基 -（1→4）-*O*-β-D- 吡喃葡萄糖基 -（1→6）-β-D- 吡喃葡萄糖基 - 熊果 -12- 烯 -28- 酸［（4α）-3β, 6β, 23-trihydroxy-*O*-6-α-L-rhamnopyranosyl-（1→4）-*O*-β-D-glucopyranosyl-（1→6）-β-D-glucopyranosyl-urs-12-en-28-oic acid］和 2α, 3β, 6β- 三羟基 -*O*-α-L- 吡喃鼠李糖基 -（1→4）-*O*-β-D- 吡喃葡萄糖基 -（1→6）-β-D- 吡喃葡萄糖基 - 齐墩果 -12- 烯 -28- 酸［2α, 3β, 6β-trihydroxy-*O*-α-L-rhamnopyranosyl-（1→4）-*O*-β-D-glucopyranosyl-（1→6）-β-D-glucopyranosyl-olean-12-en-28-oic acid］[32]；黄酮类：山柰酚 -3-*O*-β-D- 葡萄糖苷（kaempferol-3-*O*-β-D-glucoside）、槲皮素 -3-*O*-β-D- 葡萄糖苷（quercetin-3-*O*-β-D-glucoside）、槲皮素（quercetin）和山柰酚（kaempferol）[28]；苯丙素类：绿原酸（chlorogenic acid）、1, 5- 二 -*O*- 咖啡酰奎宁酸（1, 5-di-*O*-caffeoyl quinic acid）、3, 4- 二 -*O*- 咖啡酰奎宁酸（3, 4-di-*O*-caffeoyl quinic acid）、3, 5- 二 -*O*- 咖啡酰奎宁酸（3, 5-di-*O*-caffeoyl quinic acid）和 4, 5- 二 -*O*- 咖啡酰奎宁酸（4, 5-di-*O*-caffeoyl quinic acid）[28]；炔类：积雪草甲素 *（centellin）、积雪草乙素 *（centellicin）[33] 和积雪草炔醇 *（cadiyenol）[34]；芳香类：积雪草素（asiaticin）[33]；倍半萜类：高串叶松香草酸（homosilphiperfoloic acid）和环积雪草咪酸（cyclobrahmic acid）[35]；挥发油类：石竹烯氧化物（caryophyllene oxide）、α- 葎草烯（α-humulene）、β- 石竹烯（β-caryophyllene）和大根老鹳草烯 D（germacrene D）等 [36]。

**【药理作用】**1. 调节纤维细胞　全草提取的积雪草苷（asiaticoside）和羟基积雪草苷（madecassoside）在体外对人成纤维细胞（HSFb）的增殖有明显的促进作用，同时也可有效刺激 HSFb Ⅰ型和Ⅲ型前胶原氨基端肽原的分泌 [1]；积雪草苷还能促进小鼠成纤维细胞 DNA 的合成和胶原蛋白的合成，并呈剂量依赖关系 [2]；积雪草苷可使成纤维细胞的增殖变得不活跃，合成和分泌蛋白质的能力减弱，对成纤维细胞的线粒体也有所改变，表明这些改变对成纤维细胞合成胶原蛋白有一定影响 [3]；积雪草苷对深 II° 烫伤模型大鼠在烫伤 3 天后开始有细胞周期蛋白 B1（Cyclin B1）表达于基底细胞层，5 天后表达明显高于对照组，而细胞周期蛋白 C（Cyclin C）在治疗后的 4 天表达水平明显高于对照组，表示提取的积雪草苷能有效促进 Cyclin B1 和细胞核抗原（PCNA）的表达，使细胞周期的 $S+G_2$ 期明显提前，从而加快细胞增殖，促进创面愈合 [4]。2. 降血糖　全草的水提取分离纯化后的多糖在体外 10 ～ 100mg/L 的浓度下对 B 淋巴细胞具有一定的免疫刺激增殖作用，在 10mg/L、100mg/L 两种浓度下对蛋白磷脂酶 PTP1B 的抑制率分别为 91% 和 94% [5]。3. 抗炎　全草提取的总苷对青霉素所致大鼠的棉球肉芽肿有抑制作用，对二甲苯所致小鼠的耳肿胀也有明显的抑制作用 [6]。4. 抗抑郁　全草经水蒸气蒸馏而得的挥发油对利舍平引起的大鼠眼睑下垂和体温下降具有明显的拮抗作用，并可明显缩短电刺激小鼠角膜引起的最长持续不动状态时间，说明提取的挥发油具有抗抑郁作用 [7]；全草提取的积雪草总苷在高剂量条件下给药于长期未预知应激刺激所致抑郁症模型大鼠，能显著抑制皮质酮升高，但低剂量作用不明显，在经过 21 天应激刺激后能明显增加抑郁症模型大鼠多巴胺在皮质中的含量，高剂量条件下可显著增加海马和下丘脑 5- 羟色胺（5-HT）的含量，明显降低模型大鼠 3，4- 羟基苯乙酸的含量，结果表明积雪草总苷可能通过阻断神经末梢对去甲肾上腺素、5- 羟色胺和多巴胺的再摄取，使突触间隙可利用单胺递质的浓度增高，增强神经递质的传递功能 [8]。5. 抗胃溃疡　全草的提取物对乙醇所致胃黏膜损伤动物模型有预防作用，可明显降低乙醇所致的胃黏膜损伤，降低胃黏膜髓过氧化物酶（MPO）活性，丙二醛（MDA）和白细胞介素 -8（IL-8）的含量也明显低于对照组；提取物可减少乙酸所致胃溃疡的溃疡直径和溃疡面积，且给药 2 周后髓过氧化物酶和丙二醛的含量明显降低；提取物可明显减少血小板活化因子（PAF）所致的血管通透性增加，减轻 5% 乙醇对胃黏膜细胞的损伤 [9]；全草水提取物对乙醇诱导的大鼠胃损伤模型试验研究发现，通过增强黏膜屏障减少自由基的破坏，能降低髓过氧化物酶活性，并以剂量依赖性方式抑制胃损伤的形成 [10]。6. 抗肿

瘤　全草提取的总苷在 3.6mg/kg 剂量下可降低乳腺增生模型大鼠的血清雌激素水平，且腺上皮增生明显受到抑制，提示总苷成分可抑制大鼠乳腺组织的增生[11]；全草提取的积雪草苷在高浓度剂量条件下，可明显抑制宫颈癌 HeLa 细胞的增殖，增加 caspase-3 蛋白的表达，而凋亡抑制 IAP 蛋白的表达有明显下降[12]；积雪草苷作用于人口腔表皮样癌 KB 细胞后，对 KB 细胞周期的影响呈浓度依赖性，与长春新碱合用后可明显增加长春新碱对人口腔表皮样癌 KB、KBv200、MCF-7 和 MCF-7/ADM 细胞的抑制作用，且 KBv200 和 MCF-7/ADM 细胞对积雪草苷表现出与相应的亲本细胞相近的药物敏感性，表示积雪草苷可诱导肿瘤细胞凋亡并与长春新碱起协同作用[13]；全草提取的积雪草苷在体外对培养的 L929 成纤维细胞和 CNE 细胞的增殖均有不同程度的抑制作用，并对小鼠移植 S180 细胞的增殖也有一定的抑制作用，同时能提高荷瘤 S180 小鼠的存活时间[14]；全草提取的苷类成分可诱导黑素瘤细胞凋亡或致死[15]。7. 抗菌　全草提取的积雪草苷对 37 株标准菌株及临床分离菌株的生长均具有较强的抑制作用，尤其对耐甲氧西林的金黄色葡萄球菌（MRSA）、表皮葡萄球菌（MRSE），耐 5 种氨基糖苷类抗生素、产钝化酶的粪肠球菌，产 β- 内酰胺酶、超广谱 β- 内酰胺酶的大肠杆菌、肺炎克雷伯菌和醋酸钙不动杆菌，以及耐哌拉西林的铜绿假单胞菌等的生长有较好的抑制作用[16]。8. 抗氧化　全草的乙醇浸提物及萃取的组分均具有清除 1，1- 二苯基 -2- 三硝基苯肼自由基和羟自由基的作用，其中乙酸乙酯相提取的活性物质作用最为显著[17]；全草水提取的酚类和黄酮类化合物对 1，1- 二苯基 -2- 三硝基苯肼自由基有较好的清除作用[18]。

**【性味与归经】**苦、辛，寒。归肝、脾、肾经。

**【功能与主治】**清热利湿，解毒消肿。用于湿热黄疸，中暑腹泻，石淋血淋，痈肿疮毒，跌扑损伤。

**【用法与用量】**15 ～ 30g；鲜品加倍。

**【药用标准】**药典 1977—2015、浙江炮规 2005、广西壮药 2008 和香港药材七册。

**【临床参考】**1. 慢性前列腺炎：全草 30g，加黄芪 30g，柴胡、陈皮、炙甘草、大枣、生姜各 6g，升麻、白术、当归各 10g，党参 15g，会阴部刺痛明显、舌质紫暗或有瘀点等气滞血瘀表现明显者，加制乳香、没药各 10g；小便频数、腰膝酸软、舌质淡胖等肾气亏虚表现明显者，加仙茅、仙灵脾各 10g；小便黄赤、苔黄腻、脉滑数等湿热蕴结表现明显者，加败酱草 15g、木通 5g、白茅根 30g。每日 1 剂，水煎，分 2 次早晚温服[1]。

2. 早期糖尿病肾病：复方积雪草合剂（全草 30g，加黄芪 30g、桃仁 6g、当归 6g、制大黄 5g 等，水煎制成）口服，每日 1 剂[2]。

3. 病毒性肝炎伴溃疡病：全草 40g，加蒲公英 6g（鲜品加量），每日 1 剂，水煎分 2 ～ 3 次分服，15 ～ 20 天为 1 疗程，忌酒及辛辣油腻煎烤食品，配合服复合维生素 $B_2$、$B_6$ 片[3]。

4. 烧伤：积雪草膏［全草 40g，加虎杖 40g、白芷 40g、忍冬藤 40g、毛冬青 40g、紫草 40g、冰片 40g、白蜡 22g（冬季白蜡用 16g），香油 500g，制膏］外涂伤处，每日 2 次[4]。

5. 慢性肾功能衰竭：积雪排毒汤（全草 30g，加淫羊藿 20g、黄芪 20g、生地黄 15g、大黄 15g 等）口服，每日 1 剂，加水浓煎得 300ml，分 3 次服[5]。

6. 狼疮性肾炎：全草，加生地、丹参、接骨木、猫爪草等，发热者重用石膏，加寒水石、滑石；关节疼痛者加羌活、威灵仙；红斑明显者加水牛角、丹皮；口腔溃疡者加土茯苓、黄连；血管炎明显者加鬼箭羽、桂枝；胸腔积液者加葶苈子、大枣，每日 1 剂，水煎分 2 次服[6]。

7. 预防中暑：鲜全草 30 ～ 60g，水煎代茶。

8. 中暑腹泻：鲜全草搓成小团，嚼烂，开水送服 1 或 2 团；或鲜全草 30 ～ 60g，洗净，捣烂绞汁服，或水煎加食盐少许调服。

9. 湿热黄疸：鲜全草 15 ～ 60g，水煎服；或鲜全草，加鲜凤尾草 30g、鲜酢浆草 30g，米泔水煎，加白糖适量，温服。

10. 吐血、咯血、衄血：鲜全草 30 ～ 90g，捣烂绞汁服，或水煎服。

11. 小便不利、石淋、血淋：鲜全草 30 ～ 90g，水煎服。

12. 痈肿疔疖：鲜全草 30 ～ 60g，水煎服；并另用鲜全草加红糖或食盐适量捣烂敷患处。（7 方至 12 方引自《浙江药用植物志》）

13. 肺热咳嗽：全草 30g，加地麦冬 30g、白茅根 30g、枇杷叶 15g、桑叶 15g，水煎服。（《四川中药志》）

14. 哮喘：全草 30g，加黄疸草、薜荔藤各 15g，水煎服。（福建军区《中草药》）

**【附注】** 积雪草之名始载于《神农本草经》列为中品。段成式《酉阳杂俎》云："地钱叶圆茎细，有蔓延地，一曰积雪草，一曰连钱草。"《植物名实图考》载："今江西、湖南阴湿地极多，叶圆如五铢钱，引蔓铺地……，或以数枚煎水，清晨服之，能祛百病……。"并有附图两幅，其一幅与本种相符。积雪草在古文献中与用作药材连钱草的唇形科植物活血丹 *Glechoma longituba*（Nakai）Kupr. 存在同名异物现象。

药材积雪草脾胃虚寒者慎服。

**【化学参考文献】**


[1] 何明芳，孟正木，沃联群．积雪草化学成分的研究［J］．中国药科大学学报，2000，31（2）：91-93.

[2] 李亚楠，李志辉，霍丽妮，等．积雪草化学成分的研究［J］．广西中医药，2015，38（2）：78-80.

[3] 刘瑜，赵余庆．积雪草化学成分的研究［J］．中国现代中药，2008，10（3）：7-9.

[4] 张蕾磊，王海生，姚庆强，等．积雪草化学成分研究［J］．中草药，2005，36（12）：1761-1763.

[5] Kuroda M．积雪草中 5 个新的三萜苷［J］．国际中医中药杂志，2002，24（4）：237-238.

[6] 段晓彦，李宏树，王丽红，等．积雪草及其活性成分的国内外研究进展［J］．武警后勤学院学报（医学版），2009，18（3）：252-255.

[7] Weng X X，Zhang J，Gao W，et al．Two new pentacyclic triterpenoids from *Centella asiatica*［J］．Helv Chim Acta，2012，95（2）：255-260.

[8] 翁小香，陈云艳，邵燕，等．积雪草中一个熊果烷型的新三萜苷［J］．中国医药工业杂志，2011，42（3）：187-188.

[9] Weng X X，Zhang J，Gao W，et al．Two new pentacyclic triterpenoids from *Centella asiatica*［J］．Helv Chim Acta，2012，95（2）：255-260.

[10] Shao Y，Ou-Yang D W，Gao W, et al．Three new pentacyclic triterpenoids from *Centella asiatica*［J］．Helv Chim Acta，2014，97（7）：992-998.

[11] 于泉林，高文远，张彦文，等．积雪草化学成分研究［J］．中国中药杂志，2007，32（12）：1182-1184.

[12] Jiang Z Y，Zhang X M，Zhou J，New triterpenoid glycosides from *Centella asiatica*［J］．Helve Chim Acta，2005，88（2）：297-303.

[13] Matsuda H，Morikawa T，Ueda H，et al．Medicinal foodstuffs．XXVI．inhibitors of aldose reductase and new triterpene and its oligoglycoside，centellasapogenol A and centellasaponin A，from *Centella asiatica*（Gotu Kola）［J］．Heterocycles，2001，55（8）：1499-1504.

[14] Shukla Y N，Srivastava R，Tripathi A K，et al．Characterization of an ursane triterpenoid from *Centella asiatica* with growth inhibitory activity against *Spilarctia oblique*［J］．Pharm Biol，2000，38（4）：262-267.

[15] Dutta T，Basu U P．Triterpenoids．I．Thankuniside and thankunic acid-A new triterpene glycoside and acid from *Centella asiatica*［J］．J Sci Ind Res B：Physical Sciences，1962，21B：239-240.

[16] Weng X X，Shao Y，Chen Y Y，et al．Two new dammarane monodesmosides from *Centella asiatica*［J］．J Asian Nat Prod Res，2011，13（8）：749-755.

[17] Subban R，Veerakumar A，Manimaran R，et al．Two new flavonoids from *Centella asiatica*（Linn．）［J］．J Nat Med，2008，62（3）：369-373.

[18] 秦路平，丁如贤，张卫东，等．积雪草挥发油成分分析及其抗抑郁作用研究［J］．第二军医大学学报，1998，19（2）：87-88.

[19] Oyedeji O A，Afolayan A J．Chemical composition and antibacterial activity of the essential oil of *Centella asiatica* growing in South Africa［J］．Pharm Biol，2005，43（3）：249-252.

[20] Joshi V P，Kumar N，Singh B，et al．Chemical composition of the essential oil of *Centella asiatica*（L．）Urb．from Western Himalaya［J］．Nat Prod Commun，2007，2（5）：587-590.

[21] Singh B, Rastogi R P. Examination of *Centella asiatica*. IV. reinvestigation of the triterpenes of *Centella asiatica* [J]. Phytochemistry, 1969, 8 (5): 917-921.

[22] 汪学昭，于雁灵，陈瑶，等. 不同产地积雪草中的微量元素比较研究 [J]. 广东微量元素科学，2000，7（1）：41-43.

[23] Srivastava R, Shukla Y N, Tripathi A K, et al. A disubstituted pyrone from *Centella asiatica* [J]. Ind J Chem, Section B, 1997, 36B (10): 963-964.

[24] Srivastava R, Shukla Y N, Tripathi A K. Antifeedant compounds from *Centella asiatica* [J]. Fitoterapia, 1997, 68 (1): 93-94.

[25] Rumalla C S, Ali Z, Weerasooriya A, et al. Two new triterpene glycosides from *Centella asiatica* [J]. Planta Med, 2010, 76 (10): 1018-1021.

[26] Nguyen X N, Tai B H, Quang T H, et al. A new ursane-type triterpenoid glycoside from *Centella asiatica* leaves modulates the production of nitric oxide and secretion of TNF-α in activated RAW 264. 7 cells [J]. Bioorg Med Chem Lett, 2011, 21 (6): 1777-1781.

[27] Prum N, Illel B, Raynaud J. Flavonoid glycosides from *Centella asiatica* L. (Umbelliferae) [J]. Pharmazie, 1983, 38 (6): 423.

[28] Satake T, Kamiya K, An Y, et al. The anti-thrombotic active constituents from *Centella asiatica* [J]. Biol Pharm Bull, 2007, 30 (5): 935-940.

[29] Yu Q L, Duan H Q, Gao W Y, et al. A new triterpene and a saponin from *Centella asiatica* [J]. Chin Chem Lett, 2007, 18 (1): 62-64.

[30] Yu Q L, Duan H Q, Takaishi Y, et al. A novel triterpene from *Centella asiatica* [J]. Molecule, 2006, 11 (9): 661-665.

[31] Matsuda H, Morikawa T, Ueda H, et al. Medicinal foodstuffs. XXVII. saponin constituents of gotu kola (2): structures of new ursane- and oleanane-type triterpene oligoglycosides, centellasaponins B, C, and D, from *Centella asiatica* cultivated in Sri Lanka [J]. Chem Pharm Bull, 2001, 49 (10): 1368-1371.

[32] Kuroda M, Mimaki Y, Harada H, et al. Five new triterpene glycosides from *Centella asiatica* [J]. Nat Med, 2001, 55 (3): 134-138.

[33] Siddiqui B S, Aslam H, Ali S T, et al. Chemical constituents of *Centella asiatica* [J]. J Asian Nat Prod Res, 2007, 9 (4): 407-414.

[34] Govindan G, Sambandan T G, Govindan M, et al. A bioactive polyacetylene compound isolated from *Centella asiatica* [J]. Planta Med, 2007, 73 (6): 597-599.

[35] Kapoor R, Ali M, Mir S R. Phytochemical investigation of *Centella asiatica* aerial parts [J]. Orient J Chem, 2003, 19 (2): 485-486.

[36] Rana V S, Blazquez M A. Volatile constituents of *Centella asiatica* aerial parts [J]. Indian Perfumer, 2007, 51 (1): 57-58.

**【药理参考文献】**

[1] 章庆国，赵士芳. 积雪草甙、羟基积雪草甙对体外培养人成纤维细胞增殖及胶原合成的影响 [J]. 江苏医药，2003，29（2）：91-93.

[2] 王瑞国，王锦菊，余祥彬，等. 积雪草甙对成纤维细胞DNA合成与胶原蛋白合成的影响 [J]. 康复学报，2001，11（2）：41-42.

[3] 谢举临，利天增，祁少海，等. 积雪草甙对体外培养的成纤维细胞的作用 [J]. 中山大学学报（医学科学版），2001，22（1）：41-43.

[4] 张涛，利天增，祁少海，等. 积雪草苷对烧伤创面愈合中细胞周期蛋白、增殖细胞核抗原表达的影响 [J]. 中华实验外科杂志，2005，22（1）：43-45.

[5] 王雪松，郑芸，方积年. 积雪草中降血糖多糖的研究 [J]. 中国药学杂志，2005，39（22）：1697-1699.

[6] 明志君，孙萌. 积雪草总甙抗炎作用的实验研究 [J]. 中国中医药科技，2002，9（1）：62-62.

[7] 秦路平，丁如贤，张卫东，等. 积雪草挥发油成分分析及其抗抑郁作用研究 [J]. 第二军医大学学报，1998，19（2）：186-187.

[8] 陈瑶，韩婷，芮耀诚，等．积雪草总苷对实验性抑郁症大鼠血清皮质酮和单胺类神经递质的影响［J］．中药材，2005，28（6）：492-496.
[9] 陈宝雯，纪宝安，张学智．积雪草提取物对胃粘膜的保护作用及其机制探讨［J］．中华消化杂志，1999，19（4）：246-248.
[10] Cheng C L，Koo M W L．Effects of *Centella asiatica* on ethanol induced gastric mucosal lesions in rats［J］．Life Sciences，2000，67（21）：2647-2653.
[11] 明志君，朱路佳，薛洁，等．积雪草总苷抗实验性大鼠乳腺增生［J］．中国新药与临床杂志，2004，23（8）：510-512.
[12] 孙盛梅，李佩玲，吴雅冬，等．积雪草甙诱导人宫颈癌 Hela 细胞凋亡及其机制的探讨［J］．黑龙江医药科学，2007，30（2）：42-43.
[13] 黄云虹，张胜华，甄瑞贤，等．积雪草甙诱导肿瘤细胞凋亡及增强长春新碱的抗肿瘤作用［J］．癌症，2004，23（12）：1599-1604.
[14] 王锦菊，王瑞国，王宝奎，等．积雪草甙抗肿瘤作用的初步实验研究［J］．福建中医药，2001，32（4）：39-40.
[15] 桑红，倪容之，沈献平，等．积雪甙对黑素瘤细胞生长影响的实验研究［J］．中华皮肤科杂志，2004，37（2）：71-73.
[16] 张胜华，余兰香，甄瑞贤，等．积雪草苷的抗菌作用及对小鼠实验性泌尿系统感染的治疗作用［J］．中国新药杂志，2006，15（20）：1746-1749.
[17] 贺惠娟，李菁，朱伟杰，等．积雪草提取物的抗氧化及免疫调节作用研究［J］．中国病理生理杂志，2010，26（4）：771-776.
[18] Pittella F，Dutra R C，Junior D D，et al．Antioxidant and cytotoxic activities of *Centella asiatica*（L.）Urb.［J］．International Journal of Molecular Sciences，2009，10（9）：3713-3721.

**【临床参考文献】**

[1] 周本初，黄建波，楼招欢，等．补中益气汤加积雪草治疗慢性前列腺炎 158 例［J］．浙江中医杂志，2015，50（5）：357-358.
[2] 孙赟．复方积雪草合剂治疗早期糖尿病肾病临床疗效观察［J］．中国实用内科杂志，2017，37（5）：467-468.
[3] 沈宗国．积雪草汤治疗病毒性肝炎伴溃疡病疗效观察［J］．江西中医药，1995，26（6）：25.
[4] 崔文华，刘光亮，李尧宾，等．积雪草治疗烧伤的止痛、防瘢痕疗效观察［J］．中国组织工程研究，2002，6（6）：839-839.
[5] 张彬，刘建国．积雪排毒汤治疗慢性肾功能衰竭 33 例临床疗效观察［J］．四川中医，2007，25（1）：47-49.
[6] 苏晓，夏嘉，杨旭鸣，等．养阴清热、活血利水中药组方治疗狼疮性肾炎的疗效观察［J］．辽宁中医杂志，2012，39（12）：2413-2416.

## 3. 峨参属 *Anthriscus*（Pers.）Hoffm.

二年生或多年生草本，有细长圆锥形根。茎直立，圆柱形，中空，有分枝，有刺毛或光滑。叶片三出式羽状分裂或羽状多裂；叶柄有鞘。复伞形花序顶生或侧生；总苞片无；小总苞片数枚，通常反折；花杂性，萼齿不明显；花瓣白色或黄绿色，长圆形或楔形，先端内折，外缘花常有辐射瓣；花柱基圆锥形，花柱短。果实长卵形至条形，顶端狭窄呈喙状，两侧扁压，光滑或具小瘤点，合生面通常收缩；果柄顶端有白色小刚毛，油管不明显。

约 15 种，分布于欧洲、亚洲、非洲、美洲。中国 1 种，分布于华东、西南、西北各省区，法定药用植物 1 种。华东地区法定药用植物 1 种。

### 665. 峨参（图 665）• *Anthriscus sylvestris*（Linn.）Hoffm.

**【形态】**二年生或多年生草本。茎较粗壮，高 0.6 ～ 1.5m，多分枝，近无毛。基生叶有长柄，柄长

图 665 峨参　　摄影　张芬耀

5 ～ 20cm，基部有长约 4cm、宽约 1cm 的鞘；叶片轮廓呈卵状三角形，二回羽状分裂，长 10 ～ 30cm，一回羽片有长柄，卵形至宽卵形，长 4 ～ 12cm，宽 2 ～ 8cm，具二回羽片 3 ～ 4 对，二回羽片有短柄或近无柄，卵状披针形，长 2 ～ 6cm，宽 1.5 ～ 4cm，羽状全裂或深裂，末回裂片卵形或椭圆状卵形，有粗锯齿；沿脉疏生柔毛；茎上部叶有短柄或无柄，基部呈鞘状。复伞形花序顶生或侧生，伞辐 4 ～ 15 个，不等长；小总苞片 3 ～ 8 枚，卵形至披针形，顶端尖锐，反折；花白色，通常带绿或黄色。果实长卵形至条状长圆形，长 5 ～ 10mm，宽 1 ～ 1.5mm，光滑或疏生小瘤点，顶端渐狭呈喙状，合生面明显收缩，果柄顶端常有一环白色小刚毛，油管不明显。花期 4 ～ 5 月，果期 5 ～ 6 月。

**【生境与分布】**生于山坡林下、路旁及溪边。分布于江苏、安徽、江西、浙江，另辽宁、河北、河南、陕西、山西、湖北、云南、四川、内蒙古、甘肃、新疆等省区均有分布；欧洲及北美亦有分布。

**【药名与部位】**峨参，根。

**【采集加工】**秋后采挖，刮去粗皮，置沸水中略烫，干燥。

**【药材性状】**呈圆锥形，略弯曲，有的分叉，长 3 ～ 12cm，中部直径 1 ～ 2cm。顶端有茎痕，侧面偶有疔疤，尾端渐细。表面黄棕色或灰褐色，有不规则纵皱纹，上部有环纹，下部可见突起的横长皮孔。质坚实，断面黄白色或黄棕色，角质样。气微，味微辛、微麻。栽培品较粗壮，长 2 ～ 5cm，直径 1 ～ 3cm，部分有 2 ～ 5 个分叉或瘤状突起，环纹不甚明显，表面多呈灰黄色，半透明状。质重。

**【药材炮制】**除去杂质，洗净，润透，切薄片，干燥。

**【化学成分】**块根含木脂素类：峨参素 *（sylvestrin）、刺果峨参素（nemerosin）、（-）-去氧鬼臼根酮［（-）-deoxypodorhizone］、当归酰基鬼臼毒素（angeloylpodophyllotoxin）、去氧鬼臼苦素（deoxypicropodophyllin）[1]，（-）-去氧鬼臼毒素［（-）-deoxypodophyllotoxin］、苦鬼臼毒素（picropodophyllotoxin）[1,2]，峨参内酯（anthricin）[3]，去氧苦鬼臼毒素（deoxypicropodophyllotoxin）[4]，

莫雷裂榄素（morelensin）、裂榄宁（bursehernin）[5]，异峨参内酯（isoanthricin）和2-（3″, 4α, 5″-三甲氧基苄基）-3-（3′, 4′-亚甲二氧基苄基）丁内酯［2-（3″, 4α, 5″-trimethoxybenzyl）-3-（3′, 4′-methylenedioxybenzyl）butyrolactone］[6]；苯丙素类：榄香素（elemicin）、峨参素（anthriscusin）、1-（3′-甲氧基-4′, 5′-亚甲二氧基苯基）-1ξ-甲氧基-2-丙烯［1-（3′-methoxy-4′, 5′-methylenedioxyphenyl）-1ξ-methoxy-2-propene］、峨参醇甲酯（anthriscinol methyl ether）[7]，峨参醇（anthriscinol）[8]，番红水芹酮（crocatone）[6]，*O*-［（*Z*）-2-当归酰氧基甲基-2-丁酰氧基］-3-甲氧基-4, 5-亚甲二氧基桂皮醇{*O*-［（*Z*）-2-angeloyloxymethyl-2-butenoyl］-3-methoxy-4, 5-methylenedioxycinnamyl alcohol}、1-（3-甲氧基-4, 5-亚甲二氧基苯基）-2-2-当归酰氧基丙烷-1-酮［1-（3-methoxy-4, 5-methylenedioxyphenyl）-2-2-angeloyloxypropan-1-one］[6]，峨参醇甲醚（anthriscinol methyl ether）[4]和峨参醇乙醚（anthriscinol ethyl ether）[9]；香豆素类：5-甲氧补骨脂素（5-methoxypsoralen）、异东莨菪内酯（isoscopoletin）、东莨菪内酯（scopoletin）[1]，紫花前胡苷（nodakenin）和东莨菪苷（scopolin）[8]；核苷类：尿嘧啶（uracil）[8]；聚炔类：镰叶芹二醇（falcarindiol）[1,7]；黄酮类：槲皮素（quercetin）、芹菜素（apigenin）和芦丁（rutin）[10]；甾体类：豆甾醇（stigmasterol）、β-谷甾醇（β-sitosterol）、豆甾醇-β-D-葡萄糖苷（stigmasterol-β-D-glucoside）和菜油甾醇（campesterol）[8]；皂苷类：齐墩果酸-3-*O*-β-吡喃葡萄糖苷（oleanolic acid-3-*O*-β-glucopyranoside）[4]；酚酸衍生物类：邻苯二甲酸二-（2-乙基）己酯［bis-（2-ethylhexyl）phthalate］[3]和3-甲氧基-4, 5-二氧亚甲基苯甲醛（3-methoxy-4, 5-methylenedioxybenzaldehyde）[4]；内酯类：环丁二酸酐（cyclic succinic anhydride）[4]；烷烯烃类：2-壬烯（2-nonene）[4]和正二十七烷（*n*-heptacosane）[11]；糖类：β-槐糖（β-sophorose）[4]；烯酸类：（*Z*）-2-当归酰氧基甲基-2-丁烯酸［（*Z*）-2-angeloyloxymethyl-2-butenoic acid］[6]，2-甲基-7, 9-十一二烯酸庚酯（2-methyl-7, 9-undecadien）、十八碳二烯酸（octadecadienoic acid）和（*Z*）-2-当归酰氧甲基-2-丁烯酸［（*Z*）-2-angeloyloxymethyl-2-butenoic acid］[3,11]；挥发油类：β-香叶烯（β-myrcene）、α-蒎烯（α-pinene）、*d*-柠檬烯（*d*-limonene）、α-异松油烯（α-terpinolene）、γ-萜品烯（γ-terpinene）、对伞花烃（*p*-cymene）、苯甲醛（benzaldehyde）、l-α-葑醇（l-α-fenchyl alcohol）、l-α-葑醇乙酯（l-α-fenchyl acetate）[8]，β-水芹烯（β-phellandrene）、*Z*-β-罗勒烯（*Z*-β-ocimene）[12]，甲苯（methylbenzene）、大根老鹳草烯D（germacrene D）、异龙脑（isoborneol）、薄荷醇（menthol）、芹菜脑（apiole）、异丁香烯（iso-caryophyllene）、香树烯（aromadendrene）、α-衣兰烯（α-ylangene）、α-芹子烯（α-selinene）、α-姜黄烯（α-curcumen）、α-长叶蒎烯（α-longipinene）、花侧柏烯（cuparene）、α-姜烯（α-zingiberene）、β-柏木烯（β-cedrene）、榄香素（elemicin）、匙叶桉油烯醇（spathulenol）、肉豆蔻醚（myristicin）、α-可巴烯（α-copaene）、β-雪松烯（β-himachalene）、β-紫罗兰酮（β-ionone）和荒漠木烯（eremophilene）等[13]。

叶含挥发油类：β-水芹烯（β-phellandrene）、β-香叶烯（β-myrcene）、桧烯（sabinene）[12]，愈创木酚（guaiacol）、α-蒎烯（α-pinene）和*d*-柠檬烯（*d*-limonene）[14]等。

花含挥发油类：丁香酚（eugenol）、β-香叶烯（β-myrcene）和*d*-柠檬烯（*d*-limonene）等[14]；黄酮类：木犀草素-7-*O*-β-D-吡喃葡萄糖苷（luteolin-7-*O*-β-D-glucopyranoside）[15]。

果实含木脂素类：峨参辛（anthricin）、莫雷裂榄素（morelensin）、（−）-扁柏脂素［（−）-hinokinin］和（−）-去氧西藏鬼臼脂酮［（−）-deoxypodorhizone］[16]；苯丙素类：1-（3′, 4′-二甲氧基苯基）-1-羟基-2-丙烯［1-（3′, 4′-dimethoxyphenyl）-1-hydroxy-2-propene］、3′, 4′-二甲氧基桂皮基-（*Z*）-2-当归酰氧基-甲基-2-丁烯酯［3′, 4′-dimethoxycinnamyl-（*Z*）-2-angeloyloxy-methyl-2-butenoate］和3′, 4′-二甲氧基桂皮基-（*Z*）-2-巴豆酰氧基-甲基-2-丁烯酯［3′, 4′-dimethoxycinnamyl-（*Z*）-2-tigloyloxy-methyl-2-butenoate］[16]；炔醇类：镰叶芹二醇（falcarindiol）[16]；脂肪酸类：欧芹酸（petroselinic acid）、反式欧芹酸（*trans*-petroselaidic acid）和亚油酸（linoleic acid）[17]。

地上部分含木脂素类：峨参辛（anthricin）[18]；黄酮类：木犀草素-7-*O*-β-D-吡喃葡萄糖苷

(luteolin-7-*O*-β-D-glucopyranoside)[18]；酚酸类：绿原酸（chlorogenic acid）[18]。

**【药理作用】**1. 抗氧化　根总黄酮在一定浓度范围内可清除羟自由基和抑制超氧阴离子，其清除率和抑制率均随浓度的增加而增大；峨参总黄酮可降低 D- 半乳糖所致衰老小鼠模型的丙二醛含量，提高超氧化物歧化酶的活性，有较强的体内外抗氧化作用[1, 2]；峨参提取物中的多糖对超氧阴离子的产生有明显的抑制作用，具有良好的体外抗氧化作用[3]。2. 抗肿瘤　根及地上部分的甲醇提取物对人胃癌 MK-1 细胞、宫颈癌 HeLa 细胞及小鼠黑色素瘤 B16F10 细胞的增殖均有明显的抑制作用[4]；根醇提取物的石油醚部位中分离得到的化合物峨参内酯（anthricin）对人肝癌 HepG2 细胞、骨肉瘤 MG-63 细胞、黑色素瘤 B16 细胞和人宫颈癌 HeLa 细胞的增殖有明显的抑制作用[5]；根中分离的峨参内酯（anthricin）对人乳腺癌细胞有明显的抑制作用，且通过抑制 Akt/mTOR 信号通路的自噬抑制增强其凋亡作用[6]；根中分离的法卡林二醇（falcarindiol）、(－)-脱氧鬼臼毒素[(－)-deoxypodophyllotoxin]、安琪酰基鬼臼毒素（angeloyl podophyllotoxin）、脱氧吡啶鬼臼啉（deoxypicropodophyllin）和苦鬼臼毒素（picropodophyllotoxin）对人早幼粒白血病 HL-60 细胞具有诱导细胞凋亡的作用，其作用与激活半胱氨酸天冬氨酸蛋白酶 -3（caspase-3）和使 DNA 片段化有关[7]；峨参内酯可阻滞肺癌 A549 细胞、宫颈癌 HeLa 细胞、肝癌 HepG2 细胞、骨肉瘤 MG-63 细胞于 S 期且具有诱导肿瘤细胞凋亡的作用，其机制是通过上调 Bax、P53 表达，下调 Bcl-2、STAT3、NF-κbp65 表达而实现的[8, 9]；峨参内酯对人结肠癌 SW480 和 HT29 细胞三维立体多细胞球模型有明显的抑制作用，呈现出一定的剂量依赖性[10, 11]；根石油醚提取物对肺癌 A549 和 H460 细胞的增殖有明显的抑制作用，细胞形态学观察发现，细胞荧光染色出现了明显的凋亡细胞，表现为细胞生长受到明显抑制，荧光增加，有明显的细胞核断裂和皱缩[12]；根的氯仿、乙酸乙酯和正丁醇提取物在体外对人肺癌 A549 和 H460 细胞的增殖也具有抑制作用[13]。3. 抗炎　叶水提取物具有很好的抗炎作用，在体外细胞实验中表明其抗炎作用是通过抑制核转录因子（NF-κB）和丝裂原活化蛋白激酶（MAPKs）通路而发挥抗炎作用的；水提取物能缓解角叉菜胶所致大鼠的足部肿胀[14]。4. 健脾益气　根水提取液对食醋所致脾虚小鼠的体重及其脏器指数、游泳时间、食欲、耐寒能力、活动次数、存活率均能不同程度地提高和改善作用[15]。5. 代谢调节　从根分离得到的脱氧鬼臼毒素（deoxypodophyllotoxin）对人细胞色素 CYP2C9 和 CYP3A4 有一定的抑制作用[16]。

**【性味与归经】**辛、甘，微温。归脾、胃、肺经。

**【功能与主治】**益气健脾，活血止痛。用于脾虚腹胀，乏力食少，肺虚咳喘，体虚自汗，老人夜尿频数，气虚水肿，劳伤腰痛，头痛，痛经，跌打瘀肿。

**【用法与用量】**煎服 9 ～ 15g；外用适量。

**【药用标准】**湖南药材 2009 和四川药材 2010。

**【临床参考】**1. 脾虚腹胀、四肢无力：根 9 ～ 15g，炖猪肉适量服。

2. 跌打损伤：根 9 ～ 15g，浸酒服。

3. 刀伤出血：鲜叶适量，捣烂敷或研粉外撒伤处。（1 方至 3 方引自《浙江药用植物志》）

4. 食积：根 9g，加青皮 6g、陈皮 6g，水煎服。（《湖北中草药志》）

5. 肺虚咳嗽：根 12g，加百合 12g、天冬 12g、川贝 9g，水煎服。

6. 老人尿多：根 12g，加桑螵蛸 9g、益智仁 9g，水煎服。（5 方、6 方引自《万县中草药》）

**【附注】**药材峨参孕妇慎用。

**【化学参考文献】**

[1] Jeong G S，Kwon O K，Park B Y，et al. Lignans and coumarins from the roots of *Anthriscus sylvestris* and their increase of caspase-3 activity in HL-60 cells [J]. Biol Pharm Bull，2007，30：1340-1343.

[2] Hendrawati O，Woerdenbag H J，Hille J，et al. Seasonal variations in the deoxypodophyllotoxin content and yield of *Anthriscus sylvestris* L.（Hoffm.）grown in the field and under controlled conditions [J]. J Agric Food Chem，2011，59（15）：8132-8139.

［3］王岳峰，耿耘，朱利平 . 峨参根化学成分研究［J］. 安徽农业科学，2009，37（23）：11001-11002.
［4］李静 . 峨参化学成分和高效液相指纹图谱研究［D］. 成都：西南交通大学硕士学位论文，2013.
［5］Lim Y H，Leem M J，Shin D H，et sl. Cytotoxic constituents from the roots of *Anthriscus sylvestris*［J］. Arch Pharm Res，1999，22（2）：208-212.
［6］Kozawa M，Morita N，Hata K. Chemical components of the roots of *Anthriscus sylvestris* Hoffm. I. structures of an acyloxycarboxylic acid and a new phenylpropanoidester，anthriscusin［J］. Yakugaku Zasshi，1978，98（11）：1486-1490.
［7］Ikeda R，Nagao T，Okabe H，et al. Antiproliferative constituents in Umbelliferae plants. III. constituents in the root and the ground part of *Anthriscus sylvestris* Hoffm［J］. Chem Pharm Bull，1998，46（5）：871-874.
［8］Kurihara T，Kikuchi M，Suzuki S，et al. Studies on the constituents of *Anthriscus sylvestris* Hoffm. I. On the components of the radix［J］. Yakugaku Zasshi，1978，98（12）：1586-1591.
［9］张欢，耿耘，马超英，等 . 峨参中一个新化合物及其活性初步研究［J］. 现代中药研究与实践，2017，31（1）：25-27.
［10］Milovanovic M，Picuric-Jovanovic K，Vucelic-Radovic B，et al. Antioxidant effects of flavonoids of *Anthriscus sylvestris* in lard［J］. J Am Oil Chem Soc，1996，73（6）：773-776.
［11］朱利平 . 峨参化学成分的研究［D］. 成都：西南交通大学硕士学位论文，2008.
［12］Bos R，Koulman A，Woerdenbag H J，et al. Volatile components from *Anthriscus sylvestris*（L.）Hoffm［J］. J Chromatogr A，2002，966（1-2）：233-238.
［13］Lim H，Shin S. Antibacterial and antioxidant activities of the essential oil from the roots of *Anthriscus sylvestris*［J］. Yakhak Hoechi，2012，56（5）：320-325.
［14］Kurihara T，Kikuchi M. Studies on the constituents of *Anthriscus sylvestris* Hoffm. II. on the components of the flowers and leaves［J］. Yakugaku Zasshi，1979，99（6）：602-606.
［15］Svendsen A B. Isolation of a luteolin 7-glycoside from the flowers of *Anthriscus silvestris*［J］. Pharm Acta Helv，1959，34：29-32.
［16］Ikeda R，Nagao T，Okabe H，et al. Antiproliferative constituents in Umbelliferae plants. IV. constituents in the fruits of *Anthriscus sylvestris* Hoffm［J］. Chem Pharm Bull，1998，46（5）：875-878.
［17］Kurono G，Sakai T. Fatty acids from fruit oil of Umbelliferae plants. I. fatty acids from the fruit oil of *Anthriscus sylvestris*［J］. Yakugaku Zasshi，1952，72：471-473.
［18］Dall'Acqua S，Giorgetti M，Cervellati R，et al. Deoxypodophyllotoxin content and antioxidant activity of aerial parts of *Anthriscus sylvestris* Hoffm［J］. Zeitschrift Fuer Naturforschung，C：Journal of Biosciences，2006，61（9/10）：658-662.

**【药理参考文献】**

［1］王岳峰，马超英，熊雄，等 . 峨参总黄酮体内外抗氧化作用的研究［J］. 西部中医药，2014，27（10）：11-13.
［2］耿耘，李莉，马超英 . 峨参对实验性衰老小鼠作用的实验研究［J］. 时珍国医国药，2011，22（1）：144-145.
［3］王岳峰，丁昭利 . 峨参多糖含量测定与抗氧化作用的研究［J］. 西部中医药，2015，28（8）：21-22.
［4］Ikeda R，Nagao T，Okabe H，et al. Antiproliferative constituents in umbelliferae plants. III. constituents in the root and the ground part of *Anthriscus sylvestris* Hoffm［J］. Chemical & Pharmaceutical Bulletin，1998，46（5）：871-884.
［5］Chen H，Jiang H Z，Li Y C，et al. Antitumor constituents from *Anthriscus sylvestris*（L.）Hoffm.［J］. Asian Pacific Journal of Cancer Prevention Apjcp，2014，15（6）：2803-2807.
［6］Jung C H，Kim H，Ahn J，et al. Anthricin isolated from *Anthriscus sylvestris*（L.）Hoffm. inhibits the growth of breast cancer cells by inhibiting Akt/mTOR signaling，and its apoptotic effects are enhanced by autophagy inhibition［J］. Evidence-based Complementary and Alternative Medicine：eCAM，2013，2013（1）：1-9.
［7］Jeong G S，Kwon O K，Park B Y，et al. Lignans and coumarins from the roots of *Anthriscus sylvestris* and their increase of caspase-3 activity in HL-60 cells［J］. Biological & Pharmaceutical Bulletin，2007，30（7）：1340-1343.
［8］黄艳娇，马超英，马保玉，等 . 峨参内酯对 4 种肿瘤细胞的抑制作用及机制研究［J］. 中华中医药学刊，2015，33（9）：2133-2135.
［9］雷博婷，马超英，李永超，等 . 峨参提取物抗肿瘤活性及对细胞凋亡机制研究［J］. 中华中医药学刊，2015，33（5）：

1085-1088.
［10］李征，耿耘，陈玉英，等．峨参内酯与 5-FU 联用对 SW480 多细胞球模型的影响及机制研究［J］．中华中医药学刊，2017，35（12）：3134-3137.
［11］吴姗姗，陈玉英，马超英，等．峨参石油醚提取物联合氟尿嘧啶对 HT29 多细胞球模型的作用及机制研究［J］．中华中医药学刊，2017，35（4）：822-826.
［12］马超英，涂显琴，牛顺子，等．峨参石油醚提取物对肺癌细胞 A549 和 H460 增殖的抑制作用观察［J］．河北医药，2011，33（13）：1925-1926.
［13］涂显琴，马超英，徐寅生，等．峨参提取物对肺癌细胞 A549 和 H460 增殖的抑制作用初步观察［J］．中华中医药学刊，2012，30（1）：60-62.
［14］Lee S A，Moon S M，Han S H，et al. *In vivo* and *in vitro* anti-inflammatory effects of aqueous extract of *Anthriscus sylvestris* leaves［J］. Journal of Medicinal Food，2018，21（6）：1-11.
［15］马超英．基于细胞凋亡调节基因为靶点的峨参抗肿瘤活性成分筛选及其作用机理研究［J］．学术动态，2010，（3）：21-24.
［16］Lee SK，kim Y，Jin C B，et al. Inhibitory effects of deoxypodo-phyllotoxin from *Anthriscus sylvestris* on human CYP2C9 and CYP3A4［J］. Planta Medica，2010，76：701- 704.

## 4. 变豆菜属 *Sanicula* Linn.

二年生或多年生草本。有根状茎、块根或成簇的纤维根。茎分枝或呈花葶状。叶有或近无柄，叶柄基部有宽的膜质叶鞘；叶片近圆形、广三角形或近五角形，掌状或三出分裂，裂片边缘有锯齿或重锯齿。单伞形花序或为伸长的复伞形花序；总苞片叶状；小总苞片小，分裂或不分裂；小伞形花序具两性花或仅具雄花；花白色、绿白色、淡黄色、紫色或淡蓝色；雄花有梗，两性花无或有短梗；萼齿卵形、条状披针形或呈刺芒状；花瓣先端内凹，有内折的小舌片；花柱基无或扁平如碟，短。果实长椭圆状卵形或近球形，表面密生皮刺或瘤状凸起，果棱不显著；通常在合生面有两条较大的油管。

约 40 种，分布于热带和亚热带地区。中国 17 种，分布于东北、华东、中南、西北和西南各省区，法定药用植物 1 种。华东地区法定药用植物 1 种。

## 666. 薄片变豆菜（图 666）• *Sanicula lamelligera* Hance

**【别名】**小山芹菜、水黄连（浙江），鹅掌脚草（安徽），肺经草。

**【形态】**多年生草本，高 13 ～ 30cm。根茎短，须根多数。茎高 2 ～ 7cm，直立，细弱，上部有少数分枝。基生叶多数，近五角形或圆形，长 2 ～ 6cm，宽 3 ～ 9cm，掌状三全裂，中间裂片楔状倒卵形或椭圆状倒卵形至菱形，上部 3 浅裂，基部楔形，侧裂片阔卵状披针形或斜倒卵形，通常 2 深裂或在外侧边缘有 1 缺刻；上表面绿色，下表面淡绿色或紫红色；叶柄长 4 ～ 18cm，基部有膜质鞘；茎生叶向上渐小，3 裂至不裂，长 3 ～ 15（～ 20）mm，宽 1 ～ 10mm，先端渐尖。花序通常 2 ～ 4 回二歧分枝或 2 ～ 3 叉；总苞片细小，条状披针形；伞辐 3 ～ 7 个，小总苞片 4 ～ 5 枚，条形；小伞形花序有花 5 ～ 6 朵；中央 1 朵为两性花，无梗，周围雄花 4 ～ 5 朵，具细梗，长 2 ～ 3mm；萼齿线形或呈刺毛状；花瓣白色、粉红色或淡蓝紫色，倒卵形，先端内凹；花丝长于萼齿 1 ～ 1.5 倍。果实长卵形或卵形，长 2.5mm，表面具短而直的皮刺，基部连成纵向的薄片；油管 5 条。花果期 4 ～ 11 月。

**【生境与分布】**生于海拔 510 ～ 2000m 的山坡林下、溪边及湿润的沙质土壤。分布于安徽、江西、浙江，另湖北、广东、广西、贵州、四川等省区均有分布；日本南部亦有分布。

**【药名与部位】**大肺筋草，全草。

**【化学成分】**全草含甾体类：胡萝卜苷（daucosterol）[1]；黄酮类：芹菜素 -7-*O*-β-D- 葡萄糖苷（apigenin-7-*O*-β-D-glucoside）、5- 羟基 -7, 3′, 4′- 三甲氧基黄酮（5-hudroxy-7, 3′, 4′-trimethoxyflavone）[1]，

图 666 薄片变豆菜 摄影 张芬耀等

5, 6, 7, 8, 4′- 五甲氧基黄酮（5, 6, 7, 8, 4′-pentamethoxyflavone）、3, 5, 6, 7, 8, 3′, 4′- 七甲氧基黄酮（3, 5, 6, 7, 8, 3′, 4′-heptamethoxyflavone）、异甘草素（isoliquiritigenin）、呋喃 -（2″,3″,7,6）-4′- 羟基二氢黄酮［furan-（2″,3″,7,6）-4′-hydroxyflavanone］、异补骨脂黄酮（isobavachin）[2]，薄片变豆菜黄素 A、B（saniculamin A、B）[3]，尖叶饱食桑素（brosimacutin）、6- 黄酮醇（6-flavonol）和凤梨百合醇（eucomol）[3]；香豆素类：白芷素（angelicin）[2]；酚酸衍生物类：3- 甲氧基 -4- 羟基苯甲醛（3-methoxy-4-hydroxybenzaldehyde）、3, 4- 二羟基苯甲醛（3, 4-dihydroxybenzaldehyde）[1] 和异阿魏醛（isoferulaldehyde）[2]；倍半萜类：薄片变豆菜萜素 A、$A_1$、B、C、D（saniculamoid A、$A_1$、B、C、D），1H- 环丙基 -［e］薁 -7- 醇 {1H-cycloprop-［e］azulen-7-ol}、（−）- 泽泻薁醇氧化物［（−）-alismoxide］、1, 5- 萘二酚（1, 5-naphthalenediol）、4（15）- 桉叶烯 -1α, 7β- 二醇［4（15）-eudesmene-1α, 7β-diol］、长莎草醇 C（cyperusol C）、八氢 -4- 羟基 -3*R*- 甲基 -7- 亚甲基 -*R*-（1- 甲基乙基）-1H- 吲哚 -1- 甲醇［octahydro-4-hydroxy-3*R*-methyl-7-methylene-*R*-（1-methylethyl）-1H-indene-1-methanol］、对凹顶藻 -4（15）- 烯 -1β, 11- 二醇［oppsit-4（15）-en-1β, 11-diol］、（6*S*）- 去氢催吐萝芙木醇［（6*S*）-dehydrovomifoliol］、柑橘苷 B（citroside B）和金黄糙苏苷（phlomuroside）[4]；三萜皂苷类：22- 当归酰 -$R_1$- 玉蕊醇（22-angeloyl-$R_1$-barrigenol）[2] 和 21-*O*-β-D- 吡喃葡萄糖基 - 齐墩果 -12- 烯 -3β, 16α, 21β, 22α, 28- 五醇 -3-*O*-β-D- 吡喃葡萄糖基 -（1→2）-［β-D- 吡喃阿拉伯糖基 -（1→3）］-β-D- 吡喃葡萄糖苷 {21-*O*-β-D-glucopyranosyl-olean-12-en-3β, 16α, 21β, 22α, 28-pentol-3-*O*-β-D-glucopyranosyl-（1→2）-［β-D-arabinopyranosyl-（1→3）］-β-D-glucopyranoside}[5]；酚酸类：4-*O*-β-D- 吡喃葡萄糖基迷迭香酸（4-*O*-β-D-glucopyranosyl rosmarinic acid）、迷迭香酸（rosmarinic acid）和 12- 羟基补骨脂酚（12-hydroxybakuchiol）[5]；糖类：正丁基 -D- 呋喃果糖苷（*n*-butyl-D-fructofuranoside）[1]。

【药理作用】1. 抗病毒　全草的正丁醇和乙酸乙酯提取部位对流感病毒的增殖有明显的抑制作用[1]；全草的正丁醇提取部位具有明显抗甲型 H1N1 流感病毒的作用[2]。2. 止咳化痰　全草的正丁醇和乙酸乙酯提取液对柠檬酸和氨水引起的豚鼠咳嗽有一定的镇咳作用，同时对小鼠有明显的化痰作用，其中止咳作用以饱和正丁醇提取部位为佳，化痰作用以乙酸乙酯提取部位为佳[3, 4]；全草的水提取液能延长小鼠出现咳嗽的时间，减少咳嗽次数，具有一定的止咳祛痰作用[5]。3. 抗炎　全草的乙酸乙酯提取部位对二甲苯所致小鼠的耳肿胀有抑制作用[3]。

【药用标准】四川药材 1979。

【临床参考】风寒咳嗽：全草 9 ～ 15g，加兔耳风、蛇含各 9 ～ 15g，水煎服。（《浙江药用植物志》）

【附注】本种的全草在四川、重庆和湖南等地民间也供药用，习称肺经草。同属植物天蓝变豆菜 *Sanicula coerulescens* Franch. 在四川、贵州、云南民间也作大肺筋草药用。

【化学参考文献】

［1］李雪晶，李雪松，刘展元，等 . 肺经草化学成分研究［J］. 湖南中医药大学学报，2013，33（11）：40-41.

［2］许光明，王哲明，刘年珍，等 . 肺经草乙酸乙酯部位化学成分研究［J］. 中药材，2015，38（8）：1661-1664.

［3］Xu G M，Wang Z M，Zhao B Q，et al. Saniculamins A and B，two new flavonoids from *Sanicula lamelligera* Hance inhibiting LPS-induced nitric oxide release ［J］. Phytochem Lett，2016，18：35-38.

［4］Li X S，Zhou X J，Zhang X J，et al. Sesquiterpene and norsesquiterpene derivatives from *Sanicula lamelligera* and their biological evaluation［J］. J Nat Prod，2011，74（6）：1521-1525.

［5］Zhou L Y，Liu H Y，Xie B B，et al. Two new glycosides from *Sanicula lamelligera*［J］. Zeitschrift Für Naturforschung B，2006，61（5）：607-610.

【药理参考文献】

［1］李雪松 . 肺经草的化学成分及其生物活性研究［D］. 长沙：湖南中医药大学硕士学位论文，2011.

［2］蔡锐，芦芳国，李雪松，等 . 肺经草抗甲型 H1N1 流感有效部位的研究［J］. 亚太传统医药，2010，6（5）：30-31.

［3］周小江，曾南，贾敏如 . 肺经草止咳化痰有效部位的初步筛选［J］. 中国民族民间医药，2005，（1）：46-49.

［4］周小江，贾敏如，曾南 . 苗瑶医习用药肺经草止咳化痰作用的成分部位初步筛选［J］. 中国民族医药杂志，2005，11（4）：19-21.

［5］周小江，贾敏如 . 民间药肺经草的药效学研究［J］. 重庆中草药研究，2000，（1）：42-43.

## 5. 防风属 *Saposhnikovia* Schischk.

多年生草本。根粗壮直立，分枝。茎直立，由基部二歧分枝。叶二至三回羽状全裂。复伞形花序顶生，疏松；总苞片缺失或 1 ～ 3 枚；小总苞片 4 ～ 5 枚，披针形；萼齿三角状卵形；花瓣白色，倒卵形，顶端有内折的小舌片；花柱基圆锥形，花柱与其等长，果期伸长而下弯；子房密被海绵质，带白色的疣状突起，果期逐渐消失，留有突起的痕迹。双悬果狭椭圆形或椭圆形，背部扁压，分生果有明显隆起的狭背棱，侧棱较宽呈狭翅状，在主棱下及在棱槽内各有油管 1 条，合生面有油管 2 条。

1 种，分布于西伯利亚东部及亚洲北部。中国 1 种，分布于东北、华北、华东各地，法定药用植物 1 种。华东地区法定药用植物 1 种。

## 667. 防风（图 667）• *Saposhnikovia divaricata*（Trucz.） Schischk.［*Siler divaricatum* Benth.et Hook.f.；*Ledebouriella divaricata*（Turcz.） M. Hiroe］

【别名】北防风、关防风、东防风（浙江）。

【形态】多年生草本，高 30 ～ 80cm。根粗壮，细长圆柱形，分枝，淡黄棕色；顶部被褐色纤维状

**图 667　防风**　　摄影　郭增喜等

叶柄残基及明显的环纹。茎单生，二歧分枝斜上升，与主茎近等长，有细棱。基生叶丛生，有扁长的叶柄，基部有宽叶鞘；基生叶轮廓卵形或长圆形，二回至三回羽状全裂，一回裂片卵形或长圆形，有柄，长5～8cm；二回裂片具短柄；末回裂片条形至披针形，长1.5cm，宽4mm；茎生叶向上逐渐退化，有宽叶鞘。复伞形花序多数，总花序梗长2～5cm；总苞片缺或1～3片；伞辐4～9个，不等长，初时近轴面被柔毛；小总苞片4～5板，披针形；萼齿短三角形；花瓣倒卵形，白色，先端微凹，具内折小舌片。双悬果狭椭圆形或椭圆形，背部扁压，侧棱较宽呈翅状；每棱槽内通常有油管1条，合生面油管2条。花期8～9月，果期9～10月。

**【生境与分布】**生于草原、丘陵、多砾石山坡。分布于安徽、浙江、山东，另黑龙江、吉林、辽宁、内蒙古、河北、宁夏、陕西、甘肃、山西均有分布。

**【药名与部位】**防风，根。

**【采集加工】**春、秋二季采挖未抽花茎植株的根，除去须根和泥沙，晒干。

**【药材性状】**呈长圆锥形或长圆柱形，下部渐细，有的略弯曲，长15～30cm，直径0.5～2cm。表面灰棕色或棕褐色，粗糙，有纵皱纹、多数横长皮孔样突起及点状的细根痕。根头部有明显密集的环纹，有的环纹上残存棕褐色毛状叶基。体轻，质松，易折断，断面不平坦，皮部棕黄色至棕色，有裂隙，木质部黄色。气特异，味微甘。

**【药材炮制】**防风：除去杂质，洗净，润透，切厚片，干燥。炒防风：取防风饮片，炒至表面深黄色，微具焦斑时，取出，摊凉。防风炭：取防风饮片，炒至浓烟上冒，表面焦黑色，内部棕褐色时，微喷水，灭尽火星，取出，晾干。

**【化学成分】**根及根茎含多糖类：防风酸性多糖 C（saposhnikovan C）[1] 和防风酸性多糖 A（saposhnikovan A）[2]；聚炔类：镰叶芹酮（falcarinone）、人参炔醇（panaxynol）、镰叶芹二醇（falcarindiol）、人参环氧炔醇（panaxydol）和人参炔三醇（panaxytriol）[3]。

根含色原酮类：升麻素苷，即伯 -*O*- 葡萄糖升麻素（*prim-O*-glucosylcimifugin）、4′-*O*-β-D- 葡萄糖基 -5-*O*-甲基维斯阿米醇（4′-*O*-β-D-glucosyl-5-*O*-methyl visamminol）、升麻素（cimifugin）、仲 -*O*- 亥茅酚葡萄糖苷（*sec-O*-glucosylhamaudol）[4]，5-*O*- 甲基维斯阿米醇（5-*O*-methyl visamminol）[5]，（3′*S*）-3′-*O*-β-D-呋喃芹糖基 -（1→6）-*O*-β-D- 吡喃葡萄糖亥茅酚[（3′*S*）-3′-*O*-β-D-apiofuranosyl-（1→6）-*O*-β-D-glucopyranosyl hamaudol]、（2′*S*）- 4′-*O*-β-D- 呋喃芹糖 -（1→6）-*O*-β-D- 吡喃葡萄糖维斯阿米醇[（2′*S*）-4′-*O*-β-D-apiofuranosyl-（1→6）-*O*-β-D-glucopyranosyl visamminol]、4′-*O*-β-D- 吡喃葡萄糖基维斯阿米醇（4′-*O*-β-D-glucopyranosyl visamminol）[6]，防风色原酮（ledebouriellol）、亥茅酚（hamaudol）、防风酚（divaricatol）[7]，黑色素（melanochrome）[8]，防风酯 *B（divaricataester B）、3′-*O*- 当归酰亥茅酚（3′-*O*-angeloyl hamaudol）、（3*S*）-2, 2- 二甲基 -3, 5 - 二羟基 -8- 羟甲基 -3, 4- 二氢 -2H, 6H- 苯并［1, 2-b：5, 4-b′］二吡喃 -6- 酮{（3*S*）-2, 2-dimethyl-3, 5-dihydroxy-8-hydroxymethyl-3, 4-dihydro-2H, 6H-benzo［1, 2-b：5, 4-b′］dipyran-6-one}[9]，3′-*O*- 乙酰亥茅酚（3′-*O*-acetyl hamaudol）、沙漠柚木苷 A*（undulatoside A）[10]，升麻苷（cimicifugoside）、5-*O*- 甲基维斯阿米醇苷（5-*O*-methyl viaminoside）[11] 和臭矢菜素 A（leomiscosin A）[12]；香豆素类：异欧前胡素（isoimperatorin）[4]，异秦皮素（isofraxidin）、东莨菪内酯（scopoletin）、（3′*S*）- 羟基石防风素［（3′*S*）-hydroxydeltoin］、秦皮素啶（fraxidin）[7]，印度榅桲素（marmesin）、川白芷内酯（anomalin）、甲氧基 -8-（3 - 羟甲基 - 丁 -2- 烯氧基）- 补骨脂素［methoxy-8-（3-hydroxymethyl-but-2-enyloxy）-psoralen］、林二醇（lindiol）、白当归素（byakangelicin）[8]，紫花前胡苷元（nodakenetin）、5- 甲氧基 -8- 羟基补骨脂素（5-methoxyl-8-hydroxypsoralen）、石防风素（deltoin）、8- 甲氧基补骨脂素（8-methoxyl psoralen）、欧前胡素（imperatorin）、别欧前胡素（alloimperatorin）[9]，补骨脂素（psoralen）、香柑内酯（bergapten）、珊瑚菜内酯（phellopterin）、花椒毒素（xanthotoxin）、异紫花前胡苷（marmeinen）[10]，5- 羟基 -8- 甲氧基补骨脂素（5-hydroxy-8-methoxypsoralen）[12]，防风灵（sapodivarin）[13]，防风豆素 *A、B、C（divaricoumarin A、B、C）、哈乌丁素 A、C（hyuganin A、C）、白花前胡乙素（praeruptorin B）、顺式 -3′, 4′- 二千里光酰基凯林内酯（*cis*-3′, 4′-disenecioyl khellactone）、顺式 -3′- 异戊酰基 -4′- 千里光酰基凯林内酯（*cis*-3′-isovaleryl-4′-senecioyl khellactone）、顺式凯林内酯（*cis*-khellactone）、水合氧化前胡素（oxypeucedanin hydrate）、紫花前胡醇（decurcinol）、伞形花内酯（umbelliferone）[14]，异香柑内酯（isobergapten）、紫花前胡素（decursin）、5- 甲氧基 -7-（3, 3- 二甲基烯丙氧基）- 香豆素［5-methoxy-7-（3, 3-dimethylallyl-oxy）-coumarin］、紫花前胡醇当归酰酯（decursinolangelate）[15]，秦椒豆醇 *（xanthoarnol）和紫花前胡苷（nodakenin）[16]；聚炔类：人参炔醇（panaxynol）和镰叶芹二醇（falcarindiol）[17]；苯并呋喃类：防风酯 *C（divaricataester C）[9]；黄酮类：汉黄芩素（wogonin）[10] 和杨芽黄素（tectochrysin）[15]；木脂素类：黄花菜木脂素 A（clemiscosin A）[12] 和 8′- 表黄花菜木脂素 A（8′-epicleomiscosin A）[16]；脂肪酸及低碳羧酸类：单亚油酸甘油酯（glycerol monolinoleate）、单油酸甘油酯（glycerol monooleate）[7]，（±）-2- 羟基 -3-（4- 羟基 -3- 甲氧基苯基）-3- 甲氧基丙基神经酸酯［（±）-2-hydroxy-3-（4-hydroxy-3-methoxyphenyl）-3-methoxypropyl nervonic acid ester］[8]，丁烯二酸（2-butene diacid）[10] 和二十五烷酸（pentacosaneacid）[15]；酚酸类：4- 羟基 -3- 甲氧基苯甲酸（4-hydroxy-3-methoxy benzoic acid）和香草酸（vanillic acid）[18]；糖类：D- 甘露醇（D-mannitol）[10]，蔗糖（sucrose）[18]，防风土多糖 -1*（SDNP-1）、防风土多糖 -2*（SDNP-2）[19]，防风多糖 a（SPS a）和防风多糖 b（SPS b）[20]；甾体类：胡萝卜苷（daucosterol）、β- 谷甾醇（β-sitosterol）[12] 和豆甾醇（stigmasterol）[16]；生物碱类：防风酯 *A（divaricataester A）[9] 和防风嘧啶（fangfengalpyrimidine）[12]；核苷类：腺苷（adenosine）[10]；呋喃类：5- 羟甲基糠醛（5-hydroxymethyl furfural）[21]；苯丙素类：防风酯 C（divaricataester C）[21] 和玛美巴豆素（marmelerin）[10]；挥发油类：镰叶芹醇（falcarinol）、苯亚甲基丙二醛（benzylidenemalonaldehyde）、正辛醛（*n*-octaldehyde）[22] 和 β- 没药烯（β-bisabolene）[23] 等；其他尚含：2- 丁烯二酸（2-butene diacid）和 4- 羟基 -3- 甲氧基苯甲酸（4-hydroxy-3-methoxybenzoic acid）[10]。

果实含挥发油类：桧烯（sabinene）、香叶烯（myrcene）、β- 蒎烯（β-pinene）、对孜然芹烃（*p*-cymene）和松油烯醇（terpinenol）等[24]。

**【药理作用】**1. 抗炎　根的水提取物中分离的色原酮部位可降低胶原蛋白诱导型关节炎模型大鼠血清及关节组织中的促炎性细胞因子和介质水平，抑制人成纤维细胞样滑膜细胞中核转录因子（NF-κB）的 DNA 结合活性，同时下调 MAPKs 信号通路[1]；根的乙醇提取物可促进谷氨酸钠碘乙酸诱导型关节炎模型大鼠后肢负重的恢复，抑制促炎细胞因子和介质的产生，并保护模型大鼠软骨和软骨下骨组织[2]；根中分离的欧前胡素（imperatorin）及石防风素（deltoin）可降低脂多糖诱导的 RAW264.7 巨噬细胞的一氧化氮水平[3]；根和根茎水提取物能抑制二甲苯所致小鼠的耳肿胀，其抗炎作用根优于根茎[4]，根中分离纯化的升麻苷（cimicifugoside）和 5-*O*- 甲基维斯阿米醇苷（5-*O*-methyl viaminoside）为抗炎活性成分[5]。2. 解热镇痛　根和根茎的水提取物、根的 $CO_2$ 超临界萃取物均能降低 2，4- 二硝基苯酚致热大鼠的体温，减少乙酸致痛大鼠的扭体次数，解热作用根与根茎相当，镇痛作用根优于根茎[4, 6]；根的水提取物和 70% 乙醇提取物均可显著降低三联疫苗（百日咳、白喉及破伤风疫苗）致热家兔的体温，显著减少乙酸致痛小鼠的扭体次数，显著延长热板法致痛小鼠的痛阈反应时间[7]，其根的水提取物镇痛作用优于根茎，解热作用相当[4]；升麻苷和 5-*O*- 甲基维斯阿米醇苷也具有解热、镇痛作用[5]。3. 抗氧化　根的 70% 乙醇提取物可清除 2，2′- 联氮 - 二（3- 乙基 - 苯并噻唑 -6- 磺酸）二铵盐（ABTS）自由基[8]；根中提取的多糖对 1，1- 二苯基 -2- 三硝基苯肼（DPPH）自由基及羟自由基（·OH）具有较强的清除作用，酸性防风多糖（A-SPS）抗氧化作用强于中性防风多糖（N-SPS）[9]。4. 抗肿瘤　根的乙醇提取物可显著抑制人白血病 K562、人淋巴瘤 Raji、人宫颈癌 HeLa、人肺癌 Calu-1 等肿瘤细胞的增殖，根中分离纯化的人参炔醇（panaxynol）可将细胞周期阻滞在 $G_0/G_1$ 期，抑制细胞周期 E mRNA 转化为 β- 肌动蛋白 mRNA，从而抑制肿瘤细胞的增殖[10]；多糖可诱导人白血病 K562 细胞出现核固缩、凋亡小体，显著抑制细胞的生长，且呈一定剂量依赖性[11]。5. 增强免疫　根的水提取物可拮抗黑素瘤细胞对 RAW264.7 巨噬细胞的抑制作用[12]。6. 抗血栓　根的甲醇提取物的正丁醇萃取部位可显著降低家兔血小板的黏附功能，减轻家兔动 - 静脉旁路中形成血栓的重量，缩短家兔体外形成血栓的长度，并减轻血栓湿重与干重[13]；根的 50% 乙醇提取物中分离得到的有效部位可降低小鼠血浆黏度，延长凝血酶原时间和抑制由二磷酸腺苷（ADP）诱导的血小板聚集[14]。7. 护肝　根的水提取物和 50% 乙醇提取物可显著降低四氯化碳所致急性肝损伤模型小鼠的血清谷丙转氨酶及天冬氨酸氨基转移酶的活性，降低肝匀浆丙二醛含量，提高超氧化物歧化酶活性[15]。8. 止血　根的 $CO_2$ 超临界萃取物可显著缩短断尾小鼠的出血时间，显著缩短大鼠凝血酶原时间及活化部分凝血激酶时间，延长优球蛋白溶解时间，且呈剂量依赖性[16]。9. 抗过敏　根的水提取物可抑制组胺所致豚鼠离体气管收缩，显著抑制豚鼠离体回肠平滑肌的收缩，且呈剂量依赖性，可显著延长组胺所致豚鼠药物性哮喘的潜伏期并减少抽搐次数，能显著延长卵白蛋白所致豚鼠过敏性休克惊厥倒下时间[17]。

**【性味与归经】**辛、甘，微温。归膀胱、肝、脾经。

**【功能与主治】**祛风解表，胜湿止痛，止痉。用于感冒头痛，风湿痹痛，风疹瘙痒，破伤风。

**【用法与用量】**4.5 ～ 9g。

**【药用标准】**药典 1963—2015、浙江炮规 2015、新疆药品 1980 二册、四川药材 1987、香港药材二册和台湾 2013。

**【临床参考】** 1. 风寒湿痹型膝骨性关节炎：根 8g，加赤茯苓 30g，秦艽、川牛膝各 15g，川芎、赤芍、桑寄生、羌活、白芷各 10g，桂枝 12g、狗脊 8 g、细辛 3g、甘草 6g，寒郁化热者加黄芩 15g、薏苡仁 30g，痛甚者加延胡索 20g、当归 15g，寒甚者加入鹿角霜 20g，每日 1 剂，水煎分 2 次服，1 周为 1 个疗程，治疗 4 个疗程[1]。

2. 单纯性肥胖：防风通圣丸（根，加川芎、当归、赤芍、大黄、薄荷、麻黄、连翘、生石膏、黄芩等制成）口服，每次 6g，每日 3 次，餐前 0.5 ～ 1h 服用，2 个月为 1 疗程[2]。

3. 感冒头痛：根 9g，加白芷 9g、川芎 9g、荆芥 6g，水煎服。

4. 风湿性关节炎：根 15g，加茜草、苍术、老鹳草各 15g，白酒 1L，浸泡 7 日后服，每次 10 ～ 15ml，每日 3 次。（3 方、4 方引自《浙江药用植物志》）

**【附注】** 防风始载于《神农本草经》。《本草图经》载："今京东、淮、浙州郡皆有之。根土黄色，与蜀葵根相类；茎叶俱青绿色，茎深而叶淡，似青蒿而短小，初时嫩紫，作菜茹极爽口 。五月开细白花，中心攒聚作大房，似莳萝花，实似胡荽而大。"《救荒本草》云："防风，今中牟田野中有之。根土黄色，与蜀葵根相类，稍细短。茎叶俱青绿色，茎深而叶淡，叶似青蒿叶而阔大，又似米蒿叶而稀疏，茎似茴香。开细白花，结实似胡荽子而大。又有叉头者，……。采嫩苗叶作菜茹煠食，极爽口 。"《本草图经》并有附图四幅。其中所附"解州防风"图与本种相符。

药材防风血虚发痉及阴虚火旺者慎服。

本种的叶和花民间也作药用。

**【化学参考文献】**


[1] Shimizu N，Tomoda M，Gonda R，et al. An acidic polysaccharide having activity on the reticuloendothelial system from the roots and rhizomes of *Saposhnikovia divaricata* [J]. Chem Pharm Bull，1989，37（11）：3054-3057.

[2] Shimizu N，Tomoda M，Gonda R，et al. The major pectic arabinogalactan having activity on the reticuloendothelial system from the roots and rhizomes of *Saposhnikovia divaricata* [J]. Chem Pharm Bull，1989，37（5）：1329-1332.

[3] Wang C N，Shiao Y J，Kuo Y H，et al. Inducible nitric oxide synthase inhibitors from *Saposhnikovia divaricata* and *Panax quinquefolium* [J]. Planta Med，2000，66（7）：644-647.

[4] Gui Y，Tsao R，Li L，et al. Preparative separation of chromones in plant extract of *Saposhnikovia divaricata* by high-performance counter-current chromatography [J]. J Sep Sci，2011，34（5）：520-526.

[5] Li L，Gui Y G，Wang J，et al. Preparative separation of chromones in plant extract of *Saposhnikovia divaricata* by reverse-phase medium-pressure liquid chromatography and high performance counter-current chromatography [J]. J Liq Chromatogr R T，2013，36（8）：1043-1053.

[6] Ma S Y，Shi L G，Gu Z B，et al. Two new chromone glycosides from roots of *Saposhnikovia divaricata* [J]. Chem Biodivers，2018，15（9）：1-11.

[7] Okuyama E，Hasegawa T，Matsushita T，et al. Analgesic components of saposhnikovia root（*Saposhnikovia divaricata*）[J]. Chem Pharm Bull，2001，49（2）：154-160.

[8] Chin Y W，Jung Y H，Chae H S，et al. Anti-inflammatory constituents from the roots of *Saposhnikovia divaricata* [J]. Bull Korean Chem Soc，2011，32（6）：2132-2134.

[9] Kang J，Sun J H，Zhou L，et al. Characterization of compounds from the roots of *Saposhnikovia divaricata*by high-performance liquid chromatography coupled with electrospray ionization tandem mass spectrometry [J]. Rapid Commun Mass Sp，2008，22（12）：1899-1911.

[10] 肖永庆，李丽，杨滨，等. 防风化学成分研究 [J]. 中国中药杂志，2001，26（2）：117-119.

[11] 薛宝云，李文，李丽，等. 防风色原酮甙类成分的药理活性研究 [J]. 中国中药杂志，2000，25（5）：297-299.

[12] 姜艳艳，刘斌，石任兵，等. 防风化学成分的分离与结构鉴定 [J]. 药学学报，2007，42（5）：505-510.

[13] 赵博，杨鑫宝，杨秀伟，等. 防风灵——防风中 1 个新的香豆素类化合物 [J]. 中国中药杂志，2010，35（11）：1418-1420.

[14] Yang J L，Dhodary B，Quy Ha T K，et al. Three new coumarins from *Saposhnikovia divaricata* and their porcine epidemic

diarrhea virus (PEDV) inhibitory activity [J]. Chem Inform, 2015, 71 (28): 4651-4658.
[15] 赵博，杨鑫宝，杨秀伟，等. 防风化学成分的研究 [J]. 中国中药杂志，2010，35（12）：1569-1572.
[16] Kim S J, Chin Y W, Yoon K D, et al. Chemical constituents of *Saposhnikovia divaricata* [J]. Kor J Pharm, 2008, 39 (4): 357-364.
[17] Baba K, Tabata Y, Kozawa M, et al. Studies on Chinese traditional medicine Fang-feng (I). structures and physiological activities of polyacetylene compounds from *Saposhnikoviae radix* [J]. Shoyakugaku Zasshi, 1987, 41 (3): 189-194.
[18] Guo D A, Liu Z A, Lou Z C. Constituents of Chinese drug Fangfeng, the root of *Saposhnikovia divaricata* [J]. J Chinese Pharm Sci, 1992, 1 (2): 80-83.
[19] Dong C X, Liu L, Wang C Y, et al. Structural characterization of polysaccharides from *Saposhnikovia divaricata* and their antagonistic effects against the immunosuppression by the culture supernatants of melanoma cells on RAW264. 7 macrophages [J]. Int J Biol Macromol, 2018, 113: 748-756.
[20] 王松柏，秦雪梅，刘焕蓉，等. 防风多糖化学成分的研究 [J]. 化学研究，2008，19（2）：66-68.
[21] Kang J, Zhou L, Sun J H, et al. Three new compounds from the roots of *Saposhnikovia divaricata* [J]. J Asian Nat Prod Res, 2008, 10 (10): 971-976.
[22] 陈勇，李晓如，曾笑，等. 气相色谱 - 质谱和化学计量学解析法分析防风挥发油成分 [J]. 中国医院药学杂志，2008，28（6）：500-502.
[23] 吉力，徐植灵，潘炯光. 防风挥发油的 GC-MS 分析 [J]. 天然产物研究与开发，1995，7（4）：5-8.
[24] 王建华，李硕，楼之岑. 防风果实中挥发油成分的研究 [J]. 中国药学杂志，1991，26（8）：465-466.

**【药理参考文献】**

[1] Kong X, Liu C, Zhang C, et al. The suppressive effects of *Saposhnikovia divaricata*, (Fangfeng) chromone extract on rheumatoid arthritis via inhibition of nuclear factor-κB and mitogen activated proteinkinases activation on collagen-induced arthritis model [J]. Journal of Ethnopharmacology, 2013, 148 (3): 842-850.
[2] Jin M C, Kim H S, Lee A Y, et al. Anti-inflammatory and antiosteoarthritis effects of *Saposhnikovia divaricata* ethanol extract: *in vitro* and *in vivo* studies [J]. Evidence-Based Complementray and Alternative Medicine, 2016, 2016 (2): 1-8.
[3] Wang C C, Chen L G, Yang L L. Inducible nitric oxide synthase inhibitor of the Chinese herb I. *Saposhnikovia divaricata* (Turcz.) Schischk [J]. Cancer Letters, 1999, 145 (1-2): 151-157.
[4] 孟祥才，孙晖，孙小兰，等. 防风根和根茎药理作用比较 [J]. 时珍国医国药，2009，20（7）：1627-1629.
[5] 薛宝云，李文，李丽，等. 防风色原酮甙类成分的药理活性研究 [J]. 中国中药杂志，2000，25（5）：297-299.
[6] 杨波，曹玲，王喜军. 防风 $CO_2$ 超临界萃取物的药效学研究 [J]. 中医药学报，2006，34（1）：14-15.
[7] 陈古荣，杨士琰，明德珍，等. 引种防风与东北防风药理作用的比较研究 [J]. 中药材，1985，（1）：14-21.
[8] Tai J, Cheung S. Anti-proliferative and antioxidant activities of *Saposhnikovia divaricata* [J]. Oncology Reports, 2007, 18 (1): 227-234.
[9] 张泽庆，田应娟，张静. 防风多糖的抗氧化活性研究 [J]. 中药材，2008，31（2）：268-272.
[10] Kuo Y C, Lin Y L, Huang C P, et al. A tumor cell growth inhibitor from *Saposhnikovae divaricata* [J]. Cancer Investigation, 2002, 20 (7-8): 955-964.
[11] 刘华，罗强，孙黎，等. 防风多糖诱导人白血病 K562 细胞凋亡的研究 [J]. 临床血液学杂志，2008，21（3）：260-263.
[12] Dong C X, Liu L, Wang C Y, et al. Structural characterization of polysaccharides from *Saposhnikovia divaricata*, and their antagonistic effects against the immunosuppression by the culture supernatants of melanoma cells on RAW264. 7 macrophages [J]. International Journal of Biological Macromolecules, 2018, 113: 748-755.
[13] 朱惠京，张红英，姜美子，等. 防风正丁醇萃取物对家兔血小板粘附功能及实验性血栓形成的影响 [J]. 中国中医药科技，2004，11（1）：37-38.
[14] 李文，李丽，是元艳，等. 防风有效部位的药理作用研究 [J]. 中国实验方剂学杂志，2006，12（6）：29-31.
[15] 姜超，李伟，郑毅男. 防风提取物对肝脏的保护作用 [J]. 吉林农业大学学报，2014，36（3）：306-309.
[16] 高英，李卫民，荣向路，等. 防风超临界提取物的止血作用 [J]. 中草药，2005，36（2）：254-256.
[17] 陈子珺，李庆生，淤泽溥，等. 防风与刺蒺藜抗过敏作用的实验研究 [J]. 云南中医中药杂志，2003，24（4）：30-32.

【临床参考文献】
[1] 王飞，刘长信，田忠固，等．防风汤加减治疗风寒湿痹型膝骨性关节炎的临床研究 [J]．陕西中医，2015，36（7）：866-867.
[2] 钱江，杨柳，陈清华．防风通圣丸治疗单纯性肥胖症 60 例 [J]．中国美容医学，2005，14（2）：223-224.

## 6. 窃衣属 *Torilis* Adans.

一年生或二年生草本，全体被粗毛或柔毛。根细长，圆锥形。茎直立，单生，有分枝。叶有柄，柄具鞘；叶片近膜质，一至二回羽状分裂或多裂，第一回羽片卵状披针形，边缘羽状深裂或全缘，有短柄，末回裂片狭窄。疏松的复伞形花序顶生、腋生或与叶对生；总苞片数枚或无；小总苞片数枚，钻形；伞辐 2 ～ 12 个，直立，开展；花白色或带红色，萼齿三角形，尖锐；花瓣倒圆卵形，先端狭窄内凹，背部中间至基部有粗伏毛；花柱基圆锥形，花柱短。果实圆卵形或长圆形，主棱线状，棱间有直立或呈钩状的皮刺，皮刺基部阔展、粗糙；每一次棱下方有油管 1 条。

约 20 种，分布于欧洲、亚洲、非洲、美洲。中国 2 种，分布于除内蒙古、新疆、黑龙江外的各省区，法定药用植物 1 种。华东地区法定药用植物 1 种。

### 668. 小窃衣（图 668）· *Torilis japonica*（Houtt.）DC.［*Torilis anthriscus*（Linn.）Gmel.］

**图 668　小窃衣**　　摄影　徐克学等

【别名】婆子草、破子草（浙江），窃衣。

【形态】一年生或多年生草本，高 20 ～ 120cm。主根细长，圆锥形。茎有纵条纹及短硬毛。叶卵形，一至二回羽状分裂，第一回羽片卵状披针形，长 2 ～ 6cm，宽 1 ～ 2.5cm，羽状深裂，末回裂片披针形至长圆形，边缘有条裂状的粗齿、缺刻或分裂。复伞形花序顶生或腋生，花序梗长 3 ～ 25cm；总苞片 3 ～ 10 枚，通常条形；伞辐 4 ～ 12 个，长 1 ～ 3cm，开展；小总苞片 5 ～ 8 枚，钻形；小伞形花序有花 4 ～ 12 朵，花梗长 1 ～ 4mm；萼齿细小，三角形或三角状披针形；花瓣白色、紫红色或蓝紫色，倒圆卵形，先端内折，外面中间至基部有紧贴的粗毛。果实卵状长圆形，长 1.5 ～ 4mm，宽 1.5 ～ 3mm，通常有内弯或呈钩状的皮刺；皮刺基部阔展，粗糙。花期 5 ～ 7 月，果期 7 ～ 8 月。

【生境与分布】生于海拔 150 ～ 3060m 的杂木林下、路旁、河沟边及溪边草丛。分布于浙江、安徽、江西、福建、江苏、山东，另吉林、辽宁、河北、河南、陕西、山西、湖北、湖南、云南、四川、贵州、甘肃等省区有分布；欧洲及亚洲温带地区也有分布。

【药名与部位】华南鹤虱，成熟果实。

【采集加工】夏末果实成熟时，割取果枝干燥，打下果实，除去杂质。

【药材性状】为矩圆形的双悬果，多裂为分果，分果长 3 ～ 4mm，宽 1.5 ～ 2mm。表面棕绿色或棕黄色，顶端有微突的残留花柱，基部圆形，常残留有小果柄。背面隆起，密生钩刺，刺的长短与排列均不整齐，状似刺猬。接合面凹陷呈槽状，中央有一条脉纹。体轻。搓碎时有特异香气。味微辛、苦。

【化学成分】果实含倍半萜类：窃衣素（torilin）、环氧窃衣醇 *（epoxytorilinol）、榄香窃衣酮 *（elematorilone）、杜松窃衣苷 *（cardinatoriloside）、11-*O*- 乙酰基 -8- 窃衣醇酮 -8-*O*-D- 吡喃葡萄糖苷（11-*O*-acetyl-8-torilolone-8-*O*-D-glucopyranoside）、窃衣醇酮（torilolone）、1β- 羟基窃衣醇酮（1β-hydroxytorilolone）、1β- 羟基窃衣素酮（1β-hydroxytorilin）、11- 乙酰氧基 -8- 丙酰基 -4- 愈创木烯 -3- 酮（11-acetoxy-8-propionyl-4-guaien-3-one）、1β- 羟基 -4（15）, 5*E*, 10（14）- 大根香叶三烯［1β-hydroxy-4（15）, 5*E*, 10（14）-germacratriene］、2α, 7- 二羟基宽叶缬草烷（2α, 7-dihydroxykessane）、氧化窃衣内酯（oxytorilolide）、4α, 5, 6, 7, 8, 8α- 六氢 -4, 8α- 二甲基 -6-（1- 甲基乙烯基）-2（1H）- 萘酮［4α, 5, 6, 7, 8, 8α-hexahydro-4, 8α-dimethyl-6-（1-methylethenyl）-2（1H）-naphthalenone］[1]，去当归酰氧基窃衣素（deangeloyloxytorilin）、1β, 7α, 10α（H）-11- 乙酰氧基 - 愈创木 -4- 烯 -3- 酮［1β, 7α, 10α（H）-11-acetoxy-guaia-4-en-3-one］[2]，11-*O*- 乙酰基 -8- 表窃衣醇酮 -8-*O*-D- 吡喃葡萄糖苷（11-*O*-acetyl-8-epi-torilolone-8-*O*-D-glucopyranoside）[3]，11- 乙酰氧基 -8- 异丁酰基 -4- 愈创木烯 -3- 酮（11-acetoxy-8-isobutyryl-4-guaien-3-one）、11- 乙酰氧基 -8- 异丁烯酰基 -4- 愈创木烯 -3- 酮（11-acetoxy-8-methacrylyl-4-guaien-3-one）[4]，1α- 羟基窃衣素（1α-hydroxytorilin）[5]，4（15）- 桉叶烯 -1β, 6α- 二醇［4（15）-eudesmene-1β, 6α-diol］、4（15）- 桉叶烯 -1β, 5α- 二醇［4（15）-eudesmene-1β, 5α-diol］、4α, 15- 环氧桉烷 -1β, 6α- 二醇（4α, 15-epoxyeudesmane-1β, 6α-diol）、2α, 7, 8β- 三羟基宽叶缬草烷（2α, 7, 8β-trihydroxykessane）、3（12）, 7（13）, 9（*E*）- 葎草烷三烯 -2, 6- 二醇［3（12）, 7（13）, 9（*E*）-humulatrien-2, 6-diol］[6]，窃衣醇酮 -11-*O*-β-D- 吡喃葡萄糖苷（torilolone-11-*O*-β-D-glucopyranoside）、8- 表窃衣醇酮 -8-*O*-β-D- 吡喃葡萄糖苷（8-epi-torilolone-8-*O*-β-D-glucopyranoside）、（1*R*, 7*R*, 10*S*）-11- 羟基愈创木 -4- 烯 -3, 8- 二酮 -β-D- 吡喃葡萄糖苷［（1*R*, 7*R*, 10*S*）-11-hydroxygual-4-en-3, 8-dione-β-D-glucopyranoside］、（1*S*, 7*R*, 8*S*, 10*S*）-11- 乙酰氧基 -8- 羟基愈创木 -4- 烯 -3- 酮 -8-*O*-β-D- 吡喃葡萄糖苷［（1*S*, 7*R*, 8*S*, 10*S*）-11-acetoxy-8-hydroxyguai-4-en-3-one-8-*O*-β-D-glucopyranoside］、（1*R*, 4*R*, 5*R*, 7*R*, 10*S*）-10, 11, 15- 三羟基愈创木 -11-*O*-β-D- 吡喃葡萄糖苷［（1*R*, 4*R*, 5*R*, 7*R*, 10*S*）-10, 11, 15-trihydroxy-gualane-11-*O*-β-D-glucopyranoside］、2α, 7, 8β- 三羟基宽叶缬草烷 -8-*O*-β-D- 吡喃葡萄糖苷（2α, 7, 8β-trihydroxykessane-8-*O*-β-D-glucopyranoside）、2α, 7- 二羟基宽叶缬草烷 -2-*O*-β-D- 吡喃葡萄糖苷（2α, 7-dihydroxykessane-2-*O*-β-D-glucopyranoside）、2α, 7, 12- 三羟基宽叶缬草烷 -2-*O*-β-D- 吡喃葡萄糖苷（2α, 7, 12-trihydroxykessane-2-*O*-β-D-glucopyranoside）[7]，（1*R*, 3a*R*, 4*R*, 7a*S*）- 八氢 -3a- 甲基 -7-

亚甲基 -1-（2- 甲基 -1- 丙烯 -1- 基）-1H- 茚 -4- 醇［（1*R*, 3a*R*, 4*R*, 7a*S*）-octahydro-3a-methyl-7-methylene-1-（2-methyl-1-propen-1-yl）-1H-inden-4-ol］、［1*R*-（1α, 3aβ, 4β, 7aα）］- 八氢 -3a- 甲基 -7- 亚甲基 -1-（2- 甲基 -2- 丙烯基）-1H- 茚 -4- 醇｛［1*R*-（1α, 3aβ, 4β, 7aα）］-octahydro-3a-methyl-7-methylene-1-（2-methyl-2-propenyl）-1H-inden-4-ol｝、［1*S*-（1α, 3aβ, 4β, 7aα）］- 八氢 -4- 羟基 -α, α, 3a- 三甲基 -7- 亚甲基 -1H- 茚 -1- 甲醇｛［1*S*-（1α, 3aβ, 4β, 7aα）］-octahydro-4-hydroxy-α, α, 3a-trimethyl-7-methylene-1H-indene-1-methanol｝、八氢 -1-（1- 甲氧基 -2- 甲基丙基）-3a- 甲基 -7- 亚甲基 -1H- 茚 -4- 醇［octahydro-1-（1-methoxy-2-methylpropyl）-3a-methyl-7-methylene-1H-inden-4-ol］[8]，（-）- 大根老鹳草烯 D［（-）-germacrene D］、葎草烯（humulene）、（-）- 大根老鹳草烷 -4（15），5（*E*），10（14）- 三烯 -1β- 醇［（-）-germacra-4（15），5（*E*），10（14）-trien-1β-ol］[9]，11- 乙酰氧基 -1, 8- 二羟基愈创木 -4- 烯 -3- 酮（11-acetyloxy-1, 8-dihydroxyguai-4-en-3-one）和（1α, 6β）-1, 6- 二羟基窃衣素［（1α, 6β）-1, 6-dihydroxytorilin］[10]；单萜类：（1*S*, 2*R*, 4*S*）-2- 羟基 -1, 8- 桉树脑 -β-D- 呋喃芹菜糖基 -（1→6）-β-D- 吡喃葡萄糖苷［（1*S*, 2*R*, 4*S*）-2-hydroxy-1, 8-cineole-β-D-apiofuranosyl-（1→6）-β-D-glucopyranoside］[11]；多元醇类：（3*R*）-2- 羟甲基丁烷 -1, 2, 3, 4- 四醇［（3*R*）-2-hydroxymethyl-butane-1, 2, 3, 4-tetrol］、（2*S*, 3*R*）-2- 甲基丁烷 -1, 2, 3, 4- 四醇［（2*S*, 3*R*）-2-methylbutane-1, 2, 3, 4-tetrol］和（2*E*）-2- 甲基丁烷 -1, 4- 二醇 -1-*O*-β-D- 吡喃葡萄糖苷［（2*E*）-2-methylbutane-1, 4-diol-1-*O*-β-D-glucopyranoside］[11]。

种子含挥发油：α- 崖柏烯（α-thujene）、α- 蒎烯（α-pinene）和樟烯（camphene）等[12]。

地上部分含挥发油：β- 桉叶烯（β-eudesmene）、α- 芹子烯（α-selinene）、桉叶 -7（11）- 烯 -4- 醇［eudesm-7（11）-en-4-ol］和 β- 榄香烯（β-elemene）等[13]。

全草含倍半萜内酯类：窃衣内酯（torilolide）和氧化窃衣内酯（oxytorilolide）[12]；挥发油：大根老鹳草烯 D（germacrene D）、β- 丁香烯（β-caryophyllene）、α- 葎草烯（α-humulene）、γ- 杜松烯（γ-cadinene）和双环大根老鹳草烯（bicyclogermacrene）等[14]。

**【药理作用】**抗菌　地上部分提取的挥发油对肺炎克雷伯菌（MTCC3384）、金黄色葡萄球菌（MTC3103）、肠炎沙门氏菌（MTC3224）、大肠杆菌（MTC44）、铜绿假单胞菌（MTCC424）、普通变形杆菌（MTC1771）6 种细菌的生长均有明显的抑制作用，对吉利毕赤酵母菌和白色念珠菌也有较强的抑制作用[1]。

**【性味与归经】**苦、辛，平。小毒。归脾、大肠经。

**【功能与主治】**杀虫止泻，除湿止痒。用于虫积腹痛，泻痢，疮疡溃烂，阴痒带下，湿疹。

**【用法与用量】**6 ~ 9g。

**【药用标准】**湖南药材 2009。

**【临床参考】**痈疮：果实适量，水煎冲洗或坐浴。（《全国中草药汇编》）

**【化学参考文献】**

[1] Song D H，Jo Y H，Ahn J H，et al. Sesquiterpenes from fruits of *Torilis japonica* with inhibitory activity on melanin synthesis in B16 cells［J］. J Nat Med，2018，72（1）：155-160.

[2] Ryu J H，Jeong Y S. A new guaiane type sesquiterpene from *Torilis japonica*［J］. Arch Pharm Res，2001，24（6）：532-535.

[3] Kang S S，Lee E B，Kim T H，et al. The NMR assignments of torilin from *Torilis japonica*［J］. Arch Pharm Res，1994，17（4）：284-286.

[4] Lee I，Lee J H，Hwang E I，et al. New guaiane sesquiterpenes from the fruits of *Torilis japonica*［J］. Chem Pharm Bull，2008，56（10）：1483-1485.

[5] Park H，Choi S U，Baek N I，et al. Guaiane sesquiterpenoids from *Torilis japonica* and their cytotoxic effects on human cancer cell lines［J］. Arch Pharm Res，2006，29（2）：131-134.

[6] Kitajima J，Suzuki N，Satoh M，et al. Sesquiterpenoids of *Torilis japonica* fruit［J］. Phytochemistry，2002，59（8）：

811-815.

[7] Kitajima J, Suzuki N, Tanaka Y. New guaiane-type sesquiterpenoid glycosides from *Torillis japonica* fruit [J]. Chem Pharm Bull, 1998, 46 (11): 1743-1747.

[8] Itokawa H, Matsumoto H, Mihashi S. Isolation of oppositane- and cycloeudesmane-type sesquiterpenoids from *Torilis japonica* D. C. [J]. Chem Lett, 1983, (8): 1253-1256.

[9] Itokawa H, Matsumoto H, Mihashi S. Constituents of *Torilis japonica* D. C. I. Isolation and optical purity of germacra-4 (15), 5 (*E*), 10 (14) -trien-1β-ol [J]. Chem Pharm Bull, 1983, 31 (5): 1743-1745.

[10] Kim DC, Kim J A, Min B S, et al. Guaiane sesquiterpenoids isolated from the fruits of *Torilis japonica* and their cytotoxic activity [J]. Helv Chim Acta, 2010, 93 (4): 692-697.

[11] Kitajima J, Suzuki N, Ishikawa T, et al. New hemiterpenoid pentol and monoterpenoid glycoside of *Torilis japonica* fruit, and consideration of the origin of apiose [J]. Chem Pharm Bull, 1998, 46 (10): 1583-1586.

[12] Ashraf M, Ahmad R, Asghar B, et al. Studies on the essential oils of the Pakistani species of the family Umbelliferae. Part XXXVII. *Torilis japonica* (Hautt). DC (Laithy) and *Torilis leptophylla* (l), (Reichb) seed oils [J]. Pakistan J Sci Ind Res, 1979, 22 (6): 313-314.

[13] Chen J, Xu X J, Fang Y H, et al. Chemical composition and antibacterial activity of the essential oil from the aerial parts of *Torilis japonica* [J]. Journal of Essential Oil-Bearing Plants, 2013, 16 (4): 499-505.

[14] Fujita SI. Miscellaneous contributions to the essential oils of plants from various territories. LI. On the components of essential oils of *Torilis japonica* (Houtt.) DC [J]. Yakugaku Zasshi, 1990, 110 (10): 771-775.

**【药理参考文献】**

[1] Kharkwal G C, Pande C, Tewari G, et al. Terpenoid composition and antimicrobial activity of essential oil from *Torilis japonica* (Houtt.) DC. [J]. Journal of the Indian Chemical Society, 2017, 94: 191-194.

## 7. 胡萝卜属 *Daucus* Linn.

二年生草本，全株有粗毛。有肉质直根。茎直立，有分枝。叶有柄，叶柄具鞘；叶片薄膜质，叶片二至三回羽状分裂，末回裂片狭窄。复伞形花序疏松，顶生或腋生；总苞多数，羽状分裂或不分裂；小总苞片多数，常 3 裂，偶不裂或缺；伞辐少数至多数，不等长；花白色或黄色，小伞形花序中心的花呈紫色，通常不孕；萼齿小或不明显；花瓣倒卵形，先端凹陷，呈内折的小舌片，靠外缘的花瓣为辐射瓣；花柱基短圆锥形，花柱短。双悬果长圆形至圆卵形，主棱上有刚毛或刺毛；次棱 4 条，具翅；每棱槽内有油管 1 条，合生面油管 2 条。

约 20 种，分布于欧洲、非洲、美洲、亚洲。中国 1 种 1 变种，各地均有分布或栽培，法定药用植物 1 种。华东地区法定药用植物 1 种。

### 669. 野胡萝卜（图 669）• *Daucus carota* Linn.

**【别名】**胡萝卜，鹤虱草、野胡萝卜子（江苏）。

**【形态】**二年生草本，高 15 ～ 120cm。茎单生，全体有白色粗硬毛。基生叶薄膜质，长圆形，二至三回羽状全裂，末回裂片条形至披针形，长 2 ～ 15mm，宽 0.5 ～ 4mm，先端尖锐，有小尖头，光滑或有糙硬毛；叶柄长 3 ～ 12cm；茎生叶近无柄，有叶鞘，末回裂片小或细长。复伞形花序顶生，花序梗长 10 ～ 55cm，有糙硬毛；总苞片多数，呈叶状，羽状分裂，稀不裂，裂片条形，反折，具缘毛；伞辐多数，结果时外缘的伞辐向内弯曲；小总苞片 5 ～ 7 枚，条形，不裂或羽裂，边缘膜质，具缘毛；花白色，有时带淡红色；花瓣倒卵形，先端具狭而内折的小舌片。双悬果长圆形，分果主棱 5 条，具刚毛；次棱 4 条，有翅，棱上有白色刺毛。花期 5 ～ 7 月，果期 7 ～ 9 月。

**【生境与分布】**生于山坡路旁、旷野田间。分布于安徽、浙江、江西、江苏，另四川、贵州、湖北

**图 669　野胡萝卜**　　　　摄影　张芬耀等

等地也有分布。

**【药名与部位】**南鹤虱（野胡萝卜子），成熟果实。

**【采集加工】**秋季果实成熟时采收，除去杂质，干燥。

**【药材性状】**为双悬果，呈椭圆形，多裂为分果，分果长 3 ～ 4mm，宽 1.5 ～ 2.5mm。表面淡绿棕色或棕黄色，顶端有花柱残基，基部钝圆，背面隆起，具 4 条窄翅状次棱，翅上密生 1 列黄白色钩刺，刺长约 1.5mm，次棱间的凹下处有不明显的主棱，其上散生短柔毛，接合面平坦，有 3 条脉纹，上具柔毛。种仁类白色，有油性。体轻。搓碎时有特异香气，味微辛、苦。

**【药材炮制】**除去果梗等杂质，筛去灰屑。

**【化学成分】**果实含挥发油类：α- 蒎烯（α-pinene）、β- 蒎烯（β-pinene）、柠檬烯（limonene）、5- 甲基 -2- 呋喃甲醛（5-methyl-2-furaldehyde）、异佛尔酮（isophorone）、氧化异佛尔酮（isophorone oxide）、2, 2, 6- 三甲基 -1, 4- 环己二酮（2, 2, 6-trimethyl-1, 4-cyclohexadione）、2, 2- 亚甲基双呋喃（2, 2-methylenebis-furan）、石竹烯（caryophyllene）、β- 红没药烯（β-bisabolene）、α- 石竹烯（α-caryophyllene）、氧化石竹烯（caryophyllene oxide）、胡萝卜次醇（carotol）、细辛醚（asarone）、胡萝卜醇（daucol）、细辛醛（asarylaldehyde）[1]，月桂烯（myrcen）、γ- 萜品烯（γ-terpine）[2] 和野胡萝卜醇*（daucucarotol）等[3]；黄酮类：白杨素（chrysin）、芹菜苷元（apigenin）、木犀草素（luteolin）、山柰酚（kaempferol）、槲

皮素（quercetin）、芹菜苷元 -7-*O*- 葡萄糖苷（apigenin-7-*O*-glucoside）、芹菜苷元 -5-*O*- 葡萄糖苷（apigenin-5-*O*-glucoside）、木犀草素 -7-*O*- 葡萄糖苷（luteolin-7-*O*-glucoside）和槲皮苷（quercitrin）[4]。

花含挥发油类：1*R*-α- 蒎烯（1*R*-α-pinene）、莰烯（camphene）、β- 蒎烯（β-pinene）、艾醇（yomogi alcohol）、D- 柠檬烯（D-limonene）、桉叶油醇（cineole）、3, 3, 6- 三甲基 -1, 5- 庚二烯 -4- 醇（3, 3, 6-trimethyl-1, 5-heptadien-4-ol）、左旋乙酸龙脑酯（*L*-borneol acetate）、白菖烯（calamenene）、巴伦西亚橘烯（naphthalene）、石竹烯（caryophyllene）、2, 6- 二甲基 -6-（4- 甲基 -3- 戊烯基）双环［3, 1, 1］庚 -2- 烯 {2, 6-dimethyl-6-(4-methylpent 3-enyl)bicyclo[3, 1, 1]hept-2-ene}、β- 倍半水芹烯（β-sesquiphellandrene）、（*E*）-β- 金合欢烯［（*E*）-β-farnesene］、α- 石竹烯（α-caryophyllene）、甲基异丁香酚（methyl eugenol）、4（14），11- 桉叶二烯［eudesma-4（14），11-diene］、β- 红没药烯（β-bisabolene）、（*Z, Z, Z*）-1, 5, 9, 9- 四甲基 -1, 4, 7- 环十一碳三烯［（*Z, Z, Z*）-1, 5, 9, 9-tetramethyl-1, 4, 7-cycloundecatriene］、塞瑟尔烯（seychellene）、胡萝卜次醇（carotol）和 α- 细辛脑（α-asarone）等[5]；黄酮类：山柰酚 -3- 葡萄糖苷（kaempferol-3-glucoside）、山柰酚 -3- 二葡萄糖苷（kaempferol-3-diglucoside）和芹菜苷（apigenin glycoside）[6]。

根含黄酮类：β-D- 吡喃葡萄糖基 -（1→6）-［β-D- 吡喃木糖基 -（1→2）］-β-D- 吡喃半乳糖基 -（1→3）-*O*- 矢车菊素 {β-D-glucopyranosyl-（1→6）-［β-D-xylopyranosyl-（1→2）］-β-D-galactopyranosyl-（1→3）-*O*-cyanidin}、6-*O*-［（2*E*）-4- 羟基 -3, 5- 二甲氧基桂皮酰］-β-D- 吡喃葡萄糖基 -（1→6）-［β-D- 吡喃木糖基 -（1→2）］-β-D- 吡喃半乳糖基 -（1→3）-*O*- 矢车菊素 {6-*O*-［（2*E*）-4-hydroxy-3, 5-dimethoxycinnamyl］-β-D-glucopyranosyl-（1→6）-［β-D-xylopyranosyl-（1→2）］-β-D-galactopyranosyl-（1→3）-*O*-cyanidin} 和 6-*O*-［（2*E*）-2- 甲氧基桂皮酰］-β-D- 吡喃葡萄糖基 -（1→6）-［β-D- 吡喃木糖基 -（1→2）］-β-D- 吡喃半乳糖基 -（1→3）-*O*- 矢车菊素 {6-*O*-［（2*E*）-2-methoxycinnamyl］-β-D-glucopyranosyl-（1→6）-［β-D-xylopyranosyl-（1→2）］-β-D-galactopyranosyl-（1→3）-*O*-cyanidin}[7]；香豆素类：8- 甲氧基补骨脂素（8-methoxypsoralen）、5- 甲氧基补骨脂素（5-methoxy-psoralen）和补骨脂素（psoralen）[8]；挥发油类：α- 胡萝卜素（α-carotene）、β- 胡萝卜素（β-carotene）、α- 蒎烯（α-pinene）、β- 蒎烯（β-pinene）、月桂烯（myrcene）、α- 松油烯（α-terpinene）、γ- 松油烯（γ-terpinene）、柠檬烯（limonene）、对孜然芹烃（*p*-cymene）、异松油烯（terpinolene）和丁香烯（caryophyllene）等[9]；烷烃类：正二十九烷（*n*-nonacosane）、二十七烷（heptacosane）和正三十一烷（*n*-hentriacontane）[10]；甾体类：β- 谷甾醇（β-sitosterol）[10]；氨基酸类：亮氨酸（Leu）、缬氨酸（Val）、色氨酸（Trp）、脯氨酸（Pro）、丙氨酸（Ala）和甘氨酸（Gly）[10]；糖类：葡萄糖（glucose）和果糖（fructose）[10]。

叶含黄酮类：芹菜苷元 -7-*O*- 葡萄糖苷（apigenin-7-*O*-glucoside）和木犀草素 -7-*O*- 葡萄糖苷（luteolin-7-*O*-glucoside）[4]；甾体类：胡萝卜苷（daucosterol）[11]。

种子含黄酮类：芹菜苷元 -4′-*O*-β-D- 葡萄糖苷（apigenin-4′-*O*-β-D-glucoside）、山柰酚 -3-*O*-β-D- 葡萄糖苷（kaempferol-3-*O*-β-D-glucoside）和芹菜苷元 -7-*O*-β-D- 吡喃半乳糖基 -（1→4）-*O*-β-D- 吡喃甘露糖苷［apigenin-7-*O*-β-D-galactopyranosyl-（1→4）-*O*-β-D-mannopyranoside］[12]；倍半萜类：胡萝卜 -1, 4-β- 氧化物（carota-1, 4-β-oxide）[13]；挥发油类：胡萝卜醇（carotol）、胡萝卜烯（daucene）、（*Z, Z*）-α- 金合欢烯［（*Z, Z*）-α-farnesene］、大根老鹳草烯 D（germacrene D）、反式 -α- 佛手柑油烯（*trans*-α-bergamotene）、β- 芹子烯（β-selinene）[14]，香叶醇（geraniol）、香叶醇乙酸酯（geraniol acetate）[15]，α- 崖柏烯（α-thujene）、α- 蒎烯（α-pinene）、β- 蒎烯（β-pinene）、樟烯（camphene）、柠檬烯（limonene）、β- 水芹烯（β-phellandrene）、β- 石竹烯（β-caryophyllene）、β- 红没药烯（β-bisabolene）[16] 和石竹烯氧化物（caryophyllene oxide）等[17]；脂肪酸类：欧芹酸（petroselinic acid）、亚油酸（linoleic acid）、棕榈酸（palmitic acid）和硬脂酸（stearic acid）[14]；甾体类：β- 谷甾醇（β-sitosterol）[18]；糖类：葡萄糖（glucose）[18]；氨基酸类：亮氨酸（Leu）、缬氨酸（Val）、酪氨酸（Tyr）、DL- 丙氨酸（DL-Ala）、甘氨酸（Gly）和丝氨酸（Ser）[18]；其他尚含：2, 4, 5- 三甲氧基苯甲醛（2, 4, 5-trimethoxybenzaldehyde）[19]。

地上部分含挥发油：α- 蒎烯（α-pinene）、β- 蒎烯（β-pinene）、桧萜（sabinene）、樟脑萜（camphene）、α- 水芹烯（α-phellandrene）、α- 松油醇（α-terpineol）、γ- 松油醇（γ-terpineol）、柠檬烯（limonene）、对孜然芹醇（*p*-cymol）、胡萝卜烯（daucene）、β- 榄香烯（β-elemene）[20]，（*E*）- 甲基异丁香酚［（*E*）-methylisoeugenol］、榄香素（elemicin）[21]，大根老鹳草烯 D（germacrene D）、α- 细辛醚（α-asarone）、α- 葎草烯（α-humulene）和 δ- 榄香烯（δ-elemene）等[22]。

**【性味与归经】**苦、辛，平；有小毒。归脾、胃经。

**【功能与主治】**杀虫消积。用于蛔虫、蛲虫、绦虫病，虫积腹痛，小儿疳积。

**【用法与用量】**3 ～ 9g。

**【药用标准】**药典 1963—2015、浙江炮规 2005 和新疆维药 1993。

**【临床参考】**1. 女阴瘙痒症：果实 15g，加三角泡、苍耳草各 25g，马缨丹、杠板归各 30g，用 300ml 水煮沸 20min，去渣取汁熏，待药汁温和时坐浴并洗阴部，每次 20 ～ 30min，后用冲洗器纳药冲洗阴道，每天早晚各 1 次，每日 1 剂[1]。

2. 蛔虫、绦虫病：果实 6 ～ 9g，水煎，空腹服。

3. 蛲虫病肛痒：果实 15g，加花椒 15g、白鲜皮 15g、苦楝根皮 9g，水煎，趁热熏洗或坐浴。

4. 钩虫病：果实 45g，浓煎两汁合并，加白糖适量调味，晚上临睡前服，连服 2 剂。（2 方至 4 方引自《浙江药用植物志》）

**【附注】**《救荒本草》载："野胡萝卜，生荒野中。苗叶似家胡萝卜，俱细小，叶间攒生茎叉，梢头开小白花，众花攒开如伞盖状，比蛇床子花头又大，结子比蛇床亦大。其根比家胡萝卜尤细小。"所指即为本种。

据《浙江药用植物志》载，本种有小毒。

本种的地上部分及根民间分别作鹤虱风及野胡萝卜根药用。

**【化学参考文献】**

［1］党俊伟，张彩云，赵继飚．野胡萝卜净油化学成分的研究［J］．安徽农学通报，2009，15（10）：222，239.

［2］秦巧慧，彭映辉，何建国，等．野胡萝卜果实精油对蚊幼虫的毒杀活性［J］．中国生物防治学报，2011，27（3）：418-422.

［3］Fu H W，Zhang L，Yi T，et al. A new sesquiterpene from the fruits of *Daucus carota* L.［J］. Molecules，2009，14（8）：2862-2867.

［4］El-Moghazi A M，Ross S A，Halim A F，et al. Flavonoids of *Daucus carota*［J］. Planta Med，1980，40（4）：382-383.

［5］李美，邵邻相，徐玲玲，等．野胡萝卜花挥发油成分分析及生物活性研究［J］．中国粮油学报，2012，27（9）：112-115.

［6］Rahman W，Ilyas M，Khan A W. Flower pigments； flavonoids from *Daucus carota*［J］. Naturwissenschaften，1963，50：477.

［7］Elham G，Reza H，Jabbar K，et al. Isolation and structure characterisation of anthocyanin pigments in black carrot（*Daucus carota* L.）［J］. Pakistan Biol Sci，2006，9（15）：2905-2908.

［8］Ceska O，chaudhary S K，Warrington P J，et al. Furocoumarins in the cultivated carrot，*Daucus carota*［J］. Phytochemistry，1986，25（1）：81-83.

［9］Holley S L，Edwards C G，Thorngate J H，et al. Chemical characterization of different lines of *Daucus carota* L. roots［J］. J Food Quality，2000，23（5）：487-502.

［10］Andhiwal C K，Kishore K. Some chemical constituents of the roots of *Daucus carota*，Nantes［J］. Indian Drugs，1985，22（6）：334-335.

［11］Shaaban E G，Abou-Karam M，El-Shaer N S，et al. Flavonoids from cultivated *Daucus carota*［J］. Alexandria J Pharm Sci，1994，8（1）：5-7.

［12］Gupta K R，Niranjan G S. A new flavone glycoside from seeds of *Daucus carota*［J］. Planta Med，1982，46（4）：240-

241.
[13] Dhillon R S, Gautam V K, Kalsi P S, et al. Carota-1, 4-β-oxide, a sesquiterpene from *Daucus carota* [J]. Phytochemistry, 1989, 28 (2): 639-640.
[14] Ozcan M M, Chalchat J C. Chemical composition of carrot seeds (*Daucus carota* L.) cultivated in Turkey: characterization of the seed oil and essential oil [J]. Grasasy Aceites (Sevilla, Spain), 2007, 58 (4): 359-365.
[15] Toulemonde B, Paul F, Beauverd D. Composition of the essential oil of carrot seeds (*Daucus carota* L.) [J]. Parfums Cosmetiques Aromes, 1987, 77: 65-69.
[16] Ashraf M, Zaidi S A, Mahmood S, et al. Studies on the essential oils of the Pakistani species of the family Umbelliferae. Part XXXI. wild *Daucus carota* (carrot) seed oil [J]. Pakistan J Sci Ind Res, 1979, 22 (5): 258-259.
[17] Strzelecka H, Soroczynska T. Polish essential oils. IX. seed oils of different varieties of *Daucus carota* [J]. Farmacja Polska, 1974, 30 (1): 13-19.
[18] Bajaj KL, Kaur G, Brar J S, et al. Chemical composition and keeping quality of carrot (*Daucus carota*) varieties [J]. Plant Foods for Man, 1978, 2 (3-4): 159-165.
[19] Starkovsky N A. New constituent of *Daucus carota*: 2, 4, 5-trimethoxybenzaldehyde [J]. J Org Chem, 1962, 27: 3733-3734.
[20] Pigulevskii GV, Kovaleva V I. Essential oil of carrot (*Daucus carota*) [J]. Trudy Botan Inst Im V L Komarova Akad Nauk SSSR, 1955, 5 (5): 7-20.
[21] Rossi P G, Bao L, Luciani A. (*E*) -methylisoeugenol and elemicin: antibacterial components of *Daucus carota* L. essential oil against *Campylobacter jejuni* [J]. J Agric Food Chem, 2007, 55 (18): 7332-7336.
[22] 陈青，张前军．鹤虱风挥发油化学成分的研究［J］．时珍国医国药，2007，18（3）：596-597.

**【临床参考文献】**

[1] 黄崇巧，宁在兰．壮药消痒洗剂治疗女阴瘙痒症 106 例［J］．中国民族医药杂志，1996，2（1）：22.

## 8. 柴胡属 *Bupleurum* Linn.

多年生、稀一年生草本，有木质化的主根和须状支根。茎直立或倾斜，枝互生或上部呈叉状分枝，光滑，绿色或粉绿色，有时带紫色。单叶全缘，基生叶多有柄，具鞘；茎生叶通常无柄，基部抱茎或心形；叶脉多条近平行呈弧形。复伞形花序疏松，顶生或腋生；总苞片 1 ～ 5 枚，叶状，不等大；小总苞片 3 ～ 10 枚，条状披针形、倒卵形、广卵形至圆形；萼齿不显；花瓣 5 枚，黄色；雄蕊 5 枚，花药黄色，很少紫色；花柱短，分离，花柱基扁盘形，直径超过子房或相等。分生果椭圆形或卵状长圆形，两侧略扁平，果棱线形；每棱槽内有油管 1 ～ 3 条，多为 3 条，合生面油管 2 ～ 6 条，多为 4 条，有时油管不明显。

约 180 种，分布于北半球亚热带地区。中国 40 余种，多分布于西北与西南高原地区，法定药用植物 11 种 4 变种 1 变型。华东地区法定药用植物 3 种。

## 分种检索表

1. 主根表面棕褐色，总苞片 3 脉，很少 1 或 5 脉……………………………………………北柴胡 *B.chinense*
1. 主根表面红棕色至深红棕色，总苞片 1 ～ 3 脉，或 1 ～ 5 脉。
　2. 主根纺锤形；茎高 50 ～ 120cm；叶宽 6 ～ 14mm，具 9 ～ 13 脉……………竹叶柴胡 *B.marginatum*
　2. 主根圆锥形；茎高 30 ～ 60cm；叶宽 2 ～ 7mm，具 3 ～ 5 脉………………红柴胡 *B.scorzonerifolium*

### 670. 北柴胡（图 670）• *Bupleurum chinense* DC.

**【别名】**韭叶柴胡（浙江、安徽），柴胡、烟台柴胡。

**图 670　北柴胡**　　　　摄影　李华东

**【形态】**多年生草本，高 50 ～ 85cm。主根较粗大，棕褐色，质坚硬。茎单一或丛生，表面有细纵槽纹，实心，上部多分枝，略呈“之”字形曲折。基生叶倒披针形或狭椭圆形，长 4 ～ 8cm，宽 6 ～ 8mm，先端渐尖，基部收缩成柄，早落；茎中部叶倒披针形或广披针形，长 4 ～ 12cm，宽 6 ～ 18mm，有时达 3cm，顶端渐尖或急尖，有短芒尖头，基部收缩成叶鞘抱茎，脉 7 ～ 9 条，上表面鲜绿色，下表面淡绿色，常被白霜；茎上部叶同形，较小。复伞形花序多数，花序梗细，常水平伸出，疏松圆锥状；总苞片 2 ～ 3 枚或无，狭披针形，3 脉，很少 1 或 5 脉；伞辐 3 ～ 8 个，纤细，不等长，1 ～ 3cm；小总苞片 5 枚，披针形，3 脉，向叶背凸出；花瓣鲜黄色，上部向内折，中肋隆起，小舌片矩圆形，顶端 2 浅裂；花柱基深黄色，宽于子房。果广椭圆形，棕色，两侧略扁，长约 3mm，宽约 2mm，棱狭翅状，淡棕色，每棱槽油管 3 条，很少 4 条，合生面油管 4 条。花期 8 ～ 9 月，果期 10 月。

**【生境与分布】**生于向阳山坡、路旁、草丛。分布于华东各省区，另东北、华北、西北、华中各地均有分布。

**【药名与部位】**柴胡，根。

**【采集加工】**春、秋二季采挖，除去茎叶及泥沙，干燥。

**【药材性状】**呈圆柱形或长圆锥形，长 6 ～ 15cm，直径 0.3 ～ 0.8cm。根头膨大，顶端残留 3 ～ 15 个茎基或短纤维状叶基，下部分枝。表面黑褐色或浅棕色，具纵皱纹、支根痕及皮孔。质硬而韧，不易折断，断面显纤维性，皮部浅棕色，木质部黄白色。气微香，味微苦。

**【药材炮制】**柴胡：除去残茎等杂质，洗净，润软，切厚片或段，干燥。炒柴胡：取柴胡饮片，炒至表面微具焦斑时，取出，摊凉。醋柴胡：取柴胡饮片，与醋拌匀，稍闷，炒至表面色变深时，取出，摊凉。

**【化学成分】**根含脂肪酸类：*n*- 十六烷酸（*n*-hexadecanoic acid）、9, 12- 十八碳二烯酸（9, 12-octadecadienoic acid）、9- 十八碳烯酸（9-octadecenoic acid）、十五烷酸（pentadecanoic acid）[1]，L- 抗坏血酸 -2, 6- 二棕榈酸酯（L-ascorbic acid-2, 6-dihexadecanoate）[2] 和棕榈酸（palmitic acid）[3]；挥发油类：2, 4- 癸二烯醛（2, 4-decadienal）、炔醇（falcarinol）、（*Z, Z*）-9, 12- 十八碳二烯 -1- 醇［（*Z, Z*）9, 12-octadecadien-1-ol］[2]，正己醛（hexyl aldehyde）、正庚醛（heptaldehyde）[4]，戊醛（pentanal）、辛醛（octanal）、邻 - 异丙基苯（*m*-sopropyl benzene）、苯甲醛（benzaldehyde）、（*E*）-2- 辛烯醛［（*E*）-2-octenal aldehyde］、α, α-4- 三甲基 -3- 环己烯 -1- 甲醇（α, α-4-trimethyl-3-cyclohexene-1-methanol）和 5- 异丙基 -2- 甲苯酚（5-isopropyl-2-cresol）[3]；三萜皂苷类：柴胡皂苷 a（saikosaponin a）[5]，柴胡皂苷 $b_1$（saikosaponin $b_1$）[6]，柴胡皂苷 $b_2$（saikosaponin $b_2$）[5]，柴胡皂苷 $b_3$、$b_4$（saikosaponin $b_3$、$b_4$）[7]，柴胡皂苷 c、d、e（saikosaponin c、d、e）[6]，柴胡皂苷 f（saikosaponin f）[5]，柴胡皂苷 g、h、i（saikosaponin g、h、i）[8]，柴胡皂苷 l、n（saikosaponin l、n）[9]，柴胡皂苷 q-1（saikosaponin q-1）[10]，柴胡皂苷 R、T（saikosaponin R、T）[11]，柴胡皂苷 t（saikosaponin t）[5]，柴胡皂苷 v、$v_1$、$v_2$（saikosaponin v、$v_1$、$v_2$）[11]，柴胡皂苷 w（saikosaponin w）[12]，柴胡皂苷 x、Y-1、Y-2、z（saikosaponin x、Y-1、Y-2、z）[13]，原柴胡皂苷元 A、D、F、G（prosaikogenin A、D、F、G）、2″-*O*- 乙酰柴胡皂苷 a（2″-*O*-acetyl saikosaponin a）、3″-*O*- 乙酰柴胡皂苷 a（3″-*O*-acetyl saikosaponin a）、6″-*O*- 乙酰柴胡皂苷 a（6″-*O*-acetyl saikosaponin a）、6″-*O*- 乙酰柴胡皂苷 d（6″-*O*-acetylsaikosaponin d）、23-*O*- 乙酰柴胡皂苷 a（23-*O*-acetyl saikosaponin a）、23- 羟基 -13β, 28β- 环氧 - 齐墩果 -11- 烯 -16- 酮 -3-*O*-β-D- 吡喃葡萄糖基 -（1→3）-β-D- 吡喃岩藻糖苷［23-hydroxy-13β, 28β-epoxy-olean-11-en-16-one-3-*O*-β-D-glucopyranosyl-（1→3）-β-D-fucopyranoside］、3β, 16β, 23, 28- 四羟基 -11α- 甲氧基 - 齐墩果 -12- 烯 -3-*O*-β-D- 吡喃岩藻糖苷（3β, 16β, 23, 28-tetrahydroxy-11α-methoxy-olean-12-en-3-*O*-β-D-fucopyranoside）、3β, 16β, 28- 三羟基 -11α- 甲氧基 - 齐墩果 -12- 烯 -*O*-β-D- 吡喃岩藻糖苷（3β, 16β, 28-trihydroxyl-11α-methoxy-olean-12-en-*O*-β-D-fucopyranoside）、3β, 16β- 二羟基 -23-*O*- 乙酰基 -13β, 28β- 环氧齐墩果 -11- 烯 -3-*O*-β-D- 吡喃岩藻糖苷（3β, 16β-dihydroxy-23-*O*-acetyl-13β, 28β-epoxyolean-11-en-3-*O*-β-D-fucopyranoside）、3β, 23, 28- 三羟基 -11, 13（18）- 二烯 -16- 酮 -3-*O*-β-D- 吡喃葡萄糖基 -（1→3）- β-D- 吡喃岩藻糖苷［3β, 23, 28-trihydroxy-11, 13（18）-dien-16-one-3-*O*-β-D-glucopyranosyl-（1→3）- β-D-fucopyranoside］[6]，3″-*O*- 乙酰柴胡皂苷 d（3″-*O*-acetyl saikosaponin d）、3″-*O*- 乙酰柴胡皂苷 $b_2$（3″-*O*-acetyl saikosaponin $b_2$）[10]，21β- 羟基柴胡皂苷 $b_2$（21β-hydroxysaikosaponin $b_2$）、6″-*O*- 乙酰柴胡皂苷 $b_1$（6″-*O*-acetyl saikosaponin $b_1$）、6″-*O*- 乙酰柴胡皂苷 $b_3$（6″-*O*-acetyl saikosaponin $b_3$）、6″-*O*- 乙酰柴胡皂苷 e（6″-*O*-acetyl saikosaponin e）、3″, 6″- 二 -*O*- 乙酰柴胡皂苷 $b_2$（3″, 6″-di-*O*-acetyl saikosaponin $b_2$）、2″-*O*-β-D- 吡喃葡萄糖基柴胡皂苷 $b_2$（2″-*O*-β-D-glucopyranosyl saikosaponin $b_2$）、柴胡苷 III、XIII（bupleuroside III、XIII）、辽东楤木苷 A（elatoside A）[12]，23-*O*- 乙酰柴胡皂苷 $B_2$（23-*O*-acetyl saikosaponin $B_2$）、3β, 16β, 23, 28- 四羟基 -11α- 丁氧基 - 齐墩果 -12- 烯 -3-*O*-β-D- 吡喃葡萄糖基 -（1 → 3）-β-D- 吡喃岩藻糖苷［3β, 16β, 23, 28-tetrahydroxy-11α-butoxy-olean-12-en-3-*O*-β-D-glucopyranosyl-（1 → 3）-β-D-fucopyranoside］、白头翁皂苷 A（pulchinenoside A）[13] 和 6″-*O*- 乙酰柴胡皂苷 $b_2$（6″-*O*-acetylsaikosaponin $b_2$）[14]；黄酮类：芦丁（rutin）、槲皮素（quercetin）、异鼠李素（isorhamnetin）、异鼠李素 -3-*O*-β-D- 吡喃葡萄糖苷（isorhamnetin-3-*O*-β-D-glucopyranoside）、葛根素（puerarin）、7, 4′- 二羟基异黄酮 -7-*O*-β-D- 吡喃葡萄糖苷（7, 4′-dihydroxyisoflavone-7-*O*-β-D-glucopyranoside）、酸模酸（rumic acid）[15] 和水仙苷（narcissin）[16]；色原酮类：柴胡色原酮酸（saikochromic acid）[15]，

柴胡色酮苷 A（saikochromoside A）[17] 和柴胡色酮 A（saikochromone A）[18]；木脂素类：柴胡木脂素苷（saikolignanoside A）、（7*S*, 8*R*）-9′- 甲氧基 - 去氢二松柏醇 -4-*O*-β-D- 吡喃葡萄糖苷［（7*S*, 8*R*）-9′-methoxyl-dehydrodiconiferyl alcohol-4-*O*-β-D-glucopyranoside］、柳叶木兰素（salicifoline）、（+）- 去甲基络石苷元［（+）-nortrachelogenin］、麻栎木脂素 B（acutissimalignan B）、挂玛洛木脂素（guamarolin）、雨花椒内酯（pluviatolide）、（+）- 松脂醇［（+）-pinoresinol］和 2-（3″- 甲氧基 -4″- 羟基苯基）-3-（3′- 甲氧基 -4′- 羟基苯基）-γ- 丁内酯［2-（3″-methoxy-4″-hydroxybenzyl）-3-（3′-methoxy-4′-hydroxyl benzyl）-γ-butyrolactone］[19]；甾体类：α- 菠菜甾醇 -3-*O*-β-D- 吡喃葡萄糖苷（α-spinasterol-3-*O*-β-D-glucopyranoside）[16] 和 α- 菠菜甾醇（α-spinasterol）[18]；核苷类：腺苷（adenosine）和尿苷（uridine）[16]；挥发油类：愈创木烯（β-guaiene）、葛缕子醇（carveol）和庚醛（heptanal）等 [20]；氨基酸类：色氨酸（Try）[15]；糖类：木糖醇（xylitol）[16]；脂肪酸类：二十四酸（tetracosanoic acid）、琥珀酸（succinic acid）和反丁烯二酸（fumaric acid）[18]；其他尚含：三乙酰醇（triacontyl alcohol）[18]。

地上部分含三萜皂苷类：柴胡皂苷 a、$b_1$、$b_2$、$b_3$、d、g、k、l（saikosaponin a、$b_1$、$b_2$、$b_3$、d、g、k、l）[21]，3β, 16α, 23, 28, 30- 五羟基齐墩果 -11, 13（18）- 二烯 -3-*O*-β-D- 吡喃岩藻糖苷［3β, 16α, 23, 28, 30-pentahydroxyoleana-11, 13（18）-dien-3-*O*-β-D-fucopyranoside］[21] 和 3-*O*-［α-L- 吡喃阿拉伯糖基 -（1→3）-β-D- 吡喃葡萄糖醛酸基］- 齐墩果酸 -β-D- 吡喃葡萄糖基 -（1 →28）酯 {3-*O*-［α-L-arabinopyranosyl-（1→3）-β-D-glucuronopyranosyl］-oleanolic acid-β-D-glucopyranosyl-（1 →28）ester}[22]；挥发油类：反式 - 石竹烯氧化物（*trans*-caryophyllene oxide）、α- 蒎烯（α-pinene）、α- 荜橙烯（α-cubebene）、α- 胡椒烯（α-copaene）、反式 - 石竹烯（*trans*-caryophyllease）、八氢 -7- 甲基 -3- 亚甲基 -4-（1- 甲乙基）-1H- 五环［1, 3］三环［1, 2］苯 {octahydro-7-methyl-3-methylene-4-（1-methylethy）-1H-cyclopenta-［1, 3］-cyclopropa-［1, 2］-benzene}、δ- 杜松烯（δ -cadinene）、3, 5- 二氯苯甲酸甲酯（methyl 3, 5-dichloro-benzoate）、橙花酮（nerylacetone）、α- 葎草烯（α-humulene）、α- 阿莫福烯（α-amorphene）、吉马烯 D（germacrene-D）、朱栾倍半萜（valencene）、δ- 杜松烯（δ-cadinene）、1*S*- 顺式 - 菖蒲烯（1*S*-*cis*-calamene）、α- 异水菖蒲烯（α-calacorene）、18β- 石竹烯（18β-caryophyllene）、双表 -α- 柏木烯（diepi-α-cedrene）、香橙烯 VI（aromadendrene VI）、5- 环十六烯 -1- 酮（5-cyclohexadecen-1-one）[23] 和福寿草酮（fukujusone）[24]；黄酮类：山柰酚（kaempferol）、山柰酚 -7- 鼠李糖苷（kaempferol-7-rhamnoside）、山柰酚 -3, 7- 双鼠李糖苷（kaempferol-3, 7-dirhamnoside）[24]，山柰酚 -3-*O*-α-L- 阿拉伯糖苷（kaempferol-3-*O*-α-L-arabinofuranoside）、山柰酚 -3, 7- 二 -*O*-α-L- 吡喃鼠李糖苷（kaempferol-3, 7-di-*O*-α-L-rhamnopyranoside）[25]，槲皮素（quercetin）、槲皮素 -3-*O*-α-L- 吡喃鼠李糖苷（quercetin-3-*O*-α-L-rhamnopyranoside）、槲皮素 -3-*O*-β-D- 吡喃阿拉伯糖苷（quercetin-3-*O*-β-D-arabinopyranoside）、异鼠李素 -3-*O*-β-D- 芸香糖苷（isorhamnetin-3-*O*-β-D-rutinoside）、槲皮素 -3-*O*- 芸香糖苷（quercetin-3-*O*-rutinoside）、山柰酚 -3-*O*-α-L- 吡喃阿拉伯糖基 -7-*O*-α-L- 吡喃鼠李糖苷（kaempferol-3-*O*-α-L-arabinopyranosyl-7-*O*-α-L-rhamnopyranoside）、金合欢素 -7- 芸香糖苷（acacetin-7-rutinoside）、片呆素 -6, 8- 二 -C-β-D- 吡喃葡萄糖苷（apigenin-6, 8-di-C-β-D-glucopyranoside）[26]，异槲皮苷（isoquercitrin）、槲皮苷 -3-*O*-α-L- 阿拉伯糖苷（quercitrin-3-*O*-α-L-arabinoside）、山柰酚 -3-*O*-β-D- 芸香糖苷（kaempferol-3-*O*-β-D-rutinoside）、芦丁（rutin）[27] 和山柰酚 -3-*O*-α-L- 呋喃阿拉伯糖苷（kaempferol-3-*O*-α-L-arabinofuranoside）[28]；色原酮类：7- 羟基 -2, 5- 二甲基 -4H- 色原酮（7-hydroxyl-2, 5-dimethyl-4H-chromone）[25, 28]；甾体类：β- 谷甾醇（β-sitosterol）[25, 28]；倍半萜类：柴胡新苷 A（chaihuxinoside A）[27]；生物碱类：柴胡新苷 B（chaihuxinoside B）[27]；其他尚含：1-*O*-β-D- 吡喃葡萄糖氧基 -3- 甲基丁烷 -2- 烯 -1- 醇（1-*O*-β-D-glucopyranosyloxy-3-methylbut-2-en-1-ol）、苄基 -*O*-β-D- 吡喃葡萄糖苷（benzyl-*O*-β-D-glucopyranoside）和 6- 羟基刺柏香堇醇苷（6-hydroxyjunipeionoloside）[27]。

茎叶含香豆素类：七叶树内酯（esculetin）和东莨菪内酯（scopoletin）[29]；黄酮类：山柰酚 -3-*O*-β-D-芸香糖苷（kaempferol-3-*O*-β-D-rutinoside）[29]，芦丁（rutin）和山柰酚（kaempferol）[30]；色原酮类：

柴胡色原酮酸（saikochromonic acid）[30]；苯丙素类：1-*O*- 咖啡酰甘油酯（1-*O*-caffeoylglycerol）[29] 和咖啡酸乙酯（ethyl caffeate）[30]；酚酸类：香荚兰酸（vanillic acid）、水杨酸（salicylic acid）和原儿茶酸（protocatechuic acid）[30]；甾体类：α- 菠菜甾醇（α-spinasterol）[29]。

花含香豆素类：8-（3′, 6′- 二甲氧基）-4, 5- 环己二烯 -（$\Delta^{11,12}$- 二氧亚甲基）- 稠二氢异香豆素［8-（3′, 6′-dimethoxy）-4, 5-cyclohexadiene-（$\Delta^{11,12}$-dioxidemethylene）-dense-dihydroisocoumarin］[31]；黄酮类：槲皮素（quercetin）、芦丁（rutin）和异鼠李素（isorhamnetin）[31]；甾体类：麦角甾醇（ergosterol）[31]。

果实含挥发油：（-）- 丁香烯氧化物［（-）-caryophyllene oxide］、（+）-β- 广木香醇［（+）-β-costol］、β- 杜松烯（β-cadinene）和 3, 5- 二氯 - 苯甲酸甲酯（methyl 3, 5-dichloro-benzoate）等[32]。

**【药理作用】**1. 护肝　从根提取的多糖可显著降低 D- 半乳糖胺诱导小鼠的血清天冬氨酸氨基转移酶（AST）、谷丙转氨酶（ALT）、碱性磷酸酶（ALP）和乳酸脱氢酶（LDH）的活性，可提高肝组织中匀浆谷胱甘肽（GSH）、谷胱甘肽还原酶（GR）、谷胱甘肽 -*S*- 转移酶（GST）和超氧化物歧化酶（SOD）的活性，可明显降低模型小鼠血清中的肿瘤坏死因子 -α（TNF-α）的水平，发挥较明显的肝脏保护作用[1]；不同炮制品能不同程度地降低四氯化碳（$CCl_4$）所致大鼠慢性肝损伤模型中的血清谷丙转氨酶、天冬氨酸氨基转移酶、碱性磷酸酶、总胆红素（TBiL），升高总蛋白质（TP）、白蛋白（ALB）和白蛋白与球蛋白比值（A/G），增加大鼠胆汁流出量，发挥利胆作用[2]；根的乙醇提取物可显著降低 D- 氨基半乳糖胺所致小鼠血清天冬氨酸氨基转移酶、谷丙转氨酶活性，发挥肝脏保护作用[3]；根的水提取液对四氯化碳所致小鼠急性肝损伤有保护作用，而地上部分则无保护作用[4]；根醇提取物及水提取物均能不同程度地降低他克林所致急性肝损伤模型血清中的天冬氨酸氨基转移酶、谷丙转氨酶、碱性磷酸酶和肿瘤坏死因子 -α 的含量[5]；根醇提取物及水提取物均能不同程度地降低乙酰氨基酚所致急性肝损伤模型小鼠血清中的天冬氨酸氨基转移酶、谷丙转氨酶、碱性磷酸酶和肿瘤坏死因子 -α 的含量[6]；根提取物能不同程度地降低二甲基亚硝胺所致慢性肝纤维化模型大鼠的死亡率，改善肝功能指标，对谷丙转氨酶、天冬氨酸氨基转移酶、碱性磷酸酶、总蛋白质和白蛋白的升高均有明显降低作用[7]；根挥发油和水提取物能改善四氯化碳所致急性肝损伤模型小鼠血清中谷丙转氨酶、天冬氨酸氨基转移酶、超氧化物歧化酶、谷胱甘肽及丙二醛水平；水提取液可减少肝组织脂肪变性，减轻炎细胞浸润；水提取液可抑制肝损伤小鼠肝组织中的转化生长因子 -β（TGF-β）和核转录因子（NF-κB）的表达[8]。2. 抗炎解热镇痛　根挥发油可降低干酵母所致大鼠的体温升高和降低内毒素所致家兔的体温升高[9]，并可减轻二甲苯所致小鼠的耳肿胀，减少乙酸所致小鼠毛细血管通透性增加和小鼠扭体次数，提高小鼠的痛阈值，具有一定的抗炎解热镇痛作用[10]；根提取物可抑制二甲苯所致小鼠的耳廓肿胀，显著降低酵母所致大鼠的发热温度[11]；根及地上部分的提取物均可减轻二甲苯所致小鼠的耳肿胀和蛋清所致大鼠的足趾肿胀[12]；从根提取分离得到的多糖对巨噬细胞具有调节作用，能双向调节其对一氧化氮的趋化、吞噬和分泌作用，并促进炎症因子的释放，对［$Ca^{2+}$］$_i$ 升高有抑制作用[13]。3. 免疫调节　根水提取组分和乙醇提取组分对刀豆蛋白 A（ConA）诱导小鼠脾细胞的增殖反应、白细胞介素 -2（IL-2）与肿瘤坏死因子 -α 的分泌水平均有较明显的增强作用，而 $Ba(OH)_2$ 提取组分仅对刀豆蛋白 A 诱导的小鼠脾细胞分泌白细胞介素 -2 水平具有增强作用[14]；从根提取的多糖可降低烧伤脓毒症的致死率，且呈剂量依赖性，可显著提高骨髓（BM）和肝脏中 CD11c-CD45RB$^{high}$ 树突状细胞的百分率及骨髓细胞和肝细胞数量，对脓毒症小鼠有保护作用[15]；其还具有一定的抗补体作用[16]。4. 护肺　从根分离的多糖能降低脂多糖（LPS）诱导的肺损伤模型小鼠中的细胞总数和蛋白质浓度，抑制髓过氧化物酶（MPO）、BALF 肿瘤坏死因子 -α 水平的升高，对血清一氧化氮（NO）的升高也有抑制作用，并显著减轻肺损伤，改善肺形态和减少补体沉积[17]。5. 改善记忆　根的提取物能显著改善 D- 半乳糖诱导的雄性小鼠加速衰老模型中的 Y- 迷宫空间记忆，降低脑中肿瘤坏死因子和白细胞介素 -6 的水平[18]。6. 抗肿瘤　从根分离得到的柴胡皂苷化合物对人肝癌 HepG2 细胞和人类肺泡基底上皮 A549 细胞的增殖有一定的抑制作用[19]。

**【性味与归经】**苦，微寒。归肝、胆经。

**【功能与主治】**和解表里，疏肝，升阳。用于感冒发热，寒热往来，胸胁胀痛，月经不调；子宫脱垂，脱肛。

**【用法与用量】**3～9g。

**【药用标准】**药典 1963—2015、浙江炮规 2015、新疆药品 1980 二册、香港药材二册和台湾 2013。

**【临床参考】**1. 黄褐斑：根 10g，加血丹参 20g，佩兰、杭菊花各 15g，加水 1000ml，慢火煎煮 30min 左右，取汁 150ml，每日 1 剂，分 2 次饭后顿服，剩余药液熏面，30 天为 1 疗程[1]。

2. 便秘：根 30g，加黄芩、蒲公英各 15g，人参、姜半夏、生姜、炙甘草、白蒺藜各 10g，大枣 4 枚，水煎服，每日 1 剂[2]。

3. 咳嗽：根 6g，加法半夏 6g、黄芩 10g、五味子 10g、干姜 5g、细辛 3g、枳壳 12g、苦杏仁 6g、甘草 6g，水煎服，每日 1 剂[3]。

4. 复发性尿路感染：根 12g，加生黄芩、制半夏各 12g，党参 15g，大枣 7 枚、生甘草 6g、白茅根 30g、滑石 10g、灯芯草 5g，水煎服，每日 1 剂[4]。

5. 寒热错杂型糖尿病腹泻：根 12g，加桂枝 10g、干姜 6～10g、黄芩 6～10g、炙甘草 6g、天花粉 12g、牡蛎 10g，胃脘胀闷明显者加厚朴 10g、陈皮 6g；久泻不止者加乌梅 15g、升麻 10g；舌底脉络迂曲明显者加桃仁 10g、红花 10g、丹参 15g。水煎服，每日 1 剂，4 周 1 疗程，共 2 疗程[5]。

6. 急性胰腺炎：根 12g，加黄芩 12g、半夏 10g、白芍 10g、郁金 10g、枳实 10g、连翘 15g、大黄 6g、生姜 6g、大枣 6 枚，水煎服，每日 1 剂[6]。

**【附注】**柴胡始载于《神农本草经》，列为上品。《本草图经》载："今关、陕、江湖间，近道皆有之，以银州者为胜。二月生苗，甚香，茎青紫，叶似竹叶稍紫……七月开黄花……根赤色，似前胡而强。芦头有赤毛如鼠尾，独窠长者好。二月八月采根。"并有附图 5 幅。其中丹州柴胡、襄州柴胡、淄州柴胡图，以及《本草纲目》的竹叶柴胡图，《救荒本草》《植物名实图考》的柴胡图，均为柴胡属植物，主要应为本种和狭叶柴胡。

马尔康柴胡 *Bupleurum malconense* Shan et Y.Li、马尾柴胡 *Bupleurum microcephalum* Diels、小柴胡 *Bupleurum tenue* Buch.-Ham.ex D.Don（*Bupleurum hamiltinii* Balakr.）的全草在四川作柴胡药用。

大叶柴胡 *Bupleurum longiradiatum* Turcz. 的干燥根茎，表面密生环节，有毒，不可当柴胡用。

**【化学参考文献】**


[1] 王砚，王书林. SPME-GC-MS 法研究竹叶柴胡和北柴胡挥发性成分差异[J]. 中国实验方剂学杂志，2014，20（14）：104-108.

[2] 韩晓伟，严玉平，王乾，等. 河北产北柴胡挥发油化学成分的 GS-MS 分析[J]. 天津农业科学，2017，23（10）：31-34.

[3] 章莎莎，邢婕，李震宇，等. 基于 GC-MS 代谢组学技术对不同品种柴胡挥发油的研究[J]. 中国实验方剂学杂志，2014，20（12）：84-87.

[4] 马媛媛，华伟. 北柴胡挥发油的 GC-MS 分析及其多组分测定[J]. 中成药，2013，35（12）：2699-2702.

[5] 梁鸿，赵玉英，邱海蕴，等. 北柴胡中新皂甙的结构鉴定[J]. 药学学报，1998，33（1）：38-42.

[6] Li D Q，Wu J，Liu L Y，et al. Cytotoxic triterpenoid glycosides（saikosaponins）from the roots of *Bupleurum chinense*[J]. Bioorg Med Chem Lett，2015，25（18）：3887-3892.

[7] 黄海强. 柴胡属植物化学成分和质量控制研究及天目藜芦化学成分研究[D]. 上海：第二军医大学博士学位论文，2010.

[8] Lee J H，Yang D H，Suh J H，et al. Species discrimination of *Radix Bupleuri* through the simultaneous determination of ten saikosaponins by high performance liquid chromatography with evaporative light scattering detection and electrospray ionization mass spectrometry[J]. J Chromatogr B：Analytical Technologies in the Biomedical and Life Sciences，2011，879（32）：3887-3895.

[9] Liang Z T，Oh K，Wang Y Q，et al. Cell type-specific qualitative and quantitative analysis of saikosaponins in three *Bupleurum* species using laser microdissection and liquid chromatography-quadrupole/time of flight-mass spectrometry[J].

J Pharm Biomed Anal，2014，97：157-165.

［10］梁鸿，韩紫岩，赵玉英，等 . 新化合物柴胡皂甙 q-1 的结构鉴定（英文）［J］. 植物学报，2001，43（2）：198-200.

［11］Huang Q，Qiao X B，Xu X J. Potential synergism and inhibitors to multiple target enzymes of Xuefu Zhuyu Decoction in cardiac disease therapeutics：A computational approach［J］. Bioorg Med Chem Lett，2007，17（6）：1779-1783.

［12］Yu J Q，Deng A J，Wu L Q，et al. Osteoclast-inhibiting saikosaponin derivatives from *Bupleurum chinense*［J］. Fitoterapia，2013，85：101-108.

［13］Wang Y Y，Guo Q，Cheng Z B，et al. New saikosaponins from the roots of *Bupleurum chinense*［J］. Phytochem Lett，2017，21：183-189.

［14］Liu Q X，Liang H，Zhao Y Y，et al. Saikosaponin v-1 from roots of *Bupleurum chinense* DC.［J］. J Asian Nat Prod Res，2001，3（2）：139-144.

［15］梁鸿，赵玉英，崔艳君，等 . 北柴胡中黄酮类化合物的分离鉴定［J］. 北京医科大学学报，2000，32（3）：223-225.

［16］Liang H，Bai Y J，Zhao Y Y，et al. The chemical constituents from the roots of *Bupleurum chinense* DC.［J］. J Chin Pharm Sci，1998，7（2）：98-99.

［17］Liang H，Zhao Y Y，Zhang R Y. A new chromone glycoside from *Bupleurum chinense*［J］. Chin Chem Lett，1998，9（1）：69-70.

［18］Li Q C，Liang H，Zhao Y Y，et al. Chemical constituents of roots of *Bupleurum chinense* DC.［J］. J Chin Pharm Sci，1997，6（3）：165-167.

［19］Li D Q，Wang D，Zhou L，et al. Antioxidant and cytotoxic lignans from the roots of *Bupleurum chinense*［J］. J Asian Nat Prod Res，2017，19（5）：519-527.

［20］张晓玲，乔善磊，赵人，等 . 柴胡挥发性成分的超临界萃取及气相色谱 - 质谱联用分析［J］. 南京医科大学学报，2008，28（11）：1445-1447，1464.

［21］Yin F，Pan R X，Chen R M，et al. Saikosaponins from *Bupleurum chinense* and inhibition of HBV DNA replication activit［J］. Nat Prod Commun，2008，3（2）：155-157.

［22］Seto H，Otake N，Luo S Q，et al. Studies on chemical constituents of *Bupleurum genus*. Part I. A new triterpenoid glycoside from *Bupleurum chinense* DC.［J］. Agricultural and Biological Chemistry，1986，50（4）：939-942.

［23］刘玉法，阎玉凝，武莹，等 . GC-MS 分析北柴胡地上部分的挥发油化学成分［J］. 北京中医药大学学报，2004，27（5）：59-61.

［24］罗思齐，金惠芳 . 北柴胡茎叶的化学成分研究［J］. 中药通报，1988，13（1）：36-38.

［25］王宁，王金辉，李铣 . 北柴胡地上部分化学成分的分离与鉴定［J］. 沈阳药科大学学报，2005，22（5）：342-344，370.

［26］Zhang T T，Zhou J S，Wang Q. Flavonoids from aerial part of *Bupleurum chinense* DC.［J］. Biochem Syst Ecol，2007，35（11）：801-804.

［27］Kuang H X，Sun S W，Yang B Y，et al. New megastigmane sesquiterpene and indole alkaloid glucosides from the aerial parts of *Bupleurum chinense* DC.［J］. Fitoterapia，2009，80（1）：35-38.

［28］王宁，王金辉，李铣 . 北柴胡地上部分化学成分的分离与鉴定［J］. 沈阳药科大学学报，2005，22（5）：342-344，370.

［29］王鸣，刘培，冯煦，等 . 北柴胡茎叶化学成分研究（Ⅱ）［J］. 中药材，2009，32（3）：367-369.

［30］刘培，冯煦，董云发，等 . 北柴胡茎叶化学成分研究［J］. 时珍国医国药，2008，19（9）：2103-2104.

［31］张丽，赫玉欣，姚景才，等 . 北柴胡花化学成分研究［J］. 中药材，2010，33（7）：1086-1088.

［32］刘玉法，阎玉凝，刘云华，等 . 柴胡果实挥发油成分的 GC-MS 分析［J］. 中草药，2005，36（5）：671-672.

**【药理参考文献】**

［1］Zhao W，Li J J，Yue S Q，et al. Antioxidant activity and hepatoprotective effect of a polysaccharide from Bei Chaihu（*Bupleurum chinense* DC.）［J］. Carbohydrate Polymers，2012，89（2）：448-452.

［2］赵晶丽，高红梅 . 北柴胡不同炮制品疏肝利胆药效作用初探［J］. 中国实验方剂学杂志，2013，19（16）：235-238.

［3］李苑实，延光海，李镐，等 . 北柴胡乙醇提取物对急性肝损伤小鼠肝脏的保护作用及成分分析［J］. 延边大学医学学报，2010，33（2）：105-107.

［4］李振宇，李振旭，赵润琴，等 . 北柴胡根及其地上部分解热、保肝药理作用的比较研究［J］. 中国实用医药，

2010，5（12）：173-174.
[5] 王占一，南极星．北柴胡对他克林致小鼠急性肝损伤的保护作用［J］．滨州医学院学报，2008，31（2）：91-92.
[6] 王占一，南极星．北柴胡对对乙酰氨基酚所致小鼠急性肝损伤的保护作用［J］．中国药师，2008，11（7）：747-749.
[7] 谢东浩，袁冬平，蔡宝昌，等．春柴胡及北柴胡对二甲基亚硝胺所致大鼠肝纤维化的保护作用比较［J］．中国医院药学杂志，2008，28（23）：2006-2009.
[8] 杜婷，杜士明，王刚，等．竹叶柴胡与北柴胡的抗炎保肝作用比较［J］．医药导报，2014，33（9）：1144-1149.
[9] 谢东浩，贾晓斌，蔡宝昌，等．北柴胡及春柴胡挥发油的解热作用比较［J］．中国医院药学杂志，2007，27（4）：502-504.
[10] 谢东浩，贾晓斌，蔡宝昌，等．北柴胡及春柴胡挥发油的抗炎镇痛作用的实验研究［J］．药学与临床研究，2007，15（2）：108-110.
[11] 杨敏，陈勇，张廷模，等．膜缘柴胡与柴胡（北柴胡）抗炎、解热作用的比较［J］．四川中医，2010，28（10）：50-51.
[12] 李振宇，李振旭，韩华，等．北柴胡根及其地上部分抗炎药理作用的比较研究［J］．中医药信息，2009，26（6）：34-35.
[13] Zhang Z D，Li H，Wan F，et al. Polysaccharides extracted from the roots of *Bupleurum chinense* DC. modulates macrophage functions［J］. Chinese Journal of Natural Medicines，2017，15（12）：889-898.
[14] 刘晓斌，高燕，刘永仙，等．北柴胡提取组分对小鼠淋巴细胞活性的影响［J］．细胞与分子免疫学杂志，2002，18（6）：600-601.
[15] Wang Y X，Liu Q Y，Zhang M，et al. Polysaccharides from *Bupleurum* induce immune reversal in late sepsis［J］. Shock，2017，10：1097-1113.
[16] Di H，Zhang Y，Chen D. An anti-complementary polysaccharide from the roots of *Bupleurum chinense*［J］. International Journal of Biological Macromolecules，2013，58（7）：179-185.
[17] Xie J Y. *Bupleurum chinense* DC. polysaccharides attenuates lipopolysaccharide-induced acute lung injury in mice［J］. Phytomedicine，2012，19（2）：130-137.
[18] Li R，Chan W，Mat W，et al. Antiaging and anxiolytic effects of combinatory formulas based on four medicinal herbs［J］. Evidence-Based Complementray and Alternative Medicine，2017，2017（2）：1-15.
[19] Li D Q，Wu J，Liu L Y，et al. Cytotoxic triterpenoid glycosides（saikosaponins）from the roots of *Bupleurum chinense*［J］. Bioorganic & Medicinal Chemistry Letters，2015，25（18）：3887-3892.

**【临床参考文献】**

[1] 杜治琴，杨传温．中药治疗黄褐斑 86 例［J］．陕西中医，2002，23（9）：799.
[2] 邵元欣，梁坤，王兴臣．小柴胡汤加减治疗便秘验案举隅［J］．山西中医，2016，32（7）：33.
[3] 何萍萍．陆先芬运用小柴胡汤论治咳嗽经验．内蒙古中医药，2017，36（13）：44-45.
[4] 齐方洲，黄利兵．王晖运用小柴胡汤治疗复发性尿路感染验案［J］．浙江中医杂志，2017，52（9）：671.
[5] 毛艳红，王艳芳．柴胡桂枝干姜汤治疗寒热错杂型糖尿病腹泻 30 例［J］．河南中医，2017，37（6）：968-970.
[6] 田家敏．经方治疗急腹症验案 3 则［J］．中国中医急症，2015，24（3）：561-562.

## 671. 竹叶柴胡（图 671）• *Bupleurum marginatum* Wall.ex DC.

**【别名】**膜缘柴胡。

**【形态】**多年生高大草本。根木质化，直根发达，外皮深红棕色，纺锤形，有细纵皱纹及稀疏的小横突起，根的顶端常有一段红棕色的地下茎，木质化，长 2 ～ 10cm，有时扭曲缩短与根较难区分。茎高 50 ～ 120cm，绿色，基部常木质化，带紫棕色。叶上表面鲜绿色，下表面绿白色，革质，叶缘软骨质，白色，下部叶与中部叶同形，长披针形至条形，长 10 ～ 16cm，宽 6 ～ 14mm，先端有硬尖头，基部微收缩抱茎，脉 9 ～ 13 条。复伞形花序顶生或腋生；直径 1.5 ～ 4cm；伞辐 3 ～ 7 个，长 1 ～ 3cm；总苞片 2 ～ 5 枚，

**图 671 竹叶柴胡** 摄影 中药资源办等

不等大，披针形或小如鳞片；小总苞片 5 枚，披针形，短于花柄；小伞形花序直径 4 ～ 9mm，有花（6）8 ～ 10（12）朵；花瓣浅黄色，先端反折处不凸起，小舌片较大，方形；花柱基厚盘状，宽于子房。果长圆形，长 3.5 ～ 4.5mm，宽 1.8 ～ 2.2mm，棕褐色，棱狭翅状，每棱槽中油管 3 条，合生面油管 4 条。花期 6 ～ 9 月，果期 9 ～ 11 月。

**【生境与分布】**生于海拔 750 ～ 2300m 的山坡草地或林下。分布于福建，另甘肃、贵州、青海、四川、湖北、云南、西藏等省区均有分布；不丹、印度、尼泊尔、巴基斯坦也有分布。

**【药名与部位】**竹叶柴胡，全草。

**【采集加工】**夏、秋季花初开时采收，除去泥沙，干燥。

**【药材性状】**长 45 ～ 130cm。根呈圆锥形或圆柱形，微有分枝，长 10 ～ 15cm，直径 1 ～ 8mm，稍弯曲，外表棕褐色或黄棕色，具细纵纹及稀疏皮孔样突起。茎单生或丛生，圆柱形，直径 1 ～ 6mm，具纵棱，淡黄绿色至绿色，基部常残存多数棕红色至黑棕色叶痕；断面实心，白色。叶易破碎，多脱落，完整者展平后呈披针形、条状披针形或条形，长 9 ～ 16cm，宽 0.5 ～ 1.4cm，基部半抱茎。花序复伞形，花黄色。双悬果短圆形，棱有狭翅。体轻，质稍脆。气清香，味微苦。

**【药材炮制】**竹叶柴胡：除去杂质，切段。醋竹叶柴胡：取竹叶柴胡饮片，与醋拌匀，稍闷，炒干，取出，摊凉。

**【化学成分】**根含脂肪酸类：十五烷酸（pentadecoic acid）、顺式 -9- 十六烯酸（*cis*-9-hexadecylenic acid）、*n*- 十六烷酸（*n*-hexadecanoic acid）、乙基 -9- 十六酸盐（ethyl-9-palmitate）、十六酸乙酯（ethyl palmitate）、9, 12- 十八碳二烯酸（9, 12-octadecadienoic acid）、油酸（oleic acid）、亚油酸甲酯（methyl linoleate）、油酸乙酯（ethyl oleate）、正十二烷酸（*n*-dodecanoic acid）、十四烷酸（tetradecanoic acid）和 9, 12- 十八酸碳二烯酸（9, 12-octadecadienoic acid）[1]；挥发油类：2, 4- 二异氰氧基 -1- 甲基苯（2, 4-

diaisocyanano-1-methyl benzene）、2- 甲氧基 -4- 乙烯基苯酚（2-methoxy-4-vinylphenol）、香草醛（vanillin）、1- 甲基 -4-（1, 2, 2- 三甲基环戊基）- 苯［1-methyl-4-（1, 2, 2-trimethyl cyclopentyl）-benzene］和 3, 5, 6, 7, 8, 8a- 六氢 -4, 8a- 二甲基 -6-（1- 甲基乙烯基）-2（1H）- 萘酮［3, 5, 6, 7, 8, 8a-hexhydrogen-4, 8a-diamethyl-6-（1-methyl vinyl）-2（1H）-naphthalene ketone］[1]；酚酸酯类：邻苯甲二酸二丁酯（dibutyl phthalate）[1]；皂苷类：柴胡皂苷 a、$b_2$、$b_4$、c、d（saikosaponin a、$b_2$、$b_4$、c、d）[2]，6″-*O*- 乙醚基柴胡皂苷 d（6″-*O*-acetyl saikosaponin d）[2]，2″-*O*- 乙酰柴胡皂苷 A（2″-*O*-acetyl saikosaponin A）、3″-*O*- 乙酰柴胡皂苷 A（3″-*O*-acetyl saikosaponin A）、3-*O*-β-D- 岩藻糖基柴胡皂苷元 F（3-*O*-β-D-fucopyranosyl saikogenin F）[3]，柴胡皂苷 E、F（saikosaponin E、F）、3′-*O*- 乙酰基柴胡皂苷 A（3′-*O*-acetyl saikosaponin A）和 6′-*O*- 乙酰基柴胡皂苷 A（6′-*O*-acetyl saikosaponin A）[4]；香豆素类：（+）- 川白芷内酯［（+）-anomalin］、（+）- 白花前胡丙素［（+）-praeruptorin C］和（4），（+）3′- 当归酰氧基 -4′- 酮 -3′, 4′- 二氢邪蒿素［（4），（+）3′-angeloyloxy-4′-keto-3′, 4′-dihydroseselin］[2]；色原酮类：柴胡色酮 A（saikochromone A）[2]；甾体类：β- 谷甾醇（β-sitosterol）和胡萝卜苷（daucosterol）[2]；其他尚含：木糖醇（xylitol）[2]，鼠李糖（rhamnose）、阿拉伯糖（arabinose）、半乳糖（galactose）和半乳糖醛酸（galacturonic acid）[5]。

地上部分含黄酮类：槲皮素（quercetin）、异鼠李素（isorharnnetin）、槲皮素 -3-*O*-β-D- 吡喃葡萄糖苷（quercetin-3-*O*-β-D-glucopyranoside）、芦丁（rutin）[6]，水仙苷（narcissin）和异槲皮苷（isoquercetrin）[7]；色酮类：柴胡色酮 A（saikochromone A）[6]；木脂素类：竹叶柴胡毒素（marginatoxin）、（3, 4- 二甲氧基苄基）-2-（3, 4- 亚甲二氧基苄基）- 丁酸内酯［（3, 4-dimethoxybenzyl）-2-（3, 4-methylenedioxybenzyl）-butyrolactone］[7]，华南远志素（chinensin）、异山荷叶素（isodiphyllin）、5-（4- 羟基 -3- 甲氧基苯基）呋喃［3′, 4′：6, 7］萘并［2, 3-d］-1, 3- 二氧杂环戊烯 -6（8H）- 酮 {5-（4-hydroxy-3-methoxyphenyl）furo［3′, 4′：6, 7］naphtho［2, 3-d］-1, 3-dioxol-6（8H）-one}、10-（4- 羟基 -3- 甲氧基苯基）呋喃［3′, 4′：6, 7］萘并［1, 2-d］-1, 3- 二氧杂环戊烯 -9（7H）- 酮 {10-（4-hydroxy-3-methoxyphenyl）furo［3′, 4′：6, 7］naphtho［1, 2-d］-1, 3-dioxol-9（7H）-one} 和 10-（3, 4- 二甲氧苯基）-6- 羟基呋喃［3′, 4′：6, 7］萘并［1, 2-d］-1, 3- 二氧杂环戊烯 -9（7H）- 酮 {10-（3, 4-dimethoxyphenyl）-6-hydroxyfuro［3′, 4′：6, 7］naphtho［1, 2-d］-1, 3-dioxol-9（7H）-one}[8]；甾体类：豆甾 -7, 25- 二烯 -3- 醇（stigmasta-7, 25-dien-3-ol）、7- 豆甾烯 -3β- 醇（7-stigmasten-3β-ol）、胆甾 -7- 烯 -3β- 醇（cholest-7-en-3β-ol）、α- 菠菜甾醇（α-spinasterol）、β- 谷甾醇（β-sitosterol）、胡萝卜苷（daucosterol）[6]，α- 菠菜甾醇 -3-*O*-β-D- 吡喃葡萄糖苷（α-spinasterol-3-*O*-β-D-glucopyranoside）和豆甾醇（stigmasterol）[7]；脂肪酸类：二十八烷酸（octacosanoic acid）[6]；挥发油类：十六醇（hexadecanol）[7]，十三烷（tridecane）、十一烷（undecane）、十五烷（pentadecane）、β- 丁香烯（β-caryophyllene）[9] 和侧金盏花醇（adonitol）[6]；多元醇类：福寿草醇（adonitol）[6]。

全草含挥发油：2- 甲基环戊酮（2-methyl cyclopentanone）、柠檬烯（limonene）、反式 - 葛缕子醇（*trans*-carveol）、桃金娘烯醇（myrtenol）和 α- 松油醇（α-terpinol）等[10]。

**【药理作用】**1. 抗感染　地上部分二氯甲烷提取物对化脓链球菌有一定的抑制作用，并在一定的浓度下对甲型肝炎病毒感染产生的斑块有一定的抑制作用[1]。2. 抗肿瘤　地上部分甲醇和二氯甲烷提取物对人急性淋巴细胞白血病 T 淋巴细胞有较明显的抑制作用，可使细胞凋亡[1]。3. 解热镇痛　根水提取液能明显降低二硝基苯酚所致大鼠的体温升高[2]；全草的水提取液可提高热板法所致小鼠的痛阈值[3]。4. 抗炎　全草或根的提取物可降低二甲苯所致小鼠的耳肿胀和蛋清所致的足趾肿胀程度，其抗炎作用与其所含的皂苷类成分有关，该类成分对多种致炎剂所致踝关节肿和结缔组织增生性炎症均具有抑制作用，能降低毛细血管通透性、减少炎症因子的渗出、抑制炎症组织组胺释放及白细胞游走，对炎症发生发展的许多环节均具有抑制作用[3-5]。5. 护肝　水提取液可使四氯化碳所致小鼠血清谷丙转氨酶（ALT）、天冬氨酸氨基转移酶（AST）、肝组织匀浆超氧化物歧化酶（SOD）、丙二醛（MDA）和谷胱甘肽（GSH）有明显改善，并减少肝组织脂肪变性，减轻炎细胞浸润，抑制肝组织转化生长因子 -β（TGF-β）和核转录因子（NF-κB）表达[5]。

**【性味与归经】**苦，凉。归肝、胆经。

**【功能与主治】**和解表里，疏肝，升阳。用于感冒发热，寒热往来，胸肋胀痛，胁下疼痛，头痛目眩，脱肛，子宫脱垂，月经不调。

**【用法与用量】**3 ～ 9g。

**【药用标准】**湖北药材 2009、湖南药材 2009、云南药品 1996、云南药材 2005 七册、贵州药材 2003 和四川药材 2010。

**【附注】**马尔康柴胡 *Bupleurum malconense* Shan et Y.Li、马尾柴胡 *Bupleurum microcephalum* Diels、小柴胡 *Bupleurum tenue* Buch.-Ham.ex D.Don（*Bupleurum hamiltinii* Balakr.）的全草在云南作竹叶柴胡药用；窄竹叶柴胡 *Bupleurum marginatum* Wall.ex DC.var.*stenophyllum*（Wolff） Shan et Y.Li 的全草在贵州作竹叶柴胡药用。

**【化学参考文献】**

［1］王砚，王书林 . SPME-GC-MS 法研究竹叶柴胡和北柴胡挥发性成分差异［J］. 中国实验方剂学杂志，2014，20（14）：104-108.

［2］梁之桃，秦民坚，王峥涛 . 竹叶柴胡化学成分的研究［J］. 中国药科大学学报，2003，34（4）：305-308.

［3］Ding J K，Fujino H，Kasai R，et al. Chemical evaluation of Bupleurum species collected in Yunnan，China［J］. Chem Pharm Bull，1986，34（3）：1158-1167.

［4］蔡华，叶方，杨光义，等 . 鄂西北地区竹叶柴胡 UPLC-MS 指纹图谱研究［J］. 中国药师，2014，17（5）：797-800.

［5］鲁孝先，黄兰，毛衍平，等 . 竹叶柴胡多糖的组成分析［J］. 武汉植物学研究，1997，15（1）：294-296.

［6］汪琼，徐增莱，王年鹤，等 . 竹叶柴胡地上部分的化学成分［J］. 植物资源与环境学报，2007，16（4）：71-73.

［7］Ashour M L，El-Readi M Z，Tahrani A，et al. A novel cytotoxic aryltetraline lactone from *Bupleurum marginatum*（Apiaceae）［J］. Phytochem Lett，2012，5（2）：387-392.

［8］Liu Y，Zhang T T，Zhou J S，et al. Three new arylnaphthalide lignans from the aerial parts of *Bupleurum marginatum* WALL. ex DC［J］. Helv Chim Acta，2008，91（12）：2316-2320.

［9］Ashour M L，El-Readi M，Youns M，et al. Chemical composition and biological activity of the essential oil obtained from *Bupleurum marginatum*（Apiaceae）［J］. J Pharm Pharmacol，2009，61（8）：1079-1087.

［10］郭济贤，潘胜利，李颖，等 . 中国柴胡属 19 种植物挥发油化学成分的研究［J］. 上海医科大学学报，1990，17（4）：278-282.

**【药理参考文献】**

［1］Ashour M L，El-Readi M Z，Hamoud R，et al. Anti-infective and cytotoxic properties of *Bupleurum marginatum*［J］. Chin Med，2014，9（4）：1-10.

［2］杜士明，杜婷，王刚，等 . 竹叶柴胡与北柴胡解热镇痛作用的比较［J］. 中国医院药学杂志，2013，33（7）：526-529.

［3］杨辉，杨亮，蒋玲 . 柴胡、竹叶柴胡对小鼠的抗炎镇痛作用研究［J］. 中国药房，2012，23（47）：4442-4444.

［4］杜士明 . 鄂西北地区柴胡与北柴胡的品质比较研究［D］. 武汉：湖北中医药大学博士学位论文，2013.

［5］杜婷，杜士明，王刚，等 . 竹叶柴胡与北柴胡的抗炎保肝作用比较［J］. 医药导报，2014，33（9）：1144-1149.

## 672. 红柴胡（图 672）• *Bupleurum scorzonerifolium* Willd.（*Bupleurum scorzoneraefolium* Willd.）

**【别名】**狭叶柴胡、南柴胡。

**【形态】**多年生草本，高 30 ～ 60cm。主根发达，圆锥形，支根稀少，深红棕色，表面略皱缩，上端有横环纹，下部有纵纹，质疏松而脆。茎单一或 2 ～ 3 条，基部密覆叶柄残余纤维，有细纵槽纹，茎

**图 672　红柴胡**　　　　　摄影　袁井泉等

上部有多回分枝，略呈“之”字形弯曲。基生叶细条形，下部略收缩成叶柄，叶长 6 ～ 16cm，宽 2 ～ 7mm，先端长渐尖，基部稍变窄抱茎，质厚，常对折或内卷，3 ～ 5 脉，叶缘白色，骨质；茎上部叶小，同形。伞形花序自叶腋间抽出，花序多，直径 1.2 ～ 4cm，形成较疏松的圆锥花序状；伞辐（3） 4 ～ 6（8）个，长 1 ～ 2cm，弧形弯曲；总苞片 1 ～ 3 枚，极小，常早落；小伞形花序直径 4 ～ 6mm，小总苞片 5 枚；小伞形花序有花（6） 9 ～ 11（15）朵，花瓣黄色，舌片长几达花瓣的一半，先端 2 浅裂；花柱基厚垫状，宽于子房，深黄色。果广椭圆形，长 2.5mm，宽 2mm，深褐色，棱浅褐色，粗钝凸出，油管每棱槽中 5 ～ 6 条，合生面油管 4 ～ 6 条。花期 7 ～ 8 月，果期 8 ～ 9 月。

**【生境与分布】**生于海拔 160 ～ 2250m 的干燥草原、向阳山坡、灌木林边缘。分布于浙江、安徽、江苏、山东，另黑龙江、吉林、辽宁、河北、陕西、山西、广西、内蒙古、甘肃等省区均有分布；俄罗斯、蒙古国、朝鲜、日本也有分布。

**【药名与部位】**柴胡，根。春柴胡，全草。

**【采集加工】**柴胡：春、秋二季采挖，除去茎叶及泥沙，干燥。春柴胡：3 ～ 4 月硬茎未抽出前采挖，除去杂质，晒干。

**【药材性状】**柴胡：根较细，圆锥形，顶端有多数细毛状枯叶纤维，下部多不分枝或稍分枝。表面红棕色或黑棕色，靠近根头处多具细密环纹。质稍软，易折断，断面略平坦，不显纤维性。具败油气。

春柴胡：长 30 ～ 45cm。主根多为圆锥形，细而稍扭曲，有的下部分枝，长 5 ～ 10cm，直径 0.2 ～ 0.5cm，表皮棕色至黑棕色；根头部残存多数纤维状叶基，近根头处可见到横向皱纹，其下部具不规则纵皱纹，以及细小枝根或遗有支根痕；质脆，易折断，断面平坦，皮部浅棕色，木质部黄白色。茎圆柱形，直径

1～3mm，表面黄绿色，节明显，易折断，断面中央髓部类白色。叶微卷曲，叶片展平后呈披针形或条状披针形，宽2～6mm，具5～7（～9）条平行脉，全缘，淡绿色至绿色。气微香，味淡。

**【药材炮制】**柴胡：除去残茎等杂质，洗净，润软，切厚片或段，干燥。炒柴胡：取柴胡饮片，炒至表面微具焦斑时，取出，摊凉。醋柴胡：取柴胡饮片，与醋拌匀，稍闷，炒至表面色变深时，取出，摊凉。

春柴胡：除去杂质，洗净，切短段、干燥。醋春柴胡：取春柴胡饮片，用醋拌匀，稍闷，文火炒干，取出。

**【化学成分】**根含三萜皂苷类：3β, 16α, 23, 28-四羟基-11, 13（18）-二烯-30-齐墩果酸［3β, 16α, 23, 28-tetrahydroxy-olean-11, 13（18）-dien-30-oic acid］[1]，柴胡皂苷元F（saikogenin F）、原柴胡皂苷元F（prosaikogenin F）、3″-*O*-乙酰柴胡皂苷d（3″-*O*-acetyl saikosaponin d）、6″-*O*-乙酰柴胡皂苷d（6″-*O*-acetyl saikosaponin d）、4″-*O*-乙酰柴胡皂苷d（4″-*O*-acetyl saikosaponin d）[2]，2″-*O*-乙酰柴胡皂苷a（2″-*O*-acetyl saikosaponin a）、2″-*O*-乙酰柴胡皂苷$b_2$（2″-*O*-acetyl saikosaponin $b_2$）[3]，柴胡皂苷a、$b_1$、$b_2$[4]、$b_3$[5]、c[4]、d、e、f[5]、l[3]、r[6]、s[4]、u、v[7]（saikosaponin a、$b_1$、$b_2$、$b_3$、c、d、e、f、l、r、s、u、v）、柴胡属苷元b（bupleurogenin b）[5]，红柴胡苷A、B、C（scorzoneroside A、B、C）[8]和柴胡苷Ⅰ、Ⅱ、Ⅲ、Ⅳ、Ⅴ、Ⅵ、Ⅶ、Ⅷ、Ⅸ、Ⅹ、Ⅺ、Ⅻ、XIII[5]（bupleuroside Ⅰ、Ⅱ、Ⅲ、Ⅳ、Ⅴ、Ⅵ、Ⅶ、Ⅷ、Ⅸ、Ⅹ、Ⅺ、Ⅻ、XIII）；木脂素类：2, 3-*E*-2, 3-二氢-2-（3′-甲氧基-4′-*O*-D-吡喃葡萄糖-苯基）-3-羟甲基-5-（3″-羟基丙烯基）-7-甲氧基-1-苯骈-［b］-呋喃{2, 3-*E*-2, 3-dihydro-2-（3′-methoxy-4′-*O*-D-glucopyranosyl-phenyl）-3-hydroxymethyl-5-（3″-hydroxypropeny1）-7-methoxy-1-benzo［b］furan}、2, 3-*E*-2, 3-二氢-2-（3′-甲氧基-4′-羟基-苯基）-3-羟甲基-5-（3″-羟基丙烯基）-7-*O*-β-D-吡喃葡萄糖-1-苯骈-［b］-呋喃{2, 3-*E*-2, 3-dihydro-2-（3′-methoxy-4′-hydroxyphenyl）-3-hydroxymethyl-5-（3″-hydroxypropenyl）-7-*O*-β-D-glucopyranosyl-1-benzo［b］furan}[9]，3-甲氧基-4-羟基-5-［（8′*S*）-3′甲氧基-4′-羟苯基丙醇］-*E*-桂皮醇-4-*O*-β-D-吡喃葡萄糖苷{3-methoxy-4-hydroxy-5-［（8′*S*）-3′-methoxy-4′-hydroxyphenyl propyl alcoho1］-（*E*）-cinnamic alcohol-4-*O*-β-D-glucopyranoside}[10]，香叶芹脂素*（kaerophyllin）、异香叶芹脂素*（isokaerophyllin）、（-）-亚泰香松素［（-）-yatein］[11]，柴胡木脂素苷A（saikolignanoside A）[10]，金不换萘酚（chinensinaphthol）、刺果峨参素（nemerosin）、异柴胡内酯（isochaihulactone）和柴胡萘酮（chaihunaphthone）[11]；黄酮类：异黄芩素-8-甲醚（isoscutellarein-8-methyl ether）、木蝴蝶素（oroxylin）和汉黄芩素（wogonin）[11]；色原酮类：番樱桃素（eugenin）、柴胡色原酮A（saikochromone A）[11]和柴胡异黄酮苷A（saikoisoflavonoside A）[12]；挥发油类：月桂烯（myrcene）、α-松油醇（α-terpineol）、α-侧柏酮（α-thujanone）、α-胡椒烯（α-copaene）、α-雪松烯（α-himachalene）、α-姜黄烯（α-curcumene）、β-榄香烯（β-elemen）、β-石竹烯（β-caryophyllene）、α-蛇麻烯（α-humulene）、β-蒎烯（β-pinene）、对聚伞花素（*p*-cymene）和α-蒎烯（α-pinene）等[13]；甾体类：α-菠菜甾醇（α-spinasterol）[2]；脂肪酸类：二十四烷酸（tetracosanoic acid）[2]。

茎叶含黄酮类：山柰苷（kaempferitrin）和山柰酚-7-*O*-α-L-吡喃鼠李糖苷（kaempferol-7-*O*-α-L-rhamnopyranoside）[14]。

全草含挥发油：β-松油烯（β-terpinene）、柠檬烯（limonene）、樟烯（camphene）和长叶薄荷酮（pulegone）[15]等。

全草含黄酮类：槲皮素-3-*O*-β-D-葡萄糖醛酸苷（quercetin-3-*O*-β-D-glucuronide）[16]。

**【药理作用】**1. 抗肿瘤 根的丙酮提取物对肺癌A549细胞的增殖有剂量依赖性的抑制作用，可显著降低肺癌细胞中的端粒酶活性[1]。2. 解热 根的水提取液及挥发油的混合物可降低干酵母诱导发热大鼠的体温，且呈剂量依赖性[2]。3. 镇痛 根的挥发油及水提取物的混合物可显著提高光热法致痛小鼠的痛阈值[3]。4. 抗炎 根的挥发油及水提取物的混合物可显著降低乙酸刺激小鼠的腹腔毛细血管通透性[3]。5. 细胞调节 根的水提取物在体外可增强刀豆球蛋白A诱导的小鼠脾细胞的增殖和分泌白细胞介素-2与肿瘤

坏死因子 -β 的水平[4]。

**【性味与归经】**柴胡：苦，微寒。归肝、胆经。春柴胡：苦、辛，微寒。

**【功能与主治】**柴胡：和解表里，疏肝，升阳。用于感冒发热，寒热往来，胸胁胀痛，月经不调；子宫脱垂，脱肛。春柴胡：和解退热，疏肝，升阳。用于感冒发热，寒热往来，胸胁胀痛，疟疾，月经不调，子宫脱垂，脱肛。

**【用法与用量】**柴胡：3 ～ 9g。春柴胡：6 ～ 15g。

**【药用标准】**柴胡：药典 1963—2015、浙江炮规 2015、四川药材 1979、新疆药品 1980 二册和台湾 2013。春柴胡：江苏药材 1989。

**【临床参考】**1. 过敏性鼻炎：根 10g，加黄芩、半夏各 8g，党参、荆芥、防风、辛夷、苍耳子各 10g，连翘 15g、甘草 5g，水煎服，每日 1 剂[1]。

2. 顽固性疼痛：根 10g，加白芍、川芎、生地各 12g，枳壳、桃仁各 10g，当归、红花各 6g，川牛膝 15g、桔梗 8g、甘草 3g，水煎服，每日 1 剂[1]。

3. 妊娠恶阻呕吐：根 6g，加半夏 10g、党参 15g、炙甘草 5g、生姜 3 片、红枣 5 枚，水煎服[1]。

4. 外感风寒、发热恶寒、头痛身痛、痎疟初起：根三钱，加防风一钱、陈皮钱半、芍药二钱、甘草一钱、生姜三五片，水一盅半，煎至原水量的七八分，热服。（《景岳全书》正柴胡饮）

5. 积热下痢不止：根四钱，加黄芩四钱，水煎服。（《太平圣惠方》）

6. 耳聋不闻雷声：根一两，加香附一两、川芎五钱，共为末，早晚开水冲服三钱。（《医林改错》通气散）

**【附注】**《本草图经》载："茎青紫，叶似竹叶，稍紧；亦有似斜蒿；亦有似麦门冬而短者。......"并附江宁府柴胡图 。《本草纲目》云"其苗有如韭叶者"，附有韭叶柴胡图。按今江苏、安徽部分地区习惯用本种的带根嫩苗入药称春柴胡。 初春，红柴胡基生叶自根处丛生，呈条状披针形，质柔软，极似韭叶和麦门冬叶。 因此，古代韭叶柴胡及江宁府柴胡，即似麦门冬而短者，即指本种。

**【化学参考文献】**

[1] Li T，Zhao Y，Tu G，et al. Saikosaponins from roots of *Bupleurum scorzonerifolium* [J]. Phytochemistry，1999，50（1）：139-142.

[2] 白焱晶，赵玉英，谭利，等 . 南柴胡化学成分的研究 [J]. 中国药学杂志，1999，8（2）：105-107.

[3] 梁鸿，赵玉英，白焱晶，等 . 柴胡皂甙 v 的结构鉴定 [J]. 药学学报，1998，33（4）：282-285.

[4] 谭利，赵玉英，王邠，等 . 柴胡皂甙 s 的结构鉴定 [J]. 植物学报，1998，40（2）：176-179.

[5] Matsuda H，Murakami T，Ninomiya K，et al. New hepatoprotective saponins，bupleurosides III，VI，IX，and XIII，from Chinese *Bupleuri Radix*：structure-requirements for the cytoprotective activity in primary cultured rat hepatocytes [J]. Bioorg Med Chem Lett，1997，7（17）：2193-2198.

[6] 谭利，赵玉英，张如意，等 . 南柴胡中的新皂甙 [J]. 中国药学杂志，1996，5（3）：128-131.

[7] Li T，Zhao Y Y，Tu G Z，et al. Saikosaponins from roots of *Bupleurum scorzonerifolium* [J]. Phytochemistry，1999，50（1）：139-142.

[8] Yoshikawa M，Murakami T，Hirano K，et al. Scorzonerosides A，B，and C，novel triterpene oligoglycosides with hepatoprotective effect from Chinese *Bupleuri Radix*，the roots of *Bupleurum scorzonerifolium* Willd [J]. Tetrahedron Lett，1997，38（42）：7395-7398.

[9] 谭利，张庆英，李教社，等 . 南柴胡根中木脂素苷类化合物的研究 [J]. 药学学报，2005，40（5）：428-431.

[10] Tan L I，Wang B，Zhao Y Y. A Lignan Glucoside from *Bupleurum scorzonerifolium* [J]. Chinese Chemical Letters，2004，15（9）：1053-1056.

[11] Chang W L，Chiu L W，Lai J H，et al. Immunosuppressive flavones and lignans from *Bupleurum scorzonerifolium* [J]. Phytochemistry，2003，64（8）：1375-1379.

[12] Tan L，Zhao Y Y，Wang B，et al. New isoflavonoside from *Bupleurum scorzonerifolium* [J]. Chin Chem Lett，1998，9（1）：71-73.

[13] 庞吉海，杨缤，梁伟升，等 . 狭叶柴胡挥发油化学成分的 GC/MS 分析 [J]. 北京大学学报（医学版），1992，24（6）：

501-502.
［14］史英年，徐玲．柴胡茎叶中山柰甙与山柰酚 -7- 鼠李糖甙的提取、分离与鉴定［J］．中草药，1980，11（6）：241-243，246.
［15］郭济贤，潘胜利，李颖．中国柴胡属 19 种植物挥发油化学成分的研究［J］．上海医科大学学报，1990，17（4）：278-282.
［16］赵明，王博，欧阳臻，等．春柴胡中槲皮素 -3-*O*- 葡萄糖醛酸苷的单体制备与含量测定研究［J］．时珍国医国药，2010，21（9）：2233-2234.

【药理参考文献】

［1］Cheng Y L，Chang W L，Lee S C，et al. Acetone extract of *Bupleurum scorzonerifolium* inhibits proliferation of A549 human lung cancer cells via inducing apoptosis and suppressing telomerase activity［J］. Life Sciences，2003，73（18）：2383-2394.
［2］王东琴，李晓伟，张福生，等．基于 GC-MS 代谢组学技术的狭叶柴胡解热作用研究［J］．中草药，2013，44（5）：574-580.
［3］刘晓节，胡杰，张福生，等．红北柴胡药效作用初探［J］．辽宁中医杂志，2012，39（4）：712-714.
［4］刘晓斌，刘永仙，符兆英，等．南柴胡提取物对小鼠脾细胞体外增殖和淋巴因子分泌水平的影响［J］．中国中医药信息杂志，2001，8（7）：38-39.

【临床参考文献】

［1］张青山．柴胡的临床应用［J］．基层医学论坛，2012，16（14）：1854-1855.

## 9. 芫荽属 *Coriandrum* Linn.

直立，光滑，有强烈气味的草本。根细长，纺锤形。叶柄有鞘；叶片膜质，一回或多回羽状分裂。复伞形花序顶生或与叶对生；总苞片通常无；小总苞片数枚，条形；伞辐少数，开展；花白色或淡紫红色；萼齿小，短尖，大小不相等；花瓣倒卵形，先端内凹，在伞形花序外缘的花瓣通常有辐射瓣；花柱基圆锥形；花柱细长而开展。果实圆球形，外果皮坚硬，光滑，背面主棱及相邻的次棱明显；胚乳腹面凹陷；油管不明显或有 1 个位于次棱的下方。

约 2 种，分布于地中海区域。中国 1 种，分布于全国各地，法定药用植物 1 种。华东地区法定药用植物 1 种。

## 673. 芫荽（图 673）• *Coriandrum sativum* Linn.

【别名】香菜（通称），胡荽、香荽。

【形态】一年生或二年生，有强烈气味的草本，高 20 ～ 100cm。根纺锤形，细长，有多数纤细的支根。茎直立，多分枝，有条纹，通常光滑。基生叶有柄，柄长 2 ～ 8cm；叶片一或二回羽状全裂，羽片广卵形或扇形半裂，长 1 ～ 2cm，宽 1 ～ 1.5cm，边缘有钝锯齿、缺刻或深裂，上部的茎生叶三回至多回羽状分裂，末回裂片狭条形，顶端钝，全缘。复伞形花序顶生或与叶对生，花序梗长 2 ～ 8cm；伞辐 3 ～ 7 个；小总苞片 2 ～ 5 枚，条形，全缘；小伞形花序有孕花 3 ～ 9 朵，花白色或带淡紫色；萼齿通常大小不等；花瓣倒卵形，先端有内凹的小舌片，辐射瓣长 2 ～ 3.5mm，通常全缘，有 3 ～ 5 脉。果实圆球形，背面主棱及相邻的次棱明显。花果期 4 ～ 11 月。

【生境与分布】华东地区各省市均有栽培，全国其他地区广为栽培；欧洲地中海地区有分布。

【药名与部位】芫荽子，成熟果实。芫荽草，地上部分。

【采集加工】芫荽子：秋季果实成熟时采收，除去杂质，干燥。芫荽草：白露季节采收，晒干。

【药材性状】芫荽子：为圆球形的双悬果，直径 3 ～ 5mm。表面淡黄棕色，有明显的线状次棱 8 条和不明显的波状主棱 10 条，两者相间排列。顶端残存短小花柱基及萼齿，基部钝圆，可见果柄或果柄痕。

**图 673　芫荽**　　摄影　李华东

分果瓣半球形，接合面略凹陷。气香，味微苦、辛。

芫荽草：全长 50 ～ 100cm。茎圆形，直径 1 ～ 4mm，多分枝，表面草黄色，下部茎颜色稍深，光滑，有纵条纹。叶多皱缩卷曲，有的叶片脱落，于节上残留叶柄鞘。顶部为复伞形花序梗，有少数果实残留。质松脆，断面白色不整齐。气清香，味微辛辣。

**【药材炮制】**芫荽子：除去杂质，洗净，干燥。

芫荽草：除去杂质，洗净，切段，干燥。

**【化学成分】**根含挥发油类：壬烷（nonane）、α- 蒎烯（α-piene）、糠醛（furfural）、苯乙醛（benzeneacetaldehyde）、2- 亚甲基环戊醇（2-methylene-cyclopentanol）、2- 十二烯醛（2-dodecenal）、（*E*, *E*）-2, 4- 壬二烯醛［（*E*, *E*）-2, 4-nonadienal］、环癸烷（cyclodecane）、十四醛（tetradecanal）、2, 3- 二氢 -4- 甲基 - 吲哚（2, 3-dihydro-4-mcthyl-indolc）、2- 亚甲基环戊醇（2-methylene-cyclopentanol）和亚油酸甲酯（methyl linoleate）[1]。

茎叶含挥发油：壬烷（nonane）、α- 蒎烯（α-pinene）、β- 蒎烯（β-pinene）、β- 水芹烯（β-phellandrene）、癸烷（decane）、芳樟醇（linalool）、1, 2, 3- 三甲基环戊烷（1, 2, 3-trimethyl cyclopeptape）、癸醛（deranal）、十一醛（undecanal）、月桂醛（lauraldelayde）、2- 烯十二醛（2-dodecenal）、2- 烯十二醇（2-dodecenol）、2- 烯十三醛（2-tridecenal）、十三醛（tridecanal）、十四醛（tetradecanal）、9- 烯 - 十四醛（9-tetradecenal）、反式 -2- 烯十四醇（*trans*-2-tetradecen-1-ol）、棕榈醛（palmaldehyde）、2- 烯十五醛（2-entadecenal）、2- 烯十八醛（2-octadecenal）[2]，反式 -2- 十二烯醛（*trans*-2-dodecenal）、反式 -2- 十三烯醛（*trans*-2-tridecenal）、反式 -2- 十四烯醛（*trans*-2-tetradecenal）、3- 甲硫基丙醛［3-（methylthio）-propionaldehyde］、反式 -2- 癸烯醛（*trans*-2-decenal）[3]，2- 环己烯 -1- 醇（2-cyclohexen-1-ol）、反式 -2- 癸烯 -1- 醇（*trans*-2-undecen-1-ol）、2- 十三烯 -1- 醇（2-tridecen-1-ol）、2- 十二烯醛（2-dodecenal）、十八醛（octadecanal）、丁

酸乙酯（ethyl butyrate）、乙酸乙酯（ethyl acetate）、二丁基邻苯二甲酸酯（dibutyl phthalate）、十二烷（dodecane）和十八烷（octadecane）[4]；香豆素类：佛手柑内酯（bergapten）、欧前胡内酯（imperatorin）、花椒毒酚（xanthotoxol）和东莨菪内酯（scopoletin）[5]；黄酮类：芦丁（rutin）、异槲皮素（isoquercitin）和槲皮素-3-葡萄糖醛酸苷（quercetin-3-glucuronide）[5]；酚酸类：咖啡酸（caffeic acid）、没食子酸（gallic acid）和绿原酸（chlorogenic acid）[5]。

果含黄酮类：槲皮素（quercetin）、山柰酚（kaempferol）、橙皮苷（hesperidin）、木犀草素-7-*O*-β-D-葡萄糖苷（luteolin-7-*O*-β-D-glucoside）[6]和淫羊藿次苷 $D_1$、$F_2$（icariside $D_1$、$F_2$）[7]；香豆素类：伞形酮（umbelliferone）和东莨菪内酯（scopoletin）[8]；酚和酚酸类：4′, 8′-二羟基苯乙酮-8-*O*-阿魏酸酯（4′, 8′-dihydroxyacetophenone-8-*O*-ferulic acid ester）、没食子酸-3-甲基醚（gallate-3-methyl ether）和 2-*O*-反式阿魏酰基-1-（4-羟基苯基）乙烷-1, 2-二醇［2-*O*-*trans*-feruloyl-1-（4-hydnoxyphenyl）ethane-1, 2-diol］[6]；核苷类：腺嘌呤核苷（adenine nucleoside）[6]；单萜类：（3*S*, 6*E*）-8-羟基芳樟醇-3-*O*-β-D-吡喃葡萄糖苷［（3*S*, 6*E*）-8-hydroxylinalool-3-*O*-β-D-glucopyranoside］、（3*S*, 6*E*）-8-羟基芳樟醇-3-*O*-β-D-（3-*O*-磺酸钾）-吡喃葡萄糖苷［（3*S*, 6*E*）-8-hydroxylinalool-3-*O*-β-D-（3-*O*-potassium sulfo）-glucopyranoside］、（3*S*）-8-羟基-6, 7-二氢芳樟醇-3-*O*-β-D-吡喃葡萄糖苷［（3*S*）-8-hydroxy-6, 7-dihydrolinalool-3-*O*-β-D-glucopyranoside］、（3*S*, 6*S*）-6, 7-二羟基-6, 7-二氢芳樟醇-3-*O*-β-D-吡喃葡萄糖苷［（3*S*, 6*S*）-6, 7-dihydroxy-6, 7-dihydrolinalool-3-*O*-β-D-glucopyranoside］、（3*S*, 6*R*）-6, 7-二羟基-6, 7-二氢芳樟醇-3-*O*-β-D-吡喃葡萄糖苷［（3*S*, 6*R*）-6, 7-dihydroxy-6, 7-dihydrolinalool-3-*O*-β-D-glucopyranoside］、（3*S*, 6*R*）-6, 7-二羟基-6, 7-二氢芳樟醇-3-*O*-β-D-（3-*O*-磺酸钾）-吡喃葡萄糖苷［（3*S*, 6*R*）-6, 7-dihydroxy-6, 7-dihydrolinalool-3-*O*-β-D-（3-*O*-potassium sulfo）-glucopyranoside］、（1*R*, 4*S*, 6*S*）-6-羟基樟脑-β-D-呋喃芹糖基-（1→6）-β-D-吡喃葡萄糖苷［（1*R*, 4*S*, 6*S*）-6-hydroxycamphor-β-D-apiofuranosyl-（1→6）-β-D-glucopyranoside］、柑橘苷 A、B（citroside A、B）和淫羊藿次苷 $B_2$（icariside $B_2$）[7]；苯衍生物类：苄基-β-D-吡喃葡萄糖苷（benzyl-β-D-glucopyranoside）、益母草瑞苷 A（leonuriside A）、4-羟基-3, 5-二甲氧基苯乙醇-4-*O*-β-D-吡喃葡萄糖苷（4-hydroxy-3, 5-dimethoxybenzyl alcohol-4-*O*-β-D-glucopyranoside）、1′-（4-羟基苯基）乙烷-1′, 2′-二醇［1′-（4-hydroxyphenyl）ethane-1′, 2′-diol］、1′-（4-羟基苯基）乙烷-1′, 2′-二醇-2′-*O*-β-D-呋喃芹糖基-（1→6）-β-D-吡喃葡萄糖苷［1′-（4-hydroxyphenyl）ethane-1′, 2′-diol-2′-*O*-β-D-apiofuranosyl-（1→6）-β-D-glucopyranoside］和（1′*R*）-1′-（4-羟基-3, 5-二甲氧基苯基）丙烷-1′-醇-4-*O*-β-D-吡喃葡萄糖苷［（1′*R*）-1′-（4-hydroxy-3, 5-dimethoxylphenyl）propan-1′-ol-4-*O*-β-D-glucopyranoside］[7]；核苷类：尿嘧啶（uracil）、尿苷（uridine）和腺苷（adenosine）[8]；糖及多元醇类：2-C-甲基-D-赤藻糖醇（2-C-methyl-D-erythritol）、2-C-甲基-D-赤藻糖醇-1-*O*-β-D-吡喃葡萄糖苷（2-C-methyl-D-erythritol-1-*O*-β-D-glucopyranoside）、2-C-甲基-D-赤藻糖醇-3-*O*-β-D-吡喃葡萄糖苷（2-C-methyl-D-erythritol-3-*O*-β-D-glucopyranoside）、2-C-甲基-D-赤藻糖醇-4-*O*-β-D-吡喃葡萄糖苷（2-C-methyl-D-erythritol-4-*O*-β-D-glucopyranoside）、2-C-甲基-D-赤藻糖-1-*O*-β-D-呋喃果糖苷（2-C-methyl-D-erythritol-1-*O*-β-D-fructofuranoside）、2-C-甲基-D-赤藻糖-3-*O*-β-D-呋喃果糖苷（2-C-methyl-D-erythritol-3-*O*-β-D-fructofuranoside）、2-C-甲基-D-赤藻糖-4-*O*-β-D-呋喃果糖苷（2-C-methyl-D-erythritol-4-*O*-β-D-fructofuranoside）、2-C-甲基-D-赤藻糖-1-*O*-β-D-（6-*O*-4-羟基苯甲酰基）-吡喃葡萄糖苷［2-C-methyl-D-erythritol-1-*O*-β-D-（6-*O*-4-hydroxybenzoyl）-glucopyranoside］和 2-C-甲基-D-赤藻糖-1-*O*-β-D-（6-*O*-4-甲氧基苯甲酰基）-吡喃葡萄糖苷［2-C-methyl-D-erythritol-1-*O*-β-D-（6-*O*-4-methoxybenzoyl）-glucopyranoside］[9]，D-葡萄糖甲苷（methyl D-glucose）、蔗糖（sucrose）、D-果糖（D-fructose）、β-D-呋喃果糖甲苷（methyl β-D-fructofuranoside）、甘油（glycerol）、D-甘露醇（D-mannitol）、α-L-呋喃阿拉伯糖甲苷（methyl α-L-arabinofuranoside）、D-阿拉伯糖醇（D-arabinitol）、（2*S*）-丙烷-1, 2-二醇-1-*O*-β-D-吡喃葡萄糖苷［（2*S*）-propane-1, 2-diol-1-*O*-β-D-glucopyranoside］和丁烷-2, 3-二醇-2-*O*-β-D-吡喃葡萄糖苷（butane-2, 3-diol-2-*O*-β-D-glucopyranoside）[7]；挥发油类：

10- 羟基愈创木 -3, 7（11）- 二烯 -12, 6- 内酯［10-hydnoxyguaia-3, 7（11）-dien-12, 6-olide］、3- 吲哚甲醛（3-indole formaldehyde）[6]，芳樟醇（linalool）、葛缕子酚（carvacrol）、顺式 - 氧化芳樟醇（*cis*-linalool oxide）[10]，樟脑（camphor）、牻牛儿醇乙酸酯（geranyl acetate）、香叶醇（geraniol）[11]，γ- 松油烯（γ-terpinene）、δ-3- 蒈烯（δ-3-carene）[12] 和 α- 蒎烯（α-pinene）[13] 等；内酯及脂肪酸酯类：芫荽内酯（coriander lactone）、羟基芫荽内酯（hydroxy coriander lactone）、1, 2- 二十八碳 -9, 12- 二烯酰基 -3- 十八碳 -9- 烯酰甘油酯（glyceryl-1, 2-dioctadec-9, 12-dienoate-3-octadec-9-enoate）、甘油 -1, 2, 3- 三取代十八酸酯（glyceryl-1, 2, 3-trioctadecanoate）、正十九醇 - 正二十二碳 -11- 酸酯（*n*-nonadecanyl-*n*-docos-11-enoate）和油酸葡萄糖苷（oleiyl glucoside）[14]。

种子含香豆素类：补骨脂素（psoralen）和当归素（angelicin）[15]；三萜类：芫荽三萜酮二醇（coriandrinonediol）[16]；甾体类：β- 谷甾醇（β-sitosterol）和 β- 谷甾醇 -3-β-D- 葡萄糖苷（β-sitosterol-3-β-D-glucoside）[15]；挥发油：α- 蒎烯（α-pinene）、柠檬烯（limonene）、β- 石竹烯（β-caryophyllene）、1, 8- 桉树脑（1, 8-cineole）、芳樟醇（linalool）、龙脑（borneol）、香茅醇（citronellol）、香叶醇（geraniol）、百里酚（thymol）、香叶醇乙酯（geranyl acetate）、芳樟醇乙酯（linalyl acetate）和石竹烯氧化物（caryophyllene oxide）[15]。

地上部分及全草含香豆素类：芫荽酮 A、B、C、D、E（coriandrone A、B、C、D、E）、芫荽素（coriandrin）、二氢芫荽素（dihydrocoriandrin）、东莨菪内酯（isoscopoletin）、七叶树内酯二甲醚（esculetin dimethyl ether）、瑞香素 -8-*O*- 葡萄糖苷（daphnetin-8-*O*-glucoside）、伞形花内酯（umbelliferone）和异东莨菪内酯（isoscopoletin）[17]；酚酸类：绿原酸（chlorogenic acid）、咖啡酸（caffeic acid）[8]，藜芦酸（veratric acid）、对羟基苯甲酸（*p*-hydroxybenzoic acid）、丁香醛（syringaldehyde）、对羟基苯乙基阿魏酸酯（*p*-hydroxyphenethyl ferulate）、对羟基桂皮酸（*p*-hydroxycinnamic acid）、（*R*）-（–）-4β- 二羟基苯乙基阿魏酸酯［（*R*）-（–）-4β-dihydroxyphenethyl ferulate］和阿魏酸（ferulic acid）[17]；黄酮类：芦丁（rutin）[8]，山柰酚 -3-*O*-α-L-［2, 3- 二 -（*E*）- 对香豆酰基］- 吡喃鼠李糖苷 {kaempferol-3-*O*-α-L-［2, 3-di-（*E*）-*p*-coumaroyl］-rhamnopyranoside} 和山柰酚 -3-*O*-α-L-［3-（*E*）- 对香豆酰基］吡喃鼠李糖苷 {kaempferol-3-*O*-α-L-［3-（*E*）-*p*-coumaroyl］rhamnopyranoside}[17]；挥发油类：环已酮（cyclohexanone）、月桂醛（dodecanal）、反式 - 十三烯醛（*trans*-tridecenal）、α- 芳樟醇（α-linalool）和薄荷呋喃（menthofuran）等[18]。

**【药理作用】**1. 神经保护　叶的甲醇提取物可增加脑缺血再灌注损伤模型大鼠的超氧化物歧化酶、谷胱甘肽、过氧化氢酶等内源性酶水平和总蛋白质水平，并减少脑梗死面积、脂质过氧化和钙水平，也能降低脑组织学的反应性变化如神经胶质增生、淋巴细胞浸润和细胞水肿，发挥较好的神经保护作用[1]；果实水醇提取物在小鼠焦虑模型试验、高架十字迷宫、开场测试、明暗测试和社会互动测试中发现，具有较好的抗焦虑作用[2]；其中种子的水提取物在高架十字迷宫实验中可明显增加进入开臂的次数与时间，发挥抗焦虑作用[3]。2. 抗炎镇痛　叶和茎的二氯甲烷提取物中的乙酸乙酯部位可有效减少在旷场实验中小鼠穿过方形的次数，能减少乙酸诱发腹部扭动次数，具有明显减缓福尔马林、辣椒素、角叉菜胶所致小鼠的爪肿胀、疼痛和水肿的作用[4]；种子的水提取物可明显减轻热板所致的镇痛作用[3]。3. 护肝　叶乙醇提取物可有效降低四氯化碳（$CCl_4$）所致肝损伤模型中的血清谷丙转氨酶、碱性磷酸酶含量，降低胆红素水平，发挥肝脏保护作用，并能使脂肪沉积和气球样变性坏死消失[5]。4. 抗氧化　果实挥发油对羟自由基（·OH）有较好的清除作用，且清除作用随浓度的增加而增强，也具有一定还原 $Fe^{3+}$ 的能力，具有较好的抗氧化作用[6]。5. 抗肿瘤　茎叶挥发油在体外可抑制 Saos-2 细胞的生长及迁移，其机制可能与 P21Cip1/ Waf1、P27Kip1 及 S100A4 有关[7]。6. 抗重金属沉积　鲜叶滤液的混悬液对铅中毒模型小鼠具有抑制铅沉积的作用，其机制可能是芫荽中的螯合剂在肠中与铅螯合，使铅在胃肠的吸收受阻或促使骨中铅分布到血液中，促进铅的排泄[8]。另外，芫荽对铝在小鼠组织的沉积具有明显的抑制作用[9]。

**【性味与归经】**芫荽子：辛，平。归肺、胃经。芫荽草：辛，温。

**【功能与主治】**芫荽子：发表，透疹，开胃。用于感冒鼻塞，痘疹透发不畅，饮食乏味，齿痛。芫荽草：发表透疹，消食下气。治麻疹透发不快，食物积滞。

**【用法与用量】**芫荽子：煎服 5 ～ 10g；外用适量，煎汤含漱或熏洗。芫荽草：煎服 4.5 ～ 9g；外用适量，煎水熏洗或捣敷。

**【药用标准】**芫荽子：部标中药材 1992、部标藏药 1995、浙江炮规 2015、贵州药材 2003、江苏药材 1989、吉林药品 1977、辽宁药品 1987、内蒙古蒙药 1986、内蒙古药材 1988 和台湾 1985 一册；芫荽草：浙江炮规 2005、上海药材 1994、江西药材 1996、藏药 1979 和青海藏药 1992。

**【临床参考】**1. 小儿麻疹：鲜全草 100 ～ 150g，水煎当茶饮，每日数次，同时，鲜全草 100 ～ 250g，水煎泡洗双手、双足，每日 2 次[1]。

2. 暑温高热：全草 30g，加石膏 60g，水煎分 2 次服，每隔 4h1 次，10 岁以下小儿减半用[2]。

3. 新生儿硬肿症：鲜全草 25 ～ 50g，洗净，放入沸水中稍烫后取出，揉成小团，以能渗出药汁为度，用药团反复涂擦患处皮肤，每日 4 ～ 6 次[3]。

4. 胆道蛔虫病：果实 30g，加水 400ml，浓煎成 200ml，一次顿服，呕吐重者可少量频服，儿童酌减[4]。

5. 麻疹透发不畅：鲜全草 90 ～ 120g，加水煎汤趁热熏洗；或果实 9g，水煎服；或果实适量，置炭火中烟熏。

6. 消化不良腹胀：鲜全草 30g，水煎服；或果实 6g，加陈皮 9g、六曲 9g、生姜 3 片，水煎服。

7. 虚寒胃痛：鲜全草 15 ～ 24g，酒水各半煎服。

8. 中耳炎：果实（略炒），加枯矾各等量，研细粉，加冰片少许，密闭贮藏，用时取少许吹入耳中。（5 方至 8 方引自《浙江药用植物志》）

**【附注】**始载于宋《嘉祐本草》。《本草纲目》载："其茎柔叶细而根多须，绥绥然也。张骞使西域始得种归，故名胡荽。今俗呼为蒝荽，蒝乃茎叶布散之貌。俗作芫花之芫，非矣。"又云："胡荽，处处种之。八月下种，晦日尤良。初生柔茎，圆叶，叶有花歧，根软而白，冬春采之，香美可食，可以作葅，道家五荤之一。立夏后开细花成簇，如芹菜花，淡紫色。五月收子，子如大麻子，亦辛香。"以上所述，与本种一致。

药材芫荽子胃热者忌用。

本种的果实在辽宁作香菜子药用。

**【化学参考文献】**


［1］陆占国，郭红转，李伟 . 芫荽根部芳香成分研究［J］. 化学与粘合，2007，29（2）：79-81.

［2］张京娜，陈霞，杨冬，等 . 云南玉溪芫荽挥发油成分的 GC-MS 分析［J］. 现代中药研究与实践，2009，23（4）：24-26.

［3］马明娟，王丹，谢恬，等 . 新鲜芫荽关键性香气成分的鉴定与分析［J］. 精细化工，2017，34（8）：893-899.

［4］陆占国，郭红转，李伟 . 芫荽茎叶精油化学成分分析［J］. 食品与发酵工业，2006，32（2）：96-99.

［5］赵秀玲 . 芫荽的成分及保健功能的研究进展［J］. 食品工业科技，2011，32（4）：427-429，433.

［6］吴江平，宋珍，刘艳丽，等 . 芫荽果化学成分的研究［J］. 中成药，2018，40（7）：1543-1546.

［7］Ishikawa T，Kondo K，Kitajima J. Water-soluble constituents of coriander［J］. Chem Pharm Bull，2003，51（1）：32-39.

［8］Sergeeva N V. Rutin and other polyphenols of *Coriandrum sativum* grass［J］. Khim Prir Soedin，1974，10（1）：94-95.

［9］Kitajima J，Ishikawa T，Fujimatu E，et al. Glycosides of 2-C-methyl-D-erythritol from the fruits of anise，coriander and cumin［J］. Phytochemistry，2003，62（1）：115-120.

［10］Pande C，Sammal S S，Singh C. Essential oil composition of fruits of *Coriandrum sativum* L.［J］. Indian Perfumer，2002，46（2）：115-117.

［11］Mazza G. Minor volatile constituents of essential oil and extracts of coriander（*Coriandrum sativum* L.）fruits［J］. Sci Aliment，2002，22（5）：617-627.

[12] Ghannadi A，Sadeh D. Volatile constituents of the fruit of *Coriandrum sativum* L. from Isfahan［J］. Tehran University of Medical Sciences，1999，7（4）：12-14.

[13] Bandoni A L，Mizrahi I，Juarez M A. Composition and quality of the essential oil of coriander（*Coriandrum sativum* L.）from Argentin［J］. J Essent Oil Res，1998，10（5）：581-584.

[14] Naquvi K J，Ali M，Ahmad J. Two new aliphatic lactones from the fruits of *Coriandrum sativum* L.［J］. Org Med Chem Lett，2012，2（1）：28.

[15] Gupta G K，Dhar K L，Atal C K. Chemical constituents of *Coriandrum sativum* seeds［J］. Indian Perfumer，1977，21（2）：86-90.

[16] Naik C G，Namboori K，Merchant J R. Triterpenoids of *Coriandrum sativum* seeds［J］. Current Sci，1983，52（12）：598-589.

[17] Taniguchi M，Yanai M，Xiao Y Q，et al. Three isocoumarins from *Coriandrum sativum*［J］. Phytochemistry，1996，42（3）：843-846.

[18] 刘信平，张驰，谭志伟，等. 香菜地上部分挥发活性成分研究［J］. 食品科学，2008，29（8）：517-519.

**【药理参考文献】**

[1] Vekaria R H，Patel M N，Bhalodiya P N，et al. Evaluation of neuroprotective effect of *Coriandrum sativum* Linn. against ischemic-reperfusion insult in brain［J］. Int J Phytopharm, 2012，3（2）：186-193.

[2] Mahendra P，Bisht S. Anti-anxiety activity of *Coriandrum sativum* assessed using different experimental anxiety models［J］. Indian Journal of Pharmacology，2011，43（5）：574-577.

[3] Pathan A R，Kothawade K A，Logade M N. Anxiolytic and analgesic effect of seeds of *Coriandrum sativum* Linn.［J］. Int J Res Pharm Chem，2011，1（4）：1087-1099.

[4] Begnami A F，Spindola H M，Gois Ruiz A T，et al. Antinociceptive and anti-edema properties of the ethyl acetate fraction obtained from extracts of *Coriandrum sativum* Linn. leaves［J］. Biomedicine & Pharmacotherapy，2018，103：1617-1622.

[5] Pandey A，Bigoniya P，Raj V，et al. Pharmacological screening of *Coriandrum sativum* Linn. for hepatoprotective activity［J］. Journal of Pharmacy & Bioallied Sciences，2011，3（3）：435-441.

[6] 戴国彪，姜子涛，李荣，等. 芫荽籽精油抗氧化能力研究［J］. 食品研究与开发，2010，31（8）：8-11.

[7] 赖家玲，付文垚，何欣，等. 香菜挥发油体外抑制 Saos-2 细胞生长与迁移［J］. 中国现代医学杂志，2016，26（5）：17-21.

[8] Aga M，姜红玉，睢大员. 芫荽对 ICR 小鼠体内局部铅沉积的预防作用［J］. 国外医药·植物药分册，2002，17（5）：211.

[9] Aga M，史青，聂淑琴. 芫荽对 ICR 小鼠铝沉积的抑制作用［J］. 国外医学中医中药分册，2003，25（6）：354.

**【临床参考文献】**

[1] 李曼君，赵明，倪召海，等. 清解透表汤合芫荽内服外用治疗小儿麻疹 27 例疗效观察［J］. 甘肃中医，1999，12（5）：33.

[2] 林太安. 石膏芫荽汤治疗暑温高热 30 例［J］. 江苏中医，1994，15（10）：17.

[3] 崔志新，李欣欣. 芫荽擦身配合西医治疗新生儿硬肿症 26 例［J］. 中西医结合杂志，1987，7（8）：501-502.

[4] 吴培泉. 芫荽子煎剂治疗胆道蛔虫病 64 例观察［J］. 中医临床与保健，1990，2（3）：15-16.

## 10. 茴香属 *Foeniculum* Mill.

一年生或多年生草本，有强烈香味。茎光滑，灰绿色或苍白色。叶有柄，叶鞘边缘膜质；叶片多回羽状分裂，末回裂片呈丝线形。复伞形花序顶生或侧生；总苞片和小总苞片均缺乏；伞辐多数，直立，开展，不等长；小伞形花序有多数花；花柄纤细；萼齿退化或不明显；花瓣黄色，倒卵圆形，先端有内折的小舌片；花柱基圆锥形，花柱甚短，向外反折。双悬果长圆形，光滑，主棱 5 条，尖锐或圆钝；每棱槽内有油管 1 条，合生面油管 2 条。

1 种，分布于亚洲西部、欧洲、美洲。中国 1 种，各省区均有栽培，法定药用植物 1 种。华东地区法定药用植物 1 种。

## 674. 茴香（图 674）• *Foeniculum vulgare* Mill.

**图 674 茴香** 摄影 李华东等

【别名】小茴香（浙江）。

【形态】多年生草本，高 0.4 ～ 2m，通体具强烈香气。根纺锤形，肥厚。茎直立，光滑，被粉霜，多分枝。较下部的茎生叶柄长 5 ～ 15cm，叶鞘边缘膜质；叶片轮廓为阔三角形，长可达 30cm，宽可达 40cm，三至四回羽状细裂，末回裂片条状，长 1 ～ 6cm，宽约 0.5mm。复伞形花序顶生与侧生，总花序梗长 2 ～ 25cm；伞辐 10 ～ 50 个，不等长，长 1.5 ～ 10cm；小伞形花序有花 5 ～ 40 朵；无萼齿；花瓣黄色，倒卵形或近倒卵圆形，长约 1mm，先端有内折的小舌片，中脉 1 条；花柱基圆锥形，花柱极短，向外叉开或贴伏在花柱基上。果实长圆形，主棱 5 条，尖锐；每棱槽内有油管 1 条，合生面油管 2 条。花期 5 ～ 6

月，果期7～9月。

【生境与分布】我国各省区均有栽培；欧洲、美洲也有栽培。

【药名与部位】茴香根皮（小茴香根皮），根皮。小茴香（茴香），成熟果实。

【采集加工】茴香根皮：夏秋采挖，剥取根皮，晒干。小茴香：秋季果实初熟时采收，除去杂质，干燥。

【药材性状】茴香根皮：呈条状卷筒，长5～15cm，直径3～10mm。表面灰白色至浅灰黄色，具纵向皱缩条纹和突起的横向类圆形皮孔；内表面颜色较深，呈黄棕色，略平滑，有的残留有木心。质脆易折断，断面不整齐，白色。气微香，味先微而后淡。

小茴香：为双悬果，呈圆柱形，有的稍弯曲，长4～8mm，直径1.5～2.5mm。表面黄绿色或淡黄色，两端略尖，顶端残留有黄棕色突起的柱基，基部有时有细小的果梗。分果呈长椭圆形，背面有纵棱5条，接合面平坦而较宽。横切面略呈五边形，背面的四边约等长。有特异香气，味微甜、辛。

【质量要求】小茴香：颗粒饱满，黄绿色，香气浓，无杂质。

【药材炮制】小茴香：除去果柄等杂质，筛去灰屑。盐小茴香：取小茴香，与盐水拌匀，稍闷，炒至表面深黄色，香气逸出时，取出，摊凉。

【化学成分】茎含香豆素类：东莨菪内酯（scopoletin）、香柑内酯（bergapten）、欧前胡内酯（imperatorin）和补骨脂素（psolaren）[1]；挥发油类：莳萝油脑（dillapiol）和莳萝油酚*（dillapional）等[1]。

地上部分含萜类：相对-（1*R*, 2*S*, 3*R*, 4*R*, 6*S*）-对-薄荷烷-1, 2, 3, 6-四醇［rel-（1*R*, 2*S*, 3*R*, 4*R*, 6*S*）-*p*-menthane-1, 2, 3, 6-tetrol］、相对-（1*R*, 4*S*, 6*R*）-对-薄荷烷-3, 6-二醇［rel-（1*R*, 4*S*, 6*R*）-*p*-menthane-3, 6-diol］、3, 4-二羟基-*p*-1-薄荷烯（3, 4-dihydroxy-*p*-menth-1-ene）、（4*R*, 6*S*）-6-羟基辣薄荷酮［（4*R*, 6*S*）-6-hydroxypiperitone］、（4*R*, 6*R*）-6-羟基辣薄荷酮［（4*R*, 6*R*）-6-hydroxypiperitone］、（4*R*, 3*S*）-3-羟基辣薄荷酮［（4*R*, 3*S*）-3-hydroxypiperitone］和（4*R*, 3*R*）-3-羟基辣薄荷酮［（4*R*, 3*R*）-3-hydroxypiperitone］[2]。

根含香豆素类：7-羟基-6-甲氧基香豆素（7-hydroxy-6-methoxycoumarin），即东莨菪内酯（scopoletin）[3]，伞花内酯（umbelliferone）和香柠檬烯（bergapten）[4]；甾体类：胡萝卜苷（daucosterol）、β-谷甾醇（β-sitosterol）[3]和豆甾醇-β-D-吡喃葡萄糖苷（stigmasterol-β-D-glueopyranoside）[5]；挥发油类：莳萝油脑（dillapiol）、3*R*, 8*S*, 9*Z*-镰叶芹二醇（3*R*, 8*S*, 9*Z*-falcarindiol）[5]，洋芹脑（apiole）、肉豆蔻醚（myristicin）[6]和5-羟甲基糠醛（5-hydroxymethylfurfural）[3]；氨基酸类：焦谷氨酸乙酯（ethyl pyroglutamate）[3]；脂肪酸苷类：亚油酸蔗糖苷（sucrose linoleate）[5]；糖类：蔗糖（sucrose）[3]。

果实含芪类：顺式-宫部苔草酚C（*cis*-miyabenol C）、宫部苔草酚C（miyabenol C）、茴香苷Ⅰ、Ⅱ、Ⅲ、Ⅳ、Ⅴ、Ⅵ、Ⅶ、Ⅷ、Ⅸ（foeniculoside Ⅰ、Ⅱ、Ⅲ、Ⅳ、Ⅴ、Ⅵ、Ⅶ、Ⅷ、Ⅸ）[7]，茴香苷X、XI（foeniculoside X、XI）和反式-白藜芦醇-3-*O*-β-D-吡喃葡萄糖苷（*trans*-resveratrol-3-*O*-β-D-glucopyranoside）[8]；黄酮类：淫羊藿次苷$A_4$（icariside $A_4$）[8]；酚酸类：无刺枣苄苷（zizybeoside I）、紫丁香苷（syringin）[8]，对羟基苯甲酸（*p*-hydroxybenzoic acid）、苯甲酸（benzoic acid）、香荚兰素（vanillin）、茴香酸（anisic acid）、龙胆酸（gentisic acid）、邻香豆酸（*o*-cumaric acid）和原儿茶酸（protocatechuic acid）[9]；苯丙素类：芥子醇葡萄糖苷（sinapyl glucoside）、芥子醇-1, 3′-二-*O*-β-D-吡喃葡萄糖苷（sinapyl alcohol-1, 3′-di-*O*-β-D-glucopyranoside）、苏式-茴香脑乙二醇（*threo*-anethole glycol）、赤式-茴香脑乙二醇（*erythro*-anethole glycol）、紫丁香苷-4-*O*-β-葡萄糖苷（syringin-4-*O*-β-glucoside）[8]，芥子酸（sinapic acid）、桂皮酸（cinnamic acid）、对羟基桂皮酸（*p*-hydroxycinnamic acid）、阿魏酸（ferulic acid）和咖啡酸（caffeic acid）[9]；苯并呋喃类：（3′*R*）-5-羟基-3-（3′-羟基丁基）-异苯并呋喃-1（3H）-酮［（3′*R*）-5-hydroxy-3-（3′-hydroxybutyl）-isobenzofuran-1（3H）-one］[8]；香豆素类：香柑内酯（bergapten）、二氢山芹醇（columbianetin）、欧前胡酚（osthenol）、补骨脂素（psoralen）、滨蒿内酯（scoparone）、邪蒿素（seselin）[10]，欧前胡素（imperatorin）、花椒毒素（xanthotoxin）和印度榅桲苷（marmesin）[11]；黄酮类：槲皮素（quercetin）[12]；三萜皂苷类：齐墩果酸（oleanolic acid）[8]和α-香树脂醇（α-amyrin）[11]；核苷类：腺苷（adenosine）[8]；甾体类：7α-羟基菜油甾醇（7α-hydroxycampesterol）和（3β, 5α, 8α, 22*E*）-5, 8-表二氧基-麦角甾-6, 22-二烯-3-醇［（3β, 5α, 8α, 22*E*）-5, 8-epidioxy-ergosta-6, 22-dien-3-ol］[8]，β-谷甾醇（β-sitosterol）和豆甾醇（stigmasterol）[10]；挥发油类：反式茴香脑（*trans*-anethole）、柠檬烯（limonene）、古巴烯（copaene）、γ-杜松烯（γ-cadinene）、大根香叶烯D（germacrene D）、δ-杜松烯（δ-cadinene）、芹菜脑（apiole）、十八碳烯（octadecene）、胡椒酚甲醚（methyl chavicol）、对-甲氧基-苯甲醛（*p*-methoxy benzaldehyde）[13]和2, 3-二氢苯基十七-5-烯酯（2, 3-dihydropropylheptadec-5-enoate）[8]；有机酸类：反丁烯二酸（fumaric acid）、苹果酸（malic acid）、酒石酸（tartaric acid）、柠檬酸（citric acid）、莽草酸（shikimic acid）和奎宁酸（quinic acid）[9]。

叶含黄酮类：槲皮素-3-葡萄糖基葡萄糖醛酸苷（quercetin-3-glucoglucuronide）[14]和茴香苷（fenicularin），即槲皮素-3-L-阿拉伯糖苷（quercetin-3-L-arabinoside）[15]；香豆素类：香柑内酯（bergapten）、花椒毒素（xanthotoxin）、异茴芹素（isopimpinellin）、东莨菪内酯（scopoletin）、伞形酮（umbelliferone）和印度榅桲苷（marmesin）[16]；甾体类：豆甾醇（stigmasterol）和β-谷甾醇（β-sitosterol）[16]；挥发油类：柠檬烯（limonene）、反式茴香脑（*trans*-anethole）和α-蒎烯（α-pinene）等[17]；维生素类：维生素E（vitamin E）[18]。

种子含挥发油：甲基胡椒酚（methyl chavicol）、茴香酮（fenchone）、柠檬烯（limonene）[19]，崖柏烯（thujene）、α-蒎烯（α-pinene）、β-蒎烯（β-pinene）、β-水芹烯（β-phellandrene）、罗勒烯（ocimene）[20]，草蒿脑（estragole）和反式茴香脑（*trans*-anethole）等[18]；元素：铁（Fe）、锌（Zn）和钾（K）等[21]。

花含黄酮类：缅茄苷（afzelin）、山柰酚-3-*O*-α-L-［2″, 3″-二-（*E*）-对香豆酰基］-鼠李糖苷{kaempferol-3-*O*-α-L-［2″, 3″-di-（*E*）-*p*-coumaroyl］-rhamnoside}、槲皮素（quercetin）、异鼠李素-3-*O*-β-D-葡萄糖苷（isorhamnetin-3-*O*-β-D-glucoside）、芦丁（rutin）、槲皮素-3-*O*-β-D-葡萄糖醛酸苷（quercetin-3-*O*-β-D-glucuronide），即米魁氏白珠树素（miquelianin）和异槲皮苷（isoquercitrin）[22]；酚酸类：对羟基苯甲酸（*p*-hydroxybenzoic acid）和阿魏酸（ferulic acid）[23]。

**【药理作用】**1. 抗菌　种子挥发油对链格孢菌、黑曲霉、褐黄曲菌、杂色曲霉菌、黄曲霉、土曲霉、枝孢霉、镰胞菌、三线镰刀菌、青霉菌、拟茎点霉、木霉、毛癣菌、链球菌和表皮癣菌的繁殖均有显著的抑制作用[1]。2. 抗抑郁　种子的乙醇提取物可减少强迫游泳实验及悬尾实验中小鼠的不动时间[2]。3. 护肝　种子粉末可降低对乙酰氨基酚所致肝毒性模型大鼠的血清谷丙转氨酶、天冬氨酸氨基转移酶、丙二醛和过氧化氢的含量，升高过氧化酶和过氧化氢酶的水平[3]；种子的水提取液与蒸馏液混合物可显著降低白酒所致酒精性肝损伤模型小鼠的肝指数，以及肝组织甘油三酯（TG）、总胆固醇、丙二醛、谷丙转氨酶和天冬氨酸氨基转移酶含量，升高肝组织中乙醇脱氢酶、超氧化物歧化酶活性及谷胱甘肽水平，显著降低血清甘油三酯水平，明显减轻肝组织病理变化[4]。4. 抗炎、镇痛、抗氧化　种子的80%甲醇提取物可显著抑制角叉菜所致小鼠的足肿胀及花生四烯酸所致小鼠的耳肿胀，可显著降低甲醛所致关节炎模型小鼠的血清谷丙转氨酶及天冬氨酸氨基转移酶水平，改善二硝基氟苯所致小鼠的接触过敏反应，可显著降低热板法所致小鼠的痛感，升高大鼠血清超氧化物歧化酶及过氧化氢酶水平，显著降低脂质过氧化反应[5]；种子中提取的挥发油可减轻二甲苯所致小鼠的耳廓肿胀、蛋清所致大鼠的足肿胀及乙酸所致的小鼠的扭体反应[6]；种子的乙醇和水提取物可显著抑制亚油酸过氧化反应，清除1，1-二苯基-2-三硝基苯肼（DPPH）自由基、超氧阴离子、过氧化氢及抑制亚铁离子氧化，且具有剂量依赖性[7]。5. 抗高血糖　种子的正己烷提取物可恢复链脲霉素所致糖尿病模型大鼠的体重，降低大鼠血糖水平，降低与糖尿病相关的淀粉酶、总胆固醇、谷丙转氨酶、天冬氨酸氨基转移酶、尿素氮和肌酐水平[8]；茎叶的水提取物可降低链脲佐菌素所致糖尿病模型大鼠的血清一氧化氮和丙二醛水平，升高超氧化物歧化酶水平[9]。6. 抗白内障　果实中分离得到的顺式茴香脑（*cis*-anethole）在体外可恢复葡萄糖培养所致的晶状体浑浊，恢复谷胱甘肽水平，升高总蛋白质、过氧化氢酶和超氧化物歧化酶水平[10]。7. 抗焦虑　地上部分提取的挥发油可增加安定所致的焦虑模型小鼠在高架十字迷宫中的进入和停留时间，减少爬梯小鼠的站立次数，增加旷场实验中小鼠在中央区域的活动[11]。8. 抗肿瘤　种子的甲醇提取物可促进人乳腺癌 MCF-7 细胞、人肝癌 HePG-2 细胞及结肠癌 HCT 116 细胞的凋亡[12]。9. 抗肝纤维化　果实的蒸馏液与水提取液混合物可显著降低四氯化碳所致肝纤维化模型大鼠的血清谷丙转氨酶、天冬氨酸氨基转移酶、透明质酸水平，降低肝组织内胶原纤维含量，降低抗 α 平滑肌动蛋白、转化生长因子 -β 受体 Ⅰ 型、转化生长因子 -$\beta_1$ 表达，以及转化生长因子 -$\beta_1$、smad2 mRNA 的相对表达[13]。10. 增强免疫　种子的水提取液可提高环磷酰胺所致免疫低下模型小鼠的碳粒廓清率，促进血清溶血素形成及 T 淋巴细胞增殖[14]。11. 促渗　从果实提取的挥发油可提高体外透皮实验中模型药物 5- 氟脲嘧啶的增渗倍数[15]。12. 抗肝硬化　种子的淀粉混悬液可提高苯巴比妥及四氯化碳 - 橄榄油溶液所致肝硬化模型大鼠的血清钾含量，提高肠蠕动次数[16]，提高总排尿量，升高血清谷丙转氨酶水平，降低血清醛固酮，减少模型大鼠肾脏假小叶形成，减轻肾脏汇管区炎症[17]。13. 抗前列腺增生　果实提取物可降低切除双侧睾丸和附睾及皮下注射丙酸睾酮所致的前列腺增生模型大鼠的前列腺湿重和前列腺指数，降低血清睾酮、双氢睾酮含量及睾酮 / 雌二醇值，减轻前列腺腺体增生[18]。

**【性味与归经】**茴香根皮：二级干热（维医）。小茴香：辛，温。归肝、肾、脾、胃经。

**【功能与主治】**茴香根皮：祛散寒气，温肾暖胃，通水利湿，消肿止痛。用于寒性胃痛，腹部不利，尿路结石，小便不通，阴囊肿痛，疝气，咳嗽，气管炎，等。小茴香：散寒止痛，理气和胃。用于寒疝腹痛，睾丸偏坠，痛经，少腹冷痛，脘腹胀痛，食少吐泻，睾丸鞘膜积液。

**【用法与用量】**茴香根皮：5 ～ 7g。小茴香：3 ～ 6g。

**【药用标准】**茴香根皮：部标维药 1999 和新疆维药 1993；小茴香：药典 1953—2015、浙江炮规 2005、局标进药 2004、内蒙古蒙药 1986、新疆药品 1980 二册、新疆维药 1993、贵州药材 1965、中华药典 1930 和台湾 2013。

**【临床参考】**1. 妇科腹腔镜术后恶心呕吐：果实 500g，用棉布袋包裹，洒水少量（不浸湿布袋），微波炉加热，温度以使病人局部皮肤无灼痛感为度，紧贴上腹（中脘）、脐部（神阙、天枢）热敷，每次 15min，每日 2 次，连续 2 天，联合耳穴压豆[1]。

2. 妇科恶性肿瘤术后肠道功能恢复：果实 5g，用 130ml 沸水冲泡，取滤液自然冷却至约 40℃时饮用，10min 内服完，每日 2 次[2]。

3. 原发性痛经：果实 200g，棉布袋包裹，洒水少量（不浸湿布袋），微波炉加热 2~3min，以使病人局部皮肤无灼痛感为度，紧贴下腹部热敷 15 ～ 20min，联合足底按摩，每天 1 次，于月经前 5 天开始治疗，至月经周期第 2 天结束，连续 3 月[3]。

4. 骨科术后便秘：果实 300g，置烤箱中加热至 60 ～ 65℃，装入布袋中，前 20min 以肚脐为中心在腹部沿升结肠、横结肠、降结肠、乙状结肠方向反复推展按摩使腹部下陷约 1cm，幅度由小到大，后 10min 放于神阙穴（肚脐）上盖好被盖保暖，每天上、下午各 1 次，连做 3 天[4]。

5. 肝经寒凝气滞所引起的疝气疼痛：果实 500g，加川楝子 250g、陈皮 250g、甘草 250g、食盐 200g，研成细粉，每次 5 ～ 10g，白开水冲服，早晚各 1 次[5]。

6. 女子阴痛：果实 10g，加当归、吴茱萸、乌药、枸杞子、茯苓、干姜、附子各 10g，肉桂 6g，生姜 3 片，水煎服，每日 1 剂[6]。

**【附注】**始载于《唐本草》列入草部。《本草图经》云："三月生叶，似老胡荽，极疏细，作丛，至五月高三四尺；七月生花，头如伞盖，黄色，结实如麦而小，青色，北人呼为土茴香。……，八九月采实，阴干，今近道人家园圃种之甚多。"《救荒本草》云："今处处有之，人家园圃多种，苗高三四尺，茎粗如笔管，旁有淡黄袴叶，抪茎而生。袴叶上发生青色细叶，似细蓬叶而长，极疏细如丝发状。袴叶间分生叉枝，梢头开花，花头如伞盖，结子如莳萝子，微大而长，亦有线瓣。采苗叶煠热，换水淘净，油盐调食。”《本草蒙筌》云：“小茴香，家园栽种，类蛇床子，色褐轻虚。”《本草纲目》载：“茴香宿根深，冬生苗作丛，肥茎丝叶，五六月开花，如蛇床花而色黄，结子大如麦粒，轻而有细棱……。”所述即指本种。

药材小茴香（茴香）阴虚火旺者禁服。

本种的茎叶民间也作药用。

**【化学参考文献】**


[1] Kwon Y S, Choi W G, Kim W J, et al. Antimicrobial constituents of *Foeniculum vulgare*[J]. Arch Pharm Res, 2002, 25(2): 154-157.

[2] Zellagui A, Gherraf N, Elkhateeb A, et al. Chemical constituents from Algerian *Foeniculum vulgare* aerial parts and evaluation of antimicrobial activity [J]. J Chil Chem Soc, 2011, 56(3): 759-763.

[3] 林健博，古丽娜·沙比尔. 小茴香根皮化学成分研究 [J]. 新疆医科大学学报，2014，37（1）：54-55.

[4] Abyshev D Z, Damirov I A, Abyshev A Z. *Foeniculum vulgare* as a new source of biologically active coumarins [J]. Azerbaidzhanskii Meditsinskii Zhurnal, 1976, 753(6): 34-37.

[5] 张嫩玲，马青云，胡江苗，等. 小茴香根的化学成分研究 [J]. 天然产物研究与开发，2011，23（2）：273-274.

[6] 宋凤凤，美丽万·阿不都热依木，周静. 不同产地茴香根皮挥发油成分的 GC-MS 分析 [J]. 应用化工，2014，43（11）：2111-2114.

[7] Ohyama M, Tanaka T, Ito T, et al. Four new glycosides of stilbene trimer from *Foeniculi* fructus (fruit of *Foeniculum vulgare* Miller) [J]. Chem Pharm Bull, 1995, 43(29): 868-871.

[8] De Marino S, Gala F, Borbone N, et al. Phenolic glycosides from *Foeniculum vulgare* fruit and evaluation of antioxidative activity [J]. Phytochemistry, 2007, 68(13): 1805-1812.

[9] Trenkle K. New research in *Foeniculum vulgare*, organic acids, specifically phenylcarboxylic acids [J]. Planta Med, 1971, 20(4): 289-301.

[10] Mendez J, Castro-Poceiro J. Coumarins in *Foeniculum vulgare* fruits [J]. Revista Latinoamericana de Quimica, 1981, 12(2): 91-92.

[11] El-Khrisy E A M, Mahmoud A M, Abu-Mustafa E A. Chemical constituents of *Foeniculum vulgare* fruits [J]. Fitoterapia, 1980, 51(5): 273-275.

[12] Ghodsi M B. Flavonoids of *Foeniculum vulgare* Mill [J]. Majallah - Daneshgah-e Tehran, Daneshkade-ye Darusazi, 1976, (4): 10-14.

[13] 郑甜田，陶永生，张敏，等. 10 种产地小茴香果实挥发油成分分析 [J]. 昆明医科大学学报，2017，38（11）：19-24.

[14] Nakaoki T, Morita N, Nagata Y, et al. Medicinal resources. XIX. flavonoid of the leaves of *Nelumbo nucifera*, *Cosmos bipinnatus*, and *Foeniculum vulgare* [J]. Yakugaku Zasshi, 1961, 81: 1158-1194.

[15] Ohta T, Miyazaki T. Fenicularin, a quercetin 3-arabinoside from the leaves of *Foeniculum vulgare* [J]. Yakugaku Zasshi, 1959, 79: 986.

[16] Abdel-Fattah M E, Taha K E, Abdel A M H, et al. Chemical constituents of *Citrus limonia* and *Foeniculum vulgare* [J]. Ind J Heterocyclic Chem, 2003, 13(1): 45-48.

[17] Ravid U, Putievsky E, Snir N. The volatile components of oleoresins and the essential oils of *Foeniculum vulgare* in Israel [J]. J Nat Prod, 1983, 46(6): 848-851.

[18] Guillen M D, Manzanos M J. A study of several parts of the plant *Foeniculum vulgare* as a source of compounds with industrial interest [J]. Food Res Int, 1996, 29(1): 85-88.

[19] Kruger H, Hammer K. Chemotypes of fennel (*Foeniculum vulgare* Mill.) [J]. J Essent Oil Res, 1999, 11(1): 79-82.

[20] 马学毅，李志孝，陈耀祖. 毛细管气相色谱–质谱联用分析民勤小茴香挥发油的化学成分 [J]. 兰州大学学报，1989，25（2）：68-71.

[21] Gupta K, Thakral K K, Gupta V K, et al. Metabolic changes of biochemical constituents in developing fennel seeds (*Foeniculum vulgare*) [J]. J Sci Food Agr, 2010, 68(1): 73-76.

［22］Soliman F M, Soliman F M, Shehata A H, et al. An acylated kaempferol glycoside from flowers of *Foeniculum vulgare* and *F. dulce*［J］. Molecules，2002，7（2）：245-251.

［23］Trenkle K. New research in *Foeniculum vulgare*，organic acids，specifically phenylcarboxylic acids［J］. Planta Med，1971，20（4）：289-301.

【药理参考文献】

［1］Mimica-Duki N，Kujund S，Sokovi M，et al. Essential oil composition and antifungal activity of *Foeniculum vulgare* Mill. obtained by different distillation conditions［J］. Phytotherapy Research Ptr，2010，17（4）：368-371.

［2］Josephine I G，Elizabeth A A，Muniappan M，et al. Antidepressant activity of *Foeniculum vulgare* in forced swimming and tail suspension test［J］. Research Journal of Pharmaceutical Biological & Chemical Sciences，2014，5（2）：448-454.

［3］Ansari S， Gol A， Mohammadzadeh A. Investigating the effects of fennel（*Foeniculum vulgare*） seed powder on oxidant and antioxidant factors in hepatotoxicity induced by acetaminophen in male rats［J］. Hormozgan Medical Journal，2017，20（5）：307-315.

［4］韩光顺，梁华益，韦家河，等. 茴香提取液对小鼠酒精性肝损伤的保护作用［J］. 现代预防医学，2017，44（18）：3316-3320.

［5］Choi E M，Hwang J K. Antiinflammatory，analgesic and antioxidant activities of the fruit of *Foeniculum vulgare*［J］. Fitoterapia，2004，75（6）：557-565.

［6］滕光寿，刘曼玲，毛峰峰，等. 小茴香挥发油的抗炎镇痛作用［J］. 现代生物医学进展，2011，11（2）：344-346.

［7］Oktay M，Gulcin I，Kufrevioglu O I. Determination of *in vitro* antioxidant activity of fennel（*Foeniculum vulgare*） seed extracts［J］. LWT - Food Science and Technology，2003，36（2）：263-271.

［8］Mhaidat N M，Abu-Zaiton A S，Alzoubi K H，et al. Antihyperglycemic properties of *Foeniculum vulgare* extract in streptozocin-induced diabetes in rats［J］. International Journal of Pharmacology，2015，11（1）：72-75.

［9］黄丽娟，黄彦峰，王映，等. 茴香提取液对糖尿病大鼠血清 NO、MDA 和 SOD 的影响［J］. 右江民族医学院学报，2016，38（1）：14-16.

［10］Dongare V，Kulkarni C，Kondawar M，et al. Inhibition of aldose reductase and anti-cataract action of *trans*-anethole isolated from *Foeniculum vulgare* Mill. fruits［J］. Food Chemistry，2012，132（1）：385-390.

［11］Mesfin M，Asres K，Shibeshi W. Evaluation of anxiolytic activity of the essential oil of the aerial part of *Foeniculum vulgare*，Miller in mice［J］. BMC Complementary and Alternative Medicine，2014，14（1）：310.

［12］Zaahkouk S A M，Aboul-Ela E I，Ramadan M A，et al. Anti carcinogenic activity of methanolic extract of fennel seeds（*Foeniculum vulgare*） against breast，colon，and liver cancer cells［J］. International Journal of Advanced Research，2015，3（5）：1525-1537.

［13］张泽高，肖琳，詹欣宇，等. 维药小茴香抗肝纤维化作用及对 TGF-β/smad 信号转导通路的影响［J］. 中国肝脏病杂志（电子版），2014，6（1）：32-37.

［14］董华泽，王艳苹，袁新松，等. 小茴香对小鼠免疫功能的影响［J］. 安徽农业科学，2009，37（27）：13419-13420.

［15］沈琦，徐莲英. 小茴香对 5- 氟脲嘧啶的促渗作用研究［J］. 中成药，2001，23（7）：469-471.

［16］于洋，秦纹，薛志琴，等. 中药小茴香对大鼠肝硬化的去腹水保钾、补钾的实验研究［J］. 新疆医科大学学报，2012，35（2）：206-208.

［17］周世雄，甘子明，张力，等. 中药小茴香对肝硬化腹水大鼠利尿作用机制实验研究［J］. 新疆医科大学学报，2007，30（1）：33-35.

［18］唐维，代光成，薛波新，等. 泽兰与小茴香提取物抑制大鼠前列腺增生的实验研究［J］. 医学研究生学报，2014（12）：1266-1268.

【临床参考文献】

［1］韩叶芬. 耳穴压豆联合小茴香热敷减轻妇科腹腔镜术后恶心呕吐的护理研究［J］. 护理研究，2012，26（35）：3314-3315.

［2］马宏伟，赵际童，赵霞. 小茴香代茶饮对妇科恶性肿瘤术后肠道功能恢复的研究［J］. 四川大学学报（医学版），2015，46（6）：940-943.

［3］罗岗. 小茴香热敷下腹部联合足部子宫反射区按摩治疗原发性痛经的效果观察［J］. 护理学报，2013，20（17）：

63-65.
[4] 税毅冬，王果，刘健佳，等 . 小茴香热熨对骨科术后患者便秘的临床效果观察［J］. 四川中医，2017，35（4）：156-157.
[5] 努尔古丽•麦合木提，热汗古丽•木沙 . 小茴香在维医药中的临床应用［J］. 世界最新医学信息文摘，2016，16（61）：288.
[6] 门青馆 . 阴痛治验［J］. 山西中医，1994，10（6）：35.

## 11. 明党参属 *Changium* Wolff

多年生草本。根粗壮，纺锤形。茎直立，纤细而坚硬，有细条纹。叶广卵形，三出式二至三回羽状全裂；叶柄长，基部有三角形的膜质叶鞘。复伞形花序顶生或侧生；总苞片无或少数；伞辐 4 ～ 10 个，开展；小总苞片少数，钻形或条形；花白色或略带紫红；萼齿 5 枚，有时发育不全；花瓣 5 枚，长圆形或卵状披针形，顶端尖而内折；雄蕊 5 枚，与花瓣互生；花柱基略隆起，花柱向外反折。果实圆卵形或卵状长圆形，侧扁，光滑，有 10 ～ 12 条纵纹；果棱不明显，分生果横剖面近圆形，在 2 个不明显的果棱中间有油管 3 条，合生面油管 2 条。

1 种，特产华东。法定药用植物 1 种。华东地区法定药用植物 1 种。

### 675. 明党参（图 675）• *Changium smyrnioides* Wolff

图 675　明党参　　　摄影　李华东等

**【别名】**山萝卜（通称），山花（江苏南京），粉沙参（江苏苏州）。

**【形态】**多年生草本。主根纺锤形或长索形，长 5 ～ 20cm，表面棕褐色或淡黄色，内部白色。茎直立，纤细，高 50 ～ 100cm，圆柱形，表面被白霜，有分枝，疏散而开展，侧枝通常互生。基生叶有长柄，柄长 3 ～ 25cm；叶片三出式的二至三回羽状全裂，一回羽片广卵形，柄长 2 ～ 5cm；二回羽片卵形或长圆状卵形，柄长 1 ～ 2cm；三回羽片卵形或卵圆形，基部截形或近楔形，边缘 3 裂或羽状缺刻；末回裂片长圆状披针形；茎上部叶缩小呈鳞片状或鞘状。复伞形花序顶生或侧生；总苞片无或1～3枚；伞辐4～10个，长3～10cm，开展；小总苞片少数，顶端渐尖；小伞形花序有花8～20朵，花蕾时略呈紫红色，开后呈白色；侧生花序多数不育；萼齿小；花瓣长圆形或卵状披针形，顶端渐尖而内折，具1紫红色的脉。果实圆卵形至卵状长圆形，长2～3mm，果棱不明显，油管多数。花期4～5月，果期5～6月。

**【生境与分布】**生于山地土壤肥厚的地方或山坡岩石缝隙中。分布于浙江、安徽、江苏、江西，另湖北也有分布。

**【药名与部位】**明党参（粉沙参），根。

**【采集加工】**4～5月采挖，除去须根，洗净，置沸水中煮至无白心，取出，刮去外皮，漂洗，干燥，用作“明党参”；春季采挖，洗净，除去残茎及须根，大者纵剖两片，干燥，用作“粉沙参”。

**【药材性状】**明党参：呈细长圆柱形、长纺锤形或不规则条块，长6～20cm，直径0.5～2cm。表面黄白色或淡棕色，光滑或有纵沟纹和须根痕，有的具红棕色斑点。质硬而脆，断面角质样，皮部较薄，黄白色，有的易与木质部剥离，木质部类白色。气微，味淡。

粉沙参：呈细长圆柱形、长纺锤形或不规则条块，长6～20cm，直径0.5～2cm。表面棕褐色，粗糙，有裂缝。切面白色，粉性，皮部外侧具棕褐色较疏松的木栓层，内侧散生黄棕色点状的分泌腔，易与木质部分离，形成层环明显，木质部略具放射状纹理。气微香，味微甘。

**【质量要求】**明党参：光泽明亮，色白或玉色，无虫蛀，不油黑。粉沙参：色外黄内粉白，不蛀不霉。

**【药材炮制】**明党参：除去杂质，洗净，润软，切厚片，干燥。

粉沙参：除去杂质，大小分档，洗净，润软，切厚片，干燥。

**【化学成分】**根含挥发油类：2, 3- 二氢 -3, 3, 6- 三甲基 -1H- 茚 -1- 酮（2, 3-dihydro-3, 3, 6-trimethyl-1H-indene-1-one）、油醇（oleyl alcohol）、鲸蜡醇（cetyl alcohol）、牻牛儿醇乙酸酯（geranyl acetate）和β-金合欢烯（β-farnesene）等[1, 2]；脂肪酸类：苯基壬酸（6-phenylnonanoic acid）、9, 11- 十八碳二烯酸（9, 11-octadecadienoic acid）、十六碳烯酸（hexadecanoic acid）、2- 甲基 - 十六烷酸（2-methyl hexadecanoic acid）、亚油酸（linolic acid）、2- 羟基 -1- 羟甲基 -9, 12- 十八碳二烯酸［2-hydroxy-1-（hydroxymethyl）-9, 12-octadecodienoic acid］、硬脂酸（stearic acid）、5- 苯并辛因醇（5-benzocyclooctenol）、棕榈酸（palmic acid）[3]和1, 4- 丁二酸（1, 4-succinic acid）[4]；酚酸类：对甲氧基桂皮酸葡萄糖酯（*p*-methoxycinnamate glucoside）[4]，对甲氧基肉桂酸（*p*-methoxycinnamic acid）、（*S*）2- 羟基苯丙酸［（*S*）2-hydroxyphenyl propionic acid］、（*R*）2- 羟基苯丙酸［（*R*）2-hydroxyphenyl propionic acid］[5]，香草酸（vanillicacid）和香荚兰酸 -4-*O*-β-D- 吡喃葡萄糖苷（vanillic acid 4-*O*-β-D-glucopyranoside）[6]；香豆素类：5- 羟基 -8- 甲氧基补骨脂素（5-hydroxy-8-methoxypsoralen）[6]；甾体类：豆甾醇（stigmasterol）[5]，β- 谷甾醇（β-sitosterol）、豆甾醇（stigmasterol）和胡萝卜苷（daucosterol）[6]；氨基酸类：天冬氨酸（Asp）、苏氨酸（Thr）、丝氨酸（Ser）、谷氨酸（Glu）、甘氨酸（Gly）、丙氨酸（Ala）、缬氨酸（Lys）、蛋氨酸（Met）、异亮氨酸（Ile）、亮氨酸（Leu）、酪氨酸（Tyr）、赖氨酸（Lys）、组氨酸（His）、精氨酸（Arg）、脯氨酸（Pro）[1]和L- 焦谷氨酸（L-pyroglutamicacid）[6]；多元醇类：D- 甘露醇（D-mannitol）[7]；生物碱类：胆碱（choline）[8]；元素：钙（Ca）、铜（Cu）、铬（Cr）、钾（K）、锂（Li）、镁（Mg）、锰（Mn）和镍（Ni）等[9]。

根皮含香豆素类：异欧前胡素（isoimperatorin）[10]，欧前胡素（imperatorin）、花椒毒酚（xanthotoxol）、珊瑚菜内酯（phellopterin）、5- 羟基 -8- 甲氧基补骨脂素（5-hydroxyl-8-methoxy-psoralen）[10, 11]，别欧前胡素（alloimperatorin）、补骨脂素（psoralen）、佛手柑内酯（bergapten）、8-*O*-β-D- 吡喃葡萄糖基 -5- 甲氧基补骨脂素（8-*O*-β-D-glucopyranosyl-5-methoxylpsoralen）和异茴芹内酯（isopimpinellin）[11]；脂肪酸类：二十五烷酸（pentacosanoic acid）、二十七烷醇（（heptacosanol）[10]和琥珀酸（succinicacid）[11]；甾体类：β- 谷甾醇（β-sitosterol）和豆甾醇（stigmasterol）[10]；酚酸类：香草酸（vanillic acid）和咖啡酸（caffeic acid）[11]；倍半萜类：鞘亮蛇床素*（vaginatin）[11]；生物碱类：橙黄胡椒酸胺乙酸酯（aurantiamide acetate）[11]。

茎叶含香豆素类：珊瑚菜素（phellopterin）[12]；挥发油：香叶醇乙酸酯（geranyl acetate）和β-金合欢烯（β-farnesene）[13]等。

果实含香豆素类：珊瑚菜素（phellopterin）、5-羟基-8-甲氧基补骨脂素（5-hydroxy-8-methoxypsoralen）[14]；烷烃及烷醇类：二十七烷醇（heptacosanol）和二十九烷（nonacosane）[14]；脂肪酸类：油酸（oleic acid）、二十三烷酸（tricosanic acid）[14]，(*Z*)-9-十八碳烯酸[(*Z*)-9-octadecenoic acid]、棕榈酸（palmitic acid）、（*Z*, *Z*）-9, 11-十八碳二烯酸［（*Z*, *Z*）-9, 11-octade-cadienoic acid］、（*Z*, *Z*）- 9, 12-十八碳二烯酸［(*Z*, *Z*)-9, 12-octadecadienoic acid］、(*Z*)-9-十八碳烯酸［(*Z*)-9-octadecenoic acid］和硬脂酸（stearic acid）[15]；甾体类：β-谷甾醇（β-sitosterol）[14]。

**【药理作用】**1. 免疫调节　根水提取液给小鼠腹腔注射后，对小鼠脾细胞的自然杀损性（NK）细胞的能力有显著提高作用，且对脾细胞无明显毒性；体外实验中高浓度的明党参煎剂能抑制小鼠脾细胞的自然杀损性细胞的能力，较低浓度则促进自然杀损性细胞的能力，其促进作用部分依赖于黏附细胞的存在[1]；根水提取液和多糖能显著提高小鼠腹腔巨噬细胞YC-花环形成率，使巨噬细胞表面$C_3b$受体激活，促进机体免疫功能[2]。2. 抗疲劳　根提取物能显著延长小鼠力竭游泳时间，具有显著的抗疲劳作用[3]。3. 抗氧化　根甲醇提取物和水提取物可增强大鼠体内抗氧化酶超氧化物歧化酶（SOD）、全血谷胱甘肽过氧化酶（GSH-Px）的活性，清除体内过量的自由基，降低血清脂质过氧化产物丙二醛（MDA）的含量，降低或阻止脂质过氧化反应，保护肌细胞结构功能的完整性，从而起到延缓疲劳的作用[4]。4. 抗肿瘤　根皮中5种呋喃香豆素类成分在体外对人肝癌SMMC-7721和HepgG2细胞、人肺癌A549细胞、人胃癌MKN-45细胞、人宫颈癌HeLa细胞、人乳腺癌MCF- 7和MDA-MB-231细胞的增殖均有明显的抑制作用，且对人肝癌HepgG2细胞的抑制作用最为明显，其中异欧前胡素（isoimperatorin）抑制作用最显著[5]；根皮所含的异欧前胡素对小鼠肝癌移植瘤的生长有明显的抑制作用，并对机体免疫器官有保护作用[6]。5. 血脂调节　醇提取物和水提取物均能显著降低血清胆固醇的水平，也能降低血清甘油三酯，不同程度提高高密度脂蛋白胆固醇的比率[7]。6. 抗凝血　根炮制品的不同提取物均能延长家兔血浆凝血酶、凝血酶原时间，延长小白鼠凝血、显著抑制二磷酸腺苷诱导的家兔血小板聚集[8]。7. 镇咳祛痰平喘　根水提取液与结晶天冬酰胺对雾化氨水刺激引起小鼠的咳嗽有显著的抑制作用，而且随剂量增加而作用增强，并能增加小鼠呼吸道酚红排出量，使气管分泌液增多，又可加速纤毛运动，达到祛痰作用；对乙酰胆碱和组胺引起的豚鼠哮喘有显著的抑制作用，表明其能对抗组胺、乙酰胆碱等过敏介质引起的支气管收缩[9]。8. 抗炎　根提取的多糖可降低内毒素刺激所致的转录活化核蛋白因子结合活性[10]。

**【性味与归经】**明党参：甘、微苦，微寒。归肺、脾、肝经。粉沙参：甘、微苦，微寒。

**【功能与主治】**明党参：润肺化痰，养阴和胃，平肝，解毒。用于肺热咳嗽，呕吐反胃，食少口干，目赤眩晕，疔毒疮疡。粉沙参：润肺生津，化痰和胃。用于阴虚咳嗽，喘逆，痰壅。

**【用法与用量】**明党参：6～12g。粉沙参：6～12g。

**【药用标准】**明党参：药典1963—2015、浙江炮规2005和新疆药品1980二册。粉沙参：浙江炮规2005。

**【临床参考】**1. 鼻衄：根10g，加百合15g、玄参15g、甘草5g，每日1剂，连服3～6剂[1]。

2. 小儿泄泻：根10g，加山药、薏苡仁、茯苓各10g，车前子、陈皮各6g，白蔻仁、通草各5g，桔梗4g；发热口渴者加黄连、滑石；呕吐者加半夏曲、莱菔子；暴泻伤阴者加麦冬、石斛、乌梅；寒湿水泻者加苍术、生姜；腹痛者加砂仁、白芍；水煎服，每日4次，每次60～100ml[2]。

3. 肺热咳嗽：根9g，加桑白皮9g、枇杷叶9g、生甘草3g，水煎服。

4. 贫血、头晕乏力：根15～30g，加鸡蛋2只，同煮吃。（3方、4方引自《浙江药用植物志》）

5. 高血压：根15g，加怀牛膝15g，水煎服。（《食物中药与便方》）

6. 疔疮肿毒：根9g，加蒲公英15g、紫花地丁15g，水煎服。（《安徽中草药》）

**【附注】**本种的图始载于《履巉岩本草》，土人参之名始见于清《本草从新》，云："土人参出江浙，俗名粉沙参……。”《本草纲目拾遗》载：“土人参各地皆产，钱塘西湖南山尤多，春二三月发苗如蒿艾，而叶细小，本长二三寸，作石绿色，映日有光，土人俟夏月采其根以入药，俗名粉沙参。红党即将此参去皮净，煮极熟，阴干而成者。味淡无用。”以上形态描述与本种相符。

药材明党参（粉沙参）脾虚泄泻、梦遗滑精者及孕妇禁服。

药材粉沙参另有加工方法为将本种的根擦去栓皮后直接干燥。

【化学参考文献】

[1] 郑汉臣，黄宝康，王忠壮．明党参鲜根与药材饮片中精油成分和氨基酸含量比较［J］．中国中药杂志，1994，19（12）：723-725，762.

[2] 李祥，陈建伟，叶定江，等．明党参挥发油及致敏活性成分 CSY 在加工炮制中的化学动态变化研究［J］．中成药，2001，23（1）：30-33.

[3] 李祥，陈建伟，许益民，等．明党参脂肪油成分 GC/MS 快速分析［J］．中药材，1992，15（6）：26-27.

[4] 张宇思．明党参化学成分的分离纯化和活性研究［D］．南京：南京师范大学硕士学位论文，2011.

[5] 陈建伟，段志富，李祥，等．明党参药材水溶性活性成分的研究［J］．天然产物研究与开发，2010，22（2）：232-234，247.

[6] 任东春，钱士辉，杨念云，等．明党参化学成分研究［J］．中药材，2008，31（1）：47-49.

[7] 李恩彬，陈建伟．不同生长时期明党参中甘露醇含量变化的研究［J］．中医药学刊，2006，24（7）：1256-1257.

[8] 李祥，陈建伟，孙长华．明党参中胆碱的分离鉴定和不同采收期的含量测定［J］．中国野生植物资源，1994，（2）：37-39.

[9] 陈建伟，王亚淑，许益民，等．江苏栽培明党参中微量元素累积规律的研究［J］．天然产物研究与开发，1993，5（4）：37-39.

[10] 王萌，陈建伟，李祥．明党参根皮超临界萃取部位化学成分研究［J］．天然产物研究与开发，2012，24（6）：764-767.

[11] 白钢钢，袁斐，毛坤军，等．明党参根皮化学成分研究［J］．中草药，2014，45（12）：1673-1676.

[12] 段志富，陈建伟，李祥，等．明党参不同部位珊瑚菜内酯的含量比较研究［J］．中成药，2008，30（12）：1851-1853.

[13] 陈建伟，李祥，武露凌，等．中国珍稀植物明党参嫩茎叶挥发油化学成分研究［J］．天然产物研究与开发，2000，12（3）：48-51.

[14] 顾源远，陈建伟，李祥，等．明党参果实超临界萃取部位化学成分研究［J］．中华中医药学刊，2010，28（1）：75-77.

[15] 吴志平，李祥，陈建伟．明党参果实脂肪油成分 GC/MSD 分析［J］．南京中医药大学学报（自然科学版），2002，18（5）：293-294.

【药理参考文献】

[1] 陆平成，陈建伟，许益民．明党参对小鼠 NK 活性的调节作用［J］．南京中医药大学学报，1991，7（1）：33-34.

[2] 陈建伟，赵智强，许益民，等．明党参煎液及多糖对小鼠腹腔巨噬细胞 $C_3b$ 受体的影响（简报）［J］．中国中药杂志，1992，17（9）：561.

[3] 黄泰康，李祥，陆平成，等．明党参水煎液及多糖的药理研究［J］．中成药，1994，16（7）：31-33.

[4] 吴慧平，陶学勤，陈建伟，等．明党参不同提取物对大鼠肝匀浆上清液生成脂质过氧化物的影响［J］．南京中医药大学学报，1993，9（1）：26-27.

[5] 王萌，陈建伟，李祥．明党参根皮中 5 种呋喃香豆素类成分的体外抗肿瘤活性［J］．中国实验方剂学杂志，2012，18（6）：203-205.

[6] 王萌．明党参根皮中异欧前胡素的体内抗肿瘤活性研究［J］．价值工程，2016，35（36）：213-215.

[7] 华一利，陈建伟．明党参降血脂作用的实验研究［J］．山东中医药大学学报，1994，（4）：31-32.

[8] 李祥，陈建伟，黄玉宇．明党参炮制品对凝血时间、血小板聚集的影响［J］．中成药，1998，20（7）：17-19.

[9] 胡小鹰，陈建伟，陈汝炎，等．明党参水提液及结晶Ⅵ的镇咳祛痰平喘作用［J］．南京中医药大学学报，1995，11（6）：28-30.

[10] 陈建伟，李祥，吴慧平，等．明党参多糖对 NF-κB 结合活性的影响［J］．南京中医药大学学报，1999，15（6）：356-357.

**【临床参考文献】**

[1] 苏毓梅，苏倬仁．百合汤治疗鼻衄 120 例［J］．人民军医，1980，（11）：76.
[2] 肖云康．肺脾同治三焦分利法治疗小儿泄泻 36 例［J］．实用中医药杂志，2002，18（7）：22.

## 12. 泽芹属 *Sium* Linn.

多年生草本，水生或陆生，全株光滑。有成束的须根或块根。茎直立，高大，分枝，稀矮小不分枝。叶具柄，柄基具叶鞘；叶片一回羽状分裂至羽状全裂，裂片边缘有锯齿或缺刻。复伞形花序顶生或侧生；总苞片绿色，叶状，全缘或有缺刻；小总苞片窄狭；伞辐少数；花白色、黄色或绿色，花柄开展；萼齿细小或不明显，通常不等长；花瓣倒卵形或倒心形，顶端宽，内凹，具内卷的小舌片；花柱基平陷或很少呈短圆锥形。双悬果卵形或卵状长圆形，两侧略扁，合生面稍收缩，光滑，果棱显著；每棱槽中有油管 1 ～ 3 条，合生面油管 2 ～ 6 条。

约 10 种，分布于东亚、北美、欧洲和非洲。中国 3 种，分布于东北、西北、华东等地，法定药用植物 1 种。华东地区法定药用植物 1 种。

### 676. 泽芹（图 676）• *Sium suave* Walt.

**图 676　泽芹**　　　　摄影　张芬耀

【别名】山藁本（江苏）。

【形态】多年生湿生草本，高 60 ～ 120cm。有成束的纺锤状根和须根。茎直立，较粗，有条纹，稍分枝，具明显的棱及沟槽，通常在近基部的节上生根，浸水植株常在基部节上生出沉水叶。基生叶羽状分裂，小叶 2 ～ 4 对，小叶形状与茎生叶相似，叶柄有横隔；下部茎生叶具长柄，柄长 1 ～ 8cm，具横隔，叶片羽裂，小叶 5 ～ 9 对，小叶长 4 ～ 13cm，宽 3 ～ 15mm，基部楔形，先端尖，叶缘具尖锯齿。复伞形花序顶生和侧生，总花序梗粗状，长 3 ～ 10cm，总苞片 3 ～ 10 枚，披针形或条形，全缘或有锯齿，反折；小总苞片 5 ～ 10 枚，条状披针形，长 1 ～ 3mm，尖锐，全缘；伞辐 10 ～ 25 个，不等长，长 1.5 ～ 3cm；花白色；萼齿细小；花柱基短圆锥形。双悬果卵形，长 2 ～ 3mm，分生果的果棱肥厚，近翅状；每棱槽内油管 1 ～ 3 条，合生面油管 2 ～ 6 条。花期 8 ～ 9 月，果期 9 ～ 10 月。

【生境与分布】生于沼泽、湿草甸、水边潮湿处。分布于华东各省市，另东北、华北等省区均有分布；俄罗斯、亚洲东部、北美亦有分布。

【药名与部位】草藁本（土藁本），地上部分。

【采集加工】秋季采收，除去杂质，晒干。

【药材性状】茎呈圆柱形，长 60 ～ 100cm，直径 0.3 ～ 1.5cm；节明显。表面绿色或棕绿色，有多数纵直纹理及纵脊；质脆，易折断，断面较平坦，白色或黄白色；皮部薄，木质部狭，髓部大，其间均布满小孔，上部茎中间为大形空洞。叶一回羽状分裂，叶片大多脱落，残留的小叶片呈披针形，缘有锯齿；叶柄呈管状，基部呈鞘状抱茎。手搓叶片，有清香气，味淡。

【药材炮制】除去杂质，洗净，切段，干燥。

【化学成分】根和果实含香豆素类：伞形酮（umbelliferone）[1]；元素：锰（Mn）、镁（Mg）和钙（Ca）[1]。

【性味与归经】甘、苦，凉。

【功能与主治】平肝清热，祛风利湿。用于高血压，眩晕头痛，感冒寒热，血淋。

【用法与用量】10 ～ 15g。

【药用标准】江苏药材 1989 和上海药材 1994。

【化学参考文献】

[1] Wierzchowska-Renke K.Anatomical and chemical studies of plants of *Sium genus*（Umbelliferae）[J]. Annales Academiae Medicae Gedanensis，1987，17：139-149.

## 13. 藁本属 *Ligusticum* Linn.

多年生草本。根茎常发达。茎单生或丛生，直立，分枝，基部常有纤维状残留叶鞘。基生叶及茎下部叶具柄；叶片一至四回羽状全裂，末回裂片卵形、长圆形以至条形；茎上部叶退化。复伞形花序顶生或侧生；总苞片多数至少数，或无；伞辐整齐而密集，果期常呈弧形外曲；小总苞片多数，条形至披针形，或为羽状分裂；花瓣白色或紫色，倒卵形至长卵形，先端具内折小舌片；萼齿线形、钻形、卵状三角形，或极不明显；花柱基隆起，常为圆锥状，后期常向下反曲。双悬果椭圆形至长圆形，横剖面近五角形至背腹扁压，主棱突起呈翅状；每棱槽内油管 1 ～ 4 条，合生面油管 2 ～ 6 条。

约 60 种，分布于北半球。中国约 40 种，分布于全国各地，法定药用植物 5 种 2 栽培变种。华东地区法定药用植物 1 种。

## 677. 藁本（图 677）• *Ligusticum sinense* Oliv.

【别名】川弓、水芹三七、山芎䓖。

【形态】多年生草本，高可达 1m。根茎块状，发达，具膨大的结节，生须根及支根，具香气。茎直

图 677　藁本　　摄影　张芬耀等

立，圆柱形，具条纹，分枝。基生叶和茎下部叶具柄，叶片轮廓三角形，二回三出式羽状深裂至全裂；末回小羽片卵形，长约 3cm，宽约 2cm，边缘具不整齐缺刻或不整齐的羽状深裂；茎上部叶退化，无柄而具扩展的叶鞘。复伞形花序顶生或侧生，果时直径 6 ～ 10cm；总苞片 6 ～ 10 枚，条形；伞辐 15 ～ 22 个，长达 5cm，不等长，粗糙；小总苞片 10 枚，条形；花白色，花柄粗糙；萼齿不明显；花瓣倒卵形，先端微凹；花柱基隆起，花柱纤细，果期反曲。双悬果幼嫩时宽卵形，稍两侧扁压，成熟时长圆状卵形，背腹扁压，背棱突起，侧棱略扩大呈翅状；背棱槽内油管 1 ～ 3 条，侧棱槽内油管 3 条，合生面油管 4 ～ 6 条。花期 8 ～ 9 月，果期 10 月。

**【生境与分布】**生于海拔 500 ～ 2700m 的林下、沟边草丛。分布于江西、浙江，另湖北、四川、陕西、河南、湖南、甘肃、贵州、内蒙古等地均有分布。

**【药名与部位】**藁本，根茎及根。

**【采集加工】**春、秋二季采挖，除去泥沙，干燥。

**【药材性状】**根茎呈不规则结节状圆柱形，稍扭曲，有分枝，长 3 ～ 10cm，直径 1 ～ 2cm。表面棕褐色或暗棕色，粗糙，有纵皱纹，上侧残留数个凹陷的圆形茎基，下侧有多数点状突起的根痕和残根。体轻，质较硬，易折断，断面黄色或黄白色，纤维状。气浓香，味辛、苦、微麻。

**【药材炮制】**藁本片：除去杂质，洗净，润透，切厚片，晒干。

**【化学成分】**根和根茎含挥发油类：细辛醚（asarone）、异香草醛（isovanillin）[1]，α- 蒎烯（α-pinene）、4- 甲基 -1-（1- 甲乙基）-3- 环己烯 -1- 醇［4-methyl-1-（1-methylethyl）-3-cyclohexen-1-ol］、1-（乙硫基）-2- 甲基苯［1-（ethylthuio）-2-methyl benzene］、4-（1- 甲乙基）-1, 5- 环己二烯 -1- 甲醇［4-（1-methylethyl）-1, 5-cyclohexadiene-1-methanol］、5-（2- 丙烯基）-1, 3- 苯并间二氧杂环戊烯［5-（2-propenyl）-1, 3-benzodioxole］和 1, 2- 二甲氧基 -4-［2- 丙烯基］- 苯 {1, 2-dimethoxy-4-［2-propenyl］-benzene}[2]；香豆素类：佛手柑

内酯（bergapten）[1]；苯酞类：藁本内酯二聚体（diligustilide）[3]；酚酸类：阿魏酸（ferulic acid）[1]；脂肪酸类：棕榈酸甘油酯（palmitin tripalmitin）[3]；甾体类：β- 谷甾醇（β-sitosterol）和孕甾烯醇酮（pregnenolone）[3]；糖类：蔗糖（sucrose）[3]。

根状茎含苯酞类：川芎内酯 A、G、H、I（senkyunolide A、G、H、I）[4]，川芎内酯 B（senkyunolide B）[5]，3- 丁基 -4, 5, 6, 7- 四氢 -3α, 6β, 7β- 三羟基 -1（3H）- 异苯并呋喃酮［3-butyl-4, 5, 6, 7-tetrahydro-3α, 6β, 7β-trihydroxy-1（3H）-isobenzofuranone］[4]，双藁本内酯（diligustilide）、（*Z*）- 藁本内酯［（*Z*）-ligustilide］、（*Z*）- 正丁烯 -7- 羟基苯酞［（*Z*）-*n*-butylidene-7-hydroxyphthalide］、欧当归内酯 A（levistolide A）[5]，新蛇床内酯（neocnidilide）[5, 6]，3- 亚丁基苯酞（3-butylidenephthalide）、蛇床内酯（cnidilide）、3- 亚丁基 -4, 5- 二氢苯酞（3-butylidene-4, 5-dihydrophthalide）[6] 和 3- 丁基苯酞（3-butylphthalide）[5, 7]；苯丙素类：藁本苷 A（ligusinenoside A）、白花前胡苷（baihuaqianhuoside）、4-［β-D- 呋喃芹菜糖基 -（1→6）-β-D- 吡喃葡萄糖氧基］-3- 甲氧基苯丙酮 {4-［β-D-apiofuranosyl-（1→6）-β-D-glucopyranosyl-oxy］-3-methoxypropiophenone}[8]，（*E*）- 阿魏酸［（*E*）-ferulic acid］、峨参醇（anthriscinol）、（*E*）-3- 甲氧基 -4, 5- 亚甲基二氧化桂皮酸［（*E*）-3-methoxy-4, 5-methylenedioxycinnamic acid］、（*E*）- 阿魏醛［（*E*）-ferulyl aldehyde］、肉豆蔻醚（myristicin）、*O*- 乙酰峨参醇（*O*-acetylanthriscinol）、3- 甲氧基 -4, 5- 亚甲基二氧化桂皮醛（3-methoxy-4, 5-methylene dioxycinnamaldehyde）[9] 和细辛醚（asaricin）[10]；香豆素类：东莨菪苷（scopolin）、毛土连翘素（hymexelsin）[8]，东莨菪内酯（scopoletin）[9] 和香柠檬烯（bergaptene）[9, 10]；木脂素类：4-{（2*R*, 3*S*）-2, 3- 二氢 -3- 羟甲基 -5-［（1*E*）-3- 羟基 -1- 丙烯基］-7- 甲氧基 -2- 苯并呋喃基 }-2- 甲氧基苯基 -β-D- 吡喃葡萄糖苷 {4-{（2*R*, 3*S*）-2, 3-dihydro-3-（hydroxymethyl）-5-［（1*E*）-3-hydroxy-1-propenyl］-7-methoxy-2-benzofuranyl}-2-methoxyphenyl-β-D-glucopyranoside}、去氢二松柏醇 -4-*O*-β-D- 吡喃葡萄糖苷（dehydrodiconiferyl alcohol-4-*O*-β-D-glucopyranoside）、（7*R*, 8*S*）- 脱氢二松柏醇 -4, 9- 二 -*O*-β-D- 吡喃葡萄糖苷［（7*R*, 8*S*）-dehydrodiconiferyl alcohol-4, 9-di-*O*-β-D-glucopyranoside］[11]，藁本苷 B、C、D（ligusinenoside B、C、D）[11]，阿拉善马先蒿苷 A（alaschanioside A）、柑橘素 A（citrusin A）和日向当归苷 IIIb（hyuganoside IIIb）[11]；酚醛酸类：对苯二酸二甲酯（di-methyl-*p*-phthalate）[4]，淫羊藿次苷 $F_2$（icariside $F_2$）[8]，香荚兰素（vanillin）、对羟基苯甲醛（*p*-hydroxybenzaldehyde）、肉豆蔻醛（myristicin aldehyde）、3- 甲氧基 -4, 5- 亚甲二氧基苯甲酸（3-methoxy-4, 5-methylenedioxybenzoic acid）[9] 和异香荚兰素（isovanillin）[10]；挥发油：β- 水芹烯（β-phellandrene）、反式 - 罗勒烯（*trans*-ocimene）和榄香素（elemicin）[12]；脂肪酸类：棕榈酸（palmitic acid）[4]；甾体类：β- 谷甾醇（β-sitosterol）[4]；糖类：蔗糖（sucrose）[8]。

根含倍半萜类：藁本酚（ligustiphenol）[13] 和藁本酮（ligustilone）[14]。

**【药理作用】**1. 抗氧化　根和根茎中提取的挥发油可清除 1，1- 二苯基 -2- 三硝基苯肼（DPPH）自由基和抑制 β- 胡萝卜素 - 亚油酸氧化[1]。2. 抗菌　根和根茎中提取的挥发油对根癌农杆菌、大肠杆菌、黄瓜细菌性角斑病菌、辣椒疮痂病菌、枯草芽孢杆菌、金黄色葡萄球菌和溶血性葡萄球菌的生长均有抑制作用[1]。3. 解热镇痛　根及根茎醇提取物可不同程度地延长小鼠热板反应潜伏期，其镇痛作用起效慢但维持时间长，能明显抑制小鼠的扭体反应，延长小鼠缩尾反应潜伏期[2]；根茎的中性油能对抗酒石酸锑钾引起的小鼠扭体反应及明显延长热板反应的时间，降低致热小鼠和正常小鼠的体温[3]。4. 镇静　根茎中提取的挥发油能抑制小鼠的自发活动及对抗苯丙胺引起的运动性兴奋，能加强硫喷妥钠的催眠作用[3]。5. 抗炎　根茎中提取的挥发油能对抗二甲苯性炎症[3]；根及根茎 75% 醇提取物可抑制二甲苯性小鼠耳肿、角叉莱胶性足跖肿胀和冰醋酸所致小鼠腹腔毛细血管通透性增强[4]。6. 止泻　根及根茎 75% 醇提取物可抑制蓖麻油或番泻叶引起的腹泻，也可抑制小鼠胃肠推进运动[4]。7. 抗血栓　醇提取物可延长电刺激颈动脉血栓形成时间[5]。8. 利胆　醇提取物可促进大鼠胆汁分泌[5]。9. 抗溃疡　醇提取物可抑制小鼠胃水浸应激性溃疡、盐酸性溃疡和吲哚美辛 - 乙醇性溃疡的形成[5]。10. 抑制平滑肌　根茎中提取的挥发油对肠平滑肌的振幅、张力及子宫平滑肌有抑制作用，对抗组织胺、乙酸胆碱、烟碱、毒扁豆碱、酚妥拉明和氯化钡引起的肠活动兴奋；对抗催产素引起的子宫肌张力升高[6]。11. 抗惊厥　根茎中提取的挥发油有效成分能抑制海人酸引起的化学惊厥和提高小鼠抗电惊厥的阈值[7]。

**【性味与归经】**辛、温。归膀胱经。

**【功能与主治】**祛风，散寒，除湿，止痛。用于风寒感冒，巅顶疼痛，风湿痹痛。

**【用法与用量】**3 ～ 9g。

**【药用标准】**药典 1963—2015、浙江炮规 2005、内蒙古蒙药 1986、新疆药品 1980 二册和台湾 2013。

**【临床参考】**1. 急慢性鼻窦炎：鼻窦炎胶囊（根茎 200g，加苍耳子、荆芥穗、羌活、辛夷各 200g，川芎 300g，共研细粉 600g，余渣同黄芩、川芎水煎 2 次，取汁 150ml 与猪胆汁混合，浓缩成 300g 黏稠状膏，再与 600g 药粉混匀低温烘干，研细末，分装胶囊，每粒 0.5g）口服，每次 5 粒，每天 3 次，饭后服[1]。

2. 瘀血头痛：根茎 30g，加川芎、天麻各 20g，乳香、没药、郁金、熟附子、丹参各 10g，土鳖虫 3g，赤芍 15g，三七粉（冲）6g，慢火浓煎，每日 1 剂，早晚空腹口服[2]。

3. 感冒：根茎 18g，加白芷 18g、细辛 8g、党参 30g、三棱 18g、生石膏 120g、柴胡 12g、荆芥 12g、防风 12g、制半夏 18g、大黄 3 ～ 12g；高热者加黄芩 12g；咳嗽者加麻黄 10g、杏仁 15g；腹胀者加制川厚朴 18g；腹痛者加高良姜 10g；便溏者大黄改制大黄 5g；水煎分服[3]。

**【附注】**藁本始载于《神农本草经》，列入中品 。《本草图经》云："叶似白芷，香又似芎䓖，但芎䓖似水芹而大，藁本叶细耳 。根上苗下似禾藁，故以名之。"《救荒本草》载："藁本，今卫辉、辉县栲栳圈山谷间有之。俗名山园荽，苗高五七寸，叶似芎䓖，叶细小，又似园荽叶而稀疏，茎比园荽茎颇硬直。"《本草纲目》载："江南深山中皆有之。根似芎䓖而轻虚，味麻，不堪作饮也。"附图近于本种。

药材藁本阴血虚及热证头痛者禁服。

《中国药典》2015 年版一部规定本种及辽藁本 *Ligusticum jeholense*（Nakai et Kitagawa） Nakai et Kitagawa 的根茎及根均作藁本药用。

藁本的栽培变种茶芎含苯酞类成分茶芎内酯*A、B（chaxiongnolide A、B）、*Z*- 藁本内酯（*Z*-ligustilide）等[1]。

**【化学参考文献】**


[1] 华燕青 . 藁本的化学成分研究［J］. 杨陵职业技术学院学报，2007，6（2）：15-16.

[2] 崔兆杰，邱琴 . 藁本挥发油化学成分的研究［J］. 药物分析杂志，1998，（s1）：111-112.

[3] 张金兰，周志华，陈若芸，等 . 藁本药材化学成分、质量控制及药效学研究［J］. 中国药学杂志，2002，37（9）：654-657.

[4] 李其生，熊文淑，潘家祜，等 . 茶芎化学成分的研究［J］. 中草药，1993，24（4）：180-182.

[5] 王佳，杨建波，王爱国，等 . 茶芎化学成分研究［J］. 中药材，2011，34（3）：378-380.

[6] 席与珪，孙明杰，李惟明 . 藁本化学成分的研究［J］. 中草药，1987，18（2）：54-55.

[7] Saiki Y，Okamoto M，Ueno A，et al. Gas-chromatographic studies on natural volatile oils. VIII. Essential oils of Chinese medicines "Gaoben"［J］. Yakugaku Zasshi，1970，90（3）：344-351.

[8] Ma J P，Tan C H，Zhu D Y. Chemical constituents of *Ligusticum sinensis* Oliv.［J］. Helv Chim Acta，2007，90（1）：158-163.

[9] Baba K，Matsuyama Y，Fukumoto M，et al. Chemical studies on Chinese-Gaoben［J］. Shoyakugaku Zasshi，1983，37（4）：418-421.

[10] 华燕青 . 藁本的化学成分研究［J］. 杨陵职业技术学院学报，2007，6（2）：15-16.

[11] Ma J P，Tan C H，Zhu D Y，et al. A novel 8，4′-oxyneolignan diglycoside from *Ligusticum sinensis*［J］. Chin Chem Lett，2011，22（12）：1454-1456.

[12] 黄远征，溥发鼎 . 几种藁本属植物挥发油化学成分的分析［J］. 药物分析杂志，1989，9（3）：147-151.

[13] Yu D Q，Xie F Z，Chen R Y，et al. Studies on the structure of ligustiphenol from *Ligusticum sinense* Oliv.［J］. Chin

Chem Lett，1996，7（8）：721-722.
［14］Yu D Q，Chen R Y，Xie F Z. Structure elucidation of ligustilone from *Ligusticum sinensis* Oliv. ［J］. Chin Chem Lett，1995，6（5）：391-394.

【药理参考文献】

［1］Wang J，Xu L，Yang L，et al. Composition，Anti bacterial and antioxidant activities of essential oils from *Ligusticum sinense* and *L. jeholense*（Umbelliferae） from China［J］. Records of Natural Products，2011，5（4）：357-367.
［2］王维，孙靖辉，康治臣 . 藁本醇提物的镇痛作用实验研究［J］. 中国实验诊断学，2008，12（2）：171-174.
［3］沈雅琴，陈光娟，马树德 . 藁本中性油的镇静、镇痛、解热和抗炎作用［J］. 中国中西医结合杂志，1987，7（12）：738-740.
［4］张明发，朱自平 . 藁本抗炎和抗腹泻作用的实验研究［J］. 现代中药研究与实践，1999，13（3）：3-5.
［5］张明发，朱自平 . 藁本的抗血栓形成、利胆和抗溃疡作用［J］. 中国药房，2001，12（6）：329-330.
［6］陈光娟，沈雅琴，马树德 . 藁本中性油的药理研究Ⅱ对肠和子宫平滑肌的抑制作用［J］. 中国中药杂志，1987，12（4）：48.
［7］罗永明，丁科平 . 茶芎挥发油中抗惊有效成分的分离和鉴定［J］. 中草药，1996，27（8）：456-457.

【临床参考文献】

［1］于云，王培安 . 鼻窦炎胶囊治疗鼻窦炎［J］. 新中医，2005，37（7）：50.
［2］黄士杰，朱惟儿，许树梧 . 藁本通络汤治瘀血头痛 102 例［J］. 新中医，2004，36（4）：61-62.
［3］张玉林 . 祖传藁本汤治疗感冒 200 例［J］. 安徽中医临床杂志，2003，15（4）：359.

【附注参考文献】

［1］Yang J B，Wang A G，Wei Q，et al. New dimeric phthalides from *Ligusticum sinense* Oliv cv. *chaxiong*［J］. J Asian Nat Prod Res，2014，16（7）：747-752.

## 14. 茴芹属 *Pimpinella* Linn.

多年生，稀一年生或二年生草本。茎通常直立，稀匍匐，一般有分枝。叶片不分裂、三出或一至二回羽状分裂，裂片卵形、心形、披针形或条形；茎生叶与基生叶异形或同形，向上逐渐退化变小，茎上部叶通常无柄，呈叶鞘状。复伞形花序顶生和侧生，总苞片常缺失，小总苞片少数，细小；小伞形花序通常有多数花；萼齿通常不明显，或呈三角形、披针形；花瓣卵形或倒卵形，白色，稀紫红色，背面有毛或光滑；花柱基圆锥形、短圆锥形，稀为垫状。果实常卵球形，基部心形或圆形，两侧扁压，有毛或无毛，果棱线形或不明显；分生果横剖面五角形或近圆形；每棱槽内油管 1 ～ 4 条，合生面油管 2 ～ 6 条。

约 150 种，分布于亚洲、欧洲、非洲、美洲。中国 44 种，全国各省区均有分布，法定药用植物 4 种。华东地区法定药用植物 1 种。

## 678. 异叶茴芹（图 678）• *Pimpinella diversifolia* DC.

【别名】苦爹菜、鹅脚板、百路通（浙江）。

【形态】多年生草本，高 0.3 ～ 2m。通常为须根，稀为圆锥状根。茎直立，有纵条纹，被柔毛，中上部分枝。叶异形，基生叶有长柄，长 2 ～ 13cm；叶片常不分裂，心状圆形或圆卵形，或三深裂至三出式羽状分裂，中裂片卵形，裂片长 4 ～ 6cm，宽 1.5 ～ 3cm，侧裂片基部偏斜，裂片边缘具圆锯齿；茎上部叶较小，有短柄或无柄，具叶鞘，羽状分裂或三出，裂片披针形。复伞形花序通常无总苞片，稀 1 ～ 2 枚，条形；伞辐 6 ～ 15 个，长 1 ～ 4cm；小总苞片 1 ～ 8 枚，条形，短于花柄；小伞形花序有花 6 ～ 20 朵，花梗不等长；无萼齿；花瓣倒卵形，白色或绿色，基部楔形，先端凹陷，小舌片内折，背面有毛；花柱基圆锥形，花柱长为花柱基的 2 ～ 6 倍。果实卵球形，基部心形，幼时有细刺毛，成熟后近于无毛，果棱线形；每棱槽内油管 2 ～ 3 条，合生面油管 4 ～ 6 条；胚乳腹面平直。花期 8 ～ 9 月，果期 9 ～ 10 月。

图 678 异叶茴芹 摄影 李华东等

【生境与分布】生于海拔 160 ～ 3300m 的山坡草丛、沟边或林下。分布于浙江、安徽、江苏、江西、福建，另云南、贵州、四川、西藏、河南、湖南、湖北、陕西、广东、广西、甘肃等省区均有分布；越南、日本、印度、阿富汗、尼泊尔、巴基斯坦也有分布。

【药名与部位】异叶茴芹（骚羊古），全草。

【采集加工】夏、秋二季果实近成熟时采收，除去杂质，干燥或鲜用。

【药材性状】长 50 ～ 130cm，全体表面有白色柔毛。根呈圆柱形。茎呈圆柱形，上部有分枝，直径 1 ～ 6mm；表面黄绿色或棕黄色，具数条纵棱及节；质脆，易折断，断面类白色或中空。叶片多皱缩，展开后完整基生叶或茎下部叶，不裂或一至二回三出式羽状分裂，中裂片卵形，顶端渐尖，侧裂片基部偏斜，边缘有圆锯齿，茎上部叶披针形。复伞形花序，顶生，白色，有时可见球状卵形双悬果。气香，微辛、微苦。

【药材炮制】除去杂质，洗净，稍润，切段，干燥。

【化学成分】根含挥发油类：（+）-*Z*-2- 甲基 -2- 丁烯酸酯［（+）-*Z*-2-methyl-2-butenoate］，即当归酸酯（angelate）、（+）-4- 甲氧基 -2-（*E*-3- 甲基环氧乙烷基）苯酚异丁酸酯［（+）-4-methoxy-2-（*E*-3-methyloxiranyl）phenol-isobutyrate ester］[1]，2-（3- 甲基环氧乙烷基）-1, 4- 苯基 -2- 丁烯酸酯［2-（3-methyloxiranyl）-1, 4-phenylene-2-butenoic acid ester］、2*R*-［2αβ（*Z*），3β］-2- 甲基 -3-（3- 甲基环

氧乙烷基)-4-(2-甲基-1-氧化丙氧基)苯基-2-丁烯酸酯{2*R*-[2αβ(*Z*), 3β]-2-methyl-3-(3-methyloxiranyl)-4-(2-methyl-1-oxopropoxy) phenyl-2-butenoic acid ester}、2α[1(*Z*), 4(*Z*)], 3β-2-甲基-[2α(*Z*), 3β]-2-甲基-2-(3-甲基环氧乙烷基)-4-(2-甲基-1-氧化丙氧基)苯基-2-丁烯酸酯{2α[1(*Z*), 4(*Z*)], 3β-2-methyl-[2α(*Z*), 3β]-2-methyl-2-(3-methyloxiranyl)-4-(2-methyl-1-oxopropoxy) phenyl-2-butenoic acid ester}[2], (2*Z*)-2-甲基-4-甲氧基-2-(1*E*)-1-丙烯基苯基-2-丁烯酸酯[(2*Z*)-2-methyl-4-methoxy-2-(1*E*)-1-propen-1-yl-phenyl-2-butenoic acid ester]、(*E*)-2-甲基-4-甲氧基-2-(1-丙烯基)苯基丙酸酯[(*E*)-2-methyl-4-methoxy-2-(1-propenyl)-phenylpropanoic acid ester]和反式-2-甲基-2-(3-甲基环氧乙烷基)-1, 4-苯基丙酸酯[*trans*-2-methyl-2-(3-methyloxiranyl)-1, 4-phenylene-propanoic acid ester][3]。

叶含挥发油类：lH-苯并环庚烯(1H-benzocycloheptene)、倍半水芹烯(sesquiphellandrene)、β-榄香烯(β-elemene)、芳樟醇(linalool)、β-法尼烯(β-farnesene)、水芹烯(phellandrene)、植醇(phytol)和β-花柏烯(β-chamigrene)等[4]；脂肪酸类：硬脂酸(stearic acid)、棕榈酸(palmitic acid)、花生酸(arachidic acid)、山萮酸(behenic acid)、油酸(oleic acid)和亚麻酸(linolenic acid)[5]。

种子含挥发油类：檀烯(santene)、α-蒎烯(α-pinene)、香叶醇乙酸酯(geranyl acetate)、葛缕子酮(carvone)、长叶薄荷酮(pulegone)和松油醇(α-terpineol)等[6]。

地上部分含香豆素类：阿米芹灵素(ammirin, isoangenomalin)和氧化前胡素(oxypeucedanin)[7]。

**【药理作用】**抗炎抗凝血　全草的醇提取液及水提液可减轻二甲苯所致小鼠的耳廓肿胀程度，缩短剪尾法所致小鼠的出血时间，加速实验小鼠的凝血时间[1]。

**【性味与归经】**辛、甘，微温。归肺、脾、肝经。

**【功能与主治】**散寒消积，健脾止泻，祛瘀消肿。用于风寒感冒，泄泻，小儿疳积，皮肤瘙痒。

**【用法与用量】**煎服9～15g；外用适量，鲜品捣敷或煎水洗。

**【药用标准】**江西药材1996和贵州药材2003。

**【临床参考】**1. 急性扭伤：鲜全草适量，切碎晒干后装入容器，加入70%乙醇至超过药面，密封浸泡15天后，用4层纱布过滤，再取70%乙醇加至超过药面，浸泡10天后同法过滤，合并2次浸泡液，外搽局部，待自然干燥，每日涂擦3～6次[1]。

2. 毒蛇咬伤的辅助治疗：鲜全草100g，加白辣蓼草250g，混合捣烂取汁，每次内服100ml，每日2～3次；药渣外敷伤口周围，并超过肿胀部位(切勿封住伤口)，每日1～2次，严重时增加服药量和敷药次数[2]。

**【附注】**药材异叶茴芹孕妇慎服。

同属植物杏叶茴芹 *Pimpinella candolleana* Wight et Arn. 的全草在贵州作骚羊古药用。

**【化学参考文献】**

[1] Bottini A T, Dev V, Garfagnoli D J, et al. Oxiranylphenyl esters from *Pimpinella diversifolia* [J]. Phytochemistry, 1985, 25 (1): 207-211.

[2] Dev V, Mathela C S, Melkani A B, et al. Diesters of 2-(*E*-3-methyloxiranyl) hydroquinone from *Pimpinella diversifolia* [J]. Phytochemistry, 1989, 28 (5): 1531-1532.

[3] Melkani A B, Mathela C S, Dev V, et al. Composition of the root essential oil from *Pimpinella diversifolia* [J]. Proc-Int Congr Essent Oils, Frag Flavours, 1989, (4): 83-86.

[4] 徐晓卫，林观样，林崇良. 浙江产异叶茴芹叶挥发油化学成分研究[J]. 中国药业，2012，21(1)：3-4.

[5] Gupta R K, Saxena V K. Chemical examination of fat from the leaves of *Pimpinella diversifolia* DC. [J]. J Inst Chem (India), 1986, 58 (3): 110.

[6] Ashraf M, Ahmad R, Bhatty M K. Studies on the essential oils of the Pakistani species of the family Umbelliferae. Part XXXIV. *Pimpinella diversifolia*, DC. (spinzankai) seeds and stalks oil [J]. Pakistan Journal of Scientific and Industrial Research, 1979, 22 (5): 265-266.

[7] Bhatia C B, Banerjee S K, Handa K L. Coumarins from *Pimpinella diversifolia* [J]. J Indian Chem Soc, 1978, 55 (2):

198-199.

【药理参考文献】

[1] 王张英，王志新．异叶茴芹提取物抗炎止血凝血作用的实验研究［J］．云南中医中药杂志，2017，38（11）：75-77.

【临床参考文献】

[1] 潘蔼荣，潘彦情，刘荣华．单味异叶茴芹酊治疗急性扭伤［J］．人民军医，1982，（5）：75.

[2] 龙文超，杨一兵，张继德．凤凰蛇药治疗毒蛇咬伤331例的临床观察［J］．赤脚医生杂志，1978，（3）：10-11.

## 15. 芹属 *Apium* Linn.

一年生至多年生草本。根圆锥形。茎直立或匍匐，有分枝，无毛。叶膜质，一至二回羽状全裂或多回三出式分裂，有柄，裂片近圆形，卵形至条形；叶柄基部有膜质叶鞘。花序为单伞形花序或复伞形花序，顶生或侧生，花序梗有或无；总苞片和小总苞片缺乏或显著；伞辐上升开展；花白色或稍带黄绿色；萼齿细小或退化；花瓣近圆形至卵形，先端有内折的小舌片；花柱基短圆锥形至扁平。果实卵形、圆心形或椭圆形，侧面扁压；果棱尖锐或圆钝，每棱槽内有油管1条，合生面油管2条。

约20种，分布于全世界温带地区。中国1种，各省区均有栽培，法定药用植物1种。华东地区法定药用植物1种。

## 679. 旱芹（图679）• *Apium graveolens* Linn.

**图679 旱芹** 摄影 张芬耀

【别名】药芹（浙江、江苏），芹菜。

【形态】二年生或多年生草本，高 15 ～ 150cm，有强烈香气。根圆锥形，支根多数，褐色。茎直立，光滑，有少数分枝，并有棱和直槽。基生叶有柄，柄长 2 ～ 26cm，基部略扩大成膜质叶鞘；叶片长圆形至倒卵形，长 7 ～ 18cm，宽 3.5 ～ 8cm，一至二回羽状深裂至全裂，裂片边缘有圆锯齿或锯齿；茎生叶三角形，三全裂。复伞形花序顶生或与叶对生，花序梗长短不一，通常无总苞片和小总苞片；伞辐细弱，3 ～ 16 个，长 0.5 ～ 2.5cm；小伞形花序有花 7 ～ 29 朵，萼齿小或不明显；花瓣白色或黄绿色，圆卵形，先端有内折的小舌片；花柱基扁压。分生果圆形或长椭圆形，长约 1.5mm，宽 1.5 ～ 2mm，果棱尖锐，线形，合生面略收缩；每棱槽内有油管 1 条，合生面油管 2 条。花期 5 月，果期 6 ～ 7 月。

【生境与分布】全国各地均有栽培；欧洲、亚洲、非洲、美洲也有分布。

【药名与部位】芹菜根，根及根茎。芹菜子，成熟果实。

【采集加工】芹菜根：夏秋季采挖，晒干，除去残茎等杂质。芹菜子：秋季果实成熟时采割，打下果实，筛去杂质，晾干。

【药材性状】芹菜根：主根长圆锥形或略呈类纺锤形，长 2 ～ 15cm，直径 0.5 ～ 2.5mm。表面棕灰色，具明显纵纹。下部常有支根 2 至数条，多着生多数细长的须根，细根上常有细小的疣状突起。有的根茎部膨大，顶部具茎残基或呈凹窝状，直径 0.5 ～ 4cm，表面粗糙，灰棕色。质硬，断面黄白色，形成层环纹黄棕色。气微，味微咸。

芹菜子：为双悬果，近圆形或椭圆形，长约 1.5mm，宽 1.2 ～ 1.5mm。表面灰褐色至灰棕色，顶端隐约可见突起的柱基，基部有细小的果梗，分果略呈肾形，背面有纵棱 5 条，接合面小，不平坦，果皮松脆。横切面略呈等五角形，果棱短钝，基部远离。具芹菜芳香气；味辛凉、微苦、微麻舌。

【药材炮制】芹菜根：除去杂质，洗净，润透，切段，干燥。

芹菜子：除去杂质，筛去灰屑，洗净，晾干。

【化学成分】全草含黄酮类：芹菜素 -7-*O*-［2″-*O*-（5‴-*O*- 阿魏酰基）-β-D- 呋喃洋芹糖基］-β-D- 吡喃葡萄糖苷 {apigenin-7-*O*-［2″-*O*-（5‴-*O*-feruloyl）-β-D-apiofuranosyl］-β-D-glucopyranoside}、金圣草素 -7-*O*-［2″-*O*-（5‴-*O*- 阿魏酰基）-β-D- 呋喃洋芹糖基］-β-D- 吡喃葡萄糖苷 {chrysoeriol-7-*O*-［2″-*O*-（5‴-*O*-feruloyl）-β-D-apiofuranosyl］-β-D-glucopyranoside}、木犀草素 -7-*O*-［2″-*O*-（5‴-*O*- 阿魏酰基）-β-D- 呋喃洋芹糖基］-β-D- 吡喃葡萄糖苷 {luteolin-7-*O*-［2″-*O*-（5‴-*O*-feruloyl）-β-D-apiofuranosyl］-β-D-glucopyranoside}、柚皮素 -7-*O*-（2-*O*-β-D- 呋喃洋芹糖基）-β-D- 吡喃葡萄糖苷［naringenin-7-*O*-（2-*O*-β-D-apiofuranosyl）-β-D-glucopyranoside］、芹菜苷（apiin）、木犀草素 -7-*O*-β-D- 吡喃葡萄糖苷（luteolin-7-*O*-β-D-glucopyranoside）、金圣草素 -7-*O*-β-D- 吡喃葡萄糖苷（chrysoeriol-7-*O*-β-D-glucopyranoside）、芹菜素 -7-*O*-β-D- 吡喃葡萄糖苷（apigenin-7-*O*-β-D-glucopyranoside）、木犀草素（luteolin）、金圣草黄素（chrysoeriol）、芹菜素（apigenin）和槲皮素（quercetin）[1]；香豆素类：香柑内酯（bergapten）、5, 8- 二甲氧基补骨脂素（5, 8-dimethoxypsoralen）、5- 反式香豆酰基奎宁酸（5-*trans*-coumaroylquinic acid）和异芩皮素，即异秦皮啶（isofraxidin）[2]；酚酸类：丁香酚（eugenic acid）、反式阿魏酸（*trans*-ferulic acid）、对羟基苯乙醇阿魏酸酯（*p*-hydroxyphenylethanol ferulate）、咖啡酰奎宁酸（caffeoyl quinic acid），即绿原酸（chlorogenic acid）、半月苔素（lunularin）、半月苔酸（lunularic acid）、苯甲酸（benzoic acid）和反式肉桂酸（*trans*-cinnamic acid）[2]；二元羧酸类：丁二酸（succinic acid）[2]；苯酞类：瑟丹内酯（sedanolide）[2, 3] 和（3*R*, 4*R*）-4-*O*-β-D- 吡喃葡萄糖基川芎内酯［（3*R*, 4*R*）-4-*O*-β-D-glucopyranosyl senkyunolide］[3]；降倍半萜类：（3*S*）-3- 羟基大柱香波龙 -5, 8- 二烯 -7- 酮［（3*S*）-3-hydroxymegastigma-5, 8-dien-7- one］和（6*S*, 7*R*）-3- 氧代 - 大柱香波龙 -4, 8- 二烯 -7-*O*-β-D- 葡萄糖苷［（6*S*, 7*R*）-3-oxo-megastigma-4, 8-dien-7-*O*-β-D-glucoside］[3]；三萜皂苷类：11, 21- 酮基 -2β, 3β, 15α- 三羟基熊果 -12- 烯 -2-*O*-β-D- 吡喃葡萄糖苷（11, 21-dioxo-2β, 3β, 15α-trihydroxyurs-12-en-2-*O*-β-D-glucopyranoside）、11, 21- 二氧代 -3β, 15α, 24- 三羟基熊果 -12- 烯 -24-*O*-β-D- 吡喃葡萄糖苷

（11, 21-dioxo-3β, 15α, 24-trihydroxyurs-12-en-24-*O*-β-D-glucopyranoside）和 11, 21- 二氧代 -3β, 15α, 24- 三羟基齐墩果 -12- 烯 -24-*O*-β-D- 吡喃葡萄糖苷（11, 21-dioxo-3β, 15α, 24-trihydroxyolean-12-en-24-*O*-β-D-glucopyranoside）[1]；炔醇类：镰叶芹二醇（falcarindiol）和（9*Z*）-1, 9- 十七碳二烯 -4, 6- 二炔 -3, 8, 11- 三醇［（9*Z*）-1, 9-heptadecadien-4, 6-diyne-3, 8, 11-triol］[2]；甾体类：β- 谷甾醇（sitosterol）[2]；挥发油类：γ- 松油烯（γ-terpinene）、柠檬烯（limonene）、正庚烷（*n*-heptane）、正辛烷（*n*-octane）、正壬烷（*n*-nonane）、α- 侧柏烯（α-thujene）、α- 蒎烯（α-pinene）、莰烯（camphene）、β- 蒎烯（β-pinene）、月桂烯（myrcene）和（*Z*）-β- 罗勒烯［（*Z*）-β-ocimene］[4]；酚酸类：半月苔酸（lunularic acid）、半月苔素（lunularin）和苯甲酸（benzolic acid）[2]；醇类：D- 阿洛醇（D-allitol）、刺参二醇（oplopandiol）和 2-（3- 甲氧基 -4- 羟基苯基）- 丙烷 -1, 3- 二醇［2-（3-methoxy-4-hydroxyl-phenol）-propane-1, 3-diol］[2]；烯酮类：玉米赤霉烯酮（zearalenone）[5]。

种子含黄酮类：3′- 甲氧基芹菜苷（3′-methoxyapiin）[6]，芹菜苷（apiin）、木犀草素 -7- 洋芫荽糖 - 葡萄糖苷（luteolin-7-apio-glucoside）、3′- 甲氧基木犀草素 -7- 洋芫荽糖 - 葡萄糖苷（3′-methoxyl luteolin-7-apio-glucoside）[7]，异槲皮苷（isoquercitrin）[8]，金圣草酚 -7-*O*- 芹糖基葡萄糖苷（chrysoeriol-7-*O*-apiosylglucoside）[9]，金圣草酚（chrysoeriol）、木犀草素 -3′-*O*-β-D- 吡喃葡萄糖苷（luteolin-3′-*O*-β-D-glucopyranoside）、木犀草素 -7-*O*-β-D- 吡喃葡萄糖苷（luteolin-7-*O*-β-D-glucopyranoside）和香叶木素 -7-*O*-β-D- 吡喃葡萄糖苷（diosmetin-7-*O*-β-D-glucopyranoside）[10]；苯酞类：瑟丹内酯（sedanolide）、洋川芎内酯 N、J（senkyunolide N、J）[9]，芹菜甲素（3-*n*-butylphthalide）、芹菜乙素（sedanenolide）[11, 12] 和新蛇床内酯（sedanolide）[12]；生物碱类：3- 羟甲基 -6- 甲氧基 -2, 3- 二氢 -1H- 吲哚 -2- 醇（3-hydroxymethyl-6-methoxy-2, 3-dihydro-1H-indol-2-ol）和 L- 色氨酸（L-Try）[9]；香豆素类：洋芹素苷（celereoside）[8]，洋芹素（celereoin）、威勒花素（vellein）、紫花前胡苷（nodakenin）[13]，（+）-2, 3- 二氢 -9- 羟基 -2-［1-（6- 芥子酰基）-D- 葡萄糖氧基 -1- 甲基乙基］- 香豆素 {（+）-2, 3-dihydro-9-hydroxy-2-［1-（6-sinapinoyl）-D-glucosyloxy-1-methylethyl］-coumarin}、（−）-2, 3- 二氢 -9-*O*-β-D- 葡萄糖氧基 -2- 异丙烯基香豆素［（−）-2, 3-dihydro-9-*O*-β-D-glucosyloxy-2-isopropenyl coumarin］、5- 甲氧基 -8-*O*-β-D- 葡萄糖氧基补骨脂素（5-methoxy-8-*O*-β-D-glucosyloxypsoralen）[14]，（−）-2, 3- 二氢 -2-（l- 羟基 -1- 羟基甲基乙基）-7H- 呋喃［3, 2g］［1］- 苯并吡喃 -7- 酮 {（−）-2, 3-dihydro-2-（l-hydroxy-1-hydroxymethylethyl）-7H-furo［3, 2g］［1］-benzopyran-7-one}、（−）- 紫花前胡苷元［（−）-nodakenetin］[15]，邪蒿素（seselin）、香柑内酯（bergapten）、芸香亭（rutaretin）[16]，芹灵素（celerin）[17]，芹菜香豆素苷（apiumoside）[18]，异欧前胡素（isoimperatorin）、欧前胡酚（osthenol）、异茴芹素（isopimpinellin）、旱芹素（apigravin）[19]，8- 羟基 -5- 甲氧基补骨脂素（8-hydroxy-5-methoxypsoralen）、伞形酮（umbelliferone）[20] 和芹菜亭（apiumetin）[21]；苯丙素类：对羟基桂皮酸（*p*-hydroxycinnamic acid）[12] 和 5- 烯丙基 -2- 甲氧基酚（5-allyl-2-methoxyphenol）[22]；酚酸类：3- 羟基 -4- 异丙基苯甲酸（3-hydroxyl-4-isopropylbenzoic acid）、香草酸（vanillic acid）、对羟基苯甲醛（*p*-hydroxybenzaldehyde）和 4- 羟基 -2- 异丙基 -5- 甲基苯基 -1-*O*-β-D- 葡萄糖苷（4-hydroxyl-2-isopropyl-5-methylphenyl-1-*O*-β-D-glucoside）[23]；倍半萜类：β- 蛇床烯（β-selinene）[22]；多肽类：芹菜籽酸性肽（QCZDE）和芹菜籽碱性肽（QCZCM）[24]；甾体类：豆甾醇 -3-*O*-β-D- 吡喃葡萄糖苷（stigmasterol-3-*O*-β-D-glucopyranoside）[9] 和 2- 脱氧芸苔素内酯（2-deoxybrassinolide）[25]；挥发油类：柠檬烯（limonene）、顺式 - 柠檬烯氧化物（*cis*-limonene oxide）、橙花叔醇（nerolidol）、β- 芹子烯（β-selinene）、α- 芹子烯（α-selinene）、β- 蒎烯（β-pinene）、δ- 香芹酮（δ-carvone）和 β- 月桂烯（β-myrcene）等[26]；脂肪酸酯类：油酰亚油酰甘油酯（oleoyllinoleoylolein）[22]，油酸（oleic acid）和棕榈酸（palmitic acid）[27]；其他尚含：肉豆蔻醚酸（myristicic acid）[20]。

果实含脂肪酸类：庚烯酸甲酯（methyl heptenoate）、十六酸甲酯（methyl palmitate）和亚油酸甲酯（methyl linoleate）[28]；其他尚含：间 - 甲基苯乙醚（*m*-cresyl ether）[28]。

叶含挥发油类：柠檬烯（limonene）、β- 石竹烯（β-caryophyllene）和 3- 丁基 -4, 5- 二氢苯酞（3-butyl-4,

5-dihydrophthalide）等[29]；胆碱类：抗坏血酸胆碱（choline ascorbate）[30]；元素：钾（K）、钠（Na）、钙（Ca）、镁（Mg）、铜（Cu）、铁（Fe）、锌（Zn）和锶（Sr）[31]。

地上部分含内酯类：瑟丹内酯（sedanolide）和洋川芎内酯 A（senkyunolide A）[32]；酚酸酯类：对羟基苯乙基反式阿魏酸（*p*-hydroxyphenethyl *trans*-ferulate）[32]。

茎含元素：钾（K）、钠（Na）、钙（Ca）、镁（Mg）、铜（Cu）、铁（Fe）、锌（Zn）和锶（Sr）[31]。

根含黄酮类：芹菜素（apigenin）、香叶木素 -7-*O*-β-D- 吡喃葡萄糖苷（diosmetin-7-*O*-β-D-glucopyranoside）、洋芹素 -7-*O*-β-D- 吡喃葡萄糖苷（apigenin-7-*O*-β-D-glucopyranoside）和柯伊利素 -7-*O*-β-D- 吡喃葡萄糖苷（chrysoeriol-7-*O*-β-D-glucopyranoside）[33]；香豆素类：香柑内酯（bergapten）[34]；甾体类：豆甾醇（stigmasterol）和棕榈酸豆甾醇酯（stigmasterol palmitate）[34]；脂肪酸类：棕榈酸乙二醇单酯（glycol monopalmitate）和棕榈酸（palmitinic acid）[34]；元素：钾（K）、钠（Na）、钙（Ca）、镁（Mg）、铜（Cu）、铁（Fe）、锌（Zn）和锶（Sr）[31]。

**【药理作用】**1. 抗氧化　种子中提取得到的瑟丹交酯（sedanolide）、洋川芎内酯 N（senkyunolide N）、洋川芎内酯 J（senkyunolide J）、3- 羟甲基 -6- 甲氧基 -2，3- 二氢 -1H- 吲哚 -2- 醇（3-hydroxymethyl-6-methoxy-2，3-dihydro-1H-indol-2-ol）、L- 色氨酸（L-Try）和 7-［3-（3，4- 二羟基 -4- 羟甲基四氢呋喃 -2-氧基）-4，5- 二羟基 -6- 羟甲基四氢呋喃 -2- 氧基］-5- 羟基 -2-（4- 羟基 -3- 甲氧基苯基）- 色原 -4- 酮{7-［3-（3，4-dihydroxy-4- hydroxymethyl -tetrahydrofuran-2-oxyl）-4，5-dihydroxy-6-hydroxymethyl tetrahydro-pyran-2-oxyl］-5-hydroxy-2-（4-hydroxy-3-methoxy-phenyl）-chromen-4-one}成分在 pH 值为 7 的条件下对前列腺素 H 内过氧化物合酶 -I（COX-1）和前列腺素 H 内过氧化物合酶 -II（COX-II）具有抑制作用，其中 L-色氨酸和 7-［3-（3，4- 二羟基 -4- 羟甲基四氢呋喃 -2- 氧基）-4，5- 二羟基 -6- 羟甲基四氢呋喃 -2- 氧基］-5-羟基 -2-（4- 羟基 -3- 甲氧基苯基）- 色原 -4- 酮可抗亚铁离子的氧化，瑟丹交酯、洋川芎内酯 N 及洋川芎内酯 J 可降低拓扑异构酶 -1 及拓扑异构酶 - Ⅱ的活性[1]。2. 护肝　果实甲醇提取物可显著降低扑热息痛及硫代乙酰胺所致的血清天冬氨酸氨基转移酶、谷丙转氨酶、碱性磷酸酶、山梨糖醇脱氢酶、谷氨酸脱氢酶和胆红素的含量，可显著逆转扑热息痛所致的肝细胞坏死、核固缩、核溶解和嗜酸性粒细胞浸润[2]。3. 抗孕　果实的乙醇提取物可显著降低大鼠的精子数量、附睾精子活力、血睾酮浓度、睾丸和精囊重量、睾丸蛋白质含量及生精小管的直径和活力及降低雌性大鼠活胎儿的数量和质量，而对血液学指标、血清肝酶水平、甲状腺重量和肝肾组织结构无明显影响[3]。4. 抗溃疡　超临界 $CO_2$ 提取的种子油可减少盐酸乙醇所致的胃溃疡模型小鼠胃液量和总酸度，并增高胃液 pH 值[4]。5. 抗炎　鲜茎匀浆可显著减轻伊文思蓝所致小鼠的耳肿胀和角叉菜所致大鼠的足肿胀[5]。6. 减肥　茎的水提取物可显著降低高脂饮食大鼠的体重及肝脏、心脏和肾脏体重比，显著降低肥胖大鼠血清中葡萄糖、胆固醇、低密度脂蛋白、超低密度脂蛋白和甘油三酯的水平[6]。7. 抗帕金森病　全株的 70% 甲醇提取物可显著改善 1- 甲基 -4- 苯基 -1，2，3，6- 四氢吡啶（MPTP）所致的帕金森病大鼠的行为表现、氧化应激指数和单胺氧化酶 A、B 的活性，增加酪氨酸羟化酶免疫反应阳性的神经元的量[7]。8. 降血糖　叶的甲醇提取物在体外可显著抑制牛血清蛋白的糖化，抑制果糖胺的形成，降低 Nε- 羧甲基赖氨酸（CML）、蛋白质巯基和羟基的水平，提高淀粉样蛋白交叉 β 结构的形成，清除甲基乙二醛，可对抗甲级乙二醛所致的 RINm5F 细胞坏死和胰岛素分泌减少[8]。9. 镇痛　种子的石油醚提取物可延长热板法、尾部浸泡法、尾部剪切法所致小鼠的痛反应时间，减少乙酸所致小鼠的扭体次数[9]。10. 抗焦虑　全株的甲醇提取物可显著缓解小鼠的焦虑行为，显著降低单胺氧化酶 -A 的活性，显著抑制额叶皮质及纹状体中超氧阴离子和谷胱甘肽过氧化酶的活性，提高额叶皮质及纹状体中的神经元水平[10]。11. 抗感染　果实的 50% 乙醇提取物在体外具有抗大肠杆菌的作用，且具有剂量依赖性，可减少大肠杆菌尿路感染模型小鼠膀胱中的大肠杆菌数量[11]。12. 降血脂　从全草提取的膳食纤维可显著降低高脂饲料喂养所致的高脂模型大鼠的血浆中胆固醇、甘油三酯和高密度脂蛋白动脉硬化指数水平，且具有剂量依赖性[12]。

**【性味与归经】**芹菜根：二级干热（维医）。芹菜子：辛、苦，凉。归心、肝经。

【功能与主治】芹菜根：生干生热，通阻利尿，祛寒止痛，清除异常体液。用于湿寒性或黏液性疾病，寒性小便不利，湿寒性各种疼痛，体内异常体液增多等症（维医）。

芹菜子：清肝息风，祛风利湿。用于眩晕头痛，面红目赤，皮肤湿疹，疮肿。

【用法与用量】芹菜根：5～8g。芹菜子：煎服 6～12g；外用适量。

【药用标准】芹菜根：新疆维药 2010 一册；芹菜子：部标维药 1999、广东药材 2004、新疆维药 1993 和青海藏药 1992。

【临床参考】1. 心血管疾病（高血压、冠心病、胆固醇过高）：鲜茎 60g，加大枣 30g，水煎服，每日 2 次，连服 1 月[1]。

2. 高血压：鲜全草 250g，加黑枣 150g，洗净煮食，连服 1 月[2]。

3. 喘息性慢性支气管炎：根 15g，加花椒 10 粒、茯苓 9g，水煎 10min，再加荆芥穗 6g，煎 5min，加冰糖适量服。（《浙江药用植物志》）

【附注】旱芹始载于宋《履巉岩本草》。《本草纲目》在"水斳"条下云："旱芹生平地，有赤、白两种。二月生苗，其叶对节而生，似芎䓖，其茎有节棱而中空，其气芬芳，五月开细白花，如蛇床花。"所述形态与《植物名实图考》旱芹图，均与本种相符。此外，《滇南本草》又载云芎、南芹菜，经考证亦属本种。

【化学参考文献】

［1］Zhou K，Zhao F，Liu Z，et al. Triterpenoids and flavonoids from celery（*Apium graveolens*）［J］. J Nat Prod，2009，72（9）：1563-1567.

［2］周凯岚，毋冰，庄玉磊，等 . 新鲜旱芹的化学成分研究［J］. 中国中药杂志，2009，34（12）：1512-1515.

［3］Zhu L H，Bao T H，Deng Y，et al. Constituents from *Apium graveolens* and their anti-inflammatory effects［J］. J Asian Nat Prod Res，2017，19（11）：1079-1086.

［4］Tirillini B，Pellegrino R，Pagiotti R，et al. Volatile compounds in different cultivars of *Apium graveolens* L.［J］. Italian J Food Sci，2004，16（4）：477-482.

［5］黎洪霞，孟繁静 . 芹菜中玉米赤霉烯酮的分离与鉴定［J］. 植物生理学报，1989，15（7）：211-215.

［6］Momin R A，Nair M G. Antioxidant，cyclooxygenase and topoisomerase inhibitory compounds from *Apium graveolens* Linn. seeds［J］. Phytomedicine，2002，9（4）：312-318.

［7］姜笑寒，孟青，刘莉兰，等 . 芹菜籽中黄酮成分的提取纯化及 LC-MS 检测［J］. 中国卫生产业，2013，22：8-9.

［8］Garg S K，Gupta S R，Sharma N D. Glucosides of *Apium graveolens*［J］. Planta Med，1980，38（4）：363-365.

［9］Momin R A，Nair M G. Antioxidant，cyclooxygenase and topoisomerase inhibitory compounds from *Apium graveolens* Linn. seeds［J］. Phytomedicine，2002，9（4）：312-318.

［10］吕金良，热比古丽•斯拉木阿吉艾克拜尔•艾萨廖立新 . 芹菜籽黄酮类化学成分研究［J］. 中成药，2007，29（3）：406-408.

［11］杨峻山，陈玉武 . 芹菜抗惊有效成分的分离和鉴定［J］. 药学通报，1984，19（11）：670-671.

［12］陈雯慧，沈刚，陈海生 . 高纯度单体制备及结构鉴定芹菜籽中 3 种苯酞成分［J］. 药学实践杂志，2017，35（2）：138-140.

［13］Jain A K，Sharma N D，Gupta S R，et al. Coumarins from *Apium graveolens* seeds［J］. Phytochemistry，1979，18（9）：1580-1581.

［14］Ahluwalia V K，Boyd D R，Jain A K，et al. Furanocoumarin glucosides from the seeds of *Apium graveolens*［J］. Phytochemistry，1988，27（4）：1181-1183.

［15］Garg S K，Sharma N D，Gupta S R. A new Dihydrofurocoumarin from *Apium graveolens*［J］. Planta Med，1981，43（11）：306-308.

［16］Jain A K，Sharma N D，Gupta S R，et al. Coumarins from *Apium graveolens* seeds［J］. Planta Med，1986，（3）：246.

［17］Garg S K，Gupta S R，Sharma N D. Celerin，a new coumarin from *Apium graveolens*［J］. Planta Med，1980，38（2）：186-188.

［18］Garg S K，Gupta S R，Sharma N D. Apiumoside，a new furanocoumarin glucoside from the seeds of *Apium graveolens*［J］. Phytochemistry，1979，18（10）：1764-1765.

［19］Garg S K，Gupta S R，Sharma N D. Coumarins from *Apium graveolens* seeds［J］. Phytochemistry，1979，18（9）：1580-1581.

［20］Garg S K，Gupta S R，Sharma N D. Minor phenolics of *Apium graveolens* seeds［J］. Phytochemistry，1979，18（2）：352.

［21］Garg S K，Gupta S R，Sharma N D. Apiumetin. A new furanocoumarin from the seeds of *Apium graveolens*［J］. Phytochemistry，1978，17（12）：2135-2136.

［22］Momin R A，Ramsewak R S，Nair M G. Bioactive compounds and 1，3-di［（*cis*）-9-octadecenoyl］-2-［（*cis*，*cis*）-9，12-octadecadienoyl］glycerol from *Apium graveolens* Lseeds.［J］. J Agric Food Chem，2000，48（9）：3785-3788.

［23］吕金良，牟新利，王武宝，等. 维药芹菜籽化学成分研究［J］. 时珍国医国药，2006，17（1）：6-7.

［24］Yili A，Ma Q L，Gao Y H，et al. Isolation of two antioxidant peptides from seeds of *Apium graveolens* indidenous to China［J］. Chem Nat Compd，2012，48（4）：719-720.

［25］Schmidt J，Voigt B，Adam G. 2-Deoxybrassinolide-a naturally occurring brassinosteroid from *Apium graveolens*［J］. Phytochemistry，1995，40（4）：1041-1043.

［26］Rao L，Jagan M，Nagalakshmi S，et al. Studies on chemical and technological aspects of celery（*Apium graveolens*. Linn.）seed［J］. Journal of Food Science and Technology，2000，37（6）：631-635.

［27］乔丽名，陈海生，梁爽，等. 青芹籽低极性部位化学成分 GC-MS 分析［J］. 解放军药学学报，2006，22（2）：101-103.

［28］El-Alfy T S，El-Shamy A M，El-Shabrawy A O，et al. Study of the non-volatile fractions of petroleum ether extracts of the fruits of *Apium graveolens* L. and *Carum copticum* Benth and Hook［J］. Bulletin of the Faculty of Pharmacy（Cairo University），1990，28（3）：49-51.

［29］Pino J A，Rosado A，Fuentes V. Leaf oil of celery（*Apium graveolens* L.）from Cuba［J］. J Essential Oil Res，1997，9（6）：719-720.

［30］Kavalali G，Akcasu A. Isolation of choline ascorbate from *Apium graveolens*［J］. J Nat Prod，1985，48（3）：495.

［31］董丽花，范增民. 不同品种芹菜不同部位微量元素含量研究［J］. 微量元素与健康研究，2004，21（3）：26-27.

［32］Sbai H，Zribi I，Dellagreca M，et al. Bioguided fractionation and isolation of phytotoxic compounds from *Apium graveolens* L. aerial parts（Apiaceae）［J］. South African J Botany，2017，108：423-430.

［33］陈妍，乌莉娅·沙依提，李茜，等. 维药芹菜根化学成分的研究［J］. 新疆中医药，2008，26（1）：33-35.

［34］乌莉娅·沙依提，陈妍，耿萍，等. 维药芹菜根化学成分的研究［J］. 中药材，2007，30（12）：1535-1536.


**【药理参考文献】**


［1］Momin R A，Nair M G. Antioxidant，cyclooxygenase and topoisomerase inhibitory compounds from *Apium graveolens* Linn. seeds［J］. Phytomedicine，2002，9（4）：312-318.

［2］Singh A，Handa S S. Hepatoprotective activity of *Apium graeolens* and *Hygrophila auriculata* against paracetamol and thioacetamide intoxication in rats［J］. Journal of Ethnopharmacology，1995，49（3）：119.

［3］Ofpopoluca M F. Antifertility activity of ethanolic seed extract of celery（*Apium graveolens* L.）in male albino rats［J］. Jordan Journal of Pharmaceutical Sciences，2013，6（1）：30-39.

［4］Baananou S，Piras A，Marongiu B，et al. Antiulcerogenic activity of *Apium graveolens* seeds oils isolated by supercritical $CO_2$［J］. African Journal of Pharmacy & Pharmacology，2012，6（6）：756-762.

［5］Lewis D A，Tharib S M，Veitch G B A. The anti-inflammatory activity of celery *Apium graveolens* L.（Fam. Umbelliferae）［J］. Pharmaceutical Biology，2008，23（1）：27-32.

［6］Vasanthkumar R，Jeevitha M. Evaluation of antiobesity activity of *Apium graveolens* stems in rats［J］. International Journal of Chemical and Pharmaceutical Sciences，2014，5（2）：159-163.

［7］Chonpathompikunlert P，Boonruamkaew P，Sukketsiri W，et al. The antioxidant and neurochemical activity of *Apium graveolens* L. and its ameliorative effect on MPTP-induced Parkinson-like symptoms in mice［J］. Bmc Complementary & Alternative Medicine，2018，18（1）：103.

［8］Rosa M P，Alethia M R，Abraham H C，et al. Polyphenols of leaves of *Apium graveolens* inhibit *in vitro* protein glycation and protect RINm5F cells against methylglyoxal-induced cytotoxicity［J］. Functional Foods in Health and Disease，2018，

8（3）：193-211.

［9］Nisar A，Faizana N，Sadique H，et al. Evaluation of the analgesic activity of tukhme karafs（*Apium graveolens* Linn.）in swiss albino mice［J］. Journal of Scientific and Innovative Research，2015，4（4）：172-174.

［10］Tanasawet S，Boonruamkaew P，Sukketsiri W，et al. Anxiolytic and free radical scavenging potential of Chinese celery（*Apium graveolens*）extract in mice［J］. Asian Pacific Journal of Tropical Biomedicine，2017，7（1）：20-26.

［11］Sarshar S，Sendker J，Qin X，et al. Antiadhesive hydroalcoholic extract from *Apium graveolens* fruits prevents bladder and kidney infection against uropathogenic *E. coli*［J］. Fitoterapia，2018，10：1016-1023.

［12］谭亮，徐超，张琦，等．旱芹膳食纤维对高脂血症大鼠血脂的影响［J］．中药新药与临床药理，2010，21（3）：251-253.

**【临床参考文献】**

［1］不力卡斯木·吾不力艾山．芹菜的心血管药理作用及临床应用分析［J］．中国民族民间医药，2011，20（19）：35-37.

［2］李建，胡德群，刘华友．芹菜黑枣汤治疗高血压的疗效观察［J］．四川中医，2002，20（6）：33-34.

## 16. 水芹属 *Oenanthe* Linn.

二年生至多年生草本，少为一年生，全株光滑。有成簇的须根或块状根。茎通常呈匍匐上升或直立，下部节上常生根。叶有柄，基部有叶鞘；叶片一至三回羽状分裂，末回裂片卵形至条形。复伞形花序疏松，顶生和侧生；总苞缺或有少数窄狭的苞片；小总苞片多数，狭窄，短于花柄；伞辐多数，开展；花白色；萼齿披针形，宿存；小伞形花序外缘花的花瓣通常增大为辐射瓣；花瓣倒卵形，先端具内折的小舌片；花柱基扁平或圆锥形，花柱直立伸长，很少脱落。双悬果圆卵形至长圆形，光滑，侧面略扁平，果棱钝圆，木栓质，两个心皮的侧棱通常略相连，较背棱和中棱宽而大。每棱槽中有油管 1 条，合生面油管 2 条。

约 30 种，分布于北半球温带和南非洲。中国 5 种，分布于西南至中部地区，法定药用植物 1 种。华东地区法定药用植物 1 种。

## 680. 水芹（图 680）• *Oenanthe javanica*（Bl.）DC.

**【别名】**水芹菜（通称）。

**【形态】**多年生草本，高 15 ～ 80cm。茎直立或基部匍匐。基生叶有柄，柄长达 2 ～ 15cm，基部有叶鞘；叶片一至二回羽状分裂，末回裂片卵形至菱状披针形，长 2 ～ 5cm，宽 1 ～ 2cm，边缘有牙齿或圆锯齿；茎上部叶柄渐短至无柄，裂片和基生叶的裂片相似，较小。复伞形花序顶生，花序梗长 2 ～ 16cm；无或有时有 1 ～ 3 枚线形总苞，早落；伞辐 6 ～ 16 个，不等长，长 1 ～ 3cm，直立展开；小总苞片 2 ～ 8 枚，条形，长 2 ～ 4mm；小伞形花序有花 20 余朵；萼齿条状披针形，长与花柱基相等；花瓣白色，倒卵形，有一长而内折的小舌片；花柱基圆锥形，花柱细长，1 ～ 2mm。叉开。双悬果圆柱状椭圆形，侧棱较背棱和中棱隆起，木栓质，分生果横剖面近于五边状的半圆形；每棱槽内油管 1 条，合生面油管 2 条。花期 6 ～ 7 月，果期 8 ～ 9 月。

**【生境与分布】**生于浅水低洼地方或池沼、水沟旁。分布于全国各地；越南、缅甸、印度、菲律宾等地也有分布。

**【药名与部位】**水芹，地上部分。

**【采集加工】**9 ～ 10 月采割地上部分，洗净，除去杂质，晒干或鲜用。

**【药材性状】**茎呈扁圆柱形，节明显，光滑无毛，表面绿色至棕褐色，直径 0.2 ～ 0.5cm，具纵棱，棱线 4 ～ 9 条。质脆，易折断，断面较平坦，呈黄绿色至棕褐色，髓部常中空。茎下端呈根茎状，节上有多数细长的须根。叶皱缩，二至三回羽状复叶，小叶 3 ～ 5 枚，一至二回羽状分裂，末回裂片卵形至菱状披针形，长 2 ～ 5cm，宽 1 ～ 2cm，边缘有牙齿或圆齿状锯齿，黄绿色至棕褐色；叶柄长 7 ～ 15cm。

**图 680 水芹** 摄影 赵维良等

气香特异，味苦、淡。

**【药材炮制】**除去杂质，洗净，稍润，切段，干燥。

**【化学成分】**叶和茎含苯丙素类：水芹苷*A（oenanthoside A）[1]，丁香酚-β-D-吡喃葡萄糖苷（eugenyl-β-D-glucopyranoside）、对羟基苯乙醇-反式-阿魏酸酯（*p*-hydroxyphenethyl-*trans*-ferulate）、芹菜脑（apiole）、肉豆蔻醚（myristicin）、阿魏酸（ferulic acid）和对香豆酸（*p*-coumaric acid）[1]；木脂素类：松脂醇-β-D-吡喃葡萄糖苷（pinoresinol-β-D-glucopyranoside）[1]；黄酮类：异鼠李素硫酸酯（isorhamnetin sulphate）、水蓼素（persicarin）[2]，异鼠李素（isorhamnetin）、缅茄苷（afzelin）和金丝桃苷（hyperoside）[3]；聚乙炔类：镰叶芹醇（falcarinol）和镰叶芹二醇（falcarindiol）[1]；二萜类：新植二烯（neophytadiene）、植醇（phytol）和植醇乙酯（phytyl acetate）[1]；甾体类：β-谷甾醇（β-sitosterol）和豆甾醇（stigmasterol）[1]；挥发油类：（*Z*）-2-戊烯醇［（*Z*）-2-pentenol］、己醛（hexanal）、α-蒎烯（α-pinene）、β-月桂烯（β-myrcene）、石竹烯（caryophyllene）、α-芹子烯（α-selinene）、β-芹子烯（β-selinene）和（*Z*）-3-己烯醇［（*Z*）-3-hexenol］等[4]。

根含挥发油类：β-水芹烯（β-phellandrene）、α-侧柏烯（α-thujene）、α-蒎烯（α-pinene）、β-蒎烯（β-pinene）、

香桧烯（sabinene）、间-聚伞花素（*m*-cymene）、大根香叶烯 D（germacrene D）、甘香烯（elixene）、大根香叶烯 B（germacrene B）和 β-罗勒烯（β-ocimene）等[5]。

地上部分含酚类：3′, 5′-二甲氧基-3-（3-甲基丁-2-烯-1-基）二苯基-2, 4′, 6-三醇［3′, 5′-dimethoxy-3-（3-methylbut-2-en-1-yl）biphenyl-2, 4′, 6-triol］、6-［2-羟基-5-（3-甲基丁-2-烯-1-基）苯基］-2, 2-二甲基-2H-色烯-7-醇{6-［2-hydroxy-5-（3-methylbut-2-en-1-yl）phenyl］-2, 2-dimethyl-2H-chromen-7-ol}、4′-（羟甲基）-3′, 5′-二甲氧基-3-（3-甲基丁-2-烯-1-基）二苯基-4-醇［4′-（hydroxymethyl）-3′, 5′-dimethoxy-3-（3-methylbut-2-en-1-yl）biphenyl-4-ol］、5, 5′-二（3-甲基丁-2-烯-1-基）-二苯基-2, 2′-二醇［5, 5′-bis（3-methylbut-2-en-1-yl）-biphenyl-2, 2′-diol］、道依桐双苯素 A、B*（doitungbiphenyl A、B）、多花山竹子素 B、C*（garmultine B、C）、斯氏木莢藤黄双苯素*（schomburgbiphenyl）和烟草双苯素 G*（tababiphenyl G）[6]；氨基酸类：L-缬氨酸（L-Val）、L-丙氨酸（L-Ala）和 L-异亮氨酸（L-Ile）[7]；甾体类：β-谷甾醇[7]；烷烃类：正二十醇（*n*-eicosanol）、正二十二醇（*n*-docosanol）和正二十四醇（*n*-etracosanol）[7]；其他尚含：二异辛基-1, 2-苯二羧酸酯（diisooctyl-1, 2-benzenedicarboxylate）、α-亚麻酸乙酯（ethyl α-linolenate）[7]和咖啡酸（caffeic acid）[8]。

全草含苯丙素类：对羟基苯乙醇阿魏酸酯（*p*-hydroxyphenyl ethanol ferulate）和 5-对-反式-香豆酰奎宁酸（5-*p*-*trans*-coumaroyl quinic acid）[9]；黄酮类：芹菜素（apigenin）、异鼠李素-3-*O*-β-D-吡喃葡萄糖苷（isorhamnetin-3-*O*-β-D-glucopyranoside）[9]，异鼠李素（isorhamnetin）、水蓼素（persicarin）[10]和金丝桃苷（hyperin）[11]；香豆素类：欧前胡素（imperatorin）、异欧前胡素（isoimperatorin）、6, 7-二羟基香豆素（6, 7-dihydroxycoumarin）、哥伦比亚内酯（columbianadin）、8-甲氧基-5-羟基补骨脂素（8-methoxy-5-hydroxypsoralen）和东莨菪内酯（scopoletin）[9]；酚类：半月苔素（lunularin）[9]；甾体类：β-谷甾醇（β-sitosterol）[9]，胡萝卜苷（β-sitosterol glucoside）和豆甾醇葡萄糖苷（stigmasterol glucoside）[11]；挥发油类：苯氧乙酸烯丙酯（allyl phenoxyacetate）、苍术醇（hinesol）、α-石竹烯（α-caryophyllene）、β-月桂烯（β-myrcene）、β-蒎烯（β-pinene）、柠檬烯（limonene）、2, 6-二叔丁基对甲酚（2, 6-dibutylated-*p*-hydroxytoluene）和桉叶-4（14），11-二烯［eudesma-4（14），11-diene］等[12]。

**【药理作用】**1. 护肝　提取得到的总酚可显著提高 D-半乳糖胺所致肝损伤模型小鼠的存活率，降低肝组织中丙二醛及谷胱甘肽含量，提高超氧化物歧化酶、谷胱甘肽过氧化物酶及过氧化氢酶水平，且具有剂量依赖性，降低促炎细胞因子 mRNA 及一氧化氮合酶和环氧酶-2 的表达及血清一氧化氮和前列腺素水平，减轻肝脏病变的程度[1]；地上部分的水及正丁醇提取物可降低高胆固醇血症大鼠血浆甘油三酯和葡萄糖水平，并降低肝脏中的甘油三酯含量[2]；总酚可明显改善四氯化碳所致的肝损伤模型小鼠的肝功能，降低小鼠血清中谷丙转氨酶和天冬氨酸氨基转移酶的活性，显著降低受损肝组织中的丙二醛含量，同时显著升高超氧化物歧化酶的活性[3]；全草的 70% 乙醇提取物可显著降低酒精性肝损伤模型小鼠的肝脏指数，显著降低小鼠血清谷丙转氨酶、天冬氨酸氨基转移酶、碱性磷酸酶、谷酰转肽酶活性，以及胆固醇、甘油三酯、低密度脂蛋白胆固醇含量，显著升高高密度脂蛋白胆固醇含量，显著提高肝组织中超氧化物歧化酶、谷胱甘肽过氧化物酶、谷胱甘肽-*S*-转移酶活性，显著降低肝组织中前列腺素 $E_2$、肿瘤坏死因子-α和白细胞介素-6 含量[4]。2. 免疫调节　茎叶的乙醇提取物可显著增加幼龄大鼠齿状回的颗粒区中 Ki-67 免疫反应细胞和双皮质素免疫反应性成神经细胞的数量及齿状回中脑源性神经营养因子的免疫反应性[5]。3. 抗乙肝病毒　总多酚在体外可降低鸭乙型肝炎病毒感染，降低人肝癌 G2.2.15 细胞中乙肝表面抗原、乙肝 e 抗原的水平，降低感染乙型肝炎病毒鸭的血清乙肝病毒 DNA 水平，显著改善鸭肝脏的病理组织改变[6]。4. 促黑色素生成　茎叶的乙醇提取物可抑制黑色素瘤 B16F1 细胞脂质过氧化作用，阻断羟基自由基诱导的 DNA 氧化，促进黑色素生成，增加酪氨酸酶、超氧化物歧化酶-1、超氧化物歧化酶-2 和谷胱甘肽的表达，且具有剂量依赖性[7]。5. 抗肿瘤　总酚可将人肝癌 2.2.15 细胞阻滞在 S 期，对其增殖具有明显的抑制作用，且具有剂量依赖性[8]。6. 抗疲劳　提取物可明显延长疲劳仪所致的疲劳模型小鼠运动力竭时间，显著降低小鼠运动后血清血乳酸含量，轻度降低血清血尿素氮含量和提高小鼠血清乳酸脱氢酶活性，显著增加肝糖原的储备量，降低血清丙二醛含量，提高血清超氧化物歧化酶活性，提高全血中血红蛋白浓度[9]；提取物可显著增加强制冷水游泳应激法制备的慢性疲劳综合征小鼠的自主活动能力，降低血清促肾上腺皮质激素、皮质醇、5-羟色胺及多巴胺水平及丙二醛含量，升高性激素睾酮水平及超微量 $Ca^{2+}$-$Mg^{2+}$-ATP 酶活力[10]。7. 抗肾阳虚　提取物可显著提高氢化可的松所致的肾阳虚模型小鼠的自主活动次数，提高血清中环磷酸腺苷水平，降低血清中环磷酸鸟苷水平，显著提高环磷酸腺苷 / 环磷酸鸟苷值和睾酮水平，降低丙二醛浓度，提高超氧化物歧化酶活性[11]；地上部分 75% 乙醇提取物可显著提高小鼠的负重游泳时间及爬杆时间和悬挂时间，降低血清的尿素氮及肌酸激酶水平，提高乳酸脱氢酶活性，且均呈剂量依赖性[12]。8. 增强免疫　从叶提取的总黄酮可显著提高氢化可的松所致免疫功能低下模型小鼠的碳粒廓清指数 *K*，促进鸡红细胞致敏小鼠溶血素的生成，升高胸腺指数和脾脏指数，提高迟发型变态反应水平[13]。

**【性味与归经】**甘、辛，平。归肺、胃经。

**【功能与主治】**清热解毒，利尿，止血。用于烦渴，浮肿，小便不利，尿血，便血，吐血，高血压。

**【用法与用量】**煎服 9 ～ 12g；鲜品 30 ～ 60g，捣汁服；外用适量。

**【药用标准】**上海药材 1994 和湖南药材 2009。

**【临床参考】**1. 高血压：鲜全草 90 ～ 120g，水煎服，或捣汁服。

2. 咽喉炎、扁桃体炎、齿槽脓肿：鲜全草捣汁含漱，每日 3 ～ 4 次；或全草 15g，加淡竹叶、凤尾蕨各 15g，水煎服。

3. 腮腺炎、乳腺炎：鲜全草 60 ～ 120g，捣汁服，药渣外敷患处。（1 方至 3 方引自《浙江药用植物志》）

**【附注】**本种始载于《神农本草经》，原名水靳、水英。《蜀本草》载："芹生水中，叶似芎䓖，其花白而无实，根亦白色。"《本草纲目》载："水芹生江湖陂泽之涯。"《植物名实图考》载水芹图，上述文字和附图即指本种。

药材水芹脾胃虚寒者慎绞汁服。鲜全草外敷可导致局部皮肤损伤、接触性皮炎[1, 2]。

本种的花民间也作药用。

**【化学参考文献】**


[1] Fujita T，Kadoya Y，Aota H，et al. A new phenylpropanoid glucoside and other constituents of *Oenanthe javanica*［J］. Biosci Biotech Bioch，1995，59（3）：526-528.

[2] Park J C，Young H S，Yu Y B，et al. Isorhamnetin sulphate from the leaves and stems of *Oenanthe javanica* in Korea［J］. Planta Med，1995，61（4）：377-378.

[3] Ma C J，Lee K Y，Jeong E J，et al. Persicarin from water dropwort（*Oenanthe javanica*）protects primary cultured rat cortical cells from glutamate-induced neurotoxicity［J］. Phytother Res，2010，24（6）：913-918.

[4] Seo W H，Baek H H. Identification of characteristic aroma-active compounds from water dropwort（*Oenanthe javanica* DC.）［J］. J Agric Food Chem，2005，53（17）：6766-6770.

[5] 刘朝晖，龚力民，刘敏 . 水芹根挥发油成分 GC-MS 分析［J］. 亚太传统医药，2014，10（22）：10-11.

[6] Ma Q G，Wei R R，Sang Z P. Biphenyl derivatives from the aerial parts of *Oenanthe javanica* and their COX-2 inhibitory activities［J］. Chem Biodiv，2019，2018（10）：480-492.

[7] Sato T，Ueda J，Teshirogi T，et al. Neutral constituents of terrestrial parts of *Oenanthe javanica*［J］. Yakugaku Zasshi，1974，94（3）：412-415.

[8] Choi H，You Y，Hwang K，et al. Isolation and identification of compound from dropwort（*Oenanthe javanica*）with protective potential against oxidative stress in HepG2 cells［J］. Food Sci Biotechnol，2011，20（6）：1743-1746.

[9] 张俭，李胜华，谷荣辉 . 水芹的化学成分研究［J］. 中草药，2012，43（7）：1289-1292.

[10] Park J C，Ha J O. Park K Y. Antimutagenic effect of flavonoids isolated from *Oenanthe javanica*［J］. Han'guk Sikp'um Yongyang Kwahak Hoechi，1996，25（4）：588-592.

[11] Park J C，Yu Y B，Lee J H. Isolation of steroids and flavonoids from the herb of *Oenanthe javanica*［J］. Saengyak Hakhoechi，1993，24（3）：244-246.

[12] 张兰胜，董光平，刘光明．水芹挥发油化学成分的研究［J］．时珍国医国药，2009，20（2）：350-351.

**【药理参考文献】**

[1] Ai G，Huang Z M，Liu Q C，et al. The protective effect of total phenolics from *Oenanthe javanica* on acute liver failure induced by *d*-galactosamine［J］. Journal of Ethnopharmacology，2016，186：53-60.

[2] Jeong Y Y，Lee Y J，Lee K M，et al. The effects of *Oenanthe javanica*，extracts on hepatic fat accumulation and plasma biochemical profiles in a nonalcoholic fatty liver disease model［J］. Journal of the Korean Society for Applied Biological Chemistry，2009，52（6）：632-637.

[3] 年国侠，黄正明，杨新波，等．水芹总酚酸对小鼠 $CCl_4$ 肝损伤的保护作用［J］．解放军药学学报，2008，24（6）：501-504.

[4] 徐璐，魏渊，夏国华，等．水芹黄酮对小鼠急性酒精性肝损伤的保护作用［J］．药学与临床研究，2018，26（2）：81-84.

[5] Bai H C，Park J H，Cho J H，et al. Ethanol extract of *Oenanthe javanica* increases cell proliferation and neuroblast differentiation in the adolescent rat dentate gyrus［J］. Neural Regeneration Research，2015，10（2）：271-276.

[6] Han Y Q，Huang Z M，Yang X B，et al. *In vivo* and *in vitro* anti-hepatitis B virus activity of total phenolics from *Oenanthe javanica*［J］. Journal of Ethnopharmacology，2008，118（1）：148-153.

[7] Kwon E J，Kim M M. Effect of *Oenanthe javanica* ethanolic extracts on antioxidant activity and melanogenesis in melanoma cells［J］. Journal of Life Science，2013，23（12）：1428-1435.

[8] 张伟，陈晓农，黄正明．水芹总酚酸对人肝癌 2. 2. 15 细胞周期的影响［J］．解放军药学学报，2013，29（4）：369-371.

[9] 苏成虎，陈晓农，杨新波，等．水芹提取物抗运动性疲劳作用及初步机制分析［J］．解放军药学学报，2011，27（2）：103-106.

[10] 苏成虎，陈晓农，杨新波，等．水芹提取物对应激致小鼠慢性疲劳综合征的对抗作用［J］．中华中医药杂志，2012，27（12）：3100-3103.

[11] 苏成虎，杨新波，黄正明，等．水芹提取物对氢化可的松致肾阳虚小鼠的对抗作用［J］．中国中医药信息杂志，2011，18（12）：39-42.

[12] 苏艳丽，韦隆华，何钰英，等．黔产野生水芹提取物对小鼠的抗疲劳作用［J］．贵阳医学院学报，2017，42（3）：292-295.

[13] 刘哲慧，张琳．水芹总黄酮对免疫抑制小鼠免疫功能的影响［J］．中国中医药科技，2016，23（4）：423-425.

**【附注参考文献】**

[1] 魏莹，赵耀华，马晓焕．水芹外敷致局部皮肤损伤 8 例［J］．中原医刊，2004，31（16）：56.

[2] 夏秋，李利．水芹致接触性皮炎 1 例［J］．临床皮肤科杂志，2000，29（4）：233.

## 17. 蛇床属 *Cnidium* Cuss.

一年生至多年生草本。茎直立，多分枝。叶通常为二至三回羽状分裂，末回裂片条形、披针形至倒卵形。复伞形花序顶生或侧生；总苞片条形至披针形；小总苞片条形、长卵形至倒卵形，常具膜质边缘；花白色或带粉红色；萼齿细小或不明显；花瓣倒卵形，先端内折；花柱 2 枚，向下反曲；花柱基圆锥形。双悬果卵形至长圆形，果棱翅状，常木栓化；分生果横剖面近五角形；每棱槽内油管 1 条，合生面油管 2 ～ 4 条。

6 ～ 8 种，分布于欧洲和亚洲。中国 5 种，分布于全国各地，法定药用植物 2 种。华东地区法定药用植物 1 种。

### 681. 蛇床（图 681）• *Cnidium monnieri*（Linn.）Cuss.

**【别名】**野芫荽（浙江），野胡萝卜棵（江苏）。

**【形态】**一年生草本，高 30 ～ 80cm。根圆锥状，较细长。茎直立或斜上，多分枝，表面具深条棱，

**图 681　蛇床**　　摄影　李华东等

疏生细柔毛。基生叶轮廓长圆形或卵形，二至三回三出式羽状分裂，末回裂片条形或条状披针形；叶柄长 4 ～ 8cm；茎上部叶和基生叶同形。复伞形花序，花序梗长 3 ～ 6cm；总苞片 6 ～ 10 枚，条形，边缘膜质，具细睫毛；伞辐 15 ～ 30 个，不等长，0.5 ～ 2cm；小总苞片多数，条形，边缘具细睫毛；小伞形花序具花 15 ～ 25 朵，萼齿无；花瓣白色，先端具内折小舌片；花柱基略隆起，花柱向下反曲。双悬果长圆状，横剖面近五角形，主棱 5 条，均扩大成宽翅；每棱槽内油管 1 条，合生面油管 2 条。花期 4 ～ 7 月，果期 6 ～ 10 月。

**【生境与分布】**生于田边、路旁、草地及河边湿地。分布于华东各省市，另西南、西北、华北、东北等省区均有分布；俄罗斯、越南、朝鲜、北美及其他欧洲国家也有分布。

**【药名与部位】**蛇床子，成熟果实。

**【采集加工】**夏、秋二季果实成熟时采收，除去杂质，干燥。

**【药材性状】**为双悬果，呈椭圆形，长 2 ～ 4mm，直径约 2mm。表面灰黄色或灰褐色，顶端有 2 枚向外弯曲的柱基，基部偶有细梗。分果的背面有薄而突起的纵棱 5 条，接合面平坦，有 2 条棕色略突起的纵棱线。果皮松脆，揉搓易脱落。种子细小，灰棕色，显油性。气香，味辛凉，有麻舌感。

**【药材炮制】**除去杂质，筛去灰屑。

**【化学成分】**果实含香豆素类：蛇床子素（osthole）、花椒毒素（xanthotoxin）、欧前胡素（imperatorin）、异茴芹素（isopimpinellin）[1]，欧山芹素（oroselone）、哥伦比亚内酯（columbianadin）、佛手柑内酯（bergapten）、*O*- 乙酰哥伦比亚苷元（*O*-acetylcolumbianetin）、*O*- 乙酰异蛇床素（*O*-cniforin）、食用当归素（edultin）、2′- 乙酰白芷素（2′-acetylangelicin）[2]，蛇床醛*（cnidimonal）、蛇床双豆素*（cnidimarin）、5- 甲酰基花椒毒酚（5-formylxanthotoxol）、2′- 脱氧橙皮内酯水合物（2′-deoxymeranzin hydrate）、异虎耳草素（isopimpinellin）、花椒毒酚（xanthotoxol）、5- 羟基花椒毒酚（5-hydroxyxanthotoxol）、酸橙

素烯醇（auraptenol）、九里香亚卡品 A（murrayacarpin A）、香叶木素（diosmetin）、橙皮内酯水合物（meranzin hydrate）、7- 甲氧基 -8- 甲酰基香豆素（7-methoxy-8-formyl coumarin）、别前胡精（alloimperatorin）[3]，羟基蛇床子素环氧化合物（hydroxyosthole epoxide）、九里香醇（murraol）、（相对 -1′*S*，2′*R*）-8-（2，3- 环氧 -1- 羟基 -3- 甲基丁基）-7- 甲氧基香豆素［（rel -1′*S*，2′*R*）-8-（2，3-epoxy-1-hydroxy-3-methylbutyl）-7-methoxycoumarin］、1′-*O*-β-D- 吡喃葡萄糖基 -（2*R*，3*S*）-3- 羟基紫花前胡内酯［1′-*O*-β-D-glucopyranosyl-（2*R*，3*S*）-3-hydroxynodakenetin］[4]，3′-*O*- 甲基九里香醇（3′-*O*-methyl murraol）、相对 -（1′*S*，2′*S*）-1′-*O*- 甲基胀果芹素 * ［rel-（1′*S*，2′*S*）-1′-*O*-methylphlojodicarpin］、（1′*S*，2′*S*）-1′-*O*- 甲基鞘亮蛇床醇［（1′*S*，2′*S*）-1′-*O*-methylvaginol］、过氧九里香醇（peroxymurraol）、欧前胡素酚（osthenol）、过氧酸橙素烯醇（peroxyauraptenol）、去甲酸橙素烯醇（demethylauraptenol）[5]，花椒毒酚 -8-β- 葡萄糖苷（xanthotoxol-8-β-glucoside）、5- 甲氧基 - 花椒毒酚 -8-β- 葡萄糖苷（5-methoxy-xanthotoxol-8-β-glucoside）、8- 甲氧基 - 花椒毒酚 -5-β- 葡萄糖苷（8-methoxy-xanthotoxol-5-β-glucoside）、印度榅桲苷（marmesinin）[6]，（3′*R*）- 羟基印度榅桲素 -4′-*O*-β-D- 吡喃葡萄糖苷［（3′*R*）-hydroxymarmesin-4′-*O*-β-D-glucopyranoside］[7]，别异欧前胡素（alloisoimperatorin）[8]，台湾蛇床素 A（cniforin A）[9]，橙皮内酯（meranzin）、7- 羟基 -8- 甲氧基香豆素（7-hydroxy-8-methoxycoumarin）[10]，*E*- 九里香醇（*E*-murraol）、*Z*- 九里香醇（*Z*-murraol）、八朔柑橘酮（hassanon）、小芸木香豆素 F（micromarin F）、臭节草素 -3（albiflorin-3）、7-*O*- 甲基黄柏烯醇 B（7-*O*-methyl phellodenol B）、7- 甲氧基 -8-（3- 甲基 - 2，3- 环氧 -1- 氧代丁基）色烯 -2- 酮［7-methoxy-8-（3-methyl- 2，3-epoxy-1-oxobutyl）chromen-2-one］和 3′-*O*- 甲基鞘亮蛇床醇（3′-*O*-methylvaginol）[11]；色原酮类：噻木宁（karenin）[4]，蛇床酚 B（cnidimol B）[8]，蛇床酚 C、D（cnidimol C、D）[12]，蛇床酚苷 A（cnidimoside A）[3, 4, 12]，蛇床酚苷 B（cnidimoside B）[12]，羟基蛇床酚苷 A（hydroxycnidimoside A）[4, 12]，沙漠柚木苷 A（undulatoside A）、柴胡色酮苷 A（saikochromoside A）、噻木亭（umtatin）、2- 甲基 -5- 羟基 -6-（2- 丁烯基 -3- 羟甲基）-7-（β-D- 吡喃葡萄糖氧基）-4H-1- 苯并吡喃 -4- 酮［2-methyl-5-hydroxy-6-（2-butenyl-3-hydroxymethyl）-7-（β-D-glucopyranosyloxy）-4H-1-benzopyran-4-one］、6′- 羟基当归因（6′-hydroxylangelicain）和蛇床色酮苷 A、B、C、D、E、F、G（monnieriside A、B、C、D、E、F、G）[12]；苯丙素类：蛇床醇 b（cnidiol b）[13]，蛇床苷 A、B（cnidioside A、B）[6, 13]，苦树苷 A、B（picraquassioside A、B）和甲基苦树苷 A、B（methyl picraquassioside A、B）[6]；黄酮类：香叶木素（diosmetin）[3]，羟基滨蛇床苷 *A（hydroxycindimoside A）、滨蛇床苷 *A（cnidimoside A）、卡瑞宁（karenin）[4] 和 2- 甲基 -5，7- 二羟基色原酮 -7-*O*-β-D- 吡喃葡萄糖苷（2-methyl-5，7-dihydroxychromone-7-*O*-β-D-glucopyranoside）[7]；单萜类：蛇床醇 c（cnidiol c）、蛇床苷 C（cnidioside C）[13]，3，7- 二甲基辛烷 -1，2，6，7- 四醇（3，7-dimethyloctane-1，2，6，7-tetrol）、（6，7- 苏式）-3，7- 二甲基辛烷 -1，2，6，7- 四醇［（6，7-*threo*）-3，7-dimethyloctane-1，2，6，7-tetrol］、（6，7- 赤式）-3，7- 二甲基辛烷 -3（10）- 烯 -1，2，6，7，8- 五醇［（6，7-*erythro*）-3，7-dimethyloct-3（10）-en-1，2，6，7，8-pentol］、反式 - 对薄荷 -1β，2α，8，9- 四醇（*trans-p*-menthane-1β，2α，8，9-tetrol）[14]，3，7- 二甲基辛 -1- 烯 -3，6，7- 三醇 -3-*O*-β-D- 吡喃葡萄糖苷［3，7-dimethyloct-1-en-3，6，7-triol-3-*O*-β-D-glucopyranoside］、（2*S*，6ζ）-3，7- 二甲基辛 -3（10）- 烯 -1，2，6，7- 四醇 -2-*O*-β-D- 吡喃葡萄糖苷［（2*S*，6ζ）-3，7-dimethyloct-3（10）-en-1，2，6，7-tetrol-2-*O*-β-D-glucopyranoside］、（2*S*）-3，7- 二甲基辛 -3（10），6- 二烯 -1，2- 二醇 -2-*O*-β-D- 吡喃葡萄糖苷［（2*S*）-3，7-dimethyloct-3（10），6-dien-1，2-diol-2-*O*-β-D-glucopyranoside］和 4（*S*）- 对 - 薄荷 -1- 烯 -7，8- 二醇 -8-*O*-β-D- 吡喃葡萄糖苷［4（*S*）-*p*-menth-1-en-7，8-diol-8-*O*-β-D-glucopyranoside］[7]；倍半萜类：窃衣素（torilin）、窃衣醇酮（torilolone）和 1- 羟基窃衣素（1-hydroxytorilin）[15]；甾体类：β- 谷甾醇（β-sitosterol）[9]；挥发油类：α- 蒎烯（α-pinene）、柠檬烯（limonene）[9]，植醇（phytol）和二十九烷（nonacosane）[10]；脂肪酸类：棕榈酸（hexadecanoic acid）、9，12- 十八碳二烯酸（9，12-octadecadienoic acid）、9，12，15- 十八碳三烯酸（9，12，15-octadecatrienoic acid）和 9- 油酸（9-octadecenoic acid）[10]；醇苷类：甘油三醇 -2-*O*-α-L- 吡喃岩藻糖苷（glycerol-2-*O*-α-L-fucopyranoside）和 D- 奎诺韦托 -（6- 脱氧 -D- 葡萄糖醇）

［D-quinovitol-（6-deoxy-D-glucitol）］[16]。

种子含香豆素类：食用当归素（edultin）、3′- 异丁酰氧基 -*O*- 乙酰哥伦比亚苷元（3′-isobutyryloxy-*O*-acetyl columbianetin）[17]，欧前胡素（imperatorin）[17, 18]，蛇床子素（osthole）和花椒毒素（xanthotoxin）[18]。

地上部分含色原酮类：蛇床酚 A、B、C、D、E、F（cnidimol A、B、C、D、E、F）和噻木宁（karenin）[19]。

**【药理作用】**1. 止痒　成熟果实醇提取物及挥发油可显著提高磷酸组胺所致豚鼠的致痒阈，减少低分子右旋糖酐所致小鼠的瘙痒次数，缩短瘙痒时间[1]；成熟果实超临界萃取物可明显抑制 4- 氨基吡啶（4-AP）诱发的小鼠舔足反应[2]；成熟果实中提取的挥发油对组胺引起的离体回肠平滑肌收缩和腹腔肥大细胞（PMC）脱颗粒有明显的抑制作用[3]；成熟果实 70% 乙醇提取物可抑制小鼠瘙痒次数，其有效成分为异茴芹内酯（isopimpinellin）和蛇床子素（osthole）[4]；成熟果实甲醇提取物的氯仿可溶部分可显著抑制 SP 诱导的小鼠搔痒作用[5]。2. 抗过敏　干燥成熟果实超临界萃取物可抑制组胺释放[2]；成熟果实 70% 乙醇提取物可抑制小鼠由 2，4- 二硝基氟苯和 2，4，6- 三硝基氯化苯诱导的接触性皮炎[6]。3. 镇静催眠　果实醇提取物可减少小鼠睡前站立次数，延长小鼠睡眠时间，增加醒后活动次数[7]；果实醇提取物对蟾蜍离体坐骨神经有阻滞麻醉作用，对豚鼠有浸润麻醉作用，对家兔有椎管麻醉作用[8]。4. 抗骨质疏松　果实总香豆素能增加去卵巢诱导的骨质疏松症大鼠的子宫重量、血清雌二醇浓度，降低血清磷含量和碱性磷酸酶活性，增加血清骨钙素、降钙素浓度和股骨干骺端的骨密度[9]；果实中提取的总香豆素可抑制成骨细胞自发地或在脂多糖及细胞因子刺激下产生的一氧化氮、白细胞介素 -1 及白细胞介素 -6[10]；果实总香豆素对新生大鼠成骨细胞的增殖、碱性磷酸酶活性 、骨胶原合成均具有显著的促进作用[11]。5. 抗肿瘤　果实水提取液能明显抑制 S180 荷瘤小鼠肿瘤生长，降低血清唾液酸（SA）水平，延长荷瘤小鼠生存期[12]；干燥果实水提取液可降低 S180 荷瘤小鼠的平均瘤重，延长小鼠生存期[13]。6. 抗炎　果实提取物可抑制香烟烟雾凝结物（CSC）和脂多糖（LPS）诱导的肺炎小鼠炎症介质水平[14]。7. 抗心律失常　果实水提取物对氯仿诱发的小鼠室颤、氯化钙诱发的大鼠室颤及对乌头碱诱发的大鼠心律失常均有预防作用[15]。8. 抗菌　果实水提取液对金黄色葡萄球菌、耐药金黄色葡萄球菌、绿脓杆菌及变形菌的生长均有抑制作用[16]；果实总香豆素能明显减弱金黄色葡萄球菌残余菌株的致病力[17]。9. 补肾壮阳　果实中提取的总香豆素和化合物蛇床子素（osthole）可提高肾阳虚大鼠学习记忆成绩，提高下丘脑和血浆中精氨酸升压素（argipressin）的含量，降低生长抑素（somatostatin）的含量[18]。10. 延缓衰老　果实中提取的总香豆素和化合物蛇床子素可延长小鼠游泳时间和爬绳时间，降低由蛋黄乳液所致的胆固醇增高，明显提高环磷酰胺所致小鼠的巨噬细胞吞噬指数及脾脏、胸腺重量指数，增加去势大鼠贮精囊重量，调节超氧化物歧化酶及性激素水平[19]。11. 抗诱变　果实的水溶性提取物在沙门氏菌 / 哺乳动物微粒体系统的 Ames 试验、离体细胞的姐妹染色单体互换（SCE）、小鼠骨髓细胞染色体畸变（CA）及多染红细胞微核（MN） 等成组试验中显示有较强的诱变作用[20]。12. 止咳　果实总香豆素具有松弛由药物引起的支气管痉挛和直接扩张支气管的作用[21]。13. 杀精　果实中提取的总香豆素对人类精子的表面形态和超微结构均有明显的破坏和损伤作用[22]。

**【性味与归经】**辛、苦，温；有小毒。归肾经。

**【功能与主治】**温肾壮阳，燥湿，祛风，杀虫。用于阳痿，宫冷，寒湿带下，湿痹腰痛；外用于外阴湿疹，妇人阴痒，滴虫性阴道炎。

**【用法与用量】**煎服 3 ～ 9g；外用适量，多煎汤熏洗，或研末调敷。

**【药用标准】**药典 1963—2015、浙江炮规 2005、新疆药品 1980 二册、内蒙古蒙药 1986、香港药材四册和台湾 2013。

**【临床参考】**1. 霉菌性阴道炎：果实 20g，加苦参 20g，黄柏、地肤子各 15g，白鲜皮、苍术、黄连、蜀椒、茯苓、甘草各 10g，加水 2000ml 煎煮，加入 10g 明矾，待温度适宜后熏洗外阴 15 ～ 20min，温度降低后坐浴 15min，每天 2 次，联合外用硝酸咪康唑治疗，连续 2 周[1]。

2. 亚急性湿疹：蛇床苦参膏（果实，加丹皮、苦参、百部等制成）涂擦按摩患处，每天 2 次，2 周 1 疗程[2]。

3. 宫颈糜烂：果实，加苦参、枯矾、乳香、没药各等份，冰片 1/3 量，共研细末，纳于喷瓶中，于月经干净 2 ～ 3 天后阴道给药，隔日 1 次，10 次 1 疗程[3]。

4. 小儿黄水疮：果实 15g，加苦参、黄柏、苍术各 10g，紫草 8g、甘草 6g，水煎服；另加雄黄 3g，水煎外洗[4]。

5. 小儿手癣：果实 30g，加苦参、生百部各 30g，黄柏、青黛、紫草、滑石各 15g，轻粉、雄黄各 6g，水煎，泡洗患处，一日多次[4]。

**【附注】**蛇床子始载于《神农本草经》，列为上品。《本草图经》云："三月生苗，高三二尺，叶青碎，作丛，似蒿枝，每枝上有花头百余，结同一窠，似马芹类。四五月开白花，又似散水。子黄褐色，如黍米，至轻虚，五月采实，阴干。"《本草纲目》载："其花如碎米攒簇，其子两片合成，似莳萝子而细，亦有细棱。"据以上描述并参考《本草图经》附"南京蛇床子"图，可以认定，即为本种。

药材蛇床子下焦湿热或相火易动、精关不固者禁服。鲜茎叶煎水外洗可导致重度光感性皮炎[1]。

**【化学参考文献】**

[1] Chiou W F，Huang Y L，Chen C F，et al. Vasorelaxing effect of coumarins from *Cnidium monnieri* on rabbit corpus cavernosum [J]. Planta Med，2001，67（3）：282-284.

[2] 蔡金娜，王峥涛，徐国钧，等. 蛇床子中一新的角型呋喃香豆素 [J]. 中国药科大学学报，1996，31（4）：267-270.

[3] Cai J N，Purusotam Basnet，Wang Z T，et al. Coumarins from the fruits of *Cnidium monnieri* [J]. J Nat Prod，2000，63（4）：485-488.

[4] Zhao J，Zhou M，Liu Y，et al. Chromones and coumarins from the dried fructus of *Cnidium monnieri* [J]. Fitoterapia，2011，82（5）：767-771.

[5] Lee T H，Chen Y C，Hwang T L，et al. New coumarins and anti-inflammatory constituents from the fruits of *Cnidium monnieri* [J]. Int J Mol Sci，2014，15（6）：9566-9578.

[6] Kim S B，Chang B Y，Han S B，et al. A new phenolic glycoside from *Cnidium monnieri* fruits [J]. Nat Prod Res，2013，27（21）：1945-1948.

[7] Kitajima J，Aoki Y，Ishikawa T，et al. Monoterpenoid glucosides of *Cnidium monnieri* fruit [J]. Chem Pharm Bull，1999，47（5）：639-642.

[8] 张新勇，向仁德. 蛇床子化学成分的研究 [J]. 中草药，1997，28（10）：588-590.

[9] 蔡金娜，王峥涛，徐国钧，等. 蛇床子中一新的角型呋喃香豆素 [J]. 药学学报，1996，31（4）：267-270.

[10] Shin E，Lee C，Sung S H，et al. Antifibrotic activity of coumarins from *Cnidium monnieri* fruits in HSC-T6 hepatic stellate cells [J]. J Nat Med，2011，65（2）：370-374.

[11] Chang C I，Hu W C，Shen C P，et al. 8-Alkylcoumarins from the fruits of *Cnidium monnieri* protect against hydrogen peroxide induced oxidative stress damage [J]. Int J Mol Sci，2014，15（3）：4608-4618.

[12] Kim S B，Ahn J H，Han S B，et al. Anti-adipogenic chromone glycosides from *Cnidium monnieri* fruits in 3T3-L1 cells [J]. Bioorg Med Chem Lett，2012，22（19）：6267-6271.

[13] Yahara S，Sugimura C，Nohara T，et al. Studies on the constituents of *Cnidii monnieri* Fructus [J]. Shoyakugaku Zasshi，1993，47（1）：74-78.

[14] Kitajima J，Aoki Y，Ishikawa T，et al. Monoterpenoid polyols in fruit of *Cnidium monnieri* [J]. Chem Pharm Bull，1998，46（10）：1580-1582.

[15] Oh H，Kim J S，Song E K，et al. Sesquiterpenes with hepatoprotective activity from *Cnidium monnieri* on tacrine-induced [J]. Planta Med，2002，68（8）：748-749.

[16] Kitajima J，Ishikawa T，Aoki Y. Glucides of *Cnidium monnieri* fruit [J]. Phytochemistry，2001，58（4）：641-644.

[17] 张庆林，赵精华，毕建进. 蛇床子中 3 种逆转肿瘤细胞多药耐药活性香豆素 [J]. 中草药，2003，34（2）：104-106.

[18] Dien P H，Nhan N T，Le T H，et al. Main constituents from the seeds of Vietnamese *Cnidium monnieri* and cytotoxic activity [J].

Nat Prod Res，2012，26（22）：2107-2111.
［19］Baba K，Kawanishi H，Taniguchi M，et al. Chromones from *Cnidium monnieri*［J］. Phytochemistry，1992，31（4）：1367-1370.

【药理参考文献】

［1］刘明平，吴依娜，韦品清，等 . 蛇床子止痒有效组分筛选及作用机制研究［J］. 中医药导报，2009，15（7）：66-67.
［2］李艳彦，周然，冯玛莉，等 . 蛇床子超临界萃取物的止痒作用及拮抗组胺释放作用的实验研究［J］. 中国药物与临床，2003，3（4）：316-318.
［3］周然，彭涛，冯玛莉，等 . 蛇床子挥发油止痒作用相关机制研究［J］. 中国药物与临床，2003，3（1）：9-11.
［4］Matsuda H，Ido Y，Hirata A，et al. Antipruritic effect of *Cnidii monnieri fructus*（fruits of *Cnidium monnieri* Cusson）［J］. Biological & Pharmaceutical Bulletin，2002，25（2）：260-263.
［5］Basnet P，Yasuda I，Kumagai N，et al. Inhibition of itch-scratch response by fruits of *Cnidium monnieri* in mice［J］. Biological & Pharmaceutical Bulletin，2001，24（9）：1012-1015.
［6］Matsuda H，Tomohiro N，Ido Y，et al. Anti-allergic effects of *Cnidii monnieri* fructus（dried fruits of *Cnidium monnieri*）and its major component，osthol［J］. Biological & Pharmaceutical Bulletin，2002，25（6）：809-812.
［7］宋美卿，冯玛莉，贾力莉，等 . 蛇床子的镇静催眠作用、宿醉反应和耐受性［J］. 现代药物与临床，2010，25（1）：41-44.
［8］连其深，上官珠，张志祖，等 . 蛇床子提取液的局部麻醉作用［J］. 中国中药杂志，1988，13（9）：40-42，64.
［9］张巧艳，秦路平，黄宝康，等 . 蛇床子总香豆素对去卵巢大鼠骨质疏松症的作用［J］. 中国药学杂志，2003，38（2）：101-103.
［10］张巧艳，秦路平，田野苹，等 . 蛇床子总香豆素对成骨细胞产生 NO，IL-1 及 IL-6 的影响［J］. 中国药学杂志，2003，38（5）：345-348.
［11］张巧艳，秦路平，郑汉臣，等 . 蛇床子总香豆素对新生大鼠成骨细胞的作用［J］. 中成药，2001，23（2）：111-113.
［12］周俊，程维兴 . 蛇床子水提取液抑瘤作用的实验研究［J］. 浙江中西医结合杂志，2002，12（2）：76-78.
［13］周俊，殷学军，王瑞，等 . 蛇床子水提取液对小鼠 S180 肉瘤的抑制作用［J］. 癌变 • 畸变 • 突变，2001，13（3）：160-163.
［14］Kwak H G，Lim H B. Inhibitory effects of *Cnidium monnieri* fruit extract on pulmonary inflammation in mice induced by cigarette smoke condensate and lipopolysaccharide［J］. Chinese Journal of Natural Medicines，2014，12（9）：641-647.
［15］连其深，张志祖，曾靖，等 . 蛇床子水提取物的抗心律失常作用［J］. 中国中药杂志，1992，17（5）：306-307.
［16］余伯阳，蔡金娜 . 蛇床子质量的研究—抗菌作用的比较［J］. 中国药科大学学报，1991，16（8）：451-453.
［17］李宁，杨小红 . 蛇床子有效成分对金黄色葡萄球菌凝固酶活性的影响［J］. 广东医学，2007，28（6）：876-877.
［18］秦路平，石汉平 . 蛇床子香豆素对肾阳虚模型大鼠学习记忆和神经肽的影响［J］. 第二军医大学学报，1997，18（2）：147-149.
［19］王彬，王宏琨，寥晖 . 蛇床子延缓衰老的药理学研究［J］. 中药药理与临床，1994，10（1）：8-12.
［20］刘德祥，殷学军，王河川，等 . 蛇床子水溶性提取物抗诱变性的试验研究［J］. 中国中药杂志，1988，13（11）：40-42，63.
［21］陈志春，段晓波 . 蛇床子总香豆素止喘作用机理探讨［J］. 中国中药杂志，1990，15（5）：48-50.
［22］张英姿，韩向阳，朱淑英，等 . 中药蛇床子对人类精子超微结构影响的研究［J］. 哈尔滨医科大学学报，1995，（1）：22-24.

【临床参考文献】

［1］崔淑娟 . 苦参蛇床汤联合外用硝酸咪康唑治疗霉菌性阴道炎疗效观察［J］. 四川中医，2016，34（10）：161-163.
［2］肖宏志 . 蛇床苦参膏治疗亚急性湿疹 50 例疗效观察［J］. 内蒙古中医药，2014，33（6）：39.
［3］瓮潇艳 . 蛇床苦参散治疗宫颈糜烂 60 例［J］. 陕西中医，2006，27（10）：1265-1266.
［4］肖国兴 . 蛇床苦参汤治疗小儿皮肤病［J］. 四川中医，1990，（11）：41.

【附注参考文献】

［1］李思明，李永辉 . 蛇床新鲜茎叶致重度光感性皮炎 1 例［J］. 临床皮肤科志，2008，37（4）：236.

## 18. 珊瑚菜属 *Glehnia* Fr.Schmidt ex Miq.

多年生草本，全株被柔毛。根粗壮纺锤形，深入沙土中。茎短或近于无茎，通常分枝。叶有柄，柄基部有鞘；叶片革质，二至三回三出式羽状分裂，裂片小，长圆状倒卵形，边缘有骨质状锯齿或浅裂。复伞形花序顶生，紧密；总苞片少数或无；小总苞片多数，披针形；伞辐少数至多数，开展；花白色或紫色；萼齿细小，卵状披针形，薄膜质；花瓣倒卵状披针形，先端有内折的小舌片，花柱基扁圆锥形，花柱短，直立。双悬果椭圆形至圆球形，背部略扁平，有柔毛或光滑，果棱有木栓翅，近相等或侧棱较背棱和中棱为宽，每棱槽内有油管 1 ～ 3 条，合生面油管 2 ～ 6 条。

2 种，多分布于亚洲东部及北美洲太平洋沿岸。中国 1 种，分布于辽宁、河北、山东、江苏、浙江、福建、台湾、广东等地，法定药用植物 1 种。华东地区法定药用植物 1 种。

### 682. 珊瑚菜（图 682） • *Glehnia littoralis* Fr.Schmidt ex Miq.

**图 682 珊瑚菜** 摄影 陈征海等

【别名】北沙参（浙江），海沙参（江苏），银条参、莱阳参（江苏徐州）。

【形态】多年生草本，被灰褐色柔毛。根细长圆柱形，长 20 ～ 70cm。茎露于地面部分较短，分枝，地下部分伸长。叶多数基生，厚质，有长柄，叶柄长 5 ～ 15cm；叶片轮廓呈圆卵形至长圆状卵形，三出式分裂至三出式二回羽状分裂，末回裂片倒卵形至卵圆形，长 1 ～ 6cm，宽 0.8 ～ 3.5cm，先端钝圆，基部楔形至截形，边缘有缺刻状锯齿，白色软骨质；叶柄和叶脉上有细微硬毛；茎生叶与基生叶相似，叶柄基部逐渐膨大成鞘状，有时茎生叶退化成鞘状。复伞形花序顶生，花序梗密生长柔毛；伞辐 8 ～ 16 个，密被白色柔毛；总苞片无；小总苞片 9 ～ 13 枚，条状披针形，边缘及背部密被柔毛；小伞形花序有花 15 ～ 20 朵；萼齿 5 枚，卵状披针形，被柔毛；花瓣白色或带堇色，倒卵形；花柱基短圆锥形。双悬果倒卵形，密被长柔毛及绒毛，果棱有木栓质翅；分生果的横剖面半圆形。花期 5 ～ 7 月，果期 6 ～ 8 月。

**【生境与分布】**生于海边沙滩或栽培于肥沃的疏松沙质土壤中。分布于山东、江苏、浙江、福建，另辽宁、广东、河北均有分布；朝鲜、日本、俄罗斯也有分布。

**【药名与部位】**北沙参，根。

**【采集加工】**夏、秋二季采挖，除去须根，洗净，干燥；或稍晾，置沸水中烫后，除去外皮，干燥。

**【药材性状】**呈细长圆柱形，偶有分枝，长 15 ～ 45cm，直径 0.4 ～ 1.2cm。表面淡黄白色，略粗糙，偶有残存外皮，不去外皮的表面黄棕色。全体有细纵皱纹和纵沟，并有棕黄色点状细根痕；顶端常留有黄棕色根茎残基；上端稍细，中部略粗，下部渐细，质脆，易折断，断面皮部浅黄白色，木质部黄色。气特异，味微甘。

**【药材炮制】**北沙参：除去残茎等杂质，抢水洗净，润软，切短段或厚片，干燥。炒北沙参：取北沙参饮片，炒至表面黄色，微具焦斑时，取出，摊凉。

**【化学成分】**全草含香豆素类：（+）- 顺式 -（3′*S*, 4′*S*）- 二异丁酰基凯林内酯［（+）-*cis*-（3′*S*, 4′*S*）-diisobutyryl khellactone］、沙米丁（samidin）、二羟基沙米丁（dihydrosamidin）、3′, 4′- 二异戊烯酰基凯林内酯（3′, 4′-disenecioyl khellactone）、3′- 异戊酰基 -4′- 异戊酰基凯林内酯（3′-isovaleryl-4′-senecioyl khellactone）和 3′, 4′- 二异戊酰基凯林内酯（3′, 4′-diisovaleryl khellactone）[1]。

地上部分含挥发油及脂肪酸类：β- 水芹烯（β-phellandrene）、辛酸丙酯（propyloctanoate）、棕榈酸（hexadecanoic acid）、亚油酸（linoleic acid）和亚麻酸甲酯（methyl linolenate）等[2]；香豆素类：香柠檬烯（bergapten）、异欧前胡素（isopimpinellin）、花椒毒素（xanthotoxin）和欧前胡素（imperatorin）[3]；聚乙炔类：镰叶芹二醇（falcaindiol）和镰叶芹醇（falcarinol）[3]；糖类：*O*-β-D- 呋喃芹糖基 -（1″→6′）-β-D- 吡喃葡萄糖苷［*O*-β-D-apiofuranosyl-（1″→6′）-β-D-glucopyranoside］[3]；芳烃苷类：苄基 -β-D- 吡喃葡萄糖苷（benzyl-β-D-glucopyranoside）和 1-β-D- 吡喃葡萄糖氧基 -2-（3- 甲氧基 -4- 羟基苯基）- 丙烷 -1, 3- 二醇［1-β-D-glucopyranosyloxy-2-（3-methoxy-4-hydroxyphenyl）-propane-1, 3-diol］[3]。

根及根茎含木脂素类：可来灵素 A、B、C（glehlinoside A、B、C）、（-）- 开环异落叶松脂素 -4-*O*-β-D- 吡喃葡萄糖苷［（-）-secoisolariciresinol-4-*O*-β-D-glucopyranoside］、柑属苷 A（citrusin A）和（-）- 开环异落叶松脂素［（-）-secoisolariciresinol］[4]；苯丙酮类：4-［β-D- 呋喃芹糖基 -（1→6）-β-D- 吡喃葡萄糖氧基］-3- 甲氧基苯丙酮 {4-［β-D-apiofuranosyl-(1→6)-β-D-glucopyranosyloxy］-3-methoxypropiophenone} 和 3- 甲氧基 -4-β-D- 吡喃葡萄糖氧基 - 苯丙酮（3-methoxy-4-β-D-glucopyranosyloxy-propiophenone）[4]；黄酮类：槲皮素（quercetin）、异槲皮素（isoquercetin）和芦丁（rutin）[4]；酚苷类：2- 甲氧基 -4-（1- 丙酰基）苯基 -β-D- 吡喃葡萄糖苷［2-methoxy-4-（1-propionyl）phenyl-β-D-glucopyranoside］[5]；香豆素类：4″- 羟基欧前胡素 -4″-*O*-β-D- 吡喃葡萄糖苷（4″-hydroxyimperatorin-4″-*O*-β-D-glucopyranoside）、佛手酚 -*O*-β-D- 吡喃葡萄糖苷（bergaptol-*O*-β-D-glucopyranoside）、印度榅桲苷（marmesinin）、（3′*R*）- 羟基异紫花前胡内酯 -4′-*O*-β-D- 吡喃葡萄糖苷［（3′*R*）-hydroxymarmesin-4′-*O*-β-D-glucopyranoside］、蛇床子素 -7-*O*-β-D- 龙胆二糖苷（osthenol-7-*O*-β-D-gentiobioside）、异欧前胡素（isoimperatorin）、补骨脂素（psoralen）、东莨菪内酯（scopoletin）、花椒毒酚（xanthotoxol）[4]，（*R*）- 白花前胡醇 -3′-*O*-β-D- 吡喃葡萄糖苷［（*R*）-peucedanol-3′-*O*-β-D-glucopyranoside］、（*S*）- 白花前胡醇 -3′-*O*-β-D- 吡喃葡萄糖苷［（*S*）-peucedanol-3′-*O*-β-D-glucopyranoside］、（*S*）- 白花前胡醇 -3′-*O*-β-D- 呋喃芹糖基 -（1→6）-β-D- 吡喃葡萄糖苷［（*S*）-peucedanol-3′-*O*-β-D-apiofuranosyl-（1→6）-β-D-glucopyranoside］、（*S*）-7-*O*- 甲基白花前胡醇 -3′-*O*-β-D- 吡喃葡萄糖苷［（*S*）-7-*O*-methyl peucedanol-3′-*O*-β-D-glucopyranoside］、（*S*）-7-*O*- 甲基白花前胡醇 -3′-*O*-β-D- 呋喃芹糖基 -（1→6）-β-D- 吡喃葡萄糖苷［（*S*）-7-*O*-methylpeucedanol-3′-*O*-

β-D-apiofuranosyl-（1→6）-β-D-glucopyranoside］、（*S*）- 白花前胡醇 -7-*O*-β-D- 吡喃葡萄糖苷［（*S*）-peucedanol-7-*O*-β-D-glucopyranoside］、印度榅桲苷（marmesinin）、异紫花前胡内酯 -4′-*O*-β-D- 呋喃芹糖基 -（1→6）-β-D- 吡喃葡萄糖苷［marmesin-4′-*O*-β-D-apiofuranosyl-（1→6）-β-D-glucopyranoside］、（3′*R*）-羟基异紫花前胡内酯 -4′-*O*-β-D- 吡喃葡萄糖苷［（3′*R*）-hydroxymarmesin-4′-*O*-β-D-glucopyranoside］、氧化异紫花前胡内酯 -5′-*O*-β-D- 吡喃葡萄糖苷（oxymarmesin-5′-*O*-β-D-glucopyranoside）、4″- 羟基异紫花前胡内酯 -4″-*O*-β-D- 吡喃葡萄糖苷（4″-hydroxymarmesin-4″-*O*-β-D-glucopyranoside）、5″- 羟基异紫花前胡内酯 -5″-*O*-β-D- 吡喃葡萄糖苷（5″-hydroxymarmesin-5″-*O*-β-D-glucopyranoside）[6]，蛇床子素 -7-*O*-β- 龙胆二糖苷（osthenol-7-*O*-β-gentiobioside）、补骨脂素（psoralen）、佛手柑内酯（bergapten）、花椒毒素（xanthotoxin）、异欧前胡素（isoimperatorin）、欧前胡素（imperatorin）、佛手素（bergaptin）、8- 香叶基氧化补骨脂素（8-geranyloxypsoralen）、异珊瑚菜素（cnidilin）、花椒毒酚（xanthotoxol）、别异欧前胡素（alloisoimperatorin）、8-（1, 1- 二甲基烯丙基）-5- 羟基补骨脂素［8-（1, 1-dimethyl allyl）-5-hydroxypsoralen］、异紫花前胡内酯（marmesin）、东莨菪内酯（scopoletin）、7-*O*-（3, 3-二甲基烯丙基）- 东莨菪内酯［7-*O*-（3, 3-dimethyl allyl）-scopoletin］[7]，8-［（2*E*）-6- 氧化 -3, 7-二甲基 -2- 辛烯氧基］补骨脂素 {8-［（2*E*）-6-oxo-3, 7-dimethyl oct-2-enyloxy］psoralen}、8- 香叶氧基补骨脂素（8-geranyloxypsoralen）、8-［（2*E*, 5*E*）-7- 羟基 -3, 7- 二甲基 -2, 5- 辛二烯氧基］补骨脂素 {8-［（2*E*, 5*E*）-7-hydroxy-3, 7-dimethyloct-2, 5-dienyloxy］psoralen}[8]，（3′*R*）- 羟基木橘苷 -4′-*O*-β-D- 吡喃葡萄糖苷［（3′*R*）-hydroxymarmesinin-4′-*O*-β-D-glucopyranoside］和 5″- 羟基欧前胡素 -5″-*O*-β-D- 吡喃葡萄糖苷［5″-hydroxyimperatorin-5″-*O*-β-D-glucopyranoside］[9]；核苷类：尿苷（uridine）和腺苷（adenosine）[4]；苯苷类：2- 甲基 -4-（1- 丙酰基）苯基 -β-D- 吡喃葡萄糖苷［2-methyl-4-（1-propionyl）phenyl-β-D-glucopyranoside］[8] 和蛇床子苷 A（cnidioside A）[5, 8]；醇苷类：苄基 -β-D-呋喃芹糖基 -（1→6）-β-D- 吡喃葡萄糖苷［benzyl-β-D-apiofuranosyl-（1→6）-β-D-glucopyranoside］、正丁基 -α-D- 呋喃果糖苷（*n*-butyl-α-D-fructofuranoside）[10]；黄酮类：淫羊藿次苷 D（icariside D）[10]；苯丙素类：紫丁香苷（syringin）[10]，阿魏酸（ferulic acid）[11] 和珊瑚菜酯 *（glehnilate）[12]；酚酸及其苷类：绿原酸（chlorogenic acid）、阿魏酸（ferulic acid）、咖啡酸（caffeic acid）、香草酸（vanillic acid）[4]，香草酸 -4-*O*-β-D- 吡喃葡萄糖苷（vanillic acid 4-*O*-β-D-glucopyranoside）[10]，水杨酸（salicylic acid）和香草酸（vanillic acid）[12]；聚炔类：镰叶芹二醇（falcarindiol）和（8*E*）- 十七碳 -1, 8- 二烯 -4, 6-二炔 -3, 10- 二醇［（8*E*）-1, 8-heptadecadiene-4, 6-diyne-3, 10-diol］[11]；单萜苷类：（+）- 当归棱子芹醇 -2-*O*-β-D- 吡喃葡萄糖苷［（+）-angelicoidenol-2-*O*-β-D-glucopyranoside］、（–）- 当归棱子芹醇 -2-*O*-β-D-吡喃葡萄糖苷［（–）-angelicoidenol-2-*O*-β-D-glucopyranoside］、（–）- 当归棱子芹醇 -2- *O*-β-D- 呋喃芹糖基 -（1→6）-β-D- 吡喃葡萄糖苷［（–）-angelicoidenol-2-*O*-β-D-apiofuranosyl-（1→6）-β-D-glucopyranoside］、（2*R*, 6*S*）- 樟烷 -2, 6- 二醇 -2-*O*-β-D- 呋喃芹糖基 -（1→6）-β-D- 吡喃葡萄糖苷［（2*R*, 6*S*）-bornane-2, 6-diol-2-*O*-β-D-apiofuranosyl-（1→6）-β-D-glucopyranoside］、（2*R*）- 樟烷 -2, 9- 二醇 -2-*O*-β-D- 呋喃芹糖基 -（1→6）-β-D- 吡喃葡萄糖苷［（2*R*）-bornane-2, 9-diol-2-*O*-β-D-apiofuranosyl-（1→6）-β-D-glucopyranoside］、（4*R*）- 对薄荷 -1- 烯 -7, 8- 二醇 -8-*O*-β-D- 呋喃芹糖基 -（1→6）-β-D- 吡喃葡萄糖苷［（4*R*）-*p*-menth-1-en-7, 8-diol-8-*O*-β-D-apiofuranosyl-（1→6）-β-D-glucopyranoside］和（4*S*）- 对薄荷 -1- 烯 -7, 8-二醇 -8-*O*-β-D- 呋喃芹糖基 -（1→6）-β-D- 吡喃葡萄糖苷［（4*S*）-*p*-menth-1-en-7, 8-diol-8-*O*-β-D-apiofuranosyl-（1→6）-β-D-glucopyranoside］[13]；其他尚含：2- 甲基 -3- 丁烯 -2- 醇 -β-D- 呋喃芹糖基 -（1→6）-β-D-吡喃葡萄糖苷［2-methyl-3-buten-2-ol-β-D-apiofuranosyl-（1→6）-β-D-glucopyranoside］[8]。

根含挥发油类：α- 蒎烯（α-pinene）、β- 水芹烯（β-phellandrene）和吉玛烯 B（germacrene B）等[2]；异噁唑类：萘并异噁唑 A*（naphthisoxazol A）[14]；聚乙炔类：镰叶芹二醇（falcarindiol）、人参炔醇（panaxynol）、（8*E*）- 十七碳 -1, 8- 二烯 -4, 6- 二炔 -3, 10- 二醇［（8*E*）-1, 8-heptadecadiene-4, 6-diyne-3, 10-diol］和人参炔 K（ginsenoyne K）[15]；糖类：蔗糖（sucrose）[15]；三萜类：羽扇豆醇（lupine）

和桦木醇（betulin）[16]；香豆素类：花椒毒素（xanthotoxin）、欧前胡素（imperatorin）、异欧前胡素（isoimperatorin）[15]，伞形花内酯（umbelliferone）、东莨菪内酯（scopoletin）[17]，七叶内酯（esculetin）、东莨菪苷（scopolin）[18]，佛手酚-5-*O*-β-D-龙胆二糖苷（bergaptol-5-*O*-β-D-gentiobioside）、白花前胡苷（baihuaqianhuside）、花椒毒酚-8-*O*-β-D-吡喃葡萄糖苷（xanthotoxol-8-*O*-β-D-glucopyranoside）[19]，佛手苷内酯（bergapten）[20]，补骨脂素（psoralen）[21]和蛇床克尼狄林（cnidilin）[22]；核苷类：5′-甲硫腺苷（5′-methylthioadenosine）和腺苷（adenosine）[4]；甾体类：β-谷甾醇（β-sitosterol）[15]，胡萝卜苷（daucosterol）[16]，豆甾醇（stigmasterol）和塞勒维甾醇（cerevisterol）[20]；木脂素类：（−）-开环异落叶松脂素-4-*O*-β-D-吡喃葡萄糖苷[（−）-secoisolariciresinol-4-*O*-β-D-glucopyranoside]、3-羟基-1-（4-羟基-3-甲氧基苯基）-2-［4-（3-羟基-1-（*E*）-丙烯基）-2-甲氧基苯氧基］-丙基-β-D-吡喃葡萄糖苷{3-hydroxy-1-（4-hydroxy-3-methoxyphenyl）-2-［4-（3-hydroxy-1-（*E*）-propenyl）-2-methoxyphenoxy］-propyl-β-D-glucopyranoside}、2, 3-*E*-2, 3-二氢-2-（3′-甲氧基-4′-羟基苯基）-3-羟甲基-5-（3″-羟基丙烯基）-7-*O*-β-D-吡喃葡萄糖基-1-苯骈［b］呋喃{2, 3-*E*-2, 3-dihydro-2-（3′-methoxy-4′-hydroxyphenyl）-3-hydroxymethyl-5-（3″-hydroxypropeyl）-7-*O*-β-D-glucopyranosyl-1-benzo［b］furan}[18]，（7*R*, 8*S*）-去氢二松柏醇-4, 9-二-*O*-β-D-葡萄糖苷[（7*R*, 8*S*）-dehydrodiconiferyl alcohol-4, 9-di-*O*-β-D-glucoside][19]，（−）-裂环异落叶松脂素［（−）-secoisolariciresinol］[23]，橙皮素A（citrusin A）[24]和珊瑚菜苷A、B、C、D、E、F、G、H、I、J（glehlinoside A、B、C、D、E、F、G、H、I、J）[24]；色原酮类：亥茅酚苷（*sec-O*-glucosyl hamaudol）[18]；氨基酸类：L-色氨酸（L-tryptophan）[19]；酚酸及苷类：1-*O*-香草酰-β-D-葡萄糖苷（1-*O*-vanilloyl-β-D-glucose）、4-*O*-β-D-吡喃葡萄糖基香草酸（4-*O*-β-D-glucopyranosyl vanillic acid）、香草酸-1-*O*-［β-D-呋喃芹糖基-（1→6）-β-D-吡喃葡萄糖苷］酯{vanillic acid-1-*O*-［β-D-apiofuranosyl-（1→6）-β-D-glucopyranoside］ ester}、4-［β-D-呋喃芹糖基-（1→6）-β-D-氧化吡喃葡萄糖基］-3-甲氧基苯丙酮{4-［β-D-apiofuranosyl-（1→6）-β-D-glucopyranosyloxy］-3-methoxypropiophenone}、香荚兰酸-1-*O*-［β-D-呋喃芹糖基-（1→6）-β-D-吡喃葡萄糖苷］酯{vanillic acid-1-*O*-［β-D-apiofuranosyl-（1→6）-β-D-glucopyranoside］ester}[15]，原儿茶酸甲酯（methyl protocatechuate）[18]，水杨酸（salicylic acid）[22]，香草酸（vanillic acid）[23]，1, 6-二-*O*-香草酰基-β-D-吡喃葡萄糖苷（1, 6-di-*O*-vanilloyl-β-D-glucopyranoside）和1, 2-二-*O*-香草酰基-β-D-吡喃葡萄糖苷（1, 2-di-*O*-vanilloyl-β-D-glucopyranoside）[25]；苯丙素类：阿魏酸（ferulic acid）、咖啡酸（caffeic acid）、丁香苷（syringin）[23]，珊瑚菜酯*（glehnilate）和2-（4′-羟基苯基）-乙二醇反式阿魏酸单酯［2-（4′-hydroxyphenol）-glycol-*trans*-mono ferulate］[26]；黄酮类：淫羊藿次苷$F_2$（icariside $F_2$）[15]；醇苷类：3-羟基-1-（4-羟基-3-甲氧基苯基）-2-［4-（3-羟基-1-（*E*）-丙烯基）-2-甲氧基苯氧基］-丙基-β-D-吡喃葡萄糖苷{3-hydroxy-1-（4-hydroxy-3-methoxyphenyl）-2-［4-（3-hydroxy-1-（*E*）-propenyl）-2-methoxyphenoxy］-propyl-β-D-glucopyranoside}和2, 3-*E*-2, 3-二氢-2-（3′-甲氧基-4′-羟基苯基）-3-羟甲基-5-（3″-羟基丙烯基）-7-*O*-β-D-吡喃葡萄糖基-1-苯骈［b］呋喃{2, 3-*E*-2, 3-dihydro-2-（3′-methoxy-4′-hydroxyphenyl）-3-hydroxymethyl-5-（3″-hydroxypropeyl）-7-*O*-β-D-glucopyranosyl-1-benzo［b］furan}[20]；核苷类：腺苷（adenosine）[15]；脂肪酸及酯类：1-亚油酸-3-棕榈酸甘油酯（1-linoloyl-3-palmitoyl glycerol）[17]，正十九烷酸（*n*-nonadecanoic acid）和正二十四烷酸（*n*-tetrahedric acid）[20]；苯乙酮类：白花前胡苷（baihuaqianhuoside）[19]；挥发油：α-蒎烯（α-pinene）、β-水芹烯（β-phellandrene）和大根老鹳草烯B（germacrene B）等[2]；多元醇类：（3*R*）-2-羟甲基丁烷-1, 2, 3, 4-四醇［（3*R*）-2-hydroxymethyl butane-1, 2, 3, 4-tetrol］[15]；其他尚含：2-甲基-3-丁烯-2-醇-β-D-呋喃芹糖基-（1→6）-β-D-吡喃葡萄糖苷［2-methyl-3-buten-2-ol-β-D-apiofuranosyl-（1→6）-β-D-glucopyranoside］[19]和5-甲氧基糠醛（5-methoxyfurfural）[20]。

根茎含香豆素类：补骨脂素（psoralen）、花椒毒素（xanthotoxin）、香柠檬烯（bergapten）、欧前胡素（imperatorin）、异欧前胡素（isoimperatorin）、8-香叶氧基补骨脂素（8-geranyloxypsoralen）、

香柠檬素（bergamottin）和珊瑚菜素（phellopterin）[27]；聚炔类：镰叶芹二醇（falcarindiol）和人参炔醇（panaxynol）[27]。

果实含单萜类：3, 7- 二甲基辛烷 -3（10）- 烯 -1, 2, 6, 7- 四醇［3, 7-dimethyloct-3（10）-en-1, 2, 6, 7-tetrol］、（2*S*, 6*ζ*）-3, 7- 二甲基辛烷 -3（10）- 烯 -1, 2, 6, 7- 四醇 -1-*O*-β-D- 吡喃葡萄糖苷［（2*S*, 6*ζ*）-3, 7-dimethyloct-3（10）-en-1, 2, 6, 7-tetrol-1-*O*-β-D-glucopyranoside］、对 - 薄荷 -2- 烯 -1, 7, 8- 三醇（*p*-menth-2-en-1, 7, 8-triol）、反式 - 对 - 薄荷 -2- 烯 -1, 7, 8- 三醇（*trans*-*p*-menth-2-en-1, 7, 8-triol）、顺式 - 对 - 薄荷 -2- 烯 -1, 7, 8- 三醇（*cis*-*p*-menth-2-en-1, 7, 8-triol）、反式 - 对 - 薄荷烷 -1α, 2β, 8- 三醇（*trans*-*p*-menthane-1α, 2β, 8-triol）和（4*R*）- 对 - 薄荷 -1- 烯 -7, 8- 二醇 -8-*O*-β-D- 吡喃葡萄糖苷［（4R）-*p*-menth-1-en-7, 8-diol-8-*O*-β-D-glucopyranoside］[28]；倍半萜类：紫堇苷 A（corchoionoside A）[28]；苯并呋喃类：6- 羧乙基 -7- 甲氧基 -5- 羟基苯并呋喃 -5-*O*-β-D- 吡喃葡萄糖苷（6-carboxyethyl-7-methoxy-5-hydroxybenzofuran-5-*O*-β-D-glucopyranoside）[28]；香豆素类：印度榅桲苷（marmesinin）、伞形花内酯 -7-*O*-β-D- 吡喃葡萄糖苷（umbelliferone-7-*O*-β-D-glucopyranoside）、蛇床子素 -7-*O*-β- 龙胆苦苷（osthenol-7-*O*-β-gentibioside）、（3′*R*）- 羟基印度榅桲苷 -4′-*O*-β-D- 吡喃葡萄糖苷［（3′*R*）-hydroxymarmesinin-4′-*O*-β-D-glucopyranoside］、氧化印度榅桲苷 -5′-*O*-β-D- 吡喃葡萄糖苷（oxymarmesinin-5′-*O*-β-D-glucopyranoside）、花椒毒酚 -8-*O*-β-D- 吡喃葡萄糖苷（xanthotoxol-8-*O*-β-D-glucopyranoside）[28]，欧前胡素（imperatorin）、珊瑚菜素（phellopterin）、花椒毒素（xanthotoxin）、香柠檬烯（bergapten）、异欧前胡素（isoimperatorin）和 8- 香叶氧基补骨脂素（8-geranyloxypsoralen）[29]；烷烃及醇苷类：苄基 -β-D- 吡喃葡萄糖苷（benzyl-β-D-glucopyranoside）[15]，乙基 -β-D- 吡喃葡萄糖苷（ethyl-β-D-glucopyranoside）、异丙基 -β-D- 吡喃葡萄糖苷（isopropyl-β-D-glucopyranoside）、异丙基 -β-D- 呋喃芹糖基 -（1→6）-β-D- 吡喃葡萄糖苷［isopropyl-β-D-apiofuranosyl-（1→6）-β-D-glucopyranoside］、丁烷 -2, 3- 二醇 -2-*O*-β-D- 吡喃葡萄糖苷（butane-2, 3-diol-2-*O*-β-D-glucopyranoside）、2- 甲基 -3- 丁烯 -2- 醇 -β-D- 吡喃葡萄糖苷（2-methyl-3-buten-2-ol-β-D-glucopyranoside）、异丁基 -β-D- 吡喃葡萄糖苷（isobutyl-β-D-glucopyranoside）、苯乙基 -β-D- 吡喃葡萄糖苷（phenethyl-β-D-glucopyranoside）和刺柏二醇 A -2′-*O*-β-D- 吡喃葡萄糖苷（junipediol A -2′-*O*-β-D-glucopyranoside）[28]；黄酮类：淫羊藿次苷 $F_2$（icariside $F_2$）[28]；糖类：D- 苏糖醇（D-threitol）、赤藓糖醇（erythritol）、2- 脱氧 -D- 核糖醇（2-deoxy-D-ribitol）和 1- 脱氧 -D- 阿拉伯糖醇（1-deoxy-D-lyxitol）[28]；核苷类：腺苷（adenosine）[28]；多元醇类：3, 7- 二甲基辛烷 -3（10）- 烯 -1, 2, 6, 7- 四醇［3, 7-dimethyloct-3（10）-en-1, 2, 6, 7-tetrol］、（2*S*）-2, 6, 7- 三羟基 -7- 甲基 -3- 亚甲基辛烷基 -β-D- 吡喃葡萄糖苷［（2*S*）-2, 6, 7-trihydroxy-7-methyl-3-methyleneoctyl-β-D-glucopyranoside］、1- 去氧 -D- 来苏醇（1-deoxy-D-lyxitol）和（3*R*）-2- 羟甲基丁烷 -1, 2, 3, 4- 四醇［（3*R*）-2-hydroxymethyl butane-1, 2, 3, 4-tetrol］[28]。

**【药理作用】**1. 免疫调节　根的提取物可增加小鼠胸腺、脾重量，增强小鼠腹腔巨噬细胞吞噬中性粒细胞的能力，提高小鼠淋巴细胞的杀瘤率和自然杀伤（NK）细胞的杀伤能力[1]；根的超临界二氧化碳（SFE-$CO_2$）萃取物可提高 T 淋巴细胞和 T 淋巴细胞亚群数量，提高 Th/Ts 值，增强细胞免疫[2]；根中提取的粗多糖可显著提高甲亢型阴虚小鼠的自然杀伤细胞的杀伤率及血清 IgM 和 IgG 的含量，对脾 T 淋巴细胞转化功能均有显著促进作用，表明其对阴虚小鼠的非特异性免疫、细胞免疫和体液免疫功能均有显著的增强作用[3]。2. 镇咳祛痰　根的乙醇提取物对浓氨水致咳小鼠有明显的镇咳作用，并对潜伏期有明显的延长作用，此外可增加小鼠呼吸道内酚红的排出量[4]。3. 护肺　根的提取物可下调肺纤维化大鼠的转化生长因子 -$\beta_1$（TGF-$\beta_1$）及肿瘤坏死因子 -α（TNF-α）蛋白的表达，对肺纤维化有一定的治疗作用[5]。4. 护肝　根的 70% 乙醇提取物对四氯化碳致急性肝损伤大鼠肝组织具有一定的保护作用，机制可能与抗氧化有关[6]。5. 抗炎　根及根茎的 70% 乙醇提取物对小鼠急、慢性刺激性接触性皮炎具有一定的治疗作用，能抑制佛波酯（TPA）诱导小鼠的耳肿胀，抑制乙酸所致小鼠腹腔毛细血管通透性亢进[7]；根中分离的欧前胡素（ostruthin）可抑制脂多糖（LPS）所致的 RAW264.7 巨噬细胞炎症反应和卡拉胶诱导小鼠的足肿胀，其机制可能与抑制一氧化氮合酶（NOS）和环氧合酶（COX-2）蛋白表达及增加抗氧化酶活性有关[8]；根中分离的6个香豆素类成分均能抑制脂多糖诱导的RAW264.7巨噬细胞一氧化氮（NO）产生，其半数抑制浓度（$IC_{50}$）为7.4～44.3μmol/L[9]。6. 抗肿瘤　根水提取乙醇处理后的3种提取物（水提取后醇溶物、水提取后醇沉物、水提取后滤渣醇溶物）在体外对肺癌A549细胞和肝癌HEP细胞的增殖均有一定的抑制作用，对胃癌SGC细胞几乎无抑制作用[10]；根的石油醚部位能抑制肺癌Ⅱ型A549上皮细胞生长且呈药物浓度依赖关系，有效抑制TGF-$\beta_1$诱导的肺泡上皮细胞发生上皮间质转化，其机制可能通过调控标志性蛋白ColⅠ、Vimentin、α-SMA、E-cadherin基因的表达而实现[11]；根中分离的4个呋喃香豆素类和3个聚乙炔醇类成分均能浓度依赖性地抑制人肠癌HT-29细胞的增殖[12]；根中分离的佛手柑内酯（bergapten）对肝癌HEP-$G_2$母细胞的增殖具有明显的抑制作用且呈浓度依赖性，而对人胃癌SGC-7901细胞仅100.00mg/L佛手柑内酯有明显的抑制作用，其他浓度均没有抑制作用[13]。7. 抗氧化　根中提取的多糖类成分对羟自由基和超氧阴离子自由基均有清除作用，其半数抑制浓度（$IC_{50}$）分别为0.22mg/ml和0.25mg/ml[14]。

**【性味与归经】**甘、微苦，微寒。归肺、胃经。

**【功能与主治】**养阴清肺，益胃生津。用于肺热燥咳，劳嗽痰血，热病津伤口渴。

**【用法与用量】**4.5～9g。

**【药用标准】**药典1963—2015、浙江炮规2015、内蒙古蒙药1986、新疆药品1980二册、香港药材三册和台湾2013。

**【临床参考】**1. 分泌性中耳炎：根10g，加麻黄3g、杏仁5g、甘草3g、桔梗5g、牛蒡子8g、金银花15g、鱼腥草30g、野荞麦根20g、黄芩10g、浙贝母10g、薏苡仁20g，水煎服，同时行鼓膜按摩[1]。

2. 上呼吸道咳嗽综合征：根10g，加蔓荆子12g、杏仁5g、桔梗5g、紫花地丁20g、升麻8g、黄芩15g、鱼腥草30g、野荞麦根30g、射干10g、牛蒡子10g、浙贝母10g，水煎服[1]。

3. 口干异常：根60g，加天花粉20g、粉葛根30g、淮山药30g、酸枣仁20g、知母10g、五味子10g、生黄芪15g、鸡内金15g、玄参15g，水煎服[2]。

**【附注】**珊瑚菜一名始出于《本草纲目》，云："江淮所产多是石防风，生于山石之间，二月采嫩苗作菜，辛甘而香，呼为珊瑚菜……。"《安徽志》载："山葵，叶翠如云，正二月间浥露抽苗，香甘异常，土人美其名珊瑚菜。"专家考证，古文献中的珊瑚菜应为伞形科植物石防风*Peucedanum terebinthaceum*（Fisch.）Fisch.et Turcz. 并非本种，故其本草记载尚待进一步考证。

本种根加工的药材风寒咳嗽及肝胃虚寒者禁服。痰热咳嗽，脉实苔腻者慎服，不宜与藜芦同用。

鲜全草可导致接触过敏性皮炎[1]。

**【化学参考文献】**


[1] Lee J W, Lee C, Jin Q, et al. Pyranocoumarins from *Glehnia littoralis* inhibit the LPS-induced NO production in macrophage RAW 264. 7 cells［J］. Bioorg Med Chem Lett, 2014, 24: 2717-2719.

[2] Miyazawa M, Kurose K, Itoh A, et al. Components of the essential oil from *Glehnia littoralis*［J］. Flavour Frag J, 2001, 16: 215-218.

[3] Kong C S, Um Y R, Lee J I, et al. Constituents isolated from *Glehnia littoralis* suppress proliferations of human cancer cells and MMP expression in HT1080 cells［J］. Food Chem, 2010, 120（2）: 385-394.

[4] Yuan Z, Tezuka Y, Fan W, et al. Constituents of the underground parts of *Glehnia littoralis*［J］. Chem Pharm Bull, 2002, 50（1）: 73-77.

[5] Kitajima J, Okamura C, Ishikawa T, et al. New glycosides and furocoumarin from the *Glehnia littoralis* root and rhizome［J］. Chem Pharm Bull, 1998, 46（12）: 1939-1940.

[6] Kitajima J, Okamura C, Ishikawa T, et al. Coumarin glycosides of *Glehnia littoralis* root and rhizoma［J］. Chem Pharm Bull, 1998, 46（9）: 1404-1407.

[7] Sasaki H, Taguchi H, Endo T, et al. The constituents of *Glehnia littoralis* Fr. Schmidt ex Miq. structure of a new coumarin

glycoside，osthenol-7-*O*-β-gentiobioside［J］. Chem Pharm Bull，2008，28（6）：1847-1852.
［8］Kitajima J，Okamura C，Ishikawa T，et al. New glycosides and furocoumarin from the *Glehnia littoralis* root and rhizoma［J］. Chem Pharm Bull，1998，46（12）：1939-1940.
［9］Kitajima J，Okamura C，Ishikawa T，et al. Coumarin glycosides of *Glehnia littoralis* root and rhizome［J］. Chem Pharm Bull，1998，46（9）：1404-1407.
［10］原忠，周碧野，张志诚，等. 北沙参的苷类成分［J］. 沈阳药科大学学报，2002，19（3）：183-185.
［11］原忠，赵梦飞，陈发奎，等. 北沙参化学成分的研究［J］. 中草药，2002，33（12）：1063-1065.
［12］Yuan Z，Kadota S，Xian L I. Biphenyl ferulate from *Glehnia littoralis*［J］. Chin Chem Lett，2002，13（9）：865-866.
［13］Kitajima J，Okamura C，Ishikawa T，et al. Monoterpenoid glycosides of *Glehnia littoralis* root and rhizoma［J］. Chem Pharm Bull，1998，46（10）：1595-1598.
［14］Li G Q，Zhang Y B，Guan H S. A new isoxazol from *Glehnia littoralis*［J］. Fitoterapia，2008，79：238-239.
［15］Feng Z J，Zhang X H，Zhang J P，et al. A new aromatic glycoside from *Glehnia littoralis*［J］. Nat Prod Res，2014，28（8）：551-554.
［16］张样柏，唐旭利，李国强，等. 北沙参的化学成分研究［J］. 中国海洋大学学报，2008，38（5）：757-760.
［17］Su X，Li X H，Tao H X，et al. Simultaneous isolation of seven compounds from *Glehnia littoralis*，roots by off-line overpressured layer chromatography guided by a TLC antioxidant autographic assay［J］. J Sep Sci，2013，36：3644-3650.
［18］王欢，许奕，原忠. 北沙参化学成分的分离与鉴定［J］. 沈阳药科大学学报，2011，28（7）：530-534.
［19］赵亚，原忠. 北沙参中一个新香豆素苷［J］. 药学学报，2007，42（10）：1070-1073.
［20］董芳. 三年生北沙参中化学成分的初步研究［D］. 青岛：青岛农业大学硕士学位论文，2010.
［21］Okuyama E，Hasegawa T，Matsushita T，et al. Analgesic components of Glehnia root（*Glehnia littoralis*）［J］. Nat Med，1998，52（6）：491-501.
［22］原忠，赵梦飞，陈发奎，等. 北沙参化学成分的研究［J］. 中草药，2002，33（12）：154-157.
［23］王丽莉，孔维雪，原忠. 北沙参中的新 8-*O*-4′ 型异木脂素［J］. 药学学报，2008，43（10）：1036-1039.
［24］Xu Y，Gu X，Yuan Z. Lignan and neolignan glycosides from the roots of *Glehnia littoralis*［J］. Planta Med，2010，76：1706-1709.
［25］Gu X，Xu Y，Yuan Z. New divanilloylglucopyranoses from *Glehnia littoralis*［J］. Asian J Tradit Med，2010，5（4）：158-161.
［26］李建平，原忠. 北沙参的脯氨酰寡肽酶抑制活性及阿魏酸酯类成分的分离与鉴定［J］. 中药材，2005，28（7）：553-555.
［27］Hiraoka N，Chang J I，Bohm L R，et al. Furanocoumarin and polyacetylenic compound composition of wild *Glehnia littoralis* in North America［J］. Biochem Syst Ecol，2002，30（4）：321-325.
［28］Ishikawa T，Sega Y，Kitajima J. Water-soluble constituents of *Glehnia littoralis* fruit［J］. Chem Pharm Bull，2001，49（5）：584-588.
［29］Umetsu K，Kasahara M，Hiraoka N，et al. Furanocoumarin composition in the fruit of *Glehnia littoralis* of different geographical origin［J］. Shoyakugaku Zasshi，1992，46（2）：179-183.

**【药理参考文献】**

［1］李建业，刘运周，张薇，等. 北沙参对小鼠免疫功能的影响研究［J］. 中国实验诊断学，2012，16（9）：1599-1601.
［2］冯蕾，杨宪勇，冀海伟，等. 北沙参超临界二氧化碳萃取物对免疫抑制小鼠免疫功能的影响及成分分析［J］. 中国医院药学杂志，2010，30（20）：1740-1742.
［3］荣立新，鲁爽，刘咏梅. 北沙参多糖对甲亢型阴虚小鼠的免疫调节作用［J］. 中国中医基础医学杂志，2013，19（6）：640-641.
［4］屠鹏飞，张红彬，徐国钧，等. 中药沙参类研究Ⅴ. 镇咳祛痰药理作用比较［J］. 中草药，1995，26（1）：22-23，55.
［5］姚岚，盛丽，李东书，等. 中药沙参对肺纤维化大鼠肺组织 TGF-β1 及 TNF-α 蛋白表达的影响［J］. 中医研究，2007，20（4）：20-22.

［6］金香男，郑明昱 . 北沙参乙醇提取物对四氯化碳诱导急性肝损伤的保护作用［J］. 长春中医药大学学报，2010，26（6）：828-829.

［7］Taesook Y，Doyeon L，Ayeong L，et al. Anti-inflammatory effects of *Glehnia littoralis* extract in acute and chronic cutaneous inflammation ［J］. Immunopharmacology & Immunotoxicology，2010，32（4）：663-670.

［8］Huang G J，Deng J S，Liao J C，et al. Inducible nitric oxide synthase and cyclooxygenase-2 participate in anti-inflammatory activity of imperatorin from *Glehnia littoralis* ［J］. Journal of Agricultural & Food Chemistry，2012，60（7）：1673-1681.

［9］Woo L J，Chul L，Qinghao J，et al. Pyranocoumarins from *Glehnia littoralis* inhibit the LPS-induced NO production in macrophage RAW 264. 7 cells［J］. Bioorganic & Medicinal Chemistry Letters，2014，24（12）：2717-2719.

［10］刘西岭，辛华，谭玲玲 . 北沙参水提法不同提取物体外抗肿瘤的研究［J］. 安徽农业科学，2009，37（20）：9481-9482.

［11］李雅群，相美容，容蓉，等 . 北沙参石油醚部位抑制 TGF-β1 诱导的 A549 细胞上皮间质转化［J］. 中国中药杂志，2017，42（9）：1736-1741.

［12］Um Y R，Kong C S，Lee J I，et al. Evaluation of chemical constituents from *Glehnia littoralis*，for antiproliferative activity against HT-29 human colon cancer cells［J］. Process Biochemistry，2010，45（1）：114-119.

［13］董芳，刘汉柱，孙阳，等 . 北沙参中佛手柑内酯的分离鉴定及体外抗肿瘤活性的初步测定［J］. 植物资源与环境学报，2010，19（1）：95-96.

［14］李建刚，李庆典 . 沙参多糖对自由基的清除作用［J］. 中国酿造，2011，30（3）：66-68.

**【临床参考文献】**

［1］李国荣，章美琴，张亚风 . 北沙参临床功效拓展［J］. 中医杂志，2011，52（2）：174-175.

［2］何昌生，贾晨光，刘丽杰 . 王明福使用北沙参经验［J］. 中医药临床杂志，2012，24（12）：1198-1199.

**【附注参考文献】**

［1］宋伟红，于守连，张丽华 . 北沙参致接触过敏性皮炎［J］. 药物不良反应杂志，2005，7（3）：231.

## 19. 独活属 *Heracleum* Linn.

二年生或多年生草本。主根纺锤形或圆锥形。茎直立，分枝。叶有柄，叶柄有宽展的叶鞘；叶片三出式或一至三回羽状分裂，中裂片较大，边缘有锯齿或分裂，薄膜质。复伞形花序顶生和腋生；总苞片少数或无；小总苞数片，条形，全缘稀分裂；伞辐多数，开展；花白色、黄色或浅红色，花柄细长；萼齿细小或不显；花瓣倒卵形，先端凹陷，有窄狭的内折小舌片，外缘花瓣为辐射瓣；花柱基短圆锥形，花柱短，直立或弯曲。双悬果圆形、倒卵形或椭圆形，背部扁平，背棱和中棱丝线状，侧棱通常有宽翅；每棱槽内有油管 1 条，少数种类在侧棱槽中有油管 2 条，合生面油管 2 ～ 4 条。

约 70 种，广布于欧洲与亚洲。中国 29 种 4 变种，各省区均有分布，主要分布于西南地区，法定药用植物 8 种。华东地区法定药用植物 1 种。

## 683. 短毛独活（图 683）• *Heracleum moellendorffii* Hance

**【别名】**老山芹、大活（山东），独活（安徽），水独活（浙江），白芷。

**【形态】**多年生草本，高 1 ～ 2m。根圆锥形、粗大，多分枝，灰棕色。茎直立，有棱槽，上部开展分枝。下部叶有长柄，长 5 ～ 30cm；叶片轮廓宽卵形，三出式羽状全裂，小叶 3 ～ 5 枚，有长柄，宽卵形，有不规则的 3 ～ 5 裂，边缘具粗大的锯齿，两面被粗毛；茎上部叶逐渐退化，有显著宽展的叶鞘。复伞形花序顶生和侧生；总苞片少数，条状披针形，早落；伞辐 12 ～ 35 个；小总苞片 5 ～ 10 枚，披针形；萼齿不显著；花瓣白色，具辐射瓣，2 深裂；花柱基短圆锥形，花柱叉开。双悬果倒卵形，顶端凹陷，背部扁平，有稀疏的柔毛或近光滑，背棱和中棱线状突起，侧棱宽阔；每棱槽内有油管 1 条，合生面油管 2

**图 683 短毛独活** 摄影 张芬耀等

条。花期 7 月，果期 8 ～ 10 月。

**【生境与分布】**生于阴坡山沟旁、林缘或草丛中。分布于江西、安徽、江苏、浙江、山东，另黑龙江、吉林、辽宁、内蒙古、河北、陕西、甘肃、湖北、湖南、云南均有分布。

**【药名与部位】**牛尾独活（独活），根及根茎。

**【采集加工】**春初苗刚发芽或秋末茎叶枯萎时采挖，除去须根及泥沙，晒干。

**【药材性状】**呈长圆锥形，稍弯曲，下部有 2 ～ 3 或更多分枝，长 15 ～ 30cm，外表棕褐色或灰棕色。根头部膨大，直径 1.5 ～ 3cm，具密集环纹，顶端具茎叶残基或凹陷；根头下部有不规则的皱纹及多数隆起横长皮孔，并可见须根痕。体轻，易折断，断面不平坦，皮部白色，有多数细小棕色点；木质部黄白色，显菊花纹。气香，味苦、微辛。

**【药材炮制】**除去杂质，洗净，润透，切薄片，干燥。

**【化学成分】**地上部分含挥发油类：芹菜脑（apiol）、β- 蒎烯（β-pinene）、α- 松油醇（α-terpineol）、肉豆蔻醚（myristicin）和（*E*）- 茴香脑［（*E*）-anethole］等[1]；香豆素类：蛇床子素（osthole）[1]。

根含香豆素类：当归素（angelicin）、异佛手柑内酯（isobergapten）、茴芹素（pimpinellin）、（3*S*, 4*R*）-3, 4- 环氧茴芹素［（3*S*, 4*R*）-3, 4-epoxypimpinellin］[2]，异茴芹素（isopimpinellin）、佛手柑内酯（bergapten）[3]，补骨脂素（psoralen）[4]，牛防风素（sphondin）、花椒毒素（xanthotoxin）、菊苣苷（cichoriin）、东莨菪苷（scopolin）、芨芨芹苷（apterin）、汤姆森独活酚 -6-*O*-β-D- 吡喃葡萄糖苷（heratomol-6-*O*-β-D-glucopyranoside）和茵芋苷（skimmin）[5]；聚炔类：人参炔醇（panaxynol）和镰叶芹二醇（falcarindiol）[6]；挥发油：十四烷（tetradecane）、十五烷（pentadecane）、大根老鹳草烯（germacrene）、D- 柠檬烯（D-limonene）、β- 反式 - 罗勒烯（β-*trans*-ocimene）、β- 月桂烯（β-myrcene）[7]，α- 蒎烯（α-pinene）、β- 蒎烯（α-pinene）和 1- 甲基 -4- 异丙烯基环己烯［1-methyl-4-（1-methylethenyl）-cyclohexene］[8] 等。

叶含苯丙素类：香叶基 -β- 羟基丙酮香豆素（geranyl- β-hydroxypropiovanillone）[9]；香豆素类：软木花椒素（suberosin）、去氢吉枝素（dehydrogeijerin）、吉枝素（geijerin）和珊瑚菜素（phellopterin）[9]；黄酮类：黄芪苷（astragalin）和金丝桃苷（hyperoside）[10]。

种子含挥发油类：乙酸辛酯（octyl acetate）、丁酸辛酯（octyl butyrate）和正辛醇（*n*-octanol）等[11]。

花含挥发油：辛醇乙酸酯（octylacetate）、桧烯（sabinene）、β- 月桂烯（β-myrcene）、顺式 -β- 罗勒烯（*cis*-β-ocimene）和反式 -β- 罗勒烯（*trans*-β-ocimene）等[12]。

**【药理作用】**1. 抗炎　根的水提取物和挥发油混合物中、高剂量（2.5g/kg、5.0g/kg）可抑制或明显抑制蛋清所致大鼠的足肿胀、大鼠佐剂性关节炎的原发性和继发性肿胀以及小鼠腹腔毛细血管的通透性[1]。2. 抗氧化　叶的水提取物和乙醇提取物具有清除 1，1- 二苯基 -2- 三硝基苯肼（DPPH）自由基和 2，2- 联氮 – 二（3- 乙基 – 苯并噻唑 -6- 磺酸）二铵盐（ABTS）自由基作用[2]。3. 护肤　叶的水提取物和乙醇提取物通过刺激 ERK1/2 磷酸化进一步下调 MITF 的表达，从而抑制黑素 Melan-a 细胞酪氨酸酶活性、黑色素的产生[2]。4. 抗心律失常　根中分离的补骨脂素（psoralen）可抑制 Kv1.5 钾通道电流，可选择性延长大鼠心房肌动作电位时程及有效不应期，改善心房肌的电重构和组织重构，呈剂量依赖性[3]。5. 抗肿瘤　根的甲醇提取物能抑制人胃癌 MK-1 细胞的增殖，其半数有效浓度（$ED_{50}$）为 25μg/ml；根中分离的人参炔醇（panaxynol）和法卡林二醇（falcarindiol）对黑素瘤 B16F10 细胞的增殖有抑制作用，其半数有效浓度分别为（3.7±1.4）μg/ml 和（23.2±0.5）μg/ml[4]。

**【性味与归经】**辛、苦，微温。归肾、膀胱经。

**【功能与主治】**祛风除湿，通痹止痛。用于风寒湿痹，腰膝疼痛，少阴伏风头痛。

**【用法与用量】**3 ～ 9g。

**【药用标准】**贵州药材 2003、四川药材 2010 和甘肃药材 2009。

**【附注】**独活始载于《神农本草经》，列为上品，将独话与羌活并载，云：“一名羌活，一名羌青，一名护羌使者。”《本草图经》载有三幅独活图，据专家考证，其中茂州独活图与伞形科独活属（*Heracleum* Linn.）最接近。

本种的根及根茎阴虚火旺者慎服。

同属植物渐尖叶独活 *Heracleum acuminatum* Franch. 和独活 *Heracleum hemsleyanum* Diels 的根及根茎在四川作牛尾独活药用；永宁独活 *Heracleum yungningense* Hand.-Mazz. 的根及根茎在甘肃作牛尾独活药用。

**【化学参考文献】**


［1］Chu S S，Cao J，Liu Q Z，et al. Chemical composition and insecticidal activity of *Heracleum moellendorffii* Hance essential oil［J］. Chemija，2012，23（2）：108-112.

［2］Park S Y，Lee N，Lee S，et al. A new 3，4-epoxyfurocoumarin from *Heracleum moellendorffii* roots［J］. Nat Prod Sci，2017，23（3）：213-216.

［3］张涵庆，袁昌齐，邓玉琼，等. 中药牛尾独活根中香豆素成分的研究［J］. 中国中药杂志，1981，6（5）：27-29.

［4］Eun J S，Choi B H，Park J A，et al. Open channel block of hKv1. 5 by psoralen from *Heracleum moellendorffii* Hance［J］. Arch Pharm Res，2005，28（3）：269-273.

［5］Kwaon Y S，Cho H Y，Kim C M. The chemical constituents from *Heracleum moellendorffii* roots［J］. Yakhak Hoechi，2000，44（6）：521-527.

［6］Nakano Y，Matsunaga H，Saita T，et al. Antiproliferative constituents in Umbelliferae plants II. screening for polyacetylenes in some Umbelliferae plants，and isolation of panaxynol and falcarindiol from the root of *Heracleum moellendorffii*［J］. Bio Pharm Bull，1998，21（3）：257-261.

［7］张知侠，冯俊涛，张兴，等. 短毛独活挥发油成分的 GC-MS 分析［J］. 应用化工，2006，35（10）：809-810，813.

［8］马潇，宋平顺，朱俊儒，等. 甘肃产独活及牛尾独活挥发油成分的气质联用分析［J］. 中国现代应用药学，2005，22（1）：44-46.

［9］Jeon J S，Um B H，Kim C Y. A new geranyl phenylpropanoid from *Heracleum moellendorffii* leaves［J］. Chem Nat

Compd，2017，53（1）：56-58.

［10］Park H J，Nugroho A，Jung B，et al. Isolation and quantitative analysis of flavonoids with peroxynitrite-scavenging effect from the young leaves of *Heracleum moellendorffii*［J］. Korean J Plant Res，2010，23（5）：393-398.

［11］Li W，Chen L L，Wu C，et al. Analysis of the essential oil from seed of *Heracleum moellendorffii* hance cultivated in northeast China［J］. Asian J Chem，2013，25（8）：4701-4702.

［12］Tkachenko K G，Pokrovskii L M，Tkachev A V. Component composition of essential oils in some *Heracleum* L. species introduced in the Leningrad region. Communication 3. Essential oils of flowers and fruit［J］. Rastitel'nye Resursy，2001，37（4）：69-76.

**【药理参考文献】**

［1］赵琦，张军武. 短毛独活抗风湿性关节炎的药效学研究［J］. 吉林中医药，2010，30（9）：816-818.

［2］Alam M，Seo B J，Zhao P，et al. Anti-melanogenic activities of *Heracleum moellendorffii* via ERK1/2-mediated MITF downregulation［J］. International Journal of Molecular Sciences，2016，17（11）：1844.

［3］Eun J S，Choi B H，Park J A，et al. Open channel block of hKv1. 5 by psoralen from *Heracleum moellendorffii* Hance［J］. Archives of Pharmacal Research，2005，28（3）：269-273.

［4］Nakano Y，Matsunaga H，Saita T，et al. Antiproliferative constituents in Umbelliferae plants II. screening for polyacetylenes in some Umbelliferae plants，and isolation of panaxynol and falcarindiol from the root of *Heracleum moellendorffii*［J］. Biological & Pharmaceutical Bulletin，1998，21（3）：257-261.

## 20. 莳萝属 *Anethum* Linn.

一年生或二年生草本。茎直立，圆柱形，光滑，有茴香气味。基生叶轮廓卵形或宽卵形，有叶柄，长 5 ～ 6cm，基部有叶鞘，边缘白色，膜质；叶片二至三回羽状全裂，末回裂片丝线状。复伞形花序顶生，疏松；无总苞和小总苞；伞辐 10 ～ 25 个，稍不等长；小伞形花序有花 15 ～ 25 朵；花柄长 5 ～ 6mm；花瓣黄色，内曲，早落；萼齿不显；花柱短，初时直立，果期向下弯曲，花柱基垫状。双悬果椭圆形或卵状椭圆形，背部扁压状，灰褐色，背棱稍突起，侧棱呈狭翅状，浅灰色，每棱槽内油管 1 条，合生面油管 2 条。

1 种，原产欧洲南部，现世界各地广泛栽培。中国 1 种，各地均有栽培，法定药用植物 1 种。华东地区法定药用植物 1 种。

### 684. 莳萝（图 684）• *Anethum graveolens* Linn.

**【别名】**土茴香、野茴香（浙江）。

**【形态】**一年生或二年生草本，高 60 ～ 120cm，全株无毛，有强烈香气。茎直立，圆柱形，光滑。基生叶有柄，叶柄长 5 ～ 6cm，基部有宽阔叶鞘，边缘膜质；叶片轮廓宽卵形，二至三回羽状全裂，末回裂片丝线状；茎上部叶较小，无叶柄，仅有叶鞘。复伞形花序顶生，直径 5 ～ 15cm；伞辐 10 ～ 25 个，稍不等长；无总苞片；小伞形花序有花 15 ～ 25 朵；无小总苞片；花瓣黄色，小舌片钝，近长方形，内曲；花柱短，先直后弯；萼齿不显；花柱基垫状。双悬果卵状椭圆形，背部扁压状，背棱细但明显突起，侧棱狭翅状，灰白色；每棱槽内油管 1 条，合生面油管 2 条。花期 7 ～ 8 月，果期 8 ～ 9 月。

**【生境与分布】**我国各省区均有栽培；世界各地也有栽培。

**【药名与部位】**莳萝子，成熟果实。

**【采集加工】**秋、冬二季果实成熟时采收，干燥。

**【药材性状】**为双悬果，大多裂为分果。分果瓣扁宽卵形，长 3 ～ 4.5mm，宽 1.5 ～ 2.5mm。顶端有宿存的花柱基及不明显的萼齿。背面棕黑色，有黄白色的线状纵棱 3 条，两侧向外延伸成黄白色的翅；接合面微凹，具 1 条纵肋。种子 1 粒，与果皮粘连，富油性。气香，味微辛。

**图 684　莳萝**　　摄影　吴棣飞

**【质量要求】**颗粒饱满，色黄绿，油足香气浓。

**【药材炮制】**除去果梗等杂质，筛去灰屑。

**【化学成分】**果实含挥发油及烷烃类：水芹烯（phellandrene）、柠檬烯（limonene）、二氢香芹酮（dihydrocarvone）、α-香芹酮（α-carvone）[1]，D-柠檬烯（D-limonene）、芹菜脑（apiol）[2]，芳樟醇（linalool）、反式-茴香脑（*trans*-anethole）、2-丙酮（2-propanone）、对-茴香醛（*p*-anisaldehyde）、肉豆蔻醚（myristicin）[3]，1-甲氧基-4-（2-丙烯基）苯[1-methoxy-4-（2-propenyl）benzene]、二十二烷（docosane）、二十三烷（tricosane）、二十五烷（*n*-pentacosane）、1，2-苯二酸二辛酯（dioctyl 1，2-phenyldicarboxylate）、二十八烷（octacosane）、二十九烷（*n*-nonacosane）[4]和1，2-二乙氧基乙烷（1，2-diethoxyethane）等[5]；脂肪酸类：亚油酸（linoleic acid）[3]；杂氧蒽酮类：莳萝苷（dillanoside）和莳萝酚（dillanol）[6]；黄酮类：山柰酚-3-葡萄糖醛酸苷（kaempferol-3-glucuronide）[7]和新西兰牡荆苷（vicenin）[8]；香豆素类：香柠檬烯（bergapten）、伞形戊烯内酯（umbelliprenin）、东莨菪内酯（scopoletin）、七叶树内酯（esculetin）、伞形酮（umbelliferone）和7-金合欢氧基香豆素（7-farnesyloxycoumarin）[9]；酚酸类：咖啡酸（caffeic acid）、阿魏酸（ferulic acid）和绿原酸（chlorogenic acid）[9]。

种子含挥发油：D-柠檬烯（D-limonene）、D-葛缕子酮（D-carvone）[10]和二氢葛缕子酮（dihydrocarvone）[11]等；肽类：多肽D-AFP-3（peptide D-AFP-3）[12]；脂肪酸类：亚油酸（linoleic acid）和十八烯酸（octadecenoic acid）[13]。

叶含黄酮类：槲皮素-3-*O*-β-D-葡萄糖醛酸苷（quercetin-3-*O*-β-D-glucuronide）、异鼠李素-3-*O*-β-D-葡萄糖醛酸苷（isorhamnetin-3-*O*-β-D-glucuronide）、芦丁（rutin）、异槲皮苷（isoquercitrin）、槲皮素-3-葡萄糖苷（quercetin-3-glucoside）、异鼠李素-3-葡萄糖苷（isorhamnetin-3-glucoside）、槲皮素-3-半乳糖苷（quercetin-3-galactoside）、异鼠李素-3-鼠李葡萄糖苷（isorhamnetin-3-rhamnoglucoside）

和异鼠李素 -3- 半乳糖（isorhamnetin-3-galactoside）[7]；挥发油及烷烃类：水芹烯（phellandrene）、柠檬烯（limonene）、莳香醚（dill ether）、桧烯（sabinene）、α- 蒎烯（α-pinene）、正二十四烷（*n*-tetracosane）、新植二烯（neophytadiene）、正二十二烷（*n*-docosane）、正二十三烷（*n*-tricosane）和正十九烷（*n*-nonadecane）等[14]。

地上部分含挥发油类：α- 蒎烯（α-pinene）、α- 水芹烯（α-phellandrene）、对 - 伞花烃（*p*-cymene）、柠檬烯（limonene）、香芹酮（carvone）、牻牛儿醇（geraniol）、莳香醚（dill ether）和芹菜脑（apiol）等[15]；香豆素类：东莨菪内酯（scopoletin）和 6, 7- 二氢 -8, 8- 二甲基 -2H, 8H- 苯并［1, 2-b：5, 4-b′］二吡喃 -2, 6- 二酮 {6, 7-dihydro-8, 8-dimethyl-2H, 8H-benzo［1, 2-b：5, 4-b′］dipyran-2, 6-dione}[16]；甾体类：β- 谷甾醇（β-sitosterol）、菜油甾醇（campesterol）和豆甾醇（stigmasterol）[17]；脂肪酸类：花生酸（arachidic acid）、亚麻酸（linolenic acid）和神经酸（arachidic acid）[17]。

根含苯酞类：丁基苯酞（butylphthalide）、*Z*- 藁本内酯（*Z*-ligustilide）、新蛇床内酯（neocnidilide）和川芎内酯（senkyunolide）[18]。

花含黄酮类：杨梅素（myricetin）、3, 3′, 4′, 5, 7- 五羟基黄烷（4→8）-3, 3′, 4′, 5, 7- 五羟基黄烷［3, 3′, 4′, 5, 7-pentahydoxyflavan（4→8）-3, 3′, 4′, 5, 7-pentahydoxyflavan］[19]；酚酸类：绿原酸（chlorogenic acid）[19]。

全草含挥发油：α- 水芹烯（α-phellandrene）和 β- 水芹烯（β-phellandrene）[20]；香豆素类：氧化前胡素（oxypeucedanin）、氧化前胡素水合物（oxypeucedanin hydrate）和 5-（4″- 羟基 -3″- 甲基 -2″- 丁烯氧基）-6, 7- 呋喃并香豆素［5-（4″-hydroxy-3″-methyl-2″-butenyloxy）-6, 7-furocoumarin］[21]；多炔类：镰叶芹二醇（falcarindiol）[21]。

**【药理作用】** 1. 抗菌　挥发油及新鲜植物粉末可抑制大肠杆菌的生长[1]；成熟果实中提取的挥发油破坏核盘菌菌丝和菌核细胞，抑制菌丝麦角固醇含量，降低核盘菌线粒体中琥珀酸脱氢酶、苹果酸脱氢酶的活性[2]；从成熟果实提取的挥发油能损伤白色念球菌质膜，抑制麦角甾醇合成，抑制线粒体功能，降低白色念球菌活性[3]；成熟果实的挥发油对人白色念球菌、红色毛癣菌、皮肤癣菌、念球菌和阴道念球菌的生长均具有抑制作用，其有效成分为香芹酮和柠檬烯[4]；分离出的氧化前胡素（oxypeuceadnin）、水合羟基前胡素和镰叶芹二醇（falcarindiol）三个化合物对分枝杆菌的生长有抑制作用[5]。2. 抗氧化　成熟果实的乙酸乙酯组分具有良好的清除自由基、还原力和抑制脂质过氧化的作用，具有抵御四氯化碳导致的急性氧化损伤作用[2]；叶和茎的粉末和水提取物对乙酰氨基酚诱导肝损伤大鼠肝脏的谷胱甘肽过氧化物酶和超氧化物歧化酶的增加有抑制作用[6]；水提取物对乙酰氨基酚诱导的自由基产生有抑制作用，并保护大鼠肝细胞和肾细胞的损伤[7]；叶的乙醇提取物对 2，2′- 联氮 - 二（3- 乙基 - 苯并噻唑 -6- 磺酸）二铵盐（ABTS）自由基和 1，1- 二苯基 -2- 三硝基苯肼（DPPH）自由基有清除作用[8]。3. 护肝　提取物对四氯化碳诱导的白化肝损伤大鼠的血清天冬氨酸氨基转移酶（AST）、谷丙转氨酶（ALT）、丙二醛和碱性磷酸酶含量有降低作用，对谷胱甘肽、谷胱甘肽过氧化物酶、肝脏超氧化物歧化酶和过氧化氢酶含量有升高作用[9]。4. 降血脂　生粉和提取物对乙酰氨基酚诱导肝胀损伤大鼠血清的一些脂质参数、胆固醇和总脂质水平有显著的降低作用[6]。5. 抗动脉粥样硬化　生粉对高胆固醇饮食兔的谷丙转氨酶、总胆固醇（TC）、葡萄糖、纤维蛋白原、低密度脂蛋白胆固醇（LDL-C）和天冬氨酸氨基转移酶的含量有显著的降低作用[10]。6. 抗惊厥　叶的水提取物可延长戊四唑（PTZ）诱导的癫痫小鼠癫痫发作潜伏期，减少癫痫发作持续时间[11]。7. 抗痉挛　果实 70% 乙醇提取物对氯化钡诱导的大鼠回肠收缩具有松弛作用[12]。8. 杀虫　水提取物可抑制兰伯氏贾第虫发病率，消除体内寄生虫[13]。9. 子宫收缩　种子可促进分娩活动期子宫收缩，增加收缩次数[14]。10. 抗糖尿病　种子的水和乙醇提取物可显著降低四氧嘧啶诱导的糖尿病小鼠的血糖、体重和器官重量；水提取物和化合物香芹酮（carvone）可显著增加红细胞计数，以及血红蛋白、平均红细胞血红蛋白量和红细胞平均血红蛋白量[15]。11. 抗生育　种子的水提取物可降低大鼠血清睾酮水平，以及左侧睾丸、附睾、精囊和前列腺的重量，缩小生精小管和生精管的直径[16]。

【性味与归经】辛，温。

【功能与主治】消食导滞。用于宿食不消，脘腹饱胀。

【用法与用量】3 ～ 6g。

【药用标准】部标维药 1999、浙江炮规 2015、甘肃药材 2009、山东药材 2002、上海药材 1994、新疆药品 1980 一册和新疆维药 1993。

【附注】莳萝始载于宋《开宝本草》，云："生佛誓国，如马芹子，辛香。"《本草图经》载："今岭南及近道皆有之。三四月生苗，花、实大类蛇床而香辛，六月、七月采实。"《本草纲目》载："其子簇生，状如蛇床子而短，微黑，气辛臭，不及茴香。"所述与本种一致。

药材莳萝子气阴不足及内有火热者禁服。

本种的苗民间也作药用。

食用果实、叶及闻其气味可导致过敏[1]。

【化学参考文献】


[1] 金育忠，石长栓 . 莳萝籽挥发油化学成分的研究 [J]. 中草药，1996，27（11）：654.

[2] 陆占国，李伟，封丹 . 莳萝籽香气成分研究 [J]. 香料香精化妆品，2009，（2）：1-3.

[3] Singh G，Maurya S，Lampasona M P D，et al. Chemical constituents，antimicrobial investigations，and antioxidative potentials of *Anethum graveolens* L. essential oil and acetone extract：part 52 [J]. J Food Sci，2010，70（4）：M208-M215.

[4] Yili A，Yimamu H，Maksimov V V，et al. Chemical composition of essential oil from seeds of *Anethum graveolens*，cultivated in China [J]. Chem Nat Compd，2006，42（4）：491-492.

[5] Yili A，Aisa H A，Maksimov V V，et al. Chemical composition and antimicrobial activity of essential oil from seeds of *Anethum graveolens* growing in Uzbekistan [J]. Chem Nat Compd，2009，45（2）：280-281.

[6] Kozawa M，Baba K，Arima T. New xanthone glycoside，dillanoside，from dill，the fruit of *Anethum graveolens* L. [J]. Chem Pharm Bull，1976，24（2）：220-223.

[7] Teuber H，Herrmann K. Flavonol glycosides of dill（*Anethum graveolens* L.）leaves and fruits. II. phenolics of spices arl [J]. Zeitschrift Fuer Lebensmittel-Untersuchung und Forschung，1978，167（2）：101-104.

[8] Dranik L I. Vicenin from Anethum graveolens fruits [J]. Khim Prir Soedin，1970，6（2）：268.

[9] Dranik L I，Prokopenko A P. Coumarins and acids from *Anethum graveolens* fruit [J]. Khim Prir Soedin，1969，5（5）：437.

[10] 陆占国，李伟，封丹 . 莳萝籽香气成分研究 [J]. 香料香精化妆品，2009，（2）：1-3，7.

[11] Charles D J，Simon J E，Widrlechner M P. Characterization of essential oil of dill（*Anethum graveolens* L.）[J]. J Essent Oil Res，1995，7（1）：11-20.

[12] Yili A，Aisa H A，Imamu X，et al. Isolation of biocidal peptides from *Anethum graveolens* seeds [J]. Chem Nat Compd，2006，42（5）：588-591.

[13] Stepanenko G A，Umarov A U，Markman A L. Fatty acid composition of oils of the seeds of *Anethum graveolens* during their ripening [J]. Khim Prir Soedin，1974，（4）：515.

[14] Kazemi M. Phenolic profile，antioxidant capacity and anti-inflammatory activity of *Anethum graveolens* L. essential oil [J]. Nat Prod Res，2015，29（6）：551-553.

[15] Rana V S，Blazquez M A. Chemical composition of the essential oil of *Anethum graveolens* aerial parts [J]. J Essent Oil-bearing Plants，2014，17（6）：1219-1223.

[16] Aplin R T，Page C B. Constituents of native Umbelliferae. I. coumarins from dill（*Anethum graveolens*）[J]. J Chem Soc [Section] C：Organic，1967，2593-2596.

[17] Amin W M，Sleem A A. Chemical and biological study of aerial parts of dill（*Anethum graveolens* L.）[J]. Egyptian J Biomed Sci，2007，23（1）：73-90.

[18] Gijbels M J M，Fischer F C，Scheffer J J C，et al. Phthalides in roots of *Anethum graveolens* and *Todaroa montana* [J]. Scientia Pharmaceutica，1983，51（4）：414-417.

[19] Shyu Y S, Lin J T, Chang Y T, et al. Evaluation of antioxidant ability of ethanolic extract from dill (*Anethum graveolens* L.) flower [J]. Food Chem, 2009, 115 (2): 515-521.
[20] Le V H, Do T N, Nguyen X D. Study on chemical composition of the essential oil of *Anethum graveolens* L. from Nghe An and Ha Tinh [J]. Tap Chi Duoc Hoc, 2006, 46 (5): 28-29, 31.
[21] Stavri M P, Gibbons S. The antimycobacterial constituents of Dill (*Anethum graveolens*) [J]. Phytother Res, 2005, 19 (11): 938-941.

**【药理参考文献】**

[1] Isopencu G, Ferdeş M. The effect of *Anethum graveolens* upon the growth of *E. coli* [J]. Upb Scientific Bulletin, 2012, 74 (3): 85-92.
[2] 班小泉. 莳萝子和黄连花提取物抗菌与抗氧化活性研究 [D]. 武汉：华中农业大学博士学位论文，2011.
[3] Chen Y, Zeng H, Tian J, et al. Antifungal mechanism of essential oil from *Anethum graveolens* seeds against *Candida albicans* [J]. Journal of Medical Microbiology, 2013, 62: 1175-1183.
[4] 曾红. 莳萝子挥发油抗真菌活性及其作用机制研究 [D]. 武汉：华中农业大学博士学位论文，2011.
[5] Stavri M, Gibbons S. The antimycobacterial constituents of dill (*Anethum graveolens*) [J]. Phytotherapy Research Ptr, 2010, 19 (11): 938-941.
[6] Ali W S H. Hypolipidemic and antioxidant activities of *Anethum graveolens* against acetaminophen induced liver damage in rats [J]. World Journal of Medical Sciences, 2013, 8 (4): 387-392.
[7] Ramadan M, Abd-Algader N, El-Kamali H, et al. Volatile compounds and antioxidant activity of the aromatic herb *Anethum graveolens* [J]. J Arab Soci Medi Res, 2013, 8 (2): 79-87.
[8] Jinesh V K, Jaishree V, Badami S, et al. Comparative evaluation of antioxidant properties of edible and non-edible leaves of *Anethum graveolens* Linn. [J]. Indian Journal of Natural Products & Resources, 2010, 1 (2): 168-173.
[9] Tamilarasi R, Sivanesan D, Kanimozhi P. Hepatoprotective and antioxidant efficacy of *Anethum graveolens* Linn. in carbon tetrachloride induced hepatotoxicity in albino rats [J]. Journal of Chemical and Pharmaceutical Research, 2012, 4 (4): 1885-1888.
[10] Mahbubeh S, Mahmoud R K, Alireza M, et al. Suppressive impact of *Anethum graveolens* consumption on biochemical risk factors of atherosclerosis in hypercholesterolemic rabbits[J]. International Journal of Preventive Medicine, 2013, 4(8): 889-895.
[11] Arash A, Mohammad M Z, Jamal M S, et al. Effects of the aqueous extract of *Anethum graveolens* leaves on seizure induced by pentylenetetrazole in mice [J]. Malaysian Journal of Medical Sciences Mjms, 2013, 20 (5): 23-30.
[12] Naseri M K G, Heidari A. Antispasmodic effect of *Anethum graveolens* fruit extract on rat ileum [J]. International Journal of Pharmacology, 2007, 3 (3): 260-284.
[13] Sahib A S, Mohammed I H, Sloo S A. Antigiardial effect of *Anethum graveolens* aqueous extract in children [J]. Journal of Intercultural Ethnopharmacology, 2014, 3 (3): 109-112.
[14] Zagami S E, Golmakani N, Kabirian M, et al. Effect of dill (*Anethum graveolens* Linn.) seed on uterus contractions pattern in active phase of labor [J]. Indian Journal of Traditional Knowledge, 2012, 11 (4): 602-606.
[15] Mishra N. Haematological and hypoglycemic potential *Anethum graveolens* seeds extract in normal and diabetic Swiss albino mice [J]. Veterinary World, 2013, 6 (8): 502-507.
[16] Malihezaman M, Sara P. Effects of aqueous extract of *Anethum graveolens* (L.) on male reproductive system of rats [J]. Journal of Biological Sciences, 2007, 7 (5): 815-818.

**【附注参考文献】**

[1] 吕永宽. 茴香、莳萝过敏 1 例报告 [J]. 吉林中医药，1982，(2)：38.

## 21. 当归属 *Angelica* Linn.

二年生或多年生草本。通常有粗大的圆锥状直根。茎直立，常分枝。叶三出式羽状分裂或羽状多裂，裂片有锯齿、牙齿或浅齿，少为全缘；叶柄膨大成管状或囊状的叶鞘。复伞形花序顶生或侧生；总苞片缺或有少数，叶状；伞辐多数至少数；小总苞片多数，细窄，常全缘；花白色带绿色，稀为淡红色或深紫色；

萼齿通常不明显；花瓣卵形至倒卵形，先端渐狭，内凹成小舌片，背面通常无毛；花柱基扁圆锥状至垫状，花柱开展或弯曲。双悬果卵形至长圆形，背棱及中棱线形、肋状，稍隆起，侧棱宽阔呈狭翅状；分生果横剖面半月形，每棱槽中有油管 1 至数条，合生面有油管 2 至数条。

约 90 种，多分布于北温带和新西兰。中国 45 种 4 变种，较多分布于东北、西北及西南地区，法定药用植物 9 种 2 变种 1 栽培变种。华东地区法定药用植物 3 种 1 栽培变种。

## 分种检索表

1. 茎细长；叶薄革质，末回裂片先端渐尖，边缘锯齿不为白色骨质……………………拐芹 *A.polymorpha*

1. 茎粗壮；叶厚革质，末回裂片先端急尖，边缘锯齿为白色骨质或软骨质。

  2. 一回裂片的小叶柄非翅状延长，侧方裂片和顶端裂片的基部合生不明显，主脉通常白色，叶缘具粗锯齿。

    3. 植株高 1～2.5m，根表面有稀疏的较小的皮孔样突起，茎基部及叶鞘常带紫色……白芷 *A.dahurica*

    3. 植株高 1～1.5m，根表面有多数较大的皮孔样横向突起，茎基部及叶鞘常带黄绿色……………………………………………………………………………………杭白芷 *A.dahurica* 'Hangbaizhi'

  2. 一回裂片的小叶柄翅状延长，侧方裂片和顶端裂片的基部合生，主脉通常紫色，叶缘具浅锯齿……………………………………………………………………………………紫花前胡 *A.decursiva*

## 685. 拐芹（图 685）• *Angelica polymorpha* Maxim.

**图 685 拐芹** 摄影 张芬耀

【别名】拐芹当归、山芹菜、独活（山东），白根独活。

【形态】多年生草本，高 0.5 ～ 1.5m。根圆锥形，外皮灰棕色，有少数须根。茎单一，较细长，中空，光滑无毛或有稀疏的短糙毛，节处常为紫色。叶二至三回三出式羽状分裂，叶片卵形至三角状卵形，叶柄基部膨大成长筒状而半抱茎的鞘；茎上部叶退化为无叶或带有小叶、略膨大的叶鞘；叶鞘薄膜质，常带紫色；末回裂片有短柄或近无柄，长 3 ～ 5cm，宽 2.5 ～ 3.5cm，3 裂，基部截形至心形，先端具长尖，边缘有重锯齿或缺刻状深裂，两面脉上疏被短糙毛或下面无毛。复伞形花序直径 4 ～ 10cm，花序梗、伞辐和花柄密被灰棕色柔毛；伞辐 11 ～ 30 个；总苞片 1 ～ 3 枚或无，狭披针形；小苞片 7 ～ 10 枚，狭条形，紫色；萼齿退化或为细小的三角形；花瓣匙形至倒卵形，白色，顶端内曲。双悬果长圆形，基部凹入呈心形，背棱短翅状，侧棱膨大成膜质的翅，与果体等宽或略宽，每棱槽内有油管 1 条，合生面油管 2 条。花期 8 ～ 9 月，果期 9 ～ 10 月。

【生境与分布】生于海拔 1000 ～ 1500m 的山沟林下、溪边、阴湿草丛中。分布于安徽、江苏、浙江、山东，另辽宁、河北、黑龙江、吉林等地均有分布；日本、朝鲜也有分布。

【药名与部位】紫金砂，根。

【采集加工】春、秋二季采挖，洗净，干燥。

【药材性状】近圆柱形，长 10 ～ 25cm，下部有多条支根。根头类球形，直径 1.5 ～ 5cm，表面黄褐色至棕黑色，具多数纵皱纹及横长皮孔，有紫褐色或黄绿色茎、叶残基。主根多扭曲，表面纵皱纹密集，纵沟较深；支根 3 ～ 10 条，上粗下细，多弯曲。质较硬。断面黄白色至黄棕色，有裂隙，形成层明显，皮部有棕色油点，挤压有棕色油状物渗出。气香特异，辛香清凉，味甘、辛辣、微苦。

【药材炮制】除去杂质，洗净，切厚片，干燥。

【化学成分】地上部分含脂肪酸类：二十五烷酸（pentacosanoic acid）、三十二烷酸（lacceroic acid）和 *E*-4- 羟基 -4- 甲基 -2- 戊烯酸（*E*-4-hydroxy-4-methyl-2-pentenoic acid）[1]；三萜类：α- 香树脂醇（α-amyrenol）[1]；色原酮类：拐芹色原酮 A（angeliticin A）和去甲基丁香色原酮（noreugenin）[1]；甾体类：胡萝卜苷（daucosterol）[1]；香豆素类：乙酰水合氧化前胡素（oxypeucedanin hydrate acetate）[1]；糖类：蔗糖（sucrose）[1]；苯并呋喃类：3- 羟基 -3, 6- 二甲基 -2-（3- 甲基丁烯 -2- 亚乙基）-3, 3a, 7, 7a- 四氢苯并呋喃 -4（2H）- 酮［3-hydroxy-3, 6-dimethyl-2-（3-methylbut-2-enylidene）-3, 3a, 7, 7a-tetrahydrobenzofuran-4（2H）-one］[1]。

根和根茎含色原酮类：拐芹色原酮 A（angeliticin A）[2]；香豆素类：石当归素（saxalin）[2]，欧前胡素（imperatorin）、异氧化前胡内酯（isooxypeucedanin）、栓翅芹烯醇（pabulenol）和珊瑚菜素（phellopterin）[3]；挥发油类：β- 菲蓝烯（β-phellondrene）、α- 松油二环烯（α-pinene）、苎烯（limonene）和对聚伞花素（p-cymene）等[4]。

根含生物碱类：毒扁豆碱（angelicastigmine）[5]；倍半萜类：没药烷基酮（bisabolangelone）[6] 和没药烷吉内酯（bisabolactone）[7]；香豆素类：异氧化前胡内酯（isooxypeucedanin）[7]，异欧前胡素（isoimperatorin）、氧化前胡素（oxypeucedanin）、水合氧化前胡内酯（oxypeucedanin hydrate）、佛手柑内酯（bergapten）、栓翅芹烯醇（pabulenol）[8]，蛇床子素（osthol）、补骨脂素（psoralen）、白当归素（byak-angelicin）[9]，乙酰石当归素（saxalin acetate）[10]，石当归素（saxalin）、水合氧化前胡素（oxypeucedanin hydrate）[11]，水合氧化前胡素内酯（aviprin）、二氢欧山芹素（columbianetin）、异虎耳草素（isopimpinellin）、氧化前胡素乙醇酯（oxypeucedanin ethanolate）[12]，珊瑚菜素（phellopterin）、伞形花内酯（umbelliferone）、佛手酚（bergaptol）、奥斯竹素（ostruthol）[13]，独活属醇 -3′- 甲基醚（heraclenol -3′-methyl ether）、7- 甲氧基 -8-（3- 甲基 -2- 丁烯基）- 香豆素［7-methoxy-8-（3-methyl-2-butenyl）-coumarin］、紫花前胡内酯（anhydride）、5- 甲氧基白当归素（5-methoxybyakangelicin）、新白当归醇（neobyakangelicol）、东莨菪内酯（scopoletin）、紫花前胡素苷（proanthocyanin）和 8- 甲氧基水合氧化前胡素（8-methoxyoxypeucedanin hydrate）[14]；色原酮类：去甲基丁香色原酮（noreugenin）、

升麻素（cimifugin）[7]，（-）-3′-乙酰亥茅酚［（-）-3′-acetyl hamaudol］[9]，5-羟基-2-［（当归酰氧基）甲基］呋喃［3′, 2′：6, 7］并色原酮{5-hydroxy-2-［（angeloyloxy）methyl］furan［3′, 2′：6, 7］chromone}、3′*S*-（-）-*O*-乙酰基亥茅酚［3′*S*-（-）-*O*-acetyl hamaudol］、拐芹色原酮A（angeliticin A）[11]，防风色原酮（ledebouriellol）、3′（*R*）-（+）-亥茅酚［3′（*R*）-（+）-hamaudol］[12]，3′-*O*-乙酰基亥茅酚（3′-*O*-acetyl hamaudol）、防风酚（divaricatol）[13]和紫金砂色原酮B（polymorchromone B）[15]；甾体类：胡萝卜苷（daucosterol）[10]，β-谷甾醇（β-sitosterol）[11]和豆甾醇（stigmasterol）[12]；糖类：蔗糖（sucrose）[10]；酚酸类：海桐酸酯1（hycandinic acid ester 1）和阿魏酸（ferulic acid）[7]；脂肪酸类：二十八烷酸（octacosanoicacid）[11]，棕榈酸（palmitic acid）和肉豆蔻酸（myristic acid）[14]；黄酮类：铁线莲亭（clematine）[16]；挥发油类：2, 6, 6-三甲基二环［3.1.1］-2-庚烯{2, 6, 6-trimethyl bicyclo［3.1.1］-2-heptene}、异石竹烯（isocarophyllene）和乙酸龙脑酯（bornyl acetate）等[17]；呋喃类：5-羟甲基糠醛（5-hydroxymethylfurfural）和3-羟基-3, 6-二甲基-2-（3-甲基丁烯-2-亚乙基）-3, 3a, 7, 7a-四氢苯并呋喃-4（2H）-酮［3-hydroxy-3, 6-dimethyl-2-（3-methylbut-2-enylidene）-3, 3a, 7, 7a-tetrahydrobenzofuran-4（2H）-one］[18]。

根茎含倍半萜类：没药烷基酮（bisabolangelone）[19]。

茎含香豆素类：异欧前胡素（isoimperatorin）、珊瑚菜素（phellopterin）、佛手柑内酯（bergapten）、花椒内酯（xanthyletin）、异珊瑚菜素（cnidilin）、吉枝素（geijerin）、7-去甲基软木花椒素（7-demethyl suberosine）、去氢吉枝素（dehydrogeijerin）和东莨菪亭（scopoletin）[20]；色原酮类：（-）-3′-乙酰亥茅酚［（-）-3′-acetyl hamaudol］、（-）-亥茅酚［（-）-hamaudol］、（+）-齿阿米醇［（+）-visamminol］和防风酚（divaricatol）[20]；脂肪酸类：癸酸酯（decursidate）[20]。

果实含香豆素类：7-甲氧基-8-（3-甲基-2-丁烯基）-香豆素［7-methoxy-8-（3-methyl-2-butenyl）-coumarin］、香柑内酯（bergapten）、欧前胡素（imperatorin）、6-（3-甲基-2-丁烯基）-7-甲氧基香豆素［6-（3-methyl-2-butenyl）-7-methoxycoumarin］、新独活素（heratomin）和异虎耳草素（isopimpinellin）[14]；色原酮类：5-羟基-2-甲基-2′-（1, 1-二甲基羟基）-2H-呋喃并［3, 2-g］色原酮{5-hydroxy-2-methyl-2′-（1, 1-dimethyl hydroxyl）-2H-furo［3, 2-g］chromen}[14]；脂肪酸类：二十四碳二烯酸（tetracosandienoic acid）[14]。

种子含挥发油类：苎烯（limonene）、6, 6-二甲基-2-亚甲基二环［3.1.1］庚烷{6, 6-dimethyl-2-methylene bicyclo［3.1.1］heptane}和植醇（phytol）等[17]。

**【药理作用】**1. 抗溃疡　根中提取的挥发油对阿司匹林-乙醇溶液诱导的小鼠胃溃疡具有保护作用[1]；根乙醇提取物的石油醚、三氯甲烷和乙酸乙酯萃取部位为抗胃溃疡的有效部位[2]；根中分离的没药烷基酮（bisabolangelone）为主要活性成分，其主要作用机制为抑制$H^+$-$K^+$-ATP酶活性[3]；根的9种不同炮制方法（阴干、酒蒸、炒黄、麸炒、麸烘、醋炒、土炒、姜汁炙、米泔水制）对$H^+$-$K^+$-ATP酶抑制作用不同，其中姜汁炙抑制作用最明显[4]。2. 镇痛　根中提取的挥发油能减少乙酸所致小鼠的扭体次数，提高热板法小鼠的痛阈值[1]。3. 解痉　根中提取的挥发油具有抑制家兔离体回肠平滑肌运动的作用[1]。4. 抗菌　根的乙醇提取物对金黄色葡萄球菌、大肠杆菌的生长具有抑制作用；三氯甲烷萃取部位对大肠杆菌、枯草芽孢杆菌的生长有抑制作用；正丁醇萃取部位对大肠杆菌、绿脓杆菌的生长有抑制作用[5]。5. 心肌保护　根的80%乙醇提取物对家兔心肌缺血再灌注损伤（MIRI）具有明显的保护作用，其机制可能与抗氧化有关[6]。6. 抗肿瘤　根中分离的紫金砂色原酮B（polymorchromone B）对人肺腺癌A549细胞的增殖有抑制作用[7]；根的80%乙醇提取物通过调节内在的半胱氨酸天冬氨酸蛋白酶（caspase）通路从而诱导神经母细胞瘤SH-SY5Y细胞凋亡[8]。7. 神经保护　根中分离的没药烷基酮（bisabolangelone）通过与钙离子通道的相互作用从而达到保护神经细胞的作用，其机制主要为阻断电压门控钙通道，抑制钙从钙储存中释放[9]。

毒性　根的醇提取物对小鼠灌胃给药的半数致死剂量（$LD_{50}$）为1.06g/kg；根中分离的没药烷基酮对

小鼠灌胃给药的半数致死剂量（$LD_{50}$）为 76.60mg/kg[10]。

【性味与归经】辛、微苦，温。归肝、胃经。

【功能与主治】温中散寒，理气止痛，活血消肿。用于胃脘痛，腹痛，风湿痹痛，跌打损伤。

【用法与用量】3 ～ 6g。煎服或泡茶饮用。

【药用标准】湖北药材 2009。

【临床参考】1. 感冒鼻塞：鲜叶适量，捣烂，塞鼻。

2. 胃痛、腹痛：根研细，开水或酒送服，每次 3g，每日 2 次。

3. 跌打损伤：根 9 ～ 15g，水煎服。

4. 胸胁痛：根，加乌金草各等量，共研细末，开水或白酒送服，每次 3~6g，每日 1 次；或根 3g 嚼服。（1 方至 4 方引自《湖北中草药志》）

【化学参考文献】

[1] 韩莎，纪文，杨尚军，等. 拐芹地上部分化学成分的研究［J］. 济宁医学院学报，2013，36（5）：320-322.

[2] 米彩峰，王长岱，乔博灵，等. 拐芹根化学成分研究［J］. 药学学报，1995，30（12）：910-913.

[3] 米彩峰，石惠丽. 拐芹根化学成分研究 II［J］. 天然产物研究与开发，1997，8（1）：43-45.

[4] 王长岱，米彩峰，乔博灵，等. 拐芹根及根茎中挥发油的成分分析［J］. 西北药学杂志，1992，7（2）：9-11.

[5] Pachaly P，Krollhorstmann A，Sin K S. Angelicastigmin，a new eserine alkaloid from *Angelica polymorpha*［J］. Cheminform，2001，32（2）：777-778.

[6] Wang J，Zhu L，Zou K，et al. The anti-ulcer activities of bisabolangelone from *Angelica polymorpha*［J］. J Ethnopharmacol，2009，123（2）：343-346.

[7] 杨郁，张杨，任凤霞，等. 拐芹根的化学成分研究［J］. 药学学报，2013，48（5）：718-722.

[8] 蔡正军，但飞君，程凡，等. 白根独活抗菌有效部位的化学成分研究［J］. 中药材，2008，32（8）：1160-1162.

[9] Hata K，Kozawa M，Ikeshiro Y. On the coumarins of the roots of *Angelica polymorpha* Maxim.（Umbelliferae）［J］. Yakugaku Zasshi，1967，87（4）：464-465.

[10] 韩莎，白少岩，杨尚军. 拐芹根正丁醇化学成分的研究［J］. 济宁医学院学报，2010，33（1）：13-14.

[11] 李业娜，杨尚军，白少岩. 拐芹化学成分的研究［J］. 中国中药杂志，2009，34（7）：854-857.

[12] 杨郁，于能江，张杨，等. 紫金砂化学成分研究［J］. 中国药学杂志，2010，45（17）：1320-1323.

[13] 杨郁，于能江，梁菲菲，等. 紫金砂化学成分研究（Ⅱ）［J］. 解放军药学学报，2010，26（3）：189-191.

[14] 蒋庭玉. 拐芹当归化学成分研究［D］. 济南：山东大学硕士论文论文，2011.

[15] Yang S J，Yao Q Q，Li Y N，et al. A new chromone from *Angelica polymorpha* with cytotoxic activity［J］. J Asian Nat Prod Res，2012，14（1）：76-79.

[16] 米彩峰，李富贤，石会丽. 拐芹化学成分研究［J］. 西北药学杂志，2003，18（5）：207-208.

[17] 蒋庭玉，崔红，孟凡君. 拐芹当归挥发性化学成分的气相色谱 - 质谱联用研究［J］. 时珍国医国药，2010，21（7）：1615-1617.

[18] Wang J Z，Zou K，Cheng F，et al. 3-Hydroxy3，6-dimethyl-2-（3-methylbut-2-enylidene）-3，3a，7，7a-tetrahydrobenzofuran-4（2H）-one［J］. Acta Crystallographica，2007，63（5）：2706.

[19] 姚媛，谢田鹏，陈雷，等. 拐芹倍半萜没药烷吉酮的结构修饰及其对 $H^+/K^+$-ATP 酶的抑制作用［J］. 氨基酸和生物资源，2017，39（2）：146-152.

[20] Kwon Y，Kim H P，Kim M J，et al. Acetylcholinesterase inhibitors from *Angelica polymorpha* stem［J］. Nat Prod Sci，2017，23（2）：97-102.

【药理参考文献】

[1] 汪鋆植，张荣平，叶红，等. 土家族药紫金砂挥发油成分分析和药理作用研究［J］. 中成药，2008，30（4）：596-598.

[2] 但飞君，蔡正军，朱烈彬，等. 中药白根独活抗胃溃疡有效部位研究［J］. 三峡大学学报（自然科学版），2008，30（3）：87-88.

[3] Wang J Z，Zhu L B，Zou K，et al. The anti-ulcer activities of bisabolangelone from *Angelica polymorpha*［J］. Journal of

Ethnopharmacology，2009，123（2）：343-346.
［4］周明星，蒋刚，李莉娥，等 . 不同炮制方法对紫金砂中成分及活性的影响［J］. 中成药，2012，34（4）：701-705.
［5］熊亚平，但飞君，陈国华，等 . 紫金砂体外抗菌活性的研究［J］. 时珍国医国药，2007，18（11）：2740-2741.
［6］张谦，杨郁，关雷，等 . 紫金砂对家兔心肌缺血再灌注损伤的保护作用［J］. 国际药学研究杂志，2013，40（3）：308-312.
［7］Yang S J，Yao Q Q，Li Y N，et al. A new chromone from *Angelica polymorpha* with cytotoxic activity［J］. Journal of Asian Natural Products Research，2012，14（1）：76-79.
［8］Rahman M A，Bishayee K，Huh S O. *Angelica polymorpha* Maxim induces apoptosis of human SH-SY5Y neuroblastoma cells by regulating an intrinsic caspase pathway［J］. Molecules & Cells，2016，39（2）：119-128.
［9］Wang J Z，Yan X M，Li Z C，et al. Neuroprotective effect of bisabolangelone on hydrogen peroxide-induced neurotoxicity in SH-SY5Y cells［J］. Medicinal Chemistry Research，2015，24（11）：3813-3820.
［10］朱烈彬，汪鋆植，石新兰，等 . 紫金砂提取物的急性毒性实验［J］. 中成药，2008，30（12）：1839-1840.

## 686. 白芷（图 686）• *Angelica dahurica*（Fisch. ex Hoffm.） Benth. et Hook. f. ex Franch. et Sav.

**图 686　白芷**　　摄影　李华东

【**别名**】兴安白芷、大活（山东），短毛独活（浙江）。

【**形态**】多年生高大草本，高 1 ～ 2.5m。主根圆锥形，粗大，直径 3 ～ 6cm，外表皮黄褐色至褐色，有浓烈气味。茎基部直径 2 ～ 8cm，通常带紫色，中空，有纵长沟纹。基生叶一回羽状分裂，有长柄，叶鞘管状抱茎，边缘膜质；茎上部叶二至三回羽状分裂，叶片卵形至三角形，具长柄，叶鞘囊状膨大，膜质，常带紫色；末回裂片长圆形，卵形或条状披针形，多无柄，先端急尖，边缘有不规则的白色软骨质粗锯齿；

中上部叶退化，叶鞘膨大，花序下的叶退化成膨大的鞘。复伞形花序顶生或侧生，直径 10 ～ 30cm，花序梗、伞辐和花柄均有短糙毛；伞辐 18 ～ 40 个，中央主伞有时伞辐多至 70 个；总苞片通常缺或有 1 ～ 2 枚，成长卵形膨大的鞘；小总苞片 5 ～ 16 枚，条状披针形，膜质；花白色；无萼齿；花瓣倒卵形，顶端内曲成凹头状。双悬果长圆形至卵圆形，黄棕色，有时带紫色，背棱扁而钝圆，侧棱翅状；每棱槽中有油管 1 条，合生面油管 2 条。花期 7 ～ 8 月，果期 8 ～ 9 月。

**【生境与分布】**生于林下、林缘、溪边、灌丛及山谷草地。分布于山东，另东北及华北等地均有分布。

**【药名与部位】**白芷（北独活），根。

**【采集加工】**夏、秋二季采挖，除去须根及泥沙，晒干或低温干燥。

**【药材性状】**呈长圆锥形，长 10 ～ 25cm，直径 1.5 ～ 2.5cm。表面灰棕色或黄棕色，根头部近圆形，具纵皱纹、支根痕及皮孔样的横向突起，有的排列成四纵行。顶端有凹陷的茎痕。质坚实，断面白色或灰白色，粉性，形成层环棕色，近方形或近圆形，皮部散有多数棕色油点。气芳香，味辛、微苦。

**【药材炮制】**除去杂质，大小分档，略浸，润透，切厚片，干燥。

**【化学成分】**根含香豆素类：比克白芷素（byakangelicin）、异氧化前胡内酯（isooxypeucedanin）、丙酮水合氧化前胡素（oxypeucedanin hydrate acetonide）、珊瑚菜内酯（phellopterin）、异欧前胡素（isoimperatorin）、9- 甲氧基 -4-（- 甲基 -2- 氧代丁氧 7H- 呋喃并［3, 2-g］［1］苯并吡喃 -7- 酮基）{9-methoxy-4-（-methyl-2-oxobutoxy）-7H-furo［3, 2-g］［1］benzopyran-7-one}、佛手柑内酯（bergapten）、花椒毒酚（xanthotoxol）、新白当归脑（neobyakangelicol）[1]，欧前胡素（imperatorin）、异珊瑚菜素（cnidilin）、栓翅芹烯醇（pabulenol）、白当归脑（byakangelicol）、栓质花椒素（suberosin）、水合氧化前胡素（oxypeucedanin hydrate）[2]，东莨菪内酯（scopoletin）、5, 8- 二（2, 3- 二羟基 -3- 甲基丁氧基）- 补骨脂素［5, 8-di（2, 3-dihydroxy-3-methylbutoxy）-psoralen］、（*R*）- 白芷属脑［（*R*）-heraclenol］[3]，白芷醇*A、B、C（angdahuricaol A、B、C）、脱水比克白芷素（anhydrobyakangelicin）、阿坝当归素（apaensin）、栓翅芹醇（aviprin）、5- 甲氧基 -8- 羟基补骨脂素（5-methoxy-8-hydroxy-psoralen）、氧化别异欧前胡素（oxyalloimperatorin）、印度榅桲素（marmesin）[4]，白芷双豆素*H、I、J（dahuribiethrin H、I、J）、兴安升麻醇 A（dahurinol A）[5]，9- 羟基 -4- 甲氧基补骨脂素（9-hydroxy-4-methoxy-psoralen）[6]，森白当归脑（senbyakangelicol）、反式 - 甲氧基水合氧化前胡素（*trans*-methoxy -oxypeucedanin hydrate）、反式 - 甲氧基比克白芷素（*trans*- methoxy-byakangelicin）、当归醇 H（angelol H）[7]，氧化前胡素（oxypeucedanin）[8]，叔 -*O*-β-D- 呋喃芹菜糖基 -（1→6）-*O*-β-D- 吡喃葡萄糖基 - 氧化前胡素水合物［*tert*-*O*-β-D-apiofuranosyl-（1→6）-*O*-β-D-glucopyranosyl-oxypeucedanin hydrate］、仲 -*O*-β-D- 呋喃芹菜糖基 -（1→6）-β-D- 吡喃葡萄糖基 - 氧化前胡素水合物［*sec*-*O*-β-D-apiofuranosyl-（1→6）-β-D-glucopyranosyl-oxypeucedanin hydrate］[9]，兴安白芷素 B（dahurin B）[10]，蛇床辛（cnidicin）[11]，别异欧前胡素（alloisoimperatorin）[12]，紫花前胡苷（nodakenin）、异白花前胡苷 IV（isopraeroside IV）、3′- 羟基木橘苷（3′-hydroxymarmesinin）[13]，8- 羟基香柠檬烯（8-hydroxybergapten）[14]，补骨脂素（psoralen）[15]，潘当归素（pangelin）[16]，5-（2′, 3′- 二羟基 -3′- 甲基丁酰氧基）-8-（3″- 甲基丁基 -2- 烯酰氧基）补骨脂素［5-（2′, 3′-dihydroxy-3′-methylbutyloxy）-8-（3″-methylbut-2-enyloxy）psoralen］、5- 甲氧基 -8-（2′羟基 -3′- 丁氧基 -3′- 甲基丁氧基）- 补骨脂素［5-methoxy-8-（2′hydroxy-3′-butoxy-3′-methylbutyrloxy）-psoralen］[17]，氧化前胡素甲醇化物（oxypeucedanin methanolate）[18]，香柠檬酚（bergaptol）[19]，茵芋苷（skimmin）、8-*O*-β-D- 吡喃葡萄糖基花椒毒酚（8-*O*-β-D-glycopyranosyl xanthotoxol）、叔 -*O*-β-D- 吡喃葡萄糖苷基独活醇（*tert*-*O*-β-D-glucopyranosyl heraclenol）[20]，叔 -*O*-β-D- 吡喃葡萄糖基白当归素（*tert*-*O*-β-D-glucopyranosyl byakangelicin）[21]，7- 脱甲基软木花椒素（7-demethylsuberosin）[22]，花椒毒素（xanthotoxin）、异茴芹内酯（isopimpinellin）、去氢柳叶白姜花内酯（dehydrogeijerin）、伞形花内酯（umbelliferone）、牧草栓翅芹酮（pabularinone）、异白当归脑（isobyakangelicol）、白芷属素（heraclenin）、二氢欧山芹醇（columbianetin）、异栓翅芹醇（isogosferol）、比克白芷素乙醚（byakangelicin ethoxide）、氧化

前胡素甲醚（oxypeucedanin methanolate）、异东莨菪内酯（isoscopletin）、1′, 2′- 去氢印度榅桲素（1′, 2′-dehydromarmesin）、当归醇 A、E、L、G（angelol A、E、L、G）、叔 -*O*- 甲基白芷属脑（*tert-O*-methyl heraclenol）、兴安白芷醇（dahurianol）[23]，阿诺秦椒醇 -3′-*O*- β- D- 吡喃葡萄糖苷（xanthoarnol-3′-*O*-β-D-glucopyranoside）、兴安白芷苷 A、B（angedahuricoside A、B）、异嗪皮啶 -7-*O*-β-D- 吡喃葡萄糖苷（isofraxidin-7-*O*-β-D-glucopyranoside）、嗪皮啶 -8-*O*-β-D- 吡喃葡萄糖苷（fraxidin-8-*O*-β-D-glucopyranoside）和（2′*S*, 3′*R*）-3′- 羟基木橘苷［（2′*S*, 3′*R*）-3′-hydroxymarmesinin］[24]；酚酸类：阿魏酸（ferulic acid）[3]，对羟基苯乙基 - 反式 - 阿魏酸酯（*p*-hydroxyphenethyl-*trans*-ferulate）、反式松柏醛（*trans*-coniferylaldehyde）和香草酸（vanillic acid）[23]；木脂素类：4-*O*-β-D- 吡喃葡萄糖基 -9-*O*-β-D- 吡喃葡萄糖基 -（7*R*, 8*S*）- 脱氢二松柏醇[4-*O*-β-D-glucopyranosyl-9-*O*-β-D-glucopyranosyl-(7*R*, 8*S*)-dehydrodiconiferyl alcohol][25]；聚炔醇类：镰叶芹二醇（falcarindiol）和十八碳 -1, 9- 二烯 -4, 6- 二炔 -3, 8, 18- 三醇（octadeca-1, 9-dien-4, 6-diyn-3, 8, 18-triol）[13]；甾体类：豆甾醇（stigmasterol）、胡萝卜苷（daucosterol）[1]和 β- 谷甾醇（β-sitosterol）[2]；挥发油及脂肪酸类：（*E*）-3- 二十碳烯［（*E*）-3-eicosene］、1- 甲基 -（*E*）-1- 丙烯基硫醚［1-（methylthio）-（*E*）-1-propene］、氯乙炔（chloro-ethyne）、环十二烷（cyclododecane）、甲基环癸烷（methyl cyclodecane）、阿基德醇*（agidol）、十四烷 -1- 醇乙酸酯（1-tetradecanol acetate）、1, 2- 二甲基 -3- 乙烯基 -1, 4- 环己二烯（1, 2-dimethyl-3-ethenyl-1, 4-cyclohexadiene）、十四碳烯（1-tetradecene）、环十五内酯（exaltolide）、月桂酸乙酯（ethyl laurate）、（*Z*）-9- 十八烯醇［（*Z*）-9-octadecenol］、1- 单亚油精（1-monolinolein）、苯乙烯（styrene）、α- 蒎烯（α-pinene）、对伞花烃（*p*-cymene）、柠檬烯（limonene）、桉树脑（cineole）、γ- 松油烯（γ-terpinene）、芳樟醇（linalool）、茴香脑（anethol）、石竹烯（caryophyllene）、3- 蒈烯（3-carene）、β- 萜品烯（β-terpinene）、β- 榄香烯（β-elemene）、正十二烷醇（*n*-dodecanol）、顺式 -11- 十四烯酸（*cis*-11-tetradecenoic acid）、环十四烷（cyclotetradecane）、正十六酸（*n*-hexadecanoic acid）、反式 -9- 十八碳烯 -1- 醇（*trans*-9-octadecen-1-ol）、十四烷醇（tetradecanol）、（*Z*）-11- 十四碳烯酸［（*Z*）-11-tetradecenic acid］、β- 水芹烯（β-phellandrene）、莰酮（camphor）、5-（2- 丙烯基）-1, 3- 苯并二氧杂环戊烯［5-（2-propenyl）-1, 3-benzodioxole］、桧烯（sabinene）、月桂烯（myrcene）、萜烯 -4- 醇（terpinen-4-ol）、1- 月桂醇（1-dodecanol）、（*Z, Z*）-9, 12- 十八碳二烯酸［（*Z, Z*）-9, 12-octadecadienoic acid］、（*E*）-9- 十八烯酸［（*E*）-9-octadecenoic acid］、5, 8, 11- 十七碳三炔酸甲酯（methyl 5, 8, 11-heptadecatriynoate）[26-31]，硬脂酸（stearic acid）和棕榈酸（palmic acid）[1]；其他尚含：绿当归苷* V（hyuganoside V）和蔗糖（sucrose）[24]。

果实含香豆素类：花椒毒酚（xanthotoxol）、白当归素（byakangelicin）、花椒毒素（xanthotoxin）、异茴芹内酯（isopimpinellin）、香柑内酯（bergapten）、栓翅芹烯醇（pabulenol）、氧化前胡素（oxypeucedanin）、异氧化前胡精（isooxypeucedanine）、异比克白芷素（isobyakangelicin）、8- 牻牛儿醇基补骨脂素（8-geranoxypsoralen）、异 - 叔 -*O*- 甲基比克白芷素（iso-*tert-O*-methylbyakangelicin）、8- 牻牛儿醇基 -5- 甲氧基补骨脂素（8-geranoxy-5-methoxypsoralen）、5- 去甲氧基异白芷豆素 A（5-demethoxyisodahuribirin A）和异白芷豆素 A（isodahuribirin A）等[32]。

茎含香豆素类：东莨菪内酯（scopoletin）、当归醇 H、I（angelol H、I）和 6-（2, 3- 二羟基 -1- 甲氧基 -3- 甲基丁基）-7- 甲氧基香豆素［6-（2, 3-dihydroxy-1-methoxy-3-methyl-butyl）-7-methoxycoumarin］[33]。

**【药理作用】**1. 抗氧化　根 75% 乙醇提取物对 1，1- 二苯基 -2- 三硝基苯肼（DPPH）自由基、超氧阴离子自由基（$O_2^-$·）、羟自由基（·OH）均有较强的清除作用[1, 2]。2. 抗衰老　根醇提取物可显著提高衰老模型小鼠皮肤中的超氧化物歧化酶（SOD）活性，降低丙二醛（MDA）和脂褐素（LF）含量，并能显著提高皮肤中的羟脯氨酸（HYP）和水分的含量[2]。3. 抗炎　根醇提取物可抑制细菌脂多糖（LPS）诱导的 RAW264.7 巨噬细胞中白细胞介素 -1β（IL-1β）、白细胞介素 -6（IL-6）、白细胞介素 -8（IL-8）和诱生干扰素（IFN）-γ mRNA 的表达，降低核转录因子（NF-κB）、环氧化酶（COX-2）和一氧化氮合酶（NOS）水平[3]；从根提取的香豆素可显著抑制巴豆油所致小鼠的耳肿胀、冰醋酸所致小鼠的腹腔毛细血管通透性增强和角叉莱胶所致小鼠的足肿胀[4]；根制成的配方颗粒可降低大鼠子宫炎症模型的核因子-κBp65水平，下调环氧化酶-2的表达，同时下调环氧化酶-1的表达，从而抑制前列腺素的合成[5]。4. 镇痛 根乙醇提取物可显著延长小鼠热板反应的潜伏期及扭体反应出现的时间[6]。5. 解痉 从根提取的总香豆素可明显缓解氯化钡所致兔肠平滑肌痉挛[7]。6. 抗菌 从根提取的香豆素提取液对金黄色葡萄球菌、大肠杆菌、枯草芽孢杆菌、根霉、黑曲霉、酿酒酵母的生长均有抑制作用[8]。7. 抗内毒素 根正丁醇萃取部位均能明显延长内毒素血症小鼠的存活时间[9]。8. 抗肿瘤 果实甲醇提取物麦角固醇过氧化物可抑制肝癌MK-1、B1F10、HeLa细胞的增殖[10]；茎中提取的化合物对结肠癌HT29细胞、前列腺癌DU145细胞、人类胰腺癌Mia PaCa-2细胞、乳腺癌T47D细胞、黑色素瘤Brown细胞、卵巢癌2774细胞、肺癌Spark细胞的增殖均有明显的抑制作用[11]。9. 抗抑郁 从根提取的欧前胡素（ostruthin）可显著增加产前应激后代大鼠蔗糖（快感缺乏症）的百分比，减少不动时间，并增加交叉次数、饲养次数、海马和额叶皮质中的5-羟色胺（5-HT）浓度[12]。10. 细胞调节 从根提取的多糖可促进小鼠背部皮肤细胞生长[13]。11. 抑制血管收缩 从根提取的欧前胡素和异欧前胡素可抑制由重酒石酸去甲肾上腺素（NE）和氯化钙（$CaCl_2$）诱导的血管收缩作用[14]。12. 收敛 根乙醇提取物对通过血管生成和肉芽组织形成来加速链脲佐菌素诱导的糖尿病大鼠伤口愈合有促进作用[15]。13. 抑制黑色素 从根提取的欧前胡素可抑制酪氨酸酶的活性[16]；根提取液对内皮素1诱导的黑素细胞的增殖有一定的抑制作用，对黑素细胞酪氨酸酶活性有一定的抑制作用，可降低黑素细胞中的黑色素合成量[17]。

**【性味与归经】**辛，温。归胃、大肠、肺经。

**【功能与主治】**散风除湿，通窍止痛，消肿排脓。用于感冒头痛，眉棱骨痛，鼻塞，鼻渊，牙痛，白带，疮疡肿痛。

**【用法与用量】**3～9g。

**【药用标准】**药典1963—2015、浙江炮规2005、内蒙古蒙药1986、新疆药品1980二册、黑龙江药材2001、吉林药品1977和台湾1985一册。

**【临床参考】**1. 黄褐斑：白芷祛斑膏（主要药味白芷）外涂，每日2次[1]。

2. 足跟痛：根，加川芎、白芥子各等份，焙干粉碎过筛备用，使用时取药粉5g，适量陈醋调成饼状，置伤湿止痛膏中心贴敷患处，隔日1次[2]。

3. 肛周瘙痒：根适量，水煎，肛周湿敷，每次15min，每日2次，1周为1个疗程[3]。

4. 关节滑囊炎：根50g，加炙马钱子5g、白及30g，研极细末，蜜调成膏外敷患处，加压包扎，3日换1次，配合二陈汤加减内服[4]。

5. 卵巢囊肿：根30g，加浙贝母15g、莪术15g、大青叶10g、白花蛇舌草20g、蒲公英20g，水煎服，每日1剂[5]。

6. 带下：根15g，加金银花15g、连翘15g、玄明粉（冲）15g、天花粉15g、当归15g、浙贝母15g、没药15g、皂角刺15g、黄柏15g、大黄6g、炒牡丹皮6g、海螵蛸20g、天水散20g、冬瓜仁30g，水煎服，每日1剂[6]。

7. 乳汁量少：根30g，煎汤代茶饮[7]。

8. 消化性溃疡：根10～15g，加入辨证处方中，症状缓解后，用单味根10g，加水500ml，煎20min，代茶饮，每日2～3次[8]。

9. 急慢性肠炎：根20g，煎汤100～200ml，去渣，加入打碎的补脾益肠丸30g，再煎数分钟，待温，每晚临睡前保留灌肠1次[8]。

10. 心脾两虚型阳痿：根15g，加归脾汤水煎服，每日1剂[9]。

11. 头痛：根，加川芎、冰片按10∶10∶1比例研成细末，过筛，采用鼻吸法，用消毒棉球沾少量药末离鼻孔约0.4cm处吸气，每次1～2min，每日2次，7日为1个疗程，慢性鼻炎禁用[10]。

12. 痤疮：根15～30g，加人参叶5～10g、老君须5～10g，或苦参5～10g、淫羊藿5～10g，溃

破者加连翘、蒲公英[11]，水煎服。

13. 关节囊积水：根研细末，内服每次 6g，每日 2 次，黄酒送服，外敷每次 50g，根据患处大小可适当增减药量，用白酒调成糊状，摊纱布上敷于患部，2 天换药 1 次[12]。

14. 颈椎病：根 100g，加蔓荆子、川芎、防风、皂角刺、透骨草各 60g，乳香、没药、红花、丹参、伸筋草、大青盐各 90g，打碎，布袋分装 2 袋封口，用蒸锅蒸热，同时洒 30g 陈醋，热敷颈部，反复交替使用[13]。

15. 软组织损伤：根适量，研末过 80 目筛，取适量与醋搅匀成糊状，加少许冰片搅匀敷于患处，每日 1 次，表皮损伤者忌用[14]。

16. 白癜风：根 100g 打成粗粒，加入 70% 乙醇 500ml 浸泡 10 天后过滤，加入氮酮 50ml 备用，每天用棉签涂药患处，每日 2 次，涂药后适度日晒，个别顽固病例，另取根研末，每日 6g，分 2 次冲服[15]。

17. 小儿睾丸鞘膜积液：根 10g，加蝉蜕 30g，水煎熏洗，每日 1 ～ 2 次，每次熏洗约 30min，并取少量饮服[16]。

18. 偏头痛、眉棱骨痛：根研粉，或水泛为丸，开水送服，每次 3g，每天 2 次。

19. 牙龈肿痛：根 9g，加荆芥 9g、防风 9g、生石膏 15g，水煎服。

20. 鼻炎头痛：根 9g，加苍耳 9g、辛夷 9g、薄荷 4.5g，研粉，每次 3 ～ 9g，开水冲服。

21. 痈肿疼痛成脓未溃：根 6g，加当归 6g、皂角刺 6g，水煎服。（18 方至 21 方引自《浙江药用植物志》）

**【附注】** 白芷入药始见于《神农本草经》，列为中品 。《名医别录》云：“白芷生河东川谷下泽，二月八月采根暴干。”又云：“今出近道，处处有之，近下湿地，东间甚多。”《本草图经》载：“白芷，今所在有之，吴地尤多。 根长尺余，白色，粗细不等。 枝杆去地五寸已上。 春生叶，相对婆娑，紫色，阔三指许。花白微黄，入伏后结子，立秋后苗枯。”并附“泽州白芷”图。与本种相近。“吴地”即今浙江北部及江苏南部，与今所用的杭白芷相近。

药材白芷血虚有热者，阴虚阳亢头痛者禁服。

**【化学参考文献】**


［1］张烨，孙建，屠鹏飞，等 . 白芷的化学成分研究［J］. 内蒙古医科大学学报，2012，34（4）：277-280.

［2］周爱德，李强，雷海民 . 白芷化学成分的研究［J］. 中草药，2010，41（7）：1081-1083.

［3］Kwon Y S，Kobayashi A，Kajiyama S I，et al. Antimicrobial constituents of *Angelica dahurica* roots［J］. Phytochemistry，1997，44（5）：887-889.

［4］Bai Y，Li D，Zhou T，et al. Coumarins from the roots of *Angelica dahurica* with antioxidant and antiproliferative activities［J］. J Funct Foods，2016，20：453-462.

［5］Yang W Q，Zhu Z X，Song Y L，et al. Dimeric furanocoumarins from the roots of *Angelica dahurica*［J］. Nat Prod Res，2016，31（8）：1-8.

［6］Piao X L，Baek S H，Park M K，et al. Tyrosinase-inhibitory furanocoumarin from *Angelica dahurica*［J］. Biol Pharm Bull，2004，27（7）：1144-1146.

［7］Seo W D，Kim J Y，Ryu H W，et al. Identification and characterisation of coumarins from the roots of *Angelica dahurica*，and their inhibitory effects against cholinesterase［J］. J Funct Foods，2013，5（3）：1421-1431.

［8］Liu R，Li A，Sun A. Preparative isolation and purification of coumarins from *Angelica dahurica*（Fisch. ex Hoffn）Benth，et Hook. f（Chinese traditional medicinal herb）by high-speed counter-current chromatography［J］. J Chromatography A，2004，1052（1）：223-227.

［9］Jia X D，Feng X，Zhao X Z，et al. Two new linear furanocoumarin glycosides from *Angelica dahurica*［J］. Chem Nat Compd，2008，44（2）：166-168.

［10］Zhao X Z，Feng X，Jia X D，et al. New coumarin glucoside from *Angelica dahurica*［J］. Chem Nat Compd，2007，43（4）：399-401.

［11］Kim Y K，Kim Y K，Kim Y S，et al. Antiproliferative effect of furanocoumarins from the root of *Angelica dahurica* on cultured human tumor cell lines［J］. Phytother Res，2007，21（3）：288-290.

［12］Piao X L，Yoo H H，Kim H Y，et al. Estrogenic activity of furanocoumarins isolated from *Angelica dahurica*［J］. Arch

Pharm Res, 2006, 29 (9): 741-745.

[13] Choi S Y, Ahn E M, Song M C, et al. *In vitro* GABA-transaminase inhibitory compounds from the root of *Angelica dahurica* [J]. Phytother Res, 2005, 19 (10): 839-845.

[14] Jin M H, Jung M H, Lim Y H, et al. Collagen synthesis promoters from *Angelica dahurica* root [J]. Saengyak Hakhoechi, 2004, 35 (4): 315-319.

[15] Anetai M, Kumagai T, Shibata T. Preparation and chemical evaluation of *Angelica dahurica* root (Part V) decrement of furanocoumarins during preservation [J]. Nat Med, 2004, 58 (5): 209-213.

[16] Thanh P N, Jin W Y, Song G Y, et al. Cytotoxic coumarins from the root of *Angelica dahurica* [J]. Arch Pharm Res, 2004, 27 (12): 1211-1215.

[17] Lee S H, Li G, Kim H J, et al. Two new furanocoumarins from the roots of *Angelica dahurica* [J]. Bull Korean Chem Soc, 2003, 24 (11): 1699-1701.

[18] Ban H S, Lim S S, Suzuki K, et al. Inhibitory effects of furanocoumarins isolated from the roots of *Angelica dahurica* on prostaglandin $E_2$ production [J]. Planta Med, 2003, 69 (5): 408-412.

[19] Qiao S Y, Yao X S, Wang Z Y, et al. Coumarins of the roots of *Angelica dahurica* [J]. Planta Med, 1996, 62 (6): 584.

[20] Kwon Y S, Kim C M. Coumarin glycosides from the roots of *Angelica dahurica* [J]. Saengyak Hakhoechi, 1992, 23 (4): 221-224.

[21] Kang S S, Kim C M. Coumarin glycosides from the roots of *Angelica dahurica* [J]. Arch Pharm Res, 1992, 15 (1): 73-77.

[22] Fujiwara H, Yokoi T, Tani S, et al. Studies on constituents of *Angelicae dahuricae* radix. I. on a new furocoumarin derivative [J]. Yakugaku Zasshi, 1980, 100 (12): 1258-1261.

[23] 赵爱红，杨秀伟．兴安白芷脂溶性部位中新的天然产物 [J]．中草药，2014，45 (13)：1820-1828.

[24] Zhao A H, Yang X W. New coumarin glucopyranosides from roots of *Angelica dahurica* [J]. Chin Herb Med, 2018, 10: 103-106.

[25] Zhao X Z, Feng X, Jia X D, et al. Neolignan glycoside from *Angelica dahurica* [J]. Chin Chem Lett, 2007, 18 (2): 168-170.

[26] 朱立俏，盛华刚．白芷挥发性成分的 GC-MS 分析 [J]．广州化工，2012，40 (23)：103-104.

[27] 姚川，周成明，崔国印，等．白芷挥发油化学成分的鉴定 [J]．中药材，1990，13 (12)：34-36.

[28] 李伟，陆占国，封丹，等．顶空固相微萃取 - 气质分析白芷香气成分研究 [J]．中国调味品，2012，37 (5)：109-112.

[29] 赵爱红，杨鑫宝，杨秀伟，等．兴安白芷的挥发油成分分析 [J]．药物分析杂志，2012，32 (5)：763-768.

[30] Tabanca N, Gao Z P, Demirci B, et al. Molecular and phytochemical investigation of *Angelica dahurica* and *Angelica pubescentis* essential oils and their biological activity against *Aedes aegypti*, *Stephanitis pyrioides*, and *Colletotrichum* species [J]. J Agr Food Chem, 2014, 62 (35): 8848-8857.

[31] Chen Q, Li P, He J, et al. Supercritical fluid extraction for identification and determination of volatile metabolites from *Angelica dahurica* by GC-MS [J]. J Sep Sci, 2015, 31 (18): 3218-3224.

[32] Zhang H, Gong C, Lv L, et al. Rapid separation and identification of furocoumarins in *Angelica dahurica* by high-performance liquid chromatography with diode-array detection, time-of-flight mass spectrometry and quadrupole ion trap mass spectrometry [J]. Rapid Commun Mass Sp, 2010, 23 (14): 2167-2175.

[33] Kwon Y S, Shin S J, Kim M J, et al. A new coumarin from the stem of *Angelica dahurica* [J]. Arch Pharm Res, 2002, 25 (1): 53-56.

**【药理参考文献】**

[1] 储鸿，程珊，倪忠斌，等．白芷活性提取物清除自由基与抗氧化作用 [J]．食品与生物技术学报，2009，28 (2)：201-205.

[2] 王方，王灿．白芷醇提物延缓皮肤衰老与抗氧化作用的相关性研究 [J]．中国药房，2012，23 (7)：599-602.

[3] Lee H J, Lee H, Kim M H, et al. *Angelica dahurica* ameliorates the inflammation of gingival tissue via regulation of pro-

inflammatory mediators in experimental model for periodontitis［J］. Journal of Ethnopharmacology，2017，205：16-21.
［4］王春梅，崔新颖，李贺 . 白芷香豆素的抗炎作用研究［J］. 北华大学学报（自然），2006，7（4）：318-320.
［5］周娴 . 白芷对大鼠子宫炎症模型 COX-1、COX-2、NF-κBp65 表达的影响［D］. 长沙：湖南中医药大学硕士学位论文，2010.
［6］邢俊波，曹红，王国佳 . 白芷乙醇提取物镇痛作用研究［J］. 中国野生植物资源，2012，31（1）：43-45.
［7］王梦月，贾敏如，马逾英，等 . 白芷总香豆素的药理作用研究［J］. 时珍国医国药，2005，16（10）：954-956.
［8］周淑敏 . 白芷香豆素的提取及其抑菌活性研究［J］. 食品工业，2014，35（3）：141-144.
［9］张慧，海广范，栗志勇，等 . 白芷中抗内毒素血症有效组分的谱效关系［J］. 中成药，2014，36（12）：2491-2497.
［10］上原靖洋 . 关于肿瘤细胞增殖抑制成分的研究（17）：白芷中的活性成分［J］. 国外医学中医中药分册，2002，24（4）：247-248.
［11］姜雪 . 兴安白芷茎化学成分及抗肿瘤活性的初步分析［D］. 哈尔滨：东北林业大学硕士学位论文，2008.
［12］Cao Y，Liu J，Wang Q，et al. Antidepressive-like effect of imperatorin from *Angelica dahurica* in prenatally stressed offspring rats through 5-hydroxytryptamine system［J］. Neuroreport，2017，28（8）：426.
［13］曲见松，康学军，郑水龙 . 白芷多糖的提取及其对小鼠皮肤细胞生长作用的研究［J］. 中国药理学通报，2005，21（5）：637.
［14］张宇，李婷，杨建，等 . 白芷中有效成分的筛选、分析及对大鼠血管活性的影响［J］. 西北药学杂志，2015，30（1）：37-42.
［15］Zhang X，Ma Z，Wang Y，et al. *Angelica dahurica* ethanolic extract improves impaired wound healing by activating angiogenesis in diabetes［J］. Plos One，2017，12（5）：e0177862.
［16］胡大强，侯丽娜，傅若秋，等 . 白芷提取分离物体外对酪氨酸酶的抑制作用［J］. 中国药师，2012，15（4）：457-459.
［17］何江 . 白芷提取液对内皮素 ET 介导的人黑素细胞黑色素合成的影响［D］. 汕头：汕头大学硕士学位论文，2011.

**【临床参考文献】**

［1］蒋谷芬，贺霞，高娟，等 . 白芷祛斑霜治疗黄褐斑的疗效观察［J］. 中医药导报，2013，19（4）：41-42.
［2］贾小靖，杨月青 . 白芷散敷贴治疗足跟痛 56 例临床观察［J］. 临床医药实践，2012，21（7）：557-558.
［3］马洪新 . 白芷湿敷在肛周瘙痒中的应用［J］. 中国民间疗法，2016，24（9）：63.
［4］于善堂，郭秀红 . 白芷治疗关节滑囊炎有良效［J］. 中医杂志，2000，41（7）：393.
［5］徐细维，沈鹏 . 重用白芷治疗卵巢囊肿［J］. 中医杂志，2000，41（7）：393.
［6］彭景星，彭慕斌 . 白芷治带下［J］. 中医杂志，2000，41（7）：393.
［7］段先志，张春峨 . 白芷下乳效亦著［J］. 中医杂志，2000，41（7）：393.
［8］赵州凤 . 白芷善治腹痛［J］. 中医杂志，2000，41（3）：136.
［9］祝远之 . 白芷治疗阳痿有效验［J］. 中医杂志，2000，41（3）：136.
［10］熊桂东，李宪武 . 川芎白芷散鼻吸治疗头痛 120 例［J］. 中国社区医师（综合版），2005，21（8）：45.
［11］涂华中 . 重用白芷愈痤疮［J］. 中医杂志，2000，41（3）：137-138.
［12］石文清 . 白芷内服外用治疗关节囊积水［J］. 中医杂志，2000，41（3）：137.
［13］王前中，鲜佩璇 . 重用白芷治疗颈椎病［J］. 中医杂志，2000，41（3）：137.
［14］孙照成 . 白芷主治软组织损伤［J］. 中医杂志，2000，41（3）：138.
［15］霍焕民 . 白芷治疗白癜风［J］. 中医杂志，2000，41（3）：138.
［16］肖厥明 . 白芷治疗睾丸鞘膜积液［J］. 中医杂志，2000，41（3）：138.

## 687. 杭白芷（图 687）• *Angelica dahurica* 'Hangbaizhi'［*Angelica dahurica*（Fisch. ex Hoffm.） Benth.et Hook.f.ex Franch.et Sav.cv.Hangbaizhi；*Angelica dahurica* Benth.et Hook.f.var.*pai-chi* Kimura，Hata et Yen］

**【形态】**多年生高大草本，高 1 ～ 1.5m。主根长圆锥形，粗大，上部近方形，外表皮灰棕色，有多

**图 687 杭白芷** 摄影 郭增喜等

数较大的皮孔样横向突起，有浓烈气味，断面白色，粉性大。茎基部直径 3 ～ 5cm，通常带黄绿色，中空，有纵长沟纹。基生叶一回羽状分裂，有长柄，叶柄下部有管状抱茎边缘膜质的叶鞘；茎上部叶二至三回羽状分裂，叶片轮廓为卵形至三角形，具长柄，下部为囊状膨大的膜质叶鞘；末回裂片披针形至矩圆形，边缘有不规则的白色软骨质粗锯齿；上部叶退化成叶鞘，囊状；叶脉上有柔毛。复伞形花序顶生或侧生，直径 10 ～ 30cm，伞辐 18 ～ 38 个；总苞片通常缺或有 1 ～ 2 枚，成长卵形膨大的鞘；小总苞片 12 ～ 14 枚，条状披针形；花黄绿色；无萼齿。双悬果长圆形至椭圆形，背棱丝线状；每棱槽中有油管 1 条，合生面油管 2 条。花期 7 ～ 8 月，果期 8 ～ 9 月。

**【生境与分布】**浙江、江苏、安徽、江西有栽培，另四川、湖南、湖北均有栽培。

**【药名与部位】**白芷，根。

**【采集加工】**夏、秋二季采挖，除去须根及泥沙，晒干或低温干燥。

**【药材性状】**呈长圆锥形，长 10 ～ 25cm，直径 1.5 ～ 2.5cm。表面灰棕色或黄棕色，根头部钝四棱形，具纵皱纹、支根痕及皮孔样的横向突起，有的排列成四纵行。顶端有凹陷的茎痕。质坚实，断面白色或灰白色，粉性，形成层环棕色，近方形或近圆形，皮部散有多数棕色油点。气芳香，味辛、微苦。

**【药材炮制】**除去杂质，大小分档，略浸，润透，切厚片，干燥。

**【化学成分】**根含香豆素类：白当归素（byakangelicin）、补骨脂素（psoralen）、异栓翅芹烯醇（isogosferol）、白当归素乙醚（byakangelicin ethoxide）、异白当归脑（isobyakangelicol）、伞形花内酯（umbelliferone）、牧草栓翅芹酮（pabularinone）、异茴芹素（isopimpinellin）、印度榅桲素（marmesin）、佛手酚（bergaptol）、日本当归醇 A（japoangelol A）、哥伦比亚内酯

（columbianadin）、欧芹酚甲醚（osthole）、氧化别欧前胡素（oxyalloimperatorin）、5-（2- 乙酰氧基 -3- 羟基 -3- 甲基丁氧基）补骨脂素［5-（2-acetoxy-3-hydroxy-3-methylbutoxy）psoralen］、滨蒿内酯（scoparone）、氧化前胡素乙醚（oxypeucedanin ethanolate）、栓质花椒素（suberosin）、东印度缎木内酯醇（swietenol）[1]，氧化前胡素（oxypeucedanin）[2]，叔 -*O*-β-D- 吡喃葡萄糖基白当归素（*tert-O*-β-D-glucopyranosyl byakangelicin）、水合氧化前胡素（oxypeucedanin hydrate）、（2′*R*, 3′*S*）-3′- 羟基紫花前胡苷［（2′*R*, 3′*S*）-3′-hydroxynodakenin］[3]，异珊瑚菜素（cnidilin）、白当归脑（byakangelicol）[4]，（-）- 羟基紫花前胡醇［（-）-hydroxydecursinol］、（±）- 杭白芷双豆素 *［（±）-dahuribiscoumarin］、异去甲基呋喃皮纳灵（isodemethyl furopinarine）、去甲基呋喃皮纳灵（dimethyl furopinarine）[5]，叔 -*O*-β-D-呋喃芹糖基 -（1→6）-*O*-β-D- 吡喃葡萄糖基 - 比克白芷素［*tert-O*-β-D-apiofuranosyl-（1→6）-*O*-β-D-glucopyranosyl-byakangelicin］、2′-*O*-β-D- 呋喃芹糖基 -（1→6）-β-D- 吡喃葡萄糖基白花前胡醇［2′-*O*-β-D-apiofuranosyl-（1→6）-β-D-glucopyranosyl peucedanol］[6]，叔 -*O*-β-D- 呋喃芹糖基 -（1→6）-*O*-β-D- 吡喃葡萄糖基水合氧化前胡素［*tert-O*-β-D-apiofuranosyl-（1→6）-*O*-β-D-glucopyranosyl oxypeucedanin hydrate］、仲 -*O*-β-D- 呋喃芹糖基 -（1→6）-*O*-β-D- 吡喃葡萄糖基水合氧化前胡素［*sec-O*-β-D-apiofuranosyl-（1→6）-*O*-β-D-glucopyranosyl oxypeucedanin hydrate］[7]，杭白芷香豆素 A、B、C、D、E、F、G、H、I、J（andafocoumarin A、B、C、D、E、F、G、H、I、J）、5-（3″- 羟基 -3″- 甲基丁基）-8- 羟基呋喃香豆素［5-（3″-hydroxy-3″-methylbutyl）-8-hydroxyfuranocoumarin］、水合异比克白芷素 -3″- 乙醚（isobyakangelicin hydrate-3″-ethyl ether）[8]，7-*O*-β-D- 呋喃芹菜糖基 -（1→6）-β-D- 吡喃葡萄糖基东莨菪内酯［7-*O*-β-D-apiofuranosyl-（1→6）-β-D-glucopyranosyl scopoletin］、毛樱桃宁（tomenin）、异东莨菪苷（isoscopolin）、七叶树内酯 -6-*O*-β-D- 呋喃芹菜糖基 -（1→6）-*O*-β-D- 吡喃葡萄糖苷［aesculetin-6-*O*-β-D-apiofuranosyl-（1→6）-*O*-β-D-glucopyranoside］[9]，仲 -*O*-β-D- 吡喃葡萄糖基白当归素（*sec-O*-β-D-glucopyranosyl byakangelicin）、异珊瑚菜素（isophellopterin）和白当归素水合物（byakangelicin hydrate）[10]；酚酸类：2, 4- 二羟基苯甲酸甲酯（methyl 2, 4-dihydroxybenzoate）、反式阿魏酸（*trans*-ferulic acid）和香草酸（vanillic acid）[1]；脂肪酸类：硬脂酸（stearic acid）[2] 和棕榈酸（palmitic acid）[4]；核苷类：腺嘌呤（adenine）[1] 和腺苷（adenosine）[3]；生物碱类：白术内酰胺（atractylenolactam）[1] 和广金钱草碱（desmodimine）[4]；甾体类：谷甾醇（sitosterol）[2]，豆甾醇（stiamasterol）和胡萝卜苷（daucosterin）[4]；挥发油类：α- 蒎烯（α-pinene）、反式石竹烯（*trans*-caryopherlene）、壬基环丙烷（nonyl cyclopropane）、十四碳醇（1-tetradecanol）、十二醇 -1（1-dodecanol）、α- 葎草烯（α-humulene）、β- 水芹烯（β-phellandrene）、壬酸乙酯（ethyl nonanoate）和反式 -β- 金合欢烯（*trans*-β-farnesene）等[11]；炔醇类：镰叶芹二醇（falcarindiol）和（8*E*）-1, 8- 十七碳二烯 -4, 6- 二炔 -3, 10- 二醇［（8*E*）-1, 8-heptadecadiene-4, 6-diyne-3, 10-diol］[1]；糖类：蔗糖（sucrose）[4]；其他尚含：2- 乙氧基 -2-（对羟基苯基）乙醇［2-ethoxy-2-（*p*-hydroxyl phenyl）ethanol］和 5- 羟甲基糠醛（5-hydroxymethylfurfural）[1]。

根和根茎含香豆素类：仲 -*O*-β-D- 吡喃半乳糖 -（*R*）- 比克白芷素［*sec-O*-β-D-galactopyranosyl-（*R*）-byakangelicin］、8-*O*-β-D- 吡喃半乳糖花椒毒酚（8-*O*-β-D-galactopyranosyl xanthotoxol）、7-*O*-β-D-呋喃芹糖 -（1→6）-β-D- 吡喃葡萄糖基白花前胡醇［7-*O*-β-D-apiofuranosyl-（1→6）-β-D-glucopyranosyl peucedanol］、（*R*）- 白花前胡醇 -7-*O*-β-D- 吡喃葡萄糖苷［（*R*）-peucedanol-7-*O*-β-D-glucopyranoside］、仲 -*O*-β-D- 吡喃葡萄糖 -（*R*）- 水合氧化前胡素［*sec-O*-β-D-glucopyranosyl-（*R*）-oxypeucedanin hydrate］、7-*O*-β-D-吡喃半乳糖东莨菪内酯（7-*O*-β-D-galactopyranosyl scopoletin）、秦皮甲素（aesculin）[12]，印度榅桲素 -4′-*O*-β-D- 呋喃芹糖 -（1→6）-β-D- 吡喃葡萄糖苷［marmesin-4′-*O*-β-D-apiofuranosyl-（1→6）-β-D-glucopyranoside］、β-D- 葡萄糖 -6′-（β-D- 芹糖）- 哥伦比亚苷元［β-D-glucosyl-6′-（β-D-apiosyl）-columbianetin］、哥伦比亚狭缝芹素（columbianin）、8-*O*-β-D- 吡喃葡萄糖基花椒毒酚（8-*O*-β-D-glucopyranosyl xanthotoxol）、叔 -*O*-β-D- 吡喃葡萄糖基 -（*R*）- 白芷属脑［*tert-O*-β-D-glucopyranosyl-（*R*）-heraclenol］[13]，（3′*R*）-羟基印度榅桲素 -4′-*O*-β-D- 吡喃葡萄糖基［（3′*R*）-hydroxymamesin-4′-*O*-β-D-glucopyranoside］、仲 -*O*-β-D-

吡喃葡萄糖基 -( *R* )- 比克白芷素［sec-*O*-β-D-glucopyranosyl-( *R* )-byakangelicin］[14]和杭白芷素*B( dahurin B ) [15]。

【药理作用】1. 抗炎 根中提取的香豆素组分能抑制二甲苯所致小鼠的耳肿胀和蛋清所致大鼠的足肿胀[1]；根醇提取物对二甲苯所致小鼠的耳肿胀有极显著的抑制作用[2]；根中提取的总香豆素、挥发油能明显减轻二甲苯所致小鼠的耳廓肿胀度、抑制小鼠腹腔毛细血管通透性亢进，而复合成分组对小鼠棉球肉芽肿也有明显的抑制作用[3]。2. 解热镇痛 根中提取的香豆素成分对酵母引起的大鼠发热有显著的解热作用，对热板所致小鼠的疼痛和乙酸所致小鼠的扭体反应均有显著的抑制作用[1]；根的醇提取物对乙酸所致小鼠的扭体有极显著的抑制作用[2]；根的不同提取物对干酵母、2，4- 二硝基苯酚所致大鼠的发热均有解热作用，减少乙酸所致小鼠的扭体次数和提高热板所致小鼠的痛阈值，其中水提取物解热作用最强，乙酸乙酯提取物镇痛作用最强[4]；根挥发油可提高大鼠对热板、辐射热刺激的耐受性，减少扭体次数；根挥发油不引起小鼠跳跃反应和甩尾反应[5]；根总挥发油在外周能显著降低血中单胺类神经递质的含量，在中枢能显著升高多巴胺、5- 羟色胺含量，降低去甲肾上腺素和 5- 羟吲哚乙酸含量[6]；根总香豆素、挥发油对乙酸及甲醛所致小鼠或大鼠的疼痛反应具有明显的抑制作用，复合成分组对热板刺激、乙酸及甲醛所致疼痛模型均具有抑制作用[3]；根挥发油可提高热板、辐射热刺激致痛小鼠的痛阈值，减少小鼠甩尾次数和扭体次数[7]；根中提取的总香豆素在 0.72g/kg 剂量下可明显抑制偏头痛模型动物血清中的前列腺素 $E_2$（$PGE_2$）水平，降低模型动物血中的肿瘤坏死因子 -α（TNF-α）含量[8]。3. 抗氧化 根多糖能清除羟自由基（•OH）和超氧阴离子自由基（$O_2^-$•），并抑制脂质过氧化（LPO）[9]。4. 细胞增殖 根多糖对中国仓鼠肺细胞（CHL）细胞的生长增殖均有促进作用[10]。5. 抗肿瘤 根中提取的异欧前胡素（isoimperatorin）、水合氧化前胡素（oxypeucedanin hydrate）对肿瘤 HL-60、P388、HELA、A549 细胞的增殖均有明显的抑制作用[11]。6. 活血化瘀 根石油醚、乙酸乙酯、正丁醇、水提取物对血瘀模型大鼠的全血黏度、血浆黏度、血细胞比容、红细胞聚集指数均有明显的改善作用，其中乙酸乙酯部位作用最强[12]。

【性味与归经】辛，温。归胃、大肠、肺经。

【功能与主治】散风除湿，通窍止痛，消肿排脓。用于感冒头痛，眉棱骨痛，鼻塞，鼻渊，牙痛，白带，疮疡肿痛。

【用法与用量】3 ～ 9g。

【药用标准】药典 1977—2015、浙江炮规 2005、内蒙古蒙药 1986、新疆药品 1980 二册和台湾 2013。

【临床参考】1. 白癜风：根 100g，打成粗粒，加 70% 乙醇 500ml，浸泡 15 天后过滤，加氮酮 50ml，药液涂擦患处，并适当日晒[1]。

2. 软组织损伤：根适量研末，加醋、冰片搅匀成糊状敷患处，每日 1 次，表皮损伤忌用[1]。

3. 盆腔炎：根 15g，加红花、蒲公英、败酱草、薏苡仁、猪苓各 20g，水煎服[1]。

4. 月经不调、痛经：根 15g，加当归 15g，水煎服，每次月经前 1 周开始，至月经来潮停服[1]。

5. 毛细支气管炎：根 3 ～ 8g，加紫菀、款冬花各 3 ～ 8g，梨半只，冰糖 20g，用水 50ml 蒸 20min，取汁分 3 次服，5 ～ 10 天为 1 疗程[2]。

【化学参考文献】

［1］韦玮，徐嵬，杨秀伟，等 . 杭白芷醋酸乙酯部位化学成分研究［J］. 中草药，2016，47（15）：2606-2613.

［2］张涵庆，袁昌齐，陈桂英，等 . 杭白芷根化学成分的研究［J］. 药学通报，1980，15（9）：2-4.

［3］韦玮，杨秀伟，周媛媛 . 杭白芷正丁醇溶性部位化学成分研究［J］. 中国现代中药，2017，19（5）：630-634.

［4］卢嘉，金丽，金永生，等 . 中药杭白芷化学成分的研究［J］. 第二军医大学学报，2007，28（3）：294-298.

［5］Deng G G，Wei W，Yang X W，et al. New coumarins from the roots of *Angelica dahurica* var. *formosana* cv. Chuanbaizhi and their inhibition on NO production in LPS-activated RAW264. 7 cells［J］. Fitoterapia，2015，101：194-200.

[6] Jia X，Zhao X，Wang M，et al. Two new coumarin biosides from *Angelica dahurica* [J]. Chem Nat Compd，2008，44（6）：692-695.

[7] Jia X，Feng X，Zhao X，et al. Two new linear furanocoumarin glycosides from *Angelica dahurica* [J]. Chem Natl Compd，2008，44（2）：166-168.

[8] Wei W，Wu X W，Deng G G，et al. Anti-inflammatory coumarins with short- and long-chain hydrophobic groups from roots of *Angelica dahurica* cv. Hangbaizhi [J]. Phytochemistry，2016，123：58-68.

[9] 赵兴增，贾晓东，陈军，等. 白芷化学成分研究 [J]. 时珍国医国药，2008，19（8）：2000-2002.

[10] 周继铭，余朝菁，王树梅，等. $^1$H-NMR 法鉴定白芷中天然呋喃香豆素衍生物的研究 [J]. 分析测试学报，1990，9（1）：24-29.

[11] 张强，李章万. 杭白芷挥发油成分的 GC-MS 分析 [J]. 中药材，1997，20（1）：28-30.

[12] 孙浩，赵兴增，贾晓东，等. 杭白芷香豆素苷类成分研究 [J]. 中药材，2012，35（11）：1785-1788.

[13] 贾晓东，赵兴增，冯煦，等. 杭白芷香豆素类成分的研究（Ⅱ）[J]. 中草药，2008，39（12）：1768-1771.

[14] 赵兴增，冯煦，贾晓东，等. 杭白芷香豆素类成分的研究（Ⅰ）[J]. 中草药，2007，38（4）：504-506.

[15] Zhao X Z，Feng X，Jia X D，et al. New Coumarin glucoside from *Angelica dahurica* [J]. Chem Nat Compd，2007，43（4）：399-401.

**【药理参考文献】**

[1] 王德才，李珂，徐晓燕，等. 杭白芷香豆素组分解热镇痛抗炎作用的实验研究 [J]. 中国中医药信息杂志，2005，12（11）：36-37.

[2] 卢晓琳，蒋运斌，袁茂华，等. 熏硫与未熏硫白芷抗炎镇痛作用的对比研究 [C]. 全国博士生学术论坛. 2013.

[3] 薛艳萍，秦旭华，胡黄婉莹，等. 白芷总香豆素和挥发油镇痛抗炎作用的比较研究 [J]. 中国民族民间医药，2016，25（8）：20-22.

[4] 张慧，海广范，张崇，等. 白芷不同提取物解热镇痛活性的比较 [J]. 新乡医学院学报，2011，28（4）：431-434.

[5] 聂红，沈映君，吴俊梅，等. 白芷挥发油镇痛、镇静作用和身体依赖性研究 [J]. 中药新药与临床药理，2002，13（4）：221-223.

[6] 聂红，沈映君，曾南，等. 白芷总挥发油对疼痛模型大鼠的神经递质的影响 [J]. 中药药理与临床，2002，18（3）：11-14.

[7] 高小坤. 白芷挥发油镇痛、镇静作用实验研究 [J]. 现代中西医结合杂志，2013，22（35）：3880-3882.

[8] 薛艳萍，秦旭华，胡黄婉莹，等. 白芷总香豆素对偏头痛模型大鼠 $PGE_2$ 和 TNF-α 的影响 [J]. 中药与临床，2016，7（3）：42-44.

[9] 王德才，高丽君，高艳霞. 杭白芷多糖体外抗氧化活性的研究 [J]. 时珍国医国药，2009，20（1）：173-174.

[10] 曲见松，康学军，王林波. 白芷多糖的提取纯化及其对仓鼠肺细胞生长作用的研究 [J]. 山东中医杂志，2005，24（3）：172-174.

[11] 王梦月，贾敏如，马逾英，等. 白芷中四种线型呋喃香豆素类成分药理作用研究 [J]. 天然产物研究与开发，2010，22（3）：485-489.

[12] 张慧，海广范，栗志勇，等. 白芷中活血化瘀有效组分的谱效关系 [J]. 中国实验方剂学杂志，2014，20（15）：139-143.

**【临床参考文献】**

[1] 吴淑芳，李炜. 白芷的临床配伍及应用 [J]. 内蒙古中医药，2013，32（4）：65-66.

[2] 周燕辉. 紫苑、款冬花、白芷佐治毛细支气管炎患儿 100 例疗效观察 [J]. 中外医疗，2010，29（3）：17-18.

## 688. 紫花前胡（图 688）• *Angelica decursiva*（Miq.）Franch.et Sav. [*Peucedanum decursivum*（Miq.）Maxim.]

**【别名】**土当归（江苏、安徽、江西），独活（浙江、江西），麝香菜（安徽），前胡（江苏南京），

**图 688　紫花前胡**　　摄影　郭增喜等

老蟹叉（江西赣州）。

**【形态】**多年生草本，高 1 ～ 2m。根圆锥形，有分枝，直径 1 ～ 2cm，外表棕黄色至棕褐色，有强烈气味。茎直立，单一，光滑，常为紫色，有纵沟纹，上部节上以及花序有毛。基生叶和茎下部叶有长柄，柄长 13 ～ 36cm，基部膨大成圆形的紫色叶鞘，抱茎；叶片三角状卵形，坚纸质，一至二回羽状分裂；一回裂片的小叶柄翅状延长，侧方裂片和顶端裂片的基部合生，翅边缘有锯齿；末回裂片卵形或长椭圆形，边缘有白色软骨质锯齿，主脉常带紫色，上表面沿脉有短糙毛，下表面无毛；茎上部叶退化成囊状膨大的紫色叶鞘。复伞形花序顶生和侧生，花序梗长 3 ～ 8cm，有柔毛；伞辐 8 ～ 22 个；总苞片 1 ～ 3 枚，卵圆形，鞘状，宿存，反折，紫色；小总苞片 3 ～ 8 枚，条形至披针形，绿色或紫色；伞辐及花柄有毛；花深紫色，萼齿明显。双悬果椭圆形，无毛，背腹扁压，背棱线形隆起，尖锐，侧棱有较厚的狭翅；每棱槽内有油管 1 ～ 3 条，合生面油管 4 ～ 6 条。花期 8 ～ 9 月，果期 9 ～ 11 月。

**【生境与分布】**生于山坡林缘、溪边、杂木林灌丛中。分布于安徽、江苏、浙江、江西，另辽宁、河北、陕西、河南、四川、湖北、广西、广东等地均有分布；日本、朝鲜、俄罗斯也有分布。

**【药名与部位】**紫花前胡（前胡），根。

**【采集加工】**秋、冬二季地上部分枯萎时采挖，除去须根，晒干。

**【药材性状】**多呈不规则圆柱形、圆锥形或纺锤形，主根较细，有少数支根，长 3 ～ 15cm，直径 0.8 ～ 1.7cm。表面棕色至黑棕色，根头部偶有残留茎基和膜状叶鞘残基，有浅直细纵皱纹，可见灰白色横向皮孔样突起和点状须根痕。质硬，断面类白色，皮部较窄，散有少数黄色油点。气芳香，味微苦、辛。

**【药材炮制】**除去杂质，洗净，润透，切薄片，干燥。

**【化学成分】**根含香豆素类：异佛手柑内酯（isobergapten）、佛手柑内酯（bergapten）、茴芹内酯

（pimpinellin）、异茴芹内酯（isopimpinellin）、二氢欧山芹醇乙酯（columbianetin acetate）、前胡香豆素 E（qianhucoumarin E）、花椒毒素（xanthotoxin）、甲氧基欧芹酚（osthole）、6- 牛防风素（6-sphondin）、补骨脂素（psoralen）[1]，3′（*S*）- 乙酰氧基 -4′（*R*）- 当归酰氧基 -3′，4′- 二氢花椒内酯［3′（*S*）-acetoxy-4′（*R*）-angeloyloxy-3′，4′-dihydroxanthyletin］、（+）-3′*S*- 日本前胡醇［（+）-3′*S*-decursinol］、（+）- 反式 - 日本前胡二醇［（+）-*trans*-decursidinol］[2]，（9*R*，10*R*）-9- 乙酰氧基 -8，8- 二甲基 -9，10- 二氢 -2H，8H- 苯并［1，2-b：3，4-b′］二吡喃 -2- 酮 -10- 基酯｛（9*R*，10*R*）-9-acetoxy-8，8-dimethyl-9，10-dihydro-2H，8H-benzo［1，2-b：3，4-b′］dipyran-2-one-10-yl ester｝、补骨脂呋喃香豆精（bakuchicin）、顺式 -3′*S*，4′*S* - 二千里光酰基 -3′，4′- 二氢邪蒿内酯［*cis*-（3′*S*，4′*S*）-disenecioyloxy-3′，4′-dihydroseselin］、丝立尼亭（selinidin）、花椒素（suberosin）、滨海前胡醇 *A、B（peujaponisinol A、B）、坚挺岩风素 *（libanoridin）、欧斯特醇 *（ostenol）[3]，紫花前胡素（decursin）、紫花前胡次素（decursidin）[4]，紫花前胡苷（nodakenin）[5]，伞形酮 -6- 羧酸（umbelliferone-6-carboxylic acid）[6]，鸭脚前胡苷 I、II、III、IV、V（decuroside I、II、III、IV、V）[7]，鸭脚前胡苷Ⅵ（decuroside VI）[8]，紫花前胡亭 D、F（decursitin D、F）[2]，紫花前胡亭 B（decursitin B）[9]，紫花前胡亭 C（decursitinC）[10]，顺式 - 紫花前胡定醇（*cis*-decursidinol）[8]，欧前胡精（ostruthin）[10]，紫花前胡香豆素 *I（Pd-C-I）[11]，紫花前胡香豆素 * II、IV（Pd-C-II、IV）[2]，紫花前胡香豆素 * V（Pd-C-V）、鞘亮蛇床定（vaginidin）[12]，伞形花内酯（umbelliferone）、紫花前胡苷元（nodakenetin）和紫花前胡定（decursidin）[13]；色原酮类：（+）-8，9- 二氢 -8-（2- 羟基 -2- 丙基）-2- 氧化 -2H- 呋喃［2，3h］色烯 -9- 基 -3- 甲基 -2- 丁烯酯｛（+）-8，9-dihydro-8-（2-hydroxy-2-propanyl）-2-oxo-2H-furo［2，3h］chromen-9-yl-3-methylbut-2-enoate｝[3]；酚酸类：阿魏酸（ferulic acid）[1]；甾体类：β- 谷甾醇（β-sitosterol）[1]；酚类：深黄水芹酮（crocatone）[3] 和紫花前胡酯 *（decursidate）[5]；挥发油类：α- 蒎烯（α-pinene）、D- 柠檬烯（D-limonene）、甲基环己烷（methy-cyclohexane）、*p*- 薄荷脑 -1- 醇（*p*-menthan-1-ol）、1- 甲基 -5-（1- 甲乙烯基）- 环己烯［1-methyl-5-（1-methylvinyl）- cyclohexene］、（1*S*）-6，6- 二甲基 -2- 亚甲基双环［3.1.1］庚烷｛（1*S*）-6，6-dimethyl-2-methylenebicyclo［3.1.1］heptane｝和 1- 甲基 -3-（1- 甲乙基）苯［1-methyl-3-（1-methylethyl）benzene］等[14-17]。

茎叶含香豆素类：欧前胡素（imperatorin）、石防风素（deltoin）、哥伦比亚内酯（columbianadin）、东莨菪内酯（scopoletin）和（+）- 反式 - 紫花前胡定醇［（+）-*trans*-decursidinol］[18]；甾体类：β- 谷甾醇（β-sitosterol）和胡萝卜苷（daucosterol）[18]；环烷类：甲基环己烷（methy-cyclohexane）和 *p*- 薄荷脑 -1- 醇（*p*-menthan-1-ol）[14]。

花含挥发油类：α- 蒎烯（α-pinene）、（-）-β- 蒎烯［（-）-β-pinene］、石竹烯（caryophyllene）和大牻牛儿烯 D，即大根香叶烯 D（germacrene D）等[6]。

果实含香豆素类：伞形戊烯内酯（umbelliprenin）、欧前胡素（imperatorin）、异欧前胡素（isoimperatorin）和（+）- 羟基前胡素［（+）-hydroxypcucedanin］[19]。

全草含香豆素类：伞形酮 -6- 羧酸（umbelliferone-6-carboxylic acid）[20]。

【**药理作用**】1. 抗炎、抗氧化　根的水和 70% 乙醇提取物对中脂多糖诱导的小鼠肺炎炎症有明显的抗炎作用[1]；从根分离的紫花前胡苷（nodakenin）能显著抑制气道炎症反应和气道高反应，降低血清或 BALF 中 IgE、白细胞介素 -4（IL-4）、白细胞介素 -5（IL-5）和白细胞介素 -13（IL-13）的水平，抑制 P65、p-P65 细胞水平，增加 P65 细胞质、IκBα 蛋白和减弱核转录因子（NF-κB）-DNA 结合力[2]；全草甲醇、乙酸乙酯提取物可抑制脂多糖诱导 RAW 264.7 细胞的一氧化氮（NO）产生[3]；全草乙酸乙酯部位在体外对 1，1- 二苯基 -2- 三硝基苯肼自由基、2，2′- 联氮 – 二（3- 乙基 - 苯并噻唑 -6- 磺酸）二铵盐自由基具有清除作用[3]；从全草分离的伞形酮 -6- 羧酸（umbelliferone-6- carboxylic acid）可抑制脂多糖（LPS）刺激 RAW 264.7 细胞一氧化氮（NO）、前列腺素 $E_2$（$PGE_2$）、肿瘤坏死因子 -α（TNF-α）、一氧化氮合酶（NOS）和环氧合酶的表达[4]；从全草提取的香豆素可抑制脂多糖刺激的 RAW 264.7 细胞中一氧化氮（NO）和肿瘤坏死因子 -α 的产生及表达[5]。2. 抗血小板凝聚 从根分离的紫花前胡苷可明显抑制血小板活化因子（PAF）引起的兔血小板聚集[6]；根正丁醇提取物中分离的香豆素可促进 ADP 诱发的人血小板凝集[7]。3. 细胞保护 紫花前胡素（decursin）可降低大鼠肾小管上皮细胞活性氧（ROS）水平并抑制顺铂诱导的 NRK-52E 细胞凋亡[8]。4. 调节血管 根的乙醇提取物对去氧肾上腺素和氯化钾引起的主动脉收缩有扩张作用，可抑制 $Ca^{2+}$ 补充诱导的主动脉环的血管收缩[9]。5. 抗阿尔茨海默病 根所含的香豆素等化合物可抑制乙酰胆碱酯酶（AChE）、丁酰胆碱酯酶（BChE）和 β- 位点淀粉样蛋白前体蛋白裂解酶 1（BACE1）活性[10-12]。6. 抗糖尿病 根的甲醇提取物可抑制 α- 葡萄糖苷酶、蛋白酪氨酸磷酸酶 1B 和大鼠晶状体醛糖还原酶活性[12]。7. 祛痰 从根分离的紫花前胡苷能增强小鼠气管排泌酚红[13]。

**【性味与归经】**苦、辛，微寒。归肺经。

**【功能与主治】**降气化痰，散风清热。用于痰热喘满，咯痰黄稠，风热咳嗽痰多。

**【用法与用量】**3 ～ 9g，或入丸、散。

**【药用标准】**药典 1963—2015、湖南药材 2009、贵州药材 1965、新疆药品 1980 二册、香港药材四册和台湾 2013。

**【附注】**《本草图经》载有滁州当归，称：“……春生苗，绿叶有三瓣，七八月开花似莳萝，浅紫色，根黑黄色，二月、八月采根，阴干。”《植物名实图考》称为土当归，云：“江西、湖南山中多有之，……。惟江湖产者花紫。”所述及附图均指本种。

药材紫花前胡（前胡）阴虚咳嗽、寒饮咳嗽患者慎服。

**【化学参考文献】**


［1］孙希彩，张春梦，李金楠，等 . 紫花前胡的化学成分研究［J］. 中草药，2013，44（15）：2044-2047.

［2］姚念环，孔令义 . 紫花前胡化学成分的研究［J］. 药学学报，2001，36（5）：351-355.

［3］廖志超，姜鑫，田文静，等 . 紫花前胡中化学成分的研究［J］. 中国中药杂志，2017，42（15）：2999-3003.

［4］Hata K，Sano K. Studies on coumarins FR. om the root of *Angelica decursiva* FR et SAV. I. the structure of decursin and decursidin［J］. Yakugaku Zasshi，1969，89（4）：549-557.

［5］Matano Y，Okuyama T，Shibata S，et al. Studies on coumarins of a Chinese drug “qian-hu”； VII. structures of new coumarin-glycosides of zi-hua qian-hu and effect of coumarin-glycosides on human platelet aggregation［J］. Planta Med，1986，52（2）：135-138.

［6］Islam M N，Choi R J，Jin S E，et al. Mechanism of anti-inflammatory activity of umbelliferone 6-carboxylic acid isolated from *Angelica decursiva*［J］. J Ethnopharmacology，2012，144（1）：175-181.

［7］Matano Y，Okuyama T，Shibata S，et al. Studies on coumarins of a Chinese drug “Qian-Hu”； VII. structures of new coumarin glycosides of Zi-Hua Qian-Hu and effect of coumarin glycosides on human platelet aggregation［J］. Planta Med，1986，52（2）：135-138.

［8］Yao N H，Kong L Y，Niwa M. Two new compounds from *Peucedanum decursivum*［J］. J Asian Nat Prod Res，2001，3（1）：1-7.

［9］Kong L Y，Yao N H，Niwa M. Two new xanthyletin-type coumarins from *Peucedanum decursivum*［J］. Heterocycles，2000，53（9）：2019-2025.

［10］Liu R M，Sun Q H，Shi Y R，et al. Isolation and purification of coumarin compounds from the root of *Peucedanum decursivum*（Miq.）Maxim by high-speed counter-current chromatography［J］. J Chromatogr A，2005，1076（1-2）：127-132.

［11］Sakakibara I，Okuyama T，Shibata S. Studies on coumarins of a Chinese drug “Qian-Hu”. III. coumarins from “Zi-Hua Qian-Hu”［J］. Planta Med，1982，44（4）：199-203.

［12］Okuyama T，Kawasaki C，Shibata S，et al. Effect of Oriental plant drugs on platelet aggregation. II. effect of Qian-Hu coumarins on human platelet aggregation［J］. Planta Med，1986，52（2）：132-134.

［13］Jung N I，Yook C S，Lee H K. Coumarins from the Roots of *Angelica decursiva-albiflora*［J］. Saengyak Hakhoechi，1994，25（4）：311-318.

[14] 鲁曼霞，李丽丽，李芝，等. 紫花前胡花和根挥发油成分分析与比较 [J]. 时珍国医国药，2015，26（1）：74-76.
[15] 雷华平，邹书怡，张辉，等. 三种前胡挥发油成分分析 [J]. 中药材，2016，39（4）：795-798.
[16] 周国莉，刘宇婧，任守利，等. 白花前胡和紫花前胡挥发油成分的分析 [J]. 湖南中医药大学学报，2010，30（5）：26-28.
[17] 张斐，陈波，姚守拙. GC-MS 研究紫花前胡挥发油的化学成分 [J]. 中草药，2003，34（10）：883-884.
[18] 许剑锋，孔令义. 紫花前胡茎叶化学成分的研究 [J]. 中国中药杂志，2001，26（3）：178-180.
[19] Avramenko L G，Nikonov G K，Pimenov M G. Coumarins in *Angelica decursiva* fruits [J]. Khim Prir Soedin，1969，5（6）：593.
[20] Nurul I M，Joo C R，Eun J S，et al. Mechanism of anti-inflammatory activity of umbelliferone 6-carboxylic acid isolated from *Angelica decursiva* [J]. J Ethnopharmacol，2012，144（1）：175-181.

**【药理参考文献】**

[1] Lim H J，Lee J H，Choi J S，et al. Inhibition of airway inflammation by the roots of *Angelica decursiva* and its constituent，columbianadin [J]. Journal of Ethnopharmacology，2014，155（2）：1353-1361.
[2] 熊友谊，时维静，俞浩，等. 紫花前胡苷抑制哮喘小鼠气道炎性反应和 NF-κB 信号传导通路 [J]. 基础医学与临床，2014，34（5）：690-694.
[3] Zhao D，Islam M N，Ahn B R，et al. In vitro antioxidant and anti-inflammatory activities of *Angelica decursiva* [J]. Archives of Pharmacal Research，2012，35（1）：179-192.
[4] Islam M N，Choi R J，Jin S E，et al. Mechanism of anti-inflammatory activity of umbelliferone 6-carboxylic acid isolated from *Angelica decursiva* [J]. Journal of Ethnopharmacology，2012，144（1）：175-181.
[5] Ishita I J，Nurul I M，Kim Y S，et al. Coumarins from *Angelica decursiva* inhibit lipopolysaccharide-induced nitrite oxide production in RAW 264. 7 cells [J]. Archives of Pharmacal Research，2015，39（1）：115-126.
[6] 张艺，贾敏如，孟宪丽，等. 中药紫花前胡抗血小板活化因子（PAF）作用的研究 [J]. 成都中医药大学学报，1997，20（1）：39-40.
[7] 姜若英. 中药前胡中香豆素类成分的研究Ⅶ. 紫花前胡中新香豆素甙的结构和香豆素甙对人血小板凝集作用的影响 [J]. 国外医学：药学分册，1987，（4）：246.
[8] 李翠琼，李健春，樊均明，等. 紫花前胡素能降低大鼠肾小管上皮细胞活性氧并抑制顺铂诱导的细胞凋亡 [J]. 细胞与分子免疫学杂志，2017，33（10）：1328-1334.
[9] Kim B，Kwon Y，Lee S，et al. Vasorelaxant effects of *Angelica decursiva* root on isolated rat aortic rings [J]. Bmc Complementary & Alternative Medicine，2017，17（1）：474.
[10] Ali M Y，Seong S H，Reddy M R，et al. Kinetics and molecular docking studies of 6-formyl umbelliferone isolated from *Angelica decursiva* as an inhibitor of cholinesterase and BACE1 [J]. Molecules，2017，22（10）：1604.
[11] Ali M Y，Jannat S，Jung H A，et al. Anti-Alzheimer's disease potential of coumarins from *Angelica decursiva* and *Artemisia capillaris* and structure-activity analysis [J]. Asian Pacific Journal of Tropical Medicine，2016，9（2）：103-111.
[12] Yousof A M，Jung H A，Choi J S. Anti-diabetic and anti-Alzheimer's disease activities of *Angelica decursiva* [J]. Archives of Pharmacal Research，2015，38（12）：2216-2227.
[13] 刘元，李星宇，宋志钊，等. 白花前胡丙素和紫花前胡苷祛痰作用研究 [J]. 时珍国医国药，2009，20（5）：1049.

## 22. 山芹属 *Ostericum* Hoffm.

二年生或多年生草本。茎直立，中空，具纵棱槽。叶二至四回羽状分裂，裂片边缘质地较硬，叶下表面淡绿色，细脉不明显。复伞形花序顶生和侧生；总苞片少数，披针形或条状披针形；小总苞片数个，条形至条状披针形；花白色、绿色或黄白色；萼齿明显，三角状或卵形，宿存；花瓣先端内折呈小舌片状。双悬果卵状长圆形，背腹扁压；分生果背棱稍隆起，侧棱薄，宽翅状，果皮薄膜质，透明，有光泽，外果皮细胞向外凸出，可见呈颗粒状或点泡状突起，每棱槽内有油管 1 ～ 3 条，合生面有油管 2 ～ 8 条；果实成熟后，中果皮处出现空隙，内果皮和中果皮紧密结合而与中果皮分离。

约 10 种，多分布于亚洲及东欧。中国 7 种 4 变种 1 变型，主产于中国东北，法定药用植物 1 种。华东地区法定药用植物 1 种。

## 689. 隔山香（图 689）• *Ostericum citriodorum*（Hance） Yuan et Shan（*Angelica citriodora* Hance）

**图 689 隔山香** 摄影 张芬耀等

**【别名】**枸橼当归（通称），前胡（浙江、福建），柠檬香咸草、正天竹、露天竹（浙江），野茴香、土柴胡（江西赣州）。

**【形态】**多年生草本，高 0.5 ～ 1.3m，全株光滑无毛。主根纺锤形，黄色。茎基有残存的纤维状叶鞘；茎单生，圆柱形，上部分枝。基生叶及茎生叶均为二至三回羽状分裂，叶柄长 5 ～ 30cm，基部略膨大成短三角形的鞘，稍抱茎；叶片长圆状卵形至阔三角形，末回裂片长圆状椭圆形至长披针形，长 3 ～ 6.5cm，宽 0.4 ～ 2.5cm，先端急尖，边缘及中脉质硬，密生极细的齿。复伞形花序顶生和侧生；花序梗长 6 ～ 9cm；总苞片 6 ～ 8 枚，披针形；伞辐 5 ～ 12 个；小伞花序有花 10 余朵；小总苞片 5 ～ 8 枚，狭条形，反折；花白色；萼齿明显，三角状卵形；花瓣倒卵形，先端内折呈小舌片状内弯。果实椭圆形，金黄色，有光泽；背腹扁平，背棱和中棱尖锐，背棱有狭翅，侧棱有宽翅，宽于果体；表皮细胞凸出或颗粒状突起，每棱槽中有油管 1 ～ 3 条，合生面有油管 2 条。花期 6 ～ 8 月，果期 8 ～ 10 月。

**【生境与分布】**生于山坡灌木林下或林缘、草丛中。分布于江西、浙江、福建，另湖南、广东、广西均有分布。

**【药名与部位】**隔山香，根。

**【采集加工】**秋后采挖，除去泥沙，晒干。

**【药材性状】**根呈圆柱形，下部有分枝，长 3 ～ 21cm；根头部膨大，圆锥状，直径 0.3 ～ 1.2cm；顶端有茎、叶的残基或凹陷；表面棕黄色至黄棕色，有不规则纵皱纹，凸起的点状皮孔及细根痕；质硬而脆，易折断，断面平坦，淡黄棕色，可见一棕色环纹及多数黄棕色小点，近外皮部有较多针孔状裂隙呈环状排列。有特异香气，味辛。

**【化学成分】**根含苯丙素类：反式-异莳萝脑［*trans*-isodillapiol］、异莳萝脑乙二醇（isodillapiolglycol）[1]，芹菜脑（isoapiole）、芹菜醛（apiolealdehyde）、安息香醛（benzaldehyde）和4, 5-二甲氧基-6-甲基-1, 3-苯并间二氧杂环戊烯（4, 5-dimethoxy-6-methyl-1, 3-benzodioxole）[2]；甾体类：β-谷甾醇（β-sitosterol）[1]，豆甾醇（stigmasterol）和豆甾醇-3-*O*-β-D-吡喃葡萄糖苷（stigmasterol-3-*O*-β-D-glucopyranoside）[2]；黄酮类：1-（2, 6-二羟基-4-甲氧基苯基）-3-（3, 4, 5-三甲氧基苯基）-2-丙烯-1-酮［1-（2, 6-dihydroxy-4-methoxyphenyl）-3-（3, 4, 5-trimethoxyphenyl）-2-propen-1-one］、3, 5, 7-三羟基-3′, 4′-二甲氧基黄酮（3, 5, 7-trihydroxy-3′, 4′-dimethoxyflavanone）、芹菜素（apigenin）和二氢槲皮素（dihydroquercetin）[2]；酚酸类：龙胆酸（gentisic acid）、阿魏酸（ferulic acid）、1, 5-二-*O*-咖啡酰奎宁酸（1, 5-di-*O*-caffeoyl quinic acid）、3, 5-二咖啡酰基奎宁酸（3, 5-dicaffeoyl quinic acid）和邻羟基苯醛（salicylaldehyde）[2]；二元羧酸类：庚二酸（heptanedioic acid）[2]；香豆素类：牻牛儿基东莨菪素（geranyl scopoletin）[2]，紫花前胡次素（decursidin）、9-（9-当归酰氧基-10-千里光酰氧基-9, 10-二氢花椒内酯）［9-（9-angeloyloxy-10-senecioyloxy-9, 10-dihydroxanthyletin）］和异紫花前胡内酯（marmesin）[3]；色原酮类：8-（3, 7-二甲基-八面体-2, 6-二烯基）-7-羟基-6-甲氧基-2-色原酮［8-（3, 7-dimethyl-octa-2, 6-dienyl）-7-hydroxy-6-mehtoxy-chromen-2-one］[3]；挥发油类：（1*S*）-α-蒎烯［（1*S*）-α-pinene］、洋芹脑（apiole）、β-蒎烯（β-pinene）、榄香素（elemicin）和γ-萜品烯（γ-terpinene）等[4]；叠氮糖苷类：α-D-吡喃葡萄糖-（1→1′）-3′-叠氮-3′-去氧-β-D-吡喃葡萄糖苷［α-D-glucopyranosyl-（1→1′）-3′-azido-3′-deoxy-β-D-glucopyranoside］[2]；其他尚含：4, 5-二甲氧基-2, 3-亚甲二氧基苯甲醇（4, 5-dimethoxy-2, 3-methylenedioxy benzylalcohol）[3]。

叶含挥发油类：α-石竹烯（α-caryophyllene）、β-石竹烯（β-caryophyllene）、萜品油烯（terpinolene）和β-桉叶醇（β-eudesmol）[4]。

果实含挥发油类：洋芹脑（apiole）、D-柠檬烯（limonene）、（+）-4-蒈烯［（+）-4-carenne］、β-石竹烯（caryophyllene）、α-石竹烯（α-caryophyllene）和乙酸萜品酯（terpinyl acetate）[4]。

**【药理作用】**1. 抑制平滑肌　根中分离的异莳萝脑（isodillapiol）对去甲肾上腺素和高钾预收缩兔的主动脉条有扩张作用，同时还能使兔回肠的自发性活动减少以及抑制离体豚鼠气管的收缩[1]；根中分离的异芹菜脑（isoapiole）对大鼠胸主动脉血管环具有内皮性依赖的扩张作用，其机制可能与促进内皮型一氧化氮合酶（NOS）表达和促进一氧化氮（NO）分泌有关[2]；根中分离的异紫花前胡内酯（marmesin）对去甲肾上腺素和氯化钾收缩的血管环有非内皮依赖性扩张作用，其机制可能与抑制受体操纵钙通道（ROCC）、L型电压依赖性钙通道（VDCC）、内钙释放以及开放钙激活钾离子通道（KCa）等有关[3]。2. 心肌细胞保护　根中分离的异芹菜脑对缺氧/复氧损失模型乳鼠的心肌细胞活力具有增强作用，可提高其存活率[4]。3. 镇咳祛痰　根的蒸馏液能减少氨水致咳豚鼠的咳嗽次数，促进小鼠支气管排出酚红[5]。4. 抗炎　根的蒸馏液对巴豆油诱导小鼠的耳肿胀具有一定的抑制作用[5]。5. 抗菌　根的蒸馏液对甲型乙型链球菌、流感杆菌及肺炎杆菌的生长均有一定的抑制作用[5]。

**【性味与归经】**辛、微苦，平。归肺、心、胃经。

**【功能与主治】**疏风清热，祛痰止咳，消肿止痛。用于感冒，咳嗽，头痛，腹痛，痢疾，肝炎，风湿痹痛，疝气，月经不调，跌打肿痛，疮痈，毒蛇咬伤。

【用法与用量】6 ～ 15g。

【药用标准】湖南药材 2009 和云南药材 2005 一册。

【临床参考】1. 脑肿瘤：根 15g，加川芎、白芷、天葵子、青天葵各 9g，茯苓、颠茄、癞芋、全蝎、僵蚕各 10g，水煎服，同时止痛药水（麝香、蟾蜍各 0.5g，细辛 50g，冰片、鼠女虫各 80g，浸 50° 白酒 5kg，装入瓶中，越久越好）外涂[1]。

2. 中暑腹痛、胃痛、胸腹胀满：根或全草 3~6g，水煎服；或取根一段，长 6~7cm，洗净，嚼碎咽下。

3. 咳嗽：根 3~6g，水煎服。

4. 肝硬化腹水：全草 30g，生吃，或用干粉 6g，加白糖冲服，每日 2 次。

5. 阿米巴痢疾：根 30g，加贴梗海棠根 60g，水煎服，连服 7 天。（2 方至 5 方引自《浙江药用植物志》）

【附注】始载于《植物名实图考》，云："隔山香生衡山，白根润脆，枝茎挺疏，长叶光绿，二五匀秀，花如当归、白芷，竟体皆芳，与风俱发。"所载文字与附图与本种一致。

本种的全草民间也作药用，根在广西作香白芷药用。

【化学参考文献】

[1] 丁云梅，张涵庆，袁昌齐，等．隔山香化学成分的研究［J］．植物学报，1983，25（3）：250-253.

[2] 汤须崇．隔山香化学成分分离及药理活性初探［D］．厦门：华侨大学硕士学位论文，2015.

[3] 银杉杉．隔山香化学成分及对大鼠胸主动脉舒张作用的研究［D］．广州：广州中医药大学硕士学位论文，2016.

[4] 苏孝共，崇良，林观样，等．浙产隔山香挥发油化学成分的研究［J］．中国中医药科技，2011，18（3）：209-210.

【药理参考文献】

[1] 马允慰，吴皓，胡小鹰，等．异莳萝脑抑制平滑肌作用的初步研究［J］．中成药，1985，（9）：26-27.

[2] Yin S S，Zhang S W，Tong G Y，et al. *In vitro* vasorelaxation mechanisms of isoapiole extracted from *Lemonfragrant Angelica* root on rat thoracic aorta［J］. Journal of Ethnopharmacology，2016，188：229-233.

[3] 张双伟，张军，刘宁宁，等．异紫花前胡内酯对离体大鼠胸主动脉的舒张作用及机制［J］．中药新药与临床药理，2016，27（5）：637-643.

[4] 邓丽红，陈建南，强皎，等．异芹菜脑在隔山香药材中的含量测定及其对心肌细胞缺氧 / 复氧损伤保护作用［J］．中药新药与临床药理，2014，25（4）：472-476.

[5] 田文艺，兰芳，李淑平，等．隔山香的初步药理研究［J］．中国药理学通报，1989，5（4）：249.

【临床参考文献】

[1] 李志祥．中草药治疗脑肿瘤［C］．2005 全国首届壮医药学术会议暨全国民族医药经验交流会论文汇编，2005：2.

## 23. 前胡属 *Peucedanum* Linn.

通常为多年生直立草本。根细长或稍粗，呈圆柱形或纺锤形，茎基部常被叶鞘纤维和环状叶痕。茎圆柱形，有细纵条纹，上部有叉状分枝。叶一至三回羽状分裂或三出式分裂，有柄，裂片边缘锯齿状或分裂。复伞形花序顶生或侧生，较疏松，圆柱形或有时呈四棱形；总苞片多数或缺；小总苞片多数，分离或结合；花瓣圆形至倒卵形，顶端微凹，有内折的小舌片，通常白色，少为黄色或深紫色；萼齿短或不明显；花柱基短圆锥形。双悬果椭圆形至长圆形，背部扁压；中棱和背棱丝线形突起，侧棱扩展成较厚的窄翅，合生面紧紧锲合，不易分离；每棱槽内油管 1 至数条，合生面油管 2 条至多数。

100 ～ 200 种，广布于世界各地。中国约 40 种 5 变种，分布于全国各地，法定药用植物 5 种 1 变种。华东地区法定药用植物 1 种。

### 690. 前胡（图 690）• *Peucedanum praeruptorum* Dunn

【别名】岩风、鸡脚前胡、官前胡（浙江），白花前胡（江苏），山独活（江苏无锡）。

图 690　前胡　　摄影　李华东

【形态】多年生草本，高 0.6 ～ 1.2m。根圆锥形，末端细瘦，常分叉；茎基被多数越年枯鞘纤维。茎圆柱形，下部无毛，上部分枝多有短毛，髓部充实。基生叶具长柄，叶柄长 5 ～ 15cm，基部扩展成卵状披针形叶鞘；叶片轮廓宽卵形或三角状卵形，二至三回三出式分裂，一回羽片具柄，柄长 3.5 ～ 6cm；末回裂片菱状倒卵形，先端渐尖，基部楔形，边缘有锯齿；茎下部叶具短柄，叶片形状与茎生叶相似；茎上部叶逐渐退化。复伞形花序多数，顶生或侧生，伞形花序直径 3.5 ～ 9cm；花序梗上端多短毛；总苞片无或 1 至数枚，条形；伞辐 6 ～ 15 个，不等长，内侧有短毛；小总苞片 8 ～ 12 枚，卵状披针形，有短糙毛；小伞形花序有花 15 ～ 20 朵；花瓣卵形，小舌片内曲，白色；萼齿不显著。双悬果卵圆形，背部扁压，棕色，有稀疏短毛，背棱线形稍突起，侧棱呈翅状，比果体窄，稍厚；每棱槽内油管 3 ～ 5 条，合生面油管 6 ～ 10 条。花期 8 ～ 9 月，果期 10 ～ 11 月。

【生境与分布】生于海拔 250 ～ 2000m 的山坡林缘、路旁或半阴性的山坡草丛中。分布于江西、安徽、江苏、浙江、福建，另甘肃、河南、贵州、广西、四川、湖北、湖南均有分布。

【药名与部位】前胡，根。

【采集加工】冬季至翌年春季茎叶枯萎时或未抽花茎时采挖，除去须根，洗净，晒干或低温干燥。

【药材性状】呈不规则的圆柱形、圆锥形或纺锤形，稍扭曲，下部常有分枝，长 3 ～ 15cm，直径 1 ～ 2cm。表面黑褐色或灰黄色，根头部多有茎痕和纤维状叶鞘残基，上端有密集的细环纹，下部有纵沟、纵皱纹及横向皮孔样突起。质较柔软，干者质硬，可折断，断面不整齐，淡黄白色，皮部散有多数棕黄色油点，形成层环纹棕色，射线放射状。气芳香，味微苦、辛。

【质量要求】内色白，质坚而柔软，不蛀不霉。

【药材炮制】前胡：除去杂质，洗净，润透，切薄片，干燥。炒前胡：取前胡，炒至表面深黄色，微具焦斑时，取出，摊凉。蜜前胡：取前胡，与炼蜜拌匀，稍闷，炒至不粘手时，取出，摊凉。

【化学成分】根含菲醌类：9, 10- 二酮 -3, 4- 亚甲二氧基 -8- 甲氧基 -9, 10- 二氢菲酸（9, 10-dione-3, 4-methylenedioxy-8-methoxy-9, 10-dihydrophenanthrinic acid）[1]；香豆素类：3′（*R*）- 异丁氧基 -4′（*R*）- 乙酰氧基 -3′, 4′- 二氢邪蒿素［3′（*R*）-isobutyryloxy-4′（*R*）-acetoxy-3′, 4′-dihydroseselin］[2]，白花前胡豆苷 *A、B（peucedanoside A、B）、芨芨芹苷（apterin）[3]，白花前胡甲素（praeruptorin A）、白花前胡乙素（praeruptorin B）[4]，4′-*O*- 异丁酰基广西前胡素（4′-*O*-isobutyroyl peguangxienin）[5]，前胡香豆素 D（qianhucoumarin D）[6]，前胡香豆素 J（qianhucoumarin J）、*d*- 雷塞匹亭（*d*-laserpitin）[7]，白花前胡苷 I（praeroside I）、异芸香扔（isorutarin）、芸香扔（rutarin）、印度榅桲苷（marmesinin）、东莨菪苷（scopolin）、茵芋苷（skimmin）[8]，白花前胡苷 VI（praeroside VI）、洋芫荽茵芋苷（apiosylskimmin）、毛土连翘素（hymexelsin）、伞形花内酯（umbelliferone）、东莨菪内酯（scopoletin）、异秦皮素（isofraxidin）、8-羧基 -7- 羟基香豆素（8-carboxy-7-hydroxycoumarin）[9]，白花前胡亭素 *III（Pd- Ⅲ）[10]，白花前胡苷Ⅱ、III、IV、V（praeroside Ⅱ、III、IV、V）[11]，白花前胡苷 VII（praeroside VII）[12]，前胡香豆素 I（peucedanocoumarin I）、异补骨脂素（angelicin）、3′（*R*）, 4′（*R*）-3′- 千里光酰基 -4′- 当归酰基 -3′, 4′- 二氢邪蒿素［3′（*R*）, 4′（*R*）-3′-senecioyl-4′-angeloyl-3′, 4′-dihydroseselin］、阿诺香豆素（arnocoumarin）[13]，白花前胡乙素（praeruptorin B, i.e.Pd- Ⅱ），即川白芷内酯 （anomalin）[4, 14]，顺式 -3′, 4′- 二千里光酰基 -3′, 4′- 二氢邪蒿素（*cis*-3′, 4′-disenecioyl-3′, 4′-dihydroseselin）、反式 -3′- 乙酰氧基 -4′- 异丁酰氧基 -3′, 4′- 二氢邪蒿内酯（*trans*-3′-acetoxyl-4′-isobutyryloxy-3′, 4′-dihydroseselin），即异博落回素 *（isobocconin）、木橘醇（aegelinol）、（−）-反式凯林内酯［（−）-*trans*-khellactone］[14]，前胡香豆素 E（qianhucoumarin E）、前胡亭（nodakenetin）[15]，（−）-前胡醇［（−）-peucedanol］、6- 甲氧基当归素（6-methoxy-angelicin），即牛防风素（sphondin）、氧化前胡素（oxypeucedanin）、水合氧化前胡素（oxypeucedanin hydrate）[16]，前胡香豆素Ⅱ（peucedanocoumarin II）、北美芹素（pteryxin）、补骨脂素（psoralen）[17]，3′- 当归酰氧化凯林内酯（3′-angeloyloxykhellactone）、前胡香豆素 B、C（qianhucoumarin B、C）、前胡香豆素 III（peucedanocoumarin III）[18]，（+）- 白花前胡素 E［（+）-praeruptorin E］[19]，（±）- 白花前胡甲素［（±）-praeruptorin A］、（±）- 白花前胡乙素［（±）-praeruptorin B］、（+）- 白花前胡丙素［（+）-praeruptorin C］、（+）- 白花前胡丁素［（+）-praeruptorin D］[20]，前胡香豆素 H（qianhucoumarin H）、5, 8- 二甲氧基补骨脂素（5, 8-dimethoxypsoralen）、异东莨菪内酯（isoscopoletin）[21]，（+）- 顺式 -（3′*S*, 4′*S*）-3′- 当归酰基 -4′- 巴豆酰凯林内酯［（+）-*cis*-（3′*S*, 4′*S*）-3′-angeloyl-4′-tigloyl khellactone］、丝立尼亭（selinidin）、顺式 -3′, 4′- 二异戊酰基凯林内酯（*cis*-3′, 4′-diisovaleryl khellactone）、北美前胡素（suksdorfin）、（+）- 沙米丁［（+）-samidin］、（9*R*, 10*R*）-9- 乙酰氧基 -8, 8-二甲基 -9, 10- 二氢 -2H, 8H- 苯并［1, 2-b：3, 4-b′］二吡喃 -2- 酮基 -10- 酯｛（9*R*, 10*R*）-9-acetoxy-8, 8-dimethyl-9, 10-dihydro-2H, 8H-benzo［1, 2-b：3, 4-b′］dipyran-2-one-10-ester｝、佛手柑内酯（bergapten）、花椒毒素（xanthotoxin）[22]，顺式 -3′, 4′- 二异戊酰基凯林内酯（*cis*-3′, 4′-diisovaleryl khellactone）、顺式 -3′, 4′- 二烯丙基凯林内酯（*cis*-3′, 4′-disenecioyl khellactone）[23]，欧前胡素（imperatorin）[24]，刺五加苷 $B_1$（eleutheroside $B_1$）[25]，异紫花前胡苷（marmesinsin）[26]，白花前胡苷（praeroside）、紫花前胡苷（nodakenin）[27]，白当归素（byakangelicin）[28]，5- 甲氧基补骨脂素（5-methoxypsoralen）、8- 甲氧基补骨脂素（8-methoxypsoralen）、前胡香豆素 A（qianhucoumarin A）[29]，新前胡内酯 *（neopeucedalactone）[30]，前胡香豆素 F、G（qianhucoumarin F、G）[31] 和前胡香豆素 I（qianhucoumarin I）[32]；脂肪酸类：壬二酸（anchoic acid）[21]，棕榈酸（palmitic acid）、二十四烷酸（tetracosanoic acid）[24]，丁酸（butyricacid）、α-D- 吡喃葡萄糖 -1- 十六酸酯（α-D-glucopyranose-1-hexadecanoate）和 D- 甘露醇单十六酸酯（D-mannitolmonohexadecanoate）[25]；聚炔类：法卡林二醇（falcalindiol）[22] 和乙酰基苍术素醇（acetylatractylodinol）[23]；二萜类：丹参酮 Ⅰ（tanshinone Ⅰ）和丹参酮Ⅱ A（tanshinone Ⅱ A）[23]；甾体类：β- 谷甾醇（β-sitosterol）[23] 和胡萝卜苷（daucosterol）[24]；生物碱类：2, 6- 二甲基喹啉（2, 6-dimethyl quinoline）[24]；黄酮类：5- 羟基 -6- 甲氧基 -2- 苯基 -7-*O*-α-D-葡萄醛酸甲酯（5-hydroxy-6-methoxy-2-phenyl-7-*O*-α-D-glucuronyl methyl ester）和 5- 羟基 -6- 甲氧基 -2-苯基 -7-*O*-α-D- 葡萄糖酸（5-hydroxy-6-methoxy-2-phenyl-7-*O*-α-D-glucuronyl acid）[26]；酚酸类：

香草酸（vanillic acid）、没食子酸（gallic acid）[27] 和 2, 3- 二甲氧基苯甲酸（2, 3-dimethoxy-benzoic acid）[28]；萘并呋喃类：（-）- 核盘菌亭 *［（-）-sclerodin］[24]；核苷类：腺苷（adenosine）[25]；多元醇类：甘露醇（mannitol）[25]；挥发油：香树烯（aromodendrene）、β- 榄香烯（β-elemene）和 2-甲基二十烷（2-methyldodecane）等[33]。

根茎含香豆素类：（±）白花前胡甲素［（±）praeruptorin A］[34]。

全草含挥发油：α- 蒎烯（α-pinene）、α- 崖柏烯（α-thujene）、α- 水芹烯（α-phellandrene）和对孜然芹烃（*p*-cymene）[35] 等。

**【药理作用】**1. 降血压　根中提取的总香豆精类成分对野百合碱（MCT）所致大鼠肺动脉压的升高有明显的降低作用，而对体循环压无明显影响，可明显降低 MCT 所致右心指数的升高，明显减轻 MCT 所致的肺血管损伤与肺血管重建[1]；根的乙醇提取物能降低正常大鼠和肾性高血压大鼠的血压[2]；根的甲醇提取物及水溶后的正丁醇萃取部位均能增加麻醉猫冠状窦血流量，引起血压降低[3]。2. 抗心衰　根的乙醇提取物可预防肾型高血压大鼠左室肥厚的形成[2]，可显著降低肾型高血压左室肥厚（LVH）大鼠左心室肌线粒体和尾动脉条的钙含量，减少心肌僵硬度，改善左室顺应性[4]。3. 平滑肌调节　根中分离的白花前胡丙素（praeruptorin C）呈浓度依赖性地抑制氯化钙和高钾除极化诱导的离体血管收缩，可能与拮抗钙离子（$Ca^{2+}$）有关[5]；根水提取物的石油醚萃取部位能抑制乙酰胆碱和氯化钾所致气管平滑肌收缩，且能使乙酰胆碱收缩气管平滑肌的量效曲线右移，使最大反应降低，其作用呈剂量依赖性[6]。4. 抗肿瘤　根中分离的白花前胡甲素（praeruptorin A）和白花前胡乙素（praeruptorin B）对人胃癌 SGC7901 细胞的增殖均具有抑制作用和细胞毒作用[7]；白花前胡甲素和白花前胡丙素可能通过组成型雄烷受体（CAR）通路，诱导人肝癌 HepG2 细胞中尿苷二磷酸葡萄糖醛酸转移酶 1A1（UGT1A1）基因和蛋白质表达[8]。5. 抗炎　白花前胡丙素、丁素和戊素（praeruptorin C、D、E）均能抑制脂多糖（LPS）诱导的 RAW264.7 巨噬细胞的炎症反应，其机制可能与抑制细胞内核转录因子（NF-κB）和 STAT3 活性而降低炎症介质表达有关[9]；根的 70% 乙醇提取物能抑制卵清蛋白（OVA）诱导的小鼠过敏性气道炎症反应，其机制可能与抑制 Th2 细胞活性有关[10]。6. 神经保护　白花前胡丙素能改善 3- 硝基丙酸（3-NP）诱导的亨廷顿病（HD）小鼠运动功能损伤、抑郁行为及神经元损坏[11]。

**【性味与归经】**苦、辛，微寒。归肺经。

**【功能与主治】**散风清热，降气化痰。用于风热咳嗽痰多，痰热喘满，咯痰黄稠。

**【用法与用量】**3 ～ 9g。

**【药用标准】**药典 1963—2015、浙江炮规 2015、贵州药材 1965、新疆药品 1980 二册、香港药材四册和台湾 2013。

**【临床参考】**1. 风热郁肺之干咳痰黄、胸闷呕逆：根 15g，加银花、连翘、薄荷、杏仁、大黄、黄芪各 10g，桔梗 9g、甘草 6g 等，加水 500ml 煎煮，每日 1 剂，分 2 次口服；痰中充血者，加胆南星 9g；舌苔青厚、干咳常饮者加菊花、麦冬各 10g[1]。

2. 咳嗽变异性哮喘：根 10g，加人参叶、龙利叶、枇杷叶、苦杏仁、桔梗、炙麻黄各 10g，浙贝母、紫菀、款冬花各 15g，防风 12g，甘草 6g，加 500ml 水武火煎沸，文火煎 30min，冷却后取上清液 50ml，滤纸过滤后装入雾化罐中，采用超声雾化器行雾化吸入治疗，雾量每分钟耗水 1 ～ 2ml，1 次 15 ～ 20min，每日 2 次[2]。

3. 慢性痢疾：根 9g，研末，开水送服，每日 1 ～ 2 次。（《浙江药用植物志》）

**【附注】**前胡始载于《名医别录》，陶弘景云："前胡，似茈胡而柔软……此近道皆有，生下湿地，出吴兴（今浙江省吴兴）者为佳。"《日华子本草》云："越、衢、婺、睦（均在浙江省境内）等处皆好，七八月采，外黑里白。"《本草图经》载："春生苗，青白色，似斜蒿，初生时有白芽，长三四寸，味甚香美，又似芸蒿，七月内开白花，与葱花相类，八月结果实，根细青紫色。"《本草纲目》载："前胡有数种，惟以苗高一二尺，色似邪蒿，叶如野菊而细瘦，嫩时可食，秋月开黪白花，类蛇床子花，其根皮黑，肉白，有香气为真。”即为本种。

药材前胡阴虚咳嗽、寒饮咳嗽患者慎服。

**【化学参考文献】**


[1] Zhang C，Li L，Xiao Y Q，et al. A new phenanthraquinone from the roots of *Peucedanum praeruptorum* [J]. Chinese Chem Lett，2010，21（7）：816-817.

[2] Kong L Y，Li Y，Niwa M. A new nyranocoumarin from *Peucedanum praeruptorum* [J]. Heterocycles，2003，60（8）：1915-1919.

[3] Chang H T，Okada Y，Okuyama T，et al. $^{1}$H and $^{13}$C NMR assignments for two new angular furanocoumarin glycosides from *Peucedanum praeruptorum* [J]. Magn Reson Chem，2007，45：611-614.

[4] Lu M，Nicoletti M，Battinelli L，et al. Isolation of praeruptorins A and B from *Peucedanum praeruptorum* Dunn. and their general pharmacological evaluation in comparison with extracts of the drug [J]. Il Farmaco，2001，56：417-420.

[5] Li X M，Jiang X J，Yang K，et al. Prenylated Coumarins from *Heracleum stenopterum*，*Peucedanum praeruptorum*，*Clausena lansium*，and *Murraya paniculata* [J]. Nat Prod Bioprospecting，2016，6：233-237.

[6] Liu R，Feng L，Sun A，et al. Preparative isolation and purification of coumarins from *Peucedanum praeruptorum* Dunn by high-speed counter-current chromatography [J]. J Chromatography A，2004，1057：89-94.

[7] Hou Z，Luo J，Wang J，et al. Separation of minor coumarins from *Peucedanum praeruptorum*，using HSCCC and preparative HPLC guided by HPLC/MS [J]. Sep Purif Technol，2010，75（2）：132-137.

[8] Okuyama T，Takata M，Shibata S. Structures of linear furano- and simple-coumarin glycosides of Bai-Hua Qian-Hu [J]. Planta Med，1989，55（1）：64-67.

[9] Ishii H，Okada Y，Baba M，et al. Studies of coumarins from the Chinese drug Qianhu，XXVII：structure of a new simple coumarin glycoside from Bai-Hua Qianhu，*Peucedanum praeruptorum* [J]. Chem Pharma Bull，2008，56（9）：1349-1351.

[10] Okuyama T，Shibata S. Studies on coumarins of a Chinese drug，“qian-hu” [J]. Planta Med，1981，42：89-96.

[11] Takata M，Okuyama T，Shibata S. Studies on coumarins of a Chinese drug，“qian-hu”；VIII. structures of new coumarin-glycosides of “bai-hua qian-hu” [J]. Planta Med，1988，54（4）：323-327.

[12] Chang H T，Okada Y，Ma T J，et al. Two new coumarin glycosides from *Peucedanum praeruptorum* [J]. J Asian Nat Prod Res，2008，10（6）：577-581.

[13] 常海涛，李铣. 白花前胡化学成分的研究（V）[J]. 中草药，1999，30（6）：414-416.

[14] 常海涛，李铣. 白花前胡中的香豆素类成分 [J]. 沈阳药科大学学报，1999，16（2）：103-106.

[15] 孔令义，李铣，裴月湖，等. 白花前胡中前胡香豆素 D 和前胡香豆素 E 的分离和鉴定 [J]. 药学学报，1994，29（1）：49-54.

[16] 张村，李丽，肖永庆，等. 白花前胡中香豆素类成分的分析 [J]. 中华中医药杂志，2011，26（9）：1995-1997.

[17] 蔡海林，杜良伟，刘祥英，等. 高速逆流色谱法分离前胡提取物中香豆素类成分 [J]. 湖南农业大学学报（自科版），2011，37（1）：86-89.

[18] 孔令义，裴月湖，李铣，等. 前胡香豆素 B 和前胡香豆素 C 的分离和鉴定 [J]. 药学学报，1993，28（10）：772-776.

[19] 叶锦生，张涵庆，袁昌齐. 中药白花前胡根中香豆素白花前胡素（E）的分离鉴定 [J]. 药学学报，1982，17（6）：431-434.

[20] 陈政雄，黄宝山，佘其龙，等. 中药白花前胡化学成分的研究 - 四种新香豆素的结构 [J]. 药学学报，1979，14（8）：486-496.

[21] Kong L Y，Li Y，Min Z D，et al. Coumarins from *Peucedanum praeruptorum* [J]. Phytochemistry，1996，41（5）：1423-1426.

[22] Lee J，Lee Y J，Kim J，et al. Pyranocoumarins from root extracts of *Peucedanum praeruptorum* Dunn with multidrug resistance reversal and anti-inflammatory activities [J]. Molecules，2015，20：20967-20978.

[23] 张村，肖永庆，谷口雅彦，等. 白花前胡化学成分研究（I）[J]. 中国中药杂志，2005，30（9）：675-677.

[24] 张村，肖永庆，谷口雅彦，等．白花前胡化学成分研究（II）［J］．中国中药杂志，2006，31（16）：1333-1335.

[25] 张村，肖永庆，谷口雅彦，等．白花前胡化学成分研究（III）［J］．中国中药杂志，2009，34（8）：1005-1006.

[26] 张村，肖永庆，李丽，等．白花前胡化学成分研究（V）［J］．中国中药杂志，2012，37（23）：3573-3576.

[27] 孔令义，李铣，裴月湖，等．白花前胡中白花前胡甙和 Pd-C-I 的分离和鉴定［J］．药科学报，1994，29（4）：276-280.

[28] 关伟键，吴雪，唐丽萍，等．滇产前胡的化学成分研究［J］．中国民族民间医药，2018，27（6）：15-16.

[29] 孔令义，裴月湖，李铣，等．前胡香豆素 A 的分离和结构鉴定［J］．药学学报，1993，28（6）：432-436.

[30] Li X Y，Zu Y Y，Ning W，et al. A new xanthyletin-type coumarin from the roots of *Peucedanum praeruptorum*［J］. J Asian Nat Prod Res，2019，10：1080-19083.

[31] Kong L Y，Pei Y H，Li X，et al. New compounds from *Peucedanum praeruptorum*［J］. Chin Chem Lett，1993，4（1）：37-38.

[32] Kong L Y，Min Z D，Li Y，et al. Qianhucoumarin I from *Peucedanum praeruptorum*［J］. Phytochemistry，1996，42（6）：1689-1691.

[33] 孔令义，侯柏玲，王素贤，等．白花前胡挥发油成分的研究［J］．沈阳药学院学报，1994，11（3）：201-203.

[34] 叶文鹏，郭政东，刘桂华．中药白花前胡有效成分 Pd-Ia 的提取与分离［J］．中国医科大学学报，1996，25（4）：351，354.

[35] 刘布鸣，赖茂祥，蔡全玲，等．广西产白花前胡挥发油化学成分研究［J］．广西科学，1995，2（2）：47-50.

## 【药理参考文献】

[1] 王健勇，王怀良．白花前胡对野百合碱所致大鼠肺动脉高压的影响［J］．中国药学杂志，2000，35（2）：90-93.

[2] 季勇，饶曼人．白花前胡浸膏对肾型高血压左室肥厚大鼠的血压、左室肥厚形成及血流动力学的影响［J］．中国中西医结合杂志，1996，16（11）：676-678.

[3] 常天辉，叶文鹏，王玉萍，等．中药白花前胡甲醇提取粗晶及正丁醇提取物对猫冠脉流量的影响 I［J］．中国医科大学学报，1988，17（4）：255-258，263.

[4] 季勇，饶曼人．白花前胡浸膏对肾型高血压大鼠左室肥厚的预防作用［J］．中草药，1996，27（7）：413-415.

[5] 吴欣，饶曼人．前胡丙素对豚鼠心房和兔主动脉条的钙拮抗作用［J］．中国药理学与毒理学杂志，1990，4（2）：104-106.

[6] 金鑫，章新华．白花前胡石油醚提取物对家兔离体气管平滑肌的作用［J］．中国中药杂志，1994，19（6）：365-367.

[7] Liang T，Yue W，Li Q. Chemopreventive effects of *Peucedanum praeruptorum* Dunn and its major constituents on SGC7901 gastric cancer cells［J］. Molecules，2010，15（11）：8060-8071.

[8] 周许年，毕惠嫦，金晶，等．白花前胡甲素及丙素经 hCAR 通路诱导 UGT1A1 的表达［J］．药学学报，2013，48（5）：794-798.

[9] Yu P J，Jin H，Zhang J Y，et al. Pyranocoumarins isolated from *Peucedanum praeruptorum* Dunn suppress lipopolysaccharide-induced inflammatory response in murine macrophages through inhibition of NF-κB and STAT3 activation［J］. Inflammation，2012，35（3）：967-977.

[10] Lee A R，Chun J M，Lee A Y，et al. Reduced allergic lung inflammation by root extracts from two species of *Peucedanum* through inhibition of Th2 cell activation［J］. Journal of Ethnopharmacology，2016，196：75-83.

[11] Wang L，Wang J，Yang L，et al. Effect of praeruptorin C on 3-nitropropionic acid induced Huntington's disease-like symptoms in mice［J］. Biomedicine & pharmacotherapy，2017，86：81-87.

## 【临床参考文献】

[1] 岳春芝，赵文学，安化捷．运用前胡降气功能治疗风热郁肺的临床效果分析［J］．中国医药导刊，2014，16（6）：1090-1092.

[2] 陈俊榕，林旋龄．加味三叶汤雾化吸入治疗咳嗽变异型哮喘 35 例［J］．中医研究，2014，27（3）：11-12.

# 八九　山茱萸科 Cornaceae

落叶或常绿，乔木或灌木，稀草本。单叶对生，稀互生或轮生；叶脉羽状，稀掌状，边缘全缘或有锯齿；无或有纤毛状托叶。花两性或单性异株，组成圆锥花序、聚伞花序或伞形花序，稀总状或头状花序；花 3 ～ 5 朵；萼筒与子房合生，先端有齿状裂片 3 ～ 5 枚；花瓣 3 ～ 5 枚或缺，通常白色，稀黄色、绿色及紫红色；雄蕊与花瓣同数而与之互生，生于花盘的基部；子房下位，1 ～ 4（～ 5）室，每室有 1 粒下垂的倒生胚珠。果为核果或浆果状核果；核骨质，稀木质；种子 1 ～ 4（～ 5）粒，种皮膜质或薄革质，胚小，胚乳丰富。

15 属，约 119 种，分布于全世界热带至温带以及北半球环极地区。中国 9 属，约 60 种，分布几遍及全国，法定药用植物 4 属，5 种 1 变种。华东地区法定药用植物 2 属，2 种。

山茱萸科法定药用植物主要含环烯醚萜类、酚酸类、皂苷类、黄酮类等成分。环烯醚萜类如马鞭草苷（verbenalin）、7- 脱氢马钱素（7-dehydrologanin）等；酚酸类多为鞣质，如异诃子鞣素（isoterchebin）、新哨纳草鞣素Ⅱ（tellimagrandin Ⅱ）等；皂苷类多为三萜皂苷，包括熊果烷型、羽扇豆烷型、木栓烷型，如 α- 香树脂醇（α-amyrin）、羽扇豆醇（lupeol）、白桦脂酸（betulinic acid）、木栓酮（friedelin）等；黄酮类包括黄酮、黄酮醇、查耳酮、黄烷等，如木犀草素 7-*O*- 葡萄糖苷（luteolin-7-*O*-glucoside）、异槲皮苷（isoquercitrin）、（-）- 表儿茶素［（-）-epicatechin］等。

青荚叶属含皂苷类、黄酮类、苯丙素类等成分。皂苷类如 α- 香树脂醇（α-amyrin）、桦木醇（betulin）等；黄酮类包括黄酮、查耳酮、黄烷等，如木犀草素 7-*O*- 葡萄糖苷（luteolin-7-*O*-glucoside）、2′，3′，4′，5′，6′- 五羟基查耳酮（2′，3′，4′，5′，6′-pentahydroxy chalcone）、（-）- 表儿茶素［（-）-epicatechin］等。

山茱萸属含黄酮类、酚酸类、环烯醚萜类等成分。黄酮类多为黄酮醇，如芦丁（rutin）、异槲皮苷（isoquercitrin）等；酚酸类多为鞣质，如异诃子鞣素（isoterchebin）、新哨纳草鞣素Ⅱ（tellimagrandin Ⅱ）、梾木鞣质 A、B、C（cornusiin A、B、C）等；环烯醚萜类如番木鳖苷 A（loganin）、莫罗忍冬苷（morroniside）、山茱萸裂苷（cornuside）等。

## 1. 青荚叶属 *Helwingia* Willd.

落叶或常绿灌木，稀小乔木。茎髓白色。单叶，互生，纸质、亚革质或革质，卵形、椭圆形、披针形、倒披针形或条状披针形，叶缘有锯齿，具叶柄；托叶 2 枚，早落。花单性，雌雄异株；萼小，花瓣三角状卵形，镊合状排列；雄花常 3 ～ 20 朵，组成伞形或密伞形花序，生于叶面中脉上，雄蕊 3 ～ 5 枚；雌花单生或 1 ～ 4 朵聚生于叶面中脉上，稀生于叶柄上，子房 3 ～ 5 室。浆果状核果卵圆形或长圆形，幼时绿色，后为红色，成熟后黑色，具种子 1 ～ 5 粒。

约 5 种，分布于亚洲东部。中国 5 种，分布于除新疆、青海、宁夏、内蒙古、东北以外的各省区，法定药用植物 2 种。华东地区法定药用植物 1 种。

### 691. 青荚叶（图 691）• *Helwingia japonica*（Thunb.）Dietr.

**【别名】**叶上珠（浙江）。

**【形态】**落叶灌木，高 1 ～ 2m。叶纸质，叶形变异幅度大，卵形、卵圆形或卵状椭圆形，长 3 ～ 14cm，宽 2 ～ 8.5cm，先端渐尖，基部阔楔形或近圆形，边缘具刺状细锯齿；上表面亮绿色，下表面淡绿色，两面无毛；中脉及侧脉在上表面微凹陷，下表面微突出；叶柄长 1 ～ 6cm；托叶线状分裂，早落。花淡绿色，3 ～ 5 基数，花萼小，花瓣镊合状排列；雄花 3 ～ 20 朵，呈伞形或密伞形花序，常着生于叶面中脉 1/3 ～ 1/2 处，雄蕊 3 ～ 5 枚，生于花盘内侧；雌花 1 ～ 3 朵簇生于叶面中脉中部，子房卵圆形或球形，

**图 691　青荚叶**　　摄影　张芬耀等

柱头 3 ～ 5 裂。浆果幼时绿色，成熟后黑色，分核 3 ～ 5 枚。花期 4 ～ 6 月，果期 8 ～ 9 月。

**【生境与分布】**生于海拔 3300m 以下的林中。分布于安徽、浙江、江西、福建、江苏，另陕西、云南、贵州、四川、广东、广西、湖南、湖北均有分布；日本、缅甸、印度也有分布。

**【药名与部位】**小通草，茎髓。

**【采集加工】**秋季采茎，截段，趁鲜取出茎髓，理直，干燥。

**【药材性状】**呈圆柱形，长 30 ～ 50cm，直径 0.5 ～ lcm。表面白色或淡黄色，有浅纵条纹。体轻，质较硬，弹性较差，捏之不易变形，断面平坦，无空心，显银白色光泽。水浸后无黏滑感。气微，味淡。

**【药材炮制】**除去杂质，切段。

**【化学成分】**叶含甾体类：β- 谷甾醇（β-sitosterol）、胡萝卜苷（daucosterol）、豆甾 -4- 烯 -6β- 羟基 -3- 酮（stignast-4-en-6β-hydroxy-3-one）和豆甾 -4- 烯 -6α- 羟基 -3- 酮（stignast-4-en-6α-hydroxy-3-one）[1]；倍半萜类：布卢门醇 A（blumenol A）[1]；单萜类：对 - 薄荷 -2- 烯 -1β, 4β, 8- 三醇（*p*-menth-2-en-1β, 4β, 8-triol）[1]；脂肪酸类：十六烷酸 -2, 3- 二羟基丙酯（2, 3-dihydroxypropyl hexadecanoate）和单棕榈酸甘油酯（glycerol monopalmitate）[2]；三萜类：羽扇豆醇（lupeol）、桦木醇（betulin）和白桦酸（betulinic acid）[1]；环烯醚萜类：10- 肉桂酰氧基齐墩果苷（10-cinnamoyloxyoleoside）和 10- 肉桂酰氧基齐墩果苷 -7- 甲酯（10-cinnarnoyloxyoleoside-7-methyl ester），即素馨属苷（jasminoside）[3]；黄酮类：2′, 3′, 4′, 5′, 6′- 五羟基查耳酮（2′, 3′, 4′, 5′, 6′-pentahydroxychalcone）、芹菜苷元 -7-*O*-β-D- 吡喃葡萄糖苷（apigenin-7-*O*-β-D-glucopyranoside）和木犀草素 -7-*O*-β-D- 吡喃葡萄糖苷（luteolin-7-*O*-β-D-glucopyranoside）[1]；醇苷类：绵毛

水苏香堇苷 B（byzantionoside B）和（6*R*, 9*S*）-3- 氧化 -α- 紫罗兰醇吡喃葡萄糖苷［（6*R*, 9*S*）-3-oxo-α-ionol glucopyranoside］[3]；酚酸类：桂皮酸（cinnamic acid）[1] 和绿原酸甲酯（methyl chlorogenate）[3]；元素：钾（K）、钙（Ca）、钠（Na）、镁（Mg）、铁（Fe）、铜（Cu）、锌（Zn）和锰（Mn）等[4]。

茎含多糖：单糖组成为半乳糖（galactose）[5]。

**【药理作用】**抗氧化　粗多酚和分离纯化的多酚成分对三价铁离子的还原能力以及对 2，2'- 联氮 - 二（3- 乙基 - 苯并噻唑 -6- 磺酸）二铵盐（ABTS）自由基和 1，1- 二苯基 -2- 三硝基苯肼（DPPH）自由基的清除作用优于维生素 C，对亚硝酸盐、羟自由基也有一定的清除作用，并均呈量效关系[1]。

**【性味与归经】**甘、淡，寒。归肺、胃经。

**【功能与主治】**清热，利尿，下乳。用于小便不利，乳汁不下，尿路感染。

**【用法与用量】**3 ～ 6g。

**【药用标准】**药典 1977—2015、浙江炮规 2015、贵州药材 1988 和四川药材 1987。

**【临床参考】**1. 无名肿毒：叶 15g，水煎服。

2. 胃痛：果实 6~9g，水煎服。（1 方、2 方引自《浙江药用植物志》）

**【附注】**青荚叶始载于《植物名实图考》，云："青荚叶，一名阴证药，又名大部参，产宝庆，高尺许，青茎有斑点，短杈长叶，粗纹细齿，厚韧微涩，每叶上结实两粒，生青老黑，颇为诡异。俚医以治阴、寒病。"并附图，即为本种或其近缘种。

本种的叶、果实及根民间也药用。

西域青荚叶 *Helwingia himalaica* Hook.f.et Thoms.ex C.B.Clarke 民间也与本种同等药用。

**【化学参考文献】**

［1］Xia L Z，Zhou M，Xiao Y H，et al.Chemical constituents from *Helwingia japonica*［J］.Chin J Nat Med，2010，8（1）：16-20.

［2］肖艳华 . 尼泊尔水东哥、水麻、木姜冬青和青荚叶的化学成分研究［D］. 成都：中国科学院研究生院（成都生物研究所）博士学位论文，2006.

［3］Murayama T，Hatakeyama K，Shiraiwa R，et al.A secoiridoid，10-cinnamoyloxyoleoside，isolated from the leaves of *Helwingia japonica*［J］.Nat Med，2004，58（1）：42-45.

［4］刘利娥，李红萍，于斐，等 . 青荚叶中多糖及矿物元素含量的分析［J］. 安徽农业科学，2009，37（4）：1601-1602，1604.

［5］江海霞，张丽萍，赵海 . 不同品种小通草多糖的含量及单糖组成研究［J］. 中药材，2010，33（3）：347-348.

**【药理参考文献】**

［1］李宁 . 超声辅助提取青荚叶多酚工艺及抗氧化活性的研究［D］. 郑州：郑州大学硕士学位论文，2014.

## 2. 山茱萸属 *Cornus* Linn.

落叶乔木或灌木。叶纸质，对生，卵形、椭圆形或卵状披针形，全缘。伞形花序，有花序梗；总苞片 4 枚，芽鳞状，革质或纸质，两轮排列，外轮 2 枚较大，内轮 2 枚稍小，开花后随即脱落；花两性，常在叶前开放，花萼筒陀螺形，先端有 4 枚齿状裂片；花瓣 4 枚，黄色，近于披针形，镊合状排列；雄蕊 4 枚，花丝钻形；花盘垫状；子房下位，2 室，每室有 1 粒胚珠；花柱短，圆柱形；柱头平截。核果长椭圆形。

4 种，分布于欧洲中部及南部、亚洲东部、北美东部。中国 2 种，分布于山东、江苏、浙江、安徽、江西、山西、陕西、甘肃、河南、湖南，法定药用植物 2 种。华东地区法定药用植物 1 种。

青荚叶属与山茱萸属的区别点：青荚叶属叶缘有锯齿，叶脉整体呈网状，花单性，生于叶面中脉上，叶后开放；山茱萸属叶全缘，叶脉弓形内弯，聚于叶先端，花两性，于叶前开放。

## 692. 山茱萸（图 692）· *Cornus officinalis* Sieb.et Zucc.

图 692　山茱萸　　　　摄影　张芬耀等

【别名】药枣（浙江），萸肉（山东、安徽），枣皮（安徽）。

【形态】落叶小乔木或灌木，高 3 ～ 6m。叶对生，纸质，卵状披针形或卵状椭圆形，长 5.5 ～ 10cm，宽 2.5 ～ 5.5cm，先端渐尖，基部宽楔形或近于圆形，全缘；上表面绿色，无毛，下表面浅绿色，被稀疏白色贴生短柔毛，脉腋密生淡褐色簇毛；中脉在上表面明显，于下表面凸起，侧脉 5 ～ 8 对，弓形内弯；叶柄长 0.6 ～ 1.2cm，稍被贴生疏柔毛。伞形花序生于侧枝顶端，总苞片 4 枚，卵形，厚纸质至革质，长约 8mm，花后脱落；花序梗粗壮，长约 2mm，微被灰色短柔毛；花小，两性，先叶开放；萼裂片 4 枚，阔三角形；花瓣 4 枚，舌状披针形，黄色，向外反折；雄蕊 4 枚，与花瓣互生，花丝钻形；子房下位，1 室稀 2 室，花柱单一，圆柱形。核果长椭圆形，长 1.2 ～ 2cm，熟时深红色至紫红色；核骨质，狭椭圆形，有几条不整齐的肋纹。花期 3 ～ 4 月，果期 9 ～ 10 月。

【生境与分布】生于海拔 400 ～ 1500m 的林中或林缘。分布于山东、江苏、浙江、安徽、江西，另山西、陕西、甘肃、河南、湖南均有分布，四川有栽培；朝鲜、日本也有分布。

【药名与部位】山茱萸，果肉。

【采集加工】秋末冬初果皮变红时采收果实，用文火烘或置沸水中略烫后，及时除去果核，干燥。

【药材性状】呈不规则的片状或囊状，长 1 ～ 1.5cm，宽 0.5 ～ 1 cm。表面紫红色至紫黑色，皱缩，有光泽。顶端有的有圆形宿萼痕，基部有果梗痕。质滋润柔软。气微，味酸、涩、微苦。

【药材炮制】山萸肉：除去杂质和残留果核。蒸萸肉：取原药，除去果柄、果核等杂质，置适宜容器内，蒸 8 ～ 10h，焖 10 ～ 12h，至表面黑色时，取出，干燥。酒萸肉：取原药，除去果柄、果核等杂质，与酒拌匀，稍闷，置适宜容器内，蒸 8 ～ 10h，焖 10 ～ 12h，至表面黑色时，取出，干燥。

【化学成分】果肉含三萜皂苷类：熊果酸（ursolic acid）[1]，2α-羟基熊果酸（2α-hydroxylursolic acid）、齐墩果酸（oleanolic acid）[2]和阿江榄仁树葡萄糖苷II（arjunglucoside II）[3]；环烯醚萜类：莫诺苷（morroniside）、獐芽菜苷（sweroside）、7-*O*-甲基莫诺苷（7-*O*-methyl morroniside）[2]，马鞭草苷（verbenalin）、獐芽菜苷（sweroside）[4]，马钱素（loganin）[5]，脱水莫诺苷元（dehydromorroniaglycone）、7-脱氢马钱子苷（7-dehyrologanin）[6]，7-*O*-丁基莫诺苷（7-*O*-butyl morroniside）[7]，山茱萸新苷（cornuside）[8]，7-α-*O*-乙基莫诺苷（7-α-*O*-ethyl morroniside）、7-α-*O*-甲基莫诺苷（7-α-*O*-methyl morroniside）、7-β-*O*-甲基莫诺苷（7-β-*O*-methylmorroniside）、7-α-莫诺苷（7-α-morroniside）、7-β-莫诺苷（7-β-morroniside）、裂马钱子苷（secoxyloganin）、7-α-*O*-乙基莫诺苷（7-α-*O*-ethyl morroniside）、7-β-*O*-乙基莫诺苷（7-β-*O*-ethyl morroniside）、山茱萸新苷Ⅲ、Ⅳ（cornuside Ⅲ、Ⅳ）和马钱子酸（loganic acid）[9]；酚酸及鞣质类：水杨梅素D（gemin D）、2, 3-二-*O*-没食子酰-β-D-葡萄糖（2, 3-di-*O*-galloyl-β-D-glucose）、1, 2, 3-三-*O*-没食子酰-β-D-葡萄糖（1, 2, 3-tri-*O*-galloyl-β-D-glucose）、1, 2, 6-三-*O*-没食子酰-β-D-葡萄糖（1, 2, 6-tri-*O*-galloyl-β-D-glucose）、1-*O*-没食子酰基-4, 6-*O*-六羟基联苯二甲酰基-β-D-葡萄糖（1-*O*-galloyl-4, 6-*O*- hexahydroxydiphenoyl-β-D-glucose）[2]，咖啡酸（caffeic acid）、2-*O*-（4-羟基苯甲酰酯）-2, 4, 6-三羟基苯乙酸甲酯［methyl 2-*O*-（4-hydroxybenzoyl）-2, 4, 6-trihydroxyphenyl acetate］[9]，7-*O*-没食子酰-D-景天庚酮糖苷（7-*O*-galloyl-D-sedoheptuloside）[10]，1, 2, 3, 6-四没食子酰基-β-D-吡喃葡萄糖苷（1, 2, 3, 6-tetragalloyl-β-D-glucopyranoside）、1, 2, 3, 4, 6-五没食子酰基-β-D-吡喃葡萄糖苷（1, 2, 3, 4, 6-pentagalloyl-β-D-glucopyranoside）、特里马素I、II（tellimagrandin I、II）[7]，梾木鞣质A、B、C、D、E、F、G（cornusiin A、B、C、D、E、F、G）[8, 11]，喜树鞣质A、B（camptothin A、B）和异柯子素（isoterchebin）等[10]；挥发油类：氧化芳樟醇（linalool oxide）、3, 7-二甲基-1, 6-辛二烯-3醇（3, 7-dimethyl-1, 6-octadien-3-ol）、苯乙醇（phenylethyl alcohol）、乙酸苯甲酯（benzyl acetate）、3, 7-二甲基-6-辛烷-1-醇乙酸酯（3, 7-dimethyl-6-octen-1-ol acetate）、3, 7-二甲基-1, 3, 6-辛三烯（3, 7-dimethyl-1, 3, 6-octatriene）、1, 2-苯二甲酸二（1-丁基-2-异丁基）酯［bis（1-butyl-2-isobutyl 1, 2-benzenedicarboxylate）］、2-羟基-苯甲酸苯甲酯（phenylmethyl 2-hydroxy-benzoate）和异环柠檬醛（isocyclocitral）等[12]；黄酮类：柚皮素（naringenin）、山柰酚-3-*O*-β-D-葡萄糖苷（kaempferol-3-*O*-β-D-glucoside）[3]，槲皮素-3-*O*-β-D-葡萄糖醛酸甲酯（quercetin-3-*O*-β-D-glucuronide methyl ester）、槲皮素-3-*O*-β-D-吡喃葡萄糖苷（quercetin-3-*O*-β-D-glucopyranoside）、槲皮素-3-*O*-β-D-吡喃半乳糖苷（quercetin-3-*O*-β-D-galactopyranoside）、山柰酚-3-*O*-β-D-吡喃半乳糖苷（kaempferol-3-*O*-β-D- galactopyranoside）、槲皮素（quercetin）、芦丁（rutin）、槲皮素-3-*O*-α-L-鼠李糖基（1→6）-β-D-半乳糖苷［quercetin-3-*O*-α-L-rhamnosyl-（1→6）-β-D-galactoside］、山柰酚-3-*O*-α-L-鼠李糖基-（1→6）-β-D-葡萄糖苷［kaempferol-3-*O*-α-L-rhamnosyl-（1→6）-β-D-glucoside］[9]，飞燕草素-3-*O*-β-吡喃半乳糖苷（delphinidin-3-*O*-β-galactopyranoside）、矢车菊素-3-*O*-β-吡喃半乳糖苷（cyanidin-3-*O*-β-galactopyranoside）、天竺葵色素-3-*O*-β-吡喃半乳糖苷（pelargonidin-3-*O*-β-galactopyranoside）[13]和山柰酚（kaempferol）[14]；多元醇类：奎宁酸甲酯（methyl quinate）和（2*S*, 3*R*, 4*S*, 5*S*）-2-羟甲基-2-甲氧基-3, 4, 5-三羟基-四氢-2H-呋喃［（2*S*, 3*R*, 4*S*, 5*S*）-2-（hydroxyl methyl）-2-methoxytetrahydro-2H-furan-3, 4, 5-triol］[9]；木脂素类：（-）-异落叶松树脂酚-9′-β-吡喃葡萄糖苷［（-）-isolariciresinol-9′-β-glucopyranoside］和（1′*S*, 2′*R*）-愈创木酚基甘油-3′-*O*-β-D-吡喃葡萄糖苷［（1′*S*, 2′*R*）-guaiacyl glycerol -3′-*O*-β-D-glucopyranoside］[9]；酚苷类：它乔糖苷（tachioside）[9]；单萜类：甲瓦龙苷*（mevaloside）[9]；脂肪酸类：油酸（oleic acid）[3]，苹果酸丁酯（buthyl malic acid）和3-羟基-2, 4-二氨基-丁酸（3-hydroxy-2, 4-di-amino-butyric acid）[15]；糖类：β-阿拉伯糖-（1→4）-β-葡萄糖-（1→4）-β-葡萄糖-（1→6）-α-葡萄糖［β- arabinosyl-（1→4）-β-glucosyl-（1→4）-β-glucosyl（1→6）-α-glucose］[15]；氨基酸类：天冬氨酸（Asp）[16]。

果实含环烯醚萜类：6′-*O*-乙酰基-7β-*O*-乙基莫诺苷（6′-*O*-acetyl-7β-*O*-ethylmorroniside）[17]，山茱萸苯乙醇苷A、B、C、D（cornusphenoside A、B、C、D）[18]，山茱萸呋喃苷A、B、C、D（cornusfuroside A、B、C、

D）[19]，山茱萸苷A、B、C、D、E、F、G、H、I、J、K、L、M、N、O（cornusfuroside A、B、C、D、E、F、G、H、I、J、K、L、M、N、O）、接骨木醚萜苷D（williamsoside D）、马钱苷（loganin）、7β-*O*-乙基莫罗忍冬苷（7β-*O*-ethylmorroniside）、7α-*O*-乙基莫罗忍冬苷（7α-*O*-ethylmorroniside）、7α-*O*-甲基莫罗忍冬苷（7α-*O*-methylmorroniside）、7β-*O*-甲基莫罗忍冬苷（7β-*O*-methylmorroniside）、7α-莫罗忍冬苷（7α-morroniside）、7β-莫罗忍冬苷（7β-morroniside）、獐牙菜苷（sweroside）、8-表马钱苷（8-epiloganin）[20]，7α-羟基莫罗忍冬苷（7α-hydroxymorroniside）、7β-羟基莫罗忍冬苷（7β-hydroxymorroniside）[21]，山茱萸苷（cornuside）、（7*R*）-正丁基莫罗忍冬苷［（7*R*）-*n*-butylmorroniside］[22]，番木鳖苷（loganoside）[23]和7-*O*-没食子酰裂环马钱醇（7-*O*-galloylsecologanol）[24]；倍半萜类：山茱萸杜松苷A、B、C、D、E（cornucadinoside A、B、C、D、E）[25]；三萜类：熊果酸（ursolic acid）、熊果醇（uvaol）、熊果酸甲酯（ursolic acid methyl ester）[26]和齐墩果酸（oleanolic acid）[23, 27]；酚酸类：丁香酸（syringic acid）、对羟基苯甲酸（*p*-hydroxybenzoic acid）、没食子酸乙酯（ethyl gallate）[17]，没食子酸（gallic acid）[23, 28]和7-*O*-没食子酰基-D-景天庚酮糖（7-*O*-galloyl-D-sedoheptulose）[29]；鞣质类：1, 2, 3, 4, 6-五-*O*-没食子酰基-β-D-葡萄糖（1, 2, 3, 4, 6-penta-*O*-galloyl-β-D-glucose）、1, 2, 3, 6-四-*O*-没食子酰基-β-D-吡喃葡萄糖（1, 2, 3, 6-tetra-*O*-galloyl-β-D-glucopyranose）、大花拟唢呐草素I、II（tellimagrandin I、II）[30, 31]，异诃子素（isoterchebin）、3-*O*-没食子酰基-β-D-葡萄糖（3-*O*-galloyl-β-D-glucose）、月见草素C（oenothein C）、异山茱萸鞣质F（isocornusiin F）[31]，喜树鞣质（camptothin）A、B[32]，山茱萸鞣质A、B、C（cornusiin A、B、C）[31]，山茱萸鞣质D、E、F（cornusiin D、E、F）[32]和山茱萸鞣质G（cornusiin G）[33]；黄酮类：金圣草黄素（chrysoderol）、木犀草素（luteolin）[17]，槲皮素（quercetin）、山柰酚（kaempferol）[14, 22]，山柰素（kaempferide）、异槲皮苷（isoquercitrin）、金丝桃苷（hyperoside）[22]，槲皮素-3-*O*-β-D-吡喃葡萄糖醛酸苷（quercetin-3-*O*-β-D-glucuropyranonide）、（-）-表儿茶素-3-*O*-没食子酸酯［（-）-epicatechin-3-*O*-gallate］和槲皮素-3-*O*-β-D-（6″-正丁基葡萄糖醛酸苷）［quercetin-3-*O*-β-D-（6″-*n*-butylglucuropyranonide）］[23]；甾体类：胡萝卜苷-6′-苹果酸酯（daucosterol-6′-malate）[22]和β-谷甾醇[23]；酚酸及酯类：咖啡酸甲酯（caffeic acid methyl ester）[17]，咖啡酸（caffeic acid）和咖啡酰酒石酸单甲酯（caftaric acid monomethyl ester）[23]；呋喃类：二甲基-顺式-四氢呋喃-2, 5-二羧酸酯（dimethyl-*cis*-tetrahydrofuran-2, 5-dicarboxylate）[14]和5-羟甲基糠醛（5-hydroxymethylfurfural）[17]；脂肪酸类：丁氧基琥珀酸（butoxysuccinic acid）[23]；氨基酸类：（Gly）、谷氨酸（Glu）和丙氨酸（Ala）等[34]；挥发油类：邻苯二甲酸酯（phthalate）、2, 4-联苯-4-甲基-2（*E*）-戊烯［2, 4-diphenyl-4-methyl-2（*E*）-pentene］和环二十四烷（cyclotetracosane）[35]。

叶含挥发油类：（1*R*）-（+）-α-蒎烯［（1*R*）-（+）-α-pinene］、4-甲基环己醇（4-methyl cyclohexanol）、已基过氧化氢（hexyl hydrogen peroxide）、3-糠醛（3-furfural）、正已醇（hexyl alcohol）、β-月桂烯（β-myrcene）和1-氯十一烷（1-chlorine undecane）等[36]；酚酸类：3-*O*-没食子酰-4, 6-（*S*）-六羟基联苯-α-D-葡萄糖苷［3-*O*-galloyl-4, 6-（*S*）-hexahyroxydiphenoyl-α-D-glucoside］、2-*O*-没食子酰-4, 6-（*S*）-六羟基联苯-α-D-葡萄糖苷［2-*O*-galloyl-4, 6-（*S*）-hexahyroxydiphenoyl-α-D-glucoside］、1-*O*-没食子酰-4, 6-（*S*）-六羟基联苯-α-D-葡萄糖苷［1-*O*-galloyl-4, 6-（*S*）-hexahyroxydiphenoyl-α-D-glucoside］、1-*O*-没食子酰-4, 6-（*S*）-六羟基联苯-β-D-葡萄糖苷［1-*O*-galloyl-4, 6-（*S*）-hexahyroxydiphenoyl-β-D-glucoside］[37]和没食子酸（gallic acid）[38]；鞣质类：1, 7-二-*O*-没食子酰-D-景天庚酮糖苷（1, 7-di-*O*-galloyl-D-sedoheptuloside）、2, 3-二-*O*-没食子酰-D-吡喃葡萄糖苷（2, 3-di-*O*-galloyl-D-glucopyranoside）、1, 2-二-*O*-没食子酰-β-D-吡喃葡萄糖苷（1, 2-di-*O*-galloyl-β-D-glucopyranoside）、3, 4, 6-三-*O*-没食子酰-3-*O*-β-D-吡喃葡萄糖苷（3, 4, 6-tri-*O*- galloyl-3-*O*-β-D- glucopyranoside）、1, 2, 6-三-*O*-没食子酰-β-D-吡喃葡萄糖苷（1, 2, 6-tri-*O*-galloyl-β-D-glucopyranoside）、1, 2, 4, 6-四-*O*-没食子酰-β-D-吡喃葡萄糖苷（1, 2, 4, 6-tetra-*O*-galloyl-β-D-glucopyranoside）、1, 2, 3, 6-四-*O*-没食子酰-β-D-吡喃葡萄糖苷（1, 2, 3, 6-tetra-*O*-galloyl-β-D-glucopyranoside）、马桑素F（coriarin F）、小木麻黄素（strictinin）、路边青素D（gemin

D）和尼罗河柽柳亭（nilocitin）[37]；黄酮类：槲皮素（quercetin）和异槲皮苷（isoquercitrin）[38]；糖类：景天庚酮聚糖（sedoheptulosan）[37]，葡萄糖（glucose）和蔗糖（saccharose）[38]；甾体类：β- 谷甾醇（β-sitosterol）[38]。

果核含酚酸类：没食子酸（gallic acid）[39]；脂肪酸类：草酸（oxalic acid）、酒石酸（tartaric acid）、DL- 苹果酸（DL-malic acid）、柠檬酸（citric acid）[39]，油酸（oleic acid）、亚油酸（linoleic acid）、棕榈酸（palmitic acid）和硬脂酸（stearic acid）[40]；甾体类：菜油甾醇（campesterol）和 β- 谷甾醇（β-sitosterol）[40]；三萜皂苷类：熊果酸（ursolic acid）[41]。

种子含三萜皂苷类：熊果酸（ursolic acid）和白桦脂酸（betulinic acid）[42]；木脂素类：蛇菰宁（balanophonin）[42]；酚醛及酚酸类：香荚兰素（vanillin）、阿魏醛（ferulaldehyde）、对羟基苯甲醛（*p*-hydroxybenzaldehyde）、没食子酸甲酯（gallicin）[42]，没食子酸 -4-*O*-β-D- 吡喃葡萄糖苷（gallic acid-4-*O*-β-D-glucopyranoside）和没食子酸 -4-*O*-β-D-（6′-*O*- 没食子酰基）- 吡喃葡萄糖苷［gallic acid-4-*O*-β-D-（6′-*O*-galloyl）-glucopyranoside］[43]，1, 2, 3- 三 -*O*- 没食子酰基 -β-D- 葡萄糖（1, 2, 3-tri-*O*-galloyl-β-D-glucose）、1, 2, 6- 三 -*O*- 没食子酰基 -β-D- 葡萄糖（1, 2, 6-tri-*O*-galloyl-β-D-glucose）、1, 2, 3, 6- 四 -*O*- 没食子酰基 -β-D- 葡萄糖（1, 2, 3, 6-tetra-*O*-galloyl-β-D-glucose）、1, 2, 4, 6- 四 -*O*- 没食子酰基 -β-D- 葡萄糖（1, 2, 4, 6-tetra-*O*-galloyl-β-D-glucose）、1, 2, 3, 4, 6- 五 -*O*- 没食子酰基 -β-D- 葡萄糖（1, 2, 3, 4, 6-penta-*O*-galloyl-β-D-glucose）和大花拟唢呐草素 II（tellimagrandin II）[43]；呋喃类：羟甲基糠醛（hydroxymethylfurfural）[42]；多糖类：山茱萸碱性多糖 1*（FCAP1）[44]。

**【药理作用】**1. 抗菌　果肉 70% 乙醇提取物对 10 种不同菌种的生长均有抑制作用，其中对细菌的抑菌能力大于对霉菌和酵母菌，特别是对金黄色葡萄球菌和大肠杆菌的生长抑制作用最为显著[1]。2. 免疫调节　果肉水煎、醇沉、透析提取的多糖可显著提高环磷酰胺所致免疫抑制模型小鼠的腹腔巨噬细胞的吞噬功能，促进溶血素的形成、溶血空斑的形成和淋巴细胞的转化[2]。3. 降血糖　果肉乙醇提取后经大孔树脂分离得到的总萜可明显降低四氧嘧啶糖尿病模型小鼠和链脲佐菌素糖尿病模型大鼠的血糖[3]。4. 抗肿瘤　果肉多糖在体外对人宫颈癌 HeLa 细胞的增殖有较强的抑制作用，能降低凋亡抑制基因（*Survivin*）和 B 淋巴细胞瘤 -2 基因（*Bcl-2*）的表达，诱导 HeLa 细胞凋亡[4]。5. 抗氧化　果肉多糖对羟自由基（·OH）及超氧阴离子自由基（$O_2^-$·）有一定的清除作用[5]。

**【性味与归经】**酸、涩，微温。归肝、肾经。

**【功能与主治】**补益肝肾，涩精固脱。用于眩晕耳鸣，腰膝酸痛，阳痿遗精，遗尿尿频，崩漏带下，大汗虚脱，内热消渴。

**【用法与用量】**6 ～ 12g。

**【药用标准】**药典 1963—2015、浙江炮规 2015、新疆药品 1980 二册、香港药材四册和台湾 2013。

**【临床参考】**1. 霍乱吐泻后神昏气奄：果实 60g，加生山药 60g，水煎服[1]。

2. 外感病瘥后虚汗淋漓：果实 60g，水煎服[1]。

3. 流行性出血热：果实 15g，加熟地、茯苓、丹皮各 15g，怀山药、滑石、莲须各 20g，泽泻、阿胶（烊化）、地骨皮各 10g，丹参 9g，黄柏 6g，水煎服，每日 1 剂[2]。

4. 慢性再生障碍性贫血：果实 15g，加熟地、茯苓、丹皮、龟板、枸杞各 15g，山药、女贞子、旱莲草各 20g，麦冬、枣仁、枳壳各 10g，木香 6g，甘草 3g，水煎服，每日 1 剂[2]。

5. 阵发性睡眠性血红蛋白尿：果实 15g，加熟地、茯苓、丹皮、云苓、麦冬、枸杞、首乌各 15g，怀山药 20g，当归 10g，黄芪 18g，白茅根 40g，知母 12g，甘草 3g，水煎服，每日 1 剂[2]。

6. 崩漏：果实 15g，加生黄芪、白术、党参各 30g，炒白芍 15g，煅龙骨、煅牡蛎各 30g，五味子 12g，焦杜仲、海螵蛸各 15g，茜草炭、荆芥穗炭、阿胶（烊化）各 12g，仙鹤草 30g，炙甘草 6g，水煎服[3]。

7. 体虚、月经过多：果实 15g，加熟地 15g，当归、白芍各 9g，水煎服。

8. 紫癜：果实 15g，加白茅根 15g，阿胶 12 g，水煎服。（7 方、8 方引自《浙江药用植物志》）

**【附注】**山茱萸始载于《神农本草经》，列为中品。《吴普本草》载："或生冤句琅琊，或东海承县，叶如梅，有刺毛，二月花如杏，四月实如酸枣赤，五月采实。"《名医别录》载："生汉中山谷及琅琊冤句，东海承县，九月十月采实，阴干。"《本草经集注》称："出近道诸山中，大树，子初熟未干赤色，如胡颓子，亦可啖。既干，皮甚薄。"《本草图经》载："今海州亦有之，木高丈余，叶似榆，花白。"即为本种。

药材山茱萸命门火炽、素有湿热、小便淋涩者禁服。

**【化学参考文献】**

[1] 尚遂存，刘全泰 . 山茱萸果实成分的研究［J］. 中药材，1989，12（4）：29-32.

[2] 杨晋，陈随清，冀春茹，等 . 山茱萸化学成分的分离鉴定［J］. 中草药，2005，36（12）：1780-1782.

[3] Zhang Y E，Liu E H，Li H J，et al.Chemical constituents from the fruit of *Cornus officinalis*［J］.Chin J Nat Medicines，2009，7（5）：365-367.

[4] 韩淑燕，潘扬，丁岗，等 .$^{1}$H-NMR 和 $^{13}$C-NMR 在山茱萸环烯醚萜类化合物结构鉴定中的应用［J］. 中医药学刊，2004，22（1）：56-59.

[5] 吴禾，赵毅民 . 山茱萸化学成分的研究［C］. 全国第四届天然药物资源学术研讨会论文集，中国自然资源学会，2000.

[6] 徐丽珍，李慧颖，田磊，等 . 山茱萸化学成分的研究［J］. 中草药，1995，26（2）：62-65.

[7] Wang Y，Li Z Q，Cheng L R，et al.Antiviral compounds and one new iridoid glycoside from *Cornus officinalis*［J］.Prog Nat Sci：Materials International，2006，16（2）：142-146.

[8] Tsutomu H，Taeko Y，Ryokoabe A，et al.A galloylated monoterpene glucoside and a dimeric hydrolysable tannin from *Cornus officinalis*［J］.Phytochemistry，1990，29（9）：2975-2978.

[9] 程琛舒 . 山茱萸化学成分的研究［D］. 合肥：安徽大学硕士学位论文，2011.

[10] 张永文，陈玉武，赵世萍 . 山茱萸中的单没食子酰景天庚酮糖苷［J］. 药学学报，1999，34（2）：153-155.

[11] 周兆祥 . 山茱萸的化学成分和功效［J］. 经济林研究，1988，6（1）：21-24.

[12] 韩淑燕，潘扬，杨光明，等 . 超临界 $CO_2$ 萃取山茱萸成分研究［J］. 中国中药杂志，2003，28（12）：1148-1150，1183.

[13] Seeram N P，Schutzki R，Chandra A，et al.Characterization，quantification，and bioactivities of anthocyanins in *Cornus* species［J］. J Agr Food Chem，2002，50（9）：2519-2523.

[14] Kim D K，Kwak J H.A furan derivative from *Cornus officinalis*［J］.Arch Pharm Res，1998，21（6）：787-789.

[15] 陈随清 . 山茱萸种质资源的研究及优良品种的筛选［D］. 北京：北京中医药大学博士学位论文，2003.

[16] 赵淑艳 . 山茱萸天然防腐成分的研究［D］. 咸阳：西北农林科技大学硕士学位论文，2007.

[17] 乔灏祎，叶贤胜，赫军，等 . 山茱萸中一个新的环烯醚萜苷类化合物［J］. 中国药学杂志，2017，52（14）：1212-1216.

[18] Wang X，Liu C H，Li J J，et al.Iridoid glycosides from the fruits of *Cornus officinalis*［J］.J Asian Nat Prod Res，2018，20（10）：934-942.

[19] He J，Ye X S，Wang X X，et al.Four new iridoid glucosides containing the furan ring from the fruit of *Cornus officinalis*［J］. Fitoterapia，2017，120：136-141.

[20] Ye X S，He J，Cheng Y C，et al.Cornusides A-O，bioactive iridoid glucoside dimers from the fruit of *Cornus officinalis*［J］. J Nat Prod，2017，80（12）：3103-3111.

[21] Xie X Y，Wang R，Shi Y P.Chemical constituents from the fruits of *Cornus officinalis*［J］. Biochem Syst Ecol，2012，45：120-123.

[22] Lin M H，Liu H K，Huang W J，et al.Evaluation of the potential hypoglycemic and beta-cell protective constituents isolated from *Corni Fructus* to tackle insulin-dependent diabetes mellitus［J］. J Agric Food Chem，2011，59（14）：7743-7751.

[23] 赵世平，薛智 . 山茱萸化学成分的研究［J］. 药学学报，1992，27（11）：845-848.

[24] Hatano T, Yasuhara T, Abe R, et al.Tannins of cornaceous plants plants.Part 3.A galloylated monoterpene glucoside and a dimeric hydrolyzable tannin from *Cornus officinalis* [J] .Phytochemistry, 1990, 29 (9): 2975-2978.

[25] He J, Xu J K, Pan X G, et al.Unusual cadinane-type sesquiterpene glycosides with α-glucosidase inhibitory activities from the fruit of *Cornus officinalis* Sieb.et Zuuc. [J] .Bioorganic Chemistry, 2019, 82: 1-5.

[26] Yang T, Liu S C, Sn M H.Constituents of the fruits of *Cornus officinalis* [J] .Taiwan Yaoxue Zazhi, 1971, 22 (1-2): 1-4.

[27] 喻卫武，黎章矩，曾燕如，等.山茱萸良种主要药用有效成分测定与质量评价 [J] .浙江林学院学报，2009，26 (2)：196-200.

[28] 许丽珍，李慧颖，田磊，等.山茱萸化学成分的研究 [J] .中草药，1995，26 (2)：62-65.

[29] 张永文，陈玉武，赵世萍.山茱萸中的单没食子酰景天庚酮糖苷 [J] .药学学报，1999，34 (2)：153-155.

[30] Wang Y, Li Z Q, Chen L R, et al.Antiviral compounds and one new iridoid glycoside from *Cornus officinalis* [J] . Progress in Natural Science, 2006, 16 (2): 142-146.

[31] Hatano T, Ogawa N, Kira R, et al.Tannins of cornaceous plants.I.cornusiins A, B and C, dimeric monomeric and trimeric hydrolyzable tannins from *Cornus officinalis*, and orientation of valoneoyl group in related tannins [J] .Chem Pharm Bull, 1989, 37 (8): 2083-2090.

[32] Hatano T, Yasuhara T, Okuda T.Tannins of cornaceous plants.II.cornusiins D, E and F, new dimeric and trimeric hydrolyzable tannins from *Cornus officinalis* [J] .Chem Pharm Bull, 1989, 37 (10): 2665-2669.

[33] Hatano T, Yasuhara T, Abe R, et al, Tannins of cornaceous plants plants.Part 3.a galloylated monoterpene glucoside and a dimeric hydrolyzable tannin from *Cornus officinalis* [J] .Phytochemistry, 1990, 29 (9): 2975-2978.

[34] 丁霞，朱方石，余宗亮，等.山茱萸炮制前后宏微量元素及氨基酸成分比较研究 [J] .中药材，2007，30 (4)：396-399.

[35] 韩志慧，曹文豪，李新宝，等.GC-MS 分析山茱萸挥发油的化学成分 [J] .精细化工，2006，23 (2)：130-132，178.

[36] 马亚荣，杜勇军，李倩，等.山茱萸叶挥发性成分的 SHS-GC-MS 分段分析 [J] .西北大学学报（自然科学版），2017，47 (3)：401-412.

[37] Seung H L, Takashi T, Genichiro N, et al.Sedoheptulose digallate from *Comus officinalis* [J].Phytochemistry, 1989, 28(12): 3469-3472.

[38] Forman V, Grancai D, Horvath B. Constituents of the leaves of *Cornus officinalis* Sieb.et Zucc. [J] .Ceska a Slovenska Farmacie, 2016, 65 (4): 128-131.

[39] 杨晖，和素娜，李杰，等.HPLC 法测定山茱萸果核中 5 种有机酸的含量 [J] .河南科技大学学报（医学版），2015，33 (3)：161-163.

[40] 刘艳丽，晋海军，何建华，等.山茱萸果肉、果核中甾醇和脂肪酸构成分析 [J] .时珍国医国药，2012，23 (3)：633-634.

[41] 宋良，鄢丹，马云桐.HPLC 法测定山茱萸果实不同部位中熊果酸含量 [J] .中药材，2004，27 (8)：584-585.

[42] Lee G Y, Jang D S, Lee Y M, et al.Constituents of the seeds of *Cornus officinalis* with inhibitory activity on the formation of advanced glycation end products(AGEs) [J].An'guk Eungyong Sangmyong Hwahakhoeji, 2008, 51(4): 316-320.

[43] Lee J, Jang D S, Kim N H, et al.Galloyl glucoses from the seeds of *Cornus officinalis* with inhibitory activity against protein glycation, aldose reductase, and cataractogenesis *ex vivo* [J] .Biol Pharm Bull, 2011, 34 (3): 443-446.

[44] Yang L Y, Wang Z F, Huang L J.Isolation and structural characterization of a polysaccharide FCAP1 from the fruit of *Cornus officinalis* [J] .Carbohydr Res, 2010, 345 (13): 1909-1913.

**【药理参考文献】**

[1] 赵淑艳，呼世斌，吴焕利，等.山茱萸提取物抑菌活性成分稳定性的研究 [J] .食品科学，2008，29 (1)：98-101.

[2] 苗明三，方晓燕，杨云，等.山茱萸多糖免疫兴奋作用的研究 [J] .河南中医，2002，22 (3)：24-25.

[3] 韩璟超，季晖，薛城锋，等.山茱萸总萜的降血糖作用 [J] .中国天然药物，2006，4 (2)：125-129.

[4] 王恩军，靳祎，李术娜，等.山茱萸多糖对 HeLa 细胞的抑制作用及相关凋亡抑制蛋白表达的影响 [J] .天津医药，2013，41 (3)：197-199.

［5］张艳萍，尤玉如，戴志远．山茱萸多糖体外清除自由基和抗氧化作用研究［J］．中国食品学报，2008，8（6）：18-22.

**【临床参考文献】**

［1］宋盛青．张锡纯运用山茱萸经验浅析［J］．吉林中医药，2006，26（8）：3-5.
［2］葛子端，张德付．六味地黄汤的临床应用［J］．吉林中医药，1990，23（1）：9-10.
［3］张晓峰，雷耀平．固冲汤临床运用体会［J］．中国中医药信息杂志，2003，10（12）：65-66.

# 后生花被亚纲 METACHLAMYDEAE

## 九〇 鹿蹄草科 Pyrolaceae

多年生常绿草本或草本状半灌木，具细长的匍匐根茎或为多年生无叶绿素的腐生肉质草本。单叶基生或互生，稀对生或轮生，有时退化成鳞片状，边缘有细锯齿或全缘，无托叶。花单生茎顶或排成总状花序、伞房花序或伞形花序，两性，具鳞片状苞片；萼深裂或无；花瓣 5 深裂；雄蕊 10 枚，稀 6 ～ 8 枚或 12 枚，花药顶孔裂，纵裂或横裂；子房上位，基部有花盘或无，5（4）枚心皮合生，胚珠多数，中轴胎座或侧膜胎座，花柱单一，柱头多少浅裂或圆裂。果为蒴果，稀浆果，扁球形；种子小，多数。

14 属，约 60 种，分布于北半球温带至寒温带。中国 7 属，约 40 种 5 变种，分布几遍及全国，法定药用植物 1 属，4 种。华东地区法定药用植物 1 属，2 种。

鹿蹄草科法定药用植物主要含黄酮类、醌类、酚酸类、皂苷类等成分。黄酮类包括黄酮醇、黄烷等，如山柰酚 -3-*O*- 阿拉伯糖苷（kaempferol-3-*O*-arabinoside）、槲皮素（quercetin）、儿茶素（catechin）等；醌类主要为苯醌、萘醌，如鹿蹄草素（pyrolin）、2- 甲基 -7- 羟甲基 -1, 4- 萘醌（2-methyl-7-hyroxymethyl-1, 4-naphthoquinone）等；酚酸类如原儿茶酸（protocatechuic acid）、紫花杜鹃丁素 -2″-*O*- 没食子酸酯（hyperin-2″-*O*-hyperingallate）等；皂苷类多为三萜皂苷，如齐墩果酸（oleanolic acid）、蒲公英赛醇（taraxerol）等。

鹿蹄草属含黄酮类、酚酸类、醌类、皂苷类等成分。黄酮类包括黄酮醇、黄烷等，如金丝桃苷（hyperoside）、儿茶素（catechin）等；酚酸类如原儿茶酸（protocatechuic acid）、没食子酸（gallic acid）等；醌类如梅笠草醌（chimaphylin）、大黄素（emodin）等；皂苷类如熊果酸（ursolic acid）、蒲公英赛醇（taraxerol）等。

### 1. 鹿蹄草属 *Pyrola* Linn.

多年生常绿草本，无毛。根茎细长。叶常基生，稀聚集在茎下部，互生或近对生，全缘或有锯齿，具长柄。花排成总状花序，顶生；花萼 5 枚深裂，宿存；花瓣 5 枚深裂；雄蕊 10 枚，花丝扁平，无毛，花药基部有极短 2 小角，成熟时顶端孔裂；子房上位，中轴胎座，5 室，花柱单生，顶端在柱头下有环状突起或无，柱头 5 裂。蒴果扁球形，下垂，成熟时由基部向上 5 纵裂，裂瓣的边缘常有蛛丝状毛；种子多数，细小。

30～40种，分布于北半球温带地区。中国27种3变种，多分布于东北和西南各省区，法定药用植物4种。华东地区法定药用植物 2 种。

#### 693. 鹿蹄草（图 693）• *Pyrola calliantha* H. Andr.（*Pyrola rotundifolia* Linn. subsp. *chinensis* H. Andres；*Pyrola rotundifolia* auct. non Linn.）

**【别名】**常绿茶（江西、安徽），鹿衔草（浙江），圆叶鹿蹄草。

**【形态】**多年生常绿草本，高 15 ～ 30cm。根茎细长，横走，有分枝。叶 4 ～ 7 枚，基生，革质；圆形或卵圆形，稀椭圆形，长 3 ～ 5cm，宽 2.5 ～ 4cm，先端钝圆，基部宽楔形或圆形，边缘全缘或有疏齿，上表面暗绿色，下表面紫红色，干后茶褐色；叶柄长 2 ～ 5.5cm，有时带紫色；沿脉有时具白色网纹。总状花序有花 5 ～ 9 朵，花倾斜，稍下垂；花梗长 5 ～ 10mm，腋间有长舌状苞片，先端急尖；花萼 5 深裂，舌状，先端急尖或钝尖，边缘近全缘；花冠 5 裂，花瓣倒卵状椭圆形或倒卵形，白色，有时稍带淡红色；

**图 693　鹿蹄草**　　　　摄影　徐克学等

雄蕊 10 枚，花丝无毛，花药长圆柱形，基部有 2 小角，黄色；花柱与花冠近等长，基部下弯，先端环状加粗，柱头呈头状，5 裂。蒴果扁球形，直径 7 ～ 9mm。花期 5 ～ 6 月，果期 9 ～ 10 月。

**【生境与分布】**生于海拔 700 ～ 4100m 的山地针叶林、针阔叶林下。分布于山东、江苏、浙江、安徽、福建、江西，另山西、陕西、青海、甘肃、河南、河北、湖南、湖北、云南、贵州、四川、西藏均有分布。

**【药名与部位】**鹿衔草，全草。

**【采集加工】**全年可采，除去杂质，晒至叶片较软时，堆置使其呈紫褐色，干燥。

**【药材性状】**根茎细长。茎圆柱形或具纵棱，长 10 ～ 30cm。叶基生，近圆形，长 2 ～ 8cm，暗绿色或紫褐色，先端圆或稍尖，全缘或有稀疏的小锯齿，边缘略反卷，上表面有时沿脉具白色的斑纹，下表面有时具白粉。总状花序有花 4 ～ 10 朵；花半下垂，萼片 5 枚，舌形；花瓣 5 枚，早落，雄蕊 10 枚，花药基部有小角，顶孔开裂；花柱外露，有环状突起的柱头盘。蒴果扁球形，直径 7 ～ 10mm，5 纵裂，裂瓣边缘有蛛丝状毛。气微，味淡、微苦。

**【药材炮制】**除去杂质，切段。

**【化学成分】**全草含三萜皂苷类：熊果醇（uvaol）、熊果酸（ursolic acid）、2β, 3β, 23- 三羟基 -12- 烯 -28- 熊果酸（2β, 3β, 23-trihydroxy-12-en-28-ursolic acid）和 2α, 3β, 23, 24- 四羟基 -12- 烯 -28- 熊果酸（2α, 3β, 23, 24-tetrahydroxy-12-en-28-ursolic acid）[1]；萘醌类：梅笠草素（chimaphilin）[1]；蒽醌类：大黄素（emodin）[1]；环烯醚萜类：水晶兰苷（monotropein）[1]；酚酸类：没食子酸（gallicacid）[1]，夹竹桃麻素（apocynin）和 3, 4- 二羟基苯甲酸（3, 4-dihydroxyhenzoic acid）[2]；酚及酚苷类：4- 羟基 -2, 7- 二甲基 -1- 萘基 -1-*O*-β-D- 吡喃葡萄糖苷（4-hyclroxy-2, 7-dimethyl-1-naphthalenyl-1-*O*-β-D-glucopyranoside）、鹿蹄草素（pyrolin）、鹿蹄草苷 B（pyrolaside B）[2]，高熊果酚苷（homoarbutin）、4- 羟基 -2-［（*E*）-

4- 羟基 -3- 甲基 -2- 丁烯基 ] -5- 甲基苯基 -β-D- 吡喃葡萄糖苷 {4-hydroxy-2- [ ( *E* ) -4-hydroxy-3-methyl-2-butenyl ]-5-methylphenyl-β-D-glycopyranoside} 和草夹竹桃苷( androsin )[3]；黄酮类：金丝桃苷( hyperin )、2″-*O*- 没食子酰基 -3- 金丝桃苷 ( 2″-*O*-galloyl-3-hyperin ) [2]，山柰酚 -3-*O*-β-D- 吡喃半乳糖苷 ( kaempferol-3-*O*-β-D-galactopyranoside ) 、芒柄花素 ( formononetin ) 、槲皮素 -3-*O*-α-L- 呋喃阿拉伯糖苷 ( quercetin-3-*O*-α-L-arabinofuranoside ) 和槲皮素 -3-*O*-α-L- 吡喃阿拉伯糖苷 ( quercetin-3-*O*-α-L-arabinopyranoside ) [4]；萘酮类： ( 4*R* ) -1- 四氢萘酮 [ ( 4*R* ) -1-tetralone ] 和 ( 4*S* ) -1- 四氢萘酮 [ ( 4*S* ) -1-tetralone ] [2]；呋喃类：5- ( 羟甲基 ) -2- 糠醛 [ 5- ( hydroxymethyl ) -2-furfuraldehyde ] [2]；醇苷类：豌豆醇苷 * ( pisumionoside ) [3]；酰胺类：顺式 -9, 10- 十八碳烯酰胺 ( *cis*-9, 10-octadecenoamide ) [3]；脂肪酸类：棕榈酸 ( almitie acid ) 和棕榈酰基 -1-*O*-β- 葡萄糖苷 ( palmityl-1-*O*-β-glucoside ) [3]；甾体类：胡萝卜苷 ( daucosterol ) 和 β- 谷甾醇 ( β-sitosterol ) [5]；烷酮类：27- 五十三酮 ( tripentacontan-27-one ) [5]。

**【药理作用】** 1. 抗炎 全草水提取液对二甲苯所致小鼠的耳壳炎症、乙酸诱发小鼠腹腔毛细血管通透性增高、大鼠角叉菜胶性关节炎、大鼠棉球肉芽肿、大鼠佐剂性关节炎均有明显的抑制作用[1]；全草甲醇提取物可抑制角叉菜胶所致小鼠的足肿胀、乙酸所致小鼠的扭体反应，其抑制率与阳性药吲哚美辛相当[2]。2. 抗流感病毒 全草石油醚提取物乙酸乙酯部位、乙醇部位可抑制流感病毒神经氨酸苷酶 ( NA ) 活性，抑制率分别为 79.10%、70.49%，提示其有效成分具有潜在的抗流感病毒作用[3]。3. 降血脂 全草 70% 乙醇提取物经 20% 乙醇洗脱得到的水溶性部分可显著降低高脂血症小鼠的血清甘油三酯水平[4]。

**【性味与归经】** 甘、苦，温。归肝、肾经。

**【功能与主治】** 祛风湿，强筋骨，止血。用于风湿痹痛，腰膝无力，月经过多，久咳劳嗽。

**【用法与用量】** 9 ～ 15g。

**【药用标准】** 药典 1963—2015、浙江炮规 2015、贵州药材 1988、四川药材 1987 增补和新疆药品 1980 二册。

**【临床参考】** 1. 高血压：全草制成茶剂，200ml 开水浸泡 5 ～ 10min，连续浸泡 2 次，代茶饮用，每次 1g/ 袋，每日 3 次[1]。

2. 急慢性支气管炎：全草 30g，加猪肺叶，水煎服[2]。

3. 风湿性关节炎：全草 20g，加羌活、独活、桂枝、当归、川芎各 12g、威灵仙 15g、甘草 3g，风偏甚者加海风藤、防风；湿偏甚者加苍术、薏苡仁；寒偏甚者加川乌、草乌；热偏甚者去桂枝加桑枝、银花藤，热象甚者加石膏，水煎服[2]。

4. 肺结核咯血：全草，加白及、百部，水煎服[2]。

**【附注】** 鹿蹄草始载于《本草纲目》，云："按《轩辕述宝藏论》云：鹿蹄多生江广平陆及寺院荒处，淮北绝少，川陕亦有。苗似堇菜，而叶颇大，背紫色。春生紫花，结青实，如天茄子。主治金疮出血……，又涂一切蛇虫犬咬毒。"按其记述，生境及形态与本种相似。

药材鹿衔草孕妇慎服。

长叶鹿蹄草 *Pyrola elegantula* Andres 的全草在贵州、皱叶鹿蹄草 *Pyrola rugosa* H.Andr. 的全草在甘肃均作鹿衔草药用。

**【化学参考文献】**

[1] 刘蕾，陈玉平，万喆，等 . 鹿蹄草化学成分研究 [ J ] . 中国中药杂志，2007，32 ( 17 ) ：1762-1765.

[2] 任风霞，张爱军，赵毅民，等 . 鹿蹄草化学成分研究 [ J ] . 天然产物研究与开发，2010，22 ( 1 ) ：54-57.

[3] 任风霞，张爱军，赵毅民，等 . 鹿蹄草化学成分研究Ⅱ [ J ] . 解放军药学学报，2008，24 ( 4 ) ：301-304.

[4] 刘蕾，李安良，万喆，等 . 鹿蹄草化学成分及其抗真菌活性研究 [ C ] . 2006 中国药学会学术年会，2006.

[5] 李东 . 贵州中草药铁筷子和鹿蹄草化学成分研究 [ D ] . 贵阳：贵州大学硕士学位论文，2008.

**【药理参考文献】**

[1] 段泾云，茼文瑰，刘小勇 . 鹿蹄草的抗炎作用 [ J ] . 陕西中医，1992，( 9 ) ：424-425.

[2] Kosuge T, Yokota M, Sugiyama K, et al. Studies on bioactive substances in crude drugs used for arthritic diseases in traditional Chinese medicine. III. isolation and identification of anti-inflammatory and analgesic principles from the whole herb of *Pyrola rotundifolia* L. [J]. Chem Pharm Bull, 1985, 33(12): 5355-5357.

[3] Yang X Y, Liu A L, Liu S J, et al. Screening for neuraminidase inhibitory activity in traditional Chinese medicines used to treat influenza [J]. Molecules, 2016, 21(9): 1138-1145.

[4] 张璐，王中秋，宋莉，等. 鹿衔草降血脂作用有效部位的研究[J]. 西北药学杂志，2010，25(3)：195-196.

【临床参考文献】

[1] 王朝宏，吴垂光，薛光华，等. 鹿蹄草制剂治疗高血压病 101 例临床观察[J]. 中西医结合杂志，1986，6(10)：804-805.

[2] 周天寒. 鹿衔草的临床运用[J]. 四川中医，1987，(2)：51.

## 694. 普通鹿蹄草（图 694）• *Pyrola decorata* H. Andr.

**图 694　普通鹿蹄草**　　摄影　李华东等

【别名】雅美鹿蹄草（安徽），卵叶鹿蹄草。

【形态】多年生常绿草本，高 15 ～ 35cm；根茎细长，横走，有分枝。叶 3 ～ 6 枚，基生，薄革质，卵状椭圆形或卵状长圆形，长 3 ～ 7cm，宽 2 ～ 4cm，先端钝尖或圆，基部楔形或宽楔形，下延于叶柄，上表面深绿色，沿叶脉为淡绿白色或稍白色，下表面常带紫红色，边缘有疏齿；叶柄长 1.5 ～ 4cm。总状花序有花 4 ～ 10 朵，花倾斜，半下垂；花梗长 5 ～ 9mm，腋间有膜质苞片，披针形；花萼 5 深裂，卵状长圆形，先端急尖，边缘色较浅；花瓣倒卵状椭圆形，先端圆形，淡绿色或黄绿色或近白色；雄蕊 10 枚，花丝无毛，花药卵形或长圆形，具小角，黄色；花柱长 6 ～ 10mm，倾斜，上部弯曲，顶端有环状突起或不明显，伸出花冠，柱头 5 枚圆裂。蒴果扁球形，直径 7 ～ 10mm。花期 5 ～ 6 月，果期 7 ～ 10 月。

**【生境与分布】**生于海拔 600 ～ 3000m 的山地阔叶林或灌丛下。分布于安徽、江苏、浙江、福建、江西，另甘肃、陕西、湖北、河南、湖南、广东、广西、贵州、云南、四川、西藏均有分布。

鹿蹄草与普通鹿蹄草的区别点：鹿蹄草叶片卵圆形至圆形，长 3 ～ 5cm，萼片披针形且先端急尖，花瓣白色或淡红色；普通鹿蹄草叶片卵状椭圆形或卵状长圆形，长 3.5 ～ 7cm，萼片卵状长圆形，花瓣黄绿色。

**【药名与部位】**鹿衔草，全草。

**【采集加工】**全年可采，除去杂质，晒至叶片较软时，堆置使其呈紫褐色，干燥。

**【药材性状】**根茎细长。茎圆柱形或具纵棱，长 10 ～ 30cm。叶基生，长卵圆形，长 2 ～ 8cm，暗绿色或紫褐色，先端圆或稍尖，全缘或有稀疏的小锯齿，边缘略反卷，上表面有时沿脉具白色的斑纹，下表面有时具白粉。总状花序有花 4 ～ 10 朵；花半下垂，萼片 5 枚，卵状长圆形；花瓣 5 枚，早落，雄蕊 10 枚，花药基部有小角，顶孔开裂；花柱外露，有环状突起的柱头盘。蒴果扁球形，直径 7 ～ 10mm，5 纵裂，裂瓣边缘有蛛丝状毛。气微，味淡、微苦。

**【质量要求】**叶片紫红色或紫褐色，无杂草及泥土。

**【药材炮制】**除去杂质，切段。或取鹿衔草饮片，称重，压块。

**【化学成分】**全草含萘醌类：梅笠草素（chimaphilin）[1]；酚类：鹿蹄草素（toluhydroquinone）[1]；三萜皂苷类：齐墩果酸（oleanolic acid）、熊果酸（ursolic acid）、山楂酸（maslinic acid）、3β-*O*-α-L-吡喃阿拉伯糖基泰国树脂酸 -28-*O*-β-D- 吡喃葡萄糖酯（3β-*O*-α-L-arabinopyransyl siaresinolic acid-28-*O*-β-D-glucopyranosyl ester）、地榆皂苷 I（ziyuglycoside I）、坡模酸（pomolic acid）和科罗索酸（colosic acid）[1]；黄酮类：槲皮素（quercetin）、金丝桃苷（hyperoside）、异槲皮苷（isoquercitrin）、槲皮苷（quercitrin）、2″-*O*- 没食子酰基金丝桃苷（2″-*O*-galloyl hyperin）、槲皮素 -3-*O*-α-L- 呋喃阿拉伯糖苷（quercetin-3-*O*-α-L-arabinofuranoside）[2, 3]，山柰酚 -3-*O*-β-D- 吡喃葡萄糖苷（kaempferol-3-*O*-β-D-glucopyranoside）和槲皮素 -3-*O*-β-D- 吡喃葡萄糖苷（quercetin-3-*O*-β-D-glucopyranoside）[4]；酚酸类：香草酸（vanillic acid）[1]，没食子酸（gallic acid）[2] 和鹿蹄草亭（pirolatin）[3]；酚苷类：高熊果酚苷（homoarbutin）[3]。

**【药理作用】**抗菌 全草水提取液对金黄色葡萄球菌、伤寒杆菌、志贺氏痢疾杆菌、白色葡萄球菌的生长均有较强的抑制作用，对大肠杆菌、变形杆菌、绿脓杆菌、甲型副伤寒杆菌、乙型副伤寒杆菌、宋内氏痢疾杆菌和福氏痢疾杆菌的生长有抑制作用[1]；新鲜全草经乙醚提取、氯仿萃取、BioGel-P 层析后得到的组分对金黄色葡萄球菌、溶血性链球菌、绿脓杆菌和肺炎克雷伯菌的生长均有一定的抑制作用，其中对金黄色葡萄球菌的抑制作用最强[2]。

**【性味与归经】**甘、苦，温。归肝、肾经。

**【功能与主治】**祛风湿，强筋骨，止血。用于风湿痹痛，腰膝无力，月经过多，久咳劳嗽。

**【用法与用量】**9 ～ 15g。

**【药用标准】**药典 1977—2015、浙江炮规 2015、四川药材 1987 增补和新疆药品 1980 二册。

**【临床参考】**1. 慢性痢疾：全草 15g，水煎服。

2. 风湿痹痛：全草 12g，加白术 12g、泽泻 9g，水煎服。

3. 产后瘀滞、腹痛：全草 15g，加一枝黄花 6g、苦爹菜 9g，水煎服。

4. 过敏性皮炎、稻田皮炎：全草，水煎洗患处，每天 2 次。（1 方至 4 方引自《浙江药用植物志》）

**【附注】**本种始载于《滇南本草》，云："鹿衔草，紫背者好。叶团，高尺余。出落雪丁（今东川）者效。"《植物名实图考》云："鹿衔草，九江建昌山中有之。铺地生，绿叶紫背，面有白缕，略似蕺菜而微长，根亦紫。湖南山中亦有之，俗呼破血丹。滇南尤多。"根据文及附图，与本种相符合。

药材鹿衔草孕妇慎服。

**【化学参考文献】**


[1] 张园园，陈晓辉，金哲史，等. 普通鹿蹄草的化学成分 I [J]. 中国实验方剂学杂志，2011，11（20）：114-117.

[2] 张园园，陈晓辉，金哲史，等. 普通鹿蹄草的化学成分Ⅱ [J]. 中国实验方剂学杂志，2012，1（1）：96-98.

[3] 王军宪，张莉，吕修梅，等. 普通鹿蹄草化学成分的研究 [J]. 中草药，2003，34（4）：307-308.

[4] Huang S，Peng C I，Lee H C. Flavonoid analyses of *Pyrola* (Pyrolaceae) in Taiwan [J]. Bot Bull Acad Sin，1987，28（2）：283-287.


**【药理参考文献】**


[1] 杨大中，李诗梅. 普通鹿蹄草水提物的初步研究 [J]. 中医药信息，1987，（6）：39-42.

[2] 徐丽萍. 鹿蹄草提取物的抑菌作用比较研究 [J]. 哈尔滨商业大学学报（自然科学版），2007，23（3）：265-266，272.

# 九一　杜鹃花科 Ericaceae

常绿或落叶，灌木或乔木。叶革质，少有纸质，单叶互生，稀对生或轮生，全缘或有锯齿；不具托叶。花两性，单生或呈总状、圆锥状或伞形花序，顶生或腋生；具苞片；花萼 4 ～ 7 裂，常 5 裂，宿存，有时花后肉质；花瓣合生呈钟状、坛状、漏斗状或高脚碟状，稀离生，花冠通常 5 裂，裂片覆瓦状排列，颜色种类多；雄蕊为花冠裂片的 2 倍或同数，如为 2 倍，则外轮雄蕊与花瓣对生，如为同数，则雄蕊与花冠裂片互生，花丝分离，生于花盘基部；子房上位或下位，常 2 ～ 5 室，稀更多，每室有胚珠 1 至多粒；花柱和柱头单一。蒴果，稀浆果或核果；种子小，粒状或锯屑状，无翅或有狭翅，或两端具伸长的尾状附属物。

约 125 属 4000 种，广布于南、北半球的温带及北半球亚寒带。中国 22 属，约 826 种，分布几遍及全国，主产于西南部山区，法定药用植物 6 属，19 种 4 变种。华东地区法定药用植物 2 属，5 种。

杜鹃花科法定药用植物主要含萜类、黄酮类、皂苷类、酚酸类等成分。萜类多为四环二萜类，如闹羊花毒素Ⅲ（rhodojaponia Ⅲ）、马醉木毒素Ⅰ（asebotoxin Ⅰ）、杜鹃毒素（andromedotoxin）等，此类成分为木藜芦烷类毒性成分；黄酮类包括黄酮醇、二氢黄酮、黄烷、花色素等，如金丝桃苷（hyperoside）、荭草素（orientin）、表没食子儿茶素（epigallocatechin）、矢车菊素（cyanidin）等；皂苷类多为三萜皂苷，如熊果酸（ursolic acid）、齐墩果酸（oleanolic acid）、蒲公英赛醇（taraxerol）、白桦脂酸（betulinic acid）等；酚酸类如 3, 5- 二 -*O*- 咖啡酰奎宁酸（3, 5-di-*O*-caffeoylquinicacid）、原儿茶酸（protocatechuic acid）、没食子酸（gallic acid）等。

杜鹃属含黄酮类、萜类、皂苷类、酚酸类等成分。黄酮类包括黄酮醇、二氢黄酮、黄烷等，如金丝桃苷（hyperoside）、杨梅素 -3-*O*-β-D- 葡萄糖苷（myricetin-3-*O*-β-D-glucoside）、花旗松素（taxifolin）、儿茶素（catechin）等；萜类如羊踯躅素Ⅰ、Ⅲ（rhodomollein Ⅰ、Ⅲ）、杜鹃毒素（andromedotoxin）等，为木藜芦烷类二萜毒性成分；皂苷类如熊果酸（ursolic acid）、齐墩果酸（oleanolic acid）、木栓酮（friedelin）、白桦脂酸（betulinic acid）等。

越橘属含黄酮类、香豆素类、酚酸类、皂苷类等成分。黄酮类包括黄酮醇、二氢黄酮、黄烷、花色素等，如槲皮素（quercetin）、荭草素（orientin）、表没食子儿茶素（epigallocatechin）、矢车菊素（cyanidin）等；香豆素类如东莨菪素（scopoletin）、秦皮乙素（aesculetin）等；酚酸类如 3, 5- 二 -*O*- 咖啡酰奎宁酸（3, 5-di-*O*-caffeoylquinicacid）、原儿茶酸（protocatechuic acid）、没食子酸（gallic acid）等；皂苷类如蒲公英赛醇（taraxerol）、齐墩果酸（oleanolic acid）、熊果酸（ursolic acid）、木栓酮（friedelin）等。

## 1. 杜鹃属 *Rhododendron* Linn.

常绿或落叶灌木，稀小乔木。叶互生，全缘，稀有不明显的锯齿。花两性，通常排列成伞形总状或短总状花序，稀单生；花萼 5 深裂或环状无明显裂片，宿存；花冠漏斗状、钟状、管状或高脚碟状，辐射对称或略两侧对称，常 5 裂，少有 6 ～ 10 裂；雄蕊 5 ～ 10 枚，通常 10 枚，稀更多，着生于花冠基部，花药无附属物，顶孔开裂或为略微偏斜的孔裂；子房上位，通常 5 室，少有 6 ～ 20 室，花柱细长，柱头头状或盘状，宿存。蒴果卵形至长椭圆形，自顶部向下室间开裂，果瓣木质，少有质薄者开裂后果瓣多少扭曲；种子多数，细小，纺锤形，具膜质薄翅，或种子两端有明显或不明显的鳍状翅，或无翅但两端具狭长或尾状附属物。

约 1000 种，广泛分布于欧洲、亚洲、北美洲等地区。中国约 571 种，分布于除新疆、宁夏外的各省区，法定药用植物 12 种 1 变种。华东地区法定药用植物 3 种。

## 分种检索表

1. 小枝密被柔毛和刚毛；叶革质，上表面有光泽，叶柄长 6 ～ 13mm………………毛果杜鹃 *R.seniavinii*
1. 幼枝密被柔毛和刚毛；叶纸质，上表面无光泽，叶柄长 2 ～ 6mm。
   2. 叶长 5 ～ 11cm, 宽 1.5 ～ 5cm, 下表面密被灰白色柔毛, 沿中脉被黄褐色刚毛, 花金黄色…羊踯躅 *R.molle*
   2. 叶长 1.5 ～ 5cm，宽 0.5 ～ 3cm，密被褐色糙伏毛，花玫瑰色或红色等…………………杜鹃 *R.simsii*

## 695. 毛果杜鹃（图 695）• *Rhododendron seniavinii* Maxim.

**图 695　毛果杜鹃**　　　摄影　张芬耀等

【别名】照山白、福建杜鹃（福建）。

【形态】半常绿或常绿灌木，高 1 ～ 3m。分枝多，小枝圆柱状，密被糙伏毛；老枝灰褐色，近无毛。叶革质，集生枝端，卵状长圆形或长圆状披针形，长 1.5 ～ 9cm，宽 1 ～ 3.5cm，先端渐尖，具短尖头，基部宽楔形，边缘微反卷，被黄褐色糙伏毛；上表面深绿色，具光泽，无毛或疏被贴状长柔毛，下表面黄褐色，密被黄棕色长糙伏毛，中脉和侧脉在上表面凹陷，下表面隆起，叶柄长 0.6 ～ 1.3cm，密被糙伏毛。伞形花序顶生，具花 4 ～ 10 朵；花梗长 3 ～ 7mm，密被糙伏毛；花萼小，三角状卵形，密被糙伏毛；花冠漏斗形或狭漏斗形，白色，直径约 1.5cm，5 裂，上方 3 枚裂片内方具紫色斑点；雄蕊 5 枚，伸出花冠外，花丝扁平，基部较宽，被半透明短柔毛；子房卵球形，密被红棕色糙伏毛，花柱长于雄蕊，基部密被红棕色糙伏毛。蒴果长卵球形，长 7mm，密被棕褐色糙伏毛。花期 4 ～ 5 月，果期 8 ～ 11 月。

【生境与分布】生于海拔 300 ～ 1400m 的丘陵地带。分布于浙江、安徽、江西、福建，另贵州、云南、湖南均有分布。

【药名与部位】满山白，嫩枝和叶。

【采集加工】春末夏初采收，晒干。

【药材性状】茎呈圆柱形，表面棕褐色或棕红色，幼枝密生棕红色糙伏毛。叶二型，薄革质，多数簇生枝顶；春叶宽卵形，较大，夏叶卵形或宽长卵形，较小，长 0.8 ～ 6cm，宽 0.5 ～ 2cm，先端渐尖，有锐尖头，基部阔楔形，叶面深绿色，叶背密生粗伏毛；叶柄长 3 ～ 5cm，有糙伏毛。花 3 ～ 10 朵，簇生枝顶，黄棕色。气微、味淡。

【药材炮制】除去杂质，晒干。

【化学成分】叶含黄酮类：5, 7, 3′- 三甲氧基槲皮素 -3-*O*-β-D- 吡喃葡萄糖苷（5, 7, 3′-trimethoxyquercetin-3-*O*-β-D-glucopyranoside）、5, 7, 3′- 三甲氧基槲皮素（5, 7, 3′-trimethoxyquercetin）[1]，金丝桃苷（hyperin）、槲皮素（quercetin）[2]，槲皮苷（quercitrin）[2-4]，5, 7, 3′- 三甲氧基 -3, 4′- 二羟基黄酮 -3-*O*-β-D-吡喃葡萄糖苷（5, 7, 3′-trimethoxy-3, 4′-dihydroxyflavone-3-*O*-β-D-glucopyranoside）、5, 7, 3′- 三甲氧基 -3, 4′- 二羟基黄酮（5, 7, 3′-trimethoxy-3, 4′-dihydroxyflavone）和 3, 5, 7- 三羟基色原酮 -3-*O*-α-L- 吡喃鼠李糖苷（3, 5, 7-trihydroxychromene-3-*O*-α-L-rhamnopyranoside）[4]；三萜皂苷类：木栓酮（friedelin）、表木栓酮（epifriedelin）和 α- 香树脂醇（α-amyrin）[2]；甾体类：β- 谷甾醇（β-sitosterol）[2]；香豆素类：东莨菪内酯（scopoletin）和东莨菪苷（scopolin）[3]；木脂素类：珍珠花素 B-9′-*O*-β-D- 吡喃葡萄糖苷（ovafolinin B-9′-*O*-β-D-glucopyranoside）[1]，左旋丁香树脂酚［（－）-syringaresinol］、左旋南烛木树脂酚［（－）-lyoniresinol］、右旋南烛木树脂酚 -3α-*O*-β-D- 吡喃葡萄糖苷［（＋）-lyoniresinol-3α-*O*-β-D-glucopyranoside］、左旋南烛木树脂酚 -3α-*O*-β-D- 吡喃葡萄糖苷［（－）-lyoniresinol-3α-*O*-β-D-glucopyranoside］[3, 4]，左旋 -5′- 甲氧基异落叶松脂素 -3α-*O*-β-D- 吡喃葡萄糖苷［（－）-5′-methoxyisolariciresinol-3α-*O*-β-D-glucopyranoside］、右旋 -5′- 甲氧基异落叶松脂素 -9′-*O*-β-D- 吡喃木糖苷［（＋）-5′-methoxyisolariciresinol-9′-*O*-β-D-xylopyranoside］、右旋异落叶松脂素 -3α-*O*-β-D- 吡喃葡萄糖苷［（＋）-isolariciresinol-3α-*O*-β-D-glucopyranoside］、左旋异落叶松脂素 -3α-*O*-β-D- 吡喃葡萄糖苷［（－）-isolariciresinol-3α-*O*-β-D-glucopyranoside］、3′, 4- 二羟基 -4, 6, 2′, 4′- 四甲氧基 -2, 9′- 环氧 -1′, 7- 环木脂素 -9-*O*-β-D- 吡喃葡萄糖苷（3′, 4-dihydroxy-4, 6, 2′, 4′-tetramethoxy-2, 9′-epoxy-1′, 7-cyclolignan-9-*O*-β-D-glucopyranoside）、3′, 4- 二羟基 -4, 6, 2′, 4′- 四甲氧基 -2, 9′- 环氧 -1′, 7-环木脂素 -9- 醇（3′, 4-dihydroxy-4, 6, 2′, 4′-tetramethoxy-2, 9′-epoxy-1′, 7-cyclolignan-9-ol）、5- 甲氧基脱氢松柏醇（5-methoxydehydroconiferyl alcohol）、脱氢松柏醇（dehydroconiferyl alcohol）、裸柄吊钟花木糖苷（nudiposide）和刺五加酮（ciwujiatong）[4]；酚类：3, 4, 5- 三甲氧基苯酚（3, 4, 5-trimethoxyphenol）、3, 4, 5- 三甲氧基苯酚 -1-*O*-β-D- 吡喃葡萄糖苷（3, 4, 5-trimethoxyphenol-1-*O*-β-D-glucopyranoside）、苏式 -2, 3- 双（4- 羟基 -3- 甲氧基苯基）-3- 乙氧基丙 -1- 醇［*threo*-2, 3-bis（4-hydroxy-3-methoxyphenyl）-3-ethoxypropan-1-ol］[4]；其他尚含：毛果槭苷（nikoenoside）[3, 4]。

【性味与归经】甘、微辛，平。

【功能与主治】祛痰止咳。用于急、慢性支气管炎。

【用法与用量】15 ～ 30g。

【药用标准】福建药材 2006。

【临床参考】1. 急慢性气管炎：复方满山白口服液（主要药物毛果杜鹃、九节茶、盐肤木）口服，每次 20ml，每日 2 次[1]。

2. 感冒咳嗽初期或重感后期：复方满山白口服液（主要药物毛果杜鹃、九节茶、盐肤木）口服，每次 20ml，每日 3 次[1]。

3. 咳喘：复方满山白糖浆（主要药物满山白）口服，每次 30ml，每日 3 次[2]。

【化学参考文献】

［1］Wang Q Q，Wu C，Zhang Y，et al. A new flavonoid glucoside from *Rhododendron seniavinii*［J］. J Asian Nat Prod Res，2015，17（7）：778-782.

［2］邓福孝，林耿坦，归筱铭，等.满山白化学成分的研究［J］.化学学报，1982，40（2）：84-86.

［3］汪青青，张英，叶文才，等.满山白化学成分研究［J］.中国中药杂志，2013，38（3）：366-369.

［4］汪青青.满山白化学成分研究［D］.广州：暨南大学硕士学位论文，2013.

【临床参考文献】

［1］华泽英.复方满山白的临床应用［J］.首都医药，1998，5（9）：37.

［2］陈海铃，徐松健.中西医结合康复治疗咳喘［J］.现代康复，2000，4（1）：87.

## 696. 羊踯躅（图 696）• *Rhododendron molle*（Blume）G. Don

**图 696　羊踯躅**　　摄影　李华东等

【别名】闹羊花、黄牯牛花（浙江），黄杜鹃（山东），映山黄（江苏连云港），老虎花（江西九江），抵婆花（江西新余），黄花杜鹃。

【形态】落叶灌木，高 0.5 ～ 2m。分枝稀疏，枝条直立，幼时密被灰白色柔毛及疏刚毛。单叶互生，纸质，长椭圆形至椭圆状倒披针形，长 5 ～ 11cm，宽 1.5 ～ 5cm，先端钝，具短尖头，基部楔形，边缘具睫毛；上表面被稀疏柔毛，下表面密被灰白色柔毛，沿中脉被黄褐色刚毛，中脉和侧脉于下表面隆起；叶柄长 2 ～ 6mm，被柔毛。总状伞形花序顶生，花 5 ～ 12 朵，先花后叶或与叶同时开放；花梗长 1 ～ 2.5cm，被微柔毛及疏刚毛；花萼裂片小，圆齿状，被微柔毛和刚毛状睫毛；花冠钟状漏斗形，黄色或金黄色，直径 5 ～ 6.5cm，5 裂，上侧 1 裂片较大，内方有深红色斑点，外面被微柔毛；雄蕊 5 枚，花丝扁平，中部以下被微柔毛；子房圆锥状，密被灰白色柔毛及疏刚毛，花柱长达6cm，无毛。蒴果长圆形，长2.5～3.5cm，具5条纵肋，被微柔毛和疏刚毛。花期4～5月，果期8～10月。

【生境与分布】生于海拔1000m的山坡草地或丘陵地带的灌丛或山脊杂木林下。分布于江苏、浙江、安徽、江西、福建，另河南、湖北、湖南、广东、广西、云南、贵州、四川均有分布。

【药名与部位】羊踯躅根（黄杜鹃根），根。闹羊花，花。八厘麻（六轴子），成熟果实。

【采集加工】羊踯躅根：全年均可采挖，洗净，晒干。闹羊花：4～5月花初开时采收，低温干燥。八厘麻：秋季果实成熟尚未开裂时采收，干燥。

【药材性状】羊踯躅根：圆柱状条形，直径0.2～0.5cm，稍弯曲。表面棕褐色，常有部分栓皮呈鳞片状脱落，具细纵皱纹及少数细根及根痕，上部残留部分茎。横断面可见浅棕色皮部和木心。质坚硬，不易折断，折断面平坦。气微，味苦。

闹羊花：数朵花簇生于一总柄上，多脱落为单朵；灰黄色至黄褐色，皱缩。花萼5裂，裂片半圆形至三角形，边缘有较长的细毛；花冠钟状，筒部较长，约至2.5cm，顶端卷折，5裂，花瓣宽卵形，先端钝或微凹；雄蕊5枚，花丝卷曲，等长或略长于花冠，中部以下有茸毛，花药红棕色，顶孔裂；雌蕊1枚，柱头头状；花梗长1～2.8cm，棕褐色，有短茸毛。气微，味微麻。

八厘麻：呈长椭圆形，略弯曲，长2～4cm，直径5～10mm。表面黄棕色、红棕色或棕褐色，有纵沟5条，顶端尖或稍开裂为5瓣，基部宿存具短柔毛的花萼。切面具5室。种子多数，长扁圆形，棕色或棕褐色，边缘具膜质翅。质硬而脆，易折断。气微，味极苦而涩，嚼之有刺舌感。

【药材炮制】羊踯躅根：除去杂质，洗净，润透，切片，干燥。

闹羊花：除去杂质，筛去灰屑。八厘麻：除去果梗等杂质，筛去灰屑。

【化学成分】果实含二萜类：羊踯躅素ⅩⅤ、ⅩⅥ、ⅩⅦ、ⅩⅧ（rhodomollein ⅩⅤ、ⅩⅥ、ⅩⅦ、ⅩⅧ）[1]，羊踯躅素ⅩⅨ、ⅩⅩ（rhodomollein ⅩⅨ、ⅩⅩ）[2]，羊踯躅素ⅩⅪ、ⅩⅩⅢ、ⅩⅩⅩⅠ、ⅩⅩⅩⅡ、ⅩⅩⅩⅢ、ⅩⅩⅩⅣ、ⅩⅩⅩⅤ、ⅩⅩⅩⅥ、ⅩⅩⅩⅦ、ⅩⅩⅩⅧ、ⅩⅩⅩⅨ、ⅩL、ⅩLⅡ、ⅩLⅢ、F（rhodomollein ⅩⅪ、ⅩⅩⅢ、ⅩⅩⅩⅠ、ⅩⅩⅩⅡ、ⅩⅩⅩⅢ、ⅩⅩⅩⅣ、ⅩⅩⅩⅤ、ⅩⅩⅩⅥ、ⅩⅩⅩⅦ、ⅩⅩⅩⅧ、ⅩⅩⅩⅨ、ⅩL、ⅩLⅡ、ⅩLⅢ、F）[3]，日本杜鹃素Ⅲ、Ⅵ（rhodeojaponin Ⅲ、Ⅵ）[1]，山月桂萜醇（kalmanol）[1]，木藜芦毒素Ⅶ（grayanotoxin Ⅶ）、异木藜芦毒素Ⅱ（isograyanotoxin Ⅱ）、6-*O*-乙酰羊踯躅素ⅩⅪ（6-*O*-acetyl rhodomollein ⅩⅪ）、羊踯躅素（rhodomollein）[3]和羊踯躅林素*A、B（rhodomollin A、B）[4]；黄酮类：杨梅素（myricetin）、双氢杨梅素（dihydromyricetin）、没食子儿茶素（gallocatechin）、槲皮素-3′-*O*-葡萄糖苷（quercetin-3′-*O*-glycoside）、儿茶素（catechin）、表儿茶素（epicatechin）、二氢槲皮素-3′-*O*-葡萄糖苷（dihydroquercetin-3′-*O*-glucopyranoside）、去氢双儿茶素A（dehydroicatechin A）、槲皮素-3-*O*-α-阿拉伯糖苷（quercetin-3-*O*-α-arabinoside）和根皮苷（phlorizin）[5]；花青素类：原花青素A-2（proanthocyanidin A-2）[5]；木脂素类：南烛木树脂酚3-*O*-吡喃鼠李糖苷（lyoniresinol 3-*O*-rhamnopyranoside）[5]；酚苷类：2, 6-二甲氧-4-羟基苯酚-1-*O*-葡萄糖苷（2, 6-dimethoxy-4-hydroxyphenol-1-*O*-glucopyranoside）和2, 4, 6-三羟基苯乙酮-2-*O*-吡喃葡萄糖苷（2, 4, 6-trihydroxy acetophenone-2-*O*-glucopyranoside）[5]；其他尚含：5′-β-吡喃葡萄糖-*O*-茉莉酸（5′-β-glucopyranosyl-*O*-jasmonic acid）[5]。

花和花蕾含皂苷类：(2*E*, 4*Z*)-脱落酸[(2*E*, 4*Z*)-abscisic acid]、2α-羟基齐墩果酸（2α-hydroxy-oleanolic acid）、齐墩果酸（oleanic acid）和积雪草酸（asiatic acid）[6]；酚酸类：邻苯二甲酸二丁酯（dibutyl phthalate）[6]；甾体类：β-谷甾醇（β-sitosterol）[6]；二萜类：羊踯躅素Ⅰ（rhodomollein Ⅰ）[7, 8]，羊踯躅素Ⅱ（rhodomollein Ⅱ）[8]，羊踯躅素Ⅲ（rhodomollein Ⅲ）[7, 9]，羊踯躅素Ⅸ、Ⅹ、Ⅺ、Ⅻ、ⅩⅢ、ⅩⅣ（rhodomollein Ⅸ、Ⅹ、Ⅺ、Ⅻ、ⅩⅢ、ⅩⅣ）[7]，羊踯躅素ⅩⅥ、ⅩⅧ（rhodomollein ⅩⅥ、ⅩⅧ）[10]，羊踯躅素ⅩⅨ（rhodomollein ⅩⅨ）[7]，羊踯躅素ⅩⅪ、ⅩⅫ、ⅩⅩⅢ、ⅩⅩⅣ（rhodomollein ⅩⅪ、ⅩⅫ、ⅩⅩⅢ、ⅩⅩⅣ）[11]，羊踯躅素F、G（rhodomollein F、G）[12]，裂环-羊踯躅酮（seco-rhodomollone）、6-*O*-乙酰羊踯躅素ⅩⅪ（6-*O*-acetylrhodomollein XXI）、6, 14-二-*O*-乙酰羊踯躅素ⅩⅪ

（6, 14-di-*O*-acetylrhodomollein XXI）、2-*O*- 甲基羊踯躅素XI（2-*O*-methylrhodomollein XI）[12]，日本杜鹃素 I（rhodojaponin I）[12]，日本杜鹃素 II（rhodojaponin II）[7, 9]，日本杜鹃素 III（rhodojaponin III）[7-9]，日本杜鹃素 VI（rhodojaponin VI）[7]，日本杜鹃素 VII（rhodojaponin VII）[12]，日本杜鹃素 III -6- 乙酰酯（rhodojaponin III -6-acetate）[10]，木藜芦毒素 I（grayanotoxin I）[10]，木藜芦毒素 II（grayanotoxin II）[7, 10]，木藜芦毒素 III（grayanotoxin III）[10]，山月桂萜醇（kalmanol）[7, 10]，羊踯躅林素 A、B（rhodomolin A、B）[13]，羊踯躅林素 C（rhodomolin C）[10]，裂环羊踯躅内酯 A、B、C、D（secorhodomollolide A、B、C、D）[14]，2α, 10α- 环氧 -3β, 5β, 6β, 14β, 16β- 五羟基 - 木藜烷（2α, 10α-epoxy-3β, 5β, 6β, 14β, 16β-hexahydroxygrayanae）[15] 和双羊踯躅素 A、B、C（birhodomollein A、B、C）[16]；黄酮类：牡荆素（vitexin）、槲皮素（quercetin）[6]，4′-*O*- 甲基根皮苷（4′-*O*-methylphloridzin）、根皮素 -4′-*O*- 葡萄糖苷（phloretin-4′-*O*-glucoside）、根皮素（phloretin）、4′-*O*- 甲基根皮素（4′-*O*-methylphloretin）和 6′-*O*- 甲基根皮素（6′-*O*-methylphloretin）[17]，槲皮苷（quercitrin）、山柰酚（kaempferol）、山核桃亭（caryatin）、异鼠李素（isorhamnetin）、槲皮素 -3-*O*-α-L- 吡喃阿拉伯糖苷（quercetin-3-*O*-α-L-arabinopyranoside）、槲皮素 -3-*O*-β-D- 吡喃半乳糖苷（quercetin-3-*O*-β-D-galactopyranoside）、槲皮素 -3- 吡喃鼠李糖苷 -2″- 没食子酸酯（quercetin-3-rhamnopyranoside-2″-gallate）、山柰酚 -7-*O*-α-L- 吡喃鼠李糖苷（kaempferol-7-*O*-α-L-rhamnopyranoside）[18] 和棉花素 -6- 吡喃半乳糖苷（gossypetin-6-galactopyranoside）[19]；叶黄素类：β- 胡萝卜素（β-carotene）、原番茄烯（prolycopene）、α- 胡萝卜素 -5, 6- 环氧化物（α-carotene-5, 6-epoxide）、叶黄素（lutein, xanthophyll）和叶黄素 -5, 6- 环氧化物（lutein-5, 6-epoxide）[19]；酚类：苄基 -2, 6- 二羟基苯甲酸酯 -6-*O*-α-L- 吡喃鼠李糖基 -（1 → 3）-β-D- 吡喃葡萄糖苷［benzyl-2, 6-dihydroxybenzoate-6-*O*-α-L-rhamnopyranosyl-（1 → 3）-β-D-glucopyranoside］[15]；脂肪酸类：硬脂酸（steraric acid）[6]；其他尚含：苄基葡萄糖苷（benzyl glucoside）[6]。

根含二萜类：羊踯躅苷 *A、B（rhodomoside A、B）[20]，羊踯躅苷 A（rhodomoside A）[21]，羊踯躅苷 B（rhodomoside B）[22]，1β- 羊踯躅苷 B（1β-rhodomoside B）[23]，日本杜鹃素 III（rhodojaponin III）[23, 24]，日本杜鹃素 VI（rhodojaponin VI）[23] 和羊踯躅内酯 A（mollolide A）[25]；酚酸类：苔色酸甲酯 -2-*O*-β-D- 吡喃木糖 -（1 → 6）-β-D- 吡喃葡萄糖苷［everninic acid methyl ester-2-*O*-β-D-xylopyranosyl-（1 → 6）-β-D-glucopyranoside］[20]，葡萄糖丁香酸（glucosyringic acid）、扁枝衣尼酸甲酯 -2-*O*-β-D- 吡喃木糖基 -（1→6）-β-D- 吡喃葡萄糖苷［everninic acid methyl ester-2-*O*-β-D-xylopyranosyl-（1→6）-β-D-glucopyranoside］和 5- 甲氧基苯酞 -7-β-D- 吡喃木糖基 -（1 → 6）-β-D- 吡喃葡萄糖苷［5-methoxyphthalide-7-β-D-xylopyranosyl-（1 → 6）-β-D-glucopyranoside］[22]；苯酞类：7- 羟基 -5- 甲氧基苯酞 -7-β-D- 吡喃木糖基 -（1 → 6）-β-D- 吡喃葡萄糖苷［7-hydroxy-5-methoxyphthalide-7-β-D-xylopyranosyl-（1 → 6）-β-D-glucopyranoside］[20]；甾体类：β- 谷甾醇 -3β-*O*-β-D-（6′-*O*- 二十酰基）- 吡喃葡萄糖苷［β-sitosterol-3β-*O*-β-D-（6′-*O*-eicosaoyl）-glucopyranoside］[20] 和 β- 谷甾醇（β-sitosterol）[24]；木脂素类：（+）- 南烛树脂醇［（+）-lyoniresinol］、（+）- 南烛树脂醇 -3α-*O*-β-D- 吡喃葡萄糖苷［（+）-lyoniresinol-3α-*O*-β-D-glucopyranoside］、（+）- 南烛树脂醇 -3α-*O*-α-L- 鼠李糖苷［（+）-lyoniresinol-3α-*O*-α-L-rhamnopyranoside］、（–）- 南烛树脂醇 -3α-*O*-β-D- 吡喃葡萄糖苷［（–）-lyoniresinol-3α-*O*-β-D-glucopyranoside］、（7*S*, 8*S*）- 苏式 -4, 9, 9′- 三羟基 -3, 3′- 二甲氧基 -8-*O*-4′- 新木脂素 -7-*O*-β-D- 吡喃葡萄糖苷［（7*S*, 8*S*）-*threo*-4, 9, 9′-trihydroxy-3, 3′-dimethoxy-8-*O*-4′-neolignan-7-*O*-β-D-glucopyranoside］、（7*S*, 8*S*）- 赤式 -4, 9, 9′- 三羟基 -3, 3′- 二甲氧基 -8-*O*-4′- 新木脂素 -7-*O*-β-D- 吡喃葡萄糖苷［（7*S*, 8*S*）-*erythro*-4, 9, 9′-trihydroxy-3, 3′-dimethoxy-8-*O*-4′-neolignan-7-*O*-β-D-glucopyranoside］和（7*R*, 8*R*）- 苏式 -4, 7, 9, 9′- 四羟基 -3- 甲氧基 -8-*O*-4′- 新木脂素 -3′-*O*-β-D- 吡喃葡萄糖苷［（7*R*, 8*R*）-*threo*-4, 7, 9, 9′-tetrahydroxy-3-methoxy-8-*O*-4′-neolignan-3′-*O*-β-D-glucopyranoside］[23]；三萜类：蒲公英赛醇（taraxerol）[24]。

叶含二萜类：羊踯躅苯烷醇 A、B（mollebenzylanol A、B）[26]，羊踯躅缩醛 A、B、C（rhodomollacetal A、B、C）[27]，羊踯躅醇 A（rhodomollanol A）[28]，羊踯躅叶素 A、B、C、D、E、F（mollfoliagein A、

B、C、D、E、F）、6-*O*- 乙酰羊踯躅素 XXI（6-*O*-acetylrhodomollein XXI）、6-*O*- 乙酰羊踯躅叶素 XXXI（6-*O*-acetylrhodomollein XXXI）、6-*O*- 乙酰羊踯躅叶素 XIX（6-*O*-acetylrhodomollein XIX）、18- 羟基木藜芦毒素 XVIII（18-hydroxygrayanotoxin XVIII）、2-*O*- 甲基羊踯躅林素 I（2-*O*-methylrhodomolin I）、2-*O*- 甲基羊踯躅素 XI（2-*O*-methylrhodomollein XI）、2-*O*- 甲基羊踯躅素 XII（2-*O*-methylrhodomollein XII）、2-*O*- 甲基日本杜鹃素 VI（2-*O*-methylrhodojaponin VI）、2-*O*- 甲基日本杜鹃素 VII（2-*O*-methylrhodojaponin VII）、双羊踯躅叶素 A（bimollfoliagein A）、日本杜鹃素 I、II、III、V、VI、VII（rhodojaponin I、II、III、V、VI、VII）、羊踯躅林素 I（rhodomolin I）、羊踯躅素 XI、XII、XIII、XXXI（rhodomollein XI、XII、XIII、XXXI）和木藜芦毒素 II、XVI、XVIII（grayanotoxin II、XVI、XVIII）[29]。

**【药理作用】**1. 抗炎解热镇痛　根水提醇沉物对组胺致大鼠急性后足关节肿胀、组胺致兔毛细血管通透性增加、兔棉球肉芽肿具有明显的剂量依赖性的抑制作用，对酵母菌、蛋白胨致热家兔有轻度阻止体温升高的作用[1]；根乙酸乙酯提取物对小鼠浅表性物理刺激（热板刺激）引起的疼痛有较强的抑制作用，而对腹腔注射乙酸引起的大面积且较持久的疼痛（扭体）抑制作用不明显[2]。2. 免疫抑制　根水提醇沉物可抑制小鼠溶血素形成，抑制由二硝基氯苯激活的 T 淋巴细胞作用及小鼠皮肤超敏反应水平，显著抑制小鼠异体肿瘤排斥反应、延长肿瘤生存时间，具有致小鼠胸腺萎缩的作用，显著减弱小鼠单核 - 巨噬细胞功能[1]。3. 降血压　醇提取物静脉注射和侧脑室注射均可产生明显的降血压作用，但侧脑室给药起效剂量（4 ～ 5μg/kg）远小于静脉注射剂量（50μg/kg），推测其降血压作用可能与中枢神经系统有一定关系[3]；果实水提取液对自发性高血压大鼠有明显的降压作用，与美托洛尔联合用药（剂量均降为各自单用时的一半），其作用与美托洛尔单用相当，但联合用药能明显改善由美托洛尔所致的低密度脂蛋白胆固醇（LDL-C）、甘油三酯（TG）、血清总胆固醇（TC）水平的升高，同时具有增加高密度脂蛋白胆固醇（HDL-C）水平和明显降低肾纤维化的作用[4]。

急性毒性　根乙酸乙酯提取物小鼠灌胃给药的半数致死剂量（$LD_{50}$）为 1258.5mg/kg，95% 可信限值为 1128.5 ～ 1403.1mg/kg，毒性症状表现为安静、行走困难、下肢瘫痪、呼吸急促，死亡时间均＜ 7h，生存动物 24h 后均得以恢复[2]。

**【性味与归经】**羊踯躅根：辛，温，有毒。归脾、肺经。闹羊花：辛，温；有大毒。归肝经。八厘麻：苦，温，有大毒。

**【功能与主治】**羊踯躅根：祛风除湿，化痰止咳，散瘀止痛。主治风湿痹痛，咳嗽，跌打肿痛，痔漏，疥癣。闹羊花：祛风除湿，散瘀定痛。用于风湿痹痛，跌打损伤，皮肤顽癣。八厘麻：搜风止痛，止咳平喘。用于跌扑损伤，风湿痹痛，喘咳，泻痢。

**【用法与用量】**羊踯躅根：煎服 1.5 ～ 3g；外用适量。闹羊花：0.6 ～ 1.5g，浸酒或入丸散；外用适量，煎水洗。八厘麻：0.5 ～ 1g。

**【药用标准】**羊踯躅根：湖北药材 2009、广西瑶药 2014 一卷、广西药材 1990 和广西壮药 2011 二卷；闹羊花：药典 1990—2015、浙江炮规 2005、内蒙古药材 1988、贵州药材 1988、河南药材 1991、内蒙古蒙药 1986 和新疆药品 1980 二册；八厘麻：药典 1977、浙江炮规 2015 和上海药材 1994。

**【临床参考】**1. 类风湿性关节炎：羊踯躅根片（每片含生药 0.5g）口服，每日 4.5 ～ 7.5g（个别可用至 12g），分 3 ～ 4 次服[1]。

2. 急性踝关节扭伤：鲜根，加鲜石菖蒲，捣碎酒炒敷于患足，纱布固定，每日 1 次，每次 4 ～ 6h[2]。

**【附注】**羊踯躅始载于《神农本草经》，列为下品。《名医别录》云："羊踯躅，生太行山川谷及淮南山。三月采花，阴干。"又云："近道诸山皆有之。花、苗似鹿葱，羊误食其叶，踯躅而死，故以为名。不可近眼。"《新修本草》云："花亦不似鹿葱，正似旋葍花色黄者也。"《蜀本草》云："树生高二尺，叶似桃叶，花黄似瓜花。三月、四月采花，日干。"《本草图经》云："所在有之。春生苗似鹿葱，叶似红花叶，茎高三四尺。夏开花似凌霄、山石榴、旋葍辈，而正黄色。羊误食其叶则踯躅而死……今岭南、蜀道山谷遍生。"《本草纲目》云："韩保升所说似桃叶者最的。其花五出，蕊瓣皆黄，气味皆恶。"

以上诸家论述，即与本种特征一致。

本种全株有毒，不宜多服、久服。孕妇及气血虚弱者禁服。

**【化学参考文献】**


[1] Li C J, Wang L Q, Chen S N, et al. Diterpenoids from the fruits of *Rhododendron molle* [J]. J Nat Prod, 2000, 63 (9): 1214-1217.

[2] 李灿军，刘慧，汪礼权，等. 羊踯躅果实中的二萜化合物 [J]. 化学学报，2003，61（7）：1153-1156.

[3] Li Y, Zhu Y X, Zhang Z X, et al. Diterpenoids from the fruits of *Rhododendron molle*, potent analgesics for acute pain [J]. Tetrahedron, 2018, 74 (7): 693-699.

[4] Li Y, Liu Y B, Yan H M, et al. Rhodomollins A and B, two diterpenoids with an unprecedented Backbone from the fruits of *Rhododendron molle* [J]. Scientific Reports, 2016, 6: 36752.

[5] 马强，房鑫，李俊，等. 羊踯躅的化学成分研究 [J]. 中草药，2018，49（5）：1013-1018.

[6] Wang X, Hu Y, Yuan D, et al. Chemical constituents from the flowers of *Rhododendron molle* G. Don [J]. J Pharml Sci Chin, 2014, 23 (2): 94-98.

[7] Chen S N, Zhang H P, Wang L Q, et al. Diterpenoids from the flowers of *Rhododendron molle* [J]. J Nat Prod, 2004, 67 (11): 1903-1906.

[8] Liu Z G, Pan X F. Studies on the chemical constituents of Chinese azalea. I. The structure of rhodomollein I, a new toxic diterpenoid [J]. Acta Chim Sin, 1989, (3): 235-239.

[9] 刘助国，潘心富，陈常英，等. 中国羊踯躅花化学成分研究 [J]. 药学学报，1990，25（11）：830-833.

[10] 钟国华，胡美英，林进添，等. 木藜芦烷类化合物对萝卜蚜的生物活性及其构效关系 [J]. 华中农业大学学报，2004，23（6）：620-625.

[11] Zhou S Z, Yao S, Tang C P, et al. Diterpenoids from the flowers of *Rhododendron molle* [J]. J Nat Prod, 2014, 77 (5): 1185-1192.

[12] Zhang Z R, Zhong J D, Li H M, et al. Two new grayanane diterpenoids from the flowers of *Rhododendron molle* [J]. J Asian Nat Prod Res, 2012, 14 (8): 764-768.

[13] Zhong G H, Hu M Y, Wei X Y, et al. Grayanane diterpenoids from the flowers of *Rhododendron molle* with cytotoxic activity against a *Spodoptera frugiperda* cell line [J]. J Nat Prod, 2005, 68 (6): 924-926.

[14] Wang S J, Lin S, Zhu C G, et al. Highly acylated diterpenoids with a new 3, 4-secograyanane skeleton from the flower buds of *Rhododendron molle* [J]. Org Lett, 2010, 12 (7): 1560-1563.

[15] 陈绍农，鲍官虎，汪礼权，等. 闹羊花中的两个新化合物 [J]. 中国天然药物，2013，11（5）：525-527.

[16] Zhou S Z, Tang C P, Ke C Q, et al. Three new dimeric diterpenes from *Rhododendron molle* [J]. Chin Chem Lett, 2017, 28 (6): 1205-1209.

[17] 王素娟，杨永春，石建功. 羊踯躅花蕾中的二氢查耳酮 [J]. 中草药，2005，36（1）：21-23.

[18] 刘有强，孔令义. 闹羊花中黄酮类成分研究 [J]. 中草药，2009，40（2）：199-201.

[19] Santamour F S J, Dumuth P. Carotenoid flower pigments in *Rhododendron* [J]. HortScience, 1978, 13 (4): 461-462.

[20] 鲍官虎. 羊踯躅根、清风藤和二色桌片参化学成分的研究 [D]. 上海：中国科学院上海生命科学研究院博士学位论文，2002.

[21] Bao G H, Wang L Q, Cheng K F, et al. One new diterpene glucoside from the roots of *Rhododendron molle* [J]. Chin Chem Lett, 2002, 13 (10): 955-956.

[22] Bao G H, Wang L Q, Cheng K F, et al. Diterpenoid and phenolic glycosides from the roots of *Rhododendron molle* [J]. Planta Med, 2003, 69 (5): 434-439.

[23] Zhi X, Xiao L, Liang Shuang, et al. Chemical constituents of *Rhododendron molle* [J]. Chem Nat Compd, 2013, 49 (3): 454-456.

[24] 向彦妮，张长弓，郑亚杰. Studies on the chemical constituents of the roots of *Rhododendron molle* G. Don [J]. 华中科技大学学报（医学英德文版），2004，24（2）：202-204.

[25] Li Y, Liu Y B, Zhang J J, et al. Mollolide A, a diterpenoid with a new 1, 10: 2, 3-disecograyanane skeleton from the roots of *Rhododendron molle* [J]. Org Lett, 2013, 15 (12): 3074-3077.

[26] Zhou J F, Liu J J, Dang T, et al. Mollebenzylanols A and B, highly modified and functionalized diterpenoids with a 9-benzyl-8, 10-dioxatricyclo [5. 2. 1. 0 (1, 5)] decane core from *Rhododendron molle* [J]. Org Lett, 2018, 20 (7): 2063-2066.

[27] Zhou J F, Sun N, Zhang H Q, et al. Rhodomollacetals A-C, PTP1B inhibitory diterpenoids with a 2, 3: 5, 6-di-seco-grayanane skeleton from the leaves of *Rhododendron molle* [J]. Org Lett, 2017, 19 (19): 5352-5355.

[28] Zhou J F, Zhan G Q, Zhang H Q, et al. Rhodomollanol A, a highly oxygenated diterpenoid with a 5/7/5/5 tetracyclic carbon skeleton from the leaves of *Rhododendron molle* [J]. Org Lett, 2017, 19 (14): 3935-3938.

[29] Zhou J F, Liu T T, Zhang H Q, et al. Anti-inflammatory grayanane diterpenoids from the leaves of *Rhododendron molle* [J]. J Nat Prod, 2018, 81 (1): 151-161.

【药理参考文献】

[1] 曾凡波，孙仁荣，曲燕华，等. 羊踯躅根药理作用研究 [J]. 中国中西医结合杂志，1995，(S1)：312-315，405.

[2] 张长弓，向彦妮，邓冬青，等. 羊踯躅根乙酸乙酯提取物的药理作用 [J]. 医药导报，2004，23 (12)：893-895.

[3] 陈兴坚，余传林. 闹羊花醇提物降压作用的研究 [J]. 第一军医大学学报，1985，5 (3)：194-195.

[4] 黄帧桧，崔卫东，张年宝，等. 羊踯躅果实水煎液联合美托洛尔降压调脂作用研究 [J]. 中成药，2012，34 (2)：351-354.

【临床参考文献】

[1] 罗永焱，李元莉，李焰卿，等. 羊踯躅根片治疗类风湿性关节炎 70 例观察 [J]. 中西医结合杂志，1990，(6)：376-377.

[2] 刘笑蓉，李硕夫，周日宝，等. 羊踯躅联合石菖蒲治疗急性踝关节扭伤的临床观察 [J]. 湖南中医药大学学报，2017，37 (1)：55-57.

## 697. 杜鹃（图 697）· *Rhododendron simsii* Planch.

**图 697 杜鹃** 摄影 郭增喜等

**【别名】**映山红（通称），杜鹃花（江苏）。

**【形态】**落叶灌木，高达2m。分枝多而纤细，幼时密被亮棕褐色扁平糙伏毛。叶互生，纸质，常集生枝端，卵形、椭圆状卵形或倒卵形，长1.5～5cm，宽0.5～3cm，先端短渐尖，基部楔形，边缘微反卷，具细齿；上表面暗绿色，疏被糙伏毛，下表面淡绿色，密被褐色糙伏毛，中脉在上表面凹陷，下表面隆起；叶柄长2～6mm，密被亮棕褐色扁平糙伏毛。花2～6朵簇生枝顶；花梗长8mm，密被亮棕褐色糙伏毛；花萼5深裂，裂片披针形，长2～5mm，被糙伏毛，边缘具睫毛；花冠宽漏斗形，玫瑰色、鲜红色或暗红色，5裂，长4～5cm，上部裂片内方具深红色斑点；雄蕊10枚，不等长，花丝中部以下被微柔毛；子房卵球形，10室，密被亮棕褐色糙伏毛，花柱伸出花冠外，无毛。蒴果卵球形，长达1cm，密被糙伏毛；花萼宿存。花期4～5月，果期6～10月。

**【生境与分布】**生于海拔500～1200m的山地疏灌丛或松林下。分布于江苏、浙江、安徽、江西、福建，另河南、湖北、湖南、广东、广西、云南、贵州、四川、台湾均有分布。

**【药名与部位】**杜鹃花根，根及根茎。杜鹃花（映山红），花。

**【采集加工】**杜鹃花根：全年可采收，洗净，切片，晒干。杜鹃花：春季花盛开时采收，干燥。

**【药材性状】**杜鹃花根：完整者根呈圆柱状弯曲，有少数分枝，长10～25cm，直径0.5～3cm。表面红黑色或棕褐色，具细龟裂，龟裂的栓皮薄而易剥离，栓皮脱落处显棕红色；根茎部位膨大，有数条茎基。质坚硬，切面光滑，皮部极薄，黑色；木质部细密，呈浅棕红色。气微、味涩。

杜鹃花：多皱缩卷曲，紫红色至紫褐色。完整者长2～4cm，花梗密被长柔毛；花萼绿色，密被长柔毛，长约3mm，5深裂，裂片近倒卵形，稍不等大，脉纹明显；花冠紫红色，漏斗形，长3.5～4.5cm，5裂；雄蕊10枚，花丝中部以下有疏生短柔毛，花药顶孔裂；子房卵圆形，密被长糙毛，柱头头状。气微，味淡。

**【药材炮制】**杜鹃花根：除去杂质，干燥。杜鹃花：除去非药用部位。

**【化学成分】**根含甾体类：β-谷甾醇（β-sitosterol）[1]；黄酮类：槲皮素（quercetin）、山柰酚（kaempferol）和金丝桃苷（hyperoside）[2]；元素：锌（Zn）、铁（Fe）、铜（Cu）、钴（Co）、锰（Mn）、铬（Cr）和硒（Se）[3]；氨基酸类：天冬氨酸（Asp）、谷氨酸（Glu）、丝氨酸（Ser）、组氨酸（His）、甘氨酸（Gly）、丙氨酸（Ala）、苏氨酸（Thr）、精氨酸（Arg）、酪氨酸（Tyr）、缬氨酸（Val）、蛋氨酸（Met）、异亮氨酸（Ile）、亮氨酸（Leu）和赖氨酸（Lys）[4]。

茎含无机元素：锌（Zn）、铁（Fe）、铜（Cu）、钴（Co）、锰（Mn）、铬（Cr）和硒（Se）[3]。

叶含三萜皂苷类：19, 24-二羟基熊果-12-烯-3-酮-28-酸（19, 24-dihydroxyurs-12-en-3-one-28-oic acid）[5]；黄酮类：7-*O*-β-D-呋喃芹糖-（1→6）-β-D-吡喃葡萄糖荚果蕨酚［7-*O*-β-D-apiofuranosyl-（1→6）-β-D-glucopyranosyl matteucinol］、荚果蕨酚（matteucinol）和7-*O*-β-D-吡喃葡萄糖荚果蕨酚（7-*O*-β-D-glucopyranosyl matteucinol）[5]；酚酸类：原儿茶酸（protocatechuic acid）和原儿茶酸甲酯（methyl protocatechuate）[5]。

枝叶含挥发油类：1-辛烯-3-醇（1-octen-3-ol）、3, 7-二甲基-1, 6-辛二烯-3-醇（3, 7-dimethyl-1, 6-octadien-3-ol）、对-薄荷-1-烯-8-醇（*p*-menth-1-en-8-ol）、9, 12, 15-十八烷三烯酸（9, 12, 15-octadecatrienoic acid）、植醇（phytol）和9, 12, 15-十八烷三烯酸乙酯（ethyl 9, 12, 15-octadecatrienoate）等[6]。

花含花青素类：芍药素（peonidin）、天竺葵素（pelargonidin）、飞燕草素（delphinidin）、矢车菊素（cyanidin）、锦葵素（malvidin）、碧冬茄素（petunidin）、矢车菊素-3-*O*-β-D-吡喃阿拉伯糖苷（cyanidin-3-*O*-β-D-arabinopyranoside）和矢车菊素-3-*O*-β-D-吡喃半乳糖苷（cyanidin-3-*O*-β-D-galactopyranoside）[7]。

**【药理作用】**1. 改善心肌　杜鹃花总黄酮在25mg/kg、50mg/kg时可抑制异丙肾上腺素引起的小鼠心电图ST段抬高和抑制心肌中丙二醛（MDA）含量的升高，50mg/kg时可降低血清中乳酸脱氢酶（LDH）和丙二醛含量的升高，在20mg/L、40mg/L、80mg/L时可抑制离体心脏冠脉流量的减少和心肌中超氧化物歧化酶（SOD）活性的下降，在80mg/L时能抑制心肌中丙二醛含量的升高和一氧化氮合酶（NOS）活性的降低，40mg/L 时可抑制心肌中一氧化氮（NO）含量的下降，表明其对心肌缺血和缺血再灌注损伤有一定的保护作用，其作用机制可能与抗自由基及增加一氧化氮（NO）产生有关[1]。2. 镇痛 杜鹃花总黄酮可明显延长小鼠热板舔足反应潜伏期及小鼠热水缩尾时间且明显抑制小鼠福尔马林试验Ⅱ相反应，可明显抑制小鼠扭体反应数，升高小鼠血清中一氧化氮的含量，并能升高脑组织中一氧化氮的含量，降低小鼠脑组织和血清中前列腺素 $E_2$（$PGE_2$）的含量，表明其具有明显的镇痛作用，其镇痛作用机制可能为促进一氧化氮释放及抑制前列腺素 $E_2$ 合成[2]。3. 抗炎 花中提取的总黄酮能明显抑制二甲苯所致小鼠的耳肿胀，可显著抑制蛋清所致大鼠的足肿胀并可使血清和足组织中的丙二醛含量减少，同时足组织中一氧化氮合酶活性、一氧化氮和前列腺素 $E_2$ 含量也有显著下降，表明其有一定的抗炎作用，其作用机制可能与抑制前列腺素 $E_2$ 和一氧化氮合成及抗脂质过氧化有关[3]。4. 镇咳平喘 叶中提取的总黄酮对致咳小鼠具有显著的镇咳作用，对致喘豚鼠具有显著的平喘作用，同时具有一定的毒性[4]。

**【性味与归经】**杜鹃花根：酸、涩，温；有毒。杜鹃花：甘、酸，平。归肺经。

**【功能与主治】**杜鹃花根：祛风湿，活血祛瘀，止血。用于风湿性关节炎，跌打损伤，闭经，月经不调，崩漏，痢疾，吐血，衄血，外伤出血。杜鹃花：清热解毒，止咳祛痰，止痒。用于咳喘，痈肿疔毒等症。

**【用法与用量】**杜鹃花根：煎服 6～15g；外用适量。杜鹃花：煎服 9～15g；外用捣敷。

**【药用标准】**杜鹃花根：广西药材 1996。杜鹃花：浙江药材 2000、湖南药材 2009 和上海药材 1994。

**【临床参考】**1. 月经不调：根 10g，加月季花 5g、益母草 20g，水煎服，每日 1 剂[1]。

2. 咳嗽痰多、慢性支气管炎：花、茎叶 30～40g，水煎服，每日 1 剂[1]；或叶 30g，加鱼腥草 24g、胡颓子叶 15g、羊耳菊 9g，水煎服。（《浙江药用植物志》）

3. 痰饮咳嗽：花、茎叶 10g，加芫花 0.3g、款冬花 10g，水煎服，每日 1 剂[1]。

4. 风湿：根 10g，加防己 10g、苍术 15g、薏苡仁 10g，水煎服，每日 1 剂[1]。

5. 荨麻疹：鲜叶，煎汤洗浴[1]。

**【附注】**《本草纲目》云："山踯躅，处处山谷中有之。高者四五尺，低者一二尺。春生苗叶，浅绿色。枝少而花繁，一枝数萼。二月始开花如羊踯躅，而蒂如石榴花，有红者紫者，五出者，千叶者。小儿食其花，味酸无毒。一名红踯躅，一名山石榴，一名映山红，一名杜鹃花。"《涌幢小品》云："杜鹃花以二三月杜鹃鸣时开，有二种：其一先敷叶后著花者，色丹如血；其一先著花后敷叶者，色差淡。人多结缚为盘盂翔凤之状。"《草花谱》云："杜鹃花出蜀中者佳，谓之川鹃，花内十数层，色红甚；出四明者花可二三层，色淡。"上述特征与本种相符合。

本种的叶及果实民间也作药用。

药材杜鹃花及杜鹃花根孕妇忌服。

**【化学参考文献】**


[1] 王辉宪，张辉．湘西杜鹃花植物根中甾醇类化合物的研究［J］．吉首大学学报（自然科学版），1999，20（4）：7-9.

[2] 彭晓春，王辉宪．湘西杜鹃花根中黄酮类化合物的研究［J］．吉首大学学报（自然科学版），1999，20（1）：53-54.

[3] 王辉宪，张辉．湘西杜鹃花根、茎金属元素含量的测定［J］．吉首大学学报（自然科学版），1999，20（3）：17-19.

[4] 王辉宪，彭晓春，刘文．湘西杜鹃花根和茎中氨基酸含量测定［J］．吉首大学学报（自然科学版），2000，21（4）：1-2.

[5] Takahashi H，Hirata S，Minami H，et al. Triterpene and flavanone glycoside from *Rhododendron simsii*［J］. Phytochemistry，2001，56（8）：875-879.

[6] 赵晨曦，梁逸曾，李晓宁，等．杜鹃嫩枝叶挥发油化学成分研究［J］．药学学报，2005，40（9）：854-860.

[7] Nguyen T T H，Miyajima I，Ureshino K，et al. Anthocyanins of wild *Rhododendron simsii* Planch. flowers in Vietnam and Japan［J］. Journal of the Japanese Society for Horticultural Science，2011，80（2）：206-213.


**【药理参考文献】**


[1] 范一菲，孔德虎，陈志武，等．杜鹃花总黄酮对心肌缺血损伤的保护作用［J］．安徽医科大学学报，2006，41（2）：157-160.

[2] 宋小平，陈志武，张建华，等．杜鹃花总黄酮的镇痛作用研究［J］．山东医药，2007，47（14）：14-16.

［3］刘必全，胡勇，张建华，等. 映山红总黄酮抗炎作用的实验研究［J］. 中国临床保健杂志，2007，10（2）：169-171.
［4］王明军. 映山红总黄酮的镇咳平喘作用与毒性研究［J］. 时珍国医国药，2006，17（9）：1678-1679.

【临床参考文献】

［1］佚名. 杜鹃花验方［J］. 中国中医药现代远程教育，2014，12（16）：130.

## 2. 越橘属 *Vaccinium* Linn.

灌木或小乔木，常绿，少数落叶。单叶互生，稀假轮生，全缘或有锯齿，叶片两侧边缘基部有或无侧生腺体。总状花序顶生或腋生，或花少数簇生叶腋，稀单花腋生；通常有苞片和小苞片；花小形；花萼 4 ～ 5 裂，稀檐状极浅裂；花冠坛状、钟状或筒状，5 裂，裂片短小，裂片反折或直立；雄蕊 6 ～ 10 枚，稀 4 枚，内藏稀外露，花丝分离，被毛或无毛，花药背部有芒刺 2 枚或缺，顶端伸长呈管状，管口开裂；花盘垫状，无毛或被毛；子房与萼筒通常完全合生，4 ～ 5 室，或因假隔膜而成 8 ～ 10 室，每室有多数胚珠。浆果球形，有宿存萼片；种子多数，细小，卵圆形或肾状侧扁，种皮革质。

约 450 种，分布于北半球温带、亚热带，少数产于非洲南部。中国约 91 种 24 变种 2 亚种，主要分布于西南及华南各省区，法定药用植物 4 种。华东地区法定药用植物 2 种。

越橘属与杜鹃属的区别点：越橘属叶革质，花小形，花冠坛状、钟状或筒状，子房下位，浆果，有宿存萼；杜鹃属叶纸质，花大形，花冠辐射状、钟状或漏斗状，子房上位，蒴果开裂。

## 698. 南烛（图 698）• *Vaccinium bracteatum* Thunb.

**图 698　南烛**　　摄影　赵维良等

【别名】乌饭树（江苏、浙江、江西），米饭树、乌饭叶（浙江），饭筒树、乌饭子（江西），南烛、苞越橘（江苏）。

【形态】常绿灌木或小乔木，高 2 ～ 6（9）m；分枝多，幼枝有时被短柔毛，老枝紫褐色。叶片薄革质，椭圆形、披针状椭圆形至披针形，长 4 ～ 9cm，宽 2 ～ 4cm，先端渐尖，基部楔形，边缘有细锯齿，上表面有光泽，两面无毛；侧脉 5 ～ 7 对，与中脉在上下表面均稍微突起。总状花序顶生和腋生，长 4 ～ 10cm，花多数，花序轴密被短柔毛，稀无毛；总苞片叶状，披针形，长 0.5 ～ 2cm，两面沿脉被微毛或两面近无毛，边缘有锯齿，宿存或脱落；花梗短，长 1 ～ 4mm，密被短毛或近无毛；萼筒密被短柔毛，稀近无毛；萼齿短小，三角形，长约 1mm，密被短毛或无毛；花冠白色，筒状，有时略呈坛状，长 5 ～ 7mm，外面密被短柔毛，稀近无毛，内面有疏柔毛，5 浅裂，裂片三角形，外折；雄蕊内藏，药室背部无距；花盘密生短柔毛。浆果直径 5 ～ 8mm，熟时紫黑色，外面通常被短柔毛，稀无毛。花期 6 ～ 7 月，果期 8 ～ 10 月。

【生境与分布】生于丘陵地带或海拔 400 ～ 1400m 的山地。分布于山东、江苏、浙江、安徽、江西、福建，另华中、华南至西南各省区均有分布；朝鲜、日本、印度尼西亚等地也有分布。

【药名与部位】南烛叶，叶。南烛子，成熟果实。

【采集加工】南烛叶：8 ～ 9 月采收，拣净小枝及杂质，晒干。南烛子：秋末采收，干燥。

【药材性状】南烛叶：呈长椭圆形至披针形，长 2 ～ 8cm，宽 1 ～ 2.5cm，革质，先端尖锐，边缘有疏细锯齿，叶片略向背面反卷或破碎；上表面暗绿棕色，有光泽，主脉凹陷，下表面棕色，主脉及侧脉明显凸出，主脉上疏生短毛；叶有短柄，多向后弯曲。质脆。气微，味微苦、涩。

南烛子：呈圆球形，直径 3.5 ～ 4mm。表面红褐色至黑褐色，具皱纹和纵沟，被短柔毛。顶端具 5 浅裂的宿萼和点状的花柱基痕，基部具果梗痕。果肉质脆。内含多数长卵状三角形的种子。气微，味酸、微甘。

【药材炮制】南烛子：除去果梗及未成熟者，洗净，干燥。

【化学成分】根含黄酮类：槲皮素（quercetin）、山柰酚（kaempferol）、芹菜素（apigenin）和木犀草素（luteolin）[1]；甾体类：β- 谷甾醇（β-sitosterol）[1]；苯丙素类：绿原酸（chlorogenic acid）、阿魏酸（ferulic acid）和反式咖啡酸（*trans*-caffeic acid）[1]；三萜皂苷类：齐墩果酸（oleanolic acid）[1]；木脂素类：松脂酚（pinoresinol）[1]。

叶含环烯醚萜类：南烛双苷 *A、B、C、D（divaccinoside A、B、C、D）[2]，10-*O*- 反式 - 对羟基肉桂酰鸡屎藤次苷（10-*O*-*trans*-*p*-coumaroyl sandoside）[3]，10-*O*- 反式 - 对羟基桂皮酰 -6α- 羟基二氢水晶兰苷（10-*O*-*trans*-*p*-coumaroyl-6α-hydroxyl dihydromonotropein）、10-*O*- 顺式 - 对羟基桂皮酰 -6α- 羟基 - 二氢水晶兰苷（10-*O*-*cis*-*p*-coumaroyl-6α-hydroxyl-dihydromonotropein）、10-*O*- 顺式对羟基桂皮酰水晶兰苷（10-*O*-*cis*-*p*-coumaroyl monotropein）[4] 和乌饭树苷（vaccinoside）[4,5]；黄酮类：柯伊利素（chrysoeriol）、木犀草素（luteolin）、槲皮素（quercetin）[3]，鸢尾苷（tectoridin）、新西兰牡荆苷 -3（vicenin-3）、槲皮素 -3-*O*-α-L- 鼠李糖苷（quercetin-3-*O*-α-L-rhamnoside）、槲皮素 -3-*O*-α-L- 吡喃阿拉伯糖苷（quercetin-3-*O*-α-L-arabinopyranoside）、槲皮素 -3-*O*-β-D- 吡喃半乳糖苷（quercetin-3-*O*-β-D-galactopyranoside）、槲皮素 -3-*O*-β-D- 葡萄糖醛酸苷（quercetin-3-*O*-β-D-glucuronide）[4]，芹菜素（apigenin）、山柰酚（kaempferol）、异荭草素（isoorientin）、荭草素（orientin）、牡荆苷（vitexin）、异牡荆苷（isovitexin）、异槲皮苷（isoquerecitrin）、柯伊利素 -7-*O*-β-D- 吡喃葡萄糖苷（chrysoeriol-7-*O*-β-D-glucopyranoside）[6]，白杨素（chrysin）[7]，高荭草素（homorientin）[8]，槲寄生黄素 B（flavoyadorinin B, i.e.flavogadorinin）、金圣草酚 -7-*O*-（6″-*O*- 对香豆酰基）-β-*D*- 吡喃葡萄糖苷［chrysoeriol-7-*O*-（6″-*O*-*p*-coumaroyl）-β-D-glucopyranoside］、槲皮素 -3-*O*-β-*D*- 吡喃葡萄糖醛酸苷甲酯（quercetin-3-*O*-β-D-glucuronide methyl ester）和异鼠李素 -3-*O*-β-D- 吡喃葡萄糖苷（isorhamnetin-3-*O*-β-D-glucopyranoside）[9]；香豆素类：东莨菪内酯（scopoletin）和秦皮乙素（esculetin）[3]；苯丙素类：反式对羟基肉桂酸乙酯（ethyl *trans*-*p*-hydroxycinnamate）、反式对羟基肉桂酸（*trans*-*p*-hydroxycinnamic acid）、咖啡酸乙酯（ethyl cafeate）、咖啡酸（caffeic acid）[3] 和

绿原酸（chlorogenic acid）[10]；木脂素类：异落叶松脂素-9-*O*-β-D-木糖苷（isolariciresinol-9-*O*-β-D-xyloside）和10-*O*-反式-对羟基桂皮酰鸡矢藤苷（10-*O*-*trans*-*p*-coumaroylscandoside）[3]；三萜类：赤杨酮（glutinone）、木栓酮（friedelin）、表木栓醇（epifriedelanol）、羽扇豆醇（lupeol）、齐墩果酸（oleanolic acid）、熊果酸（ursolic acid）、山楂酸（maslinic acid）、科罗索酸（corosolic acid）、蔷薇酸（euscaphic acid）、2α, 3α-二羟基熊果-12-烯酸（2α, 3α-dihydroxyurs-12-en-oic acid）、19α-羟基熊果酸（19α-hydroxyursolic acid）[6]，表无羁萜醇（epifriedelinol）[8]，铁冬青酸（rotundic acid）和委陵菜酸（tormentic acid）[10]；甾体类：β-谷甾醇（β-sitosterol）[11]；挥发油类：橙花叔醇（nerolidol）、（*Z, Z, Z*）-1, 5, 9, 9-四甲基-1, 4, 7-环十一碳三烯［（*Z, Z, Z*）-1, 5, 9, 9-tetramethyl-1, 4, 7-cycloundecatriene］和石竹烯（caryophyllene）等[12]；烷烃类：三十五烷（pentatriacontane）[6]和三十一烷（hentriacontane）[6,12]；脂肪酸类：亚麻酸（linolenic acid）、棕榈酸（palmitic acid）和亚油酸（linoleic acid）[13]；环烷醇类：肌醇（inositol）[9]；糖类：南烛叶多糖（VBTLP）[14]。

花含环烯醚萜类：越橘苷（vaccinoside）[15]；三萜类：无羁萜（friedelin）和熊果酸（ursolic acid）[15]；苯丙素类：对香豆酸（*p*-coumaric acid）[15]。

**【药理作用】**1. 抗氧化　叶醇提取物对1, 1-二苯基-2-三硝基苯肼（DPPH）自由基的清除率是维生素C（VC）的4～5倍[1]。2. 抗疲劳　嫩枝叶醇提取物可显著延长小鼠爬杆时间，降低血中尿素氮及血乳酸含量，提高小鼠的低温生存率，表明其有显著的抗疲劳及耐寒作用[2]；叶醇提取物可明显提高大鼠脑干内肾上腺素及多巴胺的含量，但略减少大鼠脑干5-羟色胺的含量，表明其可以改善大鼠精神疲劳时的自发活动与认知能力，其作用可能是通过改变脑干内的单胺类递质的含量而发挥作用[3]。3. 保护视网膜　对受强光刺激的家兔喂食叶及其提取物，可使视网膜中的丙二醛含量明显低于对照组，而超氧化物歧化酶（SOD）的活性则高于对照组；结合视网膜电流图分析得出叶及其提取物对眼睛视网膜有明显的保护作用[4]。4. 抗肿瘤抗炎　叶二氯甲烷提取液在体外具有明显的抗肿瘤细胞增殖的作用，果的正己烷、二氯甲烷以及乙醇提取液对环氧酶-2活性有较明显的抑制作用[5]。5. 降血糖血脂　叶的水提取物对链脲佐菌素诱导的糖尿病小鼠血糖、血脂水平均有明显的改善作用，使其体内胰岛素含量明显增加，血糖和血脂含量明显下降，同时能改善小鼠的体重变化，且对内脏器官无不良影响，其降血糖的机制可能与乌饭树树叶多糖促进胰岛素分泌、修复糖尿病小鼠受损胰岛β细胞和提高糖尿病小鼠抗氧化能力有关[6, 7]。6. 抗菌　叶的水提取物、醇提取物对金黄色葡萄球菌、枯草杆菌和大肠杆菌等细菌均有不同程度的抑制作用，其中醇提取物的抑制作用更为明显[8]。

**【性味与归经】**南烛叶：酸、涩，平。南烛子：甘、酸，平。

**【功能与主治】**南烛叶：强筋骨，益精固气。用于腰膝酸软，神疲乏力，梦遗早泄。南烛子：强筋骨，固精，益气，乌须发。用于筋骨不利，神疲无力，须发早白。

**【用法与用量】**南烛叶：4.5g。南烛子：6～9g。

**【药用标准】**南烛叶：上海药材1994；南烛子：浙江炮规2015、上海药材1994和北京药材1998。

**【临床参考】**1. 牙龈腐烂：叶适量，煎汤含漱。（《浙江药用植物志》）

2. 手足跌伤红肿：根，捣烂煎水洗。

3. 牙齿痛：根，捣烂炖蛋服。（2方、3方引自江西《草药手册》）

**【附注】**南烛一名始载于《日华子本草》。《开宝本草》云："南烛枝叶……取汁炊饭名乌饭，亦名乌草……生高山经冬不凋。"《本草图经》载："南烛……生嵩高，少室、抱犊、鸡头山，江左吴越至多……此木至难长，初生三四年，状若菘菜之属，亦颇似栀子，二三十年乃成大株，故曰木而似草也……其子如茱萸，九月熟，酸美可食。叶不相对，似茗而圆厚，味小酢，冬夏常青。枝茎微紫，大者亦高四五丈，而甚肥脆易摧折也。"《本草纲目》云："南烛，吴楚山中甚多。叶似山矾，光滑而味酸涩。七月开小白花。结实如朴树子成簇，生青，九月熟则紫色，内有细子，其味甘酸，小儿食之……叶似冬青而小，临水生者尤茂。寒食采其叶，渍水染饭，色青而光，能资阳气。"即为本种。

本种的根民间也供药用。

**【化学参考文献】**

[1] 吕小兰，麦曦，郭惠，等. 乌饭树根化学成分研究［J］. 中药材，2012，35（6）：917-919.

[2] Ren Y M，Ke C Q，Tang C，et al. Divaccinosides A-D，four rare iridoid glucosidic truxillate esters from the leaves of *Vaccinium bracteatum*［J］. Tetrahedron Lett，2017，58（24）：2385-2388.

[3] 李增亮，张琳，田景奎，等. 乌饭树叶的化学成分研究［J］. 中国中药杂志，2008，33（18）：2087-2089.

[4] 屈晶，陈霞，牛长山，等. 南烛化学成分研究［J］. 中国中药杂志，2014，39（4）：684-688.

[5] 吴云. 乌饭树叶染黑有效成分研究［D］. 苏州：苏州大学硕士学位论文，2017.

[6] 褚纯隽，李显伦，夏龙，等. 乌饭树叶的抗补体活性成分研究［J］. 中草药，2014，45（4）：458-465.

[7] 王立，姚惠源. 乌饭树树叶的黄酮类成分研究［J］. 天然产物研究与开发，2007，19（7）：989-990.

[8] 余清，陈绍军，庞杰. 乌饭树叶有效成分的研究及其开发应用［J］. 食品与机械，2007，23（3）：171-174.

[9] 张琳，李宝国，付红伟，等. 乌饭树叶黄酮苷类成分研究［J］. 中国药学杂志，2009，44（23）：1773-1776.

[10] 苏凯迪，姚士，李贺然，等. 乌饭树叶提取物的化学成分与抗氧化活性研究［J］. 中国食品添加剂，2017，7：87-95.

[11] 屠鹏飞，刘江云，李君山. 乌饭树叶的脂溶性成分研究［J］. 中国中药杂志，1997，22（7）：423-424.

[12] 杨晓东，肖珊美，徐友生，等. 乌饭树叶挥发油的 GC-MS 分析［J］. 生物质化学工程，2008，42（2）：23-26.

[13] 江水泉，李伯珩. 野生乌饭树叶中脂肪的超临界 $CO_2$ 萃取及其色谱分析［J］. 中国油脂，2003，28（7）：56-57.

[14] Qian H F，Li Y，Wang L. *Vaccinium bracteatum* Thunb. leaves’ polysaccharide alleviates hepatic gluconeogenesis via the downregulation of miR-137［J］. Biomed Pharmacother，2017，95：1397-1403.

[15] Sakakibara J，Kaiyo T，Yasue M. Constituents of *Vaccinium bracteatum*. II. constituents of the flowers and structure of vaccinoside，a new iridoid glycoside［J］. Yakugaku Zasshi，1973，93（2）：164-170.

**【药理参考文献】**

[1] 蔡凌云，石敏，夏薛梅，等. 乌饭树叶醇提物体外抗氧化活性［J］. 食品科技，2011，36（6）：222-225.

[2] 刘清飞，朱爱兰，秦明珠，等. 乌饭树抗疲劳作用研究［J］. 时珍国医国药，1999，10（10）：726-727.

[3] 黄丽娜，马文领，周健，等. 乌饭树叶醇提物抗大鼠精神疲劳作用［J］. 中国公共卫生，2008，24（8）：964-966.

[4] 王立，张雪彤，姚惠源. 乌饭树树叶及其提取物对视网膜光损伤的保护作用［J］. 西安交通大学学报（医学版），2006，27（3）：284-287，303.

[5] Landa P，Skalova L，Bousova I，et al. *In vitro* anti-proliferative and anti-inflammatory activity of leaf and fruit extracts from *Vaccinium bracteatum* Thunb.［J］. Pakistan Journal of Pharmaceutical Sciences，2014，27（1）：103-106.

[6] 王立，张雪彤，章海燕，等. 乌饭树树叶水提取物改善糖尿病小鼠血糖和血脂水平的研究［J］. 食品工业科技，2012，33（5）：363-365.

[7] 王立，程素娇，徐塬，等. 乌饭树树叶多糖降低 STZ- 诱导糖尿病小鼠血糖机理的研究［J］. 现代食品科技，2015，31（8）：1-6.

[8] 章海燕，王立，张晖. 乌饭树树叶不同提取物抑菌作用的初步研究［J］. 粮食与食品工业，2010，17（1）：34-37.

## 699. 江南越橘（图 699）• *Vaccinium mandarinorum* Diels

**【别名】**米饭花（浙江、江苏），夏菠（福建），乌饭、小叶珍珠花（江苏），早禾酸、早禾子（江西）。

**【形态】**常绿灌木或小乔木，高 1 ～ 4m。幼枝通常无毛，有时被短柔毛，老枝紫褐色或灰褐色，无毛。叶片厚革质，卵形或长圆状披针形，长 3 ～ 9cm，宽 1.5 ～ 3cm，先端渐尖，基部楔形至钝圆，边缘有细锯齿，两面无毛，或有时在上表面沿中脉被微柔毛，中脉和侧脉在上下表面稍突起。总状花序腋生或生于枝顶叶腋，长 2.5 ～ 7（10）cm，花多数，花序轴无毛或被短柔毛；总苞片早落或缺；花梗纤细，长（2）4 ～ 8mm，无毛或被微毛；萼筒无毛，萼齿三角形、卵状三角形或半圆形，长 1 ～ 1.5mm，无毛；

图 699 江南越橘 摄影 张芬耀等

花冠白色，有时带淡红色，微香，筒状或筒状坛形，口部稍缢缩或开放，长 6 ～ 7mm，外面无毛，内面有微毛，5 浅裂，裂片三角形或狭三角形，直立或反折；雄蕊内藏，药室背部有短距。浆果，熟时紫黑色，无毛，直径 4 ～ 6mm。花期 4 ～ 6 月，果期 6 ～ 10 月。

**【生境与分布】**生于海拔 180 ～ 1600m 的山坡灌丛、杂木林或路边林缘。分布于江苏、浙江、安徽、江西、福建，另湖北、湖南、广东、广西、云南、贵州、四川均有分布。

江南越橘与南烛的区别点：江南越橘叶片厚革质，总苞早落或缺失，花各部常无毛，花梗长（2）4 ～ 8mm；南烛叶片薄革质，花序具宿存总苞，花各部常被毛，花梗长 1 ～ 4mm。

**【药名与部位】**南烛叶，叶。南烛子，成熟果实。

**【采集加工】**南烛子：夏季采收，干燥。

**【药材性状】**南烛子：呈圆球形，直径 4 ～ 6mm。表面红褐色至黑褐色，近平滑，有光泽，无毛。顶端具 5 浅裂的宿萼和点状的花柱基痕，基部具果梗痕。果肉质脆。内含多数长卵状三角形的种子。气微，味酸、微甘。

**【药材炮制】**南烛子：除去果梗及未成熟者，洗净，干燥。

**【化学成分】**叶含氨基酸类：天冬氨酸（Asp）、甘氨酸（Gly）、丙氨酸（Ala）、丝氨酸（Ser）、天冬酰胺（Asn）和鸟氨酸（Orn）等[1]；元素：铁（Fe）、锌（Zn）和锰（Mn）等[2]。

**【性味与归经】**南烛叶：酸、涩，平。南烛子：甘、酸，平。

**【功能与主治】**南烛叶：强筋骨，益精固气。用于腰膝酸软，神疲乏力，梦遗早泄。南烛子：强筋骨，固精，益气，乌须发。用于筋骨不利，神疲无力，须发早白。

**【用法与用量】**南烛叶：4.5g。南烛子：6 ～ 9g。

【药用标准】南烛叶：浙江炮规 2005；南烛子：浙江炮规 2015。

【化学参考文献】

[1] 危英，张丽艳，杨玉琴，等 . 柱前衍生化（高效液相色谱法）测定江南越橘叶中游离氨基酸的含量 [J]. 微量元素与健康研究，2004，21（2）：20-21.

[2] 危英，危莉 . 江南越橘叶中微量元素含量测定 [J]. 微量元素与健康研究，2003，20（5）：28-29.

# 九二 紫金牛科 Myrsinaceae

常绿灌木、小乔木或攀援灌木，稀藤本。单叶互生，稀对生或近轮生，通常具腺点或脉状腺条纹，全缘或具齿，齿间有时具边缘腺点；无托叶。花两性或单性，辐射对称；花序为总状、聚伞状、伞形或近伞形，及上述各式花序组成的圆锥花序，腋生、顶生或生于侧生的特殊花枝上，或生于具覆瓦状排列的苞片的小短枝顶端；具苞片，有的具小苞片；花萼基部合生或近分离，通常具腺点，宿存；花冠通常深裂至基部或合生，裂片覆瓦状、镊合状或回旋状排列；雄蕊与花冠裂片同数，对生，着生于花冠上，分离或仅基部合生；花药 2 室，纵裂，稀孔裂；雌蕊 1 枚，子房上位，稀半下位，1 室，中轴胎座或特立中央胎座（有时为基生胎座）；花柱单一，柱头点状、盘状、扁平状、流苏状。浆果状核果，不裂或不规则开裂，外果皮多为肉质，内果皮坚脆，有种子 1 粒或多数。

约 42 属，2200 余种，分布于南、北半球热带和亚热带地区。中国 5 属，120 种 1 亚种 4 变种，分布于长江以南各省，法定药用植物 3 属，14 种 2 变种。华东地区法定药用植物 3 属，9 种 1 变种。

紫金牛科法定药用植物科特征成分鲜有报道。

紫金牛属含皂苷类、苯醌类、香豆素类、黄酮类等成分。皂苷类多为齐墩果烷型，如九节龙皂苷Ⅰ、Ⅱ（ardipusilloside Ⅰ、Ⅱ）、朱砂根苷（ardicrenin）、百两金素 A（ardisiacrispin A）等；苯醌类如密花树醌（rapanone）、酸藤子酚（embelin）等；香豆素类如岩白菜素（bergenin）、11-*O*- 香草酰岩白菜素（11-*O*-vanilloylbergenin）等：黄酮类多为黄酮醇，如槲皮苷（quercitrin）、杨梅苷（myricitrin）、山柰酚 -3-*O*-β- 半乳糖苷（kaempferol-3-*O*-β-galactoside）等。

酸藤子属含苯醌类、皂苷类、黄酮类、香豆素类等成分。苯醌类如 2，6- 二甲氧基苯醌（2，6-dimethoxybenzoquinone）、白花丹素（plumbagin）等；皂苷类多为齐墩果烷型，少数为羽扇豆烷型，如原报春花素 A（protoprimetin A）、百两金皂苷 B（ardisiacrispin B）、羽扇豆醇（lupeol）等；黄酮类包括黄酮、黄酮醇、黄烷等，如洋芹素（celereoin）、槲皮素 -3-*O*-β-D- 葡萄糖苷（quercetin-3-*O*-β-D-glucoside）、儿茶素（catechin）等；香豆素类如 7- 羟基 -6- 甲氧基香豆素（7-hydroxy-6-methoxycoumarin）等。

## 分属检索表

1. 伞房花序、伞形花序或聚伞花序，或由上述花序组成圆锥状，花序梗长或着生于侧生特殊花枝顶端；花冠裂片螺旋状排列；花两性……………………………………………………………1. 紫金牛属 *Ardisia*
1. 总状花序、伞形花序或花簇生，后两者通常无花序梗，而着生于具覆瓦状排列总苞片的小短枝顶端或基部具总苞片；花冠裂片覆瓦状或镊合状排列；花杂性。
   2. 通常为攀援灌木，稀藤本；总状花序……………………………………………2. 酸藤子属 *Embelia*
   2. 通常为灌木或小乔木；伞形花序或花簇生………………………………………3. 铁仔属 *Myrsine*

### 1. 紫金牛属 *Ardisia* Swartz

灌木或亚灌木，稀小乔木。叶互生，稀对生或近轮生，通常具不透明腺点，全缘或具齿，具边缘腺点或无。聚伞花序、伞房花序、伞形花序或再组成圆锥状，顶生、腋生、侧生或着生于特殊花枝顶端；花两性，通常 5 数；花萼通常仅基部合生，常具腺点；花冠深裂至基部，为右旋状排列，常具腺点；雄蕊着生于花瓣基部，花丝短，花药几与花冠裂片等长或较小；雌蕊与花瓣等长或略长，子房通常为球形、卵珠形；花柱丝状，柱头点尖。浆果状核果，球形或扁球形，通常为红色，具腺点，有时具纵肋，内果皮坚脆或近骨质，有种子 1 粒；种子被胎座的膜质残余物所盖，球形或扁球形，基部内凹。

400～500种，分布于热带美洲、太平洋诸岛、印度半岛东部、亚洲东部至南部。中国65种1亚种4变种，分布于长江以南各省，法定药用植物8种2变种。华东地区法定药用植物7种1变种。

## 分种检索表

1. 叶缘具浅圆齿，波状齿，或近全缘。
  2. 叶片两面密被锈色或有时为紫红色分节的糙伏毛……………………………………虎舌红 *A.mamillata*
  2. 叶片上表面无毛，下表面无毛或被细微柔毛。
    3. 叶片下表面无毛。
      4. 叶缘具明显皱波状或具波状齿，侧脉密集，10～18对。
        5. 叶背、花梗、花萼及花瓣均不带紫红色……………………………………朱砂根 *A.crenata*
        5. 叶背、花梗、花萼及花瓣均带紫红色……………………………红凉伞 *A.crenata* var.*bicolor*
      4. 叶全缘或略波状，侧脉较疏，7～10对……………………………………………百两金 *A.crispa*
    3. 叶片下表面被微柔毛。
      6. 矮小灌木，具匍匐根状茎，高10～20cm；叶片坚纸质，长7～14（18）cm，宽2.5～7cm……………………………………………………………………………………………九管血 *A.brevicaulis*
      6. 灌木或小灌木，高0.6～2m；叶片革质或坚纸质，长10～15cm，宽2～3.5cm…山血丹 *A.punctata*
1. 叶缘具细锯齿或不明显的锯齿。
  7. 两面无毛或有时下表面沿中脉被细微柔毛……………………………………………紫金牛 *A.japonica*
  7. 上表面被糙伏毛，毛基部常隆起，下表面被柔毛及长柔毛………………………………九节龙 *A.pusilla*

## 700. 虎舌红（图700）• *Ardisia mamillata* Hance

**【别名】**红毛毡、红毛紫金牛（浙江）。

**【形态】**矮小灌木，具匍匐的木质根茎，直立茎高不超过15cm，幼时密被锈色卷曲长柔毛，后渐无毛。叶互生或簇生于茎顶端，坚纸质，倒卵形至长圆状倒披针形，先端急尖或钝，基部楔形或狭圆形，长7～14cm，宽3～5cm，边缘具不明显的疏圆齿，边缘腺点藏于毛中，两面绿色或暗紫红色，被锈色或有时为紫红色糙伏毛，毛基部隆起如小瘤，两面具腺点，背面尤明显；叶柄长2～3mm或几无，被毛。花序近伞形，单一，着生于侧生特殊花枝顶端；花枝长3～9cm，有花5～10朵，近顶端常有叶1～2枚；花梗长4～8mm，被毛和腺点；花萼基部合生，萼裂片披针形或狭长圆状披针形，与花冠裂片几等长，具黑色腺点，被卷曲毛；花白色略带粉红色，花冠裂片卵形，具腺点；雄蕊与花冠近等长，花药披针形，背部通常具腺点；雌蕊与花冠等长，子房球形，有毛或几无毛。果球形，直径约6mm，鲜红色，散生腺点和卷曲毛。花期6～7月，果期11月至翌年1月。

**【生境与分布】**生于海拔500～1200m的山谷密林或阴湿的地方。分布于浙江、福建，另云南、贵州、四川、广东、广西、湖南等地均有分布；越南也有分布。

**【药名与部位】**红毛走马胎，全草。

**【采集加工】**夏、秋季采收，洗净，切段，晒干。

**【药材性状】**根茎褐红色，木质。茎上部被锈色长柔毛，下部毛少，稍韧。叶纸质，多集于茎上部，卷曲皱缩。叶片展平后呈椭圆形或倒卵形，上、下两面有黑色腺点和褐色长柔毛，边缘稍具圆齿；叶柄密被毛。有时具花序或球形果实。气微，味淡，略苦、涩。

**【药材炮制】**未切段者除去杂质，洗净，切片，干燥。

**图 700　虎舌红**　　　　摄影　张芬耀等

【化学成分】全草含黄酮类：3′, 4′, 5, 7- 四甲氧基黄酮（3′, 4′, 5, 7-tetrahydroxyflavone）、3′, 4′, 5′, 5, 7- 五甲氧基黄酮（3′, 4′, 5′, 5, 7-pentamethoxyflavone）、槲皮素（quercetine）、槲皮苷（quercitroside）、山柰酚 -3-*O*-β-D- 葡萄糖苷（kaempferol-3-*O*-β-D-glucoside）、槲皮素 -3-*O*-β-D- 吡喃半乳糖苷（quercetine-3-*O*-β-D-galactopyranoside）、三叶豆苷（trifolin）、柚皮素 -7-*O*- 葡萄糖苷（naringenin-7-*O*-glucoside）、山柰酚（kaempferol）和 4′- 甲氧基山柰酚 -7-*O*-β- 芸香糖苷（4′-methoxy-kaempferol-7-*O*-β-rutinoside）[1]；生物碱类：去氢飞廉碱（acanthoine）[2]。

根含皂苷类：3-*O*-［β-D- 吡喃葡萄糖基 -（1→4）-β-D- 吡喃葡萄糖基 -（1→2）-α-L- 吡喃阿拉伯糖基］-3β, 16α, 28α- 三羟基 -13β, 28- 环氧齐墩果烷 -30- 醛 {3-*O*-［β-D-glucopyranosyl-（1→4）-β-D-glucopyranosyl-（1→2）-α-L-arabinopyranosyl］-3β, 16α, 28α-trihydroxy-13β, 28-epoxyoleanan-30-al}、3-*O*-［α-L- 吡喃鼠李糖基 -（1→2）-β-D- 吡喃葡萄糖基 -（1→4）-α-L- 吡喃阿拉伯糖基］-3β, 16α, 28α- 三羟基 -13β, 28- 环氧齐墩果烷 -30- 醛 {3-*O*-［α-L-rhamnopyranosyl-（1→2）-β-D-glucopyranosyl-（1→4）-α-L-arabinopyranosyl］-3β, 16α, 28α-trihydroxy-13β, 28-epoxyoleanan-30-al}、3-*O*-［α-L- 吡

喃鼠李糖基 -（1→2）-β-D- 吡喃葡萄糖基 -（1→4）-α-L- 吡喃阿拉伯糖基］-3β- 羟基 -13β, 28- 环内酯 - 齐墩果烷 -16- 氧 -30- 醛 {3-*O*-［α-L-rhamnopyranosyl-（1→2）-β-D-glucopyranosyl-（1→4）-α-L-arabinopyranosyl］-3β-hydroxy-13β, 28-epolide-oleanan-16-oxo-30-al}、3-*O*-［β-D- 吡喃葡萄糖基 -（1→4）-α-L- 阿拉伯吡喃糖基］-3β- 羟基 -13β, 28- 环内酯 - 齐墩果烷 -16- 氧 -30- 醛 {3-*O*-［β-D-glucopyranosyl-（1→4）-α-L-arabinopyranosyl］-3β-hydroxy-13β, 28-epolide-oleanan-16-oxo-30-al}、3-*O*-［α-L- 吡喃鼠李糖基 -（1→2）-β-D- 吡喃葡萄糖基 -（1→4）-α-L- 吡喃阿拉伯糖基］-3β 羟基 -13β, 28- 内酯 -16- 氧化齐墩果烷 -30- 醛 {3-*O*-［α-L-rhamnopyranosyl-（1→2）-β-D-glucopyranosyl-（1→4）-α-L-arabinopyranosyl］-3β-hydroxy-13β, 28-olide-16-oxooleanan-30-al}、3β-*O*-［β-D- 吡喃葡萄糖基 -（1→2）-β-D- 吡喃葡萄糖基 -（1→4）-β-D- 吡喃葡萄糖基 -（1→2）-α-L- 吡喃阿拉伯糖基］-13β, 28- 环氧 -16α, 30- 齐墩果烷二醇 {3β-*O*-［β-D-glucopyranosyl-（1→2）-β-D-glucopyranosyl-（1→4）-β-D-glucopyranosyl-（1→2）-α-L-arabinopyranosyl］-13β, 28-epoxy-16α, 30-oleananediol}、3β-*O*-［β-D- 吡喃葡萄糖基 -（1→4）-β-D- 吡喃葡萄糖基 -（1→2）-α-L- 吡喃阿拉伯糖基］-13β, 28- 环氧 -16α, 30- 齐墩果烷二醇 {3β-*O*-［β-D-glucopyranosyl-（1→4）-β-D-glucopyranosyl-（1→2）-α-L-arabinopyranosyl］-13β, 28-epoxy-16α, 30-oleananediol}、3β-*O*-［β-D- 吡喃葡萄糖基 -（1→4）-α-L- 吡喃阿拉伯糖基］-13β, 28- 环氧 -16α, 30- 齐墩果烷二醇 {3β-*O*-［β-D-glucopyranosyl-（1→4）-α-L-arabinopyranosyl］-13β, 28-epoxy 16α, 30-oleananediol}、3β-*O*-［α-L- 吡喃鼠李糖基 -（1→2）-β-D- 吡喃葡萄糖基 -（1→4）-α-L- 吡喃阿拉伯糖基］-13β, 28- 环氧 -16α, 30- 齐墩果烷二醇 {3β-*O*-［α-L-rhamnopyranosyl-（1→2）-β-D-glucopyranosyl-（1→4）-α-L-arabinopyranosyl］-13β, 28-epoxy-16α, 30-oleananediol}、仙客来亭 A-3β-*O*-β-D- 吡喃葡萄糖基 -（1→2）-β-D- 吡喃葡萄糖基 -（1→4）-［β-D- 吡喃葡萄糖基 -（1→2）］-α-L- 吡喃阿拉伯糖苷 {cyclamiretin A-3β-*O*-β-D-glucopyranosyl-（1→2）-β-D-glucopyranosyl-（1→4）-［β-D-glucopyranosyl-（1→2）］-α-L-arabinopyranoside}、3-*O*-［β-D- 吡喃葡萄糖基 -1-（1→4）-α-L- 吡喃阿拉伯糖基］-3β, 16α- 二羟基 -13β, 28- 环氧齐墩果烷 -30- 醛 {3-*O*-［β-D-glucopyranosyl-（1→4）-α-L-arabinopyranosyl］-3β, 16α-dihydroxy-13β, 28-epoxyoleanan-30-al}、3-*O*-β-D- 吡喃葡萄糖基 -（1→2）-β-D- 吡喃葡萄糖 -（1→4）-［β-D- 吡喃葡萄糖基 -（1→2）］-α-L- 吡喃阿拉伯糖基］-3β- 羟基 13β, 28- 环氧齐墩果烷 -16- 氧 -30- 醛 {3-*O*-β-D-glucopyranosyl-（1→2）-β-D-glucopyranosyl-（1→4）-［β-D-glucopyranosyl-（1→2）］-α-L-arabinopyranosyl］-3β-hydroxy-13β, 28-epoxyoleanan-16-oxo-30-al}、3-*O*-［α-L- 吡喃鼠李糖基 -（1→2）-β-D- 吡喃葡萄糖基 -（1→4）-［β-D- 吡喃葡萄糖基 -（1→2）-α-L- 吡喃阿拉伯糖基］-3β, 28- 齐墩果 -16- 氧 -12- 烯 -30- 醛 {3-*O*-［α-L-rhamnopyranosyl-（1→2）-β-D-glucopyranosyl-（1→4）-β-D-glucopyranosyl-（1→2）-α-L-arabinopyranosyl］-3β, 28-olean-16-oxo-12-en-30-al}、3-*O*-［β-D- 吡喃葡萄糖基 -（1→2）-β-D- 吡喃葡萄糖基 -（1→4）-β-D- 吡喃葡萄糖基 -（1→2）-α-L- 吡喃阿拉伯糖基］-3β- 羟基 13β, 28- 环氧齐墩果烷 -16- 氧 -30- 醛 {3-*O*-［β-D-glucopyranosyl-（1→2）-β-D-glucopyranosyl-（1→4）-β-D-glucopyranosyl-（1→2）-α-L-arabinopyranosyl］-3β-hydroxy-13β, 28-epoxyoleanan-16-oxo-30-al}、3-*O*-［β-D- 吡喃木糖基 -（1→2）-β-D- 吡喃葡萄糖基 -（1→4）-β-D- 吡喃葡萄糖基 -（1→2）-α-L- 吡喃阿拉伯糖基］-3β- 羟基 -13β, 28- 环氧齐墩果烷 -16- 氧 -30- 醛 {3-*O*-［β-D-xylopyranosyl-（1→2）-β-D-glucopyranosyl-（1→4）-β-D-glucopyranosyl-（1→2）-α-L-arabinopyranosyl］-3β-hydroxy-13β, 28-epoxyoleanan-16-oxo-30-al}、3-*O*-［β-D- 吡喃葡萄糖基 -（1→4）-β-D- 吡喃葡萄糖基 -（1→2）-α-L- 吡喃阿拉伯糖基］-3β- 羟基 -13β, 28- 环氧齐墩果烷 -16- 氧 -30- 醛 {3-*O*-［β-D-glucopyranosyl-（1→4）-β-D-glucopyranosyl-（1→2）-α-L-arabinopyranosyl］-3β-hydroxy-13β, 28-epoxyoleanan-16-oxo-30-al}、3-*O*-［β-D- 吡喃葡萄糖基 -（1→4）-α-L- 吡喃阿拉伯糖基］-3β- 羟基 -13β, 28- 环氧齐墩果烷 -16- 氧 -30- 醛 {3-*O*-［β-D-glucopyranosyl-（1→4）-α-L-arabinopyranosyl］-3β-hydroxy-13β, 28-epoxyoleanan-16-oxo-30-al}[3]，虎舌红皂苷*A、B（ardisimamilloside A、B）[4]，虎舌红皂苷*C、D、E、F（ardisimamilloside C、D、E、F）[5]和虎舌红皂苷*G、H（ardisimamilloside G、H）[6]。

【药理作用】1. 抗肿瘤　全草提取物在体外对肿瘤细胞的生长具有较强的抑制作用，其中对急性 T 细胞白血病 Jurkat 细胞、人肾癌 OS-RC-2 细胞、人慢性髓质白血病 K562 细胞、人肺癌 A549 细胞和人乳腺导管癌 MDA-MB-435s 细胞的作用较强，其半数抑制浓度（$IC_{50}$）分别为（9.25±3.68）μg/ml、（10.75±2.40）μg/ml、（10.90±3.74）μg/ml、（11.21±3.07）μg/ml 和（12.66±1.19）μg/ml，其次是对人食管癌 Eca-109 细胞、人胰腺癌 PANC-1 细胞、人黑色素瘤 A375 细胞、人肝癌 QGY-7703 细胞和人胃癌 SGC-7901 细胞，其半数抑制浓度（$IC_{50}$）分别为（14.36±2.26）μg/ml、（15.36±6.73）μg/ml、（15.48±1.98）μg/ml、（17.21±10.32）μg/ml 和（19.01±5.95）μg/ml[1]。2. 抗氧化　全草乙醇等不同溶剂的提取物对 1，1- 二苯基 -2- 三硝基苯肼（DPPH）自由基、2, 2′- 联氮 - 二（3- 乙基 - 苯并噻唑 -6- 磺酸）二铵盐（ABTS）自由基均具有一定的清除作用，其中极性较小的石油醚提取部位和中等极性的乙酸乙酯提取部位的抗氧化及还原能力相对较强[2]；对不同栽培品种叶的抗氧化作用比较，结果红毛红花虎舌红的抗氧化作用最明显[3]。

【性味与归经】苦、辛，凉。归肝、胆、大肠经。

【功能与主治】清热利湿，活血化瘀，凉血止血。用于湿热黄疸，湿热泻痢，风湿痹证，痛经，跌打损伤，血热咳吐，崩漏，疮疖痈肿。

【用法与用量】煎服 9 ～ 15g；或浸酒；外用研末调敷。

【药用标准】四川药材 2010。

【临床参考】1. 风湿痹痛：全草 30g，水、黄酒各半煎服。

2. 乳痈、背痈：鲜全草 30g，水、黄酒各半煎服；渣或鲜叶加红糖捣烂外敷。

3. 跌打损伤：全草 30g，浸白酒 500ml，7 天后，每次服 10ml，每日 3 次。（1 方至 3 方引自《浙江药用植物志》）

【化学参考文献】

[1] 刘经亮，凌育赵，王如意，等 . 虎舌红中黄酮类化学成分研究 [J] . 中草药，2015，46（6）：808-811.

[2] 凌育赵，曾满枝 . 虎舌红生物碱类成分的提取分离与结构鉴定 [J] . 精细化工，2007，64（7）：270.

[3] Zhang E F，Ling Y，Yin Z，et al. Identification and structural characterisation of triterpene saponins from the root of *Ardisia mamillata* Hance by HPLC-ESI-QTOF-MS/MS [J] . Nat Prod Res，2018，32（8）：918-923.

[4] Huang J，Ogihara Y，Zhang H，et al. Triterpenoid saponins from *Ardisia mamillata* [J] . Phytochemistry，2000，54（7）：817-822.

[5] Huang J，Ogihara Y，Zhang H，et al. Ardisimamillosides C-F，four new triterpenoid saponins from *Ardisia mamillata* [J] . Chem Pharm Bull，2000，48（10）：1413-1417.

[6] Huang J，Zhang H，Shimizu N，et al. Ardisimamillosides G and H，two new triterpenoid saponins from *Ardisia mamillata* [J] . Chem Pharm Bull，2003，51（7）：875-877.

【药理参考文献】

[1] 黄秀华，张丹，邓国兵 . 红毛毡提取物体外抗肿瘤的实验研究 [J] . 四川生理科学杂志，2009，31（4）：149-150.

[2] 张声源，庄远杯，廖梅，等 . 虎舌红不同溶剂提取物抗氧化活性研究 [J] . 现代中药研究与实践，2017，31（2）：39-42.

[3] 娄丽，侯娜，李茂，等 . 虎舌红不同类型叶黄酮含量及抗氧化活性研究 [J] . 贵州科学，2016，34（6）：10-13.

## 701. 硃砂根（图 701）• *Ardisia crenata* Sims

【别名】珍珠伞（浙江、江苏），朱砂根、红铜盘（浙江），土朱砂（江苏），山豆根，圆齿紫金牛。

【形态】灌木，高 0.4 ～ 1m。茎、枝均无毛，除侧生特殊花枝外，无分枝。叶片革质或坚纸质，椭圆形、椭圆状披针形至倒披针形，先端急尖或渐尖，基部楔形，长 7 ～ 15cm，宽 2 ～ 4cm，边缘皱波状或具波状齿，

图 701 硃砂根 摄影 李华东

边缘腺点明显，两面无毛；侧脉 10 ～ 18 对；叶柄长约 1cm。伞形花序或聚伞花序，着生于侧生的特殊花枝顶端；花枝长 4 ～ 16cm，近顶端常具 2 ～ 3 片叶，稀无叶，每花序有花 4 ～ 10 朵；花梗长 5 ～ 10mm，几无毛；花萼仅基部合生，萼裂片长圆状卵形，顶端圆形或钝，两面无毛，具腺点；花瓣白色微带粉红色，盛开时反卷，卵形，具腺点，外面无毛，内面近基部有时具乳头状突起；雄蕊较花冠短，花药背面常具腺点；雌蕊与花冠近等长或略长，子房卵圆形，无毛，具腺点。果球形，直径 6 ～ 8mm，鲜红色，具腺点，花柱、花萼宿存。花期 5 ～ 7 月，果期 10 ～ 12 月。

【生境与分布】生于海拔 90 ～ 2400m 的林下阴湿灌木丛中。分布于安徽、福建、浙江、江西、江苏，另西藏、云南、贵州、四川、台湾、广东、广西、湖北、湖南、海南等地均有分布；印度、缅甸、马来西亚、日本也有分布。

【药名与部位】朱砂根（八爪金龙），根。朱砂茎叶，茎叶。

【采集加工】朱砂根：秋、冬二季采挖，洗净，晒干。朱砂茎叶：春、夏季采集，干燥。

【药材性状】朱砂根：根簇生于略膨大的根茎上，呈圆柱形，略弯曲，长 5 ～ 30cm，直径 0.2 ～ 1cm。表面灰棕色或棕褐色，可见多数纵皱纹，有横向或环状断裂痕，皮部与木质部易分离。质硬而脆，易折断，断面不平坦，皮部厚，占断面的 1/3 ～ 1/2，类白色或粉红色，外侧有紫红色斑点散在，习称“朱砂点”；木质部黄白色，不平坦。气微，味微苦，有刺舌感。

朱砂茎叶：茎呈圆柱形，有分枝，直径 0.2 ～ 1cm，表面灰棕色或棕褐色，具纵皱纹，皮孔圆形；质坚硬，不易折断，断面木质部类白色，髓部色稍深。叶革质，多卷缩或已破碎，完整叶片呈椭圆状披针形，长 6 ～ 12cm，宽 2 ～ 4cm，先端渐尖，基部楔形，全缘，上表面绿色，下表面灰绿色，主脉于下表面凸起，支脉羽状排列，叶面可见多数褐色腺点。茎气微，味微苦，有麻舌感；叶味微涩。

【药材炮制】朱砂根：除去杂质，润透，切段，干燥。

【化学成分】根含三萜类：百两金皂苷A、B（ardisiacrispin A、B）[1,2]，朱砂根皂苷A、B（ardisicrenoside A、B）[2]，朱砂根皂苷C、D（ardisicrenoside C、D）[3]，朱砂根皂苷E、F（ardisicrenoside E、F）[4]，朱砂根皂苷G、H（ardisicrenoside G、H）[5]，朱砂根皂苷I（ardisicrenoside I）[6,7]，朱砂根皂苷J（ardisicrenoside J）[1,7]，朱砂根皂苷K、L（ardisicrenoside K、L）[8]，朱砂根皂苷M（ardisicrenoside M）[1,7]，朱砂根皂苷N（ardisicrenoside N）[1]，朱砂根皂苷O、P、Q（ardisicrenoside O、P、Q）[9]，报春宁素（primulanin）、仙客来诺灵（cyclaminorin）、3β, 16α-二羟基-30-甲氧基-28, 30-环氧齐墩果-12-烯（3β, 16α-dihydroxy-30-methoxy-28, 30-epoxyolean-12-ene）[6]，3β-*O*-{β-D-吡喃木糖基-（1→2）-β-D-吡喃葡萄糖基-（1→4）-［β-D-吡喃葡萄糖基-（1→2）］-α-L-吡喃阿拉伯糖基}-16α, 28-二羟基齐墩果-12-烯-30-醛{3β-*O*-{β-D-xylopyranosyl-（1→2）-β-D-glucopyranosyl-（1→4）-［β-D-glucopyranosyl-（1→2）］-α-L-arabinopyranosyl}-16α, 28-dihydroxyolean-12-en-30-aldehyde}[1]，仙客来亭A-3β-*O*-［α-L-吡喃鼠李糖基-（1→2）-β-D-吡喃葡萄糖基-（1→4）-α-L-吡喃阿拉伯糖苷］{cyclamiretin A-3β-*O*-［α-L-rhamnopyranosyl-（1→2）-β-D-glucopyranosyl-（1→4）-α-L-arabinopyanosside］}[6,7]，仙客来亭A-3β-*O*-β-D-吡喃木糖基-（1→2）-β-D-吡喃葡萄糖基-（1→4）-α-L-吡喃阿拉伯糖苷［cyclamiretin A-3β-*O*-β-D-xylapyranosyl-（1→2）-β-D-glucopyranosyl-（1→4）-α-L-arabinopyranoside］[7]，仙客来亭A-3β-*O*-β-D-吡喃葡萄糖基-（1→2）-α-L-吡喃阿拉伯糖苷［cyclamiretin A-3β-*O*-β-D-glucopyranosyl-（1→2）-α-L-arabinopyranoside］、仙客来亭A-3-*O*-β-D-吡喃葡萄糖基-（1→4）-α-L-吡喃阿拉伯糖苷［cyclamiretin A-3-*O*-β-D-glucopyranosyl-（1→4）-α-L-arabinopyranoside］[9]，仙客来亭A-3-*O*-［α-L-吡喃鼠李糖基-（1→4）-β-D-吡喃葡萄糖基-（1→4）］［β-D-吡喃葡萄糖基-（1→2）］-α-L-吡喃阿拉伯糖苷{cyclamiretin A-3-*O*-［α-L-rhamnopyranosyl-（1→4）-β-D-glucopyranosyl-（1→4）］［β-D-glucopyranosyl-（1→2）］-α-L-arabinopyranoside}、仙客来亭A-3-α-L-吡喃阿拉伯糖苷（cyclamiretin A-3-α-L-arabinopyranoside）[10]，3β-*O*-{α-L-吡喃鼠李糖基-（1→2）-β-D-吡喃葡萄糖基-（1→4））-［β-D-吡喃葡萄糖基-（1→2）］-α-L-吡喃阿拉伯糖基}-16α, 28-二羟基齐墩果-12-烯-30-酸-30-*O*-［3′-*O*-α-D-吡喃葡萄糖醛酸］酯苷{3β-*O*-{α-L-rhamnopyranosyl-（1→2）-β-D-glucopyranosyl-（1→4）-［β-D-glucopyranosyl-（1→2）］-α-L-arabinopyranosyl}-16α, 28-dihydroxyolean-12-en-30-oic acid-30-*O*-［3′-*O*-α-D-glucopyranurnate］ester}[11]和木栓酮（friedelin）[12]；黄酮类：黄芪苷（astragalin）[11]；香豆素类：岩白菜素（bergenin）[1,11]，去甲岩白菜素（norbergenin）[11]和11-*O*-丁香酰岩白菜素（11-*O*-syringyl-bergenin）[13]；醌类：蜜花醌（rapanone）[12]和2-甲氧基-6-十三烷基-1, 4-苯醌（2-methoxy-6-tridecyl-1, 4-benzoquinone）[14]；甾体类：胡萝卜苷（daucosterol）[11,13]，β-谷甾醇（β-sitosterol）[12]和豆甾醇-3-*O*-β-D-吡喃葡萄糖苷（stigmasterol-3-*O*-β-D-glucopyranoside）[14]；酚酸类：2, 4, 6-三羟基苯甲酸（2, 4, 6-trihydroxybenzoic acid）[1]，3-羟基-5-甲氧基苯甲酸（3-hydroxy-5-methoxybenzoic acid）、2-甲氧基-4-甲基-6-十四烷基苯甲酸（2-methoxy-4-methyl-6-tetradecyl benzoic acid）、3-甲氧基-5-十一烷基苯甲酸（3-methoxy-5-undecyl benzoic acid）、2-甲氧基-4-甲基-6-十八烷基苯甲酸（2-methoxy-4-methyl-6-octadecyl benzoic acid）和2-甲氧基-4-甲基-6-十五烷基苯甲酸（2-methoxy-4-methyl-6-pentadecyl benzoic acid）[14]；糖类：α-D-葡萄糖（α-D-glucose）[11]和蔗糖（sucrose）[13]；元素：铜（Cu）、铁（Fe）、锌（Zn）和锰（Mn）[15]。

茎含元素：铜（Cu）、铁（Fe）、锌（Zn）和锰（Mn）[15]。

叶含元素：铜（Cu）、铁（Fe）、锌（Zn）和锰（Mn）[15]；环肽类：缩氨酸（depsipeptide）[16]。

种子含元素：铜（Cu）、铁（Fe）、锌（Zn）和锰（Mn）[15]。

【药理作用】1. 抗炎　根醇提取液能显著降低小鼠毛细血管通透性，明显抑制大鼠蛋清性足肿胀[1]。2. 抗菌　根醇提取液对甲型、乙型溶血性链球菌和金黄色葡萄球菌的生长具有显著的抑制作用[1]。3. 抗肿瘤　根总皂苷在体外对人肺巨细胞癌（PG）、人肝癌（Bel-7402）、人鼻咽癌（KB）、人结肠癌（HCT）、人宫颈癌（HeLa）、人白血病（HL-60）等6种人体肿瘤细胞的增殖有明显的抑制作用，并随药物浓度的增加其作用逐渐增强，半数抑制浓度（$IC_{50}$）在7～15μg/ml时，镜下观察可见，细胞形态随着药物浓度加大，细胞质内脂滴增多、细胞形态变小、核固缩，给药后 48h 可见细胞死亡，并随作用时间延长和浓度增高，细胞死亡数量增多[2]。4. 抗氧化 根的乙酸乙酯部位有一定的抗氧化能力，其能力强于正丁醇部位，乙酸乙酯部位对 1, 1- 二苯基 -2- 三硝基苯肼（DPPH）自由基的清除能力低于丁基羟基茴香醚（BHT），前者的半数抑制浓度为 38.55mg/L，后者的半数抑制浓度为 18.71mg/L；乙酸乙酯部位对 2, 2′- 联氮 - 二（3- 乙基 - 苯并噻唑 -6- 磺酸）二铵盐（ABTS）自由基的清除能力强于丁基羟基茴香醚，前者的半数抑制浓度为 3.60mg/L，后者的半数抑制浓度为 7.44mg/L，还原 $Fe^{3+}$ 的能力为丁基羟基茴香醚的 1/3[3]。5. 抗生育 小剂量的朱砂根总皂苷可使成年小鼠、豚鼠和家兔离体子宫的收缩频率加快，振幅加大，张力明显升高；大剂量朱砂根总皂苷可使子宫强直性收缩；三萜皂苷对离体子宫产生的兴奋作用可能与兴奋 H1 受体以及影响前列腺素合成酶系统相关[4]。

**【性味与归经】**朱砂根：微苦、辛，平。归肺、肝经。朱砂茎叶：辛、微苦、涩，凉。归肺、肝、肾经。

**【功能与主治】**朱砂根：解毒消肿，活血止痛，祛风除湿。用于咽喉肿痛，风湿痹痛，跌打损伤。朱砂茎叶：清热宁心，养血活血，利咽明目。用于口糜，咽喉肿痛，胁肋痞痛，视物模糊，心悸失眠；风湿痹痛，跌打损伤。

**【用法与用量】**朱砂根：3 ～ 9g。朱砂茎叶：煎服 15 ～ 30g；外用适量。

**【药用标准】**朱砂根：药典 1977、药典 2005—2015、广西壮药 2008、上海药材 1994 和贵州药材 2003；朱砂茎叶：云南彝药 Ⅱ 2005 四册。

**【临床参考】**1. 乳痈：鲜叶 15 ～ 30 片，加红糖、热饭适量，捣烂敷患处，每日换药 1 次；重者另用鲜根 30g，水煎服[1]。

2. 咽喉肿痛、风火牙痛：根 9 ～ 15g，水煎，频频含咽；或根用水加醋磨汁，滴含患处。

3. 腮腺炎：根适量，研极细粉，加蜂蜜拌匀，24h 后用凡士林调成 40% 油膏涂患处。

4. 萎缩性鼻炎：根适量，研极细粉，加冰片少许，拌匀，吹鼻，每天多次。

5. 闭经：根适量，研细粉，装胶囊，每粒 0.25g，每次吞服 2 ～ 4 粒，每天 2 次。（2 方至 5 方引自《浙江药用植物志》）

**【附注】**朱砂根始载于《本草纲目》，云："朱砂根，生深山中，今惟太和山人采之；苗高尺许，叶似冬青叶，背甚赤；夏月长茂 - 根大如箸，赤色，此与百两金仿佛。"又据《植物名实图考》记载："平地木，《花镜》载之，生山中，一名石青子。叶如木樨，夏开粉红细花，结实似天竹子而扁。江西俚医呼为凉伞遮金珠，以其叶聚梢端，实在叶下，故名。根治跌打，行血，和酒煎服。"并有附图，根据图文记载，即为本种。

药材朱砂根（八爪金龙）及朱砂茎叶孕妇慎服。

**【化学参考文献】**

[1] 刘岱琳. 朱砂根和密花石豆兰活性成分的研究 [D]. 沈阳：沈阳药科大学博士学位论文，2004.

[2] Jia Z H, Koike K, Ohmoto T, et al. Triterpenoid saponins from *Ardisia crenata* [J]. Phytochemistry, 1994, 37 (5): 1389-1396.

[3] Jia Z, Koike K, Nikaido T, et al. Triterpenoid saponins from *Ardisia crenata* and their inhibitory activity on cAMP phosphodiesterase [J]. Chem Pharm Bull, 1994, 42 (11): 2309-2314.

[4] Jia Z H, Koike K, Nikaido T, et al. Two novel triterpenoid pentasaccharides with an unusual glycosyl glycerol side chain from *Ardisia crenata* [J]. Tetrahedron, 1994, 50 (41): 11853-11864.

[5] Koike K, Jia Z H, Ohura S, et al. Minor triterpenoid saponins from *Ardisia crenata* [J]. Chem Pharm Bull, 1999, 47 (3): 434-435.

[6] Zheng Z F, Xu J F, Feng Z M, et al. Cytotoxic triterpenoid saponins from the roots of *Ardisia crenata* [J]. J Asian Nat Prod Res, 2014, 10 (9): 833-839.

[7] Liu D L, Wang N L, Zhang X, et al. Three new triterpenoid saponins from *Ardisia crenata* [J]. Helv Chim Acta, 2011, 94 (4): 693-702.

[8] Liu D L, Wang N L, Zhang X, et al. Two new triterpenoid saponins from *Ardisia crenata* [J]. J Asian Nat Prod Res, 2007, 9 (2): 119-127.

[9] Liu D L, Zhang X, Zhao Y, et al. Three new triterpenoid saponins from the roots of *Ardisia crenata* and their cytotoxic activities [J]. Nat Prod Res, 2016, 30 (23): 2694-2703.

[10] Wang M, Guan X, Han X, et al. A new triterpenoid saponin from *Ardisia crenata* [J]. Planta Med, 1992, 58: 205-207.

[11] 郑重飞. 圆齿紫金牛化学成分及生物活性研究 [D]. 北京：中国协和医科大学硕士学位论文，2006.

[12] 倪慕云，韩力. 中药朱砂根化学成分的研究 [J]. 中药通报，1988，13 (12)：33-34.

[13] 韩力，倪慕云. 中药朱砂根化学成分的研究 [J]. 中国中药杂志，1989，14 (12)：33-35.

[14] 祁献芳. 朱砂根和细叶石仙桃化学成分与生物活性研究 [D]. 开封：河南大学硕士学位论文，2012.

[15] 何志坚，王秀峰，唐天君，等. 红凉伞和朱砂根不同部位 Cu Fe Zn Mn 的测定 [J]. 微量元素与健康研究，2009，26 (1)：25-26.

[16] Reher R, Kuschak M, Heycke N, et al. Applying molecular networking for the detection of natural sources and analogues of the selective Gq protein inhibitor FR900359 [J]. J Nat Prod, 2018, 81 (7): 1628-1635.

**【药理参考文献】**

[1] 田振华，何燕，骆红梅，等. 朱砂根抗炎抗菌作用研究 [J]. 西北药学杂志，1998，13 (3)：109-110.

[2] 沈欣. 朱砂根总皂苷抗癌作用及作用机理研究 [D]. 北京：北京中医药大学硕士学位论文，2003.

[3] 李园园，李锟，王俊霞，等. 朱砂根抑制 α- 葡萄糖苷酶与抗氧化活性研究 [J]. 天然产物研究与开发，2012，24 (9)：1257-1260.

[4] 宋冬雪. 朱砂根药理作用研究进展 [J]. 黑龙江医药，2014，27 (4)：887-888.

**【临床参考文献】**

[1] 邱家才. 大罗伞外敷治疗乳痈 [J]. 福建中医药，1989，20 (4)：16.

## 702. 红凉伞（图 702）• *Ardisia crenata* Sims var.*bicolor* (Walk.) C.Y.Wu et C.Chen

**【别名】**铁伞、叶下红、铁凉伞（江西），珍珠伞（江苏、浙江）。

**【形态】**本变种与原变种的主要区别是，叶背、花梗、花萼及花瓣均带紫红色，有的植株叶两面均为紫红色。

**【生境与分布】**生于海拔 90 ～ 2400m 的林下阴湿灌木丛中。分布于安徽、福建、浙江、江西、江苏，另西藏、云南、贵州、四川、台湾、广东、广西、湖北、湖南、海南等地均有分布；印度、缅甸、马来西亚、日本也有分布。

**【药名与部位】**朱砂根（八爪金龙），根。

**【采集加工】**秋、冬二季采挖，除去泥沙，洗净，晒干。

**【药材性状】**根茎略膨大，根丛生，多为 6 ～ 9 条支根组成；支根圆柱形，略弯曲，长短不一，长 5 ～ 25cm，直径 0.2 ～ 1cm。表面暗棕色或暗褐色，具纵皱纹及横向环状断裂痕。质硬而脆，易折断，断面皮部易与木质部分离，皮部厚，占断面 1/2 ～ 2/3，类白色或浅棕色，无“朱砂点”，木质部淡黄色。气微，味辛、麻。

**【化学成分】**全草含三萜皂苷类：羽扇豆醇（lupeol）、3β-*O*-[α-L- 吡喃鼠李糖基 -（1 → 2）-β-D- 吡喃葡萄糖基 -（1 → 4）-α-L- 吡喃阿拉伯糖基]-16- 酮 - 仙客来亭 A{3β-*O*-[α-L-rhamnopyranosyl-（1 → 2）-β-D-glucopyranosyl-（1 → 4）-α-L-arabinopyranosyl]-16-oxo-cyclamiretin A}、3β-*O*-[β-D- 吡喃木糖基 -（1 → 2）-β-D- 吡喃葡萄糖基 -（1 → 4）-α-L- 吡喃阿拉伯糖基]- 仙客来亭 A{3β-*O*-[β-D-xylopyranosyl-（1 → 2）-β-D-glucopyranosyl-（1 → 4）-α-L-arabinopyranosyl]-cyclamiretin A}、3β-*O*-[α-L- 吡喃鼠李糖基 -（1 → 2）-β-D- 吡喃葡萄糖基 -（1 → 4）-α-L- 吡喃阿拉伯糖基]- 仙客来亭 A{3β-*O*-

图 702 红凉伞 摄影 陈征海

[ α-L-rhamnopyranosyl-（1 → 2）-β-D-glucopyranosyl-（1 → 4）-α-L-arabinopyranosyl ] -cyclamiretin A}、3β-*O*-{α-L- 吡喃鼠李糖基 -（1 → 2）-β-D- 吡喃葡萄糖基 -（1 → 4）- [ β-D- 吡喃葡萄糖基 -（1 → 2）] -α-L- 吡喃阿拉伯糖基 }- 仙客来亭 A{3β-*O*-{α-L-rhamnopyranosyl-（1 → 2）-β-D-glucopyranosyl-（1 → 4）- [ β-D-glucopyranosyl-（1 → 2）] -α-L-arabinopyranosyl}-cyclamiretin A}、3β-*O*-{α-L- 吡喃鼠李糖基 -（1 → 2）-β-D- 吡喃葡萄糖基 -（1 → 4）- [ β-D- 吡喃葡萄糖基 -（1 → 2）] -α-L- 吡喃阿拉伯糖基 }-16α, 28- 二羟基 -12- 烯 -30- 齐墩果酸 {3β-*O*-{α-L-rhamnopyranosyl-（1 → 2）-β-D-glucopyranosyl-（1 → 4）- [ β-D-glucopyranosyl-（1 → 2）] -α-L-arabinopyranosyl}-16α, 28-dihydroxy-12-en-30-oic acid}[1] 和百两金皂苷 B（ardisiacrispin B）[2]；甾体类：β- 谷甾醇（β-sitosterol）、豆甾醇（stigmasterol）和 α- 菠菜甾醇（α-spinaterol）[1]；酚酸类：咖啡酸（caffeic acid）、4- 甲氧基 -3, 5- 二羟基苯甲酸（4-methoxy-3, 5-dihydroxybenzoic acid）[1] 和丁香酸（syringic acid）[2]；香豆素类：岩白菜素（bergenin）、去甲岩白菜素（norbergenin）、11-*O*-（3′, 5′- 二羟基 -4′- 甲氧基没食子酰基）- 岩白菜素 [ 11-*O*-（3′, 5′-dihydroxy-4′-methoxygalloyl）-bergenin ] 和 11-*O*-（3′, 4′, 5′- 三羟基没食子酰基）- 岩白菜素 [ 11-*O*-（3′, 4′, 5′-trihydroxygalloyl）-bergenin ][1]；环烯醚萜类：车叶草酸（asperuloside acid）[2]；碳苷类：正丁基 -α-D- 呋喃果糖苷（*n*-butyl-α-D-fructofuranoside）、正丁基 -β-D- 呋喃果糖苷（*n*-butyl-β-Dfructofuranoside）、乙基 -β-D- 吡喃果糖苷（ethyl-β-D-fructopyranoside）和甲基 -α-D- 呋喃果糖苷（methyl-α-D-fructofuranoside）[2]；其他尚含：5- 羟甲基糠醛（5-hydroxymethyl furaldehyde）[2]。

根茎含三萜皂苷类：朱砂根皂苷 A、B、C（ardisicrenoside A、B、C）[3]；甾体类：3-*O*-（6′-*O*- 棕榈酰基 -β-D- 吡喃葡萄糖基）- 菠菜甾 -7, 22（23）- 二烯 [ 3-*O*-（6′-*O*-palmitoyl-β-D-glucopyranosyl）-spinasta-7, 22（23）-diene ] 和 3-*O*-（6′-*O*- 棕榈酰基）-β-D- 吡喃葡萄糖基豆甾醇 [ 3-*O*-（6′-*O*-palmitoyl）-β-D-glucopyranosyl stigmasterol ][3]。

根、茎、叶和种子均含元素：铜（Cu）、铁（Fe）、锌（Zn）和锰（Mn）[4]。

【药理作用】抗肿瘤　红凉伞乙醇提取物中分离得到的 5- 羟甲基糠醛（5-hydroxymethyl furaldehyde）、正丁基 -α-D- 呋喃果糖苷（*n*-butyl-α-D-fructofuranoside）、百两金皂苷 B（ardisiacrispin B）具有较强抗肿瘤转移的作用，其中正丁基 -α-D- 呋喃果糖苷在 0.8mg/L 浓度下对人乳腺癌 MDA-MB-231 细胞趋化抑制率达到 93.8%[1]。

【性味与归经】苦、辛，凉。归肺、胃经。

【功能与主治】清热解毒，散瘀止痛，祛风除湿。用于咽喉肿痛，扁桃体炎，心胃气痛，劳伤吐血，跌扑损伤，风湿骨痛。

【用法与用量】3 ～ 15g。

【药用标准】贵州药材 2003。

【附注】药材朱砂根（八爪金龙）孕妇慎服。

【化学参考文献】

［1］章为 . 两色紫金牛抗肿瘤活性成分研究［D］. 长沙：中南大学硕士学位论文，2007.

［2］王雪，唐生安，翟慧媛，等 . 红凉伞抗肿瘤转移化学成分研究［J］. 中国中药杂志，2011，36（7）：881-885.

［3］邹萍，黄静，郭弘川，等 . 红凉伞根茎皂苷化学成分研究［J］. 天然产物研究与开发，2009，21（2）：249-251.

［4］何志坚，王秀峰，唐天君，等 . 红凉伞和朱砂根不同部位 Cu Fe Zn Mn 的测定［J］. 微量元素与健康研究，2009，26（1）：25-26.

【药理参考文献】

［1］王雪，唐生安，翟慧媛，等 . 红凉伞抗肿瘤转移化学成分研究［J］. 中国中药杂志，2011，36（7）：881-885.

## 703. 百两金（图 703）• *Ardisia crispa*（Thunb.）A. DC.

【别名】珍珠伞（江西、浙江），矮茶、高脚凉伞（浙江），开喉箭、矮婆子（江西）。

【形态】灌木，高 60 ～ 100cm，具匍匐根茎，除侧生特殊花枝外，无分枝。叶片膜质或近坚纸质，椭圆状披针形或狭长圆状披针形，先端长渐尖，基部楔形，长 7 ～ 15cm，宽 1.5 ～ 4cm，全缘或略波状，具明显的边缘腺点，两面无毛，下表面具极疏的黑色腺点；侧脉 7 ～ 10 对；叶柄长 5 ～ 8mm。花序近伞形，着生于侧生特殊花枝顶端，花枝长 5 ～ 10cm，通常无叶，长 13 ～ 18cm 者，则中部以上具叶或仅近顶端有 2 ～ 3 片叶，每花序有花 3 ～ 8 朵簇生；花梗长 1 ～ 1.5cm，被微柔毛；花萼仅基部合生，萼裂片长圆状卵形或披针形，先端急尖或狭圆形，多少具腺点，无毛；花瓣白色或略带粉红色，卵形，先端急尖，内方多少被细微柔毛，具腺点；雄蕊较花冠略短，花药长圆状披针形，背部常有少数腺点；雌蕊与花冠几等长，子房卵圆形。果球形，直径 5 ～ 8mm，鲜红色，具腺点。花期 5 ～ 6 月，果期 10 ～ 12 月。

【生境与分布】生于海拔 100 ～ 2400m 的山谷、山坡、林下或竹林。分布于浙江、江西、江苏、福建，另云南、贵州、四川、广东、广西、湖北、湖南、台湾等地均有分布；日本、印度尼西亚也有分布。

【药名与部位】朱砂根（八爪金龙），根及根茎。百两金，全草。

【采集加工】朱砂根：秋、冬二季采挖，除去泥沙，晒干。百两金：夏、秋季茎叶茂盛时采挖，除去泥沙，洗净，干燥。

【药材性状】朱砂根：根茎略膨大。根圆柱形，略弯曲，长 5 ～ 20cm，直径 0.2 ～ 1cm。表面灰棕色或暗褐色，具纵皱纹及横向环状断裂痕。木质部与皮部易分离。质坚脆，断面皮部厚，类白色或浅棕色，木质部灰黄色。气微，味微苦、辛。

百两金：根呈圆柱形，略弯曲，直径 0.2 ～ 1.0cm，表面灰棕色或棕褐色，具纵皱纹及圆点状须根痕。质坚脆，易折断。断面木质部与皮部易分离，皮部厚，散在深棕色小点（朱砂点），木质部有致密放射状纹理。

图 703 百两金 摄影 李华东等

根茎略膨大。茎呈圆柱形，直径 0.2 ～ 1.0cm，表面红棕色或灰绿色，有细纵纹、叶痕及节，易折断。叶互生，叶片略卷曲或破碎，完整者呈椭圆状披针形或狭长圆状披针形，长 7 ～ 16cm，宽 1.5 ～ 3cm，墨绿色或棕褐色，先端尖，基部楔形，具明显的边缘腺点，背面具细鳞片，叶柄长 5 ～ 8cm。有时可见亚伞形花序，茎顶偶有红色球形核果。气微，味微苦、辛。

【药材炮制】朱砂根：除去杂质，洗净，润透，切段，干燥。

百两金：除去杂质，略洗，切段，干燥。

【化学成分】根含醌类：2- 甲氧基 -6- 十一烷基 -1, 4- 苯醌（2-methoxy-6-undecyl-1, 4-benzoquinone）[1] 和 2- 甲氧基 -6- 十三烷基 -1, 4- 苯醌（2-methoxy-6-tridecyl-1, 4-benzoquinone）[2]；三萜皂苷类：α, β- 香树脂醇（α, β-amyrin）[1]，百两金皂苷 A、B（ardisiacrispin A、B）[3] 和百两金皂苷 C（ardisiacrispin C）[4]；木脂素类：（+）- 安五脂素［（+）-anwulignan］和内消旋 - 二氢愈创木酸（*meso*-dihydroguaiaretic acid）[3]；香豆素类：岩白菜素（bergenin）[3]；黄酮类：汉黄芩素（wogonin）、木蝴蝶素 A（oroxylin A）、汉黄芩苷（wogonoside）和黄芩苷（baicalin）[5]；甾体类：β- 谷甾醇 [4]；烷烃类：正十四烷（*n*-tetradecane）[4]；醇酸类：6- 羟基己酸（6-hydroxyhexanoic acid）。

根及茎含木脂素类：（−）- 襄五脂素［（−）-chicanine］、（7*S*, 7′*R*）- 双（3, 4- 亚甲二氧苯基）- 相对 -（8*R*, 8′*R*）- 二甲基四氢呋喃［（7*S*, 7′*R*）-bis（3, 4-methylenedioxyphenyl）-*rel*-（8*R*, 8′*R*）-dimethyl tetrahydrofuran］、（7*S*, 8*S*, 7′*R*, 8′*R*）-3, 4- 亚甲二氧基 -3′, 4′- 二甲氧基 -7, 7′- 环氧脂素［（7*S*, 8*S*, 7′*R*, 8′*R*）-

3′, 4′-methylenedioxy-3′, 4′-dimethoxy-7, 7′-epoxylignan］和异安五脂素（isowulignan）[6]；三萜皂苷类：百两金皂苷 B（ardisiacrispin B）；香豆素类：岩白菜素（andbergenin）[6]；甾体类：α- 菠甾醇（α-spinasterol）[6]；脂肪酸酯类：1-（26- 羟基二十六烷酸）- 甘油酸酯［1-（26-hydroxyhexacosanoyl）-glycerate］[6]。

**【药理作用】**1. 抗肿瘤　叶 80% 甲醇提取物对乳腺癌 4T1 细胞具有选择性的细胞毒作用，对正常小鼠成纤维 NIH3T3 细胞的细胞毒较低，并在 6h 内可诱导癌细胞凋亡[1]；根乙醇提取物和醌类富集部位对炎症诱导的血管增生具有抑制作用，表现出潜在的抗血管增生作用[2]；正己烷提取物在 300gm/kg 剂量下可显著延迟鼠皮肤肿瘤的发生，显示对鼠皮肤有保护作用[3]；分离得到的 2- 甲氧基 -6- 十三烷基 -1，4- 苯醌（2-methoxy-6-tridecyl-1，4-benzoquinone）具有抗肿瘤转移和抑制细胞增殖的作用[4]。2. 收缩子宫　大鼠离体子宫收缩实验表明，从根分离得到的百两金皂苷 A、B（ardisiacrispin A、B）及水提取物对大鼠离体子宫有收缩作用[5]。3. 抗溃疡　根己烷提取部位具有显著的抗胃溃疡作用，能显著抑制 80% 乙醇和 25% 氯化钠引起的胃黏膜损伤，能显著抑制 0.6mol/L 盐酸和 0.2mol/L 氢氧化钠引起的溃疡病变的形成[6]。

**【性味与归经】**朱砂根：苦、辛，凉。归肺、胃经。百两金：苦、辛、微咸，凉。归肝、肺经。

**【功能与主治】**朱砂根：清热解毒，散瘀止痛，祛风除湿。用于咽喉肿痛，扁桃体炎，心胃气痛，劳伤吐血，跌扑损伤，风湿骨痛。百两金：清热利咽，祛痰利湿，活血解毒。用于咽喉肿痛，咳嗽咯痰不畅，湿热黄疸，小便淋痛，风湿痹痛，跌打损伤，疔疮，无名肿毒，蛇虫咬伤。

**【用法与用量】**朱砂根：3 ～ 15g。百两金：煎服 9 ～ 30g；外用适量。

**【药用标准】**朱砂根：贵州药材 2003；百两金：广西瑶药 2014 一卷。

**【临床参考】**1. 肾炎水肿：根 40g，童鸡 1 只，文火炖烂，服汤吃鸡[1]。

2. 慢性扁桃体炎急性发作：全草 15g（先煎），加车前草 10g，水煎温服[1]。

3. 骨髓炎：鲜全草 15g，加算盘子 15g，水煎服[1]。

4. 跌仆损伤：根，加赤芍等分，共研末，每次 10g，黄酒送服[1]。

5. 湿热黄疸、白浊：鲜根 30 ～ 60g，水煎服。

6. 痢疾：鲜根 60g，水煎服。（5 方、6 方引自《福建中草药》）

7. 烫伤：根研末，油调敷。（《湖南药物志》）

8. 痈肿暑疖：根茎 150g，水煎，取少量清洗疮口创面，余内服，每日 2 次，同时可配合鲜根茎捣烂外敷[2]。

**【附注】**百两金始载于《本草图经》，云：“百两金生戎州、云安军、河中府。叶似荔枝，初生背、面俱青，结花实后背紫面青。苗高二三尺，有干如木，凌冬不凋，初秋开花，青碧色，结实如豆大，生青熟赤。根入药，采无时，用之槌去心。……，河中出者，根赤色如蔓菁，茎细，青色，四月开碎黄花，似星宿花，五月采根，长及一寸，晒干，用治风涎。”并附“戎州百两金”图。又清《植物名实图考》载：“山豆根，生长沙山中，矮科硬茎，茎根黑褐，根梢微白，长叶光润如木樨而韧柔，微齿圆长，有齿处边厚如卷；梢端结青实数粒，如碧珠，俚医以治喉痛。”根据文字与附图，似为本种。

百两金变种大叶百两金 *Ardisia crispa*（Thunb.）A.DC.var.*amplifolia* Walke 及细柄百两金 *Ardisia crispa*（Thunb.）A.DC.var.*dielsii*（Lev1.）Walker 民间也与百两金同等药用。

**【化学参考文献】**


［1］Yeong L T，Abdul H R，Saiful Y L，et al. Synergistic action of compounds isolated from the hexane extract of *Ardisia crispa* root against tumour-promoting effect，*in vitro*［J］. Nat Prod Res，2014，28（22）：2026-2030.

［2］Kang Y H，Kim W H，Park M K，et al. Antimetastatic and antitumor effects of benzoquinonoid AC7-1 from *Ardisia crispa*［J］. Int J Cancer，2001，93（5）：736-740.

［3］Jansakul C，Baumann H，Kenne L，et al. Ardisiacrispin A and B，two utero-contracting saponins from *Ardisia crispa*［J］. Planta Med，1987，53（5）：405-409.

［4］黄伟，徐康平，李福双，等 . 百两金根中的一个新皂苷［J］. 有机化学，2009，29（10）：1564-1568.

［5］黄伟，谭桂山，徐康平，等 . 百两金细胞毒活性成分研究［J］. 天然产物研究与开发，2010，22（6）：949-951.

［6］张嫩玲，胡江苗，周俊，等 . 百两金的化学成分［J］. 天然产物研究与开发，2010，22（4）：587-589.

【药理参考文献】

[1] Muhammad L N, Arifah A K, Zainul A Z, et al. Cytotoxicity and apoptosis induction of *Ardisia crispa* and its solvent partitions against musculus mammary carcinoma cell line (4T1) [J]. Evidence-Based Complementary and Alternative Medicine, 2017, 2017: 9368079-9368088.

[2] Dayang E H, Roslida A H, Latifah S Y, et al. The hexane fraction of *Ardisia crispa* Thunb. A. DC. roots inhibits inflammation-induced angiogenesis [J]. BMC Complementary and Alternative Medicine, 2013, 13 (1): 1-9.

[3] Roslida A H, Fezah O, Jacyln J A. Chemopreventive effect of *Ardisia crispa* hexane fraction on the peri-initiation fhase of mouse skin tumorigenesis [J]. Med Princ Pract, 2013, 22: 357-361.

[4] Kang Y H, Kim W H. Antimetastatic and antitumor effects of benzoquinonoid AC7-1 from *Ardisia crispa* [J]. International Journal of Cancer, 2001, 93 (5): 736-740.

[5] Chaweewan J, Herbert B, Lennart K, et al. Ardisiacrispin A and B, two utero-contracting saponins from *Ardisia crispa* [J]. Planta Medica, 1987, 53 (5): 405-409.

[6] Roslida A H, Teh Y H, Kim K H. Evaluation of anti-ulcer activity of *Ardisia crispa* Thunb. D. C. [J]. Pharmacognosy Research, 2009, 1 (5): 250-255.

【临床参考文献】

[1] 顾庭兰，顾铭康. 百两金解毒消肿效佳 [J]. 浙江中医杂志，1995，30 (12)：562.

[2] 刘荣珍，王仲彬. 草药百两金内服外敷治痈肿暑疖 212 例小结 [J]. 江西中医药，1995，26 (4)：23.

## 704. 九管血（图 704）• *Ardisia brevicaulis* Diels

图 704 九管血　　摄影 刘军等

【别名】血猴爪、真猴爪、乌肉鸡、矮凉伞子、血党（江西），矮茎紫金牛、矮茶、短脚铜盘（浙江）。

【形态】矮小灌木，具匍匐根茎，高 10 ～ 20cm，茎不分枝，幼嫩时被微柔毛。叶片坚纸质，长圆状椭圆形或椭圆状卵形，先端急尖或渐尖，基部楔形或近圆形，长 7 ～ 14（18）cm，宽 2.5 ～ 7cm，近全缘，具不明显的边缘腺点，上表面无毛，下表面被细微柔毛，尤以中脉为多，两面具疏腺点，侧脉与中脉几成直角，至叶缘上弯，与相邻侧脉连结；叶柄长 0.7 ～ 1.5cm，被微柔毛。伞形花序着生于侧生花枝顶端，花枝长 1.5 ～ 7cm，除花序基部有 1 ～ 2 片叶外，其余无叶或全部无叶；花萼基部合生达 1/3 处，萼裂片披针形或卵形，长约 2mm，具腺点；花冠白色略带粉红色，裂片卵形，内方面被疏细微柔毛，具腺点；雄蕊较花冠短，花药披针形，背部具腺点；雌蕊与花冠等长，无毛，具腺点。果球形，直径 4 ～ 6mm，熟时紫红色，具黑色腺点，宿存萼与果梗通常为浅红色至紫红色。花期 6 ～ 7 月，果期 10 ～ 12 月。

【生境与分布】生于海拔 400 ～ 1260m 的密林下及阴湿处。分布于安徽、浙江、江西、福建，另云南、贵州、四川、广东、广西、湖北、湖南、台湾等地均有分布。

【药名与部位】血党，全草。

【采集加工】全年均可采收，除去泥沙，晒干。

【药材性状】根簇生于略膨大的根茎上，根多数，呈圆柱形，略弯曲，直径 0.2 ～ 0.6cm，表面棕红色或棕褐色，具细皱纹及横裂纹，质脆易折断，皮部与木质部易分离，断面皮部厚，类白色，有紫褐色斑点散在分布。茎呈圆柱形，略弯曲，直径 0.2 ～ 1.0cm，表面灰棕色或棕褐色，质硬而脆，易折断，断面类白色，皮部菲薄，具髓部。单叶互生，有短柄；叶片多皱缩，灰绿色或棕黄色；完整者呈狭卵形，或椭圆形至近长圆形，长 3 ～ 16cm，宽 1 ～ 4.5cm，顶端急尖，基部楔形或近圆形，近全缘，边缘有腺点。气微香，味淡。

【化学成分】根含间苯二酚类：紫金牛酚 E、F（ardisiphenol E、F）[1]，2- 甲氧基 -4- 羟基 -6-（8*Z*）- 十五烷烯基 -1-*O*- 乙酸苯酯［2-methoxy-4-hydroxy-6-（8*Z*）-pentadecenyl-benzene-1-*O*-acetate］、2- 甲氧基 -4- 羟基 -6- 十五烷基 -1-*O*- 乙酸苯酯（2-methoxy-4-hydroxy-6-pentadecyl-benzene-1-*O*-acetate）、5-（8*Z*）- 十五烷基间苯二酚［5-（8*Z*）-pentadecenyl resorcinol］、5- 十五烷基间苯二酚（5-pentadecyl resorcinol）、5- 十三烷基间苯二酚（5-tridecyl resorcinol）[2]，紫金牛酚 D（ardisiphenol D）[3]，4- 羟基 -2- 甲氧基 -6-［（8*Z*）十五烷 -8- 烯 -1- 基］乙酸苯酯 {4-hydroxy-2-methoxy-6-［（8*Z*）-pentadec-8-en-1-yl］phenyl acetate}、4- 羟基 -2- 甲氧基 -6- 十五烷基乙酸苯酯（4-hydroxy-2-methoxy-6-pentadecylphenyl acetate）[4]，5- 十三烷基 -6- 氧乙酰基 -3- 羟基 -1- 苯甲醚（5-tridecyl-6-oxyacetyl-3-hydroxy-1-phenyl methyl ether）、4- 十三烷基 -3, 5- 二氧乙酰基 -1- 苯甲醚（4-tridecyl-3, 5-dioxyacetyl-1-phenyl methyl ether）和 2- 十五烷基 -6- 甲氧基 -3-［2′- 甲基 -5′-（9′, 10′- 十五烯基）-4′, 6′- 间苯二酚］-1, 4- 苯醌 {2-pentadecyl-6-methoxy-3-［2′-methyl-5′-（9′, 10′-pentadecenyl）-4′, 6′-resorcinol］-1, 4-benzoquinone}[5]；三萜皂苷类：朱砂根新苷 A（ardisicrenoside A）和百两金皂苷 B（ardisiacrispin B）[4]；甾体类：（22*E*）-24- 乙基 -5α- 胆甾 -7, 22- 二烯 -3- 酮［（22*E*）-24-ethyl-5α-cholesta-7, 22-dien-3-one］和（22*E*）-24- 乙基 -5α- 胆甾 -7, 22- 二烯 -3β- 醇［（22*E*）-24-ethyl-5α-cholesta-7, 22-dien-3β-ol］[4]；醌类：射干醌 C、D（belamcandaquinone C、D）[4]；挥发油类：二氢白菖考烯（calamenene）、顺 -α- 甜没药烯（*cis*-α-bisabolene）、γ- 衣兰油烯（γ-muurolene）和石竹烯（caryophyllene）等[6]；元素：铁（Fe）、铜（Cu）、锰（Mn）和锌（Zn）[7]。

茎含元素：铁（Fe）、铜（Cu）、锰（Mn）和锌（Zn）[7]。

叶含挥发油类：棕榈酸（palmitic acid）、植酮（fitone）和植醇（phytol）等[6]；元素：铁（Fe）、铜（Cu）、锰（Mn）和锌（Zn）[7]。

种子含元素：铁（Fe）、铜（Cu）、锰（Mn）和锌（Zn）[7]。

全草含酚类：（*Z*）2- 甲基 -5-［14″-（1′, 3′- 二羟苯基）十四烷 -8″- 烯基］间苯二酚 {（*Z*）2-methyl-5-［14″-（1′, 3′-dihydroxyphenyl）tetradec-8″-enyl］resorcinol} 和 3- 甲氧基 -2- 甲基 -5- 戊基苯酚（3-methoxy-2-methyl-5-pentylphenol）[8]，5- 十四烷基 -1, 3- 间苯二酚（5-tetradecyl-1, 3-*m*-benzenediol）、5- 十三烷基 -6-*O*- 乙

酰基 -3- 羟基 -1- 茴芹醚（5-tridecyl-6-*O*-acetyl-3-hydroxy-1-anisole）、5-（2- 羟基十五烷基）-1, 3- 间苯二酚［5-（2-hydroxypentadecyl）-1, 3-*m*-benzenediol］和香荚兰酸（vanillic acid）等[9]；木脂素类：（+）-异落叶松脂素［（+）-isolariciresinol］[8]；三萜皂苷类：百两金皂苷 B（ardisiacrispin B）、3β-*O*-{α-L-吡喃鼠李糖基 -（1→2）-β-D- 吡喃葡萄糖基 -（1→4）-［β-D- 吡喃葡萄糖基 -（1→2）］-α-L- 吡喃阿拉伯糖基}-3β, 16α, 28- 三羟基 -12- 齐墩果烯 {3β-*O*-{α-L-rhamnopyranosyl-（1→2）-β-D-glucopyranosyl-（1→4）-［β-D-glucopyranosyl-（1→2）］-α-L-arabinopyranosyl}-3β, 16α, 28-trihydroxy-12-oleanene}、3β-*O*-{α-L- 吡喃鼠李糖基 -（1→2）-β-D- 吡喃葡萄糖基 -（1→4）-［β-D- 吡喃葡萄糖基 -（1→2）］-α-L-吡喃阿拉伯糖基}-3β, 28- 二羟基 -12- 齐墩果烯 {3β-*O*-{α-L-rhamnopyranosyl-（1→2）-β-D-glucopyranosyl-（1→4）-［β-D-glucopyranosyl-（1→2）］-α-L-arabinopyranosyl}-3β, 28-dihydroxy-12-oleanene}[8]和乔木山小橘醇（arborinol）[9]；醌类：2-*O*- 乙酰基 -5- 甲醚 - 密花树醌（2-*O*-acetyl-5-methoxyl oxide rapanone）[9]；脂肪酸类：十六酸（hexadecanoic acid）[9]。

**【药理作用】**抗肿瘤　全草醇提取物可抑制肿瘤的生长、转移，其机制可能与抑制鸡胚尿囊血管生长有关[1]。

**【性味与归经】**苦、辛，平。归肝、肾经。

**【功能与主治】**祛风湿，活血调经，消肿止痛。用于风湿痹痛，痛经，经闭，跌打损伤，咽喉肿痛，无名肿毒。

**【用法与用量】**9～15g。

**【药用标准】**广西壮药 2011 二卷和广西瑶药 2014 一卷。

**【临床参考】**1. 防治白喉：全株 60g，加 1000ml 水，小火煎 2h，滤渣，分 2 份，每隔 2h 服 1 次。（《中草药土方土法》）

2. 跌打损伤：全株 60g，泡酒服。

3. 风火牙痛：全株少许，切碎，放于牙痛处，口涎让其流出，随时更换。（2 方、3 方引自《贵州草药》）

4. 无名肿毒：鲜叶捣烂，适量外敷患处。（《浙江药用植物志》）

**【附注】**九管血始载于《植物名实图考》，云："九管血，生安南。赭茎，根高不及尺。大叶如橘叶而宽，对生。开五尖瓣白花，梢端攒簇。俚医以为通窍、和血、去风之药。"并附图一幅 。根据图文记载，即为本种。

药材血党孕妇慎服。

**【化学参考文献】**


［1］Zhu G Y，Wong B C，Lu A，et al. Alkylphenols from the roots of *Ardisia brevicaulis* induce $G_1$ arrest and apoptosis through endoplasmic reticulum stress pathway in human non-small-cell lung cancer cells［J］. Chem Pharm Bull，2012，60（8）：1029-1036.

［2］Chen L P，Zhao F，Wang Y，et al. Antitumor effect of resorcinol derivatives from the roots of *Ardisia brevicaulis* by inducing apoptosis［J］. J Asian Nat Prod Res，2011，13（8）：734-743.

［3］Zhao F，Hu Y，Chong C，et al. Ardisiphenol D，a resorcinol derivative identified from *Ardisia brevicaulis*，exerts antitumor effect through inducing apoptosis in human non-small-cell lung cancer A549 cells［J］. Pharm Biol，2014，52（7）：797-803.

［4］Bao L，Wang M，Zhao F，et al. Two new resorcinol derivatives with strong cytotoxicity from the roots of *Ardisia brevicaulis* Diels［J］. Chem Biodivers，2011，7（12）：2901-2907.

［5］朱芸 . 辛芩颗粒氢核磁共振 - 模式识别研究和九管血地下部分化学成分的研究［D］. 成都：四川大学硕士学位论文，2007.

［6］蒲兰香，袁小红，唐天君 . 九管血挥发油化学成分研究［J］. 中药材，2009，32（11）：1694-1697.

［7］罗小琼，王秀锋，唐天君 . 火焰原子吸收法测定九管血不同部位的微量元素［J］. 广东微量元素科学，2009，16（9）：46-49.

[8] 海文利 . 九管血和粗齿铁线莲的活性成分研究 [D]. 西安：第四军医大学硕士学位论文，2012.
[9] 蒲兰香，袁小红，唐天君，等 . 九管血化学成分的研究 [J]. 时珍国医国药，2011，22（1）：119-120.

【药理参考文献】

[1] 孙悦文，梁钢，唐燕霞 . 四种抗肝癌中药对鸡胚绒毛尿囊膜血管生成的影响 [J]. 中国当代医药，2013，20（9）：11-12.

## 705. 山血丹（图 705）· *Ardisia punctata* Lindl.（*Ardisia lindleyana* D. Dietr.）

**图 705 山血丹** 摄影 徐克学等

【别名】郎伞（江西），铁雨伞（浙江），小罗伞。

【形态】灌木或小灌木，高 0.6 ～ 2m。茎幼时被细微柔毛，除侧生特殊花枝外，无分枝。叶片革质或坚纸质，长圆状狭椭圆形至椭圆状披针形，先端急尖或渐尖，基部楔形，长 10 ～ 15cm，宽 2 ～ 3.5cm，近全缘或具微波状齿，齿尖具边缘腺点，上表面无毛，下表面被褐色微柔毛，侧脉 8 ～ 12 对；叶柄长 1 ～ 1.5cm，被微柔毛。花序近伞形，稀为复伞形花序，着生于侧生特殊花枝顶端；花枝长 3 ～ 11cm，顶端下弯，且具少数退化叶或叶状苞片，被细微柔毛；花梗长 8 ～ 12mm；果时达 2.5cm；花萼仅基部合生，被微柔毛，萼裂片长圆状披针形或卵形，长 2 ～ 3mm，具缘毛或几无毛，具腺点；花白色，花冠 5 裂，裂片卵形，具明显的腺点，里面被微柔毛，外面无毛；雄蕊较花瓣略短，花药披针形，背部具腺点；雌蕊与花冠近等长，子房卵球形，被微柔毛，具腺点。果球形，直径约 6mm，深红色，微肉质，具疏腺点。

花期 5 ～ 7 月，果期 10 ～ 12 月。

【生境与分布】生于海拔 270 ～ 1150m 的山谷、山坡密林下。分布于浙江、江西、福建，另广东、广西、湖南等地均有分布。

【药名与部位】小罗伞，全草。

【采集加工】全年均可采挖，除去泥沙，洗净，鲜用或干燥。

【药材性状】根略膨大，上端残留有数条茎基，表面灰褐色，具不规则皱纹。支根圆柱形，呈不规则弯曲，长短不一，直径 5 ～ 13cm，灰棕色或暗棕色，常附有黑褐色分泌物，具细纵纹及横向断裂痕。质硬，易折断，断面皮部常与木质部分离，皮部厚，约占横断面的 1/2，浅棕黄色，具紫褐色斑点，木质部淡黄色，具放射状纹理。叶互生，叶片长圆形至椭圆状披针形，长 10 ～ 15cm，宽 2 ～ 3.5cm；先端急尖或渐尖，基部楔形，近全缘或微具波状齿，齿尖具边缘腺点，边缘反卷，背面被细微柔毛。气微，味苦、麻辣，有刺喉感。

【药材炮制】除去杂质，洗净，切片或段，干燥。

【化学成分】根及根茎含酚类：3- 羟基 -5- 十三烷基苯甲醚（3-hydroxy-5-tridecyl methyl phenyl ether）、5- 十五烷基 -1, 3- 间苯二酚（5-pentadecyl-1, 3-benzenediol）[1]，3- 甲氧基 -4- 乙酰氧基 -5- 十三烷基苯酚（3-methoxy-4-acetoxy-5-tridecyl phenol）[2] 和 2- 甲氧基 -4- 羟基 -6- 十三烷基 - 乙酸苯酯（2-methoxy-4-hydroxy-6-tridecyl phenyl acetate），即紫金牛酚 D（ardisiphenol D）[3]；三萜皂苷类：粘霉烯醇（glutinol）、朱砂根新苷 A（ardisicrenoside A）和朱砂根皂苷 *B（aridisiacrispin B）[1, 2]；黄酮类：槲皮素 -3-*O*-α-L- 鼠李糖苷（quercetin-3-*O*-α-L-rhamnoside）[2]；香豆素类：岩白菜素（bergenin）[2]；苯醌类：2- 甲氧基 -6- 十三烷基 -1, 4- 苯醌（2-methoxy-6-tridecyl-1, 4-benzoquinone）、2- 甲氧基 -6- 十五烷基 -1, 4- 苯醌（2-methoxy-6-pentadecyl-1, 4-benzoquinone）[1] 和射干醌 A、B、C、D、E、F（belamcandaquinone A、B、C、D、E、F）[3, 4]；甾体类：24- 乙基 -5α- 胆甾 -7, 22（*E*）- 二烯 -3- 酮［24-ethyl-5α-cholesta-7, 22（*E*）-dien-3-one］、24- 乙基 -5α- 胆甾 -7, 22（*E*）- 二烯 -3- 醇［24-ethyl-5α-cholesta-7, 22（*E*）-dien-3β-ol］和胡萝卜苷（daucosterol）[1]；酚酸类：香草酸（vanillin acid）[1]，6- 甲氧基 -8- 羟基 - 苯丙酸丁酯 -5-*O*-β-D- 葡萄糖苷（6-methoxy-8-hydroxy-benzoic acid butyl ester-5-*O*-β-D-glucoside）和邻苯二甲酸二丁酯（dibutyl phthalate）[2]；脂肪酸类：正三十四烷酸（*n*-tetratriacontanoic acid）[1]。

根茎含间苯二酚类：2- 甲基 -5-［14（*Z*）- 十九烯基］-1, 3- 间苯二酚 {2-methyl-5-［14（*Z*）-nonadecenyl］-1, 3-resorcinol} 和 2- 甲基 -5- 壬烷基 -1, 3- 间苯二酚（2-methyl-5-nonyl-1, 3-resorcinol）[5]；甾体类：3-*O*-［6′-*O*- 棕榈酰 -β-D- 葡萄糖基］- 菠菜甾 -7, 22（23）- 二烯 {3-*O*-［6′-*O*-palmitoyl-β-D-glucosyl］-spinasta-7, 22（23）-diene} 和 3-*O*-［6′-*O*- 棕榈酰］-β-D- 吡喃葡萄糖菠菜甾醇 {3-*O*-［6′-*O*-palmitoyl］-β-D-glucopyranosyl stigmasterol}[5]；香豆素类：岩白菜素（bergenin）和 11-*O*-（4′-*O*- 甲基没食子酰基）- 岩白菜素［11-*O*-（4′-*O*-methylgalloyl）-bergenin］[5]；脂肪酸类：正二十四烷酸（*n*-tetracosanoic acid）[5]。

根含苯醌类：紫金牛醌 J、K、L（ardisiaquinone J、K、L）[6]。

【药理作用】抗肿瘤 醇提取物对鸡胚尿囊二、三级血管有明显的抑制作用，可为其抗肿瘤靶向作用研究提供参考[1]。

【性味与归经】苦、辛，温。

【功能与主治】活血调经，祛风除湿。用于经闭，痛经，风湿痹痛，跌扑损伤。

【用法与用量】煎服 9 ～ 15g；外用适量，鲜品捣烂敷。

【药用标准】贵州药材 2003 和广东药材 2011。

【临床参考】跌打损伤：根研末，加大黄末，按 20 ∶ 1 比例调匀，加入适量面粉、白酒，捣成泥状，敷于患处，每日 1 换[1]。

【化学参考文献】

［1］李春，岳党昆，卜鹏滨，等．血党化学成分的研究［J］．中国中药杂志，2006，31（7）：562-565.

[2] 马长福，罗明，林丽美，等 . 瑶药血党化学成分的研究 [J]. 中国中药杂志，2012，37（22）：3422-3425.
[3] 李春，岳党昆，卜鹏滨，等 . 血党中两个新化合物的结构鉴定 [J]. 药学学报，2007，42（9）：959-963.
[4] 李春，岳党昆，卜鹏滨，等 . 血党中三个新化合物的结构鉴定 [J]. 药学学报，2006，41（9）：830-834.
[5] 田祥琴，黄静，郭明娟，等 . 斑叶紫金牛化学成分的研究（Ⅰ）[J]. 天然产物研究与开发，2008，20：824-826.
[6] Li C，Yue D K，Bu P B，et al. Three new ardisiaquinones from *Ardisia punctata* Lindl. [C]. 中医药发展与人类健康——庆祝中国中医研究院成立 50 周年论文集（下册）、2005：1178-1182.

【药理参考文献】

[1] 孙悦文，梁钢，唐燕霞 . 四种抗肝癌中药对鸡胚绒毛尿囊膜血管生成的影响 [J]. 中国当代医药，2013，20（9）：11-12.

【临床参考文献】

[1] 林浩清 . 小罗伞粉等外敷治疗跌打损伤 [J]. 广西赤脚医生，1976，（Z1）：41.

## 706. 紫金牛（图 706）• *Ardisia japonica*（Thunb）Blume

**图 706　紫金牛**　　摄影　张芬耀等

**【别名】**矮脚樟茶（浙江、江西、福建），老勿大（江苏、浙江、上海），平地木、矮地茶（上海），矮爪、地桔子（浙江），千年不大（江苏苏州）。

**【形态】**小灌木或亚灌木，具匍匐生根的根茎；直立茎长 20 ～ 30cm，不分枝，幼时被细微柔毛，后渐无毛。叶对生或近轮生，坚纸质或近革质，椭圆形至椭圆状倒卵形，先端急尖，基部楔形，长 3 ～ 8cm，宽 1.5 ～ 4.5cm，边缘具细锯齿，两面无毛或有时下表面沿中脉被细微柔毛，侧脉 5 ～ 8 对；叶柄长 4 ～ 10mm。花序近伞形，腋生或生于近茎顶端的叶腋，花序梗长 5 ～ 7mm，被微柔毛；花梗长 7 ～ 10mm，被微柔毛；花萼基部合生，萼裂片三角状卵形，长约 1.5mm，两面无毛，具缘毛，有时具腺点；花粉红色或白色，

5 基数，无毛，花冠裂片阔卵形，具密腺点；雄蕊较花冠略短，花药披针状卵形或卵形，背部具腺点；雌蕊与花冠等长，子房卵球形，无毛。果球形，直径 5 ～ 6mm，鲜红色，后变黑色，多少具腺点。花期 5 ～ 6 月，果期 9 ～ 12 月。

**【生境与分布】**生于海拔 1200m 以下的林下或竹林。分布于浙江、江西、江苏、福建，另云南、贵州、四川、广东、广西、湖北、湖南、台湾等地均有分布；日本、朝鲜也有分布。

**【药名与部位】**矮地茶（紫金牛），全草。

**【采集加工】**夏、秋二季茎叶茂盛时采挖，除去泥沙，晒干。

**【药材性状】**根茎呈圆柱形，疏生须根。茎略呈扁圆柱形，稍扭曲，长 10 ～ 30cm，直径 0.2 ～ 0.5cm；表面红棕色，有细纵纹、叶痕及节；质硬，易折断。叶互生，集生于茎梢；叶片略卷曲或破碎，完整者展平后呈椭圆形，长 3 ～ 7cm，宽 1.5 ～ 3cm；灰绿色、棕褐色或浅红棕色，先端尖，基部楔形，边缘具细锯齿；近革质。茎顶偶有红色球形核果。气微，味微涩。

**【药材炮制】**除去杂质，洗净，稍润，切段，干燥。

**【化学成分】**全草含二聚内酯类：紫金牛双内酯二没食子酸酯（ardimerin digallate）和紫金牛双内酯（ardimerin）[1]；黄酮类：槲皮苷（quercitrin）[1]，阿福豆苷（afzelin）[2]，槲皮素（quercetin）、杨梅苷（myricitrin）、山柰酚 -3-*O*-1- 吡喃鼠李糖苷（kaempferol-3-*O*-α-L-rhamnopyranoside）、芦丁（rutin）、山柰酚 -3, 7-*O*-α-L- 二甲基吡喃糖鼠李糖苷（kaempferol-3, 7-*O*-α-L-dirhamnopyranoside）、（-）- 表没食子儿茶素 -3-*O*- 没食子酸酯［（-）-epigallacatechin-3-*O*-gallate］[3] 和酸藤子素（embelin）[4]；香豆素类：甲基岩白菜素（methylbergenin）、去甲氧基岩白菜素（demethoxybergenin）、岩白菜素（bergenin）[2] 和去甲岩白菜素（norbergenin）[3]；三萜皂苷类：木栓酮（friedelin）、降香萜烯醇乙酸酯（bauerenyl acetate）、表木栓醇（epifriedelinol）、降香萜烯醇（bauerenol）[1]，鲍尔山油柑烯酮（bauerenone）[2]，齐墩果酸（oleanolic acid）、蔷薇酸（euscaphic acid）、委陵菜酸（tormentic acid）、仙客来亭 A（cyclamiretin A）[3]，冬青醇（ilexol）[4]，归叶棱子芹醇（angelicoidenol）[5]，紫金牛苷 A、B、C、D、E、F、G、H、I、J、K（ardisianoside A、B、C、D、E、F、G、H、I、J、K）、3β-*O*-β-D- 吡喃葡萄糖基 -（1 → 2）-［α-L- 吡喃鼠李糖基 -（1 → 2）-β-D- 吡喃葡萄糖基 -（1 → 4）］-α-L- 吡喃阿拉伯糖基 -13β, 28- 环氧 -16α- 羟基齐墩果烷 {3β-*O*-β-D-glucopyranosyl-（1 → 2）-［α-L-rhamnopyranosyl-（1 → 2）-β-D-glucopyranosyl-（1 → 4）］-α-L-arabinopyranosyl-13β, 28-epoxy-16α-hydroxyoleanane}、朱砂根苷 A、G（ardisicrenoside A, G）、仙客来皂苷（cyclamen）、百两金皂苷 B（ardisiacrispin B）、3β-*O*-［α-L- 吡喃鼠李糖基 -（1 → 2）-β-D- 吡喃葡萄糖基 -（1 → 4）-α-L- 吡喃阿拉伯糖基］仙客来亭 A {3β-*O*-［α-L-rhamnopyranosyl-（1 → 2）-β-D-glucopyranosyl-（1 → 4）-α-L-arabinopynanosyl］cyclamiretin A}、报春宁素（primulanin）、仙客来苷（cyclamin）、虎舌红皂苷 * C、F、H（ardisiamamilloside C、F、H）[6]，仙客来亭 A-3-*O*-α-L- 吡喃鼠李糖基 -（1 → 4）-β-D- 吡喃葡萄糖基 -（1 → 2）-［β-D- 吡喃葡萄糖基 -（1→4）］-α-L- 吡喃阿拉伯苷 {cyclamiretin A-3-*O*-α-L-rhamnopyranosyl-（1→4）-β-D-glucopyranosyl-（1→2）-［β-D-glucopyranosyl-（1 → 4）］-α-L-arabinopyranoside}[7]，3β-*O*-α-L- 吡喃鼠李糖基 -（1 → 4）-β-D- 吡喃葡萄糖基 -（1 → 2）-［β-D- 吡喃葡萄糖基 -（1 → 4）-α-L- 吡喃阿拉伯糖苷］-16α- 羟基 -13, 28- 环氧齐墩果 -29- 酸 {3β-*O*-α-L-rhamnopyranosyl-（1 → 4）-β-D-glucopyranosyl-（1 → 2）-［β-D-glucopyranosyl-（1 → 4）-α-L-arabinopyranoside］-16α-hydroxy-13, 28-epoxyolean-29-oic acid} 和 3β-*O*-α-L- 吡喃鼠李糖基 -（1 → 4）-β-D- 吡喃葡萄糖基 -（1 → 2）-［β-D- 吡喃葡萄糖基 -（1 → 4）-α-L- 吡喃阿拉伯糖苷］-16α- 羟基 -13, 28- 环氧 -30, 30- 二甲氧基齐墩果烷 {3β-*O*-α-L-rhamnopyranosyl-（1→4）-β-D-glucopyranosyl-（1→2）-［β-D-glucopyranosyl-（1 → 4）-α-L-arabinopyranoside］-16α-hydroxy-13, 28-epoxy-30, 30-dimethoxyoleane}[8]；大柱香波龙烷类：（7*E*）-9- 羟基大柱香波龙 -4, 7- 二烯 -3- 酮 -9-*O*-β-D- 吡喃葡萄糖苷［（7*E*）-9-hydroxymegastigma-4, 7-dien-3-on-9-*O*-β-D-glucopyranoside］[7]；醌类：杜茎山宁（maesanin）、2, 5- 二羟基 -3-［（10*Z*）- 十五碳 -10- 烯 -1- 基］［1, 4］苯醌 {2, 5-dihydroxy-3-［（10*Z*）-pentadec-10-en-1-yl］

［1, 4］benzoquinone}、5- 乙氧基 -2- 羟基 -3-［（10*Z*）- 十五碳 -10- 烯 -1- 基］［1, 4］苯醌 {5-ethoxy-2-hydroxy-3-［（10*Z*）-pentadec-10-en-1-yl］［1, 4］benzoquinone} 和 5- 乙氧基 -2- 羟基 -3-［（8*Z*）- 十三烷 -8- 烯 -1- 基］［1, 4］苯醌 {5-ethoxy-2-hydroxy-3-［（8*Z*）-tridec-8-en-1-yl］［1, 4］benzoquinone}[9]；蒽醌类：大黄酚（chrysophanol）、大黄素甲醚（physcion）[3, 7] 和大黄素（emodin）[5]；甾体类：α- 菠菜甾醇（α-spinasterol）和粉苞苣甾酮*（chondrillasterone）[2]；挥发油：芳樟醇（linalool）、丁香烯（caryophellene）、苯乙醇（phenylethanol）、水杨酸甲酯（methyl salicylate）、蓝桉醇（globulol）、α- 丁香烯（α-caryophyllene）、已酸（hexanoic acid）和顺 3, 7, 11- 三甲基 -1, 6, 10- 十二碳三烯 -3- 醇（*cis*-3, 7, 11-trimethyl-1, 6, 10-dodecatrien-3-ol）等[3]；酚类：2- 甲基腰果酚（2-methylcardol）[10]，紫金牛素（ardisin）[11]，紫金牛酚 I、II（ardisinol I、II）[12]，紫金牛双内酯（ardimerin）和紫金牛双内酯二没食子酸酯（ardimerin digallate）[13]。

根状茎含醌类：紫金牛酯醌 A、B（ardisianone A、B）、杜茎山宁（maesanin）和射干醇 A、B（belamcandol A、B）[14]；吡喃类：9-（2- 四氢吡喃氧基）壬醛［9-（2-tetrahydropyranyloxy）nonanal］[14]；其他尚含：3, 5- 二甲氧基苄基三苯基溴化磷（3, 5-dimethoxybenzyltriphenyl phsophonium bromide）[14]。

地上部分含香豆素类：三 -*O*- 甲基去甲基岩白菜素（tri-*O*-methylnorbergenin）、去甲基岩白菜素（norbergenin）和岩白菜素（norbergenin）[15]；三萜皂苷类：仙客来亭 A-3β-*O*-α-L- 吡喃鼠李糖基 -（1→4）-β-D- 吡喃葡萄糖基 -（1→2）-［β-D- 吡喃葡萄糖基 -（1→4）］-α-L- 吡喃阿拉伯糖苷 {cyclamiretin A-3β-*O*-α-L-rhamnopyranosyl-（1→4）-β-D-glucopyranosyl-（1→2）-［β-D-glucopyranosyl-（1→4）］-α-L-arabinopyranoside}、3β-*O*-α-L- 吡喃鼠李糖基 -（1→4）-β-D- 吡喃葡萄糖基 -（1→2）-［β-D- 吡喃葡萄糖基 -（1→4）-α-L- 吡喃阿拉伯糖苷］-16α- 羟基 -13, 28- 环氧齐墩果 -29- 酸 {3β-*O*-α-L-rhamnopyranosyl-（1→4）-β-D-glucopyranosyl-（1→2）-［β-D-glucopyranosyl-（1→4）-α-L-arabinopyranoside］-16α-hydroxy-13, 28-epoxyolean-29-oic acid}、3β-*O*-α-L- 吡喃鼠李糖基 -（1→4）-β-D- 吡喃葡萄糖基 -（1→2）-［β-D- 吡喃葡萄糖基 -（1→4）-α-L- 吡喃阿拉伯糖苷］-16α- 羟基 -13, 28- 环氧 -30, 30- 二甲氧基齐墩果烷 {3β-*O*-α-L-rhamnopyranosyl-（1→4）-β-D-glucopyranosyl-（1→2）-［β-D-glucopyranosyl-（1→4）-α-L-arabinopyranoside］-16α-hydroxy-13, 28-epoxy-30, 30-dimethoxyoleane} 和仙客来亭 A-3β-*O*-［α-L- 吡喃鼠李糖基 -（1→4）-β-D- 吡喃葡萄糖基 -（1→2）-［β-D- 吡喃木糖基 -（1→4）-β-D- 吡喃葡萄糖基 -（1→4）］-α-L- 吡喃阿拉伯糖苷］{cyclamiretin A-3β-*O*-［α-L-rhamnopyranosyl-（1→4）-β-D-glucopyranosyl-（1→2）-［β-D-xylopyranosyl-（1→4）-β-D-glucopyranosyl-（1→4）］-α-L-arabinopyranoside］}[15]。

**【药理作用】**1. 镇咳祛痰　全草水提取液对二氧化硫引起的咳嗽具有明显的镇咳作用，并能延长咳嗽潜伏期[1]。2. 抗结核　全草乙醇提取部分的水不溶物中，用 70% 乙醇溶解得到有效部位，对结核杆菌的抑菌效价为 50μg/ml；分离得到的紫金牛酚 I（ardisinol Ⅰ）对结核杆菌的抑菌效价为 12.5μg/ml；紫金牛 II（ardisinol Ⅱ）对结核杆菌的抑菌效价为 25μg/ml[2]。3. 抗病毒　全草中分离得到的白花紫金牛二没食子酸酯*（ardimerindigallate）在体外对人类免疫缺陷病毒（HIV-1 和 HIV-2）核糖核酸酶活性具有抑制作用，其半数抑制浓度（$IC_{50}$）分别为 1.5μmol/L 和 1.1μmol/L[3]；全草提取物对呼吸道合胞病毒（RSV）、单纯疱疹病毒（HSV-1）和柯萨奇病毒（COX-B5）有显著的杀灭作用；水提取液和 70% 乙醇部位对柯萨奇病毒（COX-B5）有较好的直接杀灭作用，治疗指数（T1）分别为 16.282 和 16.709，与阳性对照品利巴韦林（T1 值为 17.482）相接近[4, 5]。4. 抗菌　全草乙醇提取物对大肠杆菌的生长具有抑制作用[6]。5. 抗肿瘤　紫金牛三萜皂苷能显著抑制人肝癌 HepG2 细胞的生长，其作用呈时间和浓度相关性，而对正常肝 JL-7702 细胞无明显影响[7, 8]；全草中分离得到的化合物对人白血病 HL-60 细胞、肺癌 A549 细胞和胃癌 KATO-III 细胞均具有细胞毒作用[9]。6. 抑制人源蛋白酪氨酸磷酸酶　全草中分离得到的大黄素甲醚（physcion）、齐墩果酸（oleanolic acid）、槲皮素（quercetin）和岩白菜素，即矮茶素（bergenin）在体外对人源蛋白酪氨酸磷酸酶（PTP1B）具有抑制作用，其半数抑制浓度分别为 121.50μmol/L、23.90μmol/L、28.12μmol/L、157μmol/L[10]。

**【性味与归经】**辛、微苦，平。归肺、肝经。

**【功能与主治】**化痰止咳，利湿，活血。用于新久咳嗽，痰中带血，慢性支气管炎，湿热黄疸，跌扑损伤。

**【用法与用量】**15 ～ 30g。

**【药用标准】**药典 1977、药典 2005—2015、部标中药材 1992、浙江炮规 2015、湖南药材 1993、广西瑶药 2014 一卷、广东药材 2004、贵州药材 2003 和四川药材 1987 增补。

**【临床参考】**1. 慢性气管炎：全草 30g，水煎 4h，过滤，浓缩成 20ml，每日分 2 次服；或全草 60g，加千里光 30g、地龙 9g、麻黄 1.5g，水蒸气煎煮，浓缩成 50ml，每日分 2 次服。

2. 肺结核：紫金牛蜜丸，每次 9 ～ 12g，每日 3 ～ 4 次，吞服；或全草 7.5g，加粗叶榕、茛芝、百部、白及各 3g，桑白皮 1.5g，研粉和蜜为丸，分 3 次饭后温开水送服；或全草 60g，加菝葜、白马骨各 30g，加水煎成 150ml 每日 1 剂，水煎分 3 次服。

3. 急性黄疸型肝炎：全草 30g，加红枣 10 枚，水煎服；或全草 30g，加阴行草 30g、车前草 30g、白茅根 15g，水煎服。

4. 阴毒初起：全草 2000 ～ 2500g，水煎去渣，浓缩到 250g，涂患处。

5. 痛经、风湿痹痛：全草 15 ～ 30g，水煎冲红糖、黄酒服。

6. 小儿脱肛：全草 120g，加水，放鸡蛋 4 ～ 8 只，蛋煮熟后，敲破蛋壳，再煮 30min，分数次食蛋服汁，2 天服完。

7. 脱力劳伤：全草 15 ～ 30g，加红枣适量，水煎服。

8. 肾炎浮肿、尿血尿少：全草 9g，加车前草、葎草、鬼针草各 9g，水煎服。（1 方至 8 方引自《浙江药用植物志》）

**【附注】**紫金牛始载于《图经本草》。《本草纲目拾遗》在“叶底红”条引《李氏草秘》云：“叶底红，一名平地木。长五六寸，茎圆，叶下生红子，生山湿等处。”《植物名实图考》载“短脚三郎”云：“生南安。高五六寸，横根赭色丛发，赭茎。叶生梢头。秋结圆实下垂，生青熟红。”《植物名实图考长编》又载：“矮茶，江西处处有之。高三四寸，茎顶发时，光洁如茶树叶而有齿。叶下开五瓣小粉红花。秋结实，如天竺子，微小，凌冬不凋。”即为本种。

药材矮地茶（紫金牛）孕妇忌服。

**【化学参考文献】**


［1］Dat N T，Bae K，Wamiru A，et al. A dimeric lactone from *Ardisia japonica* with inhibitory activity for HIV-1 and HIV-2 ribonuclease H［J］. J Nat Prod，2007，70（5）：839-841.

［2］Yu K Y，Wu W，Li S Z，et al. A new compound，methylbergenin along with eight known compounds with cytotoxicity and anti-inflammatory activity from *Ardisia japonica*［J］. Nat Prod Res，2017，31（22）：2581-2586.

［3］Li Y F，Hu L H，Lou F C，et al. PTP1B inhibitors from *Ardisia japonica*［J］. J Asian Nat Prod Res，2005，7（1）：13-18.

［4］黄步汉，陈文森，胡燕，等. 抗痨中草药紫金牛化学成分研究［J］. 药学学报，1981，16（1）：29-32.

［5］高荣. 紫金牛［*Ardisia japonica*（Thunb.）Blume］抗呼吸道合胞病毒（RSV）活性成分研究［D］. 济南：山东中医药大学硕士学位论文，2015.

［6］Chang X，Li W，Jia Z，et al. Biologically active triterpenoid saponins from *Ardisia japonica*［J］. J Nat Prod，2007，70（2）：179-187.

［7］Li Y F，Hu L H，Lou F C，et al. PTP1B inhibitors from *Ardisia japonica*［J］. J Asian Nat Prod Res，2005，7（1）：13-18.

［8］De Tommasi N，Piacente S，De Simone F，et al. Characterization of three new triterpenoid saponins from *Ardisia japonica*［J］. J Nat Prod，1993，56（10）：1669-1675.

［9］Li Y F，Li J，Shen Q，et al. Benzoquinones from *Ardisia japonica* with inhibitory activity towards human protein tyrosine phosphatase 1B（PTP1B）［J］. Chem Biodivers，2007，4：961-965.

［10］黄步汉，陈文森，胡燕丘，等. 抗痨中草药紫金牛化学成分研究［J］. 药学学报，1981，16（1）：27-30.

［11］梁柏龄，杨赞熹 . 中药紫金牛新成分——紫金牛素（ardisin）的化学结构研究［J］. 科学通报，1979，24（19）：910-912.
［12］胡燕，陈文森，黄步汉，等 . 紫金牛抗结核成分的化学结构［J］. 化学学报，1981，39（2）：153-158.
［13］Dat N T，Bae K，Wamiru A，et al. A dimeric lactone from *Ardisia japonica* with inhibitory activity for HIV-1 and HIV-2 ribonuclease H［J］. J Nat Prod，2007，70（5）：839-841.
［14］Fukuyama Y，Kiriyama Y，Okino J，et al. Naturally occurring 5-lipoxygenase inhibitor. II. structures and syntheses of ardisianones A and B，and maesanin，alkenyl-1，4-benzoquinones from the rhizome of *Ardisia japonica*［J］. Chem Pharma Bull，1993，41（3）：561-565.
［15］Piacente S，Pizza C，De T N，et al. Constituents of *Ardisia japonica* and their *in vitro* anti-HIV activity［J］. J Nat Prod，1996，59（6）：565-569.

**【药理参考文献】**

［1］周大云 . 矮地茶镇咳祛痰作用的药理试验研究［J］. 基层中药杂志，1998，12（1）：39-41.
［2］黄步汉，陈文森，胡燕 . 紫金牛抗结核有效成分的研究［J］. 中国药学杂志，1980，15（10）：39.
［3］Dat N T，BaeK，WamiruA，et al. A dimeric lactone from *Ardisia japonica* with inhibitory activity for HIV-1 and HIV-2 ribonuclease H.［J］. Journal of Natural Products，2007，70（5）：839-841.
［4］刘相文，侯林，张晓平，等 . 中药矮地茶不同洗脱部位抗病毒活性研究［J］. 天然产物研究与开发，2017，29（1）：106-109，158.
［5］刘相文，侯林，崔清华，等 . 中药矮地茶不同提取方法提取物体外抗病毒研究［J］. 中华中医药学刊，2017，35（8）：2085-2087.
［6］张梅，康晓慧，马林 . 五种药用植物提取液抑菌作用研究［J］. 湖北农业科学，2011，50（4）：728-730.
［7］赵晨阳，惠林萍，何琳，等 . 紫金牛三萜皂苷 TSP02 抑制人肝癌细胞增殖和侵袭作用机制研究［J］. 中国中药杂志，2013，38（6）：861-865.
［8］Li Q，Li W，Hui L P，et al. 13，28-Epoxy triterpenoid saponins from *Ardisia japonica* selectively inhibit proliferation of liver cancer cells without affecting normal liver cells［J］. Bioorganic & Medicinal Chemistry Letters，2012，22（19）：6120-6125.
［9］Chang X，Li W，Jia Z，et al. Biologically active triterpenoid saponins from *Ardisia japonica*［J］. Journal of Natural Products，2007，70（2）：3-187.
［10］Li Y F，Li J，Shen Q，et al. Benzoquinones from *Ardisia japonica* with inhibitory activity towards humanprotein tyrosine phosphatase 1B（PTP1B）［J］. Chemistry & Biodiversity，2007，4（5）：961-965.

## 707. 九节龙（图 707）• *Ardisia pusilla* A. DC.

**【别名】**五莲草、野痢草（浙江），矮茶子（江西）。

**【形态】**蔓生小灌木，长 30 ～ 40cm，具匍匐茎，逐节生根，直立茎高不超过 10cm，幼时密被长柔毛，后渐无毛。叶对生或近轮生，叶片坚纸质，椭圆形或倒卵形，先端急尖或钝，基部广楔形或近圆形，长 2.5 ～ 6cm，宽 1.5 ～ 3.5cm，边缘具明显或不明显的锯齿和细齿，具疏腺点；上表面被糙伏毛，毛基部常隆起，下表面被柔毛及长柔毛，尤以中脉为多；侧脉约 7 对，明显，尾端直达齿尖或近边缘连成不明显的边缘脉；叶柄长约 5mm，被毛。聚伞花序单一，侧生，被长硬毛、柔毛或长柔毛；花序梗长 1 ～ 3.5cm，花梗长约 6mm，被毛及稀疏腺点；花萼仅基部合生，萼裂片披针状钻形，与花冠裂片近等长，外面被疏柔毛及长柔毛，具腺点；花白色、微红色，花冠裂片广卵形，先端急尖，具腺点；雄蕊与花冠近等长，花药卵形，背部具腺点；雌蕊与花冠等长，子房卵球形，无毛。果球形，直径 5mm，红色，具腺点，有宿存花柱。花期 5 ～ 7 月，果期 11 ～ 12 月。

**【生境与分布】**生于海拔 200 ～ 700m 的山间密林下、路旁或溪边阴湿的地方。分布于江西、浙江、福建，另贵州、四川、台湾、广东、广西、湖南等地均有分布；日本、菲律宾也有分布。

**【药名与部位】**九节龙，全草。

**图 707　九节龙**　　摄影　刘军 等

【采集加工】全年均可采收，除去杂质，干燥。

【药材性状】茎长 10 ～ 20cm，茎上部被毛，下部无毛。叶坚纸质，皱缩，较脆。展平后椭圆形或倒卵形，顶端急尖或钝，基部广楔形或近圆形，长 2.5 ～ 6cm，宽 1.5 ～ 3.5cm，边缘具明显锯齿，具疏腺点，叶面被糙伏毛，背面被柔毛及长柔毛，尤以中脉为多；叶柄长 4 ～ 5mm，被毛。有时具花序或球形果。气弱，味苦、涩。

【药材炮制】除去杂质，洗净，切段，干燥。

【化学成分】全草含三萜皂苷类：3-*O*-［β-D- 吡喃木糖基 -（1 → 2）-β-D- 吡喃葡萄糖基 -（1 → 4）］［β-D- 吡喃葡萄糖基 -（1 → 2）-β-D- 吡喃葡萄糖基 -（1 → 2）］-α-L- 吡喃阿拉伯糖基 - 仙客来亭 A{3-*O*-［β-D-xylopyranosyl-（1 → 2）-β-D-glucopyranosyl-（1 → 4）］［β-D-glucopyranosyl-（1 → 2）-β-D-glucopyranosyl-（1 → 2）］-α-L-arabinopyranosyl cyclamiretin A}[1]，九节龙皂苷 I、II（ardipusilloside I、II）[2]，九节龙皂苷 III（ardipusilloside III）[3]，九节龙皂苷 IV、V（ardipusilloside IV、V）[4]，3β-*O*-［β-D- 吡喃葡萄糖基 -（1 → 2）-β-D- 吡喃木糖基 -（1 → 2）-β-D- 吡喃葡萄糖基 -（1 → 3）-β-D- 吡喃葡萄糖基 -（1 → 3）-β-D- 吡喃葡萄糖基 -（1 → 4）-α-L- 吡喃阿拉伯糖基］-16α- 羟基 -13β, 28- 环氧齐墩果 -30- 醛 {3β-*O*-［β-D-glucopyranosyl-（1 → 2）-β-D-xylopyranosyl-（1 → 2）-β-D-glucopyranosyl-（1 → 3）-β-D-glucopyranosyl-（1 → 3）-β-D-glucopyranosyl-（1 → 4）-α-L-arabinopyranosyl］-16α-hydroxy-13β, 28-epoxyoleanan-30-al}、3β-*O*-［α-L- 吡喃鼠李糖基 -（1 → 2）-β-D- 吡喃葡萄糖基 -（1 → 4）-β-D- 吡喃葡萄糖基 -（1 → 2）-α-L- 吡喃阿拉伯糖基］-16α, 28- 二羟基齐墩果 -12- 烯 {3β-*O*-［α-L-rhamnopyranosyl-（1 → 2）-β-D-glucopyranosyl-（1 → 4）-β-D-glucopyranosyl-（1 → 2）-α-L-arabinopyranosyl］-16α, 28-dihydroxyolean-12-ene}、3β-*O*-［α-L- 吡喃鼠李糖基 -（1 → 2）-β-D- 吡喃葡萄糖基 -（1 → 4）-β-D- 吡喃葡萄糖基 -（1 → 2）-α-L- 吡喃阿拉伯糖基］-28, 30- 二羟基齐墩果 -12- 烯 {3β-*O*-［α-L-rhamnopyranosyl-

（1 → 2）-β-D-glucopyranosyl-（1 → 4）-β-D-glucopyranosyl-（1 → 2）-α-L-arabinopyranosyl］-28, 30-dihydroxyolean-12-ene}[5]，3-*O*-［α-L- 吡喃鼠李糖基 -（1→3）-β-D- 吡喃葡萄糖基 -（1→3）］-［β-D- 吡喃葡萄糖基 -（1→2）］-α-L- 吡喃阿拉伯糖基仙客来亭 A{3-*O*-［α-L-rhamnopyranosyl-（1→3）-β-D-glucopyranosyl-（1 → 3）］-［β-D-glucopyranosyl-（1 → 2）］-α-L-arabinopyranosyl cyclamiretin A}[6]，百两金皂苷 A、B（ardisiacrispin A、B）[3] 和九节龙皂苷 A、B、C（ardipusilloside A、B、C）[7]。

茎叶含黄酮类：柚皮素 -6-C- 葡萄糖苷（naringenin-6-C-glucoside）和山柰酚 -3-*O*-β-D- 半乳糖苷（kaempferol-3-*O*-β-D-galatoside）[8]；酚酸类：没食子酸（gallic acid）[8]；脂肪酸类：琥珀酸（succinic acid）[8]。

**【药理作用】**1. 抗肿瘤　从全草分离得到的九节龙皂苷 I、II（ardipusilloside Ⅰ、II）对小鼠肉瘤和小鼠艾氏腹水肿瘤细胞的生长有抑制作用，其中九节龙皂苷 I 对小鼠黑色素瘤的抑瘤率为 27.3%，九节龙皂苷 II 对小鼠肝癌的抑瘤率为 23.3%[1, 2]，九节龙皂苷 I 还可有效抑制脑胶质瘤 U87 细胞的迁移和侵袭[3]；从全草分离得到的化合物九节龙皂苷 I、II、III、IV（ardipusilloside I、II、III、IV）、九节龙皂苷 A、B、C（ardipusillosides A、B、C）和百两金素 B（ardisiacrispin B）具有显著的细胞毒作用，可作为开发抗恶性胶质瘤新药的先导化合物[4]；九节龙皂苷 I 能抑制口腔黏液表皮样癌 Mc3 细胞增殖并诱导凋亡[5]；九节龙皂苷 I 对肺癌 A549 移植肿瘤和鸡胚绒毛尿囊膜血管再生有显著抑制作用[6]。2. 增强免疫　九节龙皂苷 I 和 II 具有增强小鼠免疫的功能，表现为能显著增强小鼠单核细胞和腹腔巨噬细胞的吞噬能力，促进血清溶血素的生成和玫瑰花细胞的形成[7]。

**【性味与归经】**苦、辛，性平。归肝、肺经。

**【功能与主治】**活血通络，消肿止痛，祛风湿。用于跌打损伤，风湿痹疼，癥瘕积聚。

**【用法与用量】**3 ～ 9g；或浸酒。

**【药用标准】**四川药材 2010。

**【附注】**以小青之名始出《本草图经》，云：“小青生福州。三月生花，当月采叶。彼土人以其叶生捣碎，治痈疮。甚效。”并附药图。《本草纲目》收入湿草类，沿引《本草图经》之说，并仿绘一图。从上述产地、花期及附图看，似为本种。

**【化学参考文献】**

［1］缪振春，冯锐 . 四川九节龙中新五糖三萜皂苷结构的 NMR 研究［J］. 波谱学杂志，1999，16（5）：395-402.
［2］张清华，王晓娟，缪振春，等 . 川产九节龙皂甙的化学研究［J］. 药学学报，1993，28（9）：673-678.
［3］Tang H F，Lin H W，Chen X L，et al. Cytotoxic triterpenoid saponins from *Ardisia pusilla*［J］. Chin Chem Lett，2009，20（2）：193-196.
［4］Tang H F，Yun J，Lin H W，et al. Two new triterpenoid saponins cytotoxic to human glioblastoma U251MG cells from *Ardisia pusilla*［J］. Chemical Biodiversity，2009，6（9）：1443-1452.
［5］Tian Y，Tang H F，Qiu F，et al. Triterpenoid saponins from *Ardisia pusilla* and their cytotoxic activity［J］. Planta Med，2009，75（1）：70-75.
［6］缪振春，冯锐，周永新，等 . 四川九节龙中新四糖三萜皂苷结构和核磁共振研究［J］. 有机化学，2000，20（3）：361-366.
［7］汤海峰 . 九节龙中新的三萜皂苷成分及其对人恶性胶质瘤的细胞毒性和诱导凋亡作用［C］. 2008 年中国药学会学术年会暨第八届中国药师周论文集，2008：8.
［8］王晓娟，张清华 . 毛茎紫金牛（九节龙）化学成分的研究［J］. 中国中药杂志，1990，15（3）：38-39.

**【药理参考文献】**

［1］李伟芳，李茂、覃良，等 . 九节龙皂苷体内的抗肿瘤作用［J］. 中国医药学报，2003，18（增刊）：60-62.
［2］李茂，李伟芳，覃良，等 . 九节龙皂甙体内的抗肿瘤作用［J］. 广西中医学院学报，2004，7（2）：11-12.
［3］王琳，王荣，李晓冰，等 . 九节龙皂苷 I 对胶质瘤 U87 细胞侵袭和迁移的影响［J］. 中成药，2012，34（10）：1861-1865.
［4］汤海峰 . 九节龙中新的三萜皂苷成分及其对人恶性胶质瘤的细胞毒性和诱导凋亡作用［C］. 2008 年中国药学会学术

年会暨第八届中国药师周论文集，2008：8.

[5] 张桃莉，王晓娟，王荣，等 . 九节龙皂苷Ⅰ对口腔黏液表皮样癌 Mc3 细胞的增殖抑制作用 [J]. 实用口腔医学杂志，2011，27（2）：208-211.

[6] Wang R，Gu Y，Zhang W D，et al. Inhibition of tumor-induced angiogenesis and its mechanism by ardipusilloside I purified from *Ardisia pusilla* [J]. Journal of Asian Natural Products Research，2012，14（1）：55-63.

[7] 李茂，李伟芳，覃良，等 . 川产九节龙皂甙对小鼠免疫功能的影响 [J]. 广西医学，2004，26（8）：1096-1098.

## 2. 酸藤子属 *Embelia* Burm.f.

藤本，稀灌木。单叶互生，叶片全缘或具齿。总状花序、圆锥花序、伞形花序或聚伞花序，顶生、腋生或侧生；花通常单性，雌雄同株或异株；花 4 或 5 基数；花萼基部合生；花冠常分裂至基部，稀呈管状，内面和边缘常具乳头状突起；雄蕊在雄花中着生于花冠裂片基部，通常超出花冠；花丝分离，花药 2 室，纵裂，背部通常具腺点，稀呈瘤状；雌蕊在雄花中退化，雌花中发达，子房球形或卵形，花柱常超出花冠，柱头盘状、头状，有时微裂。浆果核果状，球形或扁球形，光滑，有时具纵肋或腺点，种子 1 粒，内果皮坚脆，稀骨质；种子近球形，胎座被膜质附属物，基部多少凹入。

约 140 种，分布于太平洋诸岛、亚洲南部及非洲等热带及亚热带地区。中国 14 种，分布于浙江、福建、江西、广东、广西、云南、贵州、四川，法定药用植物 4 种。华东地区法定药用植物 1 种。

### 708. 当归藤（图 708）• *Embelia parviflora* Wall. ex A. DC.

**图 708　当归藤**　　摄影　张芬耀

【别名】小花酸藤子（福建）。

【形态】藤本，长 3m 以上。老枝具不明显皮孔，小枝通常二列，密被锈色长柔毛，略具腺点或星状毛。叶片坚纸质，卵形，先端钝或圆形，基部广钝或近圆形，长 1 ～ 2cm，宽 0.6 ～ 1cm，全缘，上表面中脉处被柔毛，中脉在下表面隆起，被锈色长柔毛或鳞片，近顶端具疏腺点；叶柄长约 1mm，被长柔毛。花序近伞形或为聚伞花序，腋生，常下弯藏于叶下，被锈色长柔毛，苞片不明显，有花 2 ～ 4 朵；花梗被锈色长柔毛；花 5 数，花萼基部微合生，萼裂片卵状三角形，顶端多少具腺点，具缘毛；花白色或粉红色，花冠裂片长圆状椭圆形或长圆形，先端微凹，外面无毛，近顶端具腺点，边缘和内面被微柔毛；雄蕊在雌花中退化，在雄花中长超出或等长于花冠，花药背部具腺点；雌蕊在雌花中与花冠等长，子房卵形，无毛，花柱基部被疏微柔毛，有时具腺点，柱头扁平或微裂，稀盾状。果球形，直径 4 ～ 5mm，暗红色，无毛，宿存萼反卷。花期 12 至翌年 5 月，果期 5 ～ 7 月。

【生境与分布】生于海拔 300 ～ 1800m 的山间密林、林缘，或灌木丛中。分布于浙江、福建，另云南、贵州、四川、西藏、广东、广西等地均有分布；缅甸、印度也有分布。

【药名与部位】当归藤，地上部分。

【采集加工】全年均可采收，切段，晒干或鲜用。

【药材性状】茎呈圆柱形，长短不一，直径 3 ～ 10mm，表面灰褐色，上有白色皮孔。质硬，折断面不平坦，黄白色。嫩枝密被锈色柔毛。叶片多皱缩，或破碎，完整者呈卵形，长 10 ～ 15mm，宽 5 ～ 7mm，全缘；上表面褐色，无毛，中脉下陷；下表面棕褐色，密被小凹点，中脉突起，被短柔毛。伞形或聚伞花序，腋生。果呈球形，暗红色，无毛，宿存萼反卷。气香，味微苦、涩。

【药材炮制】未切段者除去杂质，洗净，稍润，切段，干燥。

【化学成分】全株含甾体类：豆甾醇（stigmasterol）[1]；维生素类：维生素 E（vitamin E）[1]；酚酸类：邻苯二甲酸（1, 2-benzenedicarboxylic acid）[1]；酰胺类：（*Z*）-9- 十八烯酸酰胺［（*Z*）-9-octadecenamide］[1]。

根和根状茎含甾体类：α- 菠甾醇（α-spinasterol）[2]；脂肪酸类：正三十烷酸乙酯（ethyl *n*-tridecanoate）和正三十烷酸（*n*-octadecanoic acid）[2]。

根含脂肪酸类：月桂酸（lauric acid）、棕榈酸（palmitic acid）和亚油酸（linoleic acid）[3]；挥发油类：α- 香附酮（α-aromatic ketone）和肉豆蔻酸（myristic acid）等[3]。

茎含脂肪酸类：棕榈酸（palmitic acid）和亚油酸（linoleic acid）[3]；挥发油类：α- 杜松烯（a-cadinene）、1, 2, 4a, 5, 6, 8a- 六氢 -4, 7- 二甲基 -1-（1- 亚甲基）萘［1, 2, 4a, 5, 6, 8a-hexahydro-4, 7-dimethyl-1-（1-methylene）naphthalene］和 1, 2, 3, 4, 4a, 5, 6, 8a- 八氢 -7- 甲基 -4- 亚甲基 -1-（1- 亚甲基）萘［1, 2, 3, 4, 4a, 5, 6, 8a-octahydro-7-methyl-4-methylene-1-（1-methylene）naphthalene］等[3]。

叶含挥发油类：（10*S*, 11*S*）- 雪松 -3（12）, 4- 二烯［（10*S*, 11*S*）-himachala-3（12）, 4-diene］、β- 石竹烯（β-caryophyllene）、α- 芹子烯（α-celeene）、γ- 芹子烯（γ-selinene）和 α- 毕橙茄醇（α-cadinol）[3] 等；脂肪酸类：棕榈酸（palmitic acid）[3]。

【药理作用】1. 抗炎镇痛　根与老茎的醇提取物正丁醇部位具有明显的抗炎作用，石油醚部位具有明显的镇痛作用[1]。2. 抗凝血　石油醚部位具有明显的抗凝血作用[1]。

【性味与归经】苦、涩，平。归肝、肾经。

【功能与主治】补血调经，强腰膝。用于贫血，闭经，月经不调，带下，腰腿痛。

【用法与用量】煎服 15 ～ 30g；外用鲜品适量，捣烂敷患处。

【药用标准】广西瑶药 2014 一卷、广西壮药 2008 和广西药材 1990。

【临床参考】1. 痛经：藤 30g，加白花臭牡丹根 30g、赪桐根 30g、香附子 20g，水煎服[1]。

2. 寒湿型坐骨神经痛：藤 10g，加麻骨风 20g、四方钻 15g、小钻 8g、枫木果 8g、十八症 8g、走马风 10g、半枫荷 10g、鸡血藤 10g、白纸扇 10g，水煎服，每日 1 剂[2]。

**【化学参考文献】**

[1] 阙祖亮，刘鼎，陈勇，等 . 当归藤的化学成分研究［J］. 中国民族民间医药，2017，26（5）：5-9.

[2] 陈家源，时群 . 小花酸藤子化学成分的研究［J］. 华西药学杂志，1998，13（2）：95-96.

[3] 卢森华，李耀华，陈勇，等 . 当归藤不同部位挥发油成分 GC-MS 分析［J］. 安徽农业科学，2012，40（2）：733-735.

**【药理参考文献】**

[1] 魏中璇，刘鼎，陈勇，等 . 当归藤抗炎、镇痛及抗凝血有效部位的研究［J］. 中药材，2015，38（11）：2376-2380.

**【临床参考文献】**

[1] 林艳芳 . 拢旧勒纳勒（痛经）傣医论治［J］. 中国民族医药杂志，2011，17（11）：12-13.

[2] 金源生 . 瑶医治疗坐骨神经痛［J］. 医学文选，1991，10（4）：21-22.

## 3. 铁仔属 *Myrsine* Linn.

常绿灌木，稀小乔木，直立，被毛或无毛。叶常具锯齿，稀全缘，无毛，有时具腺点；叶柄通常下延至小枝上，使小枝成一定的棱角。伞形花序或花簇生，腋生、侧生或老枝叶痕上，每花基部具 1 枚苞片；花 4 ～ 5 基数，两性或杂性；花萼近分离或合生达全长的 1/2，萼片覆瓦状排列，通常具缘毛及腺点，宿存；花瓣近分离，稀合生达全长的 1/2，具缘毛及腺点；雄蕊着生于花冠裂片中部以下，与花瓣对生；花丝分离或基部合生；花药卵形或肾形；雌蕊无毛，子房卵形或近椭圆形，花柱圆柱形，柱头点尖或扁平，流苏状或微裂。浆果核果状，球形或近卵形，内果皮坚脆，种子 1 粒。

约 300 种，分布于非洲、亚洲热带及亚热带地区。中国 11 种，分布于江苏、浙江、福建、江西、广东、广西、云南、贵州、四川、湖南、湖北、台湾，法定药用植物 2 种。华东地区法定药用植物 1 种。

### 709. 铁仔（图 709）• *Myrsine africana* Linn.

**【形态】**灌木，高 0.5 ～ 1m。小枝圆柱形，幼嫩时被锈色微柔毛。叶片革质或坚纸质，通常椭圆状倒卵形、倒卵形或披针形，长 1 ～ 2cm，宽 0.7 ～ 1cm，先端钝或近圆形，具短刺尖，基部楔形，中部以上具锯齿，齿端常具短刺尖，无毛，叶背常具小腺点，尤以边缘较多；叶柄短或几无，下延至小枝上。花簇生于腋生，基部具 1 圈苞片；花梗长 0.5 ～ 1.5mm，无毛或被腺状微柔毛；花 4 基数，花萼基部微合生，萼裂片椭圆状卵形，具缘毛及腺点；花冠长约为萼裂片的 2 倍，基部合生成管，具黑色腺点；雄花的雄蕊长于花冠，花丝基部合生，花药紫色；雌花的雌蕊长过花冠，子房长卵形或圆锥形，无毛，花柱伸长，4 裂，边缘流苏状。果球形，直径 3 ～ 5mm，由红色转为紫黑色，具宿存花柱。花期 2 ～ 3 月，果期 10 ～ 11 月。

**【生境与分布】**生于海拔 1000 ～ 3600m 的石山坡、荒坡疏林中或林缘。分布于浙江，另甘肃、陕西、云南、贵州、四川、西藏、广西、湖南、湖北、台湾等地均有分布。

**【药名与部位】**碎米柴，根及根茎。

**【采集加工】**全年均可采挖，除去杂质，洗净，干燥；或趁鲜切成厚片，干燥。

**【药材性状】**根呈圆柱形，常弯曲，长 5 ～ 50cm，直径 0.5 ～ 6cm。根茎呈不规则结节状或圆柱形，顶端常残存茎基。表面棕褐色、灰褐色或紫褐色，略光滑或粗糙，有的有纵皱纹，在弯曲处常有横沟。栓皮脱落处显棕色。质硬而脆，易折断，断面皮部棕色，木质部黄白色至红棕色，显纤维性。切片呈长圆形或不规则形，切面射线放射状，根茎中心有髓部。气微，味涩。

**【药材炮制】**除去杂质；未切片者，洗净，润透，切厚片，干燥。

**【化学成分】**果实含挥发油类：（1*R*）-5, 6a- 二甲基 -8- 异丙烯基双环［4.4.0］癸 -1- 烯 {（1*R*）-5, 6a-dimethyl-8-isopropenylbicyclo［4.4.0］decan-1-ene}、反式 -10- 甲基 -1- 亚甲基 -7- 亚异丙基十氢化

图 709 铁仔　　摄影　黄健 等

萘（*trans*-10-methyl-1-methylene-7-isopropylidene decahydronaphthalene）、α- 芹子烯（α-celeryne）、顺式 -（1*S*）-1, 2, 3, 5, 6, 8a- 六氢 -4, 7- 二甲基 -1- 异丙烯基萘［*cis*-（1*S*）-1, 2, 3, 5, 6, 8a-hexahydro-4, 7-dimethyl-1-isopropenyl naphthalene］和氧化石竹烯（caryophyllene oxide）等[1]；醌类：甲基脱水白花酸藤子素（methylanhydrovilangin）、甲基白花酸藤子素（methylvilangin）[2]，铁仔酮（myrsinone）、2- 羟基大黄酚（2-hydroxychrysophanol）、5-*O*- 甲基信筒子醌（5-*O*-methylembelin）[3]和 2, 5- 二羟基 -3- 甲基 -6- 十一烷基 -1, 4- 苯醌（2, 5-dihydroxy-3-methyl-6-undecyl-1, 4-benzoquinone, i.e.muketanin）[4]；苯酞类：尼泊尔酸模定（nepodin）和 5- 甲氧基 -7- 羟基苯酞（5-methoxy-7-hydroxyphthalide）[3]。

叶含三萜皂苷类：蒲公英赛酮（taraxerone）、蒲公英赛醇（taraxerol）、杨梅萜二醇（myricadiol）[5]和铁仔皂苷（myrsine saponin）[6]；黄酮类：槲皮素 -3- 鼠李糖基 -（1→3）- 半乳糖苷［quercetin-3-rhamnosyl-（1→3）-galactoside］、槲皮素 -3- 鼠李糖基 -（1→6）- 半乳糖苷［quercetin-3-rhamnosyl-（1→6）-galactoside］、山柰酚 -3- 芸香糖苷（kaempferol-3-rutinoside）、槲皮素 -3- 芸香糖苷（quercetin-3-rutinoside）、3′-*O*- 甲基槲皮素 -3- 芸香糖苷（3′-*O*-methylquercetin-3-rutinoside）[7]，槲皮素 -3- 葡萄糖基 -（1‴→4″）- 鼠李糖苷 -7- 鼠李糖基 -（1⁗→6‴）- 葡萄糖苷［quercetin-3-glucosyl-（1‴→4″）-rhamnoside-7-rhamnosyl-（1⁗→6‴）-glucoside］、槲皮素 -3- 鼠李糖苷（quercetin-3-rhamnoside）、槲皮素 -3- 葡萄糖苷（quercetin-3-glucoside）、杨梅素 -3- 半乳糖苷（myricetin-3-galactoside）[8]，杨梅素 -3- 鼠李糖苷（myricetin-3-rhamnoside）、杨梅素 -3-（3″, 4″- 二乙酰鼠李糖苷）［myricetin-3-（3″, 4″-diacetylrhamnoside）］、杨梅素 -7- 鼠李糖苷（myricetin-7-rhamnoside）、杨梅素 -3- 木糖苷（myricetin-3-xyloside）、杨梅素 -3- 阿拉伯糖苷（myricetin-3-arabinoside）、3′-*O*- 甲基槲皮素 -3- 葡萄糖苷（3′-*O*-methyl quercetin-3-glucoside）、槲皮素 -3- 半乳糖苷（quercetin-3-galactoside）、杨梅素（myricetin）、槲皮素（quercetin）和山柰酚（kaempferol）[9]；酚酸类：没食子酸（gallic acid）[9]；甾体类：β- 谷甾醇（β-sitosterol）、

豆甾醇（stigmasterol）、豆甾醇-3-*O*-β-D-葡萄糖苷（stigmasterol-3-*O*-β-D-glucoside）和α-菠菜甾醇3-*O*-β-D-葡萄糖苷（α-spinasterol-3-*O*-β-D-glucoside）[5]；元素：铜（Cu）、铁（Fe）、锌（Zn）和锰（Mn）[10]。

茎含三萜类：（3β, 16α, 20α）-3, 16, 28-三羟基齐墩果-12-烯-29-酸-3-*O*-β-D-吡喃葡萄糖基-（1→2）-*O*-［β-D-吡喃葡萄糖基-（1→4）］-α-L-吡喃阿拉伯糖苷｛（3β, 16α, 20α）-3, 16, 28-trihydroxyolean-12-en-29-oic acid-3-*O*-β-D-glucopyranosyl-（1→2）-*O*-［β-D-glucopyranosyl-（1→4）］-α-L-arabinopyranoside｝和（3β, 16α, 20α）-16, 28-二羟基齐墩果-12-烯-29-酸3-［（*O*-β-D-吡喃葡萄糖基-（1→2）-*O*-［β-D-吡喃葡萄糖基-（1→4）］-α-L-吡喃阿拉伯糖苷］｛（3β, 16α, 20α）-16, 28-dihydroxy-olean-12-en-29-oic acid 3-［（*O*-β-D-glucopyranosyl-（1→2）-*O*-［β-D-glucopyranosyl-（1→4）］-α-L-arabinopyranoside］｝[11]；木脂素类：异落叶松脂醇-9′-β-D-吡喃葡萄糖苷（isolariciresinol-9′-β-D-glucopyranoside）、异落叶松脂醇-9′-β-D-吡喃木糖苷（isolariciresinol-9′-β-D-xylopyranoside）和南烛树脂醇-9′-β-D-吡喃葡萄糖苷（lyoniresinol-9′-β-D-glucopyranoside）[11]；酚酸类：没食子酸（gallic acid）和铁仔苷A、B（myrsinoside A、B）[11]；黄酮类：铁仔黄酮A、B（myrsininone A、B）[12]，槲皮素-3-*O*-α-鼠李糖苷（quercetin-3-*O*-α-rhamnoside）、杨梅素-3-*O*-α-鼠李糖苷（myricetin-3-*O*-α-rhamnoside）、表儿茶素（epicatechin）、表没食子儿茶素（epigallocatechin）、表没食子儿茶素没食子酸酯（epigallocatechin gallate）、表没食子儿茶素-3-*O*-没食子酸酯（epigallocatechin-3-*O*-gallate）、杨梅素-4′-甲醚-3-*O*-α-鼠李糖苷（myricetin-4′-methyl ether-3-*O*-α-rhamnoside）和黑荆素-3-（2″, 4″-二乙酰鼠李糖苷）［mearnsetin-3-（2″, 4″-diacetyl rhamnoside）］[13]；元素：铜（Cu）、铁（Fe）、锌（Zn）和锰（Mn）[10]。

种子含醌类：酸藤子素（embelin：emberine）[14]；环多元醇类：栎醇（quercitol）[14]。

地上部分含三萜类：铁仔烯（myrsinene）[15]。

根含蒽醌类：大黄素（emodin）和2-羟基大黄酚（2-hydroxychrysophanol）[16]；苯酞类：尼泊尔酸模定（nepodin）和5-甲氧基-7-羟基苯酞（5-methoxy-7-hydroxyphthalide）[16]；元素：铜（Cu）、铁（Fe）、锌（Zn）和锰（Mn）[10]。

**【药理作用】**1. 祛痰止咳　全株的水提醇沉液对咳嗽模型小鼠灌胃后有明显的止咳作用，并可使大鼠呼吸道分泌量增加，有较好的祛痰止咳作用[1]。2. 扩张气管　全株的水提醇沉液对组胺所致离体豚鼠气管的收缩有明显的对抗作用[1]。3. 改善睡眠　全株的水提醇沉液给小鼠分别腹腔注射0.25g/kg和0.5g/kg剂量，均能显著延长戊巴比妥钠诱导的小鼠睡眠时间[1]。4. 抗惊厥　全株的水提醇沉液在0.5g/kg剂量时能显著对抗士的宁造成的小鼠惊厥和死亡[1]。5. 改善心血管　全株的水提醇沉液可明显抑制蛙心的收缩，并可引起房室传导阻滞，剂量大时可使心搏停止，且1～2g/kg剂量可引起狗和兔的血压短暂下降[1]。6. 调节平滑肌　全株的水提醇沉液可引起兔肠平滑肌紧张度的降低，对乙酰胆碱所致的痉挛性收缩无明显的松弛作用，但能使肠恢复其舒缩活动，对氯化钡和组胺引起的肠紧张度增强有明显的松弛作用，对豚鼠、大鼠及家兔未孕子宫均有兴奋作用[1]；地上部分的粗甲醇的乙酸乙酯提取物对兔空肠具有显著的解痉挛作用，并在5.0mg/ml浓度下完全消除组织收缩[2]。7. 抗炎镇痛　果实的甲醇和水-醇提取物在500mg/kg的剂量水平下对角叉菜胶诱导的小鼠足水肿的最大抑制率为57%；甲醇和水-醇提取物对热板法和甩尾所致的小鼠疼痛有明显的镇痛作用，显示其果实对中枢和外周炎症模型具有明显的抗炎镇痛作用[3]；全株水提取液可提高小鼠热刺激致痛反应及小鼠光热刺激致痛反应的痛阈值，并减少乙酸所致小鼠扭体反应的扭体次数，对二甲苯所致小鼠耳廓肿胀也有明显的抑制作用，降低小鼠皮肤毛细血管通透性[4]；地上部分甲醇粗提取物的乙酸乙酯和正丁醇部分显示有一定的抗炎作用[5]。8. 抗菌　地上部分的甲醇粗提取物和氯仿馏分对肺炎克雷伯菌具有明显的抗菌作用，其最低抑菌浓度（MIC）分别为2.45mg/ml和2.1mg/ml[6]。

**【性味与归经】**苦、涩，平。归肺、大肠经。

**【功能与主治】**止咳祛痰，平喘，祛风止痛。用于痰多阻肺，气喘咳嗽，风湿痹痛，牙痛。

**【用法与用量】**6～15g。

**【药用标准】**四川药材2010。

【临床参考】1. 慢性气管炎：碎米柴片（根经水和醇提取制成，每片相当于原生物 7.5g）口服，每次 3 片，每日 3 次，10 天为 1 疗程，连服 2 ～ 3 疗程[1]。

2. 痢疾：根 30g，加仙鹤草根 30g，水煎服。

3. 风湿：根 15g，加大风藤 9g、追风散 9g、红禾麻 6g，泡酒 500ml，每日 2 次，每次 15 ～ 30ml。

4. 红淋：根 9 ～ 15g，煎水服。（2 方至 4 方引自《贵州民间药物》）

【附注】以簸赭子之名始载于《植物名实图考》，云："簸赭子，生云南山中。矮丛密叶，无异黄杨，附茎紫实，不光不圆，攒簇无隙，有如筛簸。"并附一图。从上述产地、形态和图形分析，簸赭子与本种基本一致。

【化学参考文献】

[1] 唐天君，蒲兰香，袁小红，等. 铁仔果实中挥发油化学成分的研究 [J]. 时珍国医国药，2010，21（8）：1917-1918.

[2] Arot M O，Midiwo J O，Kraus W，et al. Benzoquinone derivatives of *Myrsine africana* and *Maesa lanceolata* [J]. Phytochemistry，2003，64（4）：855-862.

[3] Midiwo J O，Ghebremeskel Y，Arot L M，et al. Benzoquinones in Kenyan Myrsinaceae Part III：a new 2，3-dihydroxyalkyl-1，4-benzoquinone（myrsinone）and 5-*O*-methyl embelin from *Myrsine africana* [J]. Bulletin of the Chemical Society of Ethiopia，1992，6（1）：15-19.

[4] Midiwo J O，Arot L M. New dialkyl benzoquinones from fruits of *Myrsine africana* and *Maesa lanceolata* [J]. Nat Prod Lett，1996，8（1）：11-14.

[5] Manguro L O，Midiwo J O，Kraus W. Triterpenoids and steroids of *Myrsine africana* leaves [J]. Planta Med，1997，63（3）：290.

[6] Kupchan S M，Steyn P S，Grove M D，et al. Tumor inhibitors XXXV. *Myrsine saponin*，the active principle of *Myrsine africana* [J]. J Med Chem，1969，12（1）：167-169.

[7] Arot L O M，Midiwo J O，Kraus W. Further flavonol glycosides from *Myrsine africana* leaves [J]. Nat Prod Sci，1997，3（1）：8-10.

[8] Manguro L O A，Midiwo J O，Kraus W. A new flavonol tetraglycoside from *Myrsine africana* leaves [J]. Nat Prod Sci，1996，9（2）：121-126.

[9] Arot L O M，Widiwo J O，Kraus W. A flavonol glycoside from *Myrsine africana* leaves [J]. Phytochemistry，1996，43（5）：1107-1109.

[10] 蒲兰香，王秀峰，唐天君. 铁仔不同器官微量元素的含量测定 [J]. 西南科技大学学报，2009，24（2）：78-81.

[11] Zou Y P，Tan C H，Wang B D，et al. Chemical constituents from *Myrsine africana* L. [J]. Helv Chim Acta，2008，91（11）：2168-2173.

[12] Kang L，Zhou J X，Shen Z W. Two novel antibacterial flavonoids from *Myrsine africana* L. [J]. Chin J Chem，2007，25（9）：1323-1325.

[13] Zou Y P，Tan C H，Zhu D Y. A new acetylated flavonoid glycoside from *Myrsine africana* L. [J]. Bull Korean Chem Soc，2009，30（9）：2111-2113.

[14] Anon. The active principle of kurjan seed（*Myrsine africana*）[J]. Bulletin of the Imperial Institute（London），1938，36：319-322.

[15] Ahmad B，Azam S，Bashir S，et al. Anti-inflammatory activity and a new compound isolated from aerial parts of *Myrsine africana* [J]. African J Biotechnol，2011，10（42）：8465-8470.

[16] Li X H，McLaughlin L. Bioactive compounds from the root of *Myrsine africana* [J]. J Nat Prod，1989，52（3）：660-662.

【药理参考文献】

[1] 钱永龄，钟品伦. 铁仔药理实验初报 [J]. 西南医科大学学报，1979，（2）：5-14.

[2] Azam S，Bashir S，Ahmad B. Anti-spasmodic action of crude methanolic extract and a new compound isolated from the aerial parts of *Myrsine africana* [J]. Bmc Complementary & Alternative Medicine，2011，11（1）：1-6.

[3] George M，Jena A K，Joseph L，et al. Anti-inflammatory and analgesic activity of methanolic and hydro-alcoholic extract of *Myrsine africana* L. fruits [J]. Natural Products Journal，2016，6（1）：56-61.

[4] Que L，Mao X J，Pan J. An experimental study on the analgesic and anti-inflammatory effect of *Myrsine africana* [J]. Yunnan Journal of Traditional Chinese Medicine & Materia Medica，2011，32（5）：63-65.

[5] Ahmad B，Azam S，Bashir S，et al. Anti-inflammatory activity and a new compound isolated from aerial parts of *Myrsine africana* [J]. African Journal of Biotechnology，2011，10（42）：8465-8470.

[6] Ahmad B，Azam S，Bashir S，et al. Phytotoxic，antibacterial and haemagglutination activities of the aerial parts of *Myrsine africana* L. [J]. African Journal of Biotechnology，2011，10（1）：97-102.

**【临床参考文献】**

[1] 汪新象. 草药碎米柴治疗慢性气管炎 832 例临床观察综合报告 [J]. 泸州医学院学报，1979，（3）：8-12.

# 九三　报春花科 Primulaceae

多年生或一年生草本，稀为半灌木。单叶，互生、对生或轮生，有时全部基生，并常形成稠密的莲座丛。花单生或排成总状、伞形或圆锥花序，两性，辐射对称；常具总苞；花萼通常 5 裂，稀 4 或 6 ～ 9 裂，宿存；花冠下部合生成短或长筒，上部通常 5 裂，稀 4 或 6 ～ 9 裂；雄蕊多少贴生于花冠上，与花冠裂片同数并与其对生，有时具 1 轮鳞片状退化雄蕊，花丝分离或基部合生成筒，生于花冠筒上；子房上位，稀半下位，1 室；花柱单一；胚珠通常多数，生于特立中央胎座上。蒴果通常 5 齿裂或瓣裂，稀盖裂；种子小，有棱角，常为盾状，种脐位于腹面的中心。

约 22 属，1000 余种，主要分布于北半球温带地区。中国 12 属，500 余种，分布于全国各地，法定药用植物 4 属，18 种 1 变种。华东地区法定药用植物 2 属，9 种。

报春花科法定药用植物主要含黄酮类、皂苷类、甾体类等成分。黄酮类包括黄酮、黄酮醇、双黄酮等，如蒙花苷（linarin）、金丝桃苷（hyperoside）、山柰酚 -7-*O*-α-L- 吡喃鼠李糖苷（kaempferol-7-*O*-α-L-rhamnopyranoside）、桧双黄酮（hinokiflavone）等；皂苷类如单条草苷甲（candidoside A）、仙客来诺苷（cyclaminorin）等；甾体类如 β- 谷甾醇（β-sitosterol）、豆甾醇（stigmasterol）等。

珍珠菜属含皂苷类、黄酮类、苯醌类、木脂素类等成分。皂苷类多为齐墩果烷型，如马斯里酸 -3-*O*-对香豆酸酯（3-*O*-*p*-coumaroyl maslinate）、蒲公英赛醇（taraxerol）等；黄酮类包括黄酮、黄酮醇、黄烷等，如木犀草素 -4′-*O*-β-D- 吡喃葡萄糖苷（luteolin-4′-*O*-β-D-glucopyranoside）、槲皮素 -3-*O*-β-D - 吡喃葡萄糖苷（quercetin-3-*O*-β-D-glucopyranoside）、表儿茶素（epicatechin）等；苯醌类如恩贝酸（embelin）等；木脂素类如川素馨木脂苷（urolignoside）、异落叶松树脂醇 -9′-β-D- 吡喃葡萄糖苷（isolariciresinol-9′-β-D-glucopyranoside）等。

点地梅属含黄酮类、皂苷类成分。黄酮类包括黄酮醇、双黄酮等，如山柰酚 -7-*O*-α-L- 鼠李糖苷（kaempferol-7-*O*-α-L-rhamnopyranoside）、桧双黄酮（hinokiflavone）、南方贝壳杉双黄酮（robustaflavone）等；皂苷类多为齐墩果烷型，如百两金素 A（ardisiacrispin A）、报春宁素（primulanin）等。

## 1. 珍珠菜属 *Lysimachia* Linn.

直立或匍匐草本。单叶，互生、对生或轮生，全缘，常具腺点。单花腋生或排成顶生或腋生的总状花序、伞形花序或圆锥花序；花萼 5 深裂，极少 6 ～ 9 裂，宿存；花冠白色或黄色，稀为淡红色或淡紫红色，辐射状或钟状，5 深裂，稀 6 ～ 9 裂，裂片在花蕾中旋转状排列；雄蕊与花冠裂片同数且对生，花丝分离或基部合生成筒，多少贴生于花冠筒上；子房上位，球形，1 室，花柱丝状或棒状，柱头钝。蒴果近球形，通常 5 瓣开裂；种子具棱角或有翅。

约 180 种，主要分布于北半球温带及亚热带地区。中国 132 种，分布于全国各地，法定药用植物 10 种 1 变种。华东地区法定药用植物 8 种。

### 分种检索表

1. 花单出腋生或缩短成头状的总状花序，花黄色，花丝下部合生成环或筒，贴生于花冠基部。

  2. 茎直立；叶互生……………………………………………………………………细梗香草 *L.capillipes*

  2. 茎匍匐或下部匍匐；叶对生或下部对生。

    3. 茎下部匍匐，上部直立。

      4. 叶对生，茎端的 2 对间距短，近簇生；花 2 ～ 4 朵集生茎端，密集成头状，花梗短粗……………………………………………………………………………………………聚花过路黄 *L.congestiflora*

4. 叶在茎下部对生，上部互生；花单生于茎上部叶腋，花梗细长………………金爪儿 *L.grammica*

3. 茎匍匐蔓延。

5. 茎先端鞭状伸长；叶片、花萼、花冠具红色或褐色腺点………………点腺过路黄 *L.hemsleyana*

5. 茎先端不呈鞭状；叶片、花萼、花冠具黑色腺条………………………………过路黄 *L.christinae*

1. 总状花序顶生，花白色，花丝分离，贴生于花冠内壁。

6. 全株密被柔毛或多少被毛；茎不分枝；花柱短粗而内藏，通常仅达花冠裂片中部。

7. 茎、叶密被棕色多节毛；叶片长圆状披针形或倒披针形………………………虎尾草 *L.barystachys*

7. 茎、叶无毛但在茎上部及花序具疏毛；叶片椭圆形或长椭圆形…………………矮桃 *L.clethroides*

6. 全株近无毛；茎通常上部分枝；花柱细长，伸出花冠外或与花冠等长………腺药珍珠菜 *L.stenosepala*

## 710. 细梗香草（图 710）• *Lysimachia capillipes* Hemsl.

**图 710 细梗香草** 摄影 张芬耀

【**别名**】满山香（江西）。

【**形态**】多年生草本。高 40 ～ 60cm，干后有浓郁香气。茎直立，常簇生，中部以上分枝，具棱，棱边有时呈狭翅状。叶互生，卵形至卵状披针形，长 1.5 ～ 7cm，宽 1 ～ 3cm，基部楔形，下延，两侧常稍不等称，边缘全缘或微皱呈波状，两面无毛或上面被极疏的小刚毛；叶柄长 2 ～ 8mm。花单生于叶腋；花梗纤细，丝状，长 1.5 ～ 3.5cm；花萼 5 裂，长 2 ～ 4mm，深裂至近基部，裂片卵状披针形，先端渐尖；

花冠黄色，5 深裂至近基部，裂片长圆形；花丝基部合生成筒，分离部分明显；花药顶孔开裂；花柱丝状，稍长于雄蕊。蒴果近球形，类白色，直径 3 ～ 4mm，比宿存花萼长。花期 6 ～ 9 月，果期 8 ～ 10 月。

**【生境与分布】**生于海拔 300 ～ 2000m 的山谷林下和溪边。分布于浙江、江西、福建，另贵州、四川、广东、湖北、湖南、河南、台湾等地均有分布；菲律宾也有分布。

**【药名与部位】**满山香（香排草），全草。

**【采集加工】**夏季开花时采收，除去杂质，阴干。

**【药材性状】**长 15 ～ 50cm。根细小。茎细，四方形，具 4 棱或窄翅，节部有须状根，直径 1.5 ～ 3mm；表面灰绿色或黄绿色；质脆，易折断，断面不平坦，多为中空。叶互生，卵形或卵状披针形，长 1.5 ～ 3.5mm，宽 9 ～ 20mm；上表面深绿色，下表面灰绿色，先端渐尖，基部圆形或渐狭，全缘。花单生于叶腋，花梗纤细，丝状，可见 5 枚花萼及黄色小花冠。蒴果球形，白色，直径 3mm。气香，味甘、淡。

**【药材炮制】**除去杂质，洗净，切段，阴干。

**【化学成分】**全草含黄酮类：槲皮素（quercetin）、3′, 4′, 5, 5′, 7- 五羟基黄酮（3′, 4′, 5, 5′, 7-pentahydroxyflavone）、山柰酚（kaempferol）、槲皮素 -3-*O*-β-D- 吡喃葡萄糖苷（quercetin-3-*O*-β-D-glucopyranoside）[1]，槲皮素 -3-*O*-（2, 6-α-L- 二吡喃鼠李糖基）-β-D- 吡喃半乳糖苷［quercetin-3-*O*-（2, 6-di-α-L-rhamnopyranosyl）-β-D-galactopyranoside］和细梗香草苷Ⅰ、Ⅱ（capilliposide Ⅰ、Ⅱ）[2]；甾体类：胡萝卜苷（daucosterol）[1]；内酯类：香草内酯（capilliplactone）[1]；酚苷类：细梗香草素（capillipnin）[1]；三萜皂苷类：单条草苷（candidoside）[2]，细梗香草皂苷 A、B、C、D、E、F、G、H、I、J、K、L、M（capilliposide A、B、C、D、E、F、G、H、I、J、K、L、M）[3, 4]和 13, 28*S*- 环氧 -16α, 28- 二羟基 -22α-（3- 甲基 -1- 氧代丁酰氧基）齐墩果 -3β-*O*-β-D- 吡喃木糖基 -（1 → 2）-*O*-β-D- 吡喃葡萄糖基 -（1 → 4）-*O*-［β-D- 吡喃葡萄糖基 -（1 → 2）］-α-L- 吡喃阿拉伯糖苷 {13, 28*S*-epoxy-16α, 28-dihydroxy-22α-（3-methyl-1-oxobutoxy）oleanan-3β-*O*-β-D-xylopyranosyl-（1 → 2）-*O*-β-D-glucopyranosyl-（1 → 4）-*O*-［β-D-glucopyranosyl-（1 → 2）］-α-L-arabinopyranoside}[5]；脂肪酸类：琥珀酸（succinic acid）[1]，棕榈酸（palmitic acid）、亚油酸（linoleic acid）和亚麻酸（linolenic acid）[6]；挥发油类：苯乙醇（phenylethyl alcohol）和香叶基丙酮（geranyl acetone）等[6]。

**【药理作用】**抗肿瘤　全草中提取的总皂苷可呈现剂量依赖性地抑制荷瘤裸鼠肿瘤的生长，抑瘤率最高可达 58.77%，其中对前列腺癌 PC-3 的抑制率为 56.22%，对胃癌 BGC-823 和卵巢癌 SK-OV-3 的抑制率均为 55.73%，并可上调荷瘤小鼠外周血中白细胞（WBC）和血红蛋白（HGB），可提高荷瘤小鼠脾 T 淋巴细胞增殖能力和白细胞介素 -2 的活性[1]；全草中提取不同浓度的皂苷可显著降低人鼻咽癌 CNE-2 细胞的存活率，48h 后细梗香草皂苷（capilliposide）的半数抑制浓度（$IC_{50}$）为 7.4μg/ml，且人鼻咽癌 CNE-2 细胞经 8μg/ml 细梗香草皂苷处理后，软琼脂集落形成的能力低于对照组，细梗香草皂苷组的凋亡率达（16.43±3.1）%，而对照组为（9.34±2.3）%，表明细梗香草皂苷对鼻咽癌 CNE-2 细胞有抑制增殖和诱导凋亡的作用[2]。

**【性味与归经】**甘，平。

**【功能与主治】**祛风，止咳，调经。用于感冒咳嗽，气管炎，哮喘，月经不调，神经衰弱。

**【用法与用量】**6 ～ 15g。

**【药用标准】**江西药材 1996、贵州药材 2003 和内蒙古药材 1988。

**【临床参考】**感冒、流行性感冒：全草 30g，水煎分 2 次服。（《浙江药用植物志》）

**【化学参考文献】**

［1］谢忱，徐丽珍，赵保华，等 . 细梗香草化学成分的研究［J］. 中草药，2000，31（2）：81-83.

［2］田景奎，邹忠梅，余丽珍，等 . 细梗香草化学成分的研究［J］. 中国药学杂志，2006，41（3）：171-173.

［3］田景奎，徐丽珍，杨世林，等 . 细梗香草化学成分及其生物活性的研究［C］. 全国青年药学科技工作者最新科研成果

学术交流会，2002.

［4］田景奎，邹忠梅，徐丽珍，等 . 细梗香草中的两个新三萜皂苷［J］. 药学学报，2004，39（9）：722-725.

［5］Tian J K，Xu L Z，Zou Z M，et al. New antitumor triterpene saponin from *Lysimachia capillipes*［J］. Chem Nat Compd，2006，42（3）：328-331.

［6］丁智慧，丁靖垲，易元芬，等 . 细梗香草的挥发油成分［J］. 植物分类与资源学报，1989，11（2）：209-214.

**【药理参考文献】**

［1］徐燕，荣语媚，刘小保，等 . 细梗香草总皂苷的抗肿瘤活性研究［J］. 中国药理学通报，2012，28（4）：545-549.

［2］花永虹，胡巧英，朴永锋，等 . 细梗香草皂甙对鼻咽癌 CNE-2 细胞的体外抗瘤作用［J］. 中国肿瘤，2014，23（7）：597-600.

## 711. 聚花过路黄（图 711）• *Lysimachia congestiflora* Hemsl.

**图 711 聚花过路黄** 摄影 李华东

**【别名】**聚花排草、簇花过路黄（福建），临时救，风寒草。

**【形态】**多年生草本，全体被褐色多细胞柔毛。茎下部匍匐，节上生根，上部及分枝上升，长 6 ～ 50cm，有时仅分枝顶端具叶。叶对生，茎端的 2 对间距短，近簇生，叶片卵形、阔卵形以至近圆形，长 1 ～ 4cm，宽 0.7 ～ 2cm，先端急尖或渐尖，基部近圆形或宽楔形，有时沿中脉和侧脉带紫红色，两面多少被具节的糙伏毛，边缘有暗红色或黑色的腺点；叶柄长 0.5 ～ 1.5cm。花 2 ～ 4 朵集生茎端，密集成头状；苞片宽卵形或近圆形；花梗短；花萼长 5 ～ 8.5mm，5 深裂至近基部，裂片披针形；花冠黄色，内面基部紫红色，长 9 ～ 11mm，5 深裂，基部合生部分长 2 ～ 3mm，裂片卵状椭圆形至长圆形，散生暗红色或变黑色的腺点；花丝下部合生成高约 2.5mm 的筒，分离部分长 2.5 ～ 4.5mm；花药长圆形，长约 1.5mm；子房被毛，花柱长 5 ～ 7mm。蒴果球形，直径 3 ～ 4mm。花期 5 ～ 6 月，果期 7 ～ 10 月。

**【生境与分布】**生于海拔 2100m 以下的山坡林缘、草地等湿润处。分布于浙江、江西、江苏、福建，另云南、贵州、四川、广东、广西、湖北、湖南、陕西、甘肃、台湾等地均有分布；越南、缅甸也有分布。

**【药名与部位】**风寒草，全草。

**【采集加工】**夏初采收，除去杂质，晒干。

**【药材性状】**常缠结成团，茎有分枝，直径 1 ～ 2mm，被柔毛，表面紫红色、红棕色或灰棕色，有纵纹，有的茎节上具须根，断面中空。叶对生，多皱缩，展平后呈卵形至阔卵形，长 1.5 ～ 2.8cm，宽 1 ～ 2cm，先端钝尖，基部楔形，全缘；上表面绿色或紫绿色，下表面颜色较淡或紫红色，两面疏被柔毛，用水浸后，对光透视可见棕红色腺点，近叶缘处多而明显；叶柄长约 1cm。花黄色，有时可见 2 ～ 8 朵集生于茎端叶腋处，花梗极短。气微，味微涩。

**【化学成分】**全草含黄酮类：槲皮素（quercetin）、3′- 甲基杨梅黄酮（3′-methyl myricetin），即拉克黄素 *（larycitrin）、牡荆苷（vitexin）、芹菜素 -6-C- 木糖苷（apigenin-6-C-xyloside），即卷耳素（cerarvensin）[1]，怪柳素（tamarixetin）[2]，杨梅素（myricetin）、杨梅苷（myricetrin）[2,3]，丁香亭 -3-*O*-α-L- 呋喃阿拉伯糖苷（syringetin-3-*O*-α-L-arabinofuranoside）[4]，3′- 甲基杨梅黄酮 -3-*O*-α- 呋喃阿拉伯糖苷（3′-methyl myricetin-3-*O*-α-arabinofuranoside）、丁香亭 -3-*O*-α- 鼠李糖基 -（1 → 5）-α- 呋喃阿拉伯糖苷［syringetin-3-*O*-α-rhamnopyranosyl-（1 → 5）-α-arabinofuranoside］、山柰酚 -3-*O*-α-L- 呋喃阿拉伯糖苷（kaempferol-3-*O*-α-arabinofuranoside）、杨梅素 -3- 鼠李糖苷（myricetin-3-rhamnoside）、杨梅素 -3-*O*- 呋喃阿拉伯糖苷（myricetin 3-*O*-arabinofuranoside）、丁香亭 -3-*O*-α- 呋喃阿拉伯糖苷（syringetin-3-*O*-α-arabinofuranoside）、丁香亭 -3- 鼠李糖苷（syringetin-3-rhamnoside）、3′- 甲基杨梅黄酮 -3- 鼠李糖苷（3′-methyl myricetin-3-rhamnoside）、丁香亭（syringetin）[5]，山柰酚（kaempferol）、异鼠李素（isorhamnetin）和异鼠李素 -3-*O*-β-D- 葡萄糖苷（isorhamnetin-3-*O*-β-D-glucoside）[6]；甾体类：β- 谷甾醇（β-sitosterol）[1] 和豆甾醇（stigmasterol）[2]；三萜皂苷类：仙客来亭 -D-3-*O*-β-D- 吡喃木糖基 -（1 → 2）-β-D- 吡喃葡萄糖基 -（1 → 4）-［β-D- 吡喃葡萄糖基 -（1 → 2）］-α-L- 吡喃阿拉伯糖苷 {cyclamiretin-D-3-*O*-β-D-xylopyranosyl-（1 → 2）-β-D-glucopyranosyl-（1 → 4）-［β-D-glucopyranosyl-（1 → 2）］-α-L-arabinopyranoside}、珍珠菜苷（lysimachoside）[1,2]，蒲公英赛醇（taraxerol）[3]，朱砂根苷（ardicrenin）和百两金皂苷 A（ardisiacrispin A）[4]；挥发油类：石竹烯（caryophyllene）、1- 十二烷醇（1-lauryl alcohol）、大根香叶烯 D（germacrene D）、α- 桉叶烯（α-eudesmene）、澄花叔醇（nerolidol）和植醇（phytol）等[7]；色原酮类：丁香色酮（eugenin）[3]；大环酮类：杨梅酮（myricanone）[3]。

**【药理作用】**1. 抗菌　叶、茎的 65% 乙醇、95% 乙醇和甲醇提取物对金黄色葡萄球菌、枯草杆菌、藤黄球菌、白色念珠菌的生长均具有一定的抑制作用；石油醚和乙醚萃取物对上述菌群也有一定的抑制作用[1]。2. 保护神经　全草提取物对原代大鼠脑微血管内皮细胞（BMECs）糖 - 氧剥夺（OGD）诱导下的脑微血管内皮细胞损伤具有保护作用，其作用机制可能与其抑制 NF-κBp65 的活化及其下游靶基因 ICAM-1 的异常表达有关[2]。

**【性味与归经】**辛、甘，微温。入肺、大肠经。

**【功能与主治】**祛风散寒，化痰止咳，解毒利湿，消积排石。用于风寒头痛，咳嗽痰多，咽喉肿痛，黄疸，尿路结石，小儿疳积，痈疽疔疮，毒蛇咬伤。

**【用法与用量】**9 ～ 15g，或浸酒。

**【药用标准】**四川药材 2010。

**【附注】**清《植物名实图考》湿草类载有临时救，云："生江西湖南田塍、山足背皆有之，春发弱茎，就地平铺。厚叶绿软，尖圆，微似杏叶而无齿。茎端攒聚，二四对生，下大上小。花生叶际，黄瓣五出，红心，颇似磬口腊梅，中有黄白一缕吐出。土医以治跌打损伤重垂毙，灌敷皆可活，故名。”并有附图，即为本种。

【临床参考】小儿惊风、咽喉肿痛、咳嗽痰多：全草 9 ～ 30g，水煎服。（《浙江药用植物志》）

【化学参考文献】

［1］郭剑，徐丽珍，杨世林．聚花过路黄的化学成分研究［J］．天然产物研究与开发，1998，10（4）：12-14.
［2］张晓荣，彭树林，王明奎，等．聚花过路黄化学成分的研究［J］．药学学报，1999，34（11）：835-838.
［3］王定勇，刘恩桂，冯玉静．聚花过路黄化学成分研究［J］．亚热带植物科学，2007，36（2）：19-21.
［4］朱深勤，刘亚敏，黄新安．聚花过路黄化学成分研究［J］．中药新药与临床药理，2009，20（5）：474-476.
［5］Guo J，Yu D L，Xu L，et al. Flavonol glycosides from *Lysimachia congestiflora*［J］. Phytochemistry，1998，48（8）：1445-1447.
［6］王爱国，尹春风，冯孝章．风寒草化学成分研究［J］．中国中药杂志，2006，31（8）：694-695.
［7］周伟，周欣．小过路黄挥发油化学成分的研究［J］．质谱学报，2007，28（增刊）：92-93.

【药理参考文献】

［1］夏黎，梁永枢，李绍林，等．聚花过路黄不同部位提取物体外抑菌活性的研究 1［J］．海峡药学，2015，27（5）：42-45.
［2］冯新民，何世银，樊红，等．聚花过路黄对原代大鼠脑微血管内皮细胞糖 - 氧剥夺诱导下 NF-κB p65 蛋白及下游靶基因 ICAM-1 表达的影响［J］．华中科技大学学报（医学版），2010，39（1）：73-77.

## 712. 金爪儿（图 712）• *Lysimachia grammica* Hance

**图 712**　金爪儿　　　摄影　李华东等

【形态】多年生草本。茎簇生，下部匍匐，高 13 ～ 35cm，圆柱形，密被多细胞柔毛，有黑色腺条，通常多分枝。叶在茎下部对生，上部互生，卵形至三角状卵形，长 1.3 ～ 3.5cm，宽 8 ～ 25mm，先端锐尖或稍钝，基部截形或宽楔形，骤然收缩下延，两面均被柔毛，密布长短不等的黑色腺条；叶柄长 4 ～ 15mm，具狭翅。花单生于茎上部叶腋；花梗纤细，丝状，通常超过叶长，密被柔毛，花谢后下弯；花萼长约 7mm，5 深裂至近基部，裂片卵状披针形，先端长渐尖，边缘具缘毛，背面疏被柔毛和紫黑色腺条；花冠黄色，5 深裂，基部合生部分长 0.5 ～ 1mm，裂片卵形或菱状卵圆形，先端稍钝；花丝下部合生约 0.5mm，分离部分长 1.5 ～ 2.5mm；花药长约 2mm；子房被毛，花柱长约 4.5mm。蒴果近球形，淡褐色，直径约 4mm。花期 4 ～ 7 月，果期 5 ～ 9 月。

【生境与分布】生于山脚路旁、疏林下等阴湿处。分布于浙江、江西、江苏、安徽，另陕西、河南、湖北等地均有分布。

【药名与部位】金爪儿，干燥或新鲜全草。

【采集加工】春末夏初采收，除去杂质，晒干或鲜用。

【药材性状】茎簇生，长 13 ～ 35cm，圆柱形，基部直径约 0.1cm，向上稍增粗，密被多细胞淡黄色多节柔毛，有黑色腺条。叶在茎下部对生，上部互生；叶柄长 0.4 ～ 1.5cm；完整叶片展平后呈卵形至三角状卵形，骤然收缩下延，长 1.3 ～ 3.5cm，宽 0.8 ～ 2.5cm。两面均被多细胞柔毛，密布长短不等的黑色腺条。花两性，单生于茎上部叶腋；花梗纤细，密被柔毛，花萼长约 0.7cm，5 分裂近达基部，裂片卵状披针形，先端长渐尖，边缘具缘毛，背面被柔毛和紫黑色腺条；花冠黄色，长 0.6 ～ 0.9cm，5 裂，裂片卵形或菱状卵圆形，宽 0.3 ～ 0.5cm，先端稍钝；雄蕊 5 枚；花柱长约 0.45cm，柱头头状。蒴果近球形，具宿萼。气微，味淡。

【性味与归经】辛、苦，凉。

【功能与主治】理气活血，利尿，拔毒。用于小儿盘肠气痛，痈肿疮毒，毒蛇咬伤，跌扑损伤。

【用法与用量】煎服 15 ～ 30g，或捣汁；外用适量，鲜品捣烂敷。

【药用标准】贵州药材 2003。

【临床参考】1. 跌打扭伤：鲜全草适量，加酒捣烂擦患处。

2. 小儿惊风：鲜全草 15g，加鲜乌蔹莓 15g，捣烂取汁服。（1 方、2 方引自《浙江药用植物志》）

3. 鼻肿痛：叶少许，搓绒塞鼻。

4. 跌打损伤：全草 30 ～ 60g，搓绒和酒揉患处。（3 方、4 方引自《贵州民间药物》）

## 713. 点腺过路黄（图 713）• *Lysimachia hemsleyana* Maxim.

【别名】少花排草（江苏）。

【形态】多年生草本。茎簇生，匍匐延伸，先端伸长成鞭状，密被柔毛。叶对生，卵形或阔卵形，长 1.5 ～ 4cm，宽 1.2 ～ 4cm，先端锐尖，基部近圆形、截形以至浅心形，上表面绿色，密被小糙伏毛，下表面淡绿色，毛被较疏，两面均有褐色或黑色腺点；叶柄长 5 ～ 18mm。花单生于茎中上部叶腋；花梗长 7 ～ 15mm，果期下弯，可增长至 2.5cm；花萼长 7 ～ 8mm，5 深裂至近基部，裂片狭披针形，背面中肋明显，被稀疏小柔毛，散生褐色腺点；花冠黄色，基部合生部分长约 2mm，裂片椭圆形或椭圆状披针形，散生暗红色或褐色腺点；花丝下部合生成高约 2mm 的筒，离生部分长 3 ～ 5mm；花药长圆形，长约 1.5mm；子房球形，花柱长 6 ～ 7mm。蒴果近球形，直径 3.5 ～ 4mm。花期 4 ～ 6 月，果期 5 ～ 9 月。

【生境与分布】生于海拔 1000m 以下的山谷林缘、溪旁和路边草丛。分布于浙江、江西、江苏、福建、安徽，另陕西、四川、河南、湖北、湖南等地均有分布。

【药名与部位】浙金钱草，全草。

**图 713 点腺过路黄** 摄影 张芬耀等

**【采集加工】**夏、秋二季采收，干燥。

**【药材性状】**茎扭曲，棕色或暗棕红色，有纵皱纹，有的节上具须根。叶对生；叶片卵形至狭卵形，基部截形或宽楔形，全缘，灰绿色或棕褐色，主脉明显突起，具叶柄。枝端鞭状枝上部的叶远较下部的和主茎上的为小；花黄色，单生叶腋。蒴果球形。用水浸后，叶、花萼、花冠、果实对光透视可见点状腺点。气微，味淡。

**【药材炮制】**除去杂质，抢水洗净，切段，干燥。或直接切段，筛去灰屑。

**【化学成分】**全草含挥发油类：氧化芳樟醇（linalool oxide）、4- 丙基 -1, 6- 庚二烯 -4- 醇（4-propyl-1, 6-heptadien-4-alcohol）、（*E*）-3- 己烯 -1- 醇［（*E*）-3-hexen-1-alcohol］、己烯（hexene）、黄瓜醇（cucumber alcohol）、3, 3, 6- 三甲基 -1, 5- 庚二烯（3, 3, 6-trimethyl-1, 5-heptadiene）、（*Z*）-3- 己烯 -1- 醇［（*Z*）-3-hexene-1-alcohol］、桉油精（eucalyptol）、α- 萜品醇（α-terpineol）、异龙脑（isoborneol）、苯乙醇（benzene ethanol）、钓樟醇（linderol）、水杨酸甲酯（methyl salicylate）和芳樟醇（linalool）等[1]。

**【药理作用】**免疫调节 全草正丁醇提取部分对脾淋巴细胞释放白细胞介素 -2 具有双向调节作用，并能增强巨噬细胞的吞噬能力，发挥免疫调节作用[1]；另氯仿提取部分（$10^{-10}$ ～ $10^{-6}$g/ml）可显著增强活化的淋巴细胞增殖，正丁醇提取部分（$10^{-10}$ ～ $10^{-6}$g/ml）可显著抑制活化的 B 淋巴细胞增殖，在 $10^{-6}$g/ml 浓度时可显著增强活化的 T 淋巴细胞增殖，而在 $10^{-8}$ ～ $10^{-6}$g/ml 浓度时则显著抑制活化的 T 淋巴细胞增殖而发挥免疫调节功能[2]。

**【性味与归经】**甘、咸，微寒。归肝、胆、肾、膀胱经。

【功能与主治】清利湿热，通淋，消肿。用于热淋，沙淋，尿涩作痛，黄疸尿赤，痈肿疔疮，毒蛇咬伤，肝胆结石，尿路结石。

【用法与用量】15 ～ 60g。

【药用标准】浙江炮规 2015。

【化学参考文献】

[1] 倪士峰，傅承新，吴平，等. 点腺过路黄挥发油气相色谱 - 质谱研究 [J]. 分析化学，2004，32（1）：123.

【药理参考文献】

[1] 张兰玲，孟济明，陈海生，等. 点腺过路黄正丁醇提取部分对小鼠免疫反应的影响 [J]. 中药材，2002，25（12）：888-890.
[2] 张兰玲，孟济明，陈海生，等. 点腺过路黄免疫调节成分的提取及对小鼠淋巴细胞增殖的影响 [J]. 中药材，2002，25（10）：720-722.

## 714. 过路黄（图 714）• *Lysimachia christinae* Hance

**图 714　过路黄**　　摄影　李华东

【别名】对座草（福建）。

【形态】多年生草本。茎柔弱，匍匐延伸，长 20 ～ 60cm，下部节间较短，常发出不定根。叶对生，卵圆形、近圆形以至肾圆形，长 2 ～ 5cm，宽 1 ～ 4cm，先端急尖或圆钝，基部截形至浅心形，鲜时稍厚，透光可见密布的透明腺条，干时腺条变黑色，两面无毛或密被糙伏毛；叶柄 1 ～ 4cm。花单生叶腋；花梗长 1 ～ 5cm，通常不超过叶长，被毛，多少具褐色无柄腺体；花萼长 5 ～ 7mm，5 深裂至近基部，裂片披针形，无毛、被柔毛或仅边缘具缘毛；花冠黄色，5 深裂，辐射状钟形，基部合生部分长 2 ～ 4mm，裂片狭卵形，质地稍厚，具黑色长腺条；花丝长 6 ～ 8mm，下半部合生成筒；花药卵圆形，长 1 ～ 1.5mm；子房球形，花柱略长于雄蕊。蒴果球形，直径 4 ～ 5mm，无毛，有稀疏黑色腺条。花期 5 ～ 7 月，果期 7 ～ 10 月。

**【生境与分布】**生于海拔 2300m 以下的沟边、路旁阴湿处和山坡林下。分布于浙江、江西、江苏、福建、安徽，另云南、贵州、四川、陕西、河南、广东、广西、湖北、湖南等地均有分布。

**【药名与部位】**金钱草，全草。

**【采集加工】**夏、秋二季采收，除去杂质，晒干。

**【药材性状】**常缠结成团，无毛或被疏柔毛。茎扭曲，表面棕色或暗棕红色，有纵纹，下部茎节上有时具须根，断面实心。叶对生，多皱缩，展平后呈宽卵形或心形，长 1 ～ 4cm，宽 1 ～ 5cm，基部微凹，全缘；上表面灰绿色或棕褐色，下表面色较浅，主脉明显突起，用水浸后，对光透视可见黑色或褐色条纹；叶柄长 1 ～ 4cm。有的带花，花黄色，单生叶腋，具长梗。蒴果球形。气微，味淡。

**【药材炮制】**除去杂质，抢水洗，切段，干燥。

**【化学成分】**全草含黄酮类：杨梅素 -3, 3′- 二 -α-L- 吡喃鼠李糖苷（myricetin-3, 3′-di-α-L-rhamnopyranoside）、槲皮素 -3, 3′- 二 -α-L- 吡喃鼠李糖苷（quercetin-3, 3′-di-α-L-rhamnopyranoside）、槲皮素 -3-［*O*-α-L- 吡喃鼠李糖基 -（1 → 2）-β-D- 吡喃半乳糖苷］{quercetin-3-［*O*-α-L-rhamnopyranosyl-（1 → 2）-β-D-galactopyranoside］}、槲皮素 -3-*O*-β-D- 吡喃葡萄糖苷（quercetin-3-*O*-β-D-glucopyranoside）、山柰酚 -3-α-L- 吡喃鼠李糖苷（kaempferol-3-α-L-rhamnopyranoside）[1]，原报春花素 A-3-*O*-{β-D- 吡喃木糖 -（1 → 2）-β-D- 吡喃葡萄糖基 -（1 → 4）-［β-D- 吡喃葡萄糖基 -（1 → 2）］-α-L- 吡喃阿拉伯糖苷 {protoprimulagenin A-3-*O*-{β-D-xylopyranosyl-（1 → 2）-β-D-glucopyranosyl-（1 → 4）-［β-D-glucopyranosyl-（1 → 2）］-α-L-arabinopyranoside}，即假排草苷 I（lysikoianoside I）、槲皮素 -3-*O*- 吡喃葡萄糖苷（quercetin-3-*O*-glucopyranoside）、异鼠李素 -3-*O*-β-D- 吡喃半乳糖苷（isorhamnetin-3-*O*-β-D-galactopyranoside）、槲皮素（quercetin）、3′, 4′, 5′, 5, 7- 五羟基黄酮（3′, 4′, 5′, 5, 7-pentahydroxyflavone）[2]，山柰酚 -3-*O*-α-L- 吡喃鼠李糖基 -（1 → 6）-β-D- 吡喃葡萄糖苷［kaempferol-3-*O*-α-L-rhamnopyranosyl-（1 → 6）-β-D-glucopyranoside］、杨梅素 -3-*O*-α-L- 吡喃鼠李糖苷（myricetin-3-*O*-α-L-rhamnopyranoside）、山柰酚 -3-*O*-β-D- 吡喃半乳糖苷（kaempferol-3-*O*-β-D-galactopyranoside）、穗花杉双黄酮（amentoflavone）、金丝桃苷（hyperin）[3]，山柰酚 -3-*O*-β-D- 吡喃葡萄糖苷（kaempferol-3-*O*-β-D-glucopyranoside）、山柰酚 -3-*O*-α-L- 吡喃鼠李糖基 -（1 → 2）-β-D- 吡喃葡萄糖苷［kaempferol-3-*O*-α-L-rhamnopyranosyl-（1 → 2）-β-D-glucopyranoside］、山柰酚（kaempferol）[4]，山柰酚 -3-*O*- 珍珠菜三糖苷（kaempferol-3-*O*-lysimachiatrioside）、3, 3′, 4′, 6′- 四羟基 -4, 3′- 二甲氧基查耳酮（3, 3′, 4′, 6′-tetrahydroxy-4, 3′-dimethoxychalcone）[5]，山柰酚 -3-（2, 6- 二吡喃鼠李糖基吡喃葡萄糖苷［kaempferol-3-（2, 6-dirhamnopyranosyl glucopyranoside）］、山柰酚 -3-*O*-α-L- 鼠李糖 -（1 → 2）-β-D- 木糖苷［kaempferol-3-*O*-α-L-rhamnosyl-（1 → 2）-β-D-xyloside］，即金钱草素（lysimachiin）[6]，黄芪苷（astragalin）、蒙花苷（linarin）、橙皮苷（hesperidin）、异鼠李素（isorhamnetin）、芦丁（rutin）、异鼠李素 -3-*O*-β-D- 刺槐双糖苷（isorhamnetin-3-*O*-β-D-robinobioside）、山柰酚 -3-*O*-β-D- 刺槐双糖苷（kaempferol-3-*O*-β-D-robinobioside）、车轴草素（trifolin）、新西兰牡荆苷Ⅱ（vicenin Ⅱ）[7]，7, 2′- 二羟基 -3′, 4′- 二甲氧基异黄烷 -7-*O*-β-D- 吡喃葡萄糖苷（7, 2′-dihydroxy-3′, 4′-dimethoxyisoflavan-7-*O*-β-D-glucopyranoside）[8]，鼠李柠檬素 -3, 4′- 二葡萄糖苷（rhamnocitrin-3, 4′-diglucopyranoside）、山柰酚 -3- 芸香糖苷（kaempferol-3-rutoside）和山柰酚 -3- 吡喃鼠李糖苷 -7- 吡喃鼠李糖基 -（1 → 3）- 吡喃鼠李糖苷［kaempferol-3-rhamnopyranoside-7-rhamnopyranosyl-（1 → 3）-rhamnopyranoside］[9]；蒽醌类：大黄素甲醚（physcion）和茜草色素（munjistin）[2]；酚酸类：3, 4- 二甲氧基苯甲酸（3, 4-dimethoxybenzoic acid）、没食子酸（gallic acid）[3]和对羟基苯甲酸（*p*-hydroxybenzoic acid）[9]；三萜皂苷类：仙客来 A-3-*O*-{β-D- 吡喃木糖基 -（1 → 2）-β-D- 吡喃葡萄糖基 -（1 → 2）-［β-D- 吡喃葡萄糖基 -（1 → 4）］-α-L- 吡喃阿拉伯糖苷 }{cyclamiretin A-3-*O*-{β-D-xylopyranosyl-（1 → 2）-β-D-glucopyranosyl-（1 → 2）-［β-D-glucopyranosyl-（1→4）]-α-L-arabinopyranoside}}[2]，过路黄苷 A、B（lysichriside A、B）、百两金素 A、B（ardisiacrispin A、B）、报春宁素（primulanin）、假排草苷 1（lysikokianoside 1）、海绿素 C（anagallisin C）和朱砂根苷（ardisicrenoside）[10]；甾体类：β-谷甾醇（β-sitosterol）和胡萝卜苷（daucosterol）[4]；挥发油类：α-蒎烯（α-pinene）、壬醛（nonanal）、正戊基-2-呋喃酮（*n*-amyl-2-furyl ketone）、柏木醇（cedrol）和β-石竹烯（β-caryophyllene）等[11]；酮类：3, 3′-二甲氧基-6, 6′-双[（*Z*）-十五烷-10-烯-1-基]-（1, 1′-双环己烷）-3, 3′, 6, 6′-四烯-2, 2′, 5, 5′-四酮 {3, 3′-dimethoxy-6, 6′-di[（*Z*）-pentadec-10-en-1-yl]-（1, 1′-bicyclohexane）-3, 3′, 6, 6′-tetraen-2, 2′, 5, 5′-tetraone}[2]；内酯类：鼠里酮酸-γ-内酯（rhamnonic acid-γ-lactone）[6]；脂肪酸类：9, 16-二羰基-10, 12, 14-三烯十八碳酸（9, 16-dioxooctadec-10, 12, 14-trienoic acid）[2]；无机盐类：氯化钠（NaCl）和氯化钾（KCl）[5]；核苷类：尿苷（uridine）[9]；多糖类：金钱草多糖 Fa、Fb、Fc、Fd、Fe、Ff（LCPC Fa、Fb、Fc、Fd、Fe、Ff）[12]。

**【药理作用】**1. 抗炎　全草的水提醇沉所得的总黄酮对组胺引起的血管通透性增加、巴豆油所致的小鼠耳部炎症、棉球肉芽肿模型大鼠均有显著的抑制作用[1]；全草的乙醇浸膏对二甲苯所致小鼠耳肿胀、琼脂所致大鼠肉芽肿均有明显的抗炎作用[2, 3]。2. 抗氧化　新鲜或干燥全草的氯仿-甲醇粗提取物对花生油和猪油氧化有一定的抑制作用[4, 5]；全草乙醇提取的正丁醇部分在体外对羟自由基（·OH）、超氧阴离子自由基（$O_2^-$·）等有非常明显的清除作用，抗氧化活性和对过氧化氢（$H_2O_2$）诱导的 HUVEC 内皮损伤有保护作用[6, 7]；全草提取物能有效清除羟自由基、超氧阴离子自由基，并对 DNA 的羟自由基氧化损伤有显著的抑制作用[8]；全草中提取的多糖在一定范围内对羟自由基和超氧阴离子自由基的还原能力随着多糖含量的增加而增强[9]。3. 抗肿瘤　全草的 70% 乙醇提取物中分离的西克拉敏 A-3-*O*-β-D-吡喃木糖基-（1→2）-β-D-吡喃葡萄糖基-（1→2）-[β-D-吡喃葡萄糖基-（1→4）]-α-L 吡喃阿拉伯糖苷 {cyclamiretin A-3-*O*-β-D-xylopyranosyl-（1→2）-β-D-glucopyranosyl-（1→2）-[β-D-glucopyranosyl-（1→4）]-α-L-arabinopyranoside} 对人宫颈癌 HeLa 细胞、人骨肉瘤 U20S 细胞、人肺腺癌 PC-9 细胞、人结肠癌 CT-26 细胞的生长均有一定的抑制作用，其半数抑制浓度（$IC_{50}$）分别为 2.29μmol/L、1.22μmol/L、1.43μmol/L、1.29μmol/L[10]。4. 利尿排石　1∶1 配伍的甘草-芍药全草水提取液对输尿管平滑肌的张力有提高作用，但用量不宜过大[11]；全草制成的制剂注射于实验犬可引起犬输尿管压力增高和蠕动频率增加，从而引起尿量增加[12]；全草总黄酮提取物灌胃于草酸钙结石模型大鼠可增加大鼠尿量，增加尿液中抑石因子尿凝血酶原片段-Ⅰ的含量，减少成石因子尿钙及尿草酸的含量，从而达到抑制大鼠草酸钙结石形成的目的[13]；全草提取液可使正常人尿液中生成的水合草酸钙（COM）晶体完全消失，水合草酸钙晶体的尺寸也随着金钱草提取液的生药浓度增大而减小，表明金钱草可显著抑制尿结石的形成[14]。5. 护肝　全草的乙醇提取物（100mg/kg、200mg/kg）和联苯双酯（150mg/kg）均可使雷公藤多苷肝损伤模型小鼠血清谷丙转氨酶和天冬氨酸氨基转移酶显著降低（$P<0.05$）、肝组织丙二醛含量显著降低（$P<0.05$）及超氧化物歧化酶和过氧化氢酶活力显著升高（$P<0.05$）[15]。6. 舒张血管　全草的水提部位、正丁醇部位、石油醚部位和乙酸乙酯部位粗提取物对大鼠主动脉均有舒张作用，其中乙酸乙酯部位舒张作用最强，且乙酸乙酯部位能剂量依赖性地舒张大鼠主动脉，去除内皮细胞后其舒张能力显著降低[16]。

**【性味与归经】**甘、咸，微寒。归肝、胆、肾、膀胱经。

**【功能与主治】**清利湿热，通淋，消肿。用于热淋，沙淋，尿涩作痛，黄疸尿赤，痈肿疔疮，毒蛇咬伤，肝胆结石，尿路结石。

**【用法与用量】**15～60g。

**【药用标准】**药典 1977—2015、浙江炮规 2015、新疆药品 1980 二册、香港药材五册和台湾 2013。

**【临床参考】**1. 肝硬化腹水：全草 30g，加腹水草 30g、茵陈蒿 20g、黄栀子 15g、丹参 10g、生大黄 15g、绣花针 12g、白马骨 12g、茯苓 12g、猪苓 10g、泽泻 10g、怀山药 10g，每日 1 剂，水煎分 2 次服[1]；或全草 30g，水煎服；或鲜全草适量，捣烂敷肚脐（《浙江药用植物志》）。

2. 黄疸型肝炎：全草 9g，加茵陈 9g、虎杖根 9g、紫金牛 15g、仙鹤草 12g，水煎服；或全草 30g，加蒲公英30g、板蓝根30g，水煎服。

3. 胆、肾、膀胱结石：鲜全草15～60g，水煎服；或全草30g，加铁扫帚30g、鬼针草60g，水煎服。

4. 跌打损伤：鲜全草冷开水洗净，捣汁约50ml，分2次服。

5. 痈疮疔毒、毒蛇咬伤：鲜全草适量，捣烂外敷。（2方至5方引自《浙江药用植物志》）

**【附注】**以神仙对坐草之名始载于《百草镜》。云："此草清明时发苗，高尺许，生山湿阴处。叶似鹅肠草，对节，立夏时开小花，三月采，过时无。"《本草纲目拾遗》亦载有"神仙对坐草"云："一名蜈蚣草。山中道旁皆有之，蔓生，两叶相对，青圆似佛耳草，夏开小黄花，每节间有二朵，故名。"《植物名实图考》所载"过路黄"之二，云："过路黄，江西坡塍多有之。铺地拖蔓，叶如豆叶，对生附茎。叶间春开五尖瓣黄花，绿跗尖长，与叶并苗。"即为本种。

**【化学参考文献】**

[1] Gao F，Zhao D，Deng J. New flavonoids from *Lysimachia christinae* Hance [J]. Helv Chim Acta，2013，96（5）：985-989.

[2] 崔慧敏，董俊兴，刘士军，等. 过路黄抗肿瘤活性成分研究[J]. 军事医学，2017，41（3）：213-217.

[3] 高飞飞. 金钱草的化学成分研究[D]. 重庆：西南大学硕士学位论文，2013.

[4] 王宇杰，孙启时. 金钱草的化学成分研究[J]. 中国药物化学杂志，2005，15（6）：357-359.

[5] 沈联德，姚福润. 金钱草化学成分的研究[J]. 华西药学杂志，1988，3（2）：71-76.

[6] 崔东滨，王淑琴，严铭铭. 金钱草中黄酮苷的分离与结构鉴定[J]. 药学学报，2003，38（3）：196-198.

[7] 杨念云，段金廒，李萍，等. 金钱草中黄酮类化合物的分离与结构鉴定[J]. 中国药学杂志，2006，41（21）：1621-1624.

[8] 王化同. 金钱草有效部位提取工艺及化学成分研究[D]. 长春：长春中医药大学硕士学位论文，2009.

[9] 赵世萍，林平，薛智. 大金钱草化学成分的研究[J]. 中草药，1988，19（6）：245-248.

[10] Tian L J，Yang N Y，Chen W Q. Triterpene saponins from *Lysimachia christinae* [J]. J Asian Nat Prod Res，2008，10（3）：265-269.

[11] 周凌波. 金钱草挥发性化学成分分析[J]. 广西科学院学报，2010，26（3）：221-222.

[12] 刘洋，吴兆华，高慧媛，等. 金钱草多糖的分离纯化与结构研究[J]. 沈阳药科大学学报，2008，25（4）：282-285.

**【药理参考文献】**

[1] 顾丽贞，张百舜，南继红，等. 四川大金钱草与广金钱草抗炎作用的研究[J]. 中国中药杂志，1988，13（7）：40-42.

[2] 阎婷，王佩琪，湛鸿利. 金钱草提取物的抗炎利胆作用[J]. 中国医院药学杂志，2010，30（10）：841-844.

[3] 马世平，张雅媛，松田秀秋，等. 金钱草抗炎利胆有效部位研究[J]. 世界科学技术：中医药现代化，2003，5（2）：45-47.

[4] 黄海兰，徐波，段春生. 金钱草提取物的抗氧化活性及其成分研究[J]. 中国油脂，2006，31（12）：48-51.

[5] 王斌贵，陈燕，张颖，等. 过路黄在食用油脂中抗氧化作用的研究[J]. 中国油脂，1991，（5）：17-21.

[6] Wu N，Ke Z，Wu S，et al. Evaluation of the antioxidant and endothelial protective effects of *Lysimachia christinae* Hance（Jin Qian Cao）extract fractions [J]. BMC Complementary & Alternative Medicine，2018，18（1）：128-131.

[7] 雷嘉川，廖志雄，余建清，等. 金钱草提取物对红细胞膜脂质过氧化损伤的保护作用[J]. 云南中医学院学报，2007，30（1）：33-34.

[8] 董良飞，高云涛，杨益林，等. 金钱草提取物体外清除活性氧及抗氧化作用研究[J]. 云南中医中药杂志，2006，27（3）：47-48.

[9] 吴亚妮，朱意丽，史洁文，等. 对金钱草多糖抗氧化性的研究[J]. 当代医药论丛，2014，12（2）：32-33.

[10] 崔慧敏，董俊兴，刘士军，等. 过路黄抗肿瘤活性成分研究[J]. 军事医学，2017，41（3）：213-217.

[11] 单海涛，徐乐，李俊葵，等. 芍药甘草加金钱草汤对新西兰兔离体输尿管平滑肌张力的影响[J]. 中医药临床杂志，2015，27（2）：238-241.

[12] 莫刘基，邓家泰，张金梅，等. 几种中药对输尿管结石排石机理的研究（摘要）[J]. 新中医，1985，（6）：51-52.

[13] 陶婷婷，吕伯东，黄晓军，等. 金钱草总黄酮提取液抑制大鼠草酸钙结石形成机制的研究[J]. 中国现代医生，2016，54（18）：30-33.

［14］王萍，沈玉华，谢安建，等. 金钱草提取液对尿液中草酸钙晶体生长的影响［J］. 安徽大学学报（自然科学版），2006，30（1）：80-84.
［15］王君明，刘菊，崔瑛，等. 金钱草提取物对雷公藤多苷致肝损伤的保护作用及机制研究［J］. 中国药学杂志，2013，48（1）：30-34.
［16］胡致君，李勇，刘超. 金钱草提取物的血管舒张作用及机制研究［J］. 黑龙江畜牧兽医，2017，（3 上）：198-200.

**【临床参考文献】**

［1］舒军. 过路黄腹水草治疗肝硬化 110 例［J］. 实用中医内科杂志，2005，19（2）：148.

## 715. 虎尾草（图 715）• *Lysimachia barystachys* Bunge

**图 715　虎尾草**　　　　　摄影　徐克学

**【别名】**重穗排草（浙江、江苏），狼尾花（浙江）。

**【形态】**多年生草本，具横走根茎，全株密被柔毛。茎直立，高 30 ～ 100cm。叶互生或近对生，长圆状披针形或倒披针形，长 4 ～ 10cm，宽 6 ～ 22mm，先端急尖，基部楔形；上表面绿色，下表面淡绿色，两面被毛；近无柄。总状花序顶生，花密集，常转向一侧；花序轴长 4 ～ 6cm，后渐伸长，果时长可达

30cm；苞片条形；花梗长 4 ～ 6mm；花萼 5 深裂，长 3 ～ 4mm，分裂近达基部，裂片椭圆形，边缘膜质；花冠白色，5 深裂，基部合生部分长约 2mm，裂片舌状狭长圆形，先端钝或微凹，常有暗紫色短腺条；雄蕊内藏，花丝基部约 1.5mm 合生并贴生于花冠基部，分离部分长约 3mm，具腺毛；花药椭圆形，长约 1mm；子房无毛，花柱短，长 3 ～ 3.5mm。蒴果球形，直径 2.5 ～ 4mm。花期 5 ～ 8 月，果期 6 ～ 10 月。

**【生境与分布】**生于海拔 2000m 以下的草甸、山坡路旁灌丛间。分布于浙江、山东、江苏、安徽，另黑龙江、吉林、辽宁、内蒙古、河北、陕西、山西、云南、贵州、四川、河南、湖北等地均有分布；俄罗斯、日本、朝鲜也有分布。

**【药名与部位】**虎尾草，全草。

**【采集加工】**夏、秋季花期采挖，干燥。

**【药材性状】**全株被短柔毛。根茎短粗，无毛，淡紫色。须根表面红棕色，质脆，易折断，断面皮部淡红棕色，中心黄白色。茎表面绿色或淡紫色，质脆易折断，断面中部多中空。叶多皱缩，易碎，展平后呈长椭圆形或披针形，全缘，无柄或近无柄，上表面黄绿色，下表面灰绿色，对光透视有的可见黑色腺点。穗状花序顶生，有的可见残余的花果，花小，白色。蒴果球形，黑褐色。气微，味淡。

**【化学成分】**全草含黄酮类：槲皮素（quercetin）、山柰酚（kaempferol）、槲皮苷（quercitrin）、山柰酚 -3-*O*-β-D- 半乳糖苷（kaempferol-3-*O*-β-D-galactoside）、槲皮素 -3-*O*-β-D- 葡萄糖苷（quercetin-3-*O*-β-D-glucoside）[1]，山柰酚 -3- 葡萄糖苷（kaempferol-3-glucoside）、槲皮素 -3- 葡萄糖苷（quercetin-3-glucoside）、山柰酚 -3- 芸香糖苷（kaempferol-3-rutinoside）、槲皮素 -3- 芸香糖苷（quercetin-3-rutinoside）[2]，金丝桃苷（hyperoside）、三叶豆苷（trifolin）和山柰酚 -3-*O*-α-L- 鼠李糖基 -（1 → 6）-β-D- 葡萄糖苷［kaempferol-3-*O*-α-L-rhamnosyl-（1 → 6）-β-D-glucoside］[3]；甾体类：β- 谷甾醇（β-sitosterol）和胡萝卜苷（daucosterol）[1]；维生素类：维生素 C、$B_2$（vitamine C、$B_2$）等[4]；氨基酸类：谷氨酸（Glu）、天冬氨酸（Asp）、亮氨酸（Leu）、苏氨酸（Thr）、丝氨酸（Ser）和组氨酸（His）等[4]；元素：钠（Na）、镁（Mg）、铁（Fe）、钾（K）和钙（Ca）[4]。

地上部分含黄酮类：异鼠李素（isorhamnetin）、异槲皮苷（isoquercitrin）、槲皮苷（quercitrin）、山柰酚 -3-*O*-β-D- 葡萄糖苷（kaempferol-3-*O*-β-D-glucoside）、山柰酚 -3-*O*-β-D- 半乳糖苷（kaempferol-3-*O*-β-D-galactoside）、异鼠李素 -3-*O*-β-D- 芸香糖苷（isorhamnetin-3-*O*-β-D-rutinoside）、芦丁（rutin）[5]，槲皮素（quercetin）、山柰酚（kaempferol）、槲皮素 -3-*O*-（2, 6- 二 -*O*-α-L- 吡喃鼠李糖基）-β-D- 吡喃半乳糖苷［quercetin-3-*O*-（2, 6-di-*O*-α-L-rhamnopyranosyl）-β-D-galactopyranoside］、槲皮素 -7-*O*-α-L- 吡喃鼠李糖基 -3-*O*-α-L- 吡喃鼠李糖基 -（1 → 2）-β-D- 吡喃葡萄糖苷［quercetin-7-*O*-α-L-rhamnopyranoside-3-*O*-α-L-rhamnopyranosyl-（1 → 2）-β-D-glucopyranoside］、山柰酚 -3-*O*-（2, 6- 二 -*O*-α-L- 吡喃鼠李糖基）-β-D- 吡喃半乳糖苷［kaempferol-3-*O*-（2, 6-di-*O*-α-L-rhamnopyranosyl）-β-D-galactopyranoside］、山柰酚 -7-*O*-α-L- 吡喃鼠李糖基 -3-*O*-α-L- 吡喃鼠李糖基 -（1 → 2）-β-D- 吡喃葡萄糖苷［kaempferol-7-*O*-α-L-rhamnopyranosyl-3-*O*-α-L-rhamnopyranosyl-（1 → 2）-β-D-glucopyranoside］和金丝桃苷（hyperin）[6]。

**【性味与归经】**酸、涩，平。归肝、肺、脾经。

**【功能与主治】**活血散瘀，清热消肿，调经，利尿。用于月经不调，痛经，血崩，感冒风热，跌打损伤，水肿、高血压，风湿疼痛等。

**【用法与用量】**煎服 9 ～ 15g；外用适量。

**【药用标准】**云南药材 2005 一册和云南药品 1996。

**【附注】**《救荒本草》载有"虎尾草"，云："生密县山谷中。科苗高二三尺，茎圆，叶颇似柳叶而瘦短，又似兔耳尾，叶亦瘦窄，又似黄精叶，颇软，抪茎攒生。"核其图文，与本种相似。

药材虎尾草孕妇忌服。

**【化学参考文献】**

［1］曹俊伟，王宝源，钟惠民．虎尾草化学成分的研究［J］．青岛科技大学学报（自然科学版），2011，32（3）：268-271.

[2] Yasukawa K, Yoshida M, Yamanouchi S, et al. Flavonol glycosides from *Lysimachia barystachys* [J]. Biochem Syst Ecol, 1992, 20 (7): 707-708.
[3] 张振杰，刘泽平. 狼尾花化学成分的研究 [J]. 西北植物学报，1992，12 (3)：238-244.
[4] 周丽霞，姚宗仁，钟惠民. 野生植物虎尾草营养成分的研究及应用 [J]. 氨基酸和生物资源，2008，30 (2)：16-17.
[5] 郭利群，张丽玲. 虎尾草黄酮类化学成分研究 [J]. 生物质化学工程，2015，49 (4)：40-44.
[6] 万近福，袁琳，谭宁华，等. 虎尾草化学成分研究 [J]. 天然产物研究与开发，2009，21 (6)：966-969.

## 716. 矮桃（图 716）• *Lysimachia clethroides* Duby

图 716　矮桃　　摄影　李华东等

【别名】珍珠菜（江苏），狗尾巴草、红筋草（江苏南京），虎尾珍珠菜。

【形态】多年生草本，全株多少被黄褐色卷曲柔毛。具匍匐根茎，淡红色。茎直立，高 40 ～ 100cm，圆柱形，基部带红色，不分枝。叶互生，长椭圆形或椭圆形，长 6 ～ 16cm，宽 2 ～ 5cm，先端渐尖，基部楔形，两面散生黑色粒状腺点，近无柄或具长 2 ～ 10mm 的柄。总状花序顶生，盛花期长约 6cm，花密集转向一侧，后渐伸长，果时长 20 ～ 40cm；苞片条形，长 5 ～ 8mm；花梗长 4 ～ 6mm；花萼长 2.5 ～ 3mm，5 深裂至近基部，裂片椭圆形，具腺点，边缘膜质，有腺状缘毛；花冠白色，长 5 ～ 6mm，5 深裂，基部合生部分长约 1.5mm，裂片长圆形，有时上端散生黑色腺点；雄蕊内藏，花丝基部约 1mm 合生并贴生于花冠基部，分离部分长约 2mm，被腺毛；花药长圆形，长约 1mm；子房球形，花柱稍粗，长 3 ～ 3.5mm。蒴果近球形，直径 2.5 ～ 3mm。花期 5 ～ 7 月，果期 7 ～ 10 月。

【生境与分布】生于山坡林缘和草丛。分布于浙江、江西、江苏、福建、安徽，另东北、华中、西南、华南等各省区均有分布。

【药名与部位】珍珠菜（虎尾草），全草。

【采集加工】秋季采收，除去杂质，晒干。

【药材性状】呈段状。根茎短，簇生淡红棕色细根。茎圆柱形，中空，表面黄棕色至红棕色，可见细小纵向纹理。单叶，互生，多皱缩卷曲，展平后卵状椭圆形或阔披针形，长 6 ～ 14cm，宽 2 ～ 5cm，基部渐狭，先端渐尖，边缘光滑。叶两面疏被刚毛，上面棕褐色，可见黑色腺点；下面黄棕色。总状花序顶生，蒴果球形。气微，味微涩。

【药材炮制】除去杂质，洗净，切段，干燥。

【化学成分】全草含皂苷类：3β- 肉豆蔻酰氧基熊果 -12- 烯 -19, 28- 内酯（3β-myristoxyurs-12-en-19, 28-olide）、常春藤皂苷元（hederagenin）、桦木酸（betulinic acid）、熊果酸（ursolic acid）、19- 羟基熊果 -12- 烯 -28- 酸（19-hydroxyurs-12-en-28-oic acid）[1]，α- 香树脂醇（α-amyrin）、β- 香树脂醇（β-amyrin）、12- 熊果酸 -3-*O*-β-D- 葡萄糖苷（12-ursolic acid-3-*O*-β-D-glucoside）和 12- 熊果烷 -3-*O*-β-D- 葡萄糖苷（12-ursane-3-*O*-β-D-glucoside）[2]，羽扇豆醇（lupeol）、3β, 16α- 二羟基 -13, 28- 环氧 - 齐墩果烷 -3-*O*-{α-L- 鼠李糖基 -（1 → 2）-*O*-β-D- 葡萄糖基 -（1 → 4）［β-D- 葡萄糖基 -（1 → 2）］-α-L- 阿拉伯糖苷 }{3β, 16α-dihydroxy-13, 28-epoxy-oleanane-3-*O*-{α-L-rhamnosyl-（1 → 2）-*O*-β-D-glucosyl-（1 → 4）［β-D-glucosyl-（1 → 2）］-α-L-arabinoside}}、红毛紫钟苷 E（erythroposide E）[3]，（*Z*）- 马斯里酸 -3-*O*- 对香豆酸酯［（*Z*）-masuri acid-3-*O*-*p*-coumarate］、（*E*）- 马斯里酸 -3-*O*- 对香豆酸酯［（*E*）-masuri acid-3-*O*-*p*-coumarate］、（*Z*）-2α- 羟基熊果酸 -3-*O*- 对香豆酸酯［（*Z*）-2α-hydroxyusuric acid-3-*O*-*p*-coumarate］、（*E*）-2α- 羟基熊果酸 -3-*O*- 对香豆酸酯［（*E*）-2α-hydroxyusuric acid-3-*O*-*p*-coumarate］、（*Z*）- 委陵菜酸 -3-*O*- 对香豆酸酯［3-*O*-*p*-coumaroyl（*Z*）-tormentate］和（*E*）- 委陵菜酸 3-*O*- 对香豆酸酯［3-*O*-*p*-coumaroyl（*E*）-tormentate］[4]；黄酮类：柚皮素 -4′-*O*- 葡萄糖苷（naringin-4′-*O*-glucoside）[5]，蒙花苷（buddleoside）、槲皮素 -3-*O*-（6″-*O*- 反式香豆酰基）-β-D- 葡萄糖苷［quercetin-3-*O*-（6″-*O*-*trans*-coumaroyl）-β-D-glucoside］、山柰酚 -7-*O*- 葡萄糖苷（kaempferol-7-*O*-glucoside）、异鼠李素 -3-*O*- 芸香糖苷（isorhamnetin-3-*O*-rutinoside）、柚皮素（naringenin）、木犀草素（luteolin）[3]，紫云英苷（astragalin）、异槲皮苷（isoquercitrin）、山柰酚 -3-*O*- 芸香糖苷（kaempferol-3-*O*-rutinoside）、山柰酚 -3-*O*-（2, 6- 二 -*O*- 吡喃鼠李糖基吡喃葡萄糖苷［kaempferol-3-*O*-（2, 6-di-*O*-rhamnopyranosyl glucopyranoside）］[6]，山柰酚（kaempferol）、槲皮素（quercetin）、芦丁（rutin）、江户樱花苷（prunin）、银椴苷（tiliroside）[7]，异鼠李素（isorhamnetin）、山柰酚 -3-*O*-β-D- 半乳糖苷（kaempferol-3-*O*-β-D-galactoside）、山柰酚 -3-*O*-β-D-（6″- 对 - 香豆酰基）- 吡喃葡萄糖苷［kaempferol-3-*O*-β-D-（6″-*p*-coumaroyl）-glucopyranoside］、槲皮素 3-*O*-β-D- 葡萄糖苷（quercetin 3-*O*-β-D-glucoside）、槲皮素 -3′- 甲氧基 -3-*O*-β-D- 半乳糖苷（quercetin-3′-methoxy-3-*O*-β-D-galactoside）、槲皮素 3-*O*-β-D-（6″- 对 - 香豆酰）- 半乳糖苷［quercetin3-*O*-β-D-（6″-*p*-coumaroyl）-galactoside］、4′- 甲氧基 -5, 6- 二羟基异黄酮 -7-*O*-β-D- 吡喃葡萄糖苷（4′-methoxy-5, 6-dihydroxyisoflavone-7-*O*-β-D-glucopyranoside）[8]，山柰酚 -3-*O*-β-D- 芸香糖苷（kaempferol-3-*O*-β-D-rutinoside）、异鼠李素 -3-*O*-β-D- 芸香糖苷（isorhamnetin-3-*O*-β-D-rutinoside）、槲皮素 -3-*O*-（2, 6- 二鼠李糖基葡萄糖苷）［quercetin-3-*O*-（2, 6-dirhamnosyl glucoside）］、山柰酚 -3-*O*-（2, 6- 二鼠李糖基葡萄糖苷）［kaempferol-3-*O*-（2, 6-dirhamnosyl glucoside）］、二氢山柰酚（dihydrokaempferol）和圣草素（erodcyo）[9]；甾体类：豆甾 -5, 22（*E*）- 二烯 -3β- 醇［stigmasten-5, 22（*E*）-dien-3β-ol］、胡萝卜苷（daucosterol）[2]和豆甾醇（stigmasterol）[5]；木脂素类：（+）- 异落叶松酯醇 -9′-β-D- 吡喃葡萄糖苷［（+）-isolariciresinol-9′-β-D-glucopyranoside］和川素馨木脂苷（urolignoside）[10]；香豆素类：东莨菪内酯（scopoletin）[3]。

地上部分含酚酸类：4- 羟基苯乙酸 -4-*O*-β-D- 吡喃葡萄糖苷（4-hydroxyphenylacetic acid-4-*O*-β-D-glucopyranoside）、3, 4- 二羟基苯乙酸（3, 4-dihydroxyphenylacetic acid）、（*E*）-*p*- 香豆酸［（*E*）-*p*-coumaric acid］、咖啡酸（caffeic acid）、原儿茶酸（protocatechuic acid）、原儿茶酸 -4-*O*-β-D- 吡喃葡萄糖苷（protocatechuic acid-4-*O*-β-D-glucopyranoside）、α- 雷琐克酸 *-3-*O*-β-D- 吡喃葡萄糖苷（α-resorcyclic acid-3-

O-β-D-glucopyranoside）、龙胆酸-5-O-β-D-吡喃葡萄糖苷（gentisic acid-5-O-β-D-glucopyranoside）、香草酸-4-O-新橙皮苷（vanillic acid-4-O-neohesperidoside）、尼泊金酸-4-O-新橙皮苷（nipagin acid-4-O-neohesperidoside）、香草酸-4-O-β-D-（2-O-E-p-香豆酰）吡喃葡萄糖苷［vanillic acid-4-O-β-D-（2-O-E-p-coumaroyl）glucopyranoside］和原儿茶酸-3-O-β-D-吡喃木糖苷（protocatechuic acid-3-O-β-D-xylopyranoside）[11]；多元羧酸类：反式-乌头酸-5-乙酯（trans-aconitate-5-ethyl ester）、反式-乌头酸-6-乙酯（trans-aconitate-6-ethyl ester）、反式-乌头酸-1-乙酯（trans-aconitate-1-ethyl ester）和解乌头酸曲霉酸（itaconic acid）[11]；芳香苷类：（甲氧基羰基甲基）苯基-4-O-β-D-吡喃葡萄糖苷［（methoxycarbonylmethyl）phenyl-4-O-β-D-glucopyranoside］[11]；甘油糖酯类：1-O-（9Z, 12Z）-十八碳二烯酰基-3-O-［β-D-吡喃半乳糖基-（1→6）-O-β-D-吡喃半乳糖基-（1→6）-α-D-吡喃半乳糖基］甘油{1-O-（9Z, 12Z）-octadecadienoyl-3-O-［β-D-galactopyranosyl-（1→6）-O-β-D-galactopyranosyl-（1→6）-α-D-galactopyranosyl］glycerol}和1-O-（9Z, 12Z, 15Z）-十八碳三烯酰基-3-O-［β-D-吡喃半乳糖基-（1→6）-O-β-D-吡喃半乳糖基-（1→6）-α-D-吡喃半乳糖基］甘油{1-O-（9Z, 12Z, 15Z）-octadecatrienoyl-3-O-［β-D-galactopyranosyl-（1→6）-O-β-D-galactopyranosyl-（1→6）-α-D-galactopyranosyl］glycerol}[12]；三萜皂苷类：矮桃苷A、B、C、D、E、F、G、H（clethroidoside A、B、C、D、E、F、G、H）、3-O-β-D-吡喃葡萄糖基-（1→2）-［α-L-吡喃鼠李糖基-（1→2）-β-D-吡喃葡萄糖基-（1→4）］-α-L-吡喃阿拉伯糖基-3β, 16α, 28-三羟基齐墩果-12-烯{3-O-β-D-glucopyranosyl-（1→2）-［α-L-rhamnopyranosyl-（1→2）-β-D-glucopyranosyl-（1→4）］-α-L-arabinopyranosyl-3β, 16α, 28-trihydroxyolean-12-ene}、单条草苷（candidoside）、紫金牛苷E（ardisianoside E）、3-O-β-D-吡喃葡萄糖基-（1→2）-［α-L-鼠李糖基-（1→2）-β-D-吡喃葡糖基-（1→4）］-α-L-吡喃阿拉伯糖基-13β, 28-环氧-3β, 16α-二羟基齐墩果烷{3-O-β-D-glucopyranosyl-（1→2）-［α-L-rhamnopyranosyl-（1→2）-β-D-glucopyranosyl-（1→4）］-α-L-arabinopyranosyl-13β, 28-epoxy-3β, 16α-dihydroxyoleanane}、假排草苷1（lysikokianoside 1）和虎舌红苷E（ardisimamiloside E）[13]；内酯类：银树素（leudrin）[12]和珍珠菜内酯A、B、C（lysilactone A、B、C）[14]；黄酮类：异鼠李素-3-O-β-D-吡喃葡萄糖苷（isorhamnetin-3-O-β-D-glucopyranoside）、槲皮素-3-O-β-D-6″-乙酰基吡喃葡萄糖苷（quercetin-3-O-β-D-6″-acetylglucopyranoside）、槲皮素-7-O-β-D-吡喃葡萄糖苷（quercetin-7-O-β-D-glucopyranoside）、2-羟基柚皮素-5-O-β-D-吡喃葡萄糖苷（2-hydroxynaringetol-5-O-β-D-glucopyranoside）、山柰酚-3-O-洋槐糖苷（kaempferol-3-O-robinobioside）和山柰酚-3, 7-二-O-β-D-吡喃葡萄糖苷（kaempferol-3, 7-di-O-β-D-glucopyranoside）[15]；多元羧酸酯类：3-羧乙基-3-羟基戊二酸1, 5-二甲酯（3-carboxyethyl-3-hydroxyglutaric acid 1, 5-dimethyl ester）和苹果酸-1-甲基-4-乙酯（malic acid-1-methyl-4-ethyl ester）[12]；生物碱类：2-乙基-3-甲基马来酰亚胺-N-β-D-吡喃葡萄糖苷（2-ethyl-3-methylmaleimide-N-β-D-glucopyranoside）[12]。

根含三萜皂苷类：23-羟基熊果酸（23-hydroxy ursolic acid）和齐墩果酸（oleanolic acid）[16]；黄酮类：山柰酚-3-O-β-D-吡喃葡萄糖苷（kaempferol-3-O-β-D-glucopyranoside）、山柰酚-3-O-β-D-（2-O-β-D-吡喃葡萄糖基）吡喃葡萄糖苷［kaempferol-3-O-β-D-（2-O-β-D-glucopyranosyl）glucopyranoside］、（+）-儿茶素［（+）-catechin］和（-）表儿茶素［（-）epicatechin］[17]；酚苷类：异它乔糖苷（isotachioside）[16]；呋喃类：甲基-α-D-呋喃果糖苷（methyl-α-D-fructofuranoside）[16]；甾体类：β-谷甾醇（β-sitosterol）[16]；酚酸类：对羟基苯甲酸（p-hydroxybenzoic acid）、3-甲氧基-4-羟基苯甲酸（3-methoxy-4-hydroxybenzoic acid）、3, 4-二羟基苯甲酸（3, 4-dihydroxybenzoic acid）和3, 5-二羟基苯甲酸（3, 5-dihydroxybenzoic acid）[3]；芪类：（E）-2, 3, 5, 4′-四羟基二苯乙烯-2-O-β-D-吡喃葡萄糖苷［（E）-2, 3, 5, 4′-tetrahydroxystilbene-2-O-β-D-glucopyranoside］和（E）-2, 3, 5, 4′-四羟基二苯乙烯-3-O-β-D-吡喃葡萄糖苷［（E）-2, 3, 5, 4′-tetrahydroxystilben-3-O-β-D-glucopyranoside］[17]；脂肪酸类：正十六烷酸（n-hexadecanoic acid）[16]；核苷类：尿苷（uridine）[16]。

【药理作用】1. 抗肿瘤　全草乙醇提取的黄酮类物质对淋巴肉瘤1号腹水型转实体、小鼠肉瘤S180、小鼠宫颈癌、肝癌腹水型转实体、艾氏腹水癌转实体及小鼠网细胞肉瘤腹水型均有较明显的抑制作用[1]；

根或全草中提取的黄酮苷成分对人白血病 HL-60 及 K562 细胞的增殖有明显的抑制作用，在 400mg/kg 剂量下对肝癌 H22 实体瘤有明显的抑制作用，抑瘤率在 30% 以上，并可明显下调小鼠肝癌 H22 肿瘤组织中 PCNA 的阳性表达，其抑制强度也呈剂量依赖性趋势[2, 3]；全草中提取的黄酮苷对 L615 白血病小鼠有较明显的抑制作用，以 500mg/kg 剂量组的抑制作用最为显著，生命延长率为 260.68%，有 6 只试验小鼠中有 3 只可长期存活[4]；全草总黄酮提取物在体内外对肝癌模型小鼠和宫颈癌模型小鼠均具有明显的抑瘤及抗转移作用，其作用机制与它对多种凋亡相关蛋白和血管内皮生长因子的调控有关[5]；全草中提取的总黄酮在体外对 L1210 白血病小鼠和人慢性粒细胞白血病 K562 细胞的增殖均有抑制作用，且对小鼠给予 200mg/kg 剂量的药液其抑瘤率可达 45%[6]。2. 抗氧化 全草甲醇提取物对 1, 1- 二苯基 -2- 三硝基苯肼（DPPH）自由基和 2, 2′- 联氮 - 二（3- 乙基 - 苯并噻唑 -6- 磺酸）二铵盐（ABTS）自由基均有明显的清除作用，具有还原 $Fe^{3+}$ 的作用[7, 8]；全草提取物可降低四氯化碳诱导的急性肝损伤模型小鼠的谷丙转氨酶、天冬氨酸基转移酶和丙二醛水平[8]；全草的乙酸乙酯和正丁醇提取物具有明显清除 1, 1- 二苯基 -2- 三硝基苯肼自由基和 2, 2′- 联氮 - 二（3- 乙基 - 苯并噻唑 -6- 磺酸）二铵盐自由基的作用；石油醚和正丁醇提取物对 α- 葡萄糖苷酶有明显的抑制作用[9]。3. 抗炎镇痛 全草中提取的总黄酮高剂量组（1g/kg）可显著提高小鼠热刺激的痛阈值；水提取物和 50% 乙醇提取物大孔树脂水洗脱部分能显著抑制肉芽肿的形成[10]。4. 抗血栓 全草乙醇提取物可显著抑制二磷酸腺苷（ADP）诱导的血小板聚集，抑制胶原蛋白的形成，并有效降低小鼠血栓栓塞导致的死亡率[11]。

**【性味与归经】**辛、涩，平。

**【功能与主治】**清热利湿，活血散瘀，解毒消痈。主治水肿，热淋，黄疸，痢疾，风湿热痹，带下，经闭，跌打骨折，外伤出血，乳痈，疔疮，蛇咬伤。

**【用法与用量】**煎服 15 ～ 30g；外用适量。

**【药用标准】**浙江药材 2006、湖北药材 2009、江苏药材 1989 增补、云南药品 1996 和云南药材 2005 一册。

**【临床参考】**1. 鼻衄：根适量，水煎服，连服 5 日[1]。

2. 水肿胀满：全草 15g，加玉米须 30g，水煎服。（《宁夏中草药手册》）

3. 尿路感染：全草 15g，加萹蓄 15g、车前草 30g，水煎服。

4. 白带：全草 15g，加平地木 15g、椿根白皮 9g，水煎服。（3 方、4 方引自《安徽中草药》）

**【附注】**清《植物名实图考》在扯根菜条载：“按此草，湖南坡陇上多有之。俗名矮桃，以其叶似桃叶，高不过二三尺，故名。俚医以为散血之药。”据文及附图，似为本种。

**【化学参考文献】**


[1] Xu Q M，Liu Y L，Feng Y L，et al. A new E-ring γ-lactone pentacyclic triterpene from *Lysimachia clethroides*，and its cytotoxic activities [J]. Chem Nat Compd，2012，48（4）：597-600.

[2] 岳淑梅，陈百泉，苑鹏飞，等. 矮桃化学成分研究 [J]. 中国药学杂志，2011，46（5）：341-343.

[3] 邹海艳，屠鹏飞. 珍珠菜化学成分的研究 [J]. 中草药，2009，40（5）：704-708.

[4] 许琼明，唐丽华，李夏，等. 珍珠菜中五环三萜 -3-*O*- 对香豆酸酯类化学成分的分离鉴定 [J]. 中国药学杂志，2010，45（11）：825-827.

[5] 任风芝，郄建坤，屈会化，等. 珍珠菜脂溶性部位的化学成分研究 [J]. 解放军药学学报，2001，17（4）：178-180.

[6] Yasukawa K，Takido M. Studies on the chemical constituents of genus *Lysimachia*. I：On the whole parts of *Lysimachia japonica* Thunb. and *Lysimachia clethmides* Duby [J]. Yakugaku Zasshi，1986，106（10）：939-941.

[7] 邹海艳，屠鹏飞. 珍珠菜黄酮类化合物的研究 [J]. 中国天然药物，2004，2（1）：59-61.

[8] 丁林芬，郭亚东，吴兴德，等. 珍珠菜黄酮类化学成分研究 [J]. 中成药，2010，32（5）：827-831.

[9] 吴威，王春枝，李夏，等. 珍珠菜抗肿瘤有效部位化学成分研究 [J]. 中草药，2011，42（1）：38-41.

[10] 丁林芬，郭亚东，吴兴德，等. 半制备反相高效液相色谱法分离珍珠菜中木脂素类成分 [J]. 昆明学院学报，2009，31（3）：42-43.

[ 11 ] Liang D, Hao Z Y, Liu Y F, et al. Bioactive carboxylic acids from *Lysimachia clethroides* [ J ] . J Asian Nat Prod Res, 2013, 15 ( 1 ) : 59-66.

[ 12 ] Liang D, Liu Y, Hao Z, et al. Chemical constituents from the aerial parts of *Lysimachia clethroides* [ J ] . Chin J Chem, 2012, 30 ( 6 ) : 1269-1272.

[ 13 ] Liang D, Hao Z Y, Zhang G J, et al. Cytotoxic triterpenoid saponins from *Lysimachia clethroides* [ J ] . J Nat Prod, 2011, 74 ( 10 ) : 2128-2136.

[ 14 ] Liang D, Luo H, Liu Y F, et al. Lysilactones A-C, three 6H-dibenzo [ b, d ] pyran-6-one glycosides from *Lysimachia clethroides*, total synthesis of lysilactone A [ J ] . Tetrahedron, 2013, 69 ( 9 ) : 2093-2097.

[ 15 ] 梁东，刘彦飞，郝志友，等 . 珍珠菜中黄酮苷类成分研究 [ J ] . 中国中药杂志，2015，40 ( 1 ) : 103-107.

[ 16 ] Ding L F, Yin-Hai M A, Xing-De W U. Chemical constituents of *Lysimachia clethroides* Duby [ J ] . Nat Prod Res Dev, 2010, 22 ( 6 ) : 984-986.

[ 17 ] Wan J F, Yang C H, Dong M. Chemical constituents from *Lysimachia clethroides* [ J ] . Nat Prod Res Dev, 2011, 23 ( 1 ) : 59-62.

**【药理参考文献】**

[ 1 ] 空军汉口医院肿瘤防治小组 . 珍珠菜黄酮苷抗肿瘤作用的实验研究 [ J ] . 武汉医学院学报，1977，( 5 ) : 85.

[ 2 ] 唐丽华，徐向毅，游本刚，等 . 珍珠菜总黄酮苷的抗肿瘤作用及机制研究 [ J ] . 上海中医药杂志，2007，41 ( 5 ) : 74-76.

[ 3 ] 唐丽华，游本刚，徐向毅，等 . 珍珠菜总黄酮苷诱导 HL-60 细胞凋亡作用的研究 [ J ] . 上海中医药大学学报，2007，21 ( 1 ) : 54-57.

[ 4 ] 空军汉口医院肿瘤防治小组 . 珍珠菜黄酮甙对实验性小鼠 L615 白血病的疗效初步小结 [ J ] . 武汉医学院学报，1980，( 1 ) : 81-82，104.

[ 5 ] 王祎茜 . 珍珠菜总黄酮提取物 ZE4 抗肝癌和宫颈癌的作用及机制 [ D ] . 苏州：苏州大学硕士学位论文，2007.

[ 6 ] 张威，唐丽华，梁中琴，等 . 珍珠菜提取物对白血病细胞的抑制作用 [ J ] . 抗感染药学，2007，4 ( 2 ) : 62-65.

[ 7 ] 李彩芳，宋艳丽，刘瑜新，等 . 珍珠菜的抗氧化活性 [ J ] . 精细化工，2008，25 ( 12 ) : 1191-1193.

[ 8 ] Wei J F. Antioxidant activities *in vitro* and hepatoprotective effects of *Lysimachia clethroides* Duby on $CCl_4$-induced acute liver injury in mice [ J ] . African Journal of Pharmacy & Pharmacology, 2012, 6 ( 10 ) : 743-750.

[ 9 ] Wei J F. Antioxidant and a-glucosidase inhibitory compounds in *Lysimachia clethroides* [ J ] . African Journal of Pharmacy & Pharmacology, 2012, 6 ( 46 ) : 3230-3234.

[ 10 ] 邹海艳 . 珍珠菜化学成分及其生物活性研究 [ D ] . 北京：北京大学硕士学位论文，2004.

[ 11 ] Lee J O, Dong H P, Sang H J, et al. The Antithrombotic activity of ethanol extract of *Lysimachia clethroides* [ J ] . Journal of the Korean Society for Applied Biological Chemistry, 2010, 53 ( 3 ) : 384-387.

**【临床参考文献】**

[ 1 ] 方宗国 . 珍珠菜根治疗鼻衄 [ J ] . 基层中药杂志，1995，9 ( 4 ) : 43.

## 717. 腺药珍珠菜（图 717）• *Lysimachia stenosepala* Hemsl.

**【形态】**多年生草本，全株近无毛。茎直立，高 30 ～ 65cm，上部明显四棱形，通常有分枝。叶对生，在茎上部常互生，叶片披针形至长椭圆形，长 4 ～ 10cm，宽 0.8 ～ 4cm，先端急尖，基部渐狭，柄基部常扩大呈耳状抱茎；上表面绿色，下表面粉绿色，两面边缘散生暗紫色或黑色腺点或短腺条，无柄或具长 0.5 ～ 10mm 的短柄。总状花序顶生；苞片条形，长 3 ～ 5mm；花梗长 2 ～ 7mm，果时稍伸长；花萼长约 5mm，5 深裂至近基部，裂片条状披针形，边缘膜质；花冠白色，钟状，长 6 ～ 8mm，基部合生部分长约 2mm，裂片倒卵状长圆形或，先端圆钝；雄蕊与花冠近等长，花丝贴生于花冠裂片的中下部，分离部分长约 2.5mm；花药条形，长约 1.5mm，药隔顶端有红色腺体；子房无毛，花柱细长，长达 5mm。蒴果球形，直径约 3mm。花期 5 ～ 6 月，果期 7 ～ 10 月。

**图 717　腺药珍珠菜**　　　　摄影　刘兴剑

**【生境与分布】**生于海拔 850 ～ 2500m 的山谷林缘、溪边和山坡草地湿润处。分布于浙江，另陕西、贵州、四川、湖北、湖南等地均有分布。

**【药名与部位】**散血草，全草。

**【采集加工】**夏季开花时采收，晒干。

**【药材性状】**长 30 ～ 65cm。根须状，长 10 ～ 20cm。茎下部近圆柱形，上部四棱形，通常分枝；表面黄棕色或紫棕色；质柔韧，不易折断，断面中空。叶对生，茎上部叶通常互生；多破碎，完整叶片展平后呈披针形至卵状披针形，长 4 ～ 10cm，宽 0.8 ～ 4cm，表面棕绿色或棕褐色，先端急尖或渐尖，基部渐狭，无柄或具短柄。总状花序顶生或腋生。气微，味微苦。

**【化学成分】**全草含脂肪酸类：亚麻油酸乙酯（ethyl linolenate）、6, 9, 12, 15- 二十二碳四烯酸甲酯（methyl 6, 9, 12, 15-docosatetraenoate）、棕榈酸乙酯（ethyl palmitate）、（*Z, Z, Z*）-9, 12, 15- 十八碳三烯酸 -2, 3- 二羟基甘油酯［（*Z, Z, Z*）-9, 2, 15-octadecatrienoic acid-2, 3-dihydroxypropyl este］、2- 富马酸二丁酯［dibutyl 2-butenedioate］[1,2] 和亚油酸（linoleic acid）[3]；多元羧酸类：乌头酸（aconitic acid）[3]；三萜皂苷类：齐墩果酸（oleanolic acid）、熊果酸（ursolic acid）和 2a, 3a, 19a, 23- 四羟基熊果 -12- 烯 -28- 酸（2a, 3a, 19a, 23-tetrahydroxyurs-12-en-28-oic acid）等[3]；黄酮类：木犀草素（luteolin）、山柰酚

（kaempferol）、槲皮素（quercetin）、（－）表儿茶素［（－）-epicatechin］和山柰酚 -3-*O*-β-D- 吡喃半乳糖苷（kaempferol-3-*O*-β-D-galactopyranoside）[3]；甾体类：β- 谷甾醇（β-sitosterol）、豆甾醇（stigmasterol）和胡萝卜苷（daucosterol）[3]；酚酸类：3, 4- 二羟基苯甲酸甲酯（methyl 3, 4-dihydroxybenzoate）[3]，阿魏酸（ferulic acid）[1, 2] 和对羟基肉桂酸（*p*-hydroxycinnamic acid）[3]；倍半萜类：环氧化红没药烯（bisabolene epoxide）[1, 2]；多元醇类：木糖醇（xylitol）[3]；其他尚含：2, 6- 十六烷基 -1-（+）-抗坏血酸酯［2, 6-dihexacosyl-1-（+）-ascorbate］和异佛尔酮衍生物（isophorone ramification）[1,2]。

**【性味与归经】**苦、涩，平。归肝、膀胱经。

**【功能与主治】**活血调经，利尿通淋，解毒消肿。用于月经不调，崩漏下血，热淋，乳蛾。

**【用法与用量】**煎服 15 ～ 30g；外用适量。

**【药用标准】**贵州药材 2003。

**【化学参考文献】**

［1］刘广军，刘建勇 . 腺药珍珠菜挥发性成分分析［J］. 济宁学院学报，2010，31（3）：21-24.

［2］刘建勇 . 珍珠菜属植物挥发性成分分析及其活性成分抗氧化机制研究［D］. 青岛：青岛科技大学硕士学位论文，2010.

［3］曹现平 . 腺药珍珠菜和毒瓜及酸叶胶藤化学成分的研究［D］. 青岛：青岛科技大学硕士学位论文，2012.

## 2. 点地梅属 *Androsace* Linn.

多年生或一、二年生小草本。叶通常基生或簇生于根茎上，形成莲座状叶丛，极少互生于直立的茎上。由叶丛中抽出若干花葶；花组成伞形花序生于花葶顶端，很少单生而无花葶；花萼钟状至杯状，5 裂，宿存；花冠白色、粉红色或深红色，少有黄色，筒部短，通常呈坛状，约与花萼等长，喉部常收缩成环状突起，裂片 5 枚，裂片覆瓦状排列；雄蕊 5 枚，花丝极短，贴生于花冠筒上；花药卵形，先端钝；子房上位，花柱短，不伸出冠筒。蒴果近球形，5 瓣裂。

约 100 种，主要分布于北半球温带。中国 71 种 7 变种，主要分布于云南、四川及西藏，西北、华北、东北、华东、华南等地也有少量分布，法定药用植物 2 种。华东地区法定药用植物 1 种。

点地梅属与珍珠菜属的区别点：点地梅属叶全部基生，花葶无叶，花排成伞形或层叠伞形花序，稀单生；珍珠菜属叶茎生或同时有基生，花单生或排成总状、伞房、圆锥花序。

## 718. 点地梅（图 718）· *Androsace umbellata*（Lour.）Merr.

**【别名】**喉咙草（江苏、浙江），喉痛草（浙江），铜钱草（山东）。

**【形态】**一年生或二年生草本，全体被多细胞柔毛。主根不明显，具多数须根。叶基生，近圆形或卵圆形，直径 5 ～ 20mm，先端钝圆，基部浅心形至近圆形，边缘具三角状钝齿；叶柄长 1 ～ 4cm。花葶通常数枚自叶丛中抽出，高 4 ～ 15cm；伞形花序具 4 ～ 15 朵花；苞片卵形至披针形，长 3.5 ～ 4mm；花梗纤细，长 1 ～ 3cm，果时伸长可达 6cm，被柔毛并杂生具短柄的腺体；花萼杯状，长 3 ～ 4mm，5 深裂近达基部，裂片卵圆形，果期增大，呈星状展开；花冠白色，直径 4 ～ 6mm，筒部长约 2mm，短于花萼，喉部黄色，裂片长圆形。蒴果近球形，直径 2.5 ～ 4mm，白色。花期 2 ～ 4 月，果期 5 ～ 6 月。

**【生境与分布】**生于林缘、草地及疏林下。分布于江苏、浙江、福建、江西，另东北及华北各省区均有分布；朝鲜、日本、菲律宾、越南、缅甸、印度也有分布。

**【药名与部位】**点地梅（喉咙草），干燥或新鲜全草。

**【采集加工】**春末夏初采收全草，除去杂质，晒干或鲜用。

**【药材性状】**为短小草本，全体密被白色柔毛。长 8 ～ 15cm，须根褐色。叶呈莲座状基生，叶片多皱缩卷曲，有时破碎；完整者呈圆形至浅心形，边缘齿裂，叶柄长 1 ～ 2cm，向下两侧有膜质翅。花梗 6 ～ 10

**图 718 点地梅** 摄影 张芬耀等

枝自底座伸出，下部淡褐色向上呈淡黄色；伞形花序小花梗长 1 ～ 2cm，花萼草质，开展，直径 0.5cm。蒴果近球形，果皮 5 开裂。种子多数，黑色。气微，味微苦。

**【化学成分】**全草含黄酮类：山柰酚（kampferol）、槲皮素（quercetin）[1,2]，芦丁（rutin）[1]，北美红杉黄酮（sequoiaflavone）、扁柏双黄酮（hinokiflavone）、穗花杉双黄酮（amenioflavone）、罗波斯塔双黄酮（robustaflavone）[2]，异鼠李素（isorhamnetin）[2,3]，杨梅素 -3-*O*-β-D- 吡喃葡萄糖苷（myricetin-3-*O*-β-D-glucopyranoside）[4]，山柰酚 -7-*O*-α-L- 吡喃鼠李糖基 -3-*O*-β-D-（2-*O*- 乙酰吡喃葡萄糖基）-（1 → 3）-α-L- 吡喃鼠李糖苷［kaempferol-7-*O*-α-L-rhamnopyranosyl-3-*O*-β-D-（2-*O*-acetylglucopyranosyl）-（1 → 3）-α-L-rhamnopyranoside］、山柰酚 -7-*O*-α-L- 吡喃鼠李糖基 -3-*O*-β-D- 吡喃葡萄糖基 -（1 → 2）-（6-*O*- 反式 - 对羟基桂皮酰 -β-D- 吡喃葡萄糖基 -（1 → 2）-β-D- 吡喃葡萄糖苷［kaempferol-7-*O*-α-L-rhamnopyranosyl-3-*O*-β-D-glucopyranosyl-（1 → 2）-（6-*O*-*trans*-*p*-hydroxycinammoyl-β-D-glucopyranosyl-（1 → 2）-β-D-glucopyranoside］、山柰酚 -3, 7-*O*-α-L- 二吡喃鼠李糖苷（kaempferol-3, 7-*O*-α-L-dirhamnopyranoside）、山柰酚 -3-*O*-β-D- 吡喃葡萄糖基 -7-*O*-α-L- 吡喃鼠李糖苷（kaempferol-3-*O*-β-D-glucopyranosyl-7-*O*-α-L-rhamnopyranoside）、山柰酚 -3-*O*- 芸香糖苷（kaempferol-3-*O*-rutinoside）、山柰酚 -3-*O*-［α-L- 吡喃鼠李糖基 -（1 → 6）］-*O*-β-D- 吡喃葡萄糖基 -7-*O*-α-L- 吡喃鼠李糖苷 {kaempferol-3-*O*-［α-L-rhamnopyranosyl-（1 → 6）］-*O*-β-D-glucopyranosyl-7-*O*-α-L-rhamnopyranoside}、山柰酚 -3-*O*-［β-D- 吡喃葡萄糖基 -（1 → 3）］-3-*O*-α-L- 吡喃鼠李糖基 -7-*O*-α-L- 吡喃鼠李糖苷 {kaempferol-3-*O*-［β-D-glucopyranosyl-（1 → 3）］-3-*O*-α-L-rhamnopyranosyl-7-*O*-α-L-rhamnopyranoside}、槲皮素 -3-*O*- 芸香糖苷（quercetin-3-*O*-rutinoside）、槲皮素 -3-*O*-α-L- 吡喃鼠李糖基 -7-*O*-α-L- 吡喃鼠李糖苷（quercetin-3-*O*-α-L-rhamnopyranosyl-7-*O*-α-L-rhamnopyranoside）、槲皮素 -3-*O*-β-D- 吡喃葡萄糖基 -7-*O*-α-L- 吡喃鼠李糖苷（quercetin-3-*O*-β-D-glucopyranosyl-7-*O*-α-L-rhamnopyranoside）、异鼠李素 -3-*O*- 芸香糖苷（isorhamnetin-

3-*O*-rutinoside）、异鼠李素 -3-*O*-［α-L- 吡喃鼠李糖基 -（1 → 6）］-*O*-β-D- 吡喃葡萄糖基 -7-*O*-α-L- 吡喃鼠李糖苷 {isorhamnetin-3-*O*-［α-L-rhamnopyranosyl-（1→6）］-*O*-β-D-glucopyranosyl-7-*O*-α-L-rhamnopyranoside}[5]，山柰酚 -3-*O*-（3-*O*- 乙酰基）-α-L- 吡喃鼠李糖苷［kaempferol-3-*O*-（3-*O*-acetyl-）-α-L-rhamnopyranoside］、山柰酚 -3-*O*-（2-*O*- 乙酰基）-α-L- 吡喃鼠李糖苷［kaempferol-3-*O*-（2-*O*-acetyl-）-α-L-rhamnopyranoside］、山柰酚 -7-*O*-α-L- 吡喃鼠李糖苷（kaempferol-7-*O*-α-L-rhamnopyranoside）、山柰酚 -3-*O*-α-L- 吡喃鼠李糖苷（kaempferol-3-*O*-α-L-rhamnopyranoside）、山柰酚 -3-*O*-β-D- 吡喃葡萄糖苷（kaempferol-3-*O*-β-D-glucopyranoside）、山柰酚 -3-*O*-（3-*O*- 乙酰基）-α-L- 吡喃鼠李糖基 -7-*O*-α-L- 吡喃鼠李糖苷［kaempferol-3-*O*-（3-*O*-acetyl-）-α-L-rhamnopyranosyl-7-*O*-α-L-rhamnopyranoside］、山柰酚 -3-*O*-（4-*O*- 乙酰基）-α-L-吡喃鼠李糖基 -7-*O*-α-L- 吡喃鼠李糖苷［kaempferol-3-*O*-（4-*O*-acetyl-）-α-L-rhamnopyranosyl-7-*O*-α-L-rhamnopyranoside］、槲皮素 -3-*O*-α-L- 吡喃鼠李糖苷（quercetin-3-*O*-α-L-rhamnopyranoside）和槲皮素 -3-*O*-β-D-吡喃葡萄糖苷（quercetin-3-*O*-β-D-glucopyranoside）[6]；三萜皂苷类：报春宁素（primulanin）[1]，喉咙草素 A、B、C、D（saxifragifolin A、B、C、D）[7]，3-*O*-β-D- 吡喃葡萄糖基 -（1 → 2）-α-L- 吡喃阿拉伯糖基仙客来亭 A［3-*O*-β-D-glucopyranosyl-（1 → 2）-α-L-arabinopyranosyl cyclamiretin A］、3-*O*-β-D- 吡喃木糖基 -（1 → 2）-β-D- 吡喃葡萄糖基 -（1 → 4）-［β-D- 吡喃葡萄糖基 -（1 → 2）］-α-L- 吡喃阿拉伯糖基 -3β-羟基 -13β, 28- 环氧 -16- 氧代 - 齐墩果 -30- 醛 {3-*O*-β-D-xylopyranosyl-（1→2）-β-D-glucopyranosyl-（1→4）-［β-D-glucopyranosyl-（1 → 2）］-α-L-arabinopyranosyl-3β-hydroxy-13β, 28-epoxy-16-oxo-oleanan-30-al} 和 3-*O*-β-D- 吡喃木糖基 -（1 → 2）-β-D- 吡喃葡萄糖基 -（1 → 4）-α-L- 吡喃阿拉伯糖基 -3β- 羟基 -13β, 28- 环氧 -16- 氧代 - 齐墩果 -30- 醛［3-*O*-β-D-xylopyranosyl-（1 → 2）-β-D-glucopyranosyl-（1 → 4）-α-L-arabinopyranosyl-3β-hydroxy-13β, 28-epoxy-16-oxo-oleanan-30-al］[8]；甾体类：胡萝卜苷（daucosterol）[1] 和 3β-*O*-5, 25- 豆甾二烯 -β-D- 吡喃葡萄糖苷（3β-*O*-5, 25-stigmastadien-β-D-glucopyranoside）[2]；挥发油类：*n*- 十六烷酸（*n*-hexadecanoic acid）、弥罗松酚（ferruginol）、1- 萘丙醇（1-naphthalenepropanol）、（*Z*）-6- 辛癸烯酸［（*Z*）-6-octadecanoic acid］[3] 和 2, 3- 呋喃二醇（2, 3-furandiol）[9]；酚酸类：2, 4-二羟基 -6-（4- 羟基苯甲酰氧基）- 苯甲酸［2, 4-dihydroxy-6-（4-hydroxybenzoyloxyl）-benzoyl acid］[9]。

地上部分含酚类：2- 羟基 -4-*O*-β-D- 吡喃葡萄糖基苯乙酸（2-hydroxy-4-*O*-β-D-glucopyranosyl phenylacetic acid）和 2- 羟基 -4-*O*-β-D- 吡喃葡萄糖基苯乙酸甲酯（2-hydroxy-4-*O*-β-D-glucopyranosyl phenylacetic acid methylate）[10]。

**【药理作用】**1. 抗炎　全草提取物对小鼠耳肿胀、大鼠足趾肿胀均有显著的抑制作用，并呈量效关系[1]。2. 抗肿瘤　提取分离的喉咙草素 B（saxifragifolin B）对人肝癌 BEL-7402 细胞、肺癌 A549 细胞和胃癌 SGC7901 细胞实体瘤细胞具有凋亡和坏死的作用，并以浓度依赖的方式抑制肿瘤生长，诱导肿瘤细胞凋亡和坏死[2]；提取的三萜皂苷对非耐药的肿瘤细胞人非小细胞肺癌 A549 细胞、人卵巢腺癌 SK-OV-3 细胞、人皮肤恶性黑色素瘤 SK-MEL-2 细胞、人子宫肉瘤 MES-SA 细胞、人结直肠腺癌 HCT15 细胞均具有显著的抑制作用[3]。3. 促骨生成　全草提取物可明显升高股骨骨创伤模型大鼠血清中的钙、磷水平，钙、磷乘积及碱性磷酸酶（ALP）活性，且高剂量组创伤处骨密度明显降低，低剂量组弯曲能量明显升高；X 线片结果显示，点地梅高、低剂量组均比骨创伤模型组愈合效果好，显示其具有一定的促进骨创伤愈合的作用[4]。

**【性味与归经】**苦、辛，寒。

**【功能与主治】**清热解毒，消肿止痛。用于咽喉炎，小儿肺炎、赤眼、偏正头痛，疔疮肿毒。

**【用法与用量】**9 ～ 15g，鲜用 50g，捣敷患处。

**【药用标准】**上海药材 1994。

**【临床参考】**1. 急性扁桃体炎、咽喉炎：鲜全草 50g，加鲜大青叶 50g、鲜土牛膝 100g、鲜蒲公英 50g（干品减量），水煎服，每日 1 剂，儿童减半[1]。

2. 甲状软骨增生：全草 3g，水煎，每日 1 剂，代茶饮[2]。

3. 百日咳：全草 9 ～ 18g，水煎服。

4. 小儿肺炎：全草 3g，加江南星蕨 3g、前胡 3g、龙芽草 4.5g，水煎服。（3 方、4 方引自《浙江药用植物志》）

**【附注】**石莲叶点地梅 *Androsace integra*（Maxim.）Hand.-Mazz. 的花在青海作藏药点地梅药用。

**【化学参考文献】**

[1] 李承花，殷志琦，黄晓君，等. 点地梅的化学成分 [J]. 中国天然药物，2008，6（2）：123-125.

[2] 王文静，雷军，肖云川，等. 点地梅中双黄酮类化学成分的分离和鉴定的化学成分 [J]. 华西药学杂志，2011，26（5）：420-423.

[3] 黄先丽，王晓静，贾献慧. 点地梅的挥发油成分分析 [J]. 华西药学杂志，2011，26（5）：420-423.

[4] Liu Y Q，Staerk D，Nielsen M N，et al. High-resolution hyaluronidase inhibition profiling combined with HPLC-HRMS-SPE-NMR for identification of anti-necrosis constituents in Chinese plants used to treat snakebite [J]. Phytochemistry，2015，9：5-11.

[5] Lei J，Xiao Y C，Huang J，et al. Two new kaempferol glycosides from *Androsace umbellata* [J]. Helv Chim Acta，2009，92（7）：1439-1444.

[6] 雷军，肖云川，王文静，等. 点地梅中的黄酮苷成分 [J]. 中国中药杂志，2011，36（17）：2353-2357.

[7] Park J H，Kwak J H，Khoo J H，et al. Cytotoxic effects of triterpenoid saponins from *Androsace umbellata* against multi-drug resistance（MDR）and non-MDR cells [J]. Arch Pharm Res，2010，33（8）：1175-1180.

[8] Wang Y，Zhang D M，Ye W C，et al. Triterpenoid saponins from *Androsace umbellata* and their anti-proliferative activities in human hepatoma cells [J]. Planta Med，2008，74（10）：1280-1284.

[9] 雷军，肖云川，刘森，等. 点地梅中的两个化学成分 [J]. 中成药，2013，35（8）：1708-1710.

[10] Yin Z Q，Li C H，Wang Y，et al. Two new phenolic glycosides from the aerial parts of *Androsace umbellata* [J]. Chin Chem Lett，2009，20（7）：836-838.

**【药理参考文献】**

[1] 向彬，杨杰，周春花，等. 点地梅的抗炎镇痛作用研究 [J]. 中国医药科学，2014，2（3）：31-33.

[2] 李朋军，沈伟哉，叶文才，等. 点地梅提取物 saxifragifolin B 体外抗实体瘤活性研究 [J]. 中国病理生理杂志，2011，27（5）：838-842.

[3] Park J H，Kwak J H，Khoo J H，et al. Cytotoxic effects of triterpenoid saponins from *Androsace umbellata* against multidrug resistance（MDR）and non-MDR cells [J]. Archives of Pharmacal Research，2010，33（8）：1175-1180.

[4] 黄景，何开家，苏华，等. 点地梅提取物对大鼠股骨创伤愈合的影响 [J]. 重庆医学，2017，46（19）：2608-2611.

**【临床参考文献】**

[1] 臧浩. 点地梅合剂治疗急性扁桃体炎咽喉炎 [J]. 江苏医药，1976，（6）：56.

[2] 叶济苍. 点地梅能治疗甲状软骨增生 [J]. 新医学，1979，（2）：105.

# 九四　白花丹科 Plumbaginaceae

草本、小灌木或攀援植物。茎枝有明显的节，沿节多少呈“之”字形延展；在具基生叶的草本中，仅在根端成短缩而肥大的茎基。单叶互生或基生，全缘，偶为羽状浅裂或羽状缺刻，下部渐狭成柄，叶柄基部扩大或抱茎；通常无托叶。花两性，辐射对称，组成穗状花序、头状花序或倒圆锥状花序；总苞片鞘状，干膜质；小苞片着生于花萼基部；花萼管状、漏斗状或倒圆锥状，具 5 ～ 15 棱，干膜质，先端 5 裂；花冠管状或仅基部合生，裂片在花蕾时覆瓦状排列；雄蕊 5 枚，与花冠裂片对生；子房上位，1 室，花柱 5 枚，分离或合生，柱头近头状或线状。蒴果常包藏于宿存花萼内，开裂或不裂。

约 25 属，440 余种，广布于世界各地。中国 7 属，40 余种，分布于西南、西北、河南、华北、东北和沿海各省区，法定药用植物 3 属 4 种。华东地区法定药用植物 1 属，1 种。

白花丹科法定药用植物主要含醌类、香豆素类、皂苷类、酚酸类等成分。醌类多为萘醌，如白花丹素（plumbagin）、白花丹醌（plumbazeylanone）等；香豆素类如花椒内酯（xanthyletin）、栓质花椒素（suberosin）等；皂苷类多为三萜皂苷，如羽扇烯酮（lupenone）、乙酸羽扇豆醇酯（lupeol acetate）等；酚酸类如白花丹酸（plumbagic acid）、香草酸（vanillic acid）等。

白花丹属含香豆素类、皂苷类、生物碱类、萘醌类、酚酸类等成分。香豆素类如花椒内酯（xanthyletin）、栓花椒素（suberosin）、5- 甲氧基邪蒿素（5-methoxyseselin）等；皂苷类如羽扇烯酮（lupenone）、蒲公英赛醇（taraxasterol）、木栓醇（friedelinol）、羽扇豆酮（lupanone）等；生物碱类如降亚马逊安尼樟碱（norcanelilline）、新海胆灵 A（neoechinulin A）、哈尔满（harman）等；萘醌类如白雪花酮（chitranone）、3，3′- 双白花丹素（3，3′-biplumbagin）、3- 氯白花丹素（3-chloroplumagin）、白花丹酮（zeylanone）等；酚酸类如白花丹酸（plumbagic acid）、香草酸（vanillic acid）等。

## 1. 白花丹属 *Plumbago* Linn.

灌木、半灌木或多年生、稀一年生草本。叶互生，下部狭细成柄，叶柄基部常具耳，半抱茎。穗状或总状花序顶生；每小穗含 1 花，有 1 枚明显较萼短的苞片；花萼管状，花后常膨大成狭细圆锥状，具 5 条脉棱，先端有 5 枚远较筒部为短的裂片，沿萼着生具柄的腺；花冠高脚碟状，花冠筒细，远较萼长，裂片 5，先端圆或尖，外展成辐状冠檐；花丝基部扩张而内凹，花药条形；子房椭圆形、卵形至梨形；花柱 1 枚，柱头 5 枚，伸长，指状，内侧具钉状或头状腺质突起。蒴果先端常有花柱基部残存而成的短尖；种子椭圆形至卵形。

约 17 种，主要分布于热带。中国 2 种 1 变种，主要分布于华南与西南各省区南部，法定药用植物 1 种。华东地区法定药用植物 1 种。

### 719. 白花丹（图 719）• *Plumbago zeylanica* Linn.

**【别名】**白雪花（浙江）。

**【形态】**常绿亚灌木，高 1 ～ 3m，直立，多分枝；枝条开散或上端蔓状，常被明显钙质颗粒。单叶互生，纸质，通常长卵形，长 4 ～ 10cm，宽 2 ～ 5cm，先端急尖或渐尖，基部宽楔形，稍下延；叶柄短，基部扩大抱茎，具 2 片易脱落的耳状附属物。总状或穗状花序，顶生或腋生；花序梗长 5 ～ 15mm；花序梗与花序轴皆有头状或具柄的腺体；总苞片狭长卵状三角形至披针形，先端渐尖；小苞片 2 枚，条形；

**图 719 白花丹** 摄影 中药资源办

花萼长约 11mm，具 5 棱，先端有 5 枚三角形小裂片，几全长沿绿色部分着生具柄的腺体；花冠白色或微带蓝色，花冠筒长 1.8 ～ 2.2cm，先端 5 裂，冠檐裂片倒卵形，先端具短尖；雄蕊 5 枚，约与花冠筒等长，花药蓝色；子房椭圆形，有 5 棱，花柱无毛。蒴果长椭圆形，淡黄褐色，熟时上部裂成 5 果瓣。花期 10 月至翌年 3 月，果期 12 月至翌年 4 月。

**【生境与分布】**生于阴湿处或半遮阴处。分布于福建、浙江，另台湾、广东、广西、云南、贵州、四川等地均有分布，东南亚各国也有分布。

**【药名与部位】**白花丹，全草。

**【采集加工】**全年均可采收，干燥。

**【药材性状】**主根呈细长圆柱形，长可达 30cm，直径约 5mm，略弯曲，表面灰褐色或棕红色。茎圆柱形，直径 2 ～ 6mm，表面淡褐色或黄绿色，具细纵棱，节明显；质硬，易折断，断面皮部呈纤维状，淡棕黄色，中间髓部淡黄白色或白色，质松。叶片皱缩、破碎，多已脱落，完整者呈卵形或卵状长圆形，长 4 ～ 10cm，宽 3 ～ 5cm，淡绿色或黄绿色。花序穗状，顶生或腋生，花序轴有腺体；萼管有腺毛；花冠淡黄棕色。气微，味辛辣。

**【药材炮制】**除去杂质，洗净，润透，切段，干燥。

**【化学成分】**全草含甾体类：β- 谷甾醇 -3β- 吡喃葡萄糖苷（β-sitosterol-3β-glucopyranoside）、β- 谷甾醇 -3β- 吡喃葡萄糖苷 -6′-*O*- 棕榈酸酯（β-sitosterol-3β-glucopyranoside-6′-*O*-palmitate）[1]，β- 谷甾醇

（β-sitosterol）[1,2]，豆甾-5, 23-二烯醇（stigmasta-5, 23-dien-3β-ol）[3]，谷甾酮（sitosterone）、豆甾醇（stigmasterol）和豆甾醇乙酯（tigmasterol acetate）[4]；香豆素类：花椒内酯（xanthyletin）、美花椒内酯（xanthoxyletin）、栓花椒素（suberosin）、5-甲氧基邪蒿素（5-methoxyseselin）和邪蒿素（seselin）[1]；酚酸类：白花丹酸（plumbagic acid）[1]，香草酸（vanillic acid）[1,5]，对羟基苯甲醛（4-hydroxybenzaldehyde）和反式肉桂酸（*trans*-cinnamic acid）[2]；三萜皂苷类：羽扇烯酮（lupenone）、羽扇豆醇酯，即羽扇豆醇乙酯（lupeol acetate）[1,4]，木栓醇（friedelinol）、羽扇豆醇（lupeol）、羽扇豆酮（lupanone）[4]，1-酮-3β, 19α-二羟基熊果-12-烯-24, 28-二甲酯（1-keto-3β, 19α-dihydroxyurs-12-en-24, 28-dioic acid dimethyl ester）和 1-酮-3β, 19α-二羟基熊果-12-烯-24, 28-二甲酯-3-*O*-β-D-阿拉伯糖苷（1-keto-3β, 19α-dihydroxyurs-12-en-24, 28-dioic acid di-methyl ester-3-*O*-β-D-arabinopyranoside）[6]；生物碱类：3-吲哚甲醛（indole-3-carboxaldehyde）[2]；萘醌类：3, 6′-双白花丹素（3, 6′-biplumbagin），即白雪花酮（chitranone）、3, 3′-双白花丹素（3, 3′-biplumbagin）、3-氯白花丹素（3-chloroplumagin）、白花丹酮（zeylanone）、异白花丹酮（isozeylanone）、亚甲基-3, 3′-双白花丹素（methylene-3, 3′-diplumbagin）、1, 2（3）-四氢-3, 3′-双白花丹素［1, 2（3）-tetrahydro-3, 3′-biplumbagin］、白花丹醌（plumbazeylanone）、马替柿醌（maritinone）、椭圆叶柿醌（elliptinone）、茅膏醌（droserone）[1]，2-甲基-5, 8-二羟基萘醌（2-methyl-5, 8-dihydroxynaphthoquinone），即 2-甲基萘茜（2-methylnaphthazarin）、异柿萘醇酮（isoshinanolone）[1,2]，白花丹素（plumbagin）[1,2,7]，白花丹酸（plumbagic acid）和反式-（2*R*）-2, 3-二氢-2-羟基-3-甲基-1, 4-萘［*trans*-（2*R*）-2, 3-dihydro-2-hydroxy-3-methyl-1, 4-nanphthalene, i.e.dihydrosterone］[7]；烷烃酯类：壬酸壬酯（nonyl nonanoate）、8-甲基-十二碳-7-烯酸壬酯（nonyl 8-methyl-dodec-7-enoate）和 2, 5-二羟基-6-甲氧基苄酰苄酯（benzyl 2, 5-dihydroxy-6-methoxybenzoate）[4]；色原酮类：2, 5-二甲基-7-羟基-色原酮（2, 5-dimethyl-7-hydroxychromone）[2] 和 2, 2-二甲基-5-羟基-6-乙酰基色烯（2, 2-dimethyl-5-hydroxy-6-acetylchromene）[4]；挥发油类：樟脑（camphor）、α-蒎烯（α-pinene）、β-石竹烯（β-caryophyllene）、β-氧化石竹烯（β-caryophylleneoxide）、1, 8-桉油酚（1, 8-cineol）、香橙烯（aromadendrene）、胡椒烯（copaene）和 α-葎草烯（α-humulene）[8]；脂肪酸及酯类：亚油酸（linoleic acid）、棕榈酸（palmitic acid）、亚油酸乙酯（ethyl linoleate）和棕榈酸乙酯（ethyl palmitate）[8]。

茎含烯醇类：（3*R*, 5*S*, 6*Z*）-2, 6-二甲基-6-辛烯-2, 3, 5-三醇［（3*R*, 5*S*, 6*Z*）-2, 6-dimethyl-6-octene-2, 3, 5-triol］[9]；萘醌类：5-羟基-6-（1-羟基-1-甲基乙基）-2-甲基-1, 4-萘二酮［5-hydroxy-6-（1-hydroxy-1-methylethyl）-2-methyl-1, 4-naphthalenedione］、白花丹酮（zeylanone）[9] 和白花丹素（plumbagin）[10]。

地上部分含萘类：异柿萘醇酮（isoshinanolone）[11]，白花丹素 A、C（plumbagin A、C）、顺式-异柿萘醇酮-4-*O*-β-D-吡喃葡萄糖苷（*cis*-isoshinanolone-4-*O*-β-D-glucopyranoside）[12]，白花丹酸（plumbagic acid）[13, 14]，3-*O*-吡喃葡萄糖基白花丹酸甲酯（3-*O*-glucopyranosyl plumbagic acid methyl ester）、白花丹醌（plumbazeylanone）[11, 14] 和双矶松素（chitanone）[15]；三萜类：羽扇豆-20（29）-烯-3, 21-二酮［lup-20（29）-en-3, 21-dione］[14]，lβ, 3β, 11α-三羟基熊果-12-烯（lβ, 3β, 11α-trihydroxyurs-12-ene）[16]，羽扇烯酮（lupenone）、羽扇豆醇乙酸酯（lupeol acetate）[17]，α-香树脂醇（α-amyrin）、β-香树脂醇（β-amyrin）、蒲公英赛醇（taraxasterol）、φ-蒲公英赛醇（φ-taraxasterol）[18] 和羽扇豆醇（lupeol）[14, 18]；甾体类：胡萝卜苷（daucosterol）[14]，β-谷甾醇（β-sitosterol）、雄甾烷-1, 4-二烯-3, 17-二酮（androsta-1, 4-dien-3, 17-dione）和麦角二烯-3β, 5α, 6β-三醇（ergostadiene-3β, 5α, 6β-triol）[16]；生物碱类：3-吲哚甲醛（indole-3-carboxaldehyde）[11]，降亚马逊安尼樟碱（norcanelilline）[14]，新海胆灵 A（neoechinulin A）、哈尔满（harman）、*N*-（*N′*-苯甲酰基-*S*-苯丙氨酸基）-*S*-苯丙胺醇［*N*-（*N′*-benzoyl-*S*-phenylalaninyl）-*S*-phenylalaninol］[16]，白花丹胺 A、B、C、D、E、F、G（plumbagine A、B、C、D、E、F、G）、白花丹胺苷 A、B、C、D（plumbagoside A、B、C、D）、车前草胍氨酸（plantagoguanidinic acid）和车前草酰胺酸 B（plantagoamidinic acid B）[19]；酚酸类：对羟基苯甲醛（4-hydroxybenzaldehyde）、反式肉桂酸（*trans*-cinnamic acid）、香草酸（vanillic acid）[11]，丁香酸-4-*O*-β-D-吡喃葡萄糖苷（syringate-4-*O*-β-D-glucopyranoside）、3-（β-D-吡喃葡萄糖基）-4-甲氧基苯甲酸［3-（β-D-glucopyranosyloxy）-4-methoxybenzoic acid］、3′-*O*-β-D-吡喃葡萄糖基-白花丹酸（3′-*O*-β-D-glucopyranosyloxy-plumbagic acid）、3′-*O*-β-D-吡喃葡萄糖基-白花丹酸甲酯（methyl 3′-*O*-β-D-glucopyranosyloxy-plumbagate）、它乔糖苷（tachioside）、2, 6-二甲氧基-对苯二酚-1-*O*-β-D-吡喃葡萄糖苷（2, 6-dimethoxy-*p*-hydroquinone-1-*O*-β-D-glucopyranoside）[12]，补骨脂酚（bakuchiol）、12-羟基异补骨脂酚（12-hydroxyisobakuchiol）和白花丹酸丁酯（butyl plumbagate）[20]；黄酮类：2, 5-二甲基-7-羟基色原酮（2, 5-dimethyl-7-hydroxychromone）[2]，2-甲基-5-羟基色原酮（2-methyl-5-hydroxychromone）[12]，2, 5-二甲基-7-羟基-色原酮（2, 5-dimethyl-7-hydroxychromone）[11]，肥皂草素（saponaretin）、异荭草素（isoorientin）和异密穗蓼素（isoaffinetin）[20]；核苷类：尿苷（uridine）[14]；香豆素类：花椒内酯（xanthyletin）、美花椒内酯（xanthoxyletin）和补骨脂素（psoralen）[20]。

根含萘类：新异柿萘醇酮（neoisoshinanolone）、1-表新异柿萘醇酮（1-epineo-isoshinanolone）[21]，茅膏醌（droserone）、白花丹酮（zeylanone）[22]，3, 8-二羟基-6-甲氧基-2-异丙基-1, 4-萘醌（3, 8-dihydroxy-6-methoxy-2-isopropyl-1, 4-naphthoquinone）、5, 7-二羟基-8-甲氧基-2-甲基-1, 4-萘醌（5, 7-dihydroxy-8-methoxy-2-methyl-1, 4-naphthoquinone）[23]，3′-*O*-β-吡喃葡萄糖基白花丹酸（3′-*O*-β-glucopyranosylplumbagic acid）、3′-*O*-β-吡喃葡萄糖基白花丹酸甲酯（3′-*O*-β-glucopyranosyl plumbagic acid methyl ester）、白花丹素（plumbagin）、白雪花酮（chitranone）、马替柿醌（maritinone）、椭圆叶柿醌（elliptinone）、异柿萘醇酮（isoshinanolone）[24]，2-甲基-5-［（3-甲基-2-丁烯-1-基）氧基］-1, 4-萘二酮{2-methyl-5-［（3-methyl-2-buten-1-yl）oxy］-1, 4-naphthalenedione}[25]，黄钟花醌（lapachol）、2-异戊烯基-9-甲氧基-1, 8-二氧杂-双环戊［b, g］萘-4, 10-二酮{2-isopropenyl-9-methoxy-1, 8-dioxa-dicyclopenta［b, g］naphthalene-4, 10-dione}、9-羟基-2-异戊烯基-1, 8-二氧杂-双环戊［b, g］萘-4, 10-二酮{9-hydroxy-2-isopropenyl-1, 8-dioxa-dicyclopenta［b, g］naphthalene-4, 10-dione}、2-（1-羟基-1-甲基乙基）-9-甲氧基-1, 8-二氧杂-双环戊［b, g］萘-4, 10-二酮{2-（1-hydroxy-1-methylethyl）-9-methoxy-1, 8-dioxa-dicyclopenta［b, g］naphthalene-4, 10-dione}和5, 7-二羟基-8-甲氧基-2-甲基-1, 4-萘醌（5, 7-dihydroxy-8-methoxy-2-methyl-1, 4-naphthoquinone）[26]；蒽醌类：1-羟基-3-甲基-6-甲氧基蒽醌-8-*O*-β-D-吡喃木糖苷（1-hydroxy-3-methyl-6-methoxyanthraquinone-8-*O*-β-D-xylopyranoside）[22]；香豆素类：邪蒿素（seselin）、5-甲氧基邪蒿素（5-methoxyseselin）、栓花椒素（suberosin）、花椒内酯（xanthyletin）和美花椒内酯（xanthoxyletin）[24]；黄酮类：3, 3′, 4′, 5, 6-五羟基黄酮（3, 3′, 4′, 5, 6-pentahydroxyflavone）[27]和2′, 3, 4′, 6, 8-五羟基黄酮（2′, 3, 4′, 6, 8-pentahydroxyflavone）[28]；烯酮类：3-（2, 5-二甲基苯基）-1-（2-羟基苯基）-丙烯酮［3-（2, 5-dimethylphenyl）-1-（2-hydroxyphenyl）-propenone］[27]；元素：铝（Al）、砷（As）、硼（B）、钙（Ca）、镉（Cd）、钴（Co）、铬（Cr）、铜（Cu）、铁（Fe）、汞（Hg）、钾（K）、锰（Mn）、镁（Mg）、钼（Mo）、钠（Na）、镍（Ni）、磷（P）、钯（Pb）、硒（Se）、硅（Si）、锡（Sn）、锶（Sr）、钛（Ti）、钒（V）和锌（Zn）[29]。

**【药理作用】**1. 抗肝纤维化 全草水提取液能明显减轻四氯化碳致肝纤维化模型小鼠的肝细胞变性、坏死，降低肝纤维化程度，减轻实验性肝纤维化小鼠肝组织内纤维的增生[1]，并能显著降低四氯化碳诱导肝纤维化大鼠的血清谷丙转氨酶、天冬氨酸氨基转移酶、总胆红素、直接胆红素及间接胆红素含量，同时也能显著降低血清透明质酸、Ⅲ型前胶原、层黏蛋白、Ⅳ型胶原的含量，显著减轻大鼠肝纤维化程度，明显降低大鼠肝脏内Ⅰ型、Ⅲ型胶原蛋白和α-肌动蛋白的含量[2]；其生品及炮制品粉末对大鼠慢性肝损伤均具有一定的保护作用，炮制后能达到一定的减毒增效作用[3]；白花丹含药血清可抑制大鼠肝星状（HSC-T6）细胞增殖，诱导其凋亡，且作用具有剂量依赖性，其抑制机制可能是使HSC-T6细胞周期停滞于$G_0/G_1$期，阻止其通过$G_1/S$关卡[4]；从全草分离的成分白花丹醌（plumbazeylanone）对人肝星状HSC-LX2细胞具有明显的细胞毒作用，抑制增殖，诱导其凋亡，其机制可能与将细胞周期阻滞在$G_0/G_1$期而阻止细胞的分裂增殖，并上调p53、Bax蛋白表达和下调Bcl-2蛋白表达有关，对体外对转化生长

因子 -$\beta_1$ 刺激的培养 HSC-LX2 细胞，白花丹醌能明显降低其 NADPH 氧化酶 4（Nox4）mRNA 和蛋白质的表达，下调活性氧簇水平，降低 α- 平滑肌肌动蛋白的蛋白质表达，其机制可能是通过下调 Nox4 的表达进而降低活性氧簇生成从而发挥其抑制 HSC-LX2 细胞活化的作用[5-7]；白花丹醌可明显抑制瘦素诱导的 HSC-LX2 细胞增殖，该作用主要是通过抑制细胞由 $G_0/G_1$ 期向 S 期转变而产生的，作用机制可能与其降低 Cyclin Dl、Cyclin E1 蛋白水平，增加 p21 蛋白表达相关[8]，并从 mRNA 水平和蛋白质水平抑制 α- 平滑肌肌动蛋白和生长因子 -$\beta_1$ 的表达，从而抑制 HSC 肝脏细胞外基质的合成，发挥抗肝纤维化作用[9, 10]。2. 抗肿瘤　全草氯仿提取物、石油醚提取物、乙酸乙酯提取物和白花丹醌有一定抑制移植性 EMT-6 乳腺癌和 S180 肉瘤的作用[11]；在小鼠肝癌 H22 移植性肿瘤模型中，各剂量组白花丹醌对小鼠生存期具有明显延长作用[12]，并能升高荷瘤小鼠血清中白细胞介素 -2、肿瘤坏死因子 -α 的水平，发挥体内抗肿瘤作用[13]；白花丹醌能抑制人肝癌 HepG2 细胞的增殖，促进 HepG2 细胞凋亡，同时具有抑制 HepG2 细胞侵袭的能力，并能抑制血管内皮生长因子表达，从而发挥抗肿瘤作用[14, 15]；白花丹醌也能抑制 SMMC-7721 细胞的增殖，其机制与 Bax/Bcl-2 值上升和 Cyclin D1 转录水平下降有关[16]；白花丹醌还可能通过上调 p21 及下调 MMP-2/MMP-9 的表达水平，抑制人肝癌 SK-Hep-1 细胞增殖和侵袭，发挥抗肿瘤作用[17]；白花丹醌对人乳腺癌 mda-mb-231 细胞也具有较好的抑制作用[18]；白花丹醌还能抑制急性早幼粒细胞白血病 NB4 细胞的增殖，诱导细胞凋亡及阻滞细胞周期进程，其机制可能与激活包括 caspase-8 和 Bid 在内的 caspase 依赖途径有关[19, 20]；白花丹醌也能抑制人黑色素瘤 A375 细胞增殖并促进其凋亡，可能与白花丹醌抑制了 JAK-2/ 转录激活因子 3 信号通路蛋白的活化有关[21]；白花丹所含的白花丹素（plumbagin）能抑制骨肉瘤 MG-63 细胞的增殖、促进其凋亡，并呈浓度依赖性，其作用机制可能与升高细胞内活性氧（ROS）水平、激活线粒体途径有关，也与抑制肿瘤细胞血管内皮生长因子、基质金属蛋白酶 -2/9 的基因及蛋白质表达水平有关[22, 23]；也可通过细胞凋亡途径抑制骨肉瘤 U2OS 细胞的生长[24]；白花丹素能诱导舌癌 Tca-8113 细胞凋亡并具有放疗增敏作用，其机制可能与抑制细胞中核转录因子（NF-κB）的激活有关[25, 26]；白花丹素体内外能通过下调 *FoxM1* 基因的表达抑制食管癌细胞的增殖[27]。3. 抗生育　新鲜叶水醇提取物对雌性大鼠显示出非常显著的抗着床活性，且无雌激素活性[28]；茎的丙酮提取物、叶的丙酮及乙醇提取物和根的醇提取物能可逆性地有效阻断大鼠正常发情周期，延长发情间期，并具有明显的雌激素样及抗雌激素作用，从而发挥其抗生育作用[29-31]。4. 抗菌　叶的乙醇提取物对金黄色葡萄球菌、枯草芽孢杆菌、大肠杆菌与铜绿假单胞菌的生长具有较明显的抑制作用[32]；从根分离的化合物新异柿萘醇酮（neoisoshinanolone）和 1- 表新异柿萘醇酮（1-epineo-isoshinanolone）对柠檬节杆菌、蜡样芽孢杆菌、短小芽孢杆菌、乙酰丁胺梭菌、金黄色葡萄球菌、大肠杆菌、白色念珠菌和酵母菌的生长均具有一定的抑制作用[33]；甲醇及乙醇提取物对金黄色葡萄球菌、化脓链球菌、大肠杆菌、铜绿假单胞菌和伤寒沙门菌及白色念珠菌的生长均具有较明显的抑制作用[34]；根的提取物对金黄色葡萄球菌、肺炎链球菌、肺炎克雷伯菌、大肠杆菌及白色念珠菌的生长均具有明显的抑制作用[35]；茎皮的提取物也有一定的抗细菌及真菌的作用[36]；提取物对致病性曲霉菌、尼日尔曲霉、烟曲霉、悉尼曲霉、巢状曲霉、黄曲霉、杂色曲霉的生长有较明显的抑制作用，且其乙醇提取物的作用优于水提取物[37]。5. 抗疟疾　根中分离的白花丹素对斯氏按蚊第四龄幼虫具有明显的抑制作用[38]。6. 抗氧化　根的醇提取物对单线态氧自由基、混合自由基、羟自由基及香烟烟气自由基均具有一定的清除作用，具有较好的抗氧化作用，其抗氧化作用与浓度呈正相关[39]；白花丹素有较强的总抗氧化能力，能明显抑制油脂过氧化，且呈正相的剂量和时间效应[40]；提取物对 1, 1- 二苯基 -2- 三硝基苯肼（DPPH）自由基具有较强的清除作用，同时对铁离子具有较明显的还原力[34-36]。7. 抗炎镇痛　丙酮提取物能明显缓解卡拉胶所致大鼠的足肿胀；丙酮及石油醚提取物对热板法和福尔马林所致的疼痛具有一定的镇痛作用[41]。8. 抗溃疡　根的水提取物能明显抑制阿司匹林和吲哚美辛所致胃溃疡模型大鼠的胃黏膜损坏，其作用呈明显的剂量依赖性[42]。9. 增强免疫　提取物能有效延长小鼠的游泳时间[43]。10. 护肾　白花丹素对人肾小球系膜 HMC 的生长有呈时间、浓度依赖性的抑制作用，且 TGF-$\beta_1$、CTGF、FN mRNA 和蛋白质的表达下降[44]。

毒性 白花丹素对肝细胞有一定的毒性作用[45, 46]。

【性味与归经】辛、苦、涩，温。有毒。归肺、肝经。

【功能与主治】祛风，散瘀，解毒，杀虫。用于风湿性关节疼痛，慢性肝炎，肝区疼痛，血瘀经闭，跌打损伤，肿毒恶疮，疥癣，肛周脓肿，急性淋巴腺炎，乳腺炎，蜂窝组织炎，瘰疬未溃。

【用法与用量】煎服 10 ~ 15g；外用适量，煎水洗，或鲜品捣敷、涂搽患处。

【药用标准】白花丹：部标维药 1999、广西瑶药 2014 一卷、广西壮药 2008 和广西药材 1996。

【临床参考】1. 静脉输液外渗：鲜叶 200g 洗净，加入 50% 乙醇 1000ml 浸泡 48 ~ 72h 后提取浸渍液，用棉签蘸取涂搽于水肿处，每 10min 涂搽 1 次，一般涂搽 3 次[1]。

2. 跌打损伤：鲜根 100g，加白酒 250ml 浸泡 10 日，用时将药酒推擦伤处，每日 3 次[2]。

3. 体、股癣：鲜叶 30 ~ 50g，刮除癣屑，加 80% 乙醇 70ml，用叶蘸乙醇均匀用力擦患处，范围要超过病灶 2cm，以感到患处有烧灼感即可；较顽固、多年未愈的癣，将叶捣烂加乙醇少许后外敷患处 15min 左右，每日 2 次，连用 4 日，停 3 日。用时若有灼痛感立即除去外敷药[3]。

4. 痛痹：全草 15 ~ 20g（久煎），熬取汤汁 200ml 左右，分 2 ~ 3 次服，5 日 1 疗程，个别未见显效者，停服 3 日后可续用 5 日，关节酸痛特甚者，可配合鲜全草 30g 和以米面捣敷痛处，30min 后皮肤有灼热感即除去[4]。

【附注】本种的根民间也作药用。

药材白花丹孕妇及儿童禁服。本种有毒，尽量少内服，并注意控制剂量，外敷一般不超过 30min，过久会引起皮肤起泡等。

【化学参考文献】


[1] 谭明雄，王恒山，陈振锋，等. 白花丹化学成分和药理活性研究进展［J］. 中草药，2007，38（2）：289-293.

[2] 霍仕霞，闫明. 白花丹的研究进展［J］. 中国医药导报，2008，5（28）：17-18.

[3] Do D R，Nguyen X D. Chemical constituents of *Plumbago zeylanica* Lin.［J］. Tap Chi Hoa Hoc 1996，34（2）：67-70.

[4] Gupta M M，Verma R K，Gupta A P. A chemical investigation of *Plumbago zeylanica*［J］. Current Research on Medicinal and Aromatic Plants，1995，17（2）：161-164.

[5] 焦涛，刘超，吴春蕾，等. 白花丹的化学成分研究［J］. 时珍国医国药，2008，19（12）：2993-2994.

[6] Gupta A，Rai R，Siddiqui I R，et al. Two new triterpenoids from *Plumbago zeylanica*［J］. Fitoterapia，1998，69（5）：420-422.

[7] Dinda B，Saha S. A dihydronaphthaquinone from *Plumbago zeylanica.*［J］. Chemistry & Industry（London，United Kingdom），1986，（23）：823.

[8] Do D R，Nguyen X D. Chemical constituents of *Plumbago zeylanica* Lin.［J］. Tap Chi Hoa Hoc，1996，34（2）：67-70.

[9] Ohira S，Yokogawa Y，Tsuji S，et al. New naphthoquinone and monoterpenoid from *Plumbago zeylanica*［J］. Tetrahedron Lett，2014，55（48）：6554-6556.

[10] 杜泽乡. 桂林产白花丹茎不同月份白花丹醌含量测定［J］. 广西植物，2012，32（3）：424-426，349.

[11] 张倩睿，梅之南，杨光忠，等. 白花丹化学成分的研究［J］. 中药材，2007，30（5）：558-560.

[12] 唐晓光，王超，马骁驰，等. 白花丹地上部分的化学成分研究［J］. 中药材，2016，39（7）：1541-1544.

[13] Huang X Y，Tan M X，Wu Q，et al. Chemical constituents from the aerial parts of *Plumbago zeylanica* L.［J］. J Chin Pharm Sci，2008，17（2）：144-147.

[14] Min Y，Wang J，Yang J，et al. Chemical constituents of *Plumbago zeylanica* L.［J］. Advanced Materials Research（Durnten-Zurich，Switzerland），2011，308-310：1662-1664.

[15] Dinda B，Saha S. A new binaphthoquinone from *Plumbago zeylanica* Linn.［J］. Indian Journal of Chemistry，Section B：Organic Chemistry Including Medicinal Chemistry，1989，28B（11）：984-986.

[16] 黄小燕，谭明雄，吴强，等. 白花丹地上部分的化学成分［J］. 中国药学（英文版），2008，17（2）：144-147.

[17] Nguyen A T，Malonne H，Duez P，et al. Cytotoxic constituents from *Plumbago zeylanica*［J］. Fitoterapia，2004，75（5）：500-504.

[ 18 ] Dinda B, Saha S. Chemical constituents of *Plumbago zeylanica* aerial parts and *Thevetia neriifolia* roots [ J ] . J Indian Chem Soc, 1990, 67 ( 1 ) : 88-89.

[ 19 ] Cong H J, Zhang S W, Shen Y, et al. Guanidine alkaloids from *Plumbago zeylanica* [ J ] . J Nat Prod, 2013, 76 ( 7 ) : 1351-1357.

[ 20 ] Lin L C, Chou C J. Meroterpenes and C-glucosylflavonoids from the aerial parts of *Plumbago zeylanica* [ J ] . Chin Pharm J ( Taipei, Taiwan ) , 2003, 55 ( 1 ) : 77-81.

[ 21 ] Jetty A, Subhakar C, Rajagopal D, et al. Antimicrobial activities of neo-and 1-epineo-isoshinanolones from *Plumbago zeylanica* roots [ J ] . Pharm Biol, 2010, 48 ( 9 ) : 1007.

[ 22 ] Gupta A, Siddiqui I R, Singh J. A new anthraquinone glycoside from the roots of *Plumbago zeylanica* [ J ] . Indian J Chem, 2000, 39B ( 10 ) : 796-798.

[ 23 ] Gupta A, Singh J. New naphthoquinones from *Plumbago zeylanica* [ J ] . Pharm Biol, 1999, 37 ( 4 ) : 321-323.

[ 24 ] Lin L C, Yang L L, Chou C J. Cytotoxic naphthoquinones and plumbagic acid glucosides from *Plumbago zeylanica* [ J ] . Phytochemistry, 2003, 62 ( 4 ) : 619-622.

[ 25 ] Kishore N, Mishra B B, Tiwari V K, et al. A novel naphthoquinone from *Plumbago zeylanica* roots [ J ] . Chem Nat Compd, 2010, 46 ( 4 ) : 517-519.

[ 26 ] Kishore N, Mishra B B, Tiwari V, et al. Difuranonaphthoquinones from *Plumbago zeylanica* roots [ J ] . Phytochem Lett, 2010, 3 ( 2 ) : 62-65.

[ 27 ] Nile S H, Park S W. Biologically active compounds from *Plumbago zeylanica* [ J ] . Chem Nat Compd, 2014, 50 ( 5 ) : 905-907.

[ 28 ] Nile S H, Khobragade C N. Antioxidant activity and flavonoid derivatives of *Plumbago zeylanica* [ J ] . J Nat Prod ( Gorakhpur, India ) , 2010, 3: 130-133.

[ 29 ] Wang J X, Ding L, Xu Y Z, et al. Determination of inorganic element concentrations in the roots of *Plumbago zeylanica* L. [ J ] . Anal Lett, 2014, 47 ( 5 ) : 855-870.


**【药理参考文献】**


[ 1 ] 赵铁建，钟振国，方卓，等 . 白花丹提取物抗小鼠肝纤维化作用的研究 [ J ] . 广西中医药，2005，28 ( 4 ) : 50-52.

[ 2 ] 段雪琳，韦燕飞，廖丹，等 . 白花丹水煎液对四氯化碳诱导肝纤维化大鼠的干预作用 [ J ] . 世界华人消化杂志，2015，23 ( 7 ) : 1059-1067.

[ 3 ] 赵湘培，余胜民，陈少锋，等 . 白花丹炮制前后对大鼠四氯化碳慢性肝损伤模型的影响 [ J ] . 中南药学，2015，13 ( 3 ) : 266-269.

[ 4 ] 李荣华，彭岳，赵铁建，等 . 白花丹对大鼠肝星状细胞增殖、凋亡及细胞周期的影响 [ J ] . 世界华人消化杂志，2009，17 ( 12 ) : 1171-1177.

[ 5 ] 彭岳，苗维纳，赵铁建，等 . 白花丹醌对人肝星状细胞的细胞毒性及其机制的研究 [ J ] . 时珍国医国药，2016，27 ( 1 ) : 5-7.

[ 6 ] 韦燕飞，钟振国，黄仁彬，等 . 白花丹醌对人肝星状细胞凋亡及相关蛋白表达的影响 [ J ] . 世界华人消化杂志，2011，19 ( 4 ) : 349-354.

[ 7 ] 杨成芳，李丽，李勇文，等 . 白花丹醌对人肝星状细胞 Nox4/ROS 及 α-SMA 生成的影响 [ J ] . 中国病理生理杂志，2015，31 ( 12 ) : 2249-2253.

[ 8 ] 韦燕飞，李景强，张志伟，等 . 白花丹醌对瘦素刺激的人肝星状细胞周期及其相关蛋白表达的影响 [ J ] . 中草药，2012，43 ( 9 ) : 1776-1780.

[ 9 ] 刘雪梅，韦燕飞，彭岳，等 . 白花丹醌对瘦素诱导人肝星状细胞增殖与 α-SMA 表达的影响 [ J ] . 中国药理学通报，2010，26 ( 9 ) : 1154-1157.

[ 10 ] 韦燕飞，刘雪梅，唐爱存，等 . 白花丹醌对瘦素刺激人肝星状细胞转化生长因子 -β_1 表达的影响 [ J ] . 中国药理学通报，2010，26 ( 6 ) : 710-713.

[ 11 ] 张吉仲，刘圆，焦涛 . 白花丹不同有机溶剂提取物和白花丹醌对移植性乳腺癌和 S180 肉瘤的作用 [ J ] . 中国药理学通报，2008，24 ( 8 ) : 1040-1043.

[ 12 ] 张吉仲，李利民，刘圆 . 白花丹醌对 H_ ( 22 ) 肝癌腹水小鼠生存期及体重的影响 [ J ] . 华西药学杂志，2012，27 ( 3 ) :

279-280.

[ 13 ] 张吉仲，李利民，刘圆 . 白花丹醌对 H22 肝癌的抑制作用和对荷瘤小鼠血清中 IL-2 和 TNF-α 的影响 [ J ] . 华西药学杂志，2012，27（4）：402-403.

[ 14 ] 谢金玲，赵川，李俊萱，等 . 白花丹醌对人肝癌细胞 HepG2 侵袭和凋亡的影响 [ J ] . 中国药理学通报，2016，32（5）：687-691.

[ 15 ] 朱芳，伍钢，何远桥，等 . 白花丹醌对肝癌细胞 HepG2 增殖及血管内皮生长因子表达的影响 [ J ] . 中草药，2010，41（5）：775-778.

[ 16 ] 张吉仲，万谦，刘圆 . 白花丹醌对人肝癌细胞 HepG2、SMMC-7721 增殖及其 Bax/Bcl-2、Cyclin D1 mRNA 表达的影响 [ J ] . 中国药理学通报，2012，28（12）：1729-1732.

[ 17 ] 曹晓滓，王卉，张红梅，等 . 白花丹醌对人肝癌 SK-hep-1 细胞增殖及侵袭的影响 [ J ] . 中国癌症杂志，2013，23（9）：721-727.

[ 18 ] 刘超，刘圆，颜晓燕 . 白花丹醌对人乳腺癌细胞 mda-mb-231 的体外效应 [ J ] . 华西药学杂志，2008，23（1）：42-44.

[ 19 ] 赵艳丽，陆道培 . 白花丹醌对人急性早幼粒细胞白血病细胞的体外效应 [ J ] . 中国实验血液学杂志，2006，14（2）：208-211.

[ 20 ] 徐凯红，陆道培 . 白花丹醌诱导人白血病细胞 -NB4 凋亡的实验研究 [ J ] . 浙江中西医结合杂志，2012，22（10）：755-757.

[ 21 ] 叶俊，章宏伟 . 白花丹醌对人黑色素瘤 A375 细胞增殖和凋亡的影响及其机制 [ J ] . 江苏医药，2013，39（18）：2123-2125.

[ 22 ] 田林强，刘晓潭，王宏伟，等 . 白花丹素对骨肉瘤细胞增殖、凋亡的影响及其机制 [ J ] . 山东医药，2017，57（12）：42-44.

[ 23 ] 田林强，刘晓潭，郭志豪，等 . 白花丹素抑制骨肉瘤细胞侵袭及基质金属蛋白酶表达的体外实验研究 [ J ] . 广东医学，2016，37（19）：2872-2875.

[ 24 ] 田林强，陈安民，尹德龙，等 . 白花丹素对骨肉瘤细胞系 U2OS 的作用及其机制 [ J ] . 肿瘤防治研究，2012，39（11）：1285-1288.

[ 25 ] 沈想，郭永红，邱嘉旋 . 白花丹素对舌癌细胞 Tca-8113 放疗增敏的作用 [ J ] . 口腔医学研究，2013，29（9）：25-28.

[ 26 ] 杜泽乡，孙情，乔伟，等 . 白花丹素对人舌癌 Tca 细胞增殖及凋亡作用的探讨 [ J ] . 时珍国医国药，2011，22（4）：942-944.

[ 27 ] 刘正端，赵智伟，陈亚娟 . 白花丹素下调 FoxM1 对食管鳞癌细胞增殖、凋亡的影响 [ J ] . 药学学报，2017，52（4）：563-568.

[ 28 ] Vishnukanta，Rana A C. Evaluation of the antifertility activity of the hydroalcoholic extract of the leaves of *Plumbago zeylanica* L.（Plumbaginaceae）in female wistar rats [ J ] . Indian Journal of Pharmaceutical Education & Research，2010，44（1）：49-55.

[ 29 ] Edwin S，Joshi S B，Jain D C. Antifertility activity of leaves of *Plumbago zeylanica* Linn. in female albino rats [ J ] . Eur J Contracept Reprod Health Care，2009，14（3）：233-239.

[ 30 ] Edwin S，Joshi S B，Jain D C. Antifertility activity of atems of *Plumbago zeylanica* Linn. in female albino rats [ J ] . Iranian Journal of Pharmacology & Therapeutics，2008，7（2）：169-174.

[ 31 ] Sandeep G，Dheeraj A，Sharma N K，et al. Effect of plumbagin free alcohol extract of *Plumbago zeylanica* Linn. root on reproductive system of female wistar rats [ J ] . Asian Pacific Journal of Tropical Medicine，2011，4（12）：978-984.

[ 32 ] Dhale D A，Markandeya S K. Antimicrobial and phytochemical screening of *Plumbago zeylanica* Linn.（Plumbaginaceae）leaf [ J ] . Journal of Experimental Sciences，2011，2（3）：4-6.

[ 33 ] Jetty A，Subhakar C，Rajagopal D，et al. Antimicrobial activities of neo-and 1-epineo-isoshinanolones from *Plumbago zeylanica* roots [ J ] . Pharmaceutical Biology，2010，48（9）：1007.

[ 34 ] Apenteng J A，Brookman-Amissah M G，Asare C O，et al. *In vitro* anti-infective and antioxidant activity of *Plumbago zeylanica* Linn. [ J ] . International Journal of Current Research in Biosciences and Plant Biology，2016，3（8）：131-137.

[ 35 ] Abera A，Mekonnen A，Tebeka T. Studies on antioxidant and antimicrobial activities of *Plumbago zeylanica* Linn. traditionally used for the treatments of intestinal warms and skin diseases in Ethiopia [ J ] . Research Journal of Medicinal

Plant，2015，9（6）：252-263.

［36］Suman P，Smitha P V，Ramkumar K Y，et al. Antimicrobial and antioxidant synergy of *Psoralea corylifolia* Linn. and *Plumbago zeylanica* Linn.［J］. International Journal of Pharmaceutical Sciences & Research，2013，4（2）：836-842.

［37］Rout J R，Sahu D K，Sahoo S，et al. Antifungal activities of extracts of *Holarrhena antidysenterica* Wall. and *Plumbago zeylanica* Linn. against Aspergillus species［J］. 2008，30（1-2）：61-64.

［38］Pradeepa V，Sathish-Narayanan S，Kirubakaran S A，et al. Antimalarial efficacy of dynamic compound of plumbagin chemical constituent from *Plumbago zeylanica* Linn.（Plumbaginaceae）against the malarial vector *Anopheles stephensi* Liston（Diptera：Culicidae）［J］. Parasitology Research，2014，113（8）：3105-3109.

［39］毛绍春，李竹英，李聪. 白花丹提取物抗氧化活性研究［J］. 应用科技，2007，34（1）：58-60.

［40］黄厚泽，谭明雄，李冬青. 白花丹素的提取及其抗氧化活性研究［J］. 安徽农业科学，2011，39（13）：7775-7777.

［41］Sheeja E，Jain S B C. Bioassay-guided isolation of anti-inflammatory and antinociceptive compound from *Plumbago zeylanica* leaf［J］. Pharmaceutical Biology，2010，48（4）：381-387.

［42］Falang K D，Uguru M O，Wannang N N，et al. Anti-ulcer activity of *Plumbago Zeylanica* Linn. root extract［J］. Journal of Natural Product & Plant Resources，2012，2（5）：563-567.

［43］Datta S，Mishra R N，Kumar P，et al. Adaptogenic activity of *Plumbago zeylanica* Linn. and *Plumbago rosea*：an experimental study using swiss albino mice by swimming endurance test［J］. Journal of Pharmacognosy and Phytochemistry，2016，5（1）：182-185.

［44］谢议凤，王站旗，苏佩玲. 白花丹素抑制肾小球系膜细胞增殖及促纤维化相关因子的表达［J］. 安徽医药，2016，20（8）：1446-1449.

［45］徐雅玲，黄巨恩，刘华钢. 白花丹素致体外培养肝细胞的损伤及改构型酸性成纤维细胞生长因子对肝细胞的保护作用［J］. 中国药理学通报，2011，27（6）：786-790.

［46］韦敏，刘华钢，刘丽敏. 白花丹素的体外肝毒性研究［J］. 时珍国医国药，2010，21（6）：1312-1314.

**【临床参考文献】**

［1］阮江华，尹淑丽，赵洋洋. 白花丹乙醇液治疗液体外渗疗效观察［J］. 护理学杂志，2003，18（10）：796.

［2］陈建胜，相鲁闽. 白花丹治跌打损伤［J］. 中国民间疗法，2008，16（1）：59.

［3］赵辉，常新军. 白花丹治疗体、股癣 62 例［J］. 中医外治杂志，2003，12（3）：47.

［4］顾庭兰，顾铭康. 白花丹治痛痹［J］. 江西中医药，1995，（S1）：88.

# 九五 龙胆科 Gentianaceae

一年生或多年生草本。茎直立、披散、斜升或缠绕。单叶，对生，稀互生或轮生，有时基部叶莲座状；叶全缘，基部合生成筒状抱茎或连成一横线；无托叶。聚伞花序或复聚伞花序，稀为单花顶生。花两性，稀单性，辐射对称，稀两侧对称，通常 4 ～ 5 数，稀 6 ～ 10 数；花萼筒状、钟状或辐射状，裂片在蕾时向右旋转排列，稀镊合状排列；花冠筒状、漏斗状或辐射状，裂片在蕾时向右旋转排列；雄蕊与花冠裂片同数，互生，着生于花冠筒上，花药背着或基着，2 室；雌蕊由 2 枚心皮组成，子房上位，1 室，侧膜胎座；胚珠多数；花柱单一，柱头不裂或 2 裂；子房基部或花冠具腺体或腺窝。蒴果，2 瓣裂，稀为浆果。种子细小，多数，胚乳丰富。

约 80 属，700 余种，广布于世界各地。中国 22 属，约 420 余种，法定药用植物 7 属 46 种。华东地区法定药用植物 3 属 5 种。

龙胆科法定药用植物主要含环烯醚萜类、黄酮类、皂苷类等成分。环烯醚萜类如龙胆苦苷（gentiopicroside）、当药苷（sweroside）、苦当药酯苷（amaroswerin）等；黄酮类如木犀草素（luteolin）、异荭草素（isorientin）等；皂苷类多为三萜皂苷，如齐墩果酸（oleanolic acid）、熊果酸（ursolic acid）、β-香树脂酮（β-amyrone）等。

龙胆属含环烯醚萜类、黄酮类、皂苷类等成分。环烯醚萜类如龙胆苦苷（gentiopicroside）、当药苷（sweroside）等；黄酮类如肥皂草苷（saponarin）、异牡荆苷（isovitexin）、木犀草素 -7-*O*-β-D- 葡萄糖苷（luteolin-7-*O*-β-D-glucoside）等；皂苷类如齐墩果酸（oleanolic acid）、熊果酸（ursolic acid）等。

獐牙菜属含环烯醚萜类、皂苷类等成分。环烯醚萜类如獐牙菜苷（sweroside）、龙胆苦苷（gentiopicroside）、苦当药酯苷（amaroswerin）等；皂苷类如 α- 香树脂醇乙酸酯（α-amyrinacetate）、β-香树脂酮（β-amyrone）、齐墩果酸（oleanolic acid）等。

## 分属检索表

1. 茎直立、披散或斜升。
  2. 花冠筒状、漏斗状或钟状，浅裂，裂片间具褶；蜜腺着生于子房基部…………1. 龙胆属 *Gentiana*
  2. 花冠辐射状，深裂至近基部，裂片间无褶；蜜腺着生于花冠筒基部……………2. 獐牙菜属 *Swertia*
1. 茎缠绕…………………………………………………………………………3. 双蝴蝶属 *Tripterospermum*

### 1. 龙胆属 *Gentiana*（Tourn.）Linn.

一年生、二年生或多年生草本。茎直立、披散或斜升，常具四棱。单叶，对生，稀轮生，有时基部呈莲座状，无柄或具短柄。聚伞花序、复聚伞花序或单生；花两性，4 ～ 5 数，稀为 6 ～ 8 数；花萼筒状或钟状，浅裂，萼筒内具筒状萼内膜，或在裂片间呈三角袋状；花冠筒状、漏斗状或钟状，常浅裂，稀深裂，裂片间具褶，花蕾时裂片向右旋转；雄蕊着生于花筒上，与花冠裂片互生，花丝基部向花冠筒下延成翅，花药背着；子房有柄，基部有蜜腺，花柱较短或丝状，柱头 2 裂，稀不裂。蒴果 2 裂。种子细小，多数，表面具纹饰。

约 400 种，分布于澳大利亚（北部）、新西兰，以及欧洲、亚洲、美洲、非洲（北部）。中国 240 余种，广布于全国各地，主产于西南地区，法定药用植物 24 种。华东地区法定药用植物 3 种。

## 分种检索表

1. 多年生草本；茎单一；花大，长 3 ～ 5cm。
   2. 茎中上部叶条状披针形或条形，边缘平滑，具 1 ～ 3 脉……………………………条叶龙胆 *G.manshurica*
   2. 茎中上部叶卵形或卵状披针形，边缘粗糙，具 3 ～ 5 脉……………………………………龙胆 *G.scabra*
1. 一年生草本；茎多分枝；花小，长 0.7 ～ 1.2cm…………………………………………灰绿龙胆 *G.yokusai*

## 720. 条叶龙胆（图 720）• *Gentiana manshurica* Kitag.

**图 720　条叶龙胆**　　摄影　李根有

**【别名】**东北龙胆（山东）。

**【形态】**多年生草本，高 15 ～ 45cm。根茎平卧或直立，短缩或长达约 4cm。茎单一，直立，具四棱。茎下部叶膜质，鳞片状，长 0.5 ～ 0.8cm，中部以下叶基部联合成鞘状抱茎；茎中上部叶革质，条状披针形或条形，长 3 ～ 10cm，宽 0.3 ～ 0.9cm，先端急尖或短尖，基部钝，边缘平滑，具 1 ～ 3 条基出脉，无叶柄。花 1 ～ 2 朵生于茎顶端或叶腋；每花具 2 枚苞片，苞片条状披针形，长 1.5 ～ 2cm；花无柄或具短柄；花萼筒钟状，长 0.8 ～ 1cm，裂片条形或条状披针形，长 0.8 ～ 1.5cm；花冠蓝紫色或紫色，钟状，长 4 ～ 5cm，裂片卵状三角形，长 0.7 ～ 0.9cm，褶片斜卵形，具不整齐细齿。蒴果内藏，宽椭圆形。种子具网纹，两端具翅。花果期 8 ～ 11 月。

**【生境与分布】**生于海拔 100 ～ 1100m 的山坡草地、潮湿草丛或山路边。分布于江苏、安徽、浙江和江西，另东北、华北、华中、华南以及陕西和宁夏均有分布；朝鲜也有分布。

**【药名与部位】**龙胆，根及根茎。

**【采集加工】**春、秋二季采挖，洗净，干燥。

**【药材性状】**根茎呈不规则的块状，长 1 ～ 3cm，直径 0.3 ～ 1cm；表面暗灰棕色或深棕色，上端有茎痕或残留茎基，周围和下端着生多数细长的根。根圆柱形，略扭曲，长 10 ～ 20cm，直径 0.2 ～ 0.5cm；表面淡黄色或黄棕色，上部多有显著的横皱纹，下部较细，有纵皱纹及支根痕。质脆，易折断，断面略平坦，皮部黄白色或淡黄棕色，木质部色较浅，呈点状环列。气微，味甚苦。

**【药材炮制】**龙胆：除去杂质，洗净，润软，切段，干燥。酒龙胆：取龙胆饮片，与酒拌匀，稍闷，炒至表面深黄色时，取出，摊凉。

**【化学成分】**根及根茎含𠮿酮类：顶枝孢𠮿酮*D（acremoxanthone D）、荚孢腔菌苷*（sporormielloside）、科曼多菠萝蜜素*（artomandin）、少花风毛菊𠮿酮*A、B（oliganthaxanthone A、B）、松林胡桐𠮿酮*（pinetoxanthone）、香港远志苷 A（polyhongkongenoside A）、1, 5- 二羟基 -2, 3, 4- 三甲氧基𠮿酮（1, 5-dihydroxy-2, 3, 4-trimethoxyxanthone）和版纳藤黄𠮿酮*I（bannaxanthone I）[1]；环烯醚萜苷类：天目地黄苷 A、E（rehmachingiioside A、E）、6- 酮基 -8- 乙酰钩果草苷（6-keto-8-acetylharpagide）、6, 7- 去氢 -8- 乙酰钩果草苷（6, 7-dehydro-8-acetylharpagide）、齿叶玄参苷 A（scrodentoside A）、大花木巴戟苷 C（morinlongoside C）、3′-*O*-β-D- 吡喃葡萄糖基獐牙菜苷（3′-*O*-β-D-glucopyranosyl sweroside）和地黄新苷 B、C（rehmaglutoside B、C）[2]。

根含环烯醚萜类：当药苷（sweroside）[3]，龙胆苦苷（gentiopicroside, i.e.gentiopicrin）、4″-*O*-β-D-葡萄糖基 -6′-*O*-（4-*O*-β-D- 葡萄糖基咖啡酰基）狭叶龙胆醚萜苷［4″-*O*-β-D-glucosyl-6′-*O*-（4-*O*-β-D-glucosylcaffeoyl）linearoside］、6′-*O*- 乙酰基獐牙菜苷（6′-*O*-acetylsweroside）、6′-*O*- 乙酰基 -3′-*O*-［3-（β-D- 吡喃葡萄糖氧基）-2- 羟基苯甲酰］獐牙菜苷 {6′-*O*-acetyl-3′-*O*-［3-（β-D-glucopyranosyloxy）-2-hydroxybenzoyl］sweroside}、6′-*O*-［3-（β-D- 吡喃葡萄糖氧基）-2- 羟基苯甲酰基］獐牙菜苷 {6′-*O*-［3-（β-D-glucopyranosyloxy）-2-hydroxybenzoyl］sweroside}、三花龙胆苷（trifloroside）、卵花苷（scabraside）、獐牙菜苦苷（swertimarin）和 4″-*O*-β-D- 吡喃葡萄糖基狭叶龙胆醚萜苷（4″-*O*-β-D-glucopyranosyllinearoside）[4]；三萜类：印度獐牙菜烯醇（chiratenol）、熊果酸（ursolic acid）、3, 24- 二羟基熊果 -12- 烯 -28- 羧酸（3, 24-dihydroxyurs-12-en-28-oic acid）、羽扇豆 -20（29）- 烯 -3- 酮［lup-20（29）-en-3-one］和羽扇豆醇（lupeol）[4]。

**【药理作用】**1. 护肝 根及根茎的甲醇提取物对扑热息痛（APAP）所致小鼠急性肝损伤具有保护作用，机制可能与提高肝脏抗氧化活性，抑制 JNK/ERK MAPK 信号通路有关[1]；甲醇提取物能预防乙醇诱导的小鼠肝脂肪变性，通过抑制细胞色素 P450 2E1（CYP2E1）表达和固醇调节元件结合蛋白 -1（SREBP-1）介导的脂肪酸合成酶表达而起作用[2]；地上部分的水提取物对四氯化碳（$CCl_4$）、D- 半乳糖胺和硫代乙酰胺诱导小鼠的急性肝损伤具有保护作用[3]；根及根茎所含的龙胆苦苷（gentiopicroside）能明显降低四氯化碳所致急性肝损伤小鼠的血清谷丙转氨酶（ALT）、天冬氨酸氨基转移酶（AST）水平，增加肝组织中谷胱甘肽过氧化物酶的活力，大鼠胆流量明显增加，胆汁中胆红素浓度提高[4]。2. 抗肿瘤 根及根茎的乙醇提取物中分离的天目地黄苷 A（rehmachingiioside A）、6，7- 去氢 -8- 乙酰钩果草苷（6，7-dehydro-8-acetylharpagide）、齿叶玄参苷 A（scrodentoside A）、地黄新苷 B（rehmaglutoside B）对人源肝癌 HepG2 细胞增殖具有抑制作用，半数抑制浓度（$IC_{50}$）分别为 13.6μmol/L、12.0μmol/L、7.5μmol/L、9.0μmol/L[5]。

**【性味与归经】**苦，寒。归肝、胆经。

**【功能与主治】**清热燥湿，泻肝胆火。用于湿热黄疸，阴肿阴痒，带下，强中，湿疹瘙痒，目赤，耳聋，胁痛，口苦，惊风抽搐。

**【用法与用量】**3 ～ 6g。

【药用标准】药典 1977—2015、浙江炮规 2015、新疆药品 1980 二册和台湾 2013。

【临床参考】1. 急性黄疸型传染性肝炎：根及根茎 12g，加茵陈 12g，郁金、黄柏各 6g，水煎服。（《青岛中草药手册》）

2. 高血压：根及根茎 9g，加夏枯草 15g，水煎服。（《福建药物志》）

【附注】龙胆始载于《神农本草经》，列为上品。《名医别录》载："龙胆生齐朐山谷及冤句。"《本草经集注》云："今出近道，吴兴为胜，状似牛膝，味甚苦，故以胆为名。"《本草图经》载："宿根黄白色，下抽根十余本，类牛膝。直上生苗，高尺余。四月生叶似柳叶而细，茎如小竹枝，七月开花，如牵牛花，花作铃铎形，青碧色。……俗呼龙胆草。"以上记载与本种基本一致。

本种根及根茎加工的药材龙胆，脾胃虚弱者禁服。

【化学参考文献】

[1] 周艳丽，张艳，李英琴，等．条叶龙胆根和根茎中屾酮类化学成分研究[J]．中国现代中药，2017，19（7）：960-964.

[2] 周艳丽，张艳，李硕熙，等．条叶龙胆中环烯醚萜类化学成分及细胞毒活性研究[J]．中国现代中药，2017，19（9）：1240-1244.

[3] 林启寿．中草药成分化学，北京：科学出版社，1977：608.

[4] Liu Q，Chou G X，Wang Z T. New iridoid and secoiridoid glucosides from the roots of *Gentiana manshurica* [J]. Helv Chim Acta，2012，95（7）：1094-1101.

【药理参考文献】

[1] Wang A Y，Lian L H，Jiang Y Z，et al. *Gentiana manshurica* Kitagawa prevents acetaminophen-induced acute hepatic injury in mice via inhibiting JNK/ERK MAPK pathway [J]. World Journal of Gastroenterology，2010，16（3）：384-391.

[2] Lian L H，Wu Y L，Song S Z，et al. *Gentiana manshurica* Kitagawa reverses acute alcohol-induced liver steatosis through blocking sterol regulatory element-binding protein-1 maturation [J]. Journal of Agricultural & Food Chemistry，2010，58（24）：13013-13019.

[3] 朱正兰．条叶龙胆地上部分保肝作用研究[J]．中国水运（学术版），2006，6（6）：247-248.

[4] 刘占文，陈长勋，金若敏，等．龙胆苦苷的保肝作用研究[J]．中草药，2002，33（1）：47-50.

[5] 周艳丽，张艳，李硕熙，等．条叶龙胆中环烯醚萜类化学成分及细胞毒活性研究[J]．中国现代中药，2017，19（9）：1240-1244.

## 721. 龙胆（图 721）• *Gentiana scabra* Bunge

【别名】草龙胆（江苏），龙胆草。

【形态】多年生草本，高 25 ～ 60cm。根茎平卧或直立，具多数粗壮稍带肉质的须根。茎单一，直立，具四棱，棱上具乳突。茎下部叶淡紫红色，鳞片状，长 0.4 ～ 0.6cm，中部以下联合成筒状抱茎；茎中上部叶卵形或卵状披针形，长 2 ～ 8cm，宽 0.5 ～ 3cm，先端急尖或短渐尖，基部圆形，边缘密生细乳突，具 3 ～ 5 条基出脉，无叶柄。花常数朵簇生于茎顶端或叶腋，无花柄；每花具 2 枚苞片，苞片披针形或条状披针形，长 2 ～ 2.5cm；花萼筒倒锥状筒形或宽筒形，长 1 ～ 1.2cm，裂片条形或条状披针形，长 0.8 ～ 1cm；花冠蓝紫色，有时喉部有黄绿色斑点，筒状钟形，长 4 ～ 5cm，裂片卵形或卵圆形，褶偏斜，狭三角形。蒴果内藏，长圆形，长 2 ～ 2.5cm。种子具网纹，两侧有翅。花果期 5 ～ 11 月。

【生境与分布】生于海拔 400 ～ 1700m 的山坡草丛、山路边、河滩或灌丛下。分布于山东、江苏、安徽、浙江、江西、福建和江西，另东北、华中，以及陕西、广东、广西均有分布；俄罗斯、朝鲜、日本也有分布。

【药名与部位】龙胆，根和根茎。

【采集加工】春、秋二季采挖，洗净，干燥。

【药材性状】根茎呈不规则的块状，长 1 ～ 3cm，直径 0.3 ～ 1cm；表面暗灰棕色或深棕色，上端有

**图 721 龙胆** 摄影 李华东

茎痕或残留茎基，周围和下端着生多数细长的根。根圆柱形，略扭曲，长 10 ～ 20cm，直径 0.2 ～ 0.5cm；表面淡黄色或黄棕色，上部多有显著的横皱纹，下部较细，有纵皱纹及支根痕。质脆，易折断，断面略平坦，皮部黄白色或淡黄棕色，木质部色较浅，呈点状环列。气微，味甚苦。

**【药材炮制】**龙胆：除去杂质，洗净，润软，切段，干燥。酒龙胆：取龙胆饮片，与酒拌匀，稍闷，炒至表面深黄色时，取出，摊凉。

**【化学成分】**地上部分含三萜类：β- 香树脂醇（β-amyrin）、β- 香树脂醇乙酸酯（β-amyrin acetate）、熊果醇（uvaol）和齐墩果酸（oleanolic acid）[1]；色原酮类：6- 去甲氧基 -7- 甲基茵陈色原酮（6-demethoxy-7-methylcapillarisn）[1,2]；黄酮类：芒果苷（mangiferin）、异杜荆素（isovitexin）和异杜荆素 -7-*O*- 吡喃葡萄糖苷（isovitexin-7-*O*-glucopyranoside）[2]；甾体类：β- 谷甾醇（β-sitosterol）[2]。

根及根茎含酚酸类：4- 羟基 -1- 异戊二烯基 -5-（3-*O*-β-D- 吡喃葡萄糖）- 苯甲酸［4-hydroxy-1-prenyl-5-（3-*O*-β-D-glucopyranosyl）-benzoic acid］、（*R*）-2- 羟基 -1-（1, 2- 二羟基 -2- 甲基 -3- 丁烯基）-5- 苯甲酸甲酯［（*R*）-2-hydroxy-1-（1, 2-dihydroxy-2-methyl-3-butenyl）-5-benzoic acid methyl ester］、3-（β-D- 吡喃葡萄糖氧基）-2- 羟基苯甲酸甲酯［3-（β-D-glucopyranosyloxy）-2-hydroxy-benzoic acid methyl ester］、裸柄吊钟花苷（koaburaside）[3]，苄醇 -*O*-α-L- 吡喃阿拉伯糖基 -（1 → 6）-β-D- 吡喃葡萄糖苷［benzyl alcohol-*O*-α-L-arabinopyranosy-（1 → 6）-β-D-glucopyranoside］[4]，苯甲基 -*O*-β-D- 吡喃葡萄糖苷（benzyl-*O*-β-D-glucopyranoside）[5] 和水杨酸（salicylic acid）[6]；木脂素类：L- 芝麻脂素（L-sesamin）、野栓翅芹素（pranferin）[6]，勾儿茶醇（berchemol）[3] 和（+）- 鹅掌楸树脂醇 C［（+）-lirioresinol C］[5]；苯丙素类：（2*S*）-3-（4- 羟基 -3- 甲氧基苯基）-1, 2- 丙二醇［（2*S*）-3-（4-hydroxy-3-methoxyphenyl）-1, 2-propanediol］[3]，1-*O*- 咖啡酰基葡萄糖（1-*O*-caffeoylglucose）、丁香苷（siringin）[5] 和阿魏酸（ferulic acid）[6]；黄酮类：山柰酚（kaempferol）[6]；环烯醚萜苷类：6′-*O*-

（3″-羟基苯甲酰）-8-表金银花苷［6′-O-（3″-hydroxybenzoyl）-8-epikingiside］、6′-O-（4″-羟基苯甲酰）-8-表金银花苷［6′-O-（4″-hydroxybenzoyl）-8-epikingiside］、6′-O-（2″, 3″-二羟基苯甲酰）-8-表金银花苷［6′-O-(2″, 3″-dihydroxybenzoyl)-8-epikingiside］、2′-O-苯甲酰金银花苷(2′-O-benzoylkingiside)、2′-O-(2″, 3″-二羟基苯甲）金银花苷［2′-O-（2″, 3″-dihydroxybenzoyl）kingiside］、2′-O-（3″-羟基苯甲酰）-金银花苷［2′-O-（3″-hydroxybenzoyl）-kingiside］、2″-脱羟基三花龙胆苷（2″-dehydroxytrifloroside）、6β-羟基-3-表日当药黄苷A(6β-hydroxy-3-episwertiajaposide A)、6β-羟基日当药黄苷A(6β-hydroxyswertiajaposide A)、龙胆苦苷（gentiopicroside）、4‴-O-β-D-吡喃葡萄糖基三花龙胆苷（4‴-O-β-D-glucopyranosyltrifloroside）、4‴-O-β-D-吡喃葡萄糖基卵花苷（4‴-O-β-D-glucopyranosylscabraside）、耐寒龙胆苷（gelidoside）、三花龙胆苷（trifloroside）、大叶甲苷A（macrophylloside A）、卵花苷（scabraside）、脱葡萄糖基三花龙胆苷（deglucosyltrifloroside）[7]，2, 3-脱乙酰三花龙胆苷（2, 3-deacetyltrifloroside）、3-脱乙酰三花龙胆苷（3-deacetyltrifloroside）、2-脱乙酰三花龙胆苷（2-deacetyltrifloroside）、脱葡萄糖基卵花苷（deglucosylscabraside）、6′-O-β-D-吡喃葡萄糖基龙胆苦苷（6′-O-β-D-glucopyranosylgentiopicroside）、3′-O-β-D-吡喃葡萄糖基龙胆苦苷（3′-O-β-D-glucopyranosyl gentiopicroside）、4′-O-β-D-吡喃葡萄糖基龙胆苦苷（4′-O-β-D-glucopyranosyl gentiopicroside）、8-表金银花苷（8-epikingiside）、马钱子苷（loganin）、山栀子苷A（caryoptoside A）、四乙酰开联番木鳖苷（secologanoside）、龙胆萜苷（gentianaside）、4″-O-β-D-吡喃葡萄糖线叶龙胆苷*（4″-O-β-D-glucopyranosyllinearoside）[8]，8-羟基-10-水獐牙菜苷（8-hydroxy-10-hydrosweroside）、獐牙菜苦苷（swertiamarin）[9]，龙胆裂萜苷*A（gentiascabraside A）、日本当药苷*A（swertiajaposide A）、1-O-β-D-吡喃葡萄糖基-4-表抱茎闭花马钱素（1-O-β-D-glucopyranosyl-4-epiamplexine）、卵花烷 $G_3$、$G_4$、$G_5$（scanbran $G_3$、$G_4$、$G_5$）[10]，集花龙胆苷（olivieroside）、1-O-β-D-吡喃葡萄糖基抱茎闭花马钱素（1-O-β-D-glucopyranosylamplexine）[11]和金银花苷（kingiside）[12]；三萜类：齐墩果酸（oleanolic acid）[6]，熊果醇-3-O-棕榈酸酯（uvaol-3-O-palmitate）、高根二醇-3-O-棕榈酸酯（erythrodiol-3-O-palmitate）、白桦酯醇-3-O-棕榈酸酯（betulin-3-O-palmitate）[12]，（20S）-达玛-13（17），24-二烯-3-酮［（20S）-dammara-13（17），24-dien-3-one］、（20R）-达玛-13（17），24-二烯-3-酮［（20R）-dammara-13（17），24-dien-3-one］、印度獐牙菜-16-烯-3-酮（chirat-16-en-3-one）、印度獐牙菜-17（22）-烯-3-酮［chirat-17（22）-en-3-one］、17β, 21β-环氧何帕烷-3-酮（17β, 21β-epoxyhopan-3-one）、当药烯醇（chiratenol）、何帕-17（21）-烯-3-酮［hop-17（21）-en-3-one］、何帕-17（21）-烯-3β-醇［hop-17（21）-en-3β-ol］、羽扇豆醇（lupeol）、α-香树脂醇（α-amyrin）[13]，地维诺醇（durvillonol）、龙胆草醇*（scabranol）、3β-羟基-熊果-12-烯-16-酮（3β-hydroxy-urs-12-en-16-one）、1β, 2α, 3α, 24-四羟基熊果-12, 20（30）-二烯-28-羧酸［1β, 2α, 3α, 24-tetrahydroxyursa-12, 20（30）-dien-28-oic acid］、17β, 21β-环氧何帕烷-3β-醇（17β, 21β-epoxyhopan-3β-ol）、何帕-17（21）-烯-3α-醇［hop-17（21）-en-3α-ol］、何帕酮（hopenonc）、山楂酸（masilinic acid）、尺金酸*（urjinolic acid）、1β, 2α, 3α, 24-四羟基齐墩果-12-烯-28-羧酸（1β, 2α, 3α, 24-tetrahydroxyolean-12-en-28-oic acid）、3β-高根二醇（3β-erythrodiol）、熊果酸（ursolic acid）、科罗索酸（corosolic acid）、3β, 24-二羟基熊果-12-烯-28-羧酸（3β, 24-dihydroxyurs-12-en-28-oic acid）、1β, 2α, 3α, 24-四羟基熊果-12-烯-28-酸（1β, 2α, 3α, 24-tetrahydroxyurs-12-en-28-oic acid; pygenic acid C）、3-O-β-阿魏酰基熊果酸（3-O-β-feruloylursolic acid）和印度獐牙菜烯酮*（chiratenone）[14]；生物碱类：龙胆碱（gentianine）[15]和龙胆黄碱（gentioflavine）[16]；甾体类：菜油甾醇（campesterol）、β-谷甾醇（β-sitosterol）和豆甾醇（stigmasterol）[12]；核苷类：腺苷（adenosine）[12]。

根含环烯醚萜类：龙胆苦苷（gentiopicroside）、獐牙菜苷（sweroside）、2′-（o, m-二羟基苯甲基）獐牙菜苷［2′-（o, m-dihydroxybenzyl）sweroside］[14, 17]和L-芝麻脂素（L-sesamin）[15, 18]；甾体类：胡萝卜苷（daucosterol）[14]；黄酮类：山柰酚（kaempferol）[15]；酚酸类：水杨酸（salicylic acid）和阿魏酸（ferulic acid）[15]；三萜类：齐墩果酸（oleanolic acid）[15]；香豆素类：野栓翅芹素（pranferin）[15]；

多糖类：龙胆多糖 -1（GSP-1）、龙胆多糖 -2（GSP-2）、龙胆多糖 -3（GSP-3）[19]，龙胆多糖 -I-a（GSP I-a）和龙胆多糖 II-b（GSP II-b）[20]。

**【药理作用】**1. 护肝、利胆　根的水提取物对四氯化碳、D- 氨基半乳糖、硫代乙酰胺、迟发型变态反应诱导的大鼠、小鼠急性肝损伤具有保护作用，其机制可能与肝细胞膜保护作用，抑制在肝脏发生的免疫反应及促进吞噬细胞的吞噬功能或在肝损伤状态下刺激肝药酶的活性而加强对异物的处理，调节肝组织氧化应激水平等有关[1-3]；地上部分甲醇提取物与根提取物作用一致，也有一定的护肝作用，呈良好的量效关系，可作为根的替代品使用，但用量比根大[4]；以根为饲料喂养斯氏并殖吸虫（*Paragonimus skrjabini*）诱导的肝纤维化大鼠，可明显减少其肝脏Ⅰ、Ⅲ型胶原蛋白表达，抑制肝纤维化形成[5]；根及根茎的水提取物能促进正常大鼠胆汁分泌及代谢，而对肝功能没有明显的影响，能缓解 α- 萘异硫氰酸酯（ANIT）诱导大鼠的胆汁异常蓄积和返流入血的病变，从而减少黄疸，改善肝功能，缓解肝组织的病理性改变[6]。2. 抗炎、镇痛　根的水提取物[7]、乙醇提取物[8]对二甲苯、巴豆油诱导的小鼠耳肿胀有抑制作用，能提高热板致痛小鼠的痛阈值，减少乙酸所致小鼠的扭体次数；根及根茎中分离的脱葡萄糖基三叶苷（deglucosyltrifloroside）、脱葡萄糖基龙胆苷*（deglucosylscabraside）和 4″-*O*-β-D- 吡喃葡萄糖线环萜苷*（4″-*O*-β-D-glucopyranosyl linearoside）能显著抑制脂多糖（LPS）诱导的骨髓树突状细胞中白细胞介素 -12（IL-12）、p40、白细胞介素 -6（IL-6）分泌，半数抑制浓度（$IC_{50}$）为 1.62 ～ 14.29μmol/L，其中脱葡萄糖基龙胆苷也能有效抑制脂多糖刺激的肿瘤坏死因子 -α（TNF-α）分泌[9]。3. 解热、抗惊厥　根及根茎的水提取物及其分离的龙胆碱（gentianine）和龙胆苦苷（gentiopicroside）对干酵母发热模型大鼠均具有一定的解热作用，但龙胆碱的解热作用强于水提取物和龙胆苦苷，龙胆碱可能是其解热作用的直接活性成分，龙胆碱的解热作用机制可能与降低血清中白细胞介素 -6（IL-6）水平，进而影响下丘脑前列腺素 $E_2$（$PGE_2$）含量有关[10]；龙胆碱在一定程度上能控制热水浴法致发育期高热惊厥大鼠惊厥的发生及发作，其作用机制与体内细胞因子的改变有关[11]。4. 抗氧化　根中提取的粗多糖（GSP）具有清除 1, 1- 二苯基 -2- 三硝基苯肼（DPPH）自由基作用，对超氧阴离子和羟基的还原能力及清除作用相对较弱[12]；分离的两组粗多糖（GSP- Ⅰ -a、GSP- Ⅱ -b）均具有清除 1, 1- 二苯基 -2- 三硝基苯肼自由基的作用，粗多糖 - Ⅱ的清除作用强于粗多糖 - Ⅰ[13]。5. 抗肿瘤　粗多糖（100mg/kg）对荷 S180 瘤小鼠肿瘤的抑瘤率达 65.76%[12]。6. 免疫调节　根中提取的两组粗多糖（GSP- Ⅰ -a、GSP- Ⅱ -b）均能显著提高有丝分裂原脂多糖处理淋巴细胞的增殖，仅粗多糖 - Ⅰ -a 可显著提高有丝分裂原伴刀豆球蛋白 A（ConA）处理淋巴细胞的增殖[13]。7. 抗病毒　水提取液在 HeLa 细胞中对呼吸道合胞病毒（RSV）有明显的抑制作用，且存在明显的量效关系[14]。8. 降血糖　根的乙醇提取物乙酸乙酯萃取部位通过 G 蛋白偶联受体途径可刺激胰高血糖素样肽 -1（GLP-1）的分泌[15]。9. 抗凝　根中提取的粗多糖及不同组分的粗多糖（GSP-1、GSP-2、GSP-3）均具有延长活化部分凝血活酶时间（APTT）和凝血酶原时间（TT），其中粗多糖 -3 的抗凝作用最强[16]。

**【性味与归经】**苦，寒。归肝、胆经。

**【功能与主治】**清热燥湿，泻肝胆火。用于湿热黄疸，阴肿阴痒，带下，强中，湿疹瘙痒，目赤，耳聋，胁痛，口苦，惊风抽搐。

**【用法与用量】**3 ～ 6g。

**【药用标准】**药典 1953—2015、浙江炮规 2015、新疆药品 1980 二册、香港药材二册、中华药典 1930 和台湾 2013。

**【临床参考】**1. 精神分裂症：根 65g，加栀子 20g、胆南星 6g、珍珠母 30g、生谷芽 6g 等，水煎 2 次，相互兑和，每日 3 次，每日 1 剂；有冲动行为倾向者，合用琥珀 3g、羚羊角粉 0.5g 冲服，必要时给予加服抗精神病药物[1]。

2. 脱发：根 10g，加木瓜 10g、首乌 12g、旱莲草 12g、生地黄 10g、熟地黄 10g、当归 10g、赤芍 10g、白芍 10g、川芎 6g、天麻 10g，水煎 2 次，每天 3 次，每日 1 剂；同时用外洗方：艾叶、菊花、防风、藿香、生甘草各 10g，荆芥 6g，白鲜皮、刺蒺藜各 15g，煎水洗头，隔日 1 次[2]。

3. 中耳炎：根 15g，加栀子 12g、黄芩 12g、柴胡 9g、金银花 15g、连翘 15g、泽泻 15g、大黄 6g、生甘草 6g、车前子 15g，水煎服，每日 1 剂，联合过氧化氢冲洗及氧氟沙星滴耳液浸浴 10min，每天 3 次[3]。

4. 预防流行性脑脊髓膜炎：根研粉，每次 1.5 ～ 3g 吞服，连服 3 天。

5. 毒蛇咬伤：根 30g，水煎服，或加羊乳鲜根 90g 同煎服；另取鲜根适量，捣烂敷伤口周围。

6. 急性肝炎：根 15g，加过路黄 15g、六月雪 60g，水煎服。

7. 牙痛：鲜根 15 ～ 30g，或加杜衡根 0.9 ～ 1.2g，水煎服。

8. 结膜炎：根研粉，每次 0.9 ～ 1.5g，温开水送服，每天 3 次。

9. 带状疱疹：鲜全草适量，捣烂外敷。（4 方至 9 方引自《浙江药用植物志》）

**【附注】**本种根和根茎加工的药材龙胆，脾胃虚弱者禁服。

**【化学参考文献】**


[1] 张敬莹，王世盛，赵伟杰，等. 龙胆草地上部分的化学成分[J]. 天然产物研究与开发，2009，21（4）：556-585.

[2] 张敬莹，王世盛，宋其玲，等. 糙龙胆地上部分化学成分研究[J]. 中草药，2009，40（1）：24-27.

[3] Li W，Kim J H，Zhou W，et al. Soluble epoxide hydrolase inhibitory activity of phenolic components from the rhizomes and roots of *Gentiana scabra*[J]. J Agri Chem Soc Jpn，2015，79（6）：907-911.

[4] Kakuda R，Iijima T，Yaoita Y，et al. Secoiridoid glycosides from *Gentiana scabra*[J]. J Nat Prod，2001，64（12）：1574-1575.

[5] Li W，Zhou W，Shim S H，et al. Chemical constituents of the rhizomes and roots of *Gentiana scabra*（Gentianaceae）[J]. Biochem Syst Ecol，2015，61：169-174.

[6] 刘明韬，韩志超，章漳，等. 龙胆的化学成分研究[J]. 沈阳药科大学学报，2005，22（2）：103-104，118.

[7] He Y M，Zhu S，Ge Y W，et al. The anti-inflammatory secoiridoid glycosides from *Gentianae scabrae* Radix：the root and rhizome of *Gentiana scabra*[J]. J Nat Med，2015，69（3）：303-312.

[8] Wei L，Wei Z，Sohyun K，et al. Three new secoiridoid glycosides from the rhizomes and roots of *Gentiana scabra* and their anti-inflammatory activities[J]. Nat Prod Res，2015，29（20）：1920-1927.

[9] Liang Y，Hu J，Chen H，et al. Preparative isolation and purification of four compounds from Chinese medicinal herb *Gentiana scabra* Bunge by high-speed countercurrent chromatography[J]. J Liq Chromatogr Related Technol，2007，30（4）：509-520.

[10] Kakuda R，Iijima T，Yaoita Y，et al. Secoiridoid glycosides from *Gentiana scabra*[J]. J Nat Prod，2005，68（5）：751-753.

[11] Kakuda R，Iijima T，Yaoita Y，et al. Secoiridoid glycosides from *Gentiana scabra*[J]. J Nat Prod，2001，64（12）：1574-1575.

[12] Kobayashi N，Kakuda R，Kikuchi M，et al. On the chemical constituents of *Gentianae scabra* Radix. III[J]. Journal of Tohoku Pharmaceutical University，2003，50：85-88.

[13] Kakuda R，Iijima T，Yaoita Y，et al. Triterpenoids from *Gentiana scabra*[J]. Phytochemistry，2002，59（8）：791-794.

[14] Li W，Li L Y，Zhou W，et al. Triterpenoids isolated from the rhizomes and roots of *Gentiana scabra*，and their inhibition of indoleamine 2，3-dioxygenase[J]. Arch Pharm Res，2015，38（12）：2124-2130.

[15] Tang H Q，Tan R X. Glycosides from *Gentiana scabra*[J]. Planta Med，1997，63（4）：388.

[16] 杨邵云，王薇薇，李志平，等. 龙胆化学成分的研究（第一报）[J]. 中草药，1981，12（6）：7-8.

[17] 刘学伟，曹敏，刘树民. 龙胆碱的解热作用及机制研究[J]. 中国实验方剂学杂志，2011，17（24）：128-131.

[18] Kim J A，Son N S，Son J K，et al. Two new secoiridoid glycosides from the rhizomes of *Gentiana scabra* Bunge[J]. Arch Pharm Res，2009，32（6）：863-867.

[19] Cai W R，Xu H L，Xie L L，et al. Purification，characterization and *in vitro*，anticoagulant activity of polysaccharides from *Gentiana scabra* Bunge roots[J]. Carbohydr Polym，2015，140：308-313.

[20] Wang Z Y，Wang C Y，Su T T，et al. Antioxidant and immunological activities of polysaccharides from *Gentiana scabra* Bunge roots[J]. Carbohydr Polym，2014，112：114-118.

【药理参考文献】

[1] 徐丽华，徐强. 龙胆对实验性肝损伤的影响 [J]. 中药药理与临床，1994，(3)：20-22.
[2] 崔长旭，柳明洙，李天洙，等. 龙胆草水提取物对大鼠急性肝损伤的保护作用 [J]. 延边大学医学学报，2005，28(1)：20-22.
[3] Ko H J，Chen J H，Ng L T. Hepatoprotection of *Gentiana scabra* extract and polyphenols in liver of carbon tetrachloride-intoxicated mice [J]. Journal of Environmental Pathology Toxicology & Oncology Official Organ of the International Society for Environmental Toxicology & Cancer，2011，30(3)：179-187.
[4] 江蔚新，薛宝玉. 龙胆对小鼠急性肝损伤保护作用的研究 [J]. 中国中药杂志，2005，30(14)：1105-1107.
[5] Qu Z X，Li F，Ma C D，et al. Effects of *Gentiana scabra* on expression of hepatic type Ⅰ，Ⅲ collagen proteins in *Paragonimus skrjabini* rats with liver fibrosis [J]. Asian Pacific Journal of Tropical Medicine，2015，8(1)：60-63.
[6] 徐美丽. 龙胆水提物通过 FXR 及其靶基因对胆汁淤积大鼠保护作用的机制研究 [D]. 广州：广州中医药大学硕士学位论文，2014.
[7] 金香子，徐明. 龙胆草提取物抗炎、镇痛、耐缺氧及抗疲劳作用的研究 [J]. 时珍国医国药，2005，16(9)：842-843.
[8] 朴惠顺，张红英. 关龙胆乙醇提取物抗炎镇痛作用的研究 [J]. 陕西中医，2009，30(11)：1562-1563.
[9] Li W，Zhou W，Kim S，et al. Three new secoiridoid glycosides from the rhizomes and roots of *Gentiana scabra* and their anti-inflammatory activities [J]. Natural Product Research，2015，29(20)：1920-1927.
[10] 刘学伟，曹敏，刘树民. 龙胆碱的解热作用及机制研究 [J]. 中国实验方剂学杂志，2011，17(24)：128-131.
[11] 刘学伟，姚素媛，刘树民，等. 龙胆碱对反复高热惊厥大鼠血清 IL-8、TNF-α 和 IFN-α 水平的影响 [J]. 中医药信息，2009，26(5)：52-53.
[12] Wang C Y，Wang Y，Zhang J，et al. Optimization for the extraction of polysaccharides from *Gentiana scabra* Bunge and their antioxidant *in vitro*，and anti-tumor activity *in vivo* [J]. Journal of the Taiwan Institute of Chemical Engineers，2014，45(4)：1126-1132.
[13] Wang Z Y，Wang C Y，Su T T，et al. Antioxidant and immunological activities of polysaccharides from *Gentiana scabra* Bunge roots [J]. Carbohydr Polym，2014，112：114-118.
[14] 田治，李洪源. 龙胆水提液体外抑制呼吸道合胞病毒作用研究 [J]. 哈尔滨医科大学学报，2006，40(2)：144-146.
[15] Shin M H，Suh H W，Lee K B，et al. *Gentiana scabra* extracts stimulate glucagon-like peptide-1 secretion via G protein-coupled receptor pathway [J]. Biochip Journal，2012，6(2)：114-119.
[16] Cai W R，Xu H L，Xie L L，et al. Purification，characterization and *in vitro*，anticoagulant activity of polysaccharides from *Gentiana scabra* Bunge roots [J]. Carbohydr Polym，2015，140：308-313.

【临床参考文献】

[1] 庞铁良. 大剂量龙胆草治疗精神分裂症的临床观察 [C]. 中华中医药学会方药量效研究分会·第四次方药量效关系与合理应用研讨会暨方药用量培训班论文汇编，2013：4.
[2] 张玉萍. 龙胆草治头发全脱 [J]. 上海中医药杂志，2004，38(12)：22.
[3] 连赳虎. 龙胆泻肝汤的临床运用体会 [C]. 2011 年甘肃省中医药学会学术年会论文集，2011：3.

## 722. 灰绿龙胆（图 722）• *Gentiana yokusai* Burk.

【形态】一年生草本，高 8 ～ 15cm。茎直立或斜升，具四棱，密生黄绿色乳突，基部多分枝，常呈丛生状。叶稍肉质，卵形或宽卵形，边缘软骨质，下部边缘具短睫毛，上部边缘疏生乳突，具 1 脉；叶柄极短或无柄；基生叶长 0.7 ～ 2.2cm；茎生叶较小。花单生于茎顶端，具短柄；花萼倒锥状筒形，长 0.5 ～ 0.8cm，裂片小，卵形或披针形，先端具硬小尖头，边缘疏生乳突；花冠蓝色、紫色或白色，漏斗形，长 0.7 ～ 1.2cm，裂片小，卵形，先端钝，褶小，卵形，先端钝，边缘有不整齐细齿或全缘。蒴果卵形或倒卵状长圆形，长 0.3 ～ 0.7cm，顶端具宽翅，两侧边缘具狭翅。种子有细密网纹。花果期 3 ～ 9 月。

**图 722　灰绿龙胆**　　摄影　吴东浩等

【**生境与分布**】生于海拔 2650m 以下的水边草地、荒地、路边、农田、向阳山坡、山顶草地或灌丛下。分布于江苏、江西、安徽、浙江、福建、上海，另湖北、湖南、贵州、四川、甘肃、陕西、河南、山西、河北、台湾也有分布。

【**药名与部位**】龙胆地丁，全草。

【**采集加工**】春、夏二季开花期采收，晒干。

【**药材性状**】为带花全草，多皱缩成团，灰绿色至黄绿色。单株呈束状，长 3 ～ 10cm。主根细长，黄褐色，不分枝或分枝，茎多分枝。叶多皱缩，基生叶呈莲座状，展平后叶片披针形或卵状披针形，长 2 ～ 3.5cm，顶端渐尖，不向外翻，边缘软骨质，中脉明显。茎生叶对生。狭卵形或披针形，较基生叶小。花单生枝顶，花萼漏斗状，裂片 5 枚，披针形，具芒尖；花冠漏斗状，长 1 ～ 2cm，微显天蓝色或淡蓝白色，裂片 5 枚。雄蕊 5 枚；花柱短，2 裂。气微，味苦。

【**药材炮制**】除去泥沙、杂质，切段。

【**性味与归经**】苦、辛，寒。归肝、胆经。

【**功能与主治**】清热利湿，解毒消痈。用于目赤，咽喉肿痛，黄疸。阑尾炎，痢疾，腹泻，白带；外治疮疡肿毒，淋巴结核。

【**用法与用量**】煎服 10 ～ 15g；外用适量。

【**药用标准**】四川药材 2010。

## 2. 獐牙菜属 *Swertia* Linn.

一年生或多年生草本。根草质、木质或肉质，常具主根。茎粗壮或纤细，常具四棱。叶对生，稀互生或轮生，或有时呈座莲状。复聚伞花序或聚伞花序，稀单花。花两性，4 ～ 5 数，稀两者兼有，辐射对称；花萼深裂至近基部；花冠深裂至近基部，冠筒极短，裂片基部或中部有腺窝或腺斑，腺窝边缘常具流苏或鳞片，稀光滑；雄蕊 4 ～ 5 枚，着生于花冠筒基部，与裂片互生，花丝线形，稀下部极度扩大联成短筒或不相联合；子房 1 室，花柱短，柱头 2 裂。蒴果常包被于宿存花被中，2 瓣裂。种子小，多数，表面具瘤状突起或翅。

约 170 种，主要分布于亚洲、非洲和北美洲，少数分布于欧洲。中国 79 种，法定药用植物 14 种。华东地区法定药用植物 1 种。

## 723. 獐牙菜（图 723）• *Swertia bimaculata*（Sieb.et Zucc.）Hook.f.et Thoms.ex C.B.Clarke

**图 723 獐牙菜** 摄影 张芬耀等

【**别名**】大苦草（安徽），大苦草、黑节苦草、黑药黄、走胆草（江苏），双点獐牙菜。

【**形态**】一年生直立草本，高 0.6 ～ 1.5m。根纤细，棕黄色。茎直立，中部以上有分枝。基生叶长圆形，长 4 ～ 12cm，宽 1.5 ～ 5cm，具长柄，花期枯萎；茎生叶卵状椭圆形或卵状披针形，长 3.5 ～ 9cm，宽 1 ～ 4cm，先端渐尖，基部宽楔形或圆形，叶脉 3 ～ 5 条，无柄或具短柄。圆锥状复聚伞花序，顶生或腋生。花 5 数；花柄长 0.5 ～ 4cm；花萼绿色，裂片狭倒披针形或狭椭圆形；花冠黄绿色或白色，裂片椭圆形或长圆形，上部散生紫色小斑点，中部具 2 个黄绿色、半圆形腺斑。蒴果狭卵形，长 1 ～ 2.3cm，无柄。种子表面具瘤状突起。花果期 6 ～ 11 月。

【**生境与分布**】生于海拔 250 ～ 3000m 的山地草丛、林下、灌丛、河滩、山谷溪边或沼泽地带。分布于江苏、安徽、浙江、福建和江西，另湖北、湖南、广东、广西、贵州、云南、四川、甘肃、陕西、河南、山西、河北和内蒙古均有分布；印度、尼泊尔、不丹、缅甸、越南、马来西亚和日本也有分布。

**【药名与部位】** 獐牙菜，全草。

**【采集加工】** 秋季花果期采收，除去泥沙，晒干。

**【药材性状】** 长 30 ～ 150cm。根茎粗短，着生多数不定根。主根细，长圆锥形，多弯曲或扭曲，常有分枝，表面棕黄色至黄棕色，断面黄白色。茎圆柱形，基部直径 0.3 ～ 0.8cm，上部多分枝，具四棱。叶对生，茎下部叶多脱落，中上部叶近无柄，叶片多皱缩或破碎，完整叶片展开后呈披针形、长椭圆形至卵状披针形，长 3 ～ 9cm，宽 1 ～ 4cm，叶脉 3 ～ 5 条，弧形，最上部叶苞叶状。花梗较粗，花萼与花冠均为 5 瓣，花冠上部具多数棕色小点，中部具 2 个棕褐色圆形大腺斑。蒴果卵圆形。种子多数，细小。气微，味苦。

**【药材炮制】** 除去杂质，喷淋清水，稍润，切段，干燥。

**【化学成分】** 茎叶含黄酮类：1, 2, 3, 4- 四氢 -1, 4, 6, 8- 四羟基𠮿酮（1, 2, 3, 4-tetrahydro-1, 4, 6, 8-tetrahydroxyxanthone）、1, 2, 6, 8- 四羟基𠮿酮（1, 2, 6, 8-tetrahydroxyxanthone）、1, 6- 二甲氧基 -2, 8- 二羟基𠮿酮（1, 6-dimethoxy-2, 8-dihydroxyxanthone）、1, 2, 6- 三甲氧基 -8- 羟基𠮿酮（1, 2, 6-trimethoxy-8-hydroxyanthone）和 1, 2, 8- 三甲氧基 -6- 羟基𠮿酮（1, 2, 8-trimethoxy-6-hyroxyanthone）[1]；色原酮类：6-甲氧基色原酮（6-methoxyl-4-chromanon）[1]；三萜类：齐墩果酸（oleanlic acid）[1]；酚类：（*E*）-（6*R*, 7*S*）-4, 5- 二氢 -6, 7- 二羟基 -3- 丁烯基苯酞［（*E*）-（6*R*, 7*S*）-3-butylidene-4, 5-dihydro-6, 7-dihydroxyphthalide］和 4, 7′- 环氧 -3′, 5, - 二甲氧基 -4′, 9, 9′- 三羟基 -3, 8′- 二木脂 -7- 烯（4, 7′-epoxy-3′, 5, -dimethoxy-4′, 9, 9′-trihydroxy-3, 8′-bilign-7-ene）[1]；甾体类：豆甾醇（stigmasterol）[1]。

全草含黄酮类：1, 3- 二羟基 -4, 5- 二甲基𠮿酮（1, 3-dihydroxy-4, 5-dimethoxyxanthone）、1, 8- 二羟基 -3, 5- 二甲氧基𠮿酮（1, 8-dihydroxy-3, 5-dimethoxyxanthone）、1, 3, 5- 三甲氧基 -8- 羟基𠮿酮（1, 3, 5-trimethoxy-8-hydroxyxanthone）、1- 羟基 -3, 7, 8- 三甲氧基𠮿酮（1-hydroxy-3, 7, 8-trimethoxyxanthone）、1- 羟基 -2, 3, 4, 5- 四甲氧基𠮿酮（1-hydroxy-2, 3, 4, 5-tetramethoxyxanthone）、1- 羟基 -2, 3, 4, 5- 四甲氧基𠮿酮（1-hydroxy-2, 3, 4, 5-tetramethoxyxanthone）、1- 羟基 -2, 3, 4, 7- 四甲氧基𠮿酮（1-hydroxy-2, 3, 4, 7-tetramethoxyxanthone）、1, 8- 二羟基 -2, 3, 7- 二甲氧基𠮿酮（1, 8-dihydroxy-2, 3, 7-trimethoxyxanthone）、2- 羟基 -1, 3, 4, 7- 四甲氧基𠮿酮（2-hydroxy-1, 3, 4, 7-tetramethoxyxanthone）、1, 4- 二羟基 -2, 3, 7- 三甲氧基𠮿酮（1, 4-dihydroxy-2, 3, 7-trimethoxyxanthone）、1, 3- 二羟基 -4, 5, 8- 三甲氧基𠮿酮（1, 3-dihydroxy-4, 5, 8-trimethoxyxanthione）[2]、1, 3, 6- 三羟基 -4, 7- 二甲氧基𠮿酮（1, 3, 6-trihydroxy-4, 7-dimethoxyxanthone）、1, 8- 二羟基 -2, 3, 4, 5- 四甲氧基𠮿酮（1, 8-dihydroxy-2, 3, 4, 5-tetramethoxyxanthone）、1, 3, 5- 三羟基 -4- 甲氧基𠮿酮（1, 3, 5-trihydroxy-4-methoxyxanthone）、1, 3- 二羟基 -4- 甲氧基𠮿酮（1, 3-dihydroxy-4-methoxyxanthone）、1, 3, 5- 三羟基𠮿酮（1, 3, 5-trihydroxyxanthone）、1, 3, 7- 三羟基 -4- 甲氧基𠮿酮（1, 3, 7-trihydroxy-4-methoxyxanthone）、金不换苷元（veratrilogenin）、去甲基雏菊叶龙胆酮（demethylbellidifolin）、1, 3, 8- 三羟基 -4, 5- 二甲氧基𠮿酮（1, 3, 8-trihydroxy-4, 5-dimethoxyxanthone）、1, 3- 二羟基 -4, 5- 二甲氧基𠮿酮（1, 3-dihydroxy-4, 5-dimethoxyxanthone）、甲基雏菊叶龙胆酮（methylbellidifolin）、1- 羟基 -2, 3, 4, 7- 四甲氧基𠮿酮（1-hydroxy-2, 3, 4, 7-tetramethoxyxanthone）、芒果苷（mangiferin）、紫云英苷（astragalin）、异槲皮苷（isoquercitrin）、山柰酚 -3-*O*- 芸香糖苷（kaempferol-3-*O*-rutinoside）、芦丁（rutin）、异荭草苷 -7, 3′- 二甲醚（isoorientin-7, 3′-dimethyl ether）、獐牙菜素（swertisin）、日当药黄素（swertiajaponin）、异荭草苷（isoorientin）、8- 甲氧基异黄芩素（8-methoxy-isoscutellarein）、8- 金圣草素（8-chrysoeriol）、山柰酚（kaempferol）、木犀草素（luteolin）、槲皮素（quercetin）[3]、1-*O*-β-D- 吡喃葡萄糖基 -1, 3- 二羟基 -4, 5- 二甲氧基𠮿酮（1-*O*-β-D-glucopyranosyl-1, 3-dihydroxy-4, 5-dimethoxyxanthone）、3-*O*-β-D- 吡喃葡萄糖基 -1, 3- 二羟基 -4, 5- 二甲氧基𠮿酮（3-*O*-β-D-glucopyranosyl-1, 3-dihydroxy-4, 5-dimethoxyxanthone）[4]、3-*O*-β-D- 吡喃葡萄糖基 -1- 羟基 -4, 5- 二甲氧基𠮿酮（3-*O*-β-D-glucopyranosyl-1-hydroxy-4, 5-dimethoxyxanthone）、3-*O*-β-D-吡喃葡萄糖基 -1, 8- 二羟基 -5- 甲氧基𠮿酮（3-*O*-β-D-glucopyranosyl-1, 8-dihydroxy-5-methoxyxanthone）、

1-*O*-β-D- 吡喃葡萄糖基 -3, 8- 二羟基 -4, 5- 二甲氧基叫酮（1-*O*-β-D-glucopyranosyl-3, 8-dihydroxy-4, 5-dimethoxyxanthone）、獐牙菜叫酮苷（swertianolin）、去甲当药苷（norswertianolin）、7-*O*-［α-L- 吡喃鼠李糖基 -（1 → 2）-β-D- 吡喃木糖基 -1, 8- 二羟基 -3- 甲氧基叫酮 {7-*O*-［α-L-rhamnopyranosyl-（1 → 2）-β-D-xylopyranoyl-1, 8-dihydroxy-3-methoxyxanthone}、1-*O*-［β-D- 吡喃木糖基 -（1 → 6）-β-D- 吡喃葡萄糖基］-8- 羟基 -2, 3, 4, 5- 四甲氧基叫酮 {1-*O*-［β-D-xylopyranosyl-（1 → 6）-β-D-glucopyranosyl］-8-hydroxy-2, 3, 4, 5-tetramethoxyxanthone}、8-*O*-［β-D- 吡喃木糖基 -（1 → 6）-β-D- 吡喃葡萄糖基］-1- 羟基 -2, 3, 4, 5- 四甲氧基叫酮 {8-*O*-［β-D-xylopyranosyl-（1 → 6）-β-D-glucopyranosyl］-1-hydroxy-2, 3, 4, 5-tetramethoxyxanthone}、1-*O*-［β-D- 吡喃木糖基 -（1 → 6）-β-D- 吡喃葡萄糖基］-8- 羟基 -3, 4, 5- 三甲氧基叫酮 {1-*O*-［β-D-xylopyranosyl-（1 → 6）-β-D-glucopyranosyl］-8-hydroxy-3, 4, 5-trimethoxyxanthone}、8-*O*-［β-D- 吡喃木糖基 -（1 → 6）-β-D- 吡喃葡萄糖基］-1- 羟基 -3, 4, 5- 三甲氧基叫酮 {8-*O*-［β-D-xylopyranosyl-（1 → 6）-β-D-glucopyranosyl］-1-hydroxy-3, 4, 5-trimethoxyxanthone}、1-*O*-［β-D- 吡喃木糖基 -（1 → 6）-β-D- 吡喃葡萄糖基］-3, 8- 二羟基 -4, 5- 二甲氧基叫酮 {1-*O*-［β-D-xylopyranosyl-（1 → 6）-β-D-glucopyranosyl］-3, 8-dihydroxy-4, 5-dimethoxyxanthone}、1-*O*-［β-D- 吡喃葡萄糖基 -（1 → 6）-β-D- 吡喃葡萄糖基］-3, 8- 二羟基 -4, 5- 二甲氧基叫酮 {1-*O*-［β-D-glucopyranosyl-（1 → 6）-β-D-glucopyranosyl］-3, 8-dihydroxy-4, 5-dimethoxyxanthone}、1-*O*-［β-D- 吡喃木糖基 -（1 → 4）-β-D- 吡喃葡萄糖基］-3, 8- 二羟基 -4, 5- 二甲氧基叫酮 {1-*O*-［β-D-xylopyranosyl-（1 → 4）-β-D-glucopyranosyl］-3, 8-dihydroxy-4, 5-dimethoxyxanthone}[5], 3, 7, 8- 三甲氧基 -8- 羟基叫酮（3, 7, 8-trimethoxy-8-hydroxyxanthone）、3, 7- 二甲氧基 -1- 羟基叫酮（3, 7-dimethoxy-1-hydroxyxanthone）和雏菊叶龙胆酮（bellidifolin）[6]；三萜类：齐墩果酸（oleanolic acid）、3α- 羟基 -11α- 甲氧基齐墩果 -12（13）- 烯 -28- 酸［3α-hydroxy-11α-methoxyolean-12（13）-en-28-oic acid］[6]，熊果酸（ursolic acid）、α- 香树脂醇乙酸酯（α-amyrin acetate）、β- 香树脂酮（β-amyrenone）、1β, 3β- 二羟基熊果烷 -12- 烯 -28- 酸（1β, 3β-dihydroxyurs-12-en-28-oic acid）和 2α, 3β, 19α, 23β- 四羟基熊果 -12- 烯 -28- 酸（2α, 3β, 19α, 23β-tetrahydroxyurs-12-en-28-oic acid）[7]；苯丙素类：松柏醛（coniferyl aldehyde）和芥子醛（sinapaldehyde）[6]；木脂素类：相对 -（3*R*, 3′*S*, 4*R*, 4′*S*）-3, 3′, 4, 4′- 四氢 -6, 6′- 二甲氧基［3, 3′二 -2H- 苯并吡喃］-4, 4′- 二醇 {rel-（3*R*, 3′*S*, 4*R*, 4′*S*）-3, 3′, 4, 4′-tetrahydro-6, 6′-dimethoxy［3, 3′-bi-2H-benzopyran］-4, 4′-diol}、5-（3″- 羟基丙基）-7- 甲氧基 -2-（3′, 4′- 亚甲二氧基苯基）苯并呋喃［5-（3″-hydroxypropyl）-7-methoxy-2-（3′, 4′-methylenedioxyphenyl）benzofuran］、5- 乙氧甲酰乙烯基 -7- 甲氧基 -2-（3, 4- 亚甲二氧基苯基）- 苯并呋喃［5-carbethoxyethenyl-7-methoxy-2-（3, 4-methylenedioxyphenyl）-benzofuran］、3- 乙酰氧甲基 -5-［（*E*）-2- 甲酸乙烯基 -1- 基］-2-（4- 羟基 -3- 甲氧基苯基）-7- 甲氧基 -2, 3- 二氢苯并呋喃 {3-acetoxymethyl-5-［（*E*）-2-formylethen-1-yl］-2-（4-hydroxy-3-methoxyphenyl）-7-methoxy-2, 3-dihydrobenzofuran}、（−）- 野花椒醇［（−）-simulanol］、2, 6, 2′, 6′- 四甲氧基 -4, 4′- 双（2, 3- 环氧基 -1- 羟基丙基）联苯［2, 6, 2′, 6′-tetramethoxy-4, 4′-bis（2, 3-epoxy-1-hydroxypropyl）biphenyl］、（7′*R*, 8*S*, 8′*S*）-3, 5′- 二甲氧基 -3′, 4, 8′, 9′- 四羟基 -7′, 9- 环氧 -8, 8′- 木脂素［（7′*R*, 8*S*, 8′*S*）-3, 5′-dimethoxy-3′, 4, 8′, 9′-tetrahydroxy-7′, 9-epoxy-8, 8′-lignan］、荚蒾脂酚（vibruresinol）、醉鱼草醇 A（buddlenol A）、（+）-8- 羟基松脂醇［（+）-8-hydroxypinoresinol］、（−）-（7*R*, 7′*R*, 7″*R*, 8*S*, 8′*S*, 8″*S*）-4′, 4″- 二羟基 -3, 3′, 3″, 5- 四甲氧基 -7, 9′: 7′, 9- 二环氧 -4, 8″- 氧基 -8, 8′- 倍半新木脂素 -7″, 9″- 二醇［（−）-（7*R*, 7′*R*, 7″*R*, 8*S*, 8′*S*, 8″*S*）-4′, 4″-dihydroxy-3, 3′, 3″, 5-tetramethoxy-7, 9′: 7′, 9-diepoxy-4, 8″-oxy-8, 8′-sesquineolignan-7″, 9″-diol］、（+）-（7*R*, 7′*R*, 7″*R*, 7‴*R*, 8*S*, 8′*S*, 8″*S*, 8‴*S*）-4″, 4‴- 二羟基 -3, 3′, 3″, 3‴, 5, 5′- 六甲氧基 -7, 9′: 7′, 9- 二环氧 -4, 8″: 4′, 8‴- 二氧 -8, 8′- 二新木脂素 -7″, 7‴, 9″, 9‴- 四醇［（+）-（7*R*, 7′*R*, 7″*R*, 7‴*R*, 8*S*, 8′*S*, 8″*S*, 8‴*S*）-4″, 4‴-dihydroxy-3, 3′, 3″, 3‴, 5, 5′-hexamethoxy-7, 9′：7′, 9-diepoxy-4, 8″：4′, 8‴-bisoxy-8, 8′-dineolignan-7″, 7‴, 9″, 9‴-tetraol］和（+）-（7*R*, 7′*R*, 7″*R*, 7‴*S*, 8*S*, 8′*S*, 8″*S*, 8‴*S*）-4″, 4‴- 二羟基 -3, 3′, 3″, 3‴, 5, 5′- 六甲氧基 -7, 9′：7′, 9- 二环氧 -4, 8″：4′, 8‴- 二氧 -8, 8′- 二新木脂素 -7″, 7‴, 9″, 9‴- 四醇［（+）-（7*R*, 7′*R*, 7″*R*, 7‴*S*, 8*S*, 8′*S*, 8″*S*, 8‴*S*）-4″, 4‴-dihydroxy-3, 3′, 3″, 3‴, 5, 5′-hexamethoxy-7, 9′：7′, 9-diepoxy-4, 8″：4′, 8‴-bisoxy-8, 8′-dineolignan-7″, 7‴,

9″, 9‴-tetraol ][6]；苯甲酰苷类：2-（3′-O-β-D- 吡喃葡萄糖基）苯甲酰氧基龙胆酸 [ 2-（3′-O-β-D-glucopyranosyl）benzoyloxygentisic acid ][3]。

**【药理作用】** 1. 降血糖　全草乙醇提取物以及二氯甲烷、乙酸乙酯、正丁醇部位在体外对 α- 葡萄糖苷酶的活性有一定的抑制作用，其中二氯甲烷、正丁醇部位抑制作用更强；全草乙醇提取物以及石油醚、二氯甲烷、乙酸乙酯、正丁醇、水部位能促进从 Swiss 小鼠的脂肪纤维细胞分离再诱导分化成的 3T3-L1 脂肪细胞对葡萄糖进行消耗，其中水部位作用最弱；全草乙醇提取物二氯甲烷部位、正丁醇部位在体内对喂养高脂高糖饲料再腹腔注射链脲佐菌素制成的糖尿病模型大鼠的血糖均具有显著的降低作用[1]；乙醇提取物二氯甲烷部、正丁醇部溶液对糖尿病模型大鼠的葡萄糖耐量改善能力有明显的增强作用[1]。2. 降血脂　全草乙醇提取物二氯甲烷部位和正丁醇部位对糖尿病模型大鼠血清胰岛素水平有显著的增加作用；全草乙醇提取物、乙醇提取物二氯甲烷部位、正丁醇部位对大鼠血清总胆固醇、甘油三酯、低密度脂蛋白水平均有显著的下降作用，对高密度脂蛋白与低密度脂蛋白比值有明显的提高作用[1]。

**【性味与归经】** 苦，寒。归肝、胆、膀胱经。

**【功能与主治】** 清热利湿、消肿止痛。用于胁痛，泄泻，咽肿牙痛，热淋，蛔虫症等。

**【用法与用量】** 10 ～ 15g。

**【药用标准】** 湖北药材 2009 和贵州药材 2003。

**【临床参考】** 1. 慢性胆囊炎：全草 50g，加波棱瓜子 30g，唐古特乌头、矮丛风毛菊各 40g，广木香、短管兔儿草各 25g，角茴香、小檗皮各 20g，研细粉，过筛混匀，每次 1g 口服，每天 2 ～ 3 次，7 天为 1 疗程[1]。

2. 感冒：全草 30g，水煎服。

3. 牙龈肿痛：全草 9g，煎水含漱。

4. 消化不良、肾炎：全草研末，每次 1.5g，每日 2 次，温开水送服。

5. 黄疸：全草 9g，水煎服。（2 方至 5 方引自《湖北中草药志》）

6. 腹痛：全草 15g，水煎服。

7. 马鞍鼻：全草 15g，加海金沙 10g，用醋煎汁，文火煎，边煎边熏鼻子。（6 方、7 方引自《湖南药物志》）

**【附注】** 同属植物美丽獐牙菜 *Swertia angustifolia* Buch.-Ham.ex D.Don var.*pulchella*（D.Don）Burk.、西南獐牙菜 *Swertia cincta* Burk. 及大籽獐牙菜 *Swertia macrosperma*（C.B.Clarke）C.B.Clarke 的全草在贵州作獐牙菜药用。

**【化学参考文献】**

[1] 文荣荣，董秀华，段沅杏，等．獐牙菜的化学成分研究 [J]．云南民族大学学报（自然科学版），2010，19（2）：93-96.

[2] Ghosal S，Sharma P V，Chaudhuri R K. Xanthones of *Swertia bimaculata* [J]. Phytochemistry，1975，14（12）：2671-2675.

[3] 郑伟，岳跃栋，龚亚君，等．双斑獐牙菜的化学成分研究 [J]．中草药，2016，47（9）：1468-1476.

[4] Inouye H，Ueda S，Inada M，et al. Xanthones of *Swertia bimaculata* [J]. Yakugaku Zasshi，1971，91（9）：1022-1066.

[5] Yue Y D，Zhang Y T，Liu Z X，et al. Xanthone glycosides from *Swertia bimaculata* with α-glucosidase inhibitory activity [J]. Planta Med，2014，80（6）：502-508.

[6] Dong M，Liu D，Li H M，Chemical compounds from *Swertia bimaculata* [J]. Chem Nat Compd，2018，54（5）：964-969.

[7] 施能胜．獐牙菜三萜化学成分研究 [J]．首都食品与医药，2010，14：71-72.

**【药理参考文献】**

[1] 刘朝霞．双斑獐牙菜抗糖尿病活性及其化学成分研究 [D]．武汉：华中科技大学博士学位论文，2013.

**【临床参考文献】**

[1] 汪海英．八味獐牙菜散加减治疗慢性胆囊炎 80 例 [J]．浙江中医杂志，2009，44（7）：537.

## 3. 双蝴蝶属 *Tripterospermum* Blume

多年生缠绕草本。茎细长，圆柱形。叶对生，全缘，具 3 ～ 5 条基出脉，具柄或无柄。花两性，辐射对称，5 数；聚伞花序或单朵腋生，稀顶生。花萼筒钟形，具 5 脉，脉突起成翅，顶端 5 裂；花冠钟状或筒状钟形，5 裂，裂片间有褶；雄蕊着生于花冠筒上，长短不等，花丝线形；子房 1 室，胚珠多数，子房柄基部具环状花盘。浆果或蒴果，2 瓣裂。种子多数，三棱形，常具翅，或近圆形，扁平，具盘状宽翅。

约 25 种，分布于亚洲南部、东部。中国约 19 种，分布于西南、华南、华东、西北等地区，法定药用植物 2 种。华东地区法定药用植物 1 种。

### 724. 双蝴蝶（图 724）• *Tripterospermum chinense*（Migo）H. Smith ［*Tripterospermum affine* auct. non（Wall.）H. Smith］

**图 724　双蝴蝶**　　摄影　张芬耀等

**【别名】**华肺形草（浙江），中国双蝴蝶（江苏、安徽），肺形草（江苏）。

**【形态】**多年生缠绕草本，长 1 ～ 1.5m。根茎黄褐色或深褐色。茎具细条纹，中上部螺旋状缠绕。基生叶常 2 对，紧贴地面而呈双蝴蝶状，卵形、倒卵形或椭圆形，长 3 ～ 12cm，宽 2 ～ 6cm，先端尖或圆钝，基部圆形，近无柄，具 3 出脉；茎生叶卵状披针形，长 5 ～ 12cm，宽 2 ～ 5cm，先端渐尖或尾状，基部心形或近圆形；叶柄长 0.4 ～ 1cm。花数朵排成聚伞花序，稀单朵腋生；花柄长常不超过 1cm，具 1 ～ 3

对小苞片或无小苞片；花萼筒钟形，具狭翅或无翅，裂片条状披针形；花冠蓝紫色或淡紫色，钟形，长 3.5 ～ 4.5cm，裂片卵状三角形；褶小，半圆形，淡紫色或乳白色，先端浅波状；花柱条形，柱头 2 裂。蒴果内藏，椭圆形，长 2 ～ 2.5cm。种子细小，近圆形，具盘状双翅。花果期 10 ～ 12 月。

**【生境与分布】**生于海拔 300 ～ 1100m 的山坡疏林下、林缘、灌丛或草丛中。分布于江苏、安徽、浙江、福建和江西，另湖北、广东、广西、河南、陕西和甘肃均有分布。

**【药名与部位】**肺形草，全草。

**【采集加工】**夏季采挖，干燥。

**【药材性状】**长 13 ～ 17cm。根细小。匍伏茎纤细，黄棕色至黄褐色。叶对生，多卷曲成团。基生叶 4 片，2 大 2 小，无柄，叶片展平后呈卵圆形，长 4 ～ 11cm，宽 2 ～ 7cm，全缘或微波状，上表面灰绿色至绿褐色，间有绿黑色网脉，下表面紫红色，三出脉明显；茎生叶对生，有短柄，叶片展平后披针形至卵状披针形，长 3 ～ 4cm，全缘。花顶生或腋生，长达 5cm，黄棕色，花冠多破碎。气微香，味微辛。

**【药材炮制】**除去杂质，洗净，切段，干燥。

**【化学成分】**全草含环烯醚萜类：双蝴蝶素 A、B、C（tripterospermumcin A、B、C）和 10- 羧酸 - 马钱素（10-carboxylic acid-loganin）[1]；黄酮类：1, 3- 二羟基 -5, 8- 二甲氧基呫酮（1, 3-dihydroxy-5, 8-dimethoxyxanthone）、1, 3, 7- 三羟基 -8- 甲氧基呫酮（1, 3, 7-trihydroxy-8-methoxyxanthone）、8- 羟基 -1, 2, 6- 三甲氧基呫酮（8-hydroxy-1, 2, 6-trimethoxyxanthone）、1, 7- 二羟基 -3, 8- 二甲氧基呫酮（1, 7-dihydroxy-3, 8-dimethoxyxanthone）、1, 3- 二羟基 -5, 6- 二甲氧基呫酮（1, 3-dihydroxy-5, 6-dimethoxyxanthone）、1, 2, 8- 三羟基 -5, 6- 二甲氧基呫酮（1, 2, 8-trihydroxy-5, 6-dimethoxyxanthone）、槲皮素 -7-*O*- 葡萄糖苷（quercetin-7-*O*-glucoside）和山柰素 -3-*O*-α-L- 鼠李糖苷（kaempferol-7-*O*-α-L-rhamnoside）[1]；木脂素类：5- 甲氧基松脂素（5-methoxypinoresinol）、松脂素（pinoresinol）、丁香树脂酚 -4-*O*- 葡萄糖苷（syringaresinol-4-*O*-glucoside）和 4′-*O*- 甲基望春花素（4′-*O*-methylmagnolin）[1]；酚类：3- 甲氧基 -1-（1′- 羟基 -2′, 3′- 环氧）苯酚［3-methoxy-1-（1′-hydroxy-2′, 3′-epoxy）phenol］[1]；醇苷类：（6*R*, 9*S*）-3- 羰基 -α- 紫罗兰醇 -β-D- 吡喃葡萄糖苷［（6*R*, 9*S*）-3-oxo-α-ionol-β-D-glucopyranoside］[1]；单萜类：贾伦花闭木醇 *（djalonenol）[1]。

地上部分含环烯醚萜类：双蝴蝶环烯醚萜素 A（tripterospermumcin A）[2]，双蝴蝶环烯醚萜素 B（tripterospermumcin B）[2,3]，双蝴蝶环烯醚萜素 C、D（tripterospermumcin C、D）[3]，双蝴蝶环烯醚萜素 E（tripterospermumcin E）[4]，当药苷（sweroside）、马钱苷酸（loganic acid）和 8- 表金银花苷（8-epi-kingiside）[3,4]；香豆素类：岩白菜素（bergenin）[4]；黄酮类：呫酮（xanthone）、2, 8- 二羟基 -1, 6- 二甲氧基呫酮（2, 8-dihydroxy-1, 6-dimethoxyxanthone）、1, 3- 二羟基 -5, 8- 二甲氧基呫酮（1, 3-dihydroxy-5, 8-dimethoxyxanthone）、2, 6, 8- 三羟基 -1- 甲氧基呫酮（2, 6, 8-trihydroxy-1-methoxyxanthone）[5]，1, 2, 8- 三羟基 -5, 6- 二甲氧基呫酮（1, 2, 8-trihydroxy-5, 6-dimethoxyxanthone）、8- 羟基 -1, 2, 6- 三甲氧基呫酮（8-hydroxy-1, 2, 6-trimethoxyxanthone）[5,6]，1, 7- 二羟基 -3, 8- 二甲氧基呫酮（1, 7-dihydroxy-3, 8-dimethoxyxanthone）、7-*O*-α-L- 吡喃鼠李糖基异牡荆素（7-*O*-α-L-rhamnopyransoyl isovitexin）、7-*O*-α-L- 吡喃鼠李糖基异荭草素（7-*O*-α-L-rhamnopyransoyl isoorientin）、肥皂草苷（saponarin）、2″-*O*-α-L- 吡喃鼠李糖基三叶豆苷（2″-*O*-α-L-rhamnopyransoyl trifoliside）、三叶豆苷（trifoliside）[6]，异牡荆素（isovitexin）[6,7]，异荭草素（isoorientin）、甲基剑叶波斯菊苷（methyllanceolin）、（+）- 儿茶素［（+）-catechin］、（–）- 表儿茶素［（–）-epicatechin］、山柰酚 -7-*O*-β-D- 吡喃葡萄糖苷（kaempferol-7-*O*-β-D-glucopyranoside）、山柰酚 -3-*O*-α-L- 吡喃鼠李糖苷（kaempferol-3-*O*-α-L-rhamnopyranoside）、异牡荆素 -2-*O*-α-L- 吡喃鼠李糖苷（isovitexin-2-*O*-α-L-rhamnopyranoside）和日本双蝴蝶酮苷 D（triptexanthoside D）[7]；三萜类：齐墩果酸（oleanolic acid）和熊果酸（ursolic acid）[6]；苯丙素类：咖啡酸（caffeic acid）[6]；甾体类：胡萝卜苷（daucosterol）[6]。

**【性味与归经】**辛、甘，寒。

**【功能与主治】**清热解毒，祛痰止咳。用于支气管炎，肺脓疡，肺结核，小儿高热；外用于疔疮疖肿。

**【用法与用量】**9 ～ 15g。

**【药用标准】**药典 1977、浙江炮规 2015 和上海药材 1994。

**【临床参考】**1. 风咳：全草 15g，加紫草、茜草各 15g，炙麻黄 6g、苏叶 10g、旋覆花（包）9g、葶苈子 9g、射干 12g、桔梗 12g、丹皮 15g、炙枇杷叶 12g、炙紫菀 12g、炙冬花 12g、穿山龙 30g、蝉衣 6g、僵蚕、地龙各 10g、生白芍 40g，生甘草 6g，水煎 2 次，饭后 1h 口服[1]。

2. 肺痈：全草 250g，水两大碗煎至一大碗，分 3 次服[2]。

3. 慢性支气管炎、支气管扩张咯血：鲜全草 60g，水煎服；或全草 30g，加小蓟草 15g，水煎服。

4. 疔疮、指头炎：鲜全草，洗净，加食盐少许，捣烂外敷，每天换 1 次；另取鲜全草 9 ～ 15g，水煎服。

5. 蝮蛇咬伤、外伤出血：鲜全草适量，洗净，捣烂外敷。（3 方至 5 方引自《浙江药用植物志》）

**【附注】**肺形草始载于《植物名实图考》石草类，云："双蝴蝶，建昌山石向阴处有之。叶长圆二寸余，有尖，二四对生，两大两小，面青蓝，有碎斜纹；背红紫，有金线四五缕，两长叶铺地如蝶翅，两小叶横出如蝶腹及首尾，短根数缕为足。"并绘有图，即为本种。

**【化学参考文献】**

[1] 朱凯成 . 双蝴蝶化学成分研究 [D]. 上海：中国科学院上海药物研究所硕士学位论文，2006.

[2] Zhu K C, Ma C H, Ye G, et al. Two new secoiridoid glycosides from *Tripterospermum chinense* [J]. Helv Chim Acta, 2007, 90 (2): 291-296.

[3] Zhang T, Li J, Li B, et al. Two novel secoiridoid glucosides from *Tripterospermum chinense* [J]. J Asian Nat Prod Res, 2012, 14 (12): 1097-1102.

[4] 张涛，李彬，陈立，等 . 肺形草中一个新内酯化合物 [J]. 药学学报，2012，47（11）：1517-1520.

[5] Zhu K C, Ma C H, Fan M S, et al. Xanthones from *Tripterospermum chinense* (Migo) [J]. Asian J Chem, 2007, 19 (3): 1739-1742.

[6] 张涛，李彬，陈立，等 . 肺形草化学成分研究 [J]. 军事医学，2012，36（12）：920-924.

[7] Fang J J, Ye G. Flavonoids and xanthones from *Tripterospermum chinense* [J]. Chem Nat Compd, 2008, 44 (4): 514-515.

**【临床参考文献】**

[1] 韩佳颖，王真 . 王真教授治疗"风咳"药对浅析 [J]. 浙江中医药大学学报，2016，40（7）：551-553.

[2] 李健颐 . 用肺形草治疗肺痈 [J]. 上海中医药杂志，1957，（1）：27.

# 九六 夹竹桃科 Apocynaceae

乔木、灌木或藤本，稀为亚灌木或草本，常具乳汁或水液。单叶，对生或轮生，稀互生，全缘或有锯齿，羽状脉；无托叶，稀具托叶。花两性，辐射对称；单生或数朵集成聚伞花序，顶生或腋生。花萼5裂，稀4裂，覆瓦状排列，基部内面常具腺体；花冠高脚碟状、漏斗状、盆状或坛状，稀辐射状，5裂，裂片向右或向左覆盖，稀镊合状排列，花冠喉部常具附属物；雄蕊5枚，稀4枚，着生于花冠筒上或花冠喉部，花丝短，分离，花药长圆形或箭头形，纵裂，分离或互相黏合并贴生于柱头上；花盘环状、杯状或舌片状，稀无花盘；子房上位，稀半下位，合生或离生，1～2室，或为2个离生或合生心皮所组成；花柱1枚，柱头环状、头状、圆锥状或棍棒状，2裂；胚珠1至多数。蓇葖果，稀浆果、核果或蒴果。种子一端具种毛，稀两端有毛或仅具膜质翅。

约155属，2000余种，主要分布于热带及亚热带地区，少数种类分布于温带地区。中国44属，约145种，主要分布于长江以南各省区和台湾等沿海岛屿，少数种类分布北部和西北部，法定药用植物18属23种。华东地区法定药用植物6属6种。

夹竹桃科法定药用植物主要含生物碱类、皂苷类、黄酮类、香豆素类、甾体类等成分。生物碱包括甾体类、单萜类、哌啶类、吲哚类等，如锥丝碱（conessine）、长春里宁（vindolinine）等，吲哚类仅见于鸡蛋花亚科；皂苷类包括齐墩果烷型、熊果烷型、羽扇豆烷型等，如齐墩果酸乙酸酯（oleanolic acid acetate）、熊果酸（ursollc acid）、羽扇豆烯醇棕榈酰酯（lupenyl palmitate）等；黄酮类包括黄酮、黄酮醇、黄烷等，如木犀草素-7-*O*-芸香糖苷（luteolin-7-*O*-rutinoside）、三叶豆苷（trifolin）、（+）-没食子酰儿茶素［（+）-gallocatechin］等；香豆素类如七叶素（esculin）、东莨菪内酯（scopoletin）等；甾体类如洋地黄毒苷元（digitoxigenin）、克罗毒苷元（corotoxigenin）等。

链珠藤属含皂苷类、香豆素类、木脂素类、蒽醌类等成分。皂苷类多为三萜皂苷，如熊果酸（ursollc acid）、齐墩果酸（oleanolic acid）、羽扇豆醇（lupeol）等；香豆素类如东莨菪内酯（scopletin）、七叶素（esculin）、伞形花内酯（umbelliferone）等；木脂素类如鹅掌楸苷（liriodemdrin）、松脂醇-二-*O*-β-D-吡喃葡萄糖苷（pinoresinol-di-*O*-β-D-glueopyranoside）等；蒽醌类如大黄素甲醚（physcion）、大黄酚（chrysophanol）等。

长春花属含生物碱类、黄酮类等成分。生物碱类包括二聚吲哚生物碱、单吲哚生物碱、有机胺等，如长春碱（vinblastine）、环氧长春碱（leurosine）、长春新碱（Leurocristine）、文考灵碱（vincoline）、阿吗碱（ajmalicine）、长春花胺（catharanthamine）等；黄酮类多为黄酮醇，如毛里求斯排草素（mauritianin）和槲皮素-3-*O*-α-L-吡喃鼠李糖基-（1→2）-α-L-吡喃鼠李糖基-（1→6）-β-D-吡喃半乳糖苷［quercetin-3-*O*-α-L-rhamnopyranosyl-（1→2）-α-L-rhamnopyranosyl-（1→6）-β-D-galactopyranoside］等。

夹竹桃属含黄酮类、皂苷类、甾体类等成分。黄酮类包括黄酮、黄酮醇等，如木犀草素-7-*O*-芸香糖苷（luteolin-7-*O*-rutinoside）、山柰酚-3-葡萄糖苷（kaempferol-3-glycoside）等；皂苷类多为三萜皂苷，如葫芦素E（cucurbitacin E）、羽扇豆醇（lupeol）等；甾体类如洋地黄毒苷元-α-L-齐墩果糖苷（digitoxigenin-α-L-oleandroside）、8β-羟基洋地黄毒苷元（8β-hydroxydigitoxigenin）、欧夹竹桃苷乙（adynerin）等。

罗布麻属含黄酮类、皂苷类、香豆素类、酚酸类等成分。黄酮类包括黄酮醇、黄烷等，如金丝桃苷（hyperin）、三叶豆苷（trifolin）、异槲皮素-6′-*O*-乙酸酯（isoquercetin-6′-*O*-acetate）、（+）-没食子酰儿茶素［（+）-gallocatechin］等；皂苷类如齐墩果酸乙酸酯（oleanolic acid acetate）、β-香树脂醇（β-amyrin）、羽扇豆烯醇棕榈酸酯（lupenyl palmitate）等；香豆素类如东莨菪内酯（scopoletin）、七叶内酯（esculetin）等；酚酸类如香草酸（vanillic acid）、对羟基苯甲酸（*p*-hydroxybenzoic acid）等。

## 分属检索表

1. 多年生草本、灌木或亚灌木。
  2. 草本；花冠裂片在花蕾时向左覆盖……………………………………………………1. 长春花属 *Catharanthus*
  2. 灌木或亚灌木；花冠裂片在花蕾时向右覆盖。
    3. 常绿灌木；叶 3 ～ 4 片轮生，全缘……………………………………………………2. 夹竹桃属 *Nerium*
    3. 落叶亚灌木；叶对生，稀互生，边缘具锯齿…………………………………………3. 罗布麻属 *Apocynum*
1. 木质藤本或藤状灌木。
  4. 花冠高脚碟状。
    5. 叶对生；花冠裂片向右覆盖；蓇葖果，长圆状披针形……………………4. 络石属 *Trachelospermum*
    5. 叶对生或 3 ～ 4 枚轮生；花冠裂片向左覆盖；核果，念珠状…………………5. 链珠藤属 *Alyxia*
  4. 花冠近坛状………………………………………………………………………………………6. 水壶藤属 *Urceola*

### 1. 长春花属 *Catharanthus* G.Don

一年生或多年生草本，具水液。茎基部常木质化。叶草质，对生，具短柄或近无柄；叶腋内和叶腋间具腺体。花 2 ～ 3 朵组成聚伞花序，顶生或腋生。花萼 5 深裂；花冠高脚碟状，花冠筒圆筒形，花冠喉部缢缩，内面具刚毛，花冠 5 裂，花蕾时裂片向左覆盖；雄蕊 5 枚，着生于花冠筒中部之上，不外露，花丝圆柱形，短于花药，花药长圆状披针形；花盘具 2 腺体；心皮 2 枚，离生，胚珠多数；花柱丝状，柱头头状。蓇葖果双生，圆柱形。种子 15 ～ 30 粒，长圆形，表面具小瘤，无种毛。

8 种，7 种产马达加斯加，1 种产印度和斯里兰卡。中国引入栽培 1 种，法定药用植物 1 种。华东地区法定药用植物 1 种。

### 725. 长春花（图 725）• *Catharanthus roseus*（Linn.）G.Don（*Vinca rosea* Linn.；*Lochnera rosea* Reichb.）

【别名】雁来红（山东），日日有、日日新（福建）。

【形态】多年生草本，高 0.3 ～ 1m。茎近方形，幼时被微柔毛。叶倒卵状长圆形或长椭圆形，长 2.5 ～ 9cm，宽 1 ～ 3.5cm，先端急尖或圆钝，基部宽楔形或楔形，渐狭成叶柄；侧脉 6 ～ 11 对。花 2 ～ 3 朵，顶生或腋生。花萼 5 深裂，裂片披针形或条形；花冠红色或粉红色，高脚蝶状，花冠筒细长，内面疏被柔毛，喉部缢缩，具刚毛，花冠裂片平展，宽倒卵形，长 1.2 ～ 2cm。蓇葖果双生，长 2 ～ 4cm。种子长圆状圆柱形，具颗粒状小瘤点。花期 4 ～ 10 月，果期 5 ～ 12 月。

【生境与分布】原产马达加斯加，热带地区广为栽培。华东地区各地庭园有栽培。另华中、华南和西南均有栽培。

【药名与部位】长春花，地上部分。

【采集加工】全年均可采收，割取地上部分，除去泥沙，晒干或鲜用。

【药材性状】茎圆柱形，红褐色，直径 0.4 ～ 0.8cm，节部稍膨大。叶对生，多已破碎，展平后，完整叶呈倒卵形或长椭圆形，长 5 ～ 9cm，宽 2 ～ 3cm，顶端有尖头，全缘，中脉基部淡红紫色。花单生或成对生于叶腋；萼 5 裂；花冠高脚碟状，长 2 ～ 2.5cm。偶见有长圆锥形的蓇突果。种子黑褐色，有沟槽和粒状小突起。气微，味微苦。

【药材炮制】除去杂质，切段，干燥。

**图 725 长春花** 摄影 李华东

**【化学成分】**地上部分含生物碱类：长春里宁 B（vindolinine B）、洛柯碱（lochnericine）、荷哈默辛碱（horhammericine）、文朵尼定碱（vindorosine）、文多灵（vindoline）、狗牙花定碱（coronaridine）[1]，长春碱（vinblastine）、长春质碱（catharanthine）[2]，环氧长春碱（leurosine）、长春新碱（Leurocristine）、利血平（reserpine）、文考灵碱（vincoline）、长春新碱（leurocristine）、异长春碱（leurosidine）、文可宾碱（vincubine）、文可林宁（vincovalinine）、凯瑟罗新碱（cathorosine）、色胺（tryptamine）和阿吗碱（ajmalicine）等[3]，19（*S*）- 氯化水甘草碱［19（*S*）-chlorotabersonine］、19（*S*）- 氯化 -3- 氧代水甘草碱［19（*S*）-chloro-3-oxotabersonine］、19（*R*）- 氯化水甘草碱［19（*R*）-chlorotabersonine］和 19（*R*）- 氯化 -3- 氧代水甘草碱［19（*R*）-chloro-3-oxotabersonine］[4]。

茎含黄酮类：3′, 4′- 二 -*O*- 甲基槲皮素 -7-*O*-［（4″→13‴）-2‴, 6‴, 10‴, 14‴- 四甲基十六烷 -13‴- 醇 -14‴- 烯］-β-D- 吡喃葡萄糖苷 {3′, 4′-di-*O*-methylquercetin-7-*O*-［（4″→13‴）-2‴, 6‴, 10‴, 14‴-tetramethylhexadec-13‴-ol-14‴-en］-β-D-glucopyranoside}、4′-*O*- 甲基山柰酚 -3-*O*-［（4″→13‴）-2‴, 6‴, 10‴, 14‴- 四甲基十六烷 -13‴- 醇］-β-D- 吡喃葡萄糖苷 {4′-*O*-methylkaempferol-3-*O*-［（4″→13‴）-2‴, 6‴, 10‴, 14‴-tetramethylhexadecan-13‴-ol］-β-D-glucopyranoside}、3′, 4′- 二 -*O*- 甲基紫铆亭 -7-*O*-［（6″→1‴）-3‴, 11‴- 二甲基 -7‴- 亚甲基十二 -3‴, 10‴- 二烯］-β-D- 吡喃葡萄糖苷 {3′, 4′-di-*O*-methylbutin-7-*O*-［（6″→1‴）-3‴, 11‴-dimethyl-7‴-methylenedodeca-3‴, 10‴-dien］-β-D-glucopyranoside}、4′-*O*- 甲基紫铆亭 -7-*O*-［（6″→1″）-3‴, 11‴- 二甲基 -7‴- 羟基亚甲基十二烷］-β-D- 吡喃葡萄糖苷 {4′-*O*-methylbutin-7-*O*-［（6″→1″）-3‴, 11‴-dimethyl-7‴-hydroxymethylenedodecan］-β-D-glucopyranoside}[5]，丁香亭 -3-*O*- 刺槐双糖苷（syringetin-3-*O*-robinobioside）、毛里求斯排草素（mauritianin）和槲皮素 -3-*O*-（2, 6- 二 -*O*-α-L- 吡喃鼠李糖基 -β-D- 半乳糖苷）［quercetin-3-*O*-（2, 6-di-*O*-α-L-rhamnopyranosyl-β-D- 吡喃 galactopyranoside）］[6]。

根含生物碱类：长春西定（vinosidine）、洛柯文碱（lochnerivine）、长春西文（leurosivine）、咖文辛碱（cavincine）[7]，鸭脚木碱（alstonine）[8, 9]，长春碱（vinblastine, i.e.vincaleucoblastine）、Δ-育亨宾（Δ-yohimbine）[10]，白坚木醇（bornesitol）[11]，洛柯碱（lochnerine）[12]，水甘草碱（tabersonine）、洛柯辛（lochnericine）、长春花碱（catharanthine）、阿枯明（akuammine）[13]，10-甲氧基降马枯心（10-methoxy-normacusine）、10-甲氧基-近山马茶碱-$N^4$-氧化物（10-methoxy-affinisine-$N^4$-oxide）[14]，帽柱木菲碱（mitraphylline）、阿枯米辛（akuammicine）、阿模楷灵碱（ammocalline）、派利卡林碱（pericalline）、阿模绕生碱（ammorosine）、硫酸派绕生碱（perosine sulfate）、硫酸卡文西定碱（cavincidine sulfate）、硫酸马安卓辛碱（maandrosine sulfate）、硫酸卡生定碱（cathindine sulfate）[15]，3-表-α-育亨宾（3-epi-α-yohimbine）、柯楠次碱（corynanthine）、毛茶碱（antirhine）、18-羟基直立拉齐木胺（18-hydroxystrictamine）、21-羟基环洛柯碱（21-hydroxycyclolochnerine）、（－）-二氢柯楠醇［（－）-dihydrocorynantheol］、15′*R*-羟基长春米定（15′*R*-hydroxyvinamidine）、蛇根酸（serpentinic acid）[16]，阿吗碱（ajmalicine, i.e.vincaine, i.e.raubasine）[8, 9, 17]，蛇根碱（serpentine）、四氢鸭脚木碱（tetrahydroalstonine）[9, 17]，10-羟基长叶长春花碱-10-*O*-α-L-吡喃阿拉伯糖苷（10-hydroxycathafoline-10-*O*-α-L-arabinopyranoside）、10-羟基去甲酰二氢伪阿枯米精-10-*O*-α-L-吡喃阿拉伯糖苷（10-hydroxydeformodihydro-pseudoakuammigine-10-*O*-α-L-arabinopyranoside）、15（*S*）-羟基-14, 15-二氢长春立宁［15（*S*）-hydroxy-14, 15-dihydrovindolinine］、文朵尼定（vindorosine, i.e.vindolidine）、长春刀灵（vindoline）、19（*S*）-长春立宁［19（*S*）-vindolinine］、19（*R*）-长春立宁［19（*R*）-vindolinine］、（2）-长春普辛碱［（2）-vincapusine］、育亨宾（yohimbine）、18β-羟基-3-表-α-育亨宾（18β-hydroxy-3-epi-α-yohimbine）、西特斯日钦碱（sitsirikine）、派利文碱（perivine）和二氢毛茶碱（dihydroantirhine）[17]。

根皮含生物碱类：鸭脚木碱（alstonine）、蛇根碱（serpentine）[18]和洛柯辛（lochnericine）[19]。

叶含黄酮类：毛里求斯排草素（mauritianin）和槲皮素-3-*O*-α-L-吡喃鼠李糖基-（1→2）-α-L-吡喃鼠李糖基-（1→6）-β-D-吡喃阿拉伯糖苷［quercetin-3-*O*-α-L-rhamnopyranosyl-（1→2）-α-L-rhamnopyranosyl-（1→6）-β-D-galactopyranoside］[20]；生物碱类：16-表-*Z*-异西特斯日钦碱（16-epi-*Z*-isositsirikine）[21]，长春辛碱（rosicine）、14, 15-去氢表长春蔓胺（14, 15-dehydroepivincadine）、19-羟基水甘草碱（19-hydroxytabersonine）[22]，路柔新碱（leurosinone）[23]，16-表-19*S*-长春立宁（16-epi-19*S*-vindolinine）[24]，叶劲直瑞兹亚醇（rhazimol）[25]，16-表-19*S*-长春立宁-*N*-氧化物（16-epi-19*S*-vindolinine-*N*-oxide）、伏卢卡胺-*N*-氧化物（fluorocarpamine-*N*-oxide）、长春立宁-*N*-氧化物（vindolinine-*N*-oxide）、伏卢卡胺（fluorocarpamine）、多果树胺（pleiocarpamine）[26]，阿吗碱（ajmalicine）、四氢鸭脚木碱（tetrahydroalstonine）、长春花碱（vinblastinum）、阿库阿米辛（acuamicine）、阿库阿明（acuamine）、洛柯定碱（lochneridine）、长春素（virosine）、长春日辛（catharicine）、卡绕素（carosine）、卡绕西定（carosidine）、卡擦任碱（catharine）、长春新碱（leurocristine）[27]，长春立辛（vindolicine）、长春刀灵（vindoline）、长春立宁（vindolinine）[27, 28]，长春艮替阿宁（vindogentianine）、文朵尼定（vindorosine, i.e.vindolidine）、蛇根碱（serpentine）[28]，去羟长春碱（isoleurosine）、长春罗新（leurosine）、长春碱（vinblastine）、异长春碱（leurosidine, i.e.vinrosamine）[27, 29]，环长春罗新（cycloleurosine）、4′-去氧异长春碱（4′-deoxyleurosidine）、4-去乙酰氧基环长春碱（4-deacetoxycyclovinblastine）、4-去乙酰氧基长春碱（4-desacetoxyvinblastine）、长春碱-$N^{b}$-氧化物（vinblastine-$N^{b}$-oxide）、4′-去氧异长春碱-$N^{b}$-氧化物（4′-deoxyleurosidine-$N^{b}$-oxide）、环长春碱A、B（cyclovinblastine A、B）[29]，派利文碱（perivine）[28, 30]，17-去乙酰氧基长春碱-氧化物（17-desacetoxyvinblastine-oxide）、20′-去氧长春碱-氧化物（20′-deoxyvinblastine-oxide）[31]，柔萨米碱（rosamine）[32]，喀则瓦碱（cathovaline）[33]，β-咔啉（β-carboline）[34]，高马灵碱（gomaline）[35]和巴奴次碱（bannucine）[36]；苯丙素类：绿原酸（chlorogenic acid）[20]。

种子含生物碱类：它波宁（tabersonine）[37]，长春禾草碱（vingramine）和甲基长春禾草碱

(methylvingramine)[38]。

花含生物碱类：长春碱（vinblastine）、冠狗芽花定碱（coronaridine）、11-甲氧基水甘草碱（11-methoxyltabersonine）、四氢鸭脚木碱（tetrahydroalstonine）、阿吗碱（ajmalicine）、长春花碱（catharanthine）、帽柱木菲碱（mitraphylline）、文朵尼定（vindorosine, i.e.vindolidine）、长春刀灵（vindoline）、22-酮基-长春花碱（22-oxo-vincaleukoblastine）[39]，卡绕素（carosine）、长春日辛（catharicine）、洛柯宁碱（lochnerinine）、长春立辛（vindolicine）、长春罗新（leurosine）和长春新碱（vincristine）[40]；三萜类：熊果酸（ursolic acid）[39, 40]；黄酮类：矮牵牛素（petunidin）、锦葵花素（malvidin）、报春色素三水合物（hirsutidin trihydrate）、槲皮素（quercetin）、山柰酚（kaempferol）、苜蓿素(tricin)[41]，7-*O*-甲基花葵素-3-*O*-β-吡喃半乳糖苷(7-*O*-methylpelargonidin-3-*O*-β-galactopyranoside)和7-*O*-甲基花葵素-3-*O*-[6-*O*-（α-吡喃鼠李糖基）-β-吡喃半乳糖苷]{7-*O*-methylpelargonidin-3-*O*-[6-*O*-（α-rhamnopyranosyl）-β-galactopyranoside]}[42]；甾体类：β-谷甾醇（β-sitosterol）[39]。

全草含生物碱类：长春碱（vinblastine）[43]，长春罗新（leurosine）[43, 44]，14′, 15′-二去氢环长春碱[14′, 15′-didehydrocyclovinblastine]、17-去乙酰氧基环长春碱（17-deacetoxycyclovinblastine）、17-去乙酰氧基长春米定（17-deacetoxyvinamidine）、环长春罗新（cycloleurosine）[44]，异长春碱（leurosidine, i.e.vinrosamine）[44-46]，长春新碱（leurocristine）[45, 46]，去乙酰长春刀灵（deacetylvindoline）[46, 47]，卡擦任碱（catharine）[44, 48]，文朵雷辛碱（vidolicine）、降马枯辛B-*N*-氧化物（normacusine B-*N*-oxide）、洛柯碱-*N*-氧化物（lochnerine-*N*-oxide）、文朵尼定（vindorosine, i.e.vindolidine）、喀则瓦碱（cathovaline）[47]，洛柯定碱（lochneridine）、西特斯日钦碱（sitsirikine）、长春米辛碱（vincamicine）、长春立辛（vindolicine）[48]，长春素（virosine）、派利文碱（perivine）[49]，洛柯辛（lochnericine）、长春立宁（vindolinine）[47, 50]，长春花碱（catharanthine）、长春刀灵（vindoline）[50]，文朵尼定碱[51, 52]，里琪柰力宁(lichnerinine)、四氢蛇根碱(tetrahydroserpentine)[52]，卡绕西定(carosidine)、卡绕素（carosine）、坡绕辛（pleurosine）、新长春西定（neoleurosidine）、长春蔓绕定（vincarodine）、长春日辛（catharicine）、新长春新碱（neoleurocristine）[53]，洛柯碱（lochnerine）[47, 54]，去羟长春碱（isoleurosine）[48, 54]，帽柱木菲碱（mitraphylline）、佩绕素（perosine）、卡文辛（canvincine）、佩维定（perividine）[54]，四氢鸭脚木碱（tetrahydroalstonine）、蛇根碱（serpentine）、阿枯明（akuammine）、利血平（reserpine）[55]，佩西立文（pericyclivine）[56]，文那品（vinaspine）、文那胺（vinaphamine）、长春蔓替辛（vincathicine）、绕维定（rovidine）、去乙酰长春碱（deacetylvincaleukoblastine）[57]，长春灵（vincoline）[47, 58]，长春立定（vincolidine）、洛柯绕辛碱（lochrovicine）、洛柯绕文碱（Lochrovine）、派利米文碱（perimivine）、洛柯绕定碱（lochrovidine）[58]，洛柯宁碱（lochnerinine）[51, 52, 59]，马季定(majdine)、异马季定(isomajdine)、卡拉巴纳不碱(karapanaubine)、短毛长春蔓碱(pubescine)、长春宁（vinine）[60]，长春绕素（catharosine）[61]，二氢西特斯日钦（dihydrositsirikine）、异西特斯日钦（isositsirikine）[62]，异非洲防己苦素（leurocolombine）、假长春碱二醇（pseudovincaleukoblastinediol）[63]，21-酮基-环氧长春碱（21-oxo-leurosine）[64]，冠狗牙花定（coronaridine）[65]，17-去乙酰氧基长春花碱（17-desacetoxyvinblastine）、17-去乙酰氧基环氧长春碱(17-desacetoxyleurosine)[66]，露西定(roseadine)[67]，双长春多灵(bisvindoline)[68]，长春花胺(catharanthamine)[69]，2′-羟基长春碱(2′-hydroxyvincaleukoblastine)、长春米定(vinamidine)[44, 63, 64]，阿吗碱(vincaine)[55, 70]，β-咔啉(β-carboline)[70]，阿枯米精(akuammigine)、3-异阿马碱（3-isoajmalicine）、阿枯米灵（akuammiline）、多果树胺（pleiocarpamine）、它波宁（tabersonine）、20-羟基水甘草碱（20-hydroxytabersonine）、荷哈默辛碱（horhammericine）、小长春蔓辛宁（minovincinine）、20-表长春立宁（20-epi-vindolinine）、*N*-氧化长春立宁（vindolinine-*N*-oxide）、20-表-*N*-氧化长春立宁（20-epi-vindolinine-*N*-oxide）[71]，长春花明碱（catharoseumine）[72]和3-表长春花朵宁（3-epi-vindolinine）[73]；三萜类：熊果酸（ursolic acid）和齐墩果酸（oleanolic acid）[74]；环烯醚萜类：去氧马钱素（deoxyloganin）、马钱素（loganin）、獐牙菜苷（sweroside）和去氢马钱素

（dehydrologanin）[75]；脂肪酸类：*n*-棕榈酸乙酯（*n*-hexadecanoic acid ethyl ester）、9, 12, 15-十八碳三烯酸（9, 12, 15-octadecatrienoic acid）和油酸（oleic acid）[73]；硅烷类：2-（三甲基硅氧基）-1-［（三乙基硅氧基）甲基］乙酯{2-（trimethylsilyl-oxy）-1-［（trimethylsilyl-oxy）methyl］ethyl ester}[73]；维生素类：维生素 E（vitamin E）[73]；其他尚含：植醇（phytol）[73]。

**【药理作用】**1. 降血糖、降血脂 叶乙醇提取物的石油醚和乙酸乙酯部位对正常大鼠和链脲佐菌素诱导的糖尿病大鼠均可明显降低血糖水平；叶乙醇提取物的石油醚、乙酸乙酯和氯仿部位均可降低血清中的总胆固醇、甘油三酯水平，其中乙酸乙酯部位效果最佳，其降血脂活性优于同剂量下的盐酸二甲双胍[1]；叶水提取物对经高脂饲料喂养 6 周后的豚鼠，连续 3 周每天灌胃给予叶水提取物，可显著降低豚鼠血清中的低密度脂蛋白胆固醇（LDL-C）水平、总胆固醇与高密度脂蛋白胆固醇（HDL-C）的比值[2]。2. 降血压 叶的醇提取物连续 1 周腹腔注射给药，对肾上腺素高血压模型大鼠有明显的降血压作用[3]。3. 抗肿瘤 叶的正乙烷、氯仿、甲醇提取物在体外对人结肠癌 HCT116 细胞具有剂量非依赖性的细胞毒作用，其中氯仿提取物的细胞毒作用最大，水提取物的细胞毒作用最小[4]。

**【性味与归经】**凉，微苦。有毒。入肝、肾二经。

**【功能与主治】**镇静安神，平肝降压。用于高血压、火烫伤、恶性淋巴瘤、绒毛膜上皮癌、单核细胞性白血病。

**【用法与用量】**6 ～ 15g。

**【药用标准】**海南药材 2011。

**【临床参考】**1. 扁平疣：叶，捣烂外擦患处，每日 2 ～ 3 次，治疗 3 ～ 10 天[1]。

2. 高血压：全草 60g，水煎，分 3 次口服，严密关注副作用[2]。

**【附注】**长春花始载于《植物名实图考》群芳类，云：“长春花，柔茎，叶如指，颇光润。六月中开五瓣小紫花，背白。逐叶发小茎，开花极繁。结长角，有细黑子。自秋至冬，开放不辍，不经霜雪不萎，故名。”结合附图，即指本种。

长春花的栽培变种黄长春花 *Catharanthus roseus*‘Flavus’及白长春花 *Catharanthus roseus*‘Albus’的花民间也作长春花药用。

**【化学参考文献】**

［1］钟祥章，王国才，王英，等．长春花地上部分单吲哚类生物碱成分研究［J］．药学学报，2010，45（4）：471-474.

［2］张琳，杨磊，贾佳，等．匀浆法提取长春花中长春碱、文多灵和长春质碱［J］．高校化学工程学报，2008，22（5）：768-773.

［3］高贤，单淇，辛宁，等．长春花化学成分和药理作用研究进展［J］．现代药物与临床，2011，26（4）：274-277.

［4］Wang G C，Zhong X Z，Zhang D M，et al. Two pairs of epimeric indole alkaloids from *Catharanthus roseus*［J］. Planta Med，2011，77（15）：1739-1741.

［5］Brun G，Dijoux M G，David B，et al. A new flavonol glycoside from *Catharanthus roseus*［J］. Phytochemistry，1999，50（1）：167-169.

［6］Brun G，Dijoux M G，David B，et al. A new flavonol glycoside from *Catharanthus roseus*［J］. Phytochemistry，1999，50（1）：167-169.

［7］Svoboda G H. Alkaloids of *Vinca rosea*. XVIII. root alkaloids［J］. J Pharm Sci，1963，52：407-408.

［8］Ciulei I，Tarpo E，Contz O，et al. *Vinca rosea* acclimatized in our country. II. isolation of ajmalicine and alstonine alkaloids from the roots［J］. Farmacia，1965，13（6）：321-325.

［9］Bonati A，Pesce E. Chromatographic separation of serpentine，alstonine，raubasine，and tetrahydroalstonine［J］. Fitoterapia，1966，37（4）：98-102.

［10］Gheorghiu A，Ionescu-Matiu E. Determination of alkaloids in healthy or virus-infected roots of *Vinca rosea*［J］. Studii si Cercetari de Biochimie，1968，11（2）：153-157.

［11］Nishibe S，Hisada S，Inagaki I. Cyclitols of *Vinca rosea* and *Amsonia elliptica*［J］. Phytochemistry，1973，12（5）：1177-1178.

[ 12 ] Nguyen T N，Pham P T，Nguyen V D. Study on alkaloids of *Vinca rosea*（Dua can）.（Extraction and determination of serpentine and lochnerine）［J］. Revue Pharmaceutique，1983，48-52.

[ 13 ] Mai N T，Pham G D，Puyskuylev B. Phytochemical studies on the alkaloids of roots of *Catharanthus roseus*（L.）G. Don. in Vietnam［J］. Tap Chi Hoa Hoc，1997，35（4）：27-30.

[ 14 ] Mai L B N，Lam T P，Nguyen N H. Isolation and structure elucidation of three alkaloids from *Catharanthus roseus* G. Don. and evaluation of their cytotoxicity［J］. Tap Chi Duoc Hoc，2006，46（9）：10-13，28.

[ 15 ] Svoboda G H，Oliver A T，Bedwell D R. Alkaloids of *Vinca rosea*. XIX. extraction and characterization of root alkaloids［J］. Lloydia，1963，26：141-153.

[ 16 ] Wang C H，Zhang Y，Jiang M M. Indole Alkaloids from the Roots of *Catharanthus roseus*［J］. Chem Nat Compd，2014，49（6）：1177-1178.

[ 17 ] Wang C H，Wang Y，Zhang X Q，et al. Three new monomeric indole alkaloids from the roots of *Catharanthus roseus*［J］. J Asian Nat Prod Res，2012，14（3）：249-255.

[ 18 ] Pillay P P，Kumari T N S. The occurrence of alstonine in *Lochnera rosea*［*Vinca rosea*］［J］. J Sci Ind Res，1961，20B：458-459.

[ 19 ] Nair C P N，Pillay P P. Lochnericine. A new alkaloid from *Lochnera rosea*［J］. Tetrahedron，1959，6：89-93.

[ 20 ] Nishibe S，Takenaka T，Fujikawa T，et al. Bioactive phenolic compounds from *Catharanthus roseus* and *Vinca minor*［J］. Nat Med，1996，50（6）：378-383.

[ 21 ] Mukhopadhyay S，El-Sayed A，Handy G A，et al. Catharanthus alkaloids. XXXVII. 16-*epi*-Z-isositsirikine，a monomeric indole alkaloid with antineoplastic activity from *Catharanthus roseus* and *Rhazya stricta*［J］. J Nat Prod，1983，46（3）：409-413.

[ 22 ] Atta-ur-Rahman，Fatima J，Albert K. Isolation and structure of rosicine from *Catharanthus roseus*［J］. Tetrahedron Lett，1984，25（52）：6051-6054.

[ 23 ] Atta-ur-Rahman，Alam M，Ali I，et al. Leurosinone：a new binary indole alkaloid from *Catharanthus roseus*［J］. Chem Soc Perkin 1，1988，（8）：2175-2178.

[ 24 ] Atta-ur-Rahman，Bashir M，Kaleem S，et al. Isolation，structure and oxidative fragmentation of 16-*epi*-19-S-vindolinine-an alkaloid from the leaves of *Catharanthus roseus*［J］. Z Naturforsch B，1984，39B（5）：695-700.

[ 25 ] Atta-ur-Rahman，Ali I，Bashir M. Isolation of rhazimol from the leaves of *Catharanthus roseus*［J］. J Nat Prod，1984，47（2）：389.

[ 26 ] Atta-ur-Rahman，Bashir M. Isolation of new alkaloids from *Catharanthus roseus*［J］. Planta Med，1983，49（2）：124-125.

[ 27 ] Kohlmuenzer S，Tomczyk H. Alkaloids of the leaves of *Vinca rosea* cultivated in Poland［J］. Dissertationes Pharmaceuticae，1967，19（2）：213-222.

[ 28 ] Tiong S H，Looi C Y，Arya A，et al. Vindogentianine，a hypoglycemic alkaloid from *Catharanthus roseus*（L.）G. Don（Apocynaceae）［J］. Fitoterapia，2015，102：182-828.

[ 29 ] Zhang W K，Xu J K，Tian H Y，et al. Further bisindole alkaloids from *Catharanthus roseus* and their cytotoxicity［J］. Heterocycles，2013，87（3）：627-636.

[ 30 ] Gorman M，Sweeny J. *Vinca* alkaloids. XXII. Perivine［J］. Tetrahedron Lett，1964，（41-42）：3105-3111.

[ 31 ] Zhang W K，Xu J K，Tian H Y，et al. Two new vinblastine-type *N*-oxide alkaloids from *Catharanthus roseus*［J］. Nat Prod Res，2013，27（20）：1911-1916.

[ 32 ] Atta-ur-Rahman，Ali I，Bashir M，et al. Isolation and structure of rosamine—a new pseudoindoxyl alkaloid from *Catharanthus roseus*［J］. Z Naturforsch B，1984，39B（9）：1292-1293.

[ 33 ] Atta-ur-Rahman，Ali I，Chaudhry M I. Isolation and carbon-13 NMR studies on cathovaline，an alkaloid from the leaves of *Catharanthus roseus*［J］. Planta Med，1985，51（5）：447-448.

[ 34 ] Atta-ur-Rahman，Hasan S，Qulbi M R. β-Carboline from *Catharanthus roseus*［J］. Planta Med，1985，（3）：287.

[ 35 ] Atta-ur-Rahman，Ali I. Carbon-13 spectroscopic studies on gomaline and rosamine［J］. Fitoterapia，1986，57（6）：438-440.

[36] Atta-ur-Rahman, Ali I, Chaudhary M I. Bannucine—a new dihydroindole alkaloid from *Catharanthus roseus* (L.) G. Don. [J]. J Chem Soc Perkin 1, 1986, (6): 923-926.

[37] Zsadon B, Kaposi P. Tabersonine from ripened seeds of *Vinca rosea* [J]. Acta Chimica Academiae Scientiarum Hungaricae, 1971, 69 (2): 241-242.

[38] Jossang A, Fodor P, Bodo B. A new structural class of bisindole alkaloids from the seeds of *Catharanthus roseus*: vingramine and methylvingramine [J]. J Org Chem, 1998, 63 (21): 7162-7167.

[39] Atta-ur-Rahman, Ali I, Bashir M. Isolation and structural studies on the alkaloids in flowers of *Catharanthus roseus* [J]. J Nat Prod, 1984, 47 (3): 554-555.

[40] Kohlmuenzer S, Tomczyk H. Alkaloids in the flowers of *Vinca rosea* cultivated domestically [J]. Dissertationes Pharmaceuticae, 1967, 19 (4): 403-412.

[41] Vimala Y, Jain R. A new flavone in mature *Catharanthus roseus* petals [J]. Indian Journal of Plant Physiology, 2001, 6 (2): 187-189.

[42] Tatsuzawa F. 7-*O*-methylpelargonidin glycosides from the pale red flowers of *Catharanthus roseus* [J]. Nat Prod Commun, 2013, 8 (8): 1095-1097.

[43] Neuss N, Gorman M, Svoboda G H, et al. *Vinca* alkaloids. III. characterization of leurosine and vincaleukoblastine, new alkaloids from *Vinca rosea* [J]. J Amer Chem Soc, 1959, 81: 4754-4755.

[44] Wang C H, Wang G C, Wang Y, et al. Cytotoxic dimeric indole alkaloids from *Catharanthus roseus* [J]. Fitoterapia, 2012, 83 (4): 765-769.

[45] Svoboda G H. Alkaloids of *Vinca rosea*. Ⅸ. extraction and characterization of leurosidine and leurocristine [J]. Lloydia, 1961, 24: 173-178.

[46] Neuss N, Huckstep L L, Cone N J. Vinca alkaloids. XXIX. structure of leurosidine, an oncolytic alkaloid from *Vinca rosea* [J]. Tetrahedron Lett, 1967, (9): 811-816.

[47] Wang L, Zhang Y, He H P, et al. Three new terpenoid indole alkaloids from *Catharanthus roseus* [J]. Planta Med, 2011, 77 (7): 754-758.

[48] Svoboda G H, Gorman M, Neuss N, et al. Alkaloids of *Vinca rosea*. Ⅷ. preparation and characterization of new minor alkaloids [J]. J Pharm Sci, 1961, 50: 409-413.

[49] Svoboda G H. Several new alkaloids from *Vinca rosea* I. leurosine, virosine, perivine [J]. J Amer Pharm Assoc, 1958, 47: 834.

[50] Gorman M, Neuss N, Svoboda G H, et al. The alkaloids of *Vinca rosa* (*Catharanthus roseus* G. D.). II. catharanthine, lochnericine, vindolinine, and vindoline [J]. J Amer Pharm Assoc, 1959, 48: 256-257.

[51] Moza B K, Trojanek J. New alkaloids from *Catharanthus roseus* [*Vinca rosea*] [J]. Chem Ind, 1962, 1425-1427.

[52] Moza B K, Trojanek J. Alkaloids. VII. New alkaloids from *Vinca rosea* [J]. Collect Czech Chem Commun, 1963, 28: 1419.

[53] Svoboda G H, Gorman M, Barnes A, et al. Alkaloids of *Vinca rosea*. XII. preparation and characterization of trace alkaloids [J]. J Pharm Sci, 1962, 51: 518-523.

[54] Svoboda G H. Alkaloids of *Vinca rosea*. XX. perividine [J]. Lloydia, 1963, 26: 243-246.

[55] Neuss N. Structures and biological properties of some alkaloids of the indole-dihydroindole type from *Vinca rosea* [J]. Bull Soc Chim Fr, 1963, (8-9): 1509-1516.

[56] Farnsworth N R, Loub W N, Blomster R N, et al. Pericyclivine, a new *Catharanthus alkaloid* [J]. J Pharm Sci, 1964, 53 (12): 1558.

[57] Svoboda G H, Barnes J A J. Alkaloids of *Vinca rosea*. XXIV. vinaspine, vincathicine, rovidine, deacetylvincaleukoblastine, and vinaphamine [J]. J Pharm Sci, 1964, 53 (10): 1227-1231.

[58] Svoboda G H, Gorman M, Tust R H. Alkaloids of *Vinca rosea*. XXV. lochrovine, perimivine, vincoline, lochrovidine, lochrovicine, and vincolidine [J]. Lloydia, 1964, 27 (3): 203-213.

[59] Moza K B, Trojanek J, Bose K A, et al. Alkaloids XIV. spectral studies of lechnericine and lochnerinine [J]. Lloydia, 1964, 27 (4): 416-427.

[60] Abdurakhimova N, Yuldashev P Kh, Yunusov S Y. Alkaloids from *Vinca major*, *V. pubescens*, and *V. rosea*. constitution

of majdine [J]. Khimiya Prirodnykh Soedinenii, 1965, (3): 224-225.

[61] Moza B K, Trojanek J. Catharosine, a new alkaloid from *Vinca roseus* [J]. Chem Ind, 1965, (28): 1260.

[62] Kutney J P, Brown R T. The structural elucidation of sitsirikine, dihydrositsirikine, and isositsirikine. Three new alkaloids from *Vinca rosea* [J]. Tetrahedron, 1966, 22 (1): 321-336.

[63] Tafur S, Jones W E, Dorman D E, et al. Alkaloids of *Vinca rosea* (*Catharanthus roseus*). XXXVI. characterization of new dimeric alkaloids [J]. J Pharm Sci, 1975, 64 (12): 1953-1957.

[64] El-Sayed A, Handy G A, Cordell G A. Catharanthus alkaloids. XXXIII. 21′-oxo-leurosine from *Catharanthus roseus* (Apocynaceae) [J]. J Nat Prod, 1980, 43 (1): 157-161.

[65] De Taeye L, De Bruyn A, De Pauw C, et al. Alkaloids of *Vinca rosea* L. isolation and identification of coronaridine [J]. Bull Soc Chim Belges, 1981, 90 (1): 83-87.

[66] De Bruyn A, De Taeye L, Simonds R, et al. Alkaloids from *Catharanthus roseus* isolation and identification of 17-desacetoxyvinblastine and 17-desacetoxyleurosine [J]. Bull Soc Chim Belges, 1982, 91 (1): 75-85.

[67] El-Sayed A, Handy G A, Cordell G A. Catharanthus alkaloids. XXXVIII. confirming structural evidence and antineoplastic activity of the bisindole alkaloids leurosine-$N^{b}$-oxide(pleurosine), roseadine and vindolicine from *Catharanthus roseus*[J]. J Nat Prod, 1983, 46 (4): 517-527.

[68] Bolcskei H, Szantay C I, Mak M, et al. New antitumor derivatives of vinblastine [J]. Acta Pharm Hung, 1998, 68 (2): 87-93.

[69] El-Sayed A, Cordell G A. Catharanthus alkaloids. XXXIV. Catharanthamine, a new antitumor bisindole alkaloid from *Catharanthus roseus* (Apocynaceae) [J]. J Nat Prod, 1981, 44 (3): 289-293.

[70] Chatterjee A, Talapatra S K. Constitution of vincaine, a β-carboline alkaloid isolated from *Vinca rosea* [J]. Sci Cult, 1955, 20: 568-570.

[71] Kohl W, Witte B, Hoefle G. Alkaloids from *Catharanthus roseus* cell cultures II [J]. Z Naturforsch B, 1981, 36B (9): 1153-1162.

[72] Wang L, He H P, Di Y T, et al. Catharoseumine, a new monoterpenoid indole alkaloid possessing a peroxy bridge from *Catharanthus roseus* [J]. Tetrahedron Lett, 2012, 53 (13): 1576-1578.

[73] Doshi G M, Matthews B D, Chaskar P K. Gas chromatography-mass spectroscopy studies on ethanolic extract of dried leaves of *Catharanthus roseus* [J]. Asian J Pharm Clin Res, 2018, 11 (6): 1-5.

[74] Usia T, Watabe T, Kadota S, et al. Cytochrome P450 2D6 (CYP2D6) inhibitory constituents of *Catharanthus roseus* [J]. Biol Pharm Bull, 2005, 28 (6): 1021-1024.

[75] Bhakuni D S, Kapil R S. Monoterpene glycosides from *Vinca rosea* [J]. Indian J Chem, 1972, 10 (4): 454.

【药理参考文献】

[1] Islam M A, Akhtar M A, Khan M R I, et al. Antidiabetic and hypolipidemic effects of different fractions of *Catharanthus roseus* (Linn.) on normal and streptozotocin-induced diabetic rats [J]. Journal of Scientific Research, 2009, 1 (2): 334-344.

[2] Patel Y, Vadgama V, Baxi S, et al. Evaluation of hypolipidemic activity of leaf juice of *Catharanthus roseus* (Linn.) G. Donn. in guinea pigs [J]. Acta Poloniae Pharmaceutica-Drug Research, 2011, 68 (6): 927-935.

[3] Ara N, Rashid M, Amran M S. Comparison of hypotensive and hypolipidemic effects of *Catharanthus roseus* leaves extract with atenolol on adrenaline induced hypertensive rats [J]. Pakistan Journal of Pharmaceutical Sciences, 2009, 22 (3): 267-271.

[4] Siddiqui M J, Ismail Z, Aisha A F A, et al. Cytotoxic activity of *Catharanthus roseus* (Apocynaceae) crude extracts and pure compounds against human colorectal carcinoma cell line [J]. International Journal of Pharmacology, 2010, 6 (1): 43-47.

【临床参考文献】

[1] 王家炎. 长春花外治扁平疣经验 [J]. 江西中医药, 2000, 31 (1): 60.

[2] 海南卫生革命工作队锦山分队. 长春花治疗高血压 48 例疗效观察 [J]. 海南卫生, 1976, (1): 57.

## 2. 夹竹桃属 *Nerium* Linn.

常绿灌木，高 1.6 ～ 6m。叶和茎皮有乳汁。叶 3 ～ 4 片轮生，小枝下部有时对生；叶革质，条状披针形或狭椭圆状披针形，长 5 ～ 21cm，宽 1 ～ 3.5cm，先端渐尖，基部楔形或下延，两面绿色，无毛；侧脉纤细，密生，近平行；叶柄长 0.5 ～ 0.8cm，幼时被微毛。伞房状聚伞花序顶生，花序梗长 3 ～ 10cm，被短柔毛。花萼 5 深裂，覆瓦状排列，内面基部具腺体；花冠漏斗状，花蕾时裂片向右覆盖，紫红色、粉红色或橙红色，单瓣、半重瓣或重瓣，花冠筒圆柱形，长 1.2 ～ 2.2cm，上部扩大呈钟状；副花冠着生于花冠筒喉部，5 裂，花瓣状，流苏状撕裂；雄蕊 5 枚，着生于花冠筒中部以上，内藏，花丝短，被长柔毛，花药箭头状，黏生于柱头周围，药隔延长成丝状；无花盘；子房由 2 枚离生心皮组成，花柱单一，柱头近球形，基部膜质环状，顶端具尖头；胚珠多数。蓇葖果双生，圆柱形，长 12 ～ 24cm。种子多数，长圆形，表面被锈色短柔毛，顶端具绢质种毛。

单种属。中国各地均有栽培，法定药用植物 1 种。华东地区法定药用植物 1 种。

### 726. 夹竹桃（图 726）• *Nerium indicum* Mill.（*Nerium odorum* Soland）

**图 726　夹竹桃**　　　　摄影　赵维良等

【别名】红花夹竹桃（福建）。

【形态】参见属特征。花期春、夏、秋三季，果期冬季至翌年春季。

【生境与分布】原产伊朗、印度及尼泊尔。华东各省市有栽培，我国各地均有栽培，南方各地普遍栽培，长江以北须温室越冬。广泛栽培于热带及亚热带地区。

【药名与部位】夹竹桃，叶。

【采集加工】全年均可采收，除去枝梗及杂质，晒干。

【药材性状】多皱缩卷曲，完整叶片展平后呈条状披针形，长 7 ～ 19cm，宽 1 ～ 3cm。先端渐尖，基部楔形，全缘。表面浅黄绿色；中脉于下面突起，侧脉密而近平行，鲜品折断后自叶脉处有乳汁渗出。叶柄短。革质，质脆易碎。气微，味苦。

【药材炮制】除去杂质，洗净，切碎，干燥。

【化学成分】叶含黄酮类：桑寄生苷 1（viscutin 1）、甲基柠檬素（limocitrol）、蜀葵苷元（herbacetin）、芦丁（rutin）、洋槐素（robinetin）、金丝桃苷（hyperin）、漆黄素酮（fisetin）和槲皮素 -3-*O*- 洋槐苷（quercetin-3-*O*-robinobioside）[1]；三萜皂苷类：葫芦素 E（cucurbitacin E）[1]，羽扇豆醇（lupeol）[2] 和熊果酸（ursolic acid）[3]；甾体类：欧夹竹桃苷乙（adynerin）[1]，β- 谷甾醇（sitosterol）[2]，欧洲夹竹桃苷（oleandrin）[4]，夹竹桃苷元 A-3-β-D- 氧化洋地黄糖苷（neriumogenin A-3-β-D-digitaloside），即夹竹桃属苷 *D（nerium D）、16- 去乙酰基无水欧洲夹竹桃苷（16-deacetylanhydrooleandrin），即夹竹桃属苷 E（nerium E）、16- 无水洋地黄毒苷元（16-anhydrodigitoxigenin），即夹竹桃属苷 F（nerium F）[5]，奥多诺苷（odoroside A）、欧洲夹竹桃苷元（oleandrigenin）[6]，欧洲夹竹桃苷元 -β-D- 吡喃葡萄糖基 -β-D- 吡喃洋地黄糖苷（oleandrigenin-β-D-glucopyranosyl-β-D-diginopyranoside）[7]，$\Delta^{16}$- 去氢欧夹竹桃苷元乙 -β-D- 地芰糖苷（$\Delta^{16}$-dehydroadynerigenin-β-D-diginoside）、$\Delta^{16}$- 去氢欧夹竹桃苷元乙 -β-D- 氧化洋地黄糖苷（$\Delta^{16}$-dehydroadynerigenin-β-D-digitaloside）[8]，欧洲夹竹桃苷元 -β-D- 葡萄糖基 -β-D- 地芰糖苷（oleandrigenin-β-D-glucosyl-β-D-diginoside）、龙胆双糖基欧洲夹竹桃苷（gentiobiosyloleandrin）、欧洲夹竹桃苷元 -β-D- 葡萄糖苷（oleandrigenin-β-D-glucoside）、龙胆双糖基奥多诺苷 A（gentiobiosyl odoroside A）、$\Delta^{16}$- 去氢欧夹竹桃苷元乙 -D- 葡萄糖基 -β-D- 氧化洋地黄糖苷（$\Delta^{16}$-dehydroadynerigenin-D-glucosyl-β-D-digitaloside）、奥多诺苷 G（odoroside G）、欧夹竹桃苷乙龙胆双糖苷（adyneringentiobioside）、$\Delta^{16}$- 去氢欧夹竹桃苷元乙龙胆双糖苷（$\Delta^{16}$-dehydroadyneringentiobioside）[9]，欧洲夹竹桃苷元 -α- 齐墩果三糖苷（oleandrigenin-α-oleatrioside）、欧洲夹竹桃苷元 -β- 奥多诺三糖苷（oleandrigenin-β-odorotriside）、$\Delta^{16}$- 洋地黄毒苷元 -β- 夹竹桃三糖苷（$\Delta^{16}$-digitoxigenin-β-neritrioside）、$\Delta^{16}$- 洋地黄毒苷元 -β- 奥多诺三糖苷（$\Delta^{16}$-digitoxigenin-β-odorotrioside）、洋地黄毒苷元 -α- 齐墩果三糖苷（digitoxigenin-α-oleatrioside）、洋地黄毒苷元 -β- 夹竹桃三糖苷（digitoxigenin-β-neritrioside）、欧夹竹桃苷元乙 -β- 夹竹桃三糖苷（adynerigenin-β-neritrioside）、$\Delta^{16}$- 欧夹竹桃苷元乙 -β- 夹竹桃三糖苷（$\Delta^{16}$-adynerigenin-β-neritrioside）、夹竹桃苷元 -β- 夹竹桃三糖苷（neriagenin-β-neritrioside）、龙胆双糖基夹竹桃苷（gentiobiosylnerigoside）、龙胆双糖基清明花毒苷（gentiobiosylbeaumontoside）、欧夹竹桃苷元乙 - 奥多诺三糖苷（adynerigenin-odorotrioside）、$\Delta^{16}$- 欧夹竹桃苷元乙 - 奥多诺三糖苷（$\Delta^{16}$-adynerigenin-odorotrioside）、$\Delta^{16}$- 欧夹竹桃苷元乙 -β- 龙胆双糖基 -β-D- 沙门苷（$\Delta^{16}$-adynerigenin-β-gentiobiosyl-β-D-sarmentoside）、$\Delta^{16}$- 夹竹桃苷元 -β- 夹竹桃三糖苷（$\Delta^{16}$-neriagenin-β-neritrioside）、8β- 羟基洋地黄毒苷元（8β-hydroxydigitoxigenin）、$\Delta^{16}$-8β- 羟基洋地黄毒苷元（$\Delta^{16}$-8β-hydroxydigitoxigenin）、欧洲夹竹桃苷元 -α- 齐墩果二糖苷（oleandrigenin-α-oleabioside）、欧洲夹竹桃苷元 -β- 夹竹桃二糖苷（oleandrigenin-β-neribioside）、$\Delta^{16}$- 欧夹竹桃苷元乙 -β- 夹竹桃二糖苷（$\Delta^{16}$-adynerigenin-β-netibioside）、$\Delta^{16}$- 欧夹竹桃苷元乙 -β- 奥多诺二糖苷（$\Delta^{16}$-adynerigenin-β-odorobioside）、欧洲夹竹桃苷元 -β-D- 葡萄糖基 -β-D- 沙门苷（oleandrigenin-β-D-ghicosyl-β-D-sarmentoside）、$\Delta^{16}$-8β- 羟基洋地黄毒苷元 -β- 奥多诺二糖苷（$\Delta^{16}$-8β-hydroxydigitoxigenin-β-odorobioside）、欧洲夹竹桃苷元 -β-D- 葡萄糖苷（oleandrigenin-β-D-glucoside）[10]，

洋地黄毒苷元 -α-L- 齐墩果糖苷（digitoxigenin-α-L-oleandroside）和 5α- 欧夹竹桃苷乙（5α-adynerin）[11]；生物碱类：白坚木碱（aspidospermine）[1] 和夹竹桃啶碱（neriodin）[12]；烷醇类：夹竹桃烃醇（neriumol）和夹竹桃烃二醇（nerifol）[13]；多糖类：夹竹桃多糖 B-1（NIB-1）[14] 和夹竹桃多糖 B-2（NIB-2）[15]；多元醇类：橡胶肌醇（dambonitol）[16]；脂肪酸及挥发油类：*n*- 棕榈酸（*n*-hexadecanoic acid）、（*Z*, *Z*, *Z*）-8, 11, 14- 二十碳三烯酸［（*Z*, *Z*, *Z*）-8, 11, 14-eicosatrienoic acid］、（*Z*, *Z*, *Z*）-8, 11, 14 二十碳三烯酸［（*Z*, *Z*, *Z*）-8, 11, 14-eicosatrienoic acid］、植醇（phytol）、角鲨烯（squalene）、1, 7, 7- 三甲基双环庚 -2- 酮（1, 7, 7-trimethyl bicycloheptan-2-one）、6, 10, 14- 三甲基十五烷 -2- 酮（6, 10, 14-trimethyl pentadecan-2-one）、蒿属酮（artemisia ketone）、苯二甲酸丁酯（dibutyl phthalate）、2, 3- 二氢 -1, 1, 5, 6- 四甲基 1H- 茚（2, 3-dihydro-1, 1, 5, 6-tetramethyl-1H-indene）、丙酮酸乙酯（ethyl pyroacemate）、橙花叔醇（nerolidol）、肉豆蔻醛（myristaldehyde）和三乙酸酯（havanensin triacetate）[1]。

茎枝含多元醇类：橡胶肌醇（dambonitol）[16]；甾体类：16β, 17β- 环氧 -12β- 羟基孕甾 -4, 6- 二烯 -3, 20- 二酮（16β, 17β-epoxy-12β-hydroxypregna-4, 6-dien-3, 20-dione）、12β- 羟基孕甾 -4, 6, 16- 三烯 -3, 20- 二酮（12β-hydroxypregna-4, 6, 16-trien-3, 20-dione）、20（*S*）21- 二羟基孕甾 -3, 12- 二酮［20（*S*）21-dihydroxy pregna-3, 12-dione］、3β, 14β- 二羟基 -5β- 强心甾 -20（22）- 烯内酯［3β, 14β-dihydroxy-5β-card-20（22）-enolide］[17]，3β-*O*-β-D- 脱氧毛地黄糖基 -14, 15α- 二羟基 -5α- 强心甾 -20（22）- 烯内酯［3β-*O*-β-D-diginosyl -14, 15α-dihydroxy-5α-card-20（22）-enolide］、乌沙苷元（uzarigenin）和强心甾烯内酯 N-1（cardenolide N-1）[18]。

花含黄酮类：槲皮素 -3-*O*- 芸香糖苷（quercetin-3-*O*-rutinoside）、木犀草素 -5-*O*- 芸香糖苷（luteolin-5-*O*-rutinoside）、木犀草素 -7-*O*- 芸香糖苷（luteolin-7-*O*-rutinoside）[19, 20] 和山柰酚 -3- 葡萄糖苷（kaempferol-3-glycoside）[21]；苯丙素类：反式 -5-*O*- 咖啡酰奎宁酸（*trans*-5-*O*-caffeoylquinic acid）和顺式 -5-*O*- 咖啡酰奎宁酸（*cis*-5-*O*-caffeoylquinic acid）[19, 20]；三萜皂苷类：熊果酸（ursolic acid）、齐墩果酸（oleanolic acid）[21] 和卡尼尔醇 -3-*O*-β-D- 吡喃葡萄糖基 -（1 → 4）-*O*-α-L- 吡喃阿拉伯糖基 -（28 → 1）-β-D- 吡喃葡萄糖基酯苷［kanerocin-3-*O*-β-D-glucopyranosyl-（1 → 4）-*O*-α-L-arabinopyranosyl-（28 → 1）-β-D-glucopyranosyl ester］[22]；倍半萜类：鸡蛋花素（plumericin）[23]；甾体类：欧洲夹竹桃苷元 -3-*O*-α- 吡喃鼠李糖苷（oleandrigenin-3-*O*-α-rhamnopyranoside）[24]，β- 谷甾醇（β-sitosterol）和胡萝卜苷（daucosterol）[21]；多糖类：夹竹桃花鼠李半乳聚糖（J1）和夹竹桃花木葡聚糖（J2）[25]；挥发油及脂肪酸类：戊醛（pentanal）、己醛（hexanal）、糠醛（furfural）、2- 己醛（2-hexenal）、苯乙醛（phenylacetaldehyde）、1- 壬醛（1-nonanal）、2, 3, 7- 甲基癸烷（2, 3, 7-trimethyldecane）、2, 6- 二 - 叔丁基 - 对甲酚（2, 6-di-tertbutyl-*p*-cresol）、月桂酸（lauric acid）、十四醛（tetradecanal）、肉豆蔻酸（myristic acid）、6, 10, 14- 三甲基 -2- 十五烷酮（6, 10, 14-trimethyl-2-pentadecanone）、二异丁基苯酞（diisobutyl phthalate）、邻苯二甲酸丁异丁酯（butyl isobutyl phthalate）、二十一烷（heneicosane）、亚油酸（linoleic acid）、亚麻酸（linolenic acid）、1, 6- 环癸二烯（1, 6-cyclodecadiene）、二十三烷（tricosane）、4- 十八烷内酯（4-octadecanolide）、二十五烷（pentacosane）、二十六烷（hexacosane）、正二十七烷（*n*-heptacosanol）和二十九烷（nonacosane）[26]。

根含甾体类：洋地黄毒苷元 -β- 龙胆三糖基 -（1→4）-β-D- 氧化洋地黄糖苷［digitoxigenin-β-gentiotriosyl-（1→4）-β-D-digitaloside］、乌沙苷元 -β- 龙胆双糖基 -（1→4）-β-D- 洋地黄糖苷［uzarigenin-β-gentiobiosyl-（1→4）-β-D-diginoside］、5α- 欧洲夹竹桃苷元（5α-oleandrigenin）、5α- 欧洲夹竹桃苷元 -β-D- 氧化洋地黄糖苷（5α-oleandrigenin-β-D-digitaloside）、5α- 欧洲夹竹桃苷元 -β-D- 葡萄糖基 -β-D- 洋地黄糖苷（5α-oleandrigenin-β-D-glucosyl-β-D-diginoside）、5α- 欧洲夹竹桃苷元 -β-D- 葡萄糖基 -（1 → 4）-β-D- 洋地黄糖苷［5α-oleandrigenin-β-D-glucosyl-（1 → 4）-β-D-diginoside］、5α- 孕甾烯酮 - 二 -*O*-β-D- 葡萄糖基 -（1 → 2, 1 → 6）-β-D- 葡萄糖苷［5α-pregnenolone-bis-*O*-β-D-glucosyl-（1 → 2, 1 → 6）-β-D-glucoside］、孕甾烯酮 -β-D- 芹糖基 -（1→6）-β-D- 葡萄糖苷［pregnenolone-β-D-apiosyl-（1→6）-β-D-glucoside］、

乌沙苷元（uzarigenin）、奥多诺苷 A、B、G、K（odoroside A、B、G、K）、奥多诺二糖苷 G（odorobioside G）、16-*O*- 乙酰基新地高斯亭（16-*O*-acetylneogitostin）、孕甾烯酮 - 二 -*O*-β-D- 葡萄糖基 -（1 → 2, 1 → 6）-β-D- 葡萄糖苷［pregnenolone-bis-*O*-β-D-glucosyl-（1 → 2, 1 → 6）-β-D-glucoside］、孕甾烯酮 - 二 -*O*-β-D- 葡萄糖基 -（1 → 2, 1 → 6）-β- 龙胆二糖苷［pregnenolone-bis-*O*-β-D-glucosyl-（1 → 2, 1 → 6）-β-gentiobioside］、洋地黄毒苷元（digitoxigenin）、洋地黄毒苷元 -16- 乙酰化物（digitoxigenin-16-acetate）、夹竹桃它罗苷（neritaloside）、洋地黄毒苷元 -β-D- 氧化洋地黄糖苷（digitoxigenin-β-D-digitaloside）、欧夹竹桃苷元乙 -3-*O*-β-D- 洋地黄糖苷（adynerigenin-3-*O*-β-D-diginoside）、奥多诺三糖苷 G（odorotrioside G）、欧洲夹竹桃苷元 -β-D- 葡萄糖基 -β-D- 洋地黄糖苷（oleandrigenin-β-D-glucosyl-β-D-diginoside）、$\Delta^{16}$- 去氢欧夹竹桃苷元乙 -β-D- 氧化洋地黄糖苷（$\Delta^{16}$-dehydroadynerigenin-β-D-digitaloside）、欧洲夹竹桃苷元 -β-D- 葡萄糖基 -β-D- 氧化洋地黄糖苷（oleandrigenin-β-D-glucosyl-β-D-digitaloside）、龙胆双糖基夹竹桃苷（gentiobiosylnerigoside）、乌沙苷元 -3-*O*-β-D- 氧化洋地黄糖苷（uzarigenin-3-*O*-β-D-digitaloside）、洋地黄毒苷元 -3-*O*-β-D- 氧化洋地黄糖苷（digitoxigenin-3-*O*-β-D-digitaloside）、洋地黄毒苷元 -3-*O*-β-D- 洋地黄糖苷（digitoxigenin-3-*O*-β-D-diginoside）、夹竹桃欧苷元 A-3-*O*-β-D- 氧化洋地黄糖苷（neriumogenin A-3-*O*-β-D-digitaloside）、欧洲夹竹桃苷元 - 沙门苷（oleandrigenin-sarmentoside）、欧夹竹桃苷乙 - 龙胆双糖苷（adynerin-gentiobioside）、夹竹桃欧苷元 A（neriumogenin A）、欧夹竹桃苷 $A_1$、$A_2$、$B_2$（neriumoside $A_1$、$A_2$、$B_2$）和夹竹桃欧苷元 B（neriumogenin B）[27]。

根皮含甾体类：欧夹二烯酮 A、B（neridienone A、B）、12β- 羟基孕甾 -4, 6- 二烯 -3, 20- 二酮（12β-hydroxypregna-4, 6-dien-3, 20-dione）、12β- 羟基孕甾 -4- 烯 -3, 20- 二酮（12β-hydroxypregn-4-en-3, 20-dione）、12β- 羟基 -16α- 甲氧基孕甾 -4, 6- 二烯 -3, 20- 二酮（12β-hydroxy-16α-methoxypregna-4, 6-dien-3, 20-dione）[28]，乌沙苷元 -β-D- 氧化洋地黄糖苷（uzarigenin-β-D-digitaloside）、夹竹桃苷 B（odoroside B）、乌沙苷元 -β-D- 葡萄糖基 -（1 → 4）-β-D- 氧化洋地黄糖苷［uzarigenin-β-D-glucosyl-（1 → 4）-β-D-digitaloside］、欧洲夹竹桃苷元 -β- 龙胆二糖基 -（1 → 4）-β-D- 氧化洋地黄糖苷［oleandrigenin-β-gentiobiosyl-（1 → 4）-β-D-digitaloside］[29]，夹竹桃二烯酮 A（neridienone A）[30]，欧夹竹桃苷 $A_1$、$A_2$、$B_1$、$B_2$、$C_1$（neriumoside $A_1$、$A_2$、$B_1$、$B_2$、$C_1$）[31] 和 β- 谷甾醇（β-sitosterol）[32]；三萜类：α- 香树脂醇（α-amyrin）[32]；黄酮类：山柰酚（kaempferol）[32]。

心材含酚类：2, 4- 二羟基苯乙酮（2, 4-dihydroxy-acetophenone）和 4- 羟基苯乙酮（4-hydroxyacetophenone）[33]。

**【药理作用】**1. 抗菌　不同浓度的叶水提取物对巨大芽孢杆菌和枯草芽孢杆菌的生长均有不同程度的抑制作用，其作用与浓度有关[1]。2. 神经抑制　叶水提取物均能可逆地阻滞蟾蜍坐骨神经动作电位的传导，可引起神经干动作电位振幅减小、传导速度减慢、不应期延长、阈强度增大，并最终使坐骨神经动作电位消失（动作电位均能恢复）[2]。3. 镇痛　叶的强心苷总提取物，可明显抑制热板刺激诱发的小鼠疼痛，减少冰醋酸致痛小鼠的扭体次数，具有良好的镇痛作用[3]。

毒性　叶乙醇粗提取物对大鼠经口和经皮毒性为低毒级；对家兔皮肤和眼无刺激；对豚鼠的致敏反应属弱致敏性；叶乙醇粗提取物在急性毒性中对斑马鱼的半数致死浓度（$LC_{50}$）为 12.52mg/L（给药 96h）＞ 10mg/L，在慢性毒性中对斑马鱼的半数致死浓度为 199.51mg/L（给药 28 天）；叶乙醇精提取物在急性毒性中对斑马鱼的半数致死浓度（$LC_{50}$）为 0.46mg/L（给药 96h）＜ 1mg/L；根据“化学农药环境安全评价试验准则”（1990）中农药对鱼类的毒性分级标准，其叶乙醇粗提取物对斑马鱼的毒性属于低毒，而乙醇精提取物对斑马鱼的毒性为高毒[4]。

**【性味与归经】**苦，寒；有毒。归心、肺、肝、肾经。

**【功能与主治】**化瘀，止痛。用于跌打损伤肿痛，斑秃。

**【用法与用量】**与其他药物配伍做制剂外用。

**【药用标准】**广东药材 2004。

**【临床参考】**1. 腰突症：叶 30g，加水 500ml，文火煎煮 30min，去渣取液 200ml，加入 50ml 陈醋，趁热用纱布或毛巾浸药液，拧半干不滴液为度，平摊于腰部热敷，若温度降低可再浸入热药液重敷，如此反复热敷 30min，每天 1 次[1, 2]。

2. 足癣：叶 20 片，加入沸水中煮 30min，待冷却至 50 ～ 60℃时反复用其洗脚至水凉，每天早晚各 1 次[1]。

3. 充血性心力衰竭：鲜叶以 60℃烘干，研成粉末，以其粉末 0.1g 加等量小苏打，装入胶囊，每天 0.25 ～ 0.3g，分 3 次口服，症状改善后改为维持量每天 0.1g。

4. 哮喘：叶三片，糯米一小杯，同煮粥食。（3 方、4 方引自《浙江药用植物志》）

**【附注】**夹竹桃始出于《花镜》，云："夹竹桃，本名枸那，自岭南来。夏间开淡红花，五瓣，长筒，微尖，一朵约数十萼，至秋深犹有之。因其花似桃，叶似竹，故得是名，非真桃也。"《植物名实图考》群芳类载："夹竹桃自南方来……花红类桃，其根叶似竹而不劲，足供盆槛之玩。"所述及附图，与本种一致。

白花夹竹桃 *Nerium indicum*'Paihua'为夹竹桃的栽培变种。

全株有毒，鲜树皮毒性比叶强，干燥后毒性减弱，乳白色树汁也有毒，体弱者及孕妇忌服。毒性反应主要为头痛、恶心、呕吐、腹痛、腹泻；另可致心律失常、传导阻滞[1]。

**【化学参考文献】**


[1] 郝福玲，方访，凌铁军，等.夹竹桃叶化学成分的研究[J].安徽农业大学学报，2013，40（5）：795-801.

[2] 文静，袁小红，刘卓.夹竹桃的化学成分研究[J].安徽农业科学，2015，43（9）：65-66.

[3] Nuki B. The active principle of the leaves of *Nerium odorum*[J]. Folia Pharmacol Japon，1951，47（2）：4.

[4] Wahyuningsih M S H，Mubarika S，Bolhuis R L H，et al. Cytotoxicity of oleandrin isolated from the leaves of *Nerium indicum* Mill. on several human cancer cell lines[J]. Majalah Farmasi Indonesia，2004，15（2）：96-103.

[5] Okada，Masashi. Components of *Nerium odorum* leaves III[J]. Yakugaku Zasshi，1953，73：86-89.

[6] Yamauchi T，Ehara Y. Nerium. I. Drying condition of the leaves of *Nerium odorum*[J]. Yakugaku Zasshi，1972，92（2）：155-157.

[7] Yamauchi T. Cardiokinetic and diuretic gluconerigoside in *Nerium* leaves[P]. Jpn Kokai Tokkyo Koho，1974，JP 49006113 A 19740119.

[8] Yamauchi T，Mori Y，Ogata Y. Nerium. III. $\Delta^{16}$-Dehydroadynerigenin glycosides of *Nerium odorium*[J]. Phytochemistry，1973，12（11）：2737-2739.

[9] Yamauchi T，Takata N，Mimura T. Nerium. 5. Cardiac glycosides of the leaves of *Nerium odorum*[J]. Phytochemistry，1975，14（5-6）：1379-1382.

[10] Abe F，Yamauchi T. Nerium. Part 11. Cardenolide triosides of oleander leaves[J]. Phytochemistry，1992，31（7）：2459-2463.

[11] Abe F，Yamauchi T N. Digitoxigenin oleandroside and 5α-adynerin in the leaves of *Nerium odorum*[J]. Chem Pharm Bull，1978，26（10）：3023-3027.

[12] Nuki B. Extraction of the active principles of *Nerium odorum*[J]. Folia Pharmacol Japon，1949，45（2）：134.

[13] Siddiqui S，Begum S，Hafeez F，et al. Isolation and structure of neriumol and nerifol from the leaves of *Nerium odorum*[J]. Planta Med，1987，53（1）：47-49.

[14] 李文雍，董群，方积年.夹竹桃叶中一种阿拉伯半乳葡聚糖的化学结构[J].中草药，1999，30（12）：891-893.

[15] Dong Q，Fang J N. Structural elucidation of a new arabinogalactan from the leaves of *Nerium indicum*[J]. Carbohydr Res，2001，332（1）：109-114.

[16] Nishibe S，Hisada S，Inagaki I. Cyclitols of Thevetia nerifolia and *Nerium indicum*[J]. Phytochemistry，1971，10（4）：896.

[17] 白丽明，赵桦萍，赵立杰，等.国产夹竹桃枝中化学成分的研究[J].高师理科学刊，2009，29（2）：71-73.

[18] Wang X B，Li G H，Zheng L J，et al. Nematicidal cardenolides from *Nerium indicum* Mill[J]. Chem Biodiv，2009，6（3）：431-436.

[19] Vinayagam A，Sudha P N. Separation and identification of phenolic acid and flavonoids from *Nerium indicum* flowers[J].

J Indian Chem Soc，2015，92（7）：1143-1148.
[20] Vinayagam A，Sudha P N. Separation and identification of phenolic acid and flavonoids from *Nerium indicum* flowers [J]. Indian J Pharm Sci，2015，77（1）：91-95.
[21] Lin Y Y，Shih T S，Lin Y C，et al. Constituents of the extractive from the flower of *Nerium indicum* [J]. Taiwan Kexue，1975，29（3-4）：47-50.
[22] Saxena V K，Albert S. Kanerocin-3-*O*-β-D-glucopyranosyl（1→4）-*O*-α-L-arabinopyranosyl（28→1）-β-D-glucopyranosyl ester of *Nerium indicum* flowers [J]. Journal of the Institution of Chemists（India），2004，76（5）：160-163.
[23] Basu D，Chatterjee M A. Occurrence of plumericin in *Nerium indicum* [J]. Indian J Chem，1973，11（3）：297.
[24] Saxbna V K，Albert S. Cardenolide oleandrigenin-3-*O*-α-rhamnopyranoside of flowers of *Nerium indicum* Linn. [J]. Journal of the Institution of Chemists（India），2005，77（2）：52-55.
[25] Ding K，Fang J N，Dong T X，et al. Characterization of a rhamnogalacturonan and a xyloglucan from *Nerium indicum* and their activities on PC12 pheochromocytoma cells [J]. J Nat Prod，2003，66（1）：7-10.
[26] Bi S F，Zhu G Q，Wu J，et al. Composition and antioxidant activities of the essential oil from the flowers of *Nerium indicum* [J]. Chem Nat Compd，2016，52（6）：1098-1099.
[27] Hanada R，Abe F，Yamauchi T. Nerium. Part 14. steroid glycosides from the roots of *Nerium odorum* [J]. Phytochemistry，1992，31（9）：3183-3187.
[28] Abe F，Yamauchi T. Nerium. Part 7. pregnanes in the root bark of *Nerium odorum* [J]. Phytochemistry，1976，15（11）：1745-1748.
[29] Yamauchi T，Takahashi M，Abe F. Nerium. Part 6. cardiac glycosides of the root bark of *Nerium odorum* [J]. Phytochemistry，1976，15（8）：1275-1278.
[30] Yamauchi T，Abe F，Ogata Y，et al. Nerium. IV. neridienone A，a C21-steroid in *Nerium odorum* [J]. Chem Pharm Bull，1974，22（7）：1680-1681.
[31] Yamauchi T，Abe F，Takahashi M. Neriumosides，cardenolide pigments in the root bark of *Nerium odorum* [J]. Tetrahedron Lett，1976，17（14）：1115-1116.
[32] Satyanarayana T，Prasad P P，Devi M V，et al. Phytochemical studies on *Nerium odorum*（root bark）[J]. Indian Journal of Pharmacy，1975，37（5）：126-127.
[33] Yamauchi T，Hara M，Ehara Y. Acetophenones of the roots of *Nerium odorum* [J]. Phytochemistry，1972，11（5）：1852-1853.

**【药理参考文献】**

[1] 翟兴礼. 夹竹桃叶片水提液对细菌的抑制作用 [J]. 商丘师范学院学报，2014，30（3）：79-85.
[2] 向德标，伍松柏. 夹竹桃叶对蟾蜍离体坐骨神经干动作电位的影响 [J]. 中国农学通报，2011，27（7）：348-351.
[3] 席明名，刘晓艳，王俐. 夹竹桃叶提取物镇痛作用的机理研究 [J]. 吉林中医药，2009，29（5）：441-455.
[4] 陈建明，何月平，张珏锋，等. 夹竹桃叶乙醇提取物对斑马鱼的毒性评价 [J]. 水生生物学报，2011，35（5）：835-840.

**【临床参考文献】**

[1] 蒲昭和. 夹竹桃叶外用治多病 [N]. 大众卫生报，2009-12-21（005）.
[2] 黄颖. 夹竹桃液加陈醋热熨治疗腰椎间盘突出症 32 例 [J]. 广州中医药大学学报，2006，23（3）：212-213.

**【附注参考文献】**

[1] 卢宁. 夹竹桃叶中毒致心律失常 1 例报告 [C]. 中华医学会急诊医学分会第十次全国复苏中毒学术论文交流会论文汇编，2004：1.

## 3. 罗布麻属 *Apocynum* Linn.

直立亚灌木，具乳汁。根茎富含纤维。叶对生，稀互生，边缘有细锯齿，具柄；叶柄基部及腋间具腺体。一至多歧圆锥状聚伞花序，顶生或腋生。花萼 5 裂，覆瓦状排列，花冠圆筒状钟形，5 裂，花蕾时裂片向右覆盖；副花冠着生于花冠筒内面基部，5 裂；雄蕊 5 枚，着生于花冠筒基部，与副花冠裂片互生，花丝短，花药箭头形，基部具耳，顶端渐尖，黏生于柱头，内藏于花冠筒喉部；花盘肉质，环状，常 5 裂；心皮 2

枚，分离，子房半下位，胚珠多数。蓇葖果双生，细长圆柱形。种子多数，顶端具一簇白色种毛。

约 9 种，广布于北美洲、欧洲和亚洲温带地区。中国 2 种，法定药用植物 1 种。华东地区法定药用植物 1 种。

## 727. 罗布麻（图 727）· *Apocynum venetum* Linn.

图 727　罗布麻　　　摄影　周重建等

**【别名】**野茶（山东、江苏），野茶叶（安徽、江苏），泽漆麻、女儿茶、吉吉麻（江苏），茶叶花（山东），红根草（江苏南通）。

**【形态】**落叶直立亚灌木，高 1.5 ～ 4m。茎光滑无毛，紫红色或淡红色。叶对生，椭圆状披针形或卵状长圆形，长 1 ～ 5cm，宽 0.5 ～ 1.5cm，先端钝圆，具小尖头，基部圆形或楔形，边缘具不明显细齿；侧脉纤细，每边具 10 ～ 15 条，在叶缘前网结；叶柄间具腺体，后脱落。圆锥状聚伞花序一至多歧，顶生或腋生；苞片和小苞片条状披针形。花萼小，5 深裂，裂片披针形或卵圆状披针形；花冠紫红色或粉红色，圆筒状钟形，两面被颗粒状突起，裂片卵圆状长圆形，长约 0.4cm。蓇葖果双生，细长，圆柱形，长 8 ～ 20cm。种子细小，顶端具白色种毛。花期 4 ～ 9 月，果期 7 ～ 12 月。

**【生境与分布】**生于盐碱地、沙漠边缘、河岸、冲积平原或湖边。分布于山东、江苏和安徽，另辽宁、内蒙古、河北、河南、山西、陕西、甘肃、青海和新疆也有分布。

**【药名与部位】**罗布麻叶，叶。

【采集加工】夏季采收，除去杂质，干燥。

【药材性状】多皱缩卷曲，有的破碎，完整叶片展平后呈椭圆状披针形或卵圆状披针形，长 2 ～ 5cm，宽 0.5 ～ 2cm。淡绿色或灰绿色，先端钝，有小芒尖，基部钝圆或楔形，边缘具细齿，常反卷，两面无毛，叶脉于下表面突起；叶柄细，长约 4mm。质脆。气微，味淡。

【化学成分】花含黄酮类：山柰酚（kaempferolI）、槲皮素（quercetin）、槲皮素 -3-*O*-β-D- 葡萄糖苷（quercetin-3-*O*-β-D-glucoside）、山柰酚 -3-*O*-β-D- 葡萄糖苷（kaempferol-3-*O*-β-D-glucoside）和槲皮素 -3-*O*-β-D- 吡喃葡萄糖基 -（2 → 1）-*O*-β-D- 吡喃葡萄糖苷［quercetin-3-*O*-β-D-glucopyranosyl-（2 → 1）-*O*-β-D-glucopyranoside］[1] 和芦丁（rutin）[2]；香豆素类：东莨菪内酯（scopoletin）、异白蜡树定（isofraxidin）和七叶灵（esculin）[2]；酚酸类：香草酸（vanillic acid）[1]，水杨酸（salicylic acid）、对羟基苯甲酸（*p*-hydroxybenzoic acid）和 3, 4- 二羟基苯甲酸甲酯（methyl-3, 4-dihydroxybenzoate）[3]；甾体类：胡萝卜苷（daucosterol）[1] 和 β- 谷甾醇（β-sitosterol）[3]；多糖类：罗布麻多糖 2a-II（Vp2a-II）和罗布麻多糖 3（Vp3）[4]；挥发油类：（*E*）-3- 戊烯 -2- 酮［（*E*）-3-penten-2-one］、（-）- 斯巴醇［（-）-spathulenol］、水杨酸甲酯（methyl salicylate）、喇叭茶醇（ledol）、2- 十五烷酮（2-pentadecanone）、苯甲酸苄酯（benzyl benzoate）、菲（phenanthrene）、2- 十七烷酮（2-heptadecanone）和环氧十六碳烷 -2- 酮（oxacycloheptadecan-2-one）[5]；脂肪酸类：油酸（oleic acid）等[5]。

叶含黄酮类：柽柳黄素（tamarixetin）、山柰酚（kaempferol）、槲皮素（quercetin）、槲皮素 -3-*O*-（6″-*O*-丙二酰）-β-D- 葡萄糖苷［quercetin-3-*O*-（6″-*O*-malonyl）-β-D-glucoside］、山柰酚 -3-*O*-β-D- 葡萄糖苷（kaempferol-3-*O*-β-D-glucoside）、槲皮素 -3-*O*-β-D- 葡萄糖基 -（2 → 1）-β-D- 葡萄糖苷［quercetin-3-*O*-β-D-glucosyl-（2 → 1）-β-D-glucoside］、芦丁（rutin）[6]，山柰酚 -3-*O*-（6″-*O*- 乙酰基）-β-D- 吡喃葡萄糖苷［kaempferol-3-*O*-（6″-*O*-acetyl）-β-D-glucopyranoside］、槲皮素 -3-*O*-（6″-*O*- 乙酰基）-β-D- 吡喃葡萄糖苷［quercetin-3-*O*-（6″-*O*-acetyl）-β-D-glucopyranoside］、槲皮素 -3-*O*-（6″-*O*- 乙酰基）-β-D- 吡喃半乳糖苷［quercetin-3-*O*-（6″-*O*-acetyl）-β-D-galactopyranosid］、山柰酚 -7-*O*-α-L- 吡喃鼠李糖苷（kaempferol-7-*O*-α-L-rhamnopyranosid）[7]，金丝桃苷（hyperin）[8]，三叶豆苷（trifolin）、异槲皮素 -6′-*O*-乙酰酯（isoquercetin-6′-*O*-acetate）、异槲皮素（isoquercetin）[9]，罗布麻宁 A、B、C、D（apocynin A、B、C、D）、鸡纳树宁素 Ia（cinchonain Ia）、儿茶素 -［8, 7-e］-4α-（3, 4- 二羟基苯基）- 二氢 -2（3H）-吡喃酮 {catechin-［8, 7-e］-4α-（3, 4-dihydroxyphenyl）-dihydro-2（3H）-pyranone}、（-）- 表儿茶素［（-）-epicatechin］、（+）- 儿茶素［（+）-catechin］、（-）- 表没食子酰儿茶素［（-）-epigallocatechin］、（+）- 没食子酰儿茶素［（+）-gallocatechin］[10]，山柰酚 -6′-*O*- 乙酰酯（kaempferol-6′-*O*-acetate）、山柰酚 -3-*O*-（6″-*O*- 乙酰基）-β-D- 吡喃葡萄糖苷［kaempferol-3-*O*-（6″-*O*-acetyl）-β-D-glucopyranoside］、山柰酚 -3-*O*-（6″-*O*- 乙酰基）-β-D- 吡喃半乳糖苷［kaempferol-3-*O*-（6″-*O*-acetyl）-β-D-galactopyranoside］、8-*O*- 甲基巴拿马黄橙异黄酮（8-*O*-methylretusin）、白花丹儿茶素 A（plumbocatechin A）[11]，异槲皮苷（isoquercitrin）[9, 11]，槲皮素 -3-*O*-（6″-*O*- 丙二酰基）-β-D- 半乳糖苷［quercetin-3-*O*-（6″-*O*-malonyl）-β-D-galactoside］[12] 和紫云英苷（astragalin）[13]；香豆素类：异秦皮定（isofraxidin）、东莨菪内酯（scopoletin）[8] 和七叶内酯（esculetin）[14]；甾体类：β- 谷甾醇（β-sitosterol）[6]；酚酸类：原儿茶酸（protocatechuic acid）、异香草酸（isovanillic acid）、香草酸（vanillic acid）、酪醇（tyrosol）、苯甲基 -*O*-β-D- 吡喃葡萄糖苷（benzyl-*O*-β-D-glucopyranoside）、2- 苯乙基 -*O*-β-D- 吡喃葡萄糖苷（2-phenylethyl-*O*-β-D-glucopyranoside）、1-β-*O*- 苯甲酰 -D- 喃葡萄糖苷（1-β-*O*-benzoyl-D-glucopyranoside）[14] 和没食子丹宁（gallotannin）[15]；苯丙素类：绿原酸（chlorogenate acid）和绿原酸甲酯（methyl chlorogenate）[14]；大柱香波龙烷类：蚱蜢酮（grasshopper ketone）[14]；三萜类：羽扇豆醇（lupeol）、β- 香树脂醇（β-amyrin）[14] 和羽扇豆烯醇棕榈酰酯（lupenyl palmitate）[16]；烷烃类：三十烷醇（triacontanol）、二十九烷（nonacosane）和三十一烷（hentriacontane）[17]；脂肪酸类：α- 亚

麻酸（α-linolenic acid）[14]，肉豆蔻醇棕榈酸酯（myristoyl palmitate）和十六烷基棕榈酸酯（hexadecyl palmitate）[17]；多元醇类：内消旋 - 肌醇（*meso*-inositol）[17]；元素：铝（Al）、钡（Ba）、钙（Ca）、钴（Co）、铜（Cu）、铁（Fe）、钾（K）、锂（Li）、镁（Mg）、锰（Mn）、钠（Na）、镍（Ni）、磷（P）、锶（Sr）、钛（Ti）、钒（V）、锌（Zn）、硒（Se）、钯（Pb）、汞（Hg）、砷（As）、镉（Cd）和铬（Cr）[18]。

地下部分含酚类：对羟基苯乙酮（*p*-hydroxyacetopheneone）和香草乙酮（acetovanillone）[19]。

茎含三萜类：α- 香树脂醇乙酸酯（α-amyrin acetate）、齐墩果酸乙酸酯（oleanolic acid acetate）和羽扇豆醇 -3- 羟基花生酸酯（lupeol-3-hydroxyarachidate）[20]；甾体类：胡萝卜苷（daucosterol）和 β- 谷甾醇（β-sitosterol）[20]。

茎皮含黄酮类：槲皮素（quercetin）、山柰酚（kaempferol）、异槲皮苷（isoquercitrin）、木犀草素（luteolin）和金丝桃苷（hyperoside）[21]；酚酸类：7- 羟基 -6- 甲氧基 -2H-1- 苯并吡喃 -2- 酮（7-hydroxy-6-methoxy-2H-1-benzopyran-2-one）、3, 4- 二羟基苯甲酸（3, 4-dihydroxy-benzoic acid）、3, 4- 二羟基苯甲酸甲酯（3, 4-dihydroxy-benzoic acid methyl ester）和 3, 5- 二羟基苯甲醛（3, 5-dihydroxybenzaldehyde）[21]；甾体类：β- 谷甾醇（β-sitosterol）和豆甾醇（stigmasterol）[21]。

**【药理作用】**1. 降血脂、抗动脉粥样硬化　叶乙醇提取物总鞣质与总黄酮有效部位对实验性高血脂及动脉粥样硬化模型大鼠均有一定的降血脂作用，可降低血清总胆固醇（TC）、甘油三酯（TG）、低密度脂蛋白胆固醇（LDL-C）水平，升高高密度脂蛋白胆固醇（HDL-C）水平，并能降低脂质过氧化物（LPO）水平，对高脂血症所致的血管损害有明显的保护作用，可保护内皮细胞和基膜的完整、抑制胶原纤维和内膜的增生、减少平滑肌细胞损害，并有减少动脉硬化形成的趋势，以鞣质部位的作用最为明显[1]。2. 抗缺氧　叶乙醇提取物在常压耐氧实验中可通过降低脑、心组织的膜脂过氧化产物硫代巴比妥酸反应物质（TBARS）和共轭双烯（CD）的含量，减少超氧阴离子自由基（$O_2^-$·）和羟自由基（·OH）的含量，从而增强小鼠的抗缺氧能力，延长了小鼠在缺氧环境下的存活时间[2]。3. 抗抑郁　叶乙醇提取物可显著增加在高架十字迷宫开放臂中花费的时间百分比和进入次数，但其提取物在旷场试验中未产生任何明显的行为改变或自主活动障碍，提示其提取物具有抗焦虑样作用[3]。4. 抗肿瘤　叶乙醇提取物乙酸乙酯洗脱分离的多个组分在体外可抑制人前列腺癌 PC3 细胞的增殖，可诱导细胞周期停滞、调控细胞凋亡信号分子、抑制 DNA 修复酶的表达[4]。

**【性味与归经】**甘、苦，凉。归肝经。

**【功能与主治】**平肝安神，清热利水。用于肝阳眩晕，心悸失眠，浮肿尿少。

**【用法与用量】**6 ～ 12g。

**【药用标准】**药典 1977—2015、浙江炮规 2005、山西药材 1987 和香港药材五册。

**【临床参考】**1. 肝阳上亢型高血压合并冠心病或肾实质病变：叶 10g，加决明子（炒）15g，沸水泡 15min，代茶频饮[1]。

2. 高血脂：罗布麻冲剂（每包 12g，含黄酮苷按芸香苷计 100mg）口服，每次 1 包，每日 3 次，开水冲服；或罗布麻胶囊（每粒含黄酮苷按芸香苷计 25mg）口服，每次 4 粒，每日 2 次，连服 3 月[2]。

3. 心力衰竭：根 160g，加水 3000ml 左右，浸泡 12h，文火煎 1h，冷却过滤，加尼泊金乙酯适量制成 8% 煎剂，Ⅰ度或Ⅱ度充血性心力衰竭者每次 100ml，每日 2 次；心率减至 70 ～ 80 次 /min 时，每次约 50ml，每日 1 次[3]。

4. 高血压、头痛失眠：叶 3 ～ 6g，加钩藤 3 ～ 6g，红枣 4 个，水煎服，每日 2 次（《食物中药与便方》）；或叶 9g（开水浸泡），加玉竹 9g，煎汁兑服，每日 3 次。（《内蒙古中草药》）

5. 肝炎腹胀：叶 6g，加延胡索 6g、甜瓜蒂 4.5g、公丁香 3g、木香 9g，共研末，每次 1.5g，每日 2 次，开水送服。（《新疆中草药手册》）

**【附注】**《救荒本草》收载的泽漆据考证似为本种，所附泽漆图与罗布麻也颇相似。

大叶白麻（大花罗布麻、白麻）*Poacynum hendersonii*（Hook.f.）Woods 的叶在新疆作大花罗布麻叶或罗布麻叶药用。

**【化学参考文献】**


[1] 陈龙，杜力军，丁怡，等. 罗布麻花化学成分研究［J］. 中国中药杂志，2005，30（17）：1340-1342.

[2] 蔡玉鑫，阿依别克·马力克，肖正华. 罗布麻花化学成分研究［J］. 中草药，2007，38（9）：1306-1307.

[3] Eshbakova K A，Bahang，Aisa H A. Constituents of *Apocynum venetum*［J］. Chem Nat Compd，2011，46（6）：974-975.

[4] Wang L L，Zhang X F，Niu Y Y，et al. Anticoagulant activity of two novel polysaccharides from flowers of *Apocynum venetum* L.［J］. Int J Biol Macromol，2019，124：1230-1237.

[5] 陈龙，王伟，王如峰，等. 罗布麻花中挥发性成分的气 - 质联用分析［J］. 中国中药杂志，2006，31（18）：1542-1543.

[6] 曾海松. 罗布麻叶的化学成分研究［D］. 西安：西北大学硕士学位论文，2009.

[7] 李丽红，原忠. 罗布麻叶黄酮类成分的研究［J］. 中国中药杂志，2006，31（16）：1337-1340.

[8] 陈妙华，刘凤山. 罗布麻叶镇静化学成分的研究［J］. 中国中药杂志，1991，16（10）：609-611.

[9] 程秀丽，张素琼，李青山. 罗布麻叶中黄酮类化合物研究［J］. 中药材，2007，30（9）：1086-1088.

[10] Fan W Z，Tezuka Y，Xiong Q B，et al. Apocynins A-D：new phenylpropanoid-substituted flavan-3-ols isolated from leaves of *Apocynum venetum*（Luobumaye）［J］. Chem Pharm Bull，1999，47（7）：1049-1050.

[11] Kong N N，Fang S T，Liu Y，et al. Flavonoids from the halophyte *Apocynum venetum* and their antifouling activities against marine biofilm-derived bacteria［J］. Nat Prod Res，2014，28（12）：928-931.

[12] Kamata K，Seo S，Nakajima Constituents from leaves of *Apocynum venetum*［J］. L J Nat Med，2008，62（2）：160-163.

[13] Nishibe S，Takemura H，Fujimoto T，et al. Studies on the constituents of Chinese medicine "Luobumaye".（I）. Flavonoid glycosides of genera *Apocynum* and *Poacynum* leaves and their application to method for identification of origin of luobumaye products［J］. Shoyakugaku Zasshi，1993，47（1）：27-33.

[14] 孔娜娜，方圣涛，刘莺，等. 罗布麻叶中非黄酮类化学成分研究［J］. 中草药，2013，44（22）：3114-3118.

[15] 江佩芬，刘建国. 罗布麻叶中鞣质的提取、分离和含量测定［J］. 中药通报，1988，13（9）：548-549.

[16] 江佩芬，余亚纲，吉卯祉，等. 罗布麻叶脂溶性化学成分的研究［J］. 中药通报，1985，10（5）：222-223.

[17] 王明时，刘静涵，刘卫国，等. 罗布麻化学成分的研究［J］. 南京药学院学报，1985，16（4）：35-37.

[18] 宋建平，张月婵，刘训红. 罗布麻叶中无机元素的分析［J］. 时珍国医国药，2009，20（8）：1909-1912.

[19] Sancin P. Phenolic compounds of underground parts of *Apocynum venetum*［J］. Planta Med，1971，20（2）：153-155.

[20] 严秀珍，梅兴国，栾新慧，等. 罗布麻茎的化学成分研究［J］. 上海第一医学院学报，1985，12（4）：265-269.

[21] Li M H，Han G T，Chen H，et al. Study on the chemical constituents of *Apocynum venetum* bark［C］. Advanced Materials Research（Durnten-Zurich，Switzerland），2011，284-286（Pt. 3，Materials and Design）：2119-2122.


**【药理参考文献】**


[1] 张素琼，燕虹，李青山. 罗布麻叶有效部位降血脂及抗动脉粥样硬化的研究［J］. 中西医结合心脑血管病杂志，2007，5（9）：831-832.

[2] 徐仰仓，洪利亚，李飞飞，等. 罗布麻对小鼠缺氧损伤的保护作用及机制研究［J］. 江苏中医药，2010，42（7）：74-76.

[3] Grundmann O，Nakajima J I，Seo S，et al. Anti-anxiety effects of *Apocynum venetum* L. in the elevated plus maze test［J］. J Ethnopharmacol，2007，110（3）：406-411.

[4] Huang S P，Ho T M，Yang C W，et al. Chemopreventive potential of ethanolic extracts of Luobuma leaves（*Apocynum venetum* L.）in androgen insensitive prostate cancer［J］. Nutrients，2017，948：1-16.


**【临床参考文献】**


[1] 胡献国. 罗布麻降压三方［N］. 大众卫生报，2009-09-24（010）.

[2] 刘顺美，刘美华，陈浩球，等. 罗布麻治疗高脂血症疗效观察［J］. 中医杂志，1988，（2）：20.

[3] 陕西省冠心病、高血压病防治研究协作组. 罗布麻根治疗心力衰竭的临床观察和药理实验［J］. 陕西新医药，1974，（5）：10-14，20.

## 4. 络石属 *Trachelospermum* Lemaire

木质藤本，具白色乳汁。叶对生，全缘，羽状脉。聚伞花序，有时呈聚伞圆锥状，顶生或腋生；具苞片及小苞片。花萼 5 裂，裂片覆瓦状排列，基部内面具 5 ~ 10 枚有齿腺体；花冠白色或紫色，高脚碟状，5 裂，花蕾时裂片向右覆盖，花冠筒圆筒状，具 5 棱，喉部缢缩；雄蕊 5 枚，着生于花冠筒膨大处，内藏，花丝短，花药箭头形，基部耳状，顶端短渐尖，腹部黏生于柱头基部；花盘环状，5 裂；子房由 2 枚离生心皮组成，胚珠多数，花柱条形。蓇葖果双生，长圆状披针形。种子顶端具白色种毛。

约 15 种，主要分布于亚洲和北美洲。中国 6 种，法定药用植物 1 种。华东地区法定药用植物 1 种。

### 728. 络石（图 728）• *Trachelospermum jasminoides*（Lindl.）Lem.

**图 728　络石**　　摄影　徐启河等

【别名】络石藤、墙络藤（江苏），爬山虎（江苏南京），六角草（江苏连云港），万字茉莉（山东）。

【形态】常绿木质藤本，长达 20m。小枝被短柔毛，后渐脱落。叶革质或近革质，椭圆形、卵状椭圆形或宽倒卵形，长 2 ~ 10cm，宽 1 ~ 4.5cm，先端锐尖至渐尖或钝，叶上面无毛，背面被短柔毛；侧脉每边 6 ~ 12 条；叶柄短，被短柔毛。二歧聚伞花序圆锥状，顶生或腋生，花序梗长 2 ~ 6cm；苞片和小苞片狭披针形。花萼 5 深裂，裂片条状披针形，被短柔毛及缘毛；花冠白色，裂片倒卵形或倒卵状披针形，花冠筒与裂片近等长，中部膨大，喉部内面及雄蕊着生处疏有短柔毛。蓇葖果双生，条状披针形，长 10 ～ 25cm。种子长圆形，长 1.5 ～ 2cm，顶端具白色绢质种毛。花期 3 ～ 8 月，果期 6 ～ 12 月。

**【生境与分布】**生于海拔 20 ～ 1300m 的山坡、路边、林缘或灌丛中。分布于山东、江苏、安徽、浙江、福建、江西，另陕西、河南、山西、河北、湖北、湖南、广东、海南、广西、贵州、云南、四川、西藏、台湾也有分布。

**【药名与部位】**络石藤，带叶藤茎。

**【采集加工】**夏、秋二季采收，干燥或鲜用。

**【药材性状】**茎呈圆柱形，弯曲，多分枝，长短不一，直径 1 ～ 5mm；表面红褐色，有点状皮孔和不定根；质硬，断面淡黄白色，常中空。叶对生，有短柄；展平后叶片呈椭圆形或卵状披针形，长 1 ～ 8cm，宽 0.7 ～ 3.5cm；全缘，略反卷，上表面暗绿色或棕绿色，下表面色较淡；革质。气微，味微苦。

**【药材炮制】**除去杂质，洗净，略润，切段，干燥。

**【化学成分】**茎叶含木脂素类：络石苷元（trachelogenin）、去甲络石苷元（nortrachelogenin）、络石苷（tracheloside）、去甲络石苷（nortracheloside）、去甲络石苷元 -5′-C-β- 葡萄糖苷（nortrachelogenin-5′-C-β-glucoside）、去甲络石苷元 -8′-*O*-β- 葡萄糖苷（nortrachelogenin-8′-*O*-β-glucoside）、牛蒡子苷元（arctigenin）、牛蒡子苷（arctiin）、罗汉松脂素苷（matairesinoside）、日本络石苷*A（tanegoside A）[1]，络石酰胺（trachelogenin amide）、络石苷元 -4′-*O*-β- 龙胆二糖苷（trachelogenin-4′-*O*-β-gentiobioside）[2]，牛蒡子苷元 -4′-*O*-β- 龙胆二糖苷（arctigenin-4′-*O*-β-gentiobioside）、罗汉松树脂酚 -4′-*O*-β- 龙胆二糖苷（matairesinol-4′-*O*-β-gentiobioside）、紫花络石苷元（traxillagenin）、紫花络石苷（traxillaside）、4-去甲基紫花络石苷元（4-demethyltraxillagenin）[3]，二甲基罗汉松脂素（dimethylmatairesinol）[4]，去甲络石苷元 -8′-*O*-β-D- 吡喃葡萄糖苷（nortrachelogenin-8′-*O*-β-D-glucopyranoside）[5]，5- 甲氧基络石苷（5-methoxytracheloside）和 5- 甲氧基络石苷元（5-methoxytrachelogenin）[6]；单萜苷类：络石内酯苷（trachelinoside）[7]；甲基环己烯苷类：（6*R*, 9*R*）-3- 酮基 -α- 紫罗兰醇 -β-D- 呋喃芹糖基 -（1 → 6）-β-D- 吡喃葡萄糖苷［（6*R*, 9*R*）-3-oxo-α-ionol-β-D-apiofuranosyl-（1 → 6）-β-D-glucopyranoside］、长寿花糖苷（roseoside）、淫羊藿次苷 $B_5$（icariside $B_5$）和葛枣猕猴桃苷*（actinidioionoside）[7]；酚酸类：水杨酸（salicylic acid）、香草酸（vanillic acid）和阿魏酸钠（sodium ferulate）[7]；醇苷类：苯甲醇 -β-D-吡喃葡萄糖苷（benzenyl methanol-β-D-glucopyranoside）[7]；黄酮类：芹菜素（apigenin）、4′, 5, 7- 三羟基 -3′- 甲氧基黄酮（4′, 5, 7-trihydroxy-3′-methoxyflavone）、槲皮苷（quercitrin）、大豆苷（daidzin）、芹菜素 -7-*O*-β-D- 吡喃葡萄糖苷（apigenin-7-*O*-β-D-glucopyranoside）[8]，3′, 7- 二甲氧基异黄烷酮 -4′, 5-二 -*O*-β-D- 吡喃葡萄糖苷（3′, 7-dimethoxyisoflavanone-4′, 5-di-*O*-β-D-glucopyranoside）、木犀草素 -4′-*O*-β-D- 芸香糖苷（luteolin-4′-*O*-β-D-rutinoside）、木犀草素 -7-*O*-β-D- 吡喃葡萄糖苷（luteolin-7-*O*-β-D-glucopyranoside）[9]，木犀草素 -7-*O*-β- 龙胆二糖苷（luteolin-7-*O*-β-gentiobioside）、柯伊利素 -7-*O*-β-D-吡喃葡萄糖苷（chrysoeriol-7-*O*-β-D-glucopyranoside）[3, 10]，山柰酚（kaempferol）、槲皮素（quercetin）、木犀草素（luteolin）、蒙花苷（linarin）、芦丁（rutin）、山柰酚 -7-*O*-β-D- 吡喃葡萄糖苷（kaempferol-7-*O*-β-D-glucopyranoside）、槲皮素 -7-*O*-β-D- 吡喃葡萄糖苷（quercimeritroside）、槲皮素 -3-*O*-β-D- 吡喃葡萄糖苷（quercetin-3-*O*-β-D-glucopyranoside）、槲皮素 -3-*O*-α-L- 吡喃鼠李糖苷（quercetin-3-*O*-α-L-rhamnopyranoside）、木犀草素 -4′-*O*-β-D- 吡喃葡萄糖苷（luteolin-4′-*O*-β-D-glucopyranoside）[10]，柚皮苷（naringin）、芹菜素 -6, 8- 二 -C-β-D- 吡喃葡萄糖苷（apigenin-6, 8-di-C-β-D-glucopyanoside）、芹菜素 -7-*O*-β- 新橙皮糖苷（apigenin-7-*O*-β-neohesperoside）和木犀草苷（luteoloside）[11]；香豆素类：岩白菜素（bergenin）[3] 和东莨菪内酯（scopoletin）[5]；三萜皂苷类：络石皂苷 B-1、D-1、E-1、F, 即络石三萜苷 B-1、D-1、E-1、F（trachelosperoside B-1、D-1、E-1、F）、喹诺酸 -3-*O*-β-D- 吡喃葡萄糖苷（quinovic acid-3-*O*-β-D-glucopyranoside）、3-*O*-β-D- 吡喃葡萄糖苷 -27-*O*-β-D- 吡喃葡萄糖基喹诺酸酯苷（3-*O*-β-D-glucopyranoside-27-*O*-β-D-glucopyranosyl quinovate）、络石皂苷元 B（trachelosperogenin B）[12, 13]，3β-*O*-β-D- 吡喃葡萄糖基鸡纳酸 -27-*O*-β-D- 吡喃葡萄糖基酯苷（3β-*O*-β-D-glucopyranosyl quinovic acid-27-*O*-β-

D-glucopyranosyl ester）和鸡纳酸 -3β-*O*-β-D- 吡喃葡萄糖苷（quinovic acid-3β-*O*-β-D-glucopyranoside）[13]；环己多醇羧酸类：3-*O*-β-D- 吡喃葡萄糖苷 -27-*O*-β-D- 吡喃葡萄糖基金鸡纳酸酯苷（3-*O*-β-D-glucopyranoside-27-*O*-β-D-glucopyranosyl cincholate）和 3β-*O*-β-D- 吡喃葡萄糖基金鸡纳酸 -27-*O*-β-D- 吡喃葡萄糖基酯苷（3β-*O*-β-D-glucopyranosyl cincholic acid-27-*O*-β-D-glucopyranosyl ester）[12, 13]；生物碱类：伏康碱（vobasine）、伊波加因碱（ibogaine）、老刺木碱 -7- 羟基假吲哚（voacangine-7-hydroxyindolenine）、山辣椒碱（tabernaemontanine）[14]，19- 表老刺木亭（19-epi-voacangarine）、冠狗牙花定碱（coronaridine）、阿巴新（apparicine）、老刺木精（voacangine）和狗牙花素（conoflorine）[15]；二元羧酸类：4- 二甲基庚二酸（4-dimethyl heptanedioic acid）[5]。

叶含多元醇类：橡胶肌醇（dambonitol）[16]；黄酮类：野漆树苷（rhoifolin）、木犀草素（luteolin）、芹菜素（apigenin）、芹菜素 -7-*O*-β-D- 吡喃葡萄糖苷（apigenin-7-*O*-β-D-glucopyranoside）、木犀草素 -7-*O*-葡萄糖苷（luteolin-7-*O*-glucoside）、木犀草素 -4′-*O*- 葡萄糖苷（luteolin-4′-*O*-glucoside）、芹菜素 -7-*O*-龙胆二糖苷（apigenin-7-*O*-gentiobioside）和木犀草素 -7-*O*- 龙胆二糖苷（luteolin-7-*O*-gentiobioside）[17]。

地上部分含木脂素类：罗汉松树脂酚（matairesinol）、牛蒡子苷元（arctigenin）、络石苷元（trachelogenin）、络石苷（tracheloside）和去甲络石苷元（nortrachelogenin）[18]；黄酮类：槲皮素（quercetin）、木犀草素（luteolin）、木犀草素 -7-*O*-β-D- 吡喃葡萄糖苷（luteolin-7-*O*-β-D-glucopyranoside）、芹菜素（apigenin）、柯伊利素（chrysoeriol）和芹菜素 -7-*O*-β-D- 葡萄糖苷（apigenin-7-*O*-β-D-glucoside）[18]。

**【药理作用】**1. 抗疲劳　从带叶藤茎提取的三萜总皂苷对力竭游泳所致疲劳模型小鼠有抗疲劳作用，能延长小鼠负重力竭游泳时间，降低定量负荷游泳后全血中的乳酸（LD）、血浆中的丙二醛（MDA）及血中的尿素氮（BUN）含量[1]。2. 抗炎止痛　带叶藤茎的水提取物对二甲苯所致耳肿胀有一定的抑制作用，抑制率处于筛选标准（> 30%）的临界水平，对琼脂所致小鼠足肿胀有一定的抑制作用，可提高小鼠热板致痛的痛阈值，对酒石酸锑钾所致小鼠扭体反应均有一定的抑制作用，且其镇痛作用优于罗通定 20mg/kg 剂量时的作用[2]；带叶藤茎的水提取物具有显著的抗炎镇痛作用，可抑制乙酸或福尔马林诱导的小鼠疼痛反应，可降低血液和肿胀爪组织中的一氧化氮水平，并可降低血浆中肿瘤坏死因子（TNF-α）的水平[3]。3. 降血脂　带叶藤茎的水提取物高、中剂量组都能显著降低高脂血症大鼠的血清总胆固醇（TC）、甘油三酯（TG）、低密度脂蛋白胆固醇（LDL-C）含量，显著升高高密度脂蛋白胆固醇（HDL-C）含量，表明其对高脂血症大鼠有一定的降脂作用[4]。4. 抗氧化　带叶藤茎的水提取物可提高高血脂症大鼠的超氧化物歧化酶（SOD）和谷胱甘肽过氧化物（GSH-Px）活性，降低丙二醛的水平，推测络石藤能降低氧自由基反应，从而防止脂质过氧化，对机体起到保护作用[4]。5. 镇静催眠　从带叶藤茎提取的三萜总皂苷能减少小鼠自主活动时间，缩短睡眠潜伏期，延长翻正反射消失持续时间[5]。6. 抗肿瘤　从带叶藤茎提取的木脂素类化合物有抗肿瘤作用，其作用机制为抗雌激素样作用，其在动物的肠道内被菌群转化为象耳豆内酯*（enterolactone）或象耳豆二醇（enterodiol），有研究表明乳腺癌患者体液中的象耳豆内酯浓度较正常人要低很多，表明这类木脂素能够预防和抑制与象耳豆内酯相关的乳腺癌症[6]。

**【性味与归经】**苦，微寒。归心、肝、肾经。

**【功能与主治】**祛风通络，凉血消肿。用于风湿热痹，筋脉拘挛，腰膝酸痛，喉痹，痈肿，跌扑损伤。

**【用法与用量】**煎服 6 ～ 12g；外用鲜品适量，捣敷患处。

**【药用标准】**药典 1977—2015、浙江炮规 2005、新疆药品 1980 二册、香港药材五册和台湾 2013。

**【临床参考】**1.痛风性关节炎：藤茎 30g，加秦皮 12g、补碎骨、淫羊藿各 15g，薏苡仁 10g、黄柏 6g、木瓜 10g、甘草 3g，水煎服，每日 1 剂，分 3 次口服[1]。

2. 强直性脊柱炎：藤茎 15 ～ 20g，加狗脊 20 ～ 30g，骨碎补 15 ～ 20g，鹿角片 6 ～ 10g，青风藤 10 ～ 15g，海风藤 10 ～ 15g，桂枝 9 ～ 12g，白芍 9 ～ 15g，制附片 6 ～ 10g，知母 9 ～ 15g，秦艽 9 ～ 15g，独活 9 ～ 12g，威灵仙 9 ～ 15g，续断 15 ～ 20g，桑寄生 15 ～ 20g，炙山甲 6 ～ 12g，水煎服[2]。

3. 痹症：藤茎 15g，加豨莶草 50g、海桐皮 30g、伸筋草 30g、徐长卿 20g、秦艽 15g，水煎服，每日 1 剂[3]。

4. 腰腿痛：藤茎 15g，加鸡血藤 30g，钩藤、海风藤、木瓜、牛膝各 15g，威灵仙、桂枝、防风、独活、海桐皮、地龙、川芎各 10g，水煎服，每日 1 剂[4]。

5. 小儿腹泻：鲜藤茎 200g，加水 2500ml，煮沸后用温火维持 15min，去渣留汁，待温，外洗小儿双膝以下，轻者 1 天 1 次，略重者 1 天 2 次，早晚分洗，危重有脱水及酸中毒者应及时补液，配合应用抗生素[5]。

6. 跌打损伤：藤茎 60g，水煎冲黄酒、白糖服。

7. 产后腹痛：藤茎 60g，水、酒各半煎服。

8. 五更泻：藤茎 60g，加红枣 10 枚，水煎服。

9. 白带：藤茎 60g，加黑大豆 60g，水煎服，服汤食豆。

10. 外伤出血：鲜叶适量，捣烂外敷。（6 方至 10 方《浙江药用植物志》）

**【附注】**络石藤始载于《神农本草经》，列为上品，《名医别录》载："生太山川谷，或石山之阴，或高山岩石上，或生人间，正月采。"《蜀本草》云："生木石间，凌冬不凋，叶似细橘，蔓延木石之阴，茎节著处即生根须，包络石傍，花白子黑，六月、七月采茎叶。"《植物名实图考》云："白花藤，江西广饶极多，蔓延墙垣……叶光滑如橘，凌冬不凋。开五瓣白花，形如卍字。"并附有形态图，均与本种一致。

药材络石藤阳虚畏寒、大便溏薄者禁用。

桑科植物薜荔 *Ficus pumila* Linn. 的带叶茎枝在湖南、广西作络石藤药用，部分古代本草文献收载的络石藤即指此种。石血 *Trachelospermum jasminoides*（Lindl.）Lem.var.*heterophyllum* Tsiang 民间也作络石藤药用。

**【化学参考文献】**


[1] 高慧敏，付雪涛，王智民 . 络石藤化学成分研究 [J]. 中国实验方剂学杂志，2011，17（11）：41-44.

[2] Tan X Q，Chen H S，Liu R H，et al. Lignans from *Trachelospermum jasminoides* [J]. Planta Med，2005，26（9）：93-95.

[3] 景玲，于能江，赵毅民，等 . 络石藤中微量化学成分的分离及结构鉴定 [J]. 中国中药杂志，2012，37（11）：1581-1585.

[4] Guo L J，Xu L P，Zheng W，et al. Lignans from *Trachelospermum jasminoides* and synergistic antifungal activity [J]. Latin American Journal of Pharmacy，2017，36（6）：1236-1240.

[5] 袁珊琴，于能江，赵毅民，等 . 络石藤化学成分的研究 [J]. 中草药，2010，41（2）：179-181.

[6] Jing L，Yu N J，Li Y S，et al. Novel lignans from the stems and leaves of *Trachelospermum jasminoides* [J]. Chin Chem Lett，2011，22（9）：1075-1077.

[7] Tan X Q，Guo L J，Qiu Y H，et al. Chemical constituents of *Trachelospermum jasminoides* [J]. Nat Prod Res，2010，24（13）：1248-1252.

[8] 富乐，赵毅民，王金辉，等 . 络石藤黄酮类化学成分研究 [J]. 解放军药学学报，2008，24（4）：299-301.

[9] 张健，殷志琦，梁敬钰 . 络石藤地上部分中的一个新异黄酮苷 [J]. 中国天然药物，2013，11（3）：274-276.

[10] Zhang J，Yin Z Q，Liang J Y. Flavonoids from *Trachelospermum jasminoides* [J]. Chem Nat Compd，2013，49（3）：507-508.

[11] 谭兴起，郭良君，陈海生，等 . 络石藤中黄酮类化学成分研究 [J]. 中药材，2010，33（1）：58-60.

[12] 谭兴起 . 络石藤和海南狗牙花活性成分的研究 [D]. 上海：第二军医大学博士学位论文，2004.

[13] 谭兴起，陈海生，周密，等 . 络石藤中的三萜类化合物 [J]. 中草药，2006，37（2）：171-174.

[14] Atta-ur-Rahman，Fatima T，Crank G，et al. Alkaloids from *Trachelospermum jasminoides* [J]. Planta Med，1988，54（4）：364.

[15] Atta-ur-Rahman，Fatima T，Mehrun-Nisa，et al. Indole alkaloids from *Trachelospermum jasminoides* [J]. Planta Med，1987，53（1）：57-59.

[16] Nishibe S，Hisada S，Inagaki I. Cyclitol of several *Trachelospermum* species [J]. Yakugaku Zasshi，1973，93（4）：539-540.

[17] Sakushima A, Ohno K, Maoka T, et al. Flavonoids from *Trachelospermum jasminoides* [J]. Natural Medicines, 2002, 56(4): 159.

[18] Salama M, El-Hawary S, Mousa O, et al. *In vivo* TNF-α and IL-1β inhibitory activity of phenolics isolated from *Trachelospermum jasminoides* (Lindl.) Lem. [J]. Journal of Medicinal Plants Research, 2015, 9(2): 30-41.

**【药理参考文献】**

[1] 谭兴起，郭良君，孔飞飞，等. 络石藤三萜总皂苷抗疲劳作用的实验研究 [J]. 解放军药学学报，2011，27(2)：128-131.

[2] 来平凡，范春雷，李爱平. 夹竹桃科络石与桑科薜荔抗炎镇痛作用比较 [J]. 中医药学刊，2003，21(1)：154-155.

[3] Sheua M J, Choub P Y, Cheng H C, et al. Analgesic and anti-inflammatory activities of a water extract of *Trachelospermum jasminoides* (Apocynaceae) [J]. Journal of Ethnopharmacology, 2009, 126: 332-338.

[4] 徐梦丹，王青青，蒋翠花. 络石藤降血脂及抗氧化效果研究 [J]. 药物生物技术，2014，21(2)：149-151.

[5] 谭兴起，金婷，瞿发林. 络石藤三萜总皂苷对小鼠镇静催眠作用的实验研究 [J]. 解放军药学学报，2014，30(1)：34-36.

[6] 西部三省，韩英梅. 络石藤化学成分及其抗癌活性 [J]. 国外医药(植物药分册)，2002，17(2)：57-58.

**【临床参考文献】**

[1] 靳文德. 络石藤饮治疗痛风性关节炎 36 例 [J]. 实用中医药杂志，2013，29(10)：831-832.

[2] 马骁. 阎小萍教授五连环法治疗强直性脊柱炎 [J]. 中国临床医生，2009，37(3)：73-75.

[3] 向春初. 民间验方治痹证 [C]. 中国民族医药学会 • 2002 全国土家族苗族医药学术会议论文专辑，2002：1.

[4] 张宏宇. 祝谌予教授四藤一仙汤治验 4 则 [J]. 新中医，2004，36(8)：8-9.

[5] 邹彩华. 络石藤外洗治疗小儿腹泻 [J]. 中医外治杂志，2001，10(4)：48

## 5. 链珠藤属 *Alyxia* Banks ex R.Br.

木质藤本或藤状灌木，具乳汁。叶对生，或 3 ～ 4 片轮生。聚伞花序呈总状，腋生或顶生，具小苞片。花萼 5 深裂，内面无腺体；花冠高脚碟状，5 裂，花蕾时裂片向左覆盖，花冠筒圆筒形，冠筒喉部稍缢缩；雄蕊 5 枚，着生于花冠筒中部之上，内藏，花丝短；无花盘；心皮 2 枚，离生，每心皮具 4 ～ 6 粒胚珠，2 列；花柱单一，丝状，柱头头状，2 裂或不裂。核果双生，稀单生，常 2 个以上连接成念珠状。种子无毛。

约 70 种，分布于热带亚洲、澳大利亚和太平洋岛屿。中国约 12 种，法定药用植物 1 种。华东地区法定药用植物 1 种。

## 729. 链珠藤（图 729）• *Alyxia sinensis* Champ.ex Benth.

**【别名】**阿莉藤（浙江），瓜子藤、过滑边、山红来、瓜子英（福建），春根藤。

**【形态】**常绿藤状灌木，高达 3m。叶对生，或 3 ～ 4 片轮生，革质，长圆形、长圆状椭圆形、倒卵形或狭椭圆形，长 1.5 ～ 3.5cm，宽 0.8 ～ 2cm，先端圆或微凹，基部楔形或近圆形，边缘反卷；侧脉不明显；具短柄。聚伞花序，腋生或近顶生，花序梗长不及 2cm，被微毛；小苞片被微毛；花萼裂片小，卵形，被微毛；花冠淡红色或白色，裂片小，卵形，花冠筒喉部紧缩；子房被长柔毛。核果双生或单生，卵形或椭圆形，长约 1cm，常 2 ～ 3 颗连成念珠状。花期 4 ～ 9 月，果期 5 ～ 11 月。

**【生境与分布】**生于海拔 200 ～ 900m 的山坡灌丛或林缘。分布于浙江、福建和江西，另湖南、广东、海南、贵州和台湾也有分布。

**【药名与部位】**春根藤，地上部分。

**【采集加工】**全年均可采收，除去杂质，干燥。

**【药材性状】**茎呈圆柱形，节处稍膨大，直径 0.2 ～ 1cm。表面灰褐色，略具光泽，有突起的点状皮孔。质硬，难折断，断面皮部薄，易与木质部分离，木质部类白色，中心有髓。叶对生或 3 枚轮生，革质，

**图 729　链珠藤**　　摄影　中药资源办等

有短柄；叶片卵形、倒卵形或椭圆形，顶端圆或微凹，长 1.5 ～ 3cm，宽 0.8 ～ 1.6cm，全缘，边缘向背面反卷，上表面黄褐色至暗绿色，下表面色较淡。气微，味微苦。

**【药材炮制】**除去杂质，洗净，润透，切段或片，干燥。

**【化学成分】**地上部分含三萜类：降香萜醇乙酸酯（bauerenyl acetate）[1]，熊果酸（ursollc acid）、齐墩果酸（oleanolic acid）、白桦脂醇（betulin）和羽扇豆醇（lupeol）[2]；甾体类：胡萝卜苷（daucoterol）[1]，豆甾醇乙酸酯（stigrnasterol acetate）、β- 谷甾醇乙酸酯（β-sitosterol acetate）、豆甾醇（sltgrnasterol）和 β- 谷甾醇（β-sitosterol）[2]；香豆素类：东莨菪内酯（scopletin）、七叶素（esculin）、七叶苷（aseculin）、秦皮亭（flaxetin）[1]，香豆素（coumarin）和伞形花内酯（umbelliferone）[2]；木脂素类：鹅掌楸苷（liriodemdrin）和松脂醇 - 二 -*O*-β-D- 吡喃葡萄糖苷（pinoresinol-di-*O*-β-D-glueopyranoside）[3]，蒽醌类：大黄素甲醚（physcion）、大黄素（emodin）和大黄酚（chrysophanol）[3]；烷烃类：三十七烷（heptatriacontane）和三十八烷（octatriacontane）[3]；烷酮类：20- 三十九烷酮（20-noatriscon）和 20- 四十烷酮（20-nonatriacontanone）[3]。

**【性味与归经】**苦、辛，温；小毒。归肺、肝、脾经。

**【功能与主治】**祛风除湿，活血止痛。用于风湿痹痛，血瘀经闭，胃痛，泄泻，跌打损伤，湿脚气。

**【用法与用量】**15 ～ 30g。

**【药用标准】**湖南药材 2009 和广东药材 2011。

**【化学参考文献】**

[1] 王钢力，严华，侯钦云，等 . 春根藤化学成分的研究（Ⅱ）[J]. 中国中药杂志，2002，27（3）：199-201.

[2] 王钢力，严华，侯钦云，等 . 春根藤化学成分的研究（I）[J]. 中国中药杂志，2002，27（2）：125-127.

[3] 王钢力 . 春根藤化学成分的研究，翠云草等卷柏属植物的黄酮类成分研究 [D]. 北京，北京中医药大学博士学位论文，2001.

## 6. 水壶藤属 *Urceola* Roxb.

木质藤本，具乳汁。叶对生，全缘，羽状脉。聚伞花序圆锥状，顶生或腋生。花小；花萼5深裂，内面基部具腺体；花冠近坛状，5裂，花蕾时裂片向右覆盖，喉部无副花冠；雄蕊5枚，着生于花冠筒基部，花丝短，花药披针状箭头形，腹部黏生于柱头，基部耳状；花盘环状，全缘或5裂；心皮2枚，顶端被长柔毛；花柱短，柱头卵圆形、长圆形或圆锥形，顶端2裂；胚珠多数。蓇葖果双生。种子多数，种子顶端具绢质种毛。

约15种，分布于亚洲东南部。中国8种，法定药用植物4种。华东地区法定药用植物1种。

### 730. 酸叶胶藤（图730）• *Ecdysanthera rosea* Hook.et Arn.［*Urceola rosea*（Hook.et Arn.）D.J.Middleton］

图730　酸叶胶藤　　摄影　张芬耀等

【形态】常绿木质藤本，长达20m。茎皮紫褐色，无明显皮孔。叶纸质，宽椭圆形，长3～7cm，宽1～4cm，先端骤尖，基部楔形，两面无毛，背面被白粉；侧脉4～6对；叶柄长约1.5cm。聚伞花序圆锥状，花序梗长约4.5cm。花萼裂片卵圆形，外面被短柔毛，内面基部具5小腺体；花冠粉红色，近坛状，裂片卵圆形；花盘环状，全缘；子房被短柔毛。蓇葖果双生，圆柱状披针形，长达15cm，外果皮具明显斑点。

种子长圆形，顶端具白色绢质种毛。花期 4 ～ 12 月，果期 7 月至翌年 1 月。

**【生境与分布】**生于海拔 360 ～ 1500m 的山谷或水沟边。分布于福建，另湖南、广东、香港、海南、广西、贵州、云南、四川、台湾均有分布；老挝和缅甸也有分布。

**【药名与部位】**酸叶胶藤，藤茎。

**【采集加工】**秋、冬季采收，切块片，干燥。

**【药材性状】**为不规则块片，厚 0.3 ～ 1cm。外表面棕红色至棕褐色，有的可见灰白色地衣斑，外皮有时脱落。质坚硬。切面皮部浅棕红色，木质部黄白色，具同心环纹，密布细小导管孔。髓部小，略偏心性，棕红色。气微，味微苦、涩。

**【化学成分】**茎含三萜皂苷类：α- 香树脂醇（α-amyrin）、羽扇豆醇（lupeol）、3β- 羽扇豆醇棕榈酸酯（3β-lupeol palmitate）和齐墩果酸（oleanolic acid）[1]；黄酮类：三出蜜茱萸素（ternatin）、山柰酚 -3-*O*-L- 鼠李糖苷（kaempferol-3-*O*-L-rhamnoside）、阿亚黄素（ayanin）和紫花牡荆素（casticin）[1]；烯酸类：5α- 过氧化氢木香酸（5α-hydroperoxycostic acid）[1]；木脂素类：酸叶胶藤醇*A、B、C、D、E、F（ecdysanol A、B、C、D、E、F）、（8*S*）-4, 4′, 9, 9′- 四羟基 -3, 3′- 二甲氧基 -8, 5′- 新木脂素［（8*S*）-4, 4′, 9, 9′-tetrahydroxy-3, 3′-dimethoxy-8, 5′-neolignan］、（1*S*, 2*R*）-1, 2- 二愈创木基 -1, 3- 丙二醇［（1*S*, 2*R*）-1, 2-diguaiacyl-1, 3-propanediol］、珍珠花素 B、E（ovafolinin B、E）、（*R*）-3- 羟基 -1, 2- 二愈创木基 -1- 丙酮［（*R*）-3-hydroxy-1, 2-diguaiacyl-1-propanone］、（+）- 南烛木树脂酚［（+）-lyoniresinol］、（+）-8- 羟基松脂素［（+）-8-hydroxypinoresinol］、（+）- 落叶松脂素［（+）-lariciresinol］、（+）-2, 3- 二［（4- 羟基 -3, 5- 二甲氧基苯基）- 甲基］-1, 4- 丁二醇 {（+）-2, 3-bis［（4-hydroxy-3, 5-dimethoxyphenyl）-methyl］-1, 4-butanediol}、（+）-5, 5′- 二甲氧基落叶松脂素［（+）-5, 5′-dimethoxylariciresinol］和（-）-（7*R*, 7′*R*, 7″*S*, 8*S*, 8′*S*, 8″*S*）- 丁香树脂酚 -4-*O*-8″- 愈创木基甘油［（-）-（7*R*, 7′*R*, 7″*S*, 8*S*, 8′*S*, 8″*S*）-syringaresinol-4-*O*-8″-guaiacylglycerol］[2]。

地上部分含皂苷类：3- 乙酰基 -20- 羟基 -28- 羧基羽扇豆醇（3-acetyl-20-hydroxy-28-oic-lupeol）、环旱落叶大戟醇（cyclocaducinol）、羽扇豆醇（lupeol）、24- 亚甲基环木菠萝烷醇（24-methylenecycloartanol）、熊果醇（uvaol）、白桦脂醇（betulin）、木栓酮（friedelin）[3] 和钝叶利醇*（obtustifoliol）[4]；倍半萜类：酸叶胶藤倍半萜酸（ecdysanthblic acid）[5]；黄酮类：异山柰酚 3-*O*- 吡喃鼠李糖苷（isokaempferol-3-*O*-rhamnopyranoside）、槲皮素 -3-*O*- 吡喃鼠李糖苷（quercetin-3-*O*-rhamnopyranoside）[4] 和芹菜素（apigenin）[6]；环烷醛酸类：酸叶胶藤酸*（ecdysanthblic acid）[4]；甾体类：β- 谷甾醇（β-sitosterol）、3β, 14β, 20- 三羟基 -18- 酸（18 → 20）内酯孕甾 -5- 烯［3β, 14β, 20-trihydroxy-l8-oic（18 → 20）lactone pregn-5-ene］、毛车藤素*B（amalogenin B）[4] 和胡萝卜苷（daucosterol）[6]；环烷醇类：D-3-*O*- 甲基手性肌醇（D-3-*O*-methyl-chiro-inositol）[6]。

叶含黄酮类：槲皮素 -3-*O*-β-D- 吡喃葡萄糖基 -（1 → 2）-α-L- 吡喃鼠李糖苷［quercetin-3-*O*-β-D-glucopyranosyl-（1 → 2）-α-L-rhamnopyranoside］、槲皮素 -3-*O*-α-L- 吡喃鼠李糖苷（quercetin-3-*O*-α-L-rhamnopyranoside）、山柰酚 -3-*O*-β-D- 吡喃葡萄糖基 -（1 → 2）-α-L- 吡喃鼠李糖苷［kaempferol-3-*O*-β-D-glucopyranosyl-（1 → 2）-α-L-rhamnopyranoside］、山柰酚 -3-*O*-α-L- 吡喃鼠李糖苷（kaempferol-3-*O*-α-L-rhamnopyranoside）、山柰酚 -3-*O*-β-D- 吡喃木糖苷（kaempferol-3-*O*-β-D-xylopyranoside）、槲皮素（quercetin）和山柰酚（kaempferol）[7]；酚酸类：绿原酸（chlorogenic acid）[7]；环烷醇类：D-（-）甲基肌醇［D-（-）bornesitol］[7]；三萜类：熊果酸（ursolic acid）[7]。

**【药理作用】**镇静催眠　藤茎粗提取物在剂量为 7.5g/kg 或 9.0g/kg 时可显著延长戊巴比妥诱导的小鼠催眠时间[1]。

毒性　小鼠经口给予酸叶胶藤粗提取物 0.5 ～ 9.0g/kg 剂量时，小鼠可在 5 天内出现死亡，在 7.5g/kg 和 9.0g/kg 剂量时可分别引起 80% 和 42.9% 小鼠死亡[1]。

**【性味与归经】**苦、微酸，凉。归心、肝、脾经。

**【功能与主治】**除风止痒，清火解毒，驱虫，消积。用于疔疮肿毒，湿疹、带状疱疹；高热抽风，头晕头痛，失眠多梦；小儿疳积，蛔虫症。

**【用法与用量】**煎服 15 ～ 30g；儿童 5 ～ 15g；外用适量。

**【药用标准】**云南傣药Ⅱ 2005 五册。

**【化学参考文献】**

[1] 朱向东，张庆华，王飞，等.酸叶胶藤的化学成分研究[J].中草药，2011，42(2)：237-240.

[2] Dong D D，Li H，Jiang K，et al. Diverse lignans with anti-inflammatory activity from *Urceola rosea* [J]. Fitoterapia，2019，134：96-100.

[3] 许福泉，刘海洋，滕菲，等.酸叶胶藤的三萜成分研究[J].天然产物研究与开发，2007，19(3)：365-368.

[4] 许福泉.重楼排草和酸叶胶藤化学成分的研究[D].青岛：青岛科技大学硕士学位论文，2006.

[5] Xu F Q，Liu H Y，Chen C X，et al. A novel sesquiterpenoid from *Ecdysanthera rosea* [J]. Chem Nat Compd，2008，44(3)，308-310.

[6] 曹现平.腺药珍珠菜和毒瓜及酸叶胶藤化学成分的研究[D].青岛：青岛科技大学硕士学位论文，2012.

[7] Ngoc H N，Nghiem D T，Pham T L G，et al. Phytochemical and analytical characterization of constituents in *Urceola rosea* (Hook. et Arn.) D. J. Middleton leaves [J]. J Pharm Biomed Anal，2018，149：66-69.

**【药理参考文献】**

[1] Yu S，Cheng J C，Chen Y F，et al. Central depressant and toxicological evaluation of *Ecdysanthera utilis* Hayata and Kawakami and *Ecdysanthera rosea* Hooker and Arnott [J]. Chinese Pharmaceutical Journal，2000，52(3)：131-138.

# 九七 萝藦科 Asclepiadaceae

草本、藤本、直立或攀援状灌木，常具乳汁，稀具水液。根木质或肉质呈块状。叶对生或轮生，稀互生，全缘，羽状脉；叶柄顶端常具丛生腺体；无托叶。聚伞花序伞状、伞房状或总状，顶生、腋生或腋外生。花两性，5 数，辐射对称；花萼筒短，5 裂，裂片镊合状或花蕾时覆瓦状排列，内面基部常具腺体；花冠合瓣，辐射状或坛状，稀高脚碟状，5 裂，裂片花蕾时覆瓦状或镊合状排列；副花冠常为 5 枚离生或基部合生的裂片或鳞片组成，有时 2 轮排列，着生于合蕊冠或花冠筒上，雄蕊 5 枚，花丝短或缺，花药合生，贴生于柱头基部；花粉颗粒状或联合包于一层薄膜内成为花粉块；子房上位，心皮 2 枚，离生；胚珠多数。蓇葖果双生，稀有时仅 1 枚发育。种子多数，极扁，种子顶端具绢质种毛。

约 250 属，2000 余种，分布于热带和亚热带地区。中国 44 属，270 余种，法定药用植物 12 属 27 种。华东地区法定药用植物 6 属 13 种。

萝藦科法定药用植物主要含甾体类、生物碱类、皂苷类、黄酮类等成分。甾体类包括强心甾型、孕甾烯醇类等，如乌沙苷元（uzarigenin）、杠柳苷（periplocin）、克罗毒苷元（corotoxigenin）、杠柳新苷 A、B、C、D、E（periseoside A、B、C、D、E）等；生物碱多为吲哚里西啶类，如娃儿藤碱（tylophorine）、娃儿藤新碱（tylophorimidine）等；皂苷类多为三萜皂苷，包括齐墩果烷型、羽扇豆烷型等，如华北白前醇（hancockinol）、新白前酮（hancolupenone）、β- 香树脂醇乙酸酯（β-amyrin acetate）、羽扇豆醇乙酸酯（lupeolacetate）等；黄酮类多为黄酮醇，如紫云英苷（astragalin）、异鼠李素 -3-*O*- 芸香糖苷（isorhamnetin-3-*O*-rutinoside）等。

杠柳属含强心苷类、皂苷类、黄酮类等成分。强心苷类如杠柳苷（periplocin）、加拿大麻苷（cymarin）、铃兰毒苷（convallatoxin）等；皂苷类如 α- 香树脂醇乙酸酯（α-amyrin acetate）、羽扇豆醇（lupeol）、熊果酸（ursolic acid）等；黄酮类多为黄酮醇，如山柰酚 -3-*O*-β-D- 吡喃葡萄糖苷（kaempferol-3-*O*-β-D-glucopyranoside）、山柰酚 -3-*O*-α-D- 呋喃阿拉伯糖苷（kaempferol-3-*O*-α-D-arabofuranoside）等。

鹅绒藤属含甾体类、生物碱类、黄酮类、皂苷类等成分。甾体类如白首乌新苷 A（cynanauriculoside A）、华北白前苷元 B（hancogenin B）、华北白前苷 A（hancoside A）等；生物碱类如萝藦米宁（gagaminin）、7- 脱甲氧基娃儿藤碱（7-demethoxytylophorine）等；黄酮类多为黄酮醇，如槲皮素 -7-*O*-α-L- 吡喃鼠李糖苷（quercetin-7-*O*-α-L-rhamnopyranoside）、紫云英苷（astragalin）等；皂苷类如 β- 香树脂醇乙酸酯（β-amyrin acetate）、羽扇豆醇乙酸酯（lupeolacetate）等。

球兰属含甾体类、黄酮类、皂苷类等成分。甾体类如苦绳苷元 A、P（drevogenin A、P）等；黄酮类如旱麦草碳苷（schaftoside）、异旱麦草碳苷（isoschaftoside）等；皂苷类如 β- 香树脂醇乙酸酯（β-amyrin acetate）、羽扇豆醇（lupeol）等。

南山藤属含甾体类、木脂素类等成分。甾体类如线叶金鸡菊苷（lanceolin）、苦绳苷元 A、B（dresigenin A、B）等；木脂素类如（+）- 异落叶松树脂醇［（+）-isolariciresinol］、丁香脂素（syringaresinol）等。

## 分属检索表

1. 茎直立或攀援；叶非肉质，侧脉明显。
  2. 羽状脉，具边脉；花丝离生……………………………………………………1. 杠柳属 *Periploca*
  2. 羽状脉或基出脉兼有羽状脉，无边脉；花丝合生呈筒状。
    3. 草本，稀亚灌木。
      4. 柱头短，不伸出花药外……………………………………………………2. 鹅绒藤属 *Cynanchum*
      4. 柱头延伸成长喙状，伸出花药外……………………………………………3. 萝藦属 *Metaplexis*

3. 木质藤本或藤状灌木。

5. 花冠钟状；副花冠着生于花冠筒弯缺处成硬带或退化成两列被毛条带…4. 匙羹藤属 *Gymnema*

5. 花冠辐状，副花冠完全发育……………………………………………………5. 南山藤属 *Dregea*

1. 茎附生或卧生；叶肉质，侧脉不明显……………………………………………………6. 球兰属 *Hoya*

## 1. 杠柳属 *Periploca* Linn.

藤状灌木，具乳汁。叶对生，羽状脉，具边脉，具叶柄。聚伞花序，顶生或腋生。花萼5深裂，裂片蕾时覆瓦状排列；萼片内面基部具5或10个腺体；花冠辐射状，花冠筒短，5裂，花蕾时裂片向右覆盖，内面常被柔毛；副花冠杯状，着生于花冠基部，5～10裂，其中5裂延伸成丝状，被毛；雄蕊5枚，花丝短，离生，背部与副花冠合生，花药顶端合生，背面被髯毛，相连围绕柱头，并与柱头黏合；花粉颗粒状，藏于匙形载粉器上，每花药有载粉器1个。蓇葖果双生，长圆柱形。种子长圆形，顶端具白色绢质种毛。

约10种，分布于亚洲温带地区，欧洲南部及非洲热带地区。中国5种，法定药用植物3种。华东地区法定药用植物1种。

## 731. 杠柳（图731）• *Periploca sepium* Bge.

**图731　杠柳**　　摄影　李华东等

【别名】羊角梢、立柳（江苏），钻墙柳、桃不桃、李不李（江苏连云港），香五加皮、北五加皮（安徽）。

【形态】落叶蔓性灌木，高 1.5 ～ 4m。植株具白色乳汁，除花外其余均无毛。主根圆柱形，外皮灰褐色，内皮淡黄色。小枝常对生，具纵纹及皮孔。叶长圆状披针形或卵状长圆形，长 5 ～ 9cm，宽 1.5 ～ 2.5cm，先端渐尖，基部楔形；侧脉 15 ～ 25 对；具短柄。聚伞花序腋生，花序梗长 1 ～ 2cm；花萼裂片小，卵圆形，外面被短柔毛，内面基部具 10 个腺体；花冠紫红色，5 裂，裂片长圆状披针形，反折，内面被长柔毛；副花冠杯状，10 裂，其中 5 裂延长成丝状，顶端向内弯。蓇葖果双生，长圆柱形，长 7 ～ 12cm。种子狭长圆形，顶端具白色绢质种毛。花期 5 ～ 6 月，果期 7 ～ 9 月。

【生境与分布】生于低山丘陵、平原、海滩、河岸、坡地或林缘。分布于山东、江苏、安徽和江西，另吉林、辽宁、内蒙古、宁夏、河北、湖南、贵州、四川、甘肃、陕西、河南和山西也有分布。

【药名与部位】香加皮，根皮。

【采集加工】春、秋二季采挖，剥取根皮，干燥。

【药材性状】呈卷筒状或槽状，少数呈不规则的块片状，长 3 ～ 10cm，直径 1 ～ 2cm，厚 0.2 ～ 0.4cm。外表面灰棕色或黄棕色，栓皮松软常呈鳞片状，易剥落。内表面淡黄色或淡黄棕色，较平滑，有细纵纹。体轻，质脆，易折断，断面不整齐，黄白色。有特异香气，味苦。

【药材炮制】除去杂质，洗净，润透，切厚片，干燥。

【化学成分】根含甾体类：杠柳毒苷 A、E、N、X（periplocoside A、E、N、X）[1]；糖类：寡糖 A（oligosaccharide A）[1]。

根皮含酚醛类：异香草醛（isovanillin）、香草醛（vanillin）[2]，4- 甲氧基苯甲醛 -2-*O*-［β-D- 木糖基 -（1 → 6）-β-D- 吡喃葡萄糖苷］{4-methoxybenzaldehyde-2-*O*-［β-D-xylose（1 → 6）-β-D-glucopyranoside］}[3] 和香草醛乳糖苷（vanillin lactoside）[4]；酚酸类：4- 甲氧基水杨酸（4-methoxysalicylic acid）[2]；苯丙素类：咖啡酸乙酯（ethyl caffeate）[5]；三萜类：β- 香树脂醇乙酸酯（β-amyrin acetate）、α- 香树脂醇（α-amyrin）、（24*R*）-9, 19- 环木菠萝 -25- 烯 -3β, 24- 二醇［（24*R*）-9, 19-cycloart-25-en-3β, 24-diol］、（24*S*）-9, 19- 环木菠萝 -25- 烯 -3β, 24- 二醇［（24*S*）-9, 19-cycloart-25-en-3β, 24-diol］、环桉树醇（cycloeucalenol）[2]，α- 香树脂醇乙酰酯（α-amyrin acetate）和羽扇豆烷乙酰酯（lupeal acetate）[6]；香豆素类：东莨菪内酯（scopoletin）[6]；木脂素类：5, 5′- 二甲氧基落叶松脂醇 -4′-*O*-β-D- 吡喃葡萄糖苷（5, 5′-dimethoxylariciresinol-4′-*O*-β-D-glucopyranoside），即扭旋马先蒿苷 B（tortoside B）[5]；甾体类：21-*O*- 甲基 -5- 孕甾烯 -3β, 14β, 17β, 20, 21- 五醇（21-*O*-methyl-5-pregnene-3β, 14β, 17β, 20, 21-pentaol）、$\Delta^5$- 孕甾烯 -3β, 20（*S*）- 二醇 3-*O*-［β-D- 吡喃洋地黄糖基 -（1 → 4）β-D- 吡喃加拿大麻糖苷］20-*O*-［β-D- 吡喃葡萄糖基 -（1 → 6）-β-D- 吡喃葡萄糖基 -（1 → 2）-β-D- 吡喃洋地黄糖苷］{$\Delta^5$-pregnene-3β, 20（*S*）-diol-3-*O*-［β-D-digitalopyranosyl-（1 → 4）-β-D-cymaropyranoside］20-*O*-［β-D-glucopyranosyl-（1 → 6）-β-D-glucopyranosyl-（1 → 2）-β-D-digitalopyranoside］}、杠柳毒苷 M、N（periplocoside M、N）[3]，杠柳毒苷 L（periplocoside L）、$\Delta^5$- 孕甾烯 -3β, 20（*S*）- 二醇［$\Delta^5$-pregnene-3β, 20（*S*）-diol］、$\Delta^5$- 孕甾烯 -3β, 20（*S*）- 二醇 -20-*O*-β-D- 吡喃葡萄糖苷 -3-*O*-β-D- 吡喃葡萄糖苷［$\Delta^5$-pregene-3β, 20（*S*）-diol-20-*O*-β-D-glucopyranoside-3-*O*-β-D-glucopyranoside］、$\Delta^5$- 孕甾烯 -3β, 20（*S*）- 二醇 -20-*O*-β-D- 吡喃葡萄糖基 -（1 → 6）-β-D- 吡喃葡萄糖苷［$\Delta^5$-pregene-3β, 20（*S*）-diol-20-*O*-β-D-glucopyranosyl-（1 → 6）-β-D-glucopyranoside］、$\Delta^5$- 孕甾烯 -3β, 20（*S*）- 二醇 -3-*O*-［2-*O*- 乙酰基 -β-D- 吡喃洋地黄糖基 -（1 → 4）-β-D- 吡喃加拿大麻糖苷］-20-*O*-β-D- 吡喃葡萄糖基 -（1 → 6）-β-D- 吡喃葡萄糖基 -（1 → 2）-β-D- 吡喃洋地黄糖苷 {$\Delta^5$-pregene-3β, 20（*S*）-diol-3-*O*-［2-*O*-acetyl-β-D-digitalopyranosyl-（1 → 4）-β-D-cymaropyranoside］-20-*O*-β-D-glucopyranosyl-（1 → 6）-β-D-glucopyranosyl-（1 → 2）-β-D-digitalopyranoside}[5]，杠柳毒苷元（periplocogenin）、21-*O*- 甲基 -$\Delta^5$- 孕甾烯 -3β, 14β, 17β, 21- 四醇 -20- 酮（21-*O*-methyl-$\Delta^5$-pregnene-3β, 14β, 17β, 21-tetraol-20-one）、$\Delta^5$- 孕甾烯 -3β, 16α, 20（*S*）- 三醇 -20-*O*-β-D- 吡喃葡萄糖基 -（1 → 6）-β-D- 吡喃葡萄糖基 -（1 → 2）-β-D- 吡喃洋地黄糖苷［$\Delta^5$-pregnene-3β, 16α, 20（*S*）-triol-20-*O*-β-D-glucopyranosyl-（1 → 6）-β-D-glucopyranosyl-（1 → 2）-β-D-digitalopyranoside］、

$\Delta^5$-孕甾烯-3β, 20（*S*）-二醇-20-*O*-β-D-吡喃葡萄糖基-（1→6）-β-D-吡喃葡萄糖基-（1→2）-β-D-吡喃洋地黄糖苷［$\Delta^5$-pregnene-3β, 20（*S*）-diol-20-*O*-β-D-glucopyranosyl-（1→6）-β-D-glucoyranosyl-（1→2）-β-D-digitalopyranoside］、$\Delta^5$-孕甾烯-3β, 20（*S*）-二醇-3-*O*-β-D-吡喃葡萄糖基-20-*O*-β-D-吡喃葡萄糖基-（1→6）-β-D-吡喃葡萄糖苷［$\Delta^5$-pregnene-3β, 20（*S*）-diol-3-*O*-β-D-glucopyranosyl-20-*O*-β-D-glucopyranosyl-（1→6）-β-D-glucopyranoside］、$\Delta^5$-孕甾烯-3β, 16β, 20（*R*）-三醇-20-*O*-β-D-吡喃葡萄糖基-（1→6）-β-D-吡喃葡萄糖基-（1→2）-β-D-吡喃洋地黄糖苷［$\Delta^5$-pregnene-3β, 16β, 20（*R*）-triol-20-*O*-β-D-glucopyranosyl-（1→6）-β-D-glucopyranosyl-（1→2）-β-D-digitalopyranoside］、孕甾-5-烯-3β, 20（*S*）-二醇-20-*O*-β-D-吡喃葡萄糖基-（1→6）-β-D-吡喃葡萄糖苷［pregn-5-en-3β, 20（*S*）-diol-20-*O*-β-D-glucopyranosyl-（1→6）-β-D-glucopyranoside］[7]，17βH-杠柳苷元（17βH-periplogenin）[8]，杠柳毒苷F（periplocoside F）[9, 10]，杠柳散苷*A、B、C、D、E（periseoside A、B、C、D、E）[10]，杠柳孕苷*F、G、H、I（perisepiumoside F、G、H、I）[9]，杠柳孕苷*A、B、C、D、E（perisepiumoside A、B、C、D、E）[11]，5-孕甾烯-3β, 20β-二醇-葡萄糖苷（5-pregnen-3β, 20β-diol-glucoside）、2-*O*-乙酰基-β-D-吡喃毛地黄糖基-（1→4）-β-D-吡喃加拿大麻糖基-（1→4）-β-D-吡喃加拿大麻糖基-（1→4）-β-D-吡喃加拿大麻糖基-（1→4）-β-D-欧夹竹桃酸-δ-内酯［2-*O*-acetyl-β-D-digitalopyranosyl-（1→4）-β-D-cymaropyranosyl-（1→4）-β-D-cymaropyranosyl-（1→4）-β-D-cymaropyranosyl-（1→4）-β-D-oleandronic-δ-lactone］[9]，孕甾-5-烯-3β, 17α, 20*S*-三醇（pregn-5-en-3β, 17α, 20*S*-triol）、3-*O*-（2-*O*-乙酰基-β-D-吡喃毛地黄糖基）-（1→4）-β-D-吡喃加拿大麻糖基-（3β, 16β, 20*R*）-孕甾-5-烯-3, 16, 20-三醇-20-*O*-β-D-吡喃葡萄糖基-（1→6）-β-D-吡喃葡萄糖基-（1→2）-β-D-吡喃洋地黄糖苷［3-*O*-（2-*O*-acetyl-β-D-digitalopyranosyl）-（1→4）-β-D-cymaropyranosyl-（3β, 16β, 20*R*）-pregn-5-en-3, 16, 20-triol-20-*O*-β-D-glucopyranosyl-（1→6）-β-D-glucopyranosyl-（1→2）-β-D-digitalopyranoside］[10]，杠柳苷C、F（periploside C、F）[12]，杠柳毒苷（periplocoside）A、B、C[13]，杠柳毒苷D、E、L、M、N（periplocoside D、E、L、M、N）[14]，杠柳苷F、J、K、O（periplocoside F、J、K、O）[15]，杠柳苷P（periplocoside P）[16]，杠柳苷S-20（periplocoside S-20），即$\Delta^5$-孕甾烯-3β, 20（*R*）-二醇-3-*O*-单乙酸酯［$\Delta^5$-pregnene-3β, 20（*R*）-diol-3-*O*-monoacetate］[14]，杠柳苷元（periplogenin）[6, 17]，杠柳苷元-3-［*O*-β-吡喃葡萄糖基-（1→4）-β-吡喃箭毒羊角拗糖苷］{periplogenin-3-［*O*-β-glucopyranosyl-（1→4）-β-sarmentopyranoside］}、孕甾-5-烯-3β, 17, 20*S*-三醇-20-［*O*-β-吡喃葡萄糖基-（1→6）-*O*-吡喃葡萄糖基-（1→4）-β-吡喃-2, 6-吡喃加那利毛地黄糖苷*］{pregn-5-en-3β, 17, 20*S*-triol-20-［*O*-β-glucopyranosyl-（1→6）-*O*-glucopyranosyl-（1→4）-β-canaropyranoside］}、3β, 14β, 17α-三羟基-21-甲氧基孕甾-5-烯-20-酮-3-［*O*-β-吡喃齐墩果糖基-（1→4）-*O*-β-吡喃加拿大麻糖基-（1→4）-β-吡喃加拿大麻糖苷］{3β, 14β, 17α-trihydroxy-21-methoxypregn-5-en-20-one-3-［*O*-β-oleandropyranosyl-（1→4）-*O*-β-cymaropyranosyl-（1→4）-β-cymaropyranoside］}、3β, 14β, 17α-三羟基-21-甲氧基孕甾-5-烯-20-酮（3β, 14β, 17α-trihydroxy-21-methoxypregn-5-en-20-one）、孕甾-5-烯-3β, 20*S*-二醇-20-［*O*-β-吡喃葡萄糖基-（1→6）-β-吡喃葡萄糖苷］{pregn-5-en-3β, 20*S*-diol-20-［*O*-β-glucopyranosyl-（1→6）-β-glucopyranoside］}、孕甾-5-烯-3β, 20*S*-二醇-3-*O*-β-D-吡喃葡萄糖苷-20-*O*-β-D-吡喃葡萄糖苷（pregn-5-en-3β, 20*S*-diol-3-*O*-β-D-glucopyranoside-20-*O*-β-D-glucopyranoside）[17]，杠柳次苷B（plocoside B）、北五加皮苷$H_2$（glycoside $H_2$）[10]，北五加皮苷K（glycoside K），即孕甾-5-烯-3β, 20α-二醇-20-*O*-β-D-吡喃葡萄糖基-（1→6）-β-D-吡喃葡萄糖基-（1→2）-β-D-吡喃洋地黄毒糖苷［pregn-5-en-3β, 20α-diol-20-*O*-β-D-glucopyranosyl-（1→6）-β-D-glucopyranosyl-（1→2）-β-D-digitalopyranoside］[11]，12β-羟基孕甾-4, 6, 16-三烯-3, 20-二酮（12β-hydroxypregna-4, 6, 16-trien-3, 20-dione）、孕甾-5-烯-3β, 20-二醇（pregn-5-en-3β, 20-diol）、欧夹二烯酮A（neridienone A）[18]，普斯马洛苷元（xysmalogenin）、21-*O*-甲基-5, 14-孕甾烯-3β, l7β, 20, 21-四醇（21-*O*-methyl-5, 14-pregndlene-3β, l7β, 20, 21-tetraol）、杠柳苷（periplocin）、杠柳加拿大麻糖苷（periplocymarin）[19]，杠柳甾过氧化物*A、B、C、D、E（periperoxide A、B、C、D、E）、杠柳强心甾宁素*（periplofenin）、杠柳强心甾苷*I（periforoside I）和杠柳强心甾

佛宁素*A（periforgenin A）[20]；糖类：寡糖 $D_2$、$F_2$（oligosaccharide $D_2$、$F_2$）[16, 20]，杠柳次寡糖 A、B、C（perisaccharide A、B、C）[20]，寡糖 $C_1$、$F_1$（oligosaccharide $C_1$、$F_1$）[18] 和杠柳寡糖 A、B、C、D、E（perisesaccharide A、B、C、D、E）[21]；低碳羧酸类：乙酸丁酯（butyl acetate）、2- 甲基 -1, 3- 二氧环戊基乙酸乙酯（2-methyl-1, 3-dioxycyclopentyl ethyl acetate）和甲酸丁酯（butyl formate）等[22]；挥发油：4-甲氧基水杨醛（4-methoxysalicylaldehyde）、2- 甲基 -1, 3- 二氧环戊基乙酸乙酯（2-methyl-1, 3-dioxycyclopentyl acetate）、1, 1, 3, 3- 四丁氧基 -2- 丙酮（1, 1, 3, 3-tetrabutoxy-2-propanone）、4- 甲基 -2- 戊酮（4-methyl-2-pentanone）[22]，2- 羟基 -4- 甲氧基 - 苯甲醛（2-hydroxy-4-methoxy-benzaldehyde）、芳樟醇（linalool）和（－）-α- 萜品醇［（－）-α-terpineol］[23]。

茎含甾体类：杠柳毒苷 E（eperiplocoside E）和杠柳苷元（periplogenin）[24]；糖类：蔗糖（sucrose）[24]。

叶含三萜类：羽扇 -11（12）-20（29）- 二烯 -3β- 醇［lup-11（12）-20（29）-dien-3β-ol］和齐墩果酸（oleanolic acid）[25]；黄酮类：槲皮素（quercetin）、异槲皮苷（isoquercitrin）和槲皮素 -3-*O*-β-D- 葡萄糖醛酸苷 -6′- 甲酯［quercetin-3-*O*-β-D-glucuronide-6′-methyl ester］[25, 26]；三萜类：齐墩果酸（oleanolic acid）[26]。

枝含甾体类：杠柳苷元（periplogenin）和杠柳苷 N（periplocoside N）[27]；三萜类：β- 香树脂醇（β-amyrin）和 β- 香树脂醇乙酸酯（β-amyrin acetate）[27]。

**【药理作用】**1. 强心　根皮有明显的洋地黄类强心苷样作用，可使猫血压上升，心脏收缩力增强，其有效成分杠柳苷的化学结构与药理作用均与毒毛旋花苷相似，脱去 1 分子葡萄糖成为萝摩苦苷，强心作用更强，持续时间更短，蓄积作用更小；根皮的提取物能显著升高离体心脏的左室收缩压（LVSP），降低左室舒期末压（LVEDP），从而改善大鼠离体心脏的心功能，具有强心作用[1]。2. 抗肿瘤　根皮水提取物可明显抑制人食管癌 TE-13 细胞的生长增殖，诱导细胞凋亡，并能改变该肿瘤细胞周期分布，阻止细胞周期于 $G_2$/M 期[2]；根皮乙酸乙酯提取物可诱导乳腺癌 MCF-7 细胞系发生凋亡，其机制可能是通过下调 *survivin* 基因、上调 *bax* 基因的 mRNA 水平而发挥诱导细胞凋亡作用[3]；根皮水提取物通过阻滞人胃癌 BGC-823 细胞于 $G_2$/M 期及诱导 BGC-823 细胞凋亡发挥抗肿瘤作用，其作用机制与抑制细胞的 bcl-2 和 survivin 基因 mRNA 及蛋白质表达、促进 bax 基因和蛋白质表达有关[4]。3. 抗炎　根皮中 α 或 β 香树酯醇乙酸酯（α or β-amyrin acetate）以 40mg/kg 的剂量给小鼠或大鼠腹腔注射 10 天，可对角叉菜胶或乙酸所致的足肿胀有明显的抗炎作用[5]。4. 免疫调节　根皮水提取物可不同程度地提高小鼠体外淋巴细胞转化率和自然杀损性（NK）细胞的杀伤活性，以及促进单核细胞分泌肿瘤坏死因子 -α（TNF-α），从而提高小鼠淋巴细胞的免疫功能，发挥抗肿瘤作用[6]。5. 升高白细胞　根皮醇提取物给小白鼠口服 1g/kg 剂量，同时腹腔注射环磷酰胺 20mg/kg 剂量，发现香加皮对环磷酰胺所致的白细胞下降有回升作用[7]。

毒性　根皮水提取物腹腔注射给药后对豚鼠心电图有明显影响，心电图异常的发生率与剂量正相关，随着香加皮水提取物剂量的增加，主要变化依次表现为 T 波异常（倒置或低平）、P 波和 QRS 波群异常、QRS 波群脱落，表明豚鼠心电图可作为香加皮中毒的判断依据，并推测豚鼠腹腔注射给予香加皮水提取物的半数中毒剂量在 93 ～ 285mg/kg，半数致死剂量（$LD_{50}$）在 186 ～ 465mg/kg[8]；小鼠腹腔注射根皮配方颗粒溶液后，在给药后 1min 即出现毒性反应，表现为行走不稳、烦躁、跳跃、四肢无力叉开、俯卧不动、抽搐、翻滚、转圈，死前腹式呼吸明显，呼吸频率降低等，5min 后开始出现死亡症状，其半数致死剂量（$LD_{50}$）为 10.60（9.84 ～ 11.43）g/kg（95% 可信限）；24h 的蓄积率为 0.196，毒效半衰期 $t_{1/2}$ 为 10.2h；大鼠心电图在较大剂量下可出现明显的类洋地黄中毒样变化，其最大耐受剂量（MTD）为 31.4g/kg，表明根皮配方颗粒有急性毒性和低蓄积毒性并可导致心电图异常改变[9]。

**【性味与归经】**辛、苦，温；有毒。归肝、肾、心经。

**【功能与主治】**祛风湿，强筋骨。用于风寒湿痹，腰膝酸软，心悸气短，下肢浮肿。

**【用法与用量】**3 ～ 6g。

**【药用标准】**药典 1963—2015、浙江炮规 2015、河南药材 1991 和新疆药品 1980 二册。

【临床参考】疣：果实原浆涂擦已消毒的疣体，上、下午各 1 次，治疗 4 周，如果治疗期间疣体脱落则停用[1]。

【附注】《救荒本草》载："木羊角科，一名羊桃，一名小桃花。生荒野中。茎紫，叶似初生桃叶，光俊，色微带黄。枝间开红白花。结角似豇豆角，甚细而尖艄，每两两角并生一处，味微苦酸。"即为本种。

药材香加皮，虽有强心作用，但有明显的心脏毒性，中毒者出现心律不齐，心肌纤颤而致死[1]，一般中毒则出现恶心、呕吐等反应，故不宜过量或长期服用，也不能作为中药材五加皮使用。

香加皮易与五加皮混淆，河南药材标准 1991 把本种作为五加皮的植物基原，认为不妥。

【化学参考文献】

[1] Li Y，Zeng X N，Wang W Z，et al. Chemical constituents from the roots of *Periploca sepium* with insecticidal activity [J]. J Asian Nat Prod Res，2012，14（8）：811-816.

[2] 王磊，殷志琦，张雷红，等. 杠柳根皮化学成分研究 [J]. 中国中药杂志，2007，32（13）：1300-1302.

[3] 王宁，陈书红，任风芝，等. 香加皮的化学成分研究 [C]. 2008 中国药学会学术年会暨中国药师周，2008.

[4] 史清华，马养民. 杠柳根皮中 4 个化合物结构的分析 [J]. 西北林学院学报，2007，22（5）：132-135.

[5] 李金楠，赵丽迎，于静，等. 香加皮化学成分的研究 [J]. 中成药，2010，32（9）：1552-1556.

[6] 陈书红，杨峻山，任风芝，等. 香加皮的抗肿瘤活性成分研究（Ⅰ）[J]. 中草药，2006，37（4）：519-520.

[7] 殷志琦，王磊，张晓琦，等. 香加皮中甾体类化学成分研究 [J]. 中国药学杂志，2009，44（13）：968-971.

[8] Zhang Y W，Bao Y L，Wu Y，et al. 17βH-Periplogenin，a cardiac aglycone from the root bark of *Periploca sepium* Bunge [J]. Acta Cryst，2012，E68：o1582-o1583.

[9] Gu X Y，Wu Z W，Wang L，et al. C 21 steroidal glycosides and oligosaccharides from the root bark of *Periploca sepium* [J]. Fitoterapia，2017，118：6-12.

[10] Wang L，Yin Z Q，Zhang Q W，et al. Five new C 21，steroidal glycosides from *Periploca sepium* [J]. Steroids，2011，76（3）：238-243.

[11] Feng J Q，Zhao W M. Five new pregnane glycosides from the root barks of *Periploca sepium* [J]. Helv Chim Acta，2010，91（9）：1798-1805.

[12] Wang L Y，Qin J J，Chen Z H，et al. Absolute configuration of periplosides C and F and isolation of minor spiro-orthoester group-containing pregnane-type steroidal glycosides from *Periploca sepium* and their T-lymphocyte proliferation inhibitory activities [J]. J Nat Prod，2017，80：1102-1109.

[13] Itokawa H，Xu J P，Takeya K，et al. Studies on chemical constituents of antitumor fraction from *Periploca sepium* II. structures of new pregnane glycosides，periplocosides A，B and C [J]. Chem Pharm Bull，1988，36（3）：982-987.

[14] Itokawa H，Xu J P，Takeya K. Studies on chemical constituents of antitumor fraction from *Periploca sepium* IV. structures of new pregnane glycosides，periplocosides D，E，L，and M [J]. Chem Pharm Bull，1988，36（6）：2084-2089.

[15] Itokawa H，Xu J P，Takeya K. Studies on chemical constituents of the antitumor fraction from *Periploca sepium* V. structures of new pregnane glycosides，periplocosides J，K，F and O [J]. Chem Pharm Bull，1988，36（11）：4441-4446.

[16] Shi B J，Zhang J W，Gao L T，et al. A new pregnane glycoside from the root barks of *Periploca sepium* [J]. Chem Nat Compd，2014，49（6）：1043-1047.

[17] Deng Y R，Wei Y P，Yin F，et al. H A new cardenolide and two new pregnane glycosides from the root barks of *Periploca sepium* [J]. Elv Chim Acta，2010，93（8）：1602-1609.

[18] Itokawa H，Xu J P，Takeya K. Studies on chemical constituents of antitumor fraction from *Periploca sepium* Bge. I [J]. Chem Pharm Bull，1987，35（11）：4524-4529.

[19] Xu J P，Takeya K，Itokawa H. Pregnanes and cardenolides from *Periploca sepium* [J]. Phytochemistry，1990，29（1）：244-246.

[20] Feng J，Zhang R，Zhou Y，et al. Immunosuppressive pregnane glycosides from *Periploca sepium* and *Periploca forrestii* [J]. Phytochemistry，2008，69（15）：2716-2723.

[21] Wang L, Yin Z Q, Wang Y, et al. Perisesaccharides A-E, new oligosaccharides from the root barks of *Periploca sepium* [J]. Planta Med, 2010, 76(9): 909-915.
[22] 史清华, 马养民, 秦虎强. 杠柳根皮挥发油化学成分及对麦二叉蚜的毒杀活性初探[J]. 西北植物学报, 2006, 26(3): 620-623.
[23] Chu S S, Jiang G H, Liu W L, et al. Insecticidal activity of the root bark essential oil of *Periploca sepium* Bunge and its main component [J]. Nat Prod Res, 2012, 26(10): 926-932.
[24] 余博, 马养民, 孔阳, 等. 杠柳茎化学成分的研究[J]. 西北林学院学报, 2005, 20(3): 145-146.
[25] 陈玲. 杠柳叶化学成分的研究[D]. 咸阳: 西北农林科技大学硕士学位论文, 2007.
[26] Ma Y M, Wang P, Chen L, et al. Chemical composition of the leaves of *Periploca sepium* [J]. Chem Nat Compd, 2010, 46(3): 464-465.
[27] 马养民, 史清华, 孔阳, 等. 杠柳枝皮的化学成分研究[J]. 天然产物研究与开发, 2008, 20(2): 280-282.

**【药理参考文献】**

[1] 李玉红, 高秀梅, 张柏礼, 等. 香加皮提取物对离体心脏心功能的影响[J]. 辽宁中医学院学报, 2005, 7(4): 396-397.
[2] 门金娥, 张向阳, 悦随士, 等. 香加皮水提取物诱导人食管癌细胞 TE-13 凋亡的实验研究[J]. 现代预防医学, 2008, 35(5): 942-943, 945.
[3] 张静, 单保恩, 刘刚叁, 等. 香加皮乙酸乙酯提取物诱导人乳腺癌 MCF-7 细胞凋亡的研究[J]. 肿瘤, 2006, 26(5): 418-421, 439.
[4] 单保恩, 李俊新, 张静. 香加皮水提取物诱导人胃癌细胞 BGC-823 凋亡及其作用机制[J]. 中草药, 2005, 36(8): 68-72.
[5] 肖培根. 新编中药志(第三卷)[M]. 北京: 北京化学工业出版社, 2002: 628-632.
[6] 李俊新, 蒋玉红, 单保恩. 香加皮水提物对小鼠淋巴细胞免疫调节作用的初步研究[J]. 癌变·畸变·突变, 2010, 22(4): 292-294.
[7] 楼之岑, 秦波. 常用中药材品种整理和质量研究(北方编)[M]. 北京: 北京医科大学、中国协和医科大学联合出版社, 1995: 671.
[8] 陈金堂, 孙达, 毕波, 等. 香加皮中毒时豚鼠心电图的变化特征[J]. 时珍国医国药, 2010, 21(5): 1094-1096.
[9] 徐鑫, 周昆, 屈彩芹. 香加皮配方颗粒的急性毒性和蓄积毒性实验研究[J]. 江苏中医药, 2008, 40(10): 117-118.

**【临床参考文献】**

[1] 贾红声, 吴晓霞. 杠柳浆汁外用治疗各类疣 53 例临床观察[J]. 安徽中医临床杂志, 2003, 15(1): 25-26.

**【附注参考文献】**

[1] 陈颖萍, 李国信, 张锡玮, 等. 香加皮临床应用情况及不良反应预防[J]. 辽宁中医杂志, 2005, 32(6): 598-599.

## 2. 鹅绒藤属 *Cynanchum* Linn.

多年生草本或亚灌木，具乳汁。茎缠绕、攀援或直立。叶对生，稀轮生，全缘；羽状脉或基出脉兼有羽状脉。聚伞花序伞形状、伞房状或总状，腋生或腋外生，具花序总梗。花萼 5 深裂，内面基部常具腺体；花冠辐射状或近辐射状，5 裂，花蕾时裂片向右或向左覆盖，稀镊合状排列；副花冠着生于合蕊冠基部，膜质或肉质，杯状或筒状，5 裂，有时内面具舌状附属物；花丝合生呈筒状，花药顶端具膜质附属物；每花粉器具 2 下垂花粉块；花柱短，柱头凸起或呈短圆柱状，不伸出花药外，基部膨大呈五角状，顶端全缘或 2 裂。蓇葖果双生，稀仅一个发育，长圆形或长圆状披针形，外果皮平滑，稀具软刺或狭翅。

约 200 种，分布于非洲、欧洲、亚洲、南美洲和北美洲。中国 57 种，法定药用植物 13 种。华东地区法定药用植物 8 种。

## 分种检索表

1. 茎缠绕或攀援。
  2. 叶背面苍白色；聚伞花序伞形状，二歧分枝……鹅绒藤 *C.chinense*
  2. 叶背面绿色或淡绿色；聚伞花序伞房状或伞形状，不分支。
    3. 叶宽卵形，聚伞花序伞房状……牛皮消 *C.auriculatum*
    3. 叶戟形或卵状三角形，聚伞花序伞形状……白首乌 *C.bungei*
1. 茎直立或下部直立，上部缠绕。
  4. 叶狭披针形或条形；茎无毛。
    5. 圆锥状聚伞花序，顶生或近顶生；花黄绿色……徐长卿 *C.paniculatum*
    5 伞形状聚伞花序，腋生；花紫色或紫红色……柳叶白前 *C.stauntonii*
  4. 叶宽卵形、卵状椭圆形、长圆形或长圆状披针形；茎常被毛。
    6. 茎直立，被单列毛或二列毛。
      7. 茎被单列毛；叶宽卵形，基部近心形……竹灵消 *C.inamoenum*
      7. 茎被二列毛；叶长圆形或长圆状披针形，基部宽楔形或近圆形……白前 *C.glaucescens*
    6. 茎下部直立，上部缠绕，密被绒毛……变色白前 *C.versicolor*

## 732. 鹅绒藤（图 732）• *Cynanchum chinense* R.Br.

【别名】毛萝菜、河瓢棵子、大鹅绒藤、瓢瓢藤（江苏）。

【形态】多年生草质缠绕藤本，长 1.5 ～ 4m。主根圆柱形，长达 20cm。全株被短柔毛。叶对生，宽三角状心形，长 2.5 ～ 9cm，宽 4 ～ 7cm，先端骤尖，基部心形，上面深绿色，背面苍白色；基出脉达 9 条，侧脉 6 ～ 10 对。伞形状聚伞花序，二歧分枝，花序梗长 1.3 ～ 3cm。花柄长约 1cm；花萼小，裂片三角状卵形或披针形，被微柔毛及缘毛；花冠白色，裂片长圆状披针形，平展，不反折；花冠筒短，裂片长圆状披针形；副花冠杯状，顶端具 10 个丝状体，两轮排列，外轮与花冠裂片近等长，内轮稍短；花药近棱形，顶端附属物圆形；花粉块长圆形。蓇葖果双生，有时仅 1 个发育，细圆柱形，长 8 ～ 13cm，直径 0.5 ～ 0.8cm。种子长圆形，顶端具白色种毛。花期 6 ～ 8 月，果期 8 ～ 10 月。

【生境与分布】生于海拔 900m 以下的向阳山坡、灌丛、河岸或农田边。分布于山东、江苏、浙江和安徽，另吉林、辽宁、内蒙古、河北、河南、山西、陕西、宁夏、甘肃和青海均有分布；蒙古国和朝鲜也有分布。

【药名与部位】活络草，地上部分。

【化学成分】地上部分含黄酮类：山柰酚 -7-*O*-α-L- 鼠李糖苷（kaempferol-7-*O*-α-L-rhamnoside）、7-*O*-α-L- 吡喃鼠李糖基 - 山柰酚 -3-*O*-α-L- 鼠李糖苷（7-*O*-α-L-rhamnopyranosyl-kaempferol-3-*O*-α-L-rhamnoside）[1, 2]，山柰酚 -3-*O*-α-L- 鼠李糖苷（kaempferol-3-*O*-α-L-rahnmoside）、儿茶素（catechin）、芹菜素（apigenin）、表没食子儿茶素（epigallocatechin）、表儿茶素（epicatechin）[3]，山柰酚（kaempferol）、山柰酚 -3-*O*-β-D- 吡喃葡萄糖苷（kaempferol-3-*O*-β-D-glucopyranoside）、小麦黄素（tricin）、小麦黄素 -7-*O*-β-D- 葡萄糖醛酸苷（tricin-7-*O*-β-D-glucuronide）[4]，7-*O*-α-L- 吡喃鼠李糖基 - 山柰酚 -3-*O*-β-D-葡萄糖苷（7-*O*-α-L-rhamnopyranosyl-kaempferol-3-*O*-β-D-glucoside）和 7-*O*-α-L- 吡喃鼠李糖基 - 山柰酚 -3-*O*-β-D- 吡喃葡萄糖基 -（1 → 2）-β-D- 葡萄糖苷［7-*O*-α-L-rhamnopyranosyl-kaempferol-3-*O*-β-D-glucopyranosyl-（1 → 2）-β-D-glucoside］[5]；三萜类：3- 表算盘子二醇（3-epiglochidiol）、3β- 羟基

**图 732　鹅绒藤**　　　　　摄影　郭增喜等

齐墩果 -12- 烯 -29- 酸（3β-hydroxyolean-12-en-29-oic acid）、2β, 22β- 二羟基齐墩果 -12- 烯 -29- 酸（2β, 22β-dihydroxyolean-12-en-29-oic acid）[3]，鹅绒藤酯 A（cynanester A）、羽扇豆醇乙酸酯（lupeol acetate）[6] 和羽扇豆醇（lupeol）[7]；木脂素类：（+）- 杜仲树脂酚［（+）-medioresinol］、去四氢铁杉脂素（detetrahydroconidendrin）[3] 和 6- 羟基 -4-（4- 羟基 -3- 甲氧基苯基）-3- 羟甲基 -7- 甲氧基 -3, 4- 二氢 -2- 萘醛［6-hydroxy-4-（4-hydroxy-3-methoxyphenyl）-3-hydroxymethyl-7-methoxy-3, 4-dihydro-2-naphthaldehyde］[4]；酚酸类：3- 羟基 -4- 甲氧基苯甲酸（3-hydroxy-4-methoxy benzoic acid）、对羟基苯甲酸（*p*-hydroxybenzoic acid）[3] 和水杨酸（salicylic acid）[5]；萘类：6- 羟基 -4-（4- 羟基 -3- 甲氧苯基）-3- 羟甲基 -7- 甲氧基 -3, 4- 二氢 -2- 萘甲醛［6-hydroxy-4-（4-hydroxy-3-methoxyphenyl）-3-hydroxymethyl-7-methoxy-3, 4-dihydro-2-naphthaldehyde］[3]；甾体类：胡萝卜苷（daucosterol）[1,2] 和 β- 谷甾醇（β-sitosterol）[3]；脂肪酸类：正十六烷酸（*n*-hexadecanioc acid）[5] 和正二十四烷酸（*n*-lignoceric acid）[6]；烷烃及烷醇类：正三十八烷（*n*-octatriacontane）、正三十三烷醇（*n*-tritriacontanol）[1,2] 和二十八烷醇（octacosanol）[7]。

叶含挥发油：丁烯腈（methallyl cyanide）、2- 苯乙醇（2-phenylethanol）、苯酚（phenol）、苯乙醛（benzeneacetaldehyde）和 4- 甲酚（4-methyl-phenol）等[8]。

花含挥发油：2- 苯基乙醇（2-phenylethanol）、愈创木醇（guaiacol）和芳樟醇（linalool）[8] 等。

**【药理作用】**1. 抗肿瘤　地上部分总生物碱可通过阻断细胞周期、诱导细胞凋亡来抑制体外培养人宫颈癌 HeLa 细胞和人结肠癌 SW480 细胞的生长[1]；从地上部分分离的山柰酚 -7-*O*-α-L- 鼠李糖苷（kaempferol-7-*O*-α-L-rhamnoside）均可使 HeLa 细胞、MGC-803 细胞、YAC-1 细胞的细胞核固缩、染色质凝集，随着浓度的增加和作用时间的延长，细胞膜损坏加剧，但不同的肿瘤细胞显示不同的凋亡形态，并呈时间和剂量依赖性，提示作用于肿瘤细胞的作用机制不同[2]。2. 免疫调节 地上部分总生物碱高、中剂量组可明显升高抗体形成细胞的 OD 值及血清溶血素半数溶血值（$HC_{50}$），表明其有提高正常小鼠体液免疫的作用[3]；鹅绒藤正丁醇提取物在高剂量下［3g/（kg•d）］能增加耳反应程度指数和胸腺重量，减少巨噬细胞吞噬率和吞噬指数[4]。3. 镇静催眠 全草的水提取物和氯仿提取物对实验小鼠有镇静催眠作用，对实验小鼠自主活动有剂量依赖性抑制作用，对阈下剂量戊巴比妥钠（30mg/kg）的催眠效应有协同作用[5]。4. 抗氧化 从地上部分醇提取物和根醇提取物萃取的各组分对 1，1- 二苯基 -2- 三硝基苯肼（DPPH）自由基均具有一定的清除作用，其中以乙酸乙酯和正丁醇组分的清除能力显著[6]。5. 降血压 茎叶的稀醇提取物有明显的降压作用，此种作用不受阿托品的影响，与副交感神经系统无直接的关系，也不是通过阻断 α 受体或抑制血管运动中枢实现的，可能是对血管心脏的直接作用[7]。

**【药用标准】**部标成方六册 1992 附录。

**【临床参考】**1. 耳乳突状瘤：鲜藤茎取汁适量，先用消毒刀片将耳乳突状瘤表面划或刮破，再涂擦于上，次日再涂 1 次[1]。

2. 甲癣：取鲜茎中白色乳汁适量，缓缓滴入变厚的指甲缝中，每日 2 ～ 3 次，待新甲出，病甲落为完全治愈[2]。

3. 寻常疣：用消毒针头轻挑疣使其略出血，取鲜茎中白色乳汁适量，涂擦于出血的疣上，每日 2 ～ 3 次，7 ～ 10 天为 1 疗程[3]。

**【化学参考文献】**

［1］张振华 . 鹅绒藤地上部分化学成分的研究［D］. 银川：宁夏医科大学硕士学位论文，2011.

［2］张振华，姚遥，王娜，等 . 鹅绒藤地上部分的化学成分［J］. 光谱实验室，2011，28（5）：2566-2569.

［3］刘开庆 . 鹅绒藤地上部分化学成分的研究［D］. 昆明：昆明理工大学硕士学位论文，2014.

［4］Liu K Q，Cheng X，Mi Z，et al. Chemical constituents of the aerial parts of *Cynanchum chinense* R. Br［J］. J Chem Pharm Res，2014，6（5）：990-995.

［5］冯建勇，陈虹，孙燕，等 . 鹅绒藤地上部位化学成分研究［J］. 中国现代应用药学，2013，30（3）：274-277.

［6］吴玉德，张福权，张梅，等 . 鹅绒藤酯 I 的分离和测定［J］. 药学学报，1991，26（12）：918-922.

［7］马艳 . 鹅绒藤生药学及化学成分研究［D］. 济南：山东中医药大学博士学位论文，2011.

［8］Yu L，Ren J X，Nan H M，et al. Identification of antibacterial and antioxidant constituents of the essential oils of *Cynanchum chinense* and *Ligustrum compactum*［J］. Nat Prod Res，2015，29（18）：1779-1782.

**【药理参考文献】**

［1］李彩艳，王琦，王凡 . 鹅绒藤总生物碱体外抗肿瘤作用的实验研究［J］. 宁夏医科大学学报，2011，33（5）：443-445，458.

［2］李洋，王琦 . 鹅绒藤中的黄酮苷类诱导肿瘤细胞凋亡的研究［J］. 宁夏医科大学学报，2014，36（1）：17-20，2.

［3］王大军，王琦，王宁萍，等 . 鹅绒藤总生物碱对小鼠体液免疫功能的影响［J］. 宁夏医科大学学报，2009，31（2）：161-162，170.

［4］李阳，佟书娟，周娅，等 . 鹅绒藤对小鼠免疫功能的影响和体外抗菌活性的研究［J］. 宁夏医学杂志，1998，20（2）：7-8.

［5］彭晓东，闫乾顺，王锐，等 . 鹅绒藤对小鼠镇静催眠作用的研究［J］. 中国中药杂志，2007，32（17）：1774-1776.

［6］许红平，水栋，徐泉，等 . 鹅绒藤醇提物各组分清除自由基的研究［J］. 时珍国医国药，2014，25（7）：1558-1559.

［7］余建强，李汉清 . 鹅绒藤浸膏对麻醉大鼠的降压作用［J］. 宁夏医学院学报，2001，23（5）：327-328.

**【临床参考文献】**

［1］李红苹 . 鹅绒藤乳汁治愈耳乳突状瘤 1 例报告［J］. 湖南医学高等专科学校学报，1999，1（2）：18.

［2］王淑珍 . 鹅绒藤治疗甲癣的疗效观察［J］. 天津药学，1996，8（3）：49.

［3］张奕红，张奕冰 . 鹅绒藤治疗寻常疣［J］. 四川中医，1990，（3）：44-45.

## 733. 牛皮消（图 733）• *Cynanchum auriculatum* Royle ex Wight

图 733　牛皮消　　摄影　李华东

【别名】飞来鹤（江苏、安徽），何首乌（江苏南京），瓢瓢藤、老牛瓢、七股莲（江苏），刀口药（安徽），耳叶牛皮消（福建）。

【形态】多年生草质缠绕藤本，长达 5m。茎被微柔毛。叶对生，宽卵形至卵状长圆形，长 4 ～ 12cm，宽 4 ～ 10cm，先端短渐尖，基部心形，两面被微柔毛，基出脉 5 条；叶柄长 2 ～ 11cm。伞房状聚伞花序，腋生，花序梗长 4 ～ 8cm；花柄长 1 ～ 1.5cm；花萼裂片卵状长圆形或披针形，内面基部具 5 个腺体；花冠白色，裂片披针形或长圆状披针状，内面疏被长柔毛，反折；副花冠浅杯状，5 深裂，裂片椭圆形，肉质，每裂片内面中部有 1 个三角形舌状鳞片；花药顶端具卵圆形膜片，花粉块长圆形；柱头圆锥状，顶端 2 裂。蓇葖果双生，长圆状披针形，长约 8cm。种子卵圆形，顶端具白色种毛。花期 6 ～ 9 月，果期 7 ～ 11 月。

【生境与分布】生于海拔 25 ～ 3500m 的山坡、林缘、灌丛或沟边草丛中。分布于山东、江苏、安徽、浙江、江西和福建，另河北、湖北、湖南、广东、广西、贵州、云南、西藏、甘肃、陕西、山西、河南和台湾也有分布。

【药名与部位】白首乌（牛皮消、隔山消），块根。

【采集加工】秋季采收，洗净，鲜用或晒干。

【药材性状】呈圆柱形，微弯曲，长 10 ～ 20cm，直径 2 ～ 4cm。外表面黄棕色至棕褐色，栓皮粗糙，有明显的纵皱纹及横长突起的皮孔。栓皮脱落处呈黄白色或黄棕色。质坚硬，断面富粉性，淡黄棕色，有放射状纹理及黄色圆点状维管束散在。气微，味苦而甜。

【质量要求】以粗壮、粉性足者为佳。

**【药材炮制】**除去杂质，洗净，润软，切厚片，干燥。

**【化学成分】**块根含甾体及苷类：白首乌苷A、B、C（cynauricuoside A、B、C）[1]，开德苷元（kidjoranin）、隔山消苷C1N、K1N（wilfoside C1N、K1N）[2]，牛皮消素（caudatin）、萝藦苷元（metaplexigenin）[3]，白首乌新苷A、B（cynanauriculoside A、B）[4]，胡萝卜苷（daucosterol）、β-谷甾醇（β-sitosterol）、去乙酰萝藦苷元（deacetylmetaplexigenin）、青阳参苷元（qingyangshengenin）、牛皮消素-3-*O*-β-D-吡喃洋地黄毒糖苷（caudatin-3-*O*-β-D-digitoxopyranoside）、牛皮消素-3-*O*-β-D-吡喃加拿大麻糖-（1→4）-β-D-吡喃加拿大麻糖苷［caudatin-3-*O*-β-D-cymaropyranosyl-（1→4）-β-D-cymaropyranoside］[5]，隔山消苷C1G（wilfoside C1G）[6]，牛皮消素-3-*O*-β-D-吡喃夹竹桃糖基-（1→4）-β-D-吡喃夹竹桃糖基-（1→4）-β-D-吡喃加拿大麻糖苷［caudatin-3-*O*-β-D-oleandropyranosyl-（1→4）-β-D-oleandropyranosyl-（1→4）-β-D-cymaropyranoside］[7]，牛皮消苷Ⅰ、Ⅱ、Ⅲ、Ⅳ、Ⅴ、Ⅵ、Ⅶ、Ⅷ、Ⅸ、Ⅹ、Ⅺ、Ⅻ、XIII、XIV、XV、XVI、XVII、XVIII（auriculoside Ⅰ、Ⅱ、Ⅲ、Ⅳ、Ⅴ、Ⅵ、Ⅶ、Ⅷ、Ⅸ、Ⅹ、Ⅺ、Ⅻ、XIII、XIV、XV、XVI、XVII、XVIII）、隔山消苷C3N、C2G、M1N（wilfoside C3N、C2G、M1N）、薄叶牛皮消苷*A、B、D、E（taiwanoside A、B、D、E）、肉珊瑚苷元-3-*O*-β-D-吡喃加拿大麻糖苷（sarcostin-3-*O*-β-D-cymaropyranoside）、肉珊瑚苷元-3-*O*-β-D-吡喃加拿大麻糖基-（1→4）-β-D-吡喃加拿大麻糖苷［sarcostin-3-*O*-β-D-cymaropyranosyl-（1→4）-β-D-cymaropyranoside］、肉珊瑚苷元-3-*O*-β-D-吡喃夹竹桃糖-（1→4）-β-D-吡喃加拿大麻糖苷［sarcostin-3-*O*-β-D-oleandropyranosyl-（1→4）-β-D-cymaropyranoside］[8]，罗索他明（rostratamine）、萝藦米宁（gagaminine）、青阳参苷B（otophylloside B）、牛皮消素-3-*O*-β-D-吡喃夹竹桃糖-（1→4）-β-D-吡喃洋地黄毒糖基-（1→4）-β-D-吡喃加拿大麻糖苷［caudatin-3-*O*-β-D-oleandropyranosyl-（1→4）-β-D-digitoxopyranosyl-（1→4）-β-D-cymaropyranoside］、萝藦米宁3-*O*-α-L-吡喃加拿大麻糖基-（1→4）-β-D-吡喃加拿大麻糖基-（1→4）-β-D-吡喃加拿大麻糖苷［gagaminine-3-*O*-α-L-cymropyranosyl-（1→4）-β-D-cymropyranosyl-（1→4）-β-D-cymropyranoside］[9]，牛皮消素-3-*O*-β-D-吡喃加拿大麻糖基-（1→4）-β-D-吡喃夹竹桃糖基-（1→4）-β-D-吡喃加拿大麻糖基-（1→4）-β-D-吡喃加拿大麻糖苷［caudatin-3-*O*-β-D-cymaropyranosyl-（1→4）-β-D-oleandropyranosyl-（1→4）-β-D-cymaropyranosyl-（1→4）-β-D-cymaropyranoside］[10]，牛皮消素-2, 6-二去氧-3-*O*-甲基-β-D-吡喃加拿大麻糖苷（caudatin-2, 6-dideoxy-3-*O*-methyl-β-D-cymaropyranoside）[11]，囊袋皮消醇*D、E、F、G、H、I、J、K（saccatol D、E、F、G、H、I、J、K）、牛皮消甾醇*I、J、K、L、M、N、O、P、Q、R、S、T、U、V、W（cynsaccatol I、J、K、L、M、N、O、P、Q、R、S、T、U、V、W）[12]，牛皮消孕苷*A、B、C、D、E、F、G、H、I（cynauricoside A、B、C、D、E、F、G、H、I）[13]，牛皮消甾苷*F、G、H（cyanoauriculoside F、G、H）[14]，开德苷元-3-*O*-α-吡喃洋地黄糖基-（1→4）-β-吡喃加拿大麻糖苷［kidjoranin-3-*O*-α-diginopyranosyl-（1→4）-β-cymaropyranoside］、开德苷元3-*O*-β-吡喃洋地黄毒糖苷［kidjoranin-3-*O*-β-digitoxopyranoside］、开德苷元-3-*O*-β-吡喃加拿大麻糖苷（caudatin-3-*O*-β-cymaropyranoside）[15]，20-*O*-乙酰基-12-*O*-桂皮酰基-3-*O*-β-D-吡喃洋地黄毒糖基-8, 14-裂环肉珊瑚苷元-8, 14-二酮［20-*O*-acetyl-12-*O*-cinnamoyl-3-*O*-β-D-digitoxopyranosyl-8, 14-secosarcostin-8, 14-dione］、隔山消苷A（wilfoside A）、肉珊瑚苷元-3-*O*-β-D-吡喃夹竹桃糖基-（1→4）-β-D-吡喃夹竹桃糖基-（1→4）-β-D-吡喃加拿大麻糖苷［sarcostin-3-*O*-β-D-oleandropyranosyl-（1→4）-β-D-oleandropyranosyl-（1→4）-β-D-cymaropyranoside］、12-*O*-苯甲酰基肉珊瑚苷元-3-*O*-β-D-吡喃夹竹桃糖基-（1→4）-β-D-吡喃夹竹桃糖基-（1→4）-β-D-吡喃洋地黄毒糖苷［12-*O*-benzoylsarcostin-3-*O*-β-D-oleandropyranosyl-（1→4）-β-D-oleandropyranosyl-（1→4）-β-D-digitoxopyranoside］[12]，牛皮消二酮A（cynandione A）、隔山消苷K1N（wilfoside K1N）[13]，隔山消苷D1N（wilfoside D1N）、萝藦米宁-3-*O*-α-L-吡喃加拿大麻糖基-（1→4）-β-D-吡喃加拿大麻糖基-（1→4）-α-L-吡喃洋地黄糖基-（1→4）-β-D-吡喃加拿大麻糖苷［gagaminine-3-*O*-α-L-cymaropyranosyl-（1→4）-β-D-cymaropyranosyl-（1→4）-α-L-diginopyranosyl-（1→4）-β-D-cymaropyranoside］[14]，牛皮消甾苷A、B（cyanoauriculoside A、B）[16]，牛皮消甾苷C、D、E（cyanoauriculoside C、D、E）[17]，

白首乌新苷C、D、E(cynanauriculoside C、D、E)[18],加加明(gagamine)[19],牛皮消苷A、B(auriculoside A、B)[20],鹅绒藤苷Ⅰ、Ⅱ(cynanauriculoside Ⅰ、Ⅱ)[21],开德苷元-3-*O*-α-L-吡喃加拿大麻糖基-(1→4)-β-D-吡喃加拿大麻糖基-(1→4)-α-L-吡喃洋地黄糖基-(1→4)-β-D-吡喃加拿大麻糖苷[kidjoranin-3-*O*-α-L-cymaropyranosyl-(1→4)-β-D-cymaropyranosyl-(1→4)-α-L-diginopyranosyl-(1→4)-β-D-cymaropyranoside]和12-*O*-苯甲酰林里奥酮-3-*O*-α-L-吡喃加拿大麻糖基-(1→4)-β-D-吡喃加拿大麻糖基-(1→4)-α-L-吡喃洋地黄糖基-(1→4)-β-D-吡喃加拿大麻糖苷[12-*O*-benzoyllineolon-3-*O*-α-L-cymaropyranosyl-(1→4)-β-D-cymaropyranosyl-(1→4)-α-L-diginopyranosyl-(1→4)-β-D-cymaropyranoside][22];苯乙酮类:白首乌新酮A(cynanchone A)[2],白首乌二苯酮(baishouwubenzophenone)[3],2,4-二羟基苯乙酮(2,4-dihydroxyacetophenone)、对羟基苯乙酮(*p*-hydroxyacetophenone)、2,4-二羟基-5-甲氧基苯乙酮(2,4-dihydroxy-5-methoxyacetophenone)、4-羟基-3-甲氧基苯乙酮(4-hydroxy-3-methoxyacetophenone)[5],白首乌酮A、B、E(cynandione A、B、E)[8]和白首乌四酮(cynantetrone)[23];酚酸类:对甲基苯酚(*p*-methylphenol)[22],奎乙酰苯(acetylquinol)和3-羟基-4-甲氧基苯甲酸(3-hydroxy-4-methoxy-benzoic acid)[24];三萜类:蒲公英赛醇乙酸酯(taraxasterol acetate)、白桦脂酸(betulinic acid)[2],齐墩果酸(oleanolic acid)、β-香树脂醇乙酸酯(β-amyrin acetate)[5]和娃儿藤醇-3β-乙酰酯(tylolupen-3β-ylacetate)[15];香豆素类:东莨菪内酯(scopoletin)[5];二元酸类:琥珀酸(succinic acid)[2]和壬二酸(azelaic acid)[25];糖类:隔山消二糖(wilforibiose)和蔗糖(sucrose)[25];脂肪酸类:甘油-1-棕榈酸酯(glycerol-1-palmitate)[5]和甘油-1-单棕榈酸酯(glycerol-1-monopalmitate)[25]。

根皮含三萜类:蒲公英赛醇乙酸酯(taraxasterol acetate)、δ-香树脂醇乙酸酯(δ-amyrine acetate)、环阿屯醇(cycloartenol)、11α,12α-环氧蒲公英赛-14-烯-3β-乙酸酯(11α,12α-epoxytaraxer-14-en-3β-yl-acetate)和28α-高-β-香树脂醇乙酸酯(28α-homo-β-amyrin acetate)[26];甾体类:牛皮消素(caudatin)、开德苷元(kidjoranin)、萝藦苷元(metaplexigenin)、隔山消苷C1N、K1N(wilfoside C1N、K1N)、豆甾醇(stigmasterol)和β-谷甾醇-3-*O*-(6′-亚麻烯基)-β-D-吡喃葡萄糖苷[β-sitosterol-3-*O*-(6′-linolenoyl)-β-D-glucopyranoside][26];酚类:2,5-二羟基苯乙酮(2,5-dihydroxyacetophenone)和1,4-benzenediol(1,4-二羟基苯)[26];脂肪酸及含氮羧酸类:正二十四碳-5,8,11-三烯酸(*n*-hexacos-5,8,11-trienoic acid)和1H-咪唑-5-羧酸(1H-imidazole-5-carboxylic acid)[26]。

地上部分含香豆素类:东莨菪内酯(scopoletin)[27];苯丙素类:咖啡酸甲酯(caffeic acid methyl ester)[27];酚酸及酯类:丹皮酚(paeonol)、香草醛(vanillin)、邻苯二甲酸甲酯(di-methylphthalate)、邻苯二甲酸正丁异丁酯(phthalic acid-butyl isobutyl ester)、对羟基苯甲醛(*p*-hydroxybenzaldehyde)和二-(2-乙基己基)-邻苯二甲酸酯[bis-(2-ethylhexyl)-benzene-1,2-dicarboxylate][27];酮类:1-(4′-羟基苯基)-丙烷-1,2-二酮[1-(4′-hydroxyphenyl)-propan-1,2-dione]、(*R*)-2-羟基-1(4-羟基-3-甲氧基苯基)丙烷-1-酮[(*R*)-2-hydroxy-1(4-hydroxy-3-methoxypheny)propan-1-one]、(5*R*,3*E*)-5-甲氧基-6-羟基-6-甲基-3-戊烯-2-酮[(5*R*,3*E*)-5-methoxy-6-hydroxy-6-methyl-3-hepten-2-one]和3-羟基-1-(4-羟基-3,5-二甲氧基苯基)-1-丙酮[3-hydroxy-1-(4-hydroxy-3,5-dimethoxyphenyl)-1-propanone][27]。

**【药理作用】**1. 抗肿瘤　块根中提取的白首乌甾体总苷对人大肠癌Hce-8693细胞、人前列腺癌PC3细胞、人宫颈癌HeLa细胞、人肺癌PAA细胞这4种实体瘤细胞在体外均有较强的细胞毒作用,且呈浓度依赖性,白首乌甾体总苷作用于人宫颈癌细胞4天后细胞膜皱缩、细胞核固缩、浓聚[1];块根的醇提取物对小鼠肝癌H22细胞有抑制作用,对小鼠免疫器官无明显影响,同时,能增加肿瘤组织中凋亡细胞的数量,增加抑癌基因bax蛋白的表达,并可减少癌基因bcl-2蛋白的表达[2]。2. 免疫调节　块根中提取的白首乌总苷能激活小鼠腹腔巨噬细胞,显著提高其吞噬功能,从而提高小鼠的非特异性免疫功能;能显著提高巨噬细胞中提呈抗原的能力,从而提高机体的特异性免疫作用,但对小鼠免疫器官的脏器指数没有影响[3]。3. 护肝　块根多糖能显著降低四氯化碳($CCl_4$)或乙醇所致各组小鼠谷丙转氨酶(ALT)和天冬氨酸氨基转移酶(AST)含量的升高[4,5];茎叶总黄酮能明显抑制由四氯化碳引起的肝损伤小鼠血清谷丙转氨酶和天冬氨酸氨基转移酶含量的升高（$P < 0.01$），减轻增加的肝脏重量指数，显著抑制肝组织中丙二醛（MDA）和一氧化氮（NO）含量的升高及超氧化物歧化酶（SOD）活性的下降（$P < 0.01$）[6]。4. 抗氧化 块根的 $C_{21}$ 甾苷能拮抗自由基损伤，提高 D- 半乳糖衰老模型小鼠血清、心、肝、脑组织中的超氧化物歧化酶活性，减少丙二醛含量，提高血清、心组织端粒酶活性[7]。5. 降血脂 块根多糖高剂量组能显著降低高脂血症大鼠的总胆固醇、甘油三酯和低密度脂蛋白含量，提高高密度脂蛋白的含量[8]。6. 促肠蠕动 块根粉末能显著提高小肠运动受抑小鼠的小肠推进功能，显著降低功能性消化不良大鼠胃黏膜中的一氧化氮含量，显著升高脾虚泄泻模型大鼠血清胃泌素（GAS）和血浆胃动素（MTL）含量[9]。

**【性味与归经】**甘、微苦，平。归肝、肾、脾、胃经。

**【功能与主治】**补肝肾，强筋骨，益精血，健脾消食，解毒疗疮。用于腰膝酸痛，阳痿遗精，头晕耳鸣，心悸失眠，食欲不振，小儿疳积，产后乳汁稀少，疮痈肿痛，毒蛇咬伤。

**【用法与用量】**煎服 6 ～ 15g，鲜品加倍；研末，每次 1 ～ 3g；或浸酒；外用适量，鲜品捣敷。

**【药用标准】**浙江炮规 2005、湖南药材 2009、江苏药材 1989、湖北药材 2009、贵州药材 2003 和四川药材 2010。

**【临床参考】**1. 胃痛：块根 9g，加大血藤 9g，或加一包针 15g，水煎服。

2. 哮喘：块根 9g，加酢浆草 9g、生甘草 4.5g、羊乳 30g，水煎服。

3. 产后腹痛：块根 9g，生姜 5 片，黄酒、红糖适量，炖服。

4. 痢疾：块根 15g，水煎服。

5. 毒蛇咬伤：块根 60g，加青木香 60g、杜衡 30g，研粉和匀，吞服，每次 3 ～ 9g，每日 3 次；另用鲜根加竹叶椒鲜根皮、射干鲜根茎各适量，捣烂外敷。

6. 疮毒红肿：鲜根、叶适量，捣烂外敷。（1 方至 6 方引自《浙江药用植物志》）

**【附注】**《救荒本草》载："生密县山野中。拖蔓而生，藤蔓长四五尺，叶似马兜铃叶，宽大而薄，又似何首乌叶，亦宽大，开白花，结小角儿，根类葛根而细小，皮黑肉白。味苦。"即为本种。

全株有毒，不宜过量或长期服用。中毒主要症状为流涎，呕吐，癫痫病性痉挛及强烈抽搐，另呼吸呈痉挛状，心跳缓慢。

隔山消（隔山牛皮消）*Cynanchum wilfordii*（Maxim.）Hemsl. 的块根在吉林民间也作白首乌药用。

**【化学参考文献】**

[1] 陈纪军，张壮鑫，周俊. 白首乌甙 A、B 和 C 的结构［J］. 云南植物研究，1990，12（2）：197-210.

[2] 印敏，陈雨，王鸣，等. 白首乌的化学成分研究［J］. 中药材，2007，30（10）：1245-1247.

[3] 龚树生，刘成娣，刘锁兰，等. 白首乌化学成分的研究［J］. 药学学报，1988，23（4）：276-280.

[4] 张如松，叶益萍，沈月毛，等. 白首乌体外抑制肿瘤细胞的成分研究［J］. 药学学报，2000，35（6）：431-437.

[5] 陈艳. 民族药隔山消的化学成分的研究［D］. 贵阳：贵州大学硕士学位论文，2008.

[6] 付文焕. 中药白首乌化学对照品与药材质量标准的研究［D］. 北京：北京中医药大学硕士学位论文，2003.

[7] 余黎微，郑威，唐婷，等. 耳叶牛皮消化学成分的研究［J］. 健康研究，2015，35（6）：627-628，638.

[8] 单磊. 耳叶牛皮消化学成分和活性研究［D］. 上海：第二军医大学博士学位论文，2008.

[9] 郭娜，李晓鹏，许枬，等. 耳叶牛皮消中 C21 甾类化学成分的分离与鉴定［J］. 沈阳药科大学学报，2016，33（1）：28-33.

[10] Wang Y Q，Zhang S J，Lu H，et al. A $C_{21}$-steroidal glycoside isolated from the roots of *Cynanchum auriculatum* induces cell cycle arrest and apoptosis in human gastric cancer SGC-7901 cells［J］. Evid Based Complement Alternat Med，2013，10：180839-180845.

[11] Peng Y R，Li Y B，Liu X D，et al. Antitumor activity of C-21 steroidal glycosides from *Cynanchum auriculatum* Royle ex Wight［J］. Phytomedicine，2008，15（11）：1016-1020.

[12] Qian X，Li B，Peng L，et al. $C_{21}$ steroidal glycosides from *Cynanchum auriculatum*，and their neuroprotective effects against $H_2O_2$-induced damage in PC12cells［J］. Phytochemistry，2017，140：1-15.

[13] Liu S，Chen Z，Wu J，et al. Appetite suppressing pregnane glycosides from the roots of *Cynanchum auriculatum*［J］.

Phytochemistry，2013，93（1）：144-153.
[14] Lu Y，Teng H L，Yang G Z，et al. Three new steroidal glycosides from the roots of *Cynanchum auriculatum* [J]. Molecules，2011，16（1）：1901-1909.
[15] Li Y，Zhang J，Gu X，et al. Two new cytotoxic pregnane glycosides from *Cynanchum auriculatum* [J]. Planta Med，2008，74（5）：551-554.
[16] Teng H L，Lu Y，Li J，et al. Two new steroidal glycosides from the root of *Cynanchum auriculatum* [J]. Chin Chem Lett，2011，22（1）：77-80.
[17] Lu Y，Xiong H，Teng H L，et al. Three new steroidal glycosides from the roots of *Cynanchum auriculatum* [J]. Helv Chim Acta，2011，94（7）：1296-1303.
[18] Yang Q X，Ge Y C，Huang X Y，et al. Cynanauriculoside C-E，three new antidepressant pregnane glycosides from *Cynanchum auriculatum* [J]. Phytochem Lett，2011，4（2）：170-175.
[19] 陈纪军，张壮鑫，周俊. 白首乌的化学成分 [J]. 云南植物研究，1989，11（3）：358-360.
[20] Zhang R S，Ye Y P，Shen Y M，et al. Two new cytotoxic C-21 steroidal glycosides from the root of *Cynanchum auriculatum* [J]. Tetrahedron，2000，56（24）：3875-3879.
[21] Wang Y Q，Yan X Z，Gong S S，et al. Two new C-21 steroidal glycosides from *Cynanchum aurichulatum* [J]. Chin Chem Lett，2002，13（6）：543-546.
[22] 陆宇，吴刚，梅之南. 隔山消化学成分研究 [J]. 时珍国医国药，2010，21（1）：20-21.
[23] 陈炳阳，岳荣彩，刘芳，等. 耳叶牛皮消中的苯乙酮类化合物及其抗氧化活性研究 [J]. 药学实践杂志，2013，31（5）：351-354.
[24] 陈艳，徐必学，梁光义，等. 隔山消化学成分的研究 [J]. 天然产物研究与开发，2008，20（6）：1012-1013.
[25] 张建烽，李友宾，钱士辉，等. 白首乌化学成分研究 [J]. 中国中药杂志，2006，31（10）：814-816.
[26] Wang X J，Lv X H，Li Z L，et al. Chemical constituents from the root bark of *Cynanchum auriculatum* [J]. Biochem Syst Ecol，2018，81：30-32.
[27] 邓余，何江波，管开云，等. 牛皮消化学成分研究 [J]. 天然产物研究与开发，2013，25（6）：729-732.

**【药理参考文献】**

[1] 张如松，叶益萍，刘雪莉. 白首乌甾体总苷的体外抗肿瘤作用 [J]. 中草药，2000，31（8）：41-43.
[2] 毕芳，陶文沂，陆震鸣. 白首乌提取物对小鼠肝癌细胞 H22 的抑制作用 [J]. 中成药，2007，29（11）：1586-1590.
[3] 宋俊梅，王增兰，丁霄霖. 白首乌总甙对小鼠免疫功能的影响 [J]. 无锡轻工大学学报，2001，20（6）：588-593.
[4] 张为，董兆稀，赵冰清，等. 白首乌多糖抗 $CCl_4$ 小鼠肝损伤作用研究 [J]. 食品科技，2011，36（8）：57-59，63.
[5] 杨小红，袁江，周远明，等. 白首乌粗多糖对酒精性肝损伤的保护作用研究 [J]. 时珍国医国药，2009，20（11）：2704-2705.
[6] 吴立云，仓公敖，颜天华. 白首乌茎叶总黄酮对小鼠急性化学性肝损伤的保护作用 [J]. 时珍国医国药，2005，16（7）：615-616.
[7] 张士侠，李心，尹家乐，等. 江苏地产白首乌 $C_{21}$ 甾苷对 D- 半乳糖衰老模型小鼠的作用研究 [J]. 中国中药杂志，2007，32（23）：2511-2514.
[8] 杨小红，周远明，张瑜，等. 白首乌多糖降血脂作用研究 [J]. 时珍国医国药，2010，21（6）：1381-1382.
[9] 李文胜，彭定国，屈万红，等. 耳叶牛皮消对胃肠运动的作用及其机制研究 [J]. 中国药房，2007，18（33）：2575-2577.

## 734. 白首乌（图 734）• *Cynanchum bungei* Decne.

**【别名】**泰山何首乌（山东），戟叶牛皮消。

**【形态】**多年生草质缠绕藤本，长 1.5 ～ 4m。块根肉质。茎纤细，被微毛。叶对生，戟形或卵状三角形，长 3 ～ 8cm，宽 1 ～ 5cm，先端渐尖，基部耳状心形，两面被硬毛；侧脉 4 ～ 6 对。伞形状聚伞花序，腋生，花序梗长 1.5 ～ 2.5cm；花萼裂片披针形，基部内面具少数腺体或无腺体；花冠白色或黄绿色，

图 734 白首乌 摄影 中药资源办等

辐射状，花冠筒短，裂片长圆形，反折；副花冠5深裂，裂片披针形，稍短于花冠，内面具舌状附属物；花粉块长圆形；柱头基部五角状，顶端不分裂。蓇葖果单生或双生，披针状圆柱形，无毛，长8～10cm，具2条不明显纵脊。种子卵形，顶端具白色绢质种毛。花期6～7月，果期7～11月。

**【生境与分布】**生于海拔1500m以下的山坡、沟谷或灌丛中。分布于山东和浙江，另辽宁、内蒙古、宁夏、河北、河南、山西、陕西、甘肃、四川、云南和西藏均有分布；朝鲜也有分布。

**【药名与部位】**白首乌，新鲜或干燥块根。

**【采集加工】**春初或秋末采挖，除去外皮，洗净，晒干或趁鲜切片，晒干。或鲜用。

**【药材性状】**呈纺锤形或不规则的团块，长3～10cm，直径1.5～4cm。表面类白色，多沟纹，凹凸不平，并有横向疤痕及须根痕。体轻。切片大小不一，切面类白色，粉性，有辐射状纹理及裂隙。气微，味微甘苦。

**【药材炮制】**除去杂质，未切片者，洗净，润透，切片，干燥。

**【化学成分】**块根含苯乙酮类：白首乌二苯酮（baishouwubenzophenone）、4-羟基苯乙酮（4-hydroxyacetophenone）、2, 4-二羟基苯乙酮（2, 4-dihydroxyacetophenone）、2, 5-二羟基苯乙酮（2, 4-dihydroxyacetophenone）[1]，白首乌酮B（cynandione B）、2, 6, 2′-三羟基-3-乙酰基-4′-（2″, 6″-二羟基-3″-乙酰基）苯基-6′-甲基二苯酮［2, 6, 2′-trihydroxy-3-acetyl-4′-（2″, 6″-dihydroxy-3″-acetyl）phenyl-6′-methyl benzophenone］，即白首乌乙素（cynabunone*B）[2]，戟叶牛皮消苷C（bungeiside C）和3-羟基苯乙酮（3-hydroxyacetophenone）[3,4]；三萜类：白桦脂酸（bitulinic acid）和羽扇豆醇（lupeol）[2]；甾体类：β-谷甾醇（β-sitosterol）、胡萝卜苷（daucosterol）[3,4]，开德苷元-3-*O*-β-D-吡喃葡萄糖基-（1→4）-α-L-吡喃加拿大麻糖基-（1→4）-β-D-吡喃加拿大麻糖基-（1→4）-α-L-吡喃洋地黄糖基-（1→4）-β-D-吡喃加拿大麻糖苷［kidjoranine-3-*O*-β-D-glucopyranosyl-（1→4）-α-L-cymaropyranosyl-（1→4）-β-D-cymaropyranosyl-（1→4）-α-L-diginopyranosyl-（1→4）-β-D-cymaropyranoside］、牛皮消素-3-O-β-D-吡喃葡萄糖基-（1→4）-α-L-吡喃加拿大麻糖基-（1→4）-β-D-吡喃加拿大麻糖基-（1→4）-α-L-吡喃迪吉糖基-（1→4）-β-D-吡喃加拿大麻糖苷［caudatin-3-O-β-D-glucopyranosyl-（1→4）-α-L-cymaropyranosyl-（1→4）-β-D-cymaropyranosyl-（1→4）-α-L-diginopyranosyl-（1→4）-β-D-cymaropyranoside］、开德苷元3-O-β-D-吡喃葡萄糖基-（1→4）-α-L-吡喃迪吉糖基-（1→4）-β-D-吡喃加拿大麻糖苷［kidjoranine-3-O-β-D-glucopyranosyl-（1→4）-α-L-diginopyranosyl-（1→4）-β-D-cymaropyranoside］、12-O-烟酰基-20-O-桂皮酰基肉珊瑚苷元-3-O-β-D-吡喃葡萄糖基-（1→4）-α-L-吡喃加拿大麻糖基-（1→4）-β-D-吡喃加拿大麻糖基-（1→4）-α-L-吡喃洋地黄糖基-（1→4）-β-D-吡喃洋地黄毒糖苷［12-O-nicotinoyl-20-O-cinnamonacyl sarcostin-3-O-β-D-glucopyranosyl-（1→4）-α-L-cymaropyranosyl-（1→4）-β-D-cymaropyranosyl-（1→4）-α-L-diginopyranosyl-（1→4）-β-D-digitoxopyranoside］、本波苷苷元-3-O-β-D-吡喃葡萄糖基-（1→4）-α-L-吡喃加拿大麻糖基-（1→4）-β-D-吡喃加拿大麻糖基-（1→4）-α-L-吡喃洋地黄糖基-（1→4）-β-D-吡喃毛地黄毒糖苷［penupogenin-3-O-β-D-glucopyranosyl-（1→4）-α-L-cymaropyranosyl-（1→4）-β-D-cymaropyranosyl-（1→4）-α-L-diginopyranosyl-（1→4）-β-D-digitoxopyranoside］、开德苷元-3-O-β-D-吡喃葡萄糖基-（1→4）-α-L-吡喃加拿大麻糖基-（1→4）-β-D-吡喃加拿大麻糖基-（1→4）-α-L-吡喃洋地黄糖基-（1→4）-β-D-吡喃洋地黄毒糖苷［kidjoranine-3-O-β-D-glucopyranosyl-（1→4）-α-L-cymaropyranosyl-（1→4）-β-D-cymaropyranosyl-（1→4）-α-L-diginopyranosyl-（1→4）-β-D-digitoxopyranoside］、牛皮消素-3-O-β-D-吡喃葡萄糖基-（1→4）-α-L-吡喃洋地黄糖基-（1→4）-β-D-吡喃加拿大麻糖苷［caudatin 3-O-β-D-glucopyranosyl-（1→4）-α-L-diginopyranosyl-（1→4）-β-D-cymaropyranoside］、12-O-苯甲酰基去乙酰萝藦苷元-3-O-β-D-吡喃葡萄糖基-（1→4）-α-L-吡喃加拿大麻糖基-（1→4）-β-D-吡喃加拿大麻糖基-（1→4）-α-L-吡喃洋地黄糖基-（1→4）-β-D-吡喃加拿大麻糖苷［12-O-benzoyl deacetylmetaplexigenin-3-O-β-D-glucopyranosyl-（1→4）-α-L-cymaropyranosyl-（1→4）-β-D-cymaropyranosyl-（1→4）-α-L-diginopyranosyl-（1→4）-β-D-cymaropyranoside］、牛皮消素-3-O-β-D-吡喃葡萄糖基-（1→4）-α-L-吡喃加拿大麻糖基-（1→4）-β-D-吡喃加拿大麻糖基-（1→4）-α-L-吡喃加拿大麻糖基-（1→4）-β-D-吡喃加拿大麻糖基-（1→4）-α-L-吡喃洋地黄糖基-（1→4）-β-D-吡喃加拿大麻糖苷［caudatin-3-O-β-D-glucopyranosyl-（1→4）-α-L-cymaropyranosyl-（1→4）-β-D-cymaropyranosyl-（1→4）-α-L-cymaropyranosyl-（1→4）-β-D-cymaropyranosyl-（1→4）-α-L-diginopyranosyl-（1→4）-β-D-cymaropyranoside］、牛皮消素-3-O-α-L-吡喃加拿大麻糖基-（1→4）-β-D-吡喃加拿大麻糖基-（1→4）-α-L-吡喃洋地黄糖基-（1→4）-β-D-吡喃加拿大麻糖苷［caudatin-3-O-α-L-cymaropyranosyl-（1→4）-β-D-cymaropyranosyl-（1→4）-α-L-diginopyranosyl-（1→4）-β-D-cymaropyranoside］、牛皮消素-3-O-α-L-吡喃洋地黄糖基-（1→4）-β-D-吡喃加拿大麻糖苷［caudatin-3-O-α-L-diginopyranosyl-（1→4）-β-D-cymaropyranoside］、开德苷元3-O-β-D-吡喃加拿大麻糖基-（1→4）-α-L-吡喃洋地黄糖基-（1→4）-β-D-吡喃加拿大麻糖苷［kidjoranine-3-O-β-D-cymaropyranosyl-（1→4）-α-L-diginopyranosyl-（1→4）-β-D-cymaropyranoside］、开德苷元-3-O-α-L-吡喃洋地黄糖基-（1→4）-β-D-吡喃加拿大麻糖苷［kidjoranine-3-O-α-L-diginopyranosyl-（1→4）-β-D-cymaropyranoside］、牛皮消素-3-O-β-D-吡喃加拿大麻糖基-（1→4）-α-L-吡喃洋地黄糖基-（1→4）-β-D-吡喃加拿大麻糖苷［caudatin-3-O-β-D-cymaropyranosyl-（1→4）-α-L-diginopyranosyl-（1→4）-β-D-cymaropyranoside］[5]，牛皮消素（caudatin）[6]，戟叶牛皮消苷元*A、B（cynanbungeigenin A、B）[7]，戟叶牛皮消苷元*C、D（cynanbungeigenin C、D）[8]，戟叶牛皮消苷*A、B、C、D、E、F（cynanbungeinoside A、B、C、D、E、F）[9]，戟叶牛皮消甾苷*A、B、C（cynabungoside A、B、C）、隔山消苷K1N、C1N（wilfoside K1N、C1N）、去酰基萝摩苷元-3-O-α-吡喃加拿大麻糖基-（1→4）-β-吡喃加拿大麻糖基-（1→4）-α-吡喃加拿大麻糖基-（1→4）-β-吡喃加拿大麻糖基-（1→4）-β-吡喃加拿大麻糖苷［deacylmetaplexigenin-3-O-α-cymaropyranosyl-（1→4）-β-cymaropyranosyl-（1→4）-α-cymaropyranosyl-

（1→4）-β-cymaropyranosyl-（1→4）-β-cymaropyranoside］[10]，12-*O*-烟酰胺肉珊瑚苷元-3-*O*-β-L-吡喃加拿大麻糖基-（1→4）-β-D-吡喃加拿大麻糖基-（1→4）-α-L-吡喃洋地黄糖基-（1→4）-β-D-吡喃加拿大麻糖苷［12-*O*-nicotinoylsarcostin-3-*O*-β-L-cymaropyranosyl-（1→4）-β-D-cymaropyranosyl-（1→4）-α-L-diginopyranosyl-（1→4）-β-D-cymaropyranoside］[10]，萝摩米宁-3-*O*-β-L-吡喃加拿大麻糖基-（1→4）-β-D-吡喃加拿大麻糖基-（1→4）-α-L-吡喃洋地黄糖基-（1→4）-β-D-吡喃洋地黄毒糖苷［gagaminin-3-*O*-β-L-cymaropyranosyl-（1→4）-β-D-cymaropyranosyl-（1→4）-α-L-diginopyranosyl-（1→4）-β-D-digitoxopyranoside］、萝摩米宁-3-*O*-β-L-吡喃加拿大麻糖基-（1→4）-β-D-吡喃加拿大麻糖基-（1→4）-α-L-吡喃洋地黄糖基-（1→4）-β-D-吡喃加拿大麻糖苷［gagamin-3-*O*-β-L-cymaropyranosyl-（1→4）-β-D-cymaropyranosyl-（1→4）-α-L-diginopyranosyl-（1→4）-β-D-cymaropyranoside］、本波苷苷元-3-*O*-β-D-吡喃葡萄糖基-（1→4）-β-L-吡喃加拿大麻糖基-（1→4）-β-D-吡喃加拿大麻糖基-（1→4）-α-L-吡喃洋地黄糖基-（1→4）-β-D-吡喃加拿大麻糖苷［penupogenin-3-*O*-β-D-glucopyranosyl-（1→4）-β-L-cymaropyranosyl-（1→4）-β-D-cymaropyranosyl-（1→4）-α-L-diginopyranosyl-（1→4）-β-D-cymaropyranoside］、12-*O*-乙酰基肉珊瑚苷元-3-*O*-β-L-吡喃加拿大麻糖基-（1→4）-β-D-吡喃加拿大麻糖基-（1→4）-β-L-吡喃加拿大麻糖基-（1→4）-β-D-吡喃洋地黄毒糖基-（1→4）-β-D-吡喃洋地黄毒糖苷［12-*O*-acetylsarcostin-3-*O*-β-L-cymaropyranosyl-（1→4）-β-D-cymaropyranosyl-（1→4）-β-L-cymaropyranosyl-（1→4）-β-D-digitoxopyranosyl-（1→4）-β-D-digitoxopyranoside］和12-*O*-乙酰基肉珊瑚苷元-3-*O*-β-L-吡喃加拿大麻糖基-（1→4）-β-D-吡喃洋地黄毒糖基-（1→4）-β-L-吡喃加拿大麻糖基-（1→4）-β-D-吡喃加拿大麻糖基-（1→4）-α-L-吡喃洋地黄糖基-（1→4）-β-D-吡喃加拿大麻糖苷［12-*O*-acetylsarcostin-3-*O*-β-L-cymaropyranosyl-（1→4）-β-D-digitoxopyranosyl-（1→4）-β-L-cymaropyranosyl-（1→4）-β-D-cymaropyranosyl-（1→4）-α-L-diginopyranosyl-（1→4）-β-D-cymaropyranoside］[11]；倍半萜类：隔山消内酯*A（wilfolide A）、戟叶牛皮消酮*（cynabungone）和戟叶牛皮消内酯*（cynabungolide）[10]；酚类：对苯二酚（*p*-dihydroxybenzene）[2]和白首乌苷A、B、C、D（bungeiside A、B、C、D）[12]；二元羧酸类：琥珀酸（succinic acid）[3, 4]；多元醇类：左旋春日菊醇［（-）-leucanthemitol］[13]。

全草含苯烷酮类：白首乌二苯甲酮（baishouwubenzophenone）、4-羟基苯乙酮（4-hydroxyacetophenone）、2, 4-二羟基苯乙酮（2, 4-dihydroxyacetophenone）和2, 5-二羟基苯乙酮（2, 5-dihydroxyacetophenone）[14]。

**【药理作用】**1. 抗肿瘤　块根粉末能明显降低S180实体瘤小鼠的瘤质量，显著延长艾氏腹水瘤小鼠的生存期，具有明显的抗肿瘤作用[1]；块根的醇提取物能明显抑制肝癌HepG2细胞的增殖并诱发凋亡，其作用机制可能与调节MAPK信号通路中ERK和JNK磷酸化水平的平衡相关[2]。2. 免疫调节　块根中提取的白首乌多糖能极显著地促进抗心律失常药（PHA）诱导的家兔T淋巴细胞在体外的增殖能力（$P < 0.01$），提高小鼠的胸腺和脾脏指数、巨噬细胞的吞噬功能，增强小鼠迟发型超敏反应，加速碳粒的清除，表明其具有免疫调节作用[3]。3. 抗氧化与耐缺氧　块根的醇提取物可显著减少脑缺血再灌注模型小鼠血清中的丙二醛（MDA）生成，提高超氧化物歧化酶（SOD）活性，并降低正常小鼠耗氧量，显著延长存活时间，表明其能显著提高小鼠的耐缺氧能力[4]。

**【性味与归经】**甘、微苦，微温。归肝、肾、脾、胃经。

**【功能与主治】**补肝肾，强筋骨，益精血，健脾消食，解毒疗疮，乌须发。用于腰膝酸软，阳痿遗精，头晕耳鸣，心悸失眠，食欲不振，小儿疳积，产后乳汁稀少，疮痈肿痛，毒蛇咬伤，须发早白。

**【用法与用量】**煎服6～12g；鲜品加倍；外用鲜品适量，捣敷患处。

**【药用标准】**药典1977、山东药材2012和辽宁药材2009。

**【临床参考】**1. 脱发：块根18g，加生地黄10g、侧柏叶10g、甘草6g，水煎服，早晚各1次[1]。

2. 慢性胃炎：块根20g，加鸡内金15g、山药10g、甘草3g，水煎服，早晚各1次[1]。

3. 产后腹痛：块根 20g，加红糖 15g、生姜 5 片、白芍 10g、甘草 6g，水煎服，早晚各 1 次[1]。

**【附注】**宋《开宝本草》称："何首乌有赤、白二种，赤者雄，白者雌，春夏秋采其根，雌雄并用。"《本草纲目》在以何首乌为主的补益方中，均按赤白各半配伍，可见，自古以来，何首乌就有赤白之分。赤者指蓼科植物何首乌 *Polygonum multiflorum* Thunb.［*Fallopia multiflora*（Thunb.）Harald.］；白者可能即指本种及数种同属植物。

山东称本种的块根为"泰山何首乌"，誉为泰山四大名产药材之一。

药材白首乌不宜过量或长期服用。

**【化学参考文献】**

［1］刘政波．三种鹅绒藤属植物中苯乙酮类化合物的高速逆流色谱法分离（白首乌、牛皮消、徐长卿）［D］．泰安：山东农业大学硕士学位论文，2009.

［2］庞亚京．泰山白首乌的化学成分和活性研究［D］．济南：山东中医药大学硕士学位论文，2011.

［3］孙得峰，孙敬勇，郑重飞，等．泰山白首乌的化学成分研究［J］．食品与药品，2015，17（2）：90-93.

［4］孙得峰．泰山白首乌化学成分及生物活性研究［D］．济南：济南大学硕士学位论文，2015.

［5］赵家文．泰山白首乌中 $C_{21}$ 甾体化合物的分离鉴定及其抑制 Hedgehog 信号通路活性的研究［D］．杭州：浙江省医学科学院硕士学位论文，2017.

［6］Fu X Y，Zhang S，Wang K，et al. Caudatin inhibits human glioma cells growth through triggering DNA damage-mediated cell cycle arrest［J］. Cell Mol Neurobiol，2015，35（7）：953-959.

［7］Zhao J W，Chen F Y，Gao L J，et al. Two new 8，14-seco-pregnane steroidal aglycones froni roots of *Cynanchum bungei*［J］. Natural Product Communications，2016，11（12）：1797-1800.

［8］Li X Y，Zhou L F，Gao L J，et al. Cynanbungeigenin C and D，a pair of novel epimers from *Cynanchum bungei*，suppress hedgehog pathway-dependent medulloblastoma by blocking signaling at the level of Gli［J］. Cancer Letters，2018，420：195-207.

［9］Hao S J，Gao L J，Xu S F，et al. Six new steroidal glycosides from roots of *Cynanchum bungei*［J］. Phytochem Lett，2018，23：26-32.

［10］Qin J J，Chen X，Lin Z M，et al. C21-steroidal glycosides and sesquiterpenes from the roots of *Cynanchum bungei* and their inhibitory activities against the proliferation of B and T lymphocytes［J］. Fitoterapia，2018，124：193-199.

［11］Gan H，Xiang W J，Ma L，et al. Six new C21 steroidal glycosides from *Cynanchum bungei* Decne［J］. Helv Chim Acta，2008，91（12）：2222-2234.

［12］Li J，Kadota S，Kawata Y，et al. Constituents of the roots of *Cynanchum bungei* Decne. isolation and structures of four new glucosides，bungeiside A，B，C，and D［J］. Chem Pharm Bull，1992，40（12）：3133-3137.

［13］林爱群．泰山白首乌化学成分的提取、分离与鉴定［D］．济南：山东中医药大学硕士学位论文，2005.

［14］Liu Z B，Sun Y S，Wang J H，et al. Preparative isolation and purification of acetophenones from the Chinese medicinal plant *Cynanchum bungei* Decne. by high-speed counter-current chromatography［J］. Sep Purif Technol，2008，64（2）：247-252.

**【药理参考文献】**

［1］徐凌川，梁传东，唐棣，等．泰山白首乌抗肿瘤作用的动物实验研究［J］．中医药学刊，2004，22（2）：323.

［2］费洪荣，王李梅，王凤泽．泰山白首乌醇提物对 HepG2 肝癌细胞增殖与凋亡的调节作用［J］．中国中药杂志，2009，34（21）：2827-2830.

［3］高丽君，王建华，崔建华，等．白首乌多糖的免疫活性研究［J］．食品科学，2008，29（10）：546-548.

［4］陈美华，吴娟娟，朱玉云，等．白首乌对实验性小鼠抗氧化及耐缺氧作用的研究［J］．中国食物与营养，2010，（1）：71-73.

**【临床参考文献】**

［1］佚名．白首乌治病小验方［J］．湖南中医杂志，2014，30（6）：160.

## 735. 徐长卿（图 735）• *Cynanchum paniculatum*（Bunge）Kitagawa

图 735　徐长卿　　摄影　周重建等

【别名】竹叶细辛（浙江），了刁竹、逍遥竹（福建），线香草、牙蛀消（江苏），独脚虎（江苏淮安），土细辛（江苏连云港）。

【形态】多年生直立草本，高 0.45 ～ 1m。须根细长。茎单一，不分枝，无毛或茎下部被糙硬毛。叶对生，狭披针形或条状披针形，长 5 ～ 13cm，宽 0.5 ～ 1.5cm，先端渐尖，基部楔形，两面无毛或稍被微柔毛，具缘毛；侧脉不明显；具短柄。圆锥状聚伞花序，顶生或近顶生，花序梗长 2.5 ～ 4cm；花萼 5 深裂，裂片披针形或卵状披针形，内面具腺体或无腺体；花冠黄绿色，近辐射状，无毛，花冠筒短，裂片卵形或三角状卵形；副花冠 5 深裂，裂片肉质，卵状长圆形，内面基部龙骨状增厚；花药顶端具半圆形附属物，花粉块长圆形或椭圆状长圆形；柱头五角状，稍凸起。蓇葖果单生，披针状圆柱形，长 4 ～ 8cm。种子长圆形，顶端具白色种毛。花期 5 ～ 7 月，果期 8 ～ 12 月。

【生境与分布】生于向阳山坡、路边或草丛中。分布于山东、安徽、江苏、江西、浙江和福建，另黑龙江、吉林、辽宁、内蒙古、河北、河南、山西、陕西、甘肃、四川、贵州、云南和台湾均有分布；日本、朝鲜和蒙古国也有分布。

【药名与部位】徐长卿，根及根茎。

【采集加工】秋季采挖，除去杂质，阴干。

【药材性状】根茎呈不规则柱状，有盘节，长 0.5 ～ 3.5cm，直径 2 ～ 4mm。有的顶端带有残茎，细圆柱形，长约 2cm，直径 1 ～ 2mm，断面中空；根茎节处周围着生多数根。根呈细长圆柱形，弯曲，长 10 ～ 16cm，直径 1 ～ 1.5mm。表面淡黄白色至淡棕黄色或棕色，具微细的纵皱纹，并有纤细的须根。质脆，易折断，断面粉性，皮部类白色或黄白色，形成层环淡棕色，木质部细小。气香，味微辛凉。

**【药材炮制】**除去残茎等杂质，抢水洗净，润软，切段，阴干或低温干燥。

**【化学成分】**全草含甾醇类：β- 谷甾醇（β-sitosterol）和胡萝卜苷（daucosterol）[1]；木脂素类：落叶松脂醇（lariciresino）[1]；三萜类：β- 香树酯醇（β-amyrin）[1]；倍半萜类：裂叶苣荬莱内酯（santamarin）[1]；酚类：牡丹酚苷 A（mudanoside A）、丹皮酚原苷（paeonolide）、α- 细辛醚（α-asaricin）[1] 和丹皮酚（paeonol）[1,2]；黄酮类：山柰酚 -3-*O*-β-D- 吡喃葡萄糖（1 → 2）-α-L- 吡喃阿拉伯糖苷［kaempferol-3-*O*-β-D-glucopyranose（1 → 2）-α-L-arabinopyranoside］和山柰酚 -7-*O*-（4″, 6″- 二对羟基肉桂酰基 -2″, 3″- 二乙酰基 )-β-D- 吡喃葡萄糖苷［kaempferol-7-*O*-( 4″, 6″-di-*p*-hydroxycinnamoyl-2″, 3″-diacetyl）-β-D-glucopyranoside］[1]；生物碱类：尿苷（uridine）、圆滑番荔枝碱 *（annobraine）、7- 当归酰天芥菜定（7-angeloylheliotridine）和（2*S*, *E*）-*N*-［2- 羟基 -2-（4- 羟基苯）乙酯］阿魏酰胺{（2*S*, *E*）-*N*-［2-hydroxyl-2-（4-hydroxybenzene）ethyl ester］feruloyl}[1]；脂肪酸类：棕榈酸（palmitic acid）和油酸（oleic acid）[2]。

根及根茎含酚类：3- 甲基苯酚（3-methylphenol）、对羟基苯乙酮（*p*-hydroxyacetophenone）、3- 羟基苯乙酮（3-hydroxyacetophenone）、对甲氧基苯甲酸（*p*-methoxybenzoic acid）、2, 4- 二羟基苯乙酮（2, 4-dihydroxyacetophenone）、2, 5- 二羟基苯乙酮（2, 5-dihydroxyacetophenone）、罗布麻宁（apocynin）、2, 5- 二羟基 -4- 甲氧基苯乙酮（2, 5-dihydroxy-4-methoxyacetophenone）、丁香醛（syringaldehyde）、3, 5- 二甲氧基 -4- 羟基苯乙酮（3, 5-dimethoxy-4-hydroxyacetophenone）、1H- 吲哚 -3- 甲醛（1H-indole-3-carboxaldehyde）、3- 甲氧基 -4, 5- 亚甲二氧基 - 苯乙酮（3-methoxy-4, 5-methylenedioxy-acetophenone）[3]，丹皮酚（paeonol）和异丹皮酚（iso-paeonol）[4]；甾体类：白薇苷 A（cynatratoside A）、白前苷元 C（glaucogenin C）、白前苷 A（glaucoside A）、徐长卿苷 A（cynapanoside A）、新白薇苷元 F（neocynapanogenin F）、新白薇苷元 F-3-*O*-β-D- 夹竹桃吡喃糖苷（neocynapanogenin F-3-*O*-β-D-oleandropryranoside）、3β, 14β- 二羟基孕甾 -5- 烯 -20- 酮 -3-*O*-β-D- 吡喃葡萄糖苷（3β, 14β-dihydroxypregn-5-en-20-one-3-*O*-β-D-glucopyranoside），即葛缕子花苷 *（carumbelloside Ⅱ）[4]，徐长卿莫苷 G（paniculatumoside G）、新白薇苷元 C（neocynapanogenin C）[5]，徐长卿莫苷 D（paniculatumoside D）、3β, 14- 二羟基 -14β- 孕甾 -5- 烯 -20- 酮（3β, 14-dihydroxy-14β-pregn-5-en-20-one）、白前苷元 A（glaucogenin A）、白前苷元 C-3-*O*-β-D- 吡喃黄花夹竹桃糖苷（glaucogenin C-3-*O*-β-D-thevetoside）、白前苷元 A-3-*O*-β-D- 吡喃欧洲夹竹桃糖苷（glaucogenin A-3-*O*-β-D-oleandropyranoside）和 20- 羟基 -4, 6- 二烯 - 孕甾 -3- 酮（20-hydroxypregna-4, 6-dien-3-one）[6]；有机酸类：肉桂酸（cinnamic acid）、苯甲酸（benzoic acid）[3] 和对甲氧基苯甲酸（*p*-methoxybenzoic acid）[4]；甾体类：β- 谷甾醇（β-sitosterol）和胡萝卜苷（daucosterol）[4]。

根含酚类：丹皮酚（paeonol）、*p*- 羟基苯乙酮（*p*-hydroxyacetophenone）[7]，3- 羟基 -4- 甲氧基苯乙酮（3-hydroxy-4-methoxyacetophenone）[8]，4- 乙酰基苯酚（4-acetylphenol）、2, 5- 二羟基 -4- 甲氧基苯乙酮（2, 5-dihydroxy-4-methoxyacetophenone）、2, 3- 二羟基 -4- 甲氧基苯乙酮（2, 3-dihydroxy-4-methoxyacetophenone）、乙酰藜芦酮（acetoveratrone）、2, 5- 二甲氧基氢醌（2, 5-dimethoxyhydroquinone）、树脂苯乙酮（resacetophenone）、间 - 乙酰基苯酚（*m*-acetylphenol）、3, 5- 二甲氧基氢醌（3, 5-dimethoxyhydroquinone）[9]，牡丹新苷 A（mudanoside A）、丹皮酚原苷（paeonolide）、α- 细辛醚（α-asarone）[10]，香荚兰乙酮（acetovanillone）和 2- 羟基 -5- 甲氧基苯乙酮（2-hydroxy-5-methoxyacetophenone）[11]；甾体类：鹅绒藤南苷 A、B（cynanside A、B）[8]，告达亭苷元（caudatin）、开德苷元（kidjolanin）、去酰基萝摩苷元（deacylmetaplexigenin）[11]，新白薇苷元 F 3-*O*-β-D- 黄花夹竹桃苷（neocynapanogenin F-3-*O*-β-D-thevetoside）、新白薇苷元 F（neocynapanogenin F）[12]，3β, 14- 二羟基 -14-β- 孕甾 -5- 烯 -20- 酮（3β, 14-dihydroxy-14-β-pregn-5-en-20-one）、白前苷元 C（glaucogenin C）、白前苷元 A（glaucogenin A）、白前苷元 D（glaucogenin D）、白前苷元 C-3-*O*-β-D- 黄花夹竹桃苷（glaucogenin C-3-*O*-β-D-thevetoside）、新白薇苷元 F-3-*O*-β-D- 夹竹桃吡喃糖苷（neocynapanogenin F-3-*O*-β-D-oleandropy-ranoside）[13]，徐长卿莫苷 A、B（paniculatumoside A、B）、

新白薇苷元 B（neocynapanogenin B）、新白薇苷元 C（neocynapanogenin C）[14]，柳叶白前苷元 -3-*O*-α-吡喃欧洲夹竹桃糖基 -（1→4）-β- 吡喃洋地黄毒糖基 -（1→4）-β- 吡喃欧洲夹竹桃糖苷［stauntogenin-3-*O*-α-oleandropyranosyl-（1→4）-β-digitoxopyranosyl-（1→4）-β-oleandropyranoside］、（3β, 8β, 9α, 16α, 17α）-14, 16β：15, 20α：18, 20β- 三环氧 -16β：17α 二羟基 -14- 氧代 -13, 14：14, 15- 二裂环孕甾 -5, 13（18）- 二烯 -3- 基 -α- 吡喃磁麻糖基 -（1→4）-β- 吡喃洋地黄毒糖基 -（1→4）-β- 吡喃欧洲夹竹桃糖苷［（3β, 8β, 9α, 16α, 17α）-14, 16β：15, 20α：18, 20β-triepoxy-16β：17α-dihydroxy-14-oxo-13, 14：14, 15-disecopregna-5, 13（18）-dien-3-yl-α-cymaropyranosyl-（1→4）-β-digitoxopyransyl-（1→4）-β-oleandropyranoside］、（3β, 8β, 9α, 16α, 17α）-14, 16β：15, 20α：18, 20β- 三环氧 -16β：17α- 二羟基 -14- 氧代 -13, 14：14, 15- 二裂环孕甾 -5, 13（18）- 二烯 -3- 基 -α-D- 吡喃欧洲夹竹桃糖基 -（1→4）-α-D- 吡喃洋地黄毒糖基 -（1→4）-α-L- 吡喃磁麻糖苷［（3β, 8β, 9α, 16α, 17α）-14, 16β：15, 20α：18, 20β-triepoxy-16β：17α-dihydroxy-14-oxo-13, 14：14, 15-disecopregna-5, 13（18）-dien-3-α-D-oleandropyranosyl-（1→4）-α-D-digitoxopyranosyl-（1→4）-α-L-cymaropyranoside］、（3β, 8β, 9α, 16α, 17α）-14, 16β：15, 20α：18, 20β- 三环氧 -16β：17α- 二羟基 -14- 氧代 -13, 14：14, 15- 二裂环孕甾 -5, 13（18）- 二烯 -3- 基 -α-D- 吡喃欧洲夹竹桃糖基 -（1→4）-α-D- 吡喃洋地黄毒糖基 -（1→4）-α-D- 吡喃欧洲夹竹桃糖苷［（3β, 8β, 9α, 16α, 17α）-14, 16β：15, 20α：18, 20β-triepoxy-16β：17α-dihydroxy-14-oxo-13, 14：14, 15-disecopregna-5, 13（18）-dien-3-yl-α-D-oleandropyranosyl-（1→4）-α-D-digitoxopyranosyl-（1→4）-α-D-oleandropyranoside］、徐长卿苷 A（cynapanoside A）、白薇苷 B（cynatratoside B）、白薇苷 C（cynatratoside C）[15]，徐长卿苷 D、E、F、G（cynapanoside D、E、F、G）、芫花叶白前苷 A（glaucoside A）、芫花叶白前苷元 A-3-*O*-β-D- 吡喃洋地黄毒糖基 -（1→4）-*O*-β-D- 吡喃欧洲夹竹桃糖苷［glaucogenin A-3-*O*-β-D-digitoxopyranosyl-（1→4）-*O*-β-D-oleandropyranoside］、3β, 14- 二羟基 -14β- 孕甾 -5- 烯 -20- 酮（3β, 14-dihydroxy-14β-pren-5-en-20-one）[16]，徐长卿莫苷 *C、D、E（paniculatumoside C、D、E）[17]和徐长卿莫苷 H、I（paniculatumoside H、I）[18]；脂肪酸类：3, 4- 癸基 -20（29）- 烯 -3- 酸甲酯［3, 4-secolup-20（29）-en-3-oic acid methyl ester］[8]，二十烷酸（eicosanoic acid）和二十六烷酸（hexacosanoic acid）[11]；酚酸类：香草酸（vanillic acid）[9]；二元羧酸类：琥珀酸（succinic acid）和辛二酸（octanedioic acid）[11]；甾体类：β- 谷甾醇（β-sitosterol）和胡萝卜苷（daucosterin）[10]；核苷类：尿苷（uridine）[10]；生物碱类：圆滑番荔枝碱 *（annobraine）、（2*S*, *E*）-*N*-［2- 羟基 -2-（4- 羟基苯基）乙基］阿魏酰胺 {（2*S*, *E*）-*N*-［2-hydroxy-2-（4-hydroxyphenyl）ethyl］ferulamide}[10]，安托芬（antofine）、14- 羟基安托芬（14-hydroxyantofine）和 5-*O*- 去甲基安托芬（5-*O*-demethyl antofine）[11]；倍半萜类：裂叶苣荬莱内酯（santamarin）和 7- 当归酰基天芥菜定（7-angelyheliotridine）[10]；木脂素类：落叶松脂醇（lariciresinol）[10]；三萜类：β- 香树脂醇（β-amyrin）[10]，α- 香树脂（α-amyrin）、羽扇豆醇（lupeol）、蒲公英赛醇（taraxasterol）、熊果酸（ursolic acid）、齐墩果酸（oleanolic acid）和山楂酸（maslinic acid）[11]；黄酮类：山柰酚 -3-*O*-β-D- 吡喃葡萄糖基 -（1→2）-α-L- 吡喃阿拉伯糖苷［kaempferol-3-*O*-β-D-glucopyranosyl-（1→2）-α-L-arabinopyranoside］和山柰酚 -7-*O*-（4″, 6″- 二 - 对羟基肉桂酰 -2″, 3″- 二乙酰基）-β-D- 吡喃葡萄糖苷［kaempferol-7-*O*-（4″, 6″-di-*p*-hydroxycinnamoyl-2″, 3″-diacetyl）-β-D-glucopyranoside］[10]；醇类：二十醇（eicosanol）、二十六醇（hexacosanol）和甘露醇（mannotol）[11]。

根茎含甾体类：新白薇苷元 C-3-*O*-β-D- 吡喃欧洲夹竹桃糖苷（neocynapanogenin C-3-*O*-β-D-oleandropyranoside）[19]，白前苷元 C-3-*O*-β-D- 吡喃欧洲夹竹桃糖苷（glaucogenin C-3-*O*-β-D-oleandropyranoside）、新白薇苷元 D-3-*O*-β-D- 磁嘛吡喃糖基 -（1→4）-β-D- 吡喃欧洲夹竹桃糖苷［neocynapanogenin D-3-*O*-β-D-cymarophranosyl-（1→4）-β-D-oleandropyranoside］、白前苷元 C-3-*O*-β-D- 磁嘛吡喃糖基 -（1→4）-β-D- 吡喃欧洲夹竹桃糖苷［glaucogenin C-3-*O*-β-D-cymarophranosyl-（1→4）-β-D-oleandropyranoside］、新白薇苷元 F-3-*O*-β-D- 吡喃欧洲夹竹桃糖苷（neocynapanogenin F-3-*O*-β-D-oleandropyranoside）、新白薇苷元 D-3-*O*-β-D- 吡喃欧洲夹竹桃糖苷（neocynapanogenin D-3-

*O*-β-D-oleandropyranoside）、新白薇苷元 E-3-*O*-β-D- 吡喃欧洲夹竹桃糖苷（neocynapanogenin E-3-*O*-β-D-oleandropyranoside）、新白薇苷元 F（neocynapanogenin F）、20- 羟基 -4, 6- 孕甾 -3- 酮（20-hydroxy-4, 6-pregn-3-one）、3β, 14β- 二羟基 -14β- 孕甾 -5- 烯 -20- 酮（3β, 14β-dihydroxy-14β-pregn-5-en-20-one）和白前苷元 C（glaucogenin C）[20]。

**【药理作用】**1. 抗肿瘤　从根及根茎提取的多糖对小鼠移植性腹水癌 H22EAC 细胞和实体瘤 S180 的生长具有抑制作用[1]，水提取物可诱导 HepG-2 细胞凋亡[2]。2. 免疫调节　根及根茎的杂多糖（分子量 $6.0\times10^5$）具有较强的促脾细胞和淋巴细胞增殖的作用，表现出免疫增强作用[3]。3. 抗结肠炎　根及根茎的水提取液能有效改善 2，4，6- 三硝基苯磺酸诱导的大鼠结肠炎，作用机制可能与调节细胞因子水平有关[4]。4. 抗辐射　从根及根茎提取的多糖能明显对抗 $^{60}$Co 辐射引起的小鼠胸腺、脾缩小和骨髓 DNA 降低的作用，同时也能对抗 $^{60}$Co 辐射或环磷酰胺（CTX）引起的白细胞降低的作用[5]。5. 解蛇毒　根及根茎提取物对小鼠眼镜蛇中毒引起的炎症及毒性有明显的对抗作用[6]。6. 抗炎镇痛　根及根茎水提取物对小鼠肉芽肿、热板法所致的炎症和疼痛具有一定的抗炎和镇痛作用[7]。

**【性味与归经】**辛，温。归肝、胃经。

**【功能与主治】**祛风化湿，止痛止痒。用于风湿痹痛，胃痛胀满，牙痛，腰痛，跌扑损伤，荨麻疹，湿疹。

**【用法与用量】**3 ～ 12g；后下，不宜久煎。

**【药用标准】**药典 1977—2015、浙江炮规 2005、贵州药材 1988、江苏药材 1989、内蒙古药材 1988、河南药材 1991、广东药材 2004 和香港药材六册。

**【临床参考】**1. 过敏性鼻炎：根 30g，加生地 24g，当归、赤芍各 15g，川芎 6g，苍耳子、辛夷各 9g，水煎服，每日 1 剂[1]。

2. 神经衰弱：根 10 ～ 15g，制成散剂，口服，每日 2 次，20 天为 1 疗程[1]。

3. 儿童乳房发育症：根 30g，加香附、石见穿各 15g，水煎服，每日 1 剂，每日 2 次，10 岁以下药减量；另将上药共研末，适量用醋调均，外敷患处，5 天换药 1 次[1]。

4. 癌症疼痛：根 15 ～ 30g，加两面针 30g，青风藤、蜂房各 20g，当归、乳香各 10g，七叶莲 30g，甘草 6g，蜈蚣 2 条，水煎服，每日 1 剂[1]。

5. 胃脘痛：根 10g，加刘寄奴、肿节风各 10g，水煎服[2]。

6. 荨麻疹：根 25g，加蜂蜜 15g，水煎服，每日 1 剂，分 3 次服；或根粉碎以蜜为丸，重 9g，每次 1 丸，每日 3 次，温开水送服[3]。

7. 晕船、晕车：根研粉，每次 1.5g 吞服。

8. 跌打损伤：根 15 ～ 30g，虎杖 30g，黄酒 30ml，水煎服；或全草（或鲜根）60g 煎水趁热洗患处。

9. 瘙痒症、神经性皮炎、湿疹：鲜全草 60 ～ 120g，水煎，可内服外洗；或全草、杠板归各 60g，煎水洗，每日 1 次。

10. 毒蛇、毒虫咬伤：根 15g，水煎服；渣捣烂，敷伤口周围；或根 12g，脉纹香茶菜 30g，水煎服。

11. 牙痛：根 15g，水煎服，服时先用药液漱口 1 ～ 2min 再咽下。

12. 疟疾：全草 1 ～ 7 株，水煎去渣，加白糖少许，发作前 2 ～ 4h 服。（7 方至 12 方引自《浙江药用植物志》）

**【附注】**徐长卿以鬼督邮之名始载于《神农本草经》，列为上品。《本草经集注》云："鬼督邮之名甚多，今俗用徐长卿者，其根正如细辛，小短，扁扁尔，气亦相似。"《新修本草》云："此药叶似柳，两叶相当，有光润，所在川泽有之。根如细辛，微粗长而有臊气。"《蜀本草》云："苗似小麦，两叶相对，三月苗青，七月、八月着子似萝摩子而小，九月苗黄，十月凋，生下湿川泽之间，今所在有之，八月采，日干。"《救荒本草》卷十二尖刀儿苗载："生密县梁家冲山野中。苗高二三尺，叶似细柳叶，更又细长而尖，叶皆两两抪茎对生，叶间开淡黄花，结尖角儿，长二寸许，粗如萝卜，角中有白穰及小匾黑子。其叶味甘。"

综上所述及附图，与本种一致。

药材徐长卿孕妇及体弱者慎服。

**【化学参考文献】**

[1] 付明，王登宇，胡兴，等. 徐长卿化学成分研究［J］. 中药材，2015，38（1）：97-100.

[2] 杜跃中，武子敬，邓喆. 徐长卿挥发油的 GC-MS 分析［J］. 人参研究，2011，23（4）：41-42.

[3] 李翼鹏，周玉枝，陈刚，等. 徐长卿中酚类成分的分离与鉴定［J］. 沈阳药科大学学报，2014，31（6）：444-447.

[4] 李翼鹏. 徐长卿的化学成分研究［D］. 太原：山西大学硕士学位论文，2014.

[5] Gao H，Wang W，Chu W，et al. Paniculatumoside G，a new $C_{21}$ steroidal glycoside from *Cynanchum paniculatum*［J］. Revista Brasileira de Farmacognosia，2017，27：54-58.

[6] 褚文希，刘小红，刘坤，等. 徐长卿逆转肿瘤多药耐药活性部位化学成分研究［J］. 中草药，2015，46（18）：2674-2679.

[7] 赵超，杨再波，张前军，等. 固相微萃取 / 气相色谱 / 质谱法分析徐长卿挥发性化学成分［J］. 贵州大学学报（自然科学版），2007，24（4）：407-409.

[8] Kim C S，Oh J Y，Choi S U，et al. Chemical constituents from the roots of *Cynanchum paniculatum* and their cytotoxic activity［J］. Carbohydrate Research，2013，381：1-5.

[9] Weon J B，Kim C Y，Yang H J，et al. Neuroprotective compounds isolated from *Cynanchum paniculatum*［J］. Archives of Pharmacal Research，2012，35（4）：617-621.

[10] Ming F U，Deng Y W，Xing H U，et al. Chemical Constituents from *Cynanchum paniculatum*［J］. Biochemical Systematics and Ecology，2015，61（1）：139-142.

[11] Niu Y L，Chen X，Wu Y，et al. Chemical constituents from *Cynanchum paniculatum*（Bunge）Kitag［J］. Biochemical Systematics and Ecology，2015，61：139-142.

[12] Dou J，Li P，Bi Z M，et al. New $C_{21}$ steroidal glycoside from *Cynanchum paniculatum*［J］. Chinese Chemical Letters，2007，8（3）：300-302.

[13] 窦静，毕志明，张永清，等. 徐长卿中的 $C_{21}$ 甾体化合物［J］. 中国天然药物，2006，4（3）：192-194.

[14] Li S L，Tan H，Shen Y M，et al. A pair of new C-21 steroidal glycoside epimers from the roots of *Cynanchum paniculatum*［J］. J Nat Prod，2004，67（1）：82-84.

[15] Oh J Y，Kim C S，Lee K R. $C_{21}$ steroidal glycosides from the root of *Cynanchum paniculatum*［J］. Bull Korean Chem Soc，2013，34（2）：637-640.

[16] Zhao D，Feng B，Chen S，et al. $C_{21}$ steroidal glycosides from the roots of *Cynanchum paniculatum*［J］. Fitoterapia，2016，113：51-57.

[17] Li Y M，Wang L H，Li S L，et al. Seco-pregnane steroids target the subgenomic RNA of alphavirus-like RNA viruses［J］. Proceedings of the National Academy of Sciences of the United States of America，2007，104（19）：8083-8088.

[18] Yu H L，Long Q，Yi W F，et al. Two new $C_{21}$ steroidal glycosides from the roots of *Cynanchum paniculatum*［J］. Natural Products and Bioprospecting，2019，9（3）：209-214.

[19] 谭华，李顺林，郁志芳，等. 徐长卿中的一个新的 $C_{21}$ 甾体配糖体［J］. 云南植物研究，2002，24（6）：795-798.

[20] 谭华. 徐长卿 $C_{21}$ 甾类化合物成分的分离鉴定研究［D］. 南京：南京农业大学硕士学位论文，2003.

**【药理参考文献】**

[1] 林丽珊，蔡文秀，许云禄. 徐长卿多糖抗肿瘤活性研究［J］. 中药药理与临床，2008，24（5）：40-42.

[2] 黄伟光. 徐长卿诱导人肝癌细胞 HepG-2 凋亡的实验研究［D］. 广州：广州中医药大学，2007.

[3] 王顺春，方积年. 徐长卿多糖 CPB54 的结构及其活性的研究［J］. 药学学报，2000，35（9）：675-678.

[4] 贺海辉，沈洪，朱宣宣，等. 徐长卿对三硝基苯磺酸诱导的大鼠结肠炎的作用［J］. 世界华人消化杂志，2012，20（24）：2237-2242.

[5] 朱世权，蔡文秀，薛玲，等. 徐长卿多糖的分离纯化及其抗辐射和升高白细胞的作用［J］. 中草药，2010，41（1）：103-106.

[6] 林丽珊，刘广芬，王晴川，等. 徐长卿提取液对眼镜蛇蛇毒引起的炎症及毒性的影响［J］. 福建医科大学学报，2003，37（2）：188-190.

[ 7 ] 许青松，张红英，李迎军，等 . 徐长卿水煎剂抗炎及镇痛作用的研究［J］. 时珍国医国药，2007，18（6）：1407-1408.

**【临床参考文献】**

[ 1 ] 何辉余 . 徐长卿的临床运用［J］. 中国民族民间医药，2011，20（19）：32-33.
[ 2 ] 葛勤 . 徐长卿乃止痛良药［N］. 中国中医药报，2017-11-20（005）.
[ 3 ] 何钱 . 一味徐长卿治急慢性荨麻疹［N］. 中国中医药报，2012-09-10（005）.

## 736. 柳叶白前（图 736）• *Cynanchum stauntonii*（Decne.）Schltr.ex Lévl.

**图 736　柳叶白前**　　　　摄影　中药资源办

**【别名】**草白前（浙江），江杨柳、水豆粘（江西），水杨柳（安徽），白薇（江苏镇江、苏州），鹅管白薇（江苏镇江）。

**【形态】**多年生直立亚灌木，高 0.3 ～ 1m，全株无毛。茎常不分枝。须根纤细。叶对生，条形或条状披针形，长 5 ～ 13cm，宽 0.3 ～ 1.7cm，先端渐尖，基部楔形；侧脉约 6 对，不明显；叶柄长约 0.5cm。伞形状聚伞花序，腋生，花序梗长约 1.7cm；花柄长 0.3 ～ 0.9cm；花萼 5 深裂，裂片小，卵状长圆形，内面基部具腺体；花冠紫色或紫红色，辐射状，花冠筒短，裂片条状长圆形，长于花冠筒，内面被长柔毛；副花冠裂片 5 枚，卵形，内面龙骨状；花药顶端附属物圆形，覆盖柱头，花粉块长圆形；柱头凸起，内藏。蓇葖果单生，狭披针形，长 9 ～ 12cm，无毛。种子长圆形，顶端具白色种毛。花期 5 ～ 8 月，果期 9 ～ 12 月。

**【生境与分布】**生于低海拔的山谷湿地、溪沟边、林缘阴湿处或河滩石砾中。分布于江苏、安徽、浙江、福建和江西，另湖北、湖南、广东、广西、贵州、云南和甘肃也有分布。

【药名与部位】白前，根茎及根。

【采集加工】秋季采挖，洗净，晒干或低温干燥。

【药材性状】根茎呈细长圆柱形，有分枝，稍弯曲，长 4 ～ 15cm，直径 1.5 ～ 4mm。表面黄白色或黄棕色，节明显，节间长 1.5 ～ 4.5cm，顶端有残茎。质脆，断面中空。节处簇生纤细弯曲的根，长可达 10cm，直径不及 1mm，有多次分枝呈毛须状，常盘曲成团。气微，味微甜。

【药材炮制】白前：除去杂质，洗净，润软，切段，干燥。蜜白前：取白前饮片，与炼蜜拌匀，稍闷，炒至不粘手时，取出，摊凉。

【化学成分】根含甾体类：柳叶白前甾苷 *A、B、C（cynastauoside A、B、C）[1]，柳叶白前托甾苷 *UA、$UA_1$、$UA_2$（stauntoside UA、$UA_1$、$UA_2$）[2]，柳叶白前托甾苷 * $D_1$、$D_2$、$D_3$、$I_1$、$I_2$（stauntoside $D_1$、$D_2$、$D_3$、$I_1$、$I_2$）[3]，脱氧合掌消苷元 A-3-*O*- 基 -4-*O*-（4-*O*-α-L- 吡喃磁麻糖基 -β-D- 吡喃洋地黄毒糖基）-β-D- 吡喃加那利毛地黄糖苷［deoxyamplexicogenin A-3-*O*-yl-4-*O*-（4-*O*-α-L-cymaropyranosyl-β-D-digitoxopyranosyl）-β-D-canaropyranoside］[4]，柳叶白前托甾苷 *$C_1$、$C_2$、$C_3$、U、V、W、$V_1$、$V_2$、$V_3$（stauntoside $C_1$、$C_2$、$C_3$、U、V、W、$V_1$、$V_2$、$V_3$）[5]，芫花叶白前苷元 C-3-*O*-β-D- 吡喃葡萄糖基 -（1 → 4）-β-D- 吡喃磁麻糖基 -（1 → 4）-β-D- 吡喃洋地黄毒糖基 -（1 → 4）-β-D- 吡喃黄夹糖苷［glaucogenin C-3-*O*-β-D-glucopyranosyl-（1 → 4）-β-D-cymaropyranosyl-（1 → 4）-β-D-digitoxopyranosyl-（1 → 4）-β-D-thevetopyranoside］、催吐白前苷元 -3-*O*-α-L- 吡喃洋地黄糖基 -（1 → 4）-β-D- 吡喃磁麻糖基 -（1 → 4）-β-D- 吡喃洋地黄毒糖基 -（1 → 4）-β-D-30- 去甲基吡喃黄夹糖苷［hirundigenin-3-*O*-α-L-diginopyranosyl-（1 → 4）-β-D-cymaropyranosyl-（1 → 4）-β-D-digitoxopyranosyl-（1 → 4）-β-D-30-demethyl thevetopyranoside］、（14*S*, 16*S*, 20*R*）-14, 16-14, 20-15, 20- 三环氧 -14, 15- 裂环孕甾 -5- 烯 -3- 醇 -3-*O*-α-L- 吡喃磁麻糖基 -（1 → 4）-β-D- 吡喃洋地黄毒糖基 -（1 → 4）-β-D- 吡喃欧洲夹竹桃糖苷［（14*S*, 16*S*, 20*R*）-14, 16-14, 20-15, 20-triepoxy-14, 15-secopregn-5-en-3-ol-3-*O*-α-L-cymaropyranosyl-（1 → 4）-β-D-digitoxopyranosyl-（1 → 4）-β-D-oleandropyranoside］、（14*S*, 16*S*, 20*R*）-14, 16-14, 20-15, 20- 三环氧 -14, 15- 裂环孕甾 -5- 烯 -3- 醇 -3-*O*-α-L- 吡喃磁麻糖基 -（1 → 4）-β-D- 吡喃磁麻糖基 -（1 → 4）-β-D- 吡喃洋地黄毒糖基 -（1 → 4）-β-D- 吡喃黄夹糖苷［（14*S*, 16*S*, 20*R*）-14, 16-14, 20-15, 20-triepoxy-14, 15-secopregn-5-en-3-ol-3-*O*-α-L-cymaropyranosyl-（1 → 4）-β-D-cymaropyranosyl-（1 → 4）-β-D-digitoxopyranosyl-（1 → 4）-β-D-thevetopyranoside］、柳叶白前托甾苷 *F（stauntoside F）[6]，柳叶白前托甾苷 *B（stauntoside B）[7]，催吐白前苷元 -14- 甲基乙醚（hirundigenin-14-methyl ether）、去氧合掌消苷元 A（deoxyamplexicogenin A）、柳叶白前苷元 E-3-*O*-β-D- 吡喃黄夹糖苷（stauntogenin E-3-*O*-β-D-thevetopyranoside）、柳叶白前苷元 F-3-*O*-β-D- 吡喃黄夹糖苷（stauntogenin F-3-*O*-β-D-thevetopyranose）、脱水催吐白前苷元 -3-*O*-β-D- 吡喃加那利毛地黄糖苷（anhydrohirundigenin-3-*O*-β-D-canaropyranoside）、芫花叶白前苷元 C-3-*O*-β-D- 吡喃加那利毛地黄糖苷（glaucogenin C-3-*O*-β-D-canaropyranoside）、脱水催吐白前苷元单黄花夹竹桃苷（anhydrohirundigenin monothevetoside）、芫花叶白前苷元 C 单黄花夹竹桃苷（glaucogenin C monothevetoside）、脱水催吐白前苷元（anhydrohirundigenin）和芫花叶白前苷元 C（glaucogenin C）[8]；甲基苷：甲基 -*O*-α-L- 吡喃磁麻糖基 -（1 → 4）-β-D- 吡喃洋地黄毒糖苷［methyl-*O*-α-L-cymaropyranosoyl-（1 → 4）-β-D-digitoxopyranoside］[4]；木脂素类：（+）-（7*S*, 8*R*, 7′*E*）-5- 羟基 -3, 5′- 二甲氧基 -4′, 7- 环氧 -8, 3′- 新木脂素 -7′- 烯 -9, 9′- 二醇 9′- 乙基醚［（+）-（7*S*, 8*R*, 7′*E*）-5-hydroxy-3, 5′-dimethoxy-4′, 7-epoxy-8, 3′-neolign-7′-en-9, 9′-diol 9′-ethyl ether］[4] 和（－）-（7*R*, 8*S*, 7′*E*）-3, 3′- 二甲氧基 -4′, 7- 环氧基 -8, 3′- 新木脂素 -7′- 烯 -9, 9′- 二醇 -9′- 丁醚 -4-*O*-β-D- 吡喃葡萄糖苷［（－）-（7*R*, 8*S*, 7′*E*）-3, 3′-dimethoxy-4′, 7-epoxy-8, 3′-neolign-7′-en-9, 9′-diol-9′-buthl ether-4-*O*-β-D-glucopyranoside］[8]，柳叶白前皂苷 A、B（stauntosaponin A、B）[9]，柳叶白前苷 A（stauntoside A）[10]，柳叶白前苷 C、D、E、G、H、I、J、K（stauntoside C、D、E、G、H、I、J、K）[11]，柳叶白前苷 L、M（stauntoside L、M）[12, 13]，柳叶白前苷 N（stauntoside N）[13]，柳叶白前苷 O、P、Q、R、S、T（stauntoside O、P、Q、R、S、T）[12]，催吐

白前苷 A（hirundoside A）、14- 羟基雄甾 -4, 6, 15- 三烯 -3, 17- 二酮（14-hydroxyandrosta-4, 6, 15-trien-3, 17-dione）[11]，白薇苷 B（cynatratoside B）[11, 12]，白薇苷 D（cynatratoside D）、白前苷 G（glaucoside G）[12]，白前苷元 C-3-*O*-α-L- 吡喃磁麻糖基 -（1→4）-β-D- 吡喃洋地黄毒糖基 -（1→4）-β-D- 吡喃加那利毛地黄糖苷［glaucogenin C-3-*O*-α-L-cymaropyranosyl-（1→4）-β-D-digtoxopyransyl-（1→4）-β-D-canaropyranoside］[11, 12, 14] 和柳叶白前素（stauntonine）[15]；甾体类：β- 谷甾醇（β-stosterol）和豆甾醇（stigmasterol）[14]；黄酮类：汉黄芩素 -7-*O*-β-D- 葡萄糖醛酸正丁酯（wogonin-7-*O*-β-D-glucuronic acid butyl ester）和木蝴蝶素 A-7-*O*-β-D- 葡萄糖醛酸正丁酯（oroxylin A-7-*O*-β-D-glucuronic acid butyl ester）[8]；生物碱类：酒渣碱（flazin）和川芎哚（perlolyrine）[8]；核苷类：腺苷（adenosine）[8]；三萜类：熊果酸（ursolic acid）[14] 和华北白前醇（hancockinol）[16]；酚类：2, 4- 二羟基苯乙酮（2, 4-dihydroxyacetophenone）[11]。

根茎含甾体类：白前苷元 A、E（glaucogenin A、E）、白前苷元 C- 单 -D- 黄夹竹桃糖苷（glaucogenin C-mono-D-thevetoside）、新徐长卿苷元 F-3-*O*-β-D- 吡喃黄夹竹桃糖苷（neocynapanogenin F-3-*O*-β-D-thevetopyranoside）[17]，β- 谷甾醇（β-sitosterol）和胡萝卜苷（daucosterol）[18]；木脂素类：丁香脂素（syringaresinol）、（－）-（7*R*, 7′*R*, 7″*R*, 8*S*, 8′*S*, 8″*S*）-4′, 4″- 二羟基 -3, 3′, 3″, 5- 甲氧基 -7, 9′：7′, 9- 环氧 -4, 8″-*O*-8, 8′- 倍半木质素 -7″, 9″- 二醇［（－）-（7*R*, 7′*R*, 7″*R*, 8*S*, 8′*S*, 8″*S*）-4′, 4″-dihydroxy-3, 3′, 3″, 5-tetramethoxy-7, 9′：7′, 9-diepoxy-4, 8″-*O*-8, 8′-sesquineolignan-7″, 9″-diol］和扁核木醇（prinsepiol）[18]；酚类：对羟基苯乙酮（4-hydroxyacetophenone）、白首乌二苯酮（baishouwubenzophenone）、2, 4- 二羟基苯乙酮（2, 4-dihydroxyacetophenone）、对羟基苯酚（*p*-hydroxyphenol）、6-*O*-（*E*）- 芥子酰 -α-D- 吡喃葡萄糖苷［6-*O*-（*E*）-sinapoyl-α-D-glucopyranoside］、6-*O*-（*E*）- 芥子酰 -β-D- 吡喃葡萄糖苷［6-*O*-（*E*）-sinapoyl-β-D-glucopyranoside］[9]，2, 4- 二羟基苯乙酮（2, 4-dihydroxphenyl ethanone）、间二苯酚（resorcinol）、4- 羟基 -3- 甲氧基苯乙酮［（4-hydroxy-3-methoxy-phenyl）ethanone］和 4- 羟基苯乙酮［（4-hydroxy-phenyl）ethanone］[19]；三萜类：华北白前醇（hancockinol）[20] 和齐墩果酸（oleanolic acid）[19]；芳香酸类：苯甲酸（benzoic acid）[9]；甲基苷类：1-*O*- 甲基 -α-D- 吡喃加拿大麻糖苷（1-*O*-methyl-α-D-cymadropyranoside）[9]；脂肪酸类：$C_{24}$ ～ $C_{30}$ 脂肪酸的混合物（$C_{24}$ ～ $C_{30}$ aliphatic acid mixture）[20]。

根及根茎含三萜类：华北白前醇（hancockinol）和熊果酸（ursolic acid）[21]；甾体类：豆甾醇（stigmasterol）和（25*R*）-5α- 螺甾烷［（25*R*）-5α-spirostan］[21]；黄酮类：5, 7- 二羟基 -6, 8- 二甲基 -3-（4′- 羟基 -3′- 甲氧基苯基）色烷 -4- 酮［5, 7-dihydroxy-6, 8-dimethyl-3-（4′-hydroxy-3′-methoxybenzyl）chroman-4-one］[21]；酚酸类：二（2- 乙基己基）邻苯二甲酸酯［bis（2-ethylhexyl）phthalate］和邻苯二甲酸正丁异丁酯（phthalic acid butyl isobutyl ester）[21]；呋喃类：5- 羟甲基糠醛（5-hydroxymethyl furfural）[21]；挥发油：己醛（hexanal）、2- 正戊基呋喃（2-pentylfuran）、1- 壬烯 -3- 醇（1-nonen-3-ol）、（*Z*）-2- 壬烯醛［（*Z*）-2-nonenal］、1- 丁香烯（1-caryophyllene）、（+）- 樟脑［（+）-camphor］、（*E*）-2- 辛烯醛［（*E*）-2-octenal］、冰片（borneol）、2- 甲基 -5-（1- 甲基乙基）- 苯酚［2-methyl-5-（1-methylethyl）-phenol］、3- 甲基 -4- 异丙基酚（3-methyl-4-isopropylphenol）和 α- 龙脑香烯（α-gurjunene）[22]。

**【药理作用】**镇咳祛痰抗炎　根及根茎 95% 乙醇提取物和石油醚提取物对浓氨水刺激诱导的小鼠咳嗽有明显的镇咳作用；水提取液、石油醚提取物和 95% 乙醇提取物均有祛痰作用，以醇提取物作用最为显著；水提取物对巴豆油所致小鼠耳廓急性渗出性炎症有非常显著的抗炎作用[1]。

**【性味与归经】**辛、苦，微温。归肺经。

**【功能与主治】**降气，消痰，止咳。用于肺气壅实，咳嗽痰多，胸满喘急。

**【用法与用量】**3 ～ 9g。

**【药用标准】**药典 1963—2015、浙江炮规 2015、新疆药品 1980 二册和台湾 2013。

**【临床参考】**1. 小儿风寒咳喘：根及根茎 10g，加麻黄、荆芥、甘草各 10g，以沸水浸泡 20 ～ 30min，酌加白糖适量，不拘时频频呷服，每日 1 剂[1]。

2. 支气管炎、咳嗽哮喘：根及根茎 9g，加桔梗、紫菀、百部、苏子各 9g，陈皮 6g，水煎服。（《浙江药用植物志》）

**【附注】**白前始载于《雷公炮炙论》。《新修本草》谓："叶似柳或似芫花，苗高尺许，生洲渚沙碛之上，根白，长于细辛，味甘……，今用蔓生者，味苦，非真也。"《本草纲目拾遗》水杨柳条引张琰《种痘新书》云："水杨柳乃草本，生溪涧水旁，叶如柳，其茎春时青，至夏末秋初则赤矣，条条直上，不分枝桠，至秋略含赤花。"本种在浙江、湖南、江西、福建等地均通称为"水杨柳"。所述形态、生境与本种相吻合。

本种的根茎及根加工的药材白前，肺虚喘咳者慎服；生品如用量过大，对胃有刺激。

柳叶白前带根的全草民间称草白前。草白前的茎圆形，一般长约 30cm，直径 2 ~ 4mm。表面灰绿色或黄绿色，无毛，具细棱。单叶对生，叶片皱缩或破碎，有的脱落，具短柄。有时有腋生的聚伞花序，花小，黑棕色。

**【化学参考文献】**


[1] Yu J Q，Zhao L. Seco-pregnane steroidal glycosides from the roots of *Cynanchum stauntonii* [J]. Phytochemistry Letters，2016，16：34-37.

[2] Deng A J，Yu J Q，Li J Q，et al. 14，15-Secopregnane-type glycosides with 5α：9α-peroxy and $\Delta^{6,8(14)}$-diene linkages from the roots of *Cynanchum stauntonii* [J]. Molecules，2017，22：860.

[3] Wang K M，Li A，Zhang R L，et al. Five new steroidal glycosides from the roots of *Cynanchum stauntonii* [J]. Phytochemistry Letters，2016，16：178-184.

[4] Yu J Q，Zhao L. Two new glycosides and one new neolignan from the roots of *Cynanchum stauntonii* [J]. Phytochemistry Letters，2015，13：355-359.

[5] Yu J Q，Lin M B，Deng A J，et al. 14，15-Secopregnane-type $C_{21}$-steriosides from the roots of *Cynanchum stauntonii* [J]. Phytochemistry，2017，138：152-162.

[6] Lei Q S，Zuo Y H，Lai C Z，et al. New $C_{21}$ steroidal glycosides from the roots of *Cynanchum stauntonii* and their protective effects on hypoxia/reoxygenation induced cardiomyocyte injury [J]. Chinese Chemical Letters，2017，28（8）：1716-1722.

[7] Liu J X. Stauntoside B derived from the roots of *Cynanchum stauntonii* possess anti-inflammatory activity through inhibiting NF-κB and ERK MAPK pathways in lipopolysaccharide stimulated RAW264. 7 cells [C]. 第十届全国免疫学学术大会汇编，2015.

[8] 张丹. 草麻黄表观型化学组成特征研究，柳叶白前化学成分的研究 [D]. 北京：北京协和医学院博士学位论文，2014.

[9] Shibano M，Misaka A，Sugiyama K，et al. Two secopregnane-type steroidal glycosides from *Cynanchum stauntonii* (Decne.) Schltr. ex Levl. [J]. Phytochem Lett，2012，5（2）：304-308.

[10] Zhu N Q，Wang M F，Kikuzaki H，et al. Two $C_{21}$-steroidal glycosides isolated from *Cynanchum stauntoi* [J]. Phytochemistry，1999，52（7）：1351-1355.

[11] Yu J Q，Deng A J，Qin H L. Nine new steroidal glycosides from the roots of *Cynanchum stauntonii* [J]. Steroids，2013，78（1）：79-90.

[12] Lai C Z，Liu J X，Pang S W，et al. Steroidal glycosides from the roots of *Cynanchum stauntonii* and their effects on the expression of iNOS and COX-2 [J]. Phytochem Lett，2016，16：38-46.

[13] Yu J Q，Zhang Z H，Deng A J，et al. Three new steroidal glycosides from the roots of *Cynanchum stauntonii* [J]. Bio Med Research International，2013，10：816145-816151.

[14] Fu M H，Wang Z J，Yang H J，et al. A new $C_{21}$-steroidal glycoside from *Cynanchum stauntonii* [J]. Chin Chem Lett，2007，18（4）：415-417.

[15] Wang P，Qin H L，Zhang L，et al. Steroids from the roots of *Cynanchum stauntonii* [J]. Planta Med，2004，70（11）：1075-1079.

[16] 邱声祥. 柳叶白前化学成分研究 [J]. 中国中药杂志，1994，19（8）：488-489.

[17] Zhang M，Wang J S，Luo J，et al. Glaucogenin E，a new $C_{21}$ steroid from *Cynanchum stauntonii* [J]. Nat Prod Res，2013，27（2）：176-180.

[18] 余舒乐，马林，吴正凤，等. 柳叶白前中非 $C_{21}$ 甾体类化学成分 [J]. 中国药科大学学报，2015，46（4）：426-430.

[19] 龚小见. 柳叶白前和多毛板凳果的化学成分研究 [D]. 贵阳：贵州大学硕士学位论文，2006.
[20] 邱声祥. 柳叶白前化学成分研究 [J]. 中国中药杂志，1994，19（8）：488-489，512.
[21] 李婷婷. 柳叶白前化学成分及其抗氧化活性研究 [D]. 延吉：延边大学硕士学位论文，2015.
[22] 田效民，李凤，黄顺菊，等. 柳叶白前挥发性成分的 GC-MS 分析 [J]. 中国实验方剂学杂志，2013，19（5）：111-113.

**【药理参考文献】**

[1] 梁爱华，薛宝云，杨庆，等. 柳叶白前的镇咳、祛痰及抗炎作用 [J]. 中国中药杂志，1996，21（3）：173-175，191-192.

**【临床参考文献】**

[1] 熊丽娅. 麻黄白前饮治疗小儿风寒咳喘证 78 例 [J]. 湖北中医杂志，1993，15（4）：13.

## 737. 竹灵消（图 737）• *Cynanchum inamoenum*（Maxim.）Loes

**图 737　竹灵消**　　摄影　周欣欣

**【别名】** 白前。

**【形态】** 多年生直立草本，高 25 ～ 80cm。须根细长。茎中空，被单列柔毛，幼时密被短柔毛，基部多分枝。叶对生，宽卵形，长 3 ～ 7cm，宽 1.5 ～ 5cm，先端骤尖或渐尖，基部近心形，两面无毛或仅沿脉被微毛，边缘有睫毛；侧脉 4 ～ 6 对；叶柄长不及 0.6cm。伞形状聚伞花序着生于茎近顶端叶腋，花序梗长 0.4 ～ 2.5cm；花柄长 0.3 ～ 0.8cm；花萼小，5 深裂，裂片狭卵形或披针形；花冠黄色，辐射状，花冠筒短，裂片卵状长圆形；副花冠裂片三角形或卵状三角形；花药顶端附属物圆形，花粉块长圆形；柱头扁平。蓇葖果双生，稀单生，狭披针状圆柱形，长 4 ～ 6cm。花期 4 ～ 8 月，果期 6 ～ 10 月。

【生境与分布】生于海拔 100 ～ 3500m 的山地疏林下、草地或灌丛中。分布于山东、安徽和浙江，另辽宁、河北、河南、山西、湖北、湖南、陕西、甘肃、贵州、四川、青海和西藏均有分布；朝鲜、日本和俄罗斯也有分布。

【药名与部位】甘肃白薇，根及根茎。

【化学成分】根含甾体类：白薇苷 A（cynatratoside A）[1]，白前苷元 C（glaucogenin C）[2]，白薇苷 C、E（cynatratoside C、E）[3]，短小蛇根草苷，即伊那莫苷 A、B、C（inamoside A、B、C）、老瓜头苷 C（komaroside C）、白薇苷 D（cynatratoside D）[4]，短小蛇根草苷 E、F、G（inamoside E、F、G）[5] 和短小蛇根草苷 D（inamoside D）[6]；酚和酚苷类：罗布麻宁（apocynin）、2, 4- 二羟基苯乙酮（2, 4-dihydroxyacetophenone）、对羟基苯乙酮（*p*-hydroxyacetophenone）[1] 和华北白前新苷 C、D（neohancoside C、D）[6]；生物碱类：7- 去甲氧基娃儿藤碱（7-demethoxytylophorine）[6]；木脂素类：去氢松柏醇 -γ'-*O*-β-D- 吡喃葡萄糖苷（dehydrodiconiferyl alcohol-γ'-*O*-β-D-glucopyranoside）[6]；芥子酸苷类：β-D- 呋喃果糖基 -（2 → 1）-α-D-（6-*O*- 芥子酰基）- 吡喃葡萄糖苷［β-D-fructofuranosyl-（2 → 1）-α-D-（6-*O*-sinapoyl）-glucopyranoside］[6]；环烯醚萜苷类：马钱子苷（cuchiloside）[6]；甾体类：β- 谷甾醇（β-sitosterol）[1] 和胡萝卜苷（daucosterol）[5]。

【药用标准】甘肃药材（试行）1996。

【化学参考文献】

［1］吴振洁，丁林生，赵守训，等. 竹灵消的化学成分研究（Ⅰ）［J］. 中国药科大学学报，1990，21（6）：339-341.

［2］丁林生，潘俊芳，吴振洁. 竹灵消的化学成分研究（Ⅱ）［J］. 中国药科大学学报，1992，23（1）：47.

［3］吴振洁，丁林生，赵守训. 竹灵消的化学成分研究（Ⅲ）［J］. 中草药，1997，28（7）：397-398，439.

［4］Wang L Q，Lu Y，Zhao Y X，et al. Three new $C_{21}$-steroidal glycosides from the roots of *Cynanchum inamoenum*［J］. J Asian Nat Prod Res，2007，9（8）：771-779.

［5］Wang L Q，Wang J H，Shen Y M，et al. Three new $C_{21}$ steroidal glycosides from the roots of *Cynanchum inamoenum*［J］. Chin Chem Lett，2007，18：1235-1238.

［6］Wang L Q，Shen Y M，Hu J M，et al. A new $C_{21}$ steroidal glycoside from *Cynanchum inamoenum*（Maxim.）Loes［J］. J Asian Nat Prod Res，2008，10（9）：867-871.

## 738. 白前（图 738）• *Cynanchum glaucescens*（Decne.）Hand.-Mazz.

【别名】芫花叶白前。

【形态】多年生直立草本或亚灌木，高 30 ～ 60cm。茎被二列柔毛，常有分枝。叶对生，长圆形或长圆状披针形，长 2.5 ～ 7cm，宽 0.7 ～ 1.5cm，先端急尖或稍钝，基部宽楔形或近圆形，两面无毛；侧脉 3 ～ 5 对，不明显；近无柄。伞形状聚伞花序，腋生或腋间生；花萼 5 深裂，裂片卵形或长圆状披针形，外面无毛，内面基部具 5 个小腺体；花冠黄色，辐射状，花冠筒短，裂片卵圆形或卵状长圆形；副花冠浅杯状，5 裂，裂片肉质，卵形，顶端内弯，与花药近等长；花粉块卵圆形；柱头扁平。蓇葖果单生，纺锤形，长 4 ～ 6cm。种子扁长圆形或卵形，顶端具白色绢质种毛。花期 5 ～ 11 月，果期 7 ～ 12 月。

【生境与分布】生于海拔 100 ～ 800m 的山地、河岸边或路旁。分布于江苏、安徽、浙江、福建和江西，另湖北、湖南、广东、广西、四川、陕西和河南也有分布。

【药名与部位】白前，根茎及根。

【采集加工】秋季采挖，洗净，晒干或低温干燥。

【药材性状】根茎较短小或略呈块状；表面灰绿色或灰黄色，节明显，节间长 1 ～ 2cm，顶端有残茎。质较硬。节处簇生纤细的根，稍弯曲，长可达 10cm，直径约 1mm，分枝少。气微，味微甜。

【药材炮制】白前：取原药，除去杂质，洗净，润软，切段，干燥。蜜白前：取白前饮片，与炼蜜拌匀，稍闷，炒至不粘手时，取出，摊凉。

**图 738　白前**　　摄影　中药资源办等

【化学成分】根含甾体类：芫花叶白前苷元 A、B（glaucogenin A、B）、芫花叶白前苷元 C-3-*O*-β-D-黄花夹竹桃糖苷（glaucogenin C-3-*O*-β-D-thevetoside）[1]，芫花叶白前苷 A、B、C、D、E（glaucoside A、B、C、D、E）[2]，芫花叶白前苷 F、G（glaucoside F、G）[3] 和芫花叶白前苷 H、I、J（glaucoside H、I、J）[4]；糖类：白前二糖（glaucobiose）[5]。

【药理作用】1. 镇咳祛痰　根和根茎的水、醇及醚提取物对浓氨水诱发的小鼠咳嗽均有明显的镇咳作用，水提取物和醇提取物有明显的祛痰作用；水提取物腹腔注射给药时可明显对抗乙酰胆碱和组胺混合液诱导的豚鼠哮喘，具有明显的抗炎作用，并呈现良好的量效关系[1]。2. 抗炎　根及根茎的水提取物对巴豆油等致炎剂所致的小鼠耳肿胀均有明显的抑制作用[2]。

【性味与归经】辛、苦，微温。归肺经。

【功能与主治】降气，消痰，止咳。用于肺气壅实，咳嗽痰多，胸满喘急。

【用法与用量】3 ～ 9g。

【药用标准】药典 1963—2015、浙江炮规 2015、新疆药品 1980 二册和台湾 2013。

【附注】《本草图经》云："白前，旧不载所出州土。……今蜀中及淮、浙州郡皆有之。苗似细辛而大，色白易折。亦有叶似柳或似芫花苗者，并高尺许，生洲渚沙碛之上。根白，长于细辛，亦似牛膝、白薇辈。"并附有"越州白前"与"舒州白前"之图，古越州为今之浙江绍兴，古舒州为今之安徽安庆。本种与"舒州白前"附图及产地较接近。

药材白前肺虚喘咳者慎服；生品用量过大，对胃有刺激。

【化学参考文献】

[1] Nakagawa T，Hayashi K，Mitsuhashi H. Studies on the constituents of Asclepiadaceae plants. LIII. the structures of glaucogenin-A，-B，and-C mono-D-thevetoside from the Chinese drug "Pai-ch'ien"，*Cynanchum glaucescens* Hand. -Mazz.［J］. Chem

Pharm Bull，1983，31（3）：870-878.

［2］Nakagawa T，Hayashi K，Wada K，et al. Studies on the constituents of Asclepiadaceae plants-LII. the structures of five glycosides glaucoside A，B，C，D，and E from Chinese drug “Pai-ch’ien” *Cyanchum glaucescens* Hand. -Mazz.［J］. Tetrahedron，1983，39（4）：607-612.

［3］Nakagawa T，Hayashi K，Mitsuhashi H. Studies on the constituents of Asclepiadaceae plants. LIV. the structures of glaucoside-F and-G from the Chinese drug “Pai-ch’ien”，*Cynanchum glaucescens* Hand. -Mazz.［J］. Chem Pharm Bull，1983，31（3）：879-882.

［4］Nakagawa T，Hayashi K，Mitsuhashi H. Studies on the constituents of Asclepiadaceae plants. LV. the structures of three new glycosides，glaucoside-H，-I，and-J from the Chinese drug “Pai-ch’ien”，*Cynanchum glaucescens* Hand. -Mazz.［J］. Chem Pharm Bull，1983，31（7）：2244-2253.

［5］Nakagawa T，Hayashi K，Wada K，et al. A new disaccharide，glaucobiose from Chinese drug “Pai-ch’ien”：a comparison of carbon-13 NMR with its diastereomeric isomer，strophanthobiose［J］. Tetrahedron Lett，1982，23（51）：5431-5434.

**【药理参考文献】**

［1］梁爱华，薛宝云，杨庆，等. 芫花叶白前的镇咳、祛痰及平喘作用［J］. 中国中药杂志，1995，20（3）：176-178，193.

［2］梁爱华，薛宝云，杨庆，等. 白前与白薇的部分药理作用比较研究［J］. 中国中药杂志，1996，21（10）：46-49，65.

## 739. 变色白前（图 739）• *Cynanchum versicolor* Bunge

**图 739 变色白前** 摄影 汤睿

**【别名】**白花牛皮消（江苏），蔓生白薇。

**【形态】**亚灌木，高达 2m。全株密被绒毛。茎下部直立，上部缠绕。叶对生，宽卵形或卵状椭圆形，长 7 ～ 10cm，宽 3 ～ 6cm，顶端锐尖，基部圆形或近心形，两面被黄色绒毛，具缘毛；侧脉 6 ～ 8 对；叶柄长 0.3 ～ 1.5cm。伞形状聚伞花序，腋生，近无花序梗或极短；花萼 5 深裂，裂片条状披针形，内面基部有 5 腺体；花冠黄白色或深紫色，辐射状或钟状；副花冠较合蕊冠短，5 浅裂，裂片三角形；花药菱形，顶端附属物圆形；花粉块椭圆形；柱头微凸起，顶端不明显 2 裂。蓇葖果单生，宽披针状圆柱形，长 4 ～ 5cm。种子卵形，顶端具白色种毛。花期 5 ～ 8 月，果期 7 ～ 11 月。

**【生境与分布】**生于海拔 800m 以下的山坡、溪边或灌丛中。分布于山东、江苏和浙江，另吉林、辽宁、河北、河南、湖北、湖南和四川也有分布。

**【药名与部位】**白薇，根及根茎。

**【采集加工】**春、秋二季采挖，洗净，干燥。

**【药材性状】**根茎粗短，有结节，多弯曲。上面有圆形的茎痕，下面及两侧簇生多数细长的根，根长 10 ～ 25cm，直径 0.1 ～ 0.2cm。表面棕黄色。质脆，易折断，断面皮部黄白色，木质部黄色。气微，味微苦。

**【药材炮制】**白薇：取原药，除去杂质，洗净，润软，切厚片（根茎）或段（根），干燥。蜜白薇：取白薇饮片，与炼蜜拌匀，稍闷，炒至不粘手时，取出，摊凉。

**【化学成分】**根及根茎含甾体类：芫花叶白前苷元 C-3-*O*-D- 吡喃黄花夹竹桃糖苷（glaucogenin C-3-*O*-D-thevetopyranoside）和胡萝卜苷（dancosterol）[1]；酚类：对羟基苯乙酮（4-hydroxyacetophenone）、4- 羟基 -3- 甲氧基苯乙酮（4-hydroxy-3-methoxyacetophenone）和 2, 4- 二羟基苯乙酮（2, 4-dihydroxyacetophenone）[1]；酚酸类：丁香酸（syringic acid）[1]；脂肪酸类：正十八烷酸（*n*-octadecily acid）[1]。

根含甾体类：蔓生白薇苷 A、B、C、D、E、G（cynanversicoside A、B、C、D、E、G）[2]，白前苷元 C-3-*O*-β-D- 吡喃黄花夹竹桃糖苷（glaucogenin C-3-*O*-β-D-thevetopyranoside）、白薇白前苷 A（atratoglaucosideA）、白前苷 C、D、H（glaucoside C、D、H）、鹅绒藤苷 I（cynanoside I）[2]，蔓生白薇苷 F（cynanversicoside F）[3,4] 和白薇托苷 A、B、C、D（atratoside A、B、C、D）[4]。

须根含甾体类：白薇新苷（neocynaversicoside）、白前苷 H（glaucoside H）和蔓生白薇苷 A、B、C、D、E（cynanversicoside A、B、C、D、E）[5]。

**【性味与归经】**苦、咸，寒。归胃、肝、肾经。

**【功能与主治】**清热凉血，利尿通淋，解毒疗疮。用于温邪伤营发热，阴虚发热，骨蒸劳热，产后血虚发热，热淋，血淋，痈疽肿毒。

**【用法与用量】**4.5 ～ 9g。

**【药用标准】**药典 1963—2015、浙江炮规 2015、新疆药品 1980 二册和台湾 2013。

**【化学参考文献】**

[1] 郑兆广，张卫东，柳润辉，等 . 蔓生白薇的化学成分研究［J］. 中草药，2006，37（7）：987-989.

[2] 郑兆广，柳润辉，张川，等 . 蔓生白薇中的 $C_{21}$ 甾苷类成分［J］. 中国天然药物，2006，4（5）：338-343.

[3] Zhang Z G，Liu R H，Kong L Y，et al. A steroidal glycoside from *Cynanchum versicolor* Bunge［J］. Chin Chem Lett，2006，7：919-921.

[4] Zhang Z X，Zhou J，Hayashi K，et al. Studies on the constituents of Asclepiadaceae plants. Part 68. atratosides A，B，C and D，steroid glycosides from the root of *Cynanchum atratum*［J］. Phytochemistry，1988，27（9）：2935-2941.

[5] 邱声祥，张壮鑫，周俊 . 蔓生白薇中白薇新甙的分离和结构鉴定［J］. 药学学报，1990，25（6）：473-476.

## 3. 萝藦属 *Metaplexis* R.Br.

多年生草质藤本，具白色乳汁。叶对生；叶柄顶端具数个丛生腺体。总状聚伞花序，腋生或腋外生，具花序总梗；花萼 5 深裂，裂片内面基部有 5 腺体；花冠近辐射状，5 深裂，裂片长于花冠筒，花蕾时裂片向左螺旋状覆盖；副花冠环状，着生于合蕊冠上，5 浅裂，裂片兜状；雄蕊 5 枚，着生于花冠筒基部，花丝合生呈短筒状，花药顶端附属物内弯；每花粉器具 2 个下垂花粉块；心皮 2 枚，离生，花柱短，柱头延伸成呈喙状，顶端 2 裂或不裂，伸出花药外。蓇葖果双生，长角状纺锤形，平滑或粗糙。种子顶端具白色绢质种毛。

约 6 种，分布于亚洲（东部）。中国 2 种，几遍及全国各地，法定药用植物 1 种。华东地区法定药用植物 1 种。

### 740. 萝藦（图 740）• *Metaplexis japonica*（Thunb.）Makino

**图 740　萝藦**　　摄影　李华东等

**【别名】**天将果、千层须、飞来鹤（华东），洋瓢瓢（江苏），大萝藦子（江苏连云港），萝藤。

**【形态】**多年生草质缠绕藤本，长达 8m。植株具白色乳汁。根细长，黄白色。茎幼时密被短柔毛，后渐脱落。叶卵状心形或长卵形，长 5 ～ 12cm，宽 3 ～ 8cm，先端短渐尖，基部心形，两面无毛或幼时被微毛，背面粉绿色；侧脉 10 ～ 12 对；叶柄长 2 ～ 6cm，顶端具数个丛生腺体。总状聚伞花序，腋生或腋外生；花序梗长 3.5 ～ 12cm，被短柔毛；小苞片小，膜质，披针形；花柄长约 0.8cm，被微毛；花萼裂片披针形，被微毛；花冠白色，有时具淡紫色斑纹，花冠筒短，裂片披针形，先端反卷，内面密被柔毛。蓇葖果双生，纺锤形，长 7 ～ 9cm，无毛。种子扁平，卵圆形，边缘膜质，顶端具白色绢质种毛。花期 7 ～ 8

月，果期 9 ～ 12 月。

**【生境与分布】**生于山坡、林缘、路边、荒地、河边、田野或灌丛中。分布于山东、江苏、安徽、浙江和江西，另除海南和新疆之外的全国各地均有分布；朝鲜、日本和俄罗斯也有分布。

**【药名与部位】**萝藦，全草。萝藦藤，地上部分。天浆壳，果壳。

**【采集加工】**萝藦：夏末采收，除去杂质，扎成小把，晒干。萝藦藤：10 月采割，除去杂质，晒干。天浆壳：秋季果实成熟时采收，除去种子，干燥。

**【药材性状】**萝藦：为细长草质藤本，基部有须根，偶有质地坚硬的细圆柱形根茎。根细长，不均匀膨大，直径 0.2 ～ 0.3cm，淡黄棕色；质脆，易折断，断面不平坦，韧皮部淡黄白色，木质部淡黄色，韧皮部和木质部间有 1 淡棕黄色环，具众多管孔。茎圆柱形，扭曲，长可达 5m，直径 0.2 ～ 0.5cm；表面黄白色至黄棕色，有纵纹，节膨大；质脆，易折断，断面韧皮部常粘连呈纤维状，淡黄白色，中空，木质部有不规则排列小管孔。叶皱缩，完整者展平后呈卵状心形，长 5 ～ 12cm，宽 3 ～ 8cm，先端渐尖或钝尖，基部心形，全缘或微波缘；背面叶脉明显，侧脉 5 ～ 7 对；叶柄长 2 ～ 6cm。气微，味甘。

萝藦藤：常单一或数股绞扭呈束状，长短不一。茎为长圆柱形，老茎略偏，稍扭曲，具分枝，表面灰白色或浅黄绿色，有纵纹及节；质柔韧或稍脆，折断面皮部强纤维性，老茎木质部明显，常呈新月形至半月形，可见众多管孔，髓部中空。叶对生，多皱缩，展平后叶片呈卵状心形至长卵形，长 5 ～ 12cm，宽 3 ～ 8cm；顶端渐尖，基部心形，全缘或微波状，上面枯黄色或浅黄绿色，背面色较浅或呈粉黄色，具长柄。总状花序被灰白色短柔毛。蓇葖果长卵形或卵状披针形。种子顶端具一簇白色长绢毛。气微，味淡。

天浆壳：呈小艇状，长 7 ～ 10cm，宽 3 ～ 4cm，厚约 1mm。顶端狭尖而稍反卷，基部钝圆，可见圆形的果柄痕。外表面黄绿色，凹凸不平，具细密皱纹；内表面黄白色，光滑。外果皮纤维性，中果皮白色疏松，内果皮脆而易碎。质韧，不易折断。气微，味微酸。

**【药材炮制】**萝藦：除去杂质，洗净，稍润，切段，及时干燥。

天浆壳：除去果柄、种子及绒毛等杂质，筛去灰屑。

**【化学成分】**根含甾体类：肉珊瑚素（sarcostin）、萝藦苷元（metaplexigenin）、苯甲酰热马酮（benzoylramanone）、去酰基萝藦苷元（deacylmetaplexigenin）、去乙酰鹅绒藤苷元（deacylcynanchogenin）、二氢肉珊瑚苷元（dihydrosarcostin）[1]，7α- 羟基 -12-*O*- 苯甲酰去乙酰萝藦苷元（7α-hydroxy-12-*O*-benzoyldeacetylmetaplexigenin）[2]，12-*O*- 乙酰萝藦酮 -3-*O*-β- 吡喃欧洲夹竹桃糖基 -（1 → 4）-β- 吡喃磁麻糖基 -（1 → 4）-β- 吡喃磁麻糖苷［12-*O*-acetylramanone-3-*O*-β-oleandropyranosyl-（1 → 4）-β-cymaropyranosyl-（1 → 4）-β-cymaropyranoside］、12-*O*- 乙酰萝藦素 -3-*O*-β- 吡喃磁麻糖基 -（1 → 4）-β- 吡喃磁麻糖基 -（1 → 4）-β- 吡喃磁麻糖苷［12-*O*-acetylpergularin-3-*O*-β-cymaropyranosyl-（1 → 4）-β-cymaropyranosyl-（1 → 4）-β-cymaropyranoside］、12-*O*- 乙酰萝藦素 -3-*O*-α- 吡喃磁麻糖基 -（1 → 4）-β- 吡喃磁麻糖基 -（1 → 4）-α- 吡喃磁麻糖基 -（1 → 4）-β- 吡喃磁麻糖苷［12-*O*-acetylpergularin-3-*O*-α-cymaropyranosyl-（1 → 4）-β-cymaropyranosyl-（1 → 4）-α-cymaropyranosyl-（1 → 4）-β-cymaropyranoside］[3]，12-*O*- 桂皮酰基 -20-*O*- 牛皮消酰肉珊瑚苷元（12-*O*-cinnamoyl-20-*O*-ikemaoylsarcostin）、12-*O*- 桂皮酰基 -20-*O*- 巴豆酰肉珊瑚苷元（12-*O*-cinnamoyl-20-*O*-tigloylsarcostin）、假防己宁（kidjoranin）、告达亭（caudatin）、本波苷元（penupogenin）[4]，12β- 乙酰氧基 -3β-［（2, 6- 二去氧 -3-*O*- 甲基 -β-D- 吡喃阿拉伯己糖）氧基］-14β, 17α- 二羟基孕甾 -5- 烯 -20- 酮 {12β-acetoxy-3β-［（2, 6-dideoxy-3-*O*-methyl-β-D-arabinohexopyranosyl）oxy］-14β, 17α-dihydroxypregn-5-en-20-one}、12β- 乙酰氧基 -3β-［2, 6- 二去氧 -4-*O*-（2, 6- 二去氧 -3-*O*- 甲基 -β-D- 吡喃阿拉伯己糖基）-3-*O*- 甲基 -β-D- 吡喃阿拉伯己糖氧基］-14β, 17α- 二羟基孕甾 -5- 烯 -20- 酮 {12β-acetoxy-3β-［2, 6-dideoxy-4-*O*-（2, 6-dideoxy-3-*O*-methyl-β-D- arabinohexopyranosyl）-3-*O*-methyl-β-D-arabinohexopyranosyloxy］-14β, 17α-dihydroxypregn-5-en-20-one}、12β- 乙酰氧基 -3β-［*O*-2, 6- 二去氧 -3-*O*- 甲基 -β-D- 吡喃阿拉伯己糖基 -（1 → 4）-*O*-2, 6- 二去氧 -β-D- 吡喃阿拉伯己糖基 -

（1→4）-*O*-2, 6- 二去氧 -β-D- 吡喃阿拉伯己糖基 -（1→4）-2, 6- 二去氧 -3-*O*- 甲基 -β-D- 吡喃阿拉伯己糖氧基］-14β, 17α- 二羟基孕甾 -5- 烯 -20- 酮 {12β-acetoxy-3β-［*O*-2, 6-dideoxy-3-*O*-methyl-β-D-arabinohexopyranosyl-（1 → 4）-*O*-2, 6-dideoxy-β-D-arabinohexopyranosyl-（1 → 4）-*O*-2, 6-dideoxy-β-D-arabinohexopyranosyl-（1 → 4）-2, 6-dideoxy-3-*O*-methyl-β-D-arabinohexopyranosyloxy］-14β, 17α-dihydroxypregn-5-en-20-one}、12β- 乙酰氧基 -3β-［*O*-2, 6- 二去氧 -3-*O*- 甲基 -β-D- 吡喃阿拉伯己糖基 -（1→4）-*O*-2, 6- 二去氧 -3-*O*- 甲基 -β-D- 吡喃阿拉伯己糖基 -（1→4）-*O*-2, 6- 二去氧 -3-*O*- 甲基 -β-D- 吡喃阿拉伯己糖基 -（1→4）-2, 6- 二去氧 -3-*O*- 甲基 -β-D- 吡喃阿拉伯己糖氧基］-14β, 17α- 二羟基孕甾 -5- 烯 -20- 酮 {12β-acetoxy-3β-［*O*-2, 6-dideoxy-3-*O*-methyl-β-D-arabinohexopyranosyl-（1 → 4）-*O*-2, 6-dideoxy-3-*O*-methyl-β-D-arabinohexopyranosyl-（1→4）-*O*-2, 6-dideoxy-3-*O*-methyl-β-D-arabinohexopyranosyl-（1→4）-2, 6-dideoxy-3-*O*-methyl-β-D-arabinohexopyranosyloxy］-14β, 17α-dihydroxypregn-5-en-20-one}、12β- 乙酰氧基 -3β-［*O*-2, 6- 二去氧 -3-*O*- 甲基 -β-D- 吡喃阿拉伯己糖基 -（1→4）-*O*-2, 6- 二去氧 -β-D- 吡喃阿拉伯己糖基 -（1→4）-2, 6- 二去氧 -3-*O*- 甲基 -β-D- 吡喃阿拉伯己糖氧基］-14β, 17α- 二羟基孕甾 -5- 烯 -20- 酮 {12β-acetoxy-3β-［*O*-2, 6-dideoxy-3-*O*-methyl-β-D-arabinohexopyranosyl-（1 → 4）-*O*-2, 6-dideoxy-β-D-arabinohexopyranosyl-（1 → 4）-2, 6-dideoxy-3-*O*-methyl-β-D-arabinohexopyranosyloxy］-14β, 17α-dihydroxypregn-5-en-20-one}、青羊参苷 G（otophylloside G）、12β- 乙酰氧基 -3β-［*O*-2, 6- 二去氧 -3-*O*- 甲基 -β-D- 吡喃阿拉伯己糖基 -（1→4）-*O*-2, 6- 二去氧 -3-*O*- 甲基 -β- 吡喃核己糖基 -（1→4）-2, 6- 二去氧 -3-*O*- 甲基 -β- 吡喃核己糖氧基］-14β, 17α- 二羟基孕甾 -5- 烯 -20- 酮 {12β-acetoxy-3β-［*O*-2, 6-dideoxy-3-*O*-methyl-β-D-arabinohexopyranosyl-（1 → 4）-*O*-2, 6-dideoxy-3-*O*-methyl-β-ribohexopyranosyl-（1 → 4）-2, 6-dideoxy-3-*O*-methyl-β-ribohexopyranosyloxy］-14β, 17α-dihydroxypregn-5-en-20-one}、12β- 乙酰氧基 -3β-［*O*-2, 6- 二去氧 -3-*O*- 甲基 -α-L- 吡喃核己糖基 -（1→4）-*O*-2, 6- 二去氧 -3-*O*- 甲基 -β- 吡喃核己糖基 -（1→4）-*O*-2, 6- 二去氧 -3-*O*- 甲基 -α-L- 吡喃核己糖基 -（1→4）-*O*-2, 6- 二去氧 -3-*O*- 甲基 -β- 吡喃核己糖基 -（1→4）-2, 6- 二去氧 -β- 吡喃核己糖氧基］-14β, 17α- 二羟基孕甾 -5- 烯 -20- 酮 {12β-acetoxy-3β-［*O*-2, 6-dideoxy-3-*O*-methyl-α-L-ribohexopyranosyl-（1 → 4）-*O*-2, 6-dideoxy-3-*O*-methyl-β-ribohexopyranosyl-（1 → 4）-*O*-2, 6-dideoxy-3-*O*-methyl-α-L-ribohexopyranosyl-（1 → 4）-*O*-2, 6-dideoxy-3-*O*-methyl-β-ribohexopyranosyl-（1 → 4）-2, 6-dideoxy-β-ribohexopyranosyloxy］-14β, 17α-dihydroxypregn-5-en-20-one}、3β-［*O*-2, 6- 二去氧 -3-*O*- 甲基 -α-L- 吡喃核己糖基 -（1→4）-*O*-2, 6- 二去氧 -3-*O*- 甲基 -β- 吡喃核己糖基 -（1→4）-*O*-2, 6- 二去氧 -3-*O*- 甲基 -α-L- 吡喃核己糖基 -（1→4）-*O*-2, 6- 二去氧 -3-*O*- 甲基 -β- 吡喃核己糖基 -（1→4）-2, 6- 二去氧 -β- 吡喃核己糖氧基］-8, 14β, 17α- 三羟基孕甾 -5- 烯 -20- 酮 {3β-［*O*-2, 6-dideoxy-3-*O*-methyl-α-L-ribohexopyranosyl-（1→4）-*O*-2, 6-dideoxy-3-*O*-methyl-β-ribohexopyranosyl-（1→4）-*O*-2, 6-dideoxy-3-*O*-methyl-α-L-ribohexopyranosyl-（1→4）-*O*-2, 6-dideoxy-3-*O*-methyl-β-ribohexopyranosyl-（1 → 4）-2, 6-dideoxy-β-ribohexopyranosyloxy］-8, 14β, 17α-trihydroxypregn-5-en-20-one}、12β- 乙酰氧基 -3β-［*O*-2, 6- 二去氧 -3-*O*- 甲基 -α-L- 吡喃核己糖基 -（1→4）-*O*-2, 6- 二去氧 -3-*O*- 甲基 -β- 吡喃核己糖基 -（1→4）-*O*-2, 6- 二去氧 -3-*O*- 甲基 -α-L- 吡喃核己糖基 -（1→4）-*O*-2, 6- 二去氧 -3-*O*- 甲基 -β- 吡喃核己糖基 -（1→4）-2, 6- 二去氧 -β- 吡喃核己糖氧基］-8, 14β, 17α- 三羟基孕甾 -5- 烯 -20- 酮 {12β-acetoxy-3β-［*O*-2, 6-dideoxy-3-*O*-methyl-α-L-ribohexopyranosyl-（1 → 4）-*O*-2, 6-dideoxy-3-*O*-methyl-β-ribohexopyranosyl-（1 → 4）-*O*-2, 6-dideoxy-3-*O*-methyl-α-L-ribohexopyranosyl-（1→4）-*O*-2, 6-dideoxy-3-*O*-methyl-β-ribohexopyranosyl-（1→4）-2, 6-dideoxy-β-ribohexopyranosyloxy］-8, 14β, 17α-trihydroxypregn-5-en-20-one}、12β- 乙酰氧基 -3β-［*O*-2, 6- 二去氧 -3-*O*- 甲基 -α-L- 吡喃核己糖基 -（1→4）-*O*-2, 6- 二去氧 -3-*O*- 甲基 -β- 吡喃核己糖基 -（1→4）-*O*-2, 6- 二去氧 -3-*O*- 甲基 -α-L- 吡喃核己糖基 -（1→4）-*O*-2, 6- 二去氧 -3-*O*- 甲基 -β- 吡喃核己糖基 -（1→4）-2, 6- 二去氧 -β-D- 吡喃阿拉伯己糖氧基］-14β, 17α- 二羟基孕甾 -5- 烯 -20- 酮 {12β-acetoxy-3β-［*O*-2, 6-dideoxy-3-*O*-methyl-α-L-ribohexopyranosyl-（1→4）-*O*-2, 6-dideoxy-3-*O*-methyl-β-ribohexopyranosyl-（1→4）-

O-2, 6-dideoxy-3-O-methyl-α-L-ribohexopyranosyl-（1→4）-O-2, 6-dideoxy-3-O-methyl-β-ribohexopyranosyl-（1→4）-2, 6-dideoxy-β-D-arabinohexopyranosyloxy］-14β, 17α-dihydroxypregn-5-en-20-one}[5]，12β-乙酰氧基-3β-［O-2, 6-二去氧-3-O-甲基-β-D-吡喃核己糖基-（1→4）-O-2, 6-二去氧-3-O-甲基-β-D-吡喃核己糖基-（1→4）-2, 6-二去氧-3-O-甲基-β-D-吡喃核己糖氧基］-14β, 17α-二羟基孕甾-5-烯-20-酮{12β-acetoxy-3β-［O-2, 6-dideoxy-3-O-methyl-β-D-ribohexopyranosyl-（1→4）-O-2, 6-dideoxy-3-O-methyl-β-D-ribohexopyranosyl-（1→4）-2, 6-dideoxy-3-O-methyl-β-D-ribohexopyranosyloxy］-14β, 17α-dihydroxypregn-5-en-20-one}、12β-乙酰氧基-3β-［O-2, 6-二去氧-3-O-甲基-β-D-吡喃阿拉伯己糖基-（1→4）-O-2, 6-二去氧-3-O-甲基-β-D-吡喃核己糖基-（1→4）-2, 6-二去氧-3-O-甲基-β-D-吡喃核己糖氧基］-14β-羟基孕甾-5-烯-20-酮{12β-acetoxy-3β-［O-2, 6-dideoxy-3-O-methyl-β-D-arabinohexopyranosyl-（1→4）-O-2, 6-dideoxy-3-O-methyl-β-D-ribohexopyranosyl-（1→4）-2, 6-dideoxy-3-O-methyl-β-D-ribohexopyranosyloxy］-14β-hydroxypregn-5-en-20-one}、12β-乙酰氧基-3β-［O-2, 6-二去氧-3-O-甲基-β-D-吡喃阿拉伯己糖基-（1→4）-O-2, 6-二去氧-β-D-吡喃阿拉伯己糖基-（1→4）-O-2, 6-二去氧-3-O-甲基-β-D-吡喃核己糖基-（1→4）-2, 6-二去氧-3-O-甲基-β-D-吡喃核己糖氧基］-14β, 17α-二羟基孕甾-5-烯-20-酮{12β-acetoxy-3β-［O-2, 6-dideoxy-3-O-methyl-β-D-arabinohexopyranosyl-（1→4）-O-2, 6-dideoxy-β-D-arabinohexopyranosyl-（1→4）-O-2, 6-dideoxy-3-O-methyl-β-D-ribohexopyranosyl-（1→4）-2, 6-dideoxy-3-O-methyl-β-D-ribohexopyranosyloxy］-14β, 17α-dihydroxy-pregn-5-en-20-one}、12β-乙酰氧基-3β-［O-2, 6-二去氧-3-O-甲基-α-L-吡喃核己糖基-（1→4）-O-2, 6-二去氧-3-O-甲基-β-D-吡喃核己糖基-（1→4）-O-2, 6-二去氧-3-O-甲基-α-L-吡喃核己糖基-（1→4）-2, 6-二去氧-3-O-甲基-β-D-吡喃核己糖氧基］-14β, 17α-二羟基孕甾-5-烯-20-酮{12β-acetoxy-3β-［O-2, 6-dideoxy-3-O-methyl-α-L-ribohexopyranosyl-（1→4）-O-2, 6-dideoxy-3-O-methyl-β-D-ribohexopyranosyl-（1→4）-O-2, 6-dideoxy-3-O-methyl-α-L-ribohexopyranosyl-（1→4）-2, 6-dideoxy-3-O-methyl-β-D-ribohexopyranosyloxy］-14β, 17α-dihydroxypregn-5-en-20-one}、12β-乙酰氧基-3β-［O-2, 6-二去氧-3-O-甲基-β-D-吡喃阿拉伯己糖基-（1→4）-O-2, 6-二去氧-3-O-甲基-β-D-吡喃阿拉伯己糖基-（1→4）-O-2, 6-二去氧-3-O-甲基-β-D-吡喃核己糖基-（1→4）-2, 6-二去氧-3-O-甲基-β-D-吡喃核己糖氧基］-14β, 17α-二羟基孕甾-5-烯-20-酮{12β-acetoxy-3β-［O-2, 6-dideoxy-3-O-methyl-β-D-arabinohexopyranosyl-（1→4）-O-2, 6-dideoxy-3-O-methyl-β-D-arabinohexopyranosyl-（1→4）-O-2, 6-dideoxy-3-O-methyl-β-D-ribohexopyranosyl-（1→4）-2, 6-dideoxy-3-O-methyl-β-D-ribohexopyranosyloxy］-14β, 17α-dihydroxypregn-5-en-20-one}、12β-乙酰氧基-3β-［O-2, 6-二去氧-3-O-甲基-β-D-吡喃阿拉伯己糖基-（1→4）-O-2, 6-二去氧-3-O-甲基-β-D-吡喃阿拉伯己糖基-（1→4）-O-2, 6-二去氧-3-O-甲基-β-D-吡喃核己糖基-（1→4）-2, 6-二去氧-3-O-甲基-β-D-吡喃核己糖氧基］-14β-羟基孕甾-5-烯-20-酮{12β-acetoxy-3β-［O-2, 6-dideoxy-3-O-methyl-β-D-arabinohexopyranosyl-（1→4）-O-2, 6-dideoxy-3-O-methyl-β-D-arabinohexopyranosyl-（1→4）-O-2, 6-dideoxy-3-O-methyl-β-D-ribohexopyranosyl-（1→4）-2, 6-dideoxy-3-O-methyl-β-D-ribohexopyranosyloxy］-14β-hydroxypregn-5-en-20-one}、12β-乙酰氧基-3β-［O-2, 6-二去氧-3-O-甲基-α-L-吡喃核己糖基-（1→4）-O-2, 6-二去氧-3-O-甲基-β-D-吡喃核己糖基-（1→4）-O-2, 6-二去氧-3-O-甲基-α-L-吡喃核己糖基-（1→4）-O-2, 6-二去氧-3-O-甲基-β-D-吡喃核己糖基-（1→4）-2, 6-二去氧-3-O-甲基-β-D-吡喃核己糖氧基］-14β, 17α-二羟基孕甾-5-烯-20-酮{12β-acetoxy-3β-［O-2, 6-dideoxy-3-O-methyl-α-L-ribohexopyranosyl-（1→4）-O-2, 6-dideoxy-3-O-methyl-β-D-ribohexopyranosyl-（1→4）-O-2, 6-dideoxy-3-O-methyl-α-L-ribohexopyranosyl-（1→4）-O-2, 6-dideoxy-3-O-methyl-β-D-ribohexopyranosyl-（1→4）-2, 6-dideoxy-3-O-methyl-β-D-ribohexopyranosyloxy］-14β, 17α-dihydroxypregn-5-en-20-one}、12β-乙酰氧基-3β-［O-2, 6-二去氧-3-O-甲基-α-L-吡喃核己糖基-（1→4）-O-2, 6-二去氧-3-O-甲基-β-D-吡喃阿拉伯己糖基-（1→4）-O-2, 6-二去氧-3-O-甲基-β-D-吡喃阿拉伯己糖基-（1→4）-O-2, 6-二去氧-3-O-甲基-β-D-吡喃核己糖基-（1→4）-2, 6-二去氧-3-O-甲基-β-D-吡喃核己糖氧基］-14β, 17α-

二羟基孕甾 -5- 烯 -20- 酮 {12β-acetoxy-3β-［O-2, 6-dideoxy-3-O-methyl-α-L-ribohexopyranosyl-（1→4）-O-2, 6-dideoxy-3-O-methyl-β-D-arabinohexopyranosyl-（1 → 4）-O-2, 6-dideoxy-3-O-methyl-β-D-arabinohexopyranosyl-（1 → 4）-O-2, 6-dideoxy-3-O-methyl-β-D-ribohexopyranosyl-（1 → 4）-2, 6-dideoxy-3-O-methyl-β-D-ribohexopyranosyloxy］-14β, 17α-dihydroxypregn-5-en-20-one}、3β-［O-2, 6- 二去氧 -3-O- 甲基 -α-L- 吡喃核己糖基 -（1→4）-O-2, 6- 二去氧 -3-O- 甲基 -β-D- 吡喃核己糖基 -（1→4）-O-2, 6- 二去氧 -3-O- 甲基 -α-L- 吡喃核己糖基 -（1→4）-O-2, 6- 二去氧 -3-O- 甲基 -β-D- 吡喃核己糖基 -（1→4）-2, 6- 二去氧 -3-O- 甲基 -β-D- 吡喃核己糖氧基］-12β, 14β, 17α- 三羟基孕甾 -5- 烯 -20- 酮 {3β-［O-2, 6-dideoxy-3-O-methyl-α-L-ribohexopyranosyl-（1 → 4）-O-2, 6-dideoxy-3-O-methyl- β-D-ribohexopyranosyl-（1 → 4）-O-2, 6-dideoxy-3-O-methyl-α-L-ribohexopyranosyl-（1 → 4）-O-2, 6-dideoxy-3-O-methyl-β-D-ribohexopyranosyl-（1→4）-2, 6-dideoxy-3-O-methyl-β-D-ribohexopyranosyloxy］-12β, 14β, 17α-trihydroxypregn-5-en-20-one}、3β-［O-2, 6- 二去氧 -3-O- 甲基 -α-L- 吡喃核己糖基 -（1→4）-O-2, 6- 二去氧 -3-O- 甲基 -β-D- 吡喃核己糖基 -（1→4）-O-2, 6- 二去氧 -3-O- 甲基 -α-L- 吡喃核己糖基 -（1→4）-O-2, 6- 二去氧 -3-O- 甲基 -β-D- 吡喃核己糖基 -（1→4）-2, 6- 二去氧 -3-O- 甲基 -β-D- 吡喃核己糖氧基］-12β, 14β- 二羟基孕甾 -5- 烯 -20- 酮 {3β-［O-2, 6-dideoxy-3-O-methyl-α-L-ribohexopyranosyl-（1 → 4）-O-2, 6-dideoxy-3-O-methyl-β-D-ribohexopyranosyl-（1 → 4）-O-2, 6-dideoxy-3-O-methyl-α-L-ribohexopyranosyl-（1 → 4）-O-2, 6-dideoxy-3-O-methyl-β-D-ribo-hexopyranosyl-（1 → 4）-2, 6-dideoxy-3-O-methyl-β-D-ribohexopyranosyloxy］-12β, 14β-dihydroxypregn-5-en-20-one}、12β- 乙酰氧基 -3β-［O-2, 6- 二去氧 -3-O- 甲基 -α-L- 吡喃核己糖基 -（1→4）-O-2, 6- 二去氧 -3-O- 甲基 -β-D- 吡喃核己糖基 -（1→4）-O-2, 6- 二去氧 -3-O- 甲基 -α-L- 吡喃核己糖基 -（1→4）-O-2, 6- 二去氧 -3-O- 甲基 -α-L- 吡喃核己糖基 -（1→4）-2, 6- 二去氧 -3-O- 甲基 -β-D- 吡喃核己糖氧基］-14β, 17α- 二羟基孕甾 -5- 烯 -20- 酮 {12β-acetoxy-3β-［O-2, 6-dideoxy-3-O-methyl-α-L-ribohexopyranosyl-（1 → 4）-O-2, 6-dideoxy-3-O-methyl-β-D-ribohexopyranosyl-（1 → 4）-O-2, 6-dideoxy-3-O-methyl-α-L-ribohexopyranosyl-（1 → 4）-O-2, 6-dideoxy-3-O-methyl-α-L-ribohexopyranosyl-（1→4）-2, 6-dideoxy-3-O-methyl-β-D-ribohexopyranosyloxy］-14β, 17α-dihydroxypregn-5-en-20-one}、3β-［O-2, 6- 二去氧 -3-O- 甲基 -α-L- 吡喃核己糖基 -（1→4）-O-2, 6- 二去氧 -3-O- 甲基 -β-D- 吡喃核己糖基 -（1→4）-O-2, 6- 二去氧 -3-O- 甲基 -α-L- 吡喃核己糖基 -（1→4）-O-2, 6- 二去氧 -3-O- 甲基 -β-D- 吡喃核己糖基 -（1→4）-2, 6- 二去氧 -3-O- 甲基 -β-D- 吡喃核己糖氧基］-8, 12β, 14β, 17α- 四羟基孕甾 -5- 烯 -20- 酮 {3β-［O-2, 6-dideoxy-3-O-methyl-α-L-ribohexopyranosyl-（1 → 4）-O-2, 6-dideoxy-3-O-methyl-β-D-ribohexopyranosyl-（1 → 4）-O-2, 6-dideoxy-3-O-methyl-α-L-ribohexopyranosyl-（1 → 4）-O-2, 6-dideoxy-3-O-methyl-β-D-ribohexopyranosyl-（1 → 4）-2, 6-dideoxy-3-O-methyl-β-D-ribohexopyranosyloxy］-8, 12β, 14β, 17α-tetrahydroxypregn-5-en-20-one}、12β- 乙酰氧基 -3β-［O-2, 6- 二去氧 -3-O- 甲基 -β-D- 吡喃阿拉伯己糖基 -（1→4）-O-2, 6- 二去氧 -β-D- 吡喃核己糖基 -（1→4）-O-2, 6- 二去氧 -β-D- 吡喃核己糖基 -（1→4）-O-2, 6- 二去氧 -3-O- 甲基 -β-D- 吡喃核己糖基 -（1→4）-O-2, 6- 二去氧 -3-O- 甲基 -α-L- 吡喃核己糖基 -（1→4）-O-2, 6- 二去氧 -3-O- 甲基 -α-L- 吡喃核己糖基 -（1→4）-2, 6- 二去氧 -3-O- 甲基 -β-D- 吡喃核己糖氧基］-14β, 17α- 二羟基孕甾 -5- 烯 -20- 酮 {12β-acetoxy-3β-［O-2, 6-dideoxy-3-O-methyl-β-D-arabinohexopyranosyl-（1 → 4）-O-2, 6-dideoxy-β-D-ribohexopyranosyl-（1 → 4）-O-2, 6-dideoxy-β-D-ribohexopyranosyl-（1 → 4）-O-2, 6-dideoxy-3-O-methyl-β-D-ribohexopyranosyl-（1 → 4）-O-2, 6-dideoxy-3-O-methyl-α-L-ribohexopyranosyl-（1 → 4）-O-2, 6-dideoxy-3-O-methyl-α-L-ribohexopyranosyl-（1 → 4）-2, 6-dideoxy-3-O-methyl-β-D-ribohexopyranosyloxy］-14β, 17α-dihydroxypregn-5-en-20-one}、（3β, 12β, 14β, 17α）-12- 乙酰氧基 -3-［O-2, 6- 二去氧 -3-O- 甲基 -α-L-2, 6- 二去氧 -3-O- 甲基 -β-D- 吡喃核己糖氧基］-14β, 17α- 二羟基孕甾 -5- 烯 -20- 酮 {（3β, 12β, 14β, 17α）-12-acetoxy-3-［O-2, 6-dideoxy-3-O-methyl-α-L-2, 6-dideoxy-3-O-methyl-β-D-ribohexopyranosyloxy］-14β, 17α-dihydroxypregn-5-en-20-one}、12β- 乙酰氧基 -3β-［O-2, 6- 二去氧 -3-O- 甲基 -β-D-

吡喃阿拉伯己糖基-（1→4）-*O*-2, 6-二去氧-β-D-吡喃核己糖基-（1→4）-*O*-2, 6-二去氧-β-D-吡喃核己糖基-（1→4）-*O*-2, 6-二去氧-3-*O*-甲基-β-D-吡喃核己糖基-（1→4）-*O*-2, 6-二去氧-3-*O*-甲基-α-L-吡喃核己糖基-（1→4）-*O*-2, 6-二去氧-3-*O*-甲基-α-L-吡喃核己糖基-（1→4）-2, 6-二去氧-3-*O*-甲基-β-D-吡喃阿拉伯己糖氧基］-14β, 17α-二羟基孕甾-5-烯-20-酮{12β-acetoxy-3β-［*O*-2, 6-dideoxy-3-*O*-methyl-β-D-arabinohexopyranosyl-（1→4）-*O*-2, 6-dideoxy-β-D-ribohexopyranosyl-（1→4）-*O*-2, 6-dideoxy-β-D-ribohexopyranosyl-（1→4）-*O*-2, 6-dideoxy-3-*O*-methyl-β-D-ribohexopyranosyl-（1→4）-*O*-2, 6-dideoxy-3-*O*-methyl-α-L-ribohexopyranosyl-（1→4）-*O*-2, 6-dideoxy-3-*O*-methyl-α-L-ribohexopyranosyl-（1→4）-2, 6-dideoxy-3-*O*-methyl-β-D-arabinohexopyranosyloxy］-14β, 17α-dihydroxypregn-5-en-20-one}［6］，萝藦醇-7-甲酯（gagaimol-7-methyl ester）、二苯甲酰萝藦醇（dibenzoylgagaimol）和7β-甲氧基肉珊瑚素（7β-methoxysarcostin）［7］。

地上部分含黄酮类：山柰酚-3-*O*-α-L-阿拉伯吡喃糖苷（kaempferol-3-*O*-α-L-arabinopyranoside）、紫云英苷（astragalin）、番石榴苷（guaijaverin）、异槲皮苷（isoquercitrin）、三叶豆苷（trifolin）、金丝桃苷（hyperoside）、烟花苷（nicotiflorin）、山柰酚-3-洋槐糖苷（kaempferol-3-robinobioside）、槲皮素-3-洋槐糖苷（quercetin-3-robinobioside）、芦丁（rutin）［8］和陆地棉苷（hirsutrin）［9］。

藤含甾体类：新萝藦苷元A（metajapogenin A）、萝藦素（pergularin）、龙虱甾酮（cybisterone）、（17β）-孕甾-4-烯-3, 20-二酮［（17β）-pregnant-4-en-3, 20-dione］、（17β）20α-羟基-孕甾-4-烯-3-酮［（17β）20α-hydroxypregnant-4-en-3-one］和萝藦素-3-*O*-β-D-吡喃磁麻糖基-（1→4）-β-D-吡喃夹竹桃糖苷［pergularin-3-*O*-β-D-cymaropyranosyl-（1→4）-β-D-oleandropyranoside］［10］；木脂素类：鹅掌楸树脂醇B（lirioresinol B）和松脂醇（pinoresinol）［11］。

花叶果实含挥发油类：苯乙醇（phenylethyl alcohol）、α-萜品醇（α-terpineol）和二十二烷（docosane）［12］等。

种子含脂肪酸类：亚油酸（linoleic acid）、油酸（oleic acid）和棕榈油酸（palmitoleic acid）等［13］；挥发油类：衣兰油二烯（muurolene）、罗汉柏烯（cyclopropa）和脱氢香橙烯（dehydroaromadendrene）等［13］。

果壳含甾体类：新萝藦苷元A、B、C、D、E（metajapogenin A、B、C、D、E）、萝藦素（pergularin）、龙虱甾酮（cybisterone）、12-*O*-乙酰基萝藦素（12-*O*-acethylpergularin）、萝藦素-3-*O*-β-D-吡喃黄花夹竹桃糖苷（pergularin3-*O*-β-D-oleandropyranose）和新萝藦苷元E-3-*O*-β-D-吡喃磁麻糖基-（1→4）-β-D-吡喃洋地黄毒糖苷［metajapogenin E-3-*O*-β-D-cymaropyranosyl-（1→4）-β-D-digitoxopyranoside］［10, 11］；氨基酸类：环-（*S*-脯氨酸-*R*-蛋氨酸）［cyclo-（*S*-Pro-*R*-Met）］［10］；生物碱类：金色酰胺醇（aurantianide）、扁柏氨基甲酸酯*A（obtucarbamate A）和*N*, *N'*-二甲基甲酰-4, 4'-亚甲基双苯胺（*N*, *N'*-dimethylformamide-4, 4'-methylene dianiline）［10］；醇类：去氢催吐萝芙醇（dehydrovomifoliol）和苏式-茴香脑乙二醇（*threo*-anethole glycol）［10］；酯类：（-）-异地芰普内酯［（-）-isololiolide］和乙酸苯乙醇酯（phenylethyl acetate）［10］；黄酮类：芹菜素（apigenin）、山柰酚（kaempferol）、橙皮素（hesperetin）、表儿茶素（epicatechin）、山柰酚-3-*O*-吡喃葡萄糖苷（kaempferol-3-*O*-glucopyranoside）、鸢尾黄酮苷（tectoridin）、2-（4-羟基苯基）-6-（3-甲基丁-2-烯基）-4H-色烯-4-酮［2-（4-hydroxyphenyl）-6-（3-methylbut-2-enyl）-4H-chromen-4-one］、异鼠李素（isorhamntin）和牡荆素鼠李糖苷（vitexin rhamnoside）［14］。

全草含酯类：邻苯二甲酸二丁酯（dibutyl phthalate）和脱氢地芰普内酯（dehydrololiolide）［15］；二元酸类：（*Z*）-2-亚乙基-3-甲基琥珀酸［（*Z*）-2-ethylidene-3-methylsuccinic acid］［15］；木脂素类：皮树脂醇（medioresinol）［15］；甾体类：β-谷甾醇（β-sitosterol）、胡萝卜苷（daucosterol）和孕烯醇酮（pregnenolone）［15］；酚醛类：异香草醛（isovanillin）［15］；降倍半萜类：吐叶醇（vomifoliol）［6］。

**【药理作用】**1. 抗氧化　从果壳提取的多糖对超氧阴离子自由基（$O_2^-$·）的清除率可达到80.61%，对1, 1-二苯基-2-三硝基苯肼（DPPH）自由基的清除率为73.01%［1］。2. 免疫增强　从果壳提取的多糖对免疫抑制小鼠可增强吞噬细胞吞噬鸡红细胞的能力，对淋巴细胞的增殖作用显著，能促进细胞因子白

细胞介素 -2（IL-2）和白细胞介素 -6（IL-6）的分泌，增加细胞亚群 $CD3^+$、$CD4^+$ 和 $CD8^+$ 的百分比，上调 $CD4^+/CD8^+$ 的值，使细胞内 $Ca^{2+}$ 含量增加[1]；全草多糖粗提取物能提高免疫抑制小鼠体重及免疫器官指数，促进淋巴细胞增殖[2]。3. 护肝　从地上部分提取的多糖对四氯化碳（$CCl_4$）诱导的急性肝损伤有显著的保护作用，降低小鼠血清中谷丙转氨酶（ALT）和天冬氨酸氨基转移酶（AST）含量[3]。4. 还原能力　从地上部分提取的多糖具有一定的还原能力，还原能力随着多糖浓度的增加逐渐增强，但还原能力不及维生素 C（VC）[4]。

**【性味与归经】**萝藦：甘、辛，平。归肾、肝经。萝藦藤：甘，温。天浆壳：甘、辛，微温。

**【功能与主治】**萝藦：补益精气，通乳，解毒。用于虚损劳伤，阳痿，带下，乳汁不通，丹毒，疮疖。萝藦藤：补肾强壮。用于肾亏遗精，乳汁不足，脱力劳伤。天浆壳：宣肺化痰，止咳平喘，透疹。用于咳嗽痰多，气喘，麻疹透发不畅。

**【用法与用量】**萝藦：15 ～ 60g。萝藦藤：15 ～ 30g。天浆壳：9 ～ 15g。

**【药用标准】**萝藦：江西药材 2014；萝藦藤：上海药材 1994；天浆壳：浙江炮规 2015、江苏药材 1989 和上海药材 1994。

**【临床参考】**1. 黄蜂蜇伤：鲜藤浆汁，涂于黄蜂蜇伤处，2h 1 次，肿痛消失为止，如出现全身中毒症状，用藤 100g，煎服，每日 3 次[1]。

2. 小儿百日咳：果皮 6 ～ 10g，加炙麻黄、南天竹子各 3 ～ 6g，杏仁 4 ～ 10g，生甘草 2 ～ 5g，鹅不食草、杠板归各 6 ～ 15g，蒸百部、广地龙各 6 ～ 10g，每日水煎服；咳剧呕吐频作者加葶苈子、竹茹、代赭石；双目红肿者加丹皮、龙胆草；咯血、衄血者加黛蛤散、白茅根、侧柏叶；舌红苔净者加天冬、麦冬、花粉，10 天为 1 疗程[2]。

3. 带状疱疹：鲜藤浆汁点涂患处，每日 2 ～ 3 次[3]。

4. 骨关节结核：根 30 ～ 45g，加水适量，文火煎 6 ～ 8h，浓缩至 300ml，去渣，加酒适量服；药渣同上法再煎服 1 次，3 月为 1 疗程。

5. 肾亏遗精、乳汁不足、脱力劳伤：茎 15 ～ 30g，水煎服。

6. 疮疖肿毒、丹毒、虫蛇咬伤：鲜叶适量，捣烂外敷。

7. 咳嗽痰多：果皮 9 g，加金沸草、前胡、枇杷叶各 9g，水煎服。（4 方至 7 方引自《浙江药用植物志》）

**【附注】**本种始载于《本草经集注》，在枸杞条下云："萝摩一名苦丸，叶厚大，作藤。生摘之，有白乳汁。人家多种之。可生啖，亦蒸煮食也。"《本草拾遗》云："萝摩敷肿。东人呼为白环藤，生篱落间，折有白汁，一名雀瓢。"《救荒本草》以羊角菜为名，云："生田野下湿地中。拖藤蔓而生，茎色青白。叶似马兜铃叶而长大，又似山药叶，亦长大，面青，背颇白。皆两叶相对生。茎叶折之俱有白汁出。叶间出葋，开五瓣小白花。结角似羊角状，中有白穰。"《本草纲目》云："萝摩，三月生苗，蔓延篱垣，极易繁衍。其根白软，其叶长而后大前尖，根与茎叶，断之皆有白乳如构汁。六、七月开小长花如铃状，紫白色。结实长二三寸，大如马兜铃，一头尖，其壳青软，中有白绒及浆，霜后枯裂则子飞，其子轻薄，亦如兜铃子。"据上所述，即为本种。

本种的种根及种毛民间也作药用，种毛可止血。

**【化学参考文献】**


[1] Mitsuhashi H，Nomura T. Studies on the constituents of asclepiadaceae plants. XV. on the components of *Metaplexis japonica* Makino. II [J]. Chemical and Pharmaceutical Bulletin，1965，13（3）：274-280.

[2] Nomura T，Fukai T，Kuramochi T. Components of *Metaplexis japonica* Makino [J]. Planta Med，1981，41（2）：206-207.

[3] Warashina T，Noro T. Steroidal glycosides from the roots of *Metaplexis japonica* [J]. Chemical and Pharmaceutical Bulletin，1998，46（11）：1752-1757.

[4] Mitsuhashi H，Nomura T. Studies on the constituents of Asclepiadeceae plants. XVI. on the components of *Metaplexis japonica* Makino. 3. the structure of benzoylramanon [J]. Chemical & Pharmaceutical Bulletin，1965，13（11）：1332-1340.

[ 5 ] Warashina T，Noro T. Steroidal glycosides from the roots of *Metaplexis japonica* [ J ] . Phytochemistry，1998，49（7）：2103-2108.
[ 6 ] Warashina T，Noro T. Steroidal glycosides from the root of *Metaplexis japonica* M. Part II [ J ] . Chem Pharm Bull，1998，46（11）：1752-1757.
[ 7 ] Nomura T，Yamada S，Mitsuhashi H. Studies on the constituents of asclepiadaceae plants. XLV. on the components of *Metaplexis japonica* Makino. VI. The structures of 7-oxygenated pregnane derivatives[ J ]. Chem Pharm Bull，1979，27( 2 )：508-514.
[ 8 ] Lee S Y，Kim J S，Kang S S. Flavonol glycosides from the aerial parts of *Metaplexis japonica* [ J ] . Korean Journal of Pharmacognosy，2012，43（3）：206-212.
[ 9 ] Lee S Y，Kim J S，Kang S S. Flavonol glycosides from the aerial parts of *Metaplexis japonica* [ J ] . Saengyak Hakhoechi，2012，43（3）：206-212.
[ 10 ] 姚慧丽 . 萝藦逆转肿瘤多药耐药物质基础研究 [ D ] . 青岛：青岛大学硕士学位论文，2017.
[ 11 ] Yao H L，Liu Y，Liu X H，et al. Metajapogenins A-C，pregnane steroids from shells of *Metaplexis japonica* [ J ] . Molecules，2017，22：646.
[ 12 ] Wang D C，Sun S H，Shi L N，et al. Chemical composition，antibacterial and antioxidant activity of the essential oils of *Metaplexis japonica* and their antibacterial components[ J ]. Journal of Food Science Technology，2015，50( 2 )：449-457.
[ 13 ] 胡鹏，蔡静，张园娇，等 . 萝藦种子中脂肪油和挥发油成分分析 [ J ] . 中国药房，2017，28（18）：2532-2535.
[ 14 ] Wei L L，Yang M，Huang L，et al. Antibacterial and antioxidant flavonoid derivatives from the fruits of *Metaplexis japonica* [ J ] . Food Chem，2019，289：308-312.
[ 15 ] 胡鹏，汪茂林，李月，等 . 萝藦化学成分的研究 [ J ] . 中成药，2017，39（11）：2316-2318.

**【药理参考文献】**

[ 1 ] 白雨鑫 . 萝摩果壳多糖提取工艺优化及药理活性的研究 [ D ] . 锦州：锦州医科大学硕士学位论文，2016.
[ 2 ] 贾琳，郭斌 . 萝藦多糖粗提物对免疫抑制小鼠免疫器官及淋巴细胞增殖影响的初步研究 [ J ] . 辽宁医学院学报，2011，32（5）：400-402，412.
[ 3 ] 曹阳阳 . 萝藦多糖的分离纯化及萝藦多糖对 $CCl_4$ 诱导的小鼠肝损伤的保护研究 [ D ] . 锦州：辽宁医学院硕士学位论文，2013.
[ 4 ] 马寅达，郭斌 . 萝藦全草多糖分子质量分布及还原能力的初步研究 [ J ] . 辽宁医学院学报，2016，37（2）：12-15，115.

**【临床参考文献】**

[ 1 ] 王庭兆 . 萝藦藤浆治疗黄蜂螫伤 [ J ] . 江苏医药，1975，（2）：45.
[ 2 ] 徐铁华 . 痉咳方治疗小儿百日咳综合征 82 例 [ J ] . 实用中医药杂志，2000，16（12）：11.
[ 3 ] 梁兆松 . 萝藦汁治疗带状泡疹 [ J ] . 河南中医学院学报，1976，（4）：40.

## 4. 匙羹藤属 *Gymnema* R.Br.

木质藤本或藤状灌木，具白色乳汁。叶对生，羽状脉。伞形状聚伞花序，腋生，具总梗。花萼 5 裂，内面基部具数个腺体；花冠钟状，5 裂，花蕾时裂片向右覆盖或近镊合状排列，花冠筒内有 5 纵脊；副花冠着生于花冠筒的弯缺处成为硬带或着生于雄蕊背部的花冠筒壁上而退化成两列被毛的条带；雄蕊 5 枚，着生于花冠筒基部，花丝合生呈筒状，花药顶端附属物膜质，花粉块每室 1 个，直立；子房由 2 枚离生心皮组成，柱头近球状、钝圆锥状或棍棒状，较花药长。蓇葖果单生或双生，披针状圆柱形，顶端渐尖，基部膨大。种子顶端具白色绢质种毛。

约 25 种，分布于亚洲热带、亚热带地区、非洲南部和大洋洲。中国 7 种，主要分布于西南和南部地区，法定药用植物 1 种。华东地区法定药用植物 1 种。

## 741. 匙羹藤（图 741）• *Gymnema sylvestre*（Retz.）Schult.

图 741 匙羹藤 摄影 张芬耀等

【别名】武靴藤、乌鸦藤（福建）。

【形态】木质藤本，长达 8m。幼枝被微柔毛，后渐脱落无毛。叶倒卵形或卵状长圆形，长 2 ～ 8cm，宽 1.5 ～ 4cm，先端急尖或短渐尖，基部楔形或宽楔形，全缘，叶上面被短柔毛或仅中脉被微毛，叶背面被绒毛或仅中脉被微毛；侧脉 3 ～ 5 对；叶柄 0.3 ～ 1cm，被短柔毛，顶端具数个丛生腺体。伞形状聚伞花序腋生；花序梗长 0.2 ～ 0.5cm，被短柔毛；花柄短，纤细，被短柔毛；花萼 5 深裂，裂片卵形，具缘毛；花冠绿白色，钟状，裂片卵形；柱头短圆锥状。蓇葖果双生，卵状披针形，长 5 ～ 9cm，外果皮无毛。种子卵圆形，长约 0.8cm，顶端具白色绢质种毛。花期 5 ～ 9 月，果期 10 月至翌年 1 月。

【生境与分布】生于海拔 1000m 以下的山坡疏林或灌丛中。分布于浙江和福建，另云南、广西、广东、海南和台湾均有分布；印度、斯里兰卡、越南、马来西亚、印度尼西亚、日本和非洲也有分布。

【药名与部位】匙羹藤叶，叶。

【采集加工】全年均可采收，除去杂质，晒干。

【药材性状】略皱缩卷曲。完整者展平后呈倒卵形或倒卵状长圆形，长 2.5 ～ 7cm，宽 1.2 ～ 3cm，全缘，微反卷，先端急尖，基部宽楔形，仅叶脉被柔毛，上表面灰绿色至黄绿色，下表面颜色稍浅，侧脉每边 4 ～ 6 条。叶柄长 5 ～ 7mm，被短柔毛，顶端有丛生腺体。质脆。气微，味微苦、微辛。

【药材炮制】除去杂质，筛去灰屑。

【化学成分】叶含三萜类：吉马新苷素 A、B、C、D（gymnemasin A、B、C、D）[1]，吉莫皂苷 a、b（gymnemoside a、b）、匙羹藤酸 I、II、III、IV、V、VI、VII（gymnemic acid I、II、III、IV、V、

VI、VII）[2, 3]，匙羹藤皂苷 II、IV、V（gymnemasaponin II、IV、V）[2]，七叶胆苷 II、V、XLIII、XLVII、LXXIV（gypenoside II、V、XLIII、XLVII、LXXIV）、绞股蓝皂苷 TN-2（gynosaponin TN-2）[3]，匙羹藤醇（gymnemagenol）[4]，吉莫皂苷 $W_1$、$W_2$（gymnemoside $W_1$、$W_2$）、大叶匙羹藤苷 *VII、XIX（alternoside VII、XIX）、29- 羟基龙吉苷元 -3-*O*-β-D- 吡喃葡萄糖基 -（1 → 6）-β-D- 葡萄糖醛酸吡喃糖苷［29-hydroxylongispinogenin-3-*O*-β-D-glucopyranosyl-（1 → 6）-β-D-glucuronopyranoside］、（*E*）- 对 - 羟基苯基丙烯酸［（*E*）-*p*-hydroxylphenylpropenic acid］、3-*O*-［β-D- 吡喃葡萄糖基 -（1 → 4）-β-D- 吡喃葡萄糖基］- 齐墩果酸 {3-*O*-［β-D-glucopyranosyl-（1 → 4）-β-D-glucopyranosyl］-oleanic acid}[5]，灰毡毛忍冬皂苷甲、乙（macranthoidin A、B）、忍冬绿原酸酯皂苷 III（lonimacranthoide III）、朝霍定 C（epimedin C）、3-*O*-β-D- 吡喃葡萄糖基 -（1 → 3）-α-L- 吡喃鼠李糖基 -（1 → 2）-α-L- 吡喃阿拉伯糖基 - 常春藤皂苷元 -28-*O*-β-D- 吡喃葡萄糖基酯［3-*O*-β-D-glucopyranosyl-（1 → 3）-α-L-rhamnopynosyl-（1 → 2）-α-L-arabinopyranosyl-hederagenin-28-*O*-β-D-glucopyranosyl ester］[6]，12- 异丁烯基 -3-*O*-β-D- 吡喃葡萄糖基 -（1 → 6）-β-D- 吡喃葡萄糖基 -28-*O*-β-D- 吡喃葡萄糖基 - 齐墩果酸酯［12-isobutylene-3-*O*-β-D-glucopyranosyl-（1 → 6）-β-D-glucopyranosyl-28-*O*-β-D-glucopyranosyl-oleanolic acid ester］、12- 异丁烯基 -3-*O*-β-D- 吡喃葡萄糖基 -（1 → 6）-β-D- 吡喃葡萄糖基 -28-*O*-β-D- 吡喃葡萄糖基 -（1 → 6）-β-D- 吡喃葡萄糖基 - 齐墩果酸酯［12-isobutylene-3-*O*-β-D-glucopyranosyl-（1 → 6）-β-D-glucopyranosyl-28-*O*-β-D-glucopyranosyl-（1 → 6）-β-D-glucopyranosyl-oleanolic acid ester］和 12- 异丁烯基 -3-*O*-β-D- 吡喃葡萄糖 -（1 → 6）-β-D- 吡喃葡萄糖基 -（1 → 6）吡喃木糖基 -28-*O*-β-D- 吡喃葡萄糖基 - 齐墩果酸酯［12-isobutylene-3-*O*-β-D-glucopyranosyl-（1 → 6）-β-D-glucopyranosyl-（1 → 6）-β-D-xylopyranosyl-28-*O*-β-D-glucopyranosyl-oleanolic acid ester］、齐墩果酸（oleanolic acid）、长刺皂苷元（longispinogenin）[7]，匙羹藤皂苷 V（gymnemasaponin V）[8]，匙羹藤酸 VIII、IX（gymnemic acid VIII、IX）[9, 10]，匙羹藤酸 X、XI、XII（gymnemic acid X、XI、XII）[10]，3β, 16β, 22β, 28- 四羟基 - 齐墩果 -12- 烯 -30- 酸（3β, 16β, 22β, 28-tetrahydroxy-olean-12-en-30-oic acid）[11]，匙羹藤酸 XV、XVI、XVII、XVIII、A、B、C、D、$A_1$、$A_2$、$A_3$、$A_4$（gymnemic acid XV、XVI、XVII、XVIII、A、B、C、D、$A_1$、$A_2$、$A_3$、$A_4$）[12]，匙羹藤苷元（gymnemagenin）[13]，七叶胆苷 XXVIII、XXXVII、LV、LXII、LXIII（gypenoside XXVIII、XXXVII、LV、LXII、LXIII）[14]，匙羹藤苷 I、II、III、IV、V、VI、VII（gymnemaside I、II、III、IV、V、VI、VII）[14]，吉莫皂苷 A、B（gymnemoside A、B）[15]，吉莫皂苷 C、D、E、F（gymnemoside C、D、E、F）[16]，匙羹藤皂苷 I、III（gymnemasaponin I、III）[17]，3-*O*-β-D- 吡喃葡萄糖基齐墩果酸（3-*O*-β-D-glucopyranosyloleanolic acid）、齐墩果酸 -28-*O*-β-*D*- 吡喃葡萄糖酯苷（oleanolic acid-28-*O*-β-D-glucopyranosyl ester）[18]，匙羹藤素（gymnestrogenin）[19]，30- 羟基羽扇醇（30-hydroxylupeol）、斯塔克素（sitakisogenin）、墨西哥仙人掌皂苷元（chichipegenin）[20]，长刺皂苷元 -3-*O*-β-D- 吡喃葡萄糖醛酸苷（longispinogenin-3-*O*-β-D-glucuronopyranoside）、21β- 苯甲酰基长刺皂苷元 -3-*O*-β-D- 吡喃葡萄糖醛酸苷（21β-benzoyl longispinogenin-3-*O*-β-D-glucuronopyranoside）、3-*O*-β-D- 吡喃葡萄糖基 -（1 → 6）-β-D- 吡喃葡萄糖基齐墩果酸 -28-*O*-β-D- 吡喃葡萄糖基酯苷［3-*O*-β-D-glucopyranosyl-（1 → 6）-β-D-glucopyranosyl oleanolic acid-28-*O*-β-D-glucopyranosyl ester］、齐墩果酸 -3-*O*-β-D- 吡喃木糖基 -（1 → 6）-β-D- 吡喃葡萄糖基 -（1 → 6）-β-D- 吡喃葡萄糖苷［oleanolic acid-3-*O*-β-D-xylopyranosyl-（1 → 6）-β-D-glucopyranosyl-（1 → 6）-β-D-glycopyranoside］[21]，21β- 苯甲酰基斯塔克素 -3-*O*-β-D- 吡喃葡萄糖基 -（1 → 3）-β-D- 吡喃葡萄糖苷［21β-benzoyl sitakisogenin-3-*O*-β-D-glucopyranosyl-（1 → 3）-β-D-glycopyranoside］、长刺皂苷元 -3-*O*-β-D- 吡喃葡萄糖基 -（1 → 3）-β-D- 吡喃葡萄糖醛酸苷［longispinogenin-3-*O*-β-D-glucopyranosyl-（1 → 3）-β-D-glucuronopyranoside］、29- 羟基长刺皂苷元 -3-*O*-β-D- 吡喃葡萄糖基 -（1 → 3）-β-D- 吡喃葡萄糖醛酸苷［29-hydroxylongispinogenin-3-*O*-β-D-glucopyranosyl-（1 → 3）-β-D-glucuronopyranoside］[22]，21β- 苯甲酰基斯塔克素 -3-*O*-β-D- 吡喃葡萄糖苷（21β-benzoyl sitakisogenin-3-*O*-β-D-glucuronopyranoside）、长刺皂苷元 -3-*O*-β-D- 吡喃葡萄糖醛酸苷（longispinogenin-3-*O*-β-D-glucuronopyranoside）、齐墩果酸 -3-*O*-β-D- 吡喃木糖基 -（1 → 4）-

β-D-吡喃葡萄糖基-（1→6）-β-D-吡喃葡萄糖苷［oleanolic acid-3-*O*-β-D-xylopyranosyl-（1→4）-β-D-glucopyranosyl-（1→6）-β-D-glucopyranoside］、3-*O*-β-D-吡喃木糖基-（1→6）-β-D-吡喃葡萄糖基-（1→6）-β-D-吡喃葡萄糖基齐墩果酸-28-*O*-β-D-吡喃葡萄糖酯苷［3-*O*-β-D-xylopyranosyl-（1→6）-β-D-glucopyranosyl-（1→6）-β-D-glucopyranossyl-oleanolic acid-28-*O*-β-D-glucopyranosyl ester］和3-*O*-β-D-吡喃葡糖基-（1→6）-β-D-吡喃葡萄糖基-（1→6）-β-D-吡喃葡萄糖基齐墩果酸-28-*O*-β-D-吡喃葡萄糖基-（1→6）-β-D-吡喃葡萄糖酯苷［3-*O*-β-D-glucopyranosyl-（1→6）-β-D-glucopyranosyl-（1→6）-β-D-glucopyranosyloleanolic acid-28-*O*-β-D-glucopyranosyl-（1→6）-β-D-glucopyranosyl ester］[23]；黄酮类：山柰酚-3-*O*-β-D-吡喃葡萄糖基-（1→4）-α-L-吡喃鼠李糖基-（1→6）-β-D-吡喃半乳糖苷［kaempferol-3-*O*-β-D-glucopyranosyl-（1→4）-α-L-rhamnopyranosyl-（1→6）-β-D-galactopyranoside］、槲皮素-3-*O*-6″-（3-羟基-3-戊二酰）-β-D-吡喃葡萄糖苷［quercetin-3-*O*-6″-（3-hydroxyl-3-methylglutaryl）-β-D-glucopyranoside］、山柰酚-3-*O*-2″-没食子酰基-β-D-吡喃葡萄糖苷（kaempferol-3-*O*-2″-galloyl-β-D-glucopyranoside）、山柰酚-3-*O*-芸香糖苷（kaempferol-3-*O*-rutinoside）、山柰酚-3-*O*-洋槐糖苷（kaempferol-3-*O*-robinobioside）、槲皮素-3-*O*-β-D-吡喃葡萄糖苷（quercetin-3-*O*-β-D-glucopyranoside）、芦丁（rutin）、槲皮素-3-*O*-洋槐糖苷（quercetin-3-*O*-robinobioside）、柽柳黄素-3-*O*-洋槐糖苷（tamarixetin-3-*O*-robinobioside）[24]，异芒柄花苷（isoononin）和山柰酚（kaempferol）[5]；多糖：匙羹藤多糖11（GSP11）、匙羹藤多糖22（GSP22）、匙羹藤多糖33（GSP33）、匙羹藤多糖44（GSP44）和匙羹藤多糖55（GSP55）[25]；生物碱类：胆碱（bilineurine）和甜菜碱（betaine）[26]；核苷类：腺嘌呤（adenine）[26]；氨基酸类：亮氨酸（Leu）、异亮氨酸（Ile）、丙氨酸（Ala）、7-氨基-*N*-甲基酪酸（7-amino-*N*-methyl butyric acid）和缬氨酸（Val）[26]；多肽类：匙羹藤多肽（gurmarin）[27]；脂肪酸类：正十六烷酸（*n*-hexadecanoic acid）[29]；烷烃及烯烃类：2, 6, 10, 15, 19, 23-六甲基-2, 6, 10, 14, 18, 22-二十四烷六烯（2, 6, 10, 15, 19, 23-hexamethyl-2, 6, 10, 14, 18, 22-tetracosanehexaene）、十八烷（octadecane）[28]，二十九烷（nonacosane）、三十一烷（hentriacontane）和三十三烷（tritriacontane）[29]；醇类：牛弥菜醇A（conduritol A）[29, 30]；其他尚含：二羟基匙羹藤酸三乙酯（dihydroxy gymnemic triacetate）[31]。

茎含 $C_{21}$ 甾体类：匙羹藤甾苷A、B、C、D、E、F、G、H（gymsylvestroside A、B、C、D、E、F、G、H）、舌瓣花甾苷*K（stephanoside K）、互叶羊角藤原苷*C、D、E、I、L、8（gymnepregoside C、D、E、I、L、8）、肉珊瑚苷元（sarcostin）、原皂苷元8（prosapogenin 8）、β-谷甾醇（β-sitosterol）、豆甾醇（stigmasterol）[32]和豆甾醇-3-*O*-吡喃葡萄糖苷（stigmasterol-3-*O*-glucopyranoside）[33]；三萜类：齐墩果酸-3-*O*-β-D-吡喃葡萄糖基-（1→6）-β-D-吡喃葡萄糖苷［oleanolic acid-3-*O*-β-D-glucopyranosyl-（1→6）-β-D-glucopyranoside］、羽扇豆醇（lupeol）、22α-羟基-长刺皂苷苷元-3-*O*-β-D-吡喃葡萄糖基-（1→3）-β-D-吡喃葡糖醛酸基-28-*O*-α-L-鼠李糖苷的钠盐［sodium salt of 22α-hydroxy-longispinogenin-3-*O*-β-D-glucopyranosyl-（1→3）-β-D-glucuronopyranosyl-28-*O*-α-L-rhamnopyranoside］和22α-羟基-长刺皂苷苷元-3-*O*-β-D-葡糖醛酸吡喃糖基-28-*O*-α-L-吡喃鼠李糖苷的钠盐（sodium salt of 22α-hydroxy-longispinogenin-3-*O*-β-D-glucuronopyranosyl-28-*O*-α-L-rhamnopyranoside）[34]，3β, 16β, 22α-三羟基齐墩果-12-烯-3-*O*-β-D-吡喃木糖基-（1→6）-β-D-吡喃葡萄糖基-（1→6）-β-D-吡喃葡萄糖苷［3β, 16β, 22α-trihydroxyolean-12-en-3-*O*-β-D-xylopyranosyl-（1→6）-β-D-glucopyranosyl-（1→6）-β-D-glucopyranoside］、3-*O*-β-D-吡喃葡萄糖基-（1→3）-α-L-吡喃鼠李糖基墨西哥仙人掌皂苷元-28-α-L-吡喃鼠李糖苷［3-*O*-β-D-glucopyranosyl-（1→3）-α-L-rhamnopyranosyl chichipegenin-28-α-L-rhamnopyranoside］、齐墩果酸-3-*O*-β-D-吡喃木糖基-（1→6）-β-D-吡喃葡萄糖基-（1→6）-β-D-吡喃葡萄糖苷［oleanolic acid-3-*O*-β-D-xylopyranosyl-（1→6）-β-D-glucopyranosyl-（1→6）-β-D-glucopyranoside］和3-*O*-β-D-吡喃木糖基-（1→6）-β-D-吡喃葡萄糖基-（1→6）-β-D-吡喃葡萄糖基齐墩果酸-28-*O*-β-D-吡喃葡萄糖基酯苷［3-*O*-β-D-xylopyranosyl-（1→6）-β-D-glucopyranosyl-（1→6）-β-D-glucopyranosyl oleanolic acid-28-*O*-β-D-glucopyranosyl ester］[35]；香豆素类：异欧前胡素（isoimpein）、水合氧化前

胡素（oxypeucedanin hydrate）和丁公藤苷 A*（erycibosideA）[32]；黄酮类：山柰酚 -7- 甲醚 -3-*O*-β-D- 吡喃葡萄糖苷（kaempferol-7-methyl ether-3-*O*-β-D-glucopyranoside）[32]；醇类：十七烷醇（heptadecyl alcohol）[32]，牛弥菜醇 A（conduritol A）[34]，正十七烷醇（*n*-heptadecanol）、1- 栎醇（1-quercitol）和正十八烷醇（*n*-octadecanol）[36]；烷烃类：正二十一烷（*n*-isodecane）[32]。

花含挥发油类：植醇（phytosterol）、（*Z*）-9- 二十三烯［（*Z*）-9-therotriene］、二十一烯（heneicosene）、2- 甲基 -（*Z*）-2- 二十二烷［2-methyl-（*Z*）-2-docosane］、二十五烷（pentacosane）、10- 二十一碳烯（10-heneicosene）、（*E*）-3- 二十碳烯［（*E*）-3-eicosene］和（*Z*）-2- 甲基 -2- 二十二烷［（*Z*）-2-methyl-2-docosane］[37]；多元醇类：牛弥菜醇 A（conduritol A）[38]。

果实含三萜类：香树脂醇桂皮酸酯（β-amyrin cinnamate）、羽扇豆醇桂皮酸酯（lupeol cinnamate）和 3β- 羟基 -24- 亚甲基 -9, 19- 环羊毛甾烷（3β-hydroxy-24-methylene-9, 19-cyclolanostane）[39]；甾体类：β- 谷甾醇（β-sitosterol）、豆甾醇（stigmasterol）、豆甾醇 -3-*O*- 葡萄糖苷（stigmasterol-3-*O*-glucoside）和 3β, 8, 12β, 14β, 17, 20- 六羟基 -14β, 17α- 孕甾 -5- 烯（3β, 8, 12β, 14β, 17, 20-hexahydroxy-14β, 17α-pregn-5-ene）[39]；多元醇类：牛弥菜醇 A（conduritol A）[39]；烷烃类：正二十九烷（*n*-nonacosane）[39]。

根含甾体类：豆甾醇（stigmasterol）和 β- 谷甾醇（β-sitosterol）[40]；多元醇类：牛弥菜醇 A（conduritol A）[40]；脂肪酸类：正二十二烷酸（*n*-dodecanoic acid）[40]；烷烃类：正二十烷（*n*-eicosane）[40]。

地上部分含三萜类：3β, 16β, 21β, 23- 四羟基齐墩果 -12- 烯（3β, 16β, 21β, 23-tetrahydroxyolean-12-ene）、3β, 16β, 21α, 23, 28- 五羟基齐墩果 -12- 烯（3β, 16β, 21α, 23, 28-pentahydroxyolean-12-ene）、3β, 16β, 23, 28- 四羟基齐墩果 -13（18）- 烯［3β, 16β, 23, 28-tetrahydroxyolean-13（18）-ene］、16β, 23, 28- 三羟基齐墩果 -12- 烯 -3- 酮（16β, 23, 28-trihydroxyolean-12-en-3-one）、16β, 21β, 23, 28- 四羟基齐墩果 -12- 烯 -3- 酮（16β, 21β, 23, 28-tetrahydroxyolean-12-en-3-one）、16β, 21β, 22α, 23, 28- 五羟基齐墩果 -12- 烯 -3- 酮（16β, 21β, 22α, 23, 28-pentahydroxyolean-12-en-3-one）、3β, 16β, 23, 28- 四羟基羽扇豆 -20（29）- 烯［3β, 16β, 23, 28-tetrahydroxylup-20（29）-ene］、3β, 16β, 28- 三羟基齐墩果 -12- 烯（3β, 16β, 28-trihydroxyolean-12-ene）、3β, 16β, 21β, 28- 四羟基齐墩果 -12- 烯（3β, 16β, 21β, 28-tetrahydroxyolean-12-ene）、3β, 16β, 22α, 28- 四羟基齐墩果 -12- 烯（3β, 16β, 22α, 28-tetrahydroxyolean-12-ene）、3β, 23, 28- 三羟基齐墩果 -12- 烯（3β, 23, 28-trihydroxyolean-12-ene）、3β, 16β, 21β, 23, 28- 五羟基齐墩果 -12- 烯（3β, 16β, 21β, 23, 28-pentahydroxyolean-12-ene）、3β, 16β, 29- 三羟基羽扇豆 -20（30）- 烯［3β, 16β, 29-trihydroxylup-20（30）-ene］[41]，齐墩果 -12- 烯 -3β, 16β, 23, 28- 四醇（olean-12-en-3β, 16β, 23, 28-tetrol）、齐墩果 -12- 烯 -3β, 16β, 23, 28- 四乙酸酯（olean-12-en-3β, 16β, 23, 28-tetrayltetraacetate）、齐墩果 -12- 烯 -3β, 16β, 21β, 22α, 23, 28- 六醇（olean-12-en-3β, 16β, 21β, 22α, 23, 28-hexol）、3β, 16β, 22α, 23, 28- 五羟基齐墩果 -12- 烯 -21β-（2*S*）-2- 甲基丁酸酯［3β, 16β, 22α, 23, 28-pentahydroxyolean-12-en-21β-（2*S*）-2-methylbutanoate］、28- 乙酰氧基 -3β, 16β, 22α, 23- 四羟基齐墩果 -12- 烯 -21β-（2*S*）-2- 甲基丁酸酯［28-acetyloxy-3β, 16β, 22α, 23-tetrahydroxyolean-12-en-21β-（2*S*）-2-methylbutanoate］、3β, 16β, 22α, 23, 28- 五乙酰氧基 - 齐墩果 -12- 烯 -21β-（2*S*）-2- 甲基丁酸酯［3β, 16β, 22α, 23, 28-pentakisacetyloxy-olean-12-en-21β-（2*S*）-2-methylbutanoate］、3β, 16β, 22α, 23, 28- 五羟基齐墩果 -12- 烯 -21β-（2*E*）-2- 甲基丁 -2- 烯酸酯［3β, 16β, 22α, 23, 28-pentahydroxyolean-12-en-21β-（2*E*）-2-methylbut-2-enoate］和羽扇豆烷 -3β, 16β, 20, 23, 28- 五醇（lupane-3β, 16β, 20, 23, 28-pentol）[42]；黄酮类：山柰酚 -3-*O*-β-D- 吡喃葡萄糖基 -（1→4）-α-L- 吡喃鼠李糖基 -（1→6）-β-D- 吡喃半乳糖苷［kaempferol-3-*O*-β-D-glucopyranosyl-（1→4）-α-L-rhamnopyranosyl-（1→6）-β-D-galactopyranoside］和槲皮素 -3-*O*-6″-（3- 羟基 -3- 甲基戊二酰基）-β-D- 吡喃葡萄糖苷［quercetin-3-*O*-6″-（3-hydroxyl-3-methyl glutaroyl）-β-D-glucopyranoside］[43]。

**【药理作用】**1. 降血糖　根和果实的水提取液具有降低四氧嘧啶所致糖尿病模型小鼠或大鼠血糖的作用[1, 2]；茎的 95% 乙醇提取物对四氧嘧啶性糖尿病小鼠及肾上腺素性高血糖小鼠有明显的降血糖作用，并能增强正常小鼠的葡萄糖耐受[3]，其作用机制可能为上调脂肪组织 PPAR-γ、PI3κ-p85、CAP、

GluT-4 mRNA 的表达量，改善糖脂代谢紊乱，增加胰岛素的敏感性，改善胰岛素信号转导的“经典途径”P13K/Akt 通路，调节靶蛋白或基因的表达及活性而增加葡萄糖的转运从而降低小鼠脂肪组织的胰岛素抵抗[4, 5]。2. 抗氧化 总皂苷可提高大鼠肝脏超氧化物歧化酶（SOD）和过氧化氢酶（CAT）的活性，降低过氧化脂质（LPO）的产生，表现出抗氧化作用[6]。

**【性味与归经】**苦，平；有小毒。

**【功能与主治】**祛风止痛，生肌，消肿。用于风湿关节痛，糖尿病，痈疖肿毒，毒蛇咬伤，枪弹伤，杀虱。

**【用法与用量】**煎服 0.3 ～ 30g；外用适量。

**【药用标准】**广西药材 1996。

**【临床参考】**1. Ⅰ、Ⅱ期内痔：根、嫩枝叶 30 ～ 60g，加水 400ml，先用武火煎沸，后改文火煎取 300ml，早、中、晚 3 次分服，每日 1 剂；或取根、嫩枝叶 30 ～ 60g 沸水适量冲泡，频饮代茶，每日 1 剂[1]。

2. 阴虚热盛或兼夹血瘀 2 型糖尿病：匙羹藤总苷胶囊口服，每次 2 ～ 3 粒（300mg/ 粒），每日 3 次，8 周为 1 疗程[2]。

3. 痈、疽、疔：根 30g，加金银花 15g，水煎服。

4. 无名肿毒、湿疹：根 30g，加土茯苓 15g，水煎服。（3 方、4 方引自《福建药物志》）

**【附注】**药材匙羹藤叶孕妇慎服。

本种的地上部分在民间用作草药武靴藤，用于治疗消渴症等。

**【化学参考文献】**


[1] Sahu N P，Mahato S B，Sarkar S K. Triterpenoid saponins from *Gymnema sylvestre* [J]. Phytochemistry，1996，41（4）：1181-1185.

[2] Murakam I N，Murakami T，Kadoya M. New hypoglycemic constituents in “gymnemic acid” from *Gymnema sylvestre* [J]. Chem Pharm Bull，1996，44（2）：469-471.

[3] Yoshikawa K，Amimoto K，Arihara S，et al. Gymnemic acid V，VI and VII from GUR-MA，the leaves of *Gymnema sylvestre* R. BR [J]. Chem Pharm Bull，1989，37（3）：852-854.

[4] Khanna V G，Kannabiran K. Anticancer-cytotoxic activity of saponins isolated from the leaves of *Gymnema sylvestre* and *Eclipta prostrata* on HeLa cells [J]. Int J Green Pharmacy，2009，3（3）：227-229.

[5] Zhu X M，Xie P，Di Y T，et al. Two new triterpenoid saponins from *Gymnema sylvestre* [J]. J Integr Plant Biol，2008，50（5）：4.

[6] 刘悦，郑磊，范冰舵，等. 匙羹藤叶的化学成分研究 [J]. 中国实验方剂学杂志，2014，20（12）：102-106.

[7] 张新勇，霍立茹，刘丽芳，等. 武靴藤中皂苷的分离与结构鉴定 [J]. 中国医药科学，2013，3（9）：33-36，45.

[8] Sugihara Y，Nojima H，Matsuda H，et al. Antihyperglycemic effects of gymnemic acid IV，a compound derived from *Gymnema sylvestre* leaves in streptozotocin-diabetic mice [J]. J Asian Nat Prod Res，2000，2：321-327.

[9] Liu H M，Kiuchi F，Tsuda Y. Isolation and structure elucidateon of gymnemic acids，antisweet principles of *Gymnema sylvestre* [J]. Chem Pharm Bull，1992，40（6）：1366-1375.

[10] Yoshikawa K，Nakagawa M，Yamamoto R，et al. Antisweet natural products. V. structures of gymnemic acids VIII-XII from *Gymnema sylvestre* R. BR. [J]. Chem Pharm Bull，1992，40（7）：1779-1782.

[11] Peng S L，Zhu X M，Wang M K，et al. A novel triterpenic acid from *Gymnema sylvestre* [J]. Chin Chem Lett，2005，16（2）：223-224.

[12] Sinsheimer J E，Rao G S，McIlhenny H M. Constituents from *Gymnema sylvestre* leaves V. isolation and preliminary characterization of the gymnemic acids [J]. J Pharm Sci，2006，59（5）：622-628.

[13] Liu H M，Kiuchi F，Tsuda Y. Isolation and structure elucidation of gymnemic acids，antisweet principles of *Gymnema sylvestre* [J]. Chem Pharm Bull，1992，40（6）：1366-1441.

[14] Yoshikawa K，Arihara S，Matsuura K，et al. Dammarane saponins from *Gymnema sylvestre* [J]. Phytochemistry，1992，31（1）：237-241.

[ 15 ] Yoshikawa M, Murakami T, Kadoya Masashi, et al. Medicinal foodstuffs IX. the inhibitors of glucose absorption from the leaves of *Gymnema sylvestre* R. Br. ( Asclepiadaceae ) : structures of gymnemosides a and b [ J ] . Chem Pharm Bull, 1997, 45 ( 10 ) : 1671-1676.

[ 16 ] Yoshikawa M, Murakami T, Matsuda H. Medicinal foodstuffs. X. structures of new triterpene glycosides, gymnemosides-c, -d, -e, and-f, from the leaves of *Gymnema sylvestre* R. Br. : influence of Gymnema glycosides on glucose uptake in rat small intestinal fragments [ J ] . Chem Pharm Bull, 1997, 45 ( 12 ) : 2034-2038.

[ 17 ] Yoshikawa K, Arihara S, Matsuura K. A new type of antisweet principles occurring in *Gymnema sylvestre* [ J ] . Tetrahedron Lett, 1991, 32 ( 6 ) : 789-792.

[ 18 ] 刘欣，叶文才，徐德然，等 . 匙羹藤的三萜和皂甙成分研究 [ J ] . 中国药科大学学报，1999，30（3）：174-176.

[ 19 ] Rao G S, Sinsheimer J E. Constituents from *Gymnema sylvestre* leaves. VIII. isolation, chemistry, and derivatives of gymnemagenin and gymnestrogenin [ J ] . J Pharm Sci, 1971, 60 ( 2 ) : 190-193.

[ 20 ] Ye W C, Liu X, Zhao S X, et al. Triterpenes from *Gymnema sylvestre* growing in China [ J ] . Biochem Syst Ecol, 2000, 29: 1193-1195.

[ 21 ] 张新勇，霍立茹，刘丽芳，等 . 武靴藤叶化学成分研究（Ⅰ）[ J ] . 中草药，2011，42（5）：866-869.

[ 22 ] Ye W C, Liu X, Zhang Q W, et al. Antisweet saponins from *Gymnema sylvestre* [ J ] . J Nat Prod, 2001, 64 ( 2 ) : 232-252.

[ 23 ] Ye W C, Zhang Q W, Liu X, et al. Oleanane saponins from *Gymnema sylvestre* [ J ] . Phytochemistry, 2000, 53 ( 8 ) : 893-899.

[ 24 ] Liu X, Ye W, Yu B, et al. Two new flavonol glycosides from *Gymnema sylvestre* and *Euphorbia ebracteolata* [ J ] . Carbohydrate Research, 2004, 339 ( 4 ) : 891-895.

[ 25 ] Wu X, Mao G, Fan Q, et al. Isolation, purification, immunological and anti-tumor activities of polysaccharides from *Gymnema sylvestre* [ J ] . Food Research International, 2012, 48: 935-939.

[ 26 ] Sinsheimer J E, McIlhenny H M. Constituents from *Gymnema sylvestre* leaves. II. nitrogenous compounds [ J ] . J Pharm Sci, 1967, 56 ( 6 ) : 732-736.

[ 27 ] Hutchinson G B, Lang P L. Isolation and characterization of gurmarin from the leaves of the *Gymnema sylvestre* [ C ] . 246th ACS National Meeting & Exposition, Indianapolis, IN, United States, 2013.

[ 28 ] 丘琴，甄汉深，石琳，等 . 匙羹藤叶石油醚浸泡物化学成分的 GC-MS 分析 [ J ] . 中国实验方剂学杂志，2013，19（7）：93-95.

[ 29 ] Manni P E, Sinsh Ⅱ eimer J E. Constituents from *Gymnema sylvestre* leaves [ J ] . J Pharm Sci, 2006, 54 ( 10 ) : 1541-1544.

[ 30 ] Miyatake K, Takenaka S, Fujimoto T, et al. Isolation of conduritol A from *Gymnema sylvestre* and its effects against intestinal glucose absorption in rats [ J ] . Biosci Biotechnol Biochem, 1993, 57 ( 12 ) : 2184-2185.

[ 31 ] Daisy P, Eliza J, Mohamed F, et al. A novel dihydroxy gymnemic triacetate isolated from *Gymnema sylvestre* possessing normoglycemic and hypolipidemic activity on STZ-induced diabetic rats [ J ] . J Ethnopharmacol, 2009, 126 ( 2 ) : 339-344.

[ 32 ] 徐锐 . 匙羹藤茎化学成分及活性研究 [ D ] . 北京：中国人民解放军军事医学科学院博士学位论文，2015.

[ 33 ] Wang D Y, Li G H, Feng Y J, et al. Two new oleanane triterpene glycosides from *Gymnema inodorum* [ J ] . J Chem Res, 2008, ( 11 ) : 655-657.

[ 34 ] Liu Y, Xu T H, Zhang M Q, et al. Chemical constituents from the stems of *Gymnema sylvestre* [ J ] . Chin J Nat Med, 2014, 12 ( 4 ) : 300-304.

[ 35 ] Zhang M Q, Liu Y, Xie S X, et al. A new triterpenoid saponin from *Gymnema sylvestre* [ J ] . J Asian Nat Prod Res, 2012, 14 ( 12 ) : 1186-1190.

[ 36 ] 卢汝梅 . 匙羹藤茎化学成分和降血糖作用的研究 [ D ] . 成都：成都中医药大学博士学位论文，2005.

[ 37 ] 丘琴，甄汉深，黄培倩 . 匙羹藤花挥发性成分分析 [ J ] . 中药材，2013，36（4）：575-577.

[ 38 ] 丘琴，甄汉深，黄培倩，等 . HPLC 测定匙羹藤花中牛弥菜醇 A 的含量 [ J ] . 中国实验方剂学杂志，2013，19（6）：155-158.

[ 39 ] 丘琴，甄汉深，黄晓玉 . 匙羹藤果实化学成分的分离与结构鉴定 [ J ] . 中药材，2017，40（8）：1858-1860.

[ 40 ] 姜建萍，甄汉深，曹音，等 . 匙羹藤根部乙酸乙酯部分的化学成分研究 [ J ] . 中医药导报，2012，18（9）：73-74.

[ 41 ] Zarrelli A, Della Greca M, Ladhari A, et al. New triterpenes from *Gymnema sylvestre* [ J ] . Helv Chim Acta, 2013, 96 ( 6 ): 1036-1045.

[ 42 ] Zarrelli A, Ladhari A, Haouala R, et al. New acylated oleanane and lupane triterpenes from *Gymnema sylvestre* [ J ] . Helv Chim Acta, 2013, 96 ( 12 ): 2200-2206.

[ 43 ] Liu X, Ye W C, Yu B, et al. Two new flavonol glycosides from *Gymnema sylvestre* and *Euphorbia ebracteolata* [ J ] . Carbohydr Res, 2004, 339 ( 4 ): 891-895.

**【药理参考文献】**

[ 1 ] 甄丹丹，丘琴，姜建萍，等 . 匙羹藤根降血糖的药理作用研究 [ J ] . 广西中医药，2013，36 ( 3 )：72-73.

[ 2 ] 丘琴，陈明伟，甄汉深，等 . 匙羹藤果水提液降血糖作用及其作用机制 [ J ] . 中国实验方剂学杂志，2017，23 ( 14 )：158-163.

[ 3 ] 甄汉深，梁洁，周芳 . 广西匙羹藤茎 95% 乙醇提取物降血糖作用及其机制的初步研究 [ J ] . 中国实验方剂学杂志，2007，13 ( 1 )：32-34.

[ 4 ] 秦灵灵，穆晓红，徐暾海，等 . 匙羹藤总皂苷通过调控脂肪组织 PI3K/AKT 信号通路改善胰岛素抵抗的作用机制研究 [ J ] . 世界科学技术—中医药现代化，2017，19 ( 12 )：1998-2005.

[ 5 ] 李娟娥，王磊，孙文，等 . 匙羹藤对 2 型糖尿病 db/db 小鼠骨骼肌葡萄糖转运信号通路的影响 [ J ] . 现代中药研究与实践，2015，29 ( 3 )：37-40.

[ 6 ] 吴华慧，李姝，潘柳谷，等 . 匙羹藤总皂苷抗氧化活性研究 [ J ] . 大众科技，2015，17 ( 11 )：57-58，66.

**【临床参考文献】**

[ 1 ] 方铄英 . 匙羹藤内服治疗Ⅰ、Ⅱ期内痔出血 60 例 [ J ] . 中国社区医师 ( 医学专业半月刊 ) ，2008，10 ( 12 )：79.

[ 2 ] 郝翔 . 匙羹藤总苷胶囊对 2 型糖尿病 ( 消渴病阴虚热盛或兼血瘀证 ) 的临床研究 [ D ] . 北京：中国中医研究院硕士学位论文，2005.

## 5. 南山藤属 *Dregea* E.Mey.

木质攀援藤本。叶对生，全缘，羽状脉，具柄。伞形状聚伞花序，腋生；具总梗；花萼 5 深裂，裂片花蕾时向右覆盖，内面基部具 5 腺体；花冠辐状，5 裂，花蕾时裂片向右覆盖；副花冠肉质，5 裂，与雄蕊等长，贴生雄蕊背面呈放射状开展，外角钝或长方形，内角延长成一尖齿贴生于花药；雄蕊着生于花冠筒近基部，花丝合生呈筒状，花药顶端附属物膜质，花粉块每室 1 个，长圆形，直立；子房由 2 枚离生心皮组成，每心皮具多数胚珠；柱头脐状凸起或圆锥状。蓇葖果双生，外果皮具纵棱或横皱褶。种子顶端具白色绢质种毛。

约 12 种，分布于亚洲 ( 南部 ) 和非洲。中国 4 种，主要分布南部地区，法定药用植物 2 种。华东地区法定药用植物 1 种。

### 742. 苦绳 ( 图 742 ) • *Dregea sinensis* Hemsl.

**【别名】**白浆藤 ( 江苏 ) 。

**【形态】**木质攀援藤本，长 3 ～ 8m。茎具明显皮孔，幼枝被褐色绒毛。叶纸质，卵状心形或近圆形，长 5 ～ 11cm，宽 4 ～ 7cm，先端短渐尖，基部深心形，叶上面有短柔毛，老时脱落，叶背面被绒毛；侧脉约 5 对；叶柄长 1.5 ～ 5cm，被绒毛，顶端具数个丛生小腺体。伞形状聚伞花序，腋生；花序梗长 3 ～ 6cm；花柄纤细，长约 2.5cm；花萼裂片卵圆形或卵状长圆形，被短柔毛；花冠外面白色，内面紫色或紫红色，裂片卵圆形或卵状长圆形，具缘毛；副花冠裂片卵圆形，肉质，顶端骤尖；柱头圆锥状，顶端 2 裂。蓇葖果双生，狭披针形，长 4 ～ 6.5cm，外果皮具不明显纵纹，顶端弯曲，被短柔毛。种子扁平，卵状长圆形，顶端具白色绢质种毛。花期 4 ～ 8 月，果期 7 ～ 10 月。

**【生境与分布】**生于海拔 500 ～ 3000m 的山地疏林中或灌丛。分布于江苏、浙江和安徽，另湖北、

图 742　苦绳　　摄影　陈彬等

湖南、广西、贵州、云南、西藏、四川、甘肃、陕西、河南和山西也有分布。

**【药名与部位】**傣百解，根。

**【采集加工】**全年均可采收，除去杂质，切片，晒干。

**【药材性状】**为类圆形斜片，直径 0.8 ～ 3.5cm。表面灰褐色或灰黄色，稍粗糙，具纵皱纹及横长皮孔。表皮薄，易剥落，剥落处呈灰黄色。质硬，切面皮部白色，粉性；木质部浅黄色，纤维性。气特异，味苦。

**【化学成分】**根含甾体类：3-*O*-［6- 去氧 -3-*O*- 甲基 -β- 吡喃阿洛糖基 -（1 → 4）-β- 吡喃齐墩果糖基］-11α-*O*- 巴豆酰基 -12β-*O*- 苯甲酰基 -17β- 通关藤苷元 B{3-*O*-［6-deoxy-3-*O*-methyl-β-allopyranosyl-（1 → 4）-β-oleandropyranosyl］-11α-*O*-tigloyl-12β-*O*-benzoyl-17β-tenacigenin B}、3-*O*-［6- 去氧 -3-*O*- 甲基 -β- 吡喃阿洛糖基 -（1 → 4）-β- 吡喃齐墩果糖基］-11α-*O*- 巴豆酰基 -12β-*O*- 苯甲酰基 -17β- 牛奶菜宁 {3-*O*-［6-deoxy-3-*O*-methyl-β-allopyanosyl-（1 → 4）-β-oleandropyranosyl］-11α-*O*-tigloyl-12β-*O*-benzoyl-17β-marsdenin}、3-*O*-［6- 去氧 -3-*O*- 甲基 -β- 吡喃阿洛糖基 -（1 → 4）-β- 吡喃齐墩果糖基］-11α, 12β-di-*O*- 苯甲酰基 -17β- 牛奶菜宁 {3-*O*-［6-deoxy-3-*O*-methyl-β-allopyanosyl-（1 → 4）-β-oleandropyranosyl］-11α, 12β-di-*O*-benzoyl-17β-marsdenin}、3-*O*-［6- 去氧 -3-*O*- 甲基 -β- 吡喃阿洛糖基 -（1 → 4）-β- 吡喃齐墩果糖基］-11α, 12β- 二 -*O*- 巴豆酰基 -17β- 顺式南山藤苷元 {3-*O*-［6-deoxy-3-*O*-methyl-β-allopyanosyl-（1 → 4）-β-oleandropyranosyl］-11α, 12β-di-*O*-tigloyl-17β-*cis*-sogenin}、3-*O*-［6- 去氧 -3-*O*- 甲基 -β- 吡喃阿洛糖基 -（1 → 4）-β- 吡喃齐墩果糖基］-5, 6- 二氢 -11α, 12β- 二 -*O*- 苯甲酰基 -17β- 牛奶菜宁 {3-*O*-［6-deoxy-3-*O*-methyl-β-allopyanosyl-（1 → 4）-β-oleandropyranosyl］-5, 6-dihydrogen-11α, 12β-di-*O*-benzoyl-17β-marsdenin} 和 3-*O*-［6- 去氧 -3-*O*- 甲基 -β- 吡喃阿洛糖基 -（1 → 4）-β- 吡喃齐墩果糖基］-5, 6- 二氢 -11α, 12β- 二 -*O*- 巴豆酰基 -17β- 牛奶菜宁 {3-*O*-［6-deoxy-3-*O*-methyl-β-allopyanosyl-（1 → 4）-β-oleandropyranosyl］-5, 6-dihydrogen-11α, 12β-di-*O*-tigloyl-17β-marsdenin}[1]，苦绳苷元

乙（dresigenin B）、苦绳苷 I（dresioside I）[2]，苦绳苷元 A（dresigenin A）[3]，3-*O*-［β-吡喃葡萄糖基-（1→4）-6-去氧-3-*O*-甲基-β-吡喃阿洛糖基-（1→4）-β-吡喃洋地黄毒糖苷］-11α, 12β-二-*O*-苯甲酰基-17β-牛奶菜宁 {3-*O*-［β-glucopyranosyl-（1→4）-6-deoxy-3-*O*-methyl-β-allopyanosyl-（1→4）-β-digitoxopyranoside］-11α, 12β-di-*O*-benzoyl-17β-marsdenin}、3-*O*-［β-吡喃葡萄糖基-（1→4）-6-脱氧-3-*O*-甲基-β-吡喃阿洛糖基-（1→4）-β-吡喃洋地黄毒糖苷］-11α, 12β-二-*O*-苯甲酰基-5, 6-二氢-17β-牛奶菜宁 {3-*O*-［β-glucopyranosyl-（1→4）-6-deoxy-3-*O*-methyl-β-allopyanosyl-（1→4）-β-digitoxopyranoside］-11α, 12β-di-*O*-benzoyl-5, 6-dihydrogen-17β-marsdenin}、3-*O*-［6-去氧-3-*O*-甲基-β-吡喃阿洛糖基-（1→4）-β-吡喃洋地黄毒糖苷］-11α, 12β-二-*O*-苯甲酰-5, 6-二氢-17β-牛奶菜宁 {3-*O*-［6-deoxy-3-*O*-methyl-β-allopyanosyl-（1→4）-β-digitoxopyranoside］-11α, 12β-di-*O*-benzoyl-5, 6-dihydrogen-17β-marsdenin}、3-*O*-［6-去氧-3-*O*-甲基-β-吡喃阿洛糖基-（1→4）-β-吡喃洋地黄毒糖苷］-11α, 12β-二-*O*-苯甲酰-17α-牛奶菜宁 {3-*O*-［6-deoxy-3-*O*-methyl-β-allopyanosyl-（1→4）-β-digitoxopyranoside］-11α, 12β-di-*O*-benzoyl-17α-marsdenin}、3-*O*-［6-去氧-3-*O*-甲基-β-吡喃阿洛糖基-（1→4）-β-吡喃洋地黄毒糖苷］-11α-*O*-苯甲酰基-12β-*O*-巴豆酰基-17β-牛奶菜宁 {3-*O*-［6-deoxy-3-*O*-methyl-β-allopyanosyl-（1→4）-β-digitoxopyranoside］-11α-*O*-benzoyl-12β-*O*-tigloyl-17β-marsdenin}、3-*O*-［6-去氧-3-*O*-甲基-β-吡喃阿洛糖基-（1→4）-β-吡喃洋地黄毒糖苷］-11α-*O*-苯甲酰基-12β-*O*-巴豆酰基-17α-牛奶菜宁 {3-*O*-［6-deoxy-3-*O*-methyl-β-allopyanosyl-（1→4）-β-digitoxopyranoside］-11α-*O*-benzoyl-12β-*O*-tigloyl-17α-marsdenin}[4]，$\Delta^5$-3β, 8β, 14β-三羟基-11α, 12β-*O*-二苯甲酰基孕甾烷（$\Delta^5$-3β, 8β, 14β-trihydroxyl-11α, 12β-*O*-dibenzoyl pregnane）、$\Delta^5$-3β, 8β, 14β-三羟基-11α, 12β-*O*-二巴豆酰基孕甾烷（$\Delta^5$-3β, 8β, 14β-trihydroxyl-11α, 12β-*O*-ditigloyl pregnane）[5] 和苦绳苷 D、E（dregeoside D、E）[6]；寡糖类：苦绳双糖苷 *（dresinbioside）、苦绳三糖苷 *（dresintrioside）和苦绳四糖苷 *（dresintetraoside）[7]；木脂素类：4′, 4″-二羟基-3, 3′, 3″, 5, 5′, 5″-六甲氧基-7, 9′: 7′, 9-二环氧-4, 8″-氧代-8, 8′-倍半新木脂素-7″, 9″-二醇（4′, 4″-dihydroxy-3, 3′, 3″, 5, 5′, 5″-hexamethoxy-7, 9′: 7′, 9-diepoxy-4, 8″-oxy-8, 8′-sesquineolignan-7″, 9″-diol）、迪丁香脂素（diasyringaresinol）、4′, 4″-二羟基-3, 3′, 3″, 5, 5′-五甲氧基-7, 9′: 7′, 9-二环氧-4, 8″-氧代-8, 8′-倍半新木脂素-7″, 9″-二醇（4′, 4″-dihydroxy-3, 3′, 3″, 5, 5′-pentamethoxy-7, 9′: 7′, 9-diepoxy-4, 8″-oxy-8, 8′-sesquineolignan-7″, 9″-diol）、（+）-异落叶松树脂醇［（+）-isolariciresinol］和赤式-愈创木酚基甘油基-β-*O*-4′-松柏醇（erythro-guaiacylycerol-β-*O*-4′-coniferyl alcohol）[8]。

根茎含脂肪酸及酯类：二十烷酸（eicosanoic acid）和 α, γ-二棕榈酸甘油酯（α, γ-dipalmitin）[9]；木脂素类：3, 4′-二甲氧基-4, 9, 9′-三羟基苯并呋喃木脂素-7′-烯（3, 4′-dimethoxyl-4, 9, 9′-trihydroxyl benzofuranneolignan-7′-ene）和松脂素（pinoresinol）[9]；甾体类：β-谷甾醇（β-sitosterol）和 4α-甲基-胆甾-7-烯-3β-醇（4α-methyl cholesta-7-en-3β-ol）[9]。

**【性味与归经】**苦，寒。归心、肺、胃经。

**【功能与主治】**清火解毒，消肿止痛。用于咽喉肿痛，口舌生疮，疔疡斑疹，肺热咳嗽，胃脘痛，尿痛，解药食毒。

**【用法与用量】**6～15g。

**【药用标准】**云南药材 2005 一册。

**【附注】**苦绳的变种贯筋藤（刀疮药）*Dregea sinensis* Hemsl.var.*corrugata*（Schneid.）Tsiang et P.T.Li 的功效与本种相同，民间也将其等同苦绳药用。

药材傣百解胃寒体弱者慎服。

**【化学参考文献】**

［1］Liu X J，Shi Y，Jia S H，et al. Six new C-21 steroidal glycosides from *Dregea sinensis* Hemsl［J］. J Asian Nat Prod Res，2017，19（8）：745-753.

［2］沈小玲，胡英杰，许杰，等. 苦绳的甾体成分［J］. 药学学报，1996，31（8）：613-616.

[3] 沈小玲，木全章 . 苦绳的一个新甾体成分 [J]. 植物分类与资源学报，1989，11（1）：51-54.
[4] Jia S，Liu X，Dai R，et al. Six new polyhydroxy steroidal glycosides from *Dregea sinensis* Hemsl [J]. Phytochem Lett，2015，11：209-214.
[5] Lv F，Jia S，Dai R，et al. A new steroid from *Dregea sinensis* [J]. Chem Nat Compd，2014，50（5）：862-864.
[6] Jia S H，Lv F，Dai R J，et al. C-21 steroidal glycosides from *Dregea sinensis* [J]. J Asian Nat Prod Res，2014，16（8）：836-840.
[7] 沈小玲，木全章 . 苦绳的寡糖成分 [J]. 化学学报，1990，48（7）：709-713.
[8] 贾少华，吕芳，戴荣继，等 . 苦绳中木脂素类化学成分的分离与结构鉴定 [J]. 北京理工大学学报，2015，35（3）：326-330.
[9] 贾少华，刘峰亮，吕芳，等 . 云南苦绳化学成分的研究 [J]. 天然产物研究与开发，2013，25（5）：631-633.

## 6. 球兰属 *Hoya* R.Br.

攀援藤本或亚灌木，附生或卧生。茎常生不定根。叶对生，肉质，全缘，具柄。伞形状聚伞花序，腋生或腋外生；花萼 5 深裂，裂片内面基部具腺体；花冠肉质，辐状，5 裂，花蕾时裂片镊合状排列，内面常被毛或鳞片；副花冠肉质，5 裂，裂片两侧反折，内角小齿靠合花药，外角圆或骤尖；雄蕊着生于花冠基部，花丝合生成筒状，花药黏合于柱头上，顶端有 1 膜质鳞片；花粉块每室 1 粒，直立，长圆形，边缘有透明薄膜；柱头盘状。蓇葖果单生，柱状纺锤形。种子顶端具白色绢质种毛。

200 余种，分布于亚洲东南部和大洋洲。中国 32 种，主要分布于南部地区，法定药用植物 1 种。华东地区法定药用植物 1 种。

## 743. 球兰（图 743）• *Hoya carnosa*（Linn.f.）R.Br.

**图 743　球兰**　　摄影　郭增喜等

【别名】玉蝶梅（浙江、安徽），壁梅、雪梅、绣球花、贴壁梅（福建）。

【形态】常绿攀援灌木，长达6m。全株除花序外余无毛。茎粗壮，肉质，淡灰色，节上常生不定根。叶卵圆形或卵圆状长圆形，长3.5～13cm，宽3～4.5cm，先端钝，基部圆形或宽楔形，全缘；侧脉约4对，不明显；叶柄肉质，长0.4～1.5cm。伞形状聚伞花序，腋生；花序梗长约4cm；花柄长2～4cm；花冠白色，辐射状，裂片三角形，内面有乳头状突起，先端反折；副花冠裂片星状开展，外角急尖，中脊隆起，边缘反折，内角急尖，内弯至花药。蓇葖果单生，狭披针状圆柱形或条形，长6～10cm，外果皮光滑。种子顶端具白色绢质种毛。花期4～6月，果期7～8月。

【生境与分布】生于海拔200～1200m的山地林中，常附生于树上或岩石上。分布于浙江和福建，另广东、海南、广西、云南和台湾均有分布；印度、越南、马来西亚和日本也有分布。

【药名与部位】球兰，地上部分。

【采集加工】全年均可采收，除去杂质，晒干。

【药材性状】茎呈圆柱形，直径2～4mm；表面灰白色或棕黄色，具细纵棱，有时可见节上有气生根；质脆，易折断，断面深黄色，纤维性强，中空。叶对生，灰绿色或黄绿色，皱缩或卷曲，完整者展平后呈卵圆形至卵圆状长圆形，长3～12cm，宽3～4.5cm，先端钝，基部呈宽楔形，全缘，无毛，侧脉不明显；薄革质，质脆。有时可见聚伞花序，腋生。气微，味苦涩。

【化学成分】茎含甾体类：苦绳苷元P、A（drevogenin P、A）、17β-牛奶菜宁（17β-marsdenin）、埃塞俄比亚南山藤苷元J（drebyssogenin J）、直立牛奶菜六醇（marsectohexol）、11, 12-二-*O*-乙酰苦绳苷元P（11, 12-di-*O*-acetyldrevogenin P）、11, 12-二-*O*-乙酰基-17β-牛奶菜宁（11, 12-di-*O*-acetyl-17β-marsdenin）、8-羟基苦绳苷元A（8-hydroxydrevogenin A）、5, 6-二脱氢非洲白前苷元（5, 6-didehydrocynafogenin）、11, 12-二-*O*-乙酰直立牛奶菜六醇（11, 12-di-*O*-acetylmarsectohexol）和樱花苷元（sakuragenin）、球兰卡诺兰A、B、C、D、E、F、G、H、I、J、K、L、M、N、O、P、Q、R、S、T（hoyacarnoside A、B、C、D、E、F、G、H、I、J、K、L、M、N、O、P、Q、R、S、T）、苦绳苷$A_{pl}$、$A_{ol}$（dregeoside $A_{pl}$、$A_{ol}$）和南美牛奶藤苷$D_{ol}$*（condurangoside $D_{ol}$）[1]；低聚糖类：球兰低聚糖*A、B、C（oilgosaccharide A、B、C）[2]。

叶含甾体类：植物甾醇（phytosterol）和α-谷甾醇（α-sitosterol）[3]。

【药理作用】1. 抗菌 叶的提取物对金黄色葡萄球菌和铜绿假单胞菌的生长均有不同程度的抑制作用[1]；茎的80%乙醇提取液对链球菌、嗜水气单胞菌的生长有较好的抑制作用；茎的水提取液对嗜水气单胞菌的生长有较好的抑制作用；叶的80%乙醇提取液对海安气单胞菌的生长有较好的抑制作用；叶的水提取液对大肠杆菌的生长有较好的抑制作用；叶汁对易损气单胞菌的生长有较好的抑制作用[2, 3]。2. 抗氧化 地上部分中提取的粗皂苷对超氧阴离子自由基（$O_2^-$·）有一定的清除作用，最大清除率可达到63.20%，并可提高正常小鼠的超氧化物歧化酶（SOD）和谷胱甘肽过氧化物酶（GSH-Px）的水平，降低丙二醛（MDA）的含量[3]。3. 止咳祛痰 地上部分的粗皂苷能延长小鼠咳嗽潜伏期和减少3min内咳嗽次数，增加痰液分泌量，提示粗皂苷具有较强的止咳祛痰作用，能有效改善机体抗氧化的作用[3]。

【性味与归经】微苦，凉。归肺经。

【功能与主治】清热解毒，消肿止痛。用于肺热咳嗽，急性扁桃体炎，急性睾丸炎，跌打肿痛，骨折，疮疖肿痛。

【用法与用量】煎服6～15g或鲜品30～90g；外用适量。

【药用标准】广西瑶药2014一卷。

【临床参考】1. 急性乳腺炎：全草60g，加蛇莓草60g、一点红60g、仙鹤草30g，红糖15g，地瓜酒150ml，水酒炖服，每日1剂，连服2～3剂[1]。

2. 咳嗽：球兰止咳糖浆（鲜叶10kg，洗净，沥干，绞碎，压榨取汁7500ml，药汁中加入白糖4kg及尼泊金乙酯 5g，搅溶，静置过夜，取其上清液，蒸馏水补充至 1000ml，分装于棕色糖浆瓶中，100℃流通蒸汽灭菌 30min 制成糖浆）口服，每次 20ml，每天 3 次，7 天为 1 疗程[2]。

3. 风湿性关节炎：鲜全草 60 ～ 90g，加黄酒 125ml，水煎服。

4. 痈、疔：鲜叶 60g，加红糖适量，水煎服；或鲜叶适量，捣烂调蜜糖外敷。

5. 跌打肿痛：鲜叶适量，捣烂外敷。

6. 肺炎：鲜叶 60 ～ 90g，捣烂，加冰糖适量，水煎服；或捣烂取汁服。

7. 扁桃体炎、支气管炎、眼结膜炎、睾丸炎：全草 15 ～ 30g，水煎服。（3 方至 7 方引自《浙江药用植物志》）

**【附注】**本品以玉蝶梅之名始载于《植物名实图考》群芳类，云："玉蝶梅产赣州。蔓生，紫藤，厚叶，面青有肋纹，背白光滑如纸，圃中多植之。"所述与附图，与本种近似。

**【化学参考文献】**

［1］Abe F，Fujishima H，Iwase Y，et al. Pregnanes and pregnane glycosides from *Hoya carnosa*［J］. Chem Pharma Bull，1999，47（8）：1128-1133.

［2］Yoshikawa K，Nishino H，Arihara S，et al. Oligosaccharides from *Hoya carnosa*［J］. J Nat Prod，2000，63（1）：146-148.

［3］魏金婷，曾碧榕，刘文奇 . 球兰属植物的研究进展［J］. 海南医学院学报，2009，15（1）：1-4.

**【药理参考文献】**

［1］Rahayu M L，Saputra K，Setiawan E P. Antibacterial activity extract *Hoya Carnosa* leaves，chloramphenicol 1% and ciprofloxacin against *Staphylococcus aureus* and *Pseudomonas aeruginosa* that caused benign type chronic suppurative otitis media（disc diffusion method）［J］. Biomedical and Pharmacology Journal，2017，10（3）：1427-1432.

［2］刘景乐，陈炳华，黄少君，等 . 中草药球兰的体外抑菌效果观察［C］. 福建省畜牧兽医学术年会，2010.

［3］陈炳华 . 球兰体外抑菌作用及球兰粗皂苷部分活性研究［D］. 福州：福建农林大学硕士学位论文，2011.

**【临床参考文献】**

［1］陈登凑，黄碧波，马美珠 . 马长福医师外科验方的配制与应用［J］. 海峡药学，1994，6（4）：93.

［2］洪敏俐，林向前 . 球兰止咳糖浆制备及临床观察［J］. 时珍国医国药，1999，10（11）：820-821.

# 九八 柿科 Ebenaceae

乔木或直立灌木，无乳汁，少数有枝刺。单叶，互生，稀对生，排成2列，全缘，无托叶，具羽状脉。花常雌雄异株，或杂性；雌花腋生，单生；雄花常成小聚伞花序或簇生，或单生，整齐；花萼3～7裂，深裂，在雌花或两性花中宿存，果时常增大，裂片在花蕾中镊合状或覆瓦状排列，花冠3～7裂，早落，裂片旋转排列，稀覆瓦状排列或镊合状排列；雄蕊离生，着生花冠管基部，常为花冠裂片数的2～4倍，极少同数，花丝分离或2枚连生成对，花药基着，2室，内向，纵裂，雌花常具退化雄蕊4～8枚或无雄蕊；子房上位，2～16室，每室具倒生胚珠1或2粒；花柱2～8枚，分离或基部联合；柱头小，全缘或2裂，无花盘；雄花中，雌蕊退化或缺。浆果多肉质。种子1粒至多数，长椭圆形。

3属，500余种，广布于热带和亚热带，以热带分布为主。中国1属60种，法定药用植物1属，2种1变种。华东地区法定药用植物1属，1种1变种。

柿科仅柿属1属，法定药用植物主要含皂苷类、萘醌类等成分。皂苷类多为三萜皂苷，包括羽扇豆烷型、齐墩果烷型、熊果烷型、木栓烷型等，如白桦脂醇（betulin）、白桦脂酸（betulinic acid）、乙酰齐墩果酸（acetyl oleanolic acid）、熊果酸（ursolic acid）等；萘醌类如7-甲基胡桃酮（7-methyljuglone）、白花丹醌（plumbagin）等。

## 1. 柿属 *Diospyros* Linn.

乔木或灌木，落叶或常绿。小枝顶端有时形成刺；无顶芽，冬芽有鳞片。叶互生，叶片有时有微小透明斑点。花单性异株或杂性；雌花常单生叶腋，雄花常腋生于当年生枝上，组成聚伞花序，较雌花小；花萼4（3～7）裂，有时顶端平截，绿色，雌花花萼果期常增大；花冠白色或黄色，壶状、钟状或管状，4～5（3～7）裂，裂片右旋排列，稀覆瓦状排列；雄蕊4枚至多数，通常8～16枚，着生于花冠基部，常2枚连生成对，形成2列；子房4～12（～16）室，花柱2～6枚，分离或基部合生，通常顶端2裂；雌花有退化雄蕊1～16枚或无雄蕊。浆果肉质，基部常有膨大的宿存花萼。种子1～10粒，较大，常两侧压扁。

约485种，广布于全世界热带和亚热带地区。中国约60种，主要分布于西南部至东南部，法定药用植物2种1变种。华东地区法定药用植物1种1变种。

### 744. 柿（图744）• *Diospyros kaki* Thunb.

**【别名】**柿子树（统称）。

**【形态】**落叶大乔木，高达10m以上；树皮灰褐色，常呈长方块状开裂。枝开展，无毛。冬芽小，先端钝。叶纸质，卵状椭圆形、倒卵形或近圆形，长5～18cm，宽3～9cm，先端渐尖或钝，基部楔形、圆形或近截形，稀心形，新叶疏生柔毛，老叶叶面有光泽，深绿色，无毛，叶背绿色，中脉有微柔毛；叶柄长8～20mm，有浅槽。雌雄异株，稀同株；聚伞花序腋生；雄花3（～5）朵集生或组成短聚伞花序；雄蕊16～24枚，退化子房微小；雌花单生叶腋，花萼绿色，直径约3cm或更大，4深裂，萼管近球状钟形，肉质，裂片阔卵形或半圆形，长约1.5cm；花冠淡黄白色或黄白色而带紫红色，壶形或近钟形，较花萼短小，4裂，花冠管近四棱形，裂片卵形；退化雄蕊8枚，有长柔毛。浆果球形、扁球形、方球形或卵圆形等，直径3.5～8.5cm，基部常有棱，成熟后变黄色、橙黄色；宿存萼在花后增大增厚，方形或近圆形，宽3～4cm，厚革质或干时近木质；果柄粗壮。种子数粒，褐色，椭圆状，侧扁。花期5～6月，果期9～10月。

**图 744　柿**　　　　摄影　赵维良等

【生境与分布】喜温暖湿润，对土壤要求不严格。原产长江流域，华东地区零星栽培，另辽宁西部、长城一线经甘肃南部至四川、云南，在此线以南，东至台湾各省区多有栽培；朝鲜、日本、东南亚、大洋洲、阿尔及利亚、法国、俄罗斯、美国等有栽培。

【药名与部位】柿叶，叶。柿子，成熟果实。柿蒂，宿萼。柿霜，成熟果实制成柿饼外表所生的白色粉霜。柿霜饼，果实制成柿饼时析出的白色粉霜，再经加热溶化制成的饼状物。

【采集加工】柿叶：秋季采收，除去杂质，晒干。柿子：秋冬季果实成熟时采摘，低温干燥。柿蒂：秋末冬初果实近成熟或成熟时采收，收集宿萼，洗净，干燥。

【药材性状】柿叶：呈卵状椭圆形或近圆形，全缘，边缘微反卷。上表面灰绿色或黄棕色，较光滑，下表面淡绿色，具短柔毛。中脉及侧脉在上面凹下或平坦，侧脉每边 5 ～ 7 条，向上斜生，近叶脉结，脉上密生有褐色绒毛。叶柄长 8 ～ 20mm，质脆。气微，味微苦。

柿子：呈圆球形，稍扁，直径 3.5 ～ 5cm。表面深紫红色，有光泽，具皱缩，两端平截，先端有点状花柱残渣，基部有果柄及宿萼，宿萼 4 浅裂。多破碎，红棕色，有毛茸。果肉棕褐色，质柔韧，种子数枚，扁圆形，直径 1 ～ 1.5cm，棕红色。气微，味甜。

柿蒂：呈扁圆形，直径 1.5 ～ 2.5cm。中央较厚，微隆起，有果实脱落后的圆形疤痕，边缘较薄，4 裂，裂片多反卷，易碎；基部有果梗或圆孔状的果梗痕。外表面黄褐色或红棕色，内表面黄棕色，密被细绒毛。质硬而脆。气微，味涩。

柿霜：为白色或灰白色粉状，质轻，易潮解。气微，味甜；具有清凉感。

柿霜饼：呈灰白色或淡黄色圆形块状物，直径约 5cm，表面平滑，易潮解，易破碎。气微，味甜。

【药材炮制】柿叶：除去杂质及枝梗，洗净，润透，切宽丝，晒干。

柿蒂：除去果梗等杂质，洗净，干燥或打碎。

柿霜：置石灰缸中干燥，除去杂质，过 3 号筛。

**【化学成分】**叶含黄酮类：槲皮素（quercetin）、黄芪苷（astraglin）、异槲皮苷（isoquercitrin）、槲皮苷（quercitrin）、金丝桃苷（hyperoside）、槲皮素 -3-*O*-α-L- 阿拉伯糖苷（quercetin-3-*O*-α-L-arabinoside）、山柰酚 -3-*O*-α-L- 吡喃鼠李糖苷（kaempferol-3-*O*-α-L-rhamnopyranoside）、槲皮素 -3-*O*-β-D- 半乳糖苷（quercetin-3-*O*-β-D-galactoside）、槲皮素 -3-*O*-[2″-*O*-(3, 4, 5- 三羟基苯甲基酰基]- 葡萄糖苷 {quercetin-3-*O*-[2″-*O*-（3, 4, 5-trihydroxybenzoyl）]-glucoside}、山柰酚（kaempferol）、山柰酚 -3-β-D- 木糖苷（kaempferol-3-β-D-xyloside）、山柰酚 -3-*O*-α-L- 阿拉伯糖苷（kaempferol-3-*O*-α-L-arabinoside）、山柰酚 -3-*O*-[2″-*O*-(3, 4, 5- 三羟基苯甲基酰)]- 葡萄糖苷 {kaempferol-3-*O*-[2″-*O*-(3, 4, 5-trihydroxybenzoyl)]-glucoside}、芦丁（rutin）、杨梅素（myricetin）、杨梅素 -3-*O*-β-D- 葡萄糖苷（myricetin-3-*O*-β-D-glucoside）、紫云英苷（astragalin）、杜荆素（vitexin）、杜荆素 -2″-*O*- 鼠李糖苷（vitexin-2″-*O*-rhamnoside）[1]，槲皮素 -3-*O*-β-D- 葡萄糖苷（quercetin-3-*O*-β-D-glucoside）、山柰酚 -3-*O*-β-D- 葡萄糖苷（kaempferol-3-*O*-β-D-glucoside）、山柰酚 -3-*O*-β-D- 半乳糖苷（kaempferol-3-*O*-β-D-galactoside）[1,2]，杨梅素 -3-*O*- 甲醚（myricetin-3-*O*-methyl ether），即阿吉木素 *（annulatin）[3,4]，染料木素（genistein）、异鼠李素（isorhamnetin）、槲皮素 -7-*O*-β-D- 鼠李糖苷（quercetin-7-*O*-β-D-rhamnoside）、槲皮素 -7-*O*-β-D- 吡喃葡萄糖苷（quercetin-7-*O*-β-D-glucopyranoside）、异鼠李素 -3-*O*-β-D- 吡喃葡萄糖苷（isorhamnetin-3-*O*-β-D-glucopyranoside）[4]，三叶豆苷（trifolin）[5]，菊花黄苷（chrysontemin）、槲皮素 -3-*O*-（2″-*O*- 没食子酰基）-β-D- 吡喃葡萄糖苷［quercetin-3-*O*-（2″-*O*-galloyl）-β-D-glucopyranoside］、山柰酚 -3-*O*-（2″-*O*- 没食子酰基）-β-D- 吡喃葡萄糖苷［kaempferol-3-*O*-（2″-*O*-galloyl）-β-D-glucopyranoside］[6]，8-C-［α-L- 吡喃鼠李糖基 -（1 → 4）］-α-D- 吡喃葡萄糖基芹菜素］{8-C-［α-L-rhamnopyranosyl-（1 → 4）］-α-D-glucopyranosylapigenin}[7]，2″-（*E*）- 对香豆酰基杨梅苷［2″-（*E*）-*p*-coumaroylmyritrin］、3″-（*E*）- 对香豆酰基杨梅苷［3″-（*E*）-*p*-coumaroylmyricitrin］和梅尔斯汀 -3-*O*-β- 吡喃葡萄糖醛酸苷（mearsetin-3-*O*-β-glucuronopranoside）[8]；三萜皂苷类：齐墩果酸（oleanolic acid）、熊果酸（ursolic acid）[1,3]，坡模酸（pomolic acid）、α- 香树脂醇（α-amyrin）[3]，白桦脂醇（betulin）、白桦脂酸（betulinic acid）、羽扇豆醇（lupeol）、熊果醇（uvaol）、β- 香树脂醇（β-amyrin）、野蔷薇苷（rosamutin）、柿苷 *A（kakisaponin A）、马尾柴酸（barbinervic acid）[3]，苦辛木酸（coussaric acid）[9]，柿叶皂苷 A（kakisaponin A）[5]，柿叶皂苷 B、C（kakisaponin B、C）、柿叶二醇（kakidiol）、野蔷薇苷（rosamultin）[10]，18, 19- 裂环 -3β- 羟基 - 熊果 -12- 烯 -18- 酮（18, 19-seco-3β-hydroxy-urs-12-en-18-one）[11]，19α- 羟基熊果酸（19α-hydroxyursolic acid），19α, 24- 二羟基熊果酸（19α, 24-dihydroxyursolic acid）[12]，马尾柴酸（barbinervic acid）[13]，3α, 19α- 二羟基 -12, 20(30)- 二烯 -24, 28- 二羧酸[3α, 19α-dihydroxyurs-12, 20(30)-dien-24, 28-dioic acid]、3α, 19α- 二羟基 -12- 烯 -24, 28- 二羧酸［3α, 19α-dihydroxyurs-12-en-24, 28-dioic acid］[14] 和 24- 羟基熊果酸（24-hydroxyursolic acid）[15]；大柱香波龙烷类：日柳穿鱼苷 A、B（linarionoside A、B）[12]；醌类：白花丹素（plumbgin）、马替柿醌（maritinone）、3, 3′- 双白花丹素（3, 3′-biplumbagin）、白雪花酮（chitranone）、顺式 - 异柿萘醇酮（*cis*-isoshinanolone）、依力普醌 *（eliptinone）、茅膏醌（droserone）[3]，柿醌（diospyrin）、异柿醌（isodiospyrin）、8′- 羟基异柿醌（8′-hydroxyisodiospyrin）、新柿醌（neodiospyrin）、君迁子醌（mamegakinone）、3- 溴白花丹素（3-bromoplumbagin）、马丁酮（martinone）、7- 甲氧基胡桃酮（7-methoxyjuglone）和 3- 甲氧基 -7- 甲基胡桃酮（3-methoxy-7-methyl-juglone）[16]；生物碱类：菖蒲生物碱丙（tatarine C）[5]；甾体类：菜油甾醇（campesterol）、豆甾醇（stigmasterol）、胡萝卜苷（daucosterol）和 β- 谷甾醇（β-sitosterol）[3]；醇苷类：6*S*, 9*S*- 长寿花糖苷（6*S*, 9*S*-roseoside）[2]；木脂素类：刺五加苷 E（eleutheroside E）[2]，（-）- 丁香脂素［（-）-syringaresinol］和（-）- 丁香脂素 -4-*O*-β-D- 吡喃葡萄糖苷[（-)-syringaresinol-4-*O*-β-D-glucopyranoside][11]；酚酸类：丁香酸（syringic acid）、苯甲酸（benzoic acid）、水杨酸（salicylic acid）[3]，原儿茶醛（protocatechualdehyde）、对香豆酸甲酯（ethyl *p*-coumarate）、原儿茶酸（protocatechuic acid）、4- 羟基 -3- 甲氧基苯甲酸（4-hydroxyl-3-methoxybenzoic acid）[17]，4, 4′-

二羟基古柯间二酸（4, 4′-dihydroxy-truxillic acid）、柿叶酮（kakispyrone）[5]，柿叶酚（kakispyrol）[18]，糠酸（pyromucic acid）[19]，二香草酰基四氢呋喃阿魏酰酯（divanillyl tetrahydrofuran ferulate）[20]，儿茶酚（catechol）、木犀苷 H（osmanthuside H）[21] 和对羟基苯甲酸苯甲酸（*p*-hydroxybenzoic acid）[22]；香豆素类：6- 羟基 -7- 甲氧基香豆素（6-hydroxy-7-methoxycoumarin）[19]，大丁草醇（gerberinol）和 11- 甲基大丁草醇（11-methylgerberinol）[23]；苯丙素类：伽米纳苷（gamnamoside）[21]；二元羧酸和脂肪酸类：琥珀酸（succinic acid）、棕榈酸（palmitic acid）、蜡酸（cerotic acid）、硬脂酸（stearic acid）、肉豆蔻酸（myristic acid）、花生酸（arachidic acid）、十八碳烯酸（octadecenoic acid）、亚油酸（linoleic acid）、十六碳三烯酸（hexadecatrienoic acid）和亚麻酸（linolenic acid）[3]；酰胺类：2-［（*R*）-1- 羟乙基］-3- 甲基马来酰亚胺 {2-［（*R*）-1-hydroxyethyl］-3-methyl maleimide} 和 2-（2- 羟乙基）-3- 甲基马来酰亚胺［2-（2-hydroxyethyl）-3-methyl maleimide］[17]；醇类：C- 藜芦酰乙二醇（C-veratroylglycol）、2-（对羟基苯乙醇）乙酸酯［2-（4′-hydroxyphenyl ethyl）acetate］、3-（4- 羟基 -3- 甲氧苯基）-1, 2- 丙二醇［3-（4-hydroxyl-3-methoxyphenyl）propane-1, 2-diol］和羟基酪醇（hydroxytyrosol）[17]；酚类：4- 烯丙基儿茶酚（4-allylpyrocatechol）[17] 和柿漆酚（shibuol）[24]；酮类：2, 4- 二羟基 -6- 甲基苯乙酮（2, 4-dihydroxy-6-methylacetophenone）[17]。

果实含三萜皂苷类：β- 香树脂醇己醚（β-amyrin hexyl ether）、$\Delta^{6,7}$- 香树脂醇（$\Delta^{6,7}$-amyrin）、熊果甲酯（methyl ursolate）、$\Delta^{5,6}$-3-（2′- 甲基戊酰氧基）- 熊果酸环己酯［cyclohexyl $\Delta^{5,6}$-3-（2′-methyl pentanoyl）-ursolate］和熊果辛酯（octyl ursolate）[25]；烷类：姥鲛烷（pristane）和植烷（phytane）[26]。

果皮含脂肪酸类：棕榈酸（palmitic acid）和肉豆蔻酸（myristic acid）[27]；甾体类：β- 谷甾醇（β-sitosterol）和 24- 丙基 -3β- 羟基 - 胆甾 -5- 烯（24-propyl-3β-hydroxy-cholest-5-alkene）[27]；三萜皂苷类：熊果酸（ursolic acid）和齐墩果酸（oleanolic acid）[27]；香豆素类：东莨菪内酯（scopoletin）[27]。

宿萼含三萜皂苷类：24- 羟基齐墩果酸（24-hydroxyoleanolic acid）、19α, 24- 二羟基熊果酸（19α, 24-dihydroxyursolic acid）、白桦酸（betulinic acid）、马尾柴酸（barbinervic acid）[28]，齐墩果酸（oleanolic acid）、熊果酸（ursolic acid）[29, 30]，木栓酮（friedelin）和 19α- 羟基熊果酸（19α-hydroxyursolic acid）[30]；黄酮类：山柰酚（kaempferol）、槲皮素（quercetin）、三叶豆苷（trifolin）、金丝桃苷（hyperin）[30] 和紫云英苷（astragalin）[31]；脂肪酸及多元羧酸类：硬脂酸（stearic acid）、棕榈酸（palmitic acid）、琥珀酸（succinic acid）[30]，β- 谷甾醇（β-sitosterol）和 β- 谷甾醇 -β-D- 葡萄糖苷（β-sitosteryl-β-D-glucoside）[30]；酚酸类：没食子酸（gallic acid）、没食子酸乙酯（ethyl gallate）[29]，丁香酸（syringic acid）、香草酸（vanillic acid）和没食子酸（gallic acid）[30]；碳苷类：丁基 -β-D- 果糖苷（butyl-β-D-fructopyranoside）[31]。

柿霜含糖类：葡萄糖（glucose）、果糖（fructose）、蔗糖（sucrose）、甘露糖（mannose）、核糖（ribose）和半乳糖（galactose）[32]。

根含醌类：7- 甲基胡桃酮（7-methyljuglone）、异柿醌（isodiospyrin）、君迁子醌（mamegakinone）、白花丹素（plumbagin）、柿醌（diospyrin）和新柿醌（neodiospyrin）[33]；三萜皂苷类：羽扇豆醇（lupeol）和白桦脂酸（betulinic acid）[33]。

心材含萘类：5, 6, 8- 三甲氧基 -3- 甲基 -1- 萘醇（5, 6, 8-trimethoxy-3-methyl-1-naphthol）、4- 羟基 -5, 6- 二甲氧基 -2- 萘醛（4-hydroxy-5, 6-dimethoxy-2-naphthaldehyde）、4, 8- 二羟基 -5- 甲氧基 -2- 萘醛（4, 8-dihydroxy-5-methoxy-2-naphthaldehyde）、4- 羟基 -5, 8- 二甲氧基 -2- 萘醛（4-hydroxy-5, 8-dimethoxy-2-naphthaldehyde）和 4- 羟基 -5- 甲氧基 -2- 萘醛（4-hydroxy-5-methoxy-2-naphthaldehyde）[34]。

茎皮含三萜类：α- 香树脂醇（α-amyrin）和白桦脂醇（betulin）[35]。

**【药理作用】**1. 抗氧化　果实的醇提取物对 1, 1- 二苯基 -2- 三硝基苯肼（DPPH）自由基、羟自由基（·OH）、超氧阴离子自由基（$O_2^-$·）具有明显的清除作用，对脂质过氧化具有一定的抑制作用[1]；果蒂总鞣质对羟自由基有较强的清除作用，对超氧阴离子自由基有一定的清除作用，能显著抑制脂质过氧化，具有较强的还原力，具有较好的抗氧化作用[2]；果蒂醇提取物的正己烷、正丁醇和乙酸乙酯组分对2, 2′-联氮-二（3-乙基-苯并噻唑-6-磺酸）二铵盐（ABTS）和1, 1-二苯基-2-三硝基苯肼自由基均有一定的清除作用，且乙酸乙酯提取物的抗氧化作用较强，青果蒂提取物的抗氧化作用强于成熟的果蒂[3]；果皮乙酸乙酯、正丁醇萃取物及水溶物三部分在体外对1, 1-二苯基-2-三硝基苯肼自由基均有一定的清除作用[4]；果皮、果肉和果蒂的甲醇单宁提取物对羟自由基、1, 1-二苯基-2-三硝基苯肼自由基、2, 2′-联氮-二（3-乙基-苯并噻唑-6-磺酸）二铵盐自由基均具有较强的清除作用，但对自由基清除作用存在差异[5]；果实黄酮对1，1-二苯基-2-三硝基苯肼自由基和羟自由基具有一定的清除作用[6]。2. 抗菌　果蒂醇提取物的正己烷、正丁醇和乙酸乙酯部位对大肠杆菌、金黄色葡萄球菌、枯草芽孢杆菌的生长有一定的抑制作用，且乙酸乙酯的抗菌作用最强，青果蒂的抗菌作用强于成熟果蒂[3]。3. 抗炎　从果实分离的乙酸乙酯组分可显著降低脂多糖诱导的肿瘤坏死因子-α（TNF-α）水平[7]；从叶分离的化合物二十二烷酸（coussaric acid）和桦木酸（betulinic acid）对脂多糖诱导的RAW 264.7巨噬细胞的炎症反应有明显的抑制作用，其机制与抑制一氧化氮、前列腺素$E_2$的释放，抑制肿瘤坏死因子-α、白细胞介素-6、白细胞介素-1β的水平有关，并能降低诱导型一氧化氮合酶和环氧合酶-2的蛋白质表达[8]。4. 抗肿瘤　果蒂的乙酸乙酯提取部位对人急性单核细胞白血病THP-1细胞有一定的细胞毒作用；醇提取物对人大肠癌HCT116、SW480、LoVo和HT-29细胞的生长具有明显的抑制作用，其机制与通过诱导蛋白酶体降解和转录抑制来下调细胞周期蛋白D1表达有关[9]。5. 护心脏　果蒂的正丁醇提取物对氯化钡诱导的抗室性心动过速有明显的抑制作用[10]。6. 降血脂　叶水提取液可明显降低高血脂模型大鼠的体重、肝脏指数、血清和肝脏中的甘油三脂、总胆固醇浓度以及血浆黏度和血细胞比容[11]。

**【性味与归经】**柿叶：苦，寒。归肺经。柿子：甘、酸，燥、钝、糙、凉（蒙医）。柿蒂：苦、涩，平。归胃经。柿霜：甘，凉。归心、肺经。柿霜饼：甘，凉。

**【功能与主治】**柿叶：清肺止咳，凉血止血，活血化瘀。用于肺热咳喘，肺气胀，各种内出血，高血压，津伤口渴。柿子：清“巴达干”热（蒙医），止泻。用于“巴达干宝日”病（蒙医），耳病，烧心泛酸。柿蒂：降逆下气。用于呃逆。柿霜：清热生津，润肺止咳。用于咽喉肿痛，口舌生疮，胃溃疡，干咳痰少，肺痨咳嗽，吐血。柿霜饼：清热，润燥宁咳。用于咽干喉痛，口舌生疮。

**【用法与用量】**柿叶：煎服5～15g，重症加倍；外用适量。柿子：6～9g。柿蒂：4.5～9g。柿霜：3～9g，多用于散剂；外用适量。柿霜饼：3～6g。

**【药用标准】**柿叶：湖南药材2009、山东药材2012、广东药材2011、北京药材1998、广西药材1990和贵州药材2003；柿子：部标蒙药1998和内蒙古蒙药1986；柿蒂：药典1963-2015、浙江炮规2005、新疆药品1980二册和台湾2013；柿霜：浙江炮规2005、山东药材2012、山西药材1987、北京药材1998、广东药材2004、甘肃药材2009和台湾1985一册；柿霜饼：浙江炮规2005和上海药材1994。

**【临床参考】**1. 血小板减少症：复方柿叶丸（叶20g，加花生叶10g、路边黄10g、白茅根10g、血余炭10g、当归9g、党参9g、黄芪9g、白芍7g、熟地6g，蜂蜜适量泛丸）口服，每日15～25g[1]；或叶，加鸡儿肠根、侧柏叶、阿胶各3～9g，水煎服。（《浙江药用植物志》）

2. 面部黄褐斑：柿叶去斑膏（叶研末，加入溶化的凡士林中调匀成膏为度）适量外用，每日3次[2]。

3. 小儿创伤性口腔溃疡：柿霜60g，研极细末，清洁口腔病损区黏膜，将药粉喷撒于患处，厚约1mm，范围略大于溃疡面，使药粉在病损黏膜上停留30～60s，每日3次，连用7日[3]。

4. 食道炎：叶20g，蒂10g，加生甘草10g，为1日量，分为2等份，上午、下午各1份，每份以200ml沸水浸泡，待微温小口慢饮[4]。

5. 胃黏膜出血：叶研末，过筛去渣，温开水送下：每次3g，每日3次[5]。

6. 失眠：叶30g，加炒山楂核30g，水煎服，每晚1次，7天为1疗程[6]。

7. 慢性肾炎蛋白尿：鲜叶30g，加黄芪60g、党参15g、山药15g、白术30g、山茱萸10g、茯苓15g、丹皮10g、蒲公英15g、菟丝子12g，每日1剂，水煎服[7]。

8. 胸满呃逆不止：果蒂，加丁香、生姜；或果蒂 3 个，烧存性，研粉，开水吞服。

9. 咽痛、咳嗽、口舌生疮：柿霜适量口服。（8 方、9 方引自《浙江药用植物志》）

10. 地方性甲状腺肿：未成熟果实，捣取汁，冲服。（江西《中草药学》）

**【附注】**本种入药始载于《本草拾遗》，柿在《礼记》中已有记载。《本草图经》谓："柿，旧不着所出州土，今南北皆有之。柿之种亦多，黄柿生近京州郡；红柿南北通有；朱柿出华山，似红柿而皮薄，更甘珍……。"《本草纲目》谓："柿，高树，大叶圆而光泽，四月开小花，黄白色，结实青绿色，八、九月乃熟。"再参考《本草图经》及《本草纲目》之附图，即为本种。

本种的花、树皮、根及外果皮民间均作药用。

凡脾胃虚寒，痰湿内盛，外感风寒，脾虚泄泻，疟疾等症者，禁食鲜柿子；柿霜风寒咳嗽者禁服；柿饼凡脾胃虚寒，痰湿内盛者禁服。

**【化学参考文献】**


[1] 卢鑫，李晓乐 . 柿叶中化学成分及其药理作用研究 [J]. 化学教育，2016，37（24）：5-9.

[2] 梅为云，李娜，刘录，等 . 云南甜柿叶化学成分研究 [J]. 云南民族大学学报：自然科学版，2017，26（4）：274-277.

[3] 周鑫堂，王丽莉，韩璐，等 . 柿叶化学成分和药理作用研究进展 [J]. 中草药，2014，45（21）：3195-3203.

[4] 张胜海，王英姿，段飞鹏，等 . 柿叶中黄酮类成分的化学研究 [J]. 天津中医药，2014，31（8）：501-503.

[5] Chen G，Xue J，Xu S X，et al. Chemical constituents of the leaves of *Diospyros kaki* and their cytotoxic effects [J]. J Asian Nat Prod Res，2007，9（4）：347-353.

[6] Xue Y L，Miyakawa T，Hayashi Y，et al. Isolation and tyrosinase inhibitory effects of polyphenols from the leaves of persimmon，*Diospyros kaki* [J]. J Agric Food Chem，2011，59（11）：6011-6017.

[7] Chen G，Wei S H，Huang J. A novel C-glycosylflavone from the leaves of *Diospyros kaki* [J]. J Asian Nat Prod Res，2009，11（6）：502-506.

[8] Furusawa M，Ito T，Nakaya K，et al. Flavonol glycosides in two *Diospyros* plants and their radical scavenging activity [J]. Heterocycles，2003，60（11）：2557-2563.

[9] Kim K S，Lee D S，Kim D C，et al. Anti-inflammatory effects and mechanisms of action of coussaric and betulinic acids isolated from *Diospyros kaki* in lipopolysaccharide-stimulated RAW 264. 7 macrophages [J]. Molecules，2016，21（9）：1206-1219.

[10] Chen G，Wang Z Q，Jia J M. Three minor novel triterpenoids from the leaves of *Diospyros kaki* [J]. Chem Pharm Bull，2009，57（5）：532-535.

[11] Chen G，Ren H M，Yu C Y. A new 18，19-secoursane triterpene from the leaves of *Diospyros kaki* [J]. Chem Nat Compd，2012，47（6）：918-920.

[12] 陈光，徐绥绪，沙沂 . 柿叶的化学成分研究（Ⅰ）[J]. 中国药物化学杂志，2000，10（4）：298-299.

[13] 陈光，贾澎云，徐绥绪，等 . 柿叶化学成分的研究（Ⅱ）[J]. 中草药，2005，36（1）：26-28.

[14] Thuong P T，Lee C H，Dao T T，et al. Triterpenoids from the leaves of *Diospyros kaki*（Persimmon）and their inhibitory effects on protein tyrosine phosphatase 1B [J]. J Nat Prod，2008，71（10）：1775-1778.

[15] Khanal P，Oh W K，Thuong P T，et al. 24-hydroxyursolic acid from the leaves of the *Diospyros kaki*（persimmon）induces apoptosis by activation of AMP-activated protein kinase [J]. Planta Med，2010，76（7）：689-693.

[16] Chwen L L，Chou C J，Chen C F. Constituents of *Diospyros kaki* leaves（II）[J]. National Medical Journal of China，1988，40（3）：195-197.

[17] 乔金为，黄顺旺，宋少江，等 . 柿叶化学成分研究 [J]. 中药材，2016，39（11）：2513-2517.

[18] Chen G，Xu S X，Wang H Z，et al. Kakispyrol，a new biphenyl derivative from the leaves of *Diospyros kaki* [J]. J Asian Nat Prod Res，2005，7（3）：265-268.

[19] 周法兴，梁培瑜，文洁，等 . 柿叶化学成分的研究（Ⅰ）[J]. 中草药，1983，14（2）：52-54.

[20] Matsuura S，Iinuma M. Lignan from calyces of *Diospyros kaki* [J]. Phytochemistry，1985，24（3）：626-628.

[21] Varughese T，Rahaman M，Kim N S，et al. Gamnamoside，a phenylpropanoid glycoside from persimmon leaves（*Diospyros kaki*）with an inhibitory effect against an alcohol metabolizing enzyme [J]. Bull Korean Chem Soc，2009，30（5）：

1035-1038.

[22] 周法兴，梁培瑜，文洁，等. 柿叶化学成分的研究 [J]. 中药通报，1987，12（10）：38-39.

[23] Paknikar S K，Fondekar K P P，Kirtany J K，et al. 4-Hydroxy-5-methylcoumarin derivatives from *Diospyros kaki* Thunb and D. kaki var. *sylvestris* Makino：structure and synthesis of 11-methylgerberinol [J]. Phytochemistry，1996，41（3）：931-933.

[24] 林娇芬，林河通，谢联辉，等. 柿叶的化学成分、药理作用、临床应用及开发利用 [J]. 食品与发酵工业，2005，31（7）：90-96.

[25] 刘亚君，谢金伦. 柿中具有 $\Delta^{12}$ 熊果烯骨架的五环三萜类化合物 [J]. 植物资源与环境学报，2001，10（2）：1-3.

[26] Velcheva M P，Donchev C. Isoprenoid hydrocarbons from the fruit of extant plants [J]. Phytochemistry，1997，45（4）：637-639.

[27] 韦建华，蔡少芳，甄汉深，等. 柿皮化学成分的研究 [J]. 中国实验方剂学杂志，2010，16（14）：102-104.

[28] 潘旭，具敬娥，贾娴，等. 柿蒂化学成分的分离与鉴定 [J]. 沈阳药科大学学报，2008，25（5）：356-359.

[29] 刘建勇. 柿蒂活性成分的研究 [D]. 武汉：湖北中医学院硕士学位论文，2008.

[30] Matsuura S，Iinuma M. Studies on the constituents of useful plants. IV. the constituents of calyx of *Diospyros kaki*（1）[J]. Yakugaku Zasshi，1977，97（4）：452-455.

[31] Shin M，Iinuma M. Studies on the constituents of useful plants. VI. constituents of the calyx of *Diospyros kaki* and carbon-13 nuclear magnetic resonance spectra of flavonol glycosides [J]. Chem Pharm Bull，1978，26（6）：1936-1941.

[32] 胡运霞，谭彩霞，武延生，等. 柿霜化学成分及功能的研究进展 [J]. 现代农村科技，2013，5：61-62.

[33] Tezuka M，Kuroyanagi M，Yoshihira K，et al. Naphthoquinone derivatives from the Ebenaceae. IV. Naphthoquinone derivatives from *Diospyros kaki* and *D. kaki* var. *sylvestris* [J]. Chem Pharm Bull，1972，20（9）：2029-2035.

[34] Matsushita Y，Jang I C，Imai T，et al. Naphthalene derivatives from *Diospyros kaki* [J]. Journal of Wood Science，2010，56（5）：418-421.

[35] Andriamasy J，Pelissier Y，Fouraste I. Triterpenes from *Diospyros kaki* L. presence of α-amyrin and betulin in the stem bark [J]. Trav Soc Pharm Montp，1978，38（1）：77-80.

**【药理参考文献】**

[1] 徐胜龙，杨建雄. 柿子醇提取物的体外抗氧化研究 [J]. 食品科学，2008，29（4）：131-134.

[2] 周本宏，魏嫣，张琛霞，等. 柿蒂总鞣质的抗氧化活性研究 [J]. 广东药科大学学报，2010，26（6）：599-601.

[3] 董浩爽，凌敏，吕姗，等. 青柿蒂和成熟干柿蒂提取物的抗氧化和抑菌活性研究 [J]. 食品科技，2017，42（3）：232-237.

[4] 任飞，杜宏涛，张继文，等. 柿子皮醇提物中多酚含量及其抗氧化活性 [J]. 西北农业学报，2011，20（4）：144-147.

[5] 陈美红，李春美，杨依姗. 柿子不同部位单宁提取物清除自由基作用的比较研究 [J]. 食品科技，2009，34（8）：120-123.

[6] 薛菁，张海生，彭春蓉. 柿子黄酮超声波辅助提取及其抗氧化和抑菌性的分析 [J]. 包装与食品机械，2017，35（6）：21-25，40.

[7] Kim E O，Lee H，Chi H C，et al. Antioxidant capacity and anti-inflammatory effect of the ethyl acetate fraction of dried persimmon（*Diospyros kaki* Thumb.）on THP-1 human acute monocytic leukemia cell line [J]. Journal of the Korean Society for Applied Biological Chemistry，2011，54（4）：606-611.

[8] Kim K S，Lee D S，Kim D C，et al. Anti-inflammatory effects and mechanisms of action of coussaric and betulinic acids isolated from *Diospyros kaki* in lipopolysaccharide-stimulated RAW 264. 7 macrophages [J]. Molecules，2016，21（9）：1206-1219.

[9] Su B P，Park G H，Song H M，et al. Anticancer activity of calyx of *Diospyros kaki* Thunb. through downregulation of cyclin D1 via inducing proteasomal degradation and transcriptional inhibition in human colorectal cancer cells [J]. Bmc Complementary & Alternative Medicine，2017，17（1）：445-454.

[10] 张治平，林笋镁，马超，等. 柿蒂提取物抑制氯化钡诱导的大鼠快速室性心动过速的研究 [J]. 新医学，2016，47（6）：369-372.

[11] 谢耀峰，万进军. 柿子叶降血脂作用研究 [J]. 鄂州大学学报，2017，24（1）：107-109.

**【临床参考文献】**


[1] 高坚. 复方柿叶丸治疗血小板减少症的临床观察[J]. 新医学，1991，(3)：126.

[2] 柴松岩，张世臣，蒲志良，等. 临床治疗面部黄褐斑 247 例的体会[J]. 中医杂志，1979，57(1)：57.

[3] 刘立宏，刘学聪，乔玉巧，等. 柿霜治疗小儿创伤性口腔溃疡疗效观察[J]. 河北医药，2011，33(13)：2049-2050.

[4] 刘德明. 柿叶茶治疗食道炎 45 例临床观察[J]. 基层中药杂志，1997，11(1)：55.

[5] 董长宏，王辛秋. 柿叶粉治疗胃粘膜出血 20 例临床观察[J]. 中国中西医结合脾胃杂志，1994，2(3)：47-49.

[6] 纪延龙. 柿叶楂核汤治疗失眠[J]. 四川中医，1983，(2)：59.

[7] 周嘉善. 柿叶治慢性肾炎蛋白尿有效[J]. 中医杂志，1983，(6)：79-80.


## 745. 野柿（图 745）• *Diospyros kaki* Thunb. var. *silvestris* Makino

**图 745　野柿**　　　　摄影　张芬耀

**【形态】** 落叶乔木。株高 4 ～ 9m。主干暗褐色，树皮鳞片状开裂或成方块状，沟纹较密，枝带绿色至褐色；密被黄褐色柔毛；冬芽小，卵形。叶较柿树小而薄，椭圆状卵形至长圆形或倒卵形，先端渐尖或钝，基部楔形、圆形或近截形，稀心形，叶面深绿色，光泽不强，叶背淡绿色，疏生褐色柔毛；叶柄密生褐色短柔毛。花雌雄异株或同株；雄花 3 ～ 5 朵集生或成短聚伞花序；雌花单生叶腋。花萼绿色，4 深裂，裂片三角形；花冠肉质，壶形或近钟形，较花萼短小。浆果，卵圆球状或扁球状，直径不超过 2cm；宿萼厚革质或干时近木质。种子褐色，椭圆形。花期 6 月，果期 9 ～ 10 月。

**【生境与分布】** 生于山地自然林或次生林中，或在山坡灌丛中。分布于江西、福建、浙江等省的山区，另华中及云南、广东、广西北部山区也有分布。

野柿与柿的区别点：野柿的小枝及叶柄常密被黄褐色柔毛；叶较小，较薄，叶面光泽不强，叶背毛较多；花较小；果径不超过 2cm。柿的小枝无毛；叶较大，较厚，叶面有光泽，无毛，中脉微被柔毛；花较大；果径 3.5 ～ 8.5cm。

**【药名与部位】**野柿根，根。

**【采集加工】**秋、冬季采收，洗净，切片，干燥。

**【药材性状】**为不规则块片。外皮多已脱落，残存者表面棕褐色至黑褐色。质硬。切面黄棕色至黄褐色，易层状分裂，密布导管孔。气微，味淡。

**【化学成分】**茎含醌类：7- 甲基胡桃醌（7-methyl juglone）和异柿醌（isodiospyrin）[1]；三萜皂苷类：蒲公英赛醇（taraxerol）[1]。

根和木材含醌类：异柿醌（isodiospyrin）、君迁子醌（mamegakinone）、柿萘醇酮（shinanolone）和 4, 4′- 二甲氧基 -6, 6′- 二甲基 -8, 8′- 二羟基 -2, 2′- 二萘基 -1, 1′- 醌（4, 4′-dimethoxy-6, 6′-dimethyl-8, 8′-dihydroxy-2, 2′-binaphthyl-1, 1′-quinone）[2]；三萜类：羽扇豆醇（lupeol）、白桦脂酸（betulinic acid）和白桦脂醇（betulin）[2]。

**【药理作用】**降血压　叶的水提取液可快速降低犬的血压，且呈一定的量效关系，同时伴有心率减慢的作用[1]。

**【性味与归经】**苦、涩，寒。归肺、脾、肝、胆、肾经。

**【功能与主治】**调补四塔，补土健胃，增性强身，清火解毒。用于气虚喘咳、神疲乏力，不思饮食，性欲减退，早衰；胆汁病（白胆病、黄胆病、黑胆病）（傣医）。

**【用法与用量】**15 ～ 30g。

**【药用标准】**云南傣药Ⅱ 2005 五册。

**【附注】**本种即清《植物名实图考》引用《开宝本草》收载的椑柿，其果实通常做柿漆用。

**【化学参考文献】**

［1］钟守明，封士兰．野柿茎中的萘醌和三萜［J］．中国药科大学学报，1987，18（4）：279-280.

［2］Tezuka M，Kuroyanagi M，Yoshihira K. Naphthoquinone derivatives from the Ebenaceae. IV. Naphthoquinone derivatives from *Diospyros kaki* and *D. kaki* var. *sylvestris*［J］. Chem Pharm Bull，1972，20（9）：2029-2035.

**【药理参考文献】**

［1］李统铨，林国华，李常春．野柿叶降压作用的实验观察［J］．福建中医药，1986，（3）：37-39.

# 九九　山矾科 Symplocaceae

灌木或乔木。单叶，互生，常具锯齿、腺质锯齿或全缘，无托叶。穗状花序、总状花序、圆锥花序或团伞花序，稀单生；花两性，稀杂性，辐射对称，常为1枚苞片和2枚小苞片所承托；花萼5深裂或浅裂，稀3或4裂，裂片镊合状排列或覆瓦状排列，常宿存；花冠裂片分裂至近基部或中部，裂片与花萼裂片同数或2倍，覆瓦状排列；雄蕊着生于花冠筒基部，多数，稀4～5枚，花丝呈各式连生或分离，排成1～5列，花药近球形，2室，纵裂；子房下位或半下位，顶端常具花盘和腺点，2～5室，通常3室，花柱1枚，柱头头状或2～5裂；每室胚珠2～4粒，下垂。核果，顶端冠以宿存的萼裂片，通常具薄的中果皮和坚硬木质的核（内果皮）；核光滑或具棱，1～5室，每室有种子1粒。

1属，约300种，广布于亚洲、大洋洲和美洲的热带和亚热带。中国77种，主要分布于西南部至东南部，以西南部的种类较多，法定药用植物1属1种。华东地区法定药用植物1属1种。

山矾科法定药用植物主要含皂苷类、黄酮类、木脂素类等成分。皂苷类多为三萜皂苷，包括齐墩果烷型、熊果烷型、羽扇豆烷型等，如白桦脂醇（betulin）、α-香树脂醇（α-amyrin）、羽扇豆醇（lupeol）等；黄酮类包括黄酮醇、黄烷、查耳酮等，如槲皮素-3-*O*-β-D-吡喃半乳糖苷（quercetin-3-*O*-β-D-galactopyranoside）、（-）表阿夫儿茶素［（-）epiafzelechin］、三叶苷（trilobatin）等；木脂素类如（+）-松脂素-β-D-葡萄糖苷［（+）-pinoresinol-β-D-glucoside］、丁香脂素（syringaresinol）等。

### 1. 山矾属 *Symplocos* Jacq.

属的特征与科同。

## 746. 白檀（图746）• *Symplocos paniculata*（Thunb.）Miq.

**【别名】**锦织木（山东），华山矾、灰木（江苏连云港）。

**【形态】**落叶灌木或小乔木；嫩枝、叶两面及花序疏生白色柔毛，老枝无毛。叶片纸质，阔倒卵形、椭圆状倒卵形或卵形，长3～11cm，宽2～4cm，先端渐尖或尾尖，基部阔楔形或近圆形，边缘具细锯齿，叶面无毛或有柔毛，叶背有柔毛或仅脉上有柔毛；中脉在叶面凹下，侧脉在叶面平坦或微凸起，4～8对；叶柄长3～5mm。圆锥花序长5～8cm，生于新枝顶端或叶腋；苞片早落，条形，有褐色腺点；花萼长2～3mm，萼筒褐色，无毛或有疏柔毛，裂片半圆形或卵形，稍长于萼筒，淡黄色，有纵脉纹，边缘有毛；花冠白色，长4～5mm，5深裂几达基部；雄蕊40～60枚，子房2室，花盘具5凸起腺点。核果熟时蓝黑色，斜卵状球形，长5～8mm，宿萼裂片直立。花期5月，果期7月。

**【生境与分布】**生于海拔2500m以下的山坡、路边、疏林或密林中。分布于华东地区长江以南各省，另东北、华北、华中、华南、西南各地均有分布；朝鲜、日本、印度也有分布。

**【药名与部位】**山矾叶，叶。

**【采集加工】**夏季采集，晾干。

**【药材性状】**多皱缩，破碎，草绿色至淡黄色。完整叶片呈椭圆形，两侧向内稍卷曲，顶端渐尖或尾尖，基部楔形；中脉明显，背面突起，侧脉细弱，对称，边缘具细锐齿。气微，味微苦。

**【药材炮制】**除去杂质。

**【化学成分】**茎皮含黄酮类：3′, 4′, 5′, 6-四甲氧基黄酮-7-*O*-β-D-吡喃葡萄糖（1→3）-β-D-吡喃葡萄糖苷［3′, 4′, 5′, 6-tetramethoxy flavone-7-*O*-β-D-glucopyranosyl（1→3）-β-D-glucopyranoside］[1]；

**图 746 白檀** 摄影 中药资源办等

甾体类：5（6）- 雄甾烯 -17- 酮 -3β-*O*-（β-D- 吡喃葡萄糖苷）［5（6）-androst-en-17-one-3β-*O*-（β-D-glucopyranoside）］和 9β, 19- 环 -24- 甲基胆烷 -5, 22- 二烯 -3β-*O*-［β-D- 吡喃葡萄糖基 -（1 → 6）-α-L- 吡喃鼠李糖苷］{9β, 19-cyclo-24-methylcholan-5, 22-dien-3β-*O*-［β-D-glucopyranosyl-（1 → 6）-α-L-rhamnopyranoside］}[1]；三萜皂苷类：9β, 25- 环 -3β-*O*-（β-D- 吡喃葡萄糖基）- 刺囊酸［9β, 25-cyclo-3β-*O*-（β-D-glucopyranosyl）-echynocystic acid］、3-*O*-β-D- 吡喃葡萄糖基 -30-（32, 33, 34- 三甲基戊基）-16- 烯 - 何帕烷［3-*O*-β-D-glucopyranosyl-30-（32, 33, 34-trimethylpentyl）-16-en-hopane］、30- 乙基 -2α, 16α- 二羟基 -3β-*O*-（β-D- 吡喃葡萄糖苷）-24- 何帕酸［30-ethyl-2α, 16α-dihydroxy-3β-*O*-（β-D-glucopyranosyl）hopan-24-oic acid］和 32, 33, 34- 三甲基 - 菌何帕烷 *-16- 烯 -3-*O*-β-D- 吡喃葡萄糖苷（32, 33, 34-trimethyl-bacteriohopan-16-en-3-*O*-β-D-glucopyranoside）[1]；环烷酸类：4-（8- 羟乙基）-1- 环己酸［4-（8-hydroxyethyl）cyclohexan-1-oic acid］[1]。

茎叶含三萜类：熊果酸（ursolic acid）、科罗索酸（corosolic acid）和 2α, 3α, 19α, 23- 四羟基熊果 -12- 烯 -28- 酸（2α, 3α, 19α, 23-tetrahydroxyrus-12-en-28-oic acid）[2]。

全株含三萜类：表蒲公英赛醇（epitaraxerol）、19α- 羟基 -3-*O*- 乙酰熊果酸（19α-hydroxyl-3-*O*-acetylursolic acid）、熊果酸（ursolic acid）、3- 酮基 -19α, 23, 24- 三羟基熊果 -12- 烯 -28- 酸（3-oxo-19α, 23, 24-trihydroxyurs-12-en-28-oic acid）[3]，蒲公英赛醇（taraxerol）、蒲公英赛酮（taraxerone）、2α, 3α- 二羟基 -12- 烯 -28- 熊果酸（2α, 3α-dihydroxy-12-en-28-ursolic acid）和 2β, 3β, 23, 24- 四羟基 -12- 烯 -28- 熊果酸（2β, 3β, 23, 24-tetrahydroxy-12-en-28-ursolic acid）[4]；苯乙醇苷类：角胡麻苷（martynoside）[4]；甾体类：β- 豆甾醇（β-stigmasterol）和胡萝卜苷（daucosterol）[3]；脂肪酸类：正三十碳酸（*n*-triacontanoic acid）[3] 和 4, 4- 二甲基庚二酸（4, 4-dimethylheptanedioic acid）[4]；糖类：桦褐孔菌二糖（inonotus obliquus disaccharide）[4]。

种子含脂肪酸类：月桂酸（lauric acid）、棕榈酸（palmitic acid）、硬脂酸（stearic acid）、油酸（oleic acid）和亚油酸（lioleic acid）[5]；氨基酸类：赖氨酸（Lys）、蛋氨酸（Met）、苏氨酸（Thr）、异亮氨酸（Ile）、谷氨酸（Glu）、组氨酸（His）、丝氨酸（Ser）、缬氨酸（Val）和亮氨酸（Leu）等[5]。

叶含三萜类：羽扇豆醇（lupeol）[6]；酚类：柳匍匐次苷（salirepin）[6]；甾体类：豆甾醇（stigmasterol）[6]；烯烃类：正辛烯（octacos-1-ene）[6]。

**【药理作用】** 1. 抗菌　茎的乙醇提取物对葡萄球菌、枯草芽孢杆菌、铜绿假单胞菌和大肠杆菌的生长具有明显的抑制作用，且呈一定的剂量依赖性[1]。2. 抗炎镇痛　茎的乙醇提取物及从中分离的9β，25-环-3β-*O*-（β-D-吡喃葡萄糖基）刺囊酸*［9β，25-cyclo-3β-*O*-（β-D-glucopyranosyl）-echynocystic acid］和3-*O*-β-D-吡喃葡萄糖基30-（32，33，34-三甲基戊基）-16-烯-何帕烷［3-*O*-β-D-glucopyranosyl 30-（32，33，34-trimethylpentyl）-16-en-hopane］可显著减少乙酸所致的小鼠扭体次数，减轻角叉菜所致的足肿胀，且呈一定剂量依赖性[1]。3. 解痉　皮的甲醇提取物可缓和低钾所致兔离体空肠痉挛，减轻蓖麻油所致的小鼠腹泻[2]。4. 抗氧化　全株中分离的β-豆甾醇（β-stigmasterol）、熊果酸（ursolic acid）和角胡麻苷（martynoside）具有清除1, 1-二苯基-2-三硝基苯肼（DPPH）自由基的作用[3]。

**【性味与归经】** 苦，平。

**【功能与主治】** 清热，消炎。用于肺热病，肾热病，传染性热病，扩散伤热病，腰肌劳损，口腔炎。

**【用法与用量】** 9～15g。

**【药用标准】** 部标藏药1995和青海藏药1992。

**【临床参考】** 1. 肠痈、胃癌：根9g，加茜草6g、鳖甲6g，水煎服。

2. 疝气：种子3g，加荔枝核5个，水煎服。（1方、2方引自《玉溪中草药》）

3. 高热不语、腹部冷痛、恶心呕吐、腹泻：花10～15g，水煎服。（《西双版纳傣药志》）

4. 胃炎：根45g，加猪瘦肉45g，同炖服。（《福建药物志》）

**【附注】** 本种的花、种子及根民间也作药用。

同属植物山矾 *Symplocos sumuntia* Bach.-Ham.ex D.Don 及华山矾 *Symplocos chinensis*（Lour.）Druce 的叶民间也作山矾叶药用。

**【化学参考文献】**

［1］Semwal R B，Semwal D K，Semwal R，et al. Chemical constituents from the stem bark of *Symplocos paniculata* Thunb. with antimicrobial，analgesic and anti-inflammatory activities［J］. J Ethnopharmacol，2011，135（1）：78-87.

［2］Na M，Yang S，He L，et al. Inhibition of protein tyrosine phosphatase 1B by ursane-type triterpenes isolated from *Symplocos paniculata*［J］. Planta Med，2006，72（3）：261-263.

［3］王宁辉，马养民，康永祥，等. 白檀化学成分的研究［J］. 时珍国医国药，2014，25（11）：2624-2626.

［4］王宁辉. 白檀化学成分及其生物活性研究［D］. 西安：陕西科技大学硕士学位论文，2015.

［5］管正学，朱太平，仇田青. 白檀种子的油脂和氨基酸的分析与利用评价［J］. 中国野生植物资源，1991，2：11-14.

［6］Kumar N，Jangwan J S. Phytoconstituents of *Symplocos paniculata*（leaves）［J］. J Curr Chem Pharm Sci，2012，2（1）：76-80.

**【药理参考文献】**

［1］Semwal R B，Semwal D K，Semwal R，et al. Chemical constituents from the stem bark of *Symplocos paniculata* Thunb. with antimicrobial，analgesic and anti-inflammatory activities［J］. Journal of Ethnopharmacology，2011，135（1）：78-87.

［2］Janbaz K H，Akram S，Saqib F，et al. Antispasmodic activity of *Symplocos paniculata* is mediated through opening of ATP-dependent $K^+$ channel［J］. Bangladesh Journal of Pharmacology，2016，11（2）：495-500.

［3］王宁辉. 白檀化学成分及其生物活性研究［D］. 西安：陕西科技大学硕士学位论文，2015.

# 一〇〇 木犀科 Oleaceae

乔木或灌木，稀藤本。叶对生，稀互生或轮生，单叶、三出复叶或羽状复叶，全缘或具齿，稀羽状分裂；具叶柄，无托叶。花辐射对称，两性，稀单性或杂性，雌雄同株、异株或杂性异株；聚伞花序常组成圆锥花序，或为总状、伞状、头状花序，顶生或腋生，或为聚伞花序簇生叶腋，稀花单生；花萼裂片常 4 枚，有时多达 12 枚；花冠浅裂、深裂至近离生，有时在基部成对合生，稀无花冠，裂片常 4 枚，有时多达 12 枚；雄蕊 2（4）枚，着生于花冠管上或花冠裂片基部，花药纵裂；子房上位，2 枚心皮 2 室，每室具 2 粒胚珠，有时 1 粒或多粒，胚珠下垂，稀向上，花柱单一或无花柱，柱头 2 裂或头状。翅果、蒴果、核果、浆果或浆果状核果；种子具伸直胚；具胚乳或无胚乳；子叶扁平。

约 28 属，400 余种，广布于两半球的热带和温带地区，亚洲地区种类尤为丰富。中国 10 属，约 160 种，南北各地均有分布，法定药用植物 6 属 24 种 2 亚种 2 变种 1 变型。华东地区法定药用植物 6 属 10 种。

木犀科法定药用植物主要含香豆素类、木脂素类、黄酮类、皂苷类等成分。香豆素类如秦皮苷（fraxin）、秦皮乙素（aesculetin）等；木脂素类如橄榄脂素（olivil）、连翘苷（forsythin）等；黄酮类如紫云英苷（astragalin）、芦丁（rutin）等；皂苷类多为三萜皂苷，如齐墩果酸（oleanolic acid）、熊果酸（ursolic acid）等。

梣属含香豆素类、木脂素类、皂苷类等成分。香豆素类如东莨菪素（scopoletin）、秦皮素（fraxetin）等；木脂素类如橄榄脂素（olivil）、环橄榄树脂素（cycloolivil）等；皂苷类如白桦脂酸（betulinic acid）、齐墩果酸（oleanolic acid）、熊果酸（ursolic acid）等。

丁香属含香豆素类、木脂素类、苯乙醇类、黄酮类、皂苷类等成分。香豆素类如七叶内酯（esculetin）、滨蒿内酯（scoparone）等；木脂素类如连翘苷（forsythin）、丁香脂素 -β-D- 吡喃葡萄糖苷（syringaresinol-β-D-glucopyranoside）等；苯乙醇类如连翘脂苷 B（forsythoside B）、异毛蕊花糖苷（*iso*-verbascoside）等；黄酮类多为黄酮醇，如紫云英苷（astragalin）、芦丁（rutin）等；皂苷类如齐墩果酸（oleanolic acid）、熊果酸（ursolic acid）等。

连翘属含苯乙醇类、木脂素类、黄酮类、皂苷类、生物碱类等成分。苯丙醇类如连翘脂苷 A、B、C、D、E、F、G、H、I、J（forsythoside A、B、C、D、E、F、G、H、I、J）等；木脂素类如连翘苷（forsythin）、连翘脂素（sylvatesmin）、牛蒡子苷（arctiin）等；黄酮类包括黄酮、黄酮醇等，如木犀草苷（luteoloside）、槲皮素（quercetin）等；皂苷类包括齐墩果烷型、熊果烷型、羽扇豆烷型等，如熊果酸（ursolic acid）、白桦脂酸（betulinic acid）、β- 香树脂醇（β-amyrin）等；生物碱为异喹啉类，如荷包牡丹碱（bicuculline）等。

素馨属含黄酮类、挥发油类等成分。黄酮类包括二氢黄酮、黄酮醇等，如烟花苷（nicotiflorin）、山柰酚 -3-*O*-（2-*O*-α-L- 吡喃鼠李糖基 -β-D- 吡喃半乳糖苷）［kaempferol-3-*O*-（2-*O*-α-L-rhamnopyranosyl-β-D-galactopyranoside）］等；挥发油含茉莉酮（jasmone）、安息香酸（benzoic acid）、芳樟醇（linalool）等。

木犀属含木脂素类、苯丙素类、黄酮类等成分。木脂素类如鹅掌楸苷（liriodendrin）、连翘苷（forsythin）、连翘脂素（sylvatesmin）等；苯丙素类如洋丁香酚苷（acteoside）、松柏苷（coniferin）等；黄酮类包括黄酮、黄酮醇等，如木犀草素 -7-*O*-β-D- 葡萄糖苷（luteolin-7-*O*-β-D-glucoside）、芦丁（rutin）等。

女贞属含皂苷类、黄酮类、苯乙醇类、苯丙素类等成分。皂苷类包括齐墩果烷型、熊果烷型等，如乙酰齐墩果酸（acetyl oleanolic acid）、19α- 羟基熊果酸（19α-hydroxyursolic acid）等；黄酮类包括黄酮、黄酮醇、二氢黄酮醇等，如芹菜素 -7-*O*- 葡萄糖苷（apigenin-7-*O*-glucoside）、芦丁（rutin）、黄芪苷（astragalin）等；苯乙醇类如 3，4- 二羟基苯乙醇（3，4-dihydroxyphenethyl alcohol）、3，4- 二羟基苯乙醇 -β-D- 葡萄糖苷（3，4-dihydroxyphenethyl-β-D-glucoside）等；苯丙素类如丁香脂素 -β-D- 葡萄糖苷（syringaresinol-β-D-glucoside）、（+）松脂素 -β-D- 葡萄糖苷［（+）-pinoresinol-β-D-glucoside］等。

## 分属检索表

1. 奇数羽状复叶，有小叶 3 至多枚，对生；果实为翅果……………………………………1. 梣属 *Fraxinus*
1. 单叶，三出复叶或奇数羽状复叶，对生或互生；果实为蒴果、核果或浆果。
   2. 果实为蒴果。
      3. 枝条实心；花紫色，很少白色……………………………………………………2. 丁香属 *Syringa*
      3. 枝条中空或有片状髓；花黄色……………………………………………………3. 连翘属 *Forsythia*
   2. 果实为浆果或核果。
      4. 复叶，稀单叶，对生或互生；浆果…………………………………………………4. 素馨属 *Jasminum*
      4. 单叶，对生；核果。
         5. 花簇生或短圆锥花序，腋生………………………………………………………5. 木犀属 *Osmanthus*
         5. 聚伞圆锥花序，顶生………………………………………………………………6. 女贞属 *Ligustrum*

## 1. 梣属 *Fraxinus* Linn.

落叶乔木，稀灌木。芽大，多数具芽鳞 2 ～ 4 对。奇数羽状复叶，对生或稀在枝梢呈轮生状，小叶 3 至多枚，叶缘具锯齿或近全缘；叶柄和小叶柄基部常增厚或扩大。花小，单性、两性或杂性，雌雄同株或异株；圆锥花序顶生或腋生，或生于去年生枝上；苞片条形至披针形，早落或缺；花梗细；花萼小，萼齿 4 枚，或为不规则裂片状，有时无；花冠 4 裂至基部，白色至淡黄色，裂片条形、匙形或舌状，早落或退化至无花冠；雄蕊通常 2 枚，与花冠裂片互生，花丝短，或在花期迅速伸长伸出花冠之外，花药 2 室，纵裂；子房 2 室，每室具下垂胚珠 2 粒，花柱较短，柱头 2 裂。坚果，顶端具长翅，翅长于坚果，故称单翅果。种子 1（2）粒，卵状长圆形；胚乳肉质，胚根向上。

约 60 余种，多分布于北半球暖温带，少数延伸至热带森林地区。中国 27 种 1 变种，其中 1 种栽培，分布遍及全国，法定药用植物 6 种 1 变种。华东地区法定药用植物 2 种。

### 747. 白蜡树（图 747）• *Fraxinus chinensis* Roxb.

**【别名】**梣、蜡条（安徽、山东），中华秦皮、秦皮（江苏）。

**【形态】**落叶乔木；树皮灰褐色，纵裂。芽阔卵形或圆锥形，被棕色柔毛或腺毛。小枝黄褐色，粗糙。羽状复叶长 12 ～ 35cm；叶柄长 4 ～ 6cm，基部不增厚；小叶 5 ～ 7 枚，硬纸质，卵形、倒卵状长圆形至披针形，长 3 ～ 10cm，宽 2 ～ 4cm，顶生小叶与侧生小叶近等大或稍大，先端锐尖至渐尖，基部钝圆或楔形，叶缘具整齐锯齿，叶面无毛，叶背无毛或有时沿中脉两侧被白色长柔毛，侧脉 8 ～ 10 对，细脉在两面凸起，明显网结；小叶柄长 3 ～ 5mm。圆锥花序顶生或腋生枝梢，长 8 ～ 10cm；花序梗长 2 ～ 4cm，无毛或被细柔毛，光滑，无皮孔；花雌雄异株；雄花密集，花萼小，钟状，长约 1mm，无花冠，花药与花丝近等长；雌花疏离，花萼大，桶状，长 2 ～ 3mm，4 浅裂，花柱细长，柱头 2 裂。翅果匙形，长 3 ～ 4cm，宽 4 ～ 6mm，上中部最宽，先端锐尖，常呈犁头状，基部渐狭，翅平展，下延至坚果中部，坚果圆柱形，长约 1.5cm；宿存萼紧贴于坚果基部，常在一侧开口深裂。花期 4 ～ 5 月，果期 7 ～ 9 月。

**【生境与分布】**多为栽培，也生于海拔 800 ～ 1600m 山地杂木林中。广布于华东地区，全国南北各省区均有分布；越南、朝鲜也有分布。

**【药名与部位】**白蜡树子，种子。秦皮，枝皮或干皮。

**【采集加工】**白蜡树子：秋季果实成熟时采摘，剥去壳，晒干。秦皮：春、秋二季采剥，干燥。

**图 747 白蜡树** 摄影 郭增喜等

【**药材性状**】白蜡树子：呈扁圆柱状，两端渐尖，长 1.1 ～ 1.5cm，直径 1.3 ～ 3.5mm，厚 1 ～ 1.3mm。表面白色、淡黄色、棕色至棕褐色，光滑，稍有纵细纹。气微，味淡、微苦。

秦皮：枝皮呈卷筒状或槽状，长 10 ～ 60cm，厚 1.5 ～ 3mm。外表面灰白色、灰棕色至黑棕色或相间呈斑状，平坦或稍粗糙，并有灰白色圆点状皮孔及细斜皱纹，有的具分枝痕。内表面黄白色或棕色，平滑。质硬而脆，断面纤维性，黄白色。干皮为长条状块片，厚 3 ～ 6mm。外表面灰棕色，具龟裂状沟纹及红棕色圆形或横长的皮孔。质坚硬，断面纤维性较强。气微，味苦。

【**药材炮制**】秦皮：除去杂质，洗净，润软，先切成宽约 3cm 的条，再横切成丝，干燥。

【**化学成分**】茎皮含香豆素类：6′-*O*- 芥子酰七叶苷（6′-*O*-sinapinoylesculin）、6′-*O*- 香草基秦皮甲素（6′-*O*-vanillylesculin）、东莨菪内酯（scopoletin）、蜂蜜曲菌素（mullein）[1]，异东莨菪内酯（*iso*-scopoletin）和梣皮啶（fraxidin）[2]；环烯醚萜类：橄榄苦苷（oleuropein）[1]，（8*E*）-4′-*O*- 甲基女贞苷［（8*E*）-4′-*O*-methyl ligstroside］、（8*E*）-4′-*O*- 甲基 - 去甲基女贞苷［（8*E*）-4′-*O*-methyl-demethyl ligstroside］和 3′, 4′- 二 -*O*- 甲基 - 去甲基橄榄苦苷（3′, 4′-di-*O*-methyl-demethyl oleuropein）[2]；木脂素类：（+）- 丁香树脂酚 -4, 4′-*O*- 二 -β-D- 吡喃葡萄糖苷［（+）-syringaresinol-4, 4′-*O*-bis-β-D-glucopyranoside］、（+）- 环橄榄树脂素［（+）-cycloolivil］[3] 和（+）- 松脂素 -4′-*O*-β-D- 葡萄糖苷［（+）-pinoresinol-4′-*O*-β-D-glucoside］[4]；苯丙素类：（+）- 乙酰氧基松脂素［（+）-acetoxypinoresinol］、（+）- 松脂素 -β-D- 吡喃葡萄糖苷［（+）-pinoresinol-β-D-glucopyranoside］[3]，芥子醛葡萄糖苷（sinapaldehydeglucoside）、咖啡酸（caffic acid）、丁香苷（syringin）和丁香醛（syringaldehyde）[4]；酚类：对羟基苯乙醇三十烷

酸酯（4-hydroxyphenylethyl triacontanate）、银桂苯乙醇苷 H（osmanthuside H）和对羟基苯乙醇（tyrosol）[4]；三萜类：熊果酸（ursolic acid）[4]；苯乙醇及苷类：2-（3, 4- 二羟苯基）乙醇［2-（3, 4-dihydroxyphenyl）ethanol］、木通苯乙醇苷 B（calceolarioside B）和去鼠李糖洋丁香酚苷（desrhamnosylacteoside）[1]；甾体类：β- 谷甾醇（β-sitosterol）和胡萝卜苷（daucosterol）[4]；脂肪酸类：三十烷酸（triacontanoic acid）和三十三烷酸（tritriacontanoic acid）[4]。

叶含环烯醚萜类：橄榄苦苷（oleuropein）、新橄榄苦苷（neooleuropein）、白蜡树苷（frachinoside）和野莴苣苷（cichoriin）[5]。

**【药理作用】**抗氧化　树皮的 70% 乙醇提取物可清除紫外辐射所产生的 1，1- 二苯基 -2- 三硝基苯肼（DPPH）自由基及超氧阴离子自由基（$O_2^-$·）[1]。

**【性味与归经】**白蜡树子：干级末干热（维医）。秦皮：苦、涩，寒。归肝、胆、大肠经。

**【功能与主治】**白蜡树子：散气止痛，益心止咳，利尿排石。用于胸胁疼痛，神经衰弱，心悸气短，咳嗽气喘，小便不利，阳事不举；局部使用可治不孕症。秦皮：清热燥湿，收涩，明目。用于热痢，泄泻，赤白带下，目赤肿痛，目生翳膜。

**【用法与用量】**白蜡树子：9g。秦皮：煎服 6 ～ 12g；外用适量，煎洗患处。

**【药用标准】**白蜡树子：部标维药 1999 和新疆维药 1993。秦皮：药典 1977—2015、浙江炮规 2005、新疆药品 1980 二册和藏药 1979。

**【临床参考】**1. 痢疾：树皮 9g，加黄柏 9g、委陵菜 9g，水煎服。

2. 慢性气管炎：树皮 15 ～ 30g，水煎 2 次合并，分 3 次服。（1 方、2 方引自《浙江药用植物志》）

**【附注】**秦皮始载于《神农本草经》，列为下品。《名医别录》称：“一名岑皮，一名石檀，生庐江川谷及冤句，二月、八月采皮，阴干。”《新修本草》载：“此树似檀，叶细，皮有白点而不粗错，取皮水渍便碧色，书纸看皆青色者是。”《本草经集注》：“俗云是樊槻皮，而水渍以和墨，书色不脱。微青，且亦殊薄，恐不必耳。俗方惟以疗目，道家亦有用处。”《图经本草》谓：“秦皮，生庐江川谷及冤句，今陕西州郡及河阳亦有之。其木大都似檀，枝干皆青绿色，叶如匙头许大而不光。并无花实，根似槐根。二月八月采皮，阴干。其皮有白点而不粗错，俗呼为白桪木，取皮渍水便碧色，书纸看之青色，此为真也。”这些特征与木犀科白蜡树属（*Fraxinus* Linn.）植物基本一致。其中《图经本草》所载与本种近似。

药材秦皮脾胃虚寒者禁服。

同属植物小叶梣（小叶白蜡树）*Fraxinus bungeana* DC. 的树皮，《中国药典》1963 年版曾收载作秦皮药用，在台湾亦供秦皮药用；秦岭梣（秦岭白蜡树）*Fraxinus paxiana* Lingelsh. 的树皮民间也作秦皮药用。

**【化学参考文献】**


［1］Zhang D M，Wang L L，Li J，et al. Two new coumarins from *Fraxinus chinensis* Rexb［J］. J Integ Plant Biol，2007，49（2）：218-221.

［2］Chen J J，Shieh P C，Chen C Y，et al. New secoiridoids and bioactive components extracted from *Fraxinus chinensis* and its preparation method［P］. China，2017，TW I568443 B 20170201.

［3］张冬梅，胡立宏，叶文才，等. 白蜡树的化学成分研究［J］. 中国天然药物，2003，1（2）：79-81.

［4］魏秀丽，杨春华，梁敬钰. 中药秦皮的化学成分［J］. 中国天然药物，2005，3（4）：228-230.

［5］Kuwajima H，Morita M，Takaishi K，et al. Secoiridoid，coumarin and secoiridoid-coumarin glucosides from *Fraxinus chinensis*［J］. Phytochemistry，1992，31（4）：1277-1280.


**【药理参考文献】**


［1］Lee B C，Lee S Y，Lee H J，et al. Anti-oxidative and photo-protective effects of coumarins isolated from *Fraxinus chinensis*［J］. Archives of Pharmacal Research，2007，30（10）：1293-1301.

## 748. 尖叶梣（图 748）• *Fraxinus szaboana* Lingelsh.（*Fraxinus chinensis* Roxb. var. *acuminata* Lingelsh.）

**图 748 尖叶梣** 摄影 李华东

【**别名**】尖叶白蜡树。

【**形态**】落叶小乔木，高 3 ～ 8m；树皮灰色。冬芽大，尖圆锥形，密被黄褐色茸毛和白色腺毛。小枝黄色，无毛或被细柔毛，皮孔小而凸起，棕色，散生。羽状复叶长 12 ～ 20cm；叶柄长 3 ～ 5cm，基部稍膨大，初时有成簇棕色曲柔毛，旋即脱落；叶轴较细，略弯曲，上面具窄沟，小叶着生处具关节，被细柔毛；小叶 3 ～ 5（～ 7）枚，硬纸质，卵状披针形，稀倒卵状披针形，长 4.5 ～ 9cm，宽 2 ～ 4cm，顶生小叶通常较大，先端长渐尖至尾尖，基部楔形至钝圆，叶缘具锐锯齿，叶面无毛，叶背在中脉两侧和基部有时被柔毛，侧脉 6 ～ 8 对，细脉凸起并网结；小叶柄长 2 ～ 3mm 或近无柄。圆锥花序顶生或腋生枝梢，长 5 ～ 8cm；花序梗长 1.5 ～ 2cm，被疏散长柔毛或糠秕状毛，皮孔不明显；雄花和两性花异株；花萼杯状，萼齿三角形；无花冠；花柱较短，柱头 2 裂。翅果匙形，中上部最宽，先端钝，基部渐狭，翅下延至坚果中部，坚果长约 1.2cm，隆起，脉棱细直；宿存萼齿整齐，与坚果基部疏离。花期 4 ～ 5 月，果期 7 ～ 9 月。

【**生境与分布**】生于海拔 300m 以上山地。分布于山东、江苏、安徽，另长江流域其他各省及黄河流域各省区也有分布。

尖叶梣与白蜡树的区别点：尖叶梣小叶 3 ～ 5 枚，小叶柄短于 3mm；花萼杯状，果时与坚果基部疏离。白蜡树小叶 5 ～ 7 枚，小叶柄长 3 ～ 5cm；花萼筒状，紧贴坚果基部翅果先端有犁头状锐尖。

【**药名与部位**】秦皮，枝皮或干皮。

【采集加工】春、秋二季采剥，干燥。

【药材性状】枝皮呈卷筒状或槽状，长 10 ～ 60cm，厚 1.5 ～ 3mm。外表面灰白色、灰棕色至黑棕色或相间呈斑状，平坦或稍粗糙，并有灰白色圆点状皮孔及细斜皱纹，有的具分枝痕。内表面黄白色或棕色，平滑。质硬而脆，断面纤维性，黄白色。干皮为长条状块片，厚 3 ～ 6mm。外表面灰棕色，具龟裂状沟纹及红棕色圆形或横长的皮孔。质坚硬，断面纤维性较强。气微，味苦。

【药材炮制】除去杂质，洗净，润软，先切成宽约 3cm 的条，再横切成丝，干燥。

【化学成分】树皮含香豆素类：七叶苷（esculin）、秦皮苷（fraxin）、七叶素（esculetin）和东莨菪内酯（scopoletin）[1]；醌类：2, 6- 二甲氧基对苯醌（2, 6-dimethoxy-*p*-benzoguinone）[1]；萘胺类：*N*- 苯基 -2- 萘胺（*N*-phenyl-2-naphthylamine）[2]。

【性味与归经】苦、涩，寒。归肝、胆、大肠经。

【功能与主治】清热燥湿，收涩，明目。用于热痢，泄泻，赤白带下，目赤肿痛，目生翳膜。

【用法与用量】煎服 6 ～ 12g；外用适量，煎洗患处。

【药用标准】药典 1985—2015 和浙江炮规 2005。

【化学参考文献】

[1] 李冲，涂茂润，谢晶曦，等. 尖叶白蜡树化学成分的研究 [J]. 中草药，1990，21（8）：2-4.

[2] 李冲，涂茂润，黄静，等. 尖叶白蜡树中 *N*- 苯基 -2- 萘胺的分离与结构鉴定 [J]. 中国中药杂志，1991，16（1）：39.

## 2. 丁香属 *Syringa* Linn.

落叶灌木或小乔木。小枝近圆柱形或带四棱形，具皮孔。冬芽具芽鳞，常无顶芽。单叶，稀复叶，对生，全缘，稀分裂；具叶柄。花两性，聚伞花序组成圆锥花序，顶生或腋生；具花梗或无花梗；花萼小，钟状，具 4 齿或不规则齿裂，或近截形，宿存；花冠漏斗状、高脚碟状或近辐射状，裂片 4 枚，紫色、红色、粉红色或白色，开展或近直立，花蕾时呈镊合状排列；雄蕊 2 枚，着生于花冠筒喉部至花冠筒中部，内藏或伸出；子房 2 室，每室具下垂胚珠 2 粒，花柱丝状，短于雄蕊，柱头 2 裂。蒴果，微扁，2 室，室间开裂。种子扁平，有翅；子叶卵形，扁平；胚根向上。

约 20 种，欧洲东南部、日本、阿富汗、喜马拉雅地区和朝鲜有分布。中国 16 种，主要分布于西南及黄河流域以北各省区，法定药用植物 5 种 1 亚种 1 变型。华东地区法定药用植物 1 种。

## 749. 紫丁香（图 749）• *Syringa oblata* Lindl.

【别名】华北紫丁香（山东），丁香花（江苏），丁香。

【形态】灌木或小乔木；树皮灰褐色或灰色。小枝、花序轴、花梗、苞片、花萼、幼叶两面以及叶柄均密被腺毛。小枝较粗，疏生皮孔。叶片革质或厚纸质，卵圆形至肾形，宽常大于长，长 2 ～ 14cm，宽 2 ～ 15cm，先端短凸尖或长渐尖，基部心形、平截或宽楔形，叶面深绿色，叶背淡绿色；萌枝上叶片常呈长卵形，先端渐尖，基部截形至宽楔形；叶柄长 1 ～ 3cm。圆锥花序直立，由侧芽抽生，近球形或长圆形，长 4 ～ 16（～ 20）cm，宽 3 ～ 7（～ 15）cm；花梗长 0.5 ～ 3mm；花萼长约 3mm，萼齿渐尖、锐尖或钝；花冠紫色，长 1.1 ～ 2cm，花冠管圆柱形，长 0.8 ～ 1.7cm，裂片呈直角开展，卵圆形、椭圆形至倒卵圆形，长 3 ～ 6mm，宽 3 ～ 5mm，先端内弯略呈兜状或不内弯；花药黄色，位于距花冠管喉部 0 ～ 4mm 处。果倒卵状椭圆形、卵形至长椭圆形，长 1 ～ 1.5（～ 2）cm，宽 4 ～ 8mm，先端长渐尖，光滑。花期 4 ～ 5 月，果期 6 ～ 10 月。

【生境与分布】生于海拔 300 ～ 2400m 的山坡丛林、山沟溪边、山谷路旁及滩地水边。山东、安徽、江苏有栽培，长江以北其余省区庭园普遍栽培，分布于山东，另分布于辽宁、内蒙古西部、河北、山西、

**图 749 紫丁香** 摄影 李华东等

河南、湖北西部、陕西、宁夏、甘肃、四川北部、青海东部及西藏东南部。

**【药名与部位】**丁香叶（紫丁香叶），叶。

**【采集加工】**9～10 月采收，除去杂质，晒干。

**【药材性状】**完整叶展平后呈阔卵形，长 2～14cm，宽 2～15cm，先端渐尖，并具短突尖。主脉棕黄色。老叶脉紫色。叶柄长 1～3cm，基部膨大，稍带紫色。气微，味苦。

**【药材炮制】**除去杂质，筛去灰屑。

**【化学成分】**叶含黄酮类：5, 7, 4′- 三羟基黄酮（5, 7, 4′-trihydroxyflavone），即芹菜素（apigenin）[1]，芒柄花素（formononetin）[2]和槲皮素 -3-*O*-β-D- 吡喃葡萄糖苷（quercetin-3-*O*-β-D-glucopyranoside）[3]；苯丙素类：1, 3-苯并间二氧杂环戊烯 -5- 丙醇（1, 3-benzodioxole-5-propanol）、对羟基苯丙醇（*p*-hydroxyl phenylpropanol）和丁香苷（syringin）[3]；木脂素类：丁香脂素（syringaresinol）[2]，（7*R*, 8*S*）-4, 9, 9′- 三羟基 -3, 3′- 二甲氧基 -7, 8-二氢苯并呋喃 -1′- 丙基新木脂素［（7*R*, 8*S*）-4, 9, 9′-trihydroxyl-3, 3′-dimethoxyl-7, 8-dihydrobenzofuran-1′-propylneolignan］、落叶松脂素（lariciresinol）、表松脂素 -4-*O*-β-D- 吡喃葡萄糖苷（epipinoresinol-4-*O*-β-D-glucopyranoside）、（+）- 落叶松脂素 -4′-*O*-β-D- 吡喃葡萄糖苷［（+）-lariciresinol-4′-*O*-β-D-glucopyranoside］、毛蕊花糖苷（verbascoside）、（+）- 表松脂素 -4′-*O*-β-D- 吡喃葡萄糖苷［（+）-epipinoresinol-4′-*O*-β-D-glucopyranoside］[3]，（+）- 松脂素 -4″-*O*-β-D- 吡喃葡萄糖苷［（+）-pinoresinol-4″-*O*-β-D-glucopyranoside］、（+）- 落叶松脂素 -4-*O*-β-D- 吡喃葡萄糖苷［（+）-lariciresinol-4-*O*-β-D-glucopyranoside］、（+）- 表松脂素 -4-*O*-β-D- 吡喃葡萄糖苷［（+）-epipinoresinol-4-*O*-β-D-glucopyranoside］和 3, 4：3′, 4′- 二（亚甲二氧基）-9′- 羟基 - 木脂素 -9- 甲基 -*O*-β-D- 吡喃葡萄糖苷［3, 4：3′, 4′-bis（methylene-dioxy）-9′-hydroxyl-lignan-9-methyl-*O*-β-D-glucopyranoside］[4]；环烯醚萜类：7- 甲基 -1- 氧化 - 八氢 - 环戊［*c*］吡喃 -4- 羧酸

{7-methyl-1-oxo-octahydro-cyclopenta［c］pyran-4-carboxylic acid}[1]，（8E）- 女贞苷［（8E）-ligstroside］、（8E）- 女贞苷 A、B［（8E）-ligstroside A、B］、7- 脱氢马钱子苷（7-dehydrologanin）、伏力得苷*B（fliederoside B）、木犀榄苷二甲酯（oleoside dimethyl ester）、里拉苷*（lilacoside）、丁香苦苷（syrigopicroside）、橄榄苦苷（oleuropein）[3]，2-（3, 4- 二羟基苯基）乙基（1R, 4aS, 8R, 8aS）-8- 甲基 -6- 氧化 -1-［（2S, 3R, 4S, 5S, 6R）-3, 4, 5- 三羟基 -6-（羟基甲基）氧烷 -2- 基］氧化 -4a, 5, 8, 8a- 四氢 -1H- 吡喃酮［3, 4-c］吡喃 -4- 羧酸酯 {2-（3, 4-dihydroxyphenyl）ethyl（1R, 4aS, 8R, 8aS）-8-methyl-6-oxo-1-［（2S, 3R, 4S, 5S, 6R）-3, 4, 5-trihydroxy-6-（hydroxymethyl）oxan-2-yl］oxy-4a, 5, 8, 8a-tetrahydro-1H-pyrano［3, 4-c］pyran-4-carboxylate}[4] 和 1β, 3α- 二乙氧基 -7- 氧化 -8β- 甲基 -1, 3, 4, 4a, 5, 6, 7, 7a- 八氢 - 环戊烷并［c］吡喃 - 对羟基苯乙醇 -4β- 羧酸酯 {1β, 3α-diethoxy-7-oxo-8β-methyl-1, 3, 4, 4a, 5, 6, 7, 7a-octahydro-cyclopenta［c］pyran-p-hydroxyphenethyl-4β-carboxylate}[5]；单萜类：丁香苦素 A、B（syringopicrogenin A、B）[3] 和丁香苦素 C、D、E、F（syringopicrogenin C、D、E、F）[3, 6]；皂苷类：白桦脂酸（betulinic acid）、熊果酸（ursolic acid）、19α- 羟基熊果酸（19α-hydroxyursolic acid）[1]，齐墩果酸（oleanolic acid）[3]，山楂酸（maslinic acid）、3β-O- 反式 - 对 - 香豆酰山楂酸（3β-O-trans-p-coumaroyl maslinic acid）、3β-O- 顺式 - 对 - 香豆酰山楂酸（3β-O-cis-p-coumaroyl maslinic acid）、2α- 羟基熊果酸（2α-hydroxyursolic acid）、3β-O- 反式 - 对 - 香豆酰氧 -2α- 羟基 -12- 烯 -28- 熊果酸（3β-O-trans-p-coumaroyloxy-2α-hydroxyurs-12-en-28-oic acid）、3β-O- 顺式 - 对 - 香豆酰氧 -2α- 羟基 -12- 烯 -28- 熊果酸（3β-O-cis-p-coumaroyloxy-2α-hydroxyurs-12-en-28-oic acid）、3β-O- 反式 - 对 - 香豆酰委陵菜酸（3β-O-trans-p-coumaroyl tormentic acid）和 3β-O- 顺式 - 对 - 香豆酰委陵菜酸（3β-O-cis-p-coumaroyl tormentic acid）[7]；挥发油类：3, 4- 二羟基苯乙二醇（3, 4-dihydroxybenzene-styrene glycol）、对羟基苯乙醇（4-hydroxyphenethyl alcohol）[4]，苯甲醇（benzyl alcohol）、已烯醇（3-hexen-1-ol）、α- 蒎烯（α-pinene）、丁香酚（eugenol）、紫丁香醛（lilacaldehyde）、依兰烯（ylangene）、1, 4- 二甲氧基苯（1, 4-dimethoxybenzene）、苯甲醛（benzaldehyde）等[8] 和酪醇（tyrosol）[9]；香豆素类：7- 羟基 -6- 甲氧基香豆素（7-hydroxy-6-methoxycoumarin），即莨菪亭（scopoletin）[1]；醇苷类：3（Z）- 已烯醇葡萄糖苷［3（Z）-hexenol glucoside］和红景天苷（salidroside）[3]；柠檬苦素类：黄柏内酯（obaculactone）[2]；酚酸类：3- 甲氧基 -4- 羟基苯甲酸（3-methoxy-4-hydroxybenzoic acid）[1]，6-O-（E）- 阿魏酰 -（α）- 吡喃葡萄糖苷［6-O-（E）-feruloyl-（α）-glucopyranoside］、6-O-（E）- 阿魏酰 -（β）- 吡喃葡萄糖苷［6-O-（E）-feruloyl-（β）-glucopyranoside］[4]，反式对羟基肉桂酸（trans-p-hydroxycinnamic acid）[9] 和 3, 4- 二羟基苯甲酸（3, 4-dihydroxybenzoic acid）[9]；呋喃类：2- 呋喃甲酸（2-furancarboxylic acid）[2]；二元羧酸类；丁二酸（succinic acid）[2]；甾体类：胡萝卜苷（daucosterol）[1]；糖类：D- 甘露醇（D-mannitol）[2]；其他尚含：蚱蜢酮（grasshopper ketone）[3]。

花含环烯醚萜类：丁香苦素 B（syringopicrogenin B）[10]；皂苷类：齐墩果酸（oleanolic acid）、熊果酸（ursolic acid）、羽扇豆酸（lupanic acid）和羽扇豆醇（luprol）[10]；苯丙素类：对羟基苯丙醇（p-hydroxy phenylpropanol）[10]；甾体类：β- 谷甾醇（β-sitosterol）[10]；挥发油类：紫丁香醛（lilacaldehyde）、依兰烯（ylangene）、胡薄荷酮（pulegone）、α- 蒎烯（α-pinene）、橙花叔醇异构体（nerolidol isomer）、乙酸芳樟醇酯（linalyl acetate）、苯甲醇（benzenemethanol）、丁香酚（eugenol）等[8] 和对羟基苯乙醇（p-hydroxy phenylethanol）[10]。

树枝含黄酮类：芹菜素（apigenin）[11]；苯丙素类：丁香苷（syringin）[11]；木脂素类：（+）- 松脂素［（+）-pinoresinol］、（+）- 丁香树脂酚［（+）-syringaresinol］、落叶松脂醇（lariciresinol）、落叶松脂醇 -9- 乙酸酯（lariciresinol-9-acetate）、橄榄苦苷（oleuropein）、丁香苦苷（syringopicroside）、（2″R）-2″- 甲氧基橄榄苦苷［（2″R）-2″-methoxyoleuropein］、（9R）-9-O- 甲基荜澄茄素［（9R）-9-O-methylcubebin］、（9S）-9-O- 甲基荜澄茄素［（9S）-9-O-methylcubebin］、4, 4′, 8, 9- 四羟基 -3, 3′- 二甲氧基 -7, 9′- 单环氧木脂素（4, 4′, 8, 9-tatrahydroxyl-3, 3′-dimethyoxyl-7, 9′-monoepoxylignan）和 4, 4′- 二羟基 -3, 3′, 5- 三甲氧基双环氧木脂素（4, 4′-dihydroxyl-3, 3′, 5-trimethyoxyl bisepoxylignan）[11]；环烯醚萜类：

（8*E*）- 女贞苷［（8*E*）-ligstroside］[11]；甾体类：胡萝卜苷（daucosterol）[11]；酚类：3, 4- 亚甲基二氧苯酚（3, 4-methylenedioxyphenol）、对羟基苯乙醇（*p*-hydroxyphenylethanol）、对羟基苯乙醇乙酸酯（*p*-hydroxyphenyl acetate）和 2-（3, 4- 二羟基）苯乙醇乙酸酯［2-（3, 4-dihydroxyl）phenyl ethyl acetate］[11]；醛类：4- 羟基 -3, 5- 二甲氧基苯甲醛（4-hydroxyl-3, 5-dimethyoxylbenzaldehyde）和 3, 5- 二甲氧基 -4- 羟基肉桂醛（3, 5-dimethyoxyl-4-hydroxyl cinanamldehyde）[11]。

树皮含香豆素类：七叶内酯（esculetin）[12]；皂苷类：羽扇豆酸（lupanic acid）和齐墩果酸（oleanolic acid）[12]；环烯醚萜类：橄榄苦苷（oleuropein）、（8*E*）- 女贞苷［（8*E*）-ligstroside］[12] 和（8*E*）- 女贞子苷［（8*E*）-nuezhenide］[13]；苯乙醇类：对羟基苯乙醇（*p*-hydroxy phenylethanol）、3, 4- 二羟基苯乙醇（3, 4-dihydroxy phenylethanol）、2-（3, 4- 二羟基）苯乙醇乙酸酯［2-（3, 4-dihydroxy）phenyl ethyl acetate］[12]，对羟基苯乙醇葡萄糖苷（*p*-hydroxylphenylethanol glucoside）和 3, 4- 二羟基苯乙醇葡萄糖苷（3, 4-dihydroxylphenylethanol glucoside）[13]；木脂素类：（+）- 落叶松酯醇［（+）-lariciresinol］[13]；甾体类：胡萝卜苷（daucosterol）[13]。

种子含环烯醚萜类：丁香苦素 A、B、C（syringopicrogenin A、B、C）、（8*E*）- 女贞子苷［（8*E*）-nuezhenide］、（8*E*）- 女贞苷［（8*E*）-ligstroside］、丁香苦苷（syringopicroside）和丁香苦苷 B（syringopicroside B）[14]；苯乙醇类：对羟基苯乙醇（*p*-hydroxyphenylethanol）、2-（对羟基苯基）- 乙基 -2, 6- 双（2*S*, 3*E*, 4*S*）-3- 亚乙基 -2-（β-D- 吡喃葡萄糖氧基）-3, 4- 二氢 -5-（甲氧羰基）-2H- 吡喃 -4- 乙酸酯［2-（*p*-hydroxyphenyl）-ethyl-2, 6-bis（2*S*, 3*E*, 4*S*）-3-ethylidene-2-（β-D-glucopyranosyloxy）-3, 4-dihydro-5-（methoxycarbonyl）-2H-pyran-4-acetate］、对羟基苯乙醇丙酸酯（*p*-hydroxyphenylethyl propyl ester）和里拉苷（lilacoside）[14]；皂苷类：21α- 羟基 - 千层塔 -14- 烯 -3β- 基 - 二氢咖啡酸酯［21α-hydroxy-serrat-14-en-3β-yl-dihydrocaffeate］[14]；脂肪酸苷类：4-*O*-11- 甲基油酸苷 - 对 - 羟苯基 -（6′-11- 甲基油酸苷）-β-D- 吡喃葡萄糖苷［4-*O*-11-methyloleoside-*p*-hydroxyphenyl-（6′-11-methyloleoside）-β-D-glucopyranoside］和 7β-D- 吡喃葡萄糖基 -11- 甲基油酸苷（7β-D-glucopyranosyl-11-methyloleoside）[14]。

果壳含木脂素类：（+）- 丁香树脂酚［（+）-syringaresinol］和（+）- 落叶松脂醇［（+）-lariciresinol］[15]；环烯醚萜类：丁香苦苷（syringopicroside）、橄榄苦苷（oleuropein）、（8*E*）- 女贞苷［（8*E*）-ligstroside］和丁香苦素 A、B（syringopicrogenin A、B）[15]；苯乙醇类：对羟基苯乙醇（*p*-hydroxyphenylethanol）、3, 4- 二羟基苯乙醇（3, 4-dihydroxyphenylethanol）、对羟基苯乙醇乙酸酯（*p*-hydroxyphenylethyl acetate）和对羟基苯乙醇 -β-D- 葡萄糖苷（*p*-hydroxyphenylethanol-β-D-glucoside）[15]。

**【药理作用】**抗菌 叶的水浸液对大肠杆菌、绿脓杆菌、肺炎杆菌、乙型副伤寒杆菌、猪霍乱杆菌、鼠伤寒杆菌、福氏痢疾杆菌、鲍氏痢疾杆菌、宋内氏痢疾杆菌及普通变型杆菌的生长具有较强的抑制作用[1]。

**【性味与归经】**苦，寒。归肺、大肠经。

**【功能与主治】**清热解毒，消炎止痢。用于急性菌痢，肠炎及上呼吸道感染，咽喉肿痛，急慢性扁桃体炎等细菌感染性疾病。

**【用法与用量】**3 ～ 6g。

**【药用标准】**湖南药材 2009、黑龙江药材 2001 和吉林药品 1977。

**【临床参考】**1. 流行性出血性结膜炎：30% 紫丁香叶滴眼液与 25% 氯霉素眼药水交替点眼，每隔 30min 一次[1]。

2. 预防细菌性痢疾：丁香叶片（鲜叶粉碎，加少许淀粉直接压片，每片含丁香叶粉 0.4g）口服，每日 2 次，每次 4 片，隔日服[2]。

**【附注】**《植物名实图考》引《草花谱》载："紫丁香，花如细小丁香而瓣柔，色紫，蓓蕾而生。按丁香北地极多，树高丈余，叶如茉莉而色深绿，二月开小喇叭花，有紫、白两种，百十朵攒簇，白者香清，花罢结实如连翘。"紫花者似为本种。

【化学参考文献】
[1] 李全，许琼明，郝丽莉，等 . 紫丁香叶化学成分研究 [J]. 中草药，2009，40 (3)：369-371.
[2] 卢丹，李平亚，李静晖 . 紫丁香叶化学成分研究 [J]. 中草药，2003，34 (8)：688-689.
[3] 张树军，时志春，王丹，等 . 紫丁香树叶化学成分研究 [J]. 中草药，2018，49 (16)：3747-3757.
[4] 田雷，李永吉，吕邵娃，等 . 紫丁香叶的化学成分研究 [J]. 中国实验方剂学杂志，2013，19 (1)：144-147.
[5] 张树军，李雅富，李军，等 . 紫丁香叶中的新环烯醚萜 [J]. 中草药，2014，45 (5)：608-610.
[6] Zhao M，Tang W X，Li J，et al.Two new monoterpenoids from the fresh leaves of *Syringa oblata* [J].Chem Nat Compd，2016，52 (6)：1023-1025.
[7] 张道旭，陈重，李笑然，等 . 紫丁香叶三萜类化学成分研究 [J]. 中国医药指南，2011，9 (11)：45-46.
[8] 回瑞华，李铁纯，侯冬岩 .GC/MS 分析紫丁香花与叶中的挥发性化学成分 [J]. 质谱学报，2002，23 (4)：210.
[9] 王丹丹，刘盛泉，陈英杰，等 . 紫丁香有效成分的研究 [J]. 药学学报，1982，17 (12)：951-954.
[10] 董丽巍，王金兰，赵明，等 . 紫丁香花蕾化学成分研究 [J]. 天然产物研究与开发，2011，23 (4)：658-660.
[11] 赵明，韩晶，吕嵩岩，等 . 紫丁香树枝化学成分研究 [J]. 中草药，2012，43 (2)：251-254.
[12] 张树军，张军锋，王金兰 . 紫丁香树皮的化学成分研究 [J]. 中草药，2006，37 (11)：1624-1626.
[13] 张军锋，焦华，王金兰，等 . 紫丁香树皮的化学成分研究（Ⅱ）[J]. 天然产物研究与开发，2007，19 (4)：617-619.
[14] 张树军，郭华强，韩晶，等 . 紫丁香籽化学成分研究 [J]. 中草药，2011，42 (10)：1894-1899.
[15] 王金兰，章钢峰，董丽巍，等 . 紫丁香籽外壳的化学成分研究 [J]. 中草药，2010，41 (10)：1598-1601.

【药理参考文献】
[1] 黑龙江中医学院微生物教研室药剂教研室 . 紫丁香叶抗菌有效成分的研究 [J]. 中医药学报，1979，(1)：36-45，35.

【临床参考文献】
[1] 邢美玉，李波 . 紫丁香叶制剂治疗流行性出血性结膜炎 [J]. 中西医结合眼科杂志，1996，14 (1)：30.
[2] 中国人民解放军 81540 部队医院防疫所 . 紫丁香叶预防细菌性痢疾的效果观察 [J]. 赤脚医生杂志，1979，(5)：22.

## 3. 连翘属 *Forsythia* Vahl

直立或蔓性落叶灌木。枝中空或具片状髓。单叶，对生，稀 3 裂至三出复叶，具锯齿或全缘，有毛或无毛；具叶柄。先叶开花，花两性，1 至数朵着生于叶腋；花具柄，花萼 4 深裂，多少宿存；花冠黄色，钟状，4 深裂，裂片披针形、长圆形至宽卵形，较花冠管长，花蕾时呈覆瓦状排列；雄蕊 2 枚，着生于花冠管基部，花药 2 室，纵裂；子房 2 室，每室具多粒下垂胚珠，花柱细长，柱头 2 裂；花柱异长，具长花柱的花，雄蕊短于雌蕊，具短花柱的花，雄蕊长于雌蕊。蒴果具喙，2 室，室间开裂，每室种子多粒。种子一侧具翅；子叶扁平；胚根向上。

约 11 种，除 1 种产于欧洲东南部外，其余均产于亚洲东部，尤以我国种类最多，中国 7 种 1 变型，法定药用植物 1 种。华东地区法定药用植物 1 种。

## 750. 连翘（图 750）• *Forsythia suspensa*（Thunb.）Vahl

【别名】挂拉鞭（山东），黄寿丹。

【形态】落叶灌木。枝开展或下垂，略呈四棱形，疏生皮孔，节间中空，节部具实心髓。单叶，有时 3 裂至三出复叶，叶卵形、宽卵形或椭圆状卵形，长 2 ～ 10cm，宽 1.5 ～ 5cm，先端锐尖，基部圆形、宽楔形至楔形，叶缘除基部外具锐齿或粗齿，叶面深绿色，叶背淡黄绿色，两面无毛；叶柄长 0.8 ～ 1.5cm。花单生或 2 至数朵着生于叶腋，先叶开放；花梗长 5 ～ 6mm；花萼绿色，裂片长圆形，长 6 ～ 7mm，先端钝或锐尖，边缘具睫毛，与花冠管近等长；花冠黄色，裂片倒卵状长圆形或长圆形，长 1.2 ～ 2cm，宽 6 ～ 10mm；在雌蕊长 5 ～ 7mm 花中，雄蕊长 3 ～ 5mm，在雄蕊长 6 ～ 7mm 的花中，雌蕊长约 3mm。

**图 750 连翘** 摄影 李华东等

果卵球形、卵状椭圆形或长椭圆形，长 1.2 ～ 2.5cm，宽 0.6 ～ 1.2cm，先端喙状，表面疏生皮孔；果梗长 0.7 ～ 1.2cm。花期 3 ～ 4 月，果期 7 ～ 9 月。

**【生境与分布】**生于海拔 250 ～ 2200m 山坡灌丛、林下或草丛中，或山谷、山沟疏林中。华东地区常见栽培，另分布于河北、辽宁、山西、陕西、山东、河南、湖北及宁夏。我国除华南地区外，其他各地均有栽培；日本也有栽培。

**【药名与部位】**连翘，成熟果实。连翘心，成熟种子。连翘叶，叶。

**【采集加工】**连翘：秋季果实初熟尚带绿色时采收，除去杂质，蒸熟，干燥；或果实熟透时采收，干燥。前者习称“青翘”，后者习称“老翘”。连翘叶：秋季枝叶茂盛时采收，晒干或低温干燥。

**【药材性状】**连翘：呈长卵形至卵形，稍扁，长 1.5 ～ 2.5cm，直径 0.5 ～ 1.3cm。表面有不规则的纵皱纹和多数突起的小斑点，两面各有 1 条明显的纵沟。顶端锐尖，基部有小果梗或已脱落。青翘多不开裂，表面绿褐色，突起的灰白色小斑点较少；质硬；种子多数，黄绿色，细长，一侧有翅。老翘自顶端开裂或裂成两瓣，表面黄棕色或红棕色，内表面多为浅黄棕色，平滑，具一纵隔；质脆；种子棕色，多已脱落。气微香，味苦。

连翘叶：多卷曲，完整叶片展平后呈卵形、宽卵形或椭圆状卵形。长 2 ～ 10cm，宽 1.5 ～ 5cm；上表面黄绿色或黄棕色，下表面灰白色；无毛，顶端锐尖，基部圆形至宽楔形，边缘除基部以外有粗锯齿，叶柄长 0.8 ～ 1.5cm，灰白色，基部黄棕色。质脆。气微，味苦。

**【质量要求】**连翘：青翘色青绿、不开裂、无枝梗；老翘色黄、瓣大、壳厚。

**【药材炮制】**连翘：除去果柄等杂质，洗净，干燥。

**【化学成分】**果实含木脂素类：连翘木脂苷*E（forsythialanside E）、8′-羟基松脂素-4′-*O*-β-D-葡萄糖苷（8′-hydroxypinoresinol-4′-*O*-β-D-glucoside）、8′-羟基松脂素（8′-hydroxypinoresinol）、落叶松树脂醇-4′-*O*-β-D-葡萄糖苷（lariciresinol-4′-*O*-β-D-glucoside）、落叶松树脂醇-4-*O*-β-D-葡萄糖苷（lariciresinol-4-*O*-β-D-glucoside）[1]，连翘苷元（phillygenin）、双环氧连翘内酯（forsythenin）、（+）-松脂素单甲醚［（+）-pinoresinol monomethyl ether］、（+）-表松脂素［（+）-epipinoresinol］、（−）-马台树脂醇［（−）-matairesinol］、（+）-松脂素［（+）-pinoresinol］、rel-（7*R*, 8′*R*, 8*S*）-连翘木脂素*C［rel-（7*R*, 8′*R*, 8*S*）-forsythialan C］、rel-（7*R*, 8′*R*, 8*R*）-连翘木脂素C［rel-（7*R*, 8′*R*, 8*R*）-forsythialan C］、4-*O*-去甲基连翘烯素*［4-*O*- demethylforsythenin］[2]，连翘苷（phillyrin）[3]，连翘木脂素A、B（forsythialan A、B）[4]，8-羟基松脂素（8-hydroxypinoresinol）、7′-表-8-羟基松脂素（7′-epi-8-hydroxypinoresinol）、落叶松脂醇（lariciresinol）、异落叶松脂醇（*iso*-lariciresinol）、左旋橄榄脂素［（−）-olivil］[5]，异橄榄脂素（*iso*-olivil）、异落叶松脂醇-4-*O*-β-D-吡喃葡萄糖苷（*iso*-lariciresinol-4-*O*-β-D-glucopyranoside）、异落叶松脂醇-9′-*O*-β-D-吡喃葡萄糖苷（*iso*-lariciresinol-9′-*O*-β-D-glucopyranoside）[6]，（+）-表松脂素-4-*O*-β-D-葡萄糖苷［（+）- epipinoresinol-4-*O*-β-D-glucoside］[7]，（+）-松脂素-β-D-葡萄糖苷［（+）-pinoresinol-β-D-glucoside］、（+）-松脂素甲基醚-β-D-葡萄糖苷［（+）-pinoresinol monomethyl ether-β-D-glucoside］[8]，连翘木脂苷A、B、C、D（forsythialanside A、B、C、D）、丁香树脂醇-4-*O*-β-D-葡萄糖苷（syringaresinol-4-*O*-β-D-glucoside）和二氢去氢二愈创木基醇-4-*O*-β-D-葡萄糖苷（dihydrodehydrodiconiferyl alcohol-4-*O*-β-D-glucoside）[9]；黄酮类：淫羊藿次苷$E_4$（icariside $E_4$）[9]，山柰酚-3-*O*-芸香糖苷（kaempferol-3-*O*-rutinoside）、山柰酚-3-*O*-刺槐双糖苷（kaempferol-3-*O*-robinobioside）[10]，槲皮素（quercetin）[3]，汉黄芩素-7-*O*-葡萄糖苷（wogonin- 7-*O*-glucoside）[11]，异槲皮素（*iso*-quercetin）、芦丁（rutin）[12]，连翘酮苷*E（forsythoneoside E）、连翘双黄酮*A、B（sythobiflavone A、B）[13]和连翘酮苷A、B、C、D（forsythoneoside A、B、C、D）[14]；香豆素类：秦皮乙素（esculetin）[3]；苯乙醇苷类：连翘酯苷F、H、I（forsythoside F、H、I）、车前草苷A、B（plantainoside A、B）[1]，红景天苷（salidroside）[3]，木通苯乙醇苷B（calceolarioside B）、3, 4-二羟基苯乙基-8-*O*-β-D-吡喃葡萄糖苷（3, 4-dihydroxyphenylethyl-8-*O*-β-D-glucopyranoside）[6]，连翘烯苷*G、H、I、J、K、L（forsythenside G、H、I、J、K、L）[9]，木通苯乙醇苷A（calceolarioside A）[10]，连翘酮苷F（forsythoneoside F）[13]，连翘酯苷A（forsythoside A）[2]，连翘酯苷B（forsythoside B）[15]，连翘种苷（suspensaside）、连翘种苷A、B（suspensaside A、B），连翘烯苷A、B（forsythenside A、B）[16]，连翘烯乙醇苷*A、B（forsythenethoside A、B）[17]，连翘酯苷M、N、O、P（forsythoside M、N、O、P）、连翘烯苷M、N（forsythenside M、N）、连翘环已醇苷D、E（rengyoside D、E）、3, 4-二羟基苯乙醇-6-*O*-咖啡酰基-β-D-葡萄糖苷（3, 4-dihydroxyphenethylalcohol-6-*O*-caffeoyl-β-D-glucoside）[18]，连翘脂素（forsythiaside）[19, 20]，异连翘脂素（*iso*-forsythiaside）[20]，连翘新苷*B（lianqiaoxinoside B）[21]，连翘新苷C（lianqiaoxinoside C）和木通苯乙醇苷C（calceolarioside C）[22]；环烯醚萜类：连翘三苷*A（forsydoitriside A）和连翘萜苷*A、B、C、D、E（suspenoidside A、B、C、D、E）[23]；单萜类：1-氧代-4-羟基-2（3）-烯-4-乙基环已-5, 8-内酯［1-oxo-4-hydroxy-2（3）-en-4-ethylcyclohexa-5, 8-olide］[2]；二萜类：贝壳杉醇酸（agatholic acid）、19-羟基半日花烷-8（17），13（*Z*）-二烯-15-酸［19-hydroxylabda-8（17），13（*Z*）-dien-15-oic acid］、18-羟基半日花烷-8（17），13（*E*）-二烯-15-酸［18-hydroxylabda-8（17），13（*E*）-dien-15-oic acid］、19-甲酰半日花烷-8（17），13（*E*）-二烯-15-酸［19-formyllabda-8（17），13（*E*）-dien-15-oic acid］、19-甲酰半日花烷-8（17），13（*Z*）-二烯-15-酸［19-formyllabda-8（17），13（*Z*）-dien-15-oic acid］、半日花烷-8（17），13（*Z*）-二烯-15, 18-二酸［labda-8（17），13（*Z*）-dien-15, 18-dioic acid］、18-羟基-7-氧化半日花烷-8（9），13（*E*）-二烯-15-酸［18-hydroxy-7-oxolabda-8（9），13（*E*）-dien-15-oic acid］、17, 19-二羟基半日花烷-7（8），13（*E*）-二烯-15-酸［17, 19-dihydroxylabda-7（8），13（*E*）-dien-15-oic acid］[2]和半日花烷-8（17），13（*E*）-二烯-15, 18-二酸-15-甲酯［labda-8（17），13（*E*）-dien-15, 18-dioic acid-15-methyl ester］[3]；

三萜皂苷类：熊果酸（ursolic acid）、麦珠子酸（alphitolic acid）、连翘二素*A（forsythidin A）、五福花苷酸-10-对羟基苯乙酸酯（adoxosidic acid-10-*p*-hydroxyphenyl acetate）、3β-乙酰氧基-25-甲氧基达玛-23-烯-20β-醇（3β-acetoxy-25-methoxydammar-23-en-20β-ol）、达玛-24-烯-3β-乙酰氧基-20-醇（dammar-24-en-3β-acetoxy-20-ol）、3β-乙酰基-20, 25-环氧达玛烷-24α-醇（3β-acetyl-20, 25-epoxydammaran-24α-ol）、3β-乙酰氧基齐墩果-12-烯-28-酸（3β-acetoxyolean-12-en-28-oic acid）、拟西洋杉内酯-3-乙酸酯（cabralealactone-3-acetate）、拟西洋杉内酯-3-乙酸酯-24-甲酯（cabralealactone-3-acetate-24-methyl ether）、菲岛福木酮*Q（garcinielliptone Q）[2]，3β-乙酰氧基-20α-羟基熊果-28-羧酸（3β-acetoxy-20α-hydroxyursan-28-oic acid）、3β-乙酰基-20, 25-环氧达玛烷-24α-醇（3β-acetyl-20, 25-epoxydammarane-24α-ol）、乙酰基齐墩果酸（acetyl oleanolic acid）、β-香树脂醇乙酸酯（β-amyrin acetate）、3β-羟基古巴香脂树酸（3β-hydroxyanticopalic acid）、ψ-蒲公英甾醇（ψ-taraxasterol）、蒲公英甾醇乙酸酯（taraxasterol acetate）、（6*S*, 9*R*）-长寿花糖苷［（6*S*, 9*R*）-roseoside］、五福花苷酸（adoxosidic acid）[3]，异乙酸降香萜烯醇酯（*iso*-bauerenyl acetate）、β-香树脂醇乙酸酯（β-amyrin acetate）、20（*S*）-达玛-24-烯-3β, 20-二醇-3-乙酸酯［20（*S*）-dammar-24-en-3β, 20-diol-3-acetate］、3β-乙酰基-20, 25-环氧树脂达玛烷-24α-醇（3β-acetyl-20, 25-epoxydammarane-24α-ol）[12]，白桦脂酸（betulinic acid）[3, 12]，2α-羟基白桦脂酸（2α-hydroxybetulinic acid）、齐墩果酸（oleanolic acid）、2α, 23-羟基熊果酸（2α, 23-hydroxy ursolic acid）[24]，奥寇梯木酮（ocotillone）和奥寇梯木醇单乙酸酯（ocotillol monoacetate）[25]；苯丙素类：3-（4-乙氧基-3-羟基苯基）丙烯酸［3-（4-ethoxoy-3-hydroxyphenyl）acrylic acid］[7]和小梣木苷B（eutigoside B）[18]；反式阿魏酸（*trans*-ferulic acid）、咖啡酸（caffeic acid）、反式-香豆酸（*trans*-coumaric acid）[3]，咖啡酸甲酯（methyl caffeate）[6]和3, 4, α-三羟基苯丙烯酸甲酯（3, 4, α-trihydroxymethylphenylpropionate）[26]；酚酸类：苯甲酸（benzoic acid）、对羟基苯甲酸（*p*-hydroxybenzoic acid）、3, 4-二甲氧基苯甲酸（3, 4-dimethoxybenzoic acid）、香草酸（vanillic acid）、丁香酸（syringic acid）[3]，对羟基苯乙酸（*p*-hydroxyphenylacetic acid）、对羟基苯乙酸甲酯（methyl *p*-hydroxyphenylacetate）、原儿茶醛（protocatechualdehyde）[3]，2-（对甲氧基苯）乙醛［2-（*p*-methoxyphenyl）acetaldehyde］、对羟基苯乙醇（*p*-hydroxyphenylethyl alcohol）、对羟基苯甲醇（*p*-hydroxylbenzyl alcohol）、4-羟基苯乙基-2-（4-羟基苯基）乙酯［4-hydroxyphenethyl-2-（4-hydroxyphenyl）acetate］、3, 4-二羟基苯乙醇（3, 4-dihydroxyphenylethanol）、1, 2, 4-苯三酚（1, 2, 4-benzentriol）、1-（4-羟基苯基）-2, 3-二羟基丙酮［1-（4-hydroxyphenyl）-2, 3-dihydroxypropan-1-one］、对羟基苯甲醛（*p*-hydroxybenzaldehyde）和异香草酸（*iso*-vanillic acid）[26]；内酯类：2, 3-二羟甲基-4-（3′, 4′-二甲氧基苯基）-γ-丁内酯［2, 3-dihydroxymethyl-4-（3′, 4′-dimethoxyphenyl）-γ-butyrolactone］[27]；生物碱类：连翘碱*A（suspensine A）、（-）-7′-*O*-甲基依艮碱*［（-）-7′-*O*-methylegenine］、（-）-依艮碱*［（-）-egenine］和比枯枯灵碱［（-）-bicuculline］[28]；糖类：甲基-α-D-吡喃葡萄糖苷（methyl-α-D-glucopyranoside）[3]和L-鼠李糖（L-rhamnose）[6]；甾体类：β-谷甾醇（β-sitosterol）、豆甾醇（stigmasterol）[3]，胡萝卜苷（daucosterol）[12]和（6′-*O*-棕榈酰）-谷甾醇-3-*O*-β-D-葡萄糖苷［（6′-*O*-palmitoyl）-sitosterol-3-*O*-β-D-glucoside］[25]；脂肪酸及二元羧酸类：硬脂酸（stearic acid）[7]，丁二酸（succinic acid）[11]和棕榈酸（palmitic acid）[25]；呋喃羧酸类：2-糠酸（2-furancarboxylic acid）[9]；多元醇类：赤藓醇（erythritol），即丁四醇（butantetraol）[11]，连翘醇（rengyol）、8-*O*-（2-羟乙氧基）乙基连翘醇［8-*O*-（2-hydroxyethoxy）ethyl rengyol］[12]，（2*R*, 3*S*）-3-（4-羟基-3-甲氧基苯基）-3-甲氧基丙烷-1, 2-二醇［（2*R*, 3*S*）-3-（4-hydroxy-3-methoxyphenyl）-3-methoxypropane-1, 2-diol］，即（2*R*, 3*S*）-连翘苯二醇*D［（2*R*, 3*S*）forsythiayanoside D］和连翘已四醇（rengyquaol）[29]；酚及酚苷类：对羟基苯基乙醇（*p*-tyrosol）、羟基酪醇（hydroxytyrosol）[3]和茶梅素（sasanquin）[9]；神经酰胺类：（2*S*, 3*S*, 4*R*, 8*E*）-2-［（2′*R*）-2′, 3′-二羟基-二十二碳酰胺］-8-十八碳烯-1, 3, 4-三醇{（2*S*, 3*S*, 4*R*, 8*E*）-2-［（2′*R*）-2′, 3′-dihydroxy-docosanoylamino］-8-octadecene-1, 3, 4-triol}、（2*S*, 3*S*, 4*R*, 8*E*）-2-［（2′*R*）-2′, 3′-二羟基-二十三碳酰胺］-8-十八碳烯-1, 3, 4-三醇{（2*S*, 3*S*, 4*R*, 8*E*）-2-［（2′*R*）-2′, 3′-dihydroxy-tricosanoylamino］-8-octadecene-1, 3, 4-triol}、（2*S*,

3*S*, 4*R*, 8*E*）-2-［（2′*R*）-2′, 3′- 二羟基 - 二十四碳酰胺］-8- 十八碳烯 -1, 3, 4- 三醇 {（2*S*, 3*S*, 4*R*, 8*E*）-2-［（2′*R*）-2′, 3′-dihydroxy-tetracosanoylamino］-8-octadecene-1, 3, 4-triol}、（2*S*, 3*S*, 4*R*, 8*E*）-2-［（2′*R*）-2′, 3′- 二羟基 - 二十五碳酰胺］-8- 十八碳烯 -1, 3, 4- 三醇 {（2*S*, 3*S*, 4*R*, 8*E*）-2-［（2′*R*）-2′, 3′-dihydroxy-pentacosanoylamino］-8-octadecene-1, 3, 4-triol}、（2*S*, 3*S*, 4*R*, 8*E*）-2-［（2′*R*）-2′, 3′- 二羟基 - 二十六碳酰胺］-8- 十八碳烯 -1, 3, 4- 三醇 {（2*S*, 3*S*, 4*R*, 8*E*）-2-［（2′*R*）-2′, 3′-dihydroxy-hexacosanoylamino］-8-octadecene-1, 3, 4-triol}、（2*S*, 3*S*, 4*R*, 8*E*）-2-［（2′*R*）-2′- 羟基 - 二十二碳酰胺］-8- 十八碳烯 -1, 3, 4- 三醇 {（2*S*, 3*S*, 4*R*, 8*E*）-2-［（2′*R*）-2′-hydroxy-docosanoylamino］-8-octadecene-1, 3, 4-triol}、（2*S*, 3*S*, 4*R*, 8*E*）-2-［（2′*R*）-2′- 羟基 - 二十三碳酰胺］-8- 十八碳烯 -1, 3, 4- 三醇 {（2*S*, 3*S*, 4*R*, 8*E*）-2-［（2′*R*）-2′-hydroxy-tricosanoylamino］-8-octadecene-1, 3, 4-triol}、（2*S*, 3*S*, 4*R*, 8*E*）-2-［（2′*R*）-2′- 羟基 - 二十四碳酰胺］-8- 十八碳烯 -1, 3, 4- 三醇 {（2*S*, 3*S*, 4*R*, 8*E*）-2-［（2′*R*）-2′-hydroxy-tetracosanoylamino］-8-octadecene-1, 3, 4-triol}、（2*S*, 3*S*, 4*R*, 8*E*）-2-［（2′*R*）-2′- 羟基 - 二十五碳酰胺］-8- 十八碳烯 -1, 3, 4- 三醇 {（2*S*, 3*S*, 4*R*, 8*E*）-2-［（2′*R*）-2′-hydroxy-pentacosanoylamino］-8-octadecene-1, 3, 4-triol} 和（2*S*, 3*S*, 4*R*, 8*E*）-2-［（2′*R*）-2′- 羟基 - 二十六碳酰胺］-8- 十八碳烯 -1, 3, 4- 三醇 {（2*S*, 3*S*, 4*R*, 8*E*）-2-［（2′*R*）-2′-hydroxy-hexacosanoylamino］-8-octadecene-1, 3, 4-triol}[12]；挥发油类：β- 蒎烯（β-pinene）、α- 蒎烯（α-pinene）、松油烯 -4- 醇（terpinen-4-ol）、α- 侧柏烯（α-thujene）、莰烯（camphene）、香叶烯（myrcene）、α- 水芹烯（α-phellandrene）、α- 松油烯（α-terpinene）、对 - 伞花烯（*p*-cymenene）、α- 柠檬烯（α-limonene）、松油醇（terpineol）、松香芹醇（pinocarveol）、龙脑（borneol）、月桂烯醇（myrcenol）和桃金娘烯醛（myrtenal）等[30]；其他尚含：梾木苷（cornoside）[9] 和连翘酸 *（suspenolic acid）[17]。

叶含木脂素类：（+）- 松脂素 -4-*O*-β-D- 葡萄糖苷［（+）-pinoresinol-4-*O*-β-D-glucoside］[31]，（+）- 表松脂素 -4′-*O*-β-D- 葡萄糖苷［（+）-epipinoresinol-4′-*O*-β-D-glucoside］、（+）- 连翘苷元［（+）-phillygenin］、双环氧连翘内酯（forsythenin）、连翘苷（forsythin）[32]，连翘苷元 -4-*O*-（6″-*O*- 乙酰基）-β-D- 吡喃葡萄糖苷［phillygenin-4-*O*-（6″-*O*-acetyl）-β-D-glucopyranoside］和表松脂素 -4-*O*-β-D- 葡萄糖苷（epipinoresinol-4-*O*-β-D-glusoside）[33]；香豆素类：连翘烯苷 F（forsythenside F）[29]；苯乙醇苷类：连翘酯苷 I（forsythoside I）、木通苯乙醇苷 C、D（calceolarioside C、D）[31] 和连翘酯苷 A（forsythoside A）[32]；三萜皂苷类：连翘酚萜苷 *A、B、C（suspensanoside A、B、C）、苦莓苷 $F_1$（nigaichigoside $F_1$）、四角风车子苷 IV（quadranoside IV）、去羟加利果酸（esculentic acid）、科罗索酸（corosolic acid）、阿琼苷 I、II（arjunglucoside I、II）、枳椇酸（hovenic acid）[32]，3β- 乙酰氧基 -11- 烯 -28, 13- 齐墩果 -28, 13- 内酯（3β-acetoxy-11-en-olean-28, 13-olean-28, 13-olide）、3β- 乙酰氧基齐墩果 -12- 烯 -28- 酸（3β-acetoxyolean-12-en-28-oic acid）、3β- 羟基 -11- 酮基 - 齐墩果 -12- 烯 -28- 酸（3β-hydroxy-11-oxo-olean-12-en-28-oic acid）、3β- 乙酰氧基熊果 -12- 烯 -28- 酸（3β-acetoxyurs-12-en-28-oic acid）、2, 3- 羟基熊果酸（2, 3-hydroxyursolic acid）、熊果酸（ursolic acid）、白桦脂醇（betulin）、麦珠子酸（alphitolic acid）[34] 和 3β- 乙酰氧基熊果 -11- 烯 -28, 13- 内酯（3β-acetoxyurs-11-en-28, 13-olide）[33]；黄酮类：芦丁（rutin）、槲皮素（quercetin）、山柰酚（kaempferol）[30]，异槲皮苷（*iso*-quercitrin）和金丝桃苷（hyperin）[35]；酚酸类：原儿茶酸（protocatechuic acid）[30]；（*E*）- 咖啡酸甲酯［methyl（*E*）-caffeate］、1-*O*- 香豆酰 -β-D- 吡喃葡萄糖（1-*O*-coumaroyl-β-D-glucopyranose）[32] 和绿原酸（chlorogenic acid）[35]；甾体类：豆甾 -4- 烯 -3- 酮（stigmast-4-en-3-one）和 β- 谷甾醇（β-sitosterol）[34]。

**【药理作用】**1. 抗炎　果实中提取分离的连翘脂素（forsythiaside）、连翘酯苷 A（forsythoside A）和连翘酯苷 B（forsythoside B）可延长盲肠结扎穿孔诱导脓毒血症小鼠的存活率，显著增加小鼠脾脏的重量和指数及胸腺指数，对脓毒血症早期炎症性小鼠淋巴结细胞的增殖有抑制作用[1, 2]。2. 降血脂　叶的水提取物可延缓饲喂高脂饲料所致高血脂模型小鼠的体重增长率，降低高脂血症小鼠的心指数异常升高，提高高脂血症小鼠心肌过氧化物酶活性和降低丙二醛的生成[3]。3. 增强免疫　叶的水提取物可提高力竭运动小鼠肝脏、股四头肌中超氧化物歧化酶、过氧化物酶活性，减少丙二醛生成，并可显著降低血清中谷丙转氨酶、天冬氨酸氨基转移酶和碱性磷酸酶活性[4]；叶的 85% 乙醇提取物可降低力竭运动后小鼠心肌和骨骼肌丙二醛含量，升高力竭小鼠心肌和骨骼肌总超氧化物歧化酶和铜锌超氧化物歧化酶活性，显著减轻力竭小鼠心肌和骨骼肌细胞损伤程度[5]。4. 调节免疫　果实提取物在体外可显著促进小鼠腹腔巨噬细胞吞噬作用，抑制脂多糖诱导的小鼠腹腔巨噬细胞释放一氧化氮[6]；叶的水提取物可显著增强小鼠单核 - 巨噬细胞的吞噬功能[7]；从叶提取的多糖可显著提高环磷酰胺所致免疫低下模型小鼠的胸腺指数、脾脏指数、巨噬细胞吞噬能力、脾淋巴细胞的增殖能力、血清中白细胞介素 -2 和白细胞介素 -4 水平、溶血素含量和溶血空斑形成数量[8]。5. 护肝　叶及果实的水提取物可使四氯化碳所致的肝损伤模型小鼠血清中谷丙转氨酶、天冬氨酸氨基转移酶、血清总蛋白及谷胱甘肽水平降低，升高胆碱酯酶活性，降低血清总胆红素含量，升高小鼠肝脏胆碱酯酶及超氧化物歧化酶的活性，升高小鼠肝脏谷胱甘肽及白蛋白水平，降低小鼠肝脏中丙二醛水平[9]；果实的水提取物可显著抑制刀豆球蛋白 A 诱导的小鼠脾细胞的增殖、脂多糖诱导的小鼠脾细胞增殖，显著抑制小鼠腹腔渗出细胞代谢四甲基偶氮唑盐活力，显著抑制小鼠腹腔巨噬细胞分泌肿瘤坏死因子 -α，显著抑制小鼠脾细胞分泌干扰素 -α 及白细胞介素 -2，显著抑制小鼠血清溶血素活性[10]。6. 抗氧化　叶的水提取物可降低猪油酸价及过氧化值[7]；花的醇提取物可显著抑制肝匀浆及线粒体的脂质过氧化、线粒体肿胀，且呈剂量依赖关系，可显著清除超氧阴离子自由基（$O_2^-$•），显著增强小鼠肝匀浆过氧化氢酶、超氧化物歧化酶、谷胱甘肽过氧化物酶及抗羟自由基（•OH）作用[11]。7. 抗衰老　叶的水提取物可升高小鼠红细胞、心脏、脑组织、肝组织及肝线粒体中超氧化物歧化酶水平，升高小鼠肝组织中羟脯氨酸水平，升高小鼠脾脏指数，降低小鼠红细胞、心脏、脑组织、肝组织及肝线粒体中丙二醛水平，降低脑组织及肝组织中乳铁蛋白及单胺氧化酶 -B 的水平[7]。8. 抗缺氧　叶的水提取物可延长小白鼠抗常压缺氧的时间[7]。9. 抗流感　果实挥发油可降低感染流感病毒小鼠的死亡率，可显著减少家兔感染金黄色葡萄球菌[12]；果实水提取液具有抗呼吸道合胞病毒作用[13]；果实醇提取物可显著延长赣鄂安伤寒沙门菌小鼠的存活时间，降低脾脏重量指数及脾脏菌落计数，升高血清中抗体免疫球蛋白水平，促进脾脏细胞分泌细胞因子干扰素 -γ 水平[14]。10. 抗肿瘤　果实水提取物可显著抑制 S180 肿瘤细胞及小鼠脾细胞的增殖[15]；根醇提取物可显著促进人食管癌 TE-13 细胞凋亡，增加细胞凋亡蛋白 cleaved caspase-3 和 cleaved caspase-9 的表达、细胞质中细胞色素 c 的表达及细胞凋亡相关基因 *Bax*、*Bad* 和 *Noxa* mRNA 的表达，下调细胞凋亡相关基因 *Bcl-2*、*Bcl-xl* 和 *Mcl-1* mRNA 的表达[16]。11. 解热　果实提取物及挥发油可显著降低酵母菌所致发热模型大鼠的体温，显著降低下丘脑中环磷酸腺苷及前列素 $E_2$ 水平[17]。12. 抑制酪氨酸酶　果实的 80% 乙醇提取物的二氯甲烷部位对酪氨酸酶活性具有显著的抑制作用，且具有剂量依赖性[18]。13. 抗病毒　果实提取物可抗人巨细胞病毒[19]。14. 抗菌　果实水提取物在体外对金黄色葡萄球菌、表皮葡萄球菌、大肠杆菌、金黄色葡萄球菌、白色葡萄球菌、甲型链球菌和乙型链球菌的生长均具有明显的抑制作用[20, 21]。

**【性味与归经】**连翘：苦，微寒。归肺、心、小肠经。连翘叶：苦，微寒。归肺、心、小肠经。

**【功能与主治】**连翘：清热解毒，消肿散结。用于痈疽，瘰疬，乳痈，丹毒，风热感冒，温病初起，温热入营，高热烦渴，神昏发斑，热淋尿闭。连翘叶：清心明目，利心肺，保肝。用于清心肺实热。

**【用法与用量】**连翘：6 ～ 15g。连翘叶：6 ～ 15g。

**【药用标准】**连翘：药典 1963—2015、浙江炮规 2005、内蒙古蒙药 1986、新疆药品 1980 二册、香港药材三册和台湾 2013；连翘心：上海药材 1994 附录；连翘叶：四川药材 2010。

**【临床参考】**1. 急性乳腺炎：果实 20g，加瓜蒌 20g、牛蒡子 9g、通草 9 g、漏芦 10g、浙贝母 10g、生甘草 10g、桔梗 10g、荷叶 15g、皂角刺 15g、赤芍 15g、丝瓜络 15g，每日 1 剂，每剂煎 3 次，分 3 次温服[1]。

2. 溃疡性结肠炎：果实 12g，加荆芥炭 10g、柴胡 12g、防风 10g、白芍 20g、桔梗 10g、白芷 10g、黄芩 12g、黄连 12g、党参 15g、白术 15g、枳壳 10g，水煎取汁 400ml，分早、晚 2 次口服[2]。

3. 放射性食管炎：连翘败毒膏（果实，加大黄、金银花、紫花地丁、蒲公英、栀子、白芷、黄芩、赤芍、浙贝母、玄参、桔梗、关木通、防风、白鲜皮、甘草、天花粉、蝉蜕等制成）口服，每次 15g，每日 2 次[3]。

4. 慢性荨麻疹：果实 15g，加麻黄 5g、赤小豆 30g、川芎 6g，何首乌藤、白蒺藜、桑白皮、生地黄、地骨皮、茯苓皮各 15g，防风、荆芥、黄芪、当归、赤芍、炒栀子、大青叶、炒白术、蝉蜕、扁豆衣各 10g，每日 1 剂，水煎，取汁 300ml，分 2 次口服[4]。

5. 湿热带下：果实 10g，加麻黄 8g、赤小豆 15g、桑白皮 5g、杏仁 10g、生姜 8 g、藿香 10g、薏苡仁 20g、浮萍 15g、土茯苓 30g，每日 1 剂，水煎饭后温服[5]。

6. 甲状腺腺瘤：内消连翘丸（果实适量，加射干、天花粉、黄芪、白芍、桃仁、夏枯草、沙参、泽兰、漏芦等制成）口服，每次 6g，每日 2 次，连服 3 个月[6]。

7. 瘰疬：果实 120g，加黑芝麻 120g，研粉，每次 6g，开水送服，每日 2 次。

8. 痈肿、疮疖、丹毒、红肿热痛：果实 12g，加金银花、野菊花、蒲公英、紫花地丁各 9g，水煎服。

9. 布鲁氏菌病：果实 12 ～ 27g，加黄芩 12 ～ 27g，水煎服；肢体疼痛加秦艽 5 ～ 9g，贫血怕冷者加附子 3 ～ 6g，头痛加防风 3 ～ 6g。（7 方至 9 方引自《浙江药用植物志》）

10. 过敏性紫癜：果实 12g，加红枣 30g，水煎服。（《宁夏中草药手册》）

**【附注】**连翘一名始载于《神农本草经》，列为下品。《新修本草》云："此物有两种：大翘、小翘。大翘叶狭长如水苏，花黄可爱，生下湿地，著子似椿实之未开者，作房，翘出众草；其小翘生岗原之上，叶、花、实皆似大翘而小细，山南人并用之。"《本草图经》载："……，今南中医家说云，连翘盖有两种，一种似椿实之未开者，壳小坚而外完，无附萼，剖之则中解，气甚芬馥，其实才干，振之皆落，不著茎也。"此段论述与《植物名实图考》连翘项之附图，与本种一致；而《新修本草》中记载的大翘，似为藤黄科植物黄海棠（湖南连翘）*Hypericum ascyron* Linn. 的果实。

药材连翘脾胃虚弱者慎用。

本种的根及经蒸馏所得的液体（桂花露）民间也作药用。

**【化学参考文献】**


[1] Chang L I，Yi D，Duan Y H，et al. A new lignan glycoside from *Forsythia suspensa*［J］. Chin J Nat Med，2014，12（9）：697-699.

[2] Kuo P C，Hung H Y，Nian C W，et al. Chemical constituents and anti-inflammatory principles from the fruits of *Forsythia suspensa*［J］. Planta Med Int Open，2017，4（S1）：1055.

[3] Kuo P C，Chen G F，Yang M L，et al. Chemical constituents from the fruits of *Forsythia suspensa* and their antimicrobial activity［J］. Biomed Res Int，2014，2014（6）：304830.

[4] Piao X L，Jang M H，Cui J，et al. Lignans from the fruits of *Forsythia suspensa*［J］. Bio Med Chem Lett，2008，18（6）：1980-1984.

[5] Chang M J，Hung T M，Min B S. Lignans from the fruits of *Forsythia suspensa*（Thunb.）Vahl protect high-density lipoprotein during oxidative stress［J］. J Agr Chem Soc Jpn，2008，72（10）：2750-2755.

[6] 冯卫生，李珂珂，郑晓珂 . 连翘化学成分的研究［J］. 中国药学杂志，2009，44（7）：490-492.

[7] 栾兰，王钢力，林瑞超 . 连翘水提物化学成分研究［J］. 中药材，2010，33（2）：220-221.

[8] Liu D L. A novel lignan glucoside from *Forsythia suspensa* Vahl［J］. J Chin Pharm Sci，1998，7（1）：49-51.

[9] Li C，Dai Y，Zhang S X，et al. Quinoid glycosides from *Forsythia suspensa*［J］. Phytochemistry，2014，104（3）：105-113.

[10] Wei Q，Zhang R，Wang Q，et al. Iridoid，phenylethanoid and flavonoid glycosides from *Forsythia suspensa*［J］. Natural Product Research，2019，10：1080-1085.

[11] 刘悦，宋少江，徐绥绪，等 . 连翘化学成分研究［J］. 沈阳药科大学学报，2003，20（2）：101-103.

[12] 邹琼宇，邓文龙，蒋舜媛，等 . 连翘果实中的化学成分研究［J］. 中国中药杂志，2012，37（1）：57-60.

[13] Zhang F，Yang Y N，Feng Z M，et al. Four new phenylethanoid and flavonoid glycoside dimers from the fruits of *Forsythia suspensa* and their neuroprotective activities［J］. Rsc Advances，2017，7（40）：24963-24969.

[14] Zhang F，Yang Y N，Song X Y，et al. Forsythoneosides A-D，neuroprotective phenethanoid and flavone glycoside heterodimers from the fruits of *Forsythia suspensa*［J］. J Nat Prod，2015，78（10）：2390-2397.

[15] 全云云，袁岸，龚小红，等. 连翘抗炎药效物质基础筛选研究 [J]. 天然产物研究与开发，2017，29：435-438，471.

[16] Ming D S，Dequan Yu A，Yu S S. New quinoid glycosides from *Forsythia suspensa* [J]. J Nat Prod，1998，61 (3)：377-379.

[17] Shao S Y，Feng Z M，Yang Y N，et al. Forsythenethosides A and B：two new phenylethanoid glycosides with a 15-membered ring from *Forsythia suspensa* [J]. Org Biomol Chem，2017，15 (33)：7034-7039.

[18] Shao S Y，Feng Z M，Yang Y N，et al. Eight new phenylethanoid glycoside derivatives possessing potential hepatoprotective activities from the fruits of *Forsythia suspensa* [J]. Fitoterapia，2017，122：132-137.

[19] Ming D S，Yu D Q，Yu S S. Two new caffeyol glycosides from *Forsythia suspensa* [J]. J Asian Nat Prod Res，1999，1 (4)：327-335.

[20] Qu H，Zhang Y，Chai X，et al. Isoforsythiaside，an antioxidant and antibacterial phenylethanoid glycoside isolated from *Forsythia suspensa* [J]. Bioorg Chem，2012，40 (1)：87-91.

[21] Kuang H X，Xia Y G，Liang J，et al. Lianqiaoxinoside B，a novel caffeoyl phenylethanoid glycoside from *Forsythia suspensa* [J]. Molecules，2011，16 (7)：5674-5681.

[22] Xia Y G，Yang B Y，Liang J，et al. Caffeoyl phenylethanoid glycosides from unripe fruits of *Forsythia suspensa* [J]. Chem Nat Compd，2015，51 (4)：656-659.

[23] Shao S Y，Yang Y N，Feng Z M，et al. New iridoid glycosides from the fruits of *Forsythia suspensa* and their hepatoprotective activities [J]. Bioorg Chem，2017，75：303-309.

[24] 方颖，邹国安，刘焱文. 连翘的化学成分 [J]. 中国天然药物，2008，6 (3)：235-236.

[25] Ming D S，Yu D Q，Yu S S，et al. A new furofuran mono-lactone from *Forsythia suspensa* [J]. J Asian Nat Prod Res，1999，1 (3)：221-226.

[26] 阎新佳，项峥，温静，等. 中药连翘的酚酸类化学成分研究 [J]. 中国药学杂志，2017，52 (2)：105-108.

[27] 刘悦，宋少江，张国刚，等. 连翘中的一个新化合物 (Ⅱ) [J]. 沈阳药科大学学报，2003，13 (1)：108-109.

[28] Dai S J，Ren Y，Shen L，et al. New alkaloids from *Forsythia suspensa* and their anti-inflammatory activities [J]. Planta Med，2009，75 (4)：375-377.

[29] 温静，阎新佳，梁伟，等. 连翘中的 2 个多元醇类新化合物 [J]. 中草药，2018，49 (2)：278-281.

[30] 卫世安，贾彦龙. 连翘果皮和种子挥发油化学成分的分析研究 [J]. 药物分析杂志，1992，12 (6)：329-332.

[31] 朱成栋，玄振玉. 连翘叶化学成分的研究 [J]. 中国药师，2012，15 (11)：1526-1528.

[32] Ge Y，Wang Y，Chen P，et al. Polyhydroxytriterpenoids and phenolic constituents from *Forsythia suspensa* (Thunb.) Vahl leaves [J]. J Agr Food Chem，2015，64 (1)：125-131.

[33] Wang Y F，Zhou Q Q，Shi N N，et al. A new bisepoxylignan glucoside from the leaves of *Forsythia suspense* [J]. Chem Nat Compd，2018，54 (6)：1038-1040.

[34] Zhang Q，Lu Z，Li X，et al. Triterpenoids and steroids from the leaves of *Forsythia suspensa* [J]. Chem Nat Compd，2015，51 (1)：178-180.

[35] 高淑丽，刘丽华，张阳，等. LC-MS/MS 法同时测定连翘叶中 4 种成分的含量 [J]. 中国药房，2013，24 (11)：1026-1028.

**【药理参考文献】**

[1] 尹乐乐，曾耀英，侯会娜. 连翘提取物对脓毒血症小鼠及体内 T 淋巴细胞影响 [J]. 现代免疫学，2009，29 (5)：392-396.

[2] 全云云，袁岸，龚小红，等. 连翘抗炎药效物质基础筛选研究 [J]. 天然产物研究与开发，2017，29：435-438，471.

[3] 侯改霞，杨建雄. 连翘叶茶提取物对高脂血症小鼠体重增长和心脏脂质过氧化的影响 [J]. 中药药理与临床，2005，21 (4)：51-52.

[4] 侯改霞，习雪峰，杨建雄. 连翘叶提取物对力竭及恢复小鼠肝脏、骨骼肌的保护作用 [J]. 现代预防医学，2011，38 (2)：316-318.

[5] 柴渭莉，杨建雄，周俊芳，等. 连翘叶苷类成分对力竭游泳小鼠心肌和骨骼肌超氧化物歧化酶活性、丙二醛含量及超微结构的影响 [J]. 中国运动医学杂志，2007，26 (5)：609-610.

［6］尹乐乐，曾耀英，侯会娜．连翘提取物对小鼠腹腔巨噬细胞体外吞噬和 NO 释放的影响［J］．细胞与分子免疫学杂志，2008，24（6）：557-559.
［7］张岫秀，蔡盈，吴中梅，等．连翘叶多糖对小鼠免疫功能影响的研究［J］．食品研究与开发，2015，36（23）：25-28.
［8］刘静．连翘叶茶抗氧化抗衰老及保肝作用的实验研究［D］．西安：陕西师范大学硕士学位论文，2004.
［9］杨建雄，刘静．连翘叶茶保肝作用的实验研究［J］．陕西师范大学学报（自然科学版），2005，33（3）：82-85.
［10］钟宇飞．连翘提取物的免疫调节及抗肿瘤作用的研究［D］．广州：南方医科大学硕士学位论文，2009.
［11］李兴泰，李洪成，刘泽．连翘花醇提物保护线粒体及抗氧化研究［J］．中成药，2009，31（6）：839-843.
［12］马振亚．连翘子挥发油对感染流感病毒小白鼠的保护作用和对葡萄球菌在家兔血液中消长的影响［J］．陕西医学杂志，1982，（4）：58-59.
［13］田文静，李洪源，姚振江，等．连翘抑制呼吸道合胞病毒作用的实验研究［J］．哈尔滨医科大学学报，2004，38（5）：421-423.
［14］程晓莉，肖琴，刘明星，等．连翘乙醇提取物对小鼠抵御伤寒沙门菌感染能力的研究［J］．中国药师，2009，12（4）：435-438.
［15］钟宇飞，雷林生，余传林，等．连翘水提取物对小鼠 S180 肿瘤细胞和脾细胞体外增殖的影响［J］．广东药学院学报，2009，25（2）：184-187.
［16］颜晰，赵连梅，刘月彩，等．连翘根醇提物体外诱导 TE-13 细胞凋亡的机制研究［J］．肿瘤，2013，33（3）：239-244.
［17］党珏，袁岸，罗林，等．连翘提取物和连翘挥发油对酵母致热大鼠的解热机制研究［J］．天然产物研究与开发，2017，29：1542-1545，1594.
［18］楼彩霞，田燕泽，朴香兰．连翘不同极性部位对酪氨酸酶活性抑制作用研究［J］．时珍国医国药，2011，22（10）：2415-2416.
［19］张丹丹，方建国，陈娟娟，等．连翘及其主要有效成分槲皮素体外抗人巨细胞病毒的实验研究［J］．中国中药杂志，2010，35（8）：1055-1059.
［20］李仲兴，王秀华，赵建宏，等．连翘对金黄色葡萄球菌及表皮葡萄球菌的体外抗菌活性研究［J］．天津中医药，2007，24（4）：328-331.
［21］牛新华，邱世翠，邸大琳，等．连翘体外抑菌作用的研究［J］．时珍国医国药，2002，13（6）：342-343.

**【临床参考文献】**

［1］陈剑．瓜蒌连翘汤联合针刺治疗早期急性乳腺炎疗效观察［J］．陕西中医，2017，38（3）：359-360.
［2］张艳君，常玉洁．荆芥连翘汤加减治疗溃疡性结肠炎 32 例疗效观察［J］．中医药导报，2016，22（21）：64-66.
［3］任建平，张元生．连翘败毒膏预防食管癌患者放射性食管炎疗效观察［J］．肿瘤基础与临床，2015，28（5）：452-453.
［4］张秉新．麻黄连翘赤小豆汤合当归饮子加减治疗慢性荨麻疹疗效观察［J］．新中医，2013，45（11）：63-64.
［5］赵俐．麻黄连翘赤小豆汤加味治疗妇科湿热带下病临床疗效观察［J］．中西医结合研究，2015，7（5）：258-259.
［6］范建雷．内消连翘丸治疗甲状腺腺瘤疗效观察［J］．北京中医药，2011，30（8）：615-617.

## 4. 素馨属 *Jasminum* Linn.

小乔木、直立或攀援状灌木。小枝圆柱形或具棱角和沟。单叶，三出复叶或奇数羽状复叶，对生或互生，稀轮生；叶柄有时具关节，无托叶。花两性，聚伞花序排成圆锥状、总状、伞房状、伞状或头状；苞片常锥形或条形，有时花序基部的苞片呈小叶状；花常芳香；花萼钟状、杯状或漏斗状，具齿 4 ～ 12 枚；花冠常呈白色或黄色，稀红色或紫色，高脚碟状或漏斗状，裂片 4 ～ 12 枚，花蕾时呈覆瓦状排列，栽培时常为重瓣；雄蕊 2 枚，内藏，着生于花冠管近中部；子房 2 室，每室具向上胚珠 1 ～ 2 粒，花柱常异长，丝状，柱头头状或 2 裂。浆果，双生或其中一个不育而成单生，果成熟时呈黑色或蓝黑色。种子无胚乳，胚根向下。

200 余种，分布于非洲、亚洲、澳大利亚以及太平洋南部诸岛屿；南美洲仅有 1 种。中国 40 余种，分布于秦岭山脉以南各省区，法定药用植物 6 种。华东地区法定药用植物 3 种。

## 分种检索表

1. 单叶……………………………………………………………………………………………………茉莉 *J. sambac*
1. 复叶。
   2. 常绿攀援灌木，小枝圆柱形；小叶长 3cm 以上；圆锥状复聚伞花序…………清香藤 *J. lanceolarium*
   2. 落叶小灌木，小枝 4 棱形；小叶长 3cm 以下；花单生……………………………迎春花 *J. nudiflorum*

## 751. 茉莉（图 751）• *Jasminum sambac*（Linn.）Ait.

**图 751　茉莉**　　摄影　李华东

【**别名**】茉莉花（江苏、安徽）。

【**形态**】直立或攀援灌木，高达 3m。小枝圆柱形或稍压扁状，有时中空，疏被柔毛。单叶，对生，叶片纸质，圆形、椭圆形、卵状椭圆形或倒卵形，长 4 ～ 12.5cm，宽 2 ～ 7.5cm，两端圆或钝，基部有时微心形，侧脉 4 ～ 6 对，在叶面稍凹入或凹起，叶背凸起，细脉在两面常明显，微凸起，除下面脉腋间常具簇毛外，其余无毛；叶柄长 2 ～ 6mm，被短柔毛，具关节。聚伞花序顶生，通常有花 3 朵，有时单花或多达 5 朵；花极芳香；花序梗长 1 ～ 4.5cm，被短柔毛；苞片微小，锥形，长 4 ～ 8mm；花梗长 0.3 ～ 2cm；花萼无毛或疏被短柔毛，裂片条形，长 5 ～ 7mm；花冠白色，花冠管长 0.7 ～ 1.5cm，裂片长圆形至近圆形，宽 5 ～ 9mm，先端圆或钝。果球形，直径约 1cm，呈紫黑色。花期 5 ～ 8 月，果期 7 ～ 9 月。

【生境与分布】原产于印度。华东地区各地常见栽培。中国南方和世界各地广泛栽培。

【药名与部位】茉莉根，根及根茎。茉莉花，花蕾。

【采集加工】茉莉根：秋、冬季采挖，洗净，切片，晒干或鲜用。茉莉花：大伏前后依花朵开放的顺序分批采收，及时摊平，晒干，勤翻动，晒至足干。

【药材性状】茉莉根：根圆柱形，长 5 ～ 8cm，直径 2 ～ 8mm，表面黄褐色，有众多侧根及须根，并具纵向细皱纹。根茎圆柱形，呈不规则结节状，长 10 ～ 18cm，直径 0.5 ～ 1.5cm，节部膨大，表面黄褐色。质坚硬，不易折断，断面不平坦，黄白色。气微，味涩、微苦。

茉莉花：呈扁缩团状，长 1.5 ～ 2cm，直径约 1cm。黄棕色至棕褐色，冠筒基部的颜色略深。未开放的花蕾全体紧密叠合成球形，花萼管状，具细长的裂齿 8 ～ 10 枚，外表面有纵行的皱缩条纹，被稀短毛；花瓣上部呈椭圆形，先端短尖或钝，基部联合成管状。气芳香，味涩。

【药材炮制】茉莉根：除去杂质，洗净，切厚片，干燥。

茉莉花：除去杂质。

【化学成分】花蕾含挥发油类：对 - 薄荷 -3- 烯 -1- 醇（*p*-menth-3-en-1-ol）、（－）- 异喇叭烯［（－）-*iso*-ledene］、α- 长叶蒎烯（α-longipinene）、1H- 吲哚（1H-indole）、苯甲酸乙酯（ethyl benzoate）和瓦伦烯 2（valencene 2）等[1]；苄苷类：苄基 -*O*-β-D- 吡喃葡萄糖苷（benzyl-*O*-β-D-glucopyranoside）和苄基 -*O*-β-D- 吡喃木糖基 -（1 → 6）-β-D- 吡喃葡萄糖苷［benzyl-*O*-β-D-xylopyranoxyl-（1 → 6）-β-D-glucopyranoside］[2]；环烯醚萜类：茉莉花苷 *D（molihuaoside D）和茉莉苷 *A、E（sambacoside A、E）[2]；黄酮类：芦丁（rutin）、山柰酚 -3-*O*-α-L- 吡喃鼠李糖基 -（1 → 2）［α-L- 吡喃鼠李糖基 -（1 → 6）］-β-D- 吡喃半乳糖苷［kaempferol-3-*O*-α-L-rhamnopyranosyl-（1 → 2）［α-L-rhamnopyranosyl-（1 → 6）］-β-D-galactopyranoside］和槲皮素 -3-*O*-α-L- 吡喃鼠李糖基 -（1 → 2）［α-L- 吡喃鼠李糖基（1 → 6）］-β-D-吡喃半乳糖苷 {quercetin-3-*O*-α-L-rhamnopyranosyl-（1 → 2）［α-L-rhamnopyranosyl（1 → 6）］-β-D-galactopyranoside}[2]；多元醇类：四醇（tetraol）[2]。

花含挥发油类：苄醇（benzyl alcohol）、芳樟醇（linalool）、苄乙酯（benzyl acetate）、*E*-*E*-α- 法呢烯（*E*-*E*-α-farnesene）、（*Z*）-3- 己烯基安息香酯［（*Z*）-3-hexenyl benzoate］[3]，乙酸苄酯（benzyl acetate）、苯甲酸甲酯（methyl benzoate）、水杨酸甲酯（methyl salicylate）、（*E*）-β- 罗勒烯［（*E*）-β-ocimene］[4]，（*Z*）-3- 己 -1- 醇乙酸酯［（*Z*）-3-hexen-1-ol acetate］、顺 -3- 己烯异戊酸酯（*cis*-3-hexenyl isovalerate）和石竹烯（caryophyllene）等[5]；环烯醚萜类：茉莉苷 A（sambacoside A）、茉莉花苷 A、B、C、D、E（molihuaside A、B、C、D、E）[6,7]，茉莉花脂苷（sambacolignoside）、木犀苷 -11- 甲酯（oleoside-11-methyl ester）[8]，8, 9- 二羟基素馨苦苷（8, 9-dihydroxyjasminin）、素馨苦苷（jasminin）和 9′- 去氧茉莉花苷元（9′-deoxyjasminigenin）[9]；黄酮类：槲皮素（quercetin）和芦丁（rutin）[10]；三萜类：齐墩果酸（oleanolic acid）[10]；甾体类：β- 谷甾醇（β-sitosterol）和 β- 胡萝卜苷（β-daucosterol）[10]；其他尚含：二十六烷醇（hexacosanol）[10] 和芳樟醇（linalool）[11]。

叶含环烯醚萜类：茉莉苷 A、E、F（sambacoside A, E, F）[12]，素馨苦苷（jasminin）和茉莉辛素苷（sambacin）[13]；黄酮类：槲皮苷（quercitrin）、异槲皮苷（*iso*-quercitrin）、芦丁（rutin）、槲皮素 -3-二鼠李糖苷（quercetin-3-dirhamnoglycoside）和山柰酚 -3- 鼠李糖基葡萄糖苷（kaempferol-3-glucorhamnoside）[13]；三萜类：α- 香树脂醇（α-amyrin）[13]，无羁萜（friedelin）、羽扇豆醇（lupeol）、白桦脂醇（betulin）、白桦脂酸（betulinic acid）、熊果酸（ursolic acid）和齐墩果酸（oleanolic acid）[14]；甾体类：β- 谷甾醇（β-sitosterol）[13]；糖类：甘露醇（mannitol）和蔗糖（sucrose）[13]。

根含黄酮类：苦橙苷（aurantiamarin）[6] 和橙皮苷（hesperidin）[15]；三萜类：齐墩果酸（oleanolic acid）[15]；甾体类：胡萝卜苷（daucosterol）和 β- 谷甾醇[16]；环烯醚萜类：（+）- 茉莉花素 C、D［（+）-jasminoid C、D］[15]，木犀苷 -11- 甲酯（oleoside-11-methyl ester）、木犀苷 -7, 11- 二甲酯（oleside-7, 11-dimethyl ester）[15] 和木犀苷 -7- 四醇 -（5″）- 酯 -11- 甲酯［oleoside-7-tetraol-（5″）-ester-11-methyl ester］[17]；单萜类：茉莉萜 C（jasminoid C）[17]；苯乙醇类：（+）- 茉莉萜 A［（+）-jasminoid A］和茉莉萜 B（jasminoid B）[17]；蒽酮类：（1*S**, 5*S**, 1′a*R**）-1-［（8′*S**, 8a′*R**）-8′, 8a′- 二甲基 -4′- 氧代 -1′, 4′, 6′, 7′, 8′, 8a′- 六氢萘 -2′- 基］-4- 羟基 -1, 4, 5, 10a- 四甲基 -1, 2, 3, 4, 5, 6, 7, 9, 10, 10a- 十氢蒽 -9- 酮 {（1*S**, 5*S**, 1′a*R**）-1-［（8′*S**, 8a′*R**）-8′, 8a′-dimethyl-4′-oxo-1′, 4′, 6′, 7′, 8′, 8a′-hexahydronaphthalen-2′-yl］-4-hydroxy-1, 4, 5, 10a-tetramethyl-1, 2, 3, 4, 5, 6, 7, 9, 10, 10a-decahydroanthracen-9-one}[17]；木脂素类：（+）- 环橄榄树脂素［（+）-cycloolivil］、（+）- 环橄榄树脂素 -4′-*O*-β-D- 吡喃葡萄糖苷［（+）-cycloolivil-4′-*O*-β-D-glucopyranoside］和虹彩烷三醇（iridane triol）[16]；萘类：（1*S**, 5*S**, 10a*R**）-1-［（8′*S**, 8a′*R**）-8′, 8a′- 二甲基 -4′- 酮基 -1′, 4′, 6′, 7′, 8′, 8a′- 六氢萘 -2′- 基］-4- 羟基 -1, 4, 5, 10a- 四甲基 -1, 2, 3, 4, 5, 6, 7, 9, 10, 10a- 去氢蒽 -9- 酮 {（1*S**, 5*S**, 10a*R**）-1-［（8′*S**, 8a′*R**）-8′, 8a′-dimethyl-4′-oxo-1′, 4′, 6′, 7′, 8′, 8a′-hexahydronaphthalen-2′-yl］-4-hydroxy-1, 4, 5, 10a-tetramethyl-1, 2, 3, 4, 5, 6, 7, 9, 10, 10a-dehydroanthracen-9-one} 和（+）- 茉莉花素 A、B［（+）-jasminoid A、B］[15]；挥发油类：α- 细辛脑（α-asarone）[15]，正三十二烷醇（*n*-dotriacontanol）[6, 15] 和四醇（tetraol）[17]；脂肪酸类：正三十二烷酸（dotriacontanoic acid）[15] 和 2, 3- 二羟基丙基 -9- 十八烯酸酯（2, 3-dihydroxypropyl-9-octadecenoate）[17]。

**【药理作用】**1. 镇痛　根醇浸膏能明显减轻福尔马林致痛大鼠Ⅰ相与Ⅱ相的疼痛反应，升高大鼠皮层和丘脑中 5- 羟色胺（5-HT）含量，也能明显升高皮层、丘脑和海马中多巴胺（DA）和去甲状腺素（NE）的含量[1]；根醇提取物能减少乙酸引起的小鼠扭体次数[2-4]，并减轻热板法所致的小鼠足痛[2]。2. 镇静催眠　根醇提取物能使小鼠的自主活动减少，增加入睡小鼠的只数，延长小鼠睡眠时间[2]；根提取液可抑制苯丙胺引起的运动性兴奋，对小鼠的中枢神经系统亦有抑制作用，并可达到催眠的作用[5]；花挥发油对有睡眠障碍和无睡眠障碍的入睡时间、睡眠时间以及匹兹堡睡眠质量指数量表（PSQI）总分均有改善[6]。3. 抗菌　提取物对白色葡萄球菌，奇异变形杆菌，鼠伤寒沙门氏菌等的生长均有抑制作用[7]；花渣黄酮对普通变形杆菌、大肠杆菌、葡萄球菌和枯草芽孢杆菌的生长有一定的抑制作用[8]；叶挥发油对粪肠球菌、蜡状芽孢杆菌、大肠杆菌、威尔斯李斯特菌、沙门氏菌、金黄色葡萄球菌和金黄色酿脓葡萄球菌的生长有抑制作用，对白色念珠菌具有杀灭作用；甲醇提取物对白色念珠菌和曲霉菌具有杀灭作用[9]。4. 抗氧化　叶挥发油和甲醇提取物对 1，1- 二苯基 -2- 三硝基苯肼（DPPH）自由基具有清除作用，可抑制 β- 胡萝卜素 - 亚油酸体系中的氧化反应[9]；花茎总黄酮提取液对 Fenton 体系产生的羟自由基（·OH）有很好的清除作用[10]。5. 抗炎　根醇提取物可抑制棉球诱导的肉芽肿形成和抑制佐剂诱发的关节炎[3]。6. 抗肿瘤　花所含黄酮在体外对肺癌 H292 细胞的增殖具有一定的抑制作用[8]；花甲醇提取物可改善达尔顿腹水淋巴瘤诱导的瑞士白化小鼠肝功能标记物指标和癌症标记酶的活性[11]。7. 减肥　花乙醇提取物可减轻肥胖小鼠的体重、脂肪指数和食物摄入量；花乙醇提取物在体外也能抑制胰脂肪酶的活性[12]。8. 扩张血管　花 95% 乙醇提取物对分离的主动脉大鼠的血管有舒张作用，减少去氧肾上腺素预处理的离体内皮胸主动脉环痉挛[13]。

**【性味与归经】**茉莉根：苦，热；有小毒。归肝经。茉莉花：辛、微甘，温。归脾、胃、肝经。

**【功能与主治】**茉莉根：麻醉，止痛。主治头痛，失眠，跌打损伤及龋齿疼痛。茉莉花：理气开郁，辟秽和中。用于泻痢腹痛，胸脘闷胀，头晕，头痛，目赤肿痛，疮毒。

**【用法与用量】**茉莉根：煎服 1 ～ 1.5g，研末或磨汁服；外用适量，捣碎外敷或塞龋洞。茉莉花：3 ～ 6g。

**【药用标准】**茉莉根：广西壮药 2011 二卷；茉莉花：山东药材 2012、上海药材 1994 和广西壮药 2011 二卷。

**【临床参考】**1. 口臭：花适量，加花椒 3g，沸水冲泡，含漱口腔咽喉[1]。

2. 慢性咽喉炎：花适量，用开水沏开后将水倒掉，口嚼花瓣，其末吐掉或咽下均可[1]。

3. 慢性胃炎：花 6g，加石菖蒲 6g、青茶 10g，研细末，开水冲泡，每日 1 剂，随意饮用[1]。

4. 湿热泻痢：花适量，加蜂蜜适量，开水泡服，每日 3 ～ 4 次[1]。

5. 鸡眼：花 1 ～ 2g，嚼成糊状，敷在鸡眼上，用胶布固定，5 日 1 换，3 ～ 5 次为 1 疗程，至鸡眼脱落[1]。

6. 痛经：花 10g，加玫瑰花 5 朵，粳米 100g，冰糖适量，共煮成粥，每日 1 次[2]。

7. 感冒发烧、腹胀腹泻：花 3g，加青茶 3g、土草果 6g，水煎服。

8. 泄泻腹痛：花（后下）6g，加青茶 10g、石菖蒲 6g，水煎服。（7 方、8 方引自《四川中药志》）

9. 赤目肿痛、迎风流泪：花 6g，加菊花 6g、金银花 9g，泡茶饮。（《中国药用花卉》）

10. 跌打扭伤、脱臼疼痛：鲜根适量，捣烂外敷。（《浙江药用植物志》）

**【附注】**以末利之名始载于《南方草木状》，云："末利花似蔷薇之白者，香愈于耶悉茗。"《本草纲目》载于芳草类，云："末利原出波斯，移植南海，今滇、广人栽莳之。其性畏寒，不宜中土。弱茎繁枝，绿叶团尖，初夏开小白花，重瓣无蕊，秋尽乃止，不结实。有千叶者，红色者，蔓生者，其花皆夜开，芬香可爱。女人穿为首饰，或合面脂，亦可熏茶，或蒸取液以代蔷薇水。"根据以上记述与附图，应为本种。

《本草正义》云："茉莉花，今人多以和入茶茗，取其芳香，功用殆与玫瑰花、代代花相似。然辛热之品，不可恒用。"

有毒。对中枢神经系统有抑制作用。（《浙江药用植物志》）

**【化学参考文献】**

[1] 郭素枝，张明辉，邱栋梁，等. 3 个茉莉品种花蕾香精油化学成分的 GC-MS 分析 [J]. 西北植物学报，2011，31（8）：1695-1699.

[2] 刘海洋，倪伟，袁敏惠，等. 茉莉花的化学成分 [J]. 云南植物研究，2004，26（6）：687-690.

[3] Edris A E，Chizzola R，Franz C. Isolation and characterization of the volatile aroma compounds from the concrete headspace and the absolute of *Jasminum sambac*（L.）Ait.（Oleaceae）flowers grown in Egypt [J]. Eur Food Res Technol，2008，226（3）：621-626.

[4] Bera P，Mukherjee C，Mitra A. Enzymatic production and emission of floral scent volatiles in *Jasminum sambac* [J]. Plant Sci，2017，256：25.

[5] Ye Q，Jin X，Zhu X，et al. An efficient extraction method for fragrant volatiles from *Jasminum sambac*（L.）Ait. [J]. J Oleo Sci，2015，64（6）：645-652.

[6] 张正付，边宝林，杨健，等. 茉莉根化学成分的研究 [J]. 中国中药杂志，2004，29（3）：237-239.

[7] Zhang Y J，Liu Y Q，Pu X Y，et al. Iridoidal glycosides from *Jasminum sambac* [J]. Phytochemistry，1995，38（4）：899-903.

[8] Tanahashi T，Nagakura N，Inoue K，et al. Sambacolignoside，a new lignan-secoiridoid glucoside from *Jasminum sambac* [J]. Chem Pharm Bull，1987，35（12）：5032-5035.

[9] Ross S A，Abdel-Hafiz M A. 8，9-Dihydrojasminin from *Jasminum sambac* Ait. [J]. Egyptian J Pharm Sci，1985，26（1-4）：163-171.

[10] 刘志平，韦英亮，崔建国. 广西横县窨茶后茉莉花渣化学成分研究 [J]. 广西科学，2009，16（3）：300-301.

[11] 王海琴，刘锡葵，柳建军. 食用茉莉花香味成分的 GC/MS 分析 [J]. 昆明师范高等专科学校学报，2006，28（4）：11-13.

[12] Tanahashi T，Nagakura N，Inoue K，et al. Sambacosides A，E and F，novel tetrameric iridoid glucosides from *Jasminum sambac* [J]. Tetrahedron Lett，1988，29（（15）：1793-1796.

[13] Ross S A，El-Sayyad S M，Ali A A，et al. Phytochemical studies on *Jasminum sambac* [J]. Fitoterapia，1982，53（3）：91-95.

[14] Dan S，Dan S S. Triterpenoids of *Jasminum* species [J]. Indian Drugs，1985，22（12）：625-627.

[15] Zeng L H，Hu M，Yan Y M，et al. Compounds from the roots of *Jasminum sambac* [J]. J Asian Nat Prod Res，2012，14（12）：1180-1185.

[16] 张杨，赵毅民. 茉莉根化学成分研究 [J]. 解放军药学学报，2006，22（4）：279-281.

[17] Zhang Y J，Liu Y Q，Pu X Y，et al. Iridoidal glycosides from *Jasminum sambac* [J]. Phytochemistry，1995，38（4）：899-903.

**【药理参考文献】**

[1] 毛磊，张玲，刘奇，等. 茉莉根醇浸膏对大鼠镇痛作用及机制研究 [J]. 中华中医药学刊，2014，32（2）：415-418.

[2] 宁天，梁红，黄维真，等. 茉莉花根对小鼠的镇痛和镇静作用[J]. 中药药理与临床，2014，30（2）：99-101.
[3] Sengar N，Joshi A，Prasad S K，et al. Anti-inflammatory，analgesic and anti-pyretic activities of standardized root extract of *Jasminum sambac*[J]. Journal of Ethnopharmacology，2015，160：140-148.
[4] Rahman M A，Hasan M S，Hossain M A，et al. Analgesic and cytotoxic activities of *Jasminum sambac*（L.）Aiton[J]. Pharmacology online，2011，1：124-131.
[5] 宁侠，周绍华. 茉莉花根提取液对小鼠中枢神经的抑制作用[J]. 中国中西医结合杂志，2004，24（S1）：69-70.
[6] 邝晓聪，孙华，秦箐，等. 茉莉花挥发油调控睡眠质量的实验研究[J]. 时珍国医国药，2011，22（1）：26-28.
[7] Joy P，Raja D P. Anti-bacterial activity studies of *Jasminum grandiflorum* and *Jasminum sambac*[J]. Ethnobotanical Leaflets，2008，12：481-483.
[8] 韦英亮，刘志平，马建强，等. 茉莉花渣黄酮抑菌活性研究[J]. 化工技术与开发，2010，39（4）：8-9.
[9] Abdoullatif F，Edou P，Eba F，et al. Antimicrobial and antioxidant activities of essential oil and methanol extract of *Jasminum sambac* from Djibouti[J]. African Journal of Plant Science，2010，4（3）：38-43.
[10] 黄锁义，罗建华，张丽丹，等. 茉莉花茎总黄酮提取及对羟自由基清除作用[J]. 时珍国医国药，2008，19（3）：592-593.
[11] Kalaiselvi M，Narmadha R，Ragavendran P，et al. *In vivo* and *in vitro* antitumor activity of *Jasminum sambac*（Linn.）Ait Oleaceae flower against dalton's ascites lymphoma induced swiss albino mice[J]. International Journal of Pharmacy & Pharmaceutical Sciences，2012，4（1）：144-147.
[12] Ari Y，Ika K，Muhammad R. Anti-obesity effect of ethanolic extract of jasmine flowers[*Jasminum sambac*（L.）Ait.] in-high-fat diet-induced mice：potent inhibitor of pancreatic lipase enzyme[J]. International Journal of Advances in Pharmacy，Biology and Chemistry，2015，4（1）：18-22.
[13] Kunhachan P，Banchonglikitkul C，Kajsongkram T，et al. Chemical composition，toxicity and vasodilatation effect of the flowers extract of *Jasminum sambac*（L.）Ait.[J]. Evid Based Complement Alternat Med，2012，2012（4）：471312.

**【临床参考文献】**

[1] 王健. 茉莉花茶的药用保健功能[J]. 茶叶机械杂志，1996，（1）：6.
[2] 王杰. 茉莉花的药用[J]. 农家之友，2010，（8）：42.

## 752. 清香藤（图 752）• *Jasminum lanceolarium* Roxb.

**【别名】**光清香藤（安徽）。

**【形态】**常绿大型攀援灌木，高 10 ～ 15m。小枝圆柱形，稀具棱，节处稍压扁。叶对生或近对生，三出复叶，有时花序基部侧生小叶退化成条状；叶柄长（0.3 ～）1 ～ 4.5cm，具沟，沟内常被微柔毛；叶面亮绿色，叶背浅绿色，光滑或被柔毛，具凹陷的小斑点；小叶片椭圆形至披针形，稀近圆形，长 3.5 ～ 16cm，宽 1 ～ 9cm，先端钝、锐尖、渐尖或尾尖，基部圆形或楔形，顶生小叶柄稍长或等长于侧生小叶柄，长 0.5 ～ 4.5cm。复聚伞花序常排列呈圆锥状，顶生或腋生；花芳香，密集；苞片条形，长 1 ～ 5mm；花梗短或无，果时增粗增长，无毛或密被毛；花萼筒状，无毛或被短柔毛，果时增大，萼齿三角形，不明显，或几近截形；花冠白色，高脚碟状，花冠管纤细，长 1.7 ～ 3.5cm，裂片 4 ～ 5 枚，披针形、椭圆形或长圆形，先端钝或锐尖；花柱异长。果球形或椭圆形，直径 0.6 ～ 1.5cm，两心皮基部相连或仅一心皮成熟，黑色，干时呈橘黄色。花期 4 ～ 10 月，果期 6 月至翌年 3 月。

**【生境与分布】**生于海拔 2200m 以下山坡、灌丛、山谷密林中。分布于安徽、浙江、福建、江西，另河南、湖北、湖南、广东、香港、海南、广西、贵州、云南、四川、甘肃南部及陕西南部均有分布；印度、缅甸、越南也有分布。

**【药名与部位】**清香藤，藤茎。

图 752　清香藤　　摄影　李华东等

【采集加工】秋、冬季采收，除去细枝及叶，切段，晒干。

【药材性状】略呈长圆柱形，稍扁，直径 0.5 ～ 2cm。表面灰棕色至黄棕色，有细纵纹及皮孔。质坚硬，不易折断，断面皮部薄，棕色至棕褐色；木质部黄白色；髓部棕色。气微，味淡。

【药材炮制】除去杂质，切段，干燥。

【化学成分】茎含三萜类：白桦脂酸（betulinic acid）[1]；核苷类：腺嘌呤核苷（adenosine）[1]；苯丙素类：咖啡酸（caffeic acid）、（*E*）- 对香豆酸［（*E*）-*p*-coumatic acid］、赤式 -1-（4- 羟基 -3- 甲氧基苯基）-2-{4-［（*E*）-3- 羟基 -1- 丙烯基］-2- 甲氧基苯氧基}-1, 3- 丙二醇 {erythro-1-（4-hydroxy-3-methoxyphenyl）-2-{4-［（*E*）-3-hydroxy-1-propenyl］-2-methoxyphenoxy}-1, 3-propanediol}、苏式 -1-（4- 羟基 -3- 甲氧基苯基）-2-{4-［（*E*）-3- 羟基 -1- 丙烯基］-2- 甲氧基苯氧基}-1, 3- 丙二醇 {threo-1-（4-hydroxy-3-methoxyphenyl）-2-{4-［（*E*）-3-hydroxy-1-propenyl］-2-methoxyphenoxy}-1, 3-propanediol}[1]，阿魏酸（ferulic acid）、反式肉桂酸（*trans*-cinnamic acid）、*E*- 松柏苷（*E*-coniferin）、甲基松柏苷（methylconiferin）[2]，芥子醛 -4-*O*-β-D- 吡喃葡萄糖苷（sinapic aldehyde-4-*O*-β-D-glucopyranoside）、4-*O*-β-D- 吡喃葡萄糖基松柏醛（4-*O*-β-D-glucopyranosyl coniferyl aldehyde）、（7*S*, 8*R*）-9′- 甲氧基 - 脱氢二松柏醇 -4-*O*-β-D- 吡喃葡萄糖苷［（7*S*, 8*R*）-9′-methoxyl-dehydrodiconiferyl alcohol-4-*O*-β-D-glucopyranoside］和（苏式）- 二氢脱氢二松柏醇 -4-*O*-β-D- 吡喃葡萄糖苷［（threo）-dihydro-dehydrodiconiferyl alcohol-4-*O*-β-D-glucopyranoside］[3]；木脂素类：（+）- 松脂素［（+）-pinoresinol］[1]，丁香脂素 -4, 4′-*O*- 双 -β-D- 葡萄糖苷（syringaresinol-4, 4′-*O*-bis-β-D-glucoside）和（+）- 环橄榄树脂素［（+）-cycloolivil］[2]；酚苷类：香荚兰醇苷（vanilloloside）和 3, 5- 二甲基苯甲醇 -4-*O*-β-D- 吡喃葡萄糖苷（3, 5-dimethoxybenzyl alcohol-4-*O*-β-D-glucopyranoside）[2]；多元醇类：甘露醇（mannitol）[2]。

根和茎含木脂素类：皮树脂醇 -4-*O*-β-D- 吡喃葡萄糖苷（medioresinol-4-*O*-β-D-glucopyranoside）、

丁香脂素-4-*O*-β-D-吡喃葡萄糖苷（syringaresinol-4-*O*-β-D-glucopyranoside）、松脂素-4-*O*-β-D-吡喃葡萄糖苷（pinoresinol-4-*O*-β-D-glucopyranoside）、8-羟基表松脂素-4-*O*-β-D-吡喃葡萄糖苷（8-hydroxyepipinoresinol-4-*O*-β-D-glucopyranoside）[3]，松脂素-4-*O*-β-D-葡萄糖苷（pinoresinol-4-*O*-β-D-glucoside）、橄榄树脂素-4′-*O*-β-D-吡喃葡萄糖苷（olivil-4′-*O*-β-D-glucopyranoside）、环橄榄树脂素-6-*O*-β-D-吡喃葡萄糖苷（cycloolivil-6-*O*-β-D-glucopyranoside）和清香藤素*A（jasminlan A）[4]；环烯醚萜类：清香藤苷*（jaslanceoside）、10-羟基-11-甲酯油苷（10-hydroxyoleoside-11-methyl ester）[3]，清香藤萜苷*A（janceoside A）、10-羟基二甲酯油苷（10-hydroxyoleoside dimethylester）[4]，清香藤苷A、B、C、D、E[5]（jaslanceoside A、B、C、D、E）和栀素馨苷（jasminoside）[5]。

茎叶含苯丙素类：紫丁香苷（syringin）[6]，反式对香豆酸（*trans-p*-coumaric acid）、顺式对香豆酸（*cis-p*-coumaric acid）、阿魏酸（ferulic acid）和反式肉桂酸（*trans*-cinnamic acid）[7]；木脂素类：鹅掌楸苦素（liriodendrin）[6]，清香藤脂苷*A（jasminlanoside A）、（+）-环橄榄树脂素［（+）-cycloolivil］、丁香脂素-4-*O*-β-D-吡喃葡萄糖苷（syringaresinol-4-*O*-β-D-glucopyranoside）、（+）-环橄榄树脂素-6-*O*-β-D-吡喃葡萄糖苷［（+）-cycloolivil-6-*O*-β-D-glucopyranoside］、（+）-环橄榄树脂素-4′-*O*-β-D-吡喃葡萄糖苷［（+）-cycloolivil-4′-*O*-β-D-glucopyranoside］、（-）-橄榄素-4″-*O*-β-D-吡喃葡萄糖苷［（-）-olivil-4″-*O*-β-D-glucopyranoside］和丁香脂素-4, 4′-*O*-双-β-D-吡喃葡萄糖苷（syringaresinol-4, 4′-*O*-bis-β-D-glucopyranoside）[8]；黄酮类：（2*S*）-5, 7, 3′, 5′-四羟基黄酮-7-*O*-β-D-吡喃阿洛糖苷［（2*S*）-5, 7, 3′, 5′-tetrahydroxyflavanone-7-*O*-β-D-allopyranoside］、（2*S*）-5, 7, 3′, 5′-四羟基黄烷酮-7-*O*-β-D-吡喃葡萄糖苷［（2*S*）-5, 7, 3′, 5′-tetrahydroxyflavanone-7-*O*-β-D-glucopyranosie］[6]，5, 7, 3′, 5′-四羟基黄烷酮（5, 7, 3′, 5′-tetrahydroxyflavanone）和（2*S*）-5, 7, 3′, 4′-四羟基黄烷-5-*O*-β-D-吡喃葡萄糖苷［（2*S*）-5, 7, 3′, 4′-tetrahydroxyflavan-5-*O*-β-D-glucopyranosie］[7]；三萜类：白桦脂醛（betulinaldehyde）[6]，白桦脂酸（betulinic acid）、白桦脂醇（betulin）[6,7]和齐墩果酸（oleanolic acid）[7]；环烯醚萜类：清香藤苷A、B（jaslanceoside A、B），反式-对-10-羟基油苷酰酯［*trans-p*-coumaroyl-10-hydroxyoleoside］、反式-10-羟基油苷阿魏酰酯［*trans*-feruloyl-10-hydroxyoleoside］、素馨属苷（jasminoside）、l0-羟基油苷二甲酯［l0-hydroxyoleoside dimethyl ester］[9]和素馨属苷A、B、C、D、E（jasminoside A、B、C、D、E）[10]；甾体类：β-谷甾醇（β-sitosterol）和胡萝卜苷（daucosterol）[6,11]；多元醇类：甘露醇（mannitol）[7]；烷烃类：二十九烷（nonacosane）[7]。

**【药理作用】** 1. 抗氧化 茎叶中分离的化合物对 1, 1-二苯基-2-三硝基苯肼（DPPH）自由基具有显著的清除作用[1]。2. 抗炎 茎叶 70% 乙醇提取物可抑制急性（角叉菜胶）炎症模型大鼠血清中的环氧合酶-2（COX-2）、5-脂氧合酶（5-LOX）的产生[2]。

**【性味与归经】** 苦、辛，平。归肝、肺、肾经。

**【功能与主治】** 祛风除湿，凉血解毒。用于风湿痹痛，跌打损伤，无名毒疮，妇科炎症。

**【用法与用量】** 9～30g。

**【药用标准】** 湖南药材 2009 和广西瑶药 2014 一卷。

**【化学参考文献】**


［1］张予川，楼丽丽，孟大利，等. 清香藤化学成分的分离与鉴定［J］. 沈阳药科大学学报，2010，27（11）：880-882.

［2］张毅，梁旭，张正锋，等. 清香藤茎化学成分的分离与鉴定［J］. 沈阳药科大学学报，2014，31（8）：610-612.

［3］Ning K Q，Meng D L，Lou L L，et al. Chemical constituents from the *Jasminum lanceolarium* Roxb.［J］. Biochem Syst Ecol，2010，51（4）：297-300.

［4］Yan W X，Zhang J H，Zhang Y，et al. Anti-inflammatory activity studies on the stems and roots of *Jasminum lanceolarium* Roxb.［J］. J Ethnopharmacol，2015，171：335-341.

［5］Shen Y C，Lin S L，Chein C C. Three secoiridoid glucosides from *Jasminum lanceolarium*［J］. Phytochemistry，1997，44（5）：891-895.

［6］Sun J M，Yang J S，Zhang H. Two new flavanone glycosides of *Jasminum lanceolarium* and their antioxidant activities［J］.

Chem Pharm Bull，2007，55（3）：474-476.
[7] 孙佳明，杨峻山，张辉 . 破骨风的化学成分研究 [J]. 中国中药杂志，2008，33（17）：2128-2130.
[8] 王雁冰，张辉，杨峻山，等 . 破骨风中木脂素类化合物的分离鉴定及抗氧化活性 [J]. 高等学校化学学报，2018，39（9）：1942-1947.
[9] Shen Y C，Lin S L. New secoiridoid glucosides from *Jasminum lanceolarium* [J]. Planta Med，1996，62（6）：515-518.
[10] 孙佳明，张辉，杨峻山 . 高效液相色谱 - 串联质谱法分析破骨风中裂环环烯醚萜苷类成分 [J]. 中国天然药物，2009，7（6）：436-439.
[11] 孙佳明，杨峻山 . 破骨风化学成分的研究 [J]. 中国药学杂志，2007，42（7）：489-491.

【药理参考文献】

[1] Sun J M，Yang J S，Zhang H. Two new flavanone glycosides of *Jasminum lanceolarium* and their antioxidant activities [J]. Chemical & Pharmaceutical Bulletin，2007，55（3）：474.
[2] Yan W X，Zhang J H，Zhang Y，et al. Anti-inflammatory activity studies on the stems and roots of *Jasminum lanceolarium* Roxb [J]. Journal of Ethnopharmacology，2015，171：335-341.

## 753. 迎春花（图 753）• *Jasminum nudiflorum* Lindl.

**图 753　迎春花**　　摄影　徐克学等

【别名】迎春（浙江），金腰带（安徽）。

【形态】落叶灌木，直立或匍匐，高 0.3 ~ 5m。枝条下垂，稍扭曲，无毛，四棱形，棱上多少具狭翼。叶对生，三出复叶，小枝基部常具单叶；叶轴具狭翼，叶柄长 3 ~ 10mm，无毛；小叶片卵形至狭椭圆形，稀倒卵形，先端锐尖或钝，具短尖头，基部楔形，叶缘反卷，具睫毛，侧脉不明显；顶生小叶片较大，长 1 ～ 3cm，宽 0.3 ～ 1.1cm，无柄或基部延伸成短柄，侧生小叶片长 0.6 ～ 2.3cm，宽 0.2 ～ 1.1cm，无柄；单叶为卵形或椭圆形，有时近圆形，长 0.7 ～ 2.2cm，宽 0.4 ～ 1.3cm。花单生于二年生小枝的叶腋，稀生于小枝顶端；苞片小叶状，披针形、卵形或椭圆形，长 3 ～ 8mm，宽 1.5 ～ 4mm；花梗长 2 ～ 3mm；花萼绿色，裂片 5 ～ 6 枚，窄披针形，先端锐尖；花冠黄色，直径 2 ～ 2.5cm，花冠管长 0.8 ～ 2cm，基部直径 1.5 ～ 2mm，向上渐扩大，裂片 5 ～ 6 枚，长圆形或椭圆形，长 0.8 ～ 1.3cm，宽 3 ～ 6mm，先端锐尖或圆钝。花期 6 月。

**【生境与分布】**生于海拔 800 ～ 2000m 山坡灌丛中。华东地区均有栽培，另分布于甘肃、陕西、四川、云南及西藏；世界各地普遍栽培。

**【药名与部位】**迎春花，叶和花。

**【采集加工】**春、夏、秋三季均可采摘，晾干或晒干。

**【药材性状】**叶多呈卷曲皱缩，三出复叶，小叶展平后呈卵形或狭椭圆形，长 1 ～ 3cm，先端凸尖，边缘有短睫毛，下面无毛，灰绿色。花皱缩成团，展开后，可见狭窄的黄绿色叶状苞片；萼片 5 ～ 6 枚，条形或窄披针形，与萼筒等长或较长；花冠棕黄色，直径 2cm。花冠管长 0.8 ～ 2cm，裂片通常 6 枚，长圆形或椭圆形，约为冠筒长的 1/2。气清香，味微苦、涩。

**【化学成分】** 花含挥发油类：二十一烷（heneicosane）、十六烷（hexadecane）[1]，十五烷（pentadecane）、4- 亚硝酸基 - 苯磺酸 -（4- 溴甲基 -2- 金刚烷基）酯［4-nitro-benzenesulfonic acid-(4-bromomethyl-2-adamantyl) ester］和 5, 6, 7, 7a- 四氢 -4, 4, 7a- 三甲基 -2（4H）- 苯并呋喃酮［5, 6, 7, 7a-tetrahydro-4, 4, 7a-trimethyl-2(4H)-benzofuranone］等[2]；脂肪酸类：十四烷酸（tetradecanoic acid）[1]，棕榈酸（hexadecenoic acid）、11, 14, 17- 二十碳三烯酸（11, 14, 17-eicosatrienoic acid）、亚油酸（linoleic acid）和 8- 十八碳烯酸（8-octadecenoic acid）等[2,3]。

叶含脂肪酸类：亚油酸乙酯（ethyl linoleolate）和十六烷酸（hexadecanoic acid）等[4]；烯醇类：9, 12, 15- 十八烷三烯 -1- 醇（9, 12, 15-octadecatrien-1-ol）[4]；环烯醚萜类：迎春花苷*A、B、C、D、E、F、G、H、I、J、K、L（jasnudifloside A、B、C、D、E、F、G、H、I、J、K、L）、裸花紫珠苷 A、B、C（nudifloside A、B、C）[5]，裸花紫珠苷 D（nudifloside D）和异油类叶升麻苷（isooleoacteoside）[6]；苯丙素类：类叶升麻苷（acteoside）[5]，连翘酯苷 B（forsythoside B）和紫锥花苷（echinacoside）[7]；多烯酯类：9, 12, 15-十八碳三烯甘油酯（glyceryl 9, 12, 15-octadecatrienoate）[4]；苯丙素类：丁香苷（syringin）[5]；其他尚含：金石蚕苷（poliumoside）[5] 和阿若那瑞苯丙苷（arenarioside）[7]。

茎含环烯醚萜类：迎春苷 A、B、C（nudifloside A、B、C）和迎春花苷 D、E（jasnudifloside D、E）[6]。

茎叶含环烯醚萜类：迎春花苷 A、B、C（jasnudifloside A、B、C）[8]。

**【药理作用】**1. 抗氧化 从花提取的色素对羟自由基（·OH）、超氧阴离子自由基（$O_2^-$·）有清除作用[1,2]；叶总黄酮可有效清除 1, 1- 二苯基 -2- 三硝基苯肼（DPPH）自由基和羟自由基（·OH）[3]；全草总黄酮和醇提取物能显著提高小鼠心、脑、肝等组织中的超氧化物歧化酶（SOD）活性和总抗氧化能力，显著降低心、脑、肝等组织中的丙二醛（MDA）含量[4,5]。2. 抗炎 全草水提取物可抑制二甲苯引起的小鼠耳廓肿胀，明显抑制由乙酸引起的毛细血管通透性增加，[6]。3. 抗菌 地上部分水提取物对绿脓杆菌、金黄色葡萄球菌、链球菌等十余种病原菌的生长均有抑制作用[7]；叶乙酸乙酯萃取物对金黄色葡萄球菌、大肠杆菌和痢疾杆菌的生长均有抑制作用[8]。4. 耐缺氧 茎叶水提醇沉物可显著延长常压缺氧条件下和皮下注射异丙肾上腺素小鼠在常压缺氧条件下的存活时间，显著延长断头小鼠的喘息时间，显著延长小鼠的游泳时间[9] 和小鼠耐缺氧时间，增强脑组织中超氧化物歧化酶（SOD）的活性，降低丙二醛（MDA）的含量，增加谷胱甘肽（GSH）含量[10]。5. 镇痛镇静 茎叶水提醇沉物可显著减少由乙酸所致小鼠的扭体次数，非常显著提高热板法致痛小鼠的痛阈值，非常显著提高电刺激法致痛小鼠的镇痛率[11]。6. 抗心律失常 茎叶水提醇沉物对氯仿诱发小鼠的心室颤动有明显的预防作用，对乌头碱诱发的大鼠心律失常有治疗作用，能对抗肾上腺素引起的家兔心律失常[12]。7. 免疫调节　地上部分水提取物能显著增强小鼠胸腺指数和脾指数，提高腹腔巨噬细胞的吞噬能力及 T 淋巴细胞 E- 玫瑰花环形成率[13]。

**【性味与归经】**苦、微涩，平。归肝、心包、膀胱经。

**【功能与主治】**解毒消肿，清热利尿，止血止痛。用于发热头痛，小便热痛，跌扑损伤，外伤出血，口疮，痈疖肿痛，下肢溃疡。

**【用法与用量】**煎服 10 ～ 20g；外用适量，捣烂敷或煎水洗，或调麻油敷。

**【药用标准】**贵州药材 2003。

**【临床参考】**1. 鼻窦炎：花，加煅鱼脑石、鹅不食草、苍耳子、青黛、冰片，共研细末，用时将粉末徐徐嗅入鼻腔，每日 4 ～ 5 次[1]。

2. 跌打损伤、外伤出血：嫩叶适量，捣烂敷患处。（《中国药用花卉》）

3. 发热头痛：花 15g，水煎服。（《贵州民间药物》）

4. 臁疮：花适量，研末，调麻油外敷。（《青岛中草药手册》）

**【附注】**迎春花始载于《本草纲目》，云："迎春花，处处人家栽插之，丛生，高者二三尺，方茎厚叶，叶如初生小椒叶而无齿，面青背淡，对节生小枝，一枝三叶，正月初开小花，状如瑞香花，黄色，不结实。"根据上述形态和附图考证，即为本种。

本种的根民间也作药用。

**【化学参考文献】**

[1] 赵彦贵，张慧娟 . 迎春花花蕾挥发性成分分析 [J] . 化学与生物工程，2018，35（3）：66-68.
[2] 康文艺，王金梅，姬志强，等 . 迎春挥发性成分 HS-SPME-GC-MS 分析 [J] . 天然产物研究与开发，2009，21（1）：84-86.
[3] 杨振，郑敏燕，魏永生 . 迎春花脂肪酸成分的 GC/MS 分析 [J] . 应用化工，2006，35（4）：307-308.
[4] 汤洪波，周欣，李章万，等 . 迎春花叶挥发油的化学成分 [J] . 华西药学杂志，2005，20（4）：308-309.
[5] Tanahashi T，Takenaka Y，Nagakura N，et al. Five secoiridoid glucosides esterified with a cyclopentanoid monoterpene unit from *Jasminum nudiflorum* [J] . Chem Pharm Bull，2000，48（8）：1200-1204.
[6] Takenaka Y，Tanahashi T，Taguchi H，et al. Nine new secoiridoid glucosides from *Jasminum nudiflorum* [J] . Chem Pharma Bull，2002，50（3）：384-389.
[7] Andary C，Tahrouch S，Marion C，et al. Caffeic glycoside esters from *Jasminum nudiflorum* and some related species [J] . Phytochemistry，1992，31（3）：885-886.
[8] Tanahashi T，Takenaka Y，Nagakura N，et al. Three secoiridoid glucosides from *Jasminum nudiflorum* [J] . J Nat Prod，1999，62（9）：1311-1315.

**【药理参考文献】**

[1] 茹宗玲，张换平，李安林 . 迎春花黄色素的超声提取及清除自由基作用研究 [J] . 食品研究与开发，2009，30（5）：55-59.
[2] 高昌勇 . 迎春花色素提取及抗氧化性研究 [J] . 生物技术，2010，20（1）：59-60.
[3] 郑敏燕，魏永生，耿薇，等 . 迎春叶黄酮的提取纯化及清除自由基活性研究 [J] . 林产化学与工业，2009，29（6）：47-51.
[4] 王莉萍，李武，胡奕军，等 . 迎春花总黄酮对小鼠抗氧化作用的影响 [J] . 中国当代医药，2014，21（21）：21-25.
[5] 刘建生，熊丽娇，江丽霞，等 . 迎春花提取物对小鼠 SOD 活性及 MDA 含量的影响 [J] . 中国当代医药，2013，20（35）：24-25.
[6] 高天鹏，索栋，王一峰，等 . 迎春花水提物抗炎活性研究 [J] . 中兽医医药杂志，2009，28（3）：32-33.
[7] 赵四喜，杨锐乐，党萍，等 . 迎春花煎剂治疗黄牛子宫阴道炎 [J] . 中兽医医药杂志，2005，24（3）：56-56.
[8] 卢成瑛，杨伟波，黄早成，等 . 迎春花叶抑菌活性物研究 [J] . 食品科学，2007，28（12）：43-46.
[9] 王中平，黄贤华，熊小琴 . 迎春花茎叶提取液耐缺氧作用的实验研究 [J] . 赣南医学院学报，2005，25（5）：587-588.

[10] 黄贤华，黄常亮，宋微微，等.迎春花对脑缺血再灌注损伤小鼠的保护作用[J].中药药理与临床，2007，23(5)：133-135.
[11] 杨晓宁，黄贤华，曾靖，等.迎春花提取物的镇痛镇静作用[J].中国组织工程研究，2006，10(35)：42-44.
[12] 黄贤华，胡晓，潘火英，等.迎春花提取物抗心律失常作用[J].中药药理与临床，2006，22(6)：47-49.
[13] 陆辉，朱善元，郁杰，等.迎春花水提物对小白鼠免疫功能的影响[J].南京晓庄学院学报，2008，(6)：125-127.

**【临床参考文献】**

[1] 谢舒勃.鼻窦炎的中药治疗[J].中成药研究，1981，(6)：43.

## 5. 木犀属 *Osmanthus* Lour.

常绿灌木或小乔木。单叶，对生，叶片厚革质或薄革质，全缘或具锯齿，两面通常具腺点；具叶柄。聚伞花序簇生于叶腋，或再组成腋生或顶生的短小圆锥花序；花两性，通常雌蕊或雄蕊不育而成单性花，雌雄异株或雄花、两性花异株；苞片2枚，基部合生；花萼钟状，4裂；花冠白色或黄白色，少数栽培品种为橘红色，呈钟状、坛状或圆柱状，浅裂、深裂，或深裂至基部，裂片4枚，花蕾时呈覆瓦状排列；雄蕊2(4)枚，着生于花冠管上部，药隔常延伸呈小尖头；子房2室，每室具下垂胚珠2粒，花柱长于或短于子房，柱头头状或2浅裂，不育雌蕊呈钻状或圆锥状。果为核果，椭圆形或斜椭圆形，内果皮坚硬或骨质，常具种子1粒；胚乳肉质；子叶扁平；胚根向上。

约35种，南北半球均产，但以北半球为主。中国约26种，主要分布于南部和西南地区，法定药用植物2种。华东地区法定药用植物1种。

## 754. 木犀（图754）• *Osmanthus fragrans*（Thunb.）Lour.

**【别名】**桂花（通称）。

**【形态】**常绿乔木或灌木，高3～5m，最高可达18m；树皮灰褐色。小枝黄褐色，无毛。叶片革质，椭圆形、长椭圆形或椭圆状披针形，长7～15cm，宽3～5cm，先端渐尖，基部渐狭呈楔形或宽楔形，全缘或上半部具细齿，两面无毛，腺点在两面连成小水泡状突起，叶脉在上面凹下，下面凸起，侧脉6～8对，多达10对；叶柄长0.8～1.2cm，无毛。聚伞花序簇生于叶腋，或近于帚状，每腋内有花多数；苞片宽卵形，质厚，长2～4mm，具小尖头，无毛；花梗细弱，长4～10mm，无毛；花极芳香；花萼长约1mm，裂片稍不整齐；花冠黄白色、淡黄色、黄色或橘红色，长3～4mm，花冠管仅长0.5～1mm；雄蕊着生于花冠管中部，花丝极短，长约0.5mm，花药长约1mm，药隔在花药先端稍延伸呈不明显的小尖头；雌蕊长约1.5mm，花柱长约0.5mm。果斜椭圆形，长1～1.5cm，紫黑色。花期9～10月，果期翌年3～5月。

**【生境与分布】**原产于中国西南部及南方山区。华东地区普遍栽培。现各地广泛栽培。

**【药名与部位】**桂花子，果实。桂花（木犀花），花。

**【采集加工】**桂花子：春季果实成熟时采收，除去杂质，干燥。桂花：9～10月花盛开时采收，阴干。

**【药材性状】**桂花子：呈长卵形，长1～1.5cm，直径7～9mm。表面棕色或紫棕色，有不规则的网状皱纹。外果皮菲薄，易脱落。果核淡黄色，表面具不规则的网状皱纹。种子1粒。胚乳坚硬，肥厚，黄白色，富油性。气微，味淡。

桂花：为不规则形的花。花小，具细柄。花冠淡黄色至黄棕色，4裂，裂片矩圆形，多皱缩，长3～4mm。花萼细小，浅4裂。气芳香，味淡。

**【药材炮制】**桂花子：除去杂质，洗净，干燥，用时捣碎。

桂花：除去杂质。

图 754　木犀　　　　摄影　郭增喜等

【化学成分】根含黄酮类：光甘草酚（glabrol）、二氢槲皮素（dihydroquercetin）、2′- 羟基 -5, 7, 8- 三甲氧基黄酮（2′-hydroxy-5, 7, 8-trimethoxyflavone）、羽扇豆叶灰毛豆素（lupinifolin）、根皮素（phloretin）、芹菜素（apigenin）、毛蕊异黄酮（calycosine）、槲皮素（quercetin）、3′, 4′, 5, 7- 四羟基二氢黄酮（3′, 4′, 5, 7-tetrahydroxyflavanone）、5- 羟基 -7, 8, 2′, 6′- 四甲氧基黄酮（5-hydroxy-7, 8, 2′, 6′-tetramethoxyflavone）、异甘草素（*iso*-liquiritigenin）、越南槐酚 *（tonkinensisol）和山柰酚（kaempferol）[1]；木脂素类：连翘脂素（phillygenin）[2]，（-）- 橄榄脂素［（-）-olivil］和（+）- 表松脂醇［（+）-epipinoresinol］[3]；蒽醌类：大黄酚（chrysophanol）、大黄素甲醚（physcion）[2]，2-（4- 羟基苯基）乙酯［2-（4-hydroxylphenyl）ethyl acetate］[2]，香草醛（vanillin）、对羟基苯乙醇（*p*-hydroxyphenyl ethanol）和松柏醛（coniferyl aldehyde）[3]；三萜类：白桦脂酸（betulinic acid）和 2α- 羟基白桦脂酸（2α-hydroxybetulinic acid）[3]；糖类：甘露醇（mannitol）[3]；甾体类：β- 谷甾酮（β-sitosterone）、β- 谷甾醇（β-sitosterol）和 β- 胡萝卜苷（β-daucosterol）[2]。

花含苯丙素类：3-*O*- 咖啡酰奎宁酸（3-*O*-caffeoylquinic acid）、咖啡酸 -4-*O*- 葡萄糖苷（caffeic acid-4-*O*-glucoside）、5-*O*- 香豆酰奎宁酸（5-*O*-coumaroylquinic acid）、4-*O*- 香豆酰奎宁酸（4-*O*-coumaroylquinic acid）[4]，绿原酸（chlorogenic acid）、咖啡酸（caffeic acid）、对香豆酸（*p*-coumaric acid）、阿魏酸（ferulic acid）[5] 和亚麻桂苷酯（linocinnamarin）[6]；醇酸类：奎宁酸（quinic acid）、3- 羟基癸酸（3-hydroxycapric acid）和 3- 羟基十二烷二酸（3-hydroxydodecanedioic acid）[7]；酚酸类：酪氨酰乙酸（tyrosyl acetate）[7]，贝母兰宁（coelonin）、5, 7- 二羟基色原酮（5, 7-dihydroxychromone）、对羟基苯乙酮（*p*-hydroxyacetophenone）、

3, 4- 二羟基苯乙酮（3, 4-dihydroxyacetophenone）、苯甲酸（benzoic acid）、对羟基苯乙酸乙酯（ethyl *p*-hydroxyphenylacetate）、对羟基苯乙酸（*p*-hydorxy-phenylacetic acid）和对羟基苯乙酸甲酯（methyl-*p*-hydroxphenylacetate）[8]；苯乙醇苷类：异洋丁香酚苷（*iso*-acteoside）、连翘酯苷 A（forsythoside A）、连翘种苷 A（suspensaside A）、连翘种苷甲酯（suspensaside methyl ether）、*R*- 连翘种苷（*R*-suspensaside）、*S*- 连翘种苷（*S*-suspensaside）[5]，红景天苷（salidroside）、洋丁香酚苷（acteoside）和毛蕊花苷（verbascoside）[7]；环烯醚萜类：女贞子苷（nuezhenide）[6]，女贞苷（ligustroside）、（8*E*）- 女贞苷［（8*E*）-ligustroside］[7]，10- 乙酰氧基女贞苷（10-acetoxyligustroside）[9]，油苷 -7, 11- 二甲酯（oleoside-7, 11-dimethyl ester）、油苷 -11- 甲酯（oleoside-11-methyl ester）和马鞭草苷（verbenalin）[10]；木脂素类：总梗女贞苷 A（lipedoside A）[5]，（+）- 连翘苷元［（+）-phillygenin］[7]，丁香脂素（syringaresinol）[8]，连翘苷（phillyrin）和松脂醇（pinoresinol）[10]；生物碱类：肉苁蓉酸（boschniakinic acid）[8]；三萜类：α- 香树脂醇（α-amyrin）、β- 香树脂醇（β-amyrin）、坡模酸（pomolic acid）、熊果 -12- 烯 -2α, 3β, 28- 三醇（urs-12-en-2α, 3β, 28-triol）[6]，昂天莲三萜酸（augustic acid）、阿江榄仁酸（arjunolic acid）、羽扇豆醇（lupeol）、2α- 羟基齐墩果酸（2α-hydroxyoleanolic acid）、乙酰氧基齐墩果酸（acetoxyloleanolic acid）[8]，齐敦果酸（oleanolic acid）、熊果酸（ursolic acid）、熊果醛（ursolaldehyde）、达玛 -23- 烯 -3β, 25- 二醇（dammara-23-en-3β, 25-diol）和齐敦果 -12- 烯 -3β, 27- 二醇（olean-12-en-3β, 27-diol）[9]；香豆素类：6, 7- 二羟基香豆素（6, 7-dihydroxycoumarin）[8]；黄酮类：芦丁（rutin）[4]，异高山黄芩素（*iso*-scutellarein）、槲皮素 -3-*O*-β-D- 吡喃葡萄糖苷（quercetin-3-*O*-β-D-glucopyranoside）、柚皮素（naringenin）、5, 4′- 二羟基 -7- 甲氧基黄酮 -3-*O*-β-D- 吡喃葡萄糖苷（5, 4′-dihydroxy-7-methoxyflavone-3-*O*-β-D-glucopyranoside）、山柰酚 -3-*O*-β-D- 吡喃葡萄糖苷（kaempferol-3-*O*-β-D-glucopyranoside）、山柰酚 -3-*O*-β-D- 吡喃半乳糖苷（kaempferol-3-*O*-β-D-galactopyanoside）、3′, 7- 二羟基 -4′- 甲氧基异黄酮（3′, 7-dihydroxy-4′-methoxyisoflavone）[8]，槲皮素（quercetin）、染料木苷（genistin）、山柰酚（kaempferol）、异鼠李素（*iso*-rhamnetin）和柚皮苷（naringin）[11]；甾体类：岩藻甾醇（fucosterol）[4]，β- 胡萝卜苷（β-daucosterol）、胆甾醇（cholesterol）、豆甾醇（stigmasterol）、α- 菠菜甾醇（α-spinasterol）[6]，β- 谷甾醇（β-sitosterol）和麦角甾 -4, 6, 8（14）, 22- 四烯 -3- 酮［ergosta-4, 6, 8（14）, 22-tetraen-3-one］[8]；挥发油类：5- 羟甲基糠醛（5-hydroxymethylfurfural）、辛烷（octane）[10]，乙酸乙酯（ethyl acetate）、α- 甲基 -α-［4- 甲基 -3- 戊烯基］环氧乙烷甲醇 {α-methyl-α-［4-methyl-3-pentenyl］oxiranemethanol}、3, 7- 二甲基 -1, 6- 辛二烯 -3- 醇（3, 7-dimethyl-1, 6-octadien-3-ol）、6- 乙烯基四氢 -2, 2, 6- 三甲基 -2H- 吡喃 -3- 醇（6-ethenyltetrahydro-2, 2, 6-trimethyl-2H-pyran-3-ol）、γ- 癸内酯（γ-decalactone）、β- 紫罗兰酮（β-lonone）[12]，5, 6, 7, 7- 四氢 -4, 4, 7- 三甲基 -2（4H）- 苯唑呋喃酮［5, 6, 7, 7-tetrahydro-4, 4, 7-trimethyl-2（4H）-benzofuranone］[13]，*E*- 丁子香苄醚（*E*-isoeugenyl benzyl ether）、茴香基甲基酮（anisyl methyl ketone）、肉桂酸苄酯（benzyl cinnamate）[14]，1, 2- 环氧芳香醇（1, 2-epoxylinalool）、5- 乙烯基四氢 -α, α, 5- 三甲基 -2- 呋喃甲醇（5-ethenyltetrahydro-α, α, 5-trimethyl-2-furanmethanol）、β- 芳香醇（β-linalool）、大柱香波龙烷 -4, 6（*Z*）, 8（*E*）- 三烯［megastigma-4, 6（*Z*）, 8（*E*）-triene］和 β- 紫罗兰醇（β-ionol）等[15]；脂肪酸类：（2*S*）-1-*O*-（9*Z*- 十八碳二烯酰）-3-*O*-β- 吡喃半乳糖基甘油［（2*S*）-1-*O*-（9*Z*-octadecadienoyl）-3-*O*-β-galactopyranosyl glycerol］、（2*S*）-1-*O*- 油酰基 -2-*O*- 油烯酰基 -3-*O*-β- 吡喃半乳糖基甘油［（2*S*）-1-*O*-linoleoyl-2-*O*-linolenoyl-3-*O*-β-galactopyranosyl glycerol］[6]，α-*O*- 十六碳酰基 -β-*O*-（9*Z*- 十八碳烯酰基）-α-*O*- 十六碳烷酰基甘油酯［α-*O*-palmitoyl-β-*O*-（9*Z*-octadecaenoyl）-α-*O*-palmitoylglycerol］[9]，十八烷酸（octadecanoic acid）[10]，9, 12, 15- 十八碳三烯酸（9, 12, 15-octadecatrienoic acid）和棕榈酸（hexadecanoic acid）[13]；其他尚含：D- 吡喃葡萄糖 -6-［（2*E*）-3-（4- 羟基苯基）丙 -2- 烯酯］{D-glucopyranose-6-［（2*E*）-3-（4-hydroxyphenyl）prop-2-enoate］}[6] 和 D- 阿洛醇（D-allitol）[8]。

果实含环烯醚萜苷类：7, 11- 二甲酯油苷（oleoside-7, 11-dimethyl ester）、11- 甲酯油苷（oleoside-11-

methyl ester）、马鞭草苷（verbenalin）[16]，吡喃葡萄糖基甲基油苷（glucopyranosyl methyloleoside）、吡喃葡萄糖基甲基异油苷（glucopyranosyl methyloleoside isomer）、油苷二甲酯（oleoside dimethyl ester）、欧梣苷*A（excelside A）、新女贞子苷（neonuezhenide）、吡喃葡萄糖基二甲基异油苷 1（glucopyranosyl dimethyloleoside isomer 1）、甲氧基女贞子苷（methoxy nuezhenide）、女贞苷（ligstroside）、断氧化马钱子苷（secoxyloganin）等[17]和巴戟醚萜（borreriagenin）[18]；木脂素类：松脂素（pinoresinol）、连翘苷（phillyrin）[16]，（－）-襄五脂素［（－）-chicanine］和 3, 3′- 二去甲基松脂醇（3, 3′-bisdemethylpinoresinol）[18]；苯乙醇苷类：红景天苷（salidroside）、羟基酪醇（hydroxytyrosol）[16]，羟基酪醇葡萄糖苷（hydroxytyrosol glucoside）、β-羟基洋丁香酚苷（β-hydroxyacteoside）、洋丁香酚苷（acteoside）和异洋丁香酚苷（*iso*-acteoside）[17]；三萜类：齐墩果酸（oleanolic acid）、熊果酸（ursolic acid）[17]，乙酰氧基齐墩果酸（acetyloleanolic acid）、2α- 羟基齐墩果酸（2α-hydroxyoleanolic acid）、白桦脂醇（betulin）、白桦脂酸（betulinic acid）和羽扇豆醇（lupeol）[18]；香豆素类：伞形花内酯（umbelliferone）[18]；苯丙素类：咖啡酸甲酯（methyl caffeate）、莳萝油脑（dillapiol）和 *C*-藜芦酰乙二醇（*C*-veratroylglycol）[18]；黄酮类：3′, 7- 二羟基 -4′- 甲氧基异黄酮（3′, 7-dihydroxy-4′-methoxyisoflavone）[18]；酰胺类：烟酰胺（nicotinamide）[18]；甾体类：β- 谷甾醇（β-sitosterol）[16]，麦角甾 -7, 22- 二烯 -3- 酮（ergosta-7, 22-dien-3-one）、麦角甾 -7, 22- 二烯 -3β, 5α, 6β- 三醇（（ergosta-7, 22-dien-3β, 5α, 6β-triol），即啤酒甾醇（cerevisterol）和 3β, 5α, 9α- 三羟基麦角甾 -7, 22- 二烯 -6- 酮（3β, 5α, 9α-trihydroxyergosta-7-22-dien-6-one）[18]；脂肪酸类：硬脂酸（octadecanoic acid）[16]；烷烃类：辛烷（octane）[16]；呋喃类：5- 羟甲基 -2- 呋喃甲醛（5-hydroxymethyl-2-furancarboxaldehyde）[18]；芳香酸类：苯甲酸（benzoic acid）和 2-*O*-β- 吡喃葡萄糖基苯甲酸甲酯（methy-2-*O*-β-glucopyranosylbenzoate）[18]；其他尚含：5- 羟甲基糠醛（5-hydroxymethylfurfural）[16]，巴戟醚萜（borreriagenin）和 D- 阿洛醇（D-allitol）[18]。

种子含环烯醚萜苷类：女贞子苷（nuzhenide）[19]。

叶含黄酮类：槲皮素 -7-*O*- 新橙皮糖苷（quercetin-7-*O*-neohesperidoside）、槲皮素 -3-*O*- 芸香糖苷（quercetin-3-*O*-rutinose）、木犀草素 -7-*O*- 新橙皮糖苷（luteolin-7-*O*-neohesperidoside）、山柰酚 -7-*O*- 葡萄糖苷（kaempferol-7-*O*-glucoside）、槲皮素 -3-*O*- 鼠李糖苷（quercitrin-3-*O*-rhamnoside）、槲皮素 -3-*O*-葡萄糖苷（quercitrin-3-*O*-glucoside）、芹菜素 -7-*O*- 新橙皮糖苷（apigenin-7-*O*-neohesperidoside）、柚皮素 -7-*O*- 葡萄糖苷（naringenin-7-*O*-glucoside）、芹菜素 -7-*O*- 葡萄糖苷（apigenin-7-*O*-glucoside）、山柰酚 -3-*O*-葡萄糖苷（kaempferol-3-*O*-glucoside）[20]，香橙素（aromadendrin）和染料木素（genistein）[21]；香豆素类：秦皮甲素（esculin）[20]；酚类：对羟基苯乙酮（*p*-hydroxyacetophenone）、白羽扇豆素 A（lupinalbin A）[21]和对羟基苯乙酮 -*O*-β-D- 吡喃葡萄糖苷（*p*-hydroxyacetophenone-*O*-β-D-glucopyranoside）[22]；三萜类：齐墩果酸甲酯（methy oleanolate）、3- 羰基齐墩果酸（3-ketooleanolic acid）、19α- 羟基 -3-*O*- 乙酰熊果酸（19α-hydroxyl-3-*O*-acetylursolic acid）、白桦脂醇（betulin）、墨西哥刺木醇（fouquierol），即达玛烷 -25- 烯 -3β, 20, 24- 三醇（dammara-25-en-3β, 20, 24-triol）[21]；二萜类：黄花三宝木酮*A（trigoflavidone A）和对映贝壳杉烷 -3, 16α- 二醇（*ent*-kaurane-3, 16α-diol）[21]；甾体类：豆甾 -3, 5- 二烯 -7- 酮（stigmasta-3, 5-dien-7-one）[21]；木脂素类：刺五加酮（ciwujiatone）[21]；蒽醌类：蒽醌 -1, 6- 二羟基 -2- 甲基 -8-*O*-α-D- 吡喃葡萄糖基 -（1′→6）-α-L- 吡喃木糖苷［anthraquinone-1, 6-dihydroxy-2-methyl-8-*O*-α-D-glucopyranosyl-（1′→6）-α-L-xylopyranoside］[22]。

【药理作用】1. 抗氧化　花中分离的化合物连翘苷元（forsythigenin）、芦丁（rutin）和毛蕊花苷（verbascoside）对 1，1- 二苯基 -2- 三硝基苯肼（DPPH）自由基、过氧化氢（$H_2O_2$）自由基均具有清除作用[1]；花总黄酮能明显抑制亚油酸氧化进程，且随总黄酮浓度增加而抑制作用增强[2]；花中提取的黄酮可有效地清除羟自由基（•OH）、超氧阴离子自由基（$O_2^-$•），可显著增强小鼠血清谷胱甘肽过氧化物酶（GSH-Px）、超氧化物歧化酶（SOD）活性，降低丙二醛（MDA）含量[3]；花总黄酮提取液具有较强清除 1，1- 二苯基 -2- 三硝基苯肼自由基的作用[4]；花中提取的挥发油在磷钼络合法总氧化性检测中显示抗氧化性，且与浓度成正比[5]。2. 抗菌 花中提取的黄酮对金黄色葡萄球菌、大肠杆菌、枯草杆菌、稻瘟病菌的生长均有较好的抑制作用[6]。3. 抗炎镇痛 果实水提取物可明显抑制二甲苯所致小鼠的耳廓肿胀和角叉菜胶所致的足肿胀，减轻棉球肉芽肿的重量，减轻福尔马林诱导小鼠的Ⅱ相舔后足反应，减少冰醋酸引起的扭体次数，延长其潜伏期[7]。4. 抗缺氧 花中提取的苯乙醇苷在氯化钴（$CoCl_2$）诱导的 PC12 细胞缺氧模型中具有抗缺氧作用[8]。

**【性味与归经】**桂花子：辛、甘，温。桂花：辛，温。归肺、肝、胃经。

**【功能与主治】**桂花子：散寒暖胃，平肝理气。用于新久胃病。桂花：温肺化饮，散寒止痛。用于痰饮咳喘，脘腹冷痛，肠风血痢，经闭痛经，寒疝腹痛，牙痛，口臭。

**【用法与用量】**桂花子：3 ～ 9g。桂花：煎服 3 ～ 9g；或泡茶；外用适量，煎汤含漱，蒸热外熨。

**【药用标准】**桂花子：浙江炮规 2015 和上海药材 1994；桂花：山东药材 2012。

**【临床参考】**1. 肝胃气痛：果实 6 ～ 12g，水煎服；或晒干研粉，0.3 ～ 0.6g，吞服。

2. 经闭腹痛：花 30g，加荔枝肉适量，同煮，冲红糖、黄酒服。

3. 痢症：根 60g，浓煎后去渣，放入瘦猪肉 120g，加盐适量服用，每 2 日 1 次，14 天为 1 疗程。（1 方至 3 方引自《浙江药用植物志》）

**【附注】**木犀始见于《本草纲目》"香木类菌桂"条，云："今人所栽岩桂，亦是菌桂之类而稍异，其叶不似柿叶，亦有锯齿如枇杷叶而粗涩者，有无锯齿如栀子叶而光洁者。丛生岩岭间，谓之岩桂，俗呼为木犀。其花有白者名银桂，黄者名金桂，红者名丹桂。有秋花者，春花者，四季花者，逐月花者。其皮薄而不辣，不堪入药，惟花可收茗，浸酒，盐渍及作香搽发泽之类耳。"《墨庄漫录》谓："木犀花，江、浙多有之。清芬沤郁，余花所不及也。一种色黄深，而花大者，香烈。一种色白浅而花小者，香短。清晓朔风，香来鼻观，真天芬仙馥也。湖南呼九里香，江东曰岩桂，浙人曰木犀，以木纹理如犀也。"即为本种。

**【化学参考文献】**

[1] 尹伟，刘金旗 . 木犀根中黄酮类化学成分研究 [J] . 中药材，2016，39（7）：1550-1553.

[2] 刘森，杨晓燕，彭晓姣，等 . 日香桂根的化学成分研究 [J] . 合成化学，2013，21（3）：306-308，312.

[3] 黄冕，刘森，许浩然，等 . 日香桂根的化学成分研究（Ⅱ）[J] . 合成化学，2013，21（6）：689-691.

[4] Li H L，Chai Z，Shen G X，et al. Polyphenol profiles and antioxidant properties of ethanol extracts from *Osmanthus Fragrans*（Thunb.）Lour. flowers [J] . Pol J Food Nutr Sci，2017，67（4）：317-325.

[5] Fei Z，Peng J，Zhao Y，et al. Varietal classification and antioxidant activity prediction of *Osmanthus fragrans* Lour. flowers using UPLC-PDA/QTOF-MS and multivariable analysis [J] . Food Chem，2017，217：490-497.

[6] 席贞，唐敏，王文静，等 . 日香桂花的化学成分研究（Ⅱ）[J] . 华西药学杂志，2011，26（3）：216-220.

[7] Hung C Y，Tsai Y C，Li K Y. Phenolic antioxidants isolated from the flowers of *Osmanthus fragrans* [J] . Molecules，2012，17（9）：10724-10737.

[8] 尹伟，宋祖荣，刘金旗，等 . 桂花的化学成分研究 [J] . 中国中药杂志，2015，40（4）：679-685.

[9] 唐敏，谭小燕，钟雪梅，等 . 日香桂花的化学成分研究 [J] . 华西药学杂志，2009，24（1）：10-13.

[10] Ouyang X L，Wei L X，Wang H S，et al. Antioxidant activity and phytochemical composition of *Osmanthus fragrans*' pulps [J] . South African Journal of Botany，2015，98：162-166.

[11] Zhou J L，Fang X Y，Wang J Q，et al. Structures and bioactivities of seven flavonoids from *Osmanthus fragrans* 'Jinqiu' essential oil extraction residues [J] . Nat Prod Res，2017，32（5）：588-591.

[12] Hu B F，Guo X L，Xiao P，et al. Chemical composition comparison of the essential oil from four groups of *Osmanthus fragrans* Lour. flowers [J] . J Essent Oil Bear Plant，2012，15（5）：832-838.

[13] Wang L M，Li M T，Jin W W，et al. Variations in the components of *Osmanthus fragrans* Lour. essential oil at different stages of flowering [J] . Food Chem，2009，114（1）：233-236.

[14] Mar A，Pripdeevech P. Volatile components of crude extracts of *Osmanthus fragrans*，flowers and their antibacterial and

antifungal activities [ J ] . Chem Nat Compd，2016，52（6）：1-4.
[15] Hu C D，Liang Y Z，Guo F Q，et al. Determination of essential oil composition from *Osmanthus fragrans* tea by GC-MS combined with a chemometric resolution method [ J ] . Molecules，2010，15（5）：3683-3693.
[16] Ouyang X L，Wei L X，Wang H S，et al. Antioxidant activity and phytochemical composition of *Osmanthus fragrans*' pulps [ J ] . S Afr J Bot，2015，98（2）：162-166.
[17] Liao X，Hu F，Chen Z. Identification and quantification of the bioactive components in *Osmanthus fragrans* fruits by HPLC-ESI-MS/MS [ J ] . J Agric Food Chem，2018，66（1）：359-367.
[18] 尹伟，刘金旗，张国升 . 桂花果实的化学成分研究 [ J ] . 中国中药杂志，2013，38（24）：4329-4334.
[19] Yang R Y，Ouyang X L，Gan D H，et al. Isolation and determination of iridoid glycosides from the Seeds of *Osmanthus fragrans* by HPLC [ J ] . Anal Lett，2013，46（5）：745-752.
[20] Wang Y，Fu J，Zhang C，et al. HPLC-DAD-ESI-MS Analysis of flavonoids from leaves of different cultivars of sweet *Osmanthus* [ J ] . Molecules，2016，21（9）：1224.
[21] 尹伟，郁阳，马秋丽，等 . 桂花叶的化学成分及抗肿瘤活性研究 [ J ] . 热带亚热带植物学报，2018，26（2）：178-184.
[22] Bahuguna P，Raturi R，Singh H，et al. Chemical constituents from the leaves of *Osmanthus fragrans* [ J ] . Asian J Chem Environ Res，2010，3（2）：6-8.

**【药理参考文献】**

[1] Hung C Y，Tsai Y C，Li K Y. Phenolic antioxidants isolated from the flowers of *Osmanthus fragrans* [ J ] . Molecules，2012，17（9）：10724-10737.
[2] 靳熙茜，汪海波 . 桂花总黄酮提取及其体外抗氧化性能研究 [ J ] . 粮食与油脂，2009，163（11）：42-45.
[3] 尹爱武，邓胜国，高鹏飞，等 . 桂花黄酮抗自由基及体内抗氧化作用研究 [ J ] . 湖南科技学院学报，2011，32（12）：51-53.
[4] 郭娇娇，罗佳，宫智勇 . 桂花中总黄酮提取工艺及其抗氧化活性的研究 [ J ] . 武汉轻工大学学报，2011，30（1）：5-8.
[5] 夏必帮，鲁韦韦，李蕤 . 桂花精油提取工艺及其抗氧化性的研究 [ J ] . 氨基酸和生物资源，2016，38（1）：49-52.
[6] 王丽梅，余龙江，崔永明，等 . 桂花黄酮的提取纯化及抑菌活性研究 [ J ] . 天然产物研究与开发，2008，20（4）：717-720.
[7] 李佳川，赵兴冉，程雪瑶，等 . 桂花子的抗炎镇痛作用研究 [ J ] . 中药药理与临床，2013（3）：123-124.
[8] Zhou F，Zhao Y，Li M，et al. Degradation of phenylethanoid glycosides in *Osmanthus fragrans* Lour. flowers and its effect on anti-hypoxia activity [ J ] . Scientific Reports，2017，7（1）：10068-10077.

## 6. 女贞属 *Ligustrum* Linn.

灌木、小乔木或乔木。单叶，对生，叶片纸质或革质，全缘；具叶柄。聚伞状圆锥花序，顶生，稀腋生；花两性；花萼钟状，先端截形或具 4 齿，或为不规则齿裂；花冠白色，近辐状、漏斗状或高脚碟状，花冠管长于裂片或近等长，裂片 4 枚，花蕾时呈镊合状排列；雄蕊 2 枚，着生于近花冠管喉部，内藏或伸出，花药椭圆形、长圆形至披针形，药室近外向开裂；子房近球形，2 室，每室具下垂胚珠 2 粒，花柱丝状，长或短，柱头肥厚，常 2 浅裂。浆果状核果，内果皮膜质或纸质，稀为核果状，室背开裂。种子 1 ～ 4 粒，种皮薄；胚乳肉质；子叶扁平，狭卵形；胚根短，向上。

约 45 种，主要分布于亚洲、欧洲、大洋洲。中国 29 种 1 亚种 9 变种，其中 2 种系栽培，全国均有分布，法定药用植物 5 种 1 变种。华东地区法定药用植物 2 种。

### 755. 女贞（图 755）• *Ligustrum lucidum* Ait.

**【别名】**大叶女贞（江苏、江西），青蜡树、冬青树（江苏），大叶蜡树、蜡树、女贞冬青（江西）。

图 755 女贞 摄影 赵维良等

【形态】常绿乔木，高可达 25m。树皮灰褐色，枝圆柱形，无毛，疏生皮孔。叶片革质，卵形、长卵形或椭圆形至宽椭圆形，长 6 ～ 17cm，宽 3 ～ 8cm，先端尖或渐尖，基部圆形或近圆形，有时宽楔形或渐狭，叶缘平，两面无毛，侧脉 4 ～ 9 对，两面稍凸起或有时不明显；叶柄长 1 ～ 3cm，上面具沟，无毛。圆锥花序顶生，塔形，长 8 ～ 20cm；花序梗长 0 ～ 3cm；花序轴及分支轴无毛，紫色或黄棕色，果时具棱；花序基部苞片常与叶同型，小苞片披针形或条形，长 0.5 ～ 6cm，宽 0.2 ～ 1.5cm，凋落；花近无梗，长不超过 1mm；花萼长 1.5 ～ 2mm，无毛，齿不明显或近截形；花冠长 4 ～ 5mm，裂片长 2 ～ 2.5mm，反折；雄蕊伸达花冠裂片顶部，花丝长 1.5 ～ 3mm，花药长圆形；花柱长 1.5 ～ 2mm，柱头棒状。果肾形或近肾形，多少弯曲，直径 4 ～ 6mm，成熟时呈深蓝黑色或红黑色，被白粉；果梗长不及 5mm。花期 5 ～ 7 月，果期 7 月至翌年 5 月。

【生境与分布】生于海拔 2900m 以下疏、密林中。分布于安徽、江苏、浙江、福建、江西，另河南、湖北、广东、香港、广西、贵州、云南、西藏、四川、甘肃东南部及陕西南部均有分布；朝鲜也有分布。

【药名与部位】女贞子，成熟果实。女贞叶，叶。

【采集加工】女贞子：冬季果实成熟时采收，除去枝叶，稍蒸或置沸水中略烫后，干燥；或直接干燥。女贞叶：全年可采，除去茎枝，干燥。

【药材性状】女贞子：呈卵形、卵圆形或肾形，长 6 ～ 8.5mm，直径 3.5 ～ 5.5mm。表面黑紫色或灰黑色，皱缩不平，基部有果梗痕或具宿萼及短梗。体轻。外果皮薄，中果皮较松软，易剥离，内果皮木质，黄棕色，具纵棱。种子通常为 1 粒，肾形，紫黑色，油性。气微，味甘、微苦涩。

女贞叶：呈卵形至卵状披针形，或椭圆形，长 5 ～ 16cm，宽 3 ～ 7cm；先端渐尖至锐尖，基部阔楔形，全缘；表面深绿色，有光泽；下表面可见细小腺点，可见突起主脉；叶柄长 1 ～ 2cm，上面有一凹沟槽；叶片革质，易折断。气微，味微苦。

【质量要求】女贞子：肉饱满，色黑，无梗。

【药材炮制】女贞子：除去杂质，洗净，干燥；酒女贞子：取女贞子饮片，与酒拌匀，稍闷，置适宜容器内，蒸 2 ～ 4h，焖过夜至表面色泽黑润时，取出，干燥。

女贞叶：除去茎枝及杂质，切宽丝。

【化学成分】果实含挥发油类：桉油精（eucalyptol）、二苯甲酮（benzophenone）、α, α, - 二苯基苯甲醇（α, α, -diphenyl benzenemethanol）、二十五烷（pentacosane）和二十八烷（octacosane）等[1]；三萜皂苷类：3-*O*- 顺式 - 对 - 香豆酰马斯里酸（3-*O*-*cis*-*p*-coumaroylmaslinic acid）[2]，齐墩果酸（oleanolic acid）、2α- 羟基齐墩果酸（2α-hydroxyoleanolic acid）、乙酰齐墩果酸（acetyl oleanolic acid）、羽扇豆醇（lupeol）、白桦脂醇（betulin）、达玛烯二醇（damalenediol）、3β- 乙酰氧基 -20, 25- 环氧 -24α- 羟基 - 达玛烷（3β-acetoxy-20, 25-epoxy-24α-dihydroxy-dammarane）、20, 25- 环氧 -3β, 24α- 二羟基 - 达玛烷（20, 25-epoxy-3β, 24α-diol-dammarane）、3β- 乙酰氧基 - 达玛烯二醇（3β-acetoxy-damalenediol）、3β, 20*S*- 二醇 -24*R*- 过氧羟基 -25- 烯 - 达玛烷（3β, 20*S*-diol-24*R*-hydroperoxyl-25-en-dammarane）、刺树醇 *（fouquierol）、少花风毛菊烷 A（oligantha A）、达玛烯二醇 -3-*O*- 棕榈酸酯（dammarenediol-3-*O*-palmitate）、拟人参皂苷元 $II_3$-*O*- 棕榈酸酯（ocotillol $II_3$-*O*-palmitate）、（*E*）25- 过氧羟基 -23- 烯 - 达玛烷 -3β, 20*S*- 二醇［（*E*）-25-hydroperoxydammar-23-en-3β, 20*S*-diol］[3]，19α- 羟基 -3- 乙酰熊果酸（19α-hydroxy-3-acetylursolic acid）[4]，3-*O*- 顺式 - 香豆酰委陵菜酸（3-*O*-*cis*-coumaryl tormentic acid）、委陵菜酸（tormentic acid）、19α- 羟基 -3- 乙酰熊果酸（19α-hydroxy-3-acetylursonic acid）、熊果酸（ursolic acid）[5]，19α- 羟基熊果酸（19α-hydroxyursolic acid）、3β-*O*-（顺式 - 对香豆酰）-2α- 羟基齐墩果酸［3β-*O*-（*cis*-*p*-coumaroyl）-2α-hydroxyoleanolic acid］、3β-*O*-（反式 - 对香豆酰）-2α- 羟基齐墩果酸［3β-*O*-（*trans*-*p*-coumaroyl）-2α-hydroxyoleanolic acid］、3-*O*- 顺式 - 对香豆酰委陵菜酸（3-*O*-*cis*-*p*-coumaroyl tormentic acid）[6]，β- 香树脂醇（β-amyrin）、熊果酸甲酯（methyl ursolate）、达玛烯二醇 -3-*O*- 棕榈酸酯（dammarenediol-3-*O*-palmitate）[7]，白桦脂酸（betulinic acid）、（*E*）-3β, 20- 二羟基 -25- 过氧羟基达玛烷 -23- 烯［（*E*）-3β, 20-dihydroxy-25-perhydroxydammar-23-ene］、20（*S*）-3β, 20- 二羟基 -24- 过氧羟基达玛烷 -25- 烯［20（*S*）-3β, 20-dihydroxy-24-perhydroxydammar-25-ene］[8]，齐墩果酸甲酯（methyl oleanolate）、3-*O*- 乙酰熊果酸（3-*O*-acetylursolic acid）、3- 羰基齐墩果酸（3-ketooleanolic acid）、19α- 羟基熊果酸（19α-hydroxyl ursolic acid）、3-*O*- 顺式 - 对香豆酰（*Z*）- 马斯里酸酯［3-*O*-*cis*-*p*-coumaroyl（*Z*）-maslinate］、3-*O*- 反式 - 对香豆酰（*E*）- 马斯里酸酯［3-*O*-*trans*-*p*-coumaroyl（*E*）-maslinate］[9]，3β- 乙酰基 -20*S*, 24*R*- 达玛烷 -25- 烯 -24- 过氧氢 -20- 醇（3β-acetyl-20*S*, 24*R*-dammarane-25-en-24-hydroperoxy-20-ol）、20*S*, 24*R*- 达玛烷 -25- 烯 -24- 过氧氢 -3β, 20- 二醇（20*S*, 24*R*-dammarane-25-en-24-hydroperoxy-3β, 20-diol）、3β- 乙酰基 -20*S*, 25- 环氧达玛烷 -24α- 醇（3β-acetyl-20*S*, 25-epoxydammarane-24α-ol）、20*S*, 25- 环氧达玛烷 -3β, 24α- 二醇（20*S*, 25-epoxydammarane-3β, 24α-diol）、20*S*- 达玛烷 -23- 烯 -3β, 20, 25- 三醇（20*S*-dammarane-23-en-3β, 20, 25-triol）[10]，达玛 -24- 烯 -3β- 乙酰氧基 -20*S*- 醇（dammar-24-en-3β-acetoxy-20*S*-ol）[11]和达玛 -25- 烯 -3β, 20ζ, 24ζ- 三醇（dammar-25-en-3β, 20ζ, 24ζ-triol）[12]；苯乙醇及苷类：3, 4- 二羟基苯乙基 -β-D- 葡萄糖苷（3, 4-dihydroxyphenethyl-β-D-glucoside）、3, 4- 二羟基苯乙基 -（6′- 咖啡酰）-β-D- 葡萄糖苷［3, 4-dihydroxyphenethyl-（6′-caffeoyl）-β-D-glucoside］[2]，毛蕊花苷（verbascoside）、北升麻宁（cimidahurinine）、2-（3, 4- 二羟基苯基）乙基 -*O*-β-D- 吡喃葡萄糖苷［2-（3, 4-dihydroxyphenyl）ethyl-*O*-β-D-glucopyranoside］、木犀苷 H（osmanthuside H）、3, 4- 二羟基苯基乙醇（3, 4-dihydroxyphenyl ethanol）[3]，红景天苷（salidroside）[5]，对羟基苯乙醇 -β-D- 葡萄糖苷（*p*-hydroxyphenethyl-β-D-glucoside）[13]，酪醇（tyrosol）、酪醇乙酯（tyrosyl acetate）、羟基酪醇（hydroxytyrosol）[14]，6′- 乙酰红景天苷（6′-acetyl salidroside）[15]和对羟基苯乙醇 -α-D- 葡萄糖苷（*p*-hydroxyphenethyl-α-D-glucoside）[16]；环烯醚萜类：木犀苷 -11- 甲酯（oleoside-11-methyl ester）、女贞油苷 *（oleonuezhenide）、女贞子苷（nuezhenide）、橄榄苦苷（oleuropein）、木犀苷二甲酯（oleoside dimethyl ester）[2]，特女贞

苷（specnuezhenide）[5]，女贞酸（nuezhenidic acid）[15]，女贞苦苷（nuezhengalaside）[17]，橄榄苦苷酸（oleuropeinic acid）、10-羟基橄榄苦苷（10-hydroxyoleuropein）[18]，女贞苷（ligustroside）、异女贞子苷（*iso*-nuezhenide）、新女贞子苷（neonuezhenide）、女贞醇苷A、B（lucidumoside A、B）[19]，6′-*O*-肉桂酰基-8-表-金吉苷酸（6′-*O*-cinnamoyl-8-epi-kingisidic acid）[20]，女贞醛*C（nuzhenal C）、6′-*O*-反式-肉桂酰-异-8-表金吉苷酸（6′-*O*-*trans*-cinnamoyl-*iso*-8-epikingisidic acid）、女贞萜苷*A、B、C（ligulucidumoside A、B、C）[21]，女贞子酯苷*（nuezhenelenoliciside）、异清香藤苷*B（isojaslanceoside B）、6′-*O*-反式-肉桂酰-四乙酰开联番木鳖苷（6′-*O*-*trans*-cinnamoyl-secologanoside）[22]，欧梣苷*B（excelside B）、美国白梣苷*（fraxamoside）、2″-美国白梣苷*（2″-epifraxamoside）、女贞醚萜裂环苷*A、B、C（liguluciside A、B、C）、女贞醚萜裂环素*A、B（liguluciridoid A、B）[23]，异女贞苷酸（*iso*-ligustrosidic acid）、6-*O*-反式-肉桂酰-8-表金吉苷酸（6-*O*-*trans*-cinnamoyl-8-epikingisidic acid）、6-*O*-顺式-肉桂酰-8-表金吉苷酸（6-*O*-*cis*-cinnamoyl-8-epikingisidic acid）、木犀榄女贞苷*A（oleopolynuzhenide A）、女贞醛A、B（nuzhenal A、B）[24]，女贞三糖苷*A、B（liguside A、B）、1‴-*O*-β-D-葡萄糖基福慕苷*（1‴-*O*-β-D-glucosylformoside）[25]，女贞苷C（lucidumoside C）[26]，女贞果苷*（nuezhenoside）和女贞果苷*$G_{13}$（nuezhenoside $G_{13}$）[27]；黄酮类：芦丁（rutin）、芹菜素-7-*O*-β-D-吡喃葡萄糖苷（apigenin-7-*O*-β-D-glucopyranoside）、芹菜素（apigenin）、木犀草素-7-*O*-β-D-吡喃葡萄糖苷（luteolin-7-*O*-β-D-glucopyranoside）、槲皮苷（quercitrin）[5]，女贞黄酮*（ligustroflavone）[7]，大波斯菊苷（cosmosiin）、芹菜素-7-*O*-乙酰-β-D-葡萄糖苷（apigenin-7-*O*-acetyl-β-D-glucoside）、芹菜素-7-*O*-β-D-芦丁糖苷（apigenin-7-*O*-β-D-lutinoside）、木犀草素（luteolin）[28]和槲皮素（quercetin）[29]；蒽醌类：大黄素甲醚（physcion）[4]；甾体类：β-谷甾醇（β-sitosterol）[4]和豆甾醇（stigmasterol）[8]；多元醇类：甘露醇（mannitol）[13]；脂肪酸类：棕榈酸（almitic acid）[4]，油苷二甲酯（oleoside dimethyl ester）、油苷-7-乙基-11-甲酯（oleoside-7-ethyl-11-methyl ester）[14]和（3-亚乙基-2-氧化四氢吡喃-4-yl）-甲基乙酸酯［（3-ethylidene-2-oxotetrahydropyran-4-yl）-methyl acetate］[30]；叶绿素类：（$13^2$-*S*）-羟基叶绿素a［（$13^2$-*S*）-hydroxyphaeophytin a］和（$13^2$-*R*）-羟基叶绿素a［（$13^2$-*R*）-hydroxyphaeophytin a］[8]。

花含黄酮类：柚皮素（naringenin）、木犀草素（luteolin）、芹菜素（apigenin）、槲皮素（quercetin）、芹菜素-7-*O*-β-D-吡喃葡萄糖苷（apigenin-7-*O*-β-D-glucopyranoside）、木犀草素-7-*O*-β-D-吡喃葡萄糖苷（luteolin-7-*O*-β-D-glucopyranoside）、山柰酚-3-*O*-β-D-吡喃葡萄糖苷（kaempferol-3-*O*-β-D-glucopyranoside）、槲皮素-3-*O*-β-D-吡喃葡萄糖苷（quercetin-3-*O*-β-D-glucopyranoside）和芦丁（rutin）[31]；甾体类：β-谷甾醇（β-sitosterol）、胡萝卜苷（daucosterol）和麦角甾-7, 22-二烯-3β, 5α, 6β-三醇（ergosta-7, 22-dien-3β, 5α, 6β-triol）[31]；挥发油类：苯乙醇（benzene ethanol）、芳樟醇（linalool）、1, 2-苯二甲酸二丁酯（dibutyl 1, 2-benzenedicarboxylate）[32]，甲酸（formic acid）和苯乙二醇（styrene glycol）等[33]；多元醇类：甘露醇（mannitol）[34]。

树皮含生物碱类：尼克酰胺（nicotinamide）[35]；三萜皂苷类：乙酰氧基齐墩果酸（acetyloleanolic acid）、齐墩果酸（oleanolic acid）、桦木酸（betulinic acid）、白桦脂醇（betulin）和2α-羟基齐墩果酸（2α-hydroxy-oleanolic acid）[35]；黄酮类：3′, 7-二羟基-4′-甲氧基异黄酮（3′, 7-dihydroxy-4′-methoxyisoflavone）和L-表儿茶素（L-epicatechin）[35]；香豆素类：伞形花内酯（umbelliferone）[35]；环烯醚萜类：诺丽青果醚萜（borreriagenin）[35]；苯丙素类：莳萝油脑（dillapiol）和咖啡酸甲酯（methyl caffeate）[35]；木脂素类：（-）-襄五脂素［（-）-chicanine］[35]；酚酸类：北升麻宁（cimidahurinine）、2-*O*-β-吡喃葡萄糖基苯甲酸甲酯（methyl 2-*O*-β-glucopyranosyl benzoate）、对羟基苯甲醇（*p*-hydroxybenzyl alcohol）、苯甲酸（benzoic acid）和C-藜芦酰乙二醇（C-veratroylglycol）[35]；其他尚含：D-阿洛醇（D-allitol）[35]。

叶含三萜类：2α-羟基熊果酸（2α-hydroxyursolic acid）、3β-乙酰齐敦果酸（3β-acetyl oleanolic acid）、19α-羟基熊果酸（19α-hydroxyursolic acid）、3β-反式对羟基肉桂酰氧基-2α-羟基齐墩果酸（3β-*trans*-*p*-

coumaroyloxy-2α-hydroxyoleanolic acid）[36]和熊果酸（ursolic acid）[37]；环烯醚萜类：异-8-表金吉苷（*iso*-8-epikingiside）、8-去甲基-7-酮基马钱素（8-demethyl-7-ketologanin）、8-表金银花苷（8-epikingiside）、金银花苷（kingiside）、女贞苷（ligustroside）、10-羟基女贞苷（10-hydroxyligustroside）、女贞叶苷*A、B[38]（ligustaloside A、B）和女贞苷（ligustroside）A、B[38]；大柱香波龙烷类：（6*S*, 9*R*）-长春花苷［（6*S*, 9*R*）-roseoside］[37]；木脂素类：10-羟基-木犀苷二甲酯（10-hydroxyoleoside dimethyl ester）、（-）-橄榄脂素-4″-*O*-β-D-吡喃葡萄糖苷［（-）-olivil-4″-*O*-β-D-glucopyranoside］和鹅掌楸苷（liriodendrin）[37]；苯丙素类：丁香苷（syringin）和松柏苷（coniferin）[37]；苯乙醇苷类：3, 4-二羟基苯乙基-β-D-吡喃葡萄糖苷（3, 4-dihydroxyphenethyl-β-D-glucopyranoside）、红景天苷（salidroside）和银桂苯乙醇苷F（osmanthuside F）[37]；其他尚含：4-（3-羟丙基）-2, 6-二甲氧基苯基-β-D-吡喃葡萄糖苷［4-（3-hydroxypropyl）-2, 6-dimethoxyphenyl-β-D-glucopyranoside］[37]。

**【药理作用】**1. 抗氧化　果实醇提取物乙酸乙酯部位，正丁醇部位、石油醚部位对1, 1-二苯基-2-三硝基苯肼（DPPH）自由基和超氧阴离子自由基（$O_2^-$·）具有清除作用[1]；从果实提取的多糖均能使衰老模型小鼠肝、肾组织中丙二醛（MDA）下降，使超氧化物歧化酶（SOD）及谷胱甘肽过氧化物酶（GSH-Px）活力提高和脑组织中脂褐质（LF）下降[2]；果实水提取物可提高肉仔鸡心脏、肾脏、血清和肝脏中超氧化物歧化酶活性，提高肝脏和心脏谷胱甘肽还原酶活性和丙二醛含量[3]；果实醇提取物对1, 1-二苯基-2-三硝基苯肼自由基和羟自由基具有明显的清除作用和一定的抗脂质过氧化作用及还原作用，其总体抗氧化作用也较强[4]；果实中分离的2种主要裂环环烯醚萜苷类成分——女贞果苷*（nuezhenoside）和女贞果苷*$G_{13}$（nuezhenoside $G_{13}$）对1, 1-二苯基-2-三硝基苯肼自由基具有清除作用，女贞果苷$G_{13}$作用强于女贞果苷[5]；果实乙醇提取物对2, 2′-联氮-二（3-乙基-苯并噻唑-6-磺酸）二铵盐自由基（ABTS）诱导的红细胞溶血具有抑制作用，即对自由基诱导的红细胞溶血具有很强的抗氧化作用[6]；果实乙醇提取物可显著降低血尿素氮（BUN）、谷丙转氨酶（ALT）、天冬氨酸氨基转移酶（AST）、碱性磷酸酶（ALP）、乳酸脱氢酶（LDH）、甘油三酯（TG）和肌酐（Cr）以及支气管肺泡灌洗液（BALF）中的乳酸脱氢酶（LDH），另显著降低肝脏和肺脏中脂质过氧化物的水平，显著增强这些器官中过氧化氢酶（CAT）、超氧化物歧化酶（SOD）和谷胱甘肽过氧化物酶的水平[7]。2. 抗炎　果实水提取液对二甲苯引起小鼠耳廓肿胀、乙酸引起的小鼠腹腔毛细血管通透性增加及对角叉菜胶、蛋清、甲醛性大鼠足肿胀均有明显的抑制作用，并显著降低大鼠炎症组织前列腺素（PGE）的释放量，抑制大鼠棉球肉芽组织增生，同时伴有肾上腺重量的增加，对大鼠胸腺重量无明显影响[8]；果实生品及炮制品对巴豆油引起的小鼠耳肿均有抑制作用，其中以酒蒸品为最佳[9]。3. 抗菌　果实生品及炮制品对伤寒杆菌、痢疾杆菌及金黄色葡萄球菌均有抑制作用，其中以酒蒸品的抑制作用最强[9]；果实水提取液对金黄色葡萄球菌、白色葡萄球菌、绿脓杆菌、变形杆菌、大肠杆菌、甲型链球菌和乙型链球菌的生长均有抑制作用[10]。4. 抗肿瘤　果实中提取的齐墩果酸（oleanolic acid）能有效抑制S180肿瘤生长，延长荷瘤小鼠存活时间，并能明显提高机体的免疫力[11]；含果实成分的血清可诱导宫颈癌HeLa细胞凋亡[12]；果实提取物中的熊果酸（ursolic acid）在体内和体外均能明显抑制人肝癌细胞生长，并对血管内皮生长因子（VEGF）、转化生长因子-α（TGF-α）的表达有明显的抑制作用[13]；果实中提取的熊果酸等成分的提取物对移植性肝癌H22、小鼠S180肉瘤有抑制作用[14, 15]；果实多糖对小鼠肉瘤S180、肝癌H22实体瘤均有抑制作用，可提高刀豆蛋白A（ConA）对T淋巴细胞刺激的转换率，提高由淋巴细胞YAC-1所致自然杀损性（NK）细胞的活性[16]；果实多糖及其分级沉淀可提高小鼠抗淋巴瘤细胞膜的血清抗体滴度，同时也降低淋巴瘤细胞膜表面唾液酸含量[17]；果实多糖可抑制黑色素瘤细胞的黏附能力，抑制黑色素瘤黏附分子E-cadherin的表达[18]；果实多糖可促进荷瘤小鼠脾脏B淋巴细胞和T淋巴细胞的增殖，提高其自然杀损性细胞活性，同时，可增强荷瘤小鼠单核巨噬细胞的吞噬能力[19]。5. 增强免疫　果实水提取物能使小鼠胸腺、脾脏重量增加，明显提高小鼠血清溶血素抗体活性，升高正常小鼠血清IgG含量，且对抗环磷酰胺（Cy）的免疫抑制作用，对绵羊红细胞（SRBC）所致迟发型超敏反应具有显著的增强作用[20]；果实多糖对正常小鼠脾淋巴细胞、

Balb/c 裸鼠脾淋巴细胞（B 细胞）及通过尼龙毛柱的脾细胞（T 细胞）均有直接的刺激增殖作用[21]；果实多糖对正常小鼠和肾上腺皮质激素造型的阴虚小鼠的脾 T 淋巴细胞增殖有显著的促进作用[22]；果实多糖能显著促进小鼠腹腔巨噬细胞吞噬能力，对抗环磷酰胺（Cy）的免疫抑制作用，促进淋巴细胞转化[23]。6. 抗衰老　果实水提取液能明显改善 D- 半乳糖致衰老小鼠的学习与记忆能力，增强小鼠脑组织中的超氧化物歧化酶（SOD）、谷胱甘肽过氧化物酶（GSH-Px）、$Na^+$-$K^+$-ATP 酶活性，减少丙二醛（MDA）含量[24]；果实多糖对抗心、肝、肾组织中丙二醛升高及脑组织中脂褐素（LF）升高，抑制心、肝、肾组织中超氧化物歧化酶及谷胱甘肽过氧化物酶活力下降[25]。7. 降血糖　果实水提取液可降低正常小鼠的血糖，对四氧嘧啶引起的小鼠糖尿病有预防和治疗作用，并可对抗肾上腺素或葡萄糖引起的血糖升高[26]；果实中提取的齐墩果酸可降低四氧嘧啶诱导的糖尿病模型大鼠的血糖[27]；果实 12% 乙醇提取物对 α- 葡萄糖苷酶有抑制作用，小鼠血糖和血清糖化血红蛋白（HbA1c）水平显著降低，胰岛素水平显著升高，且存在明显的剂量依赖性[28]。8. 降血脂　果实总黄酮可显著降低高脂模型大鼠的总胆固醇（TC）和甘油三酯（TG）的水平；促进过氧化物酶体增殖物激活受体 α（PPARα）、肝组织脂蛋白脂酶（LPL）的表达，抑制羟甲戊二酰辅酶 A 还原酶（HMGCR）的表达[29]；果实粗粉可阻止灌饲胆固醇、猪油的家兔血清胆固醇、甘油三酯升高，阻止或减少主动脉粥样硬化斑块的形成，减少冠状动脉病变数及病变程度[30]；果实粗粉有降低家兔血清胆固醇及甘油三酯含量的作用，防治家兔实验性动脉粥样硬化[31]。9. 抗肥胖　果实提取物可显著降低高脂饮食性肥胖小鼠的体重、小鼠附睾脂肪的重量、代谢参数和甘油三酯[32]。10. 护肝　果实多糖能不同程度对抗肝损伤模型小鼠的谷丙转氨酶（ALT）、天冬氨酸氨基转移酶（AST）、γ- 谷氨酰转移酶（γ-GT）、碱性磷酸酶（ALP）及肝脏指数的升高，能不同程度地改善肝组织病理变化[33]；果实的氯仿、丁醇提取物和齐墩果酸成分对四氯化碳诱导的肝损伤小鼠的肝 - 谷胱甘肽再生能力（GRC）有增强作用[34]；果实不同炮制品均有降谷丙转氨酶的作用，酒蒸品齐墩果酸含量最高，作用最强[35]。11. 抗过敏　果实水提取液可显著抑制小鼠或大鼠被动皮肤过敏反应，降低大鼠颅骨膜肥大细胞脱颗粒百分率，对抗组织胺引起大鼠皮肤毛细血管通透性增高；抗原攻击前给药，可抑制二硝基氯苯（DNCB）所致小鼠接触性皮炎；抗原攻击后给药亦能明显抑制二硝基氯苯（DNCB）引起的小鼠接触性皮炎；减轻大鼠主动及反向被动 Arhtus 反应；显著降低豚鼠血清补体总量[36]。12. 抗骨质疏松　果实粉末可有效防止尿钙及粪钙排泄增加，并恢复血钙水平，抑制去卵巢引起的小肠维生素 D 受体（VDR）mRNA 表达下降，可提高肾脏钙结合蛋白 -9k（CaBP-9k）及钙结合蛋白 -28k（CaBP-28k）的基因表达[37]。13. 治疗白癜风　果实提取物对黑素细胞的增殖和黑素合成有促进作用，对 KIT 蛋白合成有显著的促进作用[38]。14. 抗突变　果实水提取液与齐墩果酸对环磷酰胺引起染色体损伤模型和乌拉坦引起染色体损伤模型均有降低微核率的作用[39]。15. 抗病毒　果实橄榄苦苷（oleuropein）成分对呼吸道合胞病毒（RSV）和副流感病毒 3 型（PARA 3）均具有显著的抗病毒作用，女贞苷 C（lucidumoside C）、齐墩果苷二甲酯（oleoside dimethylester）和女贞苷（ligustroside）对副流感病毒 3 型（PARA 3）有一定的抗病毒作用[40]。

**【性味与归经】**女贞子：甘、苦，凉。归肝、肾经。女贞叶：微苦，平。归肝经。

**【功能与主治】**女贞子：滋补肝肾，明目乌发。用于眩晕耳鸣，腰膝酸软，须发早白，目暗不明。女贞叶：祛风，明目，消肿，止痛。用于头目昏痛，风热赤眼，疮肿溃烂，烫伤，口疮。

**【用法与用量】**女贞子：6 ～ 12g。女贞叶：10 ～ 15g。

**【药用标准】**女贞子：药典 1963—2015、浙江炮规 2005、贵州药材 1965、新疆药品 1980 二册、香港药材三册和台湾 2013；女贞叶：湖北药材 2009。

**【临床参考】**1. 原发性高脂血症：果实 15g，加党参 15g、丹参 20g、赤芍 15g、枸杞子 15g、首乌 15g、山楂 15g、陈皮 6g、茯苓 20g，每日 1 剂，水煎 2 次，上、下午分服[1]。

2. 反复呼吸道感染：果实 6 ～ 8g，加黄芪 15 ～ 20g，水煎服，每日 2 次，连服 90 天[2]。

3. 老年虚性便秘：果实 30g，加当归 15g、生白术 15g，煎汤代茶饮[3]。

4. 少精症：果实 30g，水煎服；或研粉 10g，冲服，连服 3 月[4]。

5. 迟发性运动障碍：果实 15g，加白附子 6g、龟甲胶 6g、桑寄生 15g、怀牛膝 12g、僵蚕 10g、蝉蜕 12g、陈皮 10g、半夏 12g、茯神 15g、木瓜 15g、白芍 15g、枸杞子 15g、钩藤 15g、生龙骨 30g、生牡蛎 30g、天麻 12g、甘草 6g，水煎至约 500ml，每次 250ml，每日 2 次[5]。

6. 黄褐斑：果实 30g，加仙灵脾、当归、地黄（血热用生地，血寒用熟地）、芍药（养血用白芍，化瘀用赤芍）、白僵蚕各 15g，川芎、桃仁、红花、炒白术各 10g，白附子 6g，水煎服，每日 1 剂，分 2 次服[6]。

7. 心律失常：果实 250g，加水 1500ml，文火熬至 900ml 备用，口服，每次 30ml，每日 3 次[7]。

8. 顽固性失眠：果实 30g，加酸枣仁 15g、石莲子 10g、五味子 5g、琥珀末 4g（冲服），每日 1 剂，分下午和晚上服，结合针刺陶道穴[8]。

9. 眩晕：果实，加旱莲草、桑葚子各等份，共同焙干研粉，临睡吞服 9 ～ 12g，或每日 2 次分服。

10. 慢性气管炎：树皮 60g，洗净切碎，水煎 3 ～ 4h，加红糖适量，分 3 次服，10 天为 1 疗程，连服 2 个疗程；或枝叶 90g，水煎服。

11. 烫伤：鲜叶洗净捣汁，外敷伤处；或树皮晒干研细粉，茶油调敷伤处。

12. 咽喉肿痛：鲜叶 3 ～ 5 片，冷开水洗净，嚼服。（9 方至 12 方引自《浙江药用植物志》）

13. 阴虚骨蒸潮热：果实 9g，加地骨皮 9g、青蒿 6g、夏枯草 6g，水煎服。（《安徽中草药》）

14. 视神经炎：果实 30g，加决明子、青葙子各 30g，水煎服。（《浙江民间常用草药》）

**【附注】**以女贞实之名始载于《神农本草经》，列为上品。《本草经集注》云："叶茂盛，凌冬不凋，皮青肉白。"《新修本草》云："女贞叶似枸骨及冬青树等，其实九月熟，黑似牛李子……叶大，冬茂。"《蜀本草》云："树高数丈，花细，青白色。"《本草纲目》称："女贞、冬青、枸骨，三树也。女贞即今俗呼蜡树者……东人因女贞茂盛，亦呼为冬青，与冬青同名异物，盖一类二种尔。二种皆因子自生，最易长。其叶厚而柔长，绿色，面青背淡。女贞叶长者四五寸，子黑色；冻青叶微团，子红色，为异。其花皆繁，子并累累满树，冬月鸲鹆喜食之，木肌皆白腻。今人不知女贞，但呼为蜡树。"《植物名实图考》云："湖南产蜡，有鱼蜡、水蜡二种，鱼蜡树小叶细，水蜡树高叶肥，水蜡树即女贞，……。并参看《本草图经》女贞附图，古本草文献中的女贞即为本种。

药材女贞子脾胃虚寒泄泻者及阳虚者慎用。

本种的树皮及根民间也作药用。

**【化学参考文献】**


[1] 吕金顺．甘肃产女贞子挥发油化学成分研究［J］．中国药学杂志，2005，39（3）：178-180.

[2] 冯志毅，冯静，崔瑛．女贞子的化学成分研究［J］．中国药学杂志，2011，46（4）：259-262.

[3] 黄晓君，殷志琦，沈文斌．女贞子的化学成分研究［J］．中国中药杂志，2010，35（7）：861-864.

[4] 聂映，姚卫峰．女贞子的化学成分研究［J］．南京中医药大学学报，2014，30（5）：475-477.

[5] 蒋叶娟，姚卫峰，张丽，等．女贞子化学成分的 UPLC-ESI-Q-TOF-MS 分析［J］．中国中药杂志，2012，37（16）：2304-2308.

[6] 张廷芳，戴毅，屠凤娟，等．女贞子化学成分研究［J］．中国药房，2011，22（31）：2931-2933.

[7] 占方玲，张学兰，蒋海强，等．女贞子生制品化学成分的 HPLC-ESI/MS 分析［J］．中成药，2013，35（12）：2707-2710.

[8] 黄新苹，可钰，冯凯，等．女贞子石油醚提取物的化学成分研究［J］．中国药学杂志，2011，46（13）：984-987.

[9] 冯静，冯志毅，王君明，等．女贞子中三萜类化合物研究［J］．中药材，2011，34（10）：1540-1544.

[10] Xu X H，Yang N Y，Qian S H，et al. Dammarane triterpenes from *Ligustrum lucidum*［J］. J Asian Nat Prod Res，2008，10（1-2）：33-37.

[11] 吴立军，尹双，王素贤，等．女贞子化学成分的研究（Ⅲ）［J］．中国药物化学杂志，1996，6（2）：117-120.

[12] 吴立军，相婷，侯柏玲，等．女贞子化学成分的研究［J］．植物学报，1998，40（1）：83-87.

[13] 王素贤，赵祥敏．女贞子化学成分的研究（Ⅱ）［J］．沈阳药科大学学报，1995，31（2）：25-28.

[14] Chen Q，Yang L，Zhang G，et al. Bioactivity-guided isolation of antiosteoporotic compounds from *Ligustrum lucidum*［J］. Phytother Res，2013，27（7）：973-979.

[15] 吴立军，尹双，王素贤，等. 女贞子中新裂环环烯醚萜甙的结构鉴定［J］. 中国药物化学杂志，1994，4（2）：130.

[16] 石力夫，王鹏，陈海生，等. 中药女贞子水溶性化学成分的研究［J］. 药学学报，1995，30（12）：935-938.

[17] 石力夫，曹颖瑛，陈海生，等. 中药女贞子中水溶性成分二种新裂环环烯醚萜甙的分离和鉴定［J］. 药学学报，1997，32（6）：442-446.

[18] Gao L，Liu X，Li C，et al. Bioactivity-guided fractionation of antioxidative constituents of *Ligustrum lucidum*［J］. Chem Nat Compd，2017，53（3）：553-554.

[19] He Z D，Pph B，Chan T W，et al. Antioxidative glucosides from the fruits of *Ligustrum lucidum*［J］. Chem Pharma Bull，2001，49（6）：780-784.

[20] 张廷芳，段营辉，屠凤娟，等. 女贞子中一个新的裂环环烯醚萜苷类成分［J］. 中草药，2012，43（1）：20-22.

[21] Zhang Y，Liu L，Gao J，et al. New secoiridoids from the fruits of *Ligustrum lucidum* Ait with triglyceride accumulation inhibitory effects［J］. Fitoterapia，2013，91（8）：107-112.

[22] Qiu Z C，Zhao X X，Wu Q C，et al. New secoiridoids from the fruits of *Ligustrum lucidum*［J］. J Asian Nat Prod Res，2018，20（5）：431-438.

[23] Pang X，Zhao J Y，Yu H Y，et al. Secoiridoid analogues from the fruits of *Ligustrum lucidum* and their inhibitory activities against influenza A virus［J］. Bioorg Med Chem Lett，2018，28：1516-1519.

[24] Aoki S，Honda Y，Kikuchi T，et al. Six new secoiridoids from the dried fruits of *Ligustrum lucidum*［J］. Chem Pharm Bull，2012，60（2）：251-256.

[25] Huang X J，Ying W，Yin Z Q，et al. Two new dimeric secoiridoid glycosides from the fruits of *Ligustrum lucidum*［J］. J Asian Nat Prod Res，2010，12（8）：685-690.

[26] Ma S C，He Z D，Deng X L，et al. In vitro evaluation of secoiridoid glucosides from the fruits of *Ligustrum lucidum* as antiviral agents［J］. Chem Pharm Bull，2001，49（11）：1471-1473.

[27] 李阳，左燕，孙文基. 女贞子中2种主要裂环环醚萜苷成分的分离鉴定及其抗氧化活性研究［J］. 中药材，2007，30（5）：543-546.

[28] 徐小花，杨念云，钱士辉，等. 女贞子黄酮类化合物的研究［J］. 中药材，2007，30（5）：538-540.

[29] 田燕，吴立军，杨五禧，等. 女贞子的化学成分［J］. 沈阳药科大学学报，1997，14（2）：111-114.

[30] Xin L，Wang C Y，Shao C L，et al. Chemical constituents from the fruits of *Ligustrum lucidum*［J］. Chem Nat Compd，2010，46（5）：701-703.

[31] 龙飞，邓亮，陈阳. 女贞花的化学成分研究［J］. 华西药学杂志，2011，26（2）：97-100.

[32] 姚祖凤，刘家欣，唐丽娜，等. 女贞花挥发油化学成分的研究［J］. 吉首大学学报（自然科学版），1999，20（2）：43-45.

[33] Bajpai V K，Singh S，Mehta A. Chemical characterization and mode of action of *Ligustrum lucidum* flower essential oil against food-borne pathogenic bacteria［J］. Bangl J Pharmacol，2016，11（1）：269-280.

[34] 王军宪，侯桂宁. 女贞花化学成分研究［J］. 中国中药杂志，1990，15（3）：40-42.

[35] 李启照. 女贞树皮的化学成分研究［J］. 天然产物研究与开发，2014，26（4）：521-525.

[36] 石静，徐云玲，聂晶. 女贞叶三萜类化学成分研究［J］. 时珍国医国药，2012，23（6）：1568-1569.

[37] Kakuda R，Kikuchi M. Structural analysis on the constituents of *Ligustrum* species. VXIII. On the chemical constituents of the leaves of *Ligustrum lucidum* AIT. 2［J］. Annual Report of the Tohoku College of Pharmacy，1998，45：127-133.

[38] Kikuchi M，Kakuda R. Studies on the constituents of *Ligustrum* species. XIX. structures of iridoid glucosides from the leaves of *Ligustrum lucidum* Ait［J］. Yakugaku Zasshi，1999，119（6）：444-450.

**【药理参考文献】**

[1] 姚卫峰，陈汀，张丽，等. 女贞子醇提物不同极性部位的体外抗氧化活性研究［J］. 中国实验方剂学杂志，2011，17（22）：138-140.

[2] 张振明，蔡曦光，葛斌，等. 女贞子多糖的抗氧化活性研究［J］. 中国药师，2005，8（6）：489-491.

[3] 郭晓秋，单安山，赵云，等. 女贞子水提物对 AA 肉仔鸡抗氧化指标的影响［J］. 动物营养学报，2007，19（1）：

81-85.
[ 4 ] 刘新，夏雪奎，袁文鹏，等. 女贞子体外抗氧化活性研究 [ J ]. 山东中医药大学学报，2010，34（4）：364-365.
[ 5 ] 李阳，左燕，孙文基. 女贞子中 2 种主要裂环环醚萜苷成分的分离鉴定及其抗氧化活性研究 [ J ]. 中药材，2007，30（5）：543-546.
[ 6 ] He Z D，But P P，Chan T W，et al. Antioxidative glucosides from the fruits of *Ligustrum lucidum* [ J ]. Chemical & Pharmaceutical Bulletin，2001，49（6）：780-784.
[ 7 ] Lin H M，Yen F L，Ng L T，et al. Protective effects of *Ligustrum lucidum* fruit extract on acute butylated hydroxytoluene-induced oxidative stress in rats [ J ]. Journal of Ethnopharmacology，2007，111（1）：129-136.
[ 8 ] 戴岳，杭秉茜，孟庆玉，等. 女贞子的抗炎作用 [ J ]. 中国中药杂志，1989，14（7）：47-49.
[ 9 ] 毛春芹，陆兔林，高士英. 女贞子不同炮制品抗炎抑菌作用研究 [ J ]. 中成药，1996，18（7）：17-18.
[ 10 ] 孟玮，李波清，乔媛媛，等. 女贞子的体外抑菌作用研究 [ J ]. 时珍国医国药，2007，18（11）：2734.
[ 11 ] 吴勃岩，高明，徐绍娜. 女贞子有效成分齐墩果酸对 S180 荷瘤小鼠抑瘤作用及存活时间的影响 [ J ]. 中医药信息，2010，27（1）：37-38.
[ 12 ] 张鹏霞，赵蕾，王昭，等. 女贞子血清药理对 HeLa 细胞凋亡的影响 [ J ]. 肿瘤，2006，26（12）：1136.
[ 13 ] 高福君. 女贞子提取物抑制人肝癌细胞血管生长因子表达作用研究 [ J ]. 中国实验方剂学杂志，2011，17（2）：139-142.
[ 14 ] 向敏，顾振纶，梁中琴，等. 女贞子提取物对小鼠抗肿瘤作用 [ J ]. 抗感染药学，2001，11（3）：3-5.
[ 15 ] 向敏，顾振纶，梁中琴，等. 女贞子提取物的体内抗肿瘤作用 [ J ]. 药学与临床研究，2002，10（1）：13-15.
[ 16 ] 李璘，邱蓉丽，程革，等. 女贞子多糖抗肿瘤作用研究 [ J ]. 中国药理学通报，2008，24（12）：1619-1622.
[ 17 ] 李璘，邱蓉丽，乐巍，等. 女贞子多糖对淋巴瘤细胞膜抗原性的影响 [ J ]. 中国药理学通报，2010，26（10）：1350-1353.
[ 18 ] 李璘，邱蓉丽，程革，等. 女贞子多糖对黑色素瘤细胞黏附能力的影响 [ J ]. 中国药理学通报，2009，25（10）：1367-1369.
[ 19 ] 李璘，邱蓉丽，周长慧，等. 女贞子多糖对荷瘤小鼠免疫功能的影响 [ J ]. 南京中医药大学学报，2008，24（6）：388-390.
[ 20 ] 戴岳，杭秉茜，李佩珍. 女贞子煎剂对小鼠免疫系统的作用 [ J ]. 中国药科大学学报（中文版），1987，18（4）：301-304.
[ 21 ] 马学清，周勇. 女贞子多糖免疫增强作用的体外实验研究 [ J ]. 中国免疫学杂志，1996，16（2）：101-103.
[ 22 ] 阮红，吕志良. 女贞子多糖免疫调节作用研究 [ J ]. 中国中药杂志，1999，24（11）：691-693.
[ 23 ] 李璘，丁安伟，孟丽. 女贞子多糖的免疫调节作用研究 [ J ]. 中药药理与临床，2001，17（2）：11-12.
[ 24 ] 丁玉琴，徐持华. 女贞子对 D- 半乳糖致衰老小鼠学习和记忆的影响 [ J ]. 解放军预防医学杂志，2006，24（4）：247-249.
[ 25 ] 张振明，葛斌，许爱霞，等. 女贞子多糖的抗衰老作用 [ J ]. 中国药理学与毒理学杂志，2006，20（2）：108-111.
[ 26 ] 郝志奇，杭秉茜. 女贞子降血糖作用的研究 [ J ]. 中国中药杂志，1992，17（7）：429-431.
[ 27 ] 高大威，李青旺，刘志伟，等. 女贞子中齐墩果酸抗糖尿病效果研究 [ J ]. 中成药，2009，31（10）：1619-1621.
[ 28 ] 赵岩，徐莹，查琳，等. 女贞子提取物降血糖及抗氧化活性的研究 [ J ]. 药物评价研究，2016，39（3）：382-387.
[ 29 ] 曹兰秀，周永学，顿宝生，等. 女贞子总黄酮对高脂模型大鼠脂代谢的影响 [ J ]. 医学争鸣，2009，30（20）：2129-2132.
[ 30 ] 孙玉文，张英杰，边学义，等. 女贞子治疗高脂血症及其实验研究 [ J ]. 中医杂志，1993，34（8）：493-494.
[ 31 ] 彭悦，边学义，赵士林，等. 女贞子防治家兔实验性动脉粥样硬化的实验研究 [ J ]. 中国中药杂志，1983，8（3）：32-34.
[ 32 ] Liu Q，Kim S H，Kim S B，et al. Anti-obesity effect of（8-E）-niizhenide，a secoiridoid from *Ligustrum lucidum*，in high-fat diet-induced obese mice [ J ]. Natural Product Communications，2014，9（10）：1399-1401.
[ 33 ] 吕娟涛，汤浩. 女贞子多糖对肝损伤保护作用的实验研究 [ J ]. 中国医院药学杂志，2010，30（12）：1024-1025.
[ 34 ] Yim T K，Wu W K，Pak W F，et al. Hepatoprotective action of an oleanolic acid-enriched extract of *Ligustrum lucidum* fruits is mediated through an enhancement on hepatic glutathione regeneration capacity in mice [ J ]. Phytotherapy

Research，2001，15（7）：589-592.
［35］殷玉生，于传树．女贞子炮制品化学成分和护肝作用的实验研究［J］．中成药，1993，15（9）：18-19.
［36］戴岳，杭秉茜，孟庆玉．女贞子对变态反应的抑制作用［J］．中国药科大学学报，1989，20（4）：212-215.
［37］张岩，黄文秀，陈斌，等．女贞子对去卵巢大鼠钙代谢及维生素D依赖型基因表达的影响［J］．中草药，2006，37（4）：558-561.
［38］李永伟，许爱娥，尉晓冬，等．女贞子对黑素细胞的黑素合成、细胞增殖和 *c-kit* 基因表达的影响［J］．中国中西医结合皮肤性病学杂志，2005，4（3）：150-152.
［39］杭秉茜，戴岳，巫冠中，等．女贞子及其成分齐墩果酸对环磷酰胺及乌拉坦引起染色体损伤的保护作用［J］．中国药科大学学报，1987，18（3）：222-224.
［40］Ma S C，He Z D，Deng X L，et al. In vitro evaluation of secoiridoid glucosides from the fruits of *Ligustrum lucidum* as antiviral agents［J］. Chem Pharm Bull，2001，49（11）：1471-1473.

**【临床参考文献】**

［1］黎经兰．二参女贞汤治疗原发性高脂血症疗效观察［J］．广西中医药，2005，28（3）：10-11.
［2］张德光．黄芪、女贞子联合用药治疗反复呼吸道感染疗效分析［J］．临床医药实践，2003，12（5）：375-376.
［3］唐英．老年虚性便秘女贞子有良效［J］．中医杂志，1998，39（9）：520.
［4］李桥．女贞子治疗少精症［J］．中医杂志，1998，39（9）：520.
［5］王方国，陈慧芹．女贞白附汤治疗迟发性运动障碍 31 例［J］．山东中医杂志，2010，29（3）：170-171.
［6］崔生海．女贞祛斑汤治疗黄褐斑疗效观察［J］．浙江中西医结合杂志，2004，14（4）：55-56.
［7］何重荣．女贞子治疗心律失常［J］．中医杂志，1998，39（9）：518.
［8］易介仁．针药结合治疗顽固性失眠 102 例疗效观察［J］．新中医，1982，（11）：34.

## 756. 小蜡（图 756）• *Ligustrum sinense* Lour.

**图 756 小蜡** 摄影 赵维良等

【别名】山蜡树（江苏），土茶叶（江苏苏州），茶叶蓬落子（江苏徐州），茶叶树（江苏南通），小蜡树（山东）。

【形态】落叶灌木或小乔木，高 2 ～ 4（～ 7）m。小枝圆柱形，幼时被淡黄色短柔毛或柔毛，后渐脱落。叶片纸质或薄革质，卵形、椭圆状卵形、长圆形至披针形，或近圆形，长 2 ～ 7cm，宽 1 ～ 3cm，先端锐尖至渐尖，或钝而微凹，基部楔形、宽楔形至近圆形，叶面深绿色，疏被短柔毛或无毛，叶背淡绿色，常沿中脉被短柔毛，侧脉 4 ～ 8 对，在叶面微凹下，叶背略凸起；叶柄长 2 ～ 8mm，被短柔毛。圆锥花序顶生或腋生，塔形，长 4 ～ 11cm，宽 3 ～ 8cm；花序轴被较密淡黄色柔毛或近无毛；花梗长 1 ～ 3mm，被短柔毛或无毛；花萼长 1 ～ 1.5mm，无毛，先端呈截形或呈浅波状齿；花冠长 3.5 ～ 5.5mm，裂片长圆状或卵状椭圆形，长 2 ～ 4mm；雄蕊与裂片近等长或长于裂片，花药长圆形。果近球形，直径 5 ～ 8mm。花期 5 ～ 6 月，果期 9 ～ 12 月。

【生境与分布】生于海拔 2600m 以下的山坡、山谷、溪边、河旁、路边的密林、疏林或混交林中。分布于安徽、江苏、浙江、福建、江西，另河南、湖北、湖南、广东、香港、海南、广西、贵州、四川、云南、台湾均有分布；越南也有分布，马来西亚有栽培。

小蜡与女贞的区别点：小蜡为落叶灌木或小乔木；小枝、叶片及花序常具柔毛或粗毛，叶片较小。女贞为常绿乔木；全体通常无毛，叶片较大。

【药名与部位】小蜡树叶，叶。

【采集加工】夏、秋季采收，晒干。

【药材性状】多破碎，呈黄绿色或绿褐色。完整的叶片呈卵形、披针形或近圆形，长 3 ～ 7cm，宽 1 ～ 3cm，先端锐尖至渐尖，或钝而微凹，基部宽楔形至近圆形，全缘；上表面近无毛，下表面被短柔毛。纸质，易碎。气微，味微苦、甘。

【化学成分】茎叶含木脂素类：小蜡苷 I（sinenoside I）和鹅掌楸苦素（liriodendrin）[1]；黄酮类：山柰酚 -3-*O*-β-D- 吡喃葡萄糖苷（kaempferol-3-*O*-β-D-glucopyranoside）、7-*O*-α-L- 吡喃鼠李糖基山柰酚 -3-*O*-β-D- 吡喃葡萄糖苷（7-*O*-α-L-rhamnopyransyl kaempeferol-3-*O*-β-D-glucopyranoside）和山柰苷（kaempferitrin）[1]；甾体类：β- 谷甾醇（β-sitosterol）[2]；烷烃类：三十二烷（dotriacontane）[2]；多元醇类：甘露醇（mannitol）[2]。

花含挥发油类：1, 2- 二甲基苯（1, 2-dimethybenzene）、反式甲基肉桂酸酯（*trans*-methylcinnamate）、反式乙基肉桂酸酯（*trans*-ethylcinnamate）和乙基苯乙酸（ethyl phenylacete）等[3]。

地上部分含黄酮类：3-*O*-α-L- 吡喃鼠李糖基山柰酚 -7-*O*-α-L- 吡喃鼠李糖苷（3-*O*-α-L-rhamnopyranosyl kaempferol-7-*O*-α-L-rhamnopyranoside）和 3-*O*-α-L- 吡喃鼠李糖基山柰酚 -7-*O*-β-D- 吡喃葡萄糖苷（3-*O*-α-L-rhamnopyranosyl kaempferol-7-*O*-β-D-glucopyranoside）[3]；木脂素类：小蜡苷 I（sinenoside I）和鹅掌楸苦素（liriodendrin）[4]；环烯醚萜类：10- 羟基橄榄苦苷（10-hydroxyloleuropein）和特女贞裂萜糖苷（specnuzhenise）[4]；酚类：3, 4- 二羟基苯甲醇（3, 4-dihydeoxyphenethyl alcohol）和对羟基苯乙醇 -*O*-β-D- 吡喃葡萄糖苷（*p*-hydroxyphenethyl-*O*-β-D-glucopyranoside）[4]。

枝及枝皮含香豆素类：秦皮甲素（aesculin）、秦皮乙素（aesculetin）、秦皮苷（fraxin）、秦皮素（fraxetin）、6, 7-二 - *O*-β-D- 吡喃葡萄糖基秦皮乙素（6, 7-di-*O*-β-D-glucopyranosyl aesculetin）、东莨菪内酯（scopoletin）和臭矢菜素 B、D（cleomiscosin B、D）[5]。

【药理作用】1. 抗氧化　甲醇提取物中分离的活性糖苷可保护红细胞膜，抵抗由超氧阴离子自由基（$O_2^-$•）引发剂 2, 2′- 联氮 - 二（3- 乙基苯并噻唑 -6- 磺酸）二铵盐（ABTS）自由基诱导的溶血[1]。2. 杀菌　树叶水提取液、乙酸乙酯等有机溶剂提取物对大肠杆菌具有杀灭作用[2]。

【性味与归经】苦，凉。归肺、脾经。

【功能与主治】清热利湿，解毒消肿。用于感冒发热，肺热咳嗽，咽喉肿痛，口舌生疮，湿热黄疸，痢疾，痈肿疮毒，湿疹，皮炎，跌打损伤，烫伤。

【用法与用量】煎服 10 ～ 15g；外用适量。

【药用标准】广西壮药 2011 二卷。

【临床参考】1. 烧伤：60% 小蜡树玉米朊酊剂（鲜叶 600g，洗净凉干切碎后，加入盛有 65% 乙醇 1000ml 器皿内，振动、翻动，1 日 2 次，5 天后去渣过滤，取玉米朊 3g，先溶于 95% 片刻后，加入过滤液内即成）适量喷雾创面，2 ～ 4h 喷雾一次，待成药痂后 4 ～ 6h 喷雾一次，4 ～ 6 日后停止用药[1]；或叶适量，水煎 2 次，合并浓缩至 100% 的溶液，湿敷患处，并保持湿润。（《浙江药用植物志》）

2. 胃溃疡：叶，加水煎成 75% 的溶液，与氢氧化铝胶等量混合，每次服 30 ～ 40ml，每日 3 次，30 ～ 40 天为 1 疗程。

3. 口腔炎：鲜叶适量，洗净嚼烂敷患处。（2 方、3 方引自《浙江药用植物志》）

4. 急性黄疸型传染性肝炎：叶 30g，加甘草 6g，加水 2000ml，煎 2h，得 500ml，每天服 1 剂，小儿酌减。（《广西本草选编》）

【附注】小蜡树始载《植物名实图考》，云："小蜡树，湖南山阜多有之，高五六尺，茎叶花俱似女贞而小，结小青实甚繁。"又云："湖南产蜡，有鱼蜡、水蜡二种，鱼蜡树小叶细，水蜡树高叶肥，水蜡树即女贞，此即鱼蜡也。"又引《宋氏杂部》称："水冬青叶细，利于养蜡子，亦即指此。"据以上记述，参照其图，即为本种。

本种的树皮民间也作药用。

【化学参考文献】

[1] 欧阳明安. 女贞小蜡树的木脂素及黄酮类配糖体成分研究[J]. 中草药，2003，34（3）：196-199.

[2] 蓝树彬，思秀玲，韦松，等. 小蜡树化学成分的研究[J]. 中草药，1996，27（6）：331-332.

[3] 罗心毅，辛克敏，洪江，等. 小蜡精油的化学成分[J]. 植物分类与资源学报，1993，15（2）：208-210.

[4] Ouyang M A, He Z D, Wu C L. Anti-oxidative activity of glycosides from *Ligustrum sinense*[J]. Nat Prod Res, 2003, 17(6): 381-387.

[5] 林生，刘明韬，王素娟，等. 小蜡树香豆素类成分及其抗氧化活性[J]. 中国中药杂志，2008，33（14）：1708-1710.

【药理参考文献】

[1] Ouyang M A，He Z D，Wu C L. Anti-oxidative activity of glycosides from *Ligustrum sinense*[J]. Natural Product Letters，2003，17（6）：381-387.

[2] 梁增辉，蒋兴锦，欧阳川，等. 小蜡树叶提取物的杀菌作用[J]. 解放军预防医学杂志，1986，4（1）：28-31.

【临床参考文献】

[1] 谢莉莉. 小蜡树玉米朊酊剂治疗烧伤 134 例[J]. 华南国防医学杂志，1984，（1）：16-19.

# 一〇一　马钱科 Loganiaceae

乔木、灌木、藤本或草本；根、茎、枝和叶柄通常具有内生韧皮部；植株无乳汁。单叶，对生或轮生，稀互生；羽状脉，稀3～7条基出脉；托叶生于叶腋联合成鞘，或退化成2个叶柄间的托叶线。花单生或孪生，或组成二至三歧聚伞花序再排列成各种花序或无柄的花束；具苞片和小苞片；花两性，辐射对称，花萼4或5裂，裂片镊合状排列；合瓣花冠4或5（8～16）裂，常高脚碟状或近钟状，裂片镊合状或覆瓦状排列，少数为旋卷状排列；雄蕊（1）2（3～4）枚，着生于花冠管内壁，与花冠裂片同数且互生，花药基生或略呈背部着生，1～2室，纵裂；无花盘或有盾状花盘；子房上位，稀半下位，（1）2（3～4）室，中轴胎座或子房1室为侧膜胎座，柱头头状，全缘或2（4）裂，胚珠多数，横生或倒生。蒴果、浆果或核果；种子通常小而扁平或椭圆状球形，无翅或具翅，有丰富的肉质或软骨质胚乳，胚小，直伸，子叶小。

约29属500余种，主要分布于热带及亚热带地区。中国8属45种，分布于西南部至东部，分布中心为云南，法定药用植物3属5种。华东地区法定药用植物2属2种。

马钱科法定药用植物主要含生物碱类、黄酮类、苯丙素类等成分。生物碱多为吲哚类，如士的宁（strychnine）、马钱子碱（brucine）等；黄酮类包括黄酮、黄酮醇、二氢黄酮等，如洋芹素（celereoin）、芦丁（rutin）、橙皮素（hesperetin）等；苯丙素类如肉苁蓉苷F（cistanoside F）、紫锥花苷（echinacoside）等。

蓬莱葛属含生物碱类、木脂素类等成分。生物碱多为吲哚类，如多花蓬莱葛胺（gardfloramine）、去甲氧基多花蓬莱葛亭碱（demethoxygardmultine）等；木脂素类如穗罗汉松树脂酚苷（matairesinoside）、L-牛蒡苷元（L-arctigenin）等。

醉鱼草属含黄酮类、苯丙素类、皂苷类等成分。黄酮类包括黄酮、黄酮醇、二氢黄酮等，如木犀草素（luteolin）、芦丁（rutin）、橙皮素（hesperetin）等；苯丙素类如肉苁蓉苷F（cistanoside F）、紫锥花苷（echinacoside）等。

## 1. 蓬莱葛属 *Gardneria* Wall.

木质藤本。枝条常圆柱形，稀四棱。单叶，对生，全缘，羽状脉，具叶柄；叶柄间具托叶线。花单生、簇生或组成二至三歧聚伞花序，具长花梗及钻状苞片；花萼小，4～5深裂，裂片覆瓦状排列，边缘具纤毛，余无毛；花冠辐状，4～5裂，在花蕾时花冠裂片镊合状排列，厚；雄蕊4～5枚，着生于花冠管内壁上，花丝短，扁平，花药彼此联合或分离，基部2裂，背部着生，内向，2或4室，伸出花冠管之外；子房卵形或圆球形，2室，每室有胚珠1～4粒，花柱伸长，柱头头状或浅2裂。浆果圆球状，内有种子1粒；种子椭圆形或圆形，种皮厚；胚乳骨质。

约6种，分布于亚洲东部及东南部。中国6种，分布于长江以南各省区，法定药用植物1种。华东地区法定药用植物1种。

### 757. 蓬莱葛（图757）• *Gardneria multiflora* Makino.

**【别名】**清香藤（江西赣州）。

**【形态】**木质藤本，长达8m。除花萼裂片边缘有睫毛外，全株均无毛。枝条圆柱形，有明显的叶痕。叶对生；叶片纸质至薄革质，椭圆形、长椭圆形或卵形，稀披针形，长5～15cm，宽2～6cm，顶端渐尖或短渐尖，基部宽楔形或圆形，上面亮绿色，下面浅绿色；侧脉6～10对；叶柄长1～1.5cm，腹部具槽；叶柄间托叶线明显；叶腋内有钻状腺体。花多，组成腋生的二至三歧聚伞花序，花序长2～4cm；

**图 757 蓬莱葛** 摄影 李华东等

花序梗基部有 2 枚三角形苞片；花梗长约 5mm，基部具小苞片；花 5 数；花萼裂片半圆形，长和宽约 1.5mm；花冠辐状，黄色或黄白色，花冠管短，花冠裂片椭圆状披针形至披针形，长约 5mm，厚肉质；雄蕊着生于花冠管内壁近基部，花丝短，花药彼此分离，长圆形，基部 2 裂；子房卵形或近圆球形，2 室，每室有胚珠 1 粒，花柱圆柱状，长 5 ~ 6mm，柱头椭圆状，顶端浅 2 裂。浆果圆球状，直径约 7mm，有时顶端有宿存的花柱，熟时红色；种子圆球形，黑色。花期 3 ~ 7 月，果期 7 ~ 11 月。

**【生境与分布】**生于海拔 300 ~ 2100m 山地密林下或山坡灌木丛中。分布于安徽、江苏、上海、浙江、江西和福建，另秦岭淮河以南，南岭以北和台湾均有分布；日本和朝鲜也有分布。

**【药名与部位】**蓬莱葛，藤茎。

**【采集加工】**秋、冬季采收，切片，干燥。

**【药材性状】**嫩茎多为短柱状，老茎为片块，直径 0.3 ~ 2.0cm。表面灰褐色至黑褐色，偶见灰白色地衣斑，老茎稍粗糙，有点状皮孔，嫩茎稍平滑，具细密纵纹。质硬。切面浅绿灰色至灰白色，皮部薄，木质部射线放射状，沿射线可呈片状分裂，密布导管孔。髓部小，色稍深或中空，嫩茎髓部大，占断面 1/2 ~ 3/5，常中空。气微，味淡。

**【化学成分】**全草含生物碱类：蓬莱葛明碱 *A（gardmultimine A）[1]，蓬莱葛明碱 B、C、D、E、F、G（gardmultimine B、C、D、E、F、G）[2]，18- 去甲基蓬莱葛胺（18-demethylgardneramine）、去甲氧基多花蓬莱葛亭碱（demethoxygardmultine）、蓬莱葛胺（gardneramine）、19（*E*）-9, 18- 二去甲氧基蓬莱葛胺［19（*E*）-9, 18-didemethoxygardneramine］[2]，多花蓬莱葛胺（gardfloramine）、18- 去甲氧基蓬莱葛胺（18-desmethoxygardneramine）、18- 去甲氧基多花蓬莱葛胺（18-desmethoxygardfloramine）、多花蓬莱葛碱（chitosenine）[3]，蓬莱葛胺 -*N*- 氧化物（gardneramine-*N*-oxide）[4] 和多花蓬莱葛亭碱（gardmultine）[5]；木脂素类：山楝醇（polystachyol）[2]，蓬莱葛苷 *（mutiflinoside）、亚洲络石苷 *（trachelosiaside）、（-）-

牛蒡子苷元［（－）-arctigenin］、罗汉松脂苷（matairesinoside）和拟刺茄素（sisymbrifolin）[6]。

地上部分含生物碱类：蓬莱葛碱*A、B、C、D、E、F（gardmutine A、B、C、D、E、F）、18-羟基多花蓬莱葛碱（18-hydroxychitosenine）、瓦来西亚朝它胺（vallesiachotamine）、坎特莱因碱（cantleyine）、多花蓬莱葛碱（chitosenine）、18-去甲氧基蓬莱葛胺（18-demethoxygardneramine）、18-去甲氧基多花蓬莱葛胺（18-desmethoxygardfloramine）、多花蓬莱葛胺（gardfloramine）、18-去甲基蓬莱葛胺（18-demethylgardneramine）、蓬莱葛胺（gardneramine）、$N^4$-氧化蓬莱葛胺（$N^4$-oxidegardneramine）、去甲氧基多花蓬莱葛亭碱（demethoxygardmultine）和多花蓬莱葛亭碱（gardmultine）[7]。

茎和叶含生物碱类：19（*E*）-9-去甲氧基-16-去羟基多花蓬莱葛碱-17-*O*-β-D-吡喃葡萄糖苷［19（*E*）-9-demethoxy-16-dehydroxylchitosenine-17-*O*-β-D-glucopyranoside］、19（*E*）-9, 10-二去甲氧基-16-去羟基多花蓬莱葛碱-17-*O*-β-D-吡喃葡萄糖苷［19（*E*）-9, 10-didemethoxy-16-dehydroxylchitosenine-17-*O*-β-D-glucopyranoside］、19（*E*）-9, 10-二去甲氧基-16-去羟基-11-甲氧基多花蓬莱葛碱［19（*E*）-9, 10-didemethoxy-16-dehydroxyl-11-methoxychitosenine］、19（*E*）-9, 10-二去甲氧基-16-去羟基-11-甲氧基多花蓬莱葛碱-17-*O*-β-D-吡喃葡萄糖苷［19（*E*）-9, 10-didemethoxy-16-dehydroxyl-11-methoxychitosenine-17-*O*-β-D-glucopyranoside］、19（*E*）-18-去甲氧基蓬莱葛属胺-$N^4$-氧化物［19（*E*）-18-demethoxygardneramine-$N^4$-oxide］、19（*Z*）-18-羰基蓬莱葛胺［19（*Z*）-18-carboxylgardneramine］、去甲氧基多花蓬莱葛亭碱（demethoxygardmultine）、蓬莱葛胺（gardneramine）、19（*E*）-9, 18-二去甲氧基蓬莱葛胺［19（*E*）-9, 18-didemethoxygardneramine］和18-去甲氧基蓬莱葛胺（18-demethylgardneramine）[8]。

**【药理作用】**抗肿瘤　全草中分离纯化的蓬莱葛碱*D（gardmutine D）和蓬莱葛碱E（gardmutine E）对乳腺癌MCF-7细胞、结肠癌SW480细胞和HeLa细胞具有一定的细胞毒作用[1]。

**【性味与归经】**淡、微苦，凉。归脾、胃、肺、肝经。

**【功能与主治】**清火解毒，除风止痒，消肿止痛。用于药食中毒，虫蛇咬伤；疔疮斑疹、湿疹、疱疹；伤痛、痹痛。

**【用法与用量】**煎服15～30g；外用适量。

**【药用标准】**云南傣药Ⅱ 2005五册。

**【临床参考】**1. 风湿性关节炎：根30～60g，加五加皮、丹参、牯岭勾儿茶根各15～30g，水煎，冲入黄酒适量服。

2. 外伤出血：种子捣碎，敷于患处。（1方、2方引自《浙江药用植物志》）

**【化学参考文献】**

［1］杨万霞，黄滔，张建新，等. 蓬莱葛中一个新的单萜吲哚生物碱［J］. 中国药学杂志，2016，51（13）：1113-1115.

［2］杨万霞. 蓬莱葛等两种植物中单萜吲哚生物碱的分离［D］. 贵阳：贵州大学硕士学位论文，2016.

［3］Sakai S，Aimi N，Yamaguchi K，et al. Gardneria alkaloids-IX structures of chitosenine and three other minor bases from *Gardneria multiflora* Makino.［J］. Tetrahedron Lett，1975，16（10）：715-718.

［4］Sakai S，Aimi N，Yamaguchi K，et al. Gardneria alkaloids. XI. several minor bases of *Gardneria multiflora* Makino［J］. Yakugaku Zasshi，1977，97（4）：399-409.

［5］Sakai S，Aimi N，Yamaguchi K，et al. Gardneria alkaloids. part 13. structure of gardmultine and demethoxygardmultine; bis-type indole alkaloids of *gardneria multiflora* Makino.［J］. J Chem Soc Perkin Transactions，1982，37：1257-1262.

［6］Xie G H，Lei M A，Zheng Z P，et al. Lignans from *Gardneria multiflora*［J］. Chin J Nat Med，2007，5（4）：255-258.

［7］Zhong X H，Xiao L，Wang Q，et al. Cytotoxic 7S-oxindole alkaloids from *Gardneria multiflora*［J］. Phytochem Lett，2014，10（10）：55-59.

［8］Yang W X，Chen Y F，Yang J，et al. Monoterpenoid indole alkaloids from *Gardneria multiflora*［J］. Fitoterapia，2018，124：8-11.

**【药理参考文献】**

［1］Zhong X H，Xiao L，Wang Q，et al. Cytotoxic 7 S -oxindole alkaloids from *Gardneria multiflora*［J］. Phytochemistry

Letters，2014，10（10）：55-59.

## 2. 钩吻属 *Gelsemium* Juss.

木质藤本。冬芽具数对鳞片。叶对生或轮生，全缘，羽状脉，具短柄；叶柄间有一连接托叶线或托叶退化。花单生或组成三歧聚伞花序，顶生或腋生；花萼 5 深裂，裂片覆瓦状排列；花冠漏斗状或窄钟状，花冠管圆筒状，上部稍扩大，花冠裂片 5 枚，在花蕾时覆瓦状排列，开放后边缘向右覆盖；雄蕊 5 枚，着生于花冠管内壁上，花丝丝状，花药卵状长圆形，通常伸出花冠管之外，内向，2 室；子房 2 室，每室有胚珠多粒，花柱细长，柱头上部 2 裂，裂片顶端再 2 裂或凹入，内侧为柱头面。蒴果，2 室，室间开裂为 2 个 2 裂的果瓣，内有种子多粒；种子扁椭圆形或肾形，边缘具有不规则齿裂状膜质翅。

约 2 种，1 种产于亚洲东南部，另 1 种产于美洲。中国 1 种，法定药用植物 1 种。华东地区法定药用植物 1 种。

钩吻属与蓬莱葛属的区别点：钩吻属为蒴果，蓬莱葛属为浆果。

### 758. 钩吻（图 758）• *Gelsemium elegans*（Gardn. et Champ.）Benth.

**图 758　钩吻**　　　　摄影　邱燕连等

【别名】断肠草、胡蔓藤（浙江），柑毒草（福建）。

【形态】常绿木质藤本，长 3 ～ 12m。小枝圆柱形，幼时具纵棱；除苞片边缘和花梗幼时被毛外，全株均无毛。叶片膜质，卵形、卵状长圆形或卵状披针形，长 5 ～ 12cm，宽 2 ～ 6cm，顶端渐尖，基部阔楔形至近圆形；侧脉 5 ～ 7 对；叶柄长 6 ～ 12mm。花密集，组成顶生和腋生的三歧聚伞花序，每分支基部有苞片 2 枚；苞片三角形，长 2 ～ 4mm；小苞片三角形，生于花梗的基部和中部；花梗纤细，长 3 ～ 8mm；花萼裂片卵状披针形，长 3 ～ 4mm；花冠黄色，漏斗状，长 12 ～ 19mm，内面有淡红色斑点，花冠管长 7 ～ 10mm，花冠裂片卵形，长 5 ～ 9mm；雄蕊着生于花冠管中部，花丝细长，长 3.5 ～ 4mm，花药卵状长圆形，长 1.5 ～ 2mm，伸出花冠管喉部之外；子房卵状长圆形，长 2 ～ 2.5mm，花柱长 8 ～ 12mm，柱头上部 2 裂，裂片顶端再 2 裂。蒴果卵形或椭圆形，未开裂时明显地具有 2 条纵槽，成熟时通常黑色，干后室间开裂为 2 个 2 裂果瓣，基部有宿存的花萼，果皮薄革质，具种子 20 ～ 40 粒。种子扁椭圆形或肾形，边缘具有不规则齿裂状膜质翅。花期 5 ～ 11 月，果期 7 月至翌年 3 月。

【生境与分布】生于海拔 500 ～ 2000m 山地路旁灌木丛中或潮湿肥沃的丘陵山坡疏林下。分布于江西、福建，另湖南、广东、海南、广西、贵州、云南、台湾等省区均有分布；印度、缅甸、泰国、老挝、越南、马来西亚和印度尼西亚也有分布。

【药名与部位】钩吻（断肠草），根和茎。

【采集加工】全年均可采挖，除去泥沙及杂质，干燥。

【药材性状】根呈圆柱状，略弯曲，长短不等，直径 1 ～ 6cm。表面灰棕色或棕色，较光滑，具细纵纹，常于弯曲处呈半环状断裂。质硬脆，折断面不平整，切断面可见放射状纹理及众多的细孔；皮部外侧呈类白色或淡黄色，近木质部处呈红棕色；木质部黄色。具扭绳状细螺纹，当反扭旋时，则成均匀的片状分离。气香、味苦。茎呈圆柱状，直径 0.5 ～ 5cm，外皮为软木栓皮，淡黄色至黄棕色，具纵沟及横裂隙；嫩茎外表面较光滑，黄绿色至黄棕色，具细纵纹及纵向椭圆形突起的点状皮孔。节处稍膨大，并可见叶柄痕。质坚，不易折断，断面不整齐，皮部黄棕色；木质部淡黄色，具放射状纹理，密布细孔眼，髓部圆点状，褐色。嫩茎断面常呈中空，近外皮处可见白色毛发状纤维。无臭，味微苦。

【药材炮制】除去杂质，洗净，润透，切片，干燥。

【化学成分】全草含生物碱类：钩吻麦定碱（gelsamydine）[1]，钩吻碱甲（gelsemine）、钩吻素丁（koumicine）、钩吻素戊（koumidine）、钩吻素己（gelsenicine）、钩吻素庚（gelsenidine）、钩吻素子（koumine）、钩吻素卯（kouminidine）、*N*$^1$- 甲氧基钩吻碱甲（*N*$^1$-methoxygelsemine）[2]，11- 去甲氧基钩吻素乙（11-demethoxygelsemicine）[3]，*N*- 去甲氧基兰金断肠草碱（*N*-desmethoxyrankinidine）、11- 羟基兰金断肠草碱（11-hydroxyrankinidine）、11- 羟基胡蔓藤碱乙（11-hydroxyhumantenine）、11- 甲氧基胡蔓藤碱乙（11-methoxyhumantenine）、兰金断肠草碱（rankinidine）、胡蔓藤碱乙（humantenine）、胡蔓藤碱丁（humantenirine）[4]，钩吻新碱甲（gelsenine）、11- 甲氧基胡蔓藤碱甲（11-methoxyhumantenmine）[5]，钩吻裂碱*（gelsochalotine）[6]，14- 羟基钩吻素己（14-hydroxygelsenicine）、（4*R*）- 钩吻碱甲 -*N*- 氧化物［（4*R*）-gelsemine-*N*-oxide］、（4*S*）- 钩吻碱甲 -*N*- 氧化物［（4*S*）-gelsemine-*N*-oxide］[7]，钩吻绿碱（gelsevirine）、钩吻内酰胺（gelsemamide）、16- 表伏康树卡平碱（16-epivoacarpine）[8]，钩吻模合宁碱（gelsemoxonine）和葫蔓藤碱甲（humantenmine）[9]；三萜类：钩吻降熊果烷*A、B、C、D、E（gelse-norursane A、B、C、D、E）、熊果酸（ursolic acid）、3- 酮基 - 熊果 -11- 烯 -13β（28）- 内酯［3-keto-urs-11-en-13β（28）-olide］、12β- 乙酰氧基 -3β, 15β- 二羟基 -7, 11, 23- 三氧羊毛脂 -8- 烯 -26- 酸（12β-acetoxy-3β, 15β-dihydroxy-7, 11, 23-trioxolanosta-8-en-26-oic acid）[7]，钩藤酸 E（uncaria acid E）[9]，3β- 羟基 -27-（*Z*）- 肉桂酰基 -12- 烯 -28- 羧基熊果酸［3β-hydroxy-27-（*Z*）-cinnamoyl-12-en-28-carboxyl ursolic acid］和 3β- 羟基 -27-（*E*）- 桂皮酰基 -12- 烯 -28- 羧基熊果酸［3β-hydroxy-27-（*E*）-cinnamoyl-12-en-28-carboxyl ursolic acid］[10]；甾体类：12- 羟基孕甾 -4, 16- 二烯 -3, 20- 二酮（12-hydroxypregna-4, 16-dien-3, 20-dione）、6- 羟基豆甾 -4- 烯 -3-

酮（6-hydroxystigmast-4-en-3-one）、5α, 6β- 二羟基谷甾醇（5α, 6β-dihydroxysitosterol）[7], β- 谷甾醇（β-sitosterol）、胡萝卜苷（daucosterol）[8], 豆甾醇（stigmasterol）[9] 和豆甾醇 -3-*O*-β-D- 吡喃葡萄糖苷（stigmasterol-3-*O*-β-D-glucopyranoside）[11]；木脂素类：松脂醇（pinoresinol）、8- 羟基松脂醇（8-hydroxypinoresinol）[7], 胡蔓藤苷 A、B（gelsemiunoside A、B）[12] 和黄花菜木脂素 A、C（cleomiscosin A、C）[13]；苯丙素类：对香豆酸乙酯（ethyl *p*-coumarate）和咖啡酸乙酯（ethyl caffeate）[7]；香豆素类：6- 羟基 -7- 甲氧基香豆素（6-hydroxy-7-methoxy coumarin）[7], 花椒毒素（xanthotoxin）、香柑内酯（bergapten）、异茴芹内酯（*iso*-pimpinellin）、欧前胡素（imperatorin）、蛇床子素（osthol）[8], 东莨菪内酯（scopoletin）[9] 和滨蒿内酯（scoparone）[10]；环烯醚萜类：钩吻烯醚萜 *-2（GEIR-2）和常绿钩吻萜 *（gelsemide）[7]；酚酸类：对羟基苯甲酸（*p*-hydroxybenzoic acid）、香草酸（vanilla acid）[8], 二（2- 乙基己基）邻苯二甲酸酯［di（2-ethylhexyl）phthalate］[10], 没食子酸（gallic acid）、原儿茶酸（protocatechuic acid）[11], 3, 4-二羟基苯甲醛（3, 4-dihydroxyphenylaldehyde）、水杨酸（salicylic acid）[14] 和肉桂酸（cinnamic acid）[9]；苯丙素类：阿魏酸（ferulic acid）[11], 咖啡酸（caffeic acid）、1-*O*- 咖啡酰基奎宁酸（1-*O*-caffeoylquinic acid）、4-*O*- 咖啡酰基奎宁酸（4-*O*-caffeoylquinic acid）和 1-*O*- 咖啡酰基奎宁酸甲酯（1-*O*-caffeoylquinic acid methyl ester）[13]；芪类：白藜芦醇（resveratrol）[9]；烷醇类：正三十六烷醇（*n*-hexatriacontanol）[14]。

地上部分含生物碱类：钩吻宁胺 *A、B（geleganimine A、B）、钩吻双胺 *（geleganamide）[15], 钩吻烯定 *（gelselenidine）、钩吻杂定 *（gelseziridine）、钩吻萜碱 *A、B（gelsemolenine A、B）、（4*R*）-钩吻绿碱 -$N^4$- 氧化物［（4*R*）-gelsevirine $N^4$-oxide］、（4*R*）- 胡蔓藤碱乙 -$N^4$- 氧化物［（4*R*）-humantenine-$N^4$-oxide］、（4*S*）- 胡蔓藤碱乙 -$N^4$- 氧化物［（4*S*）-humantenine-$N^4$-oxide］、钩吻素己（gelsenicine）、钩吻绿碱（gelsevirine）、14-羟基钩吻素己（14-hydroxygelsenicine）[16], 钩吻氧杂宁碱 *II（gelsemoxonmine II）、钩吻素子（koumine）、钩吻碱甲 I（gelsemine I）、胡蔓藤碱 IV（humantenidine IV）、19-（*Z*）-钩吻碱戊［19-（*Z*）-koumidine］、19-（*Z*）- 阿枯米定碱［19-（*Z*）-akuammidine］、4-（*R*）- 钩吻碱甲 -*N*- 氧化物［4-（*R*）-gelsemine-*N*-oxide］、4-（*S*）- 钩吻碱甲 -*N*- 氧化物［4-（*S*）-gelsemine-*N*-oxide］[17], 钩吻模合宁碱（gelsemoxonine）、钩吻碱甲（gelsemine）、胡蔓藤碱乙（humantenine）、11- 甲氧基钩吻内酰胺（11-methoxygelsemamide）和钩吻胺 *D（gelegamine D）[18]；黄酮类：荭草素（orientin）和异荭草素（*iso*-orientin）[18]；倍半萜类：（3*R*, 5*S*, 6*S*, 7*E*, 9*R*）- 大柱香波龙烷 -7- 烯 -3, 5, 6, 9- 四醇 -9-*O*-β-D- 吡喃葡萄糖苷［（3*R*, 5*S*, 6*S*, 7*E*, 9*R*）-megastigman-7-en-3, 5, 6, 9-tetrol-9-*O*-β-D-glucopyranoside］、（6*R*, 7*E*, 9*R*）-9- 羟基 -4, 7- 大柱香波龙二烯 -3- 酮 -9-*O*-［α-L- 吡喃阿拉伯糖基 -（1 → 6）-β-D- 吡喃葡萄糖苷］{（6*R*, 7*E*, 9*R*）-9-hydroxy-4, 7-megastigmadien-3-one-9-*O*-［α-L-arabinopyranosyl-（1 → 6）-β-D-glucopyranoside］}、（6*S*, 7*E*, 9*R*）-6, 9- 二羟基 -4, 7- 大柱香波龙二烯 -3- 酮 -9-*O*-［α-L- 吡喃阿拉伯糖 -（1 → 6）-β-D- 吡喃葡萄糖苷］{（6*S*, 7*E*, 9*R*）-6, 9-dihydroxy-4, 7-megastigmadien-3-one-9-*O*-［α-L-arabinopyranosyl-（1 → 6）-β-D-glucopyranoside］}[18], 钩吻苷 *A、B（eleganoside A、B）和中国五层龙叶苷 $B_1$（foliasalacioside $B_1$）[19]；环烯醚萜苷类：钩吻萜苷 *A（gouwenoside A）和马钱苷（loganin）[19]。

根含生物碱类：钩吻尼定 *A、B、C（geleganidine A、B、C）、*N*- 去甲氧基 -11- 甲氧基钩吻内酰胺（*N*-demethoxy-11-methoxygelsemamide）、11- 甲氧基钩吻内酰胺（11-methoxygelsemamide）、胡蔓藤碱丁（humantenirine）、金断肠草碱（rankinidine）[20], 19-（*Z*）- 阿枯米定碱［19-（*Z*）-akuammidine］、16- 表伏康树卡平碱（16-epi-voacarpine）、19- 羟基二氢钩吻绿碱（19-hydroxydihydrogelsevirine）[21], 钩吻素子胺 *（koureamine）、异二氢钩吻素子 -$N^1$- 氧化物（isodihydrokoumine-$N^1$-oxide）、（4*R*）- 异二氢钩吻素子 -$N^4$- 氧化物［（4*R*）-isodihydrokoumine-$N^4$-oxide］、（4*R*）- 二氢钩吻素子 -$N^4$- 氧化物［（4*R*）-dihydrokoumine-$N^4$-oxide］、（4*S*）- 二氢钩吻素子 -$N^4$- 氧化物［（4*S*）-dihydrokoumine-$N^4$-oxide］、19- 去氢钩吻醇碱（19-dehydrokouminol）、异二氢钩吻素子（isodihydrokoumine）、钩吻素子（koumine）、二氢钩吻素子（dihydrokoumine）、21- 氧化钩吻素子（21-oxokoumine）、1, 2, 18, 19- 四氢 -4-去甲基 -3, 17- 环氧 -7, 20（2H, 19H）- 环奥巴生烷（1, 2, 18, 19-tetradehydro-4-demethyl-3, 17-epoxy-7, 20（2H,

19H）-cyclovobasan）[22]，钩吻缩醛胺*（kounaminal）、胡蔓藤酮碱*（humantenoxenine）、15-羟基胡蔓藤酮碱（15-hydroxyhumantenoxenine）、$N^b$-甲基钩吻迪奈碱*（$N^b$-methylgelsedilam）、15-羟基-$N^b$-甲基钩吻迪奈碱（15-hydroxy-$N^b$-methylgelsedilam）、钩吻丁香碱*（gelsesyringalidine）、14-去羟基钩吻呋喃定*（14-dehydroxygelsefuranidine）、去氢钩吻素戊（dehydrokoumidine）[23]，（19*R*）-钩吻醇碱［（19*R*）-kouminol］、（19*S*）-钩吻醇碱［（19*S*）-kouminol］、钩吻碱甲（gelsemine）[24]，钩吻素己（gelsenicine）[25]，钩吻巴林*A、B、C（geleboline A、B、C）、胡蔓藤碱乙（humantenine）、*N*-去甲氧基金断肠草碱（*N*-demethoxyrankinidine）、钩吻素戊（koumidine）、19*E*-16-表伏康树卡平碱（19*E*-16-epi-voacarpine）、钩吻定（gelsedine）、19-氧化钩吻素己（19-oxo-gelsenicine）[26]，呋喃钩吻素子*（furanokoumine）、钩吻绿碱（gelsevirine）[27]，胡蔓藤碱甲（humantenmine）、胡蔓藤碱丙（humantenidine）[28]，钩吻内酰胺（gelsemamide）[29]，钩吻素卯（kouminidine）、钩吻素丁（koumicine）、钩吻素戊（koumidine）[30]和钩吻香啶碱*A、B、C（gelselegandine A、B、C）[31]；甾体类：12β-羟基孕甾-4, 16-二烯-3, 20-二酮（12β-hydroxypregna-4, 16-dien-3, 20-dione）[29]；香豆素类：6, 7-二甲氧基香豆素（6, 7-dimethoxycoumarin）[29]；酚类：3, 4, 5-三甲氧基苯甲醇（3, 4, 5-trimethoxybenzylalcohol）和5-甲基间苯二酚（5-methylresorcinol）[29]；烷醇类：正三十一烷醇（*n*-hentriacontanol）[29]；脂肪酸类：十四碳酸甲酯（methyl myristate）[29]。

根茎含生物碱类：钩吻素子（koumine）、阿枯米定碱（akuammidine）、1-甲氧基钩吻碱（gelsevirine）、钩吻碱甲（gelsemine）和乙酰胺（acetamide）[32]；甾体类：豆甾醇（stigmasterol）、β-谷甾醇（β-sitosterol）和胡萝卜苷（daucosterol）[32]；酚酸类：苯甲酸（benzoic acid）和对甲氧基苯甲酸（*p*-methoxybenzoic acid）[32]；皂苷类：白桦脂酸（betulinic acid）[32]。

茎和叶含生物碱类：钩吻巴宁碱*（gelsebanine）、14*R*-羟基钩吻明碱（14*R*-hydroxyelegansamine）、14*R*-羟基钩吻麦定碱（14*R*-hydroxygelsamydine）、钩吻巴明碱*（gelsebamine）、九节木叶山马茶碱（anhydrovobasindiol）、胡蔓藤碱丙（humantenidine）、19-（*Z*）-阿枯米定碱［19-（*Z*）-akuammidine］、钩吻素己（gelsenicine）、钩吻碱甲（gelsemine）、19*R*-羟基二氢钩吻绿碱（19*R*-hydroxydihydrogelsevirine）、钩吻绿碱（gelsevirine）、16-表伏康卡平碱（16-epi-voacarpine）、*N*-甲氧基九节木叶山马茶碱（*N*-methoxyanhyrovobasindiol）、胡蔓藤碱乙（humantenine）、钩吻素子（koumine）、常绿钩吻碱（sempervirine）[33]，*N*-4-去甲基-21-去氢钩吻素子（*N*-4-demethyl-21-dehydrokoumine）、21α-羟基钩吻素子（21α-hydroxykoumine）、21β-羟基钩吻素子（21β-hydroxykoumine）、（19*S*）-羟基二氢钩吻素子-*N*-4-氧化物［（19S）-hydroxydihydrokoumine-*N*-4-oxide］、14β, 20α-二羟基二氢金断肠草碱（14β, 20α-dihydroxydihydrorankinidine）、11-甲氧基-19, 20α-二羟基二氢金断肠草碱（11-methoxy-19, 20α-dihydroxydihydrorankinidine）、去甲胡蔓藤碱乙A（norhumantenine A）、氧化常绿钩吻碱*（sempervirinoxide）、裂环常绿钩吻酸*（secosemperviroic acid）、钩吻素子（koumine）、（19*R*）-羟基二氢钩吻素子［（19*R*）-hydroxydihydrokoumine］、（19*S*）-羟基二氢钩吻素子［（19*S*）-hydroxydihydrokoumine］、（4*R*）-钩吻素子-*N*-氧化物［（4*R*）-koumine-*N*-oxide］、（4*S*）-钩吻素子-*N*-氧化物［（4*S*）-koumine-*N*-oxide］、*N*-去甲氧基胡蔓藤碱乙（*N*-demethoxyhumantenine）、11-甲氧基-（19*R*）-羟基钩吻精碱［11-methoxy-（19*R*）-hydroxygelselegine］、钩吻素戊（koumidine）、表钩吻素戊（epi-koumidine）[34]，钩吻宁碱*A、B、C、D（gelseganine A、B、C、D）、胡蔓藤碱乙-$N^4$-氧化物（humantenine-$N^4$-oxide）[35]，钩吻咖碱*A、B、C、D、E（gelseleganin A、B、C、D、E）[36]，钩吻香草碱*（gelsevanillidine）、钩吻噁唑碱*（gelseoxazolidinine）[37]，钩吻巴豆碱（gelsecrotonidine）、14-羟基钩吻巴豆碱（14-hydroxygelsecrotonidine）、11-甲氧基钩吻巴豆碱（11-methoxygelsecrotonidine）和14-羟基钩吻迪奈碱（14-hydroxygelsedilam）[38]；三萜类：米仔兰酮A（odoratanone A）、羽扇豆醇（lupeol）、熊果酸（ursolic acid）、α-香树脂醇（α-amyrin）和α-香树脂醇十七酸盐（α-amyrin margarate）[39]；甾体类：豆甾烷-3, 6-二酮（stigmastane-3, 6-dione）、β-谷甾醇（β-sitosterol）、胡萝卜苷（daucosterol）和24-过氧-24-乙烯基胆固醇（24-hydroperoxy-24-vinylcholesterol）[39]；苯丙素类：咖啡酸乙酯（ethyl caffeate）[39]；酚酸类：2-β-D-吡喃葡萄糖氧基-5-甲氧基苯甲酸甲酯（2-β-D-glucopyranosyloxy-5-methoxy methyl benzoate）、香草酸乙酯（ethyl vanillate）和丹皮酚（paeonol）[39]；其他尚含：脑苷脂类混合物（mixture of cerebrosides）[39]。

枝叶含生物碱类：11-甲氧基-14, 15-二羟基胡蔓藤碱丙（11-methoxy-14, 15-dihydroxyhumantenmine）、11-甲氧基-14, 15-二羟基-19-氧代钩吻素己（11-methoxy-14, 15-dihydroxy-19-oxogelsenicine）、11-甲氧基-14-羟基钩吻迪奈碱（11-methoxy-14-hydroxygelsedilam）和11-甲氧基-14-羟基胡蔓藤碱丙（11-methoxy-14-hydroxyhumantenmine）[40]。

茎含生物碱类：钩吻素子（koumine）[30]，11, 14-二羟基钩吻素己（11, 14-dihydroxygelsenicine）、11-羟基钩吻素己（11-hydroxygelsenicine）、钩吻碱甲（gelsemine）、胡蔓藤碱丙（humantenmine）、14-羟基钩吻素己（14-hydroxygelsenicine）、11-羟基胡蔓藤碱乙（11-hydroxyhumantenine）、钩吻素己（gelsenicine）、19-（*Z*）-阿枯米定碱［19-（*Z*）-akuammidine］[41]，21-（2-丙酰）-钩吻素子［21-（2-oxopropyl）-koumine］、11-甲氧基钩吻精碱（11-methoxygelselegine）和钩吻精碱（gelselegine）[42]；甾体类：22, 23-二氢-豆甾醇（22, 23-dihydrostigmasterol）和24-甲基-5-胆甾烯-3-醇（24-methyl-5-cholesten-3-ol）[43]；脂肪酸类：棕榈酸（palmitic acid）[43]；香豆素类：东莨菪苷（scopolin）和东莨菪内酯（scopoletin）[44]；酚酸类：咖啡酸（caffeic acid）、阿魏酸乙酯（ethyl ferulate）和咖啡酸乙酯（ethyl caffeate）[44]。

叶含黄酮类：柽柳苷（tamarixin）和柽柳黄素-3-*O*-β-D-吡喃半乳糖苷（tamarixetin-3-*O*-β-D-galactopyranoside）[44]；核苷类：尿嘧啶核苷（uridine）[44]；生物碱类：钩吻素丁（koumicine）[30]，钩吻迪奈碱*（gelsedilam）、14-乙酰氧基钩吻迪奈碱（14-acetoxygelsedilam）、钩吻呋喃定*（gelsefuranidine）、钩吻萜酮*（gelseiridone）[45]，钩吻模合宁碱（gelsemoxonine）、14, 15-二羟基钩吻素己（14, 15-dihydroxygelsenicine）、钩吻素己（gelsenicine）、14-羟基钩吻素己（14-hydroxygelsenicine）[46]，14-乙酰氧基钩吻素己（14-acetoxygelsenicine）、14-乙酰氧基-15-羟基钩吻素己（14-acetoxy-15-hydroxygelsenicine）、14-羟基-19-氧化钩吻素己（14-hydroxy-19-oxogelsenicine）、14-乙酰氧基钩吻精碱（14-acetoxygelselegine）、19-（*Z*）-阿枯米定碱［19-（*Z*）-akuammidine］、胡蔓藤碱丁（humantenirine）、11-甲氧基胡蔓藤碱乙（11-methoxyhumantenine）、钩吻碱甲（gelsemine）、钩吻碱甲-*N*-氧化物（gelsemine-*N*-oxide）、21-氧化钩吻碱甲（21-oxogelsemine）、钩吻素子（koumine）和钩吻素乙（gelsemicine）[47]；环烯醚萜苷类：钩吻萜*A、B、C、D、E、F（geleganoid A、B、C、D、E、F）、钩吻醚萜苷*A、B（geleganoside A、B）和钩吻烯醚萜-1、2、3（GEIR-1、2、3）[48, 49]；醇苷类：乙基-α-D-呋喃果糖苷（ethyl-α-D-fructofuranoside）和乙基-β-D-吡喃果糖苷（ethyl-β-D-fructopyranside）[44]。

果实含生物碱类：钩吻柯楠碱*A、B、C、D、E（gelsecorydine A、B、C、D、E）、钩吻次碱（gelsenicine）、14-羟基钩吻次碱（14-hydroxygelsenicine）、11-甲氧基-14-羟基钩吻次碱（11-methoxyl-14-hydroxygelsenicine）、二岐洼蕾碱（vallesiachotamine）和异二岐洼蕾碱（*iso*-vallesiachotamine）[50]。

**【药理作用】**1. 抗肿瘤　根和茎的醇提水沉物对HL-60肿瘤细胞具有明显的细胞毒作用，引起细胞死亡和抑制细胞增殖，诱导细胞周期阻滞，干扰细胞$G_1$期向S期转化，并在此阶段诱发凋亡[1]；钩吻总碱可引起肝癌$HepG_2$细胞体积缩小，诱导凋亡性容积缩小（AVD）发生，其机制与激活肝癌细胞氯通道有关[2]；生物碱钩吻素己（gelsenicine）在体外能显著抑制肝癌$HepG_2$细胞的增殖，并通过影响细胞周期分布和激活Capspase-8、Capspase-9进而活化Capspase-3发挥抗肿瘤作用[3]；所含的钩吻素子（koumine）在体内外对肿瘤的生长有明显的抑制作用[4]，可诱导人结肠腺癌LoVo细胞凋亡，且存在时间依赖关系，可抑制细胞DNA的合成，阻止细胞由$G_1$期向S期转化[5]，能显著抑制荷H22肝癌实体瘤后的BALB/c裸鼠的肿瘤生长，且对免疫系统无明显抑制作用[6]；叶中分离纯化的14-乙酰氧基钩吻素己（14-acetoxygelsenicine）、14, 15-二羟基钩吻素己（14, 15-dihydroxygelsenicine）、钩吻定（gelsedine）和钩吻素乙（gelsemicine）对表皮样癌A431细胞有细胞毒作用[7]；叶和茎枝中分离的钩吻定碱 C*（gelseleganin C）对肺癌 A-549 细胞和 SPC-A 细胞、肺腺癌 1D356 细胞、口腔癌 OC3 细胞、舌鳞癌 Tca8113 细胞、腺样囊性癌 SACC83 细胞、唾液黏液表皮样癌 MEC1 细胞均有细胞毒作用，其半数抑制浓度（$IC_{50}$）均小于 10μmol/L[8]；钩吻素子、钩吻素甲、钩吻素己和 1- 甲氧基钩吻碱对人结肠癌 SW480 细胞和人胃癌 MGC 80-3 细胞的增殖具有显著的抑制作用，作用呈剂量依赖性，对人食管癌 TE-11 细胞和人肝癌 HepG2 细胞的增殖也有一定的抑制作用[9]。2. 抗炎镇痛　全草中提取的总生物碱对角叉菜胶和蛋清诱导的大鼠足肿胀及棉球肉芽肿增生均有明显的抑制作用，机制可能与抑制大鼠炎性组织前列腺素 E（PGE）的合成和释放有关[10]；地上部分中分离的钩吻宁胺*B（geleganimine B）能抑制脂多糖（LPS）诱导的 BV2 小胶质细胞的促炎性反应，半数抑制浓度（$IC_{50}$）为 10.2μmol/L[11]；钩吻素己能减轻乙酸诱导小鼠的腹腔炎性痛、福尔马林诱导的急性疼痛，坐骨神经慢性压迫性损伤（CCI）诱导的热痛觉过敏，抗炎、镇痛作用呈剂量依赖性[12]；钩吻素子亦能剂量依赖性地改善不同致痛模型实验动物的神经病理性疼痛，其机制与上调脊髓四氢孕酮水平有关[13]，脊髓可能是其发挥抗神经病理性疼痛效应的作用部位[14]；钩吻素子能抑制脂多糖（LPS）诱导的 RAW264.7 细胞炎症反应，可能通过抑制炎症因子的分泌，减少一氧化氮（NO）的释放，下调一氧化氮合酶（NOS）、白细胞介素 -1β（IL-1β）、白细胞介素 -6（IL-6）和肿瘤坏死因子 -α（TNF-α）的 mRNA 水平，抑制一氧化氮合酶蛋白过度表达从而达到其抗炎作用[15]。3. 免疫调节　根茎的乙醇提取物具有明显的抗环磷酰胺（Cy）对小鼠的免疫抑制，明显提高环磷酰胺免疫抑制小鼠的腹腔巨噬细胞吞噬能力，对环磷酰胺免疫抑制小鼠产生抗山羊红细胞抗体的能力有明显的促进作用，显著提高环磷酰胺免疫抑制小鼠体内淋巴细胞转化率，对正常小鼠除可明显促进其巨噬细胞吞噬能力外，对其他免疫功能无明显增强作用[16]；钩吻素子对混合淋巴细胞培养反应（MLR）、刀豆蛋白 A（ConA）和脂多糖（LPS）等不同因素诱发的小鼠脾细胞增殖反应均有不同程度的抑制作用，但抑制混合淋巴细胞培养反应和刀豆蛋白 A 诱导的增殖反应所需浓度较低，而抑制脂多糖诱导的增殖反应所需浓度较高，说明钩吻素子对 T 细胞的增殖抑制作用具有一定的选择性，而对 B 细胞的增殖抑制作用较弱，此外，钩吻素子在一定剂量范围内能降低小鼠血清中溶血素水平，对体液免疫反应有一定的抑制作用[17]；钩吻素子明显抑制小鼠 $CD4^+T$ 淋巴细胞增殖反应，抑制作用可能与钩吻素子抑制小鼠 $CD4^+T$ 细胞白细胞介素 -2（IL-2）的分泌及免疫抑制作用相关[18]。4. 调节心血管　钩吻总碱Ⅰ能抑制氯仿 - 肾上腺素诱导大鼠的过速型心律失常[19]；不同浓度钩吻总碱Ⅰ对蟾蜍离体心脏的收缩力均有明显抑制作用，而对心率的作用只有在高浓度时才有显著的减慢作用[20]；钩吻总碱Ⅱ对狗血压具有显著快速的降低作用，并作用时间较长，降血压作用的部位可能系兴奋心血管中枢的胆碱能神经，使肾上腺素能神经的兴奋性减弱，同时还兴奋外周 M- 受体，从而使心肌收缩力减弱，血管舒张而使血压降低[21]；钩吻素子在体内外对花生四烯酸（AA）、凝血酶（Thr）、钙离子（$Ca^{2+}$）诱导的兔血小板聚集有较强的抑制作用[22]；钩吻总碱具有抑制鸡胚绒毛尿囊膜（CAM）新生血管生成的作用，并呈量效关系[23]。5. 保护造血系　根和茎的乙醇提取物对环磷酰胺化疗所致骨髓抑制小鼠的造血功能具有保护作用，明显减慢环磷酰胺化疗所致白细胞下降的速度和减轻白细胞降低的程度[24]，对环磷酰胺骨髓抑制小鼠外周血细胞、红细胞、血小板及骨髓有核细胞均有明显的升高作用，并显著提高生存率，而对脾重影响差异无显著性[25]。6. 抗焦虑　钩吻素子具有抗焦虑作用，其作用机制可能与提高海马区神经甾体孕烯醇酮和别孕烯醇酮水平[26]及抑制下丘脑 - 垂体 - 肾上腺轴异常活动[27]有关。7. 抗菌　地上部分的乙醇提取物的石油醚萃取部位对曲霉菌的生长具有抑制作用[28]；钩吻素子能激活芳香烃受体（Ahr），减少沙门氏杆菌对猪小肠上皮细胞 IPEC-J2 细胞的侵染，是一种天然的 Ahr 活性物[29]。8. 抗应激　钩吻素子能提高小鼠负重游泳、耐寒及耐缺氧能力，其抗应激作用可能与抗脂质过氧化有关[30]。9. 调节平滑肌　钩吻总碱Ⅰ对豚鼠肺支气管平滑肌有显著的收缩作用，异丙肾上腺素可拮抗此作用，而苯海拉明不能阻断这一作用[31]。

毒性　全株含胡蔓藤碱甲（humantenmine）等吲哚类生物碱，具剧毒，误服会导致死亡，根毒性最强，叶、花次之，茎、果较弱，此外老茎的毒性大于嫩茎，主要死因为呼吸衰竭[32]，通过对水溶性生物碱的毒理研究，其中毒机制之一是抑制胆碱酯酶活性[33]；根中提取的总生物碱经口给药对小鼠的半数致死剂量（$LD_{50}$）为 4.12mg/kg[34]。

【性味与归经】苦、辛，温。有大毒。归肺、肝经。

【功能与主治】祛风，攻毒，止痛；外用于疥癣，湿疹，瘰疬，痈肿，疔疮，跌打损伤，风湿痹痛，神经痛，陈旧性骨折。

【用法与用量】外用适量，捣敷或研末调敷，煎水洗或烟熏患处。

【药用标准】广西瑶药 2014 一卷、广东药材 2004、广西壮药 2008 和广西药材 1996。

【临床参考】1. 臁疮：根 100g，加大黄 50g，适量水煎成 500ml 溶液，白及研粉加入溶液中备用，生理盐水清理疮口，用特定电磁波谱灯（TDP 灯）照射 20min，再用此溶液外敷，外盖纱布，每日 1 次[1]。

2. 疔疮肿毒、疥癣：鲜叶适量，捣烂外敷或水煎洗患处。

3. 毒蛇咬伤：根 250g，加博落回 90g、细辛 30g，浸白酒 500ml，外搽于离红肿部位以外，切勿搽于伤口。（2 方、3 方引自《浙江药用植物志》）

【附注】钩吻始载于《神农本草经》。《吴普本草》云："秦钩吻，生南越山或益州。叶如葛，赤茎，大如箭，方根黄色。或生会稽东冶。正月采。"《新修本草》载："野葛生桂州以南，村墟闾巷间皆有。彼人通名钩吻，亦谓苗名钩吻，根名野葛。蔓生……其叶如柿"。《本草纲目》载："此草虽名野葛，非葛根之野者也。或作冶葛。广人谓之胡蔓草，亦曰断肠草。入人畜腹内，即粘肠上，半日则黑烂，又名烂肠草。时珍又访之南人云："钩吻即胡蔓草，今人谓之断肠草是也。蔓生，叶圆而光。春夏嫩苗毒甚，秋冬枯老稍缓。五六月开花似榉柳花，数十朵作穗。生岭南者花黄，生滇南者花红，呼为火把花。"根据形态和性能的记载，即为本种。

本种有剧毒，误服后极易引起中毒，出现眩晕、视物模糊、瞳孔散大、剧烈腹痛、口吐白沫、呼吸麻痹、全身肌肉松弛、胃肠出血等症状，甚至可引起死亡，故只作外用，禁止内服。常有本种误作山豆根服用而引起中毒的案例。

【化学参考文献】


[1] Lin L Z，Cordell G A，Ni C Z，et al. Gelsamydine，an indole alkaloid from *Gelsemium elegans* with two monoterpene units [J]. Journal of Organic Chemistry，1989，54（13）：3199-3202.

[2] 杜秀宝，戴韵华，张常麟，等. 钩吻生物碱的研究 - Ⅰ. 钩吻素己的结构 [J]. 化学学报，1982，40（12）：1137-1141.

[3] 金浩岂，徐任生. 钩吻生物碱的研究——钩吻素戊的结构 [J]. 化学学报，1982，40（12）：1129-1135.

[4] Lin L Z，Cordell G A，Ni C Z，et al. New humantenine-type alkaloids from *Gelsemium elegans* [J]. J Nat Prod，1989，52（3）：588-594.

[5] Zhao Q C，Hua W，Zhang L，et al. Two new alkaloids from *Gelsemium elegans* [J]. J Asian Nat Prod Res，2010，12（4）：273-277.

[6] Liang S，He C Y，Szabó L F，et al. Gelsochalotine，a novel indole ring-degraded monoterpenoid indole alkaloid from *Gelsemium elegans* [J]. Tetrahedron Lett，2013，54（8）：887-890.

[7] Wu H R，He X F，Jin X J，et al. New nor-ursane type triterpenoids from *Gelsemium elegans* [J]. Fitoterapia，2015，106：175-183.

[8] 王琳，孙琳，刘慧颖，等. 钩吻的化学成分研究 [J]. 中草药，2017，48（10）：2028-2032.

[9] 刘发巧. 西双版纳地区钩吻的化学成分研究 [D]. 昆明：云南大学硕士学位论文，2015.

[10] 华威，郭涛，张琳，等. 胡蔓藤化学成分的研究 [J]. 中国药物化学杂志，2007，17（2）：108-110.

[11] 赵庆春，付艳辉，郭涛，等. 胡蔓藤中非生物碱类化学成分的分离与鉴定 [J]. 沈阳药科大学学报，2007，24（9）：619-622.

[12] Hua W，Zhao Q C，Yang J，et al. Two new benzofuran lignan glycosides from *Gelsemium elegans* [J]. Chin Chem Lett，2008，40（11）：1327-1329.

[13] 赵庆春，华威，付艳辉，等. 胡蔓藤中非生物碱类成分的分离与鉴定（Ⅲ）[J]. 沈阳药科大学学报，2010，27（7）：552-554.

[14] 赵庆春，付艳辉，杜占权，等. 胡蔓藤中非生物碱类化学成分的分离与鉴定 [J]. 沈阳药科大学学报，2009，26（9）：

694-696.

[ 15 ] Qu J，Fang L，Ren X D，et al. Bisindole alkaloids with neural anti-inflammatory activity from *Gelsemium elegans* [ J ] . J Nat Prod，2013，76 ( 12 ) ：2203-2209.

[ 16 ] Ouyang S，Wang L，Zhang Q W，et al. Six new monoterpenoid indole alkaloids from the aerial part of *Gelsemium elegans* [ J ] . Tetrahedron，2011，67 ( 26 ) ：4807-4813.

[ 17 ] 张桢，刘光明，肖怀，等 . 钩吻吲哚生物碱化学成分研究 [ J ] . 中草药，2011，42 ( 2 ) ：222-225.

[ 18 ] 张秋萍，张彬锋，俞桂新，等 . 钩吻地上部分的化学成分 [ J ] . 中国中药杂志，2011，36 ( 10 ) ：1305-1310.

[ 19 ] Zhang Q P，Zhang B F，Chou G X，et al. Two new megastigmaneglycoside and a new iridoid glycoside from *Gelsemium elegans* [ J ] . Helvetica Chimica Acta，2011，94 ( 6 ) ：1130-1138.

[ 20 ] Zhang W，Huang X J，Zhang S Y，et al. Geleganidines A-C，unusual monoterpenoid indole alkaloids from *Gelsemium elegans* [ J ] . J Nat Prod，2015，78 ( 8 ) ：2036-2044.

[ 21 ] Sakai S I，Wongseripipatana S，Pongiux D，et al. Indole alkaloids isolated from *Gelsemium elegans* ( Thailand ) ：19- ( *Z* ) -akuammidine，16-epi-voacarpine，19-hydroxydihydrogelsevirine，and the revised structure of koumidine [ J ] . Chem Pharma Bull，1987，35 ( 11 ) ：4668-4671.

[ 22 ] Zhang W，Zhang S Y，Wang G Y，et al. Five new koumine-type alkaloids from the roots of *Gelsemium elegans* [ J ] . Fitoterapia，2017，118：112-117.

[ 23 ] Yamada Y，Kitajima M，Kogure N，et al. Seven new monoterpenoid indole alkaloids from *Gelsemium elegans* [ J ] . Chem-Asian J，2011，6 ( 1 ) ：166-173.

[ 24 ] Sun F，Xing Q Y，Liang X T. Structures of ( 19*R* ) -Kouminol and ( 19*S* ) -Kouminol from *Gelsemium elegans* [ J ] . J Nat Prod，1989，52 ( 5 ) ：1180-1182.

[ 25 ] 陈忠良 . 钩吻生物碱的提取与分离 [ J ] . 中药通报，1987，12 ( 5 ) ：41.

[ 26 ] Zhang Z，Zhang Y，Wang Y H，et al. Three novel β-carboline alkaloids from *Gelsemium elegans* [ J ] . Fitoterapia，2012，83 ( 4 ) ：704-708.

[ 27 ] Sun M X，Hou X L，Gao H H，et al. Two new koumine-type indole alkaloids from *Gelsemium elegans* Benth [ J ] . Molecules，2013，18 ( 2 ) ：1819-1825.

[ 28 ] 杨峻山，陈玉武 . 胡蔓藤生物碱的化学研究 - Ⅰ . 生物碱的分离与胡蔓藤碱甲的结构 [ J ] . 药学学报，1983，18 ( 2 )：104-112.

[ 29 ] 崔研，孙铭学，高焕焕，等 . 钩吻根脂溶性化学成分的分离与鉴定 [ J ] . 沈阳药科大学学报，2014，31 ( 4 ) ：248-251，324.

[ 30 ] 刘铸晋，陆仁荣，朱子清，等 . 钩吻生物碱Ⅰ . 国产钩吻生物碱再研究和钩吻素子的构造 [ J ] . 化学学报，1961，27 ( 1 ) ：47-58.

[ 31 ] Wei X，Yang J，Ma H X，et al. Antimicrobial indole alkaloids with adductive C9 aromatic unit from *Gelsemium elegans* [ J ] . Tetrahedron Lett，2018，59 ( 21 ) ：2066-2070.

[ 32 ] 韩海斌 . 钩吻化学成分及生药学研究 [ D ] . 沈阳：沈阳药科大学硕士学位论文，2007.

[ 33 ] Xu Y K，Yang S P，Liao S G，et al. Alkaloids from *Gelsemium elegans* [ J ] . J Nat Prod，2006，69 ( 9 ) ：1347-1350.

[ 34 ] Xu Y K，Yang L，Liao S G，et al. Koumine，humantenine，and yohimbane alkaloids from *Gelsemium elegans* [ J ] . J Nat Prod，2015，78 ( 7 ) ：1511-1517.

[ 35 ] Yin S，He X F，Wu Y，et al. Monoterpenoid indole alkaloids bearing an $N^4$-iridoid from *Gelsemium elegans* [ J ] . Chem-Asian J，2008，3：1824-1829.

[ 36 ] Wang L，Wang J F，Mao X，et al. Gelsedine-type oxindole alkaloids from *Gelsemium elegans* and the evaluation of their cytotoxic activity [ J ] . Fitoterapia，2017，120：131-135.

[ 37 ] Yamada Y，Kitajima M，Kogure N，et al. Spectroscopic analyses and chemical transformation for structure elucidation of two novel indole alkaloids from *Gelsemium elegans* [ J ] . Tetrahedron Lett，2009，50 ( 26 ) ：3341-3344.

[ 38 ] Yamada Y，Kitajima M，Kogure N，et al. Four novel nelsedine-type oxindole alkaloids from *Gelsemium elegans* [ J ] . Chem inform，2008，64 ( 33 ) ：7690-7694.

[ 39 ] Liu B，Yang L，Xu Y K，et al. Two new triterpenoids from *Gelsemium elegans* and *Aglaia odorata* [ J ] . Nat Prod

Commun，2013，8（10）：1373-1376.

［40］Wang H T，Yang Y C，Mao X，et al. Cytotoxic gelsedine-type indole alkaloids from *Gelsemium elegans*［J］. J Asian Nat Prod Res，2018，20（4）：321-327.

［41］Zhang B F，Chou G X，Wang Z T. Two new 11 - hydroxy-substituted gelsedine-type indole alkaloids from the stems of *Gelsemium elegans*［J］. Helv Chim Acta，2009，92（9）：1889-1894.

［42］Xu Y K，Liao S G，Na Z，et al. Gelsemium alkaloids，immunosuppressive agents from *Gelsemium elegans*［J］. Fitoterapia，2012，83（6）：1120-1124.

［43］廖华军，杨樱，吴水生. 钩吻脂溶性化学成分的气相色谱 - 质谱联用法分析［J］. 中医学报，2013，28（176）：76-77.

［44］张彬锋，俞桂新，王峥涛. 钩吻非生物碱类化学成分研究［J］. 中国中药杂志，2009，34（18）：2334-2337.

［45］Kogure N，Ishii N，Kitajima M，et al. Four novel gelsenicine-related oxindole alkaloids from the leaves of *Gelsemium elegans* Benth.［J］. Organic Lett，2006，8（14）：3085-3088.

［46］Kitajima M，Kogure N，Yamaguchi K，et al. Structure reinvestigation of gelsemoxonine，a constituent of *Gelsemium elegans*，reveals a novel azetidine-containing indole alkaloid［J］. Organic Lett，2003，5（12）：2075-2078.

［47］Kitajima M，Nakamura T，Kogure N，et al. Isolation of gelsedine-type indole alkaloids from *Gelsemium elegans* and evaluation of the cytotoxic activity of gelsemium alkaloids for A431 epidermoid carcinoma cells［J］. J Nat Prod，2006，69（4）：715-718.

［48］Zhang B F，Zhang Q P，Liu H，et al. Iridoids from leaves of *Gelsemium elegans*［J］. Phytochemistry，2011，72（9）：916-922.

［49］Kogure N，Ishii N，Kobayashi H，et al. New iridoids from *Gelsemium* species［J］. Chem Pharm Bull，2008，56（6）：870-872.

［50］Li N P，Liu M，Huang X J，et al. Gelsecorydines A-E，five gelsedine-corynanthe-type bisindole alkaloids from the fruits of *Gelsemium elegans*［J］. J Org Chem，2018，83（10）：5707-5714.

**【药理参考文献】**

［1］梁维君，安飞云，曾明. 钩吻提取液对 HL-60 细胞生长增殖和细胞周期的影响［J］. 湖南师范大学学报（医学版），2004，1（1）：39-43.

［2］王海波，孙晓雪，邓志钦，等. 钩吻总碱对肝癌细胞氯通道的激活作用［J］. 中国药理学通报，2015，31（11）：1529-1535.

［3］高明雅，沈伟哉，吴颜晖，等. 钩吻生物碱单体对肝癌细胞体外抑制作用机制的初步研究［J］. 中药材，2012，35（3）：438-442.

［4］吴达荣，秦瑞，蔡晶，等. 钩吻素子抗肿瘤作用研究［J］. 中药药理与临床，2006，22（5）：6-8.

［5］迟德彪，雷林生，金宏，等. 钩吻素子体外诱导人结肠腺癌 LoVo 细胞凋亡的实验研究［J］. 南方医科大学学报，2003，23（9）：911-913.

［6］蔡晶，雷林生，迟德彪. 钩吻素子对小鼠 H22 实体瘤抑制作用的实验研究［J］. 南方医科大学学报，2009，29（9）：1851-1852.

［7］Mariko K，Tomonori Na，Noriyuki K，et al. Isolation of gelsedine-type indole alkaloids from *Gelsemium elegans* and evaluation of the cytotoxic activity of *Gelsemium* alkaloids for A431 epidermoid carcinoma cells［J］. Journal of Natural Products，2006，69（4）：715-718.

［8］Wang L，Wang J F，Mao X，et al. Gelsedine-type oxindole alkaloids from *Gelsemium elegans* and the evaluation of their cytotoxic activity［J］. Fitoterapia，2017，120：131.

［9］黄静，苏燕评，俞昌喜，等. 钩吻生物碱化合物体外抗消化系统肿瘤的活性［J］. 海峡药学，2010，22（3）：197-200.

［10］徐克意，谭建权，沈甫明. 钩吻总碱的抗炎作用研究［J］. 中药药理与临床，1991，7（1）：27-28.

［11］Qu J，Fang L，Ren X D，et al. Bisindole alkaloids with neural anti-inflammatory activity from *Gelsemium elegans*［J］. Journal of Natural Products，2013，76（12）：2203-2209.

［12］Liu M，Shen J，Liu H，et al. Gelsenicine from *Gelsemium elegans* attenuates neuropathic and inflammatory pain in mice［J］. Biological & Pharmaceutical Bulletin，2011，34（12）：1877-1880.

[13] Xu Y, Qiu H Q, Liu H, et al. Effects of koumine, an alkaloid of *Gelsemium elegans* Benth. on inflammatory and neuropathic pain models and possible mechanism with allopregnanolone [J]. Pharmacology Biochemistry & Behavior, 2012, 101 (3): 504-514.

[14] 许盈，李苏平，廖婉婷，等. 钩吻素子抗外周神经损伤导致诱发痛的效应 [J]. 福建医科大学学报, 2013, 47 (6): 340-344.

[15] 袁志航，袁慧，邬静，等. 钩吻素子对 LPS 诱导 RAW264. 7 细胞炎症的作用 [J]. 中国兽医学报, 2017, 37 (8): 1553-1557.

[16] 周利元，王坤，黄兰青，等. 钩吻对小鼠免疫功能的影响 [J]. 中国实验临床免疫学杂志, 1992, 4 (4): 14-15.

[17] 孙莉莎，雷林生，方放治，等. 钩吻素子对小鼠脾细胞增殖反应及体液免疫反应的抑制作用 [J]. 中药药理与临床, 1999, 15 (6): 10-12.

[18] 王志睿，黄昌全，张忠义，等. 钩吻素子对免疫磁珠分离纯化的小鼠 $CD4^{+}T$ 细胞体外增殖的影响[J]. 南方医科大学学报, 2005, 25 (5): 562-564.

[19] 黄仲林，黎秀叶. 钩吻总碱Ⅰ对氯仿 - 肾上腺素引起大白鼠心律失常的作用探讨 [J]. 右江民族医学院学报, 1994, 16 (1): 4-7.

[20] 黎秀叶，黄仲林. 钩吻总碱Ⅰ对蟾蜍心缩力和心率的影响 [J]. 右江民族医学院学报, 1988, 10 (1): 9-11.

[21] 黄仲林，黎秀叶. 钩吻总碱Ⅱ对狗血压的作用分析 [J]. 右江民族医学院学报, 1995, 17 (1): 1-6.

[22] 方放治，陈平雁. 钩吻素子对兔血小板聚集的影响 [J]. 中药药理与临床, 1998, 14 (1): 21-24.

[23] 李德森，廖华军，苏志敏，等. 钩吻总碱对鸡胚绒毛尿囊膜血管生成的影响 [J]. 福建中医药, 2017, 48 (6): 30-31.

[24] 黄兰青，王坤，余尚扬，等. 钩吻对环磷酰胺化疗小鼠的造血保护作用 [J]. 右江民族医学院学报, 1994, 16 (4): 5-7.

[25] 王坤，肖健，黄燕，等. 钩吻对小鼠造血功能的影响 [J]. 广西中医药, 2000, 23 (6): 48-50.

[26] 黄慧慧，陈超杰，刘铭，等. 钩吻素子抗焦虑作用及其对海马区神经甾体水平的影响 [J]. 海峡药学, 2016, 28 (2): 21-24.

[27] 陈超杰，钟志凤，谢璇，等. 钩吻素子对孤立大鼠的抗焦虑作用及其机制 [J]. 中国医药导报, 2016, 13 (26): 8-12.

[28] 赵志常，蔡宜朋，吴水生. 钩吻活性成分的提取分离及其体外抗真菌作用初步研究 [J]. 海峡药学, 2016, 28 (5): 18-20.

[29] 谢怡灵，沙垣坤，王颉，等. 钩吻素子通过 Ahr 受体影响沙门氏菌侵染 IPEC-J2 细胞研究 [J]. 中兽医医药杂志, 2017, 36 (4): 16-18.

[30] 蔡晶，王万山，雷林生，等. 钩吻素子对小鼠抗应激作用的实验研究 [J]. 广州中医药大学学报, 2007, 24 (4): 317-319.

[31] 黄仲林，黎秀叶. 钩吻总碱Ⅰ对豚鼠肺支气管平滑肌的作用分析 [J]. 右江民族医学院学报, 1989, 11 (2): 9-11.

[32] 洪息君，陆文光，宋次娇，等. 断肠草不同部位毒性的研究 [J]. 中国药学杂志, 1983, 18 (12): 62.

[33] 黄仲林，莫少泽，黎秀叶. 钩吻水溶性总碱对大白鼠血中胆碱酯酶的作用 [J]. 右江民族医学院学报, 1985, (1): 5-7.

[34] 杨樱，邱丽莉，许文，等. 闽产钩吻根总生物碱半数致死量的实验研究 [J]. 海峡药学, 2011, 23 (12): 40-42.


**【临床参考文献】**


[1] 程瑜. 中西医结合治疗臁疮 [C]. 第九届全国中西医结合疡科学术交流会论文汇编, 2000: 1.

# 一〇二 醉鱼草科 Buddlejaceae

乔木、灌木或亚灌木。植株无内生韧皮部，常被星状毛、腺毛或鳞片。单叶，对生或轮生，稀互生，全缘或具锯齿，羽状脉；叶柄短，托叶生于2叶柄基部之间呈叶状或托叶线。花两性，辐射对称，单生或多朵组成聚伞花序，再排成总状、穗状、圆锥状或头状花序；花4数；花萼及花冠裂片覆瓦状排列；雄蕊着生花冠筒内壁，花丝短，花药2（4）室，纵裂；子房上位，2（4）室，每室胚珠多数。花柱1枚，柱头全缘或2裂。蒴果，2瓣裂，稀浆果或核果。种子多粒，常具翅；胚乳肉质；胚直伸。

1属，约100种，分布于美洲、非洲和亚洲的热带至温带地区。中国20种，除东北地区及新疆外，几乎全国各省区均有分布，法定药用植物1属2种。华东地区法定药用植物1属1种。

## 1. 醉鱼草属 *Buddleja* Linn.

属的特征与科同。

### 759. 醉鱼草（图759）• *Buddleja lindleyana* Fort.

**图759 醉鱼草** 摄影 郭增喜等

【别名】野刚子（浙江），鱼鳞子、鱼迷子（安徽），药杆子（江苏），鱼泡草（福建），雉尾花（山东）。

【形态】灌木，高 1 ～ 3m。茎皮褐色；小枝具四棱，棱上略有窄翅；幼枝、叶片下面、叶柄、花序、苞片及小苞片均密被星状短绒毛和腺毛。叶对生，萌发枝上的叶互生或近轮生，叶片膜质，卵形、椭圆形至长圆状披针形，长 3 ～ 11cm，宽 1 ～ 5cm，顶端渐尖，基部宽楔形至圆形，边缘全缘或有波状齿，叶面深绿色，幼时被星状短柔毛，后变无毛，叶背灰黄绿色；侧脉 6 ～ 8 对；叶柄长 2 ～ 15mm。穗状聚伞花序顶生；苞片条形，长达 1cm；小苞片条状披针形，长 2 ～ 3.5mm；花紫色，芳香；花萼钟状，外面与花冠外面同被星状毛和小鳞片，内面无毛，花萼裂片宽三角形，长和宽约 1mm；花冠长 1.3 ～ 2cm，内面被柔毛，花冠管弯曲，花冠裂片阔卵形或近圆形；雄蕊着生于花冠管下部或近基部，花丝极短，花药卵形，顶端具尖头，基部耳状；子房卵形，无毛，花柱长 0.5 ～ 1mm，柱头卵圆形。果序穗状；蒴果长圆状或椭圆状，有鳞片，基部常有宿存花萼。种子淡褐色，小，无翅。花期 4 ～ 10 月，果期 8 月至翌年 4 月。

【生境与分布】生于海拔 200 ～ 2700m 山地路旁、河边灌木丛中或林缘。分布于江苏、安徽、浙江、江西、福建，另湖北、湖南、广东、广西、四川、贵州和云南等省区均有分布；马来西亚、日本、美洲及非洲有栽培。

【药名与部位】醉鱼草，花序、叶和枝条。

【化学成分】全草含甾体类：α- 菠甾醇（α-spinasterol）、豆甾醇（stigmasterol）、β- 谷甾醇（β-sitosterol）[1]，β- 谷甾醇 -3-*O*-β-D- 吡喃葡萄糖苷（β-sitosterol-3-*O*-β-D-glucopyranoside）、豆甾醇 -3-*O*-β-D- 吡喃葡萄糖苷（stigmasterol-3-*O*-β-D-glucopyranoside）和 α- 菠甾醇 -3-*O*-β-D- 吡喃葡萄糖苷（α-spinasterol-3-*O*-β-D-glucopyranoside）[2]；黄酮类：蒙花苷（acaciin）[1] 和大豆苷元（daidzein）[2]；三萜皂苷类：熊果酸（ursolic acid）、齐墩果酸（oleanolic acid）[1]，白桦脂酸（betulinic acid）[2]，13, 28- 环氧 -23- 羟基 -3β- 乙酰氧基齐墩果 -11- 烯（13, 28-epoxy-23-hydroxy-3β-acetoxyolean-11-ene）、13, 28- 环氧 -23- 羟基 -11- 齐墩果烯 -3- 酮（13, 28-epoxy-23-hydroxy-11-oleanen-3-one）、13, 28- 环氧 -3β, 23- 二羟基 -11- 齐墩果烯（13, 28-epoxy-3β, 23-dihydroxy-11-oleanene）、密蒙花苷 I（mimengoside I）和毛蕊花属苷 *I（mulleinsaponin I）[3,4]；倍半萜类：醉鱼草萜 A、B（buddlindeterpene A、B）[5]；二萜类：醉鱼草萜 C（buddlindeterpene C）[5]；环烯醚萜苷类：6-*O*- 香草酰筋骨草醇（6-*O*-vanilloyl ajugol）[1]，6-*O*- 阿魏酰筋骨草醇（6-*O*-feruloyl ajugol）、赤式 -6-*O*-4′-（3- 甲氧基 -4- 羟基苯丙三醇 -8″）- 阿魏酰筋骨草醇[*erythro*-6-*O*-4′-(3-methoxy-4-hydroxyphenylglycol-8″)-feruloyl ajugol]和苏式 -6-*O*-4′-(3- 甲氧基 -4- 羟基苯丙三醇 -8″）- 阿魏酰筋骨草醇［*threo*-6-*O*-4′-（3-methoxy-4-hydroxyphenylglycol-8″）-feruloyl ajugol］[6]；苯乙醇苷类：毛蕊花苷（acteoside）、异毛蕊花苷（*iso*-acteoside）、松果菊苷（echinacoside）、肉苁蓉苷 A（citanoside A）、米团花苷 A、B（leucosceptoside A、B）、马先蒿苷 A（pedicularioside A）、沙生列当苷（arenarioside）和醉鱼草苷 A（buddleoside A）[7]；酚酸类：香草酸（vanillic acid）[2]；脂肪酸类：单二十四烷酸 -α- 甘油酯（glycerol monotetracosanoate）[1] 和二十八碳酸（octacosanoic acid）[2]；菲类：菲（phenanthrene）[1]；烷烃类：二十九烷（nonacosane）[1,4]；烷醇类：正二十六醇（*n*-hexacosanol）[4]；糖类：半乳糖醇（galactitol）[6]。

茎叶含黄酮类：蒙花苷（linarin）、芦丁（rutin）、木犀草素（luteolin）、槲皮素（quercetin）、芹菜素（apigenin）和橙皮素（hesperetin）[8]；酚苷类：红景天苷（salidroside）[8]；三萜类：齐墩果酸（oleanolic acid）[8]；甾体类：β- 谷甾醇（β-sitosterol）和胡萝卜苷（daucosterol）[8]。

叶含黄酮类：金合欢素 -7- 芸香糖苷（acacetin-7-rutinoside）[9]。

果实含三萜皂苷类：4, 23- 二羟基 -3, 4- 开环 - 齐墩果 -9, 12- 二烯 -3- 羧酸（4, 23-dihydroxy-3, 4-seco-olean-9, 12-dien-3-oic acid）、4, 23, 30- 三羟基 -3, 4- 开环 - 齐墩果 -9, 12- 二烯 -3- 羧酸（4, 23, 30-trihydroxy-3, 4-seco-olean-9, 12-dien-3-oic acid）、脱脂草皂苷（desrhamnoverbascosaponin）、柴胡皂苷

M（saikosaponin M）、毛蕊花属苷 I、VII（mulleinsaponin I、VII）、齐墩果烷 -α-L- 吡喃甘露糖苷衍生物（oleanane-α-L-mannopyranoside derive）、齐墩果酸（oleanolic acid）、醉鱼草苷 $IV_b$（buddlejasaponin $IV_b$）、风轮菜皂苷 III（clinoposaponin III）[10]，密蒙花苷 H、I（mimengoside H、I）[10, 11]，齐墩果烷 -α-L-吡喃甘露糖苷衍生物（oleanane-α-L-mannopyranoside derive）、13, 28- 环氧 -3β, 23- 二羟基 -11- 齐墩果烯（13, 28-epoxy-3β, 23-dihydroxy-11-oleanene）、3, 23, 28- 三羟基齐墩果烷 -11, 13（18）- 二烯［3, 23, 28-trihydroxyoleane-11, 13（18）-diene］[12]，木栓醇（friedelanol）、13, 28- 环氧 -23- 羟基 -11- 齐墩果烯 -3- 酮［13, 28-epoxy-23-hydroxy-11-oleanene-3-one］[13]，云南甘草苷元 J（yunganogenin J）、刺甘草酸（echinatic acid）[14] 和密蒙花苷 J、K[15]（mimengoside J、K）；甾体类：β- 谷甾醇（β-sitosterol）[13] 和胡萝卜苷（daucosterol）[14]；黄酮类：木犀草素（luteolin）[14]，小麦黄素（tricin）、金合欢素（acacetin）、金合欢素 -7-*O*-β-D- 吡喃葡萄糖苷（acacetin-7-*O*-β-D-glucopyranoside）和蒙花苷（linarin）[16]。

**【药理作用】**保护神经　果实中分离的密蒙花苷 H（mimengoside H）在 0.1 ～ 1μmol/L 浓度范围内对 1- 甲基 -4- 苯基吡啶离子（$MPP^+$）所致的 PC12 细胞神经毒性具有保护作用[1]；从果实提取分离的 4, 23- 二羟基 -3, 4- 开环 - 齐墩果 -9, 12- 二烯 -3- 羧酸（4, 23-dihydroxy-3, 4-seco-olean-9, 12-dien-3-oic acid）和 4, 23, 30- 三羟基 -3, 4- 开环 - 齐墩果 -9, 12- 二烯 -3- 羧酸（4, 23, 30-trihydroxy-3, 4-seco-olean-9, 12-dien-3-oic acid）具有抗 PC12 细胞的谷氨酸神经毒性作用[2]；从果实提取分离的 13, 28- 环氧 -3β, 23- 二羟基 -11- 齐墩果烯（13, 28-epoxy-3β, 23-dihydroxy-11-oleanene）、3, 23, 28- 三羟基齐墩果 -11, 13（18）- 二烯［3, 23, 28-trihydroxyoleane-11, 13（18）-diene］等成分对神经细胞有较好的保护作用[3]。

**【药用标准】**上海药材 1994 附录。

**【临床参考】**1. 足底溃疡：鲜叶 1kg，晒干，研细末，适量菜籽油调成膏剂备用，疮口冲洗消毒后药膏涂敷，纱布覆盖固定，每日 1 次，当溃疡缩小八成后，隔日 1 次[1]。

2. 鲍病：全草 60g，水浓煎服，每日 2 次，1 天 1 剂[2]。

3. 支气管哮喘：根，加杏香兔耳风、前胡、炒胡萝卜子各 9g，盐肤木 15g，水煎服。

4. 肺脓疡：根 90g，加黄酒 1000ml，隔水炖至酒沸，取出，待稍凉时随量饮服，并将原渣再加黄酒 500ml，依上法煎服；凡能饮酒者，可 1 天分数次服完，不会饮酒者，分 2 天服完。

5. 流行性腮腺炎：枝叶 6 ～ 9g，水煎服。

6. 钩虫病：枝叶 15g，水煎，晚饭后及次晨饭前分服，剂量可逐步增加至 150g，疗程 5 ～ 7 天。（3 方至 6 方引自《浙江药用植物志》）

**【附注】**以醉鱼儿草之名始载于宋《履巉岩本草》。《本草纲目》云：“醉鱼草，南方处处有之，多在堑岸边作小株生，高者三四尺。根状如枸杞。茎似黄荆，有微棱，外有薄黄皮，枝易繁衍。叶似水杨，对节而生，经冬不凋。七八月开花成穗，红紫色，俨如芫花一样，结细子，渔人采花及叶以毒鱼。”《植物名实图考长编》载：“按此草江西、湖南极多，俚医呼为痒见消，用以去毒。开花最久，赣南十一月间尚茂密也”；并引《物类相感志》载：“鹿目草生江南，足下高丈余，叶似常山而长，紫花长穗，秋中熟。如捣投水中，鱼悉浮出，殆即此。”即为本种。

口服不宜过量，否则可产生头晕、呕吐、呼吸困难、四肢麻木和震颤等毒副作用。

本种的根及花民间也作药用。

**【化学参考文献】**


［1］陆江海，黄勤安，赵玉英，等 . 醉鱼草化学成分的研究［J］. 中草药，2001，32（4）：296-298.

［2］陆江海，赵玉英，乔梁，等 . 醉鱼草化学成分研究［J］. 中国中药杂志，2001，26（1）：41-43.

［3］Ren Y S，Li Z，Xu F Q，et al. A new triterpene from *Buddleja lindleyana* with neuroprotective effect［J］. Records of Natural Products，2017，11（4）：356-361.

［4］李楠，庾石山 . 醉鱼草化学成分的研究［J］. 中草药，2003，34（8）：693-695.

［5］Lu J，Tu G，Zhao Y，et al. Structural determination of novel terpenes from *Buddleia lindleyana*［J］. Magn Reson Chem，

2004，42（10）：893-897.

［6］Lu J H，Pu X P，Tu G Z，et al. Iridoid glycosides from *Buddleja lindeyana*［J］. J Chin Pharm Sci，2004，13（3）：151-154.

［7］Lu J，Pu X，Li Y，et al. Bioactive phenylethanoid glycosides from *Buddleia lindleyana*［J］. Zeitschrift Für Naturforschung B，2005，60（2）：211-214.

［8］蔡鲁，李彬，肖艳华，等. 醉鱼草茎叶的化学成分研究［J］. 国际药学研究杂志，2015，42（5）：634-636.

［9］Han B X，Chen J. Acacetin-7-rutinoside from *Buddleja lindleyana*，a new molluscicidal agent against *Oncomelania hupensis*［J］. Zeitschrift Für Naturforschung C，2014，69（5-6）：186-190.

［10］Ren Y S，Xu F Q，Zhang W，et al. Two new 3，4-secooleanane triterpenoids from *Buddleja lindleyana* Fort fruits［J］. Phytochemistry Lett，2016，18：172-175.

［11］Wu D L，Wang Y K，Liu J S，et al. Two new compounds from the fruits of *Buddleja lindleyana* with neuroprotective effect［J］. J Asian Nat Prod Res，2012，14（4）：342-347.

［12］吴德玲，汪洋奎，王训翠，等. 醉鱼草果实三萜类成分及其活性研究［J］. 中药材，2011，34（12）：1884-1887.

［13］汪洋奎，吴德玲，刘劲松，等. 醉鱼草果实的化学成分研究（Ⅰ）［J］. 安徽中医药大学学报，2010，29（6）：71-72.

［14］吴德玲，汪洋奎，刘劲松. 醉鱼草果实化学成分研究（Ⅱ）［J］. 中成药，2011，33（12）：2107-2109.

［15］Zhang W，Li Z，Xu F Q，et al. Mimengosides J and K：two new neuroprotective triterpenoids from the fruits of *Buddleja lindleyana*［J］. J Asian Nat Prod Res，2019，21（5）：426-434.

［16］俞浩，任亚硕，吴德玲，等. 醉鱼草果实黄酮类化学成分研究［J］. 中药材，2015，38（4）：758-760.

**【药理参考文献】**

［1］Wu D L，Wang Y K，Liu J S，et al. Two new compounds from the fruits of *Buddleja lindleyana* with neuroprotective effect［J］. Journal of Asian Natural Products Research，2012，14（4）：342-347.

［2］Ren Y S，Xu F Q，Zhang W，et al. Two new 3，4-secooleanane triterpenoids from *Buddleja lindleyana* Fort fruits［J］. Phytochemistry Letters，2016，18：172-175.

［3］吴德玲，汪洋奎，王训翠，等. 醉鱼草果实三萜类成分及其活性研究［J］. 中药材，2011，34（12）：1884-1887.

**【临床参考文献】**

［1］颜昌贤. “醉鱼草油膏”治疗麻风足底溃疡疗效观察［J］. 岭南皮肤性病科杂志，1995，（2）：24-25.

［2］欧志安. 天角遗方（二）［J］. 中国民族民间医药杂志，2006，（3）：166-173.

# 一〇三　旋花科 Convolvulaceae

草本或木本，或为寄生植物。有些种类具肉质的块根。茎通常缠绕、匍匐或平卧，偶有直立。叶互生，通常单叶，叶片全缘或有不同程度的分裂，基部心形、截形、圆形或渐狭；具柄；无托叶。寄生种类无叶或退化成小鳞片。花单生或成总状、圆锥状、聚伞、伞形或头状等花序，腋生；苞片成对，通常小，有时叶状或总苞状。花两性，辐射对称，整齐；花萼 5 裂，分离或基部联合，外萼片常比内萼片大，宿存；花冠合瓣，钟状、漏斗状、管状或高脚碟状，冠檐近全缘或 5 裂；雄蕊 5 枚，与花冠裂片等数互生，着生在花冠管基部或上部稍下，有时雄蕊之下有流苏状的鳞片，花丝等长或不等长，花药 2 室，内向开裂或侧向纵长开裂；子房上位，常有环状或杯状的花盘围绕，1 ～ 4 室，花柱单 1 枚或 2 枚，柱头各式。蒴果、肉质浆果，或呈坚果状。种子通常呈三棱形。

约 58 属，1650 种，广泛分布于热带、亚热带和温带地区。中国 22 属，约 128 种，各地均产。法定药用植物 10 属，19 种。华东地区法定药用植物 6 属，9 种。

旋花科法定药用植物科特征成分鲜有报道。

菟丝子属含黄酮类、生物碱类、木脂素类等成分。黄酮类包括黄酮、黄酮醇等，如芹菜素 -7-*O*- 葡萄糖苷（apigenin-7-*O*-glucoside）、山柰酚 -3-*O*- 半乳糖苷（kaempferol-3-*O*-galactoside）、杜鹃黄素（azaleatin）等；生物碱多为喹诺里西啶类，如甲基金雀花碱（methylcytisine）、5- 羟基苦参碱（5-hydroxymatrine）等；木脂素类如菟丝子苷 A、B（cuscutoside A、B）、新菟丝子苷 A、C（neocuscutoside A、C）等。

## 分属检索表

1. 非寄生植物；具正常的叶
　2. 茎匍匐；叶片肾状圆形；子房分裂为 2，花柱 2 枚，生于两个离生心皮之间…1. 马蹄金属 *Dichondra*
　2. 茎缠绕、直立或平卧；叶片非肾状圆形（肾叶打碗花除外）；子房不分裂，花柱 1 枚或 2 枚，顶生。
　　3. 茎直立或斜升；叶片小；花柱 2 枚……………………………………………2. 土丁桂属 *Evolvulus*
　　3. 茎常缠绕或匍匐伸展；叶片稍大或较大；花柱 1 枚。
　　　4. 花萼藏在 2 片大苞片内；子房 1 室或不完全 2 室…………………………3. 打碗花属 *Calystegia*
　　　4. 花萼不为苞片所包；子房 2 ～ 4 室
　　　　5. 萼片顶端钝至锐尖；子房 2 或 4 室；果实 4 瓣裂；种子 4 粒………………4. 番薯属 *Ipomoea*
　　　　5. 萼片顶端长渐尖；子房 3 室；果实 3 瓣裂；种子 6 粒………………………5. 牵牛属 *Pharbitis*
1. 寄生植物；无叶片，或退化成小鳞片……………………………………………………6. 菟丝子属 *Cuscuta*

### 1. 马蹄金属 *Dichondra* J. R. et G. Forst.

多年生草本。茎匍匐。叶小，叶片肾形或近圆形，全缘；具叶柄。花小，单生于叶腋；苞片小；萼片 5 枚，分离，近等长，通常匙形；花冠钟状，5 深裂，裂片内向镊合状或近覆瓦状排列；雄蕊 5 枚，较花冠短，花药小；花盘小，杯状；心皮 2 枚，分离，每心皮内有胚珠 2 粒；花柱 2 枚，基生，丝状，柱头头状。蒴果，分离成两个直立果瓣，不裂或不整齐 2 裂，各具种子 1 粒，稀 2 粒。种子近球状，光滑，种皮薄，硬壳质。

约 14 种，分布于热带和亚热带地区。中国 1 种，主要分布于长江以南地区；法定药用植物 1 种。华东地区法定药用植物 1 种。

## 760. 马蹄金（图 760）• *Dichondra micrantha* Urb. [*Dichondra repens* Forst.]

**图 760　马蹄金**　　摄影　李华东等

**【别名】**黄疸草（通称），小马蹄金（江苏、江西），金钱草、玉馄饨（江苏、浙江），小金钱草（江苏、福建），小元宝草（江苏），铜钱草（浙江），小金钱（江西）。

**【形态】**多年生草本。植株矮小，茎匍匐，细长，被灰白色柔毛，茎节生根。叶互生，叶片肾形至圆形，长 5 ~ 15mm，宽 8 ~ 18mm，顶端宽圆形或微凹，基部阔心形，全缘，叶面被疏毛，叶背被较密的贴生短柔毛；叶柄细长，可达 4cm，有毛。花小，单生于叶腋，花柄细，较叶柄短；萼片 5 枚，倒卵状长圆形至匙形，顶端圆钝，长 2 ~ 3mm，背面及边缘有毛；花冠浅黄色，钟状，5 深裂，裂片长圆状披针形，无毛；雄蕊 5 枚，着生于花冠 2 裂片间，花丝短，等长；子房被疏毛，2 室，具 4 粒胚珠，花柱 2 枚，着生于离生心皮之间，柱头头状。蒴果小，等于或略短于花萼，近球状，通常呈分果状，具短柔毛。种子 1 ~ 2 粒，黄色至棕褐色，无毛。花期 4 ~ 5 月，果期 7 ~ 8 月。

**【生境与分布】**生于海拔 2000m 以下的山坡草地、路旁或沟边。分布于浙江、安徽、福建、江苏、江西，另广东、广西、贵州、海南、湖北、湖南、青海、四川、台湾、西藏、云南等省区均有分布；日本、朝鲜、泰国、美洲及太平洋岛屿也有分布。

**【药名与部位】**马蹄金，全草。

**【采集加工】**全年均可采收，除去泥沙及杂质，晒干或鲜用。

**【药材性状】**多缠结成团。茎纤细，黄绿色至灰棕色，光滑或略有柔毛，节处多有须根。叶多皱缩，绿色，展开后呈肾形或类圆形，直径 0.5 ~ 1.5cm，全缘，叶背具白色柔毛；叶柄长 1 ~ 3cm。蒴果球形，生于叶腋，有宿萼，被毛，果柄远较叶柄为短；种子 2 粒，棕褐色，近球形，被毛茸。气微，味辛。

【化学成分】全草含甘油及酯类：甘油三乙酸酯（glycerol triacetate）[1]和甘油（glycerin）[2]；多元醇类：（2*R*, 3*R*）-2, 3-二羟基-2-甲基-γ-丁内酯[（2*R*, 3*R*）-2, 3-dihydroxy-2-methyl-γ-butyrolactone]、3, 5-二羟基-γ-戊内酯[3, 5-dihydroxy-γ-valerolactone]、（2*S*, 3*R*）-1, 2, 3, 4-四羟基-2-甲基丁烷[（2*S*, 3*R*）-1, 2, 3, 4-tetrahydroxy-2-methylbutane]和（3*R*）-2-羟甲基-1, 2, 3, 4-四羟基丁烷[（3*R*）-2-hydroxymethyl-1, 2, 3, 4-tetrahydroxybutane][2]；甾体类：β-谷甾醇（β-sitosterol）[3]；香豆素类：茵芋苷（skimmin）[2]，东莨菪内酯（scopoletin）、伞形花内酯（umbelliferone）[3]，东莨菪苷（scopolin）和伞形花内酯-7-*O*-吡喃葡萄糖苷（umbelliferone-7-*O*-glucopyranoside）[4]；酚醛类：香草醛（vanillin）[3]；烷烃类：正三十八烷（*n*-octatriacontane）[3]；三萜类：熊果酸（ursolic acid）[3]和委陵菜酸（tormentic acid）[2]；黄酮类：紫云英苷（astragalin）、异槲皮苷（*iso*-quercitrin）、山柰酚-3-*O*-芸香糖苷（kaempferol-3-*O*-rutinoside）和槲皮素-3-*O*-芸香糖苷（quercetin-3-*O*-rutinoside）[4]；核苷类：尿嘧啶（uracil）[2]；生物碱类：*N*-（*N*-苯甲酰基-L-苯丙氨酰基）-*O*-乙酰基-L-苯丙氨醇[*N*-（*N*-benzoyl-L-phenylalanyl）-*O*-actyl-L-phenylalanol][2]；挥发油类：芳樟醇（linalool）、胡椒烯（copaene）、反式-丁香烯（*trans*-caryophyllene）、异杜香烯（*iso*-ledene）、β-恰米烯（β-chamigrene）和桧烯（junipene）等[5]；元素：铁（Fe）、锌（Zn）、锰（Mn）和铜（Cu）等[6]；其他尚含：麦芽酚（maltol）[3]。

【药理作用】1. 抗炎镇痛 全草乙醇提取的正丁醇部位可降低扭体法、热板法及电刺激法小鼠的痛阈值，并对二甲苯所致小鼠耳肿胀、角叉菜胶所致大鼠足跖肿胀和乙酸所致毛细血管通透性的增加均有较好的抑制作用[1]；全草的石油醚提取物能显著抑制二甲苯和蛋清引起的小鼠耳肿及足肿，明显延长热板所致小鼠舔后足时间并减少乙酸所致的小鼠扭体次数，有显著的抗炎镇痛作用[2]；全草乙醇提取物对角叉菜胶诱导的小鼠足肿胀有明显的抑制作用[3]。2. 抗菌 全草乙醇提取的正丁醇部位对金黄色葡萄球菌、乙型溶血性链球菌、大肠杆菌、伤寒杆菌、变形杆菌和产气杆菌的生长均有一定的抑制作用[1]。3. 抗氧化 全草的鲜汁可明显降低无损伤小鼠和由四氯化碳（$CCl_4$）诱导急性肝损伤小鼠的血清、肝组织中的丙二醛（MAD）的含量（$P < 0.05$，$P < 0.01$，$P < 0.001$），明显升高血清、肝组织中超氧化物歧化酶（SOD）的含量（$P < 0.01$，$P < 0.001$）[4]；全草70%乙醇提取的黄酮类成分对菜油具有明显的抗氧化作用，且药液浓度大于0.5mg/ml时清除羟自由基的能力与维生素C（VC）相当[5]。4. 护肝 全草的乙醇提取物可降低因异硫氰酸-1-萘酯（ANIT）所致胆汁郁积型黄疸小鼠升高的血清总胆红素（Tbil）、谷丙转氨酶（ALT）及天冬氨酸氨基转移酶（AST），明显降低因硫代乙酰胺（TAA）所致肝损伤小鼠的谷丙转氨酶（$P < 0.01$），明显降低因对D-半乳糖胺（D-GlaN）所致肝损伤小鼠的谷丙转氨酶及天冬氨酸氨基转移酶（$P < 0.05$及$P < 0.01$），亦明显降低肝组织中甘油三酯含量（$P < 0.05$），结果表明给药组小鼠肝脏损伤程度较模型组明显减轻，药液对不同程度肝损伤模型均有一定的防护作用[6]；全草乙醇提取物各剂量组（32.5g/kg、16.3g/kg、8.2g/kg）连续灌胃于四氯化碳所致肝损伤模型小鼠，结果发现药液对四氯化碳所致的谷丙转氨酶、天冬氨酸氨基转移酶的明显升高均有不同程度的降低作用[7]；全草石油醚提取物各剂量对四氯化碳、扑热息痛（APAP）引起小鼠谷丙转氨酶、天冬氨酸氨基转移酶、碱性磷酸酶（ALP）的升高均呈现不同程度的降低作用，并可降低升高的血清甘胆酸（CG）含量[8]。5. 解热利胆 全草乙醇提取的正丁醇部位在32.5g/kg剂量下对蛋白胨造成的致热模型大鼠有明显降温作用，且不同剂量组均可明显增加胆汁流量，明显增加免疫器官重量及指数，增强细胞吞噬功能，明显升高血清溶血素水平，提示药液对大鼠有一定的解热和利胆作用[9]。

【性味与归经】辛，温。

【功能与主治】祛风利湿，清热解毒。用于黄疸，痢疾，砂石淋痛，水肿，疔疮肿毒。

【用法与用量】煎服15～30g；外用鲜品适量，捣烂敷患处。

【药用标准】上海药材1994、贵州药材2003、广西壮药2008和广西药材1990。

【临床参考】1. 急性黄疸型传染性肝炎：全草25g，加车前草15g、金银花藤15g、木贼5g，加水600ml，煎至200～250ml，每天1剂，联合对症治疗[1]。

2. 肾炎：鲜全草 50 ～ 100g，洗净捣烂，揉成团，贴敷脐部，纱布覆盖、包扎，每日 1 次，共 7 ～ 10 日[2]。

3. 慢性胆囊炎：鲜全草 30g，加积雪草 15g，水煎服，连服 10 天。

4. 乳痈：鲜全草适量，捣烂外敷；并用鲜全草 30g，加猪肉适量，炖服。

5. 湿热黄疸：鲜全草 30 ～ 120g，水煎服。（3 方至 5 方引自《浙江药用植物志》）

**【附注】**以荷包草之名载于《本草纲目拾遗》，云："一名肉馄饨草，一名金锁匙，生古寺园砌石间，似地连钱，而叶有皱纹，形如腰包，青翠可爱。"《百草镜》云："二月十月发苗，生乱石缝中，茎细，叶如芡实大，中缺形似挂包馄饨，故名，蔓延贴地逐节生根，极易繁衍，山家阶砌乱石间多有之，四月、十月采，过时无。"即为本种。

服用药材马蹄金时忌盐及辛辣食物。

**【化学参考文献】**


[1] 梁光义，刘玉明，曹佩雪，等 . 民族药马蹄金中多羟基化合物的研究 [J]. 中南药学，2003，1（2）：105-107.

[2] 刘玉明，梁光义，徐必学 . 苗族药马蹄金化学成分的研究 [J]. 天然产物研究与开发，2003，15（1）：15-17.

[3] 刘玉明，梁光义，张建新，等 . 马蹄金化学成分的研究 [J]. 中国药学杂志，2002，37（8）：577-579.

[4] Chou C J，Lin L C，Hsu S Y，et al. Studies on the chemical constituents of *Dichondra micrantha* [J]. 中医药杂志（台湾），1993，4（2）：143-149.

[5] 梁光义，贺祝英，周欣，等 . 民族药马蹄金挥发油的研究 [J]. 贵阳中医学院学报，2002，24（1）：45-47.

[6] 贺祝英，梁光义，任永全，等 . 民族药马蹄金微量元素的研究 [J]. 微量元素与健康研究，2002，19（2）：34-35.


**【药理参考文献】**


[1] 曲莉莎，曾万玲，谢达莎，等 . 马蹄金提取物镇痛、抗炎及抑菌作用的实验研究 [J]. 中国中药杂志，2003，28（4）：374.

[2] 曾万玲，曲丽莎，谢达莎，等 . 马蹄金石油醚提取物的抗炎镇痛作用 [J]. 四川中医，2005，23（8）：24-25.

[3] Sheu M J，Deng J S，Huang M H，et al. Antioxidant and anti-inflammatory properties of *Dichondra repens* Forst. and its reference compounds [J]. Food Chemistry，2012，132（2）：1010-1018.

[4] 吴维，周俐，周茜，等 . 黄疸草抗脂质过氧化作用的实验研究 [J]. 赣南医学院学报，2003，23（6）：611-614.

[5] 李涛，何勇，严寒，等 . 马蹄金叶片黄酮提取条件的优化及其抗氧化活性的研究 [J]. 安徽农学通报，2012，18（11）：29-31.

[6] 曲莉莎，曾万玲，梁光义 . 民族药马蹄金提取物对 D-GlaN、TAA、ANIT 所致小鼠化学性肝损伤的药理作用研究 [J]. 中华中医药杂志，2003，18（2）：84-86.

[7] 曲莉莎，曾万玲，梁光义 . 民族药马蹄金提取物对小鼠肝损伤的保护作用 [J]. 中国医院药学杂志，2003，23（4）：197-199.

[8] 曾万玲，董学新，曲丽莎，等 . 民族药马蹄金石油醚提取物对 $CCl_4$、APAP 致小鼠急性肝损伤的保护作用 [J]. 中药材，2011，34（2）：275-278.

[9] 曲莉莎，曾万玲，梁光义 . 马蹄金的解热利胆作用及其对免疫功能的影响 [J]. 辽宁中医杂志，2003，30（2）：146-147.


**【临床参考文献】**


[1] 月允能 . 复方马蹄金治疗黄疸型传染性肝炎临床报告 [J]. 新医学，1973，（8）：422.

[2] 童美宝，徐宏昌 . 治疗肾炎单方介绍 [J]. 赤脚医生杂志，1976，（11）：17.


## 2. 土丁桂属 *Evolvulus* Linn.

草本、亚灌木或灌木。茎平卧，斜升或直立，通常被丝毛或柔毛。叶小，互生，叶片全缘。花小，单生或多花排列成聚伞、穗状或头状花序，具柄或无柄；萼片 5 枚，等长或近等长，先端渐尖或钝；花冠紫色、蓝色或白色，稀黄色，呈漏斗状、钟状或高脚碟状，冠檐近全缘或 5 裂；雄蕊 5 枚，通常着生于花冠管中部，稀基部着生，内藏或稍伸出，花丝丝状，无毛，花药卵状或长圆状；花盘小或不存在；

子房无毛或有时有毛，通常 2 室，每室有 2 粒胚珠；花柱 2 枚，顶端 2 裂，具圆柱状或棒状的柱头。蒴果球形或卵形，2 ～ 4 瓣裂。种子 1 ～ 4 粒，平滑或稍有瘤，无毛。

约 100 种，主产于热带美洲。中国 2 种，分布于长江以南各省区；法定药用植物 1 种。华东地区法定药用植物 1 种。

## 761. 土丁桂（图 761）• *Evolvulus alsinoides*（Linn.）Linn.

**图 761 土丁桂** 摄影 徐克学等

**【别名】**过饥草、毛将军（福建）。

**【形态】**多年生草本，高 25 ～ 50cm。茎细长，平卧或斜生，被贴生或开展的长柔毛。叶互生，叶片狭卵形、椭圆形或匙形，长 1 ～ 2.5cm，宽 5 ～ 10mm，先端钝或急尖，具小尖头，基部圆形或渐狭，两面被贴生疏柔毛，或表面近无毛；叶柄短或近无柄。花单生或数朵组成聚伞花序，腋生，花序梗细，长 2.5 ～ 3.5cm，被柔毛；花小，花梗通常较萼片长；苞片小，条形或条状披针形，长 1.5 ～ 4mm；萼片披针形，长 3 ～ 4mm，被柔毛；花冠通常淡蓝色，管部白色，冠檐辐状，5 浅裂，直径 5 ～ 8mm；雄蕊 5 枚，内藏，贴生于花冠管基部，花丝丝状，长约 4mm，花药长圆状卵形；子房 2 室，每室有 2 粒胚珠，花柱 2 枚，叉状。蒴果近球状，4 瓣裂，无毛。种子 4 粒或较少，黑色，平滑。花果期 5 ～ 9 月。

**【生境与分布】**生于海拔 300 ～ 1800m 的山坡草地、路旁和灌丛。分布于浙江、安徽、江苏、江西、福建，另广东、广西、贵州、海南、湖北、湖南、青海、四川、台湾、西藏、云南等省区均有分布；非洲东部、亚洲西南部至东南部的热带和亚热带地区也有分布。

**【药名与部位】**毛将军（过饥草），全草。

**【采集加工】**夏、秋二季采收，除去泥土，晾干。

**【药材性状】**根呈圆柱形而弯曲。全株被白色长毛。茎纤细，长 15 ～ 40cm，叶互生，多卷缩，易破碎，完整叶展平后呈椭圆形或狭卵形，灰绿色或棕褐色，几无柄。花腋生，淡棕色，总花梗细长。蒴果，淡黄色，花萼宿存。气微，味微涩。

**【药材炮制】**拣去杂质，抢水洗净，沥干，切段，晒干。

**【化学成分】**地上部分含色酮类：土丁桂色原酮 *（alsinoideschromone）[1]；脂肪酸酯类：十八碳 -9-烯酸辛酯（octyl octadec-9-enoate）、十八碳 -9- 烯酸壬酯（nonyl octadec-9-enoate）、十八碳 -9, 12- 二烯酸十二酯（dodecanyl octadec-9, 12-dienoate）和十六碳 -9- 烯酸二十四酯（tetracosanyl hexadec-9-enoate）[1]；甾体类：豆甾 -5, 22- 二烯 -3β- 醇（stigmast-5, 22-dien-3β-ol）和豆甾 -5- 烯 -3β- 醇（stigmata-5-en-3β-ol）[1]；烷烃及醇类：三十六烷（hexatriacontane）和二十七烷 -14β- 醇（heptacosan-14β-ol）[1]。

全草含黄酮类：土丁桂酮苷 *C、D、E（evolvoside C、D、E）、牡荆素（vitexin）、山柰酚 -3, 7- 二 -*O*-β-D-吡喃葡萄糖苷（kaempferol-3, 7-di-*O*-β-D-glucopyranoside）、山柰酚 -3-*O*-β-D- 吡喃葡萄糖基 -（1 → 6）-β-D- 吡喃葡萄糖苷［kaempferol-3-*O*-β-D-glucopyranosyl-（1 → 6）-β-D-glucopyranoside］、山柰酚 3-*O*-β-D- 吡喃葡萄糖基 -7-*O*-α-L- 吡喃鼠李糖苷（kaempferol-3-*O*-β-D-glucopyranosyl-7-*O*-α-L-rhamnopyranoside）[2]，山柰酚 4′-*O*-β-D- 吡喃葡萄糖基 -（1 → 2）-β-D- 吡喃葡萄糖苷［kaempferol-4′-*O*-β-D-glucopyranosyl-（1 → 2）-β-D-glucopyranoside］、山柰酚 -4′-*O*-α-L- 吡喃鼠李糖基 -（1 → 6）-β-D- 吡喃葡萄糖苷［kaempferol-4′-*O*-α-L-rhamnopyranosyl-（1 → 6）-β-D-glucopyranoside］、槲皮素 -7-*O*-β-D- 吡喃葡萄糖苷（quercetine-7-*O*-β-D-glucopyranoside）、山柰酚 -3-*O*-α-L- 吡喃鼠李糖基 -（1 → 6）-β-D- 吡喃葡萄糖苷［kaempferol-3-*O*-α-L-rhamnopyranosyl-（1 → 6）-β-D-glucopyranoside］、山柰酚 -3-*O*-β-D- 吡喃葡萄糖苷（kaempferol-3-*O*-β-D-glucopyranoside）、槲皮素 -3-*O*-β- 葡萄糖苷（quercetin-3-*O*-β-glucoside）[3] 和山柰酚 -7-*O*-β- 吡喃葡萄糖苷（kaempferol-7-*O*-β-glucopyranoside）[4]；香豆素类：伞形酮（umbelliferon）[2]，东莨菪内酯（scopoletin）、东莨菪苷（scopolin）[2]，7- 羟基 -6- 甲氧基香豆素（7-hydroxy-6-methoxycoumarin）[3] 和 6-甲氧基香豆素 -7-*O*-β- 吡喃葡萄糖苷（6-methoxycoumarin-7-*O*-β-glucopyranoside）[4]；生物碱类：甜菜碱（betaine）和山科皮素 *（shankpushpin）[2]；甾体类：β- 谷甾醇（β-sitosterol）[2]；三萜类：羽扇豆醇（lupeol）[3] 和角鲨烯（squalene）[5]；烷烃类：三十烷（triacontane）和三十五烷 pentatriacontane[2]；脂肪酸类：油酸（oleic acid）、十八烷酸（octadecanoic acid）和 L-（+）- 抗坏血酸 -2, 6- 二棕榈酸酯［L-（+）-ascorbic acid-2, 6-dihexadecanoate］[5]；挥发油类：石竹烯（caryophyllene）等 [5]；苯丙素类：2, 3, 4- 三羟基 -3-甲基丁基 -3-［3- 羟基 -4-（2, 3, 4- 三羟基 -2- 甲基丁氧基）- 苯基］-2- 丙烯酯 {2, 3, 4-trihydroxy-3-methylbutyl-3-［3-hydroxy-4-（2, 3, 4-trihydroxy-2-methylbutoxy）-phenyl］-2-propenoate}、1, 3- 二 -*O*- 咖啡酰奎宁酸甲酯（1, 3-di-*O*-caffeoylquinic acid methyl ester）和反式咖啡酸（*trans*-caffeic acid）[4]；多元醇类：2-*C*- 甲基赤藓醇（2-*C*-methylerythritol）[4]。

**【药理作用】**1. 抗菌　全草的乙醇提取物对铜绿假单胞菌和大肠杆菌的生长均有一定的抑制作用 [1]；全株的甲醇提取物对金黄色葡萄球菌、蜡状芽孢杆菌、大肠杆菌、肺炎克雷伯菌和鼠伤寒沙门氏菌的生长均有抑制作用，且在 512.5mg/ml 时对革兰氏阴性菌比革兰氏阳性菌有更明显的抑制作用 [2]。2. 改善记忆　全草的水提取物通过阿尔茨海默病类型的痴呆小鼠实验中发现给药后的小鼠在开放性场所行为评估和水迷宫实验中均比给药前有较好的表现 [3]；全草的乙醇和乙酸乙酯部位在 100mg/kg 和 200mg/kg 的口服剂量下使用 Cook 和 Weidley 的极点攀爬装置，被动回避范例和主动回避的益智活动测试中均显著改善了大鼠的学习和记忆，且这些剂量可显著逆转东莨菪碱诱导的健忘症 [4, 5]。3. 抗氧化　叶的己烷、三氯甲烷、乙酸乙酯、丁醇和甲醇提取物对 1, 1- 二苯基 -2- 三硝基苯肼（DPPH）自由基具有较好的清除作用，按清除作用大小排列依次为乙酸乙酯（0.1mg/ml）、己烷（0.140mg/ml）、三氯甲烷（0.245mg/ml）、丁醇（0.44mg/ml）[6]。4. 抗焦虑 叶乙醇提取的乙酸乙酯部位通过大鼠、小鼠的迷宫实验、露天野外探索行为和旋转棒性能试验观察，显示有一定的抗焦虑作用[7]。

**【性味与归经】**微甘、苦，微温。归肝、脾、肾经。

**【功能与主治】**健脾止泻，益肾固精。用于久痢，劳倦乏力，头晕、咳嗽、遗尿、滑精、白带，小儿疳积。

**【用法与用量】**煎服 3 ～ 9g，鲜品 30 ～ 60g；或捣汁饮；外用捣敷或煎水洗。

**【药用标准】**福建药材 2006。

**【临床参考】**1. 久痢：鲜全草 30g，加红糖 15g，水煎服。

2. 疳积：鲜全草 15 ～ 30g，加鸡肝 1 只，水炖，食肝服汤。

3. 淋症：全草 30g，加车前草 15g，六月雪 15g，水煎服。

4. 肾虚滑精：鲜全草 60g，水煎服。

5. 白带：鲜全草 30g，加银杏 15 ～ 21g，水煎服。（1 方至 5 方引自《浙江药用植物志》）

**【化学参考文献】**

［1］Akhtar M S，Kaskoos R A，Mir S R，et al. New chromone derivative from *Evolvulus alsinoides* Linn. aerial parts［J］. J Saudi Chem Soc，2009，13（2）：191-194.

［2］Gupta P，Sharma U，Gupta P，et al. Evolvosides C-E，flavonol-4′-*O*-triglycosides from *Evolvulus alsinoides* and their anti-stress activity［corrected］［J］. Bioorg Med Chem，2013，21（5）：1116-1122.

［3］Kumar M，Ahmad A，Rawat P，et al. Antioxidant flavonoid glycosides from *Evolvulus alsinoides*［J］. Fitoterapia，2010，81（4）：234-242.

［4］Gupta P，Akanksha，Siripurapu K B，et al. Anti-stress constituents of *Evolvulus alsinoides*：an ayurvedic crude drug［J］. Chem Pharm Bull，2007，55（5）：771-775.

［5］Gomathi Rajashyamala L，Elango V. Identification of bioactive components and its biological activities of *Evolvulus alsinoides* Linn. -A GC-MS study［J］. Int J Chem Stud，2015，3（1）：41-44.

**【药理参考文献】**

［1］Dash G K，Suresh P，Sahu S K，et al. Evaluation of *Evolvulus alsinoides* Linn. for anthelmintic and antimicrobial activities［J］. Journal of Natural Remedies，2002，2（2）：182-185.

［2］Moghadam N S，Anil H V，Laksmikanth R N，et al. Anti bacterial and anti oxidant activities of *Evolvulus alsinoides* Linn.［J］. Iosr Journal of Pharmacy & Biological Sciences，2017，12（1）：83-86.

［3］Hanish J C，Muralidharan P，Narsimha R Y，et al. Anti-amnesic effects of *Evolvulus alsinoides* Linn. in amyloid β（25-35）induced neurodegeneration in mice［J］. Pharmacologyonline，2009，1：70-80.

［4］Nahata A，Patil U K，Dixit V K. Effect of *Evolvulus alsinoides* Linn. on learning behavior and memory enhancement activity in rodents［J］. Phytotherapy Research，2010，24（4）：486-493.

［5］Siripurapu K B，Gupta P，Bhatia G，et al. Adaptogenic and anti-amnesic properties of *Evolvulus alsinoides*，in rodents［J］. Pharmacol Biochem Behav，2005，81（3）：424-432.

［6］Vijayalakshmi N，Preethi K，Sasikumar J M. Antioxidant properties of extracts from leaves of *Evolvulus alsinoides* Linn［J］. Free Radicals & Antioxidants，2011，1（1）：61-67.

［7］Nahata A，Patil U K，Dixit V K. Anxiolytic activity of *Evolvulus alsinoides* and *Convulvulus pluricaulis* in rodents［J］. Pharmaceutical Biology，2009，47（5）：444-451.

## 3. 打碗花属 *Calystegia* R. Br.

匍匐或缠绕草本。植株通常无毛，有时被短柔毛。叶箭形或戟形，全缘或有分裂。花单生于叶腋，稀为少花的聚伞花序；苞片 2 枚，叶状，卵形或椭圆形，紧贴萼外，宿存。萼片 5 枚，近等长，卵形或长圆形，宿存；花冠通常漏斗状或钟状，白色或粉红色，冠檐有不明显的 5 浅裂，外面具 5 条明显的瓣中带；雄蕊 5 枚，贴生于花冠管，内藏；子房 1 室或不完全 2 室，胚珠 4 粒；花柱 1 枚，柱头常 2 裂。

蒴果球状或卵球状，4 瓣裂。种子 4 粒，无毛。

约 25 种，分布于温带和热带。中国约 6 种，分布于南北各省区；法定药用植物 1 种。华东地区法定药用植物 1 种。

## 762. 打碗花（图 762）• *Calystegia hederacea* Wall.ex.Roxb.（*Convovulus scammonia* Linn.）

**图 762　打碗花**　　摄影　李华东等

**【别名】**兔耳草、富苗秧、傅斯劳草（江苏），扶苗、抚子苗（山东），胶旋花。

**【形态】**一年生草本。全体无毛。根白色。茎细长，有细棱，常自基部分枝，缠绕或匍匐。叶互生；基生叶长圆形，长 2 ～ 5.5cm，宽 1 ～ 2.5cm，顶端圆，基部戟形；上部叶片通常 3 裂，呈三角形或戟形，基部心形或微凹，中裂片长圆形或长圆状披针形，侧裂片近三角形，全缘或 2 ～ 3 裂；叶柄长 1.5 ～ 6cm。花单生叶腋；花梗较叶柄长，具细棱；苞片 2 枚，紧贴花萼外，卵形或宽卵形，宿存。萼片 5 枚，较苞片略短，长圆形，顶端钝，具小短尖头；花冠通常淡粉红色，呈漏斗状，长 2 ～ 3.5cm，冠檐近截形或微裂，外面 5 条瓣中带明显；雄蕊 5 枚，近等长，不伸出花冠外，花丝基部扩大，有细鳞毛，子房光滑，花柱细，柱头2裂。蒴果卵球状，长约1cm，光滑，宿萼与之近等长。种子黑褐色，表面有小疣。花果期5～10月。

**【生境与分布】**生于农田、路旁和荒地，垂直分布可达3500m。分布于华东各省，另中国东北、西北、华中、华南、西南等地均有分布；非洲及亚洲其他地区也有分布。

**【药名与部位】**司卡摩尼亚脂，根部乳状渗出物的干燥加工品。

**【药材性状】**通常呈扁平的块状，直径10～15cm，厚约1.5cm，表面暗灰色至棕黑色，有灰色粉尘，质脆，易破碎，新鲜破碎面带有光泽，树脂状并具有细孔，呈暗棕色至褐黑色。气似乳酪，味极辣。近年英国进口品均制成圆柱形，长约18cm，直径约2cm，重约100g。

**【化学成分】**根含香豆素类：异莨菪内酯（*iso*-scopoletin）[1]；氨基酸类：L-天冬氨酸（L-Asp）[1]；甾体类：β-谷甾醇（β-sitosterol）[1]；糖类：蔗糖（sucrose）[1]；二萜类：非洲防己苦素（columbin）[2]。

叶含黄酮类：山柰酚-3-*O*-吡喃半乳糖苷（kaempherol-3-*O*-galactopyranoside）[3]。

花冠含黄酮类：矢车菊素-3-*O*-吡喃葡萄糖苷（cyanidin-3-*O*-glucopyranoside）、矢车菊素-3-*O*-芸香糖苷（cyanidin-3-*O*-rutinoside）和矢车菊素-3-*O*-（6-丙二酰基）吡喃葡萄糖苷［cyanidin-3-*O*-（6-malonyl）glucopyranoside］[4]。

**【性味与归经】**三级热、二级末干（维医），有毒。

**【功能与主治】**消除异常体液，开通湿寒气阻，通便利水健胃。用于关节疼痛，水肿便秘，胃弱食少，毒蛇咬伤，目疾炎肿，头晕头痛。

**【用法与用量】**0.2～0.6g。

**【药用标准】**部标维药1999。

**【临床参考】**1. 跖疣、手足部寻常疣：鲜茎叶适量，清水冲洗干净，捣烂或取其茎叶中乳白色液体浸透3～5层纱布，加压敷贴疣体表面，最外层及周围用纱布密封固定，每隔24～48h换药一次，连续治疗至疣体全部自然脱落[1]。

2. 乳汁不下、白带：根状茎30～60g，猪肉适量，炖熟，食肉服汤。

3. 龋齿疼痛、风火牙痛：鲜花1g，捣烂，白胡椒0.3g，研细粉，两药混匀，塞入蛀孔或放牙痛处咬紧，几分钟后吐出漱口，1次不愈，可再用1次。（3方、4方引自《浙江药用植物志》）

**【附注】**以葍子根之名始载于《救荒本草》，云："生平泽中，今处处有之。延蔓而生，叶似山药叶而狭小。开花状似牵牛花，微短而圆，粉红色。其根甚多，大者如小筋粗，长一二尺，色白。味甘，性温。"所述特征应为本种。《滇南本草》所载蒲（铺）地参，又名打破碗，又名盘肠参。考证亦为本种。

药材司卡摩尼亚脂孕妇忌用。

**【化学参考文献】**

［1］高晓霞，张立伟．打碗花根化学成分初步研究［J］．新疆大学学报，2007，24（增刊）：1.

［2］Huang W Y，Chu J H. Study of the neutral principle from the Chinese drug，Chin-Kuo-Lan，*Calystegia hederacea*［J］. Hua Hsueh Pao，1957，23：210-214.

［3］Hattori S，Shimokoriyama M. Flavonic glycosides of the leaves of *Calystegia japonica* and *C. hederacea*［J］. Bulletin de la Societe de Chimie Biologique，1956，38：921-922.

［4］Tatsuzawa F，Mikanagi Y，Saito N. Flower anthocyanins of *Calystegia* in Japan［J］. Biochem Syst Ecol，2004，32（12）：1235-1238.

**【临床参考文献】**

［1］褚京津，王刚生，郭文友．打碗花治疗跖疣及寻常疣40例［J］．中西医结合杂志，1990，（11）：693.

## 4. 番薯属 *Ipomoea* Linn.

草本或灌木。茎常缠绕，有时平卧或直立，很少漂浮于水上。叶互生，叶片全缘或有各式分裂，通常具叶柄。花单生，或组成聚伞花序、伞形至头状花序，腋生，具苞片；花萼5裂，裂片卵形，通常等大，结果时多少增大；花冠漏斗状或钟状，冠檐呈5角形或多少5浅裂；雄蕊5枚，内藏，不等长，花丝丝状或基部宽扁，有毛，花药卵形至条形，有时扭转；子房 2 ～ 4 室，胚珠 4 粒，花柱 1 枚，线状，内藏，柱头头状或 2 浅裂。蒴果球状或卵球状，常 4 瓣裂。种子无毛或有毛。

约 300 种，主要分布于热带至暖温带地区。中国约 20 种，主产于华南和西南；法定药用植物 3 种。华东地区法定药用植物 1 种。

## 763. 番薯（图 763）• *Ipomoea batatas*（Linn.）Lam.

**图 763　番薯**　　摄影　高惠然等

【别名】白薯、红薯、山芋、地瓜、甘薯。

【形态】一年生草本。块根通常呈圆球状、椭圆状或纺锤状。茎平卧或上升，多分枝，茎节易生不定根。叶片形状、颜色常因品种而异，通常为宽卵形，长 4 ～ 13cm，宽 3 ～ 13cm，基部心形或近于平截，顶端渐尖，全缘或 3 ～ 5（7）裂，裂片宽卵形、三角状卵形或条状披针形；叶柄长短不一，长 2.5 ～ 20cm。聚伞花序腋生，有花 1 朵、3 朵或 7 朵，花序梗长 2 ～ 10.5cm；苞片小，早落；萼片长圆形或椭圆形，不等长，顶端骤然成芒尖状；花冠粉红色、白色、淡紫色或紫色，钟状或漏斗状，长 3 ～ 4cm。雄蕊及花柱内藏，花丝基部被毛；子房 2 ～ 4 室，被毛或有时无毛。蒴果卵球状或扁圆球状，有假隔膜分为 4 室。种子 1 ～ 4 粒，通常 2 粒，无毛。

【生境与分布】常生于平地或山坡。原产于热带美洲中部，全国各地广泛栽培，以西南各省区更多，现已广泛栽培于全球的热带至暖温带地区。

**【药名与部位】**番薯，新鲜块根。番薯藤，地上部分。

**【采集加工】**番薯：秋、冬二季采收，洗净。番薯藤：秋、冬二季茎叶茂盛时采割，除去泥沙，干燥。

**【药材性状】**番薯：呈纺锤形、长圆形或不规则块状，长 8 ～ 30cm，直径 4 ～ 20cm。表面淡紫红色、黄白色，有须根痕。断面黄白色或淡粉红色。质坚脆。气微，味甘。

番薯藤：茎呈扁圆柱形或圆柱形，略扭曲，有的分支，长 20 ～ 150cm，直径 0.3 ～ 0.5cm。表面淡棕色至棕褐色，有纵纹。质硬，易折断，断面髓部多中空。叶互生，多皱缩，完整叶片展开后呈宽卵形或心状卵形，长 5 ～ 11cm，宽 5 ～ 10cm；全缘或分裂，顶端渐尖，基部截形至心形；上表面灰绿色或棕褐色，下表面色较浅，主脉明显；叶柄长 5 ～ 15cm。有的带花，花紫红色或白色；蒴果少见。气微，味甘，微涩。

**【药材炮制】**番薯藤：除去杂质，洗净，切段，干燥，筛去灰屑。

**【化学成分】**藤茎含黄酮类：7, 3′, 4′- 三甲氧基槲皮素（7, 3′, 4′-trimethoxyquercetin）[1]；氨基酸类：赖氨酸（Lys）、组氨酸（His）、精氨酸（Arg）和天冬氨酸（Asp）等[1]；挥发油类：石竹烯（caryophyllene）、大根香叶烯（germacrene）、1- 乙烯基 -1- 甲基 -2, 4- 二（1- 甲基乙烯基）环已烷［1-vinyl-1-methyl-2, 4-di（1-methylvinyl）cyclohexane］、3, 7- 二甲基 -1, 6- 十八二烯 -3- 醇（3, 7-dimethyl-1, 6-octadecadien-3-ol）、糠醛（furfural）和α- 石竹烯（α-caryophyllene）等[2]；二元羧酸类：延胡索酸（fumaric acid）和琥珀酸（succinic acid）[1]；苯丙素类：桂皮酸（cinnamic acid）、阿魏酸（ferulic acid）和香草酸（vanillic acid）[3]。

叶含黄酮类：樱草苷（hirsutrin）[4]，银锻苷（tiliroside）、紫云英苷（astragalin）、鼠李柠檬素（rhamnocitrin）、鼠李素（rhamnetin）、山柰酚（kaempferol）、槲皮素 -3-*O*-β-D- 葡萄糖苷（quercetin-3-*O*-β-D-glucoside）[4, 5]，山柰酚 -3-β-D- 吡喃葡萄糖苷（kaempferol-3-β-D-glucopyranoside）、3, 4′, 5- 三羟基 -7- 甲氧基黄酮（3, 4′, 5-trihydroxy-7-methoxyflavone）[5]，槲皮素（quercetin）[6]，商陆黄素（ombuin）、槲皮苷（quercitrin）、山柰酚 -4′, 7- 二甲醚（kaempferol-4′, 7-dimethyl ether）和槲皮素 -3′, 4′, 7- 三甲醚（quercetin-3′, 4′, 7-trimethyl ether）[7]；苯丙素类：2, 4- 二羟基苯丙烯酸（2, 4-dihydroxybenzene acrylic acid）[4]，反式 - 咖啡酸（*trans*-caffeic acid）、绿原酸（chlorogenic acid）、3, 4- 二 - 反式 - 咖啡酰奎尼酸（3, 4-di-*trans*-caffeoylquinic acid）、3, 5- 二 - 反式 - 咖啡酰奎尼酸（3, 5-di-*trans*-caffeoylquinic acid）、4, 5- 二 - 反式 - 咖啡酰奎尼酸（4, 5-di-*trans*-caffeoylquinic acid）、3, 4, 5- 三 - 反式 - 咖啡酰奎尼酸（3, 4, 5-tri-*trans*-caffeoylquinic acid）[8]，咖啡酰乙酸酯（ethyl caffeate）[9]，枸橼苦素 C（citrusin C）[10]，咖啡酸十八烷酯（octadecyl caffeate）和 2, 4- 二羟基桂皮酸（2, 4-dihydroxycinnamic acid）[11]；生物碱类：1, 2, 3, 4- 四氢 -β- 咔啉 -3- 羧酸（1, 2, 3, 4-tetrahydro-β-carboline-3-carboylic acid）[10]；烷烃类：正二十四烷（*n*-tetracosane）[6]；烷醇及脂肪酸类：十四烷酸（myristic acid）[6]，三十烷醇（*n*-triacontanol）[9]，棕榈酸（palmitic acid）、亚麻油酸（linoleic acid）和 12, 15- 十八碳二烯酸（12, 15-octadecadienoic acid）等[12]；甾体类：β- 谷甾醇（β-sitosterol）和胡萝卜苷（daucosterol）[9, 11]；色素类：β- 胡萝卜素（β-carotene）[6]；香豆素类：东莨菪内酯（scopoletin）[9, 11]；三萜类：β- 香树醇乙酸酯（β-amyrin acetate）、木栓酮（friedelin）[9, 11]和表木栓醇（epifriedelanol）[9]；酚类：2, 4- 二 - 叔丁基苯酚（2, 4-di-*tert*-butylphenol）[13]；挥发油：大牻牛儿烯 B、D（germacrene B、D）、丁香烯（caryophyllene）、正十六烷酸（*n*-hexadecanoic acid）、γ- 木萝烯（γ-muurolene）、β- 丁香烯环氧化物（β-caryophyllene epoxide）[14]，β- 丁香烯（β-caryophyllene）、松香二烯（abietadiene）、松香 -8, 11, 13- 三烯（abieta-8, 11, 13-triene）、匙叶桉油烯醇（spathulenol）、顺式 - 香桧烯（*cis*-sabinene）和 *trans*-（*Z*）-α- 佛手醇［*trans*-（*Z*）-α-bergamotol］等[15]；元素：钾（K）、磷（P）、镁（Mg）、铁（Fe）、铜（Cu）和锰（Mn）等[16]。

块根含香豆素类：东莨菪内酯（scopoletin）[17]；苯丙素类：咖啡酸（caffeic acid）和咖啡酸十八烷酯（octadecyl caffeate）[17]；三萜类：乙酰 -β- 香树脂醇（β-amyrin acetate）[17]和表木栓醇（epifriedelanol）[18]；树脂糖苷类：番薯素苷 * Ⅰ（batatinoside Ⅰ）[17]，番薯树脂素 * Ⅳ（simonin Ⅳ）[18]，雾岛紫甘薯树脂糖

苷*Ⅰ、Ⅱ、Ⅲ、Ⅳ(murasakimasarin Ⅰ、Ⅱ、Ⅲ、Ⅳ)、番薯糖苷Ⅳ(batatoside Ⅳ)、番薯树脂素*Ⅱ(simonin Ⅱ)和番薯素苷*Ⅳ(batatinoside Ⅳ)[19]；蛋白质类：甘薯糖蛋白(SPG)[20]和番薯蛋白素*A、B(sporamin A、B)[21]；花色苷类：矢车菊素(cyanidin)和芍药素(peonidin)等[22]。

【药理作用】1. 抗氧化　茎、叶柄和叶的乙醇浸提液对1, 1-二苯基-2-三硝基苯肼(DPPH)自由基的清除率均在85%以上，叶柄的清除作用最强，叶次之，茎的作用稍差[1, 2]；叶柄和叶的乙醇、水和乙酸乙酯提取物对1, 1-二苯基-2-三硝基苯肼自由基的清除作用均大于同等浓度的维生素C；30%和40%的乙醇洗脱物有较强的抗氧化能力、清除羟自由基(·OH)和超氧阴离子自由基($O_2^-$·)的作用，且水和10%乙醇洗脱物对脂质过氧化有较好的清除作用[3]；干燥或新鲜块根70%的乙醇浸提物对1, 1-二苯基-2-三硝基苯肼自由基、羟自由基和超氧阴离子自由基的清除率分别为86.81%、84.59%、75.06%和80.34%、66.23%、53.32%[4]。2. 抗菌　茎叶75%乙醇浸提物和多糖成分对志贺氏杆菌、金黄色葡萄球菌、大肠杆菌、葡枝根霉和黑曲霉的生长均有不同程度的抑制作用[5, 6]。3. 抗突变　干燥或新鲜块根浸提的活性多糖通过鼠伤寒沙门氏菌营养缺陷型回复突变试验(Ames试验)发现当其剂量为20mg/平皿时对菌株2-氨基芴(2-AF)、苯并芘(B〔a〕p)和黄曲霉毒素($AFB_1$)的致突变性抑制率均达到70%以上，并呈明显的剂量-效应关系[7]。4. 抗肿瘤　地上部分提取的黄酮类物质对人早幼粒白血病HL-60细胞、人低分化胃腺癌BGC-823细胞、人肝癌SMMC-7721细胞和人肺癌A549细胞这四种瘤株均表现出了显著的抑制作用，尤其在20μg/ml浓度时对人早幼粒白血病HL-60细胞的抑制率可达70.95%[8]，对S180荷瘤小鼠的S180肉瘤生长也有明显的抑制作用[8, 9]；干燥或新鲜的去皮块根水提醇沉提取的粗多糖对H22实体瘤小鼠具有明显的抑制作用($P < 0.05$)，对H22腹水瘤小鼠具有明显的延长存活期作用($P < 0.05$)，并能明显增加H22实体瘤小鼠的脾脏指数、胸腺指数($P < 0.05$或$P < 0.01$)，明显增强H22实体瘤小鼠的腹腔巨噬细胞活性($P < 0.01$)[10]；块根中提取的多糖对移植性B16黑色素瘤、Lewis肺癌、HeLa、HepG2、SGC7901和SW620肿瘤细胞的生长均有明显的抑制作用[11-13]；块根中提取的多糖对乳腺癌K562和Hca-f实体瘤具有显著的抑制作用，其抑制率可达75%($P < 0.01$)，而对自然细胞无伤害，其作用机理为甘薯多糖首先特异性结合肿瘤细胞受体，而后通过激活机体免疫系统抑制肿瘤细胞[14]。5. 免疫调节　块根中提取的多糖在50mg/kg剂量下能显著增加淋巴细胞数量和血清IgG浓度($P < 0.05$)，而150mg/kg和250mg/kg剂量组所有的免疫指标均显著升高($P < 0.01$或$P < 0.05$)，由此推断其多糖对小鼠的吞噬细胞功能、溶血活性和血清IgG浓度的作用表现为剂量依赖性，而对淋巴细胞数量和自然杀伤细胞活性的作用是非剂量依赖性[15]。6. 降血糖　茎叶多糖提取物对四氧嘧啶所致糖尿病小鼠具有显著的降血糖作用，而且具有体外抑制α-葡萄糖苷酶活性的作用，但均弱于阿卡波糖[16]；块根中提取的多糖对链脲佐菌素(STZ)诱导的糖尿病大鼠可显著提高肝糖原合成能力，增强还原型谷胱甘肽(GSH)和总抗氧化(T-AOC)活性，降低糖尿病大鼠血糖及血清中糖化血清蛋白(GSP)、胆固醇(TC)、甘油三酯(TG)和丙二醛(MDA)的含量[17]。

【性味与归经】番薯：甘，平。归脾、肾经。番薯藤：甘、涩，微凉。

【功能与主治】番薯：补中和血，益气生津。用于宽肠胃，通便秘。番薯藤：清热解毒，消肿止痛，止血。用于各种毒蛇咬伤，痈疮，吐泻，便血，崩漏，乳汁不通。

【用法与用量】番薯：生用或煮食；外用捣敷。番薯藤：煎服15～24g；外用适量。

【药用标准】番薯：山东药材2012。番薯藤：湖南药材2009。

【临床参考】1. 大肠湿热、湿热黄疸辅助治疗：块根、茎60%，加大米40%，常法煮饭，作为每日三餐主食，服用半年[1]。

2. 产妇便秘：块根、茎200g，产后6h内进食，蒸、煮、烤以各自喜好为宜，每天进食[2]。

3. 胃及十二指肠溃疡出血：块根研粉，每天3次，第一次服125g，以后服60g，温开水调匀服。

4. 崩漏：鲜茎60g，烧炭存性，冲甜酒服。

5. 无名肿毒：鲜茎、红糖各适量，捣烂，包敷患处。(3方至5方引自《浙江药用植物志》)

【附注】本种在《闽书》中已有记载，云："番薯，万历中闽人得之外国。瘠土砂砾之地，皆可以种。其茎叶蔓生，如瓜蒌、黄精、山药、山蓣之属，而润泽可食。中国人截取其蔓咫许，剪插种之。"《农政全书》云："薯有二种，其一名山薯，闽、广故有之，其一名番薯，则土人传云，近年有人在海外得此种，因此分种移植，略通闽、广之境也。……，今番薯扑地传生，枝叶极盛，若于高仰沙土，深耕厚壅，大旱则汲水灌之，无患不熟。"以上两书所述之番薯，即为本种。

药材番薯易致湿阻中焦，气滞食积者慎服。凡时疫疟痢肿胀等症患者皆忌之。

番薯的梗和茎实为同一部位，按规范应称茎，【药理作用】参考文献［1］和参考文献［2］中所指的茎，据分析应为叶柄，故本书把参考文献中的梗、茎按规范分别改为茎、叶柄。

【化学参考文献】

［1］刘法锦，金功兰．番薯藤化学成分的研究［J］．中国中药杂志，1991，16（9）：551-552.

［2］李铁纯，回瑞华，侯冬岩．番薯藤挥发性化学成分的分析［J］．鞍山师范学院学报，2004，6（6）：53-55.

［3］Choi M S，Park J H，Min J Y，et al. Efficient release of ferulic acid from sweet potato（*Ipomoea batatas*）stems by chemical hydrolysis［J］. Biotechnol Bioprocess Eng，2008，13（3）：319-324.

［4］尹永芹，沈志滨，孔令义．巴西甘薯叶成分研究［J］．时珍国医国药，2008，19（11）：2603-2604.

［5］罗建光，孔令义．巴西甘薯叶黄酮类成分的研究［J］．中国中药杂志，2005，30（7）：516-518.

［6］吕玲玉，史高峰，李春雷，等．甘薯叶化学成分研究［J］．中药材，2009，32（6）：896-897.

［7］向仁德，丁健辛，韩英，等．引种的巴西甘薯叶化学成分研究［J］．中草药，1994，25（4）：179-181.

［8］怡悦．甘薯叶中的酚类化合物［J］．国外医学（中医中药分册），2004，26（1）：51.

［9］罗建光，孔令义．巴西甘薯叶亲脂性成分研究［J］．天然产物研究与开发，2005，17（2）：166-168.

［10］尹永芹，沈志滨，孔令义，等．巴西甘薯叶化学成分研究［J］．中药材，2008，31（10）：1501-1503.

［11］尹永芹，罗建光，孔令义，等．甘薯的化学成分研究［J］．中草药，2007，38（4）：508-510.

［12］韩英，向仁德．甘薯叶的挥发性化学成分的研究［J］．天然产物研究与开发，1992，4（3）：39-41.

［13］Choi S J，Kim J K，Kim H K，et al. 2，4-Di-tert-butylphenol from sweet potato protects against oxidative stress in PC12 cells and in mice［J］. J Med Food，2013，16（11）：977-983.

［14］Wang M，Xiong Y H，Zeng M M，et al. GC-MS Combined with chemometrics for analysis of the components of the essential oils of sweet potato leaves［J］. Chromatographia，2010，71（9/10）：891-897.

［15］Ogunmoye A R O，Adebayo M A，Inikpi E，et al. Chemical constituents of essential oil from the leaves of *Ipomoea batatas* L.（Lam.）［J］. International Research Journal of Pure and Applied Chemistry，2015，7（1）：42-48.

［16］黄亮华，郭碧瑜．台湾番薯叶营养成分及硝酸盐含量分析［J］．南方园艺，2006，17（1）：33-34.

［17］尹永芹，沈志滨，孔令义．番薯块根化学成分研究［J］．中药材，2012，35（6）：913-917.

［18］尹永芹，孔令义．甘薯的化学成分［J］．中国天然药物，2008，6（1）：33-36.

［19］Ono M，Teramoto S，Naito S，et al. Four new resin glycosides，murasakimasarin I-IV，from the tuber of *Ipomoea batatas*［J］. Journal of Natural Medicines，2018，72（3）：784-792.

［20］李亚娜，林永成，余志刚．甘薯糖蛋白的分离、纯化和结构分析［J］．华南理工大学学报：自然科学版，2004，32（9）：59-62.

［21］Maeshima M，Sasaki T，Asahi T. Characterization of major proteins in sweet potato tuberous roots［J］. Phytochemistry，1985，24（9）：1899-1902.

［22］朱洪梅，赵猛．紫甘薯花色苷的组分及抗氧化活性研究［J］．林产化学与工业，2009，29（1）：39-45.

【药理参考文献】

［1］曾晖．不同产地红薯梗、茎、叶提取物的抗氧化性能研究［J］．神经药理学报，2010，27（5）：25-27.

［2］田迪英．红薯梗、茎、叶提取物抗氧化活性研究［J］．食品研究与开发，2006，27（6）：143-144.

［3］蒋超，陆军，林莉莉，等．红薯茎叶提取物抗氧化性的研究［J］．中国食品学报，2010，10（5）：74-77.

［4］许钢．红薯中黄酮提取及抗氧化研究［J］．食品与生物技术学报，2007，26（4）：22-27.

［5］张锡彬，张彧，高荫榆，等．红薯茎叶黄酮提取物抑菌活性的研究［J］．食品科技，2008，33（1）：156-159.

［6］张彧，高荫榆，张锡彬，等．红薯茎叶多糖提取物抑菌活性的研究［J］．食品与机械，2007，23（5）：89-91.

[7] 阚建全，王雅茜，陈宗道，等. 甘薯活性多糖抗突变作用的体外实验研究［J］. 中国粮油学报，2001，16（1）：23-27.
[8] 罗丽萍，高荫榆，洪雪娥，等. 甘薯叶柄藤类黄酮的抗肿瘤作用研究［J］. 食品科学，2006，27（8）：248-250.
[9] 叶小利，李学刚，李坤培. 紫色甘薯多糖对荷瘤小鼠抗肿瘤活性的影响［J］. 西南师范大学学报（自然科学版），2005，30（2）：333-336.
[10] 刘主，刘国凌，朱必凤，等. 甘薯多糖的抗肿瘤研究［J］. 食品研究与开发，2006，27（8）：28-31.
[11] 赵婧. 紫心甘薯多糖的分离及组分抑癌活性研究［J］. 浙江大学学报（医学版），2011，40（4）：365-373.
[12] Wu Q，Qu H，Jia J，et al. Characterization，antioxidant and antitumor activities of polysaccharides from purple sweet potato［J］. Carbohydrate Polymers，2015，132：31-40.
[13] 赵国华，李志孝，陈宗道. 甘薯多糖 SPPS-I-Fr-II 组分的结构与抗肿瘤活性［J］. 中国粮油学报，2003，18（3）：59-61.
[14] Tian C，Wang G. Study on the anti-tumor effect of polysaccharides from sweet potato［J］. Journal of Biotechnology，2008，136（4）：S351.
[15] Zhao G，Kan J，Li Z，et al. Characterization and immunostimulatory activity of an（1→6）-a-D-glucan from the root of *Ipomoea batatas*［J］. International Immunopharmacology，2005，5（9）：1436-1445.
[16] 张彧，高荫榆，张锡彬. 薯蔓提取物降血糖作用机理初探［J］. 食品科学，2007，28（12）：466-469.
[17] 高秋萍，阮红，刘森泉，等. 紫心甘薯多糖对糖尿病大鼠血糖血脂的调节作用［J］. 中草药，2010，41（8）：1345-1348.

**【临床参考文献】**

[1] 窦国祥. 甘薯—清热利湿、明目抗癌［N］. 家庭医生报，2006-01-09（007）.
[2] 王姣红，蔡文兰，胡波. 食用熟甘薯促进产后排便的效果观察［J］. 护理学杂志，2009，24（22）：52.

## 5. 牵牛属 *Pharbitis* Choisy

一年生或多年生草本。茎缠绕，常有糙硬毛或绵状毛，稀无毛。叶片心形，全缘或3（～5）裂。花腋生，单生或排成疏松的二歧聚伞花序，花序梗被毛；萼片5枚，等长或偶有不等长，顶端渐尖，外面有粗硬毛；花冠大，颜色鲜艳，钟状至漏斗状；雄蕊和花柱不伸出花冠外；花柱1枚，柱头头状；子房常3室，每室有胚珠2粒。蒴果近球状，3瓣裂，具种子4粒或6粒。

约24种，广布于温带和亚热带地区。中国3种，南北各省区均有分布；法定药用植物2种。华东地区法定药用植物2种。

## 764. 牵牛（图764）• *Pharbitis nil*（Linn.）Choisy［*Ipomoea nil*（Linn.）Roth］

**【别名】**牵牛花、喇叭花（通称），裂叶牵牛（山东），筋角拉子（江苏）。

**【形态】**一年生草本。茎细长，缠绕，被倒向粗硬毛及柔毛。叶片心形或宽卵形，通常3裂，长4～15cm，宽4～14cm，基部心形，中间裂片长卵形而渐尖，两侧裂片底部宽圆，叶面被微硬的柔毛，毛被疏或密；叶柄长2～15cm，具毛。花腋生，花序有花1～3朵，花序梗长1.5～18.5cm，毛被同茎；苞片条形，长5～8mm，被开展的长硬毛；萼片近等长，长2～2.5cm，披针状条形，内面2片稍狭，外面被开展的硬毛；花冠漏斗状，长5～7cm，蓝色或淡紫色，管部白色；雄蕊5枚，不伸出花冠外，花丝不等长；子房无毛，3室，每室有胚珠2粒，柱头头状。蒴果近球状，直径0.8～1.3cm，3瓣裂。种子卵状三棱状，黑褐色或米黄色，被褐色短绒毛。花果期7～9月。

**【生境与分布】**生于海拔1600m以下的山坡灌丛、路边和田野，常为栽培或逸生。原产于美洲热带。分布于华东各省市，另广东、广西、贵州、海南、河北、河南、湖北、内蒙古、宁夏、陕西、山西、四川、云南、台湾等省区也有分布；广植于热带和亚热带地区。

**图 764 牵牛** 摄影 郭增喜

【**药名与部位**】牵牛子（黑、白丑），种子。

【**采集加工**】秋末果实成熟、果壳未开裂时采收，取出种子，干燥。

【**药材性状**】似橘瓣状，长 5 ～ 8mm，宽 3.5 ～ 5mm。表面灰黑色或淡黄色，背面弓状隆起，有一条浅纵沟，腹面具 3 棱，种脐圆形，下凹，位于中棱的基部。质硬。子叶淡黄色或黄绿色，皱缩而折叠，微显油性。气微，味辛、苦，有麻舌感。

【**药材炮制**】牵牛子：除去杂质，洗净，干燥，用时捣碎。炒牵牛子：取牵牛子，炒至表面稍鼓起，有爆裂声、香气逸出时，取出，摊凉。用时捣碎。

【**化学成分**】花含黄酮类：芍药素 -3-*O*-{2-*O*-［6-*O*-（3-*O*-β-D- 吡喃葡萄糖基 - 反式咖啡酰基）-β-D- 吡喃葡萄糖基］-6-*O*-［4-*O*-（6-*O*-3-*O*-β-D- 吡喃葡萄糖基 - 反式咖啡酰基 -β-D- 吡喃葡萄糖基）- 反式咖啡酰基］-β- 吡喃葡萄糖苷}{peonidin-3-*O*-{2-*O*-［6-*O*-（3-*O*-β-D-glucopyranosyl-*trans*-caffeoyl）-β-D-glucopyranosyl］-6-*O*-［4-*O*-（6-*O*-3-*O*-β-D-glucopyranosyl-*trans*-caffeoyl-β-D-glucopyranosyl）-*trans*-caffeoyl］-β-glucopyranoside}}、芍药素 -3-*O*-［2-*O*-（6-*O*- 反式咖啡酰基 -β-D- 吡喃葡萄糖基）］-6-*O*-{4-*O*-［6-*O*-（3-*O*-β-D- 吡喃葡萄糖基 - 反式咖啡酰基）-β-D- 吡喃葡萄糖基］- 反式咖啡酰基}-β-D- 吡喃

葡萄糖苷}[peonidin-3-*O*-[2-*O*-(6-*O*-*trans*-caffeoyl-β-D-glucopyranosyl)]-6-*O*-{4-*O*-[6-*O*-(3-*O*-β-D-glucopyranosyl-*trans*-caffeoyl)-β-D-glucopyranosyl]-*trans*-caffeoyl}-β-D-glucopyranoside}}、芍药素-3-*O*-[2-*O*-(6-*O*-反式咖啡酰基-β-D-吡喃葡萄糖基)-β-D-吡喃葡萄糖苷]{peonidin-3-*O*-[2-*O*-(6-*O*-*trans*-caffeoyl-β-D-glucopyranosyl)-β-D-glucopyranoside]}、芍药素-3-*O*-[2-*O*-(6-*O*-反式咖啡酰基-β-D-吡喃葡萄糖基)-β-D-吡喃葡萄糖苷]-5-*O*-β-D-吡喃葡萄糖苷{peonidin-3-*O*-[2-*O*-(6-*O*-*trans*-caffeoyl-β-D-glucopyranosyl)-β-D-glucopyranoside]-5-*O*-β-D-glucopyranoside}、牵牛花花青素(heavenly blue anthocyanin)、3-*O*-{2-*O*-(6-*O*-反式咖啡酰基-β-D-吡喃葡萄糖基)-6-*O*-{4-*O*-[6-*O*-(3-*O*-β-D-吡喃葡萄糖基-反式咖啡酰基)-β-D-吡喃葡萄糖基]-反式咖啡酰基}-β-D-吡喃葡萄糖苷}-5-*O*-β-D-吡喃葡萄糖苷{3-*O*-{2-*O*-(6-*O*-*trans*-caffeoyl-β-D-glucopyranosyl)-6-*O*-{4-*O*-[6-*O*-(3-*O*-β-D-glucopyranosyl-*trans*-caffeoyl)-β-D-glucopyranosyl]-*trans*-caffeoyl}-β-D-glucopyranoside}-5-*O*-β-D-glucopyranoside}[1]，花葵素-3-槐糖苷(pelargonidin-3-sophoroside)、花葵素-3-*O*-{2-*O*-[6-*O*-(反式咖啡酰基-3-*O*-β-吡喃葡萄糖基)-β-吡喃葡萄糖基]-β-吡喃葡萄糖苷}{pelargonidin-3-*O*-{2-*O*-[6-*O*-(*trans*-caffeoyl-3-*O*-β-glucopyranosyl)-β-glucopyranosyl]-β-glucopyranoside}}[2]，芍药素-3-*O*-[6-*O*-(反式-3-*O*-β-D-葡萄糖基咖啡酰基)-β-D-葡萄糖苷]-5-*O*-(β-D-葡萄糖苷){cyanidin-3-*O*-[6-*O*-(*trans*-3-*O*-β-D-glucosyl caffeyl)-β-D-glucoside]-5-*O*-β-D-glucoside}、芍药素-3-*O*-[6-*O*-(反式-3-*O*-β-D-吡喃葡萄糖基咖啡酰基)-β-D-吡喃葡萄糖苷]{peonidin-3-*O*-[6-*O*-(*trans*-3-*O*-β-D-glucopyranosyl caffeoyl)-β-D-glucopyranoside]}、芍药素-3-葡萄糖基咖啡酰基葡萄糖苷-5-葡萄糖苷(peonidin-3-glucosyl caffeoyl glucoside-5-glucoside)、芍药素-3-葡萄糖苷(peonidin-3-glucoside)、芍药素-3, 5-二葡萄糖苷(peonidin-3, 5-diglucoside)[3]，槲皮素 quercetin 和柚皮素(salipurol)[4]；苯丙素类：绿原酸(chlorogenic acid)、金鱼草素(aureusidin)和3-*O*-咖啡酰基奎尼酸(3-*O*-caffeoylquinic acid)，即米仔银叶树酸*(heriguard)[4]。

种子含挥发油类：庚醛(enanthal)、反，反-2, 4-癸二烯醛(*trans*, *trans*-2, 4-decadienal)、2-戊基呋喃(2-amyl furan)、2-羟基-4-甲氧基苯甲醛(2-hydroxy-4-methoxybenzaldehyde)、萜品烯-4-醇(terpinene-4-ol)、苯乙醛(benzeneacetaldehyde)[5]，2-甲基戊烷(2-methylpentane)、3-甲基戊烷(3-methylpentane)、己烷(hexane)、1-己醇(1-hexanol)、3-二甲基戊烷(3-dimethyl pentane)、2-甲基己烷(2-methylhexane)、3-甲基己烷(3-methylhexane)、3-乙基戊烷(3-ethylpentane)、庚烷(heptane)和正辛烷(octane)[6]；脂肪酸类：2′*S*-1-*O*-[9-酮基-(12*Z*)-十八碳酰基]甘油{2′*S*-1-*O*-[9-oxo-(12*Z*)-octadecamonoyl]glycerol}、2′*R*-1-*O*-(9-酮基-12*Z*-十八碳酰基)甘油[2′*R*-1-*O*-(9-oxo-12*Z*-octadecamonoyl)glycerol]、9-羟基-10*E*, 12*Z*, 15*Z*-十八碳三烯酸乙酯[9-hydroxy-(10*E*, 12*Z*, 15*Z*)-octadecatrienoic acid ethyl ester]、9-羟基-(10*E*, 12*E*)-十八碳二烯酸乙酯[9-hydroxy-(10*E*, 12*E*)-octadecadienoic acid ethyl ester]、9-十八碳烯酸-2′, 3′-二羟基丙酯(9-octadecenoic acid-2′, 3′-dihydroxypropyl ester)、(*Z*)-12-十八碳烯-α-甘油单酯[(*Z*)-12-octadecenic-α-glycerol monoester]、甘油-1-9′, 12′-十八碳二烯酰酯(glycerol-1-9′, 12′-octadecadienoate)、1-十八碳四烯酰甘油(1-octadecatetraenoyl glycerol)、2-亚油酰甘油(2-linoleoyl glycerol)、13-羟基-(9*Z*, 11*E*)-十八碳二烯酸[13-hydroxy-(9*Z*, 11*E*)-octadecadienoic acid]、9-酮基十八碳-顺式-12-烯酸(9-oxooctadec-*cis*-12-enoic acid)、香茶菜雅酸*A(rabdosia acid A)、氧脂素(oxylipin)、(*Z*)-9, 10, 11-三羟基-12-十八碳二烯酸[(*Z*)-9, 10, 11-trihydroxy-12-octadecenoic acid]、(8*R*, 9*R*, 10*S*, 6*Z*)-三羟基十八碳-6-烯酸[(8*R*, 9*R*, 10*S*, 6*Z*)-trihydroxyoctadec-6-enoic acid][7]，亚油酸(linoleic acid)[6,7]，十六烷酸乙酯(ethyl hexadecanoate)[5]，十六烷酸(hexadecanoic acid)、硬脂酸(stearic acid)[6]，棕榈酸(cetylic acid)、油酸(oleic acid)、亚麻酸(linolenic acid)、二十二碳二烯酸(docosadienoic acid)[8]和肉桂酸(cinnamic acid)[9]；蒽醌类：大黄酸(rhein)[9]，大黄素甲醚(physcion)、大黄素(emodin)和大黄酚(chrysophanol)[10]；醇苷类：α-乙基-*O*-D-吡喃半乳糖苷(α-ethyl-*O*-D-galactopyranoside)[10]；二萜类：12-羟基松香酸甲酯(methyl 12-hydroxy-abietate)、12-羟基氢化松香酸甲酯(methyl 12-hydroxy-hydroabietate)[9]，(4α, 6β, 7β,

16α）-6, 7, 16, 17-四羟基-贝壳杉烷-18-羧酸［（4α, 6β, 7β, 16α）-6, 7, 16, 17-tetrahydroxy-kauran-18-oic acid］、（4α, 7α）-7-羟基-贝壳杉-16-烯-18-羧酸［（4α, 7α）-7-hydroxy-kaur-16-en-18-oic acid］、（4α, 7β）-7-羟基-贝壳杉-16-烯-18-羧酸［（4α, 7β）-7-hydroxy-kaur-16-en-18-oic acid］、（4α, 6α, 7β, 16α）-6, 7, 16, 17-四羟基-贝壳杉烷-18-羧酸-γ-内酯［（4α, 6α, 7β, 16α）-6, 7, 16, 17-tetrahydroxy-kauran-18-oic acid-γ-lactone］、（1α, 4α, 4β, 10β）-10-甲酰基-1, 4α-二甲基-8-亚甲基-赤霉素-1-羧酸［（1α, 4α, 4β, 10β）-10-formyl-1, 4α-dimethyl-8-methylene-gibbane-1-carboxylic acid］、（4α, 6β, 7β）-6, 7, 16, 17-四羟基-贝壳杉烷-18-羧酸［（4α, 6β, 7β）-6, 7, 16, 17-tetrahydroxy-kauran-18-oic acid］、（4α, 6β, 7β）-6, 7, 16, 17-四羟基-贝壳杉烷-18-羧酸甲酯［（4α, 6β, 7β）-6, 7, 16, 17-tetrahydroxy-kauran-18-oic acid methyl ester］、牵牛子苷A、B、C、D、E、F、G（pharboside A、B、C、D、E、F、G）[11]，（4β, 6β, 7β, 16α）-6, 7, 16, 17-四羟基-贝壳杉烷-18-羧酸甲酯［（4β, 6β, 7β, 16α）-6, 7, 16, 17-tetrahydroxy-kauran-18-oic acid methyl ester］、（4β, 6β, 7β, 16α）-6, 7, 16, 17-四羟基-贝壳杉烷-18-羧酸-γ-内酯［（4β, 6β, 7β, 16α）-6, 7, 16, 17-tetrahydroxy-kauran-18-oic acid-γ-lactone］、（4β, 6β, 7β, 16α）-6, 7, 16, 17-四羟基-贝壳杉烷-18-羧酸［（4β, 6β, 7β, 16α）-6, 7, 16, 17-tetrahydroxy-kauran-18-oic acid］和（4β, 6β, 7β, 16α）-6-羟基-7, 16, 17-三-［（2*S*）-3, 3, 3-三氟-2-甲氧基-1-酮基-2-苯基丙氧基］-贝壳杉烷-18-羧酸-γ-内酯{（4β, 6β, 7β, 16α）-6-hydroxy-7, 16, 17-tri［（2*S*）-3, 3, 3-trifluoro-2-methoxy-1-oxo-2-phenylpropoxy］-kauran-18-oic acid-γ-lactone}[12]；香豆素类：大花红天素（crenulatin）和东莨菪内酯（scopoletin）[12]；苯丙素类：绿原酸（chlorogenic acid）、阿魏酸（ferulic acid）、绿原酸甲酯（methyl chloroformate）、绿原酸丙酯（propyl chloroformate）[9]，咖啡酸乙酯（ethyl caffeate）、咖啡酸（caffeic acid）[10]，对羟基桂皮酰乙酯（ethyl-*p*-coumarate）、阿魏酰乙酯（ethyl ferulate）[12]，咖啡酰甲酯（methyl caffeate）和3, 4-二羟基桂皮酸（3, 4-dihydroxycinnamic acid）[13]；三萜类：伐比托苷A、B（pharbitoside A、B）[13]；生物碱类：亚精胺（spermidin）[13]；甾体类：胡萝卜苷（daucosterol）、β-谷甾醇（β-sitosterol）[10]，麦角醇（lysergol）和β-蜕皮甾酮（β-ecdysterone）[14]；多肽类：芍药苷-平滑肌磷酸酶1（Pn-AMP1）和芍药苷-平滑肌磷酸酶2（Pn-AMP2）[15]；木脂素类：牵牛木脂素A、B、C、D（pharbilignan A、B、C、D）[16]；苯并呋喃类：牵牛子新酸（pharbinilic acid）[17]。

地上部分含挥发油类：1-碘十八烷（1-iodo-octadecane）、丁基邻苯二甲酸二异丁酯（diisobutyl butyl phthalate）、叶绿醇（phytol）、亚麻酸（linolenic acid）、二十五烷（pentacosane）、二十七烷（heptacosane）、二十九烷（nonacosane）、三十烷（triacontane）、（6*E*, 10*E*, 14*E*, 18*E*）-2, 6, 10, 15, 19, 23-六甲基二十四碳-2, 6, 10, 14, 18, 22-六烯［（6*E*, 10*E*, 14*E*, 18*E*）-2, 6, 10, 15, 19, 23-hexamethyl-2, 6, 10, 14, 18, 22-tetracosahexaene］、1, 2-环氧十八烷（1, 2-epoxyoctadecane）、（*Z*）-12-二十五烯［（*Z*）-12-pentacosene］和二十六烷醇（1-hexacosanol）[18]；生物碱类：对羟基桂皮酸酰酪胺（*p*-hydroxy-cinnamoyl tyramine）、桂皮酸酰酪胺（cinnamoyl tyramine）和酪胺（tyramine）[19]；香豆素类：7-羟基香豆素（7-hydroxycoumarin）[19]；皂苷类：木栓烷-3-酮（friedelane-3-one）[19]；甾体类：β-谷甾醇（β-sitosterol）[18, 19]，β-谷甾醇-3-*O*-β-D-葡萄糖苷（β-sitosterol-3-*O*-β-D-glucoside）和7α-羟基-β-谷甾醇（7α-hydroxy-β-sitosterol）[19]；色素类：β-胡萝卜素（β-carotene）和叶黄素（lutein）[19]。

全草含生物碱类：*N*-顺式阿魏酸酰酪胺（*N-cis*-feruloyl tyramine）、*N*-反式对羟基桂皮酸酰酪胺（*N-trans-p*-hydroxy-cinnamoyl tyramine）、*N*-阿魏酸酰酪胺（*N-trans*-feruloyl tyramine）、*N*-顺式对羟基桂皮酸酰酪胺（*N-cis-p*-hydroxy-cinnamoyl tyramine）、桂皮酸酰酪胺（cinnamoyl tyramine）和酪胺（tyramine）[20, 21]；香豆素类：7-羟基香豆素（7-hydroxycoumarin）和6-甲氧基-7-羟基香豆素（6-methoxy-7-hydroxycoumarin）[20]；甾体类：β-谷甾醇-3-*O*-β-D-葡萄糖苷（β-sitosterol-3-*O*-β-D-glucoside）[20] 和胡萝卜苷（daucosterol）[21]；核苷酸类：尿嘧啶（uricil）[20, 21] 和尿嘧啶核苷（uridine）[20]；酚苷类：2-甲氧基对苯二酚-4-*O*-β-D-吡喃葡萄糖苷（2-methoxy-*p*-hydroquinone-4-*O*-β-D-glucopyranoside），即它乔糖苷（tachioside）[21]；醇苷类：红景天苷（salidroside）、（6*S*, 9*R*）-

长春花苷［（6*S*, 9*R*）-roseoside］和蛇葡萄紫罗兰酮糖苷（ampelopsisionoside）[21]。

**【药理作用】**1. 护肾　种子水提取液可提高阿霉素所致肾小球硬化模型大鼠肾小球的滤过功能，调节血浆胶体渗透压的平衡及血脂紊乱，减轻上皮细胞肿胀及肾小球系膜基质增生，从而改善肾病综合征表症，对肾脏具有保护作用，其作用机制可能与降低炎性因子含量有关[1]；种子中水提取的多糖和酚酸可提高肾小球的滤过功能，调节血浆胶体渗透压的平衡及血脂紊乱，从而改善肾病综合征表症[2]。2. 抗肿瘤　种子能减少二乙基亚硝胺诱发肝癌模型大鼠肝癌结节数、降低肝质量和肝 / 体质量比，表明其具有抑制大鼠肝癌过度生长的作用，但不能阻止肝癌的发生，并且种子组大鼠血清中的谷丙转氨酶、天冬氨酸氨基转移酶和碱性磷酸酶含量均低于模型对照组，表明其具有保护肝细胞，减轻二乙基亚硝胺对肝细胞损伤的作用[3]；种子醇提取物对体外培养的肺癌 Lewis 细胞呈剂量依赖性生长抑制，明显阻止细胞迁移，降低细胞水通道蛋白 1（AQP1），促进细胞间连接通信，减少癌细胞无血清自噬；体内实验表明，种子醇提取物呈剂量依赖性减缓肿瘤生长、阻止肿瘤转移、延长荷瘤小鼠存活时间，同时，也降低荷瘤小鼠血清癌胚抗原和 β2 微球蛋白水平，能增强荷瘤肺组织间隙连接蛋白 Cx43 的免疫组化染色深度，减弱水通道蛋白 1 的阳性染色密度[4]。3. 改善记忆　种子醇提取物的甲醇部位，在一定剂量下对钙调神经磷酸酶有激活作用，在东莨菪碱造成小鼠学习记忆障碍模型中，可以明显延长电潜伏期，降低错误次数，说明其对东莨菪碱所致小鼠记忆获得性障碍有比较明显的改善作用[5]。

毒性　急性毒性试验显示，小鼠分别经口给予种子石油醚、氯仿、正丁醇提取物均有一定的急性毒性症状出现，其半数致死量（按生药量计算）分别为 455g/kg、32g/kg、9g/kg 剂量，表明 3 种提取物对小鼠的急性毒性强度为种子正丁醇部位＞氯仿部位＞石油醚部位[6]。

**【性味与归经】**苦，寒；有毒。归肺、肾、大肠经。

**【功能与主治】**泻水通便，消痰涤饮，杀虫攻积。用于水肿胀满，二便不通，痰饮积聚，气逆喘咳，虫积腹痛，蛔虫、绦虫病。

**【用法与用量】**3 ～ 6g。

**【药用标准】**药典 1953—2015、浙江炮规 2005、新疆药品 1980 二册、贵州药材 1965 和台湾 2013。

**【临床参考】**1. 便秘：种子，洗净置锅内，文火炒约 5min，研末，每晚睡前 30min 服 2 ～ 3g，疗程 1 个月[1]。

2. 偏头痛：牵牛子胶囊（种子洗净、清炒，炒至微鼓起，粉碎、过筛、装胶囊，含量为 0.3g/ 粒）口服，发作期每次 1.2g，每天 3 次，缓解期预防发作每次 0.6g，每天 3 次[2]。

3. 水肿：种子（生、炒各半）适量，共研细末，温开水送服 1 ～ 2g，每日 1 次或隔日服；或取种子 40g，加炒小茴香 10g，制香附 20g，共研细末，每晚睡前生姜汤调匀服 3 ～ 6g[3]。

4. 麻疹并发肺炎：种子 15g，加明矾 30g，各研细粉和匀，面粉少许，醋适量，调敷两足涌泉穴，24h 换 1 次。

5. 胆道蛔虫：种子 3g，加大黄 1.5g，槟榔 9g，共研细粉，分 3 次吞服。（4 方、5 方引自《浙江药用植物志》）

**【附注】**始载于《雷公炮炙论》，云："草金铃，牵牛子是也，凡使其药，秋末即有实，冬收之。"《新修本草》云："此花似旋葍，花作碧色，又不黄，不似扁豆。"《本草图经》云："牵牛子旧不著所出州土，今处处有之，二月种子，三月生苗，作藤蔓绕篱墙，高者或三二丈，其叶青有三尖角，七月生花微红带碧色，似鼓子花而大，八月结实，外有白皮裹作毬，每毬内有子四五枚，如荞麦大，有三棱，有黑白二种，九月后收之。"《本草纲目》载："牵牛有黑白二种，黑者处处，野生尤多。其蔓有白毛，断之有白汁。叶有三尖，如枫叶。花不作瓣，如旋花而大。其实有蒂裹之，生青枯白。其核与棠梂子核一样，但色深黑尔。……"即为本种。

药材牵牛子（黑、白丑）孕妇禁服，体质虚弱者慎服，不宜与巴豆、巴豆霜同服，不宜多服、久服。超量或久服会引起中毒，症状为头晕头痛、呕吐、剧烈腹痛腹泻、心率加快、心音低钝、语言障碍、突然发热、血尿、腰部不适，甚至高热昏迷、四肢冰冷、口唇发绀、全身皮肤青紫、呼吸急促短浅等。.

**【化学参考文献】**

［1］Saito N，Toki K，Morita Y，et al. Acylated peonidin glycosides from duskish mutant flowers of *Ipomoea nil*［J］. Phytochemistry，2005，66（15）：1852-1860.

［2］Toki K，Saito N，Morita Y，et al. An acylated pelargonidin 3-sophoroside from the pale-brownish red flowers of *Ipomoea nil*［J］. Heterocycles，2004，63（6）：1449-1454.

［3］Saito N，Tatsuzawa F，Kasahara K，et al. Acylated peonidin glycosides in the slate flowers of *Pharbitis nil*［J］. Phytochemistry，1996，41（6）：1607-1611.

［4］Saito N，Cheng J，Ichimura M，et al. Flavonoids in the acyanic flowers of *Pharbitis nil*［J］. Phytochemistry，1994，35（3）：687-691.

［5］杨广成，高玉琼，刘文炜，等 . 牵牛子（黑丑）挥发油成分研究［J］. 生物技术，2011，21（4）：74-76.

［6］陈立娜，李萍，张重义，等 . 牵牛子脂肪油类成分分析［J］. 中草药，2003，34（11）：26-27.

［7］Song X Q，Yu S J，Zhang J S，et al. New octadecanoid derivatives from the seeds of *Ipomoea nil*［J］. Chinese Journal of Natural Medicines，2019，17（4）：303-307.

［8］李澎灏，陈振德 . 牵牛子脂肪油超临界 $CO_2$ 萃取及气相 - 质谱测定［J］. 中国药房，2003，14（7）：431-432.

［9］陈立娜，李萍 . 牵牛子化学成分研究（Ⅱ）［J］. 林产化学与工业，2007，27（6）：105-108.

［10］陈立娜，李萍 . 牵牛子化学成分研究［J］. 中国天然药物，2004，2（3）：21-23.

［11］Kim K H，Choi S U，Lee K R. Diterpene glycosides from the seeds of *Pharbitis nil*［J］. J Nat Prod，2009，72（6）：1121-1127.

［12］Kim K H，Jin M R，Choi S Z，et al. Three new ent-kaurane diterpenoids from the seeds of *Pharbitis nil*［J］. Heterocycles，2008，75（6）：1447-1455.

［13］Jung D Y，Ha H k，Lee H Y，et al. Triterpenoid saponins from the seeds of *Pharbitis nil*［J］. Chem Pharm Bull，2008，56（2）：203-206.

［14］Ahmad M U，Hai M A，Bhowmick B，et al. Phytochemical studies on the seeds of *Ipomoea nil*［J］. J Bangladesh Acad Sci，1999，23（2）：149-153.

［15］Koo J C，Lee S Y，Chun H J，et al. Two hevein homologs isolated from the seed of *Pharbitis nil* L. exhibit potent antifungal activity［J］. Biochim Biophys Acta，1998，1382（1）：80-90.

［16］Kim K H，Woo K W，Moon E，et al. Identification of antitumor lignans from the seeds of morning glory（*Pharbitis nil*）［J］. J Agric Food Chem，2014，62（31）：7746-7752.

［17］Kim K H，Choi S U，Son M W，et al. Pharbinilic acid，an allogibberic acid from morning glory（*Pharbitis nil*）［J］. J Nat Prod，2013，76（7）：1376-1379.

［18］梁娜，杨胜杰，赵洪菊，等 . 裂叶牵牛地上部分挥发油化学成分与生物活性研究［J］. 中成药，2013，35（5）：1023-1026.

［19］王玉起 . 牵牛化学成分的研究Ⅲ［C］. 2008 年中国药学会学术年会暨第八届中国药师周论文集，2008. 3.

［20］王金兰，李灵娜，贺礼东，等 . 牵牛全草的化学成分研究［J］. 天然产物研究与开发，2007，19（3）：427-429.

［21］王金兰，华淮，赵宝影，等 . 牵牛全草的化学成分研究（Ⅱ）［J］. 中成药，2011，33（3）：489-491.

**【药理参考文献】**

［1］徐静，王宇，李霄，等 . 牵牛子水煎液对阿霉素肾病模型大鼠肾脏的保护作用［J］. 中医药学报，2017，45（3）：5-8.

［2］徐静，李霄，王斌，等 . 牵牛子化学拆分组分对大鼠阿霉素肾病模型药效学研究［J］. 中药药理与临床，2017，33（3）：87-91.

［3］吴荣敏，方晓燕，凌雁武，等 . 牵牛子对二乙基亚硝胺诱发大鼠肝癌的抑制作用［J］. 医药导报，2015，34（4）：463-466.

［4］李佳桓，杜钢军，刘伟杰，等 . 牵牛子酒提取物对 Lewis 肺癌的抗肿瘤和抗转移机制研究［J］. 中国中药杂志，2014，39（5）：879.

［5］敖冬梅，骆静，吴和珍，等 . 牵牛子提取物对 CN 的激活及对东莨菪碱致记忆获得性障碍小鼠的影响［J］. 北京师范大学学报（自然科学版），2003，39（6）：803-806.

[6] 刘翠华，何金洋. 牵牛子不同提取物对小鼠急性毒性的比较研究 [J]. 大众科技，2016，18（3）：73-75.

【临床参考文献】

[1] 戚建明. 牵牛子粉治疗顽固性便秘 [J]. 四川中医，2000，18（9）：12.
[2] 张怡然，郭镔荣. 牵牛子胶囊治疗偏头痛的临床效果 [J]. 实用医药杂志，2006，23（7）：859.
[3] 尚学瑞. 牵牛子治水肿验方 [N]. 中国中医药报，2014-10-10（005）.

## 765. 圆叶牵牛（图 765）· *Pharbitis purpurea*（Linn.）Voigt [*Ipomoea purpurea*（Linn.）Roth]

图 765　圆叶牵牛　　摄影　李华东等

【别名】牵牛花、喇叭花（通称），紫花牵牛（福建、安徽），毛牵牛。

【形态】一年生草本。全株被粗硬毛。茎缠绕。叶互生，叶片圆心形或宽卵状心形，长 4 ～ 18cm，宽 3 ～ 17cm，基部心形，顶端尖，常全缘，偶有 3 裂，两面被刚伏毛，毛被疏或密；叶柄长 2 ～ 12cm，具毛。花腋生，单生或 2 ～ 5 朵组成伞形聚伞花序，花序梗长 4 ～ 12cm，毛被同茎；苞片条形，被开展的长硬毛；萼片 5 枚，近等长，长 1.1 ～ 1.6cm，外面 3 片长椭圆形，内面 2 片条状披针形，外面均被开展的硬毛；花冠漏斗状，长 4 ～ 5cm，冠檐 5 浅裂，紫色、淡红色或白色，管部白色；雄蕊 5 枚，不伸出花冠外，花丝不等长，基部有毛；子房 3 室，无毛，每室有胚珠 2 粒，柱头头状；花盘环状。蒴果近球状，直径 9 ～ 10mm，3 瓣裂。种子卵形三棱状，黑褐色或米黄色，被极短的糠粃状毛。花果期 7 ～ 9 月。

【生境与分布】生于海拔 800m 以下的路旁、田野，常为栽培或逸生。原产于美洲，分布于华东各省市，另我国南北大部分省区均有分布；现广植于世界各地。

牵牛和圆叶牵牛的区别点：牵牛的叶片通常3裂；外萼片披针状条形，长2～2.5cm。圆叶牵牛的叶片通常全缘；外萼片长椭圆形，长1.1～1.6cm。

**【药名与部位】**牵牛子（黑、白丑），种子。

**【采集加工】**秋季果实成熟、果壳未开裂时采收，取出种子，干燥。

**【药材性状】**似橘瓣状，长4～5mm，宽2.5～3.5mm。表面灰棕黑色，背面弓状隆起，有一条浅纵沟，腹面具3棱，种脐圆形，下凹，位于中棱的基部。质硬。子叶淡黄色或黄绿色，皱缩而折叠，微显油性。气微，味辛、苦，有麻舌感。

**【药材炮制】**牵牛子：除去杂质，洗净，干燥，用时捣碎。炒牵牛子：取牵牛子，炒至表面稍鼓起，有爆裂声、香气逸出时，取出，摊凉。用时捣碎。

**【化学成分】**全草含生物碱类：*N*-对羟基-顺式-香豆酰酪胺（*N*-*p*-hydroxy-*cis*-coumaroyltyramine）、*N*-对羟基-反式-香豆酰酪胺（*N*-*p*-hydroxy-*trans*-coumaroyltyramine）、*N*-顺式-阿魏酰酪胺（*N*-*cis*-feruloyltyramine）和*N*-反式-阿魏酰酪胺（*N*-*trans*-feruloyltyramine）[1]；倍半萜及二萜类：（3*R*, 5*R*, 6*S*, 7*E*, 9*S*）-大柱香波龙烷-5, 6-环氧-7-烯-3, 9-二醇[（3*R*, 5*R*, 6*S*, 7*E*, 9*S*）-megastigman-5, 6-epoxy-7-en-3, 9-diol]和（6*S*, 9*R*）-吐叶醇[（6*S*, 9*R*）-vomifoliol][1]；木脂素类：（+）-丁香树脂酚[（+）-syringaresinol][1]；黄酮类：异牡荆苷（*iso*-vitexin）[1]和山柰酚-3-β-D-（6-*O*-顺式-对-香豆酰基）吡喃葡萄糖苷[kaempferol-3-β-D-（6-*O*-*cis*-*p*-coumaroyl）glucopyranoside][2]；环烯醚萜类：丁香苦苷（syringopicroside）[1]；核苷类：尿嘧啶（uricil）[1]；香豆素类：7-羟基香豆素（7-hydroxycoumarin），即伞形花内酯（umbelliferone）[1,2]；三萜类：熊果酸（ursolic acid）[1]，木栓酮（friedelin）、β-木栓醇（β-friedelinol）、β-香树脂醇（β-amyrin）和α-香树脂醇（α-amyrin）[2]；甾体类：胡萝卜苷（daucosterol）[1,2]，6β-羟基豆甾-4-烯-3-酮（6β-hydroxystigmast-4-en-3-one）、β-谷甾醇（β-sitosterol）和豆甾醇（stigmasterol）[2]；苯丙素类：对羟基苯乙醇对香豆酸酯（*p*-hydroxyphenylethanol-*p*-coumarate）[2]；脂肪酸类：单棕榈酸甘油酯（glyceroyl monopalmitate）[2]；其他尚含：（6*S*, 9*R*）-长寿花糖苷[（6*S*, 9*R*）-roseoside][1]。

地上部分含三萜类：木栓烷-3-酮（corylane-3-one）[3]；甾体类：β-谷甾醇（β-sitosterol）、β-谷甾醇-3-*O*-β-D-葡萄糖苷（β-sitosterol-3-*O*-β-D-glucoside）和7α-羟基-β-谷甾醇（7α-hydroxy-β-sitosterol）[3]；香豆素类：伞形花内酯（umbelliferone）[3]；生物碱类：*N*-对羟基-反式-香豆酰酪胺（*N*-*p*-hydroxy-*trans*-coumaroyltyramine）、反式-桂皮酰酪胺（*trans*-cinnamoyltyramine）和对羟基苯乙胺（*p*-hydroxyphenylethylamine）[3]；色素类：叶黄素（lutein）和β-胡萝卜素（β-carotene）[3]；环烯醚萜类：黑麦草素（dl-epiloliolide）[4]；黄酮类：香叶木素-7-β-D-葡萄糖苷（diosmetin-7-β-D-glucoside）和芹菜素-7-β-D-葡萄糖苷（apigenin-7-β-D-glucoside）[4]；醇醚类：1, 2-二羟基-2-甲氧基-3, 4-二氧丁基-（2′, 2′-二氧丙基）醚[1, 2-dihydroxy-2-methoxy-3, 4-dioxybutyl-（2′, 2′-dioxypropyl）ether][4]。

种子含氨基酸类：天冬氨酸（Asp）、苏氨酸（Thr）、丝氨酸（Ser）、谷氨酸（Glu）、丙氨酸（Ala）、半胱氨酸（Cys）、缬氨酸（Val）、蛋氨酸（Met）、异亮氨酸（Ile）、亮氨酸（Leu）、酪氨酸（Tyr）、苯丙氨酸（Phe）、赖氨酸（Lys）、组氨酸（His）、精氨酸（Arg）、色氨酸（Trp）、脯氨酸（Pro）和甘氨酸（Gly）[5]；元素：钾（K）、钙（Ca）、镁（Mg）、钠（Na）、镍（Ni）、磷（P）、铬（Cr）、铁（Fe）、铅（Pb）、锌（Zn）、锶（Sr）、锰（Mn）、硅（Si）、铜（Cu）、硼（B）、铝（Al）、钴（Co）、钛（Ti）、硫（S）、镉（Cd）和钼（Mo）[5]。

茎和叶含糖基化大环内酯类：马鲁巴夹拉平Ⅰ、Ⅱ、Ⅲ、Ⅳ、Ⅴ、Ⅵ、Ⅶ、Ⅻ、XIII、XIV、XV（marubajalapin Ⅰ、Ⅱ、Ⅲ、Ⅳ、Ⅴ、Ⅵ、Ⅶ、Ⅻ、XIII、XIV、XV）[6]和马鲁巴夹拉平Ⅷ、Ⅸ、Ⅹ、Ⅺ（marubajalapin Ⅷ、Ⅸ、Ⅹ、Ⅺ）[6,7]。

花含黄酮类：矢车菊素-3-*O*-{2-*O*-[6-*O*-反式-4-*O*-（6-*O*-反式-3-*O*-β-D-吡喃葡萄糖基-咖啡酰基-β-D-吡喃葡萄糖基）-咖啡酰基-β-D-吡喃葡萄糖基]-β-D-吡喃葡萄糖苷}{cyanidin-3-*O*-{2-*O*-[6-*O*-*trans*-4-*O*-（6-*O*-*trans*-3-*O*-β-D-glucopyranosyl-caffeoyl-β-D-glucopyranosyl）-caffeoyl-β-D-glucopyranosyl]-β-D-glucopyranoside}}、矢车菊素 -3-*O*-［2-*O*-（6-*O*- 反式咖啡酰基 -β-D- 吡喃葡萄糖基）-β-D- 吡喃葡萄糖苷］{cyanidin-3-*O*-［2-*O*-（6-*O*-*trans*-caffeoyl-β-D-glucopyranosyl）-β-D-glucopyranoside］}、矢车菊素 -3-*O*- 槐糖苷（cyanidin-3-*O*-sophoroside）、矢车菊素 -3-*O*-（2-*O*-β-D- 吡喃葡萄糖基 -6-*O*- 反式咖啡酰基 -β-D- 吡喃葡萄糖苷）［cyanidin-3-*O*-（2-*O*-β-D-glucopyranosyl-6-*O*-*trans*-caffeoyl-β-D-glucopyranoside）］、矢车菊素 -3-*O*-［三 -（吡喃葡萄糖基咖啡酰基）- 槐糖苷］{cyanidin-3-*O*-［tri-（glucopyranosyl caffeoyl）-sophoroside］}、矢车菊素 -3-*O*- 二咖啡酰槐糖苷（cyanidin-3-*O*-dicaffeoyl sophoroside）[8] 和高车前素 -7- 新橙皮糖苷（hispidulin-7-neohesperidoside）[9]；甾体类：甾酮（castasterone）和 2, 3, 22, 23- 四羟基胆甾 -6- 酮（2, 3, 22, 23-tetrahydroxycholest-6-one），即芸苔属酮 *（brassinone）[8]；二酮类：2- 羟基 -1- 苯基 -1, 4- 戊二酮（2-hydroxy-1-phenyl-1, 4-pentadione）[10]。

**【性味与归经】**苦，寒；有毒。归肺、肾、大肠经。

**【功能与主治】**泻水通便，消痰涤饮，杀虫攻积。用于水肿胀满，二便不通，痰饮积聚，气逆喘咳，虫积腹痛，蛔虫、绦虫病。

**【用法与用量】**3 ～ 6g。

**【药用标准】**药典 1963—2015、浙江炮规 2005、贵州药材 1965、新疆药品 1980 二册和台湾 2013。

**【临床参考】**虫咬性皮炎：鲜叶适量，揉烂挤汁外搽患处[1]。

**【附注】**《本草纲目》载：“牵牛有黑白二种，……。白者人多种之，其蔓微红，无毛有柔刺，断之有浓汁。叶团有斜尖，并如山药茎叶。其花小于黑牵牛花，浅碧带红色。其实蒂长寸许，生青枯白。以上所述及所附白牵牛图似为本种。

对本种的禁忌和超量服用的中毒症状同牵牛。

**【化学参考文献】**

［1］王金兰，华准，赵宝影，等 . 圆叶牵牛化学成分研究［J］. 中药材，2010，33（10）：1571-1574.

［2］李阳，肖朝江，刘健，等 . 圆叶牵牛化学成分研究［J］. 广西植物，2019，39（7）：910-916.

［3］王玉起 . 牵牛化学成分的研究Ⅲ［C］. 2008 年中国药学会学术年会暨第八届中国药师周论文集，2008. 3.

［4］邢凤兰 . 牵牛地上部分化学成分的研究Ⅱ［C］. 2006 第六届中国药学会学术年会论文集，2006. 3.

［5］林文群，陈忠，刘剑秋 . 牵牛子（黑丑）化学成分的初步研究［J］. 福建师范大学学报（自然科学版），2002，18（2）：61-64.

［6］Ono M，Ueguchi T，Murata H，et al. Resin glycosides. XVI. marubajalapins I-VII，new ether-soluble resin glycosides from *Pharbitis purpurea*［J］. Chem Pharm Bull，1992，40（12）：3169-3173.

［7］Ono M，Ueguchi T，Kawasaki T，et al. Resin glycosides. XVII. marubajalapins VIII-XI，jalapins from the aerial part of *Pharbitis purpurea*［J］. Yakugaku Zasshi，1992，112（11）：866-872.

［8］Saito N，Tatsuzawa F，Kasahara K，et al. Acylated cyanidin 3-sophorosides in the brownish-red flowers of *Ipomoea purpurea*［J］. Phytochemistry，1998，49（3）：875-880.

［9］Ragunathan V，Sulochana N. A new flavone glycoside from the flowers of *Ipomoea purpurea*［J］. Roth Indian J Chem，1994，33B（5）：507-508.

［10］Suzuki Y，Yamaguchi I，Murofushi N，et al. Identification of phenylglyoxal as a flower-inducing substance of *Lemna* from *Pharbitis purpurea*［J］. Agric Biol Chem，1988，52（4）：1013-1019.

**【临床参考文献】**

［1］张民安 . 毛牵牛叶治疗虫咬皮炎［J］. 陕西中医，1987，8（6）：267.

## 6. 菟丝子属 *Cuscuta* Linn.

寄生植物，全体无毛。根退化。茎缠绕，细长，黄色或微带红色，具吸器。无叶或退化成鳞片状。花小，成穗状、总状或簇生成头状的花序；苞片小或无。萼片 4 ～ 5 枚，近等大，离生或基部稍连合；花冠管状、壶状、球形或钟状，花冠裂片 4 ～ 5 枚，白色或淡红色，下部合生呈管状或钟状，内面基部雄蕊之下具有边缘分裂或流苏状的鳞片；雄蕊4～5枚，花丝短，花药长圆状；子房2室，每室有胚珠2粒，花柱1～2枚。蒴果球状或卵球状，周裂或不规则破裂。种子1～4粒，无毛。

约170种，分布于全世界温带和热带，主产于美洲。中国11种，各地均产。法定药用植物3种。华东地区法定药用植物3种。

## 分种检索表

1. 茎纤细，丝状；花簇生成小伞形或小团伞花序，花柱2枚
  2. 雄蕊着生于花冠裂片之间的管口沿上；果熟时宿存花冠仅包住蒴果的下半部……………………………………………………………………………………………………………南方菟丝子 *C. australis*
  2. 雄蕊着生于花冠裂片相接处的下方管壁上；果熟时花冠全部包住蒴果……………菟丝子 *C. chinensis*
1. 茎较粗壮；花密生成短的穗状花序，花柱1枚…………………………………………金灯藤 *C. japonica*

## 766. 南方菟丝子（图766）• *Cuscuta australis* R. Br.

**图766 南方菟丝子** 摄影 李华东

**【别名】**欧洲兔丝子（山东），女萝（江苏）。

**【形态】**一年生寄生草本。茎缠绕，纤细，金黄色。无叶。花小，通常簇生成小伞形或小团伞花序，生于茎一侧，几无花序梗；苞片小，鳞片状；花梗稍粗壮，长1～2.5mm；花萼杯状，基部联合，裂片

长圆形或近圆形，通常不等大；花冠乳白色或淡黄色，杯状，长约2mm，花冠裂片卵形或长圆形，约与花冠管近等长；雄蕊着生于花冠裂片缺口处，花丝短，花药黄色；花冠管近基部有5枚小鳞片，边缘短流苏状；子房扁球状，花柱2枚，柱头球状。蒴果扁球状，下半部为宿存花冠所包，成熟时不规则开裂。种子卵状，表面粗糙。花果期8～9月。

**【生境与分布】**生于海拔2000m以下田边和路旁，常寄生于豆科、菊科等植物上，分布于华东各省市，另我国南北各省区均广泛分布；欧洲、亚洲（西南部、中部、东南部）、大洋洲也有分布。

**【药名与部位】**菟丝子，成熟种子。金丝草，茎。

**【采集加工】**菟丝子：秋季果实成熟时采收，取出种子，干燥。金丝草：夏、秋季采收，晒干。

**【药材性状】**菟丝子：呈类球形或近卵形，细小，直径1～1.5mm。表面灰棕色或黄棕色，具致密的白霜状网纹。略小的一端可见种脐色略浅，近圆形，微凹陷，中央有一白色的脐线。内胚乳坚硬，半透明；胚卷旋状，无胚根及子叶。质坚实，不易压碎。气微，味淡。

金丝草：茎纤细，棕黄色，直径不逾1mm，多缠结成团。表面具纵皱纹；节处多分枝，有结节状的吸盘。花序呈团伞状，侧生于节间；花有小花梗，雄蕊着生于花冠裂片弯缺处；蒴果近球形，顶端凹陷，宿存花萼膜质，种子4粒。气微甘，味淡。

**【药材炮制】**菟丝子：取原药，除去杂质，抢水洗净，干燥。盐菟丝子：取菟丝子饮片，与盐水拌匀，稍闷，炒至微鼓起，取出，摊凉。炒菟丝子：取菟丝子饮片，炒至表面黄色，微鼓起时，取出，摊凉。蜜菟丝子：取菟丝子饮片，与炼蜜拌匀，稍闷，炒至不粘手时，取出，摊凉。

**【化学成分】**种子含木脂素类：芝麻素（sesamin）[1]；黄酮类：山柰酚（kaempferol）、槲皮素（quercetin）、紫云英苷（astragalin）、金丝桃苷（hyperoside）、槲皮素-3-*O*-β-D-吡喃半乳糖基-（2→1）-β-D-吡喃芹糖苷［quercetin-3-*O*-β-D-galactopyranosyl-（2→1）-β-D-apiopyranoside］[1,2]和表儿茶素（epicatechin）[3]；苯丙素类：1-（4-羟基-3, 5-二甲氧基苯基）丙烯-9-*O*-β-D-吡喃葡萄糖苷［1-（4-hydroxy-3, 5-dimethoxyphenyl）propene-9-*O*-β-D-glucopyranoside］[3]，咖啡酸（caffeic acid）、咖啡酰-β-D-葡萄糖苷（caffeoyl-β-D-glucoside）、对羟基桂皮酸（*p*-coumaric acid）[4]，4-*O*-8′-咖啡酰甲酯-咖啡酰-α-L-鼠李糖苷（4-*O*-8′-caffeoylmethyl caffeoyl-α-L-rhamnoside），即南方菟丝苷B（australiside B）和3-*O*-α-D-葡萄糖基-（1→3）-α-D-葡萄糖基-咖啡酰乙酯［3-*O*-α-D-glucosyl-（1→3）-α-D-glucosyl-caffeoyl ethylate］[5]；糖苷类：乙基-α-半乳糖苷（ethyl-α-galactoside）[5]；酚类：对羟基苯酚（1, 4-benzenediol）[5]；多元醇类：L-手性-肌醇（L-*chiro*-inositol）[5]；核苷类：胸苷（thymidine）[4]；甾体类：β-谷甾醇（β-sitosterol）、胡萝卜苷（daucosterol）[5]和β-谷甾醇-3-*O*-β-D-吡喃木糖苷（β-sitosterol-3-*O*-β-D-xylopyranoside）[6]；萜类：长寿花糖苷Ⅰ（roseoside Ⅰ）[3]和南方菟丝苷A（australiside A）[4]；脂肪酸类：糖棕榈酸（hexadecanoic acid）[1]，硬脂酸（stearic acid）[5]，虫漆醋酸（lacceroic acid）[6]，α-甲基巴豆酸（α-methyl tiglic acid）、（2*S*）-2-甲基丁酸［（2S）-2-methylbutyric acid］和异丁酸（isobutyric acid）[7]；树脂糖苷类：（11*S*）-药喇叭脂酸［（11*S*）-jalapinolic acid］、（11*S*）-旋花醇酸［（11*S*）-convolvulinolic acid］、（2*R*, 3*R*）-裂叶牵牛子酸［（2*R*, 3*R*）-nilic acid］和菟丝子酸$A_1$、$A_2$、$A_3$（cuscutic acid $A_1$、$A_2$、$A_3$）[7]；多糖的单糖组成：甘露糖（mannose）、半乳糖醛酸（galacturonic acid）、葡萄糖（glucose）、半乳糖（galactose）、木糖（xylose）和阿拉伯糖（arabinose）[8]；氨基酸类：天冬氨酸（Asp）、苏氨酸（Thr）、丝氨酸（Ser）、谷氨酸（Glu）、脯氨酸（Pro）、甘氨酸（Gly）、丙氨酸（Phe）、缬氨酸（Val）、蛋氨酸（Met）、异亮氨酸（Ile）、亮氨酸（Leu）、酪氨酸（Tyr）、苯丙氨酸（Phe）、赖氨酸（Lys）、组氨酸（His）和精氨酸（Arg）[9]；元素：铁（Fe）、铜（Cu）、锌（Zn）、锰（Mn）、钙（Ca）、镁（Mg）、锶（Sr）、镍（Ni）、铬（Cr）和钴（Co）等[10]；色素类：蒲公英黄素（taraxanthin）、α-胡萝卜素（α-carotene）、β-胡萝卜素（β-carotene）、γ-胡萝卜素（γ-carotene）、5, 6-环氧-α-胡萝卜素（5, 6-epoxy-α-carotene）和叶黄素（lutein）[11]。

**【药理作用】**免疫调节　成熟种子的乙醇提取物可提高氢化可的松所致肾阳虚证模型大鼠的胸腺

及脾脏指数、白细胞计数和腹腔巨噬细胞吞噬能力，促进 Th 淋巴细胞表达，抑制 Tc 淋巴细胞表达，调整 T 淋巴细胞亚群比值，并能改善肾阳虚证大鼠血清 IgM 和 IgG 水平，具有很好的免疫调节作用[1]；从种子分离得到的有效成分金丝桃苷（hyperoside）在体内一定剂量时对小鼠胸腺指数及脾 T 淋巴、B 淋巴细胞增殖和腹腔巨噬细胞吞噬功能均具有明显的抑制作用，而另一浓度时对小鼠脾脏 T 淋巴、B 淋巴细胞的增殖和腹腔巨噬细胞的吞噬功能具有明显的增强作用，体外实验表明，金丝桃苷在一定剂量下能显著增强脾 T 淋巴、B 淋巴细胞的增殖和促进 T 淋巴细胞产生白细胞介素 -2（IL-2）的能力，同时也能增强腹腔巨噬细胞的吞噬功能和释放一氧化氮（NO）的能力，发挥免疫增强作用[1, 2]。

**【性味与归经】**菟丝子：甘，温。归肝、肾、脾经。金丝草：甘、平。

**【功能与主治】**菟丝子：滋补肝肾，固精缩尿，安胎，明目，止泻。用于阳痿遗精，尿有余沥，遗尿尿频，腰膝酸软，目昏耳鸣，肾虚胎漏，胎动不安，脾肾虚泻；外用于白癜风。金丝草：利水消肿。用于水肿胀满。

**【用法与用量】**菟丝子：煎服 6 ～ 12g；外用适量。金丝草：4.5 ～ 9g。

**【药用标准】**菟丝子：药典 2010、药典 2015、浙江炮规 2015、香港药材六册和台湾 2013；金丝草：上海药材 1994。

**【临床参考】**1. 精子畸形：种子 30g，加肉苁蓉 15g、枸杞子 15g、何首乌 20g、熟地 20g、五味子 15g、山茱萸 15g、人参 5g、泽泻 10g，每日 1 剂或隔日 1 剂，水煎服[1]。

2. 多囊卵巢综合征：种子 20g，加肉苁蓉 10g、覆盆子 10g、当归 10g、淫羊藿 10g、茺蔚子 10g、山茱萸 10g、香附 10g、山药 20g、地黄 15g、桑寄生 15g；痰湿阻滞、体型肥胖者，酌加苍术、菖蒲、茯苓、陈皮、法半夏、浙贝母；体毛浓密或雄激素升高者，酌加龙胆草、栀子、牡丹皮、赤芍；经血量少、有血块者，酌加鸡血藤、赤芍、泽兰、桂枝；泌乳、泌乳素增高者，加炒麦芽；排卵期患者，酌加川芎、泽兰、丹参、赤芍、路路通、枳壳；卵巢明显增大者，酌加炙鳖甲（先煎）、皂角刺、路路通，水煎，分 2 次服，每日 1 剂[2]。

3. 脾肾两虚、大便溏泄：种子 9g，加石莲子 9g、茯苓 12g、山药 15g，水煎服。（《安徽中草药》）

4. 白癜风：种子 9g，浸入 95% 乙醇 60g 内，2 ～ 3 天后取汁，外涂，每日 2 ～ 3 次。（《青岛中草药手册》）

5. 小便不通：全草一握，加韭菜根头煎汤洗小肚。（《慈惠小编》）

6. 细菌性痢疾、肠炎：鲜全草 30g，每日 1 剂，煎服 2 次。（内蒙古《中草药新医疗法资料选编》）

**【附注】**药材菟丝子阴虚火旺、强阳不痿及大便燥结者禁服。

**【化学参考文献】**

[1] 郭洪祝，李家实 . 南方菟丝子化学成分研究 [J]. 北京中医药大学学报，2000，23（3）：20-23.

[2] 郭洪祝，李家实 . 南方菟丝子黄酮类成分的研究 [J]. 中国中药杂志，1997，22（1）：38-40.

[3] 刘祥，欧阳明安 . 南方菟丝子水溶性成分的研究 [J]. 武夷科学，2013，29（1）：216-222.

[4] 李更生，陈雅妍 . 南方菟丝子化学成分的研究 [J]. 中国中药杂志，1997，22（9）：548-550.

[5] 李更生，陈雅妍 . 南方菟丝子化学成分的研究 [J]. 中国中医药科技，1997，4（4）：254-256.

[6] 郭澄，韩公羽，苏中武，等 . 南方菟丝子化学成分的研究 . 中国药学杂志，1997，32（1）：8-11.

[7] Du X M，Sun N Y，Nishi M，et al. Components of the ether-insoluble resin glycoside fraction from the seed of *Cuscuta australis* [J]. J Nat Prod，1999，62（5）：722-725.

[8] 徐丽媛，吕永磊，王丹，等 . 南方菟丝子不同炮制品多糖含量的比较研究 [J]. 中国实验方剂学杂志，2012，18（7）：119-123.

[9] 林慧彬，林建强，林建群，等 . 山东 4 种菟丝子氨基酸比较研究 [J]. 时珍国医国药，2001，12（3）：195.

[10] 汪学昭，林培英，宓鹤鸣 . 大、小菟丝子的微量元素含量测定 [J]. 第二军医大学学报，1995，16（5）：487-488.

[11] Baccarini A，Bertossi F，Bagni N. Carotenoid pigments in the stem of *Cuscuta australis* [J]. Phytochemistry，1965，4（2）：349-351.

【药理参考文献】

[1] 徐何方，杨颂，李莎莎，等．菟丝子醇提物对肾阳虚证模型大鼠免疫功能的影响［J］．中药材，2015，38（10）：2163-2165.

[2] 顾立刚，叶敏，阎玉凝，等．菟丝子金丝桃苷体内外对小鼠免疫细胞功能的影响［J］．中国中医药信息杂志，2001，8（11）：42-44.

【临床参考文献】

[1] 周洪，张雪亭．菟丝子汤治疗精子畸形症 105 例疗效观察［J］．吉林中医药，1992，（5）：10.

[2] 赵春景，江红，庄春霞．新加苁蓉菟丝子丸治疗多囊卵巢综合征疗效观察［J］．新中医，2016，48（2）：148-151.

## 767. 菟丝子（图 767）• *Cuscuta chinensis* Lam.

图 767　菟丝子　　摄影　李华东等

【别名】豆寄生、无根草（江苏），金丝藤、鸡血藤、无根藤、黄丝藤（江西）。

【形态】一年生寄生草本。茎缠绕，丝线状，橙黄色。无叶。花小，常簇生成小伞形或小团伞花序，花序侧生，花序梗近无；苞片小，膜质，鳞片状；花梗长约 1mm；花萼杯状，中上部 5 裂，裂片三角形，顶端钝；花冠白色，长为花萼 2 倍，顶端 5 裂，裂片三角状卵形，裂片常向外反曲；雄蕊 5 枚，着生花冠裂片缺口稍下管壁上，花丝短，花药橙黄色；花冠管近基部鳞片长圆形，边缘长流苏状；子房 2 室，每室有胚珠 2 粒，花柱 2 枚，柱头头状。蒴果近球状，成熟时被宿存花冠全部包围，通常是整齐的周裂。种子 2 ～ 4 粒，淡褐色，卵状，表面粗糙。花果期 7 ～ 10 月。

【生境与分布】生于海拔 3000m 以下的农田、山坡、灌丛或沙滩，常寄生豆科等植物上。分布于华东各省市，另东北、华北、华中、西北及西南各省区均有分布；伊朗、阿富汗向东至日本、朝鲜，南至斯里兰卡、马达加斯加、澳大利亚也有分布。

**【药名与部位】**菟丝子，成熟种子。菟丝草（金丝草），地上部分。

**【采集加工】**菟丝子：秋季果实成熟时采收，取出种子，干燥。菟丝草：夏、秋季采收，晒干。

**【药材性状】**菟丝子：呈类球形或近卵形，细小，直径 1 ～ 1.5mm。表面灰棕色或黄棕色，具致密的白霜状网纹。略小的一端可见种脐色略浅，近圆形，微凹陷，中央有一白色的脐线。内胚乳坚硬，半透明；胚卷旋状，无胚根及子叶。质坚实，不易压碎。气微，味淡。

菟丝草：茎多缠绕成团，棕黄色，柔细，粗不及 1mm。叶退化成鳞片状，多脱落。花簇生于茎节，呈球形。雄蕊着生于花冠裂片缺口稍下处；蒴果不规则开裂，着生于宿存花冠之下，呈圆形或扁球形，棕黄色。气微，味苦。

**【药材炮制】**菟丝子：取原药，除去杂质，抢水洗净，干燥。盐菟丝子：取菟丝子饮片，与盐水拌匀，稍闷，炒至微鼓起，取出，摊凉。炒菟丝子：取菟丝子饮片，炒至表面黄色，微鼓起时，取出，摊凉。蜜菟丝子：取菟丝子饮片，与炼蜜拌匀，稍闷，炒至不粘手时，取出，摊凉。

**【化学成分】**种子含挥发油类：2- 戊基呋喃（2-pentyl furan）、十二烷（dodecane）、3- 丁烯 -2- 醇（3-butene-2-ol）、糠醛（furfural）、2- 呋喃甲醇（2-furanmethanol）、庚醛（heptanal）、3, 7- 二甲基 -1, 6- 辛二烯 -3- 醇（3, 7-dimethyl-1, 6-octadiene-3-ol）、冰片（borneol）、τ- 萜品醇（τ-terpineol）、石竹烯（caryophllene）和 τ- 石竹烯（τ-caryophllene）[1]；黄酮类：槲皮素 -3-*O*-β-D- 半乳糖基 -7-*O*-β-D- 葡萄糖苷（quercetin-3-*O*-β-D-galactosyl-7-*O*-β-D-glucoside）、槲皮素 -3-*O*-β-D- 半乳糖基 -（2 → 1）-β-D- 呋喃芹糖苷［quercetin-3-*O*-β-D-galactosyl-（2 → 1）-β-D-apiofuranoside］、金丝桃苷（hyperoside）、异鼠李素（isorhamnetin）、山柰酚（kaempferol）、槲皮素（quercetin）[2]，山柰酚 -3-*O*-β-D- 吡喃葡萄糖苷（kaempferol-3-*O*-β-D-glucopyranoside）、4′, 4, 6- 三羟基橙酮（4′, 4, 6-trihydroxyaurone）[3]，紫云英苷（astragalin）、紫云英苷 -6″-*O*- 没食子酸酯（astragalin-6″-*O*-gallate）、槲皮素 -3-*O*-（6″- 没食子酰基）-β-D- 葡萄糖苷［quercetin-3-*O*-（6″-galloyl）-β-D-glucoside］[4]，卡来可酮（calycopteretin）[5]和山柰酚 -3, 7- 二 -*O*-β-D- 吡喃葡萄糖苷（kaempferol-3, 7-di-*O*-β-D-glucopyranoside）[6]；木脂素类：d- 芝麻素（d-sesamin）、9（*R*）- 羟基 -d- 芝麻素［9（*R*）-hydroxy-d-sesamin］[2]，新芝麻脂素（*neo*-sesamin）[3]，2′- 羟基细辛脂素 -2′-*O*-β-D- 吡喃葡萄糖基 -（1 → 6）-β-D- 吡喃葡萄糖苷［2′-hydroxylasarinin-2′-*O*-β-D-glucopyranosyl-（1 → 6）-β-D-glucopyranoside］[6]，6-*O*-（*E*）- 对香豆酰基 -β-D- 呋喃果糖 -（2 → 1）-α-D- 吡喃葡萄糖苷［6-*O*-（*E*）-*p*-coumaroyl-β-D-fructofuranosyl-（2 → 1）-α-D-glucopyranoside］[7]，菟丝子木脂醇 A、B、C（cuscutaresinol A、B、C）、（+）- 花椒酚［（+）-xanthoxylol］、4- 羟基芝麻脂素（4-hydroxysesamin）、（+）- 松脂素［（+）-pinoresinol］、（+）-5′- 羟基松脂素［（+）-5′-hydroxypinoresinol］、小号花木脂酮（aptosimone）[8]，菟丝子苷 A、B（cuscutoside A、B）[9]，菟丝子苷 C、D（cuscutoside C、D）[6]和新菟丝子苷 A、B、C（neocuscutoside A、B、C）[10]；甾体类：β- 谷甾醇（β-sitosterol）、胡萝卜苷（daucosterol）[7]和豆甾 -5, 22- 二烯 -3-*O*-β-D- 吡喃葡萄糖苷（stigma-5, 22-dien-3-*O*-β-D-glucopyranoside）[8]；生物碱类：4-（*N*, *N*- 二甲基氨）-4′-（*N*′- 甲基氨）苯并酚酮［4-（*N*, *N*-dimethylamino）-4′-（*N*′-methylamino）benzophenone］、二（4- 二甲基氨苯基）甲酮［bis（4-dimethylaminophenyl）methanone］[8]和菟丝子胺（cuscutamine）[11]；苯丙素类：咖啡酸（caffeic acid）、3, 5- 二甲氧基肉桂酸甲酯（methyl 3, 5-dimethoxycinnamate）[5]，5- 咖啡酰奎宁酸（5-caffeoylquinic acid）、4- 咖啡酰奎宁酸（4-caffeoylquinic acid）、桂皮酸（cinnamic acid）[6]，绿原酸（chlorogenic acid）和对羟基肉桂酸（*p*-hydrpxycinnamic acid）[9]；酚酸类：香草醛（vanillin）、对甲氧基苯甲酸（4-methoxybenzoic acid）、对羟基苯甲酸甲酯（methyl 4-hydroxybenzoate）、2-（对羟苯基）-2- 氧代乙酸甲酯［methyl 2-（4-hydroxyphenyl）-2-oxoacetate］[8]和熊果苷[9]；糖基酯苷类：菟丝子树脂苷 A（cuscutic resinoside A）[11]，菟丝子糖酯 1、2、3、4、5、6、7、8、9、10、11、12（cuse 1、2、3、4、5、6、7、8、9、10、11、12）[12]，菟丝子酸 A、B、C、D（cuscutic acid A、B、C、D）[13]，α-L- 吡喃鼠李糖基 -（1 → 3）-［2-*O*-（11*S*）-11- 羟基十四烷酰基］-［4-*O*-（2*R*, 3*R*）-3- 羟基 -2- 甲基丁酰基］-α-L- 吡喃鼠李糖基 -（1 → 2）-［6-*O*-

乙酰基]-D-吡喃葡萄糖苷{α-L-rhamnopyranosyl-(1→3)-[2-*O*-(11*S*)-11-hydroxytetradecanoyl]-[4-*O*-(2*R*, 3*R*)-3-hydroxy-2-methylbutyryl]-α-L-rhamnopyranosyl-(1→2)-[6-*O*-acetyl]-D-glucopyranoside}和α-L-吡喃鼠李糖基-(1→3)-[2-*O*-(11*S*)-11-羟基十六烷酰基]-[4-*O*-(2*R*, 3*R*)-3-羟基-2-甲基丁酰基]-α-L-吡喃鼠李糖基-(1→2)-[6-*O*-乙酰基]-D-吡喃葡萄糖苷{α-L-rhamnopyranosyl-(1→3)-[2-*O*-(11*S*)-11-hydroxyhexadecanoyl]-[4-*O*-(2*R*, 3*R*)-3-hydroxy-2-methylbutyryl]-α-L-rhamnopyranosyl-(1→2)-[6-*O*-acetyl]-D-glucopyranoside}[14]；脂肪酸类：软脂酸（palmitic acid）、硬脂酸（stearic acid）[4]，(2*S*)-2-甲基丁酸[(2*S*)-2-methylbutyric acid]和α-甲基巴豆酸(α-methyltiglic acid)[13]；树脂糖苷类：(2*R*, 3*R*)-裂叶牵牛子酸[(2*R*, 3*R*)-nilic acid]、(11*S*)-旋花醇酸[(11*S*)-convolvulinolic acid]和(11*S*)-药喇叭脂酸[(11*S*)-jalapinolic acid][13]；多糖类：菟丝子多糖H2（cuchinposa* H2）[15]，菟丝子多糖H3(cuchinposa H3)[16]，菟丝子多糖H6、H8(cuchinposa H6、H8)[17]，菟丝子多糖-A、B、C(cuchinposa-A、B、C)[18]；氨基酸类：天冬氨酸(Asp)、苏氨酸(Thr)、丝氨酸(Ser)、谷氨酸(Glu)、甘氨酸(Gly)、丙氨酸（Ala）、胱氨酸（Cys）、缬氨酸（Val）、蛋氨酸（Met）、异亮氨酸（Ile）、亮氨酸（Leu）、酪氨酸(Tyr)、苯丙氨酸(Phe)、赖氨酸(Lys)、组氨酸(His)和精氨酸(Arg)[19]；元素：铁（Fe）、铜（Cu）、锌（Zn）、锰（Mn）、钙（Ca）、镁（Mg）、锶（Sr）、镍（Ni）、铬（Cr）和钴（Co）等[20]。

地上部分含黄酮类：槲皮素（quercetin）、山柰酚（kaempferol）、5, 3′-二羟基-6, 7, 4′-三甲氧基黄酮(5, 3′-dihydroxy-6, 7, 4′-tritermethoxyflavone)、5, 3′-二羟基-3, 6, 7, 4′-四甲氧基黄酮(5, 3′-dihydroxy-3, 6, 7, 4′-tetramethoxyflavone)、5, 7, 3′-三羟基-6, 4′-二甲氧基黄酮(5, 7, 3′-triterhydroxy-6, 4′-dimethoxyflavone)、金丝桃苷（hyperoside）、5, 7, 3′-三羟基-4′-甲氧基黄酮（5, 7, 3′-trihydroxy-4′-methoxyflavone）、木犀草素(luteolin)、3-甲氧基金圣草素-4′-*O*-β-D-吡喃葡萄糖苷(3-methoxychrysoeriol-4′-*O*-β-D-glucopyranoside)和木犀草素-7-*O*-β-D-吡喃葡萄糖苷（luteolin-7-*O*-β-D-glucopyranoside）[21]。

全草含黄酮类：山柰酚（kaempferol）、槲皮素（quercetin）、异鼠李素（*iso*-rhamnetin）、槲皮素-3-*O*-β-D-半乳糖基-7-*O*-β-D-葡萄糖苷（quercetin-3-*O*-β-D-galactoside-7-*O*-β-D-glucoside）、槲皮素-3-*O*-β-D-芹糖基-(2→1)-β-D-半乳糖苷[quercetin-3-*O*-β-D-apiofuranosyl-(2→1)-β-D-galactoside]和金丝桃苷（hyperoside）[22]；木脂素类：d-芝麻素（d-sesamin）、9（*R*）-羟基-d-芝麻素[9（*R*）-hydroxyl-d-sesamin]和d-松脂素(d-pinoresinol)；甾体类：β-谷甾醇(β-sitosterol)和胡萝卜苷(daucosterol)[23]；烷烃及烷醇类：二十五烷 pentacosane、二十七烷（heptacosane）、二十八烷（octacosane）、二十九烷（nonacosane）、三十烷（triacontane）、三十一烷（hentriacontane）和三十烷醇（triacontanol）[24]。

**【药理作用】**1. 生殖调节　种子水正丁醇石油醚提取部位能提高小鼠抓力，延长游泳时间，改善睾丸精囊腺的作用[1]；种子醇提取物具有较好的使幼年小鼠睾丸和附睾增重的作用；种子水提取液对“阳虚”小鼠的超氧化物歧化酶（SOD）、丙二醛（MDA）的含量有改善作用并对免疫器官有增重的作用[2]；种子水提取物能明显促进热应激小鼠睾丸和附睾损伤后的修复，能增加小鼠精子数，增强小鼠精子生成的质量和活力，同时在一定范围内浓度越高，促进作用就越强[3]；种子水提取物能增加苯甲酸雌二醇所致肾阳虚大鼠的睾丸系数、精囊腺系数，提高精浆果糖含量，升高促性腺激素释放激素（GnRH）水平，降低雌二醇（$E_2$）、促卵泡生成激素（FSH）、促黄体生成激素（LH）水平，增强生殖能力，从而不同程度改善肾阳虚证之性欲减退、腰膝酸软等症状，其机制可能与调节性激素水平，改善下丘脑-垂体-性腺轴功能紊乱有关[4]；从种子提取的黄酮可显著改善排卵障碍大鼠的一般状况，恢复大鼠的情动周期，改善子宫及卵巢指数，且高剂量效果更显著，对卵泡的生长发育具有促进作用，并能提高次级卵泡数量，显著改善排卵障碍[5]；种子醇和水提取物在以羟基脲灌胃建立肾虚排卵障碍模型大鼠中，高剂量组对大鼠子宫指数、卵巢指数、成熟卵泡比例、血清雌二醇、促卵泡生成激素水平有明显增加作用；种子中提取的黄酮低剂量组大鼠子宫指数、卵巢指数、成熟卵泡比例血清、血清雌二醇、促卵泡生成激素、促黄体生成激素水平明显增加，可有效改善羟基脲引起的肾虚排卵障碍[6]；另种子总提取物与多糖均能通过提高血清雌二醇、血清磷水平，纠正妊娠期糖尿病造成的母体 Th1/Th2 炎症细胞因子的失衡，从而改善妊娠[7]；种子水提取物低、中、高剂量组在相同的条件下均可提高精子悬液超氧化物歧化酶（SOD）活力，降低丙二醛（MDA）含量，对活性氧（ROS）所致精子膜的损伤均具有不同程度的干预作用，对精子膜功能具有一定的保护作用[8]。2. 抗衰老　种子中分离得到的多糖对 D- 半乳糖诱导的衰老大鼠的心肌细胞凋亡有保护作用，可调节 Bcl-2 表达，降低心肌细胞钙含量，抑制 Cytc 的释放，降低 caspase-3 活性，维持促凋亡因子和抗凋亡因子之间的平衡[9]；种子水提取物可使老龄小鼠红细胞膜超氧化物歧化酶活性增高，血清过氧化脂质水平和脑脂褐素含量显著降低，肝单胺氧化酶 -B 活性降低，对血硒水平无影响，进而延缓机体衰老过程[10]；种子醇提取液可提高致衰大鼠神经细胞抗氧化物酶的活性，降低自由基代谢产物的含量，抑制非酶糖基化反应，减少自由基生成，发挥抗衰老作用；种子醇提取液对半乳糖衰老模型大鼠脾淋巴细胞损伤具有保护作用，且呈现时间依赖性[11]；种子醇提取液可使 RAGE2 mRNA 表达下调，进而减少糖基化晚期终产物对蛋白质核酸脂类的修饰作用，减少交联的形成，改善细胞的功能而发挥延缓衰老的作用，在给药 30 天即发挥出了理想的效果[12]；种子黄酮对氧化应激损伤 PC12 细胞具有保护作用，其机制可能是通过清除自由基提高抗氧化酶活性，从而抑制细胞的凋亡[13]；种子中提取的多糖能使衰老模型小鼠胸腺指数和脾脏指数不同程度升高；肝、肾组织中丙二醛含量不同程度下降，超氧化物歧化酶及谷胱甘肽过氧化物酶活力不同程度提高，脑组织中脂褐质不同程度下降，说明其有抗衰老作用，其机制可能与提高免疫功能，清除超氧阴离子自由基及抗脂质过氧化有关[14]；又高、中剂量种子醇水提取物能显著提高衰老模型小鼠皮肤中超氧化物歧化酶（SOD）活性和羟脯氨酸（Hyp）、皮肤水分（water）的含量，降低丙二醛（MDA）、脂褐质（Lf）含量，衰老皮肤的形态学得到改善，说明其能有效延缓模型小鼠的皮肤老化，结合有关研究说明其能从多层面起到延缓衰老作用[15]。3. 免疫调节　种子水提取物和醇提取物可增加小鼠吞噬百分率，使幼龄小鼠的胸腺和脾脏增重，并可显著延长小鼠的游泳及缺氧存活时间，其中水提取物的作用优于醇提取物，说明其具有增强机体免疫功能、抗疲劳、耐缺氧作用，种子中的多糖是其提高机体免疫力，增强体质的有效物质之一[16]。4. 护肝　种子乙醇提取物在对乙酰氨基酚诱导的大鼠肝脏损伤模型中，可有效降低天冬氨酸氨基转移酶、谷丙转氨酶、碱性磷酸酶水平及改善肝脏组织病理学的变化，可增加超氧化物歧化酶、过氧化氢酶的水平，以及降低丙二醛的含量，表明其乙醇提取物可通过抗氧化作用发挥肝脏保护作用[17]；种子乙醇提取物在体外细胞学实验中可有效降低 HSC-T6 细胞的纤维化作用，从而缓解细胞凋亡，另在体内实验中显示，对硫代乙酰胺诱导的肝纤维化大鼠模型能显著改善血清生物标志物、纤维化相关基因表达、谷胱甘肽、羟脯氨酸水平的改变，并改善组织病理学改变[18]。5. 抗疲劳　种子水提取物能有效清除大鼠因大强度力竭运动引起的自由基代谢紊乱并提高抗氧化能力，进而改善抑制脑组织氧化损伤缓解疲劳的作用[19]。6. 抗炎抗氧化　种子中提取的总黄酮可提高氧化损伤的血管内皮细胞活性，通过细胞上清液丙二醛含量、超氧化物歧化酶、谷胱甘肽过氧化物酶活性的测定及细胞形态学的变化，证实其有清除自由基和活性氧的抗氧化特性，总黄酮对血管内皮细胞的保护作用可能与抗氧化增强抗氧化酶活力、清除自由基有关[20]；在脂多糖诱导的小鼠小胶质细胞系 BV-2 细胞中，种子 80% 醇提取物可有效减少一氧化氮和前列腺素 2 的释放，并通过下调其受体离子水平来降低肿瘤坏死因子（TNF-α）、白细胞介素 -1β（IL-1β）和白细胞介素 -6（IL-6）的生成，还抑制 ERK1/2、JNK、p38 MAPK 的磷酸化作用，表明种子醇提取物可抑制小胶质细胞炎症反应，发挥抗炎作用[21]。7. 护肾　种子水提取液可改善过度训练大鼠肾缺血再灌注所引起的自由基代谢紊乱，改善肾脏超微结构，对运动性缺血再灌注有保护作用[22]。8. 护骨　种子中提取的黄酮能显著提高去卵巢大鼠股骨骨密度、血清和肾脏中的 25（OH）$_2D_3$、腰椎组织维生素 D 受体 mRNA、小肠 CaBp-D9K mRNA 表达，促进肠钙吸收与成骨细胞活性，增强骨质量[23]。9. 抗白癜风　种子提取液在一定剂量下可使过氧化氢（$H_2O_2$）化学脱色法所致白癜风模型豚鼠的皮肤黑色素分布含量增多，高、中剂量可升高血浆酪氨酸酶，高剂量可降低血浆单胺氧化酶水平[24]。

**【性味与归经】**菟丝子：甘，温。归肝、肾、脾经。菟丝草：甘、平。

**【功能与主治】**菟丝子：滋补肝肾，固精缩尿，安胎，明目，止泻。用于阳痿遗精，尿有余沥，遗尿尿频，腰膝酸软，目昏耳鸣，肾虚胎漏，胎动不安，脾肾虚泻；外用于白癜风。菟丝草：清除异常黑胆质及黏液质（维医）。用于头痛头晕，精神错乱，皮肤粗糙，便秘食少，肢体抽搐，关节疼痛。老年人服用可防止异常黑胆质的生成（维医）。

**【用法与用量】**菟丝子：煎服 6 ～ 12g；外用适量。菟丝草：35 ～ 60g。金丝草：4.5 ～ 9g。

**【药用标准】**菟丝子：药典 1963—2015、新疆药品 1980 二册、新疆维药 1993、香港药材六册和台湾 2013；菟丝草：部标维药 1999 和上海药材 1994。

**【临床参考】**1. 精子畸形：种子 30g，加肉苁蓉 15g、枸杞子 15g、何首乌 20g、熟地 20g、五味子 15g、山茱萸 15g、人参 5g、泽泻 10g，每日 1 剂或隔日 1 剂，水煎服[1]。

2. 多囊卵巢综合征：种子 20g，加肉苁蓉 10g、覆盆子 10g、当归 10g、淫羊藿 10g、茺蔚子 10g、山茱萸 10g、香附 10g、山药 20g、地黄 15g、桑寄生 15g；痰湿阻滞、体型肥胖者，酌加苍术、菖蒲、茯苓、陈皮、法半夏、浙贝母；体毛浓密或雄激素升高者，酌加龙胆草、栀子、牡丹皮、赤芍；经血量少、有血块者，酌加鸡血藤、赤芍、泽兰、桂枝；泌乳、泌乳素增高者，加炒麦芽；排卵期患者，酌加川芎、泽兰、丹参、赤芍、路路通、枳壳；卵巢明显增大者，酌加炙鳖甲（先煎）、皂角刺、路路通，水煎，分 2 次服，每日 1 剂[2]。

3. 脾肾两虚、大便溏泄：种子 9g，加石莲子 9g、茯苓 12g、山药 15g，水煎服。（《安徽中草药》）

4. 白癜风：种子 9g，浸入 95% 乙醇 60g 内，2 ～ 3 天后取汁，外涂，每日 2 ～ 3 次。（《青岛中草药手册》）

5. 小便不通：全草一握，加韭菜根头煎汤洗小肚。（《慈惠小编》）

6. 细菌性痢疾、肠炎：鲜全草 30g，每日 1 剂，煎服 2 次。（内蒙古《中草药新医疗法资料选编》）

**【附注】**菟丝子始载于《神农本草经》，列为上品。《名医别录》云："生朝鲜川泽田野，蔓延草木之上，色黄而细为赤网，色浅而大为菟累。九月采实暴干。"《日华子本草》云："苗茎似黄麻线，无根株，多附田中，草被缠死，或生一丛如席阔，开花结子不分明，如碎黍米粒。"《本草图经》谓："夏生苗如丝综，蔓延草木之上，或云无根，假气而生，六、七月结实，极细如蚕子，土黄色，九月收采暴干。"《本草纲目》引《庚辛玉册》云："火焰草即菟丝子，阳草也，多生荒园古道，其子入地，初生有根，及长延草物，其根自断。无叶有花，白色微红，香亦袭人，结实如秕豆而细，色黄，生于梗上尤佳，惟怀孟林中多有之，入药更良。"《植物名实图考》云："兔丝本经上品，北地至多，尤喜生园圃，菜豆被其纠缚，辄卷曲就瘁，浮波罽㲪，万缕金衣，既无根可寻，亦寸断复苏，初开白花作包，细瓣反卷如石榴状，旋即结子，梂聚累累……"。即为本种。

种子加水煮至种皮破裂时，可露出黄白色卷旋状的胚，形如吐丝。此可作为鉴别特征。

药材菟丝子阴虚火旺、强阳不痿及大便燥结者禁服。

**【化学参考文献】**


［1］侯冬岩，李铁纯，于冰 . 两种菟丝子挥发性成分的比较研究［J］. 质谱学报，2003，24（2）：432-434.

［2］叶敏，阎玉凝，乔梁，等 . 中药菟丝子化学成分研究［J］. 中国中药杂志，2002，27（2）：38-40.

［3］王展，何直昇 . 菟丝子化学成分的研究［J］. 中草药，1998，29（9）：577-579.

［4］林倩，贾凌云，孙启时 . 菟丝子的化学成分［J］. 沈阳药科大学学报，2009，26（12）：968-971.

［5］Kwon Y S，Chang B S，Kim C M. Antioxidative constituents from the seeds of *Cuscuta chinensis*［J］. Nat Prod Sci，2000，6（3）：135-138.

［6］He X H，Yang W Z，Meng A H，et al. Two new lignan glycosides from the seeds of *Cuscuta chinensis*［J］. J Asian Nat Prod Res，2010，12（11-12）：934-939.

［7］高佃华 . 菟丝子化学成分的研究［D］. 长春：吉林大学硕士学位论文，2009.

［8］Tsai YC，Lai W C，Du Y C，et al. Lignan and flavonoid phytoestrogens from the seeds of *Cuscuta chinensis*［J］. J Nat Prod，2012，75（7）：1424.

[ 9 ] Yahara S J，Domoto H，Sugimura C，et al. An alkaloid and two lignans from *Cuscuta chinensis* [ J ] . Phytochemistry，1994，37（6）：1755-1757.

[ 10 ] Xiang S X，He Z S，Ye Y et al. Furofuran lignans from *Cuscuta chinensis* [ J ] . Chin J Chem，2001，19（3）：282-285.

[ 11 ] Umehara K，Nemoto K，Ohkubo T，et al. Isolation of a new 15-membered macrocyclic glycolipid lactone，cuscutic resinoside A from the seeds of *Cuscuta chinensis*：a stimulator of breast cancer cell proliferation [ J ] . Planta Med，2004，70（4）：299-304.

[ 12 ] Fan B Y，Luo J G，Gu Y C，et al. Unusual ether-type resin glycoside dimers from the seeds of *Cuscuta chinensis* [ J ] . Tetrahedron，2014，70（11）：2003-2014.

[ 13 ] Du X M，Kohinata K，Kawasaki T，et al. Resin glycosides part XXVI. components of the ether-insoluble resin glycoside-like fraction from *Cuscuta chinensis* [ J ] . Phytochemistry，1998，48（5）：843-850.

[ 14 ] Miyahara K，Du X M，Watanabe M，et al. Resin glycosides. XXIII. two novel acylated trisaccharides related to resin glycoside from the seeds of *Cuscuta chinensis* [ J ] . Chem Pharm Bull，1996，44（3）：481-485.

[ 15 ] 王展，方积年 . 具有抗氧化活性的酸性菟丝子多糖 H2 的研究 [ J ] . 植物学报，2001，43（3）：243-248.

[ 16 ] 王展，方积年 . 菟丝子多糖 H3 的研究 [ J ] . 药学学报，2001，36（3）：192.

[ 17 ] 王展，鲍幸峰，方积年 . 菟丝子中两个中性多糖的化学结构研究 [ J ] . 中草药，2001，32（8）：675.

[ 18 ] Bao X F，Wang Z，Fang J N，et al. Structural features of an immunostimulating and antioxidant acidic polysaccharide from the seeds of *Cuscuta chinensis* [ J ] . Planta Med，2002，68（3）：237-243.

[ 19 ] 林慧彬，林建强，林建群，等 . 山东 4 种菟丝子氨基酸比较研究 [ J ] . 时珍国医国药，2001，12（3）：195.

[ 20 ] 汪学昭，林培英，宓鹤鸣 . 大、小菟丝子的微量元素含量测定 [ J ] . 第二军医大学学报，1995，16（5）：487-488.

[ 21 ] 王青虎，武晓兰，温永顺，等 . 蒙药菟儿丝的化学成分研究 [ J ] . 中国药学杂志，2012，47（1）：23-25.

[ 22 ] 叶敏，阎玉凝，乔梁，等 . 中药菟丝子化学成分研究 [ J ] . 中国中药杂志，2002，27（2）：115-117.

[ 23 ] 叶敏，阎玉凝，倪雪梅，等 . 菟丝子全草化学成分的研究 [ J ] . 中药材，2001，24（5）：339-341.

[ 24 ] Szykula J，Hebda C，Khazraji A T，et al. Constituents of the hexane fraction from *Cuscuta chinensis* [ J ] . Fitoterapia，1994，65（1）：86.

**【药理参考文献】**

[ 1 ] 陈素红，范景，吕圭源，等 . 菟丝子不同提取部位对雌二醇致肾阳虚小鼠的影响 [ J ] . 上海中医药大学学报，2008，22（6）：60-63.

[ 2 ] 林慧彬，林建强，林建群，等 . 山东四种菟丝子补肾壮阳作用的比较 [ J ] . 中成药，2002，24（5）：354-356.

[ 3 ] 韩洪军，金玉姬，王光慧，等 . 菟丝子对热应激小鼠精子生成数量及活力的影响 [ J ] . 中华临床医师杂志（电子版），2012，6（16）：4909-4911.

[ 4 ] 苏洁，陈素红，吕圭源，等 . 杜仲及菟丝子对肾阳虚大鼠生殖力及性激素的影响 [ J ] . 浙江中医药大学学报，2014，38（9）：1087-1090.

[ 5 ] 罗克燕，杨丹莉，徐敏 . 菟丝子总黄酮对大鼠排卵障碍的治疗作用及其机制研究 [ J ] . 现代中西医结合杂志，2013，22（20）：2184-2186.

[ 6 ] 朱晓南，宗利丽，张宸铭，等 . 菟丝子及其主要成分黄酮对肾虚排卵障碍大鼠的影响 [ J ] . 中国实验方剂学杂志，2014，20（8）：169-172.

[ 7 ] 黄长盛，邢娉婷，周汝云，等 . 菟丝子及菟丝子多糖对妊娠期糖尿病大鼠 Th1/Th2 炎症因子及妊娠结局的影响 [ J ] . 江西中医药，2016，47（6）：37-39.

[ 8 ] 杨欣，丁彩飞，张永华，等 . 菟丝子水提物对人精子膜结构和功能氧化损伤的干预作用 [ J ] . 中国药学杂志，2006，41（7）：515-518.

[ 9 ] Sun S L，Guo L，Ren Y C，et al. Anti-apoptosis effect of polysaccharide isolated from the seeds of *Cuscuta chinensis* Lam. on cardiomyocytes in aging rats [ J ] . Molecular Biology Reports，2014，41（9）：6117-6124.

[ 10 ] 郭军，白书阁，王玉民，等 . 菟丝子抗衰老作用的实验研究 [ J ] . 中国老年学杂志，1996，16（1）：37-38.

[ 11 ] 孙洁，魏晓东，欧芹，等 . 菟丝子醇提液对衰老模型大鼠脾淋巴细胞 DNA 损伤影响的研究 [ J ] . 黑龙江医药科学，2009，32（3）：2-3.

[12] 魏晓东，刘玉萍，李晶，等. D- 半乳糖致衰大鼠非酶糖基化改变及菟丝子醇提液对其作用的研究[J]. 中国老年学杂志，2009，29（19）：2494-2496.

[13] 李志刚，姜波，包永明，等. 菟丝子提取物对 MPP⁺诱导的 PC12 细胞凋亡的保护作用[J]. 中成药，2006，28（2）：219-222.

[14] 蔡曦光. 菟丝子多糖抑制衰老小鼠模型中氧自由基域的作用[J]. 第三军医大学学报，2005，27（13）：1326-1328.

[15] 王宏贤，李寒冰. 菟丝子对亚急性衰老模型小鼠皮肤中相关指标的影响[J]. 四川中医，2007，25（12）：13-15.

[16] 林慧彬，林建强，林建群，等. 山东产四种菟丝子免疫增强作用的比较研究[J]. 中西医结合学报，2003，1（1）：51-53.

[17] Yen F L，Wu T H，Lin L T，et al. Hepatoprotective and antioxidant effects of *Cuscuta chinensis* against acetaminophen-induced hepatotoxicity in rats[J]. Journal of Ethnopharmacology，2007，111（1）：123-128.

[18] Kim J S，Koppula S，Yum M J，et al. Anti-fibrotic effects of *Cuscuta chinensis* with in vitro hepatic stellate cells and a thioacetamide-induced experimental rat model[J]. Pharmaceutical Biology，2017，55（1）：1909-1919.

[19] 郭爱民，曹建民，朱静，等. 菟丝子对大鼠抗运动性疲劳能力及脑组织自由基的影响[J]. 中国实验方剂学杂志，2013，19（9）：274-277.

[20] 刘海云，崔艳茹，伍庆华，等. 菟丝子总黄酮对过氧化氢损伤的血管内皮细胞的保护作用[J]. 中国实验方剂学杂志，2013，19（18）：215-218.

[21] Kang S Y，Jung H W，Lee M Y，et al. Effect of the semen extract of *Cuscuta chinensis*，on inflammatory responses in LPS-stimulated BV-2 microglia[J]. Chinese Journal of Natural Medicines，2014，12（8）：573-581.

[22] 郭爱民，曹建民，周海涛，等. 菟丝子对大鼠运动性肾脏缺血再灌注的保护作用[J]. 中国实验方剂学杂志，2013，19（18）：232-236.

[23] 李小林，武密山，朱紫薇，等. 去卵巢骨质疏松模型大鼠小肠钙结合蛋白 mRNA 表达与菟丝子黄酮的干预[J]. 中国组织工程研究，2014，18（27）：4271-4276.

[24] 沈丽，黄云英，王雪妮，等. 菟丝子外用对实验性豚鼠白癜风的药效[J]. 中国实验方剂学杂志，2012，18（16）：199-202.

**【临床参考文献】**

[1] 周洪，张雪亭. 菟丝子汤治疗精子畸形症 105 例疗效观察[J]. 吉林中医药，1992，（5）：10.

[2] 赵春景，江红，庄春霞. 新加苁蓉菟丝子丸治疗多囊卵巢综合征疗效观察[J]. 新中医，2016，48（2）：148-151.

## 768. 金灯藤（图 768）• *Cuscuta japonica* Choisy

**【别名】**无根藤、飞来藤、无根草（浙江），日本菟丝子（安徽），大菟丝子（江西）。

**【形态】**一年生寄生草本。茎缠绕，多分枝，较粗壮，细绳状，黄色，常有紫色瘤状斑点。无叶。花小，几无花梗，通常密生成短的穗状花序，长约 3cm，基部有分支；苞片及小苞片呈鳞片状，卵圆形，长约 2mm，全缘，顶端尖；花萼肉质，5 裂，几达基部，裂片卵圆形或近圆形，背面有紫色瘤状斑点；花冠淡红色或绿白色，钟状，顶端 5 浅裂，裂片近卵状三角形，短于花冠筒；雄蕊 5 枚，着生花冠喉部裂片之间，花丝极短，花药卵圆状，黄色略带紫红色；花冠管基部鳞片 5 枚，长圆形，边缘流苏状；子房球状，无毛，2 室，每室有 2 粒胚珠；花柱 1 枚，细长，柱头 2 裂。蒴果卵球状，长约 5mm，近基部周裂。种子 1 ～ 2 粒，褐色。花果期 8 ～ 10 月。

**【生境与分布】**生于路旁，常寄生于草本或灌木上。分布于华东各省市；另我国南北各省区均有分布；越南、朝鲜、日本也有分布。

**【药名与部位】**大菟丝子（菟丝子），种子。

**【采集加工】**秋冬季果实成熟时采收植株，晒干，打下种子，除去杂质。

**【药材性状】**呈类圆形或卵圆形，两侧常微凹陷，直径 2 ～ 3mm，表面黄棕色至棕红色，微粗糙，

**图 768 金灯藤** 摄影 张芬耀等

在放大镜下观察，表面有排列不整齐的短线状斑纹，一端有一淡色圆点，中央有线形种脐。质坚硬、不易破碎。纵剖面外面为种皮，中央为卷旋状的胚，胚乳膜质套状，位于胚之周围。种子用沸水浸泡，表面有黏性，加热煮至种皮破裂则露出黄白色细长卷旋状的胚。气微，味淡、微涩，嚼之有黏性。

**【药材炮制】**大菟丝子：筛去杂质，抢水洗净，捞出，干燥，用文火爆炒，取出，放凉。菟丝饼：取净菟丝子，用白酒拌匀，加水适量，置于锅内煮 2h，然后加面粉 1kg，拌匀，再煮，熟后取出稍冷却，再做成方形或圆形饼，干燥。

**【化学成分】**种子含挥发油类：3- 乙基 -2- 己烯（3-ethyl-2-hexene）、3- 己烯 -2- 酮（3-hexene-2-one）、2, 3, 3- 三甲基 -1- 丁烯（2, 3, 3-trimethyl-1-butene）、(*E*)-2- 己烯 -1- 醇[(*E*)-2-hexene-1-ol]、2- 庚酮（2-heptanone）、2- 环己烯 -1- 酮（2-cyclohexene-1-one）、2- 戊基呋喃（2-pentyl furan）、癸烷（decane）、十一烷（undecane）、十二烷（dodecane）、2, 6- 二甲基十一烷（2, 6-dimethylundecane）和十三烷（tridecane）[1]；苯丙素类：绿原酸（chlorogenic acid）、新绿原酸（neochlorogenic acid）、隐绿原酸（chlorogenic acid）、3, 4- 二咖啡酰奎宁酸（3, 4-di-*O*-caffeoylquinic acid）、4, 5- 二咖啡酰奎宁酸（4, 5-di-*O*-caffeoylquinic acid）、3, 5- 二咖啡酰奎宁酸（3, 5-di-*O*-caffeoylquinic acid）[2]，咖啡酸（coffeic acid）和对羟基桂皮酸（*p*-coumaric acid）[2,3]；脂肪酸类：棕榈酸（cetylic acid）、硬脂酸（stearic acid）和花生酸（arachidic acid）[3]；甾

体类：β-谷甾醇（β-sitosterol）和胡萝卜苷（daucosterol）[3]；倍半萜类：羟基马桑毒素（tutin）和马桑亭（coriatin）[3]；氨基酸类：天冬氨酸（Asp）、苏氨酸（Thr）、丝氨酸（Ser）、谷氨酸（Glu）、脯氨酸（Pro）、甘氨酸（Gly）、丙氨酸（Ala）、缬氨酸（Val）、蛋氨酸（Met）、异亮氨酸（Ile）、亮氨酸（Leu）、酪氨酸（Tyr）、苯丙氨酸（Phe）、赖氨酸（Lys）、组氨酸（His）和精氨酸（Arg）[4]；元素：铁（Fe）、铜（Cu）、锌（Zn）、锰（Mn）、钙（Ca）、镁（Mg）、镍（Ni）、锶（Si）、铬（Cr）和钴（Co）等[5]。

全草含甾体类：β-谷甾醇（β-sitosterol）和胡萝卜苷（daucosterol）[6]；脂肪酸类：硬脂酸（stearic acid）和花生酸（arachidic acid）[6]；烷烃类：二十五烷（pentacosane）[6]。

**【药理作用】**1. 改善记忆　种子水提取物在新型目标识别与被动识别的性能研究回避试验中显示，可改善小鼠的认知功能，并呈剂量依赖性；在体外实验中显示，可增加 Ki-67 阳性增殖细胞和海马齿状回双皮质蛋白染色的神经母细胞数目；用 5- 溴 -2- 脱氧尿苷和神经元特异性核蛋白双重标记结果表明，可增加海马齿状回中成熟神经元的数量，能促进对海马颗粒细胞的成熟和分化神经源性分化因子上调表达，说明种子水提取物可通过增强成人海马神经发生来改善学习和记忆[1]。2. 抑制黑色素　种子水提取物可显著抑制 α- 黑素细胞刺激素诱导的黑色素合成和酪氨酸酶活性，并能降低相关转录因子（MITF）表达下降和酪氨酸酶相关蛋白，能通过下调 α- 黑素细胞刺激素诱导的环磷酸腺苷，显著降低磷酸化的 p38 丝裂原活化蛋白激酶（MAKP）信号通路；种子水提取物还可进一步减弱 p38-MAPK 介导的超压黑色素合成，并且减弱酪氨酸酶的活性[2]。

**【性味与归经】**甘，温。归肝、肾、脾经。

**【功能与主治】**补肝益肾，固精缩尿，安胎，明目，止泻。用于阳痿遗精，尿有余沥，夜尿频数或遗尿，腰膝酸软，目昏耳鸣，肾虚胎漏，胎动不安，脾肾虚泻；外用治白癜风。

**【用法与用量】**煎服 6 ～ 12g；外用适量。

**【药用标准】**湖南药材 2009、贵州药材 2003、内蒙古药材 1988 和四川药材 2010。

**【临床参考】**1. 肾虚阳痿、遗精、小便频数、白带：种子 9g，加金樱子 9g、桑螵蛸 9g、五味子 3g，水煎服。

2. 肝肾虚、目昏糊、迎风流泪：种子，加车前子、熟地制成丸剂，每次 9g，每日 2 ～ 3 次，开水送服。

3. 习惯性流产：种子 9g，加桑寄生 9g、续断 9g，水煎服。

4. 血崩：全草 60g，水煎服。

5. 小儿单纯性消化不良：全草研粉，每次 0.9 ～ 1.5g，温开水送服，每日 2 ～ 3 次。

6. 咽喉肿痛：鲜全草适量，捣烂取汁，滴喉。（1 方至 6 方引自《浙江药用植物志》）

**【附注】**始载于《植物名实图考》，云："金灯藤一名毛芽藤，南赣均有之，寄生树上，无枝叶，横抽一短茎，结实密攒如落葵而色青紫，土人采洗疮毒，兼治痢证，同生姜煎服"。根据其文、图即为本种。

药材大菟丝子阴虚火旺、强阳不痿及大便燥结者禁服。

本种的全草民间也作药用。

寄生在马桑上的金灯藤种子可引起中毒，解救措施同马桑中毒[1]。

**【化学参考文献】**


[1] 侯冬岩，李铁纯，于冰. 两种菟丝子挥发性成分的比较研究［J］. 质谱学报，2003，24（2）：432-434.

[2] 瞿燕，李琼，魏文龙，等. 大菟丝子生品和盐炙品 HPLC-UV 特征图谱及 7 个有机酸含量变化研究［J］. 药物分析杂志，2014，34（5）：824-829.

[3] 郭洪祝，呈楠. 金灯藤种子化学成分的研究［J］. 北京中医药大学学报，2000，23（2）：36-38.

[4] 林慧彬，林建强，林建群，等. 山东 4 种菟丝子氨基酸比较研究［J］. 时珍国医国药，2001，12（3）：195.

[5] 汪学昭，林培英，宓鹤鸣. 大、小菟丝子的微量元素含量测定［J］. 第二军医大学学报，1995，16（5）：487-488.

[6] 文东旭，黄坚，唐人九. 金灯藤化学成分的研究［J］. 华西药学杂志，1992，7（1）：11-13.

**【药理参考文献】**

[1] Moon M, Jeong H U, Choi J G, et al. Memory-enhancing effects of *Cuscuta japonica* Choisy via enhancement of adult hippocampal neurogenesis in mice [J]. Behavioural Brain Research, 2016, 31: 172-183.
[2] Jang J Y, Kim H N, Kim Y R, et al. Aqueous fraction from *Cuscuta japonica* seed suppresses melanin synthesis through inhibition of the p38 mitogen-activated protein kinase signaling pathway in B16F10 cells [J]. Journal of Ethnopharmacology, 2012, 141 (1): 338-344.

**【附注参考文献】**

[1] 刘广雄.大菟丝子引起中毒的报道[J].四川中医，1987,（6）：52.

# 一〇四　紫草科 Boraginaceae

草本，少为乔木、灌木或藤本，通常被刚毛或粗糙短柔毛。单叶，互生，稀对生，叶片全缘或有锯齿；无托叶。花序通常顶生，为二歧分支的蝎尾状聚伞花序，很少单生；苞片存在或无。花两性，辐射对称，稀左右对称；花萼 5 齿裂或浅裂，通常中部以下合生，多数宿存；花冠管状、钟状、漏斗状或高脚碟状，花冠裂片通常 5 裂，裂片在花蕾中覆瓦状排列；喉部或筒部常有 5 个附属物，附属物大多为梯形，有时为一圈毛；雄蕊 5 枚，常着生花冠筒部，内藏，稀伸出花冠外；蜜腺在花冠筒内面基部或在子房下的花盘上；子房上位，不分裂或深 4 裂，2 室，每室有 2 粒胚珠，或 4 室而每室有 1 粒胚珠；花柱顶生或生于子房裂瓣之间的雌蕊基上，柱头头状或 2 裂。果实为含 1 ～ 4 粒种子的核果或分裂成（2）4 个小坚果，果皮常具各种附属物。

约 156 属，2500 种，分布于温带和热带。中国约 47 属，294 种，全国均有分布。法定药用植物 10 属，19 种 1 变种。华东地区法定药用植物 2 属，4 种。

紫草科法定药用植物含生物碱类、醌类等成分。生物碱多为吡咯类，如天芥菜碱（heliotrine）、西门肺草碱（symphytine）等；醌类如紫草素（alkannin）、乙酰紫草素（acetylshikonin）、β- 羟基异戊酰紫草素（β-hydroxyisovalerylshikonin）等。

琉璃草属含生物碱类等成分。生物碱多为吡咯类，如仰卧天芥菜宁（supinine）、绿花倒提壹碱（viridiflorine）、刺凌德草碱（echinatine）等。

## 1. 紫草属 *Lithospermum* Linn.

一年生或多年生草本。全株有刚毛或短糙伏毛。叶互生；叶片全缘。花单生叶腋或成顶生镰状聚伞花序，有苞片；花萼 5 裂至近基部，裂片于果期稍增大；花冠白色、黄色或紫色，漏斗状或高脚碟状，喉部有时有附属物或有毛，裂片 5 枚，开展或稍开展；雄蕊 5 枚，花丝短，不伸出花冠外，花药长圆状条形，先端钝，具小短尖；子房 4 裂，花柱丝状，不伸出花冠筒，柱头不裂或不明显 2 裂，头状。小坚果 4 个，卵形，平滑或具疣状突起，着生面位于腹面基部。

约 50 种，分布于温带地区。中国 5 种，除青海、西藏外，其余各省区均有分布。法定药用植物 2 种。华东地区法定药用植物 2 种。

### 769. 紫草（图 769）• *Lithospermum erythrorhizon* Sieb. et Zucc.

**【别名】**大紫草（江苏），紫丹。

**【形态】**多年生草本。主根粗大，紫红色。茎直立，高 40 ～ 90cm，有糙伏毛，上部多分枝。叶片卵状披针形至宽披针形，长 4.5 ～ 8cm，宽 1 ～ 2cm，先端渐尖，基部楔形，全缘，有缘毛，两面均有糙伏毛，上面糙毛基部有时有钟乳体，侧脉约 3 对，在叶背明显凸起；几无叶柄。花序生于茎枝上部，长 2 ～ 6cm；苞片小，与叶同形；花萼裂片条形，背面有短糙伏毛；花冠白色，长 7 ～ 9mm，冠檐与花冠筒近等长，外面稍有毛，裂片宽卵形，开展，全缘或微波状；喉部附属物半球状，无毛；雄蕊着生花冠筒中部稍偏上。小坚果卵球形，长约 3mm，乳白色或带淡黄褐色，光滑。花果期 6 ～ 9 月。

**【生境与分布】**生于山坡草地，灌丛林缘。分布于山东、江苏、安徽、浙江、江西，另甘肃、广西、贵州、河北、河南、湖北、湖南、辽宁、陕西、山西、四川等省区均有分布；朝鲜、日本、俄罗斯也有分布。

**图 769 紫草** 摄影 李华东等

**【药名与部位】**紫草，根。紫草子，成熟果实。

**【采集加工】**紫草：春、秋二季采挖，除去泥沙，干燥。紫草子：秋季采摘，清水漂净杂物和瘪粒，晾干。

**【药材性状】**紫草：呈圆锥形，扭曲，有分枝，长 7 ～ 14cm，直径 1 ～ 2cm。表面紫红色或紫黑色，粗糙有纵纹，皮部薄，易剥落。质硬而脆，易折断，断面皮部深紫色，木质部较大，灰黄色。

紫草子：呈卵圆形，长约 2.5mm，直径约 2mm。表面灰白色或淡褐色，平滑，有光泽。上端尖而偏斜，基部钝，稍平截，具褐色圆形果柄痕。果实光滑，一侧有钝棱，可见纵直缝线与果实等长。切面果皮白色，质硬脆。种皮黑褐色，较薄；胚乳淡黄白色，富油质。气弱，味淡。

**【药材炮制】**紫草：除去杂质，洗净，润软，切薄片，干燥。

紫草子：除去杂质，粉碎，提油药用。

**【化学成分】**根含挥发油类：3- 新戊氧基 -2- 丁醇（3-neopentyloxy-2-butanol）、2- 甲基 -5-（1- 甲基乙基）环己酮［2-methyl-5-（1-methylethyl）cyclohexanone］、8- 甲基十七烷（8-methylheptadecane）、4α*H*- 桉叶烷（4α*H*-eudesmane）、（3*E*, 5*E*）-3, 5- 壬二烯 -2- 酮［（3*E*, 5*E*）-3, 5-nonadien-2-one］、2, 6- 二甲基萘（2, 6-dimethylnaphthalene）、正十四烷（*n*-tetradecane）、石竹烯（caryophyllene）、2, 4- 二叔丁基 -1, 3 戊二烯（2, 4-ditertbutyl-1, 3-pentadiene）、2, 6, 11, 15- 四甲基十六烷（2, 6, 11, 15-tetramethylhexadecane）、2- 亚甲基 -5-（1- 甲基亚乙烯基）-8- 甲基 - 二环［5, 3, 0］- 癸烷｛2-methylene-5-（1-methylvinyl）-8-methyl-bicyclo［5.3.0］decane｝、2, 6- 二叔丁基对甲酚（2, 6-ditertbutyl-*p*-cresol）、8- 甲基十七烷（8-methylheptadecane）、7, 9- 二甲基十六烷（7, 9-dimethylhexadecane）、反式橙花叔醇（*trans*-nerolidol）、正十七烷（*n*-heptadecane）、5, 5- 二叔丁基壬烷（5, 5-ditertbutylnonane）和 2, 2, 7, 7- 四甲基三环［6.2.1.0（1, 6）］十一碳 -4- 烯 -3- 酮 {2, 2, 7, 7-tetramethyltricyclo［6.2.1.0（1, 6）］undec-4-

en-3-one}[1]；萘醌类：2, 3-二甲基戊烯酰紫草素（2, 3-dimethyl teracrylshikonin）[2]，紫草素（shikonin）、乙酰紫草素（acetylshikonin）、β, β-二甲基丙烯酰紫草素（β, β-dimethyl acrylshikonin）[2-6]，去氧紫草素（deoxyshikonin）[2,4,7]，α-甲基-正丁酰紫草素（α-methyl-*n*-butanoylshikonin）、异戊酰紫草素（isovalerylshikonin）、β-羟基异戊酰紫草素（β-hydroxyisovalerylshikonin）[3,5,6,8]，异丁酰紫草素（isobutylshikonin）[3-7]，甲基紫草素（methyl shikonin）[7]，紫草嘧啶A、B（lithospermidin A、B）[9]，1-甲氧基乙酰紫草素（1-methoxyacetylshikonin）、丙酰基紫草素（propionylshikonin）、β-乙酰氧基-异戊酰紫草素（β-acetoxy-*iso*-valerylshikonin）、异丁酰紫草素（*iso*-butyrylshikonin）、6-（11′-去氧紫草醌）-紫草醌/紫草素乙酸酯［6-（11′-deoxyalkannin）-alkannin/shikonin acetate］、当归酰基紫草素（angeloylshikonin）、β-乙酰氧基异戊酰紫草素（β-acetoxyisovalerylshikonin）、丁酰紫草素（butyrylshikonin）、α, β, β-三甲基丙烯酰紫草素（α, β, β-trimethylacryloyshikonin）、紫草呋喃F（shikonofuran F）、羟基紫草呋喃A、B、C、D、E、F、G、H、I（hydroxyshikonofuran A、B、C、D、E、F、G、H、I）、紫草嘧啶C、D、E、F（lithospermidin C、D、E、F）、α, α-二甲基丙酰基紫草素（α, α-dimethylpropionylshikonin）、α-亚甲基丁酰紫草素（α-methylenebutanoylshikonin）、5-乙酰氧基异戊酰紫草素（5-acetoxyvalerylshikonin）、β-乙酰氧基-α, β-二甲基丁酰紫草素（β-acetoxy-α, β-dimethybutyrylshikonin）[10]，紫草呋喃A、B、C、D、E（shikonofuran A、B、C、D、E）[11]，β, β-二甲基丙烯酰紫草素（β, β-dimethylacrylshikonin）[11, 12]，β-羟基异戊酰紫草素（β-hydroxyisoralerylshikonin）[12]，紫草代谢素A、E、F（shikometabolin A、E、F）[13]和巴豆酰紫草素（tigloylshikonin）[14]；酚酸类：紫草呋喃D、E、J（shikonofuran D、E、J）[15]，紫草酸（lithospermic acid）、9″-紫草酸甲酯（9″-methyl lithospermate）和9′-紫草酸甲酯（9′-methyl lithospermate）[16]；生物碱类：乙酰紫草宁碱*（acetyllithosenine）和细梗闭花木苷*（gracicleistanthoside）[15]；核苷类：尿苷（uridine）和腺嘌呤核苷（adenosine）[15]；多糖类：紫草多糖A、B、C（lithosperman A、B、C）[17]；甾体类：β-谷甾醇（β-sitosterol）[4]。

**【药理作用】**1. 抗肿瘤　从根提取的萘醌类化合物紫草素能通过调节凋亡信号通路PI3K/PKB抑制离体子宫内膜癌细胞的增殖，促进其凋亡[1]；体外实验研究表明，从根提取的紫草素（shikonin）能显著促进A549细胞凋亡，其机制可能与下调抗凋亡蛋白Bcl-2的表达和上调促凋亡蛋白Bax的表达有关[2]；紫草素还能抑制人宫颈癌鳞癌SiHa细胞增殖，其诱导$G_0/G_1$期阻滞的分子机制可能与GPER、Cyclin D1蛋白相关[3]；紫草素还可抑制宫颈癌Caski细胞增殖、诱导Caski细胞凋亡，抑制HPV E6、E7 mRNA表达[4]；紫草素对荷肝癌裸小鼠移植瘤生长具有一定的抑制作用，其机制可能与紫草素调节凋亡相关基因蛋白表达而促进肿瘤组织细胞凋亡有关，荷肝癌裸小鼠经紫草素治疗后，饮食状况和精神状态明显改善，瘤体减小和硬度降低，肿瘤组织呈现细胞皱缩片状坏死等病理性改变，凋亡细胞数量明显增多，瘤体质量显著减轻、抑瘤率显著提高，肿瘤组织中caspase-3和Bax表达显著上调而Bcl-2显著下调，Bax/Bcl-2值显著升高，并均呈一定的剂量依赖性[5]；紫草素尚具明显的抑制甲状腺癌细胞增殖的作用，且其剂量和作用时间存在明显的相关性，其主要作用机制为诱导细胞的凋亡[6]。2. 抗氧化　从根提取的紫草素处理可呈剂量依赖性地逆转高糖所致的内皮细胞活力降低及凋亡率增加，紫草素可降低高浓度葡萄糖诱导的内皮细胞中丙二醛和活性氧簇含量的升高，改善高糖引起的超氧化物歧化酶SOD降低和谷胱甘肽过氧化物酶的活性降低，紫草素干预后可降低细胞中cleaved caspase-3、HO-1和核内Nrf2的表达部分下降，可显著改善高糖所致的血管内皮细胞凋亡，其作用机制可能与激活Nrf2/HO-1信号通路并降低细胞的氧化应激水平有关[7]。3. 抗炎　从根分离得到的细梗闭花木苷*（gracicleistanthoside）和尿苷（uridine）在人永生化角质形成细胞（HaCaT cells）中，可显著下调肿瘤坏死因子诱导的白细胞介素-6的产生，发挥抗炎作用[8]。4. 调节骨细胞　根乙醇提取物具有诱导成骨细胞分化的能力，在碱性磷酸酶染色和活性测定中，增加了碱性磷酸酶标记物的表达及其活性；在茜素红S染色中可见其能促进矿化；免疫印迹实验表明，其乙醇提取物可增加蛋白质水平，增强runx2和osterix的转录活性，进而增强成骨活性；这些结果表明，乙醇提取物可调节成骨细胞的分化[9]。5. 改善记忆　根可明显改善慢性脑低灌注损伤大鼠学习记忆障碍，增加海马组织中超氧化物歧化酶活性、抑制丙二醛的形成、降低乙酰胆碱酯酶含量、提高乙酰胆碱转移酶活性，明显改善慢性脑低灌注损伤大鼠模型的学习记忆能力，减轻氧化应激损伤、增强中枢胆碱能系统功能[10]。6. 护肝 从根提取的多糖可降低肝质量及肝指数，显著降低血清谷丙转氨酶（ALT）、天冬氨酸氨基转移酶（AST）及肝组织的一氧化氮（NO）、一氧化氮合酶（NOS）、丙二醛（MDA）水平，升高肝组织中的超氧化物歧化酶、谷胱甘肽过氧化物酶(GSH-Px)水平；降低血清中肿瘤坏死因子(TNF-α)、白细胞介素-1β、白细胞介素-6，说明紫草多糖具有保护四氯化碳诱导的小鼠急性肝损伤作用，且该作用与其抗氧化和抗炎作用有关[11]。7. 平喘 从根提取的紫草素可使哮喘模型组大鼠白细胞计数及嗜酸性粒细胞计数量明显减少，且支气管管壁厚度、面积与周长的比值减小，血清 LN 及 PC Ⅲ含量均降低，同时紫草素使 ERK1 表达减弱，可见紫草素可通过调节 LN 及 PC Ⅲ的含量，减少 ERK1 在气道平滑肌细胞中的表达，起到抑制哮喘气道重构的作用[12]。8. 抗菌 从根提取的紫草素对白色念珠菌的生长有较强的抑杀作用，其作用机制是通过破坏白色念珠菌细胞膜的完整性，增加菌体细胞膜的通透性，导致细胞内 DNA 和 RNA 等大分子的泄漏和细胞内 $Ca^{2+}$ 的流失，最终引起菌体的死亡；紫草素对白色念珠菌磷脂酶分泌的抑制作用，致使其不能及时维护和修复由紫草素造成的细胞膜的破坏和损伤，也是导致菌体死亡的原因[13]。

**【性味与归经】**紫草：甘、咸，寒。归心、肝经。紫草子：味甘，性平。归心、肝、大肠经。

**【功能与主治】**紫草：凉血，活血，解毒透疹。用于血热毒盛，斑疹紫黑，麻疹不透，疮疡，湿疹，水火烫伤。紫草子：活血化瘀，润肠。用于高脂血症。

**【用法与用量】**紫草：煎服 5 ～ 9g；外用适量，熬膏或用植物油浸泡涂擦。紫草子：制剂用油。

**【药用标准】**紫草：药典 1963—2000、内蒙古蒙药 1986、新疆药品 1980 二册和台湾 1985 一册；紫草子：黑龙江药材 2001。

**【临床参考】**1. 甲床缺损：根，加当归、防风、生地黄、白芷、乳香、没药，制成紫草膏纱布，外敷，一般伤后 3 日内，每日换药 1 次，伤后 3 ～ 14 日，隔天换药 1 次，14 日后，3 ～ 4 日换药 1 次[1]。

2. 中小面积、浅层烧伤：紫草油外涂[2]。

3. 压疮：先将麻油 250g 入锅加热至中等热，放入根 30 ～ 50g，煎炸 1 ～ 2min，油色变紫红色，根微焦黄时，捞出根，待凉将油装瓶备用，使用时均匀涂抹于压疮疮面及其周围 2cm 以内的皮肤，并用无菌棉签蘸备好的新癀片粉末，覆盖整个疮面，用气圈或其他方法减轻疮面受压，重者每日涂抹 4 次，轻型无糜烂者，每日涂抹 2 ～ 3 次[3]。

4. 输液性静脉炎：根 150g，加白芷 90g、黄柏 90g、冰片 150g、香油 3000g，制成紫草油，0 ～Ⅱ度静脉炎的患者用无菌棉签浸取药液外擦患者局部，范围大于病变部位，每日 4 ～ 6 次，3 日为 1 个疗程，Ⅲ～Ⅳ度静脉炎的患者，用 3 层无菌长条纱布浸透药液后外敷于患处，每次 30min，间隔 1h 后重复使用[4]。

5. 面部激素依赖性皮炎：根，加白及、地榆、甘草、冰片，将除冰片外的上述药味置于适当的容器内，加入麻油，放置 24h，加热煮沸 90min，离火待稍冷，用 3 层纱布过滤，待温度降至 50℃左右，加入研细的冰片，搅拌溶解，再加适量麻油，制成紫草油灌封于容器中备用，用时以棉签蘸紫草油外搽，每日 3 ～ 4 次[5]。

**【附注】**紫草始载于《神农本草经》，列为中品。《名医别录》载：“紫草生砀山山谷及楚地，三月采根，阴干。”《本草经集注》云：“今出襄阳，多从南阳、新野来，彼人种之。”《新修本草》云：“苗似兰香，茎赤节青，花紫白色，而实白。”《本草纲目》云：“种紫草，三月逐垄下子，九月子熟时刈草，春社前后采根阴干，其根头有白毛如茸。”又云：“此草花紫根紫，可以染紫，故名。”即为此种。

药材紫草肠胃虚弱，大便溏泻者禁服。

**【化学参考文献】**

[1] 谷红霞，冀海伟，翟静．泰山紫草和新疆紫草挥发油成分的 GC-MS 分析［J］．中国药房，2010，21（27）：2546-2548.

[2] 刘洁宇，徐新刚，刘松艳，等 . 长白山产紫草化学成分研究［J］. 北京中医药大学学报，2009，32（11）：773-775.

[3] 冯文文，李国玉，谭勇，等 . 软紫草与硬紫草萘醌类化学成分的研究［J］. 中国现代中药，2010，12（7）：15-18.

[4] 张爱英 . 软紫草与硬紫草化学成分的研究及紫草烫伤膏的制备［D］. 沈阳：沈阳药科大学硕士学位论文，2004.

[5] 辛玲 . 硬紫草质量评价研究［D］. 哈尔滨：黑龙江中医药大学硕士学位论文，2008.

[6] An S，Park Y D，Paik Y K，et al. Human ACAT inhibitory effects of shikonin derivatives from *Lithospermum erythrorhizon*［J］. Bioorg Med Chem Lett，2007，17：1112.

[7] 韩洁 . 紫草抗氧化与抗癌活性成分的研究［D］. 沈阳：沈阳药科大学硕士学位论文，2007.

[8] Ichiro M，Yoshimaoa H. New naphthoquinone derivatives from *Lithospernum erythrorhizon*［J］. Tetrahedron Lett，1966，31：3677.

[9] Hisamichi S，Yoshizaki F. Studies on the shikon I. Structures of new minor pigments and isolation of two isomers of shikonin derivatives from *Lithospermum erythrorhizon* Sieb. et Zucc.［J］. Shoyakugaku Zasshi，1982，36（2）：154-159.

[10] Liao M，Li A Q，Chen C，et al. Systematic identification of shikonins and shikonofurans in medicinal Zicao species using ultra-high performance liquid chromatography quadrupole time of flight tandem mass spectrometry combined with a data mining strategy［J］. Journal of Chromatography A，2015，1425：158-172.

[11] Yoshizaki F，Hisamichi S，Kondo Y，et al. Studies on shikon. III. new furylhydroquinone derivatives，shikonofurans A，B，C，D and E，from *Lithospermum erythrorhizon* Sieb. et Zucc.［J］. Chem Pharm Bull，1982，30（12）：4407-4411.

[12] 冯文文，李国玉，谭勇，等 . 软紫草与硬紫草萘醌类化学成分的研究［J］. 中国现代中药，2010，12（7）：15-18.

[13] Yang Y Q，Zhao D P，Yuan K L，et al. Two new dimeric naphthoquinones with neuraminidase inhibitory activity from *Lithospermum erythrorhizon*［J］. Nat Prod Res，2015，29（10）：908-913.

[14] Ito Y，Onobori K，Yamazaki T，et al. Tigloylshikonin，a new minor shikonin derivative，from the roots and the commercial root extract of *Lithospermum erythrorhizon*［J］. Chem Pharm Bull，2011，59（1）：117-119.

[15] Ahn J，Chae H S，Chin Y W，et al. Furylhydroquinones and miscellaneous compounds from the roots of *Lithospermum erythrorhizon* and their anti-inflammatory effect in HaCaT cells［J］. Natural Product Research，2019，33（12）：1691-1698.

[16] Thuong P T，Kang K W，Kim J K，et al. Lithospermic acid derivatives from *Lithospermum erythrorhizon* increased expression of serine palmitoyltransferase in human Ha Ca T cells Bioorg［J］. Bioorg Med Chem Lett，2009，19：1815.

[17] Konno C，Mizuno T，Hikino H. Isolation and hypoglycemic activity of lithospermans A，B and C，glycans of *Lithospermum erythrorhizon* roots［J］. Planta Med，1985，51（2）：157-158.

**【药理参考文献】**

[1] 谢伟，薛晓鸥 . 紫草素对离体子宫内膜癌细胞株增殖及凋亡信号通路 PI3K/PKB 的影响［J］. 中医学报，2017（12）：2280-2283.

[2] 李发凯，张芳，陆远，等 . 紫草素促进肺癌 A549 细胞凋亡［J］. 现代生物医学进展，2018（9）：1611-1615，1673.

[3] 杨阳，陶仕英，牛建昭，等 . 紫草素对宫颈癌 SiHa 细胞增殖周期的影响［J］. 环球中医药，2018，11（1）：6-10.

[4] 舒海燕，柯丽娜，陈富超，等 . 紫草素对宫颈癌细胞株 Caski 增殖、凋亡及 HPV E6-E7 mRNA 表达的影响［J］. 山东医药，2018，58（19）：9-12.

[5] 张萍 . 紫草素对荷肝癌裸小鼠移植瘤生长的影响及其机制研究［J］. 中医药学报，2017，45（6）：45-49.

[6] 韩家凯，庞妩燕，薛磊，等 . 紫草素对甲状腺癌患者细胞转移的影响及作用机制分析［J］. 齐齐哈尔医学院学报，2018，39（3）：249-251.

[7] 王喜欢，张金华，胡亚南，等 . 紫草素对高糖诱导的血管内皮细胞凋亡和氧化应激的影响［J］. 中国病理生理杂志，2018，34（7）：1222-1227.

[8] Ahn J，Chae H S，Chin Y W，et al. Furylhydroquinones and miscellaneous compounds from the roots of *Lithospermum erythrorhizon*，and their anti-inflammatory effect in HaCaT cells［J］. Natural Product Research，2018，10：1080-1087.

[9] Choi Y，Kim G，Choi J，et al. Ethanol extract of *Lithospermum erythrorhizon* Sieb. et Zucc. promotes osteoblastogenesis through the regulation of Runx2 and Osterix［J］. International Journal of Molecular Medicine，2016，38（2）：610-618.

[10] 李哲，靳玮，李娜，等 . 紫草素对慢性脑低灌注损伤大鼠认知功能的保护作用［J］. 脑与神经疾病杂志，2018，26（5）：276-279.

[11] 张博，谢云亮．紫草多糖对 CCl4 诱导的急性肝损伤小鼠的保护作用及机制研究［J］．现代免疫学，2018，38（2）：135-139.
[12] 鲁明霞，王红岗，胡仁标．紫草提取物紫草素对支气管哮喘大鼠气道重构的影响［J］．浙江中医杂志，2018，53（6）：406-407.
[13] 王杨，陈菲．紫草素对白色念珠菌的抑制作用机制［J］．微生物学报，2018，58（10）：1817-1825.

【临床参考文献】

[1] 朱其芬，李培君．紫草膏治疗甲床缺损 102 例［J］．中国中医急症，2010，19（12）：2151-2152.
[2] 吴红梅，宋宏杰，李静．紫草油和湿润烧伤膏临床应用的比较［J］．基层医学论坛，2007，11（8）：676.
[3] 刘爱萍，冯立中．紫草油和新癀片联用治疗压疮 56 例［J］．中国现代药物应用，2010，4（18）：171-172.
[4] 杨丽华．紫草油治疗输液性静脉炎的探讨［J］．吉林医学，2009，30（12）：1095-1096.
[5] 喻国华，刘建国，罗小花．自制紫草油治疗面部激素依赖性皮炎临床疗效观察［J］．中国实用乡村医生杂志，2007，14（12）：31-32.

## 770. 梓木草（图 770）· *Lithospermum zollingeri* DC.

**图 770　梓木草**　　　　摄影　郭增喜等

【别名】香草（安徽池州），甲骨丹（安徽六安），铁锉刀（江苏苏州）。

【形态】多年生草本。根较细，棕褐色。根状茎匍匐，长可达 30cm；直立茎高 5 ～ 25cm。基生叶有短柄，叶片倒披针形或匙形，长 2.5 ～ 6cm，宽 0.8 ～ 2cm，先端急尖或钝，基部渐狭，侧脉不明显，两面都有短糙伏毛，叶背毛较密；茎生叶较小，与基生叶同形；近无柄。花序长 2 ～ 5cm，有花 1 至数朵；苞片叶状。花有短柄；花萼 5 裂近基部，裂片条状披针形，两面有毛；花冠紫蓝色，长 1.5 ～ 2cm，外面略有毛，花冠裂片宽倒卵形，近等大，全缘，喉部有 5 条向筒部延伸的纵褶，并有长约 3mm 的鳞片；雄蕊着生纵褶之下。小坚果斜卵球形，长 3 ～ 3.5mm，乳白色，表面有皱纹或光滑。花果期 5 ～ 8 月。

**【生境与分布】**生于低山草坡或灌丛林下。分布于浙江、安徽、江苏，另甘肃、贵州、陕西、四川、台湾等地均有分布；朝鲜、日本也有分布。

梓木草和紫草的区别点：梓木草为匍匐草本，根不粗大，棕褐色；叶片侧脉不明显；花冠较大，长 15 ～ 20mm，紫蓝色。紫草为直立草本，根粗大，紫红色；叶片侧脉明显；花冠较小，长 7 ～ 9mm，白色。

**【化学成分】**全草含黄酮类：刺槐素 -7-*O*-β-D- 吡喃葡萄糖苷（acacetin-7-*O*-β-D-glucopyranoside）、陈皮苷（hesperidin）、芹菜素 -7-*O*-β-D- 吡喃葡萄糖苷（apigenin-7-*O*-β-D-glucopyranoside）、木犀草素 -7-*O*-β-D- 吡喃葡萄糖苷（luteolin-7-*O*-β-D-glucopyranoside）和柯伊利素 -7-*O*-β-D- 吡喃葡萄糖苷（chrysoeriol-7-*O*-β-D-glucopyranoside）[1]；甾体类：胡萝卜苷（daucosterol）和 β- 谷甾醇（β-sitosterol）[1]；胺类：尿囊素（allantoin）、尿素（urea）和尿嘧啶（uracil）[2]；糖类：葡萄糖（glucose）[2]。

**【药名与部位】**梓木草，全草。

**【药用标准】**江苏苏药监注（2003）686 号文附件。

**【临床参考】**1. 淋巴结结核：全草 30g，加 40° 白酒 450ml，用多功能提取罐蒸气蒸煮法制取药酒，成人日服 2 次，每次 30 ～ 40ml，老人、妇女及儿童，用量酌减，饭后服为宜，连服 2 个月为 1 疗程[1]。

2. 食积不消：全草 60g，加山楂根 21g、截叶胡枝子 15g，水煎服。

3. 胃寒反酸、疼痛：果实 0.9 ～ 1.5g，研粉，生姜煎水冲服。

4. 慢性气管炎：全草 30g，加盐肤木 30g、七叶一枝花 6g，水煎服。（2 方至 4 方引自《浙江药用植物志》）

**【化学参考文献】**

［1］张现涛，殷志琦，叶文才，等 . 梓木草的化学成分［J］. 中国天然药物，2005，3（6）：357-358.

［2］胡万春，杨念云，邓涛 . 梓木草全草的化学成分［J］. 中南药学，2008，6（4）：437-438.

**【临床参考文献】**

［1］夏公旭 . 梓木草酒治疗淋巴结结核 60 例疗效观察［J］. 新中医，1997，29（1）：17-18,41.

## 2. 琉璃草属 *Cynoglossum* Linn.

二年生或多年生草本，稀一年生。单叶，叶片全缘；基生叶和下部叶具长柄。镰状聚伞花序顶生及腋生，集为紧密或开展的圆锥状花序；苞片存在或无；花梗长短不一；花萼 5 裂至基部，果时膨大；花冠蓝色，稀为白色、紫红色或暗紫色和绿黄色，钟状、筒状或漏斗状，5 裂，裂片卵形或圆形，筒部短，喉部有 5 个梯形或半月形的附属物，附属物先端凹陷；雄蕊 5 枚，着生花冠筒中部或中部以上，内藏；花柱线状圆柱形或肥厚而略呈四棱，柱头头状，不伸出花冠外；子房 4 裂。小坚果 4 个，卵状至近圆球状，有锚状刺。

约 75 种，全世界广布。中国约 12 种，南北各省区都有分布。法定药用植物 3 种。华东地区法定药用植物 2 种。

琉璃草属与紫草属的区别点：琉璃草属的花冠喉部有鳞片状附属物；小坚果有锚状刺。紫草属的花冠喉部无鳞片状附属物；小坚果光滑或有小疣状突起。

### 771. 琉璃草（图 771）• *Cynoglossum furcatum* Wall.［*Cynoglossum zeylanicum*（Vahl）Thunb.］

**【别名】**锡兰琉璃草。

图 771　琉璃草　　摄影　张芬耀等

【形态】直立草本。全体密被黄褐色糙伏毛。茎高 40 ～ 80cm，中上部分枝。基生叶和下部叶具柄，叶片长圆形或长圆状披针形，长 3 ～ 17cm，宽 3 ～ 5cm，两面密生短柔毛或粗伏毛；茎中部以上的叶无柄，披针形，密被伏毛。花序顶生和腋生，分支成钝角叉状分开；无苞片；花梗长 1 ～ 2mm；花萼 5 裂，裂片卵形或卵状长圆形，长 1.5 ～ 2mm，外面密生短糙毛；花冠淡蓝色，漏斗状，长 3.5 ～ 5mm，冠檐直径 5 ～ 7mm，5 裂，裂片长圆形，先端圆钝，喉部有 5 个梯状附属物，边缘密生白柔毛；雄蕊 5 枚，内藏；子房 4 裂，花柱肥厚，略四棱状。小坚果卵球形，长 2 ～ 3mm，密生锚状刺。花果期 5 ～ 10 月。

【生境与分布】生于海拔 300 ～ 3000m 的向阳山坡、草地。分布于安徽、浙江、江西、福建，江苏有栽培，另甘肃、广东、广西、贵州、海南、河南、湖南、陕西、四川、云南、台湾均有分布；阿富汗、印度、斯里兰卡、泰国、越南、菲律宾、日本也有分布。

【药名与部位】土玄参，根。琉璃草（蓝布裙），全草。

【采集加工】土玄参：冬季采挖，洗净，干燥。琉璃草：春夏采收，晒干。

【药材性状】土玄参：根呈类圆锥形，扭曲，长 6 ～ 10cm，直径 0.5 ～ 3cm。根头部膨大，有残留茎基和被白色绵毛的叶柄残基；表面灰褐色或暗棕褐色，有不规则的纵沟及横裂纹，可见横长皮孔及点状的须根痕。质坚实，不易折断，断面不平坦，角质样，木质部黄白色。气微，味甘。

琉璃草：根呈长圆锥形，不分枝，长 5 ～ 10cm，直径 0.2 ～ 0.4cm，表面暗褐色，有纵纹，质硬，易折断。根头部具较多基生叶残基。茎中空，外表面暗褐色，密被向下舒展的粗毛。叶面密被贴伏硬毛，毛基部略增粗，无钟乳体，叶背被向叶柄方向舒展的柔毛。气微，味微苦。

【药材炮制】琉璃草：除去泥污及茎叶残基，洗净，晒干。

【化学成分】根含生物碱类：刺凌德草碱（echinatine）、异刺凌德草碱（*iso*-echinatine）、天芥菜定（heliotridine）、3- 羟基 -6- 甲基吡啶（3-hydroxy-6-methylpyridine）[1]，新克洛曼达林 *（neocoramandaline）、

毒豆碱（laburnine）[2]，乳酰天芥菜定*（lactodine）和白千层刺凌德草碱*（viridinatine）[3]。

地上部分含生物碱类：琉璃草灵（cynaustraline）[4]；甾体类：β-谷甾醇[2]；脂肪酸类：月桂酸（lauric acid）[2]。

**【药理作用】**1. 降血糖　全草的乙醇提取物可抑制四氧嘧啶所致的糖尿病大鼠血糖水平的升高，而对正常大鼠的血糖无降低作用[1]。2. 护肝　全草的乙醇提取物可降低四氯化碳所致的肝中毒模型大鼠血清总胆红素、结合及非结核胆红素的含量，显著降低天冬氨酸氨基转移酶、谷丙转氨酶及碱性磷酸酶含量，显著升高总蛋白及白蛋白含量，且具有剂量依赖性[2]。3. 抗氧化　全草的乙醇提取物可显著升高超氧化物歧化酶、过氧化氢酶、谷胱甘肽过氧化物酶、谷胱甘肽及谷胱甘肽还原酶的活性，显著降低丙二醛含量[2]。4. 抗炎镇痛　全草的乙醇提取物可减轻角叉菜胶所致大鼠的足肿胀[3]；全草的水提取物可延长小鼠热板痛反应时间，减少乙酸所致的扭体反应次数，抑制二甲苯所致的小鼠耳肿胀[4]。5. 生育调节　全草的乙醇提取物可显著降低大鼠附睾的精子数目、活性和畸形，升高血清促卵泡成熟激素及雌激素水平，降低血清黄体生成素及睾丸素水平，减少雌性大鼠受孕率、出生胎数和存活率[5]。

**【性味与归经】**土玄参：甘、淡，微寒。归肾、膀胱、脾经。

琉璃草：苦，寒。归肝经。

**【功能与主治】**土玄参：利水，通淋，清热利湿。用于肾病水肿，小便不利；妇女赤白带下；小儿阴虚发热。琉璃草：清热解毒，活血散瘀，利湿。用于急性肾炎，牙龈脓肿，急性淋巴结炎，疮疖痛肿，水肿，月经不调等症。

**【用法与用量】**土玄参：15～30g。琉璃草：内服10～15g；外用适量捣烂敷患处。

**【药用标准】**土玄参：云南彝药Ⅱ 2005四册；琉璃草：福建药材2006和四川药材1980。

**【临床参考】**1. 跌打损伤、痈疖肿毒、扭挫伤：鲜根适量，捣烂，敷患处。

2. 外伤出血：根，加等量蜈蚣（夏天加岩黄连、冰片少许），共研细末，撒敷或用麻油调敷，外用纱布包好。

3. 红崩、白带、咳血、牙痛：根15g，水煎服或炖猪肉服。

4. 钩虫病：根9g，水煎服。（1方至4方引自《湖北中草药志》）

**【化学参考文献】**

[1] Ravikumar R，Lakshmanan A J. Isoechinatine，a pyrrolizidine alkaloid from *Cynoglossum furcatum* [J]. Indian J Chem，2004，35（22）：406-409.

[2] Ravi S，Lakshmanan A J. Neo coramandaline，a pyrrolizidine alkaloid from *Cynoglossum furcatum* [J]. Indian J Chem，2000，39B：80-82.

[3] Ravi S，Ravikumar R，Lakshmanan A J. Pyrrolizidine alkaloids from *Cynoglossum furcatum* [J]. J Asian Nat Prod Res，2008，10（4）：307-310.

[4] 陈昭文，唐杰，李金山，等. 锡兰琉璃草化学成分的研究[J]. 中国药科大学学报，1987，18（1）：51-53.

**【药理参考文献】**

[1] Mohan V R. Effect of *Cynoglossum zeylanicum*（Vehl ex Hornem）Thunb. ex Lehm. on oral glucose tolerance in rats [J]. Journal of Applied Pharmaceutical Science，2012，2（11）：75-78.

[2] Anitha M，Daffodil E D，Muthukumarasamy S，et al. Hepatoprotective and antioxidant activity of ethanol extract of *Cynoglossum zeylanicum*（Vahl ex Hornem）Thurnb. ex Lehm. in $CCl_4$treated rats [J]. Journal of Applied Pharmaceutical Science，2012，2（12）：99-103.

[3] Anitha M，Dalmeida D，Muthukumarasamy S，et al. Anti-Inflammatory activity of whole plant of *Cynoglossum zeylanicum*（Vahl ex Hornem）Thunb. [J]. Journal of Advanced Pharmacy Education & Research，2013，3（1）：20-22.

[4] 张国安，刘红，陈佐会. 琉璃草水溶性浸出物对小鼠抗炎镇痛作用的研究[J]. 湖北民族学院学报（医学版），2001，18（4）：10-11.

[5] Anitha M，Sakthidevi G，Muthukumarasamy S，et al. Evaluation of anti-fertility activity of ethanol extract of *Cynoglossum*

*zeylanicum* ( Vahl ex Hornem ) Thunb. ex Lehm. ( Boraginaceae ) whole plant on male albino rat [ J ] . J Curr Chem Pharm, 2013, 3 ( 2 ) : 135-145.

## 772. 小花琉璃草（图 772）• *Cynoglossum lanceolatum* Forssk.

**图 772　小花琉璃草**　　摄影　黄健等

【别名】牙痈草（江苏）。

【形态】多年生草本，高 20 ～ 90cm。全体密生短糙毛。茎直立，自下部或中部分枝，分枝开展。基生叶和下部叶具柄；叶片长圆状披针形，长 8 ～ 14cm，宽约 3cm，先端尖，基部渐狭，表面密生糙伏毛，背面密生短柔毛；茎中部叶无柄或具短柄，披针形，长 4 ～ 7cm，宽约 1cm。花序顶生和腋生，分支成钝角叉状；无苞片；花梗长 1 ～ 1.5mm；花萼长 1 ～ 1.5mm，外面密生短毛，裂片卵形，先端钝，外面密生短伏毛；花冠淡蓝色，钟状，长 1.5 ～ 2.5mm，檐部直径 2 ～ 2.5mm，喉部有 5 个半月状附属物；雄蕊 5 枚，内藏；花柱肥厚，四棱状。小坚果 4 个，卵球形，长 2 ～ 2.5mm，密生锚状刺。花果期 4 ～ 9 月。

【生境与分布】生于海拔 300 ～ 2800m 山坡草地和路旁。分布于浙江、江西、福建，江苏有栽培，另甘肃、广东、广西、贵州、海南、河南、湖南、陕西、四川、云南、台湾等省区均有分布；亚洲南部及非洲也有分布。

小花琉璃草和琉璃草的区别点：小花琉璃草叶较小，花小，喉部附属物半月状。琉璃草叶较大，花较大，喉部附属物梯状。

【药名与部位】玻璃草（蓝布裙），全草。

【采集加工】春夏采收，晒干。

【药材性状】根呈长圆锥形，不分枝，长 5 ～ 10cm，直径 0.2 ～ 0.4cm，表面暗褐色，有纵纹，质硬，易折断。根头部具较多基生叶残基。茎中空，外表面暗褐色，密被向上舒展的粗毛。单叶互生，叶片平展后呈披针形，长 5 ～ 7cm，宽约 1.3cm，无柄，叶两面具毛，上表面贴伏粗硬毛，其基部明显可见增大钟乳体，下表面毛柔软且向叶片顶端方向贴伏。气微，味微苦。

**【药材炮制】**除去泥污及茎叶残基，洗净，晒干。

**【化学成分】**全草含甾体类：β- 谷甾醇（β-sitosterol）、5α- 豆甾烷 -3，6- 二酮（5α-stigmastane-3，6-dione）、6β- 羟基豆甾 -4- 烯 - 酮（6β-hdroxystigmast-4-en-one）和胡萝卜苷（daucosterol）[1]；挥发油类：己醛（hexanal）、庚醛（heptaldehyde）、丙基苯（propyl benzene）、苯甲醛（benzaldehyde）、庚醇（heptanol）、辛醛（octanal）、己酸（hexanoic acid）、*p*- 对伞花烃（*p*-cymene）、樟脑（camphor）、龙脑（borneol）、壬醇（nonanol）、爱草醚（estragol）、茴香脑（anethole）和香芹酚（carvacrol）等[2]；脂肪酸类：十六碳酸甲酯（methyl hexadecanoate）[1]；生物碱类：琉璃草亭（cynaustine）和琉璃草灵（cynaustraline）[3]。

**【药理作用】**1. 利尿　根的乙醇提取物可显著增加大鼠及兔的尿量[1]。2. 抗炎镇痛　根的乙醇提取物可减轻蛋清及角叉菜胶所致的肾上腺切除大鼠的足肿胀及二甲苯所致的小鼠耳肿胀，减轻乙酸所致的小鼠扭体反应[1]。3. 抗氧化　从全草提取的多糖可显著清除 1，1- 二苯基 -2- 三硝基苯肼（DPPH）自由基及羟自由基（·OH）[2]。4. 抗肿瘤　从全草提取的多糖对小鼠 S180 肉瘤的生长具有一定抑制作用，可对抗 S180 肉瘤细胞所导致的小鼠碳粒廓清速率低下[2]。

**【性味与归经】**苦，寒。归肝经。

**【功能与主治】**清热解毒，活血散瘀，利湿。用于急性肾炎，牙龈脓肿，急性淋巴结炎，疮疖痈肿，水肿，月经不调等症。

**【用法与用量】**煎服 10 ～ 15g；外用适量捣烂敷患处。

**【药用标准】**福建药材 2006 和四川药材 1980。

**【临床参考】**1. 痈肿疮毒：根适量，捣烂敷患处。

2. 急性肾炎：全草晒干研末，装入胶囊，每粒 300mg，每日 3 次，每次 3 ～ 6 粒。（1 方、2 方引自《全国中草药汇编》）

**【化学参考文献】**


[1] 张援虎，向桂琼，卢馥荪 . 小花琉璃草化学成分的研究［J］. 天然产物研究与开发，1996，8（2）：46-48.

[2] 张援虎，卢馥荪 . 小花琉璃草精油成分的研究［J］. 植物学报，1996，13（3）：44-47.

[3] Suri K A，Sawhney R S，Atal C K. Pyrrolizidine alkaloids from *Cynoglossum lanceolatum*，*C. glochidiatum*，and *Lindelofia angustifolia*［J］. Indian J Pharm，1975，37（3）：69-70.


**【药理参考文献】**


[1] Yu C H，Tang W Z，Peng C，et al. Diuretic，anti-inflammatory，and analgesic activities of the ethanol extract from *Cynoglossum lanceolatum*［J］. Journal of Ethnopharmacology，2012，139（1）：149.

[2] 缪天琳 . 小花琉璃草多糖提取工艺优化及生物活性研究［D］. 佳木斯：佳木斯大学硕士学位论文，2014.

# 一〇五　马鞭草科 Verbenaceae

灌木或乔木，稀为藤本或草本。叶对生，少轮生或互生，单叶或掌状复叶，无托叶。花序通常为聚伞、穗状、总状或由聚伞花序再组成伞房状或圆锥状，常有苞片；花两性，两侧对称，少为辐射对称；花萼宿存，杯状、钟状或管状，顶端通常 4 ～ 5 齿或平截状；花冠常二唇形或为略不相等的 4 ～ 5 裂；雄蕊 4 枚，稀 2 枚或 5 ～ 6 枚，着生于花冠筒上，花药 2 室，内向纵裂或裂缝上宽下窄孔裂状；花盘通常不显著，子房上位，心皮 2 枚，少 4 枚或 5 枚，全缘、微凹或 4 浅裂，极少深裂，通常 2 ～ 4 室，每室 2 粒胚珠，或因有假隔膜成 4 ～ 10 室，每室 1 粒胚珠；花柱顶生，稀下陷于子房裂片中。果实为核果、浆果状核果或蒴果。种子通常无胚乳，胚直立。

约 90 余属，2000 余种，主要分布于热带和亚热带地区。中国 20 属 182 种，主要产于长江以南各省区，法定药用植物 8 属，29 种 3 变种。华东地区法定药用植物 7 属，17 种 1 变种。

马鞭草科法定药用植物科特征成分鲜有报道。

紫珠属含黄酮类、二萜类、三萜皂苷类等成分。黄酮类包括黄酮、黄酮醇、花色素等，如木犀草素 -7-*O*-β-D- 葡萄糖苷（luteolin-7-*O*-β-D-glucoside）、山柰酚 -7-*O*-β-D- 葡萄糖苷（kaempferol-7-*O*-β-D-glucoside）、矢车菊素（cyanidin）等；二萜类如大叶紫珠萜酮（calliterpenone）；三萜皂苷类如 α- 香树脂醇（α-amyrin）、白桦脂酸（betulinic acid）、齐墩果酸（oleanolic acid）、熊果酸（ursolic acid）等。

牡荆属含黄酮类、萜类、三萜皂苷类、酚酸类、木脂素类等成分。黄酮类包括黄酮、黄酮醇、二氢黄酮、查耳酮、黄烷等，如紫花牡荆素（casticin）、槲皮素（quercetin）、橙皮苷（hesperidin）、4- 羟基 -4，2，6- 三甲氧基二氢查耳酮（4-hydroxy-4，2，6-trimethoxydihydrochalcone）等；萜类包括半日花烷型二萜类、环烯醚萜类等，如蔓荆呋喃（rotundifuran）、蔓荆萜素 B（vitetrifolin B）、桃叶珊瑚苷（aucubin）、驱虫金合欢苷酸（mussaenosidic acid）等；三萜皂苷类如牡荆三萜 A、B、C、D、E、F（cannabifolin A、B、C、D、E、F）、乙酰齐墩果酸（acetyl oleanolic acid）、白桦脂酸（betulinic acid）、熊果酸（ursolic acid）等；苯丙素类如隐绿原酸（cryptochlorogenin acid）、异绿原酸 A、B、C（*iso*-chlorogenic acid A、B、C）；木脂素类如黄荆种素 A（vitedoin A）、牡荆果苷 A、B（vitecannaside A、B）。

大青属含黄酮类、三萜皂苷类、苯乙醇类等成分。黄酮类包括黄酮、黄酮醇等，如黄芩苷（baicalin）、山柰酚（kaempferol）、泽兰叶黄素（eupafolin）等；三萜皂苷类如羽扇豆醇乙酸酯（lupeolacetate）、β-香树脂醇乙酸酯（β-amyrin acetate）、白桦脂酸（betulinic acid）等；苯乙醇类如毛蕊花糖苷（verbascoside）、肉苁蓉苷 E（cistanoside E）等。

## 分属检索表

1. 花序为穗状、近头状花序，花自花序下面或外围向顶端开放。
　2. 草本；长穗状花序；叶片深裂至浅裂；子房 4 室；果成熟后 4 瓣裂……………1. 马鞭草属 *Verbena*
　2. 具刺灌木；穗状花序短缩成头状花序；叶非深裂；子房 2 室；果成熟后 2 瓣裂……………………………………………………………………………………2. 马缨丹属 *Lantana*
1. 花序为聚伞花序或由聚伞花序组成圆锥花序，或有时单花，花自花序顶端或中心向外围开放。
　3. 灌木或小乔木；果实非干燥蒴果，中果皮多少肉质。
　　4. 花辐射对称，雄蕊 4 枚，近等长……………………………………3. 紫珠属 *Callicarpa*
　　4. 花多少二唇形，两侧对称或偏斜；雄蕊 4 枚，多少 2 强。
　　　5. 花萼绿色，结果时不增大或稍增大；果实为 2 ～ 4 室的核果。
　　　　6. 单叶；花冠下唇中裂片不特别大或仅稍大……………………4. 豆腐柴属 *Premna*

6. 掌状复叶（单叶蔓荆除外）；花冠下唇中裂片特大……………………………5. 牡荆属 *Vitex*
5. 花萼颜色多种，结果时增大；果实常有 4 分核…………………………6. 大青属 *Clerodendrum*
3. 半灌木；果实为干燥开裂的蒴果………………………………………………7. 莸属 *Caryopteris*

## 1. 马鞭草属 *Verbena* Linn.

一年生或多年生草本，或为亚灌木。茎直立或匍匐，无毛或有毛。单叶，对生，稀轮生或互生，边缘具齿缺至羽状深裂，稀无齿；近无柄。花序为长穗状，有时为圆锥状或伞房状，顶生，稀腋生，花后穗轴延长而花疏离，花小，无梗，生于狭窄的苞片腋内；花萼膜质，多少管状，有 5 棱，延伸成 5 齿；花冠管状，直或弯，向上扩展成 5 裂，裂片长圆形，顶端钝、圆或微凹，在芽中覆瓦状排列，前裂片在最内；雄蕊 4 枚，生于花冠管中部，两两成对；子房由 2 枚心皮组成，不分裂或顶端 4 浅裂，4 室，每室有 1 粒胚珠，花柱短，柱头 2 浅裂。果干燥，包藏于宿萼内，种子无胚乳。

约 250 种，主要分布于美洲热带至温带地区。中国 1 种，2 引进种，全国大部分地区均有分布或栽培，法定药用植物 1 种。华东地区法定药用植物 1 种。

### 773. 马鞭草（图 773）• *Verbena officinalis* Linn.

**图 773　马鞭草**　　摄影　郭增喜等

**【别名】**蜻蜓草、蜻蜓饭（浙江、福建），透骨草、蛤蟆棵、兔子草（江苏）。

**【形态】**多年生草本，高达 1m。茎四方形；棱及节上被硬毛。叶坚纸质，卵圆形、倒卵形至长圆状披针形，长 2 ～ 8cm，宽 1 ～ 5cm，基生叶叶缘具粗锯齿和缺刻，茎生叶为不规则羽状分裂，常被灰白色硬毛，下面脉上尤多，侧脉 6 ～ 10 对。穗状花序顶生或上部的腋生，纤弱，常不分支，结果时长达 25cm；花小，无梗，初时密集，结果时疏离；苞片及花萼均被硬毛；花萼顶端具 5 个极小齿；花冠淡紫色至蓝色，5 裂；雄蕊 4 枚，着生于花冠管中部，花丝短；子房及花柱均无毛。果长圆形，长约 2mm，外果皮薄，成熟 4 瓣裂。花期 6 ～ 8 月，果期 7 ～ 10 月。

**【生境与分布】**生于山坡路边、村旁荒地等。分布于华东各省市，另全国其他省区多有分布。

**【药名与部位】**马鞭草，地上部分。

**【采集加工】**夏季花开时采收，干燥。

**【药材性状】**茎呈方柱形，多分枝，四面有纵沟，长 0.5 ～ 1m；表面绿褐色，粗糙；质硬而脆，断面有髓或中空。叶对生，皱缩，多破碎，绿褐色，完整者展平后叶片常 3 深裂，边缘有锯齿，两面有粗毛，背面脉上尤多。穗状花序细长，有小花多数，花冠裂片 5 枚，略呈二唇形。气微，味苦。

**【药材炮制】**除去杂质，洗净，润软，切段，干燥。

**【化学成分】**全草含黄酮类：芹菜素（apigenin）、4′- 羟基汉黄芩素（4′-hydroxywogonin）[1]，木犀草素（luteolin）、山柰酚（kaempferol）、槲皮素（quercetin）[2]，槲皮苷（quercitrin）[3]，异鼠李素（*iso*-rhamnetin）[4]，杨梅素（myricetin）和杨梅苷（myricetrin）[5]；苯乙醇苷类：毛蕊花糖苷（verbascoside）[3,4]，异毛蕊花苷（*iso*-verbascoside）、阿克替苷（acteoside）、毛假杜鹃苷 *B（parvifloroside B）和紫葳新苷 Ⅰ（campneoside Ⅰ）[6]；环烯醚萜类：马鞭草苷（verbenalin）、戟叶马鞭草苷（hastatoside）[1]，桃叶珊瑚苷（aucubin）[3, 4]，龙胆苦苷（gentiopicroside）[3, 4, 7]，当药苦苷（swertiamarin）、三叶草苷（trifloroside）、3′- 乙酰獐牙菜苷（3′-acetylsweroside）、大叶苷（macrophylloside）[7] 和 9- 羟基常绿钩吻苷（9-hydroxysemperoside）[8]；三萜类：熊果酸（ursolic acid）[3]，熊果酸内酯（ursolic acid lactone）、2α, 3β, 23- 三羟基 -12- 烯 -28- 熊果酸（2α, 3β, 23-trihydroxyurs-12-en-28-oic acid）、委陵菜酸（tormentic acid）[8] 和 3α, 24- 二羟基齐墩果烷 -12- 烯 -28- 酸（3α, 24-dihydroxy-oleanane-12-en-28-oic acid）[9]；甾体类：β- 谷甾醇（β-sitosterol）[3] 和 7α, 22*S*- 二羟基谷甾醇（7α, 22*S*-dihydroxysitosterol）[9]。

地上部分含黄酮类：芹菜素（apigenin）、木犀草素（luteolin）、栗苷（castanoside）[10]，木犀草素 -7-*O*-二葡萄糖醛酸苷（luteolin-7-*O*-diglucuronide）、胡麻素 -6-*O*- 二葡萄糖醛酸苷（pedalitin-6-*O*-diglucuronide）、黄芩素 -6-*O*-［2-*O*- 阿魏酰基 -β-D- 吡喃葡萄糖醛酸基 -（1 → 2）-*O*-β-D- 吡喃葡萄糖醛酸苷 {scutellarein-6-*O*-［2-*O*-feruloyl-β-D-glucuronopyranosyl-（1 → 2）-*O*-β-D-glucuronopyranoside}、芹菜素 -7-*O*- 二葡萄糖醛酸苷（apigenin-7-*O*-diglucuronide）、黄芩素 -7-*O*- 二葡萄糖醛酸苷（scutellarein-7-*O*-diglucuronide）、木犀草素 -7-*O*- 葡萄糖醛酸苷（luteolin-7-*O*-glucuronide）、黄芩素 -7-*O*- 葡萄糖醛酸苷（scutellarein-7-*O*-glucuronide）、木犀草素 -7-*O*-β-D- 吡喃葡萄糖苷（luteolin-7-*O*-β-D-glucopyranoside）、胡麻素 -6-*O*-β-D-吡喃半乳糖苷（pedalitin-6-*O*-β-D-galactopyranoside）、胡麻素 -6-*O*-β-D- 吡喃葡萄糖苷（pedalitin-6-*O*-β-D-glucopyranoside）、芹菜素 -7-*O*-β-D- 吡喃半乳糖苷（apigenin-7-*O*-β-D-galactopyranoside）、芹菜素 -7-*O*-β-D- 吡喃葡萄糖苷（apigenin-7-*O*-β-D-glucopyranoside）、黄芩素 -7-*O*-β-D- 吡喃葡萄糖苷（scutellarein-7-*O*-β-D-glucopyranoside）[11]，金合欢素 -7-*O*- 芸香糖苷（acacetin-7-*O*-rutinoside）、槲皮素 -3-*O*- 葡萄糖苷（quercetin-3-*O*-glucoside）[12] 和蒿黄素（artemetin），即 5- 羟基 -3, 6, 7, 3′, 4′- 五甲氧基黄酮（5-hydroxy-3, 6, 7, 3′, 4′-pentamethoxyflavone）[13]；苯乙醇苷类：阿克替苷（acteoside）、异角胡麻苷（martinoside）、肉苁蓉苷 E（cistanoside E）[10]，毛蕊花糖苷（verbascoside）、异毛蕊花苷（*iso*-verbascoside）[11, 12]，紫葳新苷 II（campneoside II）、异紫葳新苷 II（*iso*-campneoside II）、欧水苏苯乙醇苷 A（betonyoside A）、6″-乙酰基 -*O*- 毛蕊花糖苷（6″-acetyl-*O*-verbascoside）、4‴- 乙酰基 -*O*- 毛蕊花糖苷（4‴-acetyl-*O*-verbascoside）、4‴- 乙酰基 -*O*- 异毛蕊花苷（4‴-acetyl-*O*-isoverbascoside）、2‴, 4‴- 二乙酰基 -*O*- 毛蕊花糖苷（2‴, 4‴-diacetyl-*O*-verbascoside）、3‴, 4‴- 二乙酰基 -*O*- 异毛蕊花糖苷（3‴, 4‴-diacetyl-*O*-*iso*-verbascoside）、4‴, 6″-二乙酰基 -*O*- 欧水苏苯乙醇苷 A（4‴, 6″-diacetyl-*O*-betonyoside A）和 3‴, 4‴- 二乙酰基 -*O*- 欧水苏苯乙醇

苷 A（3‴, 4‴-diacetyl-*O*-betonyoside A）[14]；苯丙素类：1, 5-*O*- 二咖啡酰奎宁酸（1, 5-*O*-dicaffeoylquinic acid）、4, 5-*O*- 二咖啡酰奎宁酸（4, 5-*O*-dicaffeoylquinic acid）[11] 和迷迭香酸（rosmarinic acid）[12]；三萜类：髭脉桤叶树酸（barbinervic acid）、齐墩果酸（oleanolic acid）[10, 12]，羽扇豆醇（lupeol）[13]，3α, 24- 二羟基熊果 -12- 烯 -28- 酸（3α, 24-dihydroxy-urs-12-en-28-oic acid）、3α, 24- 二羟基齐墩果 -12- 烯 -28- 酸（3α, 24-dihydroxy-olean-12-en-28-oic acid）[10, 15]，熊果酸（ursolic acid）[10, 12, 15]，3α, 19, 23- 三羟基熊果酸（3α, 19, 23-trihydroxyursoic acid），即 4- 表马尾柴酸（4-epi-barbinervic acid）和 2α, 3β- 二羟基熊果酸（2α, 3β-dihydroxyursoic acid）[15]；二萜类：鼠尾草酸（carnosic acid）、肉质鼠尾草酚（carnosol）、迷迭香酚（rosmanol）和异迷迭香酚（*iso*-rosmanol）[12]；环烯醚萜类：3, 4- 二氢马鞭草醛（3, 4-dihydroverbenal）[10]，桃叶珊瑚苷（aucubin）[11, 13]，马鞭草苷（verbenalin）[10, 16–18]，马鞭草萜苷*I（verbeofflin I）、7- 羟基脱氢戟叶马鞭草苷（7-hydroxydehydrohastatoside）[10, 17]，戟叶马鞭草苷（hastatoside）、3, 4- 二氢马鞭草苷（3, 4-dihydroverbenalin）[17–19]，马鞭草裂苷*A、B（verbenoside A、B）[20] 和马鞭草醚萜苷（verbenaloside）[21]；倍半萜类：马鞭草倍半萜苷 A（verbenaside A），即 12- 羟基橙花叔醇 -12-*O*-[β-D- 吡喃木糖基 -（1→2）-β-D- 吡喃葡萄糖苷]{12-hydroxynerolidol-12-*O*-[β-D-xylopyranosyl-（1→2）-β-D-glucopyranoside]}[22]；烷烃类：十三烷（tridecane）和 1- 羟基四十烷（1-hydroxyltetracontane）[10]；甾体类：5α, 8α- 表二氧麦角甾 -6, 22- 二烯 -3β- 醇（5α, 8α-epidioxyergosta-6, 22-dien-3β-ol）、β- 谷甾醇（β-sitosterol）[10] 和胡萝卜苷（daucosterol）[10, 19]；酚类：4- 十二烷基 -1, 2- 苯二酚（4-dodecyl-1, 2-benzenediol）[10]；挥发油类：乙酸（acetic acid）、芳樟醇（linalool）、反 - 石竹烯（*trans*-caryophyllen）、反 -β- 金合欢烯（*trans*-β-farnesene）、α- 葎草烯（α-humulene）、α- 姜黄烯（α-turmerone）、十五烷（pentadecane）、γ- 芹子烯（γ-selinene）、β- 没药烯（β-bisabolene）和 β- 杜松烯（β-cadinene）等[23]。

**【药理作用】** 1. 抗炎　全草的甲醇提取物可显著对抗 γ- 干扰素联合脂多糖所致的腹腔巨噬细胞一氧化氮（NO）水平升高，降低诱导型一氧化氮合酶 (NOS) 及环氧合酶 -2（COX-2）的表达且呈一定剂量依赖性[1]；地上部分的石油醚、氯仿和甲醇提取部位可降低角叉菜胶所致大鼠的足肿胀，其中氯仿部位的作用最明显[2]；从全草提取的总苷可减少 25% 消痔灵注射液所致的前列腺模型小鼠前列腺组织中的白细胞数，升高卵磷脂小体密度，改善病理形态[3]。2. 抗氧化　全草的甲醇提取物可显著清除 1, 1- 二苯基 -2- 三硝基苯肼（DPPH）自由基、超氧阴离子自由基（$O_2^-$·）及 2, 2′- 联氮 - 二（3- 乙基苯并噻唑 -6- 磺酸）二铵盐（ABTS）自由基[1]。3. 抗菌　叶、茎、根、种子和种皮的乙醇提取物对葡萄球菌的生长具有显著的抑制作用，且茎的抑制作用强于叶及根[4]。4. 镇静　全草的 70% 甲醇提取物可显著延迟戊四唑所致的癫痫模型小鼠肌阵挛性抽搐和强直 - 阵挛性癫痫的发作时间，同时减少强直 - 阵挛性癫痫的持续时间，显著增加迷宫实验中小鼠进入开臂的次数及时间，显著降低模型小鼠进入闭臂的次数和时间，增加明暗箱实验中模型小鼠在亮处时间降低小鼠在暗处时间，增加旷场试验中模型小鼠的中心活动，在硫喷妥钠诱导的睡眠试验中能缩短睡眠起效时间，增加睡眠持续时间[5]。5. 抗抑郁　叶的甲醇提取物可减少悬尾实验及强迫游泳实验中小鼠的不动时间且具有一定剂量依赖性[6]。6. 降血脂　全草的 80% 甲醇提取物可降低喂食高脂饲料所致的高血脂模型小鼠血清中总胆固醇、甘油三酯、低密度脂蛋白和极低密度脂蛋白水平，升高高密度脂蛋白水平[7]。7. 抗肿瘤　地上部分的水提取物可抑制小鼠体内 H22 实体瘤的增长[8]；马鞭草总黄酮可显著抑制人肝癌 HepG2 细胞生长，促进凋亡，显著降低 HepG2 细胞中基质金属蛋白酶 9 及血管内皮生长因子表达水平，且呈一定剂量依赖性[9]，显著降低白细胞介素 -6、磷酸化酪氨酸激酶 2、磷酸化信号转导与转录因子 3 的 mRNA 表达水平，下调酪氨酸激酶 2 及信号转导与转录因子 3 的蛋白水平[10]；地上部分的乙醇提取物可显著抑制绒毛膜癌 JAR 细胞的增殖及 JAR 细胞质中表皮生长因子受体的表达[11]。8. 镇咳祛痰　地上部分的水提取物、醇提取物、正丁醇提取物、乙酸乙酯提取物能显著减少氨水所致的小鼠咳嗽次数并显著延长浓氨水诱发小鼠咳嗽的潜伏期，醇提取物可显著减少豚鼠因柠檬酸所致的咳嗽次数，显著延长豚鼠因柠檬酸所致的咳嗽潜伏期，显著增加小鼠气管酚红排泌量[12]。

**【性味与归经】** 苦，凉。归肝、脾经。

**【功能与主治】**活血散瘀，截疟，解毒，利水消肿。用于癥瘕积聚，经闭痛经，疟疾，喉痹，痈肿，水肿，热淋。

**【用法与用量】**4.5 ～ 9g。

**【药用标准】**药典 1963—2015、浙江炮规 2005 和香港药材七册。

**【临床参考】**1. 白喉：鲜全草 200g，加水 1000ml，水煎浓缩至 400ml，成人每次 200ml，早、晚各服 1 次，连服 10 ～ 15 天，同时加服维生素 $B_1$10mg、维生素 C 200mg，每日 3 次[1]。

2. 围绝经期功血：全草 30g，加煅龙骨 30g、茜草 15g、赤芍 10g、益母草 30g、牡丹皮 10g、黄芩 10g、炙龟板（先煎）10g、焦山栀 10g、炒川断 10g、大蓟 10g、小蓟 10g，加水 400ml 浸泡 20min，水煎 2 次，共取汁 500ml，早晚分 2 次服用[2]。

3. 血尿：鲜全草 60g，加鲜白茅根 60g（干品各减半），加水 800 ～ 1000ml，煎汁 250 ～ 300ml，水煎 2 次混匀，分早晚 2 次服，5 日为 1 疗程[3]。

4. 寻常疣：鲜全草适量，洗净捣汁备用，或全草晒干切碎用 75% 乙醇适量浸泡 7 天，过滤取汁备用，使用时药汁直接涂搽疣体，每日 2 次，直至疣体萎缩脱落消失[4]。

5. 慢性前列腺炎：证属湿热下注：全草 30g，加黄柏 10g、苍术 10g、薏苡仁 15g、丹参 12g、败酱草 15g、王不留行 15g、牡丹皮 15g、赤芍 10g、甘草 4g；证属肾阴不足：全草 30g，加生地 18g、熟地 18g、牡丹皮 9g、山药 12g、泽泻 10g、山茱萸 10g、茯苓 15g、琥珀 1g（冲服）、怀牛膝 12g、车前子 12g、甘草 4g；证属气滞血瘀：全草 30g，加桂枝 6g、茯苓 15g、当归 6g、川芎 9g、赤芍 9g、党参 15g、桃仁 9g、川牛膝 12g、益母草 18g、牡丹皮 9g、泽兰 10g。每日 1 剂，分 2 次煎服[5]。

6. 乳痈：全草 30g，水煎服；或鲜全草 100g 捣汁服，渣敷患处，每日 1 次[6]。

7. 病毒性疱疹：鲜全草 500g，洗净捣汁，加入鲜丝瓜汁少许外涂；另用鲜全草 100g，加水 300ml 煎至 100ml，分 3 次口服，每日 1 剂，连服 7 日[7]。

8. 结节性红斑：全草 30g，加黄柏 9g、苍术 12g、车前子 15g、怀牛膝 10g、紫草 15g、薏苡仁 12g，水煎服，每日 1 剂[8]。

9. 疟疾：全草 30 ～ 60g，水煎，于发作前 2h、4h 各服 1 次，连服 5 ～ 7 天。

10. 丝虫病：全草 18g，加苏叶 15g、青蒿 12g，水煎服。

11. 急性血吸虫病发热：鲜全草 60 ～ 120g，水煎服。

12. 预防肝炎：全草 45g，加甘草 3g，水煎 2h，分 3 次饭后服，连服 4 天。

13. 湿热黄疸：鲜根 45g 或鲜全草 90g，水煎，1 天 3 次分服，连服 3 ～ 5 天。

14. 痢疾：鲜全草 60g，加土牛膝 15g，水煎服。

15. 百日咳、牙周炎、牙髓炎、牙槽脓肿：全草 15 ～ 30g，水煎服。

16. 疔疮疖肿：鲜全草 60g，水煎服；另取鲜全草适量，加白糖少许，捣烂敷患处。（9 方至 16 方引自《浙江药用植物志》）

**【附注】**马鞭草始载于《名医别录》。《新修本草》载："苗似狼牙及茺蔚，抽三四穗，紫花，似车前。穗类鞭鞘，故名马鞭。"《本草图经》载："今衡山、庐山、江淮州郡皆有之，春生苗，似野狼牙亦类益母而茎圆，高三二尺。"《本草纲目》云："马鞭，下地甚多。春月生苗，方茎，叶似益母，对生，夏秋开细紫花，作穗如车前穗，其子如蓬蒿子而细，根白而小。"以上所述及《本草纲目》附图均指本种。

药材马鞭草孕妇忌用，无瘀滞气虚者禁用。

**【化学参考文献】**

[1] 田菁，赵毅民，栾新慧 . 马鞭草化学成分的研究［J］. 中国中药杂志，2005，30（4）：268-269.

[2] 陈改敏，张建业，张向沛，等 . 马鞭草黄酮类化学成分的研究［J］. 中药材，2006，29（7）：677-679.

[3] 田菁，赵毅民，栾新慧 . 马鞭草的化学成分研究（Ⅱ）［J］. 天然产物研究与开发，2007，19（2）：247-249.

[4] 任非，段坤峰，付颖，等 . 马鞭草镇咳有效部位化学成分的研究［J］. 中国医院药学杂志，2013，33（6）：445-449.

［5］陈丽花，李志军，王定勇，等．马鞭草抗乙肝有效部位化学成分研究［J］．广东药学院学报，2009，25（3）：242-244.

［6］辛菲，金艺淑，沙沂，等．马鞭草化学成分研究［J］．中国现代中药，2008，10（10）：21-23.

［7］徐伟，辛菲，刘明，等．马鞭草裂环环烯醚萜苷类成分的分离与鉴定［J］．沈阳药科大学学报，2010，27（10）：793-796.

［8］訾佳辰，李玉山，刘兴国，等．马鞭草化学成分的分离与鉴定［J］．沈阳药科大学学报，2005，22（2）：105-109.

［9］刘宏民，鲍峰玉，阎学斌．马鞭草化学成分的研究［J］．中草药，2002，33（6）：492-494.

［10］Zhang Y，Jin H，Qin J，et al. Chemical constituents from *Verbena officinalis*［J］. Chem Nat Compd，2011，47（2）：319-320.

［11］Rehecho S，Hidalgo O，Garcia-Iniguez de Cirano M，et al. Chemical composition，mineral content and antioxidant activity of *Verbena officinalis* L.［J］. LWT–Food Science and Technology，2011，44（4）：875-882.

［12］孙玉明，王月月，蔡蕊，等．高效液相色谱 - 光电二极管阵列 - 高分辨质谱联用鉴定马鞭草提取物中的化学成分［J］．色谱，2017，35（9）：987-994.

［13］Makboul A M. Chemical constituents of *Verbena officinalis*［J］. Fitoterapia，1986，57（1）：50-51.

［14］Encalada M A，Rehecho S，Ansorena D，et al. Antiproliferative effect of phenylethanoid glycosides from *Verbena officinalis* L. on colon cancer cell lines［J］. LWT-Food Sci Technol，2015，63（2）：1016-1022.

［15］Shu J C，Liu J Q，Chou G X. A new triterpenoid from *Verbena officinalis* L.［J］. Nat Prod Res，2013，27（14）：1293-1297.

［16］Asano J，Uyeno Y，Tamaki Y. Verbenalin，a component of *Verbena officinalis*［J］. Yakugaku Zasshi，1942，62：355-362.

［17］Shu J C，Chou G X，Wang Z T. Two new iridoids from *Verbena officinalis* L.［J］. Molecules，2014，19（7）：10473-10479.

［18］张涛，阮金兰．马鞭草环烯醚萜苷类成分的研究［J］．中草药，2000，31（10）：721-723.

［19］张涛，阮金兰，吕子敏．马鞭草的化学成分研究［J］．中国中药杂志，2000，25（11）：676-678.

［20］Xu W，Xin F，Sha Y，et al. Two new secoiridoid glycosides from *Verbena officinalis*［J］. J Asian Nat Prod Res，2010，12（8）：649-653.

［21］Chau V M，Lanh T N，Tran H H，et al. Iridoid glucosides，verbenaloside and hastatoside，from the plant *Verbena officinalis*［J］. Tap Chi Duoc Hoc，2010，50（4）：33-37.

［22］Lanh T N，Tran H H，Chau V M，et al. A new sesquiterpene glycoside from *Verbena officinalis* L.［J］. Tap Chi Hoa Hoc，2010，48（4）：502-506.

［23］杨再波．顶空萃取 - 气相色谱 - 质谱法分析马鞭草的挥发油组分［J］．理化检验（化学分册），2008，44（6）：514-516.

**【药理参考文献】**

［1］Shim H K，Kim S Y，Kim B R，et al. Anti-inflammatory and radical scavenging properties of *Verbena officinalis*［J］. Oriental Pharmacy & Experimental Medicine，2010，10（4）：310-318.

［2］Deepak M，Handa S S. Antiinflammatory activity and chemical composition of extracts of *Verbena officinalis*［J］. Phytotherapy Research，2000，14（6）：463-465.

［3］王琳琳，王灿，苗明三．马鞭草总苷对小鼠慢性非细菌性前列腺炎的影响及其抗炎、镇痛作用研究［J］．中国药房，2016，27（19）：2608-2611.

［4］Dildar A，Muhammad A C，Akhtar R，et al. Comparative study of antibacterial activity and mineral contents of various parts of *Verbena officinalis* Linn.［J］. Asian Journal of Chemistry，2012，24（1）：68-72.

［5］Khan A W，Khan A U，Ahmed T. Anticonvulsant，anxiolytic，and sedative activities of *Verbena officinalis*［J］. Frontiers in Pharmacology，2016，7（499）：1-8.

［6］Jawaid T，Imam S A，Kamal M. Antidepressant activity of methanolic extract of *Verbena officinalis* Linn. plant in mice［J］. Asian Journal of Pharmaceutical & Clinical Research，2015，8（4）：308-310.

[7] Ashfaq A，Khan A U，Minhas A M，et al. Anti-hyperlipidemic effects of *Caralluma edulis*（Asclepiadaceae）and *Verbena officinalis*（Verbenaceae）whole plants against high-fat diet-induced hyperlipidemia in mice［J］. Tropical Journal of Pharmaceutical Research，2017，16（10）：2417-2423.

[8] Kou W Z，Yang J，Yang Q H，et al. Study on in-vivo anti-tumor activity of *Verbena officinalis* extract［J］. African Journal of Traditional Complementary & Alternative Medicines，2013，10（3）：512-517.

[9] 任丽平，李先佳，朱宝安 . 马鞭草总黄酮对 HepG-2 细胞增殖及侵袭力影响［J］. 中国公共卫生，2016，32（7）：935-937.

[10] 李永明，李先佳 . 马鞭草总黄酮对肝癌 HepG-2 细胞 IL-6、JAK2、STAT3 水平的影响［J］. 河南科技大学学报（医学版），2017，35（3）：169-171.

[11] 徐珊，焦中秀，徐小晶 . 马鞭草醇提液对绒毛膜癌 JAR 细胞增殖及表皮生长因子受体表达的影响［J］. 中国药科大学学报，2000，31（4）：281-284.

[12] 任非，袁志芳，段坤峰，等 . 马鞭草提取物的镇咳、抗炎和祛痰作用研究［J］. 中国药房，2013，24（31）：2887-2890.

**【临床参考文献】**

[1] 何明汉 . 单味马鞭草煎剂治疗白喉 30 例疗效观察［J］. 中国农村医学，1990，（7）：43-44.

[2] 巩翠玉 . 复方马鞭草汤治疗围绝经期功血的临床疗效探讨［J］. 中国社区医师（医学专业），2012，14（26）：195-196.

[3] 吴志华 . 马鞭草茅根合剂治疗血尿 34 例［J］. 陕西中医，2009，30（4）：410-411.

[4] 高宗丽，张亚雄，张育兰 . 马鞭草外用治疗寻常疣 23 例［J］. 云南中医中药杂志，2008，29（7）：74.

[5] 邱峰 . 马鞭草治疗慢性前列腺炎 36 例疗效观察［J］. 吉林中医药，2002，22（6）：28.

[6] 王月秋 . 马鞭草治疗乳痈 30 例［J］. 中国民间疗法，2009，17（11）：71.

[7] 蓝正字 . 马鞭草善治病毒性疱疹［J］. 中医杂志，2001，42（6）：329.

[8] 温成平 . 马鞭草治疗结节性红斑［J］. 中医杂志，2001，42（6）：329.

## 2. 马缨丹属 *Lantana* Linn.

直立或披散灌木，植株具浓烈气味。茎枝方形，有或无皮刺与短柔毛。单叶，对生，边缘有齿，叶面常有皱纹，具叶柄。穗状花序，花密集，顶生或腋生而短缩成头状花序，具总花梗，苞片长于花萼，小苞片极小或几无；花萼小，萼筒薄，膜质，顶端截平或有短齿；花冠管细长，上部 4 ～ 5 浅裂，裂片钝或微凹，近相等或呈二唇形；雄蕊 4 枚，着生在花冠管中部，内藏，2 枚在上，2 枚在下；花药卵形，药室平行；子房 2 室，每室 1 粒胚珠，花柱短，柱头偏斜。肉质核果，外果皮多汁，内果皮硬，2 室或裂为 2 个 1 室的核。

约 150 种，主要分布于美洲热带、亚热带地区。中国 1 种，栽培或逸为野生，法定药用植物 1 种。华东地区法定药用植物 1 种。

### 774. 马缨丹（图 774）• *Lantana camara* Linn.

**【别名】**五色梅（通称），五彩花、臭草、如意草（福建）。

**【形态】**直立或披散灌木，高 1 ～ 2m。茎枝方形，枝条细长，具短而倒钩状刺，被短柔毛。单叶，对生，具浓烈的气味，叶片厚纸质，卵圆形或卵形，长 4 ～ 8cm，宽 2 ～ 5cm，顶端急尖或渐尖，基部心形或楔形，边缘有钝齿，上面有明显粗糙的皱纹和短柔毛，下面网脉明显，有小刚毛；叶柄长 1 ～ 2cm，被短柔毛。花序顶生或腋生，总花梗长，粗壮；苞片多数；花萼小，管状，膜质，顶端有短齿；花冠黄色或橙黄色，开花后变为深红色；雄蕊 4 枚，内藏于花冠管中部；子房无毛，花柱短，顶端偏斜。核果圆球形，成熟时紫黑色。花果期全年。

**图 774　马缨丹**　　摄影　李华东等

【生境与分布】栽培或多逸生于山野路边、屋前屋后。原产于美洲热带地区，华东地区有栽培，福建有逸生，另广东、广西、云南、台湾等省区均有逸生；现世界各热带地区均有栽培及逸生。

【药名与部位】马缨丹，根或根茎。

【化学成分】地上部分含黄酮类：柳穿鱼酯苷（linaroside）、马缨丹苷（lantanoside）和乙酰柳穿鱼酯苷（acetyl linaroside）[1]；三萜类：马缨丹内酯苷*（lancamarolide）、齐墩果酮酸（oleanonic acid）、马缨丹烯 A、B（lantadene A、B）、11α- 羟基 -3- 氧熊果 -12- 烯 -28- 酸（11α-hydroxy-3-oxours-12-en-28-oic acid）、白桦脂酸（betulinic acid）、马缨丹羟酸*（lantaninilic acid）[2]，马缨丹二烯酮*（lantadienone）、马缨丹烯酮*（camaradienone）[3]，马缨丹利尼酸*（camarinic acid）、卡马拉酸（camaric acid）、齐墩果酸（oleanolic acid）、坡模酸（pomolic acid）、马缨丹酸（lantanolic acid）、马缨丹尼酸（lantanilic acid）、马缨丹异酸（lantic acid）[4]，卡马罗酸*（camarolic acid）、马缨丹酰氧烯酸*（lantrigloylic acid）、22- 羟基马缨丹异酸（22-lantoic acid）、马缨丹素*（cimarin）、马缨丹尼素*（lantacin）、卡马拉酮素*（camarinin）、熊果酸（ursolic acid）[5]，马缨丹氧酸*（camaryolic acid）、马缨丹酰酸*（camangeloyl acid）[6]，熊果氧酸*（ursoxy acid）、熊果氧酸甲酯*（methyl ursoxylate）、熊果吉力酸*（ursangilic acid）、齐墩果酸乙酯（oleanolic acid acetate）[7]，马缨利酸*（camarilic acid）、马樱尼酸*（camaracinic acid）、熊果尼酸*（ursonic acid）[8]，马缨丹酮*（lantanone）[9]，马樱丹林酸*（lancamarinic acid）、马樱丹林素*（lancamarinin）[10,11]，马樱丹酮酸*（lantanoic acid）、马缨丹诺酸*（camaranoic acid）[12]，熊果烯氧酸*（ursethoxy acid）[13]，甲基马缨丹烯酸酯*（methylcamaralate）[14]，马缨葛二烯酮*（lantigdienone）[15]，黄疸素（icterogenin）和 3- 酮基 -25- 羟甲基 -22β-［（*Z*）-2′- 丁烯酰氧基］- 齐墩果 -12- 烯 -28- 酸 {3-oxo-25-methylhydroxy-22β-［（*Z*）-2′-butenoyloxy］-olean-12-en-28-oic acid}[16]；甾体类：β- 谷甾醇（β-sitosterol）和 β- 谷甾醇 -3-*O*-β-D- 吡喃葡萄糖苷（β-sitosterol-3-*O*-β-D-glucopyranoside）[6]；脂肪酸类：十八烷酸

（octadecanoic acid）、二十二烷酸（docosanoic acid）、棕榈酸（palmitic acid）[6]，三十二烷酸（dotriacontanoic acid）和二十四烷酸（tetracosanoic acid）[7]；挥发油：雪松烯（himachalene）、β-丁香烯（β-caryophyllene）、对聚伞花烃（*p*-cymene）、β-古芸烯（β-gujunene）、喇叭烯醇（ledene alcohol）、茴香脑（anethol）、双环大牻牛儿烯（bicyclogermacrene）、1, 8-桉油素（1, 8-cineole）、表圆线藻烯（epizonarene）和罗汉柏烯（thujopsene）[17]。

叶含苯乙醇苷类：毛蕊花糖苷（verbascoside）、异毛蕊花苷（*iso*-verbascoside）、去鼠李糖毛蕊花糖苷（derhamnosylverbascoside）、异糯米香苷*A（*iso*-nuomioside A）和木通苯乙醇苷E（calceolarioside E）[18]；黄酮类：白珠亭素*（gautin）、金合欢素-7-*O*-β-D-芸香糖苷（acacetin-7-*O*-β-D-rutinoside）、苜蓿素（tricin）、高车前素（hispidulin）、3, 5, 7, 8-四羟基-6, 3′-二甲氧基黄酮（3, 5, 7, 8-tetra hydroxyl-6, 3′-dimethoxy flavone）、柳穿鱼素（pectolinarigenin）[19]和4′, 5-二羟基-3, 7-二甲氧基黄酮-4′-*O*-β-D-吡喃葡萄糖苷（4′, 5-dihydroxy-3, 7-dimethoxyflavone-4′-*O*-β-D-glucopyranoside）[20]；三萜类：熊果酸（ursolic acid）、马缨丹尼酸（lantanilic acid）、黄疸素（icterogenin）、桦木酮酸（betulonic acid）、白桦脂酸（betulinic acid）[19]，齐墩果酮酸（oleanonic acid）、马缨丹甲素，即马缨丹烯A（lantadene A）、马缨丹乙素，即马缨丹烯B（lantadene B）[20]，3, 24-酮基熊果-12-烯-28-酸（3, 24-dioxo-urs-12-en-28-oic acid）[21]，熊果-12-烯-3β-醇-28-酸-3β-D-吡喃葡萄糖基-4′-硬脂酸盐（urs-12-en-3β-ol-28-oic acid-3β-D-glucopyranosyl-4′-octadecanoate）、熊果-12-烯-3β-醇-28-酸（urs-12-en-3β-ol-28-oic acid）、齐墩果-12-烯-3β-醇-28-酸-3β-D-吡喃葡萄糖苷（oleane-12-en-3β-ol-28-oic acid-3β-D-glucopyranoside）[22]，熊果酸硬脂酰葡萄糖苷（ursolic acid stearoyl glucoside）[23]，22β-乙酰马缨丹异酸（22β-acetoxylantic acid）、21, 22β-二甲基丙烯酰紫草素马缨丹酸（21, 22β-dimethyl-acryloyloxylantanolic acid）、22β-当归酰氧基马缨丹酸（22β-angeloyloxylantanolic acid）、马缨丹酸（lantanolic acid）[24]和马缨丹丙素，即马缨丹烯C（lantadene C）[25]；甾体类：（25*S*）-螺甾-5-烯-3β-21-二醇-3-*O*-α-L-吡喃鼠李糖基-（1, 2）-［α-L-吡喃鼠李糖基-（1, 4）］-β-D-吡喃葡萄糖苷｛（25*S*）-spirostan-5-en-3β-21-diol-3-*O*-α-L-rhamnopyranosyl-（1, 2）-［α-L-rhamnopyranosyl-(1, 4)］-β-D-glucopyranoside｝[19]；挥发油类：α-蒎烯（α-pinene）、β-蒎烯（β-pinene）、莰烯（camphene）、桧烯（sabiene）、β-月桂烯（β-myrcene）、樟脑（camphor）、龙脑（endo-borneol）、石竹烯（caryophyllene）和β-芹子烯（β-selinene）[26]；倍半萜类：丁香烯（caryophyllene）、大牻牛儿烯D（germacrene D）、杜松烯（cadinene）、木萝烯（muurolene）、ε-杜松烯（ε-cadinene）、τ-欧洲赤松醇（τ-muurolol）和α-杜松醇（α-cadinol）[27]；元素：钾（K）、钙（Ca）、镁（Mg）、锰（Mn）、锶（Sr）、铜（Cu）、铝（Al）、钡（Ba）、铁（Fe）和钠（Na）等[28]。

花含挥发油类：δ-榄香烯（δ-elemene）、α-衣兰烯（α-ylangene）、α-古巴烯（α-copaene）、β-波旁烯（β-bourbonene）、β-芹子烯（β-selinene）、γ-芹子烯（γ-selinene）、（-）-β-榄香烯［（-）-β-elemene］和α-古芸烯（α-gurjunene）等[26]。

枝含元素：钾（K）、钙（Ca）、镁（Mg）、锰（Mn）、锶（Sr）、铜（Cu）、铝（Al）、钡（Ba）、铁（Fe）和钠（Na）等[28]。

叶和花含挥发油：大牻牛儿烯B、D（germacrene B、D）、β-丁香烯（β-caryophyllene）、α-葎草烯（α-humulene）和1, 8-桉油素（1, 8-cineole）[29]。

果含挥发油：反式-β-丁香烯（*trans*-β-caryophyllene）、香桧烯（sabinene）、桉油精（eucalyptol）、α-葎草烯（α-humulene）、双环大牻牛儿烯（bicyclogermacrene）、大牻牛儿烯D（germacrene D）和反式-橙花叔醇（*trans*-nerolidol）[30]。

根含三萜类：齐墩果酸乙酯（oleanolic acid acetate）、齐墩果酮酸（oleanonic acid）、卡马拉酸（camaric acid）、坡模醇酸（pomonic acid）、12, 13-二羟基坡模醇酸（12, 13-dihydropomolic acid）、21, 22β-环氧齐墩果-3β-羟基-12-烯-28-酸甲酯（21, 22β-epoxy-3β-hydroxyolean-12-en-28-oic acid methyl ester）、3β-羟基-齐墩果-11-烯-28→13-交酯（3β-hydroxy-olean-11-en-28→13-oate）[31]，22β-*O*-当归酰基马缨丹

酸（22β-*O*-angeloyl lantanolic acid）、22β-*O*- 当归酰基齐墩果酸（22β-*O*-angeloyl oleanolic acid）、22β-*O*- 千里光酰基 - 齐墩果酸（22β-*O*-senecioyl oleanolic acid）、22β- 羟基 - 齐墩果酸（22β-hydroxy-oleanolic acid）、19α- 羟基熊果酸（19α-hydroxyursolic acid）、3β- 异戊酰基 -19α- 羟基熊果酸（3β-isovaleroyl-19α-hydroxyursolic acid）[32], 3β, 19α- 二羟基熊果 -28- 酸（3β, 19α-dihydroxyursan-28-oic acid）[33]，泽泻醇 A（alisol A）[34]，齐墩果酸（oleanolic acid）、马缨丹烯 A（lantadene A）[31, 35]，马缨丹尼酸（lantanilic acid）[34, 35]，马缨丹酸（lantanolic acid）[32, 35] 和马缨丹丁素（camaridin）[35]；环烯醚萜类：黄夹子苦苷（theveside）、8- 表马钱素（8-epiloganin）、山栀苷甲酯（shanzhiside methyl ester）、黄夹苦苷（theviridoside）、高乌甲素（lamiridoside）和京尼平苷（geniposide）[36]；甾体类：β- 谷甾醇（β-sitosterol）、3β- 羟基豆甾 -5- 烯 -7- 酮（3β-hydroxystigmast-5-en-7-one）[34] 和 β- 谷甾醇葡萄糖苷（β-sitosterol glucoside）[31]；糖类：水苏糖（stachyose）、毛蕊花糖（verbascose）、筋骨草糖（ajugose）、毛蕊花四糖（verbascotetraose）和马缨丹糖 A、B（1antanose A、B）[36]；元素：钾（K）、钙（Ca）、镁（Mg）、锰（Mn）、锶（Sr）、铜（Cu）、铝（Al）、钡（Ba）、铁（Fe）和钠（Na）等[28]。

全草含三萜类：马缨丹三萜素 A、B, 即马缨丹烯 A、B（lantadene A、B）、白桦脂酸（betulinic acid）、齐墩果酸（oleanolic acid）、羽扇豆醇乙酰酯（lupeol acetate）、齐墩果酮酸（oleanonic acid）、3β-*O*- 乙酰齐墩果酸（3β-*O*-acetyloleanolic acid）、3β-*O*- 乙酰坡模酸（3β-*O*-acetylpomolic acid）、3β, 25- 环氧 -3α, 21α- 二羟基 -22β- 当归酰氧基齐墩果 -12- 烯 -28- 羧酸（3β, 25-epoxy-3α, 21α-dihydroxy-22β-angeloyloxyolean-12-en-28-oic acid）、22- 酮基 -3β, 24- 二羟基齐墩果 -12- 烯（22-oxo-3β, 24-dihydroxyolean-12-ene）和 2α, 3α, 19- 三羟基熊果 -12- 烯 -28- 羧酸（2α, 3α, 19-trihydroxyurs-12-en-28-oic acid）[37]；黄酮类：胡麻素（pedalitin）、异泽兰黄素（eupatilin）、高车前素（hispidulin）、3- 甲氧基槲皮素（3-methoxyquercetin）、5, 6, 7- 三羟基 -4′- 甲氧基二氢黄酮（5, 6, 7-trihydroxy-4′-methoxyflavanone）、木犀草素 -7-*O*-β-D- 吡喃葡萄糖苷（luteolin-7-*O*-β-D-glucopyranoside）、槲皮素 -3-*O*-β-D- 吡喃葡萄糖苷（quercetin-3-*O*-β-D-glucopyranoside）、3, 7- 二甲氧基槲皮素（3, 7-dimethoxyquercetin）和异樱花素（*iso*-sakuranetin）[38]。

**【药理作用】**1. 抗炎镇痛　叶的 70% 乙醇提取物可显著降低角叉菜胶所致大鼠的足肿胀程度，显著减少福尔马林所致小鼠舔足的次数[1]；根的甲醇提取物可减轻角叉菜胶所致大鼠的足肿胀，减少乙酸所致小鼠的扭体反应[2]。2. 抗菌　根的乙醇提取物对蜡样芽孢杆菌、短小芽孢杆菌、枯草芽孢杆菌、藤黄微球菌及金黄色葡萄球菌等革兰氏阳性菌的生长具有较强的抑制作用[3]。3. 抗病毒　茎的甲醇提取物可减少 A-549 细胞中感染的Ⅰ型脊髓灰质炎病毒数[4]。4. 降血糖　果实的甲醇提取物可显著降低正常大鼠及链脲佐菌素所致的糖尿病模型大鼠的血糖水平[5]。5. 止泻　茎的水提取物可显著延长蓖麻油所致的腹泻模型小鼠腹泻发作时间，显著减少腹泻小鼠排便次数及排泄量，显著减少营养性碳糊法实验中小鼠胃肠的蠕动[6]。6. 抗雌激素　果实的乙酸乙酯与甲醇的提取混合物中分离得到的化合物在体外具有显著的抗人子宫癌细胞株中雌激素作用[7]。7. 抗氧化　叶中提取的挥发油对 2, 2′- 联氨 - 二（3- 乙基 - 苯并噻唑 -6- 磺酸）二铵盐（ABTS）自由基具有较强的清除作用，对 1，1- 二苯基 -2- 三硝基苯肼（DPPH）自由基的清除作用较弱，但均呈一定的剂量依赖性[8]。

**【药用标准】**海南琼食药监注［2007］40 号文附件。

**【临床参考】**1. 感冒：根 30 ～ 60g，或加金银花 9g，水煎服。

2. 妇女阴痒：根 30 ～ 60g，水煎 2 次，头汁口服，二汁外洗。（1 方、2 方引自《浙江药用植物志》）

**【附注】**《南越笔记》云：“马缨丹一名山大丹，花大如盘，蕊时凡数十百朵，每朵攒集成球，与白绣球花相类……黄红相间……有以大红绣球名之者。又以其瓣落而枝矗起槎枒，甚与珊瑚柯条相似，又名珊瑚球。其花多色，故名五色、五彩、七变花。植株有异味，故又以臭为名。”《植物名实图考》云：“龙船花，以花盛开时值竞渡，故名。”即为本种。

药材马缨丹有毒，内服有头晕、恶心、呕吐等反应，必须严格掌握剂量，防止不良反应；孕妇及体弱者忌服。

本种的花及叶民间也作药用；花及叶也有毒性。

**【化学参考文献】**


[1] Begum S，Wahab A，Siddiqui B S. Antimycobacterial activity of flavonoids from *Lantana camara* Linn.［J］. Nat Prod Res，2008，22（6）：467-470.

[2] Begum S，Ayub A，Shaheen Siddiqui B，et al. Nematicidal triterpenoids from *Lantana camara*［J］. Chem Biodivers，2015，12（9）：1435-1442.

[3] Begum S，Oamar Zehra S，Imran Hassan S，et al. Noroleanane triterpenoids from the aerial parts of *Lantana camara*［J］. Helv Chem Acta，2008，91：460-467.

[4] Siddiqui B S，Raza S M，Begum S，et al. Pentacyclic triterpenoids from *Lantana camara*［J］. Phytochemistry，1995，38（3）：681-685.

[5] Begum S，Zehra S Q，Siddiqui B S，et al. Pentacyclic triterpenoids from the aerial parts of *Lantana camara* and their nematicidal activity［J］. Chem Biodivers，2008，5（9）：1856-1866.

[6] Begum S，Wahab A，Siddiqui B S. Pentacyclic triterpenoids from the aerial parts of *Lantana camara*［J］. Chem Pharm Bull，2003，51（2）：134-137.

[7] Begum S，Wahab A，Bina S S. Three new pentacyclic triterpenoids from *Lantana camara*［J］. Helv Chim Acta，2002，85（8）：2335-2341.

[8] Begum Sabira，Raza Syed Mohammad，Siddiqui Bina Shaheen，et al. Triterpenoids from the aerial parts of *Lantana camara*［J］. J Nat Prod，1995，58（10）：1570-1574.

[9] Begum S，Wahab A，Siddiqui B S，et al. Nematicidal constituents of the aerial parts of *Lantana camara*［J］. Chem Nat Compd，2013，49（3）：566-567.

[10] Ayub A，Begum S，Ali S N，et al. Triterpenoids from the aerial parts of *Lantana camara*［J］. Chem Biodivers，2008，5（9）：1856-1866.

[11] Begum S，Zehra S Q，Siddiqui B S. Two new pentacyclic triterpenoids from *Lantana camara* Linn.［J］. Chem Pharm Bull，2008，56（9）：1317-1320.

[12] Begum S，Wahab A，Siddiqui B. Ursethoxy acid，a new triterpene from *Lantana Camara*［J］. Nat Prod Lett，2002，16（4）：235-238.

[13] 汤树良. 马缨丹地上部分中的五环三萜化合物［J］. 国际中医中药杂志，2004，26（2）：117.

[14] Begum S，Zehra S Q，Ayub A，et al. A new 28-noroleanane triterpenoid from the aerial parts of *Lantana camara* Linn.［J］. Nat Prod Res，2010，24（13）：1227-1234.

[15] Nguyen V D，Le T H. Triterpenes oleanan from *Lantana camara* L.［J］. Tap Chi Hoa Hoc，2009，47（2）：144-148.

[16] Ayub A，Begum S，Ali S N，et al. Triterpenoids from the aerial parts of *Lantana camara*［J］. Journal of Asian Natural Products Research，2019，21（2）：141-149.

[17] Unnithan C R, Shilashi B,Undrala G S, et al. Chemical composition and antibacterial activity of essential oil of *Lantana camara* L. of Mekelle，Ethiopia［J］. Int J Pharm Technol, 2013, 5（1）：5129-5135.

[18] Taoubi K，Fauvel M T，Gleye J，et al. Phenylpropanoid glycosides from *Lantana camara* and *Lippia multiflora*［J］. Planta Med，1997，63（2）：192-193.

[19] Patil G，Khare A B，Huang K F，et al. Bioactive chemical constituents from the leaves of *Lantana camara* L.［J］. Indian J Chem，2015，54（5）：691-697.

[20] 潘文斗，麦浪天，李毓敬，等. 马缨丹叶的化学成分研究［J］. 药学学报，1993，1（1）：35-39.

[21] Yadav S B，Tripathi V. A new triterpenoid from *Lantana camara*［J］. Fitoterapia，2003，74（3）：320-321.

[22] Kazmi I，Rahman M，Afzal M，et al. Anti-diabetic potential of ursolic acid stearoyl glucoside：A new triterpenic gycosidic ester from *Lantana camara*［J］. Fitoterapia，2012，83（1）：142-146.

[23] Kazmi I，Afzal M，Ali B，et al. Anxiolytic potential of ursolic acid derivative—a stearoyl glucoside isolated from *Lantana camara* L.（Verbanaceae）［J］. Asian Pac J Trop Med，2013，6（6）：433-437.

[24] Barre J T，Bowden B F，Coll J C，et al. A bioactive triterpene from *Lantana camara*［J］. Phytochemistry，1997，45（2）：

321-324.

[25] Shamsee Z R, Al-Saffar A Z, Al-Shanon A F, et al. Cytotoxic and cell cycle arrest induction of pentacyclic triterpenoides separated from *Lantana camara* leaves against MCF-7 cell line *in vitro* [J]. Molecular Biology Reports, 2019, 46 (1): 381-390.

[26] 周晔. 马缨丹挥发油的化学成分分析 [J]. 亚太传统医药, 2009, 5 (7): 25-28.

[27] Rani M J, Chandramohan, Narendran, et al. Identification of sesquiterpenes from *Lantana camara* leaves [J]. International Journal of Drug Development & Research, 2013, 5 (1): 179-184.

[28] 周伟明, 王如意, 陈柳生, 等. ICP-OES 法测定马缨丹不同部位中 22 种无机元素的含量 [J]. 中药材, 2014, 37 (10): 1545-1549.

[29] Sundufu A J, Huang S. Chemical composition of the essential oils of *Lantana camara* L. occurring in south China [J]. Flavour and Fragrance Journal, 2004, 19 (3): 229-232.

[30] Singh R K, Tiwari B, Sharma U, et al. Chemical composition of *Lantana camara* fruit essential oil [J]. Asian J Chem, 2012, 24 (12): 5955-5956.

[31] Misra L, Laatsch H. Triterpenoids, essential oil and photo-oxidative 28 → 13-lactonization of oleanolic acid from *Lantana camara* [J]. Phytochemistry, 2000, 54 (8): 969-974.

[32] 潘文斗, 李毓敬, 麦浪天, 等. 马缨丹根的三萜成分研究 [J]. 药学学报, 1993, 28 (1): 40-44.

[33] Misra L, Laatsch H. Triterpenoids, essential oil and photo-oxidative 28, 13-lactonization of oleanolic acid from *Lantana camara* [J]. Phytochemistry, 2000, 54 (8): 969-974.

[34] Al-Fadhli A A, Nasser J A. Constituents from the root of *Lantana camara* [J]. Asian J Chem, 2014, 26 (23): 8019-8021.

[35] Ali S N, Mustafvi O H, Begum S, et al. Camaridin, a new triterpenoid from roots of *Lantana camara* [J]. Chem Nat Compd, 2019, 55 (2): 296-299.

[36] 潘文斗, 李毓敬, 麦浪天, 等. 马缨丹根的化学成分研究 [J]. 药学学报, 1992, 27 (7): 515-521.

[37] 陈柳生, 王如意, 周伟明, 等. 五色梅三萜类化学成分的研究 [J]. 中国药学杂志, 2013, 48 (23): 1990-1993.

[38] 陈柳生, 周伟明, 王如意, 等. 五色梅黄酮类化学成分研究 [J]. 中国实验方剂学杂志, 2013, 19 (22): 100-103.

**【药理参考文献】**

[1] Shylaja H, Lakshman K, Kar N, et al. Analgesic and anti-inflammatory activity of tropical preparation of *Lantana camara* leaves [J]. Pharmacologyonline, 2008, 1: 90-96.

[2] Patil S M, Saini R. Anti-inflammatory and analgesic activities of methanol extract of roots of *Lantana camara* Linn. [J]. Journal of Pharmacy Research, 2012, 5 (2): 1034-1036.

[3] Basu S, Ghosh A, Hazra B. Evaluation of the antibacterial activity of *Ventilago madraspatana* Gaertn. *Rubia cordifolia* Linn. and *Lantana camara* Linn.: isolation of emodin and physcion as active antibacterial agents [J]. Phytotherapy Research, 2005, 19 (10): 888-894.

[4] Kanagavalli R, Kumar M S, Vijayan P, et al. *In vitro* antiviral screening of *Lantana camara* stem extract [J]. Research Journal of Pharmaceutical Biological & Chemical Sciences, 2011, 2 (4): 940-946.

[5] Venkatachalam T, Kumar V K, Selvi P K, et al. Antidiabetic activity of *Lantana camara* Linn. fruits in normal and streptozotocin-induced diabetic rats [J]. Journal of Pharmacy Research, 2011, 4 (5): 1550-1552.

[6] Tadesse E, Engidawork E, Nedi T, et al. Evaluation of the anti-diarrheal activity of the aqueous stem extract of *Lantana camara* Linn. (Verbenaceae) in mice [J]. Bmc Complementary & Alternative Medicine, 2017, 17 (1): 190.

[7] Sarwar S, Dietz B, Yao P, et al. Novel anti-uterus cancer potential of fruit extract of *Lantana camara* as exhibited through the inhibition of alkaline phosphatase in human endometrial adenocarcinomatic cell line [J]. Journal of Medicinal Plants Research, 2013, 7 (18): 1216-1221.

[8] 郭占京, 王勤, 黄宏妙, 等. 马缨丹挥发油体外抗氧化活性研究 [J]. 中国实验方剂学杂志, 2013, 19 (11): 235-237.

## 3. 紫珠属 *Callicarpa* Linn.

灌木，稀为乔木、藤本或攀援灌木。小枝柱形或四棱形，被单毛、星状毛、分枝毛或钩毛，或近无毛。单叶，对生，稀3叶轮生，边缘具齿或全缘，叶常被毛和具黄色或红色腺点；无托叶。聚伞花序腋生，具总花梗，苞片细小或呈叶状；花小，辐射对称，4数；花萼杯状或钟状，顶端4深裂或浅裂或截平，宿存；花冠管状，顶端4裂；雄蕊4枚，着生于花冠管基部，花丝纤细，伸出花冠管外或与花冠管近等长；子房上位，心皮2枚，4室，胚珠每室1粒，花柱纤细，通常长于雄蕊，柱头膨大不裂或不明显2裂。果为肉质核果或浆果状，常呈紫色、红色或白色，外果皮薄，中果皮肉质，内果皮骨质，成熟后形成4分核，核内具种子1粒。种子小，无胚乳。

约140种，主要分布于亚洲热带、亚热带地区及大洋洲，少数分布于美洲，极少数延伸到亚洲和北美洲温带地区。中国约48种，主要分布于长江以南各省区，少数可延伸至华北和西北地区，法定药用植物11种。华东地区法定药用植物7种。

### 分种检索表

1. 叶片下面和花各部分有红色或暗红色腺点。
  2. 小枝、叶片下面、花序及花萼均密被星状毛；花丝长为花冠的2倍，药室纵裂……紫珠 *C. bodinieri*
  2. 嫩枝和总花梗略有星状毛，其余无毛；花丝与花冠近等长或略长，不及花冠的2倍，药室孔裂……
  ……………………………………………………………………华紫珠 *C. cathayana*
1. 叶片下面和花各部分有淡黄色或黄色腺点。
  3. 总花梗远长于叶柄，长1.5cm以上；叶片基部宽楔形、圆形或心形。
    4. 叶柄通常长8mm以上；叶片基部宽楔形或钝圆。
      5. 攀援灌木；叶片全缘……………………………………………全缘叶紫珠 *C. integerrima*
      5. 直立灌木；叶缘有细锯齿…………………………………………………杜虹花 *C. formosana*
    4. 叶柄极短，长7mm以下；叶片基部心形……………………………………………红紫珠 *C. rubella*
  3. 总花梗不长于叶柄，长通常不及1.5cm；叶片基部楔形，稀钝圆或心形。
    6. 叶片边缘有锯齿，上面疏被微毛，下面疏被星状毛……………………………老鸦糊 *C. giraldii*
    6. 叶片边缘上半部有细锯齿，两面无毛，或仅脉上疏被微柔毛和星状毛…………………………
    ……………………………………………………………………广东紫珠 *C. kwangtungensis*

### 775. 紫珠（图775）• *Callicarpa bodinieri* Lévl.

【别名】珍珠枫（浙江），大叶鸦鹊饭（江西），爆竹紫（安徽）。

【形态】灌木，高1～3m。小枝、叶柄和花序均被星状毛。叶纸质，椭圆形至卵状，长6～18cm，宽3～8cm，先端渐尖，基部楔形，边缘有细锯齿，上面疏被短柔毛，下面密被星状毛，两面均有红色腺点；叶柄长0.5～1cm。聚伞花序四至五次分歧；总花梗长约1cm；花萼具星状毛和红色腺点，萼齿锐三角形；花冠紫红色，疏被星状毛和红色腺点；花丝长近花冠的2倍，花药椭圆形，药室纵裂，药隔具红色腺点。果实球形，熟时紫色，直径约2mm。花期6～7月，果期8～11月。

【生境与分布】生于海拔2000m以下的疏林、林缘及灌丛中。分布于安徽、江苏、江西和福建，另湖南、湖北、广东、广西、云南、贵州和河南南部均有分布；越南也有分布。

【药名与部位】紫珠，地上部分。

图 775　紫珠　　　　摄影　张芬耀等

【采集加工】春、夏、秋季割取地上部分，洗净，干燥。

【药材性状】茎呈圆柱形，多分支，直径 0.5 ～ 0.8cm。表面灰棕色，小枝叶柄密被灰黄色星状毛；质脆，易折断，断面髓部明显。单叶对生，叶柄长 0.5 ～ 1cm。叶片皱缩，有的破碎，完整者展开后呈卵状长椭圆形至椭圆形；顶端渐尖，基部楔形，上面有细毛，背面密被星状柔毛；两面有暗红色细粒状腺点。聚伞花序腋生，果实近球形。气微，味淡。

【药材炮制】除去杂质，洗净，切段，干燥。

【化学成分】全株含挥发油类：胡椒烯（copaene）、β- 荜澄茄烯（β-cubebene）、α- 金合欢烯（α-farnesene）、菖蒲烯（calamenene）、香叶基丙酮（geranyl acetone）、联苯（biphenyl）、荜澄茄油烯醇（cubenol）、γ-杜松醇（γ-cadinol）和香榧醇（torreyol）等[1]。

叶含黄酮类：5- 羟基 -3, 4′, 6, 7- 四甲氧基黄酮（5-hydroxy-3, 4′, 6, 7-tetramethoxyflavone）、3′, 4′, 5-三羟基黄酮 -7-*O*- 葡萄糖苷（3′, 4′, 5-trihydroxyflavone-7-*O*-glucoside）、3′, 5, 7- 三羟基黄酮 -4′-*O*- 葡萄糖苷（3′, 5, 7-trihydroxyflavone-4′-*O*-glucoside）和 5, 7- 二羟基 -3′- 甲氧基黄酮 -4′-*O*- 葡萄糖苷（5, 7-dihydroxy-3′-methoxyflavone-4′-*O*-glucoside）[2]；甾体类：β- 谷甾醇（β-sitosterol）[2]和豆甾醇（stigmasterol）[3]；三萜类：熊果酸（ursolic acid）、白桦脂酸（betulinic acid）[2]，α- 香树脂醇（α-amyrin）[3]，2α, 3α, 24-三羟基齐墩果 -12- 烯 -28- 酸（2α, 3α, 24-trihydroxyolean-12-en-28-oic acid）、2α, 3α, 19α- 三羟基熊果酸（2α, 3α, 19α-trihydroxyursolic acid）、2α, 3α- 二羟基熊果酸（2α, 3α-dihydroxyursolic acid）、2α, 3β- 二羟基熊果酸（2α, 3β-dihydroxyursolic acid）[4]和 2α, 3α, 19, 24- 四羟基熊果 -12- 烯 -28- 酸 -28-*O*-β-D- 吡喃葡萄糖苷（2α, 3α, 19, 24-tetrahydroxyurso-12-en-28-oic acid -28-*O*-β-D-glucopyranoside）[5]；木脂素类：（+）- 芝麻脂素［（+）-sesamin］[5]；苯乙醇苷类：类叶升麻苷（acteoside）[5]；烷烃类：三十五烷（pentatrlacontane）[3]；脂肪酸类：四十五酸（pentatetracontanoic acid）[3]。

花含挥发油类：α- 石竹烯（α-caryophyllene）、石竹烯（caryophyllene）、β- 芹子烯（β-selinene）、3- 辛醇（3-octanol）、β- 蒎烯（β-pinene）和 β- 侧柏烯（β-thujene）等[6]。

果实含花青素类：矢车菊素（cyanidin）和芍药素（peonidin）[7]。

枝和叶含二萜类：紫珠酸 A、B、C、D、E、F、G、H、I（bodinieric acid A、B、C、D、E、F、G、H、I）、13- 羟基 -8, 11, 13- 罗汉松三烯 -18- 酸（13-hydroxy-8, 11, 13-podocatpatrien-18-oic acid）、18- 氧代锈色罗汉松酚（18-oxoferruginol）、15- 羟基去氢松香酸（15-hydroxydehydroabietic acid）、去氢松香酸（dehydroabietic acid）、脱氢枞醇（dehydroabietinol）和池杉素 C（taxodascen C）[8]。

**【药理作用】**镇痛　叶的乙醇提取物及分离得到的 3′, 5, 7- 三羟基黄酮 -4′-*O*-β-D- 葡萄糖苷（3′, 5, 7-trihydroxyflavone-4′-*O*-β-D-glucoside）、2α, 3α, 24- 三羟基齐墩果 -12- 烯 -28- 酸（2α, 3α, 24-trihydoxy oleana -12-en-28-oic acid）和 2α, 3α, 19, 24- 四羟基 - 熊果 -12- 烯 -28- 酸 -28-*O*-β-D- 葡萄糖酯（2α, 3α, 19, 24-tetrahydroxy-ursan-12-en-28-oic acid-28-*O*-β-D- glucosyl ester）可减少乙酸所致小鼠的扭体次数[1]。

**【性味与归经】**苦、涩，平。归肺、胃经。

**【功能与主治】**止血散瘀，除热解毒。用于衄血，咳血，胃肠出血，子宫出血，上呼吸道感染，扁桃体炎，肺炎；外用治外伤出血，烧伤。

**【用法与用量】**煎服 3 ～ 10g；外用适量，研末敷患处。

**【药用标准】**湖南药材 2009。

**【化学参考文献】**

[1] 粟学俐，朱书奎 . 紫珠几种主要挥发性化学组分的分析 [J]. 荆楚理工学院学报，2008，23（3）：7-10.

[2] 任风芝，栾新慧，赵毅民，等 . 紫珠叶黄酮类化合物的研究 [J]. 中国中药杂志，2001，26（12）：841-844.

[3] 任风芝，屈会化，栾新慧，等 . 紫珠叶的化学成分研究 Ⅰ [J]. 天然产物研究与开发，2001，13（1）：33-34.

[4] 任风芝，栾新慧，屈会化，等 . 紫珠叶的化学成分研究 Ⅱ [J]. 天然产物研究与开发，2001，40（1）：33-34.

[5] 任风芝，贺秉坤，栾新慧，等 . 紫珠叶的化学成分研究 Ⅲ [J]. 中国药学杂志，2004，39（1）：17-19.

[6] 李锦辉 . HS-SPME-GC/MS 分析紫珠花中的挥发性成分 [J]. 中国实验方剂学杂志，2015，21（3）：67-69.

[7] Darbour N，Raynaud J. The anthocyanin aglycons of *Callicarpa bodinieri* Leveille and *Callicarpa purpurea* Juss.（Verbenaceae）[J]. Pharmazie，1988，43（2）：143-144.

[8] Gao J B，Yang S J，Yan Z R，et al. Isolation，characterization，and structure-activity relationship analysis of abietane diterpenoids from *Callicarpa bodinieri* as spleen tyrosine kinase inhibitors [J]. J Nat Prod，2018，81（4）：998-1006.

**【药理参考文献】**

[1] 任风芝，牛桂云，栾新慧，等 . 紫珠叶化学成分的镇痛活性研究 [J]. 天然产物研究与开发，2003，15（2）：155-156.

## 776. 华紫珠（图 776）• *Callicarpa cathayana* H. T. Chang

**【别名】**紫珠（江苏）。

**【形态】**灌木，高 1 ～ 3m。小枝纤细，圆柱形，有小皮孔，幼时疏被星状毛。叶纸质，椭圆形至卵状披针形，长 4 ～ 8cm，宽 1 ～ 3cm，顶端渐尖，基部楔形，边缘有细锯齿，两面近无毛，仅脉上疏被星状毛，下面有红色腺点；叶柄长 3 ～ 7mm。聚伞花序腋生，纤细，三至四次分歧，疏被星状毛，总花梗近等长于叶柄，苞片细小；花萼杯状，具星状毛和红色腺点，萼齿不明显；花冠紫色，具星状毛和红色腺点；花丝与花冠近等长，花药伸出，长圆形，药室孔裂；子房无毛，花柱略长于雄蕊。果球形，紫色。花期 5 ～ 8 月，果期 7 ～ 11 月。

**【生境与分布】**生于山坡谷地、溪旁灌丛中。分布于安徽、江苏、浙江、江西和福建，另广东、广西、湖南、湖北、河南等省区也有分布。

图 776 华紫珠　　摄影 赵维良等

【药名与部位】紫珠果，成熟果实。浙紫珠叶（紫珠叶），叶。

【采集加工】紫珠果：夏、秋二季果实成熟时采收，晒干。浙紫珠叶：夏、秋二季枝叶茂盛时采收，干燥。

【药材性状】紫珠果：呈类圆形，直径约 2mm。表面棕黄色或紫褐色，光滑，有的可见皱缩的凹窝；基部有残存果柄或果梗痕；质硬而脆。种子椭圆形，略扁，淡黄棕色，表面光滑，质硬，略显油性。气微，味微涩。

浙紫珠叶：多皱缩、破碎，完整叶片展平后呈椭圆形或卵状披针形，长 4 ～ 8cm，宽 1.5 ～ 3cm；先端渐尖，基部楔形，边缘密生细锯齿，无毛或几无毛，上表面灰绿色或棕绿色；下表面淡绿色或淡棕绿色，散生红色腺点；侧脉 5 ～ 7 对，在两面均稍隆起，细脉和网脉下陷；叶柄长 0.4 ～ 0.8cm。质较脆。气微，味微苦、涩。

【药材炮制】紫珠叶：除去枝梢等杂质及枯叶，切丝，筛去灰屑。

【化学成分】全草含三萜类：齐墩果酸（oleanolic acid）和熊果酸（ursolic acid）[1]；黄酮类：槲皮素（quercetin）和槲皮素 -7-*O*-α-L- 吡喃鼠李糖苷（quercetin-7-*O*-α-L-rhamnopyanoside）[1]；甾体类：β-谷甾醇（β-sitosterol）[1]。

【药理作用】1. 抗氧化　水提取物在体外可抑制大鼠心、肾、脑和肝脏脂质过氧化产物丙二醛（MDA）的生成，明显提高小鼠全血谷胱甘肽过氧化物酶活性[1]；60% 乙醇提取物可抑制大鼠肝、心、肾、脑组织脂质过氧化反应产物丙二醛的生成，抑制羟自由基（·OH）引发的红细胞损伤和溶血反应，抑制羟自由基诱导的小鼠脑脂质过氧化，清除或抑制 Fenton 反应生成羟自由基[2]。2. 抗菌　叶水提取的浸膏对金黄色葡萄球菌及沙门氏菌的生长有明显的抑制作用，对白色念球菌、伤寒杆菌及福氏痢疾杆菌有较强的抑制作用[3]。

【性味与归经】紫珠果：淡、涩，凉。归肝经。浙紫珠叶：苦、涩，平。归肝、脾、胃经。

【功能与主治】紫珠果：清热利湿，解毒。用于湿热黄疸，胁痛不适。浙紫珠叶：止血，散瘀，消肿。用于创伤出血，咯血，鼻衄，胃出血，拔牙出血。

【用法与用量】紫珠果：3 ～ 9g。浙紫珠叶：煎服 15 ～ 30 g；外用适量。

【药用标准】紫珠果：贵州药材 2003；浙紫珠叶：浙江炮规 2015 和贵州药材 2003。

【临床参考】1. 血小板减少性紫癜：叶 15g，加猪殃殃 15g、绵毛鹿茸草 15g、地菍 30g、栀子根 30g，水煎服。

2. 子宫功能性出血：叶 30g，加地菍 30g、梵天花根 30g，水煎，加红糖 30g，在出血的第 1 天服下，连服数天。

3. 疖痈、牙痈：叶 9 ～ 15g，水煎服，同时用鲜叶适量，捣烂敷患处。

4. 食道静脉破裂出血：叶研粉，每次 1.5g，用叶 9g，水煎送服，每 6h 1 次。

5. 鼻衄、拔牙后出血：叶研粉，以药棉蘸药粉塞鼻，或填塞拔牙后出血处，咬合。（1 方至 5 方引自《浙江药用植物志》）

【附注】以鸦鹊翻之名始载于《植物名实图考》，云："鸦鹊翻生南安。丛生赭茎，对叶如地榆而尖，结小子成攒，娇紫可爱，气味甘温。俚医以治陡发头肿、头风，温酒服，煎水洗之；又治跌打损伤，去风湿。"据其所述及附图，应为本种及同属近似种。

本种的根民间也作药用。

同属植物白毛紫珠（白棠子树）*Callicarpa candicans*（Burm.f.）Hochr. 的地上部分在湖南作紫珠药用，叶在河南作紫珠叶药用；大叶紫珠 *Callicarpa macrophylla* Vahl 的叶在贵州作紫珠叶药用。

【化学参考文献】

［1］周伯庭，李新中，徐平声 . 华紫珠化学成分研究［J］. 广东药学院学报，2005，21（6）：695-696.

【药理参考文献】

［1］蒋惠娣，黄夏琴 . 九种护肝中药抗脂质过氧化作用的研究［J］. 中药材，1997，20（12）：624-626.

［2］蒋惠娣，季燕萍 . 紫珠属药用植物体外抗氧化作用［J］. 中药材，1999，22（3）：139-141.

［3］李德英，袁惠德 . 华紫珠和杜虹花的成分，毒性与抑菌作用比较［J］. 现代应用药学，1992，9（1）：13-15.

## 777. 全缘叶紫珠（图 777）• *Callicarpa integerrima* Champ.

【形态】攀援灌木。小枝粗壮，幼枝、叶柄和花序均密被黄褐色茸毛。叶片革质，卵形至卵状椭圆形，长 7 ～ 15cm，宽 4 ～ 9cm，先端急尖或短渐尖，基部宽楔形至圆形，全缘，上面浅绿色，幼时被黄褐色星状毛，后脱落几无毛，下面密生灰黄色星状厚茸毛，侧脉 7 ～ 9 对；叶柄长 1.5 ～ 2.5cm。聚伞花序宽 6 ～ 11cm，七至九次分歧；总花梗长 2.5 ～ 4.5cm；花梗与萼筒均密生星状毛，萼齿不明显；花冠紫色；雄蕊长过花冠的 2 倍，药室纵裂；子房有星状毛。果实近球形，紫色，直径约 2.5mm。花期 6 ～ 7 月，果期 8 ～ 11 月。

【生境与分布】生于海拔 200 ～ 700m 低山沟谷或山坡疏林中。分布于浙江、江西、福建，另广东、广西等省区均有分布。

【药名与部位】山枫，叶和根。

【化学成分】茎叶含三萜类：2α, 3β, 19α, 23- 四羟基齐墩果 -12- 烯 -28- 酸 -28-*O*-β-D- 吡喃葡萄糖基 -（1 → 4）-β-D- 吡喃葡萄糖苷［2α, 3β, 19α, 23-tetrahydroxyolean-12-en-28-oic acid-28-*O*-β-D-glucopyranosyl-（1 → 4）-β-D-glucopyranoside］、齐墩果酸（oleanolic acid）、3- 乙酰基齐墩果酸（3-acetyloleanolic acid）、3β-*O*- 乙酰熊果酸（3β-*O*-acetyl ursolic acid）、2α- 羟基熊果酸（2α-hydroxyursolic acid）、2α,

**图 777　全缘叶紫珠**　　摄影　张芬耀等

3β, 19α, 23- 四羟基熊果 -12- 烯 -28- 酸（2α, 3β, 19α, 23-tetrahydroxy-urs-12-en-28-oic acid）、α- 香树脂醇 -3-*O*-β-D- 吡喃葡萄糖苷（α-amyrin-3-*O*-β-D-glucopyranoside）、坡模醇酸（pomolic acid）、白桦脂酸（betulinic acid）、熊果酸（ursolic acid）、2α, 3β, 19α, 23- 四羟基齐墩果 -12- 烯 -28- 酸（2α, 3β, 19α, 23-tetrahydroxy-olean-12-en-28-oic acid）、2α- 羟基齐墩果酸（2α-hydroxyoleanolic acid）、常春藤皂苷元（hederagenin）、2α, 19α- 二羟基熊果酸（2α, 19α-dihydroxyursolic acid）和夏枯草苷 A（pruvuloside A）[1]。

叶含挥发油：α- 石竹烯（α-caryophyllene）、β- 石竹烯（β-caryophyllene）、甘香烯（elixene）、τ- 杜松烯（τ-cadinene）、左旋斯巴醇［（-）-spathulenol］、古巴烯（copaene）、蓝桉醇（globulol）和 1, 6- 环癸二烯（1, 6-cyclodecadiene）等[2]。

地上部分含黄酮类：3′, 4′, 5, 7- 四甲氧基黄酮（3′, 4′, 5, 7-tetramethoxyflavone）和 5- 羟基 -3′, 4′, 6, 7- 四甲氧基黄酮（5-hydroxy-3′, 4′, 6, 7-tetramethoxyflavone）[3]；酚酸类：水杨酸（salicylic acid）、香草酸（vanillic acid）和紫丁香酸（syringic acid）[3]；烷烃类：三十烷（triacontane）[3]；甾体类：β- 谷甾醇（β-sitosterol）[3]。

**【药用标准】**广西药材 1990 附录。

**【化学参考文献】**

［1］祝晨蔯，高丽，赵钟祥，等 . 全缘叶紫珠三萜类成分研究［J］. 药学学报，2012，47（1）：77-83.

［2］柴玲，林朝展，祝晨蔯，等 . 全缘叶紫珠叶挥发油化学成分分析［J］. 中药材，2010，33（3）：382-385.

［3］王雪芬，韦荣芳，卢文杰，等 . 全缘叶紫珠化学成分的研究［J］. 中草药，1986，17（3）：108.

## 778. 杜虹花（图 778）· *Callicarpa formosana* Rolfe（*Callicarpa pedunculata* R. Br.）

图 778　杜虹花　　摄影　张芬耀等

【形态】灌木，高 1 ～ 3m。小枝、叶柄和花序均密被灰黄色星状毛和分支毛。叶片纸质，卵状椭圆形或椭圆形，稀宽卵形，长 6 ～ 15cm，宽 3 ～ 8cm，先端渐尖，基部钝形或阔楔形，边缘有细锯齿或仅有小尖头，上面被短硬毛和星状毛，下面密被黄褐色星状毛和黄色透明腺点，侧脉 8 ～ 12 对；叶柄长 0.5 ～ 2cm，粗壮。聚伞花序腋生，四至五次分歧，总花梗长 1.5 ～ 3cm；苞片细小；花萼钟状，顶端 4 齿裂；花冠淡紫色，花丝长近花冠的 2 倍，花药细小，药室纵裂，子房无毛。果近球形，紫色，直径 1.5 ～ 2.5mm。花期 5 ～ 9 月，果期 7 ～ 11 月。

【生境与分布】生于海拔 1600m 以下的山坡、沟谷灌丛中。分布于浙江、江西、福建，另广东、广西、云南和台湾均有分布；菲律宾也有分布。

【药名与部位】紫珠草（紫珠），叶及嫩枝。紫珠叶，叶。

【采集加工】紫珠草：7 ～ 8 月采收，晒干。紫珠叶：夏、秋二季枝叶茂盛时采收，干燥。

【药材性状】紫珠草：为干燥叶及嫩枝。嫩枝茎呈圆柱状，被黄褐色星状毛，横切面白色。叶呈片状，多皱缩或卷曲，有的破碎。完整叶片展平后呈卵状椭圆形或椭圆形，长 4 ～ 19cm，宽 2.5 ～ 9cm。先端渐尖，基部宽楔形或钝圆，边缘有细锯齿，近基部全缘。上表面灰绿色或棕绿色，被星状毛或短粗毛；下表面淡绿色或淡棕绿色，密被黄褐色星状毛和金黄色腺点，主脉和侧脉突出，小脉伸入齿端。叶柄长 0.5 ～ 1.5cm。气微，味微苦涩。

紫珠叶：多皱缩、卷曲，有的破碎。完整叶片展平后呈卵状椭圆形或椭圆形，长 4 ～ 19cm，宽 2.5 ～ 9cm。先端渐尖，基部宽楔形或钝圆，边缘有细锯齿，近基部全缘。上表面灰绿色或棕绿色，被星状毛和短粗毛；

下表面淡绿色或淡棕绿色，密被黄褐色星状毛和金黄色腺点，主脉和侧脉突出，小脉伸入齿端。叶柄长 0.5 ～ 1.5cm。气微，味微苦涩。

**【药材炮制】**紫珠草：除去杂质，洗净，稍润，切段，干燥。紫珠叶：除去枝梢等杂质及枯叶，切丝，筛去灰屑。

**【化学成分】**地上部分含黄酮类：芹菜素 -7-*O*-β- 新橙皮糖苷（apigenin-7-*O*-β-neohesperidoside）、三裂鼠尾草素（salvigenin）、木犀草素（luteolin）、劳丹鼬瓣花素（ladanein）、半齿泽兰素（eupatorine）、芹菜素（apigenin）[1]，槲皮素（quercetin）、槲皮素 -7-*O*-β-D- 葡萄糖苷（quercetin-7-*O*-β-D-glucoside）[2]，4′, 7- 二羟基 -3, 5- 二甲氧基黄酮（4′, 7-dihydroxy-3, 5-dimethoxyflavone）、5- 羟基 -3, 4′, 7- 三甲氧基黄酮（5-hydroxy-3, 4′, 7-trimethoxyflavone）和 5- 羟基 -3, 3′, 4′, 7- 四甲氧基黄酮（5-hydroxy-3, 3′, 4′, 7-tetramethoxyflovone），即雷杜辛（retusin）[3]；三萜类：β- 香树脂醇（β-amyrin）、齐墩果酸（oleanolic acid）、高根二醇（erythrodiol）、熊果醇（uvaol）、3- 羟基熊果 -12- 烯 -28- 酸（3-hydroxyurso-12-en-28-oic acid）、3- 酮基 -12- 熊果烯 -28- 酸（3-oxo-12-ursen-28-oic acid）、3β, 19α- 二羟基 -12- 熊果烯 -28- 酸（3β, 19α-dihydroxy-12-ursen-28-oic acid）、坡模酮酸（pomonic acid）、2β, 3β, 19α- 三羟基 -12- 熊果烯 -28- 酸（2β, 3β, 19α-trihydroxy-12-ursen-28-oic acid）[2] 和熊果酸（ursolic acid）[4]；二萜类：大叶皇冠草素 *C（echinophyllin C）、一甲基考拉酸酯 *（monomethyl kolavate）、15, 16- 二氢 -15- 甲氧基 -16- 氧化哈氏豆属酸（15, 16-dihydro-15-methoxy-16-oxohardwickiic acid）、哈氏豆属酸（hardwickiic acid）、海州常山二萜酸甲酯（methyl clerodermate）[4] 和杜虹花酸 *A、B（pedunculatic acid A、B）[5]；倍半萜类：（1β, 6α）- 桉叶 -4（14）- 烯 -1, 6- 二醇［（1β, 6α）-eudesm-4（14）-en-1, 6-diol］、（9β）- 石竹烷 -1, 9- 二醇［（9β）-caryolane-1, 9-diol］和（－）- 丁香烷 -2β, 9α- 二醇［（－）-clovane-2β, 9α-diol］[5]；环烯醚萜类：6β- 羟基野芝麻新苷（6β-hydroxyipolamiide）、坚硬糙苏苷 *B（phlorigidoside B）和 2- 甲氧基 -9- 甲基 -3- 氧杂双环［4.3.0］壬烷 -7, 9- 二醇 {2-methoxy-9-methyl-3-oxabicyclo［4.3.0］nonane-7, 9-diol}[4]；苯丙素类：连翘苷 B（forsythoside B）、沙生列当苷（arenarioside）、类叶升麻苷（acteoside）和异类叶升麻苷（*iso*-acteoside）[6]；甾体类：β- 谷甾醇（β-sitosterol）和胡萝卜苷（daucosterol）[2]；吲哚类：β- 吲哚酸（β-indolic acid）[4]。

全草含二萜类：17- 降 -15α- 羟基 -8, 11, 13- 松香烷三烯 -18- 酸（17-nor-15α-hydroxy-8, 11, 13-abietatetriene-18-oic acid）、17- 降 -15β- 羟基 -8, 11, 13- 松香烷三烯 -18- 酸（17-nor-15β-hydroxy-8, 11, 13-abietatetriene-18-oic acid）、8, 11, 13, 15- 松香烷四烯 -18- 酸（8, 11, 13, 15-abietatetetraene-18-oic acid）、7- 羰基 -8, 11, 13- 松香烷三烯 -18- 酸（7-carbonyl-8, 11, 13- abietatetriene-18-oic acid）、14α- 羟基 -7, 15- 异松烷二烯 -18- 酸（14α-hydroxy-7, 15-*iso*-abietatediene-18-oic acid）、16α, 17- 二羟基 -3- 羰基 - 边枝杉烷（16α, 17-dihydroxy-3-carbonyl-phyllocladane）、6α- 羟基尼刀瑞尔醇（6α-hydroxynidorellol）[7]，脱氢枞酸（dehydmabietic acid）、7β- 羟基脱氢枞酸（7β-hydroxydehydroabiefic acid）、7α- 羟基脱氢枞酸（7α-hydroxydehydroabiefic acid）和 6, 8, 11, 13- 松香烷 -18- 酸（6, 8, 11, 13-abietatrien-18-oic acid）[8]。

叶含挥发油类：4- 松油醇（4-terpineol）、β- 石竹烯（β-caryophyllene）、马兜铃烯（aristolene）、异香橙烯氧化物（*iso*-aromadendrene oxide）、大根香叶烯 D（germacrene D）、β- 桉叶烯（β-eudesmene）、τ- 榄香烯（τ-elemene）和（－）- 斯巴醇［（－）-spathulenol］等[9]；三萜类：2, 3- 二羟基熊果 -12- 烯 -28- 酸（2, 3-dihydroxyurs-12-en-28-oic acid）和熊果酸（ursolic acid）[10]；黄酮类：3, 4′, 5, 7- 四甲氧基黄酮（3, 4′, 5, 7-tetramethoxyflavone）、3, 3′, 4′, 5, 7- 五甲氧基黄酮（3, 3′, 4′, 5, 7-pentamethoxyflavone）、5- 羟基 -3, 4′, 7- 三甲氧基黄酮（5-hydroxy-3, 4′, 7-trimethoxyflavone）和 5- 羟基 -3, 3′, 4, 7- 四甲氧基黄酮（5-hydroxy-3, 3′, 4, 7-tetramethoxyflavone）[10]。

果实含三萜类：β- 香树脂 醇（β-amyrin）和熊果酸（ursolic acid）[11]；脂肪酸类：棕榈酸（palmitic acid）、亚油酸（linoleic acid）、油酸（oleic acid）、硬脂酸（stearic acid）、花生二烯酸（eicosadienoic acid）、花生三烯酸（eicosatrienoic acid）和花生酸（eicosanoic acid）[12]。

枝和叶含环烯醚萜类：6-*O*-苯甲酰基坚硬糙苏苷 B（6-*O*-benzoyl phlorigidoside B）、6-*O*-反式桂皮酰坚硬糙苏苷 B（6-*O*-*trans*-cinnamoyl phlorigidoside B）、6-*O*-反式对香豆酰基山栀子苷甲酯（6-*O*-*trans*-*p*-coumaroyl shanzhiside methyl ester）和 4′-*O*-反式对香豆酰基玉叶金花苷（4′-*O*-*trans*-*p*-coumaroyl mussaenoside）[13]。

**【药理作用】**1. 抗氧化　叶中提取的挥发油对 1, 1-二苯基-2-三硝基苯肼（DPPH）自由基有一定的清除作用[1]。2. 抗菌　叶制成的浸膏对金黄色葡萄球菌及沙门氏菌的生长有明显的抑制作用，对白色念球菌、伤寒杆菌及福氏痢疾杆菌的生长有较强的抑制作用[2]。3. 止血　叶水提取物和正丁醇部位在高剂量组条件下能显著缩短大鼠出血时间（BT）、凝血时间（CT）；水提取物、乙酸乙酯部位、正丁醇部位、石油醚部位在高剂量下对活化部分凝血酶时间（APTT）及纤维蛋白原定量（FIB）均有影响[3]。4. 镇痛　乙酸乙酯部位和正丁醇部位可显著减少乙酸所致小鼠的扭体次数、提高冰醋酸致痛鼠的痛阈值[4]。

**【性味与归经】**紫珠草：苦、辛，平。归肝、脾经。紫珠叶：苦、涩，平。归肝、脾、胃经。

**【功能与主治】**紫珠草：活血，止血，清热解毒。用于各种内、外出血症；外用治痈疮肿毒。紫珠叶：止血，散瘀，消肿。用于创伤出血，咯血，鼻衄，胃出血，拔牙出血。

**【用法与用量】**紫珠草：煎服 9 ～ 15g；外用适量。紫珠叶：煎服 15 ～ 30g；外用适量。

**【药用标准】**紫珠草：山东药材 2012 和湖南药材 2009；紫珠叶：药典 1977、药典 2010、药典 2015、浙江炮规 2015、河南药材 1993 和湖南药材 2009。

**【附注】**紫珠始载于《本草拾遗》，云："树似黄荆，叶小，无椏，非田氏之荆也。至秋子熟，正紫，圆如小珠，生江东林泽间。"似为本种。

同属植物日本紫珠 *Callicarpa japonica* Thunb. 及全缘叶紫珠 *Callicarpa integerrima* Champ. 的叶及果实在民间分别作紫珠叶及紫珠药用。

**【化学参考文献】**

[1] 王玉梅，王飞，肖怀 . 杜虹花的化学成分研究 [J]. 大理学院学报，2010，9（6）：1-2.

[2] 周凌云 . 紫珠地上部分的化学成分 [J]. 中草药，2011，42（3）：454-457.

[3] 秦徐杰，华燕 . 紫珠地上部分的化学成分研究 [J]. 农业与技术，2012，3：29-30.

[4] 王玉梅，王飞，肖怀 . 杜虹花的化学成分研究 [J]. 中草药，2011，42（9）：1696-1698.

[5] Liu H，He H，Gao S，et al. Two new diterpenoids from *Callicarpa pedunculata* [J]. Helv Chin Acta，2006，89：1017-1022.

[6] Lu C H，Shen Y M. Water-soluble constituents from *Callicarpa pedunculata* [J]. Chin J Nat Med，2008，6（3）：176-178.

[7] 刘海洋，沈月毛，何红平，等 . 中药紫珠中的二萜 [J]. 有机化学，2004，24（s1）：138.

[8] 芦毅，华燕 . 紫珠的松香烷型二萜成分研究 [J]. 天然产物研究与开发，2011，23（1）：66-68.

[9] 林朝展，祝晨蔯，张翠仙，等 . 杜虹花叶挥发油化学成分及抗氧化活性研究 [J]. 热带亚热带植物学报，2009，17（4）：401-405.

[10] Chen R S，Lai J S，Wu T S. Studies on the constituents of *Callicarpa formosana* rolfe [J]. J Chin Chem Soc，1986，33（4）：329-334.

[11] 高秀丽，张荣平 . 紫珠果实化学成分的研究 [J]. 华西药学杂志，2000，15（5）：358-359.

[12] 高秀丽，张敏，蒋兰，等 . 紫珠果实中脂肪酸的 GC-MS 分析 [J]. 华西药学杂志，2001，16（2）：107-108.

[13] Wang Y M，Xiao H，Liu J K，et al. New iridoid glycosides from the twigs and leaves of *Callicarpa formosana* var. *formosana* [J]. J Asian Nat Prod Res，2010，12（3）：220-226.

**【药理参考文献】**

[1] 林朝展，祝晨蔯，张翠仙，等 . 杜虹花叶挥发油化学成分及抗氧化活性研究 [J]. 热带亚热带植物学报，2009，17（4）：401-405.

[2] 李德英，袁惠德 . 华紫珠和杜虹花的成分，毒性与抑菌作用比较 [J]. 中国现代应用药学，1992，9（1）：13-15.

[3] 严枫，邓义德，杨华 . 杜虹花不同提取部位止血作用的实验研究 [J]. 上海中医药杂志，2013，47 (7)：93-95.
[4] 宋纯 . 杜虹花提取物镇痛作用研究 [J]. 中国药业，2012，21 (22)：31-32.

## 779. 红紫珠（图 779）• *Callicarpa rubella* Lindl.

**图 779　红紫珠**　　摄影　张芬耀等

【**形态**】灌木，高 1 ～ 3m。小枝被黄褐色星状毛和多节腺毛。叶片薄纸质，倒卵状椭圆形至长圆形，长 9 ～ 18（～ 22）cm，宽 3 ～ 8cm，顶端渐尖或尾尖，基部心形或近耳状，有时偏斜，边缘有细锯齿或不整齐的粗齿，两面均被星状毛和腺毛，并杂有单毛，下有黄色腺点，侧脉 6 ～ 10 对；叶柄极短或近无柄。聚伞花序四至五次分歧，被星状毛和腺毛；总花梗粗，长 2 ～ 3cm；苞片细小；花萼被星状毛和腺毛，有黄色腺点，萼齿不明显或钝三角形；花冠紫红色或白色，裂片 4 枚，外被微柔毛和黄色腺点；雄蕊长为花冠 2 倍，花药卵圆形，纵裂；子房圆球形，被毛。果紫红色，直径约 2mm。花期 5 ～ 7 月，果期 7 ～ 11 月。

【**生境与分布**】生于海拔 300 ～ 1900m 山坡疏林或灌丛中。分布于安徽、浙江、江西、福建，另广东、广西、湖南、云南、贵州、四川均有分布；东南亚及印度也有分布。

【**药名与部位**】红紫珠，全草。

【**采集加工**】夏、秋二季枝叶繁盛时采挖，洗净，干燥。

【**药材性状**】根呈圆锥状，直径可至 2.5cm；根头部呈疙瘩状，向下渐细，表面灰棕色至黄棕色，具不规则皱纹及凹陷的须根痕，质坚硬，不易折断，断面淡黄白色至淡棕黄色。皮部薄，木质部宽广，约占断面的 4/5。茎圆柱形，直径 0.5 ～ 1.5cm，表面灰绿色至灰褐色，有细纵皱纹及点状皮孔；质坚硬，断面黄白色至淡黄色，木质部宽广，约占断面 2/3，中央有髓。嫩枝表面具短毛。叶多破碎，完整叶展平后呈倒卵形、倒卵状椭圆形，长 8 ～ 14cm，宽 3 ～ 6cm，顶端渐尖，基部心形，两面具毛，下面有黄色腺点。气微，味淡。

【化学成分】地上部分含挥发油：正十六烷酸（*n*-hexadecanoic acid）、丁基环己基邻苯二甲酸酯（butyl cyclohexyl phthalate）、邻苯二甲酸二异丁酯（di-*iso*-butyl phthalate）、δ- 杜松烯（δ-cadinene）、十六烷（hexadecane）、2, 6, 11, 15- 四甲基十六烷（2, 6, 11, 15-tetramethylhexadecane）、γ- 芹子烯（γ-selinene）、十八烷（octadecane）、十五烷（pentadecane）、十七烷（heptadecane）、十九烷（nonadecane）、斯巴醇（espatulenol）、水菖蒲烯（calarene）、α- 荜澄茄油烯（α-cubebene）、环蒜头烯（cyclosativene）和表带状网翼藻烯（epizonarene）[1]。

【性味与归经】辛、苦，平。归肝、脾、心经。

【功能与主治】散瘀止血，凉血解毒，祛风除湿。用于衄血，咯血，吐血，便血，尿血，紫癜，崩漏，创伤出血，外感风热，疮疡肿毒。

【用法与用量】煎服 10 ～ 30g；外用适量。

【药用标准】云南彝药 2005 二册。

【附注】据报道，本种的变型狭叶红紫珠 *Callicarpa rubella* Lindl. f. *angustata* C. Péi 具抗炎作用，其乙醇提取物可抑制巨噬细胞中脂多糖（LPS）刺激的一氧化氮（NO）产生和诱导型一氧化氮合酶（NOS）的下调 mRNA 和蛋白质表达水平，减少炎性细胞因子中白细胞介素（IL）-1β 的产生[1]。

【化学参考文献】

[1] Zhang W，Zhang J J，Kang W Y. Volatiles of *Callicarpa rubella* [J]. Chem Nat Compd，2017，53（5）：976-977.

【附注参考文献】

[1] Cho Y C，Choun J，Cho S. *Callicarpa rubella* form. *angustata* C. P`ei shows anti-inflammatory effects by blocking p38 activation in murine macrophages [J]. Bio Design，2014，21（3）：108-115.

## 780. 老鸦糊（图 780）• *Callicarpa giraldii* Hesse ex Rehd. [*Callicarpa bodinieri* Lévl var. *giraldii*（Rehd.）Rehd.]

【形态】灌木，高 1 ～ 3m。小枝圆柱形，被灰黄色星状毛。叶片纸质，椭圆形至披针状椭圆形，长 6 ～ 14cm，宽 3 ～ 7cm，顶端渐尖，基部楔形或阔楔形，边缘有锯齿，上面无毛或疏被微毛，下面疏被星状毛和黄色腺点；叶脉在下面隆起，细脉近平行，侧脉 8 ～ 10 对；叶柄长 1 ～ 2cm。聚伞花序四至五次分歧，被星状毛，总花梗不长于叶柄；花萼钟状，疏被星状毛，有黄色腺点；花冠紫色，微被毛，具黄色腺点；花丝伸出花冠外，花药卵圆形，药室纵裂；子房被微毛，花柱长于雄蕊。果球形，熟时紫色，无毛，直径 2 ～ 3mm。花期 5 ～ 7 月，果期 8 ～ 11 月。

【生境与分布】生于海拔 200 ～ 3400m 的疏林及山坡灌丛中。分布于安徽、江苏、浙江、江西、福建，另黄河流域以南其他各省区均有分布。

【药名与部位】紫珠果，成熟果实。紫珠叶，带叶嫩枝。

【采集加工】紫珠果：夏、秋二季果实成熟时采收，晒干。紫珠叶：夏、秋二季采收，晒干。

【药材性状】紫珠果：呈类圆形，直径约 2mm。表面棕黄色或紫褐色，光滑，有的可见皱缩的凹窝；基部有残存果柄或果梗痕；质硬而脆。种子椭圆形，略扁，淡黄棕色，表面光滑，质硬，略显油性。气微，味微涩。

紫珠叶：完整叶片展平后呈宽椭圆形至披针状长圆形，长 5 ～ 15cm，宽 2 ～ 7cm；基部楔形或下延成狭楔形，边缘有锯齿，上表面黄绿色，稍有微毛，下表面淡绿色，疏被星状毛和细小黄色腺毛，侧脉 8 ～ 10

图 780　老鸦糊　　摄影　李华东等

对，主脉、侧脉和细脉在叶背均隆起；叶柄长 1 ～ 2cm。

【性味与归经】紫珠果：淡、涩，凉。归肝经。紫珠叶：苦、涩，凉。

【功能与主治】紫珠果：清热利湿，解毒。用于湿热黄疸，胁痛不适。紫珠叶：收敛止血，清热解毒，止痛。用于吐血，咯血，衄血，尿血，便血，外伤出血，跌扑肿痛。

【用法与用量】紫珠果：3 ～ 9g。紫珠叶：煎服 15 ～ 30g；外用适量，研末撒或调敷。

【药用标准】紫珠果：贵州药材 2003；紫珠叶：贵州药材 2003 和河南药材 1993。

【临床参考】1. 风湿性关节炎：根 60g，猪蹄 1 只，水煎，冲黄酒，食肉服汤。

2. 外伤出血：果实，晒干研粉外敷。（1 方、2 方引自《浙江药用植物志》）

## 781. 广东紫珠（图 781）• *Callicarpa kwangtungensis* Chun

【形态】灌木，高 1.5 ～ 2m。幼枝被星状毛，老枝无毛，有不明显的皮孔。叶片纸质，狭椭圆状披针形或披针形，长 13 ～ 25cm，宽 3 ～ 5cm，顶端渐尖，基部楔形，边缘上半部有细锯齿，两面无毛，仅脉上疏被微柔毛和星状毛，下面密生黄色小腺点；叶柄长 5 ～ 8mm。聚伞花序三至四次分歧，疏被星状毛，总花梗长 5 ～ 8mm；花萼钟状，初被星状毛，果时无毛，萼齿钝三角形；花冠白色或带紫红色，稍被星状毛，花丝与花冠近等长，花药长圆形，药室孔裂；子房无毛，具黄色腺点。果球形，直径 3 ～ 4mm，无毛，具黄色腺点，熟时紫色。花期 6 ～ 7 月，果期 8 ～ 10 月。

【生境与分布】生于海拔 300 ～ 1600cm 的山坡路旁、疏林地或灌丛中。分布于浙江、江西和福建，另广东、广西、湖南、湖北、云南、贵州均有分布。

图 781 广东紫珠　　摄影 林娜等

【药名与部位】广东紫珠（紫珠），茎枝和叶。

【采集加工】夏、秋二季采收，切成 10 ～ 20cm 的段，干燥。

【药材性状】茎呈圆柱形，分枝少，长 10 ～ 20cm，直径 0.2 ～ 1.5cm；表面灰绿色或灰褐色，有的具灰白色花斑，有细纵皱纹及多数长椭圆形稍突起的黄白色皮孔；嫩枝可见对生的类三角形叶柄痕，腋芽明显。质硬，切面皮部呈纤维状，中部具较大类白色髓。叶片多已脱落或皱缩、破碎，完整者呈狭椭圆状披针形，顶端渐尖，基部楔形，边缘具锯齿，下表面有黄色腺点；叶柄长 0.5 ～ 1cm。气微，味微苦涩。

【化学成分】地上部分含苯丙素类：1, 3- 二咖啡酰基奎尼酸（1, 3-dicaffeoylquinic acid）、1, 5- 二咖啡酰基奎尼酸（1, 5-dicaffeoylquinic acid）、3- 咖啡酰基奎尼酸（3-caffeoylquinic acid）[1]，对羟基桂皮酸（4-hydroxycinnamic aicd）[2]，咖啡酸（caffeic acid）、阿魏酸（ferulic acid）[3] 和广东紫珠苷 *A（callicarposide A）[4]；酚酸及酯类：2- 羟基 -5- 甲氧基苯甲酸（2-hydroxyl-5-methoxybenzoic acid）、香草酸（vanillic acid）、2, 4- 二羟基 -3, 6- 二甲基苯甲酸甲酯（methyl 2, 4-dihydroxyl-3, 6-dimethylbenzoate）[1]，对苯二甲酸（terephthalic acid）、紫丁香酸（syringic acid）[5]，水杨酸（salicylic acid）、丁香酸（syringic acid）、异香草酸（*iso*-

vanillic acid）[6]，没食子酸（gallic acid）[7]，对甲氧基苯甲酸（4-methoxybenzoic acid）、3, 4- 二羟基苯甲酸（3, 4-dihydroxybenzoic acid）[2]、冰岛衣酸（cetraric acid）和 2- 乙酰苯基 -3, 4, 5- 三甲氧基苯甲酸酯（2-acetylphenyl-3, 4, 5-trimethoxybenzoate）[8]；木脂素类：连翘酯苷 B（forsythiaside B）[1]，（+）- 异落叶松脂素 -9-*O*-β-D- 吡喃葡萄糖苷［（+）-*iso*-lariciresinol-9-*O*-β-D-glucopyranoside］[3]，（+）- 开环异落叶松脂酚［（+）-seco-*iso*-lariciresinol］和（7*S*, 8*R*）-4, 9, 9′- 三羟基 -3, 3′- 二甲氧基 -7, 8- 二氢苯并呋喃 -1′- 丙基新木脂素［（7*S*, 8*R*）-4, 9, 9′-trihydroxy-3, 3′-dimethoxy-7, 8-dihydrobenzofuran-1′-propylneolignan］[9]；单萜类：黑麦草内酯（loliolide）[9]，山楂萜 *A（pinnatifidanoid A）、布鲁门醇 C（blumenol C）和大柱香波龙烷 -5- 烯 -3, 9*R*- 二醇（megastigman-5-en-3, 9*R*-diol）[2]；二萜类：紫珠萜酮（calliterpenone）[7]；三萜类：2α, 3β, 22β, 23- 四羟基熊果酸（2α, 3β, 22β, 23-tetrahydroxyursolic acid）、2α, 3β, 6β, 19α- 四羟基熊果 -12- 烯 -28-*O*-β-D- 吡喃葡萄糖苷（2α, 3β, 6β, 19α-tetrahydroxy-urs-12-en-28-*O*-β-D-glucopyranoside）、2β, 3β, 6β, 16α- 四羟基齐墩果 -12- 烯 -28-*O*-β-D- 吡喃葡萄糖苷（2β, 3β, 6β, 16α-tetrahydroxy-olean-12-en-28-*O*-β-D-glucopyranoside）[2]，2α, 3α, 19α- 三羟基熊果 -12- 烯 -28-*O*-β-D- 吡喃葡萄糖苷（2α, 3α, 19α-trihyhydroxy-urs-12-en-28-*O*-β-D-glucopyranoside）、2α, 3β, 19α- 三羟基齐墩果 -12- 烯 -28-*O*-β-D- 吡喃葡萄糖苷（2α, 3β, 19α-trihyhydroxy-olean-12-en-28-*O*-β-D-glucopyranoside）、2α, 3α, 19α- 三羟基齐墩果 -12- 烯 -28-*O*-β-D- 吡喃葡萄糖苷（2α, 3α, 19α-trihyhydroxy-olean-12-en-28-*O*-β-D-glucopyranoside）、2α, 3β, 19α- 三羟基熊果 -12- 烯 -28-*O*-β-D- 吡喃葡萄糖苷（2α, 3β, 19α-trihyhydroxy-urs-12-en-28-*O*-β-D-glucopyranoside）[3]，刺梨苷 $F_1$（kaji-ichigoside $F_1$）[5]，齐墩果酸（oleanolic acid）、熊果酸（ursolic acid）、白桦脂酸（betulinic acid）[6]，苦莓苷 $F_2$（nigaichigoside $F_2$）[9]，阿江榄仁葡萄糖苷 II（arjunglucoside II）[10]，2α, 3β, 16α, 19α, 23- 五羟基齐墩果 -12- 烯 -28- 酸（2α, 3β, 16α, 19α, 23-pentahydroxyolean-12-en-28-oic acid）、2α, 3α, 11α, 21α, 23- 五羟基熊果 -12- 烯 -28- 酸（2α, 3α, 11α, 21α, 23-pentahydroxyurs-12-en-28-oic acid）[11]，2α, 3β, 6β, 19α- 四羟基齐墩果酸 -28-*O*-β-D- 吡喃葡萄糖苷（2α, 3β, 6β, 19α-tetrahydroxy-oleanolic acid-28-*O*-β-D-glucopyranoside）、2-*O*-β-D- 吡喃葡萄糖氧基 -3α, 19α- 二羟基齐墩果酸（2-*O*-β-D-glucopyranosyloxy-3α, 19α-dihydroxyoleanolic acid）、2-*O*-β-D- 吡喃葡萄糖氧基 -3α, 19α- 二羟基熊果酸（2-*O*-β-D-glucopyranosyloxy-3α, 19α-dihydroxyursolic acid）、2α, 3α, 6β, 19α- 四羟基熊果酸 -28-*O*-β-D- 吡喃葡萄糖苷（2α, 3α, 6β, 19α-tetrahydroxyursolic acid-28-*O*-β-D-glucopyranoside）、2α, 3β, 21β- 三羟基熊果酸 -28-*O*-β-D- 吡喃葡萄糖苷（2α, 3β, 21β-trihydroxyursolic acid-28-*O*-β-D-glucopyranoside）、2α, 3α, 19α, 23- 四羟基齐墩果酸 -28-*O*-β-D- 吡喃葡萄糖苷（2α, 3α, 19α, 23-tetrahydroxyoleanolic acid-28-*O*-β-D-glucopyranoside）和 2α, 3α, 19α, 23- 四羟基熊果酸 -28-*O*-β-D- 吡喃葡萄糖苷（2α, 3α, 19α, 23-tetrahydroxyursolic acid-28-*O*-β-D-glucopyranoside）[12]；黄酮类：淫羊藿次苷 $C_5$（icariside $C_5$）[2]，5, 4′- 二羟基 -3, 7, 3′- 三甲氧基黄酮（5, 4′-dihydroxy-3, 7, 3′-trimethoxyflavone）、鼠李素（rhamnatin）、华良姜素（kumatakenin）、岳桦素（ermanine）、毡毛美洲茶素（velutin）[6]，槲皮素（quercetin）、槲皮素 -3-*O*-β-D- 吡喃葡萄糖基 -α-L- 吡喃鼠李糖苷（quercetin-3-*O*-β-D-glucopyranosyl-α-L-rhamnopyranoside）[7]，水飞蓟素 A（silybin A）、异水飞蓟素 A、B（*iso*-silybin A、B）、2, 3- 脱氢水飞蓟素（2, 3-dehydrosilybin）、水飞蓟亭 A、B（silychristin A、B）、异水飞蓟亭（*iso*-silychristin）、水飞蓟宁（silydianin）、大豆苷元（daidzein）、披针灰叶素 A（lanceolatin A）[9]，5, 7, 3′, 4′- 四羟基 -8-*C*-β-D- 吡喃葡萄糖基黄酮（5, 7, 3′, 4′-tetrahydroxy-8-*C*-β-D-glucopyranosylflavone）、5, 7, 3′, 4′- 四羟基 -6-*C*-［α-L- 吡喃鼠李糖基 -（1→2）］-β-D- 吡喃葡萄糖基黄酮 {5, 7, 3′, 4′-tetrahydroxy-6-*C*-［α-L-rhamnopyranosyl-（1→2）］-β-D-glucopyranosyl flavone}、5, 7, 3′, 4′- 四羟基 -8- 甲氧基 -6-*C*-β-D- 吡喃葡萄糖基黄酮（5, 7, 3′, 4′-tetrahydroxy-8-methoxy-6-*C*-β-D-glucopyranosylflavone）、5, 4′- 二羟基 -6, 7- 二甲氧基 -8-*C*-［β-D- 吡喃木糖基 -（1→2）］-β-D- 吡喃葡萄糖黄酮 {5, 4′-dihydroxy-6, 7-dimethoxy-8-*C*-［β-D-xylopyranosyl-（1→2）］-β-D-glucopyranosyl flavone}、5, 4′- 二羟基 -6, 7- 二甲氧基 -8-*C*-β-D- 吡喃葡萄糖基黄酮（5, 4′-dihydroxy-6, 7-dimethoxy-8-*C*-β-D-glucopyranosylflavone）[13]，木犀草素（luteolin）、芹菜素（apigenin）、

白杨黄素（chrysin）、刺槐素（acacetin）、5, 7- 二羟基 -2-（3- 羟基 -4- 甲氧基苯基）-6, 7- 二甲氧基色原酮［5, 7-dihydroxy-2-（3-hydroxy-4-methoxyphenyl）-6, 7-dimethoxychromone］、木犀草素 -7-*O*-β- 葡萄糖苷（luteolin-7-*O*-β-glucoside）、木犀草素 -3′-*O*-β- 葡萄糖苷酸（luteolin-3′-*O*-β-glucuronide）、芹菜素 -7-*O*- 葡萄糖醛酸苷（apigenin-7-*O*-glycuronide）、刺槐素 -*O*- 葡萄糖醛酸苷（acacetin-*O*-glycuronide）、芹菜素 -7-*O*- 二葡萄糖醛酸苷（apigenin-7-*O*-diglycuronide）、香叶木素 -7-*O*- 二葡萄糖醛酸苷（diosmetin-7-*O*-diglycuronide）、沙苑子新苷（neocomplanoside）[8]，刺槐素 -7-*O*- 二葡萄糖醛酸苷（acacetin-7-*O*-diglycuronide）[8]，即刺槐素 -7-*O*-［β-D- 吡喃葡萄糖醛酸基 -（1 → 2）-*O*-β-D- 吡喃葡萄糖醛酸苷 {acacetin-7-*O*-［β-D-glucuronopyranosyl-（1 → 2）-*O*-β-D-glucuronopyranoside］}、金圣草酚 -7-*O*-［β-D- 吡喃葡萄糖醛酸基 -（1 → 2）-*O*-β-D- 吡喃葡萄糖醛酸苷］{chrysoeriol-7-*O*-［β-D-glucuronopyranosyl-（1 → 2）-*O*-β-D-glucuronopyranoside］}、芹菜素 -7-*O*-［β-D- 吡喃葡萄糖醛酸基 -（1 → 2）-*O*-β-D- 吡喃葡萄糖醛酸苷］{apigenin-7-*O*-［β-D-glucuronopyranosyl-（1 → 2）-*O*-β-D-glucuronopyranoside］} 和木犀草素 -7-*O*-［β-D- 吡喃葡萄糖醛酸基 -（1 → 2）-*O*-β-D- 吡喃葡萄糖醛酸苷］{luteolin-7-*O*-［β-D-glucuronopyranosyl-（1 → 2）-*O*-β-D-glucuronopyranoside］}[14]；香豆素类：4-（4- 甲氧基苯基）-8- 甲基 -7-［3, 4, 5- 三羟基 -6-（羟甲基）- 四氢 -2H- 吡喃 -2- 氧基］-2H- 色原 -2- 酮 {4-（4-methoxyphenyl）-8-methyl-7-［3, 4, 5-trihydroxy-6-（hydroxymethyl）-tetrahydro-2H-pyran-2-oxy］-2H-chromen-2-one}[8]；甾体类：β- 谷甾醇（β-sitosterol）和胡萝卜苷（daucosterol）[6]；氨基酸类：丙氨酸（Ala）[6]；挥发油及脂肪烃类：5, 8, 9- 三羟基 -1H- 萘并［2, 1, 8-mna］呫烯 -1- 酮 {5, 8, 9-trihydroxy-1H-naphtho［2, 1, 8-mna］xanthen-1-one}[8]，正十六烷酸（*n*-hexadecanoic acid）、（*E*, *E*）-9, 12- 十八碳二烯酸［（*E*, *E*）-9, 12-octadecadienoic acid］、十氢番茄红素（decahydrolycopene）、二十八烷（octacosane）、顺式 -2, 6, 10, 14, 18- 五甲基 -2, 6, 10, 14, 18- 二十碳戊烯（*cis*-2, 6, 10, 14, 18-pentamethyl-2, 6, 10, 14, 18-eicosapentaenoicene）[15]，2, 10, 10- 三甲基 -6- 亚甲基 -1- 氧杂螺［4.5］-7- 烯 {2, 10, 10-trimethyl-6-methylene-1-oxaspiro［4.5］-7-ene}，即葡萄螺烷*（vitispirane）、石竹烯（caryophyllene）和氧化石竹烯（caryophyllene oxide）等[16]；碳苷类：苯基 -β-D- 吡喃葡萄糖苷（phenyl-β-D-glucopyranoside）、3, 4, 5- 三甲氧基苯基 -β-D- 吡喃葡萄糖苷（3, 4, 5-trimethoxyphenyl-β-D-glucopyranoside）、（3*S*, 6*E*, 10*R*）-10-β-D- 吡喃葡萄糖氧基 -3, 11- 二羟基 -3, 7, 11- 三甲基十二碳 -1, 6- 二烯［（3*S*, 6*E*, 10*R*）-10-β-D-glucopyranosyloxy-3, 11-dihydroxy-3, 7, 11-trimethyldodeca-1, 6-diene］、（2*E*, 6*E*）-10-β-D- 吡喃葡萄糖基 -1, 11- 二羟基 -3, 7, 11- 三甲基十二碳 -2, 6- 二烯［（2*E*, 6*E*）-10-β-D-glucopyranosyl-1, 11-dihydroxy-3, 7, 11-trimethyldodeca-2, 6-diene］[2]，（3*S*, 6*E*, 10*R*）-10-β-D- 吡喃葡萄糖氧基 -3, 11- 二羟基 -3, 7, 11- 三甲基十二碳 -1, 6- 二烯［（3*S*, 6*E*, 10*R*）-10-β-D-glucopyranosyloxy-3, 11-dihydroxy-3, 7, 11-trimethyldodeca-1, 6-dine］和烟管头草脂苷 B（carpeside B）[9]；苯乙醇及酯类：对羟基苯乙醇（4-hydroxylphenylethanol）、连翘酯苷 B（forsythoside B）[1]，6′-β-D- 呋喃芹糖基肉苁蓉苷 C（6′-β-D-apiofuranosyl cistanoside C）、乙酰连翘酯苷 B（acetylforsythoside B）、2′- 乙酰基毛蕊花糖苷（2′-acetylacteoside）、毛蕊花糖苷（acteoside）、异毛蕊花糖苷（*iso*-acteoside）、连翘酯苷 B（forsythoside B）、金石蚕苷（poliumoside）[1, 10]，管花苷 B、E（tubuloside B、E）、庭荠欧夏至草苷（alyssonoside）、2′- 乙酰基连翘酯苷 B（2′-acetylforsythoside B）和江藤苷（brandioside）[17]；醇类：3, 5- 二甲氧基 -4- 甲基苯甲醇（3, 5-dimethoxy-4-methylbenzyl alcohol）[5]；呋喃类：（*E*）-6-（4- 羟基苯乙氧基）-2-［（3, 4- 二羟基 -4- 羟甲基 - 四氢呋喃 -2- 氧基）甲基］-5- 甲基 -4-（3, 4, 5- 三羟基 -6- 甲基 - 四氢 -2H- 吡喃 -2- 氧基）- 四氢 -2H- 吡喃 -3- 基 -3-（3, 4- 二羟基苯）丙烯酸酯 {（*E*）-6-（4-hydroxyphenethoxy）-2-［（3, 4-dihydroxy-4-hydroxymethyl-tetrahydrofuran-2-oxy）methyl］-5-methyl-4-（3, 4, 5-trihydroxy-6-methyl-tetrahydro-2H-pyran-2-oxy）-tetrahydro-2H-pyran-3-yl-3-（3, 4-dihydroxyphenyl）acrylate}[8]；其他尚含：马铃薯酮酸葡萄糖苷（tuberonic acid glucoside）[8] 和琥珀酸（succinic acid）[18]。

叶含二萜类：广东紫珠烯 *A（kwangpene A）、杉松素 * H（holophyllin H）、9α, 13α- 表二氧松香 -8（14）- 烯 -18- 酸［9α, 13α-epidioxyabiet-8（14）-en-18-oic acid］、9β, 13β- 表二氧松香 -8（14）- 烯 -18-

酸［9β, 13β-epidioxyabiet-8（14）-en-18-oic acid］、8α, 9α, 13α, 14α- 二环氧松香 -18- 酸（8α, 9α, 13α, 14α-diepoxyabietan-18-oic acid）、松香 -8, 11, 13, 15- 四烯 -18- 醇（abieta-8, 11, 13, 15-tetraen-18-ol）、7β- 羟基去氢松香酸（7β-hydroxydehydroabietic acid）、广东紫珠烯萜*A、B（callipene A、B）[19]，广东紫珠烯萜 C（callipene C）、松香 -8, 11, 13, 15- 四烯 -18- 醇（abieta-8, 11, 13, 15-tetraen-18-ol）、松香 -8, 11, 13, 15- 四烯 -18- 酸（abieta-8, 11, 13, 15-tetraen-18-oic acid）、7α- 羟基松香 -8, 11, 13, 15- 四烯 -18- 酸（7α-hydroxyabieta-8, 11, 13, 15-tetraen-18-oic acid）、4- 表 - 去氢松香酸（4-epi-dehydroabietic acid）、7- 酮基去氢松香酸（7-oxodehydroabietic acid）、7α- 甲氧基去氢松香酸（7α-methoxydehydroabietic acid）、7α- 羟基去氢松香酸（7α-hydroxydehydroabietic acid）、16- 去甲基 -15- 氧松香 -8, 11, 13- 三烯 -18- 醇（16-nor-15-oxoabieta-8, 11, 13-trien-18-ol）、16- 去甲基 -15- 氧松香 -8, 11, 13- 三烯 -18- 酸（16-nor-15-oxoabieta-8, 11, 13-trien-18-oic acid）和大屿八角酸 F（angustanoic acid F）[20]；倍半萜类：7, 8- 环氧 -1（12）- 石竹烯 -9β- 醇［7, 8-epoxy-1（12）-caryophyllene-9β-ol］、可布酮（kobusone）、石竹烯醇 II（caryophyllenol II）和丁香烷 -2β, 9α- 二醇（clovane-2β, 9α-diol）[19]。

**【药理作用】**1. 抗炎　地上部分提取的浸膏可显著抑制脂多糖诱导的巨噬细胞肿瘤坏死因子 -α（TNF-α）和白细胞介素 -8（IL-8）的分泌和核转录因子（NF-κB）的活性[1]；从地上部分分离出 5, 7, 3′, 4′- 四羟基 -8-*C*-β-D- 吡喃葡萄糖基黄酮（5, 7, 3′, 4′-tetrahydroxy-8-*C*-β-D-glucopyranosyl flavone）、5, 7, 3′, 4′- 四羟基 -6-*C*-［α-L- 吡喃鼠李糖基 -（1 → 2）］-β-D- 吡喃葡萄糖基黄酮 {5, 7, 3′, 4′-tetrahydroxy-6-*C*-［α-L-rhamnopyranosyl-（1 → 2）］-β-D-glucopyranosyl flavone} 和 5, 7, 3′, 4- 四羟基 -8- 甲氧基 -6-*C*-β-D- 葡萄糖基黄酮（5, 7, 3′, 4′-tetrahydroxy-8-methoxy-6-*C*-β-D-glucopyranosyl flavone）在小鼠腹腔巨噬细胞 RAW264.7 中显示出较强的抗环氧合酶 -2（COX-2）活性[2]。2. 抗菌　地上部分的超临界二氧化碳萃取物对金黄色葡萄球菌、大肠杆菌和白色念珠菌的生长具有抑制作用[3]；地上部分的挥发油在体外对金黄色葡萄球菌、大肠杆菌和白色念珠菌的生长有抑制作用[4]。3. 抗氧化　不同部位提取物对 1, 1- 二苯基 -2- 三硝基苯肼自由基和羟自由基均有清除作用[5]。4. 烫伤愈合　地上部分的水提取物、乙醇提取物凡士林软膏对新西兰兔烫伤皮肤创面有保护、促进上皮生长和加快创面愈合的作用[5]。

**【性味与归经】**苦、涩，凉。归肝、肺、胃经。

**【功能与主治】**收敛止血，散瘀，清热解毒。用于衄血，咯血，吐血，便血，崩漏，外伤出血，肺热咳嗽，咽喉肿痛，热毒疮疡，水火烫伤。

**【用法与用量】**煎服 9 ～ 15g；外用适量，研粉敷患处。

**【药用标准】**药典 2010、药典 2015、湖南药材 2009 和江西药材 1996。

**【附注】**以万年青之名始载于《植物名实图考》卷三十八木类，云："万年青，生长沙山中。丛生长条附茎，对叶，叶长三寸余，似大青叶，有锯齿，细纹中有赭缕一道，附茎生小实，如青珠数十攒簇。俚医用以截疟。"按描述及附图似为本种。

**【化学参考文献】**

［1］胡晓，杨义芳，贾安，等 . 广东紫珠的化学成分［J］. 中国医药工业杂志，2013，44（5）：449-452.

［2］丁剑虹，袁铭铭，俞燕，等 . 广东紫珠乙酸乙酯部位化学成分研究（Ⅱ）［J］. 中药材，2015，38（11）：2314-2317.

［3］袁铭铭，钟瑞建，付辉政，等 . 广东紫珠乙酸乙酯部位化学成分研究［J］. 中药材，2014，37（11）：2005-2007.

［4］Xie E L，Zhou G P，Ji T F，et al. A novel phenylpropanoid glycoside from *Callicarpa kwangtungensis* Chun［J］. Chin Chem Lett，2009，20（7）：827-829.

［5］徐云辉，蒋学阳，徐健，等 . 广东紫珠的化学成分［J］. 中国药科大学学报，2016，47（3）：299-302.

［6］陈艳华，冯锋，任冬春，等 . 广东紫珠地上部分的化学成分［J］. Chin Nat Med，2008，6（2）：120-122.

［7］周伯庭，李新中，徐平声，等 . 广东紫珠地上部位化学成分研究（Ⅱ）［J］. 湖南中医药大学学报，2005，2（1）：238-239.

［8］Gong J，Miao H，Sun X M，et al. Simultaneous qualitative and quantitative determination of phenylethanoid glycosides and

flavanoid compounds in *Callicarpa kwangtungensis* Chun by HPLC-ESI-IT-TOF-MS/MS coupled with HPLC-DAD [J]. Analytical Methods，2016，8（33）：6323-6336.
[9] 戴冕，付辉政，周志强，等.广东紫珠化学成分研究[J].中草药，2018，49（9）：2013-2018.
[10] 郭文，付辉政，周国平，等.广东紫珠正丁醇部位化学成分分析[J].中国实验方剂学杂志，2015，21（3）：30-33.
[11] Yuan M M，Zhong R J，Chen G，et al. Two new triterpenoids from *Callicarpa kwangtungensis* [J]. J Asian Nat Prod Res，2015，17（2）：138-142.
[12] Zhou G P，Yu Y，Yuan M M，et al. Four new triterpenoids from *Callicarpa kwangtungensis* [J]. Molecules，2015，20：9071-9083.
[13] 贾安，杨义芳，孔德云.广东紫珠中黄酮碳苷的分离与结构鉴定及初步体外抗炎活性研究[J].中国医药工业杂志，2012，43（4）：263-267.
[14] 许慧，牛莉鑫，李丽，等.广东紫珠中黄酮二葡萄糖醛酸苷类化合物的分离纯化及其抗炎活性[J].中国医药工业杂志，2016，47（5）：548-552.
[15] 贾安，杨义芳，孔德云，等.广东紫珠超临界提取物的GC-MS成分分析及体外抗菌活性[J].中国医药工业杂志，2012，43（3）：178-181.
[16] 贾安，杨义芳，孔德云，等.广东紫珠挥发油化学成分的GC-MS分析及体外抗菌活性[J].中药材，2012，35（3）：415-418.
[17] 胡晓，李丽，杨义芳，等.广东紫珠中咖啡酰基苯乙醇苷类化合物[J].中国中药杂志，2014，39（9）：1630-1634.
[18] 周伯庭，李新中，徐平声，等.广东紫珠地上部位化学成分研究（I）[J].中南药学，2004，2（4）：238-239.
[19] Li S，Sun X，Li Y，et al. Natural NO inhibitors from the leaves of *Callicarpa kwangtungensis*：structures，activities，and interactions with iNOS [J]. Bioorg Med Chem Lett，2017，27（3）：670.
[20] Xu J，Li S，Sun X，et al. Diterpenoids from *Callicarpa kwangtungensis*，and their NO inhibitory effects [J]. Fitoterapia，2016，113：151-157.

**【药理参考文献】**

[1] 杨必成，邓薇，王枫，等.广东紫珠对脂多糖诱导巨噬细胞炎症因子分泌的影响[J].中国妇幼保健，2018，33（3）：648-650.
[2] 贾安，杨义芳，孔德云.广东紫珠中黄酮碳苷的分离与结构鉴定及初步体外抗炎活性研究[J].中国医药工业杂志，2012，43（4）：263-267.
[3] 贾安，杨义芳，孔德云，等.广东紫珠超临界提取物的GC-MS成分分析及体外抗菌活性[J].中国医药工业杂志，2012，43（3）：178-181.
[4] 贾安，杨义芳，孔德云，等.广东紫珠挥发油化学成分的GC-MS分析及体外抗菌活性[J].中药材，2012，35（3）：415-418.
[5] 郑钦方.广东紫珠药材质量及抗氧化与烫伤愈合活性研究[D].长沙：湖南农业大学硕士学位论文，2012.

## 4. 豆腐柴属 *Premna* Linn.

灌木或乔木，偶有攀援。枝圆柱形，有腺状皮孔。单叶，对生，全缘或有锯齿，无托叶。聚伞花序排成圆锥花序、伞房花序，或为穗状花序、总状花序，顶生。花小，长不超过1.5cm，苞片常锥形或条形；花萼钟状，绿色，顶端平截或波状2～5齿，花后稍增大而宿存，花冠管短，喉部常有毛，顶部开展，常4裂，裂片略呈二唇形，上唇1裂片全缘或微下凹，下唇3裂片近等长或中间1裂片较长；雄蕊4枚，通常2长2短，内藏或外露，花药2室，纵裂，药室平行或基部叉开；子房为完全或不完全4室，胚珠每室1粒；花柱丝状，柱头2裂。核果球形。种子长圆形，种皮薄，无胚乳。

约200种，主要分布于亚洲热带和非洲热带，少数分布于亚洲亚热带、大洋洲及太平洋中部岛屿。中国46种，主要分布于华南地区，法定药用植物1种。华东地区法定药用植物1种。

## 782. 豆腐柴（图 782）• *Premna microphylla* Turcz.（*Premna japonica* Miq.）

图 782　豆腐柴　　　　摄影　郭增喜等

【别名】臭黄荆、观音柴、土黄芪（浙江），腐婢、豆腐草、观音草（安徽），止血草（江苏）。

【形态】落叶直立灌木。幼枝有柔毛，老枝无毛。叶卵状披针形、椭圆形或卵形，长 3 ～ 12cm，宽 1.5 ～ 6cm，先端渐尖或急尖，基部渐狭下延至叶柄两侧，边缘有不规则粗齿或全缘，无毛至有毛，有臭味。聚伞花序顶生，再组成圆锥花序；花萼绿色，有时带紫色，杯状，密被毛至几无毛，边缘有睫毛，5 浅裂；花冠淡黄色，外有柔毛和腺点，内面也有柔毛，喉部柔毛较密。核果，紫色，球形至倒卵形。花期 3 ～ 8 月，果期 5 ～ 10 月。

【生境与分布】生于山坡林缘或林下。分布于华东各地，另华南、华中及西南地区均有分布；日本也有分布。

【药名与部位】腐婢，茎叶。

【采集加工】夏季采收，除去杂质，晒干。

【药材性状】茎枝呈圆柱形，淡棕色，具纵沟，嫩枝被黄色短柔毛。叶对生，皱缩，完整叶片展平后呈卵状披针形，长 2 ～ 7cm 或更长，宽 1.5 ～ 4cm，先端尾状急尖或近急尖，基部渐狭，下延；边缘中部以上具不规则的粗锯齿，淡棕黄色，两面均有短柔毛；叶柄长约 1cm。偶见残留黑色圆形小果。气臭，味苦。

【化学成分】地上部分含挥发油类：布卢门醇 C（blumenol C）、β- 柏木烯（β-cedrene）、柠檬烯（limonene）、α- 愈创木烯（α-guaiene）、隐品酮（cryptone）和 α- 香附酮（α-cyperone）等[1]。

根含呫酮类：1- 羟基 -2, 3- 亚甲二氧基 -6- 甲氧羰基 -7- 乙酰基呫酮（1-hydroxy-2, 3-methylenedioxy-6-methoxycarbonyl-7-acetylxanthone）和 1, 3- 二羟基 -2- 甲氧基 -6- 甲氧羰基 -7- 乙酰基呫酮（1, 3-dihydroxy-

2-methoxy-6-methoxycarbonyl-7-acetylxanthone）[2]；黄酮类：6, 3′- 二羟基 -7- 甲氧基 -4′, 5′- 亚甲二氧基异黄酮（6, 3′-dihydroxy-7-methoxy-4′, 5′-methylenedioxyisoflavone）、6, 3′- 二羟基 -7- 甲氧基 -4′, 5′- 亚甲二氧基异黄酮 -6-*O*-β-D- 吡喃葡萄糖苷（6, 3′-dihydroxy-7-methoxy-4′, 5′-methylenedioxyisoflavone-6-*O*-β-D-glucopyranoside）、6, 3′- 二羟基 -7- 甲氧基 -4′, 5′- 亚甲二氧基异黄酮 -6-*O*-α-L- 吡喃鼠李糖苷（6, 3′-dihydroxy-7-methoxy-4′, 5′-methylenedioxyisoflavone-6-*O*-α-L-rhamnopyranoside）、6, 3′- 二羟基 -7- 甲氧基 -4′, 5′- 亚甲二氧基异黄酮 -6-*O*-β-D- 吡喃木糖基 -（1 → 6）-β-D- 吡喃葡萄糖苷［6, 3′-dihydroxy-7-methoxy-4′, 5′-methylenedioxyisoflavone-6-*O*-β-D-xylopyranosyl-（1 → 6）-β-D-glucopyranoside］[3]，木犀草素（luteolin）、木犀草素 -7-*O*-β-D- 吡喃葡萄糖苷（luteolin-7-*O*-β-D-glucopyranoside）和胡麻素（pedalitin）[4]；色酮类：丁香色酮（eugenin）[4]；苯丙素类：反式 - 对甲氧基肉桂酸（*trans-p*-methoxycinnamic acid）[4]；甾体类：β- 谷甾醇（β-sitosterol）[4]；脂肪酸类：棕榈酸（palmitic acid）[4]。

茎叶含黄酮类：大豆苷（daidzin）[5]；生物碱类：6- 羟基 -3- 吡啶甲酸（6-hydroxy-3-pyridine carboxylic acid）[5]；脂肪酸类：正三十二烷酸（*n*-dotriacontanoic acid）[5]；甾体类：β- 谷甾醇（β-sitosterol）[5]；烷醇和环烷醇类：正三十三烷醇（*n*-tritriacontanol）和 *L*- 肌醇（*L*-chiroinositol）[5]。

叶含三萜类：委陵菜酸 -28-*O*-α-L- 吡喃鼠李糖基 -（1 → 2）-β-D- 吡喃葡萄糖苷酯苷［28-*O*-α-L-rhamnopyranosyl-（1 → 2）-β-D-glucopyranoside tormentic acid ester］、阿江榄仁酸（arjunolic acid）、山香酸 A（hyptatic acid A）[6] 和委陵菜酸（tormentic acid）[7]；黄酮类：香叶木素（diosmetin）[7]；木脂素类：（+）- 皮树脂醇［（+）-medioresinol］和 4- 酮基松脂醇（4-oxopinoresinol）[7]；倍半萜类：布卢门醇 A（blumenol A）、（3*S*, 5*R*, 6*S*, 7*E*, 9*R*）-5, 6- 环氧 -3, 9- 二羟基 -7- 大柱香波龙烯［（3*S*, 5*R*, 6*S*, 7*E*, 9*R*）-5, 6-epoxy-3, 9-dihydroxy-7-megastigmene］、3β- 羟基 -5α, 6α- 环氧 -7- 大柱香波龙烯四醇 -9- 酮（3β-hydroxy-5α, 6α-epoxy-7-megastigmen-9-one）、苦荬菜醇 B（ixerol B）、（–）- 去氢催吐萝芙木醇［（–）-dehydrovomifoliol］和 3*S*, 5*R*- 二羟基 -6*S*, 7- 大柱香波龙二烯 -9- 酮（3*S*, 5*R*-dihydroxy-6*S*, 7-megastigmadien-9-one）[7]；单萜类：黑麦草内酯（loliolide）和（+）- 去氢黑麦草内酯［（+）-dehydroloiliolide］[7]；生物碱类：3- 吲哚 - 甲酸（indole-3-carboxylic acid）[7]；脂肪酸及酯类：α- 亚麻酸（α-linolenic acid）、（2*S*, 3*S*, 4*R*, 11*E*）-2-［（2*R*）-2- 羟基二十四酰胺］-11- 十八烯 -1, 3, 4- 三醇 {（2*S*, 3*S*, 4*R*, 11*E*）-2-［（2*R*）-2-hydroxytetracosanoylamino］-11-octadecen-1, 3, 4-triol} 和 1-*O*-β-D- 吡喃葡萄糖基 -（2*S*, 3*S*, 4*R*, 8*Z*）-2-［（2*R*）-2- 羟基二十二酰胺］-8- 十八烯 -1, 3, 4- 三醇 {1-*O*-β-D-glucopyranosyl-（2*S*, 3*S*, 4*R*, 8*Z*）-2-［（2*R*）-2-hydroxydocosanoylamino］-8-octadecene-1, 3, 4-triol}、1-*O*-（9*Z*, 12*Z*, 15*Z*- 十八烷三烯酰基）-3-*O*-［β-D- 吡喃半乳糖基 -（1 → 6）-*O*-β-D- 吡喃半乳糖基 -（1 → 6）-α-D- 吡喃半乳糖基］丙三醇 {1-*O*-（9*Z*, 12*Z*, 15*Z*-octadecatrienoyl）-3-*O*-［β-D-galactopyranosyl-（1 → 6）-*O*-β-D-galactopyranosyl-（1 → 6）-α-D-galactopyranosyl］glycerol}、1-*O*-［（9*Z*, 12*Z*, 15*Z*）- 十八烷三烯酰基］-3-*O*-β-D- 吡喃半乳糖丙三醇 {1-*O*-［（9*Z*, 12*Z*, 15*Z*）-octadecatrienoyl］-3-*O*-β-D-galactopyranosyl glycerol}、1- 亚麻酸甘油酯（1-monolinolenin）、姜糖酯 A（gingerglycolipid A）[8]，丙酸乙酯（ethyl propanate）和棕榈酸（palmitic acid）[9]；挥发油类：2, 2′- 亚甲基双 -（4- 甲基 -6- 叔丁基苯酚））［2, 2′-methylene bis-（6-tert-butyl-4-methylphenol）］、叶绿醇（phytol）、α- 桉叶醇（α-eudesmol）和角鲨烯（squalene）等[9]；苯丙素类：6-*O*-α-L-（2″-*O*- 异阿魏酰基，4″-*O*- 乙酰基）- 吡喃鼠李糖基梓醇［6-*O*-α-L-（2″-*O*-*iso*-feruloyl, 4″-*O*-acetyl）-rhamnopyranosylcatalpol］、6-*O*-α-L-（3″-*O*- 异阿魏酰基，4″-*O*- 乙酰基）吡喃鼠李糖基梓醇［6-*O*-α-L-（3″-*O*-*iso*-feruloyl, 4″-*O*-acetyl）rhamnopyranosylcatalpol］[10]，6-*O*-α-L-（2″-*O*- 反式 - 对 - 香豆酰基）- 吡喃鼠李糖基梓醇［6-*O*-α-L-（2″-*O*-*trans*-*p*-coumaroyl）-rhamnopyranosylcatalpol］，即囊状毛蕊花苷（saccatoside）、6-*O*-α-L-（4″-*O*- 反式 - 对 - 香豆酰基）- 吡喃鼠李糖基梓醇［6-*O*-α-L-（4″-*O*-*trans*-*p*-coumaroyl）-rhamnopyranosylcatapol］、6-*O*-α-L-（4″-*O*- 顺式 - 对 - 香豆酰基）- 吡喃鼠李糖基梓醇［6-*O*-α-L-（4″-*O*-*cis*-*p*-coumaroyl）-rhamnopyranosylcatapol］、6-*O*-α-L-（2″-*O*- 咖啡酰基）- 吡喃鼠李糖基梓醇［6-*O*-α-L-（2″-*O*-caffeoyl）-rhamnopyranosylcatapol］、6-*O*-α-L-（3″-*O*- 咖啡酰基）- 吡喃鼠李糖基梓醇［6-*O*-α-L-（3″-*O*-caffeoyl）-

rhamnopyranosylcatalpol][11]，6-*O*-α-L-（2″-*O*-对甲氧基肉桂酰基）-吡喃鼠李糖基梓醇[6-*O*-α-L-（2″-*O*-*p*-methoxycinnamoyl）rhamnopyranosylcatalpol]、6-*O*-α-L-（3″-*O*-对甲氧基肉桂酰基）-吡喃鼠李糖基梓醇[6-*O*-α-L-（3″-*O*-*p*-methoxycinnamoyl）-rhamnopyranosylcatalpol]、6-*O*-α-L-（2″-*O*-对甲氧基肉桂酰基-4-*O*-乙酰基）-吡喃鼠李糖基梓醇[6-*O*-α-L-（2″-*O*-*p*-methoxycinnamoyl-4-*O*-acetyl）-rhamnopyranosylcatalpol]、6-*O*-α-L-（3″-*O*-对甲氧基肉桂酰基-4″-*O*-乙酰基）-吡喃鼠李糖基梓醇[6-*O*-α-L-（3″-*O*-*p*-methoxycinnamoyl-4″-*O*-acetyl）-rhamnopyranosylcatalpol][12]，2-*O*-反式异阿魏酰基吡喃鼠李糖苷（2-*O*-*trans*-*iso*-feruloyl rhamnopyranoside）、3-*O*-反式异阿魏酰基吡喃鼠李糖苷（3-*O*-*trans*-*iso*-feruloyl rhamnopyranoside）、2-*O*-反式对甲氧基肉桂酰基吡喃鼠李糖苷（2-*O*-*trans*-*p*-methoxycinnamoyl rhamnopyranoside）、3-*O*-反式对甲氧基肉桂酰基吡喃鼠李糖苷（3-*O*-*trans*-*p*-methoxycinnamoyl rhamnopyranoside）和2-*O*-顺式对甲氧基肉桂酰基吡喃鼠李糖苷（2-*O*-*cis*-*p*-methoxycinnamoyl rhamnopyranoside）[13]。

茎含环烯醚萜类：6-*O*-α-L-（2″-*O*-阿魏酰基）-吡喃鼠李糖基梓醇[6-*O*-α-L-（2″-*O*-feruloyl）-rhamnopyranosylcatalpol]、6-*O*-α-L-（3″-*O*-阿魏酰基）-吡喃鼠李糖基梓醇[6-*O*-α-L-（3″-*O*-feruloyl）-rhamnopyranosylcatalpol]、6-*O*-α-L-（4″-*O*-阿魏酰基）-吡喃鼠李糖基梓醇[6-*O*-α-L-（4″-*O*-feruloyl）-rhamnopyranosylcatalpol]、桃叶珊瑚苷（aucubin）和6-*O*-α-L-（2″-*O*-对甲氧基桂皮酰基）-吡喃鼠李糖基梓醇[6-*O*-α-L-（2″-*O*-*p*-methoxycinnamoyl）-rhamnopyranosylcatalpol][14]；苯乙醇苷类：毛蕊花糖苷（acteoside）和角胡麻苷（martynoside）[14]。

**【药理作用】**1. 抗炎　根的三氯甲烷-甲醇（2∶1）提取物能显著抑制角叉菜胶诱导大鼠的足肿胀和足炎性组织的前列腺素 $E_2$（$PGE_2$）的产生[1]。2. 免疫增强　根的三氯甲烷-甲醇（2∶1）提取物可增强实验小鼠巨噬细胞的吞噬以及淋巴细胞的增殖[1]，可增强小鼠巨噬细胞对刚果红的吞噬能力，加速血中刚果红的清除速度，具有增强机体非特异性免疫功能的作用[2]，在一定浓度范围内可促进刀豆蛋白（ConA）诱导T淋巴细胞发生增殖反应发挥特异性免疫，其中2μg/ml浓度的提取物效果最为明显[3]。3. 抗氧化　叶甲醇提取物的不同极性萃取部位（石油醚、三氯甲烷、乙酸乙酯、正丁醇及水相）均有一定的抗氧化作用，其中乙酸乙酯萃取部位表现出较强的 $Fe^{3+}$ 还原/抗氧化作用和清除1，1-二苯基-2-三硝基苯肼（DPPH）自由基和2，2′-联氮-二（3-乙基-苯并噻唑-6-磺酸）二铵盐（ABST）自由基的作用，其抗氧化作用可能与总酚、总黄酮含量有关[4]；叶的总黄酮有较好的抗氧化作用，对1，1-二苯基-2-三硝基苯肼自由基和羟自由基具有清除作用，粗提取物的活性强于提纯物（主要为二氢黄酮）[5]；叶中提取的挥发油对1，1-二苯基-2-三硝基苯肼自由基和2，2′-联氮-二（3-乙基-苯并噻唑-6-磺酸）二铵盐自由基的清除作用随浓度的增加而增强，对1，1-二苯基-2-三硝基苯肼自由基和2，2′-联氮-二（3-乙基-苯并噻唑-6-磺酸）二铵盐自由基清除作用的半数抑制浓度（$IC_{50}$）分别为3.396mg/ml和0.761mg/ml[6]；地上部分提取的挥发油对1，1-二苯基-2-三硝基苯肼自由基清除作用的半数抑制浓度（$IC_{50}$）为0.451mg/ml[7]；叶中提取的果胶对1，1-二苯基-2-三硝基苯肼自由基和羟自由基具有清除作用，作用强弱为碱提取法提取的果胶＞酸提取法提取的果胶＞超声辅助法提取的果胶[8]。4.抗菌　叶中提取的挥发油对大肠杆菌、金黄色葡萄球菌、枯草芽孢杆菌和绿脓杆菌的生长均有显著的抑制作用，抑制作用呈量效关系，其最低抑制浓度（MIC）均为1.125mg/ml[6]；地上部分提取的挥发油对大肠杆菌、金黄色葡萄球菌、枯草芽孢杆菌的生长均有显著的抑制作用，最低抑制浓度分别为0.15mg/ml、0.27mg/ml、0.27mg/ml，对真菌无抑制作用[7]。5. 细胞毒　地上部分提取的挥发油对人肝癌HepG2细胞和人乳腺癌MCF-7细胞具有细胞毒作用，半数抑制浓度（$IC_{50}$）分别为0.072mg/ml、0.188mg/ml[7]。6. 降血糖　鲜叶果冻具有抑制α-淀粉酶和α-葡萄糖苷酶活性的作用，在体外具有降血糖作用，可能与黄酮和果胶成分有关[9]。7. 促生长　以叶为饲料喂养小鼠，在进食量、脂肪量不明显增加的情况下体重及生长速率明显增加，提示其具有促进生长的作用[10]。8. 抗疲劳　以叶为饲料喂养，能延长小鼠游泳耗竭时间并提高爬杆的能力，表明其具有增加动物肌力、耐力的抗疲劳作用[10]。

**【性味与归经】**苦、微辛，寒。归肝、脾、大肠经。

【功能与主治】清热解毒，消肿止痛，收敛止血。用于腹痛泄泻，痈肿，疔疮，丹毒，蛇虫咬伤，创伤出血。

【用法与用量】煎服 10～15g；或研末服；外用适量，捣烂敷，或研末调敷，或煎水洗。

【药用标准】贵州药材 2003。

【临床参考】1. 阑尾炎：鲜叶或根 30～60g，切碎，加黄酒或水，隔水炖透服。

2. 烧伤：根皮或叶研细粉调棉油外涂，每天 1～3 次。

3. 外伤出血：鲜叶适量，捣烂外敷；或鲜叶 6 份，加木芙蓉叶 4 份，晒干研细粉外敷。

4. 风湿性关节炎：鲜根 250g，水煎，冲黄酒服。（1 方至 4 方引自《浙江药用植物志》）

【附注】以腐婢之名始载于《神农本草经》，列为下品。《本草经集注》云："今海边有小树，状如栀子，茎叶多曲，气似腐臭。土人呼为腐婢。"《植物名实图考》卷十山草类载有土常山（三），云："长沙山坡有之。赭根有须，根茎一色，有节，对节生叶，叶如榆，面青背白，背纹亦赭。春间叶际开小花，如木樨，色黄白，无香，俚医以治湿热"附图的形态特征与本种相符。

本种的根民间也作药用。

本种的叶含有黏液，可制凉粉，民间称神仙豆腐可解暑。

【化学参考文献】

[1] Zhang H Y，Gao Y，Lai P X. Chemical composition，antioxidant，antimicrobial and cytotoxic activities of essential oil from *Premna microphylla* Turczaninow［J］. Molecules，2017，22（3）：381.

[2] Wang D Y，Xu S Y. Two new xanthones from *Premna microphylla*［J］. Nat Prod Res，2003，7（1）：75-77.

[3] Zhong C G，Wang D Y. Four new isoflavones from *Premna microphylla*［J］. Indian J Heterocy Chem，2002，12（2）：143-148.

[4] 郑宗忠，许素英，王定勇 . 腐婢根化学成分研究［J］. 亚热带植物科学，2002，31（3）：9-11.

[5] 戴胜军，唐文照，丁杏苞 . 观音草的化学成分研究［J］. 时珍国医国药，2005，16（2）：97-98.

[6] Zhan Z J，Tang L，Shan W G. A new triterpene glycoside from *Premna microphylla*［J］. Chem Nat Compd，2009，45（2）：197-199.

[7] Hu Z，Xue Y，Yao G，et al. Chemical constituents from the leaves of *Premna microphylla* Turcz.［J］. J Chin Pharma Sci，2013，22（5）：431-434.

[8] Zhan Z J，Yue J M. New glyceroglycolipid and ceramide from *Premna microphylla*［J］. Lipids，2003，38（12）：1299-1303.

[9] 吴永祥，杨庆，李林，等 . 豆腐柴叶挥发油化学成分及其抗氧化和抑菌作用研究［J］. 天然产物研究与开发，2018，30：45-51，96.

[10] Otsuka H，Sasaki Y，Yamasaki K，et al. Isolation and characterization of new diacyl 6-*O*-α-L-rhamnopyranosylcatalpols from the leaves of *Premna japonica* Miq.［J］. Chem Pharm Bull，1990，38（2）：426-429.

[11] Otsuka H，Sasaki Y，Yamasaki K，et al. Iridoid diglycoside monoacyl esters from the leaves of *Premna japonica*［J］. J Nat Prod，1990，53（1）：107-111.

[12] Otsuka H，Sasaki Y，Kubo N，et al. Isolation and structure elucidation of mono- and diacyl-iridoid diglycosides from leaves of *Premna japonica*［J］. J Nat Prod，1991，54（2）：547-553.

[13] Otsuka H，Yamanaka T，Takeda Y，et al. Fragments of acylated 6-*O*-α-L-rhamnopyranosylcatalpol from leaves for *Premna japonica*［J］. Phytochemistry，1991，30（12）：4045-4047.

[14] Otsuka H，Kubo N，Sasaki Y，et al. Iridoid diglycoside monoacyl esters from stems of *Premna japonica*［J］. Phytochemistry，1991，30（6）：1917-1920.

【药理参考文献】

[1] 曹稳根，焦庆才 . 豆腐柴根提取物抗炎作用的实验研究［J］. 中国中医药科技，2002，9（4）：223-224.

[2] 高贵珍，曹稳根，刘晓阳，等 . 豆腐柴根提取物对小鼠非特异性免疫功能的影响［J］. 生物学杂志，2003，20（1）：25-26.

[3] 方雪梅，曹稳根，高贵珍 . 豆腐柴根提取物对小鼠 T 淋巴细胞增殖反应的影响［J］. 生物学杂志，2004，21（1）：

33-34.
［4］孙霁寒，黄玲艳，顾嘉昌，等．豆腐柴提取物不同极性部位的总酚、总黄酮含量及体外抗氧化活性［J］．食品工业科技，2017，38（15）：55-58.
［5］胡予，李旭升，马楠，等．豆腐柴叶总黄酮的提取、纯化及抗氧化活性研究［J］．食品工业科技，2016，37（20）：268-273.
［6］吴永祥，杨庆，李林，等．豆腐柴叶挥发油化学成分及其抗氧化和抑菌作用研究［J］．天然产物研究与开发，2018，30：45-51，96.
［7］Zhang H Y，Gao Y，Lai P X. Chemical composition，antioxidant，antimicrobial and cytotoxic activities of essential oil from *Premna microphylla* Turczaninow［J］. Molecules，2017，22（3）：381-391.
［8］石仕慧，冀晓龙，李秀中，等．三种方法提取豆腐柴叶果胶抗氧化性比较研究［J］．食品工业，2017，38（1）：65-68.
［9］刘焕举，高月滢，刘飞，等．豆腐柴果冻的制作工艺优化及其降血糖活性研究［J］．食品安全质量检测学报，2018，9（10）：2463-2469.
［10］宋建国，宋运瑛，丁伯平，等．腐婢对小鼠的促生长作用及毒性观察［J］．皖南医学院学报，1989，8（1）：8-10.

## 5. 牡荆属 *Vitex* Linn.

灌木或乔木。小枝常四棱形，多少被毛。叶对生，掌状复叶，稀为单叶，小叶 3 ～ 8 枚，全缘或有锯齿、浅裂至深裂；具柄。聚伞花序顶生或腋生，或再组成为圆锥花序；苞片小；花萼钟状，稀管状或漏斗状，绿色，顶端平截或有 5 小齿或略呈二唇形，果时宿存而略增大；花冠小，白色、淡蓝色或淡黄色，二唇形，上唇 2 裂，下唇 3 裂，下唇中裂片较长而大；雄蕊 4 枚，2 强或近等长，内藏或伸出花冠外；子房近球形或近卵形，无毛或在顶端有微柔毛或腺点，2 ～ 4 室，胚珠每室 1 ～ 2 粒，花柱丝状，柱头 2 裂。核果，宿萼杯形或盘形。种子无胚乳，子叶常肉质。

约 250 种，分布于两半球热带地区，少数延伸至温带。中国 14 种，分布于长江以南各省区，少数种类向西北延伸，经秦岭至西藏高原，法定药用植物 4 种 2 变种。华东地区法定药用植物 2 种 1 变种。

### 分种检索表

1. 掌状复叶。
  2. 小叶片全缘或上部具少数粗锯齿，背面密生灰白色绒毛……………………………黄荆 *V. negundo*
  2. 小叶片边缘具较多粗锯齿，浅裂至深裂，背面疏生短柔毛…………牡荆 *V. negundo* var. *cannabifolia*
1. 三小叶复叶或单叶……………………………………………………………………………………蔓荆 *V. trifolia*

## 783. 黄荆（图 783）· *Vitex negundo* Linn.

**【别名】**埔姜（福建），牡荆。

**【形态】**灌木或小乔木。幼枝四棱形，幼枝、叶及花序常被灰白色绒毛。掌状复叶，小叶片 3 ～ 5 枚，长圆状披针形至披针形，顶端渐尖，基部楔形，全缘或上部有少数粗锯齿，上面绿色，下面密生灰白色绒毛，中间小叶长 4 ～ 12cm，宽 1 ～ 4cm，两侧小叶渐小；小叶若 5 枚，则中间 3 枚有柄，外侧 2 枚无柄或近无柄。聚伞花序排成顶生圆锥花序；花萼钟状，外面被灰白色短绒毛，顶端 5 裂；花冠淡紫色，外面被柔毛，顶端 5 裂，二唇形，上唇 2 裂，下唇 3 裂，下唇中裂片较大；雄蕊 4 枚，伸出花冠管外；子房近球形，无毛。核果近球形，花萼宿存，与核果近等长。花期 4 ～ 6 月，果期 7 ～ 11 月。

**【生境与分布】**生于山坡路旁、村旁及附近灌丛。分布于长江以南华东各省市，另长江以南其他各省区均有分布。

图 783 黄荆　　摄影 赵维良等

【药名与部位】黄荆子，成熟果实。五指柑，全草。

【采集加工】黄荆子：9 ～ 10 月果实成熟时采收，干燥。五指柑：全年均可采收，除去泥沙，洗净，干燥。

【药材性状】黄荆子：呈卵圆形，顶端稍大，略平而圆，有花柱脱落的凹痕，长 2 ～ 3.5mm，宽 2 ～ 3mm。宿萼钟形，密被灰白色短茸毛，包被果实的 2/3 或更多；萼筒顶端 5 齿裂；外面有 5 ～ 10 条纵脉纹，其中 5 条明显，基部具果梗。除去宿萼，果实表面棕褐色，较光滑，微显细纵纹。果皮质硬，不易破裂，断面果皮较厚，黄棕色，4 室，每室有黄白色种子 1 粒或不育。气香，味微苦、涩。

五指柑：根表面黄白色至灰褐色，外皮常片状剥落，茎枝黄棕色至棕褐色，上部呈明显的四棱形，下部类圆柱形，密被短茸毛。掌状复叶对生，小叶 5 枚或 3 枚，多皱缩，完整叶片展平后呈椭圆状披针形，中央 3 枚小叶片较大，两侧的较小而无柄，先端渐尖，基部楔形，全缘或两侧边缘具粗锯齿 2 ～ 5 个。上表面淡绿色；下表面灰白色，两面沿叶脉有短茸毛。圆锥花序顶生；花萼钟形，密被白色短柔毛，5 齿裂，花冠二唇形，淡紫色，被毛。果实圆球形或倒卵圆形，下半部包于宿萼内。气特异，味苦、微涩。

【药材炮制】黄荆子：除去杂质，筛去灰屑。

五指柑：除去杂质，洗净，切段，干燥。

【化学成分】全株含酚酸类：2- 甲基焦袂康酸 -3-*O*-β-D- 吡喃葡萄糖苷 -6′-（*O*-4″- 羟苯酸酯）［2-methyl pyromeconic acid-3-*O*-β-D-glucopyranoside-6′-（*O*-4″-hydroxybenzoate）］[1]，银桦苷 G（grevilloside G）[2] 和

苄基 -7-*O*-β-D- 葡萄糖苷（benzyl-7-*O*-β-D-glucoside）[3]；环烯醚萜类：6′- 对羟基苯甲酰驱虫金合欢苷酸（6′-*p*-hydroxybenzoyl mussaenosidic acid）、2′- 对羟基苯甲酰驱虫金合欢苷酸（2′-*p*-hydroxybenzoyl mussaenosidic acid）、2′-*O*- 反式 -*p*- 香豆酰马钱子酸（2′-*O*-*trans*-*p*-coumaroylloganic acid）和 2′-*O*- 反式对羟基苯甲酰基 -8- 表马钱子酸（2′-*O*-*trans*-*p*-hydroxybenzoyl-8-epiloganic acid）[1]；黄酮类：木犀草素 -7-*O*-β-D- 吡喃葡萄糖苷（luteolin-7-*O*-β-D-glucopyranoside）、异荭草素（*iso*-orientin）、黄荆诺苷（vitegnoside）、异牡荆苷（isovitexin）、木犀草素 -3′-*O*-β-D- 葡萄糖醛酸苷（luetolin-3′-*O*-β-D-glucuronide）、芹菜素 -7-*O*-β-D- 葡萄糖苷（apigenin-7-*O*-β-D-glucoside）、山柰酚 -3-*O*-β-D- 吡喃葡萄糖苷（kaempferol-3-*O*-β-D-glucopyranoside）[2]，木犀草素 -4′-*O*-β-D- 吡喃葡萄糖苷（luteolin-4′-*O*-β-D-glucopyranoside）和异荭草素 -6″-*O*- 咖啡酸酯（*iso*-orientin-6″-*O*-caffeate）[3]；苯丙素类：迷迭香酸甲酯（methyl rosmarinate）、5-*O*- 咖啡酰奎宁酸甲酯（methyl 5-*O*-caffeoylquinate）、咖啡酸（caffeic acid）[2]，3, 4, 5- 三咖啡酰奎宁酸（3, 4, 5-tricaffeoyl quinic acid）、4- 甲氧基 - 迷迭香酸甲酯［methyl 4-methoxy rosmarinate］和山地香茶菜素 A（oresbiusin A）[3]；木脂素类：右旋松脂酚 -4-*O*-β-D- 葡萄糖苷［（+）-pinoresinol-4-*O*-β-D-glucoside］[3]。

地上部分含三萜类：2α, 3α, 24- 三羟基熊果 -12, 20（30）- 二烯 -28- 羧酸 -28-*O*-β-D- 吡喃葡萄糖酯［2α, 3α, 24-trihydroxyurs-12, 20（30）-dien-28-oic acid-28-*O*-β-D-glucopyranosyl ester］、科罗索酸（corosolic acid）、夏枯草皂苷 A（vulgarsaponin A）和 2α, 3α, 24- 三羟基熊果 -12- 烯 -28- 羧酸 -28-*O*-β-D- 吡喃葡萄糖酯（2α, 3α, 24-trihydroxyurs-12-en-28-oic acid-28-*O*-β-D-glucopyranosyl ester）[4]；木脂素类：（3*R*, 4*S*）-6- 羟基 -4-（4- 羟基 -3- 甲氧基苯基）-5, 7- 二甲氧基 -3, 4- 二氢 -2- 萘甲醛 -3α-*O*-β-D- 吡喃葡萄糖苷［（3*R*, 4*S*）-6-hydroxy-4-（4-hydroxy-3-methoxyphenyl）-5, 7-dimethoxy-3, 4-dihydro-2-naphthaldehyde-3α-*O*-β-D-glucopyranoside］、牡荆果苷 *B（vitecannaside B）、黄荆子素 F（vitexdoin F）、6, 7, 4′- 三羟基 -3′- 甲氧基 -2, 3- 环木脂素 -1, 4- 二烯 -2α, 3α- 内酯（6, 7, 4′-trihydroxy-3′-methoxy-2, 3-cycloligna-1, 4-dien-2α, 3α-olide）、黄荆种素 *A（vitedoin A）、珍珠花素 E（ovafolinin E）、黄荆子素 A（vitexdoin A）、6- 羟基 -4-（4- 羟基 -3- 甲氧基苯基）-3- 羟甲基 -7- 甲氧基 -3, 4- 二氢 -2- 萘甲醛［6-hydroxy-4-（4-hydroxy-3-methoxyphenyl）-3-hydroxymethyl-7-methoxy-3, 4-dihydro-2-naphthaldehyde］、黄荆子胺 A*（vitedoamine A）、7*S*, 8*R*- 二氢去氢二松柏醇（7*S*, 8*R*-dihydrodehydrodiconifery alcohol）、（+）- 南烛木树脂酚 -3α-*O*-β-D- 吡喃葡萄糖苷［（+）-lyoniresinol-3α-*O*-β-D-glucopyranoside］和（-）- 南烛木树脂酚 -3α-*O*-β-D- 吡喃葡萄糖苷［（-）-lyoniresinol-3α-*O*-β-D-glucopyranoside］[5]。

根含木脂素类：黄荆素 A、B（negundin A、B）、（+）- 南烛木树脂酚［（+）-lyoniresinol］、单叶蔓荆醛 E、F（vitrofolal E、F）[6]，二丁香脂素［（+）-diasyringaresinol］[6,7]，6- 羟基 -4-（4- 羟基 -3- 甲氧基）-3- 羟甲基 -7- 甲氧基 -3, 4- 二氢 -2- 萘甲醛［6-hydroxy-4-（4-hydroxy-3-methoxy）-3-hydroxymethyl-7-methoxy-3, 4-dihydro-2-naphthaldehyde］、（+）- 南烛木树脂酚 -3α-*O*-β-D- 葡萄糖苷［（+）-lyoniresinol-3α-*O*-β-D-glucoside］和松脂醇（pinoresinol）[7]；黄酮类：黄荆新黄苷（vitexoside），即樱花素 -4′-*O*-（6″-*O*-α-L- 吡喃鼠李糖基）-β-D- 吡喃葡萄糖苷［sakuranetin-4′-*O*-（6″-*O*-α-L-rhamnopyranosyl）-β-D-glucopyranoside］[8]；酚酸类：*R*- 黄檀苯酚（*R*-dalbergiphenol）、3-（3- 甲氧基 -4- 羟基苯基）- 丙基四十六烷酰酯［3-（3-methoxy-4-hydroxyphenyl）-propanylhexatetracontanoate］和 5- 羟基 -1, 3- 苯二甲酸（5-hydroxy-1, 3-benzenodicarboxylic acid）[8]；环烯醚萜类：淡紫花牡荆苷（agnuside）[8]。

叶含黄酮类：5- 羟基 -3, 6, 7, 3′, 4′- 五甲氧基黄酮（5-hydroxy-3, 6, 7, 3′, 4′-pentamethoxyflavone）[9]，木犀草素（luteolin）[10]，黄荆黄苷（vitegnoside）、5′- 羟基 -3′, 4′, 3, 6, 7- 五甲氧基黄酮（5′-hydroxy-3′, 4′, 3, 6, 7-pentamethoxyflavone）、异荭草素（*iso*-orientin）[11]，木犀草素 -7-*O*-β-D- 吡喃葡萄糖苷（luteolin-7-*O*-β-D-glucopyranoside）[12]，紫花牡荆素（casticin）、猫眼草酚 D（chrysosplenol D）[13] 和 3, 5- 二羟基 -3′, 4′, 6, 7- 四甲氧基黄酮醇（3, 5-dihydroxy-3′, 4′, 6, 7-tetramethoxyflavonol）[14]；环烯醚萜类：黄荆环烯醚萜苷（negundoside）[10,15]、穗花牡荆苷（agnuside）[11, 15] 和蔓荆尼辛苷（nishindaside）[15]；酚酸类：3, 4- 二羟基苯甲酸（3, 4-dihydroxybenzoic acid）、4- 羟基苯甲酸（4-hydroxybenzoic acid）[10, 13]

和 2- 羟基苯甲酸（2-hydroxybenzoic acid）[16]；甾体类：22, 23- 二氢 -α- 菠菜甾醇 -β-D- 葡萄糖苷（22, 23-dihydro-α-spinasterol-β-D-glucoside）[16] 和 β- 谷甾醇（β-sitosterol）[17]；三萜类：白桦脂酸（betulinic acid）和熊果酸（ursolic acid）[17]；烷醇类：正三十一烷醇（*n*-hentriacontanol）[17]；糖类：*D*- 果糖（*D*-fructose）[13]；挥发油类：石竹烯（caryophyllene）、桉树脑（eucalyptol）、β- 水芹烯（β-phellandrene）、别香树烯（alloaromadendrene）和 β- 法呢烯（β-farnesene）[18]。

种子含木脂素类：黄荆子素 A、B、C、D、E、F、G、H、I（vitexdoin A、B、C、D、E、F、G、H、I）[19, 20]，黄荆子胺 B（vitedoamine B）、6- 羟基 -4-（4- 羟基 -3- 甲氧基苯基）-3- 羟甲基 -7- 甲氧基 -3, 4- 二氢 -2- 萘甲醛［6-hydroxy-4-（4-hydroxy-3-methoxyphenyl）-3-hydroxymethyl-7-methoxy-3, 4-dihydro-2-naphthaldehyde］，即牡荆素 B-1（vitexin B-1）、单叶蔓荆醛 E、F（vitrofolal E、F）[20]，黄荆木脂素 A（vitelignin A）、4- 氧化芝麻脂素（4-oxosesamin）、（+）- 芝麻脂素［（+）-sesamin］、（+）- 毛泡桐脂素［（+）-paulownin］、4- 羟基芝麻脂素（4-hydroxysesamin）、4, 8- 二羟基芝麻脂素（4, 8-dihydroxysesamin）、4- 酮基毛泡桐脂素（4-oxopaulownin）、（+）-2-（3- 甲氧基 -4- 羟苯基）-6-（3, 4- 亚甲二氧基）苯基 -3, 7- 二氧二环［3.3.0］辛烷 {（+）-2-（3-methoxy-4-hydroxyphenyl）-6-（3, 4-methylenedioxy）phenyl-3, 7-dioxabicyclo［3.3.0］octane}、（+）- 松脂醇［（+）-pinoresinol］[21]，黄荆种素 A（vitedoin A）、去四氢铁杉脂素（detetrahydroconidendrin）、2α, 3β-7-*O*- 甲基雪松素（2α, 3β-7-*O*-methylcedrusin）、蔓荆脂醛 E、F（vitrofolal E、F）[22] 和 6- 羟基 -4-（4′- 羟基 -3′- 甲氧基苯基）-3- 羟甲基 -7- 甲氧基 -3, 4- 二氢 -2- 萘甲醛［6-hydroxy-4-（4′-hydroxy-3′-methoxyphenyl）-3-hydroxymethyl-7-methoxy-3, 4-dihydro-2-naphthaldehyde］[23]；倍半萜类：黄荆呋喃醇（negunfurol）和 3- 甲酰基 -4, 5- 二甲基 -8- 酮基 -5H-6, 7- 二氢萘［2, 3-b］呋喃 {3-formyl-4, 5-dimethyl-8-oxo-5H-6, 7-dihydronaphtho［2, 3-b］furan}[24]；二萜类：黄荆种素 B（vitedoin B）[22]，黄荆二萜醛（negundoal）[24]，黄荆二萜素 A、B、C、D、E、F、G（negundoin A、B、C、D、E、F、G）、3β- 羟基松香 -8, 11, 13- 三烯 -7- 酮（3β-hydroxyabieta-8, 11, 13-trien-7-one）[25]，牡荆内酯 B（vitexilactone B）、穗花牡荆萜素 C（viteagnusin C）、8- 表香紫苏醇（8-epi-sclareol）、蔓荆素 D（vitetrifolin D）[26]，（16*S*）- 黄荆二萜醇［（16*S*）-negundol］和（16*R*）- 黄荆二萜醇［（16*R*）-negundol］[27]；三萜类：黄荆降三萜素 A、B（negundonorin A、B）、3- 表科罗索酸（3-epicorosolic acid）[24]，钝鸡蛋花素（obtusalin）、羽扇豆 -20（29）- 烯 -3β, 30- 二醇［lup-20（29）-en-3β, 30-diol］、白桦脂酸（betulinic acid）、山楂酸（maslinic acid）、齐墩果酸（oleanolic acid）和熊果酸（ursolic acid）[26]；甾体类：豆甾醇葡萄糖苷（stigmasterol glucoside）[23]；脂肪酸类：正十六烷酸（*n*-hexadecanoic acid）、亚油酸（linoleic acid）、十八烯酸（oleic acid）和硬脂酸（stearic acid）等[28]；萘酚类：3- 甲酰基 -4, 5- 二甲基 -8- 氧化 -5H-6, 7- 二氢甲萘酚［2, 3-b］呋喃 {3-formyl-4, 5-dimethyl-8-oxo-5H-6, 7-dihydronaphtho［2, 3-b］furan}[21]；香豆素类：异嗪皮啶［*iso*-fraxidin］[29]；生物碱类：黄荆子胺 A、B（vitedoamine A、B）[20]。

果实含黄酮类：猫眼草黄素（chrysoplenetin）、猫眼草酚 D（chrysosplenol D）[30]，荭草素（orientin）、异荭草素（*iso*-orientin）、牡荆素（vitexin）[31]，4′, 5- 二羟基 -3, 6, 7- 三甲氧基黄酮（4′, 5-dihydroxy-3, 6, 7-trimethoxyflavone）、5, 7- 二羟基色原酮（5, 7-dihydroxychromone）、木犀草素（luteolin）和紫花牡荆素（casticin）[32]；酚酸及酯类：2- 甲氧基 -4-（3- 甲氧基 -1- 丙烯基）- 苯酚［2-methoxy-4-（3-methoxy-1-propenyl）-phenol］[32] 和邻苯二甲酸二丁酯（dibutyl phthalate）[33]；苯丙素类：反式 -3, 5- 二甲氧基 -4- 羟基 - 肉桂醛（*trans*-3, 5-dimethoxy-4-hydroxy-cinnamic aldehyde）和松柏醛（coniferyl aldehyde）[32]；香豆素类：异嗪皮啶（*iso*-fraxidin）[29]，花椒毒素（xanthotoxin）和 5, 8- 二甲氧基补骨脂素（5, 8-dimethoxypsoralen）[32]；木脂素类：黄荆子胺 A（vitedoamine A）[31] 和 *L*- 芝麻脂素（*L*-sesamin）[27]；苯醌类：2, 6- 二甲氧基 -1, 4- 苯醌（2, 6-dimethoxy-1, 4-benzoquinone）[32]；二萜类：松香三烯 -3β- 醇（abietatrien-3β-ol）、单叶蔓荆二萜 *C（vitexifolin C）和植醇（phytol）[27, 33]；三萜类：钝鸡蛋花素（obtusalin）[27]，24ζ- 甲基 -5α- 羊毛脂烷 -25- 酮（24ζ-methyl-5α-lanosta-25-one）[32]，2α, 3α, 19α- 三羟基熊果 -12- 烯 -28- 酸（2α, 3α, 19α-trihydroxyurso-12-en-28-oic acid）、2α, 3β- 二羟基齐墩果 -12- 烯 -28- 酸（2α, 3β-dihydroxyolean-12-en-28-oic acid）、2α, 3β, 19α- 三羟基熊果 -12- 烯 -28- 酸（2α, 3β, 19α-trihydroxyurso-12-en-28-oic acid）、2α, 3β, 19α, 23- 四羟基齐墩果 -12- 烯 -28- 酸（2α, 3β, 19α, 23-tetrahydroxyolean-12-en-28-oic acid）、2α, 3β, 23- 三羟基齐墩果 -12- 烯 -28- 酸（2α, 3β, 23-trihydroxyolean-12-en-28-oic acid）、2α, 3α, 24- 三羟基齐墩果 -12- 烯 -28- 酸（2α, 3α, 24-trihydroxyolean-12-en-28-oic acid）和熊果酸（ursolic acid）[34]；甾体类：豆甾烷 -4- 烯 -6β- 醇 -3- 酮（stigmast-4-en-6β-ol-3-one）、麦角甾醇过氧化物（ergosterol peroxide）、7- 酮基谷甾醇（7-oxositosterol）[32] 和 β- 谷甾醇（β-sitosterol）[33]；挥发油类：1, 8- 桉油精（1, 8-cineole）、β- 萜品烯（β-terpinene）、莰烯（camphene）和 2- 丁烯基苯（2-butenylbenzene）等[35]。

茎皮含倍半萜类：1, 6- 二氧 -2（3），9（10）- 去氢呋喃佛术烷［1, 6-dioxo-2（3），9（10）-dehydrofuranoere-mophilane］、4, 6- 二甲基 -11- 甲酰基 -1- 氧 -4H, 2, 3-二氢萘并呋喃［4, 6-dimethyl-11-formyl-1-oxo-4H, 2, 3-dihydronaphthofuran］和 4, 6- 二甲基 -11- 二甲氧基甲基 -1- 氧 -4H, 2, 3- 二氢萘并呋喃（4, 6-dimethyl-11-dimethoxymethyl-1-oxo-4H, 2, 3-dihydronaphthofuran）[36]；三萜类：3β- 乙酰氧基 - 齐墩果 -12- 烯 -27- 羧酸（3β-acetoxy-olean-12-en-27-oic acid）和 3β- 羟基 - 齐墩果 -5, 12- 二烯 -28- 羧酸（3β-hydroxy-olean-5, 12-dien-28-oic acid）[37]；黄酮类：5- 羟基 -3, 6, 7, 3′, 4′- 五甲氧基黄酮（5-hydrorxy-3, 6, 7, 3′, 4′-pentamethoxy-flavone）、5, 3′- 二羟基 -7, 8, 4′- 三甲氧基二氢黄酮（5, 3′-dihydroxy-7, 8, 4′-trimethoxyflavanone）[37]，3, 6, 7, 3′, 4′- 五甲氧基 -5-*O*- 吡喃葡萄糖基 -（4 → 1）- 鼠李糖苷［3, 6, 7, 3′, 4′-pentamethoxy-5-*O*-glucopyranosyl-（4 → 1）-rhamnoside］、牡荆素咖啡酸酯（vitexin caffeate）、4′-*O*- 甲基杨梅素 -3-*O*-［4″-*O*-β-D- 半乳糖基］-β-D- 吡喃半乳糖苷 {4′-*O*-methyl myricetin-3-*O*-［4″-*O*-β-D-galactosyl］-β-D-galactopyranoside}[38]，6-*C*- 吡喃葡萄糖基 -5-*O*- 吡喃鼠李糖基三甲氧基汉黄芩素（6-*C*-glycopyranosyl-5-*O*-rhamnopyranosyl trimethoxywogonin）、针依瓦菊素 -5-*O*- 吡喃葡萄糖苷单乙酸酯（acerosin-5-*O*-glucopyranoside monoacetate）[39]，白飞燕草苷元甲酯（leucodelphindin methyl ether）和白矢车菊素 -7-*O*- 鼠李糖基葡萄糖苷甲酯（leucocyanidin-7-*O*-rhamnoglucoside methyl ether）[40]；酚酸类：对羟基苯甲酸（*p*-hydroxybenzoic acid）[41]；甾体类：β- 谷甾醇（β-sitosterol）[41]。

枝叶含黄酮类：栀子黄素 A、B（gardenin A、B）、柯日波素（corybosin），即 5- 羟基 -7, 3′, 4′, 5′- 四甲氧基黄酮（5-hydroxy-7, 3′, 4′, 5′-tetramethoxyflavone）、5, 6, 7, 8, 3′, 4′, 5′- 七甲氧基黄酮（5, 6, 7, 8, 3′, 4′, 5′-heptamethoxyflavone）和 5-*O*- 去甲基川陈皮黄素（5-*O*-desmethylnobiletin）[42]；芪类：4, 4′- 二甲氧基 - 反式芪（4, 4′-dimethoxy-*trans*-stilbene）[42]。

**【药理作用】**1. 抗炎镇痛　根茎叶和果实的乙酸乙酯提取物均具有不同程度的抗炎、镇痛作用，其中果实的乙酸乙酯提取物镇痛作用最明显，能显著提高小鼠热刺激的痛阈值，延长热板痛反应时间，抑制乙酸刺激腹腔黏膜引起的痛反应，减少小鼠的扭体次数，其中根的乙酸乙酯提取物的抗炎作用最明显，能显著减少二甲苯诱导小鼠的耳廓肿胀程度和角叉菜胶诱导的大鼠足肿胀[1]；种子中分离纯化的二萜类化合物黄荆二萜 C*（negundoin C）和黄荆二萜 E*（negundoin E）能抑制脂多糖（LPS）诱导的 RAW264.7 巨噬细胞中一氧化氮（NO）的生成，其作用主要通过降低细胞中一氧化氮合酶（NOS）与环氧合酶 -2（COX-2）的蛋白表达来实现[2]；种子中分离纯化的木脂素类化合物黄荆脂素 F*（vitexdoin F）亦能通过下调一氧化氮合酶表达，抑制一氧化氮含量水平，从而减轻炎症反应[3]；果实粉末可明显改善哺乳期急性乳腺炎大鼠贫血状态，降低红细胞体积分布宽度[4]，降低血小板数量、平均体积及分布宽度[5]，提示对于治疗急性乳腺炎具有潜在的作用，其机制可能与降低血小板数量有关；根的乙醇提取物能改善中性粒细胞浸润，降低乙酸诱导的溃疡性结肠炎小鼠结肠组织和血中的髓过氧化物酶（MPO）活性和丙二醛（MDA）含量，改善病理学组织特征[6]；全草（米炒）的水提取物能显著减轻二甲苯所致小鼠耳廓炎症反应的肿胀度及角叉菜胶所致小鼠足趾炎症的肿胀度[7]。2. 抗肿瘤　果实的 40% 乙醇提取物的乙酸乙酯萃取部位具有抑制人乳腺癌 MCF-7 细胞增殖和人乳腺癌 MCF-7 裸鼠移植瘤生长的作用，能诱导人乳腺癌 MCF-7 细胞凋亡，是抗肿瘤活性部位[8-10]；果实乙酸乙酯提取物对人胃癌 SGC-7901 细胞及其裸鼠移植瘤的生长具有抑制作用[11]；果实乙酸乙酯提取物中分离纯化的 4 种木脂类化合物（VBE-1、2、3、4）具有抑制人宫颈癌 HeLa 细胞生长的作用，对人宫颈癌 HeLa 细胞的核酸合成具有显著的抑制作用，呈浓度依赖性，其中 VBE-3 作用最强[12]；VBE-3 呈浓度和时间依赖性抑制人肝癌 HepG2 细胞的增殖，其机制可能与抑制丝氨酸 - 苏氨酸蛋白激酶（Akt）、细胞外调节蛋白激酶 1/2（ERK1/2）信号通路和抑制蛋白磷酸化水平有关[13]；种子提取物及分离纯化的木脂素类化合物 VB1 对人乳腺癌 MDA-MB-435 细胞、人肝癌 SMMC-7721 细胞具有细胞毒作用，其机制主要通过阻滞细胞周期于 $G_2$-M 期[14]。3. 抗菌　叶的乙醚提取物对大肠杆菌、四联球菌、白色葡萄球菌、金黄色葡萄球菌、枯草芽孢杆菌、沙门氏菌、酿酒酵母、假丝酵母和青霉菌的生长都有明显的抑制作用；乙醇提取物和乙酸乙酯提取物对细菌、酵母菌、青霉菌也有一定的抑制作用，但其抑制作用明显弱于乙醚提取物，而水提取物除了对青霉菌有抑制作用外，对其他菌并无抑制作用[15]；叶的甲醇提取物在体外具有抑制霍乱弧菌的作用，体内试验表明其能保护小鼠免受霍乱弧菌感染，显著降低小鼠死亡率[16]。4. 抗氧化　叶中提取的挥发油能降低 B16F10 黑素瘤细胞中黑色素的生成，并具有较强的抗氧化作用[17]，与叶的超临界流体提取物相比，叶的乙醇提取物具有更强的还原能力和清除 1，1- 二苯基 -2- 三硝基苯肼（DPPH）自由基的作用，此外，乙醇提取物在体内抗脂质过氧化电位高于超临界流体提取物，体内抗脂质过氧化电位与自由基清除电位呈正相关[18]。5. 降血糖　叶中分离的环烯醚萜苷具有降低链脲佐菌素诱导的糖尿病大鼠血糖作用[19]。6. 改善记忆　叶的 70% 乙醇提取物能改善正常和认知缺陷小鼠的学习和记忆能力，其机制可能与抑制乙酰胆碱能、抗氧化和 / 或增加胆碱能传递有关[20]。7. 止呕止泻　全草（米炒）的水提取物能明显抑制小肠平滑肌收缩，缩短碳末在小肠的推进距离，减少大黄致小鼠腹泻时的排便次数及延长排便时间，抑制由硫酸铜引起的呕吐现象，且作用优于生品[7]。

**【性味与归经】**黄荆子：辛、苦，温。归肺、胃、肝经。五指柑：微苦、辛，平。归肺经。

**【功能与主治】**黄荆子：祛风解表，止咳平喘，理气止痛，消食。用于伤风感冒，咳喘，胃痛吞酸，消化不良，食积泻痢，疝气。五指柑：解表清热，利湿除痰，止咳平喘，理气止痛，截疟杀虫。用于感冒咳喘，肝郁胁痛，脘满腹痛，泄泻痢疾，疟疾，蛲虫，外用治痈肿和疮癣。

**【用法与用量】**黄荆子：5 ～ 10g。五指柑：煎服 6 ～ 30g；外用适量。

**【药用标准】**黄荆子：湖南药材 2009、江西药材 1996、湖北药材 2009、四川药材 2010、贵州药材 2003 和河南药材 1993；五指柑：湖南药材 2009、江西药材 1996、广西壮药 2008、广西瑶药 2014 一卷、海南药材 2011、广东药材 2004 和广西药材 1990。

**【临床参考】**1. 慢性支气管炎：种子 9g，加桑皮 6g、石膏 3g，和蜜为丸，每日 2 ～ 3 次[1]。

2. 转氨酶升高：种子 150g，加鸡内金 60g、柴胡 60g、甘草 15g、焦山楂 10g、五味子 10g，研末，兑熟糯米粉 250g，和匀，每日 2 次，每次 15g，20 天为 1 疗程；急、慢性肝炎恢复期有胁痛者加逍遥丸；乙型肝炎活动期者加护肝片；肝、胆疾患有胁痛者可加大、小柴胡汤或胆道排石汤；有心肌梗死史者加复方丹参片，连续 2 ～ 3 个疗程[2]。

3. 寻常疣：鲜叶捣烂，有汁液即可使用，在疣表面涂搽 2min，单发 1 次即可，多发每天 1 次，连用 3 日[3]。

4. 急性胃肠炎、菌痢：种子 250g，加橡实 500g、构树叶 250g，共研粉，过 100 ～ 120 目筛装瓶备用，成人每次 3 ～ 10g，每日 2 ～ 3 次，乌梅汤（乌梅 9g 煎汤）送服，若无乌梅汤，可用茶水或开水送服，儿童每次 3 ～ 6g，每日 2 ～ 3 次，可加适量白糖或葡萄糖[4]。

5. 烧烫伤：种子研粉，加香油调成糊状，外敷，每日换药 1 次[5]。

**【附注】**黄荆一名始见于《图经本草》，收载于牡荆条下，黄荆为其俗名。《本草纲目拾遗》引《玉环志》云："叶似枫而有杈，结黑子如胡椒而尖。"似为本种。

药材黄荆子凡湿热燥渴无气滞者忌用。

本种的叶、枝及根及茎炙烤后流出的汁液（黄荆沥）民间也作药用。

黄荆的变种荆条 *Vitex negundo* Linn. var. *heterophylla*（Franch.）Rehd. 的果实在卫生部药品标准成方

制剂第五册中用作黄荆子药用。

**【化学参考文献】**


[1] Huang J，Wang G C，Wang C H，et al. Two new glycosides from *Vitex negundo* [J]. Nat Prod Res，2013，27（20）：1837-1841.

[2] 黄婕，王国才，李桃，等. 黄荆的化学成分研究 [J]. 中草药，2013，44（10）：1237-1240.

[3] 文婷，黄婕，黄晓君，等. 黄荆酚类成分的研究 [J]. 中成药，2017，39（7）：1431-1434.

[4] Chen J，Fan C L，Wang Y，et al. A new triterpenoid glycoside from *Vitex negundo* [J]. Chin J Nat Med，2014，12（3）：218-221.

[5] Nie X F，Yu L L，Tao Y，et al. Two new lignans from the aerial part of *Vitex negundo* [J]. J Asian Nat Prod Res，2016，18（7）：656-661.

[6] Azhar-Ul-Haq A U H，Malik A，Anis I，et al. Enzymes inhibiting lignans from *Vitex negundo* [J]. Chem Pharm Bull，2004，52（11）：1269-1272.

[7] Azhar Ul Haq，Malik A，Khan M T，et al. Tyrosinase inhibitory lignans from the methanol extract of the roots of *Vitex negundo* Linn. and their structure-activity relationship [J]. Phytomedicine，2006，13（4）：255-260.

[8] Azhar-ul-Haq，Malik A，Khan S B. Flavonoid glycoside and long chain ester from the roots of *Vitex negundo* [J]. Polish Journal of Chemistry，2004，78（10）：1851-1856.

[9] Patel J I，Deshpande S S. Anti-allergic and antioxidant activity of 5-hydroxy-3，6，7，3′，4′-pentamethoxy flavone isolated from leaves of *Vitex negundo* [J]. Anti-Inflammatory & Anti-Allergy Agents in Medicinal Chemistry，2011，10（6）：442-451.

[10] Rasadah M A，Faredian A，Wong C L，et al. Anti-inflammatory activity of extracts and compounds from *vitex negundo* [J]. J Trop For Sci，2005，17（4）：481-487.

[11] Sathiamoorthy B，Gupta P，Kumar M，et al. New antifungal flavonoid glycoside from *Vitex negundo* [J]. Bioorg Med Chem Lett，2007，17（1）：239-242.

[12] Sharma R L，Prabhakar A，Dhar K L，et al. A new iridoid glycoside from *Vitex negundo* Linn.（Verbenacea）[J]. Nat Prod Res，2009，23（13）：1201-1209.

[13] Dayrit F M，Rosario G，Lapid M，et al. Phytochemical studies on the leaves of *Vitex negundo* L.（"lagundi"）. I. investigations of the bronchial relaxing constituents [J]. Philippine J Sci，1987，116（4）：403-410.

[14] Ferdous A J，Jabbar A，Hasan C M. Flavonoids from *Vitex negundo* [J]. Journal of Bangladesh Academy of Sciences，1984，8（2）：23-27.

[15] Dutta P K，Chowdhury U S，Chakravarty A K，Studies on Indian medicinal plants - Part LXXV. nishindaside，a novel iridoid glycoside from *Vitex negundo* [J]. Tetrahedron，1983，39（19）：3067-3072.

[16] Chowdhury N Y，Islam W，Khalequzzaman M. Insecticidal activity of compounds from the leaves of *Vitex negundo*（Verbenaceae）against *Tribolium castaneum*（Coleoptera：Tenebrionidae）[J]. Int J Trop Insect Sci，2011，31（3）：174-181.

[17] Chandramu C，Manohar R D，Krupadanam D G，et al. Isolation，characterization and biological activity of betulinic acid and ursolic acid from *Vitex negundo* L. [J]. Phytotherapy Res，2010，17（2）：129-134.

[18] 陈振峰，李月华，陈新露. 黄荆挥发油化学成分的研究 [J]. 西北植物学报，1999，19（2）：354-356.

[19] Zheng C J，Zhang X W，Han T，et al. Anti-inflammatory and anti-osteoporotic lignans from *Vitex negundo* seeds [J]. Fitoterapia，2014，93（3）：31-38.

[20] Zheng C J，Huang B K，Han T，et al. Nitric oxide scavenging lignans from *Vitex negundo* seeds [J]. J Nat Prod，2009，72（9）：1627-1630.

[21] Zheng C J，Lan X P，Cheng R B，et al. Furanofuran lignans from *Vitex negundo* seeds [J]. Phytochemistry Lett，2011，4（3）：298-300.

[22] Ono M，Nishida Y，Masuoka C，et al. Lignan derivatives and a norditerpene from the seeds of *Vitex negundo* [J]. J Nat Prod，2004，67（12）：2073-2075.

[23] Singh D D，Chitra G，Singh I P，et al. Immunostimulatory compounds from *Vitex negundo* [J]. Indian J Chem，2005，

44B：1288-1290.

［24］Zheng C J，Pu J，Zhang H，et al. Sesquiterpenoids and norterpenoids from *Vitex negundo*［J］. Fitoterapia，2012，83（1）：49-54.

［25］Zheng C J，Huang B K，Wang Y，et al. Anti-inflammatory diterpenes from the seeds of *Vitex negundo*［J］. Bioorg Med Chem，2010，18（1）：175-181.

［26］Zheng C J，Huang B K，Wu Y B，et al. Terpenoids from *Vitex negundo* seeds［J］. Biochem Syst Ecol，2010，38（2）：247-249.

［27］Zheng C J，Lan X P，Wang Y，et al. A new labdane diterpene from *Vitex negundo*［J］. Pharm Biol（London，United Kingdom），2012，50（6）：687-690.

［28］Zheng C J，Huang B K，Han T，et al. Antinociceptive activities of the liposoluble fraction from *Vitex negundo* seeds［J］. Pharm Biol，2010，48（6）：651-658.

［29］郑公铭，李忠军，刘纲勇，等. 黄荆子中香豆素木脂素的分离及油脂抗氧化作用［J］. 精细化工，2012，29（4）：366-368，390.

［30］Awale S，Linn T Z，Li F，et al. Identification of chrysoplenetin from *Vitex negundo* as a potential cytotoxic agent against PANC-1 and a panel of 39 human cancer cell lines（JFCR-39）［J］. Phytotherapy Res，2011，25（12）：1770-1775.

［31］李妍岚，曾光尧，周美辰，等. 黄荆子化学成分研究［J］. 中南药学，2009，7（1）：24-26.

［32］赵湘湘，郑承剑，秦路平. 黄荆子的化学成分研究［J］. 中草药，2012，43（12）：2346-2350.

［33］青山，曾光尧，谭健兵，等. 黄荆子亲脂性化学成分研究［J］. 中南药学，2011，9（7）：492-495.

［34］王雅静，何熙，曾光尧，等. 黄荆子三萜类化学成分研究［J］. 中南药学，2012，10（6）：409-412.

［35］胡浩斌，郑旭东，胡怀生，等. 黄荆子挥发性成分的分析［J］. 分析科学学报，2007，23（1）：57-60.

［36］Tiwari N，Yadav A K，Vasudev P G，et al. Isolation and structure determination of furanoeremophilanes from *Vitex negundo*［J］. Tetrahedron Lett，2013，54（19）：2428-2430.

［37］Verma V K，Siddiqui N U，Aslam M, et al. Phytochemical constituents from the bark of *Vitex negundo* Linn.［J］. Int J Pharm Sci Rev Res，2011，7（2）：93-95.

［38］Misra G，Subramanian P. Three new flavone glycosides from *Vitex negundo*［J］. Planta Med，1980，38（2）：155-160.

［39］Subramanian P M，Misra G S. Flavonoids of *Vitex negundo*［J］. J Nat Prod，1979，42（5）：540-542.

［40］Subramanian P M，Misra G S. Leucoanthocyanidins of *Vitex negundo*［J］. Indian J Chem，1978，16B（7）：615-616.

［41］Dhakal R C，Rajbhandari M，Kalauni S K，et al. Phytochemical constituents of the bark of *Vitex negundo* L.［J］. J Nepal Chem Soc，2009，23：89-92.

［42］Banerji J，Das B，Chakrabarty R，et al. Isolation of 4，4′-dimethoxy-trans-stilbene and flavonoids from leaves and twigs of *Vitex negundo* Linn.［J］. Indian J Chem，1988，27B（6）：597-599.

**【药理参考文献】**

［1］孔靖，陈君，裴世成，等. 黄荆不同器官醋酸乙酯提取物的抗炎镇痛作用研究［J］. 时珍国医国药，2011，22（4）：849-851.

［2］Zheng C J，Huang B K，Wang Y，et al. Anti-inflammatory diterpenes from the seeds of *Vitex negundo*［J］. Bioorganic & Medicinal Chemistry，2010，18（1）：175-181.

［3］Zheng C J，Zhang X W，Han T，et al. Anti-inflammatory and anti-osteoporotic lignans from *Vitex negundo* seeds［J］. Fitoterapia，2014，93（3）：31-38.

［4］徐荣，赵海梅，岳海洋，等. 黄荆子对哺乳期急性乳腺炎大鼠红细胞体积分布相关特征的改善作用［J］. 中华中医药学刊，2016，34（9）：2144-2146.

［5］岳海洋，赵海梅，徐荣，等. 黄荆子对哺乳期急性乳腺炎大鼠血小板水平及体积的影响［J］. 中华中医药学刊，2016，34（3）：633-635.

［6］Zaware B B，Nirmal S A，Baheti D G，et al. Potential of *Vitex negundo* roots in the treatment of ulcerative colitis in mice［J］. Pharmaceutical Biology，2011，49（8）：874-878.

［7］熊劲宇，时军，吴优娟，等. 岭南习用中药五指柑米炒炮制品药效学试验研究［J］. 辽宁中医药大学学报，2012，14（12）：91-93.

[8] 申瑾，曾光尧，谭健兵，等. 黄荆子抗肿瘤有效部位化学成分研究[J]. 中草药，2009，40(1)：33-36.
[9] 彭娟，周应军，封萍，等. 黄荆子乙酸乙酯提取物抑制人乳腺癌 MCF-7 裸鼠移植瘤生长[J]. 湖南师范大学学报(医学版)，2007，4(3)：16-19.
[10] 方呈祥，孙海燕，姜浩，等. 黄荆子乙酸乙酯提取物对人乳腺癌 MCF-7 细胞凋亡的影响[J]. 中国临床药理学杂志，2013，29(11)：847-849.
[11] 韩家凯，焦东晓，曹建国，等. 黄荆子乙酸乙酯提取物体内外对胃癌 SGC-7901 细胞作用的研究[J]. 中国药理学通报，2008，24(12)：1652-1656.
[12] 蔡艳林，周应军，向红琳，等. 黄荆子木脂类化合物对 Hela 细胞生长的影响[J]. 湖南师范大学学报(医学版)，2008，5(1)：24-28.
[13] 李一春，杨文军，陈艳. 黄荆子木脂素 3 对人肝癌 HepG2 细胞增殖的抑制作用及对蛋白激酶 Akt、ERK1/2 信号通路的影响[J]. 中国药房，2013，24(33)：3099-3101.
[14] Xin H，Kong Y，Wang Y，et al. Lignans extracted from *Vitex negundo* possess cytotoxic activity by G2/M phase cell cycle arrest and apoptosis induction[J]. Phytomedicine，2013，20(7)：640-647.
[15] 王洪新，吕源玲. 黄荆叶抑菌作用及抑菌成分分析[J]. 中国野生植物资源，2003，22(1)：35-37.
[16] Kamruzzaman M，Bari M N，Faruque S M. In vitro and in vivo bactericidal activity of *Vitex negundo* leaf extract against diverse multidrug resistant enteric bacterial pathogens[J]. Asian Pacific Journal of Tropical Medicine，2013，6(5)：352-359.
[17] Huang H C，Chang T Y，Chang L Z，et al. Inhibition of melanogenesis versus antioxidant properties of essential oil extracted from leaves of *Vitex negundo* Linn. and chemical composition analysis by GC-MS[J]. Molecules，2012，17(4)：3902-3916.
[18] Nagarsekar K S，Nagarsenker M S，Kulkarni S R，et al. Antioxidant and antilipid peroxidation potential of supercritical fluid extract and ethanol extract of leaves of *Vitex negundo* Linn.[J]. Indian Journal of Pharmaceutical Sciences，2012，73(4)：422-429.
[19] Sundaram R，Naresh R，Shanthi P，et al. Antihyperglycemic effect of iridoid glucoside，isolated from the leaves of *Vitex negundo* in streptozotocin-induced diabetic rats with special reference to glycoprotein components[J]. Phytomedicine，2012，19：211-216.
[20] Otari K V，Bichewar O G，Shete R V，et al. Effect of hydroalcoholic extract of *Vitex negundo* Linn. leaves on learning and memory in normal and cognitive deficit mice[J]. Asian Pacific Journal of Tropical Biomedicine，2012，28：S104-S111.

**【临床参考文献】**

[1] 南阳地区黄荆子协作组. 复方黄荆子丸治疗慢性气管炎[J]. 河南赤脚医生，1976，(1)：46.
[2] 沈开金. 黄荆子降酶粉治疗转氨酶长期不降 68 例[J]. 浙江中医杂志，2012，47(4)：237.
[3] 傅连法. 黄荆子叶治疗寻常疣 45 例[J]. 人民军医，1998，41(12)：740.
[4] 周康杰. 橡构散治疗胃肠病 65 例[J]. 新中医，1978，(5)：47-48.
[5] 刘中魁. 应用中药黄荆子治疗烧烫伤的体会[J]. 河北新医药，1979，(2)：4.

## 784. 牡荆（图 784）• *Vitex negundo* Linn. var. *cannabifolia*（Sieb. et Zucc.）Hand.-Mazz.［*Vitex cannabifolia* Sieb. et Zucc.］

**【别名】**牡荆子、黄荆条（江苏），荆条棵（江苏连云港）。

**【形态】**灌木或小乔木。幼枝四棱形，幼枝、叶及花序常被灰白色绒毛。掌状复叶，小叶片 3～5 枚，中间小叶片长 6～13cm，宽 2～4cm，边缘常具较多粗锯齿，有时浅裂至深裂，稀在枝条上部的叶片仅具少数锯齿或全缘；上面绿色，下面淡绿色，疏生短柔毛；圆锥花序较宽大，长可超过 20cm；花萼钟状，外面被灰白色短绒毛，顶端 5 裂；花冠淡紫色，外面被柔毛，顶端 5 裂，二唇形，上唇 2 裂，下唇 3 裂，下唇中裂片较大；雄蕊 4 枚，伸出花冠管外；子房近球形，无毛。核果，花萼宿存，与核果近等长，熟时黑色。花期 6 ～ 8 月，果期 8 ～ 10 月。

**图 784 牡荆** 摄影 赵维良等

**【生境与分布】**生于山坡路旁、村旁及附近灌丛。分布于长江以南华东各省市，另长江以南其他各省区均有分布。

**【药名与部位】**牡荆根，根。黄荆子（黄金子），成熟带宿萼的果实。牡荆（五指柑），地上部分。牡荆叶，新鲜叶。

**【采集加工】**牡荆根：全年均可采挖，洗净，趁鲜切成厚片，晒干。黄荆子：秋季果实成熟时采收，除去杂质，干燥。牡荆：夏、秋季叶茂盛时采收。牡荆叶：夏、秋二季叶茂盛时采收，除去茎枝。

**【药材性状】**牡荆根：为不规则块片，大小不等，表面土黄色至黄棕色，有的具茎残基。断面皮部较薄，棕黄色；木质部黄棕色，可见数个同心环纹，中心颜色较深，质硬。无臭，味淡。

黄荆子：呈梨形或倒卵形，长 3 ～ 4mm，直径 2 ～ 3mm。表面棕色，光滑或有不明显的纵纹。顶端截平，有点状花柱残痕，中部以下藏于宿萼内。宿萼杯状，密被灰白色短柔毛，顶端具 5 小齿，基部具短柄。果皮坚硬。内有黄白色种子数枚。气微，味淡。

牡荆：茎四方形，表面被毛，以嫩枝较多。掌状复叶，小叶 3 枚或 5 枚，披针形或椭圆状披针形，中间小叶长 5 ～ 10cm，宽 2 ～ 4cm，两侧小叶依次渐小，先端渐尖，基部楔形，边缘具粗锯齿；上表面绿色，下表面淡绿色，两面沿叶脉有短茸毛，嫩叶下表面毛较密；总叶柄长 2 ～ 6cm，有一浅沟槽，密被灰白色茸毛。气芳香，味辛微苦。

牡荆叶：为掌状复叶，小叶 5 枚或 3 枚，披针形或椭圆状披针形，中间小叶长 5 ～ 10cm，宽 2 ～ 4cm，两侧小叶依次渐小，先端渐尖，基部楔形，边缘具粗锯齿；上表面绿色，下表面淡绿色，两面沿叶脉有短茸毛，嫩叶下表面毛较密；总叶柄长 2 ～ 6cm，有一浅沟槽，密被灰白色茸毛。气芳香，味辛微苦。

**【药材炮制】**牡荆根：洗净，切厚片，干燥。

黄荆子：取原药，除去杂质，筛去灰屑。炒黄荆子：取黄荆子饮片，用文火炒至表面微具焦斑时，取出，摊凉。

牡荆：除去杂质。

**【化学成分】**地上部分含黄酮类：猫眼草酚 D（chrysosplenol D）、异牡荆素（*iso*-vitexin）[1]，5, 3′, 4′- 三羟基 -3, 6, 7- 三甲氧基黄酮（5, 3′, 4′-trihydroxy-3, 6, 7-trimethoxyflavone）[2] 和垂叶黄素（penduletin）[3]；酚酸及苷类：γ- 生育酚（γ-tocopherol）、荔枝草酚苷（salviaplebeiaside）[1] 和异香草酸（*iso*-vanillic acid）[3]；醌类：α- 生育醌（α-tocoquinone）[1]；二萜类：牡荆内酯 C（vitexilactone C）[3]；甾体类：β- 谷甾醇（β-sitosterol）和豆甾 -5- 烯 -3- 醇（stigmast-5-en-3-ol）[2]；挥发油类：石竹烯（caryophyllene）、β- 榄香烯（β-elemene）和桧烯（sabinene）等[2]。

茎含挥发油类：石竹烯（caryophyllene）、桉叶油素（cineole）和 β- 桉醇（β-eudesmol）等[4]。

叶含挥发油类：β- 石竹烯（β-caryophyllene）、β- 桉醇（β-eudesmol）、邻苯二甲酸二异辛酯（diisooctyl phthalate）[4]，1, 8- 桉叶油素（1, 8-cineole）、桧烷（sabinane）、反式 -β- 金合欢烯（*trans*-β-farnesene）、α- 乙酸松油酯（α-terpinylacetate）、氧化丁香烯（caryophyllene oxide）和松油烯 -4- 醇（terpinene-4-ol）等[5]；环烯醚萜类：穗花牡荆苷（agnuside）[6]，桃叶珊瑚苷（aucubin）[7, 8]，黄荆环烯醚萜苷（negundoside）[8]，蔓荆尼辛苷（nishindaside）和异蔓荆尼辛苷（*iso*-nishindaside）[9]；二萜类：牡荆内酯（vitexilactone）[6]；三萜类：3- 表山楂酸（3-epimaslinic acid）、牡荆叶素 A、B、C、D、E、F（cannabifolin A、B、C、D、E、F）、2α, 3α- 二羟基熊果 -12, 20（30）- 二烯 -28 酸［2α, 3α-dihydroxyurs-12, 20（30）-dien-28-oic acid］、熊果酸（ursolic acid）、2α, 3α- 二羟基熊果 -12- 烯 -28- 羧酸（2α, 3α-dihydroxyurs-12-en-28-oic acid）、2α- 羟基熊果酸（2α-hydroxyursolic acid）、2α, 3α, 19α- 三羟基熊果 -12- 烯 -28- 羧酸（2α, 3α, 19α-trihydroxyurs-12-en-28-oic acid）、2α, 3α, 24- 三羟基齐墩果 -12- 烯 -28- 羧酸（2α, 3α, 24-trihydroxyolean-12-en-28-oic acid）、委陵菜酸（tormentic acid）[10]，夏枯草皂苷 A（vulgarsaponin A）、2α, 3α, 19α, 24- 四羟基齐墩果 -12- 烯 -28- 羧酸 -β-D- 吡喃葡萄糖酯（2α, 3α, 19α, 24-tetrahydroxyolea-12-en-28-oic acid-β-D-glucopyranosyl ester）和 2α, 3α, 19α, 24- 四羟基熊果 -12- 烯 -28- 羧酸 -β-D- 吡喃葡萄糖酯（2α, 3α, 19α, 24-tetrahydroxyurs-12-en-28-oic acid-β-D-glucopyranosyl ester）[11]；黄酮类：艾黄素（artemetin）[6]，夏佛塔苷（schaftoside）、异夏佛塔苷（*iso*-schaftoside）、鼠尾黄酮苷*（flavosativaside）、牡荆素（vitexin）、牡荆素 -2″- 鼠李糖苷（vitexin-2″-rhamnoside）、异牡荆素（*iso*-vitexin）、山柰酚 -3-（6″- 丙二酰基葡萄糖苷）［kaempferol-3-（6″-malonylglucoside）］、金丝桃苷（hyperoside）、木犀草苷（luteoloside），即木犀草素 -7-*O*-β-D- 吡喃葡萄糖苷（luteolin-7-*O*-β-D-glucopyranoside）、山柰酚 -3-*O*- 芸香糖苷（kaempferol-3-*O*-rutinoside）、芹菜素 -7- 葡萄糖苷（apigenin-7-glucoside）、木犀草素（luteolin）、槲皮素（quercetin）、芹菜素（apigenin）、紫花牡荆素（casticin）[7]，牡荆叶素 G（cannabifolin G）、木犀草素 -7-*O*-（6″-*O*- 对羟基苯甲酰基）-β-D- 葡萄糖苷［luteolin-7-*O*-（6″-*O*-*p*-hydroxybenzoyl）-β-D-glucoside］、木犀草素 -6-*C*-（6″-*O*- 反式 - 咖啡酰基）-β-D- 葡萄糖苷［luteolin-6-*C*-（6″-*O*-*trans*-caffeoyl）-β-D-glucoside］、杠板归黄苷 A（perfoliatumin A）、木犀草素 -6-*C*-（2″-*O*- 反式 - 咖啡酰基）-β-D- 葡萄糖苷［luteolin-6-*C*-（2″-*O*-*trans*-caffeoyl）-β-D-glucoside］[12]，5, 4′- 二羟基 -3, 6, 7- 三甲氧基黄酮（5, 4′-dihydroxy-3, 6, 7-trimethoxyflavone），即垂叶黄素（penduletin）和猫眼草酚 D（chrysosplenol D）[13]；酚酸类：对羟基苯甲酸（*p*-hydroxybenzoic acid）[6]，原儿茶酸（protocatechuic acid）、原儿茶醛（protocatechualdehyde）[7] 和对羟基苯甲酸甲酯（methyl-*p*-hydroxybenzoate）[8]；苯丙素类：新绿原酸（neochlorogenic acid）、绿原酸（chlorogenic acid）、隐绿原酸（cryptochlorogenic acid）、咖啡酸（caffeic acid）、异绿原酸 A、B、C（*iso*-chlorogenic acid A、B、C）[7]，1, 4- 二羟基 -（3*R*, 5*R*）- 二咖啡酰氧基环己甲酸甲酯［1, 4-dihydroxy-（3*R*, 5*R*）-dicaffeoyloxy-cyclohexane carboxylic acid methyl ester］和灰毡毛忍冬素 F（macroantoin F）[13]；木脂素类：牡荆叶脂素 *（cannabilignin）、异牡荆叶脂素 *（*iso*-cannabilignin）和 9*R*- 羟基 -d- 芝麻素（9*R*-hydroxy-d-sesamin）[11]；甾体类：β- 谷甾醇（β-sitosterol）和胡萝卜苷（daucosterol）[13]；倍半萜类：辣椒二醇（capsidiol）和石竹二醇（caryolandiol）[13]；其他尚含：麦芽葡萄糖苷（maltoglucoside）[8]。

花含挥发油类：石竹烯（caryophyllene）、邻苯二甲酸二异辛酯（diisooctyl phthalate）、β- 桉醇（β-eudesmol）和 1- 甲基 - 丁二酸 - 二（1- 甲基丙基）酯［1-methyl-succinic acid-di（1-methyl propyl）ester］等[4]。

果实含木脂素类：6- 羟基 -4β-（4- 羟基 -3- 甲氧基苯基）-3α- 羟甲基 -7- 甲氧基 -3, 4- 二氢 -2- 萘甲醛［6-hydroxy-4β-（4-hydroxy-3-methoxyphenyl）-3α-hydroxymethyl-7-methoxy-3, 4-dihydro-2-naphthaldehyde］、3α-*O*- 乙酰黄荆种素 A（3α-*O*-acetylvitedoin A）[14]，牡荆果苷 A、B（vitecannaside A、B）、黄荆种素 A（vitedoin A）、6- 羟基 -4-（4- 羟基 -3- 甲氧基苯基）-3- 羟甲基 -7- 甲氧基 -3, 4- 二氢 -2- 萘甲醛［6-hydroxy-4-（4-hydroxy-3-methoxyphenyl）-3-hydroxymethyl-7-methoxy-3, 4-dihydro-2-naphthaldehyde］、去四氢铁杉脂素（detetrahydroconidendrin）、单叶蔓荆醛 E、F（vitrofolal E、F）、松脂醇（pinoresinol）[15]，异落叶松脂素（*iso*-lariciresinol）[16, 17]，黄荆子素 E（vitexdoin E）、4- 酮基芝麻素（4-oxosesamin）、*L*- 芝麻素（*L*-sesamin）、（+）- 胡椒木醇 *［（+）-beechenol］、利格伯林醇 *（ligballinol）、α- 愈创木酚甘油 -β- 松柏醛醚（α-guaiacylglycerol-β-coniferyl aldehyde ether）、蛇菰宁（balanophonin）、2-（4- 羟苯基）-6-（3- 甲氧基 -4- 羟苯基）-3, 7- 二氧杂二环［3.3.0］辛烷 {2-（4-hydroxyphenyl）-6-（3-methoxy-4-hydroxyphenyl）-3, 7-dioxabicyclo［3.3.0］octane}[18]，黄荆子素 A、D（vitexdoin A、D）、（+）- 芝麻素［（+）-sesamin］、4β- 羟基细辛脂素（4β-hydroxyasarinin）、（+）- 毛泡桐脂素［（+）-paulownin］[19] 和 6- 羟基 -4β-（4- 羟基 -3- 甲氧基苯基）-3α- 羟甲基 -5- 甲氧基 -3, 4- 二氢 -2- 萘甲醛［6-hydroxy-4β-（4-hydroxy-3-methoxyphenyl）-3α-hydroxymethyl-5-methoxy-3, 4-dihydro-2-naphthaldehyde］[20]；黄酮类：5, 4′- 二羟基 -3, 6, 7, 8, 3′- 五甲氧基黄酮（5, 4′-dihydroxy-3, 6, 7, 8, 3′-pentamethoxyflavone）、异荭草素（*iso*-orientin）、荭草素（orientin）[15]，紫花牡荆素（casticin）、5- 羟基 -6, 7, 3′, 4′- 四甲氧基黄酮（5-hydroxy-6, 7, 3′, 4′-tetramethoxyflavone）、5, 4′- 二羟基 -6, 7, 8, 3′- 四甲氧基黄酮（5, 4′-dihydroxy-6, 7, 8, 3′-tetramethoxyflavone）[16]，芹菜素（apigenin）、7, 4′- 二羟基黄酮（7, 4′-dihydroxyflavone）、刺芒柄花素（formononetin）[17]，7, 2′- 二羟基 -4′- 甲氧基二氢异黄酮醇（7, 2′-dihydroxy-4′-methoxyisoflavanol）、3′, 4′, 5- 三羟基 -3, 7- 二甲氧基黄酮（3′, 4′, 5-trihydroxyl-3, 7-dimethoxyfiavone）、木犀草素（luteolin）、5, 7, 2′, 5′- 四羟基黄酮（5, 7, 2′, 5′-tetrahydroxyflavone）[19]，金合欢素（acacetin）和 8- 羟基 -5, 7, 3′, 4′- 四甲氧基黄酮（8-hydroxyl-5, 7, 3′, 4′-tetramethoxyflavone）[20]；色原酮类：5, 7- 二羟基色原酮（5, 7-dihydroxychromone）[18]；酚酸类：4-（4-β-D- 吡喃葡萄糖氧基 -3- 羟基苯基）-2- 丁酮［4-（4-β-D-glucopyranosyloxy-3-hydroxyphenyl）-2-butanone］、（2*S*, 4*E*, 6*S*, 9*S*）-2, 3, 6, 7, 8, 9- 六氢 -6- 羟基 -4-［（4- 羟基苯酰）氧基］-9- 甲氧基 -2- 氧杂九元环 -β-D- 吡喃葡萄糖苷 {（2*S*, 4*E*, 6*S*, 9*S*）-2, 3, 6, 7, 8, 9-hexahydro-6-hydroxy-4-［（4-hydroxybenzoyl）oxy］-9-methoxy-2-oxoninyl-β-D-glucopyranoside}、4-（3′, 4′- 二羟苯基）- 丁烷 -2- 酮 -4′-*O*-β-D- 葡萄糖苷［4-（3′, 4′-dihydroxyphenyl）-butan-2-one-4′-*O*-β-D-glucoside］[15]，对羟基苯甲酸乙酯（ethyl-*p*-hydroxybenzoate）[16]，对羟基苯甲酸（*p*-hydroxybenzoic acid）[17]，覆盆子酮（frambinone）[18]，原儿茶酸（protocatechuic acid）[19]，对羟基苯甲醛（*p*-hydroxybenzaldehyde）和香草醛（vanillin）[20]；苯丙素类：香豆酸（coumalic acid）[17]，对羟基肉桂醛（*p*-hydroxy-cinnamaldehyde）、反式 -3, 5- 二甲氧基 -4- 羟基 - 肉桂醛（*trans*-3, 5-dimethoxy-4-hydroxy-cinnamaldehyde）[18]，对羟基肉桂酸（*p*-hydroxy-cinnamic acid）、对甲氧基肉桂醛（*p*-methoxycinnamaldehyde）和松柏醛（coniferaldehyde）[20]；香豆素类：交链格孢酚 -4- 甲醚（alternariol-4-methyl ether）[18]；生物碱类：3- 吲哚甲酸（indole-3-carboxylic acid）[17]；环烯醚萜苷类：穗花牡荆苷（agnuside）、10-*O*- 香草酰桃叶珊瑚苷（10-*O*-vanilloylaucubin）、蔓荆尼辛苷（nishindaside）和京尼平苷（geniposide）[15]；

二萜类：白扁柏酚（hinokiol）、牡荆内酯（vitexilactone）、前牡荆内酯（previtexilactone）、黄荆种素 B（vitedoin B）[19]和 15- 羟基脱氢松香酸（15-hydroxydehydroabietic acid）[20]；三萜类：2α, 3α, 24-三羟基熊果 -12- 烯 -28- 酸（2α, 3α, 24-trihydroxyurs-12-en-28-oic acid）、熊果酸（ursolic acid）[17]，无羁萜（friedelin）[19]和白桦脂酸（betulinic acid）[20]；甾体类：β- 谷甾醇（β-sitosterol）[20]；脂肪酸类：亚油酸（linoleic acid）、油酸（oleic acid）、棕榈酸（palmitic acid）和硬脂酸（stearic acid）[21]；吡酮类：2, 5- 二羟基 -1- 甲氧基吡酮（2, 5-dihydroxyl-1-methoxypyrone）[20]。

种子含木脂素类：黄荆种素 A（vitedoin A）、黄荆子素 A、B、C、D（vitexdoin A、B、C、D）、黄荆素 B（negundin B）、单叶蔓荆醛 A、B、E、F（vitrofolal A、B、E、F）、去四氢铁杉脂素（detetrahydroconidendrin）、4-（3, 4- 二甲氧苯基）-6- 羟基 -7- 甲氧基萘并［2, 3-c］呋喃 -1（3H）- 酮 {4-（3, 4-dimethoxyphenyl）-6-hydroxy-7-methoxy-naphtho［2, 3-c］furan-1（3H）-one}、黄荆子胺 A（vitedoamine A）、黄荆脂素 A（vitelignin A）、毛泡桐脂素（paulownin）[22]，黄荆子素 E、F（vitexdoin E、F）、3, 4- 二氢 -4-（4- 羟基 -3-甲氧苯基）-3- 羟甲基 -6, 7- 二甲氧基 -（3*R*, 4*S*）-2- 萘甲醛［3, 4-dihydro-4-（4-hydroxy-3-methoxyphenyl）-3-hydroxymethyl-6, 7-dimethoxy-（3*R*, 4*S*）-2-naphthalenecarboxaldehyde］、6- 羟基 -4-（4- 羟基 -3- 甲氧苯基）-3-羟甲基 -7- 甲氧基 -3, 4- 二氢 -2- 萘甲醛［6-hydroxy-4-（4-hydroxy-3-methoxyphenyl）-3-hydroxymethyl-7-methoxy-3, 4-dihydro-2-naphthaldehyde］、1, 2- 二氢 -7- 羟基 -1-（4- 羟基 -3- 甲氧苯基）-3- 羟甲基 -6- 甲氧基 -（1*S*, 2*R*）-2- 萘甲醛［1, 2-dihydro-7-hydroxy-1-（4-hydroxy-3-methoxyphenyl）-3-hydroxymethyl-6-methoxy-（1*S*, 2*R*）-2-naphthalenecarboxaldehyde］、6- 羟基 -4-（4- 羟基 -3- 甲氧苯基）-7- 甲氧基萘并［2, 3-c］呋喃 -1, 3- 二酮 {6-hydroxy-4-（4-hydroxy-3-methoxyphenyl）-7-methoxy-naphtho［2, 3-c］furan-1, 3-dione}、4-（3, 4-二甲氧苯基）-6- 羟基 -5- 甲氧基萘并［2, 3-c］呋喃 -1（3H）- 酮 {4-（3, 4-dimethoxyphenyl）-6-hydroxy-5-methoxynaphtho［2, 3-c］furan-1（3H）-one} 和新芝麻素（neosesamin）[23]；生物碱类：黄荆胺 A（vitedoamine A）[23]。

**【药理作用】**1. 抗炎　叶中分离纯化的三萜类化合物牡荆三萜 C*（cannabifolin C）、2α, 3α- 二羟基熊果 -12, 20（30）- 二烯 -28 酸［2α, 3α-dihydroxyurs-12, 20（30）-dien-28-oic acid］、3- 表山楂酸（3-epimaslinic acid）和委陵菜酸（tormentic acid）能抑制脂多糖（LPS）诱导的 RAW264.7 巨噬细胞中一氧化氮（NO）的生成，半数抑制浓度（$IC_{50}$）为 24.9 ～ 40.5μmol/L[1]。2. 抗菌　地上部分中分离纯化的化合物金腰酚 D（chrysosplenol D）具有抑制大肠杆菌、枯草芽孢杆菌、四联小球菌和荧光假单胞菌的作用[2]。3. 抗氧化　种子中分离纯化的 16 种木酚素类化合物具有清除 1, 1- 二苯基 -2- 三硝基苯肼（DPPH）自由基的作用[3]。4. 细胞毒　果实中分离纯化的多甲氧基黄酮类化合物对人肝癌 HepG2 细胞和鼠 C6 细胞具有中至弱的细胞毒作用[4]。

**【性味与归经】**牡荆根：辛、苦、平。归肺、大肠经。黄荆子：辛，平。牡荆：微苦、辛，平。归心、肝经。牡荆叶：微苦、辛，平。归肺经。

**【功能与主治】**牡荆根：祛风利湿，用于感冒头痛，关节风湿病等。黄荆子：降气止呃，止咳平喘。用于胃痛，呃逆，支气管炎。牡荆：解表化湿，解毒祛痰，止咳平喘。用于咳喘，慢性支气管炎，胃痛，腹痛，暑湿泻痢风湿瘙痒，乳痈肿痛，蛇虫咬伤。牡荆叶：祛痰，止咳，平喘。用于咳嗽痰多。

**【用法与用量】**牡荆根：内服：9 ～ 15g。黄荆子：煎服 4.5 ～ 9g；研粉吞服 1.5 ～ 3g。牡荆：煎服 9 ～ 15g，鲜品可用至 30 ～ 60g；或捣汁饮；外用适量，捣敷；或煎水洗。牡荆叶：鲜用，供提取牡荆油用。

**【药用标准】**牡荆根：福建药材 2006。黄荆子：浙江炮规 2015、上海药材 1994、贵州药材 2003、河南药材 1993、湖北药材 2009、湖南药材 2009、江苏药材 1989、江西药材 1996 和四川药材 2010。牡荆：福建药材 2006、江西药材 1996、广西壮药 2008 和广西药材 1990。牡荆叶：药典 1977—2015。

**【临床参考】**1. 感冒高热：根 15g，加苦地胆、地骨皮、鬼针草各 15g，榕树叶 10g，若流行性感冒加板蓝根 15g，用 500ml 清水浸泡 10min 后武火煎沸，文火煎至 150ml，待温后一次服下，晚上再煎服 1 次[1]。

2. 糜烂型足癣：鲜茎叶 250g，加 2L 水煎煮，稍凉后浸泡患足 15min，每日 2 次，浸泡后擦干患足[2]；或茎叶 200g，加明矾 20g、苦楝皮 30g，加水煎煮，每次 1h，共煎 2 次，取溶液 1 ～ 1.5L，浸洗患足 15min 后晾干，早晚各 1 次，连用 14 日[3]。

3. 丹毒：鲜叶 50g，加 50% 乙醇适量，捣烂敷于患处，用纱布、塑料薄膜覆盖，绷带包扎，每日换药 1 次，5 天为 1 个疗程[4]。

4. 风寒感冒：鲜叶 24g，或加鲜紫苏叶 12g，水煎服。

5. 关节风湿痛：根 30g，水炖服。（4 方、5 方引自《福建中草药》）

6. 痧气腹痛及胃痛：鲜叶 20 片，放口中，嚼烂咽汁。

7. 疟疾：根 30g，水煎，第一煎于疟疾发作前 2h 加冰糖 30g 冲服，第二煎当茶饮。

8. 牙痛：根 9 ～ 15g，水煎服。（6 方至 8 方引自《江西民间草药》）

9. 久痢不愈：鲜茎叶 15 ～ 24g，加冰糖，冲开水炖 1h，饭前服，每日 2 次。

10. 感冒头痛：根 9 ～ 15g，冲开水炖服，每日 2 次。（9 方、10 方引自《福建民间草药》）

11. 寒咳、哮喘：果实 12g，炒黄研末，每次 6 ～ 9g，每日 3 次，开水送服。（《江西草药》）

12. 哮喘、胃痛：果实 15g，加樟树二层皮 15g，生姜 2 片（火烘赤），水煎服。（《福建植物志》）

13. 停乳奶胀：果实 12g，研末，温开水加酒少许调服。（《湖南药物志》）

14. 脚癣：鲜叶 250g，置面盆中，每晚临睡前加开水浸泡至水现淡绿色，再加温水到半面盆，然后将脚浸泡水中 5 ～ 6min，浸后用干布把脚趾擦干；或鲜叶捣烂，外敷患处。

15. 慢性气管炎：根 60g，水煎，分 2 次服；或果实 9g，加胡颓子叶、鱼腥草（后下）、枇杷叶各 15g，水煎，分 2 次服。

16. 痢疾、肠炎、消化不良：果实 500g，加酒药（酒曲）30g，分别炒黄，共研细粉，加白糖 250g，拌匀，每次 3 ～ 6g，每日 4 次。

17. 胃肠绞痛、手术后疼痛：果实研粉，每次 6g，每日 3 次。（14 方至 17 方引自《浙江药用植物志》）

**【附注】**以小荆实之名始载于《神农本草经》蔓荆条下。《名医别录》谓："牡荆实生河间、南阳、冤句山谷，或平寿、都乡高岸上及田野中，八月、九月采实，阴干。"《本草纲目》载："牡荆处处山野多有，樵采为薪。年久不樵者，其树大如碗也。其木心方，其枝对生，一枝五叶或七叶。叶如榆叶，长而尖，作锯齿。五月时开花成穗，红紫色。其子大如胡荽子，白膜皮裹之。"以上所述及附牡荆图应为本种。

本种的枝、根及茎炙烤后流出的汁液（牡荆沥）民间也作药用。

**【化学参考文献】**


[1] Ling T J，Ling W W，Chen Y J，et al. Antiseptic activity and phenolic constituents of the aerial parts of *Vitex negundo* var. *cannabifolia* [J]. Molecules，2010，15（11）：8469-8477.

[2] 凌玮玮 . 牡荆化学成分及其抑菌活性研究 [D]. 合肥：安徽农业大学硕士学位论文，2010.

[3] Chen Y J，Li C M，Ling W W，et al. A rearranged labdane-type diterpenoid and other constituents from *Vitex negundo* var. *cannabifolia* [J]. Biochem Syst Ecol，2012，40：98-102.

[4] 黄琼，林翠梧，黄克建，等 . 牡荆叶茎和花挥发油成分分析 [J]. 时珍国医国药，2007，18（4）：807-809.

[5] 陈刚，吴亚，孟祖超，等 . 沂蒙山产牡荆叶挥发油化学成分的研究 [J]. 安徽农业科学，2009，37（23）：11006-11007.

[6] Taguchi H. Studies on the constituents of *Vitex cannabifolia* [J]. Chem Pharm Bull，1976，24（7）：1668-1670.

[7] Huang M Q，Zhang Y P，Xu S Y，et al. Identification and quantification of phenolic compounds in *Vitex negundo* L. var. *cannabifolia*（Siebold et Zucc.）Hand. -Mazz. using liquid chromatography combined with quadrupole time-of-flight and triple quadrupole mass spectrometers [J]. J Pharm Biomed Anal，2015，108：11-20.

[8] Iwagawa T，Nakahara A，Miyauchi A，et al. Constituents of the leaves of *Vitex cannabifolia* [J]. Kagoshima Daigaku Rigakubu Kiyo，Sugaku，Butsurigaku，Kagaku，1993，26：57-61.

[9] Iwagawa T，Nakahara A，Nakatani M. Iridoids from *Vitex cannabifolia* [J]. Phytochemistry，1993，32（2）：453-454.

［10］Li M M，Su X Q，Sun J，et al. Anti-inflammatory ursane- and oleanane-type triterpenoids from *Vitex negundo* var. *cannabifolia*［J］. J Nat Prod，2014，77（10）：2248-2254.

［11］Li Y T，Li M M，Sun J，et al. Furofuran lignan glucosides from the leaves of *Vitex negundo* var. *cannabifolia*［J］. Nat Prod Res，2017，31（8）：918-924.

［12］李曼曼，李月婷，黄正，等．牡荆叶中 1 个新黄酮苷类化合物［J］. 中草药，2015，46（12）：1723-1726.

［13］李曼曼，黄正，霍会霞，等．牡荆叶化学成分研究［J］. 世界科学技术 - 中医药现代化，2015，17（3）：578-582.

［14］Fang S T，Kong N N，Yan B F，et al. Chemical constituents and their bioactivities from the fruits of *Vitex negundo* var. *cannabifolia*［J］. Nat Prod Res，2016，30（24）：2856-2860.

［15］Yamasaki T，Kawabata T，Masuoka C，et al. Two new lignan glucosides from the fruit of *Vitex cannabifolia*［J］. J Nat Med，2008，62（1）：47-51.

［16］宋妍，杨雪，葛红娟，等．牡荆子的化学成分［J］. 中国实验方剂学杂志，2014，20（19）：116-119.

［17］顾湘，杨雪，葛红娟，等．牡荆子的化学成分研究Ⅱ［J］. 西北药学杂志，2015，30（2）：114-117.

［18］李月婷，庞道然，朱枝祥，等．牡荆子的化学成分与生物活性研究［J］. 中国中药杂志，2016，41（22）：4197-4203.

［19］罗国良，汪洋，李华强，等．牡荆子化学成分研究［J］. 中国现代应用药学，2017，34（6）：794-799.

［20］徐金龙．牡荆子化学成分及紫花牡荆素临床前药代动力学研究［D］. 上海：第二军医大学硕士学位论文，2012.

［21］顾刚妹，刘异香，孙友富，等．牡荆子脂质成分的化学［J］. 中草药，1986，17（10）：42，41.

［22］赵群，娄志华，钟金栋，等．牡荆子的化学成分及抗氧化活性研究［J］. 昆明理工大学学报：自然科学版，2016，41（5）：92-99.

［23］Lou Z H，Li H M，Gao L H，et al. Antioxidant lignans from the seeds of *Vitex negundo* var. *cannabifolia*［J］. J Asian Nat Prod Res，2014，16（9）：963-969.

**【药理参考文献】**

［1］Li M M，Su X Q，Sun J，et al. Anti-inflammatory ursane- and oleanane-type triterpenoids from *Vitex negundo* var. *cannabifolia*［J］. Journal of Natural Products，2014，77（10）：2248-2254.

［2］Ling T J，Ling W W，Chen Y J，et al. Antiseptic activity and phenolic constituents of the aerial parts of *Vitex negundo* var. *cannabifolia*［J］. Molecules，2010，15（11）：8469-8477.

［3］Lou Z H，Li H M，Gao L H，et al. Antioxidant lignans from the seeds of *Vitex negundo* var. *cannabifolia*［J］. Journal of Asian Natural Products Research，2014，16（9）：963-969.

［4］Fang S T，Kong N N，Yan B F，et al. Chemical constituents and their bioactivities from the fruits of *Vitex negundo* var. *cannabifolia*［J］. Natural Product Letters，2016，30（24）：2856-2860.

**【临床参考文献】**

［1］曾梓钉．牡荆二地汤治疗感冒高热［J］. 新中医，2007，39（5）：28.

［2］吕海鹏．牡荆外洗治疗糜烂型足癣临床观察［C］. 全国中医、中西医结合皮肤病诊疗新进展高级研修班论文集，2007：3.

［3］苏志坚，吕海鹏．牡荆洗剂治疗糜烂型足癣 46 例［J］. 福建中医药，2010，41（4）：20-21.

［4］俸世林．牡荆叶外敷治疗丹毒 23 例报告［J］. 中国社区医师，2006，22（18）：44.

## 785. 蔓荆（图 785）• *Vitex trifolia* Linn.

**【别名】**三叶蔓荆。

**【形态】**落叶灌木，稀为小乔木，高 1.5 ～ 5m。茎直立，小枝四棱形，密被柔毛。叶片厚纸质，常有 3 枚小叶的复叶和单叶并存；小叶片倒卵形至倒卵状长圆形，长 2 ～ 8cm，宽 1 ～ 3cm，顶端短尖或钝，基部楔形，全缘，上面无毛或被微柔毛，下面密被灰白色绒毛。圆锥花序顶生，总花梗密被灰白色绒毛；花萼钟状，被白色绒毛，顶端 5 浅裂，果时增大而宿存；花冠淡紫色，外面及喉部有毛，顶端 5 裂，二唇形，上唇 2 裂，下唇 3 裂，中裂片较大；雄蕊 4 枚，伸出花冠外；子房球形，无毛，密生腺点，柱头 2

图 785　蔓荆　　　　摄影　李华东

裂。核果近球形，宿萼约为果长的1/2，密被白色绒毛。花期7～9月，果期9～11月。

**【生境与分布】**生于平原、村落附近。分布于福建，另广东、广西、云南及台湾等省区均有分布；印度、越南、菲律宾、澳大利亚也有分布。

**【药名与部位】**蔓荆根，根。蔓荆子，成熟果实。蔓荆叶，叶。

**【采集加工】**蔓荆根：秋、冬季采挖，洗净，切片，干燥。蔓荆子：秋季果实成熟时采收，除去杂质，干燥。蔓荆叶：夏、秋季采收，低温干燥。

**【药材性状】**蔓荆根：为不规则块片，厚0.3～1cm。外表面灰褐色至黄褐色，质坚硬。横切面木质部可见细小导管孔；纵切面纤维性。气微，味淡。

蔓荆子：呈球形，直径4～6mm。表面灰黄色或黑褐色，有灰白色粉霜状茸毛及4条纵沟。顶端微凹，基部有的残存被毛的宿萼及果梗痕。横切面可见4室，每室有种子1粒。气特异而芳香，味淡、微辛。

蔓荆叶：多皱缩或破碎。完整者倒卵形至长圆形，长2.5～9cm，宽1～3cm，全缘，叶先端钝或微尖，基部楔形。上表面灰色至灰黑色，无毛或被微柔毛；下表面灰白色，密被绒毛。气香，味辛、苦。

**【药材炮制】**蔓荆子：除去杂质，炒至香气逸出、宿萼焦黄色时，取出，摊凉；用时捣碎。

蔓荆叶：除去杂质及枝梗。

**【化学成分】**全草含三萜类：熊果酸（ursolic acid）、2α, 3α-二羟基-12-烯-28-熊果酸（2α, 3α-dihydroxyurs-12-en-28-oic acid）、白桦脂酸（betulinic acid）、蒲公英赛醇（taraxerol）和2α, 3β, 19-三羟基熊果-12-烯-28-羧酸（2α, 3β, 19-trihydroxyurs-12-en-28-oic acid）[1]和齐墩果酸（oleanolic acid）[2]；黄酮类：芹菜素（apigenin）、槲皮素（quercetin）和木犀草素（luteolin）[2]；苯丙素类：咖啡酸（caffeic acid）、反式对羟基肉桂酸乙酯（ethyl *trans-p*-hydroxylcinnamate）和顺式对羟基肉桂酸乙酯（ethyl *cis*-

p-hydroxylcinnamate）[2]；酚酸及酯类：对羟基苯甲酸（p-hydroxybenzoic acid）、对羟基苯甲酸乙酯（ethyl p-hydroxybenzoate）、3, 4- 二羟基苯甲酸（3, 4-dihydroxybenzoic acid）和 4- 羟基 -3- 甲氧基苯甲酸（4-hydroxy-3-methoxybenzoic acid）[2]；脂肪酸类：棕榈酸（palmitic acid）[2]。

茎和叶含三萜类：熊果醇（uvaol）、3- 表熊果酸（3-epi-ursolic acid）、2α, 3β, 24- 三羟基齐墩果 -12- 烯 -28- 羧酸（2α, 3β, 24-trihydroxyolean-12-en-28-oic acid）、2α, 3β, 24- 三羟基熊果 -12- 烯 -28- 羧酸（2α, 3α, 24-trihydroxyurs-12-en-28-oic acid）、2α, 3α, 24- 三羟基齐墩果 -12- 烯 -28- 羧酸（2α, 3α, 24-trihydroxyolean-12-en-28-oic acid）和 2α, 3α, 24- 三羟基齐墩果 -12- 烯 -28- 羧酸 -28-O-β-D- 吡喃葡萄糖酯（2α, 3α, 24-trihydroxyolean-12-en-28-oic acid-28-O-β-D-glucopyranosyl ester）[3]，熊果酸（ursolic acid）、白桦脂酸（betulinic acid）和 3β- 乙酰氧基熊果酸（3β-acetyloxyursolic acid）[4]；二萜类：牡荆内酯（vitexilactone）和原牡荆内酯（previtexilactone）[4]；甾体类：β- 扶桑甾醇棕榈酸酯（β-rosaterol palmitate）、β- 谷甾醇（β-sitosterol）和胡萝卜苷（daucosterol）[3]；木脂素类：去四氢铁杉脂素（detetrahydroconidendrin）[5]；黄酮类：蔓荆子黄素（vitexicarpin）和木犀草素（luteolin）[5]；蒽醌类：大黄素甲醚（physcion）、大黄素（emodin）和大黄酚（chrysophanol）[5]；生物碱类：黄荆胺 A（vitedoamine A）[5]；酚酸类：3, 4- 二羟基苯甲酸（3, 4-dihydroxybenzoic acid）和对羟基苯甲酸（4-hydroxybenzoic acid）[4]；脂肪酸类：（Z）-9- 十六碳烯酸［（Z）-9-hexadecenoic acid］[3]；烷醇类：二十八烷醇（octacosyl alcohol）[3]；烷烃类：三十三烷（tritriacontane）[5]。

叶含二萜类：13- 羟基 -5（10），14- 哈里马二烯 -6- 酮［13-hydroxy-5（10），14-halimadien-6-one］、6α, 7α- 二乙酰氧基 -13- 羟基 -8（9），14- 半日花二烯［6α, 7α-diacetoxy-13-hydroxy-8（9），14-labdadiene］、9- 羟基 -13（14）- 半日花烯 -15, 16- 内酯［9-hydroxy-13（14）-labden-15, 16-olide］、异龙涎香内酯（iso-ambreinolide）[6]，三花蔓荆萜氧化物*A、B、C、D、E、F、G、H、I（vitextrifloxide A、B、C、D、E、F、G、H、I）、原蔓荆内酯（prevetexilactone）、单叶蔓荆素 B（vitexfolin B）、蔓荆萜素 D、E、F、G、I（vitetrifolin D、E、F、G、I）、去乙酰基牡荆内酯（deacetylvitexilactone）、牡荆内酯（vitexilactone）、牡荆内酯 B（vitexilactone B）、单叶蔓荆果素*B（viterotulin B）、密花樫木素*G（dysoxydensin G）、穗花牡荆素 I（viteagnusin I）、三花蔓荆新素 C（vitextrifolin C）、9α- 羟基 -13（14）- 半日花烯 -16, 15- 酰胺［9α-hydroxy-13（14）-labden-16, 15-amide］、9, 13- 环氧 -16- 去甲半日花 -（13E）- 烯 -15- 醛［9, 13-epoxy-16-norlabda-（13E）-en-15-al］、黄荆二萜 C（negundoin C）[7]，蔓荆二萜素 A（viteosin A）[8] 和蔓荆吡咯*A、B、C、D（vitepyrroloid A、B、C、D）[9]；三萜类：科罗索酸（corosolic acid）、α- 香树脂醇（α-amyrin）、熊果酸（ursolic acid）[6]，熊果酸乙酸酯（ursolic acid acetate）、悬铃木酸（platanic acid）[10]，木栓酮（friedelin）[11]，23- 羟基 -3α-O-α-L- 吡喃鼠李糖基 -（1‴ → 4″）-O-［β-D-（E-6‴-O- 咖啡酰基）- 吡喃葡萄糖苷］-O- 齐墩果 -12- 烯 -28- 羧酸 {23-hydroxy-3α-O-α-L-rhamnopyranosyl-（1‴ → 4″）-O-［β-D-（E-6‴-O-caffeoyl）-glucopyranoside］-O-olean-12-en-28-oic acid}、β- 香树脂醇（β-amyrin）、β- 香树脂醇 -3-O-β-D- 吡喃葡萄糖苷（β-amyrin-3-O-β-D-glucopyranoside）、齐墩果酸（oleanolic acid）、常春藤皂苷元（hedragenin）和 3- 羟基 -3α-（O- 硫酸酯 - 氧基）- 齐墩果 -12- 烯 -28- 羧酸 -28-O-α-L- 吡喃鼠李糖基 -（1‴ → 4″）-O-β-D- 吡喃葡萄糖基 -（1″ → 6′）-O-β-D- 吡喃葡萄糖基酯苷［3-hydroxy-3α-（O-sulfate-oxy）-olean-12-en-28-oic acid-28-O-α-L-rhamnopyranosyl-（1‴ → 4″）-O-β-D-glucopyranosyl-（1″ → 6′）-O-β-D-glucopyranoside ester］[12]；环烯醚萜类：穗花牡荆苷（agnuside）、黄荆环烯醚萜苷（negundoside）、6′- 对 - 羟基苯甲酰玉叶金花苷酸（6′-p-hydroxybenzoyl mussaenosidic acid）和玉叶金花苷酸（mussaenosidic acid）[6]；黄酮类：紫花牡荆素（vitexicarpin）、猫眼草酚 D（chrysoplenol D）、牡荆素（vitexin）[6]，3, 4′- 二甲氧基槲皮素 -7-O-β-D- 吡喃葡萄糖苷（3, 4′-dimethoxyquercetin-7-O-β-D-glucopyranoside）、槲皮素 -7-O- 新橙皮糖苷（quercetin-7-O-neohespridoside）、3, 6, 4′- 三甲氧基槲皮素 -7-O-β-D- 吡喃葡萄糖苷（3, 6, 4′-trimethoxyquercetin-7-O-β-D-glucopyranoside）[12]，蒿黄素（artemetin）、7- 去甲基蒿黄素（7-desmethylartemetin）[13]，

木犀草素-7-*O*-β-D-吡喃葡萄糖醛酸苷（luteolin-7-*O*-β-D-glucuropyranonide）、木犀草素-3′-*O*-β-D-吡喃葡萄糖醛酸苷（luteolin-3′-*O*-β-D-glucuropyranonide）和异荭草素（*iso*-orientin）[14]；酚酸及酯类：对羟基苯甲酸（*p*-hydroxybenzoic acid）、对甲氧基苯甲酸（*p*-methoxybenzoic acid）、2, 3-二羟基苯甲酸（2, 3-dihydroxy benzoic acid）、2-羟基-3-甲氧基苯甲酸（2-hydroxy-3-methoxybenzoic acid）[6]和对羟基苯甲酸丁酯（butyl *p*-hydroxybenzoate）[15]；苯丙素类：反式咖啡酸（*trans*-caffeic acid）和顺式咖啡酸（*cis*-caffeic acid）[12]；甾体类：β-谷甾醇（β-sitosterol）、β-胡萝卜苷（β-daucosterol）[11]和豆甾醇（stigmasterol）[12]；挥发油：α-蒎烯（α-pinene）、β-蒎烯（β-pinene）、1, 8-桉叶素（1, 8-cineole）、α-松油醇（α-terpineol）[16]，香紫苏醇（sclareol）、桉油精（eucalyptol）、香桧烯（sabinene）、丁香烯（caryophyllene）、γ-榄香烯（γ-elemene）、β-异甲基香堇酮（β-*iso*-methylionone）和3-蒈烯（3-carene）[17]。

果实含单萜类：蔓荆单萜素（vitexoid）[18]；环烯醚萜苷类：（1*S*, 5*S*, 6*R*, 9*R*）-10-*O*-对-羟基苯甲酰基-5, 6β-二羟基环烯醚萜-1-*O*-β-D-吡喃葡萄糖苷（1*S*, 5*S*, 6*R*, 9*R*）-10-*O*-*p*-hydroxybenzoyl-5, 6β-dihydroxy-iridoid-1-*O*-β-D-glucopyranoside）、10-*O*-香草酰桃叶珊瑚苷（10-*O*-vanilloylaucubin）、穗花牡荆梢苷*（agnusoside）、3-正丁基黄荆醚萜苷（3-*n*-butyl nishindaside）、黄荆醚萜苷（nishindaside）、3-正丁基异黄荆醚萜苷（3-*n*-butyl-*iso*-nishindaside）[19]，穗花牡荆苷（agnuside）[20]和杜仲醇（eucommiol）[21]；倍半萜类：斯巴醇（spathulenol）和对映-4α, 10β-二羟基香橙烷（*ent*-4α, 10β-dihydroxyaromadendrane）[20]；二萜类：蔓荆萜素A、B、C（vitetrifolin A、B、C）、蔓荆呋喃（rotundifuran）、二氢一枝黄花精酮（dihydrosolidagenone）、松香三烯-3β-醇（abietatrien-3β-ol）[22]，蔓荆萜素D、E、F、G（vitetrifolin D、E、F、G）[23]，单叶蔓荆二萜E、F（vitexifolin E、F）、牡荆内酯（vitexilactone）、6-乙酰氧基-9-羟基-13（14）-半日花烯-16, 15-交酯［6-acetoxy-9-hydroxy-13（14）-labden-16, 15-olide］、前牡荆内酯（previtexilactone）、（2*E*）-相对-（−）-2-{（1′*R*, 2′*R*, 4′a*S*, 8′a*S*）-去氢-2′, 5′, 5′, 8′a-四甲基螺环［呋喃-2（3H）, 1′（2′H）-萘烯］-5-亚基}-乙醛{（2*E*）-rel-（−）-2-{（1′*R*, 2′*R*, 4′a*S*, 8′a*S*）-decahydro-2′, 5′, 5′, 8′a-tetramethylspiro［furan-2（3H）, 1′（2′H）-naphthalen］-5-ylidene}-acetaldehyde}[24]，（相对-5*S*, 6*R*, 8*R*, 9*R*, 10*S*）-6-乙酰氧基-9-羟基-13（14）-半日花烯-16, 15-交酯［（rel-5*S*, 6*R*, 8*R*, 9*R*, 10*S*）-6-acetoxy-9-hydroxy-13（14）-labden-16, 15-olide］[25]，蔓荆萜素H、I（vitetrifolin H、I）、6-乙酰氧基-9-羟基-13（14）-半日花烷-16, 15-交酯［6-acetoxy-9-hydroxy-13（14）-labdane-16, 15-olide］、6-乙酰氧基-9, 13；15, 16-二环氧-15-甲氧基半日花烷（6-acetoxy-9, 13；15, 16-diepoxy-15-methoxylabdane）[18]，三花蔓荆新素A、B、C、D、E、F、G（vitextrifolin A、B、C、D、E、F、G）、牡荆内酯B（vitexilactone B）、去乙酰基牡荆内酯（deacetylvitexilactone）、穗花牡荆素I（viteagnusin I）、黄荆二萜醇（negundol）[26]，（3*S*, 5*S*, 6*S*, 8*R*, 9*R*, 10*S*）-3, 6, 9-三羟基-13（14）-半日花烯-16, 15-内酯-3-*O*-β-D-吡喃葡萄糖苷［（3*S*, 5*S*, 6*S*, 8*R*, 9*R*, 10*S*）-3, 6, 9-trihydroxy-13（14）-labdean-16, 15-olide-3-*O*-β-D-glucopyranoside］、穗花牡荆奴苷*A（viteagnuside A）[19]和黄荆种素B（vitedoin B）[20]；酚酸类：对羟基苯甲酸（*p*-hydroxybenzoic acid）[20]，3, 4-二羟基苯甲酸（3, 4-dihydroxybenzoic acid）和香草酸（vanillic acid）[27]；蒽醌类：大黄素甲醚（physcion）[20]；黄酮类：紫花牡荆素（vitexicarpin）[20]，桃皮素（persicogenin）、蒿黄素（artemetin）、木犀草素（luteolin）、垂叶黄素（penduletin）、猫眼草酚D（chrysosplenol D）[28]，3, 6, 7-三甲基槲皮万寿菊素（3, 6, 7-trimethylquercetagetin）[29]，紫花牡荆素（casticin）[20, 29]，牡荆素（vitexin）和5, 7, 2′, 5′-四羟基黄酮（5, 7, 2′, 5′-tetrahydroxyflavone）[27]；木脂素类：毛泡桐脂素（paulownin）[15]，三花蔓荆脂醇*A（vitrifol A）和二氢脱氢二松柏烯醇（dihydrodehydrodiconifenyl alcohol）[21]；生物碱类：牡荆内酰胺A（vitexlactam A）[20]和蔓荆子碱（vitricin）[30]；甾体类：过氧麦角甾醇（peroxy-ergosterol）、β-谷甾醇（β-sitosterol）[20]，β-谷甾醇-3-*O*-葡萄糖苷（β-sitosterol-3-*O*-glucoside）[29]，豆甾-4-烯-6β-醇-3-酮（stigmast-4-en-6β-ol-3-one）[21]，豆甾醇（stigmasterol）和5α-豆甾-3, 7-二酮（5α-stigmast-3, 7-dione）[27]；脂肪酸类：硬脂酸（stearic acid）[27]。

【药理作用】1. 抗炎　果实中分离纯化的化合物（1*S*, 5*S*, 6*R*, 9*R*）-10-*O*- 对 - 羟基苯甲酰基 -5, 6β- 二羟基 环烯醚萜 -1-*O*-β-D- 吡喃葡萄糖苷［（1*S*, 5*S*, 6*R*, 9*R*）-10-*O*-*p*-hydroxybenzoyl-5, 6β-dihydroxy iridoid-1-*O*-β-D-glucopyranoside］、10-*O*- 香草酰桃叶珊瑚（10-*O*-vanilloylaucubin）、穗花牡荆梢苷 *（agnuside）和 3- 正丁基黄荆环萜苷 *（3-*n*-butyl nishindaside）能抑制脂多糖（LPS）诱导的 RAW264.7 巨噬细胞中一氧化氮（NO）的生成，半数抑制浓度（$IC_{50}$）分别为 90.05μmol/L、88.51μmol/L、87.26μmol/L 和 76.06μmol/L［1］。2. 抗肿瘤　叶中分离纯化的双环己烷类化合物三花蔓荆萜氧化物 G*（vitextrifloxide G）和三花蔓荆萜氧化物 I（vitextrifloxide I）具有 DNA 拓扑异构酶 Ⅰ 抑制作用，在 100μmol/L 浓度时，其作用与阳性药喜树碱（CPT）相当［2］；叶中分离的二萜类生物碱蔓荆吡咯 A*（vitepyrroloid A）对人鼻咽癌 CNE1 细胞具有细胞毒作用，半数抑制浓度（$IC_{50}$）为 8.7μmol/L［3］。3. 降血脂　叶中分离的化合物牡荆内酯（vitexilactone）对 3T3-L1 脂肪细胞表现为类罗格列酮作用，增加脂质积累，减少脂联素和谷氨酸在细胞膜上的表达，减小脂肪细胞大小，减少 IRS-1、ERK1/2 和 JNK 在 3T3-L1 细胞中的磷酸化［4］。

【性味与归经】蔓荆根：微苦、涩，温。归肺、肝、脾经。蔓荆子：辛、苦，微寒。归膀胱、肝、胃经。蔓荆叶：苦，凉。归肝、脾、肾、膀胱经。

【功能与主治】蔓荆根：清火解毒，除风止痛。用于风火偏盛所致的头昏，头痛，眩晕，心悸；中风偏瘫；风湿病肢体关节肿痛。蔓荆子：疏散风热，清利头目。用于风热感冒头痛，齿龈肿痛，目赤多泪，目暗不明，头晕目眩。蔓荆叶：清火解毒，除风止痒，活血化瘀，消肿止痛，利尿通淋。用于风火偏盛所致的头昏，头痛，眩晕，中风病偏瘫；风湿病肢体关节红肿热痛或酸麻冷痛；六淋证出现的尿频，尿急，尿痛；风疹，麻疹，水痘，湿疹。

【用法与用量】蔓荆根：煎服 15 ～ 30g；外用适量。蔓荆子：5 ～ 9g。蔓荆叶：煎服 10 ～ 15g；外用适量。

【药用标准】蔓荆根：云南傣药 2005 三册；蔓荆子：药典 1963—2015、浙江炮规 2005、内蒙古蒙药 1986、新疆药品 1980 二册、云南药品 1974、香港药材五册和台湾 2013；蔓荆叶：云南傣药 2005 三册和广西药材 1990。

【临床参考】1. 偏头痛：果实 10g，加全蝎 6g、蜈蚣 2 条、川芎 15g、天麻 15g、白芍 18g、甘草 6g、陈皮 6g，水煎服，每日 1 剂，分早晚两次服；瘀血头痛者，加桃仁 10g、红花 10g、地鳖虫 10g；肝阳头痛者，加珍珠母 30g、夏枯草 15g、菊花 10g；肝郁头痛者，加柴胡 10g、郁金 12g、合欢皮 15g；痰浊头痛者，加半夏 10g、白术 15g、制南星 6g［1］。

2. 神经性头痛：果实（包煎）30g，加土茯苓 60g、金银花 30g、玄参 15g、防风 9g、天麻 15g、辛夷（包煎）9g、黑豆 15g、灯芯草 6g、川芎 15g；太阳头痛者加羌活，阳明头痛者加葛根、白芷；少阳头痛者加柴胡、黄芩；厥阴头痛者加吴茱萸、藁本，每日 1 剂，水煎 400ml 温服［2］。

【附注】本种始载于《神农本草经》。《新修本草》云："蔓荆生水滨，叶似杏叶而细，茎长丈余，花红白色，今人误以小荆为蔓荆，遂将蔓荆子为牡荆子也。"《图经本草》中就误将牡荆作为蔓荆，《本草纲目》曾做纠正云："其枝小弱如蔓，故曰蔓生。"即指本种。

药材蔓荆子胃虚者慎用。

单叶蔓荆 *Vitex trifolia* Linn. var. *simplicifolia* Cham.（*Vitex rotundifolia* Linn. f.）的果实，《中国药典》2015 年版一部也收载作蔓荆子药用。该种的叶在海南作蔓荆叶药用。

【化学参考文献】

［1］陈永胜，谢捷明，姚宏，等．蔓荆三萜类成分研究［J］．中药材，2010，33（6）：908-910.

［2］陈永胜，林小燕，钟林静，等．三叶蔓荆的化学成分研究［J］．天然产物研究与开发，2011，23（6）：1011-1013，1048.

［3］Liu Q Y，Chen Y S，Wang F，et al. Chemical of *Vitex trifolia*［J］. China J Chin Mater Med，2014，39（11）：2024-2028.

[4] 闫利华，张启伟，王智民，等.三叶蔓荆化学成分研究（Ⅱ）[J].中草药，2010，41（10）：1622-1624.
[5] 闫利华，徐丽珍，林佳，等.三叶蔓荆化学成分研究（Ⅰ）[J].中草药，2009，40（4）：531-533.
[6] Tiwari N，Thakur J，Saikia D，et al. Antitubercular diterpenoids from *Vitex trifolia* [J]. Phytomedicine，2013，20（7）：605-610.
[7] Luo P，Yu Q，Liu S N，et al. Diterpenoids with diverse scaffolds from *Vitex trifolia*，as potential topoisomerase I inhibitor [J]. Fitoterapia，2017，120：108-116.
[8] Alam G，Wahyuono S，Inbu G G，et al. Tracheospasmolytic activity of viteosin-A and vitexicarpin isolated from *Vitex trifolia* [J]. Planta Med，2002，68（11）：1047-1049.
[9] Luo P，Xia W J，Susan L M，et al. Vitepyrroloids A-D，2-cyanopyrrole-containing labdane diterpenoid alkaloids from the leaves of *Vitex trifolia* [J]. J Nat Prod，2017，80：1679-1683.
[10] Jangwan J S，Aquino R P，Mencherini T，et al. Chemical constituents of ethanol extract of leaves and molluscicidal activity of crude extracts from *Vitex trifolia* Linn. [J]. Herba Polonica，2013，59（4）：19-32.
[11] Vedantham T N C，Subramanian S S. Non-flavonoid components of *Vitex trifolia* [J]. Indian Journal of Pharmacy，1976，38（1）：13.
[12] Mohamed M A，Abdou A M，Hamed M M，et al. Characterization of bioactive phytochemical from the leaves of *Vitex trifolia* [J]. International Journal of Pharmaceutical Applications，2012，3（4）：419-428.
[13] Nair A G R，Ramesh P，Subramanian S S. Two unusual flavones（artemetin and 7-desmethyl artemetin）from the leaves of *Vitex trifolia* [J]. Current Science，1975，44（7）：214-216.
[14] Ramesh P，Nair A G R，Subramanian S S. Flavone glycosides of *Vitex trifolia* [J]. Fitoterapia，1986，57（4）：282-283.
[15] Kannathasan K，Senthilkumar A，Venkatesalu V. Mosquito larvicidal activity of methyl-*p*-hydroxybenzoate isolated from the leaves of *Vitex trifolia* Linn. [J]. Acta Tropica，2011，120（1-2）：115-118.
[16] Higa M，Yogi S，Hokama K. Studies on the constituents of *Vitex trifolia* L. [J]. Bulletin of the College of Science，University of the Ryukyus，1983，35：61-66.
[17] Chowdhury J U，Nandi N C，Bhuiyan M N I，et al. Aromatic plants of bangladesh：volatile constituents of leaf oil from *Vitex negundo* and *V. trifolia* [J]. Indian Perfumer，2009，53（2）：30-33.
[18] Wu J，Zhou T，Zhang S，et al. Cytotoxic terpenoids from the fruits of *Vitex trifolia* L. [J]. Planta Med，2009，75（4）：367-370.
[19] Bao F，Tang R，Cheng L，et al. Terpenoids from *Vitex trifolia* and their anti-inflammatory activities [J]. J Nat Med，2018，72（2）：570-575.
[20] 顾琼，张雪梅，江志勇，等.蔓荆的化学成分研究[J].中草药，2007，38（5）：656-659.
[21] Gu Q，Zhang X M，Zhou J，et al. One new dihydrobenzofuran lignan from *Vitex trifolia* [J]. J Asian Nat Prod Res，2008，10（6）：499-502.
[22] Ono M，Sawamura H，Ito Y，et al. Diterpenoids from the fruits of *Vitex trifolia* [J]. Phytochemistry，2000，55（8）：873-877.
[23] Ono M，Ito Y，Nohara T. Four new halimane-type diterpenes，vitetrifolins D-G，from the fruit of *Vitex trifolia* [J]. Chem Pharm Bull，2001，49（9）：1220-1222.
[24] Kiuchi F，Matsuo K，Ito M，et al. New norditerpenoids with trypanocidal activity from *Vitex trifolia* [J]. Chem Pharm Bull，2004，52（12）：1492-1494.
[25] Li W X，Cui C B，Cai B，et al. Labdane-type diterpenes as new cell cycle inhibitors and apoptosis inducers from *Vitex trifolia* L. [J]. J Asian Nat Prod Res，2005，7（2）：95-105.
[26] Zheng C J，Zhu J Y，Yu W，et al. Labdane-type diterpenoids from the fruits of *Vitex trifolia* [J]. J Nat Prod，2013，76（2）：287-291.
[27] 辛海量，胡园，张巧艳，等.蔓荆子的化学成分研究[J].第二军医大学学报，2006，27（9）：1038-1040.
[28] Li W X，Cui C B，Cai B，et al. Flavonoids from *Vitex trifolia* L. inhibit cell cycle progression at $G_2$/M phase and induce apoptosis in mammalian cancer cells [J]. J Asian Nat Prod Res，2005，7（4）：615-626.

［29］曾宪仪，方乍浦，吴永忠，等 . 蔓荆子化学成分研究［J］. 中国中药杂志，1996，21（3）：167-168.
［30］Doepke W. Vitricin，a new alkaloid from *Vitex trifolia* Linn.［J］. Naturwissenschaften，1962，49：375.

**【药理参考文献】**

［1］Bao F，Tang R，Cheng L，et al. Terpenoids from *Vitex trifolia* and their anti-inflammatory activities［J］. Journal of Natural Medicines，2018，72：570-575.
［2］Luo P，Yu Q，Liu S N，et al. Diterpenoids with diverse scaffolds from *Vitex trifolia*， as potential topoisomerase I inhibitor［J］. Fitoterapia，2017，120：108-116.
［3］Luo P，Xia W J，Susan L，et al. Vitepyrroloids A-D，2-cyanopyrrole-containing labdane diterpenoid alkaloids from the leaves of *Vitex trifolia*［J］. Journal of Natural Products，2017，80：1679-1683.
［4］Atsuyoshi N，Masaya I，Daisuke S，et al. The rosiglitazone-like effects of vitexilactone，a constituent from *Vitex trifolia* L. in 3T3-L1 preadipocytes［J］. Molecules，2017，22（11）：2030-2043.

**【临床参考文献】**

［1］江汉荣 . 蔓荆蝎蚣汤治疗偏头痛 68 例疗效分析［J］. 临床医药文献电子杂志，2017，100（4）：19764-19765.
［2］杨贵豹，王中琳 . 头风神方加减治疗神经性头痛临床观察［J］. 实用中医药杂志，2015，31（9）：806.

## 6. 大青属 *Clerodendrum* Linn.

落叶灌木或小乔木，少为攀援灌木或草本。植物体常具腺点、盘状腺体、鳞片状腺体或毛。小枝四棱形或圆柱形。单叶，对生，稀轮生，全缘或有齿。聚伞花序排成顶生或腋生的伞房或圆锥花序或短缩成头状，花萼钟状，管状，顶端 5 裂，宿存，有颜色，全部或部分包被果实；花冠管圆筒状或漏斗状，顶端 5 裂，裂片向外平展；雄蕊 4 枚，着生于冠管上，花丝等长或 2 长 2 短，在芽中内卷，开花后伸出花冠外，花药卵形或长卵形，药室平行，子房 4 室，每室有下垂或侧生胚珠 1 粒；花柱条形，柱头 2 浅裂。核果，内有 4 分核。种子长圆形，无胚乳。

约 400 种，分布于热带和亚热带地区，少数分布于温带，主产于东半球。中国 34 种 6 变种，大多数分布于西南和华南地区，法定药用植物 7 种 1 变种。华东地区法定药用植物 4 种。

### 分种检索表

1. 叶片下面密被腺体；花序及分支鲜红色……………………………………………………赪桐 *C. japonicum*
1. 叶片下面无腺体；花序及分支绿色或灰黄色。
  2. 聚伞花序紧缩成头状；花萼裂片三角形或狭三角形……………………………………臭牡丹 *C. bungei*
  2. 聚伞花序疏展，不呈头状；花萼裂片三角形、狭三角形或卵形、卵状椭圆形。
    3. 叶长圆形或长圆状披针形；花萼小，裂片三角形至狭三角形…………………大青 *C. cyrtophyllum*
    3. 叶卵状椭圆形或三角状卵形；花萼大，裂片卵形或卵状椭圆形…………海州常山 *C. trichotomum*

## 786. 赪桐（图 786）• *Clerodendrum japonicum*（Thunb.）Sweet［*Clerodendron japonicum*（Thunb.）Sweet］

【**别名**】百日红（江苏）。

【**形态**】灌木，高 1 ～ 4m。小枝四棱形，具沟槽，常被短柔毛，节部被长柔毛；髓充实，浅褐色。叶对生，叶片纸质，阔卵形或近圆形，长 10 ～ 35cm，宽 6 ～ 26cm，顶端渐尖或骤尖，基部心形，边缘有稀疏细齿，上面疏生伏毛，下面密生黄色鳞片状腺体；叶柄长 2 ～ 15cm，被毛。聚伞花序排成顶生的圆锥花序，鲜红色；苞片卵状披针形或椭圆形，长 2 ～ 3cm；小苞片条形；花萼深 5 裂，裂片外面疏被短毛及盾形腺体；花冠朱红色，花冠管顶端 5 裂；雄蕊长为花冠 2 倍，子房无毛，4 室，花柱与雄蕊几等长，柱头 2 裂。果近球形，含 2 ～ 4 个分核，包藏于增大的宿萼内。花果期 5 ～ 11 月。

**图 786 赪桐** 摄影 张芬耀等

【生境与分布】生于丘陵、山谷、溪边、林缘灌丛或栽培逸为野生。分布于安徽、江苏、浙江、江西、上海和福建，另广东、广西、台湾及西南地区均有分布；日本、马来西亚等国也有分布。

【药名与部位】红花臭牡丹根，根。赪桐，地上部分。

【采集加工】红花臭牡丹根：秋、冬季采挖，洗净，切片，干燥。赪桐：全年均可采收，干燥或鲜用。

【药材性状】红花臭牡丹根：为不规则块片。外表面灰棕色至黄棕色，具不规则细皱纹，有少数凸起的支根痕。切面皮部较薄，木质部宽广，黄白色。气微，味淡。

赪桐：茎呈圆柱形，直径 0.5 ～ 2.5cm；表面灰黄色，具纵皱纹及皮孔，质硬；断面皮部极薄，木部淡黄色，具同心性环纹及不甚明显的放射状纹理和褐色小点，髓部浅黄棕色，多凹陷。叶皱缩，灰绿色至灰黄色，被灰白色茸毛，展开后呈广卵圆形，先端渐尖，基部心形，边缘有锯齿。气微，味淡。

【药材炮制】赪桐：除去杂质，洗净，稍润，切段，干燥。

【化学成分】地上部分含环状五肽类：赪桐环五肽 *A、B（japonicum cyclic pentapeptide A、B）和美特五肽 *A、B（metabolite A、B）[1]；木脂素类：7α- 羟基丁香脂素（7α-hydroxysyringaresinol）、（－）- 丁香脂素［（－）-syringaresinol］和（－）- 杜仲树脂酚［（－）-medioresinol］[2]；苯乙醇苷类：2″, 3″-*O*- 乙酰角胡麻苷（2″, 3″-*O*-acetylmartyonside）、2″-*O*- 乙酰角胡麻苷（2″-*O*-acetyl-martyonside）、角胡麻苷（martynoside）和单乙酰角胡麻苷（monoacetyl martynoside）[2]；酰胺类：细胞松弛素 O（cytochalasin O）[2]；倍半萜类：9- 表 - 布卢门醇 B（9-epi-blumenol B）、（6*R*, 9*S*）-9- 羟基 -4- 大柱香波龙烯 -3- 酮［（6*R*, 9*S*）-9-hydroxy-

4-megastigmen-3-one］、（6*R*, 9*R*）-9- 羟基 -4- 大柱香波龙烯 -3- 酮［（6*R*, 9*R*）-9-hydroxy-4-megastigmen-3-one］、（6*R*, 9*S*）-3- 酮基 -α- 香堇醇［（6*R*, 9*S*）-3-oxo-α-ionol］、（–）- 去氢催吐萝芙木叶醇［（–）-dehydrovomifoliol］、大柱香波龙 -5- 烯 -3, 9- 二醇（megastigm-5-en-3, 9-diol）、（3*R*, 6*E*, 10*S*）-2, 6, 10- 三甲基 -3- 羟基十二碳 -6, 11- 二烯 -2, 10- 二醇［（3*R*, 6*E*, 10*S*）-2, 6, 10-trimethyl-3-hydroxydodeca-6, 11-dien-2, 10-diol］、（2*R*）- 丁基亚甲基丁二酸［（2*R*）-butylitaconic acid］和 3-（3ζ- 羟基丁基）-2, 4, 4- 三甲基环己 -2, 5- 二烯酮［3-（3ζ-hydroxybutyl）-2, 4, 4-trimethylcyclohexa-2, 5-dienone］[2]；单萜类：（–）- 黑麦草内酯［（–）-loliolide］[2]。

全草含苯乙醇苷类：角胡麻苷（martynoside）、单乙酰角胡麻苷（monoacety1 martynoside）、类叶升麻苷（acteoside）和赪桐苷 A（clerodenoside A）[3]；三萜类：熊果酸（ursolic acid）[3]；黄酮类：小麦黄素（tricin）[3]；甾体类：豆甾醇（stigmasterol）、25, 26- 去氢豆甾醇（25, 26-dehydrostigmasterol）和 22, 23- 二氢菠菜甾醇（22, 23-dihydrospinasterol）[3]；其他尚含：丁二酸酐（succinic anhydride）[3]。

**【药理作用】**1. 抗炎　根水提取物能明显抑制二甲苯所致小鼠的耳廓肿胀、乙酸引起小鼠的腹腔毛细血管通透性增加以及腋下植入棉球引起的小鼠肉芽肿增加，具有明显的抗炎作用[1]。2. 抗补体　醇提取物有较强的经典途径抗补体活性，能明显抑制豚鼠血清中的补体活性，降低补体激活后所引起的兔抗羊红细胞抗体（溶血素）对 2% 绵羊红细胞（SRBC）的体外溶血率[2]。

**【性味与归经】**红花臭牡丹根：微甘，凉。归肝、脾、肾、膀胱经。赪桐：辛、甘，凉。归肺、肝、肾经。

**【功能与主治】**红花臭牡丹根：清火解毒，活血止血，调经通乳，除风止痛，补土健胃。用于月经不调，痛经，赤白带下，产后缺乳；六淋证出现的小便热涩疼痛，尿黄，尿血；睾丸肿痛；脘腹胀痛，不思饮食，四肢乏力；风湿病关节肌肉肿痛。赪桐：清肺热，散瘀肿，凉血止血，利小便。用于偏头痛，跌打瘀肿，痈肿疮毒，肺热咳嗽，热淋，小便不利，咳血，尿血，痔疮出血，风湿骨痛。

**【用法与用量】**红花臭牡丹根：煎服 15 ～ 30g；外用适量。赪桐：15 ～ 30g，鲜品 30 ～ 60g；水煎服或研末冲服；外用适量，捣敷或研末调敷。

**【药用标准】**红花臭牡丹根：云南傣药 2005 三册；赪桐：广西壮药 2011 二卷和广西瑶药 2014 一卷。

**【临床参考】**1. 偏头痛：叶 60g，加花椒 15g，用酒炒热，摊于纱布上，外敷痛处。（《福建药物志》）

2. 咳血、血尿、痔疮、痢疾、月经不调、产后腹痛：根 15 ～ 21g，水煎服；鲜叶捣烂加酒炒服。（《湖南药物志》）

3. 下痢：根 5g，加圆头桔根 10g、车前草 15g、金石榴根 3g，炖服。（《畲族医药学》）

4. 跌打皮下出血、肿痛：鲜叶 300g，加鲜苦地胆 150g、鲜泽兰 100g、鲜鹅不食草 100g，捣烂，用酒炒热后，敷患处。（《实用皮肤病性病中草药彩色图集》）

**【附注】**以赪桐花之名始载于《南方草木状》，云："岭南处处有，自初夏生至秋，盖草也。叶如桐，其花连枝萼，皆深红之极者，俗呼贞桐花。"《酉阳杂俎》云："贞桐枝端抽赤黄条，条复旁对分三层，花大如落苏花，作黄色，一茎上有五六十朵。"《群芳谱》云："身青叶圆大而长，高三四尺便有花成朵而繁，红色如火，为夏秋荣观。"《植物名实图考》云："按素贞桐，广东遍地生，移植北地，亦易繁衍。京师以其长须下垂，如垂丝海棠，呼为洋海棠。其茎中空，冬月密室藏之，春深生叶。插枝亦活。"按上述并观其附图，似与本种一致。

本种的花（荷苞花）、叶民间也作药用。

**【化学参考文献】**


［1］Zhang S L，Huang R Z，Liao H B，et al. Cyclic pentapeptide type compounds from *Clerodendrum japonicum*（Thunb.）Sweet［J］. Tetrahedron Lett，2018，59：3481-3484.

［2］张树琳，廖海兵，梁东 . 壮药赪桐的化学成分研究［J］. 中国中药杂志，2018，43（13）：2732-2739.

［3］田军，孙汉董 . 赪桐的化学成分［J］. 云南植物研究，1995，17（1）：103-108.

**【药理参考文献】**

[1] 陈俊，唐云丽，梁洁，等.赪桐根水提物抗炎作用研究[J].广西中医大学学报，2013，16(2)：11-13.
[2] 焦杨，邹录惠，邱莉，等.5种马鞭草科药用植物的抗补体活性[J].中国药科大学学报，2016，47(4)：469-473.

## 787. 臭牡丹（图 787）• *Clerodendrum bungei* Steud.（*Clerodendron bungei* Steud.）

图 787 臭牡丹　　摄影 汤睿等

**【别名】**臭梧桐（江苏）。

**【形态】**灌木，高 1 ～ 2m。植株有臭味；枝圆柱形，嫩枝稍有毛或近无毛，具皮孔，髓白色。叶片纸质，宽卵形或卵形，长 10 ～ 20cm，宽 5 ～ 15cm，顶端渐尖，基部阔楔形或心形，边缘有锯齿，上面散生短柔毛，下面有时近于无毛而散生小腺点，基生三出脉，脉腋有数个盘状腺体，叶柄长 5 ～ 15cm。伞房状聚伞花序顶生，密集成头状，苞片叶状，早落；小苞片披针形，长约 1.8cm；花萼裂片三角形或狭三角形，紫红色或下部绿色，被短柔毛及盘状腺体；花冠淡红色或紫红色，花冠管长约 2cm，雄蕊及花柱突出花冠外，子房 4 室，柱头 2 裂。核果近球形，蓝黑色，宿萼约包藏果实一半。花果期 7 ～ 11 月。

**【生境与分布】**生于海拔 2500m 以下的山坡、路旁、林缘、沟旁灌丛地阴湿处。分布于华东各地，另华北、西北、西南等地均有分布；印度北部、马来西亚、越南也有分布。

**【药名与部位】**臭牡丹，新鲜或干燥地上部分。

**【采集加工】**夏季采集，晒干或鲜用。

**【药材性状】**茎呈圆柱形，长 1 ～ 1.5m，直径 0.3 ～ 1.2cm。表面灰棕色至灰褐色，皮孔点状或稍呈纵向延长，节处叶痕呈凹点状；质硬，不易折断，断面皮部棕色，菲薄，木质部灰黄色，髓部白色。叶片多皱缩破碎，完整者展平后呈宽卵形，长 7 ～ 20cm，宽 6 ～ 15cm，先端渐尖，基部截形或心形，边缘有细锯齿；上表面棕褐色至棕黑色，疏被短柔毛；下表面色稍淡，无毛或仅脉上有毛，基部脉腋处可见黑色疤痕状的腺体；叶柄黑褐色，长 3 ～ 10cm。气臭，味微苦、辛。

**【药材炮制】**除去杂质，洗净，切段，干燥。

**【化学成分】**全株含甾体类：β- 谷甾醇（β-stiosterol）[1] 和臭牡丹甾醇（bungesterol）[2]；三萜类：蒲公英甾醇（taraxerol）、算盘子酮（glochidone）、算盘子酮醇（glochidonol）、算盘子二醇（glochidiol）[1]，α- 香树脂醇（α-amyrin）和桢桐酮（clerodone）[2]；黄酮类：江户樱花苷（pruning）、柚皮芸香苷（nairutin）、香蜂草苷（dyaimid）和洋芹素（apigenin）[3]。

地上部分含苯乙醇类：海州常山苷（clerodendronoside）、类叶升麻苷（acteoside）、异类叶升麻苷（*iso*-acteoside）、肉苁蓉苷 C、D、F（cistanoside C、D、F）、焦地黄苯乙醇苷 C（jionoside C）、天人草苷 A, 即米团花苷 A（leucosceptoside A）、紫葳苷 I、II（campneoside I、II）[4]，赪桐苷 A（clerodenoside A）、海州常山醇苷 *（trichotomoside）[5]，5-*O*- 乙基长管大青素 *D（5-*O*-ethyl cleroindicin D）、长管假茉莉素 A、C、E、F（cleroindicin A、C、E、F）和马蒂罗苷（martinoside）[6]；环已酮醇类：（+）- 连翘环乙酮［（+）-rengyolone］、（+）- 臭牡丹环己素 A［（+）-clerobungin A］、（-）- 臭牡丹环己素 A［（-）-clerobungin A］和连翘环乙酮（rengyolone）[7]；二萜类：11, 12, 16*S*- 三羟基 -7- 酮基 -17（15→16），18（4→3）- 二阿贝欧 - 松香 -3, 8, 11, 13- 四烯 -18- 酸［11, 12, 16*S*-trihydroxy-7-oxo-17（15→16），18（4→3）-diabeo-abieta-3, 8, 11, 13-tetraen-18-oic acid］[5] 和 5-*O*- 乙酰臭牡丹素 D（5-*O*-ethylcleroindicin D）[6]；脂肪酸类：12*S**, 13*R**- 二羟基 -9- 酮基 - 十八烷 -10（*E*）- 烯酸［12*S**, 13*R**-dihydroxy-9-oxo-octadeca-10（*E*）-enoic acid］、丁基解乌头酸曲霉酸（butylitaconic acid）、已基解乌头酸曲霉酸（hexylitaconic acid）[5] 和十八烷酸（octadecnoic acid）[6]；酚酸类：臭牡丹素 A（bungein A）[8]，山橘脂酸（glycosmisic acid）和对羟基苯甲酸（*p*-hydroxybenzonic acid）[5]；黄酮类：4′-*O*- 甲基野黄芩素（4′-*O*-methyl scutellarein）[5] 和 5, 7, 4′- 三羟基黄酮（5, 7, 4′-trihydroxyflavone）[6]；甾体类：赪桐甾醇（clerosterol）和赪桐甾醇 -3β-*O*-β-D- 吡喃葡萄糖苷（clerosterol-3β-*O*-β-D-glucopyranoside）[6]；烷烃类：正二十五烷（*n*-pentacosane）[6]；挥发油类：乙醇（ethanol）、丙酮（acetone）、1- 戊烯 -3- 醇（1-penten-3-ol）、2- 戊醇（2-pentanol）、（*Z*）-2- 戊烯 -1- 醇［（*Z*）-2-penten-1-ol］、3- 呋喃甲醛（3-furaldehyde）、3- 已烯 -1- 醇（3-hexen-1-ol）、4- 已烯 -1- 醇（4-hexen-1-ol）、1- 已醇（1-hexanol）、1- 辛烯 -3- 醇（1-octen-3-ol）、3- 辛醇（3-octanol）、苯甲醇（benzenemethanol）、氧化芳樟醇（linalool oxide）、反式氧化芳樟醇（*trans*-linalool oxide）、芳樟醇（linalool）、2, 5- 二甲基环已醇（2, 5-dimethycyclohexanol）和苯乙醇（phenylethyl alcohol）等[9]；其他尚含：北美刺参醇 *（neroplomacrol）[5]。

根含甾体类：麦角甾醇（ergosterol）、异麦角甾醇（*iso*-ergosterol）、β- 谷甾醇（β-sitosterol）、豆甾醇（stigmasterol）、赪桐甾醇（clerosterol）、22- 去氢赪桐甾醇（22-dehydroclerosterol）[10] 和臭牡丹甾醇（bungesterol）[11]；三萜类：蒲公英赛醇（taraxerol）、木栓酮（friedelin）和白桦脂酸（betulinic acid）[10]；脂肪酸类：巨大鞘丝藻酸 *（malyngic acid）[10]，油酸（oleic acid）和硬脂酸（stearic acid）[11]；烷烃类：正二十二烷烃（*n*-docosane）[11]；二萜类：3β-（β-D- 吡喃葡萄糖基）- 异海松 -7, 15- 二烯 -11α, 12α- 二醇［3β-（β-D-glucopyranosyl）-*iso*-pimara-7, 15-dien-11α, 12α-diol］、16-*O*-β-D- 吡喃葡萄糖基 -3β, 20- 环氧 -3- 羟基松香 -8, 11, 13- 三烯（16-*O*-β-D-glucopyranosyl-3β, 20-epoxy-3-hydroxyabieta-8, 11, 13-triene）、12-*O*-β-D- 吡喃葡萄糖基 -3, 11, 16- 三羟基松香 -8, 11, 13- 三烯（12-*O*-β-D-glucopyranosyl-3, 11, 16-trihydroxyabieta-8, 11, 13-triene）、3, 12-*O*-β-D- 二吡喃葡萄糖基 -11, 16- 二羟基松香 -8, 11, 13- 三烯（3, 12-*O*-β-D-diglucopyranosyl-11, 16-dihydroxyabieta-8, 11, 13-triene）、β-D- 吡喃葡萄糖基 -15α- 羟基 - 对映 -16- 贝

壳杉烯（β-D-glucopyranosyl-15α-hydroxyl-*ent*-16-kaurene）[12], 12-*O*-β-D- 吡喃葡萄糖基 -3, 11, 16- 三羟基松香 -8, 11, 13- 三烯（12-*O*-β-D-glucopyranosyl-3, 11, 16-trihydroxyabieta-8, 11, 13-triene）、3, 12-*O*-β-D- 二吡喃葡萄糖基 -11, 16- 二羟基松香 -8, 11, 13- 三烯（3, 12-*O*-β-D-diglucopyranosyl-11, 16-dihydroxyabieta-8, 11, 13-triene）、筋骨草苷 A（ajugaside A）、勾大青酮（uncinatone）、19- 羟基石蚕文森酮 F（19-hydroxyteuvincenone F）[13], 臭牡丹二萜酯 A、B（bungnate A、B）、柔毛叉开香科科素 C（villosin C）、海通酮 E（mandarone E）、15- 去氢大青酮 A（15-dehydrocyrtophyllone A）、15- 去氢 -17- 羟基大青酮 A（15-dehydro-17-hydroxycyrtophyllon A）、12, 16- 环氧 -11, 14, 17- 三羟基 -6- 甲氧基 -17（15→16）- 阿贝欧 - 松香 -5, 8, 11, 13- 四烯 -7- 酮［12, 16-epoxy-11, 14, 17-trihydroxy-6-methoxy-17（15→16）-abeo-abieta-5, 8, 11, 13-tetraen-7-one］、12, 16- 环氧 -11, 14- 二羟基 -6- 甲氧基 -17（15→16）- 阿贝欧 - 松香 -5, 8, 11, 13, 15- 五烯 -3, 7- 二酮［12, 16-epoxy-11, 14-dihydroxy-6-methoxy-17（15→16）-abeo-abieta-5, 8, 11, 13, 15-pentaen-3, 7-dione］[2], 12-*O*-β-D- 吡喃葡萄糖基 -3, 11, 16- 三羟基松香 -8, 11, 13- 三烯（12-*O*-β-D-glucopyranosyl-3, 11, 16-trihydroxyabieta-8, 11, 13-triene）、大青酮 A（cyrtophyllone A）、石蚕文森酮 F（teuvincenone F）[14], 19-*O*-β-D- 羧基吡喃葡萄糖基 -12-*O*-β-D- 吡喃葡萄糖基 -11, 16- 二羟基松香 -8, 11, 13- 三 烯（19-*O*-β-D-carboxyglucopyranosyl-12-*O*-β-D-glucopyranosyl-11, 16-dihydroxyabieta-8, 11, 13-triene）、11, 16- 二羟基 -12-*O*-β-D- 吡喃葡萄糖基 -17（15→16）, 18（4→3）- 阿贝欧 -4- 羧基 -3, 8, 11, 13- 松香四烯 -7- 酮［11, 16-dihydroxy-12-*O*-β-D-glucopyranosyl-17（15→16）, 18（4→3）-abeo-4-carboxy-3, 8, 11, 13-abietatetraen-7-one］和石蚕文森酮（teuvincenone）[15]；苯乙醇苷类：桢桐苷 A（clerodenoside A）、3″-*O*- 乙酰马蒂罗苷（3″-*O*-acetylmartinoside）、2″-*O*- 乙酰马蒂罗苷（2″-*O*-acetylmartinoside）、马蒂罗苷（martinoside）、天人草苷 A, 即米团花苷 A（leucosceptoside A）、海州常山苷（trichotomoside）、异马蒂罗苷（*iso*-martinoside）、达伦代黄芩苷 A、B（darendoside A、B）、大花糙苏苷*（phlomisethanoside）[10], 臭牡丹根苷*A（bunginoside A）、3, 4- 二 -*O*- 乙酰地黄苷（3, 4-di-*O*-acetylmartynoside）、毛蕊花糖苷（verbascoside）、异类叶升麻苷（*iso*-acteoside）、乙酰地黄苷 B（acetyl martynoside B）、乙酰地黄苷 A（acetyl martynoside A）、3″-*O*- 乙酰地黄苷（3″-*O*-acetyl martyonside）、2″-*O*- 乙酰地黄苷（2″-*O*-acetyl martynoside）、地黄苷（martynoside）、*O*-2-（3- 羟基 -4- 甲氧基苯基）- 乙基 -*O*-2, 3- 二 -*O*- 乙酰基 -α-L- 吡喃鼠李糖基 -（1→3）-（4-*O*- 顺式 - 阿魏酰基）-β-D- 吡喃葡萄糖苷［*O*-2-（3-hydroxy-4-methoxyphenyl）-ethyl-*O*-2, 3-di-*O*-acetyl-α-L-rhamnopyranosyl-（1 → 3）-（4-*O*-*cis*-feruloyl）-β-D-glucopyranoside］、异地黄苷（*iso*-martynoside）[14], 紫葳新苷 II（campneoside II）、2- 苯乙基 -3-*O*-α-L- 吡喃鼠李糖基 -β-D- 吡喃葡萄糖苷（2-phenylethyl-3-*O*-α-L-rhamnopyranosyl-β-D-glucopyranoside）、类叶升麻苷（acteoside）、去乙酰毛蕊花苷（decaffeoylverbasoside）、肉苁蓉苷 E（cistanoside E）、焦地黄苯乙醇苷 D（jionoside D）、蒲包花酯苷 D（calceolarioside D）、水苏苷 C（stachysoside C）和角胡麻苷（martynoside）[16]；酚酸类：4- 丙酮基 -3, 5-二甲氧基对苯二酚（4-acetonyl-3, 5-dimethoxy-*p*-quinol）、密花树酚苷 K（seguinoside K）、2-（6-*O*-［（4- 羟基 -3- 甲氧基苯基）羰基］-β-D- 吡喃葡萄糖氧基）-2- 甲基丁酸 {2-（6-*O*-［（4-hydroxy-3-methoxyphenyl）carbonyl］-β-D-glucopyranosyloxy）-2-methylbutanoic acid}、β-D- 呋喃果糖基 -α-D-（6- 香草酰基）- 吡喃葡萄糖苷［β-D-fructofuranosyl-α-D-（6-vanilloyl）-glucopyranoside］和 3, 4- 二甲氧基苯基 -1-*O*-β-D-［5-*O*-（4- 羟基苯甲酰基）］- 呋喃芹糖基 -（1→6）-*O*-β-D- 吡喃葡萄糖苷 {3, 4-dimethoxyphenyl-1-*O*-β-D-［5-*O*-（4-hydroxybenzoyl）］-apiofuranosyl-（1→6）-*O*-β-D-glucopyranoside}[16]；苯丙素类：反式异阿魏酸（*trans*-*iso*-ferulic acid）和 3-（4- 羟基 -3, 5- 二甲氧基苯基）-1, 2- 丙二醇［3-（4-hydroxy-3, 5-dimethoxyphenyl）-1, 2-propanediol］[16]；环已醇苷类：6′-*O*-［（*E*）- 咖啡酰基］任骨苷 B{6′-*O*-［（*E*）-caffeoyl］rengyoside B} 和臭牡丹苷 A（clerodenone A）[16]；倍半萜类：2-{（2*S*, 5*R*）-5-［（1*E*）-4- 羟基 -4- 甲基己烷 -1, 5- 二烯 -1- 基］-5- 甲基四氢呋喃 -2- 基 } 丙烷 -2- 基 -β-D- 吡喃葡萄糖苷 {2-{（2*S*, 5*R*）-5-［（1*E*）-4-hydroxy-4-methylhexa-1, 5-dien-1-yl］-5-methyltetrahydrofuran-2-yl}propan-2-yl-β-D-glucopyranoside} 和二氢菜豆酸 -4′-*O*-β-D- 吡喃葡萄糖苷（dihydrophaseic acid-4′-*O*-β-

D-glucopyranoside）[16]。

茎叶含酚酸类：茴香酸（anisic acid）和香草酸（vanillic acid）[17]；脂肪酸类：乳酸镁（magnesium lactate）、琥珀酸（succinic acid）[17]和正二十八烷酸（*n*-octacosanoic acid）[18]；烷烃类：正二十五烷（*n*-pentacosane）和正二十九烷（*n*-nonacosane）[18]；三萜类：蒲公英赛醇（taraxerol）、白桦脂酸（betulinic acid）[18]和木栓酮（friedlin）[19]；甾体类：$\Delta^{7,22,25}$-豆甾醇三烯-3醇（stigma-$\Delta^{7,22,25}$-trien-3-ol）、β-谷甾醇（β-stiosterol）、胡萝卜苷（daucosterol）[18]和赪桐甾醇（clerosterol）[19]；醇类：麦芽醇（maltol）[17]和反式氧化芳樟醇（*trans*-linalool oxide）[18]；无机盐类：硝酸钾（potassium nitrate）[17]。

茎含二萜类：臭牡丹酮A、B（bungone A、B）[20]。

叶含三萜类：羊毛脂-8, 25-二烯-3β-醇（lanosta-8, 25-dien-3β-ol）和3-表黏霉醇（3-epi-glutinol）[21]。

【药理作用】1. 抗炎、镇痛　根的乙醇提取物可明显抑制冰醋酸诱导的小鼠扭体反应，显著提高热板法和电刺激致痛小鼠的痛阈值[1]；根的水提醇沉提取物可显著抑制小鼠腹腔毛细血管炎性渗出，抑制二甲苯所致小鼠耳廓肿胀，减少乙酸所致小鼠扭体次数[2]；根的水提醇沉提取物中剂量（30g/kg）可显著减轻大鼠神经病理性痛模型的机械痛敏和热痛敏，低剂量（10g/kg）亦可显著减轻神经病理性痛模型机械痛敏，但对热痛敏减轻不明显，镇痛机制可能与抑制肿瘤坏死因子（TNF-α）、白细胞介素-1β（IL-1β）、白细胞介素-6（IL-6）表达上调有关[3]；根的75%乙醇提取物（30mg/kg）可显著减轻坐骨神经分支选择性损伤（SNI）诱导的神经病理性痛大鼠的机械缩足反射阈值，但对大鼠热辐射刺激缩爪反应潜伏期作用不明显[4]，可下调模型大鼠脊髓和背根神经节的环氧合酶-2（COX-2）表达水平，其镇痛机制可能与抑制环氧合酶-2mRNA和蛋白表达有关[5]；根的80%乙醇提取物对SNI模型所致神经病理性疼痛的机械痛敏具有缓解作用，其镇痛机制可能是通过抑制促炎细胞因子与核转录因子（NF-κB）信号通路来发挥其作用[6]；根的正丁醇提取物能提高热刺激致痛小鼠和冰醋酸致痛小鼠的痛阈值，在不同时间点存在明显的量效关系，并可成剂量依赖性地抑制由角叉菜胶诱发炎性肿胀的前列腺素生成，其镇痛作用与阿片受体无关，而与抑制前列腺素合成有关[7]。2. 镇静催眠　根的水提醇沉提取物可明显减少小鼠的自发活动，提示其有明显的镇静作用，同时能明显延长戊巴比妥钠小鼠的睡眠时间，而且增强阈下催眠剂量戊巴比妥钠的催眠作用，预示其有协同戊巴比妥钠的中枢抑制作用即催眠作用且呈剂量依赖性[8]。3. 麻醉　根的水提醇沉提取物能完全抑制蟾蜍离体坐骨神经动作电位的产生，阻滞传导，在小鼠足部浸润麻醉实验中显示具有浸润麻醉的作用[9]。4. 抗菌　根的正丁醇提取物对革兰阳性菌属的金黄色葡萄球菌、白色葡萄球菌的生长均有抑制和杀灭作用[10]。5. 抗肿瘤　根的乙醇提取物的组分B能延缓小鼠S180和小鼠H22肿瘤的生长，还能干扰S180移植性肿瘤的DNA代谢，提取物的组分C对H22肿瘤也有抑制作用[11]；地上部分提取的总黄酮抑制人肺癌A549细胞侵袭、转移，机制可能是抑制细胞中β-catenin的高表达并调控下游的一系列因子，从而影响Wnt/β-catenin通路诱导的上皮间质转化（EMT）现象[12]，能改善Lewis肺癌小鼠生存状况，能有效抑制肿瘤生长，其抑制肿瘤生长的分子机制可能与上调p53和bax mRNA的表达以诱导肿瘤细胞凋亡有关[13]；总黄酮诱导肝癌HepG2细胞凋亡，能下调β-catenin、Tcf-4、CD44v6基因的表达，其作用机制可能与调控Wnt/β-catenin信号通路并抑制其关键基因有关[14]。6. 抗氧化　全株中提取的黄酮类成分对实验体系中的亚硝酸盐（$NO_2^-$）、超氧阴离子自由基（$O_2^-$·）和羟自由基（·OH）具有明显的清除和抑制作用，在一定范围内，清除和抑制作用与黄酮类化合物质量浓度呈正相关，对油脂有明显的抗氧化作用，可抑制油脂的氧化酸败，作用随添加量的增加而增强[15]。7. 免疫增强　根的水提取物对白细胞介素-6（IL-6）有显著的影响，提示有增强细胞免疫的作用[16]。8. 宫缩　根的水煎醇提取物及分离得到的总生物碱和乳酸镁成分能增强家兔子宫圆韧带肌电发放作用，恢复和增强子宫韧带的紧张性，其机制可能与兴奋肾上腺素受体有关[17]。

【性味与归经】辛、苦，平。归心、胃、大肠经。

【功能与主治】解毒消肿，祛风除湿，平肝潜阳。用于眩晕，痈疽，疔疮，乳痈，痔疮，湿疹，丹毒，风湿痹痛。

**【用法与用量】**煎服 10 ~ 15g，鲜品 30 ~ 60g；外用适量，煎水熏洗，或捣烂敷，或研末调敷。

**【药用标准】**湖南药材 2009、贵州药材 2003 和四川药材 2010。

**【临床参考】**1. 急性荨麻疹：鲜枝叶 60 ~ 90g，或干品 30g，煎水洗澡，每日 1 次[1]；或鲜根 60g，水煎取汁，加鸡蛋 3 只煮熟，食蛋服汤。（《浙江药用植物志》）

2. 扁平疣：鲜根（洗净切片）50 ~ 100g，加鲜猪皮 50 ~ 100g，同煎 30min，取汤 150ml 加食盐适量温服，每日 2 次，连用 3 日[2]。

3. 顽固性咳嗽：根 30g（鲜品为 30 ~ 60g），川贝粉（吞服）3g、诃子 6g、麦冬 20g、五味子 10g、沙参 10g、炙甘草 10g，气促者加苏子（包煎）20g，盗汗者加乌梅 20g、浮小麦 30g，咳血加丹皮 10g、白及 15g，咯吐黄痰者加海蛤壳 15g、黄芩 12g、浙贝 10g；水煎服，每日 1 剂，7 天为 1 个疗程[3]。

4. 偏头痛：根 15g，加鸟不落 15g、蜜红花蔸 15g、称星子树根（梅树根）15g、向日葵（葵花壳）10g，放于瓦罐中，加水 500 ~ 600ml，用青壳鸭蛋和黄壳鸡蛋各 1 个，再加红片糖约 15g，共煎熬至约 200ml，去渣取汁，连同鸡蛋、鸭蛋去壳吃，每剂煎 2 次，方法同前，上午、下午分吃[4]。

5. 肺脓疡、多发性疖肿：全草 90g，加鱼腥草 30g，水煎服。

6. 痢疾、漆疮：根 15 ~ 30g，水煎服。

7. 风湿痹痛：鲜叶适量，绞汁 20 ~ 30ml，冲黄酒服，每日 2 次；或根 30 ~ 60g，水煎服。

8. 高血压：根或叶 12g，加夏枯草 15g、荠菜 15g、防己 9g，共研粉水泛为丸，每服 6g，每日 3 次。（5 方至 8 方引自《浙江药用植物志》）

9. 脱肛：叶适量，煎汤熏洗。（《陕西中草药》）

**【附注】**臭牡丹始载于《本草纲目拾遗》。《植物名实图考》云："一名臭枫根，一名大红袍，高可三四尺，圆叶有尖，如紫荆叶而薄，又似桐叶而小，梢端叶颇红，就梢内开五瓣淡紫花，成攒，颇似绣球，而须长如聚针。"所述及附图即为本种。

本种的根民间也作药用。

滇常山 *Clerodendrum yunnanense* Hu ex Hand.-Mazz. 全株在云南作臭牡丹药用。

**【化学参考文献】**


[1] 高黎明，魏小梅，何仰清 . 臭牡丹化学成分的研究［J］. 中国中药杂志，2003，28（11）：1042-1044.

[2] 董晓萍，乔蓉霞，郭力，等 . 臭牡丹全草化学成分的研究（一）［J］. 天然产物研究与开发，1999，11（5）：8-10.

[3] 闫海燕 . 镰形棘豆、臭牡丹化学成分的研究［D］. 兰州：西北师范大学硕士学位论文，2006.

[4] 李友宾，李军，屠鹏飞，等 . 臭牡丹苯乙醇苷类化合物的分离鉴定［J］. 药学学报，2005，40（8）：722-727.

[5] 张贵杰，代禄梅，张斌，等 . 臭牡丹的化学成分研究［J］. 中国中药杂志，2017，42（24）：4788-4793.

[6] Yang H，Hou A J，Mei S X，et al. Constituents of *Clerodendrum bungei*［J］. J Asian Nat Prod Res，2002，4（3）：165-169.

[7] Zhu H，Huan L，Chen C，et al. A pair of unprecedented cyclohexylethanoid enantiomers containing unusual trioxabicyclo［4. 2. 1］nonane ring from *Clerodendrum bungei*［J］. Tetrahedron Lett，2015，45（37）：2277-2279.

[8] 杨辉，孙汉董 . 臭牡丹中一个新的过氧化物［J］. 植物分类与资源学报，2000，22（2）：234-236.

[9] 余爱农 . 臭牡丹挥发性化学成分的研究［J］. 中国中药杂志，2004，29（2）：157-159.

[10] 刘青，胡海军，杨颖博，等 . 臭牡丹根化学成分研究［C］. 全国中药与天然药物高峰论坛暨全国中药和天然药物学术研讨会，2013.

[11] 宋邦琼 . 麻疯树叶及臭牡丹根化学成分研究［D］. 贵阳：贵州大学硕士学位论文，2007.

[12] Sun L，Wang Z，Ding G，et al. Isolation and structure characterization of two new diterpenoids from *Clerodendrum bungei*［J］. Phytochemistry Lett，2014，7：221-224.

[13] Kim S K，Cho S B，Moon H I. Anti-complement activity of isolated compounds from the roots of *Clerodendrum bungei* Steud.［J］. Phytother Res，2010，24（11）：1720-1723.

[14] Liu Q，Hu H J，Li P F，et al. Diterpenoids and phenylethanoid glycosides from the roots of *Clerodendrum bungei* and their

inhibitory effects against angiotensin converting enzyme and α-glucosidase［J］. Phytochemistry，2014，103：196-202.

［15］Liu S S，Zhu H L，Zhang X H，et al. Abietane diterpenoids from *Clerodendrum bungei*［J］. Nat Prod，2008，71：755-759.

［16］Liu S S，Zhou T，Zhang S W，et al. Chemical constituents from *Clerodendrum bungei* and their cytotoxic activities［J］. Helv Chim Acta，2009，92（6）：1070-1079.

［17］周沛椿，庞祖焕，郝惠峰，等. 臭牡丹化学成分的研究［J］. 植物学报，1982，24（6）：74-77.

［18］姜林锟. 臭牡丹茎的化学成分及白桦脂酸与甘草次酸的修饰合成［D］. 贵阳：贵州大学硕士学位论文，2009.

［19］阮金兰，傅长汉. 臭牡丹茎的化学成分研究［J］. 中草药，1997，28（7）：395-396.

［20］Fan T P，Min Z D，Iinuma M. Two novel diterpenoids from *Clerodendrum bungei*［J］. Chem Pharm Bull，1999，47（12）：1797-1798.

［21］阮金兰，林一文，蒋壬生. 臭牡丹叶的化学成分研究［J］. 同济医科大学学报，1992，21（2）：129.

**【药理参考文献】**

［1］刘建新，周青，连其深，等. 臭牡丹的镇痛作用的研究［J］. 赣南医学院学报，2003，23（2）：119-121.

［2］周红林，刘建新，周俐，等. 臭牡丹提取物抗炎镇痛抗过敏作用的实验研究［J］. 中国新药杂志，2006，15（23）：2027-2029.

［3］邹晓琴，欧阳娟，黄诚. 臭牡丹根提取物对神经病理性痛的镇痛作用［J］. 时珍国医国药，2013，24（1）：12-14.

［4］江茜，王英，黄诚. 臭牡丹对 SNI 诱导的神经病理性痛大鼠模型痛敏行为的影响［J］. 赣南医学院学报，2017，37（4）：505-508.

［5］江茜，王英，夏阳阳，等. 臭牡丹对 SNI 诱导的神经病理性痛大鼠脊髓和背根神经节 COX-2 表达的作用［J］. 时珍国医国药，2018，29（5）：1058-1060.

［6］江茜，王英，黄诚. 臭牡丹通过促炎细胞因子和 NF-κB 缓解大鼠神经病理性疼痛［J］. 中国疼痛医学杂志，2018，24（5）：336-342.

［7］刘建新，周俐，周青，等. 臭牡丹根正丁醇提取物镇痛作用的研究［J］. 中国疼痛医学杂志，2007，13（6）：349-352.

［8］刘建新，叶和杨，连其深，等. 臭牡丹根提取液的镇静和催眠作用［J］. 赣南医学院学报，2001，21（3）：241-243.

［9］刘建新，周青，连其深，等. 臭牡丹根提取液的局部麻醉作用［J］. 赣南医学院学报，2001，21（4）：365-368.

［10］刘建新，李燕，连磊凡，等. 臭牡丹根正丁醇提取物的体外抗菌实验的研究［J］. 时珍国医国药，2015，26（8）：1849-1850.

［11］石小枫，杜德极，谢定成，等. 臭牡丹抗肿瘤作用研究［J］. 中国中药杂志，1993，18（11）：687-690.

［12］余娜，朱克俭，马思静，等. 臭牡丹总黄酮通过调控 Wnt/β-catenin 通路影响 A549 细胞上皮间质转化研究［J］. 中草药，2018，49（3）：663-670.

［13］陈思勤，朱克俭，李勇敏，等. 臭牡丹总黄酮抑制小鼠 Lewis 肺癌实体瘤及其与 p53、bcl-2、bax 表达相关性研究［J］. 世界中医药，2016，11（6）：946-949.

［14］胡琦，谭小宁，余娜，等. 臭牡丹总黄酮介导 Wnt/β-catenin 信号转导诱导人肝癌细胞 HepG2 的凋亡［J］. 世界中医药，2016，11（6）：954-957.

［15］冯纪南，冯纪南，黄海英，等. 臭牡丹黄酮类化合物提取及其抗氧化作用［J］. 光谱实验室，2013，30（6）：3215-3220.

［16］杨卫平，梅颖，邓鑫，等. 苗药臭牡丹对大鼠免疫功能影响的实验研究［J］. 中国民族医药杂志，2012，18（7）：52-53.

［17］陈再智，洪庚辛，顾以保. 臭牡丹对家兔子宫圆韧带肌电的影响［J］. 药学学报，1981，16（9）：708-711.

**【临床参考文献】**

［1］刘生良. 臭牡丹外洗治急性荨麻疹［J］. 广西赤脚医生，1978，（3）：20.

［2］韦日全，兰茂璞. 介绍治疣验方两则［J］. 新中医，1990，（2）：55.

［3］王伯成，杨如乐. 牡丹诃麦汤治疗顽固性咳嗽 128 例［J］. 浙江中医杂志，2013，48（2）：154.

［4］谌宁生，杨秉秀. 偏头痛验方［J］. 湖南中医杂志，1986，（1）：49.

## 788. 大青（图 788）· *Clerodendrum cyrtophyllum* Turcz.

图 788 大青 摄影 李华东

【别名】土地骨皮（浙江、福建），山靛青（江苏、浙江），青心草（浙江），鸭公青（江西），山尾花（福建），牛耳青（江苏）。

【形态】灌木或小乔木，高 1 ～ 10m。幼枝四棱形，老枝圆柱形，初时被短柔毛，后变近无毛。叶片长圆形或长圆状披针形，长 6 ～ 18cm，宽 4 ～ 8cm，顶端渐尖，基部圆形或宽楔形，全缘，两面无毛或仅脉上疏生短柔毛，下面常有腺点，叶柄长 1 ～ 8cm。伞房状聚伞花序生于枝顶或上部叶腋，三至五次二歧分支，排成大而疏散的圆锥花序；苞片条形，花萼钟状，外被短柔毛，顶端 5 裂，裂片三角形至狭三角形；花冠白色，花冠管细长，外被疏毛，顶端 5 裂；雄蕊 4 枚，花丝与花柱同伸出花冠外；子房 4 室，胚珠每室 1 粒，花柱长，柱头 2 浅裂。核果，球形，直径 0.5 ～ 1cm，蓝紫色。花果期 6 ～ 12 月。

【生境与分布】生于海拔 1700m 以下的丘陵、山坡林缘、路旁、溪谷旁、平原灌丛地。分布于长江以南华东各地，另长江以南其他各地均有分布；越南、马来西亚和朝鲜也有分布。

【药名与部位】大青根，根。路边青，全草。大青叶（马大青、木大青叶），叶。

【采集加工】大青根：全年均可采收，除去茎、须根及泥沙，干燥。路边青：夏、秋季采收，洗净，晒干或鲜用。大青叶：夏、秋季采收，除去茎枝，干燥。

【药材性状】大青根：呈圆柱形，弯曲，有的有分支，长 22 ～ 30cm，直径 0.3 ～ 4cm。表面淡棕色至暗棕色，具纵皱纹、纵沟、须根或须根痕；外皮脱落处显棕褐色；皮部窄，脱落后露出类白色木质部。质坚硬，不易折断，折断面不整齐，类白色；横切面可见木质部特别发达，约占直径的 9/10。气微，味淡。

路边青：根呈圆锥形或不规则圆柱形，表面土黄色，有不规则纵纹。剥离的根皮可见内表面有条纹状或点状突起。茎圆柱形或方形，常有分枝，直径 5 ～ 15mm，老茎灰绿色至灰褐色，嫩枝黄绿色，有突起的点状皮孔。茎质硬而脆，断面纤维性，中央为白色的髓。单叶对生，叶片多破碎或皱缩，完整者展平后呈椭圆形或长卵圆形，长 6 ～ 20cm，宽 3 ～ 8cm，上表面黄绿色至棕黄色，下表面色稍浅，顶端渐尖或急尖，基部圆形或宽楔形，全缘，下表面有小腺点，叶脉上面平坦，下面明显隆起。有的可见伞房状聚伞花序生于枝顶或叶腋，长 10 ～ 18cm。花小。萼钟状，顶端 5 裂。花冠管细，长约 1cm，顶端 5 裂，已开放的花可见 4 枚雄蕊和花柱伸出花冠外。果实类球形，由宿萼包被。气微，味微苦。

大青叶：呈长椭圆形至卵状椭圆形，长 5 ～ 18cm，宽 3 ～ 8cm。上表面棕黄色、棕黄绿色至棕红色，下表面颜色较浅；全缘或呈微波状，顶端渐尖，基部钝圆；叶脉为羽状网脉，叶脉在叶下面隆起，尤以中脉更甚；叶柄细圆柱形，长 1.5 ～ 6cm；叶两面及叶柄均散生白色短毛。质脆易碎。气微，味微涩、稍苦。

**【药材炮制】**大青根：拣去杂质，洗净，大小分开，浸泡 1 ～ 2 天，捞出润透，切 1 ～ 1.5mm 斜片，干燥。

路边青：洗净，除去杂质，根及粗茎切片，枝、叶切段。

大青叶：洗净泥沙，沥干，切丝，干燥。

**【化学成分】**根含苯乙醇苷类：类叶升麻苷（acteoside）、裙带菜苷 B（darendoside B）、对羟基苯乙醇-8-*O*-β-D- 葡萄糖苷（*p*-hydroxyphenylethanol-8-*O*-β-D-glucoside）、苯乙醇 -8-*O*-β-D- 吡喃葡萄糖苷（phenylethanol-8-*O*-β-D-glucopyranoside）[1] 和 4- 羟基 -2, 6- 二甲氧基苯基 -β-D- 吡喃葡萄糖苷（4-hydroxyl-2, 6-dimethoxyphenyl-β-D-glucopyranoside）[2]；木脂素类：丁香脂素 -4′-*O*-β-D- 吡喃葡萄糖苷（syringaresinol-4′-*O*-β-D-glucopyranoside）和连翘苷（forsythin）[1, 2]；酚苷类：4- 羟基 -2, 6- 二甲氧基苯基 -β-D- 葡萄糖苷（4-hydroxy-2, 6-dimethoxyphenyl-β-D-glucoside）[1, 2]；酚酸类：香草酸（vamillic acid）和没食子酸（gallic acid）[1]；二元羧酸类：琥珀酸（succinic acid）[1]；核苷类：腺苷（adenosine）[2]；多元醇类：甘露醇（mannitol）[1]；二萜类：钩大青酮（uncinatone）[3]；三萜类：木栓酮（friedelin）[3]；甾体类，β- 谷甾醇（β-sitosterol）[1] 和 22- 二羟基赪桐甾醇（22-dihydroxyclerosterol）[3]。

枝条含香豆素类：大青香豆素*A、B（clerodendiod A、B）[4]；甾体类：豆甾 -5, 22, 25- 三烯 -7- 酮 -3β-醇（stigmasta-5, 22, 25-trien-7-one-3β-ol）、β- 谷甾醇（β-sitosterol）、豆甾 -5, 22- 二烯 -3β- 醇（stigmasta-5, 22-dien-3β-ol）、22- 脱氢赪桐甾醇（22-dehydroclerosterol）和 22- 脱氢赪桐甾醇 -3-*O*-β-D- 吡喃葡萄糖苷（22-dehydroclerosterol-3-*O*-β-D-glucopyranoside）[5]；环烯醚萜类：京尼平苷（geniposide）、哈帕苷（harpagoside）和哈帕俄苷（harpagide）[4]；苯乙醇苷类：二乙酰角胡麻苷（diacetylmartynoside）和角胡麻苷（martynoside）[4]；酚类：密花树酚苷 K（seguinoside K）[4]；木脂素类：3- 羟基 -1-（4- 羟基 -3-甲氧基苯基）-2-{4-［3- 羟基 -1-（*E*）- 丙烯基］-2- 甲氧基苯氧基丙基}-β-D- 吡喃葡萄糖苷 {3-hydroxy-1-（4-hydroxy-3-methoxyphenyl）-2-{4-［3-hydroxy-1-（*E*）-propenyl］-2-methoxyphenoxylpropyl}-β-D-glucopyranoside}[4]。

叶含黄酮类：线叶蓟尼酚（cirsilineol）、滨蓟素（cirsimartin）、线叶蓟尼酚 -4′- 葡萄糖苷（cirsilineol-4′-glucoside）[6] 和大青苷（cyrtophyllin）[7]；甾体类：22- 脱氢赪桐甾醇 -3-*O*-β-D- 葡萄糖苷（22-dehydroclerosterol-3-*O*-β-D-glucoside）[6] 和 γ- 谷甾醇（γ-sitosterol）[8]；脱镁叶绿素类：（10*S*）- 羟基脱镁叶绿素亭 a［（10*S*）-hydroxypheophytin a］和（10*S*）- 羟基脱镁叶绿素 a 甲基酯［methyl（10*S*）-hydroxypheophorbide a］[9]。

茎含二萜类：大青酮 A、B（cyrtophyllone A、B）、钩大青酮（uncinatone）、石蚕文森酮 F（teuvincenone F）和柳杉酚（sugiol）[10]；三萜类：木栓酮（friedelin）和赪桐二醇烯酮（clerodolone）[10]；甾体类：赪桐甾醇（clerosterol）和 5, 22, 25- 豆甾三烯 -3β- 醇（stigma-5, 22, 25-trien-3β-ol）[10]。

枝叶含黄酮类：线叶蓟尼酚（cirsilineol）和线叶蓟尼酚 -4′-*O*-β-D- 吡喃葡萄糖苷（cirsilineol-4′-*O*-β-D-glucopyranoside）[11]。

全草含黄酮类：5- 羟基 -3, 7, 3′- 三甲氧基黄酮 -4′-*O*-β-D- 吡喃葡萄糖苷（5-hydroxy-3, 7, 3′-trimeoxyflavone-4′-*O*-β-D-glucopyranoside）[12]。

**【药理作用】**1. 抗氧化 叶的 50% 乙醇提取物具有较强清除 1，1- 二苯基 -2- 三硝基苯肼（DPPH）自由基的作用；叶的 50% 乙醇提取物具有较强清除 2，2′- 联氮 - 二（3- 乙基 - 苯并噻唑 -6- 磺酸）二铵盐（ABST）自由基的作用[1]。2. 护肝 叶的乙醇提取物及其乙酸乙酯萃取部位、正丁醇萃取部位和水相可明显提高 HepG2 细胞酒精性损伤后的存活率，通过抵御细胞内活性氧（ROS）生成，降低丙二醛（MDA）含量的方式对细胞进行保护，通过提高细胞内抗谷胱甘肽过氧化物酶（GSH）含量和抗超氧化物歧化酶（SOD）活力来恢复细胞抗氧化能力，石油醚萃取部位和二氯甲烷萃取部位无明显作用[2]。3. 细胞毒 叶中分离纯化的化合物对人肺癌 A549 细胞、结肠癌 HCT-8 细胞、肾癌 CAKI-1 细胞、乳腺癌 MCF-7 细胞、恶性黑色素瘤 SK-MEL-2 细胞、卵巢癌 1A9 细胞、鼻咽部表皮样癌 KB 细胞等均有较强的细胞毒作用[3]。

**【性味与归经】**大青根：苦，寒。归胃、心经。路边青：苦，寒。归胃、心经。大青叶：苦，寒。归胃、心经。

**【功能与主治】**大青根：清热解毒，凉血止血。用于高热头痛，黄疸，齿痛，鼻衄，咽喉肿痛，肠炎，痢疾，乙型脑膜炎，流行性脑脊髓膜炎，衄血，血淋，外伤出血。路边青：清热解毒，凉血止血。用于外感热盛烦渴，咽喉肿痛，口疮，黄疸，热毒痢，急性肠炎，痈疽肿毒，衄血，血淋，外伤出血。大青叶：清热解毒，凉血止血。用于外感热病热盛烦渴，咽喉肿痛，口疮，黄疸，热毒痢，急性肠炎，痈疽肿毒，衄血，血淋，外伤出血。

**【用法与用量】**大青根：煎服 10 ～ 15g；外用适量，煎水洗。路边青：煎服 15 ～ 30g，鲜品加倍；外用适量，捣敷；或煎水洗。大青叶：煎服 9 ～ 15g，鲜品加倍；外用适量，捣敷或煎水洗。

**【药用标准】**大青根：湖南药材 2009；路边青：广西药材 1990、湖南药材 2009 和海南药材 2011；大青叶：湖南药材 2009 和江西药材 2014。

**【临床参考】**1. 偏头痛：根 40g，加豨莶草 15g、海风藤 15g，水煎服，每日 1 剂[1]。

2. 急性根尖周炎：根 15g，加黄芩 12g、石膏 24g、细辛 3g 等，水煎 20min，每日 1 剂，3 剂为 1 疗程[2]。

3. 痛风：根 90g，忍冬藤 30g、丹参 30g、赤芍 10g、川芎 10g、地龙 10g、牛膝 15g、桂枝 5g，痛甚者加田七、没药；高脂血症者加桑寄生、山楂；关节肿甚者加连翘；每日 1 剂，水煎服 2 次，连服 1 周至半个月[3]。

4. 2 型糖尿病：根 30g，加凤凰根 30g、柴胡 10g、枳实 12g、佛手 12g、白芍 12g，阴虚者加熟地、山茱萸、枸杞、泽泻；口渴者加葛根、石斛；肢麻者加丹参、木通；每日 1 剂，3 餐饭前半小时水煎温服，4 个月 1 疗程[4]。

5. 流行性感冒：叶 30g，加板蓝根 15g、筋骨草 15g、接骨金粟兰 15g、甘草 3g，水煎服。

6. 麻疹、肺炎、痢疾、肠炎：叶 15g，加地锦草（或金银花）15g、野菊花 15g、海金沙 15g，水煎服。

7. 痈肿、丹毒：鲜叶适量，捣烂敷患处。

8. 偏头痛、神经性头痛：根 60g，水煎服。（5 方至 8 方引自《浙江药用植物志》）

9. 乙型脑炎、流行性脑脊髓膜炎、感冒发热、腮腺炎：叶 15 ～ 30g，加海金沙根 30g，水煎服，每日 2 剂。

10. 咽喉肿痛：叶 30g，加海金沙 15g、龙葵 15g，水煎服，每日 1 剂。（9 方、10 方引自《江西草药》）

11. 急性黄疸型肝炎：叶 15 ～ 30g，加茵陈 15 ～ 30g、栀子 9g，水煎服。（《安徽中草药》）

**【附注】**始载于《名医别录》。《本草纲目》云："大青，处处有之。高二三尺，茎圆，叶长三四寸，面青背紫，对节而生。八月开小花，红色成簇，结青实，大如椒颗，九月色赤。"《植物名实图考》云："今江西、湖南山坡多有之。叶长四五寸，开五瓣圆紫花，结实生青熟黑，唯实成时花瓣尚在，宛似托盘……"所述形态、产地及附图，与本种一致。

药材大青根和大青叶脾胃虚寒者慎服。

**【化学参考文献】**

[1] 李艳 . 大青根化学成分的研究 [D] . 沈阳：沈阳药科大学硕士学位论文，2008.

[2] 赵庆春，李艳，蔡海敏，等 . 大青根化学成分的研究（Ⅱ）[J] . 中国药物化学杂志，2009，19（4）：280-283.

[3] Vu D H，Ba T C，Luu H，et al. Chemical study of *Clerodendron cyrtophyllum* Turcz. Part I - chemical constituents of n-hexan extract of the roots [J] . Tap Chi Hoa Hoc，2006，44（6）：704-706.

[4] Wang P，Li S B，Tan J J，et al. Two new glycosidatedcoumaramides from *Clerodendron cyrtophyllum* [J]. Fitoterapia，2012，83：1494-1499.

[5] Wang P，Li S B，Tan J J，et al. A novel C29 sterol from *Clerodendrum cyrtophyllum* [J]. Chem Nat Compd，2012，48（4）：594-595.

[6] 周婧 . 大青叶化学成分与抗氧化活性研究 [D]. 海口：海南大学硕士学位论文，2014.

[7] 马建中，马玲娣，张根土 . 山大青化学成分 5- 羟基 -3，6，3′- 三甲氧基黄酮 -4′-*O*- 半乳糖甙的结构测定 [J]. 中草药，1979，10（12）：804-806.

[8] 吴守金 . 马鞭草科大青叶化学成分的探讨 [J]. 中草药，1980，11（3）：99-101.

[9] Cheng H H，Wang H K，Ito J，et al. Cytotoxic pheophorbide-related compounds from *Clerodendrum calamitosum* and *C. cyrtophyllum* [J]. J Nat Prod，2001，64（7）：915-919.

[10] Tian X D，Min Z D，Xie N，et al. Abietane diterpenes from *Clerodendron cyrtophyllum* [J]. Chem Pharm Bull，1993，41（8）：1415-1417.

[11] Le C N，Nguyen V L，Nguyen D H，et al. Chemical constituents and antioxidant activity of flavonoids from *Clerodendron cyrtophyllum* Turcz. [J]. Tap Chi Duoc Hoc，2006，46（11）：30-33.

[12] 胡士现，赵庆 . 大青木中黄酮苷的分离与结构鉴定 [J]. 云南化工，2014，41（4）：40-41，45.

**【药理参考文献】**

[1] Zhou J，Zheng X X，Yang Q，et al. Optimization of ultrasonic-assisted extraction and radical-scavenging capacity of phenols and flavonoids from *Clerodendrum cyrtophyllum* Turcz. leaves [J]. Plos One，2013，8（7）：1-8.

[2] 朱俊杰，徐静 . 大青叶提取物对 HepG2 细胞酒精性损伤的保护作用 [J]. 食品研究与开发，2018，39（15）：161-167.

[3] Cheng H H，Wang H K，Ito J，et al. Cytotoxic pheophorbide-related compounds from *Clerodendrum calamitosum* and *C. cyrtophyllum* [J]. Journal of Natural Products，2001，64（7）：915-919.

**【临床参考文献】**

[1] 相鲁闽，相玲 . 大青根治疗偏头痛 [J]. 中国民间疗法，2008，（11）：60.

[2] 彭林红，王建民 . 复方青芩合剂治疗急性根尖周炎 80 例疗效观察 [J]. 临床医学，2000，20（5）：41-42.

[3] 黄月媚 . 青冬汤治疗痛风 40 例 [J]. 辽宁中医杂志，1998，25（5）：20.

[4] 朱细华 . 疏肝调气法治疗Ⅱ型糖尿病 64 例 [J]. 四川中医，2000，18（1）：21-22.

## 789. 海州常山（图 789）• *Clerodendrum trichotomum* Thunb.

**【别名】**臭梧、追骨风（江苏），后庭花（江苏、福建），臭梧桐（山东）。

**【形态】**灌木或小乔木，高 1.5 ～ 10m。小枝多少被毛，老枝具皮孔，髓白色而有淡黄色薄片状横隔。叶卵状椭圆形或三角状卵形，长 6 ～ 16cm，宽 2 ～ 13cm，顶端渐尖，基部楔形至近心形，幼时两面被毛，老后无毛或仅下面被毛而沿脉较密，全缘或有波状齿；叶柄长 2 ～ 8cm。花排成顶生或腋生的疏展的伞房状聚伞花序，总花梗长 3 ～ 6cm；苞片叶状，早落；花萼裂片卵形或卵状椭圆形，紫红色，外面无毛和腺毛，顶端 5 深裂，萼筒具 5 条棱脊，花冠白色或带粉红色，顶端 5 裂；花冠管细，长约 2cm；雄蕊 4 枚，花丝和花柱均伸出花冠外，柱头 2 裂。核果近球形，成熟时蓝紫色，包藏于宿萼内。花果期 6 ～ 10 月。

**【生境与分布】**生于海拔 2400m 以下的山坡路旁灌丛地。分布于华东各地，另华中、华南、西南及华北均有分布；菲律宾、朝鲜和日本也有分布。

**【药名与部位】**臭梧桐根，根。臭梧桐，嫩枝及叶。臭梧桐叶，叶。臭梧桐花，花或幼果。

**【采集加工】**臭梧桐根：全年均可采挖，除去泥沙等杂质，干燥。臭梧桐：夏秋季结果前采摘，晒干或鲜用。臭梧桐叶：夏季结果前采收，干燥。臭梧桐花：秋季花盛开时采收，晒干。

**【药材性状】**臭梧桐根：呈圆柱状，直径 0.7 ～ 1cm。多有侧根和细小纤维状支根，表面黄绿色至黄

**图 789　海州常山**　　摄影　赵维良等

褐色，有明显的纵皱，具圆点状皮孔和侧根痕；质硬而脆，易折断，断面纤维性，皮部类白色，约占断面的 1/3，木质部黄色，木射线明显，导管密集易见。气微清香，味微苦而涩。

臭梧桐：小枝类圆形或近方形，棕褐色，密被短柔毛。叶多皱缩，卷曲或破碎，上表面黄绿色至浅黄棕色，下表面色较浅，具明显短柔毛。枝叶质脆易断，小枝断面黄白色，中央具白色的髓，髓中有淡黄色分隔。有特异臭气，味苦涩。

臭梧桐叶：多皱缩、卷曲，展平后叶片呈宽卵形或椭圆形，长 5 ～ 16cm，宽 3 ～ 13cm；灰绿色或黄棕色，先端渐尖，基部宽楔形，全缘或有波状齿；两面均被茸毛，尤以下表面叶脉处为多；叶柄长 2 ～ 8cm，具纵沟，密被茸毛。气清香，味苦、涩。

臭梧桐花：花黄棕色至黄褐色，基部有短梗。花萼筒状，下部合生，中部膨大，上部 5 深裂，裂片卵形或卵状长椭圆形。花冠皱缩，多已脱落，完整者 5 深裂。雄蕊 4 枚，伸出花冠外。幼小核果棕褐色，种子 4 枚，多开裂。具特异臭气，味微苦涩。

**【药材炮制】**臭梧桐根：除去杂质，洗净，润软，切厚片，干燥。

臭梧桐：除去杂质，用清水略浸，润透，切段，干燥。

臭梧桐叶：除去枝梢等杂质，洗净，切段，干燥。

臭梧桐花：除去杂质，晒干。

**【化学成分】**叶含挥发油类：芳樟醇（linalool）、正十五烷（*n*-pentadecane）、2, 6- 二叔丁基 -4- 甲基苯酚（2, 6-di-tert-butyl-4-methylphenol）、正十六烷（*n*-hexadecane）、正十七烷（*n*-heptadecane）、2, 6, 10, 14- 四甲基十五烷（2, 6, 10, 14-tetramethylpentadecane）、十八烷（octadecane）、2, 6, 10, 14- 四甲基十六烷（2, 6, 10, 14-tetramethyl hexadecane）、邻苯二甲酸二异丁酯（diisobutyl phthalate）、香荆芥酚（carvacrol）、

2- 甲巯基苯并噻唑（2-methylmercaptobenzothiazole）、2- 甲硫基苯基 -1- 异硫氰酸酯［1-*iso*-thiocyanato-2-（methylthio）-benzene］、棕榈酸（palmitic acid）、β- 紫罗兰酮（β-ionone）、2- 巯基苯并噻唑（2-mercaptobenzothiazole）、二十一烷（heneicosane）、（*E*, *E*）-9, 12- 十八碳二烯酸［（*E*, *E*）-9, 12-octadecadienoic acid］、（*E*, *E*, *E*）-9, 12, 15- 十八三烯 -1- 醇［（*E*, *E*, *E*）-9, 12, 15-octadecatrien-1-ol］、（*E*, *E*, *E*）-9, 12, 15- 十八三烯酸乙酯［ethyl（*E*, *E*, *E*）-9, 12, 15-octadecatrienoate］、二十二烷（docosane）、1- 十八烯（1-octadecene）、（*E*, *E*, *E*）-7, 10, 13- 十六碳三烯酸甲酯［methyl（*E*, *E*, *E*）-7, 10, 13-hexadecatrienoate］、二十四烷（tetracosane）、13- 十四烯 -1- 醇乙酸酯（13-tetradodecen-1-ol acetate）、（*E*, *E*, *E*）-9, 12, 15- 十八三烯酸甲酯［methyl（*E*, *E*, *E*）-9, 12, 15-octadecatrienoate］、1- 甲基 -7- 异丙基菲（1-methyl-7-*iso*-propylphenanthrene）、*N*- 苯基 -1- 萘胺（*N*-phenyl-1-naphthylamine）、十九烷（nonadecane）、酞酸二丁酯（di-n-butylphthalate）、二十烷（eicosane）等[1, 2]，正癸醇（1-decanol）和 5- 羟甲基糠醛（5-hydroxymethyl furfural）[3]；甾体类：胡萝卜苷（daucosterol）[4]，β- 谷甾醇（β-sitosterol）[4,5]，赪酮甾醇（clerosterol）[6]，（22*E*, 24*R*）- 豆甾 -4, 22, 25- 三烯 -3- 酮［（22*E*, 24*R*）-stigmasta-4, 22, 25-trien-3-one］、（20*R*, 22*E*, 24*R*）-3β- 羟基豆甾 -5, 22, 25- 三烯 -7- 酮［（20*R*, 22*E*, 24*R*）-3β-hydroxystigmasta-5, 22, 25-trien-7-one］、（20*R*, 22*E*, 24*R*）- 豆甾 -22, 25- 二烯 -3, 6- 二酮［（20*R*, 22*E*, 24*R*）-stigmasta-22, 25-dien-3, 6-dione］、（20*R*, 22*E*, 24*R*）-6β- 羟基豆甾 -4, 22, 25- 三烯 -3- 酮［（20*R*, 22*E*, 24*R*）-6β-hydroxystigmasta-4, 22, 25-trien-3-one］、（20*R*, 22*E*, 24*R*）- 豆甾 -5, 22, 25- 三烯 -3β, 7β- 二醇［（20*R*, 22*E*, 24*R*）-stigmasta-5, 22, 25-trien-3β, 7β-diol］、（20*R*, 22*E*, 24*R*）- 豆甾 -22, 25- 二烯 -3β, 6β, 9α- 三醇［（20*R*, 22*E*, 24*R*）-stigmasta-22, 25-dien-3β, 6β, 9α-triol］、22- 脱氢赪酮甾醇 -3β-*O*-β-D-（6′-*O*- 十七烷酰）- 吡喃葡萄糖苷［22-dehydroclerosterol-3β-*O*-β-D-（6′-*O*-margaroyl）-glucopyranoside］[7]，22- 脱氢赪酮甾醇（22-dehydroclerosterol）[5, 8]，24- 乙基 -7- 酮基胆甾 -5, 22（*E*），25- 三烯 -3β- 醇［24-ethyl-7-oxocholesta-5, 22（*E*），25-trien-3β-ol］和松藻酮 *（decortinone）[8]；黄酮类：芹菜素 -7-*O*-β-D- 葡萄糖醛酸苷丁酯（apigenin-7-*O*-β-D-glucuronide butyl ester）[3]，刺槐素（acacetin）、芹菜素 -7-*O*- 半乳糖醛酸苷（apigenin-7-*O*-galacturonide）[6]，芹菜素（apigenin）[3,4]，海州常山苷（clerodendrin）、臭梧桐素 A、B（clerodendronin A、B）[9]，刺槐素 -7-*O*-β-D- 葡萄糖醛酸基 -（1 → 2）-β-D- 葡萄糖醛酸苷［acacetin-7-*O*-β-D-glucurono-（1 → 2）-β-D-glucuronide］[10] 和芹菜素 -7-*O*-β-D- 吡喃葡萄糖醛酸苷（apigenin-7-*O*-β-D-glucuronopyranoside）[11]；苯乙醇苷类：类叶升麻苷（acteoside）[3, 6, 12]，角胡麻苷（martynoside）[3]，毛蕊花糖苷（verbascoside）、异类叶升麻苷（*iso*-acteoside）和去咖啡酰类叶升麻苷（decaffeoylacteoside）[13]；苯丙素类：咖啡酸（caffeic acid）和 1-*O*- 咖啡酰吡喃葡萄糖苷（1-*O*-caffeoylglycopyranoside）[12]；三萜类：羽扇豆醇（lupeol）[5]；二萜类：海州常山苦素 A、B（clerodendrin A、B）[14, 15]、海州常山苦素 D（clerodendrin D）[15]、海州常山苦素 E、F、G、H（clerodendrin E、F、G、H）[15, 16]、海州常山苦素 I（clerodendrin I）[15]，（2*R*, 3*S*, 4*R*, 5*R*, 6*S*, 9*R*, 10*R*, 11*S*, 13*S*, 16*R*）-6, 19- 二乙酰氧基 -3-［（2*R*）-2- 乙酰氧基 -2- 甲基丁酰氧基］-4, 18 ：11, 16 ：15, 16- 三环氧 -15α- 甲氧基 -7- 赪酮烯 -2- 醇 {（2*R*, 3*S*, 4*R*, 5*R*, 6*S*, 9*R*, 10*R*, 11*S*, 13*S*, 16*R*）-6, 19-diacetoxy-3-［（2*R*）-2-acetoxy-2-methylbutyryloxy］-4, 18 ：11, 16 ：15, 16-triepoxy-15α-methoxy-7-clerodene-2-ol} 和（2*R*, 3*S*, 4*R*, 5*R*, 6*S*, 9*R*, 10*R*, 11*S*, 13*S*, 16*R*）-6, 19- 二乙酰氧基 -3-［（2*R*）-2- 乙酰氧基 -2- 甲基丁酰氧基］-4, 18 ：11, 16 ：15, 16- 三环氧 -15β- 甲氧基 -7- 赪酮烯 -2- 醇 {（2*R*, 3*S*, 4*R*, 5*R*, 6*S*, 9*R*, 10*R*, 11*S*, 13*S*, 16*R*）-6, 19-diacetoxy-3-［（2*R*）-2-acetoxy-2-methylbutyryloxy］-4, 18 ：11, 16 ：15, 16-triepoxy-15β-methoxy-7-clerodene-2-ol}[6]；生物碱类：乙酸橙酰胺（aurantiamide acetate）[3]；糖类：D- 吡喃葡萄糖（D-glucopyranose）和 1, 6- 脱水 -β-D- 葡萄糖（1, 6-anhydro-β-D-glucose）[5]；脂肪酸及酯类：长蒴黄麻酸 *E（corchorifalty acid E）、棕榈酸甘油酯（glycerol monopalmitate）[3]，十六烷酸（hexadecenoic acid）和十八烷酸（octadecanoic acid）[17]。

花含黄酮类：芹菜素（apigenin）、染料木素（genistein）、金圣草黄素（chrysoeriol）、染料木素 -7-*O*- 葡萄糖苷（genistein-7-*O*-glucoside）、山柰酚 -3-*O*- 葡萄糖苷（kaempferol-3-*O*-glucoside）、异鼠李素 -3-*O*-

葡萄糖苷（*iso*-rhamnetin-3-*O*-glucoside）和芹菜素 -7-*O*- 葡萄糖苷（apigenin-7-*O*-glucoside）[18]；苯乙醇苷类：类叶升麻苷（acteoside）、角胡麻苷（martynoside）、天人草苷 A（leucosceptoside A）和异类叶升麻苷（*iso*-acteoside）[19]；单萜类：华北白前新苷元 A（neohancoside A）[19]。

果实含生物碱类：（5*S*- 顺式）-2, 3, 6, 11- 四氢 -3- 酮基 -1H- 氮茚并［8, 7-b］吲哚 -5, 11b（5H）- 二羧酸 {（5*S*-*cis*）-2, 3, 6, 11-tetrahydro-3-oxo-1H-indolizino［8, 7-b］indole-5, 11b（5H）-dicarboxylic acid}，（5*S*- 反式）-2, 3, 6, 11- 四氢 -3- 酮基 -1H- 氮茚并［8, 7-b］吲哚 -5, 11b（5H）- 二羧酸 {（5*S*-*trans*）-2, 3, 6, 11-tetrahydro-3-oxo-1H-indolizino［8, 7-b］indole-5, 11b（5H）-dicarboxylic acid}，（5*S*, 11b*S*）-2, 3, 5, 6, 11, 11b- 六氢 -3- 酮基 -1H- 氮茚并［8, 7-b］吲哚 -5- 羧酸 {（5*S*, 11b*S*）-2, 3, 5, 6, 11, 11b-hexahydro-3-oxo-1H-indolizino-［8, 7-b］indole-5-carboxylic acid} 和（5*S*- 顺式）-2, 3, 5, 6, 11, 11b- 六氢 -3- 酮基 -1H- 氮茚并［8, 7-b］吲哚 -5- 羧酸 {（5*S*-*cis*）-2, 3, 5, 6, 11, 11b-hexahydro-3-oxo-1H-indolizino［8, 7-b］indole-5-carboxylic acid}[20]。

根含甾体类：24- 乙基 -7- 酮基胆甾 -5, 22（*E*），25- 三烯 -3β- 醇［24-ethyl-7-oxocholesta-5, 22（*E*），25-trien-3β-ol］、松藻酮（decortinone）、22- 脱氢赪酮甾醇（22-dehydroclerosterol）和赪酮甾醇（clerosterol）[21, 22]；三萜类：赪桐酮（clerodone）和赪桐二醇烯酮（clerodolone）[22]；二萜类：柔毛叉开香科科素 C（villosin C）、6- 甲氧基柔毛叉开香科科素 C（6-methoxyvillosin C）、18- 羟基 -6- 甲氧基柔毛叉开香科科素 C（18-hydroxy-6-methoxyvillosin C）、（10*R*, 16*S*）-12, 16- 环氧 -11, 14- 二羟基 -6- 甲氧基 -17（15 → 16）- 阿贝欧 - 松香 -5, 8, 11, 13- 四烯 -3, 7- 二酮［（10*R*, 16*S*）-12, 16-epoxy-11, 14-dihydroxy-6-methoxy-17（15 → 16）-abeo-abieta-5, 8, 11, 13-tetraen-3, 7-dione］、12, 16- 环氧 -11, 14- 二羟基 -6- 甲氧基 -17（15 → 16）- 阿贝欧 - 松香 -5, 8, 11, 13, 15- 五烯 -3, 7- 二酮［12, 16-epoxy-11, 14-dihydroxy-6-methoxy-17（15 → 16）-abeo-abieta-5, 8, 11, 13, 15-pentaen-3, 7-dione］、钩大青酮（uncinatone）、海通酮 E（mandarone E）、蚁大青二醇（formidiol）、拓闻烯酮 E、F、H（teuvincenone E、F、H）、12, 16- 环氧 -17（15 → 16），18（4 → 3）- 二阿贝欧 - 松香 -3, 5, 8, 12, 15- 五烯 -7, 11, 14- 三酮［12, 16-epoxy-17（15 → 16），18（4 → 3）-diabeo-abieta-3, 5, 8, 12, 15-pentaen-7, 11, 14-trione］、（10*R*, 16*S*）-12, 16- 环氧 -11, 14- 二羟基 -18- 酮基 -17（15 → 16），18（4 → 3）- 二阿贝欧 - 松香 -3, 5, 8, 11, 13- 五烯 -7- 酮［（10*R*, 16*S*）-12, 16-epoxy-11, 14-dihydroxy-18-oxo-17（15 → 16），18（4 → 3）-diabeo-abieta-3, 5, 8, 11, 13-pentaen-7-one］、（10*R*, 16*R*）-12, 16- 环氧 -11, 14, 17- 三羟基 -17（15 → 16），18（4 → 3）- 二阿贝欧 - 松香 -3, 5, 8, 11, 13- 五烯 -2, 7- 二酮［（10*R*, 16*R*）-12, 16-epoxy-11, 14, 17-trihydroxy-17（15 → 16），18（4 → 3）-diabeo-abieta-3, 5, 8, 11, 13-pentaen-2, 7-dione］、（3*S*, 4*R*, 10*R*, 16*S*）-3, 4：12, 16- 二环氧 -11, 14- 二羟基 -17（15 → 16），18（4 → 3）- 二阿贝欧 - 松香 -5, 8, 11, 13- 四烯 -7- 酮［（3*S*, 4*R*, 10*R*, 16*S*）-3, 4: 12, 16-diepoxy-11, 14-dihydroxy-17（15 → 16），18（4 → 3）-diabeo-abieta-5, 8, 11, 13-tetraen-7-one］[23]，海州常山酮（trichotomone）[24]，15, 16- 脱氢拓闻烯酮 G（15, 16-dehydroteuvincenone G）、3- 二氢拓闻烯酮 G（3-dihydroteuvincenone G）、17- 羟基海通酮 B（17-hydroxymandarone B）、15, 16- 二氢蚁大青二醇（15, 16-dihydroformidiol）、18- 羟基拓闻烯酮 E（18-hydroxyteuvincenone E）、2α- 清兰香草内酯 *F（2α-hydrocaryopincaolide F）、15α- 羟基钩大青酮（15α-hydroxyuncinatone）、15α- 羟基拓闻烯酮 E（15α-hydroxyteuvincenone E）、海州常山明素 *A、B（trichotomin A、B）、海州常山托苷 *A、B（trichotomside A、B）、6β- 羟基去甲基柳杉树脂酚（6β-hydroxydemethylcryptojaponol）、拓闻烯酮 A、G（teuvincenone A、G）、柔毛叉开香科科素 B（villosin B）、大青酮 A、B（cyrtophyllone A、B）、12, 16- 环氧 -11, 14, 17- 三羟基 -6- 甲氧基 -17（15 → 16）- 阿贝欧 - 松香 -5, 8, 11, 13- 四烯 -7- 酮［12, 16-epoxy-11, 14, 17-trihydroxy-6-methoxy-17（15 → 16）-abeo-abieta-5, 8, 11, 13-tetraen-7-one］、15- 脱氢 -17- 羟基大青酮 A（15-dehydro-17-hydroxycyrtophyllone A）、兰香草内酯 *E、F、G、I、J（caryopincaolide E、F、G、I、J）、类兰香草二萜 C（caryopterisoid C）、浙江大青酮 B（kaichianone B）、19- 羟基拓闻烯酮（19-hydroxyteuvincenone F）、去甲基柳杉树脂酚（demethylcryptojaponol）、12, 19- 二 -*O*-β-D- 吡喃葡萄糖基 -11- 羟基松香 -8, 11,

13- 三烯 -19- 酮（12, 19-di-*O*-β-D-glucopyranosyl-11-hydroxyabieta-8, 11, 13-trien-19-one）和 12-*O*-β-D- 吡喃葡萄糖基 -3, 11, 16- 三羟基松香 -8, 11, 13- 三烯（12-*O*-β-D-glucopyranosyl-3, 11, 16-trihydroxyabieta-8, 11, 13-triene）[25]。

茎含苯乙醇苷类：车前草苷 C（plantainoside C）、焦地黄苯乙醇苷 D（jionoside D）[26, 27]，类叶升麻苷（acteoside）、异类叶升麻苷（*iso*-acteoside）、角胡麻苷（martynoside）、异角胡麻苷（*iso*-martynoside）、天人草苷 A（leucosceptoside A）[26-28]，2″- 乙酰角胡麻苷（2″-acetylmartynoside）和 3″- 乙酰角胡麻苷（3″-acetylmartynoside）[29]。

**【药理作用】**1. 降血压　叶水提取物和乙醇提取物分别对麻醉状态下的大鼠和犬进行静脉注射，均能引起肾血管扩张，增加肾血流量、尿液量，促进尿液中钠离子的排出；水提取物单次给药对自发性高血压大鼠有明显降血压作用；乙醇提取物长期（6 周）给药可抑制自发性高血压大鼠的血压升高，停药后血压升高至自发水平[1]。2. 抗炎　根石油醚 - 乙酸乙酯提取物中分离得到的 24- 乙基 -7- 氧化胆甾 -5, 22(*E*), 25- 三烯 -3β- 醇［24-ethyl-7-oxocholesta-5，22（*E*），25-trien-3β-ol］在体外可明显抑制结肠癌 HT-29 细胞中白细胞介素 -8（IL-8）的生成，并呈剂量依赖关系[2]。

**【性味与归经】**臭梧桐根：苦，寒；有小毒。臭梧桐：苦、甘，平。归心经。臭梧桐叶：苦、甘，平。臭梧桐花：苦、辛，平。归肝、大肠经。

**【功能与主治】**臭梧桐根：祛风，止痛，降血压。用于风湿痹痛，高血压症。臭梧桐：祛风除湿，平肝潜阳，止痛截疟。用于风湿痹痛，半身不遂，眩晕，疟疾；外用治疗痈疽疮疥。臭梧桐叶：祛风湿，降血压。用于风湿痹痛，高血压症；外用于鹅掌风，痔疮。臭梧桐花：息风，止痛、止泻。用于头风，疾病，疝气。

**【用法与用量】**臭梧桐根：15 ～ 30g。臭梧桐叶：煎服 9 ～ 15g；外用适量。臭梧桐花：煎服 6 ～ 9g；或浸酒服。

**【药用标准】**臭梧桐根：浙江炮规 2015 和上海药材 1994；臭梧桐：湖南药材 2009 和山东药材 2002；臭梧桐叶：药典 1977、浙江炮规 2015、北京药材 1998 和上海药材 1994；臭梧桐花：上海药材 1994 和湖北药材 2009。

**【临床参考】**1. 颈椎病：根 30 ～ 60g，体质好、症状重者用量可大些，反之则小，水煎取汁，每日服 2 次，5 天为 1 个疗程，同时配合卧床休息，颈部保暖等措施[1]。

2. 糖尿病并发下肢溃疡：叶洗净，晒干研末，高压消毒后外敷，每 3 日换药 1 次，同时常规降血糖治疗[2]。

3. 高血压病：叶，加野菊花、黄芩、杜仲、丹皮、黄连、川芎、寄生、罗布麻、夏枯草、青木香、地龙、汉防己、黄瓜秧、牛膝等煎汤浴足，每日 2 次，每次 20 ～ 30min，4 周为 1 个疗程[3]。

4. 痈疽疮毒溃烂：叶研末外敷，或调蜂蜜外敷。（《万县中药志》）

5. 湿疹或痱子发痒：叶适量，煎汤洗浴。（《上海常用中草药》）

6. 鹅掌风：叶 30g，加白鲜皮 30g、蛇床子 30g，水煎外洗。（《青岛中草药手册》）

**【附注】**以海州常山之名始载《本草图经》，但附图隶属于蜀漆之下，云："而海州出者，叶似楸叶，八月有花，红白色，子碧色，似山楝子而小。"《群芳谱》云："臭梧桐生南海及雷州，近海州郡亦有之，叶大如手，作三花尖，长青不凋，皮若梓白而坚韧，可作绳，入水不烂，花细白如丁香，而臭味不甚美，远观可也。人家园内多植之，皮堪入药，采取无时。"据上所述，应为本种。

药材臭梧桐根和臭梧桐叶高热煎煮会引起降压作用减弱。

叶过量服用可导致中毒[1]。

**【化学参考文献】**

［1］郭峰，闫世才 . 超临界 $CO_2$ 流体萃取技术对海州常山叶挥发性化学成分研究［J］. 天水师范学院学报，2004，24（5）：29-30.

［2］闫世才，田王室 . 海州常山叶挥发性化学成分研究［J］. 兰州大学学报（自然科学版），2003，39（3）：105-106.

[ 3 ] 徐瑞兰，师彦平 . 中药臭梧桐的化学成分研究 [ J ] . 南昌工程学院学报，2015，34（4）：15-19.

[ 4 ] 王昭 . 海州常山的化学成分研究 [ D ] . 武汉：湖北中医药大学硕士学位论文，2013.

[ 5 ] 黄智 . 海州常山化学成分与高效液相指纹图谱研究 [ D ] . 武汉：湖北中医药大学硕士学位论文，2016.

[ 6 ] Ono M，Furusawa C，Matsumura K，et al. A new diterpenoid from the leaves of *Clerodendron trichotomum* [ J ] . J Nat Med，2013，67（2）：404-409.

[ 7 ] Xu R L，Wang R，Ding L，et al. New cytotoxic steroids from the leaves of *Clerodendrum trichotomum* [ J ] . Steroids，2013，78（7）：711-716.

[ 8 ] 杨国勋，王文宣，胡长玲，等 . 臭梧桐根中的甾醇及其抗炎活性研究 [ J ] . 中草药，2014，45（18）：2597-2601.

[ 9 ] 陈泽乃，徐佩娟，姚天荣，等 . 臭梧桐中海常素的波谱分析 [ J ] . 药学学报，1988，23（10）：789.

[ 10 ] Okigawa M，Okigawa M，Hatanaka H，et al. Components of *Clerodendron trichotomum*. III. new glycoside，acacetin-7-glucurono-（1. far. 2）-glucuronide from the leaves [ J ] . Chem Pharm Bull，1971，19（1）：148-152.

[ 11 ] Min Y S，Yim S H，Bai K L，et al. The effects of apigenin-7-*O*-β-D-glucuronopyranoside on reflux oesophagitis and gastritis in rats [ J ] . Autonomic & Autacoid Pharmacology，2005，25（3）：85-91.

[ 12 ] Lee J Y，Lee J G，Sim S S，et al. Anti-asthmatic effects of phenylpropanoid glycosides from *Clerodendron trichotomum* leaves and *Rumex gmelini* herbes in conscious guinea-pigs challenged with aerosolized ovalbumin [ J ] . Phytomedicine，2011，18（2）：134-142.

[ 13 ] Kim K H，Kim S G，Jung M Y，et al. Anti-inflammatory phenylpropanoid glycosides from *Clerodendron trichotomum* leaves [ J ] . Arch Pharm Res，2009，32（1）：7-13.

[ 14 ] Kato N，Takahashi M，Shibayama M，et al. Antifeeding active substances for insects in *Clerodendron trichotomum* [ J ] . Agric Biol Chem，1972，36（13）：2579-2582.

[ 15 ] Nishida R，Kawai K，Amano T，et al. Pharmacophagous feeding stimulant activity of *neo*-clerodane diterpenoids for the turnip sawfly，*Athalia rosae* ruficornis [ J ] . Biochem Syst Ecol，2004，32：15-25.

[ 16 ] Kawai K，Amano T，Nishida R，et al. Clerodendrins from *Clerodendrum trichotomum* and their feeding stimulant activity for the turnip sawfly [ J ] . Phytochemistry，1998，49（7）：1975-1980.

[ 17 ] 姚仲青，郭青 . 海州常山叶的化学成分研究（I）[ J ] . 中国实验方剂学杂志，2010，16（6）：103-104.

[ 18 ] Lee J W，Kang S C，Bae J J，et al. Flavonoids from the flower of *Clerodendrum trichotomum* [ J ] . Saengyak Hakhoechi，2015，46（4）：289-294.

[ 19 ] Lee J W，Bae J J，Kwak J H. Glycosides from the flower of *Clerodendrum trichotomum* [ J ] . Saengyak Hakhoechi，2016，47（4）：301-306.

[ 20 ] Irikawa H，Toyoda Y，Kumagai H，et al. Isolation of four 2，3，5，6，11，11b-hexahydro-3-oxo-1H-indolizino [ 8，7-b ] indole-5-carboxylic acids from *Clerodendron trichotomum* Thunb and properties of their derivatives [ J ] . Bulletin of the Chemical Society of Japan，1989，62（3）：880-887.

[ 21 ] 杨国勋，王文宣，胡长玲，等 . 臭梧桐根中的甾醇及其抗炎活性研究 [ J ] . 中草药，2014，45（18）：2597-2601.

[ 22 ] Kawano N，Miura H，Kamo Y. Components of *Clerodendron trichotomum* II. root components [ J ] . Yakugaku Zasshi，1967，87（9）：1146-1148.

[ 23 ] Wang W X，Xiong J，Tang Y，et al. Rearranged abietane diterpenoids from the roots of *Clerodendrum trichotomum* and their cytotoxicities against human tumor cells Phytochemistry，2013，89：89-95.

[ 24 ] Wang W X，Zhu J J，Zou Y K，et al. Trichotomone，a new cytotoxic dimeric abietane-derived diterpene from *Clerodendrum trichotomum* [ J ] . Tetrahedron Lett，2013，54（20）：2549-2552.

[ 25 ] Hu H J，Zhou Y，Han Z Z，et al. Abietane diterpenoids from the roots of *Clerodendrum trichotomum* and their nitric oxide inhibitory activities [ J ] . Journal of Natural Products，2018，81（7）：1508-1516.

[ 26 ] Kim H J，Woo E R，Shin C G，et al. HIV-1 integrase inhibitory phenylpropanoid glycosides from *Clerodendron trichotomum* [ J ] . Arch Pharm Res，2001，24（4）：286-291.

[ 27 ] Kim H J，Woo E R，Shin C G，et al. HIV-1 integrase inhibitory phenylpropanoid glycosides from *Clerodendron trichotomum*. [ Erratum to document cited in CA136：31311 ] [ J ] . Arch Pharm Res，2001，24（6）：618.

[ 28 ] Kang D G，Lee Y S，Kim H J，et al. Angiotensin converting enzyme inhibitory phenylpropanoid glycosides from

*Clerodendron trichotomum* [ J ] . J Ethnopharmacol，2003，89（1）：151-154.
[ 29 ] Chae S W，Kang K A，Kim J S，et al. Antioxidant activities of acetylmartynosides from *Clerodendron trichotomum* [ J ] . J Appl Biol Chem，2007，50（4）：270-274.

**【药理参考文献】**

[ 1 ] Lu G W，Miura K，Yukimura T，et al. Effects of extract from *Clerodendron trichotomum* on blood pressure and renal function in rats and dogs [ J ] . Journal of Ethnopharmacology，1994，42：77-82.
[ 2 ] 杨国勋，王文宣，胡长玲，等 . 臭梧桐根中的甾醇及其抗炎活性研究 [ J ] . 中草药，2014，45（18）：2597-2601.

**【临床参考文献】**

[ 1 ] 王利群 . 臭梧桐根治疗颈椎病 [ J ] . 江苏中医，1996，17（2）：25.
[ 2 ] 刘世明，尹朝兰 . 臭梧桐叶外敷治疗糖尿病并发下肢溃疡 36 例 [ J ] . 云南中医中药杂志，2011，32（5）：97.
[ 3 ] 李新一 . 中药足浴治疗高血压病 40 例 [ J ] . 中国民间疗法，2001，9（10）：35.

**【附注参考文献】**

[ 1 ] 徐华元，俞富英 . 过量服用臭梧桐叶中毒 1 例 [ J ] . 上海中医药杂志，1984，（1）：33.

## 7. 莸属 *Caryopteris* Bunge

直立或披散灌木、半灌木，稀为多年生草本而茎基部木质化。枝圆柱形或四方形。单叶，对生，叶片全缘或具齿，常具黄色腺点。聚伞花序腋生或顶生，稀单花腋生；苞片有或缺；萼宿存，果时增大，钟状，通常 5 裂，裂片三角形或披针形；花冠常 5 裂，二唇形，下唇中间裂片较大，全缘或流苏状；雄蕊 4 枚，2 长 2 短，或近等长，伸出花冠外，花丝着生于花冠筒喉部；子房不完全 4 室，每室 1 粒胚珠，花柱条形，伸出花冠筒外，柱头 2 裂。蒴果小，近球形，成熟后分裂为 4 个果瓣。

约 15 种，分布于亚洲中部和东部。中国 13 种，分布于全国各地，法定药用植物 1 种。华东地区法定药用植物 1 种。

## 790. 兰香草（图 790）• *Caryopteris incana*（Thunb.）Miq.

**【别名】**莸、山薄荷（福建）。

**【形态】**半灌木，高 20 ～ 80cm。枝圆柱形，被柔毛或老时渐脱落。叶片卵状披针形、卵形或长圆形，长 1.5 ～ 8cm，宽 1 ～ 4cm，顶端钝或短尖，基部楔形或近圆形，边缘具粗锯齿，两面密生短柔毛，并有黄色腺点，叶脉在下面明显；叶柄长 0.5 ～ 1.8cm，被柔毛。聚伞花序腋生和顶生，无苞片；花萼杯状，顶端 5 深裂，外面密被短柔毛；花冠淡紫色或淡蓝色，二唇形，花冠管外被短柔毛，喉部有毛环；花冠 5 裂，下唇中裂片较大，边缘流苏状；雄蕊 4 枚，与花柱伸出花冠管外；子房顶端被短毛，花柱 1 枚，柱头 2 裂。蒴果倒卵状球形，被毛，成熟时分裂为 4 个果瓣。花果期 8 ～ 11 月。

**【生境与分布】**生于较干旱的山坡荒草地、路旁。分布于安徽、江苏、浙江、江西和福建，另广东、广西、湖南、湖北等地均有分布；日本和朝鲜也有分布。

**【药名与部位】**兰香草（独脚球），全草。

**【采集加工】**夏、秋二季采收，阴干。

**【药材性状】**根较粗壮，疏生细根。茎呈圆柱形，长 20 ～ 60cm，多分枝，对生，节处近四棱形；表面暗棕色或暗褐色，有细小纵纹，嫩枝略带紫色，被灰白色柔毛；质坚硬，折断面粗糙，黄绿色或黄白色，有髓。叶对生，具短柄；叶多皱缩卷曲，展平后呈卵形或卵状披针形，长 2 ～ 7cm，宽 1.5 ～ 3cm；先端钝，基部宽楔形或近圆形，边缘有粗锯齿；上表面暗绿色，下表面灰色，两面被毛，背面更密。聚伞花序轮状排列于枝梢或叶腋。蒴果球形，外被粗毛。气微，叶揉搓后有花椒样特异香气，味微苦、辛。

图 790 兰香草　　摄影 李华东等

【药材炮制】除去杂质，洗净，润透，切段，干燥。

【化学成分】全草含木脂素类：落叶松脂醇（lyoniresinol）、落叶松脂醇 -4′-*O*-β-D- 吡喃葡萄糖苷（lariciresinol-4′-*O*-β-D-glucopyranoside）、落叶松脂醇 -9-*O*-β-D- 吡喃葡萄糖苷（lariciresinol-9-*O*-β-D-glucopyranoside）[1] 和乌木脂素（diospyrosin）[2]；挥发油类：芳樟醇（linalool）、紫苏醇（pefillalcoho）、香芹酮（carvone）、茅宁烯（orthodene）、4- 甲基 -6- 庚烯 -3- 酮（4-methyl-6-hepten-3-one）、葎草烯（humulene）、马鞭草烯酮（verbenone）、（–）- 松香芹酮［（–）-oinocarvone］、（*Z*, *E*）-2- 壬烯 -4- 炔［（*Z*, *E*）-2-nonen-4-yne］[3] 和角鲨烯（squalene）[4]；酚酸类：香草酸（vanillic acid）、原儿茶酸（protocatechuic acid）[1] 和酪醇（tyrosol）[2]；单萜类：阿盖草醇（argyol）、穿心莲醚萜 E（andrographidoid E）、6, 8- 环氧 - 顺式 - 对 - 薄荷烷 - 反式 -1, 反式 -2- 二醇（6, 8-epoxy-*cis*-*p*-menthane-*trans*-1, *trans*-2-diol）、柏子仁双醇（platydiol）、（+）- 反式 - 水合蒎醇［（+）-*trans*-sobrerol］、（1*R*, 2*R*, 4*R*）- 三羟基 - 对 - 薄荷烷 -3- 烯［（1*R*, 2*R*, 4*R*）-trihydroxy-*p*-menth-3-ene］、（–）-（1*S*, 2*S*, 6*S*）-6- 外向 - 羟基葑醇［（–）-（1*S*, 2*S*, 6*S*）-6-exo-hydroxyfenchol］和 12- 羟基茉莉酮酸甲酯（methyl 12-hydroxyjasmonate）[2]；倍半萜类：石竹烷 -1, 9β- 二醇（caryolane-1, 9β-diol）、（–）- 丁香烷 -2, 9- 二醇［（–）-clovane-2, 9-diol］、9（*E*）- 葎草三烯 -2, 6- 二醇［9（*E*）-humulatrien-2, 6-diol］和柚木香堇醇 A（tectoionol A）[2]；二萜类：（5*R*, 10*S*, 16*R*）-11, 16- 二羟基 -12- 甲氧基 -17（15 → 16）- 阿贝欧 - 松香 -8, 11, 13- 三烯 -3, 7- 二酮［（5*R*, 10*S*, 16*R*）-11, 16-dihydroxy-12-methoxy-17（15 → 16）-abeo-abieta-8, 11, 13-trien-3, 7-dione］[2]，兰香草酮（incanone）[4]，兰香草品内酯 *A、B、C、D、E、F、G、H、I、J、K、L（caryopincaolide A、B、C、D、E、F、G、H、I、J、K、L）[5, 6]，兰香草品内酯 *M（caryopincaolide M）[2]，兰香草内酯 *（caryocanolide）[7]，环氧扁柏酚 *（epoxyhinokiol）、1- 酮基小盖鼠尾草酚（1-oxomicrostegiol）、小盖鼠尾草酚（microstegiol）、彩苞鼠尾草素 *（viroxocin）、10- 异丙基 -2, 2, 6- 三甲基 -2, 3, 4, 5- 四氢萘［1,

8-bc］氧杂环 -5, 11- 二醇 {10-isopropyl-2, 2, 6-trimethyl-2, 3, 4, 5-tetrahydronaphtha［1, 8-bc］oxocine-5, 11-diol}、10- 异丙基 -2, 2, 6- 三甲基 -2, 3, 4, 5- 四氢萘［1, 8-bc］氧杂环 -11- 醇 {10-isopropyl-2, 2, 6-trimethyl-2, 3, 4, 5-tetrahydronaphtha［1, 8-bc］oxocine-11-ol}、钩大青酮（uncinatone）、石蚕文森酮 E（teuvincenone E）、海通酮 D、E（mandarone D、E）、大青酮 B（cyrtophyllone B）、11, 14- 二羟基 -8, 11, 13- 松香三烯 -7- 酮（11, 14-dihydroxy-8, 11, 13-abietatrien-7-one）、7- 酮基去氢松香烷（7-oxodehydroabietane）、11- 羟基柳杉酚（11-hydroxysugiol）、6α- 羟基去甲基柳杉树脂酚（6α-hydroxydemethylcryptojaponol）、红根草新对醌（prineoparaquinone）、6- 羟基丹参酚酮（6-hydroxysalvinolone）、6, 11- 二羟基 -12- 甲氧基 -5, 8, 11, 13- 松香四烯 -7- 酮（6, 11-dihydroxy-12-methoxy-5, 8, 11, 13-abietatetraen-7-one）、6- 羟基 -5, 6- 脱氢柳杉酚（6-hydroxy-5, 6-dehydrosugiol）、丹参酚酮（salvinolone）、7- 酮基总状土木香醌（7-oxoroyleanone）、10- 异丙基 -2, 2, 5- 三甲基 -2, 2α, 3, 4- 四氢苯基烯醇［1, 9-bc］呋喃 {10-isopropyl-2, 2, 5-trimethyl-2, 2α, 3, 4-tetrahydrophenaleno［1, 9-bc］furan}、3- 羟基 -6- 甲基 -2-（1- 甲基乙基）-5-（4- 甲基 -3- 戊烯基）-1, 4- 萘二酮［3-hydroxy-6-methyl-2-（1-methylethyl）-5-（4-methyl-3-pentenyl）-1, 4-naphthalenedione］、4b, 8, 8- 三甲基 -2-（1- 甲基乙基）-4b, 5, 6, 7, 8, 8a, 9, 10- 八氢 -10- 羟基 -1, 4- 菲二酮［4b, 8, 8-trimethyl-2-（1-methylethyl）-4b, 5, 6, 7, 8, 8a, 9, 10-octahydro-10-hydroxy-1, 4-phenanthrenedione］、4b, 5, 6, 78, 8a, 9, 10- 八氢 -4b, 8, 8- 三甲基 -2-（1- 甲基乙基）-4- 菲酚［4b, 5, 6, 78, 8a, 9, 10-octahydro-4b, 8, 8-trimethyl-2-（1-methylethyl）-4-phenanthrenol］、鼠尾草烯酮（salvilenone）、鼠尾草卡纳醛 *（salvicanaraldehyde）[5,6]，6α- 羟基 -3, 13- 克罗二烯 -15, 16- 内酯（6α-hydroxy-3, 13-clerodadien-15, 16-olide）[6]，柳杉酚（sugiol）[5,8] 和 16α- 羟基 -3, 13- 克罗二烯 -15, 16- 交酯（16α-hydroxy-3, 13-clerodadien-15, 16-olide）[8]；环烯醚萜苷类：8-*O*- 乙酰哈帕俄苷（8-*O*-acetylharpagide）、哈帕俄苷（harpagide）、6′-*O*- 对香豆酰 -8-*O*- 乙酰哈帕俄苷（6′-*O*-*p*-coumaroyl-8-*O*-acetylharpagide）[7]，兰香草醚萜苷 B（caryocanoside B）、5- 羟基 -2‴-*O*- 咖啡酰毛果芸香苷 B（5-hydroxy-2‴-*O*-caffeoylcaryocanoside B）、2-*O*-（*E*）- 对香豆酰毛果芸香苷 B［2-*O*-（*E*）-*p*-coumaroylcaryocanoside B］、2‴-*O*-（*Z*）- 对香豆酰毛果芸香苷 B［2‴-*O*-（*Z*）-*p*-coumaroyl caryocanoside B］、2′-*O*-（*E*）- 对香豆酰十万错苷［2′-*O*-（*E*）-*p*-coumaroylasystasioside］[8] 和兰香草醚萜苷 A（caryocanoside A）[9]；黄酮类：木犀草素（luteolin）[1]；苯乙醇及苷类：对羟基苯乙醇（*p*-hydroxyphenylethyl alcohol）[1]，去咖啡酰毛蕊花苷（decaffeoylverbasoside）、毛蕊花苷（verbasoside）、裙带菜苷 B（darendoside B）、角胡麻苷（martynoside）、天人草苷 A（leucosceptoside A）[7]，兰香草苷 A、B（incanoside A、B）[10,11]，兰香草苷 C、D、E（incanoside C、D、E）[12]，兰香草苷（incanoside）、异毛蕊花苷（*iso*-verbascoside）和狭叶糙苏苷 A（phlinoside A）[13]；苯丙素类：反式 - 对羟基肉桂酸（*trans*-*p*-hydroxycinnamic acid）[2]，6′-*O*- 阿魏酰基葡萄糖（6′-*O*-feruloylsucrose）[10]，β-D- 呋喃果糖基 -α-D-（6-*O*- 反式芥子酰基）- 吡喃葡萄糖苷［β-D-fluctofuranosyl-α-D-（6-*O*-*trans*-sinapoyl）-glucopyranoside］[12] 和 6-*O*- 咖啡酰基 -D- 葡萄糖（6-*O*-caffeoyl-D-glucose）[13]；生物碱类：1H- 吲哚 -3- 甲酸（1H-indole-3-carboxylic acid）[2]；甾体类：β- 谷甾醇（β-sitosterol）和胡萝卜苷（daucosterol）[1]；脂肪酸类：硬脂酸（stearic acid）[1] 和三十烷酸（triacontanoic acid）[4]。

地上部分含单萜类：松香芹醇 -β-D- 吡喃葡萄糖苷（pinocarveol-β-D-glucopyranoside）[14]；黄酮类：（2*S*）- 金圣草酚 -7-*O*-β-D- 吡喃葡萄糖苷［（2*S*）-eriodictyol-7-*O*-β-D-glucopyranoside］、芹菜素 -7-*O*- 新橙皮苷（apigenin-7-*O*-neohesperidoside）和木犀草素 -4′-*O*-β-D- 吡喃葡萄糖苷（luteolin 4′-*O*-β-D-glucopyranoside）[14]；苯乙醇类：6‴-*O*- 阿魏酰兰香草苷 D（6‴-*O*-feruloylincanoside D）、6‴-*O*- 芥子酰兰香草苷 D（6‴-*O*-sinapoylincanoside D）、兰香草醇苷 *（caryopteroside）、6′-*O*- 咖啡酰类叶升麻苷（6′-*O*-caffeoylacteoside）、6-*O*- 咖啡酰狭叶糙苏苷 A（6-*O*-caffeoylphlinoside A）、类叶升麻苷（acteoside）、米团花苷 A（leucosceptoside A）、焦地黄苯乙醇苷 D（jinoside D）、角胡麻苷（martynoside）[14] 和狭叶糙苏苷 A（phlinoside A）[15]；环烯醚萜苷类：兰香草醚萜素 A、B（incanide A、B）、6′-*O*- 香豆酰金鱼草苷（6′-*O*-coumaroylantirrinoside）、6′-*O*- 香豆酰基 -8- 乙酰哈帕俄苷（6′-*O*-coumaroyl-8-acetylharpagide）、8-*O*- 乙

酰哈帕俄苷（8-*O*-acetylharpagide）和6′-*O*-咖啡酰基-8-乙酰哈帕俄苷（6′-*O*-caffeoyl-8-acetylharpagide）[14]；烯醇苷类：（3*R*）-辛-1-烯-3-醇-*O*-α-L-吡喃阿拉伯糖基-（1→6）-*O*-β-D-吡喃葡萄糖苷［（3*R*）-oct-1-en-3-ol-*O*-α-L-arabinopyranosyl-（1→6）-*O*-β-D-glucopyranoside］、（3*R*）-辛-1-烯-3-醇-*O*-β-D-吡喃葡萄糖基-（1″→2′）-*O*-β-D-吡喃葡萄糖苷［（3*R*）-oct-1-en-3-ol-*O*-β-D-glucopyranosyl-（1″→2′）-*O*-β-D-glucopyranoside］、（3*R*）-辛-1-烯-3-醇-*O*-α-L-吡喃阿拉伯糖基-（1‴→6″）-*O*-β-D-吡喃葡萄糖基-（1″→2′）-*O*-β-D-吡喃葡萄糖苷［（3*R*）-oct-1-en-3-ol-*O*-α-L-arabinopyranosyl-（1‴→6″）-*O*-β-D-glucopyranosyl-（1″→2′）-*O*-β-D-glucopyranoside］和（3*R*）-辛-1-烯-3-醇-*O*-β-D-吡喃葡萄糖苷［（3*R*）-oct-1-en-3-ol-*O*-β-D-glucopyranoside］[15]；酚类：6′-*O*-咖啡酰基熊果苷（6′-*O*-caffeoylarbutin）[15]；木脂素类：落叶松脂素-9-*O*-β-D-吡喃葡萄糖苷（lariciresinol-9-*O*-β-D-glucopyranoside）[14]；苯丙素类：3-羟基爱草脑-β-D-吡喃葡萄糖苷（3-hydroxyestragole-β-D-glucopyranoside）和6-*O*-咖啡酰葡萄糖（6-*O*-caffeoylglucose）[14]；挥发油类：δ-3-蒈烯（δ-3-carene）、（*Z*）-2-氟-2-丁烯［（*Z*）-2-fluoro-2-butene］[16]和沉香醇（linalool）[17]。

幼茎和叶含苯丙素类：邻羟基香豆酸（*trans*-*O*-coumaric acid）、对羟基香豆酸（*p*-coumaric acid）、阿魏酸（ferulic acid）、咖啡酸（caffeic acid）和绿原酸（chlorogenic acid）[18]；酚酸类：鞣花酸（ellagic acid）和没食子酸（gallic acid）[18]。

**【药理作用】**1. 抗菌　全草经水蒸气蒸馏法提取的挥发油以及在挥发油基础上研制的沐浴盐，对金黄色葡萄球菌、表皮葡萄球菌、大肠杆菌、铜绿假单胞菌的生长均有抑制作用，其中对革兰氏阳性菌（金黄色葡萄球菌、表皮葡萄球菌）的抑制作用强于革兰氏阴性菌（大肠杆菌、铜绿假单胞菌）[1]。2. 护肝　地上部分甲醇提取物的乙酸乙酯部位以及其中分离得到的多种单体，对叔丁基过氧化氢（*t*-BHP）诱导的肝癌HepG2细胞损伤有显著的保护作用，结构-活性关系分析提示单体结构中的儿茶酚部分在肝保护作用中起了重要的作用[2]。

**【性味与归经】**辛，温。

**【功能与主治】**疏风解表，祛痰止咳，散瘀止痛。用于上呼吸道感染，百日咳，支气管炎，风湿关节痛，胃肠炎，跌打肿痛，产后瘀血，腹痛，毒蛇咬伤，湿疹，皮肤瘙痒。

**【用法与用量】**煎服15～30g；外用适量。

**【药用标准】**江西药材1996和广东药材2011。

**【临床参考】**1. 肩关节周围炎：全草研末，以米醋炒热敷患处，每日1次，每次50g；同时，葛根20g、麻黄9g、桂枝6g、白芍30g、甘草9g、生姜2片、大枣3枚，每日1剂，水煎2次共400ml，分3次服，2周为1疗程[1]。

2. 胃肠炎：全草30g，加地榆9～15g，水煎服。

3. 上感、支气管炎：全草12～18g，加车前草12g、甘草6g，水煎服。（2方、3方引自《食物中药与便方》）

4. 产后瘀血腹痛：全草15～45g，水煎服。（《广西本草选编》）

5. 感冒、百日咳：全草15g，加大青叶4g、海金沙4g、六月雪8g，水煎，加白糖适量，分3次服。

6. 百日咳：鲜全草60g，水煎服。

7. 钩蚴感染：鲜叶适量，外擦患处，擦至患处有热感，每日3～5次。（5方至7方引自《浙江药用植物志》）

**【附注】**以石将军之名见载于《本草纲目拾遗》，云："一名紫罗毬。秋时开花，有紫色圆晕，生高山石上，立夏后生苗，叶类龙芽草略小，对节，高不过尺，根本劲细，似六月雪"，并引谢云溪云："……叶如椐木对生，方梗紫色，高尺余，开细紫花成毬。"《植物名实图考》始称兰香草，谓："丛生，高四五尺，细茎对叶，叶长寸余，本宽末尖，深齿浓纹，梢叶小圆，逐节开花，如丹参、紫菀而作小筒子，尖瓣外出，中吐细须，淡紫，娇媚，深秋始开，茎叶俱有香气……"记述并附图即指本种。

**【化学参考文献】**


[1] 纪晓宁，石磊，王涌，等 . 兰香草的化学成分研究 [J]. 天然产物研究与开发，2014，26：16-18.

[2] Zhang C G，Chen T，Mao X D，et al. Caryopincaolide M，a rearranged abietane diterpenoid with new skeleton and a new iridoid from *Caryopteris incana* [J]. Journal of Natural Medicines，2019，73（1）：210-216.

[3] 孙凌峰，刘秀娟，新陈 . 兰香草挥发油的提取及其成份分析 [J]. 江西教育学院学报（综合），2004，25（3）：27-29.

[4] 高建军，王夕红，涂馥，等 . 兰香草植物生物活性成分的研究 [J]. 合成化学（增刊），1997，364.

[5] Zhao S M，Chou G X，Yang Q S，et al. ChemInform abstract：abietane diterpenoids from *Caryopteris incana*（Thunb.）Miq. [J]. Cheminform，2016，47（31）：1-10.

[6] Zhao S M，Chou G X，Yang Q S，et al. Abietane diterpenoids from *Caryopteris incana*（Thunb.）Miq. [J]. Organic & Biomolecular Chemistry，2016，14（14）：3510-3520.

[7] Yoshikawa K，Harada A，Iseki K，et al. Constituents of *Caryopteris incana* and their antibacterial activity [J]. Journal of Natural Medicines，2014，68（1）：231-235.

[8] Mao X D，Chou G X，Zhao S M，et al. New iridoid glucosides from *Caryopteris incana*（Thunb.）Miq. and their α-glucosidase inhibitory activities [J]. Molecules，2016，21（1749）：1-12.

[9] Gao J J，Han G Q. Cytotoxic abietane diterpenoids from *Caryopteris incana* [J]. Phytochemistry，1997，44（4）：759-761.

[10] Gao J J，Han G Q, Yang L. Phenylpropanoid and iridoid glycosides from *Caryopteris incana*（Thunb.）Miq. [J]. Indian J Chem，1998，37B（11）：1157-1160.

[11] Gao J J，Han G Q，Yang L. Two new phenylpropanoid glycosides from *Caryopteris incana*（Thumb.）Miq. [J]. Chin Chem Lett，1996，7（5）：445-448.

[12] Gao J J，Igarashi K，Nukina M. Three new phenylethanoid glycosides from *Caryopteris incana* and their antioxidative [J]. Chem Pharm Bull，2000，48（7）：1075-1078.

[13] Gao J J，Igarashi K，Nukina M，et al. Radical scavenging activity of phenylpropanoid glycosides in *Caryopteris incana* [J]. Biosci Biotechnol Biochem，1999，63（6）：983-988.

[14] Park S，Son M J，Yook C S，et al. Chemical constituents from aerial parts of *Caryopteris incana* and cytoprotective effects in human HepG2 cells [J]. Phytochemistry，2014，101：83-90.

[15] Zhao D P，Matsunami K，Otsuka H. Iridoid glucoside，（3R）-oct-1-en-3-ol glycosides，and phenylethanoid from the aerial parts of *Caryopteris incana* [J]. J Nat Med，2009，63（3）：241-247.

[16] Kim S. Composition and cell cytotoxicity of essential oil from *Caryopteris incana* Miq. in Korea [J]. Han'guk Eungyong Sangmyong Hwahakhoeji，2008，51（3）：238-244.

[17] 孙凌峰，叶文峰，陈红梅 . 兰香草精油化学成分的研究 [J]. 江西师范大学学报，2004，28（3）：196-199，202.

[18] El-Hela A A，Luczkiewicz M，Cisowski W. Free phenolic acids from *Caryopteris incana*（Thunb.）Miq. qualitative analysis [J]. Herba Polonica，1999，45（2）：73-79.


**【药理参考文献】**


[1] 程敏，杨策，刘晓娇，等 . 兰香草沐浴盐抑菌作用研究 [J]. 陕西农业科学，2016，62（11）：60-62.

[2] Park S，Son M J，Yook C S，et al. Chemical constituents from aerial parts of *Caryopteris incana* and cytoprotective effects in human HepG2 cells [J]. Phytochemistry，2014，101：83-90.


**【临床参考文献】**


[1] 梁丰 . 葛根汤合兰香草敷贴治疗肩关节周围炎 46 例 [J]. 江苏中医，1998，19（11）：30.

# 一〇六 唇形科 Labiatae（Lamiaceae）

草本、亚灌木或灌木。植株常含芳香油，茎通常具四棱及沟槽。单叶或复叶，对生或轮生，稀互生。花两性，稀单性，左右对称，很少近辐射对称，单生、成对或丛生于叶腋，或组成轮伞花序或聚伞花序，再排成穗状、总状、头状或圆锥花序；花萼宿存，基部合生呈钟状或管状，果时常不同程度的增大，顶端 5 裂，稀 3 裂、2 裂或 10 裂，裂片组成二唇形或裂片近相等，或 2 枚盾形，其中至少 1 枚脱落；花冠合瓣，通常有颜色，伸出萼外或内藏，冠檐 5（～4）裂，二唇形、假单唇或单唇形，稀裂片近相等；雄蕊在花冠上着生，与花冠裂片互生，通常 4 枚，有时退化为 2 枚，伸出或内藏，花丝分离或两两成对，极稀基部联合成鞘，花药 2 室，纵裂，稀 1 室；花盘发达，心皮 2 枚，4 裂；子房上位，假 4 室，花柱顶端相等或不相等 2 浅裂。果通常为 4 个小坚果，稀核果状，每小坚果有种子 1 粒。

约 220 余属，3500 种，广布于全球，主要分布于地中海及亚洲西南部。中国 96 属，800 余种，分布于全国各省区，法定药用植物 46 属，107 种 14 变种 1 栽培变种。华东地区法定药用植物 23 属，43 种 4 变种 1 栽培变种。

唇形科法定药用植物主要含萜类、黄酮类、生物碱类、皂苷类等成分。萜类包括二萜、环烯醚萜苷等，如半枝莲二萜 A、B、I（scutellone A、B、I）、筋骨草酯素Ⅰ（ajugarin Ⅰ）、赪桐定（clerodin）、8- 乙酰基哈帕苷（8-acetylharpagide）、冬凌草甲素（rubescensin A）等；黄酮类包括黄酮、黄酮醇、二氢黄酮、二氢黄酮醇、查耳酮等，如木犀草素 7-*O*- 葡萄糖苷（luteolin-7-*O*-glucoside）、山柰酚 -3-*O*-α- 吡喃鼠李糖苷（kaempferol-3-*O*-α-rhamnopyranoside）、黄芩苷（baicalin）、黄芩苷元（baicalein）、矢车菊素 -3- 槐糖苷 -5- 葡萄糖苷（cyanidin-3-sophoroside-5-glucoside）、2, 6, 2′, 4′- 四羟基 -6′- 甲氧基查耳酮（2, 6, 2′, 4′-tetrahydroxy-6′-methoxychalcone）、高山黄芩素 -7-*O*- 二葡萄糖醛酸苷（scutellarein-7-*O*-diglucuronide）等；生物碱类如益母草碱（leonurine）、水苏碱（stachydrine）等；皂苷为三萜，类包括齐墩果烷型、熊果烷型、羽扇豆烷型等，如 3α-*O*- 乙酰基 -20（29）- 羽扇豆烯 -2-α- 醇［3α-*O*-acetyl-20（29）-lupen-2α-ol］、乙酰齐墩果酸（acetyl oleanolic acid）、3α- 熊果烷 -12 烯 -3, 23- 二醇（3α-urs-12-en-3, 23-diol）等。

筋骨草属含萜类、甾体类、黄酮类等成分。萜类包括二萜、环烯醚萜苷等，如筋骨草酯素Ⅰ（ajugarin Ⅰ）、赪桐定（clerodin）、8- 乙酰基哈帕苷（8-acetylharpagide）、6, 7- 去氢 -8- 乙酰基哈帕苷（6, 7-dehydro-8-acetylharpagide）等；甾体类如 22- 乙酰基杯苋甾酮（22-acetylcyasterone）、筋骨草内酯（ajugalactone）、筋骨草甾酮 C（ajugasterone C）等；黄酮类包括黄酮、黄酮醇、黄烷酮等，如木犀草素 7-*O*- 葡萄糖苷（luteolin-7-*O*-glucoside）、山柰酚 -3-*O*-α- 吡喃鼠李糖苷（kaempferol-3-*O*-α-rhamnopyranoside）、矢车菊素 -3- 槐糖苷 -5- 葡萄糖苷（cyanidin-3-sophoroside-5-glucoside）等。

黄芩属含黄酮类、萜类等成分。黄酮类包括黄酮、黄酮醇、二氢黄酮、二氢黄酮醇、查耳酮等，如黄芩苷（baicalin）、黄芩苷元（baicalein）、柚皮素（naringenin）、5, 7, 2′, 6′- 四羟基二氢黄酮醇（5, 7, 2′, 6′-tetrahydroxydihydroflavonol）、2′, 6′, 5, 7- 四羟基黄烷酮（2′, 6′, 5, 7-tetrahydroxyflavanone）、2, 6, 2′, 4′- 四羟基 -6′- 甲氧基查耳酮（2, 6, 2′, 4′-tetrahydroxy-6′-methoxychalcone）等；萜类包括倍半萜、二萜等，如半枝莲二萜 A、B、I（scutellone A、B、I）、半枝莲碱 A、B、E、F（scutebarbatin A、B、E、F）等。

藿香属含挥发油类、黄酮类、萜类、皂苷类等成分。挥发油多含有甲基胡椒酚（methylchavicol）、薄荷酮（menthone）、胡薄荷酮（pulegone）等；黄酮类包括黄酮、黄酮醇等，如香叶木素 -7-*O*- 葡萄糖苷（diosmetin-7-*O*-glucoside）、芹菜素 -7-*O*- 葡萄糖苷（apigenin-7-*O*-glucoside）、刺槐素（acacetin）、藿香苷（agastachoside）等；萜类包括单萜、倍半萜、二萜等，如 α- 蒎烯（α-pinene）、β- 金合欢烯（β-farnesene）、去氢藿香酚（dehydroagastol）等；皂苷为三萜类，如山楂酸（crategolic acid）、乙酰齐墩果酸（acetyl oleanolic acid）、α- 香树脂醇（α-amyrin）等。

活血丹属含挥发油类、黄酮类、皂苷类等成分。挥发油多含有胡薄荷酮（pulegone）、α- 蒎烯（α-pinene）、薄荷酮（menthone）等；黄酮类包括黄酮、黄酮醇等，如木犀草素 -7-β-D- 葡萄糖醛酸苷（luteolin-7-β-D-glucuronide）、山柰酚 -3- 芸香糖苷（kaempferol-3-rutinoside）等；皂苷为三萜类，如白桦脂酸（betulinic acid）、齐墩果酸（oleanolic acid）、熊果醇（uvaol）等。

夏枯草属含黄酮类、香豆素类等成分。黄酮类包括黄酮、黄酮醇、花色素等，如金丝桃苷（hyperoside）、山柰酚 -3-*O*- 葡萄糖苷（kaempferol-3-*O*-glucoside）、芍药花青素 -3, 5- 二葡萄糖苷（peonidin-3, 5-diglucoside）等；香豆素类如伞花内酯（umbelliferone）、东莨菪素（scopoletin）等。

益母草属含生物碱类、萜类、苯丙醇类等成分。生物碱类如益母草碱（leonurine）、水苏碱（stachydrine）等；萜类包括二萜类、环烯醚萜类等，如西班牙夏罗草酮（hispanolone）、鼬瓣花二萜（galeopsin）、筋骨草苷（ajugoside）、10- 去氧京尼平苷酸（10-deoxygeniposidic acid）、8- 乙酰基哈帕苷（8-acetylharpagide）等；苯丙醇类如毛蕊花糖苷（verbascoside）、益母草苷 A（ajugol）、益母草苷 B（leonuride）等。

鼠尾草属含萜类、酚酸类、皂苷类等成分。萜类以二萜居多，如 12-*O*- 甲基鼠尾草苦内酯（12-*O*-methyl carnosol）、丹参醇 A（danshenol A）等；酚酸类如甲基 -3-*O*- 迷迭香酸甲酯（methyl-3-*O*- methyl rosmarinate）、丹参酚酸 T（salvianolic acid T）等；皂苷为三萜类，包括齐墩果烷型、熊果烷型、羽扇豆烷型等，如 3α-*O*- 乙酰基 -20（29）- 羽扇豆烯 -2α- 醇［3α-*O*-acetyl-20（29）-lupen-2α-ol］、3α- 齐墩果烷 -12- 烯 -3, 23- 二醇（3α-olean-12-en-3，23-diol）、3α- 熊果烷 -12 烯 -3, 23- 二醇（3α-urs-12-en-3，23-diol）等。

风轮菜属含黄酮类、皂苷类、苯丙素类等成分。黄酮类包括黄酮、二氢黄酮、黄酮醇等，如木犀草素 -7-*O*-β-D- 葡萄糖苷（luteolin-7-*O*-β-D-glucoside）、柚皮素芸香苷（narirutin）、芦丁（rutin）等；皂苷类包括齐墩果烷型、熊果烷型、羽扇豆烷型等，如风轮菜皂苷 A（clinodiside A）、白桦脂酸（betulinic acid）、熊果酸（ursolic acid）等；苯丙素类如咖啡酸（caffeic acid）、迷迭香酸（rosmarinic acid）等。

薄荷属含挥发油类、黄酮类、皂苷类、蒽醌类、苯丙素类等成分。挥发油含有薄荷酮（menthone）、胡椒酮（piperitone）、薄荷醇（menthol）等；黄酮类包括黄酮、二氢黄酮、黄酮醇等，以前者居多，如粗毛豚草素（hispidulin）、柳穿鱼素（pectolinarigenin）、去甲基川陈皮素（demethylnobiletin）、山柰酚 -3- 鼠李糖基 -7- 葡萄糖苷（kaempferol-3-rhamnosyl-7-glucoside）等；皂苷为三萜类如齐墩果酸（oleanolic acid）、熊果酸（ursolic acid）等；蒽醌类如大黄素（emodin）、大黄酚（chrysophanol）、大黄素甲醚（physcion）等；苯丙素类如迷迭香酸（rosmarinic acid）、咖啡酸（caffeic acid）等。

紫苏属含挥发油类、皂苷类、苯丙素类、黄酮类等成分。挥发油多含紫苏醛（perillaldehyde）、紫苏酮（perilla ketone）、紫苏醇（perillyl alcohol）、薄荷酮（menthone）等；皂苷为三萜类如委陵菜酸（tormentic acid）、熊果酸（ursolic acid）等；苯丙素类如迷迭香酸甲酯（methyl rosmarinate）、咖啡酸甲酯（methyl caffeate）等；黄酮类包括黄酮、二氢黄酮、花色素等，如木犀草素 7-*O*- 葡萄糖苷（luteolin-7-*O*-glucoside）、高山黄芩素 -7-*O*- 二葡萄糖醛酸苷（scutellarein-7-*O*-diglucuronide）、花色素苷（cyanin）等。

香薷属含挥发油类、黄酮类、皂苷类等成分。挥发油含香薷酮（elsholtzia ketone）、香薷二醇（elsholtzidiol）等；黄酮类包括黄酮、黄酮醇等，如木犀草素 -7-*O*-β-D- 葡萄糖苷（luteolin-7-*O*-β-D-glucoside）、异鼠李素 -3-*O*- 芸香糖苷（*iso*-rhamnetin-3-*O*-rutinoside）、桑色素 -7-*O*-β-D- 葡萄糖苷（morin-7-*O*-β-D-glucoside）等；皂苷为三萜类如木栓酮（friedelin）、熊果酸（ursolic acid）等。

香茶菜属含萜类、皂苷类、黄酮类等成分。萜类以二萜类为其典型特征成分，如冬凌草素（oridonin）、毛栲利素（lasiokaurin）、新毛叶香茶菜素（neorabdosin）等；皂苷为三萜类如熊果酸（ursolic acid）、白桦脂醇（betulin）、齐墩果酸（oleanolic acid）等；黄酮类如胡麻素（pedalitin）、异槲皮苷（*iso*-quercitrin）等。

## 分属检索表

1. 花柱着生点高于子房基部；联合的小坚果高于子房 1/2 以上；花冠假单唇形（上唇不发达），上唇极短，全缘或先端微凹……………………………………………………………………1. 筋骨草属 *Ajuga*

1. 花柱着生于子房基部；小坚果各分离，仅基部一小点着生于花托上；花冠常为二唇形。
 2. 小坚果及种子多少横生；萼筒背部有盾片；子房具柄……………………………2. 黄芩属 *Scutellaria*
 2. 小坚果及种子直生；萼筒背部无盾片；子房无柄。
  3. 花盘裂片与子房裂片对生，花萼具 13 脉，萼檐 1/4 式二唇形；多年生栽培植物；叶片条形或披针状条形，被灰色星状毛………………………………………………………3. 薰衣草属 *Lavandula*
  3. 花盘裂片与子房裂片互生。
   4. 雄蕊上升或平展而直伸向前。
    5. 花冠筒藏于花萼内，雄蕊及花柱均藏于冠筒内；叶片圆形至心形，掌状分裂……………………………………………………………………………………………………4. 夏至草属 *Lagopsis*
    5. 花冠筒通常不藏于花萼内，雄蕊不藏于冠筒内。
     6. 花药卵形、长圆形或条形，药室平行或叉开，稀平叉开，顶端不贯通或稀近于贯通。
      7. 花冠檐部明显二唇形，具不相似的裂片，上唇外凸，弧状、镰状或盔状。
       8. 花药条形，雄蕊 2 枚，后对雄蕊极小或缺；药隔条形，与花丝有关节相连………………………………………………………………………………………5. 鼠尾草属 *Salvia*
       8. 花药卵形，雄蕊 4 枚，药隔宽或极小，无其余上述特征。
        9. 后对雄蕊长于前对雄蕊。
         10. 两对雄蕊互相平行，皆向花冠上唇弧状上升；药室叉开成直角；叶片通常圆心形或肾形……………………………………………………6. 活血丹属 *Glechoma*
         10. 两对雄蕊不互相平行；药室初平行，后叉开，非直角；叶片非圆心形或肾形。
          11. 后对雄蕊下倾，前对雄蕊上升，花盘裂片近相等；叶片不分裂……………………………………………………………………………7. 藿香属 *Agastache*
          11. 后对雄蕊上升，前对雄蕊多少向前直伸，花盘前裂片明显较大；叶片常分裂…………………………………………………8. 裂叶荆芥属 *Schizonepeta*
        9. 后对雄蕊短于前对雄蕊。
         12. 萼檐喉部在果时由于下唇 2 齿向上斜伸以致合闭；花冠上唇盔状；药室叉开……………………………………………………………9. 夏枯草属 *Prunella*
         12. 萼檐喉部在果时张开，花冠上唇直伸；药室平行或后对退化。
          13. 花冠上唇常外凸或盔状，常有毛。
           14. 叶片至少在茎下部的常 3～5 掌状分裂或深裂；药室平行……………………………………………………………10. 益母草属 *Leonurus*
           14. 叶片全缘或具锯齿，不作掌状分裂；药室通常叉开，稀平行……………………………………………………………11. 水苏属 *Stachys*
          13. 花冠上唇常短而多少扁平，无毛；萼 5 齿近相等；前对雄蕊药室平行，后对雄蕊药室退化…………………………………12. 广防风属 *Epimeredi*
      7. 花冠檐部近辐射对称或近二唇形，裂片相似或略分化，上唇如已分化则扁平或外凸，花药卵形。
       15. 雄蕊沿花冠上唇上升；花冠近二唇形；花萼不整齐，花后明显二唇形，萼筒管状，直伸或微弯，基部一边肿胀，具 13～18 脉………13. 风轮菜属 *Clinopodium*
       15. 雄蕊以花冠从基部直伸；花萼具 10～15 脉。
        16. 雄蕊 4 枚，近等长，自基部展开直伸。
         17. 花冠近辐射对称，檐部 4 裂；花萼 10～13 脉；叶缘具齿…14. 薄荷属 *Mentha*
         17. 花冠近 2/3 式二唇形；叶片多全缘。

18. 花萼 5 齿相等，药室叉开；小苞片卵形或披针形，常有色；叶片较大……
……………………………………………………………………15. 牛至属 *Origanum*

18. 花萼 2/3 式二唇形，药室平行；小苞片微小；叶片通常狭小………………
……………………………………………………………………16. 百里香属 *Thymus*

16. 雄蕊 2 枚或 2 长 2 短，展开直伸；花萼具 10 脉，果时增大；花冠近二唇形；轮伞花序具 2 花，形成顶生的假总状花序，稀腋生。

19. 能育雄蕊 4 枚……………………………………………………17. 紫苏属 *Perilla*

19. 能育雄蕊 2 枚，后对能育，前对不育………………………18. 石荠苧属 *Mosla*

6. 花药球形或卵球形；药室平叉开，在顶端贯通成 1 室，花粉散出后则平展。

20. 花萼 5 深裂，钟形；花序由 2 花的轮伞花序形成顶生及腋生总状花序…19. 香简草属 *Keiskea*

20. 花萼具 5 齿；轮伞花序在茎和分枝顶部集生成穗状………………………20. 香薷属 *Elsholtzia*

4. 雄蕊下倾，平卧于花冠下唇上或包于其内。

21. 花冠筒伸出花萼外，通常多少下弯，基部呈浅囊状…………………………21. 香茶菜属 *Rabdosia*

21. 花冠筒不伸出或稍伸出花萼外，直伸，基部非浅囊状。

22. 花萼具多数横脉及小凹穴，上唇中裂片边缘不呈翅状下延；花柱顶端具不相等的 2 浅裂……
……………………………………………………………………22. 凉粉草属 *Mesona*

22. 花萼无横脉，常被腺点，上唇中裂片边缘反折呈翅状下延至萼筒下部；花柱顶端具相等的 2 浅裂……………………………………………………………………23. 罗勒属 *Ocimum*

## 1. 筋骨草属 *Ajuga* Linn.

一年生或多年生草本，全株常有多节柔毛。茎直立或匍匐，四棱形。基生叶簇生，茎生叶对生；叶片边缘具粗齿，稀近全缘。轮伞花序 2 至多花，组成密集或下部间断的穗状花序；花萼钟状或漏斗状，通常具 10 条脉，顶端 5 齿，齿近相等；花冠通常白色、紫色、蓝色或粉红色，稀为黄色，冠筒内有毛环或无毛环，冠檐假单唇形，上唇极短而直立，全缘或顶端微凹或 2 裂，下唇宽大，伸长，3 裂；雄蕊 4 枚，2 强，花丝挺直或微弯，花药 2 室，横裂并贯通为 1 室；花盘环状，裂片不明显；子房 4 裂，花柱着生于子房底部，顶端近 2 等裂。小坚果通常倒卵状三棱形，背部具网纹，侧腹面具宽大果脐。

40 ～ 50 种，广布于东半球温带地区。中国 18 种，分布于南北各省区，法定药用植物 4 种 1 变种。华东地区法定药用植物 1 种。

## 791. 金疮小草（图 791）• *Ajuga decumbens* Thunb.

**【别名】**白毛夏枯草（安徽），筋骨草。

**【形态】**一年或二年生草本，高 10 ～ 20cm。匍匐茎平卧或上升，被白色长柔毛。基生叶较茎生叶长且宽；叶薄纸质，匙形或倒卵状被针形，长 3 ～ 6（～ 15）cm，宽 1.5 ～ 2.5（～ 6）cm，顶端钝至圆形，基部渐狭，下延成柄，边缘具不整齐的波状圆齿或近全缘，具缘毛，两面具糙状毛或柔毛。轮伞花序多花，排成间断或上部密集的穗状花序；花梗短；苞叶与茎叶同形，匙形，上部苞叶呈苞片状，披针形；花萼漏斗状，长 5 ～ 8mm，外面被疏柔毛，内面无毛，顶端 5 齿，齿狭三角形；花冠淡紫红色、淡蓝色或白色，筒长 8 ～ 10mm，外面被疏柔毛，内面近基部有毛环，冠檐二唇形，上唇短，直立，圆形，顶端微缺，下唇 3 裂，中裂片狭扇形或倒心形，顶端微缺；雄蕊 4 枚，2 强，伸出；花盘环状；花柱超出雄蕊，微弯，柱头 2 浅裂。小坚果倒卵状三棱形，背部具网状皱纹，果脐占腹面的 2/3。花果期 2 ～ 11 月。

**图 791 金疮小草** 摄影 张芬耀

【生境与分布】生于海拔 1400m 以下的路旁，溪沟边、路旁或湿润的荒草地。分布于安徽、江苏、浙江、江西、上海及福建，另长江以南其他各省区均有分布；日本、朝鲜也有分布。

【药名与部位】筋骨草（白毛夏枯草），全草。

【采集加工】初夏采收，除去杂质，干燥。

【药材性状】全草长 10 ～ 35cm。根细小，暗黄色。地上部分灰黄色或黄绿色，密被白色柔毛。细茎丛生，质软柔韧，不易折断。叶对生，多皱缩、破碎，完整叶片展平后呈匙形或倒卵状披针形，长 3 ～ 6cm，宽 1.5 ～ 2.5cm，绿褐色，边缘有波状粗齿，叶柄具狭翅。轮伞花序腋生，小花二唇形，黄棕色。气微，味苦。

【药材炮制】除去杂质，洗净，切段，干燥。

【化学成分】全草含二萜类：金疮小草素 B（ajugacumbin B）、紫背金盘素 B（ajuganipponin B）、筋骨草素 $A_1$（ajugamarin $A_1$）、筋骨草素二萜 I（ajugarin I）、氯代筋骨草素 $A_1$（ajugamarin $A_1$ chlorhydrin）[1]，金疮小草素 A、C、D、H（ajugacumbin A、C、D、H）[2]，散瘀草素 A（ajugapantin A）、筋骨草新内酯 B、D（ajugalide B、D）、筋骨草灵 II（ajugarin II）、金疮小草素 J（ajugacumbin J）[3]，15- 表蛇麻素 A（15-epilupulin A）、6-*O*- 去乙酰筋骨草素（6-*O*-deacetylajugamarin）、金疮小草宁素 A、B（ajugadecumbenin A、B）、15- 表蛇麻素 A（15-epi-lupulin A）[4]，金疮小草素 K、L、M、N（ajugacumbin K、L、M、N）[5]，筋骨草新苷（ajugaside A）[6]，金疮小草素 E、F（ajugacumbin E、F）[7]，金疮小草素 G（ajugacumbin G）[8]，紫背金盘素 A（ajuganipponin A）[3]，筋骨草素（筋骨草玛灵）$A_2$、$B_2$、$G_1$、$H_1$、$F_4$（ajugamarin $A_2$、$B_2$、$G_1$、$H_1$、$F_4$）[9]，（12*S*）-1α, 19- 环氧 -6α, 18- 二乙酰氧基 -4α, 12- 二羟基新赪桐 -13- 烯 -15, 16- 内酯［（12*S*）-1α, 19-epoxy-6α, 18-diacetoxy-4α, 12-dihydroxy-neoclerod-13-en-15, 16-olide］、（12*S*）-6α, 19- 二乙酰氧基 -18- 氯化 -4α- 羟基 -12- 巴豆酰氧基新赪桐 -13- 烯 -15, 16- 内酯［（12*S*）-6α, 19-diacetoxy-18-chloro-4α-hydroxy-12-tigloyloxy-neoclerod-13-en-15, 16-olide］、（12*S*, 2″,*S*）-6α, 19- 二乙酰氧基 -18- 氯化 -4α- 羟基 -12-（2- 甲基丁酰氧基）- 新赪桐 -13- 烯 -15, 16- 内酯［（12S, 2″,S）-6α, 19-diacetoxy-18-chloro-4α-hydroxy-12-（2-methylbutanoyloxy）-neoclerod-13-en-15, 16-olide］[10]，6α, 19- 二乙酰氧基 -4α- 羟基 -1β-

巴豆酰氧基新赪桐 -12- 烯 -15- 酸甲酯 -16- 醛［6α, 19-diacetoxy-4α-hydroxy-1β-tigloyloxy-neoclerod-12-en-15-oic acid methyl ester-16-aldehyde］、（12*S*）-18, 19- 二乙酰氧基 -4α, 6α, 12- 三羟基 -1β- 巴豆酰氧基新赪桐 -13- 烯 -15, 16- 内酯［（12*S*）-18, 19-diacetoxy-4α, 6α, 12-trihydroxy-1β-tigloyloxy-neoclerod-13-en-15, 16-olide］, 4α, 6α- 二羟基 -18-（4′- 甲氧基 -4′- 氧代丁酰氧基）-19- 巴豆酰氧基新赪桐 -13- 烯 -15, 16- 内酯［4α, 6α-dihydroxy-18-（4′-methoxy-4′-oxobutyryloxy）-19-tigloyloxy-neoclerod-13-en-15, 16-olide］和筋骨草素 J（ajugaciliatin J）[11]；环烯醚萜类：金疮小草苷 A、B、C、D（decumbeside A、B、C、D）、匍匐筋骨草苷（reptoside）[12] 和 8- 乙酰钩果草苷（8-acetylharpagide）[13]；单萜类：黑麦草内酯（loliolide）[14]；酚酸类：香草酸（vanillic acid）[13]；黄酮类：芹菜素（apigenin）、木犀草素（luteolin）、金合欢素（acacetin）[1], 刺槐素（acacetin）[14] 和 5, 7- 二羟基 -4′- 甲氧基黄酮（5, 7-dihydroxy-4′-methoxy-flavone）[15]；香豆素类：6, 7- 二羟基香豆素（6, 7-dihydroxycoumarin）[15]；苯丙素类：咖啡酸甲酯（methyl caffeate）[14]；苯乙醇苷类：半乳糖基角胡麻苷（galactosylmartynoside）[6, 13], 角胡麻苷（martynoside）和裙带菜苷 B（darendoside B）[6]；胺类：橙黄胡椒酰胺乙酸酯（aurantiamide acetate）[3]；甾体类：筋骨草缩醛甾酮 E（ajugacetalsterone E）[5], 谷甾醇 -3-*O*-β-D- 吡喃葡萄糖苷（sitosterol-3-*O*-β-D-glucopyranoside）[15], 杯苋甾酮（cyasterone）、蜕皮甾酮（ecdysterone）[16], 筋骨草甾酮 C（ajugasterone C）[17] 和胡萝卜苷[15]；脂肪酸类：9, 12, 13- 三羟基十八碳 -10, 15- 二烯酸（9, 12, 13-trihydroxyoctadeca-10, 15-dienoic acid）[1] 和（10*E*, 15*Z*）-9, 12, 13- 三羟基十八碳 -10, 15- 二烯酸［（10*E*, 15*Z*）-9, 12, 13-trihydroxyoctadeca-10, 15-dienoic acid］[14]；烯酮类：4- 氢 -4-（3- 酮基 -1- 丁烯基）-3, 5, 5- 三甲基环己 -2- 烯 -1- 酮［4-hydroxy-4-（3-oxo-1-butenyl）-3, 5, 5-trimethylcyclohex-2-en-1-one］[1]；烷烯烃苷类：1- 辛烯 -*O*-α-L- 吡喃阿拉伯糖基 -（1 → 6）-*O*-［β-D- 吡喃葡萄糖基 -（1 → 2）］-β-D- 吡喃葡萄糖苷 {1-octen-*O*-α-L-arabinopyranosyl-（1 → 6）-*O*-［β-D-glucopyranosyl-（1 → 2）］-β-D-glucopyranoside} 和正丁基 -β-D- 吡喃果糖苷（*n*-butyl-β-D-fructopyranoside）[15]。

地上部分含二萜类：金疮小草明素 A、B、C、D（ajudecumin A、B、C、D）、止痢蒿素 A、B（ajuforrestin A、B）、双氢赪桐定（dihydroclerodin）和赪酮定宁 C、D（clerodinin C、D）[18]；黄酮类：木犀草素（luteolin）、刺槐素（acacetin）[18] 和芦丁（rutin）[19]；倍半萜类：连钱草酮（glecholone）[18, 19]，（6*R*, 7*E*, 9*R*）-9- 羟基 -4, 7- 大柱香波龙二烯 -3- 酮［（6*R*, 7*E*, 9*R*）-9-hydroxy-4, 7-megastigmadien-3-one］、（3*S*, 5*R*, 6*S*, 7*E*）-5, 6- 环氧 -3- 羟基 -7- 大柱香波龙烯 -9- 酮［（3*S*, 5*R*, 6*S*, 7*E*）-5, 6-epoxy-3-hydroxy-7-megastigmen-9-one］、（6*E*, 9*S*）-9- 羟基 -4, 6- 大柱香波龙二烯 -3- 酮［（6*E*, 9*S*）-9-hydroxy-4, 6-megastigmadien-3-one］和 6- 羟基 -4, 7- 大柱香波龙二烯 -3, 9- 二酮（6-hydfoxy-4, 7-megastigmadiene-3, 9-dione）[19]。

叶含二萜类：筋骨草塔卡素 A、B（ajugatakasin A、B）、筋骨草玛灵 $A_1$、$B_1$、$G_1$、$H_1$（ajugamarin $A_1$、$B_1$、$G_1$、$H_1$）和赪桐素 D（clerodendrin D）[20]。

根含多糖类：金疮小草新素（kiransin）[21]。

带花全草含单萜类：黑麦草内酯（loliolide）[22]；二萜类：筋骨草玛灵 $A_1$、$A_2$（ajugamarin $A_1$、$A_2$）、散瘀草素 A（ajugapantin A）和筋骨草塔卡素 A（ajugatakasin A）[22]；甾体类：杯苋甾酮（cyasterone）、β- 蜕皮甾酮（β-ecdysterone）、头花杯苋甾酮（sengosterone）、水龙骨素 B（polypodin B）、金疮小草甾酮 A（decumbesterone A）、筋骨草甾酮 B（ajugasterone B）、22- 去氢杯苋甾酮（22-dehydrocyasterone）和（5β）-2β, 3β, 14, 20, 22*R*- 五羟基 -6- 氧代 - 豆甾 -7, 24- 二烯 -26- 酸 -δ- 内酯［（5β）-2β, 3β, 14, 20, 22*R*-pentahydroxy-6-oxo-stigmasta-7, 24-dien-26-oic acid-δ-lactone］[22]；环烯醚萜类：8- 乙酰钩果草苷（8-acetylharpagide）[22]；黄酮类：4′, 5, 7- 三羟基黄酮（4′, 5, 7-trihydroxyflavone）[22]；酚酸类：香荚兰酸（vanillic acid）[22]。

**【药理作用】**1. 抗肿瘤　全草水提取物对小鼠原位移植性乳腺癌 4T1 模型可呈剂量依赖性地抑制乳腺癌的生长及肺转移，作用机制与下调基底金属蛋白酶 2 和 9（MMP-2、MMP-9）的表达，上调基底金属蛋白酶抑制物 1 和 2（TIMP-1、TIMP-2）的表达有关[1]；全草水提取液对小鼠 S180 肉瘤移植模型有明显抑制生长的作用，两次试验的抑瘤率分别为 81% 和 73%[2]。2. 抗炎 全草水提取液以及水提取液经大孔树脂吸附后的乙醇洗脱液对二甲苯所致小鼠耳廓肿胀和皮下注射琼脂所致肉芽肿模型均具有抑制作用，其中醇洗液作用更佳，具有明显量效关系[3]。3. 抗疲劳抗氧化 全草水提取物在小鼠抗运动疲劳实验中显示有明显的抗疲劳作用，可显著延长负重游泳小鼠的运动力竭时间，显著升高因运动疲劳而下降的红细胞、血红蛋白、血糖水平，显著提高肌糖原和肝糖原水平，促进运动器官和供能器官提高能源物质的利用率，升高谷胱甘肽过氧化物酶（GSH-Px）、超氧化物歧化酶（SOD）、过氧化氢酶（CAT）水平，降低因疲劳而产生的氧化产物丙二醛（MDA），增强抗氧化损伤能力[4]。4. 调血脂 茎叶水提取物和醇提取物可显著降低由高脂饮食诱导升高的小鼠血清中的低密度脂蛋白胆固醇水平[5]。

**【性味与归经】**苦，寒。归肺经。

**【功能与主治】**清热解毒，止咳祛痰。用于急、慢性支气管炎，咽炎，目赤肿痛，扁桃体炎，痈肿疔疮，关节疼痛，外伤出血。

**【用法与用量】**9 ～ 15g。

**【药用标准】**药典 1977、药典 2010、药典 2015、浙江炮规 2015、贵州药材 2003、上海药材 1994 和湖北药材 2009。

**【临床参考】**1. 结核性厚壁肺空洞：全草 30g，水煎，代茶常服[1]。

2. 痢疾：鲜全草 90g，捣烂绞汁，调蜜炖温服。（《福建中草药》）

3. 黄疸：全草 15 ～ 30g，加鲜萝卜根 120g，水煎服。（《福建药物志》）

4. 疯狗咬伤：鲜全草 15 ～ 24g（干品 9 ～ 15g），加红薯制烧酒 250 ～ 300g，炖 1h，温服。（《福建民间草药》）

5. 内外伤出血：全草 30g，加白茅根 30g，水煎服；或鲜全草捣烂外敷患处；或全草，加紫花地丁、小蓟各等量，晒干研末敷伤口。

6. 上呼吸道感染、扁桃体炎、肺炎：全草制成片剂，每片相当于生药 5g，每次服 5 片，每日 3 次。

7. 急性单纯性阑尾炎：全草 30g，加大血藤 30g、金银花 15g、紫花地丁 15g、野菊花 15g、南五味子根 9g、延胡索 9g，每日 1 剂，水煎服，病重者每日 2 剂。

8. 过敏性紫癜：全草 30g，加白茅根 30g，水煎，加白糖调服。

9. 高血压病：全草 30g，加鸡血藤 30g、桑白皮 30g，水煎服。

10. 背痈：全草 30g，加野菊花 15g、金银花 15g，水煎服；局部可敷 30% 乌蔹莓软膏。

11. 下肢溃疡：鲜全草适量，加鲜海州常山叶适量，捣烂外敷。（5 方至 11 方引自《浙江药用植物志》）

**【附注】**始载于《本草拾遗》，云："生江南，村落田野间下湿地，高一二寸许，如荠叶短，春夏间有浅紫花，长一粳米也。"白毛夏枯草之名始见于《本草纲目拾遗》，谓："产丹阳县者佳，叶梗同夏枯草，惟叶上有白毛，今杭城西湖凤凰山甚多。"《百草镜》云："三月起茎，花白成穗，如夏枯草，有毛者，名雪里青。"《植物名实图考》称此为见血青，谓："见血青，生江西建昌平野，亦名白头翁，初生铺地，叶如白菜，长三四寸，深齿柔嫩，光润无皱，中抽数葶，逐节开白花，颇似益母草花，蒂有毛茸，又顶梢花白，故有白头翁之名，俚医捣敷疮毒。"观其附图，与本种相吻合。

**【化学参考文献】**


[1] 孙占平，桂丽萍，郭远强，等 . 金疮小草化学成分的分离与鉴定［J］. 沈阳药科大学学报，2012，29（10）：758-762.

[2] 桑已曙，黄祖华，闵知大 . 金疮小草中新的 *neo*- 克罗烷的分离［J］. 中国天然药物，2005，3（5）：284-286.

[3] Lv H W，Luo J G，Kong L Y. A new *neo*-clerodane diterpene from *Ajuga decumbens*［J］. Nat Prod Res，2014，28（3）：196-200.

[4] Huang X C，Qin S，Guo Y W，et al. Four new neoclerodane diterpenoids from *Ajuga decumbens*［J］. Helv Chim Acta，2008，91：628-633.

［5］Chen H，Tang B Q，Chen L，et al. *Neo*-clerodane diterpenes and phytoecdysteroids from *Ajuga decumbens* Thunb. and evaluation of their effects on cytotoxic，superoxide aniongeneration and elastase release in vitro［J］. Fitoterapia，2018，129：7-12.

［6］Takasaki M，Yamauchi I，Haruna M，et al. New glycosides from *Ajuga decumbens*［J］. Journal of Natural Products，1998，61（9）：1105-1109.

［7］Min Z D，Mizuo M，Wang S Q，et al. Two new *neo*-clerodane diterpenes in *Ajuga decumbens*［J］. Chem Pharm Bull，1990，38（11）：3167-3168.

［8］Chen H M，Min Z D，Munekazu I，et al. Clerodane diterpenoids from *Ajuga decumbens*［J］. Chem Pharm Bull，1995，43（12）：2253-2255.

［9］Shimomuro H，Sashida Y，Ogawa K. *Neo*-clerodane diterpenes from Ajuga decumbens［J］. Chem Pharm Bull，1989，37（4）：996-998.

［10］Sun Z P，Li Y S，Jin D Q，et al. *Neo*-clerodane diterpenes from *Ajuga decumbens* and their inhibitory activities on LPS-induced NO production［J］. Fitoterapia，2012，83（8）：1409-1414.

［11］Sun Z P，Li Y S，Jin D Q，et al. Structure elucidation and inhibitory effects on NO production of clerodane diterpenes from *Ajuga decumbens*［J］. Planta Med，2012，78（14）：1579-1583.

［12］Takeda Y，Tsuchida S，Fujita T. Four new iridoid glucoside *p*-coumaroyl esters from *Ajuga decumbens*［J］. Phytochemistry，1987，26（8）：2303-2306.

［13］Takasaki M，Yamauchi I，Haruna M，et al. New glycosides from *Ajuga decumbens*［J］. J Nat Prod，1998，61（9）：1105-1109.

［14］孙占平，桂丽萍，郭远强，等. 金疮小草化学成分的分离与鉴定［J］. 沈阳药科大学学报，2012，29（10）：758-764.

［15］郭新东，黄志纾，鲍雅丹，等. 筋骨草的化学成分研究［J］. 中草药，2005，36（5）：646-648.

［16］Shunji I，Tomoyoshi T，Michihiko S，et al. Isolation of cyasterone and ecdsterone from plant materials［J］. Chem Pharm Bull，1969，17（2）：340-342.

［17］Imai S，Fujioka S，Murato E. Ajugasterone C，a novel metamorphosis hormone［P］. Tokkyo Koho（1971），JP 46028038 B 19710814.

［18］Wang B，Wang X N，Shen T，et al. Rearranged abietane diterpenoid hydroquinones from aerial parts of *Ajuga decumbens* Thunb.［J］. Phytochem Lett，2012，5：271-275.

［19］王博. 三种药用植物的化学成分及生物活性研究［J］. 济南：山东大学硕士学位论文，2012.

［20］Amano T，Nishida R，Kuwahara Y. Ajugatakasins A and B，new diterpenoids from *Ajuga decumbens*，and feeding stimulative activity of related neoclerodane analogs toward the turnip sawfly［J］. Biosci Biotechnol Biochem，1997，61（9）：1518-1522.

［21］Murakami S. Kiransin，a polysaccharide from *Ajuga decumbens*（Thun.）［J］. Acta Phytochimica，1942，13：49-56.

［22］Takasaki M，Tokuda H，Nishino H，et al. Cancer chemopreventive agents（antitumor-promoters）from *Ajuga decumbens*［J］. J Nat Prod，1999，62（7）：972-975.

**【药理参考文献】**

［1］彭博，贺蓉，徐启华，等. 筋骨草提取物抑制乳腺癌转移与 MMPs 和 TIMPs 表达的关系研究［J］. 中国中药杂志，2011，36（24）：3511-3514.

［2］曾茂贵，贾铷，吴符火，等. 筋骨草对小鼠 S180 肉瘤的抑瘤试验［J］. 福建中医学院学报，2003，13（2）：30-31.

［3］陈芳，李孝栋，吴符火. 筋骨草抗炎有效部位及其量效关系研究［J］. 福建中医学院学报，2009，19（6）：27-29.

［4］文婷，皮建辉，谭娟，等. 筋骨草提取物抗运动疲劳的作用［J］. 中国应用生理学杂志，2016，32（3）：245-249.

［5］蔡晓明，刘云，母波，等. 筋骨草初提物调血脂作用研究［J］. 中国药业，2012，21（15）：7-8.

**【临床参考文献】**

［1］李珍. 金疮小草治疗结核性厚壁肺空洞［J］. 新医学，1976，（12）：582-583.

## 2. 黄芩属 *Scutellaria* Linn.

草本或亚灌木；茎直立或匍匐上升。叶对生，叶片卵形、长圆状椭圆形至条状披针形或条形，全缘或具锯齿；苞片与茎叶同形或异形。花序为总状花序或穗状花序，顶生或腋生，稀单花对生或上部互生。花萼钟状，背腹压扁，二唇形，唇片短且宽，全缘，上唇片上面有鳞片状的盾片或无盾片而呈明显的囊状突起，果时花萼增大，闭合，果成熟时上唇片脱落或上下唇片均脱落或均宿存；花冠筒伸出，直立或弓曲，前方基部膝曲呈囊状或成囊状距，内面无明显毛环，冠檐二唇形，上唇直伸，盔状，下唇较短，中裂片较宽，稀 4 浅裂；雄蕊 4 枚，前对较长，药室退化成 1 室，后对花药 2 室，药室裂口均具髯毛；花盘前方呈指状，后方延伸成直伸或弯曲的柱状子房柄，柱头不等 2 裂。小坚果扁球形或卵球形，具瘤。

约 350 种，世界各地均有分布。中国 100 余种，全国各省区均有分布，法定药用植物 8 种 1 变种。华东地区法定药用植物 3 种。

### 分种检索表

1. 花对生，组成顶生总状花序；苞片通常异于茎叶，且较茎叶小很多。
    2. 主根肉质；叶片披针形至条状披针形，全缘……………………………………………黄芩 *S. baicalensis*
    2. 根纤维状；叶片心状卵圆形或肾圆形，边缘具圆齿……………………………………韩信草 *S. indica*
1. 花腋生，排成腋生总状花序状；苞叶与茎叶近同形，向上渐小，不明显成苞片状……半枝莲 *S. barbata*

## 792. 黄芩（图 792）• *Scutellaria baicalensis* Georgi

**【形态】**多年生草本，主根肉质，断面黄色。茎基部伏地上升，高 30 ～ 120cm，钝四棱形，近无毛或被上曲至开展的柔毛。叶片披针形至条状披针形，长 1.5 ～ 4.5cm，宽 0.5 ～ 1.2cm，先端钝，基部楔形，宽楔形至圆形，全缘，上面无毛或被疏柔毛，下面密被下陷的腺点；叶柄极短或无柄。花对生，在茎及枝上顶生，组成总状花序，或再聚成圆锥花序；花梗长 3 ～ 5mm，与花序轴均被微柔毛；苞片下部者似叶，上部者远较小；花萼长 4mm，盾片高 1.5mm，果时增高达 4mm；花冠紫色、紫红色至蓝色，内面在囊状处被短柔毛，冠筒近基部膝曲，冠檐二唇形，上唇盔状，先端微缺，下唇 3 裂；雄蕊 4 枚，前对较长，有半药，退化半药不明显，后对较短，有全药，药室裂口有白色髯毛，背部有泡状毛；花柱细长，子房无毛。小坚果卵球形，黑褐色，有瘤状突起，腹面近基部有果脐。花期 7 ～ 8 月，果期 8 ～ 9 月。

**【生境与分布】**生于海拔 60 ～ 1300m 的向阳山坡草地。分布于山东，华东其他各省有栽培，另黑龙江、辽宁、内蒙古、河北、河南、甘肃、陕西、四川等省区均有分布。

**【药名与部位】**黄芩，根。

**【采集加工】**春、秋二季采挖，除去须根及泥沙，晒后撞去粗皮，干燥。

**【药材性状】**呈圆锥形，扭曲，长 8 ～ 25cm，直径 1 ～ 3cm。表面棕黄色或深黄色，有稀疏的疣状细根痕，上部较粗糙，有扭曲的纵皱纹或不规则的网纹，下部有顺纹和细皱纹。质硬而脆，易折断，断面黄色，中心红棕色；老根中心呈枯朽状或中空，暗棕色或棕黑色。气微，味苦。

栽培品较细长，多有分枝。表面浅黄棕色，外皮紧贴，纵皱纹较细腻。断面黄色或浅黄色，略呈角质样。味微苦。

**【药材炮制】**黄芩片：除去杂质，置沸水中煮 10min，取出，闷透，切薄片，干燥；或蒸 30min，取出，切薄片，干燥（避免暴晒）。炒黄芩：取黄芩饮片，炒至表面深黄色，微具焦斑时，取出，摊凉。酒黄芩：取黄芩饮片，与酒拌匀，稍闷，炒至表面色变深时，取出，摊凉。黄芩炭：取黄芩饮片，炒至浓烟上冒、表面焦黑色，内部棕褐色时，微喷水，灭尽火星，取出，晾干。

图 792 黄芩 摄影 郭增喜等

【化学成分】根含酚酸类：苯甲酸（benzoic acid）[1]，香草醛（vanillin）和丁香醛（syringaldehyde）[2]；过氧化物类：（+）- 长穗巴豆环氧素［（+）-crotepoxide］[2]；挥发油类：异戊二烯（isoprene）、乙酰苯（acetophenone）、薄荷酮（menthone）、（+）- 异薄荷酮［（+）-*iso*-menthone］、（+）- 藩薄荷酮［（+）-pulegone］、β- 广藿香烯（β-patchoulene）和 α-/β- 愈创木烯（α-/β-guaiene）[3]；黄酮类：5- 甲氧基 -7- 羟基黄烷酮（5-methoxy-7-hydroxyflavanone）[1]，毡毛美洲茶素（velutin）、5, 7, 2′- 三羟基 -8, 6′- 二甲氧基黄酮（5, 7, 2′-trihydroxy-8, 6′-dimethoxyflavone）、白杨素（chrysin）、降汉黄芩素（norwogonin）、韧黄芩素 II（tenaxin II）、半支莲素（scutevulin）、5, 6, 7- 三羟基 -8- 甲氧基黄酮（5, 6, 7-trihydroxy-8-methoxyflavone）、5, 7, 2′- 三羟基 -6- 甲氧基黄酮（5, 7, 2′-trihydroxy-6-methoxyflavone）、2′- 羟基白杨素（2′-hydroxychrysin）[2]，黄芩苷（baicalin）、黄芩黄酮（skullcapflavone）[3]，千层纸素 A（oroxylin A）、汉黄芩素（wogonin）、黄芩素（baicalein）、5, 7- 二羟基 -6- 甲氧基二氢黄酮（5, 7-dihydroxy-6-methoxyflavanone）、6, 7, 8- 三甲氧基 -5, 2- 二羟基黄酮（6, 7, 8-trimethoxy-5, 2-dihydroxyflavone），即韧黄芩素 I（tenaxin I）、5- 甲氧基 -7- 羟基二氢黄酮（5-methoxy-7-hydroxyflavonone）、5, 7, 2′, 5′- 四羟基 -8, 6′- 二甲氧基黄酮（5, 7, 2′, 5′-tetrahydroxy-8, 6′-dimethoxyflavone）[1]，（2*S*）-5, 7, 2′, 6′- 四羟基二氢黄酮［（2*S*）-5, 7, 2′, 6′-tetrahydroxyflavanone］、（2*R*, 3*R*）-3, 5, 7, 2′, 6′- 五羟基二氢黄酮［（2*R*, 3*R*）-3, 5, 7, 2′, 6′-pentathydroxyflavanone］[4]，汉黄芩素 -5-β-D- 吡喃葡萄糖苷（wogonin-5-β-D-glucopyranoside）、2′, 3, 5, 6′, 7- 五羟基黄酮（2′, 3, 5, 6′, 7-pentahydroxyflavanone）[5]，5, 7- 二羟基 -6- 甲氧基黄酮（5, 7-dihydroxy-6-methoxyflavone）[6]，2′, 5, 6′, 7- 四羟基黄烷醇（2′, 5, 6′, 7-tetrahydroxyflavanonol）[7]，白杨素 -6-*C*- 葡

萄糖苷-8-*C*-阿拉伯糖苷（chrysin-6-*C*-glucoside-8-*C*-arabinoside）、白杨素-6-*C*-阿拉伯糖苷-8-*C*-葡萄糖苷（chrysin-6-*C*-arabinoside-8-*C*-glucoside）[8]，5, 7, 2′, 6′-四羟基黄酮（5, 7, 2′, 6′-tetrahydroxyflavone）、5, 7, 4′-三羟基-8-甲氧基黄酮（5, 7, 4′-trihydroxy-8-methoxyflavone）、5, 8-二羟基-6, 7-二甲氧基黄酮（5, 8-dihydroxy-6, 7-dimethoxyflavone）、汉黄芩素-7-*O*-葡萄糖醛酸苷甲酯（wogonin-7-*O*-glucuronide methyl ester）、黄芩素-7-*O*-葡萄糖醛酸苷甲酯（baicalein-7-*O*-glucuronide methyl ester）[9]，汉黄芩苷（wogonoside）[10]，黄芩黄酮Ⅰ、Ⅱ（skullcapflavone Ⅰ、Ⅱ）[11, 12]，4′, 5, 7-三羟基-6-甲氧基黄烷酮（4′, 5, 7-trihydroxy-6-methoxyflavanone）、2′, 5, 8-三羟基-6, 7-二甲氧基黄酮（2′, 5, 8-trihydroxy-6, 7-dimethoxyflavone）、2′, 5, 8-三羟基-7-甲氧基黄酮（2′, 5, 8-trihydroxy-7-methoxyflavone）[13]，（2*S*）-2′, 5, 6′, 7-四羟基黄烷酮［（2*S*）-2′, 5, 6′, 7-tetrahydroxyflavanone］、（2*R*, 3*R*）-2′, 3, 5, 6′, 7-五羟基黄烷酮［（2*R*, 3*R*）-2′, 3, 5, 6′, 7-pentahydroxyflavanone］[14]，5, 2′-二羟基-6, 7, 8-三甲氧基黄酮（5, 2′-dihydroxy-6, 7, 8-trimethoxyflavone）、二氢黄芩苷（dihydrobaicalin）、5-羟基-7, 8-二甲氧基黄酮（5-hydroxy-7, 8-dimethoxyflavone）[15]，2′, 5, 7-三羟基-8-甲氧基黄酮（2′, 5, 7-trihydroxy-8-methoxyflavone）、2′, 5, 6′-三羟基-7, 8-二甲氧基黄酮（2′, 5, 6′-trihydroxy-7, 8-dimethoxyflavone）、2′, 5, 7-三羟基-6′-甲氧基黄酮（2′, 5, 7-trihydroxy-6′-methoxyflavone）、2′, 3′, 5, 7-四羟基黄酮（2′, 3′, 5, 7-tetrahydroxyflavone）、（2*S*）-2′, 6′, 7-三羟基-5-甲氧基黄烷酮［（2*S*）-2′, 6′, 7-trihydroxy-5-methoxyflavanone］、2, 2′, 4′, 6-四羟基-6′-甲氧基查耳酮（2, 2′, 4′, 6-tetrahydroxy-6′-methoxychalcone）、木犀草素（luteolin）[16]，黏毛黄芩素Ⅲ-2′-*O*-β-D-吡喃葡萄糖苷（viscidulin Ⅲ-2′-*O*-β-D-glueopyranoside）、2′, 5′, 5, 7-四羟基黄酮（2′, 5′, 5, 7-tetrahydroxyflavone）、（−）-金圣草酚［（−）-eriodictyol］、向天盏素（rivularin）[17]，5, 2′, 6′-三羟基-6, 7, 8-三甲氧基黄酮-2′-吡喃葡萄糖苷（5, 2′, 6′-trihydroxy-6, 7, 8-trimethoxyflavone-2′-glucopyranoside）、黄芩苷甲酯（baicalin methyl ester）、5, 2′, 6′-三羟基-6, 7-二甲氧基黄酮-2′-*O*-β-D-吡喃葡萄糖苷（5, 2′, 6′-trihydroxy-6, 7-dimethoxyflavone-2′-*O*-β-D-glucopyranoside）、汉黄芩素-7-*O*-D-吡喃葡萄糖苷（wogonin-7-*O*-D-glucopyranoside）[18]，6, 2′-二羟基-5, 7, 8, 6′-四甲氧基黄酮（6, 2′-dihydroxy-5, 7, 8, 6′-tetramethoxyflavone）[19]，木蝴蝶素A-7-*O*-葡萄糖醛酸苷甲酯（oroxylin A-7-*O*-glucuronide methyl ester）、汉黄芩素-7-*O*-葡萄糖醛酸苷乙酯（wogonin-7-*O*-β-D-ethyl glucuronide）[20]，（2*S*）-5, 7-二羟基-6-甲氧基黄烷酮-7-*O*-β-D-吡喃葡萄糖苷［（2*S*）-5, 7-dihydroxy-6-methoxyflavanone-7-*O*-β-D-glucopyranoside］、5, 2′, 6′-三羟基-7, 8-二甲氧基黄酮-2′-*O*-β-D-吡喃葡萄糖苷（5, 2′, 6′-trihydroxy-7, 8-dimethoxyflavone-2′-*O*-β-D-glucopyranoside）、2′, 3, 5, 6′, 7-五羟基黄酮-2′-*O*-β-D-吡喃葡萄糖苷（2′, 3, 5, 6′, 7-pentahydroxyflavone-2′-*O*-β-D-glucopyranoside）[21]和木蝴蝶苷A（oroxin A）[22]；木脂素类：贝拉瓜斯绿心樟素（veraguensin）、瓣蕊花格拉文（galgravin）、玉兰内酯B（denudanolide B）、玉兰脂素B（denudatin B）、帽花木脂素-7（eupomatenoid-7）和（2*R*, 3*R*, 3a*S*）-5-烯丙基-2-（3, 4-二甲氧基苯基）-3a-甲氧基-3-甲基-3, 3a二氢苯并呋喃-6（2H）-酮［（2*R*, 3*R*, 3a*S*）-5-allyl-2-（3, 4-dimethoxyphenyl）-3a-methoxy-3-methyl-3, 3a dihydrobenzofuran-6（2H）-one］[2]；生物碱类：（*E*）-4-［（2-甲基丙基）氨］-4-酮基-2-丁烯酸{（*E*）-4-［（2-methypropyl）amino］-4-oxo-2-butenoic acid}、墙草碱（pellitorine）、荜茇明宁碱（piperlonguminine）、二氢荜茇明宁碱（dihydropiperlonguminine）和风藤酰胺（futoamide）[2]；甾体类：β-谷甾醇（sitosterol）[1]，菜油甾醇（campesterol）和豆甾醇（stigmasterol）[11]；苄醇类：苄基-*O*-β-D-呋喃芹糖基-（1→2）-β-D-吡喃葡萄糖苷［benzyl-*O*-β-D-apiofuranosyl-（1→2）-β-D-glucopyranoside］[21]；苯乙醇类：红景天苷（rhodioloside），即毛柳苷（salidroside）、裙带菜苷A、B（darendoside A、B）[21]和2-（4-羟基苯基）-乙基-*O*-β-D-吡喃葡萄糖苷［2-（4-hydroxyphenyl）-ethyl-*O*-β-D-glucopyranoside］[22]；苯丙素类：2-（3-羟基-4-甲氧基苯基）-乙基-1-*O*-α-L-吡喃鼠李糖基-（1→3）-β-D-（4-阿魏酰基）-吡喃葡萄糖苷［2-（3-hydroxy-4-methoxyphenyl）-ethyl-1-*O*-α-L-rhamnopyranosyl-（1→3）-β-D-（4-feruloyl）-glucopyranoside］[5]，4-*O*-β-D-吡喃葡萄糖基-反式-对香豆酸（4-*O*-β-D-glucopyranosyl-*trans*-*p*-coumaric acid）和4-*O*-β-D-吡喃葡萄糖基-顺式-对香豆酸（4-*O*-β-D-glucopyranosyl-*cis*-*p*-coumaric acid）[22]。

叶含黄酮类：红花素（carthamidin）、异红花素（*iso*-carthamidin）[23]，高黄芩苷 B（scutellarin B）、异红花素-7-*O*-葡萄糖醛酸苷（*iso*-carthamidin-7-*O*-glucuronide）、高黄芩素（scutellarein）、鼠尾草苷元（salvigenin）、异高黄芩素（*iso*-scutellarein）、异高黄芩素-8-*O*-葡萄糖醛酸苷（*iso*-scutellarein-8-*O*-glucuronide）、白杨素（chrysin）、芹菜苷元-7-*O*-葡萄糖醛酸苷（apigenin-7-*O*-glucuronide）、汉黄芩素（wogonin）和芹菜苷元（apigenin）[24]。

茎叶含黄酮类：汉黄芩素（wogonin）、黄芩苷（baicalin）、木蝴蝶素 A-7-*O*-β-D-吡喃葡萄糖苷（oroxylin A-7-*O*-β-D-glucopyranoside）、白杨素（chrysin）、5, 7, 4′-三羟基-6-甲氧基黄酮（5, 7, 4′-trihydroxy-6-methoxyflavone）、5, 4′-二羟基-6, 7, 3′, 5′-四甲氧基黄酮（5, 4′-dihydroxy-6, 7, 3′, 5′-tetramethoxyflavone）、芹菜苷元（apigenin）、黄芩素-7-*O*-β-D-吡喃葡萄糖苷（baicalein-7-*O*-β-D-glucopyranoside）、异高黄芩素（*iso*-scutellarein）、白杨素-7-*O*-β-D-吡喃葡萄糖醛酸苷（chrysin-7-*O*-β-D-glucuronopyranoside）、芹菜苷元-7-*O*-β-D-吡喃葡萄糖苷（apigenin-7-*O*-β-D-glucopyranoside）[25]，芹菜苷元-6-*C*-β-D-吡喃葡萄糖基-8-*C*-α-L-吡喃阿拉伯糖苷（apigenin-6-*C*-β-D-glucopyranosyl-8-*C*-α-L-arabinopyranoside）、5, 6, 7, 3′, 4′-五羟基黄烷酮-7-*O*-β-D-葡萄糖醛酸苷（5, 6, 7, 3′, 4′-pentahydroxyflavanone-7-*O*-β-D-glucuronide）、5, 7, 8, 3′, 4′-五羟基黄烷酮-7-*O*-β-D-葡萄糖醛酸苷（5, 7, 8, 3′, 4′-pentahydroxyflavanone-7-*O*-β-D-glucuronide）、6-羟基木犀草素-7-*O*-β-D-葡萄糖醛酸苷（6-hydroxyluteolin-7-*O*-β-D-glucuronide）、异红花素-7-*O*-β-D-葡萄糖醛酸苷（*iso*-carthamidin-7-*O*-β-D-glucuronide）、红花素-7-*O*-β-D-葡萄糖醛酸苷（carthamidin-7-*O*-β-D-glucuronide）、高黄芩苷（scutellarin）、异高黄芩素-7-*O*-β-D-葡萄糖醛酸苷（*iso*-scutellarein-7-*O*-β-D-glucuronide）、柚皮苷元-7-*O*-β-D-葡萄糖醛酸苷（naringenin-7-*O*-β-D-glucuronide）、汉黄芩苷（wogonoside）、芹菜苷元-7-*O*-β-D-葡萄糖醛酸苷（apigenin-7-*O*-β-D-glucuronide）、黄芩苷（baicalin）、异高黄芩素-8-*O*-β-D-葡萄糖醛酸苷（isoscutellarein-8-*O*-β-D-glucuronide）、二羟基黄芩素-7-*O*-β-D-葡萄糖醛酸苷（dihydroxybaicalein-7-*O*-β-D-glucuronide）、降汉黄芩素-7-*O*-β-D-葡萄糖醛酸苷（norwogonin-7-*O*-β-D-glucuronide）、木蝴蝶素 A-7-*O*-β-D-葡萄糖醛酸苷（oroxylin A-7-*O*-β-D-glucuronide）、白杨素-7-*O*-β-D-葡萄糖醛酸苷（chrysin-7-*O*-β-D-glucuronide）、瑞士五针松素（pinocembrin）、瑞士五针松素-7-*O*-β-D-葡萄糖醛酸苷（pinocembrin-7-*O*-β-D-glucuronide）、木犀草素（luteolin）和芹菜苷元（apigenin）[26]。

地上部分含二萜类：黄芩林素（scutebaicalin）[27]，即 6α, 7β-二苯甲酰氧基-8β-羟基新克罗烷-4（18），13-二烯-15, 16-交酯［6α, 7β-dibenzoyloxy-8β-hydroxyneocleroda-4（18），13-dien-15, 16-olide］[27]。

**【药理作用】**1. 抗菌　根水提取液对大肠杆菌、金黄色葡萄球菌、白色葡萄球菌、绿脓杆菌、乙型链球菌的生长均有明显的抑制作用[1]。2. 抗炎　根水煎醇提取物对鲜蛋清所致大鼠的足肿胀、乙酸所致小鼠腹腔毛细血管通透性升高、二甲苯诱导小鼠耳廓肿胀均有抑制作用[2]。3. 抗过敏　根醇提取物可显著抑制由先后注射抗二硝基苯酚免疫球蛋白 E（anti-DNP IgE）和二硝基苯酚人血清白蛋白（DNP-HSA）而引起的大鼠被动皮肤过敏反应，降低大鼠腹膜肥大细胞的组胺释放[3]。4. 抗肿瘤　根水提取物在体外对鳞状细胞癌 SCC-25 和 KB、乳腺癌 MCF-7、肝癌 HepG2、前列腺癌 PC-3 和 LNCaP、结肠癌 KM-12 和 HCT-15 等人癌细胞的生长均有明显的剂量依赖性抑制作用[4]；根水提取物在体外可显著抑制头颈鳞状癌 HNSCC、SCC-25 和 KB 细胞的生长，导致其细胞周期 $G_0$-$G_1$ 期滞留，显著抑制环氧酶 2（COX-2）的表达，体内可显著抑制裸小鼠皮下移植 KB 细胞肿瘤模型的肿瘤生长，给药 7 周后抑瘤率达到 69%[5]。

**【性味与归经】**苦，寒。归肺、胆、脾、大肠、小肠经。

**【功能与主治】**清热燥湿，泻火解毒，止血，安胎。用于湿温、暑温，胸闷呕恶，湿热痞满，泻痢，黄疸，肺热咳嗽，高热烦渴，血热吐衄，痈肿疮毒，胎动不安。

**【用法与用量】**3 ～ 9g。

**【药用标准】**药典 1963—2015、浙江炮规 2015、贵州药材 1965、内蒙古蒙药 1986、新疆药品 1980 二册、香港药材三册和台湾 2013。

【临床参考】1. 溃疡性结肠炎：根 20g，加白芍 15g、甘草 15g、大枣 30g，水煎浓缩制成口服液，每日分 3 次口服[1]。

2. 失禁相关性皮炎：黄芩油膏（主要药味黄芩）外用，轻度者直接涂抹于患处皮肤，每次涂抹 2～3 层，中、重度者涂抹于纱布上经高压蒸汽灭菌后，将无菌黄芩油膏纱布外敷于患处并妥善固定[2]。

3. 血虚风燥型湿疹：黄芩油膏（根 100g，水煎浓缩成浸膏，加 500g 凡士林调匀成黄芩油膏）外用，每日早晚温水清洗患处皮肤后，涂敷药膏[3]。

4. 2 型糖尿病：根 30g，加干姜 9g、黄连 15g、西洋参 6g（或红参 6g），水煎服，每日 1 次[4]。

5. 吐血、衄血：根捣为粉，每次三钱，以水一中盏，煎至六分，不计时候，连药末同温服。（《太平圣惠方》黄芩散）

【附注】本种始载于《神农本草经》。《名医别录》称："生秭归川谷及冤句。三月三日采根，阴干。"又云："姊归属建平郡。今第一出彭城，郁州亦有之。"《新修本草》载："今出宜州、鄜州、泾州者佳，兖州者大实亦好，名㹠尾芩也。"《本草图经》云："今川蜀、河东、陕西近郡皆有之。苗长尺余，茎干粗如箸，叶从地四面作丛生，类紫草，高一尺许。亦有独茎者，叶细长，青色，两面相对，六月开紫花，根黄如知母粗细，长四五寸。二月、八月采根，暴干用之。"又引《吴普本草》云："二月生，赤黄叶，两两四四相值，茎空中，或方圆，高三四尺，四月花紫红赤。五月实黑，根黄。二月、九月采。"《本草纲目》载："宿芩乃旧根，多中空，即今所谓片芩。子芩乃新根，多内实，即今所谓条芩。或云西芩多中空而色黔，北芩多内实而深黄。"上述产于山东、山西、陕西者即为本种。

药材黄芩脾胃虚寒，少食便溏者忌服。

同属植物滇黄芩 *Scutellaria amoena* C. H. Wright 的根在云贵川、展毛韧黄芩 *Scutellaria tenax* W. W. Smith var. *patentipilosa*（Hand.-Mazz.）C.Y. Wu 与连翘叶黄芩 *Scutellaria hypericifolia* Lévl. 的根在四川、黏毛黄芩 *Scutellaria viscidula* Bge. 的根在内蒙古均作黄芩药用。

【化学参考文献】

[1] 徐丹洋，陈佩东，张丽，等. 黄芩的化学成分研究［J］. 中国实验方剂学杂志，2011，17（1）：78-80.

[2] Liu Z B，Sun C P，Xu J X，et al. Phytochemical constituents from *Scutellaria baicalensis* in soluble epoxide hydrolase inhibition：kinetics and interaction mechanism merged with simulations［J］. International Journal of Biological Macromolecules，2019，133：1187-1193.

[3] 杨得坡，张小莉，Chaumont J P，等. 中药黄芩挥发性化学成分的研究［J］. 中药新药与临床药理，1999，10（4）：234-236.

[4] 张永煜，郭允珍. 黄芩化学成分研究［J］. 沈阳药学院学报，1991，8（2）：19.

[5] Shuzo T，Masae Y，Kwiko I. On the minor constituents of the root of *Scutellaria baicalensis* Georgi［J］. Yakugaku Zasshi，1981，101（10）：899-903.

[6] Michael S Y，Justin W C，Lui W S，et al. 5，7-Dihydroxy-6-methoxyflavone，a benzodiazepine site ligandisolated from *Scutellaria baicalensis* Georgi，with selective antagonistic properties［J］. Biochem Pharmacol，2003，66：125-132.

[7] Fu J F，Gao H W，Wang N，et al. An anti-sepsis monomer，2′，5，6′，7-tetrahydroxyflavanonol（THF），identified from *Scutellaria baicalensis* Georgi neutralizes lipopolysaccharide *in vitro* and *in vivo*［J］. Int Immunopharmacol，2008，8：1652-1657.

[8] Shuzo T，Masae Y，Keiko Inoue. Flavone di-cglycosides from *Scutellaria baicalensis*［J］. Phytochemistry，1981，20（10）：2443-2444.

[9] Tsuyoshi T，Yukinori M，Haruhisa K，et al. On the flavonoid constituents from the root of *Scutellaria baicalensis* Georgi. I［J］. Yakugaku Zasshi，1982，102（4）：388-391.

[10] 中医研究院中药研究所第五研究室. 黄芩化学成分的研究［J］. 中华医学杂志，1973，（7）：417.

[11] Takido M，Aimi M，Takahashi S，et al. Constituents in the water extracts of crude drugs. I. roots of *Scutellaria baicalensis*［J］. Yakugaku Zasshi，1975，95（1）：108-113.

[12] Takido M，Yasukawa K，Matsuura S，et al. On the revised structure of skullcapflavone I，a flavone compound in the roots

of *Scutellaria baicalensis* Georgi（Woegon）［J］. Yakugaku Zasshi，1979，99（4）：443-444.

［13］Takagi S，Yamaki M，Inoue K. Studies on the water-soluble constituents of the roots of *Scutellaria baicalensis* Georgi（Wogon）［J］. Yakugaku Zasshi，1980，100（12）：1220-1224.

［14］Kimura Y，Okuda H，Tani T，et al. Studies on *Scutellariae radix*. VI. effects of flavanone compounds on lipid peroxidation in rat liver［J］. Chem Pharm Bull，1982，30（5）：1792-1795.

［15］Tomimori T，Miyaichi Y，Imoto Y，et al. Studies on the constituents of *Scutellaria* species. II. on the flavonoid constituents of the root of *Scutellaria baicalensis* Georgi［J］. Yakugaku Zasshi，1983，103（6）：607-611.

［16］Tomimuri T，Miyaichi Y，Imoto Y，et al. Studies on the constituents of scutellaria species. IV. on the flavonoid constituents of the root of *Scutellaria baicalensis* Georgi（4）［J］. Yakugaku Zasshi，1984，104（5）：529-534.

［17］Zhang Y Y，Guo Y Z，Onda M，et al. Four flavonoids from *Scutellaria baicalensis*［J］. Phytochemistry，1994，35（2）：511-514.

［18］Ishimaru K，Nishikawa K，Omoto T，et al. Two flavone 2′-glucosides from *Scutellaria baicalensis*［J］. Phytochemistry，1995，40（1）：279-281.

［19］Wang H Y，Hui K M，Xu S X，et al. Two flavones from *Scutellaria baicalensis* Georgi and their binding affinities to the benzodiazepine site of the GABAA receptor complex［J］. Die Pharmazie，2002，57（12）：857-858.

［20］Wang M H，Li L Z，Sun J B，et al. A new antioxidant flavone glycoside from *Scutellaria baicalensis* Georgi［J］. Nat Prod Res，2014，28（20）：1772-1776.

［21］Miyaichi Y，Tomimori T. Studies on the constituents of *Scutellaria* species XVII. phenol glycosides of the root of *Scutellaria baicalensis* Georgi（2）［J］. Natural Medicines，1995，49（3）：350-353.

［22］刘英学，苏兰，杨芮平，等. 黄芩化学成分研究［J］. 中国药物化学杂志，2009，19（1）：59-62.

［23］Michio T，MitsuoA，Sakae Y，et al . Studies on the constituents in the water extracts of crude drugs II on the leaves of *Scutellaria baicalensis* Georg（1）［J］. Yakugaku Zasshi，1976，96（3）：381-383.

［24］Miyaichi Y，Imoto Y，Saida H，et al. Studies on the constituents of *Scutellaria* species.（X）. on the flavonoid constituents of the leaves of *Scutellaria baicalensis* Georgi［J］. Shoyakugaku Zasshi，1988，42（3）：216-219.

［25］马俊利. 黄芩茎叶化学成分［J］. 研究中国实验方剂学杂志，2013，19（7）：147-149.

［26］Liu G Z，Rajesh N，Wang X S，et al. Identification of flavonoids in the stems and leaves of *Scutellaria baicalensis* Georgi［J］. J chromatogr B，2011，879（13-14）：1023-1028.

［27］Hussein A A，de la Torre M C，Jimeno M L，et al. A neoclerodane diterpenoid from *Scutellaria baicalensis*［J］. Phytochemistry，1996，43（4）：835-837.

**【药理参考文献】**

［1］刘云波，郭丽华，邱世翠，等. 黄芩体外抑菌作用研究［J］. 时珍国医国药，2002，13（10）：596.

［2］李红军. 黄芩提取物抗炎活性试验研究［J］. 特产研究，2013，35（2）：15-18.

［3］Jung H S，Kim M H，Gwak N G，et al. Antiallergic effects of *Scutellaria baicalensis* on inflammation *in vivo* and *in vitro*［J］. Journal of Ethnopharmacology，2012，141（1）：345-349.

［4］Ye F，Xui L，Yi J，et al. Anticancer activity of *Scutellaria baicalensis* and its potential mechanism［J］. J Altern Complement Med，2002，8（5）：567-572.

［5］Zhang D Y，Wu J，Ye F，et al. Inhibition of cancer cell proliferation and prostaglandin E2 synthesis by *Scutellaria baicalensis*［J］. Cancer Research，2003，63（14）：4037-4043.

**【临床参考文献】**

［1］于小凤，吕行政，董委波. 黄芩汤治疗溃疡性结肠炎临床观察［J］. 中国中医急症，2010，19（9）：1510,1529.

［2］崔凌亚，杨丽华，于晓娟，等. 黄芩油膏用于失禁相关性皮炎护理的效果观察［J］. 护理与康复，2013，12（9）：825-826,829.

［3］刘岩，王晓华，闵仲生，等. 黄芩油膏治疗血虚风燥型湿疹 79 例临床观察［J］. 江苏中医药，2010，42（9）：30-31.

［4］金末淑. 仝小林教授应用干姜黄芩黄连人参汤治疗 2 型糖尿病用药规律分析［J］. 世界中西医结合杂志，2012，7（6）：461-463.

## 793. 韩信草（图 793）• *Scutellaria indica* Linn.

**图 793　韩信草**　　摄影　郭增喜等

【别名】耳挖草（安徽、江苏），印度黄芩（安徽），烟管草（江苏无锡），向天盏，疔疮草（江苏镇江）。

【形态】多年生草本，高 12 ～ 28cm。根茎短，下部簇生纤维状根；茎上升或直立，通常带暗紫色，被微柔毛或具节的长柔毛，分枝或不分枝。叶心状卵圆形或肾圆形，长 1 ～ 3cm，宽 1 ～ 2.5cm，顶端钝圆，基部心形至圆形，边缘具整齐的圆齿，两面被微柔毛、糙伏毛及节的长柔毛。花对生，组成总状花序，下部苞叶与茎叶同形，向上渐小成苞片状；花萼长约 2.5mm，被小硬毛及柔毛，盾片花时高 1.5mm，果时增大 1 倍；花冠蓝紫色，长 1.2 ～ 2cm，外面疏被柔毛，内面仅唇片被毛，冠筒前方基部曲膝，其后直伸，冠檐二唇形，上唇盔状，内凹，顶端微缺，下唇 3 裂，中裂片卵圆形；雄蕊 4 枚，2 强，花丝扁平，中部以下具小纤毛；花盘肥厚，前方隆起；花柱细长。成熟小坚果暗褐色，具瘤。花果期 2 ～ 9 月。

【生境与分布】生于海拔 1500m 以下的疏林中、路旁及草地上。分布于华东各省市，另长江以南各省区及河南、台湾、陕西均有分布；朝鲜、日本、印度、中南半岛、印度尼西亚等地也有分布。

【药名与部位】向天盏（韩信草），全草。

【采集加工】夏、秋二季采收，除去杂质，晒干。

【药材性状】长 10 ～ 40cm。根丛生，须状，茎直立，少分枝，细长，呈四棱形，常带暗紫色，微被柔毛。叶对生、具柄、多已皱缩、完整者展开后呈心状卵形或卵状椭圆形，长 1.5 ～ 2.5cm，边缘具整齐的圆齿，两面微被柔毛或糙伏毛。总状花序偏向一侧，最下一对苞片叶状，其余均细小，花萼二唇形，萼筒背上生有束状盾鳞，开花时高约 1.5mm，结果时增大 1 倍。花冠蓝紫色，多已皱缩。小坚果卵形，黑褐色，有小凹点。气微香，味淡。

【药材炮制】除去杂质，切段。

【化学成分】全草含黄酮类：芹菜素（apigenin）、木犀草素（luteolin）、芹菜素-7-*O*-β-D-吡喃葡萄糖醛酸苷（apigenin-7-*O*-β-D-glucuronopyranoside）、木犀草素-7-*O*-β-D-吡喃葡萄糖醛酸苷（luteolin-7-*O*-β-D-glucuronopyranoside）、（+）-6-*C*-β-D-吡喃葡萄糖基-（2*S*）-柚皮素［（+）-6-*C*-β-D-glucopyranosyl-（2*S*）-naringenin］，即半蒎苷*（hemipholin）[1]，5, 8-二甲氧基-6, 7-亚甲二氧基黄酮（5, 8-dimethoxy-6, 7-methylenedioxyflavone）、5, 7-二甲氧基黄酮（5, 7-dimethoxyflavone）、5, 6, 7, 8-四甲氧基黄酮（5, 6, 7, 8-tetramethoxyflavone）[2]，韩信草苷*A、B、C、D、E、F（scutellarioside A、B、C、D、E、F）、5, 6′-二羟基-7, 8-二甲氧基黄烷酮-2′-*O*-β-D-吡喃葡萄糖苷（5, 6′-dihydroxy-7, 8-dimethoxyflavanone-2′-*O*-β-D-glucopyranoside）、5, 2′-二羟基-8-甲氧基黄烷酮-7-*O*-葡萄糖醛酸苷（5, 2′-dihydroxy-8-methoxyflavanone-7-*O*-glucuronide）、去甲汉黄芩素-8-*O*-葡萄糖醛酸苷（norwogonin-8-*O*-glucuronide）、5-羟基-6, 7, 8, 4′-四甲氧基黄烷酮（5-hydroxy-6, 7, 8, 4′-tetramethoxyflavanone）、4′-羟基汉黄芩素（4′-hydroxywogonin）[3]，（2*R*, 4*S*）-4, 5, 6, 7, 8, 4′-六甲氧基黄烷酮［（2*R*, 4*S*）-4, 5, 6, 7, 8, 4′-hexamethoxyl flavanone］、汉黄芩素（wogonin）、（2*S*）-5, 7-二羟基-8, 2′-二甲氧基黄烷酮［（2*S*）-5, 7-dihydroxy-8, 2′-dimethoxyflavanone］、（2*S*）-5, 2′, 5′-三羟基-7, 8-二甲氧基黄烷酮［（2S）-5, 2′, 5′-trihydroxy-7, 8-dimethoxyflavanone］、柚皮素（naringenin）、柚皮素-5-*O*-β-D-吡喃葡萄糖苷（naringenin-5-*O*-β-D-glucopyranoside）和（2*S*）-5, 5′-二羟基-7, 8-二甲氧基黄烷酮-2′-*O*-β-D-吡喃葡萄糖苷［（2*S*）-5, 5′-dihydroxy-7, 8-dimethoxyflavanone-2′-*O*-β-D-glucopyranoside］[4]。

地上部分含黄酮类：高黄芩苷（scutellarin）、异高黄芩素（*iso*-scutellarein）、白杨素（chrysin）、木犀草素（luteolin）、高黄芩素（scutellarein）、白杨素-7-*O*-葡萄糖醛酸苷（chrysin-7-*O*-glucuronide）、芹菜苷元-7-*O*-葡萄糖醛酸苷（apigenin-7-*O*-glucuronide）、异高黄芩素-8-*O*-葡萄糖醛酸苷（*iso*-scutellarein-8-*O*-glucuronide）、5, 6, 7, 2′, 3′, 4′, 5′-七甲氧基黄烷酮（5, 6, 7, 2′, 3′, 4′, 5′-heptamethoxyflavanone）、高黄芩素-7-*O*-β-D-吡喃葡萄糖苷（scutellarein-7-*O*-β-D-glucopyranoside）、2′-羟基-2, 3, 4, 5, 4′, 5′, 6′-七甲氧基查耳酮（2′-hydroxy-2, 3, 4, 5, 4′, 5′, 6′-heptamethoxychalcone）、2, 3, 4, 5, 2′, 4′, 5′, 6′-八甲氧基查耳酮（2, 3, 4, 5, 2′, 4′, 5′, 6′-octamethoxychalcone）、2′-羟基-2, 3, 4, 5, 6′-五甲氧基-4′, 5′-亚甲二氧基查耳酮（2′-hydroxy-2, 3, 4, 5, 6′-pentamethoxy-4′, 5′-methylenedioxychalcone）、2, 3, 4, 5, 2′, 6′-六甲氧基-4′, 5′-亚甲二氧基查耳酮（2, 3, 4, 5, 2′, 6′-hexamethoxy-4′, 5′-methylenedioxychalcone）、2, 2′-二羟基-3, 4, 5′, 6′-四甲氧基-4′, 5′-亚甲二氧基查耳酮（2, 2′-dihydroxy-3, 4, 5′, 6′-tetramethoxy-4′, 5′-methylenedioxychalcone）和芹菜苷元（apigenin）[5]。

根含黄酮类：向天盏素（rivularin）、半枝莲素（scutevurin）、小豆蔻查耳酮（cardamonin）、山姜素（alpinetin）、5, 7, 2′-三羟基黄烷酮（5, 7, 2′-trihydroxyflavanone）、5, 2′-二羟基-7, 8, 6′-三甲氧基黄烷酮（5, 2′-dihydroxy-7, 8, 6′-trimethoxyflavanone）、5, 2′, 6′-三羟基-7, 8-二甲氧基黄烷酮（5, 2′, 6′-trihydroxy-7, 8-dimethoxyflavanone）、5, 7, 4′-三羟基-8-甲氧基黄酮（5, 7, 4′-trihydroxy-8-methoxyflavone）、汉黄芩素-7-*O*-葡萄糖醛酸苷（wogonin-7-*O*-glucuronide）、高黄芩苷（scutellarin）、5, 2′-二羟基-7, 8, 6′-三甲氧基黄烷酮-2′-*O*-β-吡喃葡萄糖醛酸苷（5, 2′-dihydroxy-7, 8, 6′-trimethoxyflavanone-2′-*O*-β-glucuronopyranoside）、5, 7-二羟基-8, 2′-二甲氧基黄酮-7-*O*-β-吡喃葡萄糖醛酸苷（5, 7-dihydroxy-8, 2′-dimethoxyflavone-7-*O*-β-glucuronopyranoside）[6]，5-羟基-8, 2′-二甲氧基黄酮-7-*O*-β-D-吡喃葡萄糖苷（5-hydroxy-8, 2′-dimethoxyflavone-7-*O*-β-D-glucopyranoside）、5-羟基-7, 8, 6′-三甲氧基黄烷酮-2′-*O*-葡萄糖醛酸丁酯（5-hydroxy-7, 8, 6′-trimethoxyflavanone-2′-*O*-glucuronide buester）、5-羟基-7, 8, 2′, 6′-四甲氧基黄烷酮（5-hydroxy-7, 8, 2′, 6′-tetramethoxyflavanone）、5-羟基-6, 7, 2′, 6′-四甲氧基黄烷酮（5-hydroxy-6, 7, 2′, 6′-tetramethoxyflavanone）、5, 5′-二羟基-7, 8-二甲氧基黄烷酮-2′-*O*-β-D-吡喃葡萄糖苷（5, 5′-dihydroxy-7, 8-dimethoxyflavanone-2′-*O*-β-D-glucopyranoside）[7]，（2*S*）-5, 7-二羟基-8, 2′-二甲氧基黄烷酮［（2*S*）-5, 7-dihydroxy-8, 2′-dimethoxyflavanone］[8]，（2*S*）-5, 7, 2′-三羟基-8-甲氧基黄烷酮［（2*S*）-5, 7, 2′-trihydroxy-8-methoxyflavanone］、（2*S*）-5, 2′, 5′-三羟基-7, 8-二甲氧基黄烷酮

［（2*S*）-5, 2′, 5′-trihydroxy-7, 8-dimethoxyflavanone］、5, 7- 二羟基 -8, 2′- 二甲氧基黄酮（5, 7-dihydroxy-8, 2′-dimethoxyflavone）和汉黄芩素（wogonin）[9]。

**【药理作用】**改善心血管 全草的甲醇提取物和其中分离得到的成分（2*S*）-5, 7- 二羟基 -8, 20- 二甲氧基黄烷酮［（2*S*）-5, 7-dihydroxy-8, 20-dimethoxyflavanone］、（2*S*）-5, 20, 50- 三羟基 -7, 8- 二甲氧基黄烷酮［（2*S*）-5, 20, 50-trihydroxy-7, 8-dimethoxyflavanone］均可显著抑制精氨酸酶Ⅱ活性，两成分的半数抑制浓度（$IC_{50}$）分别为 25.1μm 和 11.602μm[1]。

**【性味与归经】**辛、苦，平。归心、肝、肺经。

**【功能与主治】**清热解毒，散瘀止痛。用于跌打损伤，吐血，咳血，便血，痈疽，咽喉炎，牙痛，疔疮，毒蛇咬伤。

**【用法与用量】**煎服 6 ～ 9g；外用捣敷。

**【药用标准】**药典 1977、福建药材 2006 和广东药材 2011。

**【临床参考】**1. 牙龈脓肿：鲜全草 50g，捣烂绞汁，冲适量黄酒，隔水炖，每日 2 次，连服 7 天[1]。

2. 蝮蛇咬伤：全草 30g，加青木香 3g、人工牛黄 0.15g，研粉口服，每日 2 次，重症增加服药次数，并配合其他治疗措施[2]。

**【附注】**本种始载于清《生草药性备要》，载：“味辛，性平。治跌打，蛇伤，祛风，散血，壮筋骨，消肿，浸酒妙。”

药材向天盏（韩信草）孕妇忌服。

本种的根民间也作药用。

**【化学参考文献】**

［1］王玉宝 . 韩信草化学成分研究［J］. 安徽医药，2014，18（10）：1850-1851.

［2］梁现蕊，赵萃 . 韩信草化学成分分离与结构鉴定［J］. 浙江工业大学学报，2016，44（1）：88-91.

［3］Cuong T D，Hung T M，Lee J S，et al. Anti-inflammatory activity of phenolic compounds from the whole plant of *Scutellaria indica*［J］. Bioorg Med Chem Lett，2015，25（5）：1129-1134.

［4］Kim S W，Cuong T D，Hung T M，et al. Arginase II inhibitory activity of flavonoid compounds from *Scutellaria indica*［J］. Arch Pharm Res，2013，36（8）：922-926.

［5］Miyaichi Y，Kizu H，Tomimori T，et al. Studies on the constituents of *Scutellaria* species. XI. On the flavonoid constituents of the aerial parts of *Scutellaria indica* L.［J］. Chem Pharm Bull，1989，37（3）：794-797.

［6］Miyaichi Y，Imoto Y，Tomimori T，et al. Studies on the constituents of Scutellaria species. IX. On the flavonoid constituents of the root of *Scutellaria indica* L.［J］. Chem Pharm Bull，1987，35（9）：3720-3725.

［7］Chou C J，Lee S Y. Studies on the constituents of *Scutellaria indica* roots（Ⅰ）［J］. Taiwan Yaoxue Zazhi，1986，38（2）：107-118.

［8］Min B S. Revision of structures of flavanoids from *Scutellaria indica* and their protein tyrosine phosphatase 1B inhibitory activity［J］. Nat Prod Sci，2006，12（4）：205-209.

［9］Ki H B，Byung S M，Lae P，et al. Cytotoxic flavonoids from *Scutellaria indica*［J］. Planta Med，1994，60（3）：280-281.

**【药理参考文献】**

［1］Kim S W，Cuong T D，Hung T M，et al. Arginase II inhibitory activity of flavonoid compounds from *Scutellaria indica*［J］. Archives of Pharmacal Research，2013，36（8）：922-926.

**【临床参考文献】**

［1］林建化，陈剑 . 韩信草可治疗牙龈脓肿［J］. 中国民族民间医药，2012，21（1）：116.

［2］卢春喜 . 蝮蛇咬伤 258 例诊治体会［J］. 浙江中西医结合杂志，2006，16（6）：368-369.

## 794. 半枝莲（图 794）• *Scutellaria barbata* D. Don（*Scutellaria rivularis* Wall.）

**【别名】**并头草（安徽），半支莲。

图 794　半枝莲　　摄影　郭增喜等

【形态】多年生草本，高 15 ～ 45cm。根茎粗短，具簇生的须伏根；茎直立，四棱形。叶卵圆状披针形或三角状卵圆形，有时卵圆形，长 1 ～ 3cm，宽 0.5 ～ 1cm，顶端钝至急尖，基部截形至宽楔形，边缘具疏齿或锯齿，两面疏被微柔毛或近无毛，具腺点。花单生于叶腋；下部苞叶与叶同形，向上渐小；花萼在花时长约 2mm，具缘毛和微柔毛，盾片高约 1mm，果时为 2mm；花冠蓝紫色，长 0.8 ～ 1.5cm，冠檐二唇形，上唇盔状，半圆形，顶端圆，下唇 3 裂，中裂片梯形，侧裂片三角状卵圆形，雄蕊 4 枚，前对较长，微露出，具能育半药，退化半药不明显，后对较短，内藏，具全药，药室裂口具髯毛；花盘盘状，前方隆起，后方延伸成短子房柄；子房 4 裂，花柱细长，顶端微裂。小坚果褐色，扁球形，具小疣状突起。花果期 4 ～ 11 月。

【生境与分布】生于海拔 2000m 以下的水田边、溪边、湿润草地或旷地上。分布于华东各省市，另长江以南其他各省区及河南、河北、陕西均有分布；印度、尼泊尔、缅甸、老挝、泰国、越南、朝鲜、日本也有分布。

【药名与部位】半支莲（并头草），全草。

【采集加工】夏、秋二季茎叶茂盛时采割，洗净，晒干。

【药材性状】长 15 ～ 35cm，无毛或花轴上疏被毛。根纤细。茎丛生，较细，方柱形；表面暗紫色或棕绿色。叶对生，有短柄；叶片多皱缩，展平后呈三角状卵形或披针形，长 1.5 ～ 3cm，宽 0.5 ～ 1cm；先端钝，基部宽楔形，全缘或有少数不明显的钝齿；上表面暗绿色，下表面灰绿色。花单生于茎枝上部叶腋，花萼裂片钝或较圆；花冠二唇形，棕黄色或浅蓝紫色，长约 1.2cm，被毛。果实扁球形，浅棕色。气微，味微苦。

【药材炮制】除去杂质，洗净，切段，干燥；或取半枝莲饮片，称重，压块。

【化学成分】全草含黄酮类：金丝桃苷（hyperoside）、5- 羟基 -7, 3′, 4′, 5′- 四甲氧基黄酮（5-hydroxy-7, 3′, 4′, 5′-tetramethoxyflavone）、5, 7- 二羟基 -6- 甲氧基二氢黄酮（5, 7-dihydroxy-6-methoxyflavanone），即二氢木蝴蝶素 A（dihydrooroxylin A）、5, 7, 3′, 4′, 5′- 五甲氧基黄酮（5, 7, 3′, 4′, 5′-pentamethoxyflavone）[1]，5, 4′- 二羟基 -6, 7, 3′, 5′- 四甲氧基黄酮（5, 4′-dihydroxy-6, 7, 3′, 5′-tetramethoxyflavone）、4′- 羟基汉黄芩素（4′-hydroxywogonin）、6- 甲氧基柚皮素（6-methoxynaringenin）、芹菜素（apigenin）、柚皮素（naringenin）[2]，木犀草素（luteolin）、异红花素（*iso*-carthamidin）[3]，槲皮素（quercetin）、芦丁（rutin）、野黄芩素（suctellarein）、6, 7, 4′- 三羟基黄酮 -5-*O*-β-D- 吡喃葡萄糖苷（6, 7, 4′-trihydroxyflavone-5-*O*-β-D-glucopyranoside）、商陆苷（ombuoside）[4]，5- 羟基 -7, 4′- 二甲氧基黄酮（5-hydroxy-7, 4′-dimethoxyflavone）、鼠尾草苷元（salvigenin）、5- 羟基 -7, 8, 4′- 三甲氧基黄酮（5-hydmxy-7, 8, 4′-trimethoxyflavone）[5]，黄芩素（baicalein）、黄芩苷（baicalin）、木犀草素 -7-*O*-β-D- 吡喃葡萄糖苷（luteilin-7-*O*-β-D-glucopyranoside）、芹菜素 -7-*O*-β-D- 吡喃葡萄糖苷（apigenin-7-*O*-β-D-glucopyranoside）[6]，红花素（carthamidin）、高山黄芩素（scutellarein）、半枝莲素（scutevulin）、半枝莲种素（rivularin）、金圣草酚（eriodictyol）[7]，5, 7, 4′- 三羟基 -8- 甲氧基黄酮（5, 7, 4′-trihydroxy-8-methoxyflavone）、芹菜素 -7-*O*-β-D- 葡萄糖醛酸苷（apigenin-7-*O*-β-D-glucuronide）、芹菜素 -7-*O*-β-D- 葡萄糖醛酸甲酯（apigenin-7-*O*-β-D-glucuronide methyl ester）、山柰酚 -3-*O*-β-D- 芸香糖苷（kaempferol-3-*O*-β-D-rutinoside）[8]，5, 7- 二羟基 -2′, 8- 二甲氧基黄酮（5, 7-dihydroxy-2′, 8-dimethoxyflavone）、黄芩黄酮Ⅰ（skullcapflavone Ⅰ）、7- 羟基 -5, 8- 二甲氧基黄酮（7-hydroxy-5, 8-dimethoxyflavone）、2′, 5, 6- 三羟基 -7, 8- 二甲氧基黄酮（2′, 5, 6-trihydroxy-7, 8-dimethoxyflavone）[9]，汉黄芩素（wogonin）、木犀草素 -7-*O*-β-D- 吡喃葡萄糖苷（luteolin-7-*O*-β-D-glucopyranoside）、高黄芩苷（scutellarin）[10]，2′, 5, 7- 三羟基黄酮（2′, 5, 7-trihydroxyflavone）、粗毛豚草素（hispidulin）、（±）-4′, 5, 7- 三羟基 -8- 甲氧基黄烷酮［（±）-4′, 5, 7-trihydroxy-8-methoxyflavanone］、线叶蓟尼酚（cirsilineol）、白杨素（chrysin）、山姜素（alpinetin）、豆蔻明（cardamonin）[11]，红花素（cartharmidin）[12]，4′, 5, 7- 三羟基黄酮（4′, 5, 7-trihydroxyflavone）、5- 羟基 -4′- 甲氧基黄酮 -7-*O*-α-L- 吡喃鼠李糖基 -（1→6）-β-D- 吡喃葡萄糖苷［5-hydroxy-4′-methoxyflavone-7-*O*-α-L-rhamnopyranosyl-（1→6）-β-D-glucopyranoside］、4′, 5, 7- 三羟基 -6- 甲氧基黄酮（4′, 5, 7-trihydroxy-6-methoxyflavone）[13]，6- 甲氧基柚皮苷元（6-methoxynaringenin）[14]，芹菜苷元 -7-*O*- 葡萄糖醛酸乙酯（ethyl apigenin-7-*O*-glucuronate）、芹菜苷元 -7-*O*-β-D- 吡喃葡萄糖苷（apigenin-7-*O*-β-D-glucopyranoside）、芹菜苷元 -7-*O*- 新橙皮糖苷（apigenin-7-*O*-neohesperidoside）[15]，芹菜苷元 -5-*O*-β-D- 吡喃葡萄糖苷（apigenin-5-*O*-β-D-glucopyranoside）[16] 和 2（*S*）-2′, 7- 二羟基 -5, 8- 二甲氧基黄烷酮［2（*S*）-2′, 7-dihydroxy-5, 8-dimethoxyflavanone］[17]；木脂素类：d- 丁香脂酚（d-syringaresinol）[2]，松脂酚（pinoresinol）和杜仲树脂酚（medioresinol）[18]；蒽醌类：2- 羟基 -3- 甲基蒽醌（2-hydroxy-3-methylanthraquinone）[1] 和大黄素甲醚（physcion）[2]；香豆素类：6- 羟基香豆素（6-hydroxycoumarin）[3]；二萜类：半枝莲萜素 A、B、C、D、E、F（scubatine A、B、C、D、E、F）、半枝莲萜 A、E、P（scutebata A、E、P）[19]，（14*R*）- 14β- 羟基半枝莲酯*［（14*R*）-14β-hydroxyscutolide］、半枝莲酯*A、B、C、D、E、F、G、H、I、J、L（scutolide A、B、C、D、E、F、G、H、I、J、L）[20]，半枝莲酯*K（scutolide K）[19, 20]，半枝莲萜 D、F、J（scutebata D、F、J）、6, 7- 二 -*O*- 乙酰氧基半枝莲亭素 A（6, 7-di-*O*-acetoxbarbatin A）[20]，半枝莲内酯 A、B、$C_1$、$C_2$、D（scuterivulactone A、B、$C_1$、$C_2$、D）[21]，半枝莲灵素 A、B（barbatellarine A、B）[22]，6-（2, 3- 环氧 - 2- 异丙基正丙氧基）半枝莲亭素 C［6-（2, 3-epoxy-2-*iso*-propyl-*n*-propoxyl）-barbatin C］[23]，6-*O*- 乙酰半枝莲亭素 C（6-*O*-acetylbarbatin C）[24]，即（11*E*）-6α- 乙酰氧基 -7β, 8β- 二羟基 - 对映 - 克罗登 -3, 11, 13- 三烯 -15, 16- 交酯［（11*E*）-6α-acetoxy-7β, 8β-dihydroxy-*ent*-clerodan-3, 11, 13-trien-15, 16-olide］[24]，半枝莲亭素 A、B、C（barbatin A、B、C）[25]，半枝莲亭素 D、E（barbatin D、E）[26]，半枝莲亭素 F、G（barbatin F、G）、半枝莲萜 A、B、C、P（scutebata A、B、C、P）[27]，半

枝莲二萜内酯 A、B、C（scuterivulactone A、B、C）[28]，14- 去氧 -11, 12- 二氢穿心莲内酯（14-deoxy-11, 12-didehydroandrographolide）、14β- 羟基半枝莲酯 K（14β-hydroxyscutolide K）和半枝莲萜 O（scutebata O）[29]；三萜类：半枝莲酸（scutellaric acid）[29]，齐墩果酸（oleanolic acid）和熊果酸（ursolic acid）[30]；倍半萜类：省沽油香堇苷 D（staphylionoside D）[31]；单萜类：1- 羟基萘（1-hydroxynaphthalene）[32]；生物碱类：临泉半枝莲碱 A、B、C（scutelin-quanine A、B、C）[33]，临泉半枝莲碱 D（scutelinquanine D）[24]，半枝莲亭碱 A、B、C、D（barbatineA、B、C、D）[34]，半枝莲新碱 A（scutebarbatine A）[29, 34]，半枝莲新碱 B（scutebarbatine B）[25]，半枝莲新碱 C、D、E、F（scutebarbatine C、D、E、F）[35]、半枝莲新碱 G、H（scutebarbatine G、H）[36]，半枝莲新碱 I、J、K、L（scutebarbatine I、J、K、L）[37]，半枝莲新碱 M、N（scutebarbatine M、N）[38]，半枝莲新碱 O（scutebarbatine O）[39]，半枝莲新碱 W、X、Y、Z（scutebarbatine W、X、Y、Z）[40]，6-*O*- 烟酰基 -7-*O*- 乙酰半枝莲新碱 G（6-*O*-nicotinoyl-7-*O*-acetylscutebarbatine G）、6, 7- 二 -*O*- 烟酰半枝莲新碱 G（6, 7-di-*O*-nicotinoylscutebarbatine G）、7-*O*- 烟酰半枝莲新碱 H（7-*O*-nicotinoylscutebarbatine H）[36]，6-*O*- 烟酰半枝莲新碱 G（6-*O*-nicotinoylscutebarbatine G）[39]，河南半枝莲碱 A、B、C、D（scutehenanine A、B、C、D）[41]，河南半枝莲碱 H（scutehenanine H）[23, 28]，6-*O*- 乙酰河南半枝莲碱 A（6-*O*-acetylscutehenanine A）和 6-*O*-（2- 羰基 -3- 甲基丁酰基）河南半枝莲碱 A［6-*O*-（2-carbonyl-3-methylbutanoyl）scutehenanine A］[41]；苯丙素类：桂皮酸（cinnamic acid）[10]，绿原酸（chlorogenic acid）[6, 10]，对甲氧基桂皮酸（*p*-methoxycinnamic acid）[29]，（*E*）-4- 甲氧基桂皮酸［（*E*）-4-methoxycinnamic acid］[30]，（*E*）-3-（4′- 羟基苯基）- 丙烯酰乙酯［（*E*）-3-（4′-hydroxyphenyl）-acrylic acid ethyl ester］[42] 和香豆酸乙酯（ethyl coumarate）[43]；酚酸类：香草醛（vanillin）、对羟基苯甲醛（*p*-hydroxybenzaldehyde）[1]，香草酸（vanillic acid）、异香草酸（*iso*-vanillic acid）[3]，苯甲酸（benzoic acid）[6]，对羟基苯甲酸乙酯（ethyl 4-hydroxybenzoat）[9]，对羟基苯乙酮（*p*-hydroxyacetophenone）、3, 4- 二羟基苯甲酸（3, 4-dihydroxybenzoic acid）[13]，1-*O*-3, 4-（二羟基苯基）- 乙基 -α-L- 吡喃鼠李糖基 -（1→2）-4-*O*- 咖啡酰基 -β-D- 吡喃葡萄糖苷［1-*O*-3, 4-（dihydroxyphenyl）-ethyl-α-L-rhamnopyranosyl-（1→2）-4-*O*-caffeoyl-β-D-glucopyranoside］[31] 和（*E*）-1-（4′- 羟基苯基）- 丁 -1- 烯 -3- 酮［（*E*）-1-（4′-hydroxyphenyl）-but-1-en-3-one］[44]；甾体类：豆甾醇（stigmasterol）[4]，β- 谷甾醇（β-sitosterol）、胡萝卜苷（daucosterol）[29]，菜油甾醇（campesterol）、植物甾醇 -β-D- 葡萄糖苷（phytosteryl-β-D-glucoside）、胆甾醇（cholesterol）、豆甾 -4- 烯 -3- 酮（stigmasta-4-en-3-one）、γ- 谷甾醇（γ-sitosterol）、豆甾 -5, 22- 二烯 -3- 醇（stigmasta-5, 22-dien-3-ol）、麦角甾 -4, 6, 22- 三烯 -3α- 醇（ergosta-4, 6, 22-trien-3α-ol）、4, 4- 二甲基胆甾 -6, 22, 24- 三烯（4, 4-dimethyl cholesta-6, 22, 24-triene）、豆甾 -3, 5, 22- 三烯（stigmasta-3, 5, 22-triene）、豆甾 -5, 22 二烯 -3β- 醇乙酸酯（stigmasta-5, 22-dien-3β-ol acetate）、麦角甾 -4, 6, 22- 三烯 -3β- 醇（ergosta-4, 6, 22-trien-3β-ol）和 β- 谷甾醇乙酸酯（β-sitosterol acetate）[45]；色原酮类：（*S*）-2-（4- 羟基苯基）-6- 甲基 -2, 3- 二氢 -4H- 吡喃 -4- 酮［（*S*）-2-（4-hydroxyphenyl）-6-methyl-2, 3-dihydro-4H-pyran-4-one］[17]；挥发油类：呋喃甲醛（furfural）、麝香草酚（thymol）、植醇（phytol）[12] 和对甲氧基桂皮酸（*p*-methoxy-cinnamic acid）[29]；脂肪酸类：棕榈酸（palmitic acid）、亚油酸（linoleic acid）[12] 和十六烷酸（hexadecanoic acid）[46]；酰胺类：橙黄胡椒酰胺乙酸酯（aurantiamide acetate）[30]。

地上部分含黄酮类：粗毛豚草素（hispidulin）、5, 7, 4′- 三羟基 -8- 甲氧基黄酮（5, 7, 4′-trihydroxy-8-methoxyflavone）、芹菜素（apigenin）、芹菜素 -5-*O*-β-D- 吡喃葡萄糖苷（apigenin-5-*O*-β-D-glucopyranoside）[47]，高车前素 -7-*O*-β-D- 葡萄糖醛酸甲酯（hispidulin-7-*O*-β-D-glucuronide methyl ester）、高山黄芩苷（scutellarin）、高山黄芩素（scutellarein）、木犀草素（luteolin）、高山黄芩素 -7-*O*-β-D- 吡喃葡萄糖醛酸苷甲酯（scutellarein-7-*O*-β-D-glucuronide methyl ester）、异高山黄芩素 -8-*O*-β-D- 葡萄糖醛酸苷 -6″- 甲酯（*iso*-scutellarein-8-*O*-β-D-glucuronide-6″-methyl ester）、芹菜素 -7-*O*-β-D- 葡萄糖醛酸苷 -6″- 甲酯（apigenin-7-*O*-β-D-glucuronide-6″-methyl ester）、4′- 羟基汉黄芩素（4′-hydroxywogonin）、异高山黄芩素（*iso*-scutellarein）、5, 4′ 二羟基 -6, 7, 3′, 5′- 四甲氧基黄酮（5, 4′-dihydroxy-6, 7, 3′5′-tetramethoxyflavone）、6- 羟基木犀草素

（6-hydroxyluteol in）、三裂鼠尾草素（salvigenin）和 5- 羟基 -6, 7, 3′, 4′- 四甲氧基黄酮（5-hydroxy-6, 7, 3′, 4′-tetramethoxyflavone）[48]；柚皮苷元（naringenin）、汉黄芩素（wogonin）、半枝莲素（scutevulin）、4′, 5, 7- 三羟基 -6- 甲氧基黄烷酮（4′, 5, 7-trihydroxy-6-methoxyflavanone）、高圣草酚（eriodictyo1）和 7- 羟基 -5, 8- 二甲氧基黄酮（7-hydroxy-5, 8-dimethoxyflavone）[49]，6- 甲氧基柚皮苷元（6-methoxynaringenin）和 6-*O*- 甲基高山黄芩素（6-*O*-methylscutellarein）[50]；二萜类：半枝莲亭素 C（barbatin C）[47]，黄芩内酯 A（scutellone A）[51]，黄芩内酯 B、G、H、I（scutellone B、G、H、I）[52]，黄芩内酯 C、F（scutellone C、F）[53]，黄芩内酯 D、E（scutellone D、E）[54]，半枝莲萜 A、B、C、D、E、F、G（scutebata A、B、C、D、E、F、G）[55]，半枝莲萜 H、I、J、K、L、M、N、O（scutebata H、I、J、K、L、M、N、O）[56]，半枝莲萜 P、Q、R（scutebata P、Q、R）[57]，半枝莲萜 S、T（scutebata S、T）[58]，半枝莲萜 U、V、W（scutebata U、V、W）[59]，半枝莲萜 $A_1$、$B_1$、$C_1$、X、Y、Z（scutebata $A_1$、$B_1$、$C_1$、X、Y、Z）、半枝莲亭素 A（barbatin A）、半枝莲萜素 *D（scubatine D）[60]，半枝莲亭素 D（barbatin D）[56, 60]，黄芩林素 A（scutellin A）[61]，即 15β- 甲氧基 -6α-*O*- 乙酰基 -19- 丙酰氧基 -4α, 18；11, 16；15, 16- 三环氧新克罗烷二萜（15β-methoxy-6α-acetoxy-19-propanoyloxy-4α, 18；11, 16；15, 16-triepoxyneoclerodan）[61]，半枝莲灵素 E（barbatellarine E）[62]，半枝莲灵素 F（barbatellarine F）[63] 和 6, 7- 二 -*O*- 乙酰氧基半枝莲亭素 A（6, 7-di-*O*-acetoxybarbatin A）[64]；生物碱类：半枝莲新碱 A、B（scutebarbatine A、B）[50, 59]，半枝莲灵素 C、D（barbatellarine C、D）[62]，半枝莲新碱 F、G（scutebarbatine F、G）[64]，半枝莲新碱 L（scutebarbatine L）[60]，半枝莲新碱 W（scutebarbatine W）[50, 60]，半枝莲新碱 X（scutebarbatine X）[50, 64]，半枝莲新碱 Y（scutebarbatine Y）[59]，6-*O*- 烟酰半枝莲新碱 G（6-*O*-nicotinoylscutebarbatine G）[59, 64]，6-*O*- 烟酰半枝莲素 C（6-*O*-nicotinoylbarbatin C）、半枝莲碱 A、D（barbatine A、D）[59]，6-*O*- 烟酰半枝莲亭素 A（6-*O*-nicotinoylbarbatin A）、8-*O*- 烟酰半枝莲亭素 A（8-*O*-nicotinoylbarbatin A）和 2- 羰基半枝莲碱 A（2-carbonylscutebarbatine A）[65]；三萜类：半枝莲酸（scutellaric acid）[47, 66] 和熊果酸（ursolic acid）[49]；单萜类：（6*S*, 9*R*）-6- 羟基 -4, 4, 7a- 三甲基 -5, 6, 7, 7a- 四氢 -1- 苯并呋喃 -2（4H）- 酮［（6*S*, 9*R*）-6-hydroxy-4, 4, 7a-trimethyl-5, 6, 7, 7a-tetrahydro-1-benzofuran-2（4H）-one］[67]；酚类：羟基氢醌（hydroxyhydroquinone）[47]，对羟基苯甲醛（*p*-hydroxybenzaldehyde）[47, 49]，原儿茶酸（protocatechuic acid）、对羟基苯丙酮（*p*-hydroxybenzylacetone）[49] 和 4- 羟基 -3, 5- 二甲氧基苯甲酸乙酯（ethyl 4-hydroxy-3, 5-dimethoxybenzoate）[68]；甾体类：β- 谷甾醇（β-sitostero1）、豆甾 -5, 22- 二烯 -3-*O*-β-D- 吡喃葡萄糖苷（stigmasta-5, 22-dien-3-*O*-β-D-glucopyranoside）和胡萝卜苷（daucosterol）[47]；醌类：羟基氢醌（hydroxyhydroquinone）[47]；苯丙素类：对香豆酸（*p*-coumaric acid）[47, 49]。

根含黄酮类：7-*O*- 甲基汉黄芩素（7-*O*-methylwogonin）、汉黄芩素（wogonin）、向天盏素（rivularin）[69]，半枝莲素（scutevulin）、5- 羟基 -7, 8- 二甲氧基黄酮（5-hydroxy-7, 8-dimethoxyflavone）、5, 7- 二羟基 -8- 甲氧基黄酮（5, 7-dihydroxy-8-methoxyflavone）和 2′, 5- 二羟基 -6′, 7, 8- 三甲氧基黄酮（2′, 5-dihydroxy-6′, 7, 8-trimethoxyflavone）[70]；甾体类：胡萝卜苷（daucosterol）、豆甾醇 -3-*O*-β-D- 吡喃葡萄糖苷（stigmasterol-3-*O*-β-D-glucopyranoside）、菜油甾醇 -3-*O*-β-D- 吡喃葡萄糖苷（campesterol-3-*O*-β-D-glucopyranoside）[70]，胆甾醇（cholesterol）、豆甾醇（stigmasterol）和 β- 谷甾醇（β-sitostero1）[71]。

**【药理作用】**1. 抗肿瘤　全草醇提取物的氯仿部位、正己烷部位、乙酸乙酯部位在体外对人乳腺癌 MCF-7 和 MDA-MB-435S 细胞、人宫颈癌 HeLa 细胞、人肝癌 Bel-7402 和 HepG2 细胞、人肾腺癌 ACHN 细胞、小鼠肉瘤 S180 细胞等 6 种癌细胞的增殖均有明显的抑制作用，其中氯仿部位作用最为明显[1]；全草醇提取物对小鼠移植性肿瘤（肉瘤 S180 和肝癌 H22）具有明显的抑制作用，对小鼠脾细胞的增殖有明显的促进作用[2]。2. 护肝　全草醇提取物对黄药子诱导的小鼠肝毒性具有明显的保护作用，降低了因黄药子引起升高的血清谷丙转氨酶（ALT）、天冬氨酸氨基转移酶（AST）、碱性磷酸酶（ALP）、肿瘤坏死因子 -α（TNF-α）、白细胞介素 -6（IL-6）和干扰素 -γ（IFN-γ）的含量以及肝组织中髓过氧化酶（MPO）活性[3]。3. 解热　全草水提取液对皮下注射干酵母混悬液引起的大鼠发热有明显的解热作用，呈剂量依赖关系，但对正常大鼠体温无明显影响[4]。

**【性味与归经】**辛、苦，寒。归肺、肝、肾经。

**【功能与主治】**清热解毒，化瘀利尿。用于疔疮肿毒，咽喉肿痛，毒蛇咬伤，跌扑伤痛，水肿，黄疸。

**【用法与用量】**15 ～ 30g。

**【药用标准】**药典 1977—2015、浙江炮规 2015、新疆药品 1980 二册、香港药材四册和台湾 2013。

**【临床参考】**1. 中晚期非小细胞肺癌：全草 30g，加熟地 20g、山药 15g、山茱萸 10g、枸杞 15g、炙甘草 15g、杜仲 15g、肉桂 3g、制附子 10g，水煎服，每日 3 次[1]。

2. 子宫内膜异位症：全草 15g，加桂枝 10g、桃仁 10g、丹皮 10g、莪术 10g、茯苓 10g、赤芍 10g、白花蛇舌草 15g、昆布 15g、姜黄 15g，经前 1 周开始服用，每日 1 剂，连用 10 剂，连续 3 个月为 1 疗程[2]。

3. 肝炎肝纤维化：全草，加白花蛇舌草、虎杖、当归、桃仁、炙鳖甲、生牡蛎、柴胡等，制成散剂口服，9g/ 袋，每次 1 袋，每日 3 次[3]。

4. 痈疽疔毒：全草 30g，加蒲公英 30g，水煎服；另用鲜全草捣烂敷患处，干则更换。（《安徽中草药》）

5. 乳房纤维瘤、多发性神经痛：全草 30g，加六棱菊 30g、野菊花 30g，水煎，每日 1 剂，服 20 ～ 30 剂。（《浙南本草选编》）

6. 咽喉肿痛：鲜全草 20g，加鲜马鞭草 24g，食盐少许，水煎服。（《福建中草药》）

**【附注】**半枝莲之名始见于《外科正宗》，用治毒蛇伤人。蒋仪《药镜拾遗赋》云："半枝莲解蛇伤之仙草。"《本草纲目拾遗》在"鼠牙半支"条内收载《百草镜》半枝莲饮，所用鼠牙半支为半枝莲，云："鼠牙半支二月发苗，茎白，其叶三瓣一聚，层积蔓生，花后即枯，四月开花黄色，如瓦松。"据所述特征考订，应为景天科景天属（*Sedum* Linn.）植物。

药材半支莲体虚及孕妇慎服。

同属植物韩信草 *Scutellaria indica* Linn. 的全草在江苏、浙江、云南等地民间作为半枝莲药用。

**【化学参考文献】**


[1] 王哲．半枝莲的化学成分［J］．中国实验方剂学志，2014，20（21）：84-86.

[2] 李萍，张国刚，左甜甜，等．半枝莲的化学成分［J］．沈阳药科大学学报，2008，25（7）：549-552.

[3] 陈艳，张国刚，毛德双，等．半枝莲的化学成分研究（I）［J］．中国药物化学杂志，2008，18（1）：48-50.

[4] 张讳，何枢衡，葛丹丹．半枝莲化学成分的分离与鉴定（Ⅱ）［J］．沈阳药科大学学报，2011，28（6）：425-427.

[5] 余群英，张德武，戴胜军．半枝莲化学成分的分离与鉴定［J］．中国现代中药，2011，13（2）：25-28.

[6] 仲浩，薛晓霞，姚庆强．半枝莲化学成分的研究［J］．中草药，2008，39（1）：21-23.

[7] 王文蜀，周亚伟，叶蕴华，等．半枝莲中黄酮类化学成分研究［J］．中国中药杂志，2004，29（10）：957-959.

[8] 何枢衡，张祎，葛丹丹，等．中药半枝莲黄酮类成分的分离与结构鉴定［J］．沈阳药科大学学报，2011，28（3）：182-185.

[9] Tomimori T，Miyaichi Y，Imoto Y，et al. Studies on the constituents of *Scutellaria* species. V. on the flavonoid constituents of "Ban Zhi Lian，" the whole herb of *Scutellaria rivularis* Wall（1）[J]. Shoyakugaku Zasshi，1984，38（3）：249-252.

[10] 仲浩，薛晓霞，姚庆强．半枝莲化学成分的研究［J］．中草药，2008，39（1）：21-23.

[11] Tomimori T，Miyaichi Y，Imoto Y，et al. Studies on the constituents of *Scutellaria* species（VIII）. on the flavonoid constituents of "Ban Zhi Lian，" the whole herb of *Scutellaria rivularis* Wall.（2）［J］. Shoyakugaku Zasshi，1986，40（4）：432-433.

[12] 向仁德，郑今芳，姚志成．半枝莲化学成分的研究［J］．中草药，1982，13（8）：345-348.

[13] 肖海涛，李铣．半枝莲的化学成分［J］．沈阳药科大学学报，2006，23（10）：637-640.

[14] 李萍，张国刚，左甜甜，等．半枝莲的化学成分［J］．沈阳药科大学学报，2008，25（7）：549-551.

[15] 王文蜀，周亚伟，叶蕴华，等．半枝莲中黄酮类化学成分研究［J］．中国中药杂志，2004，29（10）：957-959.

[16] 何枢衡，张祎，葛丹丹，等．中药半枝莲黄酮类成分的分离与结构鉴定［J］．沈阳药科大学学报，2011，28（3）：182-185.

[ 17 ] Wang G，Wang F，Liu J K. Two new phenols from *Scutellaria barbata* [ J ] . Molecules，2011，16：1402-1408.

[ 18 ] 李萍，左甜甜，王晓秋，等 . 半枝莲的化学成分研究（Ⅱ）[ J ] . 中国药物化学杂志，2008，18（5）：374-376.

[ 19 ] Yuan Q Q，Song W B，Wang W Q，et al. Scubatines A-F，new cytotoxic *neo*-clerodane diterpenoids from *Scutellaria barbata* D. Don [ J ] . Fitoterapia，2017，119：40-44.

[ 20 ] Wu T Z，Wang Q，Jiang C，et al. Neo-clerodane diterpenoids from *Scutellaria barbata* with activity against Epstein-Barr virus lytic replication [ J ] . J Nat Prod，2015，78（3）：500-509.

[ 21 ] Kizu H，Imoto Y，Tomimori T，et al. Studies on the constituents of Scutellaria species. XVIII. Structures of neoclerodane-type diterpenoids from the whole herb of *Scutellaria rivularis* Wall. [ J ] . Chem Pharm Bull，1997，45（1）：152-160.

[ 22 ] Lee H，Kim Y J，Choi I H，et al. Two novel *neo*-clerodane diterpenoids from *Scutellaria barbata* [ J ] . Bioorg Med Chem Lett，2010，20（1）：288-290.

[ 23 ] Dai S J，Qu G W，Yu Q Y，et al. New *neo*-clerodane diterpenoids from *Scutellaria barbata* with cytotoxic activities [ J ] . Fitoterapia，2010，81（7）：737-741.

[ 24 ] Qu G W，Yue X D，Li G S，et al. Two new cytotoxic *ent*-clerodane diterpenoids from *Scutellaria barbata* [ J ] . J Asian Nat Prod Res，2010，12（10）：859-864.

[ 25 ] Dai S J，Tao J Y，Liu K，et al. *Neo*-clerodane diterpenoids from *Scutellaria barbata* with cytotoxic activities [ J ] . Phytochemistry，2006，67（13）：1326-1330.

[ 26 ] Dai S J，Shen L，Ren Y, et al. Two new *neo*-clerodane diterpenoids from *Scutellaria barbata* [ J ] . Journal of Integrative Plant Biology，2008，50（6）：699-702.

[ 27 ] Wang M L，Chen Y Y，Hu P，et al. Neoclerodane diterpenoids from *Scutellaria barbata* with cytotoxic activities [ J ] . Natural Product Research，2018，32:1080-1085.

[ 28 ] Hanh T T H，Anh D H，Quang T H，et al. Scutebarbatolides A-C，new *neo*-clerodane diterpenoids from *Scutellaria barbata* D. Don with cytotoxic activity [ J ] . Phytochem Lett，2019，29：65-69.

[ 29 ] 陶曙红，吴凤锷 . 半枝莲化学成分的研究 [ J ] . 时珍国医国药，2005，15（7）：620-621.

[ 30 ] 李园园，唐旭利，李平林，等 . 半枝莲化学成分研究 [ J ] . 中国海洋大学学报（自然科学版），2013，43（1）：77-80.

[ 31 ] 张祎，何枢衡，葛丹丹，等 . 半枝莲化学成分的分离与鉴定（Ⅱ）[ J ] . 沈阳药科大学学报，2011，28（6）：425-428.

[ 32 ] Yang J Y，Kim M G，Lee H S. Acaricidal toxicities of 1-hydroxynaphthalene from *Scutellaria barbata* and its derivatives against house dust and storage mites [ J ] . Planta Med，2013，79（11）：946-951.

[ 33 ] Nie X P，Qu G W，Yue X D，et al. Scutelinquanines A-C，three new cytotoxic *neo*-clerodane diterpenoid from *Scutellaria barbata* [ J ] . Phytochemistry Letters，2010，3（4）：190-193.

[ 34 ] Nguyen V H，Pham V C，Nguyen T T H,et al. Novel antioxidant *neo*-clerodane diterpenoids from *Scutellaria barbata* [ J ] . Eur J Org Chem，2009，33：5810-5815.

[ 35 ] Dai S J，Chen M，Liu K，et al. Four new *neo*-clerodane diterpenoid alkaloids from *Scutellaria barbata* with cytotoxic activities [ J ] . Chem Pharm Bull，2006，54（6）：869-872.

[ 36 ] Dai S J，Wang G F，Chen M，et al. Five new *neo*-clerodane diterpenoid alkaloids from *Scutellaria barbata* with cytotoxic activities [ J ] . Chem Pharm Bull，2007，55（8）：1218-1221.

[ 37 ] Dai S J，Liang D D，Ren Y，et al. New *neo*-clerodane diterpenoid alkaloids from *Scutellaria barbata* with cytotoxic activities [ J ] . Chem Pharm Bull，2008，56（2）：207-209.

[ 38 ] Dai S J，Peng W，Shen L，et al. New norditerpenoid alkaloids from *Scutellaria barbata* with cytotoxic activities [ J ] . Nat Prod Res，2011，25（11）：1019-1024.

[ 39 ] Dai S J，Peng，W B，Shen L，et al. Two new *neo*-clerodane diterpenoid alkaloids from *Scutellaria barbata* with cytotoxic activities [ J ] . J Asian Nat Prod Res，2009，11（5）：451-456.

[ 40 ] Wang F，Ren F C，Li Y J，et al. Scutebarbatines W-Z，new *neo*-clerodane diterpenoids from *Scutellaria barbata* and structure revision of a series of 13-spiro *neo*-clerodanes [ J ] . Chem Pharm Bull，2010，58（9）：1267-1270.

[ 41 ] Dai S J，Peng W B，Zhang D W，et al. Cytotoxic *neo*-clerodane diterpenoid alkaloids from *Scutellaria barbata* [ J ] . J

Nat Prod，2009，72（10）：1793-1797.

［42］余群英，张德武，戴胜军，等 . 半枝莲化学成分的分离与鉴定［J］. 中国现代中药，2011，13（2）：25-28.

［43］李宁，肖海涛，孟大利，等 . 半枝莲的化学成分［J］. 中国现代中药，2009，11（12）：16-20.

［44］Ducki S，Hadfield J A，Lawrence N J，et al. Isolation of *E*-1-（4′-hydroxyphenyl）-but-1-en-3-one from *Scutellaria barbata*［J］. Planta Med，1996，62（2）：185-186.

［45］杨顺利 . 中药半枝莲抗肿瘤活性成分的分离研究［D］. 广州：广东工业大学硕士学位论文，2002.

［46］张福维，回瑞华，侯冬岩 . 半枝莲挥发性化学成分分析［J］. 质谱学报，2009，30（3）：175-178.

［47］邱佳，秦民坚，唐楠 . 半枝莲地上部分的化学成分［J］. 植物资源与环境学报，2009，18（1）：91-93.

［48］梁晨，杨国春，李丹慧，等 . 半枝莲化学成分研究［J］. 中草药，2016，47（24）：4322-4325.

［49］Lin Y L，Chou C J. Studies on the constituents of aerial parts of *Scutellaria rivularis* Wall.［J］. Guoli Zhongguo Yiyao Yangjiuso Yanjiu Baogao，1984，（7）：141-165.

［50］Lee S R，Kim M S，Kim S G，et al. Constituents from *Scutellaria barbata* inhibiting nitric oxide production in LPS-stimulated microglial cells［J］. Chemistry & Biodiversity，2017，14: 11.

［51］Lin Y L，Kuo Y H，Lee G H，et al. Scutellone A. A novel diterpene from *Scutellaria rivularis*［J］. Journal of Chemical Research，Synopses，1987，（10）：320-321.

［52］Lin Y L，Kuo Y H. Four new neoclerodane-type diterpenoids，scutellones B，G，H，and I，from aerial parts of *Scutellaria rivularis*［J］. Chem Pharm Bull，1989，37（3）：582-585.

［53］Lin Y L，Kuo Y H. Scutellone C and F，two new neoclerodane type diterpenoids from *Scutellaria rivularis*［J］. Heterocycles，1988，27（3）：779-783.

［54］Lin Y L，Kuo Y H，Cheng M C，et al. Structures of scutellones D and E determined from x-ray diffraction，spectral and chemical evidence. Neoclerodane-type diterpenoids from *Scutellaria rivularis* Wall.［J］. Chem Pharm Bull，1988，36（7）：2642-2646.

［55］Zhu F，Di Y T，Liu L L，et al. Cytotoxic neoclerodane diterpenoids from *Scutellaria barbata*［J］. J Nat Prod，2010，73（2）：233-236.

［56］Zhu F，Di Y T，Li X Y，et al. Neoclerodane diterpenoids from *Scutellaria barbata*［J］. Planta Med，2011，77（13）：1536-1541.

［57］Li Y Y，Tang X L，Jiang T，et al. Bioassay-guided isolation of *neo*-clerodane diterpenoids from *Scutellaria barbata*［J］. J Asian Nat Prod Res，2013，15（9）：941-949.

［58］Thao D T，Phuong D T，Hanh T T H，et al. Two new neoclerodane diterpenoids from *Scutellaria barbata* D. Don growing in Vietnam［J］. J Asian Nat Prod Res，2014，16（4）：364-369.

［59］Yang G C，Liang C，Li S G，et al. Neoclerodane diterpenoids from aerial parts of *Scutellaria barbata*［J］. Phytochem Lett，2017，19：1-6.

［60］Yang G C，Hu J H，Li B L，et al. Six new *neo*-clerodane diterpenoids from aerial parts of *Scutellaria barbata* and their cytotoxic activities［J］. Planta Med，2018，84（17）：1292-1299.

［61］朱锋，刘玲丽，邸迎彤，等 . 半枝莲的一个新的克罗烷二萜［J］. 云南植物研究，2009，31（5）：474-476.

［62］Lee H N，Hee S S. *Neo*-clerodane diterpenoids from the aerial part of *Scutellaria barbata*［J］. Helv Chim Acta，2011，94（4）：643-649.

［63］Shim S H. A new diterpenoid from aerial parts of *Scutellaria barbata*［J］. Chem Nat Compd，2014，50（2）：291-292.

［64］Wang M L，Ma C Y，Chen Y，et al. Cytotoxic *neo*-clerodane diterpenoids from *Scutellaria barbata* D. Don［J］. Chemistry & Biodiversity，2019，16（2）：1002-1009.

［65］Dai S J，Sun J Y，Ren Y，et al. Bioactive *ent*-clerodane diterpenoids from *Scutellaria barbata*［J］. Planta Med，2007，73（11）：1217-1220.

［66］Kuo Y H，Lin Y L，Lee S M. Scutellaric acid，a new triterpene from *Scutellaria rivularis*［J］. Chem Pharm Bull，1988，36（9）：3619-3622.

［67］Wang T S，Wang Z Y，Chen L J，et al. Isolation and characterization of（6*S*，9*R*）6-hydroxy-4，4，7a-trimethyl-5，6，7，7a-tetrahydro-1-benzofuran-2（4H）-one from *Scutellaria barbata*［J］. Journal of Medicinal Plants Research，2011，5（4）：613-625.

［68］Wang T S，Chen，L S，Wang Z Y，et al. Isolation，characterization and crystal structure of ethyl 4-hydroxy-3，5-dimethoxy-benzoate from *Scutellaria barbata*［J］. Journal of Medicinal Plants Research，2011，5（13）：2890-2895.
［69］Chou C J. Rivularin，a new flavone from *Scutellaria rivularis*［J］. Taiwan Yaoxue Zazhi，1978，30（1）：36-44.
［70］Chou C J，Liu K C，Yang T H. The isolation and characterization of scutevulin，and some other constituents from *Scutellaria rivularis* Wall.［J］. Guoli Zhongguo Yiyao Yangjiuso Yanjiu Baogao，1981，（July）：91-108.
［71］Liu J I，Wang C B，Lin L C. Chemical constituents of the roots of *Scutellaria rivularis*. I. neutral fraction［J］. Taiwan Yaoxue Zazhi，1972，24（1）：27-30.

**【药理参考文献】**

［1］Yu J，Liu H，Lei J，et al. Antitumor activity of chloroform fraction of *Scutellaria barbata* and its active constituents［J］. Phytother Res，2007，21（9）：817-822.
［2］王刚，董玫，刘秀书，等. 半枝莲醇提取物抗肿瘤活性的研究［J］. 现代中西医结合杂志，2004，13（9）：1141-1142.
［3］牛成伟，季莉莉，王峥涛. 半枝莲对黄药子肝毒性的保护作用及其机制［J］. 药学学报，2016，51（3）：373-379.
［4］佟继铭，陈光晖，高巍，等. 半枝莲的解热作用实验研究［J］. 中国民族民间医药杂志，1999，（3）：166-186.

**【临床参考文献】**

［1］吕苑忠，孔庆志. 半枝莲补肾合剂治疗中晚期非小细胞肺癌临床疗效研究［J］. 中国癌症防治杂志，2009，1（3）：232-234.
［2］南振军. 桂莲内异汤治疗子宫内膜异位症 42 例［J］. 陕西中医，2007，28（11）：1481-1482.
［3］王国义. 软肝散治疗肝炎肝纤维化 78 例［J］. 陕西中医，2011，32（5）：523-524.

## 3. 薰衣草属 *Lavandula* Linn.

半灌木或小灌木，稀为草本。叶对生；叶片条形至披针形或羽状分裂。轮伞花序具 2 ～ 10 朵花，常在茎或枝端聚集成间断或近连续的穗状花序；花萼近管形，具 13 ～ 15 脉，萼檐二唇形，上唇 1 齿，较宽大或稍伸长成附属物，下唇 4 齿，短而相等，有时上唇 2 齿，较下唇 3 齿狭；花冠蓝色或紫色，花冠筒外伸，在喉部稍扩大，冠檐二唇形，上唇 2 裂，下唇 3 裂；雄蕊 4 枚，前对较长，内藏，花药汇合成 1 室；花盘等 4 裂，裂片与子房裂片对生；花柱顶端 2 裂，裂片压扁，常黏合。小坚果光滑无毛，有光泽，具有一基部着生的背着面。

约 28 种，分布于大西洋岛屿（包括佛得角）及地中海地区（从金丝雀群岛起）至索马里、印度及巴基斯坦。中国引种栽培 2 种，法定药用植物 1 种。华东地区法定药用植物 1 种。

### 795. 薰衣草（图 795）• *Lavandula angustifolia* Mill.（*Lavandula spica* Linn.; *Lavandula vera* DC.）

**【别名】**狭叶薰衣草。

**【形态】**半灌木或矮小灌木。全株被星状绒毛，在幼嫩部分较密；老枝灰褐色或暗褐色，皮层作条状剥落，具有长的花枝及短的更新枝。叶片条形或披针状条形，花枝上的叶较大，疏离，长 3 ～ 5cm，宽 0.3 ～ 0.5cm，更新枝上的叶小，簇生，长不超过 1.7cm，宽约 0.2cm，均先端钝，基部渐狭成短柄，全缘，边缘外卷，中脉在下面隆起。轮伞花序每轮通常具花 6 ～ 10 朵，在枝顶，各轮聚集成间断或近连续的穗状花序；苞片菱状卵圆形，先端渐尖成钻状，具 5 ～ 7 条脉。花萼长 4 ～ 5mm，13 条脉，上唇 1 齿较宽而长，下唇具 4 短齿，相等而明显；花冠长为花萼的 2 倍，具 13 条脉纹，内面在喉部及冠檐被腺状毛，中部具毛环，冠檐上唇二裂，裂片较大，圆形，直立，下唇三裂，裂片较小。小坚果 4 个，椭圆形，光滑。花期 6 月。

**【生境与分布】**原产于地中海地区。华东地区有栽培，新疆等其他各地有栽培。

图 795　薰衣草　　摄影　赵维良

【药名与部位】薰衣草，地上部分。

【采集加工】夏季采摘，阴干。

【药材性状】长 15 ～ 40cm，花枝约占全长的 1/5 ～ 1/3。茎方形，密被白色茸毛，折断面淡黄白色或灰白色，有时可见中央有细小的空腔。叶多脱落，条状或条状披针形，灰绿色，边缘多反卷，长 3 ～ 4cm，宽 3 ～ 4mm。轮伞花序生于枝的上部，花萼二唇形，筒状，长约 5mm，具 5 齿，其中 1 齿特肥大；花二唇形，蓝色，长 6 ～ 10mm。气芳香，味辛凉。

【化学成分】地上部分含酚苷类：薰衣草苷*A（lavandunoide A）、反式草木犀苷乙酯（*trans*-melilotoside ethyl ester）、乙基二氢草木犀苷（ethyl dihydromelilotoside）、4- 甲氧基乙基二氢草木犀苷（4-methoxy-ethyl dihydromelilotoside）、狗脊蕨素（woodorien）、反式草木犀苷（*trans*-melilotoside）、反式草木犀苷甲酯（*trans*-melilotoside methyl ester）、顺式草木犀苷（*cis*-melilotoside）、反式 -2-β-D- 吡喃葡萄糖氧基 -4- 甲氧基肉桂酸（*trans*-2-β-D-glucopyranosyloxy-4-methoxycinamic acid）、反式 -3-（4- 甲氧基苯基 -2-*O*-β-D- 吡喃葡萄糖苷）丙烯酸甲酯［*trans*-3-（4-methoxyphenyl-2-*O*-β-D-glucopyranoside）methyl propenoate］、顺式 -2-β-D- 吡喃葡萄糖氧基 -4- 甲氧基肉桂酸（*cis*-2-β-D-glucopyranosyloxy-4-methoxycinamic acid）、顺式 -3-（4- 甲氧基苯基 -2-*O*-β-D- 吡喃葡萄糖苷）丙烯酸甲酯［*cis*-3-（4-methoxyphenyl-2-*O*-β-D-glucopyranoside）methyl propenoate］、二氢草木犀苷（dihydromelilotoside）、甲基二氢草木犀苷（methyl dihydromelilotoside）、2-*O*-β-D- 葡萄糖氧基 -4- 甲氧基苯丙酸（2-*O*-β-D-glucosyloxy-4-methoxy-benzenepropanoic acid）和 2-*O*-β-D- 葡萄糖氧基 -4- 甲氧基苯丙酸甲酯（methyl 2-*O*-β-D-glucosyloxy-4-methoxy-benzenepropanoate）[1]；单萜类：薰衣草醇（lavandulol）[2]；三萜类：3β- 甲酰熊果酸（3β-formyl ursolic acid）、熊果酸（ursolic acid）[3]，白桦脂醇（betulin）、白桦脂酸（betulinic acid）、果渣酸（pomolic acid）、3β- 羟基熊果 -11- 烯 -13β（28）- 内酯［3β-hydroxyurs-11-en-13β（28）-olide］[3] 和 3- 酮基熊果 -12- 烯 -28- 酸（3-oxoursan-12-en-28-oic acid）[4]；萘类：2-*N*- 苯氨萘（2-*N*-phenylaminonaphthalene）[5]。

花含黄酮类：芹菜素（apigenin）、拉达宁（ladanein）、芹菜素 -7-*O*-β-D-（6′- 对羟基肉桂酰氧基）- 甘露糖苷［apigenin-7-*O*-β-D-（6′-*p*-hydoxy-cinnamoyloxy）-mannoside］、木犀草素（luteolin）、芹菜素 -7-*O*-β-D- 葡萄糖苷（apigenin-7-*O*-β-D-glucoside）、木犀草素 -7-*O*-β-D- 葡萄糖苷（luteolin-7-*O*-β-D-glucoside）、5, 4′- 二羟基黄酮 -7-*O*-β-D- 吡喃葡萄糖醛酸丁酯（5, 4′-dihydroxyflavonoid-7-*O*-β-D-pyranglycuronate butyl ester）[6]，大波斯菊苷（cosmosiin）和菜蓟苷（cynaroside）[7, 8]；环戊酮羧酸类：5′-β-D- 吡喃葡萄糖氧基茉莉酸丁酯（5′-β-D-glucopyranosyl oxyjasmonic butyl ester）和 5′-β-D- 吡喃葡萄糖氧基茉莉酸（5′-β-D-glucopyranosyloxyjasmonic acid）[9]；二元羧酸类：琥珀酸（succinic acid），即丁二酸（butanedioic acid）[9]；酚酸类：咖啡酸（caffeic acid）和 3- 甲氧基 -4-*O*-β-D- 葡萄糖苷 -（*E*）- 阿魏酸［3-methoxy-4-*O*-β-D-glucoside-（*E*）-ferulic acid］[9]；苯丙素类：薰衣草素苷（lavandoside）[10]；木脂素类：银柴胡苷 E（dichotomoside E）[9]；三萜类：熊果酸（ursolic acid）[3]，白桦脂酸（betulinic acid）[11] 和 3- 表熊果酸（3-epiursolic acid）[12]；香豆素类：东莨菪素（scopoletin）[11]；甾体类：β- 谷甾醇（β-sitosterol）、胡萝卜苷（daucosterol）[9] 和胆甾醇（cholesterol）[11]；脂肪酸类：硬脂酸（steraric acid）和硬脂酸甲酯（methyl sterate）[11]；挥发油类：芳樟醇（linalool）、乙酸芳樟乙酸酯（linalyl acetate）[11]，顺 -β- 罗勒烯（*cis*-β-ocimene）、萜品烯 -4- 醇（terpinen-4-ol）、石竹烯（caryophyllene）、石竹烯氧化物（caryophyllene oxide）[13] 和 α- 松油醇（α-terpilenol）等[14]；多糖类：薰衣草多糖（lavender PSC）[15]。

茎叶含挥发油类：乙酸乙酯（ethyl acetate）、香豆素（coumarin）、壬烷（nonane）和龙脑（borneol）等[14]。

叶含挥发油：龙脑（borneol）、表 -α- 欧洲赤松醇（epi-α-muurolol）、α- 没药醇（α-bisabolol）、早熟素 I（precocene I）和桉树脑（eucalyptol）等[16]。

全草含黄酮类：半日花鼬瓣花素（ladanein）、芹菜素 -7-*O*-β-D-（6′- 对羟基桂皮氧基）- 甘露糖苷［apigenin-7-*O*-β-D-（6′-*p*-hydoxycinnamoyloxy）-mannoside］、5, 4′- 二羟基黄酮 -7-*O*-β-D- 吡喃葡萄糖醛酸丁酯（5, 4′-dihydroxyflavonoid-7-*O*-β-D-butyl glucuronopyranate）[6]，芹菜素 -7-*O*-β-D- 葡萄糖苷（apigenin-7-*O*-β-D-glucoside）、木犀草素 -7-*O*-β-D- 葡萄糖苷（luteolin-7-*O*-β-D-glucoside）、木犀草素 -7-*O*-β-D- 葡萄糖醛酸苷（luteolin-7-*O*-β-D-glucuronide）、芹菜素（apigenin）和木犀草素（luteolin）[17]；苯丙素类：反式 - 阿魏酸 -4-*O*-β-D- 吡喃葡萄糖苷（*trans*-ferulic acid-4-*O*-β-D-glucopyranoside）、银柴胡苷 E（dichotomoside E）[3]，咖啡酸（caffeic acid）[17]，3-（3, 4- 二甲氧基 -5- 甲苯基）-3- 氧丙基乙酸酯［3-（3, 4-dimethoxy-5-methylphenyl）-3-oxopropyl acetate］、3- 羟基 -1-（3, 4- 二甲氧基 -5- 甲苯基）丙烷 -1- 酮［3-hydroxy-1-（3, 4-dimethoxy-5-methylphenyl）propan-1-one］、3- 羟基 -1-（4- 甲基苯［d］［1, 3］二氧 -6- 基）丙烷 -1- 酮 {3-hydroxy-1-（4-methylbenzo［d］［1, 3］dioxol-6-yl）propan-1-one} 和丁子香基 -*O*-β- 呋喃芹糖（1″-6′）-*O*-β- 吡喃葡萄糖苷［eugenyl-*O*-β-apiofuranosyl（1″-6′）-*O*-β-glucopyranoside］[18]；甾体类：β- 谷甾醇（β-sitosterol）[3] 和胡萝卜苷（daucosterol）[3, 17]；三萜类：熊果酸（ursolic acid）和 19α- 羟基熊果酸（19α-hydroxy ursolic acid）[17]；苯并内酯类：8, 9- 二氢 -7, 7- 二甲基 -1H- 呋喃［3, 4-f］苯并吡喃 -3（7H）- 酮 {8, 9-dihydro-7, 7-dimethyl-1H-furo［3, 4-f］chromen-3（7H）-one}、4- 羟基 -6-（2- 氧丙基）异苯并呋喃 -1（3H）- 酮［4-hydroxy-6-（2-oxopropyl）*iso*-benzofuran-1（3H）-one］、4- 羟甲基 -6-（2- 氧丙基）异苯并呋喃 -1（3H）- 酮［4-hydroxymethyl-6-（2-oxopropyl）*iso*-benzofuran-1（3H）-one］、5- 羟甲基 -6- 异戊二烯基异苯并呋喃 -1（3H）- 酮［5-hydroxymethyl-6-prenyl *iso*-benzofuran-1（3H）-one］、6-（3- 羟丙酰基）-5- 羟甲基异苯并呋喃 -1（3H）- 酮［6-（3-hydroxypropanoyl）-5-hydroxymethyl *iso*-benzofuran-1

（3H）-one］、6-（3- 羟丙酰基）-5- 甲基异苯并呋喃 -1（3H）- 酮［6-（3-hydroxypropanoyl）-5-methyl-*iso*-benzofuran-1（3H）-one］和 3- 羟基 -1-（6- 甲氧基 -13- 二氢异苯并呋喃 -5- 基）丙烷 -1- 酮［3-hydroxy-1-（6-methoxy-13-dihydro-*iso*-benzofuran-5-yl）propan-1-one］[19]；单萜类：5′-β-D- 吡喃葡萄糖氧基茉莉酮酸丁酯（butyl 5′-β-D-glucopyranosyloxyjasmonate）和 5′-β-D- 吡喃葡萄糖氧基茉莉酮酸（5′-β-D-glucopyranosyloxyjasmonic acid）[3]；二元羧酸类：丁二酸[3]；挥发油类：芳樟醇（linalool）、芳樟醇乙酸酯（linalyl acetate）、4- 甲基 -1-（1- 甲基乙基）-3- 环己烯 -1- 醇［4-methy1-1-（1-methylethyl）-3-cyclohexen-1-o1］和薰衣草醇乙酸酯（lavandayl acetate）[20]。

**【药理作用】**1. 抗炎　地上部分水提取物的大孔树脂 30% 乙醇洗脱部分（XYC-3）和挥发油（XYC-5）对二甲苯所致小鼠耳肿胀有明显的抑制作用（$P < 0.05$），可明显抑制脂多糖（LPS）诱导的一氧化氮（NO）产生，且对一氧化氮的抑制率与提取物浓度成正比，并可抑制脂多糖刺激的 RAW264.7 细胞中肿瘤坏死因子 -α（TNF-α）、白细胞介素 -6（IL-6）的产生，可有效抑制炎症因子的释放，另外 XYC-3 对小鼠毛细血管通透性有显著的抑制作用（$P < 0.05$）[1]。2. 抗氧化　地上部分的 50% 乙醇提取物能有效清除超氧阴离子自由基（$O_2^-$•）、羟自由基（•OH）、1，1- 二苯基 -2- 三硝基苯肼（DPPH）自由基，其半数有效浓度（$EC_{50}$）分别为 60μg/ml、182μg/ml 和 189μg/ml[2]；从花穗水蒸气蒸馏和超临界 $CO_2$ 萃取法提取的挥发油均具有较强的抗氧化能力，且呈剂量依赖性，超临界 $CO_2$ 萃取法提取的薰衣草精油具有更强的抗氧化能力[3]。3. 抗焦虑　薰衣草挥发油可使沙鼠在高架十字迷宫中的探索行为和低头次数增多，其抗焦虑作用与地西泮的功效相当，且药效与用药时间成正比[4]。4. 镇静催眠　薰衣草挥发油香薰后小鼠的运动时间、运动次数、移动格子数和站立次数均少于对照组（$P < 0.05$），并可缩短睡眠潜伏期和延长睡眠时间[5]。5. 抗肿瘤　地上部分的醇提取物对人肺癌 A549 细胞、肝癌 SMMC7721 细胞的生长均有抑制作用，且呈量效关系[6]；地上部分的醇提取物对小鼠移植性实体瘤 H22 具有明显抑制作用，可显著提高胸腺指数、白细胞数、体重和不同程度地上调血清肿瘤坏死因子 -α 和白细胞介素 -6 的水平，下调内皮细胞生长因子（VEGF）的水平，对移植瘤的抑制机制可能是通过调节免疫功能和抑制肿瘤组织血管生成而发挥作用[7]。6. 抗菌　薰衣草挥发油在体外对白念珠菌有抑制作用，其最低抑菌浓度（MIC）为 12.5μl/ml，最低杀菌浓度（MBC）为 25μl/ml[8]；薰衣草挥发油对金黄色葡萄球菌、表皮葡萄球菌、痤疮丙酸杆菌均具有持久的抑制作用[9]。7. 护肝　地上部分醇提取物可明显降低由四氯化碳（$CCl_4$）诱发的急性肝损伤小鼠血清谷丙转氨酶（ALT）和天冬氨酸氨基转移酶（AST）活性，提高超氧化物歧化酶（SOD）、谷胱甘肽过氧化物酶（GSH-Px）及氨基异丁酸（Alb）含量并显著降低丙二醛（MDA）含量[10]。

**【性味与归经】**二级湿热（维医）。

**【功能与主治】**消散寒气，补胃理脑，燥湿止痛。用于胸腹胀满，感冒咳喘，头晕头痛，心悸气短，关节骨痛。

**【用法与用量】**3 ～ 9g。

**【药用标准】**部标维药 1999 和新疆维药 1993。

**【临床参考】**1. 失眠：全草提取精油香薰，配合针灸治疗[1]。

2.II 度烧伤：创面清洗后将复方薰衣草油膏（主要成分为全草提取物）均匀涂于创面，厚度 1 ～ 2mm，每 6h 换药 1 次，必要时配合抗感染、补液治疗[2]。

3. 寻常痤疮：全草适量，加如意金黄散 15g、医用石膏粉 50g，外用，每日 1 次[3]。

**【化学参考文献】**

［1］Yadikar N，Bobakulov K，Aisa H A. Phenolic glycosides from *Lavandula angustifolia*［J］. J Asian Nat Prod Res，2018，20（11）：1028-1037.

［2］Schinz H. Lavandulol，a new monoterpenic alcohol from *Lavandula vera*［J］. Perfumery and Essential Oil Record，1946，37：167-169.

[3] Papanov G，Bozov P，Malakov P. Triterpenoids from *Lavandula spica*［J］. Phytochemistry，1992，31（4）：1424-1426.

[4] Bozov P，Papanov G，Malakov P，et al. Triterpenoids with ursane and lupane skeletons from *Lavandula spica* L.［J］. Nauchni Trudove-Plovdivski Universitet "Paisii Khilendarski"，1992，28（5）：69-80.

[5] Papanov G Y，Gacs-Baitz E，Malakov P Y. 2-*N*-Phenylaminonaphthalene from *Lavandula vera*［J］. Phytochemistry，1985，24（12）：3045-3046.

[6] 吴霞，刘净，于志斌，等. 薰衣草中黄酮类化学成分的研究［J］. 中国中药杂志，2007，32（9）：821-823.

[7] Lamrini M，Kurkin V A，Mizina P G，et al. Lavender（*Lavandula spica*）flower flavonoids and essential oil［J］. Farmatsiya（Moscow，Russian Federation），2008，（1）：16-19.

[8] Kurkin V A，Lamrini M. Flavonoids of *Lavandula spica* flowers［J］. Chem Nat Compd，2007，43（6）：702-703.

[9] 吴霞，刘净，于志斌，等. 薰衣草化学成分的研究［J］. 化学学报，2007，65（16）：1649-1653.

[10] Kurkin V A，Lamrini M，Klochkov S G. Lavandoside from *Lavandula spica* flowers［J］. Chem NatCompd，2008，44（2）：169-170.

[11] 关建，赵文军，魏菁晶，等. 薰衣草花超临界萃取部位化学成分的研究［J］. 时珍国医国药，2009，20（4）：890-891.

[12] Papanov G，Malakov P，Tomova K. Triterpenoids from *Lavandula vera*［J］. Nauchni Trudove-Plovdivski Universitet Paisii Khilendarski，1984，22（1）：213-220.

[13] 赵洁，唐军，陈兆慧，等. 薰衣草化学成分分析及差异标志物的识别［J］. 质谱学报，2016，37（6）：517-525.

[14] 王新玲，热娜·卡斯木，胡君萍，等. 薰衣草不同部位中挥发油化学成分的比较［J］. 华西药学杂志，2010，25（3）：361-362.

[15] Georgiev Y N，Ognyanov M H，Kiyohara H，et al. Acidic polysaccharide complexes from purslane，silver linden and lavender stimulate peyer's patch immune cells through innate and adaptive mechanisms［J］. Int J Biol Macromol，2017，105（Part_1）：730-740.

[16] Mantovani A L，Vieira G G，Cunha W R，et al. Chemical composition，antischistosomal and cytotoxic effects of the essential oil of *Lavandula angustifolia* grown in Southeasthern Brazil［J］. Revista Brasileira de Farmacognosia，2013，23（6）：877-884.

[17] 赵军，徐芳，谭为，等. 狭叶薰衣草的化学成分［J］. 光谱实验室，2012，29（1）：47-50.

[18] Tang S，Shi J，Liu C，et al. Three new phenylpropanoids from *Lavandula angustifolia* and their bioactivities［J］. Nat Prod Res，2017，31（12）：1351-1357.

[19] Shi J L，Tang S Y，Liu C B，et al. Three new benzolactones from *Lavandula angustifolia* and their bioactivities［J］. J Asian Nat Prod Res，2017，19（8）：766-773.

[20] 解成喜，王强，崔晓明. 薰衣草挥发油化学成分的 GC-MS 分析［J］. 新疆大学学报（自然科学版），2002，19（3）：294-295.

**【药理参考文献】**

[1] 谭为，张兰兰，李晨阳，等. 维药狭叶薰衣草抗炎活性部位筛选研究［J］. 中国民族民间医药，2017，26（22）：30-34.

[2] 杨洁，高峰林. 新疆狭叶薰衣草总黄酮抗氧化活性的研究［J］. 中国食品添加剂，2010，（2）：162-165.

[3] 刘婷，库文波，王婷，等. 水蒸气蒸馏和超临界萃取薰衣草精油抗氧化作用研究［J］. 时珍国医国药，2009，20（12）：3035-3037.

[4] Bradley B F，Starkey N J，Brown S L，et al. Anxiolytic effects of *Lavandula angustifolia* odour on the Mongolian gerbil elevated plus maze［J］. Journal of Ethnopharmacology，2007，111（3）：517-525.

[5] 刘静，徐江涛. 薰衣草精油对小鼠镇静催眠作用的实验研究［J］. 临床和实验医学杂志，2012，11（18）：1440-1441.

[6] 沈寿东，崔长旭，全吉淑，等. 薰衣草提取物抗肿瘤作用的研究［J］. 食品科技，2009，34（2）：213-215.

[7] 宋晓琳，彭瀛，沈明花. 薰衣草提取物对小鼠 H22 移植瘤的抑制作用［J］. 食品研究与开发，2014，35（2）：63-65.

[8] 刘璇，邵玉龙，吴泽钰，等. 薰衣草精油对白念珠菌体外抗菌活性及生物膜的影响［J］. 中国真菌学杂志，2016，11（5）：272-274.

［9］单孔荣，王红丽，姚乃捷，等．薰衣草精油与罗勒精油对痤疮致病菌的体外抑菌作用研究［J］．广东药科大学学报，2017，33（5）：677-680.
［10］沈明花，沈玉秀．薰衣草提取物对小鼠化学性肝损伤的保护作用［J］．食品科技，2010，35（7）：235-236，241.

**【临床参考文献】**

［1］居来提，朱宝，胡新梅．针刺加薰衣草香薰疗法治疗失眠 32 例［J］．光明中医，2009，24（5）：897.
［2］张群，阿不都拉，艾赛提．复方薰衣草油膏治疗Ⅱ度烧伤创面临床对比观察［J］．医学理论与实践，2011，24（17）：2039-2040.
［3］祁鹏军，张蓉，李小峰，等．如意金黄散联合不同剂量薰衣草组方面膜治疗寻常痤疮的临床观察［J］．内蒙古中医药，2017，36（18）：80-81.

## 4. 夏至草属 *Lagopsis* Bunge ex Benth.

多年生草本，茎披散或上升。叶阔卵形，圆形，肾状圆形至心形，掌状浅裂或深裂，轮伞花序腋生；小苞片针刺状。花小，白色、黄色至褐紫色。花萼管形或管状钟形，10（5）脉，5 齿，不等大，其中 2 齿稍大，展开；花冠管内面无毛环，冠檐二唇形，上唇全缘或间有微缺，下唇 3 裂，展开；雄蕊 4 枚，细小，前对较长，均内藏于花冠管内，花丝短小、无毛，花药 2 室，叉开，花盘全缘，平顶；花柱内藏，先端 2 浅裂。小坚果卵圆状三棱形，光滑，或具鳞秕，或具细网纹。

约 4 种，主要分布于亚洲北部（自俄罗斯西伯利亚至日本）。中国 3 种，主要分布于华北及东北，其中 1 种南北各地均有分布，法定药用植物 1 种。华东地区法定药用植物 1 种。

## 796. 夏至草（图 796）• *Lagopsis supina*（Steph）IK.-Gal.

**图 796　夏至草**　　摄影　李华东

【别名】坤草、灯笼棵、野益母草（江苏）。

【形态】多年生草本，披散或上升，具圆锥形的主根。茎高 15 ～ 35cm，四棱形，具沟槽，密被微柔毛，常在基部分枝。叶片圆形、卵圆形或心形，3 深裂或浅裂，裂片有圆齿或缺刻，先端圆形，基部心形；叶面疏生微柔毛，下面沿脉有长柔毛，具淡黄色腺点；基生叶柄长 2 ～ 3cm，上部者长约 1cm。轮伞花序腋生，直径 1 ～ 2cm；小苞片长约 4mm，稍短于萼筒，密被微柔毛；花萼管状针形，长约 5mm，外密被微柔毛，内无毛，具 5 脉，5 齿，长 1 ～ 1.5mm，三角形，先端刺尖；花冠白色，稀粉红色，外被微柔毛，冠管长约 5mm，冠檐上唇长圆形，略呈盔状，外被绵状长柔毛，下唇中裂片阔椭圆形，稍长于侧裂片。小坚果长卵形，褐色，有鳞秕。花期 3 ～ 5 月，果期 5 ～ 7 月。

【生境与分布】常生长于田边、路旁、村前、房后或灌丛草地。分布于山东、安徽、江苏、浙江及江西，另我国除华南外的大部分地区均有分布；俄罗斯西伯利亚和朝鲜也有分布。

【药名与部位】夏至草，地上部分。

【采集加工】茂盛期采收，晒干或鲜用。

【药材性状】茎呈方柱形，四面凹成纵沟，长 20 ～ 40cm，直径 1.5 ～ 3mm；表面灰绿色或黄绿色；质脆，易折断，断面中空。叶对生，脱落或残存，皱缩或破碎，完整者呈卵圆形，3 浅裂或深裂。轮伞花序腋生，花白色或淡棕黄色，多脱落；萼宿存，筒状，黄绿色。小坚果 4 枚，褐色。气微，味淡。

【药材炮制】除去杂质、残根及老梗，喷淋洗净，沥干，稍闷，切片，干燥。

【化学成分】全草含黄酮类：芹菜素 -7-*O*-［6″-（*E*）- 对 - 香豆酰基］-β-D- 吡喃半乳糖苷 {apigenin-7-*O*-［6″-（*E*）-*p*-coumaroyl］-β-D-galactopyranoside}、芹菜素 -7-*O*-［3″, 6″- 二 -（*E*）- 对 - 香豆酰基］-β-D-吡喃半乳糖苷 {apigenin-7-*O*-［3″, 6″-di-（*E*）-*p*-coumaroyl］-β-D-galactopyranoside}[1]，芫花素（genkwanin）、5-羟基 -7, 4′- 二甲氧基黄酮（5-hydroxy-7, 4′-dimethoxyflavone）、山柰酚 -3-*O*-6″-（3- 羟基 -3- 甲基戊二酸单酰基）-β-D- 葡萄糖苷［kaempferol-3-*O*-6″-（3-hydroxy-3-methyl glutaroyl）-β-D-glucoside］、槲皮素 -3-*O*-6″-（3- 羟基 -3- 甲基戊二酸单酰基）-β-D- 葡萄糖苷［quercetin-3-*O*-6″-（3-hydroxy-3-methylglutaroyl）-β-D-glucoside］、槲皮素 -3-*O*-β-D- 葡萄糖苷（quercetin-3-*O*-β-D-glucoside）、山柰酚 -3-*O*-β-D- 葡萄糖苷（kaempferol-3-*O*-β-D-glucoside）、异鼠李素 -3-*O*-β-D- 吡喃葡萄糖苷（*iso*-rhamnetin-3-*O*-β-D-glycopyranoside）、芹菜素 -7-*O*-β-D-葡萄糖苷（apigenin-7-*O*-β-D-glucoside）、木犀草素 -7-*O*-β-D- 葡萄糖苷（luteolin-7-*O*-β-D-glucoside）、柯伊利素 -7-*O*-β-D- 葡萄糖苷（chrysoeriol-7-*O*-β-D-glucoside）、芦丁（rutin）和山柰酚 -3-*O*-（6″- 对 - 香豆酰基）-β-D- 葡萄糖苷［kaempferol-3-*O*-（6″-*p*-coumaroyl）-β-D-glucoside］，即银椴苷（tiliroside）[2]；环烯醚萜类：8-*O*- 乙酰哈巴苷（8-*O*-acetylharpagide）、哈巴苷（harpagide）、金鱼草醚萜苷*（antirrinoside）、筋骨草苷（ajugoside）和筋骨草醇（ajugol）[3]；二萜类：夏至草素 A、B、C、D、E、F、G、H、I、J（lagopsin A、B、C、D、E、F、G、H、I、J）、15- 表夏至草素 C（15-epilagopsin C）、15- 表夏至草素 D（15-epilagopsin D）、益母草灵素（leoheterin）和狮尾草素 A、B（leoleorin A、B）[4, 5]；苯丙素类：1-*O*- 咖啡酰基 -β-D- 吡喃葡萄糖［1-*O*-caffeoyl-β-D-glucopyranose］和 1-*O*- 对香豆酰基 -β-D- 吡喃葡萄糖（1-*O*-coumaroyl-β-D-glucopyranose）[3]；酚苷类：2- 羟基 -5-（2- 羟乙基）苯基 -1-*O*-β-D- 吡喃葡萄糖苷［2-hydroxy-5-（2-hydroxyethyl）phenyl-1-*O*-β-D-glucopyranoside］和 2-*O*-β-D- 吡喃葡萄糖苯甲酸甲酯（methyl 2-*O*-β-D-glucopyranosyl benzoate）[3]；甾体类：胡萝卜苷（daucosterol）[3] 和 β- 谷甾醇（β-sitosterol）[6]；甾体皂苷类：薯蓣皂苷元（diosgenin）[6]；三萜皂苷类：齐墩果酸（oleanolic acid）[7]；苯乙醇苷类：紫地黄苷 C（purpureaside C）、毛蕊花糖苷（acteoside）、肉苁蓉苷 B（cistanoside B）和焦地黄苯乙醇苷 A（jionoside A）[8]；脂肪酸及酯类：二十酸十八醇酯（octadecyl eicosanoate）、二十酸 -16- 甲基 -15, 16- 烯十七醇酯（eicosanoic acid-16-methyl-15, 16-hetadecenyl ester）和棕榈酸（palmitic acid）[7]；核苷类：腺苷（adenosine）[3]；糖类：蔗糖（sucrose）[3]；萜类：植醇（phytol）[3]。

【药理作用】1. 改善血液循环　从地上部分提取的生物碱可明显改善失血性休克大鼠的淋巴微循环障碍，使肠系膜淋巴管口径扩张，收缩幅度增大，收缩频率加快，收缩性指数升高[1]；全草的水煎醇沉提取物可明显扩张微血管，促进血流，使微淋巴管（ML）自主收缩频率、收缩活性指数、淋巴动力学指数显著增高，表明对血液和淋巴微循环障碍有良好的改善作用[2]；全草的水煎醇沉提取物能明显减轻大鼠重症失血性休克后各器官的自由基损伤[3]。2. 护心肌　全草的水煎醇沉提取物可明显减轻高分子右旋糖酐（Dextran 500）所致大鼠实验弥散性血管内凝血（DIC）心肌损伤的影响，其作用机制与降低自由基损伤、降低炎症因子一氧化氮（NO）的生成与释放有关[4]。3. 抗炎　地上部分的水煎醇沉提取物能显著降低实验大鼠各脏器组织一氧化氮合酶（NOS）及一氧化氮含量，从而减轻组织细胞的炎症损伤[5]。

**【性味与归经】**微苦，平。

**【功能与主治】**消炎、利尿。用于翳障沙眼，结膜炎及遗尿症。

**【用法与用量】**煎服或熬膏，6 ～ 12g。

**【药用标准】**部标藏药 1995。

**【临床参考】**1. 产后瘀滞腹痛、跌打损伤：全草 15g，加川刘寄奴 15g、金丝梅 15g、香通 15g，水煎服。

2. 水肿、小便不利：全草 30g，加马鞭草 30g，水煎浓汁服。（1 方、2 方引自《四川中药志》1982 年）

**【附注】**《滇南本草》云：“夏枯草有白花夏枯，有益母夏枯。”《植物名实图考》于茺蔚条云：“然白花益母高仅尺余，茎叶俱瘦，至夏果枯。其紫花者高大叶肥，湘中夏花，滇南则冬亦不枯，二物形状虽近，然枯荣肥瘠迥不相同。”按此处所称之“白花夏枯”及“白花益母，……至夏果枯者”，即为本种。

全草有小毒。

**【化学参考文献】**

[1] 李佳，陈玉婷 . 夏至草中两种黄酮苷类化合物的研究 [J]. 药学学报，2002，37（3）：186-188.
[2] 张静，庞道然，黄正，等 . 夏至草的黄酮类成分研究 [J]. 中国中药杂志，2015，40（16）：3224-3228.
[3] 张静，庞道然，李月婷，等 . 夏至草的化学成分研究 [J]. 中国药学杂志，2016，51（23）：2005-2008.
[4] 李辉 . 夏至草的化学成分及抗炎活性研究 [D]. 北京：北京中医药大学硕士学位论文，2014.
[5] Li H，Li M M，Su X Q，et al. Anti-inflammatory labdane diterpenoids from *Lagopsis supina* [J]. J Nat Prod，2014，77（4）：1047-1053.
[6] 李作平，卫恒巧，郭振奇，等 . 夏至草化学成分的研究 [J]. 河北医学院学报，1990，11（2）：71-73.
[7] 袁久荣，李全文，李智立 . 夏至草化学成分的研究 [J]. 中国中药杂志，2000，25（7）：421-423.
[8] 杨永利，郭守军，张继，等 . 夏至草亲水性化学成分的研究 [J]. 西北植物学报，2001，21（3）：551-555.

**【药理参考文献】**

[1] 张玉平，刘艳凯，姜华，等 . 夏至草生物碱对失血性休克大鼠淋巴微循环的影响 [J]. 中国微循环，2006，17（3）：166-167.
[2] 张利民，姜华，任君旭，等 . 夏至草提取物对大鼠实验性微循环障碍的影响 [J]. 四川中医，2004，19（7）：14-16.
[3] 张有成，韩瑞，侯亚利，等 . 夏至草醇提取物对休克大鼠自由基损伤的影响 [J]. 时珍国医国药，2008，19（8）：1909-1910.
[4] 梁海峰，王伟平，张玉平等 . 夏至草醇提取物对实验性弥散性血管内凝血大鼠心肌损伤的影响 [J]. 时珍国医国药，2008，19（7）：1650-1651.
[5] 李俊杰，赵自刚，牛春雨，等 . 夏至草醇提取物对急性微循环障碍大鼠一氧化氮及其合酶的影响 [J]. 微循环学杂志，2007，17（3）：27-28，30.

## 5. 鼠尾草属 *Salvia* Linn.

草本或半灌木。叶对生，单叶或羽状复叶。轮伞花序具 2 花至多花，再组成总状或总状圆锥花序；花萼筒形或钟形，顶端二唇形，上唇全缘或 3 齿或具 3 短尖头，下唇 2 齿；花冠筒内藏或外伸，冠檐二唇形，上唇平伸，两侧折合，全缘或顶端微缺，下唇平展，3 裂，中裂片通常最宽大；能育雄蕊 2 枚，花丝短，药隔延长，线形，横架于花丝顶端，以关节相连结，成丁字形，上臂具药室，2 条下臂联合或分离，退化雄蕊 2 枚或不存在，花盘前方略膨大或平顶；花柱直伸，顶端 2 浅裂。小坚果卵状三棱形或长圆状三棱形，无毛。

约 900（～1100）种，分布于热带和温带地区。中国 84 种，分布于南北各地，法定药用植物 10 种 1 变种。华东地区法定药用植物 6 种。

## 分种检索表

1. 花较大，长 1.5cm 以上。
  2. 花萼筒形，花冠筒内藏或微伸出萼外，平伸，上唇长 0.8～1.2cm；小叶（3～）5～9 枚，卵状披针形，两面有时仅脉上有疏柔毛……南丹参 *S. bowleyana*
  2. 花萼钟形，花冠筒常伸出萼外，向上弯曲，上唇长 1.2～1.6cm；小叶 3～5（～7）枚，卵圆形、椭圆状卵形或卵形，两面有柔毛，下面较密……丹参 *S. miltiorrhiza*
1. 花较小，长 0.4～1.2cm。药隔二下臂常分离，其中荔枝草和红根草为联合。
  3. 二年生草本；单叶，基生叶呈莲座状，叶片卵状椭圆形或长圆形，上面有显著皱纹；花小，长 4～5mm，淡红或紫色……荔枝草 *S. plebeia*
  3. 多年生草本；单叶、裂叶、三出羽状复叶。
    4. 花较小，长 0.5～0.7cm，淡红或淡紫色，偶白色；基出的为复叶，叶片卵圆形，长 1～2.5cm，近无毛；茎生叶为三出羽状复叶或单叶……佛光草 *S. substolonifera*
    4. 花较大，长 0.8～1.2cm；单叶、裂叶或三出羽状复叶。
      5. 茎密被白色开展长硬毛；叶多为基生叶，叶片长圆形、椭圆形或卵状披针形，有长硬毛，有时为三裂叶，稀三出羽状复叶……红根草 *S. prionitis*
      5. 茎无白色开展长硬毛；叶多为茎生叶，下部叶为三出羽状复叶，上部为单叶，叶片卵圆形或卵状椭圆形，基部圆或浅心形……华鼠尾草 *S. chinensis*

## 797. 南丹参（图 797）• *Salvia bowleyana* Dunn

**【别名】**紫丹参、丹参（福建、江西），七里麻、七里蕉（福建南平），紫根（福建永泰），红萝卜、八莲麻（江西）。

**【形态】**多年生草本，高 40～100cm。根肥厚，外表红赤色。茎钝四棱形，被向下柔毛。羽状复叶，长 10～20cm，小叶 5～9 枚；顶生小叶片卵状披针形，长 4～7.5cm，宽 2～4.5cm，顶端渐尖或尾状渐尖，基部圆形、浅心形或稍偏斜，边缘具圆齿状锯齿，两面疏被柔毛或无毛，侧生小叶较小，基部偏斜。轮伞花序多花，组成顶生的总状花序或总状圆锥花序；花梗与花序轴密被长柔毛及具腺柔毛；苞片披针形；花萼筒形，长约 1cm，外被具腺的柔毛及短柔毛，内面具白色长刚毛环，二唇形，上唇宽三角形，顶端具 3 尖头，下唇浅裂成 2 齿，顶端锐尖；花冠淡紫色或蓝紫色，长 1.9～2.4cm，外被柔毛，内面斜生毛环，冠檐二唇形，上唇略作镰刀形，顶端深凹，下唇较短，3 裂，中裂片最大，倒心形，顶端微缺，侧裂片卵圆形；能育雄蕊 2 枚，药隔长，上臂药室发育，下臂短，药室不发育，顶端联合，花盘前方微膨大，花柱长，伸出花冠，顶端不相等 2 裂。小坚果椭圆形，褐色，顶端具毛。花果期 3～11 月。

**【生境与分布】**生于海拔 1000m 以下的山坡、路旁、林下和溪边。分布于浙江、江西、安徽和福建，另广东、广西、湖南等省区也有分布。

**【药名与部位】**南丹参（丹参），根和根茎。

**【采集加工】**春、秋二季采挖，除去杂质，干燥。

**【药材性状】**根茎粗短，顶端有时残留茎基。根呈类圆柱形，常略弯曲，具多数须状根，长 5～15cm，

图 797 南丹参 摄影 李华东等

直径 2 ～ 8mm；表面灰棕色、棕色或灰红色，粗糙，具纵皱纹，有时呈鳞片状剥落；质坚硬，易折断，断面不平坦，角质状，皮部浅棕黄色或暗棕色，木质部紫褐色，可见黄白色小点。气微，味微苦、涩。

**【药材炮制】**除去杂质及残茎，洗净，润透，切厚片，干燥。

**【化学成分】**根含丹参酮类：丹参酮 I（tanshinone I）、丹参酮 $II_A$（tanshinone $II_A$）[1] 和二氢异丹参酮（dihydro-*iso*-tanshinone）[2]；甾体类：β- 谷甾醇（β-sitosterol）[1,2]；酚酸及其酯类：丹酚酸 A、B、C（salvianolic acid A、B、C）[1]，丹参内酯（tanshinlactone）[2]，丹酚酸 E（salvianolic acid E）、紫草酸（lithospermic acid）[3] 和原儿茶醛（protocatechuic aldehyde）[4]；苯丙素类：咖啡酸（caffeic acid）、迷迭香酸（rosmarinic acid）、迷迭香酸甲酯（methyl rosmarinata）[1] 和 1, 2- 顺式 -2-（3, 4- 二甲氧基 -5- 羟基苯基）- 丙烯酸［1, 2-*cis*-2-（3, 4-dimethoxy-5-hydroxyphenyl）-acrylic acid］[2]；二萜类：7- 羰基 -12- 羟基脱氢松香烷（7-carbonyl-12-hydroxydehydroabietane）[2]；苯并呋喃类：4- 羟基 -1- 乙烯羧基 -7-（3, 4- 二羟基苯基）苯并［b］呋喃 {4-hydroxy-1-vinyl carboxy-7-（3, 4-dihydroxyphenyl）benzo［b］furan}[1]；烷醇类：十八醇（octadecanol）[2]。

根茎含苯丙素类：咖啡酸（caffeic acid）和迷迭香酸（rosmarinic acid）[4]；酚酸类：丹酚酸 B（salvianolic acid B）、丹参素钠（sodium danshensu），即 DL-β-（3, 4- 二羟基苯基）乳酸钠［sodium DL-β-（3, 4-dihydroxyphenyl）lactate］和原儿茶醛（protocatechuic aldehyde）[4]。

【药理作用】抗氧化 从根分离得到的丹酚酸 B、E（salvianolic acid B、E）、迷迭香酸（rosmarinic acid）和紫草酸（lithospermic acid）四种化合物对 1，1- 二苯基 -2- 三硝基苯肼（DPPH）自由基和超氧阴离子自由基（$O_2^-$•）均具有强的清除能力，对 2，2′- 联氮 - 二（3- 乙基 - 苯并噻唑 -6- 磺酸）二铵盐（ABTS）引起的 DNA 脂质过氧化损伤具有明显的保护作用[1]。

【性味与归经】苦，微寒。归心，肝经。

【功能与主治】祛瘀止痛，活血通经，清心除烦。用于月经不调，经痛闭经，癥瘕积聚，胸腹刺痛，疮疡肿痛，心烦不眠，肝脾肿大。

【用法与用量】9 ～ 15g。

【药用标准】江西药材 1996。

【临床参考】痛经：根 15g，加乌豆 30g，水煎服。（《福建药物志》）

【附注】药材南丹参不宜与藜芦同用。

【化学参考文献】

［1］李静，黎莲娘 . 南丹参化学成分研究［J］. 中草药，1994，25（7）：347-349.

［2］沈建芳，王强，汪红 . 南丹参化学成分研究［J］. 中国野生植物资源，2006，25（2）：55-58.

［3］张媛燕 . 南丹参根部酚酸类化合物的分离纯化、鉴定及其抗氧化活性研究［D］. 福州：福建师范大学硕士学位论文，2016.

［4］李晶，沈震亚，陈超，等 . 南丹参中酚酸类成分抗氧化活性谱效关系研究［J］. 时珍国医国药，2017，28（12）：2895-2897.

【药理参考文献】

［1］张媛燕 . 南丹参根部酚酸类化合物的分离纯化、鉴定及其抗氧化活性研究［D］. 福州：福建师范大学硕士学位论文，2016.

## 798. 丹参（图 798）• *Salvia miltiorrhiza* Bunge

【别名】夏丹参（江西），红根（浙江、江苏），赤丹参、紫参、五风花（浙江），红根红参、活血根（江苏）。

【形态】多年生草本，高 40 ～ 80cm。根肥厚、肉质，表面红色。茎直立，四棱形，有槽，密被长柔毛。奇数羽状复叶，小叶 3 ～ 5 枚，稀 7 枚；小叶卵圆形、椭圆状卵圆形或宽披针形，常 1.5 ～ 8cm，宽 1 ～ 4cm，边缘有圆齿，两面有毛，小叶柄长 2 ～ 14mm，有毛；叶柄长 1.3 ～ 7.5cm，密被倒向长柔毛。轮伞花序 4 ～ 8 朵花，组成顶生或腋生的总状花序，花序轴密被腺毛和长柔毛；苞片披针形，花梗长 3 ～ 4mm；花萼钟形，带紫色，长约 1.1cm，外面有腺毛和长柔毛，有 11 脉，二唇形，上唇全缘三角形，先端有 3 枚小尖头，下唇 2 深裂成 2 齿；花冠紫蓝色，长 2 ～ 2.7cm，外面有短腺毛，花冠筒外伸，内面近基部有毛环，冠檐二唇形，上唇镰刀状，向上直立，先端微缺，下唇短于上唇，3 裂，中裂片长 5mm，宽 10mm，先端 2 裂，侧裂片短，先端圆形；能育雄蕊 2 枚，伸至上唇片，花丝长 3.5 ～ 4mm，上臂伸长，长 14 ～ 17mm，下臂短而粗，顶端联合，退化雄蕊条形，长约 4mm；花柱外伸，顶端不相等 2 裂，后裂片极短。小坚果黑色，椭圆形。花期 4 ～ 8 月，果期 5 ～ 9 月。

【生境与分布】生于海拔 100 ～ 1300m 的山坡、林缘、林下、灌草丛。分布于山东、江苏、安徽、江西和浙江，另河北、山西、陕西、辽宁、河南、湖南等省也有分布。

【药名与部位】丹参，根和根茎。

【采集加工】春、秋二季采挖，除去泥沙，洗净，晒至半干，堆置“发汗”后干燥或直接干燥；或直接切成厚片，干燥。

【药材性状】根茎短粗，顶端有时残留茎基。根数条，长圆柱形，略弯曲，有的分枝并具须状细根，

**图 798　丹参**　　摄影　张芬耀等

长 10 ～ 20cm，直径 0.3 ～ 1cm。表面棕红色或暗棕红色，粗糙，具纵皱纹。老根外皮疏松，多显紫棕色，常呈鳞片状剥落。质硬而脆，断面疏松，有裂隙或略平整而致密，皮部棕红色，木质部灰黄色或紫褐色，导管束黄白色，呈放射状排列。气微，味微苦涩。

栽培品较粗壮，直径 0.5 ～ 1.5cm。表面红棕色，具纵皱纹，外皮紧贴不易剥落。质坚实，断面较平整，略呈角质样。

**【质量要求】**色紫红，肥壮肉质。

**【药材炮制】**丹参：除去须根、残茎等杂质，洗净，润软，切厚片，干燥；产地已切片者，筛去灰屑。炒丹参：取丹参饮片，炒至表面微具焦斑时，取出，摊凉。酒丹参：取丹参饮片，与酒拌匀，稍闷，炒至表面色变深时，取出，摊凉。

**【化学成分】**根含二萜类：去甲丹参新酮 *（normiltirone）、异鼠尾草酰胺 *F、G、H（isosalviamide F、G、H）、锈色罗汉松酚（ferruginol）、去氧新隐丹参酮（deoxyneocryptotanshinone）、鼠尾草普兹醇 A（salviprzol A）、隐丹参酮（cryptotanshinone）、丹参酮 I、$II_A$、$II_B$（tanshinone I、$II_A$、$II_B$）、丹参醇 B（tanshinol B）、丹参酮醛（tanshinonal）、丹参酸甲酯（methyl tanshinonate）、15, 16- 二氢丹参酮 I（15, 16-dihydrotanshinone I）、去氢丹参醇 A（dehydrodanshenol A）[1]，丹参酮 V、VI（tanshinone V、VI）[2]，异丹参酮 I、II（*iso*-tanshinone I、II）、异隐丹参酮（*iso*-cryptotanshinone）[3]、异丹参酮 $II_R$（*iso*-tanshinone $II_R$）、新隐丹参酮（neocryptotanshinone）[4]，新隐丹参酮 II（neocryptotanshinone II）、6, 12- 二羟基冷杉 -5, 8, 11, 13- 四烯 -7- 酮（6, 12-dihydroxyabieta-5, 8, 11, 13-tetraen-7-one）[5]，油酰新隐丹参酮（oleoyl neocryptotanshinone）、油酰丹参新醌 A（oleoyl danshenxinkun A）[6]，亚甲基丹参醌（methylenetanshinquinone）[7]，丹参新醌 D（danshenxinkun D）[8]，丹参新醌 A、B、C（danshenxinkun A、B、C）[9]、丹参酚醌 I、II（miltionone I、

II）、二氢异丹参酮 I（*iso*-dihydrotanshinone I）、丹参二醇 A、B、C（tanshindiol A、B、C）、3α-羟基丹参酮 $II_A$（3α-hydroxytanshinone $II_A$）[10]，丹参新酮（miltirone）[11]，1-去氢丹参新酮（1-dehydromiltirone）、1-去氢丹参酮 $II_A$（1-dehydrotanshinone $II_A$）[12]，1-氧代异隐丹参酮（1-ketoisocryptotanshinone）[13]，鼠尾草酚（salviol）、1, 2-二氢丹参酮（1, 2-dihydrotanshinone）[14]，甲酰丹参酮（formyltanshinone）、亚甲基二氢丹参醌（methylenedihydrotanshinquinone）、7β-羟基-8, 13-冷杉二烯-11, 12-二酮（7β-hydroxy-8, 13-abietadiene-11, 12-dione）、1, 2, 5, 6-四氢丹参酮 I（1, 2, 5, 6-tetrahydrotanshinone I）、4-亚甲基丹参新酮（4-methylenemiltirone）、银白鼠尾草二醇（arucadiol）、柳杉酚（sugiol）[15]，丹参酮 $II_A$ 酐（tanshinone $II_A$ anhydride）、二氢丹参酮 $II_A$ 酐（dihydrotanshinone $II_A$ anhydride）、1, 2-二氢-1, 6-二甲基呋喃并[3, 2-c]萘[2, 1-e]氧杂-10, 12-二酮{1, 2-dihydro-1, 6-dimethyl furo[3, 2-c]naphth[2, 1-e]oxepin-10, 12-dione}[16]，鼠尾草烯酮（salvilenone）[17]，丹参内酯（tanshinlactone）[18]，二氢丹参内酯（dihydrotanshinlactone）[19]，表丹参隐螺内酯（epicryptoacetalide）[20]，鼠尾草酮（salvinone）[21]，鼠尾草酚酮（salviolone）、降鼠尾草醚（norsalvioxide）、丹参二酚（miltiodiol）[22]，丹参烯酚酮（miltipolone）[23]，2, 3-二氢-4, 4-二甲基-11, 12-二羟基-13-异丙基菲酮（2, 3-dihydro-4, 4-dimethyl-11, 12-dihydroxy-13-isopropyl anthracone）[24]，鼠尾草酮酚（salvianonol）、丹参莫酮（salviamone）、2α-乙酰氧基柳杉酚（2α-acetoxysugiol）和棕榈酰银白鼠尾草二醇（palmitoyl arucadiol）[25]；酚酸类：8′, 8‴-表-丹酚酸 Y（8′, 8‴-epi-salvianolic acid Y）、9′-甲基丹酚酸 B（9′-methyl salvianolic acid B）、9‴-甲基-丹酚酸 B（9‴-methyl salvianolic acid B）、8‴-表-9′-甲基丹酚酸 B（8‴-epi-9′-methyl salvianolic acid B）、丹酚酸 A、B、C、D、E（salvianic aid A、B、C、D、E）、异丹酚酸 C（*iso*-salvianolic acid C）、紫草酸（lithospermic acid）、迷迭香酸（rosmarinic acid）[26]，丹参素（danshensu）、原儿茶醛（protocatechualdehyde）[27]，3, 4-二羟基苯基乳酰胺（3, 4-dihydroxyphenyl lactamide）[28]，紫草酸 B 乙酯（ethyl lithospermate B）[29]，丹酚酸 F（salvianolic acid F）[30]、丹酚酸 G（salvianolic acid G）[31]、四甲基丹酚酸 A（tetramethyl salvianolic acid A）、异丹酚酸 C（*iso*-salvianolic acid C）、迷迭香酸甲酯（methyl rosmarinate）、紫草酸单甲酯（monomethyl lithospermate）、紫草酸二甲酯（dimethyl lithospermate）、紫草酸乙酯（ethyl lithospermate）[32]，紫草酸 B 镁盐（magnesium lithospermate B）、紫草酸 B 铵钾盐（ammonium-potassium lithospermate B）[33]，2-（3-甲氧基-4-羟基苯基）-5-（3-羟丙基）-7-甲氧基-苯并呋喃-3-甲醛[2-（3-methoxy-4-hydroxyphenyl）-5-（3-hydroxypropyl）-7-methoxy-benzofuran-3-carbaldehyde][34]，原儿茶酸（protocatechuic acid）和 4, 5, 4′, 5′-四羟基-1, 2-双苯醚（4, 5, 4′, 5′-quadrihydroxy-1, 2-diphenyl ether）[35]；生物碱类：新鼠尾草烯碱（*neo*-salvianen）、鼠尾草烯碱（salvianen）、鼠尾草烷碱（salvianan）、鼠尾草二酮碱（salviadione）和 5-（甲氧基甲基）-1H-吡咯-2-甲醛[5-（methoxymethyl）-1H-pyrrole-2-carbaldehyde][36]；苯丙素类：异阿魏酸（isoferulic acid）、咖啡酸（caffeic acid）和丹参素（danshensu），即丹参酸 A（salvianic acid A）[35]；三萜类：熊果酸（ursolic acid）[37]；黄酮类：黄芩苷（baicalin）[37]；甾体类：替告皂苷元（tigogenin）[9]，β-谷甾醇（β-sitosterol）、胡萝卜苷（daucosterol）[37]和豆甾醇（stigmasterol）[38]；香豆素类：异欧前胡素（*iso*-mperatorin）[13]；呋喃类：（*E*）-4-[5-（羟基甲基）-2-呋喃基]-3-丁烯-2-酮{（*E*）-4-[5-（hydroxymethyl）furan-2-yl]but-3-en-2-one}[25]。

根茎含二萜类：1, 2-二氢丹参醌（1, 2-dihydrotanshinguinone）[39]，丹参螺旋缩酮内酯（danshenspiroketallactone）、二氢异丹参酮 I（dihydro-*iso*-tanshinone I）、草本威灵仙酮*A、B（sibiriqninone A、B）、锈色罗汉松酚（ferruginol）[40]，2-异丙基-8-甲基菲-3, 4-二酮（2-isopropyl-8-methylphenanthren-3, 4-dione）[41]，丹参新醌丁（danshexinkun D）、去甲丹参醌（nortanshinkun）、丹参二醇甲、乙、丙（tanshindiol A、B、C）、3α-羟基丹参酮 $II_A$（3α-hydroxytanshinone $II_A$）[42]，丹参酮 I、$II_A$、$II_B$（tanshinone I、$II_A$、$II_B$）、隐丹参酮（cryptotanshinone）、丹参新醌 B（danshexinkum B）、亚甲基丹参醌[43]和二氢丹参酮 I（dihydrotanshinone I）[40, 43]；脂肪酸类：2, 3-反式-4, 5-顺式-二烯-6-羰基硬脂酸（2, 3-*trans*-4, 5-*cis*-dien-6-carbonyl stearic acid）[40]；酚酸类：丹酚酸 D 内酯（salvianolic acid D lactone）、丹酚酸 B、D、Y（salvianolic acid B、D、

Y）、原儿茶醛（protocatechuic aldehyde）、迷迭香酸（rosmarinic acid）、紫草酸（lithospermic acid）[44]、丹酚酸 A、C（salvianolic acid A、C）[45]，原紫草酸（prolithospermic acid）、紫草酸乙镁盐（magnesium lithospermate B）、紫草酸乙氨钾盐（ammonium-potassium lithospermate B）、丹酚酸戊镁盐（magnesium salvianolate E）、丹酚酸丁钾盐（potassium salvianolate D）[46] 和原儿茶酸（protocatechuic acid）[47]；酰胺类：丹参酰胺（salviamiltamide）[48]。

地上部分含挥发油：β- 石竹烯氧化物（β-caryophyllene oxide）、异植醇（*iso*-phytol）、棕榈酸乙酯（ethyl palmitate）和亚油酸甲酯（methyl linoleate）等[49]。

**【药理作用】**1. 改善血流　根及根茎的水溶性成分丹参素（danshensu），即丹参酸 A（salvianic acid A）和脂溶性成分丹参酮 $II_A$（tanshinone $II_A$）能显著抑制豚鼠心肌单细胞的 L- 型钙通道，并呈剂量依赖性地显著缩短豚鼠心室肌细胞的动作电位时程（APD），进而减少钙离子内流，避免除极诱发的心律失常发生，明显降低再灌性心律失常和外源性自由基诱导的心律失常发生率[1, 2]；根茎提取物可降低内皮细胞内游离钙浓度，使其接近基线水平，同时可抑制血管紧张素Ⅱ诱导人内皮细胞性分子肽（TF）基因的表达[3]；根及根茎醇提取物对血管内皮细胞黏附分子 1（VCAM1）和细胞间黏附分子 1（ICAM1）有下调作用，而黏附分子在内皮细胞受损过程中起重要作用，提示其对内皮细胞具有保护作用[4]；根及根茎的水溶性成分制成的钠盐丹参素钠中、高剂量组可显著减少大鼠心肌梗死面积（$P < 0.05$），并显著降低血清中肌酸激酶同工酶（CK-MB）、肌钙蛋白（cTn I）的浓度（$P < 0.05$），丹参素钠高剂量组的肿瘤坏死因子 -α（TNF-α）、白细胞介素 -1（IL-1）、白细胞介素 -6（IL-6）的含量均显著低于模型对照组（$P < 0.05$），且所有给药组心肌组织的病理损伤均显著减少[5]；根及根茎制成的注射液可使结扎冠脉左室支造成的急性心肌缺血模型缺血区组织脂质过氧化物含量较再灌注损伤组下降 56.0%（$P < 0.005$），而局部组织血流量恢复则提高 32.0%（$P < 0.001$），其保护作用机制可能是打破氧自由基介导的细胞损害发病机制的恶性循环，抑制脂质过氧化物的形成，抑制钙离子（$Ca^{2+}$）大量内流，因而抑制了自由基介导的细胞损害作用，保护细胞膜结构和功能的完整性，使缺血早期心电图 S T 段抬高程度降低，延缓心肌缺血和再灌注损伤的发生[6]；根茎水提取物可升高缺血 - 再灌注（MI/R）模型组大鼠血清的超氧化物歧化酶（SOD）和谷胱甘肽过氧化物酶（GSH-Px）含量，降低丙二醛（MDA）、血清乳酸脱氢酶（LDH）、肌酸激酶（CK）和谷丙转氨酶（ALT）含量，提示水提取物可通过改善机体抗氧化能力而对大鼠缺血 - 再灌注损伤起保护作用[7]；从根茎提取的丹参酮 IIA 可明显升高雄性日本大耳白兔高密度脂蛋白胆固醇（HDL-C），显著降低血清总胆固醇（TC）、低密度脂蛋白胆固醇（LDL-C）和三酰甘油（TG），且兔主动脉内皮细胞核转录因子（NF-κB）通路中 P 65 表达明显减少，与模型组相比差异显著（$P < 0.05$）[8]；用体外培养的第 3 ～ 5 代大鼠平滑肌细胞（VSMCs），以过氧化氢（$H_2O_2$）作为外源性活性氧（ROS）诱导平滑肌细胞凋亡，用根及根茎制成的注射剂进行干预后发现细胞存活率明显升高，而细胞凋亡率、Bax/Bcl 2 蛋白表达的 PI 显著降低，提示丹参可通过下调 Bax /Bcl-2 蛋白表达而抗过氧化氢诱导的平滑肌细胞凋亡[9]。2. 调节神经　根及根茎提取物可通过抑制细胞周期蛋白 1 的表达而起减少缺血后神经细胞损害的作用[10]；根茎水溶性成分能通过增加急性脑缺氧小鼠脑组织的耐缺氧能力，提高机体的血氧利用率，降低机体的耗氧量和降低自由基损伤等多个途径实现对中枢神经系统的保护[11]；从根及根茎提取的丹参酮Ⅱ A 能提高放射线照射后海马神经元细胞的存活分数，并减少细胞凋亡，相对于单纯照射组，照射加丹参酮Ⅱ A 组的海马神经元 HT-22 细胞的自噬相关蛋白 LC3- Ⅱ的表达上升[12]。3. 护肝　从根及根茎提取的丹参酮 IIA 能使肝纤维化模型小鼠给药 4 周和 6 周后小鼠血清谷丙转氨酶（ALT）、乳酸脱氢酶（LDH）含量明显降低，肝组织损伤显著改善，肝细胞凋亡指数降低，肝组织 α- 平滑肌肌动蛋白（α-SMA）、Ⅰ型胶原（collagen Ⅰ）、纤维黏连蛋白（FN）、转化生长因子 -$β_1$（TGF-$β_1$）、Smad3 和胰岛素样生长因子结合蛋白 7（IGFBP7）的表达亦明显减少，且肝组织纤维黏连蛋白（FN）和胰岛素样生长因子结合蛋白 7（IGFBP7）含量明显减少[13]；根及根茎制成的注射液对四氯化碳（$CCl_4$）诱导的大鼠肝脏丙二醛（MDA）有明显的抑制作用，且随剂量的增大对丙二醛的生成抑制作用逐渐增强[14]；从根及根茎提取的成分 IH764-3 可显著减轻大鼠

四氯化碳所致肝纤维化程度，明显降低肝羟脯氨酸和Ⅰ型、Ⅲ型前胶原 mRNA 含量，降低血清透明质酸（HA）、层黏蛋白（LN）含量，改善肝功能，并可通过促进肝内胶原蛋白的降解，降低肝脏羟脯氨酸的量[15]；从根及根茎提取的丹酚酸 A（salvianolic acid A）通过抑制肝星状细胞（HSC）活化水平，部分通过诱导细胞凋亡来实现抗肝纤维化[16]。4. 抗肿瘤 从根及根茎提取的丹参酮 I 可抑制人肝癌 HepG2 细胞的生长，阻滞 HepG2 细胞周期于 $G_0/G_1$ 期并诱导细胞凋亡，并可通过下调 *Bcl-2* 基因表达、上调 *Bax* 基因表达诱导 HepG2 细胞凋亡[17]；通过下调 cM-yc、Bcl-2 基因以及上调 P 53bax 基因表达，促进细胞凋亡，抑制人胃癌 MGC-803 细胞的生长[18]；从根及根茎提取的丹参酮 IIA 对人卵巢癌 SKOV3 细胞的增殖具有抑制作用，$G_0/G_1$ 期细胞数量增多，而 S 期细胞数量减少，基质金属蛋白酶 -2（MMP-2）和血管内皮生长因子（VEGF）表达及基因表达明显下调，且呈时间 - 剂量依赖性[19]；提取的丹参酮Ⅱ A 对乳腺癌 MCF-7、MDA-MB-231、人肺腺癌 A549、人胃癌 MKN-45 等细胞的生长具有明显的抑制作用[20-22]。5. 抗氧化 根茎石油醚提取物和三氯甲烷提取物对猪油均有明显的抗氧化作用，对 $Fe^{3+}$ 也有一定的螯合作用[23]；从根及根茎提取的水溶性成分丹酚酸 A（salvianolic acid A）、丹酚酸 B（salvianolic acid B）和丹罗酚酸（rosmarinic acid）对由维生素 C-NADPH 或由 $Fe^{2+}$- 半胱氨酸诱发的大鼠脑、肝、肾微粒体的脂质过氧化都有很强的抑制作用，表明具有较强的清除超氧阴离子自由基（$O_2^-$ •）的作用，根据作用强弱排列依次为丹酚酸 A、丹酚酸 B、丹罗酚酸[24]。6. 抗菌 从根及根茎提取的隐丹参酮（cryptotanshinone）、二氢丹参酮 I（dihydrotanshinone I）、羟基丹参酮 $II_A$（hydroxytanshinone $II_A$）、丹参酸甲酯（methyl tanshinonate）和丹参酮 $II_B$（tanshinone $II_B$）对金黄色葡萄球菌及其耐药菌株的生长均具有较强的抑制作用[25]；根及根茎水提取液对白色葡萄球菌和福氏志贺氏 2b 型菌的生长有较强的抑制作用[26]；根及根茎的生品和炮制品提取物对金黄色葡萄球菌、耐甲氧西林的金黄色葡萄球菌和 β- 内酰胺酶阳性金黄色葡萄球菌的生长有不同程度的抑制作用，且甲醇提取物＞石油醚和乙酸乙酯提取物＞正丁醇提取物[27]。7. 抗炎 根及根茎制成的注射液对角叉菜胶所致大鼠足跖部炎症有明显的抑制作用，肿胀抑制率可达 51%，且对中性粒细胞趋化性及吞噬酵母多糖时溶酶体酶的释放有明显的抑制作用[28]；根乙醚提取物对大白鼠感染性关节肿有治疗作用，局部涂抹对巴豆油致炎的小鼠耳廓肿胀有抑制作用[29]。

**【性味与归经】**苦，微寒。归心、肝经。

**【功能与主治】**祛瘀止痛，活血通经，清心除烦。用于月经不调，经闭痛经，癥瘕积聚，胸腹刺痛，热痹疼痛，疮疡肿痛，心烦不眠，肝脾肿大，心绞痛。

**【用法与用量】**9 ～ 15g。

**【药用标准】**药典 1963—2015、浙江炮规 2015、内蒙古蒙药 1986、新疆药品 1980 二册、香港药材一册和台湾 2013。

**【临床参考】**1. 烘热汗出伴失眠：根 30g，加党参、天冬、麦冬各 15g，炒白术、炙升麻、柴胡、川断、狗脊、熟地各 10g，枸杞 30g、生甘草 6g，水煎服[1]。

2. 面部痤疮：根 10g，加党参、丹皮、生地、熟地、仙茅、仙灵脾各 10g，制香附、合欢皮、椿根皮各 12g，白术、升麻、柴胡、厚朴各 9g，生黄芪 15g、姜半夏 6g、夜交藤 20g，水煎服[1]。

3. 闭经：根 45g，加茯苓、仙茅、仙灵脾、石楠叶、当归、制大黄、路路通、皂角刺、苍术、白术各 15g，生地、熟地各 10g，公丁香（后下）6g、女贞子 30g、怀牛膝 9g，水煎服[1]。

4. 冠心病心绞痛：中成药复方丹参滴丸（由丹参及三七组成）口服，每次 10 粒，每日 3 次，连用 4 周[2]。

5. 月经不调、经期腹痛：根 15g，加六月雪 15g，水煎服；或根研粉，每次 6g，开水送服，每天 2 次。

6. 失眠：根研粉，每次 3g，睡前糖开水送服。

7. 急性黄疸型肝炎：根 30g，加茵陈 15g，水煎加红糖适量，1 天分 2 次服。

8. 癫痫：根 1500g，加白酒浸没，浸 14 天，每次 10 ～ 15ml，每天服 3 次。

9. 漆疮、烫伤：根适量，水煎外洗；或用羊油熬膏涂患处。（5 方至 9 方引自《浙江药用植物志》）

**【附注】**丹参始载于《神农本草经》，列为上品。以后历代本草均有收载。《吴普本草》载："茎华小，方如荏，有毛，根赤，四月华紫，三月五月采根，阴干。"《本草图经》称："二月生苗，高一尺许，茎干方棱，青色。叶生相对，如薄荷而有毛，三月开花，红紫色，似苏花。根赤大如指，长亦尺余，一苗数根。"《本草纲目》云："处处山中有之，一枝五叶，叶如野苏而尖，青色，皱皮。小花成穗如蛾形，中有细子，其根皮丹而肉紫。" 综合诸家本草所述，主要形态特征均与本种相同。

药材丹参妇女月经过多或无瘀血者禁服，孕妇慎服；反藜芦。

同属植物甘西鼠尾草 *Salvia przewalskii* Maxim.、云南鼠尾草（滇丹参）*Salvia yunnanensis* C.H.Wright 及南丹参 *Salvia bowleyana* Dunn 的根及根茎分别在青海、贵州及浙江作丹参药用；白花丹参 *Salvia miltiorrhiza* Bunge f.*alba* C.Y.Wu et H.W.Li 的根及根茎在山东作白花丹参药用；褐毛甘西鼠尾草（大紫丹参）*Salvia przewalskii* Maxim.var.*mandarinonum*（Diels）Stib. 的根在云南作大紫丹参，根及根茎在甘肃作甘肃丹参药用。

**【化学参考文献】**


[1] Ngo T M，Tran P T，Hoang L S，et al. Diterpenoids isolated from the root of *Salvia miltiorrhiza* and their anti-inflammatory activity [J]. Natural Product Research，2019，10：1080-1085.

[2] Yagi A，Takeo S. Tanshinone VI from *Salvia miltiorrhiza* as ischemia inhibitor [P]. Jpn Kokai Tokkyo Koho，1989，JP 01233215 A 19890919.

[3] Kakisawa H，Hayashi T，Yamazaki T. Structures of *iso*-tanshinones [J]. Tetrahedron Lett，1969，(5)：301-304.

[4] Lee A R，Wu W L，Chang W L，et al. Isolation and bioactivity of new tanshinones [J]. J Nat Prod，1987，50 (2)：157-160.

[5] Lin H C，Chang W L. Diterpenoids from *Salvia miltiorrhiza* [J]. Phytochemistry，2000，53 (8)：951-953.

[6] Lin H C，Ding H Y，Chang W L. Two new fatty diterpenoids from *Salvia miltiorrhiza* [J]. J Nat Prod，2001，64 (5)：648-650.

[7] 钱名堃，杨保津，顾文华，等，丹参有效成分的研究——Ⅰ. 丹参酮Ⅱ-A 磺酸钠和次甲丹参醌的化学结构 [J]. 化学学报，1978，36 (3)：199-206.

[8] 罗厚蔚，吴葆金，吴美玉，等. 丹参新醌丁的分离与结构测定 [J]. 药学学报，1985，20 (7)：542-544.

[9] 房其年，张佩玲，徐宗沛，等. 丹参抗菌有效成分的研究 [J]. 化学学报，1976，34 (3)：197-208.

[10] Luo H W，Wu B J，Wu M Y，et al. Pigments from *Salvia miltiorrhiza* [J]. Phytochemistry，1985，24 (4)：815-817.

[11] Hagashi T，Kakisawa H，Hsu H Y，et al. Structure of miltirone，a new diterpenoid quinone [J]. J Chem Soc Chem Commun，1970，(5)：299.

[12] 罗厚蔚，胡晓洁，王宁，等. 丹参中抑制血小板聚集的活性成分 [J]. 药学学报，1988，23 (11)：830-834.

[13] Shen Y，Hou J J，Deng W，et al. Comparative analysis of ultrafine granular powder and decoction pieces of *Salvia miltiorrhiza* by UPLC-UV-MS$^n$ combined with statistical analysis [J]. Planta Med，2017，83 (6)：557-564.

[14] Kakisawa H，Hayashi T，Handa T，et al. Structure of salviol，a new phenolic diterpene [J]. J Chem Soc Chem Commun，1971，(11)：541.

[15] Chang H M，Cheng K P，Choang T F，et al. Structure elucidation and total synthesis of new tanshinones isolated from *Salvia miltiorrhiza* Bunge (Danshen) [J]. J Org Chem，1990，55 (11)：3537-3543.

[16] Chang H M，Choang T F，Chui K Y，et al. Novel constituents of the Chinese drug Danshen (*Salvia miltiorrhiza* Bunge)：isolation of 6，7，8，9-tetrahydro-1，6，6-trimethylfuro [3，2-c] naphth [2，1-e] oxepine-10，12-dione and its derivatives，secondary metabolites produced by photooxidation reactions [J]. J Chem Res Synopses，1990，(4)：114-115.

[17] Kusumi T，Ooi T，Hayashi T，et al. A diterpenoid phenalenone from *Salvia miltiorrhiza* [J]. Phytochemistry，1985，24 (9)：2118-2120.

[18] Luo H W，Ji J，Wu M Y，et al. Tanshinlactone，a novel seco-abietanoid from *Salvia miltiorrhiza* [J]. Chem Pharm Bull，1986，34 (8)：3166-3168.

[19] Lin H C，Chang W L. Phytochemical and pharmacological study on *Salvia miltiorrhiza* (Ⅲ) -isolation of new tanshinones [J]. National Medical Journal of China，1993，45 (1)：21-27.

［20］Asari F，Kusumi T，Zheng G Z，et al. Cryptoacetalide and epicryptoacetalide，novel spirolactone diterpenoids from *Salvia miltiorrhiza*［J］. Chem Lett，1990，19（10）：1885-1888.

［21］Wang N，Luo H W，Niwa M，et al. A new platelet aggregation inhibitor from *Salvia miltiorrhiza*［J］. Planta Med，1989，55（4）：390-391.

［22］Ginda H，Kusumi T，Ishitsuka M O，et al. Salviolone，a cytotoxic bisnorditerpene with a benzotropolone chromophore from a chinese drug Dan-shen（*Salvia miltiorrhiza*）［J］. Tetrahedron Lett，1988，29（36）：4603-4606.

［23］Haro G，Mori M，Ishitsuka M O，et al. Structures of diterpenoid tropolones，salviolone and miltipolone，from the root of *Salvia miltiorrhiza* Bunge［J］. Bull Chem Soc Japan，1991，64（11）：3422-3426.

［24］岑颖洲，许少玉，王穗生，等. 丹参化学成分的研究［J］. 暨南大学学报（自然科学版），1993，14（3）：55-60.

［25］Don M J，Shen C C，Syu W J，et al. Cytotoxic and aromatic constituents from *Salvia miltiorrhiza*［J］. Phytochemistry，2006，67（5）：497-503.

［26］Jin Q H，Hu X Y，Deng Y P，et al. Four new depsides isolated from *Salvia miltiorrhiza* and their significant nerve-protective activities［J］. Molecules，2018，23（12）：3274/1-3274/8.

［27］张德成，吴伟良，刘星阶，等. 丹参水溶性有效成分的研究 Ⅱ. D（+）β（3，4- 二羟基苯基）乳酸的结构［J］. 上海第一医学院学报，1980，7（5）：384-485.

［28］Kang H S，Chung H Y，Jung J H，et al. Antioxidant effect of *Salvia miltiorrhiza*［J］. Arch Pharm Res，1997，20（5）：496-500.

［29］Ai C B，Li L N. J Stereostructure of salvianolic acid B and isolation of salvianolic acid C from *Salvia miltiorrhiza*［J］. Nat Prod，1988，51（1）：145-149.

［30］Ai C B，Li L N. Synthesis of tetramethyl salvianolic acid F and（±）-trimethyl przewalskinic acid A［J］. Chin Chem Lett，1996，7（5）：427-430.

［31］Ai C B，Li L N. Salvianolic acid G，a caffeic acid dimer with a novel tetracyclic skeleton［J］. Chin Chem Lett，1991，2（1）：17-18.

［32］Kohda H，Takeda O，Tanaka S，et al. Isolation of inhibitors of adenylate cyclase from Dan-shen，the root of *Salvia miltiorrhiza*［J］. Chem Pharm Bull，1989，37（5）：1287-1290.

［33］Tanaka T，Morimoto S，Nonaka G，et al. Tannins and related compounds. Part LXXIII. Magnesium and ammonium-potassium lithospermates B，the active principles having a uremia-preventive effect from *Salvia miltiorrhiza*［J］. Chem Pharm Bull，1989，37（2）：340-344.

［34］Yang Z，Hon P M，Chui K Y，et al. Naturally occurring benzofuran：isolation，structure elucidation and total synthesis of 5-（3-hydroxypropyl）-7-methoxy-2-（3′-methoxy-4′-hydroxyphenyl）-3-benzo［b］furancarbaldehyde，a novel adenosine A1 receptor ligand isolated from *Salvia miltiorrhiza* Bunge（Danshen）［J］. Tetrahedron Lett，1991，32（18）：2061-2064.

［35］王文祥. 丹参抗肝纤维化有效部位化学成分研究［J］. 天然产物研究与开发，2013，25（6）：789-791.

［36］Don M J，Shen C C，Lin Y L，et al. Nitrogen-containing compounds from *Salvia miltiorrhiza*［J］. J Nat Prod，2005，68（7）：1066-1070.

［37］孔德云，刘星堦. 丹参中二氢异丹参酮 I 的结构［J］. 药学学报，1984，19（10）：755-759.

［38］Ikeshiro Y，Mase I，Tomita Y. Abietane type diterpenoids from *Salvia miltiorrhiza*［J］. Phytochemistry，1989，28（11）：3139-3141.

［39］冯宝树，李淑蓉. 丹参化学成分的研究——一对新异构化合物的发现［J］. 药学学报，1980，15（8）：489-494.

［40］伏继萍，方健平，苏海霞. 丹参脂溶性成分的化学研究［J］. 云南大学学报（自然科学版），2017，39（1）：115-119.

［41］Onitsuka M，Fujiu M，Shinma N，et al. New platelet aggregation inhibitors from Tan-shen；radix of *Salvia miltiorrhiza* Bunge［J］. Chem Pharm Bull，1983，31（5）：1670-1675.

［42］罗厚蔚，高纪伟，徐兰芳，等. 丹参中的抗分枝杆菌成分［J］. 药学进展，1986，（1）：88.

［43］Zhang K Q，Bao Y D，Wu P，et al. Antioxidative components of Tanshen（*Salvia miltiorhiza* Bung.）［J］. J Agric Food Chem，1990，38（5）：1194-1197.

［44］田介峰，阎红，王瑞静，等. 丹参多酚酸提取物化学成分的分离与鉴定［J］. 中草药，2018，49（21）：79-83.

[45] 陈政雄，顾文华，黄慧珠，等 . 丹参中水溶性酚性酸成分的研究 [J]. 中国药学杂志，1981，16（9）：536-537.

[46] 周长新，罗厚蔚，丹羽正武 . 丹参水溶性化学成分的研究 [J]. 中国药科大学学报，1999，30（6）：411-416.

[47] Ma L，Zhang X，Guo H，et al. Determination of four water-soluble compounds in *Salvia miltiorrhiza* Bunge，by high-performance liquid chromatography with a coulometric electrode array system [J]. J Chromatogr B，2006，833（2）：260-263.

[48] Choi J S，Kang H S，Jung H A，et al. A new cyclic phenyllactamide from *Salvia miltiorrhiza* [J]. Fitoterapia，2001，72（1）：30-34.

[49] 陈燕文，李玉娟，胡晶红，等 . 超声辅助提取丹参地上部分挥发油成分 GC-MS 分析 [J]. 当代化工，2017，46（7）：1307-1310.

**【药理参考文献】**

[1] 孙可青，徐长庆，王新一，等 . 丹参素的抗心律失常作用及其电生理机制的研究 [J]. 中国中医药科技，2000，7（3）：171-172.

[2] 徐长庆，郝雪梅 . 丹参酮Ⅱ-A 对豚鼠单个心室肌细胞跨膜电位及 L- 型钙电流的影响[J]. 中国病理生理杂志，1997，10（1）：43-47.

[3] Ding M，Zhao G R，Ye T X，et al. *Salvia miltiorrhiza* protects endothelial cells against oxidative stress [J]. Journal of Alternative & Complementary Medicine，2006，12（1）：5-6.

[4] Ling S，Dai A，Guo Z，et al. Effects of a Chinese herbal preparation on vascular cells in culture：mechanisms of cardiovascular protection [J]. Clinical & Experimental Pharmacology & Physiology，2010，32（7）：571-578.

[5] 权伟，周丹，郭超，等 . 丹参素钠通过抑制炎症反应对心肌缺血 - 再灌注损伤的保护作用[J]. 中南药学，2012，10（12）：885-888.

[6] 韩畅，王孝铭 . 丹参对心肌缺血和再灌注损伤的保护作用 [J]. 中国病理生理杂志，1991，7（4）：337-341.

[7] 周茹，何耀，和丽芬，等 . 丹参水提取物对大鼠心肌缺血——再灌注损伤氧化应激的影响 [J]. 中药药理与临床，2014，30（2）：76-78.

[8] 王建新，沈晓君 . 丹参酮Ⅱ A 调控 NF-κB 通路抗动脉粥样硬化实验研究 [J]. 河南中医，2013，33（5）：681-683.

[9] 杜先华，向虎，于龙顺，等 . 丹参对 $H_2O_2$ 诱导的大鼠血管平滑肌细胞凋亡的影响 [J]. 中药材，2004，27（9）：659-661.

[10] Imanshahidi M，Hosseinzadeh H. The pharmacological effects of *Salvia* species on the central nervous system. [J]. Phytotherapy Research，2010，20（6）：427-437.

[11] 汤佩莲，何飞武，潘甜美 . 丹参水溶性成分对中枢神经系统缺血缺氧的保护 [J]. 河北医学，2006，12（6）：523-525.

[12] 任陈，杜莎莎 . 丹参酮 IIA 在体外对海马神经元细胞放射性损伤的保护作用 [J]. 热带医学杂志，2017，17（5）：588-591.

[13] 孙瑞芳，刘立新，张海燕，等 . 丹参酮Ⅱ A 对小鼠肝纤维化的干预作用 [J]. 中国中西医结合杂志，2009，29（11）：1012-1017.

[14] 淤泽溥，蒋家雄，朱立华，等 . 丹参注射液对大鼠肝脏脂质过氧化作用的影响 [J]. 云南中医学院学报，1990，（4）：26-28.

[15] 陈岳祥，李石，范列英，等 . 丹参单体 IH764-3 抗肝纤维化作用的实验研究 [J]. 中华医学杂志，1998，78（8）：636-637.

[16] Lin Y L，Lee T F，Huang Y J，et al. Antiproliferative effect of salvianolic acid A on rat hepatic stellate cells [J]. Journal of Pharmacy & Pharmacology，2010，58（7）：933-939.

[17] 郑国灿，李智英 . 丹参酮Ⅰ抗肿瘤作用及作用机制的实验研究 [J]. 实用肿瘤杂志，2005，20（1）：33-35.

[18] 严绪华，宋烨 . 丹参酮Ⅰ对人胃癌 MGC-803 细胞抗肿瘤作用机理研究 [J]. 辽宁中医杂志，2016，43（11）：2337-2339.

[19] 庄莹莹，王海琳，杜瑞亭，等 . 丹参酮Ⅱ A 诱导人卵巢癌 SKOV3 细胞凋亡及机制的研究 [J]. 国际妇产科学杂志，2011，38（4）：328-331.

[20] 张欣，张蒲蓉，陈洁，等 . 丹参酮Ⅱ A 对乳腺癌抑制作用的体内实验研究 [J]. 四川大学学报（医学版），2010，41（1）：

62-67.

［21］戴支凯，石京山，吴芹，等．丹参酮ⅡA 诱导人肺腺癌 A549 细胞凋亡［J］．中国药理学通报，2010，26（11）：1505-1508.

［22］李萍，舒琦瑾．丹参酮ⅡA 对人胃癌细胞株 MKN-45 体外侵袭和转移能力的影响［J］．中华中医药学刊，2013，31（10）：2318-2321.

［23］孙利芹，姜爱莉，林剑．丹参抗氧化成分的提取及其活性研究［J］．中国油脂，2004，29（4）：53-55.

［24］黄诒森，张均田．丹参中三种水溶性成分的体外抗氧化作用［J］．药学学报，1992，27（2）：96-99.

［25］房其年，张佩玲，徐宗沛．丹参抗菌有效成分的研究［J］．化学学报，1976，34（3）：43-55.

［26］孙海涛，梁东云．丹参抗菌作用的热动力学研究［J］．山东科学，1994，（3）：25-29.

［27］李昌勤，赵琳，杨宇婷，等．丹参生品及不同炮制品的体外抗菌活性研究［J］．中成药，2011，33（11）：1948-1951.

［28］严仪昭，陈祥银，曾卫东，等．丹参注射液抗炎症作用的实验研究［J］．中国医学科学院学报，1986，8（6）：417-419.

［29］高玉桂，王灵芝，唐冀雪．丹参酮的抗炎作用［J］．中国中西医结合杂志，1983，3（5）：300-301.

**【临床参考文献】**

［1］唐文婕，陈旦平．陈旦平运用丹参经验拾萃［J］．四川中医，2016，34（10）：1-2.

［2］季红娟．中成药复方丹参滴丸治疗冠心病心绞痛 200 例临床疗效观察［J］．黑龙江医药，2013，26（6）：1049-1050.

## 799. 荔枝草（图 799）• *Salvia plebeia* R.Br.

**【别名】**女菀、黑紫苏（江苏），沟香藿、膨胀草（福建），雪见草（浙江），麻鸡婆草、野芥菜（江西），癞癞棵（安徽）。

**【形态】**二年生草本，高 15 ～ 90cm。主根肥厚。茎直立，多分枝，被下向的灰白色柔毛。叶片椭圆状卵圆形或椭圆状披针形，长 2 ～ 6.5cm，宽 0.7 ～ 3cm，顶端钝或急尖，基部圆形或楔形，边缘具圆齿、或锯齿，两面被柔毛，下面散布黄褐色腺点。轮伞花序具 6 花，在茎或枝顶端组成顶生总状或圆锥花序；花梗及花序轴密被柔毛；苞片披针形；花萼钟形，外面被柔毛，散布黄褐色腺点，二唇形，上唇全缘，顶端具 3 个小尖头，下唇深裂成 2 齿，齿三角形锐尖；花冠淡紫色或紫红色至蓝色，稀白色，长约 4.5mm，冠檐二唇形，上唇长圆形，顶端微凹，下唇 3 裂，中裂片阔倒心形，侧裂片近半圆形；能育雄蕊 2 枚，略伸出花冠，药隔上臂与下臂等长，上臂具药室，下臂不育，膨大，互相联合；花柱顶端不相等 2 裂。小坚果倒卵圆形，褐色。花期 3 ～ 5 月，果期 6 ～ 8 月。

**【生境与分布】**生于海拔 2800m 以下的山坡、田边、草地、田野及水沟边。分布于华东各地，另除西藏、甘肃、青海和新疆外的全国大部分地区均有分布；朝鲜、日本、阿富汗、印度、缅甸、泰国、越南、马来西亚和澳大利亚也有分布。

**【药名与部位】**荔枝草（蛤蟆草），地上部分。

**【采集加工】**夏季花开放穗绿时采割，除去杂质，晒干或鲜用。

**【药材性状】**茎呈方柱形，多分枝，长 15 ～ 90cm，直径 0.2 ～ 0.8cm；表面灰绿色至棕褐色，被短柔毛；断面类白色，中空。叶对生，下部常脱落；叶片多皱缩，展平后呈长椭圆状卵形或椭圆状披针形，长 2 ～ 6cm，边缘有钝齿，两面疏被短柔毛；叶柄长 0.4 ～ 1.5cm。穗状轮伞花序顶生或腋生，花冠多脱落；宿萼钟状，长约 3mm，灰绿色至淡棕色，被短柔毛；内藏棕色小坚果。体轻，质脆。气芳香，味苦、辛。

**【药材炮制】**除去杂质，洗净，稍润，切段，干燥。

**【化学成分】**全草含甾体类：β- 谷甾醇（β-sitosterol）[1] 和胡萝卜苷（daucosterol）[2]；黄酮类：粗毛豚草素（hispidulin）、柳穿鱼黄素（pectolinarigenin）[1]，荆芥苷（nepetrin），即假荆芥属苷（nepitrin）[2]，5, 6- 二羟基 -7, 4′- 二甲氧基黄酮（5, 6-dihydroxy-7, 4′-dimethoxyflavone）、5, 6, 3′- 三羟基 -7, 4′- 二甲

**图 799　荔枝草**　　　　摄影　赵维良等

氧基黄酮（5, 6, 3′-trihydroxy-7, 4′-dimethoxyflavone）、泽兰黄酮（nepetin）、高车前苷（homoplantaginin）、芹菜素（apigenin）、线蓟素（cirsiliol）、6- 甲氧基柚皮素（6-methoxynaringenin）[3]，半齿泽兰素（eupatorin）[4]，5, 7, 4′- 三羟基 -6- 甲氧基 - 二氢黄酮 -7-*O*-β-D- 吡喃葡萄糖苷（5, 7, 4′-trihydroxy-6-methoxy-dihydroflavone-7-*O*-β-D-glucopyranoside）[5]，木犀草素（luteolin）[6]，4′, 5, 7- 三羟基 -6- 甲氧基黄酮（4′, 5, 7-trihydroxy-6-methoxyflavone）[7]，6- 甲氧基柚皮苷元 -7-*O*-β-D- 吡喃葡萄糖苷（6-methoxynaringenin-7-*O*-β-D-glucopyranoside）、6- 羟基木犀草素（6-hydroxyluteolin）[8]，楔叶泽兰素（eupafolin）、楔叶泽兰素 -7-*O*-β-D- 吡喃葡萄糖苷（eupafolin-7-*O*-β-D-glucopyranoside）[9]，粗毛豚草素 -7-*O*-β-D- 吡喃葡萄糖苷（hispidulin-7-*O*-β-D-glucopyranoside）、6- 甲氧基木犀草素 -7-*O*-β-D- 吡喃葡萄糖苷（6-methoxyluteolin-7-*O*-β-D-glucopyranoside）、2′- 羟基 -5′- 甲氧基鹰嘴豆芽素 A（2′-hydroxy-5′-methoxybiochanin A）、粗毛豚草素 -7-*O*-β-D- 葡萄糖醛酸苷（hispidulin-7-*O*-β-D-glucuronide）[10, 11]，5- 羟基 -4′, 7- 二甲氧基异黄酮（5-hydroxy-4′, 7-dimethoxy-*iso*-flavone）和（2*S*）-5, 7, 4′- 三羟基 -6- 甲氧基黄烷酮 -7-*O*-β-D- 吡喃葡萄糖苷［（2*S*）-5, 7, 4′-trihydroxy-6-methoxyflavanone-7-*O*-β-D-glucopyranoside］[12]；蒽醌类：大黄素（emodin）[3] 和 7- 羟基大黄素（7-hydroxyemodin）[6]；酚酸类：3, 4- 二羟基苯甲酸（3, 4-dihydroxybenzoic acid）[2]，原儿茶酸（protocatechuic acid）[9] 和荔枝草苷（salviaplebeiaside）[13]；苯丙素类：咖啡酸甲酯（methyl caffeate）[1]，

咖啡酸（caffeic acid）、迷迭香酸（rosmarinic acid）[5]，松柏醛（coniferyl aldehyde）[10,11]，迷迭香酸甲酯（methyl rosmarinate）[13] 和 4- 羟基苯基乳酸（4-hydroxyphenyl lactic acid）[14]；香豆素类：东莨菪内酯（scopoletin）[1]；单萜类：（-）- 黑麦草素［(-）-epiloliolide］[3]；倍半萜类：1α- 乙酰氧基 -8α, 9β- 二羟基 -2- 氧代 - 桉叶 -3, 7（11）- 二烯 -8, 12- 内酯［1α-acetoxy-8α, 9β-dihydroxy-2-oxo-eudesman-3, 7（11）-dien-8, 12-olide］和 1α- 乙酰氧基 -8α- 羟基 -2- 氧代 - 桉叶 -3, 7（11）- 二烯 -8, 12- 内酯 1α-acetoxy-8α-hydroxy-2-oxo-euesman-3, 7（11）-dien-8, 12-olide[7]；二萜类：异迷迭香酚（*iso*-rosmanol）[3]，鼠尾草酚（carnosol）、迷迭香二醛（rosmadial）、表迷迭香酚（epirosmanol）[1] 和木香醌酸（royleanonic acid）[4]；三萜类：熊果酸（ursolic acid）[1]，齐敦果酸（oleanic acid）、2α, 3β, 24- 三羟基齐墩果 -12- 烯 -28- 酸（2α, 3β, 24-trihydroxyolea-12-en-28-oic acid）、2α, 3β- 二羟基熊果 -12- 烯 -28- 酸（2α, 3β-dihydroxyurs-12-en-28-oic acid）、2α, 3β- 二羟基齐墩果 -12- 烯 -28- 酸（2α, 3β-dihydroxyolea-12-en-28-oic acid）[2]，山楂酸（maslinic acid）[3]，2α, 3β- 二羟基熊果 -12- 烯 -28- 酸（2α, 3β-dihydroxyo-12-en-28-oic acid）和荆芥定（nepetidin）[6]；挥发油类：β- 桉叶油醇（β-eudesmol）、γ- 桉叶油醇（γ-eudesmol）等[15]，1- 石竹烯（1-caryophyllene）、角鲨烯（squalene）和丙酸乙酯（ethyl propionate）等[16]；烷烃类：正二十一烷醇（*n*-heneicosanol）[6] 和二十一烷（heneicosane）[16]；木脂素类：丁香脂素（syringaresinol）[6]。

种子含木脂素类：裂环异落叶松脂醇双 -12- 甲基十四酸酯（seco-*iso*-lariciresinol di-12-methyl tetradecanoate）[17]。

根含甾体类：β- 谷甾醇（β-sitosterol）和豆甾醇（stigmasterol）[18]；黄酮类：粗毛豚草素（hispidulin）、假荆芥属苷（nepitrin）、高车前苷（homoplantaginin）和（2*S*）-5, 7, 4′- 三羟基 -6- 甲氧基二氢黄酮 -7-*O*-β-D- 吡喃葡萄糖苷［(2*S*）-5, 7, 4′-trihydroxy-6-methoxyflavanone-7-*O*-β-D-glucopyranoside］[8]；酚酸类：3, 4- 二羟基苯基乳酸甲正丁酯（*n*-butyl 3, 4-dihydroxyphenyllactate）、3, 4- 二羟基苯基乳酸甲酯（methyl 3, 4-dihydroxyphenyllactate）、迷迭香酸甲酯（methyl rosmarinate）、异迷迭香酸苷甲酯（salviaflaside methyl ester）和异迷迭香酸苷（salviaflaside）[18]；三萜类：熊果酸（ursolic acid）[18]；脂肪酯类：1-*O*- 二十六烷酰基甘油酯（1-*O*-cerotoylglycerol）[18]。

叶含倍半萜类：荔枝草内酯 A、B、C（plebeiolide A、B、C）、荔枝草呋喃（plebeiafuran）和 1α- 乙酰氧基 -8α- 羟基 -2- 氧代 - 桉叶 -3, 7（11）- 二烯 -8, 12- 内酯［1α-acetoxy-8α-hydroxy-2-oxo-eudesman-3, 7（11）-dien-8, 12-olide］[19]。

地上部分含挥发油：β- 桉叶醇（β-eucalyptol）、γ- 桉叶醇（γ-eucalyptol）、（-）- 去氢白菖蒲烯［(-）-dehydroabietene］和 β- 杜松烯（β-cadinene）等[14]；生物碱类：胆碱（choline）[20]；烷烃类：5- 乙基三十一烷（5-ethylhentriacontane）和二十九烷（nonacosane）[21]；二萜类：环氧朱唇素（epoxysalviacoccin）[22]；倍半萜类：荔枝草倍半萜素*A、B、C、D、E、F（salviplenoid A、B、C、D、E、F）[23]，蓬莪术环氧酮环氧化物（zederone epoxide）、多穗金粟兰素 B（chlomultin B）、姜黄诺醇（curcolonol）、莪术呋喃（zedoarofuran）、金粟兰烯 D（chlorantene D）、8, 12- 环氧 -1β- 羟基桉叶烷 -4（15），7, 11- 三烯 -6- 酮［8, 12-epoxy-1β-hydroxyeudesma-4（15），7, 11-trien-6-one］、没药倍半萜素*N（myrrhterpenoid N）、荔枝草呋喃（plebeiafuran）、姜黄醇酮（curcolone）、桉叶倍半萜内酯 B（eudebeiolide B）[23]，1α- 乙酰氧基 -8α- 羟基 -2- 酮基 - 桉叶烷 -3, 7（11）- 二烯 -8, 12- 内酯［1α-acetoxy-8α-hydroxy-2-oxo-euesman-3, 7（11）-dien-8, 12-olide］、1α- 乙酰氧基 -8α, 9- 二羟基 -2- 酮基 - 桉叶烷 -3, 7（11）- 二烯 -8, 12- 内酯［1α-acetoxy-8α, 9-dihydroxy-2-oxo-euesman-3, 7（11）-dien-8, 12-olide］、荔枝草萜酮 A、B、C（salplebeone A、B、C）[24] 和荔枝草萜酮 D、E、F、G（salplebeone D、E、F、G）[25]；黄酮类：荔枝草黄酮*（salpleflavone）和 6-*O*- 甲基 - 黄芩素（6-*O*-methyl-scutellarein）[26]。

**【药理作用】**1. 止咳平喘　地上部分的水煎醇沉液可明显增加小鼠呼吸道黏膜酚红的排出量及大鼠呼吸道内痰液的分泌量、延长小鼠隐咳潜伏期、减少咳嗽次数[1]；地上部分的水煎醇沉液可抑制组胺致豚鼠离体气管平滑肌的收缩作用[2]。2. 抗炎镇痛　根或地上部分提取物可减少 RAW264.7 细胞中促炎性因子如肿瘤坏死因子 -α（TNF-α）、白细胞介素 -1（IL-1）和白细胞介素 -6（IL-6）的含量，其中地上部分抑制作用比根的作用明显，在 BEAS-2B 细胞中，地上部分和根都能抑制炎性细胞因子白细胞介素 -6 和白细胞介素 -8（IL-8）的含量，此外，利用卵清蛋白诱导哮喘小鼠模型发现地上部分能显著降低小鼠气道嗜酸性粒细胞数量、白细胞介素 -4（IL-4）和白细胞介素 -13（IL-13）的含量，减少黏液分泌及炎性细胞浸润，可有效改善哮喘模型小鼠肺组织病理变化[3]；叶的提取物可通过诱导巨噬细胞系 RAW264.7 细胞中血红素氧合酶 -1 的产生而发挥抗炎作用[4]；全草水提取液浓缩的浸膏可明显减少乙酸所致小鼠的扭体次数、提高热板所致小鼠的痛阈值，并对巴豆油引起的小鼠耳廓肿胀有明显的抑制作用[5]。3. 抗氧化　全草的石油醚、乙酸乙酯、甲醇提取物对 1，1- 二苯基 -2- 三硝基苯肼（DPPH）自由基有不同程度的清除作用，依次为甲醇提取物＞乙酸乙酯提取物＞石油醚提取物，对 2，2′- 联氮 - 二（3- 乙基 - 苯并噻唑 -6- 磺酸）二铵盐（ABTS）自由基的清除作用依次为乙酸乙酯＞甲醇＞石油醚[6]；提取的黄酮成分对 1，1- 二苯基 -2- 三硝基苯肼（DPPH）自由基和超氧阴离子自由基（$O_2^-$·）具有较强的清除能力，对 $Fe^{2+}$ 诱导的脂质过氧化反应和 β- 胡萝卜素 / 亚油酸自氧化体系也有不同程度的抑制作用[6]。4. 护肝　提取的黄酮类成分高车前苷（homoplantaginin）在体内外均能显著降低乳酸脱氢酶（LDH）水平，增加谷胱甘肽（GSH）、谷胱甘肽过氧化物酶（GSH-Px）和超氧化物歧化酶（SOD）含量，抑制芽孢杆菌和脂多糖所致肝损伤模型血清中的谷丙转氨酶（ALT）和天冬氨酸氨基转移酶（AST）含量的增加，减少肿瘤坏死因子 -α（TNF-α）和白细胞介素 -1（IL-1）的含量，同时可减少肝组织匀浆中硫代巴比妥酸反应物的含量[7]；全草乙醇提取物经石油醚和乙酸乙酯萃取的水相和乙酸乙酯相可有效抑制线粒体损伤时的脂质过氧化反应和线粒体膨胀，降低蛋白质羰基的量，恢复腺苷三磷酸（ATP）的活性，清除线粒体中产生的超氧阴离子自由基，并呈良好的量效关系[8]。5. 抗菌　全草的水、95% 乙醇、乙酸乙酯、石油醚萃取物对金黄色葡萄球菌（耐药菌）、金黄色葡萄球菌（敏感菌）、肠球菌、表皮葡萄球菌、鲍曼不动杆菌的生长均有不同程度的抑制作用，其中 95% 乙醇提取部位的抑菌作用最强[9]；全草乙酸乙酯和正丁醇提取物对金黄色葡萄球菌、表皮葡萄球菌、大肠杆菌、绿脓杆菌的最低抑菌浓度可低至 3.1mg/ml，齐墩果酸和 2α，3β- 二羟基 -12- 烯 -28- 熊果酸是抗菌的主要活性成分[10]。6. 抑制 α- 糖苷酶　全草石油醚、乙酸乙酯和甲醇提取物均可抑制 α- 糖苷酶活性并均明显高于阿卡波糖，并呈剂量依赖关系，其中乙酸乙酯提取物最大抑制率可达到 100%[11]。

**【性味与归经】**苦、辛，凉。

**【功能与主治】**清热，解毒，凉血，利尿。用于咽喉肿痛，支气管炎，肾炎水肿，痈肿；外治乳腺炎，痔疮肿痛，出血，跌打损伤，蛇犬咬伤。

**【用法与用量】**煎服，9 ～ 30g；煎服或取汁内服，鲜品 15 ～ 60g；外用适量，捣烂外敷。

**【药用标准】**药典 1977、浙江炮规 2005、上海药材 1994、湖北药材 2009、江苏药材 1989、山东药材 2002 和四川药材 2010。

**【临床参考】**1. 小儿急性肾炎血尿：地上部分 60g，水煎取汁 300ml，每日 1 剂，分 2 次服[1]。

2. 带状疱疹：鲜全草捣烂或把干草熬成汤放冰箱冷藏备用，以局部用药为主，每日局部皮肤冷湿敷 3 ～ 4 次，面积较大者加服本药汤剂[2]。

3. 小儿阴茎包皮水肿：鲜全草 250g，加水煎浓汁盛于缸或小碗中候温后，先浸泡小儿阴茎 0.5h，再用干净纱布浸湿，湿敷小儿阴部，干即更换，如尚未全好，次日原法再用 1 次[3]。

4. 慢性支气管炎：鲜全草 50g 加入 250ml 水，先武火后文火煎煮至药汁量约为 10ml，重复煎煮 1 次，合并混合后，分早晚 2 次等量温服，每天 1 剂，8 天为 1 个疗程[4]。

5. 小儿高热：全草 15g，加鸭跖草 30g，水煎服。

6. 扁桃体炎：鲜全草 45 ～ 60g，捣烂挤汁内服；或全草 30g，水煎服。

7. 口腔炎：根 9 ～ 15g，或全草 15 ～ 30g，水煎服。

8. 急性乳腺炎：全草 60g，鸭蛋 2 只，水煮，服汁食蛋；或鲜全草适量，捣烂，塞入患侧鼻孔，每天 2 次，每次 20 ～ 30min。

9. 慢性肾炎、尿潴留：鲜全草适量，加食盐捣烂敷脐部，同时取鲜车前草，苎麻根各 60g，水煎服。

10. 肺结核咯血：全草 30g，瘦猪肉 60g，水炖半小时，服汤食肉。

11. 高血压病：全草、棕榈子、爵床各 30g，海州常山叶 15g，水煎服。（5 方至 11 方引自《浙江药用植物志》）

**【附注】** 荔枝草始载于《本草纲目》草部有名未用类，但无植物形态描述。《本草纲目拾遗》在荔枝草条引《百草镜》云："荔枝草，冬尽发苗，经霜雪不枯，三月抽茎，高近尺许，开花细紫成穗，五月枯，茎方中空，叶尖长，面有麻累，边有锯齿，三月采。" 赵学敏谓："叶深青，映日有光，边有锯齿，叶背淡白色，丝筋纹辍，绽露麻累，凹凸最分明，凌冬不枯，皆独瓣，一丛数十叶。"考其形态描述，所指即为本种。

本种地上部分尚含鞣质、苦味素、皂苷等成分[1]。

**【化学参考文献】**


[1] 韩国华，李占林，孙琳，等. 荔枝草的化学成分 [J]. 沈阳药科大学学报，2009，26（11）：896-899.

[2] 卢汝梅，杨长水，韦建华. 荔枝草化学成分的研究 [J]. 中草药，2011，42（5）：859-862.

[3] 亢文佳，富艳彬，李达翊，等. 荔枝草的化学成分研究 [J]. 中草药，2015，46（11）：1589-1592.

[4] 翁新楚，谷利伟，董新伟，等. 荔枝草化学成分的分离和结构鉴定及其抗氧化性能的研究 [J]. 烟台大学学报（自然科学与工程版），1997，10（4）：305-312.

[5] 龚玺，杨守士. 荔枝草抗氧化部位的化学成分研究 [J]. 中国野生植物资源，2013，32（3）：24-27.

[6] 刘慧清，王国凯，林彬彬，等. 荔枝草全草乙醇提取物的化学成分分析 [J]. 植物资源与环境学报，2013，22（2）：111-113.

[7] Cao S Y，Ke Z L，Xi L M. A new sesquiterpene lactone from *Salvia plebeian* [J]. J Asian Nat Prod Res，2013，15（4）：404-407.

[8] Lee G T，Duan C H，Lee J N，et al. Phytochemical constituents from *Salvia plebeian* [J]. Nat Prod Sci，2010，16（4）：207-210.

[9] Yang T H，Chen K T. Constituents of Formosan Salvia plebeia. I. Flavonoid components of *Salvia plebeian* [J]. Journal of the Chinese Chemical Society（Taipei，Taiwan），1972，19（3）：131-41.

[10] Weng X C，Wang W. Antioxidant activity of compounds isolated from *Salvia plebeian* [J]. Food Chem，2000，71（4）：489-493.

[11] Jiang A L，Wang C H. Antioxidant properties of natural components from *Salvia plebeia* on oxidative stability of ascidian oil [J]. Process Biochemistry（Amsterdam，Netherlands），2006，41（5）：1111-1116.

[12] 向兰，陈沪宁，徐成明，等. 荔枝草中黄酮类成分的研究 [J]. 中国药学杂志，2008，43（11）：813-815.

[13] Jin Q H，Han X H，Hwang J H，et al. A new phenylbutanone glucoside from *Salvia plebeian* [J]. Nat Prod Sci，2009，15（2）：106-109.

[14] 卢汝梅，潘丽娜，朱小勇，等. 荔枝草挥发油的化学成分分析 [J]. 时珍国医国药，2008，19（1）：164-165.

[15] 蒋毅，罗思齐，郑民实. 荔枝草活性成分的研究 [J]. 医药工业，1987，18（8）：349-359.

[16] 兰艳素，牛江秀，蒋余芳，等. $CO_2$ 超临界萃取荔枝草挥发油及成分分析 [J]. 重庆工商大学学报（自然科学版），2016，33（4）：22-27.

[17] Plattner R D，Powell R G. A secoisolariciresinol branched fatty diester from *Salvia plebeia* seed [J]. Phytochemistry，1978，17（1）：149-150.

[18] 刘丽，冯启童. 荔枝草根的化学成分研究 [J]. 中国药学杂志，2014，49（16）：1393-1396.

[19] Dai Y Q，Liu L，Xie G Y，et al. Four new eudesmane-type sesquiterpenes from the basal leaves of *Salvia plebeia* R. Br. [J]. Fitoterapia，2014，94：142-147.

[20] Ryu S G，An P S，Choe Y S. Phytopesticidal constituents in herb of *Salvia plebeian* [J]. Choson Minjujuui Inmin Konghwaguk Kwahagwon Tongbo，2003，（2）：43-45.

[21] Tripathi S K，Asthana R K，Ali A. Isolation and characterization of 5-ethylhentriacontane and nonacosane from *Salvia plebeian* [J]. Asian J Chem，2006，18（2）：1554-1556.

[22] Garcia-Alvarez M C, Hasan M, Michavila A, et al. Epoxysalviacoccin, a neo-clerodane diterpenoid from *Salvia plebeia* [J]. Phytochemistry, 1985, 25(1): 272-274.

[23] Zou Y H, Zhao L, Bao J M, et al. Anti-inflammatory sesquiterpenoids from the Traditional Chinese Medicine *Salvia plebeia*: regulates pro-inflammatory mediators through inhibition of NF-κB and Erk1/2 signaling pathways in LPS-induced Raw264. 7 cells [J]. J Ethnopharmacol, 2018, 210: 95-106.

[24] Ma L F, Wang P F, Wang J D, et al. New Eudesmane Sesquiterpenoids from *Salvia plebeia* R. BR. [J]. Chem Biodiv, 2017, 14(8): e1700127.

[25] Ma L F, Xu H, Wang J D, et al. Three new eudesmane sesquiterpenoids and a new dimer from the aerial part of *Salvia plebeia* R. Br. [J]. Phytochem Lett, 2018, 25: 122-125.

[26] Yu H F, Zhao H, Liu R X, et al. Salpleflavone, a new flavone glucoside from *Salvia plebeian* [J]. J Chem Res, 2018, 42(6): 294-296.

【药理参考文献】

[1] 喻樊. 荔枝草的化痰、止咳、抗炎药效学的研究 [J]. 海峡药学, 2009, 21(10): 31-33.

[2] 马瑜红, 李玲, 欧阳静萍. 荔枝草止咳祛痰平喘作用的实验研究 [J]. 医药论坛杂志, 2008, 29(7): 22-24.

[3] Jang H H, Cho S Y, Kim M J, et al. Anti-inflammatory effects of *Salvia plebeian* R. Br. extract in vitro and in ovalbumin-induced mouse model [J]. Biological Research, 2016, 49(1): 41-51.

[4] Jeong H R, Sung M S, Kim Y H, et al. Anti-inflammatory activity of *Salvia plebeia* R. Br. leaf through heme oxygenase-1 induction in LPS-stimulated RAW264. 7 macrophages [J]. Journal of the Korean Society of Food Science & Nutrition, 2012, 41(7): 888-894.

[5] 张红霞. 荔枝草的药效学研究 [J]. 中国民族民间医药, 2010, 19(1): 35-36.

[6] 康文艺, 李彩芳, 宋艳丽. 荔枝草抗氧化活性研究 [J]. 中成药, 2009, 31(10): 1611-1613.

[7] Qu X J, Xia X, Wang Y S, et al. Protective effects of *Salvia plebeia* compound homoplantaginin on hepatocyte injury [J]. Food & Chemical Toxicology, 2009, 47(7): 1710-1715.

[8] 师梅梅, 杨建雄, 任维. 荔枝草提取物对大鼠肝线粒体损伤的保护作用 [J]. 中成药, 2011, 33(10): 1673-1676.

[9] 张秀明, 李明春, 姜美娟, 等. 荔枝草不同提取部位的体外抑菌作用 [J]. 今日药学, 2014, 24(5): 328-330.

[10] 杨泽华, 杨长水, 韦建华, 等. 荔枝草提取物的体外抗菌活性研究 [J]. 广西中医药大学学报, 2015, 18(2): 65-67.

[11] 康文艺, 张丽, 陈林, 等. 两种唇形科植物荔枝草和夏至草 α- 糖苷酶抑制活性研究 [J]. 中成药, 2010, 32(3): 493-495.

【临床参考文献】

[1] 杨光成. 单味荔枝草治疗小儿急性肾炎血尿疗效观察 [J]. 湖北中医药大学学报, 2007, 9(2): 65.

[2] 喻云. 荔枝草治疗带状疱疹的临床研究 [J]. 皮肤病与性病, 2001, 23(1): 24.

[3] 李庆耀, 梁生林, 邹复馨. 荔枝草治疗小儿阴茎包皮水肿 16 例 [J]. 江苏中医药, 2009, 41(3): 38.

[4] 赵雷, 熊蕾, 熊清平, 等. 荔枝草提取液治疗慢性支气管炎临床疗效观察 [J]. 亚太传统医药, 2013, 9(11): 149-150.

【附注参考文献】

[1] Ryu S G, An P S, Choe Y S. Phytopesticidal constituents in herb of *Salvia plebeian* [J]. Choson Minjujuui Inmin Konghwaguk Kwahagwon Tongbo, 2003, (2): 43-45.

## 800. 佛光草（图 800）• *Salvia substolonifera* Stib.

【别名】蔓茎鼠尾草。

【形态】多年生草本，高 15 ～ 30cm。具短根茎。茎少数丛生，基部常匍匐，四棱形，被短柔毛。基生叶多为单叶，茎生叶为单叶或 3 出羽状复叶或 3 裂；叶片卵圆形，长 1 ～ 3.5cm，宽 0.8 ～ 2cm，先端圆形，基部截形或圆形，边缘具圆齿，被毛或近无毛，3 出羽状复叶或 3 裂时，顶生小叶明显比侧生小

**图 800　佛光草**　　摄影　李华东等

叶大。轮伞花序具花 2 ～ 8 朵，组成顶生或腋生的总状花序或圆锥花序；花梗及花序轴密被微硬毛及具腺疏柔毛；苞片长圆形；花萼钟形，长 3 ～ 4mm，果时膨大，外被微柔毛及腺柔毛，二唇形，上唇全缘或具不明显的 2 齿，下唇深裂成 2 齿，齿端锐尖；花冠淡紫色或淡红色，偶白色，长 5 ～ 7mm，外面略被微柔毛，内面无毛，冠檐二唇形，上唇近长圆形或倒卵圆形，顶端微凹，下唇 3 裂，中裂片较大；能育雄蕊 2 枚，药隔短小，上下臂近等长，下臂发育，分离；花柱顶端 2 裂。小坚果卵圆形，淡褐色。花果期 3 ～ 6 月。

**【生境与分布】**生于海拔 950m 以下的沟边、林下阴湿处。分布于福建、浙江，另湖南、四川及贵州等省也有分布。

**【药名与部位】**荔枝肾，全草。

**【药材炮制】**除去杂质，洗净，切段，干燥。

**【化学成分】**全草含倍半萜及二萜类：佛光草素 *（substolin）、佛光草内酯 *（substololide）、佛光草呋喃 *（substolfuran）、6β- 惕各酰基氧化欧亚活血丹呋喃 *（6β-tigloyloxyglechomafuran）、二氢丹参酮 - Ⅰ（dihydrotanshinone- Ⅰ）[1] 和佛光草吉马内酯 *A、B、C、D、E、F、G（substolide A、B、C、D、E、F、G）[2]；三萜类：熊果酸（ursolic acid）[1]；甾体类：β- 谷甾醇（β-sitosterol）[1]；酚酸及酯类：邻苯二甲酸二丁酯（dibutyl phtalate）、迷迭香甲酯（methyl rosmarinate）和 3, 4- 二羟基肉桂酸（3, 4-dihydroxy cinnamic acid）[2]；鞣质类：栗木鞣质 F（castanin F）[2]。

**【功能与主治】**清热利湿，调经止血。

**【药用标准】**浙江炮规 2005。

**【临床参考】**1. 肾虚腰酸、带下：全草 15 ～ 30g，加扶芳藤、菜头肾、龙芽草、野荞麦各 15 ～ 30g，水煎服。

2. 月经过多：全草 30g，水煎服。（1 方、2 方引自《浙江药用植物志》）

**【化学参考文献】**

[1] 方亮莲. 佛光草和白花苦灯笼的化学成分研究 [D]. 温州：温州医科大学硕士学位论文，2015.
[2] 裘关关. 温郁金和佛光草的抗炎成分研究 [D]. 温州：温州医科大学硕士学位论文，2014.

## 801. 红根草（图 801）• *Salvia prionitis* Hance

**图 801　红根草**　　摄影　张芬耀

**【别名】**黄埔鼠尾、红头绳（浙江），小丹参（江西），黄埔鼠尾草（安徽），红根子。

**【形态】**多年生草木，高 30 ～ 65cm。具短缩的根状茎及多数红色的须根。茎直立，四棱形，被白色长硬毛。叶大多数基生，少茎生。单叶或3出羽状复叶；叶片长圆形、椭圆形或卵状披针形，长2～7.5cm，宽1～4.5cm，先端钝或圆形，基部心形或圆形，边缘具粗圆齿或波状，上面被长硬毛，下面沿脉被长硬毛；3出复叶者顶生小叶最大，卵圆状椭圆形，侧生小叶小，卵圆形。轮伞花序6花至多数，组成顶生的总状花序或总状圆锥花序；苞片小；花萼钟形，长约4mm，外面被疏柔毛，内面喉部具长硬毛环，二唇形，上唇三角形，下唇深裂成2齿；花冠蓝色或紫色，长0.8～1.2cm，外面被微柔毛，内面具斜向短柔毛环，冠檐二唇形，上唇长圆形，顶端微裂，下唇3裂，中裂片较大，顶端微缺；能育雄蕊2枚，外伸，药隔上臂较长，下臂短，顶端联合，退化雄蕊线形，短小；花柱外伸，顶端不相等2裂。小坚果椭圆形，淡棕色。花果期5～9月。

**【生境与分布】**生于海拔100～800m的山坡、路边及向阳草丛中。分布于安徽、浙江、江西和福建，另广东、广西、湖南等省区也有分布。

**【药名与部位】**红根草，全草。

**【采集加工】**秋季采收，除去杂质，晒干。

**【药材性状】**根呈须状，长可达10cm，表面棕褐色。茎方柱形，长20～40cm，直径0.1～0.2cm；被白色长毛，断面灰白色。基生叶为单叶或三出羽状复叶，有的为羽状5深裂，叶片多皱缩卷曲，展平后呈矩圆形或椭圆形，长2～6cm，宽1～3.5cm，黑褐色，先端钝，边缘有粗齿，两面均有白色长柔毛，叶柄长1～4cm；茎生叶对生，均为单叶。气微，味微苦。

**【药材炮制】**除去杂质，洗净，切段，干燥。

**【化学成分】**根含二萜类：红根草对醌（sapriparaquinone）[1]，红根草酮内酯（prioketolactone）、新红根草酮（neoprionitione）、二氢异丹参酮Ⅰ（dihydro-*iso*-tanshinone Ⅰ）[2]，红根草内酯（sapriolactone）[3]，红根草邻醌（saprorthoquinone）、丹参酮$II_A$（tanshinone $II_A$）、丹参酮Ⅰ（tanshinone Ⅰ）、隐丹参酮（cryptotanshinone）[4]，红根草萜A、B、C、D、E、F（prionoid A、B、C、D、E、F）[5]，红根草新素*（salprionin）、去-*O*-乙基红根草素*（de-*O*-ethylsalvonitin）[6]，双红根草酮A、B、C（bisprioterone A、B、C）[7]，红根草酮（hongencaotone）[8]，7, 8-开环-对-弥罗松酮（7, 8-seco-*p*-ferruginone）、4-羟基红根草邻醌（4-hydroxysaprorthoquinone）、红根草酸酐（saprionide）、红根草灵（saprirearine）、3-酮-4-羟基红根草邻醌（3-keto-4-hydroxysaprorthoquinone）[9]、红根草新对醌（prineoparaquinone）、落羽松二酮（taxodione）、8, 11, 13-去氢松香烷（8, 11, 13-dehydroabietane）[10]，3-酮红根草对醌（3-ketosapriparaquinone）、尾草呋萘嵌苯（salvilenone）、3-羟基尾草呋萘嵌苯（3-hydroxysalvilenone）、银白鼠尾草二醇（arucadiol）、总状土木香醌（royleanone）、柳杉酚（sugiol）、弥罗松酚（ferruginol）[11]，丹参新酮（miltirone）、丹参新醌B、D（danshenxinkun B、D）、去氢丹参新酮（dehydromiltirone）[12]，红根草内酯（sapriolactone）[13]，丹参酚酮（salvinolone）、丹参酚内酯（salvinolactone）、4-羟基红根草对醌（4-hydroxysapriparaquinone）[14]，红根草素（salvonitin）[15]，3-酮基红根草对醌（3-ketosapripataquinone）[16]和红根草亭（prionitin）[17]；甾体类：β-谷甾醇（β-sitosterol）[4]和小盖鼠尾草酚（microstegiol）[10]；生物碱类：红根草林碱（prioline）[10]；蒽醌类：2-异丙基-8-甲基-3, 4-苯基蒽醌（2-isopropyl-8-methyl-3, 4-phenanthraquinone）[10]。

全草含酚酸类：丹酚酸A、B、C（salvianolic acid A、B、C）、异丹酚酸C（*iso*-salvianolic C）、迷迭香酸（rosmarinic acid）、迷迭香酸甲酯（methyl rosmarinate）、*R*-（+）-β-（3, 4-二羟基苯基）乳酸［*R*-（+）-β-（3, 4-dihydroxyphenyl）lactic acid］、红根草苷A、B（prionitiside A、B）[18]和（±）-黄埔鼠尾草酮*［（±）-salviaprione］[19]。

地上部分含二萜类：红根草二萜烯*A、B、C、D、E（prionidipene A、B、C、D、E）、红根草素（salvonitin）、鼠尾草呋萘嵌苯（salvilenone）、3-氧代异落羽松二酮（3-oxoisotaxodione）、3-酮红根草对醌（3-keto-sapriparaquinone）、红根草新素*（salprionin）、红根草内酯（sapriolactone）、红根草酸酐（saprionide）、红根草灵（saprirearine）和丹参螺酮内酯（danshenspiroketallactone）[20]。

**【药理作用】**抗凝血　根水煎醇提取液对小鼠血栓的形成与血小板聚集均有显著的抑制作用，明显延长了凝血时间[1]；全草正丁醇提取物能明显抑制大鼠血小板中 5- 羟色胺（5-HT）的释放，抑制凝血酶诱导的血小板活化，从而抑制血小板聚集[2]；全草所含成分的衍生物沙尔威辛（salvicine）可显著抑制内皮细胞迁移，并减少人微血管内皮细胞中毛细血管生成，显著降低腺癌人类肺泡基底上皮细胞（A549 细胞）中碱性成纤维细胞生长因子（bFGF）的 mRNA 表达，从而产生显著的抗血管生成作用[3]。

**【性味与归经】**微苦，凉。归肺、肝、胃、大肠经。

**【功能与主治】**疏风清热，利湿，止痛，安胎。用于感冒发热，肺炎咳喘，咽喉肿痛，肝炎胁痛，腹泻，痢疾，肾炎，胎漏。

**【用法与用量】**15 ～ 45g。

**【药用标准】**药典 1977 和湖南药材 2009。

**【临床参考】**1. 肝炎、痢疾：根研细粉，每次 6 ～ 9g 吞服，每天 2 次。

2. 先兆流产：全草 120 ～ 150g，加公鸡 1 只同蒸，食鸡，连服 2 ～ 3 只。（1 方、2 方引自《浙江药用植物志》）

**【化学参考文献】**

[1] 林隆泽，王晓明，黄秀兰，等 . 新二萜醌 - 红根草对醌［J］. 药学学报，1990，25（2）：154-156.

[2] 张金生，黄勇 . 红根草中的新二萜 - 红根草酮内酯和新红根草酮［J］. 天然产物研究与开发，1995，7（4）：1-4.

[3] 黄秀兰，王晓明 . 红根草内酯的化学结构［J］. 植物学报：英文版，1990，32（6）：490-491.

[4] 杨保津，黄秀兰，毕培曦，等 . 红根草化学成分的研究［J］. 植物学报：英文版，1988，30（5）：524-527.

[5] Chang J，Xu J，Li M，et al. Novel cytotoxic seco-abietane rearranged diterpenoids from *Salvia prionitis*［J］. Planta Med，2005，71（9）：861-866.

[6] Lin L Z，Cordell G A，Lin P. De-*O*-ethylsalvonitin and salprionin，two further diterpenoids from *Salvia prionitis*［J］. Cheminform，1995，40（5）：1469-1471.

[7] Xu J，Chang J，Zhao M，et al. Abietane diterpenoid dimers from the roots of *Salvia prionitis*［J］. Phytochemistry，2006，67（8）：795-799.

[8] Li M，Zhang J S，Chen M Q. A novel dimeric diterpene from *Salvia prionitis*［J］. J Nat Prod，2001，64（7）：971-972.

[9] Chen X，Ding J，Ye Y M，et al. Bioactive abietane and seco-abietane diterpenoids from *Salvia prionitis*［J］. J Nat Prod，2002，65（7）：1016-1620.

[10] Li M，Zhang J S，Ye Y M，et al. Constituents of the roots of *Salvia prionitis*［J］. J Nat Prod，2000，63（1）：139-141.

[11] Lin L Z，Wang X M，Huang X L，et al. Diterpenoids from *Salvia prionitis*［J］. Planta Med，1988，54（5）：443-445.

[12] 林隆泽，王晓明，黄秀兰，等 . 新二萜醌去氢丹参新酮［J］. 药学学报，1988，23（4）：273-275.

[13] Lin L Z，Wang X M，Huang X L，et al. Sapriolactone，a cytotoxic norditerpene from *Salvia prionitis*［J］. Phytochemistry，1989，28（12）：3542-2543.

[14] Lin L Z，Blasko G，Cordell G A. Diterpenes of *Salvia prionitis*［J］. Phytochemistry，1989，28（1）：177-181.

[15] Lin L Z，Cordell G A. Salvonitin，a diterpene from *Salvia prionitis*［J］. Phytochemistry，1989，28（10）：2846-2847.

[16] Lin L Z，Wang X M，Huang X L，et al. Diterpenoids from *Salvia prionitis*［J］. Planta Med，1988，54（5）：443-443.

[17] Blasko G，Lin L Z，Cordell G A. Determination of a new tetracyclic diterpene skeleton through selective INEPT spectroscopy［J］. J Org Chem，1988，53（26）：6113-6115.

[18] Zhao L M，Liang X T，Li L N. Prionitisides A and B，two phenolic glycosides from *Salvia prionitis*［J］. Phytochemistry，1996，42（3）：899-901.

[19] Jiang Y，Zhang Y，He J，et al.（±）-Salviaprione，a pair of unprecedented abietane-type diterpeniods from *Salvia prionitis*［J］. Tetrahedron Lett，2016，47（4）：5457-5459.

[20] Li L M，Zhou M M，Xue G M，et al. Bioactiveseco-abietane rearranged diterpenoids from the aerial parts of *Salvia prionitis*［J］. Bioorg Chem，2018，81：454-460.

**【药理参考文献】**

[1] 朱传义，徐宝林，张卫，等 . 红根草抗凝血作用研究［J］. 现代应用药学，1987，4（2）：11-12.

[2] 张锋，张文娟 . 红根草提取物对血小板膜流动性及 5-HT 释放的影响［J］. 中成药，2003，25（7）：附 2.

[3] Zhang Y, Wang L, Chen Y, et al. Anti-angiogenic activity of salvicine [J]. Pharmaceutical Biology, 2013, 51 (8): 1061-1065.

## 802. 华鼠尾草（图 802）• *Salvia chinensis* Benth.

**图 802　华鼠尾草**　　　　摄影　徐克学等

**【别名】** 紫参（通称），石见穿、石打穿、月下红（江苏），半支莲（江西），华鼠尾。

**【形态】** 多年生草本，高 20 ～ 80cm。根略肥厚，多分支。茎直立或基部倾卧，钝四棱形，被柔毛。单叶或下部具 3 小叶复叶，叶片卵圆形或卵圆状椭圆形，顶端钝或锐尖，基部心形或圆形，边缘具圆齿或钝锯齿，两面除叶脉被短柔毛外其余无毛。轮伞花序具 6 花，再组成总状花序；花梗与花序轴被短柔毛；苞片披针形；花萼钟形，长约 5mm，外面沿脉上被长柔毛，内面喉部具长硬毛环，二唇形，上唇近半圆形，顶端具 3 个聚合的短尖头，下唇裂成 2 齿，齿端渐尖；花冠紫色或蓝紫色，长约 1cm，外被短柔毛，内面具斜向的毛环，冠檐二唇形，上唇长圆形，顶端微凹，下唇 3 裂，中裂片倒心形，顶端微凹，边缘具小圆齿，侧裂片半圆形；能育雄蕊 2 枚，药隔关节具毛，上臂具药室，下臂瘦小，无药室，分离；花柱稍外伸，顶端不相等 2 裂。小坚果椭圆状卵圆形，褐色。花果期 7 ～ 11 月。

**【生境与分布】** 生于海拔 500m 以下的林下阴湿处及溪边草地。分布于浙江、安徽、江苏、江西和福建，另湖北、湖南、广东北部、广西东北部、四川和台湾也有分布。

**【药名与部位】**石见穿，地上部分。

**【采集加工】**秋季采收，干燥。

**【药材性状】**茎呈方柱形，有的有分枝，长 20 ～ 70cm，直径 0.1 ～ 0.4cm；表面灰绿色至暗紫色，被白色柔毛；质脆，易折断，断面黄白色。叶对生，有柄，为单叶或三出复叶；叶片多皱缩、破碎，完整者展平后呈卵形至卵状披针形，长 1.5 ～ 8cm，宽 0.8 ～ 4.5cm，边缘有钝圆齿；两面脉上被白色柔毛。轮伞花序多轮，每轮有花约 6 朵，组成假总状花序，萼筒外面脉上有毛，筒内喉部有长硬毛；花冠二唇形，蓝紫色。小坚果卵形。气微，味微苦涩。

**【质量要求】**叶色绿，带花无根。

**【药材炮制】**除去杂质，下半段略浸，上半段喷潮，润软，切段，干燥，筛去灰屑。或取石见穿饮片，称重，压块。

**【化学成分】**地上部分含甾体类：β- 谷甾醇（β-sitosterol）和胡萝卜苷（daucosterol）[1]；蒽醌类：大黄素（emodin）和大黄酚（chrysophanol）[1]；木脂素类：五味子甲素（deoxyschizandrin）和戈米辛 N（gomisin N）[1]；三萜类：齐墩果酸（oleanic acid）、熊果酸（ursolic acid）[1,2]，五灵脂三萜酸 I（goreishic acid I）、2α- 羟基熊果酸（2α-hydroursolic acid）、积雪草酸（asiatic acid）、阿江榄仁酸（arjunolic acid）、山楂酸（masilinic acid）[2]，2α, 3β, 20β, 23- 四羟基熊果 -12, 19（29）- 二烯 -28- 酸［2α, 3β, 20β, 23-tetrahydroxyurs-12, 19（29）-dien-28-oic acid］、委陵菜酸（tormentic acid）、果渣酸（pomolic acid）和红毛悬钩子酸（pinfaenoic acid）[3]；生物碱类：1H- 吲哚 -3- 甲醛（1H-indole-3-carboxaldehyde）[2]；苯丙素类：芥子醛（sinapaldehyde）、丁香醛（syringaldehyde）[2]，二氢咖啡酸乙酯（ethyl dihydrocaffeate）[3]，山地香茶菜素 A（oresbiusin A）、迷迭香酸（rosmarinic acid）、迷迭香酸甲酯（methyl rosmarinate）、迷迭香酸乙酯（ethyl rosmarinate）[4]，丁香脂素（syringaresinol）[5]，咖啡酸（caffeic acid）[6]和松柏醛（coniferaldehyde, i.e.coniferyl aldehyde）[7]；黄酮类：山柰酚（kaempferol）[2]和 5, 7, 4′- 三羟基黄烷酮醇（5, 7, 4′-trihydroxydihydroflavonol）[5]；色原酮类：3, 5, 7- 三羟基色原酮（3, 5, 7-trihydroxychromone）[5]；木脂素类：丁香树脂酚（syringaresinol）[5]；酚酸及其酯类：对羟基苯甲醛（*p*-hydroxybenzaldehyde）、3, 4- 二羟基苯甲醛（3, 4-dihydroxybenzaldehyde）、紫草酸（lithospermic acid）[2]，邻苯二甲酸二 -（2- 乙基己）酯［bis-（2-ethylhexyl）phthalate］、丹酚酸 A（salvianolic acid A）、丹酚酸 C（salvianolic acid C）、丹酚酸 A 甲酯（methyl salvianolate A）、丹酚酸 C 甲酯（methyl salvianolate C）、紫草酸 B 二甲酯（dimethyl lithospermate B）、双 -（2- 乙基己基）邻苯二甲酸酯［bis-（2-ethylhexyl）phthalate］[4]，3, 5- 二甲氧基 -4- 羟基安息香酸（3, 5-dimethoxy-4-hydroxybenzoic acid）[5]，丹酚酸 B、D（salvianolic acid B、D）、异丹酚酸 C（isosalvianolic acid C）[6]，丹参素（danshensu）、原儿茶醛（protocatechuic aldehyde）[8]，香草醛（vanillin）[9]，对羟基苯甲酸（*p*-hydroxybenzoic acid）和苯甲酸（benzoic acid）[10]；芪类：白藜芦醇（reveratrol）[9]；脂肪酸类：α- 棕榈酸甘油酯（α-glyceryl palmitate）[10]；单萜类：5- 羟基龙脑（5-hydroborneol）[2]和归叶棱子芹醇（angelicoidenol）[11]；倍半萜类：鼠尾草二烯醇 A、B（salviadienol A、B）、丁香萜烷 -2β, 9α- 二醇（clovane-2β, 9α-diol）、去氢催吐萝芙木醇（dehydrovomifoliol）、布卢门醇 A（blumenol A）[11]和华鼠尾草醇* A、B（salvianol A、B）[12]；二萜类：对映 -4- 表 - 玛瑙 -18- 酸甲酯（methyl *ent*-4-epi-agath-18-oate）[11]；呋喃类：5- 羟甲基糠醛（5-hydroxymethylfurfural）[11]。

全草含酚酸类：华鼠尾草素* A、B、C、D、E、F（salviachinensine A、B、C、D、E、F）[13]和单阿魏酰 -*R*, *R*-（+）- 酒石酸［mono-feruloyl-*R*, *R*-（+）-tartaric acid］[14]；甾体类：β- 谷甾醇（β-sitosterol）[15]；皂苷类：α- 乳香酸（α-boswellic acid）、齐墩果酸（oleanolic acid）和熊果酸（ursolic acid）[15]；多糖类：石见穿多糖$_3$（$SC_3$）[16]，石见穿多糖$_4$（$SC_4$）[17]，石见穿多糖$_5$（$SC_5$）和石见穿多糖$_6$（$SC_6$）[18]。

**【药理作用】**1. 抗肿瘤　地上部分提取物对肝癌 H22 荷瘤小鼠肿瘤的生长具有明显的抑制作用，高、中、低剂量组的抑瘤率分别为 23.83%、48.93% 和 27.48%，作用机制可能与下调细胞因子 VEGF 含量有关[1]；

从地上部分提取的多糖能有效增加 H22 荷瘤小鼠的脾脏 / 胸腺指数并促进刀豆蛋白 A（Con A）/ 脂多糖（LPS）刺激的脾细胞增殖，同时呈剂量依赖性地增加小鼠外周血单核细胞、脾脏及淋巴结中 $CD8^+T$ 细胞比例并提高 $CD8^+T$ 细胞与自然杀损性（NK）细胞在肿瘤组织中的含量，表现出显著的抗肿瘤免疫增强作用[2]；从全草提取制成的多糖注射液对肺癌 Lewis 小鼠有明显的治疗作用，高、低剂量组的抑瘤率分别为 21.09% 和 14.55%[3]；从全草提取的多糖可抑制胃癌 MGC-803 细胞的迁移能力，作用与抑制 MGC-803 细胞内的白细胞介素 -8（IL-8）蛋白表达水平有关[4]；从地上部分提取的总甾醇对人胃癌 SGC-7901 细胞的增殖具有显著的抑制作用[5]；从地上部分提取的多糖能抑制结肠癌 SW480 细胞的生长，并促进细胞凋亡[6]；地上部分醇提取物在体外能明显抑制人脐静脉内皮细胞（HUVECs）的增殖、迁移和小管形成，改变血管内皮细胞生物学行为[7]。2. 护肝 从全草提取的总酚酸对四氯化碳引起的小鼠急性肝损伤具有保护作用，作用机制可能与抗氧化活性相关[8]；从地上部分提取的多糖对脂多糖（LPS）/D- 氨基半乳糖胺（GalN）诱导的小鼠急性肝衰竭具有保护作用，其作用机制可能与降低肝氧化应激、抑制肝炎症反应和细胞凋亡相关[9]。

**【性味与归经】**苦、辛，平。

**【功能与主治】**清热解毒，活血止痛。用于脘胁胀痛，肝炎，乳腺炎，跌扑损伤，痈肿。

**【用法与用量】**15 ～ 30g。

**【药用标准】**药典 1977、浙江炮规 2015、北京药材 1998、上海药材 1994、山东药材 2002、四川药材 2010、河南药材 1993 和湖南药材 2009。

**【临床参考】**婴幼儿腹泻：根 10g，文火水煎 30min，取汁 100ml，频服或早晚分服[1]。

**【附注】**石见穿之名始载于《本草纲目》，但对其来源、形态等均无记载。《植物名实图考》收载小丹参条，云："叶似丹参而小，花亦如丹参，色淡红，一层五葩，攒茎并翘。"又引唐代钱起《钱起诗集》云："紫参，幽芳也。五葩连萼，状如飞禽羽举。故俗名五鸟花。"根据以上描述并参考其附图，均与本种相似。

鼠尾草 *Salvia japonica* Thunb. 的地上部分在浙江作石见穿药用。

**【化学参考文献】**


[1] 彭勍，任钧国，刘建勋 . 石见穿化学成分［J］. 中国实验方剂学杂志，2016，22（7）：82-84.

[2] 周燕妮，赵亮，郑磊，等 . HPLC-TOF-MS 对中药石见穿化学成分的快速鉴别［J］. 中国中药杂志，2013，38（23）：4109-4112.

[3] Wang Y L，Song D D，Li Z L，et al. Triterpenoids isolated from the aerial parts of *Salvia chinensis*［J］. Phytochemistry Lett，2009，2（2）：81-84.

[4] 高俊峰 . 石见穿化学成分研究［J］. 中国中药杂志，2013，38（10）：1556-1559.

[5] 刘环香，苏汉文，向梅先 . 石见穿药材醋酸乙酯部位化学成分的研究［J］. 中国医院药学杂志，2010，30（19）：1657-1660.

[6] Qian T X，Li L N. Isosalvianolic acid C，a depside possessing a dibenzooxepin skeleton［J］. Phytochemistry，1992，31（3）：1068-1070.

[7] 王业玲，李占林，刘涛，等 . 石见穿化学成分的分离与鉴定［J］. 沈阳药科大学学报，2009，26（2）：110-111，156.

[8] 康琛，李曼玲，王谦，等 . 石见穿化学成分的提取分离及定量分析［J］. 中国实验方剂学杂志，2009，15（7）：1-3.

[9] 曾娟 . 石见穿抗结肠癌细胞增殖活性成分的研究［D］. 广州：华南理工大学硕士学位论文，2014.

[10] 王业玲，李占林，柳航，等 . 石见穿化学成分的研究［C］. 全国天然有机化学学术研讨会 . 2008.

[11] Wang Y L，Li Z L，Zhang H L，et al. New germacrane sesquiterpenes from *Salvia chinensis*［J］. Chem Pharm Bull，2008，56（6）：843-846.

[12] Liu Q，Wang Y L，Xue J J，et al. Two new polyacylated germacrane sesquiterpenes from *Salvia chinensis*［J］. Phytochem Lett，2019，30：130-132.

[13] Wang Q，Hu Z，Li X，et al. Salviachinensines A-F，antiproliferative phenolic derivatives from the Chinese medicinal plant *Salvia chinensis*［J］. J Nat Prod，2018，81：2531-2538.

[14] Qian T X，Yan Z H，Li L N. Mono-feruloyl-*R*，*R*-(+)-tartaric acid from *Salvia chinensis*［J］. J Chin Pharm Sci，1993，2（2）：148-150.

［15］许美娟，林永乐，石金城，等．石见穿化学成分的研究［J］．中草药，1987，18（9）：46.
［16］刘翠平，王雪松，方积年．石见穿多糖 SC3 的化学研究［J］．药学学报，2002，37（3）：189-193.
［17］刘翠平，方积年，李晓玉，等．石见穿酸性多糖 SC4 的结构特征和生物活性［J］．中国药理学报：英文版，2002，23（2）：162-166.
［18］刘翠平，王雪松，方积年．石见穿中两个酸性多糖的化学研究［J］．中草药，2004，35（1）：8-12.

**【药理参考文献】**

［1］柳芳，刘建勋，李军梅，等．石见穿对肝癌 H22 荷瘤小鼠肿瘤生长的影响［J］．中国实验方剂学杂志，2012，18（12）：249-251.
［2］程卓，赵文豪，黄旭，等．石见穿多糖对 H22 荷瘤小鼠的抗肿瘤免疫调节作用［J］．天然产物研究与开发，2016，28（6）：846-851，915.
［3］蔡锡潮，周海玲，覃军，等．石见穿多糖注射液对 Lewis 肺癌小鼠肿瘤抑制率研究［J］．亚太传统医药，2015，11（1）：14-15.
［4］朱红岩，孙玉国，曲杰，等．石见穿多糖抑制人胃癌细胞系 MGC-803 细胞迁移及其机制的初步研究［J］．中国医药导报，2012，9（32）：5-7.
［5］魏清，王燕燕，周政涛，等．石见穿总甾醇对 SGC-7901 细胞的影响［J］．湖北中医药大学学报，2015，17（4）：46-48.
［6］袁平英．石见穿多糖对结肠癌 SW480 细胞增殖与凋亡的影响及机制研究［D］．衡阳：南华大学硕士学位论文，2016.
［7］张善兰，钱晓萍，刘宝瑞，等．石见穿醇提取物对血管内皮细胞生物学行为的影响［J］．江苏医药，2012，38（11）：1257-1260，1236.
［8］陈朋，崔誉蓉，李德芳，等．石见穿总酚酸对小鼠四氯化碳急性肝损伤的保护作用［J］．安徽农业科学，2010，38（9）：4607-4609.
［9］黄旭，张浪，郝吉，等．石见穿多糖对脂多糖和 D- 氨基半乳糖胺联合诱导小鼠急性肝衰竭的保护作用［J］．中国药理学与毒理学杂志，2017，31（4）：311-317.

**【临床参考文献】**

［1］刘卫中，吕波．单味紫参治疗婴幼儿腹泻 22 例［J］．陕西中医，1996，17（12）：551.

## 6. 活血丹属 *Glechoma* Linn.

多年生草本，通常具匍匐茎。茎上升或匍匐。叶对生，叶片圆形、心形或肾形，基部心形，边缘常具圆齿；具长柄。轮伞花序 2 ～ 6 花，稀更多，腋生；苞叶与茎叶同形，小苞片钻形；花萼管状或钟状，近喉部微弯，具 15 脉，顶端 5 齿，齿锐三角形或卵状三角形，成不明显的二唇形，上唇 3 齿略长，下唇 2 齿较短；花冠管状，上部膨大，冠檐二唇形，上唇直立，顶端微凹或 2 裂，下唇平展，3 裂；雄蕊 4 枚，药室长圆形，平行或略叉开，花盘全缘或具微齿，前方呈指状膨大；子房 4 裂，无毛，柱头近 2 等裂。小坚果长圆状卵形，光滑或有小凹点。

约 8 种，广布于欧、亚大陆温带地区。中国 5 种，全国各地均有分布，法定药用植物 1 种。华东地区法定药用植物 1 种。

## 803. 活血丹（图 803）• *Glechoma longituba*（Nakai）Kupr.

**【别名】**金钱草（福建），连钱草（安徽）。

**【形态】**多年生草本，高 10 ～ 30cm。茎匍匐，斜上升，四棱形，节上生根，被倒向的短刚毛。叶片心形、肾形，长 1.8 ～ 3cm，宽 2 ～ 4cm，顶端急尖或钝，基部心形，边缘具粗圆齿，齿端有时微凹，两面均被具节的糙伏毛，叶柄长 1 ～ 5cm。轮伞花序通常有 2 花，稀为 4 ～ 6 花；苞片条形，长 3 ～ 4mm；花萼管状，长 7 ～ 11mm，外被长柔毛，萼檐近二唇形，上唇 3 齿较长，下唇 2 齿较短，卵状三角形，顶

**图 803 活血丹** 摄影 张芬耀

端芒状尖，具缘毛；花冠淡蓝至紫红色，有长筒和短筒两型，长筒的长 1.1 ～ 2.2cm，短筒的常藏于萼内，长 1 ～ 1.4cm，外稍被毛，冠檐二唇形，上唇直立，顶端深裂，下唇 3 裂片较长，中裂片最大，肾形，侧裂片长圆形；雄蕊 4 枚，前对较长，内藏，花药 2 室，略叉开；花盘杯状，微斜，前方呈指状膨大；子房无毛，柱头近 2 等裂。小坚果深褐色，长圆状椭圆形，顶端圆，基部近三棱形，无毛，果脐不明显。花果期 3 ～ 6 月。

**【生境与分布】**生于海拔 50 ～ 2000m 的山坡草地、林缘或溪旁等阴湿地。华东各地均有分布，另除青海、甘肃、新疆及西藏外，全国其他各地均有分布；俄罗斯远东地区及朝鲜、日本也有分布。

**【药名与部位】**连钱草，地上部分。

**【采集加工】**春至秋季采收，除去杂质，干燥或鲜用。

**【药材性状】**长 10 ～ 20cm，疏被短柔毛。茎呈方柱形，细而扭曲；表面黄绿色或紫红色，节上有不定根；质脆，易折断，断面常中空。叶对生，常 5 对，多皱缩，展平后呈肾形或近心形，长 1.5 ～ 3cm，宽 2 ～ 4cm，灰绿色或绿褐色，边缘具圆齿；叶柄纤细，长 1.5 ～ 5cm。轮伞花序腋生，花冠二唇形，长达 2cm。搓之气芳香，味微苦。

**【药材炮制】**除去杂质，洗净，切段，干燥。

**【化学成分】**地上部分含黄酮类：金合欢素（acacetin）、海常素（clerodendrin）、蒙花苷（linarin）[1]，槲皮素（quercetin）[2]，大波斯菊苷（cosmosiin）、芹菜素（apigenin）[3]，木犀草素（luteolin）、芦丁（lutin）[4] 和芹菜素 -7-*O*- 吡喃葡萄糖苷（apigenin-7-*O*-glucopyranoside）[5]；倍半萜类：连钱草酮（glecholone）、6*R*, 9*R*-3- 氧代 -α- 紫罗兰醇（6*R*, 9*R*-3-oxo-α-ionol）、*S*(+)- 去氢催吐萝芙叶醇［*S*(+)-dehydrovomifoliol］、催吐萝芙叶醇（vomifoliol）[2]，异黑麦草内酯（*iso*-loliolide）[3] 和黑麦草内酯（loliolide）[4]；木脂素类：(+)- 落叶松树脂醇［(+)-lariciresinol］、(−)- 丁香树脂醇［(−)-syringaresinol］[3] 和活血丹醇 *A、B、C（glechomol

A、B、C）[6]；酚酸及衍生物：原儿茶醛（protocatechualdehyde）、丁香酸（syringic acid）、4- 乙酰氧基 -3, 5- 二甲氧基苯甲酸（4-acetoxy-3, 5-dimethoxybenzoic acid），即乙酰丁香酸（acetyl syringic acid）、2, 5- 二甲氧基对苯二甲酸（2, 5-dihydroxy-1, 4-benzenedicarboxylic acid）、（*E*）-3-［4-（羧基甲氧基）-3- 甲氧苯基］丙烯酸 {（*E*）-3-［4-（carboxymethoxy）-3-methoxyphenyl］acrylic acid}[4]，邻羟基苯甲酸（*m*-hydroxybenzoic acid）[5] 和 4- 乙基儿茶酚（4-ethylcatechol）[6]；苯丙素类：二氢咖啡酸（dihydrocaffeic acid）、咖啡酸（caffeic acid）[3]、迷迭香酸（rosmanic acid）和迷迭香酸甲酯（methyl rosmanate）[5]；三萜类：木栓酮（friedelin）、齐墩果酸（oleanolic acid）、熊果酸（ursolic acid）[1]，可乐苏酸（corosolic acid）[2]，白桦脂酸（betulic acid）[4]，白桦脂醇（betulinol）、熊果醇（uvaol）、2α, 3α, 23- 三羟基熊果 -12- 烯 -28- 酸（2α, 3α, 23-trihydroxyurs-12-en-28-oic acid）、20- 羟基达玛 -24- 烯 -3- 酮（20-hydroxydammar-24-en-3-one）和达玛 -20（22），24- 二烯 -3β- 醇［dammara-20（22），24-dien-3β-ol］[7]；甾体类：β- 谷甾醇（β-sitosterol）、胡萝卜苷（daucosterol）[1]，豆甾烯醇（stigmastenol）[2] 和豆甾 -4- 烯 -3, 6- 二酮（stigmast-4-en-3, 6-dione）[7]；蒽醌类：大黄素甲醚（physcion）、大黄酚（chrysophanol）[1] 和大黄素（emodin）[4]；脂肪酸类：肉豆蔻酸（myristic acid）[2]；烷醇类：正三十烷醇（*n*-triacontanol）[2]；酰胺类：金色酰胺醇（aurantiamide）[3]。

茎叶含黄酮类：6, 4′- 二甲氧基 -6″, 6″- 二甲氧基吡喃（2″, 3″：7, 8）黄酮［6, 4′-dimethoxy-6″, 6″-dimethoxypyran（2″, 3″：7, 8）flavone］、芹菜素 -7-*O*- 葡萄糖苷（apigenin-7-*O*-glucoside）、木犀草素 -7-*O*- 葡萄糖苷（luteolin-7-*O*-glucoside）和芫花素（genkwanin）[8]；三萜类：白桦脂醇（betulin）、白桦脂酸（betulic acid）、齐墩果酸（oleanolic acid）、熊果酸（ursolic acid）、2α, 3α- 二羟基熊果 -12- 烯 -28- 酸（2α, 3α-dihydroxyurs-12-en-28-oic acid）、2α, 3β- 二羟基熊果 -12- 烯 -28- 酸（2α, 3β-dihydroxyurs-12-en-28-oic acid）、2α, 3α, 24- 三羟基熊果 -12- 烯 -28- 酸（2α, 3α, 24-trihydroxyurs-12-en-28-oic acid）、熊果醇（uvaol）、3β- 羟基 -20, 24- 二烯达玛烷（3β-hydroxy-20, 24-dammardiene），即达玛烷二烯醇（dammardienol）和羟基达玛烯酮 II（hydroxydammarenone II）[8]；倍半萜类：1, 8- 环氧 -7（11）- 吉马烯 -5- 酮 -12, 8- 内酯［1, 8-epoxy-7（11）-germacren-5-one-12, 8-olide］[8]；苯丙素类：迷迭香酸（rosmanic acid）[8]；甾体类：β- 谷甾醇（β-sitosterol）、豆甾醇 -4- 烯 -3, 6- 二酮（stigma-4-en-3, 6-dion）和胡萝卜苷（daucosterol）[8]；脂肪酸类：月桂酸（lauric acid）、正二十四烷酸（*n*-tetracosanoic acid）和正三十烷酸（*n*-melissic acid）[8]；多元羧酸类：琥珀酸（succinic acid）和马来酸（maleic acid）[8]；挥发油类：石竹烯（caryophyllene）、石竹烯氧化物（caryophyllene oxide）、早熟素 I、II（prococene I、II）、喇叭烯（viridiflorene）、异松蒎酮（*iso*-pinocamphone）、β- 荜澄茄油烯（β-cubebene）[9] 和螺岩兰草酮（solavetivone）等[10]。

全草含黄酮类：芹菜素（apigenin）、木犀草素（luteolin）、芹菜素 -7-*O*-β-D- 葡萄糖醛酸乙酯苷（apigenin-7-*O*-β-D-glucuronide ethyl ester）、木犀草素 -7-*O*-β-D- 葡萄糖醛酸乙酯苷（luteolin-7-*O*-β-D-glucuronide ethyl ester）、大波斯菊苷（cosmosiin）、木犀草素 -7-*O*- 葡萄糖苷（luteolin-7-*O*-glucoside）、山柰酚 -7-*O*-β-D- 芸香糖苷（kaempferol-7-*O*-β-D-rutinoside）、芦丁（lutin）、6-*C*- 阿拉伯糖 -8-*C*- 葡萄糖 - 芹菜素（6-*C*-arabinose-8-*C*-glucose-apigenin）、6-*C*- 葡萄糖 -8-*C*- 葡萄糖 - 芹菜素（6-*C*-glucose-8-*C*-glucose-apigenin）、山柰酚 -3-*O*-β-D- 芸香糖苷（kaempferol-3-*O*-β-D-rutinoside）[11]，芫花素（genkwanin）、芹菜素 -7-*O*- 葡萄糖苷（apigenin-7-*O*-glucoside）、金合欢素（acacetin）、槲皮素（quercetin）、芒柄花素（formononetin）[12] 和 3, 6- 二甲氧基 -6″, 6″- 二甲基色烯 -（7, 8, 2″, 3″）- 黄酮［3, 6-dimethoxy-6″, 6″-dimethchromene-（7, 8, 2″, 3″）-flavone］[13]；三萜类：齐墩果酸（oleanolic acid）[12]，熊果酸（ursolic acid）、2α, 3α- 二羟基熊果 -12- 烯 -28- 酸（2α, 3α-dihydroxyurs-12-en-28-oic acid）和 2α, 3β- 二羟基熊果 -12- 烯 -28- 酸（2α, 3β-dihydroxyurs-12-en-28-oic acid）[13]；苯丙素类：阿魏酸（ferulic acid）、绿原酸（chlorogenic acid）[12]，山地香茶菜素 A（oresbiusin A）、阿魏酸乙酯（ethyl ferulate）、*E*- 对羟基肉桂酸（*E*-*p*-hydroxycinnamic acid）、鳞桑酸（trilepisiumic acid）、*E*-3-2, 4- 二羟基苯基 -2- 丙烯酸（*E*-3-2, 4-dihydroxyphenyl-2-acrylic acid）[14]，4- 烯丙基 -2, 6- 二甲氧基苯酚 -1-*O*-β-D- 吡喃葡萄糖苷（4-allyl-2, 6-dimethoxyphenol-1-*O*-β-D-glucopyranoside）、4- 烯丙基 -2- 甲氧基苯酚 -1-*O*-β-D- 吡喃葡萄糖苷（4-allyl-2-methoxyphenol-1-*O*-β-D-glucopyranoside）[15]，迷迭香酸（rosmarinic acid）、迷迭香酸甲酯（methyl rosmarinate）[15, 16]和咖啡酸（caffeic acid）[16]；酚酸类：4- 乙基儿茶酚（4-ethylcatechol）[6]，没食子酸甲酯（methyl gallate）、原儿茶酸（protocatechuic acid）、厚壳树苷 B（ehretioside B）、3, 4- 二羟基苯基乙醇酮（3, 4-dihydroxyphenyl ethanol ketone）、4′- 羟基苯乙酮（4′-hydroxyacetophenone）[14]，间羟基苯甲酸（*m*-hydroxybenzoic acid）和原儿茶醛（protocatechualdehyde）[16]；香豆素类：岩白菜素（bergenin）、去甲岩白菜素（norbergenin）、岩白菜素单水合物（bergenin monohydrate）和降岩白菜素（norbergenin）[14]；木脂素类：连钱草酚 A、B、C（glechomol A、B、C）[6]；芪类：百部芪素 B、D（stilbostemin B、D）[14]；单萜类：2α- 蒎烷 -3- 酮 -2-*O*-β- 吡喃葡萄糖苷（2α-pinan-3-one-2-*O*-β-glucopyranoside）、5α- 蒎烷 -3- 酮 -5-*O*-β- 吡喃葡萄糖苷（5α-pinan-3-one-5-*O*-β-glucopyranoside）和（1*S*, 2*S*, 3*R*）-2, 3- 蒎烷二醇［（1*S*, 2*S*, 3*R*）-2, 3-pinanediol］[15]；倍半萜类：（6*R*, 9*R*）-3- 氧代 -α- 香堇醇 -9-*O*-β-D- 吡喃葡萄糖苷［（6*R*, 9*R*）-3-oxo-α-ionol-9-*O*-β-D-glucopyranoside］、1β, 10α, 4β, 5α- 二环氧 -7αH- 大根老鹳草 -6β- 醇（1β, 10α, 4β, 5α-diepoxy-7αH-germacran-6β-ol）、1α, 5β- 愈创木 -4α, 6β, 10α- 三醇（1α, 5β-guaiane-4α, 6β, 10α-triol）、1α, 5β- 愈创木 -10（14）- 烯 -4α, 6β- 二醇［1α, 5β-guai-10（14）-en-4α, 6β-diol］[15] 和 1, 8- 环氧 -7（11）- 大根老鹳草烯 -5- 酮 -12, 8- 内酯［1, 8-epoxy-7（11）-germacren-5-one-12, 8-olide］[17]；甾体类：β- 谷甾醇（β-sitosterol）和胡萝卜苷（daucosterol）[13]；挥发油类：螺岩兰草酮（solavetivone）、松莰酮（pinocamphone）、（+）- 喇叭烯［（+）-ledene］、β- 葎草烯（β-humulene）[18]，柠檬烯（limonene）、薄荷酮（menthone）、胡薄荷酮（pulegone）、γ- 榄香烯（γ-elemene）和石竹烯（caryophyllene）等[19]；酚类：3, 4- 二羟基苯基乙醇酮（3, 4-dihydroxyphenyl ethanol ketone）、对羟基苯乙酮（4′-hydroxyacetophenone）和 *E*-3-2, 4- 二羟基苯基 -2- 丙烯酸（*E*-3-2, 4-dihydroxyphenyl-2-arylic acid）[14]；呋喃类：5- 羟甲基糠醛（5-hydroxymethylfurfural）[12]。

**【药理作用】**1. 利尿排石　地上部分的乙酸乙酯提取物和乙醇提取物在体外具有明显的溶解人体胆固醇结石作用，能有效降低豚鼠血清总胆固醇（TC）、甘油三酯（TG）、低密度脂蛋白胆固醇（LDL-C）及胆汁中总胆固醇、蛋白质浓度，提高胆汁中胆汁酸、卵磷脂含量[1]；全草的提取物具有较强的利尿作用，能有效促进胆汁的排出，降低胆汁中总胆红素（T・BIL）、直接胆红素的浓度，使胆汁酸的浓度增高，减少胆结石的生成[2]。2. 抗菌　全草的水提取物、醇提取物和挥发油均具有较好的抗菌作用，其挥发油对大肠杆菌、变形杆菌、金黄色葡萄球菌和绿脓杆菌的最低抑菌浓度（MIC）分别为 0.625g/L，2.5g/L，0.156g/L，10g/L；水提取物的最低抑菌浓度分别为 62.5g/L，15.6g/L，15.6g/L，250g/L；醇提取物的最低抑菌浓度分别为 1g/L，62.5g/L，62.5g/L，1g/L[3]。3. 降血糖　地上部分醇提取物能明显降低链脲佐菌素所致糖尿病小鼠的血糖含量，可提高血清超氧化物歧化酶（SOD）含量并降低血清丙二醛（MDA）含量，其降糖机制是增加胰岛内 β 细胞数量[4]。4. 抗炎　全草的水提取物与醇提取物对二甲苯所致小鼠耳肿胀均有显著的抑制作用，对乙酸所致小鼠腹腔毛细血管通透性亦有显著抑制作用，且水提取物对角叉菜胶所致小鼠足肿胀组织中前列腺素 $E_2$（$PGE_2$）的释放和对蛋清所致小鼠足肿胀组织中的组胺、5- 羟色胺的释放有明显的抑制作用[5]。5. 止泻　全草乙醇提取物能显著抑制小鼠小肠碳末推进率，缓解大黄所致小鼠腹泻，对抗新斯的明所致的肠蠕动亢进，抑制豚鼠离体回肠平滑肌收缩，拮抗乙酰胆碱、组胺、氯化钡对离体豚鼠回肠平滑肌的激动作用，表明其具有抑制肠蠕动作用[6]。

**【性味与归经】**辛、微苦，微寒。归肝、肾、膀胱经。

**【功能与主治】**利湿通淋，清热解毒，散瘀消肿。用于热淋，石淋，湿热黄疸，疮痈肿痛，跌扑损伤。

**【用法与用量】**煎服 15 ～ 30g；外用适量，煎汤洗或取鲜品捣烂敷患处。

**【药用标准】**药典 1977—2015、浙江炮规 2005、广西壮药 2008 和广西瑶药 2014 一卷。

**【临床参考】**1. 肌内注射后硬块：鲜全草，加鲜蒲公英，按 1 ∶ 3 比例混合捣烂，加少量 40% 乙醇或黄酒调匀，取 25g 左右的药糊直接敷于硬结处，上面覆盖凡士林纱布及消毒纱布，并用胶布固定，每日换药 1 次[1]。

2. 黄疸型肝炎：全草 60g，加婆婆针 75g，水煎服。

3. 流行性腮腺炎：鲜全草适量，加少量食盐捣烂，敷于患处，或同时敷于两侧。

4. 胆囊炎、胆石症：全草 30g，加马蹄金、匍伏堇各 30g，水煎服；或全草 15g，加过路黄、海金沙各 15g，车前草 30g，水煎服。

5. 乳儿湿疹：鲜全草 30g，捣汁涂敷，亦可煎汤熏洗。（2 方至 5 方引自《浙江药用植物志》）

**【附注】**以金钱草之名载《本草纲目拾遗》，云："其叶对生，圆如钱，……十二月发苗，蔓生满地，开淡紫花，间一二寸，则生二节，节布地生根，叶四周有小缺痕，皱面……。"《植物名实图考》载湿草类，云："活血丹，产九江、饶州，园圃、阶角、墙阴下皆有之。春时极繁，高六七寸，绿茎柔弱，对节生叶，叶似葵菜初生小叶，细齿深纹，柄长而柔。开淡红花，微似丹参花，如蛾下垂。取茎、叶、根煎饮，治吐血、下血有验。入夏后即枯，不易寻矣。"并附有植物图。观其图，并对照上述描写，应是本种。

药材连钱草血虚者及孕妇慎服。

**【化学参考文献】**


[1] 杨念云，段金廒，李萍，等 . 连钱草的化学成分 [J]. 中国天然药物，2006，4（2）：98-100.

[2] 杨念云，段金廒，李萍，等 . 连钱草的化学成分研究（英文）[J]. 药学学报，2006，41（5）：431-434.

[3] 朱求方，王永毅，瞿海斌 . 连钱草的化学成分研究 [J]. 中草药，2013（4）：387-390.

[4] 舒任庚，蔡慧，王晓敏，等 . 连钱草化学成分研究 [J]. 中草药，2017，48（20）：4215-4218.

[5] 于志斌，吴霞，叶蕴华，等 . 连钱草化学成分研究 [C]. 第二届中药现代化新剂型新技术国际学术会议 . 2006：462-464.

[6] Zhu Q F，Wang Y Y，Jiang W，et al. Three new norlignans from *Glechoma longituba* [J]. J Asian Nat Prod Res，2013，15（3）：258-264.

[7] 张前军，杨小生，朱海燕，等 . 连钱草中三萜类化学成分 [J]. 中草药，2006，37（12）：1780-1781.

[8] 张前军 . 连钱草、假木豆化学成分及其抗菌活性研究 [D]. 贵阳：贵州大学博士学位论文，2006.

[9] 周子晔，林观样，林迦勒，等 . 浙产连钱草挥发油化学成分的分析 [J]. 中国现代应用药学，2011，28（8）：737-739.

[10] 陶勇，石米扬 . 连钱草挥发油的气相色谱 - 质谱联用分析 [J]. 时珍国医国药，2011，22（4）：833-834.

[11] 杨念云，段金廒，李萍，等 . 连钱草中的黄酮类化学成分 [J]. 中国药科大学学报，2005，36（3）：210-212.

[12] 黄慧彬，江林，刘杰，等 . 活血丹的化学成分研究 [J]. 中药材，2017，40（4）：844-847.

[13] 张前军，杨小生，朱海燕，等 . 连钱草化学成分研究（英文）[J]. 天然产物研究与开发，2006，18（1）：55-57.

[14] 刘杰，李国强，吴霞，等 . 连钱草的化学成分研究 [J]. 中国中药杂志，2014，39（4）：695-698.

[15] Zhu Y D，Zou J，Zhao W M. Two new monoterpenoid glycosides from *Glechoma longituba* [J]. J Asian Nat Prod Res，2008，10（1-2）：199-204.

[16] 于志斌，吴霞，叶蕴华，等 . 连钱草化学成分研究（英文）[J]. 天然产物研究与开发，2008，20（2）：262-264.

[17] Zhang Q J，Yang X S，Zhu H Y，et al. A novel sesquiterpenoid from *Glechoma longituba* [J]. Chin Chem Lett，2006，17（3）：355-357.

[18] 樊钰虎，周刚，张璐，等 . 连钱草挥发油化学成分的气相色谱 - 质谱分析 [J]. 中国实验方剂学杂志，2010，16（13）：41-44.

[19] 陈月华，智亚楠，陈利军，等 . 自然风干处理前后活血丹挥发油化学组分 GC-MS 分析 [J]. 药物分析杂志，2017，37（8）：1476-1480.


**【药理参考文献】**


[1] 葛少祥，彭代银，刘金旗，等 . 连钱草治疗胆固醇结石的实验研究 [J]. 中药材，2007，30（7）：842-845.

[2] 胡万春，郭宇，喻晓洁 . 连钱草和金钱草利尿利胆活性筛选与比较试验研究 [J]. 中华中医药杂志，2007，（增刊）：234-237.

[3] 陶勇，石米扬 . 连钱草的抑菌活性研究 [J]. 中国医院药学杂志，2011，31（10）：824-825.

[4] 袁春玲，王佩琪，郭伟英 . 连钱草的降血糖作用及其机制研究 [J]. 中药药理与临床，2008，24（3）：57-58.

[5] 陶勇，肖玉秀，石米扬，等 . 连钱草提取物对炎症递质的影响 [J]. 医药导报，2007，26（8）：840-843.

[6] 陶勇，肖玉秀，石米扬，等 . 连钱草乙醇提取物对豚鼠离体肠平滑肌和小鼠肠运动功能的影响 [J]. 中国医院药学杂志，2004，24（2）：3-5.

【临床参考文献】

［1］王桂英.蒲公英加活血丹外敷治疗肌注后硬结［J］.中国民间疗法，2000，8（4）：25.

## 7. 藿香属 *Agastache* Clayton

多年生高大草本。叶对生；叶片通常卵形或狭卵形，叶缘具齿；具叶柄。花两性；轮伞花序多花，聚集成顶生的穗状花序；花萼管状倒圆锥形，具15脉，内面无毛环，坚硬，5齿裂；花冠红色或蓝紫色，冠筒与花萼近等长，内面无毛环，冠檐二唇形，上唇直立，顶端凹陷，下唇开展，3裂，中裂片宽大，边缘波状，基部无爪，侧裂片直伸；雄蕊4枚，2强，外露，花药2室，初时平行，后略叉开；花柱外露，顶端近2等裂；花盘平顶，具不太明显的裂片。小坚果光滑，顶部被毛。

约9种，1种产于亚洲东部，8种产于北美洲。中国1种，分布于华东、东北及河北、云南、贵州、四川等省，法定药用植物1种。华东地区法定药用植物1种。

### 804. 藿香（图804）·*Agastache rugosa*（Fisch.et Mey.）O. Ktze.

**图804 藿香** 摄影 李华东

【**别名**】土藿香（江苏徐州），大藿香（江苏连云港、南通），野薄荷（江苏泰州），野藿香（江苏无锡），苏藿香（江苏苏州）。

【**形态**】多年生草本，高0.5～1m。茎直立，四棱形，被极短的细毛或近无毛。叶片卵状披针形至卵形，长4.5～11cm，宽3～6.5cm，顶端尾状长渐尖，基部心形至截形，边缘具粗齿，上面无毛，下面被微柔毛及密被腺点；叶柄具槽，密被极短的细毛。轮伞花序多花，具短总梗，长约3mm，密被细腺毛，在茎端和枝端密集成圆筒形的穗状花序，长 2.5 ～ 12cm；苞叶条形，长约 5mm；花萼管状倒圆锥形，长约 6mm，被腺状细毛和黄色腺体，顶端 5 齿；花冠淡红色或淡紫色，长约 8mm，外被柔毛，冠檐二唇形，上唇直，顶端微凹，下唇 3 裂，中裂片较大，顶端微凹，边缘波状；雄蕊 4 枚，2 强，伸出花冠，花药 2 室；花盘厚环状；子房顶部裂片具绒毛；花柱与花丝近等长，柱头 2 等裂。小坚果卵状长圆形，褐色，腹面具棱，顶端具短硬毛。花果期 6 ～ 11 月。

**【生境与分布】**华东各地常见栽培，全国其他各地多见栽培；俄罗斯、朝鲜、日本及北美洲也有分布。

**【药名与部位】**藿香（土藿香），地上部分。

**【采集加工】**夏季花开前采收，切段，干燥；或直接干燥。

**【药材性状】**茎呈方柱形，常有对生的分枝，四面平坦或凹入成宽沟；长 30 ～ 90cm，直径 0.2 ～ 1cm；表面绿色或黄绿色；质脆，易折断，断面白色，髓部中空。叶对生，叶片较薄，多皱缩、破碎，完整者展平后呈卵形或长卵形，长 4 ～ 10cm，宽 2 ～ 5cm；上表面深绿色，下表面浅绿色；先端尖或长渐尖，基部圆形或心形，边缘有钝锯齿；叶柄长 1 ～ 4cm。穗状轮伞花序顶生。切段者长 1 ～ 2cm。气香而特异，味淡、微凉。

**【质量要求】**色绿叶满，不开花，香气浓，无根，无杂草。

**【药材炮制】**未切段者，除去老茎及杂质，先抖下叶，筛净另放，茎洗净，润透，切段，晒干，再与叶混匀。

**【化学成分】**地上部分含脂肪酸酯类：十六酸甲酯（methyl hexadecanoate）[1]；甾体类：β- 谷甾醇（β-sitosterol）[1]；黄酮类：金合欢素（acacetin）、芹菜素（apigenin）、田蓟苷（tilianin）[1]，藿香苷（agastachoside）、柳穿鱼苷（linarin）[2]，异藿香苷（*iso*-agastachoside）和藿香素（agastachin）[3]；酚酸类：原儿茶酸（protocatechuic acid）[1]；三萜类：熊果酸（ursolic acid）[1]；挥发油类：甲基丁香酚（methyleugenol）、草蒿脑（estragole）、丁香酚（eugenol）、百里香酚（thymol）、胡薄荷酮（pulegone）、柠檬烯（limonene）、石竹烯（caryophyllene）[4]和百里香醌（thymoquinone）等[5]。

根含三萜类：山楂酸（maslinic acid）、齐墩果酸（oleanolic acid）、3-*O*- 乙酰基齐墩果醛（3-*O*-acetyl oleanolic aldehyde）[6]，古柯二醇 -3-*O*- 乙酸酯（erythrodiol-3-*O*-acetate）[7]，3-*O*- 乙酰齐墩果酸（3-*O*-acetyloleanolic acid）[8]和熊果酸（ursolic acid）[9]；二萜类：去氢藿香酚（dehydroagastol）[6]，藿香酚（agastol）、异藿香酚（isoagastol）[10]，2, 3, 4, 4a, 10, 10a- 六氢 -6, 8- 二羟基 -7-（1- 羟基 -1- 甲基乙基）-5- 甲氧基 -2, 4a- 二甲基 -1- 亚甲基 -9（1H）- 菲酮［2, 3, 4, 4a, 10, 10a-hexahydro-6, 8-dihydroxy-7-（1-hydroxy-1-methylethyl）-5-methoxy-2, 4a-dimethyl-1-methylene-9（1H）-phenanthrenone］[11]，藿香诺酚（agastanol）[12, 13]和藿香醌（agastaquinone）[13, 14]；黄酮类：田蓟苷（tilianin）、金合欢素（acacetin）和藿香苷（agastachoside）[6]；苯丙素类：迷迭香酸（rosmarinic acid）[15, 16]；甾体类：胡萝卜苷（daucosterol）和 β- 谷甾醇（β-sitosterol）[6]。

茎含挥发油类：异胡薄荷酮（*iso*-pulegone）、胡薄荷酮（pulegone）、异薄荷酮（*iso*-menthone）和草蒿脑（estragole）等[17]；黄酮类：异鼠李素 -3-*O*-β-D- 吡喃半乳糖苷（*iso*-rhamnetin-3-*O*-β-D-galactopyranoside）、金丝桃苷（hyperoside）、3, 5, 8, 3′, 4′- 五羟基 -7- 甲氧基黄酮 -3-*O*-β-D- 吡喃葡萄糖苷（3, 5, 8, 3′, 4′-pentahydroxy-7-methoxyflavone-3-*O*-β-D-glucopyranoside）和鸢尾立酮 -7-*O*-α-L- 吡喃鼠李糖苷（irisolidone-7-*O*-α-L-rhamnopyranoside）[18]；脂肪酸类：正三十酸（*n*-triacontanoic acid）[18]。

全草含木脂素类：藿香诺酚（agastanol）和藿香烯酚（agastenol）[19]；挥发油类：β- 杜松烯（β-cadinene）、反香芹醇（*trans*-carveol）、D- 柠檬烯（D-limonene）、β- 波旁醛（β-bourbonene）和 α- 石竹烯（α-caryophyllene）等[20]。

枝叶含二萜类：长管香茶菜贝壳杉素 D（longikaurin D）[21]。

叶含黄酮类：田蓟苷（tilianin）、金合欢素（acacetin）、金合欢素 -7-（2″- 乙酰葡萄糖苷）［acacetin-7-（2″-acetylglucoside）］和金合欢素 7-*O*-（6-*O*- 丙二酰葡萄糖苷）［acacetin 7-*O*-（6-*O*-malonylglucoside）］[22]；

酚酸类：迷迭香酸（rosmarinic acid）[22]；挥发油：甲基胡椒酚（methylchavical）、反式 - 茴萝脑（*trans*-anethole）、dl- 柠檬烯（dl-limonene）、β- 榄香烯（β-elemene）、β- 葎草烯（β-humulene）、芳樟醇（linalool）、β- 丁香烯（β-caryophyllene）、萘（naphthalene）、丁香酚（eugenol）、3- 辛酮（3-octanone）、β- 月桂烯（β-myrcene）、反式 -α- 金合欢烯（*trans*-α-farnesene）、2- 己烯醛（2-hexenal）、3- 甲基环己酮（3-methylcyclohexanone）、2- 环已烯 -1- 酮（2-cyclohexen-1-one）、2- 丙基环戊酮（2-propylcyclopentanone）、1- 辛烯 -3- 醇乙酸酯（1-octen-3-ol acetate）、桧烯（sabinene）、1- 辛烯 -3- 醇（1-octen-3-ol）、β- 波旁老鹳草烯（β-bourbonene）、顺式 -3- 己烯醛（*cis*-3-hexenal）、β- 荜澄茄烯（β-cubebene）、大根老鹳草烯 D（germacrene D）、双环大根老鹳草烯（bicyclogermacrene）、双环榄香烯（bicycloelemene）、顺式 - 异唇萼薄荷酮（*cis-iso*-pulegone）、香桧醇乙酸酯（sabinyl acetate）[23]，D- 柠檬烯（D-limonene）和 4- 甲氧基桂皮醛（4-methoxycinnamaldehyde）[24]。

**【药理作用】**1. 促胃肠蠕动　地上部分的挥发油和水提取物对胃肠动力障碍模型小鼠的肠推进有促进作用，而非挥发油成分可提高正常小鼠的糖代谢功能[1]。2. 抗菌　叶挥发油对金黄色葡萄球菌、大肠杆菌、肠炎沙门氏菌和铜绿假单胞菌的生长均有一定的抑制作用[2]。3. 抗氧化　从枝叶提取的多糖对羟自由基（·OH）有显著的清除作用[3]。4. 抗炎镇痛解热　地上部分挥发油对急性炎症有明显的抑制作用，对由物理、化学刺激引起的疼痛有较强的镇痛作用，对由致热剂引起的大鼠发热有一定的解热作用[4]。

**【性味与归经】**辛，微温。归肺、脾、胃经。

**【功能与主治】**祛暑解表，化湿和胃。用于暑湿感冒，胸闷，腹痛吐泻。

**【用法与用量】**6 ～ 12g。

**【药用标准】**药典 1977、浙江炮规 2015、河南药材 1991、上海药材 1994、辽宁药材 2009、贵州药材 2003、山东药材 2002、甘肃药材 2009、四川药材 1987、新疆药品 1980 二册、新疆维药 1993 和台湾 2013。

**【临床参考】**1. 诺如病毒感染性腹泻：地上部分 10g，加紫苏、白芷、桔梗、厚朴各 10g，大腹皮、茯苓各 15g，半夏、白术各 12g，生甘草 3g，水煎，分 4 次口服，每日 1 剂[1]。

2. 寻常疣：先用温盐水浸泡患处并用无菌刀片去角质层，将藿香正气水（藿香、白芷、苏叶等药味制成）滴于无菌薄棉球，完全覆盖疣体，以薄膜包扎，连续使用至疣体完全消退 1 周后，用同法再治疗 1 次，观察皮肤情况，如有不适尽早复诊[2]。

3. 风寒湿滞型感冒：藿香正气滴丸（藿香、白芷、苏叶等药味制成）口服，每天 2 次，每次 1 袋（2.6g/ 袋），温水冲服，连服 3 天[3]。

4. 感冒：地上部分 9g，加柴胡 4.5g、薄荷 9g、紫罗兰 9g，全部药味分成 4 份，每次取 1 份，加沸水 250ml 冲泡，闷约 5min，过滤后即可饮用，每日可饮 1 ～ 2 份[4]。

5. 急性肠炎：地上部分 9 ～ 30g，水煎（不可久煎），另用蒜头 4 ～ 6 瓣捣烂，和红糖 15g 拌匀，冲服，每天 1 ～ 3 次。

6. 慢性鼻炎、鼻窦炎：藿胆丸（《医宗金鉴》又名清肝保脑丸：藿香叶 240g、猪胆汁 3 只制成）每次 6 ～ 9g，开水送服，或鲜苍耳子 9 ～ 15g，煎汁送服，每天 2 ～ 3 次，连服 2 ～ 4 周；亦可用藿香嫩叶搓成丸，常塞鼻腔内。（5 方、6 方引自《浙江药用植物志》）

**【附注】**《嘉祐本草》、《本草图经》及《本草纲目》等所载之藿香，其来源多指唇形科植物广藿香 *Pogostemon cablin*（Blanco）Benth.。明代卢之颐《本草乘雅半偈》在论及藿香时，云："叶似荏苏，边有锯齿。七月擢穗，作花似蓼，房似假苏，子似茺蔚"。其中"七月擢穗"一语道出了与广藿香根本不同之处，广藿香花期 3 ～ 4 月，且很少结穗，这显然是指本种。《植物名实图考》载："今江西、湖南人家多种之，为辟暑良药。"就其所附藿香图看来，认为亦系本种。

药材藿香不宜久煎，阴虚火旺者禁服。

**【化学参考文献】**

[1] Cao P，Xie P，Wang X，et al. Chemical constituents and coagulation activity of *Agastache rugosa*[J]. BMC

Complementary & Alternative Medicine，2017，17：93.

［2］Zakharova O I，Zakharov A M，Glyzin V I. et al. Flavonoids of *Agastache rugosa*［J］. Khim Prir Soedin，1979，（5）：642-646.

［3］Itokawa H，Suto K，Takeya K. Structures of isoagastachoside and agastachin，new glucosylflavones isolated from *Agastache rugosa*［J］. Chem Pharm Bull，1981，29（6）：1777-1779.

［4］Li H Q，Liu Q Z，Liu Z L，et al. Chemical composition and nematicidal activity of essential oil of *Agastache rugosa* against *Meloidogyne incognita*［J］. Molecules，2013，18：4170-4180.

［5］岳金龙，潘雪峰，王举才. 东北藿香挥发油化学成分分析［J］. 东北林业大学学报，1998，26（1）：72-74.

［6］邹忠梅，丛浦珠. 藿香根的化学研究［J］. 药学学报，1991，26（12）：906-910.

［7］Han D S. Triterpenes from the root of *Agastache rugosa*［J］. Saengyak Hakhoechi，1987，18（1）：50-53.

［8］Han D S，Byon S J. Triterpene from the roots of *Agastache rugosa*（II）［J］. Saengyak Hakhoechi，1988，19（2）：97-98.

［9］Sun R S，Jiang Q. Determination of ursolic acid and oleanolic acid in the root of *Agastache rugosa* by RP-HPLC［J］. Medicinal Plant，2010，1（10）：10-11，15.

［10］Zou Z M，Cong P Z. Diterpenoids from the Roots of *Agastache rugosa*［J］. J Chin Pharm Sci，1997，6（3）：115-118.

［11］Han D S，Kim Y C，Kim S E，et al. Studies on the diterpene constituent of the root of *Agastache rugosa* O. Kuntze［J］. Saengyak Hakhoechi，1987，18（2）：99-102.

［12］Lee H K，Byon S J，Oh S R，et al. Diterpenoids from the roots of *Agastache rugosa* and their cytotoxic activities［J］. Saengyak Hakhoechi，1994，25（4）：319-327.

［13］Min B S，Hattori M，Lee H K，et al. Inhibitory constituents against HIV-1 protease from *Agastache rugosa*［J］. Arch Pharm Res，1999，22（1）：75-77.

［14］Lee H K，Oh S R，Kim J I，et al. Agastaquinone，a new cytotoxic diterpenoid quinone from *Agastache rugosa*［J］. J Nat Prod，1995，58（11）：1718-1721.

［15］Okuda T，Hatano T，Agata I，et al. The components of tannic activities in Labiatae plants. I. rosmarinic acid from Labiatae plants in Japan［J］. Yakugaku Zasshi，1986，106（12）：1108-1111.

［16］Kim H K，Lee H K，Shin C G，et al. HIV integrase inhibitory activity of *Agastache rugosa*［J］. Arch Pharm Res，1999，22（5）：520-523.

［17］林彦君，许莉，陈佳江，等. 川藿香与广藿香挥发油化学成分 GC-MS 对比分析［J］. 中国实验方剂学杂志，2013，19（20）：100-102.

［18］胡浩斌，郑旭东. 藿香的化学成分分析［J］. 化学研究，2005，16（4）：77-79.

［19］Lee C W，Kim H N，Kho Y. Agastinol and agastenol，novel lignans from *Agastache rugosa* and their evaluation in an apoptosis inhibition assay［J］. J Nat Prod，2002，65（3）：414-416.

［20］严雯. 新疆土藿香挥发油及芳香物质的研究［D］. 乌鲁木齐：新疆大学硕士学位论文，2011.

［21］Tian G H，Liu C F，Lai P L，et al. Isolation and characterization of a new diterpenoid compound from *Agastache rugosa*［J］. Medicinal Plant，2011，2（11）：1-4.

［22］Lee H W，Ryu H W，Baek S C，et al. Potent inhibitions of monoamine oxidase A and B by acacetin and its 7-*O*-（6-*O*-malonylglucoside）derivative from *Agastache rugosa*［J］. Int J Biol Macromol，2017，104：547-553.

［23］Kim J H. Phytotoxic and antimicrobial activities and chemical analysis of leaf essential oil from *Agastache rugosa*［J］. Journal of Plant Biology（Seoul，Republic of Korea），2008，51（4）：276-283.

［24］Fujita Y，Ueda T. The essential oils of the plants from various territories. VI. essential oil of *Agastache rugosa*［J］. Nippon Kagaku Zasshi，1957，78：1541-1542.

**【药理参考文献】**

［1］张慧慧. 藿香对小鼠胃肠功能影响的研究［D］. 成都：成都中医药大学硕士学位论文，2014.

［2］Kim J. Phytotoxic and antimicrobial activities and chemical analysis of leaf essential oil from *Agastache rugosa*［J］. Journal of Plant Biology，2008，51（4）：276-283.

［3］刘存芳. 藿香枝叶多糖的提取工艺及其清除羟基自由基作用研究［J］. 氨基酸和生物资源，2012，34（3）：1-3.

［4］解宇环，沈映君，纪广亮，等．香附、藿香挥发油抗炎、镇痛、解热作用的实验研究［J］．四川生理科学杂志，2005，27（3）：137.

**【临床参考文献】**

［1］汪曼云．藿香正气散治疗诸如病毒感染性腹泻 22 例［J］．内蒙古中医药，2010，29（6）：8.
［2］罗继红．藿香正气水外敷治疗寻常疣 31 例［J］．河南中医，2013，33（6）：963-964.
［3］樊涛，张宇，蒋洪丽，等．藿香正气滴丸治疗感冒风寒兼湿滞证的随机对照试验［J］．中国循证医学杂志，2012，12（3）：283-288.
［4］周琪．巧治感冒茶饮［J］．中国民间疗法，2017，25（4）：20.

## 8. 裂叶荆芥属 *Schizonepeta* Briq.

一年生或多年生直立草本。叶片为指状 3 裂，羽状或二回羽状深裂。轮伞花序组成顶生的穗状花序；花萼倒圆锥形，具 15 脉，绿色或上部紫色，顶端 5 齿，齿相等，三角状披针形或披针形，内面无毛。花冠浅紫色至蓝紫色，略超出花萼，冠筒向上部急骤增大成喉部，内面无毛，冠檐二唇形，上唇顶端 2 裂，下唇 3 裂；雄蕊 4 枚，均能育，后对上升到上唇片之下或超过上唇片，前对直伸，药室初平行，最后水平叉开；花盘 4 浅裂，前裂片明显地较大；花柱顶端近 2 等裂。小坚果长圆状三棱形，无毛，极少于顶端微被小毛，着生面小。

约 3 种，分布于亚洲温带地区。中国 3 种，分布于东北、华北及西南，华东、华南多有栽培，法定药用植物 1 种。华东地区法定药用植物 1 种。

### 805. 裂叶荆芥（图 805）• *Schizonepeta tenuifolia*（Benth.）Briq.［*Nepeta tenuifolia* Benth.］

**【别名】**荆芥，泰荆芥（江苏泰州），孟荆芥（江苏常州）。

**【形态】**一年生或二年生直立草本，具强烈香味，高 0.3 ～ 1m。茎基部圆柱形，上部四棱形，被灰白色短柔毛。叶片指状 3 裂，长 1 ～ 3.5cm，宽 1.5 ～ 2.5cm，有时中间裂片再 3 裂，侧裂片 2 裂，裂片披针形或条状披针形，宽 1.5 ～ 4mm，上面疏被短伏柔毛，下面脉上毛较密，有腺点；叶柄纤细，有短柔毛。轮伞花序多花，组成长 2 ～ 13cm 间断的穗状花序；苞片叶状，小苞片条形，极小，被短柔毛和腺点；花萼管状钟形，长约 3mm，具 15 脉，外被短柔毛及腺点，顶端 5 齿，齿三角状披针形或披针形；花冠蓝紫色，长约 4.5mm，外被疏柔毛，冠檐二唇形；雄蕊 4 枚，内藏，后对较长，花药蓝色；柱头近 2 等裂。小坚果长圆状三棱形，长约 1.5mm，褐色，有小点。花果期 5 ～ 9 月。

**【生境与分布】**生于海拔 540 ～ 2700m 的山坡林缘、路边草丛或栽培。分布于山东，华东其他各地有栽培，另华北、东北、西北和西南地区均有分布；朝鲜也有分布。

**【药名与部位】**荆芥，带花序的地上部分。荆芥穗，花穗。

**【采集加工】**荆芥：夏、秋二季花开、穗绿时采收，除去杂质，低温干燥。荆芥穗：夏、秋二季花开到顶、穗绿时采摘，除去杂质，晒干。

**【药材性状】**荆芥：茎呈方柱形，上部有分枝，长 50 ～ 80cm，直径 0.2 ～ 0.4cm；表面淡黄绿色或淡紫红色，被短柔毛；体轻，质脆，断面类白色。叶对生，多已脱落，叶片 3 ～ 5 羽状分裂，裂片细长。穗状轮伞花序顶生，长 2 ～ 9cm，直径约 0.7cm。花冠多脱落，宿萼钟状，先端 5 齿裂，淡棕色或黄绿色，被短柔毛。小坚果棕黑色。气芳香，味微涩而辛凉。

荆芥穗：穗状轮伞花序呈圆柱形，长 3 ～ 15cm，直径约 0.7cm。花冠多脱落，宿萼黄绿色，钟形，质脆易碎，内有棕黑色小坚果。气芳香，味微涩而辛凉。

**【药材炮制】**荆芥：除去杂质，喷淋清水，洗净，润软，切段，低温干燥。炒荆芥：取荆芥饮片，

图 805　裂叶荆芥　　　　摄影　李华东

炒至表面色变深，微具焦斑时，取出，摊凉。荆芥炭：取荆芥，炒至浓烟上冒，表面焦黑色，内部棕褐色时，微喷水，灭尽火星，取出，晾干。

【化学成分】地上部分含三萜皂苷类：2α, 3β, 24- 三羟基 - 齐墩果 -12- 烯 -28- 羧酸（2α, 3β, 24-trihydroxy-olean-12-en-28-oic acid）[1]；萜类：裂叶荆芥萜*A、B（petafolia A、B）[2]；挥发油类：2-异丙基 -5- 甲基环己酮（2-isopropyl-5-methylcyclohexanone）[3]，胡薄荷酮（pulegone）、薄荷酮（menthone）、正十六碳烯酸（*n*-hexadecenoic acid）和十六碳烯酸乙酯（ethyl hexadecenoate）等[4]。

花穗含黄酮类：木犀草素（luteolin）、芹菜素（apigenin）、橙皮苷（hesperidin）、田蓟苷（tilianin）、橙皮素 -7-*O*- 葡萄糖苷（hesperitin-7-*O*-glucoside）[5,6]，5, 7- 二羟基 -6, 4′- 二甲氧基黄酮（5, 7-dihydroxy-6, 4′-dimethoxyflavone）、5, 7- 二羟基 -6, 3′, 4′- 三甲氧基黄酮（5, 7-dihydroxy-6, 3′, 4′-trimethoxyflavone）、5, 7, 4′- 三羟基黄酮（5, 7, 4′-trihydroxyflavone）、5, 4′- 二羟基 -7- 甲氧基黄酮（5, 4′-dihydroxy-7-methoxyflavone）[7]，芹菜苷元 -7-*O*-β-D- 葡萄糖苷（apigenin-7-*O*-β-D-glucoside）、木犀草素 -7-*O*-β-D- 葡萄糖苷（luteolin-7-*O*-β-D-glucoside）和香叶木素（diosmetin）[8]；单萜类：裂叶荆芥苷 A、B（schizonepetoside A、B）[9]，裂叶荆芥苷 C（schizonepetoside C）[10]，裂叶荆芥苷 D、E（schizonepetoside D、E）、裂叶荆芥二醇（schizonodiol）和裂叶荆芥醇（schizonol）[8]；苯丙素类：反式桂皮酸（*trans*-cinnamic acid）[5,6]，咖啡酸（caffeic acid）、迷迭香酸（rosmarinic acid）、迷迭香酸单甲酯（monomethyl rosmarinate）、裂叶荆芥素 A（schizotenuin A）[11]，1- 羧基 -2-（3, 4- 二羟基苯基）- 乙基 -（*E*）-3-{3- 羟基 -4- [（*E*）-1- 甲氧羰基 -2-（3, 4- 二羟基苯基）- 乙烯氧基] } 丙烯酸酯 {1-carboxy-2-（3, 4-dihydroxyphenyl）-ethyl-

（*E*）-3-{3-hydroxy-4-［（*E*）-1-methoxycarbonyl-2-（3, 4-dihydroxyphenyl）-ethenoxy］}propenoate}[12]，（*E*）-3-{3-［1- 羧基 -2-（3, 4- 二羟基苯基）乙氧羰基］-7- 羟基 -2-（3, 4- 二羟基苯基）苯并呋喃 -5- 基 } 丙烯酸 {（*E*）-3-{3-［1-carboxy-2-（3, 4-dihydroxyphenyl）ethoxycarbonyl］-7-hydroxy-2-（3, 4-dihydroxyphenyl）benzofuran-5-yl}propenoic acid}[13] 和 1- 羧基 -2-（3, 4- 二羟基苯基）乙基 -（*E*）-3-{3-［1- 甲氧羰基 -2-（3, 4- 二羟基苯基）- 乙氧羰基］-7- 羟基 -2-（3, 4- 二羟基苯基）- 苯并呋喃 -5- 基 } 丙烯酸酯 {1-carboxy-2-（3, 4-dihydroxyphenyl）ethyl-（*E*）-3-{3-［1-methyoxycarbonyl-2-（3, 4-dihydroxyphenyl）ethyoxycarbonyl］-7-hydroxy-2-（3, 4-dihydroxyphenyl）-benzofuran-5-yl}propenoatel}[14]；三萜类：熊果酸（ursolic acid）[5,6]；单萜类：3- 羟基 -4（8）- 烯 - 对 - 薄荷烷 -3（9）- 内酯［3-hydroxy-4（8）-en-*p*-menthane-3（9）-lactone］、荆芥苷 B（schizonepetoside B）[5,6]，裂叶荆芥二醇（schizonodiol）、裂叶荆芥醇（schizonol）和裂叶荆芥苷 D、E（schizonepetoside D、E）[8]；甾体类：β- 谷甾醇（β-sitosterol）[5,6] 和胡萝卜苷（daucosterol）[7]；挥发油类：胡薄荷酮（pulegone）、异薄荷酮（*iso*-menthone）[15] 和柠檬烯（limonene）等[16]。

全草含萜类：3- 羟基 -4（8）- 烯 - 对 - 薄荷烷 -3（9）- 内酯［3-hydroxy-4（8）-en-*p*-menthane-3（9）-lactone］、1, 2- 二羟基 -8（9）- 烯 - 对 - 薄荷烷［1, 2-dihydroxy-8（9）-en-*p*-menthane］、荆芥二醇（schizonodiol）和荆芥苷 B、E（shizonepetoside B、E）[17]；挥发油类：反式柠檬醛（*trans*-citral）、顺式柠檬醛（*cis*-citral）、对丙烯基苯甲醚（*p*-propenyl anisole）、小茴香醇（fenchyl alcohol）、顺式香叶醇（*cis*-geraniol）、α- 石竹烯（α-caryophyllene）和 β- 桉叶油醇（β-eudesmol）等[18]。

**【药理作用】**1. 解热　全草的水提取物对伤寒、副伤寒甲菌苗与破伤风类毒素混合制剂所致的家兔发热具有显著的解热作用[1]。2. 抗炎　全草的水提取物对二甲苯所致小鼠耳廓肿胀具有明显的抑制作用，对乙酸引起的炎症具有明显的抗炎作用[1]；从地上部分提取的挥发油对二甲苯所致小鼠耳廓肿胀、小鼠腹腔毛细血管通透性亢进有显著的抑制作用（$P < 0.01$），对角叉菜胶所致大鼠足肿胀有显著的抑制作用（$P < 0.01$）[2]。3. 镇痛　地上部分的酯类提取物能明显减少小鼠的扭体反应次数，在给药后 15min、30min、60min 均能显著延长热板所致小鼠疼痛反应的潜伏期，表明荆芥酯类提取物具有显著的镇痛作用[3]。4. 抗病毒　从茎叶及花穗提取的挥发油能显著降低病毒感染小鼠肺组织病毒滴度，能降低甲型流感病毒模型小鼠血清中的白细胞介素 -6（IL-6）、肿瘤坏死因子 -α（TNF-α）的含量，升高干扰素 -α（IFN-α）、干扰素 -β（IFN-β）、白细胞介素 -2（IL-2）含量，从而达到体内抗病毒感染作用[4]。5. 抗肿瘤　高浓度（4 ～ 16mg/ml）的地上部分挥发油对人肺癌 A549 细胞有杀伤作用，低浓度（0.25 ～ 1mg/ml）的挥发油对人肺癌 A549 细胞有诱导细胞凋亡的作用[5]。6. 祛痰平喘　以全草提取的挥发油能直接松弛豚鼠气管平滑肌，最低有效浓度为 $1\times10^{-4}$g/ml，并能对抗组胺、乙酰胆碱所引起的气管平滑肌收缩，能促进酚红由气道排出，具有祛痰作用，其作用机制不仅能抑制过敏豚鼠肺组织和气管平滑肌释放变态反应慢反应物质（SRS-A），而且亦具有直接拮抗变态反应慢反应物质的作用[6]。7. 止血　地上部分炭炮制品脂溶性提取物有显著止血作用，能显著缩短小鼠和家兔的凝血和出血时间[7]。

**【性味与归经】**荆芥：辛，微温。归肺、肝经。荆芥穗：辛，微温。归肺、肝经。

**【功能与主治】**荆芥：解表散风，透疹，消疮。用于感冒，头痛，麻疹，风疹，疮疡初起。荆芥穗：解表散风，透疹，消疮。用于感冒，头痛，麻疹，风疹，疮疡初起。

**【用法与用量】**荆芥：4.5 ～ 9g。荆芥穗：5 ～ 10g。

**【药用标准】**荆芥：药典 1963—2015、浙江炮规 2015、新疆药品 1980 二册、贵州药材 1988 和台湾 2013。荆芥穗：药典 2005—2015 和香港药材四册。

**【临床参考】**1. 慢性支气管炎：地上部分 10g，加炙百部、白前、射干、杏仁、苏子、僵蚕、炙紫菀各 10g，炙甘草 6g、丹参 15g，水煎，分 3 次口服，每日 1 剂[1]。

2. 偏头痛：地上部分 10g 研末，将鸡蛋戳小孔，药末放入鸡蛋中，加满为止，并用筷子将鸡蛋与药末调匀，湿纸糊住鸡蛋小孔，煮熟，蛋、药同食，每日 1 枚，连服 3 枚[2]。

3. 乳腺癌术后颌下淋巴结肿痛：地上部分 12g，加连翘、防风、柴胡、枳壳、黄芩、山栀、白芷各 12g，当归、延胡索、虎杖、桑叶、白芍各 30g，瓜蒌皮 40g，桔梗、甘草各 10g，川芎 15g，水煎服，每日 1 剂[3]。

4. 风寒感冒：地上部分 5g，加淡豆豉 6g、薄荷 3g、生姜 10g，猛火煮 6min，另用 70g 粳米煮粥，将药汁倒入已煮熟的粥中小火再煮 9min，喝粥，因荆芥含挥发油成分不宜久煎[4]。

5. 经期出血：花穗（炒）10g，加女贞子、白芍、白术、茯苓、牡丹皮、栀子各 10g，柴胡、薄荷各 6g，旱莲草 20g，水煎至 400ml，分早晚 2 次服，每日 1 剂[5]。

6. 结膜炎：地上部分 4.5 ～ 9g，水煎服。

7. 急性咽炎：地上部分 6g，加防风 6g，蝉衣、桔梗、甘草各 3g，水煎服；或地上部分 9g，加玄参 15g，水煎服。（6 方、7 方引自《浙江药用植物志》）

**【附注】**以假苏之名始载于《神农本草经》，列入下品。荆芥之名，始见于《吴普本草》，云："叶似落藜而细，蜀中生啖之。"《本草图经》："假苏，荆芥也。生汉中川泽，今处处有之。叶似落藜而细，初生香辛可啖，人取作生菜，古方稀用。近世医家并取花实成穗者，暴干入药，亦多单用，效甚速。江左人谓假苏、荆芥，实两物。假苏叶锐圆，多野生，以香气似苏，故名之。"并绘有成州假苏和岳州荆芥图，依其图形，成州假苏与本种相似。《本草纲目》云："荆芥原为野生，今为世用，遂多栽莳。二月布子生苗，炒食辛香，方茎细叶，似独帚叶而狭小，淡黄绿色。八月开小花，作穗成房，房如紫苏，房内有细子如葶苈子状，黄赤色，连穗收采用之。"其所述形态特征及图，即为本种。

Flora of China 已将裂叶荆芥属 *Schizonepeta* Briq. 归并至荆芥属 *Nepeta* Linn.

以往药材标准均称本种的中文名为"荆芥"，荆芥实为另一种植物 *Nepeta Cataria* Linn.。根据中国药典对荆芥和荆芥穗药材的性状描述及商品药材的性状，本种应为"裂叶荆芥"，中国药典 2020 年版根据我们的研究结果，将把该种中文名订正为"裂叶荆芥"。

药材荆芥表虚自汗，阴虚头痛者禁服，民间尚有凡服荆芥需忌食魚腥一说。

本种的根民间也作药用。

**【化学参考文献】**


[1] 张援虎，石任兵，胡峻，等. 荆芥中一个新三萜的分离和结构鉴定[C]. 中华中医药学会中药化学分会 2006 年度学术研讨会，2006.

[2] Zhao L Z，Jin Y，Han X M，et al. Two new sesquiterpenes from the aerial parts of *Schizonepeta tenuifolia*[J]. J Asian Nat Prod Res，2016，19（2）：152-156.

[3] Yang J Y，Lee H S. Changes in acaricidal potency by introducing functional radicals and an acaricidal constituent isolated from *Schizonepeta tenuifolia*[J]. J Agric Food Chem，2013，61（47）：11511-11516.

[4] 蔡双飞，程康华，令狐荣钢. 荆芥挥发油的超临界 $CO_2$ 萃取分离及 GC-MS 分析[J]. 南京林业大学学报（自然科学版），2007，31（5）：25-28.

[5] 胡峻. 荆芥（穗）有效部位化学成分及其质量标准研究[D]. 北京：北京中医药大学硕士学位论文，2005.

[6] 胡峻，石任兵，张援虎，等. 荆芥穗化学成分研究[J]. 北京中医药大学学报，2006，29（1）：38-40.

[7] 张援虎，周岚，石任兵，等. 荆芥穗化学成分的研究[J]. 中国中药杂志，2006，31（15）：1247-1249.

[8] Oshima Y，Takata S，Hikino H. Validity of the oriental medicines. Part 137. schizonodiol，schizonol，and schizonepetosides D and E，monoterpenoids of *Schizonepeta tenuifolia* spike[J]. Planta Med，1989，55（2）：179-180.

[9] Sasaki H，Taguchi H，Endo T，et al. The constituents of *Schizonepeta tenuifolia* Briq. I. structures of two new monoterpene glucosides，schizonepetosides A and B[J]. Chem Pharm Bull，1981，29（6）：1636-1643.

[10] Kubo M，Sasaki H，Endo T，et al. The constituents of *Schizonepeta tenuifolia* Briq. II. structure of a new monoterpene glucoside，schizonepetoside C[J]. Chem Pharm Bull，1986，34（8）：3097-3101.

[11] Kubo M，Yanagisawa T，Sasaki H，et al. Phenol compounds as lipid peroxide formation inhibitors for therapeutic use[P]. Jpn. Kokai Tokkyo Koho，1992，JP 04187631 A，19920706.

[12] Matsuda M，Kanita M，Hitomi Y，et al. Phenylpropenoic acid derivative as anti-inflammatory agent and its isolation from *Schizonepeta tenuifolia*[P]. Jpn Kokai Tokkyo Koho，1989，JP 01311048 A，19891215.

[13] Matsuda M，Kanita M，Hitomi Y，et al. Isolation of benzofurans from *Schizonepeta tenuifolia* and their antiinflammatory

activity［P］. Jpn Kokai Tokkyo Koho，1989，JP 01311077A，19891215.
［14］Matsuda M，Kanita M，Saito Y，et al. Isolation of benzofuranylpropenoic acid derivative from *Schizonepeta tenuifolia*［P］. Jpn Kokai Tokkyo Koho，1990，JP 02306970A，19901220.
［15］于萍，邱琴，崔兆杰，等. GC/MS 法分析山东荆芥穗挥发油化学成分［J］. 中成药，2002，24（12）：959-962.
［16］邱琴，凌建亚，丁玉萍，等. 超临界 $CO_2$ 流体萃取法与水蒸气蒸馏法提取荆芥穗挥发油化学成分的研究［J］. 色谱，2005，23（6）：646-650.
［17］杨帆，张仁延，陈江弢，等. 中药荆芥的单萜类化合物［J］. 中草药，2002，33（1）：8-11.
［18］谢亚雄，朱雁，刘清. 河南荆芥挥发油的 GC/MS 分析［J］. 质谱学报，2006，（增刊）：107-108.

**【药理参考文献】**

［1］李淑蓉，唐光菊. 荆芥与防风的药理作用研究［J］. 中药材，1989，12（6）：39-41.
［2］解宇环，沈映君. 荆芥挥发油抗炎作用的实验研究［J］. 中国民族民间医药，2009，18（11）：1-2.
［3］祁乃喜，卢金福，冯有龙，等. 荆芥酯类提取物对小鼠的镇痛作用［J］. 南京中医药大学学报，2004，20（4）：229-230.
［4］何婷，汤奇，曾南，等. 荆芥挥发油及其主要成分抗流感病毒作用与机制研究［J］. 中国中药杂志，2013，38（11）：1772-1777.
［5］臧林泉，胡枫，韦敏，等. 荆芥挥发油抗肿瘤作用的研究［J］. 广西中医药，2006，29（4）：60-62.
［6］卞如濂，杨秋火，任熙云，等. 荆芥油的药理研究［J］. 浙江医科大学学报，1981，10（5）：219-223.
［7］丁安伟，吴皓，孔令东，等. 荆芥炭提取物止血机理的研究［J］. 中国中药杂志，1993，18（10）：598-600，638.

**【临床参考文献】**

［1］罗晓燕. 荆芥治疗慢性支气管炎临证心得［J］. 内蒙古中医药，2017，36（3）：56.
［2］刘长涛. 鸡蛋加荆芥治疗偏头痛 21 例［J］. 中国民间疗法，2001，9（6）：38-39.
［3］蒋健. 荆芥连翘汤治疗耳痛验案 6 则［J］. 江苏中医药，2014，46（11）：47-49.
［4］肖怡. 风寒感冒喝荆芥生姜粥［N］. 健康时报，2008-01-31（008）.
［5］张瑛. 荆芥穗治疗妇科疾病运用举隅［J］. 中医临床研究，2016，8（31）：69-70.

## 9. 夏枯草属 *Prunella* Linn.

多年生草本；茎直立或上升。叶片卵状椭圆形或长圆形，近全缘、具锯齿或为羽状分裂。轮伞花序具 6 花，密集成顶生穗状花序；苞片宽大，膜质，具脉，覆瓦状排列；花梗极短或无花梗；花萼管状钟形，具不规则 10 脉，二唇形，上唇扁平，顶端宽截形，具短 3 齿，下唇 2 裂，裂片披针形，果时花萼缢缩闭合；花冠筒内近基部有毛环，冠檐二唇形，上唇直立，盔状，下唇 3 裂，中裂片较大，内凹，具齿状小裂片，侧裂片反折下垂；雄蕊 4 枚，前对较大，均上升至上唇片之下，花丝（尤其是后对花丝）顶端 2 裂，下裂片具花药，上裂片超出花药，药室 2 室，叉开；花盘近平顶，花柱顶端 2 等裂。小坚果圆形，卵形至长圆形，光滑或具瘤，基部具白色果脐。

约 15 种，广布于欧亚温带地区及热带山区，非洲西北部及北美洲也有。中国 3 种 3 变种，分布于全国各地，法定药用植物 3 种。华东地区法定药用植物 2 种。

## 806. 山菠菜（图 806）• *Prunella asiatica* Nakai

**【别名】**灯笼头（江苏）。

**【形态】**多年生草本，有匍匐茎。茎下部伏地，上部上升，高 20 ～ 60cm，钝四棱形，有疏柔毛。叶片卵圆形至卵状长圆形，长 3 ～ 4.5cm，宽 1 ～ 1.5cm，先端钝或急尖，基部楔形，边缘疏生波状圆齿或圆齿状锯齿，叶柄长 1 ～ 2cm；花序下方的 1 ～ 2 对叶较狭长，近于宽披针形。轮伞花序密集组成顶生的穗状花序，每 1 轮伞花序下方具苞片；苞片向上渐小，先端染红色，有长 2 ～ 3mm 的尾尖，边缘有纤毛；花萼二唇形，上唇扁平，宽大，先端有 3 枚截形的短齿，下唇 2 深裂，先端有小刺尖，边缘有缘毛；

图 806 山菠菜　　摄影 徐克学

花冠淡紫色或深紫色，长 1.8 ～ 2.1cm，冠筒长约 10mm，内面近基部有毛环，冠檐二唇形，上唇长圆形，内凹，先端微缺，下唇宽大，3 裂，边缘有流苏状小裂片；雄蕊 4 枚，前对长，均上升至上唇之下，花丝顶端 2 裂，1 裂片有花药，1 裂片超出花药之上，花药 2 室，极叉开；花柱顶端 2 浅裂。小坚果卵状，花期 5 ～ 7 月，果期 8 ～ 9 月。

【生境与分布】生于海拔 1700m 以下的山坡草丛、灌丛及湿地旁。分布于浙江、安徽、江西、江苏、山东，另黑龙江、吉林、辽宁、山西等省均有分布；日本、朝鲜也有分布。

【药名与部位】夏枯草，果穗。

【化学成分】果穗含苯丙素类：咖啡酸（caffeic acid）和迷迭香酸（rosmarinic acid）[1]；黄酮类：槲皮素（quercetin）和芦丁（rutin）[1]；挥发油：环癸酮 -1, 6- 二烯（cyclodecanone-1, 6-diene）、γ- 杜松烯（γ-cadinene）、樟烯（camphene）、顺式 - 丁香烯（*cis*-caryophyllene）和 α- 欧洲赤松烯（α-muurolene）等[2]；脂肪酸类：9, 12- 十八碳二烯酸（9, 12-octadecadienoic acid）、十四酸（tetradecanoic acid）和十六酸（hexadecanoic acid）[2]。

【药理作用】降血压　全草水取物可使血压降低，作用随浓度增大而增强，但浓度达到 50g/100ml 时血压却不再有下降趋势，而是导致家兔心跳加快，呼吸频率加快[1]。

【药用标准】云南药品 1996。

【化学参考文献】

[1] 刘光敏，贾晓斌，陈彦，等 . HPLC 法比较不同产地夏枯草属药材中成分组成的差异性［J］. 中草药，2010，41（8）：1384-1386.

[2] 王海波，张芝玉，苏中武 . 国产 3 种夏枯草挥发油的成分［J］. 中国药学杂志，1994，29（11）：652-653.

【药理参考文献】

[1] 何晓燕，赵淑梅，宫汝淳 . 夏枯草对家兔降压作用机理的研究［J］. 通化师范学院学报，2002，23（5）：100-102.

## 807. 夏枯草（图 807）• *Prunella vulgaris* Linn.

图 807 夏枯草 摄影 李华东

【别名】铁色草（福建），欧夏枯草、羊胡草、棒柱头草（江苏）。

【形态】多年生草本，高 10 ～ 30cm。根茎匍匐，茎疏被具节的硬毛或近无毛。叶片卵状长圆形、狭卵状长圆形或卵圆形，大小不等，长 1.5 ～ 4.5（～ 6）cm，宽 0.7 ～ 2.5cm，顶端钝尖，基部圆形或宽楔形，下延成具狭翅的柄，边缘具不明显波状齿或近全缘，两面近无毛。轮伞花序多花，排列成密集顶生的穗状花序，长 1.5 ～ 4.5cm；苞片宽心形，具放射状脉，顶端骤尖，外被具节硬毛及缘毛；花萼钟状，长约 1cm，二唇形，上唇具 3 个不明显的短齿，下唇 2 裂，果时花萼闭合；花冠紫色、蓝紫色或红紫色，长约 1.3cm，外面无毛，内面近基部有短毛及鳞片状毛环，上唇稍盔状，顶端微凹，仅在脊上有毛，下唇 3 裂，中裂片较大，边缘具流苏状细裂片，侧裂片反折下垂；雄蕊 4 枚，前对花丝较长，略扁平，无毛，顶端 2 齿裂，上齿钻状，下齿具花药，后对花丝不育，齿呈瘤状，花药 2 室，极叉开；花盘近平顶；柱头 2 等裂。小坚果黄褐色，近三棱状长卵形，长约 1.8mm。花期 4 ～ 6 月，果期 7 ～ 10 月。

【生境与分布】生于海拔 3000m 以下的荒坡草地、溪边等处。分布于华东各地，另全国其他各地也多有分布。亚洲，美洲、非洲北部和大洋洲也广泛分布。

夏枯草与山菠菜的区别点：夏枯草花冠长约 1.3cm，略伸出花萼。山菠菜花冠长 1.8 ～ 2.1cm，明显伸出花萼。

【药名与部位】夏枯草，果穗。夏枯全草，全草。

【采集加工】夏枯草：夏季果穗呈棕红色时采收，除去杂质，晒干。夏枯全草：夏季采收，除去杂质，晒干。

【药材性状】夏枯草：呈圆柱形，略扁，长 1.5 ～ 8cm，直径 0.8 ～ 1.5cm；淡棕色至棕红色。全穗由数轮至 10 数轮宿萼与苞片组成，每轮有对生苞片 2 枚，呈心形，先端尖尾状，脉纹明显，外表面有白毛。每一苞片内有花 3 朵，花冠多已脱落，宿萼二唇形，内有小坚果 4 枚，卵圆形，棕色，尖端有白色突起。体轻。气微，味淡。

夏枯全草：长 10 ～ 40cm，茎方形，根状茎节上生须根，茎基部多分枝，具浅槽，紫红色或绿褐色，全体被稀疏的糙毛。叶对生，具柄，叶片卵状长圆形或近圆形，顶端尖，基部楔形，边缘有不明显的波状齿或几近全缘。轮状花序顶生，由数轮至 10 数轮宿萼与苞片组成；每轮有苞片 2 枚，对生，苞片心形，头聚尖；花萼钟状，二唇形，上唇扁平，先端截平，微 3 裂，下唇 2 裂，裂片尖三角形；宿萼内有小坚果 4 枚，棕色；花冠多已脱落。体轻质脆。气微，味淡。

【药材炮制】夏枯草：除去较长的穗梗等杂质，筛去灰屑；或取夏枯草饮片，称重，压块。

【化学成分】地上部分含三萜皂苷类：齐墩果酸（oleanolic acid）、白桦脂酸（betulic acid）、2α, 3α- 二羟基熊果 -12- 烯 -28- 酸（2α, 3α-dihydroxylurs-12-en-28-oic acid）、2α, 3α, 19α- 三羟基熊果 -12- 烯 -28- 酸（2α, 3α, 19α-trihydroxylurs-12-en-28-oic acid）、2α, 3β- 二羟基熊果 -12- 烯 -28- 酸（2α, 3β-dihydroxylurs-12-en-28-oic acid）、2α, 3α, 23- 三羟基熊果 -12- 烯 -28- 酸（2α, 3α, 23-trihydroxylurs-12-en-28-oic acid）、2α, 3β, 24- 三羟基齐墩果 -12- 烯 -28- 酸（2α, 3β, 24-trihydroxyolean-12-en-28-oic acid）、2α, 3α, 19α, 24- 四羟基熊果 -12- 烯 -28- 酸 -28-β-D- 吡喃葡萄糖苷（2α, 3α, 19α, 24-tetrahydroxylurs-12-en-28-oic acid-28-β-D-glucopyranoside）、2α, 3α, 24- 三羟基齐墩果 -12- 烯 -28- 酸（2α, 3α, 24-trihydroxyolean-12-en-28-oic acid）和 2α, 3α, 24- 三羟基熊果 -12- 烯 -28- 酸（2α, 3α, 24-trihydroxylurs-12-en-28-oic acid）[1]。

果穗含三萜皂苷类：夏枯草皂苷 B（vulgarsaponin B）、熊果酸（ursolic acid）、2α, 3α- 二羟基熊果 -12- 烯 -28- 酸（2α, 3α-dihydroxylurs-12-en-28-oic acid）[2], 2α, 3α, 24- 三羟基熊果 -12- 烯 -28- 酸（2α, 3α, 24-trihydroxyursa-12-en-28-oic acid）、2α, 3α, 24- 三羟基齐墩果 -12- 烯 -28- 酸（2α, 3α, 24-trihydroxyolean-12-en-28-oic acid）、2α, 3α, 24- 三羟基熊果 -12, 20（30）- 二烯 -28- 酸［2α, 3α, 24-trihydroxyurs-12, 20（30）-dien-28-oic acid］、2α, 3β- 二羟基齐墩果 -12- 烯 -28- 酸（2α, 3β-didroxyolean-12-en-28-oic acid）、2α, 3β- 二羟基熊果 -12- 烯 -28- 酸（2α, 3β-diydroxyursa-12-en-28-oic acid）[3], 白桦脂酸（betulinic acid）、3- 羟基 -11- 烯 -11, 12- 脱氢 -28, 13- 熊果酸内酯（3-hydroxy-11-en-11, 12-dehydro-28, 13-oic acid lactone）、大戟醇（eburicol）、2α- 羟基熊果酸（2α-hydroxyursolic acid）、β- 香树脂醇（β-amyrin）、齐墩果酸（oleanolic acid）[4], 2α, 3α, 24- 三羟基齐墩果 -12- 烯 -28- 酸（2α, 3α, 24-trihydroxyolean-12-en-28-oic acid）[4, 5], 2α, 3α, 19α, 24- 四羟基熊果 -12- 烯 -28- 酸（2α, 3α, 19α, 24-tetrahydroxylurs-12-en-28-oic acid）[5], 16- 氧 -17- 去甲基 -3β, 24- 二羟基齐墩果 -12- 烯 -3-*O*-β-D- 葡萄糖醛酸苷（16-oxygen-17-demethyl-3β, 24-dihydroxy olean-12-en-3-*O*-β-D-glucuronic acid）[6], 夏枯草皂苷 A（vulgarsaponin A）[7], 2α, 3α-24- 三羟基熊果 -12- 烯 -28- 酸 -28-*O*-β-D- 吡喃葡萄糖酯（2α, 3α-24-trihydroxyurs-12-en-28-oic acid-28-*O*-β-D-glucopyranosyl ester）、铁冬青酸 -28-*O*-α-D- 吡喃葡萄糖基（1→6）-β-D- 吡喃葡萄糖苷［rotundic acid-28-*O*-α-D-glucopyranosyl-（1→6）-β-D-glucopyranoside］[8], 夏枯草新苷 A（prunelloside A）[9], 夏枯草五环苷 I、II*（vulgaside I、II）、2α, 3β, 19α- 三羟基熊果 -12- 烯 -28- 酸（2α, 3β, 19α-trihydroxylurs-12-en-28-oic acid）、2α, 3β, 24- 三羟基熊果 -12- 烯 -28- 酸 -28-β-D- 吡喃葡萄糖苷（2α, 3β, 24-trihydroxyurs-12-en-28-oic acid-28-β-D-glucopyranoside）、2α, 3β, 19α, 24- 四羟基熊果 -12- 烯 -28- 酸 -28-β-D- 吡喃葡萄糖苷（2α, 3β, 19α, 24-tetrahydroxyurs-12-en-28-oic acid-28-β-D-glucopyranoside）、2α, 3α, 19α- 三羟基熊果 -12- 烯 -28- 酸 -28-β-D- 吡喃葡萄糖苷（2α, 3α, 19α-trihydroxyurs-12-en-28-oic acid-28-β-D-glucopyranoside）和 2α, 3α, 19α- 三羟基熊果 -12- 烯 -28- 酸 -28-β-D- 吡喃葡萄糖基 -（1→2）-β-D- 吡喃葡萄糖苷［2α, 3α, 19α-trihydroxyurs-12-en-28-oic acid-28-β-D-glucopyranosyl-（1→2）-β-D-glucopyranoside］[10]；黄酮类：槲皮素（quercetin）、槲皮素 -3-*O*-β-D- 半乳糖苷（quercetin-3-*O*-β-D-galactoside）[2], 金丝桃苷（hyperoside）[5], 槲皮苷（quercitrin）[8], 刺槐素 -7-*O*-β-D- 吡喃葡萄糖苷

（cacetin-7-*O*-β-D-glucopyranoside）[9]，汉黄芩素（wogonin）[11]，橙皮苷（hesperidin）、芦丁（rutin）和槲皮素 -3-*O*-β-D- 吡喃葡萄糖苷（quercetin-3-*O*-β-D-glucopyranoside）[12]；酚酸及苯丙素类：咖啡酸乙酯（ethyl caffeate）[1]，3, 4, α- 三羟基苯丙酸丁酯（butyl 3, 4, α-trihydroxy phenylpropionate）[3]，3, 4, α- 三羟基苯丙酸甲酯（methyl 3, 4, α-trihydroxypropionate）、3, 4- 二羟基苯甲酸（3, 4-dihydroxybenzoic acid）[5]，迷迭香酸甲酯（methyl rosmarinate）、丹参素（danshengsu）[5,6]，咖啡酸 -3- 葡萄糖苷（caffeic acid-3-*O*-glucoside）、反式 - 异迷迭香酸葡萄糖苷（*trans*-salviaflaside）、反式 - 迷迭香酸葡萄糖苷甲酯（*trans*-salviaflaside methyl ester）、丹参素甲酯（3, 4, α-trihydroxy-methylphenylpropionate）、3, 4- 二羟基苯甲醛（3, 4-dihydroxybenzaldhyde）[6]，迷迭香酸（rosmarinic acid）、原儿茶酸（protocatechuic acid）、咖啡酸（caffeic acid）和异迷迭香酸苷（salviaflaside）[13]；甾体类：胡萝卜苷（daucosterol）[5]，豆甾 -7- 烯 -3β- 醇（stigmast-7-en-3β-ol）、豆甾醇（stigmasterol）[7]，5α, 8α- 过氧 -（22*E*, 24*R*）- 麦角 -6, 22- 二烯 -3β- 醇［5α, 8α-epidioxy-（22*E*, 24*R*）-ergosta-6, 22-dien-3β-ol）］[8]，α- 菠菜甾醇（α-spinasterol）[7,8] 和 β- 谷甾醇（β-sitosterol）[8,11]；环肽类：寡肽（autantiamide acetate）[4]；核苷类：胞苷（cytidine）[5]；多糖类：酸性多糖（acidic polysaccharide）[14]，夏枯多糖 00（XKC00）、夏枯多糖 02-A（XKC02-A）、夏枯多糖 02-B（XKC02-B）[15]，夏枯水多糖 -PS1（PW-PS1）、夏枯水多糖 -PS2（PW-PS2）[16]，夏枯草多糖（prunella polysaccharide）[17]，夏枯多糖 P31（P31）和夏枯多糖 P32（P32）[18]；蒽醌类：大黄酚（chrysophanol）和 2- 羟基 -3- 甲基蒽醌（2-hydroxyl-3-methylanthraquinon）[11]；有机酸类：环戊乙酸（cyclopentaneacetic acid）[4]，柠檬酸（citric acid）和葡萄糖酸（gluconic acid）[13]；三萜类：灯架鼠尾草次酮 -12- 甲酯（candelabrone-12-methyl ether）[4]；二萜和倍半萜类：（3*S*, 5*R*, 10*S*）-7- 氧代 -12- 甲氧基松香 -8, 11, 13- 三烯 -3, 11, 14- 三醇［（3*S*, 5*R*, 10*S*）-7-oxo-12-methoxyabieta-8, 11, 13-trien-3, 11, 14-triol］[5] 和（3*R*, 5*S*, 6*S*, 7*E*, 9*R*）- 大柱香波龙 -7- 烯 -3, 5, 6, 9- 四醇 -9-*O*-β-D- 吡喃葡萄糖苷［（3*R*, 5*S*, 6*S*, 7*E*, 9R）-megastigman-7-en-3, 5, 6, 9-tetrol-9-*O*-β-D-glucopyranoside］[6]，木脂素类：（-）- 丁香脂素 -4-*O*-13-D- 吡喃葡萄糖苷［(-)-syringaresinol-4-*O*-13-D-glucopyranoside］[6]；脑苷脂类：远志脑苷脂*（polygalacerebroside）[19]。

花穗含蒽醌类：大黄酸（rhein）[20]；二萜醌类：丹参酮Ⅰ（tanshinone Ⅰ）[20]；甾体类：豆甾 -7, 22- 二烯 -3- 酮（stigmast-7, 22-dien-3-one）[20]；酚酸及苯丙素类：丹参素（danshensu）、丹参素甲酯（3, 4, α-trihydroxy-methylphenylpropionate）[20]，迷迭香酸丁酯（butyl rosmrarnate）、顺式迷迭香酸丁酯（*cis*-butyl rosmrarnate）、迷迭香酸乙酯（ethyl rosmrarnate）、迷迭香酸甲酯（methyl rosmarinate）、迷迭香酸（rosmarinic acid）、对香豆酸（*p*-coumaric acid）、3, 4, α- 三羟基苯丙酸甲酯（methyl 3, 4, α-trihydorxy-phenylprorpionate）[21] 和龙胆酸 5-*O*-β-D-（6′- 水杨酰基）- 吡喃葡萄糖苷［gentisic acid 5-*O*-β-D-（6′-salicylyl）-glucopyranoside］[22]；环肽类：寡肽（autantiamide acetate）[20]。

茎叶含三萜皂苷类：熊果酸（ursolic acid）、1β, 3β- 二羟基熊果烷 -12- 烯 -28- 酸（1β, 3β-dihydroxyurs-12-en-28-oic acid）、2α, 3β- 二羟基熊果烷 -12- 烯 -28- 酸（2α, 3β-dihydroxyurs-12-en-28-oic acid）、3-*O*-α-L- 吡喃阿拉伯糖 -19α- 羟基熊果烷 -12- 烯 -28- 酸（3-*O*-α-L-arabinophyranose-19α-hydroxylurs-12-en-28-oic acid）、3β, 23- 二羟基熊果烷 -12- 烯 -28- 酸（3β, 23-dihydroxyurs-12-en-28-oic acid）、2α, 3β, 19α, 23β- 四羟基熊果烷 -12- 烯 -28- 酸（2α, 3β, 19α, 23β-tetrahydroxyurs-12-en-28-oic acid）和 3α, 19α, 23, 24- 四羟基熊果烷 -12- 烯 -28- 酸（3α, 19α, 23, 24-tetrahydroxyurs-12-en-28-oic acid）[23]。

全草含脂肪酸酯类：十八烷酸甘油脂Ⅰ（glyceroll alkanoates Ⅰ）[24]；酚酸及苯丙素类：3, 4- 二羟基苯甲酸甲酯（methyl 3, 4-dihydroxybenzoate）、对羟基苯甲酸（*p*-hydroxy benzoic acid）和迷迭香酸甲酯（methyl rosmarinate）[24]；香豆素类：伞形花内酯 -7-*O*-β-D- 葡萄糖苷Ⅱ（umbelliferone-7-*O*-β-D-glucoside Ⅱ）[24]；二萜类：夏枯草素 A（vulgarisin A）[25]；三萜皂苷类：β- 香树脂醇乙酸酯（β-amyrin acetate）[24]，白桦脂酸（betulinic acid）、熊果酸（ursolic acid）、2α, 3α- 二羟基熊果烷 -12- 烯 -28- 酸（2α, 3α-dihydroxyurs-12-en-28-oic acid）、2α- 羟基熊果酸（2α-hydroxyursolic acid）[26]，β- 香树脂醇（β-amyrin）、3β- 羟基齐墩果 -12- 烯 -28- 醛（3β-hydroxyolean-12-en-28-aldehyde）、3β- 羟基熊果 -12- 烯 -28- 醛（3β-hydroxyurs-12-en-28-

aldehyde)、齐墩果-12-烯-3β, 28-二醇(olean-12-en-3β, 28-diol), 熊果-12-烯-3β, 28-二醇(ursane-12-en-3β, 28-diol)[27], 2α-羟基熊果酸(2α-hydroxyursolic acid)、齐墩果酸(oleanolic acid)、2α, 3β-二羟基熊果-12-烯-28-酸(2α, 2β, -dihydroxyurs-12-en-28-oic acid)、2α, 3β, 24-三羟基熊果-12-烯-28-酸(2α, 3β, 24-trihydroxyurs-12-en-28-oic acid)和2α, 3α, 19-三羟基熊果-12-烯-28-酸(2α, 3α, 19-trihydroxyurs-12-en-28-oic acid)[28]; 黄酮类: 槲皮素-3-*O*-β-D-吡喃葡萄糖苷(quercetin-3-*O*-β-D-glucopyranoside)、槲皮素-3-*O*-β-D-吡喃半乳糖苷(quercetin-3-*O*-β-D-galactopyranoside)、山柰酚-3-*O*-β-D-吡喃葡萄糖苷(kaempferol-3-*O*-β-D-glucopyranoside)和芦丁(rutin)[28]; 苯丙素类: 3, 4-二羟基苯基乳酸甲酯(methyl 3, 4-dihydroxyphenyllactate)、3, 4-二羟基苯基乳酸乙酯(ethyl 3, 4-dihydroxyphenyllactate)和迷迭香酸乙酯(ethyl rosmarinate)[28]; 甾体类: β-谷甾醇(β-sitosterol)、胡萝卜苷(daucosterol)、(22*E*, 20*S*, 24*S*)-豆甾-7, 22-二烯-3-酮[(22*E*, 20*S*, 24*S*)-stigmata-7, 22-dien-3-one]和α-菠菜甾醇(α-spinasterol)[27]。

根含三萜皂苷类: 3-表山楂酸(3-epimaslinic acid)、2α-羟基熊果酸(2α-hydroxyursolic acid)、栗豆树苷元(bayogenin)、齐墩果酸(oleanolic acid)、熊果酸(ursolic acid)、白桦脂酸(betulinic acid)、山楂酸(maslinic acid)、2α, 3α-二羟基熊果-12, 20(30)-二烯-28-酸(2α, 3α-dihydroxyurs-12, 20(30)-dien-28-oic acid)、刺梨酸A、B(pygenic acid A、B)、(4β)-2α, 3α, 23-三羟基齐墩果-11, 13(18)-二烯-28-酸[(4β)-2α, 3α, 23-trihydroxyoleana-11, 13(18)-dien-28-oic acid]、2α, 3α, 24-三羟基熊果-12, 20(30)-二烯-28-酸[2α, 3α, 24-trihydroxyurs-12, 20(30)-dien-28-oic acid]、2α, 3α, 24-三羟基齐墩果-11, 13(18)-二烯-28-酸(2α, 3α, 24-trihydroxyoleana-11, 13(18)-dien-28-oic acid)[29], (13*S*, 14*R*)-2α, 3α, 24-三羟基-13, 14-环齐墩果-11-烯-28-酸[(13*S*, 14*R*)-2α, 3α, 24-trihydroxy-13, 14-cycloolean-11-en-28-oic acid]和(12*R*, 13*S*)-2α, 3α, 24-三羟基-12, 13-环蒲公英-14-烯-28-酸[(12*R*, 13*S*)-2α, 3α, 24-trihydroxy-12, 13-cyclotaraxer-14-en-28-oic acid][30]; 甾体类: β-谷甾醇(β-sitosterol)、胡萝卜苷(daucosterol)、豆甾醇(stigmasterol)、豆甾-7-烯-3β-醇(stigmast-7-en-3β-ol)、菠菜甾醇(spinasterol)、豆甾醇-3β-*O*-β-D-吡喃葡萄糖苷(stigmasteryl-3β-*O*-β-D-glucopyranoside)、豆甾-7, 22-二烯-3β-*O*-β-D-吡喃葡萄糖苷(stigmasta-7, 22-dien-3β-*O*-β-D-glucopyranoside), 即书带蕨顶苷*(vittadinoside)和豆甾-7-烯-3β-*O*-β-D-吡喃葡萄糖苷(stigmast-7-en-3β-*O*-β-D-glucopyranoside)[31]。

**【药理作用】**1. 护肝　夏枯草总三萜对四氯化碳($CCl_4$)诱导的肝纤维化具有保护作用, 机制可能与下调p-ERK表达, 调控转化生长因子-$β_1$(TGF-$β_1$)/Smad信号通路有关[1, 2]; 夏枯草硫酸多糖对四氯化碳所致大鼠的肝纤维化也表现出很好的保护作用, 机制可能与抑制肝星状细胞活化及抑制胶原合成与沉积, 减少细胞外基质的生成并促进降解有关[3]; 果穗水提取物对吡唑-脂多糖引起的肝损伤具有保护作用, 机制可能是通过抑制细胞色素酶CYP2E1和CYP2A5的蛋白质表达从而降低肝组织内的氧化应激反应有关[4]。2. 抗病毒　水提取物在体外对呼吸道合胞病毒(RSV)有明显的抑制作用, 作用与利巴韦林相当[5]; 从果穗提取的多糖及凝胶在体内和体外均具有抗单纯疱疹的作用[6]。3. 抗甲状腺炎　果穗水提取液或夏枯草胶囊能减轻实验性自身免疫甲状腺大鼠炎症水平, 机制可能是通过下调抗甲状腺抗体、减轻辅助性T细胞Th1类上调和下调Th1/Th2值从而减轻自身免疫甲状腺炎[7, 8]。4. 抗肿瘤　水提取物或夏枯草浸膏能抑制人甲状腺癌SW579细胞和人甲状腺癌K1细胞的生长, 并诱导细胞凋亡[9, 10]; 果穗提取物或制成的注射剂能抑制人T淋巴细胞瘤的生长, 机制可能为下调Bcl-2蛋白, 上调Bax蛋白从而诱导Jurkat和Raji细胞凋亡[11-13], 体外MTT活性筛选法表明其极性部位有一定的抗乳腺癌细胞增殖的作用; 从果穗分离得到的白桦脂酸(betulinic acid)对乳腺癌MCF-7、MDA-MB-231细胞具有明显的抑制作用, 而对正常乳腺MCF-10A细胞的抑制不明显[14, 15]; 水提取物可诱导人乳头瘤病毒(HPV)阳性人宫颈癌SiHa、HeLa细胞的凋亡, 对人乳头瘤病毒阴性细胞无显著作用[16]; 全草乙醇提取物可诱导人结肠癌HCT-8细胞的凋亡[17]; 水煎醇沉提取物在体外可抑制食管癌Eca-109细胞侵袭和转移[18]。5. 抗结肠炎　地上部分乙醇提取物具有抗结肠炎作用, 能有效减轻自发性结肠炎小鼠的炎症反应[19]。6. 抗糖尿病　果穗水煎醇沉提取物对2型糖尿病大鼠具有一定的治疗作用, 可增加大鼠肝糖原含量, 降低大鼠体质量、血糖和胰岛素抵抗指数[20]；水提取物对链脲霉素诱导的小鼠糖尿病视网膜病变具有改善作用[21]。7. 降血压 醇提取物能有效降低自发性高血压大鼠的动脉血压[22]。8. 抗骨质疏松 黄酮组分能改善去卵巢大鼠骨质疏松症状，提升大鼠成骨细胞的功能，减缓骨吸收和骨代谢，促进骨形成，降低骨小梁损失，抑制骨量减少与骨强度的降低[23]。9. 抗肾结石 全草提取物对大鼠肾草酸钙结石具有防治作用，作用机制可能是通过上调大鼠肾脏尿钙调控信号 TRPV5 的表达，降低血清中尿素氮（BUN）、铬元素（Cr）含量及尿液中钙离子（$Ca^{2+}$）的含量[24]。10. 抗抑郁 果穗水提取物能提高小鼠海马组织中的单胺类神经递质、降低炎症因子含量，从而产生抗抑郁作用[25]。11. 抗氧化 夏枯草多糖具有一定的抗氧化作用，在浓度为 0.8mg/ml 时，对羟自由基（·OH）的清除率达 96.25%，浓度为 0.5mg/ml 时，对 1，1- 二苯基 -2- 三硝基苯肼（DPPH）自由基的清除率达 68.81%[26]；夏枯草酸性多糖能有效清除二氧化氮（$NO_2$）自由基，同时具有较强的还原能力和对铁离子的螯合能力[27]。

**【性味与归经】**夏枯草：辛、苦，寒。归肝、胆经。夏枯全草：辛、苦、寒。归肝、胆经。

**【功能与主治】**清肝泻火，明目，散结消肿。用于目赤肿痛，目珠夜痛，头痛眩晕，瘰疬，瘿瘤，乳痈，乳癖，乳房胀痛。夏枯全草：清火，明目，散结，消肿。用于目赤肿痛，目珠夜痛，头痛眩晕，瘰疬，瘿瘤，乳痈肿痛，甲状腺肿大，淋巴结结核，乳腺增生，高血压。

**【用法与用量】**夏枯草：9 ～ 15g。夏枯全草：9 ～ 15g。

**【药用标准】**夏枯草：药典 1963—2015、浙江炮规 2015、贵州药材 1988、四川药材 1987、新疆药品 1980 二册、香港药材三册和台湾 2013；夏枯全草：四川药材 2010。

**【临床参考】**1. 百日咳：全草 15g，加桑白皮、枇杷叶各 12g，黄芩、地骨皮、炒地龙、僵蚕各 9g，甘草 3g，水煎服[1]。

2. 失眠：全草 15g，加制半夏 12g，水煎服，连服 10 剂[1]。

3. 急性扁桃体炎：全草 30 ～ 60g，水煎 2 次，混合药液后分多次口含咽服，1 日服完[1]。

4. 乳房囊性增生：全草 30g，加青皮、香附、当归、赤芍各 9g，水煎服，每日 2 次[2]。

5. 淋巴结炎：全草 20g，加金银花、黄芩 10g，水煎服，每日 2 次[2]。

6. 急性黄疸型肝炎：带果花穗 100g，加茵陈 30g，虎杖 50g，水煎，每日 1 剂，分 2 次口服[3]。

7. 高血压：带果花穗 50g，加决明子、生石膏各 50g，槐角、钩藤、桑叶、茺蔚子、黄芩各 25g，水煎，每日 1 剂，分 3 次口服，10 天 1 疗程[3]。

8. 头目眩晕：鲜带果花穗 60g，加冰糖 15g，水煎去渣，分 2 次饭后服[3]。

9. 肺结核：带果花穗 30g，水煎浓缩成膏，晒干，再加青蒿 3g，炙鳖甲 1.5g 拌匀，1 日 3 次分服。

10. 渗出性胸膜炎、菌痢：带果花穗 45 ～ 60g，加水浓煎，1 日分 3 ～ 4 次服。（9 方、10 方引自《浙江药用植物志》）

**【附注】** 夏枯草始载于《神农本草经》，列为下品。《新修本草》云："此草生平泽，叶似旋覆，首春即生，四月穗出，其花紫白，似丹参花，五月便枯，处处有之。"《本草图经》云："夏枯草，生蜀郡川谷，今河东淮浙州郡亦有之，冬至后生叶似旋覆，三月、四月开花作穗，紫白色，似丹参花，结子亦作穗，至五月枯，四月采。"《本草纲目》云："原野间甚多，苗高一二尺许，其茎微方，叶对节生，似旋覆叶而长大，有细齿，背白多纹，茎端作穗，长一二寸，穗中开淡紫色小花，一穗有细子四粒。"即为本种。

药材夏枯草脾胃虚弱者慎服。

硬毛夏枯草 *Prunella hispida* Benth. 的果穗在云南也作夏枯草药用。

**【化学参考文献】**

[1] Jin Q I，Hu Z F，Liu Z J. Triterpenes from *Prunella vulgaris* [J]. Chin J Nat Med，2009，7（6）：421-424.

[2] 王祝举，赵玉英，涂光忠，等. 夏枯草化学成分的研究 [J]. 药学学报，1999，34（9）：679-685.

[3] 王祝举，赵玉英，王邠，等. 夏枯草中苯丙素和三萜的分离和鉴定（英文）[J]. 中国药学，2000，9（3）：128-130.

［4］柏玉冰，李春，周亚敏，等．夏枯草的化学成分及其三萜成分的抗肿瘤活性研究［J］．中草药，2015，46（24）：3623-3629.
［5］周亚敏，唐洁，熊苏慧，等．夏枯草极性部位的化学成分及其抗乳腺癌活性研究［J］．中国药学杂志，2017，52（5）：40-44.
［6］严东，谢文剑，李春，等．夏枯草化学成分及其体外抗肿瘤活性研究［J］．中国实验方剂学杂志，2016，22（11）：49-54.
［7］田晶，肖志艳，陈雅研，等．夏枯草皂苷 A 的结构鉴定［J］．药学学报，2000，35（1）：29-31.
［8］余茜，戚进，刘守金．夏枯草果穗的化学成分［J］．中国实验方剂学杂志，2012，18（5）：107-109.
［9］张兰珍，郭亚健，涂光忠，等．夏枯草中的一个新三萜皂苷［J］．药学学报，2008，43（2）：169-172.
［10］Yu Q，Qi J，Wang L，et al. Pentacyclic triterpenoids from spikes of *Prunella vulgaris* L. inhibit glycogen phosphorylase and improve insulin sensitivity in 3T3 - L1 adipocytes［J］. Phytother Res，2015，29（1）：73-79.
［11］许道翠，刘守金，俞年军，等．夏枯草果穗的化学成分研究［J］．中国现代中药，2010，12（1）：21-22.
［12］王祝举，唐力英，付梅红，等．夏枯草中的黄酮类化合物研究［J］．时珍国医国药，2008，19（8）：1966-1967.
［13］梁杰康，张琳，严晓明．HPLC-ESI-MS/MS 鉴定夏枯草的主要化学成分［J］．中国中医药现代远程教育，2013，11（14）：153-154.
［14］魏明，熊双丽，金虹，等．夏枯草水溶性酸性多糖的分离及活性分析［J］．食品科学，2010，31（1）：91-94.
［15］冯怡，薛明，姜玲海，等．夏枯草中水溶性多糖的分离纯化及化学研究［J］．中国医院药学杂志，2008，28（6）：431-434.
［16］Du D，Lu Y，Cheng Z，et al. Structure characterization of two novel polysaccharides isolated from the spikes of *Prunella vulgaris* and their anticomplement activities［J］. J Ethnopharmacol，2016，193：345-353.
［17］Xu H X，Lee S H，Lee S F，et al. Isolation and characterization of an anti-HSV polysaccharide from *Prunella vulgaris*［J］. Antivir Res，1999，44（1）：43-54.
［18］Feng L，Jia X B，Shi F，et al. Identification of two polysaccharides from *Prunella vulgaris* L. and evaluation on their anti-lung adenocarcinoma activity［J］. Molecules，2010，15（8）：5093-5103.
［19］Gu X J，Li Y B，Mu J，et al. Chemical constituents of *Prunella vulgaris*［J］. J Environ Sci，2013，25：S161-S163.
［20］顾晓洁，李友宾，李萍，等．夏枯草花穗化学成分研究［J］．中国中药杂志，2007，32（10）：923-926.
［21］王祝举，赵玉英，王邠，等．夏枯草中的缩酚酸类化合物（英文）［J］．中国实验方剂学杂志，2001，（sl）：157-161.
［22］顾晓洁，李友宾，穆军，等．夏枯草中的新酚苷类成分（英文）［J］．药学学报，2011，46（5）：561-563.
［23］蔡凡，严启新．夏枯草茎叶中三萜类成分研究［J］．广东药科大学学报，2016，32（4）：428-430.
［24］郑姗，梁光义，潘卫东．贵州夏枯草的抗结核化学成分研究［J］．中国民族医药杂志，2016，22（4）：44-46.
［25］Zhang J，Zheng S，Pan W，et al. Vulgarisin A，a new diterpenoid with a rare 5/6/4/5 ring skeleton from the Chinese medicinal plant *Prunella vulgaris*［J］. Cheminform，2015，45（42）：2696-2699.
［26］Ryu S Y，Oak M H，Yoon S K，et al. Anti-allergic and anti-inflammatory triterpenes from the herb of *Prunella vulgaris*［J］. Planta Med，2000，66（4）：358-360.
［27］孟正木，何立文．夏枯草化学成分研究［J］．中国药科大学学报，1995，26（6）：329-331.
［28］盖春艳，孔德云，王曙光，等．夏枯草化学成分研究［J］．中国医药工业杂志，2010，41（8）：580-582.
［29］Kojima H，Tominaga H，Sato S，et al. Constituents of the Labiatae plants. Part 2. pentacyclic triterpenoids from *Prunella vulgaris*［J］. Phytochemistry，1987，26（4）：1107-1111.
［30］Kojima H，Tominaga H，Sato S，et al. Constituents of the Labiatae plants. Part 3. two novel hexacyclic triterpenoids from *Prunella vulgaris*［J］. Phytochemistry，1988，27（9）：2921-2925.
［31］Kojima H，Sato N，Hatano A，et al. Constituents of the Labiatae plants. Part 5. sterol glucosides from *Prunella vulgaris*［J］. Phytochemistry，1990，29（7）：2351-2355.

**【药理参考文献】**

［1］章圣朋，何勇，徐涛，等．夏枯草总三萜调控 ERK、TGF-β1/Smad 通路对肝纤维化大鼠的保护作用研究［J］．中国药理学通报，2015，31（2）：261-266.
［2］章圣朋，刘晓平，沈杰，等．夏枯草总三萜对乙醛刺激的肝星状细胞作用及部分机制［J］．中国临床药理学与治疗学，

2015，20（4）：404-408.

［3］付月月，朱兰平，张国梁，等．夏枯草硫酸多糖对 $CCl_4$ 致大鼠肝纤维化及 TGF-β_1 诱导的大鼠肝星状细胞活化的影响［J］．中国实验方剂学杂志，2018，24（14）：147-152.

［4］米克热木·沙衣布扎提，陈琛，王萌，等．夏枯草水提取物对吡唑－脂多糖诱导肝损伤的保护作用［J］．食品安全质量检测学报，2016，7（6）：2334-2338.

［5］黄筱钧．夏枯草体外对呼吸道合胞病毒的抑制作用［J］．中国老年学杂志，2016，36（12）：2840-2842.

［6］蔡双璠，杨扬，吴蓉，等．夏枯草多糖及凝胶抗单纯疱疹病毒的药效学研究［J］．世界科学技术－中医药现代化，2017，19（2）：247-253.

［7］俞灵莺，傅晓丹，章晓芳，等．夏枯草干预实验性自身免疫甲状腺炎 Th1/Th2 失衡的研究［J］．中华全科医学，2018，16（5）：725-728，743.

［8］余欣然，向楠．夏枯草对 AIT 大鼠 TSH、TGAb、TPOAb 及 Th 相关细胞因子表达的调节作用研究［J］．国际检验医学杂志，2018，39（13）：1543-1546.

［9］张静，王瑛，赵华栋，等．中药夏枯草对人甲状腺癌细胞系 SW579 增殖周期及凋亡的影响［J］．现代生物医学进展，2011，11（23）：4434-4436.

［10］熊燚，赵敏，谭剑斌，等．夏枯草诱导人甲状腺乳头状癌细胞 K1 增殖和凋亡的影响及其作用机制［J］．现代生物医学进展，2017，17（13）：2401-2406.

［11］Chen C Y，Wu G，Zhang M Z. The effects and mechanism of action of *Prunella vulgaris* l extract on jurkat human T lymphoma cell proliferation［J］. The Chinese-German Journal of Clinical Oncology，2009，8（7）：426-429.

［12］章红燕，姜建伟，何福根，等．夏枯草提取物对 T 淋巴瘤模型小鼠免疫机制的调控效果［J］．中华中医药学刊，2014，32（4）：811-813.

［13］张可杰，张明智，王庆端，等．夏枯草对 Raji 细胞生长和凋亡相关基因蛋白表达的影响［J］．中药材，2006，29（11）：1207-1210.

［14］周亚敏，唐洁，熊苏慧，等．夏枯草极性部位的化学成分及其抗乳腺癌活性研究［J］．中国药学杂志，2017，52（5）：362-366.

［15］柏玉冰，李春，周亚敏，等．夏枯草的化学成分及其三萜成分的抗肿瘤活性研究［J］．中草药，2015，46（24）：3623-3629.

［16］范鹏莺．夏枯草提取物对人乳头瘤病毒阳性宫颈癌细胞的凋亡作用［J］．药物评价研究，2016，39（3）：388-393.

［17］方翌，张铃，林薇，等．夏枯草诱导人结肠癌细胞 HCT-8 的凋亡［J］．福建中医药大学学报，2014，24（3）：46-48.

［18］郑学芝，郑学海，郑学华，等．夏枯草对食管癌 Eca-109 细胞体外侵袭和转移的影响［J］．中国食物与营养，2014，20（8）：68-70.

［19］Kelley M H，Meghan J B，Anne-Marie C O，et al. Orally administered extract from *Prunella vulgaris* attenuates spontaneous colitis in mdr1a$^{(-/-)}$mice［J］. World Journal of Gastrointestinal Pharmacology and Therapeutics，2015，6（4）：223-237.

［20］田硕，刘铜华，孙文，等．夏枯草提取物对 2 型糖尿病 ZDF 大鼠肝糖原代谢的影响［J］．中国实验方剂学杂志，2018，24（10）：101-106.

［21］梅茜钰，袁瑗，周玲玉，等．夏枯草对 STZ 诱导的小鼠糖尿病视网膜病的改善作用［J］．上海中医药大学学报，2016，30（5）：51-55.

［22］徐丽丽．夏枯草醇性成分对高血压大鼠血压的影响研究［J］．海峡药学，2014，26（4）：48-50.

［23］刘华，钟业俊，吴丹．夏枯草黄酮对去卵巢大鼠骨质疏松的抑制作用［J］．现代食品科技，2014，30（8）：6-11.

［24］何彦丰，高锐，江涛，等．夏枯草提取物抑制大鼠肾草酸钙结石形成作用的研究［J］．福建医科大学学报，2017，51（4）：223-227.

［25］刘亚敏，栗俞程，李寒冰，等．夏枯草水提取物抗抑郁作用研究［J］．中药新药与临床药理，2017，28（4）：440-444.

［26］熊双丽，李安林．夏枯草多糖的清除自由基及抗氧化活性［J］．食品研究与开发，2010，31（11）：61-64.

［27］王莹莹，熊双丽，史敏娟，等．夏枯草酸性多糖的理化性质分析及其抗氧化活性［J］．精细化工，2012，29（5）：476-481.

**【临床参考文献】**

［1］苏新民 . 夏枯草的临床应用［N］. 上海中医药报，2012-10-05（003）.
［2］马建国 . 夏枯草验方［N］. 中国中医药报，2013-12-12（005）.
［3］徐希俊 . 夏枯草药用小方［N］. 民族医药报，2004-10-15（003）.

## 10. 益母草属 *Leonurus* Linn.

一年生或多年生直立草本，常分枝。叶对生，茎下部叶宽大，3 ～ 5 裂，上部叶及花序上的苞叶渐狭或 3 裂，裂片渐狭，边缘具缺刻。轮伞花序多花，腋生，稀疏间断或密集成穗状花序；小苞片钻形或刺状；花萼倒圆锥形或管状钟形，5 脉，顶端 5 齿，近相等或呈不明显二唇形，下唇 2 齿较长，靠合，上唇 3 齿直立；花冠筒伸出，冠檐二唇形，上唇直伸，全缘，下唇 3 裂，开展；雄蕊 4 枚，前对较长，开花时卷曲或向下弯，后对平行排列于上唇片之下，花药 2 室，药室平行；花盘平顶；花柱顶端 2 等裂。小坚果扁三棱形，顶端平截，基部楔形，无毛。

约 20 种，分布于欧洲、亚洲温带地区，少数种逸生于美洲、非洲各地。中国 12 种，分布于全国各地，法定药用植物 3 种 1 变种。华东地区法定药用植物 1 种。

## 808. 益母草（图 808）• *Leonurus japonicus* Houtt.［*Leonurus artemisia*（Lour.）S. Y. Hu；*Leonurus heterophyllus* Sweet］

**图 808　益母草**　　　　摄影　赵维良等

**【别名】**铁麻干、野芝麻（浙江），野麻、九重楼（江苏），野故草、红花艾（福建），三角小胡麻、爱母草（江西）。

**【形态】**一年生或二年生草本，高30～120cm。茎钝四棱形，微具槽，被倒向的糙伏毛，老时渐秃净，多分枝。下部茎生叶片卵形，掌状3～5裂，裂片再分裂，早凋；中部茎生叶片常3裂，基部狭楔形；上部叶片宽条形、条状披针形，全缘或具少数牙齿，两面密被短柔毛；叶柄长1～3cm至近无柄。轮伞花序腋生；小苞片针刺状，较萼筒短；花萼筒状钟形，长6～8mm，外密被伏柔毛，具5脉，顶端5齿，齿刺状，前2齿靠合，后3齿较短；花冠粉红色到淡紫色，长1～1.5cm，花冠筒下部具毛环，冠檐二唇形，上唇直伸，外被白色柔毛，内面无毛，下唇3裂，中裂片较大，倒心形，下唇与上唇近等长或略短于上唇；雄蕊4枚；花柱顶端2等裂，子房无毛。小坚果长圆状三棱形，褐色，无毛。花果期5～10月。

**【生境与分布】**生于原野路旁、山坡林缘、草地、溪边等。分布于华东各地，另全国其他各地均有分布；朝鲜、日本、非洲及美洲热带地区也有分布。

**【药名与部位】**童子益母草，基生叶或幼苗。益母草，新鲜或干燥地上部分。益母花，花冠。茺蔚子，成熟果实。

**【采集加工】**童子益母草：秋末冬初采挖，除去杂质，晒干。益母草：夏季茎叶茂盛、花未开或初开时采收，晒干。益母花：夏季花初开时采收，除去杂质，晒干。茺蔚子：秋季果实成熟时采收，除去杂质，干燥。

**【药材性状】**童子益母草：根略呈圆柱形，直径0.5cm左右，土黄色，具环纹。具较短茎或无茎。基生叶丛生，多皱缩卷曲；展平后为广卵圆形至圆心形，直径达4cm，上表面灰黄绿色，下表面灰绿色，两面均被糙伏毛，边缘5～9浅裂，每一裂片又具2～3钝齿，叶柄纤细，长1～4cm。气清香，味微淡。

益母草：鲜益母草 花前期茎呈方柱形，上部多分枝，四面凹下成纵沟，长30～60cm，直径0.2～0.5cm；表面青绿色；质鲜嫩，断面中部有髓。叶交互对生，有柄；叶片青绿色，质鲜嫩，揉之有汁；下部茎生叶掌状3裂，上部叶羽状深裂或浅裂成3枚，裂片全缘或具少数锯齿。气微，味微苦。

干益母草茎表面灰绿色或黄绿色；体轻，质韧，断面中部有髓。叶片灰绿色，多皱缩、破碎，易脱落。轮伞花序腋生，小花淡紫色，花萼筒状，花冠二唇形。切段者长约2cm。

益母花：呈棒状，上部粗，向下渐细，长1～1.3cm。表面淡紫色或淡棕色。上部二唇形，上唇长圆形，全缘，外面密被白色长毛；下唇三裂，中央裂片倒心脏形；外面被短柔毛，基部联合成管。雄蕊4枚，着生在花冠筒内。气微，味淡。

茺蔚子：呈三棱形，长2～3mm，宽约1.5mm。表面灰棕色至棕褐色，有深色斑点。一端稍宽，平截状，另端渐窄而钝尖。果皮薄，子叶2枚，类白色，富油性。气微，味苦。

**【药材炮制】**益母草：除去杂质及直径5mm以上的老茎，抢水洗净，略润，切段，干燥。益母草炭：取益母草饮片，炒至表面焦黑色，内部棕褐色，喷淋清水少许，熄灭火星，取出，晾干。

益母花：除去杂质，筛去灰屑。

茺蔚子：除去杂质，洗净，干燥。

**【化学成分】**地上部分含黄酮类：芹菜素-7-*O*-甲醚（apigenin-7-*O*-methyl ether）、槲皮素-3-β-D-葡萄糖苷（quercetin-3-β-D-glucoside）、山柰酚-3-*O*-β-D-吡喃葡萄糖苷（kaempferol-3-*O*-β-D-glucopyranoside）[1]，大豆素（daidzein）、槲皮素（quercetin）、5, 7, 3′, 4′, 5′-五甲氧基黄酮（5, 7, 3′, 4′, 5′-pentamethoxy flavone）、汉黄芩素（wogonin）[2]，银锻苷（tiliroside）[3]，芦丁（rutin）、薰衣草叶苷（lavandulifolioside）[4]，槲皮素-3-*O*-刺槐双糖苷（quercetin-3-*O*-robinobioside）、异槲皮苷（*iso*-quercitrin）、金丝桃苷（hyperin）、芹菜素（apigenin）、芫花素（genkwanin）[5]，异熏衣草叶苷（isolavandulifolioside）、5, 7, 3′, 4′, 5′-五甲氧基黄酮（5, 7, 3′, 4′, 5′-pentamethoxy-flavone）[6]，筋骨草苷（ajugoside）[7]，斯皮诺素（spinosin）、蒙花苷（linarin）和芹菜素-7-*O*-β-D-吡喃葡萄糖苷（apigenin-7-*O*-β-D-glucopyranoside）[8]；酚酸类：4-羟基-3, 5-二甲氧基苯甲酸（4-hydroxy-3, 5-dimethoxybenzoic acid）、3, 4, 5-三甲氧基苯甲酸（3, 4, 5-trimethoxybenzoic acid）、丁香酸甲酯（methyl syringate）[1]，丁香酸（syringic acid）、苯甲酸（benzoic acid）、邻羟基苯甲酸（salicylic acid）[4]，1, 6- 二 -*O*- 丁香酚基 -β-D- 吡喃葡萄糖（1, 6-di-*O*-syringoyl-β-D-glucopyranose）、（3-*O*- 丁香酚基 -α-L- 吡喃鼠李糖基）-（1→6）-β-D- 吡喃葡萄糖苷［（3-*O*-syringoyl-α-L-rhamnopyranosyl）-（1→6）-β-D-glucopyranoside］[9]，3- 羟基 -l-（4- 羟基 -3, 5- 二甲氧基苯基）-1- 丙酮［3-hydroxy-l-（4-hydroxy-3, 5-dimethoxyphenyl）-1-propanone］、香草酸（vanillic acid）、咖啡酸（caffeic acid）、4- 羟基 -2, 6- 二甲氧基苯酚 -1-*O*-β-D- 葡萄糖苷（4-hydroxy-2, 6-dimethoxyphenol-1-*O*-β-D-glucoside）、2-（羟甲基）苯酚［2-（hydroxymethyl）phenol］、香草醇（vanillyl alcohol）、4- 甲酰基 -2, 6- 二甲氧基苯甲酸（4-formyl-2, 6-dimethoxybenzoic acid）、3/4- 阿魏酰基 -4/3- 丁香葡萄糖二酸（3/4-feruloyl-4/3-syringic glucaric acid）、2/5- 阿魏酰基 -4/3- 丁香葡萄糖二酸（2/5-feruloyl-4/3-syringic glucaric acid）、2/5- 丁香 -4/3- 阿魏酰葡萄糖二酸（2/5-syringic-4/3-feruloyl glucaric acid）、绿原酸（chlorogenic acid）[10] 和 5- 阿魏酰 -3- 丁香葡萄糖二酸（5-feruloyl-3-syringoyl glucaric acid）[11]；生物碱类：益母草碱（leonurine）[3]、全斯托碱 *（transtorine）[10] 和西贝碱 -3β-D- 葡萄糖苷（imperialine-3β-D-glucoside）[8]；氨基酸类：*N*, *N*, *N*- 三甲基色氨酸（*N*, *N*, *N*-trimethyl tryptophan）和色氨酸（Try）[10]；核苷类：腺苷（adenosine）[4]；环肽类：环益母多肽 C、D、G、H（cycloleonuripeptide C、D、G、H）[8]；苯丙素类：松柏醇（coniferyl alcohol）[10]；甾体类：豆甾醇（stigmasterol）[4]，β- 谷甾醇（β-sitosterol）[7]、胡萝卜苷（daucosterol）[12]，（22*E*, 24*R*）-5α, 8α- 过氧化麦角甾 -6, 9（11），22- 三烯 -3β- 醇［（22*E*, 24*R*）-5α, 8α-epidioxyergosta-6, 9（11），22-trien-3β-ol］、（22*E*, 24*R*）-5α, 8α- 表二氧 -6, 22- 麦角甾二烯 -3β- 醇［（22*E*, 24*R*）-5α, 8α-epidioxyergosta-6, 22-dien-3β-ol］和（22*E*）- 麦角甾 -6, 9, 22- 三烯 -3β, 5α, 8α- 三醇［（22*E*）-ergosta-6, 9, 22-trien-3β, 5α, 8α-triol］[13]；苯乙醇苷类：益母草诺苷 C、D、E、F（leonoside C、D、E、F）、毛蕊花苷（verbascoside）、肉苁蓉苷 E（cistanoside E）、薰衣草叶水苏（lavandulifolioside）、异洋丁香酚苷（isoacteoside）、2-（3, 4- 二羟基苯乙基）-*O*-α-L- 吡喃阿拉伯糖基 -（1→2）-α-L- 吡喃鼠李糖基 -（1→3）-6-*O*-β-D- 吡喃葡萄糖苷［2-（3, 4-dihydroxyphenethyl）-*O*-α-L-arabinopyranosyl-（1→2）-α-L-rhamnopyranosyl-（1→3）-6-*O*-β-D-glucopyranoside］、酪醇 -8-*O*-β-D- 吡喃葡萄糖苷（tyrosol-8-*O*-β-D-glucopyranoside）、酪醇（tyrosol）、苯乙基 -*O*-α-L- 吡喃阿拉伯糖基 -（1→6）-β-D- 吡喃葡萄糖苷［phenethyl-*O*-α-L-arabinopyranosyl-（1→6）-β-D-glucopyranoside］和 2-（2- 羟乙基）-4- 甲氧基苯甲酸［2-（2-hydroxyethyl）-4-methoxybenzoic acid］[10]；酰胺类：益母草酰胺（leonuruamide）[12]；倍半萜类：大柱香波龙烷（megastigmane）[7]，布卢门醇 A（blumenol A）[10]，7α（H），10α- 桉叶 -4- 烯 -3- 酮 -2β, 11, 12- 三醇［7α（H），10α-eudesm-4-en-3-one-2β, 11, 12-triol］、7α（H）- 桉叶 -4, 11（12）- 二烯 -3- 酮 -2β- 羟基 -13-β-D- 吡喃葡萄糖苷［7α（H）-eudesm-4, 11（12）-dien-3-one-2β-hydroxy-13-β-D-glucopyranoside］、省沽油香堇苷 E（staphylionoside E）[10]，益母草素（leonujaponin）[14]，柑橘苷 A（citroside A）、9- 羟基大柱香波龙 -4, 7- 二烯 -3- 酮 -9-*O*-β-D- 吡喃葡萄糖苷（9-hydroxymegastigma-4, 7-dien-3-one-9-*O*-β-D-glucopyranoside）、7α（H）- 桉叶 -4, 11（12）- 二烯 -3- 酮 -2β- 羟基 -13-β-D- 吡喃葡萄糖苷［7α（H）-eudesm-4, 11（12）-dien-3-one-2β-hydroxy-13-β-D-glucopyranoside］[15]，（-）-（1*S**, 2*S**, 3*R**）-3- 乙氧花侧柏 -5- 烯 -1, 2- 二醇［（-）-（1*S**, 2*S**, 3*R**）-3-ethoxycupar-5-en-1, 2-diol］、（-）-（1*S**, 4*S**, 9*S**）-1, 9- 乙氧甜没药 -2, 10- 二烯 -4-ol［（-）-（1*S**, 4*S**, 9*S**）-1, 9-epoxybisabola-2, 10-dien-4-ol］、3- 酮基 -α- 紫罗兰酮（3-oxo-α-ionone）、（+）- 去氢催吐萝芙叶醇［（+）-dehydrovomifoliol］、（+）-3- 羟基 -β- 紫罗兰酮［（+）-3-hydroxy-β-ionone］、青蒿素 B（arteannuin B）、扁柏螺烯醛（chamigrenal）[16]，（-）- 黑麦草内酯［（-）-loliolide］、（3*S*, 5*R*, 6*S*, 7*E*, 9*R*）-5, 6- 环氧 -3, 9- 二羟基 -7- 大柱香波龙烯［（3*S*, 5*R*, 6*S*, 7*E*, 9*R*）-5, 6-epoxy-3, 9-dihydroxy-7-megastigmene］、6- 环氧 -3- 羟基 -7- 大柱香波龙烯 -9- 酮［6-epoxy-3-hydroxy-7-megastigmen-9-one］、（6*S*, 9*R*）- 催吐萝芙叶醇［（6*S*, 9*R*）-vomifoliol］和（7*E*, 9ξ）-9- 羟基 -5, 7- 大柱香波龙二烯 -4- 酮［（7*E*, 9ξ）-9-hydroxy-5, 7-megastigmadien-4-one］[1]；二萜类：益母草酮 A、B（heteronone A、B）[6]，益母草萜宁 F（leoheteronin F）[13]，益母草宁素 C、G、H、I、J、K、L（leojaponin C、

G、H、I、J、K、L）、益母草宁素（leojaponin）、（+）-14, 15- 二降半日花 -8- 烯 -7, 13- 二酮［（+）-14, 15-bisnorlabda-8-en-7, 13-dione］[1]，益母草宁素 E、F（leojaponin E、F）[17]，6β- 羟基 -15, 16- 环氧半日花 -8, 13（16）, 14- 三烯 -7- 酮［6β-hydroxy-, 15, 16-epoxylabda-8, 13（16）, 14-trien-7-one］[18]，（-）-（3*R*, 5*S*, 7*R*, 8*R*, 9*R*, 10*S*, 13*R*, 15*R*）-3- 乙酰氧基 -7- 羟基 -15- 乙氧基 -9, 13；15, 16- 二环氧半日花 -6- 酮［（-）-（3*R*, 5*S*, 7*R*, 8*R*, 9*R*, 10*S*, 13*R*, 15*R*）-3-acetoxy-7-hydroxy-15-ethoxy-9, 13；15, 16-diepoxylabdan-6-one］、（-）-（5*S*, 7*R*, 8*R*, 9*R*, 10*S*, 13*R*, 15*R*）-7- 羟基 -15- 乙氧基 -9, 13；15, 16- 二环氧半日花 -6- 酮［（-）-（5*S*, 7*R*, 8*R*, 9*R*, 10*S*, 13*R*, 15*R*）-7-hydroxy-15-ethoxy-9, 13；15, 16-diepoxylabdan-6-one］、（+）-（5*S*, 7*R*, 8*R*, 9*R*, 10*S*, 13*S*, 15*R*）-7- 羟基 -15- 乙氧基 -9, 13；15, 16- 二环氧半日花 -6- 酮［（+）-（5*S*, 7*R*, 8*R*, 9*R*, 10*S*, 13*S*, 15*R*）-7-hydroxy-15-ethoxy-9, 13；15, 16-diepoxylabdan-6-one］、（-）-（5*S*, 7*R*, 8*R*, 9*R*, 10*S*, 13*S*, 15*S*）-7- 羟基 -15- 甲氧基 -9, 13；15, 16- 二环氧半日花 -6- 酮［（-）-（5*S*, 7*R*, 8*R*, 9*R*, 10*S*, 13*S*, 15*S*）-7-hydroxy-15-methoxy-9, 13；15, 16-diepoxylabdan-6-one］、（-）-（3*R*, 5*S*, 7*R*, 8*R*, 9*R*, 10*S*, 13*S*, 15*S*）-3- 乙酰氧基 -7- 羟基 -15- 甲氧基 -9, 13；15, 16- 二环氧半日花 -6- 酮［（-）-（3*R*, 5*S*, 7*R*, 8*R*, 9*R*, 10*S*, 13*S*, 15*S*）-3-acetoxy-7-hydroxy-15-methoxy-9, 13；15, 16-diepoxylabdan-6-one］、（+）-（5*S*, 7*R*, 8*R*, 9*R*, 10*S*, 13*S*, 15*R*）-7- 羟基 -15- 甲氧基 -9, 13；15, 16- 二环氧半日花 -6, 16- 二酮［（+）-（5*S*, 7*R*, 8*R*, 9*R*, 10*S*, 13*S*, 15*R*）-7-hydroxy-15-methoxy-9, 13；15, 16-diepoxylabdan-6, 16-dione］[19]，异益母草素*（isoleojaponin）[20]，益母草可酚*（leonuketal）[21]，前西班牙巴洛草醇酮（prehispanolone）和异前益母草灵素（isopreleoheterin）[22]；木脂素类：益母草木脂素（heterolignan）[6]，（-）- 松脂酚［（-）-pinoresinol］和（-）- 丁香树脂酚［（-）-syringaresinol］[1]；三萜类：（23*S*）-23- 甲氧基 - 环阿尔廷 -24- 烯 -3β- 醇［（23S）-23-methoxy-cycloarta-24-en-3β-ol］、22α- 甲氧基 -20- 蒲公英赛烯 -3β- 醇（22α-methoxy-20-taraxastene-3β-ol）、12- 齐墩果烯 -3β, 21β- 二醇（12-oleanene-3β, 21β-diol）[23]，大枣烯酸（zizyberenalic acid）、20*S*-17β, 29- 环氧 -28- 降羽扇豆烷 -3β- 醇（20*S*-17β, 29-epoxy-28-norlupan-3β-ol）、28- 降羽扇豆 -20（29）- 烯 -3β, 17β- 二醇［28-norlup-20（29）-en-3β, 17β-diol］和 28- 降羽扇豆 -20（29）- 烯 -3β- 羟基 -17β- 氢过氧化物［28-norlup-20（29）-en-3β-hydroxy-17β-hydroperoxide］；单萜类：6- 羟基 -2, 6- 二甲基 -2, 7- 辛二烯酸（6-hydroxy-2, 6-dimethyl-2, 7-octadienoic acid），即辛二烯酸（menthiafolic acid）[17]；挥发油类：（+）-α- 蒎烯［（+）-α-pinene］、蘑菇醇（3-octenol）、β- 侧柏烯（β-thujene）、正己酸乙酯（ethyl caproate）、桉树脑（cineole）、罗勒烯（ocimene）、庚酸乙酯（cognac oil）、壬醛（1-nonanal）、龙脑烯醛（cyclopentene）、左旋樟脑（l-camphor）、2, 6- 二甲基 -8-（四氢吡喃 -2- 氧基）- 辛 -2, 6- 二烯 -1- 醇［2, 6-dimethyl-8-（tetrahydropyran-2-oxy）-octa-2, 6-dien-1-ol］、冰片（borneol）、辛酸乙酯（ethyl caprylate）、癸醛（decanal）、反式 - 乙酸异戊酯（*trans*-chrysanthenyl acetate）、γ- 榄香烯（γ-elemene）、α- 荜澄茄油烯（α-cubebene）、l- 石竹烯（l-caryophyllene）、大根香叶烯 D（germacrene D）、双环吉玛烯（bicyclogermacrene）、d- 杜松烯（d-cadinene）和氧化石竹烯（caryophyllene oxide）[24]；苯醌类：2, 6- 二甲氧基苯醌（2, 6-dimethoxybenzoquinone）[10]。

茎叶含萜类：益母草酸*A、B（leojaponic acid A、B）[25]，益母草酮*A（leojaponicone A）、异益母草酮*A（isoleojaponicone A）和甲基异益母草酮*A（methy lisoleojaponicone A）[26]。

叶含二萜类：前益母草灵素（preleoheterin）、益母草宁素（leojaponin）、13- 表 - 前益母草灵素（13-epi-preleoheterin）和异前益母草灵素（isopreleoheterin）[27]。

果实含皂苷类：益母草齐墩果内酯*A、B、C、D（leonurusoleanolide A、B、C、D）[28]，益母草齐墩果内酯*E、F、G、H、I、J（leonurusoleanolide E、F、G、H、I、J）[29]，益母草柔素*A、B（leonuronin A、B）、乌基诺酸*（urjinolic acid）、2α, 3β, 23- 三羟基齐墩果 -11, 13（18）- 二烯 -28- 酸［2α, 3β, 23-trihydroxyoleana-11, 13（18）-dien-28-oic acid］、β- 香脂檀醇（β-amyrenol）[30]，糙苏四醇 B（phlomistetraol B）和益母草素 A（leonujaponin A）[31]；环肽类：环益母多肽 A、B、C（cycloleonuripeptide A、B、C）[32]，环益母多肽 E、F（cycloleonuripeptide E、F）[33] 和环益母草瑞宁（cycloleonurinin）[34]；甾体类：β- 谷甾醇吡喃葡萄糖苷（β-sitosterol glucopyranoside）[28]；酰胺类：橙黄胡椒酰胺乙酸酯（aurantiamide acetate）[28]；香豆素类：

橙皮油烯醇（auraptenol）[28]。

全草含生物碱类：益母草碱（leonurine）、水苏碱（stachydrine）[35]，益母草定（leonuridine）和益母草宁（leonurinine）[36]；核苷类：次黄苷（inosine）和鸟苷（vernine）[35]；氨基酸：左旋色氨酸（*L*-Try）和苯丙氨酸（Phe）[35]；黄酮类：芹菜素（apigenin）、银椴苷（tiliroside）、山柰酚-3-*O*-（6″-*O*-顺式对香豆酰基）-β-D-吡喃葡萄糖苷［kaempferol-3-*O*-（6″-*O*-*cis*-*p*-coumaroyl）-β-D-glucopyranoside］、山柰酚-3-*O*-芸香糖苷（kaempferol-3-*O*-rutinoside）、筋骨草苷（ajugoside）[37]，槲皮素-3-*O*-β-D-吡喃葡萄糖苷（quercetin-3-*O*-β-D-glucopyranoside）、金丝桃苷（hyperoside）、槲皮素-3-*O*-芸香糖苷（quercetin-3-*O*-rutinoside）、槲皮素-3-*O*-刺槐糖苷（quercetin-3-*O*-robinoside）、山柰酚-3-*O*-β-D-吡喃葡萄糖苷（kaempferol-3-*O*-β-D-glucopyranoside）、山柰酚-3-*O*-β-D-吡喃半乳糖苷（kaempferol-3-*O*-β-D-galactopyranoside）、山柰酚-3-*O*-β-刺槐双糖苷（kaempferol-3-*O*-β-robinobinoside）、山柰酚-3-新橙皮苷（kaempferol-3-*neo*-hesperidoside）、芹菜素-7-*O*-β-D-吡喃葡萄糖苷（apigenin-7-*O*-β-D-glucopyranoside）[38]，芦丁（rutin）、异槲皮苷（*iso*-quercitrin）和异鼠李素-3-*O*-芸香糖苷（*iso*-rhamnetin-3-*O*-rutinoside）[39]；苯丙素和酚酸类：反式阿魏酸（*trans*-ferulic acid）[37]，4-羟基-2, 6-二甲氧基苯基-1-*O*-β-D-吡喃葡萄糖苷（2, 6-dimethoxy-4-hydroxyphenol-1-*O*-β-D-glucopyranoside）、苯乙基-β-D-吡喃葡萄糖苷（phenethyl-β-D-glucopyranoside）[38]，益母草瑞苷A、B（leonuriside）A、B[39]，4-羟基苯甲醛（4-hydroxybenzaldehyde）、香荚兰素（vanillin）和4′-羟基-2, 3-二氢桂皮酸二十四醇酯（4′-hydroxy-2, 3-dihydrocinnamic acid tetracosyl ester）[40]；叠烯类：益母草叠烯酸酯A（leonuallenote A）[41]；香豆素类：佛手柑内酯（bergapten）、花椒毒素（xanthotoxin）、异茴芹内酯（*iso*-pimpinellin）、异栓翅芹醇（*iso*-gosferal）、异欧前胡素（*iso*-imperatorin）、橙皮内酯水合物（meransin hydrate）、异橙皮内酯（*iso*-meranzin）、九里香酮（murrayone）、橙皮油内酯烯（auraptenol）和欧芹酚甲醚（osthol）[42]；木脂素类：（−）-戈米辛$K_1$［（−）-gomisin $K_1$］、二甲基戈米辛J（dimethylgomisin J）和（+）-芝麻素［（+）-sesamin］[40]；环烯醚萜类：益母草苷（leonuride）[39]；倍半萜类：（−）-（1*S**, 2*S**, 3*R**）-3-乙氧花侧柏-5-烯-1, 2-二醇［（−）-（1*S**, 2*S**, 3*R**）-3-ethoxycupar-5-en-1, 2-diol］、（−）-（1*S**, 4*S**, 9*S**）-1, 9-环氧没药-2, 10-二烯-4-醇［（−）-（1*S**, 4*S**, 9*S**）-1, 9-epoxybisabola-2, 10-dien-4-ol］、青蒿素B（arteannuin B）、花柏醛（chamigrenal）、（2*S*, 5*S*）-2-羟基-2, 6, 10, 10-四甲基-1-氧杂螺环［4.5］癸-6-烯-8-酮{（2*S*, 5*S*）-2-hydroxy-2, 6, 10, 10-tetramethyl-1-oxaspiro［4.5］dec-6-en-8-one}、3-氧代-α-香堇酮（3-oxo-α-ionone）、（+）-去氢催吐萝芙木醇［（+）-dehydrovomifoliol］、（+）-3-羟基-β-香堇酮［（+）-3-hydroxy-β-ionone］[13]，布卢门醇A（blumenol A）、（3*S*, 6*E*）-8-羟基芳樟醇-3-*O*-β-D-吡喃葡萄糖苷［（3*S*, 6*E*）-8-hydroxylinalool-3-*O*-β-D-glucopyranoside］和（3*R*, 9*R*）-9-*O*-β-D-吡喃葡萄糖基-3-羟基-7, 8-二去氢-β-紫罗兰醇［（3*R*, 9*R*）-9-*O*-β-D-glucopyranosyl-3-hydroxy-7, 8-didehydro-β-ionol］[37]；苯乙醇苷类：地黄苷（martynoside）[37]；脂肪酸及其酯类：（*E*）-4-羟基-月桂-2-烯二酸［（*E*）-4-hydroxy-dodec-2-enedioic acid］[35]，十八碳-5, 6-二烯酸甲酯（methyl octadeca-5, 6-dienoate）、二十一烷酸（heneicosanoic acid）、花生酸（arachidic acid）、二十七烷酸（heptacosanoic acid）和肉豆蔻酸甲酯（methyl myristate）[41]。

**【药理作用】**1. 改善心肌　地上部分制成的注射液具有抗心肌缺血的作用，能明显降低大鼠心肌缺血过程中升高的全血黏度、血浆黏度、血沉及血浆纤维蛋白原，并可降低二磷酸腺苷（ADP）及胶原诱导的血小板凝聚率[1]；地上部分制成的注射液对心肌缺血再灌注损伤有保护作用，能明显降低大鼠心肌缺血再灌注心律失常发生率[2]；地上部分提取物在体外对阿霉素所致的心肌细胞受损具有保护作用[3]；从地上部分提取的生物碱能改善大鼠急性心肌梗死后的心功能[4]；地上部分制成的注射液能通过扩张微血管、增加器官血流量、降低血黏度和抑制血小板聚集，对弥散性血管内凝血（DIC）大鼠具有治疗作用[5]；地上部分水提取物能改善异丙肾上腺素（ISO）致大鼠心肌重构模型胶原表达异常[6]；地上部分制成的注射液能有效防治糖尿病、心肌病大鼠心肌凋亡，增强增殖作用，改善超微结构异常[7]。2. 改善淋巴循环　地上部分制成的注射液可使弥散性血管内凝血（DIC）大鼠的肠淋巴流量、淋巴细胞输出量显著升高，淋巴液黏度降低，淋巴液中淋巴细胞数增加，且单核细胞所占比例上升，从而达到改善淋巴循环障碍的作用[8]；地上部分制成的注射液通过降低淋巴液黏度对失血性休克大鼠的淋巴循环障碍也有保护作用[9]。3. 促子宫收缩　地上部分制成的注射液能显著增强流产后大鼠子宫收缩活动，其中水溶性生物碱部位是促进子宫收缩的主要部位[10]。4. 增强免疫　地上部分的粉末能显著提高泌乳后期母鼠脾脏淋巴细胞转化率，表现出免疫增强作用[11]。5. 抗白血病　从地上部分分离到的槲皮素 -3-*O*- 洋槐双糖苷（quercetin-3-*O*-robinobioside）、芦丁（rutin）、异槲皮苷（*iso*-quercitrin）、金丝桃苷（hyperoside）、槲皮素（quercetin）、芹菜素（apigenin）和苯甲酸（benzoic acid）对人白血病 K562 细胞具有不同程度的抑制作用[12]。6. 抗氧化　地上部分制成的注射液可抑制失血性大鼠肝、肾、心、肺等组织器官中的一氧化氮（NO）的产生与释放[13]；从地上部分提取得到的多糖具有较强的清除超氧阴离子自由基（$O_2^-$•）和羟自由基（•OH）的作用[14]。7. 抗光老化　益母草生粉外用对紫外线照射所致皮肤光老化的损害有保护和修复作用，其作用机制为调控 Bax/Bcl-2 蛋白表达来减少细胞凋亡[15, 16]。8. 抗炎镇痛　从地上部分提取的总生物碱有明显的抗炎、镇痛和抗痛经作用，对缩宫素引起的大鼠在体子宫和前列腺素 $E_2$ 引起的小鼠在体子宫强烈收缩有显著的缓解作用，并表现出一定的量效关系，对热刺激引起的疼痛反应也有缓解作用，对角叉菜胶引起的大鼠渗出性炎症和肉芽肿形成的慢性炎症有明显的抑制作用[17]。9. 抗乙酰胆碱酯酶　地上部分分离到的 5 个苷类化合物的水解产物咖啡酸（caffeic acid）、槲皮素（quercetin）、香豆酸（pcoumaric acid）、山柰酚（kaempferol）和羟基酪醇（hydroxytyrosol）具有较强的抗乙酰胆酯酶作用[18]；地上部分分离到的益母草酮 A*（leojaponicone A）、异益母草酮 A*（*iso*-leojaponicone A）和甲基异益母草酮 A*（methyl-*iso*-leojaponicone A）具有较强的抑制乙酰胆酯酶的作用[19]。

**【性味与归经】**童子益母草：辛、苦，微寒。益母草：苦、辛，微寒。归肝、心包经。益母花：苦、甘，微寒。茺蔚子：辛、苦，微寒。归心包、肝经。

**【功能与主治】**童子益母草：活血，祛瘀，调经，消水。用于月经不调，痛经，产后血晕，瘀血腹痛，胎漏难产，胞衣不下，崩中漏下，尿血，泻血，痈肿疮疡，恶露不尽，急性肾炎水肿。益母草：活血调经，利尿消肿。用于月经不调，痛经，经闭，恶露不尽，水肿尿少，急性肾炎水肿。益母花：行血补血，消水解毒。用于经产诸病，水肿。茺蔚子：活血调经，清肝明目。用于月经不调，经闭，痛经，目赤翳障，头晕胀痛。

**【用法与用量】**童子益母草：4.5 ～ 9g。益母草：9 ～ 30g。鲜品 12 ～ 40g。益母花：6 ～ 10g。茺蔚子：4.5 ～ 9g。

**【药用标准】**童子益母草：上海药材 1994 和甘肃药材 2009；益母草：药典 1977—2015、浙江炮规 2015、贵州药材 1965、内蒙古蒙药 1986、新疆药品 1980 二册、香港药材三册和台湾 2013；益母花：江苏药材 1989；茺蔚子：药典 1977—2015、浙江炮规 2015、贵州药材 1965、内蒙古蒙药 1986、新疆药品 1980 二册、藏药 1979 和台湾 2013。

**【临床参考】**1. 痤疮：地上部分制成颗粒剂（含生药 15g），清水溶解后加入面膜粉中（高黏土、矿物泥等）调成糊状，用软毛刷均匀涂敷于面部皮肤，厚约 2mm，露出口眼鼻，30min 后洗去，1 周 2 次，4 周为 1 疗程，同时负离子喷雾、按摩，去除粉刺及成熟脓头[1]。

2. 月经不调、痛经：地上部分 15g，水煎，经前服用[2]。

3. 卵巢囊肿：地上部分 15g，加车前子 10g，开水冲泡代茶饮[2]。

4. 急性肾炎：地上部分 30 ～ 60g，加白茅根 30 ～ 60g，金银花、淡竹叶各 18g，水煎服。

5. 高血压：成熟的小坚果 12g，加桑枝 15g、桑叶 30g，水煎浸脚，每天 2 ～ 3 次（血压稳定后改每天浸 1 次）。

6. 目赤肿痛：成熟的小坚果 9g，加桑叶、菊花、青葙子各 9g，水煎服。

7. 丹毒、疖肿、乳肿：鲜地上部分加鲜蒲公英适量，捣烂外敷患处，每天换药 1 次。（4 方至 7 方引自《浙江药用植物志》）

**【附注】**益母草始载于《神农本草经》茺蔚子条下，列为上品。《名医别录》载："叶如荏，方茎，子形细长，具三棱。"《本草图经》云："叶似荏，方茎，白花，花生节间……节节生花，实似鸡冠子，黑色，茎作四方棱，五月采。"《本草纲目》云："茺蔚近水湿处甚繁。春初生苗如嫩蒿，入夏长三四尺，茎方如黄麻茎。其叶如艾叶而背青，一梗三叶，叶有尖歧。寸许一节，节节生穗，丛簇抱茎。四五月间，穗内开小花，红紫色，亦有微白色者。每萼内有细子四粒，粒大如同蒿子，有三棱，褐色。"据以上记载并参考《本草纲目》、《植物名实图考》的附图，即为本种及变种白花益母草。

药材益母草阴虚血少、月经过多、孕妇均禁服；茺蔚子瞳仁散大者及孕妇禁服。

白花益母草 *Leonurus artemisia*（Laur.）S.Y.Hu var.*albiflorus*（Migo）S.Y.Hu、细叶益母草 *Leonurus sibiricus* Linn. 及突厥益母草 *Leonurus turkestanicus* V.Krecz.et Kuprian. 的地上部分分别在贵州、内蒙古及新疆作益母草药用；细叶益母草的果实在内蒙古作茺蔚子药用。

成熟的小坚果炒熟研粉一次服食 30g 左右，可引起中毒，于 4 ～ 6h 之内发病，如果累积服至 60 ～ 140g，则多在 12 ～ 48h 内发病，其中最小中毒剂量为一次服 20g，于 10h 后发病，最高剂量是连续在 10 天内服至 500g 始发病。中毒主要症状为突然全身无力，下肢不能活动而呈瘫痪状，全身酸麻疼痛，胸闷；严重者有汗出而呈虚脱状态，但神志、言语均清楚；孕妇可引起流产。

**【化学参考文献】**

[1] Lai K Y，Hu H C，Chiang H M，et al. New diterpenes leojaponins G-L from *Leonurus japonicus*［J］. Fitoterapia，2018，130：125-133.

[2] 蔡晓菡，车镇涛，吴斌，等. 益母草的化学成分［J］. 沈阳药科大学学报，2006，23（1）：13-14.

[3] 丛悦，王金辉，郭洪仁，等. 益母草化学成分的分离与鉴定Ⅱ［J］. 中国药物化学杂志，2003，13（6）：349-352.

[4] 张琳，蔡晓菡，高慧媛，等. 益母草化学成分的分离与鉴定［J］. 沈阳药科大学学报，2009，26（1）：15-18.

[5] 丛悦，郭敬功，王天晓，等. 益母草的化学成分及其抗人白血病 K562 细胞活性研究［J］. 中国中药杂志，2009，34（14）：1816-1818.

[6] 蔡晓菡. 益母草化学成分研究［D］. 沈阳：沈阳药科大学硕士学位论文，2005.

[7] 丛悦. 益母草的化学成分和生物活性的研究［D］. 沈阳：沈阳药科大学硕士学位论文，2004.

[8] Liu J，Peng C，Zhou Q M，et al. Alkaloids and flavonoid glycosides from the aerial parts of *Leonurus japonicus*，and their opposite effects on uterine smooth muscle［J］. Phytochemistry，2018，145：128-136.

[9] Chang J M，Shen C C，Huang Y L，et al. Two new glycosides from *Leonurus japonicus*［J］. J Asian Nat Prod Res，2010，12（9）：5.

[10] 李义秀. 益母草化学成分及药理活性研究［D］. 北京：北京协和医学院中国医学科学院博士学位论文，2011.

[11] Jiang J，Li Y，Feng Z，et al. Glucaric acids from *Leonurus japonicus*［J］. Fitoterapia，2015，107：85-89.

[12] 吴振洁，倪坤仪. 从益母草中分得新化合物益母草酰胺［J］. 中草药，1993，23（11）：609.

[13] Peng F，Xiong L，Zhao X M. A bicyclic diterpenoid with a new 15，16-dinorlabdane carbon skeleton from *Leonurus japonicus* and its coagulant bioactivity［J］. Molecules，2013，18（5）：5051-5071.

[14] 田丰，陈婷，王晔尘，等. HPLC-ESI-TOF-MS 法快速分离与鉴别益母草药材中的多种化学成分［J］. 上海中医药大学学报，2014，28（4）：86-89.

[15] Li Y，Chen Z，Feng Z，et al. Hepatoprotective glycosides from *Leonurus japonicus* Houtt［J］. Carbohydr Res，2012，348：42-6.

[16] Xiong L，Zhou Q M，Peng C，et al. Sesquiterpenoids from the herb of *Leonurus japonicus*［J］. Molecules，2013，18：5051-5058.

[17] Hu Y M，Liu W J，Li M X，et al. Two new labdane diterpenoids from aerial parts of *Leonurus japonicus* and their anti-inflammatory activity［J］. Nat Prod Res，2019，33（17）：2490-2497.

[18] Jiang M H，Hu Y，Jiao L，et al. A new labdane-type diterpenoid from *Leonurus japonicus*［J］. J Asian Nat Prod Res，2019，21（7）：627-632.

[19] Xiong L，Zhou Q M，Peng C，et al. Bis-spirolabdane diterpenoids from *Leonurus japonicus* and their anti-platelet aggregative activity［J］. Fitoterapia，2015，100：1-6.

[20] Wu H, Wang S, Xu Z, et al. Isoleojaponin, a new halimane diterpene isolated from *Leonurus japonicus* [J]. Molecules, 2015, 20（1）: 839-845.

[21] Xiong L, Zhou Q M, Zou Y, et al. Leonuketal, a spiroketal diterpenoid from *Leonurus japonicus*[J]. Org Lett, 2015, 17（24）: 6238.

[22] Moon H I. Three diterpenes from *Leonurus japonicus* Houtt protect primary cultured rat cortical cells from glutamate-induced toxicity [J]. Phytother Res, 2010, 24: 1256-1259.

[23] Zhou Q M, Zhu H, Feng R, et al. New triterpenoids from *Leonurus japonicus*（Lamiaceae）[J]. Biochem Syst Ecol, 2019, 82: 27-30.

[24] 刘梦菲，卢金清，江汉美，等. HS-SPME-GC-MS 分析益母草及其伪品夏至草的挥发性成分 [J]. 中医药导报，2018，24（16）：47-50.

[25] Wu H K, Mao Y J, Sun S S, et al. Leojaponic acids A and B, two new homologous terpenoids, isolated from *Leonurus japonicus* [J]. Chin J Nat Med, 2016, 14（4）: 303-307.

[26] Wu H K, Sun T, Zhao F, et al. New diterpenoids isolated from *Leonurus japonicus* and their acetylcholinesterase inhibitory activity [J]. Chin J Nat Med, 2017, 15（11）: 860-864.

[27] Romero-González R R, ávila-Núez J L, Aubert L, et al. Labdane diterpenes from *Leonurus japonicus* leaves [J]. Phytochemistry, 2006, 67（10）: 965-970.

[28] Liu Y H, Kubo M, Fukuyama Y. Spirocyclic nortriterpenoids with NGF-potentiating activity from the fruits of *Leonurus heterophyllus* [J]. J Nat Prod, 2012, 75（7）: 1353-1358.

[29] Ye M, Xiong J, Zhu J J, et al. Leonurusoleanolides E-J, Minor spirocyclic triterpenoids from *Leonurus japonicus* fruits [J]. J Nat Prod, 2014, 77（1）: 178-182.

[30] Peng W W, Huo G H, Zheng L X, et al. Two new oleanane derivatives from the fruits of *Leonurus japonicus* and their cytotoxic activities [J]. J Nat Med, 2019, 73（1）: 252-256.

[31] 郑玉清，闫合，韩婧，等. 中药茺蔚子中一个新 C-28 降三萜 [J]. 中国中药杂志，2012，37（14）：2088-2091.

[32] Mcrita H, Gonda A, Takeya K, et al. Cyclic peptides from higher plants. 29. Cycloleonuripeptides from *Leonurus heterophyllus* [J]. Bioorg Med Chem Lett, 1996, 6（7）: 767-770.

[33] Morita H, Iizuka T, Gonda A, et al. Cycloleonuripeptides E and F, cyclic nonapeptides from *Leonurus heterophyllus* [J]. J Nat Prod, 2006, 69（5）: 839-841.

[34] Morita H, Gonda A, Takeya K, et al. Cyclic peptides from higher plants. 41. solution state conformation of an immunosuppressive cyclic dodecapeptide, cycloleonurinin [J]. Tetrahedron, 1997, 53（22）: 7469-7478.

[35] 邓屾，刘丽丽，陈玥，等. 益母草化学成分研究Ⅲ [J]. 天津中医药大学学报，2014，33（6）：362-365.

[36] 阮金兰，杜俊蓉，曾庆忠，等. 益母草的化学、药理和临床研究进展 [J]. 中草药，2003，34（11）：15-19.

[37] 张袆，邓屾，李晓霞，等. 益母草化学成分的分离与结构鉴定Ⅱ [J]. 中国药物化学杂志，2013，23（6）：480-485.

[38] 邓屾，王涛，吴春华，等. 益母草黄酮类成分的分离与鉴定 [J]. 中国药物化学杂志，2013，23（3）：209-212.

[39] Sugaya K, Hashimoto F, Ono M, et al. Antioxidative constituents from Leonurii Herba（*Leonurus japonicus*）[J]. Food Sci Technol Int, 1998, 4（4）: 278-281.

[40] Zhou Q M, Peng C, Li X H, et al. Aromatic compounds from *Leonurus japonicus* Houtt. [J]. Biochem Syst Ecol, 2013, 51: 101-103.

[41] 周勤梅，彭成，蒙春旺，等. 益母草中脂肪族化合物的研究 [J]. 中草药，2015，46（9）：1283-1286.

[42] 杨槐，周勤梅，彭成，等. 益母草香豆素类化学成分与抗血小板聚集活性 [J]. 中国中药杂志，2014，39（22）：4356-4359.

**【药理参考文献】**

[1] 尹俊，王鸿利. 益母草对心肌缺血大鼠血液流变学及血栓形成的影响 [J]. 血栓与止血学，2001，7（1）：13-15.

[2] 陈穗，陈韩秋，陈晴晖，等. 益母草注射液对大鼠心肌缺血再灌注时心律失常的保护作用 [J]. 汕头大学医学院学报，1999，12（3）：9-10.

[3] 陈瑜萍. 益母草提取物对阿霉素心肌损伤的防护作用 [J]. 上海医药，2014，35（21）：52-54.

[4] 姜水印，黄品贤，卫洪昌，等．益母草生物碱对大鼠急性心肌梗死后心功能的影响［J］．上海中医药杂志，2006，40（10）：53-56.
[5] 张健，李蓟龙，刘圣君，等．益母草注射液对 DIC 大鼠血液动力学的影响［J］．天津医药，2007，35（3）：206-208.
[6] 章忱，刘艳，吕嵘，等．益母草水提取物对心室重构大鼠心肌胶原表达的影响［J］．上海中医药大学学报，2011，25（3）：76-79.
[7] 许琪，陈慎仁，陈立曙，等．益母草注射液对糖尿病心肌病大鼠心肌细胞凋亡和增殖活性的作用研究［J］．中国实用内科杂志，2006，26（12）：926-928.
[8] 杜舒婷，刘艳凯，王培达，等．益母草注射液对 DIC 大鼠淋巴循环的干预作用［J］．中成药，2007，29（1）：29-32.
[9] 刘艳凯，魏会平，杜舒婷，等．益母草注射液对失血性休克大鼠转归时淋巴循环的干预作用［J］．中国微循环，2006，10（5）：349-351，390.
[10] 李丹，谢晓芳，彭成，等．益母草注射液提取物对流产大鼠离体子宫的影响［J］．药物评价研究，2014，37（1）：21-24.
[11] 石宝明，单安山．促乳中草药对泌乳大鼠免疫功能的影响［J］．东北农业大学学报，2012，43（6）：68-71.
[12] 丛悦，郭敬功，王天晓，等．益母草的化学成分及其抗人白血病 K562 细胞活性研究［J］．中国中药杂志，2009，34（14）：1816-1818.
[13] 韩瑞，刘正泉，张玉平，等．益母草注射液对失血性休克大鼠多组织器官 NO 的影响［J］．中国老年学杂志，2011，31（14）：2679-2681.
[14] 梁绍兰，周金花，黄锁义，等．益母草多糖的抗氧化性［J］．光谱实验室，2012，29（6）：3666-3671.
[15] 徐蓉，吴景东．益母草对紫外线所致皮肤光老化防护作用的研究［J］．辽宁中医杂志，2012，39（7）：1421-1422.
[16] 徐蓉，吴景东．益母草对光老化皮肤组织中 bax/bcl-2 表达的影响［J］．辽宁中医药大学学报，2012，14（7）：179-181.
[17] 李万，蔡亚玲．益母草总生物碱的药理实验研究［J］．华中科技大学学报（医学版），2002，31（2）：168-170.
[18] Agung N，Jae S C，Joon-Pyo H，et al. Anti-acetylcholinesterase activity of the aglycones of phenolic glycosides isolated from *Leonurus japonicus*［J］. Asian Pacific Journal of Tropical Biomedicine，2017，7（10）：849-854.
[19] Wu H K，Sun T，Zhao F，et al. New diterpenoids isolated from *Leonurus japonicus* and their acetylcholinesterase inhibitory activity［J］. Chinese Journal of Natural Medicines，2017，15（11）：860-864.

**【临床参考文献】**

[1] 许文红．益母草面膜外敷治疗痤疮 78 例［J］．浙江中医学院学报，2004，28（5）：38-39.
[2] 王海亭．女性良药益母草［N］．中国中医药报，2014-01-17（005）.

## 11. 水苏属 *Stachys* Linn.

一年生或多年生草本，稀灌木。直立或俯卧，有地下横走根茎，节上有鳞叶和须根，末端具串珠状肥大块茎。叶对生，茎叶全缘或具齿；苞叶与茎叶同形或退化成苞片。轮伞花序具 2 花至多花，腋生或常多数在茎和枝端组成穗状花序；花萼管状钟形或钟形或倒圆锥形，具 5 ～ 10 脉，有毛，5 齿裂，等大或后 3 齿较大；花冠淡红色、红色、紫色、黄色或白色，外面被毛，冠筒基部一侧有时呈浅囊状，有毛环，稀无毛环，冠檐二唇形，上唇直立或微张开，下唇常较长，开展，3 裂，中裂片较大；雄蕊 4 枚，前对较长，均上升至上唇片之下，花药 2 室，平行或略叉开，花盘等大或有时在前方呈指状突起；花柱顶端 2 等裂。小坚果卵球形或长圆形，光滑或具瘤。

约 300 种，广布于新旧大陆的温带及亚热带地区。中国 18 种，南北各地均有分布，法定药用植物 1 种。华东地区法定药用植物 1 种。

## 809. 地蚕（图 809）• *Stachys geobombycis* C. Y. Wu

**【别名】**野麻子（江西）。

**【形态】**多年生草本，高 40 ～ 60cm。有根茎及肥大肉质的块茎；茎直立，不分枝或少分枝，四棱形，

**图 809 地蚕** 摄影 李华东

具槽，在棱及节上疏生倒向长刚毛。叶片长圆状卵形，长 4 ～ 8cm，宽 2 ～ 3.5cm，先端渐尖，基部浅心形或截形，边缘有圆齿状锯齿，具硬尖，两面贴生具疣长刚毛，侧脉 3 ～ 4 对，下面明显，叶柄长 0.3 ～ 2cm，上部叶近无柄。轮伞花序 4 ～ 6 花，组成长 5 ～ 15cm 的顶生穗状花序，最下一对苞片与茎叶同形，上部苞片菱状披针形，小苞片条状钻形，早落；花梗长约 1mm，有微柔毛；花萼倒圆锥形，长 5 ～ 6mm，萼筒外面密被微柔毛及具腺微柔毛，有明显 10 脉，萼齿等大，正三角形，长 1.5 ～ 2mm，先端具硬尖；花冠淡紫色或淡红色，长 1.1 ～ 1.2cm，冠檐二唇形，上唇直伸，长圆状匙形，长 4 ～ 5mm，外面有微柔毛，下唇水平开展，长 5 ～ 6mm，3 裂，中裂片最大；雄蕊上升至上唇之下，花药 2 室，药室平叉开，花柱略长于雄蕊。子房无毛。小坚果卵球形，长约 1.5mm。花期 4 ～ 5 月，果期 5 ～ 6 月。

**【生境与分布】**生于海拔 700m 以下的荒地及草丛中。分布于安徽、江西、福建、浙江，另湖南、广东及广西等省区也有分布。

**【药名与部位】**地蚕，全草。

**【化学成分】**根含环烯醚萜类：假蜜蜂花苷（melittoside）和地蚕苷 *A（stageoboside A）[1]；酚酸及其酯类：地蚕酯 *A（stageobester A）[1]，对羟基苯甲酸（*p*-hydroxybenzoic acid）、3, 4- 二羟基苯甲醛（3, 4-dihydroxybenzaldehyde）和 3, 4- 二羟基甲基苯甲酸酯（methyl 3, 4-dihydroxy-benzoate）[2]；脂肪酸类：亚油酸甲酯（methyl linoleate）和 α- 亚麻酸（α-linoleic acid）[2]；甾体类：麦角甾苷（acteoside）、异

类叶升麻苷（*iso*-verbascoside）、β-谷甾醇（β-sitosterol）和豆甾醇（stigmasterol）[2]；苯丙素类：阔叶破布木宁素 C（latifolicinin C）[2]；核苷类：尿嘧啶核苷（uridine）[2]。

全草含黄酮类：黄芩素（baicalein）、千层纸素 A（oroxylin A）、汉黄芩素（wogonin）、黄芩苷（baicalin）[3]，芹菜素 -7-*O*-［6″-（*E*）- 对香豆酰）-β-D- 吡喃半乳糖苷 {apigenin-7-*O*-［6″-（*E*）-p-coumaroyl］-β-D-galactopyranoside}[4,5] 和金丝桃苷（hyperin）[5]；三萜皂苷类：常春藤苷元（hederagenin）[3]，齐墩果酸（oleanolic acid）和熊果酸（ursolic acid）[5]；脂肪酸类：二十烷酸（eicosane acid）[5]。

**【药理作用】**抗肿瘤　从全草分离得到的芹菜素 -7-*O*-［6″-（*E*）- 对香豆酰］-β-D- 吡喃半乳糖苷 {apigenin-7-*O*-［6″-（*E*）-*p*-coumaroyl］-β-D-galactopyranoside} 具有抗肿瘤作用[1]。

**【药用标准】**江苏苏药监注（2002）502 号文附件。

**【化学参考文献】**

［1］Zhou X，Huang S，Wang P，et al. A syringic acid derivative and two iridoid glycosides from the roots of *Stachys geobombycis* and their antioxidant properties［J］. Nat Prod Res，2017，22：681-686.

［2］周先丽，王鹏程，梁斌，等. 地蚕化学成分的分离鉴定［J］. 中国实验方剂学杂志，2018，24（5）：55-58.

［3］张中朋，杨中林，唐登峰，等. 地蚕化学成分的分离与鉴定［J］. 中成药，2004，26（12）：1051-1053.

［4］金晶，李红琴，濮存海. 地蚕中抗肿瘤成分的研究［J］. 中国药科大学学报，2010，41（5）：424-427.

［5］金晶. 地蚕化学成分的分离及其含量控制方法研究［D］. 延吉：延边大学硕士学位论文，2010.

**【药理参考文献】**

［1］金晶，李红琴，濮存海. 地蚕中抗肿瘤成分的研究［J］. 中国药科大学学报，2010，41（5）：424-427.

## 12. 广防风属 *Epimeredi* Adans

一年生或多年生粗壮草本。叶对生，叶缘具锯齿。轮伞花序多花，密集，在茎端或枝端排列成稠密或间断的穗状花序；下部苞叶叶状，上部者呈苞片状；苞片条形，细小；花萼钟形，具不明显 10 脉，顶端 5 齿，相等，直伸；花冠筒与花萼等长，内有毛环，冠檐二唇形，上唇直且短，全缘，下唇平展且长，3 裂，中裂片较大，顶端微缺或 2 裂，侧裂片短；雄蕊 4 枚，伸出，前对雄蕊的花药 2 室，横置，后对雄蕊的花药退化成 1 室；花盘平顶，具圆齿，花柱顶端近 2 等裂。小坚果近圆球形，黑色，有光泽。

约 8 种，分布于亚洲热带地区至澳大利亚。中国 1 种，分布于西南部至台湾，法定药用植物 1 种。华东地区法定药用植物 1 种。

## 810. 广防风（图 810）• *Epimeredi indica*（Linn.）Rothm.［*Anisomeles indica*（Linn.）Kuntze；*Anisomeles ovata* R. Br.］

**【别名】**马衣叶，防风草（浙江），稀莶草（福建），野薄荷（福建三明市），猪麻苏（福建长汀）。

**【形态】**一年生直立草本，高 1 ～ 2m。茎粗壮，四棱形，密被白色短柔毛。叶片宽卵形，长 4 ～ 9cm，宽 2.5 ～ 6.5cm，顶端急尖或渐尖，基部截形至微心形，边缘具不规则的钝齿，两面疏被白色伏柔毛；叶柄长 1 ～ 4.5cm，具浅沟，密被白色短柔毛。轮伞花序顶生成稠密或间断的穗状花序，苞叶叶状，向上部渐小；苞片条形；花萼钟形，果时增大，外被长柔毛及黄色小腺点，顶端 5 齿，齿三角状披针形，具缘毛；花冠淡紫色或紫红色，长约 13mm，冠筒中部具斜向毛环，檐部二唇形，上唇长圆形，直伸，全缘，下唇近水平扩展，3 裂，中裂片倒心形，边缘微波状，内面中部具髯毛，侧裂片较小；雄蕊 4 枚，伸出，近等长，花丝被纤毛；花盘平顶，具圆齿近等长；子房无毛，花柱无毛，顶端 2 浅裂。小坚果黑色，近球形，有光泽，直径约 1.5mm。花果期 5 ～ 11 月。

**【生境与分布】**多生于海拔 2400m 以下的林缘、荒地、路旁旷地。分布于浙江、江西及福建，另广东、广西、湖南、云南、贵州、四川、台湾等地均有分布；印度、东南亚经马来西亚至菲律宾也有分布。

**图 810 广防风** 摄影 张芬耀等

【药名与部位】广防风，地上部分。

【化学成分】地上部分含生物碱类：吲哚 -3- 甲醛（indol-3-carbaldehyde）、喹啉 -2（1H）- 酮［quinolin-2（1H）-one］、5- 羟基 -2- 吡咯烷酮（5-hydroxy-pyrrolidin-2-one）、5α-（5α- 甲氧基 -2- 吡咯烷酮［5α-（5α-methoxypyrrolidin-2-one）］和 4- 氨基 - 丁内酯（4-amino-butyrolactone）[1]；香豆素类：6, 7- 二羟基香豆素（6, 7-dihydroxycoumarin）[1]；氰苷类：（*R*）- 野樱苷［（*R*）-prunasin］[1]；核苷类：胸腺嘧啶脱氧核苷（thymidine）[1]；烯醇类：植醇（phytol）[1]；倍半萜类：蚱蜢酮（grasshopper ketone）[1,2]；三萜皂苷类：熊果醇（uvaol）[1]，齐墩果酸（oleanolic acid）、熊果酸（ursolic acid）、委陵菜酸（tormentic acid）[1,2]，熊果 -12- 烯 -3β, 28- 二醇（urs-12-en-3β, 28-diol）、2α, 3α, 19α- 三羟基熊果 -12, 20（30）- 二烯 -28- 酸［2α, 3α, 19α-trihydroxyurs-12, 20（30）-dien-28-oic acid］、2α, 3α, 19α, 23- 四羟基熊果 -12, 20（30）- 二烯 -28- 酸［2α, 3α, 19α, 23-tetrahydroxyurs-12, 20（30）-dien-28-oic acid］[2]，无羁萜（friedelin）、白桦脂醇（betulin）、欧洲桤木酮（glutinone）和欧洲桤木醇（glutinol）[3]；降倍半萜类：（6*S*, 9*R*）- 长寿花糖苷［（6*S*, 9*R*）-roseoside］、3β- 羟基 -5α, 6α- 环氧 -7- 大柱香波龙 -9- 酮（3β-hydroxy-5α, 6α-epoxy-7-megastimen-9-one）和（6*R*, 9*R*）- 吐叶醇［（6*R*, 9*R*）-vomifoliol）］[1]；二萜类：广防风酸（anisomelic acid）[2] 和广防风二内酯（ovatodiolide）[4]；酚酸类：香草酸（vanillic acid）、丁香酸（syringic acid）、阳芋酸（tuberonic acid）和兴安升麻宁（cimidahurinine）[1]；苯丙素类：咖啡酸（caffeic acid）[1,2]，反式对香豆酸（*trans*-*p*-coumaric acid）[2]，迷迭香酸甲酯（methyl rosmarinate）、迷迭香酸（rosmarinic acid）[1,2] 和对羟基桂皮酸甲酯（methyl-*p*-hydroxycinnamate）[3]；内酯类：素馨酮内酯*［(−)-jasmine ketolactone］、苋菜内酯醇*B（amarantholidol B）和异二氢卡替内酯*（*iso*-dihydroclutiolide）[1]；黄酮类：防风草素（anisomelin）、5- 羟基 -3′, 4′, 6, 7- 四甲氧基黄酮（5-hydroxy-3′, 4′, 6, 7-tetramethoxyflavone）和芹菜苷元（apigenin）[5]；甾体类：豆甾酮（stigmastanone）[1]，β- 谷甾醇（β-sitosterol）和胡

萝卜苷（daucosterol）[3]；苯苷类：苯基-β-D-吡喃葡萄糖苷（phenyl-β-D-glucopyranoside）[1]；烷烃类：正三十一烷（*n*-hentriacontane）[3]。

全草含苯乙醇苷类：圆齿列当苷（crenatoside）、毛蕊花糖苷（verbascoside）、肉苁蓉苷D（cistanoside D）、3′-*O*-甲基异圆齿列当苷（3′-*O*-methyl-*iso*-crenatoside）、异圆齿列当苷（*iso*-crenatoside）、山橘脂酸（glycosmisic acid）[6]，广防风苷A（epimeredinoside A）[6, 7]，2-（3, 4-二羟基）苯基乙醇1-*O*-α-L-[（1→3）-吡喃鼠李糖基-4-*O*-咖啡酰基]吡喃葡萄糖苷{2-（3, 4-dihydroxy）phenyl ethyl alcohol-1-*O*-α-L-[（1→3）-rhamnopyranosyl-4-*O*-caffeoyl]glucopyranoside}和2-（3, 4-二羟基）苯基-乙二醇（1→1）（2→2）[（1→3）-吡喃鼠李糖基-4-*O*-咖啡酰基]吡喃葡萄糖苷{2-（3, 4-dihydroxy）phenyl glycol-（1→1）（2→2）[（1→3）-rhamnopyranosyl-4-*O*-caffeoyl]glucopyranoside}和广防风苷A（epimeridinoside A）[7]；苯丙素类：咖啡酸（caffeic acid）、阿魏酸（ferulic acid）[6]，圆齿列当苷（crenatoside）、毛蕊花苷（verbascoside）[7]，对羟基桂皮酸甲酯（methyl *p*-hydroxycinnamate）、3, 4-二羟基桂皮酸甲酯（methyl 3, 4-dihydroxycinnamate）[8]，蒲包花苷（calceolarioside）、肉苁蓉苷F（cistanoside F）、药水苏苷A（betonyoside A）、凌霄新苷Ⅱ（campneoside Ⅱ）、毛蕊花苷（verbascoside）、异毛蕊花苷（*iso*-verbascoside）[9]，类叶升麻苷（acteoside）和异类叶升麻苷（*iso*-acteoside）[10]；酚酸类：香草酸（vanillic acid）[6]，对羟基苯甲酸（*p*-hydroxybenzoic acid）、对羟基苯甲酸甲酯（methyl *p*-hydroxybenzoate）、广防风托苷（anisovatodside）[8]，没食子酸甲酯（methyl gallate）和3, 4-二羟基苯甲酸（3, 4-dihydroxybenzoic acid）[9]；二萜类：广防风二内酯（ovatodiolide）[10]，（1*R*, 5*R*, 8*Z*, 10*R*, 12*E*, 14*S*）-5-羟基西松-4（18）, 8, 12, 16-四烯-15, 14；19, 10-二内酯[（1*R*, 5*R*, 8*Z*, 10*R*, 12*E*, 14*S*）-5-hydroxycembra-4（18）, 8, 12, 16-tetraene-15, 14；19, 10-diolide]、（1*R*, 5*R*, 8*Z*, 10*R*, 12*E*, 14*S*）-5-过氧氢西松-4（18）, 8, 12, 16-四烯-15, 14；19, 10-二内酯[（1*R*, 5*R*, 8*Z*, 10*R*, 12*E*, 14*S*）-5-hydroperoxycembra-4（18）, 8, 12, 16-tetraene-15, 14；19, 10-diolide]、（1*S*, 8*Z*, 10*S*, 12*E*, 14*R*）-5-氧化西松-4（18）, 8, 12, 16-四烯-15, 14；19, 10-二内酯[（1*S*, 8*Z*, 10*S*, 12*E*, 14*R*）-5-oxocembra-4（18）, 8, 12, 16-tetraene-15, 14；19, 10-diolide]、（1*R*, 8*Z*, 10*R*, 12*E*, 14*S*）-4-羟基西松-5, 8, 12, 16-四烯-15, 14；19, 10-二内酯[（1*R*, 8*Z*, 10*R*, 12*E*, 14*S*）-4-hydroxycembra-5, 8, 12, 16-tetraene-15, 14；19, 10-diolide]、（1*R*, 4*S*, 5*E*, 8*Z*, 10*R*, 12*E*, 14*S*）-4-过氧氢西松-5, 8, 12, 16-四烯-15, 14；19, 10-二内酯[（1*R*, 4*S*, 5*E*, 8*Z*, 10*R*, 12*E*, 14*S*）-4-hydroperoxycembra-5, 8, 12, 16-tetraen-15, 14；19, 10-diolide]、4, 5-环氧防风草二内酯（4, 5-epoxovatodiolide）、4*R*-羟基-5-烯防风草二内酯（4*R*-hydroxy-5-en-ovatodiolide）、4-过氢氧-5-烯防风草二内酯（4-hydroperoxy-5-en-ovatodiolide）[8]，广防风酸（anisomelic acid）、4, 7-环氧广防风酸（4, 7-oxycycloanisomelic acid）和4-亚甲基-5-氧代广防风酸（4-methylene-5-oxoanisomelic acid）[11, 12]；黄酮类：芹菜素-7-*O*-β-D-（6″-顺式对香豆酰）葡萄糖苷[apigenin-7-*O*-β-D-（6″-*cis*-*p*-coumaroyl）glucoside][8]，芹菜素（apigenin）[13]，5, 8, 4′-三羟基-7, 3′-二甲氧基黄酮（5, 8, 4′-trihydroxy-7, 3′-dimethoxyflavone）、广防风叶素A、B（anisofolin A、B）、樱桃苷-6″-对香豆酸酯（prunin-6″-*p*-coumarate）[8]，圆锥铁线莲苷（terniflorin）[8, 9, 14]，胡麻素（pedalitin）、高黄芩素-7-*O*-β-D-葡萄糖醛酸苷甲酯（scutellarein-7-*O*-β-D-glucuronide methyl ester）和芹菜苷元-7-*O*-葡萄糖醛酸苷（apigenin-7-*O*-glucuronide）[9]；三萜类：山楂酸（maslinic acid）、3-*O*-反式-对香豆酰山楂酸（3-*O*-*trans*-*p*-coumaroyl maslinic acid）、常春藤皂苷元（hederagenin）和阿江榄仁酸（arjunolic acid）[8, 14]；生物碱类：吲哚-3-羧酸（indole-3-carboxylic acid）、吲哚-3-羧酸甲酯（methyl indole-3-carboxylate）和吲哚-3-甲醛（indole-3-carbaldehyde）[14]；甾体类：β-谷甾醇（β-sitosterol）、胡萝卜苷（daucosterol）、β-豆甾醇（β-stigmasterol）、β-豆甾醇-3-*O*-β-D-吡喃葡萄糖苷（β-stigmasterol-3-*O*-β-D-glucopyranoside）和6′-（β-谷甾醇-3-*O*-β-D-吡喃葡萄糖苷基）-十六酸酯[6′-（β-sitosteryl-3-*O*-β-D-glucopyranosyl）-hexadecanoate][14]。

根含二萜类：广防风二内酯（ovatodiolide）和广防风酸（anisomelic acid）[15]；三萜类：β-香树脂醇（β-amyrin）、白桦酮酸（betulonic acid）和无羁萜（friedelin）[15]；黄酮类：广防风素（anisomelin）[15]；

甾体类：β- 谷甾醇（β-sitosterol）和豆甾醇（stigmasterol）[16]；烷烃类：二十四烷（tetracosane）[15]；烷醇类：二十四醇（tetracosanol）[15]；脂肪酸类：蜡酸（cerotic acid）、二十一酸（heneicosanoic acid）、二十三酸（tricosanoic acid）、二十五酸（pentacosanoic acid）、二十四酸（lignoceric acid）、辣木子油酸（behemic acid）、花生酸（arachic acid）、硬脂酸（stearic acid）和棕榈酸（palmitic acid）[17]。

茎含二萜类：广防风二内酯（ovatodiolide）和广防风酸（anisomelic acid）[18]；甾体类：β- 谷甾醇（β-sitosterol）[18]；脂肪酸类：硬脂酸（stearic acid）、棕榈酸（palmitic acid）和二十四酸（lignoceric acid）[18]；烷烃类：正二十六烷（*n*-hexacosane）[18]；烷醇类：正二十六醇（*n*-hexacosanol）[18]。

叶含二萜类：广防风二内酯（ovatodiolide）[19, 20]和异广防风二内酯（*iso*-ovatodiolide）[20]；挥发油类：丁香酚（eugenol）、α- 松油醇（α-terpineol）、β- 蒎烯（β-pinene）和乙酸冰片酯（bornyl acetate）等[21]。

花含挥发油类：D- 柠檬烯（D-limonene）、D-α- 崖柏酮（D-α-thujone）、柠檬醛（citral）、龙脑（borneol）、α- 萜品醇（α-terpineol）、1, 8- 桉叶素（1, 8-cineole）、甘菊环（azulene）、石竹烯（caryophyllene）、α- 蒎烯（α-pinene）、β- 蒎烯（β-pinene）、月桂烯（myrcene）、龙脑乙酯（bornyl acetate）、橙花醇（nerol）、对聚伞花烃（*p*-cymene）和莰烯（camphene）等[22]。

**【药理作用】**1. 抗幽门螺杆菌 茎 50% 乙醇提取物、95% 乙醇提取物和全草分离得到的化合物防风草二内酯（ovatodiolide）均具有较强的抗幽门螺杆菌的作用，其作用可能与降低幽门螺杆菌细胞核因子 -κB（NF-κB）活性和白细胞介素 -8（IL-8）表达，并减少细胞毒素相关基因 A（CagA）功能有关[1, 2]。2. 抗肿瘤 全草水提取物和分离得到的化合物芹菜素通过降低 MMP-9 酶活力、下调核转录因子（NF）-κB/AP-1 亚族 c-Fos 蛋白表达达到抑制肿瘤细胞侵袭的作用[3]；分离得到的防风草二内酯通过刺激活性氧产生，引起氧化应激和 DNA 损伤，激发 DNA 损伤信号通路，最终使肺癌 A549 和 H299 细胞停滞在 $G_2$/M 期，引起细胞凋亡[4]；全草提取物可显著抑制一氧化氮（NO）自由基的产生和由脂多糖（LPS）/ 诱导干扰素 -γ（IFN-γ）引起的促炎性细胞因子（肿瘤坏死因子 -α 和白细胞介素 -12）的生成，叶和花的甲醇提取物可抑制脾细胞 $G_0$/$G_1$ 期的细胞分裂，抑制 Colon 205、MCF 7 和 PC 3 细胞的增殖[5]。3. 抗乙酰胆碱酯酶和抗氧化 全草乙酸乙酯提取物中所含的酚类化合物具有较强的抗胆碱酯酶和抗氧化作用，可用于阿尔茨海默病的治疗[6]。4. 抗艾滋病 从叶分离得到的防风草二内酯在一个合适的浓度范围（$EC_{50}$=0.10mg/ml；$IC_{50}$=1.20mg/ml）对人类免疫缺陷病毒 -1（HIV-1）感染具有修复细胞损伤的作用，细胞保护率达 80% 到 90%。但在 5 ～ 6mg/ml 浓度时，则产生了明显的细胞毒性[7]。5. 抗菌 从花提取的挥发油对炭疽杆菌、沙门氏菌、链球菌、金黄色葡萄球菌、黑曲霉、烟曲霉菌和尖孢镰刀菌的增殖具有抑制作用[8]。6. 抗肿瘤 从全草分离得到的 4, 5- 环氧防风草二内酯（4，5-epoxovatodiolide）对部分人癌细胞具有细胞毒性；化合物 4*R*- 羟基 -5- 烯防风草二内酯（4*R*-hydroxy-5-enovatodiolide）和防风草二内酯对胶原蛋白引起的血小板聚集有抑制作用；化合物 4*R*- 羟基 -5- 烯防风草二内酯、4- 过氢氧 -5- 烯防风草二内酯（4-hydroperoxy-5-en-ovatodiolide）和防风草二内酯对凝血酶引起的血小板聚集具有抑制作用[9]。

**【药用标准】**广西药材 1990 附录。

**【临床参考】**围绝经期综合征：广防风胶囊（根浸膏粉加辅料制成，0.4g/ 粒）口服，每次 3 粒，每日 2 次[1]。

**【化学参考文献】**

［1］陈彩华 . 广防风地上部分的化学成分研究［D］. 烟台：鲁东大学硕士学位论文，2016.

［2］Liu Q W，Chen C H，Wang X F，et al. Triterpenoids，megastigmanes and hydroxycinnamic acid derivatives from *Anisomeles indica*［J］. Nat Prod Res，2019，33（1）：41-46.

［3］Rao L J M，Kumari G N K，Rao N S P. Terpenoids and steroids from *Anisomeles ovata*［J］. J Nat Prod，1984，47（6）：1052.

［4］Yu C Y，Jerry Teng C L，Hung P S，et al. Ovatodiolide isolated from *Anisomeles indica*，induces cell cycle $G_2$/M arrest and apoptosis via a ROS-dependent ATM/ATR signaling pathways［J］. Eur J Pharmacol，2018，819：16-29.

［5］Rao L J M，Kumari G N K，Rao N S P. 6-Methoxy flavones from *Anisomeles ovata*（syn. *Anisomeles indica*）［J］. J Nat

Prod，1983，46（4）：595.
［6］陈一，叶彩云，赵勇 . 广防风中苯乙醇类化学成分研究［J］. 中草药，2017，48（19）：3941-3944.
［7］王玉兰，栾欣 . 广防风中的苯乙醇苷类化合物［J］. 中草药，2004，35（12）：1325-1327.
［8］Chen Y L，Lan Y H，Hsieh P W，et al. Bioactive cembrane diterpenoids of *Anisomeles indica*［J］. J Nat Prod，2008，71（7）：1207-1212.
［9］Rao Y K，Fang S H，Hsieh S C，et al. The constituents of *Anisomeles indica* and their anti-inflammatory activities［J］. J Ethnopharmacol，2009，121（2）：292-296.
［10］Rao Y K，Lien H M，Lin Y H，et al. Antibacterial activities of *Anisomeles indica* constituents and their inhibition effect on helicobacter pylori-induced inflammation in human gastric epithelial cells［J］. Food Chem，2012，132（2）：780-787.
［11］Arisawa M，Nimura M，Ikeda A，et al. Biologically active macrocyclic diterpenoids from Chinese drug "Fang Feng Cao" I. isolation and structure［J］. Planta Med，1986，（1）：38-41
［12］Arisawa M，Nimura M，Fujita A，et al. Biological active macrocyclic diterpenoids from Chinese drug "Fang Feng Cao"；II. derivatives of ovatodiolids and their cytotoxicity［J］. Planta Med，1986，（4）：297-299.
［13］Liao Y F，Rao Y K，Tzeng Y M. Aqueous extract of *Anisomeles indica* and its purified compound exerts anti-metastatic activity through inhibition of NF-κB/AP-1-dependent MMP-9 activation in human breast cancer MCF-7 cells［J］. Food Chem Toxicol，2012，50（8）：2930-2936.
［14］陈俞利 . 鱼针草化学成分及其生物活性之研究 . 高雄：高雄医学大学天然药物研究所博士学位论文，2007.
［15］Ansari S，Dobhal M P. Chemical constituents of the roots of *Anisomeles indica* Ktz.［J］. Pharmazie，1982，37（6）：453-454.
［16］Chen S C. Studies on the constituents of the roots of *Anisomeles indica*. I. the phytosterols from petroleum ether extract［J］. Taiwan Yaoxue Zazhi，1973，25（1-2）：57-58.
［17］Chen S C，Huang S C，Wei C H Studies on the constituents of the roots of *Anisomeles indica* O. Kuntze Ⅲ. fatty acids and paraffins from petroleum ether extract［J］. Taiwan Yaoxue Zazhi，1975，27（1-2）：86-89.
［18］Dobhal M P，Chauhan A K，Ansari S，et al. Phytochemical studies of stem of *Anisomeles indica*［J］. Fitoterapia，1988，59（2）：155.
［19］Shahidul Alam M，Quader M A，Rashid M A. Phytochemical studies of stem of *Anisomeles indica*［J］. Fitoterapia，2000，71（5）：574-576.
［20］Manchand P S，Blount J F. Chemical constituents of tropical plants. 10. stereostructures of the macrocyclic diterpenoids ovatodiolide and isoovatodiolide［J］. J Org Chem，1977，42（24）：3824-3828.
［21］Kundu A，Saha S，Walia S，et al. Antioxidant and antifungal properties of the essential oil of *Anisomeles indica* from India［J］. Journal of Medicinal Plants Research，2013，7（24）：1774-1779.
［22］Yadava R N，Barsainya D. Chemistry and antimicrobial activity of the essential oil from *Anisomeles indica*（L.）［J］. Ancient Science of Life，1998，18（1）：41-45.

**【药理参考文献】**

［1］Lien H M，Wang C Y，Chang H Y，et al. Bioevaluation of *Anisomeles indica* extracts and their inhibitory effects on helicobacter pylori-mediated inflammation［J］. Journal of Ethnopharmacology，2013，145（1）：397-401.
［2］Rao Y K，Lien H M，Lin Y H，et al. Antibacterial activities of *Anisomeles indica* constituents and their inhibition effect on helicobacter pylori-induced inflammation in human gastric epithelial cells［J］. Food Chemistry，2012，132（2）：780-787.
［3］Liao Y F，Rao Y K，Tzeng Y M. Aqueous extract of *Anisomeles indica* and its purified compound exerts anti-metastatic activity through inhibition of NF-κB/AP-1-dependent MMP-9 activation in human breast cancer MCF-7 cells［J］. Food & Chemical Toxicology，2012，50（8）：2930-2936.
［4］Yu C Y，Teng C J，Hung P S，et al. Ovatodiolide isolated from *Anisomeles indica* induces cell cycle $G_2$/M arrest and apoptosis via a ROS-dependent ATM/ATR signaling pathways［J］. European Journal of Pharmacology，2018，819：16-29.
［5］Hsieh S C，Fang S H，Rao Y K，et al. Inhibition of pro-inflammatory mediators and tumor cell proliferation by *Anisomeles indica* extracts［J］. Journal of Ethnopharmacology，2008，118（1）：65-70.
［6］Md J U，Md A M，Kushal B，et al. Assessment of anticholinesterase activities and antioxidant potentials of *Anisomeles*

*indica* relevant to the treatment of Alzheimer's disease [J]. Oriental Pharmacy and Experimental Medicine, 2016, 16（2）: 113-121.

[7] Alam M S, Quader M A, Rashid M A. HIV-inhibitory diterpenoid from *Anisomeles indica* [J]. Fitoterapia, 2000, 71（5）: 571-573.

[8] Yadava R N, Barsainya D. Chemistry and antimicrobial activity of the essential oil from *Anisomeles indica*（L.）[J]. Ancient Science of Life, 1998, 18（1）: 41-45.

[9] Chen Y L, Lan Y H, Hsieh P W, et al. Bioactive cembrane diterpenoids of *Anisomeles indica* [J]. Journal of Natural Products, 2008, 71（7）: 1207-1212.

**【临床参考文献】**

[1] 刘思敏. 广防风胶囊治疗围绝经期综合症（肾阴虚证）Ⅲ期临床观察 [D]. 武汉：湖北中医药大学硕士学位论文, 2010.

## 13. 风轮菜属 *Clinopodium* Linn.

多年生草本。叶对生，叶缘具齿。轮伞花序少花至多花，稀疏或密集，生于茎及分枝的上部叶腋中；苞叶叶状，向上渐小，呈苞片状；苞片条形或披针形；花萼管状，具13脉，等宽或中部横缢，基部常一边膨胀，直伸或微弯，喉部内面疏生毛茸，二唇形，上唇3齿，较短，下唇2齿，较长；花冠紫红色、淡红色或白色，外面常被微柔毛，内面在下唇片下面的喉部常具2列毛茸，冠筒伸出，向上渐宽大，冠檐二唇形，上唇直伸，顶端微缺，下唇3裂，中裂片较大；雄蕊4枚，有时后对退化，仅具前对，花药2室，药室水平叉开；花盘平顶；花柱顶端极不相等2浅裂。小坚果卵球形或近球形，褐色，无毛，具一基生小果脐。

约20种，分布于欧洲、亚洲。中国11种，几遍布于全国，法定药用植物4种。华东地区法定药用植物4种。

### 分种检索表

1. 轮伞花序总梗分支极多，花密集，常偏向于一侧……………………………………风轮菜 *C. chinense*
1. 轮伞花序无明显的总梗，或具总梗但分支不太多，不偏向于一侧。
  2. 植株茎常单一，上部多分枝，大多直立，有时基部匍匐…………………………灯笼草 *C. polycephalum*
  2. 植株多茎，铺散式或自基部多分枝，茎多柔弱上升。
    3. 轮伞花序具苞叶；萼筒等宽，外面无毛或沿脉上有极稀少的毛，内面喉部被微柔毛，上唇3齿，果时不向上反折…………………………………………………………邻近风轮菜 *C. confine*
    3. 轮伞花序不具苞叶；萼筒不等宽，外面沿脉被短硬毛，余被微柔毛，内面喉部被稀疏微柔毛，上唇3齿，果时向上反折……………………………………………………细风轮菜 *C. gracile*

## 811. 风轮菜（图811）· *Clinopodium chinense*（Benth.）O. Ktze.

**【别名】**山薄荷（江西），小叶苏（江苏苏州）。

**【形态】**多年生草本，高25～80cm。茎基部匍匐生根，多分枝。茎四棱形，密被短柔毛及长柔毛。叶片卵圆形或卵形，长2～5cm，宽1～2.5cm，先端急尖或钝，基部阔楔形，边缘具锯齿，上面被平伏短硬毛及柔毛，下面被柔毛，脉上尤密。轮伞花序多分支，花密集偏向一侧，呈半球状；苞叶叶状，向上渐小，成苞片状；苞片针状，被毛；花萼狭管状，常为紫红色，长约6mm，具13脉，外面被微柔毛及腺点，脉上尤多，内面在齿上被微柔毛，果时基部一边稍膨胀，二唇形，上唇3齿，较短，顶端具硬尖，下唇2齿，较长，顶端具芒尖；花冠紫红色或白色，内面具2列毛茸，冠檐二唇形，上唇直伸，顶端微缺，下唇3裂，中裂片稍大；雄蕊4枚，前对较长，内藏或前对微露出，花药2室，药室近水平叉开；花柱

**图 811　风轮菜**　　　摄影　李华东

微露出，顶端不相等 2 浅裂。小坚果倒卵形，黄褐色。花期 5 ～ 8 月，果期 8 ～ 10 月。

**【生境与分布】**生于海拔 1000m 以下的山坡、草丛、路边、沟边、灌丛及林下。分布于华东各地，另广东、广西、湖南、湖北、云南、台湾等地均有分布；日本也有分布。

**【药名与部位】**断血流，地上部分。

**【采集加工】**夏季开花前采收，除去泥沙，晒干。

**【药材性状】**茎呈方柱形，四面凹下呈槽，分枝对生，长 30 ～ 90cm，直径 1.5 ～ 4mm；上部密被灰白色茸毛，下部较稀疏或近于无毛，节间长 2 ～ 8cm，表面灰绿色或绿褐色；质脆，易折断，断面不平整，中央有髓或中空。叶对生，有柄，叶片多皱缩、破碎，完整者展平后呈卵形，长 2 ～ 5cm，宽 1.5 ～ 3.2cm；边缘具疏锯齿，上表面绿褐色，下表面灰绿色，两面均密被白色茸毛。气微香，味涩、微苦。

**【药材炮制】**除去杂质，喷淋清水，稍润，切段，干燥。

**【化学成分】**地上部分含倍半萜类：（3*R*, 4a*R*, 10b*R*）-3, 10- 二羟基 -2, 2- 二甲基 -3, 4, 4a, 10b*R*- 四氢 -2H- 萘并［1, 2-b］- 吡喃 -5H-6- 酮 {（3*R*, 4a*R*, 10b*R*）-3, 10-dihydroxy-2, 2-dimethyl-3, 4, 4a, 10b*R*-tetrahydro-2H-naphtho［1, 2-b］-pyran-5H-6-one}[1]；三萜皂苷类：瘦风轮皂苷 D（clinoposaponin D）、醉鱼草苷Ⅳ、Ⅳa、Ⅳb（buddlejasaponin Ⅳ、Ⅳa、 Ⅳb）、风轮菜苷 D（clinopodiside D）、11α, 16β, 23, 28- 四氢 -12- 齐敦果酸烯 -3β- 基 -［β-D- 吡喃葡萄糖基 -（1 → 2）］-［β-D- 吡喃葡萄糖基 -（1 → 3）］-β-D- 吡喃岩藻糖苷 {11α, 16β, 23, 28-tetrahydroxyolean-12-en-3β-yl-［β-D-glucopyranosyl-（1 → 2）］-［β-D-glucopyranosyl-（1 → 3）］-β-D-fucopyranoside}、前柴胡皂苷元 A（prosaikogenin A）、柴胡苷元 A、F（saikogenin A、F）[2]，风轮皂苷*A、B、C、D、E、F（clinoposide A、B、C、D、E、F）[3]，风轮菜熊果皂苷*A、B、C、D（clinopoursaponin A、B、C、D）、风轮菜苷Ⅶ、Ⅷ、Ⅳ、Ⅹ、Ⅺ（clinopodiside Ⅶ、Ⅷ、Ⅳ、Ⅹ、Ⅺ）、柴胡皂苷 G（saikosaponin

G）、16β, 23, 28- 三羟基齐墩果 -9（11），12（13）- 二烯 -3- 基 -［β-D- 吡喃葡萄糖基 -（1→2）］-［β-D- 吡喃葡萄糖基 -（1→3）］-β-D- 吡喃岩藻糖苷 {16β, 23, 28-trihydroxyoleana-9（11），12（13）-dien-3-yl-［β-D-glucopyranosyl-（1→2）］-［β-D-glucopyranosyl-（1→3）］-β-D-fucopyranoside}、16β, 21β, 23, 28- 四羟基齐墩果 -9（11），12（13）- 二烯 -3- 基 -［β-D- 吡喃葡萄糖基 -（1→2）］-［β-D- 吡喃葡萄糖基 -（1→3）］-β-D- 岩藻吡喃糖苷 {16β, 21β, 23, 28-tetrahydroxyoleana-9（11），12（13）-dien-3-yl-［β-D-glucopyranosyl-（1→2）］-［β-D-glucopyranosyl-（1→3）］-β-D-fucopyranoside}、16β, 23, 28- 三羟基齐墩果 -9（11），12（13）- 二烯 -3- 基 -［β-D- 吡喃葡萄糖基 -（1→4）-β-D- 吡喃葡萄糖基 -（1→6）-β-D- 吡喃葡萄糖基 -（1→3）］-［β-D- 吡喃葡萄糖基 -（1→2）］-β-D- 吡喃岩藻糖苷 {16β, 23, 28-trihydroxyoleana-9（11），12（13）-dien-3-yl-［β-D-glucopyranosyl-（1→4）-β-D-glucopyranosyl-（1→6）-β-D-glucopyranosyl-（1→3）］-［β-D-glucopyranosyl-（1→2）］-β-D-fucopyranoside}、瘦风轮皂苷 XVI、XX、XIX（clinoposaponin XVI、XX、XIX）[4]，风轮皂苷 * G、H（clinoposide G、H）[5]，风轮菜苷 * D、E、F、G（clinopodiside D、E、F、G）[6]，风轮菜皂苷 A（clinodiside A）[7]，瘦风轮皂苷 IX（clinoposaponin IX）[8] 和风轮菜苷 * IX、XII（clinopodiside IX、XII）[9]；二萜类：3β- 羟基 -12-*O*-β-D- 吡喃葡萄糖基 -8, 11-13- 冷杉三烯 -7- 酮（3β-hydroxy-12-*O*-β-D-glucopyranosyl-8, 11, 13-abietatrien-7-one）[10]；黄酮类：芹菜素（apigenin）、木犀草素（luteolin）、新圣草枸橼苷（neoeriocitrin）、柚皮素（naringenin）、柚皮芸香苷（narirutin）、香风草苷（didymin）[1]，洋李苷（prunin）、高圣草素（homoeriodictyol）、橙皮苷 -7-*O*-β-D- 吡喃葡萄糖苷（hesperitin-7-*O*-β-D-glucopyranoside）、山柰酚 -3-*O*- 吡喃鼠李糖苷（kaempferol-3-*O*-rhamnopyranoside）[10]，圣草酚（eriodictyol）、异野樱素（isosakuranetin）、橙皮苷（hesperidin）[11]，香蜂草苷（dyaimid）、柚皮素 -7- 芸香糖苷（naringenin-7-rutinoside），即柚皮芸香苷（nairutin）、 江户樱花苷（prunin）、异樱花素（*iso*-sakuranetin）[12]，芹菜素 -7-*O*-β-D- 吡喃葡萄糖苷（apigenin-7-*O*-β-D-glucopyranoside）、芹菜素 -7-*O*-β-D- 吡喃葡萄糖醛酸苷（apigenin-7-*O*-β-D-glucuronopyranoside）、羊红膻酯（thellungianol）、芹菜素 -7-*O*-β-D- 芸香糖苷（apigenin-7-*O*-β-D-rutinoside）、木犀草素 -4′-*O*-β-D 吡喃葡萄糖苷（luteolin-4′-*O*-β-D-glucopyranoside）、木犀草素 -7-*O*-β-D- 葡萄糖醛酸苷正丁醇酯（luteolin-7-*O*-β-D-pyranoglycuronate butyl ester）、木犀草素 -7-*O*-β-D- 芸香糖苷（luteolin-7-*O*-β-D-rutinoside）、木犀草素 -7-*O*- 新橙皮糖苷（luteolin-7-*O*-β-D-noehesperidoside）、金合欢素（acacetin）、金合欢素 -7-*O*- 吡喃葡萄糖醛酸苷（acacetin-7-*O*-β-D-β-D-glucuronopyranoside）、异樱花苷（*iso*-sakuranin）、山柰酚（kaempferol）、槲皮素（quercetin）、山柰酚 -3-*O*-α-L- 鼠李糖苷（kaempferol-3-*O*-α-L-rhamnoside）[13]，蒙花苷（buddleoside）[11, 13] 和染料木苷（genistin）[14]；酚酸及苯丙素类：3-（3, 4- 二羟基苯基）-2- 羟基丙酸酯［3-（3, 4-dihydroxyphenyl）-2-hydroxypropanoate］、乙基（2*E*）-3-（3, 4- 二羟基苯基）丙基 -2- 烯酸酯［ethyl（2*E*）-3-（3, 4-dihydroxyphenyl）prop-2-enoate］、乙基（2*E*）-3-（2, 3, 4- 三羟基苯基）丙基 -2- 烯酸酯［ethyl（2*E*）-3-（2, 3, 4-trihydroxyphenyl）prop-2-enoate］、咖啡酸（caffeic acid）、迷迭香酸乙酯（ethyl rosmarinate）、风轮菜酸 *B（clinopodic acid B）[11]、对羟基桂皮酸（*p*-hydroxycinnamic acid）、顺 -3-{2-［1-（3, 4- 二羟基苯基）-1- 羟甲基］-1, 3- 苯并二氧杂环戊烯 -5- 基 }-（*E*）-2- 丙烯酸 {*cis*-3-{2-［1-（3, 4-dihydroxyphenyl）-1-hydroxymethyl］-1, 3-benzodioxole-5-yl}-（*E*）-2-propenoic acid}、甲基富马酸（mesaconic acid）、龙胆酸 -5-*O*-β-D-（6′- 水杨酸）- 吡喃葡萄糖苷［gentisic acid-5-*O*-β-D-（6′-salicylic acid）-glucopyranoside］[13]，反式 -4-（4- 羟基苯基）-3- 丁烯 -2- 酮［*trans*-4-（4-hydroxyphenyl）-but-3-en-2-one］和顺式对羟基桂皮酸甲酯（methyl *trans*-*p*-hydroxycinnamate）[14]；甾体类：β- 谷甾醇（β-sitosterol）[12]。

全草含三萜类：风轮菜苷 A（clinopodiside A）[15]，风轮菜苷 B、C（clinopodiside B、C）[16]，风轮菜苷 D、E（clinopodiside D、E）[17]，风轮菜苷 F、G（clinopodiside F、G）[18]，风轮菜苷 H（clinopodiside H）[19]，醉鱼草皂苷 IV、IVa、IVb（buddlejasaponin IV、IVa、IVb）[16] 和熊果酸（ursolic acid）[20]；黄酮类：芹菜

素 -7-*O*-β-D- 吡喃葡萄糖醛酸丁酯（apigenin-7-*O*-β-D-butyl glucopyranosiduronate）、木犀草素 -7-*O*-β-D- 吡喃葡萄糖醛酸丁酯（luteolin-7-*O*-β-D-butyl glucopyranosiduronate）和柚皮素 -7-*O*-β-D- 吡喃葡萄糖醛酸丁酯（naringenin-7-*O*-β-D-butyl glucopyranosiduronate）[21]，芹菜素（apigenin）[12]，橙皮苷（hesperidin）[13]，异樱花素（*iso*-sakuranetin）、美国薄荷苷（didymin）、柚皮苷元 -7-*O*- 芸香糖苷（naringenin-7-*O*-rutinoside）和樱桃苷（prunin）[14]；甾体类：β- 谷甾醇（β-sitosterol）[14]。

**【药理作用】**1. 降血糖　全草 80% 乙醇提取物对正常小鼠血糖无明显影响，但在 300mg/kg、600mg/kg 剂量下可显著降低肾上腺素所致的小鼠血糖，并使降低的肝糖原回升，在 150mg/kg、300mg/kg、600mg/kg 剂量下可明显降低四氧嘧啶糖尿病小鼠的血糖及减轻四氧嘧啶对胰岛细胞的损伤，此外在 30mg/kg、60mg/kg、90mg/kg、120mg/kg 剂量下还可明显降低 $Fe^{2+}$/Cys 激发的小鼠肝匀浆中丙二醛（MDA）的含量[1]；全草醇提取物对正常小鼠血糖无明显影响，但能明显拮抗葡萄糖引起的血糖升高，显著降低链脲佐菌素糖尿病小鼠空腹血糖，此外还能明显提高过氧化氢（$H_2O_2$）损伤后 ECV304 细胞的存活率[2]。2. 保护内皮细胞　全草不同浓度的醇提取物能明显提高过氧化氢和高糖损伤的内皮细胞存活率，使过氧化氢损伤的内皮细胞内低下的超氧化物歧化酶（SOD）活力回升，降低高糖诱导的内皮细胞乳酸脱氢酶（LDH）释放，此外在 3mg/L、10mg/L、30mg/L、100mg/L 浓度时还可增加人脐静脉内皮细胞（HUVECs）培养液中一氧化氮（NO）含量，提示其乙醇提取物对血管内皮细胞具有保护作用[3]。3. 抗氧化　全草醇提后经石油醚和乙酸乙酯萃取浓缩的乙醇洗脱液的活性组分（CCE）能有效清除超氧阴离子自由基（$O_2^-$•）、羟自由基（•OH）和 1, 1- 二苯基 -2- 三硝基苯肼（DPPH）自由基，其中对羟自由基的清除力最强，对 $Fe^{2+}$-VC 诱导的肝匀浆脂质过氧化反应有明显的抑制作用，并呈浓度依赖性，此外，CCE 能明显提高高糖刺激下内皮细胞中的超氧化物歧化酶含量，降低乳酸脱氢酶含量[4]；从地上部分提取的总黄酮的 10% 甲醇部位、20% 甲醇部位、30% 甲醇部位可增加缺氧 / 复氧 H9c2 心肌细胞损伤模型大鼠的超氧化物歧化酶、谷胱甘肽过氧化物酶（GSH-Px）及过氧化氢酶（CAT）的含量，显著降低乳酸脱氢酶和丙二醛含量[5]。4. 调节血管　从全草醇提取物分离得的总黄酮和萜类组分可显著降低苯肾上腺素（PE，10 ～ 6mol/L）与高钾（60mmol/L）预收缩内皮完整血管的张力，对苯肾上腺素诱导血管收缩的抑制作用强于对高钾的作用，另可明显增加大鼠主动脉一氧化氮的含量，提示其对大鼠胸主动脉可产生内皮依赖性舒张作用[6]。

**【性味与归经】**微苦、涩，凉。归肝经。

**【功能与主治】**收敛止血。用于崩漏，尿血，鼻衄，牙龈出血，创伤出血。

**【用法与用量】**煎服 9 ～ 15g；外用适量，研末敷患处。

**【药用标准】**药典 1977 和药典 1990—2015。

**【临床参考】**1. 各种出血：全草 15 ～ 30g，水煎服。

2. 感冒、中暑：全草 30g，水煎服。

3. 白喉：鲜全草捣烂取汁，每次 10 ～ 30ml，2 ～ 4h 服 1 次。

4. 痢疾：全草 30g，水煎服。

5. 乳腺炎、腘窝脓肿：鲜全草 30 ～ 60g，水煎或酒水各半炖服，渣捣烂外敷患处。（1 方至 5 方引自《浙江药用植物志》）

**【附注】**风轮菜始载于《救荒本草》，云：“生密县山野中。苗高二尺余。方茎四棱，色淡绿微白。叶似荏子叶而小，又似威灵仙叶微宽，边有锯齿叉，两叶对生，而叶节间又生子，叶极小，四叶相攒对生。开淡粉红花。其叶味苦。”根据描述与附图，与本种相符。

**【化学参考文献】**

[1] Zhong M，Sun G，Zhang X，et al. A new prenylated naphthoquinoid from the aerial parts of *Clinopodium chinense*（Benth.）O. Kuntze［J］. Molecules，2012，17（12）：13910-13916.

[2] Zeng B，Liu G D，Zhang B B，et al. A new triterpenoid saponin from *Clinopodium chinense*（Benth.）O. Kuntze［J］.

Nat Prod Res，2016，30（9）：1001-1009.
[3] Zhu Y D，Wu H，Ma G X，et al. Clinoposides A-F：meroterpenoids with protective effects on H9c2 cardiomyocyte from *Clinopodium chinense* [J]. RSC Adv，2016，6（9）：7260-7266.
[4] Zhu Y D，Hong J Y，Bao F D，et al. Triterpenoid saponins from *Clinopodium chinense*（Benth.）O. Kuntze and their biological activity [J]. Arch Pharm Res，2017，1007：1-14.
[5] Zhu Y D，Chen R C，Wang H，et al. Two new flavonoid-triterpene saponin meroterpenoids from *Clinopodium chinense* and their protective effects against anoxia/reoxygenation-induced apoptosis in H9c2 cells [J]. Fitoterapia，2018，128：180-186.
[6] Liu Z，Li D，Owen N L，et al. Oleanane triterpene saponins from the Chinese medicinal herb *Clinopodium chinensis* [J]. J Nat Prod，1995，58（10）：1600-1604.
[7] 薛申如，施剑秋. 风轮菜中三萜皂甙的研究 [J]. 药学学报，1992，27（3）：207-212.
[8] Miyase T，Matsushima Y. Saikosaponin homologs from *Clinopodium* spp. The structures of clinoposaponins XII-XX [J]. Chem Pharm Bull，1997，45（9）：1493-1497.
[9] Zhu Y D，Hong J Y，Bao F D，et al. Triterpenoid saponins from *Clinopodium chinense*（Benth.）O. Kuntze and their biological activity [J]. Arch Pharm Res，2018，41（12）：1117-1130.
[10] Zhong M，Wu H，Zhang X，et al. A new diterpene from *Clinopodium chinense* [J]. Nat Prod Res，2014，28（7）：467-472.
[11] Zeng B，Chen K，Du P，et al. Phenolic compounds from *Clinopodium chinense*（Benth.）O. Kuntze and their inhibitory effects on α-glucosidase and vascular endothelial cells injury [J]. Chem Biodivers，2016，13（5）：596-601.
[12] 柯樱，蒋毅，罗思齐. 风轮菜的化学成分研究 [J]. 中草药，1999，30（1）：10-12.
[13] 王凌天，孙忠浩，钟明亮，等. 风轮菜酚酸类化学成分研究 [J]. 中国中药杂志，2017，42（13）：2510-2517.
[14] 钟明亮，许旭东，张小坡，等. 风轮菜中黄酮类化学成分研究 [C]. 中药与天然药高峰论坛暨全国中药和天然药物学术研讨会，2012.
[15] 薛申如，刘金旗，王刚，等. 风轮菜中三萜皂甙的研究 [J]. 药学学报，1992，27（3）：207-212.
[16] Liu Z M，Jia Z J，Cates R G，et al. Triterpenoid saponins from *Clinopodium chinensis* [J]. J Nat Prod，1995，58（1）：184-188.
[17] Liu Z M，Li D，Owen N L，et al. Two triterpenoid saponins from *Clinopodium chinensis* [J]. Nat Prod Lett，1995，6（2）：157-161.
[18] Liu Z M，Li D，Owen N L，et al. Oleanane triterpene saponins from the Chinese medicinal herb *Clinopodium chinensis* [J]. J Nat Prod，1995，58（10）：1600-1604.
[19] 柯樱，叶冠. 风轮菜中一个新皂苷类化合物的结构鉴定 [J]. 天然产物研究与开发，2009，21（3）：377-378.
[20] 孔德云，戴金瑞，施大文. 风轮菜化学成分的研究（Ⅱ）[J]. 中草药，1985，16（11）：518-520.
[21] 苗得足，高峰，鞠建刚. 风轮菜中黄酮苷类化合物的结构鉴定 [J]. 药学与临床研究，2014，22（4）：342-343.

**【药理参考文献】**

[1] 田冬娜，吴斐华，马世超，等. 风轮菜乙醇提取物的降血糖作用及其机制研究 [J]. 中国中药杂志，2008，33（11）：1313-1316.
[2] 吴斐华，田冬娜，戴琳. 风轮菜降血糖作用及其机制的研究 [C]. 中国青年科学家论坛暨全国中医药免疫学术研讨会. 2007.
[3] 吴斐华，田冬娜，刘洋，等. 风轮菜乙醇提取物对血管内皮细胞的保护作用研究 [J]. 时珍国医国药，2010，21（8）：2074-2076.
[4] 李娟，吴斐华，苏锦冰，等. 风轮菜活性部位体外抗氧化作用的实验研究 [J]. 海峡药学，2012，24（9）：17-20.
[5] 邢娜，张海晶，舒尊鹏，等. 风轮菜总黄酮不同极性部位的抗氧化作用研究 [J]. 世界中医药，2015，10（8）：1169-1172.
[6] 吴斐华，刘洋，李娟，等. 风轮菜活性部位对大鼠离体胸主动脉的舒张作用及机制研究 [J]. 时珍国医国药，2012，23（9）：2226-2228.

## 812. 灯笼草（图 812）• *Clinopodium polycephalum*（Vaniot）C.Y.Wu et Hsuan ex Hsuan［*Clinopodium chinense*（Benth.）Kuntze var. *parviflorum*（Kudô）H. Hara］

图 812　灯笼草　　摄影　张芬耀

【别名】铺地蜈蚣、断血流、荫风轮（安徽），土荆芥（江苏）。

【形态】直立多年生草本，高 0.5 ～ 1m。多分枝，基部有时匍匐生根。茎四棱形，具槽，被平展糙硬毛及腺毛。叶片卵形，长 2 ～ 5cm，宽 1.5 ～ 3.2cm，先端钝或急尖，基部阔楔形至近圆形，边缘具圆齿，上面榄绿色，下面略淡，两面被糙硬毛，下面脉上尤密，叶柄长约 1cm。轮伞花序多花，圆球状，沿茎及分枝形成宽而多头的圆锥花序；苞叶叶状，较小，生于茎及分枝近顶部者退化成苞片状；苞片针状，长 3 ～ 5mm，被具节长柔毛及腺柔毛；花柄长 2 ～ 5mm，密被腺柔毛；花萼圆筒形，花时长约 6mm，宽约 1mm，具 13 脉，脉上被具节长柔毛及少量的腺毛，萼内喉部被疏刚毛，果时基部一边膨胀，宽至 2mm，上唇 3 齿，具尾尖，下唇 2 齿，先端芒尖；花冠紫红色，长约 8mm，冠筒伸出花萼，外面被微柔毛，冠檐二唇形，上唇直伸，先端微缺，下唇 3 裂。雄蕊不露出，后对短且花药小，在上唇穹隆下，直伸，前对长于下唇，花药正常。小坚果卵形，褐色，光滑。花期 7 ～ 8 月，果期 9 月。

【生境与分布】生于海拔 3400m 以下的山坡草地、路边、灌丛、林下。分布于华东各地，另华北、陕西、甘肃及江南各省、西藏均有分布。

【药名与部位】断血流，地上部分。

【采集加工】夏季开花前采收，除去泥沙，晒干。

【药材性状】茎呈方柱形，四面凹下呈槽，分枝对生，长 30 ～ 90cm，直径 1.5 ～ 4mm；上部密被灰白色茸毛，下部较稀疏或近于无毛，节间长 2 ～ 8cm，表面灰绿色或绿褐色；质脆，易折断，断面不平整，中央有髓或中空。叶对生，有柄，叶片多皱缩、破碎，完整者展平后呈卵形，长 2 ～ 5cm，宽 1.5 ～ 3.2cm；边缘具疏锯齿，上表面绿褐色，下表面灰绿色，两面均密被白色茸毛。气微香，味涩、微苦。

【药材炮制】除去杂质，喷淋清水，稍润，切段，干燥。

【化学成分】地上部分含黄酮类：异樱花素（isosakuranetin）[1]，香蜂草苷（didymin）[1,2]，柚皮素（naringenin）和芹菜苷元（apigenin）[2]；三萜皂苷类：熊果酸（ursolic acid）[1]，风轮菜皂苷 Ⅻ、ⅩⅢ、ⅩⅣ、ⅩⅦ（clinoposaponin Ⅻ、ⅩⅢ、ⅩⅣ、ⅩⅦ）和 3-*O*-β-D- 吡喃岩藻糖基柴胡皂苷元 F（3-*O*-β-D-fucopyranosyl saikogenin F）[3]；苯丙素类：对香豆酸（*p*-coumaric acid）[2]，风轮菜酸 A、B、C、D、E、F、G、H、I（clinopodic acid A、B、C、D、E、F、G、H、I）和迷迭香酸（rosmarinic acid）[4]；甾体类：6′- 棕榈酸酰基 -α- 菠甾醇 -3-*O*-β-D- 葡萄糖苷（6′-palmityl-α-spinasteryl-3-*O*-β-D-glucoside）和 6′- 硬脂酸酰基 -α- 菠甾醇 -3-*O*-β-D- 葡萄糖苷（6′-stearyl-α-spinasteryl-3-*O*-β-D-glucoside）[1]；挥发油类：反式 - 石竹烯（*trans*-caryophyllene）、柠檬烯（limonene）和匙叶桉油烯醇（spathulenol）等[5]。

全草含单萜类：黑麦草内酯（loliolide）[6]；三萜类：蒲公英赛 -9, 12, 17- 三烯 -3β, 23- 二醇（taraxer-9, 12, 17-trien-3β, 23-diol）[7]，风轮菜苷 A（clinopodiside A）[8] 和风轮菜皂苷Ⅳ、Ⅴ、Ⅵ、Ⅸ、Ⅹ、Ⅺ（clinoposaponin Ⅳ、Ⅴ、Ⅵ、Ⅸ、Ⅹ、Ⅺ）[9]；蒽醌类：甘油基 -1, 6, 8- 三羟基 -3- 甲基 -9, 10- 二氧代 -2- 蒽羧酸酯（glyceryl-1, 6, 8-trihydroxy-3-methyl-9, 10-dioxo-2-anthracenecarboxylate）[10]。

【药理作用】1. 止血　从地上部分提取的总苷可显著增加二磷酸腺苷（ADP）诱导血小板和内皮细胞的黏附作用，并增强二磷酸腺苷诱导血小板黏附受体 GPIb 表达减少和 GPIIb/IIa 表达增加的作用，能通过增强二磷酸腺苷诱导血小板膜表面黏附受体表达，增加血小板黏附从而促进凝血过程[1]；从地上部分提取的总苷不同剂量均可明显缩短小鼠断尾出血时间，减少出血量，并能缩短小鼠、大鼠、犬凝血时间，可明显缩短家兔血浆复钙时间、凝血酶原时间和白陶土部分凝血活酶时间，但对大鼠优球蛋白溶解时间无明显影响，表明其既能影响内源性凝血系统，又能影响外源性凝血系统[2]。2. 调节子宫　从地上部分提取的总苷可显著减少药物流产模型大鼠子宫出血量[3]；从地上部分提取的总苷可明显提高离体大鼠子宫收缩幅度和子宫活动能力，对家兔在体子宫有显著增强子宫收缩幅度，增强子宫活动的作用，且维持时间长，此作用有利于子宫肌因收缩而压迫血管止血，从而增强止血效果[4]；从地上部分提取的总苷有增强子宫收缩能力，且对在体子宫的作用维持时间较长，能显著增加子宫重量，有减轻子宫炎症作用的趋势，对雌激素水平有升高趋势，对孕激素水平无显著影响[5]。3. 抗炎　从地上部分提取的总苷对小鼠毛细血管通透性有显著降低作用，对小鼠二甲苯所致耳肿胀、大鼠角叉菜胶所致关节肿胀有抑制作用[6]。4. 抗菌　根茎的水、乙醇、丙酮提取液对枯草芽孢杆菌、大肠杆菌、沙门氏菌、株金黄色葡萄球菌、痢疾杆菌的生长均有一定的抑制作用，且丙酮提取液抑菌作用最强[7]。

【性味与归经】微苦、涩，凉。归肝经。

【功能与主治】收敛止血。用于崩漏，尿血，鼻衄，牙龈出血，创伤出血。

【用法与用量】煎服 9 ～ 15g；外用适量，研末敷患处。

【药用标准】药典 1977 和药典 1990—2015。

【临床参考】烧烫伤：地上部分，加干蛤蟆叶研成细末各等分，用麻油或茶油适量调成糊状，敷于已清理消毒后的创面，消毒纱布覆盖，隔日换药 1 次[1]。

【附注】以大叶香薷之名始载于《植物名实图考》芳草类，云："大叶香薷，生湖南园圃，叶有圆齿，开花逐层如节，花极小，气味芳沁。盖香草之族，而轶其真名。"观其附图及文字描述，应是本种。

【化学参考文献】

[1] 丁立生，陈佩卿，彭树林，等 . 药用植物灯笼草的化学成分研究 [J]. 天然产物研究与开发，1998，10（1）：6-8.

[2] 陈靖宇，陈建民，肖培根，等 . 荫风轮的化学成分研究（Ⅰ）[J]. 天然产物研究与开发，1997，9（3）：5-8.

[3] Miyase T, Matsushima Y. Saikosaponin homologs from *Clinopodium* spp. the structures of clinoposaponins XII-XX [J]. Chem Pharm Bull, 1997, 45 (9): 1493-1497.

[4] Murata T, Sasaki K, Sato K, et al. Matrix Metalloproteinase-2 inhibitors from *Clinopodium chinense* var. *parviflorum* [J]. J Nat Prod, 2009, 72 (8): 1379-1384.

[5] 刘金旗，刘劲松，吴德玲，等. 荫风轮挥发油化学成分的研究 [J]. 中草药，1999，30 (10)：732-733.

[6] Chen J Y, Chen J M, Xiao P G, et al. Crystal structure of loliolide (5, 6, 7a-tetrahydro-6-hydroxy-4, 4, 7a-trimethyl-2 (4H) -benzofuranones) [J]. Jiegou Huaxue, 1997, 16 (5): 335-337.

[7] Hu S Z, Xue S R. Structure of taraxer-9, 12, 17-triene-3β, 23-diol, $C_{29}H_{44}O_2$ [J]. Jiegou Huaxue, 1988, 7 (1): 65-69.

[8] Xue S R, Liu J Q, Wang G. Triterpenoid saponins from *Clinopodium polycephalum* [J]. Phytochemistry, 1992, 31 (3): 1049-1051.

[9] Mori F, Miyase T, Ueno A. Oleanane-triterpene saponins from *Clinopodium chinense* var. *parviflorum* [J]. Phytochemistry, 1994, 36 (6): 1485-1494.

[10] Chen J Y, Chen J M, Wan C L, et al. A new anthraquinone from *Clinopodium polycephalum* glyceryl 1, 6, 8-trihydroxy-3-methyl-9, 10-dioxo-2-anthracenecarboxylate [J]. Chin Chem Lett, 1998, 9 (2): 143-144.

**【药理参考文献】**

[1] 许钒，彭代银，李玉宝，等. 荫风轮总苷对 ADP 诱导血小板黏附及黏附受体表达的作用 [J]. 中国中药杂志，2010，35 (13)：1763-1764.

[2] 彭代银，刘青云，戴敏，等. 荫风轮总苷止血作用研究 [J]. 中国中药杂志，2005，30 (12)：909-912.

[3] 戴敏，刘青云，訾晓梅，等. 断血流总苷对药物流产模型大鼠子宫出血量的影响 [J]. 中药材，2002，25 (5)：342-343.

[4] 彭代银，刘青云，戴敏，等. 荫风轮总苷的一般药理学试验研究 [J]. 安徽医药，2005，9 (7)：486-488.

[5] 彭代银，刘青云，戴敏，等. 荫风轮总苷对动物子宫作用的研究 [J]. 中国中药杂志，2005，30 (13)：1006-1008.

[6] 彭代银，刘青云，戴敏，等. 荫风轮总苷抗炎镇痛作用研究 [J]. 安徽医药，2005，9 (6)：413-415.

[7] 唐胤泉，祝浩东，陈马兰. 断血流不同方法提取物抑菌作用的初步研究 [J]. 中国中医药科技，2018：25 (1)：40-42.

**【临床参考文献】**

[1] 骆骏，骆书祥. 蛤蟆灯笼草药膏治疗烧烫伤 [J]. 中医杂志，2010，51 (S1)：134-135.

## 813. 邻近风轮菜（图 813）• *Clinopodium confine*（Hance）O. Ktze.

**【别名】**箭头草（江苏），光风轮菜，光风轮。

**【形态】**多年生柔弱草本。茎铺散，四棱形，无毛或疏被微柔毛。叶片卵圆形，长 0.8 ～ 2.5cm，宽 0.5 ～ 1.8cm，顶端钝，基部阔楔形或圆形，边缘自近基部以上具锯齿，两面无毛。轮伞花序通常多花密集，通常腋生，苞叶叶状；苞片极小；花萼管状，花时长约 3mm，果时增大，外面无毛或沿脉上被极稀的毛，内面喉部被微柔毛，二唇形，上唇 3 齿，下唇 2 齿；花冠粉红色至紫红色，长约 4mm，外疏被柔毛，内面近无毛或在下唇片下方略被毛，冠檐二唇形，上唇直伸，顶端微缺，下唇 3 裂，中裂片较大；雄蕊 4 枚，内藏，前对能育，花药 2 室，药室略叉开，后对退化；花柱顶端 2 浅裂，裂片扁平。小坚果卵球形，褐色。花果期 3 ～ 8 月。

**【生境与分布】**生于海拔 500m 以下的水沟边、山坡草地。分布于江西、福建、浙江、安徽、江苏和上海，另广东、广西、湖南、河南、贵州、四川等省区均有分布；日本也有分布。

**【药名与部位】**剪刀草，全草。

**【药材炮制】**除去杂质，抢水洗净，切段，干燥。

**【化学成分】**地上部分含糖类：水苏糖（stachyose）[1]。

**【功能与主治】**清热解毒。

**【药用标准】**浙江炮规 2005。

图 813 邻近风轮菜 摄影 徐克学

**【化学参考文献】**

[1] Murakami S.Investigations on the carbohydrates of *Labiates*.V.the distribution of stachyose in the underground organs of labiates [J].Acta Phytochimica, 1943, 13: 161-184.

## 814. 细风轮菜(图 814)• *Clinopodium gracile* ( Benth. ) Matsum

**【别名】**瘦风轮菜(浙江、安徽),剪刀草(浙江、江苏),箭头草、玉如意(江苏),假仙菜(福建),野仙人草(江西),野薄荷。

**【形态】**多年生纤细柔弱草本,高 8 ~ 30cm。茎多数,自匍匐茎发出,四棱形,被短柔毛。叶片卵圆形或卵形,长 0.5 ~ 3.5cm,宽 0.5 ~ 2.5cm,先端钝,基部阔楔形或圆形,边缘具圆齿或钝齿,上面疏被微柔毛或近无毛,下面脉上疏被柔毛。轮伞花序具多花,疏离,或于茎端组成总状花序,下部者具苞叶;苞片针状;花萼管状,长约 3mm,果时下倾,基部一边膨胀,长约 5mm,外面沿脉上被短硬毛,其余被微柔毛或几无毛,内面喉部被稀疏微柔毛,二唇形,上唇 3 齿较短,果时反折,下唇 2 齿较长,平伸;花冠紫红色至白色,长约 5mm,外面被微柔毛,内面在喉部被微柔毛,冠檐二唇形,上唇直伸,顶端微缺,下唇 3 裂,中裂片较大;雄蕊 4 枚,前对能育,与上唇等长,花药 2 室,药室略叉开,后对不育,较小;花柱顶端 2 浅裂,前裂片披针形,后裂片消失。小坚果卵球形,褐色。花果期 3 ~ 10 月。

**【生境与分布】**生于海拔 2400m 以下的路旁、沟边及空旷草地。分布于江西、浙江、安徽、江苏、福建和上海,另广东、广西、湖南、湖北、云南、贵州、四川、台湾等地均有分布;日本、印度、缅甸、老挝、泰国、越南、马来西亚至印度尼西亚也有分布。

**【药名与部位】**剪刀草(瘦风轮菜),全草。

图 814 细风轮菜　　摄影 李华东

【采集加工】夏季花期采集，晒干。

【药材性状】常缠结成团。匍匐茎具不定根。茎纤细，直径 1 ～ 1.5mm，方形，有槽，常呈扭曲状，表面棕褐色，被疏短毛，质轻脆，易折断，茎断面有时中空。叶对生，叶片小，卵圆形或卵形，长 0.8 ～ 3.5cm，宽 0.5 ～ 2cm，叶缘锯齿状，多皱缩，被稀疏毛。轮伞花序残存花萼，被柔毛。小坚果，卵球形，长约 0.8mm，淡黄棕色。气微，味微辛。

【化学成分】种子含脂肪酸类：α- 亚麻酸（α-linolenic acid）、亚油酸（linoleic acid）、油酸（oleic acid）、棕榈酸（palmitic acid）、硬脂酸（stearic acid）和棕榈油酸（palmitoleic acid）[1]；氨基酸类：缬氨酸（Val）、谷氨酸（Glu）、精氨酸（Arg）、天冬氨酸（Asp）和亮氨酸（Leu）等[1]；元素：钾（Ka）、钙（Ca）、硼（P）、镁（Mg）、钠（Na）和铁（Fe）等[1]。

地上部分含苯丙素类：风轮菜酸 E、I、J、K、L、M、N、O、P、Q（clinopodic acid E、I、J、K、L、M、N、O、P、Q）和迷迭香酸（rosmarinic acid）[2]；木脂素类：8- 表乌毛蕨酸（8-epiblechnic acid）[2]；酚酸类：紫草酸（lithospermic acid）和丹酚酸 A、B（salvianolic acid A、B）[2]；黄酮类：大波斯菊苷（cosmosiin）、芹菜苷元 -7-*O*-β-D-（6-*O*- 丙二酰基）- 吡喃葡萄糖苷［apigenin-7-*O*-β-D-（6-*O*-malonyl）-glucopyranoside］、芹菜苷元 -7-*O*- 芸香糖苷（apigenin-7-*O*-rutinoside）、芹菜苷（apiin）、木犀草素 -7-*O*-β-D- 吡喃葡萄糖苷（luteolin-7-*O*-β-D-glucopyranoside）、木犀草素 -7-*O*-β-D-（6-*O*- 丙二酰基）- 吡喃葡萄糖苷［luteolin-7-*O*-β-D-（6-*O*-malonyl）-glucopyranoside］和柚皮苷元 -7-*O*- 芸香糖苷（naringenin-7-*O*-rutinoside）[2]。

全草含三萜类：风轮菜皂苷 I、II、III、IV、V（clinoposaponin I、II、III、IV、V）、醉鱼草皂苷 IV（buddlejasaponin IV）、柴胡皂苷 A（saikosaponin A）[3]，2α- 羟基齐墩果酸（2α-hydroxyoleanolic acid）、齐墩果酸（oleanolic acid）和白桦脂酸（betulinic acid）[4]；黄酮类：芹菜苷元 -7-*O*-β- 吡喃葡萄

糖苷（apigenin-7-*O*-β-glucopyranoside）、木犀草素 -7-*O*-β- 吡喃葡萄糖苷（luteolin-7-*O*-β-glucopyranoside）和美国薄荷苷（didymin）[4]；苯丙素类：3-（3, 4- 二羟基苯基）- 乳酸［3-（3, 4-dihydroxyphenyl）-lactic acid］和迷迭香酸（rosmarinic acid）[4]；脂肪酸类：硬脂酸（stearic acid）、棕榈酸（palmitic acid）和肉豆蔻酸（myristic acid）[4]；甾体类：β- 谷甾醇（β-sitosterol）、$\Delta^7$- 豆甾烯醇（$\Delta^7$-stigmastenol）和 $\Delta^7$- 豆甾烯醇 -3-*O*-β-D- 吡喃葡萄糖苷（$\Delta^7$-stigmastenol-3-*O*-β-D-glucopyranoside）[4]；挥发油类：（*E*）-7, 11- 二甲基 -3- 亚甲基 -1, 6, 10- 十二碳三烯［（*E*）-7, 11-dimethyl-3-methylene-1, 6, 10-dodecatriene］、1- 辛烯 -3- 醇（1-octen-3-ol）、3- 己烯 -1- 醇（3-hexen-1-ol）、丙二醇（propanediol）和丁香烯（caryophyllene）等[5]；多元醇类：肌肉肌醇（*myo*-inositol）[4]。

**【药理作用】**抗炎镇痛　全草水提取物和醇提取物可有效减少乙酸所致小鼠扭体次数、提高热板小鼠的痛阈值、抑制福尔马林小鼠的Ⅰ相、Ⅱ相反应，能明显抑制二甲苯所致小鼠耳肿胀程度，抑制乙酸所致毛细血管壁通透性升高，明显降低小鼠脑组织和血清中一氧化氮（NO）、丙二醛（MDA）、前列腺素 E（PGE）、白细胞介素 -6（IL-6）及肿瘤坏死因子 -α（TNF-α）的含量，其机制可能与抑制相关疼痛介质及炎症因子的表达有关[1]。

**【性味与归经】**苦、辛，凉。

**【功能与主治】**祛风清热，散瘀消肿。用于感冒头痛，乳痈，疮痈肿痛，痢疾。

**【用法与用量】**4.5 ～ 9g。

**【药用标准】**上海药材 1994 和浙江炮规 2005。

**【化学参考文献】**

［1］林文群，陈金玲，吴惠平，等 . 细风轮菜种子化学成分研究［J］. 亚热带植物科学，2002，31（2）：18-20.

［2］Aoshima H，Miyase T，Warashina T. Caffeic acid oligomers with hyaluronidase inhibitory activity from *Clinopodium gracile*［J］. Chem Pharm Bull，2012，60（4）：499-507.

［3］Yamamoto A，Miyase T，Ueno A，et al. Clinoposaponins I-V，new oleanane-triterpene saponins from *Clinopodium gracile* O. Kuntze［J］. Chem Pharm Bull，1993，41（7）：1270-1274.

［4］Kuo Y H，Lee S M，Lai J S. Chemical study of *Clinopodium gracile*［J］. Chinese Pharmaceutical Journal（Taipei），2000，52（1）：27-34.

［5］陈月圆，黄永林，文永新，等 . 细风轮菜挥发油成分的 GC-MS 分析［J］. 精细化工，2009，26（8）：770-772.

**【药理参考文献】**

［1］王素丽，陈莉媚，金彤，等 . 细风轮菜两种提取物的镇痛抗炎作用及其机制研究［J］. 中药药理与临床，2018，34（3）：93-98.

## 14. 薄荷属 *Mentha* Linn.

多年生或稀为一年生草本。叶片对生，叶片边缘具齿，有时全缘，具柄或无柄。轮伞花序具 2 花至多花，腋生，远离或密集，组成顶生的头状或穗状花序；花两性或单性，雌雄同株或异株；花萼钟形、漏斗形或管状钟形，具 10 ～ 13 脉，顶端 5 齿，齿等大或近二唇形；花冠漏斗状，近于整齐，冠筒内藏，冠檐具 4 裂片，上裂片稍宽大，全缘，顶端缺或 2 浅裂，其余 3 裂片等大，全缘；雄蕊 4 枚，花药 2 室，药室平行；花盘平顶；花柱顶端 2 等裂。小坚果卵形，顶端钝，无毛或略具瘤，稀在顶端被毛。

约 30 种，广布于北半球的温带地区，少数种见于南半球。中国野生 6 种，栽培 6 种，分布于全国南北各地，法定药用植物 3 种 1 变种。华东地区法定药用植物 2 种。

### 815. 薄荷（图 815）• *Mentha haplocalyx* Briq.（*Mentha canadensis* Linn.）

**【别名】**野薄荷（浙江），南薄荷、夜息香（山东），野仁丹草、见肿消、苏薄荷（江苏）。

**图 815 薄荷** 摄影 张芬耀等

【**形态**】多年生草本，高 0.3 ～ 1m。茎直立，被倒向微柔毛。叶片长圆状披针形、披针形、圆形或卵状披针形，稀长圆形，长（1 ～）3 ～ 5（～ 7）cm，宽 0.5 ～ 3cm，顶端锐尖，基部宽楔形至近圆形，边缘在基部以上疏生粗大锯齿，上面疏生微柔毛，下面有凹点状腺鳞，脉上密生微柔毛。轮伞花序腋生，球形，具梗或无梗；花萼管状钟形，长约 2.5mm，外被微柔毛及腺点，内面无毛，具不明显的 10 脉，顶端 5 齿，齿狭三角状钻形；花冠淡紫色，长约 4mm，外被微柔毛，内面在喉部以下被微柔毛，冠檐 4 裂，上裂片较大，顶端 2 浅裂，其余 3 裂片较小，近等大；雄蕊 4 枚，前对较长，均伸出花冠之外，花丝无毛，花药 2 室，药室平行；花盘平顶；花柱略超出雄蕊，柱头 2 等裂。小坚果卵球形，黄褐色，具小腺窝。花果期 7 ～ 11 月。

【**生境与分布**】生于海拔 3500m 以下的山坡草地，路边阴湿等处，各地多有栽培。分布于华东各地，另全国其他各地均有分布；亚洲热带地区、俄罗斯远东地区、朝鲜、日本及北美洲也有分布。

【**药名与部位**】薄荷，地上部分。

【**采集加工**】夏、秋二季茎叶茂盛或花开至三轮时，择晴天分次采割，阴干或低温干燥。

【**药材性状**】茎呈方柱形，有对生分枝，长 15 ～ 40cm，直径 0.2 ～ 0.4cm；表面紫棕色或淡绿色，棱角处具茸毛，节间长 2 ～ 5cm；质脆，断面白色，髓部中空。叶对生，有短柄；叶片皱缩卷曲，完整者展平后呈宽披针形、长椭圆形或长卵形，长 2 ～ 7cm，宽 1 ～ 3cm；上表面深绿色，下表面灰绿色，稀被茸毛，有凹点状腺鳞。轮伞花序腋生，花萼钟状，先端5齿裂，花冠淡紫色。揉搓后有特殊清凉香气，味辛凉。

**【质量要求】**色绿叶满，梗短，斩根。

**【药材炮制】**除去杂质及老茎，略喷水，稍闷，切段，低温干燥。筛去灰屑。

**【化学成分】**全草含蒽醌类：大黄素（emodin）、大黄酚（chrysophanol）、大黄素甲醚（physcion）和芦荟大黄素（aloeemodin）[1]；三萜类：熊果酸（ursolic acid）[1]；黄酮类：薄荷苷（menthoside）、异瑞福灵（*iso*-raifolin）、木犀草素-7-葡萄糖苷（luteolin-7-glucoside）、刺槐素-7-*O*-新橙皮糖苷（acacetin-7-*O*-neohesperidose）[2,3]，木犀草素-7-葡萄糖苷（luteolin-7-glucoside）、香叶木素-7-*O*-葡萄糖苷（diosmetin-7-*O*-glucoside）、椴树素（tilianine）、圣草次苷（eriocitrin）、木犀草素-7-*O*-D-葡萄糖苷（luteolin-7-*O*-D-glucoside）、木犀草素（luteolin）[3]，蒙花苷（linarin）、香叶木苷（diosmin）、刺槐素（acacetin）、橙皮苷（hesperidin）[3,4]，芹菜素-7-*O*-β-芸香糖（apigenin-7-*O*-β-rutinose）、木犀草素-7-芸香糖（luteolin-7-rutinose）、5, 6-二羟基-7, 8, 3′, 4′-四甲氧基黄酮（5, 6-dihydroxy-7, 8, 3′, 4′-tetramethoxyflavone）、栀子黄素B（gardenin B）、5, 6-二羟基-7, 8, 4′-三甲氧基黄酮（5, 6-dihydroxy-7, 8, 4′-trimethoxyflavone）、5-羟基-6, 7, 8, 3′, 4′-五甲氧基黄酮（5-hydroxy-6, 7, 8, 3′, 4′-pentamethoxyflavone）、香叶木素（diosmetin）和芦丁（rutin）[4]；苯丙素类：反式桂皮酸（*trans*-cinnam acid）[1]，迷迭香酸（rosmarinic acid）和咖啡酸（caffeic acid）[2]；酚酸类：苯甲酸（benzoic acid）[5]；甾体类：β-谷甾醇（β-sitosterol）[1]和胡萝卜苷（daucosterol）[1,2]；萘及衍生物：1-（3, 4-二羟基苯基）-6, 7-二羟基-1, 2-二氢萘-2, 3-二羧酸［1-（3, 4-dihydroxypheny1）-6, 7-dihydroxy-1, 2-dihydronaphthalene-2, 3-dicarboxylic acid］、1-（3, 4-二羟基苯基）-3-［2-（3, 4-二羟基苯基）-1-羧基］乙氧基羰基-6, 7-二羟基-1, 2-二氢萘-2-羧酸{1-（3, 4-dihydroxypheny1）-3-［2-（3, 4-dihydroxypheny1）-1-carboxy］ethoxycarbonyl-6, 7-dihydroxy-1, 2-dihydronaphthalene-2-carboxylic acid}、7, 8-二羟基-2-（3, 4-二羟基苯基）-1, 2-二氢萘-1, 3-二羧酸［7, 8-dihydroxy-2-（3, 4-dihydroxypheny1）-1, 2-dihydronaphthalene-1, 3-dicarboxylic acid］、1-［2-（3, 4-二羟基苯基）-1-羧基］乙氧基羰基-2-（3, 4-二羟基苯基）-7, 8-二羟基-1, 2-二氢萘-3-羧酸{1-［2-（3, 4-dihydroxypheny1）-1-carboxy］ethoxycarbony-2-（3, 4-dihydroxypheny1）-7, 8-dihydroxy-1, 2-dihydronaphthalene-3-carboxylic acid}、3-［2-（3, 4-二羟基苯基）-1-羧基］乙氧基羰基-2-（3, 4-二羟基苯基）-7, 8-二羟基-1, 2-二氢萘-1-羧酸{3-［2-（3, 4-dihydroxypheny1）-1-carboxy］ethoxycarbonyl-2-（3, 4-dihydroxypheny1）-7, 8-dihydroxy-1, 2-dihydronaphthalene-1-carboxylic acid}和1, 3-双［2-（3, 4-二羟基苯基）-1-羧基］乙氧基羰基-2-（3, 4-二羟基苯基）-7, 8-二羟基-1, 2-二氢萘{1, 3-bis［2-（3, 4-dihydroxypheny1）-1-carboxy］ethoxycarbonyl-2-（3, 4-dihydroxyphenyl）-7, 8-dihydroxy-1, 2-dihydronaphthalene}[2]。

地上部分含黄酮类：5, 6, 4′-三羟基-7, 8-二甲氧基黄酮（5, 6, 4′-trihydroxy-7, 8-dimethoxyflavone）、5, 6, 4′-三羟基-7, 8, 3′-三甲氧基黄酮（5, 6, 4′-trihydroxy-7, 8, 3′-trimethoxyflavone）、5, 6-二羟基-7, 8, 3′, 4′-四甲氧基黄酮（5, 6-dihydroxy-7, 8, 3′, 4′-tetramethoxyflavone）、5, 4′-二羟基-7-甲氧基黄酮（5, 4′-dihydroxy-7-methoxyflavone）、5-羟基-6, 7, 3′, 4′-四甲氧基黄酮（5-hydroxy-6, 7, 3′, 4′-tetramethoxyflavone）、5, 6-二羟基-7, 8, 4′-三甲氧基黄酮（5, 6-dihydroxy-7, 8, 4′-trimethoxyflavone）、5-羟基-6, 7, 8, 3′, 4′-五甲氧基黄酮（5-hydroxy-6, 7, 8, 3′, 4′-pentamethoxyflavone）、5, 3′-二羟基-6, 7, 8, 4′-四甲氧基黄酮（5, 3′-dihydroxy-6, 7, 8, 4′-tetramethoxyflavone）、5, 4′-二羟基-6, 7, 8, -三甲氧基黄酮（5, 4′-dihydroxy-6, 7, 8, -trimethoxyflavone）、蒙花苷（linarin）[6]，香叶木苷（diosmin）、5, 8, 4′-三羟基-6, 7-二甲氧基黄酮（5, 8, 4′-trihydroxy-6, 7-dimethoxyflavone）、5, 7, 3′-三羟基-4′-甲氧基黄酮（5, 7, 3′-trihydroxy-4′-methoxyflavone）[7]，刺槐素（acacetin）、槲皮素（quercetin）、香叶木素（diosmetin）、刺槐素-7-*O*-β-D-吡喃葡萄糖苷（acacetin-7-*O*-β-D-glucopyranoside）、木犀草素（luteolin）、木犀草素-7-*O*-β-D-吡喃葡萄糖苷（luteolin-7-*O*-β-D-glucopyranoside）[8]，薄荷苷（menthoside）、异漆叶苷（isorhoifolin）、刺槐素-7-*O*-新橙皮苷（acacetin-7-*O*-neohesperidose）[9]，5-羟基-6, 7, 8, 4′-四甲氧基黄酮（5-hydroxy-6,

7, 8, 4′-tetramethoxyflavone）、橙皮素 -7-*O*-β-D- 吡喃葡萄糖苷（hesperetin-7-*O*-β-D-glucopyranoside）、椴树素（tilianin）、藿香苷（agastachoside）[6]，橙皮苷（hesperidin）、香风草苷（didymin）和白杨素（chrysin）[10]；酚酸类：苯甲酸（benzoic acid）[6]，原儿茶酸（protocatechuic acid）[8]，根皮酸（phloretic acid）、原儿茶醛（protocatechuic aldehyde）[10]，龙胆酸 -5-*O*-β-D-（6′- 水杨酰基）- 吡喃葡萄糖苷［gentisic acid-5-*O*-β-D-（6′-salicylyl）-glucopyranoside］[11]，顺式 - 丹酚酸 J（*cis*-salvianolic acid J）、丹酚酸 J（salvianolic acid J）、紫草酸（lithospermic acid）、紫草酸 B（lithospermic acid B）、紫草酸 B 镁盐（magnesium lithospermate B）、紫草酸 B 钠盐（sodium lithospermate B）和丹参素（danshensu）[12]；苯丙素类：反式桂皮酸（*trans*-cinnamic acid）[6]，迷迭香酸（rosmarinic acid）[6, 8] 和咖啡酸（caffeic acid）[8]；脂肪酸及酯类：二十八烷酸（octacosanoic acid）[7]，（9*E*）-8, 11, 12- 三羟基十八烯酸甲酯［（9*E*）-8, 11, 12-trihydroxyoctadecenoic acid methyl ester］[13]；二元羧酸类：琥珀酸（succinic acid）[12]；木脂素类：1- 羟基松脂酚（1-hydroxypinoresinol）、（+）-1-1- 羟基松脂酚 -1-*O*-β-D- 葡萄糖苷［（+）-1-hydroxypinoresinol-1-*O*-β-D-glucoside］、（7*R*, 8*S*）-4, 9, 9′- 三羟基 -3- 甲氧基 -7, 8- 二氢苯并呋喃 -1′- 丙基新木脂素 -3′-*O*-β-D- 吡喃葡萄糖苷［（7*R*, 8*S*）-4, 9, 9′-trihydroxy-3-methoxy-7, 8-dihydrobenzofuran-1′-propylneolignan-3′-*O*-β-D-glucopyranoside］[10] 和薄荷木酚素（menthalignin）[11]；蒽醌类：大黄素（emodin）、大黄酚（chrysophanol）、大黄素甲醚（physcion）和芦荟大黄素（aloeemodin）[6]；三萜皂苷类：11-*O*-熊果酸（11-*O*-ursolic acid）[6]，熊果酸（ursolic acid）[6, 8, 12]，西洋参花皂苷 C（floralquinquenoside C）[10]，野椿酸（euscaphic acid）、委陵菜酸（tormentic acid）[12]，2α, 3α- 二羟基 - 熊果 -12- 烯 -28- 羧酸（2α, 3α-dihydroxy-urs-12-en-28-oic acid）[8]，齐墩果酸（oleanolic acid）[8, 12]，坡模酸（pomolic acid）、2α- 羟基齐墩果酸（2α-hydroxyoleanolic acid）[8]，马尼拉榄香油三萜二醇*（maniladiol）、3β, 28- 二羟基 - 齐墩果 -12- 烯基棕榈酸酯（3β, 28-dihydroxy-olean-12-enyl palmitate）和齐墩果 -12- 烯 -28- 羧酸 -3- 棕榈酸酯（olean-12-en-28-arboxy-3-palmitate）[14]；甾体类：β- 谷甾醇（β-sitosterol）、胡萝卜苷（daucosterol）[6, 8] 和土麦冬皂苷 A、B（spicatoside A、B）[14]；核苷类：尿嘧啶（uracil）[12]；生物碱类：新海胆灵（neoechinulin）[12]，1-（β-D- 呋喃核糖基）-1H-1, 2, 4- 三嗪酮［1-（β-D-ribofuranosyl）-1H-1, 2, 4-triazone］、萘异噁唑 A（naphthisoxazol A）和 6- 氨基 -9-［1-（3, 4- 二羟基苯基）乙基］-9H- 嘌呤 {6-amino-9-［1-（3, 4-dihydroxy phenyl）ethyl］-9H-purine}[14]；单萜类：对 - 薄荷 -3- 烯 -1α, 2α, 8- 三醇（*p*-menth-3-en-1α, 2α, 8-triol）[10]，薄荷烷内酯（menthalactone）、（4*R*, 6*R*）- 香芹酚 -β-D- 葡萄糖苷［（4*R*, 6*R*）-carveol-β-D-glucoside］、（4*R*, 6*S*）- 香芹酚 -β-D- 葡萄糖苷［（4*R*, 6*S*）-carveol-β-D-glucoside］、（+）- 新二氢香芹酚基 -β-D- 葡萄糖苷［（+）-neodihydrocarvy-β-D-glucoside］、（-）- 二氢香芹酚基 -β-D- 葡萄糖苷［（-）-dihydrocarvy-β-D-glucoside］、尿萜烯醇 -β-D- 葡萄糖苷（uroterpenol-β-D-glucoside）、（3*S*, 6*S*）- 顺式芳樟醇 -3, 7- 氧化物［（3*S*, 6*S*）-*cis*-linalool-3, 7-oxide］、1, 1, 5- 三甲基 -6-（3- 羟基）环已烯 -5- 基 -1-β-D- 吡喃葡萄糖苷［1, 1, 5-trimethyl-6-（3-hydroxyl）cyclohexene-5-yl-1-β-D-pyranoglucoside］、（+）-4- 羟基茉莉酮葡萄糖苷［（+）-jasmololone glycoside］和（-）-5′-（β-D- 吡喃葡萄糖氧基）茉莉酸［（-）-5′-（β-D-glucopyranosyloxy）jasmonic acid］[1, 4]；倍半萜类：猕猴桃香堇苷*（actinidioionoside）、淫羊藿次苷 $B_5$（icariside $B_5$）、（6*S*, 9*R*）- 长寿花糖苷［（6*S*, 9*R*）-roseoside］[10]，（3*R*, 9*S*）- 大柱香波龙 -5- 烯 -3, 9- 二醇 -3-*O*-β-D- 吡喃葡萄糖苷［（3*R*, 9*S*）-megastigman-5-en-3, 9-diol-3-*O*-β-D-glucopyranoside］、柳穿鱼香堇苷 A、B（linarionoside A、B）和（9*S*）- 柳穿鱼香堇苷 B［（9*S*）-linarionoside B］[14]；核糖类：2- 去氧 -D- 核糖酸 -1, 4- 交酯（2-deoxy-D-ribono-1, 4-lactone）[10]；挥发油类：1, 4（8）- 对 - 薄荷二烯 -2- 醇 -3- 酮［1, 4（8）-*p*-menthadiene-2-ol-3-one］[6]，左旋薄荷酮（*L*-menthone）、胡薄荷酮（pulegone）、D- 柠檬烯（D-limonene）、桉叶素（eucalyptol）、*L*- 薄荷醇（*L*-menthol）、乙酸薄荷酯（menthyl acetate）、香芹酮（eucarvon）、α- 蒎烯（α-pinene）、β- 蒎烯（β-pinene）、β- 水芹烯（β-phellandrene）、D- 薄荷酮（D-menthone）、石竹烯（caryophyllene）和芳樟醇（linalool）[15] 等。

茎叶含单萜类：右旋 -8- 乙酰氧基别二氢葛缕酮［（+）-8-acetoxycarvotanacetone］[16]。

叶含挥发油：左旋薄荷醇［（-）menthone］、异薄荷酮（*iso*-menthone）和胡薄荷酮（pulegone）[2]等；萘类：1-（3, 4- 二羟基苯基）-1, 2- 二氢 -6, 7- 二羟基 - 萘 -2, 3- 二羧酸［1-（3, 4-dihydroxyphenyl）-1, 2-dihydro-6, 7-dihydroxy-2, 3-naphthalenedicarboxylic acid］、1-（3, 4- 二羟基苯基）-1, 2- 二氢 -6, 7- 二羟基 -3-［1- 羧基 -2-（3, 4- 二羟基苯基）乙基］- 萘 -2, 3- 二羧酸酯 {1-（3, 4-dihydroxyphenyl）-1, 2-dihydro-6, 7-dihydroxy-3-［1-carboxy-2-（3, 4-dihydroxyphenyl）ethyl］-2, 3-naphthalenedicarboxylate}[17]、2-（3, 4- 二羟基苯基）-1, 2- 二氢 -7, 8- 二羟基 - 萘 -1, 3- 二羧酸［2-（3, 4-dihydroxyphenyl）-1, 2-dihydro-7, 8-dihydroxy-1, 3-naphthalenedicarboxylic acid］、2-（3, 4- 二羟基苯基）-1, 2- 二氢 -7, 8- 二羟基 -1-［1- 羧基 -2-（3, 4- 二羟基苯基）乙基］- 萘 -1, 3- 二羧酸酯 {2-（3, 4-dihydroxyphenyl）-1, 2-dihydro-7, 8-dihydroxy-1-［1-carboxy-2-（3, 4-dihydroxyphenyl）ethyl］-1, 3-naphthalenedicarboxylate}、2-（3, 4- 二羟基苯基）-1, 2- 二氢 -7, 8- 二羟基 -3-［1- 羧基 -2-（3, 4- 二羟基苯基）乙基］- 萘 -1, 3- 二羧酸酯 {2-（3, 4-dihydroxyphenyl）-1, 2-dihydro-7, 8-dihydroxy-3-［1-carboxy-2-（3, 4-dihydroxyphenyl）ethyl］-1, 3-naphthalenedicarboxylate}、2-（3, 4- 二羟基苯基）-1, 2- 二氢 -7, 8- 二羟基 -1, 3- 二［1- 羧基 -2-（3, 4- 二羟基苯基）乙基］- 萘 -1, 3- 二羧酸酯 {2-（3, 4-dihydroxyphenyl）-1, 2-dihydro-7, 8-dihydroxy-1, 3-bis［1-carboxy-2-（3, 4-dihydroxyphenyl）ethyl］-1, 3-naphthalenedicarboxylate}、2-（3, 4- 二羟基苯基）-1, 2- 二氢 -7, 8- 二羟基 -1-［1- 羧基 -2-（3, 4- 二羟基苯基）乙基］-3-［1-［（3, 4- 二羟基苯基）甲基］-2- 甲氧基 -2- 氧代乙基］- 萘 -1, 3- 二羧酸酯 {2-（3, 4-dihydroxyphenyl）-1, 2-dihydro-7, 8-dihydroxy-1-［1-carboxy-2-（3, 4-dihydroxyphenyl）ethyl］-3-［1-［（3, 4-dihydroxyphenyl）methyl］-2-methoxy-2-oxoethyl］-1, 3-naphthalenedicarboxylate}、2-（3, 4- 二羟基苯基）-1, 2- 二氢 -7, 8- 二羟基 -3-［1- 羧基 -2-（3, 4- 二羟基苯基）乙基］-1-［1-［（3, 4- 二羟基苯基）甲基］-2- 甲氧基 -2- 氧代乙基］- 萘 -1, 3- 二羧酸酯 {2-（3, 4-dihydroxyphenyl）-1, 2-dihydro-7, 8-dihydroxy-3-［1-carboxy-2-（3, 4-dihydroxyphenyl）ethyl］-1-［1-［（3, 4-dihydroxyphenyl）methyl］-2-methoxy-2-oxoethyl］-1, 3-naphthalenedicarboxylate} 和 2-（3, 4- 二羟基苯基）-1, 2- 二氢 -7, 8- 二羟基 -1, 3- 二 {1-［（3, 4- 二羟基苯基）甲基］-2- 甲氧基 -2- 氧代乙基 }- 萘 -1, 3- 二羧酸酯 {2-（3, 4-dihydroxyphenyl）-1, 2-dihydro-7, 8-dihydroxy-1, 3-bis{1-［（3, 4-dihydroxyphenyl）methyl］-2-methoxy-2-oxoethyl}-1, 3-naphthalenedicarboxylate}[18]；氨基酸类：甘氨酸（Gly）、天冬氨酸（Asp）、缬氨酸（Val）、蛋氨酸（Met）、谷氨酸（Glu）、丝氨酸（Ser）、苏氨酸（Thr）、赖氨酸（Lys）、丙氨酸（Ala）、亮氨酸（Leu）、异亮氨酸（Ile）和苯丙氨酸（Phe）[19]等。

**【药理作用】**止喘 地上部分乙醇提取物能明显抑制卵清蛋白诱导的过敏性哮喘模型小鼠 lgE 及支气管肺泡灌洗液和肺组织中 t-helper 2 型细胞因子（如白细胞介素 -4、5）的升高，并对小鼠气道炎症细胞浸润有明显的缓解作用[1]。

**【性味与归经】**辛，凉。归肺、肝经。

**【功能与主治】**宣散风热，清头目，透疹。用于风热感冒，风温初起，头痛，目赤，喉痹，口疮，风疹，麻疹，胸胁胀闷。

**【用法与用量】**3 ～ 6g，入煎剂宜后下。

**【药用标准】**药典 1953—2015、浙江炮规 2005、新疆药品 1980 二册、广西壮药 2011 二卷、中华药典 1930 和台湾 2013。

**【临床参考】**1. 风热头痛、眼痛：地上部分 6g，加野菊花、桑叶各 9g，先把桑叶煎沸 15min，再加入薄荷、野菊花煎沸 2min，代茶饮[1]。

2. 风火牙痛：地上部分 10g，加野菊花、露蜂房各 9g、白芷 6g、花椒 2g，先把露蜂房、白芷、花椒加水 300ml 煎沸 15min，再加入薄荷、野菊花煎沸 2min，含漱，每隔 1h 1 次[1]。

3. 皮肤瘙痒：地上部分 15g，加茵陈 20g，水 200ml，武火烧开，文火煎 30min，待凉，去渣，湿敷瘙痒处 20min，每日 3 次[2]。

4. 人体蠕形螨：地上部分制成薄荷油，每晚洁面后将油均匀涂擦于面部，连续使用25天，治疗期间每日以开水烫洗脸盆、面巾[3]。

5. 小儿高热惊厥：鲜地上部分1握，捣烂，外敷额上。

6. 感冒：地上部分9g，加桑叶、葱白各9g，石胡荽6g，水煎服。（5方、6方引自《浙江药用植物志》）

**【附注】** 薄荷之名始见于《新修本草》，记载："薄荷茎叶似荏而尖长，根经冬不死，又有蔓生者。"《本草图经》云："薄荷，旧不著所出州土，而今处处皆有之。茎叶似荏而尖长，经冬根不死。夏秋采茎叶，暴干，古方稀用，或与薤作韮食。"《本草纲目》云："薄荷，人多栽莳，二月宿根生苗，清明前后分之。方茎赤色，其叶对生，初时形长而头圆，及长则尖。吴、越、川、湖人多以代茶。苏州所莳者，茎小而气芳，江西者稍粗，川蜀者更粗，入药以苏产为胜。"上述描述及《本草纲目》、《植物名实图考》所附的薄荷图，与本种一致。

药材薄荷表虚汗多者禁服。不宜久煎。

野薄荷 *Mentha arvensis* Linn.var. *piperascens* Malinv. 的地上部分在台湾作薄荷药用。此外，兴安薄荷 *Mentha dahurica* Fisch. exBenth. 及东北薄荷 *Mentha sachalinensis*（Briq.）Kudo 的地上部分在东北民间也作薄荷药用。

**【化学参考文献】**


[1] 刘颖，张援虎，石任兵. 薄荷化学成分的研究[J]. 中国中药杂志，2005，30（14）：1086-1088.

[2] 梁呈元，李维林，张涵庆，等. 薄荷化学成分及其药理作用研究进展[J]. 中国野生植物资源，2003，22（3）：9-12.

[3] 李祥，邢文峰. 薄荷的化学成分及临床应用研究进展[J]. 中南药学，2011，9（5）：362-365.

[4] 陈向阳，张乐，吴莹，等. LCMS-IT-TOF 法快速分析薄荷黄酮部位的主要化学成分[J]. 北京中医药大学学报，2015，38（8）：546-550.

[5] 施京敏. 薄荷的化学成分及采收加工的研究概况[J]. 中国当代医药，2011，18（33）：15-16.

[6] 张援虎. 薄荷、荆芥（穗）有效部位化学成分的研究[D]. 北京：北京中医药大学中药学博士后论文，2005.

[7] 房海灵，李维林，梁呈元，等. 挥发油提取后薄荷地上部分的化学成分[J]. 植物资源与环境学报，2007，16（2）：73-74.

[8] 陈智坤，梁呈元，任冰如，等. 薄荷地上部分的非挥发性化学成分研究[J]. 植物资源与环境学报，2016，25（3）：115-117.

[9] 张继东，王庆琪. 薄荷残渣中化学成分及抗炎作用[J]. 山东医药工业，2000，19（3）：34-35.

[10] Su L，Wang Y M，Zhong K R，et al. Chemical constituents of *Mentha haplocalyx*[J]. Chemistry of Natural Compounds，2019，55（2）：351-353.

[11] 徐凌玉，李振麟，蔡芷辰，等. 薄荷化学成分的研究[J]. 中草药，2013，44（20）：2798-2802.

[12] She G M，Xu C，Liu B，et al. Polyphenolic acids from mint（the aerial of *Mentha haplocalyx* Briq.）with DPPH radical scavenging activity[J]. J Food Sci，2010，75（4）：C359-C362.

[13] 李明亮，徐凌玉，李振麟，等. 薄荷乙酸乙酯提取部位的化学成分[J]. 药学与临床研究，2013，21（1）：33-35.

[14] He X F，Geng C A，Huang X Y，et al. Chemical constituents from *Mentha haplocalyx* Briq.（*Mentha canadensis* L.）and their α-glucosidase inhibitory activities[J]. Natural Products and Bioprospecting，2019，9：223-229.

[15] 杨倩，叶丹，王琳炜，等. 薄荷挥发油成分研究[C]. CSNR 中药及天然药物资源研究专业委员会第十二届学术年会，2016.

[16] 丁德生，孙汉董. 野薄荷精油中驱避有效成分的结构鉴定[J]. 植物学报，1983，25（1）：62-66.

[17] Matano Y，Kanita M，Saito J，et al. 1，2-Dihydronaphthalene-2，3-dicarboxylic acids as anti-inflammatory agents[P]. Jpn. Kokai Tokkyo Koho，1993，JP 05025083 A 19930202.

[18] Matano Y，Watano T，Oono A，et al. Isolation of 1-（3，4-dihydroxyphenyl）-1，2-dihydronaphthalene-2，3-dicarboxylic acid derivatives from leaf of *Mentha haplocalyx* as antiinflammatory agents[P]. Jpn Kokai Tokkyo Koho，1993，JP 05025082 A 19930202.

[19] 韩健. 薄荷化学成分促进透气吸收作用研究进展[J]. 中国校医，2006，20（1）：109-110.

【药理参考文献】

［1］Shin H K，Lee C H，Ha H，et al. Protective effects of *Mentha haplocalyx* ethanol extract（MH）in a mouse model of allergic asthma［J］. Phytotherapy Research，2011，25（6）：863-869.

【临床参考文献】

［1］兰福森 . 薄荷药用民间方［N］. 民族医药报，2000-10-27（002）.
［2］于海艳 . 茵陈薄荷汤治疗皮肤瘙痒［J］. 中国民间疗法，2017，25（9）：29
［3］李航，韩文艳，王波腊，等 . 薄荷油外用治疗人体蠕形螨的疗效研究［J］. 昆明医学院学报，2011，32（7）：102-103.

## 816. 留兰香（图 816）• *Mentha spicata* Linn.

图 816 留兰香　　摄影 郭增喜

【别名】绿薄荷。

【形态】多年生芳香草本，高 0.4 ～ 1.3m。茎四棱形，无毛或近无毛，被有散生的腺点。叶片卵状长圆形或长圆状披针形，长 1.3 ～ 7cm，宽 0.5 ～ 2cm，顶端锐尖，基部宽楔形至近圆形，边缘具不规则的锐锯齿，两面近无毛，均被腺点；叶脉在上面稍凹陷，在下面隆起。轮伞花序聚生于茎端或枝端，组成长 2 ～ 10cm 间断的、圆柱形的穗状花序；花梗无毛；小苞片条形，长 5 ～ 8mm；花萼钟形，长约 2.5mm，外被腺点，顶端 5 齿，三角状披针形，具缘毛；花冠淡紫色，长约 4mm，无毛，冠檐近 4 等裂，上裂片微凹；

雄蕊 4 枚，近等长，伸出，花药 2 室；花盘平顶；子房无毛，花柱顶端 2 等裂，褐色。花期 7 ～ 10 月。

**【生境与分布】**原产于南欧及俄罗斯。华东各地有栽培，另其他各地也有栽培或逸为野生。

留兰香与薄荷的区别点：留兰香叶片为卵状长圆形；轮伞花序密集，组成顶生的穗状花序。薄荷叶片为长圆状披针形或椭圆形；轮伞花序腋生。

**【药名与部位】**留兰香，全草。

**【采集加工】**夏、秋二季采收，除去杂质，鲜用或阴干。

**【药材性状】**茎呈近方形，具槽及条纹。叶柄短或近无柄，完整叶片展平后呈卵状长圆形，长 2 ～ 7cm，宽 1 ～ 2cm，先端锐尖，基部宽楔形至近圆形，边缘具尖锐而不规则的锯齿，草质，上表面绿色，下表面灰绿色。轮伞花序生于茎及分枝顶端，呈间断向上密集的圆柱形穗状花序；小苞片条形，长 0.5 ～ 0.8cm，花梗长 0.2cm，花萼钟形，萼齿 5，三角状披针形，花冠淡紫色，长 0.4cm，两面无毛，冠筒长 0.2cm，冠檐具 4 枚裂片，雄蕊 4 枚，近等长。气芳香，味辛凉。

**【化学成分】**全草含黄酮类：香叶木素（diosmetin）、5- 羟基 -3′, 4′, 6, 7- 四甲氧基黄酮（5-hydroxy-3′, 4′, 6, 7-tetramethoxyflavone）[1], 5, 6, 4′- 三羟基 -7, 8, 3′- 三甲氧基黄酮（5, 6, 4′-trihydroxy-7, 8, 3′-trimethoxyflavone）[1, 2], 木犀草素 -7-*O*-β-D- 吡喃葡萄糖醛酸丁酯（luteolin-7-*O*-β-D-glucuronide butunl ester）、香蜂草苷（didymin）、刺槐苷（acaciin）、橙皮苷（hesperidin）、橙皮苷 -7-β-D- 葡萄糖苷（hesperidin-7-β-D-glucoside）、木犀草素 -7-β-D- 葡萄糖苷（luteolin-7-β-D-glucoside）、木犀草素（luteolin）、木犀草素 -7-*O*-β-D- 葡萄糖醛酸苷（luteolin-7-*O*-β-D-glucuronide）、芹菜素（apigenin）、芹菜素 -7-β-D-葡萄糖苷（apigenin-7-β-D-glucoside）、芹菜素 -7-β-D- 葡萄糖醛酸苷（apigenin-7-β-D-glucuronide）、5, 6- 二羟基 -7, 8, 3′, 4′- 四甲氧基黄酮（5, 6-dihydroxy-7, 8, 3′, 4′-tetramethoxyflavone）、5- 羟基 -6, 7, 3′, 4′-四甲氧基黄酮（5-hydroxy-6, 7, 3′, 4′-tetramethoxyflavone）、香叶木素（diosmetin）、3′- 甲氧基 -5, 6, 7, 4′-四羟基黄酮（3′-methoxy-5, 6, 7, 4′-tetrahydroxyflavone）[2], 紫云英苷（astragalin）、芦丁（rutin）和槲皮素 -3-*O*-β-D 吡喃葡萄糖苷（quercetin-3-*O*-β-D-glucopyranoside）[3], 金圣草酚（chrysoeriol）和过江藤素（nodifloretin）[4]；木脂素类：留兰香木脂素 A、B（spicatolignan A、B）[5] 和（+）- 异落叶松脂醇 -2α-*O*-β-D- 吡喃葡萄糖苷［（+）-*iso*-lariciresinol-2α-*O*-β-D-glucopyranoside］[6]；甾体类：胡萝卜苷（daucosterol）[1-3]；三萜类：熊果烷（ursane）[1], 熊果酸（ursolic acid）和委陵菜酸（tormentic acid）[2]；酚酸和苯丙素类：3- 甲氧基 -4- 甲基苯甲醛（3-methoxy-4-methylbenzaldehyde）、藜芦酸（veratric acid）[1], 丁香酚 -*O*-β-D- 吡喃葡萄糖苷［eugenyl-*O*-β-D-glucopyranoside］、迷迭香酸（rosmarinic acid）、原儿茶醛（protocatechuic aldehyde）、原儿茶酸（protocatechuic acid）[2], 原儿茶酸甲酯（methyl protocatechuate）、香草酸甲酯（methyl vanillate）、丁香苷（syringin）、香草醛（vanillin）和 4- 羟基苯甲酸正丁酯（*n*-butyl 4-hydroxylbenzoate）[6], 3- 甲氧基 -4- 羟基苯甲酸（3-methoxy-4-hydroxyl benzoic acid）、3, 5- 二甲氧基 -4- 羟基苯甲酸（3, 5-dimethoxy-4-hydroxyl benzoic acid）[7] 和香荚兰酸（vanillic acid）[8]；多元羧酸类：柠檬酸三甲酯（trimethyl citrate）[6]；单萜类：留兰香苷 A、B（spicatoside A、B）[9]；挥发油类：香芹酮（carvone）、柠檬烯（limonene）、二氢香芹酮（dihydrocarvone）、桉叶素（eucalyptol）、β- 蒎烯（β-pinene）、α- 蒎烯（α-pinene）、反式石竹烯（*trans*-caryophyllene）、顺式香芹酮（*cis*-carvone）、β- 水芹烯（β-phellandrene）、香芹醇（carveol）、β- 波旁烯（β-Bourbonene）和 α-萜品醇（α-terpineol）[9, 10] 等；核苷类：次黄嘌呤核苷（inosine）、尿苷（uridine）和腺苷（adenosine）[6]；脂肪酸类：10, 13, 14- 三羟基 -11（*Z*）- 十八碳烯酸（10, 13, 14-trihydroxy-11（*Z*）-octadecenoic acid）[2]；香豆素类：3- 羟基 -6- 甲氧基 -5- 磺甲基香豆素（3-hydroxy-6-methoxy-5-sulfomethyl coumarin），即新香豆素（neocoumarin）[2]。

地上部分含挥发油类：α- 蒎烯（α-pinene）、β- 蒎烯（β-pinene）、莰烯（camphene）、桧烯（sabinene）、月桂烯（myrcene）、柠檬烯（limonene）、顺式氧化柠烯（*cis*-limonene oxide）、反式氧化柠烯（*trans*-limonene oxide）、薄荷酮（menthone）、异薄荷酮（*iso*-menthone）、二氢香芹酮（dihydrocarvone）、香芹酮（carvone）、

乙酸薄荷酯（menthyl acetate）、新二氢香芹醇（*neo*-dihydrocarveol）、β- 波旁烯（β-bourbonene）和 β- 石竹烯（β-caryophyllene）[10, 11]等；黄酮类：5- 去甲基甜橙素（5-demethyl sinensetin）、橙皮苷（hesperidin）、香蜂草苷（didymin）和蒙花苷（linarin）[12]。

叶含呋喃类：薄荷内酯（menthalactone）[1]。

**【药理作用】**1. 抗菌　叶挥发油对金黄色葡萄球菌、枯草芽孢杆菌、蜡样芽孢杆菌、单核细胞李斯特菌、鼠伤寒沙门氏菌、大肠杆菌 157 ∶ H7 的生长均有一定的抑制作用[1]。2. 抗细胞凋亡　叶乙醇提取物的正己烷部位、氯仿部位、乙酸乙酯部位均能减少 4- 硝基喹啉 -1- 氧化物诱导小鼠骨髓细胞染色体损伤和凋亡模型中微核多色红细胞和细胞凋亡的百分比[2]。

**【性味与归经】**辛，微温。归肺、肝、肾经。

**【功能与主治】**疏风清热，解表和中，理气止痛。用于感冒头痛，胃痛，咳嗽，腹胀，吐泻，痛经，肢麻，跌扑肿痛。

**【用法与用量】**煎服，3 ～ 9g，鲜品 15 ～ 30g；外用，鲜品适量，捣烂敷。

**【药用标准】**贵州药材 2003。

**【临床参考】**1. 风寒咳嗽：鲜全草 15 ～ 30g，水煎服。

2. 胃痛：全草，加茴香根、橘皮、佛手柑、生姜各适量，水煎服。

3. 皮肤皲裂：鲜全草适量，捣烂敷患处。（1 方至 3 方引自《浙江药用植物志》）

**【附注】** 留兰香始载于明代《滇南本草》，云：“南薄荷，又名升阳菜。味辛，性温。无毒。治一切伤寒头痛，霍乱吐泻，痈疽疥癞诸疮等症，其效如神。滇南处处产薄荷，老人作菜食，返白发为黑，与别省不同。” 据《滇南本草》整理本考订为本种。

**【化学参考文献】**

[1] 郑健，赵东升，吴斌，等 . 留兰香中化学成分的分离与鉴定［J］. 中国中药杂志，2002，27（10）：749-751.

[2] 郑健 . 留兰香活性成分的研究［D］. 沈阳：沈阳药科大学博士学位论文，2004.

[3] 宋妍 . 留兰香水溶性部分化学成分的研究［D］. 沈阳：沈阳药科大学硕士学位论文，2008.

[4] 陈广通，高慧媛，郑健，等 . 留兰香活性部位化学成分的研究Ⅲ［J］. 中国中药杂志，2006，31（7）：560-562.

[5] Zheng J，Chen G T，Gao H Y，et al. Two new lignans from *Mentha spicata* L.［J］. J Asian Nat Prod Res，2007，9（5）：431-435.

[6] 郑健，高慧媛，陈广通，等 . 留兰香的活性成分（Ⅱ）［J］. 沈阳药科大学学报，2006，23（4）：212-215.

[7] 郑健，高慧媛，陈广通，等 . 留兰香的活性成分（Ⅰ）［J］. 沈阳药科大学学报，2006，23（3）：145-147.

[8] 宋妍，陈广通，孙博航，等 . 留兰香水溶性部分化学成分的分离与鉴定［J］. 沈阳药科大学学报，2008，25（9）：705-707.

[9] Zheng J，Wu L J，Zheng L，et al. Two new monoterpenoid glycosides from *Mentha spicata* L.［J］. J Asian Nat Prod Res，2003，5（1）：69-73.

[10] 陈静威，吴振，闫鹏飞，等 . 留兰香挥发油化学成分的研究［J］. 哈尔滨商业大学学报：自然科学版，2003，19（1）：72-74，92.

[11] 梁呈元，刘艳，李维林，等 . 留兰香挥发油化学成分研究［J］. 西北药学杂志，2011，26（3）：159-160.

[12] Erenler R，Telci I，Elmastas M，et al. Quantification of flavonoids isolated from *Mentha spicata* in selected clones of Turkish mint landraces［J］. Turkish Journal of Chemistry，2018，42（6）：1695-1705.

**【药理参考文献】**

[1] Yasser S. Chemical composition and *in vitro*，antibacterial activity of *Mentha spicata* essential oil against common food-borne pathogenic bacteria［J］. Journal of Pathogens，2015，2015：1-5.

[2] Ponnan A，Arabandi R. Protective effects of solvent fractions of *Mentha spicata*（L.）leaves evaluated on 4-nitroquinoline-1-oxide induced chromosome damage and apoptosis in mouse bone marrow cells［J］. Genetics and Molecular Biology，2009，32（4）：847-852.

## 15. 牛至属 *Origanum* Linn.

多年生草本或半灌木。叶对生，叶片卵圆形或长圆状卵形，边缘具疏齿或全缘。花多数，密集成圆形或长圆形的小穗状花序，此花序再排成伞房状圆锥花序；花常为雌花、两性花异株；苞片和小苞片叶状，绿色或紫色；花萼钟形，喉部有柔毛环，具 10 ～ 15 脉，顶端 5 齿，齿近三角形，几等大；花冠钟形，冠筒伸出，冠檐二唇形，上唇直立，扁平，顶端凹陷，下唇张开，3 裂，中裂片极大；雄蕊 4 枚，内藏或稍伸出，花药 2 室；花盘平顶；花柱顶端不相等 2 浅裂。小坚果卵圆形，略具棱角，无毛。

15 ～ 20 种，主要分布于地中海和中亚。中国 1 种，广布于全国大部分地区，法定药用植物 1 种。华东地区法定药用植物 1 种。

### 817. 牛至（图 817）• *Origanum vulgare* Linn.

**图 817　牛至**　　　　摄影　李华东等

【**别名**】白花茵陈、小叶薄荷（江苏、浙江），茵陈、糯米条（江西），野荆芥、随经草（江苏），土茵陈（福建）。

【**形态**】多年生草本或半灌木，高 25 ～ 60cm。根茎斜生，其节上具纤细的须根。茎四棱形，具倒向或微卷的短柔毛，近基部常无毛。叶片卵圆形或长圆状卵形，长 0.5 ～ 3cm，宽 0.5 ～ 1.5cm，顶端钝，基部宽楔形至近圆形，近全缘，两面被微柔毛及凹陷的腺点，叶柄长 1.5 ～ 2.5mm。小穗状花序长圆状，再排成聚伞圆锥花序，果时多少伸长；苞片覆瓦状排列，长圆状倒卵形至倒卵形，被微柔毛；花萼钟状，具 13 脉，长 2 ～ 3mm，外被小硬毛或近无毛，具腺点，内面在喉部具毛环，顶端 5 齿，三角形；花冠紫红色或白色，管状钟形，长 7mm，两性花冠筒长 5mm，显著超出花萼，雌雄花冠筒长约 3mm，外面疏被短柔毛，内面在喉部被短柔毛，冠檐二唇形，上唇直立，卵圆形，顶端 2 浅裂，下唇 3 裂，中裂片较大；雄蕊 4 枚，花药卵圆形，2 室；花柱略超出雄蕊，顶端不相等 2 浅裂。小坚果卵圆形，褐色、微具棱，无毛。花果期 7 月至翌年 2 月。

**【生境与分布】**生于海拔 500 ～ 3600m 的路旁、林下、山谷沟边湿地及山坡草地。分布于华东各地，另华中、华南、西南地区及河南、陕西、甘肃及新疆等省区也有分布；欧洲、亚洲、北美洲、非洲也有分布。

**【药名与部位】**牛至（川香薷、满坡香），全草。

**【采集加工】**夏、秋二季花开时采收，除去杂质，晒干。

**【药材性状】**长 20 ～ 60cm。根较细小，直径 0.2 ～ 0.4cm；表面灰棕色，稍弯曲而略有韧性，断面黄白色。茎方柱形，上部稍有分枝，紫棕色或黄棕色，密被下伏细绒毛。叶对生，稍皱缩，展平后叶片卵形至宽卵形，长 0.6 ～ 1.8cm，宽 0.4 ～ 1.2cm；黄绿色或灰绿色，全缘，两面被棕黑色腺点；叶柄长 1.5 ～ 2.5mm，被毛。聚伞花序顶生，花萼钟状，5 裂。小坚果扁卵形，红棕色。气微香，味微苦。

**【药材炮制】**除去杂质，切段。

**【化学成分】**全草含酚酸类：原儿茶酸（protocatechuic acid）[1-3]，香草酸（vanillic acid）、异香草酸（*iso*-vanillic acid）[2, 3]，原儿茶醛（protocatechuic aldehyde）、对羟基苯甲酸（*p*-hydroxybenzoic acid）、丁香酸（syringic acid）、3, 4, 5- 三甲氧基苯甲酸（3, 4, 5-trimethoxybenzoic acid），即桉脂酸（eudesmic acid）[3]，4-（*O*-β-D- 吡喃葡萄糖基）- 羟基 -7-（3′, 4′- 二羟基苯甲酰基）- 苄醇［4-（*O*-β-D-glucopyranosyl）-hydroxy-7-（3′, 4′-dihydroxybenzoyl）-benzyl alcohol］、1, 2, 4- 苯三酚（1, 2, 4-benzenetriol）[4]，2, 5- 二羟基苯甲酸（2, 5-dihydroxybenzoic acid）、3, 4- 二羟基苯甲酸（3, 4-dihydroxybenzoic acid）、牛至酚苷（origanoside）、4-{［（2′, 5′- 二羟基苯甲酰基）氧基］甲基} 苯基 -*O*-β-D- 吡喃葡萄糖苷 {4-{［（2′, 5′-dihydroxybenzoyl）oxy］methyl}phenyl-*O*-β-D-glucopyranoside} 和 4-{［（3′, 4′- 二羟基苯甲酰基）氧基］甲基} 苯基 -*O*-β-D-［6-*O*-（3″, 5″- 二甲氧基 -4″- 羟基苯甲酰基）］- 吡喃葡萄糖苷 {4-{［（3′, 4′-dihydroxybenzoyl）oxy］methyl}phenyl-*O*-β-D-［6-*O*-（3″, 5″-dimethoxyl-4″-hydroxybenzoyl）］-glucopyranoside}[5]；苯丙素类：迷迭香酸（rosmarinic acid）[2]，阿魏酸（ferulic acid）、咖啡酸（caffeic acid）、迷迭香酸甲酯（methyl rosmarinic）、迷迭香酸乙酯（rosmarinic acid ethylster）[3]，3-（3′, 4′- 二羟基苯基）乳酸甲酯［methyl 3-（3′, 4′-dihydroxyphenyl）-lactate］和麦芽酚 -6′-*O*-（5-*O*- 对香豆酰基）-β-D- 呋喃芹糖基 -β-D- 吡喃葡萄糖苷［maltol-6′-*O*-（5-*O*-*p*-coumaroyl）-β-D-apiofuranosyl-β-D-glucopyranoside］[5]；黄酮类：日本椴苷（tilianin）、箭叶苷 A（sagittatoside A）[1]，刺槐素（acacetin）、槲皮素（quercetin）、6, 7, 3′, 4′- 四羟基二氢黄酮（6, 7, 3′, 4′-tetrahydroxyl dihydroflavanone）[3]，芹菜苷元（apigenin）、木犀草素（luteolin）、美国薄荷苷（didymin）、5, 7, 4′- 三羟基 -8-*C*- 对羟基苄基黄酮（5, 7, 4′-trihydroxy-8-*C*-*p*-hydroxybenzylflavone）、芹菜苷元 -7-*O*-β-D- 吡喃葡萄糖苷（apigenin-7-*O*-β-D-glucopyranoside）、6, 7, 4′- 三羟基黄酮（6, 7, 4′-trihydroxyflavone）[4]，刺槐素 -7-*O*-［4‴-*O*- 乙酰基 -β-D- 呋喃芹糖基 -（1 → 3）］-β-D- 吡喃木糖苷 {acacetin-7-*O*-［4‴-*O*-acetyl-β-D-apiofuransyl-（1 → 3）］-β-D-xylopyranoside}、刺槐素 -7-*O*-［6‴-*O*- 乙酰基 -β-D- 吡喃半乳糖基 -（1 → 3）］-β-D- 吡喃木糖苷 {acacetin-7-*O*-［6‴-*O*-acetyl-β-D-galactopyranosyl-（1 → 3）］-β-D-xylopyranoside}、芹菜苷元 -7-*O*-［6‴-*O*- 乙酰基 -β-D- 吡喃半乳糖基 -（1 → 3）］-β-D- 吡喃木糖苷 {apigenin-7-*O*-［6‴-*O*-acetyl-β-D-galactopyranosyl-（1 → 3）］-β-D-xylopyranoside} 和刺槐素 -7-*O*-［6‴-*O*- 乙酰基 -β-D- 吡喃半乳糖基 -（1 → 2）］-β-D- 吡喃葡萄糖苷 {acacetin-7-*O*-［6‴-*O*-acetyl-β-D-galactopyranosyl-（1 → 2）］-β-D-glucopyranoside}[5]；三萜类：熊果酸（ursolic acid）和齐墩果酸（oleanolic acid）[1]；甾体类：胡萝卜苷（daucosterol）、β- 谷甾醇（β-sitosterol）和豆甾醇（stigmasterol）[1]；挥发油类：百里香酚（thymol）[6, 7]，香荆芥酚（carvacrol）[6-8]，对聚伞花素（*p*-cymene）、石竹烯（caryophyllene）[6, 8]，γ-松油烯（γ-terpinene）[6]，香荆芥酚甲醚（carvacrol methyl ether）[7]，麝香草酚（thymol）和松油醇（terpilenol）[8] 等。

叶含酚类：牛至酚 A、B（origanol A、B）[9] 和牛至宁 A、B、C（origanine A、B、C）[10]；三萜类：

熊果酸（ursolic acid）和齐墩果酸（oleanolic acid）[9]；甾体类：β- 谷甾醇（β-sitosterol）[9]；烷醇类：三十醇（triacontanol）[9]。

地上部分含黄酮类：芹菜苷元（apigenin）、木犀草素（luteolin）、鼠尾草苷元（salvigenin）、滨蓟黄苷（cirsimarin）、香叶木素（diosmetin）、去甲氧基矢车菊定（desmethoxycentaureidin）、5- 羟基 -6, 7, 3′, 4′- 四甲氧基芹菜苷元（5-hydroxy-6, 7, 3′, 4′-tetramethoxyapigenin）、芹菜苷元 -7-*O*-β-D- 吡喃葡萄糖苷（apigenin-7-*O*-β-D-glucopyranoside）、木犀草素 -7-*O*-β-D- 吡喃葡萄糖苷（luteolin-7-*O*-β-D-glucopyranoside）、木犀草素 -7-*O*-β-D- 吡喃葡萄糖苷 -6″- 甲酯（luteolin-7-*O*-β-D-glucopyranoside-6″-methyl ester）、木犀草素 -7-*O*-α-L- 吡喃鼠李糖苷 -4′-*O*-β-D- 吡喃葡萄糖苷（luteolin-7-*O*-α-L-rhamnopyranoside-4′-*O*-β-D-glucopyranoside）和槲皮素 -3-*O*-β-D- 吡喃葡萄糖苷 -4′-*O*-α-L- 吡喃鼠李糖苷（quercetin-3-*O*-β-D-glucopyranoside- 4′-*O*-α-L-rhamnopyranoside）[11]；酚类：牛至酚苷（origanoside）[12]，4-（3, 4- 二羟基苯甲酰氧基甲基）苯基 -*O*-β-D- 吡喃葡萄糖苷［4-（3, 4-dihydroxybenzoyloxymethyl）phenyl-*O*-β-D-glucopyranoside］[13]，1, 4- 苯二酚（1, 4-benzenediol）、1, 2- 苯二酚（1, 2-benzenediol）、对羟基苯甲醛（*p*-hydroxybenzaldehyde）和 4- 甲基 -5- 异丙基 -1, 2- 苯二酚（4-methyl-5-*iso*-propyl-1, 2-benzenediol）[14]；苯丙素类：咖啡酸乙酯（ethyl caffeate）和迷迭香酸乙酯（ethyl rosmarinate）[14]；木脂素类：二氢去氢二松柏醇（dihydrodehydrodiconiferyl alcohol）和（－）- 丁香树脂酚［（－）-syringaresinol］[14]；甾体类：β- 谷甾醇（β-sitosterol）和胡萝卜苷（daucosterol）[14]；三萜类：齐墩果酸（oleanolic acid）和熊果酸（ursolic acid）[14]；烯类：二十六烯（hexacosene）[14]；烷醇类：二十六醇（hexacosanol）[14]；二元酸类：琥珀酸（succinate acid）[14]；挥发油：1- 辛烯 -3- 醇（1-octen-3-ol）、α- 正十七烷（α-*n*-heptadecane）、百里香酚（thymol）、1- 甲基 -4-（1- 异丙基）-1, 4- 环已二烯［1-methyl-4-（1-methylethyl）-1, 4-cyclohexadiene］、4- 甲基 -1-（1- 异丙基）-3- 环己烯 -1- 醇［4-methyl-1-（1-methylethyl）-3-cyclohexen-1-ol］、1- 甲氧基 -4- 甲基 -2-（1- 异丙基）- 苯［1-mzthoxy-4-mzthyl-2-（1-methylethyl）benzene］和 1- 甲基 -4- 异丙基 - 苯（1-methyl-4-methylethyl-benzenez）等[15]。

**【药理作用】**1. 抗结石　地上部分水 - 甲醇提取物可通过抑制草酸钙一水合物晶体化、抗氧化、肾上皮细胞保护和抗痉挛活性发挥抗尿结石作用[1]。2. 抗菌　叶水浸出物和挥发油对多种细菌具有一定的抑制作用[2]。3. 镇痛　水提取物可延长大鼠急性疼痛的反应时间，并呈剂量依赖性，其镇痛作用由 GABA 受体介导[3]。4. 抗氧化　地上部分醇提取物、水提取物均对 1，1- 二苯基 -2- 三硝基苯肼（DPPH）自由基、羟自由基（•OH）具有一定的清除作用，并且对铁离子具有一定的还原作用，此作用呈剂量相关性[4, 5]。5. 抗炎　水提取物、醇提取物均能抑制二甲苯所致的小鼠耳廓肿胀[4, 5]。6. 止咳祛痰平喘　水提取物、醇提取物均能减少氨水喷雾所致小鼠咳嗽次数、促进小鼠气管酚红排泌，延长咳嗽潜伏期，减少咳嗽次数[4, 5]。

**【性味与归经】**辛，微温。

**【功能与主治】**清暑解表，利水消肿。用于中暑，感冒，头痛身重，急性胃肠炎，腹痛吐泻，水肿。

**【用法与用量】**3 ～ 9g。

**【药用标准】**药典 1977、部标维药 1999、湖南药材 2009、湖北药材 2009、甘肃药材 2009、贵州药材 2003 和四川药材 1987。

**【临床参考】**1. 急性菌痢：牛至冲剂（全草挥发油制成）口服，每次 20mg，每天 4 次，7 天为 1 疗程[1]。

2. 胃火盛型胃病：全草 15g，加鸡内金、香薄荷、青蒿各 20g，水煎服，每日 1 剂，10 天 1 疗程[2]。

3. 虚寒型胃病：全草 20g，加鹿肚子（干）、党参各 20g，研末，每次 5g 冲服，每日 1 次[2]。

**【附注】**以江宁府茵陈始载于《本草图经》，云："江宁府又有一种茵陈，叶大根粗，黄白色，至夏有花实。"《植物名实图考》芳草类载："小叶薄荷生建昌。细茎小叶，叶如枸杞叶而圆，数叶攒生一处，梢开小黄花如粟。俚医用以散寒，发表，胜于薄荷。"并附有植物形态图。观其附图，再对照上述描述，均与本种的特征相似，花色可能系干品所误。

药材牛至表虚汗多者禁服。

同属植物欧牛至 *Origanum majorana* Linn. 的全草广东作牛至药用。

**【化学参考文献】**

[1] 伍睿，叶其，陈能煜，等.牛至化学成分的研究［J］.天然产物研究与开发，2000，12（6）：13-16.
[2] 刘刚，孟茜，陈宁.牛至化学成分研究［J］.中药材，2002，25（9）：640-641.
[3] 刘红兵.牛至酸性成分及其质量分析研究［D］.武汉：湖北中医学院硕士学位论文，2006.
[4] 郭雨姗，王国才，王春华，等.牛至的化学成分研究［J］.中国药学杂志，2012，47（14）：1109-1113.
[5] Zhang X L，Guo Y S，Wang C H，et al. Phenolic compounds from *Origanum vulgare* and their antioxidant and antiviral activities［J］. Food Chem，2014，152：300-306.
[6] 田辉，李萍，赖东美.牛至挥发油的 GC-MS 分析.中药材，2006，29（9）：920-921.
[7] 刘刚，刘俊峰，刘焱文.牛至化学成分研究［J］.中药材，2003，26（9）：642-643.
[8] 邓雪华，王光忠，孙丽娟，等.牛至挥发油化学成分 GC-MS 分析.中药材，2007，30（5）：555-557.
[9] Rao G V，Mukhopadhyay T，Annamalai T，et al. Chemical constituents and biological studies of *Origanum vulgare* Linn.［J］. Pharmacognosy Research，2011，3（2）：143-145.
[10] Liu H B，Zheng A M，Liu H L，et al. Identification of three novel polyphenolic compounds，origanine A-C，with unique skeleton from *Origanum vulgare* L. using the hyphenated LC-DAD-SPE-NMR/MS methods［J］. J Agric Food Chem，2012，60（1）：129-135.
[11] Hawas U W，El-Desoky S K，Kawashty S A，et al. Two new flavonoids from *Origanum vulgare*［J］. Nat Prod Res，2008，22（17）：1540-1543.
[12] Liang C H，Chou T H，Ding H Y. et al. Inhibition of melanogensis by a novel origanoside from *Origanum vulgare*［J］. J Dermatol Sci，2010，57（3）：170-177.
[13] Liang C H，Chan L P，Ding H Y，et al. Free radical scavenging activity of 4-（3，4-dihydroxybenzoyloxymethyl）phenyl-*O*-β-D-glucopyranoside from *Origanum vulgare* and its protection against oxidative damage［J］. J Agric Food Chem，2012，60（31）：7690-7696.
[14] 孙丽娟，刘红兵，范文乾，等.牛至的化学成分研究（Ⅰ）［J］.中草药，2007，38（12）：1782-1785.
[15] 邓雪华，王光忠，孙丽娟，等.牛至挥发油化学成分 GC-MS 分析［J］.中药材，2007，30（5）：555-557.

**【药理参考文献】**

[1] Aslam K，Samra B，Khan S R，et al. Antiurolithic activity of *Origanum vulgare* is mediated through multiple pathways［J］. BMC Complementary and Alternative Medicine，2011，11（1）：96.
[2] Saeed S，Tariq P. Antibacterial activity of oregano（*Origanum vulgare* Linn.）against gram positive bacteria［J］. Pakistan Journal of Pharmaceutical Sciences，2009，22（4）：421-424.
[3] Afarinesh M R，Pahlavan Y，Sepehri G，et al. Antinociceptive effect of aqueous extract of *Origanum vulgare* L. in male rats：possible involvement of the GABAergic system［J］. Iranian Journal of Pharmaceutical Research，2013，12（2）：407-413.
[4] 早克然·司马义，麦合苏木·艾克木，于洋，等.牛至草醇提取物的抗氧化与抗炎、止咳祛痰作用研究［J］.陕西中医，2018，39（1）：6-13.
[5] 早克然·司马义，于洋，麦合苏木·艾克木，等.牛至草水提取物的抗炎、止咳、祛痰及体外抗氧化作用研究［J］.新疆医科大学学报，2017，40（12）：1580-1584.

**【临床参考文献】**

[1] 杨培明，刘焱文，王少华，等.牛至冲剂治疗急性菌痢临床疗效观察［J］.湖北中医杂志，1990，12（3）：15-16.
[2] 乌拉孜别克，斯兰木汉.哈医居努斯医术及经验方［J］.新疆中医药，2002，20（2）：30-31.

## 16. 百里香属 *Thymus* Linn.

矮小半灌木，有强烈香气。茎四棱形或圆柱形。叶对生，较小；叶片全缘或每侧有 1 ～ 3 小齿，下面散生腺点。轮伞花序紧密排成头状花序或疏松排成穗状花序；苞片叶状，向上变小呈苞片状；小苞片微小；花萼管状钟形或狭钟形，有 10 ～ 13 脉，二唇形，上唇直立或开展，3 裂，裂片三角形或披针形，下唇 2 裂，裂片钻形，有硬缘毛，喉部有白色毛环；花冠二唇形，上唇直伸，微凹，下唇 3 裂；雄蕊 4 枚，前对较长；

花柱先端 2 裂。小坚果卵形或长圆形，光滑无毛。

300 ～ 400 种，分布于非洲北部及欧洲、亚洲温带。中国 12 种，分布于南北各地，法定药用植物 3 种 1 变种。华东地区法定药用植物 1 种。

## 818. 麝香草（图 818）• *Thymus vulgaris* Linn.

**图 818 麝香草** 摄影 李根有

【**别名**】普通百里香（浙江）。

【**形态**】半灌木，高 15 ～ 20cm，气芳香。茎近直立，分枝细而坚硬，近木质化，圆柱形，密被白色细柔毛，叶腋常有极短的分枝，使叶片似簇生状。叶近无柄；叶片条形至卵形，长 3 ～ 7mm，宽 1 ～ 2mm，先端稍钝，基部狭窄，上面近无毛或有微柔毛，散生少数不明显腺点，下面有短柔毛并有橙红色腺点，花茎上的叶片为披针形至卵形。轮伞花序少至多花，彼此疏离再组成长 4 ～ 6cm 的顶生总状花序；花梗细，与萼筒等长；花萼长约 3mm，萼筒长 1 ～ 1.5mm，喉部内面有白色硬毛环，外面散生橙红色腺点，上唇 3 齿，披针形，长约 1mm，下唇 2 齿，钻形，长 1.5 ～ 2mm，有缘毛；花冠粉红色或淡紫色，长约 4mm，花冠筒不伸出萼外，上唇直伸，先端微凹，下唇 3 裂，裂片近相等或中裂片稍大，外面散生少数橙红色腺点；雄蕊内藏，花柱远伸出花冠外。小坚果未见。花期 6 月。

【**生境与分布**】原产于欧洲南部。浙江有栽培。

【**药名与部位**】麝香草油，鲜叶及嫩枝中提取的挥发油。

【药材性状】为无色、淡黄色或淡红色的澄明液体，气香特异，味香而温热。

【用法与用量】1 次 0.05 ～ 0.25ml；每日 0.75ml。

【药用标准】中华药典 1930。

## 17. 紫苏属 *Perilla* Linn.

一年生草本，有香气。叶对生，叶片绿色，常带紫色或紫黑色，叶缘具齿。轮伞花序具 2 花，组成顶生或腋生、偏向一侧的总状花序；花小，具梗；苞片大，宽卵圆形；花萼钟形，具 10 脉，内侧喉部有柔毛环，果时增大，平伸或下垂，基部一边肿胀，萼檐近二唇形，上唇宽大，3 齿裂，中齿较小，下唇 2 齿，披针形；花冠白色至紫红色，冠筒短，喉部斜形，冠檐近二唇形，上唇微缺，下唇 3 裂，中裂片较大；雄蕊 4 枚，近相等或前对稍长，直伸而分离，花药 2 室，药室初平行，后叉开，花盘杯状，前面呈指状膨大；花柱顶端近 2 等裂。小坚果近球形，有网纹。

1 种 2 变种，分布于亚洲东部。中国均产，各地有栽培，法定药用植物 1 种 2 变种。华东地区法定药用植物 1 种 2 变种。

### 819. 紫苏（图 819）• *Perilla frutescens*（Linn.）Britt.

**图 819 紫苏** 摄影 赵维良

【别名】红苏、黑苏、紫苏草（江苏），青苏（浙江），鸡苏（江西、福建），白苏（安徽）。

【形态】一年生直立草本，气芳香，高 0.3 ～ 1.5m。茎四棱形，绿色或紫色，被倒向具节的长柔毛。叶片宽卵形或卵圆形，长 4 ～ 18cm，宽 2.5 ～ 13cm，顶端短尖或突尖，基部圆形或宽楔形，边缘有粗锯齿，两面绿色或紫色，或仅下面紫色，两面被疏柔毛和腺点；叶柄长 2 ～ 10cm，密被长柔毛。轮伞花序具 2 花，组成顶生和腋生、偏向一侧的总状花序；苞片宽卵圆形或近圆形，顶端短尖；花萼钟形，长约 3mm，果时增长到 1.1cm，下部被具节的长柔毛及黄色腺点，基部一边膨胀，萼檐二唇形，上唇 3 齿，下唇 2 齿稍长，披针形；花冠白色至紫红色，长 3 ～ 4mm，冠筒短，冠檐近二唇形，上唇微缺，下唇 3 裂，中裂片较大，顶端微凹；雄蕊 4 枚，内藏，无毛；花盘呈指状膨大，柱头顶端 2 浅裂。小坚果灰褐色或灰白色，卵圆形或类球形，直径约 1.5mm，具网纹。花果期 7 ～ 12 月。

**【生境与分布】**生于路边、地边及低山疏林下或林缘，华东各地有栽培或野生；日本、朝鲜、印度尼西亚、不丹及印度也有分布。

**【药名与部位】**紫苏根，根。紫苏子（白苏子），成熟果实。紫苏，地上部分。紫苏叶，叶（或带嫩枝）。紫苏梗（白苏梗），茎。

**【采集加工】**紫苏根：秋季采挖，除去地上茎及须根，晒干。紫苏子：秋季果实成熟时采收，除去杂质，干燥。紫苏：秋季采收，除去杂质，倒挂通风处阴干。紫苏叶：夏季采收，阴干；或趁鲜切段，阴干。紫苏梗：秋季果实成熟后采收，除去枝、叶，低温干燥；或趁鲜切厚片，低温干燥。

**【药材性状】**紫苏根：呈类圆锥形，上粗下细，下部弯曲，长 10 ～ 20cm，直径 0.5 ～ 3.5cm，表面浅棕褐色，具细纵纹及支根痕，顶端常残留类方柱形茎基，具髓。体轻，质硬，难折断，断面不平，皮部极薄，木质部宽广，黄白色。气微，味淡。

紫苏子：呈卵圆形或类球形，直径约 1.5mm。表面灰棕色或灰褐色，有微隆起的暗紫色网纹，基部稍尖，有灰白色点状果梗痕。果皮薄而脆，易压碎。种子黄白色，种皮膜质，子叶 2 枚，类白色，有油性。压碎有香气，味微辛。

紫苏：茎方柱形，四棱钝圆，长短不一，直径 0.5 ～ 1.5cm；表面紫棕色或暗紫色，四面有纵沟及细纵纹，节部稍膨大；断面裂片状，木质部黄白色，髓部白色。叶对生，叶片多皱缩卷曲，破碎，完整者展平后呈卵圆形；先端渐尖，基部圆形或宽楔形，边缘具粗圆齿；两面紫色，疏生灰白色毛。总状花序顶生或腋生，花冠管状。小坚果卵圆形，褐色；含种子 1 粒。气芳香，味微辛。

紫苏叶：叶片多皱缩卷曲、破碎，完整者展平后呈卵圆形，长 4 ～ 15cm，宽 2.5 ～ 12cm。先端长尖或急尖，基部圆形或宽楔形，边缘具圆锯齿。两面紫色或上表面绿色，下表面紫色，疏生灰白色毛，下表面有多数凹点状的腺鳞。叶柄长 2 ～ 7cm，紫色或紫绿色。质脆。带嫩枝者，枝的直径 2 ～ 5mm，紫绿色，断面中部有髓。气清香，味微辛。

紫苏梗：呈方柱形，四棱钝圆，长短不一，直径 0.5 ～ 1.5cm。表面紫棕色或暗紫色，四面有纵沟和细纵纹，节部稍膨大，有对生的枝痕和叶痕。体轻，质硬，断面裂片状。切片厚 2 ～ 5mm，常呈斜长方形，木质部黄白色，射线细密，呈放射状，髓部白色，疏松或脱落。气微香，味淡。

**【质量要求】**紫苏子：色黑，无泥杂。紫苏叶：色紫红。紫苏梗：条匀，无细梗或叉枝和叶，斩根。

**【药材炮制】**紫苏根：除去杂质，残茎及须根，洗净，切薄片，晒干。

紫苏子：除去杂质，洗净，干燥。炒紫苏子：取紫苏子饮片，炒至有爆裂声、香气逸出时，取出，摊凉；用时捣碎。蜜紫苏子：取紫苏子饮片，与炼蜜拌匀，稍闷，炒至不黏手时，取出，摊凉。

紫苏叶：除去杂质和老梗；或喷淋清水，切碎，干燥。

紫苏梗：除去杂质，稍浸，润透，切厚片，干燥。

**【化学成分】**地上部分含单萜类：紫苏新酮* A、B、C（frutescenone A、B、C）、9- 羟基异紫苏酮（9-hydroxyisoegomaketone）、异紫苏酮（*iso*-egomaketone）、（3*S*, 4*R*）-3- 羟基紫苏醛［（3*S*, 4*R*）-3-hydroxyperillaldehyde］和（*S*）-（-）- 紫苏酸［（*S*）-（-）-perillic acid］[1]；苯丙素类：甲基异丁香酚（methylisoeugenol）、异榄香脂素（*iso*-elemicin）、3′, 4′, 5′- 三甲氧基肉桂醇（3′, 4′, 5′-trimethoxycinnamyl alcohol）、肉豆蔻醚（myristicin）、榄香素（elemicin）和咖啡酸乙酯（ethyl caffeate）[1]；生物碱类：1H- 吲哚 -3- 羧酸（1H-indole-3-carboxylic acid）、（-）- 新海胆灵 A［（-）-*neo*-echinulin A］和吲哚 -3- 甲醛（indole-3-carboxaldehyde）[1]。

花含挥发油：紫苏醛（perillaldehyde）、法呢烯（farnesene）、芳樟醇（linalool）和姜黄二酮（neocurdione）等[2]。

叶含黄酮类：芹菜素（apigenin）[3]，木犀草素（luteolin）[4]，野黄芩苷（scutellarin）、略水苏素（negletein）[5]，芹菜素-7-*O*-二葡萄糖苷酸（apigenin-7-*O*-diglucuronide）、木犀草素-7-*O*-葡萄糖苷（luteolin-7-*O*-glucoside）、芹菜素-7-*O*-葡萄糖醛酸苷（apigenin-7-*O*-glucuronide）、甘草素（liquiritigenin）、金圣草黄素（chrysoeriol）[6]，木犀草素-7-*O*-葡萄糖醛酸苷（luteolin-7-*O*-glucuronide）、芹菜素-7-氧-葡萄糖苷（apigenin-7-*O*-glucoside）、野黄芩素-7-*O*-二葡萄糖醛酸苷（scutellarein-7-*O*-diglucuronide）、木犀草素-7-*O*-二葡萄糖醛酸苷（luteolin-7-*O*-diglucuronide）、芹菜素-7-*O*-咖啡酰葡萄糖苷（apigenin-7-*O*-caffeoylglucoside）、芹菜素-7-*O*-葡萄糖醛酸苷（apigenin-7-*O*-glucuronide）[7]，8-羟基-5, 7-二甲氧基黄烷酮（8-hydroxy-5, 7-dimethoxyflavanone）[8]，（2*S*）-5, 7-二甲氧基-8, 4′-二羟基二氢黄酮［（2*S*）-5, 7-dimethoxy-8, 4′-dihydroxyflavanone］、2′, 4′-二甲氧基-4, 5′, 6′-三羟基查耳酮（2′, 4′-dimethoxy-4, 5′, 6′-trihydroxychalcone）和（*Z*）-4, 6-二甲氧基-7, 4′-二羟基橙酮［（*Z*）-4, 6-dimethoxy-7, 4′-dihydroxyaurone］[9]；苯丙素类：咖啡酸（caffeic acid）、咖啡酸乙烯酯（vinyl caffeate）、迷迭香酸（rosmarinic acid）、迷迭香酸甲酯（methyl rosmarinate）[3]，绿原酸（chlorogenic acid）、甲基迷迭香酸（methyl rosmarinic acid）[4]，反式对羟基桂皮酸（*trans-p*-hydroxylcinnamic acid）[5]，反式-对-薄荷基-8-烯-咖啡酸酯（*trans-p*-menth-8-en-yl caffeate）、迷迭香酸-3-*O*-葡萄糖苷（rosmarinic acid-3-*O*-glucoside）[6]，丹参酸A（salvianic acid A）、3-咖啡酰奎宁酸（3-caffeoylquinic acid）、5-咖啡酰奎宁酸（5-caffeoylquinic acid）、4-咖啡酰奎宁酸（4-caffeoylquinic acid）、对羟基肉桂酰葡萄糖苷（*p*-hydroxylcinnamoyl glucoside）[7]，紫苏苷E（perilloside E）和丁香酚-β-D-吡喃葡萄糖苷（eugenyl-β-D-glucopyranoside）[10]；氰苷类：野樱苷（prunasin）和西洋接骨木苷（sambunigrin）[10]；苄醇类：苄基-β-D-吡喃葡萄糖苷（benzyl-β-D-glucopyranoside）[10]；酚酸类：原儿茶酸（protocatechuic acid）[4]，对羟基苯甲醛（*p*-hydroxybenzaldehyde）、对羟基苯乙酮（*p*-hydroxyacetophenone）[5]和香草酸-*O*-葡萄糖苷（vanillic acid-*O*-glucoside）[7]；单萜至三萜类：（+）-异地芰普内酯［（+）-*iso-loliolide*］、（－）-地芰普内酯［（－）-loliolide］、去氢催吐萝芙木醇（dehydrovomifoliol）[5]，委陵菜酸（tomentic acid）、科罗索酸（corosolic acid）、马钱苷（loganin）[6]，紫苏苷A（perilloside A）[11, 12]，紫苏苷B（perilloside B）[13]，紫苏苷C（perilloside C）[12, 13]，紫苏苷D（perilloside D）[13]，芳樟醇-β-D-吡喃葡萄糖苷（linaloyl-β-D-glucopyranoside）[10]，紫苏酸（perillic acid）[14]，紫苏内酯*A、B（perillanolide A、B）[15]和异紫苏酮（isoegomaketone）[16]；香豆素类：秦皮乙素（esculetin）[5]；挥发油类：紫苏醛（perillaldehyde）、D-柠檬烯（D-lemonene）、石竹烯（carophyllene）、法呢烯（farnesene）、芳樟醇（linalool）、紫苏醇（perilla alcohol）、α-红没药烯（α-bisabolene）、α-荜澄茄油烯（α-cubebene）、松油醇（terpineol）和石竹烯氧化物（*iso*-caryolphyllene oxide）等[2]；脂肪酸类：棕榈酸亚麻酸葡萄糖苷（palmitoleic-linolenic glucoside）、棕榈酸油酸葡萄糖苷（palmitic-oleic glucoside）、α-亚麻酸（α-linolenic acid）、亚麻酸（linolenic acid）、亚油酸（linoleic acid）、棕榈酸（palmitic acid）和油酸（oleic acid）[6]；有机酸：柠檬酸（citric acid）[7]，茉莉酸（jasmonic acid）和茉莉酸-5′-氧-葡萄糖苷（jasmonic acid-5′-*O*-glucoside）[7]，沙利酸（sagerinic acid）和5′-葡萄糖氧基茉莉酸（5′-glucopyranosyoxyjasmanic acid）[6]；其他尚含：*N*-辛酰糖（*N*-octanoyl- sucrose）[6]。

种子含黄酮类：芹菜素-7-*O*-葡萄糖苷（apigenin-7-*O*-glucoside）、木犀草素（luteolin）、芹菜素（apigenin）、金圣草黄素（chrysoeriol）和木犀草苷（luteoloside），即木犀草素-7-*O*-葡萄糖苷（luteolin-5-*O*-glucoside）[17]；苯丙素类：咖啡酸-3-*O*-葡萄糖苷（caffeic acid-3-*O*-glucoside）、咖啡酸（caffeic acid）、迷迭香酸-3-*O*-葡萄糖苷（rosmarinic acid-3-*O*-glucoside）、迷迭香酸（rosmarinic acid）和迷迭香酸甲酯（rosmarinic acid methyl ester）[17]；脂肪酸类：软脂酸（palmitic acid）、亚油酸（linoleic acid）、亚麻酸（linolenic acid）、硬脂酸（stearic acid）、顺式-11-二十碳烯酸（*cis*-11-eicosenoic acid）和花生酸（arachidic acid）[18]；

氨基酸类：天冬氨酸（Asp）、L-苏氨酸（L-Thr）、丝氨酸（Ser）、谷氨酸（Glu）、甘氨酸（Gly）、丙氨酸（Ala）、DL-蛋氨酸（DL-Met）、亮氨酸（Leu）、酪氨酸（Tyr）、组氨酸（His）和精氨酸（Arg）等[19]；肽类：寡肽（oligopeptide）[20]；元素：铝（Al）、铁（Fe）、钙（Ga）、镁（Mg）、硼（B）、钡（Ba）、钠（Na）、锰（Mn）、磷（P）和钾（K）等[19]。

茎叶含挥发油：紫苏醛（perillaldehyde）、D-柠檬烯（D-limonene）、(*Z, E*)-α-金合欢烯[(*Z, E*)-α-farnesene]、α-石竹烯（α-caryophyllene）和1-辛烯-3-醇（1-octen-3-ol）等[21]。

**【药理作用】**1. 促胃肠蠕动　种子油可促进氯苯哌酰胺所致的便秘模型大鼠排便，增加粪便中的含水量而不导致腹泻，且呈剂量依赖性[1]；叶的石油醚及乙醇提取物可显著增加大鼠小肠碳末推进百分率与总酸排出量[2]；紫苏梗水提取液可升高肢体缺血再灌注大鼠结肠环形肌条收缩波平均振幅，而对正常大鼠则无明显影响[3]。2. 抗氧化　茎、叶及种子的甲醇提取物可显著清除1，1-二苯基-2-三硝基苯肼（DPPH）自由基，螯合亚铁离子[4]。3. 抗肿瘤　茎、叶及种子的甲醇提取物在体外可显著抑制人非小细胞肺癌A549细胞的增殖，且呈剂量依赖性[4]；叶提取的异白苏烯酮（isoegomaketone）可抑制人肝癌Huh-7和Hep3B4细胞的生长，降低小鼠肿瘤体积和重量，显著降低pAkt含量而对总Akt含量无影响[5]；叶中提取分离得到的迷迭香酸（rosmarinic acid）可显著减少二羟甲基丁酸及对苯二甲酸两阶段化学诱癌法所致的小鼠皮肤肿瘤的发生，显著改善小鼠皮肤中性粒细胞浸润，显著降低髓过氧化物酶含量，减少细胞间黏附分子1和血管细胞黏附分子-1 mRNA表达水平，显著降低苯二甲酸诱导的趋化因子KC和巨噬细胞炎性蛋白-2的合成，降低苯二甲酸诱导的前列腺素$E_2$和白三烯B4的含量，显著降低环氧合酶-2 mRNA的表达，抑制苯二甲酸诱导的8-羟基-20-脱氧鸟苷的生成[6]。4. 抗抑郁　叶中提取的挥发油可显著升高连续刺激所致的抑郁模型小鼠海马体中5-羟色胺及5-羟基吲哚乙酸的含量，降低白细胞介素-6（IL-6）、白细胞介素-1β（IL-1β）及肿瘤坏死因子-α（TNF-α）的含量，显著减少悬尾试验及强迫游泳试验中抑郁小鼠的不动时间，显著增加旷场试验中小鼠的活动[7]。5. 止喘　叶的乙醇提取物可显著降低白蛋白所致的哮喘模型小鼠淋巴细胞中白细胞介素-5（IL-5）及白细胞介素-13（IL-13）的含量，降低支气管-肺泡灌洗液中嗜酸性粒细胞趋化因子、组胺及嗜酸性粒细胞的含量[8]。6. 降血糖　嫩芽的40%乙醇提取物可显著降低2型糖尿病（C57BL/KsJ-db/db）小鼠的空腹血糖、血清胰岛素、甘油三酯及总胆固醇含量，显著改善葡萄糖耐受不良和胰岛素敏感性，改善胰腺和肝脏的组织学变化，增加肝脏中磷酸化一磷酸腺苷活化蛋白激酶（AMPK）蛋白表达的水平，增加HepG2细胞中AMPK磷酸化，减少磷酸烯醇丙酮酸羧激酶和葡萄糖6-磷酸酶蛋白[9]；叶的总黄酮提取物可显著降低四氧嘧啶所致的糖尿病模型小鼠的血糖、血脂及血清丙二醛含量，显著升高模型小鼠血清超氧化物歧化酶（SOD）含量[10]；叶水提取物能抑制猪胰肠来源的α-葡萄糖苷酶、大米来源的α-葡萄糖苷酶及酵母来源的α-葡萄糖苷酶的活性，降低人结肠癌Caco-2细胞模型中麦芽糖酶及蔗糖酶含量，且呈剂量依赖性，另外对葡萄糖在Caco-2细胞上的转运具有抑制作用[11]。7. 抗结肠炎　叶水提取物可显著减轻葡聚糖硫酸钠所致的结肠炎模型小鼠的体重减轻、结肠长度缩短、腹泻和血便，抑制环氧合酶-2（COX-2）、诱导型一氧化氮合酶（NOS）以及细胞周期蛋白D1等促炎酶的表达且呈剂量依赖性，显著抑制核因子-κB及信号转导及转录激活因子3的表达，提高结肠中核因子2相关因子2及血红素氧合酶-1含量，抑制人正常结肠上皮CCD841CoN细胞中肿瘤坏死因子-α（TNF-α）的激活和表达[12]。8. 保护细胞　叶的总黄酮提取物可显著升高过氧化氢（$H_2O_2$）所致HK-2氧化损伤细胞内源性过氧化氢酶（CAT）、超氧化物歧化酶及谷胱甘肽过氧化物酶（GSH-Px）含量[13]。9. 增强记忆　种子油可减少小鼠跳台错误次数，显著提高小鼠水迷路测验的正确百分率，缩短到达终点时间，并能促进小鼠脑内核酸及蛋白质的合成，调节小鼠脑内单胺类神经递质含量[14]；叶水提取物的乙酸乙酯萃取部位可显著改善D-半乳糖所致的亚急性衰老模型小鼠的衰老体征和自发活动减少，降低跳台错误次数，延长错误潜伏期，减少达到学会标准的训练次数，缩短逃避潜伏期，延长小鼠在安全台所在象限的游泳时间和游程，增加安全台穿越次数，并能有效地提高衰老小鼠脑超氧化物歧化酶和谷胱甘肽过氧化物酶，降低丙二醛（MDA）、一氧化氮（NO）、一氧化氮合酶（NOS）、乙酰胆碱酯酶，且呈剂量依赖性，还能改善海马 CA1 区神经细胞受损状态[15]。10. 抗过敏 叶提取物可显著抑制透明质酸酶的作用，显著降低小鼠皮肤蓝斑的吸光值，明显抑制巴豆油所致小鼠耳廓肿胀，显著拮抗组织胺所致的大鼠皮肤毛细血管通透性增加[16]，抗过敏成分主要为黄酮类物质[17]；炒紫苏子醇提取物可显著降低免疫球蛋白 E 所致的 I 型过敏反应，以木犀草素（luteolin）和芹菜素（apigenin）抑制作用最明显，显著抑制小鼠耳肿胀反应，降低全身过敏实验中小鼠的死亡率，延长存活时间[18]。11. 护肝 新鲜叶汁可降低白酒所致的急性肝损伤模型小鼠醉酒小鼠数量、延迟小鼠发生醉酒的时间，显著改善模型小鼠肝细胞变性、坏死及炎细胞浸润显著下调白细胞介素 -6（IL-6）、诱导型一氧化氮合酶及肿瘤坏死因子 -α（TNF-α）mRNA 的表达[19]；种子油可显著降低高脂高胆固醇饲料所致的非酒精性脂肪肝血清和肝脏天冬氨酸氨基转移酶（AST）及谷丙转氨酶（ALT）的含量，减少丙二醛（MDA）、总甘油三脂（TG）、总胆固醇（TC）和低密度脂蛋白胆固醇（LDL-C）的含量及肝脏指数，提高高密度脂蛋白胆固醇（HDL-C）的含量和超氧化物歧化酶（SOD）的含量[20]。12. 抗菌 茎水提取物对大肠杆菌、枯草芽孢杆菌、酵母菌和霉菌的生长具有一定的抑制作用[21]。13. 降血脂 地上部分水提取物可降低高脂饲料饲养所致的高脂血症模型小鼠血清中胆固醇、甘油三酯、低密度脂蛋白胆固醇含量，提高血清中高密度脂蛋白胆固醇含量，同时提高小鼠血清和肝脏中过氧化氢酶、谷胱甘肽过氧化物酶（GSH-Px）及超氧化物歧化酶含量，降低丙二醛含量[22]。14. 改善血流 叶、种子及茎的水提取物可显著降低切时（$10s^{-1}$）的全血黏度、红细胞聚集指数和红细胞电泳指数，并能极显著降低切时的全血还原黏度；苏叶、苏梗水提取物能显著降低红细胞变形指数；种子、茎水提取物能显著降低血浆黏度[23]。

**【性味与归经】**紫苏根：辛，温。紫苏子：辛，温。归肺经。紫苏：辛，温。归肺、脾经。紫苏叶：辛，温。归肺、脾经。紫苏梗：辛、温。归肺、脾经。

**【功能与主治】**紫苏根：清肺热，止咳。用于肺燥，咳嗽。紫苏子：降气消痰，平喘，润肠。用于痰壅气逆，咳嗽气喘，肠燥便秘。紫苏：散寒解表，理气宽中。主治风寒感冒，头痛，咳嗽，胸腹胀满。紫苏叶：解表散寒，行气和胃。用于风寒感冒，咳嗽呕恶，妊娠呕吐，鱼蟹中毒。紫苏梗：理气宽中，止痛，安胎。用于胸膈痞闷，胃脘疼痛，嗳气呕吐，胎动不安。

**【用法与用量】**紫苏根：4.5～9g。紫苏子：3～9g。紫苏：3～9g。紫苏叶：5～9g。紫苏梗：5～9g。

**【药用标准】**紫苏根：山西药材 1987；紫苏子：药典 1985—2015、浙江炮规 2015、江苏药材 1989、上海药材 1994 和台湾 2013；紫苏：江西药材 1996；紫苏叶：药典 1985—2015、浙江炮规 2005 和台湾 2013；紫苏梗：药典 1985—2015、浙江炮规 2005、江苏药材 1989、香港药材五册和台湾 2013。

**【临床参考】**1. 慢性咽炎：茎 15g，加旋覆花、清半夏各 6g，厚朴 9g、党参 18g，水煎服[1]。

2. 崩漏：叶 10g，加冬桑叶、旱莲草各 20g，女贞子 15g 等，水煎服[2]。

3. 阴囊湿疹：叶 150g，取 50g 在铁锅上炒干研细末，撒患处；取 100g 水煎，浸洗患处，每日 1～2 次[3]。

4. 头痛：叶适量，用滚开水冲服，2～5min 后取叶，贴太阳穴、大椎穴或头痛处[4]。

5. 妊娠呕吐：叶 10g（鲜叶 20g），水煎，加少许糖服[4]。

6. 胸腹胀闷、恶心呕吐：梗 9g，加莱菔子、半夏、陈皮、香附各 9g，生姜 6g，水煎服。

7. 感冒：叶 6g，加薄荷、甘草各 6g，麻黄 4.5g、葛根 9g、生姜 2 片，水煎服。

8. 咳嗽痰喘：种子 9g，加芥子、莱菔子各 9g，水煎服。（6 方至 8 方引自《浙江药用植物志》）

**【附注】**《本草经集注》云："荏，状如苏，高大白色，不甚香。其子研之，杂米作糜，甚肥美，下气，补益。"《本草拾遗》云："江东以荏子为油，北土以大麻为油，此二油俱堪油物。若其和漆，荏者为强尔。"《本草图经》云："白苏方茎，圆叶不紫，亦甚香，实亦入药。"《救荒本草》云："荏子，所在有之，生园圃中。苗高一二尺，茎方。叶似薄荷叶，极肥大。开淡紫花，结穗似紫苏穗，其子如黍粒，其枝茎对节生。采嫩苗叶煠熟，油盐调食。子可炒食；又研杂米作粥，甚肥美。亦可笮油用。"即为本种。

本种加工的药材，阴虚、气虚及温病患者慎服。

**【化学参考文献】**

[1] Wang X F, Li H, Jiang K, et al. Anti-inflammatory constituents from *Perilla frutescens* on lipopolysaccharide-stimulated RAW264. 7 cells [J]. Fitoterapia, 2018, 130: 61-65.

[2] 林硕，邵平，马新，等. 紫苏挥发油化学成分 GC/MS 分析及抑菌评价研究 [J]. 核农学报，2009，23（3）：477-481.

[3] Huo L N, Wang W, Zhang C Y, et al. Bioassay-guided isolation and identification of xanthine oxidase inhibitory constituents from the leaves of *Perilla frutescens* [J]. Molecules, 2015, 20 (10): 17848-17859.

[4] Paek J H, Shin K H, Kang Y H, et al. Rapid identification of aldose reductase inhibitory compounds from *Perilla frutescens* [J]. Biomed Res Int, 2013, 2013: 1-8.

[5] 霍立娜，王威，刘洋，等. 紫苏叶化学成分研究 [J]. 中草药，2016，47（1）：26-31.

[6] Lee Y H, Kim B, Kim S, et al. Characterization of metabolite profiles from the leaves of green perilla (*Perilla frutescens*) by ultra high performance liquid chromatography coupled with electrospray ionization quadrupole time-of-flight mass spectrometry and screening for their antioxidant properties [J]. J Food Drug Anal, 2017, 25 (4): 776-788.

[7] 陈永康，赵志刚，孙丽娟. 液相色谱 - 飞行时间质谱法快速鉴定紫苏叶中的化学成分 [J]. 医药导报，2013，32（3）：371-374.

[8] Kamei R, Fujimura T, Matsuda M, et al. A flavanone derivative from the Asian medicinal herb (*Perilla frutescens*) potently suppresses IgE-mediated immediate hypersensitivity reactions [J]. Biochem Bioph Res Commun, 2016, 483 (1): 674.

[9] Liu Y, Hou Y X, Si Y Y, et al. Isolation, characterization, and xanthine oxidase inhibitory activities of flavonoids from the leaves of *Perilla frutescens* [J]. Natural Product Research, 2019, 10: 1080-1086.

[10] Fujita T, Funayoshi A, Nakayama M. A phenylpropanoid glucoside from *Perilla frutescens* [J]. Phytochemistry, 1994, 37 (2): 543-546.

[11] Fujita T, Nakayama M. Perilloside A, a monoterpene glucoside from *Perilla frutescens* [J]. Phytochemistry, 1992, 31 (9): 3265-3267.

[12] Fujita T, Ohira K, Miyatake K, et al. Inhibitory effect of perillosides A and C, and related monoterpene glucosides on aldose reductase and their structure-activity relationships [J]. Chem Pharm Bull, 1995, 43 (6): 920-926.

[13] Fujita T, Nakayama M. Monoterpene glucosides and other constituents from *Perilla frutescens* [J]. Phytochemistry, 1993, 34 (6): 1545-1548.

[14] Duelund L, Amiot A, Fillon A, et al. Influence of the active compounds of *Perilla frutescens* leaves on lipid membranes [J]. J Nat Prod, 2012, 75 (2): 160-166.

[15] Liu Y, Liu X H, Zhou S, et al. Perillanolides A and B, new monoterpene glycosides from the leaves of *Perilla frutescens* [J]. Rev Bras Farmacogn, 2017, 27 (5): 564-568.

[16] Wang Y, Huang X, Han J, et al. Extract of *Perilla frutescens* inhibits tumor proliferation of HCC via PI3K/AKT signal pathway [J]. Afr J Tradit Complem Alternat Med, 2012, 10 (2): 251-257.

[17] Guan Z, Li S, Lin Z, et al. Identification and quantitation of phenolic compounds from the seed and pomace of *Perilla frutescens* using HPLC/PDA and HPLC-ESI/QTOF/MS/MS [J]. Phytochem Anal, 2014, 25 (6): 508-513.

[18] 谭亚芳，赖炳森，颜晓林. 紫苏子油中脂肪酸组成的分析 [J]. 中国药学杂志，1998，33（7）：400-402.

[19] 王永奇，李滦宁. 紫苏的研究XI. 紫苏子的化学成分 [J]. 中草药，1995，26（5）：236-238.

[20] He D L, Jin R Y, Li H Z, et al. Identification of a novel anticancer oligopeptide from *Perilla frutescens* (L.) Britt. and its enhanced anticancer effect by targeted nanoparticles *in vitro* [J]. Int J Polymer Sci, 2018, 1782734/1-1782734/8.

[21] 刘信平，张弛，余爱农，等. 紫苏挥发活性化学成分研究 [J]. 时珍国医国药，2008，19（8）：1922-1924.

**【药理参考文献】**

[1] Asif M, Kumar A. Nutritional and functional characterisations of *Perilla frutescens* seed oil and evaluation of its effect on gastrointestinal motility [J]. Malaysian Journal of Pharmaceutical Sciences, 2010, 8 (1): 1-12.

[2] 岳崟，郝靖，杜天宇，等. 紫苏叶促进大鼠肠胃消化吸收作用的研究 [J]. 武汉轻工大学学报，2014，33（1）：21-25.

[3] 刘蓉，唐方. 紫苏梗对大鼠离体结肠平滑肌条运动的影响 [J]. 中国现代医药杂志，2007，9（1）：28-29.

[4] Lin E S, Hungju C, Polin K, et al. Antioxidant and antiproliferative activities of methanolic extracts of *Perilla frutescens* [J]. Journal of Medicinal Plant Research, 2010, 4 (6): 477-483.

[5] Wang Y, Huang X, Han J, et al. Extract of *Perilla frutescens* inhibits tumor proliferation of HCC via PI3K/AKT signal pathway [J]. African Journal of Traditional Complementary & Alternative Medicines Ajtcam, 2012, 10 (2): 251-257.

[6] Osakabe N, Yasuda A, Natsume M, et al. Rosmarinic acid inhibits epidermal inflammatory responses: anticarcinogenic effect of *Perilla frutescens* extract in the murine two-stage skin model [J]. Carcinogenesis, 2004, 25 (4): 549-557.

[7] Ji W W, Li R P, Li M, et al. Antidepressant-like effect of essential oil of *Perilla frutescens* in a chronic, unpredictable, mild stress-induced depression model mice [J]. Chinese Journal of Natural Medicines, 2014, 12 (10): 753-759.

[8] Chen M L, Wu C H, Hung L S, et al. Ethanol extract of *Perilla frutescens* suppresses allergen-specific Th2 responses and alleviates airway inflammation and hyperreactivity in ovalbumin-sensitized murine model of asthma [J]. Evidence-Based Complementray and Alternative Medicine, 2015, 2015: 324265-324272.

[9] Kim D H, Kim S J, Yu K Y, et al. Anti-hyperglycemic effects and signaling mechanism of *Perilla frutescens* sprout extract [J]. Nutrition Research & Practice, 2018, 12 (1): 20-28.

[10] 何佳奇，李效贤，熊耀康．紫苏总黄酮提取物对四氧嘧啶致糖尿病小鼠糖脂代谢及抗氧化水平的影响[J]．中华中医药学刊，2011，29 (7)：1667-1669.

[11] 李项辉．紫苏叶提取物的降血糖活性研究[D]．杭州：浙江大学硕士学位论文，2017.

[12] Park D D, Yum H W, Zhong X, et al. *Perilla frutescens* extracts protects against dextran sulfate sodium-induced murine colitis: NF-κB, STAT3, and Nrf2 as putative targets [J]. Frontiers in Pharmacology, 2017, 8: 482-495.

[13] 马丽娜，黄纯绚，莫晓晖．紫苏叶总黄酮提取物对过氧化氢所致人肾小管上皮细胞 HK-2 的氧化损伤保护作用[J]．华夏医学，2016，29 (3)：14-17.

[14] 周丹，韩大庆，王永奇．紫苏子油对小鼠学习记忆能力的影响[J]．中草药，1994，25 (5)：251-252.

[15] 王虹，顾建勇，张宏志．紫苏提取物对 D- 半乳糖衰老小鼠学习记忆障碍的改善作用[J]．中成药，2011，33 (11)：1859-1864.

[16] 韦保耀，黄丽，滕建文，等．紫苏叶抗过敏作用的评价[J]．食品科技，2006，31 (8)：284-286.

[17] 黄丽，韦保耀，滕建文．紫苏叶抗过敏有效成分的研究[J]．食品科技，2005，(5)：90-93.

[18] 王钦富．炒紫苏子醇提取物抗过敏药效和作用机制研究[D]．大连：大连医科大学博士学位论文，2006.

[19] 史继静，刘朝奇，陈晶，等．紫苏提取液对小鼠急性酒精中毒的作用及机制[J]．世界华人消化杂志，2008，16 (36)：4098-4101.

[20] 蒋利和，史岩，张玉芳，等．白苏油对非酒精性脂肪肝作用的研究[J]．食品科学，2008，29 (12)：658-662.

[21] 严芳，黄丹，刘达玉，等．紫苏水提取物抑菌作用的研究[J]．中国食品添加剂，2010，(2)：148-151.

[22] 王婧瑜，王涵，谷岩．紫苏水提取物对高脂血症小鼠的降血脂及抗氧化作用[J]．东北农业科学，2017，42 (1)：56-60.

[23] 徐在品，邓小燕，门吉英，等．紫苏不同部位提取物对大鼠血液流变性的影响[J]．生物医学工程学杂志，2006，23 (4)：762-765.

**【临床参考文献】**

[1] 邢锐，吴金峰，潘尚．紫苏梗临床应用举隅[J]．实用医药杂志，2007，24 (5)：561-562.

[2] 徐青．紫苏和血止血功效应用体会[J]．中国民族民间医药，2012，21 (17)：42.

[3] 郭旭光．紫苏叶可治阴囊湿疹[N]．中国中医药报，2010-03-03 (005).

[4] 陈文贵．巧用紫苏疗疾[N]．中国中医药报，2009-05-25 (005).

## 820. 野生紫苏（图 820）• *Perilla frutescens* (Linn.) Britt. var. *acuta* (Thunb.) Kudo [*Perilla frutescens* (Linn.) Britt. var. *purpurascens* (Hayata.) H. W. Li]

**【别名】**赤苏（福建），紫苏、红苏、黑苏（江苏），青苏（浙江），鸡苏、野苏（江西），白苏（安

**图 820　野生紫苏**　　摄影　李华东

徽），野紫苏。

【形态】本变种与紫苏的区别在于：果萼较小，长 4 ～ 5.5mm，下部被疏柔毛，具腺点；茎被短疏柔毛；叶片较小，卵形，长 4.5 ～ 7.5（～ 9）cm，宽 2.8 ～ 5cm，两面被疏柔毛；小坚果较小，土黄色，直径 1 ～ 1.5mm。

【生境与分布】生于山坡路旁、村边荒地、住宅附近。分布于华东各地，另华北至江南其他各地均有分布；日本也有分布。

【药名与部位】紫苏子（浙紫苏子），成熟果实。紫苏叶（浙紫苏叶），叶（或带嫩枝）。紫苏梗（浙紫苏梗），茎。

【采集加工】紫苏子：秋季果实成熟时采收，除去杂质，干燥。紫苏叶：夏季采收，阴干；或趁鲜切段，阴干。紫苏梗：秋季果实成熟后采收，除去枝、叶，低温干燥；或趁鲜切厚片，低温干燥。

【药材性状】紫苏子：呈卵圆形或类球形，直径 1 ～ 1.5mm；表面黄棕色或黄褐色，有微隆起的暗紫色的网纹，多有裂缝。基部稍尖，有果柄痕。果皮薄而脆，易压碎。种子黄白色，子叶 2 枚，淡黄色，富油性。压碎有香气，味微辛。

紫苏叶：叶片多皱缩卷曲、破碎，完整者展平后呈卵圆形，长 4 ～ 8cm，宽 2.5 ～ 5cm。先端长尖或急尖，基部圆形或宽楔形，边缘具圆锯齿。叶绿色或上表面绿色下表面紫色，疏生灰白色毛，下表面有多数凹点状的腺鳞。叶柄长 2 ～ 7cm，紫色或紫绿色。质脆。带嫩枝者，枝的直径 2 ～ 5mm，紫绿色，断面中部有鳞。气清香，味微辛。

紫苏梗：呈方柱形，四棱钝圆，四面有纵沟，长短不一，直径 0.5 ～ 1.5cm。表面紫棕色或暗紫色，有细纵纹，节部稍膨大，有对生的枝痕和叶痕。体轻，质硬，断面裂片状。切片厚 2 ～ 5mm，常呈斜长方形，木质部黄白色，有细密的放射状纹理，髓部白色，疏松或脱落。气微香，味淡。

**【药材炮制】**紫苏子：除去杂质，洗净，干燥。炒紫苏子：取紫苏子饮片，炒至有爆裂声、香气逸出时，取出，摊凉；用时捣碎。蜜紫苏子：取紫苏子饮片，与炼蜜拌匀，稍闷，炒至不黏手时，取出，摊凉。

紫苏叶：除去杂质及直径 5mm 以上的老茎，未切段的，喷潮，切段，低温干燥；筛去灰屑。

紫苏梗：除去叶等杂质及基部老茎，洗净，略润，切厚片，低温干燥；产地已切片者，筛去灰屑。

**【化学成分】**叶含三萜类：熊果酸（ursolic acid）、科罗索酸（corosolic acid）、3- 表科罗索酸（3-epicorosolic acid）、坡模酸（pomolic acid）、委陵菜酸（tormentic acid）、山香二烯酸（hyptadienic acid）、齐墩果酸（oleanolic acid）、昂天莲酸（augustic acid）、3- 表山楂酸（3-epimaslinic acid）[1]和 3-*O*- 反式 - 对香豆酰基委陵菜酸（3-*O*-*trans*-*p*-coumaroyl tormentic acid）[2]；苯丙素类：咖啡酸（caffeic acid）[3]，迷迭香酸（rosmarinic acid）[3, 4, 5]，迷迭香酸甲酯（methyl rosmarinate）、咖啡酸甲酯（methyl caffeate）、山地香茶菜素 A（oresbiusin A）、2, 3- 二羟基 -1-（4- 羟基 -3- 甲氧基苯基）- 丙 -1- 酮[2, 3-dihydroxy-1-（4-hydroxy-3-methoxyphenyl）-propan-1-one]、反式 -3, 4, 5- 三甲氧基桂皮醇（*trans*-3, 4, 5-trimethoxycinnamyl alcohol）、肉豆蔻醚（myristicin）、莳萝芹菜脑（dillapiole）、白苞芹脑（nothoapiole）、烯丙基四甲氧基苯（allyl tetramethoxybenzene）、榄香素（elemicin）和 4- 烯丙基 -2, 6- 二甲氧基苯基吡喃葡萄糖苷（4-allyl-2, 6-dimethoxyphenyl glucopyranoside）[4]；酚酸类：原儿茶酸（protocatechuic acid）、1-β-D- 吡喃葡萄糖基 -3, 4, 5- 三甲氧基苯（1-β-D-glucopyranosyl-3, 4, 5-trimethoxybenzene）、3, 4, 5- 三甲氧基苯基 -1-*O*-β- 呋喃芹糖基 -（1″→6′）-β-D- 吡喃葡萄糖苷[3, 4, 5-trimethoxyphenyl-1-*O*-β-apiofuranosyl-（1″→6′）-β-D-glucopyranoside]、原儿茶醛（protocatechualdehyde）、香荚兰酸（vanillic acid）、4- 羟基苯甲酸（4-hydroxybenzoic acid）、东方狗脊蕨素（woodorien）和羟基酪醇（hydroxytyrosol）[4]；黄酮类：高黄芩苷（scutellarin）、7-（2-*O*-β-D- 葡萄糖醛酸基 -β-D- 葡萄糖醛酸氧基）-5, 3′, 4′- 三羟基黄酮[7-（2-*O*-β-D-glucuronyl-β-D-glucuronyloxy）-5, 3′, 4′-trihydroxyflavone][3]和木犀草素（luteolin）[4]；氰苷类：（2*R*）- 野樱苷[（2*R*）-prunasin][3, 4]和（*R*）-2-（2-*O*-β-D- 吡喃葡萄糖基 -β-D- 吡喃葡萄糖氧基）- 苯基乙腈[（*R*）-2-（2-*O*-β-D-glucopyranosyl-β-D-glucopyranosyloxy）-phenylacetonitrile][3]；酰胺类：野生紫苏素（perillascens）和（*R*）-3-（4- 羟基 -3- 甲氧基苯基）-*N*-[2-（4- 羟基苯基）-2- 甲氧基乙基]丙烯酰胺[（*R*）-3-（4-hydroxy-3-methoxyphenyl）-*N*-[2-（4-hydroxyphenyl）-2-methoxyethyl] acrylamide][4]；苯醇苷类：苯甲醇吡喃葡萄糖苷（benzyl alcohol glucopyranoside）和 2- 苯乙基 -β-D- 吡喃葡萄糖苷（2-phenylethyl-β-D-glucopyranoside）[4]；生物碱类：吲哚 -3- 羧酸（indole-3-carboxylic acid）[4]；单萜类：紫苏醛（perillaldehyde）、（-）- 黑麦草内酯[（-）-loliolide]、异白苏酮（*iso*-egomaketone）、紫苏酮（perillaketone）和紫苏拉苷（perillaside）[4]；倍半萜类：葎草烯环氧化物 II（humulene epoxide II）、4α, β- 环氧 - 丁香 -8（14）- 酮[4α, β-epoxy-caryopyll-8（14）-one]和丁香烯醇 I（caryophyllenol I）[4]。

茎含氧杂环庚三烯类：紫苏氧杂辛（perilloxin）和去氢紫苏氧杂辛（dehydroperilloxin）[6]。

**【药理作用】**1. 抗肿瘤　叶中分离得到的齐墩果酸（oleanolic acid）、熊果酸（ursolic acid）、3-*O*- 反 - 对 - 香豆酰基委陵菜酸（3-*O*-*trans*-*p*-coumaroyl tormentic acid）和科罗索酸（corosolic acid）可显著抑制人肺腺癌 A549 细胞、人卵巢腺癌 SK-OV-3 细胞、人皮肤黑色素瘤 SK-MEL-2 细胞、人结肠癌 HCT15 细胞的增殖[1]。2. 抗氧化　叶中分离得到的迷迭香酸（rosmarinic acid）可显著抑制 HL-60 细胞内超氧化物及过氧化氢（$H_2O_2$）的表达[2]。3. 抗菌　叶的乙醇提取物对绿脓杆菌的生长具有抑制作用[3]。

**【性味与归经】**紫苏子：辛，温。归肺经。紫苏叶：辛，温。归肺、脾经。紫苏梗：辛、温。归肺、脾经。

**【功能与主治】**紫苏子：降气消痰，平喘，润肠。用于痰壅气逆，咳嗽气喘，肠燥便秘。紫苏叶：解表散寒，行气和胃。用于风寒感冒，咳嗽呕恶，妊娠呕吐，鱼蟹中毒。紫苏梗：理气宽中，止痛，安胎。用于胸膈痞闷，胃脘疼痛，嗳气呕吐，胎动不安。

**【用法与用量】**紫苏子：3～9g。紫苏叶：5～9g。紫苏梗：5～9g。

【药用标准】紫苏子：药典 1963、药典 1977、浙江炮规 2015、湖南药材 1993、湖南药材 2009 和新疆药品 1980 二册；紫苏叶：药典 1963、药典 1977、浙江炮规 2015、湖南药材 1993、湖南药材 2009 和新疆药品 1980 二册；紫苏梗：药典 1963、药典 1977 和浙江炮规 2015。

【附注】紫苏原名苏始载于《名医别录》，列为中品。《本草经集注》云："叶下紫色，而气甚香，其无紫色、不香似荏者，多野苏，不堪用。"《本草图经》载："苏，紫苏也。旧不著所出州土，今处处有之。叶下紫色，而气甚香，夏采茎、叶，秋采实。"《本草纲目》云："紫苏、白苏皆以二三月下种，或宿子在地自生。其茎方，其叶圆而有尖，四围有锯齿，肥地者面背皆紫，瘠地者面青背紫，其面背皆白者，即白苏，乃荏也。紫苏嫩时采叶，和蔬茹之，或盐及梅卤作葅食，甚香，夏月作熟汤饮之。五六月连根采收，以火煨其根，阴干，则经久叶不落。八月开细紫花，成穗作房，如荆芥穗。九月半枯时收子，子细如芥子而色黄赤，亦可取油如荏油。"《植物名实图考》谓："今处处有之，有面背俱紫、面紫背青二种，湖南以为常茹，谓之紫菜，以烹鱼尤美。"据以上描述的紫色者及历代本草著作中的紫苏附图，即为本种及紫苏。

本种加工的药材，阴虚、气虚及温病患者慎服。

【化学参考文献】

[1] Banno N，Akihisa T，Tokuda H，et al. Triterpene acids from the leaves of *Perilla frutescens* and their anti-inflammatory and antitumor-promoting effects [J]. Biosci Biotechnol Biochem，2004，68（1）：85-90.

[2] Woo K W，Han J Y，Choi S U，et al. Triterpenes from *Perilla frutescens* var. *acuta* and their cytotoxic activity [J]. Nat Prod Sci，2014，20（2）：71-75.

[3] Aritomi M，Kumori T，Kawasaki T. Chemical studies on the constituents of edible plants. Part 4. Cyanogenic glycosides in leaves of *Perilla frutescens* var. *acuta* [J]. Phytochemistry，1985，24（10）：2438-2439.

[4] Woo K W，Han J Y，Suh W S，et al. Two new chemical constituents from leaves of *Perilla frutescens* var. *acuta* [J]. Bull Korean Chem Soc，2014，35（7）：2151-2154.

[5] Jun H I，Kim B T，Song G S，et al. Structural characterization of phenolic antioxidants from purple perilla（*Perilla frutescens* var. *acuta*）leaves [J]. Food Chem，2014，148（4）：367.

[6] Liu J H，Steigel A，Reininger E，et al. Two new prenylated 3-benzoxepin derivatives as cyclooxygenase inhibitors from *Perilla frutescens* var. *acuta* [J]. J Nat Prod，2000，63（3）：403-405.

【药理参考文献】

[1] Woo K W，Han J Y，Choi S U，et al. Triterpenes from *Perilla frutescens* var. *acuta* and their cytotoxic activity [J]. Natural Product Sciences，2014，20（2）：71-75.

[2] Nakamura Y，Ohto Y，Murakami A，et al. Superoxide scavenging activity of rosmarinic acid from *Perilla frutescens* Britton var. *acuta* f. *viridis* [J]. J Agric Food Chem，1998，46（11）：4545-4550.

[3] Choi U K，Lee O H，Lim S I，et al. Optimization of antibacterial activity of *Perilla frutescens* var. *acuta* leaf against *Pseudomonas aeruginosa* using the evolutionary operation-factorial design technique [J]. International Journal of Molecular Sciences，2010，11：3922-3932.

## 821. 皱紫苏（图 821）• *Perilla frutescens*（Linn.）Britt. var. *crispa*（Thunb.）Hand.-Mazz.

【别名】黑苏、红苏（江苏），青苏（浙江），赤苏（福建）。

【形态】本变种与紫苏的不同在于叶具狭而深的锯齿，常为紫色；果萼较小。

【生境与分布】华东各地有栽培，我国其他各地均有栽培。

【药名与部位】紫苏子，成熟果实。紫苏叶，叶或干燥带叶嫩枝。紫苏梗，茎。

**图 821 皱紫苏** 摄影 李华东等

【**药材性状**】紫苏子：呈细小圆球形或卵圆形，直径在 1.5mm 以下。外表灰棕色、暗棕色或黄棕色。在放大镜下观察，可见明显的网状隆起花纹，较尖的一端有浅色的圆形疤痕（果柄脱落后的痕迹）。果皮薄而脆，易压碎，除去果皮后，内有黄白色子叶，富油性，用手捻碎有香气，味淡，微辛，嚼之有香气。

紫苏叶：叶多卷缩或破碎，叶柄较长，密生毛茸，完整的叶润湿展平后，叶片呈广卵圆形，长 3 ～ 10cm，宽 2.5 ～ 10cm。先端尖，边缘有狭而深的锯齿，基部广楔形或近圆形而有柄，柄较长，密生毛茸。叶面绿色或紫色，叶背紫色，两面叶脉上均有稀疏毛茸。气香而特殊，味微辛。

紫苏梗：呈方形，长 30 ～ 100cm，直径达 1cm，外表紫棕色或淡棕色，四面均有细顺纹及纵条沟，上有白色或紫色毛。质坚，体轻，断面中心有白色的髓，有时中空，节上有对生的分枝，亦为四方形，老苏梗的顶端往往带有残留的果穗与果实。有微弱的特殊香气，味淡。

【**质量要求**】紫苏子：颗粒饱满，均匀，灰棕色。无泥砂杂质或虫蛀。紫苏叶：叶大，色紫，不碎，香气浓。无泥砂杂质和枝梗。紫苏梗：紫棕色，主茎粗壮，分枝少，香气大。

【**药材炮制**】紫苏梗：除去杂质，洗净，润透，切段，干燥。

【**化学成分**】种子含黄酮类：芹菜素（apigenin）[1]。

叶含黄酮类：木犀草素（luteoline）[2]；苯丙素类：咖啡酸（caffeic acid）、咖啡酸甲酯（methyl caffeate）、迷迭香酸（rosmarinic acid）、咖啡酸乙烯酯（vinyl caffeate）和咖啡酸松油酯（terpinyl caffeate）[2]；酚酸类：原儿茶醛（protocatechualdehyde）和 3, 4- 二羟基苯甲酸甲酯（methyl 3, 4-dihydroxybenzoate）[2]；香豆素类：6, 7- 二羟基香豆素（6, 7-dihydroxycoumarin）[2]；单萜类：9- 羟基异白苏烯酮（9-hydroxy-

*iso*-egomaketone）、异白苏烯酮（*iso*-egomaketone）和紫苏酮（perilla ketone）[3]。

**【药理作用】**1. 护肾　叶的水提取物可减轻高血清免疫球蛋白小鼠（HIGA mice）的蛋白尿，抑制肾小球细胞增殖，降低血清免疫球蛋白 A 水平及肾小球免疫球蛋白 A 和免疫球蛋白 G 沉积[1]。2. 调节免疫　叶的水提取物中分离得到的多糖在体外可显著增强小鼠腹腔巨噬细胞溶酶体酶活性，增强小鼠腹腔巨噬细胞的吞噬活性，提高一氧化氮（NO）和肿瘤坏死因子 TNF-α 的含量，刺激白细胞介素 -6（IL-6）和粒细胞 - 巨噬细胞集落刺激因子的产生[2]。

毒性茎、叶中提取的挥发油在 5ml/kg 剂量条件下即可引起大鼠中毒反应，可致动物神经系统中毒，对机体的呼吸系统、心血管具有明显的抑制作用[3]。

**【功能与主治】**紫苏子：下气定喘，止咳消痰。用于上气咳逆，风痰喘急。紫苏叶：发表散寒，行气宽中。用于感冒风寒，咳嗽气喘，心腹胀满。紫苏梗：顺气安胎。用于气逆腹痛，胎动不安。

**【用法与用量】**紫苏子：7.5 ～ 15g。紫苏叶：7.5 ～ 15g。紫苏梗：7.5 ～ 15g。

**【药用标准】**紫苏子：贵州药材 1965 和台湾 1985 一册；紫苏叶：贵州药材 1965 和台湾 1985 一册；紫苏梗：贵州药材 1965 和台湾 1985 一册。

**【附注】**《本草纲目》云："今有一种花紫苏，其叶细齿密纽，如剪成之状，香、色、茎、子并无异者，人称回回苏云。"《植物名实图考》在"苏"条下附有紫苏和回回苏二图。其回回苏即为本种。

本种加工的药材，阴虚、气虚及温病患者慎服。

**【化学参考文献】**


[1] Myoung H J，Kim G，Nam K W. Apigenin isolated from the seeds of *Perilla frutescens* Britton var. *crispa*（Benth.）inhibits food intake in C57BL/6J mice［J］. Arch Pharm Res，2010，33（11）：1741-1746.

[2] Masahiro T，Risa M，Harutaka Y，et al. Novel antioxidants isolated from Perilla frutescens Britton var. *crispa*（Thunb.）［J］. Biosci Biotech Biochem，1996，60（7）：1093-1095.

[3] Nam B，Kim J B，Jin C H，et al. Preparative separation of three monoterpenes from *Perilla frutescens* var. *crispa* using centrifugal partition chromatography［J］. Int J Anal Chem，2019，10：1155-1161.


**【药理参考文献】**


[1] Makino T，Ono T，Matsuyama K，et al. Suppressive effects of *Perilla frutescens* on IgA nephropathy in HIGA mice［J］. Nephron，2003，83（1）：40-46.

[2] Kwon K H，Kim K I，Jun W J，et al. *In vitro* and *in vivo* effects of macrophage-stimulatory polysaccharide from leaves of *Perilla frutescens* var. *crispa*［J］. Biological & Pharmaceutical Bulletin，2002，25（3）：367-371.

[3] 郭荷民，马小燕 . 白苏毒性的初步研究［J］. 安徽大学学报（自然科学版），1997，21（3）：95-97.


## 18. 石荠苎属 *Mosla* Buch.-Ham.ex Maxim.

一年生草本，揉之有强烈香味。叶缘具齿，下面有明显凹陷的腺点；具叶柄。轮伞花序 2 花，在茎和枝的上部组成顶生的总状花序；苞片小，或下部的叶状；花梗明显；花萼钟形，具 10 脉，果时增大，基部一边膨胀，顶端 5 齿，近等大或呈二唇形，内面喉部被毛；花冠白色、粉色至紫红色，冠筒伸出或内藏，内面无毛或具毛环，冠檐近二唇形，上唇微缺，下唇 3 裂，中裂片较大；雄蕊 4 枚，后对花药 2 室，叉开，前对花药退化，药室常不明显；花盘前方呈指状膨大；柱头近 2 等裂。小坚果近球形，具疏网纹或深穴状雕纹，果脐基生，点状。

约 22 种，分布于自印度经中南半岛、马来西亚，南至印度尼西亚及菲律宾，北至朝鲜及日本。中国 12 种，分布于我国大部分地区，法定药用植物 4 种 1 栽培变种。华东地区法定药用植物 4 种 1 栽培变种。

## 分种检索表

1. 苞片较宽，宽卵形、近圆形至圆倒卵形；花萼具近相等的5齿；小坚果具深穴状雕纹；叶片较狭窄，条状披针形或披针形。
   2. 轮伞花序疏离，排成间断的总状花序，长2～5cm；苞片小，长约2mm……………………………………………………………………………………………………苏州荠苎 *M.soochowensis*
   2. 轮伞花序密集成头状或总状花序，长1～3cm；苞片大，长4～9mm。
      3. 叶片条状长圆形至条状披针形，长1.3～3.5cm，宽1.5～7mm；花冠筒内基部具2～3行乳突状或短棒状毛茸，退化雄蕊多不发育，2药室不等大……………………………石香薷 *M.chinensis*
      3. 叶片披针形，长3～6cm，宽0.6～1cm；花冠筒内基部具1圈长毛环，退化雄蕊发育，2药室近等大…………………………………………………………………江香薷 *M. chinensis* 'Jiangxiangru'
1. 苞片较狭，卵状披针形、披针形或条状披针形；花萼2唇形；小坚果具疏网纹，稀具网眼下凹的密网纹；叶片较宽，卵形、倒卵形、卵状披针形或菱形。
   4. 茎及枝密被短柔毛；花萼上唇具锐齿；小坚果具密网纹，网眼下凹………………石荠苧 *M.scabra*
   4. 茎及枝无毛或仅在节上及棱上有短毛；花萼上唇具钝齿；小坚果具疏网纹，网眼不下凹……………………………………………………………………………………………………小鱼仙草 *M.dianthera*

## 822. 苏州荠苎（图822）• *Mosla soochowensis* Matsuda［*Orthodon soochowensis*（Matsuda）C. Y. Wu］

**【别名】**天香油（浙江），土荆芥、天香油（浙江台州），苏州荠苧。

**【形态】**一年生直立草本。茎纤细，高12～50cm，多分枝，四棱形，疏生短柔毛。叶片条状披针形或披针形，长1.2～4cm，宽0.2～1cm，先端渐尖，基部渐狭成楔形，边缘具细锐锯齿，上面有微柔毛，下面脉上疏生短硬毛，密布黄色凹陷腺点；叶柄长2～12mm，略有微柔毛。轮伞花序疏离，形成长2～5cm的顶生总状花序，花序轴常有腺毛；苞片小，近圆形至卵形，长约2mm，先端尾尖，上面有微柔毛，背面密布黄色凹陷腺点；花梗纤细，长1～2mm，果时伸长达3～4mm，有微柔毛及黄色腺点；萼齿5枚，上唇3齿披针形，较短；下唇2齿狭披针形，果时花萼增大，基部前方呈囊状；花冠淡紫红色或白色，长6～8mm，外面有微柔毛，内面在喉部疏生柔毛，上唇直立，微凹，下唇中裂片较大；后对雄蕊略伸出，前对雄蕊不育，内藏；花柱长于花冠。小坚果球形，褐色或黑褐色，具雕纹。花果期7～11月。

**【生境与分布】**生于山坡路边、荒田及林下。分布于江苏、浙江、安徽及江西东部。

**【药名与部位】**苏荠苧，地上部分。

**【药材炮制】**除去杂质，喷潮，切段，低温干燥；筛去灰屑。

**【化学成分】**地上部分含挥发油：4-甲基-1-（1-甲基乙基）-二环［3.1.0］-2-己烯{4-methyl-1-（1-methylethyl）-bicyclo［3.1.0］-2-hexylene}、苯乙酮（acetophenone）、侧柏酮（thujone）、4-甲基-1-（1-甲基乙基）-3-环己烯-1-醇［4-methyl-1-（1-methylethyl）-3-cyclohexene-1-ol］、石竹烯（caryophyllene）、α-石竹烯（α-caryophyllene）[1]，甲基丁香酚（methyleugenol）、龙脑烯（borneol）、二氢香芹酮（dihydrocarvone）、香荆芥酚（carvacrol）、橙花烯（aromadendrene）、γ-杜松烯（γ-cadinene）[2]，香芹酮（carvone）、β-石竹烯（β-caryophyllene）、β-没药烯（β-bisabolene）、斯巴醇（spathulenol）、氧化石竹烯（caryophyllene oxide）、α-雪松醇（α-cedrol）、γ-桉叶油醇（γ-eudesmol）和β-桉叶油醇（β-eudesmol）[3]；黄酮类：6, 7-

**图 822　苏州荠苎**　　摄影　李华东

二甲基黄芩素（6, 7-dimethylbaicalein）[4], 5- 羟基 -7, 8- 二甲氧基黄酮（5-hydroxy-7, 8-dimethoxyflavone）[5]和 7- 甲基汉黄芩素（7-methylwogonin）[6]。

全草含挥发油：崖柏酮（thujone）、龙脑烯（bornene）、荠苧烯（orthodene）、二氢葛缕子酮（dihydrocarvone）、葛缕子酚（carvacrol）、葛缕子酮（carvone）、甲基丁香酚（methyleugenol）、橙花烯（nerolidene）和 α- 丁香烯（α-caryophyllene）[7]；黄酮类：荠苧黄酮（mosloflavone）[8]和苏州荠苧黄酮（moslosooflavone）[9]。

**【药理作用】**抗菌　地上部分水提取物对金黄色葡萄球菌、伤寒杆菌、变形杆菌、大肠杆菌、宋氏痢疾杆菌和副伤寒杆菌的生长均有较好的抑制作用[1]；地上部分水提取物和醇提取物对金黄色葡萄球菌、大肠杆菌、铜绿假单胞菌、伤寒杆菌、痢疾杆菌和表皮葡萄球菌的生长均有抑制作用[2]。

毒性　小鼠分别经口和腹腔给予地上部分水提取物后均出现剧烈抽搐，最后因呼吸抑制死亡[3]。

**【功能与主治】**清热解表，止痛。

**【药用标准】**浙江炮规 2005。

**【临床参考】**急性肠炎及菌痢：鲜全草 100g，水煎服[1]。

**【化学参考文献】**


[1] 施淑琴，施群，许玲玲，等 . 金华产苏州荠苧挥发油的 GC-MS 分析［J］. 江西中医药，2010，41（10）：56-57.

[2] 吴巧凤，熊耀康，陈京 . 浙江产苏州荠苧挥发油化学成分分析［J］. 中国现代应用药学，2006，23（3）：201-203.

[3] Chen X B，Chen R，Luo Z R. Chemical composition and insecticidal properties of essential oil from aerial parts of *Mosla soochowensis* against two grain storage insects［J］. Trop J Pharm Res，2017，16（4）：905-910.

[4] 吴凤梧，程保旌，周炳南，等 . 苏州荠苧成分的研究 I. 荠苧 . 黄酮的分离及其结构［J］. 药学通报，1981，16（2）：114-114.

［5］吴凤梧，程保旌，戚宝凤，等. 苏州荠苧成分的研究Ⅱ. 苏荠苧黄酮的分离及其结构［J］. 药学学报，1982，17（2）：151-153.
［6］吴凤梧，程保旌，戚宝凤，等. 苏州荠苧成分研究Ⅱ. 苏荠苧黄酮的分离及其结构［J］. 药学通报，1981，16（6）：52.
［7］张少艾，徐炳声. 长江三角洲石荠苧属植物的精油成分及其与系统发育的关系［J］. 云南植物研究，1989，11（2）：187-192.
［8］吴凤梧，程保旌，周炳南，等. 苏州荠苧成分研究Ⅰ. 荠苧黄酮的分离及其结构［J］. 药学学报，1981，16（4）：310-312.
［9］吴凤梧，程保旌，戚宝凤，等. 苏州荠苧成分的研究Ⅱ. 苏荠苧黄酮的分离及其结构［J］. 药学学报，1982，17（2）：151-153.

**【药理参考文献】**

［1］卢凤英，张寅恭，沈康元，等. 苏州荠苧的抗菌作用和毒性的初步观察［J］. 中国中药杂志，1981，14（1）：35-36.
［2］曾晓艳，吴巧凤，程东庆. 石香薷、苏州荠苧抑菌作用的实验研究［J］. 中国中医药科技，2007，14（1）：35-36.
［3］卢凤英，张寅恭，沈康元. 苏州荠芋挥发油的毒性观察［J］. 中药通报，1982，（3）：36-37.

**【临床参考文献】**

［1］张宗英. 荠苧治疗急性肠炎及菌痢［J］. 中成药研究，1987，（10）：43.

## 823. 石香薷（图 823）• *Mosla chinensis* Maxim.

**图 823** 石香薷　　　　摄影　李华东等

【别名】华荠苎（安徽），香薷（江苏），蓼刀竹、小叶香薷、满山香（江西），蓼刀竹（江西赣州），小香薷（江西景德镇）。

【形态】一年生直立草本，高可达45cm，被白色短柔毛。茎钝四棱形，具槽。叶片条状长圆形至条状披针形，长1.3～3.5cm，宽1.5～7mm，先端渐尖或急尖，基部楔形，边缘具不明显的浅锯齿，两面均被疏短柔毛及棕色凹陷的腺点；叶柄长3～5mm。总状花序密集呈头状或假穗状；苞片覆瓦状排列，偶见稀疏排列，倒卵状圆形，长4～7mm，宽3～5mm，两面被疏柔毛，下面具腺点，边缘具睫毛；花萼钟形，长约3mm，花后增大，外被白色绵毛及腺体，顶端5齿，等大，披针形；花冠紫红色至白色，长约5mm，上唇微缺，下唇3裂，中裂片较大，具圆齿；雄蕊4枚，前对不育，药室不明显，后对能育，药室叉开；花盘前方呈指状膨大；柱头不相等2裂。小坚果近球形，具网纹，淡褐色。花果期6～10月。

【生境与分布】生于海拔1400m以下的路边灌丛中、湿地、山顶草丛中或岩石上。分布于华东各地，另广东、广西、湖南、湖北，贵州、四川、台湾等地均有分布；越南北部也有分布。

【药名与部位】七星剑，全草。香薷（青香薷），地上部分。

【采集加工】七星剑：夏、秋季采收，晒干或鲜用。香薷：夏季采收，低温干燥。

【药材性状】七星剑：根圆柱状，主根较细，侧根须状。茎方形，具槽，直径1～5mm，外表灰绿色或浅褐色，质脆易断，断面纤维性。叶小，单叶对生，具短柄，上表面灰绿色或灰黄色，下表面灰绿色，纸质，皱缩状，平展后叶片长卵形或卵状披针形，先端渐尖，基部楔形，边缘有细锯齿，两面具凹陷的小腺点。总状花序顶生及腋生，苞片小。花萼外被疏柔毛。花冠淡紫色。小坚果球形。全株揉之有强烈的芳香气味，味辛。

香薷：长30～50cm，基部紫红色，上部黄绿色或淡黄色，全体密被白色茸毛。茎方柱形，基部类圆形，直径1～2mm，节明显，节间长4～7cm；质脆，易折断。叶对生，多皱缩或脱落，叶片展平后呈长卵形或长卵状披针形，暗绿色或黄绿色，边缘有3～5枚疏浅锯齿。穗状花序顶生及腋生，苞片圆卵形或圆倒卵形，脱落或残存；花萼宿存，钟状，淡紫红色或灰绿色，先端5裂，密被茸毛。小坚果4个，直径0.7～1.1mm，近圆球形，具网纹。气清香而浓，味微辛而凉。

【药材炮制】七星剑：除去杂质，喷淋清水，稍润，切段，干燥。

香薷：除去杂质，喷潮，切段，低温干燥，筛去灰屑。

【化学成分】全草含黄酮类：5, 7-二甲氧基-4′-羟基黄酮（5, 7-dimethoxy-4′-hydroxyflavone）、芹菜素-7-*O*-α-L-鼠李糖基-（1→4）-6″-*O*-乙酰基-β-D-葡萄糖苷［apigenin-7-*O*-α-L-rhamnosyl-（1→4）-6″-*O*-乙酰基-β-D-glucoside］、5, 7-二甲氧基黄酮-4′-*O*-α-L-鼠李糖基-（1→2）-β-D-葡萄糖苷［5, 7-dimethoxyflavone-4′-*O*-α-L-rhamnosyl-（1→2）-β-D-glucoside］、金合欢素-7-*O*-芸香糖苷（acacetin-7-*O*-rutoside）[1]，5-羟基-6-甲基二氢黄酮-7-*O*-β-D-吡喃木糖基-（3→1）-β-D-吡喃木糖苷［5-hydroxy-6-methylflavanone-7-*O*-β-D-xylopyranosyl-（3→1）-β-D-xylopyranoside］、鼠李柠檬素-3-*O*-β-D-芹糖基-（1→5）-β-D-芹糖基-4′-*O*-β-D-葡萄糖苷［rhamnocitrin-3-*O*-β-D-apiosyl-（1→5）-β-D-apiosyl-4′-*O*-β-D-glucoside］[2]，5-羟基-6, 7-二甲氧基黄酮（5-hydroxy-6, 7-dimethoxyflavone）、5, 7-二羟基-4′-甲氧基黄酮（5, 7-dihydroxy-4′-methoxyflavone）、芹菜素（apingenin）、山柰酚-3-*O*-β-D-葡萄糖苷（kaempferol-3-*O*-β-D-glucoside）、桑色素-7-*O*-β-D-葡萄糖苷（morin-7-*O*-β-D-glucoside）[3]，鼠李柠檬素-3-*O*-β-D-芹糖基-4′-葡萄糖苷［rhamnocitrin-3-*O*-β-D-apiosyl-4′-glucoside］和北美乔松素-7-*O*-β-D-吡喃木糖基-（1→3）-β-D-吡喃木糖苷［strobopinin-7-*O*-β-D-xylopyranosyl-（1→3）-β-D-xylopyranoside］[4]；元素：钙（Ca）、镁（Mg）、铜（Cu）、锌（Zn）、铁（Fe）、锰（Mn）、钴（Co）、镍（Ni）和硒（Se）等[5]；挥发油类：α-蒎烯（α-pinene）、异戊酸异丁酯（*iso*-butyl *iso*-valerate）、α-菲兰烯（α-phellandren）、对-伞花烃（*p*-cymene）、γ-萜品烯（γ-terpinene）、萜品-4-醇（terpineo-4-ol）、百里香酚（thymol）、香荆芥酚（carvacro1）、甲基丁子香酚（methyl eugenol）、甲基黑椒酚（methyl chavicol）、α-反式-香柠檬烯（α-*trans*-cinene）、瑟林烯（selinene）、橙花叔醇（nerolidol）和β-红没药烯（β-bisabolene）等[6]；烷烃类：6-甲基三十三

烷（6-methyl-tritriacontane）[3]；甾体类：β-谷甾醇（β-sitosterol）[3]；三萜皂苷类：熊果酸（ursolic acid）[3]。

【药理作用】1. 抗病毒 从全草提取的挥发油对感染流感 A3 型病毒性肺炎模型小鼠具有显著的治疗作用[1]，并能有效抑制流感 A3 病毒所致 Vero 细胞病变[2]。2. 抗氧化 地上部分提取的总黄酮对 1，1-二苯基-2-三硝基苯肼（DPPH）自由基和超氧阴离子自由基（$O_2^-$•）具有较好的清除作用，对铁离子（$Fe^{2+}$）具有较强的还原作用[3]。

【性味与归经】七星剑：辛、温。香薷：辛，微温。归肺、胃经。

【功能与主治】七星剑：解表利湿，祛风解毒，散瘀消肿，止血止痛。用于感冒兼湿，胃腹痛，泄泻，水肿，跌打损伤，湿疹，疮疖肿毒，毒蛇咬伤。香薷：发汗解表，和中利湿。用于暑湿感冒，恶寒发热，头痛无汗，腹痛吐泻，小便不利。

【用法与用量】七星剑：煎服 9～15g；外用适量，煎水洗患处，或取鲜品捣烂敷患处。香薷：3～9g。

【药用标准】七星剑：广西药材 1990；香薷：药典 1977、药典 1995—2015、浙江炮规 2015、新疆药品 1980 二册和台湾 2013。

【附注】《本草纲目》云："……而叶细者，香烈更甚，今人多用之。方茎尖叶，有刻缺，颇似黄荆叶而小。九月开紫花成穗，有细子叶者，仅高数寸，叶如落帚叶，即石香薷也。"《植物名实图考》载："石香薷，今湖南阴湿处有，不必山崖。叶尤细瘦，气更芳香。"所述及附图即为本种。

本种加工的药材内服宜凉饮，热饮易致呕吐；表虚者禁服。

【化学参考文献】

[1] 杨彩霞，康淑荷，荆黎田，等. 石香薷中的黄酮体化合物［J］. 西北民族大学学报（自然科学版），2003，24（1）：31-33.

[2] 郑尚珍，孙丽萍，沈序维，等. 石香薷中两个新黄酮甙的研究［J］. 高等学校化学学报，1995，16（5）：753-755.

[3] 郑尚珍，孙丽萍，沈序维. 石香薷中化学成分的研究［J］. 植物学报，1996，38（2）：156-160.

[4] Zheng S Z，Sun L P，Shen X W，et al. Flavonoids constituents from *Mosla chinensis* Maxim.［J］. Indian Journal of Chemistry，Section B：Organic Chemistry Including Medicinal Chemistry，1996，35B（4）：392-394.

[5] 黄丹菲，聂少平，李景恩，等. 电感耦合等离子体质谱法测定香薷中无机元素含量的研究.［J］. 分析科学学报，2009，25（3）：297-300.

[6] 孙凌峰. 石香薷挥发油化学成分研究［J］. 江西师范大学学报（自然版），1990，14（4）：33-38.

【药理参考文献】

[1] 严银芳，陈晓，杨小清，等. 石香薷挥发油抗流感病毒活性成分的初步研究［J］. 青岛大学医学院学报，2002，38（2）：155-157.

[2] 严银芳，陈晓，杨小清，等. 石香薷挥发油对流感 A3 病毒的抑制作用［J］. 微生物学杂志，2002，22（1）：32-33.

[3] 张琦，吴巧凤，朱文瑞，等. 石香薷总黄酮的体外抗氧化作用研究［J］. 中华中医药学刊，2014，32（10）：2317-2319.

## 824. 江香薷（图 824）• *Mosla chinensis*'Jiangxiangru'（*Mosla chinensis* Maxim. cv. Jiangxiangru）

【形态】与原变种的主要区别在于本栽培变种叶片披针形，长 3～6cm，宽 0.6～1cm，花冠筒内基部具 1 圈长毛环，退化雄蕊发育，2 药室近等大。

【生境与分布】主要栽培于江西分宜，浙江也有栽培。

【药名与部位】香薷（江香薷），地上部分。

**图 824　江香薷**　　　　摄影　杨迎等

**【采集加工】**夏季茎叶茂盛、花盛时择晴天采割，除去杂质，阴干。

**【药材性状】**表面黄绿色，质较柔软，全体密被白色茸毛，长 55 ～ 66cm。茎方柱形，基部类圆形，直径 1 ～ 2mm，节明显，节间长 4 ～ 7cm；质较柔软。叶对生，多皱缩枚或脱落，叶片展平后呈披针形，暗绿色或黄绿色，边缘有 5 ～ 9 疏浅锯齿。穗状花序顶生及腋生，苞片圆卵形或圆倒卵形，脱落或残存；花萼宿存，钟状，淡紫红色或灰绿色，先端 5 裂，密被茸毛。小坚果 4 个，直径 0.9 ～ 1.4mm，近圆球形，表面具疏网纹。气清香而浓，味微辛而凉。

**【药材炮制】**除去残根和杂质，切段。

**【化学成分】**全草含黄酮类：黄芩素 -7- 甲醚（baicalein-7-methyl ether），即略水苏素（negletein）、木犀草素（luteolin）、槲皮素（quercetin）、金圣草黄素（chrysoeriol）和芹菜素（apigenin）[1]；吲哚类：吲哚 -3- 甲酸 -β-D- 吡喃葡萄糖苷（indole-3-carboxylic acid-β-D-glucopyranoside）[2]；大柱香波龙烷类：长寿花糖苷 C（corchoionoside C）[3] 和（6*S*, 9*R*）- 长寿花糖苷［（6*S*, 9*R*）-roseoside］[4]；酚酸类：香荆芥酚（carvacrol）、百里氢醌 -2-*O*-β- 吡喃葡萄糖苷（thymoquinol-2-*O*-β-glucopyranoside）、百里氢醌 -5-*O*-β- 吡喃葡萄糖苷（thymoquinol-5-*O*-β-glucopyranoside）、百里氢醌 -2, 5-*O*-β- 吡喃葡萄糖苷（thymoquinol-2, 5-*O*-β-diglucopyranoside）、丁香酸（syringic acid）、对羟基苯甲酸（*p*-hydroxybenzoic acid）、邻苯二甲酸二丁酯（dibutyl terephthahe）[2]，甲基 -3-（3′, 4′- 二羟基苯基）乳酸［methyl-3-（3′, 4′-dihydroxypheny1）lactate］[3]，4- 羟基 -2, 6- 二甲氧基苯基 -β-D- 吡喃葡萄糖苷（4-hydroxy-2, 6-dimethoxyphenyl-β-D-glucopyranoside）、4- 羟基 -3, 5- 二甲氧基苯基 -β-D- 吡喃葡萄糖苷（4-hydroxy-3, 5-dimethoxypheny1-β-D-glucopyranoside）、3, 4, 5- 三甲氧基苯基 -β-D- 吡喃葡萄糖苷（3, 4, 5-trimethoxypheylβ-D-glucopyranoside）和对羟基苯甲酸-β-D-吡喃葡萄糖苷（*p*-hydroxybenzoic acid-β-D-glucopyranoside）[4]；甾体类：β-谷甾醇（β-sitosterol）[2]；醇苷：苯乙腈葡萄糖苷（sambunigrin）[3]；碳苷类：苯甲基-D-吡喃葡萄糖苷（benzyl-D-glucopyranoside）[3]；氰苷类：野樱苷（prunasin）和西洋接骨木苷（sambunigrin）[4]；核苷类：腺苷（adenosine）[4]；糖类：多糖MP（polysaccharide MP）[5]和多糖MP-A40（polysaccharide MP-A40）[6]；三萜类：齐墩果酸（oleanolic acid）[2]，白桦脂酸（betulinic acid）和熊果酸（ursolic acid）[7]；苯丙素类：3-羟基爱草脑-β-D-吡喃葡萄糖苷（3-hydroxyestragole-β-D-glucopyranoside）[4]；香豆素类：（*S*）-前胡醇-7-*O*-β-D-吡喃葡萄糖苷［（*S*）-peucedanol-7-*O*-β-D-glucopyranoside］[3]。

茎叶含挥发油类：百里香酚（thymol）、β-侧柏烯（β-thujene）、α-蒎烯（α-pinene）、β-月桂烯（β-myrcene）、α-水芹烯（α-phellandrene）、3-蒈烯（3-carene）、对聚伞花素（*p*-cymene）、枞油烯（sylvestrene）、桉油精（eucalyptol）、顺式-β-罗勒烯（*cis*-β-ocimene）、γ-松油烯（γ-terpinene）、反式-4-侧柏醇（*trans*-4-thujanol）、萜品油烯（terpinolene）、顺式-水合桧烯（*cis*-sabinenehydrate）、香桧醇（sabinol）、4-萜品醇（terpinen-4-ol）、香荆芥酚（carvacrol）、百里香酚乙酸酯（thymyl acetate）、香荆芥酚乙酸酯（carvacryl acetate）、β-石竹烯（β-caryophyllene）、α-香柠檬烯（α-bergamotene）、α-石竹烯（α-caryophyllene）、（*Z*）-β-法呢烯［（*Z*）-β-farnesene］、顺式-β-法呢烯（*cis*-β-farnesene）、（*Z*, *E*）-α-法呢烯［（*Z*, *E*）-α-farnesene］、γ-依兰油烯（γ-muurolene）、β-倍半水芹烯（β-sesquiphellandrene）、蛇麻烯-1, 2-环氧物（humulene-1, 2-epoxide）和3, 7-桉叶二烯［eudesma-3, 7（11）-diene］[8]。

茎含元素：钾（K）、钙（Ca）、磷（P）、镁（Mg）、铜（Cu）、铁（Fe）、锌（Zn）、锰（Mn）、铬（Cr）、钴（Co）、镍（Ni）和锶（Sr）[9]。

叶含元素类：钾（K）、钙（Ca）、磷（P）、镁（Mg）、铜（Cu）、铁（Fe）、锌（Zn）、锰（Mn）、铬（Cr）、钴（Co）、镍（Ni）和锶（Sr）[9]；挥发油类：γ-松油烯（γ-terpinene）、顺式-反式-β-金合欢烯［*cis*-*trans*-β-farnesene］、（*Z*）-反式-β-金合欢烯［（*Z*）-*trans*-β-farnesene］、β-侧柏烯（β-thujene）、麝香草酚（thymol）、香芹酚（carvacrol）、α-石竹烯（α-caryophyllene）、α-蒎烯（α-pinene）和β-月桂烯（β-myrcene）等[10]。

种子含挥发油类：γ-松油烯（γ-terpinene）、麝香草酚（thymol）、α-石竹烯（α-caryophyllene）、β-石竹烯（β-caryophyllene）、十三烷（tridecane）、对聚伞花素（*p*-cymene）、香荆芥酚（carvacrol）、乙酸香荆芥酚（carvacrol acetate）和乙酸百里香酚（thymol acetate）等[11]。

**【药理作用】**1. 抗细菌耐药性　地上部分挥发油对金黄色葡萄球菌生物被膜形成有较强的抑制作用，也具有一定的成熟金黄色葡萄球菌生物被膜清除作用，推断是江香薷挥发油中多种化学成分共同作用的结果[1]。2. 抗菌　地上部分提取物对金黄色葡萄球菌、大肠杆菌和枯草芽孢杆菌有抑制作用，乙酸乙酯提取物的最低抑菌浓度（MIC）为15.60μg/ml，石油醚提取物、正丁醇提取物和醇溶物的最低抑菌浓度为31.25μg/ml，而水提取物在实验浓度范围内抗菌作用不明显[2]。3. 抑制α-葡萄糖苷酶　地上部分的挥发油成分和醇提乙酸乙酯萃取部分对α-葡萄糖苷酶具有显著的抑制作用[3]。

**【性味与归经】**辛，微温。归肺、胃经。

**【功能与主治】**发汗解表，化湿和中。用于暑湿感冒，恶寒发热，头痛无汗，腹痛吐泻，水肿，小便不利。

**【用法与用量】**3～10g。

**【药用标准】**药典2005—2015。

**【附注】**药材香薷（江香薷）内服宜凉饮，热饮易致呕吐，表虚者禁服。

**【化学参考文献】**

［1］胡浩武，谢晓鸣，张普照，等.江香薷黄酮类化学成分研究［J］.中药材，2010，33（2）：218-219.

［2］刘华，张东明，罗永明.江西道地药材江香薷的化学成分研究［J］.中国实验方剂学杂志，2010，16（3）：56-59.

［3］刘华，沈娟娟，张东明，等.江香薷极性成分的研究［J］.中国实验方剂学杂志，2010，16（8）：84-86.

［4］沈娟娟，张东明，刘华，等．江香薷的极性成分研究Ⅱ［J］．中国中药杂志，2011，36（13）：1779-1781.
［5］Nie S P，Xie M Y，Huang D F，et al. Chemical composition and antioxidant activities in immumosuppressed mice of polysaccharides isolated from *Mosla chinensis* Maxim cv. Jiangxiangru［J］. Int Immunopharmacol，2013，17（2）：267-274.
［6］Li J E，Cui S W，Nie S P，et al. Structure and biological activities of a pectic polysaccharide from *Mosla chinensis* Maxim. cv. Jiangxiangru［J］. Carbohyd Polym，2014，105（1）：276-284.
［7］Shu R G，Hu H W，Zhang P Z，et al. Triterpenes and flavonoids from *Mosla chinensis*［J］. Chemistry of Natural Compounds，2012，48（4）：706-707.
［8］李知敏，王妹，彭亮．江香薷挥发油的化学成分分析及其对金黄色葡萄球菌生物被膜的抑制作用［J］．食品科学，2016，37（14）：138-143.
［9］易永，刘华，陈钟文，等．ICP-MS 法测定江香薷不同部位矿质元素的含量［J］．中国实验方剂学杂志，2012，18（12）：106-108.
［10］Peng L，Xiong Y，Wang M，et al. Chemical composition of essential oil in *Mosla chinensis* Maxim cv. Jiangxiangru and its inhibitory effect on *Staphylococcus aureus* biofilm formation［J］. Open Life Sci，2018，13（1）：1-10.
［11］舒任庚，胡浩武，黄琼．江香薷籽挥发油成分的 GC-MS 分析［J］．中国药房，2009，20（9）：674-675.

**【药理参考文献】**

［1］李知敏，王妹，彭亮．江香薷挥发油的化学成分分析及其对金黄色葡萄球菌生物被膜的抑制作用［J］．食品科学，2016，37（14）：138-143.
［2］李知敏，孙彦敏，王妹，等．江香薷不同极性提取物的抗菌活性研究［J］．食品工业科技，2014，35（16）：115-120.
［3］王妹，李知敏，彭亮．江香薷提取物对 α- 葡萄糖苷酶的抑制作用［J］．江西科技师范大学学报，2015，（6）：40-45.

## 825. 石荠苎（图 825）• *Mosla scabra*（Thunb.）C. Y. WU et H. WU Li［*Mosla punctulata*（J. F. Gmel.）Nakai；*Orthodon scaber*（Thunb.）Hand.-Mazz.］

**【别名】**石荠宁、土香薷（浙江），痱子草、叶进根、紫花草（江苏），北风头上一枝香、小苏金、野苏叶（江西）。

**【形态】**一年生直立草本，高达 1m。茎四棱形，密被倒向短柔毛。叶片卵形或卵状披针形，长 1.5 ～ 4.5cm，宽 0.6 ～ 2.5cm，先端短渐尖或钝尖，基部圆形或楔形，边缘具疏锯齿，上面被微柔毛，下面具凹陷腺点；叶柄纤细，长 0.3 ～ 2cm，被短柔毛。总状花序生于茎端和枝端，长 2.5 ～ 15cm；花序轴密被倒向短柔毛；苞片卵形或卵状披针形，顶端长渐尖；花萼钟形，长约 2.5mm，果时增大，脉纹显著，外被疏柔毛和腺点，内面具白色长柔毛，二唇形，上唇顶端 3 齿，齿卵状披针形，中齿略小，下唇顶端 2 齿，齿条形；花冠粉红色或紫红色，长约 5mm，外被微柔毛，冠檐二唇形，上唇直立，顶端微凹，下唇 3 裂，中裂片较大；雄蕊 4 枚，后对雄蕊能育，花药 2 室，叉开，前对雄蕊不育；花柱顶端相等 2 浅裂。小坚果黄褐色，球形，具较密网纹。花果期 4 ～ 11 月。

**【生境与分布】**生于海拔 1100m 以下的山坡、路旁或灌丛中。分布于华东各地，另广东、广西、湖南、湖北、河南、四川、台湾、辽宁、陕西、甘肃等地均有分布；日本，越南也有分布。

**【药名与部位】**石荠宁，全草。

**【采集加工】**夏、秋二季采收，除去杂质，晒干。

**【药材性状】**长 20 ～ 60cm。有须根，茎呈四棱形，多分枝，被向下的柔毛，茎叶常带紫色。叶对生，长椭圆形至卵状披针形，长 1.1 ～ 4cm，宽 0.8 ～ 2cm，先端尖，基部楔形，边缘具尖锯齿，两面均有黄色腺点，叶多皱缩，轮伞花序集生成间断的总状花序，顶生于枝梢；苞片披针形或条状披针形，有长柔毛。花小，多已皱缩。小坚果近球形，黄褐色，具网状突起的皱纹。气微香，味淡。

**【药材炮制】**除去杂质，切段。

**【化学成分】**全草含挥发油：百里香酚（thymol）、香芹酚（carvacrol）、侧柏酮（thujone）、甲基

**图 825 石荠苎** 摄影 李华东等

丁香油酚（methyleugenol）、β- 石竹烯（β-caryophyllene）、异胡薄荷酮（*iso*-pulegone）、葎草烯（humulene）、柠檬烯（limonene）、月桂烯（myrcene）、香芹酮（carvone）、芳樟醇（linalool）、龙脑（borneol）、香橙烯（aromadendrene）、侧柏烯（thujene）、檀香烯（santalene）[1]，二氢香芹酮（dihydroearvone）、β-蒎烯（β-pinene）、桧烯（sabinene）、β- 荜澄茄油烯（β-cubebene）[2]，丁香烯（caryophyllene）[3]，1, 8-桉叶油素（1, 8-cineole）[1,4]，肉豆蔻醚（myristicin）[4]，β- 水芹烯（β-phellandrene）、桉油精（eucalyptol）、（*R*）- 侧柏酮［（*R*）-thujone］、*m*- 侧柏酮（*m*-thujone）、（*R*）-α- 石竹烯［（*R*）-α-caryophyllene］、甲基丁香酚（methyleugenol）、β- 荜澄茄油烯（β-cubebene）、芹菜脑（apiol）[5]，$\triangle^3$- 蒈烯（$\triangle^3$-carene）、对 - 伞花烃（*p*-cymene）、β- 罗勒烯（β-ocimene）、γ- 萜品烯（γ-terpinene）、香荆芥酚（thymol）、γ- 木罗烯（γ-muurolene）和（*Z*）-β- 金合欢烯［（*Z*）-β-farnesene］[6]；三萜类：熊果酸（ursolic acid）[7]；黄酮类：5- 羟基 -6, 7- 二甲氧基黄酮（5-hydroxy-6, 7-dimethoxyflavone）、5- 羟基 -7, 8- 二甲氧基黄酮（5-hydroxy-7, 8-dimethoxyflavone）、芹菜素（apigenin）和金合欢素（acacetin）[7]；木脂素类：安达曼胡椒素（andamanicin）、柳叶玉兰脂素（magnosalin）和石荠苧木脂素 A、B（moslolignan A、B）[8]。

**【药理作用】** 1. 抗流感病毒 全草或叶总黄酮能显著减弱流感病毒 A 感染小鼠肺损伤并降低血清中的白细胞介素 -6（IL-6）、肿瘤坏死因子 -α（TNF-α）和白细胞介素 -1β（IL-1β）含量，但干扰素 -α（IFN-α）含量增加，并且总黄酮可上调 Toll 样受体 7（TLR-7）、维甲酸诱导基因 I（RIG-1）、肿瘤坏死因子受体相关因子 6（TRAF6）、B 淋巴细胞瘤 -2（Bcl-2）、Bax、血管活体肠肽受体 1（VIPR1）、蛋白激酶 C α 抗体（PKCα）和水通道蛋白 -5 抗原（AQP5）的 mRNA 表达，下调 caspase-3 和 NF-κBp65

蛋白质表达[1,2]；全草乙醇提取物和乙酸乙酯组分中分离的化合物 5- 羟基 -6, 7- 二甲氧基黄酮（5-hydroxy-6, 7-dimethoxyflavone）、5- 羟基 -7, 8- 二甲氧基黄酮（5-hydroxy-7, 8-dimethoxyflavone）、芹菜素（apigenin）和金合欢素（acacetin）均显示出显著的抗流感病毒作用，预防流感病毒 A 感染的小鼠死亡和降低肺病毒滴度[3]；全草总黄酮可显著抑制流感病毒感染引起的小鼠肺指数和血清中细胞因子增加，调节异常表达的微小核糖核酸（miRNAs）含量趋于正常[4]。2. 抗过敏　全草水提取物可抑制化合物 48/80 诱导的全身和免疫球蛋白 E 介导的局部过敏反应，并能降低细胞内钙水平和肥大细胞中肿瘤坏死因子 -α 的基因表达和分泌[5]。3. 抗炎　叶总黄酮预处理可显著降低脂多糖诱导的急性肺损伤小鼠肺湿 - 干重（W/D）比值，降低髓过氧化物酶（MPO）作用和支气管肺泡灌洗液（BALF）中总蛋白浓度，降低血清一氧化氮（NO）、肿瘤坏死因子 -α、白细胞介素 -1β（IL-1β）和白细胞介素（IL）含量，减弱肺组织病理学变化并显著抑制 p38 MAPK 的磷酸化和 NF-κBp65 的转位[6]；总黄酮能显著降低小鼠毛细血管通透性，抑制小鼠二甲苯所致的耳肿胀，减轻小鼠足跖肿胀，降低炎症组织前列腺素 $E_2$（$PGE_2$）含量，抑制角叉菜胶所致大鼠气囊炎模型中渗出液总蛋白质含量，降低血浆一氧化氮、丙二醛（MDA）含量，增强血浆超氧化物歧化酶（SOD）作用[7]。4. 抗肺纤维化　从全草提取的总黄酮可显著增加博来霉素所致肺纤维化大鼠血清超氧化物歧化酶（SOD）、谷胱甘肽过氧化物酶（GSH-Px）含量，显著降低白细胞介素 -4（IL-4）、肿瘤坏死因子 -α（TNF-α）、转化生长因子 -$\beta_1$（TGF-$\beta_1$）和透明质酸（HA）含量，明显下调 α-SMA 表达，减轻纤维化程度，显著降低核转录因子（NF-κB）、肿瘤坏死因子 -α、转化生长因子 -$\beta_1$、Smad2/3 和 pSmad2/3 表达[8]。5. 抗菌　从全草提取的挥发油在体外对金黄色葡萄球菌、普通变形杆菌、甘薯青枯假单胞菌、大肠杆菌、短小芽孢杆菌、枯草芽孢杆菌和藤黄八叠球菌的生长均有抑制作用[9]。6. 镇痛　从全草提取的总黄酮可显著提高热板所致小鼠的痛阈值，减少冰醋酸所致小鼠的扭体次数，降低腹腔渗出液中钙离子、前列腺素 $E_2$（$PGE_2$）含量及 pH 值，提高对热致痛的耐受力[10]。

**【性味与归经】**辛、苦，凉。归肺、脾、大肠经。

**【功能与主治】**消暑热，祛风湿，消肿解毒。用于暑热痧症，衄血，血痢，感冒咳嗽，慢性支气管炎，痈疽疮肿，风疹，热痱。

**【用法与用量】**煎服 15 ～ 30g，外用煎水洗或捣敷。

**【药用标准】**部标成方九册 1994 附录和福建药材 2006。

**【附注】**石荠宁始见于唐《本草拾遗》，云："生石山上，故名石荠宁。……，紫花细叶，高一二尺。"《植物名实图考》载："石荠苧，方茎对节，正似水苏，高仅尺余，叶大如指甲有小毛。"即为本种。

药材石荠宁体虚感冒及孕妇慎用。

**【化学参考文献】**


[1] 林文群，刘剑秋 . 福建石荠苎挥发油化学成分分析［J］. 亚热带植物科学，2001，30（2）：11-15.

[2] 李伟，谈献和，郭戎，等 . 江苏产石荠苧挥发油化学成分研究［J］. 中药材，1997，20（3）：146-147.

[3] 林文群，张清其，陈祖祺 . 石荠苧挥发油的含量及其化学成分研究［J］. 福建师范大学学报：自然科学版，1998，14（2）：70-74.

[4] 朱甘培，刘晶，库尔班 . 石荠苧挥发油化学成分的研究［J］. 中成药，1992，14（7）：37.

[5] 吴翠萍 . 石荠苧精油的 GC-MS 分析及其抑菌活性的研究［J］. 植物资源与环境学报，2006，15（3）：26-30.

[6] 林正奎，华映芳 . 石荠苧精油化学成分研究［J］. 植物学报，1989，31（4）：78-80.

[7] Wu Q，Yu C，Yan Y，et al. Antiviral flavonoids from *Mosla scabra*［J］. Fitoterapia，2010，81（5）：429-433.

[8] Wang Q，Terreaux C，Marston A. Lignans from *Mosla scabra*［J］. Phytochemistry，2000，54（8）：909-912.


**【药理参考文献】**


[1] Yu C，Yan Y，Wu X，et al. Anti-influenza virus effects of the aqueous extract from *Mosla scabra*［J］. Journal of Ethnopharmacology，2010，127（2）：280-285.

[2] Yu C H，Yu W Y，Fang J，et al. *Mosla scabra* flavonoids ameliorate the influenza A virus-induced lung injury and water transport abnormality via the inhibition of PRR and AQP signaling pathways in mice［J］. J Ethnopharmacol，2016，179：

146-55.

[3] Wu Q F，Yu C H，Yan Y L，et al. Antiviral flavonoids from *Mosla scabra*［J］. Fitoterapia，2010，81（5）：429-433.

[4] 吴方，余陈欢，俞文英，等 . 基于 microRNAs 的石荠苎总黄酮抗流感病毒性肺炎作用机制研究［J］. 中草药，2016，47（7）：1149-1154.

[5] Je I G，Shin T Y，Kim S H. *Mosla punctulata* inhibits mast cell-mediated allergic reactions through the inhibition of histamine release and inflammatory cytokine production［J］. Indian Journal of Pharmaceutical Sciences，2013，75（6）：664-671.

[6] Chen J，Wang J B，Yu C H，et al. Total flavonoids of *Mosla scabra* leaves attenuates lipopolysaccharide-induced acute lung injury via down-regulation of inflammatory signaling in mice［J］. Journal of Ethnopharmacology，2013，148（3）：835-841.

[7] 聂犇，余陈欢，王芳芳，等 . 石荠苎总黄酮抗炎作用及其机制研究［J］. 时珍国医国药，2008，19（1）：65-66.

[8] 吕昂，王海红，俞文英，等 . 石荠苎总黄酮对博来霉素致大鼠肺纤维化的治疗作用及其机制［J］. 中国现代应用药学，2017，34（4）：488-491.

[9] 吴翠萍，吴国欣，陈密玉，等 . 石荠苎精油的 GC-MS 分析及其抑菌活性的研究［J］. 植物资源与环境学报，2006，15（3）：26-30.

[10] 聂犇，余陈欢，王芳芳，等 . 石荠苎总黄酮镇痛作用及其作用机制研究［J］. 中国实用医药，2007，2（21）：116-117.

## 826. 小鱼仙草（图 826）• *Mosla dianthera*（Buch.-Ham.）Maxim.

**【别名】**疏花荠苎（浙江），双粉囊荠苎（江苏），四方草、石荠苎、臭草（福建），大叶香薷、野香薷（江西）。

**【形态】**一年生草本，高达 1m。茎四棱形，近无毛或节上具毛。叶片卵状披针形或菱状披针形，有时为卵形，长 1.5 ～ 3.5cm，宽 0.5 ～ 1.8cm，顶端渐尖或钝尖，基部楔形，边缘具不整齐的锯齿，上面近无毛，下面无毛，具凹陷的腺点；叶柄长 0.3 ～ 1.8cm，具微柔毛。总状花序生于茎和分枝的顶端，长 3 ～ 15cm；花序轴近无毛；苞片条状披针形；花萼钟形，长 2 ～ 3mm，果时增大外面脉上散生短硬毛及腺点，内面在萼齿基部具白色长毛，二唇形，上唇 3 齿，齿卵状三角形，中齿较短，下唇 2 齿，齿披针形；花冠淡紫色，长 4 ～ 5mm，外被微柔毛，内面具不明显的毛环或无毛环，冠檐二唇形，上唇微凹，下唇 3 裂，中裂片较大，具圆齿；雄蕊 4 枚，前对退化，后对能育，花药 2 室，叉开；花柱顶端相等 2 浅裂。小坚果褐色，近球形，具疏网纹。花果期 5 ～ 11 月。

**【生境与分布】**生于海拔 200 ～ 2300m 的山坡、路旁、灌丛中或水边。分布于华东各地，另华中、华南、西南及陕西均有分布；日本、印度、巴基斯坦、尼泊尔、不丹、缅甸、越南、马来西亚也有分布。

**【药名与部位】**小鱼仙草，地上部分。

**【采集加工】**夏季采割，除去杂质，阴干。

**【药材性状】**茎呈方柱形，有四棱，直径 1 ～ 5mm，表面黄绿色至红棕色，具稀疏白毛，节明显，节间长 2 ～ 6cm，质脆，断面白色。叶皱缩，对生，黄绿色，具柄，柄长 0.5 ～ 1.8cm，完整叶片展平后呈卵状披针形或菱状披针形，长 1 ～ 3cm，宽 0.5 ～ 1.7cm，先端渐尖，基部渐狭或呈阔楔形，叶缘具疏齿，两面均被白色短毛和腺鳞（扩大镜下观察呈黄绿色小点）。总状花序腋生或顶生，长 3 ～ 10cm；花萼钟形，长 2 ～ 4mm，二唇形，上唇 3 齿裂。揉搓后有香气，味微苦凉。

**【药材炮制】**除去杂质，切段，阴干。

**【化学成分】**种子含脂肪酸类：亚油酸（linoleic acid）、亚麻酸（linolenic acid）、硬脂酸（stearic acid）、油酸（oleic acid）和棕榈酸（palmitic acid）等[1]；氨基酸类：天冬氨酸（Asp）、L- 苏氨酸（L-Thr）、丝氨酸（Ser）、谷氨酸（Glu）、甘氨酸（Gly）、丙氨酸（Ala）、DL- 蛋氨酸（DL-Met）、亮氨酸（Leu）、酪氨酸（Tyr）、组氨酸（His）和精氨酸（Arg）等[1]；元素：铝（Al）、铁（Fe）、钙（Ga）、镁（Mg）、硼（B）、钠（Na）、锰（Mn）、磷（P）和钾（K）等[1]。

**图 826 小鱼仙草** 摄影 张芬耀

地上部分含挥发油类：α- 松油烯（α-terpinene）、γ- 松油烯（γ-terpinene）、对聚伞花素（*p*-cymene）、*L*-香芹酮（*L*-carvone）、β- 荜澄茄烯（β-cubebene）、β- 石竹烯（β-caryophyllene）、α- 石竹烯（α-caryophyllene）、α- 金合欢烯（α-farnesene）、β- 金合欢烯（β-farnesene）和榄香素（elemicin）等[2]。

全草含挥发油类：石竹烯（caryophyllene）、香芹酮（carvone）、香荆芥酚（carvacrol）、β- 金合欢烯（β-farnesene）、α- 金合欢烯（α-farnesene）、金合欢醇（farnesol）、α- 香橙烯（α-aromadendrene）、β- 香橙烯（β-aromadendrene）、长叶烷（longifolane）[3]，崖柏酮（thujone）、α- 香柠檬烯（α-bergamotene）、榄香素（elemicin）、细辛醚（asarone）、莳萝芹菜脑（dillapiole）、芹菜脑（apiole）和 γ- 杜松烯（γ-cadinene）[4]；苯丙素类：4, 5- 二甲氧基 -2, 3- 亚甲二氧基 -1- 苯丙烯（4, 5-dimethoxy-2, 3-methylenedioxy-1-propenylbenzene）、迷迭香酸（rosmarinic acid）和 4, 5- 二甲氧基 -2, 3- 亚甲二氧基桂皮醛（4, 5-dimethoxy-2, 3-methylenedioxycinnamaldehyde）[5]；黄酮类：木犀草素（luteolin）[5]；三萜类：齐墩果酸（oleanolic acid）、熊果酸（ursolic acid）、白桦脂酸（betulinic acid）和阿江榄仁酸（arjunolic acid）[5]；甾体类：豆甾醇（stigmasterol）、β- 谷甾醇（β-sitosterol）和胡萝卜苷（daucosterol）[5]；脂肪酸类：棕榈酸（palmitic acid）[5]；环烷醇类：肌肉肌醇（*myo*-inositol）[5]；苯甲醛类：2, 4, 5- 三甲氧基苯甲醛（2, 4, 5-trimethoxybenzaldehyde）和 4, 5- 二甲氧基 -2, 3- 亚甲二氧基苯甲醛（4, 5-dimethoxy-2, 3-methylenedioxybenzaldehyde）[5]。

【性味与归经】辛，温。

【功能与主治】祛风解表，利湿止痒。用于感冒头痛，扁桃体炎，中暑，溃疡病，痢疾，湿疹，痱子，皮肤瘙痒，疮疖，蜈蚣咬伤。

【用法与用量】煎服 9 ～ 15g；外用适量，捣烂敷患处。

【药用标准】广西药材 1996。

【临床参考】1. 预防感冒：全草 9g，水煎代茶。

2. 中暑、胃疼痛：全草 6 ～ 9g，水煎服。（1 方、2 方引自《浙江药用植物志》）

【附注】药材小鱼仙草体虚多汗者慎服。

【化学参考文献】

[1] 林文群 . 小鱼仙草种子化学成分的研究［J］. 中国野生植物资源，2001，20（5）：51-53.

[2] Wu Q F，Wang W，Dai X Y，et al. Chemical compositions and anti-influenza activities of essential oils from *Mosla dianthera*［J］. J Ethnopharmacol，2012，139（2）：668.

[3] 兰瑞芳 . 小鱼仙草挥发油化学成分的研究［J］. 海峡药学，2000，12（3）：72-74.

[4] 张少艾，徐炳声 . 长江三角洲石荠苧属植物的精油成分及其与系统发育的关系［J］. 云南植物研究，1989，11（2）：187-192.

[5] Kuo Y H，Lin S L. Chemical components of the whole herb of *Mosla dianthera*［J］. Chem Pharm Bull，1999，47（8）：1152-1153.

## 19. 香简草属 *Keiskea* Miq.

草本或半灌木。叶对生；叶片椭圆形、卵形或宽卵形，叶缘具齿；有叶柄。轮伞花序具 2 花，组成顶生及腋生的总状花序；苞片宿存或脱落；花萼钟形，外面略被毛，内面在萼齿之间具毛束，顶端 5 齿，齿披针形，近相等；花冠白色、黄色、淡紫色或深紫色，冠筒向上渐宽，外面略被毛，内面具疏柔毛或毛环，冠檐二唇形，上唇 2 裂，下唇 3 裂，中裂片较大；雄蕊 4 枚，伸出或内藏，前对较长，花丝分离，花药 2 室，药室略叉开，顶端贯通；花柱丝状，顶端 2 浅裂；花盘斜杯状。小坚果近球形，无毛。

约 6 种，分布于中国及日本。中国 5 种，分布于华东及湖南、广东、湖北、四川及云南东北部，法定药用植物 1 种。华东地区法定药用植物 1 种。

### 827. 香薷状香简草（图 827）• *Keiskea elsholtzioides* Merr.

【别名】香薷状霜柱（浙江、江苏）。

【形态】多年生草本，高 30 ～ 80cm。具坚硬块状根茎；茎下部圆柱形，带紫红色，近无毛，上部略呈四棱形，幼时与花序轴及花梗上密生平展的柔毛。叶片卵形或卵状长圆形，长 3 ～ 15cm，宽 2 ～ 7cm，先端渐尖，基部楔形至近圆形，有时浅心形，边缘具粗锯齿或圆齿状锯齿，上面被短硬毛，近于粗糙，下面疏生短纤毛，并有松脂状腺点及凹陷腺点。总状花序顶生或腋生，花疏生；苞片近覆瓦状排列，宿存，阔卵状圆形，长 5 ～ 7mm，顶端突渐尖，边缘具白色纤毛；花萼钟形，长约 3mm，具纤毛状硬毛，顶端 5 齿，边缘疏具纤毛；花冠白色带紫红色，长约 8mm，外面被微柔毛，内面有横向的柔毛状髯毛环，冠檐二唇形，上唇 2 裂，裂片圆形，下唇 3 裂，中裂片比侧裂片稍大；雄蕊 4 枚，伸出；花柱纤细，超出雄蕊，顶端具相等的 2 浅裂，裂片钻形。小坚果近球形，紫褐色，光滑。花果期 6 ～ 11 月。

【生境与分布】生于海拔 200 ～ 500m 的山坡、路边草丛中、山谷溪边及林下等地。分布于江苏、安徽、浙江、江西和福建，另湖北、湖南及广东等省也有分布。

【药名与部位】木梳，根。

【药用标准】部标成方十五册 1998 附录。

**图 827　香薷状香简草**　　　　摄影　张芬耀等

## 20. 香薷属 *Elsholtzia* Willd.

草本、亚灌木或灌木。叶对生；叶片卵形，长圆状披针形或条状披针形，边缘具齿；无柄或具柄。轮伞花序组成穗状或球状花序，穗状花序有时偏向一侧；苞片宿存；花萼钟形或管形，顶端 5 齿，近等长或前 2 齿较长，喉部无毛；花冠外面常被毛和腺点，内面具毛环或无毛环，冠檐二唇形，上唇直立，顶端微缺或全缘，下唇开展，3 裂，中裂片较大；雄蕊 4 枚，前对较长，通常伸出，花药 2 室，室略叉开至极叉开，其后汇合；花盘前方呈指状膨大，长常超过子房；花柱纤细，超出或内藏，顶端近相等或不相等 2 浅裂。小坚果卵球形或长圆形，褐色，无毛或略被毛，具疣状突起或光滑。

约 40 种，主要分布于亚洲东部。中国 33 种，各省区均有分布，法定药用植物 11 种。华东地区法定药用植物 2 种。

### 828. 香薷（图 828）· *Elsholtzia ciliata*（Thunb.）Hyland.

【**别名**】边枝花（浙江），土香薷（江苏），山苏子、香草、蜜蜂草（福建福州）。

图 828 香薷 摄影 李华东

【形态】一年生草本，高 30 ～ 50cm。茎通常近中部分枝，钝四棱形，无毛或疏被柔毛。叶片卵形或椭圆状披针形，长 2 ～ 9cm，宽 1 ～ 4cm，先端渐尖，基部楔状下延成狭翅，边缘具锯齿，上面及下面脉上疏被小硬毛，下面散布松脂状腺点。穗状花序由多花的轮伞花序组成，生于茎及分枝顶端，偏向一侧；苞片宽卵圆形或扁圆形，长宽均约 4mm，近无毛或疏被具节柔毛，疏布松脂状腺点，顶端具芒状突尖，尖头长达 2mm；花萼钟形，长约 1.5mm，外面疏被柔毛，具腺点，内面无毛，顶端 5 齿，前 2 齿较长，顶端具针状尖头，边缘具缘毛；花冠淡紫色，长约 5mm，外面疏被柔毛，喉部被疏柔毛，冠檐二唇形，上唇直立，顶端微缺，下唇开展，3 裂，中裂片半圆形，侧裂片弧形；雄蕊 4 枚，前对较长，外伸，花药黑紫色；花柱内藏，顶端 2 浅裂。小坚果长圆形，棕黄色，光滑。花果期 7 月至翌年 1 月。

【生境与分布】生于海拔 3400m 以下的路旁、山坡、荒地及林下。分布于华东各地，另除新疆、青海外的全国其他各地均有分布。俄罗斯、蒙古国、朝鲜、日本、印度、中南半岛、欧洲、北美洲也有分布。

【药名与部位】香薷，带花果的全草。北香薷，地上部分。

【采集加工】北香薷：夏季花盛开时割取地上部分，除去杂质，晒干。

【药材性状】北香薷：茎四棱行，多分枝，外表面紫褐色，有毛，质硬而脆，断面有髓。叶对生，完整叶片狭卵状长圆形，边缘有锯齿。穗状花序腋生或顶生，花偏向一侧，苞片近圆形，萼钟形，5 裂。气特异而浓烈，味苦、辛。

【药材炮制】北香薷：除去杂质，用水喷润，切段，晒干。

【化学成分】花含挥发油：安息香醛（benzaldehyde）、α- 侧柏烯（α-thujene）、2- 乙酰基 -5- 甲基呋喃（2-acetyl-5-methylfuran）、1- 辛烯 -3- 醇（1-octen-3-ol）、异萜品油烯（*iso*-terpinolene）、D- 柠檬烯（D-limonene）、桉油精（eucalyptol）、芳樟醇（linalool）、乙酸辛烯 -1- 酯（octen-1-ol acetate）、百里酚乙酸酯（thymol acetate）、乙酸香叶酯（geranyl acetate）、β- 波旁烯（β-bourbonene）[1]，4-（1- 异丙

基）- 苯甲醇［4-（1-methylethyl）-benzenemethanol］、愈创木酚（phenol）、去氢香薷酮（dehydroelsholtzia ketone）和石竹烯（caryophyllene）[2]。

全草含苯丙素类：咖啡酸（caffeic acid）和阿魏酸正十八酯（stearyl ferulate）[3]；挥发油类：柠檬烯（limonene）、2- 甲氧基 -1, 3, 5- 三甲基苯（2-methoxy-1, 3, 5-trimethyl benzene）、d- 香芹酮（d-caryone）、β- 去氢香薷酮（β-dehydroelsholtzia ketone）、香橙烯（aromadendrene）、4- 甲基 -2, 6- 二叔丁基苯酚（4-methyl-2, 6-diterbutyl phenol）[4]，6- 甲基三十三烷（6-methyl-tritriacontane）、13- 环己基二十六烷（13-cyclohexyl hexoacosane）[5]，芳樟醇（linalool）、去氢香薷酮（dehydroelsholtzia ketone）、葎草烯（humulene）[6]，香薷酮（elsholtzia ketone）[4,6]，α- 石竹烯（α-caryophyllene）[7]，二十八烷（octacosane）、三十四烷（tetratriacontane）和三十六烷（hexatriacontane）[8]；甾体类：胡萝卜苷（daucosterol）[3]和β- 谷甾醇（β-sitosterol）[5]；三萜类：熊果酸（ursolic acid）[5]，委陵菜酸（tormentic acid）和 2α- 羟基熊果酸（2α-hydroxyursolic acid）[9]；黄酮类：熊竹素（kumatakenin）、儿茶素（catechin）[3]，5- 羟基 -6, 7- 二甲氧基黄酮（5-hydroxy-6, 7-dimethoxyflavone）、5- 羟基 -7, 8-二甲氧基黄酮（5-hydroxy-7, 8-dimethoxyflavone）、5, 7- 二羟基 -4′- 甲氧基黄酮（5, 7-dihydroxy-4′-methoxyflavone）、5- 羟基 -7, 4′- 二甲氧基双氢黄酮（5-hydroxy-7, 4′-dimethoxyflavone）、5- 羟基 -6- 甲基双氢黄酮 -7-*O*-α-D- 半乳吡喃糖苷（5-hydroxy-6-methylflavanone-7-*O*-α-D-galacopyranoside）、刺槐素 -7-*O*-β-D- 葡萄糖苷（acacetin-7-*O*-β-D-glucoside）[5]，略水苏素（negletein）、芹菜苷元（apigenin）和木犀草素（luteolin）[9]；脂肪酸及酯类：棕榈酸（palmitic acid）、亚油酸（linoleic acid）、亚麻酸（linolenic acid）[5]，棕榈酸乙酯（ethyl hexadecanoate）、9, 12- 十八碳二烯酸（9, 12-octadecadienoic acid）、亚油酸乙酯（ethyl linoleate）和 9, 12, 15- 十八碳三烯酸乙酯（ethyl 9, 12, 15-octadecatrienoate）[8]。

种子含挥发油类：香薷酮（elsholtzia ketone）、脱氢香薷酮（dehydroelsholtzia ketone）、3- 氨基吡唑（3-aminopyrazol）、反式 -2, 4- 癸二烯醛（*trans*-2, 4-decadienal）、β- 波旁烯（β-bourbonene）和 2, 5- 二甲基 -3- 乙烯基 -1, 4- 己二烯（2, 5-dimethyl-3-vinyl-1, 4-hexadiene）[10]；脂肪酸类：棕榈酸（palmitic acid）、硬脂酸（stearic acid）、油酸（oleic acid）、亚油酸（linoleic acid）和 α- 亚麻酸（α-linolenic acid）[11]。

地上部分含萜类：去氢香薷酮（dehydroelsholtzione）[12]。

茎叶含挥发油类：香薷酮（elsholtzione）、去氢香薷酮（dehydroelsholtzione）和苯乙酮（acetophenone）等[13]。

**【药理作用】**1. 抗炎　从全草提取的粗乙醇提取物、正己烷、二氯甲烷和正丁醇中的蒸馏部分均能减少福尔马林所致小鼠舔足时间[1]。2. 抗菌　花和种子挥发油对枯草芽孢杆菌、大肠杆菌、肠炎沙门氏菌、福氏志贺菌、伤寒沙门氏菌、金黄色葡萄球菌和白色念珠菌的生长均有抑制作用[2]。3. 抗乙酰胆碱酯酶　分离的三种金合欢素三糖苷具有抗阿尔茨海默病的作用，可增加神经递质乙酰胆碱（ACh）的浓度[3]。4. 抗肥胖　全草乙醇提取物可显著降低高脂饮食诱导的肥胖小鼠血清总胆固醇、甘油三酯和瘦蛋白（leptin）浓度，抑制肥胖小鼠皮下脂肪组织中过氧化物酶体增殖物激活受体、脂肪酸合成酶和脂肪细胞脂肪酸结合蛋白的 mRNA 表达水平升高和 3T3-L1 前脂肪细胞分化及脂肪积累[4]。5. 抗氧化　全草提取物对 1，1- 二苯基 -2- 三硝基苯肼（DPPH）自由基有清除作用，对铁氰化钾还原、铁离子还原 / 抗氧化能力三种模型均表现出抗氧化作用[5]。6. 抗过敏　全草水提取物可抑制化合物 48/80 诱导的全身和免疫球蛋白 E 介导的局部过敏反应，并可降低用佛波醇 -12- 肉豆蔻酸酯 -13- 乙酸酯（phorbol-12-myristate-13-acetate）和钙离子载体 A23187 激活的人肥大细胞（HMC-1）的细胞内钙含量和下游组胺释放，同时可降低 HMC-1 中基因表达和促炎细胞因子如肿瘤坏死因子 -α（TNF-α）、白细胞介素 -1β（IL-1β）和白细胞介素 -6（IL-6）的含量[6]。7. 改善肾纤维化　全草乙醇提取物可改善单侧输尿管梗阻（UUO）诱导的肾损伤并能减弱组织病理学改变和间质纤维化，改善脂多糖诱导的 RAW 264.7 细胞中核因子 -κB、肿瘤坏死因子和白细胞介素 -6 的过度表达以及改善氧化应激，治疗抑制人肾小球系膜细胞中转化生长因子 -β（TGF-β）诱导的 α- 平滑肌肌动蛋白和基质金属蛋白酶 9 的表达[7]。8. 调节多巴胺　从全草提取的挥发油具有调节苯丙胺处理细胞中多巴胺系统的作用，其高剂量的挥发油显示对 PC12 大鼠嗜铬细胞瘤细胞的细胞毒性，增强丝裂原活化蛋白激酶（MAPK）和 Akt 的磷酸化，显著增加 DAT 表达；有效诱导环 AMP 反应元件结合蛋白（CREB）、MAPK 和 Akt 的过度磷酸化，导致多巴胺上调[8]。9. 抗肿瘤 从全草提取的挥发油对人胶质 U87 母细胞瘤、胰腺癌 Panc-1 细胞和三阴性乳腺癌 MDA-MB231 细胞的增殖均有抑制作用[9]。

**【性味与归经】**北香薷：辛，微温。

**【功能与主治】**北香薷：发汗解表，和中利湿。用于发热恶寒，伤暑头痛，腹痛吐泻。

**【用法与用量】**北香薷：5 ～ 15g。

**【药用标准】**香薷：台湾 1985 一册；北香薷：辽宁药材 2009、吉林药品 1977 和辽宁药品 1987。

**【临床参考】**1. 小儿夏季外感发热：全草 30g，加青蒿、野菊花、薄荷各 30g，研末，开水 1000ml 浸泡 5min 后滤去药渣，加冷水调成 37 ～ 40℃后浸浴，每日 4 次，每次 5 ～ 10min[1]。

2. 肾源性水肿：全草 120g，用水量以液面淹没饮片 4 ～ 6cm 为宜，浸泡 20 ～ 30min，煮沸后文火煎 45 ～ 60min，至液面没过饮片，过滤，取药汁；再加水至液面没过饮片，武火煮沸后文火煎煮至剩余 1/3 药汁，过滤，与前药汁混匀，每日 1 剂，早晚各服 1 次，以砂锅煎煮为宜，忌铜、铁等器具[2]；或全草 9g，加白术 9 克，水煎服。（《浙江药用植物志》）

3. 湿疹：全草 12g，加天竺黄、蝉蜕、杭白菊、石决明各 10g，黄芪、金银花、水牛角各 15g，丹皮、玄参各 12g，防风 8g、陈皮 6g，发于上部者，加桑叶、野菊花、银花；发于中部者加胆草、黄芩；发于下部者加车前草、泽泻；伴有青筋暴露者加泽兰、赤芍、川牛膝；瘙痒甚者加白鲜皮、地肤子；红热甚者，重用生地、赤芍、丹皮，每日 1 剂，水煎分 2 次服[3]。

4. 口臭：全草一把，水煎，稍稍含之。（《备急千金要方》）

5. 多发性疖肿、痱子：鲜全草适量，捣烂外敷。（江西《草药手册》）

6. 防治中暑：全草 6 g，水煎当茶饮；或加藿香适量，同煎服。

7. 指头炎：鲜全草适量，捣烂外敷。（6 方、7 方引自《浙江药用植物志》）

**【附注】**香薷之名始载于《名医别录》。《本草衍义》云："香薷生山野，荆、湖南北三川皆有，两京作圃种，暑月亦作蔬菜，治霍乱不可阙也。叶如茵陈，花茸紫，在一边成穗，凡四、五十房为一穗，如荆芥穗，别是一种香气。"《本草纲目》云："香薷有野生，有家莳，中州人三月种之，呼为香菜，以充蔬品。丹溪朱氏惟取大叶者为良。"似为本种。

本种加工的药材，热病汗多表虚者慎服。

**【化学参考文献】**

[1] 龙冬艳 . 顶空进样与气相色谱质谱联用分析香薷花挥发性成分［J］. 山东化工，2015，44（14）：76-78.

[2] 梁利香，李娟，陈利军 . 河南信阳野生香薷盛花期挥发油的 GC-MS 分析［J］. 香料香精化妆品，2015，（4）：6-8.

[3] 郑旭东 . 香薷化学成分的研究［J］. 化学研究，2006，17（3）：85-87.

[4] 石晓峰，何福江，于扬，等 . 香薷挥发油化学成分的研究［J］. 甘肃医药，1994，13（3）：152-153.

[5] 郑尚珍，沈序维，吕润海 . 香薷中的化学成分［J］. 植物学报，1990，32（3）：215-219.

[6] 任恒鑫，宗希明，孙长海，等 . 小兴安岭野生香薷与藿香挥发油化学成分的分析［J］. 中国野生植物资源，2017，36（1）：30-34，44.

[7] Pudziuvelyte L，Stankevicius M，Maruska A，et al. Chemical composition and anticancer activity of *Elsholtzia ciliata* essential oils and extracts prepared by different methods［J］. Ind Crop Prod，2017，107：90-96.

[8] Ma J，Xu R R，Lu Y，et al. Composition，antimicrobial and antioxidant activity of supercritical fluid extract of *Elsholtzia ciliata*［J］. J Essent Oil Bear Plants，2018，21（2）：556-562.

[9] Isobe T，Noda Y. Studies on the chemical constituents of *Elsholtzia* herb［J］Nippon Kagaku Kaishi，1992，（4）：423-425.

[10] 张泽涛，和承尧，李建成，等 . 香薷籽及其油脂中挥发油成分的分析研究［J］. 云南化工，2016，43（1）：53-56.

[11] 梅文泉，和承尧，董宝生，等 . 香薷籽油脂肪酸组成分析［J］. 中国油脂，2004，29（6）：68-69.

[ 12 ] Dembitskii A D，Kalinkina G I，Bergaliev E S h. New terpene ketone component of the essential oil of *Elsholtzia ciliate* [ J ] . Khim Prir Soedin，1993，29（6）：823-824.

[ 13 ] Ueda T，Fujita Y. The essential oils of the plants from various territories. IX. essential oil of *Elsholtzia ciliata* [ J ] . Nippon Kagaku Zasshi，1959，80：1495-1496.

**【药理参考文献】**

[ 1 ] Zhang Q，Guilhon C C，Fernandes P D，et al. Antinociceptive and anti-inflammatory activities of *Elsholtzia ciliata*（Thunb.）Hyl.（Lamiaceae）extracts [ J ] . Planta Medica，2014，80（10）：1055-1056.

[ 2 ] Tian G H. Chemical constituents in essential oils from *Elsholtzia ciliata* and their antimicrobial activities [ J ] . Chinese Herbal Medicines，2013，5（2）：104-108.

[ 3 ] Nugroho A，Park J H，Choi J S，et al. Structure determination and quantification of a new flavone glycoside with anti-acetylcholinesterase activity from the herbs of *Elsholtzia ciliata* [ J ] . Natural Product Research，2017，10：1080-1087.

[ 4 ] Sung Y Y，Yoon T S，Yang W K，et al. Inhibitory effects of *Elsholtzia ciliata* extract on fat accumulation in high-fat diet-induced obese mice [ J ] . J Korean Soc Appl Biol Chem，2011，54（3）：388-394.

[ 5 ] Liu X P，Jia J，Yang L，et al. Evaluation of antioxidant activities of aqueous extracts and fractionation of different parts of *Elsholtzia ciliata* [ J ] . Molecules，2012，17（5）：5430.

[ 6 ] Kim H H，Yoo J S，Lee H S，et al. *Elsholtzia ciliata* inhibits mast cell-mediated allergic inflammation：role of calcium，p38 mitogen-activated protein kinase and nuclear factor-κB [ J ] . Experimental Biology & Medicine，2011，236（9）：1070-1077.

[ 7 ] Kim T W，Kim Y J，Seo C S，et al. *Elsholtzia ciliata*（Thunb.）Hylander attenuates renal inflammation and interstitial fibrosis via regulation of TGF-ß and Smad3 expression on unilateral ureteral obstruction rat model [ J ] . Phytomedicine International Journal of Phytotherapy & Phytopharmacology，2016，23（4）：331.

[ 8 ] Choi M S，Choi B S，Kim S H，et al. Essential oils from the medicinal herbs upregulate dopamine transporter in rat pheochromocytoma cells [ J ] . Journal of Medicinal Food，2015，18（10）：1112.

[ 9 ] Pudziuvelyte L，Stankevicius M，Maruska A，et al. Chemical composition and anticancer activity of *Elsholtzia ciliata* essential oils and extracts prepared by different methods [ J ] . Industrial Crops & Products，2017，107（107）：90-96.

**【临床参考文献】**

[ 1 ] 麦秀军，林永刚，林韵怡．青蒿香薷散浸浴治疗夏季小儿外感发热临床疗效观察 [ J ]．广州中医药大学学报，2013，30（2）：162-164.

[ 2 ] 纪安意，陈慧．香薷久煎液为主治疗肾源性水肿 42 例观察 [ J ]．浙江中医杂志，2016，51（1）：75.

[ 3 ] 王业龙．自拟香薷天竺黄饮治疗湿疹疗效试析 [ J ]．光明中医，2006，21（4）：68.

## 829. 海州香薷（图 829）• *Elsholtzia splendens* Nakai（*Elsholtzia haichowensis* Sun）

**【形态】**一年生草本，高 15 ～ 50cm。茎污黄紫色，有近 2 列疏柔毛，中部以上多分枝。叶片卵状长圆形至长圆状披针形，长 2 ～ 6cm，宽 0.8 ～ 2.5cm，先端渐尖，基部楔形，下延至叶柄，边缘具锯齿，上面疏被小纤毛，下面沿脉上被小纤毛，密布凹陷腺点。穗状花序由多数轮伞花序组成，生于茎顶及分枝顶端，偏向一侧；苞片近圆形或宽卵圆形，长约 4mm，宽 5 ～ 6mm，顶端具尾状骤尖，尖头长约 1.5mm，外面近无毛，疏被黄色腺点，边缘具缘毛；花梗及花序轴被短柔毛；花萼钟形，长约 2mm，外被白色短硬毛，具腺点，顶端 5 齿，近相等，齿端具刺芒尖头，边缘具缘毛；花冠玫瑰红紫色，长约 6mm，外面密被柔毛，冠檐二唇形，上唇直立，顶端微缺，下唇开展，3 裂，中裂片圆形；雄蕊 4 枚，前对较长，均伸出；花柱超出雄蕊，顶端近相等 2 浅裂。小坚果长椭球形，黑棕色，具小疣。花果期 9 ～ 11 月。

**【生境与分布】**生于海拔 200 ～ 300m 的山坡路旁及草丛中。华东普遍有分布，另广东、河南、河北、辽宁均有分布；朝鲜也有分布。

**图 829 海州香薷** 摄影 李华东

海州香薷与香薷的区别点：海州香薷叶被凹陷腺点；花柱伸出；萼齿近相等。香薷叶被松脂状腺点；花柱内藏；萼齿前 2 齿较其余 3 齿长。

**【药名与部位】**香薷，地上部分。

**【采集加工】**夏、秋二季茎叶茂盛、果实成熟时采割，除去杂质，晒干。

**【药材性状】**长 30 ～ 50cm，基部紫红色，上部黄绿色或淡黄色，全体密被白色茸毛。茎方柱形，直径 1 ～ 2mm，节明显，节间长 4 ～ 7cm；质脆，易折断。叶对生，多皱缩或脱落，叶片展平后呈长卵形或长卵状披针形，暗绿色或黄绿色，边缘有疏锯齿。穗状花序顶生及腋生；苞片宽卵形，脱落或残存；花萼宿存，钟状，淡紫红色或灰绿色，先端 5 裂，密被茸毛。小坚果 4 个，近圆球形，具网纹，网间隙下凹呈浅凹状。气清香而浓，味凉而微辛。

**【质量要求】**色黄绿，无根。

**【药材炮制】**除去残根及杂质，切段。

**【化学成分】**全草含挥发油：1, 5, 9, 9- 四甲基 -（*Z*, *Z*, *Z*）-1, 4, 7- 环十一三烯［1, 5, 9, 9-tetramethyl-（*Z*, *Z*, *Z*）-1, 4, 7-cycloundecatriene］、1- 甲基 -5- 亚甲基 -8-（1- 甲基乙基）-［*S*-（*E*, *E*）］-1, 6- 环癸二烯 {1-methyl-5-methylene-8-（1-methylethyl）-［*S*-（*E*, *E*）］-1, 6-cyclodecadiene}、3- 辛烯（3-octylene）、（*Z*）-3- 己烯 -1- 醇乙酸酯［（*Z*）-3-hexen-1-ol acetate］、2, 6- 二甲基 -6-（4- 甲基 -3- 戊烯基）- 二环［3.1.1］庚 -2- 烯 {2, 6-dimethyl-6-（4-methyl-3-pentenyl）-bicyclo［3.1.1］hept-2-ene}、2- 异丙基 -5- 甲基 -9- 亚甲基 - 二环 -［4.4.0］癸 -1- 烯 {2-isopropyl-5-methyl-9-methylene-bicyclo［4.4.0］dec-1-ene}、α- 金合欢烯（α-farnesene）[1]，3- 辛醇（3-octanol）、优葛缕酮（eucarvone）、香薷酮（elsholtzia ketone）、去氢香薷酮（dehydroelsholtzione）、β- 石竹烯（β-caryophyltene）、γ- 榄香烯（γ-element）[2]，α- 蒎烯（α-pinene）、7- 辛烯 -4- 醇（7-octen-4-ol）、对 - 聚伞花烃（*p*-cymene）、反式 - 罗勒烯（*trans*-ocimene）、

百里香酚（thymol）、β- 萜品醇（β-terpineol）、β- 丁香烯（β-caryophyllene）、β- 金合欢烯（β-farnesene）[3]，α- 水芹烯（α-phellandrene）、γ- 松油烯（γ-terpinene）、萜品 -4- 醇（terpine-4-ol）、香荆芥酚（carvacrol）、α- 反式 - 香柠檬烯（α-*trans*-bergapten）、蛇麻烯（humulene）和 β- 甜没药烯（β-bisabolene）[4]；黄酮类：芹菜素（apigenin）、木犀草素（luteolin）[5] 和芹菜素 -7-*O*-β-D- 糖苷（apigenin-7-*O*-β-D-glycoside）[6]；甾体类：β- 谷甾醇（β-sitosterol）和胡萝卜苷（daucosterol）[5]；二元羧酸类：琥珀酸（succinin acid）[5]。

花和叶含黄酮：芹菜素（apigenin）、芹菜素 -7-*O*- 葡萄糖苷（apigenin-7-*O*-glucoside）和木犀草素（luteolin）[7]；苯丙素类：迷迭香酸（rosmarinic acid）[7]；挥发油类：辛烯 -3- 醇（1-octen-3-ol）、l- 芳樟醇（l-linalool）、莰烯（camphene）、l- 柠檬烯（l-limonene）、β- 石竹烯（β-caryophyllene）、d- 大根香叶烯（d-germacrene）、新植二烯（neophytadiene）、香薷酮（elsholtzia ketone）、白苏酮（naginataketone）和异胡薄荷酮（*iso*-pulegone）[8]。

地上部分含黄酮类：槲皮素 -3-*O*-β-D- 吡喃葡萄糖苷（quercetin-3-*O*-β-D-glucopyranoside）、7- 甲基芹菜苷元（7-methyl apigenin）、山柰酚（kaempferol）、芹菜苷元（apigenin）和山柰酚 -3-*O*-β-D- 吡喃葡萄糖苷（kaempferol-3-*O*-β-D-glucopyranoside）[9]。

**【药理作用】**1. 改善心肌　从地上部分提取的总黄酮能明显改善因缺血缺氧导致的血流动力学改变，减轻因缺血 / 再灌注引起的心肌损伤，显著增加心肌 formazan 含量，降低心肌的梗死面积和复灌期间心肌冠脉流出液中的乳酸脱氢酶（LDH）含量，抑制线粒体渗透性转换孔（MPTP）的开放[1]。2. 抗炎　地上部分的 75% 乙醇提取物可明显抑制巴豆油诱导的以及花生四烯酸诱导小鼠的耳水肿，抑制佛波酯诱导小鼠的耳水肿[2]。3. 镇痛　地上部分的 75% 乙醇提取物对乙酸诱导小鼠的扭体次数有明显的减少作用[2]。4. 抗氧化　花的乙醇提取物具有脂质过氧化抑制作用[3]。

**【性味与归经】**辛，微温。归肺、胃经。

**【功能与主治】**发汗解表，和中利湿。用于暑湿感冒，恶寒发热，头痛无汗，腹痛吐泻，小便不利。

**【用法与用量】**3 ～ 9g。

**【药用标准】**药典 1963—1990 和新疆药品 1980 二册。

**【临床参考】**1. 预防流行性感冒：地上部分提取挥发油 1ml，加冷开水 1000ml，临用时充分摇匀，喷喉，每天 2 ～ 3 次，或制成香薷油喉片，每片含挥发油 0.0015ml，每次 1 片，含咽，每日 3 ～ 4 次。

2. 暑月感冒、腹痛泄泻：香薷饮（地上部分，加厚朴、白扁豆），水煎服。（《和济局方》）

3. 急性肾炎：地上部分 6g，加白术 6g，水煎服。（1 方至 3 方引自《浙江药用植物志》）

**【附注】**药材香薷热病汗多表虚者慎服。

本种广泛种植作为修复铜污染土壤和铜矿区复垦的优秀植物[1]，故应注意本种加工的药材铜离子限量问题。

**【化学参考文献】**

[1] 李佳，刘红燕，张永清 . 顶空固相微萃取 - 气质色谱联用技术分析海州香薷与石香薷中挥发性成分［J］. 中国实验方剂学杂志，2013，19（16）：118-122.

[2] 胡珊梅，范崔生 . 海州香薷挥发油成分的分析［J］. 现代应用药学，1993，10（5）：31-32.

[3] 糜留西，吕爱华，张丽红 . 海州香薷挥发油成分研究［J］. 武汉植物学研究，1993，11（1）：94-96.

[4] 李章万，周同惠 . 香薷挥发油成分的研究［J］. 药学学报，1983，18（5）：363-368.

[5] 龚慕辛，朱甘培 . 海州香薷化学成分的研究［J］. 中草药，1998，29（4）：227.

[6] Peng H Y，Zhang X H，Xu J Z. Apigenin-7-*O*-β-d-glycoside isolation from the highly copper-tolerant plant *Elsholtzia splendens*［J］. J Zhejiang Univ Sci B，2016，17（6）：447-454.

[7] Peng H，Xing Y，Gao L，et al. Simultaneous separation of apigenin，luteolin and rosmarinic acid from the aerial parts of the copper-tolerant plant *Elsholtzia splendens*［J］. Environ Sci Pollut Res Int，2014，21（13）：8124-8132.

[8] Lee S Y，Chung M S，Kim M K，et al. Volatile compounds of *Elsholtzia splendens*［J］. Korean J Food Sci Technol，2005，37（3）：339-344.

[9] Wollenweber E, Roitman J N. New reports on surface flavonoids from *Chamaebatiaria*（Rosaceae）, *Dodonaea*（Sapindaceae）, *Elsholtzia*（Lamiaceae）and *Silphium*（Asteraceae）[J]. Nat Prod Commun, 2007, 2（4）: 385-389.

**【药理参考文献】**

[1] 邱国权. 海州香薷总黄酮对大鼠离体心脏缺血再灌注损伤的保护作用[J]. 中国老年学, 2014（22）: 6436-6438.

[2] Kim D W, Son K H, Chang H W, et al. Anti-inflammatory activity of *Elsholtzia splendens* [J]. Archives of Pharmacal Research, 2003, 26（3）: 232.

[3] Lee J S, Kim G H, Lee H G. Characteristics and antioxidant activity of *Elsholtzia splendens* extract-loaded nanoparticles [J]. Journal of Agricultural & Food Chemistry, 2010, 58（6）: 3316.

**【附注参考文献】**

[1] 邱国权. 海州香薷总黄酮对大鼠离体心脏缺血再灌注损伤的保护作用[J]. 中国老年学, 2014（22）: 6436-6438.

## 21. 香茶菜属 *Rabdosia*（Blume）Hassk.

灌木、半灌木或多年生草本。根茎常肥大，木质，疙瘩状。叶对生或3叶轮生，常有毛；叶缘具齿；多有叶柄。聚伞花序具3花至多花，组成总状或圆锥状花序，稀呈穗状花序；苞片与小苞片均细小；花萼花时钟形，果时多少增大，顶端5齿，近等大或呈二唇形；花冠筒伸出，基部上方浅囊状或呈短距，冠檐二唇形，上唇外反，顶端具圆裂，下唇全缘，通常较上唇长，内凹，常呈舟形；雄蕊4枚，2强，下倾，外伸或内藏，花丝分离，花药1室；花盘环状；花柱顶端相等2浅裂。小坚果近球形、卵圆形或长圆状三棱形，无毛或顶端略被毛。

约150种，分布于非洲、热带地区至亚洲，少数种分布于马来西亚延至澳大利亚及太平洋岛屿。中国约90种，几遍于全国，法定药用植物7种2变种。华东地区法定药用植物4种。

### 分种检索表

1. 茎上多少有多节毛或密被倒向卷曲长柔毛。
  2. 根状茎肥大，木质，疙瘩状；萼齿近等长，果萼呈宽钟形；聚伞花序分支极叉开，组成顶生大型的疏散圆锥花序……香茶菜 *R. amethystoides*
  2. 根状茎匍匐，具小球形块根；花萼多少呈二唇形，果时呈钟形或管形；聚伞花序略叉开，组成窄狭或开展的顶生圆锥花序……线纹香茶菜 *R. lophanthoides*
1. 茎上有倒向微柔毛或贴生极细微柔毛，无多节毛或长柔毛。
  3. 花萼明显二唇形；花冠长约8mm；叶片卵圆形或长圆状卵形，基部骤狭窄下延；小坚果无毛……大萼香茶菜 *R. macrocalyx*
  3. 花萼具相等5齿，花冠长约5mm；叶片卵形至卵状披针形，基部楔形下延；小坚果具腺点及白色髯毛……溪黄草 *R. serra*

### 830. 香茶菜（图830）· *Rabdosia amethystoides*（Benth.）Hara [*Isodon amethystoides*（Bentham）H. Hara]

**【别名】**铁稜角、铁龙角、铁钉头（浙江），棱角三七、四棱角（浙江杭州），铁角稜（浙江丽水、台州），铁丁角（浙江龙泉）。

**【形态】**多年生草本，高30～100cm。根状茎肥大，木质，疙瘩状。茎直立，四棱形，密被向下贴生、具节的柔毛。叶形多变化，叶片卵圆形、卵形至披针形，长1～13cm，宽0.5～4.5cm，先端急尖或渐

图 830　香茶菜　　　　摄影　李华东等

尖，基部渐狭，下延至柄，边缘基部以上具圆齿，上面被具节的柔毛，下面被短绒毛或疏柔毛，有时两面近无毛，但均被淡黄色腺点。聚伞花序多花，分支纤细而极叉开，组成顶生圆锥花序；苞叶与茎叶同形，较小，向上渐变苞片状；苞片显著，形小，卵圆形或针状；花萼针形，长约 2.5mm，果时增大至 4 ～ 5mm，外面被微硬毛或近无毛，具淡黄色腺点，顶端 5 齿，齿近等大，三角形；花冠淡蓝紫色或白色，上唇常带蓝紫色，长约 7mm，外被短毛及腺点，冠檐二唇形，上唇顶端具 4 圆裂，下唇阔圆形；雄蕊及花柱与花冠等长，均内藏。小坚果卵形，栗黄色，被腺点，果萼宿存。花果期 6 ～ 11 月。

**【生境与分布】**生于海拔 200 ～ 900m 的林下山坡路边湿润处或草丛中。分布于江西、福建、浙江、安徽、江苏，另广东、广西、湖北、贵州、台湾等地均有分布。

**【药名与部位】**香茶菜，地上部分或根茎。

**【采集加工】**夏、秋二季采割地上部分，秋末采挖根茎，除去杂质，晒干。

**【药材性状】**地上部分　茎呈方柱形，直径可达 0.6cm，上部多分枝，表面灰绿色至灰棕色或略呈紫色，多少被柔毛。质硬脆，易折断，断面中央有髓。叶对生，有柄；叶片灰绿色，多皱缩，易破碎，完整者展平后呈宽卵形至披针形，长 2 ～ 12cm，宽 0.5 ～ 5.5cm。边缘具锯齿，两面被柔毛或沿脉贴生柔毛，下面可见腺点。聚伞花序集成圆锥花序，顶生或腋生；花小，花萼钟形，萼齿 5，近相等或二唇形，花冠二唇形，基部上方呈浅囊状，雄蕊 4 枚，2 强，下倾，内藏或稍伸出。气微，味苦。

根茎　呈结节状不规则形，直径 3 ～ 7cm，底部扁平或具刺状突出，表面灰褐色，粗糙，具残留的须根或须根痕。质坚硬，不易折断，断面不平坦，纤维性，有时有细小裂隙，皮部薄，灰褐色，木质部宽广，淡灰绿色或淡黄棕色，具辐射状或扭曲状纹理。气微，味微苦。

**【药材炮制】**除去杂质，洗净，润软，香茶菜草切段，香茶菜根茎切厚片，干燥。

**【化学成分】**全草含挥发油：1, 2, 3, 4- 四甲基 -5- 亚甲基 -1, 3- 环戊二烯（1, 2, 3, 4-tetramethyl-5-

methylene-1, 3-cyclopentadiene）、1- 甲基 -4-（1- 异丙基）-1, 4- 环己二烯［1-methyl-4-（1-methylethyl）-1, 4-cyclohexadiene］、（*R*）-4- 甲基 -1-（1- 异丙基）-3- 环己烯 -1- 醇［（*R*）-4-methyl-1-（1-methylethyl）-3-cyclohexen-1-ol］、1- 甲氧基 -4- 甲基 -2-（1- 异丙基）- 苯［1-methoxy-4-methyl-2-（1-methylethyl）-benzene］、2, 3, 4, 6- 四甲基 - 苯酚（2, 3, 4, 6-tetramethyl phenol）、2- 甲氧基 -4- 乙烯基苯酚（2-methoxy-4-vinylphenol）、3- 甲基 -4- 异丙基苯酚（3-methyl-4-*iso*-propylphenol）、3- 甲基 -5-（1- 异丙基）- 苯酚 - 氨基甲酸甲酯［3-methyl-5-（1-methylethyl）-phenol methyl carbalate］、石竹烯（caryophyllene）和 α- 石竹烯（α-caryophyllene）[1]；二萜类：香茶菜甲素（amethystoidin）[2]，疏展香茶菜宁 A（effusanin A）、延命草素（enmein）、拉西多宁（lasiodonin）、冬凌草素（oridonin）、表诺多星醇（epinodosinol）、诺瓦三素 *B（nervosanin B）、香茶菜诺醇（isodonoiol）、细叶香茶菜甲素（sodoponin）、四国香茶菜定（shikokianidin）、毛叶酸酯（rabdosinate）、表诺多星（epinodosin）、诺多星（nodosin）、冬凌草乙素（ponicidin）、牛尾草素 A（rabdoternin A）、延命草醇（enmenol）、河北冬凌草素 K（hebeirubesensin K）、毛果香茶菜贝壳松素（lasiokaurin）、毛果香茶菜贝壳松醇（lasiokaurinol）[3]，香茶菜醇 *A（amethinol A）[4]，阴生香茶菜素 A、B（umbrosin A、B）和 14- 乙酰阴生香茶菜素 B（14-acetylumbrosin B）[5]；甾体类：β- 谷甾醇（β-sitosterol）[2]；脂肪酸类：硬脂酸（stearic acid）[2] 和棕榈酸（palmitic acid）[5]；三萜类：熊果酸（ursolic acid）[2]。

根茎含挥发油：γ- 广藿香烯（γ-patchoulene）、4-（2, 6, 6- 三甲基环己基）-3- 甲基 -2- 丁醇［4-（2, 6, 6-trimethyl cyclohexyl）-3-methylbutan-2-ol］、顺式 -1, 2- 二乙烯基 -4-（1- 甲基亚乙基）- 环己烷［*cis*-1, 2-diethenyl-4-（1-methylethylidene）-cyclohexane］、5- 异长叶烯醇（*iso*-longifolene-5-ol）、邻苯二甲酸丁基 -2- 乙基己基酯（butyl-2-ethylhexyl phthalate）、（*Z*）-2, 6, 10- 三甲基 -1, 5, 9- 十一碳三烯［（*Z*）-2, 6, 10-trimethyl-1, 5, 9-undecatriene］、2, 6, 10- 三甲基十四烷（2, 6, 10-trimethyl tetradecane）、2- 十八烷氧基乙醇［2-（octadecyloxy）-ethanol］、二十烷（eicosane）和二十七烷（heptacosane）等[6]。

花序和叶含挥发油类：邻苯二甲酸二异丁酯［diisobutyl phthalate］、植醇（phytol）、邻苯二甲酸二丁酯（dibutyl phthalate）、十四醛（tetradecanal）、植酮（phytone）和顺，顺，顺 -7, 10, 13- 十六碳三烯醛（*cis*, *cis*, *cis*-7, 10, 13-hexadecatrienal）[6]；烷烃类：2, 6, 10, 15- 四甲基十七烷（2, 6, 10, 15-tetramethyl heptadecane）、二十一烷（heneicosane）、二十四烷（tetracosane）、二十八烷（octacosane）、四十三烷（tritetracontane）、2, 3, 5- 三甲基 - 癸烷（2, 3, 5-trimethyl-decane）、8- 庚基 - 十五烷（8-heptyl-pentadecane）和三十四烷（tetratriacontane）[6]；脂肪酸类：棕榈酸（palmitic acid）[6]。

茎含脂肪酸类：十五烷酸（pentadecanoic acid）[6]；烷烃类：十九烷（nonadecane）和十七烷（heptadecane）[6]。

叶含二萜类：蓝萼香茶菜素 A、B、C（glaucocalyxin A、B、C）[7]，毛叶醇（rabdosinaiol）[8]，香茶菜定 A（amethystoidin A）[9]，16- 亚甲基 -11, 15- 二酮 -20- 羟基 -7α, 14β- 二羟基贝壳杉烷（16-methylene-11, 15-diketo-20-hydroxy-7α, 14β-dihydroxykaurane）[10]，香茶菜萜醛（amethystonal）和香茶菜萜酸（amethystonoic acid）[11]；三萜类：齐墩果酸（oleanolic acid）[8]，熊果酸（ursolic acid）[9]，2α, 3α- 二羟基熊果酸（2α, 3α-dihydroxyursolic acid）和 2α- 羟基齐墩果酸（2α-hydroxyoleanolic acid）[12]；甾体类：β- 谷甾醇（β-sitosterol）[8]；脂肪酸类：硬脂酸（stearic acid）[9]。

**【药理作用】**1. 抗肿瘤　地上部分分离的香茶菜甲素（amethystoidin）具有抗肿瘤的作用[1]。2. 抗菌　全草水提取物对金黄色葡萄球菌的生长有抑制作用[1]；水提取物对葡萄球菌、链球菌、肺炎双球菌、沙门氏菌和志贺氏菌的生长均有抑制作用[2]。3. 护肝　根乙醇提取物可显著降低刀豆蛋白 A 诱导的肝炎小鼠的血清谷丙转氨酶和天冬氨酸氨基转移酶含量和肝坏死，降低肝组织中的髓过氧化氢酶（CAT）、丙二醛（MDA）含量和增加超氧化物歧化酶（SOD）含量，抑制血清中促炎细胞因子的分泌，显著降低肝组织中 Toll 样受体（TLR）4 mRNA 或蛋白质的表达水平[3]。4. 增强免疫　全草石油醚和乙酸乙酯提取物对刀豆蛋白 A 诱导小鼠脾脏 T 淋巴细胞增殖均呈增强作用[4]。5. 抗炎　从茎叶提取的总黄酮均能抑制佐剂性关节炎大鼠关节炎评分，抑制经典 Wnt 信号通路关键基因 β-catenin、细胞周期蛋白（ccnd1）基因、白细胞介素 -1（IL-1）的表达和成纤维样滑膜细胞（FLS）的增殖[5, 6]。

**【性味与归经】**苦、微辛，凉。归肝、脾、胃经。

**【功能与主治】**清热解毒，散瘀止痛。用于胃脘疼痛，疮疡肿毒，跌扑损伤，肿痛。

**【用法与用量】**10 ～ 30g。

**【药用标准】**浙江药材 2000 和江苏药材 1989。

**【临床参考】**1. 慢性萎缩性胃炎：地上部分 15g，加白花蛇舌草 20g、醋柴胡 8g，赤芍、白芍、丹参、莪术、白术各 15g，水煎服，偏于气虚者加黄芪、党参；偏于胃阴虚者加石斛、麦门冬、玉竹；偏于胃酸缺乏者加乌梅、酢浆草；偏于气滞腹胀者加娑罗子、八月札；夹有瘀滞者加桃仁、红花；疼痛明显者加延胡索、徐长卿；气郁化热者加焦栀子、蒲公英、黄芩；大便秘结者加生地黄、生何首乌或肉苁蓉[1]。

2. 肝硬化、肝炎、肺脓肿：茎叶 15 ～ 30g，水煎服。（《广西本草选编》）

3. 淋巴腺炎：鲜叶，加米酒适量，捣烂拌匀敷患处。

4. 关节痛：地上部分 30g，加南蛇藤 30g，酒、水各半炖服。（3 方、4 方引自《福建药物志》）

5. 闭经、跌打损伤：全草 15 ～ 30g，水煎服。

6. 筋骨酸痛：根 15g，加黄酒、白糖适量，炖汁服。

7. 毒蛇咬伤（民间用法）：根 60g，加徐长卿 15g，白酒 150ml，浸 3 周服，首次量 50 ～ 100ml，以后每日 3 ～ 4 次，每次 25 ～ 50ml，连服 3 ～ 4 天；或根 5 份，加徐长卿 2 份，制成浸膏压片，每片 0.3g，首次服 10 ～ 15 片，以后每天 3 ～ 4 次，每次 5 ～ 8 片，连服 3 ～ 4 天；亦可用根 30g，水煎服，并将鲜叶捣烂敷伤处。

8. 乳痈、发背已溃：全草 15 ～ 30g，加野荞麦 15 ～ 30g、白英 15 ～ 30g，水煎服。（5 方至 8 方引自《浙江药用植物志》）

**【附注】**《救荒本草》云："香茶菜，生田野中。茎方，窊面四楞。叶似薄荷叶微大，抪茎。梢头出穗，开粉紫花，结蒴，如荞麦蒴而微小。"其形态描述，与本种较相符。

孕妇慎服。

同属植物川藏香茶菜 *Rabdosia pseudoirrorata* C.Y.Wu［*Isodon pharicus*（Prain）Kueata］的地上部分在西藏作香茶菜药用。

民间还用于试治癌症及雷公藤等中药中毒。（《浙江药用植物志》）

**【化学参考文献】**


［1］梁利香，陈琼，陈利军 . 湖北野生香茶菜花期挥发油 GC-MS 分析［J］. 科教导刊，2015，（22）：169-170.

［2］程培元，许美娟，林永乐，等 . 香茶菜抗癌成分的研究［J］. 药学学报，1982，17（1）：33-37.

［3］Jin Y，Du Y，Shi X，et al. Simultaneous quantification of 19 diterpenoids in *Isodon amethystoides* by high-performance liquid chromatography-electrospray ionization tandem mass spectrometry［J］. J Pharm Biomed Anal，2010，53（3）：403-411.

［4］Zhao C L，Sarwar M S，Ye J H，et al. Isolation，evaluation of bioactivity and structure determination of amethinol A，a prototypic amethane diterpene from *Isodon amethystoides*，bearing a six/five/seven-membered carbon-ring system［J］. Acta Crystallogr Sec C，2018，74（5）：1-6.

［5］李广义，王玉兰，徐宗沛，等 . 王枣子化学成分的研究［J］. 药学学报，1981，16（9）：667-671.

［6］许可，朱冬青，王贤亲，等 . 气质联用法分析香茶菜不同部位挥发油的化学成分［J］. 中华中医药学刊，2013，31（8）：1797-1799.

［7］王先荣，王兆全，石鹏程，等 . 王枣子的新二萜—王枣子甲素［J］. 中草药，1982，13（6）：12-13，11.

［8］王先荣，王红萍，李有文，等 . 王枣子化学成分的研究［J］. 中草药，1994，25（6）：285-287.

［9］程培元，许美娟，林永乐，等 . 香茶菜抗癌成分的研究［J］. 药学学报，1982，17（1）：33-37.

［10］程培元，许美娟，林永乐，等 . 香茶菜抗癌成分的研究［J］. 药学通报，1981，16（8）：505-506.

［11］赵清治，晁金华，王汉清，等．香茶菜中的新二萜成份［J］．云南植物研究，1983，5（3）：305-309.
［12］崔佳，施务务，宿玉，等．王枣子三萜成分的研究［J］．安徽中医学院学报，2011，30（3）：57-59.

【药理参考文献】

［1］程培元，许美娟，林永乐，等．香茶菜抗癌成分的研究［J］．药学学报，1982，17（1）：33-37.
［2］张修华．草药王枣子抗菌作用的临床应用［J］．煤矿医学，1982，4（5）：13-14.
［3］Zhai K F，Duan H，Cao W G，et al. Protective effect of *Rabdosia amethystoides*（Benth.）Hara extract on acute liver injury induced by concanavalin A in mice through inhibition of TLR4-NF-κB signaling pathway［J］. Journal of Pharmacological Sciences，2016，130（2）：94-100.
［4］陈子，李云森，周吉燕，等．香茶菜免疫活性成分的筛选研究［J］．中药材，2005，28（11）：1015-1017.
［5］缪成贵，熊友谊，秦梅颂，等．王枣子总黄酮对佐剂性关节炎大鼠的治疗作用及机制研究［J］．四川大学学报（医学版），2018，49（3）：374-379.
［6］缪成贵，时维静，魏伟，等．王枣子总黄酮影响佐剂性关节炎大鼠病理的分子机制研究［J］．中国中药杂志，2017，42（17）：3411-3416.

【临床参考文献】

［1］李新钟．香茶菜汤治疗慢性萎缩性胃炎35例［J］．河北中医，2000，22（10）：745.

## 831. 线纹香茶菜（图 831）• *Rabdosia lophanthoides*（Buch. -Ham. ex D. Don）Hara［*Isodon lophanthoides*（Buch. -Ham. ex D. Don）H.Hara；*Isodon striatus*（Benth.）Kudo］

**图 831 线纹香茶菜** 摄影 张芬耀

【别名】茵陈草（广东）。

【形态】多年生柔软草本，高15～100cm。基部匍匐生根，具小球形块根。茎四棱形，被具节的长柔毛和短柔毛。叶片阔卵形、卵形或长圆状卵形，长1.5～5.5（～8.8）cm，宽1～3.5（～5.3）cm，先端钝，基部阔楔形或近圆形，边缘在基部以上具圆齿，两面被具节的柔毛，下面布满褐色腺点。聚伞花序多花，组成顶生或侧生的圆锥花序；苞叶卵形，下部叶状，向上渐小，成苞片状；花萼钟形，长约2mm，果时呈管状钟形，3～4mm，外被串珠状、具节的柔毛，具红褐色腺点，顶端5齿，齿卵状三角形，近二唇形，下唇2齿较大；花冠白色至淡紫色，具紫色斑点，长约5mm，外被具节的长柔毛及红褐色腺点，冠檐二唇形，上唇4裂，下唇稍长于上唇，阔卵形，伸展；雄蕊及花柱外伸；柱头顶端2裂。小坚果长圆形，淡褐色，光滑。花果期9～11月。

**【生境与分布】**生于500～3000m的林下阴湿处及水沟边。分布于江西、福建和浙江，另广东、广西、湖南、湖北、云南、贵州、四川和西藏均有分布；印度、不丹也有分布。

**【药名与部位】**溪黄草，地上部分。

**【采集加工】**夏、秋二季采收，割取地上部分，除去杂质，晒干。

**【药材性状】**茎呈方柱形，有对生分支，长15～150cm，直径0.2～0.7cm；表面棕褐色，具柔毛及腺点；质脆，断面黄白色，髓部有时中空。叶对生，有柄；叶片多皱缩，易破碎，完整者展平后呈卵形、阔卵形或长圆状卵形，长3～8cm，宽2～5cm；顶端钝，基部楔形，边缘有粗锯齿；上下表面均灰绿色，被短毛及红褐色腺点；纸质。老株常见枝顶有圆锥花序。气微，味微甘、微苦。

**【药材炮制】**除去杂质，抢水洗净，切段，干燥。

**【化学成分】**全草含甾体类：γ-谷甾醇（γ-sitosterol）、胡萝卜苷（daucosterol）[1]和β-谷甾醇（β-sitosterol）[2]；三萜类：熊果酸（ursolic acid）[1]，齐墩果酸（oleanolic acid）[2]，2α-羟基熊果酸（2α-hydroxyursolic acid）、2α, 19α-二羟基熊果酸（2α, 19α-dihydroxyursolic acid）和α-香树脂醇（α-amyrin）[3]；脂肪酸类：棕榈酸（palmatic acid）[2]；二萜醌类：6β-羟基-7α-16-乙酰氧基罗列酮（6β-hydroxy-7α-16-acetoxyroyleanone）[3]；二萜类：线纹香茶菜酸（lophanic acid）、狭基线纹香茶菜素*A、B（gerardianin A、B）[4]和6β-羟基-7α-乙氧基-16-乙酰氧基罗氏旋覆花酮（6β-hydroxy-7α-ethoxy-16-acetoxyroyleanone）[5]；木脂素类：线纹香茶菜苷*B（lophanthoside B）、（7*R*, 8*S*）-4, 9, 9′-三羟基-3-甲氧基-7, 8-二氢苯并呋喃-1′-丙基新木脂素-3′-*O*-β-D-吡喃葡萄糖苷［（7*R*, 8*S*）-4, 9, 9′-trihydroxyl-3-methoxyl-7, 8-dihydrobenzofuran-1′-propylneolignan-3′-*O*-β-D-glucopyranoside］、（7*R*, 8*S*）-4, 9′-二羟基-3, 3′-二甲氧基-7, 8-二氢苯并呋喃-1′-丙基新木脂素-9-*O*-β-D-吡喃葡萄糖苷［（7*R*, 8*S*）-4, 9′-dihydroxyl-3, 3′-dimethoxyl-7, 8-dihydrobenzofuran-1′-propylneolignan-9-*O*-β-D-glucopyranoside］、（7*R*, 8*S*）-9, 3′, 9′-三羟基-3-甲氧基-7, 8-二氢苯并呋喃-1′-丙基新木脂素-4-*O*-β-D-吡喃葡萄糖苷［（7*R*, 8*S*）-9, 3′, 9′-trihydroxyl-3-methoxyl-7, 8-dihydrobenzofuran-1′-propylneolignan-4-*O*-β-D-glucopyranoside］、（7*R*, 8*S*）-4, 3′, 9, 9′-四羟基-3-甲氧基-7, 8-二氢苯并呋喃-1′-丙基新木脂素［（7*R*, 8*S*）-4, 3′, 9, 9′-tetrahydroxyl-3-methoxyl-7, 8-dihydrobenzofuran-1′-propylneolignan］、（7*R*, 8*S*）-4, 9, 9′-三羟基-3, 3′-二甲氧基-7, 8-二氢苯并呋喃-1′-丙基新木脂素［（7*R*, 8*S*）-4, 9, 9′-trihydroxyl-3, 3′-dimethoxyl-7, 8-dihydrobenzofuran-1′-propylneolignan］[6]，（7*S*, 8*R*）-4, 9, 9′-三羟基-3′-甲氧基-7, 8-二氢苯并呋喃-1′-丙基新木脂素-3′-*O*-β-D-吡喃葡萄糖苷［（7*S*, 8*R*）-4, 9, 9′-trihydroxyl-3′-methoxyl-7, 8-dihydrobenzofuran-1′-propylneolignan-3-*O*-β-D-glucopyranoside］、（7*S*, 8*R*）-3′, 4, 9, 9′-四羟基-3-甲氧基-7, 8-二氢苯并呋喃-1′-丙基新木脂素［（7*S*, 8*R*）-3′, 4, 9, 9′-tetrahydroxyl-3-methoxyl-7, 8-dihydrobenzofuran-1′-propylneolignan］、（7*S*, 8*R*）-4, 9′-二羟基-3, 3′-二甲氧基-7, 8-二氢苯并呋喃-1′-丙基新木脂素-9-*O*-β-D-吡喃葡萄糖苷［（7*S*, 8*R*）-4, 9′-dihydroxyl-3, 3′-dimethoxyl-7, 8-dihydrobenzofuran-1′-propylneolignan-9-*O*-β-D-glucopyranoside］、（7*S*, 8*R*）-4, 9, 9′-三羟基-3′, 3′-二甲氧基-7, 8-二氢苯并呋喃-1′-丙基新木脂素［（7*S*, 8*R*）-4, 9, 9′-trihydroxyl-3′, 3′-dimethoxyl-7, 8-dihydrobenzofuran-1′-propylneolignan］、丁香脂素-4-*O*-β-D-吡喃葡萄糖苷（syringaresinol-4-*O*-β-D-glucopyranoside）、（+）4, 4′, 8-三羟基-3′, 3′-二甲氧基双环氧木脂素［（+）-8-羟基松脂醇）］{（+）4, 4′, 8-trihydroxyl-3, 3′-dimethoxylbisepoxylignan［（+）-8-hydroxypinoresinol）］}和松脂醇-4-*O*-β-D-吡喃葡萄糖苷（pinoresinol-4-*O*-β-D-glucopyranoside）[7]；黄酮类：芦丁（rutin）、槲皮素（quercetin）和异槲皮素（*iso*-quercetin）[8]；脂肪酸类：棕榈酸[2]；酚酸类：原儿茶酸-3-*O*-（6-*O*-羟基苯甲酰基）-β-D-

吡喃葡萄糖苷［protocatechuic acid-3-*O*-（6-*O*-hydroxybenzoyl）-β-D-glucopyranoside］[9]；苯乙醇类：线纹香茶菜苷 A（lophanthoside A）[10]。

地上部分含挥发油类：叶绿醇（phytol）、2- 甲氧基 -4- 乙烯基苯酚（2-methoxy-4-vinylphenol）、1- 辛烯 -3- 醇（1-octen-3-ol）、十四烷酸（tetradecanoic acid）、苯甲醇（benzyl alcohol）、苯乙醛（benzeneacetaldehyde）[11], 9- 十六烯碳酸（9-hexadecenoic acid）、γ- 亚麻酸甲酯（methyl-γ-linolenate）、9, 12- 十八碳二烯酸（9, 12-octadecadienoic acid）、6, 10, 14- 三甲基 -2- 十五酮（6, 10, 14-trimethy1-2-pentadecanone）、2, 6- 二叔丁基对甲酚（2, 6-ditertbutyl-4-methylphenol）[12], 2- 异丙基 -5- 甲基苯甲醚（2-isopropyl-5-methyl anisole）、石竹烯（caryophyllene）、1- 甲基 -4-（5- 甲基 -1- 亚甲基 -4- 己烯基）- 环己烯［1-methyl-4-（5-methyl-1-methylene-4-hexenyl）-cyclohexene］、百里香酚（thymol）和香荆芥酚（carvacrol）等[13]。

根茎含甾体类：β- 谷甾醇（β-sitosterol）[14], 豆甾 -4- 烯 -3- 酮（stigmast-4-en-3-one）、豆甾醇（stigmasterol）、7α- 羟基谷甾醇（7α-hydroxysitosterol）、胡萝卜苷（daucosterol）和 5α, 6β- 二羟基胡萝卜苷（5α, 6β-dihydroxy-daucosterol）[15]；三萜类：3β-*O*- 乙酰基齐墩果酸（3β-*O*-acetyloleanolic acid）、3β-*O*- 乙酰基熊果酸（3β-*O*-acetylursolic acid）和山楂酸（2-hydroxyloleanolic acid）[14]；脂肪酸类：油酸（oleic acid）[14]；二萜类：花柏酚（hinokiol）[14]；神经酰胺类：（2*S*, 3*S*, 4*R*, 8*E*）-2-［（2′*R*）-2′- 羟基二十四酰氨基］-8- 十八烯 -1, 3, 4- 三醇｛（2*S*, 3*S*, 4*R*, 8*E*）-2-［（2′*R*）-2′-hydroxytetracosanoylamino］-8-en-1, 3, 4-octadecanetriol｝、1-*O*-β-D- 吡喃葡萄糖基（2*S*, 3*R*, 4*E*, 8*Z*）-2-［（2′*R*）-2- 羟基二十四酰氨基］4, 8- 十八二烯 -1, 3- 二醇［1-*O*-β-D-glucopyranosyl-（2*S*, 3*R*, 4*E*, 8*Z*）-2-［（2′*R*）-2-hydroxytetracosanoylamino］-4, 8-dien-1, 3-octadecanediol］[15]。

叶含二萜类：线纹香茶菜酸（lophanthoidie acid）[16, 17], 线纹香茶菜素 A、B、C、D、E、F（lophanthiodin A、B、C、D、E、F）和延命草素（enmein）[18]；甾体类：β- 谷甾醇（β-sitosterol）、β- 谷甾醇 -D- 葡萄糖苷（β-sitosterol-D-glucoside）[16] 和豆甾醇（stigmasterol）[18]；三萜类：齐墩果酸（oleanolic acid）和 2α- 羟基 - 乌索酸（2α-hydroxy-ursolic acid）[16]。

茎叶含二萜类：线纹香茶菜酸（lophanic acid）和线纹香茶酸 A、B（lophanic acid A、B）[19]；三萜类：熊果酸（ursolic acid）和齐墩果酸（oleanolic acid）[19]。

**【药理作用】** 1. 抗炎　地上部分的水提取物可抑制二甲苯所致小鼠的耳部炎症反应[1]。2. 护肝　地上部分的水提取物可降低四氯化碳（$CCl_4$）引起小鼠急性肝损伤后的谷丙转氨酶（ALT）含量[1]。

**【性味与归经】** 苦、寒。归肝、胆、大肠经。

**【功能与主治】** 清热利湿，凉血散瘀。用于湿热黄疸，胆囊炎，泄泻，痢疾，疮肿，跌打伤痛。

**【用法与用量】** 15 ～ 30g。

**【药用标准】** 浙江炮规 2015、湖南药材 2009、广东药材 2011、广西药材 1996、广西壮药 2008 和广西瑶药 2014 一卷。

**【化学参考文献】**

［1］王雪芬，冯世强，卢文杰．线纹香茶菜化学成分的研究［J］．中药通报，1984，15（10）：33.

［2］梁均方．线纹香茶菜化学成分的研究［J］．广州化工，1996，24（1）：35-37，56.

［3］陈兴良，杨秀萍，侯爱君．贵州产线纹香茶菜的化学成分［J］．植物分类与资源学报，1998，20（2）：241-243.

［4］罗迎春，李齐激，杨元凤，等．紫云产线纹香茶菜化学成分的研究［J］．安徽农业科学，2012，40（22）：11224，11235.

［5］陈兴良，杨秀萍，侯爱君，等．贵州产线纹香茶菜的化学成分［J］．云南植物研究，1998，20（2）：241-243.

［6］Feng W S，Zang X Y，Zheng X K，et al. Two new dihydrobenzofuran lignans from *Rabdosia lophanthoides*（Buch.-Ham. ex D. Don）Hara［J］. J Asian Nat Prod Res，2010，12（7）：557-561.

［7］冯卫生，臧新钰，郑晓珂，等．线纹香茶菜中木脂素的分离与结构鉴定（英文）［C］．中国药学会学术年会暨中国药师周．2008.

［8］赵洁. 溪黄草黄酮类成分的 HPLC-MS-MS 分析［J］. 中药材，2009，32（1）：70-72.
［9］冯卫生. 线纹香茶菜中提取原儿茶酸 -3-*O*-（6- 邻羟基苯甲酰基）-β-D- 葡萄糖苷及方法［P］. 发明专利申请，2010，CN 101709071 A 20100519.
［10］Feng WS，Zhang X Y，Zheng X K，et al. A new phenylethanoid glycoside from *Rabdosia lophanthoides*（Buch. -Ham. ex D. Don）Hara［J］. Chin Chem Lett，2009，20（4）：453-455.
［11］Shi H，Zou J K，Pan Y J. Chemical composition of the essential oil from *Rabdosia lophanthoides*［J］. J Zhejiang Univ Sci，2002，3（3）：283-287.
［12］叶其馨，蒋东旭，熊艺花，等. GC-MS 测定溪黄草、狭基线纹香茶菜及线纹香茶菜挥发油的化学成分［J］. 中成药，2006，28（10）：1482-1484.
［13］姚煜，王英锋，王欣月，等. 线纹香茶菜挥发油化学成分的 GC-MS 分析［J］. 中国中药杂志，2006，31（8）：695-696.
［14］孙俊哲，程霞，赵明早，等. 线纹香茶菜地下部分化学成分研究［J］. 大理大学学报，2014，13（4）：1-3.
［15］徐伟，孙俊哲，赵明早，等. 线纹香茶菜地下部分甾体与神经酰胺类成分［J］. 大理学院学报，2016，1（4）：1-4.
［16］王兆全，王先荣，董金广，等. 线纹香茶菜化学成分的研究［J］. 华西药学杂志，1984，2：38.
［17］王兆全，许风鸣，董华章，等 线纹香茶菜酸的化学结构［J］. 天然产物研究与开发，1995，7（4）：24-28.
［18］Xu Y L，Wang D，Li X J，et al. Abietane quinones from *Rabdosia lophanthoides*［J］. Phytochemistry，1989，28（1）：189-191.
［19］罗迎春，李齐激，杨元凤，等. 紫云产线纹香茶菜化学成分的研究［J］. 安徽农业科学，2012，40（22）：11224，11235.

**【药理参考文献】**

［1］廖雪珍，廖惠芳，叶木荣，等. 线纹香茶菜、狭基线纹香茶菜、溪黄草水提取物抗炎、保肝作用初步研究［J］. 中药材，1996，19（7）：363-365.

## 832. 大萼香茶菜（图 832）• *Rabdosia macrocalyx*（Dunn）Hara［*Isodon macrocalyx*（Dunn）Kudo］

**【形态】**多年生草本，高 60 ～ 100cm。根茎坚硬，木质，疙瘩状。茎直立，上部钝四棱形，被贴生的微柔毛。叶片卵圆形或长圆状卵形，长 3 ～ 14cm，宽 1.5 ～ 8cm，顶端长渐尖，基部宽楔形，下延成具狭翅的柄，边缘在基部以上具圆齿状锯齿，两面被微柔毛或近无毛，下面散布淡黄色腺点。聚伞花序具 3 ～ 5 花，组成顶生或腋生的总状圆锥花序；苞叶卵圆形，向上渐小，苞片及小苞片条形，长约 1mm；花萼钟形，花时长 2.7mm，果时增大至 7mm，外面被微柔毛及腺点，顶端 5 齿，二唇形，上唇 3 齿，齿三角形，果时外反，下唇 2 齿靠合，果时平伸；花冠紫红色，长约 8mm，外被短柔毛及腺点，冠檐二唇形，上唇外反，顶端具相等的 4 圆裂，下唇阔卵圆形，浅囊状；雄蕊 4 枚，下倾，稍露出；花柱顶端相等 2 裂。小坚果卵球形，暗褐色，无毛，具疣点。花果期 7 ～ 11 月。

**【生境与分布】**生于海拔 600 ～ 1700m 的溪边、路边及山坡林下。分布于江西、安徽、浙江、江苏和福建，另湖南、广西、广东及台湾也有分布。

**【药名与部位】**香茶菜，地上部分或根茎。

**【采集加工】**夏、秋二季采割地上部分，秋末采挖根茎，除去杂质，晒干。

**【药材性状】**地上部分　茎呈方柱形，直径可达 0.6cm，上部多分枝，表面灰绿色至灰棕色或略呈紫色，或多或少被柔毛。质硬脆，易折断，断面中央有髓。叶对生，有柄；叶片灰绿色，多皱缩，易破碎，完整者展平后呈宽卵形至长圆状卵形，长 2 ～ 12cm，宽 1 ～ 6cm。边缘具锯齿，两面被柔毛或沿脉贴生柔毛，下面可见腺点。聚伞花序集成圆锥花序，顶生或腋生；花小，花萼钟形，萼齿 5 枚，近相等或二唇形，花冠二唇形，基部上方呈浅囊状，雄蕊 4 枚，2 强，下倾，内藏或稍伸出。气微，味苦。

根茎　呈结节状不规则形，直径 3 ～ 7cm，底部扁平或具刺状突出，表面灰褐色，粗糙，具残留的

图 832 大萼香茶菜 摄影 李华东

须根或须根痕。质坚硬，不易折断，断面不平坦，纤维性，有时有细小裂隙，皮部薄，灰褐色，木质部宽广，淡灰绿色或淡黄棕色，具辐射状或扭曲状纹理。气微，味微苦。

**【药材炮制】**除去杂质，洗净，润软，香茶菜草切段，香茶菜根茎切厚片，干燥。

**【化学成分】**全草含二萜类：大萼香茶菜甲素（macrocalyxin A）和大萼香茶菜壬素（macrocalyxin I）[1]。

地上部分含挥发油类：邻苯二甲酸二丁酯（dibutyl 1, 2-benzenedicarboxylate）、邻苯二甲酸二异丁酯（diisobutyl 1, 2-benzenedicarboxylate）、2, 4- 二 -（1- 苯乙基）苯酚［2, 4-bis-（1-phenylethyl）phenol］、*N*- 苯基 -1- 萘胺（*N*-phenyl-1-naphthalenamine）和 2- 甲氧基 -4- 乙烯基苯酚（2-methoxy-4-vinyl phenol）等[2]。

茎含二萜类：大萼变型甲素（macrocalyxoformin A）[3]；甾体类：γ- 谷甾醇（γ-sitosterol）[3]；皂苷类：齐墩果酸（oleanolic acid）[3]。

枝叶含二萜类：香茶菜素 A、B（excisanin A、B）[4]；三萜类：熊果酸（ursolic acid）[4]；脂肪酸类：棕榈酸（palmitic acid）[4]；甾体类：β- 谷甾醇（β-sitosterol）[4]。

叶含二萜类：大萼香茶菜甲素（macrocalyxin A）[5]，大萼香茶菜乙素（macrocalyxin B）[6]，大萼香茶菜丙素（macrocalyxin C）[7]，大萼香茶菜丁素（macrocalyxin D）[8]，大萼香茶菜戊素（macrocalyxin E）[9]，大萼香茶菜已素（macrocalyxin F）[10]，大萼香茶菜庚素（macrocalyxin G）[11]，大萼香茶菜辛素（macrocalyxin H）[12]，大萼香茶菜癸素（macrocalyxin J）[13]，大叶辛（rabdophyllin H）、冬凌草乙素（ponicidin）[11]，冬凌草甲素（oridonin）、延命草醇（enmenol）[12]，毛叶香茶菜素（maoyerabdosin）[14]，尾叶香茶菜素 A、B（excisanin A、B）和弯锥香茶菜素 B（rabdoloxin B）[15]；三萜类：熊果酸（ursolic acid）[6]；齐墩果酸（oleanolic acid）[16]；甾体类：胡萝卜苷（daucosterol）和 β- 谷甾醇（β-sitosterol）[16]；脂肪酸类：棕榈酸（palmitic acid）[15]。

**【药理作用】**免疫调节 大萼香茶菜总二萜可显著提高环磷酰胺所致的免疫功能低下模型小鼠的免

疫脏器系数、血清素含量，显著增强机体迟发性超敏反应[1]。

【性味与归经】苦、微辛，凉。归肝、脾、胃经。

【功能与主治】清热解毒，散瘀止痛。用于胃脘疼痛，疮疡肿毒，跌扑损伤，肿痛。

【用法与用量】10 ～ 30g。

【药用标准】浙江药材 2000。

【化学参考文献】

[1] Shi H，Pan Y J，Wu S H，et al. Macrocalyxin I [J]. Acta Crystallogr Sec C，2002，58（1）：55-56.

[2] 石浩，何兰，邹建凯，等. 大萼香茶菜挥发油化学成分的气相色谱 / 质谱法分析 [J]. 分析化学，2002，30（5）：586-589.

[3] 王兆全，王先荣，董金广. 大萼香茶菜变型的抗菌新二萜 - 大萼变型甲素 [J]. 中草药，1983，14（11）：481-485.

[4] 高幼衡，朱英，万振先，等. 大萼香茶菜化学成分研究 [J]. 中草药，1994（5）：232-233，248.

[5] 陈元柱. 大萼香茶菜甲素的晶体结构和分子结构 [J]. 科学通报，1985，30（22）：1709-1713.

[6] 程培元，林永乐，徐光漪. 大萼香茶菜新二萜成分：大萼香茶菜甲素和乙素的结构 [J]. 药学学报，1984，19（8）：593-598.

[7] 王先荣，王兆全，董金广，等. 大萼香茶菜甲素和丙素的化学结构 [J]. 植物学报，1984，26（4）：425-437.

[8] 王先荣，王兆全，董金广. 大萼香茶菜丁素的化学结构 [J]. 植物学报，1985，27（3）：285-289.

[9] 王先荣，王兆全，董金广. 大萼香茶菜戊素的化学结构 [J]. 植物学报，1986，28（4）：415-418.

[10] 王先荣，王红萍，王素卿，等. 大萼香茶菜乙素和己素的化学结构 [J]. 植物学报，1994，36（2）：159-164.

[11] 王先荣，王素卿，王素卿，等. 大萼香茶菜庚素的化学结构 [J]. 植物学报：英文版，1994，36（4）：320-324.

[12] 王先荣，王红萍，上田伸一，等. 大萼香茶菜辛素的化学结构 [J]. 植物学报，1994，36（10）：813-816.

[13] 石浩，何山，何兰，等. 大萼香茶菜中的新二萜化合物 [J]. 高等学校化学学报，2007，28（1）：100-102.

[14] Wang X R，Wang H P，Hu H P，et al. Structures of macrocalyxin B，F，G and H，and maoyerabdosin from *Isodon macrocalyx* [J]. Phytochemistry，1995，38（4）：921-926.

[15] 高幼衡，朱英，万振先，等. 大萼香茶菜化学成分研究 [J]. 中草药，1994，25（5）：232-233，248.

[16] 王兆全，王先荣，董金广，等. 大萼变型乙素、丙素和戊素的化学结构 [J]. 植物学报，1986，28（1）：79-85.

【药理参考文献】

[1] 王静，杨军. 大萼香茶菜总二萜对小鼠免疫功能的调节作用 [J]. 中药材，1999，22（7）：348-350.

## 833. 溪黄草（图 833）• *Rabdosia serra*（Maxim.）Hara [*Isodon serra*（Maxim.）Kudô；*Isodon lasiocarpus*（Hayata）Kudo；*Rabdosia lasiocarpa*（Hayata）Hara]

【形态】多年生草本，高达 1.5m。根茎粗壮，肥大，有时呈疙瘩状。茎钝四棱形，具四浅槽，密被倒向微柔毛。叶片卵形，狭卵形至卵状披针形，长 2 ～ 10cm，宽 1 ～ 4.5cm，顶端渐尖，基部楔形，下延至叶柄，边缘具锯齿，齿尖有胼胝体，两面仅脉上疏被短柔毛，散布黄色腺点。聚伞花序具 5 花至多花，组成庞大疏散的圆锥花序；苞叶下部者与茎叶同形，向上渐小，呈苞片状，卵状披针形或条状披针形；花萼钟形，长约 1.5mm，果时增大，外被微柔毛及腺点，顶端 5 齿，近相等，长三角形；花冠紫色，长约 5mm，外被短柔毛及腺点，冠檐二唇形，上唇外反，顶端具相等的 4 圆裂，下唇阔卵圆形，内凹；雄蕊 4 枚，内藏，花柱稍伸出花冠，顶端近相等 2 浅裂。小坚果阔卵圆形，具腺点及白色髯毛。花果期 8 ～ 10 月。

【生境与分布】生于海拔 100 ～ 1200m 的溪边、山坡路旁、路边草丛中。分布于华东各地，另华中、华南、西北及东北地区、四川、贵州、河南等地均有分布；朝鲜及俄罗斯远东地区也有分布。

【药名与部位】溪黄草（蓝花柴胡），地上部分。

【采集加工】夏秋季采割，除去杂质，晒干。

【药材性状】长 1 ～ 1.5m，茎呈钝四棱形，具四浅槽，基部近无毛，向上密被倒向微柔毛，腺点少见。

图 833 溪黄草 摄影 徐克学

完整叶片展开后呈卵圆形或卵圆状披针形或披针形，长 3.5 ～ 10cm，宽 1.5 ～ 4.5cm，顶端近渐尖，基部楔形，边缘具粗大内弯的锯齿；叶脉上被微柔毛。宿萼非二唇形。叶水浸后以手揉之，无明显黄色液汁。味苦。

【药材炮制】除去杂质，切段。

【化学成分】全草含二萜类：毛叶香茶菜素 E、F、G、H、I、J、K（rabdosin E、F、G、H、I、J、K）、20（*S*）- 叶穗香茶菜辛 A［20（*S*）-phyllostacin A］、溪黄草萜 *A、B（serrin A、B）、表诺多星（epinodosin）、毛果延命草奥宁（carpalasionin）、诺多星（nodosin）、毛果青茶菜素（isodocarpin）、黄花香茶菜素 F（sculponeatin F）、鲁山冬凌草己素（lushanrubescensin F）、冬凌草甲素（oridonin）、对映 -6*S*, 20*R*- 环氧 -15α, 20*R*- 二羟基 -6*S*- 甲氧基 -6, 7- 开环贝壳杉 -16- 烯 -1, 7β- 内酯（*ent*-6*S*, 20*R*-epoxy-15α, 20*R*-dihydroxy-6*S*-methoxy-6, 7-secokaur-16-en-1, 7β-olide）、鲁山冬凌草癸素（lushanrubescensin J）[1]，阴生香茶菜宁（rabdoumbrosanin）、内折香茶菜萜 *J（inflexarabdonin J）、耐阴香茶菜素 B（umbrosin B）、旱生香茶菜素 B（xerophilusin B）、毛叶晶素 *J（maoyecrystal J）、大锥香茶菜素 A（megathyrin A）、叶穗香茶菜素 E（phyllostachysin E）、毛萼晶 N（maoecrysyal N）、延命草素（enmein）、冬凌草乙素（ponicidin）、延命草定 *（ememodin）、旱生香茶菜素 N（xerophilusin N）、大萼香茶菜乙素（macrocalin B）、大萼香茶菜素 F( macrocalyxi F )、细锥香茶菜定 C、G( coetsoidin C、G )、龟叶香茶菜缩醛 A、B( kamebacetal A、B )、细锥香茶菜定（coetsoidin）、毛叶香茶菜醇（epinodosinol）、毛果延命草宁（lasiodonin）、四川冬凌草素丙（rabdosichuanin C）、冬凌草甲素（rubescensin A）、香茶菜萜（amethystonoic）、溪黄草乙素（rabdoserrin B）、维西香茶菜丙素（weisiensin C）、冬凌草素 S（rubescensin S）、雀巢冬凌草宁 *（trichorabdonin）、延命草精（ememogin）、长管香茶菜内酯（longirabdolide）、毛萼晶 A（maoecrystal A）、毛果香茶菜辛（isodotricin）、香茶菜诺醇（isodonoiol）、百叶晶 *B（baiyecrystal B）、毛栲利素（lasiokaurin）、溪黄醇（lasiokaurinol）、牛尾草林素（ternifolin）、香茶菜苷 I（rabdoside I）、小叶林苷 *（parvifoliside）、延命草醇 -1α-*O*-β-D- 吡喃葡萄糖苷（enmenol-1α-*O*-β-D-glucopyranoside）、希柯勘苷 *A（shikokiaside A）、

碎米桠素 *M（rubecensin M）、疏花香茶菜素 C（laxiflorin C）、细锥香茶菜新素（rabdocoetsin）、荛花香茶菜素 *B（wikstroemioidin B）[2]，对映 -1α, 7α, 14β, 20- 四羟基 -11, 16- 贝壳杉二烯 -15- 酮（*ent*-1α, 7α, 14β, 20-tetrahydroxy-11, 16-kauradien-15-one）、尾叶香茶菜丙素（kamebakaurin）、二氢尾叶香茶菜丙素（dihydrokamebakaurin）、内折香茶菜萜素 A（rabdoinflexin A）[3]，1α, 14β, 19- 三羟基 -16（17）烯 - 对映 - 贝壳杉 -15- 酮 -20, 7- 内酯［1α, 14β, 19-trihydroxy-16（17）en-*ent*-kaur-15-one-20, 7-lactone］、溪黄草甲素（rabdoserrin A）、尾叶香茶菜素 A（excisanin A）、尾叶香茶菜宁 *（kamebakaurinin）[4] 和毛果延命草贝壳杉宁（lasiokaurinin）[5]；甾体类：胡萝卜苷（daucosterol）、β- 谷甾醇（β-sitosterol）[3]，24- 甲基胆甾醇（24-methyl cholesterol）和豆甾醇（stigmasterol）[6]；黄酮类：大豆素（daidzein）、5- 羟基 -4′- 甲氧基黄酮 -7- 葡萄糖苷（5-hydroxy-4′-methoxyflavone-7-glucoside）、金丝桃苷（hyperoside）[4] 和槲皮素 -3, 3′- 二甲醚（quercetin-3, 3′-dimethylether）[7]；脂肪酸类：正十六酸（*n*-hexadecanoic acid）[6] 和三十烷酸对羟基苯乙酯［4-hydroxyphenyl ether triacontanoate］[7]；三萜皂苷类：β- 香树脂醇棕榈酸酯（β-amyrin palmitate）[7]；酚酸类：丹酚酸 B（salvianolic acid B）、香草醛（vanillin）、丁香酸（syringic acid）、香草酸（vanillic acid）和绿原酸（chlorogenic acid）[7]；香豆素类：7- 甲氧基香豆素（7-methoxycoumarin）和伞形花内酯（umbelliferone）[7]；糖类：α- 葡萄糖（α-glucose）[8]；烷酮类：2- 三十三酮（tritriacontan-2-one）[7]；核苷类：腺苷（adenosine）[7]。

地上部分含降倍半萜至三萜类：溪黄草萜 A、B、C（serrin A、B、C）[9]，溪黄草萜 D（serrin D）[10]，溪黄草萜 E、F、G、H、I（serrin E、F、G、H、I）、15- 乙酰大锥香茶菜素 B（15-acetylmegathyrin B）、14β- 羟基细锥香茶菜萜 *A（14β-hydroxyrabdocoestin A）、11- 表细锥香茶菜萜 *A（11-epi-rabdocoestin A）、15- 乙酰紫毛香茶菜素 N（15-acetylenanderianin N）、细锥香茶菜萜 *A、B（rabdocoestin A、B）、紫毛香茶菜素 N（enanderianin N）、1α, 11β- 二羟基 -1α, 11β-丙酮化物 -7 α, 20- 环氧 - 对映 - 贝壳杉 -16- 烯 -15- 酮（1α, 11β-dihydroxy-1α, 11β-acetonide-7α, 20-epoxy-*ent*-kaur-16-en-15-one）、大锥香茶菜素 A、B（megathyrin A、B）、紫毛香茶菜素 L（enanderianin L）[11]，溪黄草萜 *K（serrin K）、旱生香茶菜素 XVII（xerophilusin XVII）、紫毛香茶菜素 Q、R（enanderianin Q、R）、（3α, 14β）-3, 18-［（1- 甲基乙烷 -1, 1- 二基）二氧基］- 对映 - 松香 -7, 15（17）- 二烯 -14, 16- 二醇 {（3α, 14β）-3, 18-［（1-methylethane-1, 1-diyl）dioxy］-*ent*-abieta-7, 15（17）-dien-14, 16-diol}、旱生香茶菜素 XIV（xerophilusin XIV）、紫毛香茶菜素 P（enanderianin P）[12]，小叶香茶菜素 *G（parvifolin G）、毛贝壳杉素（lasiodin）、疏展香茶菜素 E（effusanin E）、四川香茶菜丁素（rabdosichuanin D）、鲁山冬凌草己素（lushanrubescensin F）、小叶林苷 *（parvifoliside）、疏展香茶菜素 F、G（effusanin F、G）、诺多星（nodosin）[13]，毛果延命草奥宁（carpalasionin）、毛果延命草宁（lasiodonin）、冬凌草甲素（oridonin）[9]，表香茶菜辛（epinodosin）、毛果香茶菜素（isodocarpin）、延命草素（enmein）[9, 10, 14]，香茶菜乙缩醛（isodoacetal）、香茶菜素 B（rabdosin B）[10]，表香茶菜辛醇（epinodosinol）、显脉香茶菜素（nervosin）、15α, 20β- 二羟基 -6β- 甲氧基 -6, 7- 裂环 -6, 20- 环氧 - 对映 - 贝壳杉 -16- 烯 -1, 7- 内酯（15α, 20β-dihydroxy-6β-methoxy-6, 7-seco-6, 20-epoxy-*ent*-kaur-16-en-1, 7-olide）、6α, 15α- 二羟基 -20- 醛 -6, 7- 裂环 -6, 11α- 环氧 - 对映 - 贝壳杉 -16- 烯 -1, 7- 内酯（6α, 15α-dihydroxy-20-aldehyde-6, 7-seco-6, 11α-epoxy-*ent*-kaur-16-en-1, 7-olide）[14, 15]，7- 大柱香波龙烯 -3, 5, 6, 9- 四醇（7-megastigmene-3, 5, 6, 9-tetrol）、7- 大柱香波龙烯 -3, 5, 6, 9- 四醇 -9-*O*-β-D- 吡喃葡萄糖苷（7-megastigmene-3, 5, 6, 9-tetrol 9-*O*-β-D-glucopyranoside）和 5, 6- 环氧 -7- 大柱香波龙烯 -3, 9- 二醇（5, 6-epoxy-7-megastigmene-3, 9-diol）[16]；单萜类：（－）- 黑麦草内酯［（－）-loliolide］[16]；酚酸类：迷迭香酸（rosmarinic acid）和迷迭香酸甲酯（methyl rosmarinate）[13]；黄酮类：胡麻素（pedalitin）和芦丁（rutin）[13]；甾体类：β- 谷甾醇（β-sitosterol）、豆甾醇（stigmasterol）和胡萝卜苷（daucosterol）[13]；三萜类：齐墩果酸（oleanolic acid）和熊果酸（ursolic acid）[13]；脂肪酸类：棕榈酸（palmitic acid）[13]；单糖：蔗糖（sucrose）[13]；苯丙素类：3, 3′- 双 -（3, 4- 二氢 -4- 羟基 -6, 8- 二甲氧基 -2H-1- 苯并吡喃）［3, 3′-bis-（3, 4-dihydro-4-hydroxy-6, 8-dimethoxy-2H-1-benzopyran）］[16]；生物碱类：3- 醛基吲哚（3-formylindole）[16]；

烷基糖苷类：乙基-α-L-呋喃阿拉伯糖苷（ethyl-α-L-arabinofuranoside）和乙基-β-D-吡喃木糖苷（ethyl-β-D-xylopyranoside）[16]；挥发油类：十六碳酸（hexadecenoic acid）、顺式-桃拓酚（*cis*-totarol）、6, 10, 14-三甲基-2-十五酮（6, 10, 14-trimethy1-2-pentadecanone）、松香三烯（abietatriene）、十四碳酸（teradecanoicacid）、壬二酸（nonanedioicacid）和十五碳酸（pentadecanoicacid）等[17]。

茎叶含二萜类：疏展香茶菜素E、F（effusanin E、F）、胡麻黄素（pedalitin）、毛贝壳杉素（lasiodin）、四川香茶菜丁素（rabdosichuanin D）[18]，溪黄草乙素（rabdoserrin B）[19]，溪黄草甲素（rabdoserrin A）、尾叶香茶菜丙素（kamebakaurin）[20]，16-乙酰氧基荷茗草醌（16-acetoxyhorminone）、16-羟基荷茗草醌（16-hydroxyhorminone）、16-乙酰氧基-7α-乙氧基罗列酮（16-acetoxy-7α-ethoxyroyleanone）、荷茗草醌（horminone）、16-乙酰氧基-7-*O*-乙酰基荷茗草醌（16-acetoxy-7-*O*-acetyl horminone）、12, 15-三羟基-5, 8, 11, 13-松香烯-7-酮（12, 15-trihydroxy-5, 8, 11, 13-abietene-7-one）、铁锈醇（ferruginol）[21]，溪黄草素D（rabdoserrin D）[22]，尾叶香茶菜素A（excisanin A）[23]，毛果香茶菜素（isodocarpin）、香茶菜辛（nodosin）和冬凌草甲素（oridonin）[24]；三萜类：2α-羟基熊果酸（2α-hydroxyursolic acid）、熊果酸（ursolic acid）[20]和2α, 3β-二羟基熊果-12-烯-28-酸（2α, 3β-dihydroxyurs-12-en-28-oic acid）[25]；甾体类：β-谷甾醇（β-sitosterol）、β-谷甾醇-D-葡萄糖苷（β-sitosterol-D-glucoside）[20]，豆甾烯醇（stigmastenol）和3β-豆甾烯醇-D-葡萄糖苷（3β-stigmastenol-D-glucoside）[21]；苯丙素类：迷迭香酸（rosmarinic acid）和迷迭香酸甲酯（methyl rosmarinate）[18]；脂肪酸类：正十六酸（*n*-hexadecanoic）、正十八酸（*n*-stearic acid）、正二十酸（*n*-arachidic acid）和壬二酸（azelaic acid）[21]；香豆素类：香豆素（coumarin）[21]；黄酮类：胡麻素（pedalitin）[6]和5-羟基-4′-甲氧基黄酮-7-*O*-β-D-吡喃葡萄糖苷（5-hydroxy-4′-methoxyflavone-7-*O*-β-D-glucopyranoside）[26]；多糖类：溪黄草叶多糖-I（RSLP-I）、溪黄草茎多糖-I（RSSP-I）、溪黄草叶多糖-II（RSLP-II）、溪黄草茎多糖-II（RSSP-II）、溪黄草叶多糖-III（RSLP-III）和溪黄草茎多糖-III（RSSP-III）[27]；其他尚含：植醇（phytol）[21]。

茎含挥发油类：1-辛烯-3-醇（1-octen-3-ol）、（3*E*）-1, 3-辛二烯［（3*E*）-1, 3-octadiene］、（*Z*）-2-庚烯醛［（*Z*）-2-heptenal］、正己醛（*n*-hexanal）和（2*E*）-已烯醛［（2*E*）-hexenal］等[28]。

叶含挥发油类：正十二烷（*n*-dodecane）、正十四烷（*n*-tetradecane）、正十六烷（*n*-hexadecane）、6, 10, 14-三甲基-2-十五烷酮（6, 10, 14-trimethyl-2-pentadecanone）、9, 12, 15-十八烷酸甲酯（methyl 9, 12, 15-octadecatrienoate）、9, 12, 15-十八烷酸乙酯（ethyl 9, 12, 15-octadecatrienoate）、6, 10-二甲基-9-十一碳烯-2-酮（6, 10-dimethyl-9-undene-2-one）、棕榈酸甲酯（methyl hexadecanoate）、十六烷酸乙酯（ethyl hexadecanoate）、（*Z*）-9-十八酸甲酯［methyl（*Z*）-9-octadecanoate］、油酸乙酯（ethyl oleate）、亚油酸乙酯（ethyl linoleate）、十八烷烯（1-octadecene）、丁二酸二乙酯（diethyl butanedionate）[21]，1-辛烯-3-醇（1-octen-3-ol）、（2*E*）-已烯醛［（2*E*）-hexenal］和（3*E*）-1, 3-辛二烯［（3*E*）-1, 3-octadiene］等[28]；二萜类：6β, 14α-二羟基-1α, 7β-二乙酰氧基-7α, 20-环氧-对映-贝壳杉-16-烯-15-酮（6β, 14α-dihydroxy-1α, 7β-diacetoxy-7α, 20-epoxy-*ent*-kaur-16-en-15-one）、小叶香茶菜素*G（parvifolin G）、疏展香茶菜素A、E（effusaninA、E）、毛贝壳杉素（lasiodin）、诺多星（nodosin）[29]，长管香茶菜内酯C（longirabdolide C）、毛叶香茶醇（epinodosinol）、延命草素（enmein）、毛果青茶菜素（isodocarpin）、延命草精（ememogin）、黄花香茶菜素F（sculponeatin F）[30]，16-乙酰氧基-7-*O*-乙酰基浩米酮（16-acetoxy-7-*O*-acetylhorminone）、浩米酮（horminone）、锈色罗汉松酚（ferruginol）、植醇（phytol）[31]，溪黄草萜*D（serrin D）、毛叶香茶菜素B（rabdosin B）、表诺多星（epinodosin）和15β-羟基-6, 7-开环-6, 11β：6, 20-二环氧-对映-贝壳杉-16-烯-1α, 7-内酯（15β-hydroxy-6, 7-seco-6, 11β：6, 20-diepoxy-*ent*-kaur-16-en-1α, 7-olide）[32]，16-乙酰氧基-7α-乙氧基罗氏旋覆花酮（16-acetoxy-7α-ethoxyroyleanone）[33]，16-羟基荷茗草酮（16-hydroxyhorminone）、16-乙酰氧基荷茗草酮（16-acetoxyhorminone）、6, 12, 15-三羟基-5, 8, 11, 13-冷杉四烯-7-酮（6, 12, 15-trihydroxy-5, 8, 11, 13-abietatetraen-7-one）[34]，毛果延命草素（lasiocarpanin）、毛果延命草醛（rabdolasional）和毛果延命草奥宁（carpalasionin）[35]；甾体类：

β- 谷甾醇（β-sitosterol）、豆甾醇（stigmasterol）[29]，豆甾烯醇（stigmastenol）[31]、3-*O*-β-D- 葡萄糖基豆甾烯醇（3-*O*-β-D-glucosyl stigmastenol）[36] 和胆甾烯醇（cholestenol）[37]；三萜类：熊果酸（ursolic acid）和 2α- 羟基熊果酸（2α-hydroxyursolic acid）[31]；脂肪酸类：棕榈酸（palmitic acid）和硬脂酸（stearic acid）[31]；神经酰胺类：4- 羟基 -$\Delta^{8,9}$-（*E*）- 鞘氨醇 -2′- 羟基 - 正二十二碳酰胺（4-hydroxy-$\Delta^{8,9}$-（*E*）-sphingosine-2′-hydroxy-*n*-docosanoylamide）[36]；芳香酸酯类：邻苯二甲酸二仲丁基酯（di-*sec*-butylphthalate）[37]；烯酮类：*E*-4- 苯基 -3- 丁烯 -2- 酮（*E*-4-phenyl-3-butene-2-ketone）[37]。

**【药理作用】**1. 免疫抑制　地上部分中分离到的延命草素（enmein）、香茶菜辛（nodosin）、毛果延命草宁（lasiodonin）和表香茶菜辛（epinodosin）可将细胞周期阻滞在 $G_1$-S 期，显著抑制刀豆球蛋白刺激的小鼠脾 T 淋巴细胞的过度表达，而对正常细胞作用较温和；enmein 可显著减轻 X 射线照射所致 BALB/c 小鼠的耳肿胀程度，显著降低血清白细胞介素 -2（IL-2）的含量，且呈剂量依赖性[1]。2. 抗病毒　地上部分 50% 乙醇提取物可显著抑制 HepG2.2.15 细胞乙型肝炎表面抗原（HBsAg）、乙型肝炎病毒 e 抗原（HBeAg）的合成分泌，显著抑制乙型肝炎病毒 DNA 合成分泌[2]。3. 抗脂质过氧化　地上部分水提取物及乙醇提取物具有显著抗脂质过氧化作用，水提取物的作用大于乙醇提取物，在 1.00g/L 浓度时，水提取物对 SD 大鼠离体组织丙二醛（MDA）的抑制率大小为：肾脏＞肝脏＞心脏＞脾脏＞肺脏[3]。4. 抗菌　地上部分乙醇提取物对大肠杆菌及枯草芽孢杆菌的生长具有抑制作用[4]。5. 护肝　地上部分水提取物可显著降低醋氨酚所致急性肝损伤模型小鼠血清谷丙转氨酶（ALT）、天冬氨酸氨基转移酶（AST）含量，升高肝组织中超氧化物歧化酶（SOD）含量，清除肝脏匀浆过氧化氢（$H_2O_2$）和降低肝脏丙二醛含量，且呈明显的量效关系[5]，降低四氯化碳所致的小鼠急性肝损伤后谷丙转氨酶含量[6]；全草中提取的溪黄草总二萜可降低乙醇所致人胚肝 L-02 细胞转氨酶泄漏，显著降低乙醇所致酒精性肝损伤模型大鼠及刀豆蛋白 A 所致的免疫性肝损伤模型小鼠血清谷丙转氨酶含量，减轻肝细胞水肿，升高肝脏线粒体锰超氧化物歧化酶（Mn-SOD）、线粒体呼吸链复合物Ⅰ（Complex Ⅰ）、线粒体呼吸链复合物Ⅲ（Complex Ⅲ）含量，降低 8- 羟基脱氧鸟苷（8-OHdG）含量，降低肝匀浆中丙二醛含量，升高谷胱甘肽、谷胱甘肽过氧化物酶（GSH-Px）含量，提高肝组织中血红素氧合酶 -1 mRNA、总蛋白（T.P）表达水平[7]；地上部分提取的黄酮可降低蛋氨酸 - 胆碱缺乏饲料喂养所致的非酒精性脂肪肝纤维化小鼠血清中谷丙转氨酶、天冬氨酸氨基转移酶含量，并改善肝组织的脂肪变性，减轻炎症及肝组织坏死程度，降低肝组织中基质金属蛋白酶抑制剂 -1（TIMP-1）蛋白和转化生长因子 -β（TGF-β）mRNA 表达，增加基质金属蛋白酶 -9（MMP-9）和过氧化物酶增殖物活化受体 -γ（PPARγ）mRNA 表达[8]。6. 抗炎　水提取物可抑制乙酸所致小鼠的腹腔毛细血管通透性增高[9]，抑制二甲苯所致小鼠的耳部炎症反应[6]。7. 抗氧化　地上部分乙醇提取物的石油醚部位可显著清除 1，1- 二苯基 -2- 三硝基苯肼（DPPH）自由基，有效抑制羟自由基（·OH）和超氧阴离子自由基（$O_2^-$·）的生成以及肝匀浆丙二醛的产生[10]。8. 抗肿瘤　全草水提取物可抑制人肝癌 HepG2 细胞的增殖，上调双特异性磷酸酶（DUSPs）、胰岛素样生长因子结合蛋白（IGFBPs）家族多个基因，下调微小染色体维系蛋白（MCMs）家族多个基因，升高双特异性磷酸酶 1（DUSP1）和胰岛素样生长因子结合蛋白（IGFBP1），降低法尼酯 X 受体（FXR）和 ALDH8A1[11]。

**【性味与归经】**苦，寒。归肝、胆、大肠经。

**【功能与主治】**清热利湿，凉血散瘀。用于湿热黄疸，腹胀胁痛，湿热泄泻，热毒泻痢，跌打损伤。

**【用法与用量】**15 ～ 30g。

**【药用标准】**广东药材 2011、广西药材 1996、广西壮药 2008 和广西瑶药 2014 一卷。

**【临床参考】**1. 代谢综合征患者血栓前状态：地上部分 5g，加凉开水 60ml，保持 50 ～ 60℃浸泡 1h 后饮服，每日 2 次，连服 4 周[1]。

2. 急性黄疸型肝炎：鲜根 200g，去其筋，捣细末，加淘米水 400ml，用纱布过滤，去渣取汁，放入白糖 90g，嫩甜酒汁 100ml，加热分作 2 日服，每日 2 次，儿童剂量减半，4 剂为 1 疗程[2]。

**【附注】**狭基线纹香茶菜 *Isodon lophanthoides*（Buch. -Ham. ex D.Don）H. Hara. var. *gerardiana*（Benth.）

Hara 和细花线纹香茶菜 *Isodon lophanthoides*（Buch. -Ham. ex D.Don）H. Hara. var. *graciliflora*（Benth.）H. Hara［*Rabdosia lophanthoides*（Buch. -Ham. ex. D. Don）Hara var. *graciliflora*（Benth.）H. Hara］的地上部分在云南、浙江作溪黄草药用。

药材溪黄草脾胃虚寒者慎服。

**【化学参考文献】**


［1］Wang W Q，Xuan L J. Ent-6，7-Secokaurane diterpenoids from *Rabdosia serra*，and their cytotoxic activities［J］. Phytochemistry，2016，122：119-125.

［2］解伟伟 . 基于 UHPLC-Q-TOF-MS/MS 技术溪黄草化学成分分析及冬凌草乙素体内外代谢研究［D］. 石家庄：河北医科大学硕士学位论文，2018.

［3］郑琴，崔炯谟，傅宏征 . 溪黄草的化学成分研究［J］. 中国中药杂志，2011，36（16）：2203-2206.

［4］郑琴 . 溪黄草的化学成分研究［D］. 延吉：延边大学硕士学位论文，2010.

［5］Fujita E，Taoka M，Fujita T. Terpenoids. XXVI. Structures of lasiokaurinol and lasiokaurinin，two novel diterpenoids of *Isodon lasiocarpus*［J］. Chem Pharm Bull，1974，22（2）：280-285.

［6］孟艳辉，邓芹英，许国 . 溪黄草的化学成分研究（Ⅱ）［J］. 中草药，1999，12（10）：731-732.

［7］刘方乐，陈德金，冯秀丽，等 . 溪黄草的化学成分研究［J］. 中药新药与临床药理，2016，27（2）：242-245.

［8］刘斤秀，高慧敏，王智民，等 . 溪黄草化学成分研究［J］. 中国现代中药，2007，9（8）：10-11.

［9］Zhao A H，Zhang Y，Xu Z H，et al. Immunosuppressive *ent*-kaurene diterpenoids from *Isodon serra*［J］. Helv Chim Acta，2004，87（12）：3160-3166.

［10］Yan F L，Xie R J，Yin Y Y，et al. Serrin D，a new ent-kaurane diterpenoid from *Isodon serra*［J］. J Chem Res，2012，36（9）：523-524.

［11］Wan J，Liu M，Jiang H Y，et al. Bioactive ent-kaurane diterpenoids from *Isodon serra*［J］. Phytochemistry，2016，130：244-251.

［12］Jun W，Hua-Yi J，Jian-Wei T，et al. Ent-Abietanoids Isolated from *Isodon serra*［J］. Molecules，2017，22（2）：309-319. doi：10. 3390/molecules22020309.

［13］林恋竹 . 溪黄草有效成分分离纯化、结构鉴定及活性评价［D］. 广州：华南理工大学硕士毕业论文，2013.

［14］Yan F L，Zhang L B，Zhang J X，et al. Two new diterpenoids and other constituents from *Isodon serra*［J］. J Chem Res，2007，（6）：362-364.

［15］Yan F L，Zhang L B，Zhang J X，et al. Two new diterpenoids from *Isodon serra*［J］. Chin Chem Lett，2007，18（11）：1383-1385.

［16］周文婷，谢海辉 . 溪黄草的苯丙素、大柱香波龙烷、生物碱和烷基糖苷类成分［J］. 热带亚热带植物学报，2018，26（2）：185-190.

［17］叶其馨，蒋东旭，熊艺花，等 . GC-MS 测定溪黄草、狭基线纹香茶菜及线纹香茶菜挥发油的化学成分［J］. 中成药，2006，28（10）：1482-1484.

［18］Lin L Z，Zhu D S，Zou L W，et al. Antibacterial activity-guided purification and identification of a novel C-20 oxygenated ent-kaurane from *Rabdosia serra*（Maxim.）Hara［J］. Food Chem，2013，139：902-909.

［19］金人玲，程培元，徐光漪 . 溪黄草乙素的结构研究［J］. 中国药科大学学报，1987，18（3）：172-174.

［20］金人玲，程培元，徐光漪 . 溪黄草甲素的结构研究［J］. 药学学报，1985，20（5）：366-371.

［21］陈晓 . 中草药溪黄草化学成分的研究［D］. 天津：南开大学硕士学位论文，2001.

［22］Wu，Z W，Chen Y Z. Crystal and molecular structure of rabdoserrin-D［J］. Jiegou Huaxue，1985，4（1）：9-11.

［23］Huang D Y，Lu G Y，Gu X C，et al. Crystal and molecular structure of rabdoserrin-B［J］. Jiegou Huaxue，1988，7（1）：17-21.

［24］李广义，宋万志，季庆义，等 . 溪黄草二萜成分的研究［J］. 中药通报，1984，9（5）：221-222.

［25］金人铃，程培元，徐光漪，等 . 溪黄草甲素的结构研究［J］. 药学学报，1985，20（5）：366-371.

［26］赵清治，张雁冰，薛华珍，等 . 溪黄草化学成分研究［J］. 河南医科大学学报，1997，32（4）：77.

［27］Lin L Z，Zhuang M Z，Zou L W，et al. Structural characteristics of water-soluble polysaccharides from *Rabdosia serra*（Maxim.）Hara leaf and stem and their antioxidant capacities［J］. Food Chem，2012，135（2）：730-737.

[28] Lin L Z，Zhuang M Z，Lei F F，et al. GC/MS analysis of volatiles obtained by headspace solid-phase microextraction and simultaneous-distillation extraction from *Rabdosia serra*（Maxim.）Hara leaf and stem [J]. Food Chem，2013，136（2）：555-562.

[29] Lin L Z，Gao Q，Cui C，et al. Isolation and identification of ent-kaurane-type diterpenoids from *Rabdosia serra*（Maxim.）Hara leaf and their inhibitory activities against HepG-2，MCF-7，and HL-60 cell lines [J]. Food Chem，2012，131（3）：1009-1014.

[30] 郭兰青，海广泛，闫建伟，等. 溪黄草化学成分及细胞毒活性研究 [J]. 新乡医学院学报，2014，31（2）：96-99.

[31] 陈晓，廖仁安，谢庆兰，等. 溪黄草化学成分的研究 [J]. 中草药，2000，31（3）：171-172.

[32] Zhang Q，Yin Y Y，Xie R J，et al. Serrin D，a new *ent*-kaurane diterpenoid from *Isodon serra* [J]. J Chem Res，2013，36（9）：523-524.

[33] Chen X，Deng F J，Liao R A，et al. Abietane quinones from *Rabdosia serra* [J].Chin Chem Lett，2000，11（3）：229-230.

[34] Chen X，Liao R N，Xie Q L. Abietane diterpenes from *Rabdosia serra*（Maxim.）Hara [J]. J Chem Res，2001，（4）：148-149.

[35] Takeda Y，Fujita T，Chen C C. Structures of lasiocarpanin，rabdolasional，and carpalasionin： new diterpenoids from *Rabdosia lasiocarpa* [J]. Chem Lett，1982，（6）：833-836.

[36] 陈晓，廖仁安，谢庆兰. 溪黄草化学成分的研究（II）[J]. 中草药，2001，32（7）：592-593.

[37] 党丽敏. 溪黄草化学成分的研究 [D]. 天津：南开大学硕士学位论文，2003.

**【药理参考文献】**

[1] Zhang Y，Liu J，Jia W，et al. Distinct immunosuppressive effect by *Isodon serra* extracts [J]. International Immunopharmacology，2005，5（13）：1957-1965.

[2] 庞琼，胡志立. 溪黄草抗乙型肝炎病毒体外抑制作用研究 [J]. 现代医药卫生，2016，32（10）：1465-1467.

[3] 段志芳，黄晓伟. 溪黄草提取物抗脂质过氧化作用研究 [J]. 西北药学杂志，2008，23（2）：93-94.

[4] 叶光斌，边名鸿，曹新志，等. 溪黄草提取条件的优化及抑菌活性研究 [J]. 食品与机械，2013，29（4）：170-173.

[5] 曾浩涛，李文周，李一圣. 溪黄草水提取物对醋氨酚所致小鼠急性肝损伤的保护作用 [J]. 中国热带医学，2015，15（2）：148-150.

[6] 廖雪珍，廖惠芳，叶木荣，等. 线纹香茶菜、狭基线纹香茶菜、溪黄草水提取物抗炎、保肝作用初步研究 [J]. 中药材，1996，19（7）：363-365.

[7] 何国林，林曦，吴仕娇，等. 基于氧化应激探讨溪黄草总二萜保护肝脏线粒体、抗氧化作用研究 [J]. 中药药理与临床，2016，32（6）：121-126.

[8] 郑玉峰，张英剑，郭虹，等. 溪黄草黄酮对小鼠非酒精性脂肪肝纤维化的影响及其机制探讨 [J]. 中国现代医学杂志，2017，27（14）：28-32.

[9] 匡艳辉，林青，黄琳，等. 纤花线纹香茶菜和溪黄草水提取物的抗炎作用比较研究 [J]. 天津中医药，2013，30（8）：495-498.

[10] 张洪利，莫小路，汪小根. 溪黄草抗氧化活性有效部位筛选 [J]. 吉林中医药，2014，34（3）：292-294.

[11] 罗莹，廖长秀，贺珊，等. 溪黄草对肝癌 HepG2 细胞基因表达谱的影响 [J]. 重庆医学，2018，47（6）：728-732.

**【临床参考文献】**

[1] 刘少波，陈晓霞，张秋莲，等. 溪黄草对代谢综合征患者血栓前状态及前炎性状态标志物的作用 [J]. 解剖学研究，2009，31（3）：176-178.

[2] 秦雪峰. 溪黄草治疗急性黄疸型肝炎 300 例 [J]. 陕西中医，1994，15（1）：26.

## 22. 凉粉草属 *Mesona* Blume

草本，直立或匍匐。叶缘具齿；具叶柄。轮伞花序多数，组成顶生或腋生的总状花序，花梗细长，被毛；苞片圆形、卵圆形或披针形，顶端尾状突尖，无柄，有时具色泽；花萼在花时钟形，果时筒状或坛状筒形，具 10 脉及多数横脉，果时其间形成小凹穴，上唇 3 裂，中裂片特大，下唇全缘，偶有微缺；花冠白色或淡红色，冠筒极短，喉部极扩大，内无毛环，冠檐二唇形，上唇宽大，截形或具 4 齿，下唇较长，全缘，舟形；雄蕊 4 枚，斜伸出花冠，花丝分离，后对花丝基部具齿状附属器，花药汇成 1 室；花盘前方呈指状膨大；花柱顶端不相等 2 裂。小坚果长圆形或卵圆形，黑色，光滑，具不明显小疣。

8～10 种，分布于印度北部至东南亚及中国东南部。中国 2 种，分布于浙江、江西、福建、台湾、广东、广西西部及云南西部，法定药用植物 1 种。华东地区法定药用植物 1 种。

## 834. 凉粉草（图 834）· *Mesona chinensis* Benth.（*Mesona procumbens* Hemsl.）

**图 834 凉粉草** 摄影 周欣欣

**【形态】**一年生草本，直立或匍匐，高 15～100cm。茎四棱形，被疏长柔毛或细刚毛。叶片狭卵形、宽卵形或近圆形，长 2～5cm，宽 0.8～2.8cm，顶端急尖或钝，基部楔形，有时圆形，边缘具锯齿，两面疏被细刚毛或柔毛，或仅沿下面脉上被毛，或无毛；叶柄长 2～15mm，被毛。轮伞花序多数，组成顶生或腋生的总状花序；花梗细，长 3～5mm，被短毛；苞片圆形或菱状卵圆形，具尾状突尖；花萼在花时钟形，长 2～2.5mm，二唇形，上唇 3 裂，中裂片特大，侧裂片小，下唇全缘，有时微缺，果时筒状或坛状筒形，纵横脉和其间形成的小凹穴极明显；花冠白色或淡红色，长约 3mm，冠筒极短，冠檐二唇形，上唇宽大，4 齿裂，中央 2 齿不明显，下唇全缘，舟形；雄蕊 4 枚，前对较长，后对的花丝基部具齿状附属器，花药汇成 1 室；花柱顶端不相等 2 裂。小坚果长圆形，黑色。花果期 7～10 月。

**【生境与分布】**生于山谷溪边或草丛中。分布于江西、福建及浙江，另广东、广西及台湾也有分布。

**【药名与部位】**凉粉草，地上部分。

**【采集加工】**夏季开花时采收，晒干。

【药材性状】茎具四棱，直径 1.5 ～ 3mm，匍匐茎节间长 1.5 ～ 2cm，节处有须状不定根，直立茎节间长约 10cm。表面褐色，具细纵纹，被棕色毛茸。叶对生，长 1.5 ～ 4cm，宽 1 ～ 2cm，先端渐尖，基部下延至叶柄，边缘有锯齿，两面被毛。质轻脆，断面方形，浅灰黄色，中央有圆形髓部，有时中空。略有清香气，味淡。

【化学成分】全草含多糖类：凉粉草多糖 *（MCP）[1]；三萜类：齐墩果酸（oleanolic acid）[2] 和熊果酸（ursonic acid）[3]；黄酮类：槲皮素（quercetin）[2]，山柰酚（kaempferol）和高山黄芩素（scutalpin）[3]；甾体类：豆甾醇（stigmasterol）[3]；苯丙素类：咖啡酸（caffeic acid）、3-（4- 乙氧基 -3- 羟基苯基）- 丙烯酸［3-（4-ethoxy-3-hydroxyphenyl）-acrylic acid］、咖啡酸乙酯（ethyl caffeate）[3]，迷迭香酸（rosmarinic acid）、迷迭香酸甲酯（methyl rosmarinate）、迷迭香酸葡萄糖苷（salviaflaside）、迷迭香酸甲酯葡萄糖苷（salviaflaside methyl ester）、9′, 9‴- 紫草酸 B 二甲酯（9′, 9‴-dimethyl lithospermate B）、紫草酸甲酯（methyl lithospermate）、紫草酸（lithospermic acid）、紫草酸 B（lithospermic acid B）和 1-*O*-［（*E*）- 咖啡酰基］-β-D- 吡喃葡萄糖苷 {1-*O*-［（*E*）-caffeoyl］-β-D-glucopyranoside}[4]；酚酸类：丹酚酸 A（salvianolic acid A）、原儿茶酸（protocatechuic acid）、丹参素（danshensu）、丹酚酸 J（salvianolic acid J）、4- 羟基 -2, 6- 二甲氧基苯酚 -1-*O*-β-D- 葡萄糖苷（4-hydroxy-2, 6-dimethoxyphenol-1-*O*-β-D-glucoside）[4]，对羟基苯甲酸（*p*-hydroxybenzoic acid）、香荚兰酸（vanillic acid）和丁香酸（syringic acid）[5]；挥发油类：β- 石竹烯（β-caryophyllene）、佛手柑油烯（bergamotene）、α- 石竹烯（α-caryophyllene）、（*Z*）-β- 法呢烯［（*Z*）-β-farnesene］、（10），11- 愈创木二烯［guaia-1（10），11-diene］、二丁基羟基甲苯（dibutyl hydroxytoluene）、植酮（phytone）、1, 2- 环氧十六烷（1, 2-epoxyhexadecane）、法呢基丙酮（farnesyl acetone）和植醇（phytol）[6]；脂肪酸类：十五酸（pentadecanoic acid）、正十六酸（*n*-hexadecanoic acid）、十四酸（tetradecanoic acid）、亚油酸（linoleic acid）和亚麻酸（linolenic acid）[6]。

地上部分含三萜类：熊果酸（ursolic acid）、齐墩果酸（oleanolic acid）、2α, 3α- 二羟基齐墩果 -12- 烯 -28- 酸（2α, 3α-dihydroxyolean-12-en-28-oic acid）、2α- 羟基熊果酸（2α-hydroxyursolic acid），即科罗索酸（corosolic acid）和 2α, 3α, 19α- 三羟基熊果 -12- 烯 -28- 酸（2α, 3α, 19α-trihydroxyurs-12-en-28-oic acid）[7]；甾体类：豆甾醇（stigmasterol）和 β- 谷甾醇（β-sitosterol）[7]；黄酮类：山柰酚（kaempferol）和槲皮素（quercetin）[7]；生物碱类：3- 吲哚甲酸（3-indoleformic acid）和橙黄胡椒酰胺乙酸酯（aurantiamide acetate）[7]；脂肪酸类：十七烷酸（heptadecanoic acid）和十六烷酸（palmitic acid）[7]。

叶含脂肪酸类：十六烷酸（palmitic acid）、亚油酸（linoleic acid）、油酸（oleic acid）和十八烷酸（octadecanoic acid）等[8]。

【药理作用】1. 抗糖化　全草的水提取物可显著抑制果糖糖化牛血清白蛋白（BSA）中荧光晚期糖基化终产物（AGE）的形成，降低果糖 - 糖化 BSA 中 $N^{\varepsilon}$- 羧甲基赖氨酸（$N^{\varepsilon}$-CML）、果糖胺和淀粉样蛋白交叉 β- 结构的含量，升高总巯基并且降低蛋白质羰基含量[1]。2. 抗缺氧　全草 65% 乙醇提取物中分离的山柰酚（kaempferol）、高山黄芩素（scutalpin）、熊果酸（ursolic acid）和豆甾醇（stigmasterol）均可提高大鼠肾上腺嗜铬细胞瘤克隆化 PC12 细胞缺氧条件下的存活率[2]。

【性味与归经】涩、甘，寒。

【功能与主治】清暑解渴，除热毒。用于中暑，高血压，糖尿病。

【用法与用量】4.5 ～ 9g。

【药用标准】上海药材 1994 和广西壮药 2011 二卷。

【临床参考】1. 中暑：全草 30g，加青木香 9g，水煎服。

2. 烫伤：全草，加黄柏、冰片各适量，共研细末，茶油调敷患处。（1 方、2 方引自《浙江药用植物志》）

3. 感冒发热、咽喉炎：全草 60g，加粉葛 120g，清水煎汤去渣饮，可加少量白糖调味。（《饮食疗法》凉粉草葛根汤）

4. 痢疾：全草 30g，加败酱草 30g，水煎服。（《福建药物志》）

5. 高血压：全草 60g，加华卫矛 60g、玉叶金花 30g，水煎服。（《广东省惠阳地区中草药》）

【附注】凉粉草始见于《本草纲目拾遗》，云："仙人冻，一名凉粉草。出广中，茎叶秀丽，香犹藿檀，以汁和米粉食之止饥，山人种之连亩，当暑售之。"又引《职方典》云："仙人草，茎叶秀丽，香似檀藿，夏取其汁和羹，其坚成冰，出惠州府。"至今广东、广西仍用此作凉粉，当系本种。

本种植株干后可煎汁与米浆混合煮熟，冷却后即成黑色胶状物，质韧而软，以糖拌之可作暑天解渴饮品，广东、广西称之谓凉粉或仙人拌。

【化学参考文献】

［1］Lin L，Xie J，Liu S，et al. Polysaccharide from *Mesona chinensis*：extraction optimization，physicochemical characterizations and antioxidant activities［J］. Int J Biol Macromol，2017，99：665-673.

［2］刘素莲 . 凉粉草化学成分的初步研究［J］. 中药材，1995，18（5）：247-248.

［3］秦立红，郭晓宇，范明，等 . 凉粉草中抗缺氧化学成分［J］. 沈阳药科大学学报，2006，23（10）：633-636.

［4］王芬，向如依，林朝展，等 . 凉粉草的酚酸类成分研究［J］. 中药材，2017，40（12）：2839-2843.

［5］Hung C Y，Yen G C. Antioxidant activity of phenolic compounds isolated from *Mesona procumbens* Hemsl.［J］. J Agric Food Chem，2002，50（10）：2993-2997.

［6］邓冲，李瑞明 . 凉粉草挥发油化学成分的气相色谱 - 质谱联用分析［J］. 中国当代医药，2012，19（13）：68-69.

［7］黄艳萍，宋家玲，吴继平，等 . 凉粉草化学成分分离鉴定［J］. 中国实验方剂学杂志，2018，24（6）：77-81.

［8］陈飞龙，邢学锋，汤庆发 . 超临界 $CO_2$ 萃取法与水蒸气蒸馏法提取凉粉草挥发油及其 GC-MS 分析［J］. 中药材，2012，35（8）：1270-1273.

【药理参考文献】

［1］Adisakwattana S，Thilavech T，Chusak C. *Mesona chinensis* Benth. extract prevents AGE formation and protein oxidation against fructose-induced protein glycation *in vitro*［J］. Bmc Complementary & Alternative Medicine，2014，14（1）：130.

［2］秦立红，郭晓宇，范明，等 . 凉粉草中抗缺氧化学成分［J］. 沈阳药科大学学报，2006，23（10）：633-636.

## 23. 罗勒属 *Ocimum* Linn.

草本、半灌木或灌木，极芳香。叶缘具齿；有叶柄。轮伞花序具 6 ～ 10 花，多数排列成具梗的穗状或总状花序，有时再组成圆锥花序；苞片细小，早落；花萼钟形，果时下倾，外常被腺点；顶端 5 齿，二唇形，上唇 3 齿，中齿圆形或倒卵圆形，宽大，边缘呈翅状，下延到萼筒，花后反折，侧齿常较短，下唇 2 齿较狭；花冠筒内无毛环，喉部膨大呈斜钟形，冠檐二唇形，上唇近 4 等裂，稀有 3 裂，下唇下倾，全缘，扁平或稍内凹；雄蕊 4 枚，伸出，前对较长，花丝离生或前对基部靠合，均无毛，或后对基部具齿或柔毛簇附属器，花药卵圆状肾形，汇合成 1 室；花盘裂片呈指状膨大；花柱外伸，顶端具相等的 2 浅裂。小坚果卵圆形或近球形，光滑或有具腺的穴陷，鲜时具黏液，果脐白色。

100 ～ 150 种，分布于热带和温带地区。中国 5 种（包括栽培），主要分布于华东、华南及西南地区，法定药用植物 2 种 2 变种。华东地区法定药用植物 2 种 2 变种。

### 分种检索表

1. 草本。
   2. 叶柄与花序均有疏柔毛；叶片较大，卵形至卵圆状椭圆形……………………………罗勒 *O. basilicum*
   2. 叶柄与花序被极多疏柔毛；叶片小，长圆形……………………疏柔毛罗勒 *O. basilicum* var. *pilosum*
1. 灌木。
   3. 植株近无毛……………………………………………………………………丁香罗勒 *O. gratissimum*
   3. 植株被长柔毛……………………………………………毛叶丁香罗勒 *O. gratissimum* var. *suave*

## 835. 罗勒（图 835）• *Ocimum basilicum* Linn.

**图 835　罗勒**　　摄影　李华东等

**【别名】**香草（浙江、福建），香草头（浙江），佩兰、家薄荷（江苏），家佩兰（江苏泰州），香叶草、省头草（江西吉安），九层塔（福建）。

**【形态】**一年生草本，高 20 ～ 80cm。茎钝四棱形，上部被倒向微柔毛。叶片卵形至卵圆状椭圆形，长 2 ～ 6cm，宽 1 ～ 2.5cm，顶端急尖或钝，基部楔形，边缘微波状或近全缘，两面近无毛或下面脉上疏被短柔毛及凹陷腺点；叶柄长 0.7 ～ 2 cm，与花序均有疏柔毛。轮伞花序组成顶生的总状花序；花梗果时明显下弯；苞片倒披针形，长 5 ～ 8mm；花萼钟形，长约 4mm，果时增大至 8mm，外面被柔毛，里面在喉部被疏柔毛，顶端 5 齿，二唇形，上唇 3 齿，中齿最宽大，近圆形，下唇 2 齿，披针形，具刺尖头，脉纹显著；花冠淡紫色或上唇白色、下唇紫红色，外被微柔毛，里面无毛，冠筒内藏，冠檐二唇形，上唇宽大，近等 4 裂，裂片近圆形，常具波状皱曲，下唇长圆形，全缘；雄蕊 4 枚，略超出花冠，花丝丝状，后对雄蕊的花丝基部具齿状附属物，花药卵圆形，1 室；花盘平顶，具 4 小齿；花柱超出雄蕊，柱头 2 等裂。小坚果卵圆形，长约 2.5mm，黑褐色，具凹陷的腺，果脐白色。花期 6 ～ 10 月，果期 10 ～ 11 月。

**【生境与分布】**原产于非洲至亚洲温暖地带。华东各地多为栽培，另华南、西南及华北均有栽培或逸为野生。

**【药名与部位】**罗勒（九层塔），地上部分。光明子（罗勒子），成熟果实。

**【采集加工】**罗勒：秋季花开时采割，除去杂质，阴干。光明子：秋季果实成熟时采收，除去杂质，干燥。

**【药材性状】**罗勒：长 40 ～ 70cm。茎方柱形，黄绿色或带紫色，被柔毛。叶对生，多皱缩或脱落，叶片展平后呈卵圆形至卵状椭圆形，全缘或有微锯齿，叶面有腺点。总状轮伞花序顶生，每轮有花6朵，花冠多已脱落；花萼棕褐色，膜质，5齿裂，边缘具柔毛，内有黑褐色果实，呈长圆形至卵形。气芳香，味辛凉。

光明子：呈卵圆形，长1.5～2mm，直径1mm。表面灰棕色至黑色，微具光泽，有致密的小点。基部有果柄痕。质坚硬，横切面呈三角形，子叶肥厚，乳白色，富油性。气微香，味微辛。

**【质量要求】**光明子：颗粒饱满，无梗屑。

**【药材炮制】**罗勒：除去杂质，稍润，切段，干燥。

光明子：除去杂质，筛去灰屑。

**【化学成分】**全草含挥发油类：T-萜品油烯（T-terpinene）、香榧烯醇（torreyol）、α-萜品油（α-terpinol）、U-月桂烯（U-myrcene）、W-愈创木烯（W-guaiene）、杜松烯（cadinene）、α-荜澄茄油烯（α-cubebene）、表-双环倍半水芹烯（epi-bicyclosesquiphellandrene）、丁香烯（caryophyllene）、U-榄香烯（U-elemene）、1-辛烯基乙酯（octen-1-ol acetate）、香芹酮（carvol）[1]和芳樟醇（linalool）[2]；三萜类：熊果酸（ursolic acid）[2]；黄酮类：芹菜素（apigenin）[2]，芦丁（rutin）、槲皮素-3-*O*-β-D-葡萄糖苷（quercetin-3-*O*-β-D-glucoside）和山柰酚-3-*O*-β-D-葡萄糖苷（kaempferol-3-*O*-β-D-glucoside）[3]；甾体类：β-谷甾醇（β-sitosterol）、胡萝卜苷（daucosterol）、豆甾醇（stigmasterol）和豆甾醇-3-*O*-β-D-葡萄糖苷（stigmasterol-3-*O*-β-D-glucoside）[3]。

地上部分含挥发油类：甲基胡椒酚（methylchavicol）、芳樟醇（linalool）、1, 8-桉叶素（1, 8-cineole）、β-榄香烯（β-elemene）、γ-榄香烯（γ-elemene）、斯巴醇（spathulenol）[4]，樟脑（camphor）、反式-α-香柠檬烯（*trans*-α-bergamotene）、δ-杜松烯（δ-cadinene）、3-甲氧基肉桂醛（3-methoxycinnamaldehyde）、α-杜松醇（α-cadinol）[5]，草蒿脑（estragole）[5,6]，桉油精（eucalyptol）、丁香酚（eugenol）[7]，对烯丙基茴香醚（*p*-allylanisole）、肉桂酸甲酯（methyl cinnamate）、喇叭茶醇（ledol）、τ-杜松醇（τ-cadinol）、荜澄茄醇（cubebol）[8]，1-己烯（1-hexene）、3-己酮（3-hexanone）、1, 7-二甲基-1, 6-辛二烯-3-醇（1, 7-dimethyl-1, 6-octadien-3-ol）、环氧乙烷（ethylene oxide）[9]，茴香脑（anethole）、表带状网翼藻烯（epizonarene）、杜松烯醇（juniper enol）、桉叶油素（cineole）、异喇叭烯（*iso*-ledene）、小茴香酮（fenchone）和胡萝卜醇（daucol）[10]；黄酮类：槲皮素（quercetin）、槲皮素-3-*O*-β-D-吡喃半乳糖苷（quercetin-3-*O*-β-D-galactopyranoside）、槲皮素-3-*O*-β-D-葡萄糖苷-2″-没食子酸酯（quercetin-3-*O*-β-D-glucoside-2″-gallate ester）、异杨梅树皮苷（*iso*-myricitrin）、槲皮素-3-*O*-β-D-葡萄糖苷（quercetin-3-*O*-β-D-glucoside）、山柰酚-3-*O*-β-D-葡萄糖苷（kaempferol-3-*O*-β-D-glucoside）、芦丁（rutin）、槲皮素-3-*O*-（2″-*O*-没食子酰基）-芸香糖苷［quercetin-3-*O*-（2″-*O*-galloyl）-rutinoside］、槲皮素-3-*O*-α-L-鼠李糖苷（quercetin-3-*O*-α-L-rhamnoside）、丁香苷（syringin）和山柰酚（kaempferol）[11]；三萜类：（17*R*）-3β-羟基-22, 23, 24, 25, 26, 27-六去甲达玛烷-20-酮［（17*R*）-3β-hydroxy-22, 23, 24, 25, 26, 27-hexanordammarane-20-one］[11]，罗勒洛醇（basilol）、罗勒醇（ocimol）、白桦脂酸（betulinic acid）和齐墩果酸（oleanolic acid）[12]；单萜苷类：（6*S*, 9*S*）-长寿花糖苷［（6*S*, 9*S*）-roseoside］[11]；香豆素类：7-羟基-6-甲氧基香豆素（7-hydroxy-6-methoxycoumarin）[11]；甾体类：β-谷甾醇（β-sitosterol）、胡萝卜苷（daucosterol）[11]和罗勒苷（basilimoside）[12]；脂肪酸酯类：软脂酸-1-甘油单酯（palmitic acid-1-glycerol monoester）和十六酸-2, 3-二羟基丙酯（hexadecanoic acid-2, 3-dihydroxypropyl ester）[11]；苯丙素类：4′-甲氧羰基-2′-羟基苯基阿魏酸酯（4′-carbomethoxy-2′-hydroxyphenylferulate）和（*E*）-3′-羟基-4′-（1″-羟乙基）-苯基-4-甲氧基桂皮酸酯［（*E*）-3′-hydroxy-4′-（1″-hydroxyethyl）-phenyl-4-methoxycinnamate］[13]。

枝叶含挥发油类：芳樟醇（linalool）、丁香酚（eugenol）、1, 8-桉叶素（1, 8-cineole）、表-α-杜松醇（epi-α-cadinol）、α-反式-香柑油烯（α-*trans*-bergamotene）和吉玛烯D（germacrene D）等[14]。

叶含挥发油类：芳樟醇（linalool）、1, 8-桉叶油素（1, 8-cineole）、（+）-表-双环倍半水芹烯［（+）-epi-bicyclosesquiphellandrene］、γ-杜松烯（γ-cadinene）、α-香柠檬烯（α-bergamotene）、亚油

酸乙酯（ethyl linoleate）等[15]，丁香酚（eugenol）、桉油精（eucalyptol）、杜松醇（cadinol）、α- 萜品醇（α-terpineol）、吉玛烯 D（germacrene D）等[16]和异丁香酚（isoeugenol）[17]；苯丙素类：咖啡酸（caffeic acid）[17]。

种子含脂肪酸酯类：*Z*, *Z*, *Z*-9, 12, 15- 十八碳三烯酸甲酯（methyl 9*Z*, 12*Z*, 15*Z*-octadecatrienoate）、十八酸甲酯（methyl octadecanoate）、十六酸甲酯（methyl hexadecanoate）和 *Z*, *Z*-9, 12- 十八碳二烯酸甲酯（methyl 9*Z*, 12*Z*-octadecadienoate）等[18]。

须根含三萜类：桦木酸（betulinic acid）、齐墩果酸（oleanolic acid）、熊果酸（ursolic acid）、3- 表山楂酸（3-epimaslinic acid）、麦珠子酸（alphitolic acid）和蔷薇酸（euscaphic acid）[19]。

**【药理作用】**1. 抗抑郁　地上部分 80% 甲醇提取物可减少强迫游泳实验中大鼠的不动时间[1]。2. 抗肿瘤　地上部分的甲醇提取物中分离的化合物可显著促进人乳腺癌 MCF-7 细胞 F- 肌动蛋白聚集和有丝分裂纺锤体畸变，降低后期 / 末期阶段细胞百分比[2]；茎、叶及根的内生真菌中分离得到的 麦角黄酮酸衍生物可显著抑制人胰腺癌细胞的增殖[3]；叶的乙醇提取物中分离得到的咖啡酸及挥发油中分离得到的异丁香酚（isoeugenol）和丁子香酚（eugenol）对人子宫颈腺癌 HeLa 细胞、人黑色素瘤 FemX 细胞、人慢性粒细胞白血病 K562 细胞和人卵巢 SKOV3 细胞均具有细胞毒作用[4]；罗勒多糖在体外可显著降低人高转移肺癌细胞侵袭与转移能力，恢复细胞通信功能，荧光染料传递毗邻 3 ～ 4 列细胞，抑制细胞内促进肿瘤细胞转移的基因 *c-myc* 和 *Tiam-1* 的表达，促进肿瘤细胞转移的基因 *nm23* 表达[5]。3. 抗菌　从叶提取的挥发油对铜绿假单胞菌，抗肺炎克雷伯菌、绿脓杆菌、大肠杆菌、普通变形杆菌和鼠伤寒沙门氏菌的生长均具有显著的抑制作用[6]。4. 降血糖血脂　全草的水提取物可显著降低链脲佐菌素所致的糖尿病模型大鼠的血糖、血清总胆固醇和甘油三酯含量，对正常大鼠作用较弱，并对血清胰岛素含量及糖尿病大鼠体重无显著影响[7]；全草水提取物可显著降低高脂乳剂所致的高脂血症模型大鼠血清中胆固醇（TC）和低密度脂蛋白（LDL），升高高密度脂蛋白（HDL），并能显著降低大鼠肝组织中胆固醇和甘油三酯（TG）[8]。5. 抗氧化应激　全草的 70% 甲醇提取物可显著对抗酒精所致的氧化应激模型大鼠血清硫代巴比妥酸、谷丙转氨酶（ALT）、天冬氨酸氨基转移酶（AST）及碱性磷酸酶（ALP）含量，对抗乙醇引起的血清超氧化物歧化酶（SOD）及过氧化氢酶（CAT）的降低[9]。6. 抗血小板聚集　地上部分 80% 甲醇提取物在体外具有抑制血小板聚集的作用[10]；全草水提取物可显著抑制二磷酸腺苷和凝血酶诱导大鼠的血小板聚集[11]。7. 抗溃疡　叶的乙醇提取物可显著降低盐酸乙醇溶液所致大鼠的胃溃疡形成[12]。8. 解毒　叶的 70% 乙醇提取物可显著升高氯化铝所致中毒模型小鼠的血液淋巴细胞、红细胞及血小板数，显著降低血清肌苷酸及中性白细胞数[13]。9. 免疫调节　新鲜叶的水提取物及从中分离的咖啡酸（caffeic acid）和香豆酸（*p*-coumaric acid）可显著降低人外周血单核细胞白细胞介素 -6（IL-6）、干扰素 -α、肿瘤坏死因子 -β（TNF-β）、白细胞介素 -5（IL-5）、白细胞介素 -10（IL-10）和转化生长因子 -β 的含量，抑制细胞外信号调节激酶 mRNA 的表达[14]；全草的水提取物可显著提高免疫注射绵羊红细胞加牛血清白蛋白模型大鼠全血中的白细胞数，升高全血红细胞数，显著增加大鼠体重[15]；地上部分的乙醇提取物中分离得到的乙酸乙酯及正丁醇部位对脂多糖刺激的小鼠腹腔巨噬 RAW264.7 细胞的生长具有一定的增殖作用，对白三烯 B4 具有抑制作用，且乙酸乙酯提取物的作用强于罗勒正丁醇提取物，而对正常细胞无抑制作用[16]。10. 护肝　地上部分及根的二氯甲烷提取物可显著降低四氯化碳所致的肝损伤模型大鼠的血清谷丙转氨酶及天冬氨酸氨基转移酶含量，其中须根的二氯甲烷提取物降低谷丙转氨酶及天冬氨酸氨基转移酶能力较弱，但可显著降低丙二醛含量；须根的二氯甲烷提取物及从中分离得到桦木酸（betulinic acid）、齐墩果酸（oleanolic acid）、熊果酸（ursolic acid）、3- 表山楂酸（3-epimaslinic acid）、麦珠子酸（alphitolic acid）和蔷薇酸（euscaphic acid）具有显著抗脂质过氧化作用[17]；叶的水提取物和乙醇提取物可显著降低亚砷酸钠所致的肝毒性模型大鼠肝脏和血清中 γ- 谷氨酰转移酶水平及血清碱性磷酸酶含量，显著降低谷丙转氨酶及天冬氨酸氨基转移酶含量，提前给予叶的水提取物和乙醇提取物可降低亚砷酸钠诱导的天冬氨酸和丙氨酸氨基转移酶的含量[18]。11. 止痛　叶的乙醇提取物可显著减少福尔马林所致的疼痛模型大鼠前期及后期的添足次数，且呈剂量依赖性[19]。12. 镇静 叶的乙醇提取物可显著提高腹腔注射戊巴比妥大鼠的睡眠时间，显著减少旷场试验中小鼠的活动次数[20]。13. 抗炎 叶的乙醇提取物可显著减轻角叉菜胶所致大鼠的足肿胀和降低髓过氧化物酶含量，显著减轻组织水肿和白细胞浸润[21]。14. 改善精子 地上部分 80% 乙醇提取物可显著增加大鼠精子数目、生存能力和运动能力，显著升高血清睾丸素水平[22]。15. 护肾 叶的水提取物可显著改善溴氰菊酯所致的肾毒性模型大鼠肾脏生物学和组织学损伤，恢复模型大鼠血清肌酐和尿素至正常含量，降低血清丙二醛（MDA）含量，升高血清超氧化物歧化酶和过氧化氢酶（CAT）含量[23]。16. 抗病毒 全草的水提取物、乙醇提取物及从中分离的熊果酸（ursolic acid）具有显著的抗疱疹病毒 -1、腺病毒 -8、克沙奇病毒 B1 和肠病毒 71 的作用；芹菜素（apigenin）具有显著的抗疱疹病毒 -2、腺病毒 -3、乙肝表面抗原和乙型肝炎 e 抗原的作用；芳樟醇（linalool）具有显著的抗腺病毒 -11 的作用[23]。17. 降胆固醇 叶的乙醇提取物可显著降低大鼠血浆胆固醇且呈剂量依赖性[24]。18. 抗氧化 种子挥发油具有较好清除 1，1- 二苯基 -2- 三硝基苯肼（DPPH）自由基的作用[25]；地上部分的乙醇提取物可显著增强正常小鼠肝组织超氧化物歧化酶及谷胱甘肽过氧化物酶含量，降低丙二醛含量[26]。19. 护心肌 地上部分的水提取物可显著提高阿霉素所致心肌损伤模型大鼠心肌超氧化物歧化酶及谷胱甘肽过氧化物酶（GSH-Px）的含量，降低心肌丙二醛含量，减轻心肌超微结构的损伤[27]。20. 抗血栓 地上部分的水提取物及醇提取物可显著提高胶原蛋白和肾上腺素所致的肺血栓模型小鼠的存活率，显著延长三氯化铁（$FeCl_3$）诱导大鼠颈动脉血栓形成时间并显著减轻血栓湿重，显著减轻结扎法所致下腔静脉血栓湿重，并降低血浆抗凝血酶 - Ⅲ浓度、升高蛋白 C、纤溶酶原及组织型纤溶酶原激活剂活性，轻微降低纤溶酶原激活物抑制物 -1 活性和组织型纤溶酶原激活剂 / 纤溶酶原激活物抑制物 -1 的值[28]。21. 抗高血压 全草提取物可降低左肾动脉狭窄手术所致的两肾一夹肾性高血压大鼠的血压（收缩压和舒张压），降低血中内皮素、血管紧张素Ⅱ和丙二醛含量，升高超氧化物歧化酶含量[29]。22. 护血管内皮细胞 地上部分水提取物可显著减轻肾上腺素所致血管内皮细胞损伤模型大鼠血管内皮细胞损伤程度，显著降低血浆血管性假血友病因子含量，显著升高血浆组织型纤溶酶原激活物含量[30]。

【性味与归经】罗勒：辛、湿。光明子：甘、辛，凉。

【功能与主治】罗勒：消肿止痛，活血通经，解热消暑，调中和胃。用于月经不调，痛经，胃痛腹胀，瘾疹瘙痒，跌打损伤。光明子：清热解毒，明目退翳。用于目赤肿痛，目昏，眼翳。

【用法与用量】罗勒：煎服 3 ～ 9g；外用适量，煎烫洗患处，或研末调敷患处。光明子：3 ～ 6g。

【药用标准】罗勒：部标中药材 1992、浙江炮规 2005、广西药材 1990 和新疆维药 1993；光明子：部标维药 1999、浙江炮规 2015 和新疆维药 1993。

【临床参考】1. 感冒风寒、头痛胸闷：全草 15g，加生姜 15g，水煎服，加少量红糖。（江西《中草药学》）

2. 夏季伤暑：全草 9g，加滑石 18g、甘草 3g，水煎服。（《山东中草药手册》）

3. 关节扭伤肿痛：全草 30g，加威灵仙 30g、赤芍 15g，水煎熏洗患处；或用鲜全草捣烂，外敷患处。

4. 月经不调：全草 12g，加丹参 15g，水煎服。

5. 胃痛腹胀：全草 9g，加延胡索 9g、制香附 9g、生姜 6g，水煎服。（3 方至 5 方引自《浙江药用植物志》）

6. 目赤肿痛、眼生翳膜：果实 2 ～ 5g，水煎服。（《上海常用中草药》）

【附注】汉陶弘景已论及本种，称西王母菜，可能西汉时由西域传来。《嘉祐本草》以零陵香之名列专条，云："零陵香生零陵山谷，叶如罗勒，《南越志》名燕草，又名熏草，即香草也"。《本草图经》云："零陵香，今湖、岭诸州皆有之，多生下湿地。叶如麻，两两相对，茎方，气如蘼芜，常以七月中旬开花，至香，古所谓熏草是也。或云，蕙草亦此也。又云，其茎叶谓之蕙，其根谓之熏，三月采，脱节者良。今岭南收之，皆作窑灶，以火炭焙干，令黄色乃佳。江、淮间亦有土生者，作香亦可用，但不及湖、岭者芬熏耳。古方但用熏草，而不用零陵香，今合香家及面膏澡豆诸法皆用之，都下市肆货之甚多。"《梦溪笔谈》

云："零陵香，本名蕙，古之兰蕙是也，又名熏。唐人谓之铃铃香，亦谓之铃子香，谓花倒悬枝间如小铃也。至今京师人买零陵香，须择有铃子者。铃子，乃其花也。"《本草纲目》云："零陵旧治在今全州，全乃湘水之源，多生此香，今人呼为广零陵香者，乃真熏草也。若永州、道州、武冈州，皆零陵属地也。今镇江、丹阳，皆莳而刈之，以酒洒制货之，芬香更烈，谓之香草，与兰草同称。"《植物名实图考》云："余至湖南，遍访无知有零陵香者，以状求之，则即醒头香，京师呼为矮糠，亦名香草，摘其尖稍置发中者也。"《补笔谈》载："买零陵香择有铃子者，乃其花也。此草茎叶无香，其尖乃花所聚，今之以尖为贵，即择有铃子之意。赣南十月中，山坡尚有开花者，高至四五尺，宋《图经》谓十月中旬开花，当即指此。实则秋开，至冬未枯。"即为本种。

本种加工的药材，气虚血燥者慎服。

果实加工时不宜用水淘洗。

本种的根民间也作药用。

**【化学参考文献】**


[1] 胡西旦·格拉吉丁. 气相色谱 - 质谱法分析罗勒中挥发油的化学成分 [J]. 光谱实验室，2008，25（2）：127-131.

[2] Chiang L C，Ng L T，Cheng P W，et al. Antiviral activities of extracts and selected pure constituents of *Ocimum basilicum* [J]. Clin Exp Pharmacol Physiol，2010，32（10）：811-816.

[3] 帕丽达·阿不力孜，米仁沙，丛媛媛，等. 新疆罗勒化学成分的分离鉴定 [J]. 华西药学杂志，2007，22（5）：489-490.

[4] Vieira R F，Simon J E. Chemical characterization of basil（*Ocimum* spp.）based on volatile oils [J]. Flavour Frag J，2010，21（2）：214-221.

[5] Diop S M，Diop M B，Guèye M T，et al. Chemical composition of essential oils and floral waters of *Ocimum basilicum* L. from dakar and kaolack regions of Senegal [J]. J Essent Oil Bear Plants，2018，21（2）：540-547.

[6] Freitas J V B，Filho E G A，Silva L M A，et al. Chemometric analysis of NMR and GC datasets for chemotype characterization of essential oils from different species of *Ocimum* [J]. Talanta，2018，180：329-336.

[7] Baldim，J L，Fernandes Silveira，J G，Almeida，A P，et al. The synergistic effects of volatile constituents of *Ocimum basilicum* against foodborne pathogens [J]. Ind Crop Prod，2017，112：821-829.

[8] 袁旭江，林励，谭翠明. 两产地罗勒挥发油化学成分比较 [J]. 中国实验方剂学杂志，2012，18（11）：121-125.

[9] 汪涛，崔书亚，胡晓黎，等. 罗勒挥发油成分研究 [J]. 中国中药杂志，2003，28（8）：740-742.

[10] 帕丽达，米仁沙，丛媛媛，等. 新疆罗勒挥发油的化学成分研究 [J]. 中草药，2006，37（3）：352.

[11] 尹锋，胡立宏，楼凤昌. 罗勒化学成分的研究 [J]. 中国天然药物，2004，2（1）：20-24.

[12] Siddiqui B S，Aslam H，Ali S T，et al. Two new triterpenoids and a steroidal glycoside from the aerial parts of *Ocimum basilicum* [J]. Chem Pharm Bull，2007，55（4）：516-519.

[13] Siddiqui B S，Aslam H，Begum S，et al. New cinnamic acid esters from *Ocimum basilicum* [J]. Nat Prod Res，2007，21（8）：736-741.

[14] Piras A，Goncalves，Maria Jose，et al. *Ocimum tenuiflorum* L. and *Ocimum basilicum* L. two spices of Lamiaceae family with bioactive essential oils [J]. Ind Crop Prod，2018，113：89-97.

[15] 周荣，王艳，任吉君，等. 罗勒挥发油超临界 $CO_2$ 萃取及 GC-MS 分析 [J]. 湖南农业大学学报（自然科学版），2010，36（5）：585-588.

[16] Feriotto G，Marchetti N，Costa V，et al. Selected terpenes from leaves of *Ocimum basilicum* L. induce hemoglobin accumulation in human K562 cells [J]. Fitoterapia，2018，127：173-178.

[17] Zarlaha A，Kourkoumelis N，Stanojkovic T P，et al. Cytotoxic activity of essential oil and extracts of *Ocimum basilicum* against human carcinoma cells. Molecular docking study of isoeugenol as a potent cox and lox inhibitor [J]. Digest J Nanomater Biostruct，2014，9（3）：907-917.

[18] 孙莲，阿不都许库尔，符继红. 罗勒子脂溶性成分的 GC-MS 法及 GC 法分析 [J]. 中成药，2012，34（5）：973-976.

[19] Marzouk A M. Hepatoprotective triterpenes from hairy root cultures of *Ocimum basilicum* L. [J]. Z Naturforsch C，2009，64（3-4）：201-209.

**【药理参考文献】**


[1] Abdoly M, Farnam A, Fathiazad F, et al. Antidepressant-like activities of *Ocimum basilicum* ( sweet Basil ) in the forced swimming test of rats exposed to electromagnetic field ( EMF ) [J]. African Journal of Pharmacy & Pharmacology, 2012, 6 ( 3 ): 211-215.

[2] Qamara K A, Dar A, Siddiqui B S, et al. Anticancer activity of *Ocimum basilicum* and the effect of ursolic acid on the cytoskeleton of MCF-7 human breast cancer cells [J]. Letters in Drug Design & Discovery, 2010, 7 ( 10 ): 726-736.

[3] Shoeb M, Hoque M E, Thoo-Lin P K, et al. Anti-pancreatic cancer potential of secalonic acid derivatives from endophytic fungi isolated from *Ocimum basilicum* [J]. Dhaka University Journal of Pharmaceutical Sciences, 2013, 12 ( 2 ): 91-95.

[4] Zarlaha A, Kourkoumelis N, Stanojkovic T P, et al. Cytotoxic activity of essential oil and extracts of *Ocimum basilicum* against human carcinoma cells. Molecular docking study of isoeugenol as a potent cox and lox inhibitor [J]. Digest Journal of Nanomaterials & Biostructures, 2014, 9 ( 3 ): 907-917.

[5] 曲迅，郑广娟，刘德山，等．体外罗勒多糖抗人高转移肺癌细胞侵袭转移作用及机制探讨 [J]. 中国病理生理杂志，2005，21 ( 7 ): 1345-1348.

[6] Adeola S A, Folorunso1O S, Amisu K O. Antimicrobial activity of *Ocimum basilicum* and its inhibition on the characterized and partially purified extracellular protease of salmonella typhimurium [J]. Research Journal of Biology, 2012, 2 ( 5 ): 138-144.

[7] Zeggwagh N A, Sulpice T, Eddouks M. Anti-hyperglycaemic and hypolipidemic effects of *Ocimum basilicum* aqueous extract in diabetic rats [J]. American Journal of Pharmacology & Toxicology, 2007, 2 ( 3 ): 123-129.

[8] 陈蓓，艾尼瓦尔·吾买尔，依巴代提·托合提，等．罗勒提取物对高血脂症大鼠的实验研究 [J]. 中成药，2009，31 ( 6 ): 844-847.

[9] Saramma G. An in-vivo analysis of the protective effect of the methanol extract of *Ocimum basilicum* ( L. ) ( Maeob ) on ethanol-induced oxidative stress in albino rats [J]. Ijbritish, 2015, 2 ( 9 ): 1-13.

[10] Naidu J R, Ismail R, Kumar P, et al. Antiplatelet activity and quantification of polyphenols content of methanol extracts of *Ocimum basilicum* and *Mentha spicata* [J]. Research Journal of Pharmaceutical Biological & Chemical Sciences, 2015, 6 ( 5 ): 1236-1244.

[11] Wadt S Y, Okamoto K H, Bach E E, et al. Anti-ulcer activity evaluation of hidroethanolic extract of basil ( *Ocimum basilicum* L. ) leaves [J]. Pharmacologyonline, 2012, 1: 94-97.

[12] 依巴代提·托合提，玛依努尔·吐尔逊，毛新民，等．罗勒水提取物对 ADP、凝血酶诱导的大鼠血小板聚集的影响 [J]. 新疆医科大学学报，2005，28 ( 6 ): 526-527.

[13] Ahmad A, Muhammad Q, Muhammad N A, et al. Effects of *Ocimum basilicum* extract on hematological and serum profile of male albino mice after $AlCl_3$ induced toxicity [J]. Pure Appl Biol, 2017, 6 ( 2 ): 505-510.

[14] Tsai K D, Lin B R, Perng D S, et al. Immunomodulatory effects of aqueous extract of *Ocimum basilicum* ( Linn. ) and some of its constituents on human immune cells [J]. Journal of Medicinal Plants Research, 2011, 5 ( 10 ): 1873-1883.

[15] Jeba R C, Vaidyanathan R, Rameshkumar G. Efficacy of *Ocimum basilicum* for immunomodulatory activity in wistar albino rat [J]. International Journal of Pharmacy & Pharmaceutical Sciences, 2011, 3 ( 4 ): 199-203.

[16] 米娜瓦尔·哈帕尔，阿孜古丽·吐尔逊，周文婷，等．维药罗勒提取物对小鼠巨噬细胞 RAW264. 7 生长及其胞内 5-脂氧酶活性的影响 [J]. 中成药，2013，35 ( 8 ): 1599-1604.

[17] Marzouk A M. Hepatoprotective triterpenes from hairy root cultures of *Ocimum basilicum* L. [J]. Zeitschrift Für Naturforschung C Journal of Biosciences, 2009, 64 ( 3-4 ): 201-209.

[18] Gbadegesin M A, Odunola O A. Aqueous and ethanolic leaf extracts of *Ocimum basilicum* ( sweet basil ) protect against sodium arsenite-induced hepatotoxicity in Wistar rats [J]. Niger J Physiol Sci, 2013, 25 ( 1 ): 29-36.

[19] Alghurabi E S. Study the analgesic and sedative effect of *Ocimum basilicum* alcoholic extract in male rats [J]. Diyala Agricultural Sciences Journal, 2014, 6 ( 1 ): 9-22.

[20] Basha S N, Rekha R, Saleh S, et al. Evaluation of invitro anthelmintic activities of *Brassica nigra*, *Ocimum basilicum* and *Rumex abyssinicus* [J]. Pharmacognosy Journal, 2011, 3 ( 20 ): 88-92.

[21] Khaki A, Azad F F, Nouri M, et al. Effects of basil, *Ocimum basilicum* on spermatogenesis in rats [J]. Journal of

Medicinal Plants Research，2011，5（18）：4601-4604.

［22］Sakr S A，Al-Amoudi W M. Effect of leave extract of *Ocimum basilicum* on deltamethrin induced nephrotoxicity and oxidative stress in albino rats［J］. Journal of Applied Pharmaceutical Science，2012，2（5）：22-27.

［23］Chiang L C，Ng L T，Cheng P W，et al. Antiviral activities of extracts and selected pure constituents of *Ocimum basilicum*［J］. Clinical & Experimental Pharmacology & Physiology，2010，32（10）：811-816.

［24］Offor C E，Anyanwu C，Alum E U，et al. Effect of ethanol leaf-extract of *Ocimum basilicum*on plasma cholesterol level of albino rats［J］. International Journal of Pharmacy and Medical Sciences，2013，3（2）：11-13.

［25］胡尔西丹・伊麻木，热娜・卡斯木，阿吉艾克拜尔・艾萨. 罗勒子挥发油成分及抗氧化活性分析［J］. 安徽农业科学，2012，40（2）：752-754.

［26］王婷婷，文志萍，王新春. 罗勒提取物体内抗氧化活性的研究［J］. 农垦医学，2011，33（6）：496-498.

［27］依巴代提・托平提，玛依努尔・吐尔逊，苏巴提・吐尔地，等. 罗勒水提取物对阿霉素引起的大鼠心肌毒性的影响［J］. 第三军医大学学报，2006，28（22）：2216-2218.

［28］周文婷，依把代提・托合提，田树革，等. 罗勒提取物抗血栓作用及其作用机制的研究［J］. 中成药，2010，32（5）：722-726.

［29］古孜力努尔・依马木，邬利娅・伊明，依巴代提・托合提，等. 罗勒提取物对肾性高血压大鼠的影响［J］. 新疆医科大学学报，2009，32（3）：259-261.

［30］蒋进，依巴代提・托乎提，艾尼瓦尔・吾买尔. 罗勒水提取物对内皮细胞损伤大鼠模型的保护作用［J］. 新疆医科大学学报，2008，31（9）：1148-1150.

## 836. 疏柔毛罗勒（图 836）・*Ocimum basilicum* Linn.var.*pilosum*（Willd.）Benth

**图 836** 疏柔毛罗勒　　摄影　李华东

**【别名】**佩兰、家薄荷（江苏），香草头（浙江），香叶草、省头草（江西），九层塔、香草（福建），毛罗勒。

**【形态】**本变种与原变种主要区别在于茎多分枝，上升；叶片小，长圆形，叶柄及轮伞花序被极多疏柔毛；总状花序延长。

**【生境与分布】**原产于非洲至亚洲温暖地带。江苏、浙江、安徽、江西和福建有栽培，另河北、河南、台湾、广东、广西、贵州、四川和云南等省区均有栽培或逸为野生。

**【药名与部位】**九层塔（光明草），全草。光明子，种子。毛罗勒，地上部分。

**【化学成分】**全草含挥发油类：蒿脑（estragole）、芳樟醇（linalool）、α- 杜松醇（α-cadinol）、（－）乙酸冰片酯［（－）-bornyl acetate］、α- 紫穗槐烯（α-amorphene）、双环吉玛烯（bicyclogermacrene）[1]，甲基黑椒酚（methyl chavicol）、反式 -α- 香柠檬烯（*trans*-α-bergamotene）、L- 樟脑（L-camphor）、γ- 荜澄茄烯（γ-cadinene）、1, 8- 桉叶油素（1, 8-cineole）、反式 - 氧化石竹烯（*trans*-caryophyllene oxide）、反式 -β- 金合欢烯（*trans*-β-farnesene）、甲基丁香酚（methyl eugenol）和 L- 龙脑（L-borneol）等[2]。

地上部分含挥发油类：芳樟醇（linalool）、（*Z*）- 肉桂酸甲酯［methyl（*Z*）-cinnamate］、环已烯（cyclohexene）、α- 杜松醇（α-cadinol）、2, 4- 二异丙烯基 -1- 甲基 -1- 乙烯基环已烷（2, 4-diisopropenyl-1-methyl-1-vinylcyclohexane）、2, 6- 二甲基 -3, 5- 吡啶 - 二羧酸二乙基酯（2, 6-dimethyl-3, 5-pyridine-dicarboxylic acid diethyl ester）、β- 荜澄茄烯（β-cubebene）、愈创木 -1（10）, 11- 二烯［guaia-1（10）, 11-diene］、杜松烯（cadinene）、（*E*）- 肉桂酸甲酯［methyl（*E*）-cinnamate］和 β- 愈创木烯（β-guaiene）[3]。

茎含挥发油类：甲基黑椒酚（methyl chavicol）、反式 -α- 香柠檬烯（*trans*-α-bergamotene）、L- 芳樟醇（L-linalool）、L- 樟脑（L-camphor）、1, 8- 桉叶油素（1, 8-cineole）、L- 龙脑（L-borneol）、γ- 荜澄茄烯（γ-cadinene）和 α- 杜松醇（α-cadinol）[2]。

叶含挥发油类：甲基黑椒酚（methyl chavicol）、反式 -α- 香柠檬烯（*trans*-α-bergamotene）、L- 芳樟醇（L-linalool）、L- 樟脑（L-camphor）、1, 8- 桉叶油素（1, 8-cineole）、L- 龙脑（L-borneol）、γ- 荜澄茄烯（γ-cadinene）、α- 杜松醇（α-cadinol）[2]，α- 萜品醇（α-terpineol）、甲基丁香酚（methyleugenol）和反式 -β- 金合欢烯（*trans*-β-farnesene）等[4]。

花含挥发油类：甲基黑椒酚（methyl chavicol）、反式 -α- 香柠檬烯（*trans*-α-bergamotene）、L- 芳樟醇（L-linalool）、L- 樟脑（L-camphor）、1, 8- 桉叶油素（1, 8-cineole）、L- 龙脑（L-borneol）、γ- 荜澄茄烯（γ-cadinene）和 α- 杜松醇（α-cadinol）[2]。

**【药理作用】**1. 抗氧化 全草提取的成分乙酰小茴香酯（fenchyl acetate）、1, 2, 3, 4, 5, 6, 7, 8- 八氢 -1, 4- 二甲基 -7-（1- 亚异丙基）- 甘菊环烃［1, 2, 3, 4, 5, 6, 7, 8-octahydro-1, 4-dimethyl-7-（1-methylethylidene-azulen）和莰烯（camphene）等对 1, 1- 二苯基 -2- 三硝基苯肼（DPPH）自由基和超氧阴离子自由基（$O_2^-$·）有中等程度的清除能力[1]；从全草提取的挥发油具有较强的清除羟自由基（·OH）活性的作用，半数有效浓度（$EC_{50}$）为 4.846mg/ml[2]。2. 抗菌 全草提取的成分乙酰小茴香酯、1, 2, 3, 4, 5, 6, 7, 8- 八氢 -1, 4- 二甲基 -7-（1- 亚异丙基）- 甘菊环烃和莰烯等对大肠杆菌、金黄色葡萄球菌、枯草芽孢杆菌及白色念珠菌有抑制作用，且浓度越高抑菌效果越明显[1]。

**【药用标准】**九层塔：部标成方九册 1994 附录和上海药材 1994 附录；光明子：上海药材 1994 附录；毛罗勒：部标维药 1999 附录。

**【临床参考】**泌尿系感染：全草 15g，煎水代茶饮，每日 1 剂，忌食鱼、虾腥味之品[1]。

**【附注】**本种以香菜之名始载于《救荒本草》，云："生伊、洛间。人家园圃种之。苗高一尺许，茎方，窊面四棱，茎色紫。稔叶似薄荷叶，微小，边有细锯齿，亦有细毛。梢头开花作穗，花淡藕褐色。采苗叶煠熟，油盐调食。"《滇南本草》云："花似扫帚，夏末采之。"《植物名实图考》所载之罗勒附图与《救荒本草》香菜之附图极为相近，边缘均具细锯齿及细柔毛，总状花序延长，特征与本种较一致。

本种加工的药材气虚血燥者慎服。

本种的根民间也作药用。

【化学参考文献】

[1] 王兆玉，郑家欢，施胜英，等. 超临界 $CO_2$ 萃取与水蒸气蒸馏提取疏柔毛变种罗勒挥发油成分的比较研究[J]. 中药材，2015，38（11）：2327-2330.

[2] 徐洪霞，潘见，杨毅，等. 疏毛罗勒挥发油化学成分的研究[J]. 香料香精化妆品，2004，（3）：5-8.

[3] Zhang J W，Li S K，Wu W J. The main chemical composition and in vitro antifungal activity of the essential oils of *Ocimum basilicum* Linn. var. *pilosum*（Willd.）Benth[J]. Molecules，2009，14（1）：273-278.

[4] 张文成，宋宗庆，李春保，等. 疏毛罗勒挥发油超临界流体萃取的研究[J]. 农产品加工（学刊），2006，（10）：81-83.

【药理参考文献】

[1] 丁锐，荣百玲，王珊，等. 亳州疏毛罗勒弱极性化学成分及抗氧化与抑菌活性[J]. 贵州农业科学，2016，44（8）：97-99.

[2] 王庆，赵冰，陈娜. 疏毛罗勒挥发油纤维素酶辅助提取工艺及其抗氧化作用的研究[J]. 河南科技大学学报（医学版），2017，35（2）：79-103.

【临床参考文献】

[1] 陈元. 九层塔治疗泌尿系感染[J]. 中国民族民间医药杂志，2007，（1）：57.

## 837. 丁香罗勒（图 837）• *Ocimum gratissimum* Linn.

**图 837　丁香罗勒**　　摄影　李华东等

【形态】灌木，高 0.5 ～ 1m，极芳香。茎多分枝，被长柔毛或近无毛。叶片卵圆状长圆形或长圆形，长 4 ～ 13cm，宽 1 ～ 6cm，顶端长渐尖，基部楔形，边缘疏生具胼胝硬尖的圆齿，两面密被柔毛状绒毛及金黄色腺点。轮伞花序具6花，组成顶生的圆锥花序，各部被柔毛及腺点，花梗长约1.5cm；苞叶小，卵圆状菱形至披针形；花萼钟形，长可达4mm，外被柔毛及腺点，里面喉部被柔毛，顶端5齿，二唇形，上唇3齿，中齿卵圆形，边缘下延，下唇2齿极小，高度靠合，顶端呈2刺芒状；花冠白色至黄白色，长约4.5mm，内面无毛，冠檐二唇形，上唇4等裂，下唇长圆形，全缘；雄蕊4枚，近等长，后对雄蕊的花丝基部有齿状附属器，花药1室；花盘呈4齿状突起；花柱超出雄蕊，顶端近相等2浅裂。小坚果近球形，直径约1mm，褐色，多皱纹，具凹陷的腺体，果脐白色。花果期8月至翌年4月。

**【生境与分布】**栽培或逸为野生。分布于福建、浙江、江苏，另广东、广西、云南、台湾等省区也有分布；非洲热带地区、马达加斯加、斯里兰卡、西印度群岛也有分布。

**【药名与部位】**丁香罗勒，全草。

**【采集加工】**秋季采收，洗净，鲜用或扎把阴干。

**【药材性状】**茎呈方柱形，长短不等，直径2～4mm，表面有纵沟纹，有长柔毛；质坚硬，折断面纤维性，黄白色，中央髓部白色。叶对生，多脱落或破碎，完整者展平后呈卵状矩圆形或长圆形，长5～11cm，两面密被柔毛状绒毛；叶柄长1～3.5cm，有柔毛状绒毛。轮伞花序密集项生呈圆锥花序，密被柔毛状绒毛；苞片卵状菱形或披针形；花多已脱落；宿萼钟状，外被柔毛，内面喉部有柔毛。小坚果近球形。气芳香，味辛，有清凉感。

**【药材炮制】**拣去杂质，稍润后切段，晒干。

**【化学成分】**全草含挥发油类：丁香酚（eugenol）、3-苎烯（3-thujene）、β-蒎烯（β-pinene）、β-月桂烯（β-mycene）、（*E*）-β-罗勒烯［（*E*）-β-ocimene］、α-罗勒烯（α-ocimene）、γ-萜品烯（γ-terpinene）、（-）-β-蒎烯［（-）-β-pinene］、新别罗勒烯（neoalloocimene）、别罗勒烯（alloocimene）、异长叶薄荷醇（*iso*-pulegol）、异薄荷酮（*iso*-menthone）和大根香叶酮D（dermacrene D）[1]；苯丙素类：咖啡酸（caffeic acid）[2]。

叶含三萜类：齐墩果酸（oleanolic acid）[3]；挥发油类：丁香酚（eugenol）、顺式罗勒烯（*cis*-ocimene）、γ-依兰油烯（γ-muurolene）、（*Z, E*）-α-金合欢烯［（*Z, E*）-α-farnesene］、α-反式-香柑油烯（α-*trans*-bergamotene）和β-石竹烯（β-caryophyllene）[4]。

**【药理作用】**1. 抗菌 从叶提取的挥发油用10%吐温-80生理盐水稀释10倍后，对革兰氏阳性菌有明显的抑制作用，其中对蜡样芽孢杆菌、金黄色葡萄球菌和藤黄微球菌的抑制作用最强，而对革兰氏阴性菌则无抑制作用[1]。2. 抗肿瘤 从全草提取物中分离得到的咖啡酸（caffeic acid）在体外可有效抑制宫颈癌HeLa细胞的增殖，且呈明显的时间依赖性[2]。

**【性味与归经】**味辛，性温。入肺、脾、胃、大肠经。

**【功能与主治】**祛风消肿，散瘀止痛，补脑通阻，安心除烦，通鼻解表，止咳化痰，补胃开胃，散气补肝。用于脑虚脑阻，心悸恐惧，鼻塞感冒，咳嗽多痰，胃虚纳差，肝虚气滞等。

**【用法与用量】**煎服5g；外用适量。

**【药用标准】**海南药材2011。

**【临床参考】**1. 多囊卵巢综合征致不孕：全草30g，加枸杞子、紫石英、女贞子、菟丝子、熟地各30g，丹参20g，香附、山茱萸、白芍、当归各10g，水煎取汁300ml，分2次服，3个月为1疗程，同时服二甲双胍片[1]。

2. 寻常型银屑病：丁香罗勒乳膏（含2.5%丁香罗勒油，为全草经水蒸馏得到的挥发油）涂患处，涂后反复轻揉，每日早晚各1次，晚间涂药前先温水洗浴，连续治疗50天[2]。

3. 成人慢性腹泻：复方丁香罗勒口服混悬液（每1ml中含丁香罗勒油1.5mg，碳酸钙50mg，氢氧化铝16.7mg及三硅酸镁11.5mg）口服，每次40ml，每日3次，连续6日为1个疗程[3]。

4. 小儿轮状病毒肠炎：复方丁香罗勒口服混悬液（含丁香罗勒油等）按患儿年龄给药：小于1岁每次5ml，1岁至小于2岁每次10ml，2岁至3岁每次15ml[4]。

【附注】药材丁香罗勒表虚多汗者慎服；内服可引起头痛，胃泛酸水。

【化学参考文献】

[1] 李玲玲，赖东美，叶飞云. 丁香罗勒油气相色谱与气质联用分析［J］. 中国现代应用药学杂志，2002，19（3）：225-227.

[2] Ye J C，Hsiao M W，Hsieh H C，et al. Analysis of caffeic acid extraction from *ocimum gratissimum* Linn. by high performance liquid chromatography and its effects on a cervical cancer cell line[J]. Taiwan J Obstet Gynecol，2010，49(3)：266-271.

[3] Njoku C J，Zeng L，Asuzu I U，et al. oleanolic acid，a bioactive component of the leaves of *Ocimum gratissimum*（Lamiaceae）［J］. Int J Pharmacog，1997，35（2）：134-137.

[4] Chimnoi N，Reuk-ngam N，Chuysinuan P，et al. Characterization of essential oil from *Ocimum gratissimum* leaves：antibacterial and mode of action against selected gastroenteritis pathogens［J］. Microbial Pathogenesis，2018，118：290-300.

【药理参考文献】

[1] 莫小路，朱庆玲，郑宗超，等. 丁香罗勒抗菌作用研究［J］. 现代医药卫生，2009，25（16）：2462-2463.

[2] Ye J C，Hsiao M W，Hsieh H C，et al. Analysis of caffeic acid extraction from *ocimum gratissimum* Linn. by high performance liquid chromatography and its effects on a cervical cancer cell line[J]. Taiwan J Obstet Gynecol，2010，49(3)：266-271.

【临床参考文献】

[1] 厉丹丹. 复方丁香罗勒汤剂联合二甲双胍治疗多囊卵巢综合征致不孕临床观察［J］. 中国乡村医药，2014，21（20）：41-42，44.

[2] 姜燕生. 丁香罗勒乳膏治疗寻常型银屑病 51 例疗效观察［J］. 中国麻风皮肤病杂志，2003，16（3）：291-292.

[3] 李艳，房立峰，史慧，等. 复方丁香罗勒口服混悬液治疗成人慢性腹泻 783 例［J］. 中国药业，2014，23（14）：116-117.

[4] 杨琳，向希雄. 复方丁香罗勒口服混悬液治疗小儿轮状病毒肠炎疗效观察［J］. 湖北中医杂志，2013，35（9）：16-17.

## 838. 毛叶丁香罗勒（图 838）• *Ocimum gratissimum* Linn.var.*suave*（Willd.）Hook.

【别名】丁香罗勒（江苏）。

【形态】直立灌木，高 50 ～ 80cm，芳香。茎有分枝，四棱形，有长柔毛，干时红褐色。叶片卵状长圆形或长圆形，长 2.5 ～ 11cm，宽 1 ～ 4.2cm，先端渐尖，基部楔形或渐狭，边缘疏生具胼胝硬尖的圆齿，两面密被柔毛状绒毛，脉上尤密，并散生金黄色腺点。轮伞花序具花 4 ～ 6 朵，密集成顶生的总状花序；苞片卵圆状菱形或披针形，有绒毛及腺点；花梗长约 1.5mm，有柔毛；花萼外面有柔毛及腺点，内面喉部有毛，上唇中齿卵形，先端锐尖而反卷，边缘下延，侧齿微小，具刺尖，下唇 2 齿极小，高度靠合成 2 刺芒，果时花萼明显增大而下倾，具明显 10 脉；花冠近白色，稍超出花萼，上唇宽大，裂片近相等，下唇长圆形，全缘；雄蕊近等长，后对花丝基部具齿状附属器；花盘 4 齿。小坚果近球形，直径约 1mm，多皱纹，有具腺的凹穴，褐色。花期 10 月，果期 11 月。

【生境与分布】原产于热带非洲及马达加斯加。福建、江苏、浙江有栽培，另广东、广西、云南及台湾等省区也有栽培。

【药名与部位】丁香罗勒子，种子。

【化学成分】 地上部分含挥发油：丁香酚（eugenol）、罗勒烯（ocimene）、β- 荜澄茄烯（β-cubebene）、月桂烯（myrcene）、萜品烯 -4- 醇（terpinen-4-ol）、芳樟醇（linalool）和 β- 丁香烯（β-caryophyllene）[1]。

全草含挥发油：α- 葎草烯（α-humulene）、β- 荜澄茄烯（β-cubebene）、杜松烯（cadinene）、δ- 杜松醇（δ-cadinol）、对孜然芹烃（*p*-cymene）、α- 松油醇（α-terpineol）、α- 欧洲赤松烯（α-muurolene）、γ- 欧洲赤松烯（γ-muurolene）、别香树烯（alloaromadendrene）和雪松醇（cedrol）[2]。

【药用标准】部标维药 1999 附录。

**图 838 毛叶丁香罗勒** 摄影 徐克学

【附注】药材丁香罗勒子表虚多汗者慎服。

【化学参考文献】

[1] 喻学俭，程必强 . 毛叶丁香罗勒精油的化学成分分析 [ J ] . 云南植物研究，1986，8 ( 2 ) ：171-174.

[2] 伍岳宗，温鸣章，肖顺昌，等 . 四川米易逸生植物毛叶丁香罗勒精油化学成分研究 [ J ] . 天然产物研究与开发，1990，2 ( 2 ) ：58-60.

# 参考书籍

安徽省革命委员会卫生局《安徽中草药》编写组 . 1975. 安徽中草药 . 合肥：安徽人民出版社
蔡光先，卜献春，陈立峰 . 2004. 湖南药物志 • 第四卷 . 长沙：湖南科学技术出版社
蔡光先，贺又舜，杜方麓 . 2004. 湖南药物志 • 第三卷 . 长沙：湖南科学技术出版社
蔡光先，潘远根，谢昭明 . 2004. 湖南药物志 • 第一卷 . 长沙：湖南科学技术出版社
蔡光先，吴泽君，周德生 . 2004. 湖南药物志 • 第五卷 . 长沙：湖南科学技术出版社
蔡光先，萧德华，刘春海 . 2004. 湖南药物志 • 第六卷 . 长沙：湖南科学技术出版社
蔡光先，张炳填，潘清平 . 2004. 湖南药物志 • 第二卷 . 长沙：湖南科学技术出版社
蔡光先，周慎，谭光波 . 2004. 湖南药物志 • 第七卷 . 长沙：湖南科学技术出版社
常敏毅 . 1992. 抗癌本草 . 长沙：湖南科学技术出版社
陈邦杰，吴鹏程，裘佩熹，等 . 1965. 黄山植物的研究 . 上海：上海科学技术出版社
陈封怀，胡启明 . 1989. 中国植物志 • 第五十九卷（第一分册）. 北京：科学出版社
陈泽远，关祥祖 . 1996. 畲族医药学 . 昆明：云南民族出版社
方瑞征 . 1991. 中国植物志 • 第五十七卷（第三分册）. 北京：科学出版社
方瑞征 . 1999. 中国植物志 • 第五十七卷（第一分册）. 北京：科学出版社
方文培，胡文光 . 1990. 中国植物志 • 第五十六卷 . 北京：科学出版社
方云亿 . 1989. 浙江植物志 • 第五卷 . 杭州：浙江科学技术出版社
福建省医药研究所 . 1970. 福建中草药 • 第 1 集 . 福州：福建省医药研究所
福建省医药研究所 . 1979. 福建药物志 • 第一册 . 福州：福建人民出版社
福建省中医研究所草药研究室 . 1958. 福建民间草药 • 第 1 集 . 福州：福建人民出版社
福建中医研究所 . 1983. 福建药物志 • 第二册 . 福州：福建科学技术出版社
广西僮族自治区卫生厅 . 1963. 广西中药志 • 第 2 册 . 南宁：广西僮族自治区人民出版社
广西壮族自治区革命委员会卫生局 . 1974. 广西本草选编 . 南宁：广西人民出版社
贵州省中医研究所 . 1965. 贵州民间药物 • 第 1 辑 . 贵阳：贵州人民出版社
贵州省中医研究所 . 1970. 贵州草药 . 贵阳：贵州人民出版社
国家中医药管理局《中华本草》编委会 . 2009. 中华本草 • 1 ～ 10. 上海：上海科学技术出版社
何景，曾沧江 . 1978. 中国植物志 • 第五十四卷 . 北京：科学出版社
何廷农 . 1988. 中国植物志 • 第六十二卷 . 北京：科学出版社
侯学煜 . 1982. 中国植被地理及优势植物化学成分 . 北京：科学出版社
胡琳贞，方明渊 . 1994. 中国植物志 • 第五十七卷（第二分册）. 北京：科学出版社
湖北省革命委员会卫生局 . 1978. 湖北中草药志 . 武汉：湖北人民出版社
湖北中医学院教育革命组 . 1971. 中草药土方土法 . 武汉：湖北人民出版社
黄元金 . 1997. 实用皮肤病性病中草药彩色图集 . 广州：广东科技出版社
江纪武，靳朝东 . 2015. 世界药用植物速查辞典 . 北京：中国医药科技出版社
蒋英，李秉滔 . 1977. 中国植物志 • 第六十三卷 . 北京：科学出版社
金效华，杨永 . 2015. 中国生物物种名录 • 第一卷植物种子植物（Ⅰ）. 北京：科学出版社
孔宪武，王文采 . 1989. 中国植物志 • 第六十四卷（第二分册）. 北京：科学出版社
黎跃成 . 2001. 药材标准品种大全 . 成都：四川科学技术出版社

李树刚 . 1987. 中国植物志・第六十卷（第一分册）. 北京：科学出版社
梁剑辉 . 1992. 饮食疗法 . 广州：广东科技出版社
林瑞超 . 2011. 中国药材标准名录 . 北京：科学出版社
刘启新 . 2015. 江苏植物志・第三卷 . 南京：江苏凤凰科学技术出版社
刘启新 . 2015. 江苏植物志・第四卷 . 南京：江苏凤凰科学技术出版社
倪朱谟 . 2005. 本草汇言 . 上海：上海科学技术出版社
《宁夏中草药手册》编写组 . 1971. 宁夏中草药手册 . 银川：宁夏人民出版社
裴鉴，陈守良 . 1982. 中国植物志・第六十五卷（第一分册）. 北京：科学出版社
裴鉴，单人骅 . 1959. 江苏南部种子植物手册 . 北京：科学出版社
钱守和，吴焕 . 2005. 慈惠小编 . 北京：中医古籍出版社
裘宝林 . 1993. 浙江植物志・第四卷 . 杭州：浙江科学技术出版社
单人骅，佘孟兰 . 1979. 中国植物志・第五十五卷（第一分册）. 北京：科学出版社
单人骅，佘孟兰 . 1985. 中国植物志・第五十五卷（第二分册）. 北京：科学出版社
单人骅，佘孟兰 . 1992. 中国植物志・第五十五卷（第三分册）. 北京：科学出版社
陕西省革命委员会卫生局商业局 . 1971. 陕西中草药 . 北京：科学出版社
《上海常用中草药》编写组 . 1970. 上海常用中草药 . 上海：上海市出版革命组
《四川中药志》协作编写组 . 1979. 四川中药志・第 1 卷 . 成都：四川人民出版社
《四川中药志》协作编写组 . 1982. 四川中药志・第 2 卷 . 成都：四川人民出版社
王国强 . 2014. 全国中草药汇编第三版（卷一 - 卷三）. 北京：人民卫生出版社
王怀隐 . 1958. 太平圣惠方・上、下册 . 北京：人民卫生出版社
王清任 . 1966. 医林改错 . 上海：上海科学技术出版社
吴容芬，黄淑美 . 1987. 中国植物志・第六十卷（第二分册）. 北京：科学出版社
吴寿金，赵泰，秦永琪 . 2002. 现代中草药成分化学 . 北京：中国医药科技出版社
吴征镒，李锡文 . 1977. 中国植物志・第六十六卷 . 北京：科学出版社
吴征镒，李锡文 . 1977. 中国植物志・第六十五卷（第二分册）. 北京：科学出版社
吴征镒，孙航，周浙昆，等 . 2010. 中国种子植物区系地理 . 北京：科学出版社
吴征镒 . 1979. 中国植物志・第六十四卷（第一分册）. 北京：科学出版社
西双版纳州民族药调研办公室 . 1980. 西双版纳傣药志・第一集 . 云南：西双版纳州卫生局
谢国材 . 1998. 中国药用花卉 . 广州：广东高等教育出版社
叶橘泉 . 2013. 叶橘泉食物中药与便方（增订本）. 北京：中国中医药出版社
张介宾 . 1991. 景岳全书 . 北京：人民卫生出版社
张美珍，邱莲卿 . 1992. 中国植物志・第六十一卷 . 北京：科学出版社
张树仁，马其云，李奕，等 . 2006. 中国植物志・中名和拉丁名总索引 . 北京：科学出版社
赵维良 . 2017. 中国法定药用植物 . 北京：科学出版社
浙江省卫生厅 . 1965. 浙江天目山药用植物志・上集 . 杭州：浙江人民出版社
浙江药用植物志编写组 . 1980. 浙江药用植物志・上、下册 . 杭州：浙江科学技术出版社
中国科学院江西分院 . 1960. 江西植物志 . 南昌：江西人民出版社
周荣汉 . 1993. 中药资源学 . 北京：中国医药科技出版社
朱家楠 . 2001. 拉汉英种子植物名称（第二版）. 北京：科学出版社
Flora of China 编委会 . 1999-2013. Flora of China. Vol. 13-Vol. 17. 科学出版社，密苏里植物园出版社

# 中文索引

## A



## B



## C



## D



## E



## F



## G



## H

# 拉丁文索引

## A



## B



## C

(R-8601.01)

科学出版社中医药出版分社


联系电话:010-64019031 010-64037449

E-mail:med-prof@mail.sciencep.com


www.sciencep.com

ISBN 978-7-03-064540-1

定 价:498.00 元